TECHNOLOGIE DES HOLZES

UND DER

HOLZWERKSTOFFE

VON

DR.-ING. FRANZ KOLLMANN

O. Ö. PROFESSOR DER UNIVERSITÄT MÜNCHEN

DIREKTOR DES INSTITUTS FÜR HOLZFORSCHUNG UND HOLZTECHNIK MÜNCHEN

ZWEITE NEUBEARBEITETE UND ERWEITERTE AUFLAGE

ZWEITER BAND

HOLZSCHUTZ, OBERFLÄCHENBEHANDLUNG, TROCKNUNG
UND DÄMPFEN, VEREDELUNG, HOLZWERKSTOFFE
SPANABHEBENDE UND SPANLOSE HOLZBEARBEITUNG
HOLZVERBINDUNGEN

MIT 1194 ABBILDUNGEN IM TEXT
UND 6 TAFELN

SPRINGER-VERLAG BERLIN HEIDELBERG GMBH
1955

ISBN 978-3-642-52948-1 ISBN 978-3-642-52947-4 (eBook)
DOI 10.1007/978-3-642-52947-4

URSPRÜNGLICH ERSCHIENEN BEI SPRINGER-VERLAG OHG. BERLIN/GÖTTINGEN/HEIDELBERG 1955
SOFTCOVER REPRINT OF THE HARDCOVER 2ND EDITION 1955

Vorwort.

Es ist vielleicht nicht gewöhnlich, daß ein Buch, das zusammenhängend ein Gebiet behandelt und in 2 Bänden erscheint, in jedem Band ein Vorwort enthält. Im vorliegenden Fall aber ist dies gerechtfertigt, ja notwendig. Als im Jahre 1936 die erste Auflage der „Technologie des Holzes“ erschien, stellte sie einen Versuch dar, das schon damals sehr große Gebiet der Wissenschaft vom Holz unter einheitlichem Blickwinkel zu erörtern. Die Entwicklung der Holztechnologie und Holztechnik verlief von 1936 bis 1939 sehr rasch, während des Krieges teils stürmisch, teils gehemmt, aber es war unumgänglich, die schon vor 1939 fällige und vielfach verlangte neue Auflage herauszubringen. Im Jahre 1950 war das Manuskript des ersten Bandes, das die wissenschaftlichen Grundlagen enthielt, beendet. Das vom Springer-Verlag mit bekannter Sorgfalt herausgebrachte Werk fand freundliche Aufnahme. Es hätte, wie auch an dieser Stelle nochmals betont sei, niemals gelingen können, ohne die selbstlose und uneingeschränkte Hilfe vieler Holzforschungsinstitute in allen Kulturländern der Welt.

Der geplante zweite Band, der die technischen Anwendungen dem neuesten Stande entsprechend behandeln sollte, erwies sich als eine vorher nach Umfang und Schwierigkeit unterschätzte Aufgabe. Die zu überwindenden Schwierigkeiten lagen darin, daß einmal die Neigung zur Geheimhaltung neuer aussichtsreicher Verfahren und Maschinen die Materialbeschaffung erschwerte, zum andern aber darin, daß die Abschätzung des wirklichen technischen und wirtschaftlichen Wertes neuer Verfahren eine gewisse Beobachtungszeit und Erfahrung voraussetzt. Es mußten deshalb fast 4 Jahre verfließen, um der gestellten Aufgabe einigermaßen gerecht werden zu können. Der zweite Band kann deshalb erst jetzt erscheinen.

Zu danken ist wieder den vielen Helfern: Erneut haben alle führenden Holzforschungsinstitute der Welt, voran das U.S. Forest Products Laboratory in Madison, Wisc., das Svenska Träforskningsinstitutet in Stockholm, das australische Forest Products Laboratory in South Melbourne, das Institut National du Bois in Paris, das Forest Products Research Laboratory in Princes-Risborough, die Institute in Norwegen, Finnland und anderen Ländern, jede Anfrage beantwortet, jedes erbetene Material zur Verfügung gestellt.

In der Bundesforschungsanstalt für Forst- und Holzwirtschaft in Reinbek aber haben während meiner dortigen Tätigkeit einige Mitarbeiter ihr Bestes getan, um das Werk zu fördern: Bei der Beschaffung von Unterlagen hat mich Herr Dr. R. Teichgräber unterstützt, der zusammen mit Fräulein Gisela Meyer-Brötz auch wesentlich an Korrekturen und Umbruch mitwirkte. Letztere half mir mit Frau Ursula Banz ferner bei den Registerarbeiten. Die Zeichnungen hat in Vollendung Herr Koppehele ausgeführt, die mühsamen, sich über Jahre erstreckenden Schreibarbeiten erledigte Fräulein Hildegard Prinage. Herr Dipl.-Holzwirt Dr. H. Bellmann hat mir bei Durchsicht des Holzschutzkapitels gute Dienste erwiesen.

Es ist notwendig, abschließend zu sagen, wie sehr gerade die Holzforschung auf enge internationale Zusammenarbeit angewiesen ist und wie sehr alle Holzforscher glücklich sind, daß diese Zusammenarbeit auch in schwierigsten Zeiten aufrechterhalten werden konnte und weder die sachlichen noch die menschlichen Brücken einstürzten. Deshalb möge es ein gutes Vorzeichen für dieses Buch sein, daß dieses Vorwort anläßlich meiner Tätigkeit als konsultierender Mitarbeiter am Svenska Träforskningsinstitutet niedergeschrieben wurde.

Stockholm, im September 1954 **F. Kollmann.**

Inhaltsverzeichnis.

5. Holzschutz und Oberflächenbehandlung von Holz.

6. Trocknung und Dämpfen von Holz.

7. Holzveredelung, Herstellung von Holzwerkstoffen.

8. Holzbearbeitung (Spangebende und spanlose Formgebung).

9. Holzverbindungen.

Anhang.

Tafeln.

Berichtigungen.

II. Band

S. 897: In Zahlentafel 127 **lies** im Schema der zweischnittigen Bolzenverbindung beim Mittelholz a_3 statt a_2 für die Dicke.

S. 953: In Zeile 11 von unten und in Fußnote 2 **lies** Grinsfelder statt „Grimsfelder".

S. 999: In Bild 1128 **lies** Offene Wartezeit statt „Verleimzeit".

S. 1013: In der letzten Zeile des 1. Absatzes heißt es statt „Aerolight" richtig: „Aerolite".

S. 1044: Im 3. Absatz von oben, Zeile 3, **lies** für Kasein-, Blutalbumin- und Kauritleime 100 °C statt 100%.

I. Band

S. 122: Bilder 140 und 141 sind vertauscht.

S. 401: In Bild 294 muß die Beschriftung der Kurven „Adsorption" statt Absorption lauten.

S. 410: Am Schluß des 3. Absatzes **lies** —20° statt —200° und —5° statt —50°.

S. 443: Im 3. Abs., 7. Zeile **lies** $2 \cdot 10^6$ cm²/g statt $2 \cdot 10^6$ cm/g.

S. 452: In der 3. Zeile nach Gl. 80 **lies** Trockenzeit statt Trockenheit.

S. 456: In der 7. Zeile nach Gl. 91 **lies** zweitgenannten statt „zeitgenannten".

S. 473: In Abschn. 334.2, 1. Absatz, muß Gl. 110a lauten:

$$\frac{Z_1}{Z_2} = \left(\frac{s_1}{s_2}\right)^2$$

S. 474: Formel 111 muß lauten: $\frac{q_1}{q_2} = \frac{s_1 + w}{s_2 + w}$

Formel 112 muß lauten: $\frac{Z_1}{Z_2} = \frac{s_1^2 + s_1 w}{s_2^2 + s_2 w}$

Formel 110b muß lauten: $\frac{Z_1}{Z_2} = \left(\frac{s_1}{s_2}\right)^n$

S. 489: In der Zeile nach Gl. 141 **lies** [dyn s/cm²] statt [dyn s/cm].

S. 500: Bei den Formeln 147a bis 149b **lies** „Bild 384a", „384b", „484c" statt „Bild 348a 348b, 348c.

S. 515: An der Ordinatenachse von Bild 396 **lies** $\frac{d}{\lambda}$ statt $\frac{\delta}{\lambda}$.

S. 533: In Formel 178 ist der Buchstabe ω durch f zu ersetzen; bei der folgenden Symbolerklärung **lies** statt ω = Kreisfrequenz f = Frequenz.

S. 939: In Zahlentafel 189, senkrechte Spalte 2, **lies** unter Mindestwichte kg/dm³ statt „kg/dm²".

Tafel V im Anhang: Eigenschaften der wichtigsten Nutzhölzer: In der Zeile Gabun, Okumé **lies** unter Elastizitätsmodul aus Biegeversuchen $E_{||}$ 80000 statt 30000.

5. Holzschutz und Oberflächenbehandlung von Holz.

51. Holzschutzverfahren.

510. Allgemeines.

Hölzer, die immer trocken bleiben, haben, wie in Band I besprochen wurde (vgl. Bd. I, S. 313), eine sehr lange Lebensdauer. Jahrhunderte alte Holzbauten geben davon Zeugnis[1]. Aber auch unter Wasser sind verschiedene wichtige Nutzhölzer außerordentlich dauerhaft, den Beweis dafür liefern viele historische Holzbrücken, darunter in der Schweiz solche, die älter als 600 Jahre sind[2]. Trotzdem ist unbehandeltes Holz im Freien, aber auch unter Dach durch Holzschädlinge und Feuer gefährdet. Die normalen atmosphärischen Schwankungen der Luftfeuchtigkeit, Kondens- und Niederschlagswasser oder Feuchtigkeit, die aus anderen Baustoffen stammt, bringen die Holzfeuchtigkeit oft auf eine Höhe, die günstige Lebensbedingungen für holzzerstörende Pilze schafft. Risse, die im Holz durch Schwindspannungen beim Trocknen entstanden, bilden bequeme Eingangspforten für die Schädlinge. Alljährlich entstehen an rohem und verarbeitetem Nutzholz gewaltige Schäden auf dem Lande durch Pilze, Insekten und Brände, im Wasser durch Muscheln und Krebstiere.

Der Gedanke des Holzschutzes ist deshalb wohl ebenso alt wie die Beobachtung der Holzzerstörung durch den technisch denkenden Menschen[3]. In der Rigveda (etwa 3000 v. Chr.) und bei Confucius Liki (551 bis 479 v. Chr.) stoßen wir auf das Gebot, Holz nur zur richtigen Zeit zu fällen (vgl. auch die Ausführungen in Band I, S. 35ff.). Hesiod (um 800 v. Chr.) beschreibt die konservierende Wirkung des Herdrauches, Herodot (etwa 500 bis 424 v. Chr.) nennt Alaun als Feuerschutzmittel, Theophrastus (etwa 372 bis 287 v. Chr.) empfiehlt die Holztrocknung und Vitruvius Pollio (um Christi Geburt) berichtet von der Gepflogenheit, Holz zum Schutz anzukohlen oder mit Ölhefe zu bestreichen. Sublimat und Arsen wurden schon in der Mitte des 16. Jahrhunderts von den Franziskaner-Mönchen auf Jamaika zum Holzschutz gegen Termiten benutzt. Den Beginn der neuzeitlichen, wissenschaftlich unterbauten Holzschutztechnik darf man wohl mit dem Anfang der Versuche des englischen Chemikers J. H. Kyan im Jahre 1823 zusammenlegen.

Die volkswirtschaftliche Bedeutung des Holzschutzes ist sehr hoch, wenngleich in Zahlen nicht leicht anzugeben. F. Bub/Bodmar[4] bezifferte die

---

[1] Vgl. H. Stolper: Bauen in Holz, Stuttgart 1933; dortselbst insbesondere S. 112 die Karte „Geographische Verbreitung des Holzbaues in Europa" von H. Phleps.

[2] Brunner, J.: Der Bau von Brücken aus Holz in der Schweiz, Beilage zum Diskussionsbericht Nr. 5 der EMPA, Zürich, Sept. 1925.

[3] Vgl. die interessante „Zeittafel zur Holzkonservierung" Holzmarkt Bd. 52 (1935) Nr. 102 sowie die mit 168 Schrifttumsstellen belegte Arbeit von F. Moll: Naturwiss. Z. f. Forst- u. Landwirtsch. Bd. 15 (1917) S. 77, 81.

[4] Bub/Bodmar, F., u. B. Tilger: Die Konservierung des Holzes in Theorie und Praxis, Berlin 1922, S. 5.

jährliche Geldersparnis durch die Tränkung von Grubenholz auf etwa 10 Goldmark je fm; bei 3 Mill. fm getränktem Grubenholz gelangte er damit zu einer Ersparnis von 30 Mill. Goldmark. Nach O. Günther[1] gingen dem deutschen Bergbau (1935) jährlich mindestens 1,5 Mill. fm Holz, der gesamten deutschen Volkswirtschaft 4 bis 4,5 Mill. fm Nutzholz durch Fäulnis und Insektenfraß verloren. Für die Vereinigten Staaten wurde während des 1. Weltkrieges der Vorteil, der sich durch wirklich sicheren Holzschutz ergeben würde, auf jährlich 400 Mill. Goldmark geschätzt[2]. Im Jahre 1920 wurde für USA ein jährlicher Holzausfall durch Fäulnis von 43 Mill. m^3 ermittelt. Die Holzschutzindustrie erwies sich in USA als ein gewaltiger Faktor zur Aufrechterhaltung einer geordneten Holzversorgung[3]. Die Statistik der Holzschutzindustrie geht bis auf das Jahr 1909 zurück. Von diesem Jahr bis 1949 wurden in USA 260 Mill. m^3 Holz mit Schutzmitteln behandelt. Selbst wenn mit konservativen Durchschnittszahlen gerechnet wird, hat behandeltes Holz eine fünfmal längere Lebensdauer als unbehandeltes. Für die erwähnten vier Dekaden ergibt sich damit eine Holzersparnis von 1,04 Milliarden m^3 oder von jährlich rd. 25 Mill. m^3. Praktisch wurde durch den Holzschutz im vierzigjährigen Durchschnitt jährlich ein Drittel des Verbrauchs eingespart. Für ein Wohnhaus werden in USA im Mittel 22 m^3 Holz verbraucht. Aus der durch Holzschutz in vierzig Jahren ersparten Holzmenge hätten somit alle 47 Millionen Wohnhäuser in USA gebaut werden können. Bei einem Durchschnittspreis des Holzes im Sägewerk von \$ 30 für 1000 board feet (rd. 54,— DM/m^3) wurden in 41 Jahren 56 Milliarden DM erspart. Von dem geschützten Holz wurden zwischen 1909 und 1929 62,6% für Eisenbahnschwellen, 19,8% für Maste und Querstangen, 5,6% für Bauholz, der Rest für verschiedene Zwecke verbraucht. F. Kollmann[4] berechnete, daß in den ersten 30 Jahren seit Erfindung des Spartränkverfahrens von M. Rüping (1902) statt mindestens 900 Mill. rohen Eisenbahnschwellen nur etwa 180 Mill. mit Teeröl getränkte Holzschwellen in Deutschland verbraucht wurden; dem entspricht eine Geldersparnis von etwa 4 Milliarden Reichsmark. Nimmt man an, daß vollgetränkte Schwellen hätten verwendet werden müssen, so wären rund $4^1/_2$ Milliarden kg mehr Teeröl als bei Anwendung des Rüping-Verfahrens benötigt worden. Die jährliche Ersparnis der Eisenbahnlinien in USA durch Benutzung imprägnierter Schwellen wurde 1938 auf 53 Mill. Dollar geschätzt[5].

Für Schweden wurde bei einem jährlichen Gesamtverbrauch von 4,3 Mill. m^3 Nutzholz ohne Faser- und Brennholz 1949 der jährliche Holzverlust durch Fäulnis auf 1,4 Mill m^3 geschätzt[6]. Nicht inbegriffen waren hierin die Verluste durch Insekten und Schiffsbohrwürmer. Durch generellen Holzschutz würde sich der jährliche Ausfall auf 0,5 Mill. m^3 verringern, d. h. 0,9 Mill. m^3 würden zusätzlich für die Ausfuhr frei; dadurch stiege das wertmäßige Exportvolumen um mindestens 120 Mill. sKr. J. E. Huffman[7] hat für den Kohlenbergbau der Vereinigten Staaten überschlagen, daß ein allgemeiner Schutz der dauernd eingebauten Grubenhölzer eine jährliche Ersparnis von \$ 10800000 für die Industrie

---

1 Günther, O.: Der Holzschutz und seine Bedeutung für die deutsche Volkswirtschaft, Diss. T. H., Berlin, Halle/Saale 1936.

2 Bub/Bodmar, F., und B. Tilger: Die Konservierung des Holzes in Theorie und Praxis, Berlin 1922, S. 5.

3 Shipley, G. B.: Wood Preservers' Contribution to Conservation, Southern Lumberman Bd. 183, Nr. 2286, 1. Juli 1952, S. 47.

4 Kollmann, F.: Dtsch. Forstwirt. Bd. 17 (1935) S. 124.

5 In Commemoration of the One Hundredth Anniversary of the Inauguration of Pressure Preservative Treatment of Wood 1838—1938. Wood Preserv. News Bd. 16 (1938) Nr. 3, S. 1.

6 Betydelsen av virkesimpregnering, Svensk Trävarutidning 1949, Nr. 13 bis 14.

7 Huffman, J. E.: J. Forestry (USA) Bd. 48 (1950) S. 325.

mit sich brächte; gegenwärtig werden allerdings erst 10% des für den Holzschutz in Frage kommenden Grubenholzes imprägniert.

In Westdeutschland wurde Anfang 1949 der Entwurf eines Gesetzes gegen Mißbrauch und Verschwendung von Holz vorgelegt[1]. Aus den Durchführungsbestimmungen war zu entnehmen, daß für die Sägeindustrie und den Holzhandel die Verwendung nicht geschützter Stapelhölzer, der Verkauf nicht geschützter Pfähle und Stangen sowie von nicht geschütztem Bauholz verboten werden sollte. Für die Bauwirtschaft sollte sinngemäß die Verwendung von nicht geschütztem Bauholz und Rüstholz sowie die Verwendung von Holz für Kellertreppen untersagt werden. Bergbau, Energiewirtschaft und Verkehr sollten verpflichtet sein, nur geschützte Grubenhölzer (außer im verlorenen Abbau), geschützte Masten und Telegraphenstangen und geschützte Schwellen einzubauen. Der Erlaß dieses Gesetzes scheiterte an den zum Teil berechtigten Einwendungen. Beispielsweise schrieb H. Seitz[2]: „Ein Verwendungsverbot für ungeschütztes Bauholz schießt weit übers Ziel hinaus. Es stehen jahrhundertealte Holzbauten ohne Imprägnierung, und sie werden noch Jahrhunderte stehen ... Es stehen auch tausende gewerbliche Bauten in moderner sparsamer Holzbauweise seit Jahrzehnten ohne Schutzbehandlung, ohne daß Schäden eingetreten wären. Selbstverständlich gibt es Bauten, die aus Betriebsgründen gefährdet sind und für die ein Holzschutz dringend geboten ist, so z. B. in manchen Teilen der Leder-, Papier- und Bleichereiindustrie, kurz, wo mit Feuchtigkeit und Wärme zu rechnen ist ... Man sorge dafür, daß das Holzwerk an den Auflagern sachgemäß behandelt, gegen aufsteigende Feuchtigkeit geschützt und nicht immer wieder in Unverstand eingemauert wird ... Beim Vorhalteholz im Baugewerbe wird sich Holzschutz oft lohnen. Das gilt besonders von Holzschwellen für Rollbahngleise."

Bemerkenswert ist, daß in Niedersachsen der Minister der Finanzen den Holzschutz bei Staatsbauten durch einen besonderen Erlaß geregelt hatte[3]. Unter dem Eindruck der veränderten Holzmarktlage wurde dieser Erlaß im Juni 1950 wieder aufgehoben. Der Minister verfügte dabei, daß die Holzeinsparung nicht mehr soweit zu treiben sei, daß Ersatzstoffe verwendet werden, die weniger geeignet sind und die Baukosten erhöhen. Ausdrücklich gefordert wurde die Beibehaltung solcher Sparmaßnahmen, die gleichzeitig im Interesse einer echten Baukostensenkung liegen. Besonderer Wert sei auf den Schutz des eingebauten Holzes zu legen.

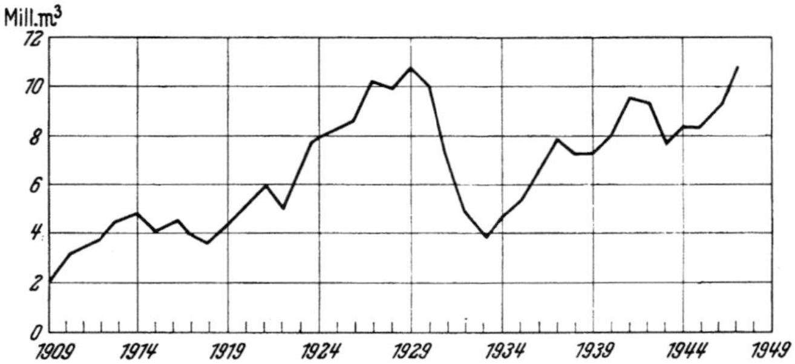

Bild 1. Entwicklung der jährlich imprägnierten Nutzholzmenge in USA von 1909 bis 1947. (Nach H. B. Steer.)

Die Zunahme des Holzschutzes in Ländern mit einer modernen Holzwirtschaft und Holzindustrie ist sehr beachtlich. In USA[4] wurden im Jahre 1946 rund 8,7 Mill. m³ Holz mit Schutzmitteln imprägniert, das waren um etwa 10% mehr als 1945. Die Zunahme war hauptsächlich durch eine 54%ige Steigerung der Menge an getränkten Masten erreicht, während weniger Schwellen, Grubenholz und Bauholz als 1945 imprägniert worden waren. 236 Tränkanlagen waren in Betrieb, davon arbeiteten 169 mit Druck, 48 mit offenen Tauchbottichen, 19 waren für beide Verfahren eingerichtet. Die ver-

[1] Vgl. Entwurf für ein Holzschutzgesetz, Holz-Zbl. Bd. 75 (1949) S. 119; Durchführungsbestimmungen ebenda Bd. 75 (1949) S. 171; Gesetzentwurf über Holzeinsparung und Holzschutz ebenda Bd. 75 (1949) S. 633.

[2] Seitz, H.: Holz-Zbl. Bd. 75 (1949) S. 403; vgl. auch C. Schramm, ebenda Bd. 75 (1949) S. 569.

[3] Erl. Nr. 700039 v. 16. 5. 49 des Ministers der Finanzen in Niedersachsen; vgl. dazu H. Ramstetter: Holz-Zbl. Bd. 75 (1949) S. 595. Der Erlaß stützt sich auf das „Merkblatt über baulichen Holzschutz gegen Fäulnis" des RAM v. 15. 3. 39 bzw. 20. 3. 44 (IVa 6 Nr. 86120/7/8/44.

[4] Steer, H. B.: Wood Preservation Statistic 1946. Proc. Amer. Wood Pres. Assoc. Bd. 43 (1947) S. 429; Ref. Holz-Zbl. Bd. 75 (1949) S. 647.

brauchte Imprägnierflüssigkeit enthielt rd. 6700 t trockene Schutzmittel. Die Entwicklung des Holzschutzes in USA von 1909 bis 1946 zeigt Bild 1. In Schweden erhöhte sich die mit Boliden-Salz imprägnierte Nutzholzmenge[1] von 120000 m^3 im Jahre 1940 auf 930000 m^3 im Jahre 1947.

Zahlentafel 1. *Tränkstoffverbrauch und mittlere Lebensdauer für Stangen und Schwellen bei verschiedenen Holzschutzverfahren.*

Verfahren	Tränkstoff	Holzart und -sorte	aufgenommene Tränkstoffmenge kg/m^3	mittlere Lebensdauer[2] Jahre
Trogtränkung	Sublimat ($HgCl_2$) (Kyan)	Ki-Stangen	0,8 bis 1,0	13,7 bis 26,8 (Nachpflege)
		Fi-Stangen	0,6 bis 0,8	15,5
	NaF-Chrom-Arsen-Salze	Ki, Fi, Ta } Stangen	~ 4,5	Die Stangen stehen bis jetzt 21 Jahre, wobei nur 3 bis 5% ausgewechselt werden mußten.
Saftverdrängung	Kupfersulfat (Cu_2SO_4) (Boucherie)	Ki, Fi-Stangen	abhängig vom Splintholzanteil	12 bis 18[3] (25 bis 40 in Gegenden, wo der Pilz Polyporus vaporarius fehlt).
	NaF-Chrom-Arsen-Salze	Fi, (Ki) Stangen	~ 4,5	Lebensdauer noch nicht ermittelt; zu erwarten wie bei Trogtränkung mit NaF-Cr-As-Salzen.
Trogsaugverfahren	NaF-Chrom-Arsen-Salze	Fi, (Ki) Stangen	~ 4,5	Lebensdauer noch nicht ermittelt, da erst seit wenigen Jahren angewendet.
Kesseldruckverfahren	Teeröl (Rüping)	Ki-Stangen	{ 60	33,5
			{ 90	> 33,5
		Fi-Stangen[4]	75	?
		Ki-Schwellen[5]	63	25 bis 30
		Lärchen- ,,	45	30
		Buchen- ,,	145	35 bis 40
		Eichen- ,,	45	27 bis 30
	NaF-Chrom-Arsen-Salze	Fi- u. Ta-Stangen	4,5	Lebensdauer noch nicht ermittelt; die Masten stehen bis jetzt 18 bis 19 Jahre

[1] Kollmann, F.: Holzschutz in Schweden, Holz-Zbl. Bd. 76 (1950) S. 943.

[2] Sämtliche Angaben über die Lebensdauer liefern nur grobe Anhaltspunkte. Im Schrifttum finden sich häufig Grenzwerte. In der obigen Zusammenstellung sind die Zahlen nach Möglichkeit so ausgewählt, daß sie als Mittelwerte gelten können. Zu beachten bleibt, daß die mittlere Lebensdauer nicht nur von der natürlichen Dauerhaftigkeit der Hölzer und der Wirkung der Schutzstoffe, sondern in stark wechselnder Weise von den Umweltbedingungen abhängt. S. a. F. Moll, Ermittlung der Lebensdauer imprägnierter Hölzer und die Statistik in Mahlke-Troschel-Liese, Holzkonservierung, 3. Aufl., Berlin, Göttingen, Heidelberg 1950, K. Winnig, Holz als Roh- und Werkstoff Bd. 2 (1939) S. 271.

[3] Vgl. K. Winnig, Die Stangenstatistik der Deutschen Reichspost und die Berechnung der mittleren Gebrauchsdauer, Arch. f. Post u. Telegraphie Bd. 128 (1934) Nr. 1, S. 1.

[4] Christiani: Über die Gebrauchsdauer und den Gebrauchswert hölzerner Telegraphenstangen, Arch. f. Post u. Telegraphie Bd. 99 (1905) S. 505 und Bd. 105 (1911) S. 225.

[5] Bub/Bodmar, F., u. B. Tilger: Die Konservierung des Holzes in Theorie und Praxis, Berlin 1922.

Über die Gebrauchsdauer von Schwellen, Stangen und Grubenhölzern im rohen und imprägnierten Zustand gibt Zahlentafel 1 Aufschluß.

Ähnliche Beispiele wie die in Zahlentafel 1 enthaltenen lassen sich auch für andere Anwendungsgebiete (z.B. im Hoch- und Tiefbau) erbringen; der wirtschaftliche Wert sachgemäßen Holzschutzes würde sich dabei stets klar ergeben. Die Wirksamkeit und damit Wirtschaftlichkeit einer Schutzbehandlung hängt, wie J. D. MacLean[1] feststellt, hauptsächlich von ihrer Gründlichkeit ab; richtige und reichliche Tränkung macht sich stets bezahlt, ungeeignete Tränkstoffe oder unzweckmäßige Verfahren sind teuer und ziehen Enttäuschungen nach sich.

511. Vorbehandlung des Holzes.

511.1 Entrinden vor dem Tränken.

511.10 Allgemeines. Unerläßlich für erfolgreichen Holzschutz ist einwandfreier Zustand und sachgemäße Behandlung des Holzes vor der Tränkung. Zu konservierendes Holz soll nach Möglichkeit gesund, d. h. weder von pflanzlichen, noch von tierischen Schädlingen befallen sein. Zwischen sommergefälltem und wintergefälltem, geflößtem und nicht geflößtem Holz bestehen in der Imprägnierbarkeit keine Unterschiede. Allerdings ist daran zu erinnern, daß bei Sommerfällung besondere Sorgfalt geboten ist, um Pilzansteckung und Insektenbefall, beide von feuchtwarmem Klima begünstigt, zu verhüten. Im übrigen setzt die Tränkreife des Holzes — wenn man von den Saftverdrängungsverfahren, die grünes, unentrindetes Holz erfordern, und vom Osmoseverfahren absieht, das grünes, aber entrindetes Holz verlangt — Lufttrockenheit und völlige Entrindung sowie Entbastung voraus. Nur in diesem Zustand liegen im allgemeinen für die Absorption des Schutzmittels günstige Voraussetzungen vor. Allerdings ergaben Versuche von H. Ramstetter[2], daß auch grünes Kiefernholz ($u \leqq 128\%$) bei ausreichender Tränkzeit genügende Mengen an öligen und ölartigen Schutzmitteln aufnimmt, um eine mehrfache Sicherheit gegen Pilzbefall zu erhalten.

Entrindet wird hauptsächlich Rundholz in Form von Masten, Stangen und Grubenholz. Gesägte oder bebeilte Holzerzeugnisse (z. B. Schwellen) müssen nur dann entrindet werden, wenn sie erhebliche Waldkanten besitzen oder durch Halbieren von unentrindetem Rundholz hergestellt wurden. Von Hand läßt sich grünes Rundholz im Frühjahr und Frühsommer mit geeigneten Werkzeugen leicht entrinden, da zu dieser Zeit das Kambium weich und schmierig ist (vgl. Bd. I, S. 180). Während der übrigen Jahreszeit ist die Schälbarkeit sehr verringert.

Bis vor wenigen Jahren erfolgte das Entrinden mangels leistungsfähiger Maschinen fast ausschließlich mit der Hand, neuerdings werden aber mehr und mehr Entrindungsmaschinen verwendet. Bei ihrer großen Bedeutung nicht nur für die Imprägnierwerke, sondern auch für Sägewerke, Sperrholzfabriken, sonstige Holzbearbeitungsbetriebe und vor allem für die Zellstoffindustrie, ist eine gedrängte Darstellung der Wirkungsweise erforderlich.

Wenn die Rinde festgetrocknet oder im Winter festgefroren ist, bedarf es vor der Entrindung gewöhnlich einer Vorbehandlung mit Dampf, heißem Wasser oder einer Kombination von beidem. Der Dampfverbrauch beträgt nach schwedischen Angaben[3] je nach Holzzustand, Jahreszeit und Verfahren zwischen 20 und 60 kg/fm. Die Dauer der Behandlung schwankt zwischen 3 und 12 h.

---

[1] MacLean, J. D.: Manual on Preservative Treatment of Wood by Pressure, US Dept. Agric., Miscellan. Publ. No. 224. Washington 1935.

[2] Ramstetter, H.: Z. VDI Bd. 84 (1940) S. 776.

[3] Juštšuk, E.: Holz als Roh- und Werkstoff Bd. 10 (1952) S. 229.

Die Entrindungsmaschinen[1] lassen sich nach folgendem Schema einteilen:

A. Mechanische Entrindungsmaschinen.

1. Schneidende Entrindungsmaschinen
2. Reibungs- oder Friktions-Entrindungsmaschinen
   a) Reibung Stamm gegen Stamm
   b) Reibung Stamm gegen Ketten oder Werkzeuge.

B. Hydraulische Entrindungsmaschinen

C. Dampfexplosions-Entrindungsmaschinen.

Allgemein wird nach I. W. Smith[1] von Entrindungsmaschinen folgendes verlangt:

1. Die Entrindung soll kontinuierlich erfolgen;
2. die Entrindung soll möglichst ohne Rotation der Stämme vor sich gehen, so daß auch krumme Stämme wirksam entrindet werden können;
3. alle Bewegungen sollen mechanisch erfolgen, um Lohnkosten zu ersparen;
4. die Holzverluste sollen möglichst klein sein, trotzdem soll die Rinde vollständig zu jeder Jahreszeit und auch bei ungeflößtem Holz entfernt werden;
5. die Maschine soll wirtschaftlich im Energieverbrauch sein. Dies ist im allmeinen der Fall, wenn sie etwa 90 oder weniger kW Anschlußleistung bei einer Entrindungsgeschwindigkeit von 30 m/min hat;
6. die Maschinen dürfen nicht zu kompliziert sein, da dies den Anschaffungspreis und den Betrieb ungünstig beeinflußt.

511.11 Schneidende Entrindungsmaschinen. Diese Maschinen schälen die Rinde von den Rundlingen oder Schwarten mit schneidenden Werkzeugen ab. Sie besitzen eine Anzahl (meist 4 bis 6) Messer, unter Umständen mit schraubenförmigen Schneiden, die in einer rotierenden Messerscheibe oder einer Messerwelle befestigt sind. Sie können ortsfest oder ortsbeweglich sein. Die Holzverluste sind mit 10 bis 20% beträchtlich, jedoch werden beispielsweise Masten einwandfrei rund. Kleine von Hand bediente Schälmaschinen bestehen im wesentlichen aus einem frei aufgehängten Elektromotor mit verlängerter Achse, auf der die Messerwelle sitzt.

Bild 2. Doppelschäler der Maschinenfabrik Albert Bezner, Ravensburg.

[1] Smith, I. W.: Mechanical Methods of Bark Removal, For. Prod. Res. Soc. 1948 Preprint 15. — G. E. Bell u. P. E. Martin: Bark Removal Methods and Machines, For. Prod. Lab. Ottawa, Mimeo. 0—162, Sept. 1951.

Bei den schwereren stationären Messerschälmaschinen gibt es verschiedene Bauarten.

Die Scheibenentrindungsmaschinen, die auch in Zwillingsbauart geliefert werden (Bild 2), besitzen senkrechte rotierende Scheiben mit radialen Schlitzen, in denen die Messer befestigt sind. Eine Gruppe von Maschinen besitzt Arme, die

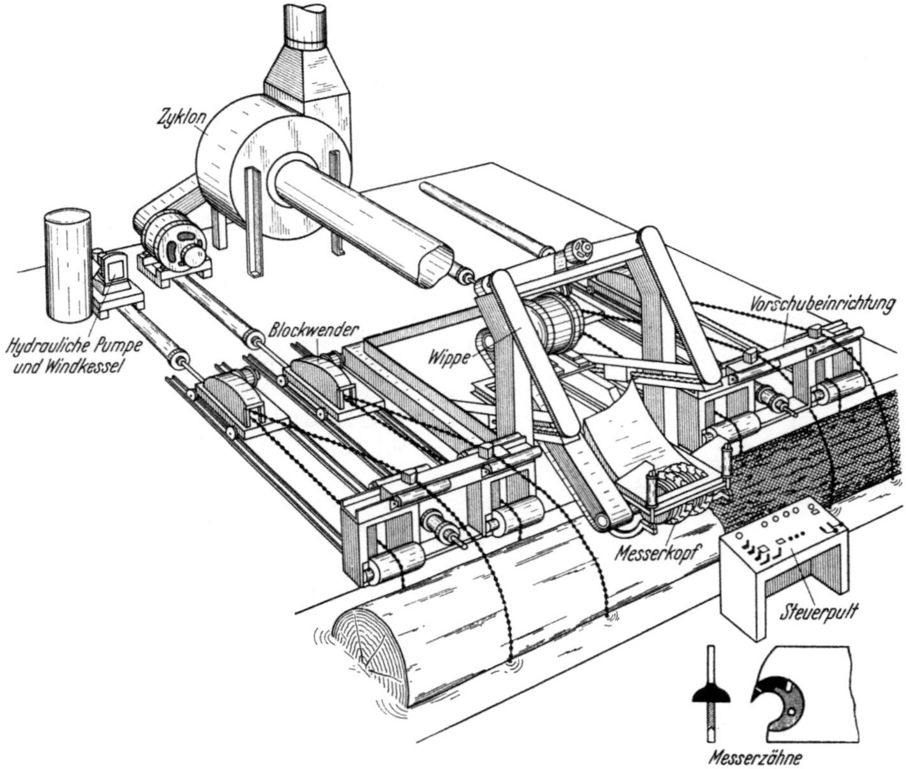

Bild 3. Schema der Sägeblock-Entrindungsanlage, Bauart E. V. Prentice Co., Portland, Ore.

vorne schnellaufende Messerköpfe tragen; diese werden hydraulisch oder pneumatisch gegen das Holz angepreßt und schälen die Rinde sauber in Streifenform ab[1]. Das Holz kann wie in einer Drehbank zwischen Spitzen oder Spannbacken eingespannt sein. Der Werkzeugträger wird dann längs einer Mantellinie des rotierenden Blocks verschoben. Die Schnittiefe wird durch den Anpreßdruck des Messerkopfes geregelt.

Bild 3 zeigt eine Anlage, die ganze Sägeblöcke im Wasser entrindet. Endlose Ketten sind in Schlingen um den Block gelegt und festgezogen. Die Geschwindigkeit (zwischen 0,3 bis 20 m/min) und Richtung der Kettenbewegung werden vom Steuerpult aus geregelt. Der schwimmende Block dreht sich im Wasser und erhält gleichzeitig einen Vorschub in seiner Längsrichtung. In der Mitte zwischen den beiden Block-Dreheinheiten befindet sich die an einer schweren Wippe angebrachte Schälvorrichtung. Sie besteht aus einem Messerkopf mit 490 mm Breite und 610 mm Durchmesser. 17 Messer besitzen auswechselbare Zähne. Die Schnitt-

[1] Vgl. West Coast Lumberman Bd. 76 (1949) Nr. 2, S. 150; Ref. Holz-Zbl. Bd. 75 (1949) S. 807; Wood (USA) Bd. 4 (1949) Nr. 7, S. 48; Ref. Holz-Zbl. Bd. 75 (1949) S. 989.

tiefe wird durch verstellbare Bügel zu beiden Seiten des Messerkopfs überwacht. Die Maschine eignet sich für Blöcke, die mindestens 4,3 m lang sind und mindestens einen Durchmesser von 300 mm haben. Zu erwähnen sind die drei verschiedenen Bewegungsmöglichkeiten des Messerkopfs: 1. Auf- und Abschwingen (höchste Lage 28° über dem Wasserspiegel) in einer Ebene senkrecht zur Messerkopfachse zwecks Anpassung an den Blockdurchmesser; 2. Neigen in einer Ebene durch die Messerkopfachse senkrecht zum Wasserspiegel zwecks Anpassung an die Abholzigkeit des Blocks; 3. Querschwingung des Trägerrahmens der Entrindungsvorrichtung ähnlich der Neigung des Messerkopfes zwecks Anpassung an fehlerhafte Stammformen.

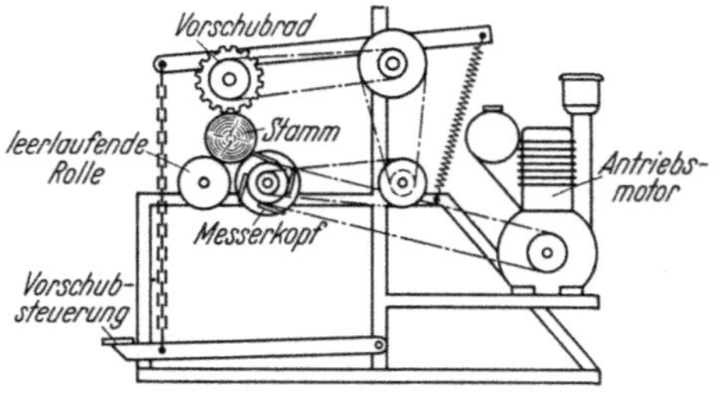

Bild 4. Schema des Peppy-Schälers der Sandy Hill Iron & Brass Works, Hudson Falls, N.Y. (Nach I. W. Smith.)

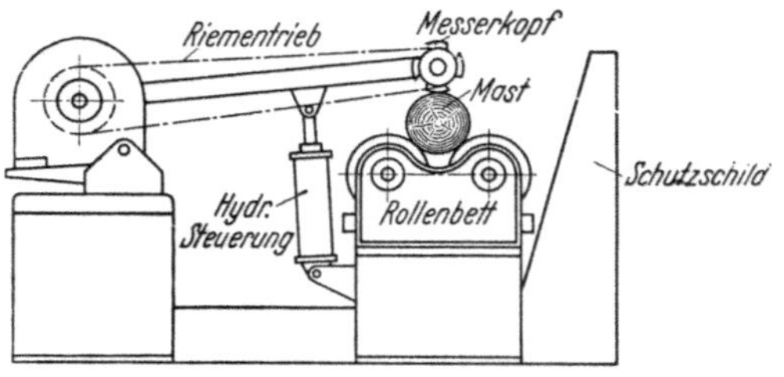

Bild 5. Schema der Mastenschälmaschine, Bauart Efurd Machine & Welding Co., Bossier City, La. (Nach I. W. Smith.)

Bei einer weiteren Gruppe von Maschinen für Masten und Faserholz werden die Rundlinge gedreht und gleichzeitig kontinuierlich durch die Maschinen befördert. Bild 4 stellt den Peppy-Schäler dar. Der Rundling ruht dabei auf dem umlaufenden Messerkopf und einer Leerlaufrolle und erhält seinen Vorschub sowie seine Umdrehung durch ein gezahntes angetriebenes Rad, das von oben mittels Fußdrucks gegen das Holz gepreßt wird. Bei der Efurd-Mastenschälmaschine (Bild 5) werden die Stämme gedreht und vorgeschoben durch ein mechanisch angetriebenes Rollenbett. Zwei in Tandemanordnung am Ende eines Schwingrahmens sitzende Messerköpfe werden hydraulisch gegen das Holz gepreßt. Der eine Messerkopf dient zum rohen Vorschälen, der andere zum Nachglätten. Drei Elektromotoren sind vorhanden. Leistung 1 Mast je min.

Bei der schwedischen Messerschälmaschine Bauart Karlstads Mekaniska Verkstad (Bild 6) werden die Vorschubrollen pneumatisch gegen das Holz gepreßt; ihre Geschwindigkeit kann der Holzbeschaffenheit angepaßt werden. Die Messerscheibe ist sphärisch und mit sechs Messern bestückt; der Energiebedarf liegt für die Messerscheibe zwischen 22 und 26 kW, für die Vorschubvorrichtung bei 3 kW. Die Leistung der Maschine wird zu 10 bis 20 rm/h angegeben. Bei der Maschine Bauart Wennbergs Mekaniska Verkstad wandert der Stamm, ohne sich zu drehen, durch einen rotierenden Ring, auf dem drei in der Gegenrichtung umlaufende Entrindungsorgane mit Messern und anschließenden Bürsten befestigt sind. Der Vorteil dieser Maschine liegt darin, daß die Werkzeuge den Unebenheiten des Stamms folgen, wodurch sich kleinere Holzverluste ergeben als bei anderen schneidenden Entrindungsmaschinen. Energieverbrauch etwa 16 kW.

Eine kleine in Schweden von Wigren-Munksunds entwickelte transportierbare Entrindungsmaschine besitzt als schneidende Werkzeuge Keilriemen mit Zähnen; die Zahngeschwindigkeit ist mit 170 m/s sehr hoch. Das Holz wird in der Maschine mit einem Winkel von etwa 70° über die Keilriemen geschoben und durch den Angriff der Zähne gleichzeitig entrindet und in Drehung versetzt.

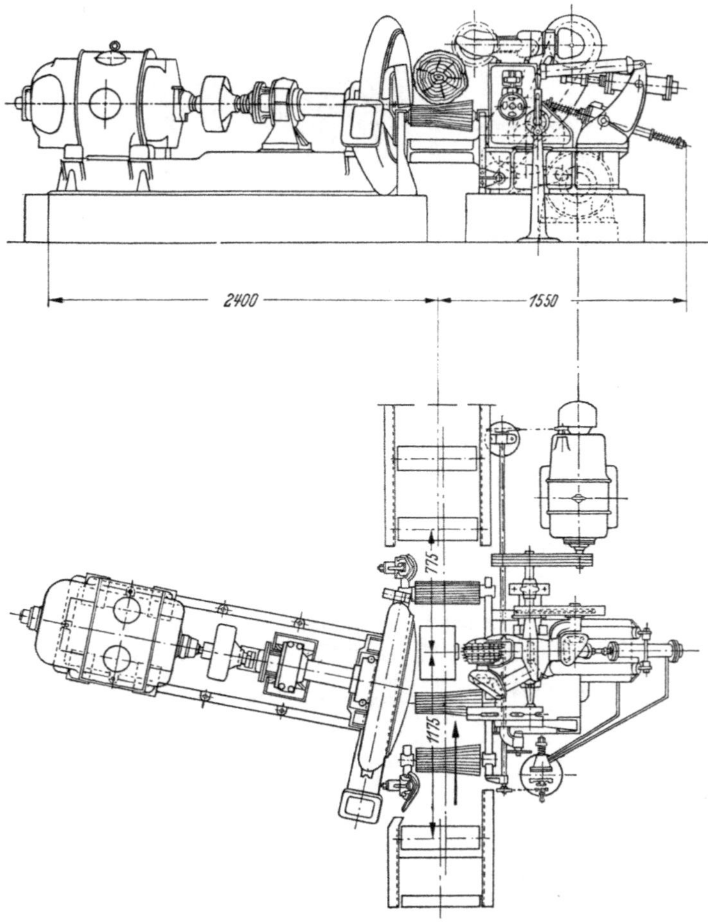

Bild 6. Messerschälmaschine, Bauart Karlstads Mekaniska Verkstad. (Nach E. Juštšuk.)

511.12 Reibungs- oder Friktionsmaschinen. 511.121. Maschinen mit Reibung von Stamm gegen Stamm. Die Entrindung durch die Reibung von Stamm gegen Stamm in Trommeln oder Trögen wird hauptsächlich in der Zellstoffindustrie angewendet. Mit zu den ältesten Entrindungsmaschinen dieser Art gehört der Thorne-Entrinder (Bild 7). Er besteht aus drei Blechtrögen, die weit genug sind, um die üblichen Faserholzmengen aufzunehmen. Am Boden jedes Troges befindet sich eine Nockenwelle ($n = 13$ U/min), welche die Rundlinge in den Trögen in Bewegung versetzt. Von oben her wird Wasser über das Holz gesprüht, während es sich langsam von der Aufgabestelle durch die einzelnen Tröge bis zur Entladestelle hindurcharbeitet. Das Verfahren setzt hohe Holzfeuchtigkeit, also lange Wasserlagerung, voraus. Bei ungenügend langer Einweichzeit können 25 bis 70% der Rundlinge mangelhaft entrindet sein und müssen ein zweites Mal durch die Vorrichtung geschickt werden. Energiebedarf bei 1,2 m Trogweite rd. 33 kW. Durch eine Thorne-Entrindungsanlage dieser Größe können stündlich etwa 40 m³ Holz durchlaufen, wovon etwa 15 m³ beim ersten Durchgang einwandfrei entrindet werden.

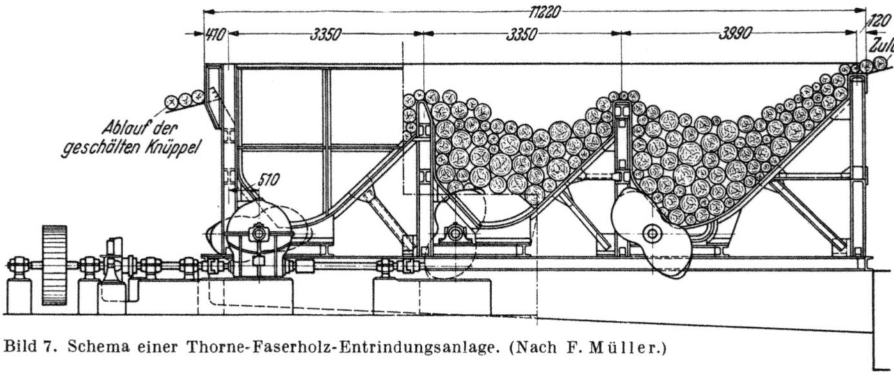

Bild 7. Schema einer Thorne-Faserholz-Entrindungsanlage. (Nach F. Müller.)

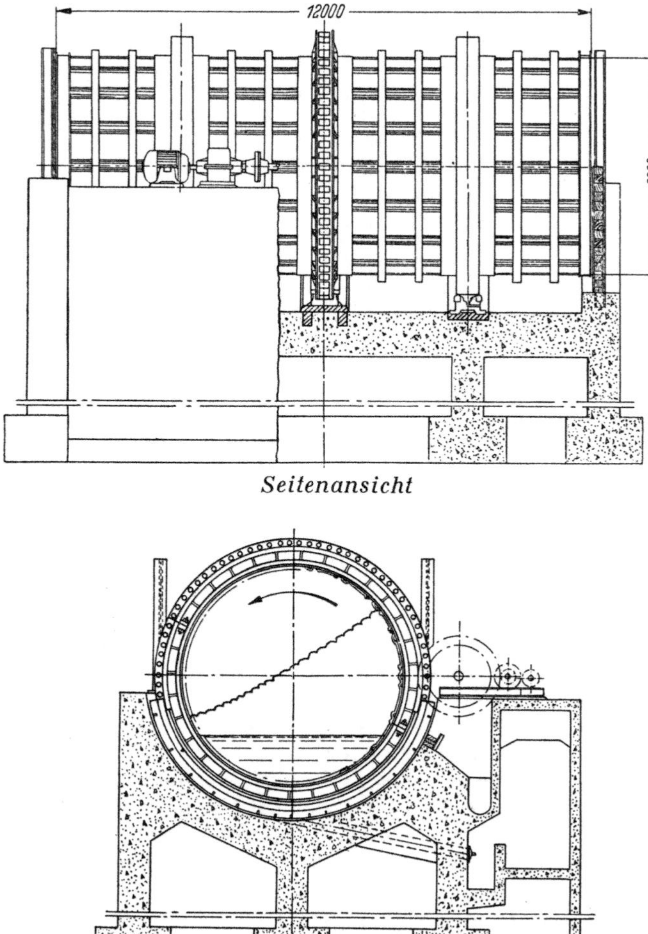

Bild 8. Entrindungstrommel, Bauart Waplan. (Nach E. Juštšuk.)

Die Trommelentrinder (z. B. Bauart Waplan, Bild 8) haben verhältnismäßig große Kapazität, geringen Holzverlust (1 bis 2%), niedrige Betriebskosten und hohe Entrindungsgüte. Als Nachteile gelten Beschädigung der Holzenden und Eindringen von Rindenteilchen in Holzrisse. Die Trommeln können Längen von 8 bis 20 m, Durchmesser von 3 bis 6 m haben. Oft sitzen mehrere Trommeln auf einer gemeinsamen Achse. Sie laufen verhältnismäßig langsam um, wobei die Stämme aneinander und an der Trommelwand, die aus Profileisen mit dazwischenliegenden Schlitzen besteht, reiben. Die Trommeln sind an beiden Enden offen, so daß die Stämme hindurchwandern können. Der Einfluß der Holzbeschaffenheit geht aus nachfolgender Zusammenstellung hervor, die für eine Entrindungsanlage mit drei nacheinander geschalteten 8 m langen Trommeln von 3,2 m Durchmesser gilt, in die das Holz ohne Vorbehandlung eingeführt wurde:

Zustand des Holzes	Leistung fm Holz je h
naß geflößt	16 bis 19
ausgetrocknet geflößt	10 bis 12
ausgetrocknet ungeflößt	5 bis 6

Energieverbrauch jeder Trommel rd. 65 kW, Wasserverbrauch für die Entrindung 60 l/min je m³ stündlich entrindetes Holz.

In Schweden und USA werden auch kleine Trommelentrindungsmaschinen auf Lastwagen aufgebaut. Bei einer Ausführung ist die Trommel 2,5 m lang und hat 2 m Durchmesser. Sie läuft rd. 25 U/min und hat ein Aufnahmevermögen von 3,5 rm Holz.

Die Entrindungsmaschine nach Ormell-Waplan (Bild 9) arbeitet ebenfalls nach dem Reibungsverfahren Stamm gegen Stamm unter Wasserbegießung. Die Rundlinge werden aber nicht in der Längsrichtung, sondern quer zu ihrer Längsachse bewegt. Die Entrindung erfolgt in einem Trog oder einer Tasche, in deren Boden Mitnehmerketten eingelassen sind. Das Holz muß in seiner Länge der Apparatebreite (z. B. 5,5 m) entsprechen. Die Mitnehmerketten erteilen den Stämmen einerseits eine Drehung, anderseits befördern sie sie vom Boden zur Trogkante.

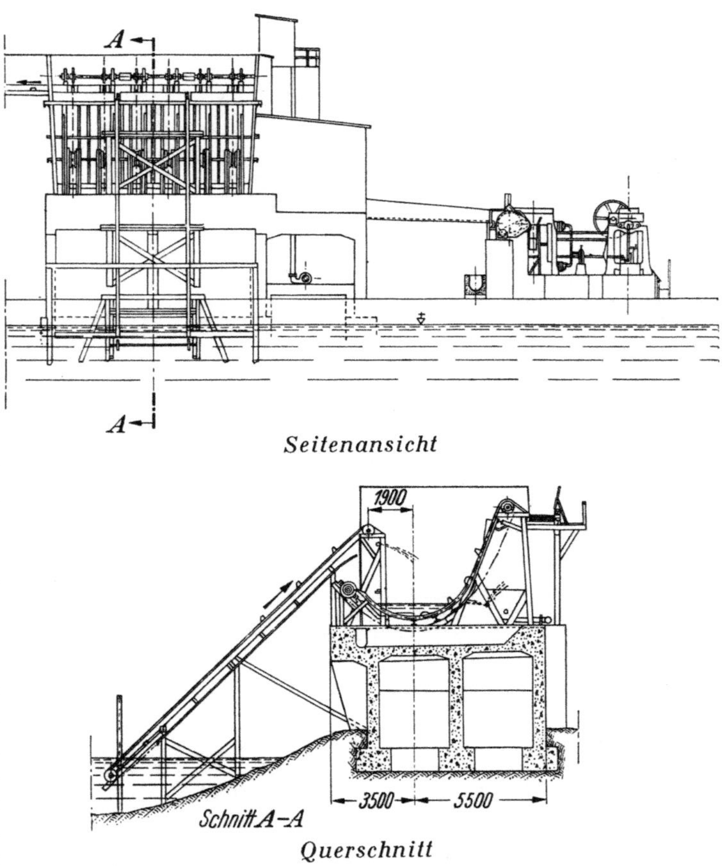

Bild 9. Entrindungsanlage, Bauart Ormell-Waplan. (Nach E. Juštšuk.)

Ähnlich gebaut ist der Entrinder für Sägeblöcke der Waterous Ltd., Brantford (siehe Bild 10). Er besitzt einen Trog, der weit genug ist, um Blöcke bis zu 5,5 m Länge aufzunehmen. Die Bewegung des Holzes wird durch 3 oder 4 Mitnehmerketten bewirkt. Die losgeriebene Rinde wird durch Wasserstrahlen fortgewaschen. Ungenügend entrindete Stämme werden auf dem Weg zur Entladestelle durch einen Kipphebel, den ein Arbeiter betätigt, in den Trog zurückgeschleudert. Gute Ergebnisse erhält man, wenn die Blöcke mehrere Monate im Wasser gelagert waren. Blöcke mit weniger als 3 m Länge und unter 13 cm Durchmesser würden in der Maschine beschädigt. Leistungsbedarf der Vorschubketten 48 kW,

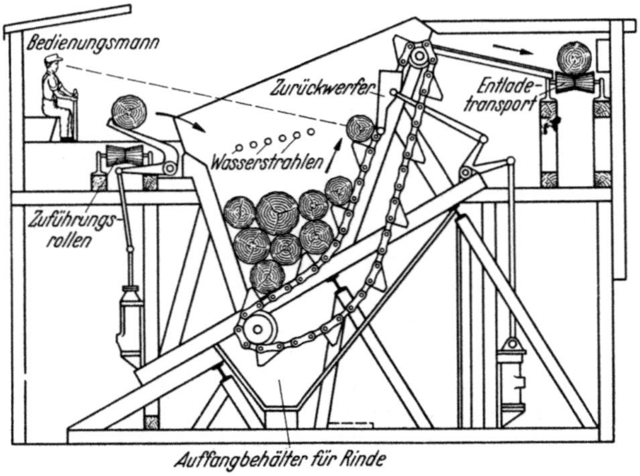

Bild 10. Schema der Reibungs-Entrindungsmaschine, Bauart Waterous Ltd., Brantford. (Nach I. W. Smith.)

der übrigen Fördermittel 25 kW, der Wasserpumpe 55 kW, Durchschnittsleistung etwa 300 Stämme je h.

Bei der schwedischen Entrindungsmaschine Bauart Finshyttan (siehe Bild 11) laufen im Trogboden statt Ketten zwei oder vier Schnecken mit abgerundeten Gängen synchron im Gegenlauf. Dem Holz wird durch die Schnecken eine Schaukelbewegung gleichzeitig mit einer Lageveränderung erteilt. Energieverbrauch

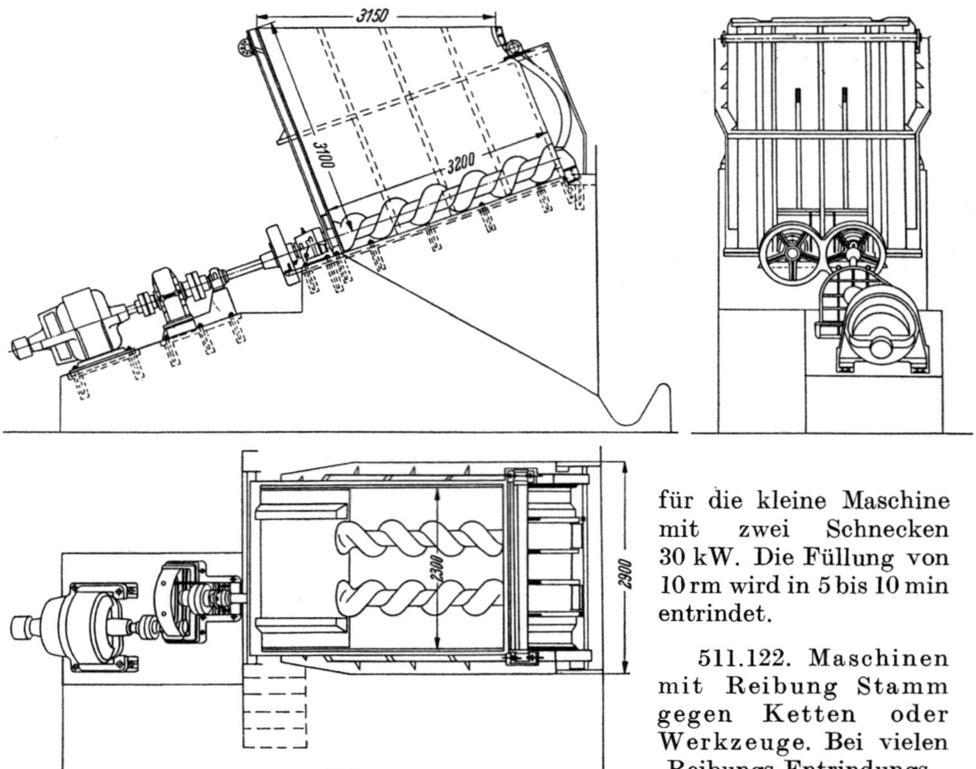

Bild 11. Entrindungsmaschine, Bauart Finshyttan. (Nach E. Juštšuk.)

für die kleine Maschine mit zwei Schnecken 30 kW. Die Füllung von 10 rm wird in 5 bis 10 min entrindet.

511.122. Maschinen mit Reibung Stamm gegen Ketten oder Werkzeuge. Bei vielen Reibungs-Entrindungsmaschinen wird die Rinde vom Stamm durch verschiedene Maschinenelemente abgerieben. Diese Elemente bestehen entweder aus Ketten oder abgerundeten Stahlnasen, pyramidenförmigen Stempeln, Hämmern usw.

Bei der ortsbeweglichen Nekoosa-Schälmaschine, die auf einem Fahrgestell aufgebaut ist (Bild 12), rotiert das Faserholz, das Durchmesser von 80 bis 300 mm haben kann, und wird zwischen drei Rollen vorgeschoben: einer Leerlaufrolle, einer mechanisch-angetriebenen Rolle, an der mehrere Sätze von Hämmern

Bild 12. Fahrbare Entrindungsmaschine für Faserholz, Bauart Nekoosa Foundry Machine Works, Nekoosa, Wisc.

angebracht sind, welche die Rinde tangential abschlagen (Schlagzahl variabel bis zu 36000/min), sowie einer Vorschubrolle, die in einem Winkel zur Rundlingachse steht und dadurch sowohl Vorschub als auch Drehung des Rundlings bewirkt. Das Holz läuft über einen Rollenförderer zur Maschine und verläßt sie über einen weiteren. Zum Antrieb dient ein $30^1/_2$-PS-Benzinmotor. Bedienung durch drei Mann. Die Entrindung ist bei grünem Holz bemerkenswert sauber, Durchschnittsleistung bei Fichten-Faserholz etwa 13 m^3/h.

Mehrere Maschinen gleichen sich darin, daß der Stamm durch einen rotierenden Ring läuft, in dem Ketten gespannt sind oder in dem Druckstempel radial vorgeschoben werden. Die erste dieser Maschinen ist die schwedische Åström-Entrindungsmaschine (Bild 13). Sie besteht aus einem rotierenden Teil in einem Ständer, dem Vorschubwerk und den nötigen Antriebsorganen. Der rotierende Teil, in dem vier Ketten mit Federn elastisch gespannt sind, umfaßt einen Entrindungsring und eine Trommel. Bei Einführung des Stammes bilden die Ketten eine viereckige Öffnung; der Ring wird dann hinter dem Stamm um etwa 90° verdreht, wodurch sich die Ketten dem Stamm anlegen. Durch die Rotation des Kettenrings und den gleichzeitigen Stammvorschub wird die

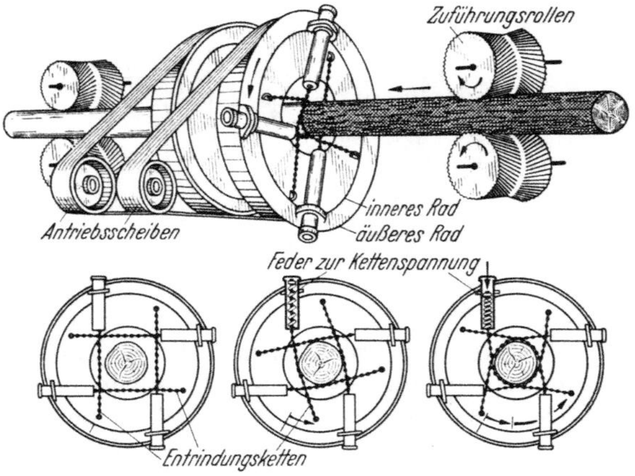

Bild 13. Schema der Entrindungsmaschine, Bauart Åström, und ihrer Wirkungsweise.

Rinde abgeschabt. Die Ketten folgen gut der Stammform, so daß auch krumme Hölzer entrindet werden können. Energiebedarf etwa 35 bis 45 kW, Leistung 125 bis 250 Blöcke (mit durchschnittlich 5,5 m Länge) je h. Nachteile der Maschine: bei gefrorenem Holz gleiten die Ketten, ohne zu schaben, auch bleibt am Stammende ein 10 bis 15 cm breiter Rindenring stehen, bevor die Ketten angreifen.

Die Kettenmaschinen haben die Entwicklung der Entrindungsmaschinen wesentlich gefördert. Bei der schwedischen pneumatischen Entrindungsmaschine von Andersson (Bild 14) sind die Ketten durch acht pneumatisch bediente,

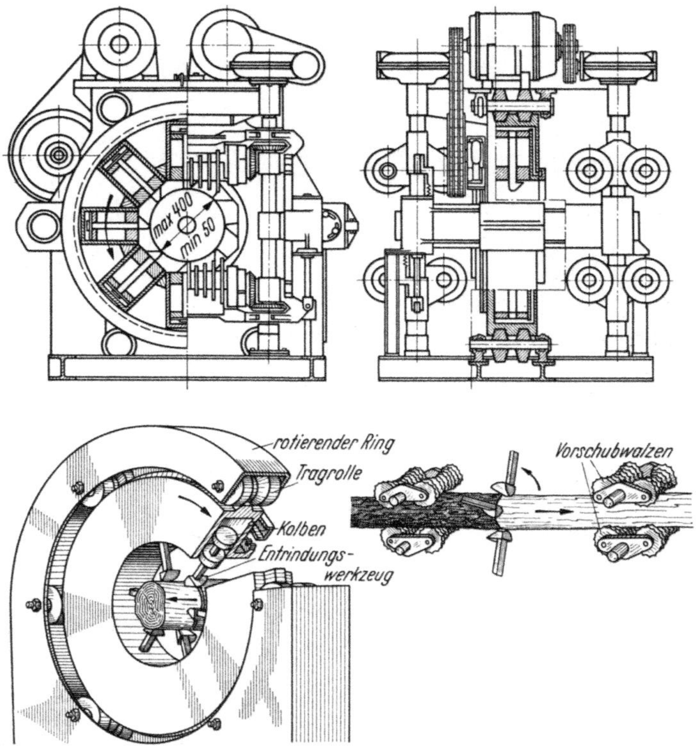

Bild 14. Schema der Entrindungsmaschine, Bauart Andersson, und ihrer Wirkungsweise.

mit Hartmetall bestückte Entrindungswerkzeuge ersetzt. Die Werkzeuge werden gegen das Holz mit regelbarem Luftdruck (an der Werkstückspitze bis zu 75 kg) gepreßt. Nach Abschalten der Preßluft befördert die Fliehkraft die Werkzeuge wieder nach außen. Die Kompressibilität der Luft läßt die Werkzeuge allen Unregelmäßigkeiten des Stamms gut folgen. Die Maschine entrindet Kiefer und Fichte (selbst in gefrorenem Zustand), aber auch Laubhölzer gut und praktisch ohne Holzverlust. Einige Leistungsangaben bringt Zahlentafel 2.

Bei anderen Entrindungsmaschinen mit ähnlichem Bauprinzip werden die Werkzeuge im Ring durch die Fliehkraft oder durch Federn beeinflußt. Eine amerikanische Ausführung von Reibungs-Entrindungsmaschinen ist ähnlich jener von schneidenden Maschinen, wobei der zu entrindende Block wie auf einer Furnierschälmaschine eingespannt ist (Bild 15); das abreibende Werkzeug ist eine abgerundete Stahlnase, die mit 7 kg/cm² Druck gegen die Rinde gepreßt

Zahlentafel 2. *Leistung der Andersson Entrindungsmaschine in Festmasse*[1].

Mittel-durchmesser		Vorschubgeschwindigkeit							
		16 m/min = 52,5 Fuß/min				24 m/min = 78,75 Fuß/min			
		Theoretische Leistung 100%		Praktische Leistung 75%		Theoretische Leistung 100%		Praktische Leistung 75%	
Zoll	cm	cu. ft.	m³	cu. ft.	m³	cu. ft.	m³	cu. ft.	m³
5	13	430	12	320	9	640	18	480	14
7	18	840	24	630	18	1260	36	950	27
9	23	1390	40	1040	30	2090	59	1560	44
11	28	2080	59	1560	44	3100	89	2340	66
13	33	2900	82	2180	62	4350	124	3270	92
15	38	3870	109	2900	82	5800	164	4350	123
17	43	4960	140	3720	105	7450	210	5600	157
19	48	6200	176	4650	132	9300	263	6980	197
21	53	7580	215	5680	161	11360	321	8520	241
23	58	9090	257	6820	193	13630	386	10220	290

Bild 15. Entrindungsmaschine mit hydraulisch betätigtem Druckschaber auf Support, Bauart Ederer Engineering Co., Seattle, Wash.

wird und diese abquetscht. Bei schwedischen Ermittlungen ergaben sich folgende Zahlen für die Betriebskosten je Raumeinheit geschältes Holz:

Schneidende Entrindungsmaschinen	Friktionsentrindungsmaschinen	
	Stamm gegen Stamm	mit Werkzeugen
1,60	1,47	1

511.13 Hydraulische Entrindungsmaschinen. Bei den hydraulischen Entrindungsmaschinen, die alle verhältnismäßig teuer sind und bei hohem Energieverbrauch hauptsächlich für das Entrinden schwerer Blöcke in Frage kommen, wird die Rinde durch scharfe Wasserstrahlen, die aus Düsen austreten, abgerissen

[1] Die Werte für Holzdurchmesser über 16″ sind theoretisch ausgerechnet.

und fortgespült. Die meisten solcher Maschinen befinden sich in Betrieben der Zellstoffindustrie, aber sie haben ihren Eingang auch in Säge- und Sperrholzwerke gefunden.

Bei der hydraulischen Entrindungsmaschine Bauart Bellingham (Bild 16) erhält der Stamm eine nach Drehsinn und Winkelgeschwindigkeit veränderliche Rotation durch Antriebsscheiben, die paarweise auf zwei parallelen Wellen

A

B

Bild 16. Hydraulische Entrindungsmaschine, Bauart Bellingham, der Sumner Iron Works, Everett, Wash. A Transportbett, B Düse beim Entrinden.

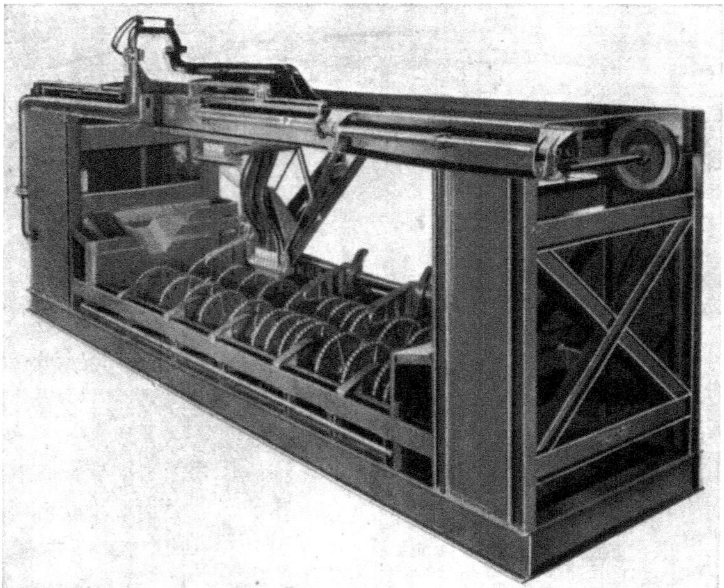

Bild 17. Hydraulische Entrindungsmaschine, Bauart Zellerbach, der Sumner Iron Works, Everett, Wash.

angeordnet sind. Ein Düsensystem wandert oberhalb des Stammes über seine ganze Länge, wobei sich der Abstand nach dem Stammdurchmesser richtet. Der Wasserdruck beträgt etwa 85 bis 90 kg/cm². Selbst sehr unregelmäßig geformte Stämme werden sauber entrindet. Der Wasserverbrauch liegt zwischen 2300 und 6000 l/min, der Energieverbrauch zwischen 440 und 1200 kW. Entrindet werden

A

können Stämme von 100 bis 1800 mm Durchmesser und Längen von 2,5 bis 6 m.

Beim hydraulischen Entrinder Bauart Zellerbach (Bild 17) liegt der Stamm auf einem Bett, das aus zwei parallelen Reihen gezahnter Mitnehmerscheiben besteht. Er erhält dadurch eine Drehung. Das Düsensystem ist in einem Wagen untergebracht, der oberhalb des Stamms über seine ganze Längsachse gefahren wird. Zum Entrinden eines Stamms werden nur 30 bis 40 s benötigt.

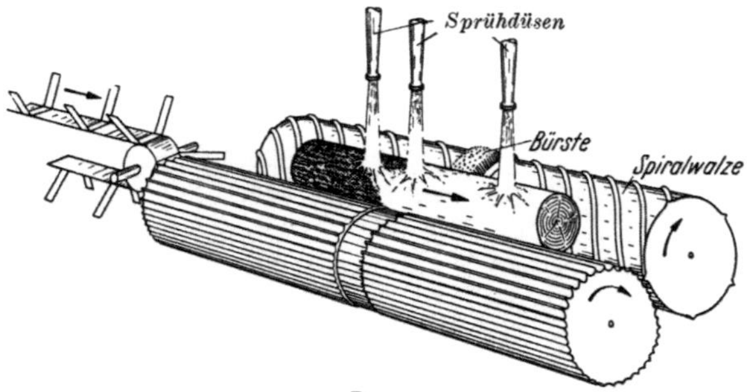

B

Bild 18. Hydraulische Entrindungsmaschine, Bauart Allis-Chalmers Manufacturing Co., Milwaukee, Wisc. A Ansicht, B Wirkungsschema.

Der Allis-Chalmers-Entrinder (Bild 18) besitzt in einem wasserdichten Gehäuse zwei Bettrollen von 3 m Länge und etwa 600 mm Durchmesser. Beide Rollen drehen sich im Gegenlauf, die eine besitzt Längsrillen, wodurch sie die aufgeschobenen Stämme dreht, die andere Spiralnuten, wodurch sie die Stämme vorschiebt. Über dem Stamm liegen drei einstellbare Düsen. Druckwasser von 60...85 kg/cm² erodiert die Rinde vom Stamm. Je nach dem Wasserdruck liegt der Energieverbrauch zwischen 350 und 600 kW.

Besonders bewährt haben sich die hydraulischen Maschinen vom Ring-Typus sowohl für dicke als auch für dünne Stämme. Die Kinderkrankheiten, die meist im Lecken des Rings unter dem hohen Wasserdruck bestanden, sind überwunden. Es gibt verschiedene Systeme für solche Entrindungsmaschinen[1]:

1. Der Stamm wird gedreht, während er durch den mit Düsen bestückten Ring wandert;

2. der Stamm geht ohne Rotation durch den allseitig mit Düsen versehenen Ring. Die Ringe können geschlossen sein oder auch nur aus Segmenten bestehen (Bild 19). Die Blöcke mit Durchmessern bis zu 760 mm wandern ohne Drehung durch die Ringsegmente, die 36 Düsen besitzen. Jede Düse kann einzeln betätigt werden, und für kleinere Blöcke kommt nur ein Teil des Rings zum Einsatz.

3. der Stamm wird durch einen sich drehenden Ring, in dem wenige Düsen eingesetzt sind, geschoben. Bild 20 zeigt die hydraulische Ring-Entrindungsmaschine der Hansel Engineering Co. Der Ring, der mit 4 Düsen versehen ist, dreht sich mit 75 U/min. Einige Leistungsangaben enthält Zahlentafel 3;

Zahlentafel 3. *Leistungsdaten für hydraulische Ring-Entrindungsmaschinen Bauart Hansel Engineering Company Seattle, Wash.*

Entrinder Größe	Mindest-durchmesser des Stammes	Größter zulässiger Durchmesser des Stammendes	Mindest-länge des Stammes	Mittlerer erforder-licher Wasser-druck	Größte Vorschub-geschwindig-keit	Anschluß-leistung	
	mm	mm	m	kg/cm²	m/min	PS	kW
18″	50	350	2,4	77	76	15	11
24″	50	500	2,4	77	62	50	37
30″	50	660	2,4	81	49	30	22
36″	75	760	2,4	84	43	40	29
42″	100	920	2,4	88	37	40	29
48″	100	1070	2,4	91	31	50	37
60″	150	1370	2,4	95	18	50	37
70″	150	1630	2,8	98	15	60	44
80″	150	1880	3,1	102	11	75	55

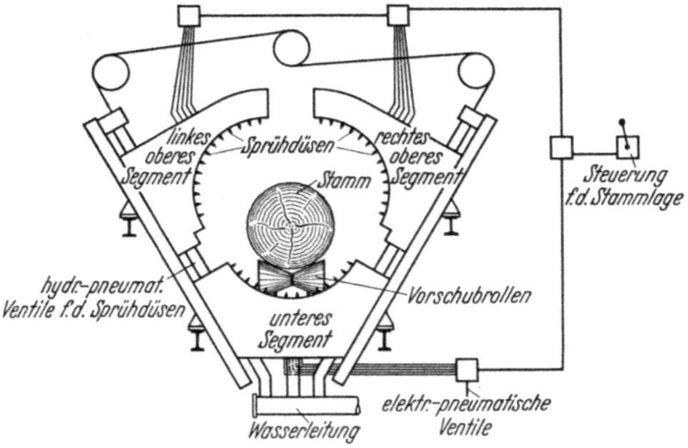

Bild 19. Hydraulische Entrindungsmaschine mit Ringsegmenten und 36 Düsen, Bauart Worthington der Soundview Pulp Company, Everett, Wash. (Nach I. W. Smith.)

4. der Stamm wird nicht bewegt, wogegen der Ring sich dreht und längs des Stammes verschoben wird.

Die Ring-Entrindungsmaschinen eignen sich für beliebige Stammlängen und für Durchmesser bis zu 1880 mm. Der Wasserdruck beim Auftreffen auf die Rinde bewegt sich zwischen 75 und 115 kg/cm²; die Düsenzahl kann sehr verschieden groß sein und zwischen 3 und 36 liegen. Soweit die Ringe rotieren, richtet sich ihre Drehzahl nach dem Ringdurchmesser und schwankt etwa zwischen 60 und 350 U/min für die größten bzw. kleinsten Ringe. Der Wasser-

[1] Graham, P. H.: Wood Working Digest Bd. 54 (1952) Juni, S. 51.

verbrauch liegt nach Angaben P. H. Graham bei 2300 bis 3200 l/min, er ist unmittelbar verhältnisgleich der Entrindungsleistung. Die Vorschubgeschwindigkeit der Blöcke durch die Entrindungsmaschinen schwankt zwischen 11 und 76 m/min. Sägewerke an der amerikanischen Westküste, die hydraulische Ent-

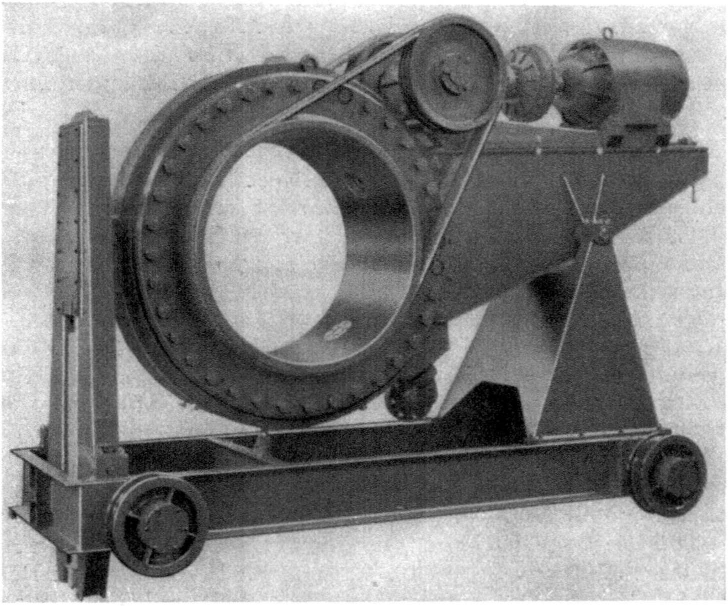

Bild 20. Hydraulische Entrindungsmaschine vom Ringtyp mit 4 Düsen, Bauart Hansel Engineering Co. Ltd., Seattle, Wash.

rindungsmaschinen verwenden, geben an, daß die Standzeit der Sägeblätter um bis zu 30% steigt. Weiter bieten die hydraulischen Entrindungsmaschinen folgende Vorteile:

1. Anwendbarkeit auf jede Holzart bei beliebiger Stammform;

2. völlig saubere Entrindung ohne Beschädigung der Stammenden und ohne Holzverluste bei gleichzeitiger Säuberung von Schmutz;

3. Eindringen der scharfen Wasserstrahlen in verrottete oder verfaulte Stellen an der Stammoberfläche und Ausräumen derselben (einschließlich fauler Äste), während die mechanischen Maschinen das gute wie das schlechte Holz ohne Unterschied entfernen;

4. beim Entrinden von nicht geflößtem oder nicht in Wasser gelagertem Holz nimmt die Rindenfeuchtigkeit infolge der kurzen Berührzeit mit dem Sprühwasser nur um etwa 5% zu. Es ist deshalb wenig oder keine Nachtrocknung erforderlich, wenn die Rinde verfeuert werden soll;

5. hohe Ausbeute beim nachfolgenden Sägen infolge der Sauberkeit des Holzes;

6. Verringerung der Aufräumarbeiten im Sägewerk, da nur sauberes rindenfreies Holz zum Einschnitt kommt.

511.14 Dampfexplosions-Entrindungsmaschinen. Diese Methode der Entrindung ist technologisch dem Dampfexplosionsverfahren verwandt, das bei der Holzzerfaserung nach Mason angewendet wird (s. Ziffer 764.231). Das zu entrindende Holz (Blöcke, Schwarten, aber auch Hackschnitzel) wird in einen dickwandigen Zylinder aus rostfreiem Stahl eingesetzt, der zunächst evakuiert wird. Hierauf wird Hochdruckdampf mit 14 bis 42 kg/cm² Spannung (die Spannung hängt von der Art des zu entrindenden Holzes ab) eingelassen. Der Druck wird dann plötzlich innerhalb von etwa 1/64 s aufgehoben, indem ein Ausblasventil geöffnet wird. Dabei wird die Rinde explosionsartig vom Holz abgerissen. Das Verfahren befindet sich noch in Entwicklung und Erprobung durch die Carthage Machine Co., Carthage, New York. Der Kraftbedarf ist mit etwa 4,5 kW gering; 6 Dampfkanonen sollen in der Leistung einer Entrindungstrommel gleichkommen.

511.15 Chemische Entrindung. Auch auf chemischem Wege hat man versucht, das Problem der Entrindung zu lösen. Zu erwähnen sind vor allem kanadische Versuche. Dabei wird am stehenden Stamm in Brusthöhe im Frühjahr oder Frühsommer mit einer doppelblätterigen Handsäge ein etwa 6 bis 7 cm breiter Rindenstreifen entfernt; auf das freigelegte Splintholz werden Chemikalien (am wirksamsten Ammoniumsulfaminat [$NH_4SO_3NH_2$], aber auch Arsenverbindungen [As_2O_3], Calciumchlorid [$CaCl_2$] und Natriumchlorat [$NaClO_3$], Natriummetasilikat [Na_2SiO_3] oder Natriumbisulfat [$NaHSO_4$]) in Pastenform aufgetragen und mittels einer Kreppapierbandage festgehalten. Das Gift wandert dann im Stamm zwischen Rinde und Holz mit dem Saftstrom während der Wachstumsperiode nach oben, zerstört das Kambium und tötet den Baum rasch ab. Nach dem Fällen der Bäume im Herbst (Oktober) läßt sich dann die Rinde sehr leicht mittels der üblichen Werkzeuge von Hand entfernen. Ammoniumsulfaminat bietet ferner den Vorteil, daß es den Boden nicht vergiftet, wie das meist bei den früher angewendeten Chemikalien der Fall war. Bei Gebrauch von Arsenverbindungen ist der Stamm zugleich gegen Verblauen und Borkenkäfer geschützt[1]. A. Villière[2] weist jedoch darauf hin, daß die abgestorbenen Stämme nach Anwendung chemischer Entrindungsverfahren leicht von Bläuepilzen und holzzerstörenden Insekten befallen werden, wenn sie zu lange stehen bleiben. Bei Nadelhölzern ist der Entrindungseffekt nach chemischer Vorbehandlung stärker als bei Laubhölzern. Der wesentliche Vorteil der chemischen Entrindung besteht darin, daß das Holz des abgestorbenen Stammes austrocknet und dadurch eine Gewichtsverminderung eintritt, die nach H. Gläser[3] bis über 40% betragen kann, sofern nur die chemische Behandlung rechtzeitig durchgeführt wird[4].

Die American Wood Preservers' Association hat für das Entrinden von zu imprägnierendem Holz folgende Vorschriften gegeben[5]: „Alles Rundholz soll vor der Behandlung sorgfältig entrindet werden. Als sorgfältig entrindet gilt nur Holz, von dem die ganze Borke und mindestens 80% des Bastes entfernt sind. In keinem Fall sollen Bastreste breiter als 19 mm und länger als 203 mm sein; zwischen Bastresten muß ein 25 mm breiter Streifen blanken Holzes sein. Sind die Bastreste auf der Stange schmaler als 19 mm, dann kann sich die Breite der Streifen blanken Holzes zwischen ihnen proportional unter 25 mm verringern.

---

[1] McIntosh, D. C.: Pulp Paper Mag. Can. Bd. 49 (1948) S. 117, 120. — Unasylva Bd. 2 (1948), S. 49.

[2] Villière, A.: Ecorçage chimique des bois. Revue for. franç. Bd. 3 (1951) S. 594 bis 595.

[3] Gläser, H.: Holz-Zbl. Bd. 77 (1951) S. 1089 bis 1091; vgl. auch Referat im Forstarchiv Bd. 22 (1951) S. 32.

[4] Stegmann, G.: Nordd. Holzwirtsch. Bd. 5 (1951) S. 9. — Derselbe: Das Papier Bd. 5 (1951) S. 162.

[5] Amer. Wood Pres. Assoc.: Manual of Recommended Practice; Spec. 2c, zit. nach G. M. Hunt u. G. A. Garratt: Wood Preservation, New York u. London 1938, S. 137.

Die Stangen dürfen an keiner Stelle ihres Umfangs mehr als 20% Bastreste enthalten."

Besonders gewissenhaftes Entrinden ist insbesondere an der Erdlinie von Masten, Stangen und Zaunpfählen und bei Anwendung von Eintauchverfahren, bei denen die Imprägnierung nicht durch Druckanwendung unterstützt wird, nötig. Allerdings darf durch das Schälen nicht zu viel Splintholz entfernt werden, da es bei vielen Hölzern allein aufnahmefähig für die Schutzmittel ist.

511.2 Freiluft-Trocknung vor dem Tränken.

Die Bedeutung der Trocknung vor der Imprägnierung kann nicht hoch genug veranschlagt werden. Enthalten die Zellhohlräume noch tropfbares Wasser wie im grünen Holz, dann ist es bei Eintauch- und Drucktränkverfahren fast unmöglich, die Imprägnierflüssigkeit in sie zu bringen. Die für die Imprägnierung günstigsten Feuchtigkeitswerte sind noch unbekannt; sie hängen innerhalb gewisser Grenzen von der Holzart, den Holzabmessungen und der Art des Schutzmittels ab. Wenn wäßrige Salzlösungen verwendet werden, kann die Holzfeuchtigkeit höher sein als bei öligen Schutzmitteln[1].

Die Trocknung erfolgt in der Regel als Freiluft-Trocknung (siehe Abschnitt 61). Zu beachten ist, daß Hölzer mit größeren Querschnitten viel langsamer und weniger einheitlich austrocknen als dünnere Schnittware. Die Dauer der Freilufttrocknung vor der Imprägnierung hängt außer von der Art und den Abmessungen des Trockenguts von den atmosphärischen Bedingungen und von der Anlage des Trockenplatzes ab. Hölzer mit großen Querschnitten können selbst nach einjähriger Lagerung an der Luft im Innern noch eine verhältnismäßig sehr hohe Feuchtigkeit haben, während sie außen schon lufttrocken sind. Aus einer Aufstellung von J. D. MacLean[2] ließen sich für die Verhältnisse der Vereinigten Staaten von Nordamerika bei der Freilufttrocknung für Eisenbahnschwellen vor dem Tränken folgende Zeiten ableiten: Kiefernschwellen 2 bis 5 bis 12 Monate, Buchenschwellen 6 bis 8 bis 12 Monate, Eichenschwellen 8 bis 11 bis 18 Monate.

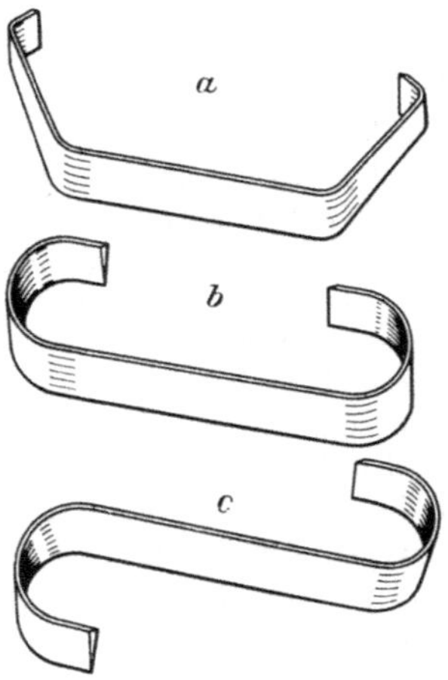

Bild 21. Eisenklammern zur Verhütung von Endrissen in Holzschwellen während der Trocknung. *a*) Bügelform; *b*) C-Klammer; *c*) S-Klammer. (Nach G. M. Hunt u. G. A. Garratt.)

Oberflächenrisse spielen bei zu imprägnierenden Hölzern meist eine geringe Rolle, während Endrisse vor allem bei dicht gewachsenen Hölzern sehr erheblich sein können. Die Stapelung ist für die Erscheinung oder Verhütung der Endrisse fast ohne Belang. Bis zu einem gewissen Grade bewährt hat sich das Einschlagen von Eisenklammern (Bild 21) in die Hirnflächen von Schwellen. Die Klammern müssen vor der Trocknung eingeschlagen werden und sollen möglichst viele Markstrahlen im rechten Winkel schneiden. Hirnholzanstriche, die das Austrocknen wesentlich verzögern, sind als Mittel gegen Endrisse vor der Imprägnierung nur dann statthaft, wenn sie das spätere Eindringen des Schutzmittels nicht beeinträchtigen oder wenn sie vorher wieder entfernt werden. Das Trimmen der Enden von Masten oder Schwellen vor der Imprägnierung ist in USA weit

[1] Timber Development Assoc. Ltd.: Timber Preservation, 4. Aufl. London 1949.

[2] MacLean, J. D.: Manual on Preservative Treatment of Wood by Pressure, US Dept. Agric., Misc. Publ. No. 224, Washington, D. C.

verbreitet, da es zugleich eine zuverlässige Kontrolle des Holzes auf etwaige Pilzschäden ermöglicht.

Man kann die Nachteile der Freilufttrocknung wie folgt zusammenfassen: Lange Dauer, Notwendigkeit ausgedehnter Lagerplätze, hoher Aufwand für die sorgfältige Stapelung, häufige Pilzinfektion trotz aller Vorsichtsmaßnahmen. Durch Anwendung von Wärme lassen sich diese Nachteile einschränken und die Ansteckungsgefahr weitgehend beseitigen.

511.3 Dämpfen und künstliche Trocknung vor dem Tränken.

Während Holzgegenstände, die später in geschlossene, im Winter geheizte Räume kommen, auf 6...10% Feuchtigkeitsgehalt zu trocknen sind, liegt die gewünschte Endfeuchtigkeit für zu tränkendes Holz zwischen 15 und 20%. In Band I (s. S. 475ff.) wurde nun gezeigt, daß die Trocknungswiderstände umgekehrt proportional dem Quadrat der Holzfeuchtigkeit sind. Schnittholz läßt sich deshalb auf 18% viel einfacher, rascher und wärmewirtschaftlicher trocknen als auf 6%. Für die Holzschutztechnik kommen aber so große Querschnitte in Frage, daß dieser Vorteil mehr als aufgewogen wird und im allgemeinen infolge der zu langen Trockenzeiten keine Wirtschaftlichkeit zu erzielen ist. Es fehlt aber nicht an Vorschlägen, die künstliche Trocknung der Holzschutztechnik nutzbar zu machen. F. H. Lyons[1] schlägt beispielsweise vor, lufttrockenes Holz in einer Trockenanlage anzuwärmen und es dann in einen mit kaltem Schutzmittel gefüllten Trog einzutauchen. Zweckmäßig ist die künstliche Trocknung von kleinen, mit wäßrigen Schutzmitteln zu imprägnierenden Holzteilen, wie Fensterrahmen, Türteilen, Fußbodenstäben, Möbelteilen (die beispielsweise gegen Termitenfraß geschützt werden sollen), Teilen von landwirtschaftlichen Geräten und Kraftwagenaufbauten.

In den Vereinigten Staaten hat sich in Fällen, wo die Freilufttrocknung nicht angewendet werden kann, ein Dämpf-Unterdruckverfahren gut bewährt. Das grüne Holz wird dabei in den Tränkzylindern während 3 bis 8 h mit Dampf von 1,4 bis 7 kg/cm² Spannung (entsprechend 109 bis 164° C) behandelt. Vorherrschend ist ein Druck von 2,5 kg/cm² (rd. 127° C). Manchmal wird der Dampfdruck langsam während 1 bis 2 h auf seinen Endwert gebracht, während in anderen Fällen der ganze Druck so rasch wie möglich angewendet wird. An das Dämpfen schließt sich eine Vakuumbehandlung von einer oder mehreren (bis 14) h an.

Während des Dämpfens wird das Holz erhitzt; der Verlauf der Temperaturen im Holzinneren wurde durch Versuche von J. D. MacLean[2] geklärt (s. Bd. I, Bild 400 bis 404). Die Holzfeuchtigkeit wird beim Dämpfen zunächst etwas durch Kondenswasser erhöht. Beim Evakuieren leistet die im Holz gespeicherte Wärmemenge Trockenarbeit. Der Dampf im Holz dehnt sich aus, außerdem liegt die Temperatur des Holzes über dem Siedepunkt des Wassers, der mit zunehmendem Unterdruck sinkt. Dadurch wird die Trocknung zunächst beschleunigt. Allerdings setzt nach kurzer Zeit infolge der fortschreitenden Abkühlung des Holzes wieder eine Bremsung der Trocknung ein, bis sie schließlich ganz aufhört. Es wurde festgestellt, daß praktisch nur in der ersten Stunde der Unterdruckbehandlung eine nennenswerte Entwässerung erzielt wird. Versuche an grünem Rundholz von Pinus palustris Mill. ergaben bei 5- bis 6stündiger Anwendung von Unterdruck, daß innerhalb der ersten Stunde, wenn das Holz

---

[1] US Pat. 1991811 v. 19. 2. 1935.

[2] MacLean, J. D.: Manual on Preservative Treatment of Wood by Pressure, US Dept. Agric., Misc. Publ. No. 224. Washington 1935, S. 30ff.

am heißesten ist, 50 bis 60% des insgesamt verdampften Wassers ausgetrieben wurden, 70 bis 80% in den ersten beiden Stunden, 82 bis 88% in 3 Stunden und 90 bis 95% in 4 Stunden. Nach Untersuchungen des US Forest Products Laboratory[1] verbessert sich der Wirkungsgrad erheblich, wenn Dämpfen und Evakuieren kurz in raschem Wechsel statt in zwei langen zusammenhängenden Zeiten aufeinander folgen. Diese Beobachtung steht in Übereinstimmung mit den Erfahrungen und Forschungen über die Vakuumtrocknung (s. S. 363); gewerbliche Anwendung hat dieses diskontinuierliche Verfahren aber in der Holzschutztechnik offenbar noch nicht gefunden. Nach J. D. MacLean kann man bei der Dämpf-Unterdruckbehandlung von grünen Kiefernstangen und -pfählen höchstens etwa 100 kg Wasser je m³ Holz entfernen. Dem entspricht eine Verminderung der ursprünglichen Holzfeuchtigkeit um etwa 15 bis 20%. Praktisch stammt dieses Wasser ganz aus dem Splintholz. Auf die physikalischen Eigenschaften und die Festigkeit der Hölzer hat das Dämpfen, wie später behandelt wird (s. S. 250), mehr oder minder Einfluß. Um nennenswerte Festigkeitseinbußen, Risse und Zelleinbrüche (Kollaps) sicher zu vermeiden, dürfen die Dämpftemperaturen nicht zu hoch und die Dämpfzeiten nicht zu lang sein. Lufttrockenes Holz zu dämpfen, ist nicht ratsam, da es sich mit mehr Vorteil durch genügend heiße Tränkmittel erhitzen läßt.

In USA meldete F. S. Shinn[2] zwei Patente an, die sich auf die Verbindung einer Vakuum-Druckbehandlung mit Dämpfen bezogen. Beispielsweise wurde das Holz zunächst im Tränkzylinder mit 1,4 kg/cm² 1 h lang gedämpft, dann eine Stunde mit hohem Vakuum behandelt, worauf der Luftdruck im Kessel auf 5,6 kg/cm² gebracht und eine weitere Stunde auf dieser Höhe gehalten wurde, um hierauf plötzlich abgesenkt zu werden. Das Verfahren soll durch diese plötzliche Druckminderung noch restliches im Holz enthaltenes freies Wasser austreiben. Bei dem zweiten Patent ist die Druckbehandlung zwischen Dämpfen und Vakuum eingeschaltet. Nennenswerte Verbreitung scheint die Methode nicht gefunden zu haben.

Ein weiteres bemerkenswertes Verfahren zur Trocknung oder Anpassung des Holzes an die Imprägnierbedingungen ist der Boulton-Prozeß[3], der in den Vereinigten Staaten vornehmlich für Douglasie und neuerdings in steigendem Maße für andere Holzarten, z. B. Roteiche, Buche, Kiefer, gewählt wird. Beim Boulton-Verfahren wird das Holz zunächst in einen Zylinder eingefahren, in den dann heißes Tränköl gefüllt wird; durch Heizung wird die hohe Öltemperatur aufrechterhalten, gleichzeitig wird evakuiert. Infolge der Erwärmung und des Unterdrucks verdampft ein Teil der Holzfeuchtigkeit; der Wasserdampf und begleitende Ölschwaden werden in einem Kondensator niedergeschlagen. Durch Messung des Kondenswassers läßt sich die Feuchtigkeitsabnahme im Holz fortlaufend verfolgen. Als übliche Temperaturen für Douglasie nennt J. D. MacLean bei Kantholz 82 bis 93° C, bei Stangen und Pfählen 93 bis 194° C. Der Unterdruck wird allmählich gesteigert und erreicht 610 und mehr mm Q.-S. Nach amerikanischen Erfahrungen empfiehlt es sich, bei der Entwässerung von Douglasie die Heizperiode solange fortzusetzen, bis die Kondenswassermenge auf etwa 1,6 kg/m³ je Stunde gesunken ist. Die Gesamtabnahme der Holzfeuchtigkeit hängt aber weniger von der Dauer der Boulton-Behandlung und der Öltemperatur ab als von der Anfangsfeuchtigkeit und dem Splintanteil. Versuche ergaben beispielsweise[4], daß Douglasienstangen (also Rundholz mit viel

[1] Amer. Wood Pres. Assoc.: Steaming Experiments on Green Maple Ties, AWPA Proc. 23d. Ann. Meeting 1927, S. 189.

[2] US Pat. 1687900 v. 16. 10. 1928; US Pat. 1763070 v. 10. 6. 1930.

[3] Das Verfahren wurde S. B. Boulton in England 1879, in USA 1881 geschützt. In Deutschland stammt eine ähnliche Erfindung von M. Rüping (1912, DRP 181777).

[4] MacLean, J. D.: Manual on Preservative Treatment of Wood by Pressure, US Dept. Agric., Misc. Publ. No. 224. Washington, D. C. 1935, S. 51.

unversehrtem Splint und damit hoher Anfangsfeuchtigkeit) etwa 215 kg Wasser je m^3 (während 43stündiger Kochzeit) verloren, während Douglasienschnittholz (mit wenig Splint) nur etwa 30 kg/m^3 (während 10,8 Stunden) abgab. Bei grünem Holz wird die Feuchtigkeit in der Regel nur bis zu einer gewissen Tiefe (bis etwa 50 mm unter der Oberfläche) unter den Fasersättigungspunkt gebracht.

Die Hauptvorteile des Boulton-Verfahrens sind folgende: niedrige Temperaturen, damit keine Verschlechterung der physikalischen Eigenschaften und der Festigkeit sowie stärkere Feuchtigkeitsabnahme als beim Dämpf-Vakuumverfahren (bei dem, wie oben gesagt, eine Erhöhung der Holzfeuchtigkeit eintreten kann). Nachteilig ist, daß das Verfahren lediglich vor Öltränkung in Frage kommt, daß es mehr kostet als Lufttrocknung und länger dauert als das Dämpfen.

Das Kochen von Holz in Teeröl bei atmosphärischem Luftdruck ist durch ein frühes Patent von W. G. Curtis und J. B. Isaacs[1] bekannt. Dabei wurden Temperaturen bis zu 121° erreicht. Eine starke Rißbildung war unvermeidlich, so daß sich nach T. R. C. Wilson[2] die Biegefestigkeit um bis zu 34% verringerte. Das Verfahren ist deshalb schon lange durch die mildere Vakuum-Kochbehandlung ersetzt worden.

Nach R. Keylwerth[3] kann aber das Einlegen von feuchtem Holz in heiße ölige Flüssigkeiten (z. B. Teeröl, Rohparaffin, Leinöl u. a.) praktische Bedeutung haben, wenn neben der erzielbaren außerordentlich raschen Austrocknung eine Tränkung des Holzes mit der betreffenden Flüssigkeit erwünscht ist (z. B. Parkettstäbe, Faserplatten, ölimprägnierte Holzteile aller Art) oder wenn die Tränkung sich zum mindesten nicht nachteilig auf die spätere Verwendung des Holzes auswirkt (z. B. gewisse Bauholzsortimente, s. auch Abschnitt 642).

G. M. Hunt und G. A. Garratt[4] erwähnen schließlich in ihrem Buch über den Holzschutz noch ein Belüftungsverfahren von J. B. Card zur Konditionierung von grünen Eichenschwellen. Die Schwellen werden dabei im Tränkzylinder bei normalem Luftdruck in Teeröl erhitzt. Die Temperatur wird langsam während 3 bis 4 Stunden auf 82° C gebracht und dann auf dieser Höhe gehalten. Das Öl wird hierauf abgelassen und mit einem kräftigen Gebläse Heißluft von 71° C Temperatur in den Zylinder eingeblasen; gleichzeitig wird der Zylinder im Inneren mit den vorhandenen Heizschlangen zusätzlich erhitzt. Die Heißluftspülung dauert 7 Stunden; gegen ihr Ende zu sinkt die Lufttemperatur bis auf 57° C. Die Schwellen geben während der Heißluftbehandlung Wasserdampf ab, der von der heißen Luft aufgenommen wird. Ein Teil der mit Wasserdampf beladenen Luft wird aus dem Kreislauf gezogen und durch trockene Frischluft ersetzt. Am Ende der Belüftungsperiode wird das Holz in üblicher Weise mit einem Vakuumdruckverfahren imprägniert.

511.4 Mechanische Behandlung des Holzes vor dem Tränken.

511.41 Hobeln und Bohren von Eisenbahnschwellen. Jede Art von spanabhebender Bearbeitung, z. B. durch Sägen, Hobeln oder Bohren, muß unbedingt vor der Imprägnierung erfolgen. Nachträgliche Bearbeitung entfernt einen Teil der besonders mit Schutzmittel angereicherten äußeren Holzschichten und kann unter Umständen sogar ungetränktes Kernholz bloßlegen. Das Vorbohren bietet bei Eisenbahnschwellen eine ganze Reihe von Vorteilen: Die Schwellennägel lassen sich hinterher leichter eintreiben; da dabei weniger Holz zerquetscht und

[1] US Pat. 545222 (1895).
[2] Wilson, T. R. C.: The Timberman Bd. 31 (1930) Juniheft S. 50.
[3] Keylwerth, R.: Holz-Zentralbl. Bd. 76 (1950) S. 771 bis 772.
[4] Hunt, G. M., u. G. A. Garratt: Wood Preservation, New York u. London 1938, S. 177.

abgeschert wird, wird der Ausziehwiderstand der Nägel höher als nach dem Eintreiben in nicht vorgebohrte Schwellen. Außerdem dringt das Schutzmittel beim Imprägnieren in die Bohrlöcher ein und wird von ihren Wandungen her zusätzlich in den Schwellenkörper gepreßt (Bild 22). Die Schutzmittelaufnahme wird dadurch gerade an der besonders gefährdeten Schwellensohle wesentlich verbessert.

Die Herrichtung hölzerner Eisenbahnschwellen erfolgt in neuzeitlichen Imprägnierwerken wie folgt[1]: Zunächst werden die beiden Auflageflächen für die Schienen-Unterlagsplatten maschinell angehobelt. Im gleichen Arbeits-

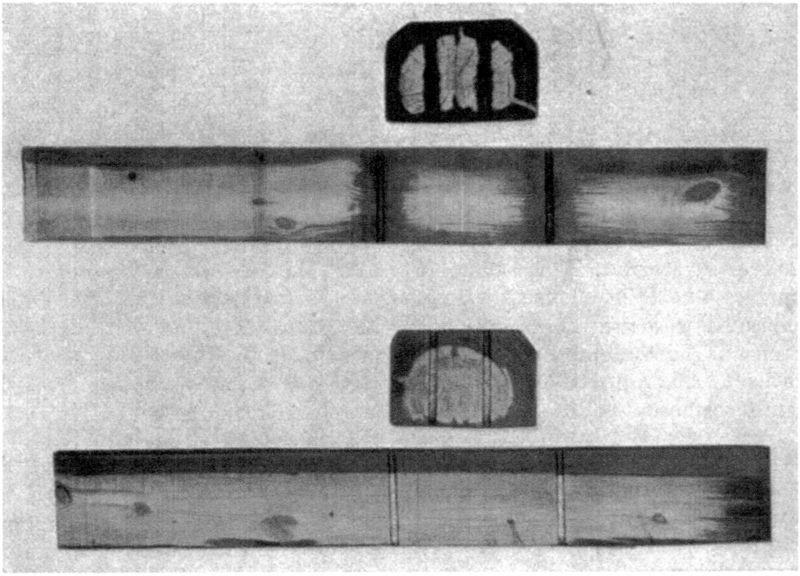

Bild 22. Schnitte durch eine vor dem Tränken und nach dem Tränken gebohrte Eisenbahnschwelle.

gang werden mittels ortsfest eingebauter Schwellenbohrmaschinen die Bohrlöcher für die Befestigungsschrauben der Unterlagsplatten erzeugt. Die Maschinen sind mit 8 Bohrspindeln ausgerüstet, die so verstellbar sind, daß jedes heute zur Verwendung gelangende Bohrprofil mit bis zu 8 Löchern hergestellt werden kann. Eine selbsttätig arbeitende Längszentrierung sorgt dafür, daß die beiden Hobelflächen unabhängig von der Schwellenlänge symmetrisch zur Schwellenmitte hergestellt werden. Eine Querzentrierung erfolgt unmittelbar vor dem Bohrvorgang. Sie ermöglicht, daß das Bohrbild symmetrisch zur Schwellenachse oder bei nicht geraden bzw. nicht vollmaßigen Schwellen symmetrisch zur vorhandenen Auflagefläche erzeugt wird. Die Bohrlochdurchmesser betragen bei Kiefernschwellen in der Regel 14 mm, bei Hartholzschwellen 16 mm. Bei Hartholz erhalten die Bohrlöcher oben zur Aufnahme des Schraubenschaftes eine konische Erweiterung. Mit Rücksicht darauf besitzen die Hartholzbohrer am oberen Teil einen konischen Fräser.

Vielfach erfolgt in den Maschinen als letzte Operation das Markieren oder Brennen der Schwellenenden, wobei die Markierhämmer pneumatisch in das

[1] Die neuzeitliche Herrichtung der hölzernen Eisenbahnschwellen auf den Imprägnierwerken, Die Holzschwelle 1929, H. 9, S. 173.

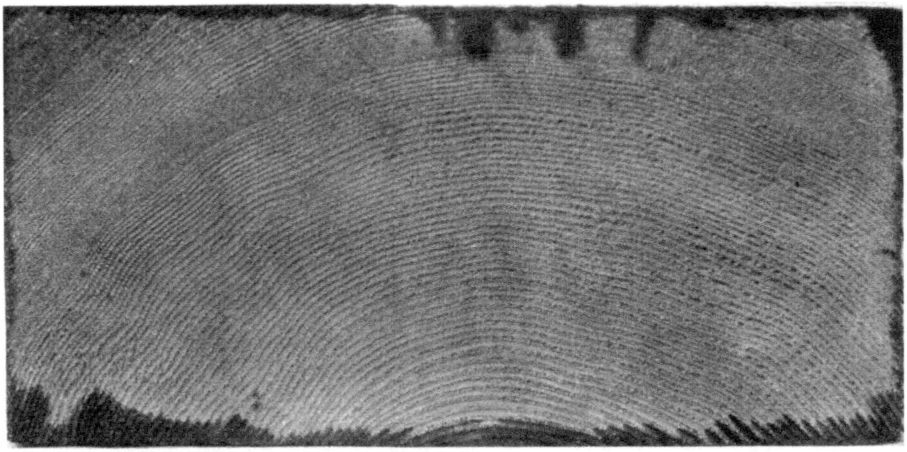

Bild 23. Querschnitt durch eine Douglasienschwelle ohne Einschnitte nach der Teeröltränkung. (Nach Timber Development Association.)

Holz getrieben werden. Eingeschlagen werden im Ausland insbesondere Eigentumsmarken und Symbole für die Holzart, die Schutzbehandlung, der Zeitpunkt der Behandlung sowie die Bestimmung der Schwellen. Es gibt verschiedene Bauarten von Schwellenhobel- und Bohrmaschinen. Teilweise aber sind sie vollautomatisch. Die Schwellen werden auf der einen Seite auf ein Förderband gelegt und verlassen tränkreif die Maschine am anderen Ende[1].

511.42 Einschneiden und Anstechen. Einige Hölzer, z. B. Fichte und Douglasie, setzen dem Eindringen der Schutzmittel einen sehr großen Widerstand entgegen. Die Folge ist selbst bei Drucktränkung eine ungleichmäßige Schutzmittelverteilung. Um diese Schwierigkeiten zu überwinden und um eine tiefere und gleichmäßigere Imprägnierung zu sichern, bringt man auf der ganzen Oberfläche der zu schützenden Hölzer oder in der besonderen Gefahrenzone 12 bis 20 mm tiefe schlitzförmige Löcher an. Die Länge der Schlitze, die parallel zur Holzfaser verlaufen, liegt in der Regel zwischen 6 und 20 mm, ihre Breite bei 3 mm. Vorteile bietet das Verfahren nur bei Hölzern, in die Schutzmittel längs der Faser ungeachtet ihres hohen seitlichen Tränkwiderstandes leicht eindringen. In USA werden im Douglasiengebiet alle zu schützenden Hölzer, die dicker als 75 mm sind, vor dem Tränken mit Einschnitten versehen (Bild 23 und 24). Daneben wird das Verfahren aber auch bei Schwellen aus Lodgepole pine (Pinus contorta Loudon), Buche, Birke und Ahorn angewendet. Der Verlust an Festigkeit durch das Einschneiden ist, wie Versuche ergaben, verhältnismäßig geringfügig; immerhin wird man darauf bedacht sein, nicht unnötig viele Löcher einzuschneiden. Die Abstände, die einzuhalten sind, um den gewünschten Erfolg zu verbürgen, hängen in gewissen Grenzen von der Holzart ab. Bei Masten und Stangen bringt man die Einschnitte nur auf einem etwa 90 cm breiten Gürtel in der Erdzone an (Bild 25). Die Masten werden unmittelbar vor dem Tränken mit den Einschnitten versehen, während man Eisenbahnschwellen und Bauholz vor oder nach der Trocknung behandeln kann.

[1] Lounsbury, J. A.: Amer. Wood Pres. Assoc. (AWPA) Proc. 9th Ann. Meeting 1913, S. 317; ferner AWPA — Proc. 17th Ann. Meeting 1921, S. 465; AWPA — Proc. 18th Ann. Meeting 1922, S. 315. — H. Ridder: Holz als Roh- und Werkstoff Bd. 11 (1953) S. 140.

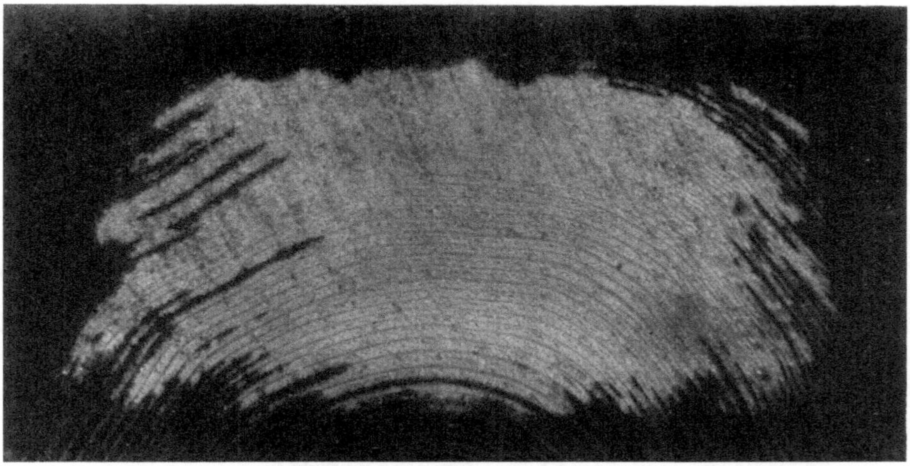

Bild 24. Querschnitt durch eine Douglasienschwelle mit Einschnitten nach der Teeröltränkung. (Nach Timber Development Association.)

Patente auf ein **Anstechverfahren** für Stangen, bei dem mittels rasch umlaufender Nadeln etwa 25 mm tiefe Löcher in den Stangenfuß gestochen wurden, erhielten 1911 und 1912 die Ungarn A. Koloßvary, S. Haltenberger und E. Berdenich[1]. Moderne Maschinen zum Einschneiden in Schwellen und Kantholz besitzen in der Hauptsache vier umlaufende Trommeln oder Walzen, die mit auswechselbaren und einstellbaren Zähnen bestückt sind, und zwar nach einem Schema, das dem gewünschten Einschnittbild entspricht (Bild 26 und 27)[2]. Zwei der Trommeln rotieren um senkrechte Achsen und narben die Seitenflächen des Holzes, während die beiden restlichen Walzen waagerechte Achsen besitzen und die Ober- und Unterseite des Holzes bearbeiten. Die Walzen können innerhalb weiter Grenzen (50 bis 660 mm Dicke und 100 bis 760 mm Breite) auf den Querschnitt des Holzes eingestellt werden; der Anpreßdruck stammt von starken Federn. Das Holz läuft durch die Maschine mit einer Geschwindigkeit von etwa 30 m/min. Für die Zähne gibt es zwei verschiedene Arten: Die Meißelform, die die Holzfasern in der Breite des Meißelkopfes (3 mm) über die gesamte Einschnittiefe durch-

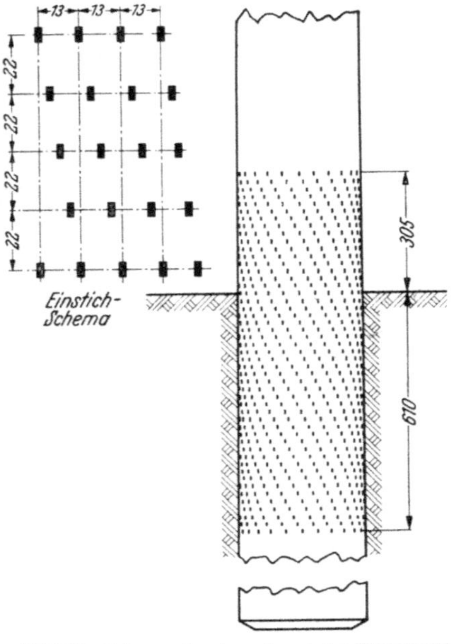

Bild 25. Schema der Anordnung der Einschnitte in die Erdzone eines Mastes aus Thuja plicata D. Don. (Nach G. M. Hunt u. G. A. Garratt.)

[1] DRP. 280110 u. 283522; US Pat. 1012207 u. 1018624.

[2] US Pat. 1646955 v. 25. 10. 1927, D. W. Edwards u. J. H. Mansfield i. Fa. Greenlee Bros. & Co.; vgl. auch R. Nowotny: Z. VDI Bd. 68 (1924) S. 1273. Das klassische Patent wurde O. P. M. Goss 1918 unter US Pat. 1252428 erteilt.

trennt, und die Muschelform, die keine Schneide quer zur Holzfaser besitzt und die Fasern hauptsächlich nur beiseiteschiebt, wobei allerdings viele Fasern abgeschert oder zerdrückt werden, so daß genügende Eingangsstellen längs der Faser freigelegt werden. Wenn Versuche ergeben, daß mit den muschelförmigen Schneiden die Voraussetzungen für eine ausreichende Imprägnierung zu schaffen sind, dann sind sie den Meißelschneiden vorzuziehen, da das Holz mehr geschont wird[1].

Die Maschinen, die Maste mit Einschnitten versehen, gehen in USA alle im wesentlichen auf das Prinzip einer im Jahre 1923 zum Patent angemeldeten Maschine[2] zurück. Die Masten rotieren dabei langsam um ihre Achse und werden am Fuß durch eine Reihe von schweren Hämmern, die jeweils einen Zahn besitzen und mittels Daumen angehoben werden, genarbt. In Deutschland arbeitet eine Vorrichtung nach K. H. Wolman[3] mit dünnen Bohrern oder Fräsern.

Bild 26. Einschneidmaschine für Schnittholz und Schwellen für Querschnitte von $57 \cdot 100\,mm^2$ bis $150 \cdot 300\,mm^2$. Vorschubgeschwindigkeit bei schwachem Holz 18 m/min, bei starkem 9 m/min, Bauart Thomas Robin & Co. Ltd., Rochdale. (Werkphoto Messrs. Burt, Boulton & Haywood Ltd., London.)

511.43 Zimmermannsmäßige Bearbeitung von Bauholz. Bauhölzer, die geschützt werden sollen, müssen vor dem Tränken völlig fertig bearbeitet werden. Gut ausgestattete Imprägnierwerke sollten deshalb mit einer Werkstätte ausgerüstet sein, in der alle einschlägigen Arbeiten vorgenommen und die Holz-

[1] The Incising of Douglas Fir, Wood Preserv. News Bd. 18 (1940) S. 112.
[2] US Pat. 1440893 v. 2. 1. 1923, Western Cedar Pole Preservers, Sand Point, Idaho.
[3] DRGM. 608514.

teile auch zusammengepaßt werden können. Zu diesem Zweck müssen verschiedene Maschinen, wie Sägen, Hobelmaschinen, Bohrmaschinen, Fräsmaschinen usw. vorhanden sein. Die maschinelle Zurüstung von Bauhölzern in einer mechanischen Werkstatt ist überdies in der Regel wirtschaftlicher als die Zurüstung von Hand auf dem Bauplatz.

Bild 27. Einschneidmaschine für Schnittholz und Schwellen für Querschnitte von 50 · 100 mm² bis 400 · 576 mm². Vorschubgeschwindigkeit bei schwachem Holz 60 m/min, bei starkem 30 m/min, Bauart Greenlee Bros. & Co. Rockford, Ill.

512. Physikalische, biologische und bauliche Holzschutzmaßnahmen.

512.0 Allgemeines.

Alle Holzschutzmaßnahmen müssen sich nach dem bestehenden oder zu erwartenden Ausmaß der Gefährdung richten. Nach DIN 52175[1] unterscheidet man folgende Gefahrenstufen: 1 = geringe Gefährdung; 2 = mittlere Gefährdung; 3 = starke Gefährdung. Das Ausmaß der Gefährdung kann an einem einzelnen Holzteil und in einem Bauwerk sehr unterschiedlich sein. Von der Erhaltung des Holzes an den Gefahrenstellen hängt oft die Brauchbarkeit des ganzen Holzteils oder des gesamten Bauwerks ab.

Die Gefährdung läßt sich in ihrem Ausmaß herabsetzen oder beseitigen durch Wahl der geeigneten Holzart und Holzsorte. Hier ist auf die Ausführungen über die Lebensdauer unbehandelter Hölzer und den Nachweis der natürlichen Dauerhaftigkeit in Band I, S. 313 Bezug zu nehmen. Wichtig ist in diesem Zusammenhang auch die Wahl der richtigen Abmessungen, Abstände und Zurichtung der Holzteile. Unter Umständen ist auf die Verwendung von Holz an besonderen Gefahrenpunkten zu verzichten.

---

[1] „Grundlagen des Holzschutzes", Vorschlag für die Neufassung DIN 52175, Entwurf Okt. 1952.

Kein Wert ist dem Auslaugen der Zellinhaltstoffe beizumessen. Das lange Zeit empfohlene Auslaugen der Hölzer geht auf die Mitteilung zurück, daß geflößtes Holz angeblich dauerhafter ist als gleiches, nicht geflößtes Holz[1]. Erklärt wurde diese Erscheinung damit, daß durch das Auslaugen jene Zellinhaltstoffe entfernt würden, die den Holzschädlingen vornehmlich als Nahrung dienten. Heute wissen wir, daß diese Ansicht irrig ist; Holzaschen, Saftbestandteile und begleitende Kohlehydrate lassen sich nur in geringer Menge und nur oberflächlich durch kaltes Wasser entfernen. Gewissen Schimmel- und Bläuepilzen werden damit zwar die geeigneten Lebensbedingungen genommen, nicht aber holzzerstörenden Pilzen, die an der Cellulose und dem Lignin zehren. Sie befallen auch ausgelaugtes Holz, wenn es die Temperatur- und Feuchtigkeitsverhältnisse gestatten. Dabei ist es gleichgültig, ob das Auslaugen kalt oder energischer durch Auskochen oder Dämpfen erfolgt. Die Menge der ausgezogenen Zellinhaltstoffe erhöht sich zwar, auch ist unter Umständen eine Quellungsvergütung zu verzeichnen, aber die Dauerhaftigkeit bleibt unberührt.

Naheliegend ist es, der Gefährdung dadurch zu begegnen, daß man die möglichen Angreifer fern hält. Der Abschluß der Holzoberfläche (s. Abschn. 512.3) ist hier an erster Stelle zu erwähnen. Hierher gehören auch alle hygienischen Maßnahmen auf Holzlagerplätzen (s. S. 223), das Rauchverbot auf solchen Lagerplätzen und in Holzindustriewerken, Brandmauern usw. Im Walde schafft rechtzeitige Abfuhr das Holz aus dem Bereich der Angreifer heraus. Als biologische Holzschutzmaßnahme ist die Förderung von Feinden, Parasiten und Krankheitserregern der Schädlinge zu erwähnen. Allerdings sind die Voraussetzungen für eine wirksame und kontrollierte biologische Bekämpfung von Holzschädlingen heute noch nicht gegeben; ein Nachteil gegenüber entsprechenden physikalischen oder chemischen Mitteln ist, wie F. Schwerdtfeger[2] in bezug auf biologische Bekämpfungsmaßnahmen im Walde sagt, daß „die Arbeit mit Lebewesen stets an mehr Voraussetzungen gebunden ist als die mit leblosen Dingen". Als Beispiel eines natürlich wirksamen Feindes des gefährlichen Hausbockkäfers wurde an früherer Stelle (Bd. I, S. 90) der Hausbuntkäfer erwähnt.

Auch durch Beeinflussungen der Umgebung kann unter Umständen ein wirksamer Holzschutz erzielt werden. Hierher gehört in erster Linie Trocknen und Trockenhalten des Holzes. Weiter zählt zu diesen Maßnahmen das Naßhalten, das im nächsten Abschnitt besprochen werden soll. Selbstverständlich kann man auch mit Abkühlung oder Erhitzung die Voraussetzungen für die Tätigkeit holzzerstörender Pilze und Tiere beseitigen (vgl. das Bild „Abhängigkeit der Wachstumsgeschwindigkeit und des Gewichtsverlusts von der Temperatur bei Einwirkung von Polyporus vaporarius auf Fichtenholz" Bd. I, Bild 48, Seite 55 sowie die Bilder Temperaturabhängigkeit und Feuchtigkeitsabhängigkeit der drei in Deutschland für verarbeitetes Holz schädlichsten Käferlarven, Bd. I, Bild 81 und 82, S. 84). Beispiele der Hitzeanwendung sind die Heißsterilisation von lyctusbefallenen Hölzern[3] mit Temperaturen zwischen 46 und 54° sowie das Heißluftverfahren zur Bekämpfung des Hausbocks mit Raumtemperaturen von 80 bis 90° (s. Bd. I, S. 90/91). Schließlich sind schädlingsfördernde Einflüsse chemischer Art (z. B. stickstoffhaltige Deckenschüttungen) oder biologischer Art (z. B. Unkraut auf Lagerplätzen) zu vermeiden.

---

[1] Janka, G., u. N. Lorenz-Liburnau: Die Einwirkung von Süß- und Salzwässern auf die gewerblichen Eigenschaften der Hauptholzarten. Mitt. Forstl. Versuchswes. Öst. Bd. 33, Wien 1907. — G. Janka: Cbl. Ges. Forstwes. Bd. 42 (1916) H. 1/2.

[2] Schwerdtfeger, F.: Die Waldkrankheiten, Berlin 1944, S. 444.

[3] Parkin, E. A.: Forestry Bd. 11 (1937) Nr. 1, S. 32.

512.1 Naßhaltung des Holzes.

Naßhalten des grünen Holzes schützt in beträchtlichem Maße vor Pilzinfektion. Allerdings haben Holzpilze, wie an früherer Stelle (Bd. I, S. 54) nachgewiesen wurde, einen verhältnismäßig geringen Sauerstoffbedarf und können ihr Zerstörungswerk beginnen, wenn mindestens 20% des Porenvolumens Luft enthalten. Die Pilze verhalten sich dabei im übrigen verschieden. E. Björkman[1] hat beispielsweise gezeigt, daß sich auf mit Bläuepilzen infiziertem Nadelholz die Bläue während der Wasserlagerung lebhaft entwickelt. Trotzdem sehen besonders in Schweden viele Zellstoffabriken und Sägewerke in der Naßhaltung ein hervorragend wirksames Mittel zur Werterhaltung des Holzes.

Die einfachste Art, Rundholz naßzuhalten, besteht darin, es in Klotzteiche abzuwerfen[2]. Verbinden läßt sich damit zugleich die Sortierung des Holzes im Wasser. Dieses Verfahren herrscht in Schweden vor. Das zu einem sehr großen Teil auf dem Wasserweg ankommende Holz wird je nach seinem Durchmesser in verschiedene Kanäle geleitet, die durch schwimmende Laufstege gebildet werden. Diese Kanäle sind Verpflegslager, von denen das Holz im weiteren Verlauf auf dem Wasserwege zu den Klotzaufzügen gelangt, die es zum Gatter bringen. Im Winter muß in Skandinavien das Holz auf dem Lande gelagert werden, da die Klotzteiche einfrieren. Kleinere Klotzteiche lassen sich allerdings durch Einleiten von Dampf eisfrei halten.

Jünger ist das Verfahren, das Holz durch Wasserberieselung auf dem Lande naßzuhalten[3]. Faserholz, Sägeblöcke und Rohholz für die Zündholzherstellung lassen sich auf diese Weise vor Oberflächenrissen und bei genügend starker Berieselung auch vor Pilzansteckung schützen. Das Rundholz soll möglichst sofort nach der Fällung aus dem Wald entfernt und zum Rundholzlagerplatz gebracht werden. Im Winter kann auf die Berieselung verzichtet werden. Sie hat jedoch im März bei den ersten wärmeren Tagen zu beginnen. Zu dieser Zeit genügen täglich einige Stunden Berieselung, während im Sommer und Frühherbst täglich mindestens 10 Stunden zu berieseln ist. Erforderlich sind eine Druckpumpe oder ein Hochbehälter, zu dessen Speisung ebenfalls ein Pumpensatz benötigt wird. Die rostgeschützte Druckwasserleitung mit 2 bis 2,5″ Durchmesser muß unter Frosttiefe verlegt sein. Die Anschlußstücke für die Sprühdüsen haben gewöhnlich eine lichte Weite von 1 bis 1,5″. Eine einfache Anordnung zeigt Bild 28. Bei einem Wasserdruck von 2 bis 4 atü erzielt man je nach der Düsenweite eine Niederschlagsfläche von 1000 bis 3600 m². Die Niederschlagshöhen sollen etwa 8 bis 10 mm/h betragen. Bei Wasserknappheit kann sich eine Wasserrückgewinnung durch Einbau von Drainagerohren und Anlage eines Sammelbeckens empfehlen. Bei Berieselung muß der Rundholzlagerplatz eine 10 cm dicke Schotterauflage erhalten.

Das Verfahren eignet sich nur für größere Anlagen mit jährlich über 10000 fm Rundholzverbrauch. Im Werk Kastet bei Gävle der Korsnäs AB ist eine stationäre Berieselungsanlage eingebaut[4]; sie besteht aus 12 röhrenförmigen Betontürmen von je 15 m Höhe, die über dem ganzen Holzlagerplatz verteilt sind

[1] Björkman, E.: Om betingelserna för uppkomsten av brädgårdsblånad samt dennas bekämpande, Statens Skogsforskningsinstitut Bd. 35/7, Stockholm 1946. — Derselbe: Om uppkomsten av stockblånad och lagringsröta i furusågtimmer i samband med flottning, Svenska Cellulosa A. B.'s Forskningsverksamhed, 1946.

[2] Braunshirn, F.: Das Sägewerk, Wien 1929, S. 65.

[3] Czerweny v. Arland, R.: Dtsch. Holzwirtschaft Bd. 58 (1941) Nr. 71. — Derselbe: Dtsch.Holz-Anz. (1941) Nr. 29. — K. Fronius: Verhütung von Rundholzflächenrissen durch Wasserberieselung, Holz-Zbl. Bd. 76 (1950) Nr. 97, S. 1063.

[4] Kollmann, F.: Holz-Zbl. Bd. 76 (1950) S. 223.

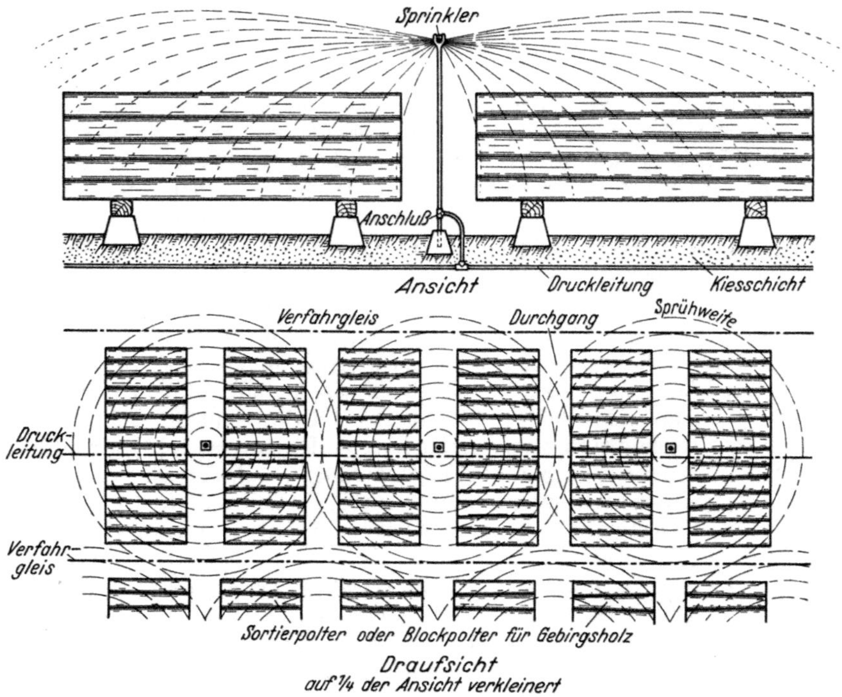

Bild 28. Berieselungsanlage für Rundholzlagerplatz. (Nach K. Fronius.)

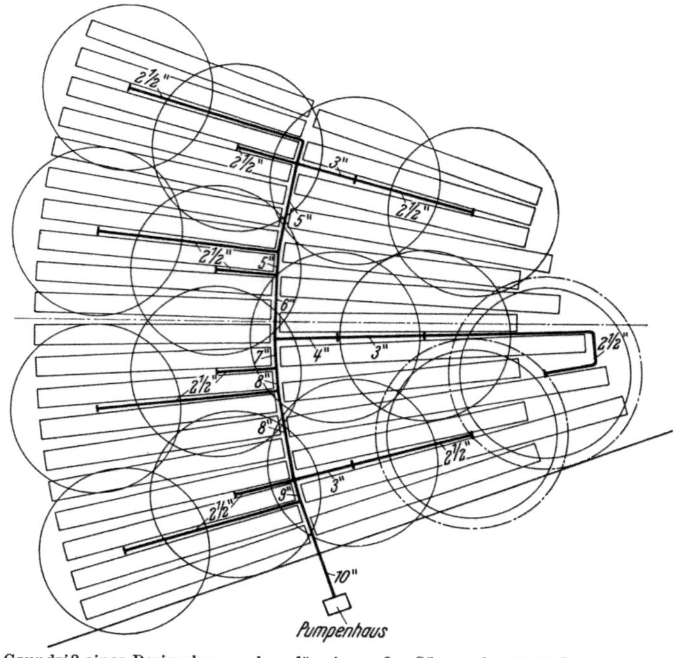

Bild 29. Grundriß einer Berieselungsanlage für ein großes Sägewerk mit 12 Berieselungstürmen. Die Kreise entsprechen der Düsen-Reichweite. (Werk Kastet bei Gävle der Korsnäs A. B. Bauart AB Ahlsell-Rylander, Stockholm.)

(Bild 29). In ihrem Innern führt eine Druckwasserleitung nach oben. Gekrönt sind die Türme von Mundstücken, die eine langsame Schwenkbewegung ausführen (Bild 30). Die Mundstücksöffnung der Düse hat eine Weite von 20 mm. Bei einem Wasserüberdruck von 3,5 at erzielt man einen Bewässerungsradius von etwa 34 m und eine Berieselungsfläche von 3620 m². Der Wasserverbrauch beträgt 31,5 m³/h, die Niederschlagshöhe 8,6 mm/h.

Bild 30. Ansicht der Turmplattform mit Schwenkdüse eines Berieselungsturmes von 15 m Höhe, Bauart AB Ahlsell-Rylander, Stockholm.

Folgende Vorteile werden für die Wasserberieselung von Rundholz genannt:

1. Größere Ausbeute beim Einschnitt infolge Rißfreiheit;
2. höhere Qualität der Seitenbretter;
3. schon gerissenes Rundholz wird wieder voll, dadurch findet ein Feuchtigkeitsausgleich statt, und die eingeschnittenen Bretter haben ein gefälligeres Aussehen;
4. leichterer Einschnitt;
5. kein Stauben beim Einschneiden;
6. kein Verharzen der Sägeblätter;
7. Farbreinheit des berieselten Holzes.

Über die Beregnung von Balken wurden auch in der UdSSR Erfahrungen gesammelt[1]. Die Versuche begannen dort 1935. Die Beregnungsanlage wurde von dem Laboratorium für Holzmykologie und -lagerung im Zentralwissenschaftlichen Institut der mechanischen Holzbearbeitung (ZNIIMOD) entworfen. Sie besteht aus einem Rohr mit Löchern von 1 mm Durchmesser und 5 cm Abstand. Das Wasser tritt aus diesen Löchern unter einem Druck von 3 bis 4 at als feiner Regen aus. Die günstigste Wirkung der Beregnung trat von allen untersuchten Holzarten bei Lärchenholz zutage. Die Stapeldichte und -art ist von größter Bedeutung. Fast fehlerfrei blieb das Holz, wenn es unentrindet in hohen, dichten (ohne Zwischenlagen) beregneten Stapeln gelagert wurde.

512.2 Ankohlen.

Das **Ankohlen** des Holzes ist ein bis ins Altertum zurückgehendes Schutzverfahren. Beispielsweise wurden bei Ausgrabungen in Ephesus, in Herkulanum und Pompeji teilweise angekohlte eingerammte Gründungspfähle aufgefunden. Im 17. und 18. Jahrhundert war das Ankohlen der Schiffsplanken vielfach üblich. Später warfen wissenschaftliche Versuche von Duhamel du Monceau, R. Hartig und H. Nördlinger[2] durchaus kein günstiges Licht auf das Ankohlen. Abgesehen von der Schwächung des Querschnittes und damit der Tragkraft ergeben sich eine starke Kapillarität sowie Rißbildung der Kohleschicht, die der Ansiedlung von Pilzen im Holzinnern förderlich sind. Die ehedem gerühmten Vorteile: Zerstörung der Splintschicht, Austrocknung und Bildung

[1] Gorsin, S. N.: Lesn. Ind. 1937, Nr. 7, S. 71; Ref. Holz als Roh- und Werkstoff Bd. 1 (1938) S. 240.

[2] Vgl. F. Bub/Bodmar u. B. Tilger: Die Konservierung des Holzes in Theorie und Praxis, Berlin 1922, S. 372.

antiseptischer Stoffe, erwiesen sich demgegenüber als recht fraglich. Angewendet wird das Verfahren deshalb nur mehr zu untergeordneten Zwecken, wo besondere Billigkeit erwünscht ist, z. B. für Zaun- und Baumpfähle.

Eine Reihe von Patenten, die aber alle im wesentlichen auf das schwedische Furnos-Verfahren[1] zurückgehen, betreffen das Ankohlen als Vorstufe des Besprühens mit Teeröl. Die Füße beschädigter Masten werden dabei bis zu einer Tiefe von etwa 60 cm freigelegt, dann wird alles angefaulte Holz entfernt und die Mastoberfläche, nachdem man sie einige Tage an der freien Luft austrocknen ließ, mit einer breitflammigen Lötlampe oder einem Azetylen-Sauerstoffbrenner[2] angekohlt. Durch diese Behandlung wird die Mastoberfläche völlig trocken, steril und erhält eine dünne Holzkohlenschicht, die das Teeröl, das sofort heiß aufgespritzt wird, kräftig absorbiert und dadurch einen mit Schutzmittel angereicherten Mantel bildet. Trotz einiger Mißerfolge, die sich hauptsächlich einstellen, wenn die Fäulnis schon den Mastkern befallen hatte, berichtet P. J. Howe[3], daß die mittlere Lebensdauer der so behandelten Masten sich um etwa 5 Jahre erhöht.

512.3 Erzeugung ungiftiger Schutzhüllen.

Ungiftige Schutzschichten aus Pech, Asphalt, Beton, Blech usw. bewirken einen nur unzuverlässigen Holzschutz, da der praktisch erreichbare Abschluß des Holzes von der Luft und Feuchtigkeit ungenügend ist. Kommt es zu einer Ansteckung, so greift diese sogar besonders rasch um sich, da die mechanischen Hüllen das vorhandene Wasser nicht verdunsten lassen. Etwas besser zu bewerten sind Betonmäntel um Holzmaste an der Übergangszone von Luft und Erde. Berechtigung hat ferner der sogenannte „Stockschutz“, das ist die Asphaltumkleidung von kyanisierten Stangen im Erdteil; der Stockschutz bezweckt aber nicht die Abwehr von Holzschädlingen, sondern die Verhütung vorzeitiger Auslaugung des Sublimats durch die feuchte Erde.

Luft- und wasserdichte Holzanstriche (vor allen Dingen aus Leinölfirnis, Ölfarbe usw., vgl. S. 144) beugen dann der Holzzersetzung vor, wenn sie auf lufttrockene freiliegende Holzteile (z. B. in Bauten) aufgebracht und jeweils rechtzeitig erneuert werden.

513. Physiologisch und chemisch wirksame Holzschutzverfahren.

513.0 Allgemeines.

Der chemische Holzschutz hat sich nach der Art und dem Ausmaß der Gefährdung des Holzes zu richten. Außenschutz durch Streichen und Spritzen (Abschnitt 513.1) und durch Tauchen (Abschnitt 513.2) genügt nur bei geringer Gefährdung. Je nach der Art und Beschaffenheit des Holzes und des Schutzmittels erzielt man dabei nur Deckschutz (Eindringtiefe 0 mm) oder Randschutz (Eindringtiefe 0 bis 10 mm). Für besonders gefährdete Teile von Masten und Bauhölzern kommt ein Teilschutz (Abschnitt 513.3) in Frage. Streichen und Spritzen und die meisten Teilschutzverfahren können auch zur Nachbehandlung verbauten Holzes, d. h. zum Nachschutz, herangezogen werden. Bei allgemeiner stärkerer Gefährdung ist Tiefschutz (Eindringtiefe über 10 mm) durch Trogtränkung (Abschnitt 513.4), Heiß- und Kaltbadverfahren sowie Einstelltränkung (Abschnitt 513.42), Lebendtränkung (Abschnitt 513.5), Saftverdrängung (Abschnitt 513.6), Kesseltränkung (Abschnitt 513.7) und

---

[1] Hedelund, E.: Electr. World, Bd. 83 (1924) S. 373.

[2] Konservieren von hölzernen Leitungsmasten durch die Acetylen-Sauerstoffflamme, Z. Schweißtechn. Bd. 27 (1937) S. 135.

[3] Howe, P. J.: Amer. Railw. Assoc. Proc. (Telegraph a. Telephon Sect.) 1924, S. 441; ebenda 1926, S. 209.

Diffusionsverfahren (Abschnitt 513.8) unerläßlich. Von Vollschutz kann man sprechen, wenn das Holz völlig durchsetzt, mindestens aber der ganze Splint mit dem Schutzmittel getränkt ist.

513.1 Streichen und Spritzen (Sprühen, Nebeln).

Streichen und Spritzen mit Holzschutzmitteln ist die einfachste, aber zugleich am wenigsten wirkungsvolle Art des chemischen Holzschutzes. Die verwendeten Schutzmittel (meist Teere, Teeröle und wasserlösliche Salze, z. B. Fluor-Verbindungen) gelangen nur wenige Millimeter tief in das Holz. Besonders ist darauf zu achten, daß alle Oberflächenrisse gefüllt werden. Wesentlich besser als kalte dringen heiße Anstrichmittel ein, da ihre Zähigkeit verringert ist; weiter empfiehlt sich doppelter, unter Umständen auch dreifacher Anstrich.

Die Anstriche, die sich durch Streichen oder Spritzen herstellen lassen, geben nur einen recht beschränkten Schutz, wenn die äußeren Bedingungen für die Tätigkeit von holzzerstörenden Pilzen günstig sind. Die Schutzzone wird leicht durch Abnützen abgetragen und Risse werden infolge der Schwindung des Holzes gegen das ungeschützte Holzinnere für die Pilzangriffe frei. Immerhin kann man damit rechnen, daß gewissenhaft aufgebrachte Anstriche mit Steinkohlenteeröl die Lebensdauer von Masten und Stangen um 1 bis 3 Jahre verlängern.

Zu empfehlen sind Anstriche als zusätzlicher Schutz auf unbehandelte Holzflächen, die durch nachträgliche Bearbeitung von imprägnierten Bauhölzern entstanden sind. Streichen und Spritzen ist ferner recht wirksam, wenn es auf Hirnholzflächen angewendet wird. Die Schutzmittel dringen hier längs der Faser rasch und verhältnismäßig tief ein. Man kann die Köpfe von Pfosten auf diese Weise gut mit Steinkohlenteeröl schützen. Nach mehrmaligem Anstrich bringt man eine Haube aus Metall oder einem anderen geeigneten Werkstoff als Feuchtigkeitsschutz auf. Grundsätzlich muß man beim Streichen und Spritzen darauf achten, daß die vom Hersteller des Schutzmittels vorgeschriebene Mindestauftragmenge je m^2 durch eine genügende Anzahl von Anstrichen oder Spritzgängen in den vorgeschriebenen Zeitabständen aufgebracht wird. In Bohrlöcher, die nach dem Tränken in Hölzern hergestellt werden, kann man das Schutzmittel mit einer Spritzdüse einführen.

Angewendet werden Anstriche in großem Umfang als besonders billige Holzschutzverfahren bei Bauholz, gegen Hausfäulen, sowie im Freien bei weniger wertvollen Holzteilen wie Bretterschalungen, Zaunpfählen, Geländern usw. Beim Spritzen mit einer Spritzpistole beträgt nach A. Danilowski[1] die Leistung 600 bis 700 m^2 je Schicht.

Die Gesetzmäßigkeiten für das Eindringen von aufgestrichenen Holzschutzmitteln in Kiefernsplintholz haben B. Schulze und G. Theden[2] grundlegend geklärt. Die mikroskopische Untersuchung des mit öligen und wässerigen Anstrichen versehenen Holzes führte zu folgender Vorstellung vom Eindringen der Schutzmittel in das Holz: Angeschnittene Tracheiden sind geeignete Bahnen für das Eindringen der Flüssigkeiten. Das daraus folgende, oben schon erwähnte, große Aufnahmevermögen der Hirnflächen hat aber praktisch nur selten Bedeutung. Um so wichtiger sind die Markstrahlen als Leitungsbahnen ins Holzinnere. In den Zwischenzellräumen ihres Parenchymteils können Flüssigkeiten

[1] Danilowski, A.: Stroit. Prom. Bd. 18 (1940) Nr. 11, S. 40; Ref. Holz als Roh- u. Werkstoff Bd. 4 (1941) S. 407.

[2] Schulze, B., u. G. Theden: Holz- als Roh- und Werkstoff Bd. 5 (1942) S. 239. — Dieselben: Wiss. Abh. Dtsch. Materialprüfungsanst. Bd. 2 (1942) H. 3, S. 67. — Dieselben: Holzforschung Bd. 4 (1950) H. 3/4.

in tiefere Holzschichten hineinfließen und dann durch die Tüpfel in die Längsfasern eindringen (Bild 31 und 32). Bei vielen Flüssigkeiten werden dabei die engen Hohlräume in den Markstrahlen und im Spätholz bevorzugt, während das weitlumige Frühholz leer bleibt. Mit dieser Verteilung ist das Eindringen öliger und ölartiger Schutzmittel beendet. Mit den wässerigen Mitteln hingegen tritt das Holz in eine Wechselwirkung, nachdem sie zuerst in gleicher Weise eingeschlossen sind. Wenn genügend Feuchtigkeit vorhanden ist, wandert das Schutzmittel durch Diffusion weiter, in trockenem Zustand aber entzieht die Holzsubstanz dem Schutzmittel Lösungswasser; die Bewegung kommt dann durch Eintrocknen zum Stillstand. Entgegen den herrschenden Anschauungen wird also der beste Eindringerfolg bei wässerigen Lösungen mit Holz im Fasersättigungszustand erzielt. Bei öligen Schutzmitteln hat der Wassergehalt, solange er unterhalb des Fasersättigungspunktes liegt, keinen Einfluß auf die Eindringtiefe. Freies Wasser in den Zellhohlräumen hemmt das Eindringen der öligen und ölartigen Schutzmittel. Die Eindringtiefe wächst annähernd verhältnisgleich der aufgebrachten Ölmenge, wobei es gleichgültig ist, ob man eine bestimmte Menge auf einmal oder in Abständen aufbringt. Besonders geartete Öle erreichen eine weit über 100% größere Eindringtiefe als der Durchschnitt.

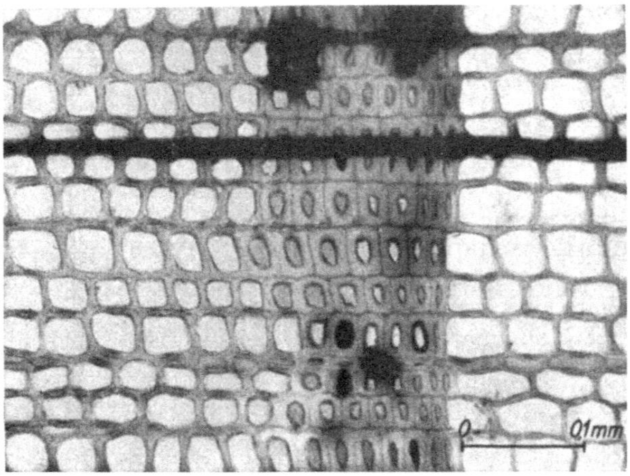

Bild 31. Querschnitt durch Kiefernsplintholz. Anstrich mit 16%iger Kupfersulfatlösung. Kupfersulfid in den Zellwänden und — als dichte Niederschläge — in den Zellhohlräumen des Holzes. Holzfeuchtigkeit rd. 12%. (Nach B. Schulze u. G. Theden.)

Die Eindringtiefe wässeriger Lösungen hängt stark vom Feuchtigkeitsgehalt des Holzes ab, und zwar steigt sie mit zunehmender Feuchtigkeit an. Bei sehr trockenem Holz dringen stärker verdünnte Lösungen tiefer ein als solche mit höherer Konzentration. Bei feuchten Hölzern sind die Verhältnisse umgekehrt, hier erreicht die stärkere Lösung größere Eindringtiefen.

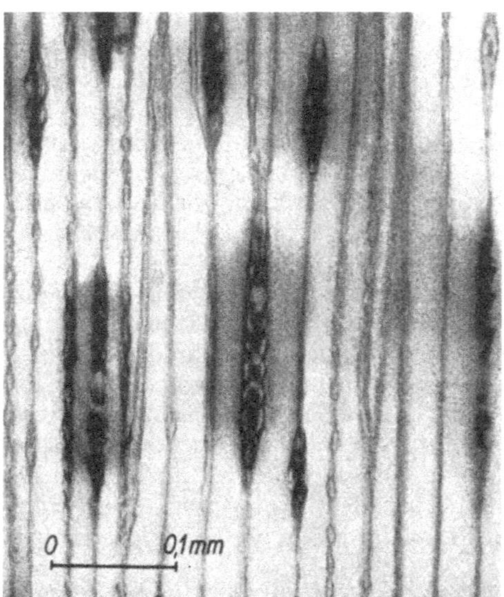

Bild 32. Tangentialer Längsschnitt durch Kiefernsplintholz. Anstrich mit 16%iger Kupfersulfatlösung. Tränkung der Zellwände rings um die Markstrahlen. Holzfeuchtigkeit rd. 12%. (Nach B. Schulze u. G. Theden.)

Rauhigkeit der Holzoberfläche erhöht, wie B. Schulze und

G. Theden[1] nachwiesen, die Aufnahme von Salzlösungen und ölartigen Mitteln gegenüber glattem Holz erheblich. Die Eindringtiefe vergrößert sich aber nur wenig. Man muß daraus schließen, daß die erhöhte Aufnahme vor allem in einer Anreicherung des Schutzmittels in der Holzoberfläche beruht. Die Tiefenwirkung kann dadurch allerdings bei Schutzsalzen, die unter Feuchtigkeitszufuhr wieder beweglich werden, günstig beeinflußt werden.

Mit Hilfe von Netzmitteln läßt sich entgegen den Erwartungen die Eindringtiefe und Aufnahme eines Schutzmittels unmittelbar nicht steigern[2]. Beim Streichen und Spritzen kann aber schnelle und vollständige Benetzung der Holzoberfläche für den Erfolg ausschlaggebend sein. Schutzmittel mit guter Netzfähigkeit sind leicht aufzubringen, breiten sich rasch auf der Holzoberfläche aus, füllen alle Rauhigkeiten aus und kriechen in Spalten und Risse hinein.

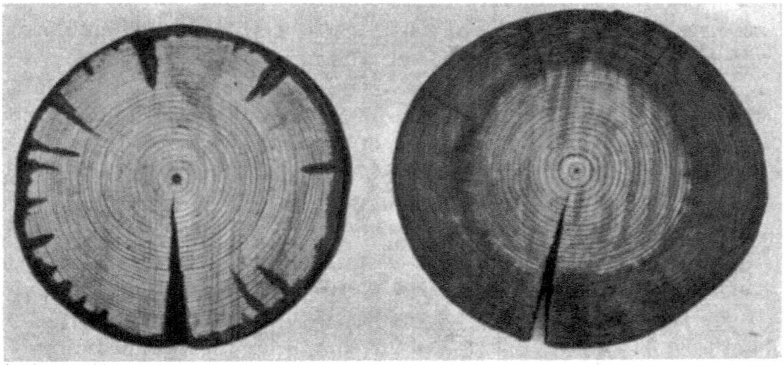

A B

Bild 33. Querschnitte aus der gleichen kiefernen Telegraphenstange; A 2 Stunden lang in 90% heißes Steinkohlenteeröl getaucht; Ölaufnahme 34 kg/m³; B mit Steinkohlenteeröl nach Rüping-Verfahren getränkt; Ölaufnahme 67 kg/m³.

513.2 Kurztauchen.

Die Eintauchverfahren, bei denen die zu behandelnden Hölzer in offene mit wässerigen oder öligen Schutzstoffen gefüllte Tröge kurz allseitig eingetaucht werden, bezwecken eine höhere Aufnahme als die Anstriche. Die Tauchzeiten liegen in der Regel zwischen 5 und 15 min. Da lediglich Kapillar- und Diffusionskräfte das Eindringen der Imprägnierflüssigkeit bewirken, läßt sich nur eine Tränkung der äußersten Schichten erreichen (Bild 33). Den heutigen Anforderungen der Technik entsprechen daher die Eintauchverfahren im allgemeinen nicht mehr, selbst wenn ihre Wirkung durch Erwärmen der Imprägnierflüssigkeit oder durch Erhitzung und Abkühlung des Holzes — so daß in seinem Innern ein Unterdruck entsteht — gesteigert wird. Trotzdem ist die Schutzwirkung besser als beim Streichen und Spritzen, da alle Risse sicher mit dem Schutzmittel gefüllt werden. Gegenstände, die keiner Abnützung unterworfen sind, erhalten durch das Verfahren eine um 2 bis 4 Jahre gesteigerte Lebensdauer. Tauchverfahren sollten aber nur angewendet werden, wenn wirksamere Methoden aus irgendwelchen Gründen ausscheiden.

---

[1] Schulze, B., u. G. Theden: Holz als Roh- und Werkstoff Bd. 6 (1943) S. 17.

[2] Stamm, A. J., u. W. H. Petering: Ind. Engng. Chem., Ind. Ed. Bd. 32 (1940) S. 809. — G. Theden u. B. Schulze: Holz als Roh- und Werkstoff Bd. 6 (1943) S. 241.

513.3 Teilschutzverfahren.

Teilschutzverfahren erstrecken sich auf besonders fäulnisgefährdete Teile von Holz. Man kann folgende Verfahren unterscheiden:

Holzverbindungs- und Spaltenschutz: Schutzpasten oder sonstige geeignete Schutzmittel werden an den Stoßstellen von Holzkonstruktionen, an Berührungsstellen mit anderen Baustoffen (z. B. dem Mauerwerk), in Trockenrisse usw. eingebracht.

Bindenschutz (Bandagen): Schutzsalze oder -pasten werden in der Bodenzone von Masten und Stangen, oberhalb von Gefahrenpunkten usw. in einer Stoffpackung (Bandage)[1] gelagert; diese ist biegsam und schmiegsam, nach außen wasserundurchlässig, nach innen, also dem Holz zu wasserdurchlässig. Die Packung für Stangen, deren Höhe 60 cm beträgt — nach dem Einbau sollen 30 cm unter und 30 cm über der Erdoberfläche liegen — ist in eine große Anzahl von waagerechten Kammern unterteilt, so daß die darin enthaltenen Schutzsalze dem Holz gleichmäßig zugeführt werden. Ein eingenähtes Stahlgeflecht schützt gegen mechanische Beschädigungen (z. B. durch weidendes Vieh). Der Transport des Salzgemisches ins Innere erfolgt durch Diffusion und vollzieht sich je nach dem vorhandenen Feuchtigkeitsgrad schneller oder langsamer. Die Feuchtigkeit stammt aus dem Boden und tritt teils an der unteren Stirnseite, teils an der Mantelfläche des Mastes in das Holz; durch die Kapillarwirkung steigt sie nach oben in den Teil des Mastes über der Erde, wo sie wieder verdunstet. Der Wasserstrom wird dabei durch die Diffusion aus der Bandage mit Schutzstoff angereichert und verwandelt sich in eine pilztötende Lösung; die Tränkung erfolgt selbsttätig bis in das Kernholz hinein. Bei Fichtenholz, das sich beim Kyanisieren und im Kesseldruckverfahren sehr schlecht durchtränken läßt, beobachtete J. Liese[2] in radialer Richtung eine Tiefenwirkung des Fluornatriums bis zu 4 cm.

Fußschutz: Außer durch Bandagen läßt sich ein Fußschutz auch durch Anbringen eines Blechmantels in der Bodenzone erzielen, der nach unten dicht am Mast anliegt. Die entstehende zylindrische Tasche wird mit Teeröl gefüllt, das in den Mastfuß eindringt. Hinterher wird der Blechmantel wieder entfernt.

Kopfschutz: Es ist zweckmäßig, auf die Köpfe (Zöpfe) freistehender Rundhölzer Schutzmittel, gegebenenfalls in Verbindung mit wetterschützenden Hauben, aufzutragen (Bild 34). Das Salzgemisch ist in ein wasserdurchlässiges Jutekissen eingenäht und mit einer gelochten Blechhaube überdacht. Bei Regen dringt eine begrenzte Wassermenge in das Kissen ein, löst Schutzsalz und wandert als hochkonzentrierte Lauge mit dem Kapillarwasserstrom langsam im Mast nach unten. Holzrisse, die besonders bequeme Leitungsbahnen darstellen, werden in erster Linie imprägniert. Die Wirtschaftlichkeit der Bandagen und Kopfschutzpackungen erweist sich besonders bei der Nachimprägnierung alter, seit Jahren in der Leitung stehender Masten. Beispielsweise läßt sich die Lebensdauer eines Rüping-Mastes, die durchschnittlich 21,3 Jahre beträgt, durch eine erste Bandage nach 20 Jahren und eine zweite nach 30 Jahren auf rund 40 Jahre erhöhen.

Bohrlochschutz: Schwammgefährdete Holzteile in Hochbauten (z. B. Lagerhölzer, Schwellen, Balkenköpfe) können nach Richtlinien von R. Falck[3]

---

[1] Mülhan, W.: Z. VDI Bd. 78 (1934) S. 434.

[2] Mündliche Äußerung gegenüber dem Verfasser.

[3] Falck, R.: Hausschwammforschungen, H. 8, Jena 1927, S. 45. Vgl. auch E. Seidel: Der Holzbau in der Siedlung, Schrift 11 der Arbeitsgemeinschaft Holz, Berlin 1932, S. 22. Xylamon-Druckschr. Nr. 26.

durch Bohrlochimpfung wirksam geschützt werden. Die Bohrlöcher werden mit einem 1″-Kronenbohrer hergestellt; sie endigen blind und verlaufen quer zur Holzfaser bis zu einer Tiefe von etwa $^3/_4$ der Balkenhöhe. Zwei Beispiele für die Anordnung gibt Bild 35 wieder. Die Löcher werden mit dem Schutzmittel in fester, flüssiger oder Pastenform gefüllt und dann oben mit einem Holz-, Kork- oder Zementstopfen versehen. Der im Holz eingeschlossene Schutzstoff erzeugt ein Diffusionsellipsoid, dessen kleine Achse quer zur Holzfaser etwa 4 cm, dessen große Achse in Faserrichtung etwa 30 bis 40 cm lang ist. Salzfüllungen sind nur wirksam, wenn der Wassergehalt des Holzes 20% übersteigt, da sonst eine hinreichende Lösung und Diffusion nicht stattfinden kann. In trockenem Holz müssen bei Zimmertemperatur leicht vergasende Stoffe verwendet werden, die für das Holz und die Hausbewohner unschädlich sind.

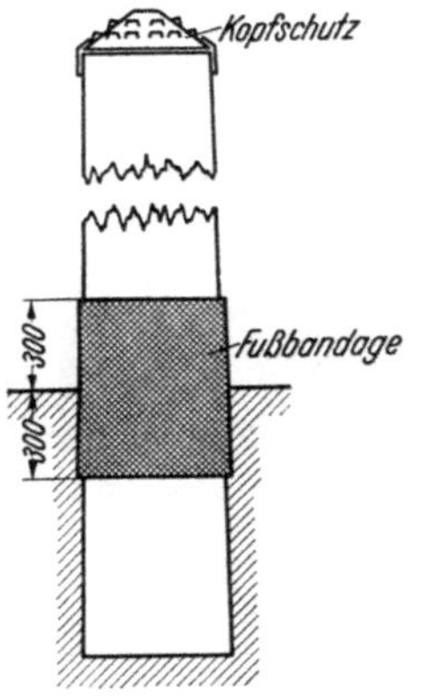

Bild 34. Fußbandage und Kopfschutz an einem Mast.

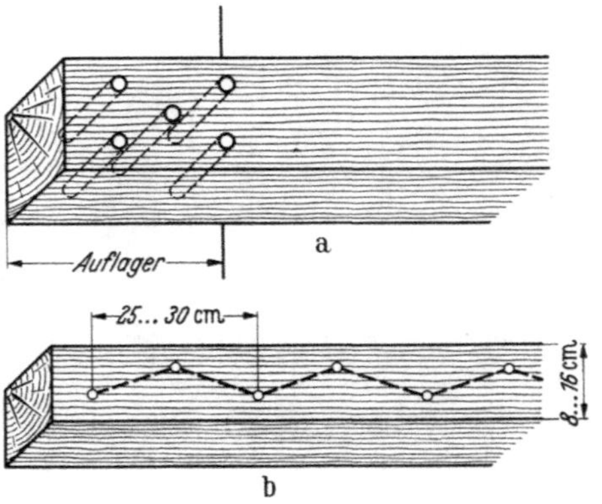

Bild 35. Beispiele für Bohrlochimpfungen; a Balkenkopf, b Lagerholz.

Impfschutz: Flüssige oder pastenförmige Schutzmittel werden beim Impfschutz in das Holz durch eingetriebene Hohlnadeln eingepreßt. Bei der Kobraimprägnierung[1] erzeugten besonders konstruierte Impfmaschinen mit Hilfe von Hohlnadeln im Holz 4 bis 7 cm tiefe Schlitze (etwa 150 bis 200 auf einem 100 cm breitem Gürtel), in die beim Zurückziehen der Stechwerkzeuge durch ihre Bohrung ein wasserlösliches Imprägniersalzgemisch in Pastenform gedrückt wurde. Die Impfladungen verteilten sich durch Diffusion allmählich im Holz. Vorausgesetzt daß die Impfstiche nahe genug beieinander lagen und daß das Holz nicht schon zu weitgehend zerstört war, erwies sich das Verfahren als ziemlich wirkungsvoll und beugte weiterer Fäulnis vor. Trotzdem wurde es aus wirtschaftlichen Gründen und Festigkeitsrücksichten wieder verlassen.

513.4 Trogtränkung.

513.40 Allgemeines. Die Trogtränkung besteht darin, daß man das zu schützende Holz in einem Tank längere Zeit untertaucht. Die Lösungen haben meist Raumtemperatur, oder sie sind auf 70 bis 80° C durch im Tränktrog liegende Heizschlangen erwärmt. Die Tauchzeiten bewegen sich zwischen 2 Tagen und 2 Wochen. Je länger sie sind, desto besser ist der Erfolg. Üblich ist eine Woche. Wenn lufttrockenes Holz der Trogtränkung unterworfen wird, dann werden sowohl Wasser als auch Schutzmittel in das Holz gesogen. In grünes Holz kann

[1] DRP. 352963.

aber so gut wie kein Wasser eindringen, wogegen Schutzsalz aus der Lösung in das Holz diffundiert. Die Folge ist eine Abnahme der Konzentration der Schutzmittellösung.

Wird Schnittholz auf diese Weise behandelt, dann müssen zwischen die Bretter wie bei der Holztrocknung Stapellatten (Dicke = 12 mm) gelegt werden, damit die Flüssigkeit die ganze Brettoberfläche erreichen kann. Gegen den Auftrieb ist das Holz durch Verspannung oder Gewichtsbeschwerung zu sichern.

Die Schutzmittelaufnahme ist während der ersten 2 bis 3 Tage am höchsten und nimmt dann langsam nach einer Exponentialfunktion ab. Die Eindringtiefe ist nach praktisch üblichen Tränkzeiten besser als beim Streichen, Spritzen oder kurzem Eintauchen. Im allgemeinen geht sie aber bei trockenem Holz

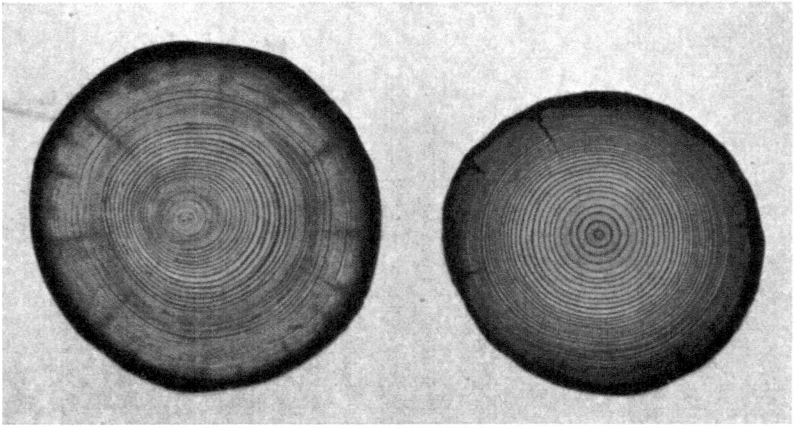

A B

Bild 36. Querschnitte durch — nach Bundespost-Vorschrift — kyanisierte Hölzer; A Fichte, B Tanne.

nicht über höchstens 6 mm hinaus. Gelegentlich wurden freilich in Kiefernsplintholz schon Eindringtiefen bis zu 25 mm beobachtet. Der Hauptnachteil des Verfahrens ist seine lange Dauer.

Eine 0,66%ige Quecksilberchlorid-(Sublimat-)Lösung wird bei der Kyanisierung verwendet; ferner werden bei der Trogtränkung gebraucht: 3,5- bis 4%ige Fluornatriumlösungen, 5%ige Chlorzinklösungen (mit 10 bis 20% Bichromatzusatz), 4%ige Lösungen von U-Salzen, 5%ige Lösungen von Pentachlorphenol in Gasöl oder Petroleum.

513.41 Kyanisierung. Das bekannteste Trogtränkungsverfahren, die Kyanisierung, geht, wie schon auf Seite 1 erwähnt, auf Arbeiten des englischen Chemikers J. H. Kyan (1832) zurück. In Deutschland wurde das Verfahren lange Zeit sehr ausgedehnt zur Tränkung von Telegraphenstangen verwendet[1], obwohl das Quecksilberchlorid nur einige Millimeter tief in das Holz eindringen kann, da die Widerstände der äußeren Holzschichten gegen den Lösungsnachschub infolge der Quellung und der angelagerten Metallsalzmoleküle rasch zu groß werden. Beispielsweise beträgt die Eindringtiefe bei frischen Hölzern oft weniger als 2 mm, während sie bei lufttrockenen 4 bis 10 mm und bei besonders trockenen Hölzern sogar mehr (unter Umständen die Breite der ganzen Splintzone) erreichen kann. Der Nachweis ist leicht durch Bestreichen einer Holzscheibe mit

[1] Moll, F.: Amer. Wood Pres. Assoc. Proc. 10th. Ann. Meeting 1914, S. 236.

Schwefelammonium zu führen, wobei sich die sublimatgetränkten Teile durch Bildung von Quecksilbersulfid nach der Formel

$$HgCl_2 + (NH_4)_2\,S = HgS + 2\,NH_4Cl$$

schwarz färben (Bild 36).

Das Kyanisierverfahren erhöht die mittlere Lebensdauer der Hölzer beträchtlich, da Quecksilberchlorid eine außerordentliche Giftigkeit für pflanzliche und tierische Holzschädlinge besitzt[1] und da es im Holz fixiert wird, also mit Wasser nur mehr schlecht auswaschbar ist. In den üblichen Vakuum-Druckanlagen ist eine Benutzung von Sublimatlösungen zur Tränkung nicht möglich, da sie in Anwesenheit von Eisen Chlor abgeben. Das Ergebnis wäre eine starke Korrosion der eisernen Kessel infolge von Eisenchloridbildung bei gleichzeitigen Verlusten an giftigem Sublimat durch Reduktion zu unlöslichem und daher ungiftigem Kalomel sowie zu Quecksilber. Schließlich ist im Tannen- und Fichtenholz die Tiefenwirkung auch beim Vakuum-Druckverfahren nur wenig größer als beim Eintauchen in offene Behälter.

Zu kyanisierende Hölzer müssen gut lufttrocken sein. Die Stangen sind schichtweise in die Tröge so einzulegen, daß die Tränkflüssigkeit sie allseitig umspült und mindestens 5 cm über der obersten Stangenschicht steht. Von Zeit zu Zeit ist die Sublimatlösung, die durch Auflösung von 1 GT Sublimat in 150 GT Wasser (also 0,66%ig) bereitet wird, mittels eines Rührwerkes in Bewegung zu setzen. Die Tröge müssen wasserdicht und ebenso wie die Pumpen, Rohrleitungen usw. aus Werkstoffen hergestellt sein, die von der Tränkflüssigkeit nicht angegriffen werden (z. B. Zement, Steinzeug, Holz, Gummi usw.). Das Schema einer kleinen Trogtränkanlage zeigt Bild 37. Die einfachsten Kyanisieranstalten besitzen mindestens 2 Tröge zum abwechselnden Gebrauch. Größere Werke verfügen über 6 bis 12 solcher Tröge, von denen immer einer als Reservetrog für die abgepumpte Lauge dient. Als Tränkdauer sind für Kiefer mindestens 192, für Fichte oder Tanne mindestens 240 Stunden vorgeschrieben.

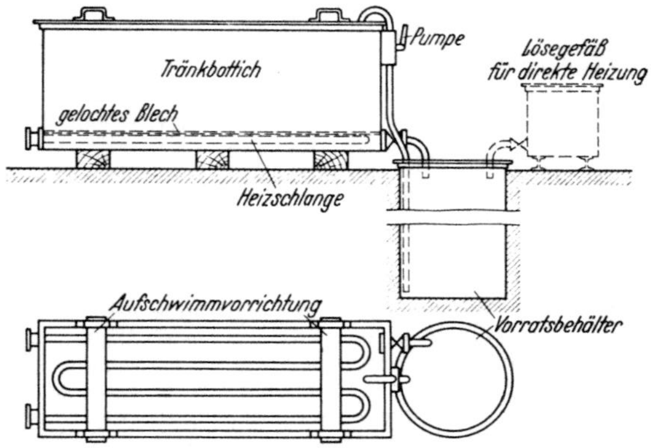

Bild 37. Schema einer kleinen Trogtränkanlage. (Nach A. Nowak.)

Besonders bemerkenswert ist bei der Tränkung von Holz mit wässeriger Sublimatlösung die sogenannte „Überaufnahme“. Man versteht darunter die Anreicherung der Holzfaser mit Quecksilbersalz, die über den Anteil X hinausgeht, der sich aus der Konzentration k [%] der Lösung und der vom Holz aufgenommenen Lösungsmenge A [kg] berechnet:

$$X = \frac{k \cdot A}{100}\ [\mathrm{kg}].$$

[1] Koch, R.: Über Desinfektionen, 1881. — B. Malenković: Elektrotechn. Z. Bd. 34 (1913) H. 16. — J. Netzsch: Die Bedeutung der Fluorverbindungen für die Holzkonservierung, Diss. München 1909, S. 27, 86.

Infolge der Überaufnahme verringert sich die Konzentration der wässerigen Sublimatlösung während der Tränkung. Namentlich in den ersten Tagen ist die Verarmung der Lösung an Quecksilbersublimat erheblich. Versuche von R. Nowotny[1] brachten hierüber Klarheit; 8 m lange Kiefern- und Fichtenstangen mit 15 cm Zopfstärke sogen während des ersten Tages die verhältnismäßig größte Salzmenge auf; erst nach 7 Tagen war die Aufnahme auf das Doppelte der am ersten Tage ermittelten gestiegen. Nach 35 Tagen Einlagerung drang keine Lösung mehr in das Holz ein; die Gesamtaufnahme an Flüssigkeit erreichte das 3,3fache des Wertes am ersten Tag.

Nach Nowotny entfällt von der Gesamtaufnahme durchschnittlich mehr als die Hälfte auf die Überaufnahme. Letztere ist unter sonst gleichen Verhältnissen um so größer, je höher die Konzentration und je größer die Menge der Tränkflüssigkeit ist. Die Abnahme des Sublimatgehalts der Lösung muß während des Kyanisierens täglich einmal nachgeprüft und durch Verstärkung ausgeglichen werden.

Auch von der Holzart hängt die Sublimataufnahme ab. Nach R. Nowotny[1] wird eine Aufnahme von 1 kg Sublimat je m³ Holz günstigstenfalls bei Kiefer in 7 Tagen, bei Fichte in 10 Tagen erreicht. Häufig begnügt man sich in der Praxis mit einer Aufnahme von 0,6 kg/m³. Da das Sublimat stets nur wenige Millimeter tief ins Holz eindringt, wird die Aufnahme auch auf die Holzoberfläche bezogen; man gelangt dabei zu Zahlen zwischen 0,030 und 0,045 kg/m².

Nach dem Ablassen der Tränklösung sind die kyanisierten Hölzer in den Trögen gemäß den gewerbepolizeilichen Vorschriften noch mit Brunnenwasser abzubrausen, um die äußerlich anhaftenden Sublimatreste zu entfernen. Die abgetropften Hölzer werden aus den Bottichen genommen und im Freien luftig gestapelt. Nach einigen Wochen ist die Trocknung gewöhnlich beendet. Um die Wirkung des alten Eintauchverfahrens nach Kyan zu verbessern, wurden verschiedene Vorschläge gemacht. die nachstehend beschrieben werden.

513.411 Mischungskyanisierung. Das Verfahren nach F. Bub/Bodmar wollte ursprünglich nur kostspieliges und im ersten Weltkrieg in Deutschland sehr knappes Quecksilber ersparen; später wurde eine Mischung von 0,66 GT Sublimat und 1,0 GT Fluornatrium angewendet. Bemerkenswert ist, daß eine Sublimatlösung mit verhältnismäßig viel Fluornatrium vermischt werden kann, ohne daß ihre antiseptische Kraft merklich geschwächt wird, obwohl sich in reinem Zustand der mittlere Hemmwert von Sublimat zu dem von Fluornatrium gegenüber Holzpilzen wie 2 : 1 verhält. Die Ursache dürfte in einer Steigerung der Dissoziation zu suchen sein, d. h. darin, daß in einer Mischung von Sublimat mit Fluornatrium mehr giftig wirkende Hg-F-Ionen vorhanden sind als unter gleichen Bedingungen in der Lösung jeden einzelnen Salzes.

Interessant ist auch, daß bei der verbesserten Mischungskyanisierung vom Holz nicht nur eine große Menge Fluornatrium, sondern auch mehr Sublimat als beim Tränken mit reiner 0,66%iger Sublimatlösung angenommen wird. Beispielsweise rechnet man bei der schon erwähnten 1,66%igen Sublimat-Fluornatriummischung je m³ Kiefernholz mit einer Aufnahme von rund 1,15 kg Sublimat und 1,05 kg Fluornatrium (also von insgesamt 2,20 kg festen Stoffes). Die höhere Aufnahme an Mischungslösung äußert sich sinnfällig in der etwas tieferen Eindringzone des Fluornatriums gegenüber dem Sublimat und ist physikalisch auf die verschiedene Oberflächenspannung (und damit das verschiedene Verhalten in Kapillaren) der in der Mischung gelösten Salze zurückzuführen. Ein Nachteil der Mischungskyanisierung ist die verhältnismäßig leichte Auswaschbarkeit des Fluornatriums. Ergänzend sei bemerkt, daß während der Tränkung weder ein Zusatz von Quecksilbersublimat noch von Fluornatrium stattfindet.

513.412 Diakyanisierung. Das von der Firma Gebrüder Himmelsbach, Freiburg i. Bg., eingeführte Verfahren[2] behält die Art der Tränkung und die Laugenkonzentration des üblichen Kyanisierens bei, will aber tiefergehende Wirkung durch eine besondere Vorbehandlung

---

[1] Nowotny, R.: Elektrotechn. u. Maschinenb. Bd. 31 (1913) S. 511, Bd. 32 (1914) S. 677, Bd. 34 (1916) S. 461.

[2] Brit. Pat. 253041 v. 30. 11. 1925.

erreichen. Das Holz wird zunächst gedämpft, wodurch es quillt, und dann bei 150° C getrocknet; die Folge dieser ungewöhnlich scharfen Trocknung sind starke Schwindrisse über die ganze Holzoberfläche. Die Rißbildung und der noch heiße Zustand, in dem das Holz in die raumwarme Salzlösung getaucht wird, sollen die Eindringtiefe vergrößern.

513.413 Tiefkyanisierung. Das Verfahren nach W. Kinberg[1] arbeitet ebenfalls zunächst mit einer Dämpfung der Hölzer unter gleichzeitiger Zugabe von Harzlösungsmitteln (z. B. Trichloräthylen). Unmittelbar an die Dämpfung anschließend sollen die noch heißen Hölzer auf übliche Weise in die Sublimatlösung eingelagert werden. Erfahrungen über das Verfahren im fortlaufenden Betrieb sind nicht bekannt geworden.

513.42 Heiß- und Kaltbadverfahren (Eintrog-Verfahren). Das Verfahren, das auch als Offen-Tankverfahren oder als Koch-Kühlverfahren bekannt ist, geht auf ein Patent von C. A. Seeley[2] im Jahre 1867 zurück. Es ist nächst dem Druckverfahren besonders wirksam und wird in USA sehr häufig angewendet. Sowohl ölartige als auch wasserlösliche Schutzmittel lassen sich benutzen. Das Holz wird zuerst in einen Tank gegeben, der mit kaltem Schutzmittel gefüllt ist. Es ist wichtig, daß das Holz durch Gewichte oder Spannvorrichtungen völlig untergetaucht wird. Das Bad wird darauf erhitzt, und zwar bei Steinkohlenteeröl auf 99 bis 105° C. Je höher die Temperatur ist, desto besser dringt das Schutzmittel ein, aber desto größer können auch die Ölverluste durch Dampfbildung werden. Wenn man dafür sorgt, daß keine nennenswerten Dampfverluste auftreten, kann man die Temperatur bis auf 113° C steigern. Bei den leichter verdampfenden wässerigen Lösungen soll die Temperatur unter dem Siedepunkt bleiben; die richtige Konzentration ist von Zeit zu Zeit durch Wasserzugabe wieder herzustellen. Manche Schutzsalze zersetzen sich bei höheren Temperaturen. Bei ihnen geht man nicht über 65° C Temperatur hinaus.

In dem heißen Bad bleibt das Holz während einiger (mindestens 6) Stunden. Hierauf folgt ein verhältnismäßig kürzeres kaltes Bad (38° C während mindestens 2 h). Der Übergang vom warmen zum kalten Bad läßt sich auf verschiedene Weise bewerkstelligen[3]: 1. Durch Transport des heißen Holzes in einen besonderen Tank, der mit kaltem Schutzmittel gefüllt ist; 2. durch Austausch der heißen Schutzmittelflüssigkeit gegen eine kalte, oder 3. durch Abstellen der Badheizung, wobei sich das heiße Holz und das Schutzmittel langsam abkühlen.

Die Wirkungsweise des Verfahrens beruht auf folgenden physikalischen Erscheinungen: Im heißen Bad dehnt sich die Luft in den äußeren Schichten aus; ein Teil der Luft entweicht in Form von Blasen. Feuchtigkeit in den oberen Holzschichten verdampft dabei. Im kalten Bad aber ziehen sich die in den äußeren Holzschichten verbliebene Luft und Dämpfe zusammen, wodurch ein Teilvakuum entsteht. Die Folge ist, daß das Schutzmittel durch den höheren atmosphärischen Luftdruck in das Holz gepreßt wird. Kennzeichnend für das Verfahren ist, daß im heißen Bad nur eine sehr geringe Absorption auftritt; die Hauptaufnahme an Schutzmittel ist erst im kalten Bad zu verzeichnen.

Mit dem Heiß- und Kaltbadverfahren kann man besonders aufnahmefähige Hölzer bei kleinen Querschnitten durch und durch tränken. Man erhält dann sogar eine zu große, unwirtschaftliche Schutzmittelaufnahme, auch neigen die Gegenstände im späteren Gebrauch zum „Bluten". Durch Verkürzung der Badzeiten kann man diesem Mangel abhelfen, aber auf Kosten der Eindringtiefe. Besser ist die Nacherhitzung. Das Holz wird nach dem kalten Bad nochmals für etwa eine halbe Stunde in ein heißes Bad gebracht, wodurch beträchtliche Schutzmittelmengen wieder aus dem Holz herausgedrückt werden.

---

[1] Tschechoslowak. Pat. 13012.

[2] US Pat. 69 260 v. 24. 9. 1867.

[3] Timber Development Assoc. Ltd.: Timber Preservation, Rev. Ed., London Jan. 1951, S. 20. Die folgende Ausführung lehnt sich an diese vorzügliche Schrift an.

Das schon in Abschnitt 511.3 erwähnte Verfahren von F. H. Lyons, das in einer Trockenkammer erhitztes Holz in ein kaltes Bad bringt, stellt eine physikalische Variation des Heiß- und Kaltbadverfahrens dar. Es eignet sich besonders für Schutzmittel mit einem hohen Gehalt an flüchtigen Bestandteilen, die nicht erhitzt werden dürfen.

Eine verwandte, sehr wirksame Schutzbehandlung für die Enden von Zaunpfählen und Pfosten ist die Einstelltränkung. Die Rundhölzer werden dabei in einen oben offenen eisernen Behälter (z. B. ein Teerfaß) gestellt, das auf einem Herd steht. Gegen den Auftrieb wird das Holz durch Dornbalken am Faßboden oder durch eine beschwerte Haube gesichert. Die Schutzmittelfüllung wird auf etwa 93° C erhitzt und 1 h auf dieser Temperatur gehalten; dann löscht man das Feuer und läßt das Bad abkühlen. Grubenhölzer kann man über die ganze Länge schützen, wenn man sie nach der ersten Behandlung auf den Kopf stellt und das Verfahren wiederholt.

513.5 Lebendtränkung.

Der Gedanke, stehende Stämme durch den eigenen Saftstrom zu imprägnieren, tauchte schon zu Beginn des 18. Jahrhunderts auf. Das ursprüngliche Boucherie-Verfahren war ein Verfahren der Lebendtränkung. In der Regel wird am Stammfuß ein tiefer Einschnitt rund um den Stamm gemacht, der bis zum Kernholz reicht. Das Schutzmittel wird dann in trockener Form oder als Paste in die Kerbe gestrichen, die nach außen mit einem wasserdichten Papier oder einer ähnlichen Hülle verschlossen wird. Die beste Zeit für die Lebendtränkung ist der Frühling oder der Frühsommer, d. h. die Haupttranspirationszeit des Baumes.

Obwohl eine Reihe von Verfahrensvorschlägen zum Patent angemeldet wurden[1] und gute Ergebnisse durch völlige Imprägnierung des Splintholzes liefern, vermochte sich die Lebendtränkung praktisch nicht einzubürgern. Die Ursache liegt darin, daß eine Massentränkung auf diese Weise nicht möglich ist und daß teuere Handarbeit, verstreut über den Standort der Bäume aufzuwenden ist. Unter gewissen Umständen ist das Verfahren aber brauchbar, z. B. wenn Holz zu schützen ist und in weitem Umkreis keine Imprägnieranstalt liegt. Im allgemeinen wurde die Lebendtränkung mehr als ein Mittel zur Durchfärbung von Holz als zum Holzschutz betrachtet (s. S. 396). Neuerdings führten, wie schon mitgeteilt (s. S. 20), Versuche zum Erfolg, durch Lebendtränkung die Schälbarkeit von Stämmen zu erhöhen.

513.6 Saftverdrängungsverfahren.

Das Saftverdrängungsverfahren geht auf Versuche des französischen Arztes Boucherie zurück. Ursprünglich (1839) wurden entweder der noch stehende Stamm mit Ästen und Blättern oder der frisch gefällte, liegende unentrindete Baumschaft getränkt. Die frisch gefällten liegenden Bäume wurden dabei mit ihrem Stammende in einen Leinwand- oder Lederbeutel geschnürt, in den die Schutzflüssigkeit geleitet wurde, die vom Baum angesogen werden sollte. Schon 1841 fand aber Boucherie einen neuartigen, technisch brauchbaren Weg, der bis heute beibehalten wurde. Die frisch gefällten, noch berindeten Stämme werden in leicht schräger Lage solange mit einer am Stammende eingeführten, unter niedrigem Druck stehenden Tränklösung — bisher

[1] US Pat. 952245 v. 15. 3. 1910 Levi S. Gardner. — US Pat. 1727939 v. 10. 9. 1929 H. Renner. — US Pat. 1973394 v. 11. 9. 1934 C. Schmittutz. — H. Wislicenus: Tropenpflanzer Bd. 40 (1937) S. 432.

meist eine 1- bis 1,5%ige Kupfersulfatlösung — behandelt, bis diese die Hauptsaftmenge verdrängt hat und am Zopfende austritt. Der Tränkdruck von etwa 1,0 bis 1,2 at wird durch die Schwerkraft hydrostatisch erzeugt, da der Vorratsbehälter für die Imprägnierflüssigkeit auf einem 10 bis 12 m hohen Holzturm aufgestellt ist (Bild 38). Die zu tränkenden Stämme sind — nebeneinander liegend — mittels flüssigkeitsdichter Verschlüsse und Gummischläuche an eine vom Turm gespeiste Leitung angeschlossen. Die Tränkung soll möglichst bald nach dem Einschlag vorgenommen werden; sie geht bei fast frischen, im Frühjahr oder Sommer geschlagenen Stämmen rascher und gleichmäßiger vor sich als bei im Herbst oder Winter geschlagenen und schon etwa angetrockneten. In der Schweiz werden die wintergefällten Stämme in den Imprägnieranstalten dicht gestapelt und mit Rinde zugedeckt, um das Austrocknen zu verhindern. Die Imprägnierung erfolgt im Frühjahr.

Bild 38. Schema einer Boucherie-Tränkanlage. (Nach F. Bub / Bodmar.)

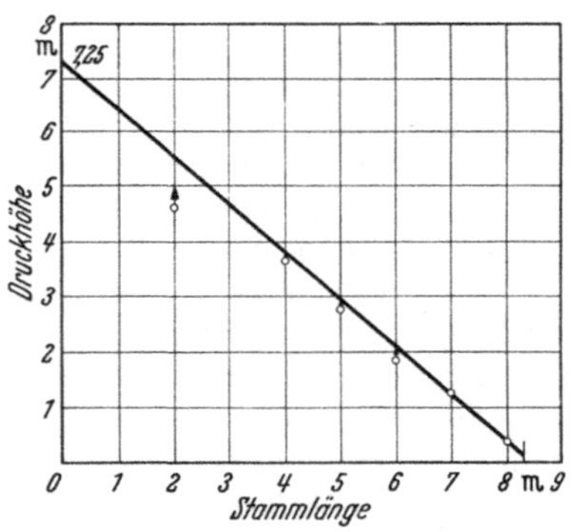

Bild 39. Druckverlauf bei der Tränkung von Kiefer nach dem Saftverdrängungsverfahren. (Nach H. Gewecke.)

Vollendet ist die Tränkung, wenn die am Zopfende abtropfende Flüssigkeit praktisch die gleiche Konzentration hat wie im Druckgefäß. Der Flüssigkeitsdruck im Stamm nimmt nach Versuchen von H. Gewecke[1] linear mit dem Abstand vom Verschluß ab (Bild 39). Die Tränkdauer schwankt mit der Art, Beschaffenheit und Länge des Holzes zwischen 8 und 14 Tagen. Tränkbar sind nach dem Boucherie-Verfahren von den Laubhölzern Birke, Buche, Eiche und Pappel sowie alle Nadelhölzer im Splint. Bei Fichte und Tanne ist das Verfahren der Drucktränkung überlegen, da die Schutzstoffe gleichmäßig und sicher in tiefere Schichten geführt werden.

Etwa 5 bis 8 Tage nach vollendeter Tränkung kann der Mast geschält und nach einer Trocknungszeit von rund 4 Wochen verwendet werden[2]. Das Boucherie-Verfahren wurde früher in Deutschland in großem Umfang von der Post angewendet, aber wegen gewisser schlechter Erfahrungen praktisch verlassen. In anderen Ländern, hauptsächlich in der Schweiz, ist es für Maste noch vorherrschend.

Die Vorzüge des Verfahrens sind kurz folgende: Billigkeit (u. a. infolge des geringen Geldbedarfs für die Anlage); restlose Durchtränkung des ganzen

[1] Gewecke, H.: Elektrotechn. Z. Bd. 56 (1935) S. 857, 1022, 1119.
[2] Gewecke, H.: Öffentl. Elektr.-Werk Bd. 6 (1934) S. 94.

Splintholzes, abgesehen von verharzten Stellen, die aber keines Schutzes gegen Pilze bedürfen; Fixierung des Metallions an der Holzfaser bei der Kupfersulfatimprägnierung; durch gewöhnliches Wasser kann das Kupfer also nicht aus dem Holze herausgelaugt werden. Durch ammoniakhaltiges Wasser läßt sich das Kupfer aber willig von der Holzfaser lösen und als Kupferoxydammoniak auswaschen[1]; mit Kupfersulfat behandelte Masten und Stangen haben deshalb in der Nähe von bäuerlichen Siedlungen oder am Fuß von Weinbergen, wo Jauche vom Regenwasser weitergeführt wird, oft eine kurze Lebensdauer.

Aber auch in weichen, kalkhaltigen Böden, die in Deutschland nicht selten sind, wurde häufig eine sehr geringe Haltbarkeit der Kupfersulfatstangen beobachtet. Der Grund wurde darin gesehen, daß im Bodenwasser gelöstes Calciumbicarbonat unten in den Mast eindringt und einen Teil des wasserlöslichen Kupfersulfats in wasserunlösliches, angeblich für die Pilze unschädliches Kupfercarbonat verwandelt. Dieser Vorgang kann zwar ohne weiteres als richtig unterstellt werden, jedoch ist es falsch, wie A. Rabanus[2] nachwies, daß dieses wasserunlösliche Kupfercarbonat nicht mehr auf die Pilze einwirken kann. Vielmehr muß man hier zwei Gruppen von Pilzen unterscheiden. Auf die Vertreter der einen Gruppe, zu der Lencites, Trametes, Schizophyllum gehören, wirken auch die nicht mehr auswaschbaren Kupferverbindungen sehr stark toxisch; kalkhaltiger Boden ist, wenn diese Pilze vorherrschen, also durchaus keine Ursache für schlechte Bewährung, sondern begünstigt geradezu nach A. Rabanus die gute Wirkung oder richtiger gesagt: Dauerwirkung, da die Giftstoffe im Holz fixiert werden. Sind aber Pilze einer anderen Gruppe (z. B. Poria vaporaria, Coniophora cerebella, Merulius lacrymans, Polyporus sulfureus, Fomes annosus, Polystictus versicolor, Poria incrassata) stark verbreitet, die bei ihrem Wachstum Oxalsäure oft in beträchtlichen Mengen ausscheiden, so bildet sich wasser- und lipoidunlösliches Kupferoxalat, das für die Pilze unschädlich ist. Es kommt also zu einer völligen Inaktivierung des Kupfers und die Kupfersulfattränkung muß versagen. Zusammenfassend kann man also feststellen, daß die unterschiedliche Bewährung der Kupfersulfatstangen nicht von der Bodenart (wenn man von stark mit Ammoniak verunreinigten Böden absieht), sondern von der geographischen Verbreitung der holzzerstörenden Pilze abhängt.

Um die erwähnten Mängel des Kupfersulfats ganz zu vermeiden, wurde vorgeschlagen, es durch Chrom-Arsen-Fluorsalzgemische (z. B. Wolman-Salze) zu ersetzen[3]. In dieser Form dürfte das Boucherie-Verfahren besonders bei jenen Nadelhölzern (Fichte, Tanne, Lärche), die sich mit Teeröl nicht imprägnieren lassen, überragende Vorteile bieten.

Die Imprägnierung ist im allgemeinen nach etwa 5 bis 12 Tagen als beendet anzusehen. Man tränkt mit schwachen Lösungen, deren Salzgehalt (z. B. Basilit UA oder Wolmanit UA) unter 1% liegt. Der Stamm bleibt solange angeschlossen, bis die austropfende Flüssigkeit eine Laugenkonzentration von etwa $^3/_4$ der Anfangskonzentration aufweist und gleichzeitig der gesamte Splintholzquer-

---

[1] Gäumann, E.: Schweiz. Z. Forstwes. Bd. 86 (1935) S. 1, 41. — M. J. Reyval: Rev. gen. de l'électr. Jhrg. 24 Bd. 47/48 (1940) S. 194. — Vgl. auch A. Hugron: Rapport sur les différents procédés employés actuellement pour la conservation des poteaux en bois, Techn. Mitt. schweiz. Telegr.- Teleph.-Verw. 1926 Nr. 3 u. 4, S. 257ff.

[2] Rabanus, A.: Über die Säureproduktion von Pilzen und deren Einfluß auf die Wirkung von Holzschutzmitteln, Mitt. Fachaussch. Holzfragen H. 23, Berlin 1939, S. 77ff. — Derselbe: Holz als Roh- und Werkstoff Bd. 3 (1940) S. 233.

[3] Vgl. H. Gewecke: Holz als Roh- und Werkstoff Bd. 3 (1940) S. 321; dazu Kritik von W. Kinberg: Jahresbericht 1940 über Holzschutz gegen Holzpilze, tierische Schädlinge und Feuer, Stockholm-Vendelsö, S. 24.

schnitt am Zopfende gleichmäßig durchtränkt erscheint[1]. Dem entspricht eine Durchschnitts-Nettoaufnahme von 4 kg Salz je m³ Holz.

Folgende Verbesserungen des Saftverdrängungsverfahrens sind noch zu erwähnen: Abdichtung des Zopfes nach ausreichender Durchtränkung[2] sowie ein Verfahren, das darin besteht, daß man das eine Ende des Holzes unter Flüssigkeitsdruck, das andere aber unter Luftleere setzt, oder daß man beide Enden des Holzes unter Flüssigkeitsdruck, den mittleren Teil unter Luftleere setzt[3]. Das Auslaufen der Schutzlösung aus der Mitte der Stämme erleichterte W. Ludwig[4] durch Einschnitte, die parallel zur Faser angebracht sind. Ein Verfahren von K. Wolman[5] ist dadurch gekennzeichnet, daß die Rinde in der Mitte des Stammes ringförmig entfernt wird, um dort entweder den Holzsaft abzuführen oder die Imprägnierflüssigkeit zuzuleiten. Es ist auch möglich, an der entrindeten Ringstelle eine Saugwirkung auszuüben. R. Falck[6] und R. Falck und W. Agronove[7] versuchten, das Boucherieverfahren dadurch zu verbessern, daß sie die Tränkflüssigkeit nur an einzelnen Stellen des Splintholzes zuführen, damit sie sich beim Trocknen des Holzes von diesen Vorratsstellen aus verteilen kann.

Ein elastisches Anschlußstück für die Tränkung von Rundholz nach dem Saftverdrängungsverfahren hat H. Gewecke[8], eine Kappe, die zwei Hölzer gleichzeitig umfaßt, H. R. Madison[9] erfunden.

513.7 Kesseldrucktränkung.

513.70 Allgemeines über die Kesseldrucktränkung. Das wirkungsvollste Imprägnierverfahren ist die Drucktränkung des Holzes mit dem Schutzmittel in einem geschlossenen Zylinder. Gegenüber den anderen Schutzverfahren bietet die Drucktränkung folgende Vorteile[10]: 1. Tiefere und gleichmäßigere Eindringung, damit höhere Schutzmittelaufnahme; 2. bessere Kontrolle des Tränkverlaufs, damit Anpassung des Schutzverfahrens an die Gebrauchszwecke des geschützten Holzes; 3. Möglichkeit, die Tränkung mit der Vorbehandlung, z. B. Trocknung, im Zylinder zu verbinden; 4. Hohe Leistungsfähigkeit, d. h. Möglichkeit der Massenimprägnierung. Als Nachteile sind zu erwähnen die hohen Anlage- und Bedienungskosten sowie die oft weiten Wege des Holzes zu den Tränkanstalten.

Es gibt verschiedene Drucktränkverfahren, aber die technischen Einrichtungen sind, im großen gesehen, überall die gleichen. Das wichtigste Teil ist der Druckzylinder mit den Pumpen, Vorratsbehälter, Rohrleitungen, Ventilen und Meßgeräten[11]. Die Tränkzylinder haben massive Stahlwände, damit sie dem Flüssigkeitsdruck (bis zu 18,5 at) und dem Vakuum widerstehen können. Sie besitzen an beiden Seiten oder an einer Seite dichtschließende Türen; meist hängen die Türen an einer Seite des Zylinders in Angeln, jedoch gibt es auch Türen, die mit seitlichen Kranen abgehoben oder mittels eines Armes nach oben

---

[1] Wilms, W.: Was muß der Elektrotechniker vom Holzschutz wissen? Berlin-Tempelhof (o. J.).
[2] DRP. 666448 v. 22. 8. 35, Holzmasten-Atlasmaste KG Berlin.
[3] Franz. Pat. 822165 v. 22. 5. 37, Holzkonservierungs-Atlasmaste GmbH Berlin.
[4] Ostpreußenwerk AG u. W. Ludwig, DRP. 688151 v. 25. 10. 36.
[5] Schwed. Pat. 102129 v. 8. 7. 38 Allg. Holzimprägnierungs-GmbH.
[6] Schwed. Pat. 102405 v. 5. 12. 33, R. Falck.
[7] Canad. Pat. 390246 v. 29. 8. 36, R. Falck u. W. Agronove.
[8] DRP. 695625 v. 8. 5. 36 und DRP. 707420 v. 21. 4. 41, Atlasmaste KG Berlin.
[9] US Pat. 2186118 v. 9. 6. 37, H. R. Madison.
[10] Hunt, G.M., u. G.A. Garratt: Wood Preservation, New York u. London 1938, S. 204 u. 336ff.
[11] Wagner, H.: Internat. Holzmarkt, 1944, Nr. 27/28, S. 30.

geschwenkt werden können. Zum Verschluß dienen in der Regel kräftige Bolzen, die am Zylinder angebracht sind und in Schlitze der Tür eingreifen. Das zu tränkende Holz wird auf Wagen gestapelt, die auf einem in den Tränkzylinder führenden Gleis stehen. Gegen Hochschwimmen im Schutzmittel sichern das Holz Rungen, die um die Stapel gelegt werden, und Winkeleisen an der Kesselinnenwand (Bild 40). Um das Schutzmittel erwärmen zu können, müssen ent-

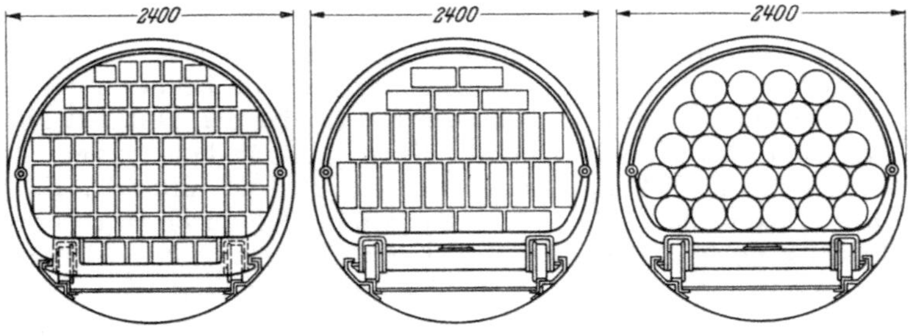

Bild 40. Schema der Stapelung von Kantholz, Schwellen und Masten in einem Tränkzylinder. (Nach G. M. Hunt u. G. A. Garratt.)

weder Heizrohre am Boden des Zylinders eingebaut oder außenliegende Heizaggregate vorhanden sein. Die Länge der Tränkzylinder schwankt normalerweise zwischen 14 (oder weniger) m und 45 (oder mehr) m. Die Durchmesser liegen zwischen 1,8 und 2,7 m.

513.71 Volltränkverfahren. Bei dem Verfahren, das in seinen Grundzügen von Bréant am 5. Mai 1831 in Frankreich zum Patent angemeldet wurde und das in den englisch sprechenden Ländern als Bethell-Prozeß bekannt ist[1], wird das Holz in einem geschlossenen eisernen Imprägnierzylinder zunächst einer Luftleere ausgesetzt. Sie bezweckt eine Entlüftung und die Entfernung der Feuchtigkeit aus den obersten Holzschichten und dadurch die Beseitigung von Widerständen gegen das Eindringen des Schutzmittels. Anschließend an diese Unterdruckbehandlung wird — in der Regel auf 60 bis 100° C erhitzte — Tränkflüssigkeit auf das Holz gefüllt und unter einem Druck von 7 bis 14 atü gesetzt (Bild 41), der solange gehalten wird, bis die Flüssigkeit alle überhaupt durchtränkbaren Teile des Holzes sättigt. Bei rotkernfreiem Buchenholz läßt sich der ganze Holzkörper, bei Eiche und Kiefer der Splint gleichmäßig tränken. Andere Vorzüge sind die weitgehende Entkeimung des Holzes während der Tränkung durch die hohe Temperatur der Flüssigkeit sowie die kurze Dauer von 2 bis 3 h bei kiefernen Eisenbahnschwellen, 3 bis 5 h bei kiefernen Telegraphenstangen und Leitungsmasten. Die aufgenommenen Mengen an Flüssigkeit sind beim Volltränkverfahren sehr groß; sie lassen sich aber nicht herabsetzen, ohne die gleichmäßige Verteilung zu schädigen.

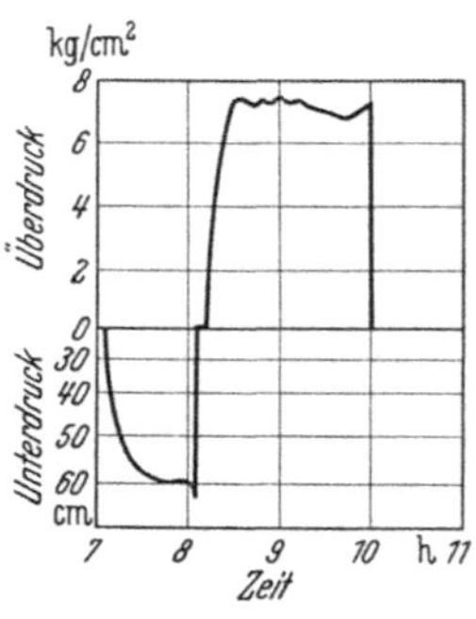

Bild 41. Arbeitsschaubild bei der Volltränkung.

Bei der Chlorzinktränkung nach W. Burnett (1838 als Trogtränkverfahren zum Patent angemeldet[2] und 1847 auf die Kesseltränkung angewendet) spielt dieser Umstand eine untergeordnete Rolle; da es sich um eine wässerige

[1] Brit. Pat. 7731 v. 11. 7. 1838, J. Bethell. [2] Brit. Pat. 7747 v. 1838.

Salzlösung handelt, kann man die Konzentration so niedrig wählen, daß auch bei einem großen Verbrauch an Tränkflüssigkeit nicht zu viel Salz im Holz gespeichert wird. Ein Kennzeichen dieses Verfahrens ist auch das Dämpfen des Holzes ($1^1/_2$ at, 1 bis 4 h) vor der Luftverdünnung. In Deutschland hat man die Chlorzinktränkung wegen gewisser Mängel (s. S. 61) verlassen, im Ausland (z. B. in USA und Rußland) spielt sie aber noch eine große Rolle.

Die Benutzung von Steinkohlenteeröl als Holzschutzmittel hatte als erster Franz Moll[1] 1836 vorgeschlagen; weiterhin bekannt wurde dieses Mittel aber erst, als J. Bethell sich dieses Stoffes und der von ihm verbesserten Bréantschen Apparatur bediente. Das Verfahren, dem keine Dämpfung vorausgeht, verbreitete sich in England und auf dem Festland sehr rasch und wurde 1849 durch Julius Rütgers in Deutschland eingeführt. Das Holz muß sehr gut ausgetrocknet sein; im übrigen ist der Arbeitsverlauf derselbe wie bei der Anwendung von Chlorzink. Die Luftverdünnung muß mindestens 600 mm Q.-S. erreichen und 20 bis 30 min einwirken. Der Flüssigkeitsdruck zwischen 7 und 14 at ist nach Bedarf, meist 1 bis 5 h, zu halten. Am Ende der Drucktränkung wird gewöhnlich nochmals ein kurzes Vakuum nachgeschaltet, um die Holzoberfläche zu trocknen und das Holz damit besser für die Hantierung geeignet zu machen.

Die Aufnahme an Teeröl ist sehr hoch, wie die folgenden Zahlen zeigen,

		Teerölaufnahme kg/m^3
Ki-	Stangen oder Schwellen	270 bis 300
Bu-	Stangen oder Schwellen	325 bis 350
Ei-	Stangen oder Schwellen	85 bis 100
Pappel-	Kantholz	293 bis 500
Rüster-	Kantholz	268 bis 370

und geht weit über die Mengen hinaus, die zum Schutz gegen den Angriff holzzerstörender Pilze erforderlich sind (vgl. Zahlentafel 1). Als besonders geeignet für gleichmäßige Durchtränkung erwiesen sich wieder Buchenholz sowie Splintholz von Eiche, Kiefer und Lärche. Bei Fichte und Tanne sind die Widerstände quer zur Faser so hoch, daß die zähe Flüssigkeit hauptsächlich nur in der Faserrichtung eindringen kann. Alle Hölzer müssen unbedingt bastfrei sein.

Als Hauptvorteil der Volltränkung mit Teeröl war die verhältnismäßig lange Liegedauer der behandelten Schwellen und Bauhölzer für Brücken und Wasserbauten anzusprechen, die sich insbesondere auch dort bewährten, wo sie reichlicher Feuchtigkeit ausgesetzt waren. Bei Stangen und Masten überwogen die Mängel: Unangenehmer Geruch, schmierig-klebrige Beschaffenheit sowie Gesundheitsschädigung der Arbeiter durch Augenentzündungen und Hautausschläge. In allen Fällen waren die hohen, mit der Verknappung des Teeröls ständig wachsenden Kosten des Verfahrens nachteilig.

Günstigere Verhältnisse sollten hier Emulsions- und Doppelverfahren durch Vereinigung der Billigkeit der Salzlösungen mit der Hochwirksamkeit des Teeröls schaffen. Schon Anfang der 70er Jahre machte Julius Rütgers den Vorschlag, der Chlorzinklösung geringe Mengen von stark saurem Teeröl zuzusetzen, um die Schwellen besser vor dem Auswaschen zu schützen. Die Mischung wurde hergestellt, indem wäßrige Chlorzinklauge und Teeröl, beide von möglichst gleichem spezifischem Gewicht, kurz vor dem Tränken unter Zuströmen von Dampf und Luft mechanisch vermengt wurden. Die Emulsion trennte sich aber bei ruhigem Stehen nach wenigen Minuten wieder, auch wirkte das Holz als Filter, so daß nur die phenolhaltige Chlorzinklösung tiefer eindrang, die wasserunlöslichen neutralen Öle aber als dünner Mantel in den äußersten Schichten zurückgehalten wurden. Das Verfahren wurde um die

[1] Brit. Pat. 6983 v. 1836.

Jahrhundertwende wieder verlassen. Auch die von verschiedenen Seiten vorgeschlagene Verseifung des Teeröls[1] führte nicht zu Erfolgen: Die Filterung blieb bestehen, gleichzeitig wirkten die stark alkalischen Mischungen ungünstig auf die Holzfaser ein.

All diesen Schwierigkeiten wollte man in dem Doppelverfahren begegnen, bei denen die Tränkung mit Metallsalzlösungen und Teeröl getrennt ausgeführt wurden. Das Teeröl, dessen Aufnahme durch Wägen oder Messen genau überwacht wurde, sollte hauptsächlich die in das Holz gebrachten Salze vor dem Auslaugen schützen. Als Salze fanden Chlorzink oder Fluornatrium Verwendung.

Wenn wasserlösliche Salze (z. B. Wolmansalze, Celcure, Chemonite Z. M. A. usw.) im Volltränkverfahren allein angewendet werden, dann beginnt man mit einem Unterdruck von 630 bis 710 mm Q.-S., dem ein Flüssigkeitsdruck von 10 bis 14 at folgt. Man hält ihn so lange aufrecht, bis eine geringfügige Übersorption erreicht ist und schließt dann nochmals ein Vakuum von 660 bis 685 mm Q.-S. an. Die Nettoaufnahme an trockenem Schutzsalz schwankt je nach dem Gebrauchszweck des Holzes zwischen 2 und 8 kg/m³.

513.72 Spartränkverfahren. Als Nachteil der Volltränkung nach Bethell wurden schon ihre hohen Kosten gebucht. Infolge der großen Nachfrage stieg der Preis von saurem Teeröl von etwa 3,— RM an der Jahrhundertwende auf 8,— RM im Jahre 1913; der sprunghaft wachsende Ausbau der Eisenbahn- und Telegraphennetze erhöhte den Bedarf an Teeröl so gewaltig, daß die erzeugten Mengen zur Deckung nicht mehr ausreichten. Eine weitere Anwendung oder Ausbreitung der Teeröltränkung war deshalb ohne neuartige Sparverfahren aussichtslos. Man war bestrebt, den Teerölverbrauch für das Holz so weit zu senken, wie es im Hinblick auf genügende Schutzwirkung zulässig erschien. Versuche hatten ergeben, daß Kiefern-Splintholz praktisch ausreichend gegen holzzerstörende Pilze gesichert ist, wenn es 1,2 Gew.-% Teeröl, gleichmäßig verteilt, enthält. Selbst wenn man aus Sicherheitsgründen ein Mehrfaches dieser unbedingt erforderlichen Teerölmenge in das Holz bringen will, errechnet man Zahlen, die weit unter der Aufnahme bei der Volltränkung liegen. Die Erfinderarbeit an Spartränkverfahren wurde aber nicht nur durch diesen Umstand, sondern auch durch die Hoffnung angeregt, daß man gleichzeitig gewisse Mängel der Tränkung mit Teeröl — vor allem sein nachträgliches Wiederaustreten, das „Bluten" —beseitigen könne.

Verschiedene Wege schienen zunächst gangbar, um den Imprägnierstoff sparsam und gleichmäßig im Holz zu verteilen. Die wenig befriedigenden Erfolge von Emulsionen wurden schon erwähnt; ebenso scheiterten Versuche mit Lösungen des Teeröls in geeigneten verdunstbaren Flüssigkeiten an der Schwierigkeit, die meist feuergefährlichen und kostspieligen Lösungsmittel auf wirtschaftliche Weise wieder aus dem schlecht wärmeleitenden Holz herauszuziehen. Die weiter vorgeschlagene Imprägnierung mit zerstäubten Ölen oder Abdämpfen konnte nicht befriedigen, da eine gleichmäßige Durchdringung nicht zu erreichen war. Bessere Erfolge waren von Anfang an jenen Verfahren beschieden, die durch Druck und Vakuum die Verteilung einer beschränkten Schutzstoffmenge im Holzinnern erstrebten.

Das erste einschlägige Patent wurde 1902 auf den Namen Wassermann erteilt; die Erfindung stammt von Max Rüping. Folgender Arbeitsvorgang (Bild 42) liegt ihr zugrunde: das möglichst lufttrockene Holz wird im Imprägnierkessel I einem Luftdruck von 0,5 bis höchstens 4 atü so lange ausgesetzt, bis im Innern sämtlicher Zellhohlräume des Holzes dieser Druck herrscht. Da außer den Ventilen V und V_3 auch das Ventil V_4 geöffnet ist (V_1, V_2 und V_5 sind geschlossen), strömt die Preßluft nicht nur in den Imprägnierzylinder, sondern

[1] DRP. 117263, 151020, 323648, 331288.

auch in das mit Teeröl gefüllte Vorratsgefäß T. Hierauf wird das Ventil V geschlossen, und die Hähne V_1 und V_2 werden geöffnet. Das Teeröl fließt jetzt, da in T und I der gleiche Luftdruck herrscht, aus dem höher gelegenen Gefäß T in den Zylinder I, wo es das Holz umspült. Ein Eindringen des Imprägniermittels in das Holz verhindert vorerst noch die in den Zellhohlräumen befindliche Druckluft. Im zweiten Teil des Tränkprozesses werden die Ventile V_1, V_2 und V_3 gesperrt, V_5 wird geöffnet. Mittels der Öldruckpumpe wird dann weiteres Teeröl aus dem Meßgefäß in den Kessel I gefördert, bis dort je nach Art und Beschaffenheit des Holzes ein Druck von 6 bis 8 atü entsteht. Unter diesem erhöhten Druck durchdringt das Öl alle überhaupt durchtränkbaren Teile des Holzes. Die in den Zellhohlräumen enthaltene Preßluft wird weiter verdichtet. Hat das Holz — was sich leicht am Meßgefäß überwachen läßt — soviel Teeröl aufgenommen, wie wünschenswert ist, so wird der Druck aufgehoben und das überschüssige Öl nach dem Vorratsgefäß zurückgepumpt, in dem in der Zwischenzeit wieder atmosphärischer Luftdruck hergestellt wurde. Die Folge der Entleerung des Tränkzylinders ist, daß die im Holzinnern vorhandene Preßluft sich ausdehnt und dabei das nicht von den Zellwandungen festgehaltene Teeröl aus dem Holz heraustreibt. Erleichtert und beschleunigt wird dieses Austreten durch Erzeugung einer hohen Luftverdünnung im Tränkkessel. Die erforderliche Zeit für das Rüping-Verfahren beträgt je nach der Holzart 2 bis 8 Stunden. Den Druckverlauf bei der Tränkung von Kiefernhölzern zeigt Bild 43. Lärche ist ähnlich wie Kiefer im Splint imprägnierbar. Bei Fichte und Tanne lassen sich, wie schon erwähnt, nur die äußersten Jahrringe bis zu etwa 5 mm Tiefe durchtränken. Bei Fichte wird das Splintholz durchtränkt, der Kern, der gegen Pilzbefall sehr widerstandsfähig ist, nimmt kein Teeröl auf. In Anbetracht des geringen Splintgehaltes eichener Schwellen verlangen die Bundesbahnvorschriften nur eine Teerölaufnahme von 45 kg je m³ Holz. Das Tränkverfahren ist grundsätzlich dem bei Kiefer sehr ähnlich, jedoch sind ein Öldruck von mindestens 7, höchstens 8 atü und eine Druckdauer von mindestens 180 min vorgeschrieben.

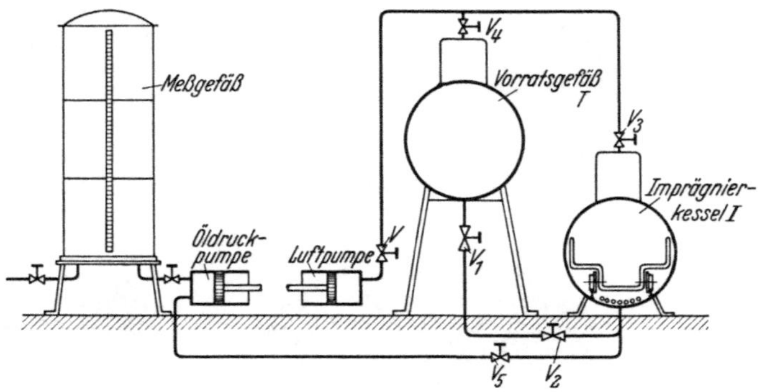

Bild 42. Schema einer Spartränkanlage nach M. Rüping.

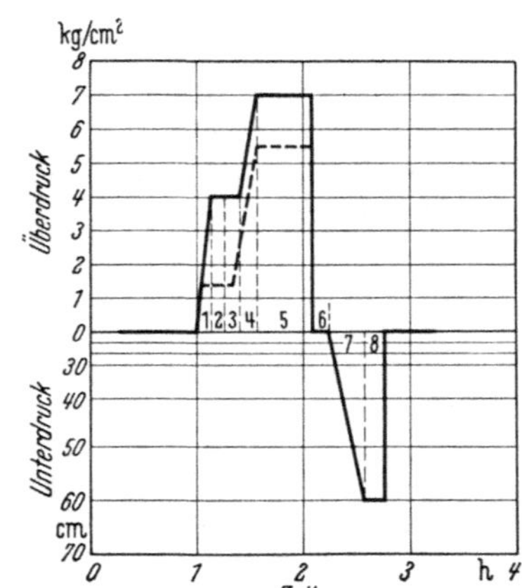

Bild 43. Druckverlauf bei der Tränkung von Kiefernholz nach dem einfachen Rüping-Verfahren.

Bei Buche erfolgt die Imprägnierung mit Rücksicht auf den eigenartigen anatomischen Aufbau nach einem Sonderverfahren. Das einfache Rüping-Verfahren ist in ein Doppelverfahren umgewandelt, das aus einer zweimaligen, unmittelbar aufeinander folgenden Wiederholung des einfachen Verfahrens besteht. Durch die Verdoppelung wird erreicht, daß das zuvor auf mindestens 95° C, höchstens 100° C erhitzte Teeröl gleichmäßig durch den gesamten Holzkörper getrieben wird (Bild 44, Schwelle 3). Die durchschnittliche Aufnahme an Teeröl soll, wie auch Zahlentafel 1 nachweist, 145 kg/m³ betragen. Nicht durchtränkbar

Bild 44. Querschnitte aus mit Steinkohlenteeröl nach Bundesbahn-Vorschrift getränkten Schwellen (1) Eiche, (2) Kiefer, (3) Buche, kernfrei, (4) Buche, rotkernig.

ist roter Kern (Bild 44, Schwelle 4). Ausländische Hölzer lassen sich nach dem Rüping-Verfahren in der Regel gut imprägnieren, jedoch sind die günstigsten Bedingungen von Fall zu Fall zu klären.

Über die Durchlässigkeit (Permeabilität) und damit Tränkungseignung wichtiger Nutzhölzer gibt Tafel I im Anhang Aufschluß.

In USA wird neben dem sehr weit verbreiteten Rüping-Verfahren auch das Spartränkverfahren nach C. B. Lowry[1] angewendet. Es unterscheidet sich von ersterem hauptsächlich dadurch, daß es auf die einleitende Druckluftstufe verzichtet. Das Schutzmittel wird vielmehr nach Einfahren des Holzes bei atmosphärischem Druck in den Tränkkessel eingefüllt, hierauf folgt die Druckperiode. In ihr wird die im Holz gegenwärtige Luft verdichtet und hilft, wenn das Endvakuum wie beim Volltränkverfahren angewendet wird (Bild 45), das überschüssige Schutzmittel wieder aus dem Holz zu treiben. Allerdings ist die rückgewonnene Schutzmittelmenge geringer als beim Rüping-Verfahren. Ein Vorteil des Lowry-Verfahrens liegt darin, daß die einfache Apparatur des Volltränkverfahrens verwendbar ist und daß auf zusätzliche Ausrüstungen (Luftkompressor, besondere Behälter), die in Rüping-Anlagen unentbehrlich sind, verzichtet werden kann.

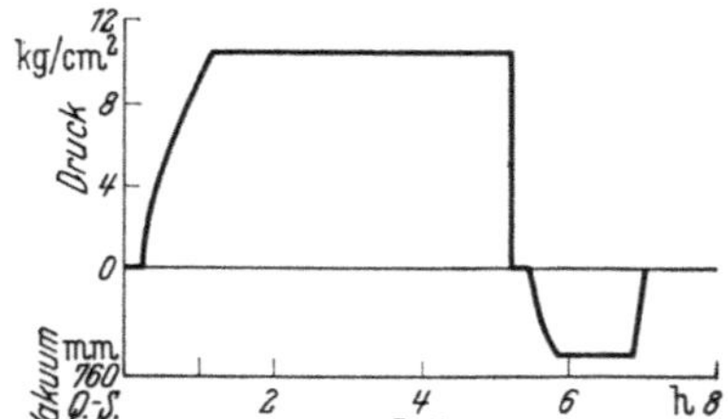

Bild 45. Druckverlauf bei der Tränkung nach dem Lowry-Verfahren. (Nach G. M. Hunt u. G. A. Garratt.)

[1] US Pat. 831450 (1906).

513.8 Diffusionsverfahren (Osmose-Verfahren).

Die physikalischen Grundlagen des Diffusionsverfahrens wurden in Bd. I, S. 494 ausführlich behandelt und dort auch Angaben für die Berechnung der Konzentration im Endzustand in einer gegebenen Holztiefe, über die Abhängigkeit des Diffusionsverlaufs vom Feuchtigkeitszustand des Holzes, von seiner Faserrichtung, der Temperatur und etwaigen Kolloidzusatz gemacht.

Das Diffusionsverfahren ist sehr einfach und hinsichtlich Tiefenwirkung günstig[1]. Die Durchführung geht folgendermaßen vor sich: Die Masten oder Stangen werden möglichst bald nach der Fällung, d. h. wenn sie noch saft-

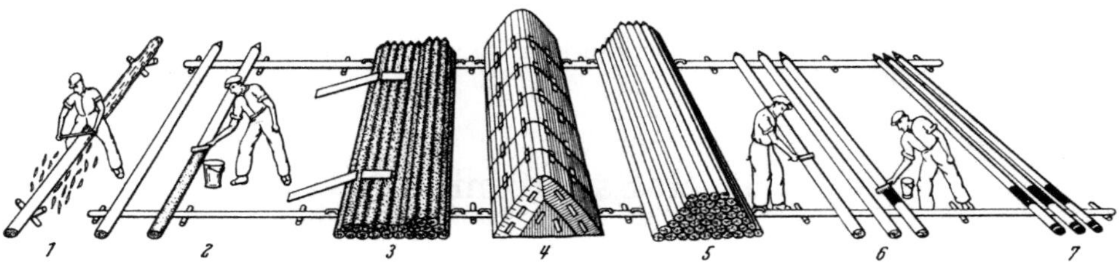

Bild 46. Schematische Darstellung der einzelnen Arbeitsvorgänge beim Diffusions-(Osmose-)Verfahren.

frisch sind, entrindet und weiß geschält. Anschließend wird eine Paste aus Imprägniersalzen (10 kg Salz auf 6 Liter Wasser) in der Art eines gut deckenden Ölfarbenanstriches allseitig auf die feuchte Holzoberfläche aufgetragen. Verbraucht werden je m² Holzoberfläche etwa 180 g Paste. Der Anstrich trocknet in wenigen Minuten an. Er ist vor zu starker Sonneneinwirkung zu schützen. Die Hölzer werden dann auf zwei Unterlagen gerollt und ohne Zwischenlagen in Dreieckform gestapelt (Bild 46). Die Dreieckform ermöglicht nach erfolgter Abdeckung den Ablauf des Regenwassers. Die Größe der Stapel richtet sich nach den Abmessungen der Hölzer; die Anzahl n schwankt zwischen 28 und 78 Stück je Stapel und errechnet sich nach der Formel $n = m \cdot \frac{m+1}{2}$, wobei m die Anzahl in der untersten Bodenlage ist. Die Holzstapel werden nun mit wasserundurchlässigem Kreppapier (1 kg deckt 5 m²) abgedeckt, dessen Bahnen senkrecht zur Stapellänge verlaufen. Durch Nägel und untergelegte Holzspäne werden die einzelnen Lagen gegen Verschieben und Abwehen gesichert. In diesem abgedeckten Zustande bleiben die Stangen mindestens 3 Monate liegen. Dann werden die Stapel geöffnet, das Holz wird von etwa noch vorhandenen Pastenresten mittels Drahtbürste gereinigt und an den Schnittflächen (Zopf- und Fußpunkt) sowie an der Erdzone mit einem wasserabweisenden Teeranstrich versehen.

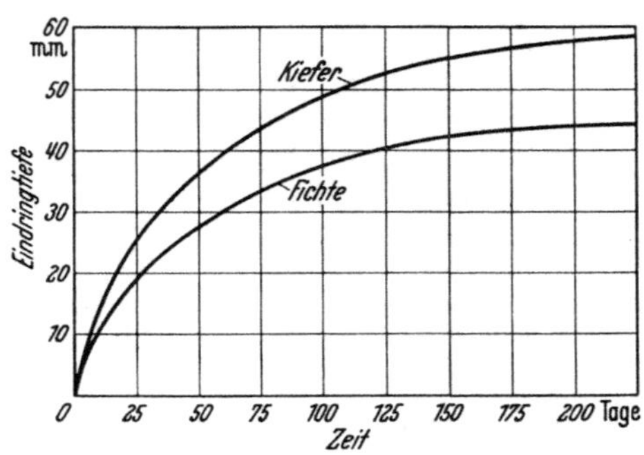

Bild 47. Eindringtiefe in Fichte und Kiefer beim Diffusions-(Osmose-)Verfahren.

---

[1] Gieseking, E.: Helios 1933, Nr. 37. Druckschrift Nr. 15 der Osmose-Holzimprägnierung GmbH, Leipzig. — F. Moll: Holzmarkt Bd. 52 (1935) Nr. 49 Beil. 1.

Balken und Kanthölzer lassen sich ähnlich behandeln, wenn sie frisch vom Gatter oder der Säge kommen. Bretter erhalten bei Dicken bis zu 40 mm einen nur einseitigen Anstrich von 100 g/m².

Der Vorgang beim Diffusions-(Osmose-)Verfahren ist physikalisch einfach zu erklären. Der Saft im frischen Holz ist eine Salzlösung geringer, der aufgetragene Salzbrei eine solche größtmöglicher Konzentration. Beide Lösungen treten derart in Wechselwirkung, daß einerseits das Wasser in die Paste und anderseits das Salz aus der Paste in das feuchte Holz wandert. Die Einlagerung erfolgt bis in große Tiefen (Bild 47) und erstreckt sich auch auf den Kern. Nur ein Teil des Salzes wird infolge seiner Affinität zur Holzfaser fixiert, z. B. Dinitrophenol (Eindringtiefe 10 bis 20 mm) oder Sublimat und Kryolith (Einlagerungstiefe 20 bis 30 mm). Ein anderer Teil, z. B. Fluornatrium, Kieselfluorzink u. dgl., bleibt beweglich und diffundiert im Laufe der Jahre durch den ganzen Mastquerschnitt.

52. Holzschutzmittel[1].

521. Schutzmittel gegen Pilzbefall (Fäulnis) und tierische Schädlinge.

521.0 Allgemeines.

Im vorhergehenden Kapitel wurde gezeigt, daß sich ein Holzschutz auf physikalischer Grundlage durch Abwehr der Feuchtigkeit sowie durch dicht deckende Anstriche nur für Holzteile anwenden läßt, die entweder verhältnismäßig klein sind oder deren ganze Oberfläche, falls erforderlich, jederzeit leicht nachbehandelt werden kann. Hierher gehören z. B. Zäune, Türen, Fensterhölzer u. dgl. Bei Masten, Schwellen, Gruben- und Bauhölzern haben sich die physikalischen Verfahren als unbrauchbar erwiesen, da das Holz häufig schon vor der Schutzbehandlung von Holzschädlingen befallen ist und da die Anstriche durch Schwindrisse und Beschädigungen bald unwirksam werden. Länger dauernder Holzschutz ist deshalb nur durch Vergiftung der Holzsubstanz selbst zu erzielen. An brauchbare Schutzmittel werden verschiedene Anforderungen gestellt,

[1] Für die Anforderungen an Holzschutzmittel wurden in USA besonders genaue Vorschriften erlassen, die den spezialisierten Bedürfnissen der Verbraucher angepaßt sind:

Schutzmittel	Spezifikation der Gesellschaft				
	Amer. Wood Preserv. Assoc.	Federal	Amer. Rail-Engineering Assoc.	Amer. Soc. Testing Materials	Amer. Assoc. of State Highway Off.
Kreosot	P 1	TT-W-556a	Committee 17	D 390	Ml 33-42
Kreosot-Steinkohlenteer-Lösungen	P 2	TT-W-566a	Committee 17	D 391	Ml 33-42
Kreosot-Erdöl-Lösungen	P 3, P 4	TT-W-568	Committee 17	—	Ml 33-42
Zinkchlorid-Chromat	P 5	TT-W-551	—	—	Ml 33-42
Wolman-Salze	P 5	TT-W-573	—	—	Ml 33-42
Pentachlorphenole	P 8	TT-W-570	—	—	—
Kupfer-Naphthenate	P 8	—	—	—	—
Feuerschutzmittel	—	Navy 51-C-38	—	—	—

(Nach R. H. Bescher: Wood Preservatives, For. Prod. Res. Soc. 1949 Preprint Nr. 51.)

deren gleichmäßige Befriedigung durchaus nicht leicht ist. Im wesentlichen muß folgendes verlangt werden:

1. Die Schutzmittel müssen starke Giftwirkung besitzen, d. h. sie müssen die Holzschädlinge als Berührungs-, Ernährungs- oder Atmungsgift sicher abtöten und erneuten Befall verhindern; wünschenswert ist hohe Giftigkeit für möglichst alle in Frage kommenden Schädlinge, also beispielsweise für Pilze und Käfer. Gerade ein gleichmäßiger Hemmwert gegenüber Pflanzen und Tieren ist aber nur schwierig zu erreichen.

2. Die Mittel sollen an der Holzfaser fest physikalisch gebunden (fixiert) werden, soweit die damit behandelten Holzteile im Freien verwendet werden, so daß Regen und Bodenfeuchtigkeit keine bzw. nur geringe Auswaschung hervorrufen können. Verluste durch Verdunstung dürfen nicht auftreten, ebensowenig chemische Veränderungen durch Einwirken der Atmosphäre oder von Bodenbestandteilen.

3. Die Mittel sollen in heißem Zustande bzw. in heißen Lösungen (70 bis 100° C) verwendbar sein, ohne daß sie dabei zerfallen oder ihre Eigenschaften verlieren.

4. Die Schutzstoffe dürfen das Holz nicht zersetzen, seine Festigkeit nicht verringern und auch eiserne Beschlagteile (z. B. Unterlegscheiben und Nägel zur Befestigung der Schienen auf den Schwellen, die Isolatorträger bei Masten usw.) nicht angreifen; soweit die Mittel durch Druck und Vakuum einverleibt werden, müssen sie für die Imprägnieranlage unschädlich sein. Erwünscht ist gleichzeitig in vielen Fällen eine Neutralität gegenüber dem Mauerwerk oder Putz. Zu befürchten ist dabei weniger ein Angriff auf die Mineralien als eine Umwandlung der Schutzmittelkomponenten (Wirksamkeitseinbuße)[1].

5. Für den Menschen sollen die Stoffe möglichst ungiftig[2], insbesondere auch unter dem Gesichtswinkel der Gewerbehygiene, d. h. für die damit hantierenden Arbeiter, unschädlich sein. Im allgemeinen wird, vor allem bei Hausbau- und Grubenholz, Geruchlosigkeit verlangt. Gleichzeitig sollen die Schutzmittel unschädlich gegenüber Haustieren und, wenn erforderlich, auch Nutzpflanzen sein.

6. Die Entflammbarkeit des Holzes soll nicht erhöht, besser aber (hauptsächlich bei Grubenholz) herabgesetzt werden.

7. Das Mittel soll gut in das Holz eindringen.

8. Erwünscht ist ferner Farblosigkeit, auch sollen nach Möglichkeit die Oberflächen des geschützten Holzes in üblicher Weise behandelt werden können.

9. Das Schutzmittel soll billig und in großen Mengen verfügbar sein. Seine Anwendung muß wirtschaftlich sein, d. h. die jährliche Abschreibung des geschützten Holzes muß niedriger sein als die des rohen Holzes.

10. Das Schutzmittel soll sowohl bei feuchtem als auch bei trockenem Holz verwendbar sein.

Der Wert eines Schutzmittels ist um so höher, je besser es den obigen 10 Bedingungen gerecht wird. Restlos in allen Punkten entspricht bis jetzt kein Stoff und kein Verfahren. Aus der Fülle der zum Patent angemeldeten Tränkmittel konnten sich nur einige durchsetzen und behaupten, die wenigstens mehreren der genannten Anforderungen genügen. Das Streben geht heute dahin, die lang-

[1] Wenzel, I.: Zbl. Gewerbehyg. Bd. 21 (1934) S. 129.
[2] Schulze, B.: Wiss. Abh. Dtsch. Mat.-Prüf.-Anst. II/7 (1950).

wierige Auslese auf Grund praktischer Erfahrungen durch Laboratoriumsversuche über den Grenzwert[1], das Eindringvermögen und die Dauerhaftigkeit zu ersetzen oder zu ergänzen.

Die Beziehungen zwischen der chemischen Konstitution der Tränkstoffe und ihrer pilz- oder insektenwidrigen Kraft standen seit langem im Brennpunkt der Forschung. Für die Fluorverbindungen liegt von J. Netzsch[2] eine grundlegende erste Abhandlung vor. Auch wissen wir beispielsweise[3], daß der Grenzwert der Phenole durch negative Substitution erheblich verbessert werden kann, wenn man einen Teil der Wasserstoffatome durch Chloratome oder Nitrogruppen ersetzt. Führt man dagegen Sulfogruppen ein, so vermindert sich die Giftwirkung für Pilze. Für chlorierte Benzolabkömmlinge ergab sich bei Untersuchungen von I. Hatfield[4] kein regelmäßiger Zusammenhang zwischen der Giftwirkung gegenüber den Pilzen und der Lage sowie der Zahl der substituierten Cl-Atome. B. Schulze und G. Becker[5] haben die biologische Wirkung von Fraktionen und Einzelstoffen des Steinkohlenteeröls untersucht und dabei eine Reihe von Erkenntnissen mit wohl allgemeiner Gültigkeit erzielt, die auszugsweise im nächsten Abschnitt mitgeteilt werden. Neuerdings haben A. W. Finholt, M. Weeks und C. H. Way[6] eine neue Theorie der Giftwirkung gegen holzzerstörende Pilze vorgelegt. Sie gehen davon aus, daß es grundsätzlich zweierlei Arten von Pilzgiften gibt: die eine Art wirkt innerhalb der Pilzmembran auf den Metabolismus ein, indem sie einige oder alle wesentlichen Enzymsysteme dort schädigt, die andere Art stört den Pilz außerhalb seiner Membran in der Nahrungsaufnahme, indem beispielsweise hydrolytische Enzyme denaturiert werden, so daß der Pilz nicht mehr in der Lage ist, das Holz in verdauliche Nährstoffe wie Cellobiose und Glucose zu spalten. Es ergab sich, daß die im Innern der Zelle wirkenden Gifte wasserlöslich und in ihrer Molekülgröße auf 12 Kohlenstoff-Kettenlängen begrenzt sein müssen. Die außerhalb der Zelle wirkenden Gifte können sowohl wasserlösliche als auch unlösliche Chemikalien sein. Trotz aller Forschungen sind wir aber immer noch weit davon entfernt, neue Holzschutzmittel lediglich an Hand ihres chemischen Aufbaues auswählen und beurteilen zu können.

Einteilen lassen sich die Holzschutzmittel nach DIN 52175 in folgende Hauptgruppen:

1. Ölige und ölartige Schutzmittel;
2. Wasserlösliche Schutzmittel;
3. In organischen Lösungsmitteln zu lösende Schutzmittel;
4. Öl-Salzgemische;
5. Emulsionen;
6. Schutzmittel auf Kunstharzgrundlage;
7. Schutzmittel sonstiger Beschaffenheit.

---

[1] Hierfür finden sich im Schrifttum auch die Bezeichnungen Hemmungswert, Hemmwert und Giftwert.

[2] Netzsch, J.: Die Bedeutung der Fluorverbindungen für die Holzkonservierung. Diss. München 1909.

[3] Vgl. Mahlke-Troschel-Liese: Handbuch der Holzkonservierung, 3. Aufl. Berlin 1950, S. 326 bis 331.

[4] Hatfield, I.: Toxicity in relation to the position and number of chlorine atoms in certain chlorinated benzene derivates, Ber. Tagung Amer. Wood-Preserv. Assoc. 22/24. Jan. 1935; vgl. auch R. H. Baechler: A relationship between the chemical constitution and the toxicity toward Fomes annosus of certain benzene derivates Diss. Univ. Wisconsin 1927.

[5] Schulze, B., u. G. Becker: Holzforschung Bd. 2 (1948) S. 97.

[6] Finholt, A. W., M. Weeks u. C. H. Way: Ind. Engng. Chem. Bd. 44 (1952) S. 101.

521.1 Ölige und ölartige Schutzmittel.

521.11 Steinkohlenteeröl (Kreosotöl) und Karbolineum. Seit mehr als hundert Jahren, seit dem erwähnten Patent von J. Bethell im Jahre 1838, ist Steinkohlenteeröl ein Holzschutzmittel von überragender Bedeutung. Mengenmäßig ist es das auf der ganzen Welt am meisten benutzte Schutzmittel. Nach R. Helphenstine[1] wurden in den Vereinigten Staaten während des 2. Weltkriegs etwa 98% des in Imprägnieranstalten geschützten Holzes mit Steinkohlenteeröl allein oder im Gemisch mit Teer oder organischen Lösungsmitteln behandelt. In England wird Steinkohlenteeröl von allen Holzschutzmitteln am meisten gebraucht[2]. In Deutschland haben Bahn, Post und Energiewirtschaft Steinkohlenteeröl ebenfalls in überwiegendem Maße angewendet.

Die Teerölschutzmittel sind im allgemeinen durch folgende Eigenschaften gekennzeichnet[3]:

1. Hohe Widerstandsfähigkeit gegen Auslaugen, damit hervorragende Eignung für den Gebrauch im Freiland;
2. In der Regel Freiheit von korrosiven Eigenschaften gegenüber Metallen;
3. Schwierigkeit, mit Teeröl behandeltes Holz zu streichen; Neigung, in den Putz zu „kriechen";
4. Ausgesprochener Geruch (der unter Umständen von Lebensmitteln angenommen wird, selbst wenn sie nicht unmittelbar mit dem Teeröl in Berührung kommen);
5. Geringe Entflammbarkeit bei normalen Temperaturen; frisch getränktes Holz ist leichter brennbar als solches, das schon mehrere Monate lang imprägniert ist und aus dem die flüchtigen Bestandteile verdunstet sind.

Steinkohlenteeröl fällt an bei der Destillation von Steinkohlenteer zwischen dem Austreiben der Leichtöle und dem Rückstand, dem Pech. Teer und Teeröl sind äußerst verwickelte chemische Körper; ihre Bestandteile gehören im wesentlichen zur aromatischen Reihe. Rohteer ist wegen seines Gehaltes an freiem Kohlenstoff, seiner hohen Viscosität und seines Reichtums an Stoffen, die volkswirtschaftlich wertvoll, aber für den Holzschutz belanglos sind, nicht als Tränkmittel geeignet. Man arbeitet deshalb den Teer durch Destillation weiter auf. Geordnet nach Siedepunkten und spezifischen Gewichten, entstehen folgende Destillate[4], zwischen denen allerdings Misch- und Übergangsformen sehr häufig sind:

	Destillate				Rückstand
	1 Leichtöl (Rohbenzol)	2 Mittelöl	3 Schweröl	4 Anthracenöl	5 Pech
Siedegrenzen . .	bis 170° C	170 bis 230° C	230 bis 270° C	270 bis 350° C	
Spez. Gewicht kg/dm³. . . .	0,90 bis 0,96	1,02	1,05	1,10	1,07 bis 1,10

Im wesentlichen enthält Steinkohlenteeröl Säuren, Basen und Kohlenwasserstoffe. Die Teersäuren enthalten Phenole, Kresole, Naphthole und Xylenole in einer Menge von insgesamt etwa 6 bis 8% des Teeröls. Die Teerbasen, die

[1] Helphenstine, R.: Proc. Amer. Wood Pres. Assoc. 1943 bis 45.
[2] Richardson, N. A.: Wood Preservatives, For. Prod. Res. Rec. Nr. 17, London 1937.
[3] Timber Development Assoc. Ltd.: Timber Preservation, 4. Aufl., London 1949, S. 9-
[4] Aufhäuser, D.: Brennstoffe. Hütte: Des Ingenieurs Taschenbuch, Bd. 1, 26. Aufl. S. 904.

im Teeröl zu etwa 2 bis 2,5% vorhanden sind, setzen sich zusammen aus Pyridinen, Chinolinen und Acridinen. Die Frage, welche Bestandteile für den Holzschutz besonders wirksam sind, wurde umfassend bearbeitet. Dabei können die lange Zeit bestehenden Widersprüche heute als geklärt gelten. Die Arbeiten von J. van den Berge[1], F. Peters, L. Krieg und H. Pflug[2] sowie von V. Bertleff[3] zeigten, daß eine Entfernung von Phenolen und Basen aus dem Imprägnieröl seine pilzwidrige Wirksamkeit nicht wesentlich herabsetzt, daß also neutrale Öle etwa die gleichen Grenzwerte ergeben wie unveränderte Öle. Einzelfraktionen und Abkömmlinge des Steinkohlenteeröls wurden lange Zeit fast nur mit Hilfe von künstlichen Nährböden und wenig geeigneten Versuchspilzen geprüft, so daß sich eine Besprechung erübrigt; die älteren Ergebnisse sind von J. van den Berge[1] sowie in einem Beitrag von F. Peters und D. Steinherz in der 2. Auflage von Mahlke-Troschels „Handbuch der Holzkonservierung" ausführlich erörtert.

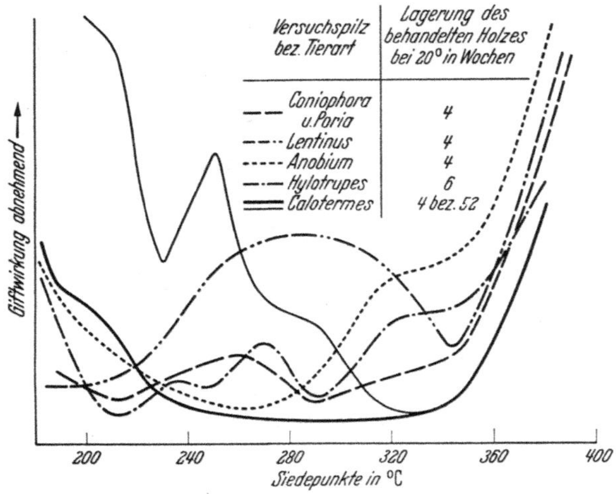

Bild 48. Vergleichende Darstellung der Giftwirkung von Steinkohlenteeröl-Fraktionen auf holzzerstörende Pilze und Insekten; Kurven etwas schematisiert. (Nach B. Schulze u. G. Becker.)

In Anbetracht der einmaligen Bedeutung des Steinkohlenteeröls haben nun B. Schulze und G. Becker[4] in einer groß angelegten Untersuchung die pilzwidrige und insektentötende Wirkung von Fraktionen und Einzelstoffen des Steinkohlenteeröls festgestellt. Dabei wurden 17 verhältnismäßig engliegende Fraktionsstufen des Steinkohlenteeröls im Siedebereich von 70 bis 360° C sowie der Rückstand geprüft und sodann die wichtigsten aus dem Steinkohlenteeröl gewonnenen Verbindungen einzeln untersucht. Es wurde mit Kiefernsplintholz gemäß DIN 52176 Bl. 1 unter Verwendung von Unterdruck bei der Holztränkung gearbeitet. Die Durchführung der Pilzversuche erfolgte gemäß der gleichen Norm, bei den Prüfungen mit holzzerstörenden Insekten wurde nach den von G. Becker und B. Schulze[5] früher veröffentlichten Richtlinien gearbeitet.

Die Einzelergebnisse für die Fraktionsstufen über 180° C sind in Bild 48 in Form vereinfachter und zum Teil schematisierter Kurven zusammengestellt.

---

[1] van den Berge, J.: Beoordeling van de waarde van fungicide stoffen vor houtkonservering, Diss. Delft 1934.

[2] Peters, F., L. Krieg u. H. Pflug: Chemiker-Ztg. Bd. 61 (1937) S. 275.

[3] Bertleff, V.: Chemiker-Ztg. Bd. 63 (1939) S. 438.

[4] Schulze, B., u. G. Becker: Holzforschung Bd. 2 (1948) S. 97.

[5] Schulze, B., u. G. Becker: Holz als Roh- und Werkstoff Bd. 1 (1938) S. 382; Dieselben: Wiss. Abh. Dtsch. Materialprüfungsanst. II. Folge, H. 5, (1942) S. 11. — G. Becker: Wiss. Abh. Dtsch. Materialprüfungsanst. II. Folge, H. 3 (1942) S. 55. — G. Becker u. B. Schulze: Wiss. Abh. Dtsch. Materialprüfungsanst. I. Folge, H. 5 (1940) S. 21. — Dieselben: Arb. angew. u. physiol. Entomol. Bd. 9 (1942) S. 45. — G. Becker, B. Schulze u. E. Schulz: Wiss. Abhandl. Dtsch. Materialprüfungsanst. II. Folge, H. 3 (1942) S. 40.

Man ersieht aus ihnen, daß gegenüber sämtlichen Pilzen und Tieren der Rückstand sehr unwirksam ist. Durch Einbringen hinreichend großer Mengen kann man damit allerdings Holz gegen Anobien-, Hausbock- und Termitenbefall vorbeugend schützen (vgl. auch Bild 64 und 65). Unterhalb von 180 bzw. 200° C nimmt die Giftwirkung allen Schädlingen gegenüber bereits nach verhältnismäßig kurzer Lagerzeit (4 Wochen) des behandelten Holzes durch die Verdunstung der in diesen Bereich fallenden leicht flüchtigen, teilweise sehr giftigen Verbindungen ab. Diese Stoffe kommen allerdings auch wegen ihrer hohen Brennbarkeit nicht für den Holzschutz in Frage. Zwischen 200 und 360° C haben die Giftwirkungskurven gegenüber Coniophora cerebella, Poria vaporaria, Anobium punctatum, Hylotrupes bajulus und Calotermes flavicollis einen annähernd gleichen Verlauf, d. h. an ein oder zwei Stellen (und zwar normal ungefähr im mittleren Bereich) sind die für eine bestimmte Wirkung erforderlichen Giftstoffmengen besonders gering. Lentinus lepideus weicht in seinem Verhalten ausgeprägt ab, indem gegen diesen Pilz die Fraktionen von 240 bis 330° C besonders schlecht und nur die Stufen 330 bis 360° C befriedigend sind.

In noch stärkerem Maße als die einzelnen Fraktionsstufen besitzen die einzelnen Verbindungen des Steinkohlenteeröls unterschiedliche Wirkung gegenüber den verwendeten Pilz- und Insektenarten; im einzelnen muß auf die zitierte Originalabhandlung verwiesen werden, der folgende Zusammenfassung entnommen ist: „Als besonders wirksam erwiesen sich nach vierwöchiger Lagerung der behandelten Hölzer gegen holzzerstörende Pilze unter besonderer Berücksichtigung von Lentinus und in zweiter Linie Poria: β-Naphthol, Acridin, α-Naphthol, Thionaphthen, Trikresol, Isochinolin, 1- und 2-Methylnaphthalin. Auf Anobienlarven wirkten am giftigsten Thionaphthen, Chinolin, 1- und 2-Methylnaphthalin, Benzonitril, Diphenylenoxyd, 1,6-Dimethylnaphthalin und Methylchinolin. Bei Hausbockeilarven traten hervor Thionaphthen, Chinolin, Diphenylenoxyd, β-Naphthol und 2-Methylnaphthalin. Gegenüber Termiten bewährte sich nach Tropenklimabeanspruchung des behandelten Holzes nur β- und α-Naphthol sowie in begrenztem Maße Anthracen."

Allgemein kann man sagen, daß sich Teeröle um so besser zur Holztränkung eignen, je weniger feste Rückstände (Pech) sie aufweisen und je weniger Bestandteile sie enthalten, die unter 175° C oder über 350° C sieden. Vornehmlich kommen somit in Frage die Mittel- und Schweröle, wovon letztere in erster Linie ausgenutzt werden.

Die deutsche Bundesbahn stellt beispielsweise an das Tränköl folgende Anforderungen[1]:

„Das Teeröl soll ein reines Steinkohlenteeröl und so zusammengesetzt sein, daß beim Sieden des Öles bis 235° C nicht mehr als 15% (Raumteile) übergehen (Thermometerkugel im Dampf). Sein Gehalt an sauren Bestandteilen (karbolsäureartigen Stoffen), die in Natronlauge vom spezifischen Gewicht 1,15 löslich sind, muß mindestens 3% betragen.

Das spezifische Gewicht bei 20° C soll zwischen 1,04 bis 1,15 liegen; bei 30° C muß das Öl vollkommen klar sein. Es muß beim Vermischen mit gleichen Raumteilen Benzol (kristallisierbares) klar bleiben, ohne mehr als Spuren ungelöster Körper auszuscheiden. Zwei Tropfen dieser Mischung sowohl als auch des unvermischten Öles müssen, auf mehrfach zusammengefaltetes Filterpapier ausgegossen, von diesem vollständig aufgesogen werden, ohne mehr als Spuren, d. h. ohne einen deutlichen Flecken ungelöster Stoffe zu hinterlassen."

---

[1] In Großbritannien gelten für die Qualität von Steinkohlenteeröl die BSI. Nr. 144-136; in USA siehe Amer. Wood Pres. Assoc.: Manual of Recommended Practice. Loose-leaf, currently revised. — Siehe auch E. Bateman: Coal-tar and Water-gas-tar Creosotes: Their Properties and Methods of Testing, US Dept. Agric., Bull. Nr. 1036, Washington D. C., Oct. 1922.

Als Karbolineum werden verschiedene aus dem Steinkohlenteeröl stammende höher siedende Anthracenöle bezeichnet. Der Name war ursprünglich von F. Avenarius erfunden wurden. Nach seinem Patent[1] wurde als Karbolineum ein Gemisch schwerer Steinkohlenteeröle bezeichnet, das in der Wärme chloriert und dadurch geruchlos gemacht worden war. Seit Jahren wird Karbolineum auch in lichtechten Farben (z. B. von den Rütgerswerken) angeboten. In Anbetracht ihrer höheren Wichte und des höheren Siedepunktes besitzen diese Öle eine geringere Giftwirkung als Steinkohlenteeröl, anderseits sind sie weniger flüchtig. In seinen allgemeinen Eigenschaften ist Karbolineum dem Steinkohlenteeröl ähnlich und läßt sich kaum scharf davon unterscheiden. Es hat sich bei jahrzehntelangem Gebrauch gut bewährt, muß aber richtig angewendet werden[2]. In Frage kommen hauptsächlich Streichen, Spritzen sowie das Heiß- und Kaltbadverfahren.

Nach einer Reihe von Patentschriften[3] soll das Teeröl zur Verbesserung seiner pilzwidrigen Eigenschaften mit öllöslichen Schwermetallsalzen (Kupfer-, Quecksilber-, Silber- oder Zinksalzen) behandelt werden („angeschärfte Öle", z. B. das gekupferte „Barol-Carbolineum").

521.12 Sonstige Teeröle und Erdöl. Braunkohlenteeröle und Abkömmlinge von ihnen (z. B. Kreosotöl und das Fresol) versuchte man in der Holzschutztechnik einzuführen; sie erwiesen sich jedoch als nicht gleichwertig den entsprechenden Erzeugnissen aus Steinkohlenteer. In geringer Menge wird Braunkohlenteeröl heute zur Erzeugung von Nachbehandlungspasten (Öl-Salz-Gemischen) herangezogen.

Holzteer ist ein wirksames Konservierungsmittel, zumal wenn er durch Ölzusatz genügend verdünnt ist. Der Anfall an Holzteer ist aber so geringfügig, daß er nur begrenzte Bedeutung hat (vgl. Bd. I, S. 274), z. B. ebenfalls in Öl-Salz-Gemischen.

Schieferteeröle besitzen im allgemeinen weit geringere Wirksamkeit als Steinkohlenteeröle, jedoch scheint der Grenzwert stark von der Herkunft abzuhängen.

Erdöle besitzen an sich keinen oder nur geringen Grenzwert gegenüber holzzerstörenden Pilzen. In Ländern, die einen Überschuß an Erdöl, aber keine ausreichende Erzeugung an Steinkohlenteer haben (Rumänien, Rußland, in gewissem Umfang auch USA), dienen sie zur Streckung des Steinkohlenteeröls. Der Anteil an Erdöl schwankt dabei zwischen 30 und 70%; meist liegt er etwa bei 50%. Nach G. M. Hunt und G. A. Garratt[4] bieten Mischungen aus Steinkohlenteeröl und Erdöl den Vorteil, daß sie das Holz besser gegen rasche Feuchtigkeitsschwankungen und damit Rißbildung schützen als reine Steinkohlenteeröle. Die pilzwidrige Wirkung ist stärker reduziert als im Verhältnis des Volumenanteils von Erdöl. Man muß deshalb für solche Mischungen Steinkohlenteeröl mit besonders hohem Grenzwert nehmen. Die Viscosität der Mischungen ist höher als die des reinen Kreosots.

---

[1] DRP. 46021 (1888). Neues Herstellverfahren der Fa. Avenarius gemäß DRP. 542593 (1930).

[2] Moll, F.: Holz-Zbl. Bd. 65 (1939) S. 497.

[3] DRP. 121901, 129167, 168611.

[4] Hunt, G. M., u. G. A. Garratt: Wood Preservation, New York u. London 1938, S. 115.

521.2 Wasserlösliche Schutzmittel[1].

521.20 Allgemeines. Wasserlösliche Schutzmittel haben folgende wesentliche Eigenschaften[2]:

1. Geruchlosigkeit;
2. Möglichkeit der Oberflächenbehandlung des damit getränkten Holzes nach ausreichender Trocknung;
3. Kein „Kriechen", jedoch schlagen manche Schutzmittel (z. B. U-Salze) leicht durch den Putz durch[3].
4. Unbrennbarkeit.
5. Die Holzverfärbung hängt vom Aufbau der Schutzmittel ab und kann z. B. durch folgende Komponenten mehr oder minder hervorgerufen werden: Dinitrophenol, Bichromate, evtl. zugesetzte Farbpigmente (z. B. Tatrazin).
6. Billige und leichte Transportierbarkeit der Schutzsalze in Pulverform;
7. Korrosive Eigenschaften verschiedener Schutzmittel dieses Typs gegenüber Metallen;
8. Auslaugbarkeit aus dem Holz bei Berührung mit feuchter Erde oder im Wasser; einige Schutzsalze werden allerdings ganz oder teilweise an der Holzfaser fixiert und können dann im Freien Verwendung finden.
9. Notwendigkeit, das Holz nach der Imprägnierung wieder zu trocknen.

521.21 Zinksalze. Zinkchlorid oder Chlorzink ($ZnCl_2$) ist seit 1838 in der Technik des Holzschutzes zu finden; es ist ein weißes, körniges, äußerst hygroskopisches Pulver. In 100 GT Wasser lösen sich bei 20° C 431,9 GT, bei 100° C 614,3 GT Zinkchlorid. In Lösungen von mehr als 40% quillt die Cellulose zunächst stark an und wird dann sogar aufgelöst. Ferner neigt Zinkchlorid zur Bildung basischer Salze, wobei Salzsäure frei wird, die den eisernen Teilen und den Hölzern selbst schädlich ist[4]. Weitere Nachteile sind die nur teilweise Bindung des Zinkchlorids an die Holzfaser, so daß erhebliche Mengen aus den im Freien verbauten Hölzern durch Regen ausgewaschen werden, und die korrosive Wirkung gegenüber Eisenteilen. Trotz all dieser Nachteile wurde und wird Zinkchlorid ausgedehnt zum Holzschutz verwendet, da es billig, leicht in großen Mengen herstellbar und von hinreichender antiseptischer Kraft ist.

Höhere Konzentrationen als 3 bis 5% sind zu vermeiden. Angewendet wird Zinkchlorid sowohl im Kesseldruck- als auch im Trogverfahren. Bei ersterem wird nach dem Volltränkverfahren gearbeitet, bis keinerlei Aufnahme mehr erfolgt. Die Aufnahmemenge an trockenem Salz kann je nach den besonderen Verhältnissen zwischen 8 und 20 kg/m³ schwanken. Die Schutzwirkung gegen Pilzbefall und Insektenangriff ist gut bei Hölzern, die im Innern von Gebäuden Verwendung finden. Farbanstrich auf den wieder getrockneten imprägnierten Hölzern ist möglich. Auch für Grubenholz liegen zufriedenstellende Erfahrungen vor, während bei Gebrauch des Holzes im Freien sein Schutz durch Auslaugen stark verringert wird. Diesem Nachteil suchte man in USA durch ein Doppeltränkverfahren mit Kreosot zu begegnen. Vorteile gegenüber der normalen

[1] Blew, I. O.: Wood Preservatives, US For. Prod. Lab., Madison, Wisc., Rep. Nr. R 149, rev. Nov. 1949. — Nach Fertigstellung des Manuskripts über die einzelnen Schutzmittel erschien das Buch von H. Broese van Groenou, H. W. L. Rischen u. I. v. d. Berge: Wood Preservation During the Last 50 Years, Leiden 1951, das in Teil B die Schutzmittel systematisch und mit hervorragend vollzähligem Literaturnachweis behandelt.

[2] Timber Development Assoc. Ltd.: Timber Preservation, 4. Aufl., London 1949, S. 12.

[3] Schulze, B.: Wiss. Abh. Dtsch. Mat.-Prüf.-Anst. II/7 (1950) S. 123 bis 129.

[4] Schneidt, A.: Organ Fortschr. Eisenbahnwes. Bd. 34 (1897) S. 75ff., 92ff., 113ff., vgl. auch Z. Grittner: Z. angew. Chem. Bd. 4 (1891) S. 414.

Teeröltränkung lassen sich aber dadurch nicht erzielen. Verlangt wird von Zinkchlorid als Schutzmittel Säurefreiheit und ein Höchstgehalt von 6% Verunreinigung (davon nicht mehr als 0,1% Eisen). In Deutschland ist die Verwendung des reinen Salzes weitestgehend unterblieben, dagegen gibt es zahlreiche kombinierte Mittel. Im Handel befinden sich weiter mehrere in flüssiger Form gelieferte Zinkate, d. h. Auflösungen von Zinkchlorid in Natronlauge und Wasser. Es kommt hierbei zu Komplexsalzbildungen nach folgendem Reaktionsschema:

$$ZnCl_2 + 4\,NaOH = Na_2[Zn(OH)_4] + 2\,NaCl.$$

Von Bedeutung für die Wirksamkeit derartiger Mittel dürfte es sein, daß Zink in dem Komplex eingeschlossen ist, also nicht mehr wie beim reinen Zinkchlorid als selbständiges toxisches Wirkion in Erscheinung treten kann. Hieraus erklärt sich vermutlich die geringe Wirkung gegen Coniophora cerebella.

Zinkchlorid-Bichromat[1]. Schutzmittel auf dieser Grundlage enthalten wechselnde Mengen von Zinkchlorid. Im amerikanischen Patent Nr. 2 149 332 (von E. J. du Pont de Nemours & Co., Wilmington) wird eine Kombination von 81,2% Zinkchlorid, 13,3% Natriumbichromat, 2% Natriumchlorid und 3,5% Chromtrioxyd vorgeschlagen. Der Zusatz von Natriumchlorid und Chromtrioxyd erfolgt, um die Schlammbildung zu verringern. Nach Angaben der Herstellfirma Grasselli, Cleveland, Ohio, bestand 1935 ein Schutzmittel aus 66% Zinkchlorid und 34% Natriumbichromat. Zum wirksamen Schutz werden etwa 0,7 bis 2,1 kg/m³ benötigt. In Deutschland war ein Gemisch von Zinkchlorid, Natriumfluorid und Bichromat unter dem Namen „Akarifix III" im Handel. Zinkchlorid-Bichromat wird dem Holz in der gleichen Weise wie reines Zinkchlorid einverleibt, verträgt allerdings keine höheren Temperaturen. Sichere Angaben über die tatsächliche Bewährung liegen noch nicht vor.

Zinksilicofluorid. Das Salz ist im Vergleich zu Zinkchlorid weniger löslich. Nachstehend folgt die Zusammensetzung einiger älterer Präparate:

Fluralsil 1937 nach G. Krug[2]	zunächst	später
Zinksilicofluorid	55%	55%
Kaliumbichromat	25%	25%
Zinkfluorid	—	10%
nitrochlorphenol-sulfosaures Salz	20%	10%

Fluralsil extra nach G. Krug[2]	bis 1934	nach 1934
Zinksilicofluorid	83%	68%
Zinksulfat	10%	—
Natriumfluorid	5%	8%
Natriumsulfat	—	20%
Farbstoffe	2%	4%

Mehrzweckmittel der Chem. Werke Albert gem. österr. Pat. Nr. 159 699	
Zinksilicofluorid	35%
primäres Ammoniumphosphat	60%
Metaphosphorsäure	5%

Praktisch ebenso gut löslich wie Zinksilicofluorid ist Magnesiumsilicofluorid, das aber stärker eisenschädlich ist als die Zinkverbindung[3]. Keinen

---

[1] Drehfahl, L. C., u. R. H. Bescher: The Effect of Sodium Dichromate on the Preservative Value of Zink Chloride, Proc. AWPA. Bd. 35 (1939) S. 30ff.

[2] Krug, G.: Untersuchungen über Holzschutzmittel und Holztränkung, Diss. T. H. Berlin 1936.

[3] Schikorr, G.: Über den chemischen Angriff von Holzschutzmitteln auf Eisen, Wiss. Abh. Dtsch. Materialprüfungsanst. I/5 (1940) S. 58. — G. Schikorr, B. Schulze u. B. Jolitz: Korrosion u. Metallschutz Bd. 18 (1943) S 33.

Eingang in den Holzschutz fand das Natriumsalz, das an sich die höchste Toxizität aller Fluosilicate aufweist, wegen seiner geringen Löslichkeit. Aluminiumsilicofluorid findet beschränkt Verwendung. Silicofluoride werden in Gemischen mit Natriumfluorid, Bichromaten, Dinitrophenol, organischen Verbindungen des Zinks, Zinksulfat, Natriumsulfat und anderen empfohlen. Auch einige Mehrzweckmittel, die gleichzeitig gegen Pilze, Insekten und Feuer wirken, enthalten Silicofluoride.

521.22 Kupfersalze. Kupfersulfat oder Kupfervitriol ($CuSO_4$) hat in großem Umfang als Holzschutzmittel Anwendung gefunden; es bildet meist blaue, durchsichtige Kristalle, die 5 Moleküle Kristallwasser enthalten und eine Wichte von 2,27 g/cm³ haben. In 100 GT Wasser lösen sich an kristallisiertem Salz bei 20° C 42,3 GT, bei 40° C 56,9 GT, bei 100° C 203,6 GT. Die Lösung ist merklich hydrolytisch gespalten und zeigt demnach eine saure Wirkung. Durch unedlere Metalle wird aus $CuSO_4$ metallisches Kupfer als Pulver oder Überzug ausgefällt. Die Metallteile der Boucherie-Anlagen müssen deshalb aus Kupfer bestehen. Rücksicht ist ferner zu nehmen auf die Umsetzung des Kupfersulfats mit Carbonaten zu basischem Kupfercarbonat. Hinsichtlich der Bewährung von mit Kupfersulfat getränktem Holz bei Gebrauch im Freien ist auf die Ausführungen S. 46 zu verweisen.

Die antiseptische Kraft des Kupfersulfats wurde von mehreren Forschern untersucht[1]. Nach neueren Untersuchungen von W. Bavendamm[2] lagen die Grenzwerte für Coniophora cerebella zwischen 3,22 und 4,0 kg/m³, für Polyporus vaporarius, dem für Kupfer unempfindlichsten Pilz, bei Prüfung nach DIN 52176 zwischen 12 und 25 kg/m³, um bei scharfer Prüfung sogar auf mindestens 25 bis 50 kg/m³ anzusteigen.

Kupfersulfat-Bichromat. Die beiden Schwermetallsalze werden zusammen mit fixierenden Stoffen als Schutzmittel verwendet und sollen nach der Imprägnierung im Holz schwer auswaschbare Verbindungen bilden. In diese Gruppe gehören beispielsweise Celcure[3] (eine Mischung von annähernd gleichen Teilen Kupfersulfat und Natriumbichromat, die durch eine hinreichende Dosis von freier Essigsäure oder Chromsäure unter den Arbeitsbedingungen flüssig gehalten wird) und Ascu[4] (eine Mischung von 1 GT Arsenikpentoxyd, 3 GT Kupfersulfat und 4 GT Kaliumbichromat). Andere kupferhaltige Schutzmittel sind vielfach in der Patentliteratur zu finden. Weiter bekannt geworden sind Aczol (eine konzentrierte Flüssigkeit, in der Kupfer- und Zinksalze mit Ammonium gelöst sind) und Chemonite (eine stark alkalische Lösung von Kupferarsenit mit etwas Überschuß an Kupferhydroxyd).

521.23 Quecksilbersalze. Quecksilberchlorid oder Sublimat ($HgCl_2$) ist von den wegen ihrer antiseptischen Eigenschaft verwendeten Schwermetallsalzen das giftigste. Es ist seit langem bekannt und wurde beispielsweise schon

---

[1] Hartig, R., u. C. v. Tubeuf: Der echte Hausschwamm, 2. Aufl. Berlin 1902, S. 92. — B. Malenković: Die Holzkonservierung im Hochbau 1907, S. 244. — J. Netzsch: Die Bedeutung der Fluorverbindungen für die Holzkonservierung. Diss. München 1909, S. 85. — F. Bub/Bodmar u. B. Tilger: Die Konservierung des Holzes in Theorie u. Praxis, Berlin 1922, S. 546.

[2] Bavendamm, W.: Die pilzwidrige Wirkung der im Holzschutz benutzten Chemikalien, Mitt. Reichsinst. Forst- u. Holzwirtsch. Nr. 7, Aug. 1948.

[3] Hunt, G. M., u. G. A. Garratt: Wood Preservation, New York u. London 1938, S. 129. — US Pat. 1684222 (1928), US Pat. 2041655 (1936), Brit. Pat. 273007 (1926) u. Brit. Pat. 286892 (1927).

[4] Narayanamurti, D.: A Short Note on Wood Preservation for Users in India, Ind. For. Bull. Nr. 110, Dehra Dun 1945.

im Mittelalter zum Schutz hölzerner Bildwerke gegen Wurmfraß und Fäulnis benutzt. Die großzügige technische Anwendung als Tränkmittel geht, wie bereits erwähnt, auf den englischen Chemiker Kyan (1832) zurück[1]. Sublimat ist ein weißes, kristallinisches Pulver vom spezifischen Gewicht 5,41. Seine Löslichkeit in 100 GT Wasser zeigen die folgenden Zahlen:

0° C	20° C	40° C	60° C	80° C	100° C
5,73	7,39	9,62	13,86	24,30	53,96 GT Sublimat.

Über die pilzwidrige Kraft von Quecksilberchlorid liegen verschiedene Untersuchungen vor[2]. Im Holz wird das Quecksilberchlorid fixiert, so daß mit Wasser nur mehr sehr wenig Salz ausgewaschen werden kann. Das an sich geringe Eindringvermögen läßt sich durch Zusatz von NaOH und anderer Komponenten vergrößern[3]. Die übliche Behandlung des Holzes mit Sublimat beschränkt sich auf das Tauchen in offenen Trögen aus Holz, Beton oder Mauerwerk sowie auf das Diffusionsverfahren. Die Tränkung unter Druck scheiterte bisher praktisch an der Apparatefrage, da die meisten Metalle infolge Elektroaffinität aus $HgCl_2$-Lösungen metallisches Quecksilber ausscheiden und gleichzeitig selbst als Salze in Lösung gehen. In einer Kesseldruckanlage, in der man mit Quecksilberchlorid tränkte, wurden die Innenwände der Metallzylinder und Rohrleitungen mit einem korrosionsbeständigen Anstrich versehen und Holzloren auf Holzgleisen verwendet.

Der hohe Preis des Quecksilbers und seine Verknappung im 1. Weltkriege legten den Gedanken nahe (s. S. 42), Sparmischungen aus Sublimat und anderen Salzen zu verwenden. Bewährt hat sich lediglich die Beimengung von Fluornatrium, das aber heute nicht mehr eine Verringerung des Sublimatverbrauchs, sondern eine Vertiefung der Schutzwirkung bezweckt.

Weitere Schutzmittel auf Quecksilbergrundlage waren beispielsweise das heute nicht mehr im Handel befindliche Fungimors, eine Verbindung von Quecksilberchlorid mit Natriumsulfit, die besonders wirksam gegen Schimmel- und Bläuepilze[4] ist, und Lignasan, das 6,25% Äthylquecksilberchlorid, 60,75% Natriumcarbonat und 33% Natriumsulfat enthält[5].

521.24 Arsenhaltige Salze. Arsenverbindungen werden meist in Mischungen mit Fluoriden, Bichromat und Dinitrophenol angewendet. Arsenikverbindungen allein besitzen eine gute Giftwirkung gegenüber Insekten[6], jedoch gibt es anscheinend ziemlich widerstandsfähige Pilze. Daneben sind einige Pilze, z. B.

---

[1] Brit Pat. 6253. — M. Faraday hielt 1837 seine Antrittsrede in der Londoner Akademie der Wissenschaften über das Holztränkverfahren von J. H. Kyan. Vgl bei F. Bub/Bodmar u. B. Tilger: Die Konservierung des Holzes in Theorie u. Praxis, Berlin 1922, S. 394.

[2] Eine Übersicht geben F. Bub/Bodmar u. B. Tilger, S. 395. Arbeiten, die sich auf den Holzschutz beziehen, stammen von B. Malenković: Elektrotechn. Z. Bd. 34 (1913) H. 16. — J. Netzsch: Die Bedeutung der Fluorverbindungen für die Holzkonservierung, Diss. München 1909. — W. Bavendamm: Holz als Roh- u. Werkstoff Bd. 9 (1951) S. 101.

[3] Sandermann, W., O. Froede u. R. Casten: Holz als Roh- u. Werkstoff Bd. 9 (1951) S. 456.

[4] Bavendamm, W.: Holz, Sonderheft Holzschutz, Juni 1948.

[5] Anonymus: Improved Lignasan announced for sap stain control, South. Lumberman Bd. 158 (1939) Nr. 1986, S. 30.

[6] Kaltwasser, J.: Arb. physiol. u. angew. Entomol. Bd. 8 (1941) S. 163. — A. Krug: Untersuchungen über Holzschutzmittel und Holztränkung, Diss. T. H. Berlin 1939. — A. Rabanus: Angew. Bot. Bd. 13 (1931) S. 352. — B. Schulze u. G. Becker: Ergebnisse einer vergleichenden Prüfung der insektentötenden Wirkung von Holzschutzmitteln I. Giftwerte von Stoffen bekannter chemischer Zusammensetzungen von Schutzmitteln des Handels gegenüber Larven von Anobium punctatum und Hausbockeilarven, Wiss. Abh. Dtsch. Materialprüfungsanst. II/3 (1942) S. 11.

Coniophora cerabella, gegen Arsenverbindungen überaus empfindlich. Verschiedene Schimmelpilze sind in der Lage, Arsenite und Arsenate langsam in ein flüchtiges, sehr giftiges Gas ($(CH_3)_3As$) zu verwandeln. Aus diesem Grunde sind arsenhaltige Schutzmittel für bewohnte Räume verboten. Die Hersteller von patentierten arsenhaltigen Schutzmitteln behaupten allerdings, daß diese Gefahr bei ihren Präparaten dadurch ausgeschaltet ist, daß die fraglichen Pilze durch andere beigemengte Gifte mit Sicherheit abgetötet werden. Auf Grund der Erfahrungen läßt sich sagen, daß arsenhaltige Schutzmittel, wenn sie dem Holz tief einverleibt werden, im Freiland gegen Pilze, Insekten und in wärmeren Gegenden auch gegen Termiten[1] sehr wirkungsvoll sind. So lange sie in ausreichender Menge im Holz vorhanden sind, können sie auch gegen Bohrmuscheln[2] wirken.

Arsenoxyde, hauptsächlich Arsentrioxyd, enthält das Anaconda-Holzschutzmittel, das als Verhüttungsnebenprodukt in den Werken der Anaconda Copper Mining Co in Anaconda, Mont., anfällt. Ein wichtiger Bestandteil sind arsenhaltige Salze auch in nachstehenden Schutzmitteln: Chemonite (s. Abschn. 521.22) und Zink-Meta-Arsenit (Z.M.A.), das nach einer patentierten Formel[3] durch Auflösen von 23,5% Zinkoxyd und 35,3% Arsentrioxyd in 41,2% Essigsäure entsteht. Nach dem Imprägnieren verdunstet die Essigsäure, und es soll — jedoch gehen die Meinungen darüber noch auseinander — ein in Wasser unlösliches Salz entstehen, das erst durch die Enzymtätigkeit der Pilze aktiviert wird. Das Schutzmittel wurde ursprünglich in USA für Stangen und Bauholz (weniger für Schwellen) ausgedehnt verwendet, jedoch ist der Einsatz wieder stark zurückgegangen. Trotzdem sind die Berichte über Erfahrungen mit damit getränktem Holz gut.

Bolidensalz (Zusammensetzung: 30% Pyroarsensäure, 22,5% Natriumbichromat, 47,5% Natriumarsenat; auf 100 kg dieses Salzgemisches kommen 75 kg Zinksulfat) wird seit 1933 in ständig steigendem Umfange in Schweden und USA im Volltränkverfahren, mehr noch im Trogverfahren angewendet[4]. Schließlich sind Arsensalze wichtige Bestandteile verschiedener schwer auslaugbarer („U"-)Salze, die in Abschnitt 521.26 näher besprochen werden.

521.25 Fluorsalze. Fluorverbindungen, deren Einführung in die Holzschutztechnik auf B. Malenković und K. H. Wolman zurückgeht, erwiesen sich als gut wirksame Holzschutzmittel. Ihre Eigenschaften wurden wissenschaftlich von B. Malenković[5], J. Netzsch[6] und R. Falck[7] untersucht. J. Netzsch wies auch nach, daß Holz (verwendet wurde Kiefernholz) durch 14tägige Ein-

[1] Becker, G., B. Schulze u. E. Schulz: Prüfung der vorbeugenden Wirkung von Holzschutzmitteln gegen Termiten. Wiss. Abh. Dtsch. Materialprüfungsanst. II/3 (1942) S. 40. — G. M. Hunt u. T. E. Snyder: An International Termite Exposure Test. 1. to 8. Progr. Rep. Amer. Wood Pres. Assoc. Proc. 26. bis 33. Ann. Meeting 1930 S. 318, 1931 S. 279, 1932 S. 282, 1933 S. 398, 1934 S. 398, 1935 S. 264, 1936 S. 476, 1937 S. 279. — T. E. Snyder: Our Enemy the Termite, Ithaka, N. Y., 1935.

[2] Häger, B.: Tekn. Tidskr. Bd. 71 (1941) S. 116.

[3] US Pat. 1659135 (1928) u. 1984254 (1934).

[4] Sandström, St., u. Th. J. Reese: The Boliden Salt Preservative Prog. Rep. Nr. 1, Amer. Wood Pres. Assoc. 1949. — Föreskrifter för Bolidenimpregnering av furuvirke i tryckanläggningar, Bolidens Gruvaktiebolag impregnerings avdelningen, Stockholm. — Vgl. J. Eden u. E. Rennerfelt: Undersökninger enligt klotsmetoden av några traeimpregneringsmedel, Medd. Stat. Skogsforskningsinst. Bd. 35 (1946) Nr. 10.

[5] Malenković, B.: Die Holzkonservierung im Hochbau mit besonderer Rücksichtnahme auf die Bekämpfung des Hausschwammes. Wien und Leipzig 1907, S. 283.

[6] Netzsch, J.: Die Bedeutung der Fluorverbindungen für die Holzkonservierung. Diss. München 1909.

[7] Falck, R.: Hausschwammforschungen: H. 6, Jena 1912, S. 362.

lagerung in 10%ige Flußsäure nicht geschädigt wird (vgl. Bd. I, S. 320) und daß Fluorverbindungen für Warmblüter nur beschränkt giftig sind.

Fluorwasserstoff (HF) ist bei normalen Temperaturen und Drücken ein farbloses Gas, das sich in Wasser leicht löst und so die Flußsäure bildet. Aus dieser können neutrale, saure und auch basische Salze entstehen. Für die Holzschutztechnik ist am wichtigsten Fluornatrium (NaF); es ist ein weißes kristallähnliches Pulver, von dem bei 18° C nur 4,4 GT in 100 GT Wasser löslich sind. Das technische Produkt ist meist etwas verunreinigt. Nur das chemisch reine Salz reagiert neutral. Das technische Salz, das für den Holzschutz benutzt wird, reagiert infolge seiner Verunreinigungen schwach alkalisch. Der Grenzwert des Fluornatriums gegenüber holzzerstörenden Pilzen ist nach Untersuchungen von W. Bavendamm (vgl. Tafel II im Anhang) bedeutend geringer als der des Zinkchlorids. Entgegengesetzte Ergebnisse von C. A. Richards[1] sind nicht an Holz, sondern mit Malz-Agar gefunden und führen deshalb zu falschen Schlußfolgerungen. Die Löslichkeit des Fluornatriums in Wasser ist geringer als die des Zinkchlorids. Es ist ziemlich leicht auswaschbar. Seine Wirksamkeit kann unter Umständen durch einen im Mörtel enthaltenen Kalk herabgemindert werden, jedoch darf dieser Nachteil nicht überschätzt werden. Alle Salze verlieren unter den Einflüssen des Mörtels, zum Teil sehr stark, an Wirksamkeit[2]. Die Möglichkeit der Umbildung des NaF besteht nach folgenden Reaktionsgleichungen[3]:
bei altem Kalkputz

$$CaCO_3 + 2NaF = CaF_2 + Na_2CO_3$$

bei frischem Kalkputz

$$Ca(OH)_2 + 2NaF = CaF_2 + 2NaOH$$

Angewendet werden Lösungen von 4% Konzentration beim Streichen und Spritzen, von 2% beim Tauchen und Kesseldruckverfahren; man erhält mit ihnen eine Absorption von 8 bis 12 kg/m³ trockenes Salz.

Osmol WB 4 ist ein Gemisch von Kalium- und Ammoniumbifluorid. Ein Netzmittelzusatz erleichtert die Aufnahme der Salzlösung durch die Holzoberfläche. Durch einen Zusatz von 6% Pastenbildner kann das Schutzmittel in die Form einer gut streichfähigen salbenförmigen Paste gebracht werden. Das Schutzmittel[4] besitzt pilzwidrige Wirkung sowie vorbeugende Wirkung gegen Insektenbefall. Es ist darüber hinaus geeignet, bereits vorhandene Insektenschäden zu bekämpfen. Verbrauch beim Streichen und Spritzen 40 g/m² ohne Berücksichtigung der Streich- und Spritzverluste, bei Trogtränkung 3,5 bis 4,0 kg/m³.

Fluornatrium wird heute fast ausschließlich in Gemischen mit nitrierten Phenolen verwendet. Die wichtigsten derzeit im Handel befindlichen Salze dieser Art sind im nächsten Abschnitt alphabetisch aufgezählt.

521.26 U-Salze und UA-Salze. Basilit (Farbenfabriken Bayer, Krefeld-Uerdingen, benannt nach dem Erfinder Basilius Malenković), in Österreich ursprünglich Bellit geheißen, wird seit 1908 hergestellt und ist ein Anilinsalz

[1] Richards, C. A.: The Comparative Resistance of Eighteen Species of Wood-destroying Fungi to Zinc Chloride, AWPA, Proc. 21st Ann. Meeting 1925, S. 18.

[2] Schulze, B.: Prüfung der Beeinflussung von Holzschutzmitteln durch Berührung mit Mörtel und eines etwaigen Durchschlagens ihrer färbenden Komponenten, Wiss. Abh. dtsch. Materialprüfungsanst. II/7 (1950) S. 123.

[3] Vgl. H. Bellmann: Der prakt. Desinfektor Bd. 1 (NF 1952) H. 9/10, S. 85. — H. Wagner: Taschenbuch des chemischen Bautenschutzes, Stuttgart 1943, 3. Aufl.

[4] Schulze, B.: Bauplan. u. Bautechn. Bd. 2 (1948) S. 55ff. — Derselbe: Holzforschg. Bd. 3 (1949) S. 32.

des Dinitrophenols mit Fluornatrium[1] im Verhältnis 11 : 89 GT. Das Salz hat eine rund zehnmal stärkere Schutzwirkung gegenüber den wichtigsten holzzerstörenden Pilzen als Kupfersulfat oder Zinkchlorid, ist aber nicht besser wirksam als der Grundstoff Natriumfluorid. An der Holzfaser wird das Dinitrophenolanilin fixiert und somit in den äußeren Schichten sehr stark angereichert, aus denen es schwerer auslaugbar ist. In den inneren Holzteilen befindet sich nur mehr Fluornatrium. Um einen Eisenangriff des Salzgemisches in wäßriger Lösung zu verhüten, wurde ihm noch Fluorzink zugesetzt[2], wodurch allerdings die Angriffswirkung nur vermindert, nicht aufgehoben wurde. Eine wesentliche Verbesserung wurde dadurch erzielt, daß ein beträchtlicher Teil des Fluornatriumanteils durch Chromsalze ersetzt wurde. Gelangen diese Verbindungen gemeinsam in Holz, dann entsteht durch Kryolithbildung ein schwer auslaugbares Schutzsalz[3]. In Abwandlung nach Kinberg gilt hierfür folgendes Reaktionsschema[4]:

$$10\,NaF + 2\,Na_2HAsO_4 + 2\,K_2Cr_2O_7 + 6\,H_2O = 2\,(CrF_3 \cdot 2\,KF) + 2\,CrAsO_4 + 14\,NaOH + 3\,O_2.$$

Ursprünglich hatte man mit dem Chromzusatz nur die Eisenkorrossion vermeiden wollen.

Die Eindringtiefe des Dinitrophenolanteils ist an der Gelbfärbung leicht erkenntlich, die des Fluornatriums bestimmt man durch die Alizarinprobe[5]. Das Verfahren beruht darauf, daß die tiefrot gefärbte salzsaure Lösung von alizarinsulfosaurem Zirkon einer löslichen oder in Lösung gebrachten Fluorverbindung das Fluorion unter Bildung eines stabilen Zirkonfluorkomplexes entzieht. Der rote Zirkonalizarinlack der Reagenzlösung wird dadurch zerstört und die gelbgefärbte Alizarinsulfosäure frei gemacht. Es erfolgt also ein Umschlag der Farbe von rot in gelb. Durch entsprechende Wahl der Reagenzmenge und der Lösungskonzentration kann man den Farbumschlag steuern und damit auch den Fluorgehalt im Holz annähernd bestimmen.

Man stellt zunächst zwei Stammlösungen her:

Stammlösung A: 2,5%ige Lösung von alizarin-3-sulfosaurem Natrium in destilliertem Wasser;

Stammlösung B: 5%ige Lösung von Zirkonoxychlorid ($ZrOCl_2 \cdot 6\,H_2O$) in destilliertem Wasser.

Der Stammlösung A wird 25%ige Salzsäure ($D_{20} = 1{,}126$) gemäß umstehender Tabelle zugesetzt, die Konzentration der Einzelstoffe wird je nach der gewünschten Empfindlichkeit der Reagenzlösung gegenüber dem Fluor gewählt. Die gebrauchsfertige Reagenzlösung wird durch Vermischen gleicher Raumteile der Stammlösungen A und B erhalten (siehe Zahlentafel auf Seite 68).

Jede der beiden Stammlösungen ist für sich unbegrenzt haltbar, die durch Zusammengießen hergestellte, gebrauchsfertige Lösung muß innerhalb 30 min verwendet werden. Die fertige Reagenzlösung wird auf die zu untersuchende

---

[1] DRP. 219893.

[2] DRP. 368490.

[3] Buse, R.: Internat. Holzmarkt 1940, S. 50. — A. Rabanus: Chem. Fabrik Bd. 13 (1940) S. 388.

[4] Bellmann, H.: Der praktische Desinfektor Bd. 1 (NF 1952) S. 85 u. (Berichtigung) S. 119.

[5] Mahlke-Troschel-Liese: Handbuch der Holzkonservierung, 3. Aufl., Berlin, Göttingen, Heidelberg 1950, S. 374. — Vgl. auch Amer. Wood Pres. Assoc.: Manual of Recommended Practice, Washington D. C. 1949, Blatt M 3/49 Standard Methods for Determining Penetration of Salt Preservatives.

Holzfläche gespritzt oder gestrichen; der Verbrauch soll möglichst 200 bis 250 cm^3 je 1 m^2 Holzfläche betragen. Nach den in der Übersicht vermerkten Wartezeiten sind alle Holzteile, die mindestens soviel gelöstes oder durch die Salzsäure in Lösung gebrachtes Fluorsalz enthalten, wie der auf Fluornatrium bezogenen Empfindlichkeit entspricht, eindeutig gelb gefärbt.

Empfindlichkeit entspr. % NaF im Holz	Lösung A		Lösung B			
	2,5%ige Alizarin-sulfonat-Lösung cm^3	Destill. Wasser cm^3	5%ige Zirkon-oxychlorid-Lösung cm^3	Salzsäure (1,126) cm^3	Destill. Wasser cm^3	Wartezeit min
0,05	100	900	50	400	550	10
0,2	336	664	168	400	432	20
0,5	336	664	168	400	432	1—2
1	500	500	250	400	350	1—2
2	1000	—	500	400	100	1—2

Will man bei den U-Salzen die Eindringtiefe des Chromsalzes feststellen, dann sprüht man eine 1%ige alkoholische Lösung von Diphenylcarbacid auf; anschließend wird mit einer etwa 10%igen Salzsäurelösung nachgespritzt. An den Stellen, an denen Chromverbindungen im Holz vorhanden sind, tritt eine intensive Violettfärbung ein. Das chromfreie Holz nimmt eine gelborange Färbung an. Der Diphenylcarbacidnachweis des Chroms gelingt aber nur, wenn noch keine nennenswerte Umwandlung zu schwer löslichen Komplexsalzen eingetreten ist.

Eine weitere Ergänzung und Verbesserung der U-Salze wurde durch Austausch eines Teils der Fluorverbindungen gegen eine Arsenverbindung erreicht. Das Chromsalz geht mit der Arsenverbindung eine neue Verbindung ein, die in Wasser noch schwerer löslich ist als die Chromfluorverbindung. Zugleich erreicht man mit dem Arsengehalt gute Wirksamkeit gegen holzzerstörende Insekten.

Durch die verschiedenen Entwicklungsarbeiten entstand eine Reihe von wasserlöslichen Schutzsalzen, die je nach Verwendungsweise und Einbauort des Holzes sowie je nach den in Frage kommenden Imprägnierverfahren auszuwählen sind. Im folgenden werden einige Schutzmittel näher besprochen. Es handelt sich dabei um Präparate, die teilweise heute nicht mehr marktgängig, aber doch noch charakteristisch für die Klasse der U- und UA-Salze sind. Die Entwicklung ist auf diesem Gebiete der Holzschutztechnik in ständiger, ja stürmischer Bewegung. Neue Schutzmittel tauchen in erheblicher Zahl auf, andere verschwinden oft nach kurzer Zeit, auch die Zusammensetzung der Mittel und ihre Namen sind einem raschen Wandel und Wechsel unterworfen. Von besonderem Wert ist deshalb die Tätigkeit des Prüfausschusses für Holzschutzmittel der Technischen Zentralstelle der Deutschen Forstwirtschaft[1]. Auf das von diesem Prüfausschuß herausgegebene alljährlich berichtigte Holzschutzmittelverzeichnis sei hingewiesen.

Basilit-N-extra besteht aus 85% Natriumfluorid, 10% Dinitrophenol und 5% Korrosionsschutz. Anwendung nach dem Einlaug- oder Drucktränkverfahren bei Hölzern, die später keiner nennenswerten Auslaugung ausgesetzt sind.

Basilit U ist nach G. Krug mit Triolith U identisch und enthält 55% Natriumfluorid, 35% Kaliumbichromat und 10% Dinitrophenol. Anwendung nach dem Einlaug- oder Drucktränkverfahren bei Hölzern, die später einer

[1] Hamburg, Neuer Wall 72.

mittelmäßigen Auslaugung ausgesetzt sind, z. B. bei Holzpflaster in gedeckten Räumen, zur Nachpflege von Stangen und Masten.

Basilit U leichtlöslich. An Stelle des beim U-Salz verwendeten Natriumfluorids tritt hier das leichter lösliche Kaliumhydrogenfluorid (KF · HF), dessen saure Eigenschaften durch Zusatz von Carbonaten oder Bicarbonaten abgemildert werden. Anwendung nach dem Streich-, Spritz- oder Tauchverfahren bei Hölzern, die einer mittelmäßigen Auslaugung ausgesetzt sind, oder nach dem Kurztauchverfahren bei saftfrischem Holz.

Basilit UA. Zusammensetzung nach G. Krug: 25% Natriumfluorid, 25% Natriumarsenat, 35% Kaliumbichromat und 15% Dinitrophenol. Die gleiche Zusammensetzung hatte auch Thanalith U, das heute als Wolmanit UA

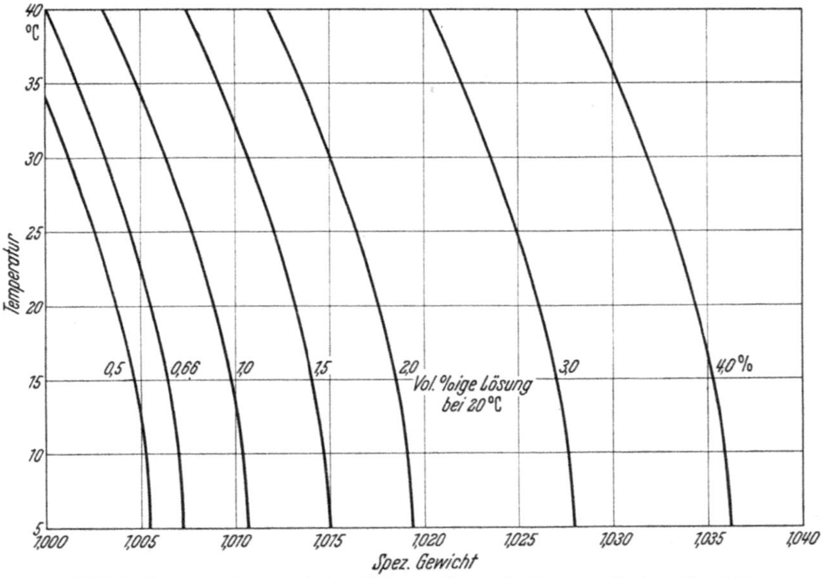

Bild 49. Zusammenhang zwischen Volumen-Konzentration, spezifischem Gewicht und Temperatur von Basilitlösungen.

gehandelt wird. Anwendung nach dem Einlaug- oder Drucktränkverfahren bei Pflaster aller Art, Pfählen, Zaunlatten, Masten, Schwellen, Holztreppen, Übergangswegen, Frühbeetrahmen und allem sonstigen im Freien verbauten Holz. Beim Einlaugverfahren verwendet man im allgemeinen eine 4%ige, für Telegraphenstangen oder Leitungsmaste eine 10%ige Lösung, beim Saftverdrängungsverfahren eine 1%ige Lösung. Arbeitet man nach dem Heiß- und Kaltbadverfahren, so genügt auch bei Stangen und Masten eine 4%ige Lösung, da die Flüssigkeitsaufnahme bei diesem Imprägnierverfahren größer ist als beim kalten Einlaugen. Es ist aber darauf zu achten, daß die von der Bundespost vorgeschriebene Mindestaufnahme von 3,5 kg/m³ unter allen Umständen erreicht wird. Beim Kesseldruckverfahren sollen Nadelhölzer im Durchschnitt 4 kg/m³, Buchenholz und andere Harthölzer 6 kg/m³ Salz aufnehmen. Wenn Termitenschutz erzielt werden soll, ist die doppelte Menge anzuwenden. Entsprechend diesen Werten ist die Konzentration der Lösung unter Benutzung einer Feldwaage (Spindel) und einer Kurventafel (Bild 49) einzustellen.

Bei Buchenholz ist eine Doppelimprägnierung (Wechseltränkung) möglich, wobei man sich zeitweise des nachstehenden Verfahrens bediente:

1. Luftdruck von $^1/_2$ bis 4 atü herstellen und nicht unter 15 min aufrechterhalten;
2. Füllen des Tränkkessels mit Teeröl unter Beibehaltung des Luftdruckes;
3. Öldruck von 8 bis 10 atü herstellen und mindestens 90 min halten; Öltemperatur im Vorwärmer 105 bis möglichst 110°C, im Tränkkessel nicht unter 95°C während der letzten 10 min;
4. Öl ablassen;
5. Unterdruck von nicht unter 600 mm QS. herstellen und nicht unter 30 min halten;
6. Füllen des Tränkkessels mit Fluornatriumlösung;
7. Flüssigkeitsdruck von 8 bis 10 atü herstellen und mindestens 60 min halten;
8. Temperatur der Fluornatriumlösung im Vorwärmer und Tränkkessel 60 bis 70°C;
9. Fluornatriumlösung ablassen.

Die Soll-Aufnahme bei der Wechseltränkung betrug nach Vorschrift der Deutschen Reichsbahn 75 kg/m³ Steinkohlenteeröl und 6 kg/m³ Fluornatrium. An Stelle des Fluornatriums wurden auch U- und UA-Salze verwendet.

Basilit UA leichtlöslich. Zusammensetzung: 24% Kaliumbifluorid, 30% Kaliumbichromat, 1% Dinitrophenol, 31% Kaliumarsenat und 14% Kaliumcarbonat. Anwendung in 15%iger Lösung im Tauchverfahren (mindestens 10 min) für saftfrische, frischgeschälte Pflasterklötze.

Mikrosol enthält Fluornatrium und Dinitrokresolverbindungen.

Minolith ist hauptsächlich für Bergbauzwecke bestimmt und enthält 15% Natriumfluorid, 9% Kaliumbichromat, 6% Dinitrophenol und 70% Feuerschutzsalz (Phosphate).

Osmole (Osmol U, US und UA) sind in der Zusammensetzung dem Basilit gleich, enthalten aber zusätzlich etwa 5% Kolloidstoffe, die das Diffusionsverfahren unterstützen sollen (vgl. Bd. I, S. 496).

Wolmanit UA (früher Thanalit, Allgemeine Holzimprägnierung, GmbH, Bad Kissingen). Das Schutzmittel[1] enthält 26% Natriumfluorid, 37% Natriumbichromat, 25% Natriumarsenat und 12% Dinitrophenol. Anwendung nach dem Einlaug- oder Drucktränkverfahren für alle im Freien verbauten Hölzer. Imprägnierung von Holzmasten aus Fichten- und Tannenholz nach den „Vorläufigen technischen Vorschriften für die Imprägnierung von Holzmasten im Kesseldruckverfahren mit chrom-arsenhaltigen Salzgemischen" — Ausgabe 1949 — des Fernmeldetechnischen Zentralamtes der Deutschen Bundespost.

Wolmanit UA hochlöslich. Zusammensetzung: 24% Kaliumbifluorid, 30% Kaliumbichromat, 31% Kaliumarsenat, 14% Kaliumcarbonat und 1% Dinitrophenol. Anwendung im Tauchverfahren für Holzmaste nach den „Vorläufigen technischen Vorschriften für die Imprägnierung von Holzmasten in offenen Trögen mit chrom-arsenhaltigen Salzgemischen — Ausgabe 1949 —".

Am 1. Februar 1953 wurden in Westdeutschland noch folgende U-Salze gehandelt, für die vom Prüfausschuß für Holzschutzmittel ein Prüfzeugnis ausgestellt worden war: Akarifix U, Aleurit G, Corbal U, Hydrasil UT, Kulbasal U, Lignotekt K, Renovin-Salz UB, Sanoxyl U, Saturin J, U-Salz Dr. Kalisch, Weylan U und Xylogen-Salz-U. Zum gleichen Zeitpunkt waren neben den schon erwähnten folgende UA-Salze marktgängig: Aleurit 193 und F, Beer-

---

[1] Krug, G.: Untersuchungen über Holzschutzmittel und Holztränkung, Diss. T. H. Berlin 1939.

sol-Salz UA, Corbal UA, Hydrasil UTA, Kulbasal UA und UA II, Sanoxyl UA, Saturin A, UA-Salz Dr. Kalisch, Weylan UA gelb und Xylogen-Salz UA. Bei der Anwendung der UA-Salze ist zu berücksichtigen, daß sie nicht für Holz in geschlossenen Räumen benutzt werden dürfen, die zum Aufenthalt von Menschen oder Tieren oder zum Lagern von Lebensmitteln bestimmt sind.

521.3 In organischen Lösungsmitteln zu lösende Schutzstoffe.

Zu dieser Gruppe zählen alle Schutzmittel, die in leicht flüchtigen Lösungsmitteln (z. B. Methanol, Naphthalin, Petroleum) verteilt sind[1]. Chlorierte Naphthaline, namentlich das Mono- und Dichlornaphthalin wurden schon vor dem zweiten Weltkrieg durch die Deutschen Solvay-Werke als „Xylamone" in den Handel gebracht. Zum Teil enthielten und enthalten die Präparate den Zusatz besonderer Wirkstoffe. Auch Netzmittel, Emulgatoren und Stabilisatoren sind als Bestandteile zu nennen. Die Chlornaphthalin-Präparate haben pilzwidrige Wirkung und vorbeugende Wirkung gegen Insektenschäden. In diese Gruppe zählen heute in Deutschland neben den Xylamonen Basileum, Cela-Holzschutzmittel, Patox Z und die Witoxyle[2].

Chlorierte Phenole in leichtgefärbten Spritlösungen wurden zuerst zur Behandlung von Fensterrahmen und Brettern benutzt, wo eine saubere, keine Quellung verursachende und die Streichbarkeit nicht beeinträchtigende Schutzbehandlung erwünscht ist. Die Lösungsmittel verdunsten nach der Behandlung und belassen die Giftstoffe im Holz. Unter diesen finden sich Kupfer- und Zinksalze von Naphthen-, Abietin- und Oleinsäuren, ferner Phenole, chlorierte Phenole und chloriertes Naphthalin. In USA haben sich während des zweiten Weltkrieges Petroleumöle, die mit chloriertem Phenol (hauptsächlich Pentachlorphenol) und Kupfernaphthenat[3] verstärkt waren, sprunghaft weiter werdende Anwendungsgebiete erobert. Veranlassung zu dieser Entwicklung gab die Verknappung des Steinkohlenteeröls in USA während des zweiten Weltkriegs. Die American Wood-Preservers' Association empfiehlt, daß Pentachlorphenollösungen 5% Schutzstoff, Kupfernaphthenatlösungen mindestens 0,75% Kupfergehalt haben sollen. Nach Angaben der Western Pine Association eignet sich als Lösungsmittel für das Pentachlorphenol am besten eine Kombination von zwei Lösungsmitteln, von denen das eine die Eigenschaft eines Durchdringers, das andere des Verteilers aufweist.

Die besten Ergebnisse erhält man mit ziemlich schweren Ölen von geringer Flüchtigkeit. Allerdings kann sich aus Rückständen dieser Öle im Holz eine Beeinträchtigung späterer Farbanstriche ergeben. Die bisherigen Beobachtungen sprechen für eine hohe Schutzwirkung gegen Pilze, vorausgesetzt daß die Tränkung einwandfrei erfolgte. Die insekticide Wirksamkeit der Pentachlorphenole, die ursprünglich ebenfalls sehr hoch eingeschätzt wurde, nimmt nach G. Becker[4] in kurzer Zeit (ein Jahr) merklich ab. Ein abschließender Vergleich mit Steinkohlenteeröl ist zur Zeit noch nicht möglich. Gegen Schiffsbohrwürmer ist nach Feststellungen der US Flotte die Schutzwirkung wesentlich geringer als die des

---

[1] Timber Development Assoc. Ltd.: Timber Preservation, 4. Aufl. London 1949, S. 15.

[2] Holzschutzmittelverzeichnis, Stand 1. Febr. 1953, herausgegeben vom Prüfausschuß für Holzschutzmittel bei der Technischen Zentralstelle der Deutschen Forstwirtschaft. Vgl. auch Holzschutzmitteltafel: Chlornaphthalinpräparate, Holz als Roh- und Werkstoff Bd. 11 (1953) S. 81.

[3] Blew, J. O. Jr.: Wood Preservatives, US For. Prod. Lab., Madison, Wisc. Rep. Nr. R149, Rev. Nov. 1949. — A. Minich u. M. Goll: The Technical Aspects of Copper Naphthenate as a Wood Preserving Chemical, Proceedings of AWPA (1948) S. 72, Bd. 44.

[4] Becker, G.: Holz als Roh- und Werkstoff Bd. 10 (1952) S. 341.

Steinkohlenteeröls. Pentachlorphenol ändert die natürliche Holzfarbe nicht wesentlich, während Kupfernaphthenat ihm einen grünen Stich gibt. In Deutschland ist Pentachlorphenol weniger als selbständiges Schutzmittel bekannt denn als Zusatz zu anderen Präparaten (z. B. Nachpflege- und Bläueschutzmittel).

Zusammenfassend lassen sich die Eigenschaften dieser Schutzmittelgruppe wie folgt bewerten[1]:

1. Widerstandsfähigkeit gegen Auslaugen und Dauerhaftigkeit, daher Verwendbarkeit sowohl im Innern von Gebäuden als auch im Freiland;

2. Streichbarkeit der geschützten Teile nach Verdunstung des Lösungsmittels; da die Xylamone rasche Verdunstung des Lösungsmittels nicht gestatten, wird das Holz erst nach Tagen streichbar;

3. keine Neigung des Schutzmittels zum „Kriechen". Holzverfärbung (s. o.) im allgemeinen fehlend, bei bestimmten Präparaten (z. B. Xylamon-Natur-Erzeugnissen) aber stark;

4. keine korrosiven Eigenschaften gegenüber Metallen;

5. besseres Eindringvermögen (speziell der in Naphthalin gelösten Schutzmittel) als das anderer öliger Schutzmittel, daher gute Eignung für Streichen, Spritzen und Kalttauchen;

6. Feuergefährlichkeit im flüssigen Zustand, deshalb Gebot der Vorsicht bei Lagerung und Gebrauch. Schutzmittel auf der Grundlage schwerer Öle sind weniger leicht entflammbar als solche mit flüchtigen Lösungsmitteln. Nach Verdunsten der Lösungsmittel ist das Holz nicht leichter entflammbar als im ungeschützten Zustand;

7. verhältnismäßig hoher Preis;

8. starker Geruch der meisten Mittel, der leicht von Nahrungsmitteln angenommen wird;

9. Reizungen von Haut und Atmungsorganen empfänglicher Menschen bei Anwendung der Schutzmittel;

10. bei geeigneten Lösungsmitteln wird das behandelte Holz nicht zum Quellen gebracht.

Die zunehmende Beliebtheit der in organischen Lösungsmitteln gelösten Schutzstoffe kommt auch darin zum Ausdruck, daß die Zahl der patentierten Markenpräparate auf dieser Grundlage groß geworden ist. Ausländische Handelspräparate mit Pentachlorphenol sind zum Beispiel Santophen 20, Dowicide 7, Permasam 60, Permatox. Zu den ausländischen Erzeugnissen, die wasserlösliches Pentachlorphenolnatrium enthalten, gehören Dowicide G, Santobrite, Permatox X. In Finnland wird Pentachlorphenolnatrium in Form einer 65%igen Paste angewendet[2].

521.4 Emulsionen und Öl-Salzgemische.

Emulsionen sind feine Verteilungen von Öl in Wasser oder Salzlösungen, wobei verschiedene Stoffe als Emulgatoren verwendet werden und eine Homogenisierung auf mechanischem Wege (z. B. durch Auspressen aus feinen Düsen) angestrebt wird. Auf S. 49 wurde schon erwähnt, daß trotzdem eine Neigung zum Entmischen in vielen Fällen besteht. Sämtliche Präparate sind für das

[1] Timber Development Assoc. Ltd.: Timber Preservation, 4. Aufl., London 1949, S. 15.

[2] Siehe bei A. Nowak: Holzschutz, Österr. Ges. für Holzforschung, Schriftenreihe H. 1, Wien 1950, S. 36.

Freiland geeignet. Die praktische Bedeutung der Emulsionen war lange Zeit gering, ist aber heute sehr beachtlich; sie werden in größerem Umfange zur Nachpflege von verbautem Holz (Masten, Pfählen usw.) benutzt. Bei der Schwellentränkung vermochten sich Teeröl-Zinkchlorid-Emulsionen mit Tannin als Emulgator zu behaupten. Das schon in anderem Zusammenhang aufgeführte Aczol ist eine stark ammoniakalische Kupfer-Zink-Phenolemulsion, die aber die Holzfaser schädigt. Als ölige Komponenten kommen neben Steinkohlen- auch Buchenholzteeröl in Frage. Wasserlösliche Komponenten sind entweder Bestandteile, wie sie in den U- und UA-Salzen angetroffen werden, oder lediglich Fluoride oder Zinkchlorid. Einige anfangs 1953 in Westdeutschland marktgängige Präparate dieser Gruppe sind: Basilit-Paste A, Basilit-Paste R, Calol F wasserabweisend, einige DD-Diffusionspasten und -salze, Hordazit-Paste, Penetrit U, Tutzan N und P, Xylamon-Paste.

521.5 Prüfung von Fäulnisschutzmitteln und Schutzmitteln gegen holzzerstörende Tiere.

521.51 Mykologische Prüfung von Fäulnisschutzmitteln. Die Prüfung von Fäulnisschutzmitteln auf ihre pilzwidrige Wirkung stößt auf große Schwierigkeiten, wenn man dabei Zahlen erhalten will, die sich auf die Verhältnisse der Praxis übertragen lassen. Anderseits ist es relativ einfach, im Laboratorium unter einwandfrei kontrollierten Bedingungen Reinkulturen von holzzerstörenden Pilzen auf geeigneten Nährböden wachsen zu lassen. Indem man die vorher sterilen Nährböden mit verschiedenen Konzentrationen von Schutzmitteln vergiftet, läßt sich auf diese Weise entweder die minimale Konzentration, die den Pilz tötet, oder die etwas niedrigere Konzentration, die weiteres Wachstum des Pilzes völlig hemmt, ohne ihn allerdings zu töten, bestimmen. In USA wird auch heute noch — wie bis etwa 1930 in Deutschland — mit künstlichen Nährböden aus Malz-Agar (oder Gelatine) gearbeitet[1]. Die Nährböden werden dabei beim amerikanischen Standardversuch in Petrischalen, bei ähnlichen Versuchen aber auch in Erlenmeyer-Kolben oder Reagenzgläsern untergebracht. Die Versuchsdauer beträgt vier Wochen. Die erhaltenen Grenz- bzw. Hemmungswerte schwanken beträchtlich, je nach den verwendeten verschiedenen Pilzen, ja selbst Pilzstämmen und den besonderen Versuchsbedingungen. In USA wird vorwiegend mit einem Normstamm „Madison 517“ (Fomes annosus Fr.) gearbeitet, der als widerstandsfähig gegen die meisten Holzschutzmittel und wuchsfreudig gilt.

Seit den grundlegenden Untersuchungen von R. Falck[2] und insbesondere von A. Rabanus[3] ist es bekannt, daß künstliche Nährböden kein zuverlässiges Bild von den wahren Verhältnissen im Holzschutz geben, obgleich ihr Wert für Orientierungsversuche nicht bestritten werden kann. Von einer näheren Erörterung der Verfahren mit künstlichen Nährböden sei deshalb abgesehen und außer auf das Buch von G. M. Hunt und G. A. Garratt[1] auf Abhandlungen von C. J. Humphrey und R. M. Fleming[4], von C. A. Richards[5], von B. C.

[1] Hunt, G. M., u. G. A. Garratt: Wood Preservation, New York und London 1938, S. 88.

[2] Falck, R.: Angew. Bot. Bd. 1 (1919) S. 177 u. 225.

[3] Rabanus, A.: Angew. Bot. Bd. 13 (1931) S. 352.

[4] Humphrey, C. J., u. R. M. Fleming: The Toxicity to Fungi of Various Oils and Salts Particularly Those Used in Wood Preservation, US Dept. Agric. Bull. Nr. 227, Washington, D. C. 1915, S. 38.

[5] Richards, C. A.: Amer. Wood Preserv. Assoc. Proc. 21st Ann. Meeting 1925, S. 18.

Flerov und C. A. Popov[1], von J. Leutritz[2], von C. Jacquiot[3] sowie von H. Alliot[4] hingewiesen.

In Europa ergab sich im Jahre 1930 bei internationalen Besprechungen, die auf eine Anregung von H. v. Schrenck zurückgingen[5], daß hier allgemein die Agar-Prüfungen als unsicher und nur brauchbar für eine schnelle vorläufige

Bild 50. Ansicht des Freiland-Versuchsfeldes zur Holzschutzmittelprüfung in Simlångsdalen, Schweden. (Phot. E. Rennerfelt.)

Orientierung angesehen wurde. Es bestand Einstimmigkeit darüber, daß man die Untersuchungen am Holz selbst ausführen muß. Dieser Gedanke hat eine lange Vorgeschichte.

Das älteste und roheste Verfahren, mit dem man ursprünglich nur den verhältnismäßigen Abbau der Hölzer unter naturgetreuen Bedingungen bestimmen wollte, ist die Beobachtung eingerammter, ganz gleicher Pfähle (z. B. in England 24″ · 2″ · 2″ oder in Schweden 50 · 5 · 2 cm^3) bzw. Stangen (von in England 3″ bis 4″ Durchmesser, in Schweden 15 bis 25 cm Durchmesser und 2,25 bzw. 0,75 m Länge). Die Versuchskörper werden aufrecht stehend teilweise im Boden eingegraben (Bild 50) und in Zeiträumen von 6 bis 12 Monaten kontrolliert. Die Beschaffenheit der geschützten Pflöcke wird mit jener von ungeschützten verglichen. Der Boden der Versuchsflächen soll möglichst gleichmäßig sein, Regen und Sonne sollen ungehindert zutreten können. Auf sorgfältige Bezeichnung der Pflöcke durch Marken aus nicht rostendem Stahl oder schwerem Zinkblech ist

---

[1] Flerov, B. C., u. C. A. Popov: Angew. Bot. Bd. 15 (1933) S. 386.

[2] Leutritz, J.: Phytopathology Bd. 29 (1939) S. 901.

[3] Jacquiot, C.: Contrôle de l'effacité des fongicides utilisés pour l'imprégnation du bois, Ann. Ec. Eaux For. Nancy Bd. 8 (1942) S. 187.

[4] Alliot, H.: Méthode d'essais des produits anticryptogermiques, Bull. technique Nr. 1, Inst. Nat. du Bois, Paris 1945.

[5] Findlay, W. P. K., u. K. St. G. Cartwright: Decay of Timber and its Preservation, London 1946, S. 262.

unbedingt zu achten. Wenn irgend möglich, sollen stets **Feldversuche** an verschiedenen Orten mit verschiedenem Bodencharakter und Klima durchgeführt werden. Schwere Beschädigung läßt sich auch objektiv mit Hilfe einer ortsbeweglichen Biegemaschine nachweisen und zahlenmäßig abstufen[1]. Bild 51 zeigt aber, daß man bei Feldversuchen nur mit Werten rechnen kann, die relativ vergleichbar sind. Bei annähernd gleicher mittlerer Jahrestemperatur, aber verschiedenen Niederschlägen und vor allem verschiedener Bodenbeschaffenheit ergeben sich völlig abweichende Resultate.

Ein weiterer Nachteil der Freifeldversuche ist ihre lange Dauer (von mehreren Jahren). Eine Beschleunigung und Vereinfachung wollte schon H. Nördlinger[2] erreichen, indem er gleich dicke etwa 10 cm lange Holzdübel in passende Löcher einer aus Eichenkernholz oder gebranntem Ton bestehenden Kufe steckte, die im Innern mit mäßig feuchten, locker gehaltenen, faulenden Stoffen (z. B. Dünger)

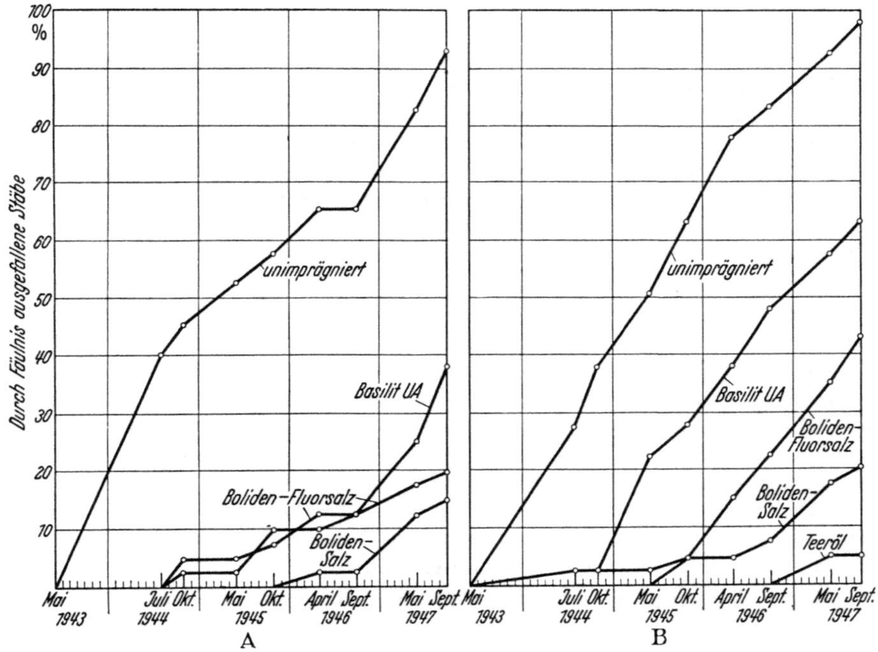

Bild 51. Ergebnisse von Freifeld-Versuchen in Schweden. A. Lunnaby åker, B. Ljungbyholm. (Nach J. Edén u. E. Rennerfelt.)

gefüllt war. Aus der allmählichen Vermorschung schloß er auf ihre Dauerhaftigkeit. Da auch diese Prüfung nicht befriedigen konnte, regte der Internationale Verband für die Materialprüfungen der Technik 1899 — nach einem Bericht von M. Rudeloff[3] und im Einvernehmen mit A. Schwappach — an, ein im Kleinen brauchbares Verfahren zur Bestimmung des Widerstandes von Holz gegen Faulen auszuarbeiten. C. v. Tubeuf[4] schlug daraufhin das erste quanti-

[1] Edén, J., u. E. Rennerfelt: Fält- och rötkammarförsök avsedda att utröna skyddsverkan hos olika träimpregneringsmedel, Medd. Statens Skogsforskningsinstitutet Bd. 38, Nr. 4, Stockholm 1949.

[2] Nördlinger, H.: Die technischen Eigenschaften der Hölzer, Stuttgart 1860, S. 459.

[3] Rudeloff, M.: Mitt. kgl. Techn. Versuchsanst. Berlin, 1899, S. 193.

[4] v. Tubeuf, C.: Naturwiss. Z. Forst- und Landwirtsch. Bd. 2 (1904) S. 206.

tative Verfahren vor, bei dem nebeneinander aus einem Stamm oder Ast zwei Holzscheiben von genau gleichem Gewicht entnommen wurden. Die eine Scheibe wurde unzersetzt, die andere (nach einigen Montaen) durch Hausschwammmycel zerstört, gewogen. Der Gewichtsverlust galt als Maß für die Zersetzung.

Das Verfahren von Tubeuf wurde später wieder aufgegriffen und 1930 als sogenanntes Klötzchen-Verfahren — wesentlich vervollkommnet — zur Bestimmung der Giftwirkung von Holzschutzmitteln international empfohlen[1].

Beim „Klötzchen-Verfahren" wird eine Reihe von gleichartigen leicht tränkbaren Holzklötzchen mit Lösungen steigender Konzentration des zu prüfenden Mittels durchtränkt und dann dem Angriff von Reinkulturen holzzerstörender Pilze mehrere Monate lang ausgesetzt. Im einzelnen wird in Deutschland nach den Vorschriften von DIN 52176, Blatt 1, „Mykologische Kurzprüfung von Holzschutzmitteln" gearbeitet.

Die Proben oder Versuchsklötzchen bestehen im allgemeinen aus Kiefernsplintholz. Es soll gesund, astrein, möglichst harzarm, von gleicher Beschaffenheit und weder besonders grob noch besonders dicht gewachsen sein. Holz aus unmittelbarer Nähe des Zopfes sowie die untersten zwei Meter vom Stammende sind für die Herstellung der Klötzchen ungeeignet. Aus dem Holz werden Klötzchen von $5 \cdot 2{,}5 \cdot 1{,}5$ cm³ Größe erzeugt (5 cm Kante parallel zur Faserrichtung) und haltbar mit Nummern versehen. In besonderen Fällen kann an Stelle von Kiefer auch jede andere Holzart verwendet werden. Alle Klötzchen werden bei 105° C bis zur Gewichtskonstanz getrocknet und nach dem Erkalten im Exsikkator auf 0,1 g genau gewogen. Dieses Gewicht ist das Anfangsgewicht.

Zur Tränkung werden die Klötzchen in der Tränkflüssigkeit untergetaucht und einem Vakuum (entsprechend einem Druck von 160 bis 110 mm QS., bei leicht flüchtigen Stoffen entsprechend mehr) 20 min ausgesetzt. Nach Aufhebung des Vakuums läßt man die Klötzchen so lange in der Tränkflüssigkeit untergetaucht liegen, bis sie sich mit der Tränklösung vollgesaugt haben, mindestens aber eine halbe Stunde. Dann werden sie herausgenommen, mit Fließpapier kurz abgetupft und sofort auf 0,1 g genau gewogen. Aus der Gewichtszunahme der Klötzchen und aus der Konzentration der Tränklösung errechnet man die Aufnahme der Klötzchen an Schutzstoff als Menge Tränklösung oder Schutzstoff je m³ Holz in dreiziffrigen gerundeten Zahlen.

Nach der Tränkung bleiben die Klötzchen, wenn organische Lösungsmittel verwendet wurden, solange an der Luft liegen, bis das Lösungsmittel möglichst vollständig verdunstet ist. Dabei müssen beide Hirnflächen von der Luft umspült werden können. Klötzchen, die mit flüchtigen Schutzstoffen behandelt sind, werden eine Woche nach der Tränkung eingebaut. Die übrigen Klötzchen werden nach der Tränkung zunächst 14 Tage in einem geschlossenen Glasgefäß von 30 bis 40 cm Höhe in nur einer Schicht aufbewahrt, wobei die Hirnflächen frei an der Luft liegen müssen. Danach wird das Glasgefäß täglich etwas weiter geöffnet, so daß es nach weiteren 14 Tagen ganz offen ist. Hierauf werden die Klötzchen eingebaut.

Je nach dem Verwendungszweck und der anzuwendenden Holzart kommen folgende Pilze („Normstämme") in Frage:

---

[1] Nowak, A.: Mitt. Techn. Versuchsamtes Wien Bd. 29 (1930) S. 54. — A. Rabanus: Angew. Bot. Bd. 13 (1931) S. 352. — J. Liese, A. Nowak, F. Peters, A. Rabanus, W. Krieg und H. Pflug: Toximetrische Bestimmung von Holzkonservierungsmitteln, Beih. 11 zur Angew. Chem. u. Chem. Fabrik 1935.

Nadelholz.

Coniophora cerebella (Pers.) Duby	Warzen- oder Kellerschwamm
Poria vaporaria (Pers.) Fr. (Polyporus vaporarius)	Porenschwamm oder Porenhausschwamm
Lenzites abietina (Bull.) Fr.	Tannenblättling
Lentinus lepideus Fr. (Lentinus squamosus Schaeffer Quel.)	Zähling
Merulius lacrymans (Wulf.) Schum. ex Fr., domesticus Falck	Echter Hausschwamm

Eichenholz.

Daedalea quercina (L.) Fr.	Eichenwirrling
Coniophora cerebella (Pers.) Duby.	Warzen- oder Kellerschwamm

Buchenholz und andere Laubhölzer.

Polystictus versicolor (L.) Fr.	Buntporling
Coniophora cerebella (Pers.) Duby	Warzen- oder Kellerschwamm

Als Kulturgefäße werden Kolleschalen von nachstehenden Abmessungen verwendet:

Gesamtlänge	200 mm
Höhe	30 mm
Halslänge	60 mm
Größte Breite	120 mm
Halsbreite	60 mm
Lichte Halsweite	25 × 55 mm
Einschnürung	5 mm
Glasdicke	2 bis 3 mm

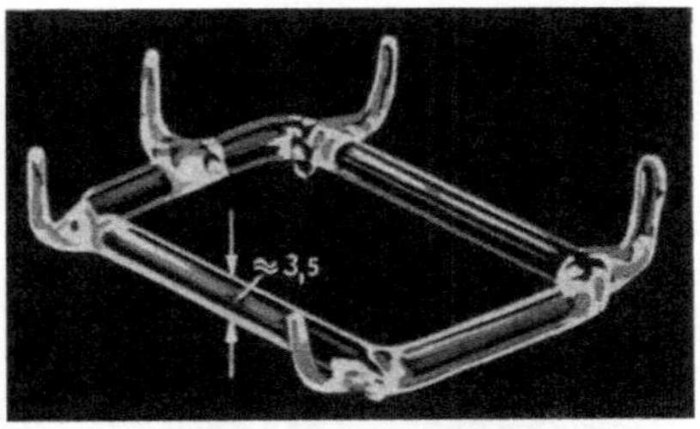

Bild 52. Glasbänkchen zur Aufnahme eines Klötzchens nach DIN 52176.

Der Nährboden wird dadurch bereitet, daß 50 g eingedickter Malzextrakt und 30 g Agar-Agar (zerkleinert) mit destilliertem Wasser auf 1000 cm³ aufgefüllt und bis zur Lösung unter gelegentlichem Umschütteln im Wasserbad oder Dampftopf erhitzt werden. Jede Kolleschale wird mit etwa 45 cm³ Nährboden gefüllt, mit Wattepfropfen verschlossen, im Autoklaven oder in strömendem Dampf sterilisiert und bei der Abkühlung auf die die Einschnürung tragende Fläche gelegt. Als geeigneter Nährboden hat sich auch Fichtenholz-Schliffpappe (etwa 2 bis 4 mm dick) erwiesen, die mit 8%iger Malzextraktlösung durchtränkt wird. Als Unterlage für die Klötzchen sind Glasbänke nach Bild 52 erforderlich. Sie sollen nach Möglichkeit eine Diffusion von Tränkstoff in den Nährboden und eine übermäßige Durchfeuchtung der Klötzchen verhüten.

Beimpft wird die Kolleschale, indem einer nicht zu alten Reinkultur des Versuchspilzes mit einem Impfspatel ein Impfstück entnommen und auf den Nährboden gelegt wird. Die in den Kolleschalen gezüchteten Reinkulturen sind innerhalb 1 bis 2 Wochen nach völliger Ausbreitung des Pilzgewebes auf dem Nährboden (Bild 53) mit den Klötzchen zu beschicken, die unmittelbar vor dem Einbau mehrmalig kurz durch eine Flamme hindurchzuziehen oder in einem geschlossenen Gefäß mit strömendem Wasserdampf äußerlich zu sterilisieren sind. Sofort nach dem Einbau werden die Kolleschalen wieder durch Wattepfropfen verschlossen. Die Schalen sind in einem Raum bei etwa 60 bis 70% relativer Luftfeuchtigkeit und einer Temperatur von etwa 20° C, vor unmittel-

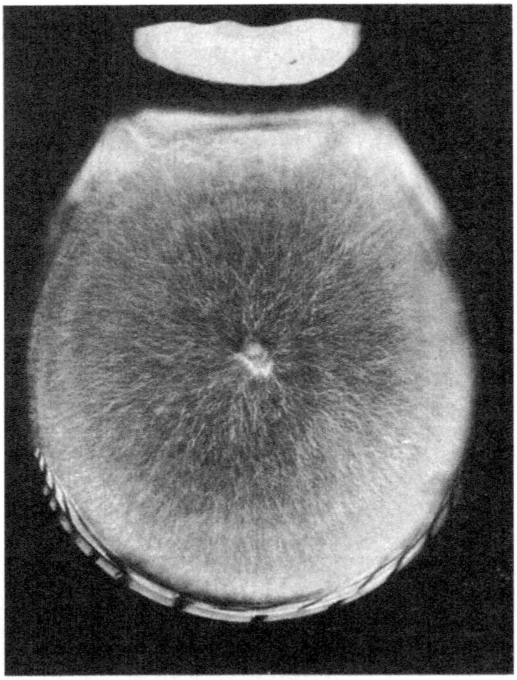

Bild 53. Kolleschale mit Versuchspilz (Coniophora cerebella) in Reinkultur; 14 Tage nach der Beimpfung. (Phot. Materialprüfungsamt Berlin-Dahlem.)

barem Sonnenlicht geschützt, aufzubewahren. Die Versuchsdauer zwischen Ein- und Ausbau beträgt 4 (gelegentlich auch nur 3) Monate (Bild 54). Hierauf werden die Klötzchen ausgebaut, von anhaftendem Pilzgewebe befreit und ihr Festigkeitsgrad in geeigneter Weise (z. B. durch Eindrücken des Fingernagels) geprüft. Der Zerstörungsgrad wird durch folgende Ziffern gekennzeichnet:

1. Völlig unversehrt.
2a. Stellenweise wenig angegriffen.
2b. Im ganzen wenig angegriffen.
3a. Stellenweise stark angegriffen.
3b. Im ganzen stark angegriffen.
4a. Stellenweise völlig zerstört.
4b. Im ganzen völlig zerstört.

Hierauf werden die Klötzchen ein bis zwei Tage an der Luft vorgetrocknet und dann bei 105°C bis zur Gewichtskonstanz gedarrt. Nach dem Erkalten im Exsikkator wird das Endgewicht auf 0,1 g genau bestimmt. Der Unterschied zwischen Anfangsgewicht (oder Anfangsgewicht + Zuschlag bei Tränkung mit Stoffen, die stärker verdunsten; Näheres darüber im Normblatt selbst) und Endgewicht ergibt den Gewichtsverlust in [g], der auf ganze % angegeben wird. Der Grenzwert (Grenze des Pilzangriffs) wird festgelegt durch Angabe der noch Zerstörung zulassenden und der keine Zerstörung mehr zulassenden Schutz-

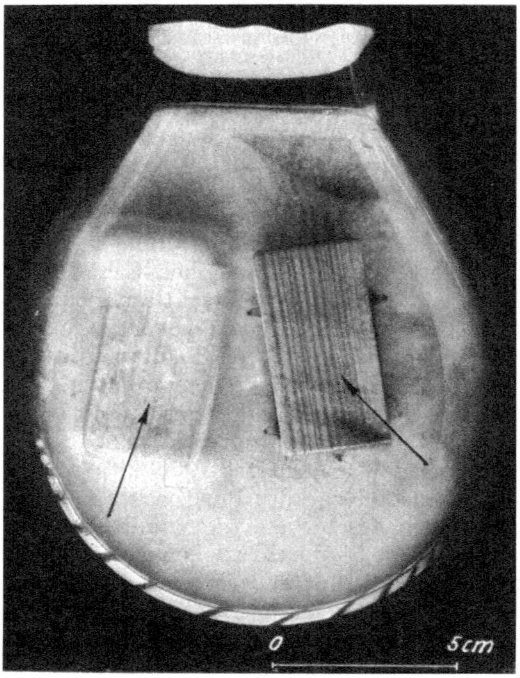

Bild 54. Kolleschale mit eingebautem Klötzchen nach vier Monaten; Versuchspilz Poria vaporaria; links unbehandeltes Klötzchen, rechts mit Schutzsalz getränktes Klötzchen. (Phot. Materialprüfungsamt Berlin-Dahlem.)

stoffmenge, ausgedrückt in [kg/m³] Holz bzw. in [%] der Lösungskonzentration. Beide Werte stehen miteinander auf Grund des Porenvolumens des Holzes in engem Zusammenhang. Bei wasserlöslichen Salzen gilt die Beziehung

$$G_{\text{kg}} \approx 7 \cdot G_{\%},$$

wobei G_{kg} = Grenzwert in kg/m³ und $G_{\%}$ = Grenzwert in % der Lösungskonzentration. Das ungünstigste Ergebnis, d. h. der höchste Grenzwert bei der Anwendung der verschiedenen Pilze, muß als Grundlage der Bewertung dienen.

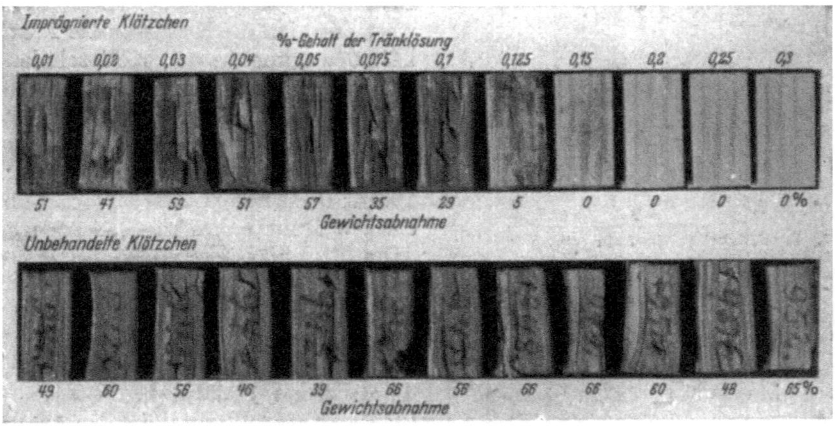

Bild 55. Auswertung einer Versuchsreihe nach dem Klötzchen-Verfahren durch Gegenüberstellung der imprägnierten und der unbehandelten Klötzchen. (Nach R. Lehmann.)

Gewichtsverluste von mindestens 5% sowie äußerlich erkennbare Zerstörungen örtlicher Art (wenn auch nur in geringem Umfang) gelten als Zerstörung durch Pilzangriff. Nur solche Reihen sind zur Feststellung des Grenzwertes brauchbar, die für die maßgebenden Konzentrationen einen stetigen Verlauf (gleichmäßiges Sinken des Gewichtsverlusts) zeigen. Allgemein ist zu sagen, daß kleine Grenzwerte große pilzwidrige Wirksamkeit bedeuten und umgekehrt.

Bild 55 gibt die Auswertung einer nach dem Klötzchen-Verfahren durchgeführten Versuchsreihe wieder. Eine typische Gewichtsverlustkurve ist in Bild 56 dargestellt. Erwähnt sei, daß im Materialprüfungsamt Berlin-Dahlem die Konzentrationen der Schutzmittel nach einer geometrischen Reihe abgestuft werden. Als zweckmäßig erwies sich eine Reihe mit dem Faktor $\sqrt[7]{10} = 1{,}390$, wobei die einzelnen Zahlen abgerundet wie folgt lauten[1]: 0,1, 0,15, 0,2, 0,3, 0,4, 0,5, 0,75, 1,0. Die wasserunlöslichen Mittel werden bei den Versuchen mit Aceton in Lösung und damit in

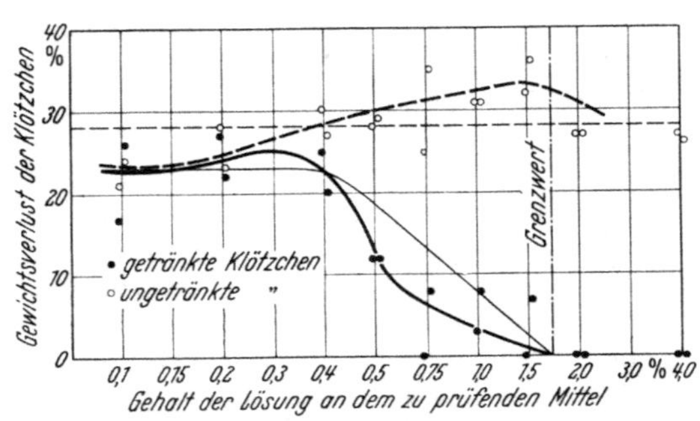

Bild 56. Typische Gewichtsverlustkurve von Klötzchen bei der Prüfung nach DIN 52176. (Nach G. Theden.)

---

[1] Theden, G.: Nachrichtenbl. f. d. Pflanzenschutzdienst Bd. 2 (NF) (1948) S. 11.

die erforderliche Verdünnung gebracht. Nach dem Verdunsten hinterläßt Aceton keinen pilzwidrigen Rückstand, so daß kein Versuchsfehler entsteht.

Die große Überlegenheit des Klötzchen-Verfahrens gegenüber allen eingangs geschilderten anderen Prüfverfahren beruht auf der bestmöglichen Ausschaltung aller Fehlerquellen und darauf, daß die holzzerstörenden Pilze unter sehr günstigen, aber doch weitgehend festgelegten Bedingungen ihre Tätigkeit am Holz selbst ausüben können (B. Schulze[1]). Es ist nach dem Klötzchen-Verfahren gelungen, vergleichbare und wiederholbare Ergebnisse selbst von verschiedenen Prüfstellen zu erhalten. Als wünschenswert erschien die Kenntnis der Feuchtigkeitsbewegung in den Kolleschalen und Versuchsklötzchen. B. Schulze und G. Theden[2] haben hierüber folgendes festgestellt: In den Kolleschalen beträgt die relative Luftfeuchtigkeit zunächst 100%; diese hohe Luftfeuchtigkeit bleibt etwa 5 Monate bestehen, dann setzt je nach Durchlässigkeit der Wattestopfen ein Abfall ein. Die in die Schalen eingebauten Klötzchen nehmen zunächst sehr rasch Wasser auf und erreichen in etwa 5 Tagen den Fasersättigungspunkt und damit einen Feuchtigkeitszustand, der für die Entwicklung der Pilze besonders günstig ist[3]. Wenn das Holz keinem Pilzangriff ausgesetzt ist, sinkt nach einigen Monaten mit abnehmender relativer Luftfeuchtigkeit in den Schalen auch die Holzfeuchtigkeit wieder (Bild 57). Bei Pilzversuchen liegt der Feuchtigkeitsgehalt der Klötzchen um so höher, je weiter die Zerstörung geschritten ist. Allerdings sind die Streuungen meist sehr groß, und bei langer Versuchsdauer (über 5 Monate) trocknet das ganze in der Schale eingeschlossene System aus (Bild 58).

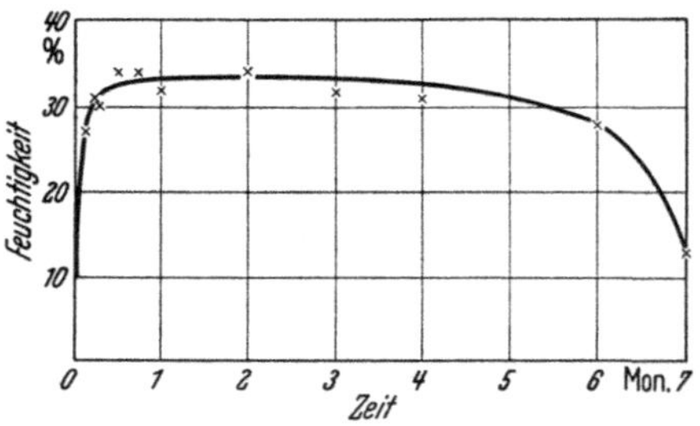

Bild 57. Feuchtigkeitsverlauf in einem sterilen Holzklötzchen (Kiefer) nach dem Einbau in eine Kolleschale. (Nach B. Schulze u. G. Theden.)

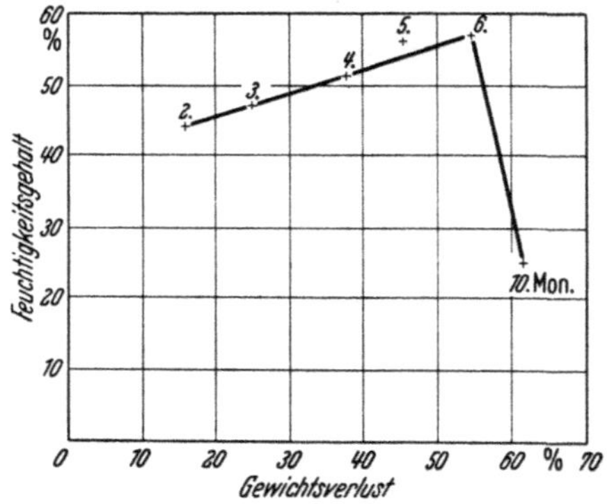

Bild 58. Feuchtigkeitsverlauf in einem von Merulius lacrymans angegriffenen Holzklötzchen (Kiefer). (Nach B. Schulze u. G. Theden.)

Ein besonders wichtiger Ergänzungsversuch ist die Prüfung der Schutzmittel auf ihre pilzwidrige Wirkung nach ihrer Auslaugung. Die dabei anzuwendende Methode ist im Normblatt DIN 52176, Blatt 2 (Prüfung von Holzschutzmitteln: Bestimmung der Auslaugbarkeit) festgelegt. Es handelt sich dabei um eine stehende Auswaschung. Die Klötzchen werden, nachdem sie zuerst 4 Wochen im Anschluß an die Tränkung an der Luft gelagert wurden, weitere 4 Wochen hindurch wie folgt behandelt: An 5 Arbeitstagen werden sie stehend in Wasser untergetaucht, das täglich 2 mal zu erneuern ist. Hierauf erfolgt eine Trocknungsperiode an der Luft von 2 Tagen, anschließend wiederholt sich in der 2., 3. und

---

[1] Schulze, B.: Prüfung der pilzwidrigen Wirkung von Holzschutzmitteln, Wiss. Abh. Dtsch. Materialprüfungsanst. I/5, Berlin 1940, S. 10.

[2] Schulze, B., u. G. Theden: Holz als Roh- und Werkstoff Bd. 1 (1937/38) S. 501.

[3] Theden, G.: Untersuchungen über die Feuchtigkeitsansprüche der wichtigsten in Gebäuden auftretenden Pilze, Diss. Univ. Berlin 1941; Angew. Bot. Bd. 23 (1941) S. 189. — Vgl. Bd. I dieses Werkes S. 52.

4. Woche das beschriebene Spiel der ersten Woche. Die Prüfbedingungen sind, wie B. Schulze, G. Theden und K. Starfinger[1] mit Recht betonen, scharf. Bei dem Laboratoriumsversuch werden die kleinen Klötzchen mit Wasser vollgetränkt und immer wieder mit frischem Wasser versorgt, wogegen bei der praktischen Beanspruchung der Regen die Hölzer im Freien nur von Zeit zu Zeit oberflächlich benäßt. Anderseits dauern die Auslaugversuche nur 5 Wochen, während das geschützte Holz im Freien viele Jahre, unter Umständen sogar Jahrzehnte halten soll. Die nach den Auswaschversuchen ermittelten Grenzwerte erlauben aber kaum Schlüsse auf die Dauerwirksamkeit von Holzschutzmitteln im Freien, wohl aber eignen sie sich zu einer vergleichenden Beurteilung der Mittel.

Reale Grenzwerte nach dem Auswaschversuch (G_A) erhält man bei der Prüfung nach DIN 52176, Blatt 2, nur für einige Schutzmittel und Schutzmitteltypen. Bei zahlreichen Mitteln, insbesondere wasserlöslichen, haben die Versuchsergebnisse die Form $G_A > n$, d. h. der Grenzwert liegt höher als die höchste geprüfte Schutzstoffkonzentration. Diese soll zweckmäßigerweise mit der Gebrauchskonzentration oder der Grenze der Löslichkeit übereinstimmen. Das Ergebnis bedeutet dann, daß bei einer Auswaschbeanspruchung gemäß der Normvorschrift die Volltränkung mit der Gebrauchskonzentration oder mit der höchstmöglichen Konzentration des Mittels nicht ausreicht, um das Holz gegen Pilzbefall zu schützen. Bedeutungsvoll ist die Feststellung, ob für sämtliche Prüfpilze $G_A > n$ ist. Ergeben sich wenigstens für einen Teil der Pilze noch zwei reale Grenzwerte, so beweist dies, daß eine gewisse Schutzwirkung zurückgeblieben ist.

Ein Nachteil des Grenzwerts des Schutzstoffs ist, daß er nicht auf einer einheitlichen Vergleichsgrundlage beruht, die dem Mittel im gebrauchsfertigen Zustand entsprechen sollte. Die Folge ist, daß die Beurteilung der Toxicität von Holzschutzmitteln auf Grund des Grenzwerts des Schutzstoffs manchmal nicht mit den Erfahrungen der Praxis übereinstimmt. B. Schulze, G. Theden und K. Starfinger[1] haben deshalb den Grenzwert der Schutzflüssigkeit vorgeschlagen, der aus dem Grenzwert des Schutzstoffs mit Hilfe der Gebrauchskonzentration errechnet werden kann. Unzweckmäßig ist nach H. Bellmann[2] eine Umrechnung des alten Grenzwerts in %, an dessen Stelle die Konzentration der Gebrauchslösung anzugeben ist. Um eine Verwechslung der beiden Grenzwerte zu vermeiden, dürfte es zweckmäßig sein, beide Begriffe zu vereinigen. H. Bellmann schlug deshalb vor, hinter den Symbolen „G“ (Grenzwert ohne Auslaugung) und „G_A“ (Grenzwert nach Auslaugung) die Konzentration der Schutzflüssigkeit in % als einfache Zahlenangabe zu setzen. Es ergeben sich dann z. B. folgende Grenzwertangaben:

Dinatriumarsenat:	G 100 = 1,03 bis 1,22 kg/m³
[Polyporus vaporarius	G 10 = 12,2 kg/m³
(Pers.) Fr.]	G 4 = 30,5 kg/m³
	G 2 = 61,0 kg/m³
	G 1 = 122,0 kg/m³

[1] Schulze, B., G. Theden u. K. Starfinger: Ergebnisse einer vergleichenden Prüfung der pilzwidrigen Wirksamkeit von Holzschutzmitteln, Wiss. Abh. Dtsch. Materialprüfungsanst. II/7, Berlin, Göttingen, Heidelberg 1950, S. 1 bis 40.

[2] Bellmann, H.: Holz als Roh- und Werkstoff Bd. 9 (1951) S. 270. — Vgl. W. Bavendamm, Holz als Roh- und Werkstoff Bd. 9 (1951) S. 101.

Hierin wären: G 100 der Grenzwert des Schutzstoffes bzw. des unverdünnten Mittels, also jener, der aus dem DIN-Versuch ermittelt wird (u. U. kann noch der Grenzwert in % hinzugefügt werden) und G 10 bis G 1 die Grenzwerte der jeweiligen Schutzflüssigkeit, also Gebrauchskonzentration.

Tafel II im Anhang stellt für eine Auswahl typischer Holzschutzmittel die im Laboratorium ermittelten Grenzwerte und die Auswaschbarkeit zusammen. Dabei handelt es sich, wie angegeben, um Auszüge aus den Arbeiten verschiedener Forscher, und zwar teilweise um Werte, die für die Schutzmittel im Anlieferungszustand gelten, teilweise um Zahlen für Schutzflüssigkeiten mit gebrauchsüblicher Konzentration. Aus der Sachlage bei der mykologischen Prüfung von Holzschutzmitteln nach dem Klötzchenverfahren ergibt sich, daß die Zahlen keinen Anspruch auf unbedingte Genauigkeit erheben können.

Zahlentafel 4 gibt noch eine ebenfalls von W. Bavendamm[1] zusammengestellte Tabelle der pilzwidrigen Wirksamkeit von im Holzschutz benutzten Chemikalien ohne Auslaugung wieder; um den Vergleich mit weiteren Zahlen im Schrifttum zu erleichtern, wurden in diese Tafel auch die Grenzwerte in %-Gehalt der Lösungen aufgenommen. Grundsätzlich sind die unempfindlichsten Pilze genannt, für die die Grenzwerte gefunden wurden. Bei Verwendung anderer Prüfpilze könnten sich aber zum Teil auch ungünstigere Werte ergeben.

Zahlentafel 4. *Vereinfachte und verbesserte Grenzwerttabelle von W. Bavendamm (1948, 1949). Die pilzwidrige Wirkung der im Holzschutz benutzten Chemikalien ohne Auslaugung.*

Grundstoffe und unempfindlichste Prüfpilze	Grenzwerte in kg/m³ Kiefernsplintholz	Grenzwerte in % der Lösung
1. Dinitro-o-kresolnatrium (Lentinus squamosus).	0,58 bis 0,84	0,075 bis 0,1
2. Quecksilberchlorid (Polyporus vaporarius) . .	0,58 bis 0,65	0,07 bis 0,08
3. Natriumfluorid (Lenzites abietina)	0,70 bis 0,81	0,09 bis 0,1
4. Natriumarsenit (Polyporus vaporarius) . . .	0,81 bis 1,02	0,1 bis 0,125
5. Magnesiumsilicofluorid (Lenzites abietina) . .	0,82 bis 1,07	0,1 bis 0,125
6. Dinatriumarsenat (Polyporus vaporarius) . .	1,22 bis 1,87	0,2 bis 0,25
7. Zinksilicofluorid (Lenzites abietina)	1,26 bis 1,68	0,15 bis 0,2
8. Dinitrophenolnatrium (Polyporus vaporarius) .	5,0 bis 6,0	0,7 bis 0,8
9. Zinkchlorid (Polyporus vaporarius)	11,3 bis 23,6	1,5 bis 3,0
10. Kaliumbichromat (Polyporus vaporarius) . .	17,6 bis 22,5	2,5 bis 3,0
11. Steinkohlenteeröl (Lentinus squamosus) . . .	24,6 bis 30,0 n. Schulze und Becker (1948)	3,0 bis 4,0
12. Kupfersulfat (Polyporus vaporarius)	25,0 bis 49,0	3,0 bis 6,0

Hingewiesen sei kurz auf ein Verfahren, mit dem man nach B. Schulze, G. Theden und K. Starfinger hinreichend genau den Grenzwert eines Schutzmittels berechnen kann, das ein Gemisch von Verbindungen mit bekannter pilzwidriger Wirksamkeit ist. Dabei wird davon ausgegangen, daß die Wirkung des Cemisches gleich der Summe der Wirkungen der Einzelbestandteile ist[2], also

$$W_{a+b+c+\cdots} = W_a + W_b + W_c + \cdots \qquad (1)$$

[1] Bavendamm, W.: Holz als Roh- und Werkstoff Bd. 9 (1951) S. 101. — Vgl. auch derselbe: Die pilzwidrige Wirkung der im Holzschutz benutzten Chemikalien, Mitt. Reichsinst. f. Forst- u. Holzwirtsch., Nr. 7, Reinbek Aug. 1948. — Derselbe: Weltholzwirtsch. Bd. 1 (1949) S. 147.

[2] Schulze, B., G. Theden u. K. Starfinger: Ergebnisse einer vergleichenden Prüfung der pilzwidrigen Wirksamkeit von Holzschutzmitteln, Wiss. Abh. Dtsch. Materialprüfungsanst. II/7, Berlin, Göttingen, Heidelberg 1950, S. 1.

Setzt man die „Wirkung“ proportional der Schutzstoffmenge und umgekehrt proportional dem Grenzwert, so ergibt sich

$$\frac{a+b+c+\cdots}{G_{a+b+c+\cdots}} = \frac{a}{G_a} + \frac{b}{G_b} + \frac{c}{G_c} + \cdots, \tag{2a}$$

wobei $a, b, c \ldots =$ die Mengen der Bestandteile,

$G_a, G_b, G_c \ldots =$ die Grenzwerte der Bestandteile.

Der Grenzwert des Gemisches errechnet sich dann zu:

$$G_{a+b+c+\cdots} = \frac{a+b+c+\cdots}{\frac{a}{G_a} + \frac{b}{G_b} + \frac{c}{G_c} + \cdots}. \tag{2b}$$

Es ist nicht immer selbstverständlich, daß sich die Wirkungen tatsächlich summieren; bei der Prüfung zahlreicher Mischungen wurde aber nach den obengenannten Autoren unter Berücksichtigung der Schwankungsbreite kein Widerspruch zu der Regel gefunden. Vorsichtig muß man hingegen bei den öligen Schutzmitteln sein, die Gemische schwer übersehbarer chemischer Körper sind. Hier kann vorläufig auf eine experimentelle Prüfung nicht verzichtet werden.

Abschließend sei noch erwähnt, daß neben dem in Deutschland genormten Klötzchen-Verfahren auch verschiedene ausländische Vorschläge vorliegen, die das Holz selbst als Prüfungsmedium benutzen. A. Breazzano[1] schlug beispielsweise vor, dünne Querschnittscheiben an Stelle der Klötzchen zu verwenden, da man dann rascher zu den gewünschten Ergebnissen gelange. R. E. Waterman[2] und Mitarbeiter haben das Klötzchen-Verfahren im wesentlichen übernommen, aber die Kolleschale durch eine besondere Flasche mit Wasserreservoir ersetzt; als Substrat für den Pilz wird eine dünne Scheibe unbehandeltes Splintholz benutzt, das mittels zweier als Docht wirkender Holzstreifen feucht gehalten wird. In Großbritannien hat die britische Norm BSI Nr. 838 im wesentlichen das Klötzchen-Verfahren übernommen, verwendet aber etwas größere Flaschen, die im Hals ebenfalls ein Wasserreservoir enthalten (Bild 59); dies bietet den Vorteil, daß die Flaschen in einem verhältnismäßig trockenen Raum aufbewahrt werden können, während, wie früher schon mitgeteilt, die Kolleschalen bei 60 bis 70% relativer Luftfeuchtigkeit, also in einem Brutschrank oder einem besonders klimatisierten Prüfraum gelagert werden müssen. Zweckmäßig ist in der britischen Norm die zahlenmäßige Begrenzung der Wuchseigenschaften des Kiefernsplintholzes. Zugelassen sind Jahrringbreiten von 1,2 bis 3 mm (8 bis 20 Jahrringe je ″) und Rohwichten im Darrzustand von 0,40 bis 0,51 g/cm³ (entsprechend einem Klötzchengewicht von 7,5 bis 9,5 g).

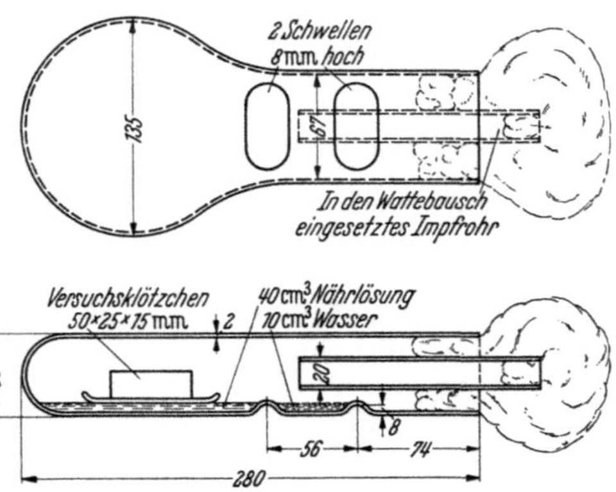

Bild 59. Schnitt durch eine im Britischen Forest Products Research Laboratory zur Holzschutzmittelprüfung benutzte Kolleschale mit Wasserreservoir.

[1] Breazzano, A.: Riev. Tec. Ferrov Bd. 43 (1933). — Derselbe: Alcuni osservazioni sulle decisioni prese dalla riunone dei esperti tenutasi in Berlino nel 1930, per la discussione dei metodi di analisi tossimetrica delle sostanze conservatrici del legno. Boll. Staz. Pat. Veg. Roma, Bd. 14 (1934).

[2] Waterman, R. E., J. Leutritz u. C. M. Hill: A Laboratory Evaluation of Wood Preservatives, Bell. Syst. Tech. J. Bd. 16 (1937) S. 194.

Die Versuchsdauer beträgt nach der britischen Norm einheitlich drei Monate. Die Grenze für Pilzzerstörung liegt bei 3% Gewichtsverlust. Wie Tafel II für die Zahlen von K. St. G. Cartwright[1] und W. P. K. Findlay (für Steinkohlenteeröl und Natriumfluorid) erkennen läßt, fallen die nach der britischen Norm bestimmbaren Grenzwerte offenbar in den Bereich der Zahlen nach dem Klötzchen-Verfahren.

E. E. Hubert[2] beschrieb 1940 ein Verfahren für die Prüfung der pilzwidrigen Wirkung von öllöslichen Schutzstoffen. Im wesentlichen gleicht es der deutschen und britischen Norm mit dem Hauptunterschied, daß die Klötzchen mit der langen Achse quer zur Holzfaser geschnitten sind. Man erhält dadurch einen größeren Hirnflächenanteil an der Gesamtoberfläche und eine bessere Durchdringung bei der Tränkung.

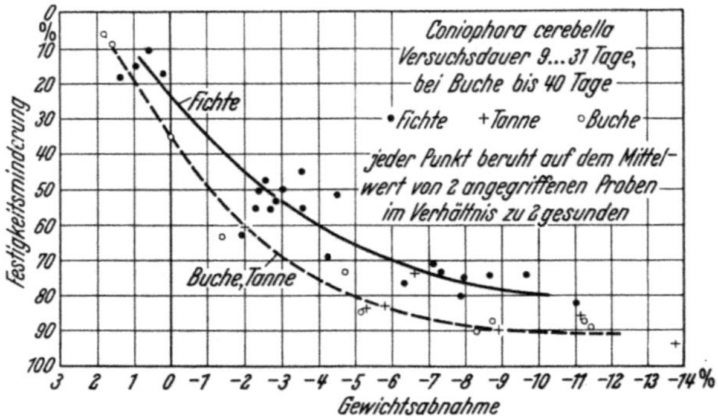

Bild 60. Zusammenhang zwischen Gewichtsverlust und Minderung der Bruchschlagarbeit durch den Angriff von Coniophora cerebella auf Fichten-, Tannen- und Buchenholz. Bei kurzer Versuchsdauer nimmt das Gewicht durch das Pilzmycel etwas zu, trotzdem sinkt die Bruchschlagarbeit bereits. (Nach R. Trendelenburg.)

Es sei davon abgesehen, weitere in Einzelheiten abweichende Prüfvorschläge noch zu erörtern. Unerläßlich ist aber ein Hinweis auf das von R. Trendelenburg[3] besonders empfohlene Verfahren der Bruchschlagprüfung von kleinen Holzstäben, auf die zuerst die Pilze einwirken konnten. Benutzt wurden von R. Trendelenburg Stäbe von 120 · 8,5 · 8,5 mm³, und zwar wurden jeweils 4 Stäbe in eine Kolleschale eingebracht. Da vor allem eine Abkürzung der Versuchsdauer angestrebt wurde, wurden die meisten Schalen nach 30 Tagen ausgebaut. Beim Zerschlagen der gedarrten Stäbe unter dem 2 kgm-Pendelhammer mit 100 mm Stützweite ließ sich die Pilzeinwirkung schon aus dem Bruchgeräusch und im Bruchbild deutlich erkennen. Gesunde Proben brachen mit dumpfem, dunklem, angegriffene mit hohem, hellem Ton. Das Bruchbild ändert sich bereits nach kurzdauerndem Pilzangriff; Druck- und Zugzone, die bei gesundem Holz deutlich verschieden sind, werden recht ähnlich, grobzackig-splittrig, und es treten Schubrisse längs der Stabachse auf. Den Zusammenhang zwischen Gewichtsverlust und Minderung der Bruchschlagarbeit bei Angriff von Coniophora cerebella auf Fichten-, Tannen- und Buchenholz zeigt Bild 60. Man sieht, daß die in DIN 52176, Blatt 1, festgelegte Grenze von 5% Gewichtsverlust mit einer Minderung der Bruchschlagarbeit um 60 bis 70% verbunden ist. Die Arbeiten von R. Trendelenburg wurden von H. v. Pechmann und O. Schaile[4] weitergeführt, wobei auch mikroskopische und chemische Untersuchungen einbezogen wurden. Insgesamt kamen 9 Pilzarten zur Verwendung:

---

[1] Cartwright, K. St. G., u. W. P. K. Findlay: Decay of Timber and its Prevention, London 1946, S. 289.

[2] Hubert, E. E.: Ind. Engng. Chem. An. Ed. Bd. 12 (1940) S. 139.

[3] Trendelenburg, R.: Holz als Roh- und Werkstoff Bd. 3 (1940) S. 397.

[4] Pechmann, H. v., u. O. Schaile: Über die Änderung der dynamischen Festigkeit und der chemischen Zusammensetzung des Holzes durch den Angriff holzzerstörender Pilze, Forstwiss. Centralbl. 69. Jg. (1950) S. 441.

Coniophora cerebella, Merulius lacrymans, Poria vaporaria, Lenzites abietina, Lenzites sepiaria, Lentinus squamosus, Daedalea quercina, Polystictus versicolor, Stereum rugosum. Davon gehören die ersten 7 Pilze zu den Destruktions- oder Braunfäulen, die letzten beiden zu den Korrosions- oder Weißfäulen. Als Holzarten wurden Buche, Fichte, Kiefer, Okumé und Abachi benutzt. Die Stäbe hatten eine Abmessung von 8,5 · 8,5 · 120 mm³. Die Stäbe und Pilzkulturen befanden sich in den üblichen Kolleschalen auf mit Nährlösung getränkter Schliffpappe. Die Versuchsdauer schwankte zwischen 10 und 60 Tagen. Es ergab sich, daß alle Braunfäulepilze im Verlauf von einigen Wochen die dynamische Festigkeit der Proben nahezu restlos zerstört hatten. Als besonders zerstörungskräftig erwiesen sich der Kellerschwamm, der Porenhausschwamm und der echte Hausschwamm. Den Verlauf der Festigkeitsabnahme von Buchenholz zeigt Bild 61. Die Kurven für Fichte und Kiefernsplintholz sind grundsätzlich ähnlich. Kiefernkernholz ist erheblich dauerhafter. Okumé scheint Kernstoffe zu enthalten, die den Hausschwammangriff erschweren. Zwischen Festigkeitsminderung und Gewichtsabnahme besteht ein sehr enges Verhältnis. Bei den typischen Braunfäulen entspricht einem Gewichtsverlust von 5% schon ein Festigkeitsverlust um rund 60%. Der Bruchschlagversuch liefert also schon nach kurzfristiger Pilzeinwirkung sehr deutliche Ausschläge. Die Veränderungen der mikroskopischen Struktur sind bei typischen Destruktionsfäulen mit schon weit fortgeschrittenem Festigkeitsabbau noch recht geringfügig. Die deutliche Schwächung der Zellwandungen durch Weißfäulen ist aber im mikroskopischen Bild nachweisbar. Bei den chemischen Untersuchungen ergab sich, daß die Alkalilöslichkeit weitgehend ein Maßstab für die Verkleinerung der Kettenmoleküle ist. Der enge Zusammenhang zwischen der Alkalilöslichkeit und der Abnahme der Bruchschlagarbeit deutet darauf hin, daß in dem Zerfall der Molekülketten die eigentliche Ursache für das Sprödewerden des braunfaulen Holzes zu suchen ist. Bei den Weißfäulen erfährt die Alkalilöslichkeit keine wesentliche Steigerung gegenüber gesundem Holz. Daraus erklärt sich die sanftere Abnahme der Festigkeit mit dem Gewichtsverlust. Das Schlagbiegeverfahren kann auch in die Holzschutzmittelprüfung eingeführt werden, wobei sich gegenüber dem Klötzchen-Verfahren 2 bis $2^1/_2$ Monate an Versuchsdauer einsparen lassen. Um das Verfahren normreif zu machen, sind allerdings weitere Versuche notwendig.

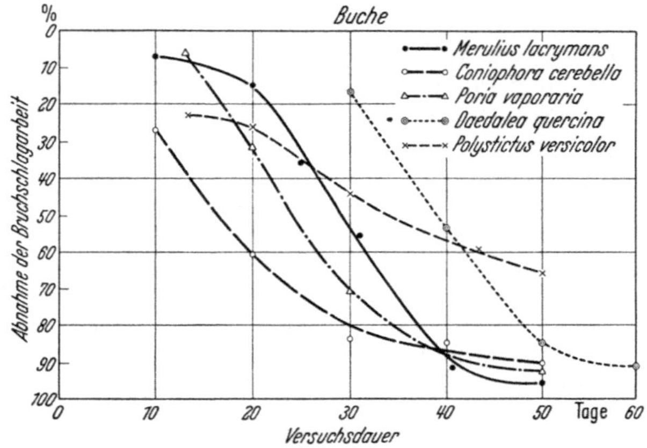

Bild 61. Abnahme der Bruchschlagarbeit von Buchenholz durch den Angriff von Merulius lacrymans, Coniophora cerebella, Poria vaporaria, Daedalea quercina und Polystictus versicolor. (Nach H. v. Pechmann u. O. Schaile.)

521.52 Prüfung der insektentötenden Wirkung von Holzschutzmitteln. 521.520 Allgemeines. Die Beurteilung von Holzschutzmitteln gegen Insekten ist erheblich schwieriger als die von Pilzschutzmitteln und erfordert mehr als die Hilfe nur eines einzigen Verfahrens. Zwar finden sich auch in der älteren Literatur Angaben über die Giftwirkung verschiedener Stoffe gegenüber Anobien oder dem Hausbockkäfer, aber da die Versuchsbedingungen uneinheitlich und nicht kontrolliert waren, kommt diesen Beobachtungen nur ein sehr beschränkter Wert zu. Die Ergebnisse lassen sich nicht vergleichen. Erst R. Falck und W. Coordt[1] und später S. Jensen-Storch[2] prüften Holzschutzmittel auf ihre Fraßgift- und Atmungsgiftwirkung an Käfern und Käferlarven mit getränkten Holzklötzchen unter hinreichend festgelegten Versuchsbedingungen. Letzterer stellte erstmals den Eintritt des Larventodes bei verschiedener Lagerungsdauer der Hölzer fest und entwarf eine Giftwertkurve. Einen mit vielen Literaturzitaten belegten Überblick über die Entwicklung der Prüfverfahren haben G. Becker und B. Schulze (1940 und 1948)[3] gegeben.

In Deutschland führte der Wunsch und die Notwendigkeit, eine amtliche Prüfung der Holzschutzmittel gegen Insekten einzuführen, im Jahre 1936 zur Gründung einer entsprechenden Arbeitsgemeinschaft. Das Ergebnis war die Entwicklung eines hauptsächlich von O. Kaufmann und K. Schuch[4] ausgearbeiteten Verfahrens zur Prüfung von Hausbockkäfer-Bekämpfungsmitteln, für das W. Trappmann[5] Richtlinien veröffentlichte. Später stellten dann B. Schulze und G. Becker[6] Untersuchungen über die Prüfung der insektentötenden Wirkung von Holzschutzmitteln mittels Anobium punctatum de Geer an. Die gleichen Forscher[3] faßten 1940 die bis dahin vorliegenden Untersuchungen auf dem Gebiete der Prüfung der Wirkung von Holzschutzmitteln gegen holzzerstörende Insekten zusammen und diskutierten alle damit in Berührung stehenden grundsätzlichen Fragen. Auch ein Beitrag von J. Kaltwasser[7] ist erwähnenswert.

Zu unterscheiden sind folgende Methoden:

a) Prüfung der vorbeugenden Wirkung gegen holzzerstörende Insekten, DIN E 52621;

b) Prüfung der Bekämpfungswirkung gegen holzzerstörende Insekten, DIN E 52622;

e) Bestimmung von Gift- oder Grenzwerten gegenüber holzzerstörenden Insekten, DIN E 52623.

521.521 Prüfung der vorbeugenden Wirkung gegen holzzerstörende Insekten, DIN E 52621. Das Verfahren zur Prüfung der vorbeugenden Wirkung nach DIN E 52621 fußt, wie oben schon erwähnt, auf älteren Vorschlägen von K. Schuch[4] und W. Trappmann[5]. Es sei nachstehend auszugsweise beschrieben:

Verwendet werden gehobelte Klötzchen aus lufttrockenem Kiefernsplintholz mit den gleichen Abmessungen wie bei den mykologischen Prüfungen

---

[1] Falck, R., u. W. Coordt: Forstarch. Bd. 5 (1929) S. 153.

[2] Jensen-Storch, S., u. K. Henriksen: I, Beretning over Forsøg vedrørende Midler mod Husbukke, København 1932. — S. Jensen-Storch: Anz. Schädlingskde. Bd. 8 (1932) S. 101.

[3] Becker, G., u. B. Schulze: Prüfung der insektentötenden Wirkung von Holzschutzmitteln, Wiss. Abh. Dtsch. Materialprüfungsanst. I/5, Berlin 1940, S. 21. — Dieselben: Zur Prüfung der vorbeugenden Wirkung von Holzschutzmitteln gegen Insekten, Mitt. Reichsinst. für Forst- u. Holzwirtschaft, Nr. 6, Hamburg-Reinbek, Juni 1948.

[4] Kaufmann, O., u. K. Schuch: Folgerungen aus der Deutschen Hausbockstatistik, Berlin-Dahlem 1938. — O. Kaufmann: Arb. physiol. u. angew. Entomol. Bd. 5 (1938) S. 342. — K. Schuch: Arb. physiol. u. angew. Entomol., Bd. 5 (1938) S. 300.

[5] Trappmann, W.: Richtlinien für die amtliche Prüfung von Mitteln gegen den Hausbockkäfer. Mitt. Biol. Reichsanst. H. 55 (1937) S. 171.

[6] Schulze, B., u. G. Becker: Holz als Roh- und Werkstoff Bd. 1 (1937/38) S. 382.

[7] Kaltwasser, J.: Arb. physiol. u. angew. Entomol. Bd. 8 (1941) S. 163.

(s. Abschnitt 521.51). Die Jahrringe sollen möglichst zu den Schmalseiten parallel verlaufen und nicht mehr als 30° von dieser Richtung abweichen. Je Behandlungsart und Lagerungszeit werden 6 Klötzchen verwendet, von denen je 4 behandelt werden und 2 unbehandelt zum Vergleich dienen. Um ein Eindringen der Schutzflüssigkeit von den Hirnflächen aus zu verhindern, werden diese mit Paraffin oder Paraffinwachs abgedichtet, wobei darauf zu achten ist, daß sich der Verschluß möglichst auf die Hirnflächen beschränkt. Die abgedichteten Klötzchen werden mindestens eine Woche lang bei ungefähr 20° C und 60 bis 70% relativer Luftfeuchtigkeit (entsprechend einer Holzfeuchtigkeit $u = 12\%$) gelagert. 4 Klötzchen je Versuchszeit werden dann gemäß der Anwendungsvorschrift für das prüfende Schutzmittel einmalig oder mehrmals jeweils 5 s lang in die vorgeschriebene Verdünnung des Mittels eingetaucht. Die Versuche, die in der Regel mit Eilarven des Hausbockkäfers ausgeführt werden, sind nach 4- bis 5wöchiger Lagerung der getauchten Klötzchen bei 20 ± 2° C und 60 bis 70% relativer Feuchtigkeit zu beginnen. Zur Prüfung der Beständigkeit der vorbeugenden Wirkung sind längere Lagerzeiten (1, 3 und gegebenenfalls 6 und 10 Jahre) erforderlich.

Die in Bild 62 gezeigte Versuchsanordnung ermöglicht durch Schaffung eines einheitlich breiten Spaltes mittels eines Glasplättchens das Einbohren der Eilarven. Der Spalt zwischen Holz und Glas an den beiden Stirnflächen des Klötzchens wird durch Eintauchen in geschmolzenes Paraffinwachs oder in Siegellack geschlossen und nach Erkalten des Dichtungsmittels der zuerst zur Abstandsfixierung eingeschobene 1 mm dicke Glasstreifen wieder entfernt.

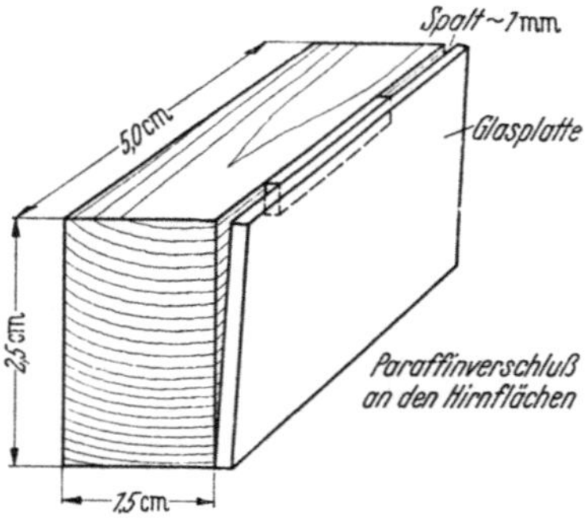

Bild 62. Versuchsanordnung zur Prüfung der vorbeugenden Wirkung von Holzschutzmitteln gegen Insekten. (Nach G. Becker u. B. Schulze.)

Je Klötzchen werden 10 Eilarven verwendet, deren Embryonalentwicklung bei 97 bis 98% relativer Luftfeuchtigkeit (über gesättigter Kaliumsulfatlösung) möglichst bei 28 ± 1° C erfolgt. Die Larven sind möglichst sofort nach dem Schlüpfen, spätestens innerhalb von drei Tagen, anzusetzen. Da sich die Eilarven nicht gegenseitig verletzen, kann man ohne weiteres 10 Hausbockeilarven in den gleichen Spalt setzen. Nach 4 Wochen und 3 Monaten — während dieser sind die Klötzchen im Hygrostaten bei 20 ± 2° C und 70 bis 75% relativer Luftfeuchtigkeit aufzubewahren — werden je zwei behandelte und ein unbehandeltes Klötzchen gespalten und dann die Wirkung des Schutzmittels festgestellt. Die Zahl der abgetöteten Larven im Verhältnis zur Anzahl der wiedergefundenen kennzeichnet den Bekämpfungswert des Mittels. Nach drei Monaten sollen alle Hausbockeilarven tot sein.

Bei ausgedehnten Versuchen von G. Becker und B. Schulze[1] ergaben sich viele Beobachtungen über das Normverfahren und seine Anwendung. Die von den Schutzmitteln erfaßte Oberflächenschicht der Klötzchen ist sehr verschieden tief; entscheidend ist die Art des Mittels (Bild 63) und die Holzorientierung. Die Larven sind, wie Bild 62 zeigt, gezwungen, sich in Richtung der

[1] Becker, G., u. B. Schulze: Zur Prüfung der vorbeugenden Wirkung von Holzschutzmitteln gegen Insekten, Mitt. Reichsinst. für Forst- und Holzwirtsch., Nr. 6, Hamburg-Reinbek, Juni 1948.

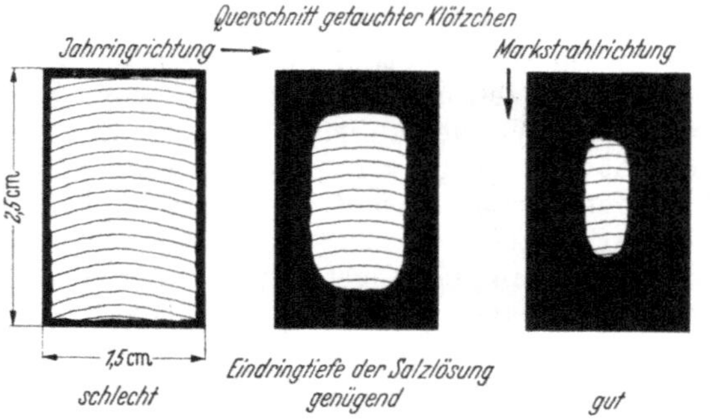

Bild 63. Eindringtiefe verschiedener Schutzmittel-Typen in Versuchshölzer nach DIN E 52621. (Nach G. Becker.) Links: Sublimat, Mitte: Zink- und Magnesiumfluosilicat, rechts: Osmol WB4.

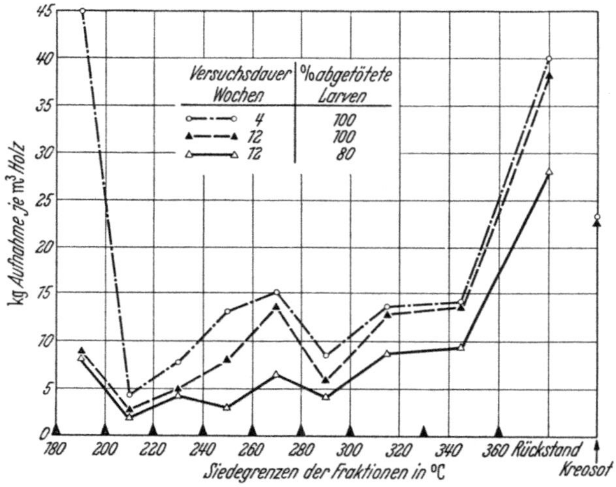

Bild 64. Giftwirkung von Steinkohlenteeröl-Fraktionen auf Eilarven des Hausbockkäfers (Hylotrupes bajulus L.). (Nach G. Becker.)

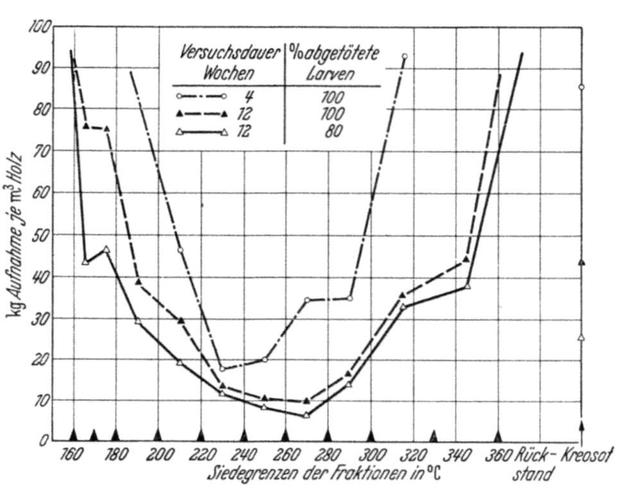

Bild 65. Giftwirkung von Steinkohlenteeröl-Fraktionen auf Larven von Anobium punctatum de Geer. (Nach G. Becker.)

Jahrringe einzubohren. In dieser Richtung dringt das Schutzmittel schlechter ein als in Richtung der Markstrahlen. Die Prüfvorschrift wirkt sich demnach in einer Erschwerung für die Schutzmittel aus. Beispielsweise fand G. Becker[1] für 6 Holzschutzsalze im Durchschnitt beim Einbohren der Larven in Jahrringrichtung 44%, dagegen in Markstrahlrichtung 75% Sterblichkeit.

Der Zeitabstand zwischen den einzelnen Holzbehandlungen hat auf den Schutzerfolg einen Einfluß. Es ist daher nach Gebrauchsvorschrift vorzugehen. Die Prüfungsergebnisse für Steinkohlenteeröl, getrennt nach den Siedegrenzen der Fraktionen, hat vereinfacht und schematisiert schon Bild 48 gezeigt. Die genauen Wirkungskurven für die Prüfung mit Hausbockeilarven gibt Bild 64 wieder, mit Anobienlarven Bild 65. Die Ergebnisse für ölige und ölartige Schutzmittel entsprechen im übrigen den älteren Erfahrungen, daß sehr viele Öle und ölartige Erzeugnisse — wenigstens nach 4- bis 5wöchiger, also kurzer Lagerung des Holzes — eine gute vorbeugende Wirkung gegen Hausbockeilarven besitzen. Gewisse leicht ver-

[1] Becker, G.: Nachrichtenbl. f. d. Dtsch. Pflanzenschutzdienst Bd. 1 (N. F.) 1947, H. 9.

dunstende Mittel entsprechen den gestellten Anforderungen aber nicht. Es leuchtet ein, daß damit die Prüfung der Beständigkeit, d.h. mehrjährige Lagerungszeit, bei den öligen und ölartigen Schutzmitteln besondere Bedeutung erlangt.

Für wasserlösliche Mittel hat G. Becker[1] die Ergebnisse für 30 ausgewählte Beispiele zusammengestellt (Zahlentafel 5).

Als hinreichend vorbeugende Stoffe nach 4wöchiger Lagerung erwiesen sich von den einzelnen Verbindungen: Kaliumhydrogenfluorid ($KH \cdot HF \cdot 2\,H_2O$), Magnesiumsilicofluorid ($MgSiF_6 \cdot 1\,H_2O$) und Zinksilicofluorid ($ZnSiF_6 \cdot 6\,H_2O$); von Hausbockmitteln des Handels zwei wegen ihrer starken korrosiven Eigenschaften ungeeignete Präparate sowie Holzwurmantorgan, Intramon A und Osmol WB 4; von Holzschutzmitteln gegen Pilze und Insekten IPF 82 und ein Mischpräparat des Handels, von Pilzschutzmitteln des Handels ein Zinksilicofluorid-Arsenpräparat. Zusammenfassend läßt sich sagen, daß eine befriedigende

Zahlentafel 5. *Ergebnisse der Prüfung auf vorbeugende Wirkung gegen Hausbock-Eilarven nach DIN Entwurf 52621 an 30 Holzschutzmitteln. (Nach G. Becker.)*

Kennzeichnung der Schutzmittelgruppe	Schutzmittel	Konzentration der Tauchlösung %	Anzahl der Tauchbehandlungen je 5 Sekunden	% abgetötete Larven nach einer Versuchsdauer von 4 Wochen	12 Wochen
Einzelverbindungen	Dinitro-o-Kresol	1	2	50	60
	Kaliumhydrogenfluorid (KF. HF)	20 20	2 1	100 98	— 100
	Magnesiumfluosilicat ($MgSiF_6$)	20 20 10	2 1 2	100 100 95	— — 100
	Natriumfluorid (NaF)	3,5	2	73	83
	Sublimat ($HgCl_2$)	0,66	2	40	40
	Zinkfluosilicat ($ZnSiF_6$)	20 20 10	2 1 2	50 65 65	100 70 90
Hausbockmittel des Handels	Fluorhaltiges Hausbockbekämpfungsmittel	10	2	90	100
	Fluosilicat-Sulfat-Gemisch	15	1	50	100
	„Flurasil A sauer Hb" (Brander Farbwerke)	9,1 + 20 20 10	je 1 1 2	50 40 55	50 60 55
	„Holzwurm-Antorgan" (Chem. Fabrik Flörsheim am Main)	unverdünnt	2	100	—
	„Intramon A" (IG-Farbenindustrie AG Frankfurt am Main-Höchst)	33 33 10	3 1 1	100 30 10	— 55 25
	„Osmol WB 4" (Osmose-Holzschutzverwertung, Berlin-Zehlendorf)	20 20 10 5	2 1 2 1	100 100 90 60	— — 100 75
	Zinkfluosilicatmittel	33	2	30	45

[1] Becker, G.: Nachrichtenbl. f. d. Dtsch. Pflanzenschutzdienst Bd. 1 (N. F.) 1947, H. 9.

Zahlentafel 5. *Fortsetzung.*

Kennzeichnung der Schutzmittelgruppe	Schutzmittel	Konzentration der Tauchlösung %	Anzahl der Tauchbehandlungen je 5 Sekunden	% abgetötete Larven nach einer Versuchsdauer von 4 Wochen	12 Wochen
Holzschutzmittel gegen Pilze und Insekten	Fluoridhaltiges Handelspräparat	4 + 6	je 1	73	95
	„IPF 82"[1]	20 5	2 1	100 80	— 100
	Kupfer-Arsen-Präparat	4	1	30	78
	Mischpräparat des Handels	unverdünnt 40 10	3 3 3	95 50 23	100 70 23
	Natriumfluoridhaltiges Handelspräparat	4	1	10	70
	Natriumfluorid-Dinitrophenol-Präparat des Handels	4 4	2 1	75 30	75 50
Pilzschutzmittel des Handels	Hydrogenfluorid-Chrom-Dinitrophenol-Präparat	12,5	1	40	50
	Natriumfluorid-Chrom-Arsen-Dinitrophenol-Präparat	4	1	30	40
	Zinksilicofluorid-Präparat	20	1	70	75
	Zinksilicofluorid-Arsen-Präparat	10	1	100	—
	Fluor-, Zink-, Phenol-Präparat	unverdünnt	1	65	65
(Amtlich zugelassene) Feuerschutzmittel des Handels	„Einheitsfeuerschutzmittel FM I"	33 33 33	3 2 1	20 15 10	40 40 10
	„Einheitsfeuerschutzmittel FM III"	25	32	0	20
	Feuerschutzmittel vom FM I-Typ	33,3	1	0	10
	Feuerschutzmittel	33,3	2	0	20
	„Flammschutz Albert" (Chem. Werke Albert, Wiesbaden-Biebrich)	25 20	3 1	65 40	90 50
	„Intravan N" (IG-Farbenindustrie AG Frankfurt am Main-Höchst	33,3 33,3 10	2 1 2	30 45 40	90 72 85

vorbeugende Wirkung gegen Larven des Hausbockkäfers durch anorganische Mittel nicht leicht und unter Umständen überhaupt nicht zu erzielen ist.

Bei wirksamen Fraßgiften ließ sich eine „Nachwirkung" oder „Spätwirkung" auf die Versuchstiere feststellen. In verschiedenen Fällen starben die

[1] Vgl. B. Schulze: Bauplanung u. Bautechn. Bd. 2 (1948) S. 55.

Versuchstiere nach Versuchsende in einwandfreiem Holz ab. Die Versuchsdauer ist bei den Prüfungen nach DIN E 52621 recht lang. In Anbetracht der hohen Giftwiderstandsfähigkeit und der monatelangen Hungerfähigkeit der Hausbocklarven ist aber eine Verkürzung praktisch nicht möglich. Es kann abschließend festgestellt werden, daß sich die Vorschriften nach DIN E 52621 in der Tat für die Prüfung der vorbeugenden Wirkung eignen.

Zur Laboratoriumsprüfung von Holzschutzmitteln gegen Termiten hat G. Becker[1] im Jahre 1942 ein Verfahren mit Calotermes flavicollis Fabr. als Versuchstier vorgeschlagen. Auf Normklötzchen (gemäß DIN 52176, Blatt 1) werden auf die Breitseite 3 kleine Glaszylinder von 10 bis 12 mm lichter Weite und 10 oder 20 mm Höhe nebeneinander (gemäß Bild 66) mit Plastilin (oder dergleichen) aufgekittet. In jeden dieser nach beiden Seiten offenen Zylinder werden 10 Termiten eingesetzt, und zwar 10 große Tiere mit Flügelanlagen (Nymphen), 10 voll ausgewachsene Larven (Arbeiter) und 10 halb erwachsene Larven. Die drei so „eingesperrten" Tiergruppen bohren sich in unbehandeltes Kiefernholz innerhalb von 4 bis 8 Tagen ein. Sofern das Holz imprägniert ist, müssen die Tiere davon fressen oder aber sie verhungern.

Bild 66. Versuchsanordnung zur Prüfung der vorbeugenden Wirkung von Holzschutzmitteln gegen Termiten. (Phot. G. Becker.)

Das Prüfverfahren bewährte sich bei ausgedehnten Versuchen im Materialprüfungsamt Berlin-Dahlem. Arsenverbindungen erwiesen sich, in Übereinstimmung mit ausländischen Erfahrungen, als die besten Termitengifte. Unter den Fluorverbindungen war Natriumfluorid etwas wirksamer als Kaliumfluorid. Aluminiumsilicofluorid war in seinem Giftwert bei halbjähriger Lagerungszeit durchaus den Arsenverbindungen vergleichbar; bei Lagerung unter tropischen Bedingungen ließ die Giftwirkung allerdings merklich nach. Auch Magnesiumsilicofluorid und Zinksilicofluorid besitzen für nicht der Auslaugung ausgesetztes Holz wahrscheinlich eine hinreichende Schutzwirkung. Die übrigen geprüften anorganischen Verbindungen wirkten alle weniger auf die Termiten ein; am besten schnitt noch Quecksilberchlorid ab. Zinkchlorid zeigte selbst bei sehr hohen Konzentrationen eine geringe Giftwirkung, außerdem stört bei solchen hohen Konzentrationen die starke Hygroskopizität des Stoffes. Etwas wirksamer ist Kupfersulfat, vermag aber gelegentlichen Fraß der Termiten nicht zu verhindern. Kaliumbichromat ist etwa dem Kupfersulfat vergleichbar.

Unter den geprüften organischen Verbindungen versagten für sich allein Phenol und Dinitrophenol. Ein außerordentlich gutes Abtötungsergebnis wurde mit Pentachlorphenol, ein befriedigendes mit Pentachlorphenolnatrium erzielt. Die günstigen Ergebnisse mit Xylamon LX-Natur liegen auf dieser Linie. Volltränkung mit schwerem Steinkohlenteeröl (Kreosot) bietet sicheren Schutz gegen Termiten. Gute Wirkung ergab auch Karbolineum (Avenarius nach BPV).

---

[1] Becker, G., B. Schulze u. E. Schulz: Prüfung der vorbeugenden Wirkung von Holzschutzmitteln gegen Termiten, Wiss. Abh. Dtsch. Materialprüfungsanst. II/3, Berlin 1942, S. 40.

Eine eingehende Prüfung von Holzschutzmitteln auf ihre vorbeugende Wirkung gegen Termiten muß sich auch auf die Tropeneignung dieser Mittel erstrecken. G. Becker[1] hat dafür folgendes Verfahren entwickelt: Die Versuchsklötzchen werden nach der Volltränkung mit abgestuften Verdünnungen der Mittel zunächst vier Wochen lang bei 20° C und 65% relativer Luftfeuchtigkeit gelagert. Hierauf folgt für mindestens 3, im allgemeinen 6 Monate eine Lagerung im Tropenklima (und zwar entweder feuchtwarm wie im tropischen Regenwald oder trockenheiß wie in der Wüste) gemäß DIN-Richtlinien 7949. Fehlt es an Einrichtungen zur Erzielung des vorgeschriebenen Klimarhythmus, so kann ersatzweise eine Lagerung bei 28° C und 80% relativer Luftfeuchtigkeit vorgenommen werden. Versuche mit Kreosot, Karbolineum und anderen öligen Stoffen ergaben, daß die Schutzwirkung dieser organischen Stoffe durch trockenheißes Klima schnell und stark herabgesetzt wird, wenngleich sich die einzelnen Mittel sehr unterschiedlich verhalten. Wasserlösliche Salze und Salzgemische werden in ihrer Wirksamkeit durch tropische Klimaeinflüsse nicht verändert, obwohl bei feuchtwarmer Lagerung sich die Schutzmittelkonzentration an der Holzoberfläche vermindert. Gewisse Fluor- und Fluorsilicatverbindungen lassen durch Abgabe von Fluorwasserstoffionen in ihrer Giftwirkung nach. Als besonders wirksam erwiesen sich wieder Arsenverbindungen und arsenhaltige Salzgemische sowie gewisse Fluoride und Fluorsilicate.

521.522 Prüfung der Bekämpfungswirkung gegen holzzerstörende Insekten, DIN E 52622. Die Bekämpfung von Insekten im Holzinnern, insbesondere von Hausbocklarven in den Dachstühlen, mit Flüssigkeiten ist eine äußerst schwierige Aufgabe. Die Larven befinden sich zum Teil mehrere Zentimeter tief im Holz. Die Mittel müssen deshalb ein hervorragendes Eindringvermögen in das Holz haben und außerordentlich giftig sein. Fraßgifte allein genügen nicht, da sie von den Tieren, solange noch unbehandeltes Holz zur Verfügung steht, gemieden werden. Die besten Mittel besitzen eine über ihre Eindringtiefe hinausreichende Atmungsgiftwirkung in Verbindung mit einer lange wirksamen Fraßgiftwirkung. Allgemein haben aus diesen Gründen ölige und ölartige Mittel bei der Prüfung einen besseren Bekämpfungserfolg ergeben als die meisten anorganischen Präparate. P. Steiner[2], J. Kaltwasser[3] und J. Herzig[4] haben darauf hingewiesen, daß die Überlegenheit der öligen und ölartigen Schutzmittel auch darauf zurückzuführen ist, daß sie in den mit Bohrmehl gefüllten Larvengängen wie durch „Dochtwirkung" angezogen und an die Larven herangebracht werden.

Zur Prüfung der Bekämpfungswirkung nach DIN E 52622 werden Kantholzabschnitte aus Kiefer verwendet, in deren Splint je 10 große Hausbocklarven mehrere Monate lang gefressen haben[5]. Nach Abdichten der Hirnflächen mit Paraffin oder Paraffinwachs wird die Bekämpfungsflüssigkeit gemäß Anwendungsvorschrift aufgebracht. Die Holzfeuchtigkeit soll bei dieser Behandlung einheitlich ungefähr 12% betragen. Hierauf werden die Hölzer 5 Monate lang bei 20° ± 2° C und 70 bis 75% relativer Luftfeuchtigkeit in geräumigen Hygrostaten aufbewahrt. Die Zahl der abgetöteten Larven im Verhältnis zur Anzahl der wiedergefundenen kennzeichnet den Bekämpfungswert der Mittel. Bezüglich Einzelheiten bei der Prüfung muß auf den DIN-Entwurf verwiesen werden.

---

[1] Becker, G.: Prüfung der „Tropeneignung" von Holzschutzmitteln gegen Termiten, Wiss. Abh. Dtsch. Materialprüfungsanst. II/7, Berlin, Göttingen, Heidelberg 1950, S. 62.

[2] Steiner, P.: Anz. Schädlingskde. Bd. 15 (1939) S. 49.

[3] Kaltwasser, J.: Arb. physiol. u. angew. Entomol. Bd. 8 (1941) S. 163.

[4] Herzig, J.: Bautenschutz Bd. 13 (1942) S. 57 und 70.

[5] Becker, G.: Nachrichtenbl. f. d. Dtsch. Pflanzenschutzdienst Bd. 1 (N. F.) (1947) H. 9.

Auch bei diesen „halbpraktischen“ Verfahren ist die lange Versuchsdauer ein Nachteil, der sich aber aus den schon vorher beim Prüfverfahren auf vorbeugende Wirkung angegebenen Gründen nicht beseitigen läßt. Die Anforderungen an das Mittel sind bei der beschriebenen Prüfmethode bewußt schärfer als in der Praxis, wo das Holz vor Anwendung von Bekämpfungsmitteln abgebeilt wird und dadurch der Weg zu noch im Holz vorhandenen Larven für die Bekämpfungsflüssigkeit verkürzt wird.

Welche hohen Anforderungen die Bekämpfung der Insekten im Holz an die Mittel stellt, geht aus der Mitteilung von G. Becker hervor, daß nach 10jähriger Prüfung von mehreren Dutzend untersuchter Mittel schließlich nur zwei ölige und ölartige (Chlorophen A und Xylamon LX-Natur) und ein wasserlösliches (Osmol WB 4) amtlich empfohlen werden konnten[1]. Bei der Normprüfung ergaben aber selbst die besten Mittel kaum eine 100%ige Abtötung. Gemäß Holzschutzmittelverzeichnis vom 1. 2. 1953 sind in Westdeutschland als Bekämpfungsmittel gegen holzzerstörende Insekten im verbauten Holz (insbesondere Larven des Hausbockkäfers und Anobienarten) 2 Salze (Osmol WB 4, Toatin) und 17 ölige Mittel (Avenarol A 35, A 35 hell und SR, Bosan C, Hausbock-Basileum B, BG, F, F G und Wolmanol, HV 7-Hausbockmittel, Hydrophen-Hausbock, Impra H, Kulbanol, Witoxyl Spezial und Spezial hell, Xylamon LX-Natur und LX hell) zugelassen.

Steigern läßt sich die Eindringtiefe öliger Bekämpfungsmittel durch wiederholtes Aufbringen, die der wasserlöslichen Stoffe, wenn man den nächstfolgenden Anstrich oder Spritzgang unmittelbar nach dem Einziehen des vorangegangenen vornimmt[2] bzw., wie es vom Osmosearbeitskreis empfohlen wird, nach der Spritzung des Schutzmittels mehrere Tage mit klarem Wasser nachsprüht (nachnebelt). Für die Bekämpfungswirkung ist, was nachdrücklich betont werden muß, neben hoher Giftigkeit, gutem Eindringvermögen und Dauerhaftigkeit die Anwendung genügend großer Schutzmittelmengen entscheidend. Holzteile mit kleinen Querschnitten sind in jeder Hinsicht leichter zu behandeln als dicke Dachbalken und Masten. Hier kann zusätzlich ein Bohrlochschutz empfohlen werden (s. S. 39).

521.523 Bestimmung von Gift- oder Grenzwerten gegenüber holzzerstörenden Insekten, DIN E 52 623. Zur Bestimmung von Giftwerten werden Splintholzklötzchen aus Kiefer von Normabmessungen und -eigenschaften (1,5 · 2,5 · 5 [Faserrichtung] cm³ gemäß DIN 52176, Blatt 1) mit Hilfe von Unterdruck (160 bis 110 Torr bei wasserlöslichen, 210 bis 160 Torr bei den mit Chloroform verdünnten öligen Bekämpfungsmitteln) mit abgestuften Verdünnungen der Schutzmittel vollgetränkt. Nach 4wöchiger Lagerung auf einer Schmalseite bei 20° C und 65% relativer Luftfeuchtigkeit, wobei sie in der ersten Woche täglich, später einmal wöchentlich gewendet werden, werden die in Betracht kommenden Holzschädlinge in die Klötzchen in vorgebohrte Löcher, die ihrer Größe entsprechen, eingesetzt. Die Bohrlöcher müssen bei Volltränkung der Hölzer, um gleichmäßige Giftverteilung zu vermeiden, erst nach dem Tränken und Trocknen der Klötzchen angebracht werden. Ein Verschluß der Bohrlöcher ist nicht erforderlich, jedoch sind die Klötzchen so zu stellen, daß die Löcher senkrecht verlaufen.

---

[1] Becker, G.: Nachrichtenbl. f. d. Dtsch. Pflanzenschutzdienst Bd. 1 (N. F.) (1947) H. 9.

[2] Schulze, B., u. G. Theden: Über das Eindringvermögen von Holzschutzmitteln und dessen Prüfung. 1. Gesetzmäßigkeiten für das Eindringen von Flüssigkeiten in Holz, Wiss. Abh. Dtsch. Materialprüfungsanst. II/3, Berlin 1942, S. 67.

Die Lagerung der Klötzchen erfolgt in Anlehnung an die natürlichen Durchschnittsverhältnisse wiederum bei 20° C und 70 bis 75% relativer Luftfeuchtigkeit. Nur bei feuchtigkeitsbedürftigen Tieren ist die relative Luftfeuchtigkeit entsprechend höher zu wählen. Eine relative Luftfeuchtigkeit von 70 bis 75% ist für Hylotrupes- und Anobium punctatum-Larven brauchbar, aber nicht optimal, für Lyctus hervorragend günstig, für Ergates, da viel zu niedrig, völlig ungeeignet[1] (vgl. auch Bd. I, Bild 82, S. 84). Die Versuche werden in Hygrostaten mit gleichbleibenden Klimaverhältnissen durchgeführt. Eine Versuchsanordnung nach B. Schulze und G. Bekker[2] zeigt Bild 67. Die Einstellung der Luftfeuchtigkeit erfolgt zweckmäßigerweise mittels Natriumchloridlösung mit reichlich Bodenkörper. Die aus Bild 67 ersichtliche verschiedene Größe der Petrischalen ermöglicht einen begrenzten Luftaustausch. Nach 4- und 12 wöchiger Versuchsdauer wird die Giftwirkung durch Aufspalten der Hölzer kontrolliert. Dabei wird festgestellt, wie viele Tiere sich in das Holz eingebohrt haben und wie viele von den (eingebohrten und nicht eingebohrten) Larven noch leben. Die Entscheidung, ob die Tiere noch leben, ist wegen fortgeschrittener Lähmung oft nicht ganz leicht zu treffen.

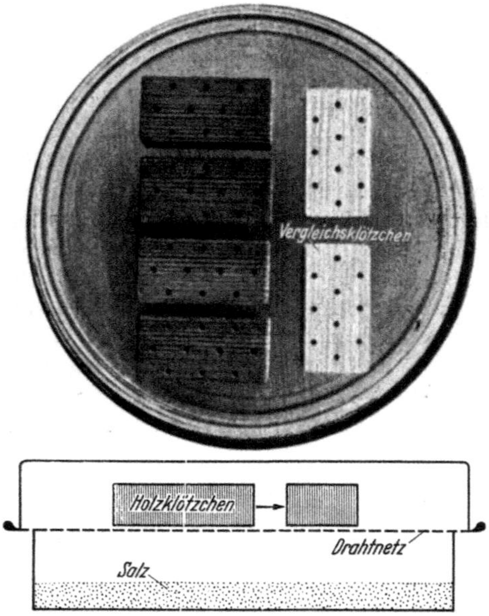

Bild 67. Versuchsanordnung zur Prüfung der insektentötenden Wirkung von Holzschutzmitteln. Oben: Versuchsschale in Aufsicht, unten: Schema. (Nach B. Schulze u. G. Becker.)

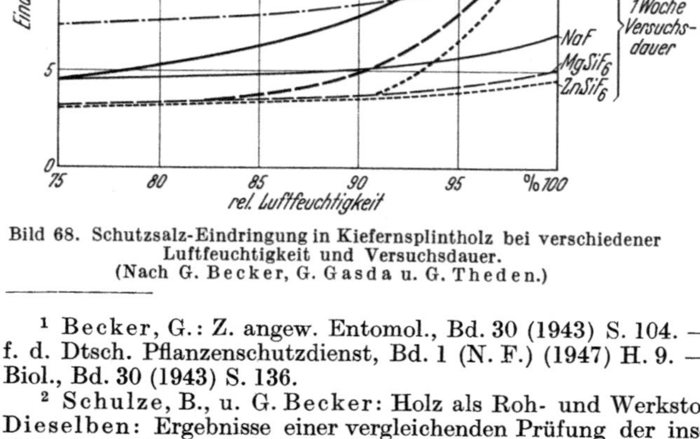

Bild 68. Schutzsalz-Eindringung in Kiefernsplintholz bei verschiedener Luftfeuchtigkeit und Versuchsdauer. (Nach G. Becker, G. Gasda u. G. Theden.)

Man muß sich ferner darüber im klaren sein, daß die Luftfeuchtigkeit vermöge des hygroskopischen Gleichgewichts (vgl. Bd. I, S. 387, Bild 283) die Holzfeuchtigkeit bestimmt, von deren Höhe wieder die Eindringtiefe wässeriger Lösungen im

[1] Becker, G.: Z. angew. Entomol., Bd. 30 (1943) S. 104. — Derselbe: Nachrichtenbl. f. d. Dtsch. Pflanzenschutzdienst, Bd. 1 (N. F.) (1947) H. 9. — E. A. Parkin: Ann. Appl. Biol., Bd. 30 (1943) S. 136.

[2] Schulze, B., u. G. Becker: Holz als Roh- und Werkstoff Bd. 1 (1937/38) S. 382. — Dieselben: Ergebnisse einer vergleichenden Prüfung der insektentötenden Wirkung von Holzschutzmitteln, I., Wiss. Abh. Dtsch. Materialprüfungsanst. II/3, Berlin 1942, S. 11.

Holz[1] und die Beweglichkeit der Schutzsalze[2] abhängen. Bild 68 zeigt beispielsweise, daß die natürliche Grenze der Beweglichkeit für Zinksilicofluorid bei 92% relativer Luftfeuchtigkeit, für Magnesiumsilicofluorid ungefähr bei 85%, für Natriumfluorid bei etwa 75% und für Kaliumhydrogenfluorid sogar beträchtlich unterhalb von 75% liegt. Daraus folgt, daß die Eindringtiefe bei den drei zuerst genannten Salzen während des Normversuchs erhalten bleibt, wogegen sie beim Hydrogenfluorid ständig zunimmt.

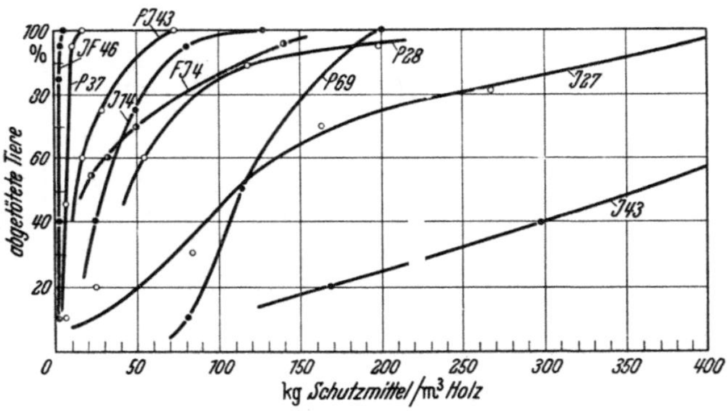

Bild 69. Giftwertkurven von anorganischen Schutzmitteln in vierwöchiger Versuchszeit. Versuchstiere: Anobienlarven. (Nach B. Schulze u. G. Becker.)

Zur Kontrolle dienen bei den Normversuchen für jeweils 20 bis 30 in behandeltes Holz eingesetzte Larven 10 andere derselben Herkunft und Größenverteilung in einem unbehandelten Klötzchen des gleichen Holzes. Zur Ermittlung der Grenz- oder Giftwerte sind die Versuchstiere der Giftwirkung dauernd ausgesetzt. Die durchschnittliche Hungerfähigkeit von Hausbockkäfer-Eilarven hat G. Becker[3] bei 20° C mit knapp vier Wochen bestimmt. Eine Versuchsdauer von 4 Wochen entspricht also der durchschnittlichen Hungerfähigkeit, jedoch können einzelne größere Eilarven bis zu 40 Tage leben. Während 12 Wochen kommen aber die Fraßgifte bei Hausbocklarven auf jeden Fall völlig zur Auswirkung. Anobienlarven der verwendeten Größe können allerdings länger als drei Monate hungern. Die Folge dieser Beziehungen, die sich schwer in kurze und eindeutige Regeln fassen lassen, ist, daß bei anorganischen Salzen die Grenze des 100%igen Abtötungserfolges nach 4 Wochen gewöhnlich ungefähr 10mal so hoch liegt wie nach 12 Wochen Versuchsdauer; für Anobienlarven beträgt der Unterschied im gleichen Zeitraum nur das Zwei- bis Vierfache. Bei organischen, gleichzeitig als Atmungsgift wirkenden Stoffen ist der Unterschied zum Teil geringer.

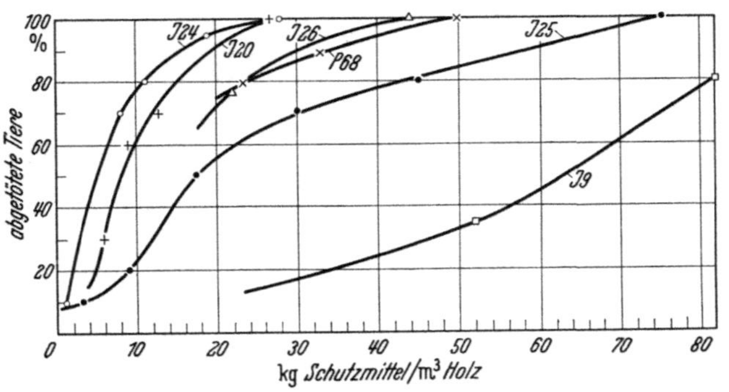

Bild 70. Giftwertkurven von 6 chlorierten Kohlenwasserstoffen nach vierwöchiger Lagerung des Holzes. Versuchstiere: Anobienlarven. (Nach B. Schulze u. G. Becker.)

---

[1] Schulze, B., u. G. Theden: Über das Eindringvermögen von Holzschutzmitteln und dessen Prüfung I., Wiss. Abh. Dtsch. Materialprüfungsanst. II/3, Berlin 1942, S. 67.

[2] Becker, G., G. Gasda u. G. Theden: Holzforschung Bd. 1 (1947) S. 103.

[3] Becker, G.: Ergebnisse einer vergleichenden Prüfung der insektentötenden Wirkung von Holzschutzmitteln II., Wiss. Abh. Dtsch. Materialprüfungsanst. II/7, Berlin, Göttingen, Heidelberg 1950, S. 40.

Der Prozentsatz abgetöteter bzw. überlebender Tiere ist für jede Versuchszeit eine Funktion der Giftstoffkonzentration. Man erhält dabei vorherrschend S-förmige Kurven gemäß Bild 69 und 70. Daß die Kurven nicht immer im Nullpunkt beginnen, hat seine Ursache darin, daß die Normalsterblichkeit von etwa 10% der Anobienlarven nicht abgezogen wurde. Bild 70 ist besonders deswegen interessant, weil es zeigt, daß selbst bei Stoffen der gleichen chemischen Gruppe außerordentliche Unterschiede in der Giftwirkung bestehen.

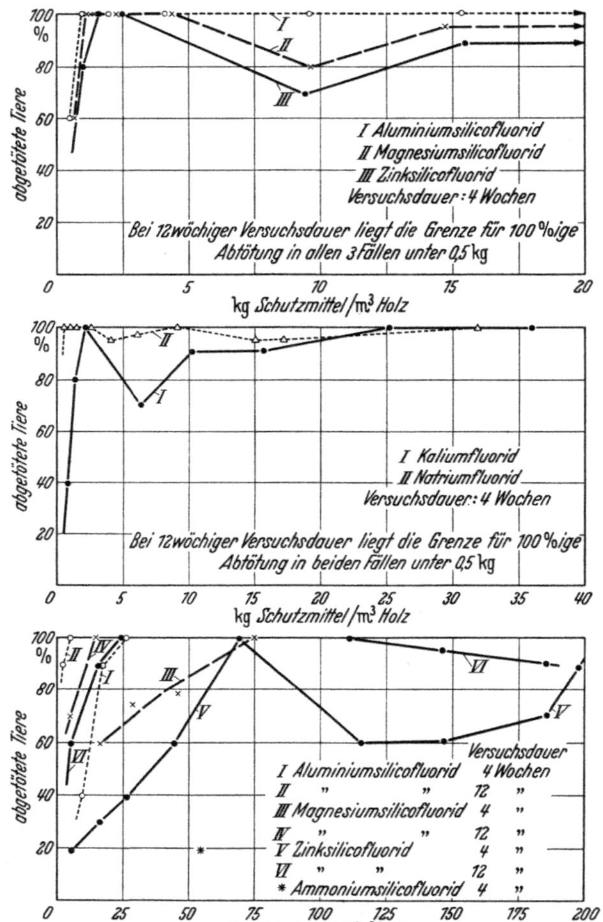

Bild 71. Giftwertkurven von Silicofluoriden (oben) und Fluoriden (Mitte) für Hausbock-Eilarven und von Silicofluoriden für Anobienlarven (unten) bei vier- bzw. zwölfwöchiger Versuchsdauer. (Nach B. Schulze und G. Becker.)

Stoffe, die vorwiegend oder fast ausschließlich als Fraßgifte wirken, z. B. Fluor- und Kieselfluorpräparate, liefern vom normalen S-förmigen Verlauf abweichende Kurven (Bild 71): Auf einen ersten Anstieg der Sterblichkeit mit zunehmender Schutzmittelmenge im Holz folgt ein Abfall, an den sich später wieder ein Anstieg anschließt. B. Schulze und G. Becker[1] geben für diese zunächst überraschende Erscheinung eine durchaus glaubwürdige Erklärung: Hohe Konzentrationen der betreffenden Fraßgifte schrecken die Tiere in wachsendem Maße davon ab, das behandelte Holz zu fressen. Die Tiere hungern, bleiben dabei aber innerhalb der Versuchszeit am Leben. Im Bereich der niedrigen Konzentration ist das Maximum des Giftwerts dadurch gekennzeichnet, daß die Konzentration niedrig genug ist, um die Tiere nicht vom Fressen abzuhalten, aber gleichzeitig hoch genug, um sie innerhalb der Versuchszeit abzutöten. Der wieder ansteigende Prozentsatz der abgetöteten Tiere bei sehr großen Salzmengen läßt darauf schließen, daß sich in diesem Bereich zur Fraßgift- eine Berührungsgiftwirkung hinzugesellt.

[1] Schulze, B., u. G. Becker: Ergebnisse einer vergleichenden Prüfung der insektentötenden Wirkung von Holzschutzmitteln, Wiss. Abh. Dtsch. Materialprüfungsanst. II/3, Berlin 1942, S. 11.

Einen gewissen Überblick über die Giftwirkungsgrenzen für verschiedene chemische Verbindungen und Schutzmitteltypen bei hinreichend langer Versuchsdauer und Einwirkung auf Hausbockeilarven gibt Zahlentafel 6. Die Zahlen geben jene Giftstoffmengen an, die im Splintholz mindestens gleichmäßig verteilt sein müssen, um einem Befall durch den Hausbockkäfer und auch junge Anobien vorzubeugen.

Zahlentafel 6. *Giftwirkungsgrenze (100% Abtötung) nach langer Versuchsdauer gegenüber Hausbockkäfer-Larven. (Nach G. Becker)*[1].

kg/m³ Holz	Schutzmittel, Schutzmittelgruppe
0,1 bis 0,3	Monofluoride, Hydrogenfluoride, Fluosilicate, beste anorganische Handelsschutzmittel
0,3 bis 0,6	Quecksilberchlorid, Arsensäure, Kaliumarsenat
0,6 bis 1	Gute anorganische Mischprodukte (z. B. „UA"-Salze), beste Einzelverbindungen aus dem Steinkohlenteeröl
1 bis 2	Zinkchlorid, hochwirksame Verbindungen aus dem Steinkohlenteeröl
2 bis 5	Kaliumbichromat, beste ölige und ölartige Hausbockbekämpfungsmittel
5 bis 15	Gute, ölige und ölartige Holzschutzmittel, Naphthalin, Trikresol, Einheits-Feuerschutzmittel „FM III"
15 bis 40	Steinkohlenteeröl (B. B. V.), Karbolineum (B. P. V.), Diammoniumphosphat, Einheits-Feuerschutzmittel „FM I"

Wie ersichtlich, erwiesen sich bei der fraglichen Prüfung anorganische Verbindungen als erheblich besser wirksam als die untersuchten organischen Stoffe. In der Praxis werden allerdings die Öle unverdünnt, die anorganischen Verbindungen aber meist in 2- bis 20%iger Lösung angewendet.

Bei relativ kürzeren Versuchszeiten erhält man für die Giftwerte ein völlig anderes Bild. Zahlentafel 7, die allerdings, wie G. Becker[1] bemerkt, nur mit Einschränkung Gültigkeit hat, beruht auf Versuchen mit Anobienlarven über 12 Wochen. Eine weitere umfangreiche Tabelle mit Grenzwerten wurde von G. Becker[2] im Jahre 1950 veröffentlicht; sie ist im Anhang als Tafel III zu finden.

Zahlentafel 7. *Giftwirkungsgrenze (100% Abtötung) nach kurzer Versuchsdauer gegenüber Anobien- und Hausbocklarven. (Nach G. Becker)*[1].

kg/m³ Holz	Schutzmittel, Schutzmittelgruppe
1 bis 2	Beste anorganische Schutzmittel auf Hydrogenfluoridbasis, arsenige Säure, beste Einzelverbindungen aus dem Steinkohlenteeröl
2 bis 5	Kaliumhydrogenfluorid, Aluminiumfluosilicat, Quecksilberchlorid, hochwirksame Einzelverbindungen aus dem Steinkohlenteeröl
5 bis 15	Natriumfluorid, Kaliumfluorid, Magnesiumfluosilicat, wirksamste „UA"-Salze, beste ölige und ölartige Hausbockbekämpfungsmittel
15 bis 40	Zinkfluosilicat, gute ölige und ölartige Holzschutzmittel
40 bis 100	Steinkohlenteeröl (B. B. V.), Karbolineum (B. P. V.), zahlreiche anorganische und organische Handelsschutzmittel

[1] Becker, G.: Nachrichtenbl. f. d. Dtsch. Pflanzenschutzdienst Bd. 1 (N. F.) (1947) H. 9.

[2] Becker, G.: Ergebnisse einer vergleichenden Prüfung der insektentötenden Wirkung von Holzschutzmitteln, Wiss. Abh. Dtsch. Materialprüfungsanst. II/7 (1950) S. 40.

Bei den organischen Mitteln stimmen die Grenzwerte gut mit den 4-Wochenwerten für Hausbock-Eilarven überein. Für die anorganischen Schutzmittel aber sind die Unterschiede beträchtlich. Im ganzen betrachtet rückt bei kurzer Versuchsdauer die Giftwirkungsgrenze der organischen Stoffe um einen Platz nach oben, das Wertverhältnis der einzelnen Stoffe bleibt erhalten. Die anorganischen Verbindungen weisen jedoch wesentlich höhere Grenzwerte und eine völlig veränderte Reihenfolge auf. Bei kurzer Versuchszeit ist also die bei langer festgestellte bedeutende Überlegenheit der anorganischen Schutzmittel verlorengegangen. Der Grund ist darin zu suchen, daß die gute Fraßgiftwirkung — vor allem, wenn die Tiere lieber hungern — sich erst nach längerer Zeit auswirkt, während sich die Larven der Atmungs- oder auch Berührungsgiftwirkung der organischen Mittel nicht entziehen können. Allerdings ist in Rechnung zu stellen, daß die chemisch beständigen Fraßgifte ihren Giftwert dauernd beibehalten, während die organischen Präparate allmählich durch Verdunstung in ihrer Wirksamkeit abnehmen.

Für den praktischen Holzschutz ergeben sich aus den vorliegenden Beobachtungen wichtige Schlüsse:

1. Bei Anwendung eines „Vollschutzes" wären viele chemische Verbindungen und Markenschutzmittel — darunter solche mit relativ schlechten Giftwerten — zum vorbeugenden Holzschutz gegen Insekten geeignet. Vollschutz ist aber nur in seltenen Fällen durchführbar.

2. „Tiefschutz" ist dann nicht ausreichend, wenn das angewendete Mittel zu wenig wirksam ist und Trockenrisse Pforten in das ungeschützte Holz bilden; mit Karbolineum in den Außenschichten getränkte, desgleichen kyanisierte Telegraphenmasten wurden im Innern erheblich vom Hausbock zerstört[1].

3. Bei „Randschutz" durch Streichen oder Spritzen, der im Innern von Gebäuden fast allein in Frage kommt, sind höchste Ansprüche an die Wirksamkeit der Mittel zu stellen. G. Becker[2] faßt seine Erfahrungen wie folgt zusammen: „Einmal in 20%iger Lösung angewendet, bewirken einen vollzähligen Abtötungserfolg nach dreimonatiger Versuchsdauer nur Hydrogenfluoride, Magnesiumfluosilicat und einzelne beste Schutzmittel des Handels. Reines Zinkfluosilicat wirkt erst nach mehrmaliger Anwendung sicher; Handelserzeugnisse mit Zinkfluosilicat als alleinigem oder wichtigstem Bestandteil aber versagen fast sämtlich infolge ihres höheren Wassergehaltes oder ihrer Verunreinigungen. Der Wirksamkeit des Natriumfluorids steht seine geringe Löslichkeit entgegen. Arsen-, Quecksilber-, Thalliumverbindungen und andere starke Fraßgifte sind ebenso untauglich wie zahlreiche Schutzmittelgemische des Handels, die nach längerer Versuchszeit sehr niedrige Grenzwerte, aber geringe Eindringtiefe aufweisen."

521.53 Prüfung der Wirkung von Holzschutzmitteln gegen Meerwasserschädlinge. Die außerordentlich hohen wirtschaftlichen Schäden, die durch holzzerstörende Tiere im Meerwasser entstehen, wurden schon im ersten Band (S. 105) mit Zahlen belegt. Die Notwendigkeit für eine Laboratoriumsprüfung der in Frage kommenden Schutzmittel ist damit an sich erwiesen, zumal bisher die Schutzfrage noch nicht befriedigend gelöst werden konnte. Allerdings brachten es die Schwierigkeiten bei der Versuchsausführung mit sich, daß normreife Vorschläge noch fehlen. Freiwasserprüfungen haben den Nachteil, daß die Verhältnisse von Hafen zu Hafen und von Jahr zu Jahr stark wechseln, abgesehen davon, daß die Befestigung und Nachprüfung der geschützten Holz-

---

[1] Winnig, K.: Holz als Roh- und Werkstoff Bd. 2 (1939) S. 272.

[2] Becker, G., u. B. Schulze: Holzforschung Bd. 2 (1948) S. 97.

proben schwierig ist. Genau bekannte, gleichbleibende, wiederholbare, nicht zu kostspielige und in relativ kurzen Zeiten zu Ergebnissen führende Prüfungen lassen sich nur in Aquarien durchführen. Hierauf hat in USA schon 1937 W. F. Clapp[1] hingewiesen. In Deutschland haben dann G. Becker[2], in USA C. M. Wakeman[3] ein Verfahren zur Laboratoriumsprüfung gegen Meerwasserschädlinge entwickelt und darüber berichtet. Als Versuchstiere kommen nach G. Becker in Frage:

Teredo utriculus Gmelin, Teredo pedicullata Qutrf., Limnoria lignorum Rathke, Chelura terebrans Philippi.

Da die Bohrkrebse eine besonders große Bedeutung als Holzschädlinge haben und zum mindesten für europäische Verhältnisse Limnoria die weiteste Verbreitung hat, empfiehlt G. Becker, in erster Linie Limnoria lignorum für Schutzmittelprüfungen zu verwenden. Die Limnoria-Züchtung erwies sich zudem als sicherer als beispielsweise die Teredo-Züchtung. Herausgestellt hat sich ferner, daß Limnoria viel weniger giftempfindlich ist als Teredo und auch Chelura. Das für die Versuche nötige Meerwasser wird künstlich hergestellt, und zwar mit einem gesamten Salzgehalt von 35‰ nach folgender Zusammensetzung:

Salz		in 1000 g Wasser	in % aller Salze
Kochsalz	$NaCl$	27,213	77,758
Chlormagnesium	$MgCl_2$	3,807	10,878
Magnesiumsulfat	$MgSO_4$	1,658	4,737
Calciumsulfat	$CaSO_4$	1,260	3,600
Kaliumsulfat	K_2SO_4	0,863	2,465
Calciumcarbonat	$CaCO_3$	0,123	0,345
Magnesiumbromid	$MgBr_2$	0,076	0,217
		35,000	100,000

Einzelheiten bezüglich Wasserdurchlüftung und -filtrierung sowie Tierhaltung und -züchtung müssen in der Arbeit von G. Becker nachgelesen werden. Als Versuchshölzer dienen wieder Kiefernsplintholz-Klötzchen gemäß DIN 52176, Blatt 1. Lagerung und Imprägnierung wie bei der Bestimmung von Gift- und Grenzwerten (s. somit Z. 521.523). Nach der Tränkung werden mit Ölen oder ölartigen Stoffen behandelte Hölzer vier Wochen lang bei ungefähr 20° C und 65% relativer Luftfeuchtigkeit gelagert, bei Salztränkung ist eine Feuchtraumlagerung (ebenfalls gemäß DIN 52176) durchzuführen. Danach werden die Holzproben 8 Wochen lang in destilliertem Wasser gewässert. Je Klötzchen sind 100 cm³ Wasser zu verwenden, das täglich zweimal zu wechseln ist. Einmal wöchentlich wird eine Trocknungszeit von $2^1/_2$ Tagen eingeschaltet. Nach der letzten Trocknung werden die Klötzchen 4 Wochen lang in wöchentlich einmal gewechseltem Meerwasser (obiger Zusammensetzung mit $p_H = 7{,}5$ bis 8) gelagert.

[1] Clapp, W. F.: Civ. Engng. Bd. 7 (1937) S. 105.

[2] Becker, G., u. B. Schulze: Laboratoriumsprüfung von Holzschutzmitteln gegen Meerwasserschädlinge, Wiss. Abh. Dtsch. Materialprüfungsanst. II/7, Berlin, Göttingen, Heidelberg 1950, S. 76.

[3] Wakeman, C. M.: Discussion of Recent Laboratory Biological Survey Methods for Comparing Various Toxicans Used to Combat Marine Borers, Proc. Amer. Wood. Pres. Assoc. Bd. 43 (1947) S. 220.

Für die Einzelprüfungen werden Glasgefäße von 23 cm (Länge) · 15 cm (Breite) · 15 cm (Höhe) mit 3000 cm³ Meerwasser gefüllt. Jedes Gefäß enthält ein Klötzchen. An zwei aufeinander folgenden Tagen werden dann je 5 Bohrasseln in das Versuchsgefäß gegeben und täglich beobachtet. Soweit die Tiere im Verlauf der ersten Woche absterben, wird ihre Zahl jeweils auf 10 ergänzt. Insbesondere nach 4-, 8- und 12wöchiger Versuchsdauer werden die Zahl der Tiere und der Zerstörungsgrad der Holzproben festgestellt und mit dem Zustand der unbehandelten Kontrollklötzchen verglichen.

Erste Versuche mit Steinkohlenteeröl-Fraktionen ergaben ein Versagen der Stufen bis zu einer Siedegrenze von 240° C. Unter den höher siedenden Anteilen war nach G. Becker und B. Schulze[1] die Wirksamkeit im Bereich von 300 bis 330° C am kleinsten, von 280 bis 300° C am größten. Noch wichtiger als die Giftigkeit ist bei Holzschutzmitteln gegen Meerwasser die Beständigkeit.

521.54 Physikalische und chemische Prüfung von Holzschutzmitteln. 521.540 Allgemeines. In Abschnitt 521.0 wurden bereits die vielerlei Anforderungen aufgezählt, die an Holzschutzmittel zu stellen sind. Im wesentlichen handelt es sich dabei um erforderliche Wirkungen, z. B. pilzwidrige oder insektentötende Wirkung, aber auch gutes Eindringvermögen, Dauerhaftigkeit und Beständigkeit, Haltbarkeit, Löslichkeit, Spritz- und Streichfähigkeit sowie um gewisse chemische Eigenschaften. Nötig ist auch eine ausreichende Rohstoffgrundlage für die wirtschaftliche Herstellung des Mittels. Sehr wichtig ist ferner, daß die Schutzmittel keine oder nur geringe nachteilige Nebenwirkungen haben. Sie sollen also, worauf ebenfalls schon früher hingewiesen wurde, gegen den Menschen, Haus- und Nutztiere unschädlich sein, dürfen die Holzfaser nicht schädigen, andere Werkstoffe (z. B. Metalle) nicht angreifen, sollen Putz und Anstriche nicht durchschlagen und die Brennbarkeit des Holzes nicht erhöhen. Zu einer umfassenden Prüfung von Holzschutzmitteln gehören deshalb neben den in den vorangegangenen Abschnitten erörterten Prüfungen der Wirkung gegenüber Pilzen, Insekten und Meeresschädlingen physikalische und chemische Prüfungen der wichtigsten erforderlichen Wirkungen und der nachteiligen Nebenwirkungen[2].

521.541 Bestimmung des Eindringvermögens von Holzschutzmitteln. Das Eindringvermögen eines Schutzmittels ist, wie B. Schulze und G. Theden[3] zu Recht betonen, kein eindeutiger Begriff, da sich seine verschiedenen Eigenschaften je nach der Aufbringungsart des Mittels unterschiedlich auswirken. In umfangreichen Versuchs- und Entwicklungsarbeiten wurden deshalb im Materialprüfungsamt Berlin-Dahlem verschiedene Prüfverfahren den praktischen Holzschutzmaßnahmen nachgebildet, die Aussagen über das Eindringverhalten bei verschiedenen Umständen gestatten.

Geprüft werden muß das Eindringvermögen am Holz selbst, da Versuche mit anderen gleichmäßig gebauten Stoffen (z. B. das Steighöhenverfahren mit Fließpapier oder das Durchschlagverfahren mit Braunschliffplatten) Zahlen liefern, die von den für Holz erhältlichen Werten grundverschieden sein können. Entnahme und Vorbereitung der Proben muß mit größter Sorgfalt erfolgen; die

---

[1] Becker, G., u. B. Schulze: Laboratoriumsprüfung von Holzschutzmitteln gegen Meerwasserschädlinge, Wiss. Abh. Dtsch. Materialprüfungsanst. II/7, Berlin, Göttingen, Heidelberg 1950, S. 76.

[2] Schulze, B.: Umfassende Prüfung von Schutzmitteln gegen holzzerstörende Pilze und Tiere, Wiss. Abh. Dtsch. Materialprüfungsanst. I/3, Berlin 1950, S. 1.

[3] Schulze, B., u. G. Theden: Über das Eindringvermögen von Holzschutzmitteln und dessen Prüfung II., Wiss. Abh. Dtsch. Materialprüfungsanst. II/7, Berlin, Göttingen, Heidelberg 1950, S. 84.

Anforderungen an das Holz (gemäß DIN 52176, Blatt 1) können als Mindestanforderungen angesehen werden. Die drei Richtungen des Holzaufbaus sind genauestens zu berücksichtigen, auf die Holzfeuchtigkeit ist peinlich zu achten, da jedes Prüfergebnis nur für die Holzfeuchtigkeit während der Prüfung gilt. Grundsätzlich sollen die Prüfungen bei 20° C Temperatur und 65% relativer Luftfeuchtigkeit durchgeführt werden.

Ohne weiteres sichtbar ist die Eindringtiefe bei aufgesägten oder aufgespaltenen Hölzern nur nach der Behandlung mit dunkelfarbigen Ölen. Bei wasserlöslichen Tränkstoffen bedarf es meist einer chemischen Nachweisreaktion. Für fluorhaltige Präparate wurde in Abschnitt 521.26 schon die Zircon-Alizarin-Probe, für Chromate die Diphenylcarbacid-Probe mitgeteilt. Kupfer oder Quecksilber liefert mit Schwefelwasserstoff bzw. Natrium- oder Ammoniumsulfidlösung dunkle Sulfidniederschläge, Zink läßt sich im Holz nach B. Schulze und G. Theden[1] mit einer Lösung von 10 mg Dithizon in 100 cm^3 Tetrachlorkohlenstoff, deren Farbe von grün in rot umschlägt, nachweisen. Weiter ist hier auf die verschiedenen Standardmethoden der American Wood Preserver's Association[2] und auf das Buch von F. Feigl[3] über Tüpfelreaktionen hinzuweisen.

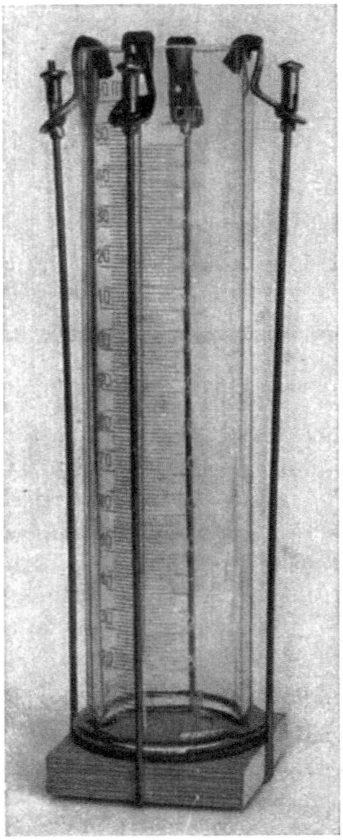

Bild 72. Befestigung des Glaszylinders auf dem Holzplättchen beim Durchschlagversuch und Gummiring. (Nach MPA Berlin-Dahlem.)

Nachstehend seien die besonderen Prüfverfahren auf das Eindringvermögen unter Benutzung der Veröffentlichungen des Materialprüfungsamtes Berlin-Dahlem kurz beschrieben:

521.541.1 *Steighöhenverfahren.* Dabei wird beobachtet, wie eine Schutzmittelflüssigkeit in einem Filtrierpapierstreifen oder in einem Kiefernsplintholzstab ($23 \cdot 1{,}5 \cdot 0{,}5$ cm^3, die breite Seite ist eine Radialfläche), wenn sie mit einem Ende eingetaucht sind, aufsteigt. Der Anstieg wird über drei Stunden beobachtet; besser scheint eine Versuchszeit von 20 min zu sein. Damit erreicht man bei Holzstäben Werte, die einigermaßen den Ergebnissen anderer Prüfverfahren entsprechen. Das Steighöhenverfahren mit Filtrierpapierstreifen gestattet keinerlei Schlüsse auf das Eindringvermögen wässeriger Schutzsalzlösungen in Holz und keine zuverlässigen Schlüsse auf das von Ölen.

521.541.2 *Durchschlagsverfahren.* Auf axial, radial und tangential geschnittene Holzplättchen ($5 \cdot 5 \cdot 1$ cm^3) wird ein Glaszylinder von 10 cm^2 Querschnitt (lichter Durchmesser etwa 3,6 cm) mit mm- und cm^3-Teilung zur Ablesung des Flüssigkeitstandes aufgeklebt oder mit Gummiring und Zwingen (gemäß Bild 72) aufgepreßt. Festgestellt wird die Zeit, in der die Schutzmittelflüssigkeit unter

[1] Schulze, B., u. G. Theden: Über das Eindringvermögen von Holzschutzmitteln und dessen Prüfung II., Wiss. Abh. Dtsch. Materialprüfungsanst. II/7, Berlin, Göttingen, Heidelberg, 1950, S. 84.

[2] Standard Methods for Determining Penetration of Salt Preservatives, Amer. Wood. Preserver's Assoc.: Manual of Recommended Practice.

[3] Feigl, F.: Qualitative Analyse mit Hilfe von Tüpfelreaktionen, Leipzig 1931.

der Wirkung des geringen hydrostatischen Druckes (10 cm Flüssigkeitssäule) im Zylinder durch das Plättchen hindurchschlägt. Zur Durchführung der Versuche werden die Holzplättchen mit den Glaszylindern auf eine Rostbank gestellt, unter der sich ein schräger Spiegel befindet, so daß die Vorgänge auf der Plattenunterseite bequem beobachtbar sind. Bei umfangreichen Versuchen mit dem Verfahren im Materialprüfungsamt Berlin-Dahlem stellte sich heraus, daß das Durchschlagverfahren nur für die Prüfung von Ölen an axialen Plättchen empfohlen werden kann.

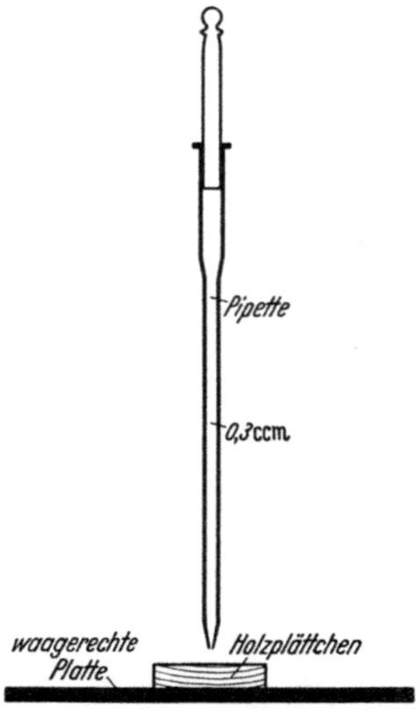

Bild 73. Versuchsanordnung beim Tropfenversuch. (Nach MPA Berlin-Dahlem.)

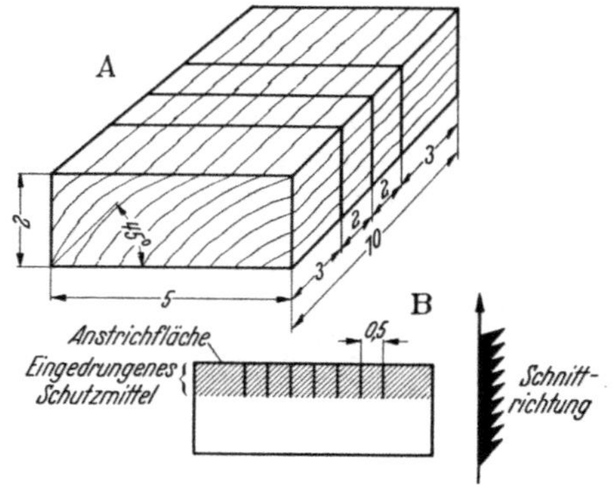

Bild 74. Probebrettchen zur Prüfung des Eindringvermögens von Holzschutzmitteln beim Anstrichverfahren und seine Aufteilung. (Nach DIN E 52618, Blatt 1.)

521.541.3 *Tropfenversuch.* Das Einziehen einer abgemessenen Menge (0,3 cm³) der Schutzflüssigkeit in Proben derselben Größe wie beim Durchschlagsverfahren wird beobachtet. Die Versuchsanordnung zeigt Bild 73. Der Versuch gibt Aufschluß über das Verhalten wäßriger Schutzmittel an der Holzoberfläche, insbesondere über ihre Benetzungseigenschaften. Bei öligen Schutzmitteln lassen sich aus den Meßwerten sogar Schlußfolgerungen auf das Eindringverhalten schlechthin ziehen.

521.541.4 *Anstrichverfahren nach DIN 52618, Blatt 1.* Proben, deren Größe und Orientierung aus Bild 74 zu entnehmen sind, müssen die Faserrichtung parallel zur Anstrichfläche haben, die zu hobeln ist. Das Verfahren wird entweder auf lufttrockenes Holz oder (bei wasserlöslichen Mitteln) auf fasergesättigtes angewendet. Ersteres wird durch 3wöchige Lagerung über Ammoniumnitratlösung mit Bodenkörper (bei 20° C und ungefähr 65% relativer Luftfeuchtigkeit, entsprechend einer Holzfeuchtigkeit von rund 12%), letzteres durch ebenso lange Lagerung über destilliertem Wasser (die Schimmelbildung wird durch ein Schälchen mit einigen Tropfen Xylol unterbunden) erhalten.

Auf die Anstrichfläche werden beim Versuch 1,25 g Schutzmittelflüssigkeit (entsprechend 250 g/m²) aufgepinselt. Hierauf folgt eine 7tägige Lagerung im vorher benutzten Hygrostaten. Zur Auswertung werden die Plättchen durch Sägeschnitte gemäß Bild 74 aufgeteilt. An 7 Meßstellen jedes Schnittes wird die Eindringtiefe festgestellt und für die $3 \cdot 7 = 21$ Einzelwerte eines Plättchens der Mittelwert bestimmt. Wenn die Eindringtiefe nicht unmittelbar erkennbar ist, muß man sich einer geeigneten chemischen Reaktion, wie einleitend beschrieben, bedienen. Zur Kontrolle werden einzelne Brettchen mit einem wässerigen bzw. öligen Vergleichsmittel (4%ige Lösung von Natriumfluorid neutral, doppelt gereinigt, von J. D. Riedel & E. de Haën bzw. Karbolineum nach BPV) mitgeprüft. Die Eindringtiefe des jeweiligen Schutzmittels wird auf die Eindringtiefe des Vergleichsmittels bezogen. Richtwerte sind:

Mit 4%iger Natrium-Fluorid-Lösung
beim Anstrich auf trockenem Holz 3,5 mm
beim Anstrich auf feuchtem Holz 6,0 mm
Mit Karbolineum 3,5 mm.

Auf Grund eines umfangreichen statistischen Materials wurde im Materialprüfungsamt Berlin-Dahlem[1] eine Bewertungstabelle für das Eindringvermögen aufgestellt (Zahlentafel 8).

Zahlentafel 8. *Bewertung des Eindringvermögens [mm] nach dem Anstrich- und Trogverfahren. (Nach B. Schulze und G. Theden.)*

			schlecht	genügend	gut	sehr gut
Anstrich-verfahren	wasser-lösliche Mittel	trockenes Holz	1	1 3	3 5	5 . . .
		feuchtes Holz	2	2 5	5 9	9 . . .
	ölige Mittel		2	2 5	5 8	8 . . .
Trogverfahren			5	5 11	11 17	vollständig durchtränkt

Das Anstrichverfahren erfordert nur allgemeine Laboratoriumsgeräte und ist einfach durchführbar. Es liefert genügend abgestufte und ausreichend wiederholbare Werte. Da es außerdem Aufschlüsse besonderer Art über die Wechselwirkung zwischen Schutzmittel und Holz gibt, die auf andere Weise nicht erhältlich sind, ist es für die Prüfung des Eindringvermögens sehr wichtig und unersetzbar.

521.541.5 *Eintauchverfahren.* Die Klötzchen für diese Prüfung haben folgende Abmessungen: 10 cm in der Faser-, 5 cm in der Markstrahl- und 3 cm in der Jahrringrichtung. Die verhältnismäßig großen Proben sind in ausreichender Zahl schwer zu beschaffen, da man Holz mit sehr breitem Splint benötigt. Nach Konditionierung bei 20° C und 65% relativer Luftfeuchtigkeit werden die Proben gewogen und dann 10 Minuten in die zu prüfende Flüssigkeit eingetaucht. Nach der Entnahme werden sie mit Fließpapier abgetupft und wieder gewogen. Die Aufnahme an Tränkflüssigkeit wird aus den beiden Gewichten errechnet. Nach zweistündiger (in anderen Fällen dreitägiger) Lagerung in normalem Klima werden die Proben mit der Säge einmal der Länge nach und einmal quer halbiert. Auf je einer der beiden zusammengehörigen Flächen werden an drei Meßpunkten gemäß Bild 75 die Eindringtiefen festge-

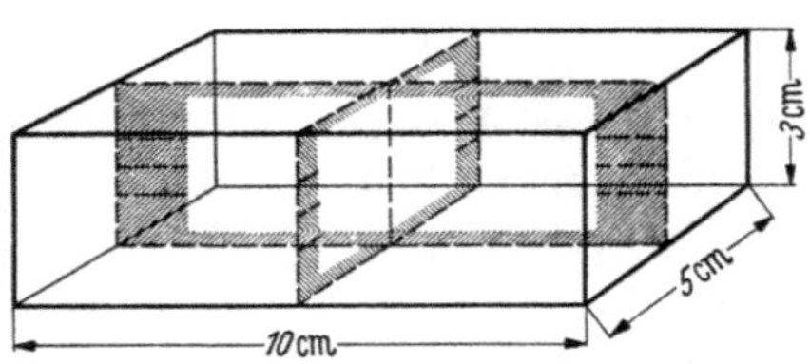

Bild 75. Schema eines Klötzchens für das Eintauchverfahren mit Angabe der Meßpunkte für die Eindringtiefen.

[1] Schulze, B., u. G. Theden: Über das Eindringvermögen von Holzschutzmitteln und dessen Prüfung II., Wiss. Abh. Dtsch. Materialprüfungsanst. II/7, Berlin, Göttingen, Heidelberg 1950, S. 84.

stellt. In der Faserrichtung ist die Eindringtiefe verhältnismäßig am größten, aber praktisch ohne Bedeutung. Das Eintauchverfahren gibt Anhalt über die Verhältnisse beim praktischen satten Streichen oder Spritzen, läßt aber keine Schlüsse auf das Trogverfahren zu.

521.541.6 *Trogverfahren nach DIN 52618, Blatt 1.* Das Verfahren ist zur Beurteilung des Eindringvermögens von Holzschutzmitteln beim längeren Tauchen von trockenem Holz bestimmt. Geprüft wird die Eindringung in kleine Holzzylinder, die in der Faserrichtung 5 cm hoch sind, der Durchmesser beträgt 3,5 bis 3,6 cm. Vor dem Versuch erfolgt wie bei allen ähnlichen Prüfungen eine Einstellung der Holzfeuchtigkeit auf durchschnittlich 12% durch Lagerung bei 20° C Temperatur und 65% relativer Luftfeuchtigkeit. Die Prüfung beginnt mit einer Wägung der Zylinder. Dann werden die Hirnflächen mit einer dünnen Vaselinschicht bestrichen (die Zylinder nochmals gewogen) und mit einer Gummischeibe und einem Eisenplättchen mit Hilfe einer Schraubzwinge abgedeckt (Bild 76A). Die so vorbereiteten Proben kommen in einen Glastrog (Bodenfläche 14 · 5 cm², Höhe 10 cm), der oben einen gut schließenden Deckel besitzt. Es wird Tränkflüssigkeit eingefüllt, bis sie etwa 1 cm über der obersten Mantellinie des Zylinders steht. Die Tauchzeit beträgt bei wässerigen Mitteln 5 Tage, bei öligen 6 Stunden. Nach Ablauf dieser Zeit werden die Zylinder aus der Tränkflüssigkeit entnommen, abgetupft, ausgespannt und sofort gewogen. Nach 24 Stunden Lagerung im Normalklima (20° C und 65% relative Luftfeuchtigkeit) werden die Holzproben gemäß Bild 76B zerschnitten. Je kreisförmigem Querschnitt werden, wie angegeben, 8 Messungen der Eindringtiefe gemacht und gemittelt. Die Richtwerte sind

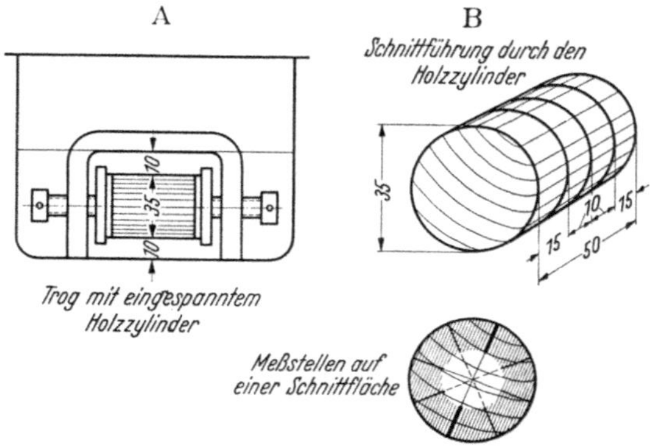

Bild 76. Versuchsanordnung beim Trogverfahren. A Holzzylinder mit Abdichtung, B Aufteilung des Zylinders nach dem Versuch. (Nach MPA Berlin-Dahlem.)

für wasserlösliche Mittel 9,0 mm
für ölige und ölartige Mittel 5,0 mm.

Das Trogverfahren ist allein geeignet, über die bei der praktischen Trogtränkung zu erwartende Eindringtiefe einer Schutzmittelflüssigkeit Auskunft zu geben.

521.541.7 *Scheibenverfahren.* Das Scheibenverfahren ermöglicht die Feststellung der Eindringtiefe von Schutzstofflösungen oder -pasten in Rundholzscheiben von der Mantelfläche aus. Das im Materialprüfamt Berlin-Dahlem ausgebildete Verfahren ist ein halb praktischer Versuch, der Ähnlichkeit mit der Osmotierung und dem Tauchen hat. Als Proben dienen Holzscheiben von höchstens 15 cm Durchmesser und 3 cm Dicke, die aus möglichst konzentrisch gewachsenen Stämmen zu entnehmen sind. Die Scheiben werden entrindet und entbastet. Durch die Beschränkung der Scheibengröße wird die reihenmäßige und wiederholbare Versuchsdurchführung ermöglicht. Die Hirnseiten werden unter Zwischenschaltung von Gummischeiben mittels besonderer Zwingen aus nichtrostendem Stahl (Bild 77) gut abgedichtet. Zur Untersuchung der Eindringtiefe werden die Proben nach einer bestimmten Versuchszeit aus den

Zwingen genommen und parallel zu den Hirnflächen aufgeschnitten. Ein Vorteil des Verfahrens ist, daß die sehr verschiedenartigen praktischen Verhältnisse sich nachbilden lassen.

521.542 Prüfung der Dauerwirkung von Holzschutzmitteln. Da der Holzschutz die Lebensdauer des Holzes möglichst weitgehend verlängern soll, wird von den Holzschutzmitteln vor allem auch eine Dauerwirkung verlangt. In Abschnitt 521.521 wurde bereits mitgeteilt, daß zur Prüfung der Beständigkeit der vorbeugenden Wirkung Lagerzeiten der behandelten Klötzchen bis zu 10 Jahren vorgeschrieben sind. Bei der Dringlichkeit des Problems ist man aber an Verfahren sehr interessiert, die in kürzeren Zeiten auf die voraussichtliche Dauerwirkung hinreichend genaue Schlüsse ziehen lassen. Praktisch hängt die Dauerwirkung bei den wasserlöslichen Mitteln hauptsächlich vom Widerstand gegen Auslaugung, bei den öligen und ölartigen von der Verdunstbarkeit ab.

Bild 77. Holzscheibe beim Scheibenverfahren mit Abdichtung. (Nach MPA Berlin-Dahlem.)

Die Bestimmung der Auslaugbarkeit durch eine biologische Prüfung wurde bereits in Abschnitt 521.51 beschrieben. Es ist darauf hinzuweisen, daß ergänzende chemische Prüfungen nützlich sein können[1].

Die Verdunstbarkeit hängt physikalisch außer von der Art des Mittels vom Druck, der Temperatur, dem Feuchtigkeitsgehalt der Luft und ihrer Bewegung ab. Im Materialprüfungsamt Berlin-Dahlem wurde von H. Wicht[2] ein Gerät entwickelt, das sämtliche Faktoren einstellen und erfassen läßt. Das Gerät (Bild 78) besteht im wesentlichen aus einem Windkanal mit Propeller, einer Befeuchtungskammer mit Zerstäuber, einer Heizkammer und einer Prüfkammer, in die die Proben eingesetzt werden. Mit Hilfe von Kontaktrelais lassen sich Gleichgewichtszustände rasch einstellen und die Verdunstungsvorgänge an imprägnierten Klötzchen untersuchen.

Ein anderes Prüfverfahren besteht darin, daß 8 nach DIN 52176, Blatt 2, behandelte Klötzchen bei 20° C und normaler Luftfeuchtigkeit gelagert werden. Nach drei bzw. sechs Monaten werden je 4 Klötzchen gewogen und in üblicher Weise auf die pilzwidrige Wirkung der noch vorhandenen Schutzstoffe geprüft.

521.543 Prüfung der chemischen Eigenschaften von Holzschutzmitteln. Sowohl die erforderlichen Wirkungen als auch die nachteiligen Nebenwirkungen vieler Holzschutzmittel lassen sich bei Kenntnis ihrer chemischen Zusammensetzung mit mehr oder minder großer Sicherheit voraussagen. Sorg-

[1] Krieg, W., u. H. Pflug: Chem. Ztg. Bd. 57 (1933) S. 773.

[2] Wicht, H.: Die Prüfung von Holzschutzmitteln auf ihre Verdunstbarkeit, Wiss. Abh. Dtsch. Materialprüfungsanst. I/5, Berlin 1940, S. 38.

fältige chemische Analyse der Schutzmittel ist ferner die Voraussetzung gleichbleibender Beschaffenheit und Wirksamkeit der Handelspräparate. Bei einfachen Salzen läßt sich die chemische Zusammensetzung nach den üblichen analytischen Methoden leicht bestimmen. Schwieriger ist die quantitative Ermittlung der einzelnen Bestandteile von öligen und ölartigen Schutzmitteln sowie von U-Salzgemischen. Zusätzliche Schwierigkeiten ergeben sich, wenn konservierte Hölzer zu analysieren sind.

Für die Analyse der frischbehandelten oder ausrangierten mit Steinkohlenteeröl getränkten Hölzer entnimmt man Bohrkerne, die zerschnitten und mit Toluol oder Xylol extrahiert werden[1]. Das dabei mit abdestillierte und kondensierte Wasser wird gemessen. Nach Beendigung der Extraktion wird das

Bild 78. Gerät zur Prüfung der Verdunstbarkeit von Holzschutzmitteln. (Nach H. Wicht.)

Lösungsmittel aus dem Holz abgedampft und dieses bei 105° C getrocknet. Der Teerölgehalt ergibt sich aus dem Unterschied des ursprünglichen Gesamtgewichts weniger Wassergehalt und Holztrockengewicht. Wenn an den extrahierten Schutzmitteln die toxische Wirkung zusätzlich bestimmt werden soll[2], dann müssen ungiftige Extraktionsmittel angewendet werden. Benzin, Toluol und auch Äther werden wegen ihrer schweren Trennbarkeit vom Steinkohlenteeröl meist gemieden. Die Kreosotbestimmung kann nach dem Verfahren der American Wood Preserver's Association[3] erfolgen. R. E. Waterman und Mitarbeiter[1] ziehen wegen der Schnelligkeit der Bestimmung der Teersäure die Extraktion des Öls durch Benzin derjenigen mit Ätznatron vor.

---

[1] Waterman, R. E., F. C. Koch u. W. McMahon: Int. Engng. Chem., Analyt. Ed., Bd. 6 (1934) S. 409.

[2] Richards, C. A.: Proc. Amer. Wood Preserv. Assoc., Bd. 127 (1933).

[3] Amer. Wood. Preserv. Assoc., Manual of Recommended Practice, Washington, D. C. 1949.

Zur Bestimmung der anorganischen Schutzmittel im Holz kann man zunächst nach E. Bateman[1] alle organische Substanz durch Kochen des Holzes in einer gesättigten Lösung von Kaliumchlorat in konzentrierter Salpetersäure unter Zugabe von Schwefelsäure zerstören. Auch Veraschung des Holzes bei niedriger Temperatur und Extraktion der Asche ist möglich. Fluorverbindungen lassen sich dann durch Ausfällen der Fluoride mit Bleichlorid als PbClF bestimmen. Zuverlässige Resultate erhält man allerdings nach Untersuchungen der American Wood Preservers' Association nicht[2,3]. Nach einem anderen Vorschlag[4] werden die löslichen Fluoride mittels einer Calciumacetatlösung in Calciumfluorid überführt; nach Veraschung des Holzes wird das vom überschüssigen Calciumacetat gebildete Calciumcarbonat mit verdünnter Essigsäure neutralisiert. Hierauf erfolgt eine Behandlung der Asche mit Schwefelsäure in Gegenwart von Kieselgur. Das gebildete Siliciumfluorid wird in der Vorlage mit alkoholischer Kaliumchloridlösung aufgelöst und mit Ätznatron titriert. Die Methode setzt verhältnismäßig große Holzstücke voraus. Nach J. E. Cummins und W. A. Higginson[5] läßt sich auch die Methode von H. H. Willard und O. B. Winter[6] zur Analyse von imprägniertem Holz heranziehen. Ein schnelles (Ausführungszeit 35 bis 40 min) und trotzdem genaues Verfahren zur Bestimmung von Fluoriden in Schutzmitteln hat B. Ikert[7] beschrieben, das auch in Gegenwart von Chromaten, Arsenaten und Dinitrophenolen zuverlässig arbeitet. Allerdings dürfen die beiden zuerst erwähnten Stoffe nicht gleichzeitig enthalten sein. Das Fluorid wird, indem der Schutzmittellösung Natriumsilicatlösung und Salzsäure zugesetzt werden, in Kieselfluorwasserstoffsäure überführt, die nach Zugabe von Alkohol als K-Salz gewichtsanalytisch bestimmt wird.

Holzschutzmittel, die aus einem Gemisch von Fluoriden mit chrom- und arsensauren Salzen bestehen, können nach W. Böhm[8] wie folgt analysiert werden: Durch aufgeschwemmtes Silbercarbonat lassen sich aus dem gelösten Salzgemisch quantitativ Chrom- und Arsensäure von den Fluorverbindungen trennen. Nach dem Wiederauflösen der Silberverbindungen wird das Arsen mit Magnesiamixtur gefällt und das Chrom im Filtrat filtriert. Das Fluor wird als Calciumfluorid bestimmt. Zur Bestimmung der Alkalien läßt man der erhitzen Salzlösung tropfenweise Bariumchloridlösung zufließen, bis kein Niederschlag mehr auftritt. Im Filtrat werden Kalium und Natrium wie üblich ermittelt.

Dinitrophenol läßt sich aus Schutzsalzgemischen fast vollständig mit Äther extrahieren und dadurch von den anorganischen Bestandteilen trennen. Dinitrokresol läßt sich in Abwesenheit anderer oxydierender Stoffe mit Titan (3-)Chlorid titrieren. Das Verfahren ist aber etwas umständlich. Für Reihenuntersuchungen bestimmt ist ein kolorimetrisches Schnellverfahren nach W. Fischer[9]; dem zu untersuchenden Gemisch wird das Dinitrokresol mit 1% NaOH entzogen. Man neutralisiert 1 cm^3 der etwa 0,2 bis 1,5 mg Dinitrokresol

---

[1] Bateman, E.: Ind. Engng. Chem. Bd. 6 (1914) Nr. 2; Derselbe: J. Ind. Chem., Bd. 6 (1914) S. 16; vgl. Z. Analyt. Chem. Bd. 55 (1916) S. 211.

[2] Report of Preservatives Committee, Proc. Amer. Wood. Pres. Assoc. (1923) S. 83.

[3] Richards, C. A.: Proc. Amer. Wood. Pres. Assoc. Bd. 127 (1933).

[4] Treadwell, F. P., u. W. T. Hall: Analytical Chemistry, New York 1919.

[5] Cummins, J. E., u. W. A. Higginson: J. Counc. Sci. Ind. Res. (Australia) Bd. 10 (1937) S. 158.

[6] Willard, H. H., u. O. B. Winter: Ind. Engng. Chem., Anal. Ed., Bd. 5 (1933) S. 7.

[7] Ikert, B.: Chemiker-Ztg. Bd. 63 (1939) S. 324.

[8] Böhm, W.: Ein Verfahren für die chemische Untersuchung von Holzschutzmitteln, die aus einem Gemisch von Fluoriden mit chrom- und arsensauren Salzen bestehen, Wiss. Abh. Dtsch. Materialprüfungsanst. I/5, Berlin 1940, S. 40.

[9] Fischer, W.: Z. analyt. Chem. Bd. 112 (1938) S. 91.

enthaltenden Lösung mit n-H_2SO_4, fügt das an 5 cm^3 fehlende Wasser, dann 5 cm^3 40%ige Kaliumcyanidlösung (höchstens 1 Tag haltbar) und 2 cm^3 Alkohol zu und schüttelt gut durch. Nach genau 65 min (im Wasserbad bei 20° C) wird mit Wasser auf 50, 100 und 200 cm^3 aufgefüllt und hinter einem Grünfilter in einem photoelektrischen Absolutkolorimeter gemessen.

Für die Bestimmung von Arsenik gibt es eine Reihe von Methoden. W. E. Cohen[1] hat die von der britischen Society of Public Analysts[2] ausgearbeitete Methode mit Erfolg auf imprägnierte australische Hölzer angewendet. Dabei wird zuerst die organische Substanz auf nassem Wege mit heißen oxydierenden Medien unter Bedingungen zerstört, die einen möglichst geringen Arsenikverlust durch Verdampfen gewährleisten. Hierauf wird das Arsenik von den übrigen Mineralien durch Destillation getrennt. Üblich ist zur Bestimmung von Arsen auch die etwas geänderte Methode von C. R. Sanger und O. F. Black[3]. Pentachlorphenol läßt sich analytisch nach W. Sandermann und G.-Z. Jonas[4], Pentachlorphenolnatrium leicht durch eine 1%ige Kupfersulfatlösung, die einen kaffeebraunen Farbumschlag herbeiführt, nachweisen. Weitere Ausführungen über die analytische Untersuchung von Holzschutzmitteln und getränkten Hölzern übersteigen den Rahmen dieses Buches, jedoch seien zusammenhängende Darstellungen in einer Fußnote aufgeführt[5].

Außer der Zusammensetzung interessieren als chemische Eigenschaften die Löslichkeit (bei 20° C und 80° C), der Wassergehalt, der p_H-Wert bei wasserlöslichen Stoffen, die Wichte und Viscosität bei öligen und ölartigen Mitteln. p_H-Wert und Viscosität dienen auch zur Prüfung der Haltbarkeit und Lagerbeständigkeit der Schutzstoffe, wobei die Werte im Einlieferungszustand mit jenen nach einjähriger Lagerung bei Zimmertemperatur und 65% relativer Luftfeuchtigkeit verglichen werden. Nach B. Schulze[6] ergeben sich im allgemeinen während der Lagerung keine wesentlichen Veränderungen der Schutzstoffe.

521.544 Prüfung der nachteiligen Nebenwirkungen von Holzschutzmitteln. 521.544.1 *Nachweis der Schädigung der Holzfaser.* Kiefern-Splintholzklötzchen in Normabmessungen mit rund 12% Feuchtigkeit werden gewogen und auf Druckfestigkeit geprüft. Anschließend werden gleichartige Klötzchen im Vakuum mit verschieden konzentrierten Schutzsalzlösungen getränkt, durch Luftlagerung bis auf etwa 20% vorgetrocknet und im Vakuumtrockenschrank bei 20 Torr und 60° C auf annähernd 12% nachgetrocknet. Die Trockenzeit darf bei wässerigen Lösungen 6 h, bei öligen 4 h nicht überschreiten. Ein Teil der Klötzchen wird dann sofort auf seine Druckfestigkeit untersucht, der andere wird verschieden langer Lagerung (1, 6, 12, 18 Monate) folgenden Bedingungen unterworfen:

---

[1] Cohen, W. E.: J. Counc. Sci. Ind. Res. (Australia) Bd. 9 (1936) S. 1.

[2] Society of Public Analysts (Great Britain), Sub-committee on Arsenic, Analysts. Bd. 55 (1930) S. 102.

[3] Sanger, C. R., u. O. F. Black: Siehe in F. P. Treadwell: Kurzes Lehrbuch der analytischen Chemie Bd. II, 9. Aufl. (1921) S. 172.

[4] Sandermann, W., u. G.-Z. Jonas: Holz als Roh- und Werkstoff Bd. 9 (1951) S. 298 und Bd. 10 (1952) S. 288.

[5] Rütgers Werke A. G. Berlin, Laboratorium für Holzkonservierung: Analytische Methoden zur Bestimmung von Quecksilber, Zink, Fluor und Arsen in imprägnierten Hölzern, Chemiker-Ztg. Bd. 56 (1932) S. 730—731. — K. Fresenius: Z. analyt. Chem. Bd. 110 (1937) S. 70. — N. A. Richardson u. E. E. Larner: J. Soc. Chem. Ind. (London) Bd. 58 (1939) S. 66.

[6] Schulze, B.: Umfassende Prüfung von Holzschutzmitteln gegen holzzerstörende Pilze und Tiere, Wiss. Abh. Dtsch. Materialprüfungsanst. I/5, Berlin 1940, S. 1.

1. Luftlagerung auf einem Dachboden;
2. Lagerung bei 20° C und 65% relativer Luftfeuchtigkeit;
3. Lagerung bei 20° C und 80% relativer Luftfeuchtigkeit.

Alle erhaltenen Festigkeitswerte werden gemäß DIN 52185 auf 12% Holzfeuchtigkeit umgerechnet (vgl. Bd. 1, S. 737).

521.544.2 *Prüfung der Korrosionswirkung nach DIN 4102.* Holzschutzmittel können Metalle, vor allem Eisen, in der Praxis bei zwei Gelegenheiten angreifen: 1. Bei der Vakuum- bzw. Drucktränkung die Tränkkessel, Rohrleitungen und Armaturen sowie die Gleise und Rungenwagen; 2. Verbindungsmittel wie Schrauben und Nägel in imprägnierten Holzteilen. Beim ersten Fall handelt es sich um eine unmittelbare Angriffswirkung, beim zweiten um die Begünstigung des Rostens (G. Schikorr[1]). Dementsprechend müssen zwei Prüfverfahren angewendet werden.

Standversuch: Blank geschmirgelte und entfettete Stahlblechstreifen (St 37) von $30 \cdot 60$ mm² und 1 mm Dicke werden zur Hälfte in die gebrauchsfertige Schutzmittellösung eingetaucht und 8 Tage darin belassen. Um eine Verdampfung des Wassers aus den Lösungen zu vermeiden, werden die Gefäße in geeigneter Weise abgedeckt, wobei darauf zu achten ist, daß atmosphärische Luft zu den Blechen zutreten kann. Nach der 8tägigen Lagerung ist festzustellen, wie sich das Gewicht vermindert hat. Bei Versuchen im Materialprüfungsamt Berlin-Dahlem[1] ergab sich folgendes:

1. Kupfersulfat, Quecksilberchlorid und Magnesiumsilicofluorid greifen Eisen stark an;
2. Zinksilicofluorid und Dinitrophenol greifen bei 80° C anfangs stark an, der Angriff geht aber mit der Zeit erheblich zurück;
3. Zinkchlorid greift nur verhältnismäßig wenig an, der Angriff schreitet aber linear mit der Zeit vorwärts, so daß sich als Endergebnis beträchtliche Gewichtsverluste ergeben können;
4. Natriumfluorid und Natriumbichromat üben eine ausgesprochene Schutzwirkung auf das Eisen aus.

Schraubenversuch: In imprägnierte Kiefern-Splintholzklötzchen mit Normabmessungen werden Stahlschrauben ($25 \cdot 4{,}5$ mm mit flachem Kopf) in in die Längsseite vorgebohrte Löcher eingeschraubt. Die Klötzchen werden dann in einem Hygrostaten bei 90% relativer Luftfeuchtigkeit 8 Wochen gelagert. Anschließend werden die Klötzchen aufgespalten und die Gewichtsverluste der Schrauben bestimmt. Im Materialprüfungsamt Berlin-Dahlem ergab sich, daß der Angriff beim Schraubenversuch bei den wenig angreifenden Mitteln ebenso groß, bei den stark angreifenden Mitteln beträchtlich geringer als beim Standversuch mit gleicher Temperatur ist. Die Rostgeschwindigkeit beim Schraubenversuch nimmt mit der Zeit erheblich ab.

522. Feuerschutz und Feuerschutzmittel.

522.0 Allgemeines über die Brennbarkeit von Holz und Holzbauwerken.

Neben Steinen und Eisen ist Holz der gebräuchlichste und wichtigste Baustoff; seine Billigkeit, leichte Verarbeitbarkeit, sein günstiges Verhältnis von Festigkeit zu Gewicht, sein hoher Widerstand gegen Korrosion und sein vor-

[1] Schikorr, G.: Über den Angriff von Holzschutzmitteln auf Eisen, Wiss. Abh. Dtsch. Materialprüfungsanst. I/5, Berlin 1940, S. 58.

züglicher Wärmeschutz machen es in vielen Fällen unentbehrlich. Als störend gilt demgegenüber seine Entflammbarkeit und Brennbarkeit. Im Laufe der Jahre wurde die Abneigung gegen Holz in dieser Hinsicht aber ziemlich abgeschwächt, da sich herausstellte, daß Holz zwar brennbar ist, aber, richtig verbaut, bei Bränden oft günstiger abschneidet als natürliche Steine oder ungeschütztes Eisen, die nicht brennbar sind. Während beispielsweise Steine und Ziegel unter dem Einfluß der Hitze und ganz besonders im Löschwasser leicht zerspringen, während Eisen- und Stahlteile infolge ihrer hohen Wärmeleitfähigkeit rasch glühend heiß werden, sich dabei stark ausdehnen, schon bei 150° C Neigung zu Torsionserscheinungen haben[1] und bei rund 500° C etwa die Hälfte ihrer Tragfähigkeit verlieren, so daß plötzliche Einstürze vorkommen können, findet bei Holz nur eine ziemlich langsam fortschreitende Verkohlung statt. Die sich an der Oberfläche bildende Kohlenschicht ($\lambda = 0{,}05$ kcal/mh° C) leitet die Wärme noch schlechter als Holz und schützt den Kern, wovon später noch zu sprechen sein wird, lange Zeit. Bei Untersuchungen im Materialprüfungsamt Berlin-Dahlem wurde beispielsweise gefunden, daß die Eindringtiefe der Verkohlung in Kiefernholz von 25 mm Dicke nach 10 min einseitiger Beheizung mit 700 bis 800° C rund 20 mm beträgt. Bei einem Träger von $18 \cdot 18$ cm² Querschnitt würde dies bei allseitiger Beanspruchung durch das Feuer (also Querschnittsschwächung auf etwa $14 \cdot 14$ cm²) theoretisch eine Abnahme der zulässigen Druckspannung um

$$\frac{18^2 - 14^2}{18^2} \cdot 100 = 39{,}5\%,$$

der zulässigen Biegespannung um

$\frac{W_1 - W_2}{W_1} \cdot 100 = \frac{972 - 457}{972} \cdot 100 = 53\%$ (W = Widerstandsmoment [cm³]) bedingen. Praktisch wirkt der Schwächung aber die Austrocknung des Holzes entgegen, mit der — wie in Band I, S. 736ff. und 801ff., nachgewiesen wurde — eine bedeutende Festigkeitszunahme erreicht wird. Die zulässige Biegespannung von Eisen sinkt hingegen innerhalb weniger Minuten bei 700° C auf etwa 20% der Anfangsfestigkeit im kalten Zustand.

Die große Standfestigkeit hölzerner Bauteile bei Bränden wird übereinstimmend von vielen Feuerwehrfachleuten betont; sie ermöglicht die Brandbekämpfung durch Innenangriffe, da Einstürze größeren Umfangs sehr selten sind, und erleichtert die Aufräumungsarbeiten. Im Haus- und Schiffsbau haben sich hölzerne Türen bei Bränden oft als feuerhemmend erwiesen[2].

Brandversuche in der Schweiz an Holzbauten zeigten folgende Ergebnisse[3]: Der Blockbau hat sich gut bewährt. Horizontale Schuppenschalung bietet dem Feuer geringeren Widerstand als vertikale. Schindelverkleidung ohne Feuerschutzbehandlung im Eintauchverfahren muß als feuergefährlich bezeichnet werden. Senkrechte Bretterwände halten dem Feuer je nach Dicke und Fugenbildung stand. Nut und Feder sind gegenüber stumpfen Stößen zu bevorzugen. Wände aus Lattengerippe mit ein- oder beiderseitiger Sperrholzverkleidung haben sich nicht bewährt; die Verleimung löst sich im Feuer. Auch Wandverkleidungen aus Holzfaser-Isolierplatten bieten nur geringen Widerstand und neigen zum Nachglühen nach dem Erlöschen des Feuers. Wandvertäfelungen aus Eichenholz sind auch ohne Schutzbehandlung schwer entflammbar. Holzwolleplatten, 5 cm dick, als Ausfachung von Riegel-

[1] Seger, J.: Techn. Rdsch. (Bern) Bd. 17 (1937) Nr. 8, S. 9.
[2] Hartman, E. F.: South. Lumberman Bd. 154 (1937) Nr. 1946, S. 45.
[3] Seger, J.: Brandversuche an Holzbauten, Zürich 1937.

wänden, außen mit Ziegelrabitz-Überspannung und glatt verputzt, bieten einen vorzüglich feuerhemmenden Abschluß. Deckenverschalungen aus Tannenholz werden rasch in Brand gesetzt, wogegen sich wieder Eichenschalungen (21 mm dick) vorzüglich bewährten. Auch bei Treppen schnitt Eichenholz besonders günstig ab. Feuerhemmende Bauteile unter Verwendung von Holz können aus DIN 4102 entnommen werden.

Bei Holzhäusern ist einwandfreie bauliche Ausbildung unter dem Gesichtswinkel des Feuerschutzes besonders wichtig[1]. Vor allem muß durch waagerechte Feuerhindernisse (aus Mörtel auf Drahtgewebe oder aus Holz in Säulendicke) zwischen innerer und äußerer Holzwand dafür gesorgt werden, daß sich in den Hohlräumen nicht durch Kaminwirkung eine gefährliche Luftströmung einstellen kann. Ferner sollten in jedem Haus alle Schächte, Aufzüge usw., die im Brandfall eine rasche Ausdehnung des Feuers herbeiführen können, mit schwer brennbaren Stoffen (darunter auch Hartholz mit und ohne Verputz) ummantelt werden.

Die neuzeitlichen, aus dünnen Einzelquerschnitten zusammengesetzten Holzbinder und Tragwerke sind vom Standpunkt der Feuersicherheit aus wenig erwünscht[2] und bedürfen unbedingt eines zusätzlichen Schutzes. Vorzüglich wirkt Zementputz auf Drahtgewebe, billiger, aber weniger wirksam, sind Anstriche oder Imprägnierung. Das Verhalten von Putz auf verschiedenen Wänden (darunter auch auf Holzfaserplatten) hat O. Drögsler[3] untersucht.

Die Zusammenhänge zwischen Brennbarkeit und Eigenschaften des Holzes sowie die Vorgänge beim Abbrennen des Holzes sind vor Erörterung des Feuerschutzes durch chemische Mittel zu besprechen. Die Holzbestandteile sind nur bis zu einer Temperatur von 105° C beständig. Bei dieser Temperatur beginnt (wie aus Bild 188 in Bd. I, S. 256, ersichtlich ist; vgl. dort auch S. 266) eine thermische Zersetzung, die aber erst oberhalb von etwa 200° C deutlich und rasch verläuft. Zwischen 260 und 290° C (im Durchschnitt bei 275° C) wird jener Punkt erreicht, von dem an die Verbrennung als exothermer Vorgang (also auch ohne äußere Wärmezufuhr) verläuft.

Physikalisch wissenswert sind dabei verschiedene Zustandspunkte[4]: Der Flammpunkt (das ist jene Temperatur, bei der die sich bildenden Gase erstmals kurz aufflammen, „ansprechen auf Fremdzündung"), der Brennpunkt (bei dem eine bleibende Flamme auftritt) und der Zündpunkt (an dem Selbstentzündung der Gase an der Luft eintritt). Am Brennpunkt fängt die Holzzersetzung an, unter praktisch möglichen Bedingungen exotherm zu verlaufen; von hier ab kann sich das Holz durch Selbsterwärmung bis zum Zündpunkt erhitzen. Schäfer[5] bestimmte für verschiedene gemahlene Hölzer folgende Zahlen für die genannten Punkte: Flammpunkt 225 bis 260° C, Brennpunkt 260 bis 290° C, Zündpunkt 330 bis 470° C.

Von Silomon[6] wurde darauf hingewiesen, daß die von Schäfer angegebenen Zündpunkte höher liegen, als bisher in der Praxis angenommen wurde. Im Feuerschutzschrifttum findet man, daß Holz sich bei dauernder Einwirkung von 100 bis 150° C entzündet. F. Kaufmann[4] weist aber mit Recht darauf hin, daß in den beobachteten Fällen das Holz vermutlich nur bis zum Brennpunkt

[1] Pope, E.: Wood (England) Bd. 3 (1938) S. 586. — L. Metz: Holzschutz gegen Feuer, 2. Aufl., Berlin 1942, S. 24. — R. Stegemann: Das große Baustoff-Lexikon, Stuttgart 1941.
[2] Gaede, K.: Bautenschutz Bd. 10 (1939) S. 105.
[3] Drögsler, O.: Bautenschutz Bd. 10 (1939) S. 89.
[4] Kaufmann, F.: Bautenschutz Bd. 3 (1932) S. 89.
[5] Schäfer: Schiffbau Bd. 32 (1931) S. 3.
[6] Silomon: Feuerschutz Bd. 12 (1912) S. 65.

erwärmt wurde und dann langsam durch Selbsterwärmung den Zündpunkt erreichte. Bild 79 zeigt nach amerikanischen Versuchen die Abhängigkeit der Entzündlichkeit von der Temperatur. Man sieht, daß die Kurve sich asymptotisch einer Temperatur von rund 150° C nähert, bei der nach entsprechend langem Verweilen und guter Wärmedämmung das Holz noch zur Entzündung kommen kann.

Abhängig ist der Zündpunkt auf verwickelte Weise von der Dauer der Wärmeeinwirkung (Zündzeit), der Strömungsgeschwindigkeit der Luft und der Vorwärmtemperatur. Nach Vorschlägen von P. Rosin und Mitarbeitern[1] ist es zweckmäßig, diese Faktoren einzeln zu untersuchen, um Zündkurven entwerfen zu können, die das Gebiet der exothermen Vorgänge sicher umgrenzen.

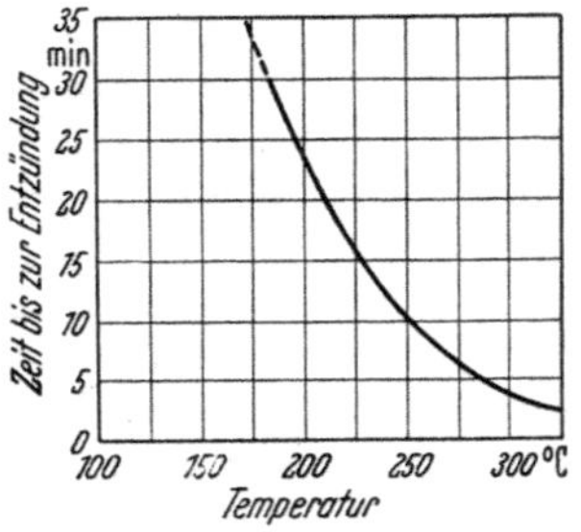

Bild 79. Abhängigkeit der Zeit bis zur Entzündung von Holz von der Temperatur. (Nach National Fire Protection Association, USA, entnommen aus L. Metz.)

Sehr wertvolle Aufschlüsse von Brennvorgängen im Holz verdanken wir L. Metz[2]. Er beschreibt die sich beim Abbrennen des Holzes abspielenden Teilvorgänge wie folgt:

1. Bei Wärmeeinwirkung durch eine Flamme zersetzen sich zunächst die äußeren Holzschichten unter Bildung von Holzkohle und brennbaren Gasen. Die Gase verbrennen an der Holzoberfläche mit dem Sauerstoff der Luft unter erheblicher Wärmeentwicklung. Man kann diesen Teilvorgang als Entzündungsvorgang bezeichnen. Bereits bei 250 bis 300° C setzt die Verkohlung mit lebhafter Geschwindigkeit ein. Diese Geschwindigkeit ist bei den einzelnen Holzarten verschieden. Sie nimmt nach P. Klason, G. von Heidenstam und E. Norlin[3] in der Reihenfolge ab: Buche — Birke — Kiefer — Fichte.

2. Mit fortschreitender Erhitzung des Holzes wird die auf die äußeren Schichten einwirkende Wärme durch Leitung nach innen übertragen. Die im Kern durch Zersetzung gebildeten Gase strömen durch Poren des Holzes und der Holzkohle sowie durch entstandene Risse nach außen, wo sie verbrennen (Brennvorgang).

3. Bei länger anhaltendem Brennvorgang wächst die äußere Kohleschicht und bringt durch ihre gute Wärmeisolierung eine Schutzwirkung mit sich, die aber dann wieder verschwindet, wenn das Holzinnere auf die Zersetzungstemperatur angewärmt ist. Die Folge dieser Erscheinungen besteht darin, daß Holzteile nach der Entzündung aufflammen, daß dann unter der Schutzwirkung der Kohleschicht der Brand wieder zurückgeht und schließlich eine Verstärkung des Brandes eintritt. L. Metz[2] hat gezeigt, daß sich diese aufeinanderfolgenden Vorgänge auch beim Abbrennen von Holzstäben unter der Einwirkung einer Gasflamme beobachten lassen (Bild 80). Man erkennt deutlich das Abfallen der Temperatur mit beginnender Schutzwirkung und den Wiederanstieg zum verstärkten Brand.

4. Ein weiterer Teilvorgang, das Nachglühen der Holzkohle bis zur Veraschung, tritt ein, wenn die Entgasung beendet ist, die Flammen von der Kohle abwandern und damit dem Luftsauerstoff den Weg zur Holzkohle freigeben.

---

[1] Rosin, P.: Braunkohle Bd. 27 (1928) S. 241. — P. Rosin, R. Fehling u. H. G. Kayser: Arch. Wärmewirtsch. Bd. 12 (1931) S. 97.

[2] Metz, L.: Herabsetzung der Brennbarkeit des Holzes, Mitt. Fachaussch. Holzfragen, H. 13, Berlin 1936. — Derselbe: Holzschutz gegen Feuer, 2. Aufl., Berlin 1942.

[3] Klason, P., G. v. Heidenstam u. E. Norlin: Z. angew. Chem. Bd. 23 (1910) S. 1252.

Vielfach gehen bei Bränden diese Teilvorgänge ineinander über. Beeinflußt werden sie in entscheidendem Maße von den Holzeigenschaften. Folgende Gesetzmäßigkeiten wurden gefunden:

Mit abnehmender Holzdichte, d. h. zunehmendem Porenvolumen, nimmt die Entzündlichkeit infolge der Verteilung der Holzsubstanz auf eine größere innere Oberfläche zu. Fördernd wirkt dabei auch die geringe Wärmeleitfähigkeit porenreicher Hölzer, die zu Wärmestauungen und Überhitzung führen kann. Neben der Entzündlichkeit ist die Brenngeschwindigkeit vom Porenvolumen abhängig, da die brennbaren Gase um so besser entweichen können, je größer die Anzahl und Weite der Poren ist.

Aus zerstreutporigen Hölzern (z. B. Rotbuche) können die Zersetzungsgase durch die zahlreichen, gleichmäßig verteilten Gefäße leicht entweichen; diese Hölzer haben daher eine erhebliche größere Brennbarkeit als ringporige Laubhölzer (z. B. Eiche), deren Zersetzungsgase besonders im Spätholz nur gehemmt aus den engen Hohlräumen der Libriformfasern entweichen können. Aus dem gleichen Grund glüht die Holzkohle von zerstreutporigen Hölzern stärker nach als die von ringporigen.

Auch bei Nadelhölzern ist der anatomische Bau von großer Bedeutung für die Brenneigenschaften, vorausgesetzt, daß die Holzteile größere Querschnitte haben. Aus den geschlossenen Zellhohlräumen der Tracheiden können insbesondere im dickwandigen Spätholz Zersetzungsgase schlecht entweichen. Die Zellwände müssen erst gesprengt werden (Knistern beim Abbrennen).

Füllzellen oder Thyllen (s. Bd. I, S. 5) können bei gewissen Hölzern (z. B. Robinie, Teak) die Brennbarkeit und das Nachglühen nennenswert herabsetzen, während mineralische Zellinhaltsstoffe (z. B. Kieselsäure) die Wärmeleitung und damit die Zerstörung des Holzes sowie das Nachglühen begünstigen.

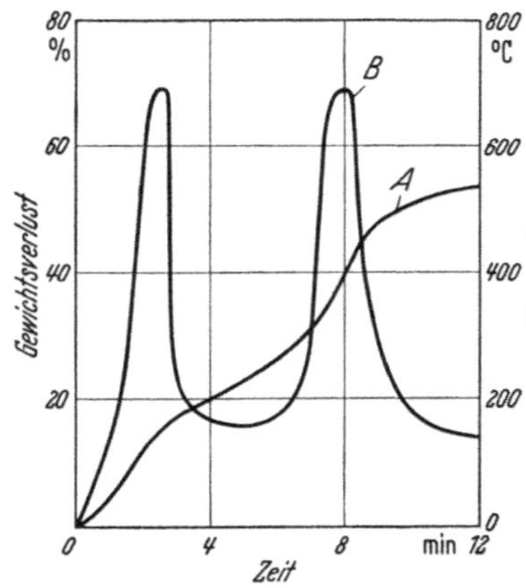

Bild 80. Gewichtsverlustkurve (A) und Kurve des Temperaturverlaufs (B) beim Abbrennen von Fichtenholzstäben im Feuerrohr (Querschnitt 2,5 · 2,5 [cm²], Rohwichte 0,41 [g/cm³], Gasverbrauch 7 [l/min]). (Nach L. Metz.)

Harzkanäle fördern nach dem Freischmelzen das Abbrennen, ebenso verringern Markstrahlen den Widerstand gegen das Abbrennen. Mit wachsendem Harzgehalt des Nadelholzes sinkt die Brenngeschwindigkeit, während die Brenn- und Nachglühdauer sowie der Holzabbrand steigen[1]. Der starke Abbrand harzreichen Holzes erklärt sich aus dem größeren Heizwert des Harzes (zwischen 8500 und 9100 kcal/kg, vgl. Bd. I, S. 241, gegenüber durchschnittlich 4600 kcal/kg bei wasserfreien Nadelhölzern, vgl. Bd. I, Zahlentafel 41, S. 242). Das Holz und die Holzkohle werden dadurch höher erhitzt und verbrennen vollkommener. Im übrigen hat die chemische Zusammensetzung auf die Brenneigenschaften offenbar kaum Einfluß. Bei der sehr ähnlichen Elementarzusammensetzung der Hölzer (vgl. Bd. I, S. 125) ist dieses Ergebnis zu erwarten.

Mit steigender Holzfeuchtigkeit erhöht sich der Wärmeverbrauch zum Anwärmen und Verdampfen des Wassers, die Zersetzungsgase werden mit Wasserdampf gemischt. Dadurch werden die Entzündlichkeit, die Brenngeschwindigkeit und der Abbrand stark vermindert. L. Metz[1] stellte fest, daß die

[1] Metz, L.: Holzschutz gegen Feuer, 2. Aufl., Berlin 1942, S. 19.

Brenngeschwindigkeit von Fichtenholz bei gleicher Feuerbeanspruchung und einem Feuchtigkeitsgehalt von 7,5, 12 und 23% sich wie 100 : 65 : 40 verhielt.

Die Grundlage für den Entwurf von Brennbarkeitskurven lieferten Abbrennversuche mit Holzstäben ($4 \cdot 20 \cdot 100\,mm^3$) in einem kleinen Feuerrohrgerät. Bestimmt wurden dabei der Gewichtsverlust und die Temperatur (Bild 81). An die Gewichtsverlustkurven wurden nun in Abständen von 0,25 min Tangenten gelegt, welche die Gewichtsänderung je Zeitdifferential, also die Brenngeschwindigkeit ($B = dG/dt$), ergaben. Unter den so erhaltenen Zahlenwerten benutzte L. Metz den Höchstwert zur Beurteilung der Brennbarkeit.

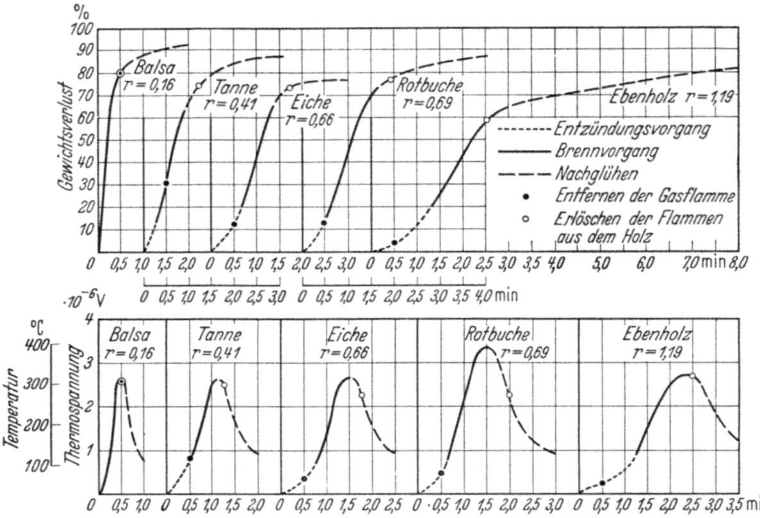

Bild 81. Gewichtsverlust- und Temperaturkurven beim Abbrennen verschiedener Hölzer. (Nach L. Metz.)

Bild 82 zeigt die hyperbolische Abhängigkeit der maximalen Brenngeschwindigkeit von der Rohwichte der Hölzer. Auch harzreiche Hölzer folgen der Beziehung. Lediglich Lignostone bildete eine Ausnahme: Seine Brenngeschwindigkeit wurde zu etwa $^1/_3$ der von Buchenholz ($r = 0{,}71$) festgestellt, jedoch ließ sich der Zahlenwert nicht eindeutig auf die Rohwichte beziehen, da sich die ursprünglich hohe Wichte ($r = 1{,}39$) während des Versuchs durch Volumenvergrößerung verringerte. Eine zu hohe Brenngeschwindigkeit zeigte Eschenholz. Im allgemeinen freilich wurde gerade bei den ringporigen Hölzern (z. B. Eiche) eine bessere Schutzwirkung gefunden.

Der von L. Metz aufgestellten Rangordnung entspricht eine von J. Bryan und L. S. Doman[1] durch Ermittlung der Entzündlichkeit, der Widerstandsfähigkeit gegen Flammendurchtritt bei starker Erhitzung und der Brenngeschwindigkeit gefundene Einteilung weitgehend:

1. Sehr hohe Widerstandsfähigkeit
Greenheart, Jarrah, Laurel, Teak.

2. Hohe Widerstandsfähigkeit
Robinie, Esche, Buche, Eiche, Douglasie.

3. Mittlere Widerstandsfähigkeit
Birke, Lärche, Weißeiche, verschiedene Kiefern.

---

[1] Bryan, J., u. L. S. Doman: Wood (England) Bd. 5 (1940) S. 19.

4. Geringe Widerstandsfähigkeit
Kirsche, Rüster, Walnuß, Fichte.

5. Sehr geringe Widerstandsfähigkeit
Erle, Pappel, Linde, Weißtanne.

6. Besonders geringe Widerstandsfähigkeit
Balsa.

Von gewisser Bedeutung ist nach E. E. Landt und E. O. Hausmann[1] auch die spezifische Wärme, und zwar liegt die Entzündungszeit um so höher, je größer die spezifische Wärme ist.

Mit zunehmender Holzdicke fällt die Brennbarkeit etwa hyperbolisch ab (vgl. Zahlentafel 9). H. Schultze-Rhonhof[2] wies darauf hin, daß das Verhältnis von Holzmasse oder Volumen zur Oberfläche (d. h. die „spezifische Oberfläche") für die Brennbarkeit maßgebend ist. Auch aus Untersuchungen von O. Drögsler[3] läßt sich eine Bestätigung dieser Erkenntnisse ableiten.

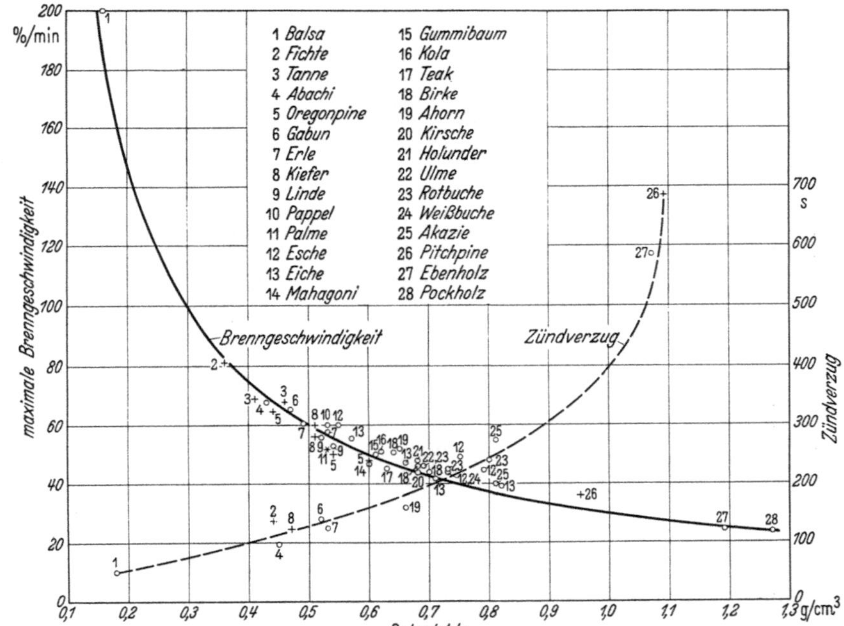

Bild 82. Brenngeschwindigkeit und Zündverzug verschiedener Hölzer in Abhängigkeit von der Rohwichte. (Nach L. Metz.)

Weiter ist die Schnittrichtung von Einfluß. Quergeschnittene Hölzer brennen leichter ab und glühen stärker nach als längsgeschnittene. Die Entzündlichkeit untersuchte L. Metz[4] mit dem Jentzschen Zündwertprüfer[5];

[1] Landt, E. E., u. E. O. Hausmann: Ind. Engng. Chem. Bd. 27 (1935) S. 288.
[2] Schultze-Rhonhof, H.: Versuche über die Brennbarkeit von Grubenholz, Mitt. Fachaussch. Holzfragen, H. 17, Berlin 1937, S. 125.
[3] Drögsler, O.: Brandschutz ist Selbstschutz, Mitt. Wiener Städt. Prüfanst. f. Baustoffe Bd. 1 (1938) S. 2.
[4] Metz, L.: Herabsetzung der Brennbarkeit des Holzes, Mitt. Fachaussch. Holzfragen, H. 13, Berlin 1936.
[5] Jentzsch, H.: Z. VDI Bd. 68 (1924) S. 1150.

wie aus Bild 82 ersichtlich ist, steigt der Zündverzug mit der Rohwichte sehr stark an. Im Gegensatz zu der in der Praxis und im Schrifttum vorherrschenden Ansicht wurde kein Unterschied in den Brenneigenschaften von rauhem und glattem Holz gefunden. Inwieweit sich dieses Ergebnis auf die Praxis übertragen läßt, steht noch dahin, da hier Strahlungsvorgänge beim Brandbeginn oft eine wichtige Rolle spielen. Weitgehender Feuerschutz läßt sich aber bestimmt nicht — wie manchmal empfohlen — nur durch Glatthobeln und Abrunden der Kanten erzielen. Man kann hier vielmehr auf chemische Behandlung nicht verzichten. Rissiges Holz entzündet sich stets schneller als rißfreies.

Zahlentafel 9. *Einfluß der Holzdicke auf die Brenneigenschaften.* (*Nach L. Metz.*)

Abmessungen mm	Rohwichte g/cm³	Maximale Brenngeschwindigkeit nach Minuten %/min	Brenndauer min	Nachglühdauer min	Holzabbrand (nach Entfernen der Kohleschicht) %
		A. Fichte			
7 · 7 · 100	0,50	59,0 nach 1¼ min	1½	2¼	100
10 · 10 · 100	0,51	34,8 „ 1¾ „	2½	2	100
15 · 15 · 100	0,52	17,5 „ 1¾ „	4	2	60,0
20 · 20 · 100	0,49	12,2 „ 2 „	6	1	44,3
25 · 25 · 100	0,50	8,3 „ 2 „	7	½	30,4
		B. Kiefer			
7 · 7 · 100	0,50	55,4 nach 1¼ min	1½	2	100
10 · 10 · 100	0,49	34,9 „ 1½ „	2½	1½	100
15 · 15 · 100	0,48	18,9 „ 1½ „	4	2	59,5
20 · 20 · 100	0,48	13,4 „ 1¾ „	6	1	47,8
25 · 25 · 100	0,45	10,3 „ 2 „	6½	1½	35,5
		C. Eiche			
7 · 7 · 100	0,68	46,6 nach 1½ min	1¾	3¼	100
10 · 10 · 100	0,68	32,6 „ 2 „	2½	4½	100
15 · 15 · 100	0,67	17,4 „ 2¼ „	5½	2½	96,2
20 · 20 · 100	0,64	11,3 „ 2¼ „	6	1	49,5
25 · 25 · 100	0,68	5,5 „ 2 „	2½	1½	18,8
		D. Buche			
7 · 7 · 100	0,68	52,3 nach 1¼ min	1½	5½	100
10 · 10 · 100	0,70	35,6 „ 2 „	2½	10½	100
15 · 15 · 100	0,70	20,3 „ 3½ „	4	15	100
20 · 20 · 100	0,70	12,0 „ 6 „	7	25	100
25 · 25 · 100	0,71	7,7 „ 3 „	10	2	55,0
30 · 30 · 100	0,71	5,3 „ 3½ „	14	1	52,5
35 · 35 · 100	0,72	3,7 „ 4½ „	17	1	41,2

522.1 Wirkungen und Eigenschaften der Feuerschutzmittel

Wie im vorangegangenen Abschnitt kurz beschrieben wurde, kann man durch geeignete konstruktive Maßnahmen, z. B. durch Ummantelungen und Beläge, die Brennbarkeit des Holzes herabsetzen. Ein weiterer Weg, um das Holz gegen Feuer zu schützen, ist die Anwendung chemischer Mittel. Streichen und Spritzen kommt insbesondere als nachträgliche Oberflächenbehandlung für fertige Bauten in Frage, während Tauchen und Kesseldrucktränkung nur bei neu zu verbauendem Holz möglich sind. Die beiden letzten Verfahren sind wirksamer, vorausgesetzt, daß bewährte Schutzstoffe verwendet wurden.

Man muß sich aber beim chemischen Feuerschutz des Holzes stets darüber im klaren sein, daß man nur eine Schwerentflammbarkeit erreichen kann, welche die Ausbreitung eines Entstehungsbrandes verzögert und damit die Brandbekämpfung erleichtert. Die Brennbarkeit des Holzes als solche wird durch die Schutzbehandlung nicht beseitigt. Hat also die Raumtemperatur erst einmal 400° C und mehr erreicht, dann kommt es zur Holzzersetzung mit den im vorangegangenen Abschnitt besprochenen Teilvorgängen des Abbrennens. Wenn damit auch dem chemischen Feuerschutz natürliche Grenzen gezogen sind, so kann man doch mit ihm, wie viele Erfahrungen lehren, beachtliche Wirkungen erzielen. L. Metz[1] hat die bisher bekanntgewordenen Feuerschutzmittel in folgende Klassen nach der Art ihrer Wirksamkeit eingeteilt:

1. Mechanisch wirkende Feuerschutzmittel. Überzüge oder Deckschichten, die durch Auftragen hergestellt werden. Sie sollen das Holz bis zu einem gewissen Grad vom Luftsauerstoff abriegeln. Ihre Haftfestigkeit ist bei Bränden nur gewährleistet, wenn die Überzüge einigermaßen porös und elastisch sind, da sie sonst beim Arbeiten des Holzes und unter der Wirkung austretender Zersetzungsgase abgesprengt würden.

2. Schmelzen bildende Schutzmittel. Die Schutzmittel entziehen beim Schmelzen zunächst der Umgebung die Schmelzwärme, dann liefern sie auf dem Holz gut haftende Schmelzschutzschichten, die zudem die Verbrennung der Holzkohle herabsetzen.

3. Schaumschichten bildende Mittel. Beim Erhitzen bilden die Schutzmittel dieser Gruppe poröse, kohleartige Schaumschichten, die eine sehr gute Wärmeisolierung gewährleisten und dadurch das darunterliegende Holz der Einwirkung der Hitze entziehen.

4. Löschgase entwickelnde Schutzmittel. Diese Mittel dürften weniger dadurch wirken, daß sie eine die Diffusion des Luftsauerstoffs verhindernde inerte Gashülle um das Holz bilden, als dadurch, daß sie die brennbaren Zersetzungsgase des Holzes verdünnen und ihre Entzündlichkeit herabsetzen. Außerdem ist bei der Zersetzung dieser Stoffe die Dissoziationswärme aufzubringen, die der Umgebung entzogen wird. Versuche, die Wirksamkeit dieser Feuerschutzstoffe aus der Wärmebilanz für ihren Zerfall abzuleiten, liegen in der Literatur mehrfach vor (z. B. bei R. Schlegel[2]). V. Virtala[3] hat beobachtet, daß mit Feuerschutzsalz behandeltes Holz erst oberhalb von 500° C brennbare Gase entwickelte und daß die Temperatur der exothermen Holzzersetzung um rund 200° C gesteigert wurde.

5. Holzverkohlende Schutzmittel. Wie L. Metz[4] nachwies, führen alle bekannten Feuerschutzsalze schon bei verhältnismäßig niedriger Temperatur eine stärkere Verkohlung des Holzes herbei, die eine Wärmeisolierung mit sich bringt. Zahlentafel 10 nach L. Metz zeigt anschaulich die gute Wirkung der Säuren und Säurebildner. Etwas geringer ist die Wirkung der Alkalien und Alkalibildner; die Wirkung der Neutralsalze ist kaum nennenswert.

In der Praxis vereinigen gute Feuerschutzmittel oft mehrere der unter Ziffer 1 bis 5 aufgeführten Wirkungen. Sie müssen ferner folgende Eigenschaften besitzen:

---

[1] Metz, L.: Holzschutz gegen Feuer, 2. Aufl., Berlin 1942, S. 34ff.

[2] Schlegel, R.: Untersuchungen über die Grundlagen des Feuerschutzes von Holz, Diss. T. H. Berlin 1934.

[3] Virtala, V.: Einige gelegentlich der Bestimmung der Wirksamkeit von Feuerschutzstoffen und von imprägniertem Holz gemachte Beobachtungen, Suomen Papiri-ja Puntavaralehti, Sonder-Nr. 7 A, Helsinki 1941.

[4] Metz, L.: Z. VDI Bd. 80 (1936) S. 660. — Vgl. auch N. A. Richardson: J. Soc. Chem. Ind. Bd. 56 (1937) S. 202 T.

1. Die Schutzmittel müssen die **Brennbarkeit** des Holzes herabsetzen, d. h. seine Widerstandsfähigkeit gegen Feuer nach Möglichkeit erhöhen. Bei Entzündung des Holzes sollen sie den Brennvorgang verzögern, gute **Löschwirkung** gegenüber Flammennachzüglern besitzen und **Nachglühen** ausschalten.

Zahlentafel 10. *Feuerschutzwirkung verschiedener Stoffe (Zusammenstellung nach L. Metz.)*

Salz	Feuerschutzwirkung nach Hunt, Truax und Harrison[1] Aufnahme %	Gewichtsverlust %	Erhöhung der Glüh- und Entflammungstemperatur nach Lullin[2] °C
	Säuren bzw. Säurebildner		
Aluminiumchlorid	19,75	15,7	
Aluminiumsulfat	18,55	19,8	
Ammoniumarsenit	14,93	23,5	
Ammoniumborat	16,10	34,2	
Ammoniumbromid	11,61	18,5	+ 105°, + 82°
Ammoniumchlorid	15,62	18,8	+ 13°, — 1°
Ammoniumphosphat (Di-)	19,62	15,0	+ 94°, —
Ammoniumphosphat (Mono-)	15,00	17,8	
Ammoniumsulfat	15,66	20,2	+ 11°, — 13°
Borsäure	14,53	21,2	+ 107°, —
Magnesiumchlorid	16,80	15,0	+ 92°, + 116°
Phosphorsäure	16,95	18,0	
Zinn-Ammonchlorid	20,30	19,2	
Zinnchlorid	18,77	17,0	
Zinnchlorür	17,35	20,0	+ 34°, + 45°
Zinkchlorid	17,82	17,2	+ 56°, + 58°
	Alkalien bzw. Alkalibildner		
Bariumhydroxyd	17,97	24,1	
Calciumchlorid	18,66	17,2	+ 48°, + 32s
Lithiumchlorid	13,22	18,8	
Natriumarsenat	15,23	14,8	
Natriumarsenit	16,30	16,2	
Natriumcarbonat	16,52	37,7	+ 218°, + 191°
Natriumphosphat (Tri-)	17,85	46,5	
Natriumstannat	18,28	35,0	
Natriumtetraborat	21,00	11,8	+ 34°, + 16°
Natriumvanadat	14,22	34,5	
Natriumwolframat	16,34	26,8	+ 6°, + 25°
	Annähernd neutrale temperaturbeständige Salze bzw. schwache Säuren oder deren Salze		
Ammoniumoxalat	10,42	82,2	
Ammoniumsalicylat	17,20	79,5	
Bariumchlorid	14,90	64,7	
Calciumacetat	22,05	69,8	
Kaliumchlorid	18,47	61,8	
Kaliumjodid	16,90	48,3	— 9°, —
Natriumchlorid	17,35	59,2	
Natriumfluorid	16,98	50,8	
Natriumsulfat	12,57	61,2	— 1°, — 5°
Oxalsäure	17,52	83,0	
Strontiumchlorid	16,93	45,5	

[1] Hunt, G. M., T. R. Truax u. C. A. Harrison: Amer. Wood. Pres. Assoc. 28th Ann. Meeting 1932, S. 2.

[2] Lullin, A.: Untersuchungen über die Entzündungstemperatur der Hölzer, Diss. E. T. H. Zürich 1925.

2. Die Mittel sollen fest am Holz haften und dürfen die Haftfähigkeit weder durch lange Lagerung unter normalen Gebrauchsumständen noch im Feuer einbüßen. Chemische Veränderung oder Auskristallisieren in der umgebenden Luft darf im Laufe der Zeit nicht eintreten.

3. Die Holzeigenschaften dürfen durch Behandlung mit den Mitteln nicht leiden, insbesondere dürfen die Feuchtigkeit und Festigkeit nicht verändert werden. Sehr hygroskopische Salze scheiden damit aus. Außerdem dürfen andere Baustoffe (z. B. Eisenträger, Nägel, Schrauben usw.) nicht von den Mitteln angegriffen werden (saure Reaktion ist somit nachteilig).

4. Für den Menschen sollen die Mittel ungiftig sein, auch dürfen beim Abbrennen keine schädlichen Zersetzungsprodukte entstehen.

5. Die Ansiedlung oder Entwicklung holzzerstörender Pilze darf durch die Mittel nicht gefördert werden, erwünscht ist vielmehr eine Verbindung des Feuerschutzes mit dem Schutz gegen pflanzliche und tierische Schädlinge.

6. Bei löslichen Salzen soll die Löslichkeit möglichst groß (bei Raumtemperatur mindestens 20 bis 25%) sein. Die Mittel müssen, wenn sie nicht gebrauchsfertig geliefert werden, einfach zu bereiten sein und dürfen sich beim Stehen innerhalb kürzerer Zeit nicht verändern. Ihre Streichfähigkeit muß befriedigend sein.

7. Die Mittel sollen vom Holz in genügender Menge bei vorgeschriebener Konzentration aufgenommen (oder bei Anstrichen oberflächlich „angenommen") werden. Auch unter erschwerten Benetzungsverhältnissen (verstaubtes Holz) muß die Eindringtiefe gut sein.

8. Die Anwendung der Mittel muß wirtschaftlich sein, d. h. der Preis darf nicht zu hoch liegen.

Bei der großen Zahl der auf dem Markt befindlichen Feuerschutzmittel ist es immer noch schwierig zu entscheiden, welche Mittel am besten den umrissenen Anforderungen genügen. Restlos in allen Punkten dürfte ebenso wie bei den Schutzmitteln gegen pflanzliche und tierische Schädlinge heute noch kein Stoff entsprechen. Aus der Unzahl der möglichen oder gar zum Patent angemeldeten Mittel seien nur die wichtigsten herausgegriffen und nach ihren charakteristischen Bestandteilen in Gruppen zusammengefaßt.

522.2 Wässerige Salzlösungen.

Die Feuerschutzsalze stehen vor anderen Mitteln im Vordergrund. In den Markenschutzmitteln sind als wirksame Bestandteile vorwiegend Ammonphosphat und Ammonsulfat vertreten. Die Konzentration der Lösung beträgt 10 bis 40%. Die Wirkung dieser Art von Schutzmitteln beruht entweder auf der Entwicklung von flammenerstickenden Gasen (z. B. Kohlendioxyd, Ammoniak, schweflige Säure usw.) oder auf der Bildung von das Holz umhüllenden Schmelzen (Phosphaten, Boraten, Acetaten u. ä.). Oft wird die Vereinigung beider Eigenschaften angestrebt. Die Salze ergeben bei der Trogtränkung im allgemeinen eine ausreichende Schutzwirkung (mit Ausnahme von Eichenholz), wogegen beim Anstreichen oder Spritzen die Eindringtiefe selbst bei mehrmaliger Wiederholung des Verfahrens so gering ist, daß die Wirksamkeit nicht genügt. Durch Zusatz von Netzmitteln lassen sich Mischungen erzielen, die auch beim Anstreichen auf glattem Holz eine genügende Schutzwirkung haben. In USA hat man einen anderen Weg beschritten[1], indem man den Schutzsalz-

[1] Kleeck, A. van: Fire-Retarding Coatings, US Dept. Agric., For. Prod. Lab., Madison (Wisc.), Ber. Nr. R 1280, Rev. Dez. 1948.

lösungen eindickende kolloidale Extrakte (Natriumalginat, ein aus Meeresalgen gewonnenes Präparat, oder Methylcellulose, die in 2%igen Lösungen viscose Gele sind) zusetzt. Man kann auf diese Weise erheblich größere Mengen des Feuerschutzmittels je Flächeneinheit aufbringen. Sehr gute Ergebnisse liefert bei wässerigen Salzlösungen die Vakuum-Drucktränkung, die aber nur in Sonderfällen wirtschaftlich möglich ist (z. B. bei der Imprägnierung von Grubenhölzern). Folgende Salze seien in Anlehnung an L. Metz[1] beschrieben:

Ammoniumsalze spalten beim Erhitzen unter Wärmeverbrauch Ammoniak ab und fördern durch die zurückbleibenden freien Mineralsäuren die Verkohlung des Holzes. Sie sind ungiftig, können aber unter bestimmten Voraussetzungen das Wachstum von Pilzen fördern. Der Zusatz von fungiciden Stoffen ist deshalb üblich.

Diammonphosphat ($(NH_4)_2HPO_4$) ist das wirksamste aller Ammonsalze und liefert bei hinreichender Aufnahme (≈ 170 g/m²) einen mehrjährigen Schutz; Löslichkeit[2] 68,6%. Es greift Eisen nicht an. Monoammonphosphat ($NH_4H_2PO_4$) ist bei annähernd gleicher Wirksamkeit wie Diammonphosphat schlechter löslich (36,8%) und führt, da die Lösung sauer reagiert, Korrosion von Eisen herbei. Das U. S. Forest Products Laboratory[3] empfiehlt folgende Mischungen:

(I)	Monoammonphosphat	50 GT
	2%-Natriumalginat-Gel . . .	50 GT
	oder	
(II)	Monoammonphosphat	50 GT
	Titandioxyd	5 GT
	2%-Natriumalginat-Gel . . .	45 GT
	oder	
(III)	Monoammonphosphat	88,5 GT
	Kaolin	10,0 GT
	trockenes Natriumalginat . . .	1,5 GT

Die Chemikalien sind zu einem feinen Pulver zu vermahlen; dann werden 4 bis 5 GT Wasser auf 6 GT Pulver gegeben, die Mischung verrührt. Nach mindestens 1 h Standzeit wird nochmals verrührt.

Ammonsulfat ($(NH_4)_2SO_4$) gewährt bei Anstrichen keine ausreichende, nach Kesseldrucktränkung gute Feuerschutzwirkung. Bedenken, daß es durch Abspaltung von Schwefelsäure[4] die Holzfasern schädigen könne, sind nach L. Metz[5] unbegründet. Das Salz ist billig, sehr gut löslich (75,4%), bewirkt aber ebenfalls Korrosion von Eisen.

Ammonbromid (NH_4Br) ist gut wirksam, steht aber in der Wirkung dem Diammonphosphat nach. Es ist teuer, seine Löslichkeit ist sehr gut (73,9%), es fördert die Korrosion von Eisen.

Ammonchlorid, Salmiak (NH_4Cl) ist als Anstrichmittel den Ammonphosphaten erheblich unterlegen, hat aber bei Kesseldrucktränkung befriedigen-

---

[1] Metz, L.: Holzschutz gegen Feuer, 2. Aufl., Berlin 1942, S. 56ff.

[2] Löslichkeit bei 20° C nach J. D'Ans u. E. Lax: Taschenbuch für Chemiker und Physiker, 2. Aufl., Berlin, Göttingen, Heidelberg 1949, S. 214ff.

[3] Kleeck, A. van: Fire-Retarding Coatings, U. S. Dept. Agric., For. Prod. Lab., Madison (Wisc.), Ber. Nr. R 1280, Rev. Dez. 1948, S. 5, 6.

[4] Eichengrün, A.: Z. angew. Chem. Bd. 42 (1929) S. 214.

[5] Metz, L.: Holzschutz gegen Feuer, 2. Aufl., Berlin 1942, S. 64.

den Feuerschutz ergeben. Günstig ist der niedrige Preis. Löslichkeit 37,4%, es fördert die Korrosion.

Ammoniumtetraborat ($(NH_4)_2B_4O_7 \cdot 4H_2O$) ist ein wirksames Feuerschutzsalz, hat aber einen hohen Preis und schlechte Löslichkeit im Wasser.

Alkalisalze sind als Feuerschutzsalze um so wirksamer, je höher ihre Alkalität ist, da sie dann bei höherer Temperatur die Verkohlung des Holzes fördern.

Kaliumcarbonat, Pottasche ($2K_2CO_3 \cdot 3H_2O$) wurde schon früh als Feuerschutzmittel empfohlen. Mit einer 20%igen Lösung erzielt man bei dreimaligem Anstrich eine gute Wirkung. Löslichkeit 111,5%. Das Mittel wirkt dem Pilzbefall entgegen und greift Eisen nicht an.

Kaliumphosphat ($K_3PO_4 \cdot 4H_2O$) ist ein wirksames Feuerschutzsalz, stark alkalisch, hygroskopisch, ziemlich teuer, Löslichkeit 103%.

Natriumtetraborat, Borax ($Na_2B_4O_7 \cdot 10H_2O$) ist seit langem als Feuerschutzsalz bekannt; seine Löslichkeit beträgt nur 2,52% (bezogen auf das wasserfreie Präparat). Es eignet sich deshalb nicht für Anstriche. Verwendung hauptsächlich als Beimengung zu Markenschutzmitteln. Eisenteile werden nicht angegriffen. Nachstehend folgen noch Rezepte des U. S. Forest Products Laboratory[1] für feuerhemmende Anstriche mit Boraxgehalt:

Borax-Leinölfarben

Pigment	Formel I	Formel II	Formel III	Formel IV
	Gew.-Prozent			
Bleiweiß	41,0			
Titanium-Calcium		30,0		
Lithopone			24,0	
Zinkoxyd				21,0
Borax	32,0	35,0	39,5	50,0
Rohes Leinöl	22,8	30,8	32,3	24,8
Terpentin	3,6	3,6	3,6	3,6
	0,6	0,6	0,6	0,6

Borax-Gel-Anstriche

Bestandteil	Formel I	Formel II	Formel III	Formel IV
	Gew.-Prozent			
Borax	32,5	38*	50	30
Borsäure	32,5	60	—	30
2% Natriumalginat-Gel	35	—	—	—
trockenes Natriumalginat	—	2	—	—
2% Methylcellulose-Gel	—	—	50	40

* 82% $Na_2B_4O_7$

Natriumacetat ($NaC_2H_3O_2 \cdot 3H_2O$), von C. G. Schwalbe[2] als Feuerschutzmittel besonders empfohlen, bietet trotz unterschiedlicher Beurteilung nach L. Metz[3] bei Anwendung des Tauchverfahrens oder nach mehrmaligem

[1] Kleeck, A. van: Fire-Retarding Coatings, U. S. Dept. Agric., For Prod. Lab., Madison (Wisc.), Ber. No. R 1280, Rev. Dez. 1948, S. 3, 8.

[2] Schwalbe, C. G., u. K. Berling: Chemiker-Ztg. Bd. 56 (1932) S. 909.

[3] Metz, L.: Holzschutz gegen Feuer, 2. Aufl., Berlin 1942, S. 68.

Anstrich ausreichenden Schutz. Das Salz ist billig, korrosionssicher, fördert aber das Pilzwachstum.

Natriumchlorid ($NaCl$) kann als brauchbares Feuerschutzmittel nicht anerkannt werden; frühere gegenteilige Feststellungen sind widerlegt[1].

Erdalkalisalze. Calciumchlorid ($CaCl_2 \cdot 6H_2O$) und Magnesiumchlorid ($MgCl_2 \cdot 6H_2O$) binden bei der Erhitzung durch Verdampfung ihres Kristallwassers und durch ihr Schmelzen Wärme, die entstehende Salzsäure fördert die Holzverkohlung. Die Löslichkeit der Salze beträgt 74,5% bzw. 54,25%. Die Salze sind stark hygroskopisch, machen also das Holz feucht, pilzwidrig, nicht korrosionssicher. Anstreichen und Spritzen mit 40%iger Lösung ergibt nach L. Metz keinen ausreichenden Schutz, wohl aber Kesseldrucktränkung.

Metallverbindungen. Aluminiumchlorid ($Al_2Cl_6 \cdot 12H_2O$) und Aluminiumsulfat ($Al_2(SO_4)_3 \cdot 18H_2O$) sind bei ausreichender Aufnahme als Feuerschutzsalze wirksam. Sie wirken durch Entzug der Verdampfungswärme, Verdünnung der gebildeten Zersetzungsgase mit Wasserdampf und Bildung von freien Mineralsäuren, die das Verkohlen fördern. Nachteilig ist, daß der entstehende Rückstand das Nachglühen begünstigt. Löslichkeit 45,6% bzw. 36,3%. Die Lösungen reagieren sauer, sind pilzwidrig, greifen Eisen an.

Kalium-Aluminiumsulfat, Alaun ($KAl(SO_4)_2 \cdot 12H_2O$) wurde als Feuerschutzmittel schon von den alten Ägyptern benutzt. Nach neueren Versuchen[2] erhält man selbst bei hoher Aufnahme eine nur geringe Schutzwirkung.

Zinkchlorid ($ZnCl_2 \cdot 3H_2O$) ist bei großer Aufnahme gut wirksam, jedoch stark hygroskopisch und zerstört Eisenteile (vgl. Seite 109).

Zinkborat kann nach Formel des US Forest Products Laboratory[3] zu schweren Überzügen verarbeitet werden, die eine gute Feuerschutzwirkung ergeben:

Zinkborat	30,0 GT
Bleiweiß	34,3 GT
rohes Leinöl	31,6 GT
Terpentin	3,5 GT
Trockner	0,6 GT.

Neben den reinen Salzen sind vor allem Mischungen verschiedener Salze als Feuerschutzmittel gut geeignet. Über die im Februar 1953 in Westdeutschland zugelassenen Feuerschutzmittel gibt das Holzschutzmittel-Verzeichnis des Prüfausschusses für Holzschutzmittel der Technischen Zentralstelle der Deutschen Forstwirtschaft Aufschluß.

522.3 Wasserglas und Wasserglasmischungen.

Im wesentlichen bewirken technische Kali- und Natronwasserglaslösungen von rund 40° Bé, in ausreichender Menge auf das Holz aufgebracht, einen mechanischen Oberflächenschutz durch Bildung einer isolierenden Schaumschicht beim Schmelzen. In die Poren vermögen sie in Anbetracht ihres kolloidalen Charakters, und da sie oft unlösliche Zusätze enthalten, nicht einzudringen.

---

[1] Schulze, A., u. W. Dohmöhl: Dtsch. Öffentl. Rechtl. Versicherung Bd. 6, (1939) S. 125.

[2] Kristen, T., u. A. Schulze: Bauing. Bd. 16 (1935) Nr. 21/22. — A. Schulze u. W. Dohmöhl: Dtsch. Öffentl. Rechtl. Versicherung Bd. 6 (1939) S. 125. — L. Metz: Holzschutz gegen Feuer, 2. Aufl., Berlin 1942, S. 69.

[3] Kleeck, A. van: Fire-Retarding Coatings, US Dept. Agric., For. Prod. Lab., Madison (Wisc.), Ber. Nr. R 1280 Rev. Dez. 1948, S. 11.

Man kann aber, wie die bisherigen Erfahrungen lehren, auch bei Wasserglasanstrichen gute Ergebnisse erzielen, zumal wenn sich im Feuer Blasen bilden, die die Flammen ablenken und dem Holz erhöhten Wärmeschutz bieten. Bei manchen Mitteln auf Wasserglasbasis läßt sich allerdings ein Abspringen der verkieselten Schicht im Feuer beobachten, wobei die gestauten Gase zu heftiger Stichflammenbildung führen. Günstig ist der billige Preis und die leichte industrielle Herstellbarkeit des Wasserglases. Der Hauptnachteil dieser Anstriche ist, daß sie allein nicht wetterfest sind, sondern unter der Einwirkung der Luftkohlensäure verwittern, wobei Carbonate und Kieselsäure entstehen und die Schutzwirkung erheblich abnimmt. Bei der Wahl von Farben ist darauf zu achten, daß sie alkalibeständig sein müssen, wenn Wasserglas verwendet wird.

Zahlenmäßig sind Wasserglasmischungen meist mit Pigmenten als Wasserglasfarben (z. B. früher die Keimsche Feuerschutzfarbe, die Cellon-Feuerschutzfarbe u. a.) sehr verbreitet. Eine in England amtlich empfohlene Mischung[1] ist folgende:

Natronwasserglas (Wichte 1,41 bis 1,42) . . .	112 GT
Kaolin	150 GT
Wasser	100 GT

3 bis 4 Überzüge mit dieser Mischung ergeben einen guten Feuerschutz von Holz.

522.4 Organische Blasenbildner.

Die Mittel enthalten neben feuerhemmenden Salzen (z. B. Stickstoffverbindungen, Magnesiumsalzen usw.) Stoffe, die im Feuer schaumartige Kohleblasen bilden und auf diese Weise das Holz mit einer dicken lockeren, ausgezeichnet wärmeisolierenden Schutzschicht umhüllen. Sind die Mittel genügend dick aufgetragen, dann bewähren sie sich nach den vorliegenden Erfahrungen vorzüglich. Als Vertreter seien genannt: Lokron H, das durch Einrühren von 260 g Salzgemisch (Diammonphosphat-Borax) in 1000 g zähflüssige Lösung von Harnstoff-Formaldehydkondensat unter Zusatz von 100 bis 200 g Wasser hergestellt wird (zweimaliger Anstrich oder einmaliges Spritzen, 1 kg Lokron H reicht für etwa 4 m^2 glattes Holz) sowie Feuerschutzmittel der Ruhrchemie[2] (Emulsionen von Formaldehyd, Dicyandiamid und Ammonphosphat bzw. von Zucker und Dicyandiamidinphosphat). Auch Mischungen, die Kohlehydrate oder Eiweiß (z. B. Glutin oder Kasein) enthalten, liefern unter Umständen im Feuer gute Schaumschichten. Versuche und Patentvorschläge, Feuerschutzmittel aus Sulfitlauge herzustellen, weisen in dieselbe Richtung, haben aber bisher, da die Anstriche zu feuchtigkeitsempfindlich sind, keinen bleibenden Erfolg gebracht. Zu beachten ist, daß Anstriche mit organischen Blasenbildnern nicht nachträglich überstrichen werden dürfen, da sonst die Schaumkruste nicht zur Ausbildung gelangen kann.

522.5 Sonstige Feuerschutzmittel.

Es ist unmöglich, auch nur einigermaßen erschöpfend alle vorgeschlagenen Feuerschutzmittel anzuführen. Erwähnt seien noch Asbestfarben, Mischungen aus Sorelzement sowie mineralische Schlämme (z. B. Kalk-, Zement-, Gips-, Kreideschlämme unter Zusatz von Leim), die aber infolge ihrer geringen Haftfestigkeit nur einen vorübergehenden Feuerschutz für Holz gewähren. Brauchbar sind nach L. Metz[3] auch Gemische von Kaliumfluorid mit Zement

[1] British Standards Air Raid Precaution Series 39, Febr. 1940.
[2] Franz. Pat. 791 983.
[3] Metz, L.: Holzschutz gegen Feuer, 2. Aufl., Berlin 1942, S. 94.

(1 : 1) und von Magnesiumchlorid mit Zement (60% Zement in 40% $MgCl_2$-Lösung von 30 Gew.-%). Die Wetterfestigkeit versucht man vielfach bei Feuerschutzmitteln durch Zusatz von Kunstharzen zu verbessern.

Bekannt sind weiter eine Reihe von Chlorkautschuk-haltigen Farben. Ihre Brennbarkeit ist zwar an sich geringer als die von Ölfarben, jedoch ermöglichen sie allein (ohne Wasserglasgrund) keinen genügenden Schutz des Holzes. Feuerschutzfarben, die Öle oder brennbare Lacke enthalten, bewährten sich nicht; sie leiten das Feuer an der Holzoberfläche weiter und brennen mit heller Flamme ab.

Allgemein ist zu sagen, daß die Brennbarkeit ungestrichenen Holzes durch das Aufbringen von brennbaren Lacken und nicht pigmentierten Öllacken erhöht wird[1]. Durch pigmentierte Ölfarben wird die Brennbarkeit von Holz herabgesetzt, wenn das Pigment nicht brennbar ist (Zinkweiß, Lithopone, Eisenmennige, Ocker u. a.). Farben mit Aluminiumpigmenten besitzen größere Brennbarkeit als solche mit Zinkweiß. Mit einzelnen Kunstharzlacken wurden unter dem Gesichtswinkel der Brandverhütung günstige Ergebnisse erzielt. Die Brennbarkeit von Bitumenfarben ist geringer, als im Hinblick auf ihre Zusammensetzung erwartet werden kann.

Ein sehr wichtiges Ziel des Holzschutzes ist die Vereinigung des Schutzes gegen Feuer mit dem gegen Fäulnis und Insekten. Für Dachstühle interessiert in erster Linie Feuerschutz in Gemeinschaft mit einem vorbeugenden Schutz gegen Hausbockbefall. Im Bergbau soll ein gleichzeitiger Schutz gegen Feuer und Pilze erzielt werden. Man kann beispielsweise Natriumfluorid (als Pilzgift) oder Zinksilicofluorid (als Pilzgift und Hausbockfraßgift) beimischen. Schwermetallsalze beeinträchtigen aber meist, wie schon erwähnt, die Feuerschutzwirkung, da sie die Gefahr des Nachglimmens steigern. Eine bessere Möglichkeit liegt darin, das Holz zuerst mit einem geeigneten Schutzmittel auf Salzgrundlage gegen vorzeitige Entflammung zu schützen und eine Behandlung mit Steinkohlenteeröl, Karbolineum, Pentachlorphenol oder chlorierten Naphthalinen (Xylamonen) anzuschließen.

Eine große, ständig steigende Bedeutung hat die Herabsetzung der Brennbarkeit von Holzfaserplatten. Soweit die Zugabe von Feuerschutzsalzen vor oder während der Blattbildung versucht wird, handelt es sich um ein Problem der Fertigung, über das bei den Herstellverfahren von Holzfaserplatten zu sprechen sein wird. Einfacher ist die nachträgliche Behandlung der Platten mit hochkonzentrierten Schutzsalzlösungen oder das Aufbringen von Anstrichen oder Schutzüberzügen. Diese Schutzüberzüge bieten den zusätzlichen Vorteil, daß sie die Oberfläche von Dämmplatten verhärten und ihnen eine erhöhte Kantenfestigkeit verleihen[2].

Wie L. Metz[3] nachwies, beeinflussen die Dicke und Wichte die Brenngeschwindigkeit von Holzfaserplatten in gleicher Weise wie beim Vollholz. Verringert wird die Entzündlichkeit und Brenngeschwindigkeit durch steigenden Gehalt an Kunstharzbindemitteln. Hartplatten verhalten sich im Feuer günstiger als gleichdicke Vollholz- und Furnierplatten. 20 mm dicke Isolierplatten wurden im Laufe des Versuchs durch inneres Glimmen zerstört. Bewährt haben sich für die nachträgliche Behandlung schaumbildende Mittel (z. B. auf Harnstoffgrundlage), pigmentierte Wasserglasfarben und mineralische Überzüge.

---

[1] Lobry de Bruyn, C. A.: Verfkroniek Bd. 6 (1933) S. 322, Bd. 7 (1934) S. 125 und 165.
[2] Friedrich, K.: Holz als Roh- und Werkstoff Bd. 2 (1939) S. 62.
[3] Metz, L.: Brennbarkeit und Feuerschutz von Holzfaserplatten, in Mitt. Fachaussch. Holzfragen, H. 30, Berlin 1941, S. 11.

522.6 Prüfung von Feuerschutzmitteln.

522.61 Prüfung der Entzündlichkeit. Die Entzündlichkeit wird im Laboratorium dadurch bestimmt, daß man kleine Holzproben der strahlenden Wärme eines Ofens, eines Glühstabs oder einer Heizplatte aussetzt. Dabei mißt man entweder die Zeit bis zur Entzündung bei konstanter Temperatur oder die Temperatur, bei der die Probe entflammt. Die Temperatur der Heizquelle muß möglichst konstant gehalten werden; die Prüfungen können bei ruhender oder bewegter Luft durchgeführt werden.

Eine Versuchsanordnung nach H. F. Weiß[1] zeigt Bild 83. Von A. Lullin[2] an 1 g schweren Proben bestimmte Erhöhungen der Glüh- und Entflammungstemperaturen verschieden behandelter Hölzer wurden schon in Zahlentafel 10 verzeichnet. L. Metz[3] hat bibliographische Hinweise für eine ganze Reihe von Verfahren zur Prüfung der Entzündlichkeit gesammelt. Alle diese Verfahren sind aber mehr für wissenschaftliche Versuche als etwa zur Prüfung der feuerhemmenden Wirkung nach einer chemischen Schutzbehandlung geeignet.

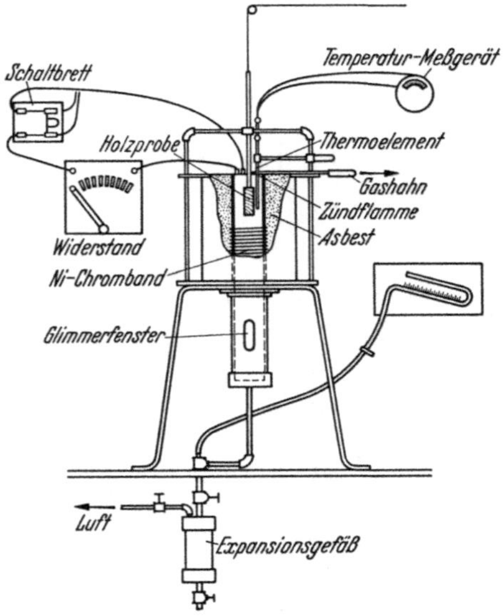

Bild 83. Prüfeinrichtung zur Messung der Entflammbarkeit von Holzproben. (Nach H. F. Weiß.)

522.62 Prüfung der Ausbreitungsgeschwindigkeit der Entflammung. Wichtiger als die Entzündlichkeit ist bei ungeschützten und geschützten Holzkonstruktionen die Ausbreitungsgeschwindigkeit der Entflammung. Man versuchte, hierüber zunächst durch Entflammbarkeitsprüfungen Klarheit zu gewinnen. Nach den British Standard Definitions for Fire Resistance[4] werden Holzplatten in den Abmessungen 15,2 · 15,2 cm^2 in gedarrtem Zustand unter einem Winkel von 45° gegen die Waagerechte auf einen Rahmen gelegt und von unten her durch eine Flamme beansprucht, die durch Abbrennen von 0,3 cm^3 Alkohol entsteht. Die Feuerbeanspruchung ist dabei ziemlich gering; im französischen Bureau Veritas werden deshalb zur Beheizung 3 cm^3 Alkohol verwendet[5].

Ein noch besser entwickeltes Verfahren, bei dem das Holz eine bestimmte Zeit einer definierten Gasflamme ausgesetzt und dann das Weiterbrennen oder Weiterglimmen nach Wegnahme der Flamme beobachtet wird, ist das Verfahren von R. Schlyter[6], das in Schweden als amtliches Zulassungsverfahren für Feuerschutzmittel anerkannt wurde. Die Methode hat sich besonders bewährt, um die Wirksamkeit von feuerhemmenden Anstrichen und Überzügen

[1] Weiß, H. F.: Kunststoffe Bd. 3 (1913) S. 310.
[2] Lullin, A.: Untersuchungen über die Entzündungstemperatur der Hölzer, Diss. E.T.H. Zürich 1925.
[3] Metz, L.: Holz gegen Feuer, 2. Aufl., Berlin 1942, S. 123.
[4] British Standard Definitons for Fire Resistance, Incombustibility etc. of Building Materials, Nr. 476 (1932).
[5] Vgl. Amer. Wood. Pres. Assoc.: Proc. 33th Ann. Meeting 1937, S. 292.
[6] Schlyter, R.: Brandskydd Bd. 14 (1933) S. 177. — Derselbe: Eldskyddspreparat för träkonstruktioner och textilier, Statens Probningsanstalt, Medd. 62, Stockholm 1939.

festzustellen. Die Versuchsanordnung (Bild 84) besteht aus zwei 25 mm dicken Kiefernbrettern oder Platten 30 · 80 cm². Das Holz soll etwa 8% Feuchtigkeit haben, Jahrringe von 2,5 bis 3,3 mm Breite besitzen und nicht gehobelt sein. Die Platten können entweder gespundet oder nicht gespundet sein. Die Bretter oder Platten werden mit einem Abstand von 5 cm senkrecht aufgestellt, und

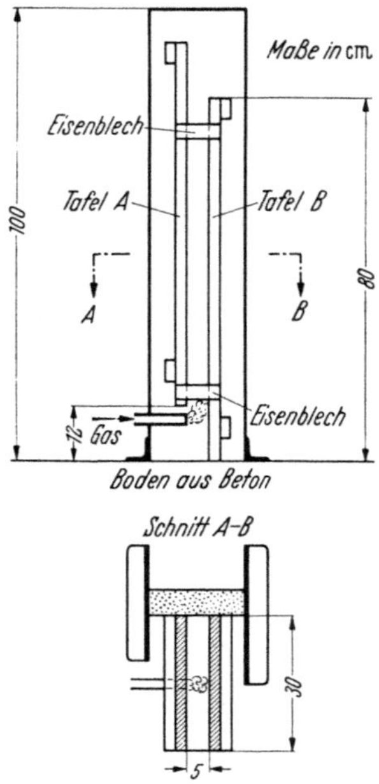

Bild 84. Prüfanordnung zur Bestimmung der Entflammbarkeit von Holz nach R. Schlyter.

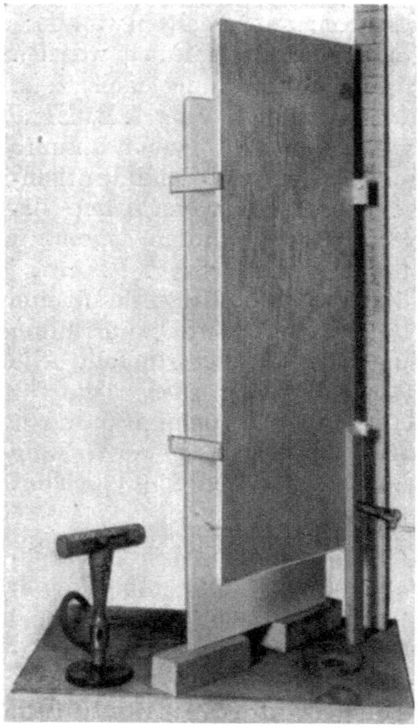

Bild 85. In Madison, Wisc. benutzter Brenner für die strengere Prüfung nach dem Schlyter-Verfahren. (Phot. US Forest Service, Forest Products Laboratory, Madison, Wisc.)

zwar so, daß die untere Kante der einen Platte 12 cm höher liegt als die auf den Boden aufgesetzte untere Kante der anderen Platte. Der Abstand von 5 cm wird durch Eisenblechstreifen an den Schmalseiten der Platten, wie aus Bild 84 ersichtlich ist, aufrechterhalten. Um die Flammenhöhe während der Prüfung messen zu können, ist ein senkrechter Maßstab so angebracht, daß seine Einteilung sichtbar ist, wenn man ihn zwischen den Holzplatten waagerecht anvisiert.

Als Feuerquelle dient ein Gasbrenner mit 200 mm Flammenlänge und einer Temperatur von 900° C (Gasverbrauch 4 l/min). Der Brenner wird mit der Mündung 50 mm von der einen Wand entfernt aufgestellt, so daß die Flamme gegen die Wand schlägt.

Die Flamme läßt man beim Schlyterverfahren so lange auf die Platten einwirken, bis die Wand selbständig brennt, höchstens jedoch 15 min. Im US Forest Products Laboratory wird ein abgeändertes Schlyter-Verfahren benutzt; bei der „milden" Prüfung wird die Flamme eines Bunsenbrenners, bei der „strengen" Prüfung ein Brenner gemäß Bild 85 benutzt; Entfernung der Brenner nach 3 min Feuerbeanspruchung der Versuchsanordnung. Beobachtet werden in 15 s-Intervallen die Höhe der Flamme, die Zeit, bis zu der nach Entfernung des

Brenners zusammenhängende Flammen auftreten, die Zeit, zu der alle Flammen erloschen sind, die Zeit, zu der die höchste vertikale Flammenausbreitung vorhanden ist, die Zeit, zu der die Flammen über die obere Kante der Platten schlagen. Im US Forest Products Laboratory ist man aber der Ansicht, daß es ausreicht, die vertikale Flammenausbreitung im Augenblick der Entfernung des Brenners und die Dauer der nachfolgenden Flammenbildung zu registrieren.

Nach den schwedischen Bestimmungen wird ein Feuerschutzmittel als wirksam anerkannt, wenn die damit behandelten Platten nach dem Schlyter-Verfahren innerhalb von 15 min nicht in Brand geraten, wenn das Feuer sich nicht über die Platte oder die gegenüberliegende Platte verbreitet und nach Entfernen der Flamme innerhalb von 30 s erlischt. R. Schlyter hat sein Verfahren auch etwas abgewandelt. An Stelle eines Gasbrenners werden dann 600 g trockene Holzwolle als Heizquelle verwendet. Der Plattenabstand beträgt in diesem Fall 15 cm.

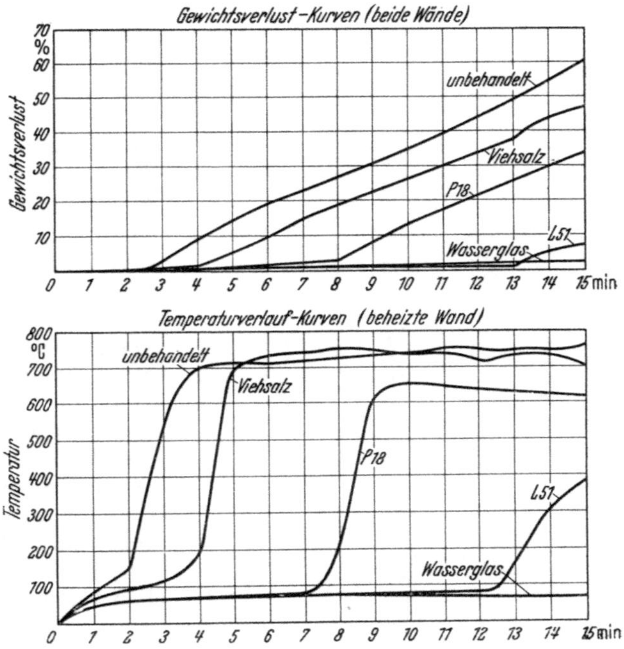

Bild 86. Gewichtsverlust- und Temperaturverlaufkurven bei der Prüfung von mit Feuerschutzmitteln behandelten Hölzern nach dem abgeänderten Schlyter-Verfahren. (Nach L. Metz.)

Das von L. Metz erweiterte Schlyter-Verfahren erlaubt zusätzlich die Bestimmung der Brenngeschwindigkeit. Die beiden Wände sind dabei auf einer Dezimalwaage angeordnet, so daß der Gewichtsverlust gemessen werden kann. Außerdem wird die Temperatur am oberen Rand der Platte bestimmt. Als Heizquelle dient ein Reihenbrenner (Gasverbrauch 15 l/min), der die eine Wand über die ganze Breite bestreicht. Bild 86 zeigt einige bei dieser Prüfung erhaltene Ergebnisse.

In England wird das Schlyter-Verfahren in stark verkleinertem Maßstab benutzt[1] (die beiden Proben sind nur 12,6 · 12,6 cm^2 groß, bei einem Abstand von 5/8'' = 16 mm und einem Höhenunterschied von $1^1/_2''$ = 38 mm). Es erscheint in dieser Form wenig geeignet, da stärkere Streuungen zu erwarten sind. Grundsätzlich ähnlich ist auch das Schlotverfahren von C. G. Schwalbe und K. Berling[2]; es benutzt einen Holzschlot, der aus den behandelten, 17 mm dicken Brettern gebaut wurde (lichter Querschnitt 150 · 150 mm^2, Länge 1 m). Unter dem Schlot wird eine bestimmte Menge trockenes Holz verbrannt.

---

[1] Bryan, J., u. L. S. Doman: Wood (England) Bd. 5 (1940) S. 19.

[2] Schwalbe, C. G., u. K. Berling: Chemiker-Ztg. Bd. 56 (1932) S. 909 und Bd. 57 (1933) S. 881.

522.63 Bestimmung der Brenngeschwindigkeit. 522.631 Feuerrohrverfahren. Von den Verfahren zur Ermittlung der Brenngeschwindigkeit ist das von T. R. Truax und C. A. Harrison im U. S. Forest Products Laboratory entwickelte Feuerrohrverfahren am weitesten verbreitet und in vielen Ländern eingeführt[1]. Es ist auch tatsächlich besonders geeignet, um ein Bild von der Wirksamkeit einer Feuerschutzbehandlung zu geben. Die Vorgänge bei der Feuerbeanspruchung des Holzes lassen sich mittels des Feuerrohrgerätes zahlenmäßig verfolgen und Wertigkeitsklassen für die einzelnen Schutzmittel aufstellen. Dazu kommt, daß große Meßreihen nach diesem Verfahren ohne allzu großen Geldbedarf durchgeführt werden können. Auf Versuche mit ganzen Balken und Konstruktionsteilen kann allerdings nach wie vor zur Ergänzung nicht verzichtet werden.

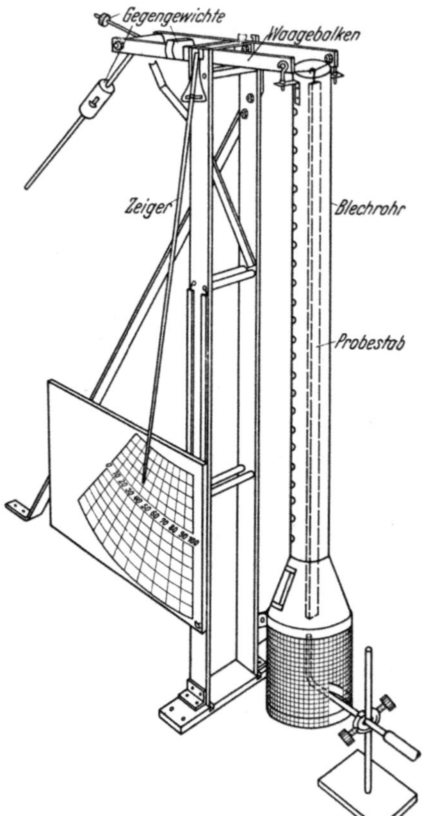

Bild 87. Schematische Darstellung des Feuerrohrgeräts von T. R. Truax u. C. A. Harrison.

Bei der Prüfung im Feuerrohr werden Holzstäbe mit $1 \cdot 2\ cm^2$ Querschnitt und 1 m Länge (in USA $^3/_8'' \cdot {}^3/_4''$ Querschnitt, 40″ Länge), deren Feuchtigkeitsgehalt 8 bis 10% (in USA $7 \pm 3\%$) betragen soll, in einem mit seitlichen Durchbohrungen versehenen Messingrohr (Bild 87 und 88) aufgehängt und durch eine Gasflamme von 25 cm Länge und rund 1000° Flammentemperatur während eines Zeitraumes von 4 min beansprucht. Das Rohr ist an einem Waagebalken aufgehängt und wird durch Gegengewichte im Gleichgewicht gehalten. In Abständen von je $^1/_2$ min wird der Gewichtsverlust der Stäbe an der Hundertteilung einer Neigungswaage abgelesen und die Temperatur am oberen Ende des Rohres thermoelektrisch bestimmt. Nach 4 min wird die Gasflamme gelöscht und das Verhalten der Stäbe während weiterer 4 min (oder länger) beobachtet (insbesondere das Erlöschen der Flamme, das Herabfallen von Rückständen, das Nachglühen usw.). Nach beendetem Versuch werden Gewicht und Beschaffenheit der Rückstände festgestellt. Zum Ausgleich von Versuchsfehlern werden stets 4 bis 5 mit dem gleichen Mittel behandelte Stäbe geprüft. Die beobachteten Gewichtsverluste werden in Abhängigkeit von der Zeit in einem Netz aufgetragen. Die Maßstäbe werden so gewählt, daß 10% Gewichtsverlust und 1 min gleich 1 cm betragen (Bild 89). Aus der Gewichtsverlustkurve läßt sich die

[1] Truax, T. R., u. C. A. Harrison: A New Test for Measuring the Fire Resistance of Wood, Amer. Soc. Test. Mat. Proc. Bd. 29 (1929) Teil II. — G. M. Hunt, T. R. Truax u. C. A. Harrison: Fire Resistance of Wood Treated with Zincchlorid and Diammonium Phosphate, Amer. Wood Pres. Assoc. Proc. 1930, S. 130. — Additional Experiments in Fireproofing Wood, AWPA Proc. 1931, S. 104. — Experiments in Fireproofing Wood — 3 rd Prog. Rep., AWPA Proc. 1932, S. 71, 4th Prog. Rep., AWPA Proc. 1933, S. 107, 5th Prog. Rep., AWPA Proc. 1935, S. 231. — W. Jacobsohn: Z. VDI Bd. 75 (1931) S. 424.

Wirksamkeit eines Feuerschutzmittels gut beurteilen. Daneben gibt das Flächenintegral der Kurve zwischen 0 und 6 min ein Maß für die Brennverzögerung. Je kleiner die Fläche ist, desto größer ist die Brennverzögerung und desto besser die Feuerschutzwirkung. In ähnlicher Weise wird die Wirksamkeit aus der Art

Bild 88. Laboratorium mit Feuerrohrgerät.

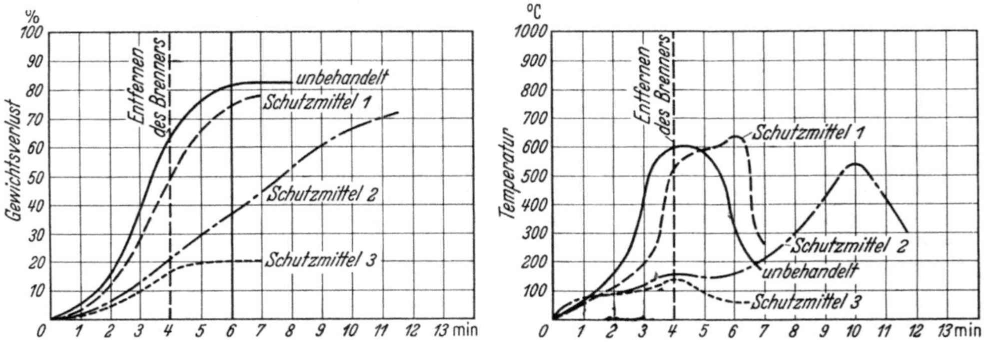

Bild 89. Gewichtsverlust- und Temperaturverlaufkurven bei der Prüfung verschieden behandelter Hölzer im Feuerrohrgerät. (Nach L. Metz.)

des Temperaturanstiegs und der beobachteten Höchsttemperatur (Bild 89) bewertet. Weiter wird die Wirksamkeit in Abhängigkeit von der aufgebrachten Menge durch Kurven nach Art von Bild 90 dargestellt; es werden dabei recht bemerkenswerte Vergleiche möglich; beispielsweise sind, damit ein Gewichtsverlust von 20% nicht überschritten wird, von Schutzmittel 4 etwa 6%, von Schutzmittel 3 dagegen 10,5% und von Schutzmittel 5 gar 19% erforderlich.

Mit dem Verfahren lassen sich auch nach L. Metz[1] Wirkungswerte W für die einzelnen Mittel berechnen; sie erstrecken sich von 0 (unbehandeltes Holz) bis 10 (theoretisch höchster Wert für behandeltes Holz). Es gilt:

$$W = 10\left(1 - \frac{E}{A}\right), \tag{3}$$

wobei E = Wirkungswert für das geschützte, A = Wirkungswert für das ungeschützte Holz.

Weiter dient der Endgewichtsverlust (Abbrand) als Kennzahl für die Güte der Mittel:

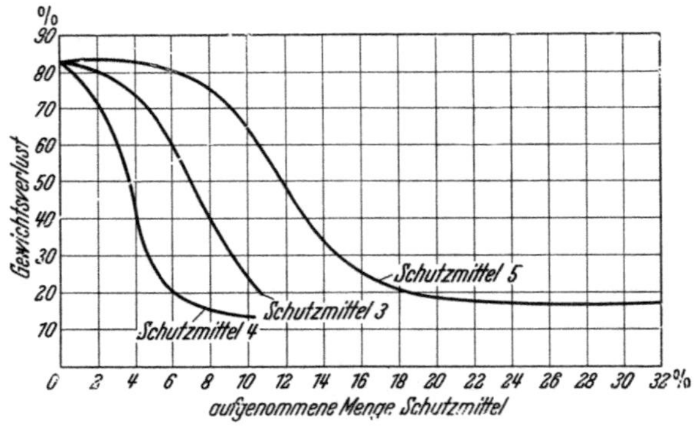

Bild 90. Zusammenhang zwischen Gewichtsverlust und aufgenommener Menge an Feuerschutzmitteln. (Nach L. Metz.)

Zahlen nach Chem.-techn. Reichsanstalt		Zahlen nach EMPA Zürich		Zahlen nach US For. Prod. Lab. Madison	
Bewertung	Abbrand %	Bewertung	Abbrand %	Bewertung	Abbrand %
		sehr wirksam . .	< 15		
gut	< 20,5	wirksam	15 bis 25	wirksam	< 25
mittelmäßig . .	37	mittelmäßig . .	25 bis 50		
unbehandeltes Holz	82	schlecht	50		

Das Feuerrohrverfahren hat den Vorteil, daß man Schwankungen in der Holzqualität durch sorgfältige Sortierung weitgehend ausschalten kann und daß man gut wiederholbare und vergleichbare Ergebnisse erzielt. Bei Vergleichsversuchen in vier deutschen Instituten[2] ergab sich beim Feuerrohrverfahren die weitaus beste Übereinstimmung der Zahlen. Das Verfahren ist verschieden abgewandelt worden, insbesondere wurden kleinere Prüfgeräte als das obenbeschriebene benutzt[3].

Ein Vorschlag, die Versuchsergebnisse bei Brandprüfungen im Feuerrohr statistisch zu analysieren und eine Gütezahl G für das Brandverhalten eines Feuerschutzmittels im Vergleich zu unbehandeltem Holz abzuleiten, stammt von H. Seekamp[4]. Seine Schlußformel lautet:

$$G = 2{,}73 \frac{M_o - M_b}{\sqrt{\sum \delta_o^2 + \sum \delta_b^2}}, \tag{4}$$

wobei M_o = mittlerer Gewichtsverlust für unbehandeltes Holz, M_b = mittlerer Gewichtsverlust des behandelten Holzes, δ_o bzw. δ_b = Abweichung der Einzelbeobachtungen vom jeweiligen Mittelwert.

[1] Metz, L.: Holzschutz gegen Feuer, 2. Aufl., Berlin 1942, S. 129.
[2] Metz, L.: Holzschutz gegen Feuer, 2. Aufl., Berlin 1942, S. 148.
[3] Schlegel, R.: Untersuchungen über die Grundlagen des Feuerschutzes von Holz, Diss. T. H. Berlin. — L. Metz: Herabsetzung der Brennbarkeit des Holzes, Mitt. Fachaussch. Holzfragen, H. 13, Berlin 1936.
[4] Seekamp, H.: Die Beeinflussung der Brennbarkeit des Holzes durch Holzschutzmittel, Wiss. Abh. Dtsch. Materialprüfungsanst., II/7, Berlin, Göttingen, Heidelberg 1950, S. 109.

Die Formel gilt für die Versuchszahl 10, von der man nicht abweichen darf. Die Gütezahl stellt eine Wahrscheinlichkeitsangabe dar, hat also nicht den Charakter einer Materialkonstante. Sie gilt nur für eine bestimmte Behandlungsstufe und Flammenstärke. Praktisch liegen die Gütezahlen nach H. Seekamp zwischen etwa — 10 und + 40; negative Werte bedeuten eine Heraufsetzung der Brennbarkeit (z. B. durch Mineralöle), die Gütezahl 0 kennzeichnet ein neutrales Verhalten, positive Werte zeigen an, daß die Brennbarkeit herabgesetzt ist.

Eine Zusammenstellung von Versuchszahlen nach dem Feuerrohrverfahren bei Anwendung auf Kiefernholz mit verschiedenen Anstrichen bringt Zahlentafel 11.

Zahlentafel 11. *Gewichtsverlust von Kiefernstäben (Southern yellow pine) mit verschiedenen Anstrichen bei Prüfung im Feuerrohr. (Nach G. C. McNaughton und A. van Kleeck[1].)*

Zusammensetzung des Anstrichs: Bestandteile	Gew.-%	Versuchszahl	Zahl der Anstriche	Gew. des trockenen Anstrichs g/m²	Gewichtsverlust nach 3 min %	Gewichtsverlust am Versuchsende %
Unbehandeltes Holz		24	—	—	56	83
handelsübliche Bleiweißfarbe						
Bleiweiß (basisch kohlensaures Blei)	71,0	4	3	604	30	66
gekochtes Leinöl	25,5	4	4	720	25	65
Terpentin	3,5					
Feuerschutzfarbe						
Bleiweiß (basisch kohlensaures Blei)	41,0	4	2	290	18	54
Borax	32,0	4	2	430	13	34
rohes Leinöl	22,8	4	3	560	10	30
Terpentin	3,6	28	4	720	10	23
Trockner	0,6					
Natronwasserglasmischung		4	2	194	16	21
(Kieselsäure : Soda = 3,2...3,4 : 1)		4	2	258	11	17
Britische Wasserglasfarbe (siehe		4	2	248	28	56
Z. 522.3)		2	4	462	15	22
Ammoniumphosphat		4	2	48	27	75
(25%ige Lösung)		4	3	57	25	74
		4	4	86	19	73
		4	7	201	14	34
		4	11	302	8	27
		3	16	410	8	19
Alginat-Farbe						
Monoammoniumphosphat	50	4	2	204	12	55
Natriumalginat	1	4	2	312	10	38
Wasser	49	4	3	398	9	19
Alginat-Farbe						
Borsäure	30	4	2	280	23	71
Borax	20	4	4	484	9	18
Natriumalginat	1					
Wasser	49					

522.632 Lattenschlotverfahren nach DIN 4102. Ein weiteres Verfahren, das zur Bewertung von Feuerschutzmitteln gut geeignet ist und den Verhältnissen in Dach- und Speicherräumen mit Lattenverschlägen besonders nahekommt, ist das ursprünglich von der I.G. Farbenindustrie ausgearbeitete

[1] McNaughton, G. C., u. A. van Kleeck: Fire-Test Methods Used in Research at the Forest Products Laboratory, US Dept. Agric. For. Prod. Lab., Madison, Wisc., Ber. Nr. R 1443, Jan. 1944.

Lattenschlotverfahren[1], das nach Weiterentwicklung in die deutsche Norm DIN 4102, Blatt 3 (1939), aufgenommen wurde. Die Prüfkörper und ihre Abmessungen sind in Bild 91 dargestellt. Sie werden aus fichtenen rauhen Latten von $20 \cdot 48\ mm^2$ hergestellt, die auf einen Feuchtigkeitsgehalt von 10 bis 12% (bezogen auf das Darrgewicht) zu trocknen sind. In diesem Zustand soll die Rohwichte des Holzes zwischen 0,45 und 0,55 g/cm^3 liegen. Die Abweichungen von allen in Bild 91 angegebenen Maßen dürfen höchstens ± 2 mm betragen. Zunächst sind lediglich die Seitenwände des Lattenschlots zusammenzunageln. Die vier Seitenwände sind dann einzeln nach Angabe des Antragstellers allseitig mit dem Feuerschutzmittel zu behandeln; hierbei wird festgestellt

a) die Aufnahme an nassem Schutzmittel,
b) die Aufnahme an lufttrockenem Schutzmittel,
c) Art und Aussehen des aufgetragenen Schutzmittels.

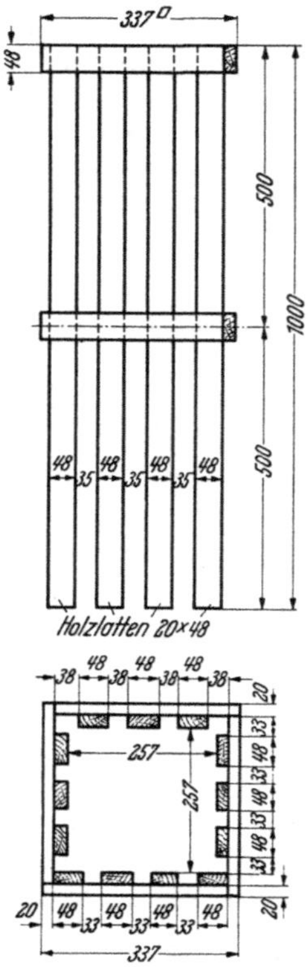

Bild 91. Prüfkörper für das Lattenschlotverfahren nach DIN 4102.

Für die Feststellung der Aufnahme an nassem Schutzmittel werden die Seitenteile unmittelbar vor und nach jeder Behandlung gewogen, sobald von dem aufgetragenen Mittel nichts mehr abtropft. Die Aufnahme an lufttrockenem Schutzmittel wird aus der Aufnahme an nassem Schutzmittel und dem Lösungsverhältnis rechnerisch ermittelt und in [g/m^2] angegeben.

Nach der Behandlung werden die Einzelteile eine Woche im Arbeitsraum und hierauf zwei Wochen lang bei einer relativen Luftfeuchtigkeit von 65% gelagert; anschließend werden die Teile gewogen.

Zwecks Durchführung der Prüfung werden die 4 Seitenteile zu dem Prüfkörper nach Bild 91 zusammengenagelt. Der Prüfkörper wird auf einer geeigneten Waage aufgestellt, die gegen die Flammen (z. B. durch Asbestbekleidung) zu schützen ist. Um ein Umstürzen des Prüfkörpers bei starkem Abbrand zu verhindern, wird der Prüfkörper durch an der Seitenwand der Waage befestigte Eisenbügel so gehalten, daß er die Bodenfläche der Waage gerade berührt. Die Temperatur am oberen Ende des Prüfkörpers wird in der Mitte der Seitenwände durch 4 Thermoelemente gemessen, deren Lötstellen 50 mm von der Innenwand des Prüfkörpers entfernt sind.

Der Prüfkörper wird durch einen Gasringbrenner (Abmessungen gemäß Bild 92) 15 min lang bei einer Gaszufuhr von 85 ± 5 l Normen-Stadtgas (oberer Heizwert 4000 bis 4300 $kcal/Nm^3$) in der Minute beheizt. Die Prüfung ist in einem zugfreien geschlossenen Raum bei einer Temperatur von etwa 20° C vorzunehmen.

Jede Minute werden der Gewichtsverlust und die Temperatur abgelesen. Nach 15 min wird der Brenner abgestellt und das Nachbrennen bzw. Nachglimmen nach Stärke und Dauer beobachtet. Nach Aufhören des Brennens oder Glimmens, spätestens 20 min nach Abstellen des Brenners, wird der Endgewichtsverlust ermittelt. Maßgebend ist das Mittel aus je 3 Versuchen. Der Endgewichtsverlust durfte bei allen Prüfungen von 1940 bis 1944 nicht mehr als 25%

[1] I.G. Farbenindustrie AG: Lattenverschlagprüfmethode für Feuerschutzmittel, Uerdingen Oktober 1935.

vom Anfangsgewicht des behandelten Prüfkörpers betragen. Seit 1944 ist die Abbrandgrenze von 25% auf 15% herabgesetzt worden. Bezweckt war damit eine stärkere Auslese der guten Feuerschutzmittel. Nach Untersuchungen im Laboratorium für technische Sonderprodukte der Farbwerke Höchst[1] empfiehlt es sich aber, einen Abbrandwert von 20% zuzulassen, da die Fehlergrenzen des

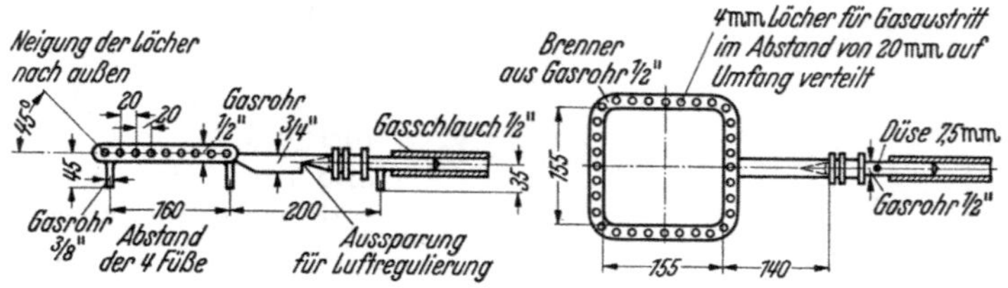

Bild 92. Gasbrenner für das Lattenschlotverfahren nach DIN 4102.

Verfahrens insbesondere infolge der starken Schwankungen der Stadtgasgemische hinsichtlich Heizwert und Brennfreudigkeit so groß sind, daß man den erlaubten Abbrand nicht in die kleine Spanne von 10 bis 15% Gewichtsabnahme des Schlots einzwängen kann.

Um die **Brenngeschwindigkeit** beurteilen zu können, bildet man das arithmetische Mittel aus dem Gewichtsverlust nach 4, 8 und 12 min; dieses Mittel darf nicht mehr als 12% vom Anfangsgewicht des behandelten Prüfkörpers betragen. Liegt einer der Werte für den Endgewichtsverlust höher als 50%, so ist die Wirksamkeit des Mittels unzureichend. Das **Nachbrennen** nach Abstellen des Brenners soll nicht länger als 5 min und das **Nachglimmen** nicht länger als 15 min anhalten. Bild 93 zeigt Gewichtsverlust- und Temperaturverlaufkurven bei dem Lattenschlotverfahren für unbehandeltes und mit verschiedenen Schutzmitteln behandeltes Holz.

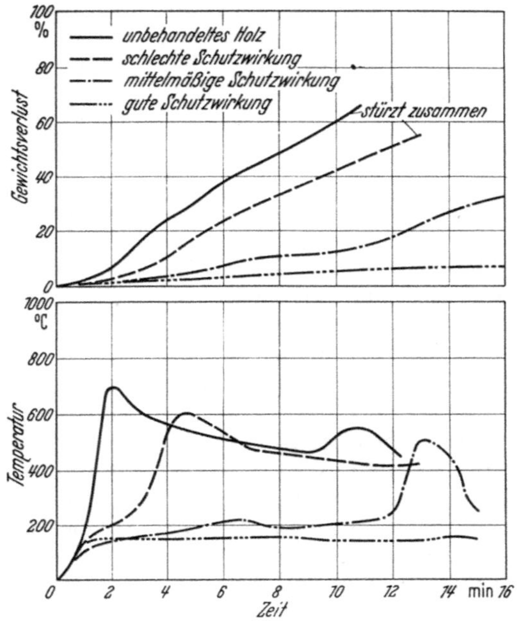

Bild 93. Gewichtsverlust- und Temperaturverlaufkurven bei der Prüfung verschieden behandelter Hölzer nach dem Lattenschlotverfahren. (Nach L. Metz.)

Zur Prüfung der **Dauerwirksamkeit** der Schutzbehandlung werden die Prüfkörper in einem Dachboden gelagert. Die Prüfung wird nach 1, 3, 5 und 10 Jahren wiederholt.

522.633 **Scheiterhaufenverfahren** (Crib Test-ASTM Design. C 160-41 T). Das **Scheiterhaufenverfahren** ist in USA durch die American Society for

[1] Farbwerke Höchst, Laboratorium für technische Sonderprodukte: Kritische Betrachtungen der heutigen Form von DIN 4102 betr. Holzflammenschutzprüfung mit Hilfe von Lattenschloten, Frankfurt-Höchst 15. 3. 1950.

Testing Materials genormt[1]. Es ist hauptsächlich geeignet, um die Branneigenschaften von im Kesseldruckverfahren imprägniertem Holz zu ermitteln; für die Prüfung von Anstrichen ist es weniger brauchbar. Die Versuchsanordnung (Bild 94) besteht aus einem Drahtgestell, das auf einem Ringständer ruht, unter dem sich ein Bunsenbrenner befindet. Auf dem Brenner ist eine Rostdüse aufgesetzt; die Rostfläche hat von der Unterseite der untersten Holzproben einen Abstand von 38 mm. Die ursprüngliche Versuchsanordnung der American Society for Testing Materials schloß noch eine Waage ein, um fortlaufend die Gewichtsveränderung des Scheiterhaufens während des Versuchs bestimmen zu können.

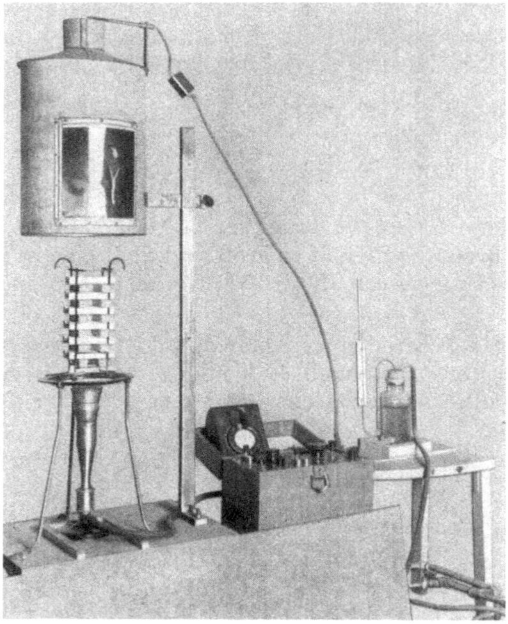

Bild 94. Anordnung für das ASTM-Scheiterhaufen-Verfahren. (Phot. U. S. Forest Products Laboratory, Madison, Wisc.)

Der Scheiterhaufen wird aus 24 Holzklötzchen in den Abmessungen $13 \cdot 13 \cdot 76\ mm^3$ zusammengesetzt; je 2 Klötzchen mit einem seitlichen lichten Abstand von 25 mm bilden eine Lage; jede Lage ist senkrecht zur darunterliegenden angeordnet. Im US Forest Products Laboratory werden die Klötzchen zuerst (bei 27° C Temperatur und 30% relativer Luftfeuchtigkeit) auf 6 bis 7% Holzfeuchtigkeit konditioniert.

Die Brennerflamme soll bei leerem Ringständer blau mit einer Höhe von 250 mm ± 13 mm brennen. Die Luft wird so einreguliert, daß sich unmittelbar über dem Rost einzelne blaue Flammen, etwa 6 mm hoch, bilden, ohne sich zusammenzuschließen und ohne den Rost zum Glühen zu bringen. Die Flamme befindet sich genau im Zentrum des Scheiterhaufens. Nach 3 min Brenndauer wird der Brenner entfernt. Im Anschluß werden die Flammenbildung und das Nachglühen beobachtet. Schließlich wird aus dem Anfangs- und Endgewicht der Gewichtsverlust bestimmt.

522.634 Prüfung im Tunnelofen. Der Widerstand, den größere waagerechte Holzplatten der horizontalen Flammenausbreitung entgegensetzen, wird in USA mittels eines waagerechten Tunnelofens (33 cm hoch, 117 cm breit und 549 cm lang) geprüft[2]. Der Ofen ist aus feuerfesten Steinen aufgemauert und oben mit einer abhebbaren Asbestplatte abgedeckt, an der das Prüfstück befestigt wird. Frischluft wird am einen Ofenende, wo die Brenner sitzen, eingeblasen; die Verbrennungsgase werden am anderen Ofenende durch einen Kamin abgezogen.

---

[1] Amer. Soc. Test. Mat. C-5: Report on Comparative Fire Tests of Treated and Untreated Wood, Rep. of Subcommittee 2, ASTM Proc. 1941, S. 238. — L. K. Andrews: AWPA-Proc. 1942, S. 462.

[2] McNaughton, G. C., u. A. van Kleeck: Fire-Test Methods Used in Research at the Forest Products Laboratory, US Dept. Agric., For. Prod. Lab., Madison, Wisc., Ber. Nr. R 1443, Jan. 1944, S. 6.

Das Prüfstück ist der Zündwirkung von 5 mit Stadtgas (Heizwert rund 4600 kcal/Nm³) gespeisten Brennern ausgesetzt. Die Temperaturmessung gestatten 4 Thermoelemente, die gleichmäßig über die Ofenlänge verteilt sind. Zur Beobachtung der Flammenbildung während der Prüfung sind in der Seitenwand des Ofens Schaulöcher vorhanden. Die Prüfstücke sind Platten in den Abmessungen $109 \cdot 244$ cm² oder $109 \cdot 427$ cm². Die Holzfeuchtigkeit wird auch bei dieser Prüfung durch Klimatisierung auf 6 bis 7% eingestellt. Die Platten werden vor der Prüfung an der Unterseite der Ofendecke angeschraubt. Ihre Kanten werden auf den Seitenwänden des Ofens mit Sand abgedeckt oder mit Mineralwolle gedichtet, um eine Infiltration von Luft zu vermeiden.

Bei der Prüfung werden die Brenner nach 10 min abgestellt, jedoch arbeitet das Gebläse weitere 5 min. Jeweils in Abständen von 1 min werden die Temperaturen der Thermoelemente, die Lage der Flammen, der Kaminzug, der Gasdruck, die Dauer der Flammenbildung nach Abstellen der Brenner aufgezeichnet. Zahlentafel 12 gibt einige Versuchsergebnisse im waagerechten Tunnelofen an verschieden verleimten und behandelten Furnierplatten wieder.

Zahlentafel 12. *Ergebnisse im Tunnelofen an 9,5 mm dicken Douglasien-Sperrplatten.* (*Nach G. C. McNaughton und A. van Kleeck*[1].)

Leimart	Behandlung	Größte Flammenausbreitung cm	Zeit der größten Ausbreitung min	Höchsttemperatur 427 cm vom Brenner °C	Zeit der Höchsttemperatur min	Dauer der Flammenbildung min
Soyamehl	keine	366	3	717	8	bis zur Zerstörung
Soyamehl	Natronwasserglasanstrich 344 g/m²	366	7	677	10,5	”
Phenolharz	keine	320	8	432	7,5	4,5
Phenolharz	Natronwasserglasanstrich 398 g/m²	213	8,5	318	9	1
Phenolharz	Bleiweiß-Borax-Farbanstrich 398 g/m²	259	9,5	357	9,5	2,8
Phenolharz	Bleiweiß-Borax-Farbanstrich 700 g/m²	198	9,5	308	10	2,1
Phenolharz	getränkt mit Ammoniumsulfat-Ammoniumphosphat (80 : 20, Aufnahme 49,5 kg/m³)	122	10	263	10	2

522.635 Dachwinkelprüfung. Das Verfahren dient dazu, unter Nachbildung praktischer Verhältnisse (sowohl hinsichtlich der Konstruktion des Dachwinkels als auch der Flammenbeanspruchung, z. B. durch Brandbomben) die Flammenausbreitung und die Flammendurchdringung zu bestimmen. Über einer Bodenfläche von $122 \cdot 122$ cm² wird eine Dachecke gebaut; sie entsteht dadurch, daß das schräg geneigte Schindeldach auf einer Seite eine vom Boden nach oben geführte Wand abschließt. Die Bauart des Bodens und des Daches sowie die Feuerschutzbehandlung des Holzes können beliebig gewählt werden. Als Feuerquellen dienen entweder Petroleum (in Mengen, die 4 l überschreiten

[1] McNaughton, G. C., u. A. van Kleeck: Fire-Test Methods Used in Research at the Forest Products Laboratory, US Dept. Agric., For. Prod. Lab., Madison, Wisc., Ber. Nr. R. 1443, Jan. 1944.

können) oder Magnesiumbrandbomben verschiedener Größe. Thermoelemente sind am Dach, Boden und an der Seitenwand angebracht, um die Flammentemperaturen messen zu können. Beobachtet werden alle 15 s die Flammenausbreitung und die Temperaturen. Typische Ergebnisse von Dachwinkelprüfungen im US Forest Products Laboratory geben Bild 95 und 96 wieder.

Bild 95. Ergebnisse von Dachwinkel-Prüfungen mittels Ölfeuer bei ungeschütztem Holz. (Phot. U. S. Forest Service, Forest Products Laboratory, Madison, Wisc.)

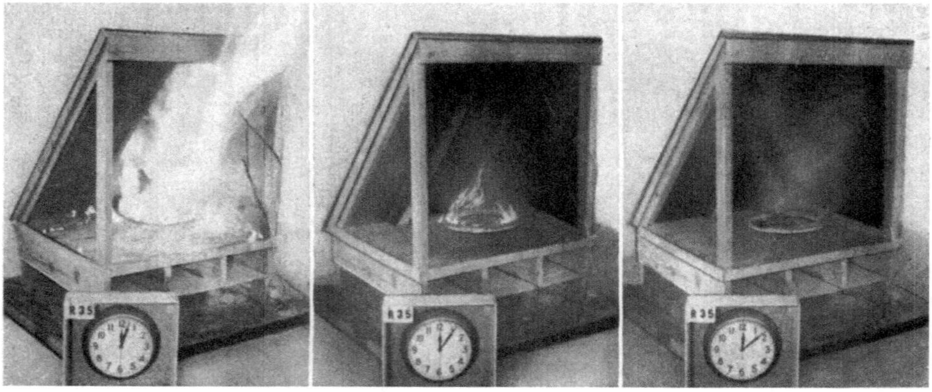

Bild 96. Ergebnisse von Dachwinkel-Prüfungen mittels Ölfeuer bei mit einem Feuerschutzmittel behandelten Holz. (Phot. U. S. Forest Service, Forest Products Laboratory, Madison, Wisc.)

522.64 Bestimmung der Flammendurchdringung, Prüfungen von fertigen Bauteilen. Die Prüfungen von fertigen Bauteilen, wie Wänden und Türen, wurden in England und USA schon kurz vor der Jahrhundertwende eingeführt. Eine Anzahl verschiedener Öfen wurde zu diesem Zweck entwickelt. Im US Forest Products Laboratory wurden solche Öfen in verschiedener Größe auf ihre Eignung hin geprüft; es ergab sich, daß besonders bezeichnende Resultate entweder mit einem kleineren Ofen für Platten von $51 \cdot 51$ cm² oder mit einem größeren für Platten von $305 \cdot 305$ cm² erzielt wurden. Die Beheizung der Öfen erfolgte nach genau festgelegten Temperaturanstiegskurven. In USA sind folgende Werte genormt:

Zeit		5 min	10 min	30 min	1 h	2 h	4 h	7 h und mehr
Temperatur	°F	1000	1300	1550	1700	1850	2000	2300
	°C	538	705	844	928	1010	1095	1260

Die Einheitstemperaturkurve für die Prüfung von Bauteilen nach DIN 4102, Blatt 3, gibt Bild 97 wieder.

Schachtöfen für Platten von $51 \cdot 51\ cm^2$ dienen im US Forest Products Laboratory hauptsächlich dazu, bei Konstruktionsmaterialien einen vorläufigen Aufschluß über die brandtechnischen Eigenschaften zu erhalten. Der Schachtofen ist aus feuerfesten Steinen aufgemauert und besitzt im Innern Gasbrenner. Die Gasmenge wird genau überwacht. Die Verbrennungsluft wird in der Regel durch natürlichen Zug am Ofenboden zugeführt, sie kann aber auch künstlich eingeblasen werden. Die Innentemperaturen im Ofen und die Temperaturen auf der Außenseite der zu prüfenden Platte werden mit Thermoelementen gemessen. Die Ofentemperatur wird von einem selbstschreibenden Potentiometer aufgezeichnet. Nach Anzünden des Ofens wird die Gaszufuhr so geregelt, daß die vorgeschriebenen Temperaturen eingehalten werden. Die Beobachtungen erfolgen alle (2 oder) 5 min. Der Versuch wird abgebrochen, wenn die Platten an irgendeiner Stelle durchgebrannt sind oder wenn die Temperatur an irgendeiner Stelle der Außenseite des Prüfstücks um 121° C über der Raumtemperatur liegt. Bei Versuchsende wird der Brenner abgestellt, die Platte abgenommen und mit Wasser gelöscht. Hierauf werden die Verkohlung und andere Zerstörungsmerkmale festgestellt.

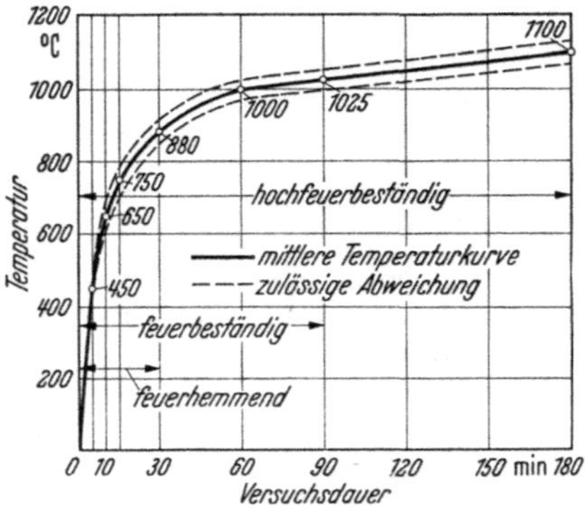

Bild 97. Einheits-Temperaturkurve für die Prüfung von Bauteilen gegen Feuer und Wärme nach DIN 4102, Blatt 3.

Der große Schachtofen (Bild 98) im US Forest Products Laboratory besteht aus einem festen Rahmen mit den eingemauerten Seitenwänden und der auf Schienen beweglichen Vorderseite, die zur Aufnahme der Platten bzw. der Holzkonstruktion dient. Während des Versuchs wird die bewegliche Vorderseite mittels Schraubenverschlüssen, die durch Handräder betätigt werden, gegen die Asbestschnüre der Rahmendichtung gepreßt und dadurch die Brandkammer abgedichtet. Weiter sind Thermoelemente, Gasuhr, Kontrollventile, Zugmeßgeräte usw. vorhanden. Es ist möglich, die Öffnung der Vorderseite durch eine Einlegmauer zu verkleinern. Die Temperatur wird nach der oben

Bild 98. Schachtofen zur Prüfung senkrechter Platten $305 \cdot 305\ cm^2$ im U. S. Forest Products Laboratory, Madison, Wisc.

angegebenen Tabelle gesteuert. Die Beobachtungen erfolgen alle 5 min, bis die Platte oder Konstruktion an irgendeiner Stelle durchgebrannt ist oder die Außentemperatur an einer Stelle die Raumtemperatur um 121° C übersteigt. Nach Versuchsende werden die Platten so rasch wie möglich ausgebaut; unter Umständen werden sie mit einem Feuerwehrdruckstrahl abgelöscht.

Nach DIN 4102, Blatt 3, kann die Beheizung der Brandkammer mit Holz, Gas oder Öl erfolgen; die Temperatur soll nach der Einheitskurve (Bild 97) ansteigen. Dabei sind anfangs 8%, später 5% Abweichungen von der mittleren Temperaturkurve zulässig. Die Temperatur ist im Brandraum an mindestens 3 Stellen im Abstand von 10 cm vom Probekörper zu messen und hieraus das Mittel zu bestimmen. An der dem Feuer abgekehrten Seite des Versuchskörpers sind mindestens 3 Meßstellen annähernd gleichmäßig über die Oberfläche zu verteilen. Um das Einwirken der Außenluft zu vermeiden, müssen die Beobachtungsräume abgeschlossen sein.

Die Versuchskörper müssen der beabsichtigten Ausführung entsprechen und in möglichst großen Abmessungen geprüft werden, z. B.:

a) tragende Wände und Zwischenwände in einer Fläche von etwa $2 \cdot 2$ m²,
b) Decken und Dächer in einer Fläche von mindestens 2 m²,
c) Unterzüge und Balken in einer Länge von mindestens 3 m,
d) Stützen und Pfeiler in einer Höhe von mindestens 3 m,
e) Leichtbauplatten und dgl. in einer Fläche von mindestens $1 \cdot 2$ m²,
f) Treppen, Mindestlänge des Laufes 3 m,
g) Türen und Klappen in beabsichtigter Größe.

In diesem Zusammenhang sind noch die für Holz in Frage kommenden Begriffbestimmungen hinsichtlich Widerstandsfähigkeit gegen Feuer und Wärme nach DIN 4102, Blatt 1, anzuführen:

A. Baustoffe.

I. Brennbar.

Als brennbar gelten Baustoffe, die nach der Entflammung ohne zusätzliche Wärmezufuhr weiterbrennen.

II. Schwer entflammbar.

Als schwer entflammbar gelten Baustoffe, die beim Brandversuch nach DIN 4102, Blatt 3, nur schwer zur Entflammung gebracht werden können und nur bei zusätzlicher Wärmezufuhr mit geringer Geschwindigkeit abbrennen. Nach Fortnahme der Wärmequelle muß die Flamme in kurzer Zeit erlöschen. Darüber hinaus darf der Baustoff nur kurze Zeit nachglimmen.

Als schwer entflammbar gelten auch Baustoffe, die bei Einwirkung von Feuer und Wärme verkohlen, ohne daß dabei Flammen auftreten oder der Baustoff nachglimmt, so daß das Weitertragen des Feuers verhindert wird.

Die Eigenschaft „schwer entflammbar" kann auch durch Behandlung mit einem Schutzmittel erreicht werden.

B. Bauteile.

III. Feuerhemmend.

Als feuerhemmend gelten Bauteile, die beim Brandversuch nach DIN 4102, Blatt 3, während einer Prüfzeit von $^1/_2$ Stunde nicht entflammen und den Durchgang des Feuers während der Prüfzeit verhindern. Tragende Bauteile dürfen während der Prüfzeit ihre Standfestigkeit und Tragfähigkeit unter der rechnerisch zulässigen Last nicht verlieren. Einseitig dem Feuer ausgesetzte Bauteile dürfen auf der dem Feuer abgekehrten Seite nicht wärmer als 130° C werden.

Für die Prüfung von Decken und Dächern sind entsprechende waagerechte Öfen und Brandkammern entwickelt worden. Schließlich ist es möglich, kleine Versuchshäuser oder alte Häuser zu Brandversuchen heranzuziehen und aus den Erfahrungen bei Schadensbränden Schlüsse zu ziehen. Für Balken und Stützen ist die Feststellung der Festigkeitsabnahme unter der Feuerbeanspruchung von Interesse. Wertlos ist die Prüfung kleiner Stäbe (von beispielsweise

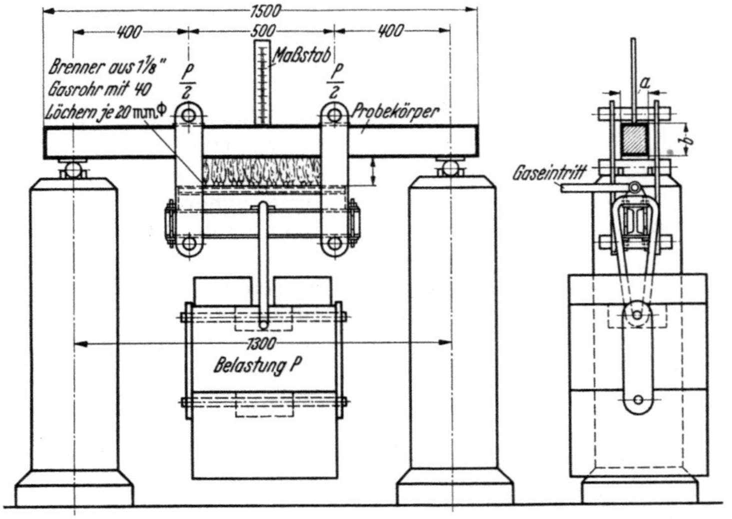

Bild 99. Versuchsanordnung zur Prüfung der Festigkeitsabnahme von Balken bei Feuerbeanspruchung. (Nach O. Graf und F. Kaufmann.)

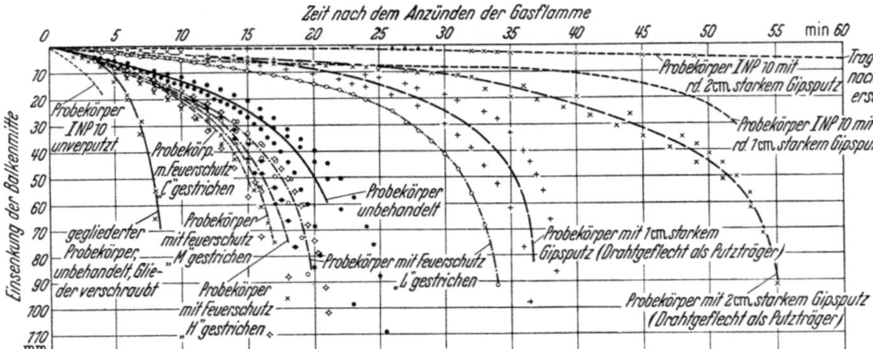

Bild 100. Versuchsergebnisse mit der Anordnung gemäß Bild 99. (Nach O. Graf u. F. Kaufmann.)

$20 \cdot 20\ mm^2$ Querschnitt). Anschauliche Ergebnisse erhält man dagegen mit einer Versuchsanordnung (Bild 99) nach O. Graf und F. Kaufmann[1], bei der Balken von 150 cm Länge mit einer Zweipunktbelastung auf Biegung beansprucht und im mittleren Teil, wo konstantes Biegemoment herrscht, durch einen Reihenbrenner befeuert werden. Einige auf diese Weise gewonnene Versuchsergebnisse zeigt Bild 100. In USA und England werden vielfach Säulen

[1] Graf, O.: Bautenschutz Bd. 3 (1932) S. 113. — O. Graf u. F. Kaufmann: Z. VDI Bd. 81 (1937) S. 531.

und Knickstäbe in vertikalen Öfen unter Last geprüft; festgestellt wird die Zeit bis zum Bruch. Wenn die Säule standhält, wird sie nach dem Ablöschen durch eine Eisenkugel stoßweise beansprucht.

522.65 Prüfung von Holzfaserplatten auf Brennbarkeit. Die in Abschnitt 522.62 beschriebene britische Prüfmethode für die Entflammbarkeit oder Nichtentflammbarkeit gemäß den British Standard Definitions for Fire-Resistance, bei der eine gedarrte Platte von $15 \cdot 15\ cm^2$, die im Winkel von 45° gegen die Waagerechte aufgestellt ist, von unten durch die Flamme einer Alkoholmenge von $0{,}3\ cm^3$ rund 45 s lang beheizt wird, ist in England auch zur Prüfung der Widerstandsfähigkeit von Holzfaserplatten gegen Feuer üblich. K. Friedrich[1] hält das Verfahren für geeignet. Ermittelt wird dabei die Nachbrenn- und Nachglimmdauer sowie die zerstörte Fläche, die für die Einreihung in die Klassen der „nichtentflammbaren" und der „sehr wenig entflammbaren" Stoffe bestimmte Grenzwerte nicht überschreiten dürfen[2].

Bild 101. Plattenbrandwaage, Bauart Chemisch-Technische Reichsanstalt. *1* Einspannvorrichtung mit Probe, *2, 3, 4* Gegengewichte, *5* Öldämpfung und Gaszufuhr, *6* Auffangkorb, *7* Brenner, *8* Strahlungsschutz, *9, 10* Zeiger (Draht und Halterohr), *11* Skala, *12* Strömungsmesser.

Nach L. Metz und H. Seekamp[3] befriedigt das Verfahren aber nicht, da die Wärmebeanspruchung zu kurz und zu gering ist. Beide Forscher entwickelten deshalb ein neues Prüfverfahren. Entsprechend dem Hauptverwendungszweck der Faserplatten als Bekleidungen werden Plattenausschnitte von $30 \cdot 75\ cm^2$ bei der Prüfung senkrecht angeordnet und im unteren Teil über eine größere Strecke einseitig durch eine Gasflamme beansprucht. Die Plattenausschnitte werden mit Hilfe von Flügelschrauben in einen Eisenblechrahmen eingespannt. Mit Asbest belegte Eisenblechstreifen verhindern an allen Kanten ein Übergreifen der Flammen auf die Rückseite. Der Rahmen mit dem Versuchskörper ist an einer Neigungswaage aufgehängt (Bild 101), ähnlich wie beim Feuerrohrgerät. Eiserne Leitbleche schützen die Aufhängeschneiden des Rahmens vor unmittelbarer Flammeneinwirkung. Zur Beheizung der Platte dient ein Reihenbrenner gemäß Bild 102. Die Flammen treten aus den 25 Bohrungen mit je 3 mm Durchmesser unter einem Winkel von 45° nach oben aus. Eine geeignete Flammengröße erhält man bei einem Gasdurchgang von 15 l/min. Die Dauer der Beheizung beträgt bei Platten bis zu etwa 15 mm Dicke 10 min; bei dickeren Platten wird sie entsprechend erhöht.

---

[1] Friedrich, K.: Holz als Roh- und Werkstoff Bd. 2 (1939) S. 62.

[2] Vgl. Amendment Nr. 1, April 1945 to BS 1142: 1943 Fibre Building Board, Addendum, Part 2: Flame-Retardent Fibre Building Boards.

[3] Metz, L., u. H. Seekamp: Holz als Roh- und Werkstoff Bd. 3 (1940) S. 189.

Die Temperaturmessungen auf der unbeheizten Rückseite der Platten sollen den Wärmedurchgang durch die Platte am Angriffspunkt der Flammen und die Ausbreitung des Feuers in der Plattenebene erfassen. Bild 103 zeigt aufgenommene Temperaturkurven für unbehandelte, gestrichene und mit Feuerschutzsalzen getränkte Isolierplatten. Bei allen Versuchen ergab sich, daß die Faserplatten nach Beendigung der Feuereinwirkung durch Nachglimmen noch beträchtliche Gewichtsverluste erleiden.

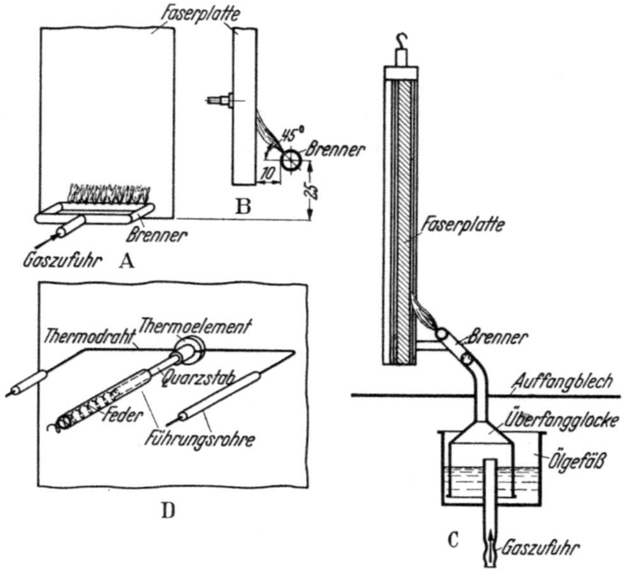

Bild 102. Beheizung der Platten beim Prüfgerät gemäß Bild 101. A und B Brenneranordnung, C Gaszuführung mit Ölabsperrung durch Überfangglocke, D Oberflächen-Thermoelement. (Nach L. Metz und H. Seekamp.)

In England wird die Ausbreitung von Flammen an Baustoffen, die als Schalung oder Verkleidung unter Decken und Fußböden Verwendung finden und damit auch an Holzfaser- und Holzspanplatten auf folgende Weise geprüft[1]: Mindestens 3 Prüfstücke von je 91 · 23 cm² in der normalen Dicke werden waagerecht auf eine tragende Holzplatte genagelt. Die Schnittkanten sind zuerst mit einer Natronwasserglas-Kaolinfarbe zu streichen. Die Proben müssen bei 10 bis 21° C Temperatur und 55 bis 65% relativer Luftfeuchtigkeit ins hygroskopische Gleichgewicht gebracht worden sein. Sie sind beim Versuch strahlender Hitze auszusetzen, und zwar so, daß sich über ihre Längsachse die Temperatur nach folgender Vorschrift (mit einer Genauigkeit von $\pm$ 3%) ändert:

Abstand vom heißen Ende cm	0	7,6	15,2	22,9	30,5	38,1	45,7
Temperatur ° C	500	435	385	345	310	280	250
Abstand vom heißen Ende cm	53,3	61,0	68,6	76,2	83,8	91,4	
Temperatur ° C	225	200	180	160	145	130	

Die Prüfung erfolgt in einem zugfreien Raum. Das Prüfstück soll von Raumtemperatur innerhalb von längstens 5 s der vollen Einwirkung der strahlenden Hitze ausgesetzt werden. Dann ist unverzüglich eine senkrechte Gasflamme von 17,8 cm Länge, die aus einer Düse mit 3,2 mm Bohrung entspringt, auf das heiße Ende für eine Minute anzuwenden. Die Brenneröffnung soll nicht weiter als 6 mm von der Plattenebene entfernt sein. Sobald die Zündflamme das Prüfstück berührt, ist die Zeit für die Ausbreitung der Flammenfront zu messen. Die Beobachtungen sind fortzusetzen, bis die Flammenfront die ganze Plattenfläche überschritten hat oder bis die Flammen erloschen sind oder längstenfalls über 10 min. Eine Kurve, die die Flammenausbreitung in Abhängigkeit von der Zeit wiedergibt, ist aufzuzeichnen.

---

[1] Amendment Nr. 2: Juli 1945, zu BS 476: 1932. Addendum: Surface Spread of Flame.

Folgende Klassen werden auf Grund der Prüfungen unterschieden:

Klasse 1. Oberflächen mit sehr niedriger Flammenausbreitung. — Die mittlere Flammenausbreitung darf 15,2 cm nicht überschreiten.

Klasse 2. Oberflächen mit niedriger Flammenausbreitung. — Die mittlere Flammenausbreitung in den ersten $1^1/_2$ min darf 38,1 cm, die Flammenausbreitung am Versuchsende 45,7 cm nicht überschreiten.

Klasse 3. Oberflächen mit mittlerer Flammenausbreitung. — Die mittlere Flammenausbreitung darf in den ersten $1^1/_2$ min 38,1 cm und während der ersten 10 min 83,8 cm nicht überschreiten.

Klasse 4. Oberflächen mit schneller Flammenausbreitung. — Die Flammenausbreitung übersteigt während der ersten $1^1/_2$ min 38,1 cm oder während der ersten 10 min 83,8 cm.

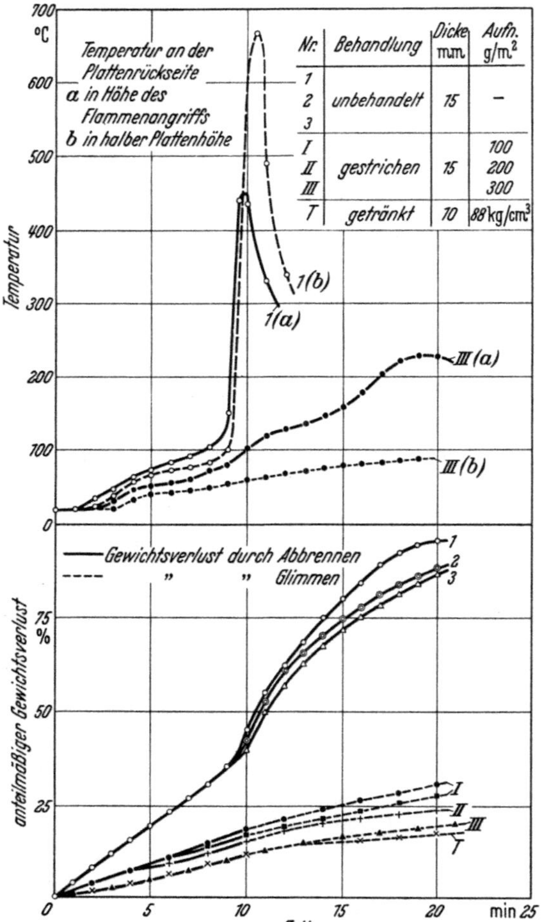

Bild 103. Temperatur an der Plattenrückseite von Isolierplatten bei Prüfung im Gerät gemäß Bild 101. *a* in Höhe des Flammenangriffs, *b* in halber Plattenhöhe sowie anteilmäßiger Gewichtsverlust in Abhängigkeit von der Prüfzeit.

(Nach L. Metz und H. Seekamp.)

522.66 Prüfung der Nebenwirkungen von Feuerschutzmitteln. Wie schon in Abschnitt 522.1 dargestellt wurde, müssen geeignete Feuerschutzmittel nicht nur die Brennbarkeit des Holzes oder der Holzwerkstoffe herabsetzen, sondern die dort im einzelnen besprochenen Nebenwirkungen haben bzw. bei unerwünschten Nebenwirkungen nicht oder nur in geringem Maße aufweisen.

Die Haftfestigkeit und das Auswittern werden dadurch geprüft, daß Normstäbe für das Feuerrohrverfahren ($1 \cdot 2 \cdot 100$ cm³) 14 Tage lang bei Raumtemperatur abwechselnd bei 30% und 95% relativer Luftfeuchtigkeit gelagert, die Veränderungen beobachtet und anschließend Feuerrohrversuche durchgeführt werden. Ähnlich kann man die Haltbarkeit bei erhöhten Temperaturen ermitteln. Für die Verdunstbarkeit kommt das schon auf Seite 105 beschriebene Gerät nach H. Wicht in Frage, die Wetterbeständigkeit untersucht man an Lattenverschlägen, die im Freien (bei gleichzeitiger Registrierung der meteorologischen Bedingungen) aufgestellt waren. Die Auswaschbarkeit kann durch künstliche Beregnung untersucht werden.

Über die Schädigung der Holzfaser ergeben Festigkeitsversuche (s. S. 108) Aufschluß. Pilzwidrige oder pilzfördernde Wirkung wird nach dem Klötzchen-Verfahren (DIN 52176, Blatt 1) untersucht. Das Eindringvermögen und das Durchschlagen kann nach den ebenfalls früher beschriebenen Methoden (s. S. 100) festgestellt werden. Über das Netzvermögen erhält man (nach einem Vorschlag der I.G. Farbenindustrie[1]) dadurch Aufschluß, daß man Scheiben mit 3 cm Durchmesser aus einem schwer benetzbaren Wollstoff (Sergemarx) auf die zu prüfende Lösung fallen läßt und die Zeit bis zur völligen Durchtränkung der Wollfilzscheibe sowie bis zum Untersinken in der Lösung beobachtet.

523. Quellungsschutz, Stabilisierung der Holzabmessungen.

523.0 Allgemeines.

Quellen und Schwinden sind die natürlichen Begleiterscheinungen von Feuchtigkeitsänderungen im hygroskopischen Bereich. Infolge der früher geschilderten sehr großen inneren Oberfläche (s. Bd. I, S. 118) und der starken Affinität der Cellulose zum Wasser, die auf den hygroskopischen Hydroxylgruppen beruht, sind die Absorptionskräfte außerordentlich hoch. Sie zu verringern oder gar zu beseitigen, ist deshalb eine recht schwierige Aufgabe, deren Ideallösung noch nicht gefunden ist. Trotzdem haben sich die meisten aller Anstrengungen, um die Holzeigenschaften zu verändern, darauf gerichtet, die Stabilität ihrer Abmessungen unter verschiedenen klimatischen Bedingungen zu erhöhen.

Mit dem Alter ist eine Änderung der Holzeigenschaften bei unversehrtem Holz, d. h. solange sein Feinbau und seine chemische Zusammensetzung erhalten bleiben, nicht zu erwarten. Untersuchungen an dem Holz ägyptischer Mumiensärge haben das bestätigt. Auch die Hoffnungen, eine praktisch bedeutsame künstliche Alterung durch Behandlung mit Ozon und Sauerstoff[2] oder durch Einwirkung von ultravioletten Strahlen[3] zu erreichen, haben sich nicht erfüllt; die teils sehr kleinen, teils fraglichen Erfolge stehen in keinem Verhältnis zum Aufwand. Unbestreitbar ist hingegen die günstige Einwirkung hoher Temperaturen bei der künstlichen Holztrocknung, wovon zu sprechen sein wird. Auch das Dämpfen ist infolge der mit ihm verbundenen hohen Temperaturen als Mittel zur Quellungsvergütung anzuerkennen (s. S. 250), wenngleich es weniger wirksam ist als trockene Hitze. Die mit dem Dämpfen sekundär erzielte geringfügige Abführung von Holzbestandteilen vermag die Quellungseigenschaften ebensowenig in nennenswertem Umfange zu verbessern wie das Auslaugen mit kaltem oder heißem Wasser[4]. Die entfernbaren Bestandteile, hauptsächlich begleitende Kohlehydrate und Spuren von Mineralstoffen, sind nicht die Ursache der Hygroskopizität des Holzes. Eine elektrolytische Beschleunigung der

---

[1] I.G. Farbenindustrie AG: Hauptsächlichste Gesichtspunkte für die Beurteilung von Feuerschutzmitteln (Aug. 1935).

[2] Cellerier, F.: Vieillissement artificiel des bois. Différenciation des bois verts et des bois vieux ou artificiellement vieillis, Congrès international pour l'essai des matériaux. Amsterdam 1927, Bd. 2, La Haye, Martinus Nijhoff 1928.

[3] Schwalbe, C. G., u. G. Just: Sperrholz Bd. 4 (1932) S. 5; vgl. auch C. G. Schwalbe u. K. Berndt: Kolloid-Z. Bd. 54 (1931) S. 314.

[4] Janka, G., u. N. Lorenz-Liburnau: Die Einwirkung von Süß- und Salzwasser auf die gewerblichen Eigenschaften der Hauptholzarten. Mitt. Forstl. Versuchswes. Österr. Bd. 33, Wien 1907. — G. Janka: Cbl. ges. Forstwes. Bd. 42 (1916) S. 1. — C. G. Schwalbe u. W. Ender: Dtsch. Forstwirtsch. Bd. 16 (1934) Nr. 1/2, S. 3.

Extraktion von Holz[1] ist deshalb in bezug auf die Quellungsvergütung nicht wirksam. Ähnliche Vorbehalte gelten für die von R. A. Herzner vorgeschlagene elektrische Neutralisation des Holzes in Gegenwart von Salzlösungen.

Mehr oder minder erfolgreich sind hingegen folgende Methoden[2]:

1. Überzüge und Anstriche auf der äußeren Holzoberfläche mit Stoffen, die für Wasser möglichst undurchlässig sein müssen;

2. Überzüge auf der inneren Oberfläche des Holzes mit wasserundurchlässigen Stoffen;

3. Einlagerung von Chemikalien in die Micellzwischenräume, so daß die Kristallite im gequollenen Zustand fixiert und die normale Schwindung blockiert wird;

4. Bildung chemischer Brücken zwischen chemischen Struktureinheiten im Holz, wobei die hygroskopischen Hydroxylgruppen der Cellulose und des Lignins durch weniger hygroskopische Gruppen auf chemischem Wege ersetzt werden.

523.1 Wasserundurchlässige Überzüge und Anstriche auf Holz.

523.11 Arten und Feuchtigkeitsschutzwirkung von Überzügen auf Holz. Anstriche und Überzüge der äußeren Holzoberfläche wurden vom Standpunkt des Quellungsschutzes aus an verschiedenen Stellen sehr gründlich untersucht. Es ergab sich, daß eine Wirksamkeit im Feuchtigkeitsabschluß bis zu 98% im Verhältnis zu unbehandeltem Holz (bei Lagerung in 95 bis 100% relativer Luftfeuchtigkeit während 2 Wochen) erreichbar ist. Die besten Überzüge bestehen aus Aluminiumfolien zwischen Farb- oder Firnisschichten. Man kann aber auch mit Anstrichen aus Firnis, Emaillelack oder Farbe, die Aluminiumpulver enthalten, noch eine Wirksamkeit von 90% und darüber erreichen. Bitumenfarben, pigmentierte Farben und verschiedene Lacke und Firnisse ergeben einen guten Schutz von 50 bis 90%, wenn sie mehrfach übereinander aufgetragen werden. Die Wirksamkeit einzelner Schutzanstriche ist im allgemeinen gering. Das US Forest Products Laboratory gibt nachstehenden Überblick[3] über die Wirksamkeit von Schutzanstrichen (Zahlentafel 13).

Die Abhängigkeit der Feuchtigkeitsschutzwirkung von einer vorausgegangenen längeren Bewitterung untersuchte F. L. Browne[4]. Zahlentafel 14 gibt die wichtigsten Ergebnisse wieder. Die Proben wurden nach der Bewitterung zunächst bei 20° C und 65% relativer Luftfeuchtigkeit bis zum Gleichgewicht konditioniert und hierauf in einem Feuchtraum bei 97% relativer Luftfeuchtigkeit unter Ermittlung der Gewichtszunahme gelagert. Die Feuchtigkeitsschutzwirkung wurde mit der von unbehandeltem Holz verglichen. Sämtliche Zahlen in Zahlentafel 14 sind Mittelwerte für Anstriche auf 4 Holzarten (Southern pine, Douglas fir, White pine und Redwood).

---

[1] Herzner, R. A.: Behandlung des Hartholzes mit elektrischem Strom an Stelle von Holzimprägnierung, in: Die Österreichischen Laubhölzer, Werbeschrift der Niederösterreichischen Landes- und Landwirtschaftskammer, Wien 1932. — Sudetendtsch. Forst- und Jagd-Ztg. 1934, S. 154.

[2] Stamm, A. J.: Modified Woods, Modern Plastics Encyclopedia, 1948, S. 725.

[3] US Dept. Agric., Forest Products Laboratory, Madison, Wisc.: Wood Handbook, Sept. 1935, S. 242 und 146.

[4] Browne, F. L.: Effectiveness of Paints as Protective Coatings for Wood, US Dept. Agric., For. Prod. Lab., Madison, Wisc., Ber. R. 974 (1936), vgl. Ind. Engng. Chem. Bd. 25 (1933) S. 835. — Derselbe: Ebenda Bd. 28 (1936) S. 798.

Zahlentafel 13. *Feuchtigkeitsschutzwirkung von Überzügen auf Holz (während 2 Wochen in nahezu gesättigter Luft, Anfangsfeuchtigkeit des Holzes 11%). (Nach U.S. Forest Products Laboratory.)*

Anstrich Nr.	Beschreibung	Wirksamkeit[1] von 1 Schicht %	2 Schichten %	3 Schichten %
	A. Überzüge zum Gebrauch sowohl im Freien als auch in Innenräumen			
1	Aluminiumpulver in Asphalt oder Pechfarbe	—	—	98
2	Aluminiumpulver in Anstrich Nr. 9	39	88	95
3	besonders fein gemahlenes Aluminiumpulver in Anstrich Nr. 9	78	92	94
4	Aluminiumpulver in Alkydharz	15	81	93
5	Bleiweiß in Anstrich ähnlich Nr. 9	62	86	91
6	Asphalt oder Pechfarbe	—	—	90
7	Aluminiumpulver in Leinöl	14	57	77
8	Leinölfarbe mit Zinkoxyd oder anderen weißen Pigmentstoffen, mit oder ohne Farbstoffe	30	69	73
9	Phenol-Formaldehydkunstharz, rund 10 kg auf 40 l Leinöl	5	49	73
10	gewöhnliche Blei- und Ölfarbe	20	57	70
11	Mennige oder Graphit in Leinöl	4	58	64
12	Leinöl mit Trockner	3	5	21
	B. Überzüge nur für Holz in Innenräumen			
13	Aluminiumfolie auf Celluloselackgrund	—	94	—
14	Aluminiumpulver in rasch trocknendem Öllack	—	—	92
15	Aluminiumpulver in Schellack	—	—	92
16	Paraffin, dick aufgetragen	91	—	—
17	Polierfirnis	—	—	89
18	Schellack	—	—	87
19	Fahrzeug-Emaillelack	—	—	76
20	Celluloselack	—	—	73
21	Bronze-Öllack	—	—	12
22	Möbelwachs	—	—	8

Zahlentafel 14. *Feuchtigkeitsschutzwirkung von Überzügen auf Holz nach verschieden langer Bewitterung. (Nach F. L. Browne.)*

Art des Anstrichs	Feuchtigkeitsschutzwirkung % nach einer Dauer der Bewitterung von: anfänglich	6 Monaten	12 Monaten	18 Monaten	24 Monaten	30 Monaten	36 Monaten
Aluminiumpulver in Harzesterfirnis I	90	93	87	87	87	83	83
Aluminiumpulver in Harzesterfirnis II	98	97	93	93	91	88	90
Glycerin-Phthalatfirnis	93	95	89	89	91	87	86
Aluminiumpulver in rohem Leinöl	77	85	75	75	77	70	69
Aluminiumpulver in Standöl	89	92	85	85	86	83	79
Aluminiumpulver in Nitrocelluloselack	43	55	38	—	—	—	—
Bleiweiß in Leinöl	73	85	75	72	67	41	49
Bleiweiß in Bakelitöl	92	95	92	93	94	90	88

[1] völliger Schutz entspricht einer Wirksamkeit von 100%, ganz fehlender Schutz (z. B. bei rohem Holz) von 0%.

Wie ersichtlich haben Aluminiumanstriche und Glycerin-Phthalatfirnis selbst nach 3jähriger Bewitterung noch eine sehr gute Schutzwirkung. Eine Ausnahme machte nur der Anstrich aus Aluminiumpulver in Nitrocelluloselack, der, von Anfang an wenig wirksam, nach einem Jahr nur mehr ungenügend schützte. Anstriche mit verschiedenen weißen Pigmenten (wie Zinkoxyd, Zinksulfid, Antimonoxyd, Titaniumdioxyd, Lithopone usw.) in Leinöl ergaben in der Regel keine nennenswert höhere Schutzwirkung als Bleiweiß in Leinöl. Auch farbige Pigmente (wie verschiedene Eisenoxyde, Ocker, Chromgelb, Mennige, Preussischblau, Graphit usw.) erwiesen sich als nicht besser. Wurden hingegen diese Anstriche nur als Grundanstrich aufgebracht, dem ein doppelter Anstrich mit Bleiweißleinöl folgte, so zeigen sich die Anstriche mit farbigen Pigmenten in der Regel als wirksamer und haltbarer als die mit weißen Pigmenten. Reine Bindemittel wie Leinöl, Harzesterfirnis, Bakelitöl usw. waren bei 3fachem Auftrag viel weniger haltbar als pigmentierte Anstriche. Schon nach 24-monatiger Bewitterung waren diese Anstriche so stark beschädigt, daß fast kein Feuchtigkeitsschutz mehr erzielt wurde. Es zeigte sich, daß im allgemeinen die Dauerhaftigkeit und Schutzwirkung erst bei besonders hohem Pigmentanteil sinkt und daß bei manchen Anstrichen praktisch keine Schutzwirkung mehr besteht, wenn ihr Aussehen scheinbar noch befriedigt.

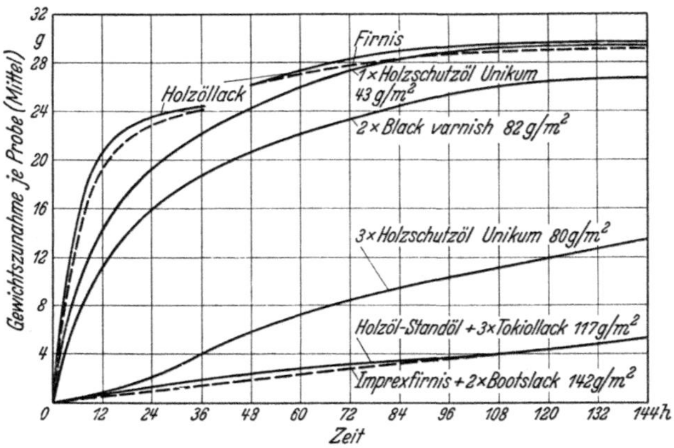

Bild 104. Feuchtigkeitsschutz von Holz durch verschiedene Anstriche. (Nach E. K. O. Schmidt.)

In Deutschland liegen verschiedene Beiträge zur Frage des Feuchtigkeitsschutzes von Anstrichen von E. K. O. Schmidt[1] vor. Es ergab sich dabei folgendes: Eine Vorbehandlung von Sperrholz mit Paraffin ist einfach möglich, wobei an Stelle von Terpentin besser leicht flüchtige Lösungsmittel (z. B. Benzin-Benzol) verwendet werden. Durch die Paraffinbehandlung mit nachfolgendem Holzöllackanstrich wird der Feuchtigkeitsschutz wesentlich besser als durch Holzöllack allein. Bei der angewandten Art der Paraffinierung mit rasch verdunstenden Lösungsmitteln wurde die Leimfestigkeit des Sperrholzes nicht beeinträchtigt. Bezüglich der Grundierungen und Oberflächenschutzmittel kam E. K. O. Schmidt zu folgenden Ergebnissen: Die Verbindung holzölhaltiger Grundiermittel (Holzöllack und verdünntes Holzöl, Standöl) an Stelle der vielfach üblichen Grundierung von Sperrholz mit Leinölfirnis oder Halböl liefert, wenn diese mit Boots- oder Schleiflack gedeckt werden, eine höhere Wasserbeständigkeit (bei Einlagerung in Leitungswasser). Der beste Oberflächenschutz wird durch Bootslacke erhalten und von Teer- oder Bitumenanstrichen nicht erreicht (Bild 104). Bootslacke erwiesen sich als recht widerstandsfähig gegen Witterungsangriffe, während Bitumenanstriche stark darunter leiden. Zu ähn-

[1] Rackwitz, E., u. E. K. O. Schmidt: Über den Schutz von Sperrholz gegen Feuchtigkeitsaufnahme durch Paraffin-Vorbehandlung, DVL-Jahrb. 1929, S. 251. — E. K. O. Schmidt: Oberflächenschutz von Sperrholz, DVL-Jahrb. 1930, S. 421. — Derselbe: Sperrholz Bd. 3 (1931) S. 153.

lichen Ergebnissen gelangte A. Herrmann[1]; am besten befriedigten wieder die Bootslacke, fast ebensogut waren Anstriche mit Aluminiumgrundfarbe und darüber einmal Bitumenfarbe. Nitrocelluloselacke mit Kunstbalsam schnitten bei den Innenversuchen mit Entlüftung am zweitbesten, bei den Außenversuchen aber am zweitschlechtesten ab; der Grund liegt in der auch im US Forest Products Laboratory beobachteten geringen Elastizität von Nitrocelluloselackschichten, die bei Witterungsschwankungen rasch zu Rißbildung führt. Sehr wichtig ist im Fahrzeug- und Bootsbau auch Kantenschutz, da die Feuchtigkeitsaufnahme über Hirn ein Vielfaches der Aufnahme an Langholzflächen beträgt[2].

Trotz vieler Vorzüge haben Schutzanstriche auch manche Nachteile; sie sind leicht verletzlich, und sie büßen ihre Wirksamkeit ein bei mechanischer Beanspruchung des Holzes, bei dauernder Verwendung im Freien und bei Weiterverarbeitung des Holzes durch Schneiden oder Nageln. Ferner ist festzuhalten, daß selbst die besten Überzüge aus Kunstharzlacken oder Aluminiumfarben nur die Absorption der Feuchtigkeit verlangsamen und dadurch allerdings unter den meisten praktischen Bedingungen die Ausbildung steiler Feuchtigkeitsgefälle im Holz verhindern, die ihrerseits die Ursache von Formänderungen, Rissen und aufstehenden Fasern wären. Die Quellung und Schwindung als solche werden nicht verringert und können sich, wenn ungünstige klimatische Verhältnisse lange auf die Holzteile einwirken, allmählich in vollem Ausmaße einstellen.

523.12 Prüfung von Überzügen und Anstrichen auf Feuchtigkeitsschutzwirkung. Die einfachste und allgemein übliche Prüfung von Überzügen und Anstrichen auf ihre Feuchtigkeitsschutzwirkung besteht darin, daß Holzproben, z. B. Furnierplatten, oberflächlich $15 \cdot 15$ cm² messend, nachdem der jeweilige Oberflächenschutz aufgebracht wurde und die Schnittkanten geschützt wurden, eine bestimmte Zeit lang bei Raumtemperatur in feuchter Luft von 95 bis 98% relativer Feuchtigkeit gelagert oder in Wasser eingetaucht werden. Dabei werden die Zunahme des Gewichts und gegebenenfalls die Änderungen der Abmessungen in Abhängigkeit von der Zeit ermittelt; unter Umständen begnügt man sich damit, nur die Gewichtszunahme nach einer Endzeit festzustellen.

Interessanten Aufschluß über die Dauerhaftigkeit der Feuchtigkeitsschutzwirkung von Überzügen geben Versuche im Wechselklima. Ein Verfahren, das auf Proben von Kiefernvollholz, Buchenschichtholz und Buchensperrholz mit sehr verschiedenartigen Schutzanstrichen angewendet wurde, stammt von F. Kollmann[3]. Unterschieden wurde trocken-heißes und feucht-warmes Klima sowie, den Verhältnissen der Wirklichkeit angenähert, innerhalb von 24 Stunden Tag- und Nachtklima. Beim trocken-heißen Klima wurde das Tagklima während 8 Stunden mit 70° C Temperatur und 5% relativer Luftfeuchtigkeit in einem Trockenschrank, das Nachtklima während $14^1/_2$ Stunden mit 5° C Temperatur und 90% relativer Luftfeuchtigkeit in einem Kühlschrank über einer gesättigten Salzlösung mit Bodenkörper erzeugt; $1^1/_2$ Stunden dienten zum Wägen der Proben; die Lagerung im Tagklima wurde täglich 3 Stunden unterbrochen, um eine Bestrahlung mit ultraviolettem Licht (mit durchschnittlich 100 UVE/m²) vorzunehmen. Die feuchtwarme Klimabeanspruchung zerfiel in 8 Stunden Tagklima bei 45° C Temperatur und 90% relativer Luftfeuchtigkeit im Klimaschrank

---

[1] Herrmann, A., u. H. Wolff: Sperrholz Bd. 2 (1930) S. 411. — A. Herrmann: Sperrholz Bd. 5 (1933) S. 149.

[2] Kantenschutz von Holz und Sperrholz. AWF-Mitt. Bd. 17 (1935) S. 103.

[3] Kollmann, F., u. H. Telle: Untersuchungen über die Klimabeanspruchung von Holzanstrichen, Reichsanstalt für Holzforschung, Mechanisch-technologisches Institut, Eberswalde, Ber. Nr. 106 v. 4. 3. 1943 (als Manuskript veröffentlicht).

und $14^1/_2$ Stunden Nachtklima bei 20° C Temperatur und 98% relativer Luftfeuchtigkeit in einer Feuchtkammer. Gemessen wurde die Änderung der Holzfeuchtigkeit auf Grund von Wägungen. Die täglichen Schwankungen im Kurvenverlauf und der Anstieg der mittleren Tageswerte im feucht-warmen bzw. ihr

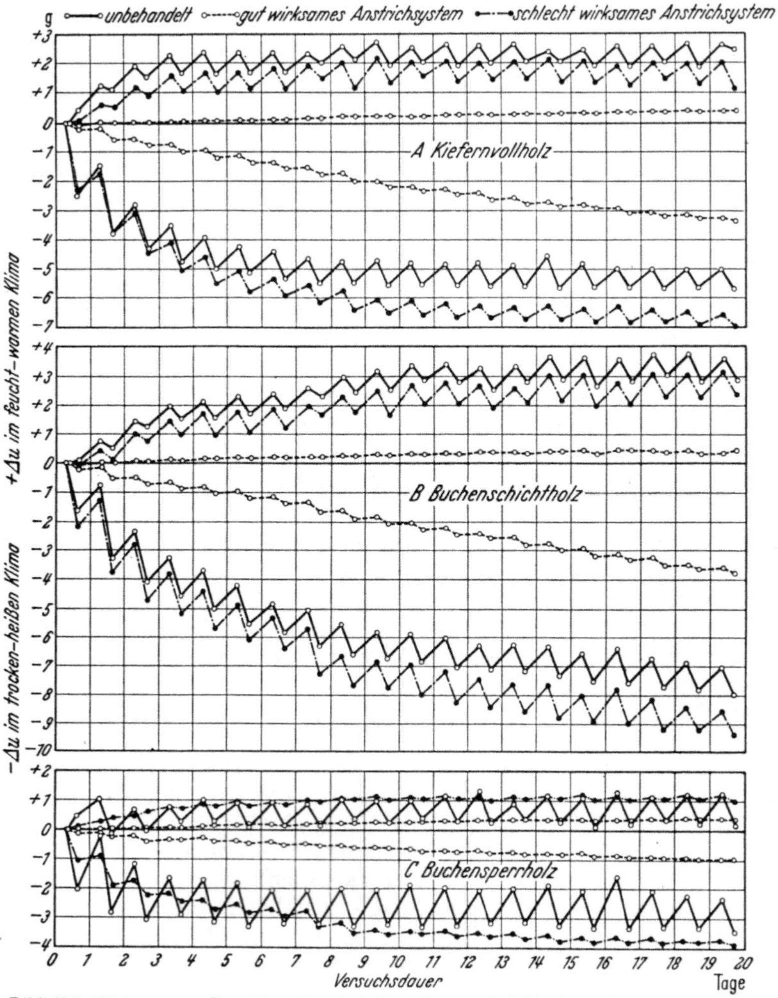

Bild 105. Wirkung von Feuchtigkeitsschutzüberzügen auf *A* Vollholz, *B* Schichtholz und *C* Sperrholz in feuchtwarmem und trockenheißem Klima. (Nach F. Kollmann.)

Abfall im trocken-heißen Klima (Bild 105) gestatten eine Beurteilung der Schutzanstriche. Darüber hinaus ergab sich allgemein, daß die Schutzanstriche etwa die Wirkung eines Rückschlagventils besitzen, d. h. wohl gegen Feuchtigkeitsaufnahme, nicht aber -abgabe schützen.

523.2 Wasserundurchlässige Überzüge auf der inneren Oberfläche des Holzes.

523.20 Allgemeines. Der Gedanke, Hüllstoffe in das Holz selbst einzubringen, so daß die Kapillarwände — ähnlich wie sonst die Außenflächen — bedeckt werden, ist naheliegend. Leider sind aber Aluminiumpulver und andere körnige

Pigmentstoffe, die sich bei äußeren Anstrichen besonders bewährten, zu grob, um die inneren Öffnungen der Tüpfelschließhäute mit nur 0,02 bis 0,1 μ Weite (vgl. Bd. I, S. 13) durchwandern zu können. Tränkt man hingegen im Vakuumdruckverfahren mit Leinöl, Paraffin (gelöst in Benzol), geschmolzenem Wachs oder mit Kunstharzlacken, so erreicht man eine Wirksamkeit von 40 bis 63% bei Lagerung in feuchter Luft während 17 Tagen[1]. Die Ursache liegt darin, daß der innere Überzug auf der fein verästelten und komplizierten Kapillarstruktur des Holzes keinesfalls so lückenlos hergestellt werden kann wie ein äußerer Überzug. Grundsätzlich ist also stets ein dicker, zusammenhängender Film auf der äußeren Oberfläche als Feuchtigkeitssperre wirksamer als zahlreiche unvollkommene innere Überzüge.

Auch bei den mit hydrophoben Stoffen imprägnierten Holzstücken ist somit die Absorption und Quellung nur verzögert. A. J. Stamm erwähnt in einer ausgezeichneten Abhandlung über alle diese Fragen[2] unveröffentlichte Versuche von J. D. MacLean, der paraffingetränkte Holzklötze in Wasser tauchte und über ein ganzes Jahr ihre Gewichtszunahme und Maßänderung aufzeichnete. In allen Fällen quollen die behandelten Proben genau so stark wie die unbehandelten Kontrollstücke, nur benötigten sie 3- bis 4mal so lange, um das gleiche Gewicht zu erreichen. Ähnliche Feststellungen stammen von J. Wiertelak und J. Czarnecki[3].

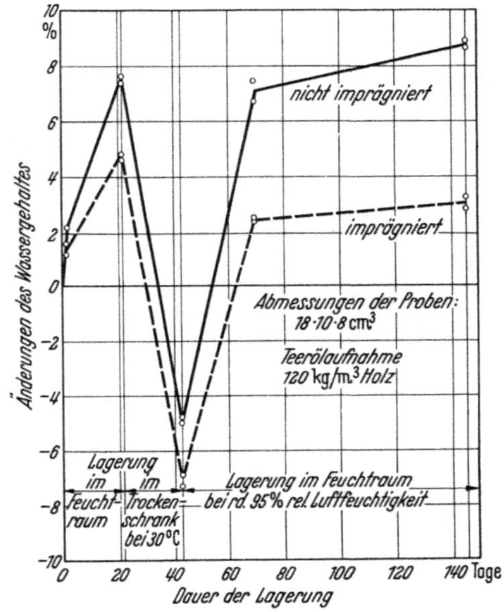

Bild 106. Wasseraufnahme und -abgabe von mit Steinkohlenteeröl getränkten Fichtenhölzern. (Nach K. Egner.)

523.21 Tränkung mit Teeröl. Mit Teeröl wird Holz zum Schutz gegen Pilze und Insekten meist nach dem Rüpingschen Spartränkverfahren imprägniert (siehe Abschnitt 513.72). Über die Wasseraufnahme und Formänderungen von teerölgetränktem Holz hat schon G. Janka[4] berichtet. Seine Versuchsergebnisse mögen aber, da der Feuchtigkeitsgehalt der behandelten und der unbehandelten Proben nicht übereinstimmte, ein zu günstiges Bild für erstere ergeben haben. In der Materialprüfungsanstalt an der Technischen Hochschule Stuttgart wurden deshalb später Kontrollversuche an mit Steinkohlenteeröl getränkten Fichten-Pflasterklötzen (10 · 8 · 18 cm³) durchgeführt. Die hinsichtlich Aufbau und Wichte gut vergleichbaren Hölzer hatten 120 kg/m³ Steinkohlenteeröl aufgenommen. Die Probehölzer wurden zuerst rund 22 Tage in einem Feuchtraum mit 95% relativer Luftfeuchtigkeit, dann 21 Tage in einem Trockenschrank bei rund 30° C Temperatur und zum Schluß mehr als drei Monate wieder in dem Feuchtraum gelagert. Die Wasseraufnahme und -abgabe zeigt Bild 106. Die

[1] Hunt, G. M.: Effectiveness of Moisture-Excluding Coatings on Wood, US Dept. Agric. Circular Nr. 128, Washington D. C. 1930.

[2] Stamm, A. J., u. L. A. Hansen: Ind. Engng. Chem. Bd. 27 (1935) S. 1480.

[3] Wiertelak, J., u. J. Czarnecki: Ind. Engng. Chem. Bd. 27 (1935) S. 543.

[4] Janka, G.: Die Eignung des Buchenholzes zu Straßenpflaster im Vergleich mit Nadelhölzern, Mitt. forstl. Versuchsanst. Mariabrunn 1902.

Raumänderungen gibt in Bd. I Bild 322, S. 427 wieder. Wie ersichtlich war die Wasseraufnahme bzw. -abgabe und damit auch die Quellung bzw. Schwindung des mit Steinkohlenteeröl getränkten Fichtenholzes wesentlich geringer als die des ungetränkten. Ähnlich günstige Eigenschaften hatte K. Egner[1] auch bei der Wasserlagerung von mit Steinkohlenteeröl imprägnierten Pappelplatten festgestellt. Nach rund 12tägigem Eintauchen hatten die mit Steinkohlenteeröl getränkten Platten nur 20%, die unbehandelten aber 87% Wasser aufgenommen. Im Gegensatz zu den mit Paraffin getränkten Hölzern, von denen im nächsten Abschnitt ausführlich die Rede sein wird, wird also durch die Teeröltränkung eine Quellungsvergütung erzielt; K. Egner[2] erklärt dieses zunächst überraschende Phänomen dadurch, daß die im Holz verbleibende Teerölmenge zum großen Teil in den Zellwandungen liegt und in gewissem Maße mechanisch an diese gebunden ist.

523.22 Tränkung mit Kohlenwasserstoffen (Paraffin und Wachs). Die Versuche, Hölzer zwecks Stabilisierung ihrer hygroskopischen Eigenschaften mit Paraffin oder ähnlichen Stoffen zu tränken, sind schon alt. F. Bub/Bodmar gibt darüber einen historischen Überblick[3], aus dem zu entnehmen ist, daß im Jahre 1812 von Champy[4] das Eintauchen von Holz in auf 120° C erhitzten Talg vorgeschlagen wurde. Die Gebrüder Leuchs[5] wollten dann 1862 Holz in Paraffin kochen, Baxter[6] empfahl 1866 das gleiche Verfahren. Die holländische Akademie der Wissenschaften in Amsterdam will 1872 durch Eintauchen von Hölzern in geschmolzenes Paraffin gute Ergebnisse erzielt haben. Hock[7] verbesserte 1891 das Verfahren, indem er trockenes Holz mit einer Lösung von Rohparaffin in Benzin tränkte, die überschüssige Flüssigkeit ablaufen ließ und das noch im Holz befindliche Lösungsmittel bei hoher Temperatur verdampfte.

Die in neuerer Zeit in USA und Polen durchgeführten Versuche mit Paraffintränkung wurden schon einleitend (Z. 523.20) erwähnt. Eine gute Durchtränkung erzielten J. Wiertelak und J. Czarnecki[8] durch Anwendung des Heiß- und Kaltbadverfahrens (Z. 513.42); dabei wurden die Hölzer zunächst in einem offenen Behälter in ein Bad aus geschmolzenem Paraffin mit rund 71° C Temperatur gelegt. Im Verlauf von 30 min wurde die Temperatur auf 105° C gesteigert, in weiteren 3 bis 4 h auf 135° C. Hierauf wurden die Hölzer wieder für 30 min in ein Bad mit 71° C gebracht. Die erzielte Aufnahme von rund 95% Paraffin konnte auch durch eine längere Tränkdauer nicht mehr wesentlich erhöht werden. Das Eindringen erfolgte hauptsächlich längs der Faser. Wenn nasse Erlenhölzer ($u = 160\%$) auf die beschriebene Weise getränkt wurden, dann stieg die Paraffinaufnahme auf rund 114%. Wahrscheinlich läßt sich diese Erscheinung folgendermaßen erklären. Im nassen Holz sind die Zellen ganz aufgequollen und bleiben offen, bis das heiße Paraffin beim Eindringen das Wasser verdrängt und zum Verdampfen bringt. Zahlentafel 15 stellt die Wasseraufnahme und Volumenquellung von paraffiniertem und unbehandeltem Holz gegenüber. Man sieht, daß das getränkte Holz

[1] Egner, K.: Neuere Erkenntnisse über die Vergütung der Holzeigenschaften, Mitt. Fachaussch. Holzfragen, H. 18, Berlin 1937, S. 19 und 32.

[2] Egner, K.: Neuere Erkenntnisse über die Vergütung der Holzeigenschaften, Mitt. Fachaussch. Holzfragen, H. 18, Berlin 1937, S. 36.

[3] Bub/Bodmar, F., u. B. Tilger: Die Konservierung des Holzes in Theorie und Praxis, Berlin 1922, S. 327, 917.

[4] Champy: Expériences sur des nouveaux magasins à poudre, 1813 zit. nach F. Bub/Bodmar u. B. Tilger: Die Konservierung des Holzes in Theorie und Praxis, Berlin 1922.

[5] Vgl. Wagners Jahresberichte 1862, S. 655.

[6] Brit. Pat. 2084 (1866).

[7] Vgl. Polytechn. Zbl. 1872, S. 665.

[8] Wiertelak, J., u. J. Czarnecki: Ind. Engng. Chem. Bd. 27 (1935) S. 543.

in der Wasseraufnahme sowohl bei kurzer als auch bei langer Wässerung erheblich hinter dem unbehandelten Holz zurückbleibt; trotzdem aber liegt bei der längeren Wasserlagerung die Wasseraufnahme des paraffinierten Holzes über dem Fasersättigungspunkt; die Folge ist, daß die Quellung des behandelten Holzes und des unbehandelten sich nicht unterscheiden, daß also, wie schon erwähnt wurde, von einer echten Quellungsvergütung nicht die Rede sein kann.

Zahlentafel 15. *Wasseraufnahme und Volumenquellung von unbehandeltem und paraffingetränktem Erlenholz. (Nach J. Wiertelak u. J. Czarnecki.)*

	Wasseraufnahme		Volumenquellung	
	nach 24 h %	nach 67 Tagen %	nach 24 h %	nach 67 Tagen %
unbehandelt . . .	18,0 bis 21,6	66,3 bis 87,0	9,3 bis 11,6	8,5 bis 10
paraffingetränkt . .	4,3	35,5	3,0	9,0

Nach K. Egner hängt die durch Tränkung mit wasserunlöslichen Stoffen zu erreichende Quellungsvergütung hauptsächlich davon ab, inwieweit die Tränkflüssigkeit entweder eine Bindung oder eine Einlagerung in die Zellmembran erfährt. Daneben muß von den Tränkstoffen und -flüssigkeiten, wenn sie eine hohe Schutzwirkung gegen Feuchtigkeitsaufnahme herbeiführen sollen, möglichst gute Eindringbarkeit verlangt werden. Die wirksamsten hydrophoben Stoffe sind nun in geschmolzenem Zustand (oder bei Kunstharzen als Vorkondensate) so viscos, daß sie sich nicht tief in das Holz einführen lassen. Man muß deshalb diese Stoffe in geeigneten Lösungsmitteln auflösen. Nur in diesem Zustand läßt sich die Aufnahme je nach dem Zweck der Tränkung beliebig abstufen.

Praktisch stößt die Anwendung dieser Methode bei der Holzimprägnierung auf Schwierigkeiten. Vor allem macht es das schlechte Wärmeleitvermögen des Holzes fast unmöglich, das Lösungsmittel nach der Tränkung aus dem Holz zurückzugewinnen. Hieran scheiterten lange Zeit alle mit organischen Lösungsmitteln arbeitenden Tränkverfahren.

Nach A. Nowak[1] ist aber eine Imprägnierung unter wirtschaftlichen Bedingungen möglich, wenn man die schlecht wärmeleitende Luft im Kessel und Holzinnern durch die Dämpfe eines Lösungsmittels von hoher spezifischer Wärme verdrängt. Ein auf diesem Gedanken beruhendes Verfahren imprägniert Holz mit Gemischen von Montanwachs und Kunstharzlösungen, wobei als Lösungsmittel Trichloräthylen ($CHCl \cdot CCl_2$) verwendet wird, das nach der Tränkung fast vollkommen zurückgewonnen werden kann. Dieses Lösungsmittel hat einen niedrigen Siedepunkt (87,2° C) und gute Wärmeleitfähigkeit; es ist mit Wasser mischbar, nicht brennbar und löst die meisten Wachse und Kunstharze. Die Tränkung geht folgendermaßen vor sich: Nach dem Evakuieren des mit Holz beschickten Kessels wird die erwärmte Tränkflüssigkeit aus dem Vorratsbehälter angesaugt und der Kessel wird nach Holzart und gewünschter Aufnahmemenge eine bestimmte Zeit auf einen Druck von 6 bis 8 at gebracht. Nach Aufhebung des Überdrucks wird durch Aufheizen des Kessels das Trichloräthylen verdampft. Die Dämpfe drücken die überschüssige Imprägnierflüssigkeit in den Vorratsbehälter zurück, der dann abgesperrt wird. Nun befinden sich nur mehr Trichloräthylendämpfe im Kessel, die im Vakuum abdestilliert und kondensiert werden.

[1] Nowak, A.: Holzimprägnierung mit Wachsstoffen und Kunstharzen, in Mitt. Fachaussch. Holzfragen, H. 23, Berlin 1939, S. 90.

Da die Dämpfe gleichzeitig das Wasser im Holz mit sich reißen, wird eine scharfe Nachtrocknung auf 4 bis 5% Restfeuchtigkeit zusätzlich erreicht. Die Verringerung der Wasseraufnahme von Rotbuchenholz, das mit einer Mischung von Erdwachs und Alkydal imprägniert wurde, zeigt Bild 107. Imprägnierte Proben hatten nach 3stündiger Wasserlagerung nicht ganz 0,7% Wasser, nach 120stündiger Lagerung rund 7% Wasser aufgenommen. Die entsprechenden Zahlen für unbehandeltes Buchenholz waren 20% und 66%. Es erscheint nicht ausgeschlossen, nach diesem oder einem ähnlichen Verfahren für bestimmte Holzerzeugnisse (z. B. Parkettstäbe, Maschinenteile, Behälter für die chemische Industrie, Werkzeugstiele und -griffe, Schuhleisten, Sportgeräte usw.) eine Quellungsvergütung herbeizuführen.

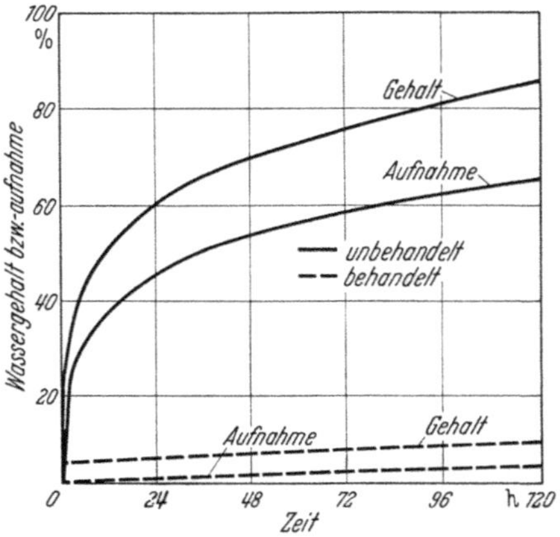

Bild 107. Wasseraufnahme von Rotbuchenholz nach der Tränkung mit Erdwachs und Alkydal. (Nach A. Nowak.)

Das Verfahren nach A. Nowak arbeitet in der Regel mit Mischungen von Kohlenwasserstoffen und Kunstharzen. Es war naheliegend, wasserundurchlässige Überzüge auf der inneren Oberfläche des Holzes durch Kunstharze allein zu erzielen. Praktisch aber erwies es sich als sehr schwer möglich, Kunstharzlösungen oder -vorkondensate gleichmäßig und in dünner Schicht auf der inneren Oberfläche zu verteilen. Brauchbar und in der Wirkung befriedigend sind jedoch wasserlösliche Phenol-Formaldehydharze; wendet man sie an, so kommt es aber zu einer erheblichen Quellung des Holzes, die über die in reinem Wasser hinausgeht. Die Folge ist eine Einlagerung des Harzes in die Micellzwischenräume, eine Form des Quellungsschutzes also, die über eine Wasserabstoßung an der Micelloberfläche weit hinausgeht und auf einer Verkittung der Micellzwischenräume und amorphen Lockerstellen im Holz durch das Kunstharz beruht. Hiervon wird im nächsten Abschnitt zu sprechen sein.

523.3 Einlagerung von Chemikalien in die Micellzwischenräume.

523.31 Tränkung mit Salzen und Zucker. Die Abmessungen von Holz lassen sich stabilisieren, wenn man das Holz im Zustand teilweiser oder völliger Quellung erhält, indem man das Wasser in den Micellzwischenräumen durch geeignete Chemikalien ersetzt. Man läßt dann gewissermaßen die Quellung einfrieren oder blockiert durch eingelagerte Sperrkörper die Schwindung. A. J. Stamm hat als erster darauf hingewiesen, daß sich wasserlösliche anorganische Salze[1] oder Zuckerarten[2] dazu verwenden lassen. Bei der Tränkung mit hochkonzentrierten Salzlösungen kann die Schwindung erst beginnen, wenn die vorherrschende relative Luftfeuchtigkeit dem Dampfteildruck entspricht, der mit der Salzlösung im Gleichgewicht steht. Wird beispielsweise Holz oberhalb des Fasersättigungspunktes mit einer hochkonzentrierten Lösung von Magnesiumchlorid getränkt, so wird es erst dann schwinden können, wenn die Luftfeuchtigkeit unter 33% fällt. Selbstverständlich hat Holz mit chemisch einge-

[1] Stamm, A. J.: J. Amer. Chem. Soc. Bd. 56 (1934) S. 1195.
[2] Stamm, A. J.: Ind. Engng. Chem. Bd. 29 (1937) S. 833. — B. A. Bateson: Chemical Trade J. Bd. 105 (1939) Aug. 4, S. 93.

frorener Quellung wesentlich schlechtere Festigkeitseigenschaften als trockenes Holz, da es im Zustand der minimalen Kohäsion fixiert ist. Der Quellungsschutz durch Salzeinlagerung ist nur ein vorübergehender, da das stark hygroskopische Salz aus der Atmosphäre begierig Wasser aufsaugt, das von der Oberfläche abtropft, wobei das Salz mehr und mehr ausgewaschen wird. Das Auslaugen setzt sich bis zum völligen Verlust des Salzes fort. Hand in Hand mit der fortschreitenden Auslaugung geht der allmähliche Verlust der Dimensionsstabilisierung. Bei weniger hygroskopischen Salzen (z. B. Kochsalz) ist die Neigung zum Tropfen bei hoher Luftfeuchtigkeit geringer, aber dafür auch die Schutzwirkung von Anfang an sehr viel kleiner.

Die Tränkung mit Zucker- oder vor allem Melasselösungen verringert die Schwindung sehr erheblich. Die Lösung diffundiert in das im Holz vorhandene freie und kolloidal gebundene Wasser. Die Hemmung der Schwindung erklärt sich wieder daraus, daß die Micelle durch die Zucker in einer bestimmten Lage fixiert werden. Für den Erfolg der Behandlung ist die Größe des eingebrachten Kristallvolumens ausschlaggebend; befriedigend wirksam sind nur sehr beträchtliche Mengen an Tränkstoff (Zahlentafel 16).

Gewerblich hat sich die Stabilisierung durch Einlagerung von wasserlöslichen Sperrstoffen wegen der geschilderten Nachteile nicht einbürgern können. Es ist aber klar, daß sich eine bessere Wirkung mit wasserunlöslichen Sperrstoffen erzielen lassen muß. Grundsätzlich gibt es dafür zwei Wege:

Zahlentafel 16. *Verringerung des Schwindens von Holz durch Zuckertränkung.* (*Nach H. D. Tiemann.*)

Holzart und Klötzchengröße	Tränkstoff	Aufnahme an trockenem Zucker: Gewicht g	Aufnahme an trockenem Zucker: % vom Lufttrockengewicht des Holzes	Schwindung vom nassen zum lufttrockenen Zustand, bezogen auf die Feuchtmaße %	Verringerung der Schwindung infolge der Zuckertränkung %
Ahorn, grün	Wasser (Kontrolle) .	—	—	6,19	—
$1'' \cdot 4^1/_2'' \cdot 2^1/_2''$ (25,4 · 114,3 · 63,5 mm³)	30%ige Zuckerlösung	43,7	40,7	1,09	82,4
	17%ige Zuckerlösung	31,0	28,9	2,38	61,6
	9%ige Zuckerlösung	29,7	27,3	3,09	50,0
	Melasse, hochkonzentriert	55,0	51,2	0,95	84,7
	Melasse, halbkonzentriert	42,2	39,4	2,14	65,4
Birke, grün	Wasser (Kontrolle) .	—	—	5,56	—
$^3/_8'' \cdot 6^1/_2'' \cdot 2^1/_2''$	30%igeZuckerlösung	21,4	36,3	1,54	72,3
(9,5 · 165,1 · 63,5 mm³)	17%ige Zuckerlösung	15,6	26,5	2,32	58,3
	9%ige Zuckerlösung	7,9	13,4	3,71	33,3
	Melasse, hochkonzentriert	37,0	62,8	1,23	77,9
	Melasse, halbkonzentriert	28,7	48,7	1,54	72,3

1. Verdrängung des Quellungswassers durch ein Lösungsmittel, das mit Wasser, aber auch mit Wachs, Harz oder ähnlichen hydrophoben Stoffen mischbar ist; im Anschluß an die Verdrängung des Wassers wird das Lösungsmittel gegen das Wachs oder Harz ausgetauscht.

2. Tränkung des Holzes mit wasserlöslichen Chemikalien, die anschließend im Innern des Holzgefüges in einen unlöslichen Zustand überführt werden.

523.32 Cellosolve-Verfahren. Der Quellungsschutz durch Einlagerung von geeigneten Stoffen in das Feinbaugerüst erwies sich als sehr wirksam. Folgendes Verfahren wurde von A. J. Stamm und L. A. Hansen[1] versuchsweise an kleinen Proben mit $9 \cdot 2 \cdot 2\ cm^3$ aus Weymouthskiefernholz durchgeführt: Zunächst wird das Holz durch Einlagerung in Wasser unter Vakuum möglichst mit Wasser gesättigt. Hierauf folgt eine Lagerung in Cellosolve, das ist Äthylenglycol-Monoäthyläther ($OH \cdot CH_2 \cdot CH_2 \cdot OC_2H_5$). Diese Flüssigkeit ist sowohl mit Wasser mischbar als auch mit wasserunlöslichen Stoffen, die in die Zellwandungen hineingebracht werden sollen; sie besitzt ferner einen höheren Siedepunkt als Wasser (130 bis 136° C), ein Umstand, der die Trennung von Wasser erleichtert. Nach einwöchiger Lagerung der wassergesättigten Holzstücke in Äthylenglycol-Monoäthyläther erfolgt die Trennung vom Wasser durch eine mehrstufige Vakuumdestillation (60 cm Q.-S. Unterdruck, 40 bis 45° C Temperatur). Die Verdrängung des Wassers, die bis zu 0,1% erfolgt, geht ohne Schwindung, ja sogar mit einer geringfügigen Quellung vor sich.

Nach der Verdrängung des Wassers durch das Lösungsmittel werden die Klötze in Öle, geschmolzenes Wachs oder geschmolzene Harze gelegt, wobei die Temperaturen so hoch gehalten werden, daß völlige Mischbarkeit zwischen den Imprägnierstoffen und dem Lösungsmittel besteht (z. B. 87° C Paraffin, 58° C Stearin, 95° C Harz, 120° C Leinöl usw.). Im Verlauf von einer Woche diffundieren dann die Tränkstoffe in das Holz, während das Lösungsmittel herauswandert. Schließlich wird der Rest des Lösungsmittels im Vakuum bei Anwesenheit von überschüssigem Imprägnierstoff abgedampft. Die Quellungsprüfung durch wechselweise Lagerung in Räumen mit 90% und 30% relativer Luftfeuchtigkeit bei Zimmertemperatur während jeweils 2 Wochen lieferte die in Bild 108 dargestellten Meßergebnisse der räumlichen Schwindung bzw. Quellung. Zum Vergleich sind die entsprechenden Werte für unbehandeltes Holz und für unmittelbar imprägniertes Holz eingetragen. Man sieht, daß die Behandlung sehr wirksam ist. Längere Versuche ergaben freilich, daß die Wirksamkeit mit der Zeit abnimmt, daß also auch bei dieser intermicellaren Einverleibung der Schutzstoffe nur die Absorptionsgeschwindigkeit gebremst, nicht aber das hygroskopische Gleichgewicht verändert wird. Für den allgemeinen Gebrauch ist das Verfahren zweifellos viel zu teuer und zu kompliziert, jedoch kann es in Sonderfällen von Wert sein, zumal, da es ungefähr die Größenabmessungen des Holzes erhält.

523.33 Harzbehandlung von Holz. 523.331. Zur Dimensionsstabilisierung von Holz geeignete Harze. Die Einlagerung von Harzen in das Zellgefüge des Holzes hat sich als technisch und gewerblich brauchbare Methode erwiesen. Unter den vielerlei zu Versuchen herangezogenen Harzen und Kunstharzen sind nach A. J. Stamm[2] wasserlösliche Phenol-Formaldehydharze die wirksamsten. Die Moleküle der wasserlöslichen Phenol-Formaldehydharze sind so niedrig polymer, daß sie klein genug sind, um das Zellwandgefüge

[1] Stamm, A. J., u. L. A. Hansen: Ind. Engng. Chem. Bd. 27 (1935) S. 831—833.
[2] Stamm, A. J.: Modified Woods, in Modern Plastics Encyclopedia (1948) S. 733.

gut zu durchdringen. Ähnlich wie wasserlösliche Harze lassen sich auch alkohollösliche Phenol-Formaldehydharze zur Holzimprägnierung verwenden, vorausgesetzt, daß sie nicht zu weitgehend polymerisiert sind. Stärker vorkondensierte alkohollösliche Phenolharze vermögen aber das Zellgefüge nicht mehr zu durchdringen; sie lagern sich deshalb nur mehr in den gröberen Zellkapillaren ab, und von einer Blockierung der Fasern kann keine Rede mehr sein. Solche in Europa vielfach versuchsweise verwendeten Harze verzögern deshalb nur die Quellung oder Schwindung. In ihrer physikalischen Wirkung sind sie den unter Ziffer 523.2 behandelten wasserundurchlässigen Überzügen auf der inneren Oberfläche des Holzes gleichzusetzen.

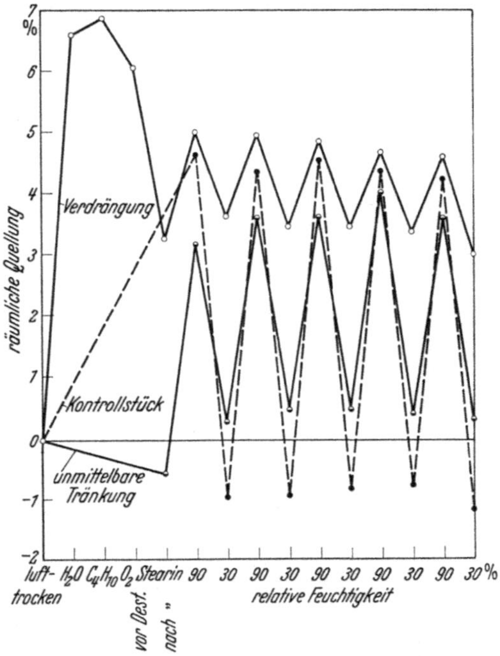

Bild 108. Wirkung des Verdrängungsverfahrens nach A. J. Stamm im Vergleich zur unmittelbaren Tränkung.

Eine wichtige Eigenschaft der wasserlöslichen Phenolharze ist die hohe Polarität der Lösungen. Infolgedessen quillt Holz in ihnen stärker als in reinem Wasser (vgl. Bd. I, S. 440). Wie A. J. Stamm und R. M. Seborg[1] zeigten, ist diese Quellung kennzeichnend für die selektive Adsorption der Phenol-Formaldehydharze in der Holzmembran.

Ein Teil des Phenols läßt sich in den Harzen durch Kresol ersetzen, das aber in Wasser weniger löslich und deshalb schlechter geeignet ist als reines Phenol. Auch Resorcin kann an Stelle von Phenol verwendet werden; es bietet zwei Vorteile: Die Härtetemperatur ist niedriger, und es sind weder sauere noch alkalische Katalysatoren erforderlich; infolgedessen ist das damit behandelte Holz ein besserer elektrischer Isolator. Eingeschränkt wird der Gebrauch von Resorcin aber durch seinen hohen Preis.

Das Formaldehyd läßt sich durch Furfurol substituieren, wodurch aber ebenfalls die Wasserlöslichkeit der Mischung abnimmt. Furfurol-Anilin- und Furfurol-Alkohol-Systeme haben nach A. J. Stamm eine ziemlich gute Stabilisierung der Holzabmessungen ermöglicht, aber ihre gleichmäßige Aushärtung im Holz erwies sich als schwierig. Melamin-Formaldehydharze wurden bisher noch nicht zu ausgedehnten Versuchen herangezogen, da sie kostspielig sind und da nicht anzunehmen ist, daß die Eigenschaften des damit behandelten Holzes bessere sein würden. Ernsthaft in Erwägung gezogen wurden hingegen Harnstoff-Formaldehydharze. Dimethylharnstoff und Harnstoff mit Formalin in Lösung gebracht und auf $p_H = 8$ gepuffert ergaben nach der Aushärtung im Holz eine Dimensionsstabilisierung, die etwa halb so groß ist wie die mit Phenolharzen (Bild 109)[2]. Um die gleiche Wirkung wie mit 13%

[1] Stamm, A. J., u. R. M. Seborg: Trans. Amer. Inst. Chem. Engng. Bd. 37 (1941) S. 385. — Dieselben: Forest Products Laboratory Resin-Treated Wood (Impreg), US For. Prod. Lab. Rep. Nr. 1380, Rev. 1943, Madison (Wisc.).

[2] Millett, M. A., u. A. J. Stamm: Modern Plastics Bd. 24 (1946) Okt. S. 150.

Phenolharz im Holz zu erzielen, muß man ihm etwa 25% Harnstoffharz einverleiben. Außerdem sind die Harnstoffharze in bezug auf die Plastifizierung des Holzes vor dem Härten ungünstiger, sie verteilen sich schlechter und weniger gleichmäßig in der Holzmasse, und die Gefahr des „Rückspringens“ ist bei ihnen größer als bei Phenolharzen. Ihr verhältnismäßig niedriger Preis vermag diese Nachteile nicht aufzuwiegen.

523.332 Verfahren zur Harzimprägnierung von Holz. Ausreichender Quellungsschutz und Dimensionsstabilisierung lassen sich nur erzielen, wenn das Kunstharz gleichmäßig in die ganze Zellwandmasse eingelagert ist. Ungleichmäßige oder nur partielle Harztränkung führt außerdem zu erheblichen Spannungen an der Grenze zwischen behandeltem und unbehandeltem Holz, die Innenrisse hervorrufen. Infolgedessen konnte sich weder die Harzimprägnierung von frischgefälltem Rundholz noch die von massivem Schnittholz einbürgern; leicht imprägnierbar sind nur verhältnismäßig kurze Vollholzstücke (bis zu etwa 60 cm Länge in der Faserrichtung) und vor allem Furniere.

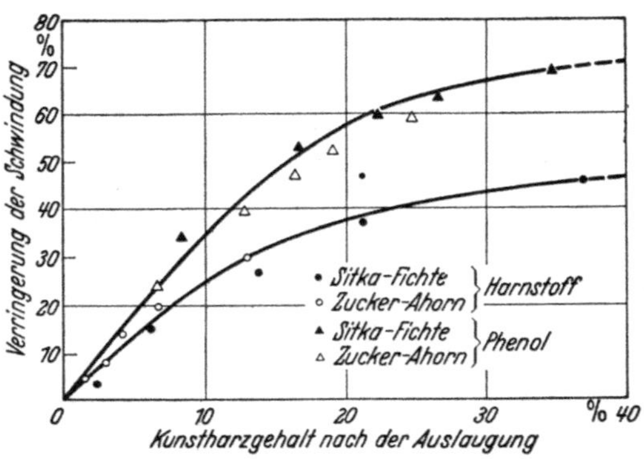

Bild 109. Verringerung der Schwindung in Abhängigkeit vom Harzgehalt bei der Holztränkung mit Harnstoff- und Phenol-Formaldehydharzen. (Nach M. A. Millett und A. J. Stamm.)

Für die Harzbehandlung von Holz kommen praktisch vier Verfahren in Betracht:

523.332.1 *Tauchtränkung.* Das einfachste Behandlungsverfahren besteht darin, das Holz in die wässerige Phenolharzlösung einzutauchen. Die Harzaufnahme erfolgt in völlig gequollenen Furnieren viel rascher als in künstlich getrockneten. Ein Harzgehalt — nach dem Härten — von etwa 30% erfordert bei grünem Holz eine Eintauchdauer von rund 15 h, während bei Furnieren mit 6% Feuchtigkeit etwa 80 h nötig waren. Das Verfahren sollte deshalb grundsätzlich auf frische Furniere angewendet werden, wie sie von der Schäl- oder Messermaschine kommen.

Da die Aufnahmegeschwindigkeit bei der Tauchtränkung umgekehrt proportional dem Quadrat der Furnierdicke abnimmt, ergeben sich bei diesem Verfahren für dickere Furniere sehr lange Behandlungszeiten. Nach A. J. Stamm[1] nahmen 0,8 mm dicke Furniere von grünem Sweet gum (Liquidambar styraciflua L.) beim Eintauchen in eine 30%ige Kunstharzlösung von 38°C während 1 h etwa 35% Harz, bezogen auf ihr Darrgewicht, auf; bei 3,2 mm dicken Furnieren erforderte die gleiche Aufnahme eine 16stündige Einlagerung. Praktisch wird man Furniere mit mehr als 1,6 mm Dicke nicht der Tauchtränkung unterwerfen.

523.332.2 *Drucktränkung.* Dickere Furniere lassen sich besonders wirksam im Kesseldruckverfahren mit Harz tränken. Allerdings zeigte es sich, daß die Anwendung eines Vakuums vor der Druckbehandlung keine nennenswert bessere Imprägnierung herbeiführt und sogar durch die Verdampfung des flüchtigen Formaldehyds schädlich wirken kann. Das günstigste Verfahren beruht darin, die Furniere in einem Behälter, der wenig größer ist als der Furnierstapel,

[1] Stamm, A. J.: Modified Woods, Modern Plastics Encyclopedia (1948) S. 733.

in die Harzlösung einzutauchen. Beim Einlegen muß man darauf achten, daß beide Furnieroberflächen gut von der Harzlösung benetzt werden. Dann werden die Furniere durch Gewichte beschwert, und es wird soviel Harzlösung nachgefüllt, daß das oberste Furnier auch nach der gewünschten Flüssigkeitsaufnahme noch unter dem Flüssigkeitsspiegel liegt. Der Behälter wird dann in den Imprägnierkessel gebracht. Die Tränkdrücke schwanken zwischen 1,75 und 7 kg/cm², die Tränkzeiten zwischen 15 min und 5 h (unter Umständen wird auch die Nacht über imprägniert). 1,6 mm dicke Pappel- und Lindenfurniere lassen sich bei 1,75 kg/cm² Druck in 15 min durchtränken, während Birken- und Ahornfurniere 5 bis 7 kg/cm² Druck und 5 h Tränkzeit erfordern. Schwierigkeiten bereitet die Tränkung von Eichenholz sowie von sehr harzreichem Kiefernkernholz. Die Flüssigkeitsaufnahme soll ungefähr gleich dem Lufttrockengewicht des Holzes sein.

523.332.3 *Leimauftragverfahren.* Wenn eine niedrige Harzaufnahme angestrebt und auf bestmögliche Verteilung des Harzes im Holz verzichtet wird, dann kann man die leicht verdünnte Harzlösung auch mit den üblichen Leimauftragmaschinen auf die Furniere auftragen. Wenn man das Verfahren mehrfach wiederholt, wobei zwischen den einzelnen Gängen genügend Zeit eingelegt wird, daß die Lösung in das Holz diffundieren und antrocknen kann, erhöht sich die Wirksamkeit.

523.332.4 *Kompressionsverfahren.* Nach einem geschützten Verfahren[1] kann man leicht verdichtbare Hölzer wie Linde, Pappel und Fichte sehr rasch mit Harzlösungen imprägnieren, wenn man die lufttrockenen Furniere mittels eines Walzwerks, das in der Tränkflüssigkeit untergetaucht ist, auf etwa die halbe Anfangsdicke verdichtet. Da sich die Furniere unmittelbar nach dem Auslauf aus dem Walzwerk wieder ausdehnen, saugen sie die Tränkflüssigkeit an. Die Behandlung dauert dabei nur so lange, wie das Furnier durch die Vorrichtung läuft, d. h. etwa 10 bis 15 s.

523.332.5 *Diffusions-Nachbehandlung und Trocknung.* Die nach Ziffer 523.332.1 bis 523.332.4 mit Kunstharz behandelten Furniere sollen anschließend unter Bedingungen, die eine Trocknung ausschließen, so lange gelagert werden, bis sich durch Diffusion eine völlig gleichmäßige Harzverteilung im Holzinnern eingestellt hat. Die Dauer dieser Nachbehandlung hängt von der Wirksamkeit des vorangegangenen Verfahrens ab. Durch Tauchtränkung behandelte Furniere benötigen kaum mehr eine Nachbehandlung, während druckgetränkte Furniere meist eine Diffusionslagerung von 1 bis 2 Tagen erfordern.

Auf die Nachbehandlung erfolgt eine Trocknung der Furniere in Kammern oder Furniertrocknern[2]. Bei der Kammertrocknung müssen Stapellatten angewendet werden, damit eine ausreichende Belüftung der Stapel möglich ist. Nach A. J. Stamm[3] empfiehlt sich eine Trocknung bei 54° C während 16 h (unter Umständen bei etwas höherer Temperatur während kürzerer Zeit); die Diffusion setzt sich während der Trocknung fort. Sprühen oder Dämpfen ist nicht erforderlich. Bei Furniertrocknern sind Temperaturen bis zu 71° C und Trockenzeiten bis zu 3 h möglich. Wenn die Holzfeuchtigkeit auf 2 bis 6% gesunken ist, wird die Temperatur erhöht, um das Harz auszuhärten. Folgende Grenzwerte der Härtebedingungen sind in USA üblich:

Temperatur	°C	94	149
Härtezeit	h	24	0,5

---

[1] US Pat. 2 350 135 (1944) A. J. Stamm.

[2] Stamm, A. J., u. R. M. Seborg: Forest Products Laboratory Resintreated Wood (Impreg), U.S. For. Prod. Lab., Rep. Nr. 1380, Rev. 1943, Madison (Wisc.).

[3] Stamm, A. J.: Modified Woods, Modern Plastics Encyclopedia (1948) S. 733.

523.333 Eigenschaften der harzimprägnierten Hölzer. Die harzimprägnierten Hölzer — in USA unter den Namen IMPREG bekannt — haben gegenüber unbehandeltem Holz wesentlich veränderte Eigenschaften. Bei einer Harzaufnahme von 30 bis 35% — bezogen auf das Darrgewicht — sind die Hygroskopizität und mit ihr die maximale Quellung auf 25 bis 35% der Werte von unbehandeltem Holz verringert. Eine Erhöhung des Harzgehalts über etwa 40% bringt in bezug auf die Quellungsvergütung keine Vorteile mehr mit sich (Bild 110). Begleitet wird die Quellungsvergütung durch eine auffallende Abnahme der Neigung zu aufstehenden Fasern und Oberflächenrissen. Weiter sinkt die Durchlässigkeit für Wasserdampf durch die Tränkung mit Phenol-Formaldehydharzen außerordentlich, wie Zahlentafel 17 zeigt[1].

Zahlentafel 17. *Feuchtigkeitsfluß durch kunstharzgetränktes Douglasiensperrholz unter einem Gefälle der relativen Luftfeuchtigkeit 100 : 30%.*

Furnier-zahl	Furnier-dicke mm	Behandlung	Kunstharzgehalt der behandelten Furniere in % des Darrgewichts	Feuchtigkeitsverlust durch 64600 cm² Oberfläche in 15 Tagen g
3	1,6	keine	0	51
3	2,1	keine	0	43
3	3,2	keine	0	35
3	1,6	alle Furniere	20	5
3	3,2	alle Furniere	20	3
3	3,2	alle Furniere	40	1
2	1,6	Außenfurniere (1,6 mm)	20	6
1	3,2			
3	3,2	Außenfurniere	20	4

Beträchtlich erhöht ist der elektrische Widerstand des harzgetränkten Holzes[2] und sein Widerstand gegen Chemikalien mit Ausnahme von starken Alkalien. Sehr gesteigert ist auch die Widerstandskraft gegen die Angriffe von holzzerstörenden Pilzen, von Termiten und von Schiffsbohrwürmern. Entgegen vielen Behauptungen hat die Harzimprägnierung aber keinen nennenswerten Einfluß auf die Entflammungseigenschaften; es ist jedoch möglich, Feuerschutzsalze mit der Harzlösung in das Holz zu bringen und dort zu fixieren.

Unter den mechanischen Eigenschaften sind nur die Druckfestigkeit und die Härte erheblich verbessert, während die Zugfestigkeit und Bruchschlagarbeit abnehmen. Die günstigsten Verwendungsaussichten haben kunstharzgetränkte Furniere als Deckfurniere auf normalem Sperrholz. Wenn beträchtlich verbesserte mechanische Eigenschaften gewünscht werden, dann kommen nur verdichtete, kunstharzgetränkte Hölzer (Preßlagenhölzer, COMPREG) in Frage, die in Abschnitt 74 behandelt werden.

523.34 Acetylierung von Holz. Versuche im US Forest Products Laboratory in Madison, Wisc., führten zu einem Verfahren[3], um die Dimensionsstabilität von Holz bei langer Einwirkung sehr hoher Luftfeuchtigkeit oder nach Ein-

[1] Stamm, A. J., u. R. M. Seborg: Southern Lumberman, 15. Dez. 1938.
[2] Weatherwax, R. C., u. A. J. Stamm: Electr. Engng. Bd. 64 (1945) S. 833.
[3] Stamm, A. J., u. H. Tarkow: J. Phys. Colloid Chem. Bd. 51 (1947) S. 493. — Dieselben: US Pat. 2 417 995 (1947). — H. Tarkow, A. J. Stamm u. E. C. O. Erickson: Acetylated Wood, US For. Prod. Lab., Rep. Nr. 1593, Madison (Wisc.) Mai 1946.

tauchen in Wasser mittels Dämpfen von Essigsäureanhydrid und Pyridin zu verbessern. Das Pyridin dient dabei als Quellungsmittel für das Holz, während das Essigsäureanhydrid die hygroskopischen Hydroxylgruppen im Holz durch weniger hygroskopische Hydroxylgruppen ersetzt. Es ist nicht nötig, alle OH-Gruppen zu verdrängen. Da sich bei der intermicellaren Quellung die Reaktion nur an der Oberfläche der Kristallite abspielt (siehe Band I, S. 114), kommen lediglich die an der Micelloberfläche oder in den amorphen Lockerstellen liegenden OH-Gruppen mit dem Wasser in Berührung. Sie zu ersetzen, ist das Ziel der Acetylierung, die nach folgendem Reaktionsschema verläuft:

$$R{-}OH + \begin{matrix} CH_3{-}C{=}O \\ \quad > O \\ CH_3{-}C{=}O \end{matrix} \rightarrow R{-}O\overset{O}{\overset{\|}{C}}{-}CH_3 + CH_3\overset{O}{\overset{\|}{C}}{-}OH,$$

wobei R einen Ligninrückstand, eine Polysaccharidkette oder irgendein anderes organisches Radikal darstellen kann. Bedauerlicherweise verläuft die Reaktion nur in Gegenwart eines Katalysators. Als solcher dient in der Regel eine starke Mineralsäure. Makromolekulare Stoffe wie die Cellulose müssen außerdem zunächst mit einem Quellmittel behandelt werden, damit sich ihr Gefüge etwas für die Acetylierung auflockert. Bei der gewerblichen Herstellung von Celluloseacetat werden Baumwolllinters zunächst in Essigsäure zum Quellen gebracht und dann mit einer stark verdünnten Lösung von Schwefelsäure in Essigsäureanhydrid behandelt. Die Schwefelsäure wirkt als Katalysator bei der Veresterung und fördert den teilweisen Abbau der Celluloseketten. In bestimmten Grenzen gehalten ist dieser Effekt bei der Herstellung von Kunstfasern nicht störend, bei der von Kunstmassen sogar erwünscht, da eine Verkürzung der Kettenlängen die plastischen Eigenschaften verbessert (vgl. Bd. I, S. 142, Zahlentafel 15).

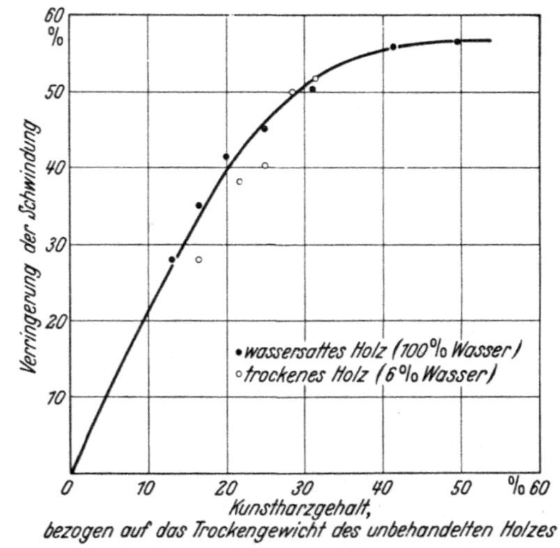

Bild 110. Schwindungsabnahme in Abhängigkeit vom Harzgehalt bei 1,6 mm Douglasienfurnieren. (Nach M. A. Millett und A. J. Stamm.)

Bei Holz, das sich auf ganz ähnliche Weise acetylieren läßt, bringen aber starke Mineralsäuren einen zu tiefen Eingriff in den Feinbau mit sich; die Folge sind erhebliche Festigkeitseinbußen und Versprödung. Es wurde aber gefunden, daß sich Cellulose mit Pyridin als Katalysator acetylieren läßt, ohne daß sich dabei der Durchschnitts-Polymerisationsgrad ändert[1]. Ähnlich wie Pyridin, das aus Steinkohlenteer hergestellt wird, verhalten sich andere organische Basen. Aus Gründen, die hier nicht erörtert werden können, ist es vorteilhaft, die Acetylierung in der dampfförmigen Phase vorzunehmen.

---

[1] Heß, K.: Ber. Dtsch. Chem. Ges. Bd. 61 (1928) S. 1460. — H. Staudinger: Ann. d. Chem. Bd. 529 (1937) S. 219.

Für die technische Ausführung benötigt man eine säurefeste Kammer. Ihre Wände können aus säurefesten Steinen oder aus Stahlblech mit Molybdänzusatz bestehen. Auch die Auskleidung mit Folien aus Polytetrafluoräthylen hat sich bewährt. Wie bei der Behandlung mit Kunstharzen wurden zufriedenstellende Ergebnisse nur bei Furnieren erzielt. Praktisch liegt die obere Grenze der zulässigen Furnierdicke bei etwa 3 mm. Die Furniere werden zuerst in der Kammer, die zu dieser Zeit als Trockner arbeitet, auf etwa 2% Feuchtigkeit herabgetrocknet. Höhere Feuchtigkeit ist unzulässig, da sich sonst Essigsäure im Holz bildet und der Grad der Acetylierung in luftdichten Kammern mit der Holzfeuchtigkeit abnimmt.

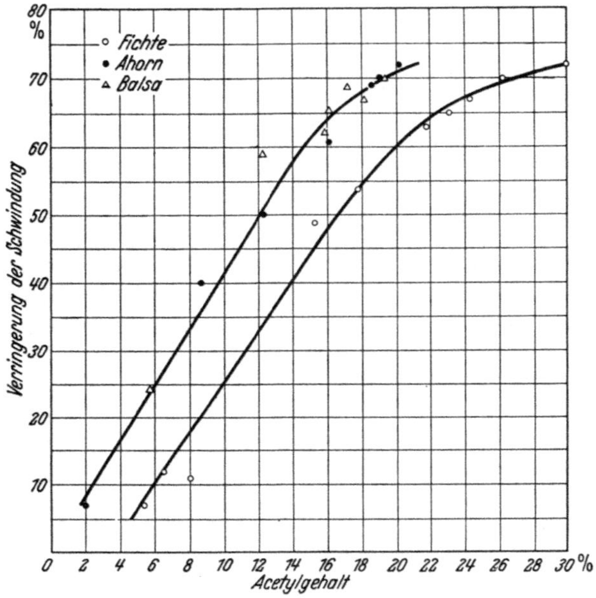

Bild 111. Beziehung zwischen Acetylgehalt und Schwindungsabnahme für verschiedene Holzarten. (Nach H. Tarkow, A. J. Stamm und E. C. O. Erickson.)

Die Acetylierung erfolgt nach der Trocknung, indem man die Luftklappe der Kammer schließt und in einem Trog unter dem Furnierstapel eine Mischung von Essigsäureanhydrid und Pyridin füllt. Hierauf wird Heißluft mit 80 bis 120° C Temperatur in der Kammer umgewälzt; eine Verringerung der Schwindung um 70 bis 75% wird erreicht, wenn in Laubhölzern etwa 18 bis 20% Acetylgruppen, in Nadelhölzern etwa 26 bis 30% (bezogen auf das Holzgewicht) enthalten sind (Bild 111). Die Gründe für diese Verschiedenheit von Laub- und Nadelhölzern sind noch nicht ganz klar; wahrscheinlich geht sie aber auf die höhere Reaktionsfähigkeit und die offenere Lage des Laubholzlignins zurück.

Über die erforderliche Behandlungsdauer geben folgende Versuchsdaten aus dem U.S. Forest Products Laboratory Anhaltspunkte: Bei 90° C waren 6 h erforderlich, um 1,6 mm dicke Laubholzfurniere auf 20% Acetylgehalt (wenn die Flüssigkeit 20% Pyridin enthielt) zu bringen. Nadelhölzer erforderten unter den gleichen Bedingungen für eine hinreichende Acetylierung (25% Acetylgehalt) 10 bis 12 h.

Wenn die Acetylierung beendet ist, wird der Flüssigkeitstrog entleert und Heißluft durch den Furnierstapel geblasen und anschließend durch einen Kondensator geleitet, wo das überschüssige Essigsäureanhydrid, Pyridin und gebildete Essigsäure niedergeschlagen werden. Der Kreislauf der Luft wird solange aufrechterhalten, bis das Holz geruchfrei geworden ist.

Das acetylierte Holz hat keine dunklere Farbe wie das mit Kunstharz getränkte oder das hitzestabilisierte; lediglich Birkenfurniere sind manchmal etwas dunkler. Das Ausmaß der Quellungsvergütung kann aus Bild 111 entnommen werden. Die Abnahme der Hygroskopizität (ausgedrückt durch die Gleichgewichts-Holzfeuchtigkeit bei gegebener relativer Luftfeuchtigkeit und

Temperatur) ist stets etwas geringer als die relative Quellungsverminderung. Bei Klimawechselversuchen ergab sich kein Nachlassen der Dimensionsstabilisierung. Da im Gegensatz zu harzimprägnierten Hölzern die Kapillaren im acetylierten Holz nicht ausgefüllt sind, nimmt es wie unbehandeltes Holz freies Wasser in seinen gröberen Kapillaren auf. In die Zellwandungen allerdings dringt infolge der Acetylierung viel weniger Quellungswasser ein. Acetyliertes Balsaholz wurde auch in verschiedene organische Flüssigkeiten eingetaucht. In Alkoholen quollen die behandelten Proben weniger als die unbehandelten, jedoch war die Reduktion verhältnismäßig kleiner als bei der Quellung in Wasser.

Die Rohwichte im Darrzustand steigt mit zunehmendem Acetylgehalt (Bild 112). Bei gegebenem Acetylgehalt ist die Vergrößerung der Rohwichte um so stärker, je niedriger die ursprüngliche Rohwichte des Holzes ist; beispielsweise steigt bei 20% Acetylgehalt die Darr-Rohwichte von Ahorn um 8%, von Fichte um 12% und von Balsa um 14%. Versuche ergaben, daß im Holz durch die Acetylierung eine hohe Widerstandskraft gegen holzzerstörende Pilze, Termiten und Schiffsbohrwürmer hervorgerufen wird. Die Feuchtigkeitsleitfähigkeit des acetylierten Holzes beträgt nur etwa $^1/_5$ der von unbehandeltem Holz.

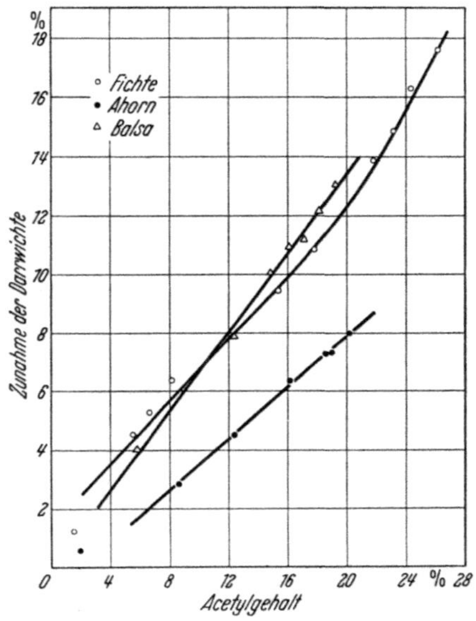

Bild 112. Beziehung zwischen Acetylgehalt und Rohwichte im Darrzustand für verschiedene Holzarten. (Nach H. Tarkow, A. J. Stamm und E. C. O. Erickson.)

Die meisten mechanischen Eigenschaften: Elastizitätsmodul, Zugfestigkeit, Druckfestigkeit, Biegefestigkeit, Scherfestigkeit werden durch die Acetylierung nicht nennenswert verändert, während die Bruchschlagarbeit und die Kerbzähigkeit nach Izod häufig um 10 bis 20% steigen (vgl. Zahlentafel 18, in der für Sitkafichtenholz sogar eine Erhöhung der Bruchschlagarbeit um 72% nachgewiesen ist). Diese Vergrößerung der Zähigkeit stellt eine besonders wertvolle Eigenschaftsverbesserung dar, da gerade die Zähigkeit unter den meisten anderen Holzveredelungsverfahren leidet.

Zahlentafel 18. *Eigenschaften unbehandelter und acetylierter 1,6 mm dicker Schälfurnierproben aus Sitkafichte, Gelbbirke und Linde. (Nach H. Tarkow, A. J. Stamm und E. C. O. Erickson.)*

Eigenschaft		Sitkafichte		Gelbbirke		Linde	
		unbehandelt	acetyliert	unbehandelt	acetyliert	unbehandelt	acetyliert
Acetylgehalt	%	0	31	0	22	0	20
Abnahme d. Schwindung	%	0	71	0	72	0	73
Darr-Rohwichte	g/cm³	0,36	0,42	0,62	0,63	0,33	0,34
Elastizitätsmodul Zug	kg/cm²	116	129	129	159	—	—
Elastizitätsmodul Biegung	kg/cm²	108	136	185	193	112	109
Zugfestigkeit	kg/cm²	980	1075	1010	1055	—	—
Biegefestigkeit	kg/cm²	570	800	1095	1350	520	585
Bruchschlagarbeit	%	100	172	100	104	100	128

523.4 Bildung chemischer Brücken zwischen chemischen Struktureinheiten im Holz.

523.41 Hitzestabilisierung von Holz. Das einfachste und billigste Verfahren, um die Dimensionen von Holz zu stabilisieren, besteht darin, chemische Brücken zwischen seinen Struktureinheiten herzustellen. Dies kann durch Erhitzen auf Temperaturen dicht unterhalb der Verkohlungstemperatur erfolgen. Nach im U.S. Forest Products Laboratory[1] ausgearbeiteten Vorschriften erzielt man die bestmögliche Quellungsvergütung bei geringstmöglicher Verschlechterung der mechanischen Eigenschaften, wenn man das Holz durch ein Bad aus geschmolzenem Metall oder durch eine Salzschmelze hindurchführt, d. h. nicht oxydierende Bedingungen schafft. Die Temperatur soll etwa 260 bis 315°C betragen. Die Behandlungsdauer beträgt einige Minuten. Die Abhängigkeit der Quellungsvergütung von der Temperatur und Erhitzungsdauer zeigt Bild 113.

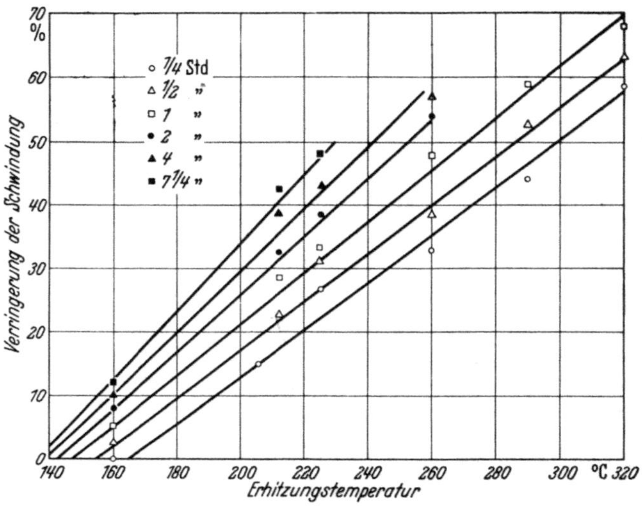

Bild 113. Schwindungsabnahme von Western white pine-Brettern nach Hitzebehandlung im Metallbad in Abhängigkeit von Behandlungstemperatur und -dauer. (Nach A. J. Stamm, H. K. Burr und A. A. Kline.)

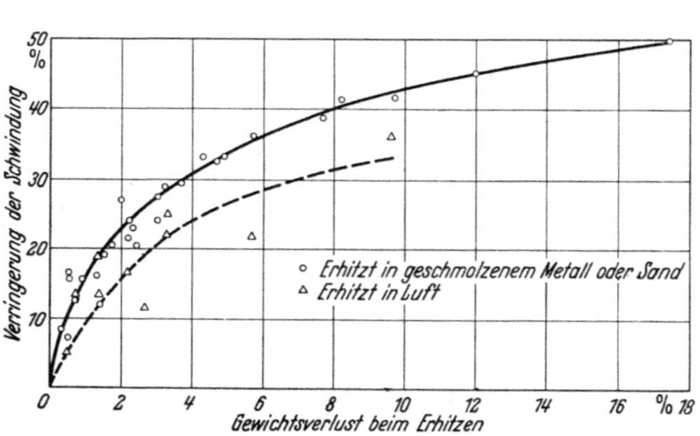

Bild 114. Schwindungsabnahme für Sitka-Schälfurniere nach der Hitzebehandlung in Abhängigkeit vom Gewichtsverlust. (Nach A. J. Stamm, H. K. Burr und A. A. Kline.)

Man nimmt an, daß bei dieser Erhitzung Konstitutionswasser aus der Cellulose und dem Lignin abgespalten wird, indem Wassermoleküle zwischen benachbarten Hydroxylgruppen austreten und Ätherbrücken gebildet werden. Äther sind weniger hygroskopisch als Alkohole. Das hitzestabilisierte Holz wird mehr oder minder dunkelbraun und hat eine verringerte Wichte. Den Zusammenhang zwischen der Quellungsvergütung und dem auftretenden Gewichtsverlust gibt Bild 114 wieder.

---

[1] US Pat. 2 296 316 (1942) A. J. Stamm. — A. J. Stamm, H. K. Burr u. A. A. Kline: Staybwood — A Heat Stabilized Wood, Ind. Engng. Chem. Bd. 38 (1946) S. 630.

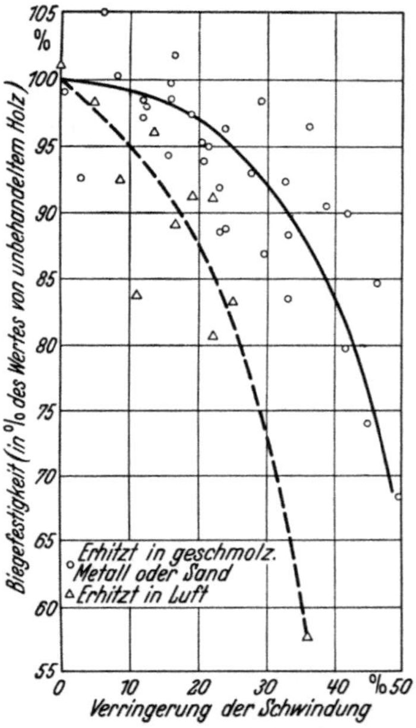

Bild 115. Abnahme der verhältnismäßigen Biegefestigkeit von Sitkafichte-Furnieren mit der verhältnismäßigen Schwindungsabnahme durch die Hitzestabilisierung. (Nach A. J. Stamm, H. K. Burr und A. A. Kline.)

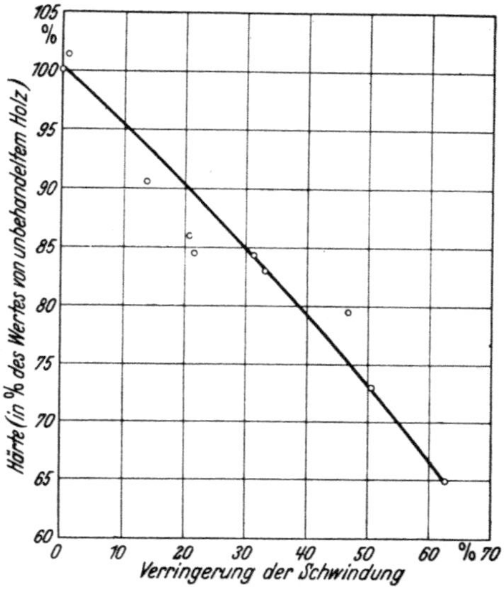

Bild 116. Abnahme der verhältnismäßigen Härte von Eastern white pine-Holz mit der verhältnismäßigen Schwindungsabnahme durch die Hitzestabilisierung. (Nach A. J. Stamm, H. K. Burr und A. A. Kline.)

Durch die Hitzebehandlung lassen sich die Hygroskopizität und die Quell- bzw. Schwindmaße auf etwa die Hälfte der normalen Werte verringern. Damit verknüpft sind etwa 25 bis 30% Verluste an statischer Festigkeit und Härte (Bild 115 und 116); sehr viel stärker beeinträchtigt wird das Widerstandsvermögen gegen schlag- und stoßweise Beanspruchungen, d. h. die Zähigkeit des Holzes (Bild 117). Für höher und vor allem dynamisch beanspruchte Teile läßt sich deshalb hitzestabilisiertes Holz nicht verwenden. Vielleicht eignet sich derartiges Holz aber für die Verarbeitung zu Fensterrahmen und ähnlichen Bauteilen, bei denen ein verbessertes Standvermögen besonders erwünscht wäre. Sehr vorteilhaft würde sich bei solchen Bauteilen auch die durch die Hitzebehandlung wesentlich gesteigerte Widerstandskraft gegen Pilzangriffe auswirken.

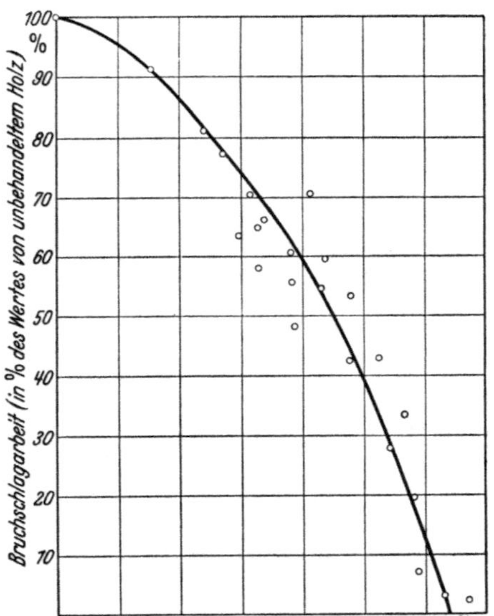

Bild 117. Abnahme der verhältnismäßigen Bruchschlagarbeit von Western white pine-Holz mit der verhältnismäßigen Schwindungsabnahme durch die Hitzestabilisierung. (Nach A. J. Stamm, H. K. Burr und A. A. Kline.)

Nach A. J. Stamm, H. K. Burr und A. A. Kline[1] lieferte ein Kultur-

[1] Stamm, A. J., H. K. Burr u. A. A. Kline: Heat-Stabilized Wood (Staybwood), U.S. Forest Prod. Lab., Rep. Nr. R 1621, Madison (Wisc.) Juni 1946.

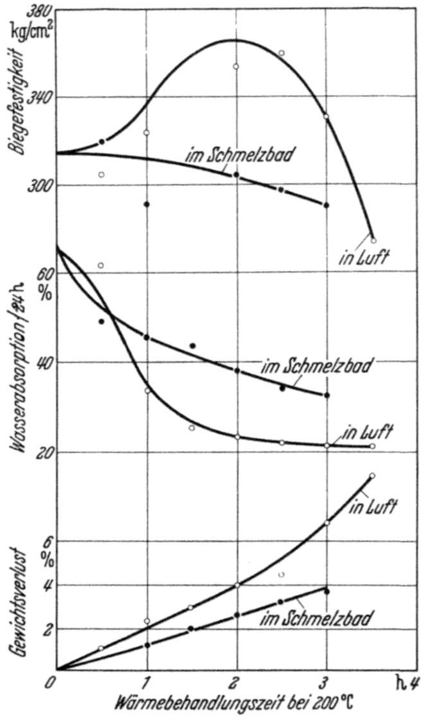

Bild 118. Einfluß der Behandlungszeit bei der Hitzevergütung auf den Gewichtsverlust, die Biegefestigkeit und Wasserabsorption von Holzfaserhartplatten im Metallbad und in Luft (Temperatur 200° C). (Nach N. J. Øgland.)

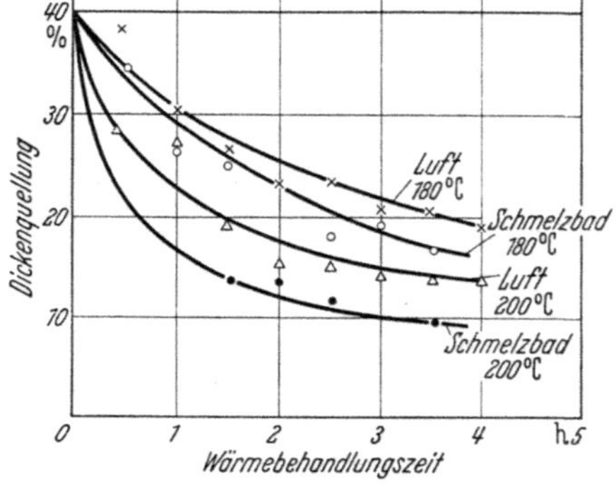

Bild 119. Einfluß der Behandlungszeit bei der Hitzevergütung von Holzfaserhartplatten auf die Quellmaße. (Nach N. J. Øgland.)

versuch von Trametes serialis Fr. während 2 Monaten auf hitzebehandeltem Western white pine-Holz folgende Ergebnisse:

Verminderung der Hygroskopizität %	Gewichtsverlust durch Pilzeinwirkung %
0 (unbehandeltes Kontrollstück)	28,4
30 bis 33	12
33 bis 38	4,5
40	0

Bemerkenswert ist in Bild 115 der große Unterschied im mechanischen Verhalten von Proben, die in Luft oder in einem sauerstofffreien Medium erhitzt wurden. Eine Verringerung des Schwindmaßes um 30% ist bei letzteren mit einem Abfall der Biegefestigkeit von etwa 8%, bei ersteren aber von 27% verbunden.

Bei Versuchen von B. Thunell und E. Elken[1] bestätigte sich für Holz die Überlegenheit einer nichtoxydierenden Atmosphäre. Annähernd gleiche Ergebnisse wie bei Anwendung einer Zinnschmelze erhielt man mit Stickstoff. Stickstoff ist aber billiger und einfacher anzuwenden. N. J. Øgland[2] fand, daß bei der Hitzebehandlung von Holzfaserhartplatten Luft eine höhere Biegefestigkeit der behandelten Platten und eine stärker reduzierte Wasserabsorption lieferte als eine Metallschmelze (aus 50% Zinn, 30% Blei und 20% Cadmium, wie sie auch J. A. Stamm mit Mitarbeitern verwendet hatte). Aus Bild 118 könnte man deshalb zu der Auffassung gelangen, daß die Wärmebehandlung in Luft in allen Punkten der im Schmelzbad überlegen war. Bild 119 zeigt jedoch, wie unrichtig dieser Schluß wäre; die

[1] Thunell, B., u. E. Elken: Värmebehandling av trä för minskning av svällning och krympning, Svenska Träforskningsinstitutet, Trätekniska Advelningen, Meddelande 18, Stockholm 1948.

[2] Øgland, N. J.: Om värmebehandling av hårda träfiberskivor, Norsk Skogindustri, Nr. 11 (1948).

Quellmaße der Faserplatten sind sowohl in der Länge als auch in der Dicke durch eine Schmelzbaderhitzung beträchtlich stärker verringert als bei Erhitzung in Luft. Der scheinbare Widerspruch zwischen Bild 118 und 119 klärt sich auf, wenn man die Geschwindigkeit der Wasseraufnahme von Platten nach der Behandlung im Schmelzbad bzw. in heißer Luft ermittelt. Dabei zeigt es sich, daß sie bei ersteren anfangs beträchtlich höher ist als bei letzteren. N. J. Ögland führt die Hitzevergütung darauf zurück, daß sich die Ätherbrücken hauptsächlich zwischen Einheiten der Holzpolyosen bilden. Er stützte diese Vorstellung durch Versuche, bei denen Platten aus Holzschliff, aus Edelcellulose und aus Edelcellulose mit 10% Holzpolyosen (die aus dem Holzschliff mit Alkali herausgelöst, mit Alkohol gefällt und sorgfältig mit Wasser nachgewaschen worden waren) hitzebehandelt wurden. Der überraschend große Einfluß der Holzpolyosen wird aus Bild 120 deutlich. Man kann auf Grund der vorliegenden Tatsachen mit ziemlicher Sicherheit annehmen, daß neben der Bildung von Ätherbrücken bei der Hitzestabilisierung von Holz und Holzwerkstoffen auch andere Eigenschaftsänderungen eine Rolle spielen.

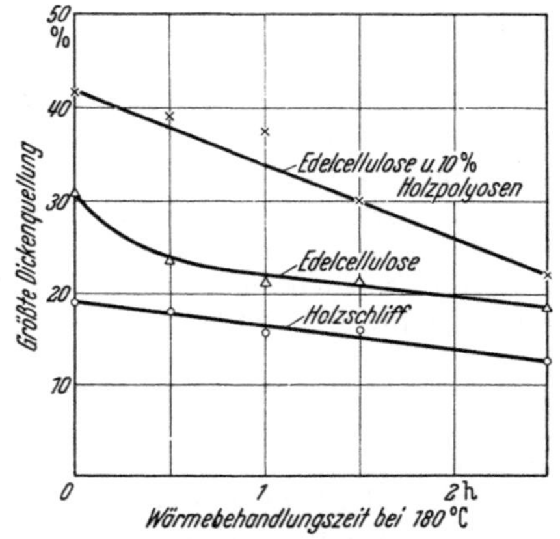

Bild 120. Einfluß der Behandlungszeit auf die Hitzevergütung von Platten aus Holzschliff, Edelcellulose und Edelcellulose mit 10% Gehalt an Holzpolyosen. (Nach N. J. Ögland.)

W. W. Barkas[1] hat beispielsweise (vgl. Bd. I, S. 401) darauf hingewiesen, daß bei hohen Temperaturen eine Verhornung der Zellwand eintritt, mit der sich die elastischen Eigenschaften der Zellwand ändern; dies muß zu einer starken Vergrößerung der Hysteresisschleifen bei der Sorption führen (siehe Bild 294, Bd. I, S. 401). Mit der Hysteresis ist ein Energieverlust beim Sorptionszyklus verkoppelt. Man kann dies näher erklären[2]: Bei der Desorption muß Energie aufgewendet werden, um das Kapillarkondensat zu verdampfen, um Adsorption und Chemosorption — beide auch als „hygroskopische Bindung" zusammengefaßt — rückgängig zu machen und anschließend auch das Quellungswasser zu verdampfen; umgekehrt wird bei der Adsorption Quellungswärme, bei der Kapillarkondensation Kondensationswärme frei. Der negative bzw. positive Wärmeinhalt beider Prozesse ist aber nicht gleich, d. h. der Kreisprozeß ist mit Verlusten verknüpft. Diese Verluste werden um so größer, je höher die angewandten Temperaturen sind; wahrscheinlich beruht dieses Phänomen auf der erwähnten Brückenbildung, bei der Wärmeenergie irreversibel in chemische Energie umgewandelt wird. Im Hinblick auf weitgehenden Quellungsschutz wäre es ideal, zu einer irreversiblen Desorption zu gelangen, d. h. zu einer vollständigen Bindung der bei der Trocknung zur Sprengung der hygroskopischen Bindung aufgewendeten Wärme durch das Holz. Leider ist dieses Ziel vorerst nicht erreichbar, da die anwendbaren Temperaturen begrenzt sind. Oberhalb verhältnismäßig niedriger Temperaturen kommt es, wie in Bd. I, S. 266ff. ausgeführt wurde, zu einer Zersetzung der Holzbestandteile. Davon abgesehen würde die Neigung zu Adsorption und Kapillarkondensation auf jeden Fall erhalten bleiben,

[1] Barkas, W. W.: Swelling Stresses in Gels, Dept. Sci. Ind. Res., For. Prod. Res. Spec. Nr. 6, London 1945.

[2] Kollmann, F.: Hitzevergütung von Holz und Holzwerkstoffen, Holz-Zbl. Bd. 74 (1948) S. 418.

wie sich an Holzkohlen nachweisen läßt (Bd. I, S. 285). Immerhin läßt sich denken und anstreben, daß man zu einer wesentlich stärkeren Veränderung der Kristallitoberflächen als bisher gelangen kann, wobei man allerdings wahrscheinlich chemische mit thermischen Vorgängen verbinden müßte, etwa in ähnlicher Weise, wie dies beim Vulkanisieren der Kautschukmicelle seit langem gelungen ist.

Die Änderung der Sorption von Holz und Holzwerkstoffen für Wasser kann aber außer auf der Abnahme hydrophiler OH-Gruppen und der irreversiblen Entquellung (Verhornung) auf einer Neubildung hydrophober harzartiger Stoffe beruhen. In erster Linie handelt es sich dabei wohl um Schmelz- und Sinterungsprozesse des Lignins. Dieses Teilphänomen der Hitzestabilisierung des Holzes beginnt, wie R. M. Seborg und Mitarbeiter[1] zeigten, bereits oberhalb von 150° C. Auf die entsprechenden Ausführungen in Bd. I, S. 405 ist Bezug zu nehmen. Ob es sich dabei um einen physikalischen Vorgang handelt oder ob diese Änderung des Aggregatzustandes bereits auf chemischen Veränderungen, z. B. einer Spaltung der Lignin-Kohlehydratbindung beruht, ist gegenwärtig noch nicht eindeutig zu entscheiden.

Für die Beurteilung der physikalischen Vorgänge sind aber Versuchsergebnisse von H. G. Higgins und Fl. V. Griffin[2] sehr wichtig. Higgins benutzte bei seinen Untersuchungen dreifach mit Phenolharzfilm verleimte Furnierplatten aus Nadelholz. Die Platten waren mit einem Preßdruck von 3,5 kg/cm² 8 min lang bei 145° C verleimt worden. Aus den Platten wurden Abschnitte von 10 · 10 cm² entnommen. Die Dicke dieser Platten wurde nun mit einer Mikrometerschraube gemessen, wobei jede Messung das Mittel aus 8 Einzelmessungen war, und zwar in jeder Ecke und in der Mitte jeder Seitenkante. Der Feuchtigkeitsgehalt der Proben schwankte nach sorgfältiger Konditionierung nur zwischen 7 und 8%. Die Plattenausschnitte wurden in der Folge in eine elektrisch beheizte Presse gegeben und Drücken von 14 bis 84 kg/cm² bei Temperaturen von 120 bis 200° C ausgesetzt. Vor Aufbringen der Last wurden die Preßplatten 2 min geschlossen, um die Ausschnitte durch und durch auf die Temperatur der Preßplatten zu bringen. Der Preßdruck wurde 5 min lang aufrechterhalten und anschließend die Dicke der Ausschnitte sofort wieder in der oben geschilderten Weise bestimmt. Die Ergebnisse der Versuchsreihe zeigt Bild 121. Man sieht, daß die Dickenverminderung in Abhängigkeit von der Temperatur für jede Druckstufe einem Minimum zustrebt, das etwa bei 150° C liegt. Je höher der angewendete Druck ist, um so schärfer ausgeprägt ist dieses Minimum. Die australischen Autoren geben für diese Beobachtung die hypothetische Erklärung, daß die niedrigere Trocknungsgeschwindigkeit bei niedrigeren Temperaturen die Feuchtigkeit für längere Zeit eine plastifizierende Wirkung ausüben läßt. Bei einer zweiten Versuchsreihe mit gedarrten Holzproben ergaben sich Kurven, bei denen die Dickenverminderung für jede Druckstufe eindeutig mit der Temperatur anstieg; das Minimum war also verschwunden. Folgende Schlüsse lassen sich aus den Versuchsergebnissen ziehen:

1. Selbst ein geringer Gehalt anfänglicher Feuchtigkeit (z. B. 7 bis 8%) vermehrt das plastische Fließen beträchtlich.

2. Die plastifizierende Wirkung wird anscheinend durch die Feuchtigkeit in der dampfförmigen Phase hervorgerufen, da ja der Preßdruck erst aufgebracht wurde, wenn die Temperatur über den Siedepunkt gestiegen war. Bei

[1] Seborg, R. M., u. M. A. Millett u. A. J. Stamm: Heat-Stabilized Compressed Wood (Staypak) U.S. For. Prod. Lab., Rep. Nr. 1580, Madison (Wisc.), Dez. 1944.

[2] Higgins, H. G., u. Fl. V. Griffin: J. Counc. Sci. Ind. Res. (Australia) Bd. 20 (1947) S. 3671. — H. G. Higgins: J. Counc. Sci. Ind. Res. (Australia) Bd. 19 (1946) S. 455.

den höheren Temperaturen war vermutlich der größte Teil des Dampfes vor der Belastung ausgetrieben.

Eine nähere Überprüfung der Versuchsbefunde ergab, daß der gewählte Temperaturbereich von 120 bis 200° C offenbar als höchst kritisch anzusehen ist, da die Dickenverminderung innerhalb dieser Grenzen stark ansteigt, und zwar um so mehr, je höher der Preßdruck ist. Dies wurde auch sehr anschaulich, wenn man die Dickenverminderung als Funktion des Preßdrucks für konstante Temperaturen auftrug. Die fraglichen Kurven nähern sich für jede Temperatur der Druckabszisse bei einem gegebenen Druck. Klare Verhältnisse kann man schaffen, wenn man die Schnittpunkte der Kurven mit einer Parallelen zur Abszisse (im Abstand von 0,012 mm) bestimmt. Diese Punkte kann man dann als Beginn des Fließens ansehen und wenn man darin unter bestimmten Voraussetzungen eine Vergütung erblickt, auch von einem „Beginn der Vergütung" sprechen. Diese Grenzwerte des plastischen Erweichens (yield values) werden sicher mit der Richtung und der Geschwindigkeit der Belastung, aber auch mit der Holzart und anderen Faktoren zusammenhängen. Trotzdem dürfte die kritische Temperatur, bei der das Fließen einsetzt, ziemlich unabhängig von diesen Umständen sein und hauptsächlich von den Eigenschaften des Lignins abhängen. Es ist bemerkenswert, daß die kritische Temperatur zwischen 160 und 170° C, unterhalb der sich Holz wie ein plastischer oder quasiplastischer fester Körper verhält, während sich sein Verhalten oberhalb davon besser als viscoses oder quasiviscoses Fließen beschreiben läßt, mit dem Bereich der festgestellten Schmelzpunkte für gewisse getrocknete isolierte Lignine übereinstimmt.

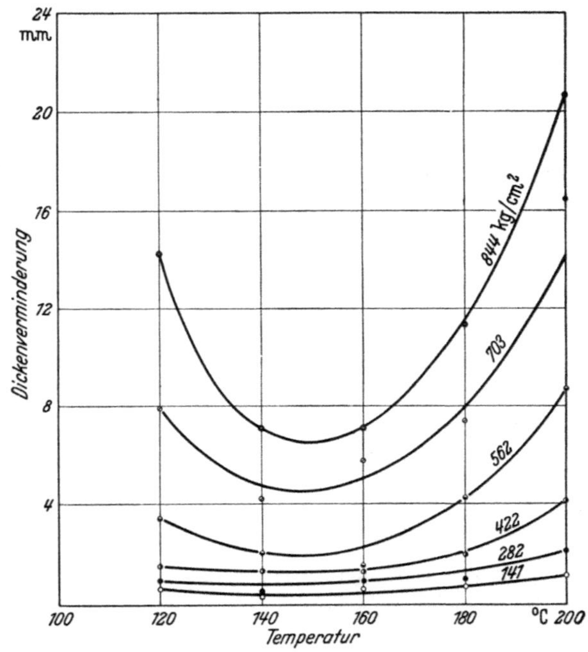

Bild 121. Abhängigkeit der Dickenverminderung von Temperatur und Druck beim Heißpressen von dreifach verleimtem Nadelsperrholz, Anfangsfeuchtigkeit 7 bis 8%. (Nach H. G. Higgins und Fl. V. Griffin.)

Um weiter den elastischen Anteil der Dickenverminderung vom plastischen abzugrenzen, haben H. G. Higgins und Fl. V. Griffin die elastische Nachwirkung erforscht, und zwar 55 und 100 Tage nach der Pressung. Vergleichbare und reproduzierbare Zahlen erhielt man, indem die Proben vor der Dickenmessung gedarrt wurden, da sie auch beim ursprünglichen Verpressen wasserfrei waren. Es stellte sich heraus, daß von der gesamten Dickenverminderung unmittelbar nach dem Verpressen etwa die Hälfte unter der elastischen Nachwirkung verschwand, wenn die Preßtemperatur 120° C betragen hatte. Bei 200° C Preßtemperatur wurde durch elastische Nachwirkung nur $^1/_7$ rückgängig gemacht. Die Beziehung zwischen der Temperatur und dem Verhältnis der elastischen Nachwirkung zur gesamten ursprünglichen Verformung läßt sich durch eine gerade Linie darstellen.

Für die Beantwortung der Frage, auf welchen physikalischen Ursachen die plastische Verformung des Holzes beruht, erwiesen sich mikroskopische Untersuchungen als aufschlußreich; sie zeigten, daß der Druck senkrecht zur Faser, der Brüche in der Zellwand verursacht, ebenfalls geradlinig mit steigender Temperatur abnimmt. Durch gemeinsame Erörterung der Temperatur- und Druckeffekte ließen sich für die Verformung drei Gebiete abgrenzen: Jene der Elastizität, des Fließens und des Bruchs (Bild 122). Für die Hitzevergütung der Hölzer und Holzwerkstoffe ist dieses Bild von grundlegender Bedeutung.

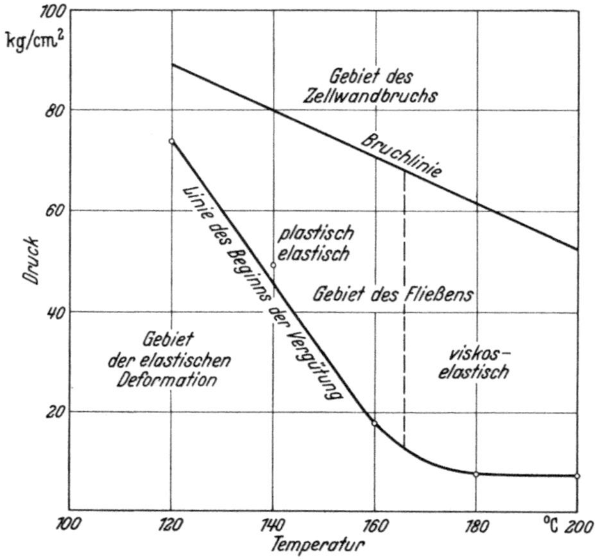

Bild 122. Zusammenhang zwischen elastischer Verformung, Fließen und Zellwandbruch einerseits, Druck und Temperatur andererseits bei dreifach verleimtem Nadelsperrholz. (Nach H. G. Higgins und Fl. V. Griffin.)

Den Chemismus der Hitzevergütung bzw. des thermoplastischen Verhaltens von Holz hat R. O. H. Runkel[1] an Hand der einschlägigen Literatur ausführlich besprochen. Soweit es sich um die Bildung der erwähnten hydrophoben Harze handelt, dürften sie hauptsächlich aus dem Lignin durch hydrolytische Spaltung entstanden sein, worauf schon frühzeitig R. M. Boehm[2], später C. O. Guß[3] und J. G. Meiler[4] hingewiesen haben. In diesem Zusammenhang ist auch auf die Arbeiten von I. Sorgato und Mitarbeitern[5] über die Plastifizierung des Lignins hinzuweisen. Als ziemlich sicher kann gelten, daß im System Holz-Wasser-Wärme neben Aktivlignin unter geeigneten Bedingungen auch das sehr reaktionsfähige Furfurol und weiter Succindialdehyd entstehen. Auf eine weitere Diskussion muß verzichtet werden, jedoch sei in Bild 123 ein Schema des Entstehens von Kunstharzen aus Holzbestandteilen wiedergegeben; es kann keinem Zweifel unterliegen, daß eine Reihe dieser Harze für den Quellungsschutz noch erhebliche Bedeutung erlangen kann, wenn es gelingt, die Harzbildung im Innern von massivem oder fein verteiltem Holz in stärkerem Umfang als bisher herbeizuführen und insbesondere zu beherrschen. Neben dem Vorhandensein einer ausreichenden Restfeuchtigkeit ist es nach R. O. H.

---

[1] Runkel, R. O. H.: Holz als Roh- und Werkstoff Bd. 9 (1951) S. 41; Derselbe u. K. D. Wilke: Ebenda Bd. 9 (1951) S. 260.

[2] Boehm, R. M.: Paper Trade Journal Bd. 110, Tappi-Sect. 249 (1940).

[3] Guß, C. O.: Acid Hydrolysis of Waste Wood for Use in Plastics, U.S. For. Prod. Lab., Rep Nr. R 1481, Madison (Wisc.) Juni 1945.

[4] Meiler, J. G.: Mod. Plastics Bd. 20 (1) S. 64, 128, 130.

[5] Sorgato, I.: Mat. Plast. 1939 Bd. 5, S. 17 und 65. — Derselbe: Ind. Sacc. Ital. Bd. 32 (1939) S. 529. — Derselbe: Ital. Pat. 393 195 (1941). — Derselbe: Ital. Pat. 400 744 (1942). — Derselbe: Chimie et Industrie Bd. 61, Nr. 4 (1949) S. 345 — 348. — Derselbe: La Chimica e l'Industria (1949) S. 280. — D. Meneghini u. I. Sorgato: La Ricera scientif. Bd. 13 (1942).

Runkel in diesem Sinne entscheidend, daß die sich bei Anwendung von Druck und Hitze bildenden flüchtigen oder wasserlöslichen Reaktionsprodukte sich nicht verflüchtigen oder stark verdünnen können, daß also in einem geschlossenen System ohne schädlichen Raum gearbeitet wird (s. S. 552).

Eine technisch besonders große Bedeutung hat die Stabilisierung von Lagenhölzern gewonnen. Ihre Quellungseigenschaften wurden bereits in Bd. I, S. 427ff. erörtert. Weitere Einzelheiten folgen im Zusammenhang mit der Beschreibung der neuzeitlichen Fertigungsverfahren von Lagenhölzern (Z. 731.1, 731.2, 732.1 und 741.1).

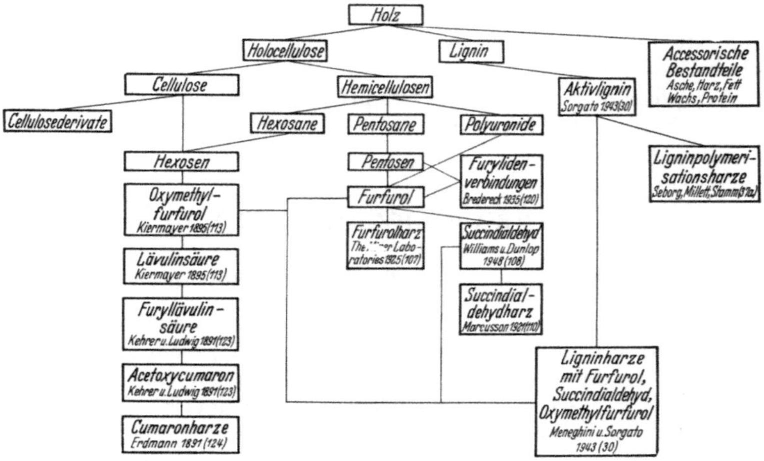

Bild 123. Schema der Bildung von Kunstharzen aus Holzbestandteilen. (Nach R. O. H. Runkel.)

523.42 Formaldehydbehandlung des Holzes. Mit der Hitzestabilisierung ist, soweit sie auf einer Brückenbildung zwischen chemischen Struktureinheiten beruht, ein außerordentlich ungünstiger Effekt auf die mechanischen Eigenschaften verbunden. Es lag deshalb nahe, nach einem Verfahren zu suchen, das diese Nachteile nicht aufwies. Nach einem Vorschlag von A. J. Stamm und H. Tarkow[1] ist es möglich, trockenes Holz in Gegenwart von Formaldehyddämpfen und einer Mineralsäure als Katalysator zu erhitzen. Die Dämpfe werden erzeugt, indem man Paraformaldehyd, das in einem Mineralöl suspendiert ist, erhitzt. Die Reaktion erfolgt in einer säurefesten, luftdichten Trockenkammer bei atmosphärischem Druck. Die Mineralsäure wird in kleinen Mengen mittels einer besonderen Düse in der Kammer versprüht. Man erhält durch die Behandlung, bei der sich, wie man annimmt, ebenfalls Querbrücken zwischen den Cellulosemolekülen bilden, bei einer geringen Gewichtszunahme von 3 bis 6% eine sehr gute Dimensionsstabilisierung, leider aber bringt die Verwendung des Säurekatalysators eine Neigung des Holzes zum Verspröden mit sich. Es werden Anstrengungen gemacht, um diese Schwierigkeiten zu überwinden, da sonst das Verfahren technisch nicht brauchbar ist.

523.43 Behandlung des Holzes mit höheren Fettsäuren und Alkoholen der aliphatischen Reihe. E. Mörath[2] fand, daß eine wirksame Stabilisierung der Dimensionen von Holz durch Tränkung mit höheren Fettsäuren und

[1] US Pat.-Anmeldung von A. J. Stamm und H. Tarkow.

[2] DRP. 556 487 und 557 566.

Alkoholen der aliphatischen Reihe zu erzielen ist. Es wird angenommen, daß die Quellungsvergütung dadurch zustande kommt, daß sich die hochmolekularen Säuren und Alkohole an die Hydroxylgruppen der Zellwand anlagern.

Als Tränkmittel, die hochmolekulare Säuren und Alkohole enthalten, sollen besonders im Vakuum mit Wasserdampf abdestilliertes Montanwachs, ferner das verseifte Montanwachs und Erdharz geeignet sein. Die Tränkung des Holzes erfolgt vorzugsweise bei Temperaturen über 80° C, da die erwähnten Stoffe bei niedrigeren Temperaturen fest sind. Im Kesseldruckverfahren gelang es, Buche, Eiche, Birke, Rüster, Lärche und Tanne mit den erwähnten Stoffen zu imprägnieren; anschließend konnte eine beträchtliche Abnahme der Quellung im Vergleich zu unbehandelten Kontrollhölzern festgestellt werden. Nach E. Mörath eignen sich derart behandelte Hölzer hauptsächlich für Fußbodenbretter, Holzpflaster sowie für Maschinenteile. Durch Zusatz von 0,5% arseniger Säure zum Tränkmittel läßt sich auch die Widerstandsfähigkeit gegen Pilzangriffe wesentlich erhöhen.

53. Oberflächenbehandlung von Holz.

530. Allgemeines über die Oberflächenbehandlung.

Sauber geputzte, aber unbehandelte Holzflächen sind oft unansehnlich, verschmutzen leicht und werden verkratzt. Dazu gesellt sich ihre Neigung, begierig Feuchtigkeit aufzusaugen, die dem Holz als Ganzem schadet. Entsprechende Oberflächenbehandlung wird deshalb meist nicht nur zur Verschönerung, sondern auch als Schutzmaßnahme gewählt. Eine Ausnahme bildet nur das Beizen ohne Nachbehandlung, durch das kein Überzug auf dem Holz, sondern eine möglichst tiefgreifende Färbung der Holzfaser erzeugt wird. Alle Wachse, Lacke, Polituren und Ölfarben schaffen hingegen Überzüge, die die Holzoberfläche mehr oder minder decken und gegen äußere Einwirkungen (z. B. mechanische oder die Feuchtigkeit) widerstandsfähig machen. Der Wirkungsgrad als Feuchtigkeitssperre ist dabei außerordentlich verschieden, wie in Abschnitt 523.1 schon nachgewiesen wurde. Ein vollständiger Abschluß läßt sich auf der „atmenden" Holzoberfläche praktisch nicht erreichen, und man muß sich mit einer Bremsung des Feuchteaustausches begnügen. Zu bedenken ist weiter, daß Holz bei der Oberflächenveredelung zunächst in unbehandeltem Zustande mit verschiedenen Flüssigkeiten in Berührung kommt; das unterschiedliche Verhalten wurde von A. Blickle[1] untersucht. Es ergab sich im wesentlichen folgendes: Die Flüssigkeitsaufnahme von Wasser, Spiritus oder Lösungen in Holz ist groß und von einer starken Quellung begleitet; auffallend rasch drangen Poliersprit und Schellackpolitur in das Holz ein, die Maßänderungen tangential zu den Jahrringen erreichten bei dem geprüften lufttrockenen Rotbuchenholz nach 96stündiger Lagerung in den Flüssigkeiten 82% bzw. 74% der Maßänderung im Wasser. Spritzlack und Spritzlackverdünnung erreichten zwar einen hohen Endwert der gewichtsmäßigen Feuchtigkeitsaufnahme, drangen aber zunächst sehr langsam ein und bewirkten eine nur geringe Quellung (im Mittel 26% der Wasserquellung). Noch geringfügiger nahmen die Breiten von Brettchen zu, die in Porenfüllgrund und Terpentin getaucht waren, obwohl auch hierbei die Gewichtsveränderungen recht erheblich

---

[1] Blickle, A., u. R. Herzog: Oberflächenbehandlung, Holzbearbeitung. AWF-Merkheft, Bd. II, Berlin 1936.

waren. Mineralisches Schleiföl und Leinölfirnis werden hingegen von der Holzsubstanz selbst kaum oder nicht aufgenommen, so daß die Quellung vernachlässigbar bleibt; die schließlich ganz beachtliche Gewichtssteigerung erklärt sich aus der Aufnahme in den Zellkapillaren. In Übereinstimmung mit diesen Beobachtungen stehen die praktischen Erfahrungen, daß geputzte Flächen beim Abwaschen mit Spiritus aufrauhen, beim Schleifen mit Leinöl oder Schleiföl aber unbedingt eben bleiben.

Zur Beurteilung des Chemismus der Oberflächenbehandlung muß man weiter die Einwirkung von Säuren, Laugen und Salzlösungen auf die Holzsubstanz kennen. Breiter Raum wurde diesen Fragen bereits im Kapitel über die „Korrosionseigenschaften" (Bd. I, S. 312ff.) gewidmet. Hier sei deshalb nur soviel gesagt, daß weder Säuren noch Laugen lediglich durch Abwaschen von den Holzfasern entfernt werden können: durch Neutralisation sind diese Stoffe aber in harmlose Salze zu überführen und damit unschädlich zu machen. Unter den Laugen, die das Eindringen von Beizen begünstigen, bildet der Salmiakgeist eine Ausnahme, da sich das Ammoniak allmählich verflüchtigt. Recht verwickelt sind die Verhältnisse bei Salzlösungen, die sehr verschiedene Wirkungen auf die Holzfaser ausüben. Auf eine allgemeine Darstellung muß deshalb verzichtet werden, jedoch werden einige typische Reaktionen bei den metallsalzhaltigen Nachbeizen erwähnt werden.

Allgemein ist noch zu betonen, daß die erste Voraussetzung gelungener Oberflächenbehandlung sorgfältige Holzpflege ist. Falsche Trocknung oder mangelhafte Lagerung bedingen Quell- oder Schwindungserscheinungen, die die Ebenheit der Holzflächen zerstören. Großen Einfluß hat auch die Art des Absperrens, vor allem der Absperrfurniere; diese sollen aus gutem Pappelholz, Whitewood oder Okumé bestehen, in der Dicke etwa $^1/_5$ der Blindholzdicke haben, und ihre Faserung muß quer zu der des Edelfurniers verlaufen, damit in letzterem keine Haarrisse entstehen können.

Sehr gefährlich sind stets die Äste, da sie in ihren physikalischen Eigenschaften vom umgebenden Holz abweichen. Als Langholz stehen die Äste beispielsweise beim Schwinden aus den vorher gehobelten Flächen hervor und können dann zu häßlichen Lichtbeugungen, Aufwölbungen oder gar Furnierdurchbrüchen führen. Ausbohren der Äste und Ersatz durch Querholzdübel ist deshalb bei guter Schreinerware unerläßlich.

Alles in allem stellt richtige Oberflächenbehandlung von Holz hohe Anforderungen an das technische Können. Der Zeitverbrauch ist dementsprechend hoch, wozu sich erheblicher Verbrauch an kostspieligem Material gesellt (vgl. Zahlentafel 19). Bei Kalkulationen spielt deshalb die Oberflächenbehandlung in vielen holzverarbeitenden Betrieben eine wichtige Rolle.

531. Vorbereitung der Holzoberflächen.

531.1 Schleifen, Putzen und Wässern.

Sauberes Beizen und Polieren ist nur auf wirklich glatten Holzflächen möglich; den die letzte Glätte bewirkenden Zerspanungsarbeiten kommt deshalb als Vorbereitung der Oberflächenbehandlung besondere Bedeutung zu. Auf die üblichen handwerklichen Verfahren kann hier nicht näher eingegangen werden; sie bestehen im Abputzen mit dem Putzhobel — mit scharfem, gerade geschliffenem Eisen und richtig aufgepaßter, soweit wie angängig nach vorn gegeschobener Klappe[1] —, im Abziehen mit der Ziehklinge und im Nachschlei-

[1] Vgl. bei P. Koch: Das neuzeitliche Beiz- und Polierverfahren, 2. Aufl., S. 4, Stuttgart (o. J.).

Zahlentafel 19. *Material- und Zeitverbrauch bei der Oberflächenbehandlung von Holz.*

Arbeitsgang	Materialverbrauch (nach A. Blickle u. R. Herzog[1]) cm³/m²		Zeitverbrauch (nach A. Rudolf[2]) h/m²	
1. Bleichen	160 bis 200			
2. Beizen	W*	H*		
a) Wasserbeizen . . .	160 bis 200	140 bis 160	0,15	
b) Doppelbeizen . . .				
1. Vorbeizen	140 bis 160	125 bis 140		
3. Nachbeizen . . .	125 bis 140	110 bis 125		
c) Wachsbeizen . . .	160 bis 200			
3. Porenfüllen				
a) Porenfüllgrund flüssig	100 bis 110		0,30	
			0,15	(Spachteln)
b) Porenfüllpulver . .	110 bis 160		0,60	(Zupolieren der Poren)
4. Mattieren				
a) Schellackmattierung	110 bis 125			
b) Nitrocellulose-mattierung	85 bis 100			
5. Polieren				
a) Schellackpolitur zum Grundieren, Decken, Fertigpolieren . . .	100 bis 110		3,0 bis 4,70	Schellackpolieren insgesamt (ohne Beizen und Porenfüllen)
dazu Sprit	300 bis 330			
b) Celluloselack	300 bis 350			
c) Abpolierwasser . . .	65		2,25 bis 3,55	Spritzpolieren insgesamt (ohne Beizen und Porenfüllen)

* H = Hartholz, W = Weichholz.

fen von Hand. In größeren Betrieben erfolgt die Oberflächenglättung maschinell durch Ziehklingenmaschinen und Schleifmaschinen (vgl. S. 455). Zu beachten ist, daß Holz, das gebeizt werden soll, nicht quergeschliffen werden darf, da sich die hierbei angeschnittenen Holzfasern infolge der Feuchtigkeitsaufnahme beim Beizen aufrichten.

Der Erfolg des Putzens kann am besten durch das Wässern beurteilt werden. Nach dem ersten Schliff wird die Holzfläche mit lauwarmem Wasser angefeuchtet. Man bringt nicht zu wenig Wasser auf, sorgt aber durch Aufstellen der Arbeitsstücke dafür, daß die überschüssige Flüssigkeit abrinnen kann; durch das Wässern werden Kratzer, Druckstellen, eingepreßte Fasern usw. infolge der Quellung wieder hochgezogen; die vorher scheinbar tadellos glatte Fläche fühlt sich rauh an. Durch Nachschleifen der wieder trocken gewordenen Fläche lassen sich die Fehler entfernen. Dabei kann sich, besonders bei feineren Stücken, Handarbeit bewähren; allerdings darf nur ganz geringer Druck angewendet werden. Gute Erfahrungen wurden mit künstlichem Bimsstein als Schleifmittel gemacht. Besondere Vorsicht ist beim Putzen von Maser-

[1] Blickle, A., u. R. Herzog: Oberflächenbehandlung, Holzbearbeitung, Bd. II, AWF-Merkheft, Berlin 1936.

[2] Rudolf, A.: Das Polieren von Edelholz. Sammlg. maltechn. Schriften, Bd. 20, München 1933.

furnieren geboten; bei ganz dünnen Edelfurnieren benützt man zunächst einen feinen Zahnhobel, dann mit gelindem Druck die Ziehklinge. Für festere Furniere ist die Bandschleifmaschine geeignet. Zum Wässern benutzt man meist stark verdünnte Leimbrühe, um die Maserfurniere zu verfestigen.

531.2 Kitten und Ausbrennen.

Schadhafte Stellen, z. B. kleine Löcher, Äste usw. werden meist nach dem Wässern vor dem Beizen und Polieren durch Kitten ausgebessert. Die Kitte müssen sich mit dem Holz gut verbinden und die Beize annehmen. Folgende Massen erfüllen diese Bedingungen:

a) Leimkitte; sie enthalten als Bindemittel Leimwasser, als Füllstoffe entweder mit der Ziehklinge abgeschabtes Hirnholz (Hirnholzkitte), feine Sägespäne und Schleifmehl oder geriebene Schlämmkreide, die mit einer Erdfarbe (Kasselerbraun für Nußbaum, Ocker für Eiche, Terra di Siena für Mahagoni) gefärbt wird (Kreidekitte). Die Kitte müssen in Form einer dicken Paste angerieben werden und dürfen nicht zu viel Leim enthalten, da sie sonst nach dem Trocknen hart werden.

b) Kaseinkitte; sie bestehen aus Kaltleimen mit viel feinen Sägespänen und etwas Erdfarben und eignen sich besonders dort, wo von den ausgebesserten Stellen eine gewisse Wasserfestigkeit verlangt wird (Fußböden). Sollen bei Eichenholz Farbreaktionen der Gerbsäure mit dem freien Alkali der üblichen Kaltleime vermieden werden, dann kann man auch nach P. Koch[1] eine Paste aus 2 GT Kasein, 1 GT Borax und der nötigen Menge Füllstoffe (Sägemehl, Kreide) herstellen.

c) Flüssiges Holz und Holzzement. Diese Kitte können als Markenwaren fertig von verschiedenen chemischen Werken bezogen werden. Die Bindemittel sind meist Celluloseester (Nitrocelluloselösungen, Acetylcellulose). Die Kitte trocknen sehr rasch, lassen sich gut hobeln, schleifen und sogar beizen. Meist wird die auszubessernde Holzstelle zunächst mit einem Lösungsmittel gut angefeuchtet, um eine besonders feste Bindung zwischen Kitt und Holz zu erreichen.

Bei allen Kitten muß die frisch eingestrichene Masse eine kleine Wölbung bilden, um der Schwindung beim Trocknen Rechnung zu tragen. Vor dem Beizen sind die Kittstellen noch sauber eben zu schleifen.

Zum Ausbessern von Schäden an fertig gebeizten Hölzern dienen folgende Massen:

d) Wachskitte, die aus Bienenwachs mit Montanwachsen, Harzen und Erdfarben im vorliegenden Beizton erzeugt werden. Die Kitte werden mit einem in einer rußfreien Flamme erhitzten Eisen in das Loch eingedrückt und eingeschmolzen. Dann muß die Stelle durch Schaben, Feilen und Schleifen verputzt werden.

e) Marmorkitte, sind in verschiedensten Farben käuflich und werden wie die Wachskitte verarbeitet.

f) Ölkitte (Glaserkitte) sind nicht zweckmäßig, da sie schwer trocknen und leicht dunkle Ölflecke verursachen.

Fehlstellen in zu polierenden Flächen werden mit hellem Schellack — selbstverständlich unter Benutzung eines rußfreien heißen Eisens — zugeschmolzen (ausgebrannt).

---

[1] Koch, P.: Das neuzeitliche Beiz- und Polierverfahren, 2. Aufl., Stuttgart (o. J.).

531.3 Entharzen.

Harzreiche Hölzer (z. B. Kiefer, Lärche, Pechkiefer usw.) nehmen Beizen nur ungleichmäßig an, da das Harz selbst die Beizen abstößt. Sollen solche Hölzer — z. B. für Vertäfelungen — gebeizt werden, dann ist zunächst eine Entharzung erforderlich, die entweder durch Verseifung oder durch Lösung der Harze erfolgen kann. Die Verseifung erfolgt durch heiße Laugen (50 g Natriumcarbonat oder 50 g Kaliumcarbonat oder 25 g Kern- bzw. Schmierseife in 1000 g kochendem Wasser), mit denen das Holz kräftig eingestrichen wird. Die entstehenden Harzseifen werden abgebürstet. Schließlich wird mit Wasser, dem 5% Essigsäure zugesetzt sind, nachgewaschen, wodurch die Laugenreste an der Holzfaser neutralisiert werden. Beim Entharzen mit Ammoniaklösung ist die Säurenachwaschung entbehrlich, da das NH_3 von selbst aus dem Holz entweicht.

Eine besonders energische Harzlösung wird durch Aceton bewirkt, das meist nicht rein, sondern als Zusatz zu Ammoniaklösung oder Sodalauge verwendet wird. Die aufgeführten Verfahren sind auch zur Behandlung von geöltem Holz vor dem Beizen geeignet.

531.4 Bleichen und Entflecken.

Durch die Bleichung sollen die Farbstoffe der Hölzer zerstört werden. Dies ist erforderlich, wenn man zarte, helle Beiztöne erzielen will, wenn dunkle Wasserflecken aus Hölzern zu entfernen oder wenn gebeizte Möbel aufzuhellen sind. Ein besonders einfaches und wirksames Bleichmittel für Holz ist Wasserstoffsuperoxyd, das in 30%iger Lösung als Perhydrol im Handel ist und bei seiner Zersetzung aktiven Sauerstoff abgibt. Durch unverdünntes Perhydrol werden manche Hölzer stark angegriffen; man bleicht deshalb gewöhnlich mit einer Mischung von Perhydrol und Wasser zu gleichen Teilen, der auf 1000 cm^3 noch 20 g Ammoniaklösung zugesetzt werden. Die Bleichflüssigkeit darf nicht mit Metall in Berührung kommen. (Zubereitung also in Glas- oder Steingutgefäßen.) Auftrag mit Bürste, Schwamm oder einem mit Leinen- bzw. Baumwollebausch umwickelten Stock. Bei sehr großer Produktion kann das Bleichmittel auch mit einer Spritzpistole aufgetragen werden; die Pistole muß in diesem Fall einen Glasbehälter besitzen und so konstruiert sein, daß die Bleichflüssigkeit nur mit Teilen aus rostfreiem Stahl oder anderen korrosionsbeständigen Legierungen in Berührung kommt. Nach jedem Gebrauch ist die Pistole sorgfältig durch Verspritzen von Wasser zu reinigen.

Die Bleichbehandlung muß unter Umständen mehrmals wiederholt werden, bis der gewünschte Bleichgrad erreicht ist. L. E. Downs[1] empfiehlt folgendes Verfahren: Das Holz wird zuerst mit einer Lösung von Natriumhydroxyd (480 g Trockenstoff in 1000 cm^3 Lösung) behandelt. Nachdem man den Aufstrich etwa 30 min eintrocknen ließ, wird die 30%ige Wasserstoffsuperoxydlösung aufgebracht. Das zuerst angewandte Natriumhydroxyd macht den Wasserstoffsuperoxyd instabil, so daß er sich zersetzt, wobei eine große Menge chemisch aktiven Sauerstoffs frei wird. Nach dem Bleichen ist das Holz sorgfältig mit kaltem Wasser zu waschen. Um etwa noch vorhandene Natriumhydroxydspuren zu neutralisieren, wird das Holz dann mit einer Lösung von 12 g Essigsäure (oder Oxalsäure) in 1000 cm^3 Wasser gewaschen oder bespritzt; man läßt die Neutralisierflüssigkeit 15 min einwirken und wäscht dann nochmals gründlich nach. Anschließend läßt man das Holz trocknen (Lufttrocknung von 6 bis 15,

---

[1] Downs, L. E.: Bleaching Wood, U.S. For. Prod. Lab., Ber. Nr. R 1705, Madison (Wisc.) Rev. Okt. 1948.

gelegentlich bis zu 48 h) und schleift mit Sandpapier nach; poliert oder gebeizt darf erst nach frühestens 24 h werden.

Eine Reihe von amerikanischen Möbelfabriken vermeiden die Anwendung der Natriumhydroxydlösung. Sie befeuchten das Holz mit der Wasserstoffsuperoxydlösung und bringen es sofort in eine Kammer oder einen Tunnel, wo es Ammoniakdämpfen ausgesetzt ist. Als Vorteile dieser Methode gelten ihre Wirtschaftlichkeit und die Abwesenheit von nicht flüchtigem Alkali, das besonders entfernt werden müßte.

Ein wirksames Bleichmittel ist auch Natriumsuperoxyd (50 g auf 1000 cm^3 Wasser); infolge seiner Alkalität wirkt es verseifend, ist also besonders geeignet, wo gleichzeitig Harze oder Wachse zu entfernen sind. Das bei der Sauerstoffabgabe entstehende NaOH muß durch Nachwaschen mit Eisessig 1 : 20 oder Salzsäure 1 : 10 neutralisiert werden. Im praktischen Betrieb ist der Gebrauch von Natriumsuperoxyd wegen seiner Giftigkeit und Explosionsneigung bei unsachgemäßer Aufbewahrung bedenklich. Viele Bleichmittel sind für die Haut und die Augen schädlich. Es sind deshalb beim Bleichen Schutzbrillen, dicke Gummihandschuhe und Schürzen zu tragen, besonders wenn die Bleichmittel Wasserstoffsuperoxyd oder Natriumhydroxyd enthalten.

Sehr gebräuchlich ist als Bleichmittel auch Natrium-Hypochlorid-Lösung, die als Griesheimer Chlorlauge käuflich ist oder folgendermaßen selbst hergestellt werden kann: 30g Natriumcarbonat werden in 1000 cm^3 kaltem Wasser gelöst, worauf langsam 60g Chlorkalk zugegeben und fest eingerührt werden. Nach einiger Zeit setzen sich die Kalkteilchen am Boden ab. Die klare Bleichflüssigkeit wird abgegossen und filtriert. Das Bleichen erfolgt in mehreren Stufen; zuletzt müssen die Chlorreste im Holz durch eine 1 bis 5%ige Lösung von Fixiernatron (unterschwefligsaures Natron, Antichlor) unschädlich gemacht werden.

Als weitere, seltener gebrauchte Bleichmittel sind zu erwähnen überoxalsaures Kaliumoxalat (saures Kleesalz) und Oxalsäure, die in 6 bis 10%igen Lösungen besonders Eisen-Gerbsäureverbindungen, also blauschwarze und dunkelgrüne Flecken auf Eichenholz, abbauen, sowie Schwefeldioxyd, das entweder naß aus Natriumsulfitlösung unter Einwirkung von Säuren oder trocken durch Verbrennung von Schwefel entsteht. Die Trockenbleiche mit Schwefeldioxyd setzt gut schließende Räume voraus und ist nur bei an sich hellen Hölzern (Ahorn, Esche) befriedigend. Sehr vorteilhaft kann sie für kleine Massenwaren (z. B. Faßspunden und Schuhnägel aus Birkenholz) sein.

Ganz besondere Schwierigkeiten ergaben sich lange Zeit bei der Bleiche von durch Pilze verfärbten Hölzern (z. B. verblautem Kiefern- und Fichtenholz, verstocktem Buchen- und Ahornholz). Die Verblauung kommt, wie in Bd. I, S. 59ff. ausführlich behandelt wurde, dadurch zustande, daß in das feuchte Holz die Hyphen der Bläuepilze eindringen und in den Zellhohlräumen braun bis schwarz gefärbte Fäden, Nester und Knäuel bilden, die durch die hellbleibenden Zellwandungen hindurch scheinen und dadurch dem Holz die blaue Färbung geben. Die Tatsache, daß die Hyphen im Innern der Holzzellen auftreten, verhindert einen normalen Bleicherfolg, da die Zellwand für die Bleichmittel ziemlich undurchlässig ist. Nach einem neuen Verfahren von R. Orth[1] wird aber das verfärbte Holz zunächst mit einer wässerigen Alkalilauge (z. B. Lösung von NaOH oder KOH mit etwa 1,17° Bé) vorbehandelt. Die Folge ist eine Quellung der Zellmembran, die dadurch gelockert und permeabel wird. In der zweiten Stufe wird ein Bleichmittel, z. B. Wasserstoffsuperoxyd, unter gleichzeitiger Sauerstoffabspaltung durch das Quellungsmittel angewendet. Schließlich wird

---

[1] Schweiz. Pat. 277 085 vom 16. 6. 1949.

mit Wasser, dem ein Neutralisationsmittel (verdünnte Essig- oder Ameisensäure) beigefügt wurde, nachgewaschen und getrocknet.

Häufig sind nur einzelne Streifen und Flecken aus dem Holz zu entfernen. Handelt es sich um natürliche Farbunterschiede oder um Flecken von Teerfarben — die heute auch in den meisten Tinten enthalten sind —, dann muß das ganze Stück gebleicht werden. Rost- und Eisensalzflecken entfernt man mit einer Lösung von 40 g Kleesalz in 1000 cm^3 Wasser. Kalk, Zement, Kaltleim-, Soda- und Seifenflecken werden abgeschliffen und zwecks Neutralisation mit verdünnter Salz- oder Essigsäure nachgewaschen. Ölflecke löst man mit Benzin, Tetrachlorkohlenstoff usw.

531.5 Sandeln und Bürsten.

Die Oberflächen von Nadelhölzern, insbesondere von Kiefern- und Zirbelkiefernholz, lassen sich durch Behandlung mit dem Sandstrahlgebläse sehr wirkungsvoll beleben. Es entsteht hauptsächlich bei Fladenbrettern ein schönes Relief, da vom weichen Frühholz erheblich mehr abgearbeitet wird als vom harten Spätholz. Durch Auflegen von Schablonen lassen sich bestimmte Holzteile auch dem Angriff des Sandstrahles entziehen. Beizen oder Brennen der gesandelten Oberfläche ist zu empfehlen.

Eine zweite Möglichkeit, die weichen Zonen der Jahrringe teilweise abzutragen, liegt in der Anwendung einer Drahtbürste; vorteilhaft ist dieses Verfahren vor allem nach vorangegangener Brennbeizung (s. S. 182). In USA bezeichnet man als geätztes Holz (etched wood) Nadelsperrholz, das auf einer Seite kräftig mit rotierenden Stahlbürsten behandelt wurde. Das Sperrholz wird dabei durch Rollenförderer in die Maschine eingeführt, in der die Maserung durch 24 walzenförmige Drahtbürsten mit Einzelantrieb herausgearbeitet wird[1]. Jeweils 4 Bürstenrollen sind zu einer Batterie vereinigt, wobei je eine Batterie in Faserrichtung, die nächste senkrecht dazu wirkt. Alles weiche Frühholz wird dadurch oberflächlich entfernt. Die Bürsten laufen mit 2000 U/min. Ihre Borsten bestehen aus 0,15 mm dickem getempertem und gekräuseltem Stahldraht. Eine Entstaubungsanlage entfernt den gebildeten Holzstaub. Zur Bedienung der Maschine sind nur zwei Mann erforderlich, einer an der Aufgabestelle, der andere an der Entnahmestelle. Nach dem Bürsten werden die Plattenoberflächen in üblicher Weise mit Lacken, Farbanstrichen, Mattinen usw. behandelt. Besonders beliebt sind zweifarbige Kombinationen[2].

531.6 Prägen.

In den letzten Jahren wurden hauptsächlich in USA und Kanada Sperrhölzer für Innendekoration und Außenwände auf den Markt gebracht, deren Maserung mechanisch verstärkt ist. Ein Verfahren besteht darin, daß die Sperrplatten maschinell mit Rollen gedrückt werden, so daß Vertiefungen parallel zu den Fasern entstehen. Durch Prägeverfahren läßt sich auch die Oberfläche von Holzfaserplatten so ändern, daß sie ein holzähnliches Aussehen erhalten[3]. Für Wandbekleidungen können auch Rupfen- oder Rauhfasermuster genommen werden. Zum Prägen der Holzfaserplatten kommt ein zweiwalziger Prägekalander in Frage, mit der Walzenanordnung:

Stahlwalze mit Gravur, glatte Stahlwalze mit Laufrändern.

[1] Z. B. Maschine der H. R. MacMillan Industries Ltd. in Vancouver, vgl. Timberman Bd. 51 (1950) Jan., S. 78.

[2] Anonymus: Novelty Item: Etch Wood, The Timberman Bd. 50 (1949) Nr. 3, Jan., S. 74. — Anonymus: Making Etch Wood in B. C., West-Coast Lumberman Bd. 76 (1949) Nr. 5, Mai, S. 74.

[3] Esser, H.: Holz als Roh- und Werkstoff Bd. 5 (1942) S. 273.

Der Prägedruck kann zwischen 20000 und 120000 kg liegen. Die Prägung wird meist kalt vorgenommen. Wenn ein häufiger Musterwechsel in kurzer Zeit wünschenswert ist, empfiehlt sich ein Revolverprägekalander mit vier verschieden gravierten Stahlwalzen. Die Arbeitsgeschwindigkeit beim Prägen liegt zwischen 5 und 15 m/min.

532. Beizen der Hölzer.

532.0 Allgemeines.

Beizen verdecken im Gegensatz zu Anstrichen die Holzzeichnung nicht. Sie dürfen aus diesem Grund nur echt gelöste Bestandteile, also weder schwebende Teilchen noch einen Bodensatz enthalten[1]. Es gibt Farbstoffe, die sich als Anstrich und als Beize verwenden lassen, z. B. das Kasselerbraun, dessen Körner mit Wasser einen Anstrich, mit Lauge (Ammoniak) eine Beize ergeben. In Öl fein suspendiert liefern die Erdfarben als dritte Möglichkeit die Lasuren.

Die Beizen sollen das Holz möglichst gleichmäßig färben; mit Rücksicht darauf sind sie mit Schwamm oder Pinsel gut naß aufzutragen und dürfen nur langsam eintrocknen. Die Eindringtiefe muß möglichst groß sein; sie hängt außer von der Beizenart von der Beschaffenheit des Holzes, insbesondere seiner Dichte und seinem Harzgehalt ab. Durch Erwärmen läßt sich die Eindringtiefe steigern.

Weiter ist von den Holzbeizen im allgemeinen zu verlangen, daß sie reib- und lichtecht sowie wasserfest sind. Besonders gut werden diese Forderungen erfüllt, wenn die Farbstoffe beim Beizen unmittelbar in die Holzfasern eingelagert werden. Solche Einlagerungen werden durch Metallsalzlösungen in Verbindung mit Gerbsäure cder Vorbeize bewirkt. Teerfarbstoffe werden hingegen nur fein verteilt auf und zwischen den Fasern angelagert; die so entstehenden Beiztöne sind nicht wasserfest. Lichtecht sind die sauren, nicht lichtecht die basischen Teerfarbstoffe. Die im Handel befindlichen Beizen sind oft aus Metallsalzen und Teerfarbstoffen gemischt und damit nur bedingt wasserfest und lichtecht. Die großen Vorzüge der Teerfarbstoffe liegen darin, daß sie sehr einfach anzuwenden sind und immer die nämlichen, nach der Musterkarte bestimmbaren Farbtöne liefern. Am schlechtesten schneiden hinsichtlich „Echtheit“ die Sprit- und Ölbeizen ab. Ganz allgemein verblassen dunkle Töne weniger als helle.

Sehr wichtig ist beim Beizen der Gehalt der Hölzer an Gerbstoffen (Eiche, Mahagoni, Nußbaum) und Farbpigmenten (Kirsche, Mahagoni), die durch Laugen entwickelt werden. Weder Gerbstoffe noch Farbpigmente enthalten die Nadelhölzer sowie unter den Laubhölzern Ahorn, Birke, Birnbaum, Erle und Rüster. Aus dem Gesagten ergibt sich klar, daß für die verschiedenen Holzarten verschiedene Beizverfahren wirtschaftlich sind. Allgemein läßt sich etwa folgendes Schema verwenden:

Holzart	Wirtschaftliche Beizen
Eiche	(Wasserbeizen), Doppelbeizen, Räuchern, Räucherbeizen, Wachsbeizen
Mahagoni	Räucherbeizen
Nußbaum	Wasserbeizen, Körnerbeizen, Räucherbeizen
Kirschbaum	Wasserbeizen mit Kaliumbichromat
Ahorn, Birke, Birnbaum, Erle, Rüster	Wasserbeizen
Nadelhölzer	Doppelbeizen, Brennbeizung

[1] Graser, Th.: Schleifen, Beizen, Polieren, 2. Aufl., Stuttgart-Feuerbach (o. J.).

Soll Hirnholz und Langholz in der gleichen Fläche im selben Ton gebeizt werden, so ist das betreffende Stück zunächst mit Wasser einzunässen; das Hirnholz nimmt dabei mehr Wasser auf als das Längsholz und kann anschließend nicht mehr zu viel Beize schlucken.

532.1 Beizen mit Teerfarbstoffen.

Die Entwicklung des Beizens zu seiner heutigen Höhe wäre ohne die Teerfarbstoffe undenkbar[1]. Man unterscheidet eine saure und eine basische Gruppe; als Lösungsmittel kommen Wasser, Sprit und Öl in Frage. Die sauren Teerfarben sind alle in Wasser löslich und zeichnen sich — neben einer dritten Gruppe, den Alizarinfarbstoffen, die sich allerdings als Holzbeizen noch kaum eingeführt haben — durch große Lichtechtheit aus. Weniger lichtecht sind die basischen Teerfarben, die in Wasser und Spiritus löslich sind; letzterer kann beim Mattieren und Nachpolieren mit Spritzpolitur zu Fleckenbildung führen. Zu beachten ist ferner, daß durch Ammoniakzusatz das Eindringen der sauren Teerfarben in das Holz erleichtert wird, während die basischen Teerfarben kein Ammoniak vertragen. Eine Mischung beider Farbstoffgruppen ist unstatthaft, da sich die Lösungen gegenseitig ausfällen.

532.11 Wasserbeizen aus sauren Farbstoffen. Die sauerziehenden Teerfarbstoffe, die sowohl in den Grundfarben als auch in den verschiedensten Mischungen im Handel sind, werden als Wasserbeizen zur Holzfärbung verwendet und bilden Bestandteile der Räucherbeizen und der Nachbeizen. Für das Mischen bestimmter Farbtöne ist es zweckmäßig, sich etwas mit der Ostwaldschen Farbenlehre vertraut zu machen. Um in der Beiztechnik das Mischen praktisch zu gestalten und in allen Fällen rasch den gewünschten Farbton zu treffen, stellt man sich 5%ige Stammlösungen her. Als Lösungsmittel ist hartes Wasser infolge seines Gehaltes an Calcium- und Magnesiumverbindungen, die den Beizton verfälschen, ungeeignet. Man verwendet deshalb heißes, destilliertes Wasser zum Ansetzen. Zerstörend wirkt auf fast alle Beizen Eisen; infolgedessen soll man nur irdene, gläserne oder emaillierte Gefäße zum Lösen der Beizmittel benutzen. Den Farblösungen werden 5 bis 10% Ammoniak zugesetzt, wodurch sich die Eindringtiefe erhöht. Trotzdem beträgt sie nur wenige Zehntel Millimeter. Soll Holz in seiner ganzen Masse durchfärbt werden, so muß man es unter hohem Druck mit der erwärmten Beizflüssigkeit tränken (s. S. 396).

Die Wasserbeizen werden wegen ihrer Billigkeit und einfachen Anwendung in den Tischlereien vorwiegend gebraucht. Die erzielbaren Färbungen sind allerdings nicht wasserfest, so daß gegebenenfalls Nachbehandlung mit einer Nitrocellulosemattine erforderlich ist. In einem Arbeitsgang läßt sich Wasserbeständigkeit erreichen, wenn man die Beize statt mit Wasser mit einer wässerigen Borax-Schellacklösung (50 g Borax in 1000 cm^3 Wasser mit 30 g Schellack verkochen) verdünnt.

532.12 Wasserbeizen aus basischen Farbstoffen. Den Wasserbeizen aus basischen Teerfarbstoffen werden je Liter 1 bis 3 cm^3 30%ige Essigsäure (6° Bé) zugesetzt. Die Farbflotte wird dann auf 50 bis 60° C erwärmt und dient zum Färben von Massenwaren (Spielzeug, Spulen, Knöpfe, Holzperlen, Messerschalen, Holzbast usw.), die eine halbe Stunde in das Bad gelegt werden.

532.13 Indigosole. Indigosole sind wasserlösliche Teerfarbstoffe, die nach der Beize noch eine Entwicklung benötigen. Die Hölzer werden zunächst 10 min in die — je nach Bedarf — etwa 1 bis 10%ige, auf 50° C erwärmte Farbflotte

[1] Schneider, W.: Farben-Chemiker Bd. 10 (1939) S. 95 und 271. — C. Becker jr.: Holzbeizen, Augsburg 1938.

gelegt. Hierauf werden sie wieder getrocknet und in das Entwicklerbad (7 g Natriumnitrit und 20 cm^3 konz. Schwefelsäure je 1000 cm^3 H_2O) gegeben, wo rasch die endgültige Tönung erfolgt. Bei geringer Konzentration der Flotte — mit der sich sehr feine gelbliche und rosa Färbungen erzielen lassen — ist auch Pinselauftrag der Indigosollösung und des Entwicklers möglich.

532.14 Küpenfarbstoffe. Die Küpenfarbstoffe sind in allen normalen Lösungsmitteln unlöslich, werden aber durch Reduktion (Verküpung) in wasserlösliche Verbindungen überführt. Für die Holzfärbung kommen Indanthrene, die in allen Farben in Teigform käuflich sind, in Frage; die Indanthrene werden mit warmem Wasser aufgeschwemmt und mit Hydrosulfit reduziert. In die so entstehende Küpe wird das Furnier 10 min lang gelegt; nach dem Herausnehmen wird der Farbstoff durch den Luftsauerstoff wieder oxydiert und damit fest an die Holzfaser gebunden.

532.15 Spritbeizen. Spritbeizen werden aus Teerfarbstoffen — meist der basischen Gruppe — durch Lösung in reinem oder denaturiertem Spiritus, gelegentlich auch in Methanol, im Wasserbad hergestellt. In der Regel genügen etwa 4%ige Farblösungen, denen man zur Befestigung des Farbstoffes auf dem Holz 4% Schellack zusetzen kann. Die Beizen dringen tief ein und sind sehr reibecht und wasserfest; dagegen läßt die Lichtechtheit oft zu wünschen übrig. Für große Flächen können die Spritbeizen nicht empfohlen werden, da sie teuer sind und infolge ihrer raschen Verdunstung fleckig ausfallen. In der Hauptsache sind die Spritbeizen deshalb zum Anfärben von Polituren und zur Ausbesserung wassergebeizter Hölzer zu empfehlen.

532.16 Ölbeizen. Ölbeizen werden 2 bis 5%ig aus fettlöslichen Teerfarbstoffen durch Lösung in Terpentinöl oder Terpentinölersatz (Hydroterpin, Terapin, Depanol, Testbenzin, Lösungsbenzol usw.) erzeugt. Sie dringen nicht tief ein und sind wenig lichtecht. Aus diesen Gründen eignen sie sich nicht für bessere Möbel und dunkle Farben. Für helle Farben, Massenerzeugnisse, zum Ausbessern gebeizter Flächen und zum Färben von Wachsmattinen sind die Ölbeizen gut brauchbar. Besonders vorteilhaft kann sein, daß das Holz nicht aufrauht, und daß sich sehr gleichmäßige Färbungen erreichen lassen.

532.2 Beizen aus Erdfarben.

Erdfarben wurden früher verschiedentlich zum Beizen verwendet, z. B. Terra di Siena zu der bekannten rötlichen Beize der Biedermeier-Birkenmöbel. Heute spielt nur mehr das Kasselerbraun eine Rolle und auch das lediglich für billige Arbeiten, da die Beizung eine negative Maserung (Frühholz dunkler als Spätholz) liefert und weder wasser- noch lichtecht ist.

Kasselerbraun ist eine erdige Braunkohle, die mit kochender Soda- oder Pottaschelösung ausgelaugt wird. Der nach dem Eindampfen der Lauge entstehende Rückstand wird zerkleinert als „Körnerbeize" gehandelt. Man stellt damit 10%ige Stammlösungen her, die durch dichten Nesselstoff oder Glaswolle filtriert werden müssen. Verbessert werden die Kasselerbraunbeizen, wenn man der Stammlösung je Liter 500 cm^3 Kaliumbichromatlösung (10%ig) und 160 cm^3 Ammoniak zusetzt. Auch eine Färbung mit Teerfarbstoffen ist möglich.

532.3 Beizen aus Pflanzenfarben.

Pflanzenfarben sind als Holzbeizen ebenfalls durch die Teerfarbstoffe beinahe ganz verdrängt worden. Eine gewisse Bedeutung ist lediglich dem Blauholz verblieben. Das Blauholz wird geraspelt und ausgelaugt; der Extrakt — der das färbende Hämatoxilin enthält — oder die daraus hergestellten Hämatinekristalle (in 10%iger Lösung) dienen beim Schwarzbeizen zum Vorbeizen; das Nachbeizen erfolgt mit Lösungen von Kaliumbichromat (5%ig), Eisensulfat (4%ig) oder holzessigsaurem Eisen. Der Vollständigkeit halber sei hier noch erwähnt, daß die Alkannawurzel und der daraus hergestellte Extrakt Öl beim Kochen feurig rot färben; solches Öl wird oft zum Schleifen und Polieren von Nußbaum, Mahagoni und Palisander verwendet.

532.4 Doppelbeizen (Metallsalzbeizen).

Die Doppelbeizen werden in zwei Arbeitsgängen, dem Vor- und Nachbeizen, hergestellt und kommen dadurch verhältnismäßig teuer. Trotzdem sind sie in vielen Fällen zu bevorzugen, da die Färbungen unbedingt licht-, luft- und wasserfest sind. Außerdem kann man jeden gewünschten Farbton herstellen und erhält eine positive Maserung (Spätholz dunkler als Frühholz).

532.41 Vorbeizen. Als Vorbeizen benutzt man 1,5%ige wässerige Lösungen von Gerbstoffen (Tannin, Pyrogallussäure, Brenzcatechin 1,5 bis 10%ig) sowie von Ursolen (z. B. Paraphenyldiamin und ähnliche Stoffe 1 bis 2%ig). Die meist farblosen Lösungen (denen man zur Befestigung auf dem Holz etwa 2,5% Dextrin beimischen kann) werden warm in Glas- oder Steingutgefäßen angesetzt und sehr naß mit metallfreiem Pinsel aufgetragen. Vielfach werden die Vorbeizen mit etwas Teerfarbe angefärbt, damit man ihren Auftrag auf dem Holz erkennen kann. Bei gerbstofffreien Hölzern ermöglicht das Vorbeizen erst die Farbbildung durch die chemischen Nachbeizen, bei gerbstoffhaltigen Hölzern gleicht es die natürlichen Unterschiede im Gerbstoffgehalt aus und sichert damit einheitliche Tönungen. Nach dem mehrere Stunden erfordernden Trocknen der Vorbeizen erfolgt, selbstverständlich ohne vorheriges Schleifen, das Nachbeizen. Vorbeizen mit reinem Brenzcatechin liefern grünstichige Töne; bräunliche Töne werden durch reine Pyrogallussäure, gelbliche durch reines Tannin erzielt.

532.42 Nachbeizen. Die Nachbeizen bestehen in der Hauptsache aus Metallsalzen; Teerfarbstoffe der sauren Gruppe und Ammoniak können ihnen beigemischt sein. Verwendet werden zur Holzbeizung folgende Metallsalze: Kaliumbichromat, Kupferchlorid, Kupfersulfat, Nickelsulfat, Mangansulfat, außerdem Kobaltchlorid und Eisensalze, die aber keinen Ammoniakzusatz vertragen. Es empfehlen sich meist 2- bis 5%ige Lösungen, ein zu hoher Gehalt an Metallsalzen kann Ausscheidungen und Flecken ergeben und den folgenden Polituren oder Lacküberzügen gefährlich werden. Nach dem Aufstreichen der Nachbeizen gehen die Metallsalze mit der im Holz natürlich vorhandenen oder beim Vorbeizen hineindiffundierten Gerbsäure eine Verbindung ein; es entstehen in der Faser selbst die gefärbten gerbsauren Metallsalze. Aus dem Gesagten wird klar, daß die manchmal beobachtbare Gepflogenheit, die Vor- und Nachbeizen zu mischen, falsch ist, da hierbei die gerbsauren Metallsalze bereits in der Lösung entstehen und sich dann nur oberflächlich auf dem Holz anlagern können. Auf Beizrezepte muß hier verzichtet werden[1], jedoch sei erwähnt, daß man einen besonders schönen matten Glanz erhält, wenn man die gebeizten Flächen mit Stumpfmatt — das wie reines Öl aussehen muß — einläßt und nach dem Trocknen mit einem Bausch Roßhaar überreibt.

532.5 Räuchern und Räucherbeizen.

Das Räuchern des Holzes[2] erfolgt in gasdichten Kammern mit geteerten Betonwänden oder Holzdoppelwänden mit Lehmfüllung. Kammerlänge 3 bis 4 m, Kammerhöhe 1,20 bis 1,50 m. 20 cm über dem Kammerboden ist ein Holzrost zu legen. Abzudichten ist mit Filz- oder Gummistreifen. Vorteilhaft sind verschraubbare Türen. Das Ammoniak verdampft aus flachen Schalen. Im Winter sind die Kammern durch Dampfschlangen zu beheizen, oder es ist ungelöschter Kalk in die Ammoniakschalen zu werfen. Das sehr flüchtige Gas dringt

---

[1] Rezepte finden sich bei A. Blickle u. R. Herzog: Holzbearbeitung, Bd. II, Oberflächenbehandlung, AWF-Merkheft, Berlin 1936, und P. Koch: Das neuzeitliche Beiz- und Polierverfahren, Stuttgart (o. J.).

[2] Reichenau: Holztechn. Bd. 18 (1938) S. 22.

tief in das Holz ein und bewirkt vor allem bei dem gerbsäurehaltigen Eichenholz — innerhalb von 12 bis 24 h — eine sehr schöne, graubraune Tönung. Hölzer, in denen von Natur aus keine Gerbsäure vorkommt, lassen sich räuchern, wenn sie mit Tannin, Pyrogallussäure oder Brenzcatechin vorgebeizt werden. Auch Metallsalze können als Vorbeizen verwendet werden und liefern zum Teil — z. B. Kupferchlorid — besonders schöne Tönungen. Das Räuchern bietet zwei besondere Vorteile: es ist einfach und rauht das Holz nicht auf. Anderseits fallen die Färbungen infolge des unterschiedlichen Gerbsäuregehaltes nie ganz gleichmäßig aus und bleichen im Sonnenlicht etwas nach. Einseitige Abtönung ist selbst nach Einwachsen der hell gewünschten Holzseiten kaum zu erreichen, da das Ammoniak die Schicht meist durchdringt. Kein Gewicht haben diese Nachteile z. B. beim Räuchern von Fußbodenstäben und kleineren Holzgegenständen. Zum schnellen Durchräuchern gibt es auch Kesselverfahren. Bei einem Verfahren wird in dem mit Holz gefüllten Kessel zunächst ein Vakuum erzeugt, dann läßt man Ammoniak aus einer Stahlflasche einströmen. Bei einem zweiten Verfahren wird nach der Vakuumperiode eine Drucktränkung (2 atü) mit wässeriger Eisensulfatlösung von 2 bis 5% mit 25 g/l Ammoniakzusatz angewendet. Anschließend wird das Holz getrocknet.

Für Möbelteile hingegen ist das Räuchern weitgehend durch die Räucherbeizen verdrängt worden, mit deren Hilfe sich die üblichen Räuchertönungen leicht erzielen lassen. Die Grundstoffe fast aller Räucherbeizen sind Metallsalze, vor allem Kaliumchromat, Kaliumbichromat, Kupfersulfat, Kupferchlorid. Um die Beizfarben gleichmäßiger zu erhalten, gibt man fast stets etwas saure Teerfarbstoffe oder — gut filtriertes — Kasselerbraun zu. Derart lassen sich die Unterschiede im Gerbstoffgehalt des Holzes praktisch ziemlich ausgleichen. Beim Ansatz der Beizen fertigt man zunächst stets die schon (Z. 532.11) beschriebenen Stammlösungen der Metallsalze und Teerfarben nach dem vorliegenden Rezept an. Eine große Menge stärkster Ammoniaklösung (spez. Gewicht 0,91) bewirkt Lösung der meist entstehenden Niederschläge. Erhitzung der Mischung darf dann nicht mehr stattfinden, da sonst das Ammoniak entweicht. Die Räucherbeizen sind vorwiegend für Eiche bestimmt, eignen sich aber auch für Mahagoni und Nußbaum, da diese Hölzer ebenfalls Gerbsäure enthalten. Prächtige Färbungen liefern weiter mit Gerbsäurelösungen vorgebeizte Hölzer. Die Maserung wird durch die Räucherbeizen wirkungsvoll gehoben; um bestimmte Farbtöne zu erreichen, sind bei der sehr weiten Farbskala stets Probebeizungen durchzuführen. Besonders schöne Ergebnisse erhält man, wenn die gebeizten Hölzer nachträglich noch etwa 12 Stunden geräuchert werden. Abschließend wird mit Roßhaar abgerieben und mattiert.

532.6 Wachsbeizen.

Wachsbeizen enthalten verseiftes oder gelöstes Wachs; sie eignen sich nur für geringwertige Möbel oder billige Massenwaren, da sie kaum in das Holz eindringen und wenig lichtecht sind. Vor dem ersten Weltkrieg waren fast nur die Ölwachsbeizen gebräuchlich. Ihre Zusammensetzung und Herstellung ist einfach. In Terpentinöl oder seinen Ersatzstoffen werden im Wasserbad bei etwa 50°C Temperatur 2 bis 5% öllösliche Teerfarbstoffe unter ständigem Umrühren gelöst; der noch heißen Beize — die auch ohne weitere Zutaten als Ölbeize (s. S. 179) verwendbar ist — mischt man dann 7 bis 15% geschmolzenes Bienenwachs bei. Die handelsüblichen Wachsbeizen enthalten in der Regel billigere wachsartige Stoffe (Montanwachs, Paraffin, synthetische Wachse, Ozokerit usw.). Bei vergrößertem Wachszusatz entstehen Wachsmassen, über die später noch kurz zu berichten sein wird. Die gebeizten Flächen werden mit

Roßhaar auf Mattglanz gebracht und gelegentlich mit einer dünnen Schellackschutzschicht versehen.

Der Mangel an Mattierungsmitteln begünstigte während des ersten Weltkrieges die Einführung der Wasserwachsbeizen, obwohl die damit behandelten Flächen wasserempfindlich sind, sich sehr rasch abnützen und manchmal sogar abfärben. Die benötigten Wachslösungen werden durch Verseifung der geschnitzelten Wachse mit heißer Kali-, Natron- oder Seifenlauge oder durch Ammoniak erzeugt. Beim Verrühren der Wachsschmelzen mit den Laugen entstehen Emulsionen; die Beizen müssen deshalb vor Gebrauch kräftig geschüttelt werden. Die färbende Wirkung der Wasserwachsbeizen beruht meist auf mehreren Faktoren: den freien Hydroxyden, die mit der Gerbsäure im Holz — unter Umständen einer Vorbeize — reagieren, einem eventuell beigemischten Metallsalz, das ebenfalls Gerbsäureverbindungen bezweckt, wasserlöslichen Teerfarbstoffen und der Eigenfarbe der Wachsbestandteile (z. B. ist Rohmontanwachs schwarzbraun). Zu verwerfen ist die Beigabe von Erdfarben. Aufgetragen werden die Wasserwachsbeizen mit dem Pinsel; zum Trocknen benötigen sie etwa 36 bis 48 Stunden. Die Nachbehandlung ist die gleiche wie bei den Ölwachsbeizen.

Bild 124. Faserentwicklung durch Brennbeizung auf Oregon pine, Fichte, Kiefer und Lärche. (Nach H. Wislicenus.)

532.7 Brennbeizung.

Die von H. Wislicenus[1] zuerst empfohlene Oberflächenveredelung des Holzes durch Brennbeizung ergibt eine plastische, schön getönte Maserentwicklung. Das Verfahren eignet sich besonders für Nadelhölzer, deren Oberfläche mittels einer möglichst heißen, breiten Gebläseflamme abgebrannt wird. Dabei entwickeln sich kräftige Brennfarben mit starker Maserbetonung (Bild 124); die Oberflächen werden in mechanischer und chemischer Hinsicht widerstandsfähiger. In USA wird eine Art Brennbeizung auch dadurch vorgenommen, daß Sperrplatten mit geheizten Stahlrollen hoch erhitzt werden[2]. Bei Temperaturen zwischen 315 und 360° C kommt es zu einem Sintern von Holzbestandteilen (s. Z. 523.41), und das Holz nimmt eine dunkelbraune Tönung an.

533. Mattieren.

533.0 Allgemeines.

Durch das Beizen soll die Holzfaser selbst möglichst tiefgehend gefärbt werden, ohne daß Anlagerungen auf der Holzoberfläche wie bei den deckenden Anstrichen entstehen. Gebeiztes Holz wird sich also, da jegliche äußere Sperr-

[1] Wislicenus, H.: Cellulosechem. Bd. 10 (1929) S. 206; Z. VDI Bd. 74 (1930) S. 1469.
[2] Anonymus: Embossing and Etching, Timberman Bd. 51 (1950) Jan., S. 78.

wirkung fehlt, in seinen hygroskopischen Eigenschaften von unbehandeltem Holz praktisch nicht unterscheiden; es bleibt vielmehr bestrebt, seinen Feuchtigkeitsgehalt in bekannter Weise dem Klima seiner Umgebung anzupassen. Die Folge kann unter ungünstigen Verhältnissen Quellen und Schwinden sein, wodurch vor allem die Verbindungen von Möbeln stark in Mitleidenschaft gezogen werden können. Dazu kommt, daß sich unter den Einflüssen des Sonnenlichts und der Luftfeuchtigkeit auch die Beiztöne verändern. Mit Rücksicht darauf wird das gebeizte Holz fast durchweg mit schützenden Überzügen versehen, die das Holz nach Möglichkeit vor dem Arbeiten, die Farben vor der Zerstörung bewahren. Gleichzeitig wird Schutz gegen Verschmutzen und Verkratzen erreicht. Dabei sind grundsätzlich matte und spiegelnde Schichten, Mattierungen und Polierungen, zu unterscheiden. An beide gemeinsam ist die Forderung zu stellen, daß die Eigen- oder Beizfarbe des Holzes sowie seine Maserung nicht verschleiert werden dürfen.

533.1 Wachslösungen.

Das Wachsen oder Bohnern von Holzgegenständen war bereits im Altertum (Ägypten, Pompeji) wohl bekannt und erhielt sich bis in die Zeit der Renaissance[1]. Später wurde es durch Polieren mehr und mehr verdrängt; für gebeizte Flächen erfreut sich das Wachsen aber heute wieder großer Beliebtheit, da es sehr schöne stumpfmatte Flächen liefert und sich beispielsweise besonders für mildes Eichenholz, Rüster und Birke empfiehlt. Auffallend ist die Verfeinerung der Beiztöne. Allerdings ist auch ein Nachteil anzuführen: die Wasserempfindlichkeit gewachsten Holzes. Die entstehenden Flecken sind aber leicht und spurlos mit etwas Terpentin oder Bohnerwachs auszubessern.

Einfach ist die Technik des Wachsens: Man streicht die unter Umständen vorher angewärmte Salbe mit einem kurz gebundenen Pinsel oder einem Ballen Baumwolle möglichst gleichmäßig auf, läßt das Arbeitsstück einen Tag liegen und reibt schließlich mit Roßhaar (eventuell hinterher noch mit Plüsch) mattglänzend. Sehr dicke Wachsmassen werden manchmal — z. B. bei antiken Möbeln — mit der Holzspachtel in die Holzoberfläche hineingearbeitet. In der Regel ist jedoch darauf zu achten, daß weder die Wachsmassen zu steif noch die damit aufgetragenen Schichten zu dick ausfallen.

Ausschlaggebend für die Güte der gewachsten Flächen sind die Eigenschaften der verwendeten Wachse. Das wichtigste Wachs ist das Bienenwachs, das hellgelb bis rotbraun ist, je nach den beflogenen Pflanzen und dem Grad der Verunreinigung. Das Wachs läßt sich auf chemischem Wege bleichen; es wird dadurch weiß und härter. Der Schmelzpunkt des Bienenwachses liegt zwischen 62 und 66° C (spez. Gewicht 0,96); löslich ist es in Terpentinöl, Aceton, Äther, Benzin, Chlorkohlenwasserstoffen sowie in heißem Alkohol.

Carnaubawachs stammt von einer brasilianischen Palme, es ist grau, grünlich oder bräunlich, sehr glänzend, hart, schmilzt erst bei 83 bis 91° C und löst sich in Terpentinöl und heißem Alkohol. Das Wachs eignet sich gut für Wachssalben zum Mattieren von gebeizten Möbeln und für Bohnermassen zur Fußbodenpflege.

In der Braunkohle findet sich das Montanwachs, das in seinen chemischen und physikalischen Eigenschaften dem Carnaubawachs sehr ähnlich ist und es fast ganz verdrängt hat. Das Montanwachs ist braun, läßt sich aber zu einer weißlichen Masse raffinieren und auch bleichen. Besonders hochschmelzende Abkömmlinge sind die IG.-Wachse, die weitgehend zu Bohnerwachsen verarbeitet

[1] Vgl. bei P. Koch: Das neuzeitliche Beiz- und Polierverfahren, 2. Aufl., Stuttgart (o. J.).

werden. Ein anderer Hauptbestandteil vieler Bohnermassen ist Paraffin, das aus Braunkohlenteeröl und Rohpetroleum gewonnen wird. Löslich ist es in den meisten Ölen, in Benzol und Äther, läßt sich aber als Kohlenwasserstoff nicht verseifen. Ein fossiler Kohlenwasserstoff ist das Erdwachs (Ozokerit), aus dem das paraffinähnliche, jedoch amorphe Ceresin raffiniert wird.

Für die Herstellung der Wachslösungen gibt es eine Unzahl von Vorschriften, auf die hier nicht näher eingegangen werden kann. Ziemlich dünnflüssige Lösungen erhält man, wenn man 1 GT fein geschnitzeltes Wachs im Wasserbad in 10 bis 12 GT Lösungsmittel (Terpentinöl) zerlaufen läßt. Härtere Überzüge erzielt man, wenn die Hälfte des Bienenwachses durch Carnaubawachs ersetzt wird. Man kann auch zu drei gleichen Teilen Bienenwachs, IG.-Wachs und Paraffin mischen. Eine bei Zimmertemperatur klarflüssige Möbelpolitur liefert 1 GT IG.-Wachs V und 10 GT Sangajol. Zum Anfärben der Massen dienen die — nicht lichtechten — Olesole und Eisenoxydrot. Schnell trocknende Salben enthalten an Stelle von Terpentinöl rasch flüchtige Lösungsmittel wie Leichtbenzin, Tetrachlorkohlenstoff usw. Wachspasten und Bohnermassen enthalten — bezogen auf das Gewicht des Lösungsmittels — 25 bis 100% Wachse und wachsähnliche Stoffe.

533.2 Öllacke.

Öllacke bestehen in der Hauptsache aus trocknenden Ölen (Leinöl oder Holzöl), Harzen (Kopalen, auch Kunstharzen, z. B. Albertolen) und Lösungsmitteln (z. B. Terpentinöl). Schöne matte Überzüge ergeben magere, d. h. harzreiche Lacke, die mit Lackbenzin stark verdünnt wurden.

Mischt man Öllacke (z. B. 10 GT Kopallack) mit Wachslösungen (z. B. 1 GT Bienenwachs in 9 GT Terpentinöl), so erhält man eine „Brunoline". Die zarten Überzüge haben Seidenglanz, sind aber sehr wasserempfindlich; enthielt der verwendete Öllack Kolophonium (statt Kopal), dann werden die Mattierungen bald unansehnlich und spröde.

533.3 Schellackmattierungen.

Schellackmattierungen sind dicke Schellacklösungen mit Zusatz von einigen Prozenten Wachs und trocknendem Öl oder Mineralöl. Unstatthaft sind Stärke und Mehl als Mattierungsmittel. Häufig wird den Präparaten auch etwas Kollodium- oder Celluloidlösung beigemengt, wodurch sie zäher und elastischer werden. Für echte Mischung beider Lösungen bürgt eine kleine Zugabe Amylacetat oder Schwefeläther. Die fertigen Mattierungen sind weiß bis blond und werden vor dem ersten Gebrauch mit der gleichen Menge Spiritus verdünnt. Vor dem Auftrag stellt man die Mattierung in ein Wasserbad, da die beste Arbeitstemperatur etwa 35 bis 40° C ist.

Es wird längs der Holzfasern mit einem kurzgebundenen Pinsel aufgetragen; die trocken gewordene Mattierung wird mit einem Bausch Roßhaar oder stumpfem Glaspapier 00 leicht geschliffen, worauf man nochmals mit einem mit Mattierungsmittel benetzten Ballen das Holz überfährt. Eine Beeinflussung der Beiztöne ist durch Färbung der Mattierungen mit spritlöslichen Teerfarben möglich.

533.4 Nitrocellulose- und Acetylcellulosepräparate.

Während die meisten Schellackmattierungen die Beiztöne verändern (z. B. graue in grüne), haben Cellulosepräparate den großen Vorteil, auf der überzogenen Fläche zu einem sehr dünnen, durchsichtigen, wasserfesten und harten Film zu erstarren. Maserung und Glanz des Holzes bleiben wie der Beizton erhalten. Besonders für Weichholz, das oft in zarten Tönen gebeizt wird, sind deshalb die sogenannten Tuffmatte und Stumpfmatte unentbehrlich geworden; sie sind Nitrocelluloselacke, die mit breitem Pinsel oder Lappen in der Faserrichtung aufgetragen oder auch aufgespritzt werden. Das Trocknen dauert 1 bis 5 h. Die Flächen werden dann mit Roßhaar oder einer Bürste blank gerieben.

Zu beachten ist, daß sich die Tuffmatte nicht mit anderen Überzugspräparaten mischen lassen und daß ihre Verdünnung nur mit Amylacetat, Butylacetat, Aceton und Kampfer möglich ist. Viele Nitrocellulosemattierungen (besonders die stark harzhaltigen) sind während der Verarbeitung sehr empfindlich gegen Feuchtigkeit; herrscht beispielsweise feuchtkaltes Wetter oder wird feuchtes Holz bestrichen, dann zersetzt sich der Lack und bildet weiße Schichten. Die Trocknung der Nitrocellulosemattinen mit höherem Körpergehalt beansprucht 2 bis 5 h.

Bedenklich ist bei allen aus Nitrocellulose erzeugten Lacken (z. B. auch den Zaponlacken und den aus Abfällen bei der Celluloidfabrikation gewonnenen Lackstoffen) ihre leichte Brennbarkeit. Frei von dieser gefährlichen Eigenschaft sind die Acetylcellulosen (Cellonlacke), die sonst den Nitrocellulosepräparaten ähnlich sind und auf gleiche Weise verarbeitet werden.

Als besondere Art der Mattinen sind noch die Nitrocellulose-Schellackmattinen zu erwähnen, die sich wie reine Schellackpolituren — also auf eine dem Schreiner wohlbekannte Weise — verarbeiten lassen und wasserfeste, harte und tropfenfeste Überzüge ergeben. Auch eine Verdünnung mit Poliersprit ist möglich. Zu beachten ist aber, daß nur alkohollösliche Nitrocellulosen (A-Wollen) mit Schellacklösungen mischbar sind, während esterlösliche Nitrocellulosen (E-Wollen) durch den Sprit der Schellackpolituren ausgefällt werden. Nitrocelluloselacke, die ausschließlich auf Basis der E-Wollen aufgebaut sind, liefern Filme, die gegen Alkohol völlig unempfindlich sind.

534. Polieren[1].

534.0 Allgemeines.

Polierte Flächen sind spiegelnde Flächen, die auffallendes Licht in die durch das Reflexions- und Brechungsgesetz bestimmten Richtungen ablenken. Charakteristisch für optisch glatte Flächen ist, daß die Gesamtheit der Flächenelemente eine einheitliche, mathematisch definierbare Fläche bilden, deren Abweichungen von der Idealform klein gegenüber der Wellenlänge des Lichtes sind. Demgegenüber sind rauhe, zerstreuende Flächen dadurch gekennzeichnet, daß die Flächenelemente nach Richtung und Größe unregelmäßig verteilt sind.

Es ist klar, daß homogene Werkstoffe (z. B. Schmiedeeisen, Edelsteine usw.) bereits durch Feinstbearbeitung der Oberfläche (Schleifen, Honen, Läppen) spiegelnd gemacht werden können. Bei allen mehr oder weniger porigen Stoffen (darunter Hölzer) vermag aber Schleifen nur mattglänzende Oberflächen zu erzeugen. Je dichter ein Holz ist, desto weniger Poren enthält es, desto höherer Glanz kann ihm lediglich durch Schleifen gegeben werden (z. B. Lignostone, Pockholz). Umgekehrt ist auf spezifisch leichten Weichhölzern nur ein stumpfer Glanz herstellbar. Spiegelnder Hochglanz läßt sich auf tadellos geschliffenen und geputzten Hölzern nur dadurch erreichen und dauernd halten, daß erstens das natürliche Arbeiten möglichst weitgehend ausgeschlossen, zweitens die Poren gefüllt oder eine entsprechende Holzgrundierung aufgetragen und drittens ein glatter, harter Decküberzug hergestellt wird. Da die kleinsten Veränderungen

[1] Rudolf, A.: Das Polieren von Edelholz. Sammlg. maltechn. Schriften, Bd. 20, München 1933.

in der Oberfläche die Spiegelbilder bereits empfindlich verzerren, ist für polierte Möbel sorgfältigste Holztrocknung, Astausbohren, sauberes Fugen usw. ganz unerläßlich. Dadurch kommt die Herstellung sehr teuer; vom Schönheitsstandpunkt erscheinen außerdem mattpolierte, mattierte oder gewachste Flächen für Hölzer mehr geeignet als hochglanzpolierte.

534.1 Grundieren, Härten und Porenfüllen.

Es ist schwierig, allgemeine Regeln für die Behandlung der Hölzer vor dem Polieren aufzustellen. Allerdings bleibt es stets das Ziel, die Oberfläche zunächst zu härten und zu dichten. Bei feinporigen Hölzern kann man dies durch Einlassen mit wässerigen Lösungen von Glutin, Kasein, Stärke, mit Spritzlacken, Nitrocelluloselacken (Holzgrund) und Öllacken erreichen. Auch Carbamidharze (Kauritleim) eignen sich als Dichtungsmittel. Es ist zweckmäßig, die wässerigen Grundierungen naß einzuschleifen, da sich hierbei ein die Poren füllender Kitt bildet. Gute Wirkungen lassen sich mit Emulsionen von Leinölfirnis oder Öllack in Glutin- oder Kaseinbrühen erzielen. Alle Grundierungen mit Glutinleim sind hygroskopisch und gefährden dadurch die aufgebrachten Polituren; die Quellbarkeit des Leimes läßt sich aber durch Zusatz von Gerbstoffen, Alaun, Kaliumbichromat, Formaldehyd stark eindämmen.

Von Spritpolitur als Grundierungsmittel ist abzuraten, da das Holz oberflächlich zu stark anquillt, und da die Dichtung beim folgenden „Decken" angelöst wird. Die nämlichen Bedenken gelten für alkohollösliche Nitrocellulosepräparate. Mit großem Vorteil lassen sich hingegen esterlösliche Nitrocelluloselacke verwenden, da sie das Holz kaum aufrauhen und vom Poliersprit nicht angegriffen werden.

Das Einlassen mit Öl „feuert das Holz an" und hebt seine Maserung. Für bestimmte Hölzer — nach P. Koch[1] für Nußbaum, Mahagoni, Palisander, Kirschbaum, Birnbaum, Teak, Amarant, Olive, Thujamaser, Rüster — ist Ölen sehr zu empfehlen; wird sofort nach dem Einlassen geschliffen, dann sind sehr glatte Flächen zu erzielen. Ungünstig beeinflußt Ölen helle Naturfarben — nach P. Koch z. B. Zitrone, Rosenholz, Satin, Ceder, manchmal auch Birnbaum und Ahorn — sowie zarte, helle Beiztöne. Bei hellen Hölzern sind nur Ahornlack oder mit Terpentinersatz verdünnter Öllack verwendbar. Leinölfirnis ist als Grundierung für bessere Arbeiten untauglich.

Bei grobporigen Hölzern lassen sich die großen Poren mit Flüssigkeiten allein nicht ausfüllen (Bild 125). Man verwendet deshalb mineralische Füllpulver, wie Kreide, Bimsmehl, Kaolin, Schwerspat, Gips, Ton, Ziegelmehl sowie Stärkemehl. Die Füllstoffe werden mit Bindemitteln auf der Grundlage von natürlichen oder synthetischen Harzen, von trocknenden Ölen, von Lösungsmitteln (unter Umständen mit beigemischten Trocknern) zu einer Paste (in Ölfarbendicke) angerührt und mit viel Erdfarbe (Siena, Umbra, van Dyke-Braun usw.) eingefärbt[2]. Die gefüllten Poren sollen eine Spur dunkler sein als das umgebende Holz.

Die älteste Art des Porenfüllens besteht im Mischen der Füllstoffe mit Schellackpolitur; die Masse wird mit einem groben Lappen quer zur Faser in das Holz eingerieben. Nach dem Trocknen wird mit Öl und Sandpapier geschliffen.

Porenfüllpulver mit wässerigen Grundierungen sind als „Spachtel" bekannt und dienen zur Herstellung von Grundierungen für Öllacke. Wegen ihres Feuchtig-

---

[1] Koch, P.: Das neuzeitliche Beiz- und Polierverfahren, 2. Aufl., Stuttgart (o. J.).

[2] Hager, J. A.: Evaluating Furniture Finishes, For. Prod. Res. Soc. 1949 Preprint, Nr. 55.

keitsgehaltes kommen sie für Polituren nicht in Frage. Allgemein brauchbar aber sind Ölporenfüller mit trocknenden Ölen und Öllacken als Bindemittel; aufgetragen werden sie ebenfalls quer zur Faser und nach dem Abtrocknen kräftig in das Holz eingerieben. Eine abweichende Arbeitstechnik erfordern die mit flüchtigen Lacken (Nitrocelluloseverbindungen) angesetzten Porenfüller, da sie rasch steinartig erstarren. Ein Abputzen mit bestimmten Lösungsmitteln ist möglich, besser aber ist Nachschleifen. In diesem Falle wird erst anschließend gebeizt.

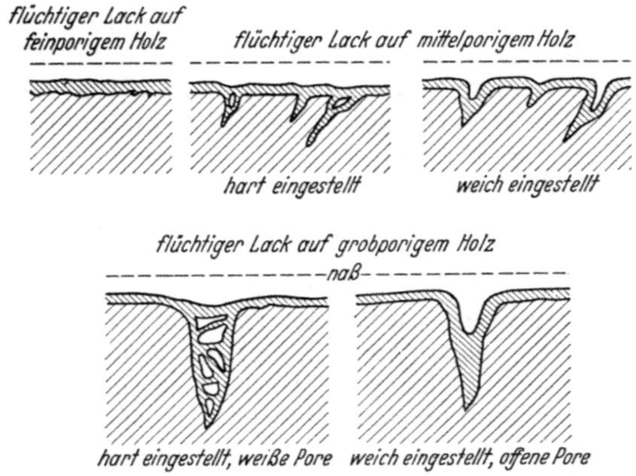

Bild 125. Einfluß der Poren auf die Trocknung von flüchtigen Lacken. (Nach A. Blickle und R. Herzog.)

534.2 Schellackpolieren.

Die Poliertechnik mit Schelllack war bereits im Mittelalter bekannt; sie besteht darin, daß die Politur, eine flüchtige Lösung von Schellack in Spiritus, mit Hilfe des Polierballens aufgetragen wird. Indem dieses Verfahren vielfach wiederholt wird, lagern sich auf der Holzfläche systematisch feinste Schellackhäutchen ab, die zu einer einheitlichen Schicht verbunden werden, da jeweils das nachfolgende Häutchen das vorhergehende anlöst. Die Gesamtdicke der in vielen Arbeitsgängen aufgebauten fertigen Polituschicht beträgt nur etwa 0,02 mm. Grundsätzlich verschieden vom Polieren ist das Lackieren, bei dem durch Pinselaufstrich, Spritzen oder Tauchen ein ziemlich dicker Film erzeugt wird, dessen Oberfläche aber keineswegs eben ist. Größere Flächen werden deshalb, wenn Hochglanz erwünscht ist, naß geschliffen, getrocknet, wieder lackiert, geschliffen, getrocknet, lackiert usw.

Für einwandfreie Polituren bietet nur guter Schellack Gewähr. Schellack ist ein Ausscheidungsstoff der Gummilackschildlaus; die Tiere besiedeln in dichten Kolonien die Zweige verschiedener tropischer Sträucher. Nach der Eiablage schwitzen sie den rotbraunen Gummilack aus, der erhärtend eine Schutzhülle für die darunter liegende Brut bildet. Der vom Holz befreite Gummilack — in Form fingerdicker und fingerlanger Röhrchen — wird als Stocklack gehandelt und zu Schellacken verarbeitet. Durch Zerkleinern und mehrmaliges Waschen wird dem Stocklack der Farbstoff entzogen; es entsteht der Körnerlack. Dieser wird geschmolzen und durch Tücher gedrückt. Läßt man die flüssige Masse in Blättchenform erstarren, so erhält man den Blattschellack, während dickere Kuchen Knopflack genannt werden. Beide Arten werden nach der Farbe sortiert: die feinste hellblonde Ware heißt Lemonlack, die nächstfolgende Orangelack. Der rotbraune bis schwarze Rubin- und Granatlack wird nur in Kuchenform gehandelt. Er eignet sich bestens für die Herstellung von dunklen Polituren auf billigen Holzgegenständen. Der natürliche Schellack enthält bis zu 5% Schellackwachs; während es in den Mattierungen erwünscht ist, kann es beim Polieren von rotgelben und gelben Hölzern störend sein, da grünliche Schleier entstehen. Man arbeitet deshalb mit raffiniertem Schellack, dem das Wachs entzogen wurde, oder scheidet das in kaltem Alkohol unlösliche Wachs mittels eines Filzfilters aus der Polierlösung ab. Zum Polieren von naturfarbigen hellen Hölzern (Ahorn, Birnbaum, Esche) sowie von Hölzern mit zarten Beiztönen darf nur gebleichter Schellack (sogenannter Zopfschellack) verwendet werden. Dieses Material soll möglichst frisch sein; da es seine Spritlöslichkeit nur bei Aufbewahrung unter Wasser behält, muß es vor dem Ansatz zerkleinert und an der Luft getrocknet werden. Sehr unangenehm ist das lange Kleben der aus gebleichtem Schellack erzeugten Polituren, das sich aber durch Zusatz von Celluloidlösungen verringern läßt. Vorbedingung für den Erfolg des Schellackpolierens ist die Verwendung unverfälschten Schellacks und eines einwandfreien Lösungsmittels; üblich ist 96%iger Sprit. Das Verhältnis von Schellack zu Spiritus kann zwischen 1 : 3 und 1 : 10 liegen, 1 : 6 hat sich weitgehend bewährt.

Die Poliertechniken zerfallen in Handpolieren und Maschinenpolieren. Von höchster Wichtigkeit ist in beiden Fällen die Beschaffenheit des Polierballens (innen Wolle, Polierwatte, außen Leinen). Beim Grundpolieren, das ohne Arbeitsunterbrechung auf das Porenfüllen folgt oder mit ihm sogar zusammenfällt, besteht die Umhüllung des Ballens aus grobem Leinen; man arbeitet nicht zu naß mit weiten runden Bewegungen, die allmählich enger werden, gleichzeitig ist der Druck zu verstärken. Die Polierlösung soll beim Grundieren stark verdünnt sein (bis 1 : 12). Nachdem zum Schutz der gebeizten Oberfläche anfangs lediglich Schellack aufgebracht wurde, wird nach einiger Zeit etwas Bimsmehl oder Glasstaub und Kopalpulver auf den Ballen gestreut, um die Poren rascher zu schließen. Wenn die Poren völlig geschlossen sind, trägt man noch 1 bis 2 Ballen Politur auf; Polieröl ist sehr sparsam zu verwenden. Damit der Schellack gut erhärten kann, läßt man die grundierte Fläche an einem warmen Ort mindestens einen Tag lang trocknen. Hierauf wird die Grunddecke von Hand mit feinem Schleifpapier, Sepia oder Bimsmehl und Filzklotz unter Beigabe von Öl eingeebnet. Nach Entfernung des Schleifschmutzes wird „gedeckt“ oder „nachpoliert“. Die Arbeit ist dem Grundpolieren sehr ähnlich, nur nimmt man dickere Schellacklösung — da jetzt in der Hauptsache die Schellackdecke gebildet werden soll — und feineres Ballenleinen (Damast). Das Aufreißen vermeidet man durch Aufgießen von etwas Polieröl (reinstes Mineralöl), das die Reibung zwischen Ballen und Politur verringert. Wirklich gute Flächen erhält man nur, wenn man unter Zwischenschaltung langer Trockenpausen mehrfach (bis zu 7mal) dünn deckt. Als letzte Stufe kommt das Fertigpolieren und Abpolieren, welches das Hochziehen und Entfernen des Polieröls bezweckt. Es gibt hier verschiedene Verfahren; das bekannteste ist die Anwendung von Benzoelösung (75 g Benzoe in 1000 g Sprit, dem etwas Benzin oder Tetrachlorkohlenstoff zugesetzt werden kann, vor Gebrauch ist die Lösung weiter zu verdünnen, bis die beim Schütteln entstehenden Gasbläschen innerhalb von 12 bis 16 sec verschwinden). Man poliert mit der Benzoelösung und feinstem Leinen ohne Druck klar und überarbeitet dann mit Polierwasser (Tripel in angesäuertem Wasser, dazu ein Fettlösungsmittel). Auch mit Putzseifen oder Schwefelsäure (10 g in 90 g Wasser) und Wiener Kalk kann das Öl entfernt werden.

Infolge der vielen Arbeitsgänge und der Trockenpausen ergeben sich sehr lange Fertigungszeiten für hochwertige Polituren; als Mindestzeit können etwa 14 Tage gelten. Wesentliche Zeitersparnis wird bei den einzelnen Arbeitsstufen durch Poliermaschinen erzielt. Wirtschaftlich rechtfertigt sich ihre Verwendung überall dort, wo große gleichbleibende Flächen zu behandeln sind. Gewinn läßt sich aber in der Regel nur beim Schellackverfahren erzielen, da hier das Porenfüllen, Grundieren und erste Decken — alles körperlich schwere Arbeiten — von der Maschine bestens erledigt werden. Die Erfahrungen mit mechanischem Fertig- und Abpolieren konnten bisher nicht recht befriedigen. Bewährt haben sich jene Poliermaschinen, bei denen der Ballen in schleifenförmigen Drehungen bewegt wird.

535. Lackieren.

535.1 Lackieren mit Kopalöllack.

Schellackpolituren sind nicht tropenfest. Um hier Abhilfe zu schaffen, wurde in den Vereinigten Staaten zunächst das Lackpolierverfahren entwickelt. Verwendet werden Öllacke, die als wichtigste Bestandteile trocknende Öle (Leinöl oder Holzöl), Lösungsmittel (Terpentinöl und seine Ersatzstoffe) und Harze (Kopallack) enthalten. Der Lack muß wasserhell sein und zu völlig durchsichtigen Überzügen auftrocknen. Für den Erfolg des Lackierens sind neben der Güte des Lacks gute Porenfüllung und unbedingte Staubfreiheit des Arbeitsraumes entscheidend. Aufgestrichen wird der leicht angewärmte Lack mit einem kurzgebundenen flachen Pinsel. Das Hauptproblem ist die Trocknung der festen Öllacke. Im Gegensatz zu den Sprit- und Terpentinöllacken erfolgt sie nicht allein durch Verdunstung der Lösungsmittel, sondern als Oxydationsvorgang. Nur die oberste Schicht erhärtet innerhalb von 4 bis 6 h soweit, daß sie sich trocken anfühlt („staubtrocken"). Der ganze Überzug erhärtet bei normalen Raumverhältnissen erst innerhalb von 2 bis 3 Monaten. Um die praktisch kaum erträglichen Zeiten zu verkürzen, muß man zur künstlichen Trocknung in eigenen Anlagen übergehen. Es wird mit feuchtwarmer, durch Gebläse umgewälzter Luft gearbeitet, deren Temperatur 45° C nicht übersteigt. Die hohe Sättigung der Luft verhindert, daß sich an der Lackoberfläche vorzeitig eine Haut bildet; über 60% darf die relative Luftfeuchtigkeit allerdings nicht steigen, da sonst weiße Flecken im Lack entstehen. Die Trockenzeiten betragen etwa 6 bis 8 Stunden. Verschiedene Erfindungen bezwecken eine weitere Verkürzung durch Zuleitung von Sauerstoff und Ozon, eventuell bei gleichzeitiger Einwirkung von ultravioletten Strahlen (Quecksilberdampflampen).

Die erhärtete Lackschicht wird mit Bimsmehl unter Zuhilfenahme eines Filzklotzes oder mit feiner Stahlwolle geschliffen; anschließend muß man meist ein zweites Mal lackieren und mit Tripelpulver nachschleifen. Die Flächen haben dann weichen Seidenglanz. Hochglanz erzeugt man durch Feinschleifen mit Wiener Kalk oder Schlämmkreide und Lederklotz, durch Abpolieren mit Polierwasser, Auspolieren mit Schellacklösung und Benzoe oder durch „Aufschwitzen", d. h. Erwärmen bei rund 45° C (die erste Trocknung darf dann nur bei tieferen Temperaturen ausgeführt werden) bis zum Erweichen, wobei die Schleifkratzer verlaufen.

535.2 Spritzlackieren mit Holzpolierlacken.

535.20 Allgemeines. In Deutschland bürgerte sich das amerikanische Lackpolierverfahren wegen seiner Nachteile, vor allem der schwierigen Trocknung, nicht ein. Rasche Verbreitung fanden hingegen die Nitrocelluloselacke[1] wegen ihrer einfachen Verarbeitungsweise, der raschen Trockenfähigkeit und den guten Eigenschaften der Lackschicht. In der Industrie hat das Spritzverfahren das Schellackpolierverfahren fast völlig verdrängt.

Die Nitrocelluloselacke bestehen aus Kollodiumwolle, Füllstoffen (Harzen, Kunstharzen, Kopalen), die die Elastizität und Glanzfähigkeit erhöhen sollen, Weichmachungsmitteln (Rizinusöl, Ester der Fettsäuren, Phosphorsäure, Phthalsäure usw.), Lösungsmitteln (Ester, Ketone, Methanol, Schwefeläther) sowie Verdünnungsmitteln (Benzin, Benzol, Toluol, Solventnaphtha). Die filmbildenden Bestandteile eines spritzfähigen Lackes machen meist etwa 20% des Lösungsvolumens aus.

---

[1] Rudolf, A.: Das Polieren von Edelholz. Sammlg. maltechn. Schrift., Bd. 20, München 1933.

Praktisch kann die Entwicklung der Nitrolacke seit etwa 15 Jahren als ziemlich abgeschlossen gelten; A. Kraus[1] hat darauf hingewiesen, daß sich seit 1939 in der Auswahl der Lackwolletypen kaum etwas geändert hat, und H. Niesen[2] bestätigt, daß auch bezüglich der Qualität der Wollen keine wesentlichen Fortschritte mehr zu verzeichnen sind. Anderseits haben sich in der Möbel-, Türen- und Radiogehäuseindustrie durch den Übergang zu Fließ- und Serienfertigung einschneidende Änderungen ergeben, die hauptsächlich darin bestehen, daß außergewöhnliche kurze Arbeitszeiten — die man vorher bei der Oberflächenbehandlung nicht kannte und für ausgeschlossen hielt — jetzt üblich geworden sind. In Zukunft ist deshalb noch mehr als bisher enge Zusammenarbeit der Möbel- und der Lackindustrie nötig, wobei die Lacke sorgfältig fortlaufend Eigenschaftsprüfungen (z. B. Schleifversuchen und einem Temperaturwechselversuch) zu unterwerfen sind. Neben den Nitrocelluloselacken spielen andere Kunstharzlacke eine bedeutende Rolle. Die Entwicklung führte über modifizierte Phenolharze (Kunstkopale) zu Harnstoffharzen und schließlich Alkydharzen. Eine Übersicht über die wichtigsten Lackkunststoffe und Bindemittel nach W. Sandermann[3] folgt nachstehend:

Lackkunststoff, Bindemittel	Rohstoffe, Ausgangsmaterial	Eigenschaften	Verwendung
Nitrocellulose allein oder in Kombinationslacken	Nitrocellulose mittlerer Viscosität	spritzbar, schnelltrocknend, hell, hart, wetterfest, verträglich mit anderen Lackkörpern	Grundierung und Lackierung, allgemein anwendbar, Möbel, Waggons usw. (innen)
Aldehydharze z. B. Wacker-Schellack	Acetaldehyd		Mattinen, Polituren (in Kombination mit Nitrocellulose)
Phenolharze, modifiziert (Kunstkopale)	Phenol, Formaldehyd, Harz- u. Fettsäuren	kalt- u. hitzehärtend, wasser-, licht- und schlagfest	Für hochbeanspruchte Holzflächen: Waggons, Sitzbänke usw.
Harnstoff-Harze	Harnstoff, Formaldehyd	kalt- und wärmehärtend, farblos, licht- und hitzebeständig, spritzbar	Grundierungen, in Kombination mit Nitrolack: Polierung heller Hölzer
Alkydharze (meist Kombinationslacke mit Nitrocellulose	Dicarbonsäuren, Polyalkohole, Fettsäuren	warmhärtend, hell, hart, wetterfest, spritzbar. Kombi-L.: schnelltrocknend	Universallack, Möbel, Verkehrsmittel (innen und außen), Emaillelacke
Styrolisierte Alkydharze	wie oben + Styrol und Methylstyrol	wie oben, nur schneller trocknend	wie oben
Vinylharze	Vinylchlorid, V-acetat, -acetal, -äther. Styrol, Acrylester	korrosionsfest, Verarbeitung als Folie (Vinidur) oder Dispersion. Thermoplastisch	Grundieren, korrosionsfeste Anstriche und Beläge
Oppanol	=Polyisobutylen	thermoplastische Folie, chemikalienfest	Belag für säurefeste Holzbehälter usw.

[1] Kraus, A.: Fette und Seifen Bd. 53 (1951) S. 633.
[2] Niesen, H.: Holz als Roh- und Werkstoff Bd. 10 (1952) S. 56.
[3] Sandermann, W.: Holz als Roh- und Werkstoff Bd. 9 (1951) S. 337.

Lackkunststoff, Bindemittel	Rohstoffe, Ausgangsmaterial	Eigenschaften	Verwendung
Lupolen Polythene	= Polyäthylen	thermoplastisch, Verarbeitung durch Flammenspritzen, chemikalienfest	Korrosionsfeste Schichten für Holzbehälter
Kontaktharze	z. B. Maleïnsäureallylester	lösungsmittelfreier „Reaktionslack", Härtung durch Wärme oder Katalysator (Organische Peroxyde), korrosionsfest	Schnelltrocknende, korrosionsfeste Anstriche
Verbesserte trocknende Öle	Isomerisierte, gekochte, styrolisierte und mit Diisocyanaten behandelte trocknende u. halbtrocknende Öle	Gut lufttrocknend, nicht geeignet für Strahlungstrocknung	Universal-Lacke, jedoch nicht für Serienbehandlung von Möbeln u. dgl.
Chlorkautschuk	Kautschuk, Buna		Chemikalienfeste Lacke

Die modernen Phenolharze trocknen schnell, ergeben eine gute Oberflächenhärte und eignen sich als Kombinationslacke mit Nitrocellulose. Durch Säurezusatz lassen sie sich kalt härten, auch bieten sie gegen Feuchtigkeitsdurchtritt einen besseren Schutz als Bootslacke. Kalt härtbare Phenolharzlacke[1] haben den fertigungstechnischen Vorteil, daß sie schon nach 10 min staubtrocken sind. Die zur vollen Durchhärtung der Lackschicht erforderliche Zeit kann durch Temperaturerhöhung wesentlich verkürzt werden. 20° C dürfen nicht unterschritten werden. Damit beschränkt sich die Anwendung der Lacke auf die Verarbeitung in entsprechend temperierten Räumen. Die Spritzgänge können in Abständen von 2 h aufeinander folgen, ohne daß der vorige Anstrich angelöst wird. Die Phenolharzlacke heben die Holzstruktur hervor und zeichnen sich durch absolute Klarheit aus. Sie besitzen guten Scheuerwiderstand (Verhältnis von Öllack zu Nitrolack zu Phenolharzlack wie 1,5 : 2 : 3), gute Haftfähigkeit und Elastizität, Festigkeit gegen Salmiakgeist, Benzin, Terpentin, Seifenlauge und selbst scharfe Säuren[2]. Nur Kalilauge greift den Film an. Im Feuer verkohlt der Phenolharzlackfilm, ohne selbst zu brennen.

Auch die hellen Harnstoffharze sind kalt härtbar. Von größtem Interesse sind die Alkydharze (Trockenzeit 6 h, durch Styrolisieren noch abkürzbar), deren Oberflächenhärte, Zähigkeit und Wetterfestigkeit ausgezeichnet sind. Die Alkydharze eignen sich besonders für die Fließfertigung.

Das Holz muß vor dem Spritzen wie vor jedem anderen Polierverfahren sauber geputzt, verkittet und geschliffen werden. Gebeizt wird in der Regel mit chemischen und Räucherbeizen. Bei allen porösen Holzarten müssen die Poren, wie auf S. 186 geschildert, gefüllt werden.

535.21 Normales Spritzlackieren. Zur Durchführung des Spritzens benötigt man eine besondere Anlage[3], bestehend aus einem Kompressor mit Windkessel — als Notbehelf im Kleinen genügt eine Kohlensäureflasche —, Spritzpistole mit Zuleitung sowie Spritzkabine mit Arbeitstisch und Absaugung. Zum Betrieb

[1] Scheifele, B.: Farben-Ztg. Bd. 42 (1937) S. 207. — Derselbe: Holztechnik Bd. 17 (1937) S. 261.

[2] Kullmann, H.: Holztechnik Bd. 17 (1937) S. 149.

[3] Rudolf, A.: Anstrich- und Lackierung mit der Spritzpistole, Sammlg. Maltechn. Schriften Bd. 20, München 1930. — F. Uterharck: Holztechnik Bd. 30 (1950) S. 72.

einer normalen Spritzpistole (2 mm Düsenweite, 3 atü Arbeitsdruck) ist ein Kompressor mit etwa 12,5 m^3/h Leistung erforderlich. Damit die Lacknebel in der Spritzkabine einwandfrei abgesaugt werden, muß über dem Arbeitstisch ein Saugzug von etwa 1 m/s Geschwindigkeit herrschen.

Man spritzt größere Flächen mit Flachstrahl, kleinere Stücke mit Rundstrahl; beide Strahlarten sind ohne Düsenwechsel einstellbar. Düsenbohrung und Spritzdruck sind der Lackkonsistenz anzupassen: bei dünnflüssigen Lacken Bohrung 1,5 mm und Druck 2 bis 2,5 atü, bei dickflüssigen Lacken und Lackfarben 2 mm und 2,5 bis 3 atü, bei Spachtelkitt und Emaillelacken 2,5 mm und 3,5 bis 4 atü. Das Holz ist vor dem Spritzen gut abzustauben, die Entfernung zwischen der Düse und der Arbeitsfläche soll 15 bis 20 cm betragen. Größere Entfernung bedingt Materialverluste und ergibt keinen guten Film. Es wird zweimal in Abständen von mindestens 4 h gespritzt. Wichtig ist, daß die Lufttemperatur im Spritzraum hoch ist, da mit der Verdunstung des Lösungsmittels eine starke Temperaturerniedrigung verknüpft ist. Erheblich ist auch die Explosionsgefahr in Spritzanlagen, zu deren Verminderung eine Reihe von Maßnahmen ständig zu beachten ist[1].

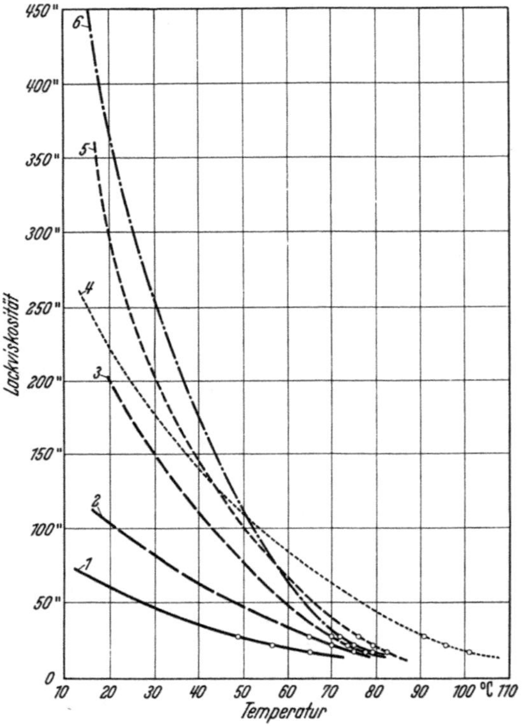

Bild 126. Abhängigkeit der Viscosität einiger Lackarten von der Temperatur. (Nach Deicke & Kopperschmidt, Hamburg 22.)

535.22 Warm- und Heiß-Spritzen. Warm- und Heißspritzen besteht in der Anwendung von Hitze, um die Viscosität von Lacken und anderen thermoplastischen Überzugsstoffen zu verringern (Bild 126), wodurch sich Lösungsmittel und Verdünner einsparen lassen und sich der Aufwand an Zeit und Gerät für die Oberflächenveredelung von Holz und anderen porigen Stoffen verringern[2]. Vom Flammenspritzen (Abschnitt 535.31) unterscheidet es sich dadurch, daß keine offenen Flammen verwendet werden und damit mehr thermoplastische Stoffe verarbeitet werden können.

Die üblichen Spritzpistolen, Druckluftbehälter, Kompressoren und Leitungen können auch beim Heißspritzen gebraucht werden, wenn die erforderlichen Voraussetzungen für die gleichmäßige Erhitzung des Spritzgutes gesichert sind. Es ist nötig[3]:

---

[1] Vgl. Merkblatt über den Unfallschutz in Spritz- und Tauch-Lackieranlagen, herausg. vom Verband der Deutschen Holzberufsgenossenschaft.

[2] Dickinson, Th. A.: Hot Spraying Finishes, Wood Working Digest Bd. 54, Februar 1952, S. 111.

[3] Koester: Das Heißspritzen von Nitrokombinationsfarben in Eisenbahnausbesserungswerken der Deutschen Bundesbahn, Vortrag vor der Arbeitsgemeinschaft für Anstrichstoffe am 5. 10. 51 in Maulbronn.

1. dem Spritzgut in der Spritzpistole eine gleichbleibende Temperatur von 30 bis 40° C beim Warmspritzen und 70 bis 80° C beim Heißspritzen zu geben und zu erhalten,

2. die Abkühlung des Lacks auf dem Weg vom Lackbehälter zur Spritzpistole zu verhüten oder in engen Grenzen zu halten,

3. ein kontinuierliches Spritzen beim Einschalten von Arbeitspausen zu gewährleisten,

4. einen für das Heißspritzen geeigneten Lack zu schaffen und zu verwenden.

Während man normalerweise für 100 GT festen Lack 350 bis 400 GT Lösungsmittel benötigt, kann man beim Heißspritzen auf 200 bis 250 GT herabgehen. In der Mehrzahl der Fälle kann ein heißgespritzer Überzug an Stelle von zwei kaltgespritzten treten[1].

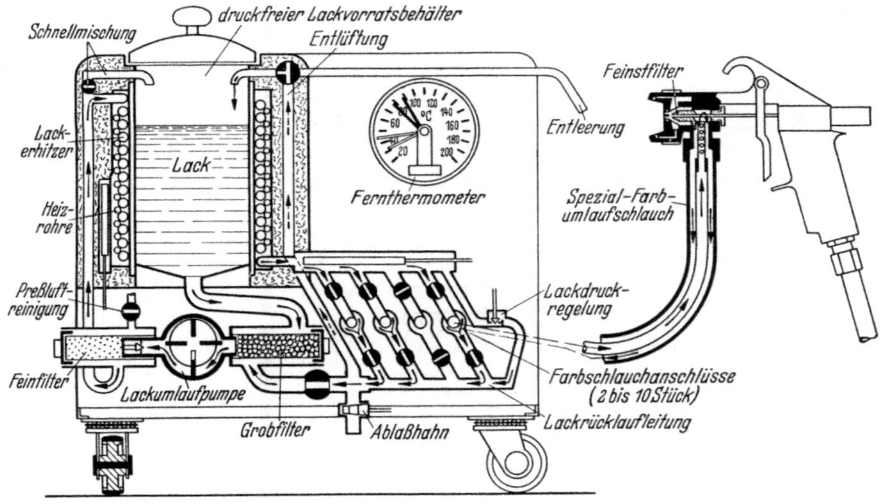

Bild 127. Schematischer Schnitt durch ein Heiß-Spritzgerät, Bauart Deicke & Kopperschmidt, Hamburg 21.

Um das Heißspritzen praktisch ausführen zu können, benötigt man ein Gerät zum Lackerwärmen. Es gibt zwei Typen:

1. Lufterhitzer. Die Anlage besteht im wesentlichen aus einem elektrischen Heizelement in der Luftleitung zum Preßluftbehälter sowie einem zweiten Heizelement in der Leitung der Spritzpistole. Beide Elemente werden durch Thermostaten auf Temperaturen von 70 bis 150° C gehalten;

2. Umlauferhitzer. Dabei wird das Spritzgut in einem Lackvorratsbehälter erhitzt und in einem Umlaufschlauch zur Pistole gepumpt. Das Schema der Wirkungsweise ist aus Bild 127 ersichtlich. Durch den Lackumlauf wird erreicht, daß die Pistole fortlaufend mit heißem Lack versorgt wird. Eine selbsttätige Temperaturregelung ist eingebaut. Bei dem abgebildeten Gerät ist von nicht zu unterschätzender Bedeutung der druckfreie Lackbehälter, der das

---

[1] Bede, J. A.: Hot Lacquer Systems, For. Prod. Res. Soc. 1952, Preprint 212.

Nachfüllen von Lack laufend, also ohne Unterbrechung des Spritzvorgangs, gestattet, und die Anschlußmöglichkeit für mehrere Spritzpistolen.

Obwohl der Lack die Pistole mit rund 70° C verläßt, trifft er auf das Arbeitsstück nur mit einer Temperatur auf, die einige Grade über der Raumtemperatur liegt. Dies deutet darauf hin, daß fast die gesamte im Lack am Pistolenkopf steckende Wärme durch die Abkühlung der expandierten Preßluft, durch Strahlung und Leitung der umgebenden Luft auf dem Weg bis zum Spritzgegenstand verbraucht wird.

Die allgemeine Heißspritztechnik ist die gleiche wie beim normalen Kaltspritzen, jedoch ist die Arbeitsgeschwindigkeit größer und der Luftverbrauch um etwa 50% geringer, da man nur einmal spritzen muß. Auf die atmosphärischen Bedingungen braucht keinerlei Rücksicht genommen zu werden. Die Verluste an Lösungsmitteln sind allerdings um etwa 75% höher. Trotzdem erwachsen daraus keine Schwierigkeiten, da mit kleineren Verdünnermengen gearbeitet wird. J. A. Bede faßt die Vorteile des Heißspritzens wie folgt zusammen:

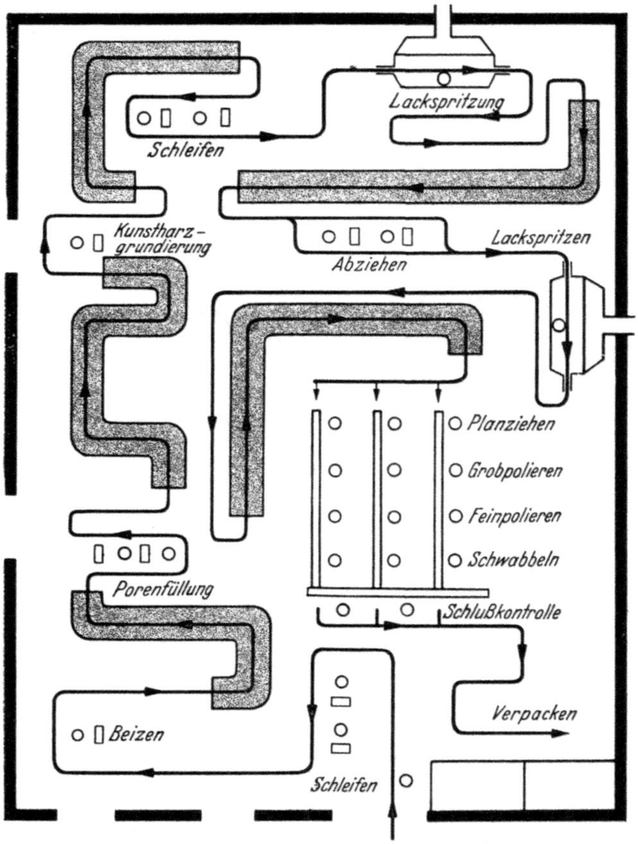

Bild 128. Schema der Oberflächenbehandlung von Radiogehäusen in Fließbandtechnik. (Nach W. Sandermann.) ○ = 1 Arbeiter.

Ersparnisse

1. Weniger Arbeitsaufwand
2. Weniger Lösungsmittel
3. Weniger Lackverschwendung (Überspritzen)
4. Weniger Ausschuß
5. Weniger Schleif- und Polierarbeit
6. Weniger Luftverbrauch je kg Trockenstoff

Steigerung der Produktion

1. Einhalten einer konstanten Temperatur
2. Verkürzung der Spritzzeit
3. Verringerung der Spritzgänge (Zahl der Schichten)
4. Keine Blasenbildung

Steigerung der Qualität

1. Größere Tiefe und Fülle des Überzugs
2. Weniger Trübung
3. Bessere Deckung von Fehlstellen in der Holzoberfläche
4. Größerer Widerstand gegen Abkühlungsrisse

Verbesserung der Arbeitshygiene

1. Weniger Sprühnebel gegen das Gesicht des Spritzers
2. Inhalation von weniger Lösungsmitteldämpfen

Verringerung der Feuersgefahr

1. Lacke und Lösungsmittel können außerhalb des Gebäudes gelagert werden
2. Aus dem Trockenraum sind weniger Lösungsmitteldämpfe abzusaugen.

535.23 Fließbandtechnik im Lackierbetrieb. Falsche Vorstellungen herrschen vielfach noch über die zur Fertigstellung polierter Holzoberflächen erforderliche Zeit; bei hohen Anforderungen sind mindestens drei bis fünf Tage nötig. Der getrocknete Lackfilm wird naß mit Sandpapier — systematisch in verschiedenen Richtungen — geschliffen und schließlich mit Verteilerpolitur geglättet, gedeckt (d. h. zum zweitenmal verteilt) und wie beim Schellackverfahren auspoliert.

Für Massenartikel käme das beschriebene Verfahren zu teuer. Sie werden in Fließarbeit auf Förderbändern oder Drehtischen unter mehreren Spritzpistolen lackiert und an Schwabbelscheiben (Tuch- oder Flanellscheiben, 25 bis 30 cm Durchmesser, Drehzahl 1500 bis 1800 U/min) poliert. Die Zahl und Folge der Arbeitsgänge für die Fließbandtechnik muß von Fall zu Fall gewählt werden. Als Beispiele zeigt Bild 128 die Oberflächenbehandlung von Radiogehäusen, Bild 129 die von Fertigtüren.

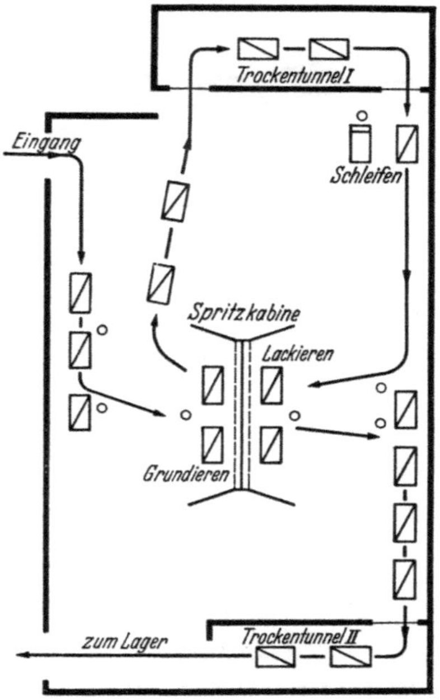

Bild 129. Schema der Oberflächenbehandlung von Fertigtüren in Fließbandtechnik. ○ = 1 Arbeiter, ▭ = Transportwagen mit Tür. (Nach W. Sandermann.)

Die größten Schwierigkeiten erwachsen im Lackierbetrieb immer noch aus der Trocknung. Bei Anwendung von Wärme kann die Trocknung der Lacke von einer Trocknung des Holzes begleitet sein, mit der unerwünschte Maßänderungen, Verwerfen und selbst Rißbildung verbunden sein können. Nach B. M. Letsky[1] vertragen aber Möbel ohne Schädigung Temperaturen bis 65° C, wenn die Luft dann noch 30 bis 45% relative Feuchtigkeit enthält. Die Strahlungstrocknung hat sich bisher nur teilweise in der holzverarbeitenden Industrie eingebürgert[2]. Die Voraussetzung bildet hier die Verarbeitung geeigneter Lacke. Auf die Ausführungen bei der Strahlungstrocknung von Oberflächenüberzügen auf Holzfaserhartplatten in Abschnitt 537.293 ist Bezug zu nehmen.

535.3 Flammenspritzen und Aufdampfen.

535.31 Flammenspritzen. Ähnlich wie beim normalen und beim Heißspritzen benötigt man auch zum Flammenspritzen eine Druckluftpistole, die das Spritzgut durch eine Düse versprüht. Zusätzlich wird aber ein Autogenbrenner oder ein elektrischer Flammbogen verwendet, um das Spritzgut zu schmelzen, sofern es sich um Metalle handelt. Sollen künstliche Massen (vor allem Polyäthylen) verarbeitet werden, so wird das gepulverte Spritzgut lediglich erhitzt[3].

---

[1] Letsky, B. M.: Paint Manuf. Bd. 18 (1948) S. 415 und 432; Ref. Farben, Lacke, Anstrichstoffe Bd. 3 (1949) S. 348.

[2] Manders, Th. J. J. A.: Elektrizitätsverwertung (Zürich) Bd. 21 (1946/47) H. 11/12. — H. Martens: Farben, Lacke, Anstrichstoffe Bd. 4 (1950) S. 203.

[3] Dickinson, Th. A.: Flame-spraying wood surfaces, Wood Working Digest Bd. 52 (1950) August, S. 103ff.

Technologisch müssen beim Flammenspritzen folgende Voraussetzungen erfüllt werden:

1. Benetzung der Oberfläche des Werkstückes,
2. Zusammensintern der geschmolzenen Teilchen zu einem dichten Film.

Die Arbeitsbedingungen müssen deshalb nach W. B. de Long und E. V. Peterson[1] so geleitet werden, daß die Teilchen über ihren Schmelzpunkt, aber keinesfalls erheblich darüber, erhitzt werden und daß sie so lange in diesem Zustand verweilen, bis sie zusammenfließen. Bei ausgedehnten wissenschaftlichen Versuchen stellte es sich heraus, daß die Erhitzungszeit bei hinreichend niedrigen Temperaturen, bei denen sich das Spritzgut nicht zersetzt, zu lange ist im Verhältnis zur Verweilzeit der Partikel in der Flamme oder im Gasstrom der Pistole. Die Technik wurde deshalb geändert, indem die Teilchen beim Durchgang durch die Pistole nur vorgewärmt und erst auf der Oberfläche des Zieles geschmolzen werden.

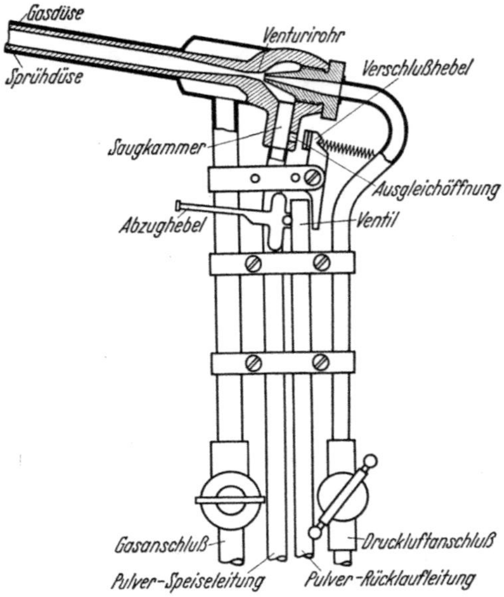

Bild 130. Schnitt durch eine Pistole zum Flammenspritzen. (Nach Th. A. Dickinson.)

Zu diesem Zweck werden verhältnismäßig lange und niedrigtemperierte Flammen im Vergleich zum üblichen Metallspritzen verwendet. Bild 130 zeigt einen Schnitt durch die Pistole. Sie besteht im wesentlichen aus einem Venturirohr, durch das eine Suspension des Spritzgutpulvers in Luft angesogen wird.
Die zerstäubten Teilchen treten durch den Pistolenlauf aus, der von einem konzentrischen Rohr zur Führung des Brenngases umschlossen ist. Dadurch, daß Brenngas und Verbrennungsluft erst kurz vor der Verbrennungsdüse gemischt werden, entsteht die erwünschte längere und weniger heiße Flamme (Bild 131).

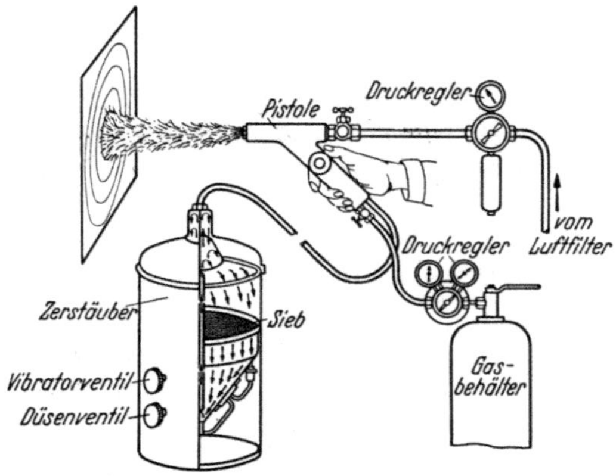

Bild 131. Schema einer Anlage zum Flammenspritzen. (Nach Th. A. Dickinson.)

Wenn die Pistole ohne Speisung mit Pulver — zum Beispiel zum Vorwärmen — arbeiten soll, schaltet man die Luft zum Zerstäuber ab. Der Anwendung des Flammenspritzens auf Holzgegenstände standen anfangs erhebliche Bedenken entgegen, da man ein Verkohlen oder sogar die Entzündung befürchtete. Es stellte sich aber heraus, daß selbst ungeschützte Holzoberflächen kaum Schaden leiden,

[1] Versuche der American Agile Corporation, Cleveland, Ohio.

wenn rasch genug gespritzt wird. Nachträgliche Schäden lassen sich durch Behandlung des Holzes mit Flammschutzmitteln (zum Beispiel einer Lösung von 17 GT Natriumacetat, 3 GT Dinatriumphosphat in 110 GT Wasser) verhüten. Die Flamme soll etwa 200 bis 300 mm lang sein, ihre Spitze 50 mm Abstand vom Ziel haben. Überzüge von etwa 1 mm Dicke lassen sich mit einer Geschwindigkeit von rund 1,5 m²/h flammenspritzen. Nach Herstellung einer Schicht von gewünschter Dicke kann man die Oberfläche noch polieren oder glasieren, indem man sie mit der Flamme bei abgeschalteter Pulverzufuhr nachbehandelt.

535.32 Aufdampfen. Für biegsames Sperrholz sowie für kleine und unregelmäßig geformte Teilchen kommt ein Metallisieren durch Flammenspritzen nicht in Frage, hauptsächlich weil die Metallschichten zu steif und spröde wären. Hier wurde neuerdings die Technik des Vakuum-Metallisierens oder richtiger: Aufdampfens entwickelt[1]. Das Metall wird dabei in einer Vorrichtung gemäß Bild 132 auf einer durch Wechselstrom (Spannung bis 135 V, Stromstärke bis 400 A) erhitzten Wolframspirale oder einem Wolframschmelztiegel geschmolzen. Der Schmelzvorgang und das Verdampfen erfolgt in einer Vakuumkammer, um einen niedrigeren Schmelzpunkt zu erhalten und um Oxydation des Verdampfungsgutes zu vermeiden. Der Druck in der Kammer bewegt sich zwischen 10^{-4} und $5 \cdot 10^{-5}$ mm Q.-S.; Strahlungsblenden sind in der Regel eingebaut, um den Niederschlag der Metallmoleküle auf dem Ziel zu fördern. Es wird sehr wenig Hitze bis zum Ziel übertragen, da die verdampften Teilchen Molekülgröße haben und sehr rasch abkühlen. Die Dicke der aufgedampften Schicht ist verhältnisgleich der Aufdampfdauer. Verarbeiten lassen sich die verschiedensten Metalle (z. B. Cadmium, Zink, Magnesium, Barium, Chrom, auch Edelstähle, Aluminium, Kupfer) und ihre Legierungen. Im allgemeinen werden korrosionsbeständige Metalle wie Aluminium bevorzugt. Bild 133 zeigt ein in USA entwickeltes Gerät zum Metallaufdampfen auf kleinere Teile, die im Innern des Vakuumbehälters auf Revolverhaltern befestigt sind.

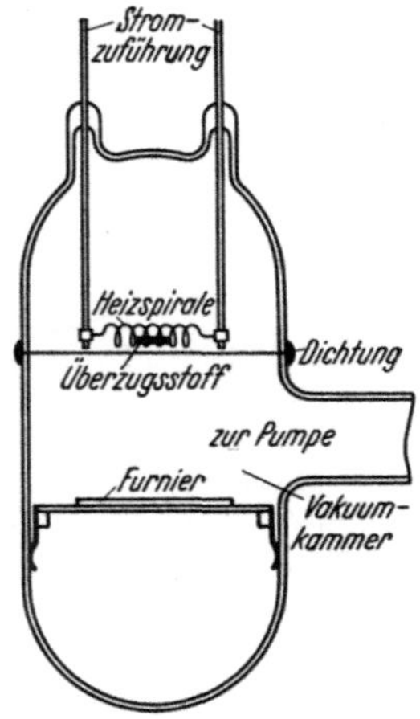

Bild 132. Schnittschema einer Anlage zum Metallaufdampfen auf Sperrholz. Bauart F. J. Stokes Machine Co., Philadelphia, Pa.

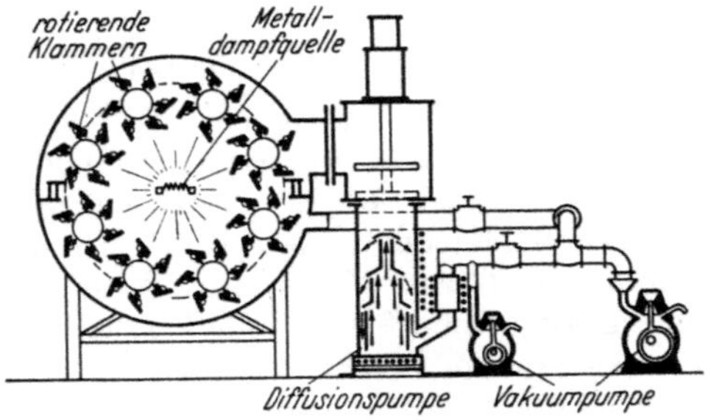

Bild 133. Schema einer Anlage zum Metallaufdampfen auf kleine Massenteile.

535.4 Tauchlackierung und Trommelpolieren.

Tauchlackierung ist wahrscheinlich das wirtschaftlichste Verfahren bei der Oberflächenbehandlung[2]. Grundsätzlich besteht es nur darin, das Werkstück in ein Bad des gewünschten Oberflächenlacks einzutauchen, mit angemessener Geschwindigkeit herauszuziehen und es dann abtropfen und trocknen

[1] Dickinson, Th. A.: Elastomeric plywood, Wood Working Digest Bd. 52 (1950) Dez., S. 131ff.

[2] Graham, P. H.: Dipping Provides an Economical Means of Finishing, Wood Products Bd. 55 (1950) Febr., S. 27.

zu lassen. Um gute Überzüge zu erhalten, müssen die Flächen vor dem Tauchen tadellos geglättet sein; die Poren sind bei großporigen Hölzern zu füllen, anschließend ist zu grundieren und zu schleifen. Wichtig ist die richtige Viscosität der Tauchflüssigkeit. Es ist deshalb nötig, von Zeit zu Zeit das verdampfte Lösungsmittel zu ersetzen. Die Tauchlacke können sowohl klar als pigmentiert sein. Das Tauchen kann auch in Verbindung mit Sprühen und Streichen angewendet werden. Die Tauchbäder bestehen in der Regel aus: 1. Farbstoffen, Ölen und Wasser; 2. Emaillefarben, Lack und Ölen; 3. Schellack, Lack und Firnis. Spirituslacke sind die billigsten Tauchlacke, teurer aber besser sind Zappon- und Cellonlacke. Praktisch lassen sich alle Holzerzeugnisse tauchen. Besonders geeignet ist das Verfahren für kleine Gegenstände, wie Bürstengriffe, Handgriffe, Spielwaren, Bleistifte, Bijouterien. Vielfach werden aber auch Stühle, kleine Tische und unter Umständen sogar Betten tauchlackiert. Die zu tauchenden Gegenstände werden reihenweise an besonderen Vorrichtungen (Leisten, Zapfen, Federn usw.) befestigt und durch einen Automaten in den Lackkübel getaucht (Bild 134).

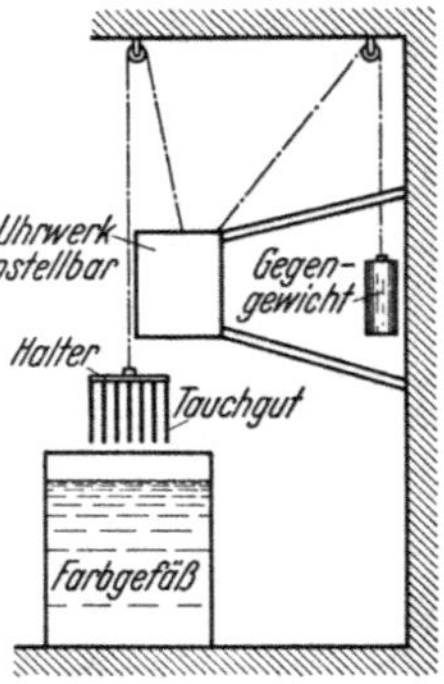

Bild 134. Schema einer automatischen Tauchvorrichtung. (Nach A. Blickle und R. Herzog.)

Beim Gebrauch von Pigmentstoffen liegt das Hauptproblem darin, sie im Schwebezustand oder in einwandfreier Lösung zu halten. Rührwerke mit Handbedienung oder Motorantrieb und Umlaufsysteme sorgen dafür. Ölemaillefarben setzen sich nicht rasch und gestatten deshalb das Abfließen von überflüssigem Material. Emaillelacke werden, obwohl sie mehr Sorgfalt erfordern, allgemein dort gebraucht, wo schnelle Trocknung, opalisierende oder feste Deckschichten erwünscht sind. Hochglanz erzeugt man durch anschließendes Eintauchen in Klarlack. Wenn Schnelligkeit und hohe Qualität des Überzugs verlangt werden, taucht man manchmal zuerst in Emaillelack und dann in Ölemaille. Schellack wird weniger gebraucht. Nitrocelluloselacke sind am weitesten verbreitet beim Tauchverfahren. Auch synthetische Firnisse haben eine befriedigende Trockengeschwindigkeit.

Der wichtigste Faktor bei der Tauchlackierung ist die richtige Eintauch- und Ausziehgeschwindigkeit. Beide hängen von der Größe und Form des Werkstückes und der Art des Tauchbads ab. In der Regel empfehlen sich etwa 13 cm/min. Kleine Gegenstände benötigen beim Herausziehen Geschwindigkeiten von 2,5 bis 10 cm/min. Wenn die Viscosität und Tauchgeschwindigkeit richtig abgestimmt sein sollen, muß man erstere im Betrieb überwachen. Die Temperatur im Tauchraum soll nicht zu hoch und konstant, die relative Luftfeuchtigkeit möglichst niedrig sein.

Die getauchten Gegenstände läßt man abtropfen und trocknet sie in mäßig warmen Räumen. Erhöhten Glanz kann man anschließend durch Trommelpolieren (Füllung: Leder- und Stoffreste, Bohnermasse; Drehzahl 120 U/min) erzielen. Der Materialverbrauch beim Tauchen ist größer als beim Streichen, der Zeitverbrauch erheblich geringer.

Kleine Massenwaren werden oft in mit Schellacklösung oder Nitrocelluloselack gefüllten, bewegten Trommeln lackiert. Unter Umständen lassen sich an Massenwaren aus Holz (Messer- und Besteckgriffe, Knöpfe, Perlen, Spielfiguren usw.) hornharte Farbüberzüge auch durch Verbindung der Trommel- mit der Spritzlackiertechnik herstellen[1]. Die Trocknung erfolgt ausgebreitet auf Drahthorden.

[1] Vgl. Holztechn. verein. Sperrholz Bd. 15 (1935) S. 206.

535.5 Elektrostatisches Farbspritzen.

Während des zweiten Weltkrieges wurde von der Ransburg Electro Coating Corp. das elektrostatische Farbspritzen entwickelt, um Oberflächenüberzüge bei der Massenproduktion billiger herzustellen[1]. Das Verfahren beruht auf dem gleichen Prinzip wie die elektrostatischen Gasfilter. Die zu spritzenden geerdeten Werkstücke liegen am positiven, die Elektroden am negativen Pol einer Hochspannungs-Gleichstromquelle, deren Spannung so hoch sein muß, daß an den Gitterelektroden Coronaentladung auftritt. Die Werkstücke werden zwischen den Elektroden gleichmäßig hindurchbewegt und der Lack in Tröpfchenform zerstäubt. Die versprühten, negativ aufgeladenen Farbteilchen werden dann vom Werkstück magnetisch angezogen und schlagen sich gleichmäßig auf seiner Oberfläche nieder. Es wird also nicht das Werkstück, sondern der Arbeitsraum gespritzt. Die Verluste an Farbstoffen sind minimal (95% Lackausnutzung) und die Deckschichten außerordentlich gleichmäßig. Gleichzeitig wird die Arbeitsgeschwindigkeit sehr hoch.

Das Verfahren fand ursprünglich nur Anwendung auf Metallwaren. Bei Hölzern und anderen nicht metallischen Werkstoffen ergaben sich Schwierigkeiten, da sie von Natur aus nicht polar sind. Dieses Problem wurde aber gelöst, indem die Gegenstände aus solchen Werkstoffen auf eine meist in ihr Inneres eingeführte positiv gepolte und geerdete Stützelektrode aufgesetzt wurden. Dadurch erhalten die Gegenstände eine zur Gitterelektrode entgegengesetzte Polarität. Die ganze Anlage zum elektrostatischen Farbspritzen besteht aus einem Förderband mit den metallischen Stützen, auf welche die unfertigen Holzteile gesteckt werden. Die Aufladung der Farbteilchen nach Verlassen der Spritzdüsen erfolgt durch rahmen- oder U-förmige Gitterelektroden, an denen mindestens 60000 V Spannung (Stromstärke 0,01 A oder weniger) liegen. Die elektrische Anlage wird aus dem Stadtnetz von 220 V Wechselstrom gespeist. Ein Hochspannungstransformator erzeugt zunächst Strom von 100000 bis 150000 V mit ungefähr 0,07 bis 0,03 A. Ein Heizgittertransformator erzeugt den Strom von 10 V und 11 A zur Gitterheizung einer Gleichrichterröhre. Bei Versuchen von F. Bollenrath und H. Füllenbach[2] ergab sich (beim Spritzen von Blech) eine Durchsatzgeschwindigkeit von 3 bis 7 m/min bei einem mittleren Abstand von 300 mm von den Gittern und bei einem mittleren Spannungsgefälle von 4000 V/cm eine Arbeitsspannung von 120000 V.

Für die Lackzerstäubung erwies sich die Anwendung von Niederdruck-Spritzpistolen (Zerstäubungsluftdruck 0,6 bis 0,8 atü) als zweckmäßig, die bei guter Zerstäubung geringe Teilchengeschwindigkeit und große Weglänge ergeben. Es lassen sich Lacke auf der Grundlage von Natur- und Kunstharzen, von Ölen und Nitrocellulose mit Pigmenten (z. B. Ruß, Oxyden, Metallpulver) versprühen. Weder das Verhalten im elektrostatischen Feld noch die Beaufschlagung werden merklich von der Lackbasis, dem Pigment und Verdünner beeinflußt. Da aber die Lackteilchen länger in der Luft verweilen, sind höhersiedende Verdünner mit etwas geringerer Viscosität als beim normalen Spritzen angebracht. Selbst verwickelte Werkstücke, z. B. mit Vertiefungen, lassen sich zufriedenstellend behandeln, wobei Drehen der Teile, direkte Beaufschlagung des Sprühkegels und der Einsatz mehrerer Spritzpistolen zweckdienlich sein können.

---

[1] Dickinson, Th. A.: Electrostatic Processing of Wood Turning, Wood Working Digest Bd. 51 (1949) Jan., S. 73.

[2] Bollenrath, F., u. H. Füllenbach: Praktische Erfahrungen mit dem elektrostatischen Farbspritzen, Oberflächenbehandlung in der Blechverarbeitung, Folge 2, Düsseldorf 1951, S. 65.

Unmittelbar nach dem Aufsprühen werden die Überzüge meist durch eine Reihe von Infrarotstrahlen getrocknet. Die Bedienung der gesamten Anlage ist einfach. Nur zwei Arbeiter sind nötig, die Leistung beträgt etwa 1000 Einheiten je Stunde. Gegenüber der früheren Spritztechnik sind nach Th. A. Dickinson die Kosten um 50 bis 60% verringert. Die Feuer- und Unfallgefahr ist, obwohl elektrische Energie in einer Atmosphäre von brennbarem Nebel benutzt wird, verhältnismäßig gering. Trotzdem ist eine besondere Funkensicherung eingebaut. Sie besteht hauptsächlich aus einer Thyratronröhre, die bei Zunahme der Stromstärke eine Alarmglocke bestätigt und alle Stromquellen außer Betrieb setzt.

535.6 Kontaktlackierung und Luftbürsten.

Für Furniere, aber auch Faserplatten (s. Abschnitt 537.282.5) kann das Lackieren mittels Walzenauftragmaschine Vorteile bringen. In ihrer Wirkungsweise sind sie den Leimauftragmaschinen ähnlich (s. Z. 954.32). Eine andere Form der Kontaktlackierung ist die Durchstoßlackierung. Sie eignet sich für stangenförmige Werkstücke mit gleichmäßigem Querschnitt (Bleistifte, Spazierstöcke ohne Griff, Rohre usw.). Die Werkstücke durchlaufen ein Rohr, in dessen Inneren sich Auftrag-Gummibürsten befinden. Verarbeitet werden Nitrocelluloselacke.

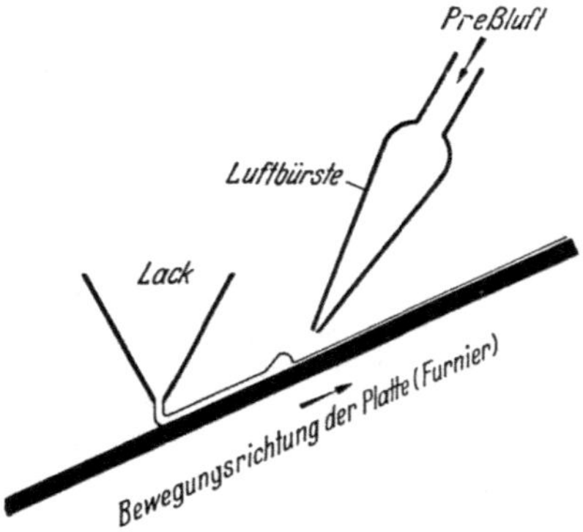

Bild 135. Schema der „Luftbürsten"-Lackierung. (Nach W. Sandermann.)

Für die Lackierung flächiger Werkstücke, z. B. Furniere und Furnierplatten, Holzfaserplatten usw., wird teilweise seit kurzem auch das Luftbürstenverfahren angewendet. Seine Wirkungsweise zeigt schematisch Bild 135: Die Platten liegen auf einer schräg ansteigenden Förderbahn und werden unter einem Spalt vorbeigeführt, durch den Lack ausfließt. Beim Weitertransport sorgt ein schräg gegen die Bewegungsrichtung auftreffender schmaler Luftstrom („Luftbürste") dafür, daß der Lacküberschuß zurückgeblasen wird. Das Verfahren ist infolgedessen sehr sparsam im Lackverbrauch.

535.7 Schleiflackverfahren.

Schleiflackverfahren dienen zum Überziehen von Holzflächen mit deckenden, hellen Farben (meist: weiß, elfenbein, beige, hellgrün, hellblau, grau, rosa) in mattem Seidenglanz. Die Maserung des Holzes darf nicht mehr in Erscheinung treten, weshalb nur trockenes gewässertes und geschliffenes Hartholz oder mit hartem Deckfurnier abgesperrtes Holz zu verarbeiten ist. Bei dem einen üblichen Verfahren wird zunächst mit einer Mischung von Leinölfirnis, Terpentinöl, Sikkativ und Farbe (z. B. Lithopone) mit dem Pinsel grundiert und anschließend, um alle Vertiefungen auszufüllen, gespachtelt. Die hartgewordene Spachtelschicht (Nagelprobe!) schleift man mit Sandpapier oder Bimsstein und Wasser. Hierauf wird die sorgfältig gereinigte Fläche mager und gleichmäßig mit Deckfarbe behandelt; ist der Anstrich trocken, so streicht man ein zweites Mal quer zum ersten Pinselstrich. Erst wenn die Deckfarbe tadellos hart ist, schleift man naß mit Filz und Bimsmehl, wäscht sauber nach und trocknet mit einem Leder. In der Folge werden die Flächen in einem unbedingt staubfreien Raum mit Lackfarbe lackiert. Die Trocknung der Stücke, die liegen, nicht stehen sollen, dauert mindestens 2 bis 3 Tage; zuletzt wird mit einem Filzklotz, Bimssteinpulver und Wasser in langen Zügen matt geschliffen.

Billiger und rascher als die Schleiflackierung mit Öllack ist ein Spritzverfahren: Die Hölzer werden geölt oder mit Leimbrühe eingelassen, ausgekittet, mit stark verdünnter Ölspachtel oder Nitrocellulosespachtel gespritzt, geschliffen und schließlich mit mattrocknendem Cellonlack gespritzt. Feinere Wirkungen ergeben sich mit glänzend auftrocknenden Nitrocelluloselacken, die geschliffen werden.

536. Lasierende und deckende Überzüge auf Holz, Bestempeln und Bedrucken.

536.1 Lasieren.

Lasurfarben lassen die Maserung des Holzes durchscheinen; sie sind für Innenausbauten in Häusern, für Türen und bei manchen Weichholzmöbeln beliebt. Die Vorarbeiten sind die nämlichen wie beim Beizen und müssen mit besonderer Sorgfalt ausgeführt werden. Nach dem Erhärten ist ein möglichst harter Lackgrund herzustellen; man wählt für helle Lasuren Ahornlack, wasserklare Celluloselacke, gebleichten Schellack, Kopallack, für dunklere Töne ungebleichten Schellack oder sogar Rubinschellack. Vor dem Lasieren wird sorgfältig geschliffen. Die Lasurfarben werden dann rasch aufgetragen; sie bestehen in der Hauptsache aus Erdfarben und Abbindemitteln. Die getrocknete Lasur muß bis zum Grund völlig durchsichtig sein; sie wird noch mit Öllack überstrichen.

536.2 Streichen.

Möbel aus minderwertigem Weichholz werden in der Regel gestrichen. Nach dem Ausbrennen etwaiger Harzgallen, dem Verkitten von Fehlstellen und Schleifen mit Sandpapier wird mit Leimfarbe und anschließend — nach dem zweiten Schleifen — mit Ölfarbe grundiert. Es wird dann nochmals geschliffen und der eigentliche Ölanstrich aufgebracht. Häufig entspricht seine Farbe der eines Edelholzes, auch wird unter Umständen die Maserung durch Malerei, mittels Maserwalze oder mit Abziehpapieren nachgeahmt. Für Großbetriebe lassen sich photomechanische Verfahren verwenden.

536.3 Photomechanische Verfahren (Masa- und Tarsoverfahren).

Das Masaverfahren überträgt auf photomechanischem Wege Holzmaserungen und sonstige in der Natur vorkommende Muster auf Holz und andere Werkstoffe. In dem Verfahren sind die photographische Reproduktionstechnik, die Drucktechnik sowie die Lackier- und Poliertechnik auf folgende Weise miteinander vereint: Von dem Originalmuster wird ein photographisches Negativ in natürlicher Größe hergestellt; mittels eines in der Folge angefertigten Diapositives wird unter Anwendung des Rasterverfahrens ein Kupfertiefdruckklischee in Platten- oder Zylinderform geätzt. Diese Druckplatte bzw. der Druckzylinder werden mit Druckpaste eingefärbt; der Abstrich mit einem Rakelmesser sorgt für Entfernung überflüssiger Druckpaste und gleichmäßigen Farbauftrag über die ganze Ätzung. Sodann wird von einer elastischen Übertragungswalze die Farbe aus dem geätzten Klischee übernommen und durch Abrollen auf die Fläche des zu masernden Gegenstandes abgegeben. Nach genügender Trocknung kann dieser Gegenstand je nach dem Verwendungszweck lackiert, poliert oder auch mattiert werden. Bemerkenswert ist, daß das Masaverfahren von Hand, maschinell oder auch auf eine dritte kombinierte Arbeitsweise durchgeführt werden kann.

Für den Handbetrieb ist das Klischee als Platte ausgebildet, das in bequemer Arbeitshöhe auf zwei Böcken gelagert wird. Von der eingefärbten und abgerakelten Druckplatte wird die Maserung mit der elastischen Druckwalze auf das Holz übertragen. Beim halbmechanischen Verfahren (Hilfsmaschinenverfahren) wird ein Druckzylinder geätzt, der in einer elektrisch angetriebenen Maschine kreist und durch eine Färbewalze dauernd eingefärbt wird; über dem Farbwerk befindet sich das Rakelmesser. Zur Abnahme des Druckes wird die Übertragungswalze durch ein Schwenklager gegen den umlaufenden Druckzylinder gepreßt. Die Übertragung des Musters und das Reinigen der Übertragungswalze erfolgt wie im Handbetrieb. Vollautomatisch arbeitet hingegen die Masa-Druckmaschine, die Bild 136 schematisch zeigt. Die Maschine bedruckt Holz in Dicken von 2 bis 5 mm und leistet je nach Größe 5 bis 700 m²/h. Vorbedingung ist, daß das Holz sachgemäß abgesperrt ist; folgende zwei Fälle sind zu unterscheiden:

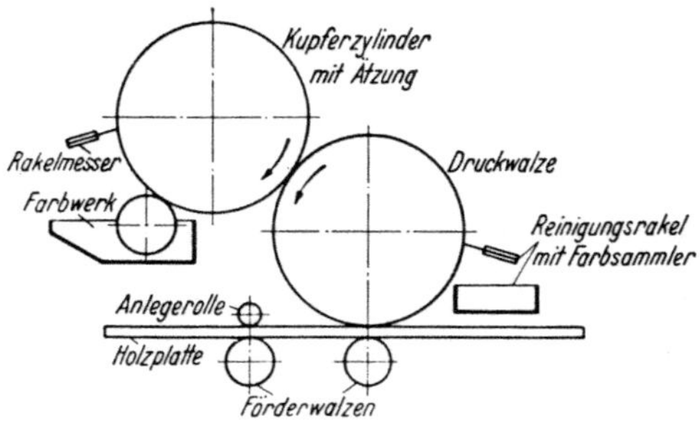

Bild 136. Schema der Masa-Druckmaschine.

	A. Astreine, weiße, selbst kaum gemaserte Hölzer (Linde, Erle, Ahorn, Birke usw.)	B. Farbige, stark gemaserte Hölzer (Nadelhölzer, Rotbuche)
1.	Sauber schleifen	
2.	Evtl. Bleichen dunkler Stellen	Porenfüllen — Grundieren
3.	Nachschleifen	Grundfarbe im Ton des wiederzugebenden Edelholzes zweimal Spritzen evtl. Schleifen
4.	(Porenfüllen) — Grundieren	Putzen der Fläche
5.	Vorlasieren	
6.	Druck (Bemasern von Hand oder maschinell)	
7.	Lackspritzen	
8.	Lackschleifen und Polieren evtl. Mattieren	

Die Anwendbarkeit des Verfahrens ist sehr vielseitig: in der Möbelindustrie (dort allerdings aus handwerklichen Gründen nicht wünschenswert!), beim Innenausbau (Wandplatten), Apparatebau (Radiokästen, Grammophongehäuse, Uhren usw.), im Waggon- und Fahrzeugbau (z. B. Kraftwagenarmaturenbretter), für Bijouteriewaren, Reklametafeln usw.

Dieselbe Vielseitigkeit der Verwendung hat das Tarso-Verfahren, das ebenfalls natürliche Oberflächen durch künstliche ersetzt[1]. Es handelt sich dabei um ein photochemigraphisches Verfahren, das jede Edelholzmaserung oder Intarsie sehr naturgetreu wiedergibt. Zunächst wird im Steindruckverfahren (ähnlich wie eine farbige Lithographie) mehrfarbig der Tarsofilm hergestellt.

[1] DRP. 386005. Das Patent wurde 1923 der Holz- und Tarso-GmbH in Hamburg erteilt, dann praktisch von der Wilhelm Schaumans Tarso AB. Jyväskylä (später Osakeythiö Tarso) verwertet. Die deutsche Lizenz wurde von der Druckerei und Kartonagen vorm. Gebr. Obpacher AG in München erworben.

Dieser ist ein Abziehbild (Druckfolie) ohne Deckschicht, das an denjenigen Stellen, die in ihrer Tönung der Holzfarbe entsprechen, durchscheinend ist. Bei der technischen Durchführung des Verfahrens waren viele Schwierigkeiten zu überwinden. Um beliebig große Flächen mit den Abziehbildern zu versehen, mußten maschinelle Einrichtungen geschaffen werden. Als Bindemittel zwischen der Folie und der feingeschliffenen Holzoberfläche — verwendet wird hauptsächlich Birkensperrholz — wird jetzt an Stelle des anfangs gebrauchten Kopallacks ein Nitrocelluloselack aufgespritzt. Es wird eine innige Verbindung der Abziehbilder mit den Unterlagen herbeigeführt, da in den hydraulischen Heizpressen (Druck etwa 5 kg/cm², Temperatur um 110° C) die Farbe ziemlich tief in die Holzfasern eindringt. Die tarsierten Platten werden dann noch mit einem Nitrocelluloselack nachgespritzt, der sich nach dem Erhärten mit Sandpapier schleifen und aufpolieren läßt[1].

536.4 Stempeln, Brennstempeln und Bedrucken.

Vielfach sollen auf Holzteile, Behälter und dgl. Firmennamen, Warenzeichen, Inhaltsangaben usw. aufgebracht werden. Hierzu bedient man sich der Brennstempel- und Stempelmaschinen. Sie bestehen im allgemeinen aus einer mittels Fußhebel betätigten Oberpresse, in deren Joch der Stempel eingeführt ist. Soweit gebrannt wird, erfolgt die Beheizung des Brennstempels elektrisch. Beim Stempeln wird heute meist mit thermoplastischen Folien gearbeitet, die zwischen den auf etwa 100° C erhitzten Stempel und der zu bedruckenden Holzfläche automatisch zugeführt werden.

Zum automatischen Bedrucken von Kisten wurde von der Firma Industrial Marking Equipment Co. in New York eine automatische Maschine entwickelt[2]. Die Kisten werden auf einer Rollbahn seitlich durch Gleitflächen geführt, unter einer Gummidruckrolle mit ziemlich großem Durchmesser bewegt. Entsprechende Färbewalzen und ein Farbstoffbehälter sind vorhanden. Die Druckwalze wird über einen Kettentrieb von einem Elektromotor angetrieben. Sie liegt oberhalb der bewegten Kiste und ist in einem Rahmen gelagert, der mit dem Untergestell, in dem sich die Rollbahn befindet, durch eine Parallelogrammwippe verbunden ist. Dadurch wird ein gleichmäßiger Druck auch bei ungleichen Kistenhöhen gewährleistet.

537. Oberflächenbehandlung von Holzfaserplatten und Holzspanplatten[3].

537.1 Porenfüller für Hartplatten.

Erfahrungsgemäß ist die wichtigste Stufe bei der Oberflächenbehandlung von Hartplatten das Porenfüllen oder Grundieren. Obgleich Hartplatten und harte Spanplatten nicht so porös sind wie Holz, sollten sie in genau der gleichen Art behandelt werden, um beste Ergebnisse zu erzielen. Die Aufgabe des Porenfüllens besteht darin, die winzigen Spalten zwischen den Holzfasern oder Holzspänen an der Oberfläche auszufüllen, kleine Unregelmäßikeiten zu überbrücken, die Kapillarität der Oberflächenfasern zu vermindern und einen

---

[1] Schlüter, R.: Sperrholz Bd. 13 (1933) S. 91 u. 145. — K. Eichstädt: Sperrholz Bd. 13 (1933) S. 141. — H. Kullmann: Holztechn. Bd. 15 (1935) S. 101.

[2] Anonymus: Box Marking Machine, Wood Working Digest Bd. 52 (1950) März, S. 184.

[3] Die folgende Darstellung lehnt sich an eine Anweisung der Masonite Corporation, 111 W, Washington Street, Chicago 2, Ill., Verkaufs-Ingenieurabteilung, zur Oberflächenbehandlung von Hartplatten an.

gleichmäßigen, dichten Film für die folgenden Überzüge zu schaffen. Der Porenfüller schützt die Hartplatten auch vor Abnutzung und erhöht ihre Widerstandskraft gegen die Aufnahme von Wasser. Kommen für die Fertigbehandlung Lacke in Frage, die gebrannt werden müssen, dann sind Porenfüller zu wählen, die höchste Glätte und Freiheit von Verpuffung gewährleisten. Wenn besonders gehärtete Hartplatten sehr ungünstigen und schwankenden Feuchtigkeitsbedingungen ausgesetzt sind, also bei äußerer Anwendung, dann empfiehlt es sich, beide Oberflächen und beide Schnittkanten zu grundieren.

Das Porenfüllen kann eindringend oder oberflächlich geschehen. Eindringende Porenfüller bestehen aus Gummi oder Harzen und einem trocknenden Öl als Schleppmittel, das die festen Teilchen in die Platte bringt. Oberflächenporenfüller, also Lacke, Firnis und Schellack bilden auf der Oberfläche der Hartplatten einen Schutzfilm. Es gibt folgende Porenfüllertypen:

1. Spachtelpaste, eine hochpigmentierte Paste, wird mit einer Spachtel, die eine Dosierwalze besitzt (Doktor-Spachtel) aufgetragen. Sie gibt eine ausgezeichnet glatte Oberfläche und ist frei von verpuffenden Stoffen.

2. Oberflächengrundierer werden aufgestrichen, gespritzt oder im Tauchverfahren aufgebracht. Man erhält keine so glatten Oberflächen wie mit der Spachtelpaste, es sei denn, daß zweimal grundiert und sorgfältig nachgeschliffen wird. In der Regel liefert aber auch einmaliges Grundieren, dem eine Lasur folgt, einen für die meisten industriellen Verwendungszwecke ausreichenden Glättegrad.

3. Klare Porenfüller (Alkydporenfüller oder Firnisse) sind vorteilhaft, da sie die Widerstandsfähigkeit gegen Feuchtigkeit erhöhen. Sie liefern aber keine sehr glatten Oberflächen und werden im allgemeinen nicht verwendet, wenn die Überzüge eingebrannt werden.

Um besonderen Ansprüchen an die Oberflächenbehandlung zu genügen, empfehlen sich verschiedene Zusätze zu den Porenfüllern:

1. Lösungsmittel werden hinzugefügt, um den Porenfüller zu verdünnen und seine Ergiebigkeit zu erhöhen. Langsam trocknende Lösungsmittel fördern das Eindringen des Porenfüllers in die Hartplatte, verlängern aber die Trockenzeiten und erhöhen den Materialverbrauch. Schnelltrocknende Lösungsmittel gestatten ein weniger tiefes Eindringen und beschleunigen das Trocknen. Bei dichten Hartplatten sind sie oft sehr sparsam.

2. Pigmente werden zugesetzt, um die Adhäsion der Überzüge zu erhöhen und ihre Deckwirkung zu verbessern.

3. Füllmittel vergrößern die Masse und schaffen einen besonders glatten Film. Sie liefern gute Grundierungen für glatte, glänzende Oberflächenbehandlungen.

537.2 Überzugstypen für Hartplatten.

537.21 Wasser-Emulsionsfarben. Es gibt zwei Arten moderner Wasseremulsionsfarben, die zur Oberflächenbehandlung von Hartplatten Anwendung finden: Kaseinfarben und emulgierte Harzfarben. Kaseinfarben werden in Pastenform hergestellt und vor ihrer Anwendung mit Wasser vermischt. Nach der Trocknung haftet die Farbe sehr fest, und der Anstrich kann mit lauem Wasser oder mit milder neutraler Seife gewaschen werden, ohne sich aufzulösen. Emulgierte Harzfarben bestehen aus einer Emulsion von Öl und Harz in Wasser. Nach Verdunstung des Wassers oxydiert das Öl, und man erhält einen Anstrich, der einem gewöhnlichen Ölfarbenanstrich ähnlich ist.

537.22 Ölfarben. Alle Ölfarben enthalten drei Hauptbestandteile:

1. Pigmente, wie Bleiweiß, Zink oder bei billigen Sorten Kreide, unter Umständen mit billigen Füllstoffen gestreckt.

2. Eine Ölgrundlage, meist Leinöl oder ein anderes oxydierendes Öl oder ein polymerisierendes Öl wie Tungöl. Der sich aus dem Öl bei der Oxydation oder Polymerisation bildende zähe Film bindet das Pigment an die zu streichende Oberfläche.

3. Ein Lösungsmittel wie Terpentin, Benzin, Ölsprit oder einen ähnlichen Stoff, um die Farbe streichfertig zu machen.

Ölfarben werden besonders weitverbreitet verwendet. Außenfarben sollen einen Anteil an oxydierenden oder polymerisierenden Ölen haben, damit sich die Witterungsbeständigkeit erhöht. Innenfarben sind gewöhnlich halbglänzend oder vom „Eierschalentyp", haben einen verhältnismäßig niedrigeren Ölanteil und enthalten mehr Füllstoffe und Lösungsmittel.

537.23 Bituminöse Farben. Bituminöse Farben werden auf der Grundlage von Asphalt, Steinkohlenteer, Harzen und Petroleum hergestellt. Sie sind außergewöhnlich wetterfest, werden aber bei Kälte spröde und bei Hitze weich. Außerdem vertragen sie keine ultravioletten Strahlen.

537.24 Lacke. Die Lacke umfassen Celluloselacke, Chinalacke, Weißblechlacke und Spritlacke sowie Lösungen von Schellack in Alkohol. Celluloselacke bestehen aus Celluloseestern oder -äthern und Weichmachern, unter Umständen noch mit natürlichen oder künstlichen Harzen versetzt. Bei Verdunstung des Lösungsmittels trocknen die Lacke rasch.

537.25 Firnis und Schellack. Firnis wird aus Gummiharz, trocknendem Öl und einem Lösungsmittel auf Öl- oder Spritbasis hergestellt. Bei einem Firnis auf Ölgrundlage entsteht der schützende Film hauptsächlich durch chemische Reaktionen des Harzes und des trocknenden Öls. Spritfirnis wird durch Verdunstung des Lösungsmittels in einen festen Film überführt. Firnisüberzüge sind empfindlich gegen Kratzen und gegen Hitze.

Herkunft und Sortenbildung von Schellack wurde bereits in Abschnitt 534.2 erörtert. Bei Verwendung als Schutzanstrich verbindet sich der Schellack mit der Oberfläche infolge der Kapillaranziehung durch die Poren. Nach Verdunstung des Lösungsmittels bleibt ein harter, halbdurchsichtiger Film, der aber wenig dauerhaft und spröde ist und die behandelte Oberfläche etwas wolkig macht.

537.26 Wachse. Wachse können pflanzlichen oder tierischen Ursprungs sein (Carnaubawachs, Bienenwachs, Walrat usw.). Sie werden in Pastenform oder flüssig verwendet. In Wasser emulgiertes Wachs erfordert kein Polieren. Wachse für Hartplatten sollen gute und nicht schlüpfrige Oberflächen liefern.

537.27 Synthetische Überzüge. 537.271 Nitrocelluloselacke. Nitrocelluloselacke werden aus gereinigter Baumwoll- oder Holzcellulose durch Nitrierung hergestellt. Geeignete Lösungsmittel, wie Bananenöl, machen die Lacke hochgradig wasserbeständig, zäh und leicht färbbar.

537.272 Phenolharzlacke. Phenolharzlacke werden aus Phenol unter Zusatz von Formaldehyd und einem Katalysator hergestellt. Öllösliche, wärmehärtende Phenolharze verbinden sich leicht mit Leinöl und erzeugen dauerhafte, wasserfeste, chemikalienfeste und sehr schnell trocknende Anstriche. Eingebrannte Phenolharzüberzüge liefern hochglänzende kratzfeste Filme, die hervorragend korrosionsbeständig sind.

537.273. Harnstoffharzlacke. Harnstoffharze sind farblos. Mit Alkyden, chemisch behandelten Ölen, Farbstoffen und Weichmachern gemischt, ergeben sie hochwertige Überzüge, die sehr farbecht sind. Auch mit Nitrocelluloselacken lassen sich Harnstoffharze verarbeiten und erhöhen dann die Trocknungsgeschwindigkeit, allgemeine Dauerhaftigkeit und Farbechtheit der Lacke.

537.274 Melaminharze. Melaminharze werden durch chemische Behandlung von Kalk, Koks, Stickstoff und Formaldehyd gewonnen. Anstriche mit Melaminharzen sind wärmebeständig und widerstandsfähig gegen Kratzer, Wasser, organische Lösungsmittel, Laugen und Säuren. In Verbindung mit Alkydharzen erhält man Überzüge von hoher Farbechtheit, starkem Glanz, höchstmöglicher Adhäsion und großer Härte.

537.275 Alkydharze. Alkydharze bilden sich aus der Reaktion von Säuren mit Alkohol und stammen aus dem Steinkohlenteer, dem Castoröl, aus Fetten und Ölen. Allein werden die Alkyde selten zur Oberflächenbehandlung benutzt. Als harz- oder ölmodifizierte Alkydharze in Verbindung mit Nitrocellulose und Weichmachern (Phthalester oder Rizinusöl) liefern sie neuzeitliche Kombinationslacke mit hoher Trocknungsgeschwindigkeit, guter Adhäsion, Glanz und Farbechtheit.

537.276 Vinylharze. Vinylharze werden aus Naturgas, Kalkstein, Wasser, Natriumchlorid und Kohle hergestellt. Sie sind durchsichtig, farblos, geschmacklos, geruchlos, nicht toxisch und unbrennbar. Sie können beliebig gefärbt werden. Werden Vinylharze zusammen mit Alkyden bei gewissen kritischen Temperaturen eingebrannt, so erhält man hochgradig wasserfeste und dauerhafte Überzüge. Vinylharzfarbanstriche sind nicht so stabil wie Melamin- und Phenolharzlacke, wenn sie gewöhnlichen Lösungsmitteln, schwachen Säuren oder Laugen ausgesetzt werden.

537.277 Ölreaktive Farben. Aus ölreaktiven Esterharzen hergestellte Farben sind die Erzeugnisse einer verhältnismäßig neuen Entwicklung. In Verbindung mit verschiedenen Firnisölen erhöhen sie den Polymerisationsgrad und erzeugen schnelltrocknende Hochglanzemaillen mit guter Geschmeidigkeit, bemerkenswertem elektrischem Isoliervermögen, Wasser- und Hitzebeständigkeit.

537.278 Allgemeine Beurteilung der synthetischen Überzüge. Eine allgemeine und vergleichende Beurteilung der verschiedenen synthetischen Überzüge in Gegenüberstellung zu einem gewöhnlichen Ölfarbenanstrich ermöglicht Zahlentafel 20.

537.28 Verfahren zur Oberflächenbehandlung von Hartplatten. 537.281 Vorbereitung der Oberflächen. Die Oberflächen der Hartplatten müssen frei von Schmutz, Fett und anderen fremden Bestandteilen sein. Wenn die Hartplatten auf einem Fachwerk durch Nägel, Schrauben oder dergleichen befestigt werden, müssen diese Befestigungsmittel so unauffällig wie möglich angebracht werden. Großköpfige Befestigungsmittel zeichnen sich meist durch die Überzüge ab. Wenn man sie nicht vermeiden kann, müssen sie durch besondere Anstriche gegen die Korrosion geschützt werden. Tapetennägel, Einsteck- oder kopflose Nägel sollen leicht unter die Oberfläche geschlagen werden. Dann ist die Nagelstelle zu verkitten und mit feinem Sandpapier abzuschleifen. Bei ungünstigen Feuchtigkeitsbedingungen tritt der Kitt meist wieder aus der Oberfläche heraus und die Nagelköpfe erheben sich. In solchen Fällen ist Kleben zweckmäßiger als Nageln.

537.282 Auftragen von Porenfüller und Schlußanstrichen. 537.282.1 *Wischen und Bürsten.* Verschiedene Porenfüller können mit gewöhnlichen Lappen oder mittels eines mit Gummi eingefaßten Schabers gleichmäßig durch Wischen

Zahlentafel 20. *Gebrauchseigenschaften verschiedener synthetischer Überzüge.*
(*Nach American Cynamid Co.*)

Bei der Bewertung bedeuten: 1 = sehr gut, 2 = gut, 3 = mittelmäßig, 4 = ziemlich schlecht

Eigenschaft	Phenol-harze	Harnstoff-harze	Melamine u. Alkyde	Alkyde	Vinyle u. Alkyde	Gewöhnliche Ölfarben
Farbreihe	2—	1	1	2	1	3
Farbechtheit	3	1—	1	2	2	4
Anfangsglanz	2	2	1	1	2	1, 2
Glanzbeständigkeit	3	1	1	2	2	4
Adhäsion oder Bindung	2—, 3	1	2	1	4	3, 4
Auftrageigenschaften	4	3	3	2	3	1
Geruch, wenn eingesperrt	4	3	3	3	3	3
Abnützungswiderstand	3	2	1	2—, 3	2	4
Verhalten bei Biegung	1	1	2	1	2	1
Wasserfestigkeit	1	2	1	2	1	3
Widerstand gegen ultraviolette Strahlen	1	2	1	1	—	3, 4
Widerstand gegen schwache Säuren	1	2	1	2	3	2
Widerstand gegen starke Säuren	1	3	3	4	3	4
Widerstand gegen schwache Laugen	1	2	1	2	3	2
Widerstand gegen starke Laugen	3	3	3	4	3	4
Widerstand gegen Lösungsmittel	1	1	1	2	3	3, 4
Widerstand gegen Hitze	4	2—, 2	1	3	1—, 2	4
Verwitterungsbeständigkeit	1	2	1—	2—	3	3—
Brennzeit und Temperatur	2	1	1	2	2	3—
Materialkosten	4	3	3	2	4	1

aufgetragen werden. Man läßt den Porenfüller 2 bis 15 min auf der Plattenoberfläche stehen, je nach der Natur des Füllers. Der Überschuß wird abgewischt.

Bürsten und Streichen wird gewöhnlich nur bei der Oberflächenbehandlung kleiner Mengen von Hartplatten angewendet. Das Verfahren ist einfach, aber langsam und liefert fleckige oder streifige Oberflächen, wenn nicht sehr sorgfältig gearbeitet wird.

537.282.2 *Spachteln.* Der Spachtelanstrich erfordert schwere, dickflüssige Porenfüller. Aus einem Füllapparat werden sie der Klinge der Spachtel zugeführt, unter der die Platte maschinell vorbeigeführt wird. Das Verfahren bringt geringe Verluste an Anstrichmaterial mit sich, da der überschüssige Porenfüller aufgefangen und wieder benutzt wird. Der Spachtelanstrich geht schnell mit geringen Arbeitskosten vor sich und liefert gute, glatte Grundierungen.

537.282.3 *Spritzen.* Das Spritzen mit einer Spritzpistole liefert gleichmäßige und glatte Überzüge. Die Gleichmäßigkeit wird erhöht, wenn man die Pistole methodisch und gleichmäßig bewegt. Gute Resultate setzen weiter eine sorgfältige Abstimmung der Viscosität und Temperatur des Anstrichmittels voraus.

537.282.4 *Tauchen.* Das Tauchen ist auch bei Hartplatten meist das wirksamste Verfahren, um kleine und unregelmäßig geformte Stücke mit einem Überzug zu versehen. Die Platten werden in einem Behälter mit verdünntem Porenfüller oder Überzugmaterial getaucht und dann darüber zum Abtropfen und Trocknen aufgehängt. Die Viscosität des Bades und die Ausziehgeschwindigkeit der getauchten Stücke müssen sorgfältig abgestimmt werden, um Tropfflecke zu verhindern. Die Trocknung wird meist durch Warmluft beschleunigt.

537.282.5 *Verwendung von Walzenauftragmaschinen.* Bei der fabrikmäßigen Grundierung von Hartplatten empfehlen sich Walzenauftragmaschinen. Die Platte läuft zwischen einem Walzenpaar und erhält einen Anstrich aus dem darüberliegenden Tank. Die Farbe wird durch die Walzen gleichmäßig über die Plattenbreite verteilt, ein zweiter Walzensatz entfernt den Überschuß. Walzenauftragmaschinen ergeben dieselben Vorteile, die beim Spachtelanstrich (Ziffer 537.282.2) erwähnt wurden.

537.282.6 *Aufkleben und Aufpressen.* Thermoplastische und thermohärtende Überzüge werden durch Hitze und Druck auf die Hartplatten aufgebracht oder

Bild 137. Infrarot-Trockenanlage (Bauart General Electric Co.) zur Trocknung von Lacküberzügen auf Furnier- und Sperrplatten im Werk der Saro Laminated Wood Products Ltd., Whippingham.

aufgeklebt. Es gibt auch Anstrichmittel, die als Filme geliefert werden und in Heizpressen mit der Plattenoberfläche verbunden werden. Bei thermoplastischen Stoffen muß anschließend an die Erhitzung eine Kühlperiode folgen, während der der Druck zu halten ist.

537.29 Trocknen und Brennen. 537.291. Warmlufttrocknung. Beim Trocknen vieler Überzüge auf Hartplatten arbeitet man mit Lufttrocknung bei normaler Zimmertemperatur. Unerläßlich ist Staubfreiheit der Räume, Luftzirkulation, damit die flüchtigen Bestandteile der Anstriche verdunsten können, und eine möglichst niedrige relative Luftfeuchtigkeit. Zu empfehlen ist eine Klimatisierung der Trocknungsräume.

Eine Beschleunigung der Trocknung durch Anwendung von Heißluft und vermehrter Luftbewegung kann beträchtliche Zeitersparnisse mit sich bringen. Es ist aber vorher beim Hersteller der Anstrichmittel anzufragen, ob sie die verschärften Bedingungen der beschleunigten Trocknung vertragen.

537.292 Brennen in Umluftöfen. Brennen verringert die Trockenzeit sehr stark und schafft, wenn geeignete Anstrichmittel verwendet werden, hervorragende Überzüge. Thermoplastische und thermohärtende Überzüge müssen gebrannt werden. Zu beachten ist, daß Holzfaserhartplatten und Spanplatten Temperaturen von 180° C nicht länger als 15 min ohne die Gefahr der Selbstentzündung vertragen. Bei niedrigeren Temperaturen können längere Brennzeiten angewendet werden.

Die Beheizung der Umluftöfen, die angemessen isoliert werden müssen, kann durch Gas, Öl, Dampf oder Elektrizität erfolgen. Die Heizelemente sind so anzuordnen, daß die Hitze möglichst gleichmäßig über die ganze Oberfläche der Platte verteilt wird. Neuzeitliche Öfen arbeiten gewöhnlich im Umluftverfahren. Bestimmte synthetische Harze können ohne Zusatz von Frischluft getrocknet werden. Wenn jedoch Lösungsmittel verdampfen oder Öle oxydieren, dann muß Frischluft zugesetzt werden. Rauhe Überzüge erhält man bei Sauerstoffmangel. Man führt ihn herbei, indem man den Kohlenoxydgehalt der

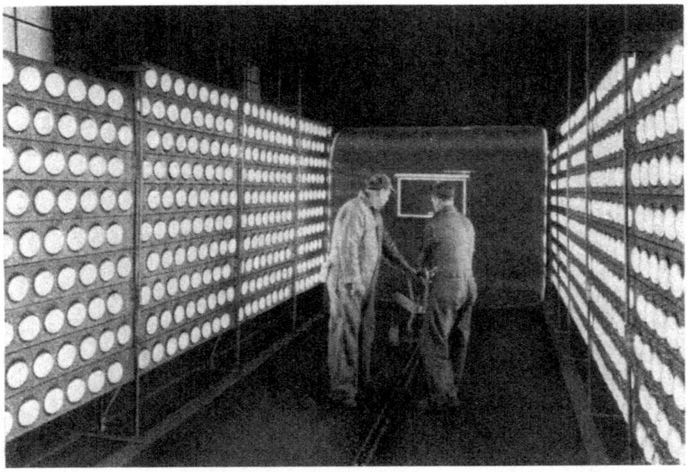

Bild 138. Infrarot-Trocknungstunnel für Anhänger aus Holzfaserhartplatten (Masonite-Presdwood Verarbeitung im Werk der Indian Trailer Co., Chicago, Ill.).

zirkulierenden Luft dadurch erhöht, daß man aufgestellte Gasbrenner mit gelber statt mit blauer Flamme brennen läßt. Einwandfrei arbeitende Umluftöfen erfordern beträchtliche Anfangsaufwendungen.

537.293 Infrarotstrahlungs-Trocknung. Infrarotstrahler setzen einen hohen Teil der ihnen zugeführten elektrischen Energie in strahlende Hitze um. Der Betrag der durch das Arbeitsstück absorbierten Energie hängt von der Größe, Zahl und den Abständen der Strahler, von der Entfernung zwischen Strahler und Arbeitsstück (meist 15 bis 45 cm), dem Reflexionsfaktor der Oberfläche und der Wärmeleitzahl des Materials unter den Überzügen ab. Dunkle Oberflächen absorbieren die Hitze schneller als helle. Ein gegebener Betrag strahlender Energie erhöht die Temperaturen der Überzüge auf Hartplatten mehr als auf Metallblechen (s. Abschnitt 647). Im allgemeinen bietet das Brennen mit Infrarotstrahlern Vorteile, wie niedrige Anlagekosten, reduzierte Fußbodenfläche für die Öfen, bescheidene Betriebskosten und schnelle Trocknung. Zwei Anwendungsbeispiele zeigen Bild 137 und 138.

537.3 Sonderüberzüge für Holzfaserhartplatten und Spanplatten.

537.31 Korrosionsbeständige Überzüge. Es gibt Speziallacke, die der Angriffswirkung von Säuren und Laugen widerstehen. Diese Lacke können auf

Hartplatten angewendet werden, die in der chemischen Industrie und in Laboratorien verbaut werden. Die korrosionsbeständigen Überzüge sind in der Regel schwarz oder dunkelfarbig.

537.32 Schultafelanstriche. Hartplatten eignen sich sehr gut zur Herstellung von Schultafeln. Früher wurden alle Tafeln schwarz gestrichen und dann weiße Kreide benutzt. Neuere Versuche ergaben, daß helle Tafeln und die Benutzung dunkler Kreiden sich besser eignen.

537.33 Photomechanische, lithographische und Rasterverfahren. Hartplatten können wie Sperrholz mit den in Ziffer 536.3 besprochenen photomechanischen Verfahren oberflächlich veredelt werden. Farbige Reproduktionen von beliebigen Bildern können auch mit einem Verfahren auf die Plattenoberflächen gebracht werden, das Umdrucke auf einem etwa 0,08 mm dicken Film von hochwertigem Lack benutzt. Zur bequemen Handhabung ist der Lackfilm auf einem Papierträger aufgebracht. Die Umdrucke lassen sich nach verschiedenen Methoden auf die Hartplatten übertragen:

1. Walzverfahren. Die Umdruckfolie wird mit einem Lösungsmittel befeuchtet und auf die Platte aufgelegt. Hierauf wird die Platte mit der Folie durch einen gewöhnlichen Kalander geschickt, wobei sich die Folie mit der zuerst grundierten Hartplattenoberfläche fest verbindet. Das Trägerpapier wird durch Besprühen oder Befeuchten erweicht und kann dann abgezogen werden.

2. Heißpreßverfahren. Die Umdruckfolie wird wie beim Walzverfahren aufgebracht, aber statt eines Kalanders wird eine Heißpresse verwendet. Bei annähernd 92° C wird mit einem Druck von 14 kg/cm² gearbeitet.

3. Wärmehärtungsverfahren. Ein wärmehärtender Porenfüller wird auf die Hartplattenoberfläche gespritzt. Die Umdruckfolie wird auf die klebrige Grundierung gelegt und dann mittels eines Kalanders aufgewalzt. Nach Entfernen des Trägerpapiers wird die ganze Platte gebrannt, wodurch sich der Überzug festigt.

Man kann mit den Umdruckfolien Holzmaserung, Marmorierung usw. hervorrufen. Die Reproduktionen sollten durch eine oder mehrere Schichten klaren Deckmaterials geschützt werden.

Holzmaserungen und andere Muster können auf grundierten Hartplatten auch lithographisch oder mittels geätzter Kupferplatten übertragen werden. Die Reproduktion ist dann aber einfarbig.

Muster und dekorative Wirkungen lassen sich auch mit Hilfe von Seidenrastern hervorrufen. Bei der einfachsten Technik arbeitet man mittels einer Schablone aus dünner, hochwertiger Seide. Die Teile der Seide, durch welche die Farbe mit einer Spachtel oder Gautsche gepreßt wird, läßt man unbehandelt. Die als Maske dienenden Teile werden mit einer Substanz überzogen, die das Gewebe der Seide schließt und die Farbe nicht durchfließen läßt. Bei einem Halbtonverfahren erhält der Seidenraster zunächst einen lichtempfindlichen Anstrich. Das gewünschte Muster, etwa eine Holzmaserung, wird mit einem Bildwerfer auf die Seide projiziert, die dann einem normalen photographischen Entwicklungsprozeß unterworfen wird. Durch dieses Verfahren kann man Halbtonbilder sehr genau auf den Seidenraster und dann mittels Farbe auf die grundierten Hartplatten übertragen. Vielfarbige Reproduktionen lassen sich durch Verwendung mehrerer Raster für jede gewünschte Farbe erzeugen. Die Raster durchlaufen denselben photographischen Prozeß wie beim Halbtonverfahren, wobei für jede Farbe ein Filter vorgeschaltet wird.

537.34 Überfurnieren. Hartplatten können ähnlich wie Sperrholz überfurniert werden. Werden wasserfeste Bindungen gewünscht, so muß man wärmehärtende

Leime verwenden. Furnierte Faserhartplatten und Spanplatten arbeiten unter wechselnden Feuchtigkeitsbedingungen weniger als Sperrholz. Sie sind deshalb für hochwertige Möbel und Radiogehäuse durchaus verwendbar.

537.35 Herstellung genarbter, gekörnter und plüschartiger Oberflächen. Genarbte oder runzelige Oberflächen erhält man mit Speziallacken, die aufgestrichen und anschließend gebrannt werden. Werden Hartplatten als Fußbodenbelag in Fabriken und bei Treppen verwendet, so ist manchmal ein Gleitschutz erwünscht. Man kann ihn mit Anstrichmittel aus gummiähnlichen Stoffen, denen feiner Sand beigemischt ist, herstellen.

Projektionswände und -schirme mit hervorragendem Reflexionsvermögen erhält man, wenn man die Hartplatten oberflächlich mit einem Bindemittel bestreicht und feine Glasperlen auf die noch feuchte Klebmasse streut. Nach ihrem Abbinden werden die überflüssigen Perlen abgebürstet.

Man kann auf Hartplatten mit einem klebrigen Farbanstrich auch feine, gleichmäßig geschnittene Fasern aufspritzen. Bei Anwendung eines elektrostatischen Verfahrens (vgl. Ziffer 535.5) oder indem man die Hartplatten in Vibration versetzt, kommen die Fasern rechtwinklig zur Plattenoberfläche zu stehen und verteilen sich sehr gleichmäßig über die ganze Fläche. Das Ergebnis ist eine Plüschvelvetwirkung.

6. Trocknung und Dämpfen von Holz.

60. Allgemeines über die Trocknung.

Unter den Maßnahmen zum Schutz des Holzes spielt die Trocknung eine besonders wichtige Rolle. Sie wird zwangläufig sofort nach der Fällung eingeleitet, da die grünen Stämme Wasser an die Luft abgeben und dem geltenden Feuchtegleichgewicht zustreben. Selbst in fast völlig mit Wasserdampf gesättigter Atmosphäre — ein Fall, der in der Natur allerdings nur örtlich und zeitlich beschränkt auftreten kann — findet eine wenngleich langsame Trocknung bis zum Fasersättigungspunkt, also eine Abgabe des freien Wassers, statt. Unterhalb der Fasersättigung, die je nach den vorliegenden Bedingungen oft sehr spät erreicht wird, bei manchen Hölzern auch schon oberhalb des Fasersättigungspunktes (etwa von 50% Feuchtigkeit an) (vgl. Bd. I, S. 416), beginnt als mißliche Eigenschaft des Holzes sein Schwinden und Quellen.

Diesem Nachteil stehen aber weit größere Vorteile gegenüber: Die Anfälligkeit für Bläuepilze und andere gefährlichere Holzpilze nimmt ab, Werfen, Verziehen und Innenrisse werden seltener, das Gewicht sinkt (wodurch sich unter Umständen Frachtkosten ersparen lassen), die Elastizitätsmoduln, die Bruchspannungen und die Härte wachsen innerhalb des hygroskopischen Bereichs mit abnehmender Feuchtigkeit und die Eignung für Anstriche und verschiedene Imprägnierungsverfahren wird erhöht. Wirtschaftlich hat die Trocknung des Holzes demnach eine große Bedeutung, wenngleich statistische Zahlen dafür nicht vorliegen. Man geht aber kaum fehl in der Annahme, daß die überwiegende Mehrheit aller Holzerzeugnisse wenigstens eine bestimmte Zeit lang — z. B. vor der künstlichen Trocknung — natürlich getrocknet wird. Eine ausschließlich natürliche, d. h. Freilufttrocknung kann aber heute nicht mehr in Frage kommen, da sie für Holzwaren, die in beheizte Innenräume gelangen, nicht ausreicht, da sie eine zu große und damit zu kostspielige Lagerhaltung bedingt und da sie dem Verarbeiter die rasche Anpassung an Mode- und Konjunkturschwankungen nicht gestattet. Hinzu gesellt sich, daß nicht nur die Trocknungsgeschwindigkeit des Holzes an der atmosphärischen Luft, sondern auch die Gleichmäßigkeit der Feuchtigkeitsverteilung zu wünschen übrig läßt. Gerade deswegen können einigermaßen zufriedenstellende Erfolge nur bei wirklicher Erfahrung und individueller Behandlung erzielt werden. Einfache schematische Trockenregeln sind, vor allem auch im Hinblick auf die klimatischen Schwankungen, ausgeschlossen.

Zum Verständnis der Vorgänge ist an die in Band I (Abschnitt 32 und 33) ausführlich behandelten statischen und dynamischen Beziehungen zwischen Wasser und Holz zu erinnern. Im Gegensatz zur künstlichen Trocknung liegt die Hauptaufgabe der Freilufttrocknung in der Entfernung des tropfbaren Wassers aus den Zellhohlräumen. Hervorgerufen wird seine Bewegung durch Kapillarkräfte; die dafür geltenden physikalischen Gesetze wurden in Band I, Abschnitt 331 und 333 besprochen.

61. Natürliche Holztrocknung (Freilufttrocknung) und Holzlagerung.

611. Wassergehalt von grünem Holz.

Von besonderem Interesse für die Frage der natürlichen Trocknung von Holz ist die Größe seines Gehaltes an freiem Wasser. Im Splintholz findet sich mehr Wasser als im Kernholz (Zahlentafel 21), im Holz aus dem Erdstamm weniger als im Kronenholz, da letzteres mehr Splintholz enthält. Auf die Bilder 288 und 289 in Band I sei Bezug genommen.

Zahlentafel 21. *Mittlerer Feuchtigkeitsgehalt von grünem Kernholz und Splintholz (für amerikanische Hölzer nach U. S. Forest Products Laboratory).*

Holzart	Mittlerer Feuchtigkeitsgehalt % Kern	Splint	Holzart	Mittlerer Feuchtigkeitsgehalt % Kern	Splint
Laubhölzer:			Nadelhölzer:		
Ahorn (Acer saccharinum L.)	60	88	Douglasie (Pseudotsuga taxifolia Britt.)	36	117
Birke (Betula lutea Michx.)	63	71	Hemlock, western (Tsuga heterophylla Sarg.)	42	170
Buche (Fagus grandifolia Ehrh.)	53	78	Pine:		
Esche (Fraxinus americana L.)	38	40	Longleaf (Pinus palustris Mill.)	34	99
Ulme (Ulmus americana L.)	95	92	Norway (Pinus resinosa Ait.)	31	135
			Shortleaf (Pinus echinata Mill.)	34	108
			Redwood (Sequoia sempervirens Endl.)	100	210
			Sitkafichte (Picea sitchensis Carr.)	33	146

Ziemlich klein ist der Wechsel des Feuchtigkeits- oder Saftgehalts im lebenden Baum mit den Jahreszeiten. Bereits in den Jahren 1853 und 1854 hatte A. Stöckhardt[1] in Tharandt während 13 aufeinanderfolgenden Monaten je eine raschwüchsige und eine langsamwüchsige, etwa 15jährige Fichte fällen lassen und auf den Wasser- und Aschengehalt untersucht. Es ergaben sich nur geringe Unterschiede nach der Jahreszeit, auch konnte kein Einfluß der Witterung gefunden werden. Da Splint und Kern nicht getrennt untersucht wurden, sind weitere Schlußfolgerungen unmöglich. Wenig später bestimmte Th. Hartig[2] den Saftgehalt von 30 verschiedenen Holzarten (an 16jährigen Bäumen). Aus seinen Zahlen geht hervor, daß im Durchschnitt aller Holzarten der größte Feuchtigkeitsgehalt in die Monate Januar und Februar fiel. Die Zahlen wurden leider auf das Lufttrockengewicht nach 6monatiger Lagerung im Zimmer, statt auf das Darrgewicht bezogen; der Wert der Ergebnisse ist dadurch beeinträchtigt. H. Nördlinger hat (1860) in seinem berühmten Werk „Die technischen Eigenschaften der Hölzer" bemerkt, daß die Zahlen von Th. Hartig noch viel Rätselhaftes enthalten; namentlich wies er hier auf die niedrige Wichte der Laubhölzer im November hin, in dem mit steigender Luftfeuchtigkeit und dem Blattabfall ein höherer Saftgehalt zu erwarten wäre. Nach seinen eigenen Versuchen vermutete er eine starke Abhängigkeit des Saftgehaltes und der Saftverdunstung von der jahreszeitlichen Witterung.

Umfassende Forschungen über den Wassergehalt verschiedener frischer Hölzer in wechselnder Stammhöhe führte dann R. Hartig[3] durch. Er fand, daß im Kernholz der Fichte, der Kiefer und der Lärche nur so viel Feuchtigkeit vorhanden ist, als zur Fasersättigung erforderlich ist. Der Wassergehalt des Splintes ist hingegen im ganzen Baum und während des ganzen Jahres sehr hoch und schwankt nur wenig. Den Spitzenwert der Feuchtigkeit fand R. Hartig in der heißesten Zeit im Juli; bis Mitte Oktober sank der Wassergehalt, durchlief aber im frostfreien Vorwinter ein zweites Maximum; in und nach der Frostperiode nahm der Wassergehalt ab und erreichte Mitte Mai im Splint sein Minimum. Von da stieg der Wassergehalt sehr rasch, und zwar innerhalb von wenigen Tagen fast bis auf seinen Höchstwert.

Neuere Befunde stammen von E. Gäumann[4]. In 6 m Höhe über dem Boden fand er bei Fichten-Kernholz einen über das ganze Jahr gleichbleibenden Wassergehalt von 33,4 bis 34,9% (bezogen auf das Darrgewicht); beim Fichten-Splintholz ergaben sich erhebliche Unterschiede von Stamm zu Stamm, immerhin aber wiesen die Wintermonate Dezember, Januar, Februar einen niedrigeren Wassergehalt (i. M. 154.1 $\pm$ 5,7%) als die übrigen neun Monate (187,1 $\pm$ 5,2%) auf. Tannen-Kernholz enthielt im Durchschnitt der Monate Juni bis Januar im Mittel 45% Feuchtigkeit; von Januar an nahm der Wassergehalt ab und erreichte im April einen Tiefstwert, um dann rasch dem normalen Stand im Juni zuzustreben. Die Verhältnisse im Tannen-Splintholz waren weniger durchsichtig; auf ein April-Maximum von 211% folgten drei trockene Frühsommermonate mit 171 bis 186%. Hierauf kam rasch ein zweiter Gipfel im August-September mit über 200% und anschließend ein allmähliches Ab-

[1] Stöckhardt, A.: Forst- und landwirtschaftlich-chemische Untersuchungen aus dem akademischen Laboratorium zu Tharandt, Jb. kgl. sächs. Akad. f. Forst- und Landwirte zu Tharandt, Neue Folge, Bd. II (1854).

[2] Hartig, Th.: Über die Verhältnisse des Brennwertes verschiedener Holz- und Torfarten, Braunschweig 1855.

[3] Hartig, R.: Untersuchungen a. d. Forstbot. Inst. München II (1882) und III (1883); Derselbe: Das Holz der deutschen Nadelwaldbäume, Berlin 1885.

[4] Gäumann, E.: Flora (NF) Bd. 23 (1928) S. 344.

gleiten zum Minimum im März mit 134%. Die Zahlen weichen erheblich von den Werten ab, die R. Hartig veröffentlichte, aber sie stimmen gut mit Beobachtungen von H. Burger[1] überein.

H. Knuchel[2] fand die in Bild 139 eingetragenen Werte für den Wassergehalt von Fichten- und Tannensplintholz und -kernholz. Die Proben waren in vier bis acht Meter Höhe über dem Boden entnommen. Wie ersichtlich, war der Wassergehalt im Splint zu allen Jahreszeiten sehr hoch, im Kern niedrig. Gesetzmäßige jahreszeitliche Schwankungen konnten nicht festgestellt werden.

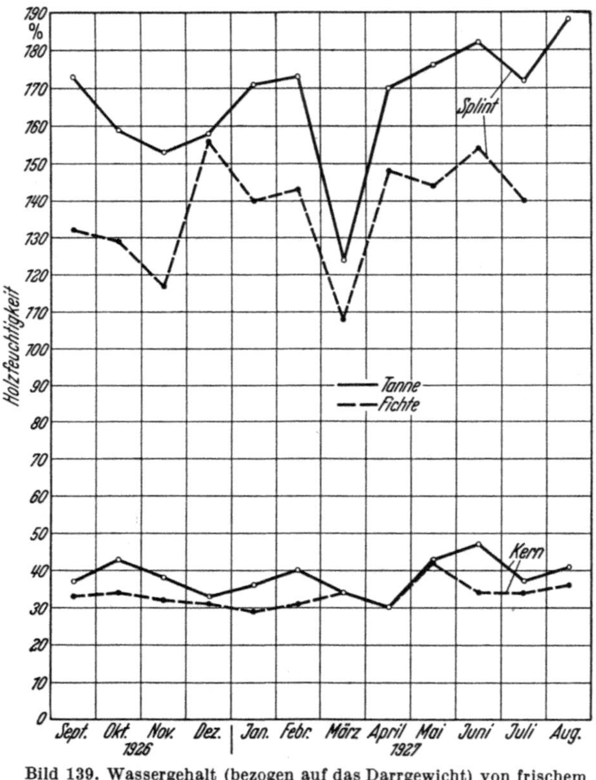

Bild 139. Wassergehalt (bezogen auf das Darrgewicht) von frischem Fichten- und Tannen-Kernholz und -Splintholz. (Nach Versuchen von H. Knuchel.)

Etwas verwickelter sind die Verhältnisse bei der Rotbuche. Nach H. Knuchel[3] betrug der Wassergehalt von Buchen-A-Stämmen im Durchschnitt aller untersuchten Proben 79,4% (entsprechend 44,0%, bezogen auf das Frischgewicht.) Er ist in allen Jahreszeiten und in allen Höhen am Stamm in den äußersten Holzschichten unter der Rinde am größten (90,7%), in den innersten, nahe dem Mark, am kleinsten (69,2%). Nach Jahreszeiten ist er in den äußersten Holzteilen am höchsten im Winter (98,2%), am niedrigsten im Herbst (90,4%). Das dem Mark benachbarte Holz verhält sich umgekehrt: Der kleinste Wert des Wassergehaltes beträgt im Winter 64,4%, der größte im Sommer 71,0%. Einen anschaulichen Überblick über die Schwankungen der Feuchtigkeit nach Jahreszeiten und Stammteilen gibt Bild 140.

Dänische Untersuchungen[4] ergaben, daß im Wassergehalt frisch gefällter Fichtenstämme kein deutlicher Höchst- und Kleinstwert aufeinanderfolgen, sondern daß Perioden mit geringem Wassergehalt sowohl im Sommer als auch im Winter möglich sind. Welch große Bedeutung hingegen das Wuchsgebiet

[1] Burger, H.: Holz-, Laub- und Nadeluntersuchungen, Schweiz. Z. Forstwes. Bd. 76 (1925) S. 266 und 310.

[2] Knuchel, H.: Der Einfluß der Fällzeit auf einige physikalische und gewerbliche Eigenschaften des Holzes. Untersuchungen über den Einfluß der Fällzeit auf die Eigenschaften des Fichten- und Tannenholzes, Beih. Nr. 5, Z. Schweiz. Forstver., Bern 1930.

[3] Knuchel, H.: Mitt. Schweiz. Anst. Forstl. Vers.-Wes. Bd. 19 (1935) H. 1.

[4] Anonymus: Meddelelse fra Udvalget angaaende udvidet Anvendelse af dansk Trae til Bygningsbrug in Dansk Skogför. Tidskr. Bd. 12 (1927) S. 56.

haben kann, zeigen amerikanische Messungen[1], die beispielsweise für Pinus ponderosa Laws. (Western yellow pine) im Herzen des nordamerikanischen Festlandes Feuchtigkeiten zwischen 80 und 118%, in Kalifornien zwischen 100 und 185% lieferten. In Deutschland ist ein derartig weiter Spielraum nicht zu erwarten, da alle Gebiete in einer einzigen Klimazone liegen. Trotzdem besteht Standort- und Witterungseinfluß. Zahlentafel 21 und die Bilder 139 und 140 geben auch für deutsche Verhältnisse ungefähre Anhaltspunkte über die Wassermenge, die man in frischgefällten Stämmen annehmen darf. Die im Schrifttum[2] gesammelten Zahlen sind oft zu klein; dies erklärt sich daraus, daß sie auf das Naßgewicht bezogen sind und überdies meist nur die Entwässerung bis zu einem

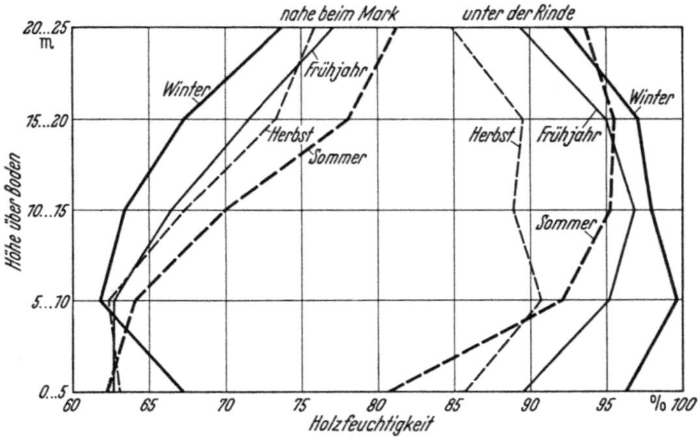

Bild 140. Wassergehalt von frischem Rotbuchenholz in verschiedenen Stammteilen zu verschiedenen Jahreszeiten. (Nach H. Knuchel.)

— zahlenmäßig nicht näher definierten — „Lufttrockenheitsgrad" berücksichtigen. Die Annahme bestimmter Mittelwerte für die Grünfeuchtigkeit wäre unrichtig, da die Schwankungen zu groß sind; roh kann man als Grenzwerte für deutsche Nadelhölzer 40 bis 170%, für deutsche Laubhölzer 35 bis 130% angeben.

612. Verlauf der Freilufttrocknung.

612.1 Klima und hygroskopisches Gleichgewicht.

Solange freies Wasser im Holz vorhanden ist, ergibt sich bei der natürlichen Holztrocknung meist ein sehr beachtliches Feuchtigkeitsgefälle. Die Größe dieses Feuchtigkeitsgefälles läßt sich roh durch den Bruch

$$\frac{2\,(u_i - u_{gl})}{d}$$

abschätzen, worin u_i die jeweilige Feuchtigkeit im Holzinnern, u_{gl} die nach dem hygroskopischen Gleichgewicht der relativen Luftfeuchtigkeit in der Umgebung des Holzes entsprechende Holzfeuchtigkeit und d die Holzdicke [cm] sind. Wie ersichtlich, ergibt sich für $u_i \geqq 0{,}30$ auch in wasserdampfgesättigter Atmosphäre ($u_{gl} \approx 0{,}30$) ein Feuchtigkeitsgefälle.

---

[1] Mathewson, J. S.: The Air Seasoning of Wood, U.S. Dept. Agric., Techn. Bull. Nr. 174, Washington, D. C. 1930.

[2] Bub/Bodmar, F., u. B. Tilger: Die Konservierung des Holzes in Theorie und Praxis, Berlin 1922, S. 194.

Die Trocknungsgeschwindigkeit ist diesem Gefälle unmittelbar verhältnisgleich. Erweitert läßt sich schließen, daß die Freilufttrocknung ebenso wie die künstliche Trocknung von der Temperatur, der relativen Luftfeuchtigkeit und der Bewegung der das Trockengut umgebenden Luft abhängt. Ausschlaggebend sind demnach die klimatischen Verhältnisse, die ihrerseits durch die geographische Lage bedingt sind. Die Höhe über dem Meeresspiegel, das Vorherrschen trockener oder feuchter Winde, die Neigung zur Nebelbildung

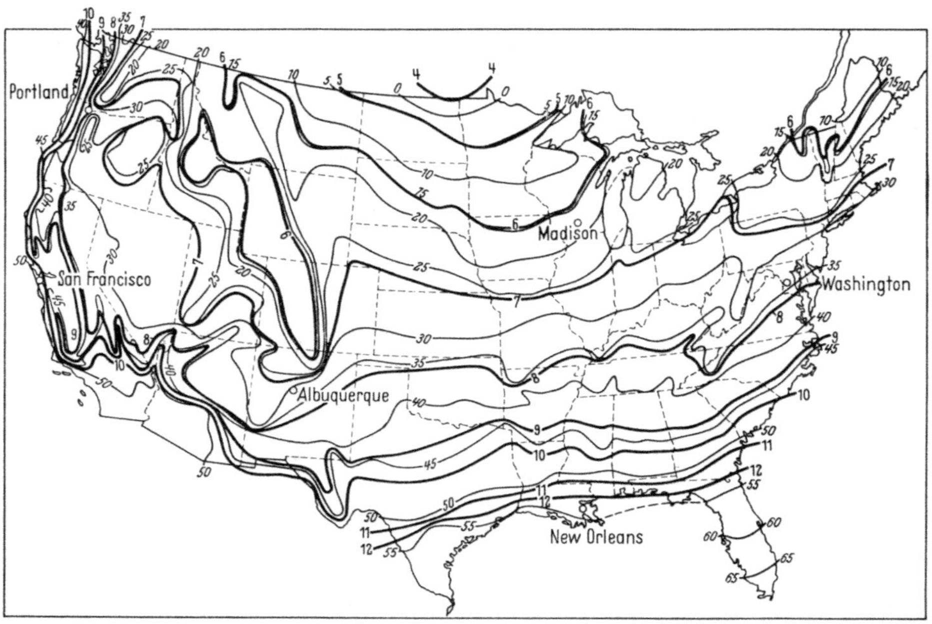

Bild 141. Mittlere Außentemperatur (dünne Linien, Werte in ° Fahrenheit) und ungefährer Feuchtigkeitsgehalt (dicke Linien, Werte in %) von Innenholzwerk in beheizten Wohnungen in USA während des Januars. (Nach E. C. Peck.)

(z. B. in der Nähe von Strömen, Seen und Sümpfen), die mittlere Niederschlagshöhe und Sonnenscheindauer sind als Faktoren zu buchen. Alle diese Umstände sind nicht nur jahreszeitlich, sondern auch Jahr für Jahr und örtlich (z. B. Lage in einem Tal, an einer Berglehne, nahe einem See, auf sumpfigem Gelände usw.) mehr oder minder starken Schwankungen unterworfen.

Trotzdem läßt sich an Hand der Klimakurven für größere geographische Gebiete der mittlere jahreszeitliche Gang des hygroskopischen Gleichgewichts konstruieren. Sinngemäß kann man auf diese Weise auch die richtige Sollfeuchtigkeit von Holz in Wohnräumen abschätzen und festlegen. Der Entwurf erfolgt nach zwei Gesichtspunkten: Im Winter ist die Feuchtigkeit des zum Innenausbau benützten Holzes bedingt durch den Unterschied zwischen Außen- und Innentemperatur. Da aber die Innenräume ziemlich einheitlich auf 20° C erwärmt werden, ist die Außentemperatur der allein bestimmende Faktor. Je kälter die Außenluft ist, desto geringer ist ihre absolute Feuchtigkeit und desto niedriger wird die relative Feuchtigkeit der — durch Erwärmen von Außenluft fortlaufend erneuerten — Innenluft sein. Das heißt nichts anderes, als daß an den kältesten Orten das Holz in geheizten Räumen dem niedrigsten hygroskopischen Gleichgewicht zustrebt. Umgekehrt liegen die Verhältnisse im

Sommer: Künstliche Heizung ist überflüssig, und die Fenster sind geöffnet. Je höher jetzt die relative Feuchtigkeit und je tiefer die Temperatur der Außenluft ist, desto höher liegt das Feuchtegleichgewicht für das Innenholzwerk.

Für die Vereinigten Staaten mit ihren starken klimatischen Unterschieden hat E. C. Peck[1] Karten mit Linien gleichen hygroskopischen Gleichgewichts für Holz ausgearbeitet (Bild 141 und 142). Auch für die wichtigsten

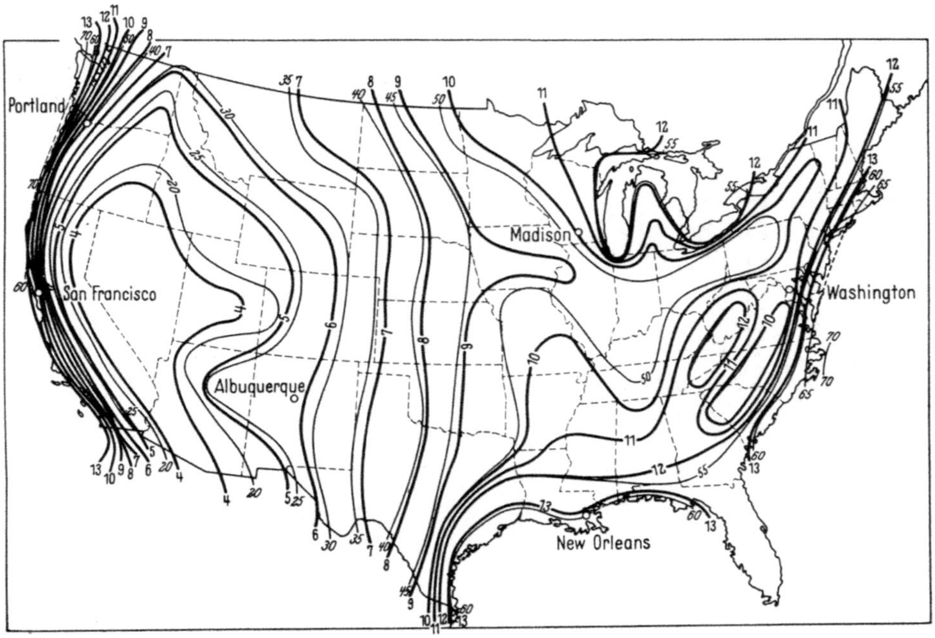

Bild 142. Mittleres Minimum der relativen Luftfeuchtigkeit (dünne Linien, Werte in %) und ungefährer Feuchtigkeitsgehalt (dicke Linien, Werte in %) von Innenholzwerk in Wohnungen in USA während des Juli. (Nach E. C. Peck.)

Städte Australiens liegen interessante Feststellungen über Höchstwert und Mindestwert der Feuchtigkeit für verschiedene Holzarten im Freien und in geschlossenen Räumen vor[2]. M. A. Rehman[3] hat ähnliche Untersuchungen für Indien durchgeführt und ganz Indien in vier Gebiete geteilt, je nachdem als Sollfeuchtigkeit 8, 10, 12 oder 14% empfohlen werden. Dem für Deutschland unternommenen Versuch[4], die Feuchtigkeitssollwerte ebenfalls örtlich abzustufen, kommt geringere Bedeutung zu, da das Klima mehr ausgeglichen ist.

Wichtiger und aufschlußreicher als alle theoretischen Entwürfe sind praktische Messungen der Ausgleichsfeuchtigkeit von Hölzern im Freien oder in geschlossenen Räumen. Derartige Messungen geben insbesondere auch Einblick in die beträchtlichen Schwankungen, die, bedingt durch die Großwetterlagen, in der Folge mehrerer Jahre auftreten können. Bild 143 zeigt beispielsweise für

[1] Peck, E. C.: Moisture Content of Wood in Dwellings, US Dept. Agric. Circ. Nr. 239, Washington, D. C. 1932.

[2] Commonwealth of Australia, Counc. Sci. Ind. Res., Div. For. Prod.: The Working of Wood, Trade Circ. Nr. 24, Melbourne, 1934.

[3] Rehman, M. A.: A Survey of the Seasonal Variation of the Moisture Content of Indian Woods, Ind. For. Res., Utilization (New Series), Vol. 2, Nr. 10, Delhi, 1942.

[4] Mörath, E.: Holzind. Bd. 13 (1933) S. 73.

Ottawa (in Kanada) den Gang der Temperatur, der Niederschläge und der relativen Luftfeuchtigkeit in vier aufeinanderfolgenden, aber besonders stark voneinander abweichenden Jahren. Bild 144 gibt die in den gleichen Jahren gemessenen Ausgleichfeuchtigkeiten von zölligem Nadelschnittholz (White pine, Pinus strobus L.) an[1]. Für andere kanadische Holzarten wurden ähnliche Kurven der hygroskopischen Ausgleichfeuchtigkeit gefunden; die Spanne zwischen allen Arten war zu keiner Zeit sehr groß. Im Sommer betrug der Unterschied zwischen der höchstgelegenen und der tiefsten Kurve selten mehr als 1%,

[1] Fellows, E. S.: The Change in Moisture Content of Yard-Piled Softwood Lumber in Eastern Canada, Dept. Mines and Resources Can., Dom. For. Circ. Nr. 52, Ottawa 1937.

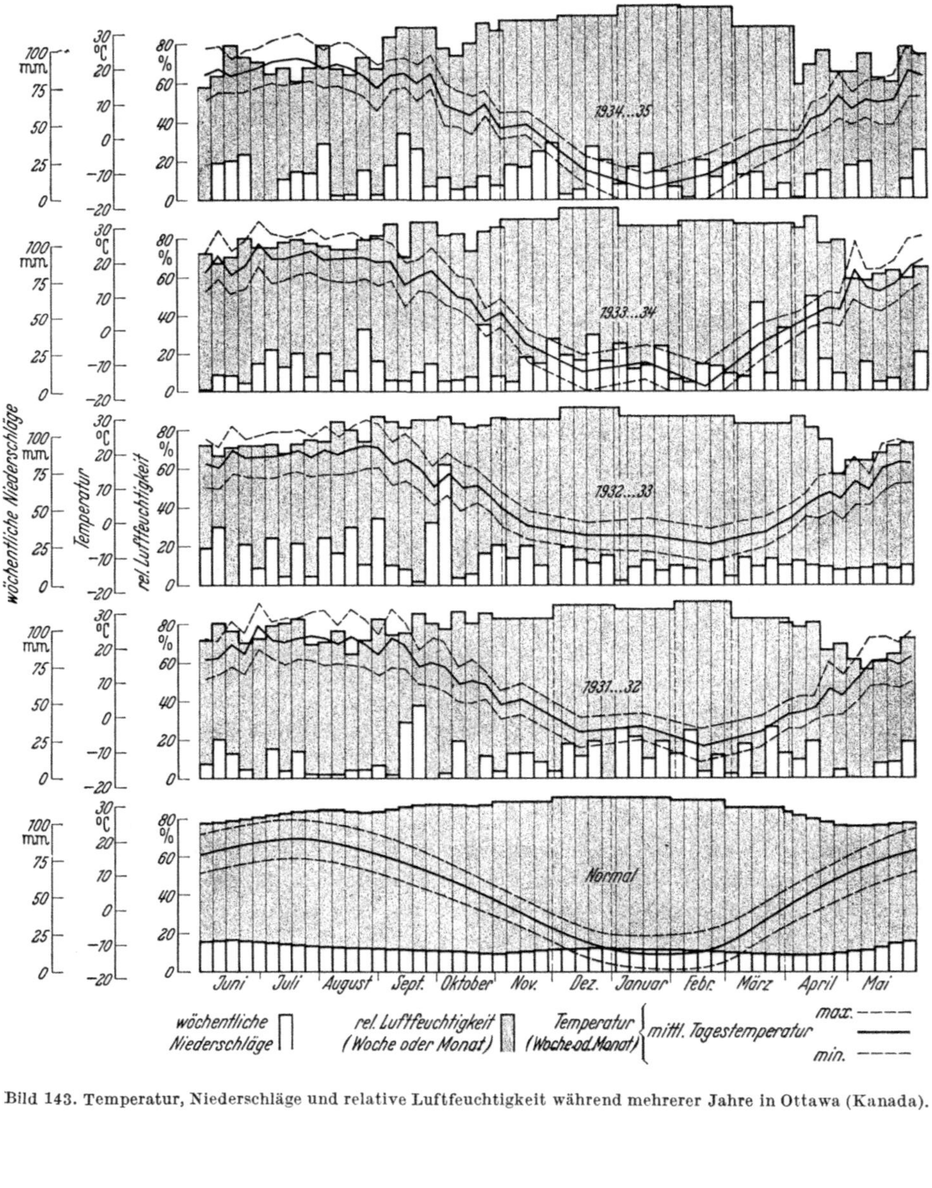

Bild 143. Temperatur, Niederschläge und relative Luftfeuchtigkeit während mehrerer Jahre in Ottawa (Kanada).

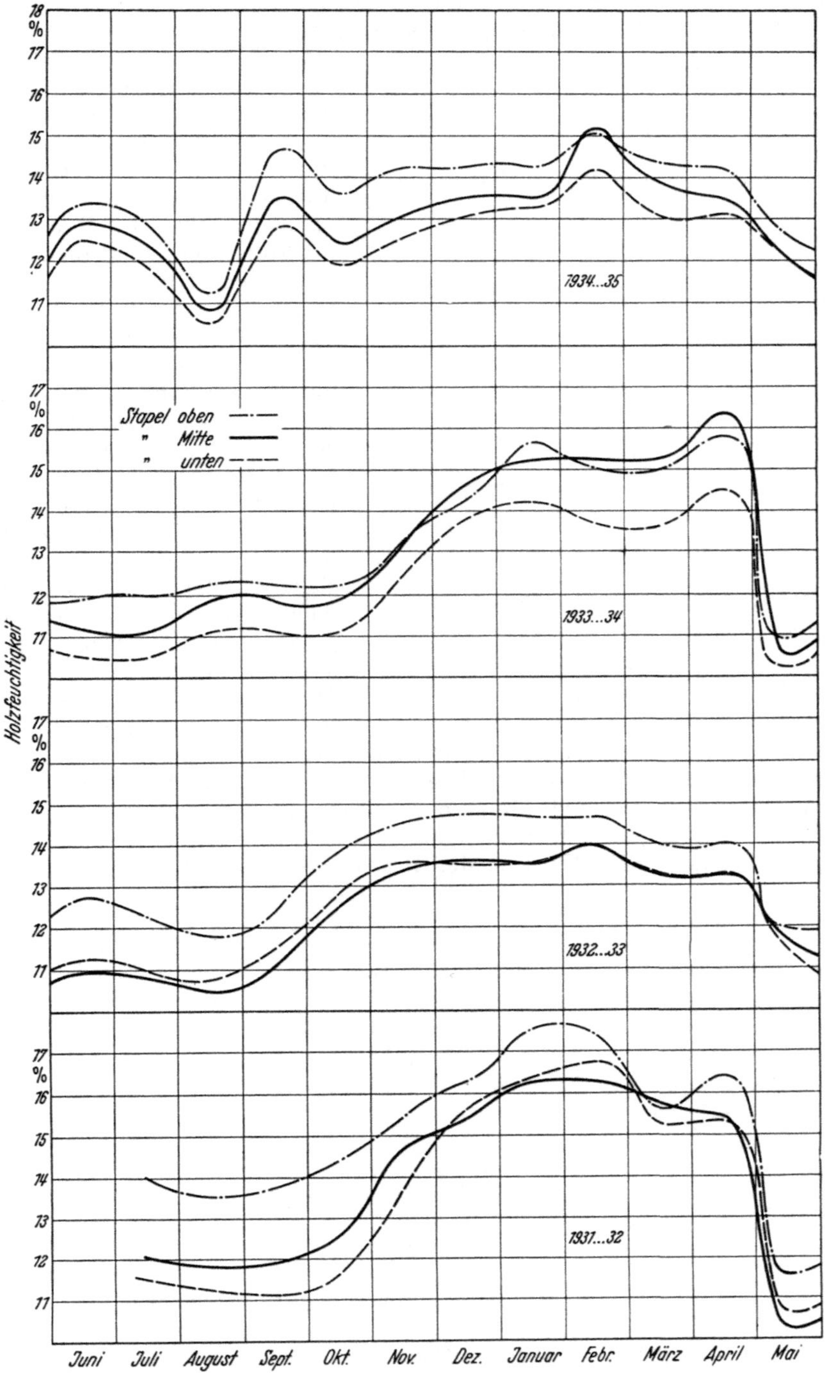

Bild 144. Hygroskopische Ausgleichfeuchtigkeit von zölligem Weymouthskiefernholz, oben, in der Mitte und unten im Stapel bei Lagerung in Ottawa in vier aufeinanderfolgenden Jahren. (Nach E. S. Fellows.)

im Winter war der Bereich etwas weiter, überschritt aber nie 2%. Der normale jährliche Spielraum der hygroskopischen Ausgleichfeuchtigkeit lag für alle Holzarten zwischen 6 und 7%. Man erhält ein ähnliches Ergebnis, wenn man für deutsche Verhältnisse an Hand der Klimakurven und entsprechender Tafeln für das hygroskopische Gleichgewicht die Bewegung der Holzfeuchtigkeit im Freien aufzeichnet (Bild 145).

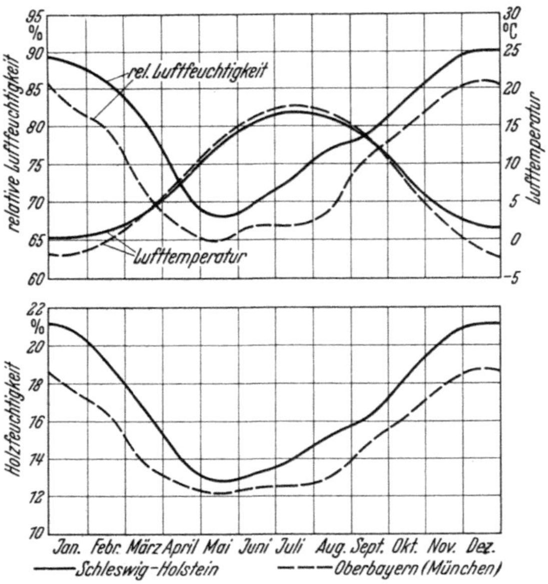

Bild 145. Klimakurven und Feuchtegleichgewicht von Holz im Freien für Schleswig-Holstein und Oberbayern. (Nach F. Kollmann.)

Die Empfindlichkeit, mit der Hölzer, insbesondere bei nicht zu großen Querschnitten, auf Schwankungen der relativen Luftfeuchtigkeit reagieren, zeigt auch Bild 146, das die **tägliche Bewegung der Holzfeuchtigkeit** in kleinen, ursprünglich künstlich getrockneten Holzstreifen zeigt. Man sieht, daß die Kurven der Holzfeuchtigkeit, im großen gesehen, jenen der Luftfeuchtigkeit parallel laufen. Bei ganz dünnen Holzstreifen können sich im Freien (bei deutschem Klima) Schwankungen der Holzfeuchtigkeit zwischen etwa 9 und 28% einstellen[1]. Diese Erkenntnis hat dazu geführt, Holzteile unmittelbar als Steuerorgane für Klimatisierungseinrichtungen in Holzlagern und Trockenkammern zu verwenden. Hierauf wird unter Ziffer 635.62 noch näher eingegangen werden. Selbstverständlich kann sich ein rascher Wechsel der Holzfeuchtigkeit nur dann einstellen,

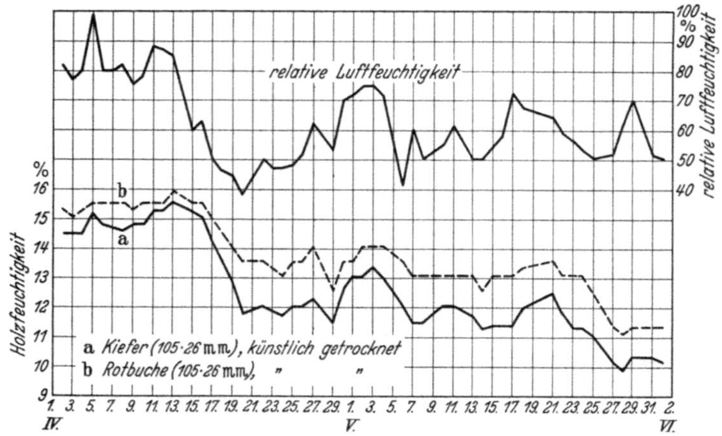

Bild 146. Tägliche Schwankung der Holzfeuchtigkeit von kleinen Proben im April und Mai. (Nach P. Warlimont.)

[1] Graf, O., u. K. Egner: Versuche über die Eigenschaften der Hölzer nach der Trocknung, II. Teil, Mitt. Fachaussch. Holzfragen H. 10, Berlin 1934, S. 42.

wenn sich das Holz in bewegter Luft befindet. Sorgt man durch dichte Stapelung der Bretter dafür, daß keine Luftbewegung möglich ist, dann bleibt die Holzfeuchtigkeit bei sehr gleichmäßigen Temperaturen ziemlich auf gleicher Höhe. Hierin dürfte die Begründung liegen, daß in Schiffen dicht gestapeltes getrocknetes Schnittholz während Seereisen kaum Feuchtigkeit aufnimmt, wie sorgfältige Messungen von J. H. Jenkins und F. W. Guernsey[1] erhärteten.

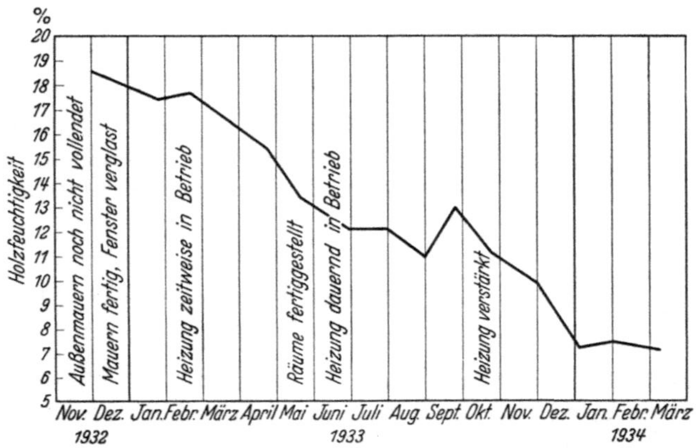

Bild 147. Wechsel der Bauholzfeuchtigkeit in einem großen Neubau. (Nach Forest Products Research Laboratory, Princes Risborough.)

Bringt man mangelhaft vorgetrocknetes Bauholz in Neubauten, so kommt es nach Verglasung der Räume und Anstellen der Heizung zu einer sehr beträchtlichen Austrocknung; ein Beispiel zeigt Bild 147. Mit Rücksicht auf das hygroskopische Gleichgewicht unter verschiedenen Gebrauchsbedingungen ergibt sich eine weitgespannte Skala der Sollfeuchtigkeiten von Holzgegenständen (Zahlentafel 22). Durch Freilufttrocknung läßt sich unter mitteleuropäischen Verhältnissen Holz keinesfalls weiter als auf 12% herabtrocknen; im allgemeinen muß man sich sogar mit einer höheren Feuchtigkeit von etwa 15% als unterem Grenzwert begnügen. Daraus folgt, daß Holz für Gegenstände, die dauernd in im Winter geheizten Räumen benutzt werden, künstlich zu trocknen sind, um die Sollfeuchtigkeit zu erreichen. Bei Bauholz werden in Deutschland nach DIN 4074 folgende drei Feuchtigkeitsklassen unterschieden:

1. frisches Bauholz ohne Begrenzung der Feuchtigkeit,
2. halbtrockenes Bauholz höchstens 30% Feuchtigkeit (bei Hölzern mit Querschnitten über 200 cm² höchstens 35%), bezogen auf das Darrgewicht,
3. trockenes Bauholz höchstens 20% Feuchtigkeit.

Zahlentafel 22. *Sollfeuchtigkeit von Holzgegenständen*

	Feuchtigkeit in %
Bauholz	20 bis 25
Faßdauben	18 bis 20
Waggons, Gegenstände, die ausschließlich im Freien benutzt werden	13 bis 16
Fensterstöcke, Haustüren, Räder, Radspeichen, Flugzeugteile	12 bis 15
Möbel, Möbelteile, Parkette, Zimmertüren in Räumen mit Ofenheizung	10 bis 12
Gegenstände wie oben in Räumen mit dauernder Sammelheizung	8 bis 10
Sperrplatten, Schichtholz	5 bis 7

B. Thunell und H. Lundquist[2] geben für schwedische Verhältnisse folgende allgemeine Bezeichnungen des Feuchtigkeitszustandes von Holz:

[1] Jenkins, J. H., u. F. W. Guernsey: Ocean Shipment of Seasoned Lumber, Dept. Mines a. Resources Can., Dom. For. Serv. Circ. Nr. 49, Ottawa 1937.

[2] Thunell, B., u. H. Lundquist: Trätorkning II, olika faktorers inverkan på torkningshastighet och torkningstid, Sv. Träforskn. Inst., Trätekn. avd., Medd. 6, Stockholm 1945.

Zustand	Holzfeuchtigkeitsbereich %
frisch oder naß	30
feucht, waldtrocken	25 bis 30
verschiffungstrocken	20 bis 25
lufttrocken	15 bis 25
hobeltrocken	15 bis 19
tischlereitrocken	10 bis 15
möbeltrocken	6 bis 10

Besonders wichtig ist, daß das trockene Bauholz höchstens 20% Feuchtigkeit enthalten darf; dieser Zustand ist im Freien dauernd überhaupt nicht, unter Schuppen nur nach langer Lagerung zu erreichen. Die Frage der künstlichen Trocknung des Bauholzes rückt damit in den Blickpunkt.

612.2 Stapelung für die Freilufttrocknung.

612.21 Stapelplätze, Stapelarten, Unterbau, Stapellatten. Trotz aller Bemühungen um die künstliche Holztrocknung wird die bei weitem größte Menge des Schnittholzes jetzt und künftig im Freien oder in durchlüfteten Schuppen getrocknet[1]. Entscheidend für den Erfolg der Freilufttrocknung ist die Stapelung[2]. Die richtige Stapelung soll der Luft, die die verdunstende Feuchtigkeit aufnehmen muß, möglichst gleichmäßigen Zutritt zu allen Teilen des Holzes gewähren und vor Regen, Schnee, Wind und Sonnenbestrahlung schützen. Starke, unmittelbare Sonnenbestrahlung ist für die Freilufttrocknung schädlich, sogar schädlicher als Regen. Infolge der Sonnenbestrahlung wird die Trocknungsgeschwindigkeit zu hoch, und es tritt Verschalung ein; außerdem kommt es zu Rißbildung und zum Verziehen des Holzes. Schließlich vergrauen Bretter bei langer Sonnenbestrahlung (vgl. Band I, S. 314).

Da sich die Trocknung über längere Zeit erstreckt, können sich unter ungünstigen Umständen (nahe an staubenden Straßen, bei stark staubendem Boden) erhebliche Staubmengen auf dem Holz ablagern. Staub verringert die Standzeit der Hobelmesser bei der späteren Bearbeitung. Schäden durch Pilzbefall treten nur ein, wenn für die Pilze günstige Lebensbedingungen vorhanden sind. Auf die Ausführungen in Band I, Abschnitt 152.5 und 152.6 ist Bezug zu nehmen. Da sich die meisten holzzerstörenden Pilze nur bei einer Holzfeuchtigkeit über etwa 18%, bezogen auf das Darrgewicht, entwickeln können, stellt Trocknung des Schnittholzes zugleich einen wirksamen Holzschutz dar. Läßt sich eine hinreichend rasche Austrocknung aber nicht erzielen, so empfiehlt sich zum Schutz gegen Pilzbefall — auch durch Bläuepilze — die Behandlung des Schnittholzes unmittelbar nach dem Einschnitt mit pilzwidrigen Mitteln im Tauch- oder Spritzverfahren oder aber die Naßhaltung des Holzes (vgl. Abschnitt 512.1).

Fehlerhafte Freilufttrocknung führt zu erheblichen Güteschäden. Der häufigste Schaden ist die Rißbildung. Die Ursache ist ungleichmäßige Schwindung als Folge ungleichmäßiger Trocknung; die dabei auftretenden Spannungen werden meist durch mechanische Beanspruchung verstärkt, die durch unsachgemäße Stapelung ausgelöst wird. Die Risse können als deutlich sichtbare Seiten- und Hirnrisse und als fast unsichtbare Haarrisse auftreten und werden oft erst bei der Bearbeitung in vollem Umfang erkannt. Verformung (Werfen, Ver-

[1] Schleussner, J.: Zweckmäßige Stapelung für die natürliche Holztrocknung, in Mitt. Fachaussch. Holzfragen H. 29, Berlin 1941, S. 146.

[2] Merkheft „Freilufttrocknung", Merkheft d. Dtsch. Ges. f. Holzforschung Nr. 6, Berlin 1943.

ziehen, Muldenbildung) entsteht durch ungleichmäßige Stapelung. Das frisch in die Stapel gebrachte Holz ist bildsam und behält in getrocknetem Zustand die ihm aufgezwungene Form bei. Verfärbung tritt durch Sonnenbestrahlung und Pilzbefall ein und macht das Holz für viele Verwendungszwecke unbrauchbar.

Für die gute Durchführung der Freilufttrocknung ist die richtige Lage und zweckmäßige Einrichtung des Stapelplatzes entscheidend. Der Stapelplatz soll frei liegen, geräumig sein und dem Wind aus der Hauptrichtung ungehindert Zutritt lassen; ferner soll er eben sein, ein geringes Gefälle ist zweckmäßig. Der beste Boden ist Kies, der schlechteste mooriger oder sumpfiger Boden. Der Gras- und Unkrautwuchs soll durch Begießen mit Natriumchlorat (nicht bei trockenem Wetter), Karbolineum oder Kalkmilch (1 : 25) bekämpft werden. Feuchtes Gelände ist ordnungsgemäß durch eine verdeckte Drainage zu entwässern. Feuerschutzstreifen (in Form von Straßen, Gleisflächen, Äckern oder Gärten) sollen die Stapelplätze sichern und sehr große Plätze (über 5000 m²) unterteilen.

Der Stapelplatz wird durch Fördergassen und schmalere Quergassen in Stapelfelder eingeteilt. Die Fördergassen sind in der Regel 3 m (bei unmittelbarer Lastwagenverladung 4,5 m) breit. Ein zweckmäßiges Schema für die Platzeinteilung gibt Bild 148 wieder. Da die Förder- und Quergassen der Luftzuführung und -abführung dienen, müssen sie gerade verlaufen und glatt durchgeführt werden (Bild 149). Vorspringende Stapel sind zu vermeiden, da sie die freie Strömung hemmen.

Der Lagerplatz ist klar aufzuteilen. Jede der verschiedenen vorkommenden Schnittholzarten sollte ihren festen Platz erhalten, wobei die länger lagernde Ware mehr abseits zu legen ist. Nach dem Aufbau der Stapel werden folgende Stapelarten unterschieden:

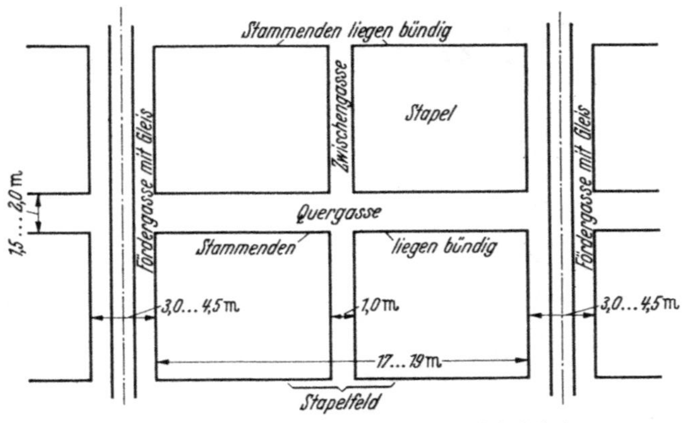

Bild 148. Einteilung eines Stapelplatzes für Schnittholz. (Nach Deutsche Gesellschaft für Holzforschung.)

1. Weitstapel. Das Holz ist so gelagert, daß die Luft an jedem Brett quer, senkrecht und der Länge nach vorbeistreichen kann. Beim Kastenweitstapel wird das Schnittholz kastenförmig aufgebaut (Anwendung hauptsächlich für Kiefer und Laubholz). Die Breite der Kastenstapel beträgt meist 1, $1^1/_2$ und 2 m, bei hohen Stößen bis zu 4 m. Bei Kastenbreiten über 2 m soll in der Mitte ein sich nach unten erweiternder Stapelkamin angeordnet werden. In den Blockstapeln werden die Bretter eines Rundholzstückes in der richtigen Reihenfolge übereinander oder nebeneinander gelegt, so daß auch beim Abstapeln die Zusammengehörigkeit gewahrt wird. Werfen und Verziehen wird nur dann verhindert, wenn lange Stapellatten eingelegt werden; zur Verbesserung der ebenflächigen Lagerung legt man die Bretter der oberen Blockhälfte mit der Kernseite nach oben (Bild 150). Beim Kreuzstapel werden die Bretter gleicher Länge ohne Stapellatten schichtweise über Kreuz gelegt, so daß sie außen bündig liegen und innen Luftschächte entstehen. Für Längen bis zu 4 m und bei vorübergehender

Lagerung läßt sich durch Dreieckstapel (Triangelstapel) eine recht wirksame Freilufttrocknung herbeiführen.

2. Engstapel. Das Holz ist so gelagert, daß die Luft im wesentlichen in der Querrichtung an den Brettern vorbeistreicht. Kastenstapel als Engstapel eignen sich für das nicht verblauende Fichtenholz, für alle Massenwaren und für bereits vorgetrocknetes Schnittholz.

Bild 149. Ansicht der Fördergasse eines Schnittholz-Stapelplatzes in Schweden. (Standardhus AB, Hultsfred.)

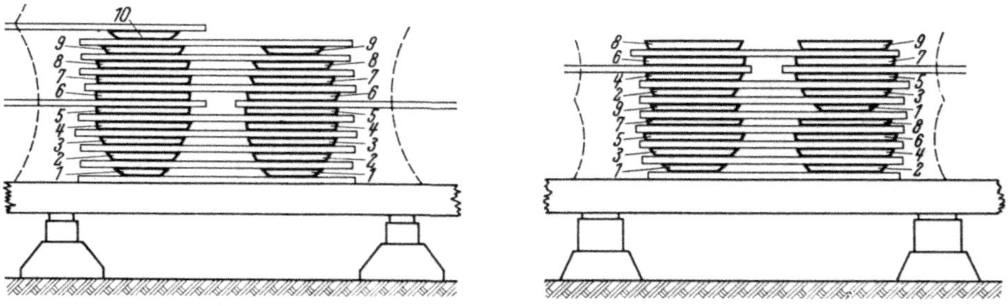

A B

Bild 150. Weitstapel A in Doppelblockstapelung, B in Halbblockstapelung. (Nach Deutsche Gesellschaft für Holzforschung.)

3. Sonderstapel. Scherenstapel, in denen die Bretter aufrecht abwechselnd ohne Zwischenlagen von beiden Seiten gegen einen hochliegenden Querbalken gestellt werden, so daß sich ihre Enden im spitzen Winkel kreuzen, dienen seit alters zur beschleunigten Trocknung, erfordern aber viel Platz. Bei der senkrechten Stapelung muß ein entsprechend eingerichteter Schuppen vorhanden sein; die erste Lage der Bretter liegt, ohne sich zu kreuzen, mit der Breitseite an einem hochliegenden Querbalken an. Die folgenden Lagen werden mit Hilfe von durchgehenden langen Stapellatten, die sich an den Enden auf Riegel des Schuppenverbandes stützen, auf die schon ausgelegten Lagen geschichtet. Bei der

senkrechten Stapelung soll rund ein Drittel der Arbeitszeit und bis zur Hälfte der Trockenzeit eingespart werden können. Schwellenstapel nach Bild 151 sind von der Deutschen Bundesbahn für noch nicht imprägnierte Schwellen vorgeschrieben, da sie guten Luftdurchtritt gewähren und Regenwasser rasch abfließen lassen. Rohfriesen können, da sie verhältnismäßig kurz sind, ohne

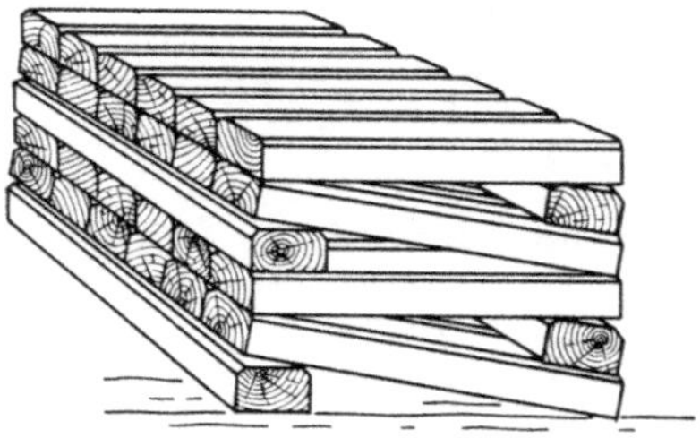

Bild 151. Schwellenstapel. (Nach Deutsche Gesellschaft für Holzforschung.)

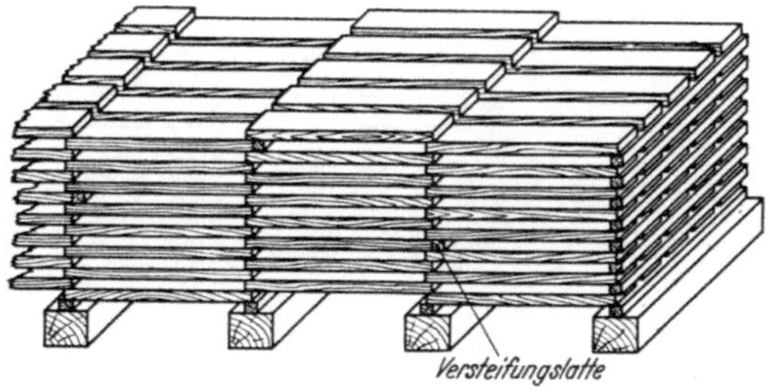

Bild 152. Rohfriesen-Flachstapel ohne Latten. (Nach Deutsche Gesellschaft für Holzforschung.)

Latten gemäß Bild 152 zu Kastenstapeln aufgesetzt werden. Nach ähnlichen Gesichtspunkten werden auch Faßdauben aus Eichenholz für die Schwerfaßherstellung ohne Latten zu bienenkorbähnlichen, mehrere Meter hohen Türmen, in deren Innern ein kaminartiger Luftschacht nach oben führt, aufgebaut (Bild 153). Die Hochkantstapelung von Rohfriesen setzt Latten als Zwischenlagen voraus.

Bild 153. Stapeltürme für Rohdauben zur Schwerfaßherstellung. (Werkphoto Faßfabrik Diener & Roth, Stuttgart.)

Standfestigkeit und genügende Bodenfreiheit erhält der Stapel durch den Stapelunterbau. Die Anlagen sollen ortsfest und dauerhaft errichtet werden. Unterlagen aus Holz sollen niemals unmittelbar auf dem Erdreich aufliegen, da sie rasch faulen, dann zum Einbruch der Stapel führen können und einen Ansteckungsherd für das gesunde Holz bilden. Der planmäßige Austausch von Holz- gegen Betonunterlagen ist deshalb vordringlich. Betonsockel in verschiedenen Formen sind durch DIN 68449 genormt. Sehr zweckmäßig ist die einfache Quaderform $30 \cdot 30 \cdot 20\ cm^3$ oder $40 \cdot 40 \cdot 20\ cm^3$. Stapelfüße aus Beton, die unter dem Gesichtswinkel der Gewichts- und Betonersparnis entwickelt wurden, zeigt Bild 154. Vor dem Verlegen der Betonsockel hebt man zweckmäßigerweise den Humus ab und bringt eine Tiefschüttung oder Steinbettung an (Bild 155). Bei weichem, nachgiebigem Boden leisten Rammpfähle aus Lärchen-, Eichen- oder getränktem Kiefernholz gute Dienste (Pfahlrostunterbau).

Auf die Sockelsteine oder Stapelfüße werden aus Abfällen geschnittene Holzklötze gelegt, die hauptsächlich dazu dienen, die erforderliche Bodenfreiheit von mindestens 40 (besser 50) cm Höhe zu sichern. Zur Aufnahme der

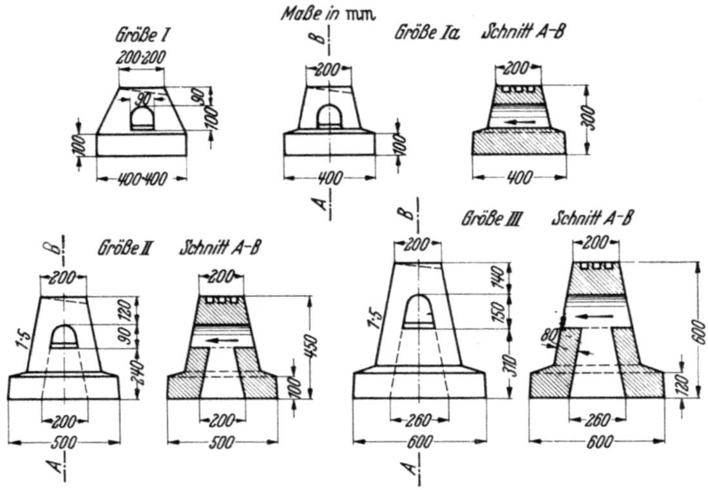

Bild 154. Stapelfüße aus Beton. (Nach Deutsche Gesellschaft für Holzforschung.)

Bild 155. Ansicht eines Stapelplatzes mit Stapelfüßen aus Beton und Steinbettung in Schweden. (Standardhus AB, Hultsfred.)

Holzstapel werden auf die Sockel Unterlaghölzer gelegt. Bleibende Unterlaghölzer sollen getränkt sein. Die einzelnen Unterlaghölzer sind mit Hilfe der Wasserwaage genau waagerecht zu verlegen. In der Längsrichtung der Bretter gibt man zur Sicherung des Wasserablaufs dem Stapel ein leichtes Gefälle (von etwa 2 cm je m Länge). Zur Nachprüfung benutzt man ein keilförmiges Richtscheit mit dem gewünschten Neigungswinkel und die Wasserwaage.

Zwischen die einzelnen Lagen der Hölzer werden Stapellatten eingelegt, die der Luft Zutritt zu den Schnittflächen gewähren sollen. Man kommt mit folgenden Querschnitten aus: 20 · 25, 25 · 25 mm² und gegebenenfalls für Bohlen 30 · 30 und 30 · 40 mm². Bei dünnen, rasch trocknenden Brettern sichern schon Stapellatten von 15 bis 20 mm Dicke hinreichende Wasserabgabe. Für Kiefernholz nimmt man Stapellatten aus Kiefernkernholz, die gegen Bläue imprägniert sind, für Fichte, Buche und Eiche empfehlen sich Fichtenstapellatten. Stapellatten aus Eichenholz sind zu vermeiden, da sie andere Hölzer verfärben können. Die Entfernung der Latten voneinander beträgt, je nach der Dicke der Hölzer, 1 bis höchstens 2 m. Die Bretter müssen überall fest eingespannt sein. Die wichtigste Stapelregel ist, daß die Stapelhölzer genau senkrecht übereinanderliegen

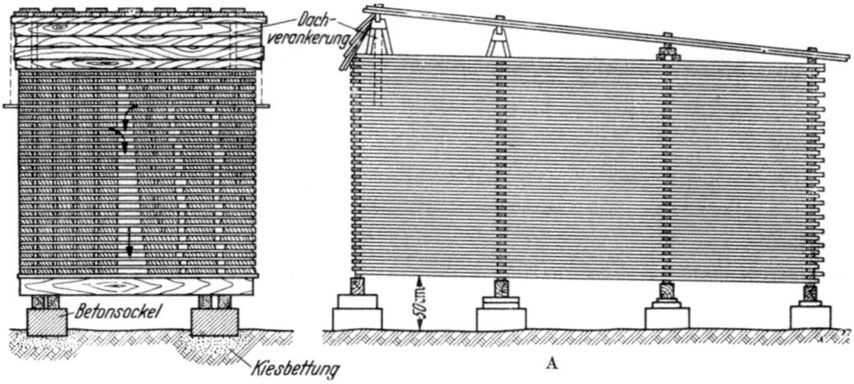

A

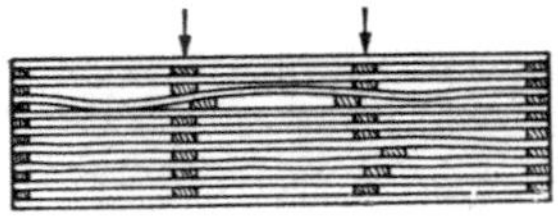

B

Bild 156. A Schema eines Schnittholzstapels. In der Stirnansicht: linke Seite gleichlaufend besäumte, gleichbreite Bretter, in der Mitte: keilförmiger Lüftungskamin, rechte Seite: ungleiche Breiten so geschichtet, daß senkrechte Lüftungsfugen entstehen. B Falsche Lage der Stapellatten. (Nach J. Schleussner.)

müssen, da sonst die Bretter verspannt und verbogen werden. Im unteren Stapelteil muß mit dickeren oder doppelten Latten gestapelt werden, da hier die Luftbewegung sonst ungenügend ist. Am Kopfende des Stapels müssen die Stapellatten mit den Brettern bündig liegen oder etwas vorstehen. Jeder Stapel muß in sich senkrecht aufgebaut werden. Senkrechte Luftschächte von etwa 20 cm Breite sollen in Kastenstapeln bei Fichtenholz je 1 m Breite, bei Kiefer und Laubholz je Brettbreite vorgesehen werden.

Die Höhe der Stapel wird lediglich durch wirtschaftliche Erwägungen (Stapelkosten) und die Standsicherheit (Stapelhöhe = 3fache Stapelbreite) bestimmt. Die oberste Lage im Stapel muß durch Belastung oder Verspannung gegen Sturmschäden und Verziehen gesichert werden. Zum Schutz gegen Regen und Sonne werden die Stapel durch Deckbretter oder wirksamer und wirtschaftlicher durch Dachtafeln aus Hartplatten, teerfreier Dachpappe, Eternit, Blech und dergleichen (die aus Gewichtsgründen nicht größer als 1 · 2 m² sein sollen) abgedeckt. Das mit ihnen hergestellte Schutzdach kann als Pultdach (Bild 156) oder als Satteldach ausgeführt werden, muß aber stets so hoch über dem Stapel liegen, daß die Luft frei von oben in den Stapel eindringen kann. Empfindliche Ware wird auch oft an den Stirnseiten gegen die Sonne mit Tafeln abgedeckt. Für hochwertige und empfindliche Hölzer verwendet man mit Vorteil feste offene Schuppen, die eine gute Luftführung aufweisen. Zweckmäßig ist es, die Giebelflächen ganz, die der Wetterseite zugekehrte Längsseite im oberen

Teil bis auf etwa 2,5 m freie Durchgangshöhe zu verschalen, die dem Wind abgewandte Seite aber offenzulassen. Beide Seiten müssen in halber Höhe ein um etwa 2,5 m vorspringendes Regenschutzdach erhalten (Bild 157). Unerläßlich sind sorgfältig konstruierte Trockenschuppen in Ländern, in denen beträchtliche oder außerordentliche Klimaschwankungen auftreten, wie beispielsweise in Indien[1].

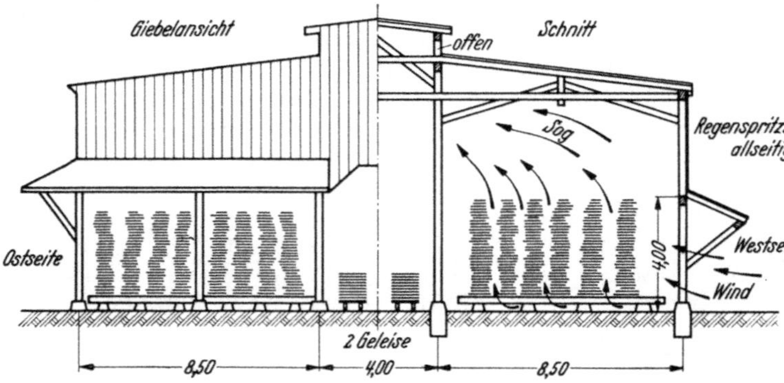

Bild 157. Stapelschuppen. (Nach Deutsche Gesellschaft für Holzforschung.)

612.22 Mechanische Stapelung von Schnittholz. In USA ist es üblich, die Stapel zur Freilufttrocknung der Schnittwaren sehr hoch, über 10 m, zu schichten. Dies führte schon etwa 1920 zur Verwendung fahrbarer Stapler, die das Hochschichten und Abstapeln erheblich erleichtern[2]. Von diesen Staplern gibt es sehr verschiedenartige Baumuster, aber fast alle haben ein gemeinsames Kennzeichen: Das Schnittholz wird brettweise mittels Ketten, an denen Arme befestigt sind, auf der einen Seite des Staplers bis zu seiner Oberkante emporgehoben und dann auf der entgegengesetzten Seite hinabgeführt, bis es von den mit der Stapelung beschäftigten Arbeitern abgenommen wird (Bild 158). Bei einer anderen Bauart sind zwei Förderbänder mit Mitnehmern gemäß Bild 159 mittels Teleskopen schwenkbar.

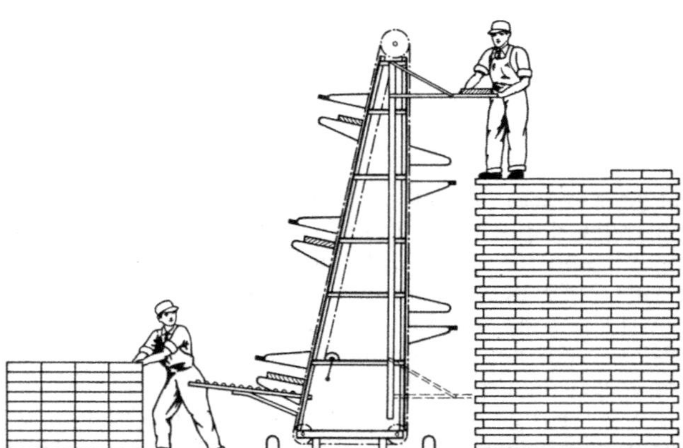

Bild 158. Schema einer mechanischen Stapelvorrichtung für Schnittholz-Lagerplätze, Bauart City Garage and Machine Works, Europa, Miss.

Solche Brettstapelvorrichtungen haben sich vielfach auch in Skandinavien und Mitteleuropa eingebürgert. Ihre Bedeutung ist aber durch die Erfindung der Hängelastwagen und Gabellastwagen wesentlich verringert worden, da man mit ihnen ohne zusätzliche Hilfsarbeiter Einheitspakete aus Schnittholz über-

[1] Kapur, S. N.: Manual on the Air Seasoning of Indian Timbers, Delhi 1934.
[2] Bruckmann, H.: Holz als Roh- und Werkstoff Bd. 3 (1940) S. 326.

einander schichten kann, während die älteren Brettstapler 3 bis 4 Mann zur Bedienung benötigen.

Die selbstfahrenden Hängelastwagen (Bild 160) haben dem Förderwesen in amerikanischen Sägewerksbetrieben eine neue Richtung gegeben. Je nach Bauart und Tragfähigkeit (die normalerweise zwischen 3 und 15 t liegt) besitzen sie 4 oder 6 lenkbare Räder. Mit Luftbereifung erreichen sie Fahrgeschwindig-

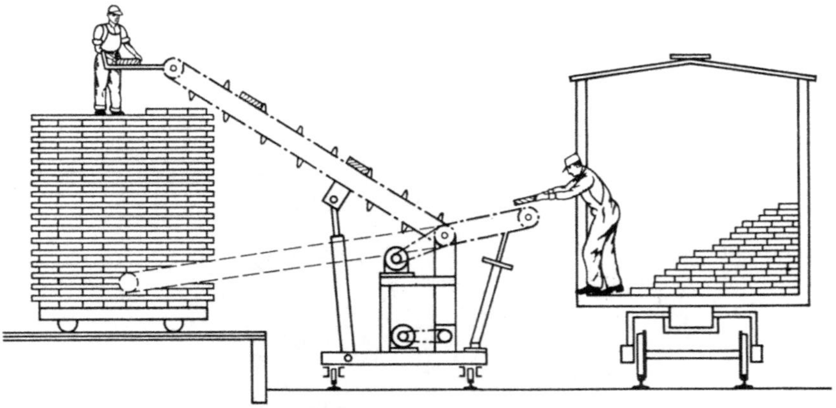

Bild 159. Schema einer mechanischen Stapel- und Entladevorrichtung mit schwenkbaren Förderbändern.

Bild 160. Ansicht eines selbstfahrenden Hängelastwagens.

keiten bis zu 80 km/h und lassen sich in engen Stapelgassen ebenso wie auf öffentlichen Straßen (darunter sehr schlechten Wegen) verwenden. Der Antrieb erfolgt vorherrschend durch schwere Benzinmotore. Besondere Vorteile bieten die Hängelastwagen bei Anwendung der in USA und Schweden bereits hochentwickelten und weit verbreiteten Arbeitsweise mit Einheitspaketen. Das Aufnehmen und Ablegen der Last erfordert nicht mehr als 3 bis 4 s. Eine überschlägige Wirtschaftlichkeitsberechnung besagt, daß die Hängewagen je Tag ebensoviel im Betrieb kosten wie der Lohn von 7 bis 10 Hilfsarbeitern. Der Wagen leistet aber bedeutend mehr als 10 Mann am Tage.

Wenn Schnittholzpakete auf dem Holzplatz, bei Beschicken von Trockenkammern — vornehmlich solchen, die seitlich beschickt werden können — oder beim Beladen von Schiffen am Kai verhältnismäßig hoch gehoben werden müssen, dann bewähren sich die Gabel-Lastwagen (Bild 161, vgl. auch Bild 213). Diese Fahrzeuge werden heute in vielerlei Größen geliefert. Sie sind fast alle befähigt, mit einem sehr kleinen Radius zu drehen. Das Lastübergewicht wird durch Gegengewichte ausgeglichen.

Bild 161. Ansicht eines Gabel-Lastwagens mit Schnittholzpaket.

612.3 Lufttrocknungskurven.

Die Feuchtigkeit des Rohholzes schwankt in weiten Grenzen. Zahlen über die Feuchtigkeit von grünem Holz wurden bereits in Abschnitt 611 gebracht. Frisches Holz wird im allgemeinen bei günstigen Bringungs- und Absatzverhältnissen eingeschnitten, während im Gebirge meist länger gelagertes und damit schon vorgetrocknetes Holz zum Einschnitt gelangt. In weiten Fichtengebieten kann im Sommer geschlagenes Holz erst im Winter gebracht werden und kommt im Durchschnitt 8 bis 12 Monate nach der Fällung ins Sägewerk. Es ist dann meist auf 30 bis 45% herabgetrocknet[1].

Die Freilufttrocknung dient in den Sägewerken hauptsächlich dazu, um das Schnittmaterial mit etwa 25 bis 30% Feuchtigkeit versandfähig (verladetrocken) zu machen. Es handelt sich in diesem Zustand um „halbtrockenes Bauholz" gemäß DIN 4074, das für viele Bauzwecke (von Mauern nicht umschlossene Tragwerke, Betonschalungen usw.) ausreicht. Erreicht wird dieser Feuchtigkeitsgehalt von Schnittmaterial aus übertrocknetem Rundholz im Sommer innerhalb von 2 bis 3 Wochen, sonst in 2 bis 3 Monaten. Geflößtes und wassergelagertes Holz verhält sich bei der Freilufttrocknung ebenso wie bei der künstlichen Trocknung anders als trocken gebrachtes (vgl. Band I, Bild 372).

---

[1] Schleussner, J.: Zweckmäßige Stapelung für die natürliche Holztrocknung, in Mitt. Fachaussch. Holzfragen H. 29, Berlin 1941, S. 146.

Die niedrigste Holzfeuchtigkeit, die bei Freilufttrocknung möglich ist und die zwischen 12 und 15% schwankt, wird je nach den besonderen Verhältnissen innerhalb von $^3/_4$ bis $1^1/_2$ Jahren erreicht. Messungen von Herdey[1] haben gezeigt, daß zur gleichen Jahreszeit am gleichen Ort die Trocknungsgeschwindigkeit bei trockenem, windigem Wetter 4mal so hoch ist wie bei kühlem und feuchtem Wetter. Der Verlauf der Freilufttrocknung hängt in sehr erheblichem Maße von der Fällzeit ab. Bild 162 zeigt beispielsweise, daß in USA Stangen von Castanea dentata Borkh. von 85% Anfangsfeuchtigkeit nach Winterfällung in etwa 155 Tagen auf 60% herabtrockneten, während die gleiche Trocknungsleistung nach Sommerfällung innerhalb von etwa 65 Tagen erzielt wurde[2]. Ähnliche Beobachtungen in Oberbayern und Brandenburg führten zum Entwurf von Bild 163. Es sei aber hervorgehoben, daß die Trockenzeiten in der Praxis sehr unterschiedlich sein können je nach der richtigen Anlage und Pflege der Lagerplätze sowie je nach den besonderen örtlichen und zeitlichen Umständen. Zweckmäßige Stapelverfahren können die Zeiten in allen Fällen günstig beeinflussen.

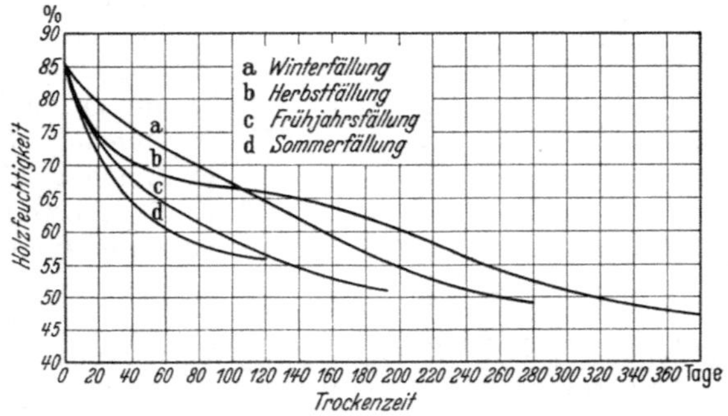

Bild 162. Verlauf der Freilufttrocknung von Stangen (Castanea dentata Borkh) verschiedener Fällzeit. (Nach J. S. Mathewson.)

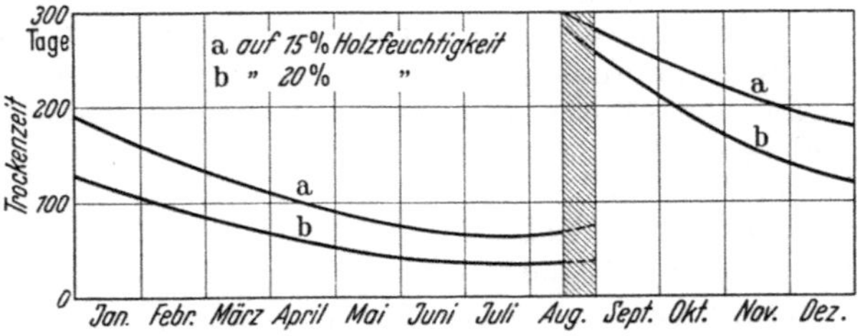

Bild 163. Mittlere Trockenzeiten für zölliges Weichholz in Oberbayern. (Nach F. Kollmann.)

Sehr langwierig ist stets (vor allem bei Kernholz) die Freilufttrocknung unterhalb des Fasersättigungspunktes, wie auch Bild 164 und 165 veranschaulichen. Letzteres zeigt zugleich die starke Abhängigkeit des Trocknungsverlaufs von der Holzdicke. Das freiluftgetrocknete Holz ändert, wenn es anschließend unter Dach gelagert wird, seinen Feuchtigkeitsgehalt nicht mehr sehr stark; die Schwankungen innerhalb der verschiedenen Jahreszeiten überschreiten selten 2%.

613. Mittel zur Beschleunigung der natürlichen Trocknung.

613.1 Anlagen mit verbesserter Ausnutzung der Sonnenwärme.

Die Temperatur in den Stapeln, die in erster Linie von den klimatischen Bedingungen abhängt, läßt sich einigermaßen regeln, indem man die Stapelbreitseiten quer zur Richtung der stärksten Sonnenbestrahlung stellt, die Stapelzwischenräume erweitert und gegebenenfalls dunkle Einstrahlungsflächen

[1] Zitiert von J. Schleussner, Mitt. Fachaussch. Holzfragen H. 29, Berlin 1941, S. 148.

[2] Mathewson, J. S.: The Air Seasoning of Wood, U.S. Dept. Agric. Techn. Bull. Nr. 174, Washington, D. C., 1930.

anlegt. Von C. G. Schwalbe und J. Bartels[1] stammt ein Vorschlag für eine Anlage zur Trocknung von Rundholz mit verbessertem Wirkungsgrad. Die Rundholzstämme stehen senkrecht auf Böcken, etwa 1 m über dem Boden zwischen zwei parallelen Holzwänden, vor starker Sonnenbestrahlung geschützt. Die sonnenseitige Holzwand ist unten bis etwa 1,5 m über dem Boden ständig oder zeitweise offen, so daß die Sonne in den unteren, zweckmäßigerweise dunkel gestrichenen Teil der Trocknungsanlage hineinscheinen kann. Die Luft wird dann unten gegenüber der Außenluft um mehrere Grade erwärmt, dabei um 10% oder mehr trockner, steigt empor und umspült gleichmäßig die stehenden Stämme, wobei sie die feuchte Lufthaut ablöst. Oben sind an der Anlage Schornsteine angebracht, die den Zug unterstützen. Bei trocknem Wetter kann man die unteren Öffnungen schließen, um zu scharfe Trocknung und Rißbildung zu vermeiden.

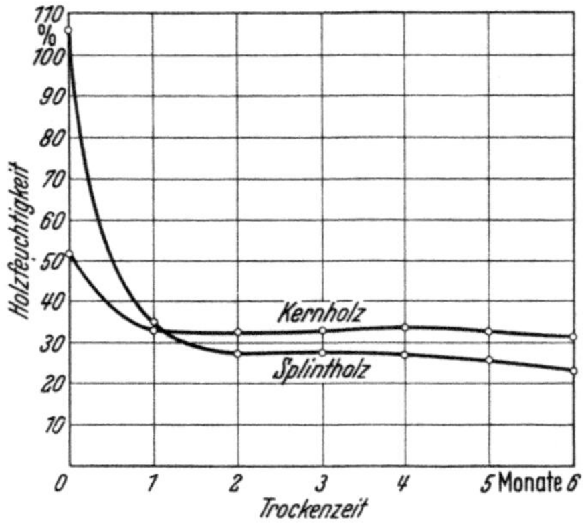

Bild 164. Lufttrocknungskurven für Kiefern-Kreuzhölzer (Pinus taeda L.) 90 · 115 mm² Querschnitt, 3 m lang. (Nach J. S. Mathewson.)

Ein anderes Trocknungssystem zur verstärkten Ausnutzung der Sonnenenergie hat E. Altenkirch[2] beschrieben. Die dabei benutzten Gebäude müssen mit dem Dachfirst in Nord-Süd-Richtung stehen. Der Innenraum der hohlen Seitenwände ist mit einem billigen Absorptionsstoff, z. B. kleinen Holzstückchen, ausgefüllt. Die Seitenwände sind bis auf mehrere Lufteintritts- und Luftaustrittsöffnungen oben am Dachboden und unten am Fußboden ganz abgeschlossen. Bei Sonnenbestrahlung findet Luftumwälzung in Richtung unbestrahlte Wand — Trockenraum — bestrahlte Wand — Dachboden statt, wobei das Trockengut Feuchtigkeit abgibt, da die einströmende Frischluft vor dem Eintritt in den Trockenraum an der nichtbestrahlten Wand entfeuchtet wurde. Auf der bestrahlten Seite wird gleichzeitig aus dem Absorptionsstoff die beim vorhergegangenen Trocknungsabschnitt aufgenommene Feuchtigkeit abgegeben, d. h. der Absorptionsstoff regeneriert. Beim Ausbleiben der Sonnenbestrahlung hört die Luftströmung auf, die Trocknung aber setzt sich fort, da zwischen Trockengut und Absorptionsstoff ein Feuchtigkeits-

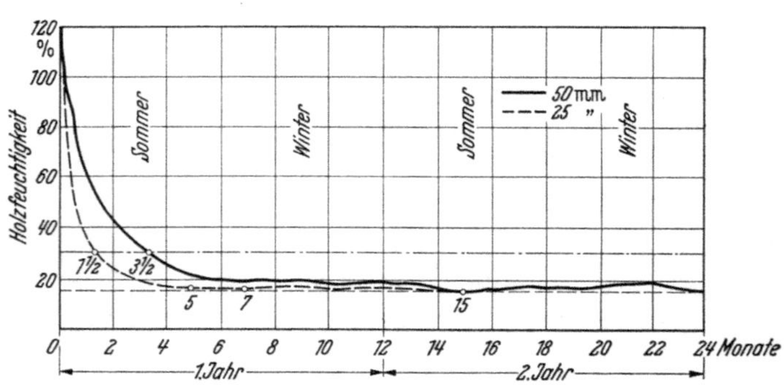

Bild 165. Verlauf der Freilufttrocknung von Kiefernholz, 25 mm und 50 mm dick. (Nach J. Schleussner.)

---

[1] Schwalbe, C. G., u. J. Bartels: Z. Forst- und Jagdwes. Bd. 75 (1934) S. 1.

[2] Altenkirch, E.: Z. VDI Bd. 82 (1938) S. 1347; vgl. Ref. Holz als Roh- und Werkstoff Bd. 2 (1939) S. 211.

austausch durch Diffusion stattfindet. Es wurde gefunden, daß Fußbodenbretter in einem niederschlags-und wolkenreichen Winter in der Anlage mit Ausnutzung der Sonnenenergie bis auf 15% herabtrockneten, während im offenen Schuppen die Feuchtigkeit nicht unter 22% sank. Im Sommer ist die Trockenwirkung noch wesentlich stärker als im Winter, in dem eine Hilfsheizung zweckmäßig sein kann.

613.2 Behelfstrockner mit Lüftern.

Behelfstrockner sind maschinelle Einrichtungen zur Unterstützung der Freilufttrocknung. Eingesetzt wurden sie bisher hauptsächlich in den Vereinigten Staaten in dem großen Douglasiengebiet der Staaten Oregon und Washington[1]. Es liegen verschiedene Vorschläge vor. In einigen Fällen wurde das Holz um eine Gebläseanordnung gestapelt, die trockene Luft gleichmäßig

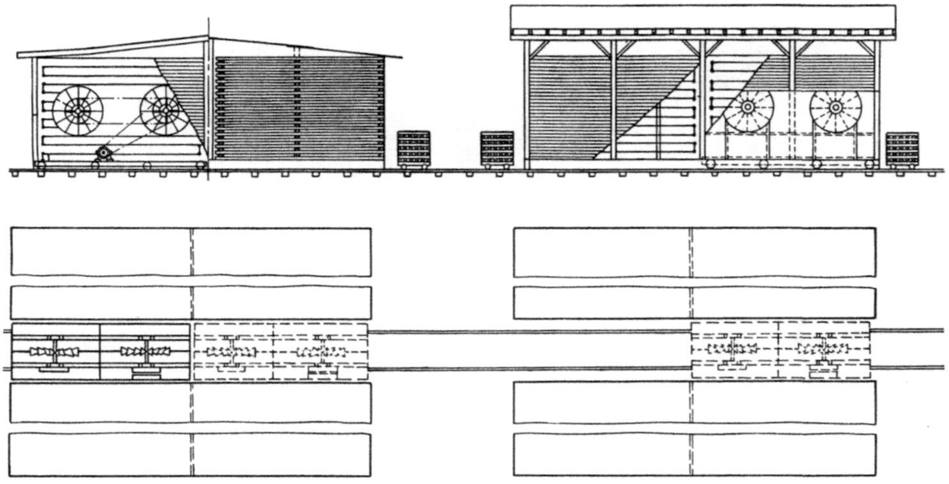

Bild 166. Ansicht eines Behelfstrockners im Douglasiengebiet der Vereinigten Staaten von Nordamerika.

mit hoher Geschwindigkeit durch die Stapel drückt. Die Temperatur ist dabei stets ziemlich niedrig und die Prüfung und Beeinflussung der Trocknungsbedingungen schwierig. Durch Abschluß der Stapel gegen die Außenluft versucht man, die Zustände mehr in die Hand zu bekommen; die Anlagen werden dadurch den richtigen Trockenkammern ähnlich, aber ohne deren wesentliche Vorteile zu erlangen. Am besten bewährt hat sich die Aufstellung der Stapel unter Dach quer zu einem Verschiebegleis, auf dem ein Behelfstrockner fahrbar ist. Dieser besteht aus großen, im Drehsinn umsteuerbaren Schraubenlüftern, welche die Luft durch ein System von Heizrohren oder ein elektrisches Widerstandsgitter drücken (Bild 166). Vielleicht können solche Behelfstrockner auch zur Bauholztrocknung herangezogen werden. Trotzdem wird man die Wirksamkeit aller Behelfstrockner bei den klimatischen Verhältnissen unserer Breiten nicht überschätzen dürfen. Während der Sommermonate fand aber A. Kalnins[2], daß

[1] Kupfer, C. A.: Timberman, Ann. Sawmill Engng. Supple. 1936, S. 82; vgl. F. Kollmann: Z. VDI Bd. 83 (1939) S. 1144.

[2] Kalnins, A.: Holz als Roh- und Werkstoff Bd. 6 (1943), S. 166.

sogar 76 mm dicke Kiefernbohlen ohne Verblauen in dem in Bild 167 dargestellten Behelfstrockner, dem die Luft ohne jede Erwärmung zugeführt wurde, in etwa 15 Tagen von Grünfeuchtigkeit auf 18% herabtrockneten.

613.3 Schaukel-, Pochwerk- und Karusselltrocknung.

Eine wesentliche Beschleunigung der natürlichen Holztrocknung soll durch die Schaukeltrocknung nach Vorschlägen von Gustav Grau[1] erreicht werden. Die zu trocknenden Hölzer werden auf einer Schaukel untergebracht, die um die Welle eines Traggerüsts schwingt (Bild 168). Die Schaukel wird von einem Elektromotor angetrieben, der mit einem Schaltgetriebe verbunden ist, das sich nach Art der Glockenläutemaschinen auf die Schwingungsweite der Schaukel selbsttätig einstellt und dem Antriebsmotor nur dann Strom zuführt, wenn diese abnimmt. Die Konstruktion der Schaukel in der vorliegenden Form ist technisch einwandfrei, Störungen bleiben aus, und der Energieverbrauch des Motors ist überraschend niedrig.

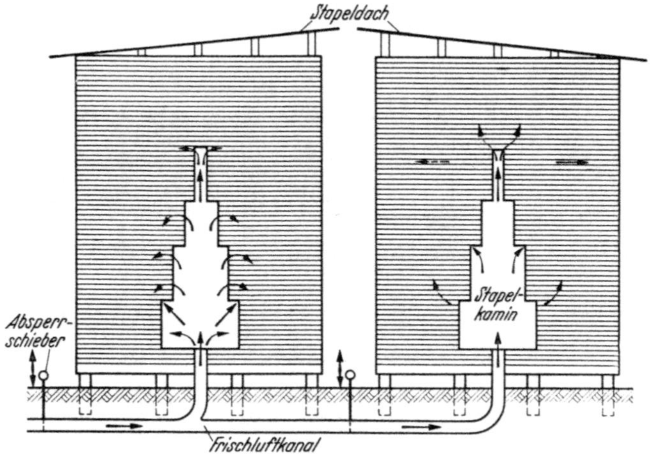

Bild 167. Behelfstrockner nach A. Kalnins.

Die Schaukeln sollen in mehreren Größen, entsprechend den Erfordernissen der Praxis, gebaut werden; im wesentlichen aber handelt es sich um zwei Anwendungsgebiete:

1. Großschaukeln für die Bauholz- und Schnittholztrocknung im Freien oder in überdachten Schuppen;
2. Werkstattschaukeln in geschlossenen, beheizten Werkstätten.

Der Erfinder schreibt vor, daß die Hölzer senkrecht mit dem Zopfende nach unten gestapelt werden. Die Beschleunigung der Trocknung soll nach seiner Ansicht nicht nur auf der erzwungenen Luftbewegung, sondern auch auf der Schwerkraft und auf auftretenden Fliehkräften beruhen, die den Austritt des tropfbaren Wassers unterstützen. Nach K. Egner[2] ergeben aber einfache physikalische Überlegungen, daß bei den geringen lichten Querschnitten der Holzzellen eine nennenswerte Beschleunigung des Wasseraustritts weder durch die Schwerkraft, noch durch die das Schaukeln begleitenden Zentrifugalkräfte möglich ist. H. Piest[3] bestätigte durch Schleuderversuche an frisch geschlagenem Holz mit 90% Feuchtigkeit, daß erst bei Beschleunigungen oberhalb von etwa 700 m/s² ein Wasseraustritt beobachtbar war, der aber mengenmäßig unbedeutend blieb, da er sich nur auf eine dünne (etwa 3 mm dicke) Schicht angeschnittener Zellen erstreckte. Es kann demnach als sicher gelten,

---

[1] DRP. 674644 vom 3. 6. 1937, ausgegeben am 18. 4. 1939.
[2] Egner, K.: Holz als Roh- und Werkstoff Bd. 3 (1940) S. 7.
[3] Piest, H.: Kammertrocknung im Handwerksbetrieb, Werkstattschaukel, künstlich belüftete Hänge, in Mitt. Fachaussch. Holzfragen H. 29, Berlin 1941, S. 166.

daß die auch bei größeren Schaukeln auftretenden Fliehkräfte bei weitem nicht ausreichen, um einen Wasseraustritt aus den trocknenden Hölzern über Hirn zu bewirken. Der beobachtete Trockeneffekt ist somit vorwiegend auf die Luftbewegung im Stapel zurückzuführen. Diese hängt von der Schaukelgeschwin-

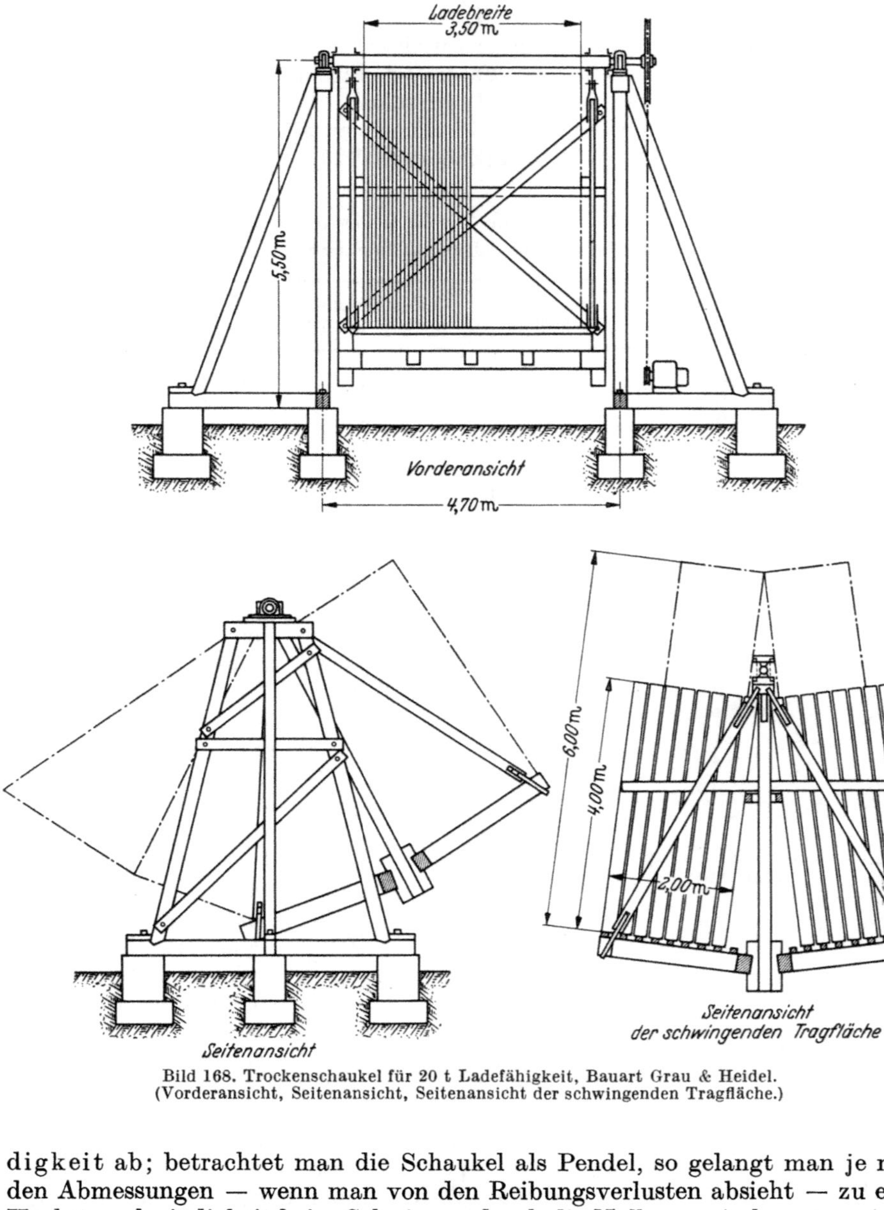

Bild 168. Trockenschaukel für 20 t Ladefähigkeit, Bauart Grau & Heidel. (Vorderansicht, Seitenansicht, Seitenansicht der schwingenden Tragfläche.)

digkeit ab; betrachtet man die Schaukel als Pendel, so gelangt man je nach den Abmessungen — wenn man von den Reibungsverlusten absieht — zu einer Höchstgeschwindigkeit beim Schwingen durch die Nullage zwischen etwa 4 und 7 m/s. Am Ende dieses Abschnitts wird allerdings im Zusammenhang mit den Karusselltrocknern eine Theorie zu streifen sein, derzufolge Massenkräfte durch die Beschleunigung doch eine entscheidende Rolle spielen, und zwar bei der

Beförderung des freien Wassers durch die perforierten Tüpfelmembranen. Der aus dem Holzinnern an den Oberflächen austretende Wasserdampf wird auf diese Weise stetig abgeführt, so daß weitere Feuchtigkeitsmengen nachrücken können. Dieser Umstand läßt eine Beschleunigung der Trocknung durch Schaukeln oberhalb des Fasersättigungsbereichs, d. h. solange freies Wasser im Trockengut vorhanden ist, erwarten. Tatsächlich betrug bei den Versuchen von K. Egner die Dauer der Trocknung im Durchschnitt aller untersuchten Kiefern- und Fichtenholzbretter oberhalb des Fasersättigungspunktes bei den geschaukelten Hölzern nur ungefähr ein Drittel derjenigen, die Hölzer bei „gehemmter Stapeltrocknung" (bei der der Stapel in einem von allen Seiten umschlossenen Hofraum aufgestellt war) benötigten (Zahlentafel 23).

Zahlentafel 23. *Mittlere Verhältniszahlen der Trockenzeiten bei 90% Anfangsfeuchtigkeit von Fichten- und Kiefernbrettern, 25 und 50 mm dick.* (*Nach K. Egner.*)

Endfeuchtigkeit %	Schaukeltrocknung	ungehemmte Stapeltrocknung	gehemmte Stapeltrocknung
60	1	1,6	3,2
30	1	1,5	2,7
20	1	1,2	1,9

Beispielsweise trockneten beim Schaukeln zöllige Kiefernbretter in $4^1/_2$ Tagen von 90% auf 30%, in $9^1/_2$ Tagen auf 20%. Ein deutlicher Einfluß der Lage des Zopfendes auf die Ergebnisse war bei dieser ersten Prüfungsreihe nicht feststellbar. Später von K. Egner und H. Sinn[1] fortgesetzte Untersuchungen über die Holztrocknung mit Großschaukeln ergaben aber, daß tatsächlich die mit dem Zopf nach unten aufgestellten Hölzer im Bereich hoher Feuchtigkeitsgehalte das Wasser schneller abgeben als die mit dem Zopfende nach oben weisenden Stücke. Eine Erklärung läßt sich dafür nicht ohne weiteres geben. Es stellte sich ferner heraus, daß besäumte Bretter in geringem Maße schneller trockneten als unbesäumte, Splintbretter etwas schneller als Kernbretter. Bei wenig günstigen Trocknungsbedingungen (im März und April 1940) eilte die Wasserabgabe des Trockenguts auf der Schaukel der von Senkrechtstapeln im Freien etwas, von Waagerechtstapeln wesentlich voraus (Bild 169). Während der ersten 22 Tage war das Verhältnis der Wasserabgabe bei Schaukeltrocknung : Senkrechtstapel : Waagerechtstapel = 1 : 0,69 : 0,28 (Mittel der Meßbretter aller Dicken).

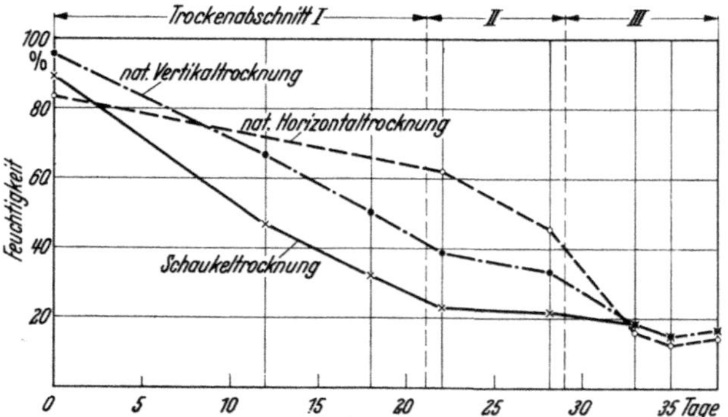

Bild 169. Trocknungsverlauf von 12 mm dicken Brettern beim Schaukeln, im stehenden Vertikal- und Horizontalstapel. (Nach K. Egner und H. Sinn.)

[1] Egner, K., u. H. Sinn: Holz als Roh- und Werkstoff Bd. 4 (1941) S. 386.

Im allgemeinen ergab sich, daß der Vorteil des Schaukelns jahreszeitlich bedingt ist; er hängt davon ab, wie sich die Trockenbedingungen für die Stapel ohne Schaukeln gestalten, und schwankt zwischen Null und beachtlichen Werten. Gut wirkte sich beim Schaukeln in geschlossenen Schuppen zusätzliche Heizung (durch Abdampf einer Lokomobile) aus. Es war auf diese Weise möglich, Bretter von 25 mm Dicke und durchschnittlicher Anfangsfeuchtigkeit von 50 bis 70% innerhalb weniger Tage auf 15 bis 20% herabzutrocknen. Der äußere Zustand der auf diese Weise getrockneten Bretter entsprach, wenn das Trockengut eingespannt wurde, um ein Verziehen zu vermeiden, demjenigen sorgfältig künstlich getrockneter Hölzer.

Der Gedanke lag nahe, kleinere Betriebe, die über keine Trockenkammer verfügen, durch eine Werkstattschaukel in die Lage zu versetzen, halbfrisches oder lufttrockenes Holz auf den für Tischlerarbeit notwendigen Trockenheitsgrad ($u = 7$ bis 10%) herunterzutrocknen. H. Piest[1] untersuchte unter diesem Gesichtswinkel eine Schaukel, die das Stapeln von etwa 2 bis 2,5 m³ Holz bei Brettlängen von 2,50 bis 2,80 m zuließ. Die Trocknungsergebnisse mit 26 mm dicken Kiefernbrettern zeigt Bild 170. Die Schaukel war in einem Versuchsraum mit 100 m³ Rauminhalt aufgebaut, die Raumtemperatur schwankte zwischen 17 und 20°C. Vorversuche ergaben, daß sich infolge der schnellen Wasserabgabe beim Schaukeln die Raumluft nach kurzer Zeit nahezu sättigt; Temperaturerhöhung um wenige Grade verändert das Bild wenig und behindert die körperliche Arbeit. Es muß deshalb für eine ständige und schnelle Erneuerung der Raumluft gesorgt werden. Infolge der damit verbundenen Wärmeverluste ist dieser Luftwechsel praktisch in einer Tischlerei nicht tragbar. Bei den Versuchen wurde in eine Fensteröffnung ein Gebläse eingebaut, das in der Stunde einen zehnfachen Luftwechsel im Versuchsraum bewirkte. Die Kurven in Bild 170 zeigen einen unterschiedlichen Verlauf der Trocknung auf der Schaukel und im ruhenden Stapel. Die Trocknung des stehenden Stapels eilte in Übereinstimmung mit den Stuttgarter Versuchen der des liegenden etwas voraus.

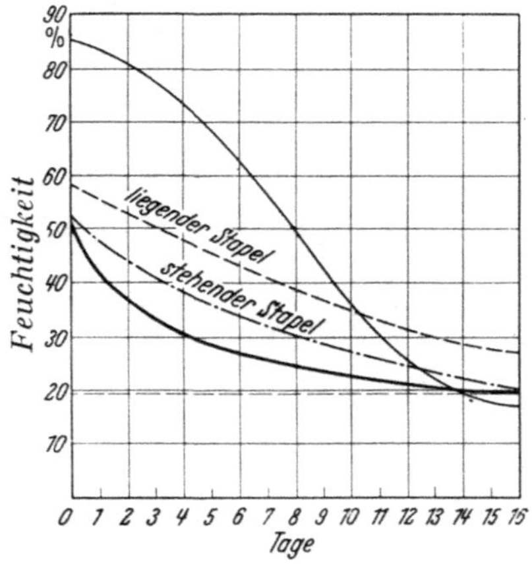

Bild 170. Trocknungsverlauf von 26 mm dicken Kiefernbrettern auf der Werkstattschaukel (— Mittelwert, — sehr feuchtes Brett) und in ruhenden Vergleichsstapeln. (Nach H. Piest.)

Die Feuchtigkeitsverteilung im Stapel nach dem Schaukeln war sehr gleichmäßig; die unteren Bretteile hatten aber eine um 1 bis 2% geringere Feuchtigkeit. Überraschend niedrig war mit 72 W die mittlere Leistungsaufnahme des Motors über die gesamte Schaukelzeit. Allgemein kann man die mittlere Energieaufnahme bei einer 10-t-Schaukel zu 0,25 kW, bei der Werkstattschaukel zu 0,1 kW veranschlagen[2]. Zusammenfassend läßt sich schließen, daß der Trocknungsverlauf auf der Werkstattschaukel sich nicht wesentlich von dem eines gut gelüfteten Vertikalstapels unterscheidet. H. Piest schlägt deshalb zur billigen und raumsparenden Erzielung des gleichen Trocknungseffektes

[1] Piest, H.: Kammertrocknung im Handwerksbetrieb, Werkstattschaukeln, künstlich belüftete Hänge, in Mitt. Fachaussch. Holzfragen H. 29, Berlin 1941, S. 166.

[2] Piest, H.: DGfH-Nachrichten Bd. 1 (1950) S. 124.

verbesserte Hängen vor. Diese bestehen aus einem waagerechten Gitterrost, der am wärmsten Platz der Tischlerei an der Decke aufgehängt wird. Der Hängeraum wird mit kaminartigen Seitenwänden versehen, schräge Leitbretter können unten das Auffangen der aufsteigenden Warmluft begünstigen. Zur Verbesserung können über dem Stapel noch zwei kleine Tischlüfter angebracht werden. Die Bretter sind sorgfältig auf der Hänge zu stapeln. Auch A. Kalnins[1] betrachtet einfache Trockenschränke gemäß Bild 171, in denen die Bretter senkrecht gestapelt werden, als aussichtsreichere Hilfsmittel für Kleinbetriebe als z. B. die Werkstattschaukel.

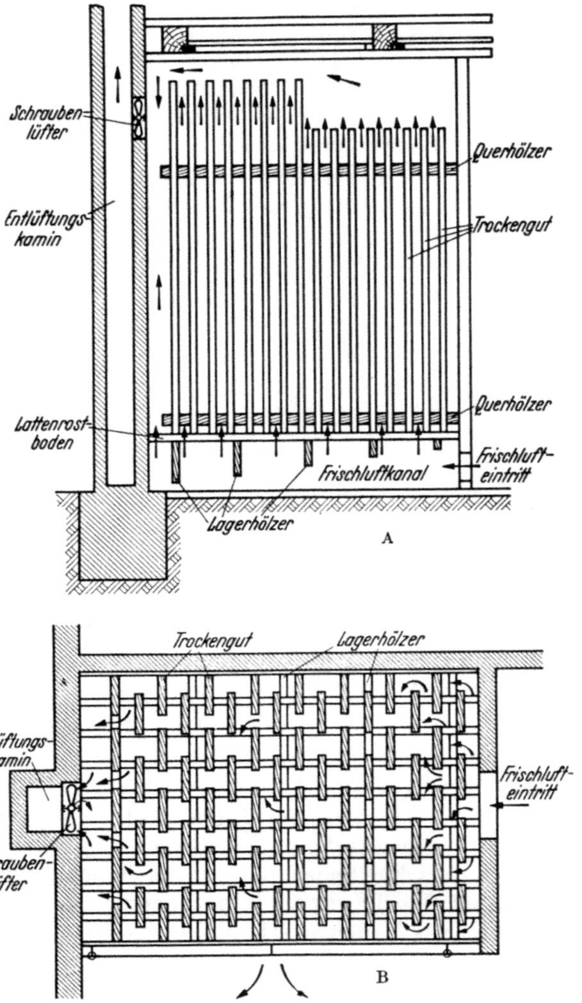

Bild 171. Trockenschrank für Tischlereien. A. Längsschnitt, B Querschnitt. (Nach A. Kalnins.)

G. Grau hat bei Anmeldung des deutschen Patents Nr. 674644 bereits darauf hingewiesen, daß die gleiche Wirkung wie durch Schaukeln durch eine stoß- oder ruckweise Bewegung in der Längsrichtung, z. B. auf einer Art Pochwerk[2] erzielt werden kann.

In Schweden wurden in dem großen Sägewerk Kastet bei Gävle der Korsnäs A. B. Versuche mit der Zentrifugaltrocknung nach C. F. Kastmark[3] angestellt. Das vom Sägewerk kommende sortierte Nadelschnittholz mit durchschnittlich 55% Feuchtigkeit wird zunächst auf Wagen gestapelt und in einer Kammer gedämpft, wobei es bis auf etwa 32° C angewärmt wird[4]. Hierauf gelangt der Wagen in die Trocknungszentrifuge; sie besteht aus einem zylindrischen Betonmantel mit Boden und kegelförmigem Dach; im Innern sitzt auf einer senkrechten Achse eine Drehscheibe mit Gleis,

---

[1] Kalnins, A.: Holz als Roh- und Werkstoff Bd. 6 (1943) S. 166.

[2] Schweiz. Pat. 209999 v. 24. 3. 1939, ausgegeben 16. 8. 1940.

[3] Schwed. Pat. 107135, C. F. Kastmark, patentiert vom 20. 1. 1939, ausgegeben 13. 4. 1943. — C. F. Kastmark: Trävaruindustrien 1943, S. 134.

[4] Kollmann, F.: Stand der Holztrocknung im In- und Ausland, Holz-Zbl. Bd. 76 (1950) S. 23 und 33. — Derselbe: Sägewerksprobleme in Schweden, Holz-Zbl. Bd. 76 (1950) S. 211, 223.

auf die der Stapelwagen gefahren wird (Bild 172). Schwere Pendelkugellager und eine Auswuchtvorrichtung sorgen für ruhigen Lauf und damit lange Lebensdauer. Die Achse der Drehscheibe wird von einem Elektromotor über ein Reibradgetriebe angetrieben. Die Drehscheibe rotiert mit 58 U/min. Während 4 h

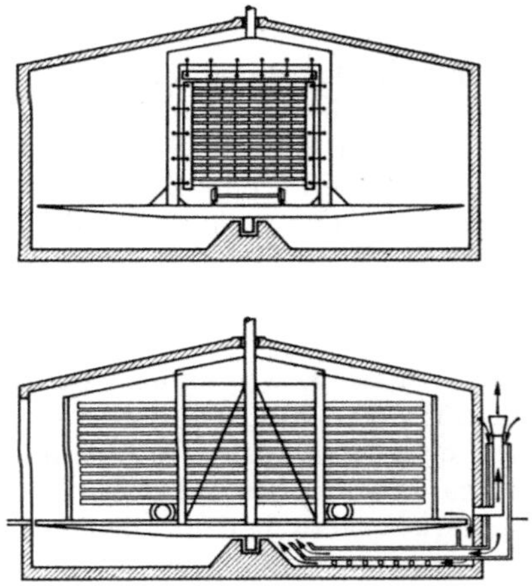

Bild 172. Schema der Trocknungszentrifuge nach C. F. Kastmark.

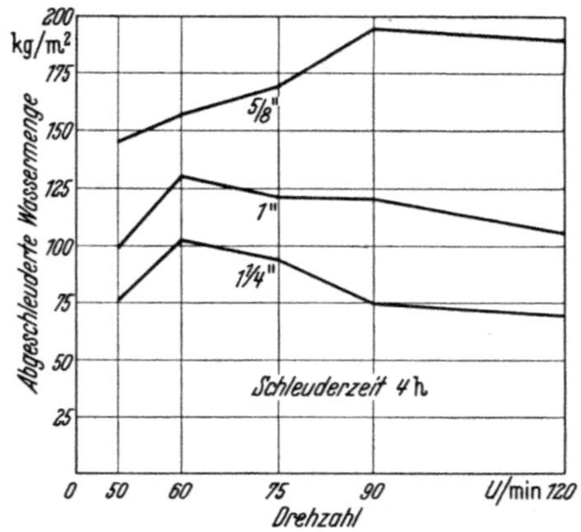

Bild 173. Abgeschleuderte Wassermenge in Abhängigkeit von der Drehzahl bei der Zentrifuge nach C. F. Kastmark.

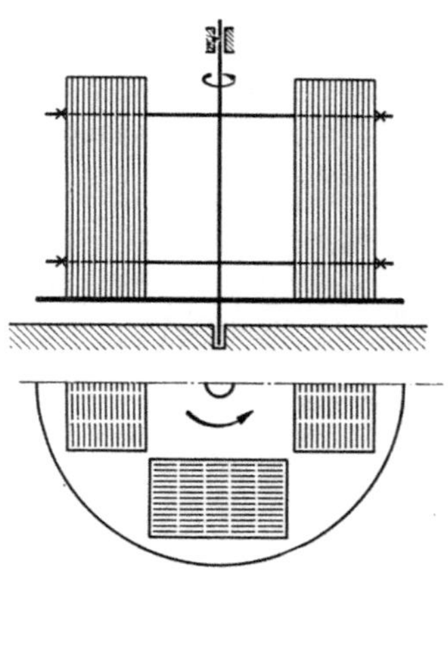

Bild 174. Schema der Trocknungszentrifuge mit stehenden Stapeln nach H. Hese.

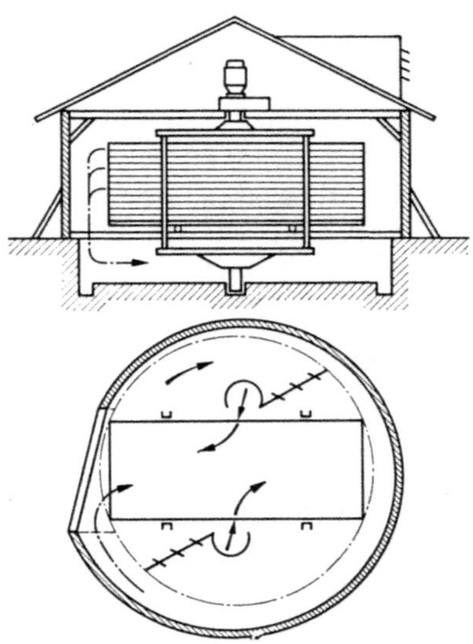

Bild 175. Schema der Spiral-Trocknungszentrifuge nach E. Eisenmann.

sinkt der Feuchtigkeitsgehalt des Holzes auf durchschnittlich 35%. Höhere Drehzahlen als 58 bis 60 U/min sind zu vermeiden, da bei Holzdicken über 25 mm die Wasserabgabe durch das Schleudern wieder abnimmt (Bild 173). C. F. Kastmark hat für diese zunächst überraschende Erscheinung eine interessante Theorie aufgestellt. Er nimmt an, daß durch die Zentrifugalkräfte das in den Zellen befindliche freie Wasser beschleunigt und dadurch durch die Kapillaren der Tüpfelschließhaut gepreßt wird (vgl. Bd. I, S. 14, Bild 20). Bei zu großer Drehzahl wird der Druck aber so groß, daß die Schließhaut stark deformiert und dadurch die Membranscheibe (Torus) gegen den Tüpfelhof (Porus) gepreßt wird, so daß die „Ventilöffnung" versperrt wird.

Der durchschnittliche Energieverbrauch dürfte beim Zentrifugieren vergleichsweise etwa viermal so hoch sein wie beim Schaukeln. Die Umfangsgeschwindigkeiten sind allerdings bei den Schleudertrocknern ziemlich hoch; sie betragen beispielsweise bei einem 5-m-Karussell über 15 m/s. In Deutschland hat H. Hese[1] eine Trocknungszentrifuge gebaut, die im Freien oder im nur überdachten Schuppen bei 60 U/min arbeitet. Der wesentliche Unterschied zum schwedischen Verfahren besteht in der Stapelweise. Es werden 2 oder 4 Stapel senkrecht aufgesetzt, wobei die flachen Brettseiten tangential verlaufen (Bild 174). Die schwedischen Waagerechtstapel auf einer Lore sind aber nicht nur hinsichtlich der Stapelkosten günstiger, sondern sie fördern durch die Selbstbelastung bzw. Einspannung ein Ebenbleiben des Schnittholzes.

Bei der schwedischen und jeder kreisrunden Zentrifuge wird ohne Zweifel die Luft teilweise mit im Kreis bewegt. Die Fliehkräfte und die Dichteunterschiede infolge der Temperaturunterschiede sammeln die gesättigte schwere Luft nächst dem Umfang, wo sie als gesättigter Luftring rotiert. Hierauf führt E. Eisenmann[2] zu einem großen Teil die Tatsache zurück, daß bei der Zentrifugaltrocknung nach C. F. Kastmark die Brettenden durchschnittlich eine höhere Holzfeuchtigkeit aufweisen als die Brettmitte. Die Spiraltrockenzentrifuge sollte hier Abhilfe schaffen[2]. Sie bestand aus einem Mantel, dessen Grundriß spiralförmig ist, der sich also mit einem Ventilatorgehäuse vergleichen läßt (Bild 175). Dieses Gehäuse wurde in einer Art Fachwerkhaus untergebracht oder aus Beton hergestellt. Der Wagen mit dem Holzstapel hat die Funktion eines Ventilatorflügels.

Bei der Spiralzentrifuge wird die Bildung eines Luftringes vermieden und der Luft ein bestimmter Weg aufgezwungen. An der Stelle, wo bei einem Ventilator die Ausblasöffnung liegt, hat das Zentrifugengehäuse eine Tür mit verschließbaren Klappen. Von hier beginnt der neue Kreislauf der Luft, indem sie unter der Drehscheibe zur Mitte der Scheibe zurückgeführt bzw. von dort angesaugt wird. Man kann mit reiner Umluft oder mit Frischluft oder mit gemischtem Betrieb fahren. Eine Erwärmung der Luft durch Lamellenrohre, die mit Abdampf beheizt werden, ist vorgesehen. Sickerschächte nehmen das auftretende Spritz- und Kondenswasser auf. Bei Messungen von K. Egner ergaben sich folgende Ergebnisse:

Fichtenbretter, 24 mm dick, trockneten in 2,5 h von 140% Holzfeuchtigkeit auf 70%. Fichten- und Kiefernbretter gemischt, mit teilweise 140% Anfangsfeuchtigkeit, trockneten während 18stündigem Schleudern gleichmäßig auf 50 bis 60%. Balken und Blockware, 38 mm, hatten trotz niedriger Anfangsfeuchtigkeit von 40 bis 45% einen Feuchtigkeitsentzug von 0,6%/h. Die Feuchtigkeitsverteilung nach dem Schleudern war sehr gleichmäßig, Trocknungsfehler traten, wie zu erwarten war, nicht auf.

Inzwischen wurde die Spiralzentrifuge von E. Eisenmann weiter umgestaltet. Strömungsverlauf der Luft und Bauschema zeigen Bild 176 und 177. Gegenüber den anderen Schleudertrocknern, die zum Teil diese Trocknungsart in Verruf gebracht haben (auch in Schweden wurde der Betrieb wieder eingestellt), weist die Spiralzentrifuge wesentliche Unterschiede auf. Das besondere

[1] Vgl. H. Piest: Kaltlufttrockenverfahren, DGfH-Nachrichten Bd. 1 (1950) S. 124.
[2] Eisenmann, E.: Mechanische Holztrocknung mit Trockenzentrifugen, Holz-Zbl. Bd. 76 (1950) Nr. 106.

Merkmal ist, wie F. Fessel[1] ausführt, die Luftrückführung zur Zentrifugenmitte. Durch die Reibung am Trockengut wird die Luft in dessen unmittelbarer Nähe mitgerissen und bei genügend großer Umfangsgeschwindigkeit nach außen geschleudert. Damit ist die höchste Luftgeschwindigkeit an der Brettoberfläche vorhanden (Bild 178), während bei der üblichen Kammertrocknung das Maximum der Luftgeschwindigkeit in der Mitte des freien Raums zwischen zwei Stapellagen auftreten muß. Bei der Schleudertrocknung kommt es zu einer raschen Ablösung der Grenzschicht, wodurch die relative Luftfeuchtigkeit über der Gutsoberfläche tiefer sinkt als bei der Kammertrocknung (Bild 178 unten).

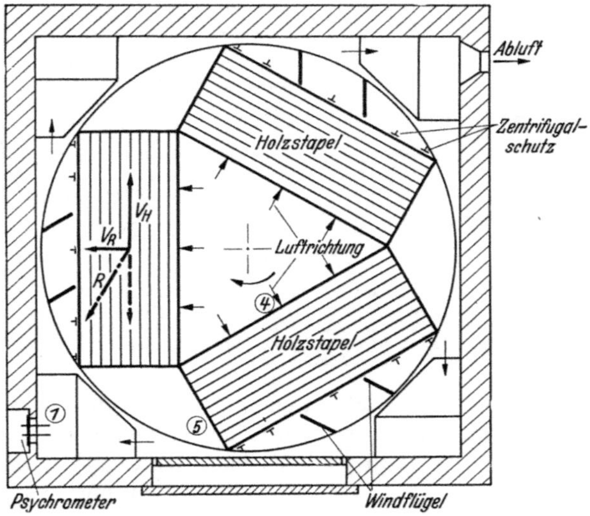

Bild 176. Schematischer Grundriß der Spiralzentrifuge mit Dreieckstapel und eingetragener Luftströmung, Bauart E. Eisenmann. (Nach F. Fessel.)

Während Trockenkammern eine zweidimensionale Strömung haben, weist die Spiralzentrifuge eine dreidimensionale auf: 1. in radialer Richtung, 2. in Umfangsrichtung und 3. in achsialer Richtung. F. Fessel führte darauf die stark verkürzten Trockenzeiten zurück. Er maß (vgl. Bild 176) eine mittlere radiale Luftgeschwindigkeit V_R von 3 m/s und eine Umfangsgeschwindigkeit V_H von 5 m/s. Bei den Versuchen waren die gezeichneten Windflügel fortgelassen, durch die man die Luftbewegung noch verstärken kann. Der quadratische Gehäusequerschnitt läßt viermal je Umdrehung Druckschwankungen entstehen; sie tragen dazu bei, daß keine schlecht belüfteten Stellen im Stapel entstehen können. Rechnerisch beträgt der Luftwechsel nach F. Fessel etwa das 1500fache Kammervolumen je Stunde. Bild 179 zeigt eine Trocknung von Buchenkanteln 40 · 40 mm² vergleichsweise in der Kammer und in der Zentrifuge. Weitere Trockenzeiten enthält Zahlentafel 24.

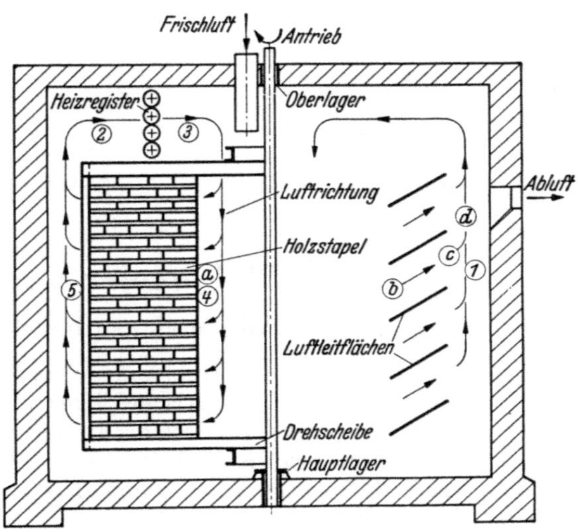

Bild 177. Schematischer Längsschnitt der Spiralzentrifuge mit Dreieckstapel und eingetragener Luftströmung, Bauart E. Eisenmann. (Nach F. Fessel.)

[1] Fessel, F.: Holz als Roh- und Werkstoff Bd. 10 (1952) S. 391.

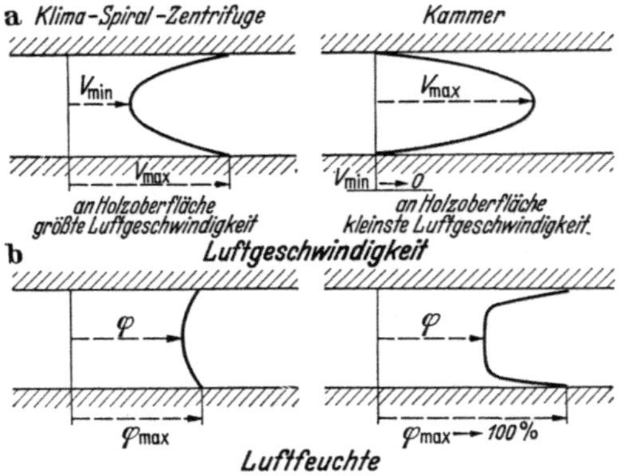

Bild 178. Schematischer Vergleich des Verlaufs der Luftgeschwindigkeit und der Verteilung der relativen Luftfeuchtigkeit zwischen den einzelnen Lagen des Trockenguts in der Zentrifuge und in einer Trockenkammer. (Nach F. Fessel.)

Zahlentafel 24. *Trockenzeiten für Buche. Vergleichswerte zwischen Zentrifugen- und Kammertrocknung.*

Brettdicke	Holzfeuchte		Trockenzeit	
	von	auf	Zentrifuge	Kammer
mm	%	%	h	h
25	80	8	53	
25	30	8	32	75
40	80	8	104	
40	30	8	60	140
50	80	8	142	
50	30	8	83	185
60	80	8	192	
60	30	8	110	230
80	80	8	280	
80	30	8	160	340

Bei waldfrischer dicker Eiche wurde in der Zentrifuge eine dreimal schnellere Trocknung als in neuzeitlichen Kammern erzielt. Auch kleine Holzteile (z. B. Rohblöcke von Fadenrollen, Griffe und dergl.) lassen sich grün einwandfrei ohne Rißbildung zentrifugieren. Bei nassem Nadelholz können Temperaturen bis 120° C zusätzlich angewendet werden. Für die Erzeugung der Luftströmung sind nach F. Fessel in einer Kammer 1,5 kW/m³ Holz, in der Zentrifuge 0,15 kW/m³ aufzuwenden. Es wurden bereits Zentrifugen für 6 m Brettlänge und 15 m³ Nutzinhalt gebaut.

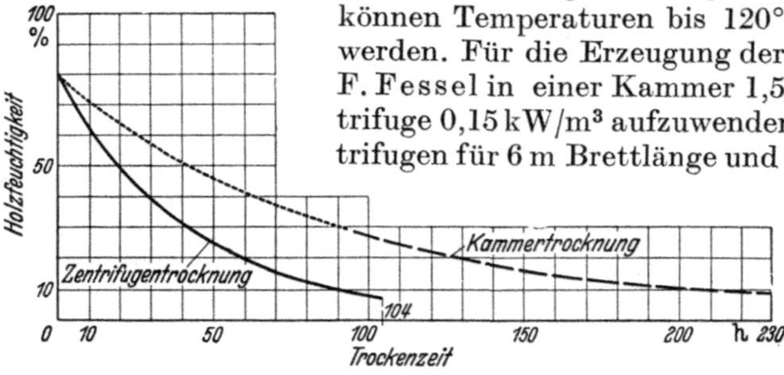

Bild 179. Abnahme der Holzfeuchtigkeit mit der Trockenzeit für Buchenkanteln 40 · 40 cm² in der Spiralzentrifuge und in einer Hochleistungskammer. (Nach F. Fessel.)

62. Dämpfen von Holz.

620. Allgemeines über das Dämpfen.

Dämpfen spielt bei der Holzverarbeitung und -veredelung eine wichtige Rolle. Gedämpft wird, damit frisches Holz — z. B. Rotbuche, Nußbaum und Birnbaum — seine Farbe verändert, als Einleitung oder Zwischenmaßnahme beim künstlichen Trocknen sowie als Vorstufe vor dem Biegen, Messern oder Rundschälen. Trotz der weiten Verbreitung und großen Bedeutung des Dämpfens sind die damit verbundenen Vorgänge und Eigenschaftsänderungen erst teilweise wissenschaftlich erforscht. Über viele Punkte bestehen noch Unklarheit und Irrtum in der Praxis; höchst unsichere Angaben über die zweckmäßigsten Dämpfbedingungen, wie Dampfdruck und Dämpfdauer, sind die Folge. Bemerkenswert ist in diesem Zusammenhang eine kritische Untersuchung des britischen Forest Products Research Laboratory über das Dämpfen und Trocknen von englischem Rotbuchenholz[1]. Dabei wurde davon ausgegangen, daß

[1] Dept. Sci. Ind. Res., For. Prod. Res. Lab.: The Steaming and Seasoning of English Beech, Leaflet Nr. 16, Dez. 1940.

auf dem europäischen Festland Rotbuchenholz meist vor der Verarbeitung drei oder sogar vier Tage lang bei atmosphärischem Druck gedämpft wird. Folgende Vorteile sollen damit verknüpft sein:

1. Völlige Sterilisation des Holzes;
2. Verbesserung der Farbe;
3. Beträchtliche Trocknung;
4. Erleichterung und Beschleunigung der nachfolgenden künstlichen Trocknung;
5. Verringerung der Schäden bei der nachfolgenden Trocknung;
6. Verbesserung der Bearbeitungseigenschaften;
7. Verringerung der Schwindung bzw. Quellung.

Eine Reihe von Versuchen ergab aber, daß die Dampfbehandlung die allgemeinen Güteeigenschaften des Buchenholzes nicht nennenswert beeinflußt. Im einzelnen wurde folgendes gefunden:

1. Eine völlige Sterilisation von Holz wird erzielt, wenn bei 100° C und 100% relativer Luftfeuchtigkeit für ein paar Stunden gedämpft wird. Zwei oder gar drei Tage langes Dämpfen ist deswegen im Hinblick auf die Entkeimung überflüssig. Im übrigen bedarf es einer besonderen Entkeimung nur in außergewöhnlichen Fällen, nicht aber, wenn das Buchenholz, rasch aufgeschnitten und sauber gestapelt, der Freilufttrocknung oder der künstlichen Trocknung zugeführt wird.

2. Bereits nach 6stündigem Dämpfen wird die Farbe von Rotbuchenholz rötlich, nach etwa 24 h ausgesprochen rot; bei weiterem Dämpfen dunkelt die Farbe nach.

3. Das Ausmaß der Trocknung, das sich während des Dämpfens einstellt, wechselt mit der Anfangsfeuchtigkeit und der Dicke der behandelten Bretter. Frisch eingeschnittene zöllige Bretter verloren beim Dämpfen während 3 Tagen zwischen 12 und 20% Holzfeuchtigkeit. Unmittelbar nach der Entnahme aus der Dämpfkammer trocknet aber die Holzoberfläche erheblich herunter und läßt das Stück dadurch ausgesprochen trocken erscheinen. Diese Trocknung ist aber wertlos und erstreckt sich nicht auf die inneren Schichten.

4. Gedämpfte und nicht gedämpfte Bretter wurden im Mai in England einer Freilufttrocknung unterworfen. Bereits nach einem Monat betrugen die Feuchtigkeitsunterschiede nur mehr höchstens 2%, und praktisch war in beiden Fällen die gleiche Trockendauer nötig. Anscheinend hatte aber das gedämpfte Material eine etwas größere Neigung, sich zu werfen und zu verziehen.

5. Dämpfen während 24 Stunden vor der künstlichen Holztrocknung, nach einer besonders bewährten Vorschrift auf eine Endfeuchtigkeit von 12%, brachte eine Ersparnis an Trockendauer von wenig über 5%. Längeres Dämpfen erhöhte die Gesamttrockendauer in eben dem Maße der besonderen Dämpfperiode.

6. Gedämpftes Holz verhält sich beim Quersägen und Nuten genau so wie ungedämpftes; beim Hobeln und Kehlen bestehen aber Unterschiede. Der Schnittwiderstand nimmt langsam, aber stetig mit der Dauer der Dämpfperiode ab. Die Oberflächen von gedämpftem Holz zeigen nach der maschinellen Bearbeitung auch weniger aufstehende Fasern, aber das Holz ist, im ganzen gesehen, etwas spröder. Ein Betriebsfachmann behauptete, das gedämpfte Holz stumpfe die Werkzeugschneiden viel rascher ab als das ungedämpfte.

7. Das hygroskopische Gleichgewicht des gedämpften Holzes lag etwas niedriger als das des ungedämpften, aber die Maßänderungen durch „Arbeiten“ über größere Feuchtigkeitsbereiche waren praktisch die gleichen.

Zusammenfassend wird geschlossen, daß durch Dämpfen Rotbuchenholz entkeimt und in seiner ästhetischen Erscheinung etwas verbessert wird. Andere Vorteile werden damit nicht erzielt. Da anderseits hohe Dampftemperaturen für die Baustoffe der Trockenanlagen und ihre Ausrüstungen verhängnisvoll schädlich sind, wird für das Dämpfen grundsätzlich eine besondere getrennte Dämpfkammer empfohlen. Richtiger erscheint es allerdings, die Trockenkammern so korrosionsfest (z. B. durch Verwendung von Aluminiumblechen für die Einbauten, hitze- und wasserbeständige Anstriche auf den Innenwänden usw.) auszuführen, daß sie unter hoher Luftfeuchtigkeit bei hohen Temperaturen nicht leiden. Solche Anlagen sind zwar teuer, aber sie machen sich bezahlt, da während der Trocknung in vielen Fällen, von denen später noch zu sprechen sein wird, nicht auf Dämpfen verzichtet werden kann (z. B. um eingetretene Verschalung wieder aufzuheben). Auch die Trocknung von grünem Holz oder von Holz, dessen Feuchtigkeit noch beträchtlich über der Fasersättigung liegt, läßt sich nur durch längere Dämpf- und Sprühperioden bzw. reinen Umluftbetrieb, der ebenfalls in den Anlagen eine nahezu mit Wasserdampf gesättigte Atmosphäre herbeiführt, einwandfrei in Gang bringen.

Die besonderen Dämpfbedingungen, die sich bei der Trocknung und zur Erweichung des Holzes vor dem Biegen, Messern oder Schälen von Fall zu Fall empfehlen, werden im Zusammenhang mit diesem Verfahren jeweils angegeben.

Man unterscheidet zwei verschiedene Dämpfverfahren, das direkte und das indirekte[1]. Bis vor einigen Jahren war das erstere allein üblich, letzteres aber setzt sich wegen seiner Vorzüge mehr und mehr durch. Beim direkten Dämpfen wird niedrig gespannter Dampf, meist Abdampf der Betriebsmaschinen mit bis zu 0,3 atü Druck, in Verteilungsrohre am Boden der verschlossenen Kammer oder Grube eingelassen. Die Rohre haben in Abständen von 150 bis 200 mm Löcher mit 4 bis 5 mm Durchmesser, die so angeordnet sind, daß der ausströmende Dampf zunächst Prallbleche, nicht aber das Holz trifft. Örtliche Überhitzung und nachfolgende Rißgefahr werden dadurch vermieden. Beim indirekten Dämpfen — das hauptsächlich für Gruben in Frage kommt — befindet sich unten in der Grube ein Wasserbad von 40 bis 50 cm Höhe, in das eine Heizrohrschlange eingelassen ist. Unter der Wirkung der vom Heizmittel (Abdampf oder Heißwasser) abgegebenen Wärme verdampft Wasser aus dem Bad. Der Wasserstand in dem Bad wird automatisch über ein Schwimmerventil reguliert.

Beim Vergleich beider Verfahren ergeben sich nach E. Doffiné Vorteile und Nachteile (siehe Tabelle auf folgender Seite).

621. Anlagen zum Dämpfen von Holz.

621.0 Allgemeines über Dämpfanlagen.

Dämpfkessel, die früher in Form liegender Zylinder (z. B. mit 18 m Länge und 2 m Durchmesser) mit Lorenbeschickung und einem schwenkbaren, durch Schraub- oder Schnellverschluß anziehbaren Stirndeckel vielfach verwendet wurden, sind im Hinblick auf die Korrosionsgefahr des Eisens nicht zu empfehlen.

[1] Doffiné, E.: Dämpfgruben für die Furniererzeugung, Norddeutsche Holzwirtschaft Bd. 4 (1950) Nr. 22, S. 6 bis 7.

	Direktes Dämpfen	Indirektes Dämpfen
Vorteile	1. Einfachere Anordnung der Rohrleitungen 2. Ausnutzbarkeit von Abdampf mit geringstem Druck (z. B. 1,08 bis 1,1 at)	1. Besonders milde Holzbehandlung, damit geringstmögliche Schäden 2. Möglichkeit der Kondensatrückgewinnung; daher gute Wirtschaftlichkeit 3. Keine Schwierigkeiten bei Kondensatabführung 4. Dampf braucht nicht ölfrei zu sein 5. Möglichkeit des Anschlusses an Hochdruck-Heißwasseranlage, damit besondere Wirtschaftlichkeit
Nachteile	1. Notwendigkeit sorgfältiger Überwachung, um Schäden am Holz zu vermeiden 2. Unmöglichkeit der Kondensatrückgewinnung, daher wärmewirtschaftlich ungünstig 3. Dampf muß völlig ölfrei sein	1. Notwendigkeit etwas höheren Dampfdruckes (von 0,3 bis 0,4 at) mit Rücksicht auf die Wärmeübertragung durch die Rohre 2. Umfangreichere und kostspieligere Rohrleitungen

Besser sind Dämpfgruben oder Dämpfkammern. Ihre Größe richtet sich nach den besonderen Betriebsverhältnissen und den Abmessungen des im Durchschnitt zu dämpfenden Holzes. Für besondere Zwecke, z. B. zum Dämpfen (oder Kochen) von Wurzelknollen, kommen auch armierte Holzbottiche oder Aluminiumbehälter zur Anwendung. Besondere Dämpfanlagen zur Holzplastizierung vor dem Biegen werden in Abschnitt 891.31 noch beschrieben werden.

621.1 Dämpfgruben.

Die Größe und Anzahl der Dämpfgruben richten sich nach der Holzart und damit Dämpfzeit, den Holzabmessungen, der gewünschten Kapazität und der Raumausnützung — die durchschnittlich zu 50% angenommen werden kann —. Für Furniermessereien lassen sich etwas genauere Angaben machen. Man rechnet je Messermaschine wenigstens drei Gruben. Für die Abmessungen gelten folgende Anhaltspunkte:

Länge = Arbeitsbreite der Messermaschine + 0,6 bis 1,0 m,
Breite = etwa 2,75 m,
Nutzhöhe = etwa 2,50 m.

Die Abmessungen von Dämpfgruben für Sperrholzbetriebe richten sich nach der Stammlänge; ein Ablängen der Stämme auf Schälmaß vor dem Dämpfen ist wegen der mit dem Dämpfvorgang verknüpften erhöhten Gefahr von Hirnrissen nicht zweckmäßig. In Betrieben, die Buche verarbeiten, kommen Dämpfgruben mit bis zu 18 m Länge bei etwa 3 m Breite und rund 2,75 m Nutzhöhe vor. Bewährte Abmessungen für Werke, die ausschließlich Übersee-Schälhölzer verarbeiten, sind:

Länge = 10 m,
Breite = 3,75 m,
Nutzhöhe = 3,50 m.

Die Dämpfgruben sollen auf dem kranbestrichenen Raum des Holzlagerplatzes errichtet werden oder eine eigene kleinere Kranbahn besitzen. Für das Ablängen und Entrinden muß ein geeigneter Arbeitsplatz neben den Gruben vorhanden sein. Zwecks Unfallverhütung sollten die Grubenwände stets über Flurhöhe hochgezogen werden, und zwar mindestens 1 m. Als Baumaterial haben sich Eisenbeton und Klinkermauerwerk, besonders aber eine Verbundbauweise beider bewährt. Für Edelfurnierhölzer bestimmte Gruben sollten innen eine säurefeste Verkleidung erhalten. Alle Wanddurchbrüche müssen dann mit säurefestem Kitt gedichtet werden. Die Wände sind sorgfältig zu berechnen; zu dicke Betonwände sind eher schädlich als nützlich. Bei längeren Gruben müssen Dehnungsfugen vorgesehen werden. Ein hitzebeständiger, wasserfester Anstrich der Innenwände ist zu empfehlen. Schutzhölzer vor den Wänden sind ratsam, da sonst Schäden durch Schläge und Stöße vorkommen können. Die Schutzhölzer dienen auch zur Schonung des zu dämpfenden Holzes. Ein auf Sockeln ruhender Balkenrost sichert die Stämme vor Berührung mit dem sich bei direkter Beheizung auf der Grubensohle ansammelnden Schlamm, vor teilweisem Eintauchen ins Wasserbad bei indirekter Beheizung.

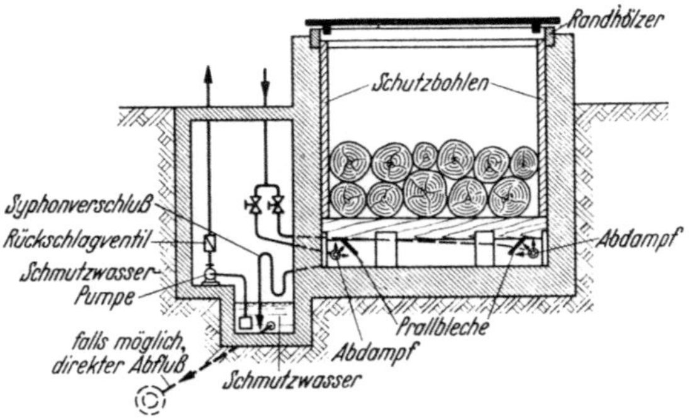

Bild 180. Dämpfgrube für direkte Beheizung. (Nach E. Doffiné.)

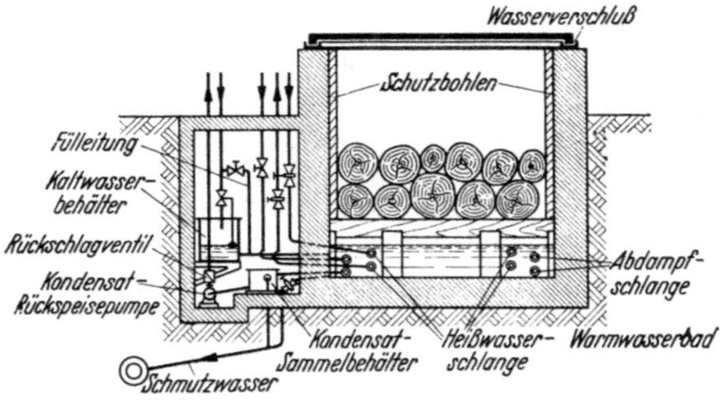

Bild 181. Dämpfgrube für indirekte Beheizung. (Nach E. Doffiné.)

Die Rohrschlangen dürfen nicht aus Stahl sein, da sie unter der Wirkung der sich beim Dämpfen bildenden organischen Säuren sehr rasch korrodieren. Auch verbleite Stahlrohre haben sich nicht bewährt. Allein zu empfehlen sind Kupferrohre.

Die Deckel werden aus Lärchenholz — das mit Karbolineum getränkt ist — oder aus Eisenholz oder ähnlichen Überseehölzern hergestellt. Die einzelnen Bretter werden durch Nut und Feder verbunden. Kranösen sind auf den sehr schweren Deckeln vorzusehen. Zwecks Wärmeersparnis müssen die Deckel so dicht wie möglich schließen. Bild 180 zeigt eine Dämpfgrube für direkte Beheizung, bei der sich der Deckel mit Falz gegen die Randhölzer stützt. Die leicht auswechselbaren Randhölzer bilden zugleich einen Schutz für die sonst sehr stark beanspruchten oberen Grubenränder. Eine weit bessere Dichtung ermöglicht der in Bild 181 für eine Dämpfgrube mit indirekter Beheizung gezeigte Wasserverschluß. Als Wasserrinne dient ein U-Eisen. Hierin liegt ein Nachteil, da gerbsäurehaltige Hölzer bei Berührung mit Eisen oder eisenoxydhaltigem Wasser dunkle Flecken erhalten.

Für den Dampfverbrauch von Dämpfgruben finden sich in der Literatur sehr verschiedene Zahlen, die gewöhnlich zwischen 15 und 100 kg/fm h schwanken. E. Doffiné[1] gibt für eine Grube mit indirekter Beheizung (Länge = 9 m, Breite = 3,5 m, Nutzhöhe = 2,5 m, wobei der tiefste Punkt 1,8 m unter Flur liegt, Ausnutzung = 50%, Holzinhalt rund 40 fm, Dicke der Betonwände = 40 cm, Innentemperatur = 70° C, Außentemperatur = —15° C) folgende Rechenwerte, die für nachstehende Wärmedurchgangszahlen *k* ermittelt sind:

k für Betonwände	2,0 kcal/m² h °
k für Betonsohle	2,6 kcal/m² h °
k für Holzdeckel	2,1 kcal/m² h °
1. Wärmeverluste durch die Außenwände . .	12050 kcal/h
2. Wärmeverluste durch die Betonsohle . . .	10750 kcal/h
3. Wärmeverluste durch den Deckel	5450 kcal/h
4. Wärmeaufwand für Wasserverdunstung .	330000 kcal/h
5. Strahlungsverlust der Oberfläche	7300 kcal/h
6. Wärmeaufnahme des Holzes	26000 kcal/h
gesamter Wärmeverbrauch	391550 kcal/h

Dies entspricht überschlägig einem Dampfverbrauch von 700 kg/h oder von 17,5 kg/fm h.

621.2 Dämpfkammern.

Die Wände der Dämpfkammern werden wie die der Dämpfgruben aus Beton gebaut oder aus Klinkerziegeln gemauert. Sie müssen auf der Innenseite einen hitze- und feuchtigkeitsbeständigen Isolieranstrich erhalten. Der Boden in den Dämpfkammern muß zur Ausgangsseite zu geneigt sein, damit das sich bildende Kondensat leicht abfließen kann. Es ist zweckmäßig, eine entsprechende Rinne in dem Boden vorzusehen. Das Holz soll, wenn es nicht auf Loren eingefahren wird, auch nicht unmittelbar auf dem Kammerboden gestapelt werden, sondern auf einem darüberliegenden Lattenrost.

Beim Bau der Kammern soll möglichst in Verbindung mit dem Beton kein Eisen verwendet werden. Allerdings hat es sich bewährt, in die Dämpfkammern eine geschlossene Büchse aus geschweißtem Eisenblech (von etwa 2 mm Dicke mit V-förmigen Dehnungsfalzen an geeigneten Stellen) einzusetzen. Dem Schutzanstrich ist bei dieser Bauweise aber erhöhte Aufmerksamkeit zu schenken. Man erzielt mit ihr absolute Dampfdichte und kann, was vorteilhaft ist, zwischen die Einsatzbüchse und die Kammerwände bzw. Decke und Boden eine hochwertige Wärmeschutzpackung aus Stein- oder Glaswolle einbringen.

Das Zuleitungsrohr für den Dampf soll aus Kupfer sein. Die Kammertüren müssen unbedingt gut schließen, damit kein Dampf verlorengeht und der Betrieb einwandfrei gesteuert werden kann. Zu empfehlen sind etwa 55 bis 60 mm dicke Türen, die wie folgt aufgebaut sind: In einem 55 (bzw. 60) mm dicken Rahmen aus U-Eisen sind 2 Holztafeln eingesetzt, deren jede aus senkrecht stehenden mit Nut und Feder zusammengesetzten, 19 mm dicken Lärchenbrettern besteht. Zwischen den beiden Tafeln befindet sich eine Isolierschicht (z. B. Stein- oder Glaswolle). Gegen die Dämpfkammer zu ist die Tür mit Reinaluminiumblech beschlagen, da bei ihm keinerlei Korrosion auftreten

[1] Doffiné, E.: Dämpfgruben für die Furniererzeugung, Norddeutsche Holzwirtschaft Bd. 4 (1950) Nr. 22, S. 6 bis 7.

kann. Unter diesem Gesichtswinkel ist es auch das günstigste, wenngleich auch teuerste, die ganze Einsatzbüchse der Dämpfkammer aus Reinaluminiumblech herstellen zu lassen.

Die Dämpfkammertür sollte man möglichst nicht in Angeln aufhängen. Viele Betriebsstörungen und rascher Verschleiß sind bei dieser Konstruktion unvermeidlich. Viel besser ist es, die ganze Tür unter Benutzung eines Beschlages mit Rollen an einer Schiene aufzuhängen, die oberhalb der Türöffnung verläuft. Ein dicker Filz- oder Gummistreifen, der in schweres Segeltuch eingeschlagen ist, dient als Dichtungsmittel rings um den Türrahmen. Verschlossen wird die Tür mittels eines Kniehebels, der mit dem Aufhängmechanismus verbunden ist. Beim Öffnen der Tür wird eine Schnellschlußvorrichtung umgelegt und der Kniehebel ausgeschwenkt, so daß er die Tür nicht mehr gegen den Rahmen bzw. die Dichtung preßt. In diesem Zustand kann die Tür leicht seitlich verschoben werden.

Für die Wahl der Größe der Dämpfkammern gilt das im vorangegangen Abschnitt Gesagte. Beim Dämpfen von normalem Schnittholz in mittleren Betrieben hat sich beispielsweise eine Größe von $6 \cdot 2{,}70 \cdot 2{,}10$ m³ bewährt.

622. Vorgänge beim Dämpfen von Holz.

622.1 Erwärmung des Holzes.

Wird Holz gedämpft, so tritt ein Wärmeaustausch zwischen dem heißen Dampf und dem kalten Holz auf. Anstieg und Verteilung der Temperatur im Holz sind bedingt durch die Temperatur des zugeleiteten Dampfes, die Anfangstemperatur des Holzes, seine Wärmeleitzahl, seine spezifische Wärme und seine Rohwichte. Die drei zuletzt genannten Faktoren sind, wie früher gezeigt wurde (siehe Band I, Abschnitt 313, 342.2 und 343), in mehr oder minder verwickelter Weise von der Holzfeuchtigkeit abhängig. Diese ist somit ganz allgemein sehr wichtig für die Erwärmung des Holzes.

Beim Dämpfen wird ein Stück Holz vor Eintritt des Beharrungszustandes erwärmt. Der Temperaturanstieg ist mit der Wärmekapazität verknüpft, die sich für die Raumeinheit als Produkt der spezifischen Wärme mit der Rohwichte errechnet, während die Weiterleitung der Wärme außer vom jeweiligen Temperaturgefälle von der Wärmeleitzahl abhängt, die mit der Feuchtigkeit wächst. Auch die Wärmekapazität steigt, wie eine einfache Überlegung beweist, mit der Holzfeuchtigkeit an. Der Verlauf der Temperaturänderung läßt sich mit Hilfe der Fourierschen Theorie (siehe Band I, Seite 521ff., insbesondere das Zahlenbeispiel Seite 523ff.) verfolgen. Zwar gilt sie, genau genommen, nur für homogene Werkstoffe, für die Zwecke der Praxis erhält man aber auch für das inhomogene Holz brauchbare Näherungswerte. Von grundlegender Wichtigkeit ist für die Rechnungen die Kenntnis der Temperaturleitfähigkeit a, die (nach Gleichung [167], Band I) bestimmt ist als $a = \lambda / c \cdot r$, wobei gilt: λ = Wärmeleitzahl [kcal/m h °], c = spezifische Wärme [kcal/kg °], r = Rohwichte [kg/m³]. Wie früher (Band I, Zahlentafel 93) gezeigt wurde, sind die möglichen Schwankungen von a sowohl mit der Rohwichte als auch mit der Holzfeuchtigkeit geringfügig.

Den Temperaturverlauf und die Temperaturverteilung in Rundholz und Schnittholz beim Dämpfen hat J. D. MacLean[1] berechnet; die Bilder 400 bis einschließlich 404 stellten in Band I seine wertvollen Ergebnisse dar, auch ist

[1] MacLean, J. D.: Proc. Amer. Wood Preservers' Assoc. (1930) S. 197, (1932) S. 303, (1934) S. 355.

auf Zahlentafel 94 in Band I hinzuweisen. Bild 405 in Band I stellte nach F. Kollmann[1] den errechneten Temperaturverlauf dem im Innern von Eschenholzstäben gemessenen gegenüber. Die Übereinstimmung ist vorzüglich, wenn erst einmal die Oberflächentemperatur des Holzes gleich der Dampftemperatur geworden ist. Bild 406 in Band I läßt die Dämpfdauer bis zum Erreichen des Ausgleichszustandes in Stäben mit quadratischen Querschnitten bis 10 cm Seitenlänge ablesen.

622.2 Feuchtigkeitsaufnahme während des Dämpfens.

Wird grünes oder sehr frisches Holz mit einem Gehalt an frei tropfbarem Wasser bei atmosphärischem Druck gedämpft, so findet zunächst eine Trocknung statt. Das freie Wasser verdampft unter der Einwirkung der am Siedepunkt liegenden Dampftemperatur. Umgekehrt wird sehr trockenes Holz Feuchtigkeit aus dem Dampf absorbieren. In beiden Fällen wird ein Beharrungszustand angestrebt, der in üblicher Gepflogenheit als „Fasersättigungspunkt" bezeichnet sei. Streng genommen kann man allerdings von einem Fasersättigungspunkt nicht sprechen, da sich der hygroskopische und der Feuchtebereich stets überschneiden. Diese Überschneidung ist bei gewöhnlichen Temperaturen (vgl. Abschnitt 322 in Band I) ziemlich erheblich; mit Hilfe der Kelvinschen Gleichung — vgl. Band I, Gleichung 43 — läßt sich quantitativ nachweisen, daß feine Kapillaren, wie sie in der Holzstruktur vorkommen (z. B. als Durchbrüche und Öffnungen in den Zellwandungen), auch unterhalb des normalen Sättigungsdrucks freies Wasser enthalten können. Zahlentafel 25 zeigt aber, daß bei einer Temperatursteigerung, d. h. beim Dämpfen, der Einfluß der Kapillaren abnimmt. Dies deutet auf einen enger begrenzten Fasersättigungsbereich hin, also darauf, daß mit steigender Temperatur wirklich mehr und mehr ein Fasersättigungspunkt angestrebt wird.

Zahlentafel 25. *Zusammenhang zwischen relativem Dampfteildruck P''/P_d, Kapillarhalbmesser r und Temperatur t. (Nach F. Kollmann.)*

r cm \ t°	0	20	50	100	140
$5 \cdot 10^{-6}$	0,978	0,979	0,982	0,986	0,988
$5 \cdot 10^{-7}$	0,770	0,812	0,835	0,867	0,888

Praktisch wird die Frage durch Kondensationserscheinungen sehr verwickelt, die sofort einsetzen, wenn das frisch gedämpfte Holz dem Dämpfbehälter entnommen wird. Auch unmittelbar nach Beginn des Dämpfens, wenn das kalte Holz mit dem heißen Dampf in Berührung kommt, sind solche Kondensationserscheinungen unvermeidlich. Läßt man die Aufnahme von Kondenswasser zu, dann wird nach den Versuchen von F. Kollmann beim Dämpfen von Holz ein Beharrungszustand zwischen 40 und 50% Feuchtigkeit angestrebt; in strömendem Sattdampf nahm Eschenholz keinerlei freies Wasser auf und erreichte einen Gleichgewichtszustand von etwa 25% Feuchtigkeit (vgl. auch Bild 868). Die gleiche Feuchtigkeit stellt sich ein, wenn das sich bildende Kondensat bei höheren Drücken fortlaufend entnommen wird. In Trockenkammern wird man stets mit ähnlich gelagerten Verhältnissen rechnen können. Beim Dämpfen vor dem Biegen aber ist folgendes zu bedenken: Die Dämpf-

[1] Kollmann, F.: Holz als Roh- und Werkstoff Bd. 2 (1939) S. 1.

feuchtigkeit muß nach dem Biegen durch künstliche Trocknung wieder beseitigt werden. Es ist somit offenbar zweckmäßig, den Dämpfvorgang so zu leiten, daß die erforderliche Erhöhung der Plastizität mit einem Mindestmaß an Feuchtigkeitszufuhr erzielt wird.

622.3 Änderung der Quellungseigenschaften beim Dämpfen.

Zu unterscheiden ist die Quellung während des Dämpfens und die Beeinflussung der späteren Quellungseigenschaften durch das Dämpfen. Die Absorption von Quellungswasser durch die Zellwand erfolgt beim Dämpfen sehr rasch. Für 10° C Temperaturerhöhung berechnete F. Kollmann für Drücke zwischen 0 und 1 atü eine Steigerung der Quellungsgeschwindigkeit auf das 1,50fache, zwischen 0 und 2 atü auf das 1,49fache.

Zu beachten ist, daß zwischen der Quellungsgeschwindigkeit und dem Quellungsgleichgewicht ein Gegensatz besteht, da letzteres von der Temperatur im umgekehrten Sinn verschoben wird (Zahlentafel 26).

Zahlentafel 26. *Quellungsgeschwindigkeit und Quellungsgleichgewicht von Eschenholz für Temperaturen über 100° C. (Nach F. Kollmann.)*

Druck	kg/cm²	1	2	3
Temperatur	° C	100	119,6	139,2
Quellungsgeschwindigkeit	%	100	294	490
Quellungsgleichgewicht*	%	22	4,6	2

* Die Zahlen sind an Hand des von R. Keylwerth entworfenen Schaubilds für das hygroskopische Gleichgewicht von Holz oberhalb von 100° C (vgl. Band I, Bild 283, S. 387) extrapoliert.

Zahlentafel 26 ist sehr wichtig, da sie zeigt, mit welch niedrigen Ausgleichfeuchtigkeiten man im Bereich überhitzten Dampfes zu rechnen hat. Dämpft man allerdings in nicht druckdichten Anlagen, in denen Gemische aus Heißdampf und Luft vorhanden sind, dann hat man andere Ergebnisse zu erwarten. Beim Dämpfen mit Sattdampf ist es schwierig, Kondensationserscheinungen zu vermeiden; der Quellung ist dann stets eine mehr oder minder starke Kapillarkondensation überlagert. Es ist deshalb wichtig, daß Kondensat fortlaufend aus den Dämpfanlagen zu entfernen. Bild 180 und 181 gaben hier bereits konstruktive Anhaltspunkte. Die Feuchtigkeitsaufnahme beim Dämpfen erfolgt anfangs stets als reiner Quellungsvorgang, erst nach einer gewissen Anlaufzeit gesellt sich die kapillare Füllung hinzu. F. Kollmann[1] hat nachgewiesen, daß die Absorptionsgeschwindigkeit des Quellungswassers bei Versuchsbeginn einen Höchstwert hat und sehr rasch abfällt. Die Aufsaugegeschwindigkeit des Kapillarwassers hat ursprünglich den Wert Null; mit zunehmender Benetzung und der Erstausbildung von kapillaren Wassersäulen erreicht sie ein Maximum, um dann ebenfalls wieder schnell abzusinken (Bild 182). Wie schnell die Quellung von Holzstäben beim Dämpfen erfolgt, beleuchtet auch Zahlentafel 27.

Wichtiger als der Quellungsverlauf während des Dämpfens ist die Frage, wie sich die Quellungseigenschaften für die Zukunft durch das Dämpfen ändern. C. G. Schwalbe und W. Ender[2] hatten eine Verringerung des Quellungs-

[1] Kollmann, F.: Holz als Roh- und Werkstoff Bd. 2 (1939) S. 1.
[2] Schwalbe, C. G., u. W. Ender: Forstarch. Bd. 10 (1934), S. 33.

vermögens durch das Dämpfen nachgewiesen. Sie hatten allerdings festgestellt, daß diese Vergütung nur beim Splintholz praktisch nennenswert ist (Bild 183), beim Kernholz hingegen unterbleibt. Die Ergebnisse einer entsprechenden Versuchsscheibe von Buchenholz von F. Kollmann sind in Bild 184 zusammengestellt. Man sieht, daß ein deutlicher Einfluß des Dämpfens an sich, des Dampfdrucks und der Zeit besteht. Bild 185 zeigt, daß bereits gewöhnliches Dämpfen bei rund 100°C eine Abnahme der Quellung um etwa 12% bewirkt. Zwischen 0 atü und 1 atü Dampf-

Zahlentafel 27. *Tangentiale Quellung* [%] *von Buchen- und Eschenstäben beim Dämpfen.* (*Nach F. Kollmann.*)

Zeit min	Druck atü 0	1	2		3	
	m. K.*	m. K.	o. K.**	m. K.	o. K.	m. K.
			Esche			
5	—	4,28	5,46	5,74	—	5,94
10	1,76	6,34	6,20	7,00	—	6,19
20	2,61	6,69	6,85	8,26	—	7,20
30	5,62	7,55	7,14	8,47	—	7,25
60	7,07	8,51	8,29	8,92	—	8,16
120	(8,03)†	9,01	8,53	(8,82)†	—	7,81
			Buche			
5	2,54	—	2,31	—	2,46	5,97
10	3,19	—	2,87	—	2,87	6,17
20	3,94	—	3,23	—	4,11	7,38
30	4,44	—	3,79	—	4,62	7,63
60	5,84	—	5,34	—	6,68	7,94
120	6,59	—	6,67	—	6,01	(7,99)††

* m. K. = mit Kondensat † Nach 110 min
** o. K. = ohne Kondensat †† Nach 100 min

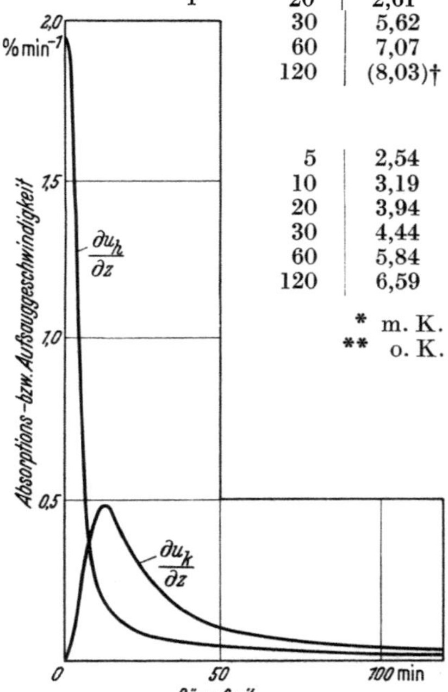

Bild 182. Abhängigkeit der Absorptionsgeschwindigkeit des Quellungswassers $\frac{\partial u_h}{\partial z}$ und der Aufsauggeschwindigkeit des Kapillarwassers $\frac{\partial u_k}{\partial z}$ von der Dämpfdauer beim Dämpfen von Eschenholzstäben. (Nach F. Kollmann.)

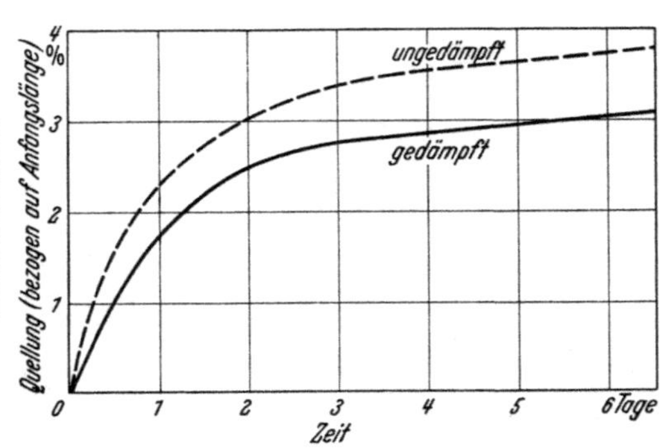

Bild 183. Tangentiale Quellung von gedämpftem und ungedämpftem Buchenholz. (Nach C. G. Schwalbe und W. Ender.)

druck besteht praktisch kein Unterschied, da im letztgenannten Fall die Quellungsabnahme nur 13% beträgt. Bei weiter steigendem Druck wächst aber die Vergütung, und zwar bei 2 atü auf 21%, bei 3 atü auf 28%. Läßt man den Druck von 3 atü zwei Stunden lang auf das Holz einwirken, so quillt es in der Folge sogar nur mehr 62% so stark wie nicht gedämpftes Holz. Die Ergebnisse stehen für das Dämpfen bei atmosphärischem Druck in einem Gegensatz zu den einleitend berichteten englischen Feststellungen. Möglicherweise handelt es sich hierbei aber nur um einen scheinbaren Gegensatz. Wie Bild 184 erkennen läßt, wurden die Quellungsversuche nach 240 h abgebrochen; zu diesem Zeitpunkt war aber weder für das gedarrte noch für das bei 100° C gedämpfte Holz der Ausgleichzustand erreicht. Es ist möglich, daß beide Kurven bei genügend

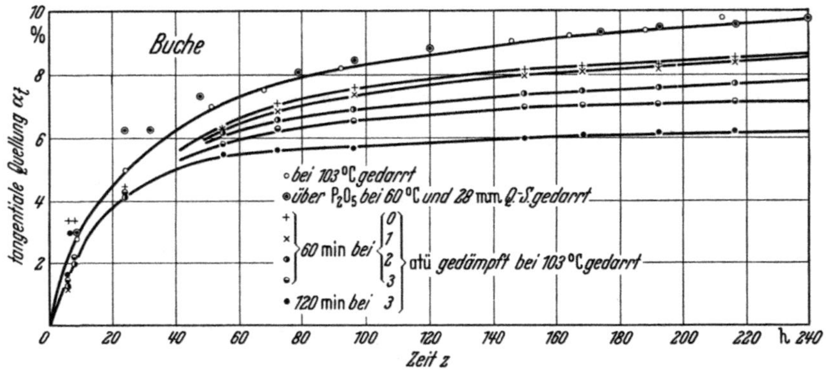

Bild 184. Tangentiale Quellung von Buchenholzproben nach verschiedenartiger Dämpfung, verglichen mit nicht gedämpftem Holz. (Nach F. Kollmann.)

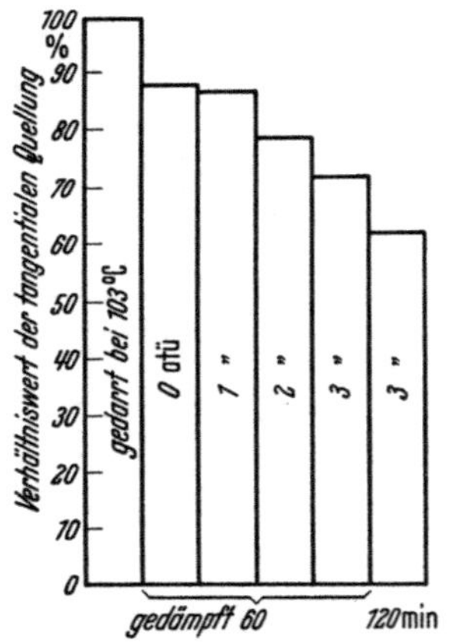

Bild 185. Verhältnismäßige Quellungsvergütung von Buchenholz nach verschiedenartiger Dämpfung. (Nach F. Kollmann.)

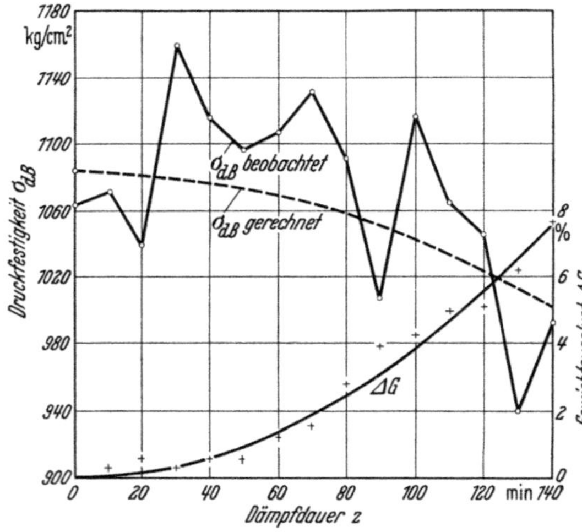

Bild 186. Einfluß der Dämpfdauer auf das Holzgewicht und die Druckfestigkeit von Eschenholzklötzchen beim Dämpfen mit 3 atü Dampfdruck. (Nach F. Kollmann.)

langer Quellung derselben Asymptote zustreben; freilich bleibt zu bedenken, daß in der Praxis besonders hohe Spitzen der relativen Luftfeuchtigkeit meist nur eine begrenzte Zeit wirken, so daß hier auch das Dämpfen bei 100° C eine merkliche Quellungsvergütung bewirken muß. Bei den höheren Dampftemperaturen ist sie in jedem Fall ganz eindeutig.

622.4 Änderung der mechanischen Eigenschaften.

Während des Dämpfens sinkt der Elastizitätsmodul des Holzes, und zwar um so mehr, je höher der Dampfdruck und je länger die Dämpfdauer ist. Auf Bild 490 in Band I ist Bezug zu nehmen. Auf die bleibende Druckfestigkeit hat das Dämpfen keinen Einfluß, solange es nicht zu Auslösungen von Holzbestandteilen und damit Gewichtsverlusten kommt. Bei Anwendung höher gespannten Dampfes sind solche Substanzverluste aber unvermeidbar. Bild 186 zeigt beispielsweise, wie der Gewichtsverlust beim Dämpfen von Eschenholzklötzchen mit **3** atü nahezu quadratisch mit der Dämpfdauer anwächst. Für die Druckfestigkeit erhält man eine scheinbar sehr unregelmäßig verlaufende Kurve mit Spitzen und Tälern. Schärfere Prüfung läßt allerdings eine Neigung der Werte zum Abfallen mit länger dauernder Dämpfzeit nicht

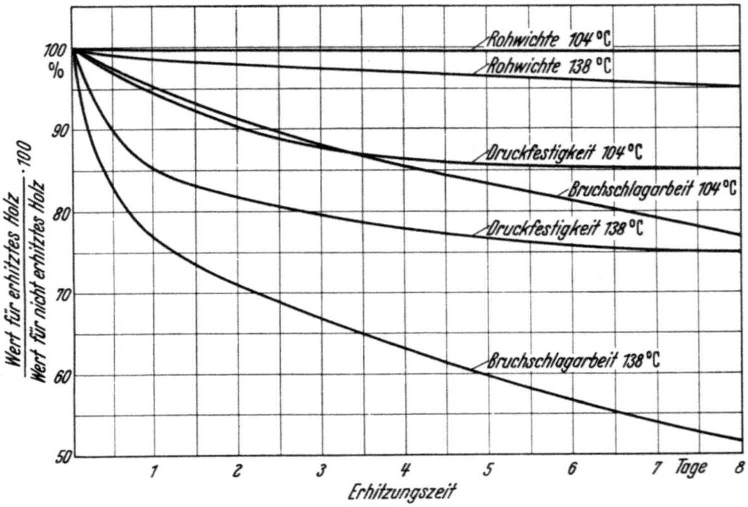

Bild 187. Beziehung zwischen der Erhitzungsdauer und den Mittelwerten für die Rohwichte, die Druckfestigkeit parallel zur Faser und die Bruchschlagarbeit, ausgedrückt in % der Werte für unbehandelte Kontrollstücke. (Nach A. Koehler und N. Y. Pillow.)

verkennen, nur ist dieser Hang eben durch die natürlichen Eigenschaftsschwankungen stark verdeckt. Man kann aber, da die Druckfestigkeit proportional der Rohwichte des Holzes ist (vgl. Band I, S. 725ff.), aus dem Gewichtsverlust ΔG [%] und der Ursprungsdruckfestigkeit σ_{dB_1} die Druckfestigkeit σ_{dB_2} nach einer Dämpfdauer, die den Gewichtsverlust ΔG veranlaßt hat, berechnen zu:

$$\sigma_{dB_2} = \left(1 - \frac{\Delta G}{100}\right) \sigma_{dB_1}. \tag{5}$$

Die damit berechnete Kurve zeigt, welcher Abfall der Druckfestigkeit zu erwarten wäre, wenn keinerlei Eigenschaftsstreuungen bestünden. Die Kurve fügt sich dem Zickzackverlauf der wirklich gemessenen Werte gut als Ausgleichkurve ein.

Aufschlußreich ist in diesem Zusammenhang auch Bild 187, das die Veränderung der Rohwichte, der Druckfestigkeit und der Bruchschlagarbeit von Sitkafichtenholz durch die Einwirkung verschieden hoher Temperaturen während verschieden langer Zeiten zeigt. Dabei handelt es sich allerdings um die Ergebnisse von Versuchen, bei denen trockene Hitze angewendet worden war. Da aber trockene und feuchte Hitze annähernd dieselbe Verfärbung und den gleichen Gewichtsverlust des Holzes bewirken, geht man kaum fehl, wenn man die Kurven als — zum mindesten qualitativ — gültig auch für gedämpftes Holz ansieht. Man kann daraus schließen, daß die Bruchschlagarbeit

(Zähigkeit) erheblich stärker als die Druckfestigkeit herabgesetzt wird. Bei Untersuchung von Proben mit genau gleicher Feuchtigkeit zeigten die Durchbiegungs-Spannungsdiagramme nach C. G. Schwalbe und W. Ender[1] beim gedämpften Holz einen schärferen Knick als beim ungedämpften. Ersteres splitterte beim Bruch auch mehr als letzteres.

622.5 Chemische Vorgänge beim Dämpfen.

Mit steigendem Dampfdruck und wachsender Dämpfdauer verfärbt sich das Holz immer dunkler; ursprünglich weißgelbes Holz ist nach 120 min Dämpfen mit 3 atü dunkelbraun, eine Erscheinung, die, wie oben gesagt, auch bei der Behandlung mit trockener Hitze auftritt. In der Literatur ist auf die Bedeutung der Braunfärbung als Begleiterscheinung von Holzzersetzung wiederholt hingewiesen worden. Als sicher kann gelten, daß beim Dämpfen zunächst ein Auslaugen von Harzen, Fetten und Aschenbestandteilen einsetzt. Möglicherweise gehen dabei auch schon einige besonders kurzkettige Kohlehydratanteile mit ab; zusätzlich stellen sich dann hydrolytische Vorgänge ein, die um so energischer sind, je höher die Temperatur ist.

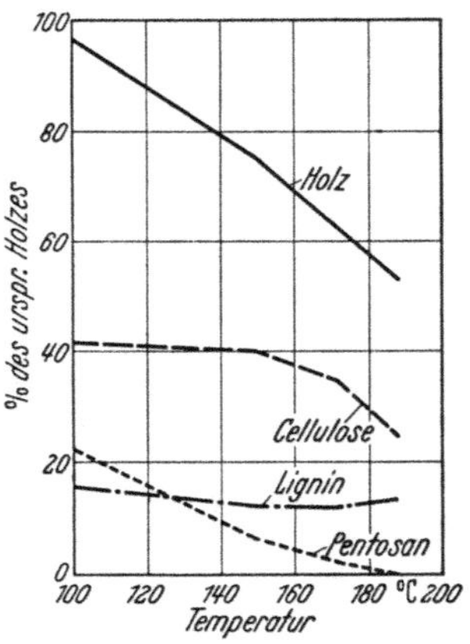

Bild 188. Die Rückstände von Aspenholz und seinen Bestandteilen bei der Heißwasser-Extraktion. (Nach S. J. Aronowsky und R. A. Gortner.)

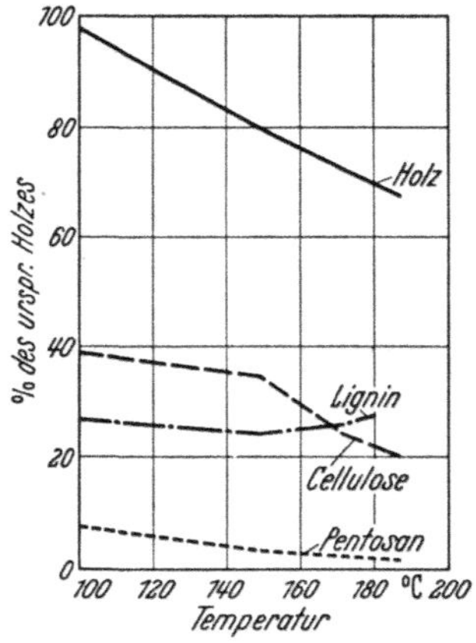

Bild 189. Die Rückstände von Jackpine-Holz und seinen Bestandteilen bei der Heißwasser-Extraktion. (Nach S. J. Aronowsky und R. A. Gortner.)

Bild 188 und 189 zeigen recht bemerkenswerte Versuchsergebnisse von S. J. Aronowsky und R. A. Gortner[2] über die chemischen Wandlungen im Holz bei Kochung mit verschiedenen Bedingungen und großem Wasserüberschuß. Bemerkenswert ist die rasche Abnahme der Pentosane schon bei mäßiger Temperatursteigerung. Bei höheren Temperaturen wird auch die Cellulose stark abgebaut, während das analytisch feststellbare Lignin unter Umständen zunimmt. Man kann auf Grund aller vorliegenden Befunde annehmen, daß zuerst — wahrscheinlich in gewissem Umfang schon unterhalb 100°C — Essig-

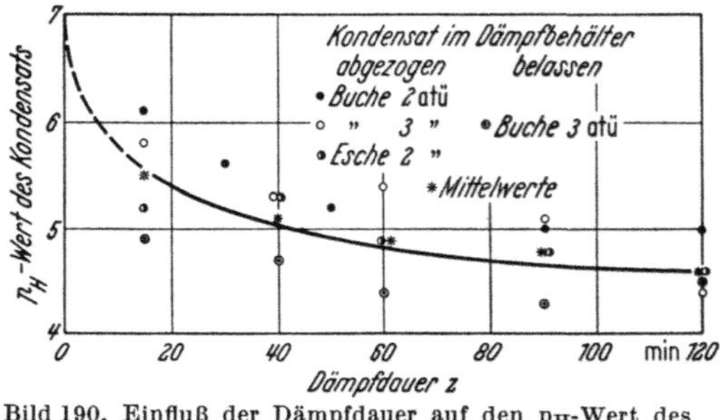

Bild 190. Einfluß der Dämpfdauer auf den p_H-Wert des Kondensats beim Dämpfen von Buchen- und Eschenholz. (Nach F. Kollmann.)

[1] Schwalbe, C. G., u. W. Ender: Forstarch. Bd. 10 (1934) S. 33.

[2] Aronowsky, S. J., u. R. A. Gortner: Ind. Engng. Chem. Bd. 22 (1930) S. 264. (Aufgezeichnet wurden die Kurven in Bild 188 und 189 von R. O. H. Runkel, vgl. Bericht der Tagung des Arbeitsausschusses „Holzfaser-, Holzspanplatten", Verein f. techn. Holzfragen, Braunschweig Okt. 1949.)

säure und Ameisensäure entstehen (vgl. auch Abschnitt 762.93). Darauf deutet auch der typische Geruch beim Dämpfen und der rasche Abfall des p_H-Wertes des Kondensats (Bild 190) hin. Unter der Mitwirkung dieser Säuren werden dann oberhalb von 100° C die leichter spaltbaren Pentosananteile hydrolysiert. Mit steigender Temperatur kommt es auch zu einer Umwandlung der Pentosen in Furfurol.

63. Künstliche Holztrocknung durch Heißluft-Dampf-Gemische.

631. Anlagen zur Trocknung mit Heißluft-Dampf-Gemischen.

631.1 Anlagen mit zeitlicher Stufenfolge.

Es gibt zwei grundsätzlich verschiedene Bauarten von Holztrockenanlagen:

1. Kammern, in denen die Trocknungsstufen zeitlich nacheinander eingestellt werden.
2. Kanäle oder Tunnel, in denen die Stufen zeitlich nebeneinander vorhanden sind und vom Holz durch örtlichen Vorschub durchlaufen werden.

Nach den heutigen Erfahrungen eignen sich die Kammern für die feinstufige Trocknung hochwertiger Hölzer sowie für Sortimente mit großen Abmessungen, während die Kanäle für die Behandlung billiger Massenware und für Hölzer mit kleineren Abmessungen bestimmt sind.

631.11 Kammern mit natürlichem Zug. Jede Vorrichtung zum Heißlufttrocknen beruht auf folgendem Grundgedanken: Kalte Frischluft wird auf zweckmäßige Weise erwärmt und in die Anlage geleitet, in der sich das Trockengut befindet. Die heiße Luft steigt nach oben und wird gezwungen, durch das entsprechend gestapelte Gut zu streichen; sie nimmt dabei Feuchtigkeit auf und kühlt sich infolge der geleisteten Trockenarbeit ab. Durch die Abkühlung wird die Luft schwerer und sinkt zum Boden der Anlage, wo sie entweder als Abluft fortgeführt oder als Rückluft wieder dem Kreislauf zugeleitet wird.

Bei den meisten älteren Anlagen wird die Luftumwälzung lediglich durch Wärmeunterschiede bewirkt; man spricht dann von natürlichem Zug. Die maschinelle Einrichtung solcher Anlagen beschränkt sich auf die Beheizung — fast stets Rippenrohre — und die Belüftungsklappen und -schieber. Die übliche Anordnung einer Kammer mit natürlichem Zug zeigt Bild 191 im Aufriß. Die Heizrohre befinden sich unter Flur; ganz überschläglich kann man je Kubikmeter Kammerraum mit etwa 1,5 bis 2,5 m² Heizkörperoberfläche rechnen. Genau läßt sich die erforderliche Mindestfläche aber nur auf Grund einer Wärmebilanz festlegen (s. Abschnitt 633.1). Öffnungen für die Abluft müssen sich in den Wänden, unter dem Boden, gegebenenfalls auch in halber Kammerhöhe befinden. Damit die Abluft ins Freie gelangen kann, muß sie immer noch wärmer sein als die Außenluft. Für die Bewegung der Luft ist weiter die Höhe h der Abzugsschächte entscheidend; sie läßt sich theoretisch errechnen aus der Gleichung

$$h = \frac{v_h^2 \gamma_h}{2g(\gamma_a - \gamma_i)} (1 + \Sigma\zeta), \tag{6}$$

wobei v_h die Luftgeschwindigkeit über der Heizung, γ_h das spezifische Gewicht der Luft über der Heizung, γ_a das spezifische Gewicht der Außenluft, γ_i das der Abluft im Kamin, g die Erdbeschleunigung und $\Sigma\zeta$ die Summe aller in der

Anlage auftretenden Widerstandsbeiwerte sind. Eine genaue Bestimmung der in der Luftleitung auftretenden Widerstände ist aber in der Regel nicht möglich. Man muß deshalb, und um dem Wechsel der Außentemperatur, der Windrichtung sowie etwaigen Undichtigkeiten Rechnung zu tragen, mit beträchtlichen Sicherheitszuschlägen arbeiten.

Die Betriebsregelung der Kammern mit natürlichem Zug ist stets nur unvollkommen möglich. Durch Umluftbetrieb kann man zwar die relative Luftfeuchtigkeit hochhalten, die bei Zuleitung von viel Frischluft rasch sinkt; die Luftgeschwindigkeit läßt sich aber durch Bedienung der Klappe nur in beschränktem Umfange beeinflussen, und gleichmäßige Durchmischung des Dampfluftgemisches ist kaum erreichbar. Sorgfältige Stapelung und sehr schonende Trocknung mit nur langsamer Temperaturerhöhung sind deshalb unerläßlich. Schlechte Kammern lassen sich häufig durch Einbau von Leitwänden für die Frischluft, durch wasserdichten Verputz der Wände, Dichten der Klappen, Einbau von Kondenstöpfen mit etwa 0,2 atü Gegendruck in die Heizbatterien usw. verbessern. Trotzdem ist für die Trocknung mit natürlichem

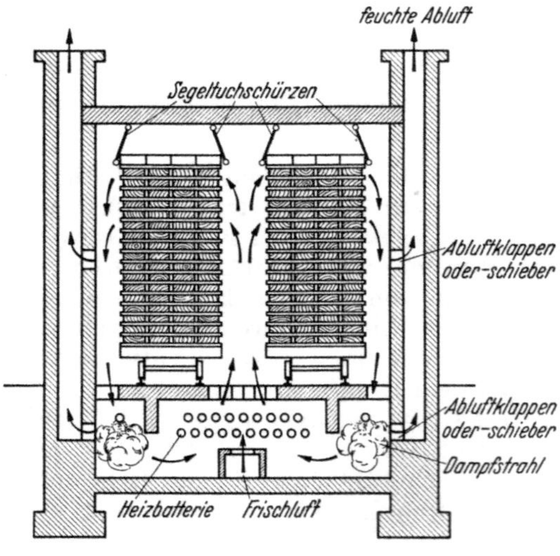

Bild 191. Schematischer Querschnitt durch eine Trockenkammer mit natürlichem Zug.

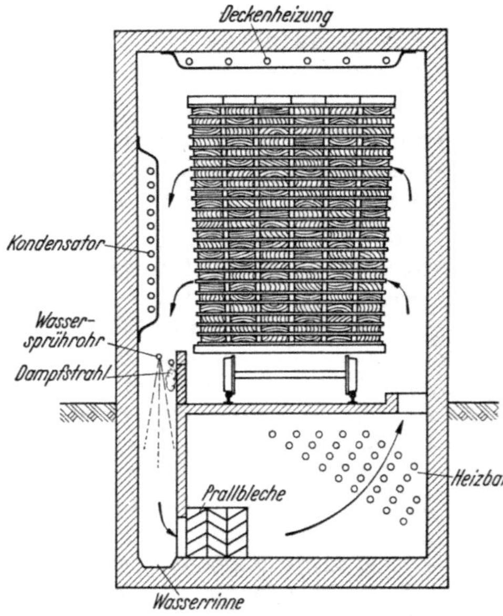

Bild 192. Schematischer Querschnitt durch eine Trockenkammer mit natürlichem Zug, unterstützt durch Wassersprüher und einen eingebauten Kondensator. (Nach H. D. Tiemann).

Zug auch in fehlerlosen Anlagen etwa doppelt so viel Zeit wie bei künstlicher Belüftung aufzuwenden (vgl. auch Band I, Seite 486). Eine Verkürzung der Trockenzeiten um etwa 10% ist nach einem Vorschlag von H. D. Tiemann[1] durch Einbau von Kondensatoren und Wassersprühern — die ähnlich wie Strahlpumpen wirken — auf der Abluftseite möglich; die Bauart (Bild 192) kommt aber in Anlage und Betrieb so teuer, daß sie für gewerbliche Zwecke trotz ihrer guten und stetigen Regelbarkeit kaum in Frage kommt. Besser

[1] Tiemann, H. D.: Siehe bei S. T. C. Stillwell: The Principles of Kiln-Seasoning of Timber, Part I: Types of Commercial Kilns in Use. For. Prod. Res. Spec. Report 2, London 1930.

bewähren sich Dampfstrahlgebläse nach Bild 193, die auch um das Dampfzuleitungsrohr schwenkbar sein können und dann Zwei- und Dreiwegetrocknung (d. h. umsteuerbaren Betrieb, s. S. 261) ermöglichen.

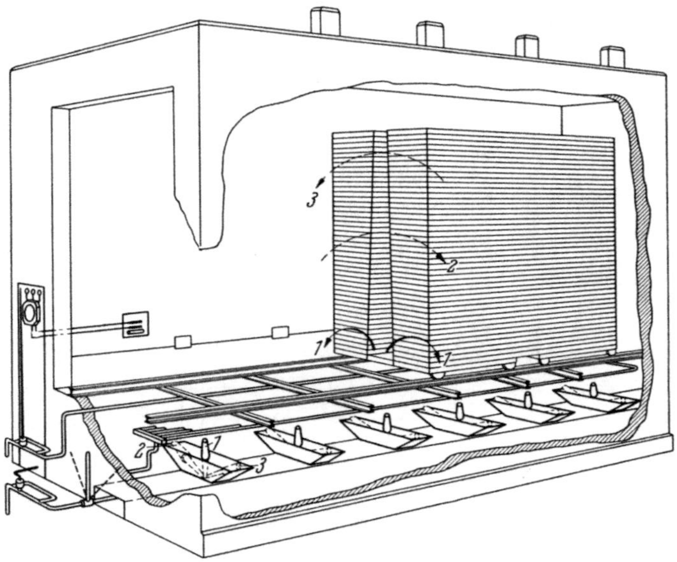

Bild 193. Schematischer Querschnitt durch eine Trockenkammer mit schwenkbaren Dampfstrahlgebläsen, Bauart H. L. Henderson.

631.12 Kammern mit künstlichem Zug. 631.121 Kammern mit Schleudergebläsen. 631.121.1 *Kammern mit außenliegenden Schleudergebläsen.* Auf einfachste Weise läßt sich eine Trockenkammer durch ein außenliegendes Gebläse belüften. Das Gebläse ist in der Regel mit einem Heizkörper und Dampfsprühern zur Luftbefeuchtung vereinigt und drückt die Luft in einen Einlaßkanal unterhalb des Lattenbodens oder oberhalb der Kammerdecke (Bild 194), bei Halbkammern in den schmalen Raum zwischen Kammerwand und Schlitzwand auf der Frischluftseite. Der Luftkreislauf ist der übliche: Die heiße Trockenluft muß durch die Stapel streichen und fällt, kälter und schwer geworden, herab. Im ersten Teil jeder Trocknung wird die Abluft vom Gebläse wieder angesaugt, wobei der Frischluftstutzen ganz oder größtenteils geschlossen ist. Mit fortschreitender Trocknung wird allmählich vom Umluft- zum Frischluftbetrieb übergegangen. Die Schieber in den Luftkanälen sollen stets so bedient werden, daß die Summe der freien Querschnitte des Frisch- und Umluftrohres die gleiche bleibt, und daß der freie Querschnitt des Abluftrohres dem freien Querschnitt des Frischluftrohres entspricht. Zwangläufig wird die richtige gegenseitige Einstellung durch den von H. Schultz vorgeschlagenen Differentialluftregler[1] gesichert.

Die Anlagen mit Ventilator und Lufterhitzer außerhalb der Kammer sind wegen ihrer verhältnismäßig niedrigen Anlagekosten und hohen Betriebssicherheit geschätzt, jedoch läßt die Gleichmäßigkeit der Trocknung meist zu wünschen übrig. Bemerkenswert ist deshalb eine neue Konstruktion in USA, die darauf abzielt, auch bei außenliegenden Gebläsen durch kurze Luftwege, Lochwände zwecks gleichmäßiger Luftverteilung und umsteuerbarem Betrieb mit

[1] DRP. 426829, H. Schultz.

Hilfe von Hosenrohren die Trocknung gleichmäßig zu gestalten (Bild 195). Ähnliche Konstruktionen sind auch möglich mit Gebläsen, die seitlich und vor den Kammern untergebracht werden.

Die größten Abmessungen von Kammern mit außenliegenden Gebläsen sind meist 12 m Länge, 3 m Höhe und 5 m Breite. Das Gebläse wird in der Regel so bemessen, daß es bei leerer Kammer einen 100- bis 200fachen Luftwechsel je Stunde schafft. Bei einem Kammerinhalt von 100 m³ wird man also einen Ventilator mit durchschnittlich 15000 m³/h Förderleistung verlangen.

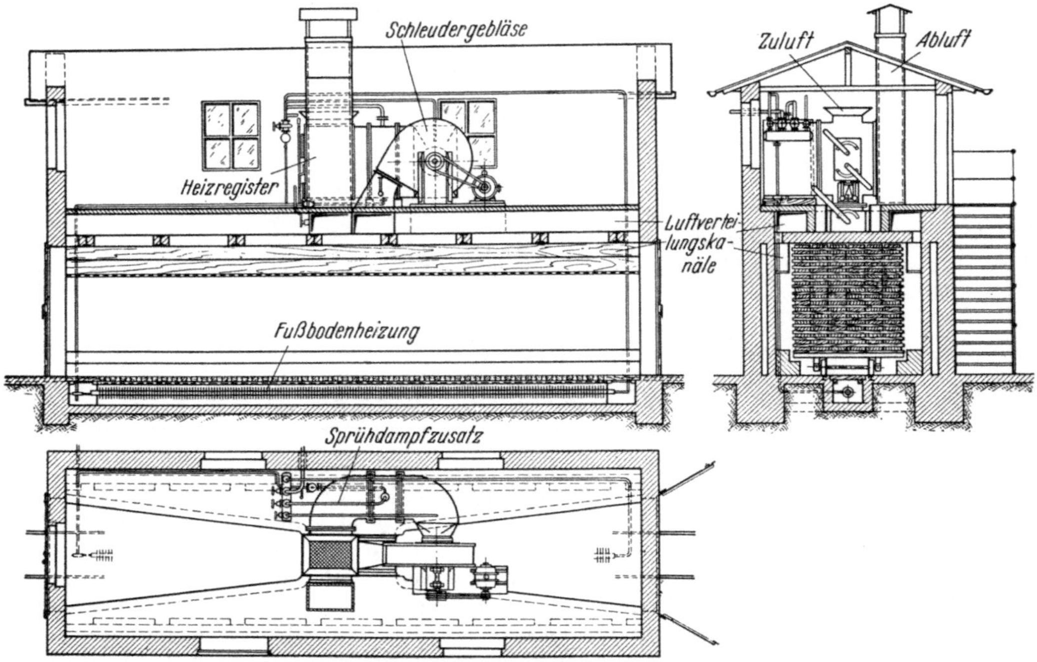

Bild 194. Schema einer Trockenkammer mit Schleudergebläse über dem Trockenraum, Bauart MAN, Werk Nürnberg.

Der Energiebedarf für ein derartiges Gebläse liegt bei der normalen Drehzahl von 1500 U/min je nach der verlangten Druckhöhe zwischen etwa 3,5 und 5 kW. Als Gesamtpressung für Schleudergebläse in Holztrockenanlagen muß man mindestens 35 mm W.-S. rechnen, wovon etwa die Hälfte zur Aufbringung des dynamischen Druckes beansprucht wird, der bei Schleudergebläsen infolge der kleinen Luftquerschnitte hoch sein muß. Zur Unterstützung des Lufterhitzers werden unter dem Fußboden meist noch einige Stränge Rippenrohre verlegt (vgl. Bild 194). Unter Umständen kann sogar das ganze Heizungssystem vom außenliegenden Gebläse getrennt und in die Kammer eingebaut werden. Auch eine Dämpfleitung muß vorhanden sein.

Wenn ein Werk keine Kesselanlage besitzt oder der eigene Abdampf schon voll ausgenutzt ist, oder wenn die Trockenanlage sehr weit vom Kesselhaus abliegt, können Trockenanlagen mit direkter Beheizung durch Verbrennungsgase oder mittels Generatordoppelfeuerung in Frage kommen. Bei Anlagen der letztgenannten Bauart (z. B. von A. Besler, Freilassing) wird das Abfallholz — Späne zusammen mit grobstückigen Abfällen — in einem Holzgasgenerator (s. Bd. I, S. 290 bis 301) vergast und das Holzgas verbrannt. Die rauch- und rußlosen Verbrennungsgase werden mit Frischluft gemischt, durch Einspritzen von Wasser abgekühlt und befeuchtet, anschließend unmittelbar durch ein Gebläse in die Trockenkammer gedrückt. Die Temperaturen dort können auf 60 bis 120°ü eingestellt werden. Derartige Anlagen sind vom übrigen Betrieb vollkommen unabhängig und haben eine gute Wärmeökonomie.

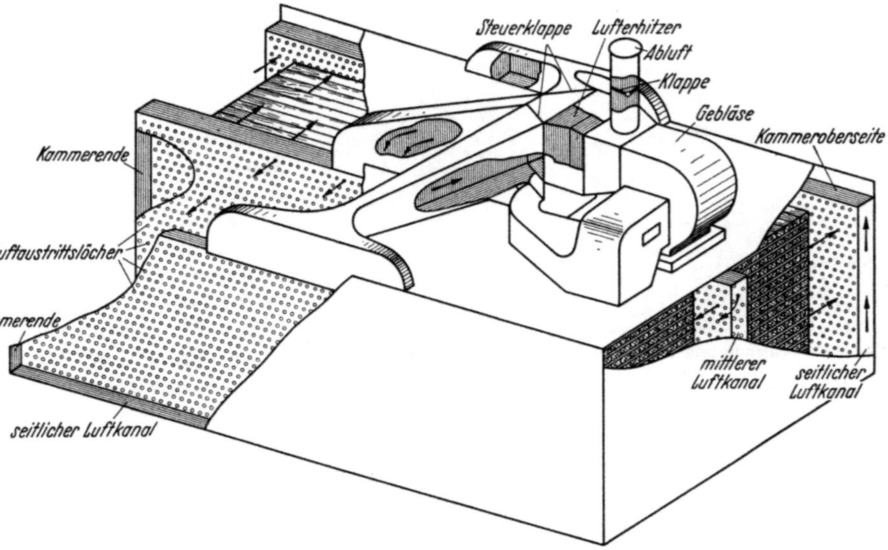

Bild 195. Kammer mit außenliegendem Schleudergebläse für umsteuerbaren Betrieb. (Nach E. F. Rasmussen.)

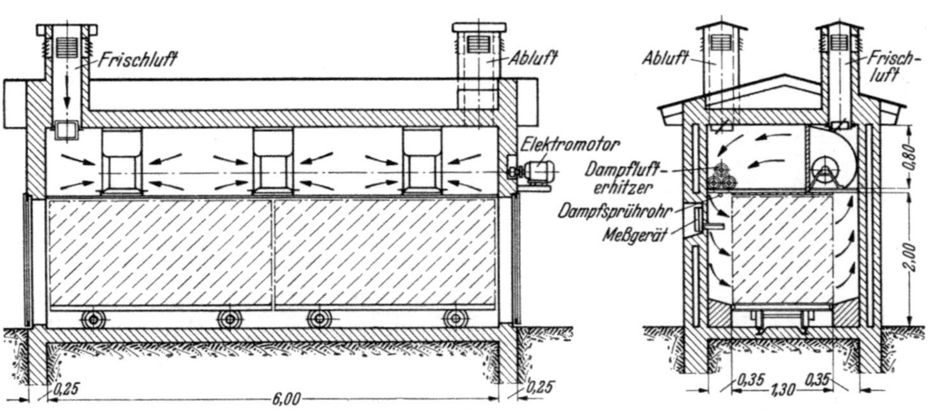

Bild 196. Längs- und Querschnitt durch eine Kammer mit doppelseitig saugenden Schleudergebläsen auf gemeinsamer Welle, Bauart Artos Maschinenbau Dr.-Ing. Meier-Windhorst K. G., Hamburg.

631.121.2 *Kammern mit innenliegenden Schleudergebläsen.* Doppelseitig saugende Schleudergebläse können auf einer gemeinsamen Achse, die parallel zur Kammerachse verläuft, gemäß Bild 196 in Trockenkammern eingebaut werden. Diese Bauart ist dadurch ausgezeichnet, daß kein Längsschub in der Luftförderung entsteht und das bei einwandfreier Konstruktion ein Überdruck im Raum über dem Holzstapel auftritt, der eine gleichmäßige Luftverteilung begünstigt. Heizregister und Sprührohre liegen, wie ersichtlich, auf der Zuluftseite. Das System kann auch bei Doppelstapelkammern Anwendung finden;

in diesem Fall wird die Frischluft vom Druckraum aus über zwei Heizregister an den Kammeraußenseiten in die Stapel befördert und zwischen diesen wieder von den Gebläsen angesaugt.

Die Gebläse und Leitgehäuse werden neuerdings zur Vermeidung von Korrosion aus Aluminium oder korrosionsfesten Aluminiumgußlegierungen angefertigt und auf Aluminiumträgern der Zwischendecke aufgebaut (Bild 197). Es gibt auch Heißdampftrockner (s. Ziffer 641), die im Innern mit Schleudergebläsen ausgestattet sind.

Bild 197. Schleudergebläse vor dem Einbau, vormontiert auf den Aluminiumträgern der Zwischendecke (Schröter K. G., Maschinenfabrik, Rudersberg, Württ.)

Um wiederholte Umlenkung des Luftstroms im Gebläseraum zu vermeiden, kann man die Gebläseachsen senkrecht zur Kammerachse legen. Diese Bauart hat sich in England und USA bei Schraubenlüftern so bewährt, daß sie eine führende Stellung erworben hat. Schleudergebläse können grundsätzlich ähnlich angeordnet sein. Bild 198 gibt ein Beispiel wieder. Wie ersichtlich, sind die Gebläse einzeln angetrieben. Bei Anordnung mehrerer Kammern muß zwischen je einem Kammerpaar ein Bedienungsgang für die Motoren freibleiben. Man kann diesen toten Raum einsparen, wenn man bei großen zweistapeligen Kammern die Gebläse mit senkrechter Achse, entsprechend Bild 199, in die Mitte der Kammerdecke einbaut. Aus dem Bild ist die Führung der Frischluft durch die Heizregister, der Weg der Warmluft durch die Stapel und die Rückführung der Umluft zu ersehen. Bemerkenswert ist, daß die Schleudergebläse durch die Wirkung von Blenden nach zwei Seiten fördern.

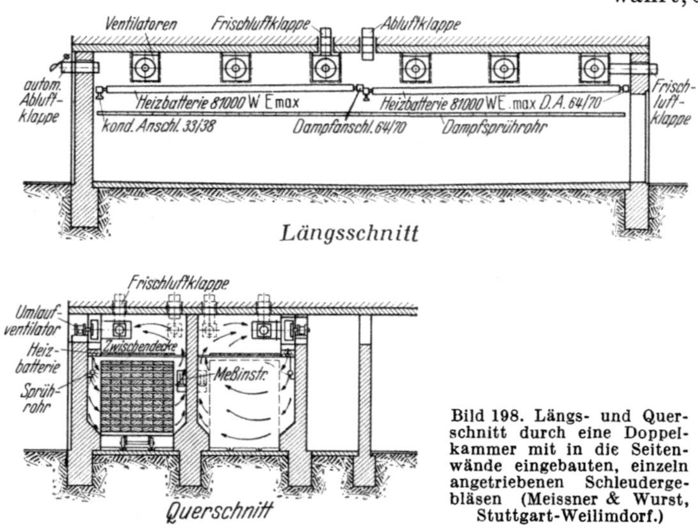

Bild 198. Längs- und Querschnitt durch eine Doppelkammer mit in die Seitenwände eingebauten, einzeln angetriebenen Schleudergebläsen (Meissner & Wurst, Stuttgart-Weilimdorf.)

631.122 Kammern mit innenliegenden Schrauben- oder Propellerlüftern.

631.122.0 *Allgemeines.* In Schweden gibt es große Gegenstrom-Trockenanlagen, bei denen die Luftbewegung nur durch einen innen, oberhalb des

Trockenkanals in einem Luftführungsraum liegenden Propellerlüfter verursacht wird. Diese Bauart wird bei Anlagen mit örtlicher Stufenfolge der Trocknungszonen zu besprechen sein. Kammern mit mehreren innenliegenden Lüftern sind aber — darin stimmen fast alle Fachleute überein — im allgemeinen jenen mit einem außenliegenden oder innenliegenden Gebläse vorzuziehen. Sie bieten folgende wesentliche Vorteile:

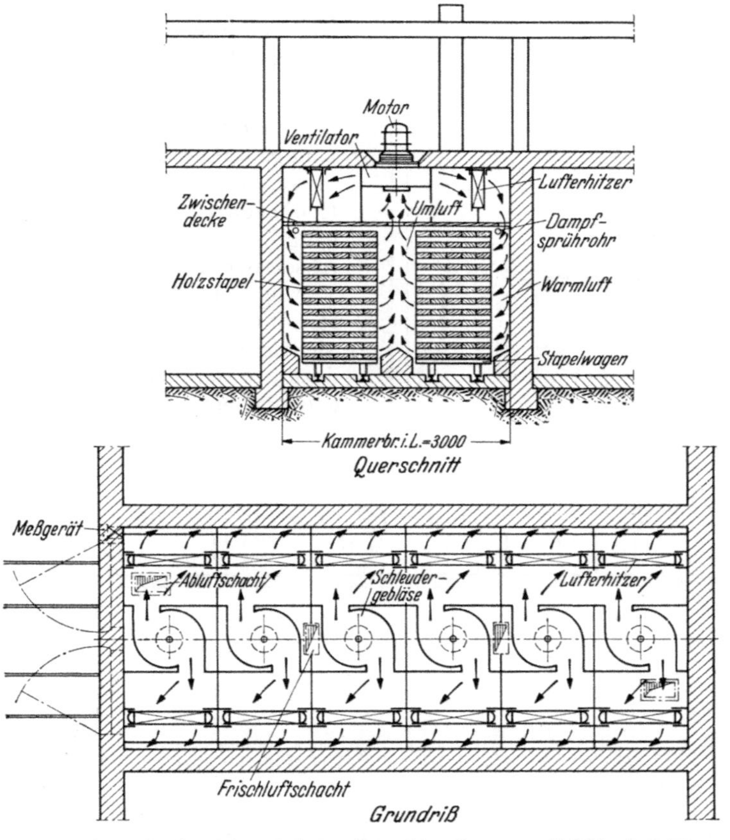

Bild 199. Querschnitt und Grundriß einer Doppelstapelkammer mit Schleudergebläsen auf senkrecht in der Decke eingebauten Achsen. (Maschinenfabrik Georg Kiefer, Stuttgart-Feuerbach.)

1. Die Ausrüstung mit mehreren oder vielen Gebläsen innerhalb der Kammer sichert eine kräftige und gleichmäßige Belüftung aller Stapel und Stapelteile;

2. der Betrieb läßt sich meist durch einfachen Wechsel der Drehrichtung der Lüfter umsteuern.

3. der Kraftverbrauch ist niedriger als bei den meisten Anlagen mit außenliegendem Gebläse;

4. die Lüfter können je nach den besonderen Bedingungen oberhalb oder unterhalb der Anlage, mit ihrer Achse parallel zur Kammerachse oder senkrecht dazu (mit horizontaler oder vertikaler Lage) angeordnet werden.

Die Trocknung in umsteuerbaren Anlagen beginnt beispielsweise mit Rechtslauf der Gebläse, die Frischluft ansaugen und in die Stapel drücken. An der

Abluftseite, längs der die feuchte, abgekühlte Luft nach unten sinkt, werden die Stapel nicht gleichmäßig trocken. Man wechselt deshalb nach einiger Zeit oder periodisch Tag für Tag, wobei die Umschaltung auch automatisch über Zeitrelais erfolgen kann, die Drehrichtung der Lüfter. Bei Linkslauf drücken sie die Frischluft auf jenen Seiten in die Stapel, an denen vorher die feuchten Abluftschwaden klebten und die Trocknung behinderten.

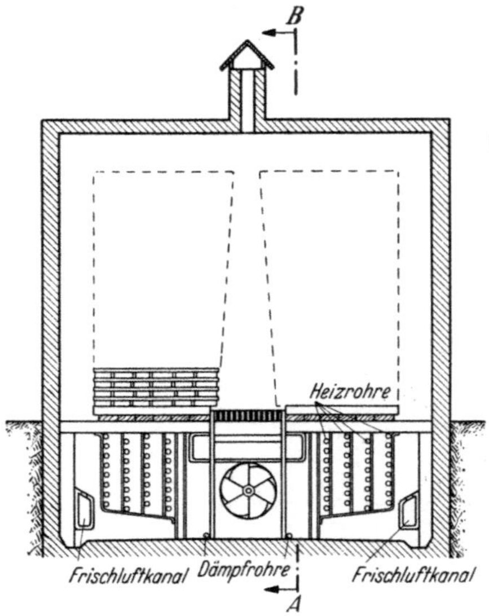

631.122.1 *Trockenanlage mit untenliegenden Gebläsen.* Das Schema einer Anlage mit untenliegenden Schraubenlüftern zeigt Bild 200. Die Konstruktion bedarf keiner näheren Erläuterung. Neben den im vorangegangenen Abschnitt aufgezählten allgemeinen Vorzügen bietet sie den weiteren Vorteil, daß die Bauhöhe der Anlage sehr niedrig wird. Erkauft werden muß dies durch entsprechende Ausschachtungen, um einen Keller für Gebläse und Heizungsanlagen zu schaffen. Da die

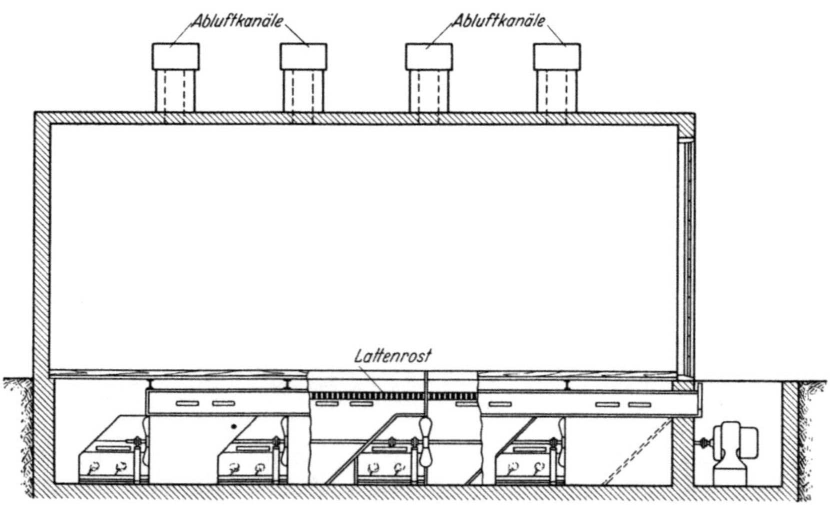

Bild 200. Schema einer Trockenanlage mit untenliegenden Schraubenlüftern.

Apparaturen unter Flur schwer zugänglich werden und die Gefahr der Überflutung besteht, hat man diese Bauweise in Europa heute fast allgemein wieder verlassen; in USA wird sie noch vielfach angewendet.

631.122.2 *Trockenanlagen mit obenliegenden Gebläsen auf einer Welle.* Bei umfangreichen Betriebsversuchen und -messungen hat sich herausgestellt, daß Trockenanlagen mit obenliegenden Schraubenlüftern besonders wirkungsvoll und wirtschaftlich sind. Durch die Vereinigung der ganzen maschinellen Ausrüstung in Aggregaten oberhalb der Kammer wird die Konstruktion billig und leicht zugänglich. Überflutung durch Grundwasser oder sonstiges Wasser ist ausgeschlossen.

Selbstverständlich gibt es im einzelnen wieder sehr verschiedene Bauformen für solche Anlagen, jedoch sollte die Stapelbreite nicht über 1,8 m hinausgehen. Bei zweistapeligen Kammern kommt man dann mit den Zwischenräumen für die Luftführung auf eine Gesamtbreite von etwa 5 m. Die Höhe zwischen dem Boden und der Zwischendecke über den Stapeln darf allgemein 2,4 m nicht

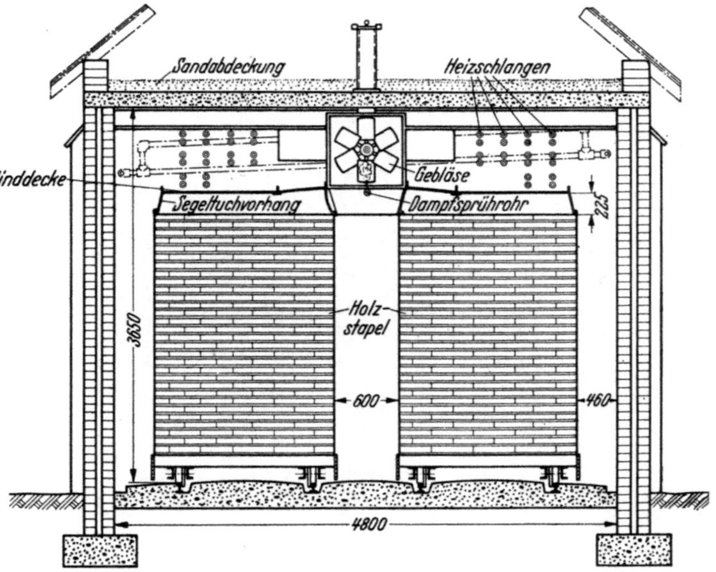

Bild 201. Querschnitt durch eine Trockenanlage mit innenliegenden Schraubenlüftern auf einer Welle. (Nach Forest Products Research Laboratory, Princes Risborough.)

überschreiten. Man kann die Stapelhöhe aber ohne weiteres verringern. In solchen Fällen muß man den zwischen Stapeloberkante und Zwischendecke entstehenden Raum durch Segeltuchschürzen absperren, damit er nicht von der Trockenluft als bequemer Weg gewählt wird. Der mittlere Raum zwischen den Stapeln soll in seiner Breite dem Gebläsedurchmesser entsprechen (meist etwa 60 cm). Die seitlichen Luftgänge sollen etwa 45 cm breit sein.

Bild 201, 202 und 203 zeigen die Einzelheiten einer solchen Trockenanlage[1]. Der Abstand der einzelnen Lüfter beträgt 1,5 m. Die Lüfterzahl hängt also von der Kammerlänge ab. An der Stirnseite der Stapel muß ebenfalls ein 0,6 m breiter Zwischenraum frei gelassen werden, während der Stapel am Kammerende bis zur Wand geschoben werden kann. Die Länge derartiger Anlagen soll nicht unter 3,6 m betragen. Bei ausreichend bemessener Heizung sind Längen bis zu 13 m ohne weiteres möglich. Über die zweckmäßigerweise zu wählenden Baustoffe wird in Abschnitt 632 Näheres mitgeteilt. Die Kammersohle soll zwecks Entwässerung entweder ein leichtes Gefälle oder Sickerschächte erhalten. In der Kammerdecke müssen Dehnungsfugen vorgesehen werden; sie soll wenn irgend möglich, mit Rücksicht auf den erforderlichen Wärmeschutz der Anlage in Leichtbauweise errichtet werden.

[1] Timber Development Association: Timber Seasoning, London, Nachdruck Jan. 1949, S. 42 ff.

Die Gebläse, die Gebläsezellen, die Transmission und das Beheizungssystem werden wie aus Bild 203 ersichtlich ist, an I-Trägern, die quer zur Kammerlängsachse unmittelbar unter der Decke verlaufen, aufgehängt. Diese I-Träger erfüllen zugleich eine Aufgabe bei der Luftführung: Sie lenken die von den Gebläsen kommende Luft in die Querrichtung um und halten sie davon ab, der Länge nach durch die Kammer zu strömen. Zusätzliche Leitbleche und Blenden sind unerläßlich, um eine wirklich gleichmäßige Beaufschlagung der ganzen Stapel mit Luft zu erhalten (s. auch Abschnitt 634). Das britische Forest Products Research Laboratory empfiehlt für die Anlagen umsteuerbare Lüfter von 60 cm Durchmesser mit einer Förderleistung von 8500 m^3/h. Man kommt dann für die in Bild 201 und 202 dargestellte Anlage zu einer Luftmenge von

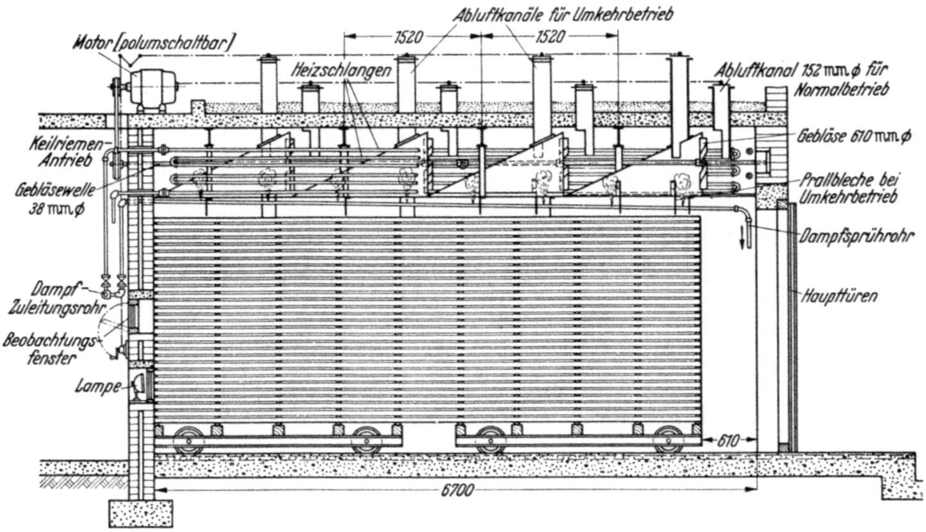

Bild 202. Längsschnitt durch eine Trockenanlage mit innenliegenden Schraubenlüftern auf einer Welle. (Nach Forest Products Research Laboratory, Princes Risborough.)

34000 m^3/h oder bei einem Kammervolumen von 119 m^3 zu einem rund 290-fachen stündlichen Luftwechsel. Für ein Gebläse der angegebenen Größe kann man bei einer Drehzahl von 800 U/min eine erforderliche Antriebsleistung von etwa 0,5 kW annehmen. Nach deutschen Erfahrungen reicht bei innenliegenden Lüftern und hohen Ansprüchen an die Leistungsfähigkeit ein derartiger Luftwechsel nicht aus. Bei einem Gesamtdruck von 10 mm W.-S. wird eine 600- bis 900fache Lufterneuerung als nötig angesehen.

Unerläßlich ist der Einbau einer völlig biegungssteifen Welle (von etwa 45 mm Durchmesser). Die Kugel- oder Rollenlager müssen tadellos gekapselt sein. Um eine Wärmeausdehnung zu ermöglichen, ist nur das dem Antrieb nächstliegende Lager fest anzuschließen. Im Hinblick auf die zweckmäßige Unterbringung des Antriebsmotors auf der Kammerdecke wird zwischen Motor und Welle ein Keilriementrieb empfohlen.

Die einzelnen Gebläsezellen werden aus Holz oder Blech (am besten Aluminiumblech) gebaut. Zur Entlüftung dienen in der Kammer gemäß Bild 201 Rohre mit 150 mm Durchmesser, die durch die Kammerdecke geführt sind, und zwar für jede Zelle ein Rohr vor und hinter dem Gebläse, wie aus Bild 203 ersichtlich ist. Diese Rohre sind unten schaufelförmig zugeschnitten. Die

Frischluft wird durch sie entweder angesaugt oder das Dampf-Luft-Gemisch ausgeblasen, je nach dem Drehsinn der Lüfter. In die Rohre sind dicht schließende Klappen oder Schieber einzubauen.

631.122.3 *Trockenanlagen mit obenliegenden Schraubenlüftern und Querwellen.* Kammern mit quer zur Längsachse liegenden Lüftern sind in baulicher Hinsicht besonders einfach und erfordern ein Minimum an Metalleinbauten (Bild 204). Sie benötigen keine besonderen Gebläsezellen und Leitwände, da der Querstrom der Luft von Natur aus gegeben ist. Da der Raum zwischen Decke und Zwischendecke nicht mehr durch I-Träger und andere Einbauten verengt wird, kann der Gebläsedurchmesser erheblich (z. B. auf 90 cm und mehr) vergrößert werden. Die Folge ist eine sehr wirkungsvolle Belüftung der Anlage, die wieder eine Verbreiterung der Stapel bis auf 2 m (unter Umständen sogar etwas mehr) erlaubt. Normalerweise sollte man bei dieser Bauart, die einstapelig ist und seitlich neben den Stapeln Luftgänge von 0,45 m lichter Weite erfordert, eine Kammerbreite von 3 m nicht überschreiten. Die Zwischendecke soll höchstens 2,6 m über der Kammersohle liegen. Für die Länge von Anlagen mit quer sitzenden Lüftern gibt es keine Beschränkung. Der seitliche Abstand der Gebläse soll nicht mehr als 2 m sein. Für jedes Gebläse sind eine eigene Welle mit etwa 40 mm Durchmesser und 2 Lager erforderlich. Das in der Kammer liegende Lager muß ganz gekapselt und von außen her mit einem hochschmelzenden Fett schmierbar sein. Der Antrieb der Wellen außerhalb der Kammern kann einzeln (vorherrschend über einen Keilriementrieb) oder gruppenweise erfolgen. Das britische Forest Products Research Laboratory empfiehlt für den einzelnen Lüfter eine Förderleistung von etwa 17000 m³/h (bei einer Drehzahl von 500 U/min). Die Lage und Wirkungsweise der Belüftungsrohre sind aus Bild 204 genau ersichtlich.

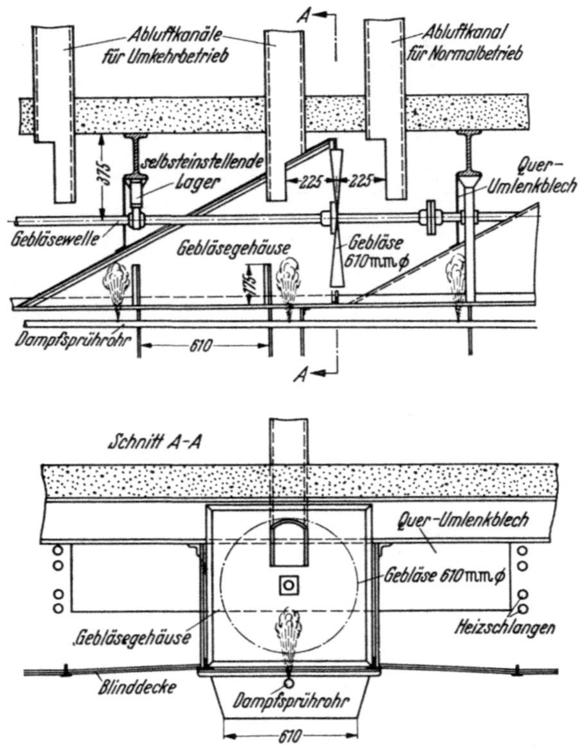

Bild 203. Schnitt durch eine Lüfterzelle der Anlage gemäß Bild 201 und 202. (Nach Forest Products Research Laboratory, Princes Risborough.)

Zu den Trockenanlagen mit obenliegenden Querlüftern gehört auch die in Bild 205 dargestellte Kammer vom Ofentyp, die vor allem für kleine und kleinste Betriebe zu empfehlen ist[1]. Holztrockenanlagen vom Ofentyp können

[1] Torgeson, O. W.: Furnace-Type Lu mber Dry Kiln, Southern Lumberman, 15. Dez. 1948, S. 992 — O. W. Torgeson u. H. H. Smith: Furnace-Type Lumber Dry Kiln, U.S. Dept. Agric., For. Serv., For. Prod. Lab., Rep. Nr. 1774, Madison, Wisc. 1948. — Vgl. Ref. Holz-Zentralblatt Bd. 75 (1949) S. 935.

die Erhitzung des Holzes durch die Verbrennungsgase entweder direkt oder indirekt durch Strahlung (mittels Rohrleitungen oder Heißluft) herbeiführen. Es handelt sich also um Anlagen ohne Dampfkessel. Die roheste Form ist die Rauch- oder Schmorkammer, in der die Temperatur und relative Luftfeuchtig-

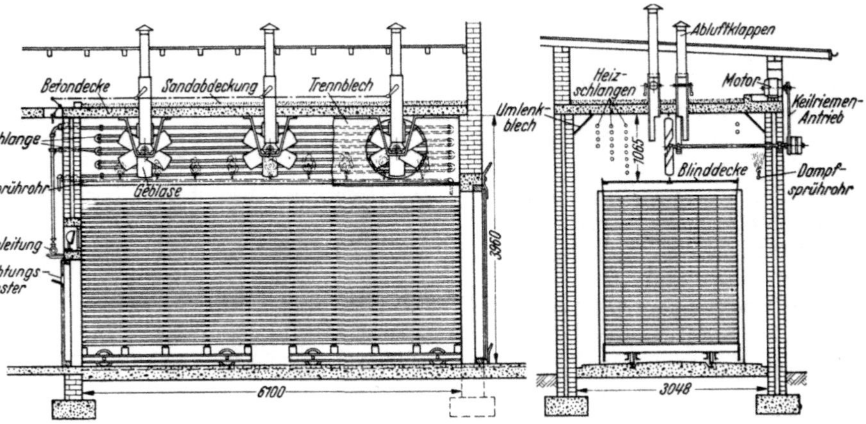

Bild 204. Schnitt durch eine Trockenanlage mit obenliegenden Schraubenlüftern auf Querwellen. (Nach Forest Products Research Laboratory, Princes Risborough.)

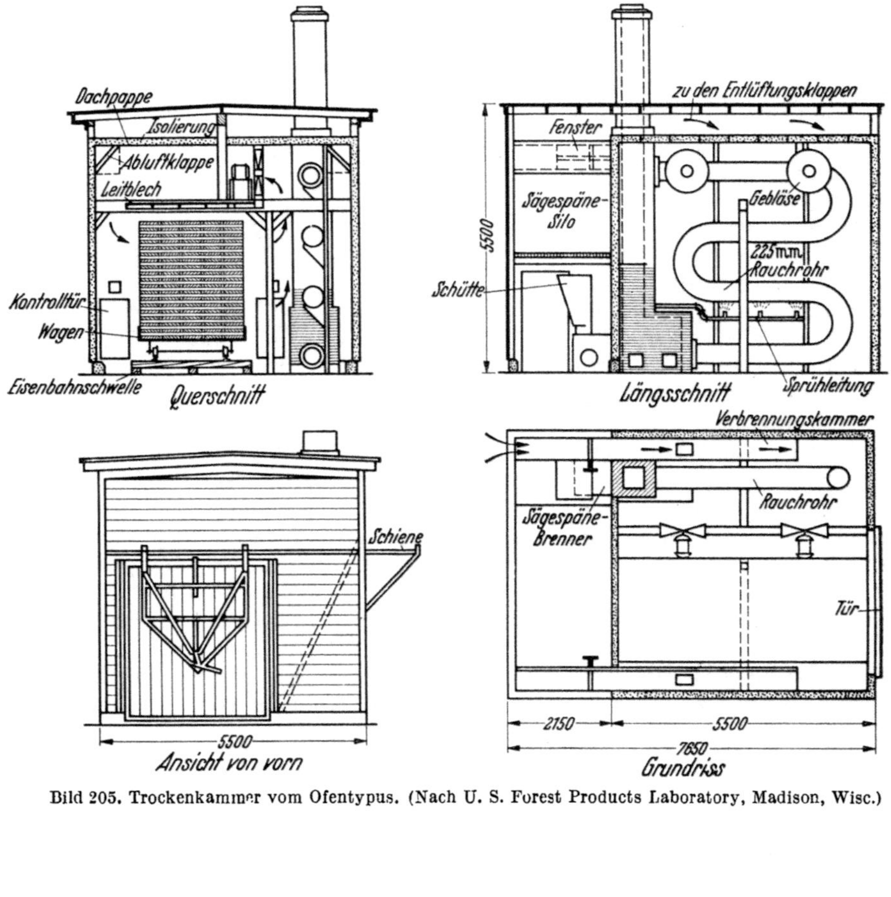

Bild 205. Trockenkammer vom Ofentypus. (Nach U. S. Forest Products Laboratory, Madison, Wisc.)

keit nicht überwacht werden können und die Trocknung uneinheitlich wird, von der Feuersgefahr ganz abgesehen. In Europa wurde die Bachrich-Trockenkammer entwickelt: Zwischen den eigentlichen Trocknungskammern befindet sich ein Feuerungsraum, in dem Holzabfälle verbrannt werden. Die Verbrennungsgase gehen durch Stahlrohre, die zwischen den Holzstapeln verlaufen. Ein kleiner Dampfkessel kann Dampf zur Befeuchtung der Luft liefern. Lüfter werden neuerdings empfohlen. Im britischen Forest Products Research Laboratory wurde ein anderer Trockner vom Ofentyp mit innenliegenden Gebläsen und Sägespänefeuerung entwickelt, der befriedigende Trocknungsergebnisse lieferte. Auch in Indien und Australien widmete man der Entwicklung solcher Trockner ein Augenmerk. Da nach Auffassung des U.S. Forest Products Laboratory für kleine Betriebe, denen Dampf nicht zur Verfügung steht, ein Bedürfnis für solche Trockner vorliegt, wurde das in Bild 205 gezeigte Modell entworfen.

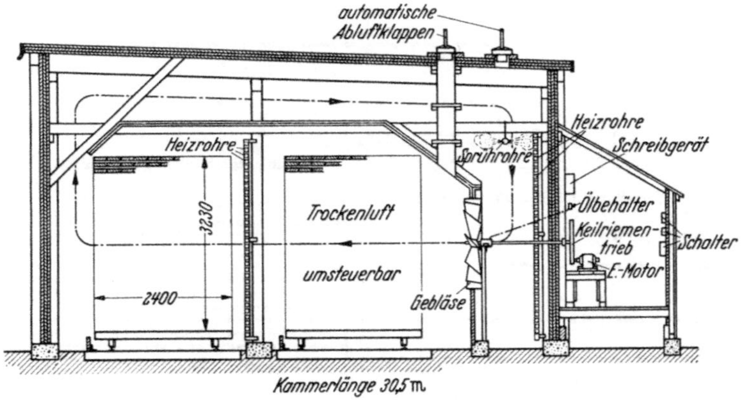

Bild 206. Querschnitt durch eine Trockenkammer mit direkt angeblasenem Stapel, Bauart Lovsted.

Die Kammer hat Doppelwände aus Brettern mit einer Füllung aus trockenen Sägespänen. Der Trocknungsraum hat eine Grundfläche von $5 \cdot 5\ m^2$, der Feuerungsraum von $2{,}1 \cdot 5\ m^2$. Der Trockner kann ungefähr $17\ m^3$ Holz aufnehmen. Die Heizanlage besteht aus einem handelsüblichen Sägespanbrenner mit ungefähr $0{,}37\ m^2$ Rostfläche, einer sekundären Verbrennungskammer und einer zweimal S-förmig gebogenen Rauchrohrleitung. Die Belüftung besorgen zwei 90 cm Gebläse mit direktem Antrieb durch 1,1 kW-Motor. Die Trocknung von zölligem grünem Kiefern-, Ahorn- und selbst Eichenholz war der Zeit nach und der Einheitlichkeit nach zufriedenstellend. Auch größere Anlagen bewährten sich in der Industrie. Öl- und Gasbrenner kamen in Gebrauch. Allgemein kann man die Entwicklung als noch im Fluß befindlich ansehen. Die Versicherungsgesellschaften sind hinsichtlich der Feuersgefahr noch skeptisch. Meist handelt es sich bei Feuerschäden aber um Bedienungsfehler (Überhitzung am Ende der Trocknung). Ein zusätzlicher Schutz kann durch Einbau von Sprinklerdüsen und Sauberkeit im Trockenraum erzielt werden. Die Temperaturkontrolle ist dann schwierig, wenn die Brennstoffaufgabe von Hand erfolgt. Zum Ausgleich empfiehlt sich der Gebrauch von Hygrostaten, welche die Dämpf- oder Sprühanlagen steuern.

631.122.4 *Trockenanlagen mit Querlüftern, die unmittelbar auf die Stapel wirken.* Den Querschnitt durch eine Anlage, bei der große, umsteuerbare Lüfter auf je einer Welle sitzen, die in halber Stapelhöhe liegt, zeigt Bild 206. Die Stapel werden dabei unmittelbar angeblasen[1]. Für die Kammerlänge bestehen, wie bei der im vorangegangenen Abschnitt beschriebenen Konstruktion kaum Begrenzungen, beispielsweise hat die in Bild 206 im Querschnitt gezeigte Kammer eine Länge von 30,5 m. Infolge seiner niedrigen Lage ist der Antrieb in dem an die Kammer angebauten Bedienungsraum sehr leicht zugänglich. Die Beheizung erfolgt in der dargestellten Anlage durch Ölbrenner, deren Verbrennungsgase durch die Heizrohre strömen.

Ein in Deutschland entwickeltes Muster eines Querlufttrockners zeigt Bild 207. Die Schraubenlüfter befinden sich zwischen den Holzstapeln, ihr Durchmesser entspricht etwa der Stapelhöhe. Die Lüfter sind so angeordnet,

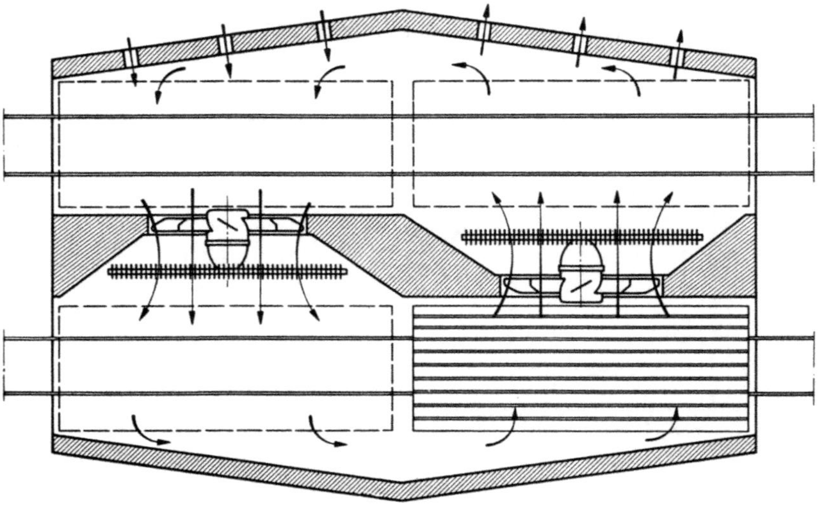

Bild 207. Grundriß eines Querlufttrockners mit zwei großen Axiallüftern. (R. Hildebrand, Oberboihingen, Württ.)

daß sie an der Saugseite dicht am Stapel zu stehen kommen, während auf der Druckseite Raum für die gitterartigen Lufterhitzer vorhanden ist. In der Kammer befinden sich keinerlei Leitbleche; die richtige Luftführung wird, wie eingezeichnet, durch die Umfassungswände und die Zwischenwand gewährleistet.

631.2 Anlagen mit örtlicher Stufenfolge (stetige Trockner).

Als Anlagen mit örtlicher Folge der Trocknungsstufen werden Kanäle oder Tunnel bezeichnet, in deren einzelnen Abschnitten verschiedene Temperaturen und verschiedene relative Luftfeuchtigkeiten herrschen. Das Holz wird auf Stapelwagen durch die Anlage hindurchgefahren, wobei seine Bewegungsrichtung dem Strom der Luft entgegengesetzt ist (Bild 208). Wärmewirtschaftlich ist das Gegenstromprinzip günstig: Die warme, trockene Frischluft tritt am Trocknungsende, nächst der Ausfahrtür auf das am stärksten getrocknete Holz; beim Weiterwandern sättigt sie sich mehr und mehr, da sie beständig mit nässerem Holz in Berührung kommt. Je länger der stetige Trockner ist, desto größer werden die Temperaturunterschiede zwischen der Einfahr- und der Ausfahrseite.

[1] Kollmann, F., u. R. Keylwerth: Beiträge zur Kraft- und Wärmewirtschaft in der Holzindustrie, Schriftenreihe Holzfragen der Gegenwart, H. 1, Stuttgart 1950, S. 26.

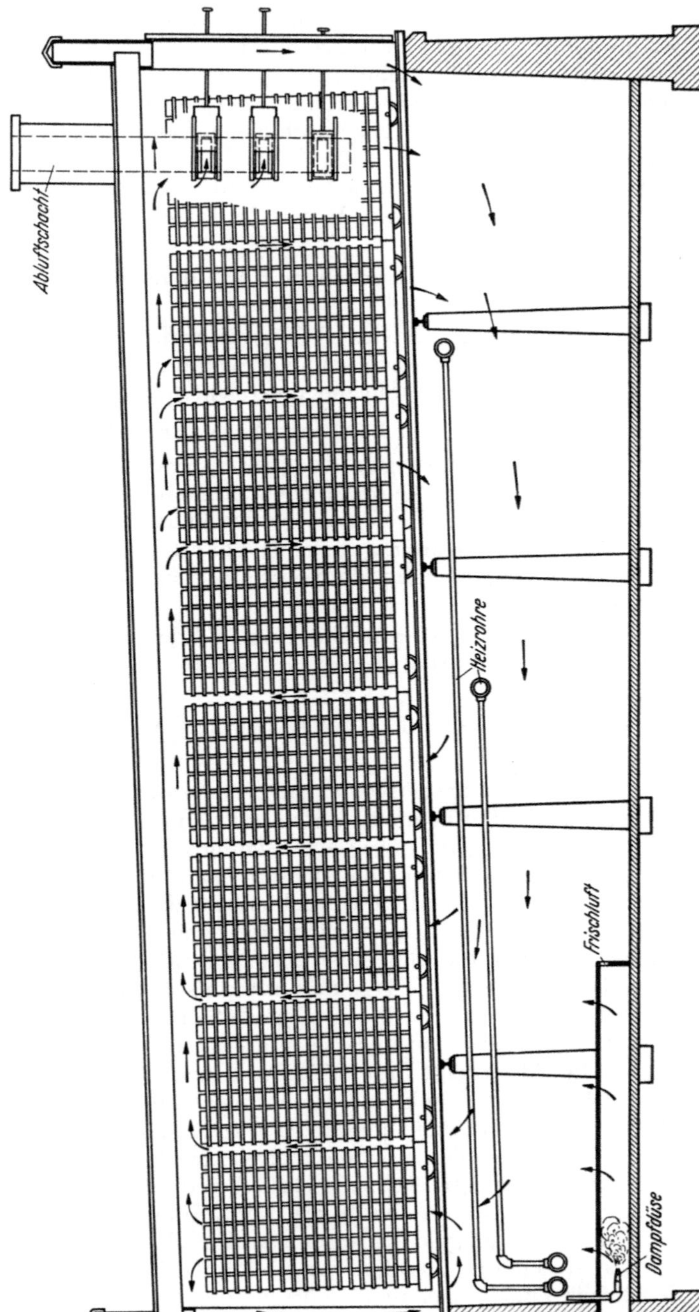

Bild 208. Stetiger Trockner mit natürlichem Zug. (Nach E. F. Rasmussen.)

Zerlegt man das Kanalinnere in einzelne Zonen, so müssen sie und der Holzvorschub derart aufeinander abgestimmt sein, daß ein bestimmtes Trocknungsgefälle entsteht (vgl. Abschnitt 637.3). Bei der Einfahrtür, wo die Luft auf das noch ganz nasse Holz stößt, muß sie entsprechend hoch mit Feuchtigkeit gesättigt sein: Die Abluft wird teils durch einen Kamin abgesogen, teils wieder dem Kreislauf zugeführt.

Die meisten stetigen Trockner arbeiten mit natürlichem Zug, jedoch gibt es auch Anlagen mit Gebläsen. Die Vorteile der stetigen Trockner lassen sich wie folgt angeben[1]:

1. Stetiger Ausstoß von trockenem Holz, angepaßt an das Produktionsprogramm;

2. „Selbststeuerung", da die Temperaturerhöhung und das Absinken der Luftfeuchtigkeit mit fortschreitender Trocknung durch das zwangsläufige Durchwandern der einzelnen Klimazonen erreicht wird.

Diesen Vorteilen stehen aber beträchtliche Nachteile gegenüber:

1. Notwendigkeit einer stetigen Beschickung des Trockners mit feuchtem Holz derselben Art, Dicke und Anfangsfeuchtigkeit, da nur dann mit gleichbleibend gutem Wirkungsgrad gefahren werden kann;

2. die klimatischen Bedingungen innerhalb des Trockners weichen häufig von jenen Bedingungen ab, die von Fall zu Fall für die beste Trocknung die richtigen wären;

3. Schwierigkeit der Beeinflussung und der Kontrolle der Belüftung;

4. Schwankung der Holzfeuchtigkeit in den getrockneten Brettern über ihre Länge;

5. Unmöglichkeit der Nachvergütung im Anschluß an die Trocknung in der gleichen Anlage.

Trotzdem können stetige Trockner für viele Zwecke, vor allem, wenn sie von erfahrenen Fachleuten bedient werden, sehr gute Dienste leisten. Soll allerdings das Holz nach der Trocknung einen völlig gleichmäßigen Feuchtigkeitsgehalt aufweisen und ganz frei von inneren Spannungen sein, dann scheiden stetige Trockner aus. Alles in allem empfehlen sich die Anlagen somit nur, wenn große Mengen gleichartiger, gleichdicker und gleichfeuchter Hölzer zur Verfügung stehen und wenn die Länge der einzelnen Stücke nicht zu groß ist.

Mit Erfolg lassen sich stetige Trockner mit künstlichem Zug dazu verwenden, um grünes Schnittholz auf Verlade- oder Hobeltrockenheit zu bringen. Ein schwedisches Beispiel für einen derartigen stetigen Trockner mit einem innenliegenden Propellerlüfter zeigt Bild 209[2]. Die Konstruktion ist einfach, und die Anlage wird sehr übersichtlich und leicht zugänglich. Auch das Zusammenfügen mehrerer solcher Kanäle zu einer Batterie ist leicht möglich. Günstig ist, daß sich vor dem eigentlichen Trocknungskanal eine Vorwärmkammer für jeweils einen frischen Wagen einbauen läßt. Aerodynamisch ist die Anordnung aber weniger befriedigend, da das ganze Luftvolumen, bevor es Trocknungsarbeit leistet, um 180° umgelenkt werden muß und da der Luftweg durch die Folge aller Stapelwagen lang und reibungsreich wird.

Im Verhältnis zum Trockengut müssen die stetigen Trockner lang sein, beispielsweise für Parkettstäbe, Schuhleisten, Radspeichen usw. 15 bis 20 m,

---

[1] Timber Development Association: Timber Seasoning, London, Nachdruck Jan. 1949, S. 27 und 29.

[2] Liljenström, C. J., u. B. E. Löfgren: Den artificiella virkestorkningens nuvarande läge och utvecklingsmöjligheter, Fläkten, Nr. 1 (1946).

für Bretter mindestens 30 m. Es gibt aber heute schon Ausführungen mit 100 m Länge und darüber. Die Höhe der Kanäle beträgt durchschnittlich 2,5 bis 4 m.

Um die Vorschubgeschwindigkeit der Wagen im stetigen Trockner zu bestimmen, muß zuerst die Trocknungsdauer Z für das Holz bekannt sein (s. Abschnitt 637.1). Man erhält die sogenannte Ziehzeit z, nach der jeweils ein trockener Wagen ausgestoßen und ein nasser aufgenommen wird, indem man die Trocknungsdauer Z durch die Anzahl n der den Trockner füllenden Wagen teilt:

$$z = \frac{Z}{n}\,[h] \qquad (7)$$

Für ganz kleine Holzwaren eignen sich auch Trockner mit einem eingebauten Förderband, dessen Geschwindigkeit auf die Trocknungsdauer abstimmbar ist.

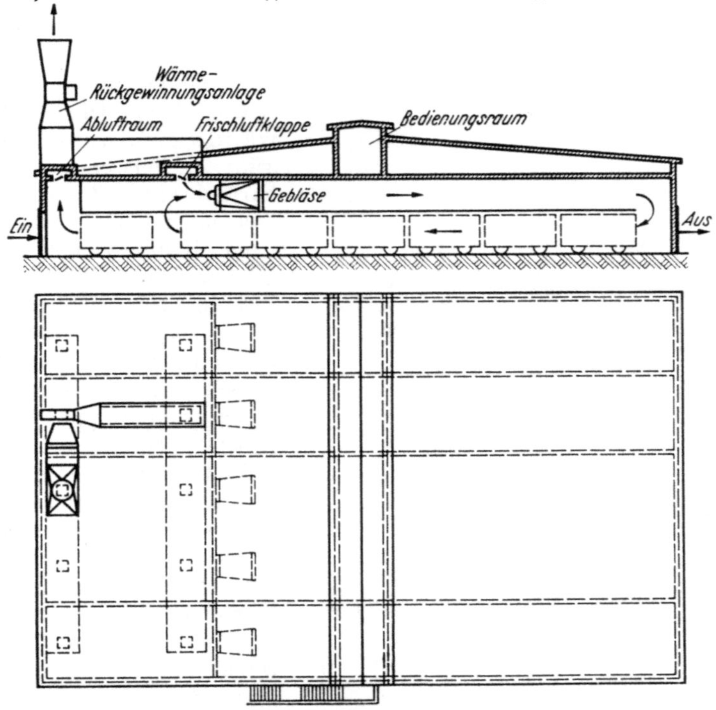

Bild 209. Schematischer Längsschnitt durch eine Trockenanlage mit innenliegendem Propeller-Lüfter und Wärmerückgewinnungs-Anlage, Bauart Svenska Fläktfabriken.

632. Baustoffe und Türen von Holztrockenanlagen.

Da jede neuzeitliche Holztrockenanlage im Inneren Temperaturen bis 100° C (Heißdampftrockner bis 130° C) und wechselnde relative Luftfeuchtigkeiten bis 100% während langer Betriebszeiten aushalten muß, und da gleichzeitig aus manchen Harthölzern oft Gerbsäure und besonders angriffsfreudige organische Säuren (z. B. Essigsäure und Ameisensäure) frei werden können, muß auf korrosionsbeständige Ausführung der Trockenanlagen im Hinblick auf die Betriebssicherheit und Wirtschaftlichkeit der größte Wert gelegt werden[1].

---

[1] Fessel, F.: Richtlinien für den Bau von Holztrocknungsanlagen, Merkhefte der Deutschen Gesellschaft für Holzforschung, Nr. 7, Nachdruck 1949. — Timber Development Association: Timber Seasoning, London, Nachdruck Jan. 1949, S. 42 ff.

Dieser Tatsache müssen sowohl der Boden, die Umfassungsmauern und die Decke der Anlage als auch die Türen und alle Einbauten Rechnung tragen. Ungeeignete Werkstoffe bedingen nicht nur lange Betriebspausen und Produktionsausfall, sondern auch hohe Kosten der Instandsetzung. Eine nicht minder wichtige Forderung ist wirksamer Wärmeschutz der Wände und Türen. Ungenügende Wärmeisolierung begünstigt vor allem im Winter sehr große Wärmeverluste, die sich in hohen Mehrkosten äußern. Zu bedenken bleibt, daß selbst bei gutem Wärmeschutz vom gesamten Dampfverbrauch etwa 65% zur Deckung der Wärmeverluste aufzuwenden sind.

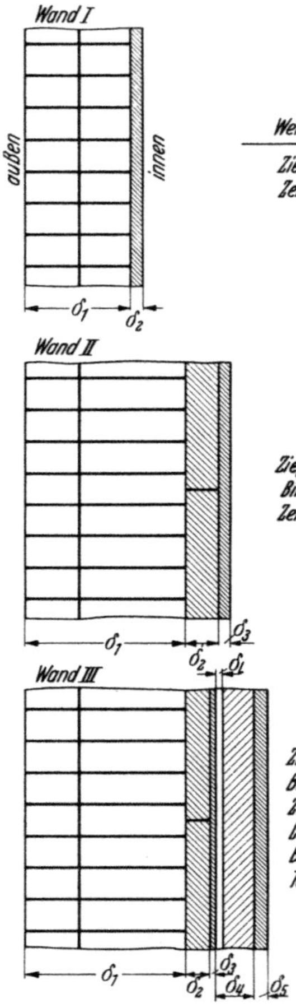

Werkstoff	Dicke δ cm	λ	k_i	k_a
Ziegelmauer	$\delta_1=25$	0,5	1,3	1,5
Zementputz	$\delta_2=3$	0,9		
Ziegelmauer	$\delta_1=38$	0,5	0,68	0,71
Bimsdielen	$\delta_2=0{,}8$	0,17		
Zementputz	$\delta_3=3$	0,9		
Ziegelmauer	$\delta_1=38$	0,5	0,50	0,53
Bimsdielen	$\delta_2=6$	0,17		
Zementputz	$\delta_3=1$	0,9		
Luftschicht	$\delta_L=2$	0,15		
Bimsbeton	$\delta_4=8$	0,17		
Torkretputz	$\delta_5=3$	0,9		

Bild 210. Wärmeschutz verschiedener Bauweisen von Trockenkammerwänden. (Nach F. Fessel.)

Für die **Kammersohle** und für die **Mauerfundamente** ist Beton auf jeden Fall der beste Baustoff. Die normale Sohlendicke beträgt 10 cm. Die **Umfassungswände** können aus Ziegeln gebaut sein. Zu verwenden sind dichte, hartgebrannte Ziegel, die mit Zementmörtel zu verbinden sind. Auch Klinkerziegel können verbaut werden. Eine Einstein dicke Ziegelmauer mit gewöhnlichem Mörtelverputz ist aber auf jeden Fall minderwertig. Besser ist schon Zementputz. Sehr gut bewährt haben sich Doppelmauern, jede Einstein stark, mit 5 cm Luftzwischenraum, der nicht nur die Wärmedurchgangszahl verringert, sondern auch dazu dient, die Wand zu ventilieren und überschüssige Feuchtigkeit abzuleiten. Gute Erfahrungen wurden auch mit Stahlbetonwänden gemacht, die auf der Innenseite der Kammer Torkretputz aus hochwertigem Zementmörtel tragen (Bild 210).

Der Wärmeschutz kann durch Bimsdielen oder Holzwolleplatten — auch in bestehenden, in dieser Hinsicht nicht befriedigenden Anlagen — wesentlich verbessert werden. Für einfache Anlagen und Kleintrockner kommen auch Holzwände in Frage. Sie bieten einen sehr guten Wärmeschutz, sind billig herzustellen und leicht zu reparieren; nachteilig ist, daß sie entflammbar sind und unter Umständen zu Fäulnis neigen. Eine in USA übliche Holzkonstruktion zeigt Bild 211, in dem besonders die Lage der Feuchtigkeits- und Dampfsperren zu beachten ist[1]. Um den Putz und die Einbauten vor der Korrosion zu schützen, müssen sie mit hitzebeständigen Bitumenanstrichen oder anderen

[1] Teesdale, L. V.: Dry Kiln Building Materials and Construction, U.S. Dept Agric. For. Serv., For. Prod. Lab., Rep. Nr. R 1646, Madison, Wisc., März 1947.

geeigneten Schutzanstrichen — möglichst zweimal — gestrichen werden. Diese Anstriche sind in angemessenen Zeiträumen zu erneuern.

Für Blecheinbauten (und die Gebläse selbst) hat sich am besten Reinaluminium bewährt. Eisenblech rostet selbst unter guten Schutzanstrichen rasch, da sich kleine schadhafte Stellen kaum vermeiden lassen. Völlig ungeeignet sind verzinkte Eisenbleche und Zinkblech, da sich das Zink in der säurehaltigen Atmosphäre auflöst. Bei Einbau von Aluminiumblechen müssen auch Aluminiumschrauben oder -nieten verwendet werden. Beispiele für Trockenkammerdecken gibt Bild 212 wieder. Sowohl die Wände als auch die Decken sind beim Anheizen und Abkühlen sehr starken Temperaturschwankungen unterworfen; die Folge sind bei ungeeigneter Konstruktion starke Wärmespannungen, die leicht zu Rissen führen. Durch diese Risse kann dann Feuchtigkeit in das Mauerwerk eindringen, die langsam aber sicher zu seiner Zerstörung führt. Günstig ist in dieser Hinsicht die Ausführung III in Bild 210, da sich die Betonschale im Innern der Kammer frei bewegen kann und deshalb keine größeren Spannungen erhält.

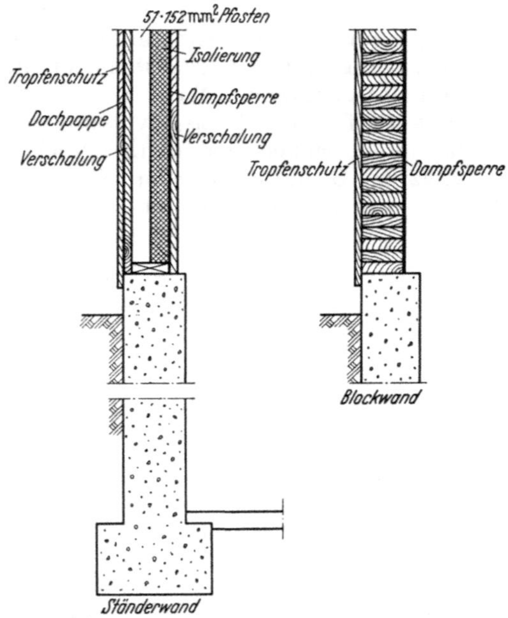

Bild 211. Schnitt durch Holzwände für eine Trockenanlage. (Nach L. V. Teesdale.)

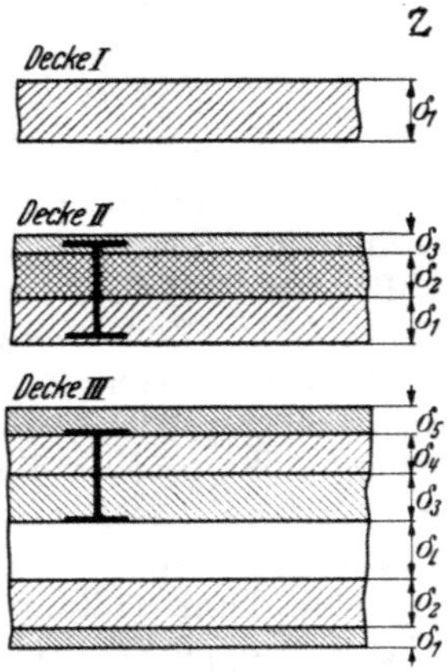

Werkstoff	Dicke δ cm	λ	k_i	k_a
Beton	$\delta_1=10$	0,9	3,3	4,3
Zementglattstrich	$\delta_3=3$	0,9	0,95	1,05
trockene Asche	$\delta_2=7$	0,1		
Beton	$\delta_1=8$	0,9		
Zementglattstrich	$\delta_5=4$	0,9	0,45	0,48
Bimskies	$\delta_4=6{,}5$	0,08		
Bimsdielen	$\delta_3=8$	0,17		
Luftschicht	$\delta_l=10$	0,7		
Bimsbeton	$\delta_2=8$	0,17		
Torkretputz	$\delta_1=3$	0,9		

Bild 212. Wärmeschutz verschiedener Bauweisen von Trockenkammerdecken. (Nach F. Fessel.)

Unerläßlich ist beim Bau oder Umbau von Holztrockenanlagen eine genaue Berechnung der Wärmedurchgangszahlen, die für Wärmeverlustberechnungen nötig sind. Die erforderlichen Formeln finden sich in Band I, S. 514ff. Aus Zahlentafel 91, Band I, können Wärmeübergangszahlen zwischen der Außenluft und den Wandflächen bzw. Decken von Kammern, die in geschlossenen Räumen stehen, sowie von Kammern im Freien entnommen werden. Für die Wärmeübergangszahl α zwischen der Innenluft der Kammer und ihren gerauhten Wandflächen kann bei einer durchschnittlichen Luftgeschwindigkeit von 2 m/s einheitlich der Wert 12 kcal/m² h° genommen werden[1]. Die Wärmeleitzahlen der üblichen Bau-

[1] Hütte: Des Ingenieurs Taschenbuch Bd. I, 27. Aufl., Berlin 1941, S. 594.

stoffe sind in der Anhangstafel II von Band I enthalten[1]. Im Mittel für Wände, Türen und Decken soll k bei einem Temperaturabfall von 60°C (also z. B. einer Kammertemperatur von 80°C und einer Außentemperatur von 20°C) den Wert 2 kcal/m²h° nicht überschreiten. Außerordentlich hohe Wärmeverluste verursachen undichte Türen bei Trockenkammern. Außerdem erschweren sie eine genaue Steuerung der Anlage nach einem bestimmten Programm und führen starke Kondensationserscheinungen herbei. Absolut dichtschließende, möglichst leicht und gut wärmeisolierende Türen sind deshalb unerläßlich. Nicht zu empfehlen sind seitlich an Angeln aufgehängte schwere Türen mit Riegelverschlüssen, da sie sich während des Gebrauchs fast stets senken und dann undicht sind. Sehr brauchbar sind Türen aus Holz (z. B. Lärchen- oder Kiefernholz, die einzelnen Bretter mindestens 38 mm dick und durch Nut und Feder verbunden, oder Tafeln aus Sperrholz,

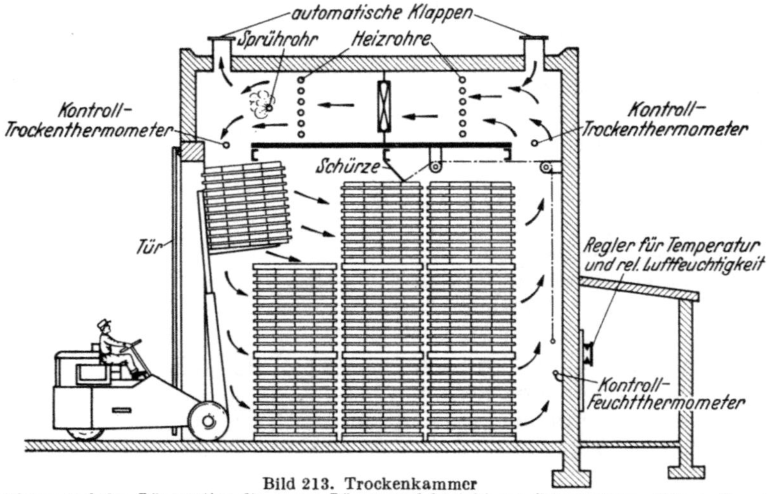

Bild 213. Trockenkammer
mit Beschickung auf der Längsseite; die ganze Längswand besteht aus Schiebetüren. (Moore Dry Kiln Co.)

das mit feuchtigkeitsbeständigen Leimen hergestellt sein muß), die auf der Innenseite eine Haut aus Aluminiumblech erhalten. Um den Wärmeschutz zu verbessern, läßt man zwischen der Holztür und der Blechhaut eine Luftschicht. Die Türen werden in der Mitte der Oberkante aufgehängt und ihr Gewicht wird durch Gegengewichte ausgeglichen. Zum Verschluß können Klemmschrauben dienen, die über die Seitenkanten verteilt sind und mit deren Hilfe die Tür fest gegen die Rahmendichtung gepreßt wird. Das Türfutter hat nach vorne plane Flächen; zur Dichtung sind entweder dicke Filz- oder Schwammgummistreifen (im Hinblick auf die thermische Beanspruchung empfiehlt sich Buna), zweckmäßigerweise in starkes Segeltuch eingenäht, zu verwenden. Um ein Ankleben der Tür zu vermeiden, kann Talkum aufgestreut werden. Am besten sind für alle Trockenanlagen Doppelwandschiebetüren aus Aluminiumblech (glatt oder gerippt) mit einer Wärmeisolierung (z. B. imprägnierten Asbestfasern). Sie sichern bei hohem Wärmeschutz unbedingte Dampfdichtheit. Zum Verschluß sind leicht bedienbare Kniehebelkonstruktionen angebracht. Besondere Bedeutung gewann das Türproblem bei den schienenlosen, von der Längsseite her beschickbaren Kammern, die in USA im Vormarsch begriffen sind (Bild 213).

[1] Merkblatt über die wärmetechnische Bedeutung und Beurteilung der Wärmeschutzmittel, Arch. Wärmewirtsch. Bd. 3 (1922) S. 182.

633. Beheizung der Trockenkammern.

633.0 Allgemeines.

Nach den deutschen „Richtlinien für den Bau von Holztrocknungsanlagen“[1] muß die Heizungseinrichtung so angeordnet sein, daß sie eine gleichmäßige Beheizung der Kammer auch bei geringem Dampfverbrauch ermöglicht, und so stark bemessen sein, daß die Lufttemperatur in der gefüllten Trockenkammer in höchstens 3 Stunden von 20°C auf 90°C gesteigert werden kann, wenn genügend Dampf zur Verfügung steht. Die Lufttemperatur darf über der Kammerlänge (auf derselben Stapelseite und in derselben Höhe gemessen) um höchstens 5° C schwanken.

Die Forderung der kurzen Anheizzeit bedingt bei Beginn der Trocknung einen sehr hohen Dampfverbrauch; im Verlauf der Trocknung kann der Dampfverbrauch bis auf etwa 5% des Anfangswerts sinken. Bild 214 zeigt auch, daß die Holzarten (neben der Holzdicke und Holzfeuchtigkeit) einen starken Einfluß auf den Dampfverbrauch haben. Bei Bewertung der Zahlen von Bild 214 ist zu berücksichtigen, daß die Trockenkammer, in der die Messungen ausgeführt wurden, in einer im Winter beheizten Halle steht und daß Entleeren und Wiederfüllen der Kammer so rasch erfolgte, daß dabei nur eine geringe Abkühlung eintrat. In der Regel, besonders bei allen im Freien stehenden Anlagen, hat man deshalb einen wesentlich höheren Durchschnittsdampfverbrauch — selten unter 150 kg/h — zu erwarten.

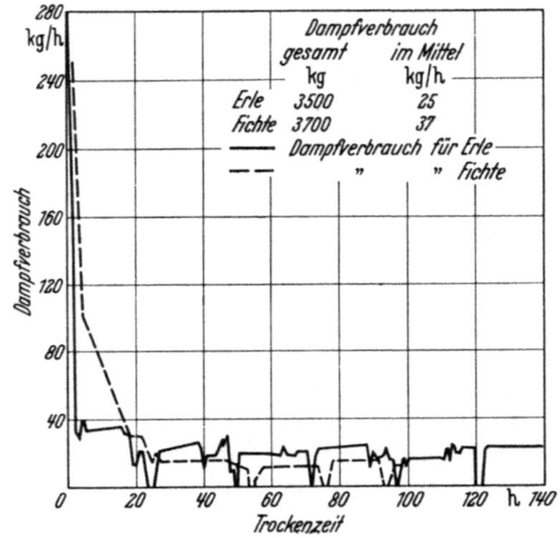

Bild 214. Heizdampfverbrauch bei der Holztrocknung, Trockentemperatur 75°C. (Nach F. Fessel.)

Um die Heizflächen bei Abdampfbetrieb nicht den großen Anfangsspitzen im Dampfverbrauch anpassen zu müssen, empfiehlt sich beim Anheizen der Zusatz von Frischdampf. Damit verkürzt sich die Anheizzeit, und die Gesamtwirtschaftlichkeit steigt. Ein Überblick über den Dampfverbrauch unter verschiedenen Bedingungen setzt genaue Wärmeverbrauchsrechnungen voraus.

633.1 Berechnung des Wärmeverbrauchs bei der Holztrocknung.

Der Wärmeverbrauch setzt sich bei Trocknung mit Dampf-Luft-Gemischen unter atmosphärischem Druck aus einer Reihe von Gliedern zusammen[2]. Es sind zunächst die Anlage, die Stapeleinrichtung sowie das Trockengut anzuwärmen, dann ist die trockene Luft zu erhitzen, das Wasser im Holz zu verdampfen (gegebenenfalls im Winter das Eis im gefrorenen Holz zu schmelzen), die hygroskopische Bindung des Quellwassers an die Holzfaser ist zu sprengen, und die Wärmeverluste der Anlage sind zu decken.

---

[1] Fessel, F.: Richtlinien für den Bau von Holztrocknungsanlagen, Merkhefte der Deutschen Gesellschaft für Holzforschung, Nr. 7, Nachdruck 1949.

[2] Kollmann, F.: Arch. Wärmewirtsch. Bd. 16 (1935) S. 329.

Mehrere dieser Werte hängen stark von der Jahreszeit ab. Man wird deshalb bei sorgsamen Wärmebilanzen für die künstliche Holztrocknung im allgemeinen mit zwei Grenzfällen rechnen: Für den strengen Winter und für einen normalen Sommer. Dabei können Temperaturen nach Zahlentafel 28 verwendet werden.

Zahlentafel 28. *Temperaturwerte für Wärmebedarfsrechnungen bei Trockenanlagen.*

Jahreszeit	Außenluft °C	Luft in geschl. Räumen über und neben den Kammern °C	Mauerwerk, Stapellatten, Stapelwagen vor der Trocknung °C	Erdboden (unter der Anlage) °C	Holz vor der Trocknung °C
Winter	—15	0	5	5	—10 (gefroren)
Sommer	20	30	18	15	18

Die zum Anwärmen eines Körpers erforderliche Wärmemenge Q errechnet sich zu

$$Q = G \cdot c\,(t_2 - t_1)\ [\text{kcal}], \tag{8}$$

worin G das Gewicht in [kg], c die spezifische Wärme in [kcal/kg°], t_2 die Temperatur nach der Erwärmung in [°C] und t_1 die Temperatur vor der Erwärmung in [°C] sind. Zu beachten ist, daß bei der Berechnung der zum Erwärmen des Mauerwerks nötigen Wärmemenge für t_2 die mittlere Mauertemperatur t_m einzusetzen ist, die sich als arithmetisches Mittel der Mauertemperatur an der Innenseite t_i und an der Außenseite t_a $\left(t_m = \frac{t_i + t_a}{2}\right)$ ergibt.

Das Gewicht des Mauerwerks der Trockenanlage ist an Hand der Baupläne, das Gewicht der Türen und Stapelwagen nach Erfahrung zu schätzen. Das Holztrockengewicht G_H wird aus dem eingestapelten Holzvolumen V_H und der mittleren Rohwichte im Darrzustand r_0 berechnet. Zahlentafel 29 enthält einige für die Rechnungen erforderliche Festwerte.

Zahlentafel 29. *Festwerte für Trocknungsrechnungen.*

Rohwichten der zu trocknenden Hölzer im Darrzustand im Mittel.

Fichte, Tanne	420 kg/m³
Kiefer	490 ,,
Lärche, Pitchpine	550 ,,
Erle	490 ,,
Ahorn, Birke	600 ,,
Eiche, Esche, Nußbaum, Rüster .	650 ,,
Rotbuche	680 ,,
Hainbuche	790 ,,
des Mauerwerks der Anlage r_M =	1800 ,,

Spezifische Wärmen

der Holztrockensubstanz . . . . $c_{Hd} = 0{,}324$ kcal/kg°C

von Holz mit dem Feuchtigkeitsgehalt u . .

(kg Wasser je kg Trockenstoff) $c_{Hu} = \frac{u + 0{,}324}{u + 1}$,

also von lufttrockenem Holz mit $u = 18$ . . . $c_{Hl} = 0{,}43$,,

des Wassers . . . . $c_W = 1{,}00$,,

des Eises . . . . $c_E = 0{,}50$,,

der Türen, Stapelwagen usw. (Holz mit Eisen)	c_{St}	= 0,30 kcal/kg°C
des Mauerwerks	c_M	= 0,18 ,,
der Luft	c_L	= 0,24 ,,

Temperaturen

der Heizkörper (Regelfall)	t_{Hz}	= 110° C

Die Ermittlung der für die Lufterhitzung erforderlichen Wärmemenge geht folgendermaßen vor sich: Die benötigte Frischluftmenge L ergibt sich zu

$$L = \frac{W}{x_2 - x_1} = \frac{(u_b - u_e) \cdot G_H}{x_2 - x_1} \text{ [kg]}, \tag{9}$$

wobei W = zu verdampfende Wassermenge in [kg], G_H = Holztrockengewicht in [kg], u_b = Anfangsfeuchtigkeit des Holzes vor der Trocknung in [kg/kg], u_e = Endfeuchtigkeit des Holzes nach der Trocknung [kg/kg], x_2 = Feuchtigkeitsgehalt der Luft beim Austritt aus der Trockenkammer in [kg/kg], x_1 = Feuchtigkeitsgehalt der Luft beim Eintritt in die Trockenkammer in [kg/kg].

Der Feuchtigkeitsgehalt x_1 der Luft beim Eintritt kann für die gegebene Temperatur und Sättigung der Frischluft aus einer Dampftafel entnommen werden. Schwieriger zu beantworten ist die Frage nach dem Zustand der Luft beim Austritt aus der Kammer. An sich wäre es erwünscht, daß dieser in gesättigtem Zustand erfolgt, praktisch aber besteht immer ein gewisses Sättigungsdefizit, das um so größer wird, je weiter herab ein hygroskopisches Gut getrocknet wird. Für die Holztrocknung gibt es folgenden Näherungsweg[1]: Man nimmt an, daß die aus der Trockenkammer entweichende Abluft jeweils im Feuchtegleichgewicht mit dem Holz in der Kammer steht und daß ihre Temperatur gleich der Kühlgrenze ist (wie sie das feuchte Thermometer anzeigt). Die erste Annahme dürfte deshalb berechtigt sein, da die Luft, wenn sie sich weiter sättigen würde, wieder Feuchtigkeit an das Holz abgeben müßte; die Luftverhältnisse beim Eintritt in die Kammer wählt man absichtlich so, daß ein der Trocknung entsprechendes Trocknungsgefälle (siehe Abschnitt 637.3) entsteht. Man trägt nun in einem Schaubild den Verlauf der Holzfeuchtigkeit während der Trocknung auf; dabei werden der Anfangspunkt und der Endpunkt in Übereinstimmung mit der Theorie (siehe Band I, S. 451ff.) durch eine Exponentialkurve verbunden. Weiter wird der Verlauf der mittleren Temperatur am Trockenthermometer angenommen. Mit Hilfe eines Schaubilds für das hygroskopische Gleichgewicht (Band I, Bild 283, S. 387) werden dann die für die jeweilige Holzfeuchtigkeit geltenden Ausgleichfeuchtigkeiten φ_h der Luft eingetragen und die erhaltenen Punkte zu einer Kurve verbunden. Unter Benutzung eines Psychrometernomogramms (siehe Anhangtafel IV) entwirft man die Kurve der Ablufttemperatur t_a (als Veränderliche von φ_h und t_e). Der Zustand der Abluft ist damit eindeutig festgelegt, und seine absolute Feuchte x läßt sich jetzt für jeden beliebigen Zeitpunkt aus einer Dampftafel berechnen. Praktisch geht man so vor, daß man für gewisse zeitliche Abstände — z. B. alle 10 Stunden — die x-Werte bestimmt, aufzeichnet und die Punkte wiederum durch einen Linienzug verbindet. Den in Gleichung (9) einzuführenden Mittelwert von x_2 findet man durch Planimetrieren. Bild 215 und 216 zeigen die Ermittlung von x_2 für die Trocknungsfälle, die den Wärmeverbrauchsrechnungen der Zahlentafel 30 zugrunde liegen.

Die Berechnung des Wärmeaufwands zum Verdampfen des im Holz enthaltenen Wassers erfolgt in mehreren Stufen. Im Winter muß unter

[1] Kollmann, F.: Arch. Wärmewirtsch., Bd. 16 (1935) S. 329.

Zahlentafel 30. *Wärmeverbrauch zur Trocknung von Eichenbohlen und Fichtenbrettern in einer Kammer von 11,2 m Länge, 3,2 m Breite und 2,8 m Höhe mit künstlicher Belüftung und 150 m² Heizfläche der Rippenrohre.*

Trockengut	Eichenbohlen 100 × 130 mm²						Fichtenbretter 17 bis 25 mm dick					
Anfangsfeuchtigkeit u_b	0,65						0,50					
Endfeuchtigkeit u_e	0,18						0,10					
Jahreszeit	Winter			Sommer			Winter			Sommer		
Wärmeverbrauch . . . kcal	je Kampagne Q	je 1 kg Wasser Q/W	je Betriebsstunde Q/Z	je Kampagne Q	je 1 kg Wasser Q/W	je Betriebsstunde Q/Z	je Kampagne Q	je 1 kg Wasser Q/W	je Betriebsstunde Q/Z	je Kampagne Q	je 1 kg Wasser Q/W	je Betriebsstunde Q/Z
A. Anwärmen:												
Mauerwerk $Q_1 = G_M \cdot c_M \cdot \Delta t$	247000	17,5	882	198000	14,0	707	247000	56,2	6860	198000	45,0	5500
Türen, Stapelwagen $Q_2 = G_{Stw} \cdot c_{St} \cdot \Delta t$	56000	4,0	200	44000	3,1	157	56000	12,7	1560	44000	10,0	1220
Stapellatten $Q_3 = G_{Stl} \cdot c_{Hu} \cdot \Delta t$	20000	1,4	71	15700	1,1	56	12800	2,9	360	10000	2,3	278
Holztrockenstoff $Q_4 = G_H \cdot c_H \cdot \Delta t$	732000	51,7	2620	458000	32,4	1670	267000	60,7	7420	167000	37,9	4630
B. Lufterhitzung:												
$Q_5 = \frac{(u_b - u_e) \cdot G_H}{x_2 - x_1} \cdot c_L \cdot \Delta t$	1350000	95,4	4820	816000	57,7	2910	486000	110,0	13500	297000	67,5	8250
C. Verdampfung:												
Eis im Holz anwärmen $Q_6 = W \cdot c_E \cdot \Delta t$	71000	5,0	254	—	—	—	22000	5,0	610	—	—	—
Eis schmelzen $Q_7 = 80 \cdot W$	1132000	80,0	4050	—	—	—	352000	80,0	9770	—	—	—
Sprengungsarbeit $Q_8 = \Delta Q_2 \cdot G_H$	65000	4,6	232	65000	4,6	232	56000	12,7	1550	56000	12,7	1550
Gesamtwärme zur Dampfbildung $Q_9 = W \cdot \lambda'$	8880000	628,0	31700	8880000	628,0	31700	2763000	628,0	76800	2763000	628,0	76800
D. Wärmeverluste:												
$Q_{10} = F \cdot k \cdot \Delta t \cdot Z$	4200000	297,0	15000	2400000	170,0	8560	540000	123,0	15000	309000	70,0	8580
Summe	16753000	1184,6	59829	12876700	910,9	45992	4801800	1091,2	133430	3844000	873,4	106808

Umständen das im Holz vorhandene Eis angewärmt und geschmolzen werden, hierauf muß die hygroskopische Bindung gesprengt und die zur Dampfbildung erforderliche Wärme zugeführt werden. Die Sprengungswärme kann aus Bild 305, Band I, S. 412 entnommen werden.

Die zur Dampfbildung erforderliche Wärme Q errechnet sich zu

$$Q = W \cdot \lambda' = (u_b - u_e) \cdot G_H\,(r + q), \tag{10}$$

wobei

$$\lambda' = r + q = 608 + 0{,}311 \cdot t. \tag{11}$$

Schließlich werden die Wärmeverluste der Anlage wie in Band I, S. 514ff. angegeben, berechnet. Die Flächen und die Dicken der einzelnen Konstruktionsteile werden dabei aus den Bauzeichnungen entnommen.

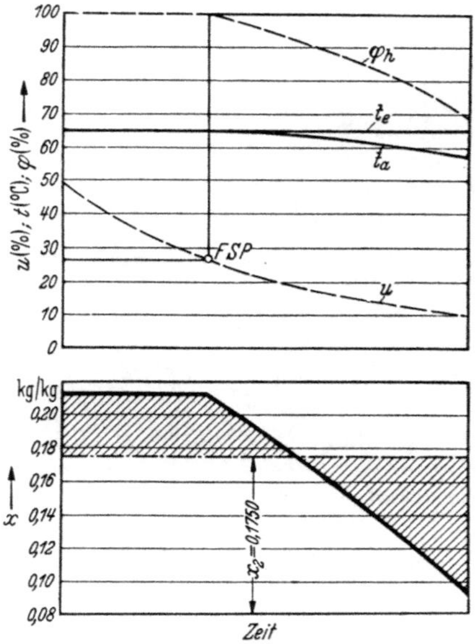

Bild 215. Zeichnerisches Verfahren zur Bestimmung des Abluftzustandes (Trocknung von Fichtenholz, $u_b = 0{,}50$, $u_e = 0{,}10$, $t_e = 65°$). (Nach F. Kollmann.)

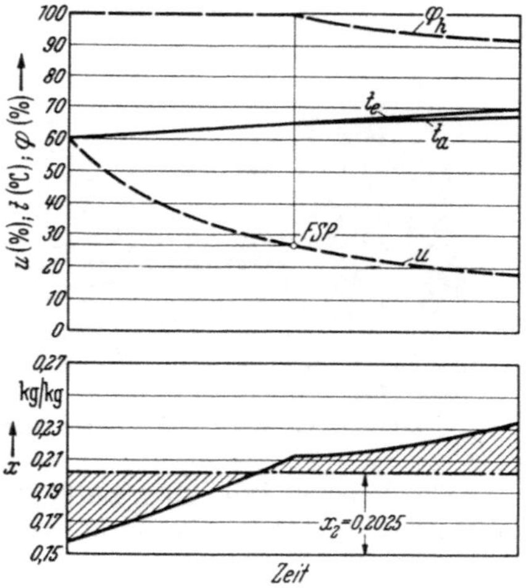

Bild 216. Zeichnerisches Verfahren zur Bestimmung des Abluftzustandes (Trocknung von Eichenbohlen, $u_b = 0{,}60$, $u_e = 0{,}18$, $t_e = 65°$) (Nach F. Kollmann.).

Die im einzelnen ermittelten Wärmeverbrauchszahlen werden zu einer Gesamtbilanz vereinigt. Zahlentafel 30 gibt dafür ein Beispiel.

Mehr als die Wärmesumme während einer Kampagne besagen zwei bezogene Werte: der Wärmeverbrauch je Kilogramm Wasserentzug und der Wärmeverbrauch je Betriebsstunde. Eine Betrachtung der Zusammenstellung ist lehrreich; man ersieht, daß der Unterschied des Wärmeverbrauchs im Winter gegenüber dem Sommer etwa 20 bis 30% beträgt. Der Wärmebedarf zum Anwärmen fällt um so weniger ins Gewicht, je länger die Trockenzeit ist. Er liegt praktisch meist zwischen 6 und 12% des Gesamtaufwandes. Auf die Lufterhitzung entfallen ebenfalls durchschnittlich 6 bis 12% der Gesamtwärmesumme, während zur Verdampfung des im Holz enthaltenen Wassers 50 bis 70% erforderlich sind. Der Aufwand zur Sprengung der hygroskopischen Bindung ist in den Beispielsfällen mit 0,5 bis 1,2% sehr gering. Dies erklärt sich daraus, daß das Holz nicht sehr weitgehend herabgetrocknet wurde. Die

Verhältnisse können sich beträchtlich verschieben, wenn ziemlich trockenes Holz auf besonders niedrigen Wassergehalt zu bringen ist.

Betrieben werden Holztrockenanlagen im allgemeinen mit Abdampf oder mit gedrosseltem Frischdampf von etwa 0,1 bis 0,5 atü. Der Wärmegehalt solchen Dampfes liegt bei rund 640 kcal/kg. Davon werden erfahrungsgemäß etwa 85% bei der Kondensation in den Heizkörpern wieder frei, so daß man mit einer Wärmeabgabe von 550 kcal je Kilogramm Heizdampf rechnen kann.

Bild 217. Ansicht einer Holztrockenanlage mit Wärmerückgewinnung. (Svenska Fläktfabriken.)

Die Beispielsfälle nach Zahlentafel 30 ergeben die in Zahlentafel 31 zusammengestellten Dampfverbrauchszahlen.

Zahlentafel 31. *Dampfverbrauchszahlen zu den Beispielen in Zahlentafel 30.*

Trockengut	Eichenbohlen		Fichtenbretter	
Jahreszeit	Winter	Sommer	Winter	Sommer
Dampfverbrauch kg je kg Wasser	2,15	1,66	1,98	1,59
je 1 Betriebsstunde	108,8	83,5	242,5	194,2
Wirkungsgrad $\eta = \frac{W \cdot \lambda'}{\Sigma Q}$	0,53	0,69	0,58	0,72

In der Literatur wird der Dampfverbrauch je kg zu verdampfendes Wasser mit 1,5 bis 3,0 kg bei spezifisch leichten Hölzern, mit 2,0 bis 3,5 kg bei schwereren Hölzern angegeben. Diese Zahlen werden aber bei der Trocknung von Holz mit mehr als 30% Anfangsfeuchtigkeit oft unterschritten, da das freie Wasser (oberhalb des Fasersättigungspunktes) viel leichter aufzutrocknen ist als das Quellwasser. Bei der Trocknung von sperrigen Hartholzteilen mit großem Querschnitt, die bei schlechter Kammerausnützung lange Trockenzeiten bedingen, kann der Dampfverbrauch aber viel höher liegen.

Es ist aufschlußreich, den Wirkungsgrad der Trocknung zu berechnen; er ergibt sich aus der Gesamtbilanz als Verhältnis der Verdampfungswärme ($W \cdot \lambda'$) zum gesamten Wärmeverbrauch (ΣQ). In den Beispielen der Zahlentafel 30 wirkte sich wieder die hohe Anfangsfeuchtigkeit günstig aus, so daß Wirkungsgrade von 53 bis 72% erreicht wurden. Bei der Trocknung von Holz mit geringer Anfangsfeuchtigkeit liegen die Wirkungsgrade in der Regel unter 50%, meist zwischen 36 und 46%.

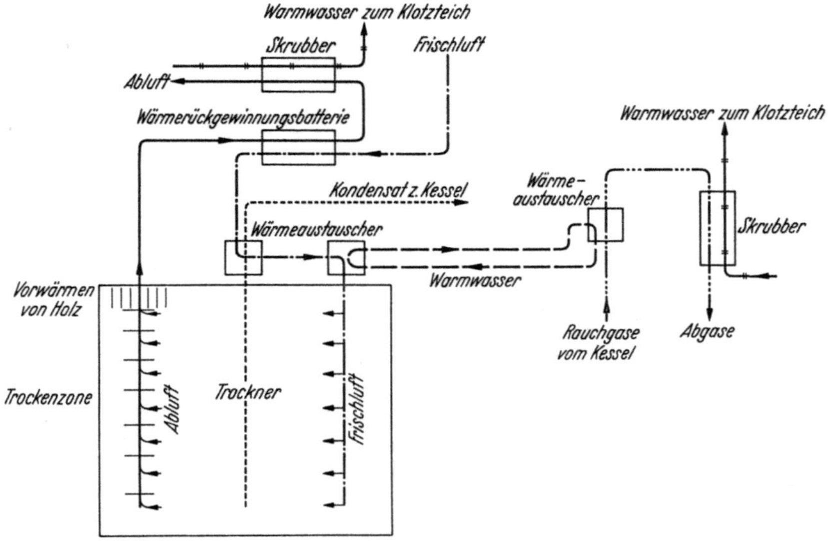

Bild 218. Grundsätzliches Schaltschema einer Trockenanlage mit Wärmerückgewinnung. (Nach C. J. Liljenström.)

Wesentlich verbessern kann man die Wärmewirtschaftlichkeit durch Einbau von Wärmerückgewinnungsanlagen. Die Ansicht einer modernen Trokkenanlage mit Wärmerückgewinnungsbatterie zeigt Bild 217, ihr grundsätzliches Schaltschema Bild 218. B. Löfgren[1] gibt die in Zahlentafel 32 enthaltenen Werte für den Wärmeverbrauch ohne und mit Wärmerückgewinnung. Dabei ist folgendes vorausgesetzt: Mittlere Wasserabgabe von 300 kg

Zahlentafel 32. *Wärmeverbrauch bei der Schnittholztrocknung ohne und mit Wärmerückgewinnung.* (*Nach B. Löfgren.*)

Wärmeverbrauch kcal je kg Wasserentzug	ohne Wärmerückgewinnung	mit Wärmerückgewinnung
1. Anwärmen von Holz und Wasser	63	—
2. Eigenwärme von Holz und Wasser beim Verlassen der Anlage	12	12
3. Erwärmung der Trocknungsluft	274	58
4. Verdampfungswärme des Wassers	579	579
5. Verluste durch Leitung und Strahlung	37	37
Abschlag für zugeführte elektrische Energie . . .	24	24
Gesamter Wärmebedarf netto	941	662
Dampfverbrauch kg je kg Wasserentzug	1,62	1,14

[1] Löfgren, B.: Moderna sågverkstorkar, Fläkten 1947, Nr. 1. — Ref. Holz-Zbl. Bd. 75 (1949) S. 909.

je m^3 Holz, Rohwichte des Trockenguts im Darrzustand 430 kg/m^3, Endtemperatur 45°C — bei der Trocknung von Exportschnittware ist es in Schweden üblich, diese Temperatur nicht zu übersteigen —, Wärmedurchgangszahl für Mauern und Dach 0,6 kcal/m^2 h°, Temperatur der Außenluft 5°C und Energieverbrauch zum Antrieb der Gebläse für die Trocknung 0,86 kWh/m^3 eingebrachten Holzes.

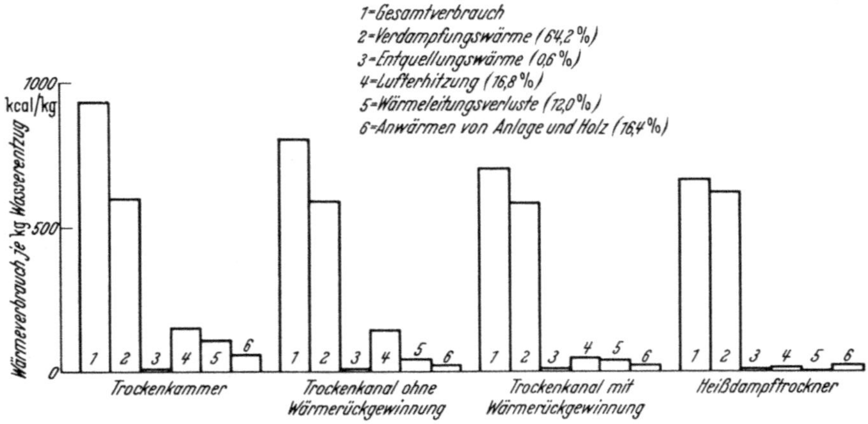

Bild 219. Anteilmäßiger Wärmeverbrauch je kg Wasserentzug während der Sommerzeit in verschiedenen Trocknerbauarten. (Nach R. Andersson.)

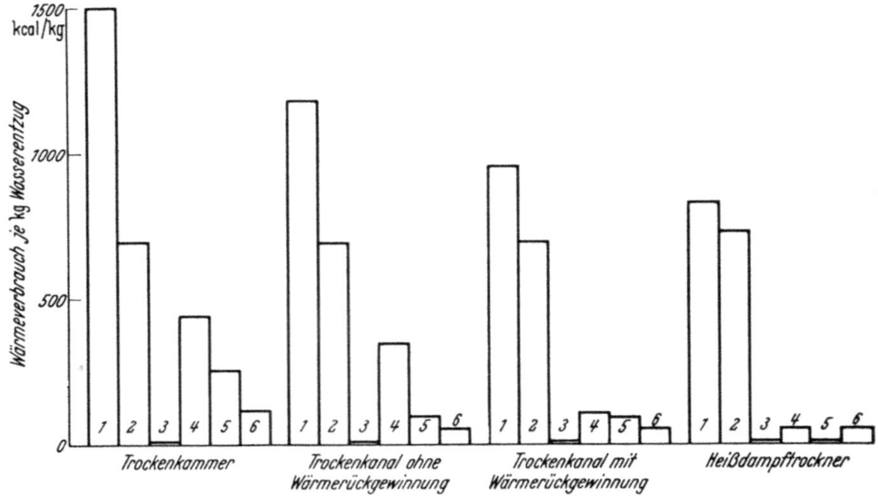

Bild 220. Anteilmäßiger Wärmeverbrauch je kg Wasserentzug während der Winterzeit in verschiedenen Trocknerbauarten. (Nach R. Andersson.)

Bei einfacher Wärmerückgewinnung kann man nach B. Löfgren den Dampfverbrauch weder technisch noch wirtschaftlich unter 1,05 kg je kg Wasserentzug herunterdrücken, da die Wärmeaustauschflächen der Rückgewinnungsbatterien sonst zu groß werden. Greift man allerdings zu doppelter Rückgewinnung, dann kann man bis auf 525 kcal je kg Wasserentzug, entsprechend einem Dampfverbrauch von 0,85 bis 0,60 kg, gelangen.

Zur Ergänzung seien in Zahlentafel 33 sowie in Bild 219 und 220 noch einige Rechenwerte von R. Andersson[1] wiedergegeben, die mittels Gleichung (12) für 25 mm dickes Kiefernholz bei Trocknung von 90% Anfangsfeuchtigkeit auf 12% Endfeuchtigkeit im Sommer (Außentemperatur + 20°C, relative Luftfeuchtigkeit 50%) und im Winter (Außentemperatur — 10°C, relative Luftfeuchtigkeit 80%) in verschiedenen Trocknertypen bei üblichen Betriebsdaten ermittelt wurden.

$$\frac{Q}{G_3} = c\,\frac{t_2 - t_1}{u_1 - u_2} + u_2\,\frac{t_2 - t_1}{u_1 - u_2} + \frac{q_s}{u_1 - u_2} + (i_1 - t_1) + \frac{i_3 - i_2}{x_2 - x_1} + \frac{Q_v}{G_3}, \qquad (12)$$

worin:

Q = totaler Wärmebedarf, kcal
G_3 = verdunstete Wassermenge, kg
G_4 = zugeführte Menge trockene Luft, kg
i_1 = Wärmeinhalt des abgeführten Wasserdampfes, kcal/kg
i_2 = Wärmeinhalt der zugeführten Luft, kcal/kg
i_3 = Wärmeinhalt der abgeführten Luft[2], kcal/kg
t_1 = Temperatur der eingeführten Luft, ° C
t_2 = Temperatur der ausgeführten Luft, ° C
q_s = differentielle Quellungswärme kcal/kg

Zahlentafel 33. *Rechnerischer Wärmebedarf in [kcal] je kg Wasserentzug bei der Trocknung von Kiefernschnittholz im Sommer und im Winter in verschiedenen Trocknertypen.* (*Nach R. Andersson.*)

	Sommerzeit				Winterzeit			
	Sattdampftrockner	Kontinuierlicher Trockner, ohne Wärmerückgewinnung	Kontinuierlicher Trockner, mit Wärmerückgewinnung	Heißdampftrockner	Sattdampftrockner	Kontinuierlicher Trockner, ohne Wärmerückgewinnung	Kontinuierlicher Trockner, mit Wärmerückgewinnung	Heißdampftrockner
Anwärmen des Holzes . . .	16,0	16,0	16,0	11,8	27,6	27,6	27,6	18,1
Anwärmen der Restfeuchtigkeit im Holz .	6,2	6,2	6,2	4,6	22,3	22,3	22,3	19,2
Sprengung des Quellwassers .	5,1	5,1	5,1	5,1	5,1	5,1	5,1	5,1
Anwärmen und Verdampfen des Wassers .	592,9	591,0	591,0	621,4	697,9	696,0	696,0	725,6
Anwärmen der Frischluft . .	155,1	143,9	48,0	11,9	446,2	345,6	109,1	45,9
Wärmeleitungsverluste . . .	111,2	41,3	41,3	3,0	253,1	93,9	93,9	4,2
Anwärmverluste	37,4	2,1	2,1	4,7	65,3	3,5	3,5	7,8
Gesamtwärmebedarf kcal/kg	923,9	805,6	709,7	662,5	1517,5	1194,0	957,5	825,9

[1] Andersson, R.: Paperi ja Puu Bd. 34 (1952) S. 319.

[2] Der Wärmebedarf zur Erwärmung der Luft wird nur in Hinsicht auf die Feuchtigkeitsmenge x_1 berechnet, die in der zugeführten Luft enthalten ist. Die Wasserdampfabsorption während des Trocknens ist also nicht mitberücksichtigt, da die entsprechende Wärmemenge in dem vierten Posten enthalten ist. Durch diese Betrachtungsweise vertritt die Größe i_3 nicht den Wärmeinhalt der abgeführten Luft, da diese in Wirklichkeit auch die verdunstete Feuchtigkeit in Dampfform enthält. i_3 ist also eine gedachte Größe ohne reelle Übereinstimmung.

c = Spezifische Wärme des Holzes, kcal/kg °C
u_1 = Holzfeuchtigkeit vor dem Trocknen
u_2 = Holzfeuchtigkeit nach dem Trocknen
x_1 = Wassergehalt der zugeführten Luft, kg/kg
x_2 = Wassergehalt der abgeführten Luft, kg/kg
Q_v = Verluste, kcal.

633.2 Größe und Anordnung der Heizungseinrichtung.

Die Größe der Heizfläche wird dem Dampfverbrauch angepaßt. Grundsätzlich können in Trockenanlagen vier verschiedene Heizungssysteme eingebaut werden[1]: Gußeiserne Radiatoren, Kalorifere, Heizungsrohre und elektrische Widerstandsheizungen. Gußeiserne Radiatoren sind in USA verschiedentlich gebraucht worden, da sie eine sehr konzentrierte Wärmeabstrahlung ermöglichen. Ihre hohen Anschaffungskosten und der große Widerstand, den sie der Luft entgegensetzen, haben die Anwendung aber eng begrenzt. Kalorifere sind zu einem Block zusammengeschlossene örtliche Heizzellen; sie kommen in Verbindung mit Schleudergebläsen in Frage (s. Bild 194). Die Kalorifere müssen von Hand bedienbare Ventile auf der Zulauf- und der Ablaufseite haben, so daß ihre Abstrahlung, wenn niedrige Temperaturen gewünscht werden, vermindert werden kann. Wenn der Kalorifer voll arbeitet, läßt sich die Temperatur in der Trockenanlage durch Drosselung der Luftmenge, die durch ihn strömt, regeln. Am weitesten verbreitet sind Heizrohre, und zwar entweder glatte Heizrohre oder Rippenrohre. Angaben über die Rohre der Heizungstechnik enthalten DIN 2441 und DIN 2449[2].

Gußeiserne Rippenrohre kondensieren bei bewegter Luft (z. B. bei günstiger Belüftung durch Gebläse) und Betrieb mit Niederdruckdampf je m^2 etwa 2 kg/h Dampf. Bei ruhender Luft und Temperaturen über 50°C werden nur noch 1 bis 1,3 kg Dampf je Stunde und Quadratmeter Heizfläche kondensiert. Bei Holztrockenanlagen rechnet man vorsichtigerweise mit 1,6 kg/h m^2.

Einige Anordnungsformen für die Heizrohre in Holztrockenanlagen zeigt Bild 221. Zu bedenken ist, daß zu große und unrichtig verlegte Rohrleitungen nicht nur wärmewirtschaftlich ungünstig sind, sondern auch erhebliche Energieverluste bei der Luftführung verursachen. Um bei längeren Kammern eine gleichmäßige Beheizung zu sichern, sind die Rohre so zu verlegen, daß wenigstens ein Heizrohr auch bei geringstem Dampfverbrauch über die ganze Kammerlänge unter Dampf steht. Die Zu- und Abschaltung einzelner oder mehrerer Heizrohre durch verschiedene individuell bedienbare Ventile ist unzweckmäßig, da in der Praxis dann meist Bedienungsfehler unterlaufen. Als zweckmäßig hat sich nach R. Schlüter und F. Fessel[3] die in Bild 222 gezeigte Anordnung der Heizflächen erwiesen. Es wird über die ganze Kammerlänge ein glattes Siederohr mit kleiner Heizfläche und daneben ein Rippenrohr bzw. Rippenrohrstrang mit großer Heizfläche verlegt. Bei großer Kammerlänge empfiehlt sich auch die Dampfzuführung in der Mitte, da eine Rohrheizung um so wirkungsvoller und gleichmäßiger ist, je geringer ihre Länge ist. Für gute Entwässerung der Rohre ist durch Verlegung mit Gefälle und Einbau geeigneter Kondenstöpfe unbedingt zu sorgen. Steht für die Trocken-

---

[1] Rasmussen, E. F.: Types of Steam-Heating Systems, Flow of Steam, Cause and Effect of Air and Water Binding, Importance of Steam Traps, Steam Pressure, and Heat Transfer in Lumber Dry Kilns, U.S. Dept Agric., For.Prod. Lab., Rep Nr. R 1663, Madison, Wisc., März 1947.

[2] Vgl. H. Gröber: H. Rietschels Leitfaden der Heiz- und Lüftungstechnik, 11 Aufl., Berlin 1938, S. 266.

[3] Schlüter, R., u. F. Fessel: Holz als Roh- und Werkstoff Bd. 2 (1939) S. 169.

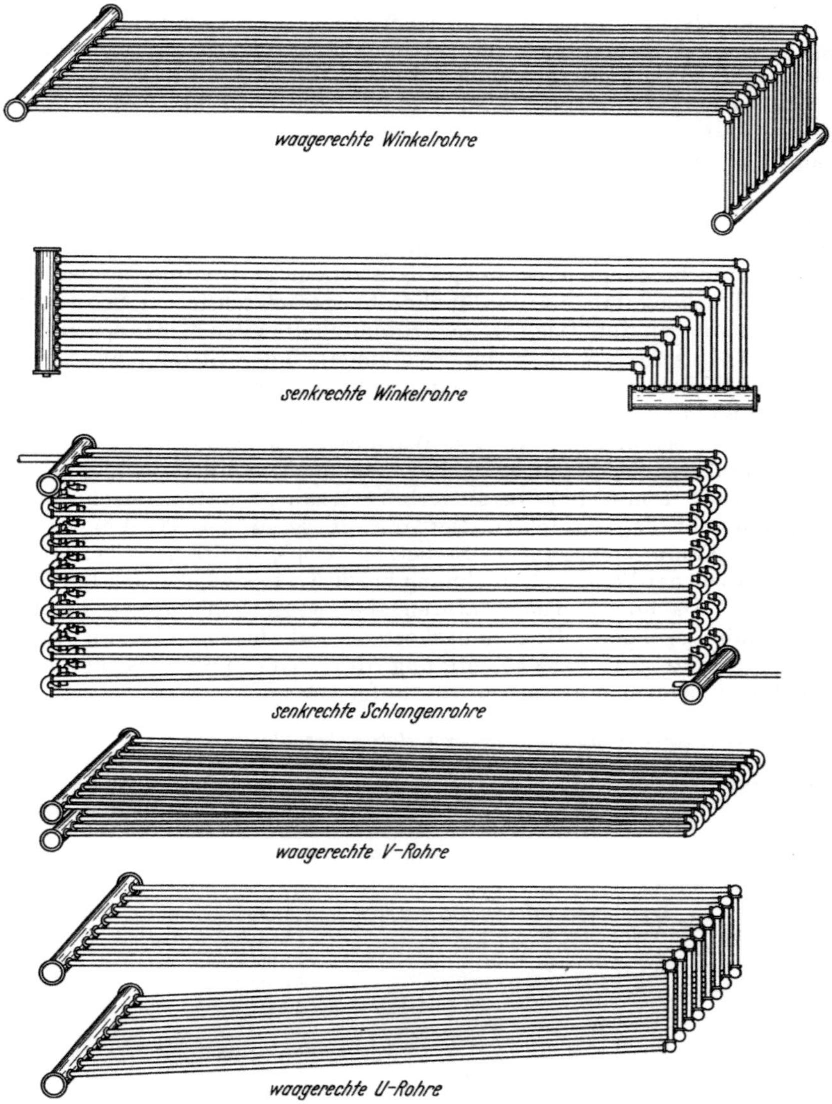

Bild 221. Anordnungsformen für Heizrohre in Holztrockenanlagen. (Nach E. F. Rasmussen.)

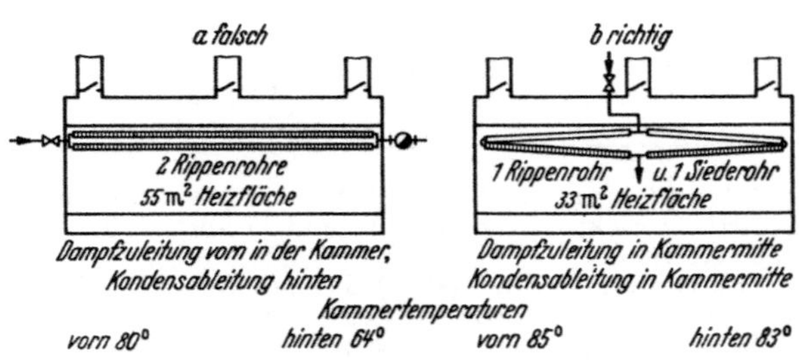

Bild 222. Einfluß der Anordnung der Heizrohre auf die Temperaturverteilung in einer Trockenkammer. (Nach R. Schlüter und F. Fessel.)

anlage kein Abdampf zur Verfügung, so muß ein eigener Niederdruck-Dampfkessel aufgestellt werden. Die Leistung derartiger Kessel beträgt ziemlich gleichmäßig 20 kg/h m². Man muß auf die unentbehrliche Reserve bedacht sein.

Bei elektrischer Beheizung[1] werden die Lufterhitzer meist mit einem Schleudergebläse, das oberhalb des eigentlichen Trocknungsraums liegt, zusammengebaut. Vorteile der elektrischen Beheizung sind: Einfache Bedienung, automatische Temperaturregelung, hohe Leistungsfähigkeit, geringer Raumbedarf und Feuersicherheit. Der Hauptnachteil sind die im Vergleich zu abdampfbeheizten Anlagen hohen Energiekosten. Mit Rücksicht darauf ist vor allem ununterbrochene Trocknung anzustreben. Verbreitung fanden elektrisch beheizte Trockenkammern ursprünglich hauptsächlich in der Schweiz in Form von Kleinanlagen für Tischlereien (Rauminhalt 5 bis 7 m³, spezifische Heizleistung 1,7 bis 2,0 kW/m³ Kammervolumen). Bei größeren Anlagen (z. B. der einer Möbelfabrik mit 135 m³ Kammervolumen) sinkt die bezogene Anschlußleistung bis auf 1,1 kW/m³. Die kleinen Anlagen werden ortsbeweglich mit Doppelwänden aus Blech und hochwertiger Wärmeschutzpackung hergestellt. Die Trockentemperaturen liegen mit 90 bis 130°C bei der Weichholztrocknung sehr hoch.

Die bisher ermittelten Stromverbrauchszahlen unter verschiedenen Verhältnissen gibt Zahlentafel 34. Der Wirkungsgrad der Trocknung sinkt mit steigender Kammertemperatur. Er betrug beispielsweise nach W. Zillner[2] bei ununterbrochener Weichholztrocknung bei 60°C etwa 42,5%, bei 120°C aber nur mehr 30%. Da höhere Temperaturen aber wesentlich kürzere Trockenzeiten und damit geringere Bedienungskosten und bessere Kammerausnützung bedingen, wird die Verschlechterung des Wirkungsgrades mit steigender Kammertemperatur praktisch wieder aufgewogen.

Zahlentafel 34. *Stromverbrauchszahlen von Holztrockenanlagen unter verschiedenen Betriebsbedingungen.* (*Nach W. Zillner.*)

Land	Trockengut	Belüftung	Stromverbrauch kWh/m³ Holz
Deutschland	Weichholz, lufttrocken	—	mind. 120
	Weichholz, lufttrocken	—	im Mittel 180
	Weichholz, frisch	natürlich	320
	Weichholz, frisch	künstlich	220
	Hartholz, lufttrocken	künstlich	330
Schweiz	Weichholz, lufttrocken	künstlich	45 bis 100
	Weichholz, waldtrocken	künstlich	140
	Hartholz, lufttrocken	künstlich	65 bis 110
	Hartholz, waldtrocken	künstlich	200 bis 500
Holland	Überseeische Weich- und Harthölzer, vorgetrocknet	künstlich	180 bis 360

[1] Elektrische Holztrocknung, in: Berichtsheft über die 3. Zusammenkunft der Sachbearbeiter für industrielle Elektrowärme am 10. und 11. Juni 1937 in Berlin, Wirtschaftsgruppe Elektrizitätsversorgung.

[2] Zillner, W.: Elektrowärme Bd. 8 (1938) S. 46. — W. Schneider: Elektrizitätswirtschaft Bd. 37 (1938) S. 435. — W. Zillner: Gegenwärtiger Stand und Zukunftsaussichten der künstlichen Holztrocknung mittels Elektrowärme, in: Berichtsheft über die 4. Zusammenkunft der Sachbearbeiter für industrieelle Elektrowärme am 14. und 15. Juni 1938 in Berlin, Wirtschaftsgruppe Elektrizitätsversorgung und Reichsverband der Elektrizitätsversorgung.

Da die Rohwichten und die Anfangs- sowie Endfeuchtigkeiten nicht bekannt sind und demnach geschätzt werden müssen, lassen sich die Werte von Zahlentafel 34 nur grob auf den Energieverbrauch je kg Wasserentzug umrechnen. Die Zahlen dürften aber zwischen 0,8 und 2 kWh/kg bei Nadelholz, zwischen 1 und 4 kWh/kg bei Laubholz gelegen haben. Nach E. Czepek[1] schwankte bei

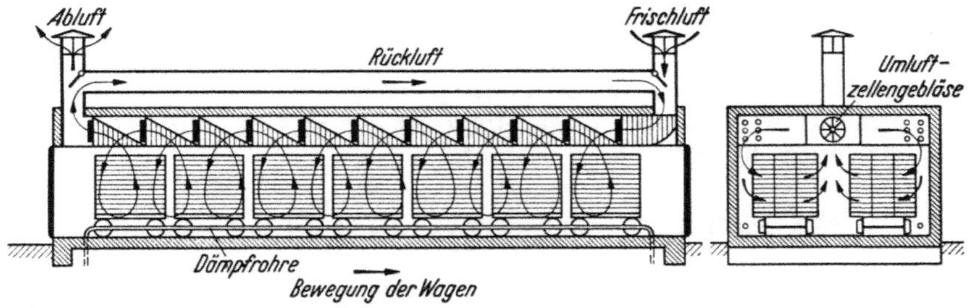

Bild 223. Schema eines Kanaltrockners mit Umlauf-Stufentrocknung. (Benno Schilde Maschinenbau AG.)

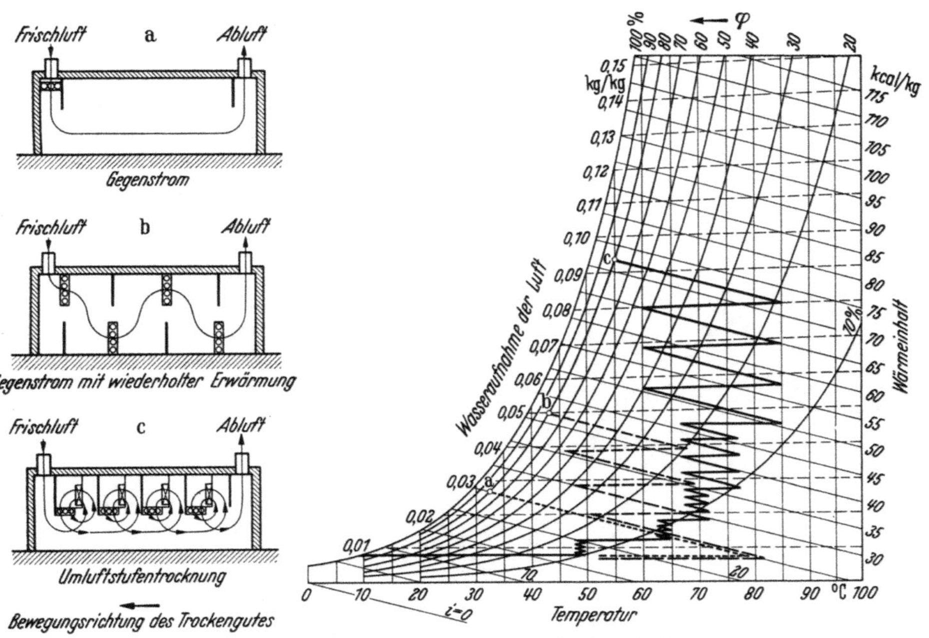

Bild 224. Trocknungsvorgänge im i-x-Schaubild.

Betriebsmessungen der Energieverbrauch bei der Heißdampftrocknung zwischen 76 und 148 kWh/m³ bzw. zwischen 0,80 und 1,19 kWh/kg Wasserentzug. In der Bundesforschungsanstalt für Forst- und Holzwirtschaft, Reinbek, fand H. Gaiser[2] bei der Weichholztrocknung Verbrauchszahlen von 0,88 bis 1,55 kWh je kg Wasserentzug.

Allgemein ist zur Wärmewirtschaftlichkeit von Holztrockenanlagen noch zu sagen, daß eine Vereinigung von Gegenstrom mit Kreuzstrom (z. B. in Form der Umlauf-Stufentrocknung) günstig ist. Das Schema der Luftführung

[1] Vgl. Holztagung 1952 in Salzburg, Holz-Zbl. Bd. 78 (1952) S. 1225.
[2] Unveröffentlichte Diplomarbeit.

in einer solchen Anlage zeigt Bild 223. Es ist klar, daß die Luft eine sehr viel größere Trockenarbeit zu leisten vermag, wenn sie nicht nach nur einmaliger Erwärmung einmal durch den Trockner geht, sondern wenn sie bei einem Durchgang mehrfach erwärmt wird und auch wiederholt das Trockengut bestreichen muß. Ein Vergleich von Temperatur- und Sättigungsgrad der Trockenluft während des Trockenprozesses in beiden Fällen ist aufschlußreich. Man ersieht aus dem i-x-Diagramm (Bild 224), daß beispielsweise die Wasseraufnahme bei gleicher Trockenaufgabe und gleichem Frischluftzustand beim einfachen Gegenstromprinzip nur 27 — 8 = 19 g Wasserdampf je kg Trockenluft, bei der Gegenstromtrocknung mit wiederholter Erwärmung 50 — 8 = 42 g und bei der Umluftstufentrocknung 93 — 8 = 85 g beträgt.

634. Belüftungseinrichtungen in Trockenkammern.

Die Belüftungseinrichtungen sind so anzuordnen, daß die Luft gleichmäßig in der Kammer verteilt wird und daß über dem Trockengut an der Luftaustrittseite — unabhängig von der Holz- und Stapellattendicke eine Luftgeschwindigkeit von mindestens 1,3 m/s erreicht wird. Verwendung finden **Radial- oder Schleudergebläse** (Ventilatoren)[1] (Bild 225 und 226) mit — s. Abschnitt 631.121 — mindestens 35 mm WS Gesamtdruck sowie **Axialgebläse** in Form von **Schraubenlüftern** mit ebenen oder räumlich gekrümmten Schaufeln (Bild 206) und von **Propellerlüftern** (Bild 207).

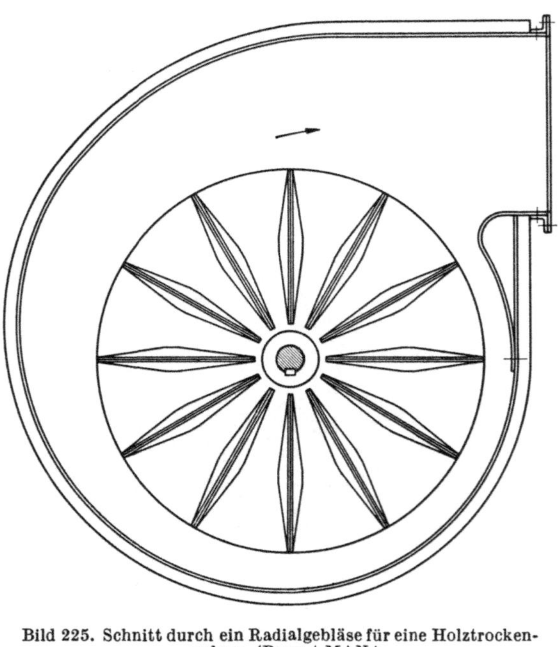

Bild 225. Schnitt durch ein Radialgebläse für eine Holztrockenanlage. (Bauart MAN.)

Der **Gesamtdruck** p_g von Ventilatoren ist gleich der algebraischen Summe des statischen Drucks p_{st} (der gleich dem Druck ist, den die parallel zur Kanalwand strömende Flüssigkeit auf diese ausübt) und des dynamischen Drucks $p_d = \frac{w^2}{2} \frac{\gamma}{g}$ (der gleichbedeutend ist mit dem Druck, der zur Beschleunigung der Flüssigkeit aus der Ruhe auf die betreffende Geschwindigkeit erforderlich ist)[2]; dabei bedeuten w die mittlere Strömungsgeschwindigkeit in [m/s], γ die Wichte der Flüssigkeit in [kg/m³] und g die Erdbeschleunigung in [m/s²] ($g = 9{,}81$ m/s²). Der **Leistungsbedarf** N von Gebläsen errechnet sich zu

$$N = \frac{Q \cdot p_g}{75 \cdot \eta} \text{ [PS]}; \qquad (13)$$

[1] Eck, B.: Ventilatoren 2. Aufl., Berlin, Göttingen, Heidelberg 1952.

[2] Regeln für Leistungsversuche an Ventilatoren und Kompressoren, Z. VDI Bd. 69 (1925) S. 1147.

hierin sind Q das Fördervolumen in $[m^3/s]$, p_g der Gesamtdruck (= Druckunterschied am Austritt- und Eintrittstutzen des Gebläses) in [mmWS = kg/m^2] und η der Wirkungsgrad, der sowohl die inneren als auch die mechanischen Verluste umfaßt. Der Wirkungsgrad beträgt bei Gebläsen der in Trockenanlagen üblichen Größe meist 0,5 bis 0,8.

Bild 226. Ansicht von Schaufelrädern eines Radialgebläses (Bauart MAN).

Zur Beurteilung und zum Vergleich verschiedener Gebläse — und zwar sowohl von Radial- als auch von Axialgebläsen — eignen sich besonders zwei dimensionslose Kennzahlen, die Druckziffer ψ und die Mengenziffer oder Lieferzahl φ. Unter Druckziffer ψ versteht man das Verhältnis des Gesamtdrucks p_g zum Staudruck der Umfangsgeschwindigkeit, also

$$\psi = \frac{p_g}{\frac{\gamma}{2g} \cdot u^2} = \frac{2g}{\gamma} \cdot \frac{p_g}{u^2} = \frac{2p_g}{\varrho \cdot u}. \tag{14}$$

$$\left.\begin{aligned} &\text{Die Mengenziffer } \varphi \text{ errechnet sich zu } \varphi = \frac{c_m}{u} = \frac{V}{F \cdot u} \\ &\text{oder für Axialgebläse } \varphi = \frac{V}{\frac{\pi}{4}(d_2^2 - d_1^2) \cdot u} \\ &\text{für Radialgebläse } \varphi = \frac{V}{\pi \cdot d_2 \cdot b_2 \cdot u} \end{aligned}\right\} \tag{15}$$

Bild 227 zeigt in schematischer Gegenüberstellung die verwendeten Bezeichnungen, Bild 228 die Abhängigkeit der Druckziffer ψ und des Wirkungsgrades η von der Mengenziffer φ.

Zu berechnen sind die Trockenkammern nicht nach den umgewälzten Luftmengen, sondern nach den erforderlichen Luftgeschwindigkeiten über dem Trockengut. Zwar kann man auf Grund der Erfahrungen überschlägig annehmen, daß das Luftvolumen der leeren Kammer bei Schleudergebläsen 100- bis 200mal, bei Schraubenlüftern 600- bis 900mal stündlich erneuert werden muß, aber entscheidend bleibt stets, ob die geförderte Mindestgeschwindigkeit wirklich erreicht wird. Überschlägig werden in der Praxis die Geschwindigkeiten oft als Quotient der Fördermenge durch den verfügbaren freien Querschnitt berechnet; dieses Verfahren ist aber unrichtig, da es den Einfluß der Reibung und der Turbulenz bei höheren Geschwindigkeiten nicht berücksichtigt. Bild 229 zeigt, wie die Luftgeschwindigkeit in einer Trockenanlage mit abnehmendem freiem Querschnitt steigt. Man kann entnehmen, daß bei 60% freiem Querschnitt die Luftgeschwindigkeit 1,6 m/s betrug; eine Verringerung des freien Querschnitts um $^2/_3$, also auf 20%, erhöhte die Luftgeschwindigkeit aber nicht auf 4,8 m/s, sondern nur auf 2,2 m/s. Dieses Beispiel lehrt zugleich eindringlich, daß man bei einer gegebenen Belüftungseinrichtung die Luftgeschwindigkeit nicht beliebig durch Verringerung der Stapellattendicke steigern kann.

Die große Bedeutung der Luftgeschwindigkeit für die Trocknungsgeschwindigkeit wurde in Band I, Seite 486 ausführlich behandelt. Es sei in diesem Zusammenhang mitgeteilt, daß man je nach der Länge des Luftwegs, der Art des Trockenguts und der Holzfeuchtig-

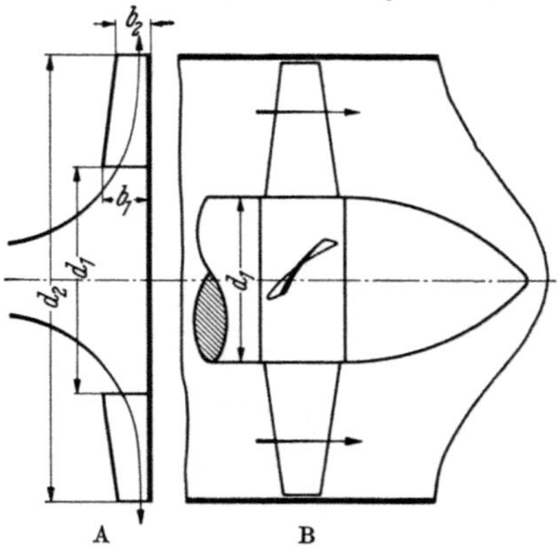

Bild 227. Übersicht über die Bezeichnungen bei A Radialgebläsen, B Axialgebläsen.

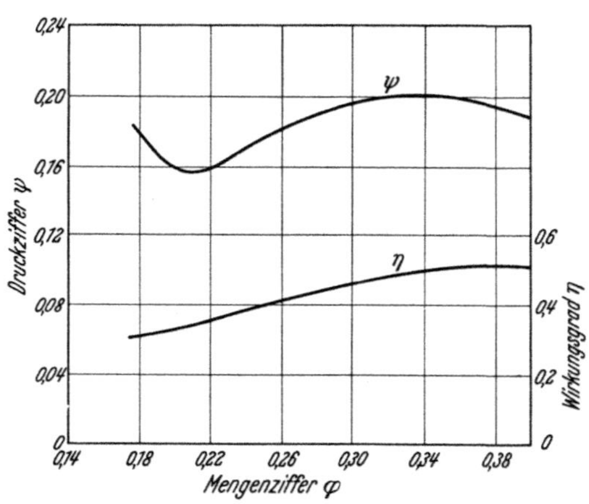

Bild 228. Abhängigkeit der Druckziffer ψ und des Wirkungsgrades η von der Mengenziffer φ. (Nach Benno Schilde Maschinenbau AG., Hersfeld.)

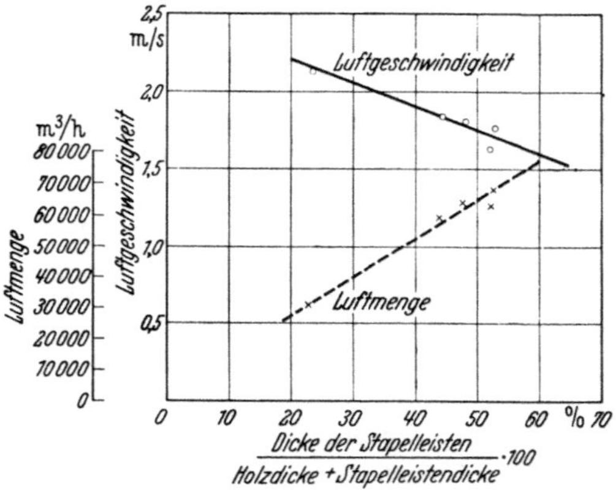

Bild 229. Zusammenhang zwischen Luftgeschwindigkeit u. freiem Querschnitt. (Nach R. Schlüter und F. Fessel.)

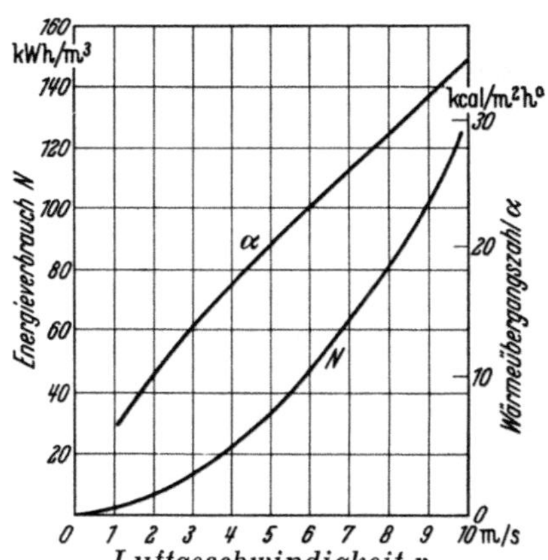

Bild 230. Abhängigkeit der Wärmeübergangszahl α zwischen Holz und Luft und des Energieverbrauchs N bei der Holztrocknung von der Belüftungsgeschwindigkeit v bei 25 mm dickem Nadelholz. (Nach B. Löfgren.)

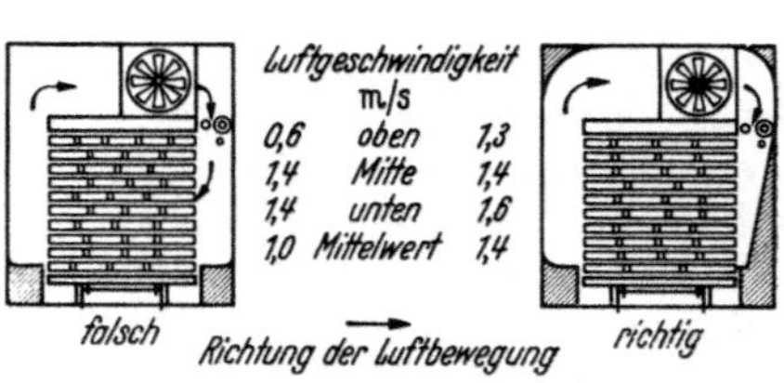

Bild 231. Einfluß der Luftführung auf Luftgeschwindigkeit und Luftverteilung. (Nach F. Fessel.)

keit heute Geschwindigkeiten bis zu 12 m/s anstrebt. Die Wärmeübergangszahl α zwischen Holz und Luft ist eine Funktion der Geschwindigkeit. Wie Bild 230 beweist, entspricht die empirische Formel von W. Nusselt und Jürges

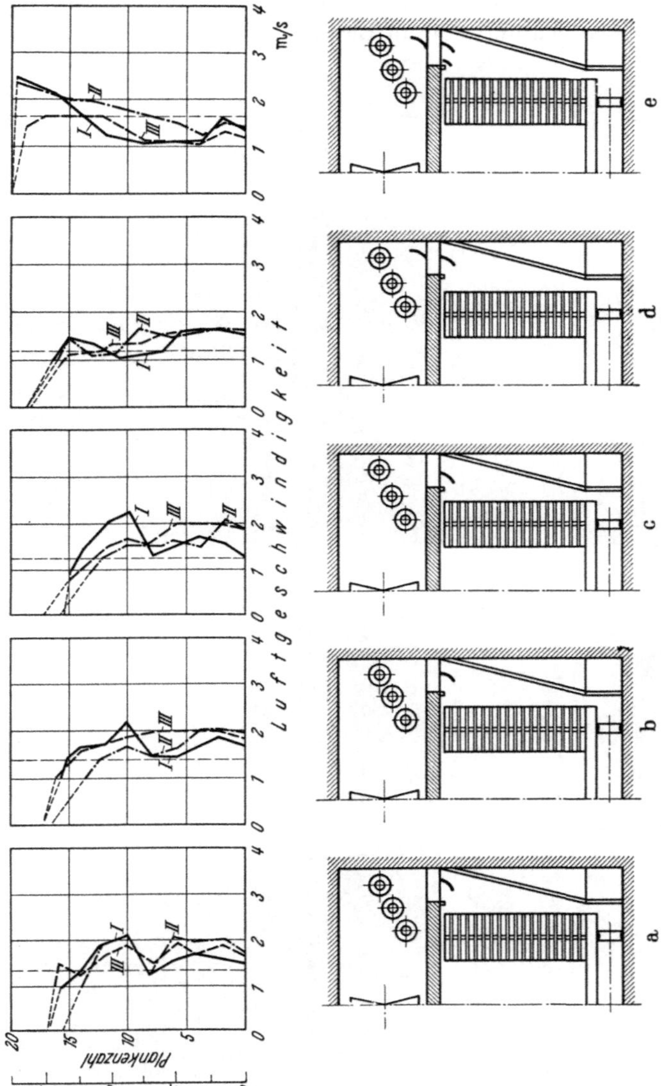

Bild 232. Luftverteilung in einer Versuchstrockenkammer bei Einbau verschiedener Leitbleche, — Kurve *I* 50 cm vom Eingang entfernt; Kurve *II* 137,5 cm vom Eingang entfernt; Kurve *III* 225 cm vom Eingang entfernt. (Nach B. Thunell.)

(Band I, Gleichung [136], S. 486), nicht den Versuchsergebnissen von B. Löfgren[1]. Die von ihm ermittelten Wärmeübergangszahlen waren etwa 3- bis 4mal so hoch wie jene nach der erwähnten Formel. Das Bild zeigt ferner, daß der Energieverbrauch mit dem Kubus der Belüftungsgeschwindigkeit ansteigt. Wichtig ist auch hohe Geschwindigkeit in den Schlitzen zwischen den Brettern,

[1] Löfgren, B.: Moderna sågverkstorkar, Fläkten 1947, Nr. 1. — Ref. Holz-Zbl. Bd. 75 (1949) S. 909.

damit sich dort eine turbulente Strömung ausbildet, da nur sie die feuchte, an der rauhen Brettoberfläche klebende Grenzschicht abzulösen vermag.

Großräumige Wirbel und tote Ecken müssen aber unbedingt in den Trocknungsanlagen vermieden werden, da sie keine gleichmäßige Trocknung gestatten und beträchtlichen Mehraufwand an Energie bedingen. Durch den Einbau von

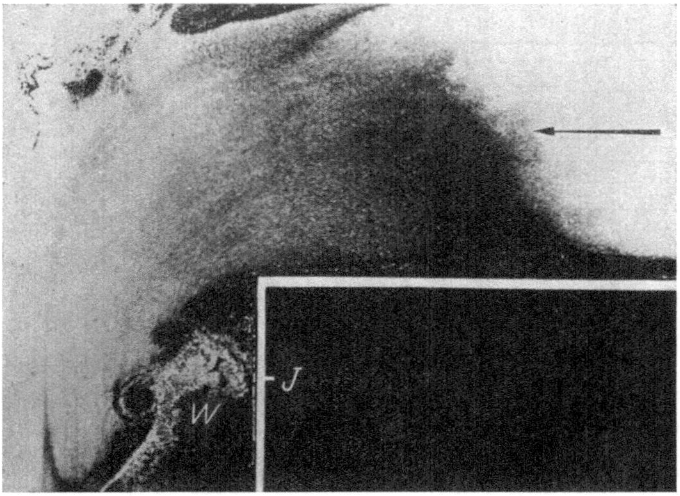

A

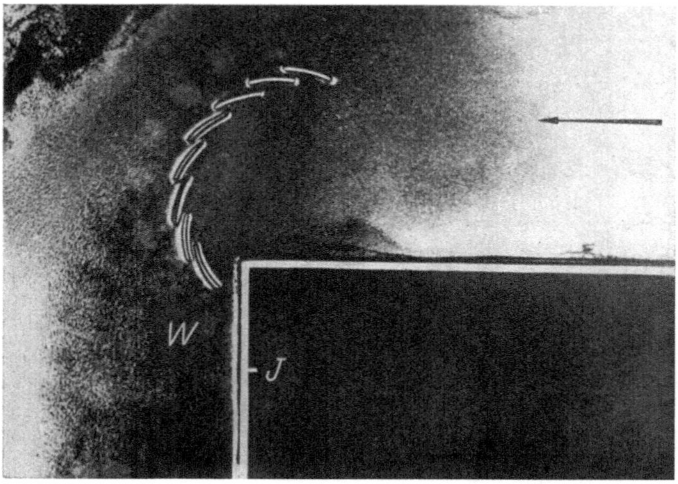

B

Bild 233. Verlauf der Stromlinien bei Umlenkung um 90° A ohne Leitflächen, B mit Leitflächen nach Föttinger-Frey. (Phot. Benno Schilde Maschinenbau AG.)

Hohlkehlen, Leitwänden, unter Umständen auch von Leitblechen und Schlitzwänden läßt sich die Luftführung stark beeinflussen. Aus Bild 231 kann man ersehen, wie wirksam sich durch windschlüpfige Hohlkehlen und eine schräge Blendenwand die Luftführung verbessern läßt[1]. Bild 232 zeigt nach

[1] Fessel, F.: Richtlinien für den Bau von Holztrocknungsanlagen, Merkhefte der Deutschen Gesellschaft für Holzforschung, Nr. 7, Nachdruck 1949, S. 23.

B. Thunell[1] den Einfluß von Leitblechen. Im Rahmen dieser Versuche wurde auch gefunden, daß die mittlere Luftgeschwindigkeit zwischen zwei Brettern (gleichgültig, ob es sich um sägerauhes oder gehobeltes Holz handelte) bei Stapelzwischenräumen von 15 bis 50 mm etwa 85% der maximalen Luftgeschwindigkeit im freien Luftraum beträgt.

Recht anschaulich wird die Wirkung geteilter Leitflächen aus Bild 233 A und 233 B. Die Bilder sind bei Modellversuchen in der Wasserrinne aufgenommen. Die Strömung wurde durch Aufstreuen von Aluminiumpulver auf die Wasseroberfläche sichtbar gemacht. Die hellen Stellen in den Aufnahmen bedeuten somit

A

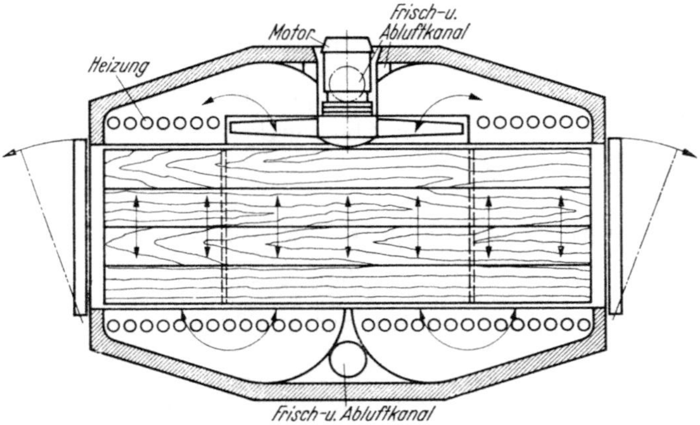

B

Bild 234. Hochleistungstrockner mit Querbelüftung und reversibler Luftführung, Bauart Robert Hildebrand Maschinenbau, Oberboihingen/Württ. — A Ansicht — B Querschnitt.

Orte mit starker Strömung, die dunklen Stellen solche mit schwacher Strömung. Ohne Leitflächen (Bild 233 A) führt eine 90°-Umlenkung zu starker Wirbelbildung (bei *W*) und Ablösung der Strömung von der Innenwand J. Mit Leitflächen (nach K. Frey[2]) ist keine Wirbelbildung und keine Ablösung mehr vor-

[1] Thunell, B.: Synpunkter på luftcirkulationen i virkestorkar, Svenska Träforskningsinstitutet, Trätekn. avd., Medd. 10, Stockholm 1946. — Vgl. auch F. Kollmann: Holzprobleme in Schweden, Schriftenreihe, Holzfragen der Gegenwart, H. 2, Stuttgart 1950, S. 34.

[2] Frey, K.: Forschung Ing. Wes. Bd. 4 (1933) S. 67 und Bd. 5 (1934) S. 105, DRP Nr. 588 113.

handen (Bild 233 B). Ganz allgemein kann man deshalb sagen, daß durch eingebaute Leitflächen oft wesentliche Verbesserungen der Strömungsverhältnisse, Wärmeübergänge und Diffusionsvorgänge zu erzielen und dadurch Energie, Zeit und Raum zu sparen sind, bgesehen davon, daß Schäen am Trocknungsgut eher ermieden werden[1].

Bild 235. Ausbildung der Zu- und Abluftklappen. (Nach R. Schlüter und F. Fessel.)

Für die neueste Entwickıng der Belüftungstechnik ı Holztrockenanlagen ist ie Anwendung hoher Lufteschwindigkeiten über der Brettoberfläche kennzeichnend. Hierzu mußten zunächst Lüfter geschaffen werden, die hohe Luftgeschwindigkeiten auf wirtschaftliche Weise erzeugen. Bei dem in Bild 234 gezeigten Hochleistungstrockner mit Querbelüftung bewirkt ein großes direkt angetriebenes Axialgebläse zusammen mit der aerodynamisch einwandfreien Gestaltung der Kammerwände den Luftumlauf im Sinne der Pfeile, wobei über dem Trockengut 6 bis 8 m/s Luftgeschwindigkeit erreicht werden. Der Lüfter ist umsteuerbar, so daß der Luftumlauf in der Richtung im Sinne der doppelten Pfeilspitzen umgesteuert werden kann.

Für eine ordnungsgemäße Luftführung ist es auch unerläßlich, daß alle Türen und Klappen der Trocknungsanlage tadellos dicht schließen. Die Klappen dienen zur Regelung der Frisch- und Abluftmengen, die von Fall zu Fall erheblich schwanken können. Die Klappen sind an geeigneten Stellen anzubringen und so auszubilden, daß sie eine feinstufige und sichere Regelung gestatten. Bild 235 zeigt zwei Klappenausführungen. Die Ausführung II in Form eines Drehschiebers ist zweckmäßiger als die im Bildteil I gezeigte oft vorkommende einfache Klappe. Das Schaubild zwischen den Klappenskizzen zeigt die Klappencharakteristik, d. h. die Abhängigkeit der relativen Klappenöffnung vom absoluten Öffnungsquerschnitt.

635. Meß- und Regelgeräte in Holztrockenanlagen.

635.1 Thermometer.

Überwiegend und sehr zweckmäßig wird die Temperatur in Trockenkammern mit Flüssigkeitsthermometern gemessen[2]. Als Füllung kommt Quecksilber oder Weingeist in Frage. Da die Thermometer am besten in einigem Abstand von den Kammerwänden liegen sollen, muß die Skala deutlich und die Flüssigkeitssäule breit sein. Häufig ist das Steigrohr auch gewinkelt. Die Ablesung ermöglicht ein Fenster in der Kammerwand. Es ist üblich, zwei Flüssigkeitsthermometer, Seite an Seite, mit einer trockenen und einer nassen Kugel zu verwenden, um auf diese Weise die Luftfeuchtigkeit bestimmen zu können (siehe Abschnitt 635.2). Die Festpunkte des Celsiusthermometers sind die Temperatur schmelzenden Eises, mit 0° bezeichnet, und die Temperatur von bei normalem Luftdruck (760 mm Q.-S.) siedendem Wasser, mit 100° bezeichnet.

Zur Umrechnung von Grad Fahrenheit (°F) in Celsius- oder Centigrade gilt die Beziehung $°C = {}^5/_9 \cdot (°F - 32)$.

[1] Bachmann, D.: Z. VDI Bd. 79 (1935) S. 1034.

[2] Kimball, K. E.: Temperature Measuring and Controlling Devices in Lumber Dry Kilns, U.S. Dept. Agric., For. Serv., For. Prod. Lab., Rep. Nr. R 1654, Madison, Wisc. 1947.

Luftfreie Quecksilberthermometer können von — 39° bis + 150°C (oberhalb dieser Temperatur tritt eine merkliche Verdampfung des Quecksilbers in der luftleeren Kapillare ein) brauchbar sein. Die Skala muß auf dem Glasrohr des Thermometers eingeätzt sein; Thermometer, deren Skala vom Glasrohr getrennt auf einer Metallplatte eingeprägt sind, können bei einer geringen Verschiebung des Glasrohrs gegen die Metallplatte erhebliche Ablesefehler bedingen. Für den Vergleich und die Nacheichung von Thermometern wählt man zweckmäßig ein reichlich großes Bad, das stark gerührt wird und gegen Wärmeabgabe nach außen geschützt ist. Die Thermometer sind möglichst vollständig einzutauchen, um die Korrektion wegen des herausragenden Fadens zu vermeiden. Zum Vergleich wird zusammen mit dem zu prüfenden Thermometer ein Standardthermometer eingetaucht. Manchmal trennt sich die Quecksilbersäule in Thermometern; man kann sie wieder vereinigen, indem man das Thermometer vorsichtig erhitzt, bis die Säule die ganze Kapillare ausfüllt. Bei verschiedenen Beobachtungen in Holztrockenanlagen können auch Maximumthermometer (ähnlich den Fieberthermometern) nützlich sein; man muß etwa 20 min rechnen, bis die Maximaltemperatur tatsächlich vom Thermometer angezeigt wird. Nach dem Gebrauch ist der Quecksilberfaden wieder zurückzuschütteln.

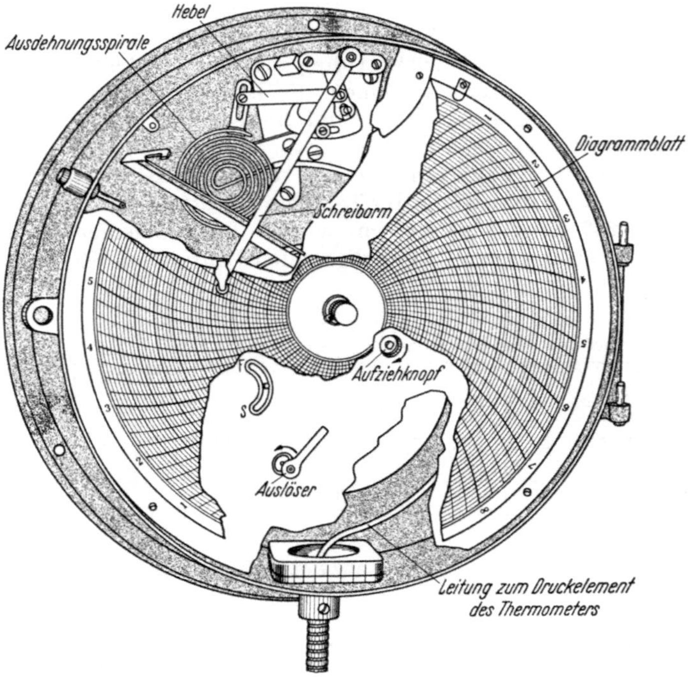

Bild 236. Schematische Ansicht eines selbstschreibenden Thermometers. (Nach K. E. Kimball.)

Recht bequem können Flüssigkeits- und Gasthermometer mit Zifferblatt abgelesen werden; ihre Kugel geht in ein Haarrohr über, das in einer Bourdonschen Röhre endigt, von der aus ein Zeiger betätigt wird. An Stelle des Zeigers kann auch eine Schreibfeder angebracht werden, unter der sich ein kreisförmiges Meßblatt dreht (Bild 236) oder unter der ein Papierstreifen durchgezogen wird. Vorteilhaft ist an diesen Geräten für den Gebrauch bei der Holztrocknung, daß die Kugel im Innern der Anlage, das Zifferblatt außerhalb angebracht werden kann. Die Zwischenkapillare soll allerdings nicht übermäßig lang sein.

Elektrische Widerstandsthermometer, die auf der Änderung des Ohmschen Widerstandes mit der Temperatur beruhen, werden gelegentlich ebenfalls zur Messung der Temperatur in Trocknungsanlagen herangezogen. Wenig geeignet sind zum dauernden Gebrauch in Trocknungsanlagen Thermometer, bei denen der Ausdehnungsunterschied eines Bimetallstreifens oder die unmittelbare Längenänderung eines Metallstabes durch ein verwickeltes Hebelwerk auf den Zeiger übertragen werden muß, da sich bei ihnen mechanische Schwierigkeiten und Betriebsstörungen bei rauhem Betrieb ergeben können. Die Geräte sind auch infolge ihrer großen Masse verhältnismäßig träge. Bimetallthermometer trifft man aber in den meisten tragbaren Temperaturschreibern, die bei Versuchen Verwendung finden können.

Thermoelemente beruhen auf der Thermokraft, d. h. der elektromotorischen Kraft, die in einem Kreis aus verschiedenen Metallen entsteht, wenn die Lötstellen verschiedene Temperaturen haben. Die Thermokraft ist verhältnismäßig groß bei der Folge Konstantan-Kupfer (0,046 mV/°). Zur Messung der Thermokraft schaltet man einen Spannungsmesser (Potentiometer) in den Leiterkreis. Die beiden Klemmen des Meßgerätes müssen die gleiche Temperatur haben, damit die Messung nicht durch zusätzliche Thermokräfte verfälscht wird. Ein Vorteil der Thermoelemente ist die große Genauigkeit, mit der elektrische Messungen ausgeführt werden können, die Dünne der Drähte, die es gestattet, sie durch enge Öffnungen zu führen, und die gegenüber dem Flüssigkeitsthermometer viel kleinere Wärmekapazität.

Thermoelemente in Verbindung mit einem Potentiometer gestatten auf einfache Weise die Ermittlung der Temperaturverteilung in einer Holztrockenanlage. Bild 237 zeigt schematisch, wie die Thermoelemente über die Stapelwagen in einer Kammer mit innenliegenden Schraubenlüftern verteilt werden

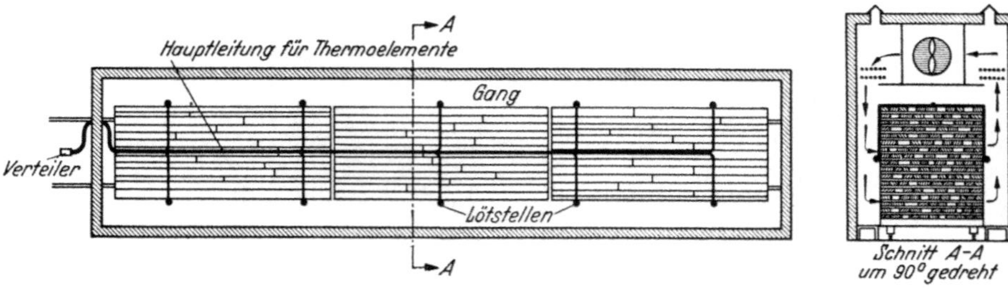

Bild 237. Verteilung von Thermo-Meßstellen über die Stapel in einer Kammer mit obenliegenden Schraubenlüftern. (Nach K. E. Kimball.)

können. Die Art, wie man die Thermoelemente zu einem Kabel vereinigt, geht aus Bild 238 hervor. Bei der Ausführung nach Bild 238B wird ein gemeinsamer Konstantandraht für jedes Thermoelementenpaar benutzt. Da man dabei nur etwa die halbe Länge Konstantandraht im Vergleich zur doppeldrahtigen Ausführung benötigt, sinken die Kosten beträchtlich. Beim Bruch des Konstantandrahts werden aber alle beiden Meßstellen außer Betrieb gesetzt. Zu beachten ist bei thermoelektrischen Messungen, daß die Potentiometer bei Temperaturen unter etwa + 5°C nicht mehr arbeiten.

Die Thermoelemente dürfen das Holz nicht berühren, da insbesondere bei Beginn der Trocknung seine Oberflächentemperatur wesentlich niedriger liegt als die Temperatur der umgebenden Luft. Weiter müssen die Umschalter so beschaffen sein, daß an den einzelnen Kontaktstellen kein wesentlicher Übergangswiderstand und keine störende Thermokraft (also die Metallteile nicht mit dem Finger berühren, da dies eine Temperaturänderung zur Folge hat!) auftreten[1].

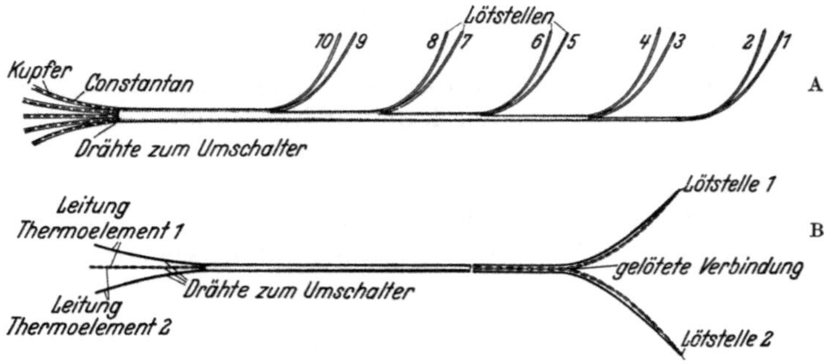

Bild 238. Schema von Thermoelementkabeln. (Nach K. E. Kimball.)

635.2 Geräte zur Messung der Luftfeuchtigkeit.

Bei der Trocknung kühlt sich das Holz durch die Verdunstung ab. Insbesondere hat die Oberfläche von feuchtem Holz, dessen Wassergehalt über dem Fasersättigungspunkt liegt, das Bestreben, sich in ihrer Temperatur auf die „Kühlgrenze“ einzustellen. Diese Erscheinung läßt sich beim Einbringen jedes beliebigen feuchten Körpers in mehr oder minder gesättigte feuchte Luft beobachten; so zeigt die Temperatur eines feuchten Thermometers die Kühlgrenze unmittelbar an, vorausgesetzt, daß lange genug beobachtet wird und daß die Luft mit mindestens 2 m/s Geschwindigkeit vorbeistreicht. Außer vom Bewegungszustand hängt die Fähigkeit der Luft zu trocknen von ihrem Wassergehalt ab. Luft kann solange Dampf aufnehmen, bis der bei der gegebenen Temperatur t höchstmögliche Sättigungsdruck h' erreicht ist, h' wächst rasch mit zunehmender Temperatur. Das Verhältnis des in feuchter Luft tatsächlich vorhandenen Dampfteildrucks h zum entsprechenden Sättigungsdruck h' bezeichnet man als relative Luftfeuchtigkeit φ.

Die relative Feuchtigkeit drückt auch das in der Raumeinheit wirklich enthaltene Dampfgewicht γ_D als Bruch des maximal möglichen Dampfgewichts γ'' aus. Hervorzuheben ist, daß Luft bei gleichem Druck und gleicher Temperatur umso leichter wird, je feuchter sie ist. Der Grund liegt darin, daß sich die Gewichte gleich großer Volumina zweier Gase unter sonst gleichen Bedingungen wie ihre Molekulargewichte verhalten, bei Wasserdampf und trockener Luft also wie 18 : 29 oder rund 5 : 8.

Im meteorologischen Schrifttum bezeichnet man die im Kubikmeter Luft enthaltene Menge des Wasserdampfs in Gramm als absolute Feuchtigkeit e. Zufälligerweise stimmen die Zahlenwerte für den Dampfdruck h und die absolute Feuchte e im praktischen Temperaturbereich annähernd überein. Die absolute Feuchte bei Sättigung heißt Sättigungsmenge E, die Differenz $(E - e)$ Dampfmangel oder Sättigungsdefizit. Die Zusammenhänge zwischen der relativen Feuchte φ [%] und der absoluten Feuchte e [g/m³] veranschaulicht Bild 239 für wechselnde Temperaturen. Man kann aus ihm auch gut erkennen, daß

---

[1] Knoblauch, O., u. K. Hencky: Anleitung zu genauen technischen Temperaturmessungen, 2. Aufl., München und Berlin 1926.

kalte, feuchte Luft beim Erwärmen trockener, warme, trockene Luft beim Abkühlen feuchter wird. So läßt sich ablesen, daß Luft bei —2°C Temperatur und 100% relativer Feuchtigkeit etwa 4 g/m³ absolute Feuchtigkeit enthält; diese bleibt beim Erwärmen erhalten, die relative Feuchtigkeit muß folglich abnehmen und wird im Beispielsfalle bei 8°C nur mehr 50%, bei 22°C nur mehr 20% usw. betragen. Hat man umgekehrt Luft von 16°C und 60% dann ist ihre absolute Feuchtigkeit 8 g/m³. Kühlt man diese Luft ab, so wären 100% relative Feuchtigkeit bei 8°C erreicht. Dieser Sättigungspunkt heißt Taupunkt, da weitere Abkühlung der gesättigten Luft mit Taubildung, d. h. Kondensation von Wasserdampf, verbunden ist.

Ein sehr einfaches Gerät zur Messung der Luftfeuchtigkeit ist das Psychrometer. Es besteht aus zwei gleichen Thermometern, von denen eines trocken (Temperatur t_{tr}), das andere feucht (Temperatur t_f) gehalten wird. Zur An-

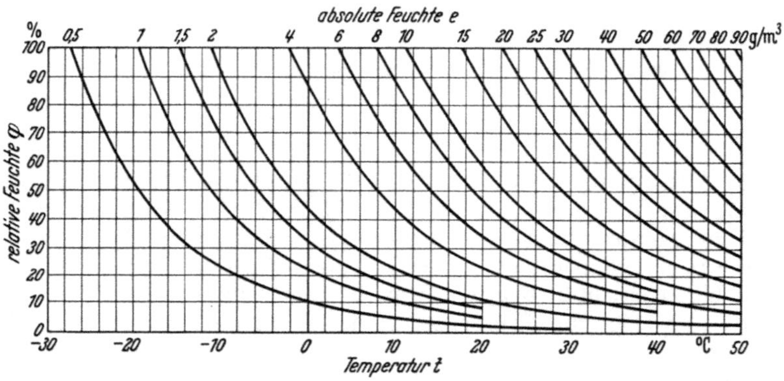

Bild 239. Zusammenhang zwischen Lufttemperatur, relativer Luftfeuchtigkeit und absoluter Feuchte.

feuchtung dient eine einfache Mullhülle oder ein — vorher mit Sodalauge entfettetes — Baumwollstrümpfchen. Wenn die Saugeigenschaften des Strümpfchens nicht befriedigen, empfiehlt es sich, dem Wasser einige Tropfen Netzmittel zuzusetzen. Das Wasser wird bei dem gewöhnlichen stationären Psychrometer mittels eines Dochtes aus einem etwas unter der Kugel befindlichen Gefäß angesaugt, während es bei aspirierten Instrumenten besonders zugeführt werden muß. Baumwollgewebe mit ziemlich rauhen, porösen Fasern zeichnen sich im allgemeinen durch gute Benetzung des Naßthermometers und damit hohe Anzeigegenauigkeit aus.

Bei Frost ist der Mull mit einem Pinsel zu befeuchten, der Eismantel soll aber dünn bleiben, damit die Trägheit nicht unnötig zunimmt. Für Temperaturen bis 40°C läßt sich der Dampfteildruck h leicht mit Hilfe der Sprungschen Formel aus der Psychrometerdifferenz $(t_{tr} - t_f)$ errechnen:

$$h = h'_f - A\,(t_{tr} - t_f)\,b \tag{16}$$

worin h'_f der Sättigungsdruck in der Temperaturlage t_f, A eine von der Ventilation (Windgeschwindigkeit v) der Thermometerkugel abhängige Zahl, b der Barometerstand ist. E. Kleinschmidt[1] gibt folgende durch Versuch bestimmte Mittelwerte für A an:

[1] Kleinschmidt, E.: Meteorologische Apparate und Beobachtungsmethoden in F. Linke: Meteorologisches Taschenbuch, 1. Aufl., Leipzig 1931.

	Bei Windstille $v = 0$ bis 0,5 m/s	Bei leicht bewegter Luft $v = 1$ bis 1,5 m/s	Bei stark bewegter Luft $v = 2{,}5$ m
A_{Wasser} . .	0,001200	0,000800	0,000656
A_{Eis} . . .	0,001060	0,000706	0,000579

Die größten Streuungen weist A bei unbewegter, die kleinsten bei stark bewegter Luft auf. Deshalb ergeben künstlich angeblasene Psychrometer (z. B. nach Assmann) die genauesten Meßwerte. Die Strömungsgeschwindigkeit soll $\geqq 2$ m/s sein. Daraus ergibt sich die Forderung, daß die Meßgeräte — z. B. auch beim Einbau in Trockenkammern — möglichst dem Luftzug ausgesetzt sein müssen. Die Ablesung hat genau und gewissenhaft, mindestens auf 0,5°C zu erfolgen. Stimmen die beiden Thermometer eines Gerätes in trockenem Zustand nicht genau überein, so ist eine entsprechende Fehleranzeige anzubringen und zu berücksichtigen. Nach M. Robitsch bedeutet eine Ungenauigkeit von 0,1°C in der Psychrometerdifferenz folgende Unsicherheit in der Bestimmung des Dampfteildrucks:

t_{tr}	= — 30°	— 20°	— 10°	0°	10°	20°	35°C
%	14	6,1	3,1	1,8	1,2	0,9	0,6

Auffallend ist das rasche Anwachsen des Fehlers unter 0°C.

Eine weitere Voraussetzung genauer Feuchtigkeitsmessungen mit Psychrometern ist Strahlungsschutz. Um den Strahlungseinfluß zu vermeiden, müssen die Geräte im Freien in sogenannten Hütten ($40 \cdot 40 \cdot 62$ cm³, 8 mm Wanddicke, Thermometerkugeln etwa 2 m über dem Erdboden), in Trockenkammern entfernt von Heizrohren, Türen, kalten Mauern usw. aufgehängt werden. Wirksamer Strahlungsschutz läßt sich auch durch spiegelnde Versilberung der Thermometerkugeln oder durch blanke Abschirmung erzielen. In der Praxis wird hierzu auch reichliche Belüftung angewandt.

Eine graphische Psychrometertafel nach Lambrecht-Bongards für Trockentemperaturen bis 150°C ist als Tafel IV dem Anhang beigefügt.

Für die Holzindustrie ist mißlich, daß die relative Feuchte aus den Psychrometerdaten erst mit Hilfe von Kurven oder Zahlentafeln bestimmt werden muß. Eine unmittelbare Angabe der relativen Feuchte gelingt dagegen durch die Verwendung eines elektrischen Gerätes mit Thermoelementen oder Widerstandthermometern — an Stelle der Quecksilberthermometer — und Brücken-Kreuzspul-Meßwerk (Bild 240)[1]. Der von Siemens & Halske als Betriebsmeßgerät durchgebildete Feuchtigkeitsmesser besitzt Quarzglas-Widerstandsthermometer; zur Belüftung dient ein Motorventilator, der für Temperaturen unter 40°C mit dem Feuchtigkeitsmesser verbunden, für höhere Temperaturen von ihm getrennt und in einem Raum mit Zimmertemperatur aufgestellt ist. Als Stromquelle eignen sich ein Akkumulator oder das

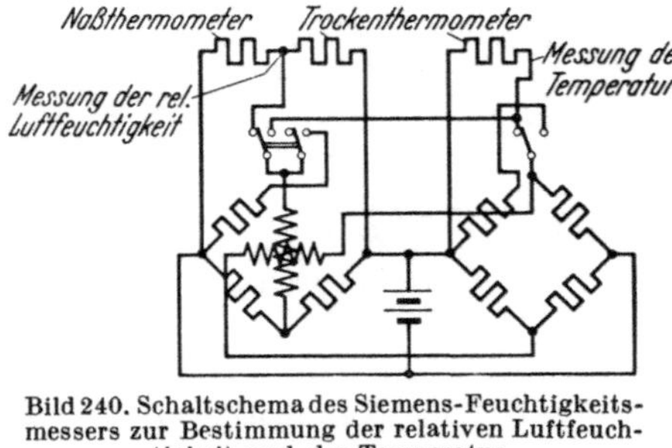

Bild 240. Schaltschema des Siemens-Feuchtigkeitsmessers zur Bestimmung der relativen Luftfeuchtigkeit und der Temperatur.

[1] Vgl. F. Lieneweg: Ein neuer Feuchtigkeitsmesser auf psychrometrischer Grundlage. Siemens-Z. 1930, S. 584: Die Feuchtigkeitsmessung in Industriebetrieben. Siemens-Z. 1931, S. 26.

Wechselstromnetz in Verbindung mit einem kleinen Gleichrichter. Die Meßgenauigkeit beträgt für den gewählten Meßbereich (— 5 bis + 10° C, 10 bis 40° C oder 40 bis 120° C) zwischen 10 und 100% relativer Feuchte ± 3%. Neben der Feuchtigkeit der Frisch- und Abluft lassen sich in Trockenanlagen auch die Temperaturen sowie der Dampfverbrauch durch Mehrfarbenschreiber aufzeichnen. Einen Ausschnitt aus einem solchen Schaubild zeigt Bild 241.

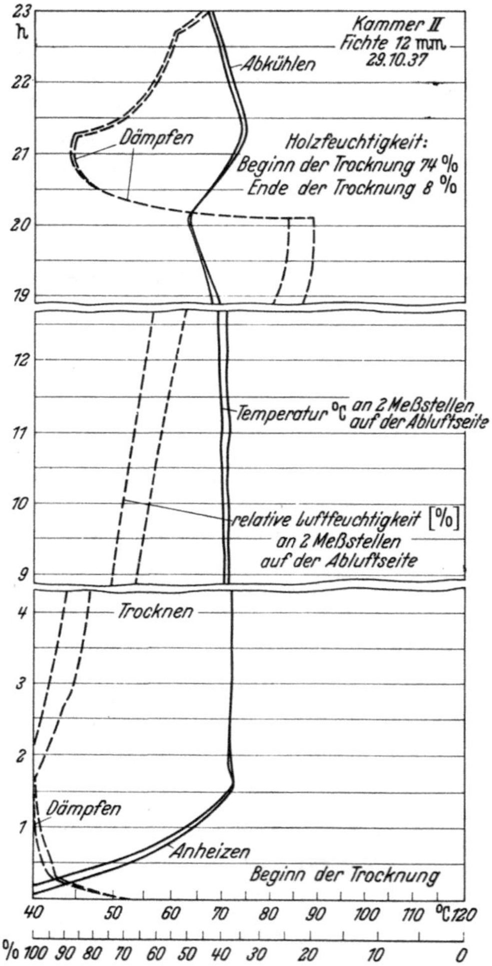

Bild 241. Ausschnitte aus einem mit elektrischem Fernschreiber aufgenommenen Trocknungsschaubild.

Bequem und billig zur Messung der relativen Luftfeuchte sind auch die Haarhygrometer (vgl. Bild 267, Band I, S. 368). Sie beruhen darauf, daß entfettete blonde Frauenhaare sich bei Abnahme der relativen Feuchte verkürzen. Die Geräte besitzen deshalb eine unmittelbar auf Prozente relativer Feuchtigkeit geeichte — allerdings nicht proportionale, sondern gegen den Sättigungspunkt zu kleiner werdende — Skala. Häufige Nachprüfung ist erforderlich, wobei man die Hygrometer etwa 10 min in ein vollkommen geschlossenes Gefäß bringt, dessen Innenwände mit feuchten Tüchern ausgekleidet sind; der Zeiger muß dann auf 96 bis 97% relative Feuchte steigen. Selbstverständlich ist Vergleich mit einem genauen Psychrometer möglich, wobei allerdings beide Geräte dem Luftstrom eines Ventilators ausgesetzt sein müssen. Häufiger Gebrauch der Hygrometer bei Temperaturen über 70° C ist bedenklich, da die Haare spröde werden. Zum mindesten ist dann mehrtägige Erholung in feuchten Räumen erforderlich. Besonders geeignet sind die Hygrometer bei Temperaturen unter 0° C; die Haare von Geräten, die im Freien stehen, sind von Zeit zu Zeit mit einem in Alkohol oder Schwefeläther getauchten feinen Haarpinsel zu reinigen.

635.3 Geräte zur Messung der Luftgeschwindigkeit und zur Prüfung der Luftführung.

Die Luftgeschwindigkeit, die für den Trocknungserfolg, wie mehrfach dargelegt wurde, ein entscheidender Faktor ist, muß bei Abnahme neuer Anlagen unbedingt und soll bei bestehenden Anlagen im Rahmen von Betriebsmessungen von Zeit zu Zeit festgestellt werden. Meist werden dazu Anemometer[1] verwendet. Flügelradanemometer, deren Achse in die Richtung der Luftbewegung

[1] Hütte: Des Ingenieurs Taschenbuch Bd. I, 27. Aufl., Berlin 1941, S. 1071.

zu halten ist, haben einen Meßbereich von etwa 0,5 bis 10 m/s. Bei Schalenkreuzanemometern kann die Achse beliebig in der Ebene senkrecht zur Windrichtung stehen; sie messen Luftgeschwindigkeiten von 1 bis 30 m/s. Zweckmäßig, wenngleich für die Praxis oft zu empfindlich, sind Hitzdrahtanemometer. Die Messungen von Hitzdraht- und Flügelradanemometern stimmen, wie R. Schlüter und F. Fessel[1] zeigten, gut überein und sind wiederholbar. Staugeräte eignen sich zur Messung der in Holztrockenanlagen herrschenden verhältnismäßig kleinen Geschwindigkeiten (unter 4 m/s) nur in Verbindung mit einem Mikromanometer oder einem Minimeter.

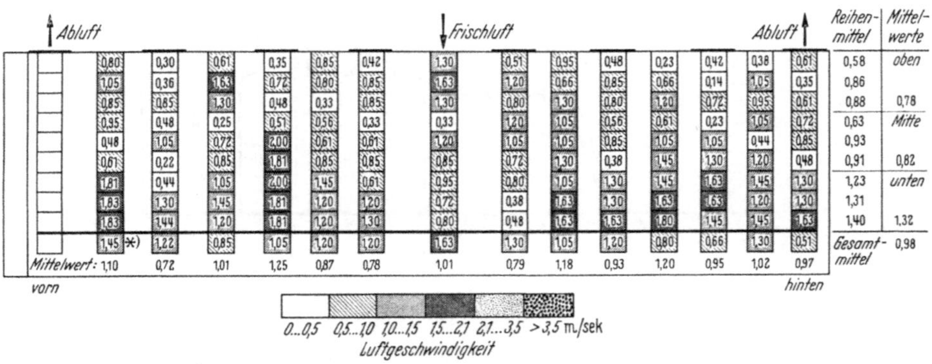

Bild 242. Verteilung der Luftgeschwindigkeiten in einer Trockenkammer im Lieferungszustand. (Nach R. Schlüter u. F. Fessel.)

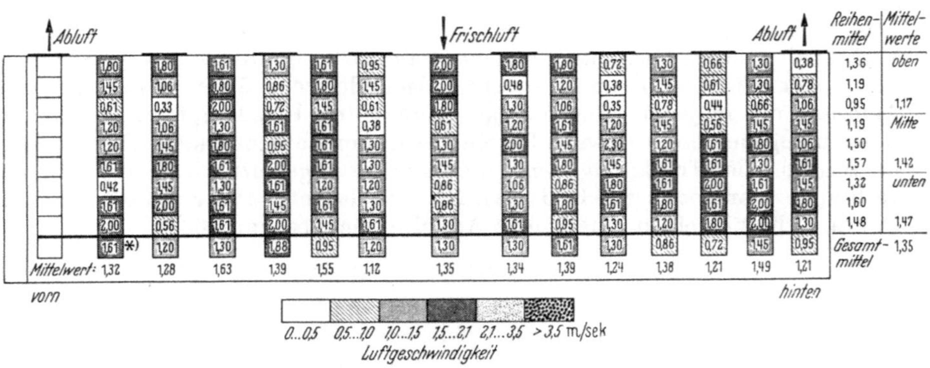

Bild 243. Verteilung der Luftgeschwindigkeiten in einer Trockenkammer nach dem Umbau. (Nach R. Schlüter u. F. Fessel.)

Die Messung der Luftgeschwindigkeit erfolgt an der Abluftseite an einer Stelle, wo der Luftstrom aus einem Schlitz zwischen den Brettern austritt. Zur Messung teilt man eine Kammer in eine größere Anzahl von Abschnitten (z. B. 15) ein und nimmt in jedem Abschnitt etwa 10 Einzelmessungen übereinander in jeweils gleicher Höhe vor. Die oberste Messung erfolgt über dem Holzstapel, die unterste unterhalb davon. Die mittlere Luftgeschwindigkeit wird als arithmetisches Mittel gebildet. Gegenüber der planimetrischen Ermittlung entsteht ein Fehler, der aber im Bereich der Meßgenauigkeit der Instrumente (± 10%) liegt. Die Ergebnisse der Messungen werden graphisch dargestellt. Bild 242 zeigt die Werte für eine Kammer in dem Zustand, wie sie

---

[1] Schlüter, R., u. F. Fessel: Holz als Roh- und Werkstoff Bd. 2 (1939) S. 169.

geliefert worden war; nach Einbau einer Blende wurde mit wesentlich verbesserter Luftführung die Geschwindigkeitsverteilung gemäß Bild 243 erreicht. Die Erhöhung der Luftgeschwindigkeit von im Mittel 0,98 m/s auf im Mittel 1,35 m/s erfolgte ohne Steigerung der Leistungsaufnahme der Schraubenlüfter, also lediglich durch Vermeidung von Wirbelverlusten. Qualitativ kann die Luftführung auch durch Rauchentwicklung mittels Nebelsteinen oder mittels eines Rauchapparates (Bild 244) nachgewiesen werden.

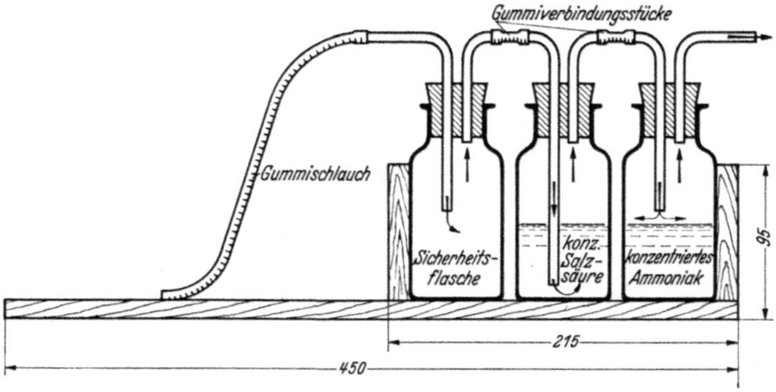

Bild 244. Rauchgerät.

635.4 Geräte zur Dampfmengenmessung.

In den Holztrockenanlagen größerer Betriebe empfiehlt sich die fortlaufende Messung der verbrauchten Heizdampfmengen. Weiter sind die Sprühdampfmengen zu bestimmen, wobei hier ein Dampfmesser unter Umständen den Verbrauch mehrerer Kammern angeben kann. Die Geräte können als Schwimmer- oder als Strömungsmesser[1] ausgebildet sein. Meist gestatten sie die Ablesung der in jedem Augenblick verbrauchten Heizdampfmenge und registrieren zugleich die insgesamt für eine Trocknung aufgewendete Dampfmenge. Zu Beginn einer Trocknung, wenn die Kammer angeheizt wird, ist der Dampfverbrauch sehr hoch (vgl. Bild 214). An den Gesamttrocknungskosten hat der Dampfverbrauch einen erheblichen Anteil (siehe Abschnitt 633).

635.5 Bestimmung der Holzfeuchtigkeit.

Unerläßlich ist während jeder Trocknung die fortlaufende Bestimmung der Holzfeuchtigkeit an Stichproben. Gebrauch gemacht wird meist vom Darrverfahren (siehe Band I, S. 362ff.). Um ein wahrheitsgetreues Bild vom durchschnittlichen Feuchtigkeitsgehalt zu erhalten, muß man die 2 bis 3 mm dicken Probescheiben in einem Abstand von mindestens 50 cm von der Hirnseite entnehmen, auch müssen sie die ganze Brettbreite haben, da die Feuchtigkeit während der Trocknung im Kern und an der Oberfläche stets verschieden ist. Zur Beurteilung des Fortgangs der Trocknung ist es nötig, die Wasserabgabe von Probescheiben fortlaufend zu beobachten. Größere Stücke sind zu schwer und unhandlich. Man entnimmt deshalb Probescheiben zusammen mit den Stücken zur Bestimmung der Holzfeuchtigkeit. Diese Scheiben mit etwa 30 mm Dicke werden genau gewogen, in Klammern nach Bild 245 zwecks Hirnschutz gespannt und geklammert nochmals gewogen. Dann verteilt man die Klammerproben in der Trockenanlage, zweckmäßig eine Probe an der Frischluftseite oben, eine zweite an der Frischluftseite unten und eine dritte

[1] Hütte: Des Ingenieurs Taschenbuch Bd. I, 27. Aufl., Berlin 1941, S. 1071ff.

an der Abluftseite unten. Man wiegt täglich (unter Umständen auch in längeren oder kürzeren Abständen) die Proben und verzeichnet die Werte zusammen mit den anderen Meßergebnissen in Trocknungsberichten. Die jeweilige Feuchtigkeit der Proben läßt sich ziemlich genau schätzen, wenn man ihre Anfangsfeuchtigkeit gleich jener der benachbart entnommenen Stücke, die gedarrt wurden, setzt. Aus dieser Feuchtigkeit berechnet man das Darrgewicht der Proben (gemäß Gleichung (33a) in Band I, S. 362). Das jeweilige Naßgewicht der Proben ohne Klammer findet man, wenn man von ihrem bekannten Anfangsgewicht den Gewichtsverlust abzieht. Einzelheiten über die Entnahme von Schichtproben zur Feststellung der Feuchtigkeitsverteilung über dem Querschnitt findet man in Band I, S. 365.

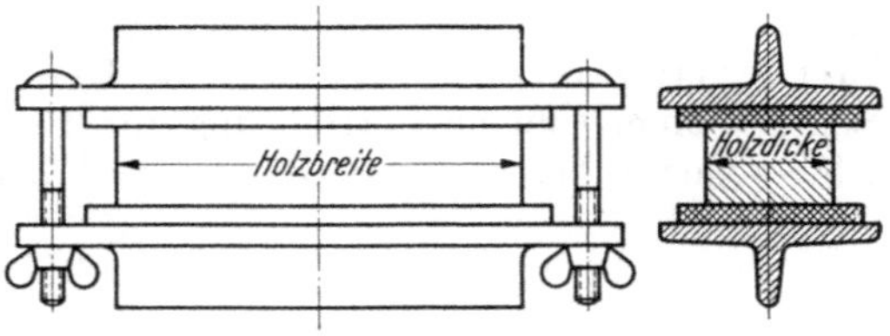

Bild 245. Klammern zur Hirnholzabdeckung.

635.6 Einrichtungen zur halbselbsttätigen und vollselbsttätigen Regelung von Trockenanlagen.

635.61 Programmregler für die Temperatur. Halbselbsttätige Trockenanlagen sind mit Geräten ausgestattet, die die Temperatur der Trocknungsluft automatisch auf gleicher Höhe halten, während die Luftfeuchtigkeit durch das Bedienungspersonal an Hand einer Kurve oder Zahlentafel planmäßig gesenkt werden muß. Um die Temperatur auf elektrischem Wege konstant zu halten, baut man an geeigneter Stelle ein Widerstandsluftthermometer ein. Der Meßkörper soll dabei eine möglichst große Oberfläche erhalten, damit er der Lufttemperatur rasch folgt. Das Widerstandsluftthermometer steuert mit Hilfe eines Programmreglers mit thermischer Rückführung über einen Ventilantrieb ein Ventil in der Heizdampfleitung der Trockenkammer. Man kann auf diese Weise die Temperatur entweder gleich halten oder innerhalb bestimmter Grenzen nach einer Kurve zeitlich verändern. Das Prinzip des Siemens-Programmreglers beruht beispielsweise auf der Regelung des Unterschieds zweier Widerstände, dem des Widerstandsthermometers und dem eines Hilfswiderstands. Letzterer wird so verändert, daß der Widerstand des Thermometers, d. h. die ihm entsprechende Temperatur, dem vorgeschriebenem Programm folgt[1]. Der in einer Brückenschaltung liegende Hilfswiderstand wird durch eine Kurvenscheibe gesteuert, die nach dem von Fall zu Fall gültigen Programm zu wählen ist.

Die thermische Rückführung verhindert die „Überregelung“. Wäre sie nicht vorhanden, so würde bei zu niedriger Kammertemperatur das Motorventil für den Heizdampf über den Regler allmählich immer weiter geöffnet. Erst nach einer beträchtlichen Verzögerungszeit, deren Größe durch die Wärmeträgheit der Kammer mit Füllung bedingt ist, würde der Zeiger des Programmreglers wieder auf den Sollwert einspielen. In der Zwischenzeit wäre das Motorventil durch die Impulse des Reglers, der die Verzögerung des Temperaturanstiegs infolge der Wärmeträgheit nicht berücksichtigte, über Bedarf weit geöffnet worden. Umgekehrt würde auch nach der Seite der tieferen Temperaturen sinngemäß eine Überregelung stattfinden und die Temperatur dauernd um den Sollwert pendeln.

[1] Schlüter, R., u. F. Fessel: Holz als Roh- und Werkstoff Bd. 2 (1939) S. 169.

Auch in USA erobern sich in der Trocknungstechnik neuerdings mehr und mehr Potentiometer das Feld. In Verbindung mit Thermoelementen kann man auf diese Weise die Trocken- und Naßtemperatur an beliebigen Punkten in der Trocknungsanlage messen und steuern. Alle Ventile und Klappen werden durch Elektromotore bedient. Sehr weit verbreitet sind in USA auch noch **druckluftbetriebene Regelgeräte** in Holztrockenanlagen[1]. Bild 246 zeigt das Schema einer solchen Vorrichtung zur Temperaturregelung. Ein Dampfdruck- oder Quecksilberthermometer wirkt dabei auf eine Ausdehnungsspirale, die

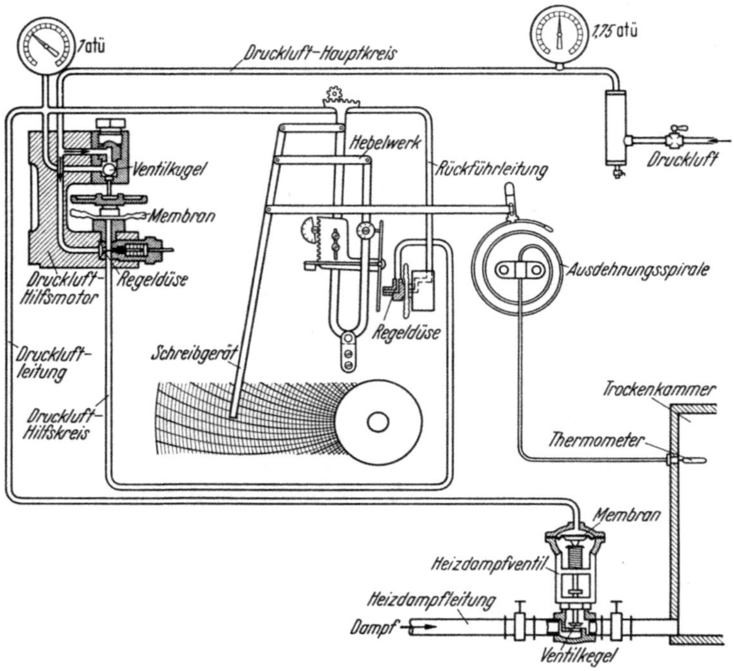

Bild 246. Schema der Temperaturregelung (Bauart Taylor) in einer Holztrockenanlage.

über ein Hebelwerk ein Schreibgerät und einen Druckluft-Servomotor bedient. Letzterer steuert das Regelventil in der Heizdampfleitung. Im einzelnen spielt sich der Regelvorgang wie folgt ab: Erreicht die Temperatur in der Kammer den festgelegten Beharrungszustand, dann wird über die Ausdehnungsspirale und das Hebelwerk die Regeldüse im Druckluft-Hilfskreis freigegeben. Dadurch wird die Membran im Druckluft-Hilfsmotor entlastet, die Ventilkugel kann etwas nach unten fallen und läßt Druckluft aus dem Druckluft-Hauptkreis in die Leitung zum Heizdampfventil strömen. Die Membran und der federbelastete Ventilkegel werden dort jetzt nach unten gedrückt, wodurch die Dampfzufuhr unterbunden wird. Der Hilfsluftkreis ist durch eine Düse mit einstellbarer Nadel an den Drucklufthauptkreis angeschlossen. Dadurch wird eine unmittelbare Abhängigkeit zwischen der Lage der Ventilkugel und dem Luftausfluß an der Regeldüse vor der Rückführleitung geschaffen, und zwar in dem Sinne, daß die Kugel im Beharrungszustand der Temperatur in jene Lage

[1] Kollmann, F.: Z. VDI Bd. 83 (1939) S. 1144. — Vgl. auch H. L. Henderson: The Air-Seasoning and Kiln-Drying of Wood, 5. Aufl., Albany, N. Y. 1951.

gebracht wird, in der sie soviel Druckluft zur Membran des Heizdampfventils strömen läßt, daß dieses gerade soviel Dampf in die Trockenanlage leitet, wie zur Aufrechterhaltung der Solltemperatur erforderlich ist.

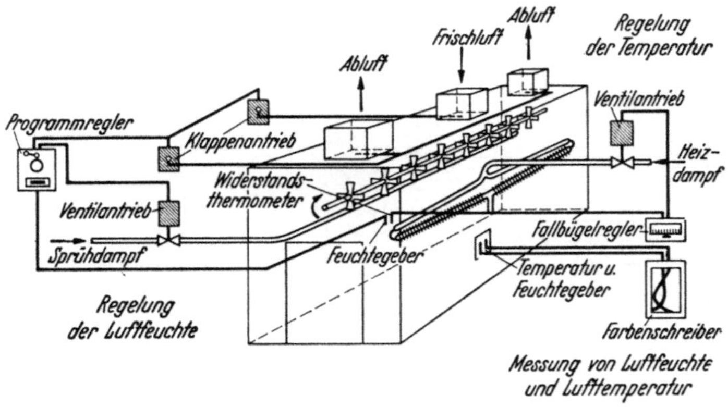

Bild 247. Schema einer Trockenanlage mit elektrischen Regelgeräten für Temperatur und Luftfeuchtigkeit. (Bauart Siemens & Halske.)

635.62 Trocknungsautomat. Steuert man mit Regelgeräten, wie sie im vorhergehenden Abschnitt beschrieben sind, nicht nur die Trockentemperatur, sondern auch die Temperatur eines feuchten Thermometers, so gelangt man zur vollselbsttätigen Trockenanlage. Die Luftfeuchtigkeit wird dabei vom Naßthermometer (Feuchtegeber) aus über einen Programmregler gesteuert, der das Motorventil in der Sprühdampfleitung und die Antriebe für die Abluft- und

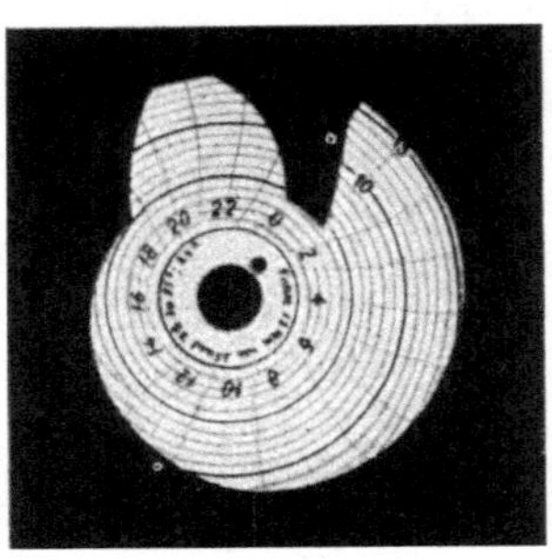

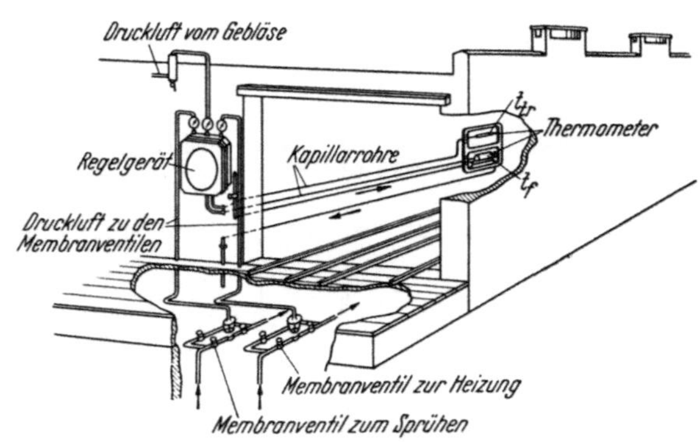

Bild 249. Schema einer pneumatisch geregelten Holztrockenanlage (Bauart Taylor).

Frischluftklappen betätigt (Bild 247)[1]. Die Programmscheiben für die Trocknung (Bild 248) entsprechen in ihrer Form dem gewünschten Verlauf der Luftfeuchtigkeit während des Trockenvorgangs. Als Kontrollorgan ist ein Mehrfarbenschreiber eingeschaltet, der den Verlauf der relativen Luftfeuchtigkeit und der Lufttemperatur unmittelbar an geeigneten Meßstellen anzeigt und aufschreibt. Das Schema einer im Grundsatz ähnlichen, aber pneumatisch angetriebenen Anlage gibt Bild 249 wieder.

[1] Schlüter, R.: Holz als Roh- und Werkstoff Bd. 4 (1941) S. 279.

Automaten der bisher geschilderten Wirkungsweise können nur dann einwandfreie Ergebnisse liefern, wenn die Programmscheiben oder -kurven so konstruiert sind, daß sie eine einwandfreie Entwässerung des eingestapelten Holzes mit Sicherheit erzwingen. Selbst wenn alle theoretischen und praktischen Voraussetzungen für eine richtige Steuerkurve vorliegen, bleibt immer die Schwierigkeit des Einflusses von Eigenschaftsschwankungen; man muß deshalb bemüht sein, die Steuerkurven den am schwierigsten zu trocknenden Teilen der Kammerfüllung anzupassen, also den dichtesten, dicksten und feuchtesten Stücken. Diese Stücke müssen durch Stichproben so zuverlässig wie möglich ermittelt werden. Es lag nun nahe, diese Stücke unmittelbar als Kontrollorgane in den Regelvorgang einzugliedern.

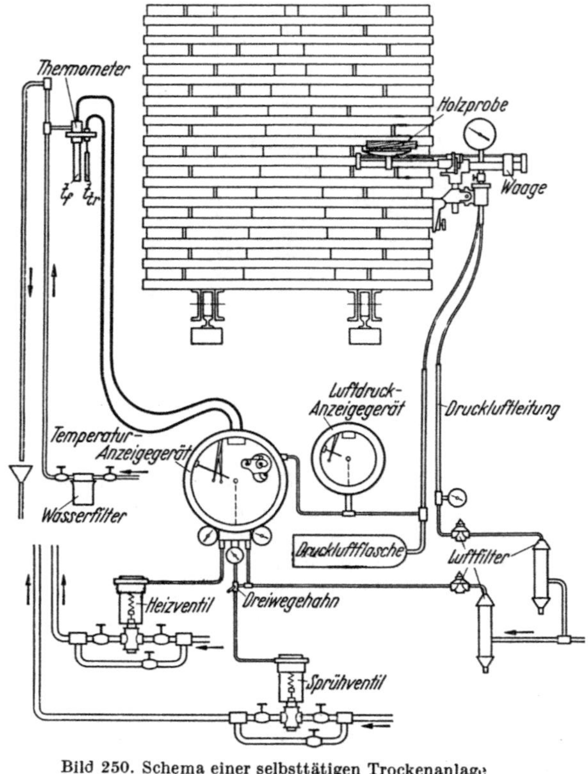

Bild 250. Schema einer selbsttätigen Trockenanlage (Bauart Foxboro).

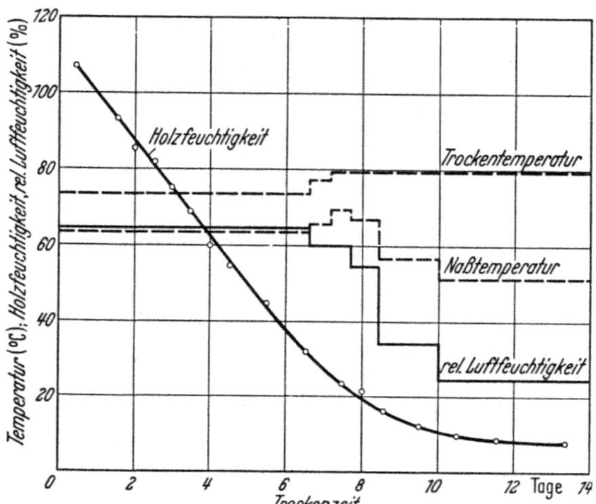

Bild 251. Trocknungsverlauf von Eucalyptusholz in der Anlage nach Bild 250.

Das Wirkungsschema einer solchen Anlage ist in Bild 250 dargestellt. An zweckmäßiger Stelle des Holzstapels ist eine Waage befestigt. Wenn die auf dem Waagearm liegende Holzprobe infolge der Trocknung an Gewicht verliert, wird der Luftdruck in einer zu den Regelgeräten führenden Leitung verringert. Die Höhe des Luftdrucks bestimmt die Stellung von Kurvenscheiben in dem Hauptregler, der zugleich die Temperaturen von Trocken- und Naßthermometer in der Kammer aufzeichnet. Die Kurvenscheiben bestimmen die Speisung der Heizrohre durch das Heizventil und das Sprühen durch das Sprühventil in unmittelbarer Abhängigkeit von der tatsächlich erzielten Entwässerung des Holzes. Bild 251 beweist, daß man mit dieser Anlage selbst sehr schwierig zu trocknende Hölzer wie Eucalyptus unbedingt programmäßig trocknen kann.

Bemerkenswerte Erfolge wurden in Frankreich besonders für Holzdicken über 60 mm mit dem Trocknungsregler Vibo[1] erzielt, der, von der Erkenntnis ausgehend, daß einzelne Probekörper nicht den Durchschnitt des Holzes erfassen können, eine größere Holzmenge zur Kontrolle heranzieht. Die Vorrichtung besteht im wesentlichen aus einer Brückenwaage (Bild 252), die an vier durch die Decke der Kammer geführten Ketten aufgehängt ist und eine Holzmenge von ungefähr 2 t trägt. Auf dem Waagebalken der Schnellwaage ist an Stelle

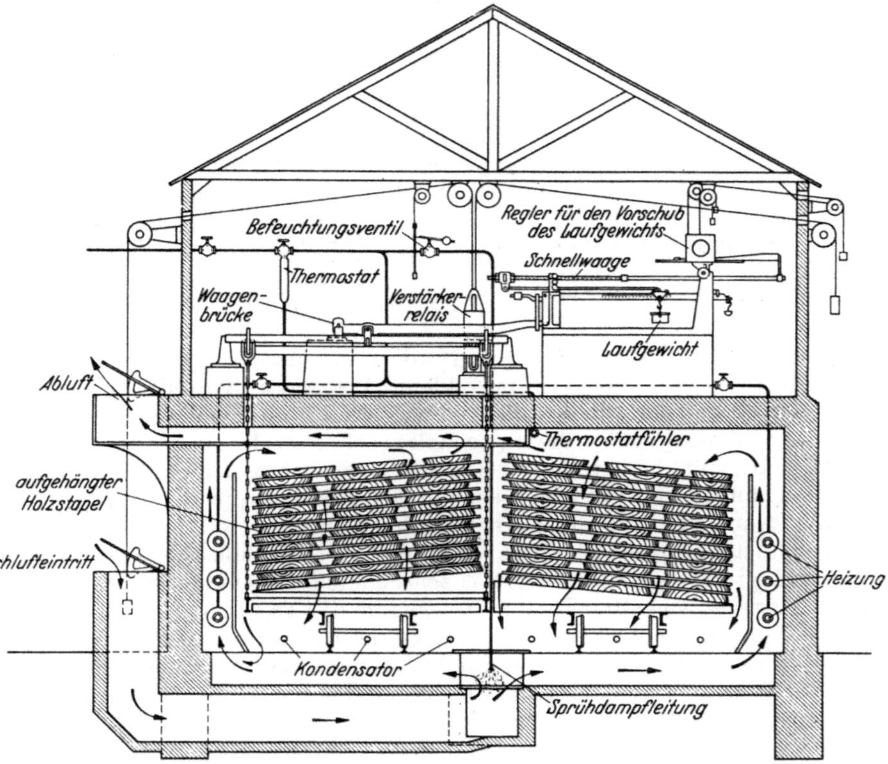

Bild 252. Schema einer selbsttätigen Trockenanlage (Bauart Vibo).

des gewöhnlichen Schiebers ein bewegliches Gewicht angebracht, dessen Vorrücken mechanisch geregelt wird, entsprechend der wechselnden Trocknungsgeschwindigkeit. Eine zweite Einstellung verändert automatisch die Geschwindigkeit des Reglers in Abhängigkeit von der Holzfeuchtigkeit. Der Waagebalken ist in 240 gleiche Teile eingeteilt; die ersten hundert — von der Schneide ausgehend — sind nicht markiert und entsprechen dem Gewicht des völlig trockenen Holzes. Die 140 folgenden Teilstriche entsprechen der Holzfeuchtigkeit (ein Teilstrich = 1% Wassergehalt). Vor Beginn der Trocknung wird der Feuchtigkeitsgehalt im Durchschnitt durch Stichproben bestimmt und der Laufgewichtszeiger entsprechend eingestellt. Jede Gleichgewichtsstörung wirkt

[1] Ihne, A.: Technica (Lyon) Nr. 11, Jan. 1934, S. 9. — Derselbe: Le séchage des bois, Paris 1934.

sich unverzüglich in der einen oder der anderen Richtung über einen Servomotor auf die Regelorgane der Trockenanlage aus: Trocknet das Holz zu schnell, so wird es bei gegebener Einstellung des beweglichen Gewichts zu leicht, der Waagebalken geht nach unten und drückt auf die Vorrichtung, welche die Austrittsklappen für die feuchte Luft schließt und Frischluft einströmen läßt. Trocknet das Holz zu langsam, dann vollzieht sich der Vorgang in umgekehrter Richtung. Im Verfolg der angestellten Untersuchungen ergab sich, daß die Durchschnittskurven keine ideale Trocknung ermöglichen. Es wurde deshalb versucht, Grenzwerte zu erfassen, und zwar einerseits für Holz aus Seitenbrettern mit geringer Wichte und anderseits aus Kernbrettern mit hoher Wichte. Beide Grenzwertproben sollen, voneinander unabhängig, den Trocknungsverlauf steuern, wobei stets die Probe den Ausschlag gibt, die die niedrigste Temperatur und höchste relative Luftfeuchtigkeit erfordert. Zu diesem Zweck wurden inmitten des getrockneten Holzstapels zwei kleine Waagen aufgestellt, von denen jede nur eine Probe trägt. Beide Waagen wirken auf ein gemeinsames Relais, und zwar so, daß eine Probe, die zu schnell trocknen will, genügt, um eine höhere Luftfeuchtigkeit herbeiführen, wogegen umgekehrt beide Geräte zusammen arbeiten müssen, um die entgegengesetzte Wirkung hervorzubringen[1].

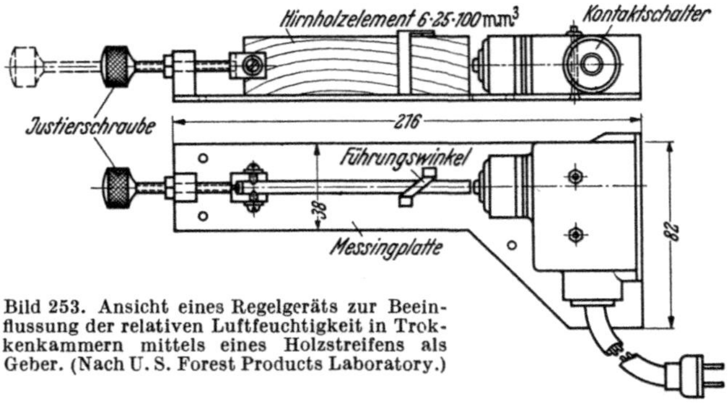

Bild 253. Ansicht eines Regelgeräts zur Beeinflussung der relativen Luftfeuchtigkeit in Trokkenkammern mittels eines Holzstreifens als Geber. (Nach U. S. Forest Products Laboratory.)

Zur Kontrolle und Steuerung der Vorgänge in Holztrockenanlagen kann man schließlich Holzstreifen (insbesondere Hirnholzstreifen[2]) verwenden, die als Hygrometer wirken. Bild 253 zeigt ein derartiges im U.S. Forest Products Laboratory entwickeltes Gerät[3]. Dem Strom der Trocknungsluft frei ausgesetzt folgt der im Gerät eingebaute Holzstreifen rasch dem Gesetz des hygroskopischen Gleichgewichts. Verbunden sind mit Änderungen der hygroskopischen Feuchtigkeit bei Holz aber stets Maßänderungen infolge von Schwindung bei Feuchtigkeitsabgabe und Quellung bei Feuchtigkeitszunahme. Die Dimensionsänderungen des Holzelementes werden auf einen Hebel übertragen, der entweder den elektrischen Kontakt eines Relais zur Betätigung des Sprühventils oder die Düse für die pneumatische Betätigung dieses Ventils öffnet bzw. schließt. Das Ansprechen des Holzelementes kann in weiten Grenzen verändert werden, da sein Ende auf einer mittels Zeiger und Skala von außen her einstellbaren Kurvenscheibe ruht.

636. Stapelung der Hölzer in den Trockenanlagen.

Der Erfolg der künstlichen Holztrocknung hängt ebensosehr von der richtigen und sorgfältigen Stapelung wie von der Bedienung der Trockenkammer, ihrer baulichen Ausführung und dem gewählten Trocknungsverfahren

[1] Vgl. Referat über den Vortrag von Mr. de Cissey: Die automatische Holztrocknung, Holz als Roh- und Werkstoff Bd. 5 (1942) S. 126.
[2] Keylwerth, R.: Holz-Zbl. Bd. 75 (1949) S. 307.
[3] Johnson, S. J., u. E. F. Rasmussen: A Wood-Element Hygrostat, U.S. Dept. Agric. For. Prod. Lab., Ber. Nr. R 1602, Madison 5, Wisc., Jan. 1946.

ab. Da die Verhältnisse der Außenluft die Wasserabgabe des Holzes maßgebend beeinflussen, muß die Trockenluft das Trockengut einwandfrei umspülen können.

Aus diesem Grunde sind zwischen die zu trocknenden Bretter, Bohlen, Kanteln usw. Stapellatten zu legen, so daß genügend große Kanäle für den Luftumlauf geschaffen werden. Es ist darauf zu achten, daß die Hauptrichtung dieser Kanäle mit der Richtung der Luftbewegung zusammenfällt und daß keine Löcher und Gänge im Stapel für nutzlose Luftströmungen und -wirbel verbleiben.

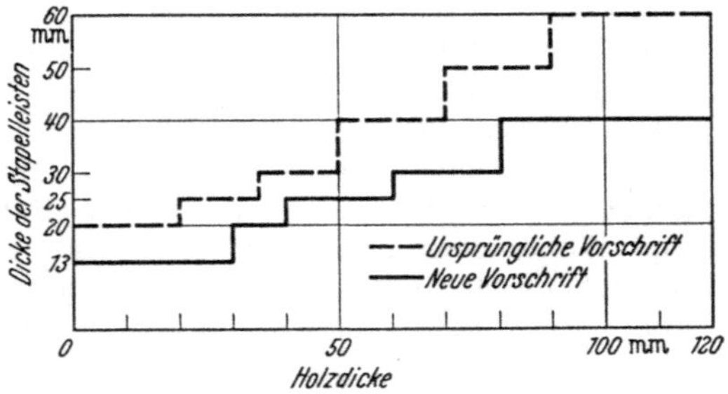

Bild 254. Zweckmäßige Stapellattendicken in Abhängigkeit von der Holzdicke.

Der Querschnitt der Stapellatten soll annähernd quadratisch sein. Zweckmäßige Abmessungen können aus Bild 254 entnommen werden. Die Dicke der Stapellatten hat auf die Kammerausnützung und auf die Höhe der Luftgeschwindigkeit über dem Trockengut einen wesentlichen Einfluß. Ist d die Holzdicke und s die Dicke der Stapellatten, so errechnet sich der prozentuale Anteil t der Stapellatten am Rauminhalt des gesamten Stapels zu

$$t = \frac{s}{s + d} \cdot 100. \qquad (17)$$

Die Bedeutung des „freien Querschnitts" für die Luftgeschwindigkeit zeigte bereits Bild 229. Je dicker die Stapellatten gewählt werden, um so geringer ist der nutzbare Kammerinhalt. Die Lieferfirmen von Trocknungsanlagen geben häufig etwas zu dicke Stapellatten in ihren Vorschriften an. Es hat sich aber bei Versuchen von R. Schlüter und F. Fessel[1] gezeigt, daß in sehr vielen Fällen eine Stapellattendicke von 13 mm ausreicht und daß Dicken über 20 mm nur bei sehr dicken Hölzern nötig sind. Den Einfluß der Stapellattendicke auf die Menge des eingestapelten Holzes zeigt Bild 255. Die untere Stufenkurve gibt das Fassungsvermögen einer Trockenkammer bei der allgemein vorgeschriebenen Stapellattendicke. Die Wirtschaftlichkeit der Trocknung nimmt mit zunehmendem Kammerinhalt, also bei gegebener Holzdicke mit abnehmender Stapellattendicke zu. Zu beachten ist, daß die Luftgeschwindigkeit um so niedriger wird, je dünner das zu trocknende Holz und je dicker die Stapellatten sind. Dies wirkt sich besonders ungünstig bei schwachem Weichholz mit hoher Feuchtigkeit aus, da hier eine möglichst hohe Luftgeschwindigkeit anzustreben ist. Bei dicken und vor allem harten Hölzern, die

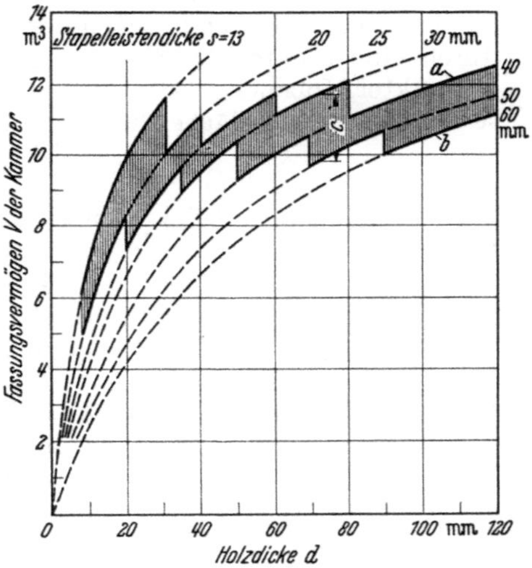

Bild 255. Fassungsvermögen einer Trockenkammer bei verschiedenen Stapellattendicken. (Nach R. Schlüter u. F. Fessel.)

[1] Schlüter, R., u. F. Fessel: Holz als Roh- und Werkstoff Bd. 2 (1939) S. 169.

eine vorsichtige Trocknung bedingen, ist umgekehrt darauf zu achten, daß die Stapellatten nicht zu dünn werden, da sonst eine zu hohe Luftgeschwindigkeit die Trocknung in unzulässiger und gefährlicher Weise beschleunigt. Man hat zu berücksichtigen, daß der wirtschaftliche Schaden durch fehlerhafte Trocknung die Ersparnis infolge Mehreinbringens in die Kammer meist bei weitem überwiegt. Sehr viele Schäden beim Trocknen sind auf unsachgemäßes Stapeln zurückzuführen; das Holz trocknet ungleich, verfärbt sich, wenn Kondenswasser darauf tropfen kann, wirft sich stark, wenn die Stapellatten falsch liegen, und bekommt Risse, wenn die heiße Frischluft auf die Hirnseiten trifft.

In den einzelnen Lagen müssen die Stapellatten möglichst genau übereinanderliegen, da sonst die Bretter durch schlechte Verteilung ihres Eigengewichts verbogen werden. Auch zu große Abstände der Stapellatten begünstigen ein Werfen. Abstände von 100 bis 120 cm sind für schwere Bohlen und Weichhölzer mit mehr als 25 mm Dicke statthaft, für schwächere Sortimente sind 50 bis 100 cm zu empfehlen. Völlig unerläßlich ist es, daß eine Lage von Stapellatten genau mit den Stirnflächen der Bretter abschneidet, da frei überstehende Brettenden in fast allen Fällen durch klaffende Hirnrisse entwertet werden. Sehr empfindliche Hölzer kann man gegen diese Gefahr zusätzlich durch Anstriche oder aufgeklebtes Papier schützen.

Hat man verschieden lange Bretter zu stapeln, so wechselt man zwischen längeren und kürzeren Stücken derart ab, daß das Kopfende des Stapels wieder durch eine senkrechte Ebene begrenzt wird. Reichen die Stapel wegen beschränkter Holzmenge oder aus sonstigen Gründen nicht bis zur Kammerdecke, so ist ihre obere Fläche dicht mit Brettern abzudecken; außerdem ist durch Schürzen[1] (Bretter oder Segeltuch) dafür zu sorgen, daß die Luft durch den Stapel strömen muß und nicht den bequemeren Weg durch freie Räume wählt.

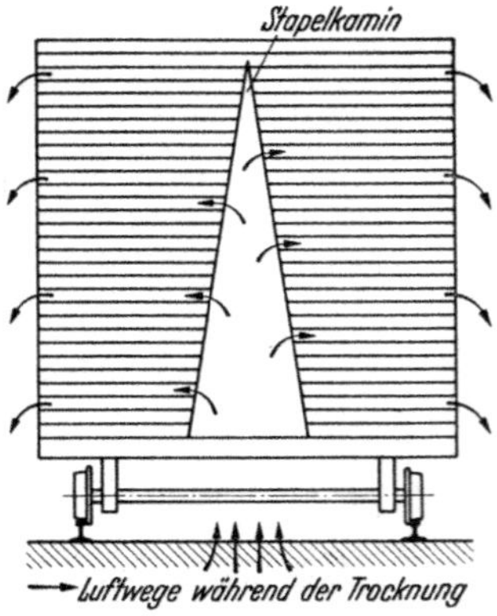

Bild 256. Holzstapel mit Stapelkamin für die heiße Frischluft.

Trockenkammern mit Gleisen erleichtern durch ihre Bauart das richtige Stapeln. Bei Doppelkammern bleibt von selbst zwischen den Lagen ein etwa 400 mm breiter Gang frei, in dem die aus dem Heizgewölbe stammende Heißluft sich sammeln und aufsteigen kann. Bei Stapelung in den Kammern ist ein solcher Schacht für die Frischluft (Stapelkamin, Bild 256) am besten mit Hilfe einer Schablone auszusparen. Der Abstand der Stapel oder der beladenen Stapelwagen von den Seitenwänden der Anlage soll mindestens 150 mm breit sein; zwischen Stapel und Kammerboden müssen mindestens 50 mm Abstand verbleiben. Die Stapelung auf Wagen oder Rollböcken ist auch wirtschaftlich vorteilhaft, da erstens die Stapellöhne wegen der leichteren Arbeit geringer sind, zweitens die Beförderung des Holzes zur und von der Trockenkammer billiger ist und drittens Wärme erspart wird, da in die noch heißen Kammern sofort nach dem Herausrollen einer fertigen Füllung ohne neues Anwärmen der Anlage eine frische Ladung eingebracht werden kann. In USA hat sich neuerdings das Einstapeln von Stapelpaketen, die außerhalb der Anlage von Hand oder maschinell hergestellt werden, mit Hilfe von Gabelstaplern als hervorragend wirtschaftlich erwiesen (vgl. Bild 213).

[1] Vgl. AWF-Betriebsblatt 52.

Einige Worte seien noch der Stapelung von sehr kleinen Brettern und Holzwaren gewidmet. Brettchen für kleine Kisten, für die Bleistift-, Federhalterherstellung usw. werden ohne Stapellatten nach dem Vorbild von Bild 257 gestapelt. Schuhleisten und noch kleinere Werkstücke wie Spulen usw. können auf einem von N. Volz[1] entworfenen Stapelwagen untergebracht werden, der mit übereinanderliegenden Drahtnetzen ausgerüstet ist. Es ist falsch, solche Trockengüter in Körbe einzuschütten und diese einfach in die Kammer zu stellen.

Bei Versuchen in USA wurde gefunden, daß in einer Kammer bei richtiger Stapelung der größte Temperaturunterschied zwischen verschiedenen Punkten 6°, bei falscher Stapelung 33° betrug; demgemäß trocknete im ersten Fall die Ware in zehn Tagen von 30 auf 6% Wassergehalt, im zweiten Fall in dreizehn Tagen von 30 auf 12%. Ob in verschiedenen Trocknungsanlagen bei verschiedener Stapelung eine gleichmäßige Strömung der Luft erreicht ist, läßt sich mittels des Rauchgeräts (vgl. Z. 635.3) oder nach Bucerius und Braun[2] an Modellen mittels des Schlierenverfahrens überprüfen.

Bild 257. Beispiel für die Stapelung von kleinen Brettchen (Phot. MAN).

637. Trocknungsverlauf in der Praxis.

637.1 Ermittlung der Trockenzeit (Trocknungsdauer).

637.11 Reine Trockenzeit einschließlich Dämpfzeit und Verlustzeit. Bei Besprechung der Trocknung als Diffusionsproblem in Band I, Abschnitt 333 und 334 stießen wir auf die Schwierigkeiten, die einer exakten rechnerischen Lösung des Trockenzeitproblems im Wege stehen. Für die Praxis konnte aber ein Näherungsverfahren zur Berechnung der Trockenzeit abgeleitet werden. Vorausgesetzt wurde dabei, daß von einem bekannten, erfolgreichen Trocknungsfall 1 auf einen unbekannten Trocknungsfall 2 geschlossen werden sollte. Festzuhalten ist, daß für jede Trockenanlage und -aufgabe eine bestimmte optimale Trockenzeit besteht, deren Ermittlung nötig ist. Im einzelnen wirken auf die Trockenzeit, um dies hier zu wiederholen, folgende Faktoren ein:

1. Holzart. Die dickeren Zellwände und die höhere Massendichte der Harthölzer setzen der Diffusion des Wasserdampfs unterhalb der Fasersättigung einen größeren Widerstand entgegen als die dünneren Zellwände und das lockere Gefüge der Weichhölzer. Hinzu kommt die Neigung einiger Holzarten zu Trocknungsfehlern (Innenrisse, Zelleinbrüche, Verfärbung).

---

[1] Volz, N.: AWF-Mitt. 1934, H. 6, S. 51.

[2] Bucerius u. Braun: Betriebsführung, Beilage zu „Deutsches Handwerk" Bd. 3 (1934) S. 81, 88, 98.

2. Anfangsfeuchtigkeit des Holzes. Je höher die Anfangsfeuchtigkeit liegt, desto länger wird in der Regel die Trockenzeit. Dieser Einfluß ist aber unterhalb des Fasersättigungspunktes weit stärker als oberhalb davon im Bereich der überwiegenden kapillaren Feuchtigkeitsbewegung.

3. Endfeuchtigkeit. Je niedriger die Endfeuchtigkeit ist, desto länger wird die Trockenzeit. Man soll die Endfeuchtigkeit keinesfalls tiefer wählen als die Sollfeuchtigkeit der aus dem trocknenden Holz zu erzeugenden Waren.

4. Holzdicke. Beim Übergang von der Holzdicke d_1 auf die Holzdicke d_2 ändert sich (s. Band I, S. 473) das Verhältnis der dazugehörigen Trockenzeiten nach der Exponentialgleichung:

$$\frac{Z_1}{Z_2} = \left(\frac{d_1}{d_2}\right)^n. \tag{18}$$

Nach den Untersuchungen von R. Schlüter und F. Fessel empfiehlt es sich, $n = 1{,}25$ zu wählen.

5. Lufttemperatur. Die Forschungsergebnisse und Betriebserfahrungen widersprechen sich leider noch in diesem Punkt, jedoch erhält man in vielen Fällen brauchbare Werte, wenn man annimmt, daß sich die Trockenzeiten umgekehrt wie die Lufttemperaturen in der Trockenkammer verhalten:

$$\frac{Z_1}{Z_2} = \frac{t_2}{t_1}. \tag{19}$$

6. Luftgeschwindigkeit. Eine Verkürzung der Trockenzeit ist besonders bei höheren Temperaturen durch höhere Luftgeschwindigkeit über dem Trockengut zu erzielen. Im allgemeinen sollen im Holzstapel mindestens 1,2 m/s erreicht werden.

7. Güteansprüche. Am Ende der Trocknung, wenn das Holz die mittlere gewünschte Endfeuchtigkeit erreicht hat, ist über dem Holzquerschnitt ein Feuchtigkeitsgefälle vorhanden, d. h. die Außenschichten sind wesentlich trockener als das Holzinnere (vgl. Band I, Bild 349 und 350). Bei hohen Güteansprüchen, insbesondere wenn das Holz in Reihenfertigung zu Teilen mit bestimmten Toleranzen seiner Maße verarbeitet werden soll, muß dieses Feuchtigkeitsgefälle durch Vergüten in einer Ausgleichszeit beseitigt werden. Dadurch verlängert sich die Gesamttrockenzeit.

8. Bauart der Kammer. Die in Abschnitt 631 beschriebenen verschiedenen Konstruktionen von Trockenanlagen (Art der Belüftung, der Heizung, der Wärmeisolation und Dichtigkeit der Kammern usw.) sowie die Stapelung beeinflussen die Trockenführung erheblich. Es ist deshalb nicht ohne weiteres möglich, die Trockenzeiten in verschiedenen Kammern unmittelbar miteinander zu vergleichen.

Wie in Band I, S. 477 gezeigt wurde, errechnet sich nach der Fickschen Theorie, die eine lineare Abhängigkeit der Trocknungsgeschwindigkeit $\frac{du}{dz}$ unterstellt, die mittlere Holzfeuchtigkeit u_e am Ende der Trockenzeit Z bei bekannter Anfangsfeuchtigkeit des Holzes u_b näherungsweise zu

$$u_e = u_b\, e^{-aZ}, \tag{20a}$$

wobei a vom Diffusionskoeffizienten, der Holzdicke, der Trocknungstemperatur usw. abhängt. Für gleichbleibende Holzdicke, gleiche Wichte des Holzes und gleiche Trocknungsbedingungen gilt $a = \text{const}$[1].

[1] Kollmann, F.: Forschg. Ing.-Wes. Bd. 7 (1936) S. 113.

Man kann Gleichung (20a) nach der Trockenzeit Z auflösen und erhält dann:

$$Z = \frac{1}{a}(\ln u_b - \ln u_e) = C \cdot \ln \frac{u_b}{u_e}. \tag{20b}$$

Diese Gleichung ist für den Praktiker recht unhandlich. Es wurden deshalb Kurventafeln und ein Sonderrechenschieber[1] zu ihrer Lösung entwickelt, die ursprünglich an zwei feste Beiwerte a gebunden waren. Gleichung (20b) läßt sich auch wie folgt umformen:

$$a = \frac{1}{Z}(\ln u_b - \ln u_e). \tag{20c}$$

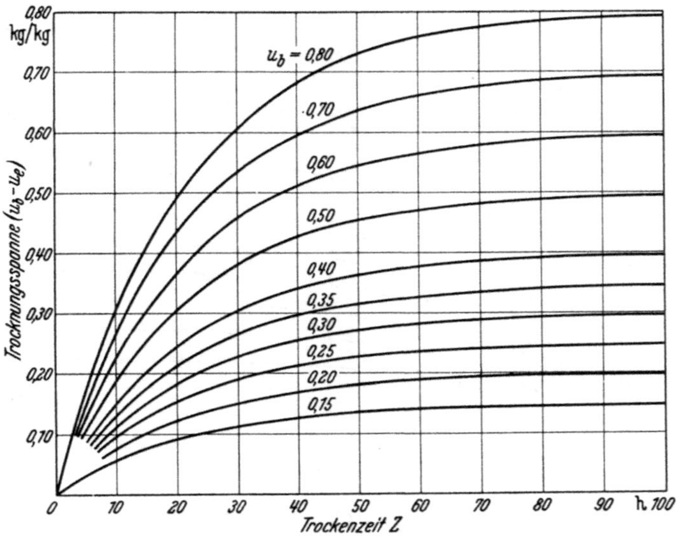

Bild 258. Trockentafel für zöllige Weichholzbretter bei 65°C Trockentemperatur. (Nach F. Kollmann.)

Man kann nun aus praktischen Trockenfällen a-Werte berechnen. Bei konventionellen Trocknungsverfahren (Temperatur 65°C) wurde im Mittel für zölliges Weichholz $a = 0{,}0477$, für Hartholz $a = 0{,}0265$ gefunden. Mit diesen Mittelwerten arbeitet beispielsweise der Sonderrechenschieber (SR 727) des AWF. Es ergeben sich auf diese Weise nach den vorliegenden Erfahrungen im allgemeinen Mindesttrockenzeiten für ein Einheitsholz mit 25 mm Brettdicke bei einer normalen Trocknungstemperatur von 65°C. Für abweichende Bedingungen ist Gleichung (20b) zu erweitern:

$$Z = \frac{1}{a}(\ln u_b - \ln u_e)\left(\frac{d}{25}\right)^{1{,}25} \cdot \frac{65}{t}. \tag{20d}$$

Es sei bemerkt, daß der AWF-Rechenschieber dem Einfluß der Dicke durch den höheren Exponenten 1,5 Rechnung trägt.

Bild 258 und 259 geben kurvenmäßig die Trockenzeiten für zöllige Weichholz- und Hartholzbretter gemäß Formel (20b) wieder. Berichtigungswerte zu diesen Kurven für Hölzer anderer Wichte und Dicke sowie bei abweichenden

[1] Kollmann, F.: AWF-Mitt. Bd. 18 (1936) S. 53.

Trocknungstemperaturen und Betriebsverhältnissen in der Kammer sind in Zahlentafel 35 zusammengestellt. Bei dem Gebrauch der Trocknungskurven muß man sich aber stets darüber im klaren sein, daß die empfohlenen α-Beiwerte (0,0477 für Weichholz und 0,0265 für Hartholz) nur sehr grob gemittelte Zahlen darstellen. Insbesondere für hohe Güteansprüche bei schwierig zu trocknenden Hölzern und bei einer niedrig liegenden Endfeuchtigkeit können sich wesentlich abweichende Beiwerte ergeben. In gut geleiteten Holzindustriebetrieben wird man deshalb die α-Beiwerte nach den vorliegenden Erfahrungen bei einwandfrei gesteuerten Trocknungen selbst berechnen.

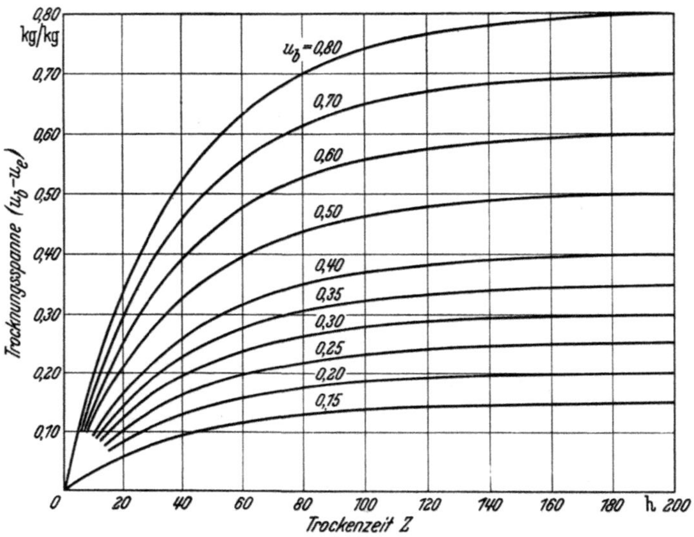

Bild 259. Trockentafel für zöllige Hartholzbretter bei 65° C Trockentemperatur. (Nach F. Kollmann.)

Zahlentafel 35. *Berichtigungsfaktoren zur Ermittlung der Trocknungszeit an Hand von Bild 258 und 259.*

Bild 258
gilt für Weichholz mit $r_0 = 0{,}450$ g/cm³

Rohwichte g/cm³	Berichtigungsfaktor f	Rohwichte g/cm³	Berichtigungsfaktor f
0,350	0,686	0,700	1,940
0,375	0,761	0,725	2,045
0,400	0,838	0,750	2,151
0,425	0,918	0,775	2,260
0,450	1,000	0,800	2,370
0,475	1,804	0,825	2,482
0,500	1,172	0,850	2,596
0,525	1,261	0,875	2,711
0,550	1,351	0,900	2,828
0,575	1,444	0,950	3,067
0,600	1,539	1,000	3,312
0,625	1,636	1,100	3,822
0,650	1,735	1,200	4,354
0,675	1,837	1,300	4,910

Bild 259
gilt für Hartholz mit $r_0 = 0{,}670$ g/cm³

Rohwichte g/cm³	Berichtigungsfaktor f	Rohwichte g/cm³	Berichtigungsfaktor f
0,350	0,395	0,700	1,118
0,375	0,438	0,725	1,178
0,400	0,482	0,750	1,240
0,425	0,529	0,775	1,302
0,450	0,576	0,800	1,365
0,475	0,624	0,825	1,430
0,500	0,675	0,850	1,496
0,525	0,726	0,875	1,563
0,550	0,778	0,900	1,630
0,575	0,832	0,950	1,767
0,600	0,887	1,000	1,912
0,625	0,942	1,100	2,20
0,650	1,000	1,200	2,50
0,675	1,058	1,300	2,83

Bild 258 u. 259 gelten für eine Trockentemperatur $t = 65°$ C, Holzdicke $d = 25$ mm, künstlichen Zug in der Kammer und täglich 12stündigen Betrieb; für abweichende Verhältnisse ergeben sich folgende Berichtigungsfaktoren:

Temperatur		*Holzdicke*		
°C	f	mm	$f_1 = \left(\frac{d}{25}\right)^{1,5}$	$f_2 = \left(\frac{d}{25}\right)^{1,25}$
50	1,30	15	0,465	0,528
55	1,18	20	0,716	0,757
60	1,083	25	1,000	1,000
65	1,000	30	1,315	1,256
70	0,928	35	1,656	1,523
75	0,867	40	2,023	1,799
80	0,812	50	2,828	2,379
85	0,765	60	3,718	2,987
90	0,722	70	4,685	3,623
95	0,684	80	5,72	4,280
100	0,650	90	6,83	4,959
		100	8,00	5,657
		120	10,5	7,103
		140	13,3	8,615

Zug	f
Natürlich	2,00
durch Wassersprüher	1,80
durch Gebläse	1,20 bis 1,50
durch Gebläse mit Querumwälzung bei bester Bauausführung und Stapelung	1,00

Betriebszeit Std./Tag	Berichtigungszahl zum Umrechnen der täglichen Betriebszeit auf 12 Stunden
8	1,5
10	1,2
12	1,0
16	0,75
24	0,5

Werkstoff		f
Durch Rundschälen im Gefüge gelockertes	Laubholz	0,65 bis 0,80
	Nadelholz	0,50 bis 0,65

R. Schlüter und F. Fessel[1] fanden beispielsweise bei der Trocknung von Hölzern, deren Anfangsfeuchtigkeit mit im Mittel etwa 20% schon erheblich unter dem Fasersättigungspunkt lag und deren Endfeuchtigkeit mit durchschnittlich 7% ebenfalls sehr niedrig war, bei außergewöhnlich hohen Güteansprüchen an die Gleichmäßigkeit der Trocknung α-Beiwerte, die für Weichholz — aus der Gesamttrockenzeit berechnet — nur etwa halb so groß, für Hartholz $^2/_5$ bis $^1/_3$ der obengenannten Werte nach F. Kollmann betrugen. Die Zahlen waren für 20 mm dickes Holz bei Fichte 0,031, Erle 0,023, Rotbuche 0,0092 und Eiche 0,0084. Die unter den erwähnten besondere Bedingungen aufzuwendenden Gesamttrocknungszeiten waren also bei Weichholz rund doppelt, bei Hartholz 2,5 bis 3mal so lang wie die Mindesttrockenzeiten gemäß Bild 258 und 259. Bei Untersuchungen über die Trocknung von Kiefernschnittholz mit erhöhten Temperaturen fand F. Kollmann[2], daß der α-Wert linear mit der Trocknungstemperatur t zunimmt:

$$\alpha = 0{,}002543 \cdot t - 0{,}14058. \tag{21}$$

In der Praxis wird sich im allgemeinen schon nach wenigen Probetrocknungen herausstellen, mit welchem α-Wert zu rechnen ist. R. Keylwerth[3] hat für einen weiten Bereich von α-Werten, von Feuchtigkeitsspannen, Trocknungstemperaturen und Holzdicken ein Nomogramm entworfen (Bild 260), das vielseitiger ist als der AWF-Rechenstab. Die Benutzung wird durch die gestrichelt eingezeichnete Linie klar.

Obwohl sich die Schnittholztrocknung mit dem oben beschriebenen Rechnungsverfahren praktisch behandeln läßt, muß doch darauf hingewiesen werden,

[1] Schlüter, R., u. F. Fessel: Holz als Roh- und Werkstoff Bd. II (1939) S. 169.

[2] Kollmann, F., u. L. Malmquist: Untersuchungen über die Trocknung von Kiefernschnittholz mit erhöhten Temperaturen, Svenska Träforskningsinstitutet, Trätekn. avd., Medd. 23, Stockholm 1952.

[3] Keylwerth, R.: Holz-Zbl. Bd. 75 (1949) S. 735.

daß die gewonnenen Zahlen sehr grobe Näherungswerte darstellen. R. Keylwerth[1] macht darauf aufmerksam, daß beim graphischen Auftragen der Trocknungsgeschwindigkeit über der Holzfeuchtigkeit gemäß der Fickschen Theorie eine durch den Koordinatennullpunkt gehende Gerade erhalten wird. Dies ist

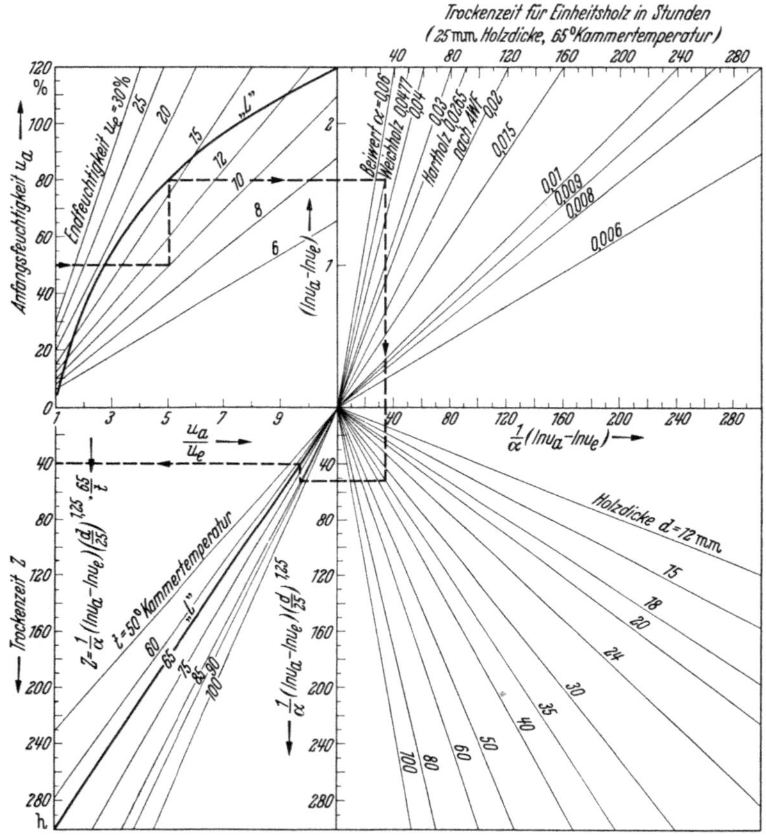

Bild 260. Nomogramm zur Ermittlung der Trockenzeit. (Nach R. Keylwerth.)

aber nicht einmal abschnittsweise bei ausgewerteten Schnittholztrocknungen der Fall. Es müßte deshalb — in Analogie zum Newtonschen Abkühlungsgesetz — heißen:

$$\frac{du}{dz} = -k\,(u - u_{Gl}), \tag{22}$$

wobei u_{Gl} die in der Trockenanlage eingestellte Gleichgewichtsfeuchtigkeit des trocknenden Holzes ist. Man erhält dann durch Integrieren für die Trockenzeit im hygroskopischen Bereich die Gleichung

$$u_e = u_{Gl} + (u_b - u_{Gl})\,e^{-kZ} \tag{23}$$

bzw.

$$Z = C \cdot \ln \frac{u_e - u_{Gl}}{u_b - u_{Gl}}. \tag{23}$$

[1] Keylwerth, R.: Holz als Roh- und Werkstoff Bd. 11 (1953) S. 11.

Neuerdings haben R. E. Peck und Mitarbeiter[1] bei der Trocknung von Balsaholzbrettern noch einen anderen Ansatz vorgeschlagen, da sie fanden, daß die Trocknungsgeschwindigkeit keineswegs von der ersten Potenz der Holzfeuchtigkeit abhängt:

$$\frac{du}{dz} = - C \cdot u^n. \tag{24}$$

Durch Integration ergibt sich

$$u_e^{(1-n)} - u_b^{(1-n)} = -(1-n) \cdot C \cdot Z \tag{25a}$$

oder umgeformt

$$\left(\frac{u_e}{u_b}\right)^{(1-n)} - 1 = -\frac{(1-n)\, C \cdot Z}{u_b^{(1-n)}}. \tag{25b}$$

In Gleichung (25b) stehen auf beiden Seiten des Gleichheitszeichens dimensionslose Ausdrücke. Verschafft man sich durch zeichnerisches Differenzieren aus der Kurve des Verlaufs der Holzfeuchtigkeit über der Trockenzeit die Trocknungsgeschwindigkeit $\frac{du}{dz}$ und trägt sie über der Holzfeuchtigkeit u auf, so erhält man für $u = 1$ (100%) den Wert der Konstante C. Beim Auftragen der Funktion (24) in einem doppelt logarithmischen Netz gibt der Anstieg der Kurve die Größe des Exponenten n. R. Keylwerth[2] zeigte, wovon noch die Rede sein wird, daß der Ansatz von R. E. Peck und Mitarbeitern sich gut eignet, um den Verlauf der Furniertrocknung mathematisch darzustellen.

637.12 Ausgleichzeit. Bei ihren grundlegenden Betriebsversuchen fanden R. Schlüter und F. Fessel, daß es zweckmäßig und aufschlußreich ist, die Gesamttrockenzeit in eine Anheizzeit, eine reine Trockenzeit und eine Ausgleichzeit aufzugliedern. Ihre Mittelwerte bringt Zahlentafel 36.

Zahlentafel 36. *Aufgliederung der Gesamttrockenzeiten, Mittelwerte für 20 mm Holzdicke und 65°C Trocknungstemperatur. (Nach R. Schlüter und F. Fessel.)*

Holzart	Anfangs-feuchtigkeit u_b %	End-feuchtigkeit u_e %	Trockenzeit h			
			insgesamt	Anheizen	reine Trocknungszeit	Ausgleichzeit
Rotbuche . .	20	7	103	1,6	77	24
Erle	26	7	53	1,6	39	10
Eiche	21	8	121	1,7	89	24

Der große Anteil der Ausgleichzeit ergibt sich aus dieser Tabelle ohne weiteres. Betrachten wir Bild 349 und Bild 350 in Band I, so sehen wir, daß am Ende der Trocknung die Holzfeuchtigkeit im Inneren um 3 bis 6% höher ist als in den äußersten Holzschichten. Auch R. Schlüter und F. Fessel fanden beispielsweise bei der Trocknung von 50 mm dicken Erlenbohlen, daß bei einer durchschnittlichen Endfeuchtigkeit von 7,3% die Holzfeuchtigkeit an der Oberfläche nur mehr 5,6%, die höchste Feuchtigkeit im Inneren aber 9,1% betrug, daß also ein Unterschied von 3,5% vorhanden war. Dieser Unterschied muß unbedingt bis auf 1 bis 2 Holzfeuchte-% ausgeglichen werden, da das Holz bei einem größeren Feuchtigkeitsgefälle Spannungen hat, die bei der Weiterverarbeitung starke und unberechenbare Formänderungen (Werfen und Verziehen) veranlassen.

[1] Peck, R. E., R. T. Griffith u. K. Nagaraja Rao: Ind. Engng. Chem. Bd. 44 (1952) S. 664.

[2] Keylwerth, R.: Holz als Roh- und Werkstoff Bd. 11 (1953) S. 11.

Für den Ausgleich des Feuchtigkeitsgefälles über dem Querschnitt auf einen für die Folge ungefährlichen Stand ist eine Ausgleichzeit erforderlich, die linear mit der Holzdicke ansteigt (Bild 261). Bei dickem Holz kann die Verlängerung der reinen Trockenzeit recht beträchtlich sein. Bild 262 zeigt beispielsweise für 40 mm dickes Erlenholz nach 65 Stunden reiner Trockenzeit ein noch sehr steiles Feuchtigkeitsgefälle; um es auf die vorgeschriebene

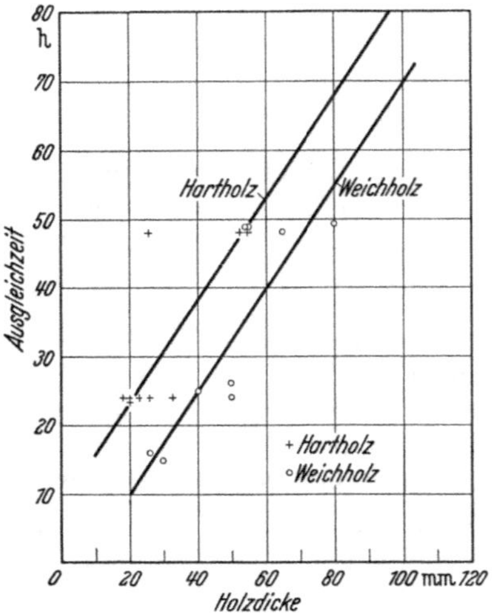

Bild 261. Ausgleichzeit am Ende der Holztrocknung in Abhängigkeit von der Holzdicke. (Nach R. Schlüter u. F. Fessel.)

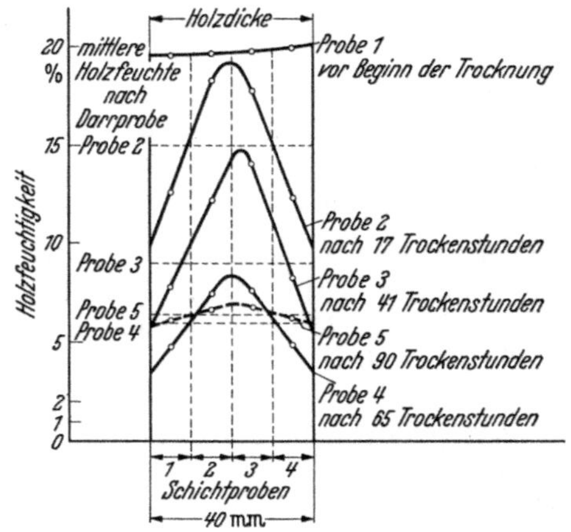

Bild 262. Feuchtigkeitsverteilung über dem Querschnitt von 40 mm dickem Erlenholz bei verschieden langen Trockenzeiten und nach der Ausgleichzeit. (Nach R. Schlüter u. F. Fessel.)

höchstzulässige Spanne von 1 bis 2 Holzfeuchte-% abzubauen, waren weitere 25 Stunden erforderlich, d. h. der reinen Trockenzeit waren rund 40% hinzuzuschlagen. Bei im Schrifttum auffallenden außerordentlich kurzen Trockenzeiten ist meist die Ausgleichzeit nicht berücksichtigt, d. h. das Holz unmittelbar nach der reinen Trocknung der Kammer entnommen worden. Die mittlere Holzfeuchtigkeit hatte dann zwar den verlangten Endwert erreicht, aber es war noch ein starkes Feuchtigkeitsgefälle vorhanden, das bei der folgenden Weiterverarbeitung Fehler und Ausschuß hervorrufen muß. Es ist zu erwähnen, daß ein ordnungsgemäßer Ausgleich des Trocknungsgefälles nur in der Trockenkammer selbst, nicht aber — oder lediglich durch außergewöhnlich lange Lagerzeiten — durch Stapelung in Hallen, Lagern usw. erreicht werden kann.

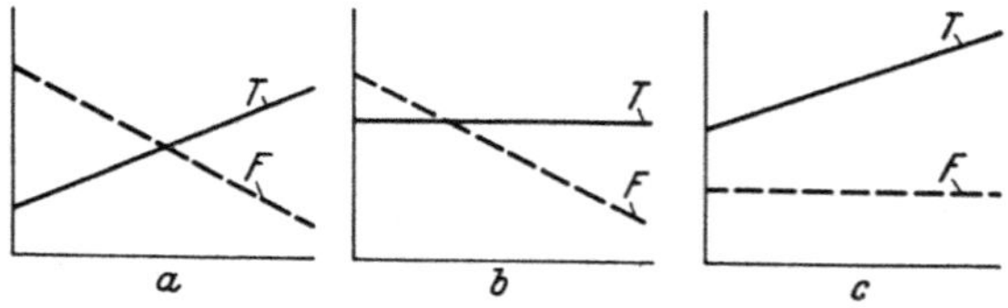

Bild 263. Schematische Gegenüberstellung der Betriebsmöglichkeiten bei der künstlichen Holztrocknung; T = Temperatur, F = relative Luftfeuchtigkeit.

637.2 Verlauf der Lufttemperatur.

Die Temperatur und die relative Feuchtigkeit der Trocknungsluft als die wichtigsten Betriebsgrößen in Trockenanlagen lassen sich nach drei voneinander verschiedenen Methoden steuern (Bild 263):

a) Man erhöht die Temperatur t, wobei zugleich die relative Luftfeuchtigkeit φ sinkt;

b) man hält die Temperatur auf gleicher Höhe und senkt die relative Luftfeuchtigkeit;

c) man erhöht die Temperatur und erhält die relative Luftfeuchtigkeit gleichbleibend.

Die Verfahren b) und c) sind besonders schonend und gestatten die Anwendung sehr kleiner Stufen; sie ergeben einen fast stetigen Verlauf der Trocknungskurven. In der Praxis werden heute meist Kombinationen der verschiedenen Verfahren angewendet. Bild 264 bringt beispielsweise eine Trocknungskurve

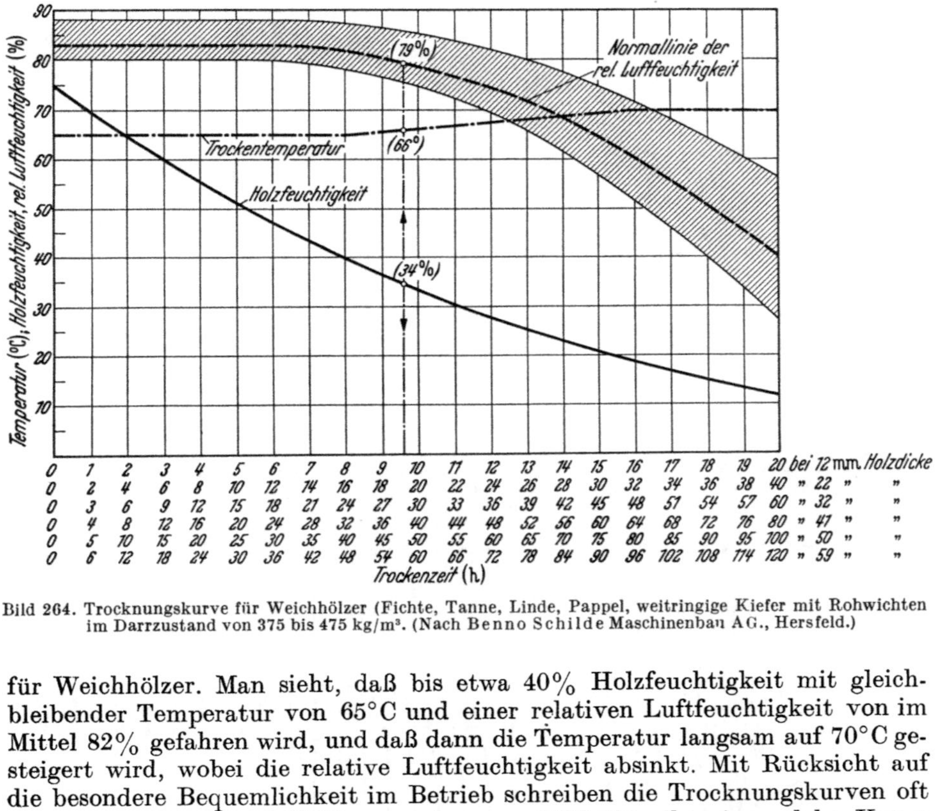

Bild 264. Trocknungskurve für Weichhölzer (Fichte, Tanne, Linde, Pappel, weitringige Kiefer mit Rohwichten im Darrzustand von 375 bis 475 kg/m³. (Nach Benno Schilde Maschinenbau AG., Hersfeld.)

für Weichhölzer. Man sieht, daß bis etwa 40% Holzfeuchtigkeit mit gleichbleibender Temperatur von 65°C und einer relativen Luftfeuchtigkeit von im Mittel 82% gefahren wird, und daß dann die Temperatur langsam auf 70°C gesteigert wird, wobei die relative Luftfeuchtigkeit absinkt. Mit Rücksicht auf die besondere Bequemlichkeit im Betrieb schreiben die Trocknungskurven oft nur die Trocken- und Naßtemperatur vor. Bild 265 gibt eine solche Kurve wieder und zeigt, daß an Stelle stetiger Temperaturfunktionen auch sprungweise Änderungen herbeigeführt werden können. Bei der praktischen Trocknungsführung sind Sprünge, Spitzen und Täler im Verlauf der Temperatur und relativen Luftfeuchtigkeit kaum zu vermeiden. Sie stellen sich insbesondere dann zwangläufig ein, wenn die Trockenanlagen täglich nur während der Betriebszeit des Werkes beheizt werden und dann in den nächtlichen Pausen mehr oder minder abkühlen. Bild 266 und 267 zeigen für zwei sehr verschiedenartige Trocknungsaufgaben die Wirkung dieser Ruhepausen, in Bild 267 sind weiter die täglichen regelmäßigen Dämpfspitzen zu beachten. Die strichpunktierten Kurven des Verlaufs der Holzfeuchtigkeit sind ebenfalls aufschlußreich. Man kann erkennen, daß die gemäß Bild 266 getrockneten Weichholz-

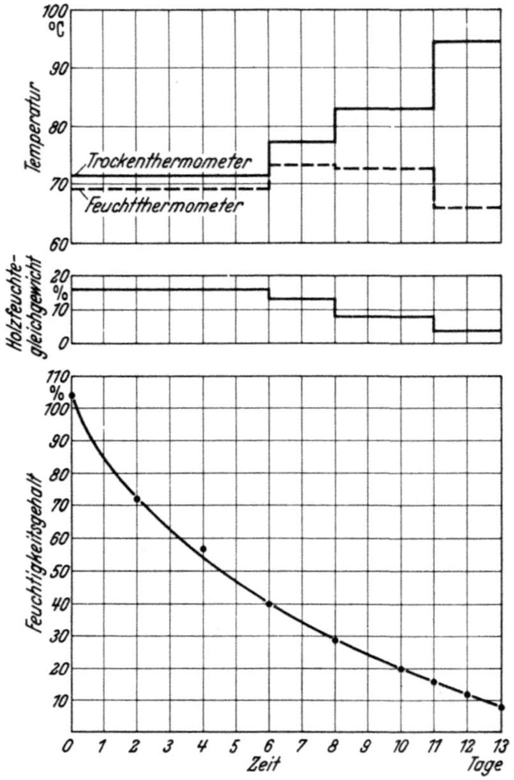

Bild 265. Trocknungskurve für 51 mm dickes Black-Tupelo-Holz (Nyssa aquatica L.). (Nach K. E. Kimball.)

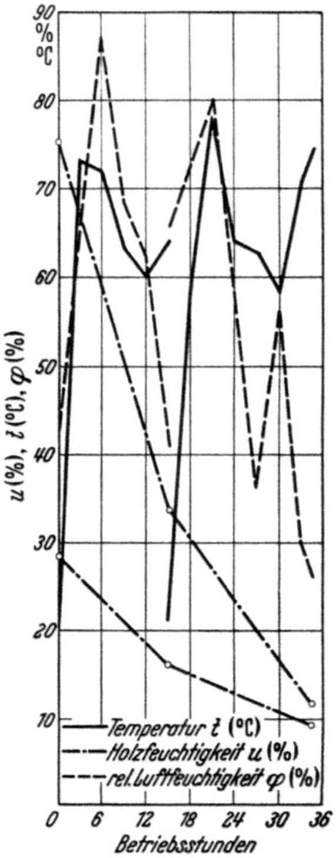

Bild 266. Trocknungskurven für 17 bis 25 mm dicke Tannenbretter.

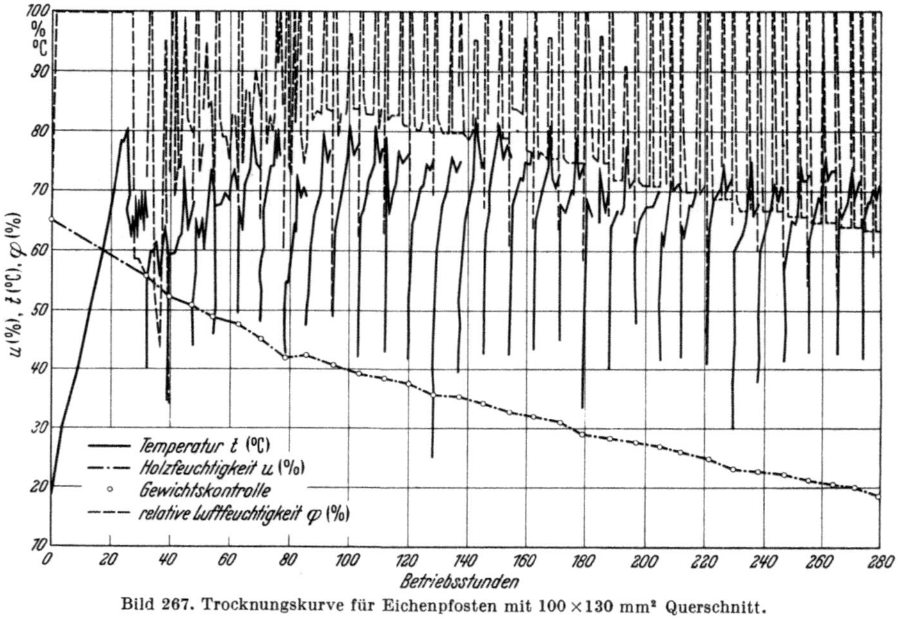

Bild 267. Trocknungskurve für Eichenpfosten mit 100×130 mm² Querschnitt.

bretter ursprünglich eine sehr verschieden hohe Holzfeuchtigkeit hatten, daß sich aber die mittlere Feuchtigkeit am Ende der Trocknung nur mehr unwesentlich unterschied. Selbstverständlich mußte die Trocknungsdauer den dicksten und nassesten Stücken angepaßt werden. Die aus dem Betrieb einer Schiffswerft stammende Trocknungskurve Bild 267 weist eine recht gleichmäßige Abnahme der Holzfeuchtigkeit auf. Die angewendete mittlere Trockentemperatur von 70°C war aber für Eichenholz, dessen Anfangsfeuchtigkeit hoch über dem Fasersättigungspunkt lag, als höchstzulässige Temperatur anzusprechen. Oberhalb dieser Temperatur ist bei Eichenholz die Gefahr von Innenrissen außerordentlich hoch, wie F. Kollmann[1] nachwies. Eine im britischen Forest Products Research Laboratory ausgearbeitete große Trockentafel, die für eine Anzahl europäischer und überseeischer Nutzhölzer anwendbar ist, enthält Tafel V im Anhang[2]. In dieser Tafel sind die Trocknungspläne II, VII und VIII auf Endtemperaturen von 82 bis 85°C eingeteilt, während Trocknungsplan I keine höhere Temperatur als 48,8°C, die Trocknungspläne III und IV Endtemperaturen von 60 bzw. 62,8°C aufweisen. Die Trocknungspläne vermitteln Angaben für sehr vorsichtiges Trocknen und führen dadurch zu verhältnismäßig langen Trockenzeiten, gewährleisten jedoch Qualitätserhaltung und Spannungsfreiheit am Ende der Trocknung.

Aus wärmewirtschaftlichen Überlegungen und im Hinblick auf einen allenfalls zu erzielenden Quellungsschutz (s. Bd. I, S. 401 und Bd. II, S. 162) soll bei der Holztrocknung die Temperatur möglichst hoch gewählt werden. Anderseits darf sie nicht so hoch liegen, daß sich die Qualität der Hölzer mindert, beispielsweise durch Verfärbung oder durch Harzaustritt (bei Kiefer und Lärche) oder durch Innenrisse (bei Eiche). Im Freien gelagertes, vorgetrocknetes Holz mit einer Holzfeuchtigkeit unterhalb des Fasersättigungspunktes (etwa 30%) kann von Anfang bis Ende der Trocknung mit der für eine Holzart höchstzulässigen Temperatur getrocknet werden. Grüne oder waldfeuchte Laubhölzer müssen mit einer niedrigeren Anfangstemperatur vorgetrocknet werden, bis in ihnen der Fasersättigungspunkt sicher unterschritten ist. Die meisten waldfrischen Laubhölzer verfärben sich bei Temperaturen oberhalb 60°C im Zusammenwirken mit der anfangs hohen Luftfeuchtigkeit in der Kammer infolge chemischer Veränderungen des Lignins und der Holzpolyosen. Ahorn wird rötlich, Birke fleckig grau, Buche rot (wenn sie waldfrisch in die Trockenkammer gelangt) bis graubraun (wenn sie abgelagert ist), Eiche gelb, Erle braun, Linde fleckig, Walnuß braun. Nadelhölzer beginnen oberhalb von 70°C sich schwach zu bräunen, oberhalb von 140°C werden sie stark rotbraun gefärbt, jedoch ist die Verfärbung an den Hirnschnittflächen wesentlich stärker als an den Längsschnittflächen. Zahlentafel 37 enthält 10 Temperaturstufen T 1 bis T 10, die R. Keylwerth[3] für einzelne Holzarten bei Holzdicken bis 30 mm empfiehlt. Wenn für eine Holzart mehrere Temperaturstufen in der Zahlentafel erscheinen, dann bedeutet dies zweierlei: einmal, daß die betreffende Holzart stärkeren Eigenschaftsschwankungen unterworfen ist, die bei der Trocknung zu berücksichtigen sind (bei Eiche trocknet beispielsweise milde, feinjährige Eiche, wie sie im Möbelbau Verwendung findet, leichter als grobjährige Eiche

[1] Kollmann, F.: Untersuchungen über die Ursachen von Schäden bei der Trocknung von grünem Eichenholz, Svenska Träforskningsinstitutet, Trätekn. avd., Medd. 21, Stockholm 1950.

[2] Dept. Sci. Ind. Res., For. Prod. Res. Rec. Nr. 26, Seasoning Series Nr. 5: Kiln Drying Schedules, London 1938.

[3] Keylwerth, R.: Die Kammertrocknung von Schnittholz, Betriebsblatt 1, Holz als Roh- und Werkstoff Bd. 9 (1951) S. 289.

mit wenig Frühholzgefäßen, wie sie bei der Faßherstellung bevorzugt ist), zum andern, daß man je nach den Güteansprüchen, aber auch dem Stand der eigenen Erfahrungen in der Trocknungstechnik mit verschiedener Beschleunigung trocknen kann. Bei Hölzern, die man zum ersten Mal trocknen soll, wird man stets zunächst das vorsichtigste Trockenprogramm wählen. Bei Holzdicken über 30 mm empfiehlt es sich, die Anfangstemperatur in Zahlentafel 37 um 5 bis 10°C zu ermäßigen[1]. Bei der Heißdampftrocknung mit Temperaturen über 100°C liegen besondere Verhältnisse vor; Näheres hierüber folgt in Abschnitt 641.

Zahlentafel 37. *Temperaturstufen für Schnittholztrocknung, Holzdicke bis 30 mm.* (*Nach R. Keylwerth.*)

Holzart	Temperatur-stufe	Anfangs-temperatur °C	Höchst-temperatur unterhalb 30% Holzfeuchte °C
Eiche	T 1	40	50
Eiche, Buchsbaum, Eucalyptus	T 2	40	60
Eiche	T 3	40	80
Brasilkiefer	T 4	50	70
Nußbaum	T 5	50	80
Buche, Ahorn, Robinie, Rüster, Hickory . .	T 6	60	80
Birke, Lärche, Weymouthskiefer, Kiefer . .	T 7	70	80
Douglasie, Kiefer	T 8	70	90
Tanne, Fichte, Kiefer	T 10	100	120

Die Geschwindigkeit, mit der bei Beginn der Trocknung auf die Höchsttemperatur gegangen wird, hängt vom Zustand der Trockenanlage und des Holzes ab. Bei dichten Kammern und verhältnismäßig feuchten, dünnen Weichholzbrettern kann man so rasch wie möglich anfahren. Große Vorsicht ist bei undichten Anlagen, aus denen die Luftfeuchtigkeit rasch entweicht, und bei Harthölzern sowie dicken Bohlen geboten. Man beginnt hier mit Dämpfen bei abgestellter Kammerheizung. Erst nach der Dämpfung stellt man die Frischluftheizung an und arbeitet zunächst mit reinem Umluftbetrieb, um die relative Luftfeuchtigkeit hoch zu halten. Indem man den Dampf nach Bedarf drosselt, sichert man langsam ansteigende oder gleichbleibende Temperatur.

Aus dem Stand der Ablufttemperatur läßt sich in allen Anlagen der Fortgang der Trocknung beurteilen. Große Unterschiede gegenüber der Frischlufttemperatur deuten darauf hin, daß das Holz noch sehr naß ist und daß eine energische Trocknung stattfindet; das allmähliche Ansteigen der Ablufttemperatur zeigt, daß das Trocknungsgefälle kleiner wird und daß die Holzfeuchtigkeit schon weit unter dem Fasersättigungspunkt liegt. Je geringer der Unterschied der Frischluft- und Ablufttemperatur ist, desto weniger Trockenarbeit wird von der Raumeinheit Luft geleistet und desto unwirtschaftlicher arbeitet man. Rechtzeitige Beendigung der künstlichen Holztrocknung ist deshalb, und um Ausschuß durch Übertrocknung zu vermeiden, von größter Bedeutung.

637.3 Verlauf der relativen Luftfeuchtigkeit, Wahl des Trocknungsgefälles.

Für den Praktiker bereitet es bei der künstlichen Holztrocknung immer mehr oder minder große Schwierigkeiten, den Verlauf der Trocknungstemperatur und der relativen Luftfeuchtigkeit in der Trockenanlage so zu steuern, daß

[1] Torgeson, O. W., Wood (USA) Bd. 6 (1951) S. 17, 40, 42, 44, 46.

das Holz möglichst rasch und mit möglichst geringer Qualitätsminderung trocknet. Die Lieferfirmen von Trockenanlagen und die Holzforschungsinstitute der Welt haben deshalb auf Grund von Versuchen und Betriebserfahrungen empirische Trocknungstabellen und -kurven entwickelt, deren Benutzung grobe Fehler vermeiden lassen sollen (Beispiel: Anhang-Tafel V). Ein vergleichendes und kritisches Studium der bekannten Vorschriften zeigt aber, daß vielfach von unrichtigen Voraussetzungen ausgegangen ist, während andere Trocknungstafeln den neuen, physikalisch richtigen Erkenntnissen recht nahe kommen.

Maßgebend für den Trocknungsvorgang ist das „Trocknungsgefälle", worunter das Verhältnis der augenblicklichen mittleren Holzfeuchtigkeit u des Trockengutes zu jener mittleren Gleichgewichtsfeuchtigkeit u_{Gl} verstanden sei, die sich im Holz einstellen würde, wenn es beim augenblicklichen Kammerklima bis zum hygroskopischen Gleichgewicht (gekennzeichnet durch konstantes Gewicht) in der Anlage getrocknet würde. Dieses Gleichgewicht kann für die Lufttemperaturen und -feuchtigkeit beispielsweise aus Bild 283, Bd. I, S. 387 abgelesen werden. Für eine schonende und wirtschaftliche Trocknung ist die Wahl eines angemessenen Trocknungsgefälles unerläßlich. Ein zu großes Gefälle bedingt zu starke Unterschiede zwischen der Holzfeuchtigkeit in den äußersten Schichten und im Holzinnern und damit Spannungen sowie die Gefahr von Rissen; unter Umständen kann sogar der Wasserfaden im Holz abreißen und sich die gefährliche Verschalung einstellen. Umgekehrt verlängern sich bei einem zu kleinen Gefälle die Trockenzeiten erheblich, wodurch die Trocknungskosten viel zu hoch werden. Offenbar führt die Wahl des richtigen Trocknungsgefälles nicht nur zu einer qualitativ einwandfreien Trocknung, sondern auch zur wirtschaftlich günstigsten Trockenzeit.

Man kann nun nach R. Keylwerth[1] für das einzuhaltende Trocknungsgefälle sichere Anhaltspunkte wie folgt erhalten: Gleichung (20a) kann man umformen:

$$\frac{u_b}{u_e} = e^{aZ}. \tag{20a}$$

Will man nun während einer Trocknung (von u% augenblicklicher mittlerer Holzfeuchtigkeit) immer dasjenige Kammerklima (Lufttemperatur, relative Luftfeuchtigkeit) einstellen, das mit einer dazugehörigen Feuchtigkeit u_{Gl} [%] im Gleichgewicht steht, und zwar derart, daß das Holz immer dieselbe Trockenzeit benötigt, um die jeweilige Gleichgewichtsfeuchtigkeit zu erreichen, dann erhält man für $Z = \text{const.}$

$$\frac{u}{u_{Gl}} = \text{const.} \tag{26}$$

Für eine bestimmte Trocknung gelangt man also auf diese Weise zu einem konstanten Trocknungsgefälle. Zu dieser theoretischen Ermittlung stehen, wie R. Keylwerth betont, die überholten Faustregeln im Gegensatz, die beispielsweise besagen, daß die relative Luftfeuchtigkeit in Holztrockenanlagen jeweils etwa $^3/_{10}$ gegenüber jener Luftfeuchtigkeit abzusenken ist, die der mittleren augenblicklichen Feuchtigkeit des eingestapelten Holzes nach dem hygroskopischen Gleichgewicht entspricht, oder daß die Gleichgewichtsfeuchtigkeit immer um 3 bis 6% niedriger sein soll als die augenblickliche Holzfeuchtigkeit.

Eine statistische Auswertung von Trocknungstafeln hat ergeben, daß die Bedingung der Gleichung (26) im hygroskopischen Bereich vielfach erfüllt ist. Das Trocknungsgefälle beträgt

[1] Keylwerth, R.: Holz-Zbl. 76 (1950) S. 175—176.

bei vorsichtiger Trocknung und hohen Ansprüchen an das Trockengut bzw. für Holzdicken über 30 mm

für Nadelholz um 2,0,
für Laubholz um 1,5,

bei verstärkter Trocknung und geringen Ansprüchen an das Trockengut bzw. für Holzdicken unter 30 mm

für Nadelholz 3,0 bis 4,0,
für Laubholz 2,0 bis 3,0.

Oberhalb des Fasersättigungspunktes wird bei konstanter Gleichgewichtsfeuchtigkeit gefahren. Mit den für vorsichtige Trocknung angegebenen Werten des Trocknungsgefälles erhält man auch ohne besondere Ausgleichzeit am Ende der Trocknung geringe Trockenspannungen. Die Zinken von Gabelproben (80 mm Zinkenlänge) ziehen sich kaum um Sägeschnittbreite (1,2 mm) zu.

R. Keylwerth hat weiter untersucht, ob eine Trocknung von Anfang an so gesteuert werden kann, daß keine Trockenspannungen im Holz verbleiben. Bei einer solchen Trocknung müßte die Bedingung erfüllt sein, daß in den äußeren Brettschichten während der Trocknung nur elastische, aber keine plastischen Verformungen auftreten. Nun betragen aber die maximalen elastischen Dehnungen des Holzes quer zur Faser tangential 0,4 bis 0,7%, radial 0,2 bis 0,5%, dagegen die Schwindbeträge je 1% Holzfeuchteänderung tangential 0,20 bis 0,35%, radial 0,10 bis 0,25%. Die oben genannte Bedingung für eine spannungsfreie Trocknung ist also nur erfüllt, wenn das Feuchtigkeitsgefälle im Brett nicht größer als 2 bis 3% ist. Eine derart gehemmte Trocknung kommt aus Wirtschaftlichkeitsgründen nicht in Frage, und man muß deshalb das Entstehen von Trockenspannungen in Kauf nehmen und sie durch die Ausgleichzeit wieder abbauen.

Für diesen Abbau ist wichtig, daß man gegen Ende der Trocknung, wenn man der gewünschten mittleren Endfeuchtigkeit schon nahe ist, mit der Gleichgewichtsfeuchtigkeit u_{Gl} (und damit der Lufttemperatur und -feuchte) nur 2, höchsten 3% unter die Endfeuchtigkeit geht. Will man also auf 8% Endfeuchtigkeit trocknen, so darf die Gleichgewichtsfeuchtigkeit keinesfalls unter 5% sinken. Weiter kann sich kurzzeitiges Dämpfen empfehlen; unter seiner Wirkung quellen die äußeren Holzschichten und verringert sich das Feuchtigkeitsgefälle. Mit der Quellung ist zugleich ein Erweichen der Zellwandungen verbunden, das den Spannungsausgleich begünstigt. Nach dem Dämpfen wird mit 2 bis 3% Trocknungsgefälle fertig getrocknet.

Zusammenfassend kann folgende Steuerung des Trockenverlaufs für Temperaturen unter 100°C empfohlen werden:

1. Wahl der Lufttemperatur so hoch, wie es die Heizleistung der Kammer und die Empfindlichkeit des Holzes (s. Abschnitt 637.2) zulassen;

2. Wahl des zulässigen Trocknungsgefälles nach Bild 268 für Nadelholz, Bild 269 für Laubholz;

3. Wahl der relativen Luftfeuchtigkeit für die gegebene Lufttemperatur und das zulässige Trocknungsgefälle. Relative Luftfeuchtigkeiten über 80% sind bei einigen Hölzern zu vermeiden, da sie Verfärbungen verursachen: Ahorn (Rotfärbung), Birke (Vergrauung), Buche (Rotfärbung), Erle (Bräunung, Fleckigwerden), Linde (Fleckigwerden). Hohe Luftfeuchtigkeiten über 90% begünstigen zu Beginn der Trocknung bei gewissen Hölzern eine gleichmäßige Dunkelfärbung (Buche, Birnbaum, Walnuß).

Selbstverständlich sind die Grenzen zwischen den Gütebereichen und Trocknungsgefällen bei vorsichtiger und verstärkter Trocknung nicht als starr anzusehen. Man wird sich aber bei hohen Qualitätsansprüchen, größeren Holzdicken (über 30 mm), großen Luftgeschwindigkeiten (über 1,8 m/s) und hohen Temperaturen (über 80°C) zunächst für das niedrigere Trocknungsgefälle entscheiden und erst, wenn man in der eigenen Kammer reichliche Erfahrungen gesammelt hat, zu höheren Gefällen übergehen. Zu Beginn der Trocknung, wenn die mittlere Holzfeuchtigkeit noch über dem Fasersättigungspunkt liegt, wird die Kammer bei vorsichtiger Trocknung auf eine Gleichgewichtsfeuchtigkeit von 16 bis 18%, bei verstärkter Trocknung von 14 bis 16% eingestellt. Im weiteren Verlauf der Trocknung entnimmt man Stichproben und bestimmt ihre mittlere Holzfeuchtigkeit. Dieser mittleren Holzfeuchtigkeit wird mittels Bild 268 bzw. 269 die einzustellende Gleichgewichtsfeuchtigkeit zugeordnet. Die dazugehörige Luftfeuchte wird aus einem Schaubild des hygroskopischen Gleichgewichts für die Kammertemperatur entnommen und dann nach einer Psychrometertafel (Anhang-Tafel IV) die Temperatur des nassen Thermometers bestimmt. Auf besonders einfache Weise kann die Naßtemperatur als der betrieblich wichtigste Anhaltspunkt für die Trocknungsführung mit dem Nomogramm Bild 270 graphisch ermittelt werden.

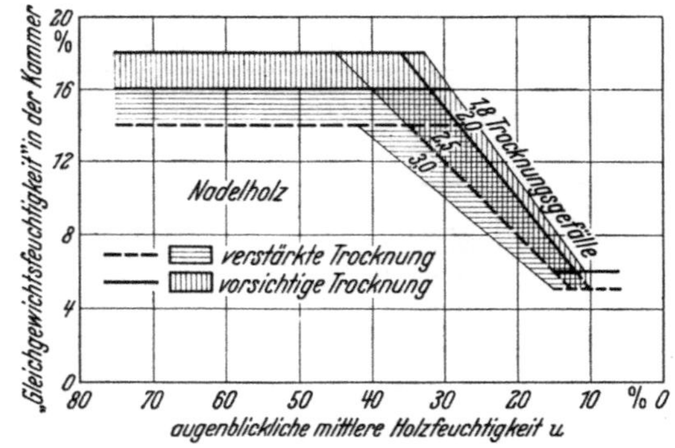

Bild 268. Einzustellende Gleichgewichtsfeuchtigkeit in der Kammer bei verschiedenen Trocknungsgefällen für Nadelholz. (Nach R. Keylwerth.)

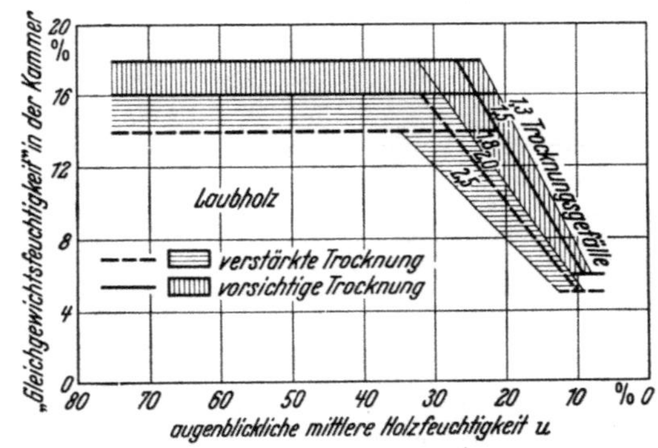

Bild 269. Einzustellende Gleichgewichtsfeuchtigkeit in der Kammer bei verschiedenen Trocknungsgefällen für Laubholz. (Nach R. Keylwerth.)

Die Psychrometerdifferenz, also der Unterschied zwischen der Trockentemperatur t_{tr} und der Feuchttemperatur t_f, ist nicht nur ein Maßstab für die relative Luftfeuchtigkeit in der Trockenkammer, sondern für die „Schärfe" der Trocknung. F. Kollmann[1] wies nach, daß bei der idealen Diffusionstrocknung die Trocknungsgeschwindigkeit der relativen Luftfeuchtigkeit unmittelbar proportional ist, vorausgesetzt, daß diese ohne jegliche Schwingungen als Exponentialfunktion verläuft, während sie bei der normalen, impulsgestörten Diffusionstrocknung umgekehrt proportional der relativen Luftfeuchtigkeit ist. Die Trockentemperatur und die Feuchttemperatur bestimmen das jeweils in der Kammer eingestellte Holzfeuchtegleichgewicht (gemäß den

[1] Kollmann, F., u. L. Malmquist: Untersuchungen über die Trocknung von Kiefernschnittholz mit erhöhten Temperaturen, Svenska Träforskningsinstitutet, Trätekn. avd., Medd. 23, Stockholm 1952.

Kurven im rechten unteren Feld des Nomogramms Bild 270) und damit auch das augenblickliche Trocknungsgefälle (gemäß Gleichung (26)). Für schwierig zu trocknende, stark schwindende Hölzer mit Neigung zu Innenrissen muß nach R. Keylwerth[1] ein kleineres Trocknungsgefälle (1,6 bis 2,0) gewählt werden als für leicht zu trocknende, weniger schwindende Hölzer (2,0 bis 3,5 und mehr). Im Steuerschema der Zahlentafel 38 wird dies durch die richtige

Zahlentafel 38. *Steuerung der Luftfeuchtigkeit bei der Trocknung von Schnittholz mit bis zu 30 mm Dicke.* (*Nach R. Keylwerth.*)

Schritt	Waldfrisches Holz – Holzfeuchtigkeit *u* %			
1	Anfang bis 60	Anfang bis 50	Anfang bis 40	Anfang bis 35
2	60 bis 50	50 bis 40	40 bis 35	35 bis 30
3	50 bis 40	40 bis 35	35 bis 30	30 bis 25
4	40 bis 35	35 bis 30	30 bis 25	25 bis 20
5	35 bis 30	30 bis 25	25 bis 20	20 bis 15
6	30 bis Ende	25 bis Ende	20 bis Ende	15 bis Ende
Holzart	Grüne Pappel, Weide, Aspe	Grüne Linde, Nußbaum, Erle, Robinie	Grüne Eiche, Buche, Ahorn, Birke, Rüster	Grüne Lärche, Douglasie, Strobe, Kiefer, Fichte, Esche
Stufe	*A*	*B*	*C*	*D*

Schritt	Luftgetrocknetes Holz – Holzfeuchtigkeit *u* %	Psychrometerdifferenz (T – F) °C entsprechend Trocknungsgefälle 1,6	1,8	2,0	2,5	3,0	3,5
1	Anfang bis 30	2	2	2	4	6	8
2	30 bis 25	2	3	4	6	8	11
3	25 bis 20	3	4	6	9	12	15
4	20 bis 15	6	8	10	13	17	20
5	15 bis 10	12	14	16	20	25	25
6	10 bis Ende	25	25	25	25	25	25
Holzart	Luftgetrocknetes Holz	Eiche, Buchsbaum, Eucalyptus	Eiche, Buche, Eucalyptus, Hickory-Stiele, Esche	Hickory, Esche, Ahorn, Teak, Brasilkiefer	Birke, Nußbaum, Mahagoni, Robinie, Rüster, Douglasie, Lärche, Strobe	Erle, Linde, Pappel, Weide, Tanne, Kiefer, Fichte	Kiefer, Fichte
Stufe	*E*	*1*	*2*	*3*	*4*	*5*	*6*

[1] Keylwerth, R.: Die Kammertrocknung von Schnittholz, Betriebsblatt 1, Holz als Roh- und Werkstoff Bd. 9 (1951) S. 289.

Wahl der Stufen 1 bis 6 berücksichtigt. Diese Stufen sind auf im Freien vorgetrocknete Hölzer anzuwenden. Für waldfrisches Holz gilt der obere Teil von Zahlentafel 38 mit den Stufen A bis D. Die Angaben gelten für Holzdicken bis 30 mm. Bei größeren Holzdicken ist das Trocknungsgefälle um 1 bis 2 Stufen zu erniedrigen. Die zur Entwicklung eines Steuerprogramms noch erforderlichen Temperaturstufen können aus Zahlentafel 37 entnommen werden. Zu beachten ist, daß die Psychrometerdifferenz bzw. die Feuchttemperatur die Trocknungsgeschwindigkeit stärker beeinflußt als die Trockentemperatur.

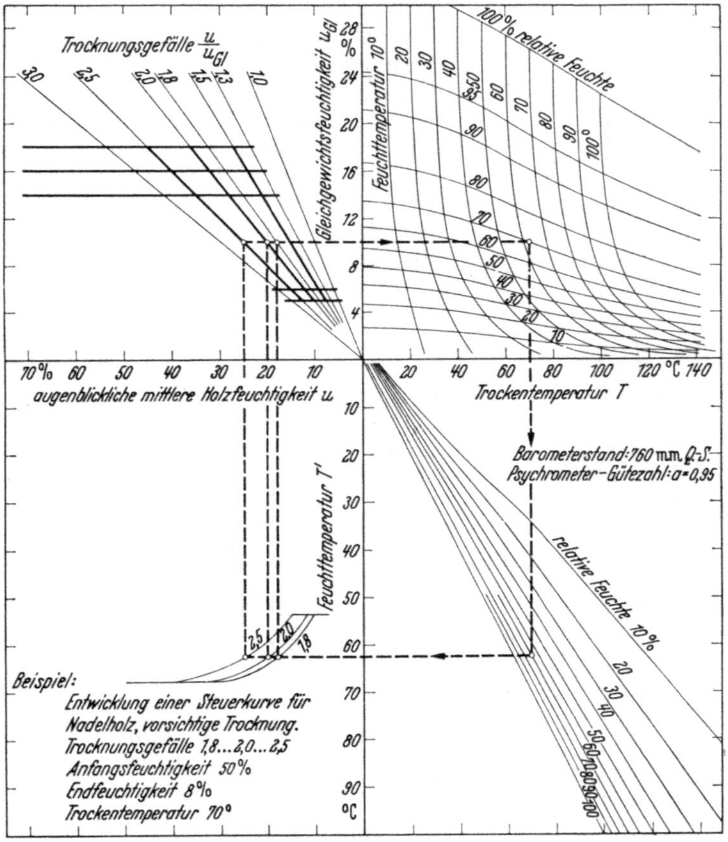

Bild 270. Nomogramm zur Ermittlung von Steuerkurven für Holztrockenanlagen. (Nach R. Keylwerth.)

637.4 Trocknungsfehler.

637.40 Allgemeines. In richtig gebauten Trockenanlagen lassen sich bei sachgemäßer Bedienung, insbesondere wenn ein angemessenes Trocknungsgefälle eingestellt ist, Trocknungsfehler weitgehend vermeiden. Als gesicherte Tatsache kann dabei gelten, daß die einwandfrei gesteuerte künstliche Holztrocknung keine schlechteren Ergebnisse liefert als die Freilufttrocknung, und daß sich die Wertverluste durch Risse, Formänderungen und Verfärbungen unbedingt innerhalb der üblichen Grenzen von 4 bis 5% halten lassen, wenn nicht zu große Schnelligkeit, sondern Gleichmäßigkeit der Trocknung das Ziel ist. Allerdings muß man sich darüber im klaren sein, welche Schäden an Holz während der künstlichen Trocknung auftreten können, wie sie sich rechtzeitig erkennen lassen, woraus sie sich erklären und welche Abhilfemaßnahmen es dagegen gibt.

637.41 Farbänderungen. Farbänderungen beim Dämpfen und Trocknen gehen meist auf chemische Veränderungen von Holzbestandteilen zurück, wobei hydrolytische Reaktionen eine besondere Rolle spielen[1]. Wahrscheinlich wird das Lignin in ein dunkelfarbiges Kondensationslignin umgewandelt, während sich aus den Pentosanen und Hexuronsäuren dunkelgefärbte Harze bilden. Die stärkere Verfärbung der Laubhölzer beruht möglicherweise auf ihrem höheren Pentosangehalt.

Alle bei der künstlichen Holztrocknung vorkommenden Verfärbungen haben Feuchtigkeit zur Voraussetzung. Oberhalb von etwa 60°C werden die durch Wärme und Feuchte verursachten Verfärbungen erheblich stärker als die Oxydationsverfärbungen, die praktisch auf Laubhölzer beschränkt sind. Die Wärme übt auf die Verfärbungen einen viel stärkeren Einfluß aus als die Feuchtigkeit. Zu beachten ist, daß die Luftfeuchtigkeit nur mittelbar wirksam ist. Die Dunkelfärbung des Holzes nimmt von etwa 9% Holzfeuchtigkeit an nach den Versuchen von H. Kübler linear mit der Feuchtigkeit zu und erreicht beim fasergesättigten Holz die Verfärbung des Dämpfens. Die Verfärbung läßt sich quantitativ durch die photometrische Helligkeitsabnahme bzw. die relative Weiße (Reflexion) der bestrahlten verfärbten Holzteile messen (Bild 271).

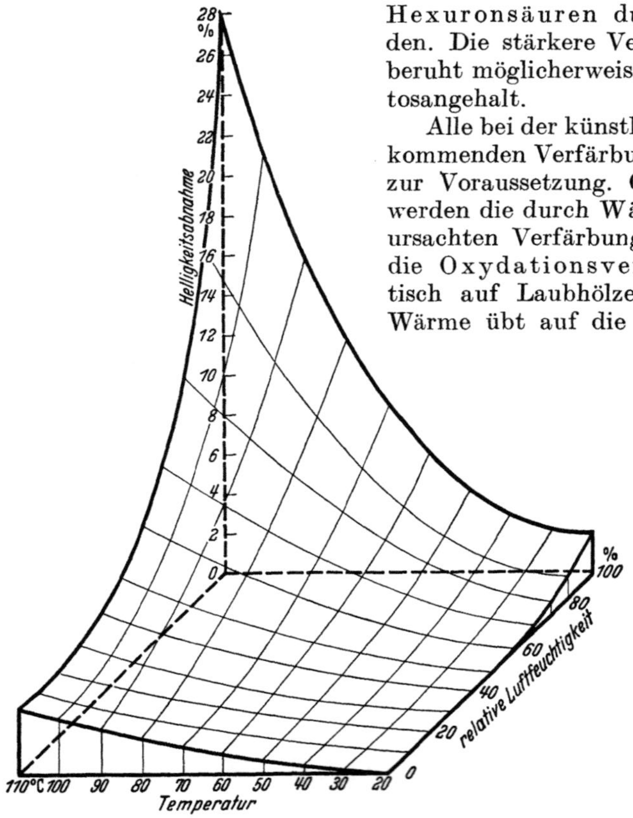

Bild 271. Durchschnittliche Helligkeitsabnahme lufttrockener Laubhölzer bei Behandlung mit verschiedenen Temperaturen und wechselnder relativer Luftfeuchtigkeit (Dauer 20 h). (Nach H. Kübler.)

F. Kollmann[2] hat die „relative Weiße" von Kiefernschnittholz nach verschiedenartiger Trocknung in einem breiten Wellenbereich photospektrographisch gemessen (Bild 272 bis 274). Es ergab sich, daß die Dauer der Temperatureinwirkungen in den ersten 5 bis 10 h den stärksten Einfluß auf die Abnahme der Weiße hat. Die relative Weiße nimmt um so mehr ab, je

---

[1] Kollmann, F., R. Keylwerth u. H. Kübler: Holz als Roh- und Werkstoff Bd. 9 (1951) S. 382.

[2] Kollmann, F., u. L. Malmquist: Untersuchungen über die Trocknung von Kiefernschnittholz mit erhöhten Temperaturen, Svenska Träforskningsinstitutet, Trätekn. avd., Medd. 23, Stockholm 1952.

höher die angewendete Temperatur ist. Gering ist die Verfärbung bis zu 70° C, mäßig zwischen 70 und 140°C, stark oberhalb von 140C°. Die „relative Weiße" von Riftschnittproben (Reflexion auf den Spiegelflächen) ist stets erheblich höher als die von Hirnholzproben (Reflexion auf den Querschnittflächen). Eine sinnvolle Beurteilung der Verfärbung ist deshalb nur bei Betrachtung der Längsschnittflächen, die für den Gebrauch entscheidend sind, möglich. Zwischen 0 und 15% Holzfeuchtigkeit kann der Einfluß der Holzfeuchtigkeit vernachlässigt werden, zwischen 15 und 40% ist eine merkliche, oberhalb von 40% eine deutliche Abnahme der relativen Weiße mit wachsender Feuchtigkeit zu verzeichnen.

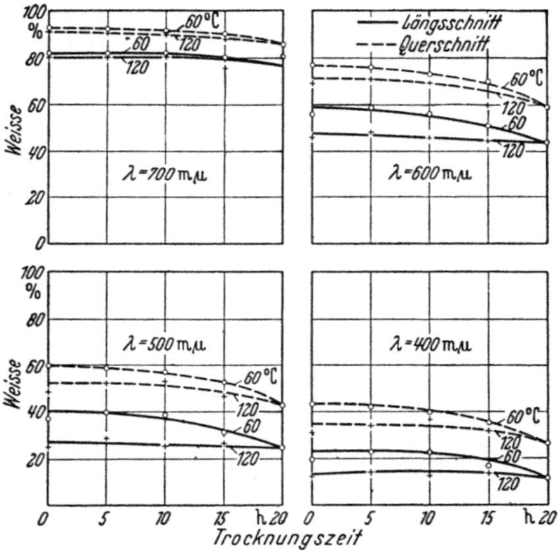

Bild 272. Abnahme der Weiße (Reflexion) von Kiefernkernholz bei der Bestrahlung mit monochromatischem Licht verschiedener Wellenlängen in Abhängigkeit von der Trocknungszeit für Temperaturen von 60 und 120° C. (Nach F. Kollmann u. L. Malmquist.)

Oberflächliche Flecken und Streifen können entstehen, wenn an der Holzoberfläche Wasser verdunstet oder verdampft, das farbige Holzbestandteile gelöst hat. Zu derartigen Verfärbungen neigen auch gerbstoffreiche Hölzer. Metall-Gerbstoffverbindungen entstehen bei der Berührung von gerbstoffhaltigem Holz mit Metall in Anwesenheit von Feuchtigkeit. Die Folgen sind blauschwarze Eisengallusflecken, die sich nur durch Abhobeln beseitigen lassen. Bei einigen wenigen Holzarten kommt es zur Bildung grüner Flecken. Ohne Bedeutung ist es, ob das Eisen blank oder verrostet ist. Bei lange dauerndem Kontakt oder sehr saurem Holz können auch Zink und nichtrostende Stähle zu Verfärbungen führen. Die Metallkontaktverfärbungen sowie Oxydationsverfärbungen, die bei niedrigen Temperaturen zustande kamen, lassen sich an der Holzoberfläche mit 10%-iger Oxalsäure entfernen.

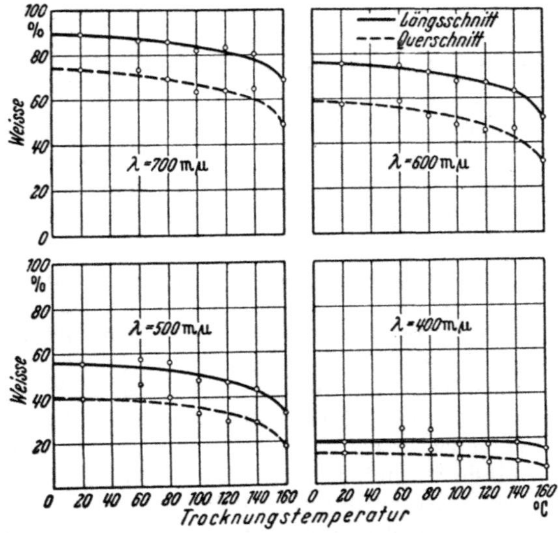

Bild 273. Abhängigkeit der Weiße von Kiefernkernholz nach 5stündiger Trocknung mit verschiedenen Temperaturen bei der Bestrahlung mit monochromatischem Licht verschiedener Wellenlängen. (Nach F. Kollmann u. L. Malmquist.)

Wird Nadelholz getrocknet, bei dem die Gefahr des Verblauens besteht, dann empfiehlt sich sofortiges Dämpfen bei mindestens 70°C Temperatur. Solches Holz muß nach der Trocknung in der Kammer bei kräftiger Belüftung abgekühlt werden. Bringt man es noch warm aus der Kammer auf den Lagerplatz, so entstehen bei der Abkühlung im Stapel Schwaden, die bei Unterschreiten des Taupunkts zu Niederschlägen auf dem Holz führen. Da das Holz gleichzeitig noch ziemlich warm ist, ergeben sich geradezu ideale Bedingungen für eine üppige Entwicklung der Bläuepilze, und es kann vorkommen, daß solche Stapel in kürzester Zeit verblauen. Unter milden Trockenbedingungen können sich auch Rasen von farbigen Schimmelpilzen auf dem Holz bilden. Diese Verfärbungen lassen sich durch Abfegen beseitigen.

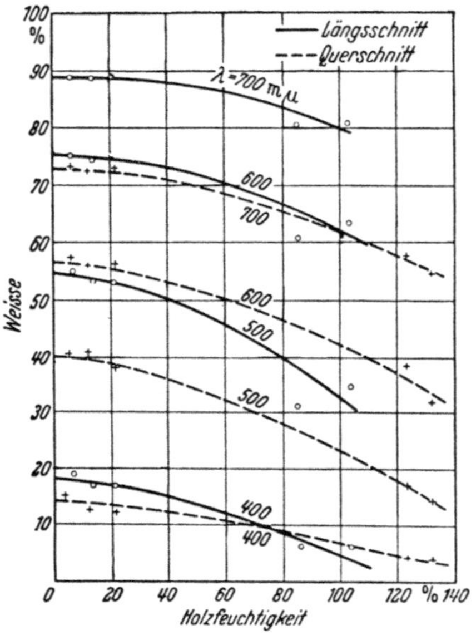

Bild 274. Abhängigkeit der relativen Weiße von Kiefernkernholz mit verschiedener Holzfeuchtigkeit bei Raumtemperatur und bei Bestrahlung mit monochromatischem Licht verschiedener Wellenlängen. (Nach F. Kollmann u. L. Malmquist.)

637.42 Formänderungen, Risse, Verschalungen. Verdrehen (d. h. Windschiefwerden von vorher parallelen Kanten) ist meist nicht auf Trocknungsfehler, sondern auf Drehwuchs zurückzuführen (besonders häufig bei Buchenbrettern). Das beste Hilfsmittel gegen Verdrehen ist sorgfältiges Stapeln mit möglichst vielen, genau übereinanderliegenden Stapellatten. Verdrehen nach dem Trocknen weist auf ungleichmäßige Trocknung hin.

Werfen liegt vor, wenn ein Brett sich unter Wahrung seiner Parallelität zylindrisch krümmt. Es ist auf ungleichmäßige Schwindung zurückzuführen, die eine Folge einseitiger Wärmewirkung (häufig auch bei Freilufttrocknung) oder der Schnittart ist. Tangentialbretter schwinden auf der dem Kern zugewandten Seite, da hier der Neigungswinkel der Jahrringe zur Schnittfläche steiler ist, weniger als auf der dem Kern abgewandten Seite (vgl. die Verzerrung des Seitenbrettes in Bild 315, Bd. I).

Hirnrisse entstehen durch die voreilende Trocknung von Rundholz- und Schnittholzenden. Sie lassen sich durch richtige Stapelung (quer zum Luftstrom, Stapellatten, die mit den Enden genau abschließen), schonende Trocknungsbedingungen, bei sehr wertvollem Gut auch durch wasserdichte Anstriche oder aufgeklebtes Papier eindämmen.

Verschalung stellt sich ein, wenn in der Trockenanlage zu hohe Temperaturen, zu niedrige relative Luftfeuchtigkeiten oder beträchtliche Unregelmäßigkeiten von beiden vorkommen. Besonders deutlich tritt Verschalung bei sehr nassem und dichtem Holz mit großen Abmessungen auf. Hat beispielsweise ein Brett durchschnittlich 50% Anfangsfeuchtigkeit, und kommt es in eine Kammer, in der das Holz einem Gleichgewichtszustand mit 10% zustrebt, so geben die äußeren Schichten sehr rasch Wasser ab; das Feuchtigkeitsgefälle von innen nach außen wird bald so groß, daß der Dampffaden abreißt. Der Kern enthält z. B. noch 40% Wasser, hat also den Fasersättigungspunkt noch nicht erreicht, während außen nur mehr 20 oder weniger Prozent Feuchtigkeit vorhanden sind. Die äußeren Schichten schwinden, wogegen im Kern das Volumen noch unverändert ist. Infolgedessen legen sich die äußeren

Schichten unter starken Zugspannungen um den nassen Kern und verhüten seine rasche weitere Austrocknung, und zwar um so mehr, je trockener sie selbst sind. Unter der Zugbeanspruchung erhält die Schale entweder starke Oberflächenrisse, oder sie trocknet weiter, ohne infolge ihres Spannungszustandes in regelrechtem Ausmaße schwinden zu können. Man bezeichnet dies als Versteifung der äußeren Schichten. Schneidet man aus einem Brett in diesem Zustand eine Scheibe heraus und trennt sie in der Mitte auf, so krümmen sich die Hälften, dem Zug in den äußeren Schichten gehorchend, sofort aufwärts (Bild 275a). Geht die Trocknung bei einem solchen Brett weiter, so gelangt allmählich auch das Innere unter den Fasersättigungspunkt und beginnt zu schwinden. Dadurch verlieren die äußeren Schichten zunächst ihre Zugspannungen; nach einiger Zeit wird der spannungsfreie Zustand erreicht. Von jetzt ab beginnt aber erst die Hauptgefahr. Die äußeren Schichten sind, wie schon oben gesagt wurde, steif und spröde geworden und folgen in der Schwindung nicht mehr dem normalen Gesetz. Infolgedessen üben die inneren Teile einen

a

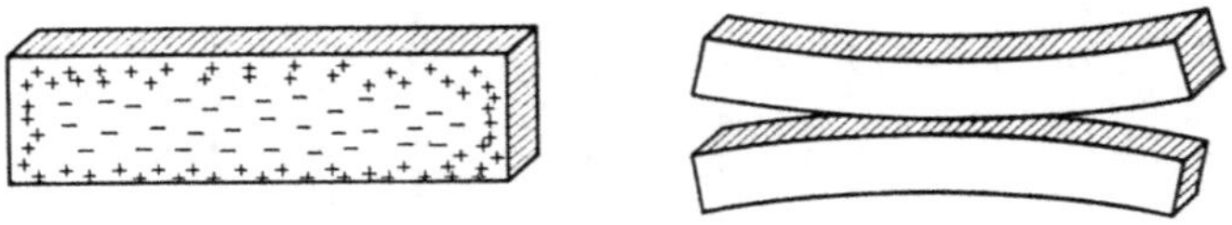

b

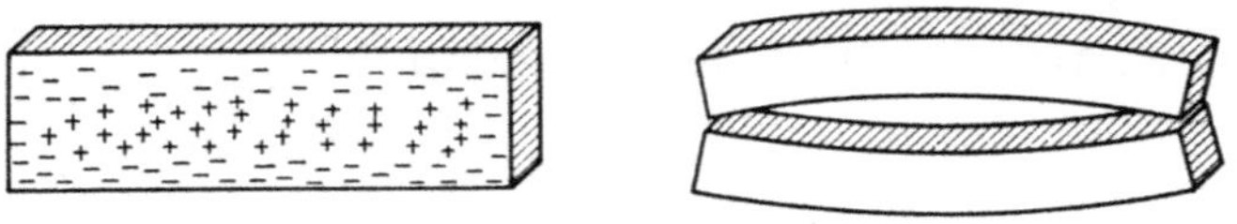

Bild 275. Verschalungsproben: a) früher Trocknungszustand (außen Zug, innen Druck), b) eingetretene Verschalung (außen Druck, innen Zug).

heftigen Zug auf die äußeren aus, die dadurch nunmehr unter Druckspannungen gesetzt sind (wobei sich Haarrisse im Innern schließen können). Entsprechend aufgeschnittene Bretter zeigen ein Verhalten nach Bild 275b. Der Zustand ist sehr ernst, da er die Trocknung unterbricht, das Holz schädigt und nicht ohne weiteres wieder zu beseitigen ist. Werden verschalte Hölzer verarbeitet, so ergeben sich nachträglich erhebliche Verluste durch Risse und Formänderungen. Insbesondere sind Innenrisse eine Folge starker Verschalung. Sie entstehen vor allem in Hölzern mit kräftig ausgebildeten Markstrahlen in den Markstrahlebenen, wenn die Querzug- oder Schubspannungen größer werden als die entsprechenden Kohäsionskräfte. Bei empfindlichen Hölzern kann dadurch ein ganzes Hohlraumsystem im Holz entstehen (Bild 276), das dann im Querschnitt einer Bienenwabe vergleichbar ist (daher englisch: honeycombing). Wie F. Kollmann[1] nachwies, fällt die Querzugfestigkeit von Eichenholz linear mit zunehmender Temperatur ab. Bei 90°C beträgt sie nur mehr 25% des Wertes bei 10° C. Zwischen der Rißbildung — zahlenmäßig durch eine mikroskopische Lineartaxation bestimmt — und der Trockentemperatur konnte eine geradlinige Beziehung aufgedeckt werden (Bild 277).

Es ist unbedingt nötig, die Verschalung jeweils im Keim zu entdecken und zu bekämpfen. Nachweisbar ist die Verschalung nur durch Entnahme von

[1] Kollmann, F.: Untersuchungen über die Ursachen von Schäden bei der Trocknung von grünem Eichenholz, Svenska Träforskningsinstitutet, Trätekn. avd., Medd. 21, Stockholm 1950.

Proben aus der Kammerfüllung. Man trennt hierzu von einer Querschnittscheibe aus einem Brett die äußeren Schichten (etwa 2 bis 3 mm dick) mit der Bandsäge ab und untersucht sie sowie den übrig gebliebenen Kern sofort durch Darren auf ihre Feuchtigkeit. Normalerweise wird die Feuchtigkeit außen um etwa 1 bis 3% kleiner sein als innen. Verschalung kündet sich an, wenn die Feuchtigkeit außen um mehr als 5% kleiner ist. Die dabei herrschenden Spannungszustände können durch sogenannte „Gabelproben“ (nach Bild 278) allgemein nachgewiesen werden.

637.43 Zellschwund und Zelleinbrüche (Kollaps). Bei einer Reihe von wassersatten Hölzern stellt sich ziemlich bald nach Beginn der Trocknung noch hoch oberhalb des Fasersättigungspunktes eine beträchtliche, unregelmäßige Schwindung ein. Diese Schwindung beginnt, obwohl noch keineswegs alles freie Wasser aus den Zellhohlräumen der äußeren Holzschicht entfernt ist. Die Gründe für diese abnormale Schwindung waren lange Zeit ziemlich rätselhaft[1]. Heute aber steht fest, daß die Kapillarfeuchtigkeit Oberflächenzugspannungen in den Zellwänden entwickelt, die vorzeitige Schwindung, unter Umständen auch Zelleinbrüche verursachen (vgl. die linearen Schwindungs- und Quellungskurven für Rotbuchenholz, Bd. I, Bild 310, S. 417). Über

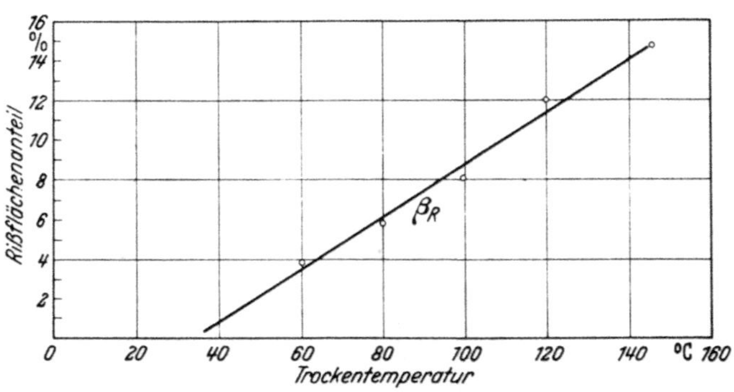

Bild 277. Abhängigkeit des Riß-Flächenanteils von der Trocknungstemperatur bei Eichenholz. (Nach F. Kollmann.)

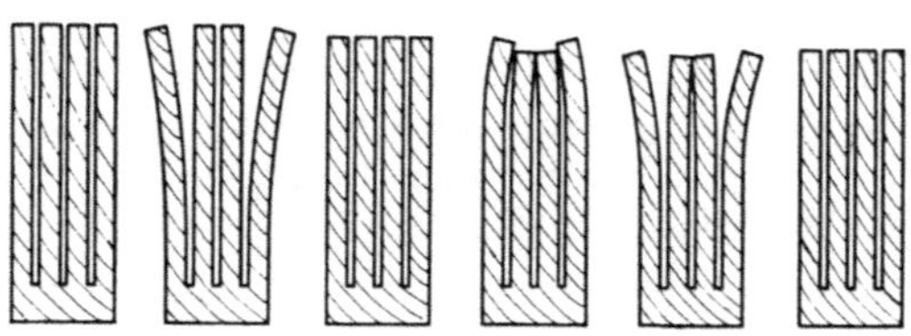

Bild 278. Verschalungs-Gabelproben: a) grünes Holz; b) Trocknungsbeginn (Zugspannungen außen); c) Spannungsgleichgewicht infolge innerer Schwindung; d) typische Verschalung; e) Spannungsumkehrung nach dem Dämpfen; f) getrocknetes, spannungsfreies Holz.

[1] Commonwealth of Australia, Counc. Sci. Ind. Res., Div. For. Prod., Trade Circ. Nr. 20: Collapse and the Reconditioning of Collapsed Timber, Melbourne 1934, S. 8.

die Mechanik des Zellschwunds und der Zelleinbrüche wurde im Zusammenhang mit der Behandlung der kapillaren Feuchtigkeitsbewegung im trocknenden Holz ein zusammenhängendes Bild gegeben, das sich auf Arbeiten von L. F. Hawley und A. J. Stamm stützte. Dabei wurde schon erwähnt, daß in der Praxis Zelleinbrüche wohl stets durch falsche Leitung des Trockenvorgangs mit verursacht werden. Gefährdet sind Hölzer, deren Zellen völlig mit Wasser gefüllt sind, deren Zellwände die Lumina völlig umschließen (also nicht Gewebe mit offenen Gefäßen) und deren Strukturdurchbrüche so eng sind, daß sich entsprechend hohe Kapillarspannungen — gemäß Gleichung (43) in Bd. I — ergeben[1]. In der Regel treten Zelleinbrüche im Splintholz nicht auf, da hier die Interstitien in den Zellwänden so weit sind, daß keine Kapillarspannungen entstehen können, die groß genug sind, um die Zellen zu deformieren. Bild 279 und 280 geben dafür anschauliche Beweise: In Querschnitten durch Eucalyptusstangen ist der untere Teil Kernholz, der obere Splintholz. Während das Splintholz nach der künstlichen Trocknung fast völlig unversehrt ist, sind die Gewebe des Kernholzes eingebrochen. Auffällig ist ferner, daß Zelleinbrüche fast stets im Spätholz auftreten oder von dort ausgehen (Bild 281). Die Flächenschwindung durch Kollaps ist im Spätholz stärker als im Frühholz. Zu erklären ist dies vermutlich mit der Verengung der Zellwanddurchbrüche im Spätholz. Interessant ist ferner, daß Holz mit Zellschwund eine viel stärker ausgeprägte Anisotropie aufweist als normales Holz. Als Verhältnis der tangentialen zur radialen Schwindung findet man bei normalen Rotbuchenholz Zahlen um 2,0 (höchstens bis etwa 2,5, vgl. Zahlentafel 81, Bd. I, S. 419), während R. Keylwerth[2] für durch Heißdampftrocknung zum Kollaps gebrachtes Rotbuchenholz das Verhältnis 4 fand (vgl. Bild 282).

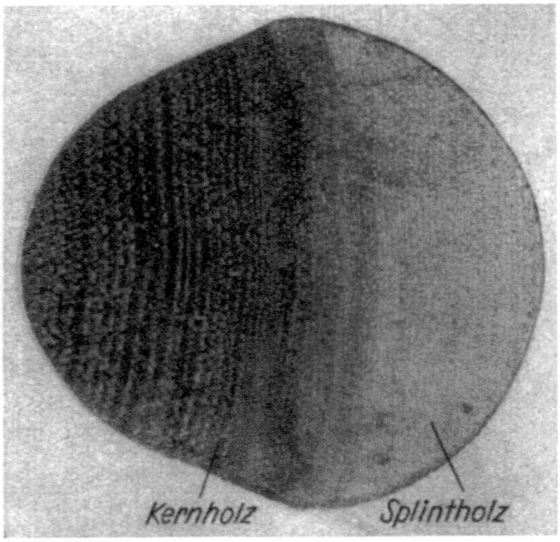

Bild 279. Querschnitt durch einen getrockneten Rundstab aus Hickoryholz. Man beachte den starken Zelleinbruch im Kernholz; das Splintholz ist unbeschädigt. (Phot. H. D. Tiemann.)

Die ersten Anzeichen des Zellschwunds treten fast immer im Bereich von 50 bis 60% Holzfeuchtigkeit auf. Von hier an nimmt die Gefahr des Zelleinbruchs ständig zu, je weiter die Trocknung fortschreitet. Im wesentlichen ist die Erscheinung beendet, bevor der Fasersättigungspunkt erreicht wurde. Wenn man gefährdete Hölzer durch Freilufttrocknung auf etwa 25 bis 30% Holzfeuchtigkeit bringt, dann kann man sie ohne jeden Schaden in der Folge künstlich auf beliebig niedrige Feuchtigkeit bringen. S. N. Kapur und M. A. Rehman[3] haben diese Vorschrift für indische Hölzer gegeben, V. H. Clausen, L. W. Rees und H. F. Kaufert[4] beschreiben sie als die einzig wirksame Methode, um erhebliche Verluste durch Kollaps bei Aspenbrettern mit Naßkern zu verhindern. Naßkern tritt bei Aspe an der Grenze zwischen Kern und

[1] Tiemann, H. D.: J. Forestry Bd. 39, Washington 1941, S. 271—281.
[2] Keylwerth, R.: Holz als Roh- und Werkstoff Bd. 9 (1951) S. 253.
[3] Kapur, S. N., u. M. A. Rehman: Indian Forester, November 1935.
[4] Clausen, V. H., L. W. Rees u. F. H. Kaufert: Development of Collapse in Aspen Lumber, For. Prod. Res. Soc., 1949 Preprint Nr. 70.

Splint auf; er findet sich offenbar nur bei einem geringen Prozentsatz der Stämme. Charakterisiert ist er durch sehr hohe Feuchtigkeit (z. B. 228%), außergewöhnliche Impermeabilität für Luft und Flüssigkeiten und die Infektion mit einem Bakterium. Gegenüber normalem Splintholz ist das Holz in seiner statischen Festigkeit und seiner Zähigkeit geschwächt.

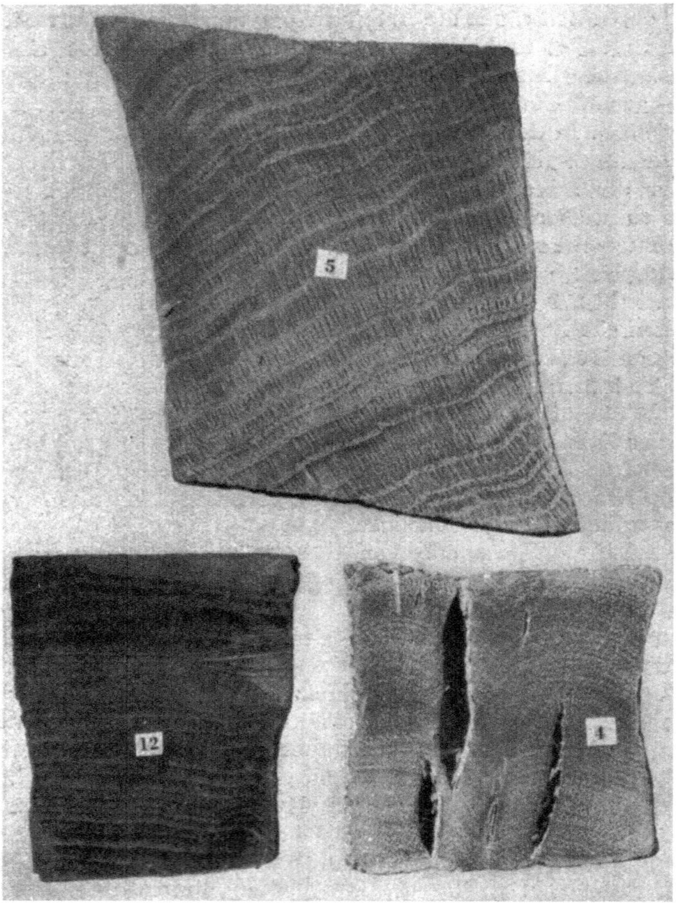

Bild 280. Querschnitt durch 3 Kanteln aus Eucalyptusholz. Probe 5 stark verzogen durch Zelleinbruch ohne Innenrisse; Probe 4 stark verzogen durch Zelleinbruch mit Innenrissen; Probe 12 Kernholz im unteren Querschnitteil mit starken Zelleinbrüchen, Splintholz im oberen Querschnitteil normal geschwunden. (Phot. U. S. Forest Products Laboratory, Madison.)

Die bisherigen Befunde reichen aus, um als innere Ursache von Zelleinbrüchen neben dem Gehalt großer Mengen freien Wassers und dem Vorhandensein geschlossener Zellen mit sehr feinen Perforationen eine spezifische Beschaffenheit der Zellwandung selbst zu buchen. Diese Beschaffenheit dürfte sich bei forcierter Trocknung allein durch die erhöhte Temperatur einstellen. In Abschnitt 523.41 wurde ausführlich darüber berichtet, welche Veränderungen chemischer Natur sich im System Holz — Wasser — Wärme abspielen können. Ohne dies hier zu wiederholen, sei auf die mit den Veränderungen verbundene erhöhte Plastizität der Zellwandungen hingewiesen. Es kann als erwiesen angesehen werden, daß gewisse Holzarten dieser Plastizierung in stärkerem Maße

A B

Bild 281. Mikrophotographische Ansicht: A eines kollabierten Querschnitts von Eucalyptusholz. Man beachte den völligen Porenschluß und die starke Gewebeverdichtung im Spätholz; B desselben Holzstücks nach Dämpfen (Rekonditionierung). (Phot. U. S. Forest Products Laboratory, Madison.)

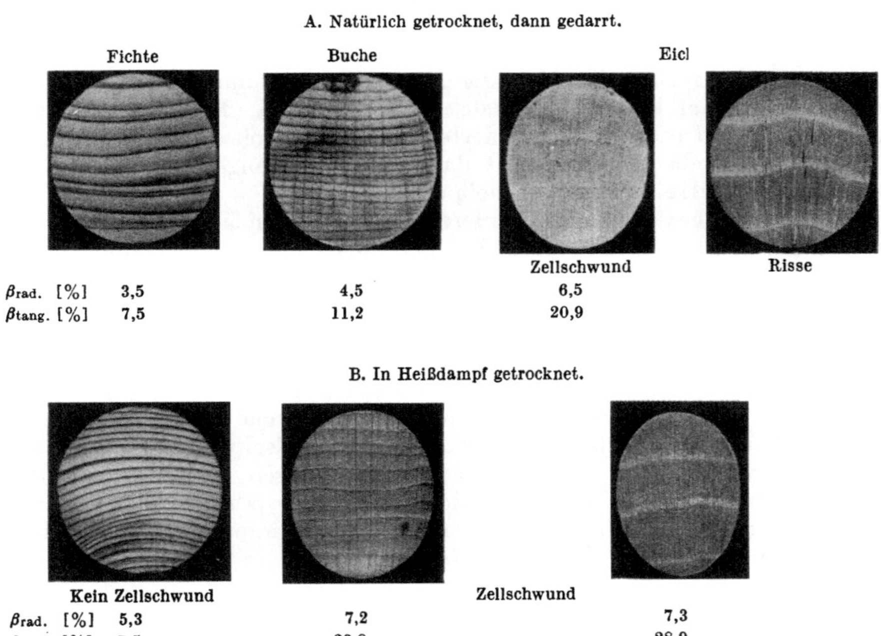

Bild 282. Schwindung (maximale Schwindmaße β) und Zellschwund beim Trocknen waldfrischer Holzproben. (Nach R. Keylwerth.)

unterliegen als andere Holzarten; dem Gehalt an Gerbsäuren und Kernstoffen kommt dabei wahrscheinlich Bedeutung zu, da erstere als Kontaktstoff hydrolytische Vorgänge einleiten, letztere (wie F. Kollmann[1] zeigte) eine ähnliche Rolle wie Weichmacher spielen können. Auch H. D. Tiemann[2] hat im Zusammenhang mit einer Diskussion der Zelleinbrüche auf die von S. H. Clarke[3] bei gewissen tropischen Hölzern beschriebenen gelatinierten Fasern hingewiesen, ohne allerdings letztere als Ursache des Kollapses anzusprechen.

Treffen die bisher beschriebenen Voraussetzungen für Zelleinbrüche ganz oder teilweise zu, dann kommt es zu ihrer praktischen Ausbildung. Diese dürfte folgendermaßen verlaufen: Unter der Wirkung der geschilderten kapillaren Zugspannungen findet eine abnormale Verformung der plastifizierten Zellen statt. Als sicher kann gelten, daß sich dabei die Zell-Lumina verkleinern, während ihr lichter Querschnitt bei normaler Schwindung nahezu erhalten bleibt. Die Folge dieser Verkleinerung der Zell-Lumina ist eine ungewöhnlich starke Flächenschwindung; während diese bei normalem Rotbuchenholz höchstens 17,5% beträgt, beobachtete R. Keylwerth bei kollabiertem Rotbuchenholz 31%, bei Eichenholz sogar 36,2% (vgl. Bild 282).

Es ist sehr wahrscheinlich, daß mit dieser Deformation der Zellwandung eine weitere Verengung von Zellwanddurchbrüchen und damit eine Erhöhung der kapillaren Spannungsspitzen verbunden ist. Sicher ist ferner, daß der Spannungszustand in diesem Stadium des Kollapses, den wir als Zellschwund bezeichnen wollen, sehr labil ist. Dieses labile Gleichgewicht hat, einem allgemeinen Wahrscheinlichkeitsprinzip folgend, den Hang zum Umschlagen in einen stabilen Zustand. Eine derartige Stabilisierung ist auf zweifache Weise möglich:

1. Die prallen, im Lumen verengten unter Spannung stehenden Zellwände brechen ein. Man kann sich dieses Phänomen sehr leicht vorstellen und erklären, wenn man an einen Gummiball denkt, der von außen starken (und unregelmäßigen) Spannungen unterworfen ist. Bei einer gewissen Beanspruchung verformt sich der vorher eine Hohlkugel darstellende Gummiball zu einer Art doppelwandigen halbkugeligen Schale. Wie Bild 345a, Bd. I, S. 449, sehr deutlich zeigt, sind in schwer kollabiertem Eucalyptusholz die Zellen praktisch ganz geschlossen; das Gewebe sieht dadurch zusammengeknüllt aus. Dieses Stadium sei als Zelleinbruch bezeichnet.

2. Die Folge der sehr starken inneren Verformungen können und müssen in vielen Fällen Innenrisse sein. Man kann als recht wahrscheinlich unterstellen, daß diese Innenrisse teilweise nicht sekundäre Begleiterscheinungen der Zelleinbrüche, sondern davon unabhängige, nur auf gleiche Weise durch zu forcierte Trocknung veranlaßte Fehler sind. Vielleicht kann man sogar sagen, daß die Innenrisse und das Wabigwerden um so gefährlicher und stärker sind, je mehr in einem Holz physikalisch, anatomisch und chemisch kapillare Zugspannungen im Gewebe erzwungen werden und je weniger die Holzgewebe von sich aus in der Lage sind, diese Spannungen durch Zellschwund auszugleichen. H. D. Tiemann hat beispielsweise darauf hingewiesen, daß die besonders gefährlichen Innenrisse in kollabierendem Eichenholz wahrscheinlich darauf zurückzuführen sind, daß in seinen ungewöhnlich dickwandigen Fasern außerordentlich feine Lumina vorhanden sind.

---

[1] Kollmann, F.: Über das mechanische Verhalten von Kiefernholz bei Biegung und Temperaturen zwischen 20 und 100°C, Svenska Träforskningsinstitutet, Trätekn. avd., Medd. 22, Stockholm 1951.

[2] Tiemann, H. D.: J. Forestry Bd. 39, Washington 1941 S. 271—281.

[3] Clarke, S. H.: Gelatineous Fibers, Tropical Woods, Dec. 1937.

Besonders wichtig ist bei Betrachtung des Phänomens von Zellschwund und Zelleinbrüchen die Möglichkeit, die normale mehr oder minder runde Querschnittsform der eingebrochenen Holzzellen wieder herzustellen. Diese Wiederherstellung (Rekonditionierung) erfolgt durch Dämpfen. In Australien wird das Verfahren im großen Umfang nach der künstlichen Trocknung von Eucalyptusholz angewendet. Bei der Behandlung absorbiert das Holz Feuchtigkeit und die Zellen quellen. Mit dieser Quellung ist die Wiederherstellung der normalen Querschnittsform der Zellen verbunden. Der ganze Vorgang stellt die ungewöhnlich hohe Elastizität und Regenerationsfähigkeit der Zellwandung unter Beweis.

Die Dauer der Dampfbehandlung hängt von den besonderen Umständen und dem Ausmaß der Zelleinbrüche ab. Im allgemeinen dürfte sie zwischen 4 und 8 h liegen. Die Holzfeuchtigkeit nimmt während dieser Zeit um 2 bis 6% zu, wovon sich der größte Teil in den äußeren Holzschichten befindet. Man muß deshalb das Holz im Anschluß an das Dämpfen wieder auf beispielsweise 12% heruntertrocknen. Das Heruntertrocknen kann in üblichen Anlagen innerhalb weniger Stunden mit befriedigendem Erfolg durchgeführt werden. Durch Gabelproben ist dabei sorgfältig zu prüfen, ob Spannungsfreiheit erreicht ist. Auch durch Kochen ist eine Rekonditionierung möglich, jedoch ist dieses Verfahren kostspieliger und führt zu einer zu starken Befeuchtung des Holzes, so daß es sich praktisch nicht empfiehlt.

638. Furniertrockenanlagen.

638.0 Allgemeines über die Furniertrocknung.

Die Trocknung von Furnieren mit bis zu etwa 3 mm Dicke unterscheidet sich wesentlich von der Schnittholztrocknung. Handelt es sich um Konvektionstrocknung, so lassen sich, wie R. Keylwerth[1] zeigte, drei Trocknungsphasen erkennen: 1. Eine verhältnismäßig kurze Anwärmzeit, während deren unterhalb des Taupunktes Wasserdampf an der Furnieroberfläche kondensiert wird, 2. eine Beharrungsphase, während deren das Kapillarwasser bei gleichbleibender Furniertemperatur, die der Kühlgrenze entspricht, verdampft und 3. eine Endphase, die sich nach Unterschreiten des Fasersättigungspunktes einstellt; gekennzeichnet ist diese Phase der Wasserdampfdiffusion durch den steilen Anstieg der Furniertemperatur (Bild 283). Während in der zweiten Phase die Trocknungsgeschwindigkeit annähernd konstant ist, hängt sie in der dritten stark von der augenblicklichen Holzfeuchtigkeit ab. Da auf die dritte Phase aber nur ein verhältnismäßig kleiner Anteil der gesamten, an sich sehr kurzen Furniertrockenzeit entfällt, hat der innere Diffusionswiderstand des dünnen Furniers einen viel geringeren Einfluß auf den Trocknungsverlauf als bei der Schnittholztrocknung.

Von entscheidender Bedeutung sind hingegen bei der Kapillarwasserverdampfung der Wärmeübergang an das Furnier und damit bei der Konvektionstrocknung die Strömungs- und Klimaverhältnisse in der Grenzschicht Gas—Holz. Verbessert wird der Wärmeübergang durch möglichst turbulente Strömung in der Grenzschicht[2]. Die Wärmeübergangszahl α [kcal/m^{2}h°] nimmt parabolisch mit abnehmender Feuchtigkeit ab[3]; infolge-

[1] Keylwerth, R.: Holz als Roh- und Werkstoff Bd. 10 (1952) S. 87.

[2] Keylwerth, R.: Holz als Roh- und Werkstoff Bd. 11 (1953) S. 11.

[3] Fleischer, H. O.: Factors Affecting Veneer Drying Rates, Auszug aus einem Vortrag vor der Ohio Valley Section Forest Products Research Society, Louisville, Ky., 2. Okt. 1952.

dessen fällt auch die Trocknungsgeschwindigkeit parabolisch ab, wenn man sie der abnehmenden Furnierfeuchtigkeit zuordnet, linear, wenn man sie über der Trockenzeit aufträgt.

R. Keylwerth[1] wies nach, daß sich der schon besprochene empirische Ansatz von R. E. Peck und Mitarbeitern[2] — gemäß Gleichung (24) — zur mathematischen Behandlung der Furniertrocknung heranziehen läßt. Verwendet man beim Aufzeichnen der Ergebnisse von Furniertrocknungen ein doppelt-logarithmisches Netz, so läßt sich der Zusammenhang zwischen der Trocknungsgeschwindigkeit und der Holzfeuchtigkeit mit brauchbarer Annäherung durch Gerade darstellen (Bild 284).

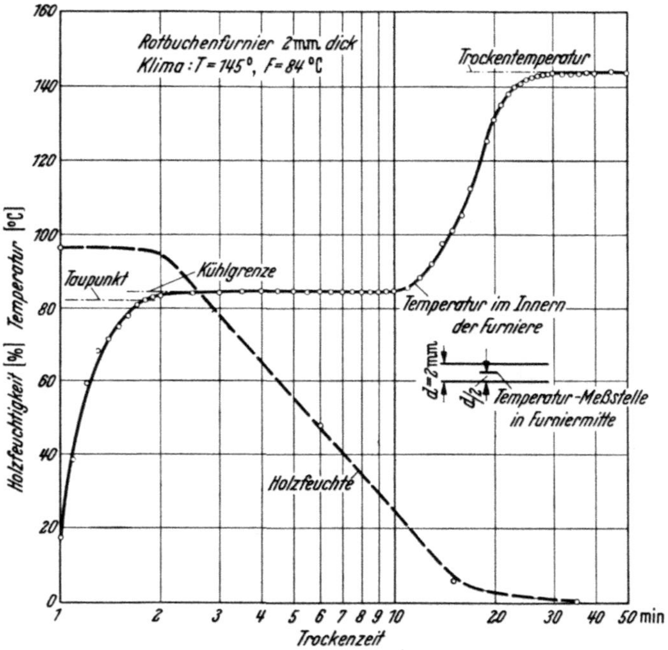

Bild 283. Abhängigkeit der Temperatur im Innern eines Furniers und der Holzfeuchtigkeit von der Trockenzeit während der Trocknung in konstantem Klima. (Nach R. Keylwerth.)

Aus Untersuchungen von H. O. Fleischer[3] läßt sich ableiten, daß oberhalb von 100° C die Trocknungsgeschwindigkeit $\frac{du}{dz}$ von Pappelfurnieren mit 3,2 oder weniger mm Dicke mittels folgender empirischer Gleichung abgeschätzt werden kann:

$$\frac{du}{dz} = C \frac{t_{tr}^{2,98} \cdot v^{0,78}}{s^{1,34}}, \tag{27}$$

wobei t_{tr} = Trockentemperatur der Luft über dem Furnier, v = Belüftungsgeschwindigkeit und s = Furnierdicke. Mit den Versuchsergebnissen von R.

[1] Keylwerth, R.: Holz als Roh- und Werkstoff Bd. 11 (1953), S. 11.

[2] Peck, R. E., R. T. Griffith u. K. Nagaraja Rao: Ind. Engng. Chem. Bd. 44 (1952) Nr. 3, S. 664.

[3] Fleischer, H. O.: Factors Affecting Veneer Drying Rates, Auszug aus einem Vortrag vor der Ohio Valley Section Forest Products Research Society, Louisville, Ky., 2. Okt. 1952.

Keylwerth stimmen die nach Gleichung (27) berechneten Zahlen nur teilweise (z. B. hinsichtlich des Einflusses der Belüftungsgeschwindigkeit) gut überein. Eine kurze Diskussion ist angebracht.

Bei der Holzdicke ist es sicher nicht richtig, eine einfache direkte Beziehung zu unterstellen. Zu erinnern ist an die schon im Jahre 1926 von J. M. Martley[1] erkannte Bedeutung der Grenzschicht für die Furniertrocknung (vgl. Gleichung (111) Bd. I, S. 474). Auch R. Keylwerth fand, daß der Trocknungswiderstand von Furnieren in der Diffusionsphase größer ist als

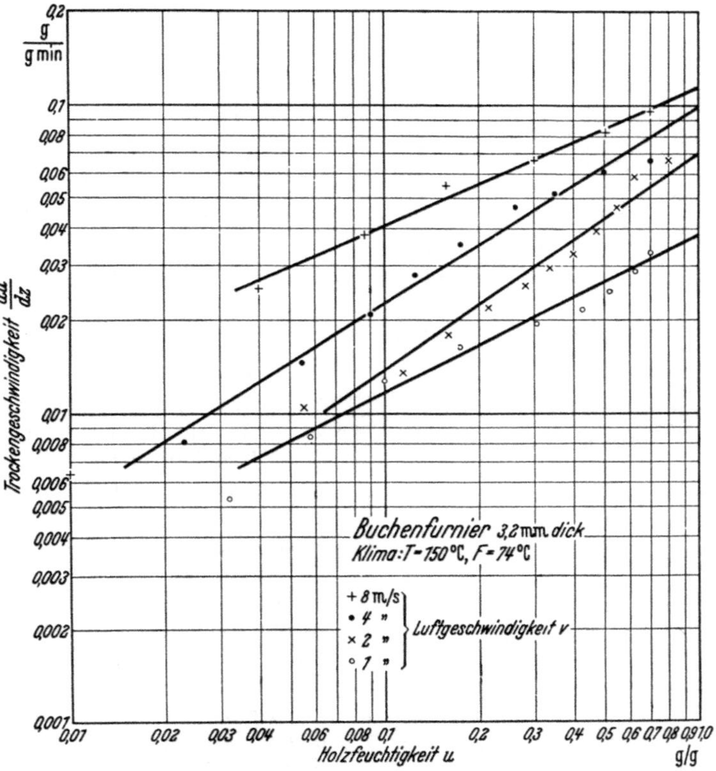

Bild 284. Abhängigkeit der Trocknungsgeschwindigkeit von der Holzfeuchtigkeit bei der Trocknung von Buchenfurnieren mit verschiedener Luftgeschwindigkeit. (Nach R. Keylwerth.)

durch Extrapolation von größeren Holzdicken ausgehend ermittelt werden kann. Dies zeigt beispielsweise Bild 285. Man ersieht daraus, daß sich die Trocknungswiderstände $\frac{1}{\sqrt{C}}$ (nach R. E. Peck und Mitarbeitern ist $\frac{1}{\sqrt{C}}$ ein Maß für den Trocknungswiderstand, der sich aus einem inneren Diffusionswiderstand des Holzes w und dem additiven äußeren Diffusionswiderstand δ der Grenzschicht Gas—Holz zusammensetzt) nicht wie die Holzdicken 1 : 2 : 3, sondern etwa wie $(1+\delta):(2+\delta):(3+\delta)$ verhalten. Durch Erhöhung der Luftgeschwindigkeit läßt sich δ reduzieren und für $v=\infty$ muß die Grenzschicht verschwinden, also auch $\delta = 0$ werden.

[1] Martley, J. M.: Moisture Movement through Wood, The Steady State, For. Prod. Res. Techn. Pap. Nr. 1, London 1926.

Wie schon erwähnt, beeinflußt der Wärmeübergang die Furniertrocknung entscheidend; dies kann bereits aus Bild 284 entnommen werden. R. Keylwerth hat nun für verschiedene Furnierdicken und Trocknungstemperaturen die Beziehung zwischen dem Trocknungswiderstand und der Luftgeschwindigkeit im Trockner aufgetragen (Bild 286). Entsprechend dem statistisch empirisch erfaßten Zusammenhang zwischen der Wärmeübergangszahl α und der Luftgeschwindigkeit v ($\alpha \sim v^{0,8}$) wurde als Abszissenmaßstab $\frac{1}{v^{0,8}}$ gewählt. Beinahe noch aufschlußreicher ist Bild 287, das lehrt, welche bedeutende Ersparnisse an Trockenzeit sich durch eine Erhöhung der Luftgeschwindigkeit innerhalb gewisser Grenzen erzielen lassen. Zu beachten ist, daß man im Bild bei 2 m/s Luftgeschwindigkeit etwa die in Walzenbahntrocknern, bei 1 m/s die in Bandtrocknern üblichen Trockenzeiten abliest. Vom Standpunkt rascher Trocknung aus sollte man mindestens 4 m/s Luftgeschwindigkeit anstreben.

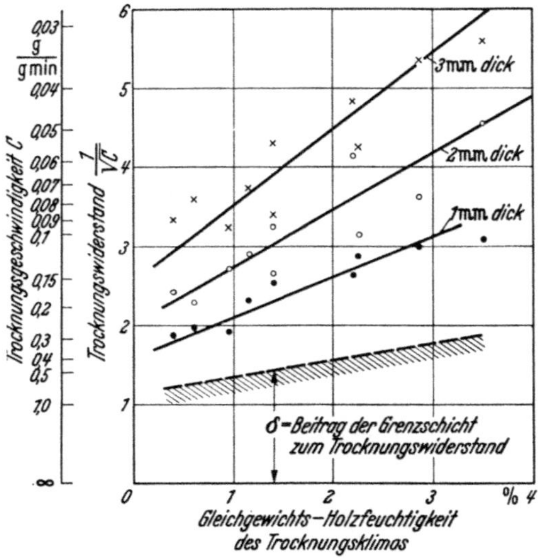

Bild 285. Zusammenhang zwischen Trocknungsgeschwindigkeit, Trocknungswiderstand und Gleichgewichts-Holzfeuchtigkeit des Trocknungsklimas bei der Furniertrocknung. (Nach R. Keylwerth.)

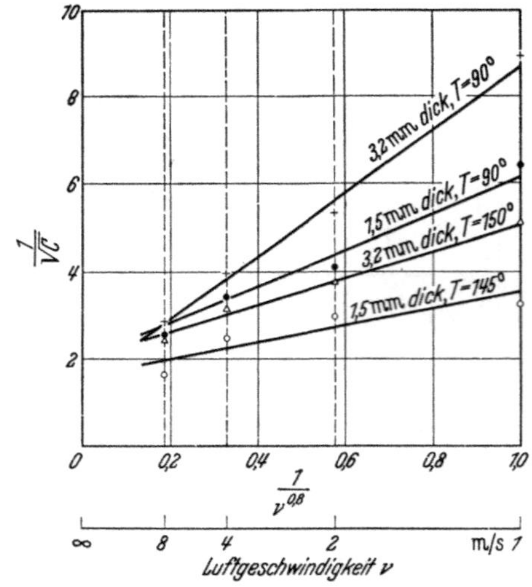

Bild 286. Zusammenhang zwischen Trocknungswiderstand und Luftgeschwindigkeit bei der Buchenfurniertrocknung. (Nach R. Keylwerth.)

Allerdings krümmen sich die Furniere um so stärker, vermutlich infolge Lockerung des Holzgefüges, je höher die Luftgeschwindigkeit ist. Diese Erscheinung ist nicht zu verwechseln mit dem Welligwerden, das auf die Strukturunterschiede von Früh- und Spätholz, auf Faserabweichungen infolge der Abholzigkeit und in Astnähe zurückzuführen ist, und dem man durch mechanische Haltevorrichtungen sowie durch einen mit plastifizierenden Maßnahmen (Anwendung von Druck und Hitze) gekuppelten Bügeleffekt entgegenwirken kann. Wie die Betriebserfahrungen bestätigen, wird die Neigung zur Wellenbildung am Furnier mit abnehmender Luftfeuchtigkeit im Trockner größer. R. Keylwerth schließt daraus, daß Gleichgewichtsfeuchtigkeiten unterhalb 1% vermieden werden sollen; aus wirtschaftlichen Erwägungen sollen aber auch 2,5% als Gleichgewichtsfeuchtigkeit nicht überschritten werden.

Den Einfluß der Temperatur und der Psychrometerdifferenz zeigt Bild 288. Untersuchungen ergaben ferner in Übereinstimmung mit der Theorie, daß die Anwärmzeit nach einer Exponentialfunktion von der Psychrometerdifferenz abhängt.

Die Kontakttrocknung, d. h. die Behandlung der Furniere zwischen heißen Platten oder Walzen, bietet hinsichtlich Ebenhaltung, ja Glättung der Furniere Vorteile. Die Anwärmperiode ist dabei sehr kurz und fällt nach R. Keylwerth bei 145° C praktisch weg (Bild 289). Andererseits verschwinden die Unterschiede der Trockenzeiten bei Kontakt- und Konvektionstrocknung mit abnehmender Trocknungstemperatur. Eine Betrachtung von Bild 290 zeigt, daß in der Nähe von 110° C Kontakttemperatur etwa die gleiche Trockenzeit erreicht wird wie bei 110° C Lufttemperatur und Konvektionstrocknung.

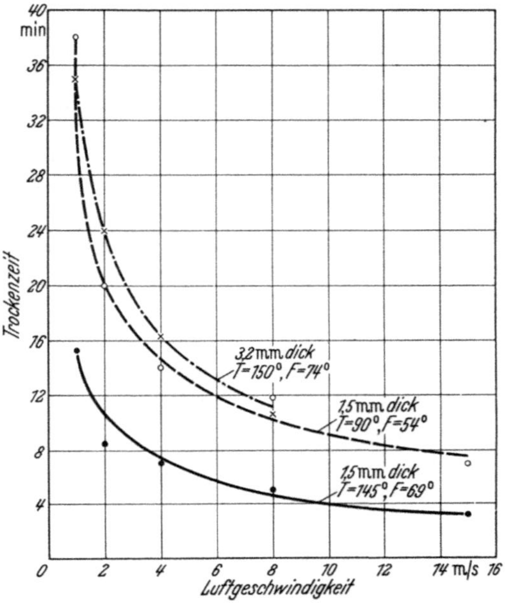

Bild 287. Abhängigkeit der Trockenzeit von der Luftgeschwindigkeit bei der Trocknung verschieden dicker Buchenfurniere auf 5% Endfeuchtigkeit. (Nach R. Keylwerth, ergänzt.)

638.1 Lufttrocknung von Furnieren.

Unmittelbar nach dem Messern oder Schälen ist der Feuchtigkeitsgehalt der Furniere sehr hoch und liegt je nach der Holzart und Vorbehandlung zwischen etwa 30 und 110%. Schälnaß wiegen Birkenfurniere etwa 910 kg/m³, Okumé-Furniere um 600 kg/m³ und Kiefernfurniere 830 kg/m³. Eine rasche Trocknung ist auch bei jenen Furnieren erforderlich, deren Weiterverarbeitung nicht anschließend erfolgt, da der hohe Wassergehalt Befall durch Schimmelpilze oder holzzerstörende Pilze und Verfärbungen begünstigt. Furniere für Sperrplatten werden in Mittel- und Westeuropa ausschließlich künstlich getrocknet, während in Osteuropa und im Balkan auch das Verleimen nasser Furniere, das allerdings schwere technische

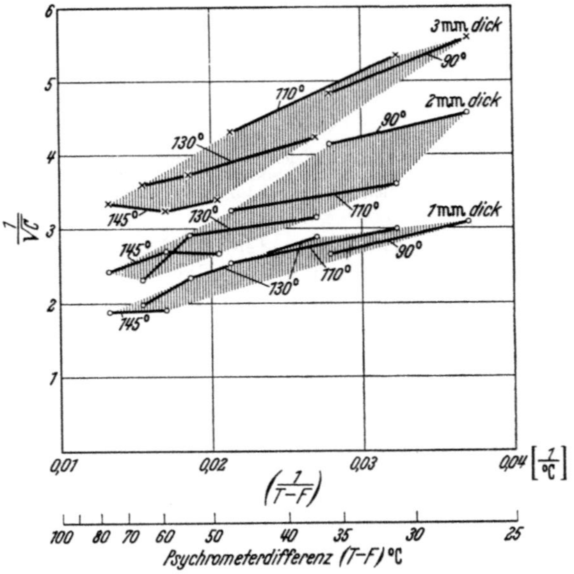

Bild 288. Zusammenhang zwischen Trocknungswiderstand $\left(\frac{1}{\sqrt{C}}\right)$ und Psychrometerdifferenz bei der Buchenfurniertrocknung. (Nach R. Keylwerth.)

Mängel hat, noch vielfach üblich ist. Für Edelholzfurniere, die längere Zeit auf Lager genommen werden, wendet man ausgedehnt die Lufttrocknung an, die physikalisch zwischen der Freiluft und der künstlichen Trocknung liegt. Eine Trocknung im Freien ist in Mitteleuropa aus klimatischen Gründen im allgemeinen nicht möglich, so daß man auf Trockenböden und Trockenräume angewiesen ist. Bei großen Furnierwerken wachsen solche Anlagen allerdings zu sehr erheblichem Umfang an. Die Gebäude werden außen dunkel gestrichen, damit sie sich durch Einstrahlung möglichst hoch erwärmen; auf allen Seiten sind Fenster, Türen oder Blenden anzubringen, die im Sommer je nach Windrichtung und Temperatur geöffnet werden, um die Trocknung zu beschleunigen.

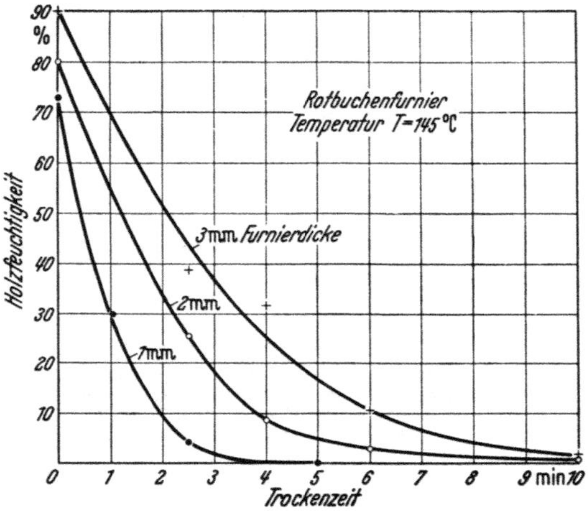

Bild 289. Verlauf der Kontakttrocknung verschieden dicker Rotbuchenfurniere. (Nach R. Keylwerth.)

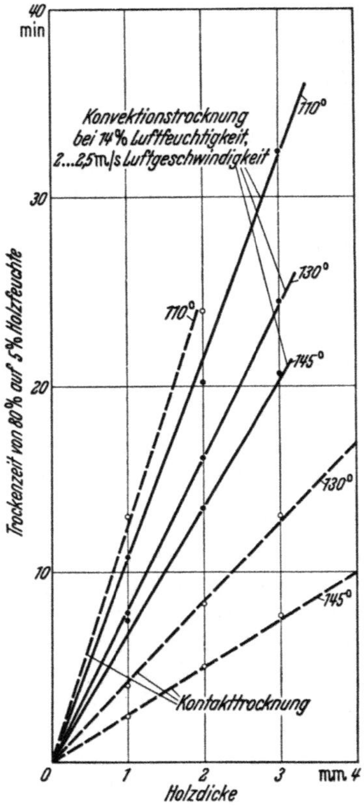

Bild 290. Abhängigkeit der Trockenzeiten von der Holzdicke bei der Konvektions- und Kontakttrocknung von Buchenfurnieren mit verschiedener Temperatur. (Nach R. Keylwerth.)

Das Aufhängen der Schälfurniere mit Hilfe von Klammern an gespannten Drähten ist zu Gunsten der Stapelung in Horden oder Rechen verlassen, da hierbei weniger Furnierbruch anfällt; gesägte oder gemesserte Furniere werden meist in Fingerrechen gesteckt; sie erhalten dadurch einen gewissen Abstand voneinander, der die Luftführung erleichtert, werden einigermaßen gestreckt und liegen in der Reihenfolge, in der sie beim Messern der Bohlen anfallen.

Unterstützt wird die Lufttrocknung der Furniere durch Warmluftheizung und starke Luftumwälzung. Man geht aber im allgemeinen nicht über etwa 38° C bei 60 bis 70% relativer Luftfeuchtigkeit. Zu niedrige relative Luftfeuchtigkeit verursacht anfangs eine zu rasche Austrocknung der Furniere, die dadurch wellig werden. Als Endfeuchtigkeit bei der Lufttrocknung erstrebt man 10 bis 12% Wassergehalt im Holz. Bei kostspieligen Maserfurnieren wird von manchen Seiten eine etwas höhere Feuchtigkeit empfohlen, um die Bruchgefahr infolge der mit der Austrocknung zunehmenden Sprödigkeit zu verringern.

638.2 Kammer- und Kanaltrockner für Furniere.

Für dickere Furniere werden dort, wo der Kostenaufwand für leistungsfähige Trocknungsmaschinen gescheut wird, Kammern und Kanäle verwendet. Derartige Anlagen unterscheiden sich grundsätzlich nicht von den früher beschriebenen Einrichtungen für Schnittholztrocknung (s. S. 255ff.). Allerdings müssen Anlagen zur Furniertrocknung mit etwa doppelt so leistungsfähigen Gebläsen ausgerüstet werden wie Schnittholztrockner, da Furniere mit ihrer geringen Holzdicke und ihrer stärkeren Auflockerung geringe Diffusionswiderstände bieten und sehr große Verdunstungsleistungen ermöglichen. Die in Furnier-Kanaltrocknern für verschiedene Holzarten und Furnierdicken erreichbaren Trockenzeiten können aus Bild 291 entnommen werden.

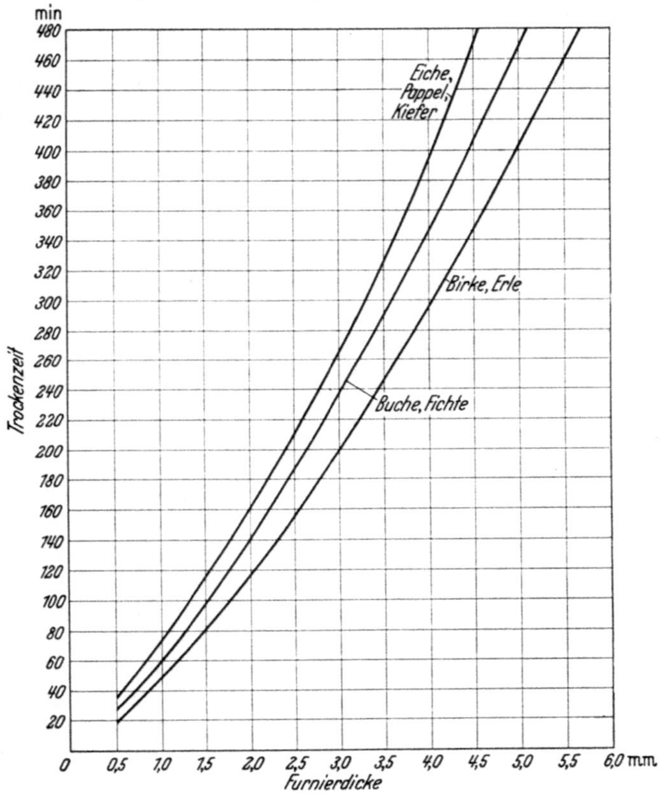

Bild 291. Trockenzeiten in Furnier-Kanaltrocknern. (Nach Benno Schilde Maschinenbau-AG., Hersfeld.)

Gestapelt werden die Furniere vorwiegend auf Wagen. Stapellatten empfehlen sich nicht, da, wenn sie nicht genau übereinander liegen, die Furniere krumm werden und einreißen. Man benutzt deshalb Tafelrahmen, in die rostartige Holzstäbe eingesetzt sind, oder Rahmen mit Diagonalstäben aus Aluminium. Im Verhältnis zur Furnierdicke sind diese Rahmen dick, so daß die Nutzhöhe eines Stapels gering wird. Das Hängen der Furniere kommt nur ausnahmsweise dort in Frage, wo sehr billige Arbeitskräfte verfügbar sind[1]. Die fertigen Stapel auf den Wagen werden in den Kammern mit zeitlicher Folge der Trocknungsstufen getrocknet, wobei jeweils eine nasse Füllung eine getrocknete ablöst. In den Kanälen ist der Betrieb fortlaufend. An der Einfahrtsseite werden ein oder mehrere mit den nassen Furnieren beladene Wagen eingefahren, während die gleiche Anzahl von Wagen mit getrockneten Furnieren an der Ausfahrtsseite den Kanal verläßt. Bei längeren Kanälen erfolgt der Wagenvorschub durch Kettenzüge mit Hand- oder Maschinenantrieb.

638.3 Walzenbahntrockner.

Für kleinere Leistungen können die im vorhergehenden Abschnitt beschriebenen Kammer- und Kanaltrockner in Frage kommen, aber sie scheiden für die

[1] Cohn-Wegner, L. M.: AWF-Mitt. Bd. 14 (1932) S. 73.

moderne Sperrholzindustrie mit ihrer großen Produktion und ihren hohen Güteanforderungen aus. Hierfür wurden deshalb Trocknungsmaschinen entwickelt, die folgenden Forderungen genügen müssen[1]: 1. Kurze Betriebszeiten; 2. große Leistungen bei geringem Platzbedarf; 3. niedriger spezifischer Dampfverbrauch; 4. automatisches Arbeiten; 5. gleichmäßige Trocknung der Furniere über die ganze Fläche; 6. Rißfreiheit und Glätte der Furniere nach der Trocknung.

Bei den Walzenbahntrocknern (irrtümlich oft Rollentrockner genannt) besorgen Walzenpaare die Fortbewegung der Furniere (Bild 292). Gewöhnlich sind mehrere (z. B. 4 oder 6) derartige Walzenpaare übereinander in Etagen angeordnet. Der Abstand der Walzen ist so gewählt, daß er für Furniere von

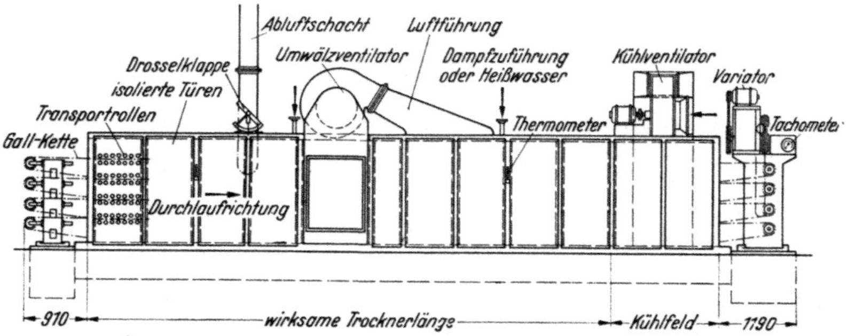

A

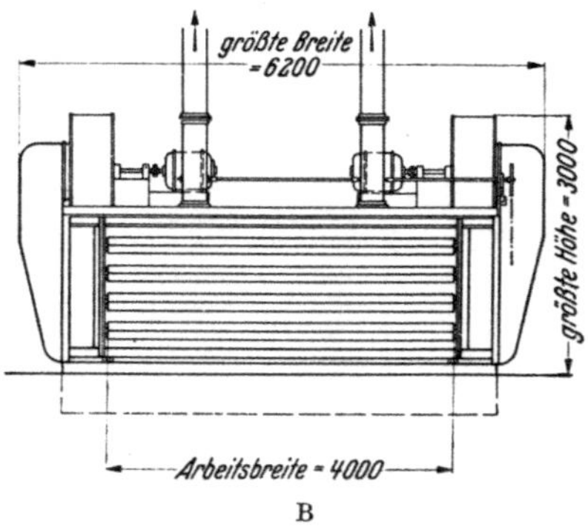

B

Bild 292. Schematischer A. Längs- und B. Querschnitt durch einen Furnier-Walzenbahntrockner, Bauart G. Siempelkamp & Co, Maschinenfabrik, Krefeld.

0,4 bis 10 mm Dicke ausreicht. Die wirksame Trocknerlänge richtet sich nach den Betriebsverhältnissen (in der Regel zwischen 8 und 30 m). Je länger der Trockner ist, desto besser wird — außer bei ganz dünnen Furnieren — die Qualität der Trocknung. Die unteren Tragrollen sind drehbar, fest gelagert und werden meist durch Gliederketten angetrieben. Die oberen Rollen werden über Zahnräder von den unteren angetrieben. Eben gehalten werden die Furniere durch das Gewicht der oberen Rollen. Die Antriebsgeschwindigkeit kann je nach der Furnierdicke mittels eines Variators innerhalb gewisser Grenzen stufenlos geregelt und an einem großen Tachometer unmittelbar abgelesen werden. Die Antriebsleistung liegt normalerweise zwischen 1,5 und 4,5 kW. Für die Bewegung der Luft und die Luftspülung im Kühlfeld sind Antriebsleistungen von meist 20 bis 30 kW erforderlich.

Die Walzenbahntrockner haben eine Umkleidung aus Stahlblechtafeln mit hochwertiger Wärmeschutzschicht. Der Trocknungsraum ist durch eine Reihe von Türen leicht zugänglich. Die Belüftung kann entweder als Längs- oder als Querbelüftung (Bild 293) erfolgen. Bei ersterer wird die warme Luft am Trocknerende mittels eines oder zweier Schleudergebläse oder eines bzw. mehrerer Propellerlüfter eingeblasen und streicht entgegen der Furnierlaufrichtung über die

[1] Ebert, F. A.: Furniertrockenanlagen, Holz Bd. 4 (1950) S. 191.

Walzenbahn hinweg, wobei sie Trocknungsarbeit leistet. Infolge des Gegenstromprinzips kommen die nassen Furniere an der Aufgabeseite zunächst mit der feuchten Abluft in Berührung und stoßen erst im weiteren Verlauf auf immer trocknere Luft. Bei der Querbelüftung wird die Warmluft seitlich in den Trockner geblasen; sie trifft also auf der einen Seite der Furniere auf und wird an der anderen abgesaugt. Dies kann dazu führen, daß Feuchtigkeitsdifferenzen über der Furnierbreite auftreten und infolge ungleicher Schwindung Trocknungsspannungen verursachen. Beide Trocknerarten sind in der Längsrichtung in Felder (Sektionen) unterteilt und lassen sich durch Anbau weiterer Felder verlängern. Bei den querbelüfteten Walzenbahntrocknern ist die Verlängerung etwas einfacher, da jedes Feld sein eigenes Gebläse besitzt[1].

Bild 293. Ansicht des Antriebsmotors, Variators und Tachometers eines Furnier-Walzenbahntrockners, Bauart G. Siempelkamp & Co., Maschinenfabrik, Krefeld.

Zur Erwärmung sind über und unter den Walzenbahnen Heizschlangen angeordnet. Es ist wichtig, daß die Furniere beim Eintritt in den Trockner sehr schnell auf die Trocknungstemperatur von meist 110 bis 150° C erwärmt werden. Da die Eisenwalzen, obwohl sie nicht unmittelbar geheizt sind, eine sehr hohe Temperatur annehmen, kann besonders bei dickeren und dichten Furnieren eine Art Verschalung eintreten. Der durchschnittliche Dampfverbrauch beträgt bei diesen Trocknern etwa 1,8 kg je kg Wasserentzug.

Vor dem Auslauf werden die Furniere (die bei späterer Verarbeitung mit Filmleimen auf 8 bis 10%, bei Verarbeitung mit wasserhaltigen Leimen auf 5 bis 6% entwässert werden) in einem Kühlfeld mit Frischluft auf Raumtemperatur abgekühlt. Dabei gleichen sich die Trocknungsspannungen aus, so daß die Furniere nicht wellig werden, und es wird die Voraussetzung für sofortige Weiterverarbeitung (also Fließarbeit) geschaffen. Anhaltspunkte für die Trockenzeiten in Walzenbahntrocknern geben Bild 294 und Zahlentafel 39.

638.4 Bandtrockner.

Die Bandtrockner, auch Kettentrockner genannt, bestehen aus Kanälen mit künstlicher Belüftung und Beheizung, in denen übereinander mehrere (meist 5) durch endlose Ketten angetriebene endlose Bänder aus Trag-

[1] Kübler, H.: Holz als Roh- u. Werkstoff Bd. 10 (1952) S. 144.

geweben liegen. An den Stirnseiten der Trockner werden die frischen Furniere auf den oberen ziehenden Teil der Bänder aufgelegt; durch entsprechende Kettenführung und federnde Zwischenglieder ist dafür gesorgt, daß die Bänder den Furnieren praktisch eine vollkommen ebene Auflagefläche bieten. Niedergehalten werden die Furniere durch den unteren gezogenen Teil des darüberliegenden Bandes, das federnd der Dickenschwindung der Furniere folgt.

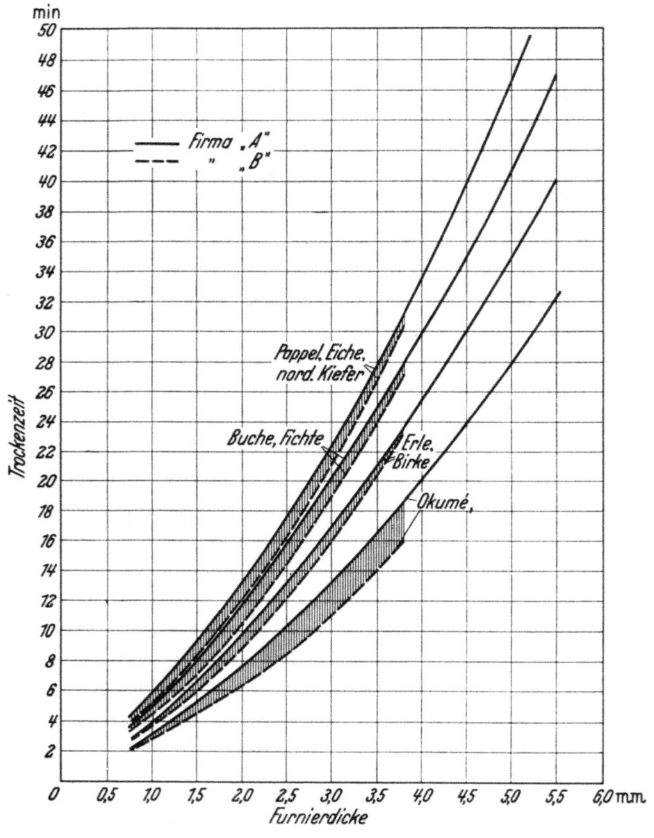

Bild 294 Trockenzeiten in Furnier-Walzenbahntrocknern.

Möglich ist die geschilderte Anordnung nur, wenn je zwei übereinanderliegende Bänder im entgegengesetzten Sinne umlaufen (Bild 295). Daraus ergibt sich die Notwendigkeit, die Trockner im Betrieb so anzuordnen, daß sie auf beiden Kopfseiten sowohl beschickt als auch entladen werden können.

Ist der Durchlauf des Holzes in nur einer Richtung erwünscht, so muß man zwischen den Tragbändern einfache Bänder zum Niederhalten der Furniere anordnen. Es muß also die Gesamtzahl der Bänder gleich der doppelten Anzahl der durchlaufenden Furnierbahnen sein; der Trockner wird höher und kostspieliger. Zur leichteren Beschickung werden an der Aufgabeseite die Tragbänder aus dem Kanal heraus- und näher zusammengeführt (Bild 296).

Der Verwendungsbereich der Bandtrockner ist ein sehr großer. Man kann Furniere nahezu aller Holzarten und Abmessungen herab bis zu 1 mm Dicke trocknen. Beim Trocknen sehr verschiedenartiger Formate (vor allem mit kleinen Abmessungen) ist der Bandtrockner in Ausnützung und Betrieb die wirtschaftlichste Maschine. Belüftung, Beheizung und insbesondere Vorschubgeschwindigkeit sind den jeweiligen Bedingungen anzupassen. Bild 297 und Zahlentafel 39 geben Anhaltspunkte für die Trockenzeiten in Bandtrocknern.

Ein neuartiger Einbahn-Bandtrockner für besonders empfindliche Edelfurniere (z. B. afrikanisches Mahagoni, Walnuß, Sapeli und Wurzelmaserfurniere), die bisher nicht erfolgreich künstlich in Maschinen getrocknet werden konnten, ist in Bild 298 dargestellt. Der Trockner ist für Furnierdicken von 0,2 bis 2,2 mm bestimmt. Eben gehalten werden die Furniere durch kräftige Röhrenfedern. Die heiße Trocknungsluft wird auf beiden Seiten der Furniere mit hoher Geschwindigkeit aus Düsen ausgeblasen, wodurch die Grenzschicht sehr wirksam abgelöst wird. Diese Art der Belüftung verkürzt nicht nur die Trockenzeiten beträchtlich, sondern verbürgt hohe Gleichmäßigkeit der Trocknung.

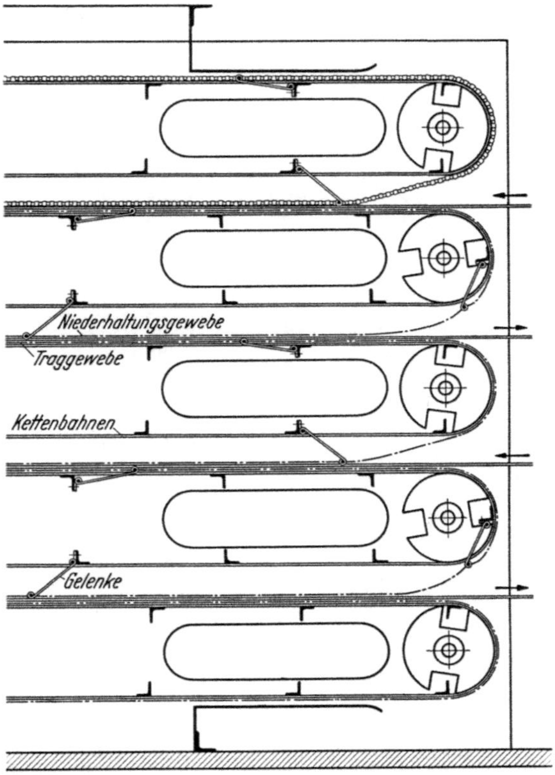

Bild 295. Schema der Bandführung in einem Einbahn-Bandtrockner.

638.5 Platten- oder Atmungstrockner[1].

Bei den Platten- oder Atmungstrocknern ruht das Trockengut auf geheizten Stahlplatten. Die Maschinen besitzen ein eigenes Rahmengestell, in dem etagenförmig übereinander dampfbeheizte Stahlplatten angebracht sind, auf welche die zu trocknenden Furniere gelegt werden. Die Platten bestehen aus massivem, gewalztem Stahl mit gebohrten Heizkanälen und sind — übereinander fortlaufend numeriert gedacht — so in zwei Gruppen zusammengefaßt, daß die Platten mit gerader Ziffer und die mit ungerader Ziffer je ein System bilden und gemeinsam eine Hub- oder Senkbewegung ausführen. Beide Systeme gleichen sich gegenseitig im Gewicht

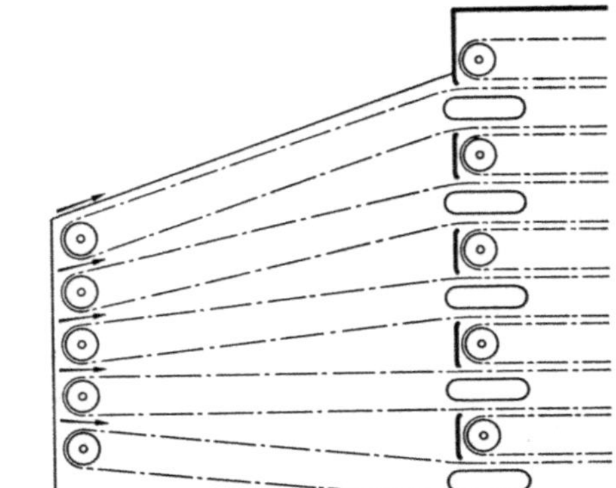

Bild 296. Schema der Bandführung in einem Furnier-Bandtrockner mit Furnierdurchlauf in einer Richtung.

[1] Perry, Th. D.: Modern Plywood, London 1947, S. 113ff.

aus. In bestimmten Zeitabständen senken sich die Platten eines Systems auf die darunterliegenden, mit Furnieren beschickten Platten des anderen Systems. Die Furniere werden dabei kurze Zeit durch die heißen Platten stark gepreßt; anschließend werden die oberen Platten wieder abgehoben, um sich bald von

Zahlentafel 39. *Leistungszahlen von Furniertrocknern.*

Furnier- art	Furnier- dicke mm	Anfangs- feuchtigkeit %	End- feuchtigkeit %	Wasser- verdampfung kg/m³	Temperatur °C	Durchlauf- (Trocken-) Zeit min
			1. Bandtrockner der Fa. A.			
Birke	1,5	~60	6 bis 8	—	105 bis 140	19
Buche	1,5	~50	5 bis 7	—	~80	22
,,	3,0	~50	5 bis 7	—	~80	35
,,	5,0	~40	~4	—	80 bis 90	74,5
Eiche	0,8	~42	5 bis 7	—	~100	4
,,	1,3	~42	5 bis 7	—	~100	10
Erle	1,5	~44	5 bis 7	—	95 bis 100	16
Okumé	1,5	—	6 bis 8	220 bis 240	~100	13 bis 18
,,	2,5	—	6 bis 8	220 bis 240	~110	28 bis 37
,,	4,0	—	6 bis 8	220 bis 240	~110	44 bis 55
			2. Walzenbahntrockner der Fa. A.			
Birke Erle	1,5	—	—	Bi 360 bis 400 Erle ~330	125 bis 145	8 bis 13
	3,0	—	—		125 bis 145	~22
	4,5	—	—		125 bis 145	40
Buche	1,5	—	5 bis 7	~360	100 bis 140	8
,,	3,0	—	5 bis 7	~360	100 bis 140	23
Eiche	1,0	—	—	~400	~85	5
Okumé	1,0	—				4
,,	2,0	—	4 bis 5	220 bis 240	130 bis 150	8
,,	3,0	—				13
,,	4,0	—				18
Pappel	1,5	—				10
,,	3,0	—	8 bis 9	340 bis 500	120 bis 150	23
,,	4,0	—				32
			3. Walzenbahntrockner der Fa. B.			
Buche	1,8	99,4	4,5	—	140	9,5
Eiche	0,8	80	8,4	—	90	7
,,	1,0	68,1	8,2	—	140	4
Erle	1,44	—	2,5	—	148	10
Fichte	3,0	112,7	2,1	—	165	23
Okumé	2,0	46,3	4,2	—	140	6
,,	3,0	32	0	—	145	13
Kiefer	1,75	—	4,2	—	145	15
Nußbaum	0,8	65,7	8,2	—	140	2,5
Pappel	3,0	59,2	3,7	—	140	14

neuem auf die Furniere zu legen usw. Die verdampfende Feuchtigkeit entweicht beim Abheben der Platten und wird beim Niedergang energisch ausgestoßen. Wirtschaftlich sind die Atmungstrockner nur, wenn sie mit sehr hohen Temperaturen arbeiten. Dies bringt selbst bei sehr dünnen Furnieren unvermeidlich die Gefahr der Verschalung mit sich. Anderseits kommt ein gewisser Bügeleffekt zustande. Bei kleinen Furnierbrettchen kann die damit erzielte Zunahme der Steifigkeit erwünscht sein.

Das Schema eines Walzen-Plattentrockners zeigt Bild 299. Diese Trocknerart besitzt abwechselnd beheizte Plattenpaare und Walzenpaare. Wenn ein Plattenpaar offen steht, werden die Furniere durch das Walzenpaar um die Plattenlänge vorgeschoben. Stehen

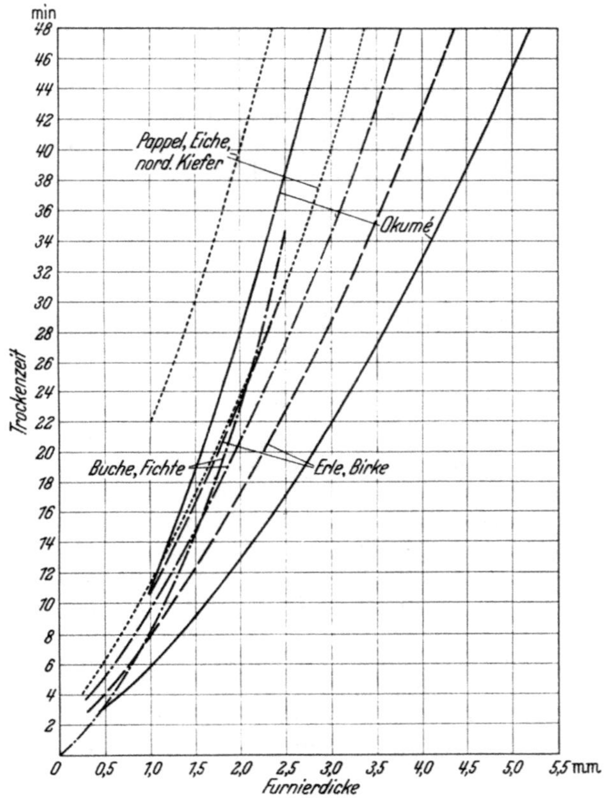

Bild 297. Trockenzeiten in Furnier-Bandtrocknern.

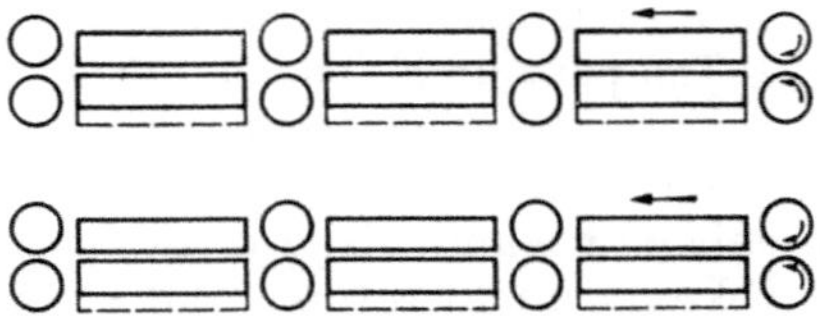

Bild 299. Schema eines Walzen-Plattentrockners.

die Walzen, dann werden die Platten für kurze Zeit geschlossen, hierauf öffnen sie sich wieder, und das Spiel beginnt von neuem. Die Furniere bleiben bei dieser Trocknungstechnik eben, aber die Leistungsfähigkeit erreicht bei weitem nicht die der Walzenbahn- und Bandtrockner.

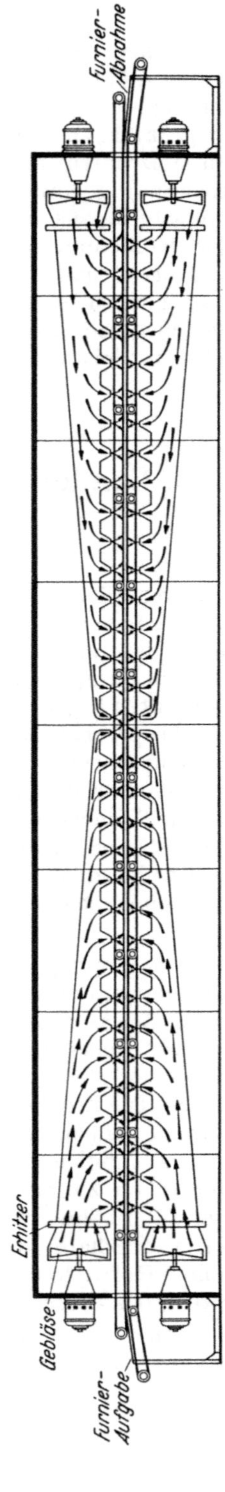

Bild 298. Schematischer Schnitt durch einen Einbahn-Bandtrockner mit Düsenbelüftung quer zur Furnieroberfläche, Bauart Proctor & Schwarz, Inc., Philadelphia, Pa.

638.6 Vacuum-Furniertrockner[1].

Am meisten geschont werden die Furniere bei der Vacuumtrocknung. Die dazu entwickelten, in der Industrie nur mehr selten benutzten Maschinen bestehen aus einem Stahlbehälter, der in seiner Grundfläche den Abmessungen der größten zu trocknenden Furniere entsprechen muß. Im Innern befinden sich Heizrohrroste, die zum Aufheizen und als Träger der Furniere dienen. Die Trocknung beginnt in der Regel mit der Dämpfung, welche die Feuchtigkeitsunterschiede ausgleichen soll; die Druckverringerung wird durch Strahlpumpen oder Kolbenpumpen bewirkt. Die dem Holz entzogene Feuchtigkeit wird kondensiert und zur Überwachung des Trocknungsvorganges in einem Schauglas gemessen. Auch bei sehr starker Austrocknung erhält man in den Vacuumanlagen geschmeidige und glatte Furniere. Das Verfahren ist aber teuer und nicht sehr leistungsfähig.

64. Sonderverfahren der künstlichen Holztrocknung.

641. Heißdampftrocknung.

Unter allen Verfahren zur künstlichen Holztrocknung ist das der „Verdunstungstrocknung" weitaus am meisten angewendet. Es besteht darin, daß in den im zurückliegenden Buchteil beschriebenen Anlagen das Holz mit Heißluft-Dampfgemischen behandelt wird. Diese Gemische werden nach einem bestimmten Steuerplan so zusammengesetzt, daß beispielsweise das in Abschnitt 637.3 besprochene zweckmäßige Trocknungsgefälle nicht überschritten wird. Die Lufttemperaturen liegen dabei nur selten über 80° C, so gut wie nie über 100° C. Anderseits weiß man aus den Untersuchungen verschiedener Forscher, daß sich die Trockenzeiten durch eine Erhöhung der Temperatur erheblich verringern lassen (s. Bd. I, S. 478ff). Allerdings muß dann auch die Luftgeschwindigkeit über dem Trockengut so hoch sein, daß die durch Diffusion an die Holzoberfläche geschaffte Wassermenge dort rasch verdunsten und abgeführt werden kann.

Immerhin lag es nahe zu versuchen, auch Holz mit Temperaturen über 100° C zu trocknen, die sich bei der Entwässerung von Papier und Geweben schon seit langem bewährt hat. Bei den in früherem Zusammenhang erwähnten Versuchen zur elektrischen Beheizung von Holztrockenanlagen (s. Abschnitt 633.2) waren bereits vor dem zweiten Weltkrieg Temperaturen bis zu 130° C angewendet worden. Die Ergebnisse waren bei gewissen Weichhölzern durchaus befriedigend, während man bei Harthölzern schon bei den ersten Versuchen der Hochtemperaturtrocknung viele Rückschläge bekam. Es war deshalb vor allem erforderlich zu prüfen, welche Trocknungstemperaturen die einzelnen Holzarten überhaupt vertragen und welches hygroskopische Gleichgewicht für Hölzer oberhalb von 100° C gilt. Weiter war zu untersuchen, ob es gelingt, größere Holzteile mit Temperaturen über 100° C spannungsfrei, d. h. ohne ernsthafte Trocknungsfehler, zu trocknen.

Nach Versuchen im Institut für Holzwirtschaft und Holzforschung in Reinbek ist die Heißdampftrocknung auf Fichte, Kiefer und Buche an-

[1] Thunell, B., u. H. Lundquist: Trätorkning IV, Fanertorkning, Svenska Träforskningsinstitutet, Trätekn. avd. Medd. 8, Stockholm 1946, S. 8.

wendbar. Nur bei stark harzhaltigen Nadelhölzern kann ein Harzaustritt nachteilig sein. Nicht empfohlen werden kann bisher die Hochtemperaturtrocknung für solche waldfrische Laubhölzer, die wie Eiche besonders zu Innenrissen und Zelleinbrüchen neigen. Werden aber solche Hölzer zuerst durch eine Freilufttrocknung auf eine Feuchtigkeit unterhalb des Fasersättigungspunktes — also etwa 25% — entwässert, dann können sie in der Folge selbst bei großer Holzdicke rißfrei in sehr kurzer Zeit auf 6 bis 8% Restfeuchtigkeit getrocknet werden.

Die Voraussetzung für eine einwandfreie Holztrocknung mit Temperaturen über 100°C war die Erforschung des hygroskopischen Gleichgewichts in diesem Bereich[1]. Das Holzfeuchtegleichgewicht für Heißdampf läßt sich aus der für einen Barometerstand von 760 mm Q.-S. in das Schaubild des Feuchtegleichgewichts (Bd. I, S. 387, Bild 283) eingezeichneten Grenzkurve ablesen.

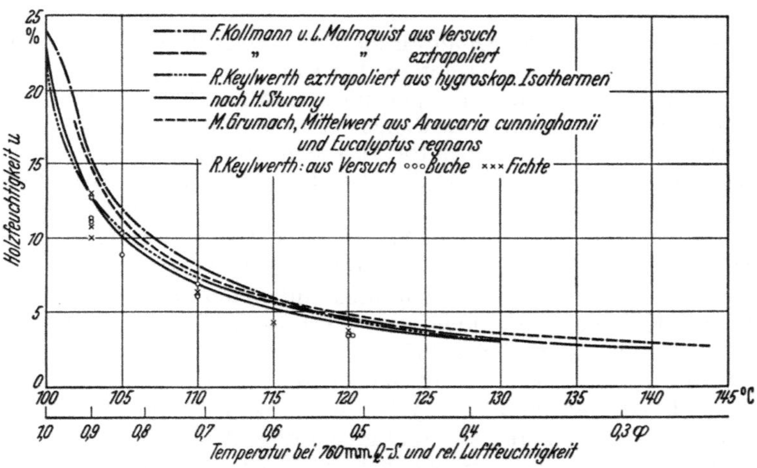

Bild 300. Hygroskopisches Gleichgewicht von Holz in Heißdampf bei atmosphärischem Druck.

Bild 300 gibt die Kurven nach verschiedenen Forschern wieder[1,2,3,4]. Das Schaubild bildet die wesentliche physikalische Grundlage für die Heißdampftrocknung und erklärt zugleich, warum bei früheren Versuchen mit dieser Trocknungstechnik vorwiegend Mißerfolge erzielt wurden[5]. Bei einer Erhitzung der Kammer auf 120° C strebt das Holz sofort einem Gleichgewicht von etwa 4,5%, bei einer Erhitzung auf 130°C von nur 3% zu. Das Holz muß an der Oberfläche rasch auf diese sehr niedrigen Werte trocknen, während im Innern noch kaum eine Verringerung der Holzfeuchtigkeit zu verzeichnen ist. Die unvermeidliche Folge ist sehr starke Verschalung.

---

[1] Keylwerth, R.: Holz-Zbl. Bd. 75 (1949) S. 953—54.

[2] Kollmann, F. u. L. Malmquist.: Untersuchungen über die Trocknung von Kiefernholz mit erhöhten Temperaturen. Svenska Träforskningsinstitutet, Trätekn. avd., Medd. 23, Stockholm.

[3] Sturany, H.: Holz als Roh- und Werkstoff Bd. 10 (1952) S. 360.

[4] Grumach, M.: The equilibrium moisture content of wood in superheated steam. For. Prod. Lab. South Melbourne. 1951, Project S. 17, Progr. Rep. No. 5.

[5] Z. B. US Pat. 903 635 vom 10. 11. 1908, A. J. Uphus u. N. J. Shapman: Verfahren für die Trocknung und Behandlung von Bauholz, wobei das Holz eine Höchsttemperatur von etwa 163° C erreichte.

Daraus ergeben sich für die Steuerung der Trockenanlagen folgende Vorschriften: Ohne jede Zufuhr von Frischluft muß die Trockenkammer zunächst im Umlaufverfahren betrieben werden. Eine Voraussetzung ist dabei, daß die Kammer völlig dicht ist, abgesehen von einem als Abluftklappe wirkenden Überdruckventil. Das Holz ist zunächst bei möglichst 100% relativer Luftfeuchtigkeit, die durch Dämpfen hergestellt werden kann, anzuwärmen. Bei 100° C und normalem Barometerstand (760 mm Q.-S.) ist der Wasserdampfteildruck gleich dem Barometerstand, d. h. der Teildruck der Luft ist auf Null gesunken. Unter diesen Bedingungen ist nur mehr Wasserdampf in der Kammer vorhanden. Damit eine weitere Trocknung des Trockengutes einsetzen kann, muß der Wasserdampf überhitzt, d. h. die Temperatur über 100° C gesteigert werden. Es ergibt sich dann folgendes Bild: Aus dem Trockengut wird Wasser verdampft, an der Heizung überhitzt, und im gleichen Maße entweicht aus der Abluftklappe Heißdampf.

Die Heißdampftemperatur ist nach dem hygroskopischen Gleichgewicht (z. B. an Hand des rechten Quadranten von Bild 270) zu wählen. Man wird dabei das Holzfeuchtegleichgewicht in der Kammer immer um einige wenige Prozente niedriger legen als die jeweilige mittlere Feuchtigkeit der Holzfüllung. Die Entnahme von Stichproben ist in gewissen zeitlichen Abständen nötig. Dazu muß man den Ventilator abstellen und die Kammer öffnen. Man kann dabei feststellen, wie sich bei der Heißdampftrocknung die äußeren Holzschichten sehr rasch auf das hygroskopische Gleichgewicht einstellen. Auch Kondensatmessung zur Überwachung des Trocknungsvorganges ist möglich, ein Verfahren, das bei der Vacuumtrocknung von jeher üblich war.

Während der Überhitzungsperiode muß unbedingt immer genügend Heißdampf in der Kammer vorhanden sein. Es ist ein Vorteil, daß man bei der Heißdampftrocknung keine Frischluft anwärmen muß und daß das Trockengut nach dem Anwärmen sozusagen im „eigenen Dampf" trocknet. R. Keylwerth hat deshalb dieses Verfahren als „Gleichdruckverfahren" bezeichnet, da der Dampfdruck in der Kammer stets gleich dem Außendruck ist. Wenn ausreichend Heißdampf in der Kammer vorhanden ist, zeigt das feuchte Thermometer immer 100° C an. Das Trockenthermometer mißt die Temperatur des überhitzten Dampfes. Auf eine Bestimmung der relativen Luftfeuchtigkeit mit Hilfe des Psychrometernomogramms kann verzichtet werden, da (wie Bild 300 zeigt) das Feuchtegleichgewicht eindeutig durch die Dampftemperatur festgelegt ist.

Eine Heißdampftrocknung ist auch unterhalb von 100° C möglich, wenn an den Abluftstutzen ein entsprechender Unterdruck angelegt wird. Umgekehrt kann man die Trocknung über 100° C durch Anlegen eines Überdrucks an den Abluftstutzen abbremsen. Unter Umständen kann dies als regelnde Maßnahme nützlich sein. Die Trocknungsgeschwindigkeit von Nadelhölzern liegt bei der Heißdampftrocknung erfahrungsgemäß meist zwischen 3 und 4%/h, kann aber unter Umständen bis auf 6%/h gesteigert werden. Bei praktischen Versuchen ergaben sich nach R. Keylwerth im hygroskopischen Gleichgewicht (zwischen 30 und 6% Holzfeuchtigkeit) für harte Laubhölzer (Buche und Eiche), 45 bis 50 mm dick, Trocknungsgeschwindigkeiten von etwa 0,4 bis 0,5%/h. Bei industriellen Trocknungen wurden schon 0,6%/h für ähnliche Trocknungsaufgaben, von 0,78%/h bei 16 mm dickem Buchenholz erreicht.

K. Egner[1] empfiehlt auf Grund seiner Versuche die Trocknung mit Heißdampf-Luftgemischen. Er geht von folgender Beobachtung aus: „Die im Holz

[1] Egner, K.: Holz als Roh- und Werkstoff Bd. 9 (1951) S. 84.

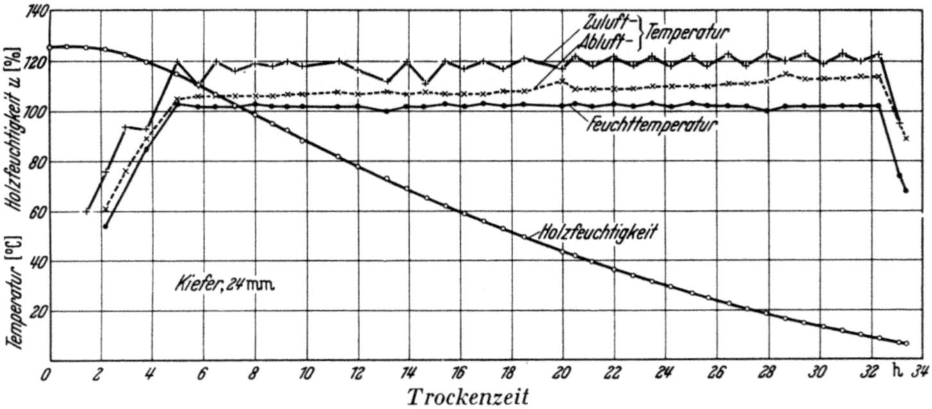

Bild 301. Verlauf der Heißdampftrocknung von 24 mm dicken Kiefernbrettern, Luftgeschwindigkeit 1,54 m/s. (Nach Bundesforschungsanstalt für Forst- und Holzwirtschaft, Reinbek.)

enthaltene Feuchtigkeit wird so rasch zu den Oberflächenschichten geführt, daß diese Oberflächenschichten, besonders wenn verhältnismäßig niedrige Sättigungsgehalte der Luftdampfgemische vorliegen, im allgemeinen nicht die zugehörigen niedrigen Ausgleichsfeuchtigkeitsgehalte annehmen, sondern während des Hauptteils der Trocknung wesentlich feuchter bleiben. Voraussetzung ist dazu, daß im Innern des Trockengutes überall rund 100° C Temperatur vorliegen. Vermutlich spielen dabei bisher weniger in Erscheinung getretene Grenzschichtvorgänge unter dem Einfluß der stärkeren Verdunstung bzw. Verdampfung an der Oberfläche eine Rolle.“ Daraus folgt, daß im eigentlichen Trocknungsabschnitt bei Temperaturen oberhalb 100° C wesentlich geringere Sättigungsgehalte der Luft-Dampfgemische angewendet werden können als bei niedrigeren Temperaturen, ohne daß sich Trocknungsschäden (Verformungen und Risse) einstellen. Nur beim Anheizen wird man deshalb nach K. Egner mit geschlossenen Klappen fahren, und zwar so lange, bis im Holzinnern Temperaturen über 100° C erreicht sind. Hohe Dampfsättigung während der Trocknung selbst führt nach K. Egner zu unliebsamer Verfärbung der Hölzer und begünstigt rasche Korrosion der

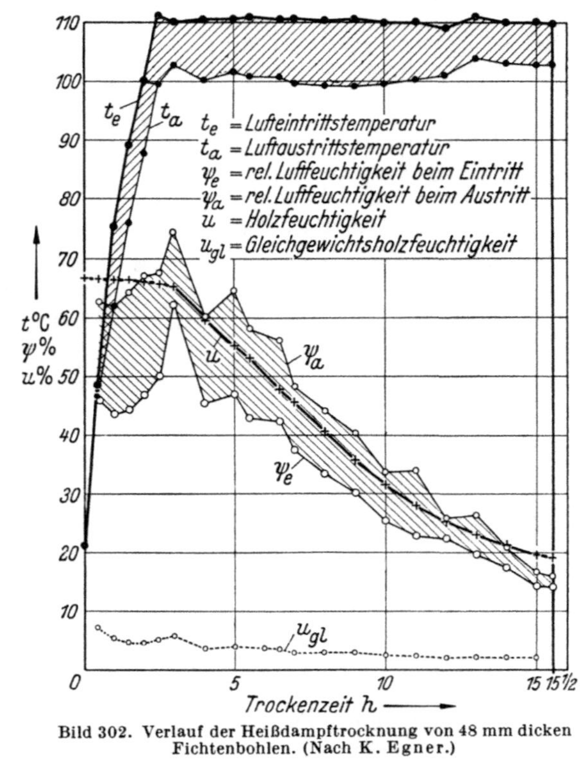

Bild 302. Verlauf der Heißdampftrocknung von 48 mm dicken Fichtenbohlen. (Nach K. Egner.)

Kammer. Man wird also bei diesem Verfahren bei der Trocknung nasser und luftgetrockneter Weichhölzer nach hinreichend langer Anwärmzeit die Abluftklappe ganz, später auch die Zuluftklappe öffnen. Nasse Laubhölzer müssen bis zum Fasersättigungspunkt mit 70°C, höchstens 80°C (Eiche mit höchstens 60°C) vorgetrocknet werden, erst dann darf man die Heißdampftrocknung anschließen. Praktisch kann man die Betriebskosten senken, wenn man während der letzten Trocknungsstunden die Heizung abstellt und nur noch mit Luftumwälzung bei langsam sinkender Trocknungstemperatur fährt.

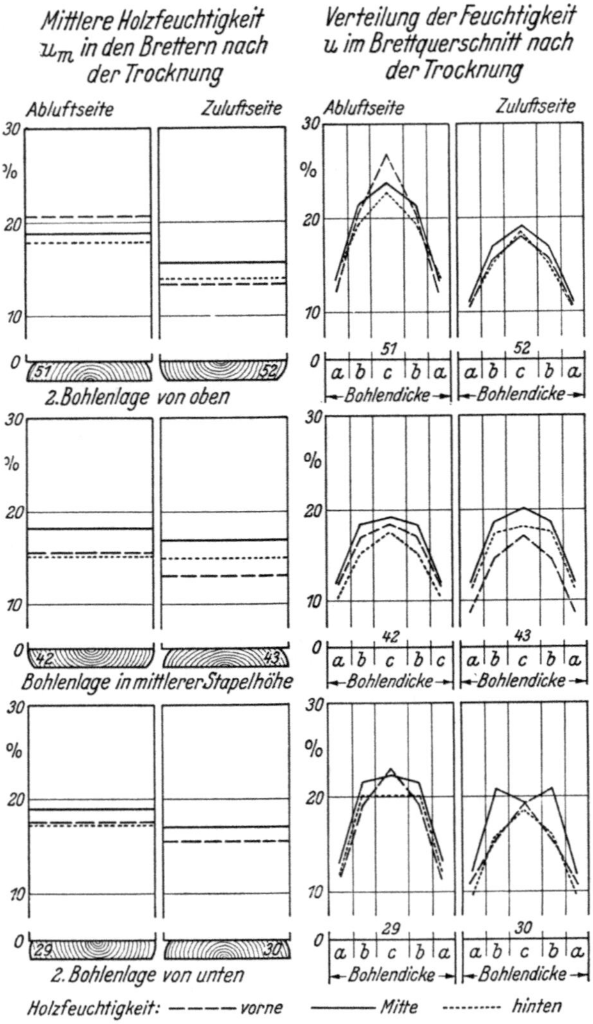

Bild 303. Verteilung der mittleren Holzfeuchtigkeit und des Feuchtigkeitsgehaltes über der Bohlendicke nach der Trocknung gemäß Bild 302. (Nach K. Egner.)

Ein Beispiel für die Trocknung von nassen Kiefernbrettern gibt Bild 301, ein weiteres Beispiel für die Trocknung von Fichtenbohlen Bild 302. Der mittlere Feuchtigkeitsentzug betrug bei der Trocknung nach Bild 302 rund 3,1%/h. Der Zustand der getrockneten Bretter war befriedigend; weder waren nennenswerte Trockenrisse aufgetreten, noch deutliche Verfärbungen. Ausgeprägt waren allerdings die Unterschiede der mittleren Holzfeuchtigkeit an den verschiedenen Stellen des Stapels und das Feuchtigkeitsgefälle über der Bohlendicke (Bild 303). Werden größere Ansprüche an die Gleichmäßigkeit der Trocknung gestellt, so empfiehlt es sich, nach Erreichen der gewünschten mittleren Endfeuchtigkeit wieder sämtliche Klappen zu schließen, um den weiteren Feuchtigkeitsentzug möglichst zu drosseln. Unter Umständen kann man auch eine Vergütung anhängen und das Holz bei 70 bis 80°C Temperatur mit hoher relativer Luftfeuchtigkeit behandeln.

Für die Heißdampftrocknung müssen die Trockenanlagen besonders konstruiert sein. Folgende Anforderungen sind zu erfüllen: 1. Vollkommene Dichtheit, da sonst eine einwandfreie Steuerung ausgeschlossen ist; 2. sorgfältiger Korrosionsschutz; 3. hochwertige Wärmeisolierung; 4. starke Heizung, damit kurze Anwärmzeiten erreicht werden; 5. feinstufige, unter Umständen automatische Steuerung von Heizung und Gebläse; 6. reichlich bemessene Gebläse.

Praktisch bestehen die Heißdampftrockner aus transportablen Kammern in geschweißter Eisen- oder Aluminiumkonstruktion (Bild 304 und 305). Sie haben Doppelwandmäntel mit vorzüglicher Wärmeisolierung. Der isolierte Raum umschließt Lufterhitzer, Gebläse, Befeuchtungsanlage und die eigentliche Trockenkammer. Das Holz wird meist auf besondere Trockenwagen gestapelt und eingefahren. Der Dampf wird entweder durch Elektrodenverdampfer

Bild 304. Ansicht eines Heißdampftrockners in Stahlkonstruktion, Bauart Maschinenfabrik Gg. Kiefer, Stuttgart-Feuerbach.

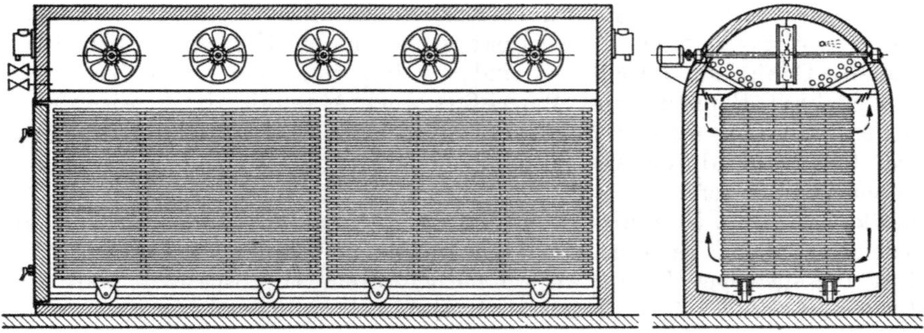

Bild 305. Ansicht eines Heißdampftrockners, Bauart Benno Schilde Maschinenbau AG., Hersfeld.

erzeugt oder aber einer direkten Dampfleitung entnommen. Die Heißdampftrockner können sehr zweckmäßig mit elektrischer Heizung versehen werden. Das Überhitzen des Dampfes erfolgt dann durch ein vor dem Gebläse liegendes Heizgitter. Die Anschlußleistung liegt bei ausgeführten Heißdampftrocknern etwa zwischen 12 und 22 kW je m³ eingestapelter Holzmenge, und zwar gilt der niedrigere Wert für große Kammern mit rund 8 m³ Nutzinhalt, der höhere für kleinere Kammern. Bei Dampfheizung muß der Dampfdruck mindestens 7 atü betragen.

Die Vorzüge der Heißdampftrocknung sind folgende: 1. Sehr kurze Trockenzeiten und damit sehr hohe Leistungen. Im Durchschnitt leistet eine Heißdampftrockenanlage mengenmäßig fünf- bis zehnmal so viel wie eine normale Trockenkammer; 2. geringer Raumbedarf der meist sehr gedrängten Trockenkammern, die fertig geliefert werden und nur angeschlossen werden müssen; Fortfallen aller Bauarbeiten; 3. Ortsbeweglichkeit der Anlagen; 4. gute Wärmewirtschaftlichkeit infolge der kurzen Trockenzeiten und des guten Wärmeschutzes, Möglichkeit der Abwärmeverwertung (z. B. zur Raumheizung); 5. Erleichterung der Betriebsführung durch weitgehende Automatik der Anlagen und durch die kurzen Trockenzeiten, die eine getrennte Trocknung verschiedener Holzarten und -sortimente ermöglicht; 6. Vergütung des Holzes, vor allem hinsichtlich Stabilisierung seiner Abmessungen.

Demgegenüber sind die Nachteile der Heißdampftrocknung: 1. Verfärbung des Holzes; 2. Harzaustritt bei harzigen Hölzern; 3. Losewerden und Ausfallen nicht fest verwachsener Äste; 4. mehr oder minder großes Feuchtigkeitsgefälle im Holz am Ende der Trocknung; 5. Korrosion der Anlagen.

642. Trocknung in heißen Ölen und Lösungsmitteln.

Taucht man feuchtes Holz in ölige Flüssigkeiten (z. B. Teeröl, Rohparaffin, Leinöl u. a.), deren Temperatur über dem Siedepunkt des Wassers liegt, dann läßt sich eine sehr rasche Trocknung erreichen. Das Verfahren wurde im Zusammenhang mit der Holzimprägnierung entdeckt und angewendet. Ein amerikanisches Patent von W. G. Curtis und J. W. Isaacs[1] aus dem Jahre 1895 war ihm gewidmet. Die sich dabei meist einstellende starke Rißbildung wurde schon in Abschnitt 511.3 erwähnt. Der Vorschlag, Holz auf diese Weise zu trocknen, geht auf H. Zuhlsdorff[2] zurück. Als Wärmeträger sollten dabei hydrophobe Flüssigkeiten oder Schmelzbäder Verwendung finden.

Technische Anwendung fand die Methode hauptsächlich für kleine Holzteile wie Werkzeugstiele. Anwendbar ist sie nur bei Hölzern, die für den sich bildenden Dampf gut durchlässig sind; bei impermeablen Kernhölzern versagt das Verfahren. Beim Bulton-Prozeß (s. auch Abschnitt 511.3) wird das Holz vor der Tränkung mit dem Schutzmittel im Imprägnierzylinder mit heißem Öl behandelt, wobei durch Anwendung von Unterdruck der Abzug der sich bildenden Dämpfe gefördert wird. Im Westen der Vereinigten Staaten von Nordamerika ist dieses Verfahren weit verbreitet. Ganz allgemein läßt sich durch Anwendung eines Vacuums eine sehr rasche Trocknung des freien Wassers selbst bei niedrigen Temperaturen herbeiführen, vorausgesetzt, daß das Öl selbst nicht verdampft.

Leicht zu trocknende Hölzer wie Kiefernsplintholz geben, solange sie freies Wasser enthalten, ihre Feuchtigkeit sehr rasch ab. Ein dünner Film von nahezu mit Wasserdampf gesättigter Luft schützt das Holz gegen die sehr energischen Trocknungsbedingungen. Dieser Schutz hört aber beim Unterschreiten des Fasersättigungspunktes auf. Auch um Hölzer mit sehr hohen Diffusionswiderständen kann sich eine derartige Schutzschicht nicht ausbilden. Die Folge sind Oberflächenrisse und eine starke Verschalung der so getrockneten Hölzer. Das in den Öltanks untenliegende Holz trocknet langsamer, da der größere hydrostatische Druck des Öls die Dampfabgabe bremst.

---

[1] U.S. For. Prod. Lab.: Special Methods of Seasoning Wood: Boiling in Oil, Rep. R 1665 Madison Wisc., Febr. 1947. — US Pat. 545 222 (1895).

[2] DRP. 228 268 vom 26. 6. 1908, Verfahren zur Schnelltrocknung von Holz, H. Zuhlsdorff.

Die physikalischen Vorgänge bei der Trocknung in heißen Ölen sind ähnlich wie die bei der Trocknung in Heißdampf[1]. Zunächst wird das vorhandene freie Wasser bei seiner Siedetemperatur verdampft und entweicht aus dem Holz sowie aus dem Ölbad infolge eines absoluten Druckunterschieds. Nach Unterschreiten des Fasersättigungspunktes wird das gebundene Quellwasser gemäß dem Gesetz des hygroskopischen Gleichgewichts oberhalb von 100° C (Bild 300) verdampft, da der Druck an der Holzoberfläche durch das Eintauchen nur sehr wenig vom atmosphärischen Druck abweicht. Der Trockenvorgang kann also durch die Badtemperatur gesteuert werden. Will man beispielsweise auf 6 bis 8% Holzfeuchtigkeit trocknen, so muß man die Badtemperatur auf annähernd 110° C halten. Für den Temperaturverlauf im Holzinnern und im Ölbad erhält man, wie R. Keylwerth[2] nachwies, charakteristische Kurven (Bild 306). Die Kurve der Temperatur im Holzinnern weist drei Abschnitte auf: 1. Die Anwärmperiode, in der das Holz von der Raumtemperatur auf die Siedetemperatur des freien Wassers erhitzt wird; 2. Die Verdampfungsperiode des freien Wassers bei Siedetemperatur; 3. Die Verdampfungsperiode des gebundenen Wassers bei weiter ansteigender Temperatur. Die Kurve der Ölbadtemperatur zeigt zu Beginn nach dem Eintauchen des kalten Holzes einen Abfall. Die Linie für die Holzfeuchtigkeit läßt erkennen, daß schon während des Anwärmens eine kräftige Trocknung stattfindet. Am Ende der Verdampfungsperiode des freien Wassers ist annähernd der Fasersättigungspunkt erreicht; der weitere Abfall der Holzfeuchtigkeit richtet sich nach der Badtemperatur. Die Einwirkung des Holzquerschnitts auf den Trocknungsverlauf ist aus Bild 307 zu entnehmen.

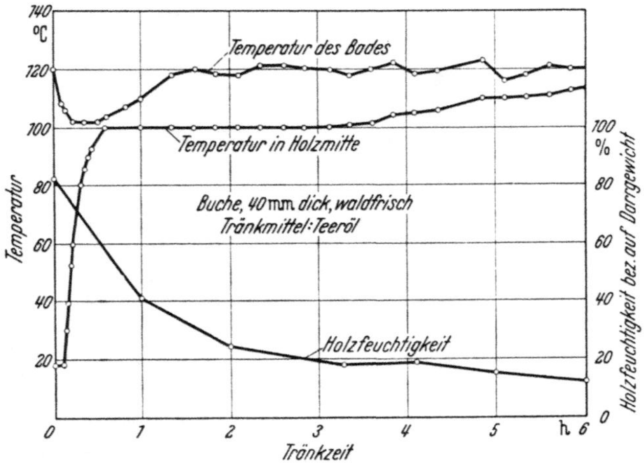

Bild 306. Änderung der Temperatur und der Holzfeuchtigkeit beim Trocknen im Ölbad. (Nach R. Keylwerth.)

Die Anwärmzeiten in verschiedenen Ölen unterscheiden sich bei annähernd gleichen Temperaturen nicht eindeutig von den Anwärmzeiten in kochendem Wasser oder strömendem Dampf. Der Temperaturanstieg läßt sich, wie in Bd. I, S. 520ff. ausführlich dargestellt wurde, mit Hilfe der Fourierschen Theorie mit guter Annäherung berechnen. Für die zweckmäßige Steuerung der Trocknung kann die Kenntnis der Anwärmzeit von Bedeutung sein. Bringt man beispielsweise waldfrisches Holz in ein Ölbad mit 120° C Temperatur, so setzt die Trocknung so stürmisch ein, daß eine beträchtliche Verschalung unvermeidlich ist. Es empfiehlt sich deshalb, das Holz zunächst bei 100° C anzuwärmen und erst, wenn im Holzinnern diese Temperatur erreicht ist, unter Einhaltung eines entsprechenden Trocknungsgefälles (vgl. Abschnitt 637.3) mit der Badtemperatur höher zu gehen.

[1] Keylwerth, R.: Holz-Zbl. Bd. 75 (1949) S. 953—54.
[2] Keylwerth, R.: Holz-Zbl. Bd. 76 (1950) S. 771.

Während das Wasser aus dem Holz austritt, wandert Öl in das Holz, und zwar um so mehr, je geringer seine Viscosität ist. Die Eindringtiefe entspricht den allgemeinen Erfahrungen der Holzschutztechnik. Mit Teeröl vollständig durchtränkbar sind z. B. rotkernfreie Rotbuche, Eiche und Kiefern-Splintholz. Bei Fichte und Kiefern-Kernholz beträgt die Eindringtiefe quer zur Faser nur einige mm. Man kann die Eindringtiefe erhöhen, wenn man das Holz während des Trocknens ein oder mehrere Male unter 100° C abkühlt oder wenn das Holz am Ende der Trocknung im Bad abgekühlt wird. Es entsteht dann dieselbe Wirkung eines Unterdrucks im Holz durch Dampfkondensation wie beim Heiß- und Kaltbadverfahren (vgl. Abschnitt 513.42). Bild 308 zeigt zwei Holzquerschnitte nach achtstündigem Trocknen in Teeröl von 110° C. Bei der Trocknung von Buchenparkettstäben in Rohparaffin ergaben sich nach zweistündigem

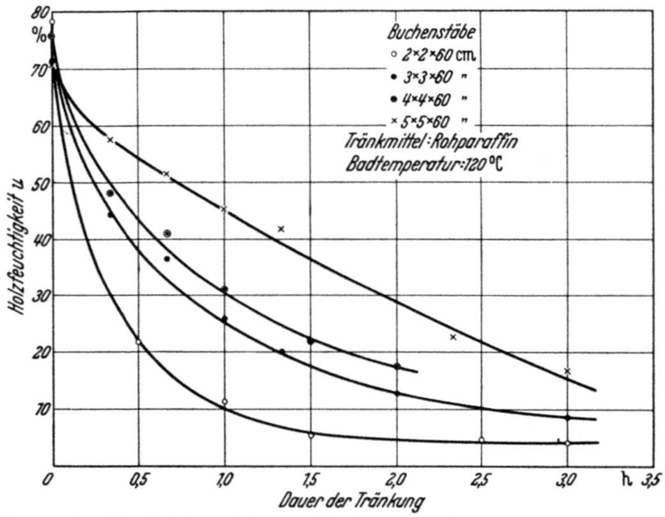

Bild 307. Abnahme der Holzfeuchtigkeit von Buchenstäben bei der Trocknung in Rohparaffin in Abhängigkeit von der Dauer der Tränkung und dem Stabquerschnitt. (Nach R. Keylwerth.)

Tauchen (Endfeuchtigkeit 8%) infolge der sehr wirksamen Aufsaugung über Hirn (bei 40 cm langen Stäben) Tränkmittelaufnahmen von 40 bis 60 kg/m³. Ein Hirnflächenschutzanstrich verminderte diese Werte etwa auf die Hälfte. Das Verfahren der Trocknung in Öl kann für Parkettstäbe, Maschinenteile, aber auch Faserplatten eine gewisse Bedeutung haben. Im allgemeinen aber bietet es keine Vorteile, da jene Hölzer, die bei seiner Anwendung nicht reißen, auch mit anderen Verfahren, die weniger kostspielig sind, ziemlich rasch entwässert werden können.

Ein physikalisch verwandtes Verfahren ist die Trocknung in Lösungsmitteln[1]. Die Technik der Erhitzung von feuchtem Holz in einem nicht mit Wasser mischbarem Lösungsmittel ist ausgenutzt bei den Destillationsverfahren zur Wassergehaltsbestimmung (s. Bd. I, S. 366). Es ist auch bekannt, daß man feuchtes Holz selbst bei Temperaturen unter dem Siedepunkt mit Lösungsmitteln extrahieren kann, die mit Wasser mischbar sind, z. B. mit Äthyl-

[1] U.S. For. Prod. Lab.: Special Methods of Seasoning Wood: Solvent Seasoning, Rep. Nr. R 1665—2, Madison, Wisc., März 1947. — Anon.: Solvent Seasoning, The Timberman, Nov. 1944, S. 94.

alkohol oder Aceton. Das Lösungsmittel entfernt dann mit den Extraktstoffen auch die Feuchtigkeit.

Ein amerikanisches Patent von A. J. Stamm[1] erstreckte sich auf dieses Trocknungsverfahren und die anschließende Behandlung des grünen Holzes mit Paraffin. Eine gewerbliche Anwendung fand aber die Trocknung in Lösungsmitteln erst später im Laboratorium der Western Pine Association[2]. Das in einem Tank stehend gestapelte Holz wird mit heißem Aceton besprüht. Das mit Harz und Wasser beladene Aceton wird abgezogen und fließt im Kreislauf über einen Zwischenbehälter und Erhitzer zur Sprühanlage zurück. Von Zeit zu Zeit wird ein Teil des Aceton-Wassergemischs rektifiziert. Nach dem Besprühen wird Heißluft in den Behälter eingeblasen, die Trocknung vollendet und das Aceton abgezogen. Schließlich wird ein träges Gas eingepreßt, um die Feuers-

A B

Bild 308. Getrocknete Holzschwellen (Querschnitt $16 \cdot 22$ cm²) A. Fichte, B. Buche, Anfangsfeuchtigkeit 65%, Endfeuchtigkeit 25%. (Nach R. Keylwerth.)

gefahr zu beseitigen und die Rückgewinnung des Acetons zu verbessern. Die Trockenzeiten von Ponderosa pine sollen auf diese Weise um 50 bis 75% abnehmen. Kernholz verhält sich sowohl hinsichtlich der Trocknungsgeschwindigkeit als auch der Harzextraktion ungünstiger als Splintholz. Die Festigkeit des Holzes verringert sich durch die Behandlung nicht, der Handelwert der entharzten Ware steigt. Oberflächen- und Endrisse sowie das Werfen der extrahierten Bretter sollen erheblich verringert sein. Als mittlere Ausbeute an Harz durch die Extraktion werden etwa 12 kg/m³ genannt. Die praktische Anwendbarkeit hängt davon ab, wie sich bei einer genauen Wirtschaftlichkeitsberechnung das Verhältnis der Verfahrenskosten zu den Ersparnissen durch die Verkürzung der Trockenzeit und der Wertsteigerung des Holzes stellt.

643. Trocknung in organischen Dämpfen.

Die Anwendung der Dämpfe siedender organischer Flüssigkeiten als Trocknungsmittel geht auf Vorschläge von E. R. Besenfelder[3] im Jahre 1910 zurück. Eine technische und wirtschaftliche Ausnutzung fand diese Methode aber erst in jüngster Vergangenheit. Kurz vorher war einem Verfahren von

---

[1] US Pat. 2 060 902, ausgeg. 17. 11. 1936: Verfahren zur gleichzeitigen Trocknung und Behandlung wassergequollenen Fasermaterials.

[2] Anderson, A. B.: Ind. Engng. Chem. Bd. 38 (1946) S. 450.

[3] DRP. 261 240, 1. 4. 1910. E. R. Besenfelder.

R. V. Williamson[1], das diese Art der Dampftrocknung mit der Extraktion des Harzes verknüpfen wollte, der Erfolg versagt geblieben. Im Jahre 1942 meldete dann N. S. Hudson[2] ein Dampftrocknungsverfahren für Eisenbahnschwellen und Telegraphenstangen an, das seitdem von der Taylor-Colquitt Wood Preserving Company in Spartanburg, S. C., gewerblich angewendet wird. Das Holz wird in einem geschlossenen Kessel mit heißen organischen Dämpfen bei atmosphärischem Luftdruck und ungefähr 150° C erhitzt. Eine große Anzahl organischer Lösungsmittel, die alle in dem US Pat. 2273039 zusammengestellt

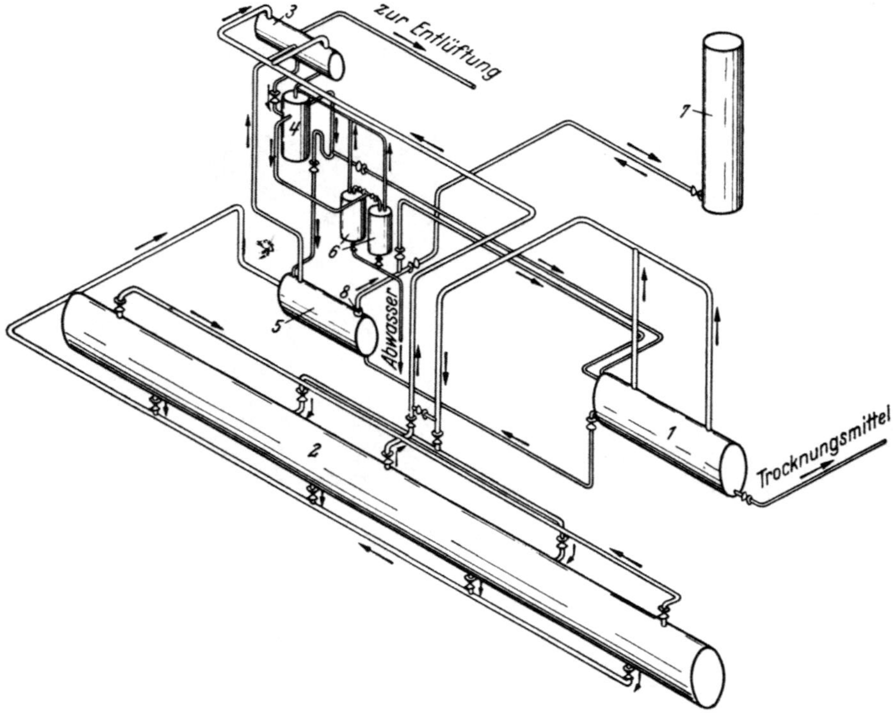

Bild 309. Schematisches Bild einer Anlage zur Trocknung in organischen Dämpfen.
1 Verdampfer; 2 Trockenzylinder; 3 Kondensator; 4 Abscheider; 5 Kondensat-Rückflußbehälter; 6 Abwasser-Meßbehälter; 7 Vorratsbehälter; 8 Pumpe. (Nach Taylor-Colquitt Co.)

sind, ist verwendbar. Bei dem üblichen Verfahren werden mit Wasser nicht mischbare Lösungsmittel verwendet, da dann die Abscheidung des Wassers einfach durch die Schwerkraft gelingt. Ein schematisches Bild einer Anlage für industrielle Ausübung des Verfahrens gibt Bild 309 wieder. Man sieht, daß die Anlage im wesentlichen aus einem Verdampfer, einer Trockenkammer, einem Kondensator, einem Abscheider und einem Rückflußbehälter besteht. Alle diese Einheiten müssen so gebaut sein, daß sie einem Unterdruck von

[1] Williamson, R. V.: Pitch Elimination, Westcoast Lumberman, Mai 1937.

[2] US Pat. 2 273 039, 17. 2. 1942. — N. S. Hudson: Elect. World 1946, 14. Sept. — Derselbe: Vapor Drying: The Artificial Seasoning of Wood in Vapor of Organic Chemicals, For. Prod. Res. Soc. 1947 Repr. — Derselbe: The Vapor Drying Process, Northeastern Wood Utilization Council Bulletin Nr. 18, New Haven, Conn., Jun. 1947. — Derselbe: Vapor Drying of Oak Cross Ties, Comm. Wood Preserv. Bull. 478, Jan. 1949, Amer. Railway Engng. Ass. — Derselbe: Drying Lumber by the Vapor Process, Amer. Wood Preserv. Assoc. 1950.

600 bis 710 mm Q.-S. standhalten können. Diejenigen Teile der Anlage, in denen das Holz nach der Dampftrocknung mit einem Tränkmittel imprägniert wird, müssen auch dem anzuwendenden Imprägnierdruck in ihrer Festigkeit angepaßt werden. Als Baustoff kommt Stahl in Frage mit Ausnahme der Kondensatorröhren und der Abflußröhren für das wässerige Destillat, die aus korrosionsbeständigen Werkstoffen bestehen müssen. Es wurde gefunden, daß dieses Kondensat Spuren niedriger Fettsäuren enthält.

Die vom Wasser getrennte organische Flüssigkeit wird wieder dem Verdampfer vor der Trockenkammer zugeführt. Am Ende der eigentlichen Trocknung wird der Dampfzufluß abgestellt und ein Vacuum erzeugt, wodurch die absorbierten organischen Chemikalien wieder aus dem Holz entfernt werden. Eichen-

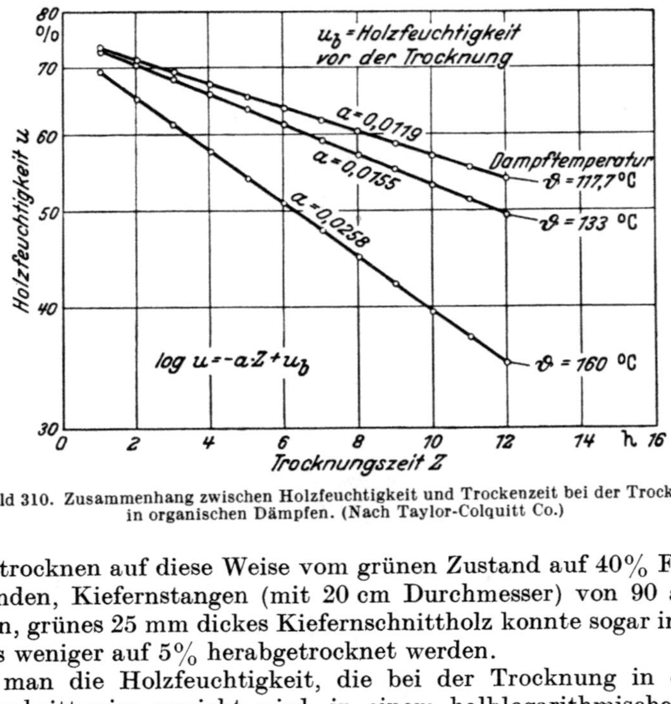

Bild 310. Zusammenhang zwischen Holzfeuchtigkeit und Trockenzeit bei der Trocknung in organischen Dämpfen. (Nach Taylor-Colquitt Co.)

schwellen trocknen auf diese Weise vom grünen Zustand auf 40% Feuchtigkeit in 12 Stunden, Kiefernstangen (mit 20 cm Durchmesser) von 90 auf 35% in 10 Stunden, grünes 25 mm dickes Kiefernschnittholz konnte sogar in 5 Stunden oder etwas weniger auf 5% herabgetrocknet werden.

Wenn man die Holzfeuchtigkeit, die bei der Trocknung in organischen Dämpfen schrittweise erreicht wird, in einem halblogarithmischen Netz der Trockenzeit zuordnet, erhält man eine lineare Beziehung (Bild 310). Dieses Gesetz wurde als gültig gefunden für die verschiedensten Holzarten und -abmessungen. Theoretisch stellt es eine Bestätigung der Gültigkeit des Massenwirkungsgesetzes für diese Trocknungsart dar. Etwas weniger durchsichtig ist der Einfluß der Temperatur. Entnimmt man aus Bild 310 die Zeiten, die erforderlich sind, um die Holzfeuchtigkeit der Schwellen von 75 auf 40% zu verringern, und ordnet man diese Zeiten der Dampftemperatur zu, dann erhält man die in Bild 311 gezeichnete Kurve.

Größere Schäden am Holz lassen sich bei dieser Art der Trocknung sicher vermeiden, jedoch entstehen sehr viele kleinere Oberflächenrisse. Die Querdruckfestigkeit von Eichenschwellen sinkt nach Angaben des U.S. Forest Products Laboratory[1] um rund 15%. Der Verlust an Festigkeit läßt sich

[1] U.S. For. Prod. Lab.: Special Methods of Seasoning: Wood Vapor Drying, Rep. Nr. R 1665—3, Madison, Wisc., März 1947.

vermeiden, wenn man an Stelle einer einzigen länger dauernden Erhitzungsperiode mit nachfolgendem Vacuum ein Wechselspiel von Erhitzen und Vacuumbehandlung anwendet. Die so getrockneten Schwellen neigen aber im späteren Gebrauch zur Bildung tiefer Risse, wie sie bei der Freilufttrocknung entstehen. Bei Schnittholz stellt die nicht zu vermeidende starke Verschalung ein sehr ernstes Problem dar. Nach Angaben der Taylor-Colquitt Company ist das Dampftrocknungsverfahren besonders geeignet, um grünes Holz für eine Imprägnierung mit Schutzsalzen vorzubehandeln und nach der Tränkung wieder zurücktrocknen. Als trocknende Chemikalien kommen dabei Xylol, hochsiedendes Steinkohlenteer-Naphtha und Perchloräthylen in Frage. Letzteres hat gegenüber den anderen Stoffen den ausgeprägten Vorzug der Unbrennbarkeit. Einen typischen Verfahrenszyklus zeigt Bild 312. Dabei wurde grünes Holz

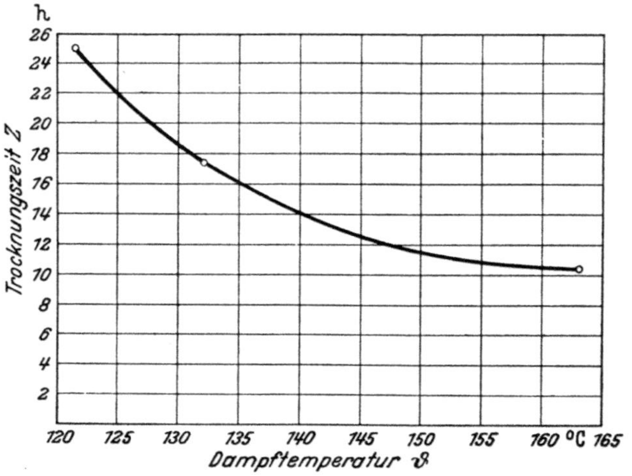

Bild 311. Abhängigkeit der Trockenzeit von der Dampftemperatur. (Nach Taylor-Colquitt Co.)

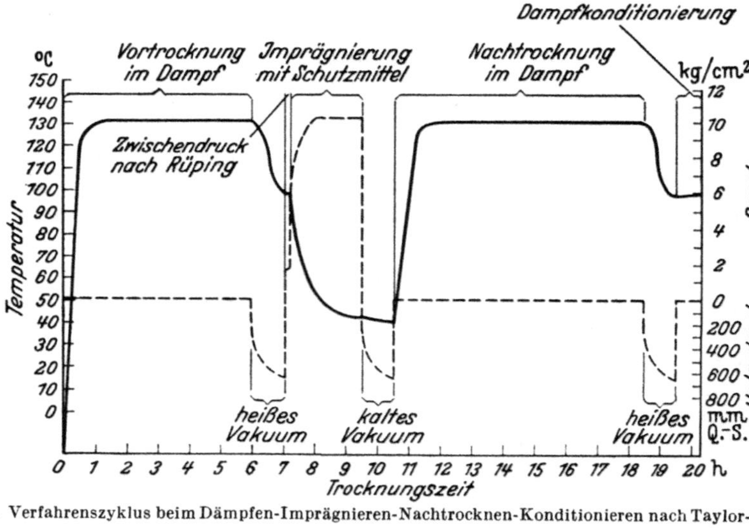

Bild 312. Verfahrenszyklus beim Dämpfen-Imprägnieren-Nachtrocknen-Konditionieren nach Taylor-Colquitt Co.

vorgetrocknet, salzimprägniert (mit Celcure, s. Abschnitt 521.22) und auf eine Endfeuchtigkeit von etwa 15% gebracht. Die Trocknungsspannungen wurden am Ende dieser Behandlung durch Dämpfen (45 min) bei atmosphärischem Druck beseitigt. Mit den drei verschiedenen Chemikalien wurden folgende Zeiten für die Gesamtbehandlung erzielt:

Perchloräthylen = 30 h, m-Xylol = 20 h, Steinkohlenteer-Naphtha = 16 h.

644. Vacuumtrocknung.

644.1 Kontinuierliche Vacuumtrocknung.

Vacuumtrockner haben sich nach Angaben im Schrifttum für besonders temperaturempfindliche Güter (z. B. Obst, Milch, Hefe usw.) gut bewährt. Vorschläge, auch Holz auf diese Weise zu trocknen, sind alt und gehen auf ein Charles Howard 1893 erteiltes Patent zurück, jedoch liegen wenig zuverlässige Angaben über die tatsächlichen Erfolge vor. Die Grundlage für die Vacuumtrocknung schafft Bild 313, das den Zusammenhang zwischen der Siedetemperatur des Wassers und dem Unterdruck der Luft zeigt. Wie ersichtlich, erfordert eine Siedetemperatur von 80°C einen Unterdruck von 400 mm Q.-S., eine Siedetemperatur von 60° C einen Unterdruck von 600 mm Q.-S. Ein lebhaftes Verdampfen der Feuchtigkeit ist nur zu erreichen, wenn die Temperatur nicht an der Siedetemperatur gehalten, sondern möglichst tief in das Dampfgebiet verlagert wird.

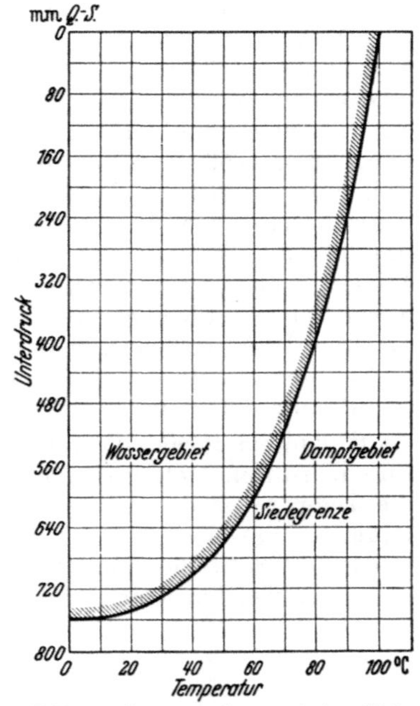

Bild 313. Zusammenhang zwischen Siedetemperatur des Wassers und Unterdruck der Luft.

Das Schema einer Vacuum-Trockenanlage zeigt Bild 314. Die Trockenkessel sind nahtlos gezogene Stahlzylinder mit Durchmessern von 1,2 bis 2,25 m und Längen zwischen 5 und 36 m. Die Wärmezufuhr erfolgt mittels Rippenrohren am Kesselboden. Der Kessel muß außen gut gegen Wärmeverluste isoliert sein. Die Drucksenkung im Kessel bewirkt eine mehrstufige Vacuumpumpe. Die aus dem Kessel von der Pumpe abgesaugte Feuchtigkeit wird im Kondensator niedergeschlagen.

Bei der einfachsten Form der kontinuierlichen Vacuumtrocknung wird nach Beschicken der Kammer ohne Druckerniedrigung mehrere Stunden (z. B. 12 h) angeheizt. Hierauf werden die Vacuumpumpen angestellt, die Heizung

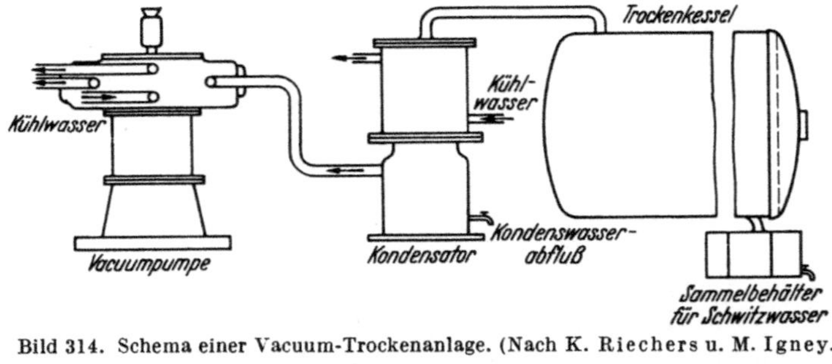

Bild 314. Schema einer Vacuum-Trockenanlage. (Nach K. Riechers u. M. Igney.)

bleibt weiter in Betrieb. Nach einiger Zeit (z. B. 3 h) wird der Höchstwert des Unterdrucks (z. B. 500 mm Q.-S.) erreicht. Die Ergebnisse derartiger Trocknungen können aus folgenden Gründen nicht befriedigen: Bei der Holztrocknung müssen zwei Vorgänge zusammenwirken[1]: Der Transport des Wassers durch das Zellgewebe an die Holzoberfläche und die Verdunstung des Wassers an der Holzoberfläche. Das Vacuum hat nun auf die Diffusionsgeschwindigkeit des Wassers durch das Holz einen nur geringen Einfluß; die Entfernung des Wassers von der Oberfläche wird durch das Vacuum unterstützt. Die damit verbundene Abkühlung entzieht aber dem Holz viel Wärme und verlangsamt dadurch die Diffusion. Man muß deshalb dem Holz dauernd zusätzliche Wärme zuführen. Die gleichmäßige Erwärmung ist jedoch dadurch erschwert, daß Wärmeleitung und Konvektion, die den Hauptanteil des Wärmeaustausches unter normalem Luftdruck bewirken, im Vacuum nahezu fortfallen. Man ist deshalb auf die Wärmestrahlung angewiesen, deren Wirkungsgrad an sich geringer ist als der der Wärmeleitung. Außerdem erweist es sich als schwierig, wenn nicht unmöglich, einen größeren Holzstapel durch Wärmestrahlung gleichmäßig in allen Teilen zu erwärmen. Nach K. Riechers und M. Igney[2] verringerte sich bei Betriebsversuchen durch eine Vergrößerung der wärmeabstrahlenden Fläche um 40% die Trockenzeit nur um etwa 15 bis 20%. Auch eine Verstärkung des Vacuums über 600 mm Q.-S. erwies sich als unzweckmäßig: Es ergaben sich dabei Betriebsstörungen durch Überschäumen des Saugöls, und die infolge des höheren Vacuums energischere Wasserverdunstung verursachte eine stärkere Abkühlung, so daß die Wärmezufuhr durch die Strahlung nicht mehr ausreichte, um den Wärmeverbrauch zu decken.

Hinzukommt, daß die kontinuierliche Vacuumtrocknung keineswegs Gewähr für eine rißfreie Holztrocknung bietet. Bild 315 zeigt, wie sich bei einem Versuch die Temperatur des Holzes langsam der Strahlungstemperatur von 80° C annäherte. Man sieht, daß in den ersten drei Stunden bei größter Trocknungsgeschwindigkeit die Außentemperatur infolge der an den Mantelflächen eintretenden Verdunstung unter der Innentemperatur lag. Die damit verbundene

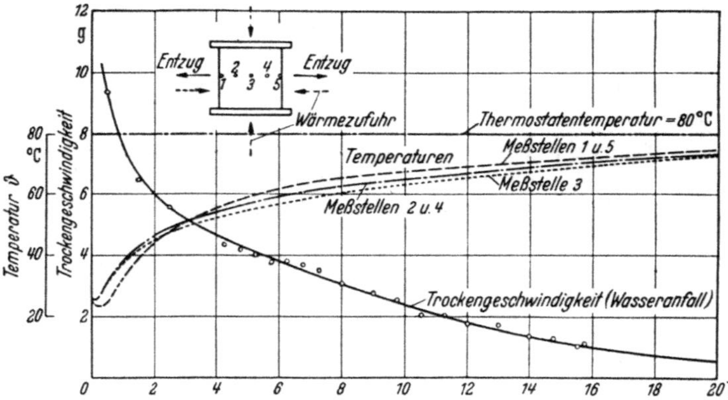

Bild 315. Zeitlicher Verlauf der Trocknungsgeschwindigkeit und der Temperatur bei der kontinuierlichen Vacuum-Trocknung. (Nach H. Voigt, O. Krischer u. H. Schauß.)

starke Austrocknung der äußersten Holzschichten führte zu starken Zugspannungen und in der Folge zu Rissen. Die Wärme wird bei dieser Art der Trocknung von außen an die Entzugsflächen gebracht und bewirkt hier zuerst die Entwässerung; im Grunde genommen entsteht dieselbe Feuchtigkeitsver-

[1] Kollmann, F.: Holz-Zbl. Bd. 76 (1950) S. 23—24 und 33—35.
[2] Riechers, K., u. M. Igney: Holz als Roh- und Werkstoff Bd. 4 (1941) S. 413.

teilung wie bei der Verdunstungstrocknung unter normalem atmosphärischem Druck. Die kontinuierliche Vacuumtrocknung ist beendet, wenn die Innen- und Außentemperatur des Holzes ausgeglichen sind und der Strahlungstemperatur nahe liegen. Es sei nochmals betont, daß letzteres praktisch sehr schwer zu erreichen ist. Selbst bei hohem Vacuum und ausreichender Wärmemenge trocknen nur jene Teile des Holzstapels einwandfrei und gleichmäßig, die der Wärmestrahlung unmittelbar ausgesetzt sind.

644.2 Diskontinuierliche Vacuumtrocknung.

In der Literatur und in den Firmendruckschriften werden an Stelle einer kontinuierlichen stets diskontinuierliche Vacuumtrocknungsverfahren für Holz empfohlen. Dabei spielt sich der Trocknungsvorgang folgendermaßen ab: Das eingefahrene Holz wird zuerst durch Dämpfen und mittels der Rippenrohrheizung erwärmt. Hierauf wird die Vacuumpumpe in Betrieb gesetzt und dem Kondensator Kühlwasser zugeleitet. Der Druck im Zylinder nimmt rasch ab, so daß die Holzfeuchtigkeit an der Holzoberfläche verdampft. Die Dämpfe strömen zum Kondensator und werden dort niedergeschlagen. Durch wiederholtes Erwärmen und Evacuieren setzt man die Behandlung fort, bis der gewünschte Feuchtigkeitsgehalt erreicht ist. Nach Angaben des U.S. Forest Products Laboratory[1] ist es wegen der Verdunstungskühlung unzweckmäßig, das Vacuum länger als 2 h aufrecht zu erhalten. Der genaue Zeitpunkt für die jeweilige Abschaltung der Vacuumpumpe ergibt sich aus der Beobachtung der Wasserabscheidung im Kondensator. Nimmt sie bei absinkender Stapeltemperatur zu stark ab, dann ist der Zeitpunkt für die nächste Aufheizperiode gekommen. Ein Beispiel für den Temperatur- und Holzfeuchtigkeitsverlauf bei einer diskontinuierlichen Vacuumtrocknung bringt Bild 316. Gewöhnliche Tischlerware wird bei Anwärmtemperaturen bis zu 90° C getrocknet. Wenn man bei Kiefer den Harzaustritt völlig vermeiden will, geht man in Schweden nicht über 44° C. Dabei dauert nach schwedischen Versuchen die Trocknung um etwa 40% länger als bei 90° C.

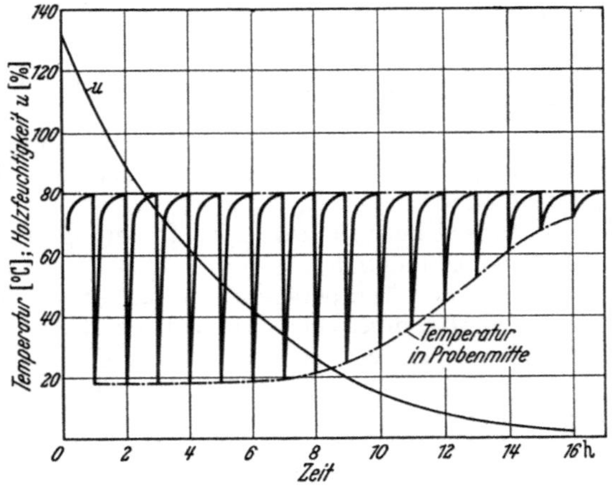

Bild 316. Verlauf der Temperatur und der Holzfeuchtigkeit bei der diskontinuierlichen Vacuumtrocknung. (Nach O. Krischer u. H. Schauß.)

Bei Versuchen von H. Voigt, O. Krischer und H. Schauß[2] ergaben sich sehr günstige Ergebnisse für die diskontinuierliche Vacuumtrocknung, wenn der Feuchtigkeitsfluß nicht nur senkrecht zur Faser in radial-tangentialer Richtung, sondern unter wesentlicher Beteiligung der axialen Richtung erfolgte. Es ergab sich eine praktisch gleichmäßige Feuchtigkeitsverteilung über dem Holzquer-

[1] U.S. For. Prod. Lab.: Special Methods for Seasoning Wood: Vacuum Drying of Wood, Rep. Nr. R 1665—5, Madison, Wisc., März 1947.

[2] Voigt, H., O. Krischer u. H. Schauß: Holz als Roh- und Werkstoff Bd. 3 (1940) S. 364.

schnitt. Infolgedessen wurden selbst bei der für Buchenholz außerordentlich großen Trocknungsgeschwindigkeit von 3,26%/h keinerlei Risse beobachtet. Interessant war auch das Ergebnis von getrennten Kondensatmessungen; das Verhältnis des Entzugs in axialer Richtung zu dem in radial-tangentialer Richtung wird mit fortschreitender Trocknung immer größer; während es am Anfang der Trocknung 2 : 1 war, betrug es gegen Ende 13 : 1. Unter Beachtung der geometrischen Bedingungen ergab sich, daß durch die Einheit der Entzugsfläche in axialer Richtung etwa die 12- bis 80fache Dampfmenge strömt. Weitere Versuche bestätigten, daß sich Eichenholz ebenso gleichmäßig und rißfrei wie Buchenholz trocknen ließ, daß aber — vermutlich wegen eines größeren Widerstands der Zellwände — erheblich längere Trockenzeiten in Kauf genommen werden mußten.

H. Voigt und Mitarbeiter urteilen zusammenfassend wie folgt: „Im ganzen gesehen, verspricht das Verfahren der diskontinuierlichen Vacuumtrocknung sehr gute Ergebnisse hinsichtlich spannungsfreier Trocknung bei kurzen Trockenzeiten. Für die praktische Anwendung wären folgende Punkte von besonderem Vorteil:

1. Gegenüber der Hochfrequenztrocknung kann die Temperaturhöhe beliebig eingestellt werden, so daß hierdurch keine Schädigungen des Holzes möglich sind.

2. Eine Überwachung der Trocknung ist durch Messung des Kondensatanfalls leicht möglich.

3. Aus der Temperaturabsenkung nach der Evacuierung ergibt sich ein guter Anhaltspunkt für die Feuchtigkeit im Holz, so daß unter Umständen die Temperatur des Holzes ein Maß für die Feuchtigkeit darstellt. Damit würde das lästige und zeitraubende Entnehmen und Darren von Proben im Verlauf der Trocknung in Fortfall kommen."

Bei späteren Versuchen von O. Krischer und H Schauß[1] traten erhebliche Schwierigkeiten auf, als man versuchte, die früher an kleinen Buchenholzproben mit der diskontinuierlichen Vacuumtrocknung erzielten Ergebnisse auf die Trocknung von Brettern zu übertragen. Günstig verhielten sich dabei Birke und Fichte, während bei Eiche und Kiefer keine einwandfreie Trocknung gelang.

In Vacuum-Trockenanlagen mit intermittierendem Betrieb können nach schwedischen Angaben die in Zahlentafel 40 verzeichneten sehr kurzen Trockenzeiten erreichbar sein.

Zahlentafel 40. *Trockenzeiten (einschließlich Anwärmezeit) für Entwässerung von etwa 80% auf 10% in einer Vacuumtrockenanlage (2 m ∅, 12 m Länge, 12 m³ Beschickung, 4 at Frischdampfspannung). (Nach Svenska Maskinverken, Södertälje.)*

Holzart	Temperatur °C	Trockenzeit h bei einer Holzdicke von 1'' 25,4 mm	2'' 50,8 mm	3'' 76,2 mm	4'' 101,6 mm
Fichte	50 bis 60	21,5	47	86,5	126
Tanne	50 bis 60	19,5	45	82,5	121
Birke	70 bis 80	23,5	51	91,5	136
Buche	70 bis 80	28,5	60	98,5	150
Eiche	70 bis 80	28,5	60	98,5	150
Mahagoni	70 bis 80	25,5	53	94,5	150
Teak	70 bis 80	23,5	51	91,5	136

[1] Krischer, O., u. H. Schauß: Wissensch. Veröffentl. d. Techn. Hochsch. Darmstadt Bd. I, H. 2, 3. Beitr.

Alles in allem ist Vacuumtrockenanlagen gegenüber Zurückhaltung am Platze. Viele Betriebe, die sich ihrer ursprünglich bedienten, sind wieder davon abgegangen. Bewährt hat sich das Verfahren anscheinend nur in Sonderfällen, z. B. bei Kanteln für die Preßholzherstellung. Auf jeden Fall sind Vacuumtrockner kostspielig in der Anlage und im Betrieb und haben eine geringere Kapazität als gewöhnliche Trockenanlagen. Es hat sich auch herausgestellt, daß Holz, das im Vacuum besonders rasch trocknet, in gewöhnlichen Anlagen ebenfalls schnell zu entwässern ist.

645. Chemische Holztrocknung.

Das U.S. Forest Products Laboratory hat seit etwa 1930 Versuche ausgeführt[1], um zu prüfen, ob und unter welchen Umständen Chemikalien zur Unterstützung der Freilufttrocknung oder der künstlichen Trocknung von Holz herangezogen werden können. Dabei wurde von der Tatsache ausgegangen, daß der Dampfteildruck einer Lösung niedriger ist als der von Wasser, und daß gelöste Chemikalien von Stellen höherer zu solchen niedrigerer Konzentration diffundieren. Daraus ergibt sich, daß wasserlösliche Chemikalien in das Wasser im grünen Holz diffundieren, während gleichzeitig Wasser aus dem Holz in die Lösung wandert, in der das Holz untergetaucht ist (bzw. in die Paste oder die hygroskopische Salzschicht, mit der das Holz umgeben ist). Wenn die Chemikalien in das Wasser von ungetrocknetem Holz diffundieren, dann wird dieses Wasser eine Lösung, deren Dampfteildruck unter den Dampfdruck des reinen Wassers sinkt. Die salzbehandelten Teile des Holzes werden deshalb die Neigung haben, ihre Dimensionen im Grünzustand beizubehalten, wenn sie bei einer relativen Luftfeuchtigkeit getrocknet werden, die im Gleichgewicht mit dem Dampfteildruck der Lösung steht.

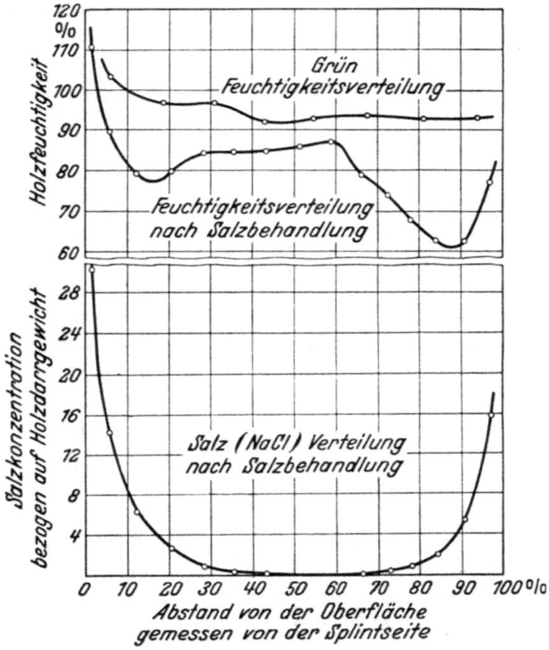

Bild 317. Feuchtigkeitsverteilung in grünem Holz und in Holz nach der Salzbehandlung sowie Salzverteilung nach der Salzbehandlung über dem Querschnitt. (Nach W. K. Loughborough.)

Bild 317 zeigt im oberen Teil die Verteilung der Feuchtigkeit in einem grünen Holzbalken. Die darunterliegende Kurve gibt die Feuchtigkeitsverteilung nach der Salzbehandlung (siebentägiger Einlagerung in gesättigter Kochsalzlösung) wieder. Im unteren Bildteil ist die Verteilung des

[1] Altenkirch, E.: Z. VDI Bd. 82 (1938) S. 1347/48; Loughborough, W. K.: Amer. Lumberman Bd. 63 (1937) S. 66/67; R. C. Rietz: J. Forestry Bd. 35 (1937) S. 274/76; South. Lumberman Bd. 156 (1938) S. 48/49; W. K. Loughborough: The Timberman, Febr. 1938, S. 13; U.S. For. Prod. Lab.: Special Methods of Seasoning Wood, Rep. Nr. R 1665-6, Madison 5, Wisc.

Salzes (bezogen auf das Darrgewicht des Holzes) zu sehen. Diese Kurven sind durchaus typisch. Wenn sich die relative Feuchtigkeit der umgebenden Luft und der Dampfteildruck der Lösung im Holz die Waage halten, dann bleibt der Feuchtigkeitsgehalt der Fasern an der Holzoberfläche hoch genug, daß sich keine Schwindung und damit auch keine Rißbildung einstellen können. Eine Ausnahme liegt vor, wenn die Feuchtigkeit im Holzinnern nach der Behandlung noch sehr hoch ist, da dann die Chemikalien weiter von außen nach innen diffundieren. Die äußeren Holzschichten enthalten dann keine gesättigte Lösung mehr und können Feuchtigkeit an die Atmosphäre abgeben, wobei sie schwinden.

Die Kurven des hygroskopischen Gleichgewichts von mit Kochsalz gesättigtem Holz ist in Bd. I, Bild 296, S. 403 zu finden. Im Zusammenhang mit diesem Bild wurde auch die Mechanik der Salzbewegung im feuchten Holz schon erörtert. Es ist festzuhalten, daß die oberflächlichen Holzfasern in chemisch behandeltem Holz ein höheres hygroskopisches Gleichgewicht haben als unbehandeltes Holz, wenn die Stücke unter gleichen klimatischen Bedingungen getrocknet werden. Die chemische Behandlung erlaubt also wesentlich schärfere Trocknungsbedingungen, obwohl die Trocknungsgeschwindigkeit an sich nicht vergrößert ist.

Die für eine chemische Behandlung von Holz vor der Trocknung hauptsächlich in Frage kommenden Stoffe wurden bereits in Bd. I, S. 403, genannt. Stoffe, die in gesättigter Lösung einen besonders niedrigen Dampfteildruck haben (z. B. $CaCl_2$ oder $MgCl_2$) eignen sich nicht, da diese stark hygroskopischen Salze im trockenen Holz begierig Feuchtigkeit anziehen würden.

Die Verminderung der Schwindung ist proportional dem Partialvolumen des trockenen chemischen Stoffs in der Lösung[1]. Wenn das gesamte hygroskopisch in der Zellwand gebundene Quellwasser mit einem chemischen Stoff gesättigt ist, wird die Schwindung am stärksten verringert. Nach den Forschungen des U.S. Forest Products Laboratory[2] ist es zweckmäßig, zwei chemische Stoffe zusammen anzuwenden. Der erste soll kristalliner Natur und völlig in Wasser löslich sein, sein Sättigungsdruck soll etwa dem Dampfteildruck bei 75% relativer Luftfeuchtigkeit entsprechen. Der zweite Stoff wird in teilweise gesättigter Lösung angewendet, in die der erste zugegeben wird; er darf nicht kristallisieren, wenn die Feuchtigkeit in den Zellhohlräumen verdunstet. Der zweite Stoff muß also ebenfalls hochlöslich sein und darf den Dampfteildruck des ersten nicht beeinflussen. Zu den kristallinen Stoffen zählen beispielsweise Natriumchlorid, Harnstoff, Ammonphosphat. Zu den nichtkristallinen gehören Glycerin[3], Diäthylglycol, Melasse, Invertzucker, Stärkesyrup.

Der Vorteil der Stoffkombination liegt darin, daß die teilweise gesättigte Lösung der nichtkristallisierenden Stoffe allmählich, wenn das Holz trocknet, mehr und mehr konzentriert wird und die Diffusion in die Feuchtigkeit der Zellwände fortsetzt. Eine praktische Mischung erhält man beispielsweise, wenn man $66^2/_3$ GT Invertzucker in 100 GT Wasser löst und dann 35 GT Kochsalz zusetzt. Die Wirkung der Behandlung von Holz mit dieser Mischung auf seine Schwindung zeigt Bild 318.

Die chemische Behandlung zerfällt in zwei Stufen: 1. Behandlung des grünen Holzes (nur solches kommt in Frage); 2. Trocknung des be-

[1] Peck, E. C.: The Hygroscopie and Antishrink Values of Chemicals in Relation to Chemical Seasoning of Wood, U.S. For. Prod. Lab. Rep. Nr. R 1270, Madison, Wisc., Mai 1941.

[2] Loughborough, W. K.: Chemical Seasoning: Its Effectiveness and Present Status, U.S. For. Prod. Lab. Rep. Nr. D 1721, Madison, Wisc., Aug. 1948.

[3] Uterharck, F. W.: Holztrocknung mit Glycerinbehandlung, Holzmarkt Bd. 52 (1935) Nr. 59.

handelten Holzes. Folgende Behandlungsarten sind möglich: a) Einlaugen (1 Tag je 25 mm Holzdicke; das Verfahren ist sehr wirksam, erfordert aber große Behälter und scheitert damit praktisch bei größerer Produktion); b) Eintauchen in so hochkonzentrierte Lösungen, daß genügend große Chemikalienmengen an der Holzoberfläche zurückbleiben; c) Besprühen und d) Bestäuben (anwendbar bei Harnstoff, Kochsalz, Borax, Auftragmenge 12 bis 20 kg/m³).

Ein Nachteil der meisten Salze ist ihre korrodierende Wirkung auf Metalle. Organische Stoffe fördern die Korrosion in der Regel nicht. Salzbehandlung scheidet dort aus, wo hohes elektrisches Isoliervermögen des Holzes gewünscht wird. Bei Messungen im U.S. Forest Products Laboratory verringerte Behandlung mit Natriumchlorid den elektrischen Widerstand von Masten aus Western red cedar (mit 17% Feuchtigkeit) ungefähr auf 0,6%. Die Holzfarbe wird durch Kochsalz nicht nennenswert beeinflußt. Andere Stoffe, wie Ammoniumverbindungen, darunter auch Harnstoff, geben dem Holz einen Räucherton. Hohe Trocknungstemperaturen im Anschluß an die Salzbehandlung begünstigen diese Erscheinung. Invertzucker und Diäthylglycol ändern die Holzfarbe nicht, wenn die Temperatur 65°C nicht überschreitet.

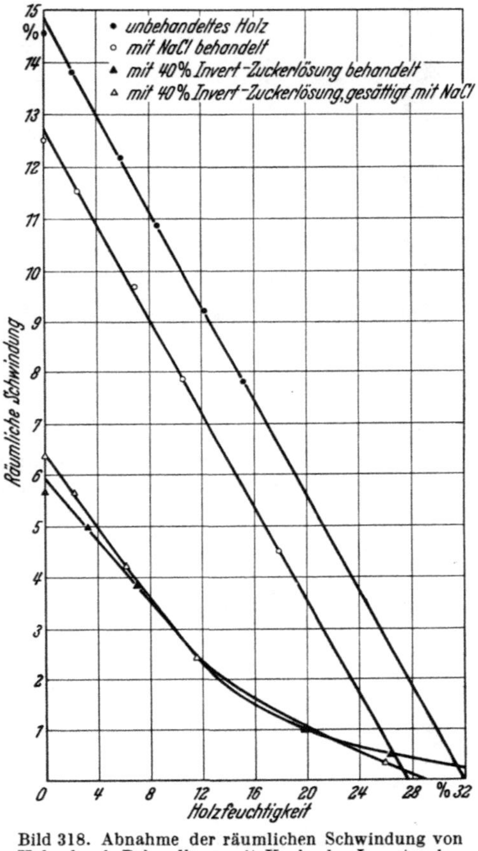

Bild 318. Abnahme der räumlichen Schwindung von Holz durch Behandlung mit Kochsalz, Invertzucker oder einer Stoffkombination Invertzucker-Kochsalz. (Nach E. C. Peck.)

Alles in allem kommen nur wenige Chemikalien für eine Anwendung vor der Trocknung in Frage: gepufferte NaCl-Lösungen, gepufferte Harnstoffaldehydlösungen, unter Umständen auch Harnstoff allein[1]. Die chemische Behandlung des Holzes vor der Trocknung ist nur ein Teil der chemischen Trocknung. Die richtige Steuerung der Trocknung hat auf die Trocknungsgeschwindigkeit wesentlich mehr Einfluß als die chemische Behandlung selbst. Obwohl sich chemisch behandelte Hölzer unter Bedingungen trocknen lassen, die für unbehandeltes Holz unbedingt verhängnisvoll wären, gibt es auch für sie kritische Temperaturen und relative Feuchtigkeiten, die nicht über- bzw. unterschritten werden dürfen. Unter entsprechenden klimatischen Bedingungen ist die Rißbildung beim Trocknen in chemisch behandeltem Holz stets geringer als die in unbehandeltem Holz (Bild 319). Eine im U.S. Forest Products Laboratory entwickelte Steuerkurve für die Trocknung von Douglasienkernbohlen mit sehr großem Querschnitt (30 · 30 cm²), die zwei Wochen lang im Natriumchloridbad eingelagert

[1] Timber Development Assoc.: Chemical Seasoning of Timber, The Use of Urea, The Chemical Age, 14. Aug. 1943, S. 153.

waren, zeigt Bild 320. Wenn chemisch behandeltes und unbehandeltes Holz unter den gleichen Bedingungen getrocknet werden, unterscheiden sich die Trockenzeiten kaum. Besondere Vorteile ergeben sich aber dadurch, daß aus den einleitend geschilderten Gründen schärfere Bedingungen angewendet

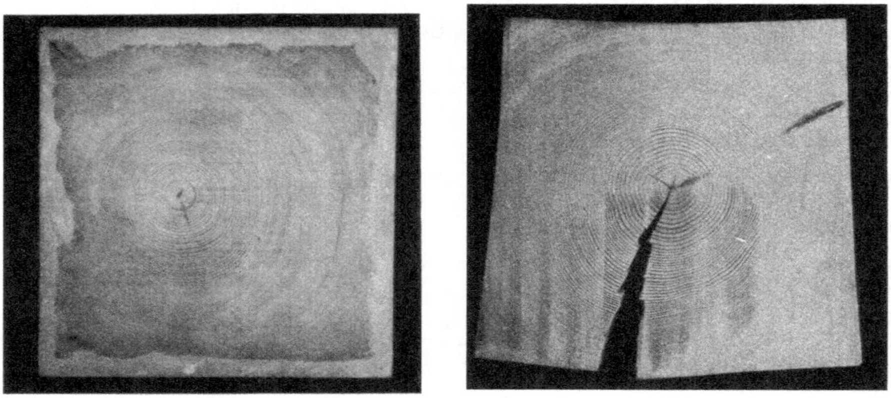

a b

Bild 319. Rißbildung beim Trocknen von Douglasienbohlen a) chemisch-behandeltes Holz, b) unbehandeltes Holz. (Phot. U.S. Forest Service, Forest Products Laboratory, Madison, Wisc.)

werden können. Allerdings haben sich die Erwartungen der ersten Zeit, in der man bei Weichholz damit rechnete, daß sich durch die Salzbehandlung die Trockenzeit durchschnittlich auf ein Drittel, bei Hartholz sogar bis auf ein Zehntel verkürzt, in der Praxis nicht erfüllt. Besondere Vorteile aber ergaben sich beispielsweise bei mit Kochsalz behandeltem grünen Eichenholz, das nach der chemischen Behandlung nicht nur um 50% kürzere Trockenzeiten gestattete, sondern ein Material mit wesentlich höherer Qualität lieferte. Salzbehandelte Eichenbretter, $2,5 \cdot 25\ cm^2$ im Querschnitt, wurden in 17 Tagen von 100 auf 10% getrocknet, Bohlen, $5 \cdot 200\ cm^2$ im Querschnitt, in 38 Tagen (worin 8 Tage Einlaugzeit inbegriffen waren). Die Salzverteilung in getrocknetem, zuvor chemisch behandeltem Holz zeigt Bild 321. Auch eine quantitative Analyse des Wabigwerdens wurde in Madison durchgeführt. Zahlentafel 41 bringt die Ergebnisse.

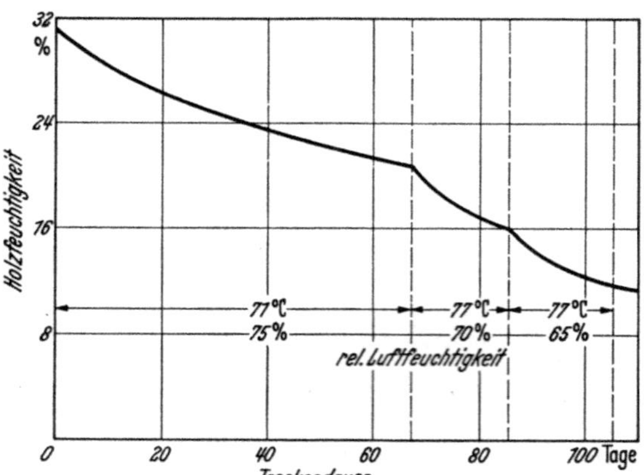

Bild 320. Steuerkurven für die Trocknung von Douglasien-Kernbohlen mit $30 \cdot 30\ cm^2$ Querschnitt, die 2 Wochen in Kochsalzlösung eingelaugt waren. (Nach W. K. Loughborough.)

Trotz der Tatsache, daß man durch die chemische Behandlung die Ausbildung von Oberflächenrissen vermeiden kann, besteht bei der Holzindustrie wenig Neigung zu einer Anwendung des Verfahrens. Die Aufwendungen für Chemikalien, Behälter und andere Hilfsmittel sind zu hoch. Die chemische Behandlung wird überall dort als unzweckmäßig angesehen, wo man zufriedenstellend auf übliche Weise an der freien Luft oder in Anlagen trocknen kann.

Zahlentafel 41. *Ausmaß des Wabigwerdens und der Oberflächenrisse in chemisch behandelter Weißeiche, 10 · 15 cm², nach künstlicher Trocknung auf 12% Holzfeuchtigkeit.*

Chemische Behandlung	Wabigwerden kein %	leicht %	mäßig %	ernst %	Größte Rißlänge per Stück cm
Harnstoff-Aldehyd gepuffert, Einlaugen	48,7	36,0	12,8	2,5	126,0
Harnstoff-Aldehyd gepuffert, Eintauchen	36,0	41,0	17,9	5,1	137,9
Harnstoff-Diäthylglycol, Eintauchen	43,6	30,8	23,1	2,5	153,7
Diäthylglycol, Einlaugen	43,6	48,8	5,1	2,5	154,9
Harnstoff-Diäthylglycol, Einlaugen	43,6	41,0	15,4	0	170,2
Harnstoff, Einlaugen	41,0	46,2	7,7	5,1	203,2
Harnstoff, Eintauchen	15,4	59,0	15,3	10,3	351,3
keine	12,8	53,8	10,3	23,1	389,6

Gegenwärtig kann deshalb die chemische Holztrocknung nur als Ergänzung der Freiluft- und künstlichen Holztrocknung in Sonderfällen angesehen werden. Ein solcher Sonderfall war beispielsweise während des zweiten Weltkrieges die Trocknung von höchstwertigen Douglasienbohlen für den Brückenbau an der Westküste von USA. Als nach Kriegsende die amerikanische Wehrmacht diese Hölzer nicht mehr benötigte, wurde das Verfahren wieder verlassen.

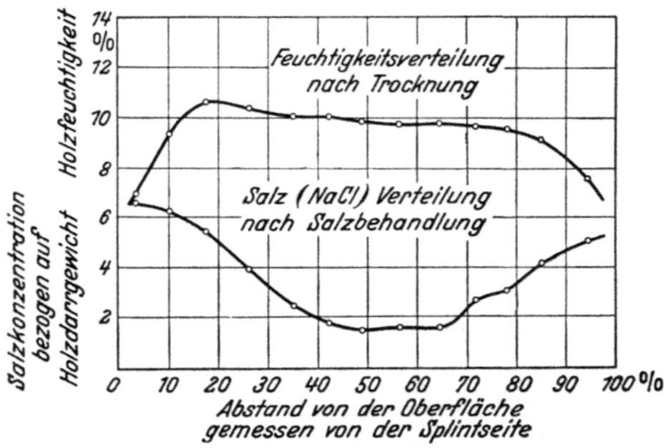

Bild 321. Feuchtigkeitsverteilung und Salzverteilung über dem Querschnitt in getrocknetem, zuvor chemisch behandeltem Weißeichenholz. (Nach W. K. Loughborough.)

646. Elektrische Holztrocknung durch unmittelbare Verdampfung der Feuchtigkeit.

646.1 Trocknung mittels Joulescher Wärme.

Vorschläge, das Holz selbst als Widerstand zu benutzen und durch die Joulesche Wärme nach Anlegen eines hinreichend hohen elektrischen Stroms zu trocknen, tauchten wiederholt auf. Praktisch sind diese Vorschläge aber undurchführbar, da der Widerstand des Holzes mit abnehmender Holzfeuchtigkeit außerordentlich rasch anwächst, wie Bild 407, Bd. I, S. 527 beweist. Während sich der Widerstand oberhalb des Fasersättigungspunktes nur mehr wenig ändert, erhöht er sich unterhalb davon bis zu den kleinsten Feuchtigkeiten um fünf Zehnerpotenzen. Wissenschaftlich einwandfreie Versuche über die Holztrocknung mittels unmittelbar erzeugter Joulescher Wärme stammen von H. Voigt, O. Krischer und H. Schauß[1]. Dabei ergab sich folgendes:

[1] Voigt, H., O. Krischer u. H. Schauß: Holz als Roh- und Werkstoff Bd. 3 (1940) S. 364.

1. Trocknungen mit Wechselstrom mit 50 Perioden. Die Temperaturen steigen schnell bis auf 100° C an, so daß es zu einer lebhaften Verdampfung der Holzfeuchtigkeit kommt. Die Dampfströmung ist längs der Faser am stärksten. Infolge der Wärmeverluste an den Mantel- und Kontaktflächen (verwendet wurden Messingelektroden; zur Verbesserung des Stromübergangs wurden die Kontaktflächen des Holzes graphitiert und zwischen Scheibenelektroden und Holzprobe eine dünne Lage Aluminiumwolle gelegt) wird in der Mitte der Holzproben die höchste Temperatur erreicht. Während der intensiven Verdampfung bleiben sämtliche Temperaturen nahezu konstant. Die kleinste erreichbare mittlere Feuchtigkeit betrug bei Buche 49,8%. Bei hohen Spannungen traten oft Durchschläge auf, die bei axialem Stromdurchgang ihren

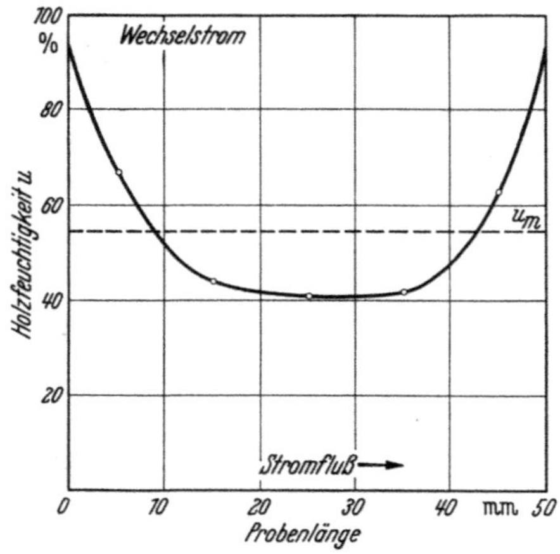

Bild 322. Feuchtigkeitsverteilung über dem Querschnitt nach der Trocknung von Eichenholz bei radialem Fluß von Wechselstrom. (Nach H. Voigt, O. Krischer u. H. Schauß.)

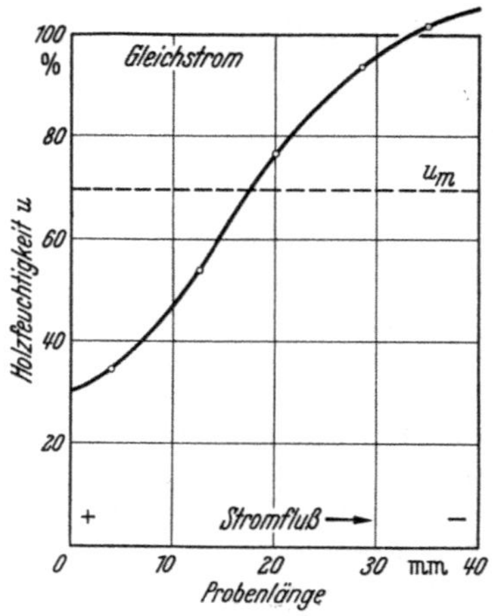

Bild 323. Feuchtigkeitsverteilung über dem Querschnitt nach der Trocknung von Buchenholz bei radialem Fluß von Gleichstrom. (Nach H. Voigt, O. Krischer u. H. Schauß.)

Weg durch die Gefäße, bei radialem durch die Markstrahlzellen nahmen und das Holz zerstörten. Nach der Trocknung ergab sich die aus Bild 322 ersichtliche Feuchtigkeitsverteilung. Die kleinste Feuchtigkeit lag in der Probenmitte. Die dadurch gebildete trockene Zone hemmte den weiteren Stromdurchgang und unterband die Fortsetzung der Trocknung.

2. Trocknung mit Gleichstrom. Bei Anwendung von Gleichstrom stellten sich elektrolytische Erscheinungen ein. Es kam nur kurzzeitig zu einer starken Verdampfung, bald aber verlagerte sich die Höchsttemperatur zur Anode. Gegen den negativen Pol zu war ein starker Temperaturabfall zu beobachten. Während die Proben dabei am positiven Pol bis annähernd zum Fasersättigungspunkt herabtrockneten, reicherte sich die Feuchtigkeit am negativen Pol stark an (Bild 323).

646.2 Hochfrequenztrocknung.

Der Gedanke, hochfrequente Wechselfelder zur Trocknung von Holz und anderen Stoffen zu benutzen, ist anscheinend zum erstenmal 1928 in USA von W. R. Whitney ausgesprochen und 1929 in England patentiert worden[1]. In Deutschland wurde die Erhitzung von Holz unter der Wirkung von Hochfrequenzströmen 1931 vom Reichspost-Zentralamt in Gemeinschaftsarbeit mit der

[1] Vgl. bei H. D. Tiemann: Wood Technology, 2. Aufl., New York und Chicago 1944.

Telefunken GmbH. untersucht, um die elektrischen Verluste in hölzernen Antennentürmen zu klären. In den Jahren 1934 und 1935 erschienen dann in der Sowjetunion Mitteilungen über das Verhalten von Holz in elektrischen Hochfrequenzfeldern, wobei auf die Möglichkeit der künstlichen Trocknung hingewiesen wurde[1]. Die russischen Autoren bezifferten die Trockenzeiten auf nur 1/300 bis 1/1200 der Zeiten bei den üblichen Verfahren. Beobachtet wurde auch eine eigentümliche Temperaturverteilung: Das Holz wird an sich durch seine ganze Masse hindurch gleichmäßig erhitzt, jedoch sinkt an den Oberflächen die Temperatur durch Wärmeverluste und Abkühlung infolge der Verdunstung (Bild 324). Bei der normalen Holztrocknung in Kammern mit Dampfheißluftgemischen ist der Temperaturverlauf infolge der Wärmeübertragung von außen nach innen gerade umgekehrt.

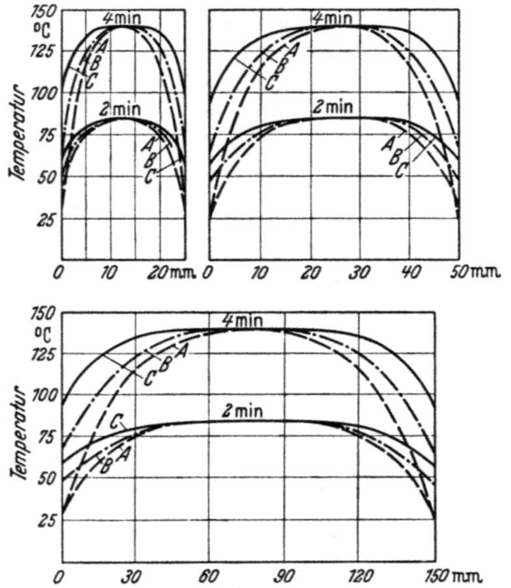

Bild 324. Temperaturverteilung über dem Querschnitt verschieden dicker Hölzer bei der Hochfrequenzerhitzung. (Nach J. P. Taylor.)

Über die praktische Anwendung der Hochfrequenztrocknung wurde in den folgenden Jahren wenig bekannt, jedoch verlautete 1937, daß die einzige Fabrik, die in der Sowjetunion damals das Verfahren anwendete, mit 20 bis 40 m Wellenlänge arbeitete[2]. Aus einem im gleichen Jahr erschienenen Referat von Jemtzeff[3] ist zu entnehmen, daß der Energieverbrauch bei der Trocknung bis zum Fasersättigungspunkt 1 kWh je kg Wasserentzug, bei Trocknung darunter (auf $u = 18$ bis 20%) 1,5 kWh betrug.

In Deutschland wurden nach 1936 verschiedene Patente auf diesem Gebiet von den Siemens-Schuckert-Werken AG. angemeldet, die sich hauptsächlich auf technische Einzelheiten erstreckten, wie die Anordnung des Holzes zwischen den Elektroden[4], die Anbringung von Zusatzkörpern, um gleichmäßige Temperaturfelder zu erzwingen[5], die Regelung der Temperatur und der zugeführten Leistung[6], die Vermeidung von Kondensationserscheinungen durch zusätzliche Heizkörper[7], das Einfügen von steifen Zwischenlagen, um ein Verziehen der Holzplatten zu verhindern[8], und die Gewinnung von Nebenerzeugnissen wie Ölen oder Harzen bei der Erwärmung[9]. Praktisch wurde die Hochfrequenztrocknung in Deutschland aber

[1] Abramenko, S.: Mechanische Holzbearbeitung, Moskau 1934, Nr. 10, S. 65. — M. W. Prolow, W. I. Maleev u. W. W. Prolow: Mechaniscne Holzbearbeitung, Moskau 1935 2/3, S. 85. — Dielektrische Holztrocknung, Novosti Techn. Jg. 1937, Nr. 16.

[2] Holztrocknung mit Kurzwellen, Holzmarkt Bd. 54 (1937) Nr. 144.

[3] Jemtzeff: Z. Weltforstwirtschaft Bd. VII (1937) S. 807. —

[4] DRP 682 375 vom 10. 1. 1936, ausgegeb. 13. 10. 1939.

[5] DRP 693 952 vom 19. 3. 1936, ausg. 22. 7. 1940.

[6] DRP 688 458 vom 10. 1. 1936, ausg. 21. 2. 1940. — DRP 689 798 vom 10. 1. 1936, ausg. 3. 4. 1940. — DRP 701 178 vom 28. 7. 1936, ausg. 5. 4. 1941.

[7] DRP 699 032 vom 7. 6. 1939, ausg. 22. 11. 1940.

[8] DRP 699 600 vom 28. 1. 1939, ausg. 30. 12. 1940.

[9] DRP 698 868 vom 19. 1. 1936, ausg. 19. 11. 1940.

nur in einem Sonderfall, bei der Trocknung von Hölzern für Mund- und Ziehharmonikas, eingesetzt. Auch im Ausland erkannte man bei umfangreichen Versuchen, daß die ursprünglich großen Hoffnungen auf die Hochfrequenztrocknung nicht gerechtfertigt waren.

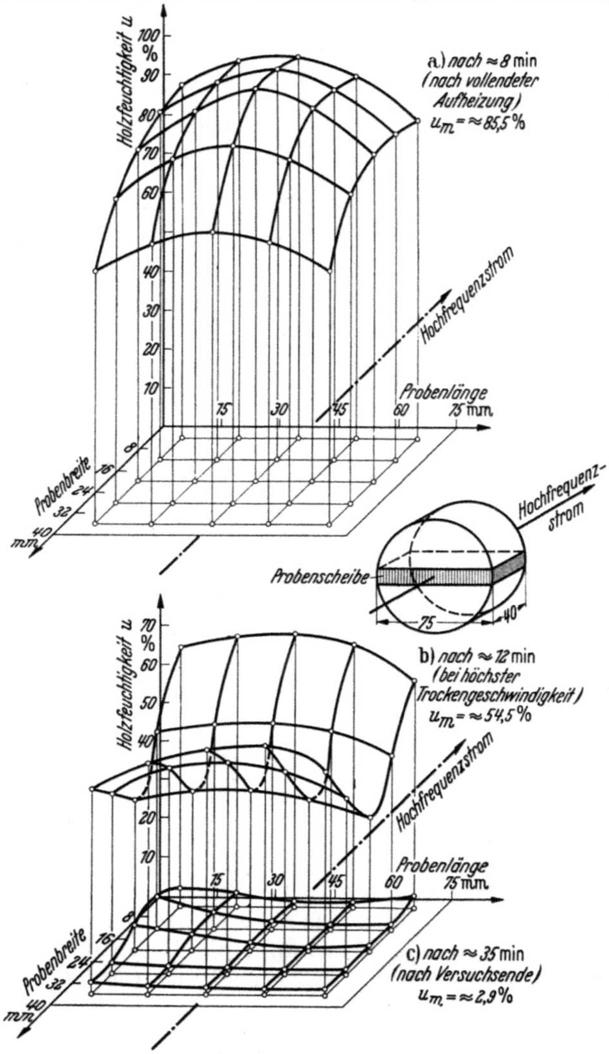

Bild 325. Feuchtigkeitsverteilung bei Buchenproben mit axialem Hochfrequenzdurchgang nach verschiedenen Versuchszeiten. (Nach H. Voigt, O. Krischer u. H. Schauß.)

Die dielektrischen Eigenschaften von Holz sind in Band I, S. 532ff. abgehandelt, eine ausführliche Darstellung der physikalischen Vorgänge bei der dielektrischen Erhitzung von Holz und der dazu nötigen technischen Geräte wird in Abschnitt 956.5 im Zusammenhang mit einer Besprechung neuzeitlicher Verleimungsmethoden gegeben werden. Hier sei nur soviel mitgeteilt, daß die Geschwindigkeit der Temperatursteigerung eines Stücks feuchten Holzes in einem hochfrequenten Wechselfeld von der spezifischen Wärme des Holzes, seinen dielektrischen Eigenschaften und der verfügbaren elektrischen Energie abhängt.

H. Voigt, O. Krischer und H. Schauß[1] haben die Trocknung im Hochfrequenzfeld wissenschaftlich mit einem Generator von 460 W Nutzleistung ($\lambda = 4{,}5$ m) untersucht. Eine Buchenholzprobe, bei der der Hochfrequenzstrom parallel zur Faser verlief, zeigte unmittelbar nach der Aufheizung die bei der Holztrocknung übliche Feuchtigkeitsverteilung: Ein Paraboloid mit dem Scheitelpunkt, d. h. der größten Feuchtigkeit, in der Probenmitte (Bild 325). Die Abnahme nach den Außenflächen war bedingt durch die dort herrschende Verdunstung. Mit zunehmender Trocknungsgeschwindigkeit kehren sich aber die Verhältnisse bei der Hochfrequenztrocknung um, die Feuchtigkeiten verschieben sich im Sinne des Temperaturfeldes

[1] Voigt, H., O. Krischer u. H. Schauß: Holz als Roh- und Werkstoff Bd. 3 (1940) S. 364.

(Bild 325b, vgl. Bild 324). In der Probenmitte sind dann die Temperatur und die Verdampfungsgeschwindigkeit am größten. Der Dampf wird nach außen getrieben und kondensiert hier zum Teil an den Stellen tieferer Temperaturen. Die Temperatur im Holzinnern steigt rasch an; sie bleibt dann gleich, bis alle Feuchtigkeit verdampft ist, und steigt hierauf weiter an (Bild 326). Dabei kann es zur Verkohlung kommen. Um sie zu verhüten, muß man den Hochfrequenzstrom so regeln, daß keine zu hohen Temperaturen auftreten. Durch Verkleinerung der Primärspannungen des Hochfrequenzgenerators ist dies ohne Schwierigkeit möglich. Die dem Holz dann noch zugeführte elektrische Energie hat lediglich die Wärmeverluste nach außen zu decken. Die Trocknung erfolgt bei dieser Führung im allgemeinen rißfrei in sehr kurzer Zeit.

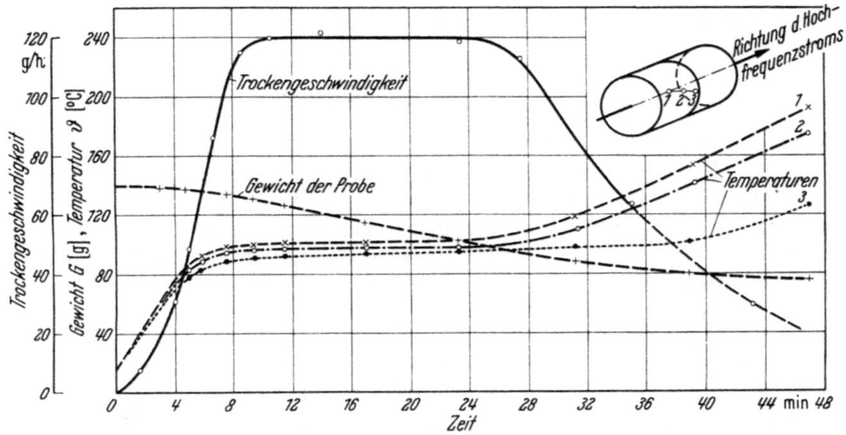

Bild 326. Abhängigkeit der Trockengeschwindigkeit und der Temperatur an verschiedenen Stellen einer Kiefernholzprobe bei Hochfrequenztrocknung von der Zeit. (Nach H. Voigt, O. Krischer u. H. Schauß.)

Auf Grund dieser Tatsachen glaubte man zuerst, daß die Anwendung der Hochfrequenzheizung für die Holztrocknung hervorragende Aussichten biete. Man hoffte, dicke Holzquerschnitte von innen heraus innerhalb von Stunden oder höchstens Tagen statt in Wochen künstlich zu trocknen. Tatsächlich sind die Vorteile aber nicht so groß, da im allgemeinen übermäßige Schnelltrocknung nicht sehr wichtig ist und häufig der Wärmeaufwand von Anlagen zur künstlichen Holztrocknung durch die Verbrennung laufend anfallender Holzabfälle oder durch Abdampf gedeckt werden kann. Hinzu kommt, daß sich zwar die inneren Schichten des Holzes im hochfrequenten Wechselfeld in sehr kurzer Zeit auf etwa 100°C erwärmen lassen, daß aber die Trocknungsgeschwindigkeit von den Diffusionswiderständen des Holzkörpers abhängt.

Nach den einleitend erwähnten russischen Angaben muß man unterhalb des Fasersättigungspunktes mit 1,5 kWh Energieverbrauch je 1 kg Wasserentzug rechnen. 1,5 kWh entsprechen 1290 kcal; die Verdampfungswärme und Flüssigkeitswärme von 1 kg Wasser bei 100°C beträgt 639 kcal. Es errechnet sich also ein Wirkungsgrad von fast genau 50%. Diese Zahl kann nur dann zutreffen, wenn besondere zusätzliche Verluste — z. B. durch Strahlung — nicht auftreten. Bei größeren Holzteilen entstehen aber sehr große Strahlungsverluste, die dann durch Hochfrequenzheizung gedeckt werden müssen. Dadurch können die Trocknungskosten unerschwinglich werden. Nach W. Koeniger[1]

[1] Koeniger, W.: Brennstoff, Wärme, Kraft Bd. 2 (1950) S. 285.

erhöhen sich die Trocknungskosten bei Hochfrequenztrocknung gegenüber Dampfbeheizung auf das 15fache (wobei allerdings ein Verbrauch von 0,8 bis 1,0 kWh Hochfrequenzenergie je kg verdampftes Wasser, entsprechend 2,2 kWh Niederfrequenzenergie zugrunde gelegt wurde). Gerade im Hinblick darauf dürfte die Hochfrequenzheizung nur bei der Trocknung von kleineren Gegenständen, z. B. Werkzeugstielen, Messergriffen, Kegeln, Pfeifenköpfen, Schuhleisten usw. wirtschaftlich lohnend sein. Besonders günstig verhalten sich Laubhölzer mit vielen Poren, aus denen der sehr rasch gebildete Wasserdampf mit hoher Geschwindigkeit entweichen kann. Daneben ist es allerdings auch denkbar, daß man Holz mit sehr großen Querschnitten vor der üblichen künstlichen Trocknung dielektrisch anwärmen kann. Neuerdings rückte die Hochfrequenztrocknung von Holz wieder mehr in den Blickpunkt durch den Vorschlag, das Trockengut mechanisch durch das hochfrequente Wechselfeld hindurchzubewegen.

647. Infrarottrocknung.

Wärmeübertragung kann durch Wärmeleitung, Konvektion und Strahlung stattfinden[1]. Bei der normalen künstlichen Holztrocknung in Kammern mit Heißluft-Dampfgemisch spielt Konvektion die entscheidende Rolle. Die durch Konvektion übertragene Wärmemenge ist proportional der Wärmeübergangszahl, die selbst eine Abhängige der Luftgeschwindigkeit ist (nach verschiedenen empirischen Feststellungen gilt $\alpha = v^{0,56}$ bis $\alpha = v^{0,8}$), und dem Unterschied zwischen der Temperatur der Warmluft und der des zu erwärmenden Guts. Mit steigender Temperatur fällt die Wärmeübergangszahl langsam wegen der sich vermindernden Luftdichte ab. Für den Wärmeübergang durch Strahlung gilt hingegen das Stefan-Boltzmannsche Gesetz (vgl. Bd. I, S. 526). In seiner vereinfachten Form sagt es aus, daß die durch Strahlung übertragene Wärmemenge gleich dem Unterschied der vierten Potenzen der absoluten Temperaturen des Strahlers und des zu erwärmenden Guts ist. Strahler bieten demnach eine gute Möglichkeit, die Wärmeübertragung durch Vergrößerung des Temperaturunterschieds zu steigern. Hinzu kommt, daß Strahlung die Luft praktisch verlustlos durchdringt und in viele Stoffe tief eindringt[2]. Bei diesem Eindringen findet eine Umsetzung der elektromagnetischen Feldenergie, d. h. der Wärmestrahlen, in molekulare Schwingungsenergie, d. h. Wärme, an und unter der Oberfläche des Trockenguts statt. Grundsätzlich handelt es sich dabei um das gleiche physikalische Phänomen wie bei der Hochfrequenzerwärmung.

Zahlentafel 42. *Reflexionsvermögen von Holz für infrarote und sichtbare Strahlen.* (*Nach M. Déribéré.*)

Holzart	Reflexionsvermögen % für					
	gedarrtes Holz u = 0 bis 2%		lufttrockenes Holz u = 10 bis 15%		befeuchtetes Holz u = 30 bis 40%	
	infrarote Strahlen	sichtbare Strahlen	infrarote Strahlen	sichtbare Strahlen	infrarote Strahlen	sichtbare Strahlen
Pappel	38,5	68	30,5	56	19	69
Buche	31,5	65	29	54	19	63
Eiche	28,5	57	28	47	18,5	60

[1] Lohausen, K. A.: Z. VDI Bd. 92 (1950) S. 315. — Derselbe: ETZ Bd. 66 (1945) S. 5 und 33. — Derselbe: Metalloberfläche Bd. 2 (1948) S. 257.

[2] Manders, Th. J. J. A.: Elektrizitätsverw. Bd. 21 (1946/47) S. 3.

Die Energieumsetzung hängt ab: 1. Von der Wellenlänge der Strahlen; 2. von der Reflexionsziffer des bestrahlten Körpers; 3. von der Absorptionsziffer des bestrahlten Körpers. Organische Werkstoffe, darunter Harze, Kunstharze, Gewebefasern, aber auch Holz reflektieren schwach. Holz hat je nach Art und Feuchtigkeit ein sehr verschiedenes Reflexionsvermögen für infrarote Strahlen. Infrarote Strahlen werden von Hölzern weniger reflektiert als sichtbare Strahlen[1] (Zahlentafel 42).

Das unterschiedliche Verhalten der Hölzer beim Auftreffen infraroter Strahlen geht auch aus Versuchen von S. Prát[2] hervor. Er legte infrarotempfindliche photographische Platten (Agfa 8100 Å) unter verschieden dicke Holzscheiben, die dann 6 s lang von einer 150 W-Glühlampe aus 2 m Entfernung bestrahlt wurden. Eine merkliche Schwärzung wurde bei folgenden größten Holzdicken erreicht:

	mm		mm
Larix europaea DC.	5 bis 7	Carpinus betulus L.	2 bis 3
Abies alba Mill.	6 bis 7	Fagus silvatica L.	3
Picea excelsa Lk.	6	Alnus sp.	1 (3)
Alnus glutinosa Gaertn.	5 bis 6	Quercus sp.	2
Tilia sp.	4 bis 6	Prunus domestica L.	1 bis 2
Pinus sp.	3 bis 4	Prunus avium L.	1 bis 1,5
Populus sp.	4	Juglans regia L.	0,5
Acer sp.	4		

S. O. Rawling[3] und W. Clark[4] geben für die Infrarot-Durchlässigkeit 3 mm dicker Holzscheiben folgende Rangordnung:

Pinus cembra L. (Sibirien) Pinus palustris Mill. Acer pseudoplatanus L. Buxus sempervirens L. Fagus sempervirens L.	gut durchlässig
Pinus ponderosa Douglas Eucalyptus sp.	mittelmäßig durchlässig
Tectona grandis L. f. Swietenia macrophylla King Eucalyptus marginata J. Smith Quercus sp.	beinahe undurchlässig
Endiandra Palmerstoni C. T. White Lovoa Klaineana Pierre Juglans nigra L. Terminalia bialata Steudel Chlorophora excelsa Benth. et Hook. Diospyros sp.	undurchlässig

Ähnliche Feststellungen finden sich auch bei A. Delay und J. Lecompte[5]. Die Befunde zeigen klar, daß infrarote Strahlen in eine Reihe von Hölzern nur 0,5 bis 1 mm, in andere sogar noch weniger tief eindringen. Für diese Holzarten scheidet somit bei üblichen Schnittholzdicken die Infrarottrocknung aus. Bei anderen Holzarten ist aber eine Infrarottrocknung im Bereich der Dicken von 5 bis 25 mm möglich, wenn das Trockengut von beiden Seiten bestrahlt wird. Einen in Frankreich gebauten Infrarottrockner für Bretter mit 3 m²

[1] Déribéré, M.: Rev. du bois Bd. 5 (1950) S. 19—23. — Derselbe: Les applications pratiques des rayons infrarouges 2. Aufl., Paris 1947. — Derselbe: Rev. Int. Bois Nr. 94, Juni/Juli 1942, Nr. 104, Febr. 1946, Nr. 106, April 1946. — Derselbe: La France énergétique, T. XI, Nr. 7/8, Juli/Aug. 1943.

[2] Prát, S.: Ber. dtsch. Bot. G. Bd. 55 (1937) S. 165. — S. Prát u. I. Klášterský: Radiologica Bd. I (1937) S. 242.

[3] Rawling, S. O.: Infrared Photography, 2. Aufl., London 1935.

[4] Clark, W.: Photography of Infrared, Chapmann & Hall, Ltd. London 1939.

[5] Delay, A., u. J. Lecompte: Sci. et Ind. Photogr. Bd. 14 (1943) Nr. 3/4.

Nutzfläche zeigt Bild 327. Der Ofen besitzt 59 Infrarotlampen mit je 250 W Leistung; der Abstand der Lampen vom Trockengut ist leicht regelbar, da alle Lampen an einem Rahmen befestigt sind, dessen Höhenlage mittels Steckstiften verstellt werden kann. Die normale Energiedichte der Strahlung in der Ebene des Trockenguts beträgt 3,7 kW/m². In dieser Anlage trockneten 13 mm dicke Bretter aus grünem Pappelholz innerhalb von 45 min auf 5% Holzfeuchtigkeit. M. Déribéré gibt bei Anwendung von 250 W Infrarotlampen (mit 25 cm Abstand voneinander und vom Trockengut) die in Zahlentafel 43 aufgeführten Trockenzeiten an.

Bild 327. Ansicht eines Infrarottrockners für Bretter mit 3 m² Nutzfläche, Bauart Compagnie des Lampes MAZDA.

Aus der Praxis sind bisher nur wenige Anwendungsbeispiele der Infrarottrocknung von Schnittholz bekannt geworden. Bemerkenswert ist ein 7 m langer Infrarottrockner, in dem Hartholzsohlen für Fußballschuhe getrocknet werden. Der Trockner enthält 80 Lampen zu je 250 W und hat eine Leistungsfähigkeit von 60 Paaren in der Stunde. Empfohlen wird neuerdings auch die Trocknung von Holzspänen und Hackschnitzeln im Durchlaufverfahren, wobei mit wesentlich höheren Energiedichten als bei Schnittholz gearbeitet werden kann (10 kW/m² sind zur Zeit etwa der obere Wert für Infrarottrockenanlagen). Nach M. Déribéré kann man die Infrarottrocknung bei höchstmöglicher Energiedichte auch zur Hitzevergütung von schon trockenem Holz heranziehen.

Versuche zur Schnittholztrocknung mit Infrarotstrahlern in der Bundesforschungsanstalt für Forst- und Holzwirtschaft in Reinbek verliefen unbe-

Zahlentafel 43. *Trockenzeiten von Holzbrettern in einer Infrarot-Trockenanlage (Nach M. Déribéré.)*

Holzart		Pappel		Eiche	Buche	Erle
Holzdicke	mm	20	25	20	25	25
Anfangsfeuchtigkeit	%	45	33	35	27	26
Trockenzeit	min					
zur Entfernung von 10% Wasser		120	80	180	60	90
20% Wasser		270	190	360	130	240

friedigend[1]. Sowohl an nassem als auch an trockenem Holz erhielt man infolge des starken Temperaturgefälles im Holz ein unzulässig steiles Feuchtigkeitsgefälle. 30 mm dicke Buchenholzbretter hatten bei beiderseitiger Anstrahlung (Strahlerabstand 20 cm) nach 2 h Trockenzeit folgendes Feuchtigkeitsgefälle:

Probenahme	ursprünglich nasses Holz u [%] nach 2 h	ursprünglich trockenes Holz u [%] nach 2 h
Oberfläche	10,4	4,1
Zwischenschicht . .	61,8	10,4
Mitte	66,9	17,2
Zwischenschicht . .	62,5	15,4
Oberfläche	8,6	3,2

Nasses Holz absorbiert oberflächlich besonders stark. Es treten erhebliche Oberflächenrisse auf. Den Temperaturverlauf an der Oberfläche und im Innern des Holzes zeigt Bild 328. In trockenem Holz liegen die Temperaturen um 15 bis 20% höher. Die erzielbare kurze Anwärmzeit spielt aber gegenüber der Trockenzeit, die vom inneren Diffusionswiderstand des Holzes abhängt, eine nebensächliche Rolle.

Etwas günstiger liegen die Verhältnisse bei der Furniertrocknung. Ursprünglich erwies es sich allerdings als schwierig, die Infrarotstrahler in die üblichen Band- und Walzenbahn-Furniertrockner einzubauen. Im Jahre 1948 wurden aber in USA neue Strahler in Pyrex-Glasröhren von nur 25 mm Durchmesser eingebaut. Diese Strahler sind in Längen bis zu 120 cm lieferbar und lassen sich leicht in Trockner einfügen. Nach J. E. Dallas[2] wurde an Douglasienfurnieren oberhalb des Fasersättigungspunkts eine Trocknungsgeschwindigkeit von 22 bis 25 Holzfeuchte-%/min, unterhalb des Fasersättigungspunktes von 15 bis 20%/min erzielt. Notwendig war eine ausreichende Belüftung, damit die Furnieroberfläche nicht überhitzt wurde, und Steuerung der relativen Luftfeuchtigkeit. Bei früheren Versuchen zur Infrarottrocknung von Furnieren waren diese meist wellig und brüchig geworden. R. Keylwerth[1] fand bei beiderseitiger Anstrahlung von Furnieren mit 250 W-Infrarotstrahlern (20 cm Strahlerabstand) die in Zahlentafel 44 enthaltenen Trockenzeiten.

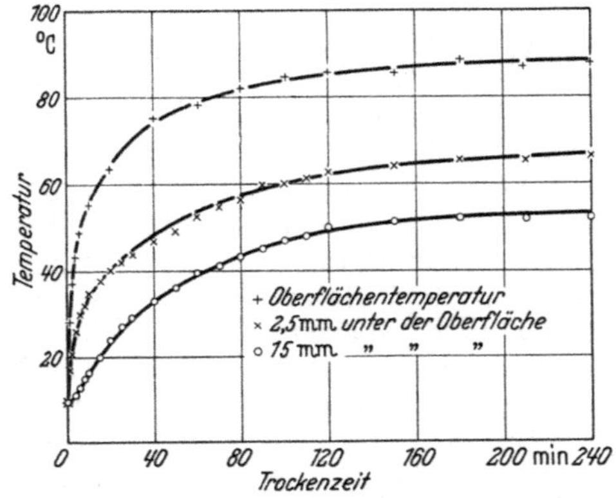

Bild 328. Temperaturverlauf in einem nassen Buchenbrett, 30 mm dick, beim Anstrahlen mit einem 250 W-Philips-Infrarotstrahler, Abstand 20 cm. (Nach R. Keylwerth.)

Zahlentafel 44. *Trockenzeiten von Furnieren, Anfangsfeuchtigkeit 70% bei Infrarotbestrahlung.* (*Nach R. Keylwerth.*)

Holzfeuchte %	Trockenzeit min bei einer Furnierdicke (mm) 1,5	2,5
50	3	5
30	7	10,5
20	9,5	14
10	13	19
5	15,5	23
1	20	35

[1] Keylwerth, R.: Holz als Roh- und Werkstoff Bd. 9 (1951) S. 224.
[2] Dallas, J. E.: Westcoast Lumberman Bd. 76 (1949) Nr. 2, S. 92, 95, Nr. 4, S. 92, 96.

Auch D. Narayanamurti und B. N. Prasad[1] fanden, daß die Infrarottrocknung von Furnieren möglich ist. Die Trocknungsgeschwindigkeit und die Erhitzungsgeschwindigkeit nahmen in der allerersten Trocknungsperiode ab, blieben dann über eine zweite Periode konstant und verminderten sich von neuem in einer dritten Periode. Der Energieverbrauch wechselte zwischen 1,6 und 5,2 kWh/kg Wasserentzug. Es beansprucht weniger Energie, freies Wasser als gebundenes aufzutrocknen. Außerdem ist der Wirkungsgrad um so höher, je dünner die Furniere sind. Die Forscher nehmen an, daß der Energieverbrauch mit verbesserten Anlagen auf 1 bis 1,5 kWh/kg heruntergedrückt werden kann. Die Furniere (getrocknet wurden 11 verschiedene indische Holzarten) waren nach den Versuchen in einem zufriedenstellenden Zustand. Möglicherweise kann also zusätzliche Infrarotbehandlung in vorhandenen Furniertrocknern Bedeutung erlangen, um die Kapazität zu vergrößern.

7. Holzveredelung, Herstellung von Holzwerkstoffen.

71. Veredelte Vollhölzer.

711. Preßvollhölzer.

711.1 Durch einseitigen Druck verdichtete Vollhölzer.

Der Gedanke, Holz durch Pressen zu verdichten, geht bis in das Jahr 1886 zurück[2]. Die Absicht bestand stets darin, die Zellhohlräume im Holzinnern soweit wie möglich zu schließen und dadurch die Rohwichte zu vergrößern, der erfahrungsgemäß die Festigkeit parallel läuft. Das Verdichten läßt sich je nach den Größenabmessungen der Hölzer durch Pressen, Schlagen unter einem Fallhammer oder Walzen erreichen. Die besten Erfahrungen wurden bei einseitiger Druckanwendung mit Preßvorgängen gemacht. Als Beispiel aus der Praxis sei die Verdichtung von Pappelplatten als Zwischenlagen zwischen Eisenbahnschienen und Schwellen erwähnt. Diese Platten haben die Aufgabe der Stoßdämpfung, der gleichmäßigen Kraftübertragung und der Verhinderung des Schienenwanderns. Bild 329 zeigt den Zusammenhang zwischen Preßdruck und Verdichtungsverhältnis. Beachtenswert ist die starke Zunahme des Druckes unterhalb des Verdichtungsverhältnisses 0,4. Wie ersichtlich geht bei der geprüften Holzart durch das Verdichtungsverhältnis 0,2 eine Asymptote; mit anderen Worten: In der Nähe des Verdichtungsverhältnisses 0,2 sind alle Zellhohlräume geschlossen und die Wichte des Preßholzes nähert sich der Wichte der reinen Holzsubstanz ($r = 1{,}50$ g/cm^3).

Bild 329 erbringt auch den Beweis, daß die Holzfeuchtigkeit auf den zur Erzielung einer bestimmten Verdichtung nötigen Preßdruck bei Pappelholz keinen Einfluß ausübt; bei sehr geringer Feuchtigkeit kommt es aber leicht zu Beschädigungen (Splitterbildung) des Preßgutes. Nach der Entnahme aus

---

[1] Narayanamurti, D., u. B. N. Prasad: Holz als Roh- und Werkstoff Bd. 10 (1952) S. 92.

[2] Vorreiter, L.: Holz als Roh- und Werkstoff Bd. 5 (1942) S. 59.

der Presse nimmt das Volumen wieder etwas zu, ohne allerdings das Ausgangsvolumen vor dem Pressen zu erreichen. Das Nachlassen der Verdichtung hängt von der Holzfeuchtigkeit beim Pressen ab (Bild 330). Im Verlauf der ersten Stunde nach dem Pressen führt das Lösen der inneren Spannungen zu einem annähernd gleich großen Rückgang der Verdichtung, unabhängig von der Holzfeuchtigkeit beim Pressen. Bei längerer Lagerdauer gewinnen Quellungs- und Schwindungserscheinungen Bedeutung, die unterhalb von etwa 16% Holzfeuchtigkeit eine weitere Abnahme der Verdichtung, oberhalb von 16% eine scheinbare Zunahme der Verdichtung bewirken. Werden die gepreßten Pappelhölzer mit Teeröl getränkt, so liegt nach K. Egner[1] die günstigste Holzfeuchtigkeit zur Zeit des Tränkens nicht bei rund 16%, sondern bei nur rund 10%. Bei Versuchen von R. M. Seborg und A. J. Stamm[2] an Hickory- und Douglasienholz ergab sich, daß die Verdichtung sowohl mit der Ursprungs-

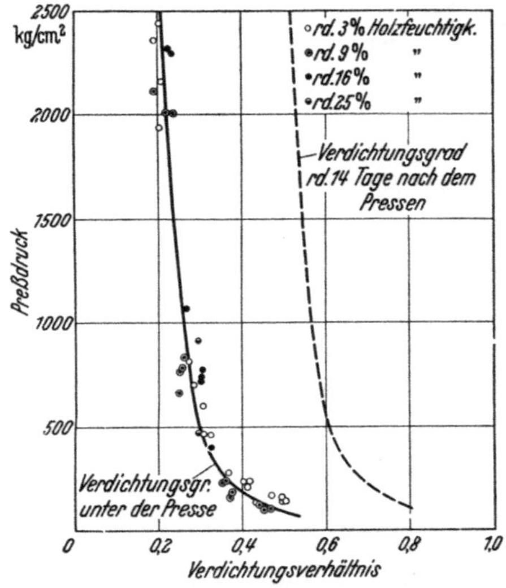

Bild 329. Zusammenhang zwischen Preßdruck und Verdichtungsverhältnis bei Pappelholz von rd. 10 mm Ausgangsdicke. (Nach K. Egner u. O. Graf.)

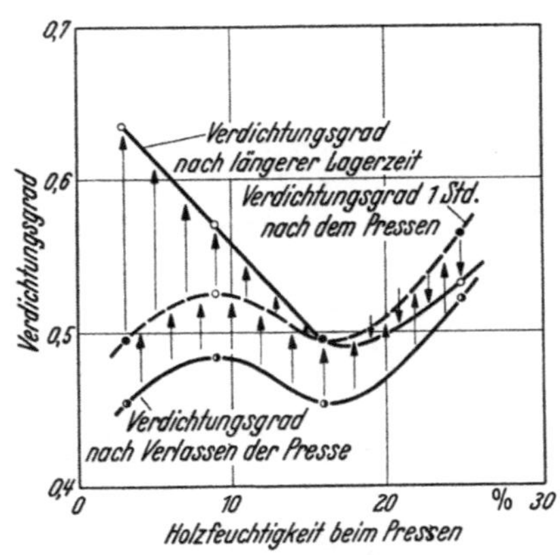

Bild 330. Zurückgehen der Verdichtung bei gleichstark gepreßtem Pappelholz (Verdichtungsgrad 0,3 unter der Presse) in Abhängigkeit von der Holzfeuchtigkeit. (Nach K. Egner u. O. Graf.)

feuchtigkeit des Holzes (bis zum Fasersättigungspunkt) als auch mit der Preßtemperatur zunimmt (Bild 331 und 332). Allerdings werden die Unterschiede im Verdichtungsgrad geringfügig, wenn die Preßdrücke erheblich über der Proportionalitätsgrenze bei Druckbeanspruchung senkrecht zur Faser liegen. Holz, das mit hohen Drücken und Temperaturen unter Bedingungen verdichtet ist, die einen nennenswerten Feuchtigkeitsverlust während des Pressens ausschließen, bewahrt seinen Verdichtungsgrad, solange es nicht mehr Feuchtigkeit absorbiert, als beim Pressen vorhanden war. Holz, das mit 20 oder mehr Prozent Feuchtigkeit bei 163° C verpreßt wurde, behält mindestens 80% seiner Verdichtung selbst nach Wasserlagerung und anschließender Trocknung bei. R. M. Seborg und A. J. Stamm empfehlen deshalb, Preßvollholz aus nur teilweise getrocknetem oder besonders klimatisiertem Holz mit mindestens 20% Feuchtigkeit bei Preßtemperaturen über 163° C zu erzeugen.

---

[1] Vgl. K. Egner: Aus den heutigen Erkenntnissen über Holzvergütung, H. Fachvorträge zur 74. VDI-Hauptversammlung, Darmstadt 1936, S. 13.

[2] Seborg, R. M., u. A. J. Stamm: The Compression of Wood, Mech. Engng. Bd. 67 (1941) S. 25, U. S. For. Prod. Lab. Rep. Nr. R 1258, Madison (Wisc.) 1941.

Wird das Verdichten durch Walzen vorgenommen, so müssen mehrere Walzengänge („Stiche") durchgeführt werden. Die günstigste Stichzahl ergibt sich bei Holzfeuchtigkeiten zwischen 10 und 15%. Holz mit weniger als 10% blättert beim Walzen auf; der gleiche Fehler stellt sich bei zu hoher Walzgeschwindigkeit ein. Auch Furniere lassen sich nach einem von der Firma Jaeger & Co., Stuttgart, entwickelten Verfahren durch stufenweises Walzen

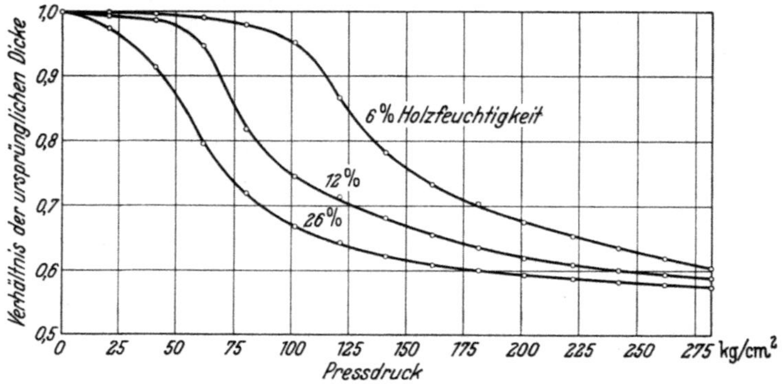

Bild 331. Zusammenhang zwischen Verdichtungsgrad und Preßdruck bei verschiedenen Holzfeuchtigkeiten. (Preßtemperatur 160°C) für Hickory-Splintholz. (Nach R. M. Seborg u. A. J. Stamm.)

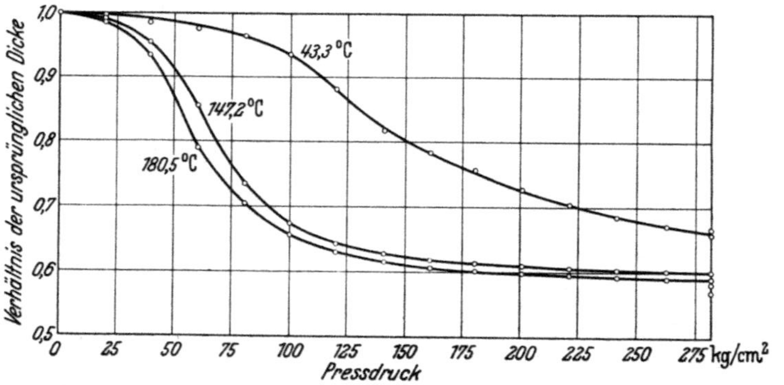

Bild 332. Zusammenhang zwischen Verdichtungsgrad und Preßdruck bei verschiedenen Temperaturen für Hickory-Splintholz. (Nach R. M. Seborg u. A. J. Stamm.)

und Pressen veredeln[1]. Zunächst ist dabei auf die angemessene Ausgangsfeuchtigkeit zu achten, die von der Holzart und dem Grad der Unebenheit der Furnieroberfläche abhängt. Für flachliegende geradfaserige Furniere sind 10 bis 12% Holzfeuchtigkeit zulässig, während die Feuchtigkeit bei verworfenen und gekräuselten Furnieren oft zwischen 20 und 30% liegen muß, um Risse beim Pressen zu vermeiden. Die Furniere haben meist eine ursprüngliche Dicke von 1 bis 2 mm; sie laufen kalt durch das Walzwerk mit einer Vorschubgeschwindigkeit von etwa 15 m/min. Verdichtet wird auf eine Wichte von 0,9 bis 1,2 g/cm³. Die Furnierbreite (in tangentialer Richtung) nimmt um 10% zu. Die Zahl der Stiche schwankt zwischen 6 und 20 je nach der Höhe des Anfangsdruckes. Für unebene Furniere ist bei den beiden ersten Stichen nur

[1] Seborg, R. M., u. H. O. Fleischer: Modified and Improved Wood in Western Germany, Joint Intelligence Objections Agency, Fiat Final Rep. Nr. 394, Washington DC., 17. Okt. 1945.

ein leichter Druck zulässig; je ebener aber die Furniere werden, desto mehr läßt sich in der Folge der Druck steigern. Die Faserrichtung im Furnier ist parallel oder unter 45° geneigt zu den Walzenachsen. Die auf diese Weise hergestellten Furniere haben eine sehr glatte Oberfläche und sind viel biegsamer als gewöhnliche Furniere. Sie lassen sich mit verringertem Verbrauch an Bindemitteln auf beliebige Hölzer aufleimen und können mit kleinerem Aufwand als unverdichtete Furniere durch Firnis, Lacke oder Polituren oberflächlich veredelt werden.

Bei einem aus dem Jahre 1892 stammenden deutschen Patent[1] wurden Holzwalzen für Mangeln und Kalander mittels der in Bild 333 gezeigten Vorrichtung, die aus 2, 3 oder mehr Härterollen (*a*) bestand, die auf geeignete Weise gleichzeitig und gleichmäßig an die umlaufende Holzwalze (*b*) angepreßt und längs derselben je nach Bedürfnis ein oder mehrere Male entlang geführt wurden, oberflächlich gehärtet. Obwohl die Rollen einen zwei- oder mehrseitigen Druck auf die Holzwalze ausüben, handelt es sich technologisch um einen einseitigen radialen Druck auf die Oberfläche des Rotationskörpers. Würde man den Walzvorgang allerdings soweit treiben, daß eine Verdichtung des Holzes über den ganzen Querschnitt zustande kommt, dann müßte das Verfahren jenen mit mehrseitiger Druckanwendung zugezählt werden.

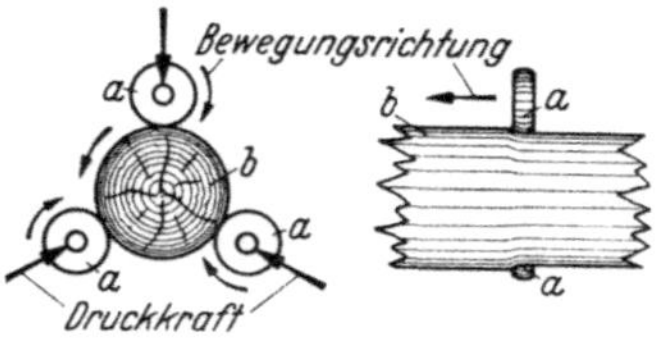

Bild 333. Schema einer Vorrichtung zur oberflächlichen Verdichtung von Holzwalzen. (Nach DRP 64289.)

711.2 Durch zwei- und mehrseitigen Druck verdichtete Vollhölzer.

711.21 Herstellung von Preßvollholz. Die Erfindung des durch mehrseitigen Druck verdichteten Holzes geht auf einen Zufall zurück. Als während des ersten Weltkrieges Versuche angestellt wurden, Ersatzstoffe für Gummi zu erzeugen, geriet einmal den österreichischen Ingenieuren Gebrüder Pfleumer versehentlich ein Stück Holz in einen mit Gummimasse gefüllten Autoklav. Durch den darin herrschenden Druck von etwa 300 at und die hohe Temperatur wurde das Holz in eine wesentlich dichtere, dunkle Masse verwandelt; das Gefüge war aber noch einigermaßen erkennbar. Nach vielen Versuchen gelang es, ein technisches Verfahren zur Herstellung eines neuartigen Preßholzes (Lignostone) zu entwickeln[2]. In USA erhielten C. U. Sears[3] und A. G. Olsen[4] Patente auf die Herstellung von Preßvollholz.

Anfangs erfolgte in Deutschland die Herstellung auf ähnliche Weise, wie sie der Zufall gewiesen hatte: in einem starkwandigen Stahlzylinder mit dickem Verschlußdeckel und äußerem Dampfmantel zwecks Heizung. Lediglich die Gummimasse war durch eine Asphaltmischung als Preßmittel ersetzt worden, die zwei Vorteile bot: Sie war billiger und drang nur mehr oberflächlich in das Holz ein. Die angewendeten Temperaturen lagen zwischen 90 und 150°C. Das Holz wurde auf die Hälfte bis ein Drittel seines ursprünglichen Volumens zusammengepreßt. Die Druckwirkung erfolgte von allen Seiten, also nicht nur quer zur, sondern auch längs der Faser. Mit Rücksicht auf die apparatebauliche und verfahrenstechnische Seite war die Massenfertigung erschwert, zumal da der Preßvorgang zwei bis drei Stunden benötigte. Da das Verfahren Rohlinge ohne Rücksicht auf die endgültige Form lieferte, mußte mit sehr beträchtlichen

---

[1] DRP 64 289 vom 17. 1. 1892. — [2] DRP 291 945 vom 26. 6. 1915;
[3] US Pat. 646 547 (1900); — [4] US Pat. 1 981 567 (1934).

Holzabfällen bei der Weiterverarbeitung gerechnet werden. Schließlich waren die Herstellkosten verhältnismäßig hoch.

Bald erkannte man, daß auf eine allseitige Druckeinwirkung verzichtet werden kann, da die Stauchung in der Faser-Längsrichtung vernachlässigbar klein ist. Bild 334 zeigt schematisch eine Vorrichtung[1] zur Herstellung von Preßlingen aus Holz mittels einer Preßform (*a*) und einem Preßstempel (*b*). Ursprünglich lufttrockene bis dampffeuchte Holzstücke (c_1 bis c_5) werden dabei in eine starre Hülle (*d*) gedrückt und daraus erst in völlig erstarrtem Zustand entfernt. Das wesentliche Merkmal des Verfahrens besteht darin, daß Holz etwa senkrecht zur Faserrichtung mehrseitig zusammengepreßt wird. Ein Nachteil ist der enge Zusammenhang zwischen dem Querschnitt der Preßform und der Form des Enderzeugnisses. Immerhin können je nach Bedarf runde, ovale, quadratische, rechteckige oder beliebig andere Querschnitte der Preßform gewählt werden. Das Verfahren wurde für die Massenherstellung von Knöpfen und elektrischen Artikeln entwickelt. Die Erzeugung größerer Kanteln ist auf diese Weise wirtschaftlich nicht möglich. Zu erwähnen ist aber, daß Holz für Webschützen seit dem Jahre 1924 (durch die Firma Fabbrica Navette Gia' Federle & Co., Schio) mittels Preßformen, die einen sich verjüngenden viereckigen Querschnitt besitzen (Bild 335), erzeugt werden. Beim Pressen durch diese Matrize mit Hilfe eines Kolbens oder Dorns werden die Abmessungen des Holzes durch gleichmäßigen Druck quer zur Faser auf allen vier Seiten verringert. Nach dem Austritt aus der ersten Matrize wird der Preßvorgang in einer Matrize gleicher Art, aber mit entsprechend engerer Preßöffnung wiederholt, und zwar stufenweise und so lange, bis die gewünschte Dichte bzw. Form des Holzes erreicht ist. Eine weitere Vorrichtung[2] zur Verdichtung von Holzkanteln, deren Abmessungen dem Fertigerzeugnis genau

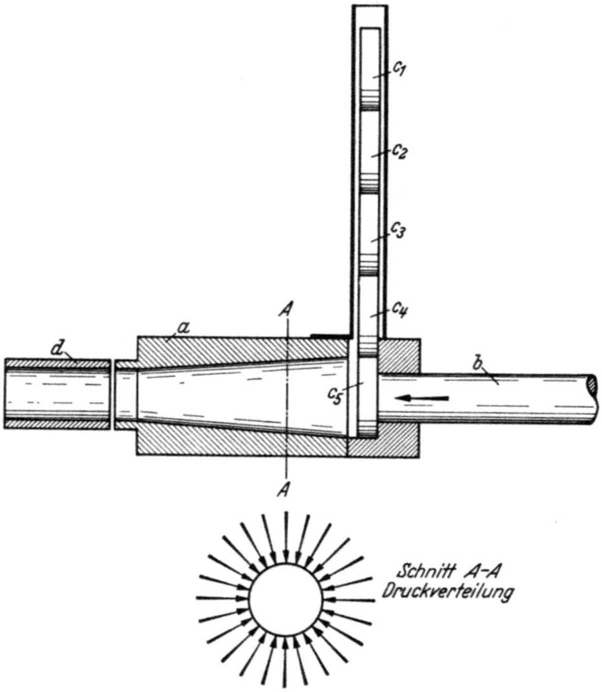

Bild 334. Schema einer Vorrichtung zur Herstellung von Preßlingen aus Holz mittels eines kegelförmigen Rohres, Preßstempels und zur Aufnahme der Preßlinge bestimmten starren Hülle. (Nach DRP 375673.)

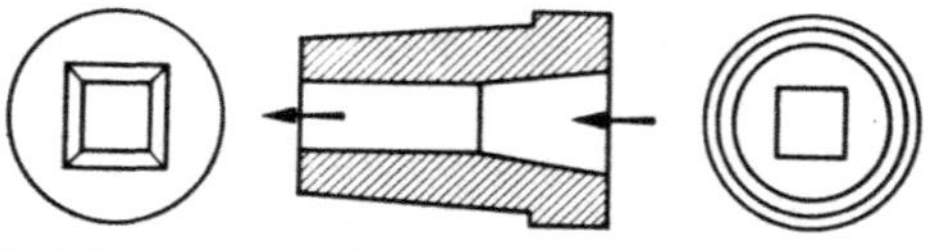

Bild 335. Schema einer Preßform mit sich verjüngendem viereckigem Querschnitt zur Herstellung von Preßholzkanteln für Webschützen.

[1] DRP 375 673 vom 4. 3. 1922. — [2] US Pat. 1 644 801 vom 5. 9. 1925.

angepaßt sein müssen, durch gleichzeitige Einwirkung von Druck quer zur Faser in mindestens zwei Richtungen zeigt Bild 336. Jede Vorrichtung, die aus zwei sehr genau gearbeiteten Formhälften (a_1 und a_2) und aus zwei ebenso präzise hergestellten Seitenteilen (b_1 und b_2) sowie aus zwei Klammern (k_1 und k_2) für die nebst Holzinhalt zusammengepreßte Form besteht, kann jeweils nur ein verdichtetes Holzstück erzeugt werden. Die Leistungsfähigkeit ist damit beschränkt, die Herstellkosten sind zwangläufig hoch. Die rohen Kanteln müssen sehr genau zugeschnitten sein.

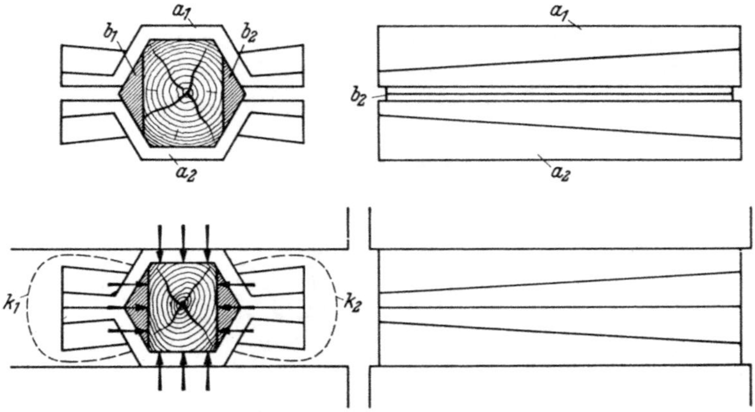

Bild 336. Schema einer Vorrichtung zur Herstellung von Preßvollholz-Kanteln. a_1 und a_2 genau gearbeitete Formhälften, b_1 und b_2 Seitenteile, k_1 und k_2 Klammern für die zusammengepreßte Form. (Nach US Pat. 1644801.)

Eine bedeutende Vereinfachung und Leistungssteigerung brachte demgegenüber das Verfahren zum Verdichten von Holz in zwei aufeinanderfolgenden Pressungen mit sich, wobei das Holz bei der ersten Pressung nur in einer Richtung, bei der zweiten, in einer Etagenpressung ausgeführten Pressung, in einer um 90° gegen die erste verschobenen Richtung senkrecht zur Holzfaserrichtung zusammengedrückt wird[1]. Praktisch geht die Herstellung von Preßvollholz (Lignostone) wie folgt vor sich[2]: Die Rohholzblöcke — an die sehr hohe Anforderungen hinsichtlich Astreinheit und geradem Faserverlauf gestellt werden — werden zunächst meist auf 9 bis 12% Wassergehalt herabgetrocknet. Die Feuchtigkeit wurde unter dem Gesichtswinkel des Feuchtegleichgewichts der Fertigware gewählt und wird je nach deren Verwendungszweck auch anders eingestellt. Die getrockneten Blöcke werden auf zweckmäßige Längen zurechtgeschnitten. Die Größe der Blöcke vor dem Pressen richtet sich nach den Abmessungen des Endprodukts und bewegt sich im allgemeinen zwischen folgenden Grenzen: Dicke 50 bis 100 mm, Breite 75 bis 200 mm, Länge 600 mm. Anschließend wird im allgemeinen ohne vorhergehende Imprägnierung, aber nach Eintauchen der Blockenden in heißes Paraffin während etwa 1 min, um zu starke Austrocknung über Hirn während des Pressens zu vermeiden, auf dampfbeheizten hydraulischen Pressen mit Drücken von 100 bis 280 kg/cm² in zwei Stufen gepreßt. Die Preßtemperatur beträgt 130 bis 160° C; bei 130° C soll nach Angaben der Firma Maatschappij Ago in Ter-Apel, Holland, die Er-

[1] DRP. 601 162 vom 27. 11. 1930.

[2] Seborg, R. M., u. J. O. Fleischer: Modified and Improved Wood in Western Germany, Joint Intelligence Objectives Agency, Fiat Final Rep. Nr. 394, Washington DC., 17. Okt. 1945.

hitzung 60 min je 25 mm Blockdicke dauern. Vor Entnahme aus der Presse werden die Blöcke wieder auf etwa 40° C abgekühlt. In der ersten Stufe werden die Blöcke, deren mehrere nebeneinander auf den Preßtisch gelegt werden, senkrecht zur Faser verdichtet, wobei ihr Querschnitt in der Höhe um etwa ein Drittel abnimmt, aus dem Quadrat also ein Rechteck wird. Für die zweite Preßstufe werden die Blöcke um 90° gedreht und abermals verdichtet. Der Querschnitt wird dann wieder quadratisch und hat etwa den halben Flächeninhalt des Ausgangsquerschnitts. Da sich die Länge nicht verändert, sinkt das Volumen durch das Pressen annähernd auf die Hälfte des ursprünglichen

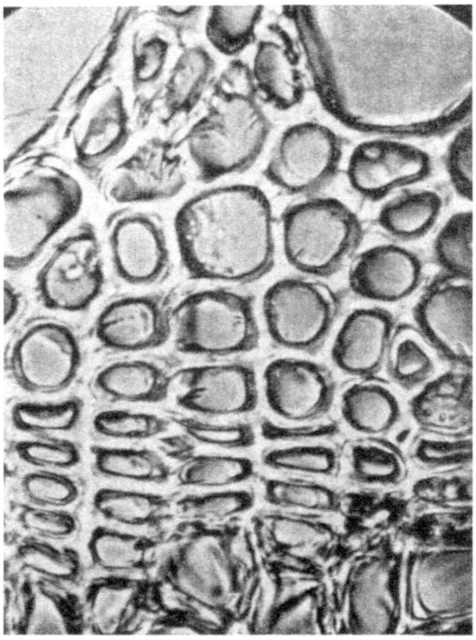

Bild 337. Querschnitt durch Rüsternholz, 500/1. (Phot. E. Reineck.)

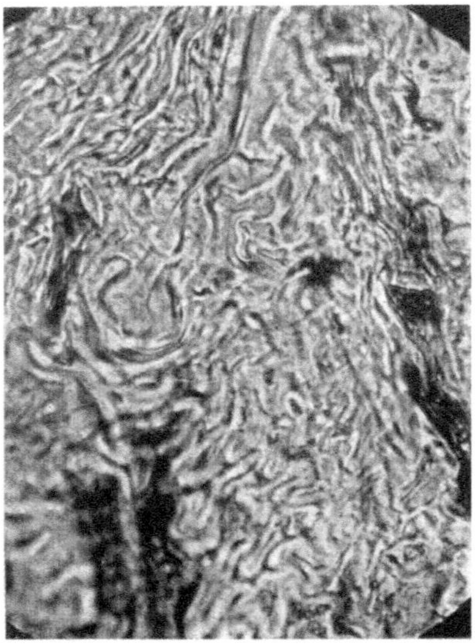

Bild 338. Querschnitt durch Preßvollholz (Lignostone), 500/1. (Phot. E. Reineck.)

Wertes. Dies bedingt eine Erhöhung der Rohwichte um etwa 100%. Selbstverständlich fallen nicht alle Stücke gleich schwer aus, da sich die natürliche Schwankung der Holzwichte geltend macht. Davon abgesehen stellte sich sogar das technische Bedürfnis heraus, auch leichtere Preßholzarten herzustellen. Der Fertigungsplan umfaßt beispielsweise bei Lignostone drei Klassen: leicht von $r = 1{,}05$ bis 1,15, mittel von $r = 1{,}18$ bis 1,25, normal von $r = 1{,}30$ bis 1,46 g/cm³. Genaue Sortierung erfolgt sehr einfach durch Eintauchen in Bäder verschieden dichter Flüssigkeiten.

Zur Herstellung von Blöcken großen Querschnitts werden auch Platten, meist in ziegelartigem Verband zusammengepreßt und gleichzeitig mit Kunstharz verbunden. Im Bedarfsfall versetzt man einzelne Schichten in der Faserrichtung um 90°, wodurch dem Verziehen entgegengewirkt und vor allem die Spalt- und Scherfestigkeit erhöht wird. Bei Verwendung vieler dünner Schichten geht das Erzeugnis allmählich vom Preßvollholz in Preßlagenholz über.

711.22 Gefüge von Preßvollholz. Durch den sehr hohen Druck bei gleichzeitiger Erhitzung werden nicht nur die Hohlräume der Gefäße und Holzparenchymzellen nahezu vollständig geschlossen, sondern es findet auch eine Verklebung, ja Verschmelzung der stark zusammengedrückten und verformten Zellen statt (Bild 337 und 338). Nur mit Mühe kann man die Wandungen der verkrümmten und gewundenen Gefäße noch erkennen, die zwischen die Fasern eingekeilt sind. Etwas weniger zerdrückt erscheinen die Holzparenchymzellen mit stark gebräuntem Zellinhalt. Die Markstrahlen, die teilweise, wenn der Hauptdruck in ihrer Richtung erfolgte, zickzackförmig verlaufen (Bild 339), sind so zusammengepreßt, daß die einzelnen Zellen nicht mehr zu unterscheiden sind. Alles in allem sind nur die Holzfasern im wesentlichen erhalten, während die übrigen Zellen bis zur Unkenntlichkeit verändert sind. Das übliche Holzgefüge (Bild 337 und 340) ist verschwunden, eine weitgehend homogene, dichte Fasermasse entstanden (Bild 338 und 341). A. Frey-Wyssling[1] hat nachgewiesen, daß bei der Lignostoneherstellung die Mittelschicht plastisch wird und gleichzeitig stark schwindet (Bild 342). Bestandteile der Zellwand dürften demnach teilweise chemisch abgebaut werden, wobei vermutlich auch die

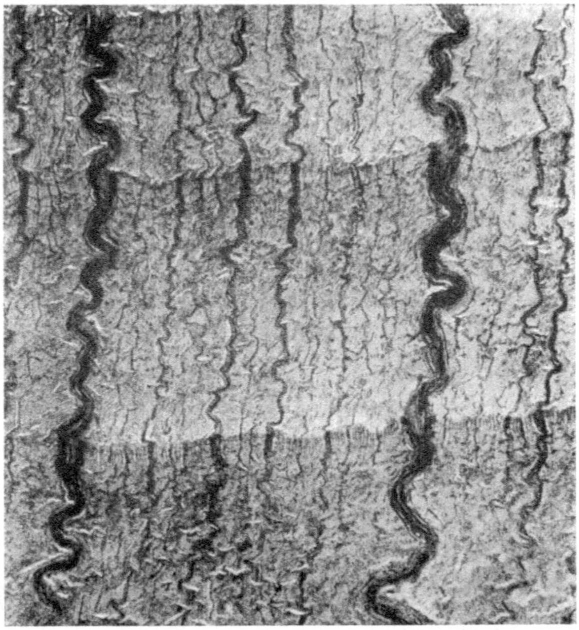

Bild 339. Querschnitt durch Preßvollholz (Lignostone) von Rotbuche, 30/1. (Phot. O. Graf.)

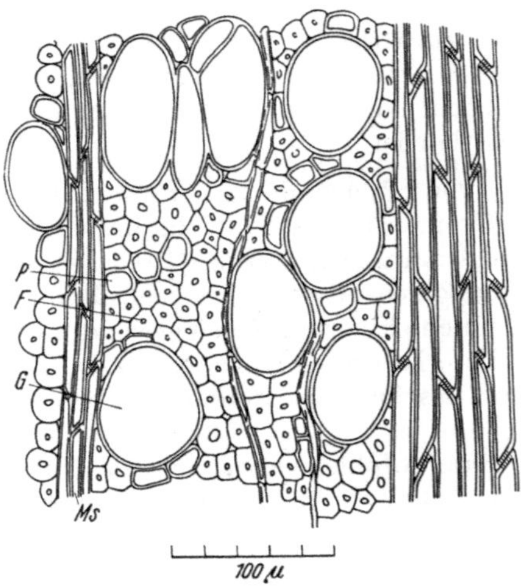

Bild 340. Mikroskopische Struktur von Buchenholz im Querschnitt. F = Holzfasern, G = Gefäße, M_s = Markstrahl-Parenchym, P = Holzparenchymzellen. (Nach A. Frey-Wyssling.)

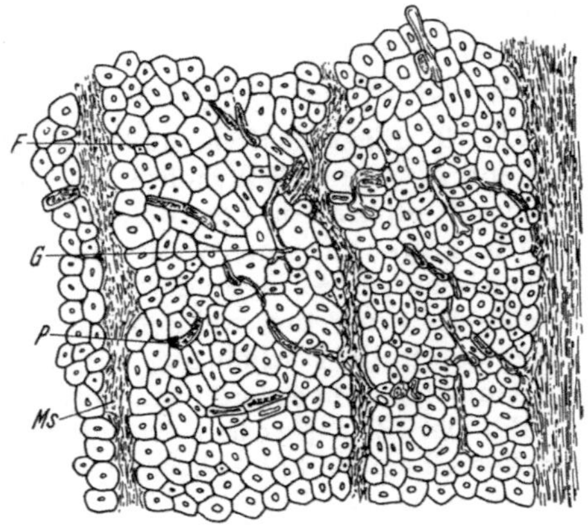

Bild 341. Mikroskopische Struktur von Lignostone im Querschnitt. Gefäße G vollständig zerdrückt, Holzparenchymzellen P zusammengequetscht, Markstrahlen M_s zu einer unentwirrbaren Masse zusammengeschoben. Holzfasern F mit verkleinertem Lumen erhalten. (Nach A. Frey-Wyssling.)

[1] Frey-Wyssling, A.: Holz als Roh- und Werkstoff Bd. 4 (1941) S. 337.

hydrolysierende Wirkung einiger Reaktionsprodukte (z. B. der entstehenden Essig- und Ameisensäure) eine Rolle spielt; hierauf hat R. Runkel[1] wiederholt aufmerksam gemacht. Eine weitergehende Umwandlung der chemischen Zusammensetzung findet allerdings bei der Herstellung von Preßvollholz durch Anwendung von Druck und Hitze nicht statt, worauf folgende Zahlen hinweisen:

Gehalt an	Lignostone	Rotbuchenholz
Lignin* (%)	22,50	22,86
Ätherlösliche Bestandteile (%) .	0,22	0,16

* Mit 72%iger Schwefelsäure nach J. König.

Die Lageveränderungen der einzelnen Zellen erfolgen hauptsächlich nach den Orten des geringsten Widerstandes hin[2]; sie sind weitgehend umkehrbar, da Preßvollholz durch längeres Kochen in Wasser wieder annähernd auf den Rauminhalt des Ausgangsholzes gebracht werden kann.

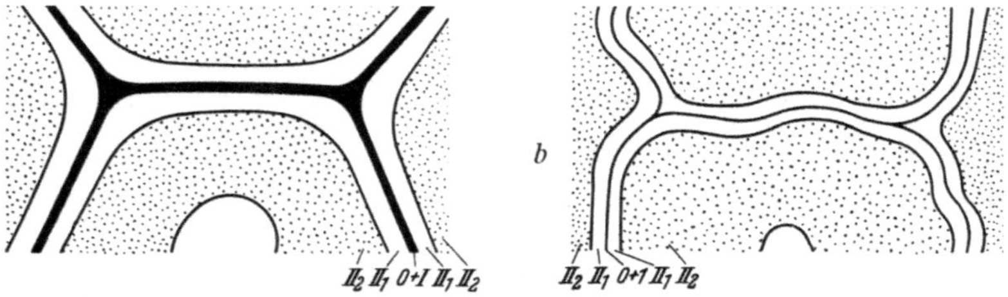

Bild 342. Veränderung der Zellwand einer Buchenholzfaser bei der Verarbeitung zu Preßvollholz. *a* ursprüngliche Buchenholzfaser. Die Mittelschicht 0 + I erscheint isotrop (schwarz), die Außenschicht der sekundären Wandung II_1 leuchtet im Polarisationsmikroskop hell auf (so daß sie dicker erscheint, als sie tatsächlich ist). Die Zentralschicht II_2 zeigt andeutungsweise ein Sphäritenkreuz. *b* Faser von Buchen-Lignostone. Die Mittelschicht 0 + I ist stark reduziert und faltig gewunden; auch Schicht II_1 hat an Dicke verloren, und das Zellumen ist kleiner geworden. Die Zentralschicht II_2 hat ihre Dicke bewahrt. (Nach A. Frey-Wyssling.)

Für die Erzeugung von Preßvollholz wird Laubholz, und zwar fast ausschließlich Rotbuchenholz verwendet. Nadelhölzer sind weniger geeignet, weil der entstehende Werkstoff infolge der nicht verwischbaren Dichteunterschiede von Früh- und Spätholz zu leicht spaltbar ist.

711.23 Eigenschaften und Verwendung von Preßvollholz. Preßvollholz erreicht in seiner Rohwichte den oberen Grenzwert für Holzabkömmlinge. Die unmittelbare Folge der hohen Verdichtung ist ein Anwachsen der Festigkeitseigenschaften, worauf in den einschlägigen Abschnitten von Band I hingewiesen wurde. Besonders wertvoll für manche konstruktive Verwendungszwecke ist auch der weitgehende innere Ausgleich der Festigkeit, der außer durch die Verdichtung durch die schon beschriebene Zellverkeilung und -verschmelzung herbeigeführt wird[3].

Bei der Zerspanung verlangt Lignostone infolge seiner großen Härte tadellos schneidende Werkzeuge, läßt sich aber lediglich durch Feinbearbeitung, also ohne Deckpolituren auf Glanz bringen. Zur Verleimung empfehlen sich

[1] Runkel, R. O. H.: Holz als Roh- und Werkstoff Bd. 9 (1951) S. 41. — Derselbe u. K. D. Wilke: das. Bd. 9 (1951) S. 260.

[2] Kisser, J.: Botan. Arch. Bd. 42 (1941) S. 100. — Derselbe: Holz als Roh- und Werkstoff Bd. 4 (1941) S. 419.

[3] Graf, O.: Über die Ermittlung der mechanischen Eigenschaften der Hölzer und über Abnahmevorschriften, in Mitt. Fachaussch. Holzfragen H. 4, Berlin 1932.

Phenol-Formaldehyd- oder Harnstoff-Formaldehydleime; auch gute Kaseinleime sind geeignet. Wegen der Unnachgiebigkeit des Werkstoffes müssen die Leimflächen genau aufeinander passen.

Die Verwendungsmöglichkeiten sind vielseitige und können nur in Stichworten angedeutet werden[1]. Glatte und verschleißfeste Geräte und Maschinenteile in der Textilindustrie wie Webschützen und Unterschläger für Webstühle, öllose Lager, Haspellatten für Kunstseide; Blattfedern für Schüttelsiebe; Hammerköpfe; Gatterführungen; Lagerschalen; Zahnräder; Preß- und Ziehwerkzeuge; funkenfreies Material für Mühlen und Bergwerke; Schneeschuhkanten; Isolierstücke für Fahrleitungen und Bahnschienen; Türgriffe und andere Beschlagteile.

712. Formvollholz.

Bei dem üblichen Biegeverfahren, z. B. dem Thonetschen (s. Z. 89143.), wird das Holz nach entsprechender Vorbehandlung, z. B. durch Dämpfen, mittels besonderer Maschinen gebogen, wobei ein stählernes Band oder mechanischer Stauchdruck dafür sorgt, daß die gefährdete Zugzone sich nicht längt und dabei reißt. Die Verformbarkeit des Holzes ist bei diesem Verfahren zeitlich und geometrisch beschränkt, ganz abgesehen davon, daß die erforderlichen Einrichtungen kostspielig und deshalb nur bei großer Produktion wirtschaftlich sind. Das Bedürfnis nach einem dauernd biegsamen, ohne größeren Aufwand verformbaren Holz liegt deshalb auf der Hand.

Das erste Patent auf die Erzeugung von Biegeholz wurde im Jahre 1917 von M. Hanemann angemeldet[2]. Sein Grundgedanke war, größere ast- und fehlerfreie Holzstücke durch Kochen oder Dämpfen zu erweichen und im Anschluß daran durch mechanischen Druck längs der Faser dauernd biegsam zu machen[3]. Damit das Holz beim Preßvorgang nicht seitlich ausweichen oder ausknicken kann, wurde es in einem Preßfutter eingespannt. Die weitere Entwicklung des Verfahrens ist dadurch gekennzeichnet[4], daß ein Zusatzpatent sich auch auf das gleichzeitige Pressen senkrecht zur Faser erstreckte und daß an den Hirnenden der gestauchten Holzstücke Stahlplatten angelegt wurden, die nach Aufhören des Längsdrucks mittels Anker am Preßfutter befestigt wurden. Auf diese Weise blieben die Holzstücke auch nach Lösen des Preßstempels bis zur Abkühlung noch unter Spannung. Später wurde dann entdeckt, daß die Erweichung des Holzes fünf- bis sechsmal rascher und gleichmäßiger erfolgt, wenn man nicht bei atmosphärischem Druck, sondern im luftverdünnten Raum dämpft.

Eine lange Zeit unerwünschte Erscheinung lag darin, daß der Preßdruck der Preßstempel nur an den Hirnenden in seiner ganzen Größe wirkte und dann infolge der Reibung des Holzstückes am Preßfutter gegen die Mitte des Holzstückes zu hyperbolisch abnahm. Die Folge war, daß die Biegsamkeit des Holzstückes nach dem Stauchen in der Mitte viel geringer war als an den Enden. Dieser Nachteil wurde 1928 dadurch beseitigt, daß die Preßform innen mit Stütz- oder Führungsplatten bzw. Führungsleisten *f* versehen wurde, in deren gezahnte Oberflächen das Holz fest eingespannt wurde (Bild 343). Da-

---

[1] Vgl. Holzindustrie 1931, H. 47. — L. Vorreiter: Forstwiss. Cbl. Bd. 56 (1934) S. 533. (Die Arbeit enthält wesentliche Irrtümer.)

[2] DRP. 318 197.

[3] Vorreiter, L.: Patentbiegeholz, Tharandt. forstl. Jb. Bd. 88 (1937) S. 573.

[4] DRP. 321 629, 458 923, 488 765 und 516 801, Gesellschaft für Holzveredelung GmbH., Selters/Westerwald.

durch gelang es, den Längsdruck einigermaßen gleichmäßig über die ganze Länge des Holzstückes zu übertragen.

Anwendbar ist das Verfahren auf Laubhölzer, z. B. Ahorn, Birnbaum, Eiche, Esche, Kirschbaum, Nußbaum, Rotbuche und Rüster. Bei Nadelhölzern versagt es, wahrscheinlich wegen der großen Dichte- und Härteunterschiede von Früh- und Spätholz. Bild 344 zeigt eine Spaltfläche von unbehandeltem Rotbuchenholz, Bild 345 eine solche von Patentbiegeholz (Buche); man erkennt, daß durch das Stauchen der Faserverband weitgehend gelockert wurde, woraus sich die bleibende Nachgiebigkeit erklärt. Die große Verformbarkeit führte klar Bild 500 und Zahlentafel 121 in Band I (S. 616/617) vor Augen.

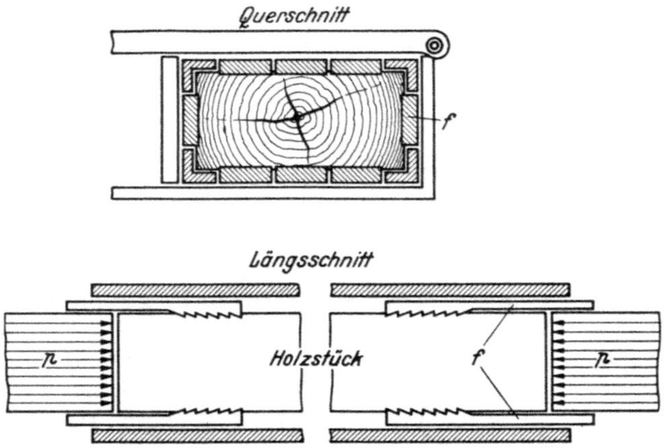

Bild 343. Schema der Vorrichtung zur Herstellung von Patentbiegeholz.

Bei der Verarbeitung von Biegeholz ist die starke Abhängigkeit des Grades der Biegsamkeit vom Feuchtigkeitsgehalt im Bereich von 0 bis etwa 40% zu beachten. Die normale Feuchtigkeit des Biegeholzes im Lieferzustand liegt zwischen etwa 12 und 18% Feuchtig-

Bild 344. Spaltfläche von unbehandeltem Rotbuchenholz, 4/1. (Phot. O. Graf.)

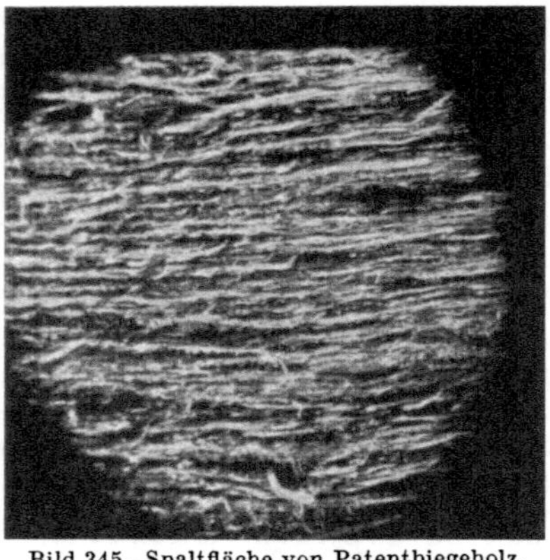

Bild 345. Spaltfläche von Patentbiegeholz, Rotbuche, 4/1. (Phot. O. Graf.)

keit. In diesem oder in einem feuchteren Zustand läßt sich das Biegeholz leicht beliebig biegen, wobei für das geringste zulässige Verhältnis des Krümmungsradius r zur Holzdicke s gilt

$$3 < \frac{r}{s} < 10.$$

Im allgemeinen kann r/s um so kleiner sein, je feuchter das Holz beim Biegen ist. Das gebogene Holz ist in der erzwungenen Form durch Nägel, Zwingen,

Verschnürung oder andere Hilfsmittel festzuhalten und dann langsam bei 70 bis 80° C zu trocknen. Bei dieser Trocknung erstarren die Formen, und die Einspannungen können anschließend beseitigt werden. Bei Temperaturen über 80° C treten leicht Verkrümmungen und Verwindungen auf.

Die Verwendung des Biegeholzes kommt im Möbelbau für geschweifte Formen aller Art, für Stuhllehnen und -sitze, für Armlehnen und Zierleisten, gebogene Tischbeine usw. in Frage. Auch im Fahrzeugbau hat das Patentbiegeholz seine Brauchbarkeit vielfach bewiesen, so für Karosserien, bei Fenstereinfassungen, geschweiften Eck- und Randleisten, an Decken, Türen und Bänken von Eisenbahn- und Straßenbahnwagen, für Griffe an Eingängen und Bankreihen an Stelle von Metall, ferner im Flugzeugbau und vor allem im Segelflugzeugbau. Bei Verwendung im Bootsbau muß das Biegeholz nach dem Abtrocknen gegen Wiederaufnahme von Feuchtigkeit geschützt werden, damit es die erzwungene Form beibehält. Schließlich hat sich Biegeholz bereits eingebürgert bei der Herstellung von Koffern und Dosen, von Gehäusen für Rundfunkempfänger und Grammophone, für Sportgeräte, Spielwaren und Rahmen.

713. Tränkvollholz.

713.0 Allgemeines.

Unter Tränkvollholz versteht man nach der deutschen Norm DIN 4076 Vollhölzer, die durch geeignete Verfahren mit einem chemischen Stoff oder einem Stoffgemisch imprägniert sind. Tränkzweck und Tränkmittel sind anzugeben. Im großen gesehen gibt es zwei Hauptgruppen von Tränkzwecken:

A Tränkung zwecks Veränderung der physikalischen Eigenschaften.

B Tränkung zwecks Erhöhung des Widerstands gegen Abbau.

Eine Besprechung der zweiten Hauptgruppe kann in diesem Zusammenhang entfallen, da die Tränkverfahren zwecks Schutz des Holzes bereits in den Abschnitten 513.2 bis 513.8, die Tränkmittel gegen Pilze und tierische Schädlinge in den Abschnitten 521.1 bis 521.4 und die Feuerschutzmittel in den Abschnitten 522.2 bis 522.5 behandelt wurden.

Bei der Hauptgruppe „Tränkung zwecks Veränderung der physikalischen Eigenschaften" können die nachstehenden Untergruppen ins Auge gefaßt werden[1]:

Tränkzweck	Tränkmittel	Werkstoffbeispiel
1. Erhöhung der Dichte 2. Verbesserung der Festigkeit und Härte	Mineralische Lösungen (z. B. Kieselsäure) Metallsalzlösungen Metallschmelzen Kunstharze (z. B. Phenol-Formaldehydharze)	Metallholz „Permali" der Firma Le Bois Bakélisé
3. Verringerung von Hygroskopizität und Quellung	Kohlenwasserstoffe (z. B. Paraffin, Wachse) Kunstharze Salz- und Zuckerlösungen	

[1] Kollmann, F.: Holz als Roh- und Werkstoff Bd. 5 (1942) S. 41.

Tränkzweck	Tränkmittel	Werkstoffbeispiel
4. Verringerung der Reibung (Selbstschmierung)	Kolloidaler Graphit Metallschmelzen (evtl. nachträgl. Schmiermittel) Öle und Fette	Öllose Lager
5. Beeinflussung der elektrischen Eigenschaften (Vergrößerung des Ohmschen Widerstandes und der Durchschlagfestigkeit)	Kohlenwasserstoffe (z. B. Paraffin) Kunstharze(Phenol-Formaldehyd; Phenol, Furfurol + Chlornaphthalin)	

Die obenstehende Einteilung ist weder lückenlos, noch lassen sich die bezifferten Untergruppen streng voneinander trennen. Aufgenommen wurden vielmehr nur Beispiele, die praktisch bereits in größerem oder kleinerem Umfang Anwendung finden; häufig wird mit einem bestimmten Tränkzweck noch ein anderer erreicht. Beispielsweise bedingen porenfüllende Tränkmittel in allen Fällen gleichzeitig Erhöhung der Dichte, Verbesserung der Festigkeit und Verringerung der Feuchtigkeitsaufnahme.

In der Übersicht sind Tränkmittelgruppen angegeben. Gemäß DIN 4076 sind aber die Tränkmittel selbst zu bezeichnen, z. B. bei Metallschmelzen das Metall bzw. die Metallegierung, bei Kunstharzen z. B. Phenol-Formaldehyd oder Phenol, Furfurol + Chlornaphtalin usw. Auch die Menge des einverleibten Schutzstoffes in [kg/m³] ist zu vermerken.

713.1 Versteinertes (verkieseltes) Holz.

Fossiles Holz, dessen organisches Fasergerüst durch anorganische Einlagerungen (meist Kieselsäure, aber auch Pyrit, Kalk, Eisenoxyde) steinartig verdichtet ist, findet sich in vielen geologischen Formationen. Häufig und am besten erhalten sind verkieselte Hölzer (z. B. in Tanganjika und Arizona). Holzopal dient als Schmuckstein[1]. Die Analyse eines völlig verkieselten, in Amerika gefundenen Holzes ergab[2] 90% Kieselsäure, 3,3% Eisenoxyd und 6,3% organische Substanz plus Wasser. Es lag nahe, den Vorgang der natürlichen Versteinerung des Holzes künstlich nachzuahmen; eine große Anzahl von Vorschlägen hierfür wurden bisher bekannt[3]. Man tränkt beispielsweise mit $CaCl_2$- oder Schwermetallsalzlösungen und behandelt mit Kaliwasserglas nach. Ein anderer Weg ging dahin, dem Holz verschiedene wasserlösliche Salze zuzuführen, die sich beim Zusammenpressen sofort oder nachträglich — evtl. bei höheren Temperaturen — in unlösliche Verbindungen umsetzen. Die Absicht des Verfahrens ist, dem Holz eine erhöhte Festigkeit sowie Schutz gegen Schädlinge und Entflammung zu geben. Beispielsweise stieg bei Versuchen die Druckfestigkeit von Hölzern um rund 65%, wenn man sie mit Wasserglas während drei Stunden allmählich auf 200° C erhitzte.

Der Drucktränkung des Holzes mit „versteinernden" organischen Flüssigkeiten steht die an den Außenflächen einsetzende Bildung von schleimigen

[1] Vgl. die ausführliche Behandlung der Holzversteinerung, insbesondere die einschlägigen älteren Patente bei F. Bub/Bodmar u. B. Tilger: Die Konservierung des Holzes in Theorie und Praxis, Berlin 1922, S. 378.

[2] Frank, A.: Chemiker-Ztg. Bd. 36 (1912) S. 719.

[3] Vgl. Blücher-Lange: Auskunftsbuch für die chemische Industrie, 14. Aufl., Berlin und Leipzig 1931, S. 367.

Niederschlägen und damit Verstopfung der Poren im Wege; das weitere Eindringen des Lösungsmittels in das Innere wird so verhindert. Als ein Ausweg wurde die Einwirkung von Fluorsiliciumgas oder Eisencarbonyldampf vorgeschlagen sowie die unter hohem Dampfdruck zu bewirkende Durchtränkung des getrockneten Holzes mit Silicofluoridlösungen und nachfolgender Naßbehandlung, bei der sich die Kieselsäure abscheidet[1]. Praktische Bedeutung erlangte aber bisher kein Versteinerungsverfahren von Holz.

713.2 Metallholz.

Die Herstellung des Metallholzes geht auf einen Vorschlag von H. Schmidt am Kaiser-Wilhelm-Institut für Eisenforschung in Düsseldorf zurück[2]. Das Verfahren ist außerordentlich einfach[3]: Das zu metallisierende Holz, das gut trocken sein muß, wird unter ein flüssiges Metall mit tiefem Schmelzpunkt (Blei, Zinn, Antimon und deren Legierungen: Woodsches Metall und Roséesches Metall) getaucht, und dann in verschlossenem Gefäß einem mäßigen Druck ausgesetzt. Bei den Versuchen im Kaiser-Wilhelm-Institut für Eisenforschung gelang es, Holzstücke von $40 \cdot 10 \cdot 5\ cm^3$ in wenigen Sekunden vollständig zu metallisieren. Die Tränkung läßt sich auch so leiten, daß nur die Gefäße bzw. weitlumige Tracheiden mit Metall gefüllt werden oder daß das Holz lediglich an der Oberfläche metallisiert wird.

Im allgemeinen läßt sich jede Holzart metallisieren, jedoch ist es am zweckmäßigsten, möglichst gleichmäßige, engringige und zerstreutporige Laubhölzer zu verwenden. Besonders gut eignet sich Zuckerahorn (Acer saccharum Marsh.). Nach L. Vorreiter[4] scheint der bekannt gewordene obenbeschriebene Herstellungsgang allein für eine durchgehende Metallisierung nicht ausreichend. Er nimmt an, daß ein Hirnende des Holzes aus der Metallschmelze zunächst herausragt und daß dort ein Saugstutzen angeschlossen wird; mittels einer kräftigen Vacuumpumpe wird dann ein Unterdruck in den Zellhohlräumen des Holzes erzeugt, der das Eindringen des Metalls erleichtert. Nach der Entlüftung wird das Holzstück vollends untergetaucht und der Druckkessel dicht verschlossen. Der beim Erkalten der Metallschmelze entstehende eutektische Druck bewirkt das vollständige Eindringen des Metalls in das Holz. Es muß aber als fraglich angesehen werden, ob sich größere Holzstücke gleichmäßig durchtränken lassen.

Je nach dem Metallisierungsgrad treten in dem neuen Verbundstoff die Eigenschaften der organischen oder der anorganischen Komponente hervor. Stets erhalten bleibt das Gefüge. Bemerkenswert ist in Bild 346, daß nur etwa 70% der Gefäße und 70,3% der Poren des Sklerenchymgewebes mit Metall gefüllt sind. Nahezu leer sind die Zellen des Markstrahls geblieben.

Die Rohwichte des Metallholzes hängt naturgemäß vom Metallgehalt ab. So liegt sie z. B. nach G. Naeser für zinngetränktes Nußbaumholz zwischen 0,95 und 3,83 g/cm^3; bei der ersten Probe waren lediglich die Gefäße gefüllt, bei der letzten etwa drei Viertel des Porenvolumens (die Wichte reinen Zinns beträgt 7,28 g/cm^3). Eine noch weitergehende Metallisierung ließ sich bei Kiefernholz erzielen; hier wurde die Rohwichte 4,83 g/cm^3 erreicht, d. h. es

[1] Wislicenus, H.: Ang. Chem. Bd. 41 (1928) S. 1345.

[2] DRP. 493 905 und 506 477.

[3] Naeser, G.: Umschau Bd. 34 (1930) S. 250. — P. Martell: Wiener Allg. Forst- u. Jagd-Ztg. Bd. 51 (1933) Nr. 44. — Z. Angew. Chem. Bd. 43 (1930) S. 257.

[4] Vorreiter, L.: Holz als Roh- und Werkstoff Bd. 5 (1942) S. 59.

wurden — bei einer angenommenen Rohwichte von 0,45 g/cm³ für das Ausgangsholz — 85% des Porenvolumens mit Metall gefüllt.

Angaben über die Quellungseigenschaften von Metallholz finden sich in Band I, S. 427, über die elastischen Eigenschaften in Band I, S. 617 und über die Druckfestigkeit in Band I, S. 752. In der Regel erreicht die Härte etwa den doppelten bis dreifachen Wert von Holz, jedoch lassen sich durch Tränkungen mit Antimon-Blei-Legierungen noch wesentlich günstigere Verhältnisse schaffen. Die Härte kann dann nicht nur dem Holz, sondern auch dem Metall gegenüber zunehmen. Nach G. Naeser ist die Erklärung in der Struktur des Werkstoffes zu suchen: ,,Durch das Holzgerüst wird das bei dem reinen Metall leicht auftretende Fließen verhindert, während anderseits das Metall dem Einknicken des Holzes großen Widerstand entgegensetzt.“

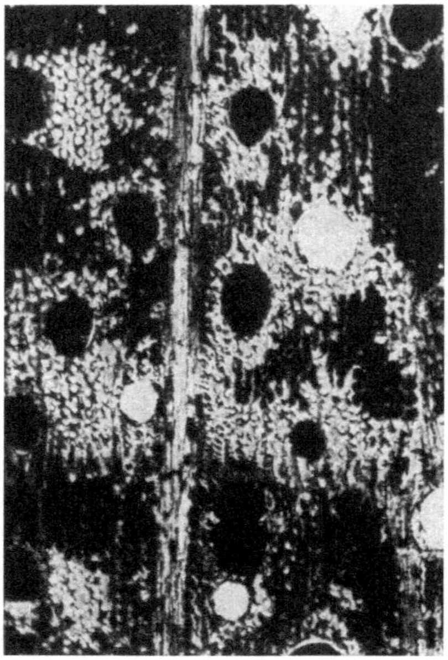

Bild 346. Hirnschnitt durch Metallholz.

Recht interessant ist das Verhalten gegen Feuer. Erst nach sehr erheblicher Erhitzung fängt die Holzoberfläche, wenn das geschmolzene Metall herausgequollen ist, an, ähnlich wie Holzkohle, d. h. ohne Flammenbildung, zu glimmen. Ein Vordringen des Brandes verhindert das Metall durch seine bedeutende Wärmeableitung und durch die Aufnahme der Schmelzwärme.

Das Wärmeleitvermögen des Metallholzes längs der Faser verhält sich zu dem quer zur Faser wie 10 : 1 (bei gewöhnlichem Holz bekanntlich etwa wie 2 : 1). Eine ähnliche Verstärkung der Anisotropie macht sich in den elektrischen Eigenschaften geltend: Das Metallholz besitzt nur mehr quer zur Faser annähernd gleich hohen Ohmschen Widerstand wie Holz, während es bei starker Metallisierung in der Längsrichtung den elektrischen Strom sehr gut leitet.

Vorzüglich ist die Bearbeitbarkeit: Metallholz läßt sich hobeln, bohren, sägen und leimen. Allerdings spielt der Werkstoff noch eine untergeordnete Rolle, eingebürgert hat er sich nur im Lagerbau; dort gilt als Vorteil, daß Gleitlager aus Metallholz beim Heißlaufen keine Lagerzapfen- und Maschinenbrüche verursachen, da das Holzgerüst beim Schmelzen und Auslaufen des Metalls noch hinreichend trag- und führungsfähig bleibt. Zu erwähnen ist, daß vollmetallisiertes Holz unter Druck noch drei Volumenprozente Öl aufnimmt, so daß daraus gefertigte Lagerschalen selbstschmierend sind.

713.3 Harzgetränkte Hölzer.

Aus der Übersicht S. 391 geht hervor, daß durch Harztränkung nicht nur die Wichte der Hölzer erhöht und damit die statischen Festigkeitseigenschaften und die Härte verbessert werden sollen, sondern daß gleichzeitig eine Quellungsvergütung und eine Steigerung der elektrischen Isolierfähigkeit angestrebt wird. Der Gedanke, massives Holz mit einem Kunstharz zu tränken, daß im Holzinnern polymerisiert, wurde meines Wissens zuerst in Frankreich in großem Maßstabe verwirklicht[1]. Verarbeitet wird Rot- oder Hainbuchenholz, das zunächst auf weniger als 15% Feuchtigkeit getrocknet wird. Dann erfolgt das Tränken des in Körben gestapelten Holzes mit einer dünnflüssigen Bakelitlösung (A-Zustand) in Alkohol in Autoklaven bei 130° C und 7 bis 8 atü Druck. Nach der Polymerisation des Harzes zum festen C-Zustand und dem Verdunsten des Lösungsmittels beträgt die Holzfeuchtigkeit 3 bis 4%. Anschließend werden die Stücke noch lackiert.

Die elastischen Eigenschaften kunstharzgetränkter Hölzer sind in Band I, S. 616, die Druck- und Biegefestigkeit in Band I, S. 753 und S. 815 behandelt. Die Janka-Härte soll durch Phenolharztränkung auf das 2,5- bis 6fache steigen. Das getränkte Holz vermag Temperaturen bis zu 160° C ohne Veränderung zu ertragen. Seine Dielektrizitätskonstante ist etwa 2,7; sehr hoch und nahezu gleichbleibend ist auch der Oberflächenwiderstand. Günstig ist in vielen Fällen die gute Korrosionsbeständigkeit des Werkstoffs gegenüber Mineralsäuren (vgl. Band I, S. 321).

Verwendung findet bakelisiertes Holz hauptsächlich in der Elektrotechnik (Isolatorstützen, Isolierleitern und -schemel, Signalstellvorrichtungen, bei Transformatoren und Elektromotoren) sowie im Textilmaschinen- und Apparatebau. Da die Harztränkung hauptsächlich zum Zwecke der Dimensionsstabilisierung von Holz angewendet wird bzw. unter diesem Gesichtswinkel Versuche in dieser Richtung unternommen wurden, ist eine eingehende Darstellung der physikalischen Bedingungen im Abschnitt über den Quellungsschutz von Holz (Z. 523.33) zu finden.

713.4 Ölholz.

Durch Drucktränkung läßt sich den Laubhölzern Öl einverleiben, und zwar in einer Menge, die außer von den angewendeten äußeren Bedingungen vom Porenvolumen abhängt. Bei verschiedenen Nadelhölzern setzen im Kernholz die Tüpfel der Tränkung mit öligen Stoffen einen zu großen Widerstand entgegen. Als Holzschutzmittel hat, wie ausführlich in Abschnitt 521.1 besprochen, das Teeröl eine überragende, das Erdöl eine örtliche und untergeordnete Bedeutung. Die Tränkung von Hölzern mit Schmieröl, um einen Werkstoff für selbstschmierende Lager zu schaffen, wird verschiedentlich vorgenommen. Verarbeitet wird nahezu ausschließlich Zuckerahornholz (Acer saccharum Marsh.). Die Rohwichte von normalem Ölholz liegt etwa zwischen 1,00 und 1,06 g/cm³, der Anteil an Öl beträgt durchschnittlich 25 bis 30 Gew.-% (bezogen auf das Liefergewicht). Bei kleinen Zapfen können sich Störungen ergeben, wenn die Ölholzlager dauernd der Feuchtigkeit ausgesetzt sind. Mit der Quellung sind auch Ölverluste verbunden. Über die zulässige Beanspruchung von Ölholz- und Metallholzlagern finden sich Angaben in Band I, S. 571/572.

Aus Ölholz[2] werden selbstschmierende Lager und Schmierscheiben für schnellaufende Maschinen mit leichten Wellen (Textilmaschinen, Schleudermaschinen für Honig, Ventilatoren u. a.), für schwer zugängliche und sehr schwierig schmierbare Maschinenteile, für Druckereimaschinen, für Maschinen zur Herstellung edler Erzeugnisse, die vor Beschmutzung durch Öl bewahrt werden müssen, sowie für Leerlaufscheiben, Riemen-Umlenkrollen, Rollen für Förderbänder u. dgl. hergestellt.

[1] Vgl. Mém. C. R. Trav. Soc. Ing. Civ. France Bd. 86 (1933) S. 768; Ref. Kunststoffe Bd. 24 (1934) S. 116. Das bakelisierte Holz wird unter dem Namen „Permali“ von der Société „Le Bois Bakélisé“ in Nancy-Maxéville hergestellt.

[2] Vorreiter, L.: Holz als Roh- und Werkstoff Bd. 5 (1942) S. 59.

713.5 Durchfärbtes Holz.

Beim Färben des Holzes für manche Zwecke ist möglichst große Tiefenwirkung erwünscht. Da aber Beizen beim äußerlichen Auftragen auf das Holz in der Regel nicht tiefer als 1 mm unter die Holzoberfläche dringen, suchte man nach geeigneten Imprägnierverfahren. Sehr alt sind die Vorschläge zur Lebendfärbung[1], die alle auf den bekannten Studien von E. Strasburger fußen. In den Bäumen wird ein zweckmäßiges System von Bohrungen angebracht, in die die Farblösung eingeleitet wird. Die Verteilung im Baum wird durch den natürlichen Saftstrom besorgt. Nennenswerte praktische Erfolge wurden aber durch die Lebendtränkung beim Holzfärben bisher nicht erzielt, da es wohl gelingt, das Holz durch seine ganze Masse gleichmäßig, aber nicht echt zu färben. Der Grund liegt darin, daß die beständigen, hochmolekularen Farbstoffe nicht in das Holz wandern, sondern nur die unechten, leicht diffundierenden Farbstoffe. Auch die Bildung von Farbstoff im Holz aus einverleibten Tränkmitteln ist noch ein ungelöstes Problem.

Kleinere Holzteile und Furniere lassen sich hingegen durch Drucktränkung in ihrer ganzen Masse färben. Man hat hierbei das Durchfärben und das Durchbeizen zu unterscheiden. Beim Durchfärben arbeitet man nur mit einer Farbflotte aus sauren oder basischen Farbstoffen. Letztere färben nicht ganz gleichmäßig durch; die dadurch entstehenden Wirkungen können unter Umständen (z. B. bei Schirm- und Stockgriffen) erwünscht sein. Die Konzentration der Farbflotte kann zwischen 0,1 und 3% liegen.

Beim Durchbeizen benötigt man zwei Bäder. Als Vor- und Nachbeizen können die im Abschnitt 532 besprochenen Stoffe mit zahlreichen Variationen Anwendung finden.

Die erforderlichen Maschinenanlagen zur Durchfärbung sind sehr einfach. Sie bestehen aus einem nahtlosen starkwandigen Hochdruckzylinder mit Verschlußdeckel und Einsatzkorb sowie aus einer Preßpumpe mit Hand- oder Kraftantrieb. Die Arbeitsweise ist folgende: Man legt die Holzstücke in den Einsatzkorb und versenkt diesen in den Beizzylinder; anschließend wird Beize in den Zylinder gegossen und der Deckel verschraubt. Mit der Pumpe drückt man nun weitere Beize in den Zylinder hinein, bis 100 at Druck im Gefäß vorhanden sind. Dann unterbricht man das Pumpen. Die Beize dringt in das Holz ein, wobei der Druck absinkt. Man pumpt hierauf mit immer kleiner werdenden Pausen nach, bis der Druck auf 100 at stehen bleibt. Das Holz ist dann ganz von der Beize durchdrungen; die nicht verbrauchte Flüssigkeit wird abgelassen und kann erneut verwendet werden. Das Holz läßt man nach der Durchbeizung an der Luft trocknen. Durchbeizte Vollhölzer und Furniere können wie Edelholz mit Schlichthobel, Ziehklinge und Schleifmittel bearbeitet werden.

72. Furniere.

720. Allgemeines.

Holzfurniere wurden bereits im Altertum, insbesondere in Ägypten, hergestellt und zu Einlegearbeiten sowie zum Veredeln von Schnittkanten verwendet. Neben den künstlerischen Absichten traten wirtschaftliche Gesichtspunkte bei der Furnierherstellung nachweisbar erst im achtzehnten Jahrhundert

[1] Wislicenus, H.: Z. Angew. Chem. Bd. 41 (1928) S. 1312, 1345. — Derselbe: Z. VDI Bd. 74 (1930) S. 1469. — Vgl. DRP. 340 490.

in den Vordergrund. Es erwies sich als zweckmäßig, kostspielige, schöngezeichnete Hölzer in dünne Blätter aufzuteilen, um dadurch auch große Flächen mit einheitlicher Maserzeichnung und Farbe zu erhalten. Gleichzeitig nutzte man mehr und mehr die Verarbeitbarkeit der Furniere zu geschwungenen Formen aus. Die wissenschaftliche Erkenntnis vom Wert der Querverleimung von Furnieren für Festigkeit und Standvermögen der Hölzer scheint erst zu Beginn des zwanzigsten Jahrhunderts Allgemeingut geworden zu sein[1].

Heute sind Furniere und Sperrholz die Grundlagen der eigentlichen Holzindustrie; die Erzeugung hochwertiger Möbel und Inneneinrichtungen wie auch die Holzverwendung auf vielen Gebieten der Technik ist ohne Furniere und Sperrholz undenkbar. Nachdrücklich ist die falsche Auffassung zurückzuweisen, daß Furnierarbeit minderwertige Arbeit sei. In Wirklichkeit gibt lediglich die Furnierherstellung die Möglichkeit, gewisse seltene Maserzeichnungen des Holzes (z. B. in Wurzelstöcken, Astknollen, Astgabeln — Pyramidenfurniere — usw.) zur Geltung zu bringen. Das abnorme, diese Zeichnungen aufweisende Holz würde sich, voll verarbeitet, verdrehen und werfen. Davon abgesehen, müssen unregelmäßig gezeichnete Furniere in sich symmetrisch ergänzenden Stücken (z. B. „auf Kreuzfuge") zusammengesetzt werden, um eine besonders schöne Wirkung zu erzielen.

Da die Fasern meist in mehr oder minder stumpfem Winkel angeschnitten werden (Bild 347), sind die Edelfurniere gewöhnlich leicht zerbrechlich. Sie benötigen deshalb eine tragende Unterlage, die selbst aus einem Furnier oder einer Sperrplatte besteht. Ein sehr nützliches Anwendungsgebiet für Furniere sind die geschweiften Formen, darunter Möbelteile, Flügelrahmen, gebogene Sitze, Teile von Fahrzeugaufbauten und Behälter (z. B. für Schreibmaschinen, Packfässer usw.). Der weitere Vorteil abgesperrter Konstruktionen, der Ausgleich der Spannungen beim Quellen oder Schwinden, wurde ausführlich in Band I, S. 431ff. dargestellt. Hier sei noch erwähnt, daß Sperrholz meist leichter ist als Vollholz von gleichen Abmessungen, da die Blindfurniere oder Mittellagen aus leichten Hölzern (Okumé, Abachi, Whitewood, Fichte usw.) bestehen. Schließlich sei die Preisfrage kurz gestreift. Infolge des erheblichen Anteils an Löhnen, der Kosten des Leimes und der allgemeinen Unkosten ist eine Sperrplatte in der Regel wesentlich teuerer als eine massive Platte aus dem Holz des Deckfurniers. Beispielsweise kostet eine 15 mm Tischlerplatte mit Eichenfurnier um rund 40% mehr als eine gleich dicke Eichenplatte. Die Gewichte verhalten sich etwa wie 1 : 1,4.

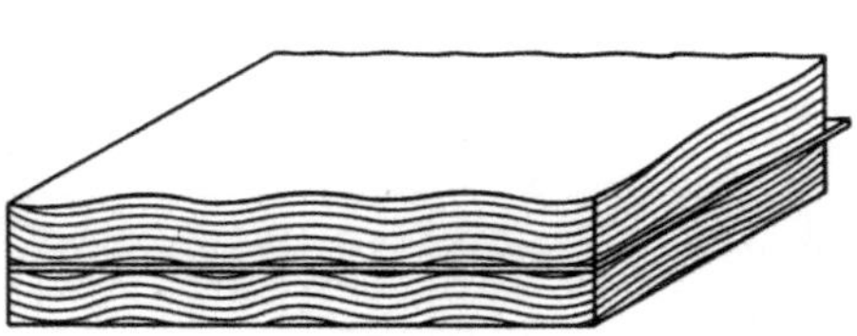

Bild 347.
Schema eines Schnitts durch wimmeriges Holz.

721. Herstellung der Furniere.

721.1 Dämpfen und Kochen des Rundholzes.

Nach der Herstellung unterscheidet man gesägte, gemesserte und geschälte Furniere. Das Sägen bleibt hauptsächlich jenen Edelhölzern vorbehalten, die sich beim Dämpfen, das vor dem Messern oder Schälen erforderlich ist, in ihrer

[1] Knight, E. V., u. M. Vulpi: Veneers and Plywood, deutsche Ausgabe. Furniere und Sperrholz von L. M. Cohn-Wegner, Bd. I, S. 304, Berlin 1930. — Th. D. Perry: Modern Plywood, 5. Aufl., London 1947.

Farbe verändern würden. Überwiegend aber wird gemessert und geschält, so daß Dämpf- oder Kochanlagen ein sehr wichtiger Teil der Furnierwerke sind. Der Zweck des Dämpfens liegt darin, das Holz zu erweichen und dadurch schneid- oder schälfähig zu machen.

Nur ganz wenige Holzarten lassen sich ohne diese Vorbehandlung waldfrisch messern und schälen, z. B. von amerikanischen Hölzern[1]: Chamaecyparis lawsoniana (Murr.) Parl. (Port Orford cedar), Picea sitchensis Carr. (Sitkafichte), Populus deltoides Marsh. (Cottonwood), Liriodendron tulipifera L. (Tulpenbaum), Tilia glabra Vent. (Basswood, amerikanische Linde). Grünschälen bietet auf jeden Fall den Vorteil, daß sich gefährliche Hitzespannungen im Holz vermeiden lassen.

Die erhöhte Plastizität des gedämpften Holzes erleichtert das Flachlegen der geschälten Furniere. Außerdem werden beim Dämpfen der dem Holz meist anhaftende Schmutz erweicht und die Rinde gelockert, so daß anschließend ihre Entfernung leicht möglich ist. Die mit dem Dämpfen verbundene Farbänderung ist bei manchen Hölzern sehr stark und sogar erwünscht (z. B. bei Rotbuche). Als besonders zweckmäßig hat es sich erwiesen, Dämpfgruben einzurichten; ihre technischen Einzelheiten sind in Abschnitt 621.1 ausführlich erörtert. Für Schälzwecke werden oft ganze Stämme gedämpft und dann durch Fuchsschwanzsägen auf die Schälholzlänge gekürzt, oder das Ablängen erfolgt vor dem Dämpfen, wie es auch für Messerhölzer üblich ist.

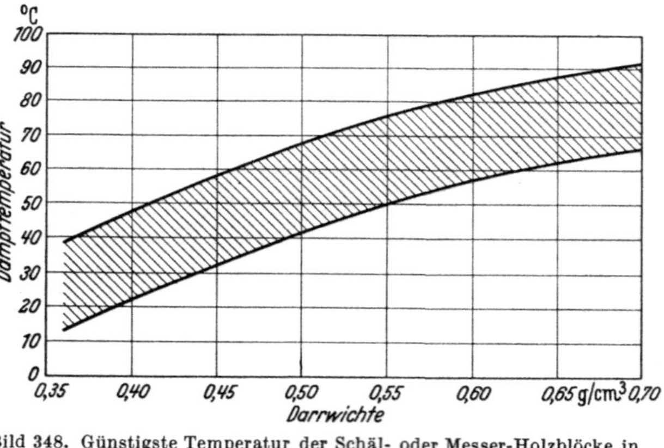

Bild 348. Günstigste Temperatur der Schäl- oder Messer-Holzblöcke in Abhängigkeit von der Darrwichte des Holzes. (Nach E. Mörath.)

Zahlentafel 45. *Mittelwerte für die Dämpfzeit von Schälklötzen und Messerbohlen. (Nach Vereinigte Furnier- und Sperrholzmaschinenfabriken.)*

Holzarten	Dämpfzeit h
Birke, Erle .	10 bis 12
Abachi, Fichte, Kiefer, Pappel . .	12 bis 15
Rotbuche . .	15 bis 30
Okumé . .	30 bis 35
Eiche. . . .	30 bis 40

Die Angaben für die Dämpf-und Kochtemperaturen sowie -zeiten schwanken in der Literatur und in den Betriebsanweisungen der Praxis außerordentlich. Zahlentafel 45 gibt einige Mittelwerte, die von einer angesehenen Baufirma von Messermaschinen stammen.

Mit Recht hat aber E. Mörath[2] darauf hingewiesen, daß richtig bemessene Dämpf- und Kochzeiten nur unter Berücksichtigung der günstigsten Dampftemperatur, der Feuchtigkeitsverhältnisse des Holzes und der Schälklotzdurchmesser bestimmt werden können. Bei Untersuchungen zeigte es sich nun, daß entgegen vielen andersartigen Ansichten in der Praxis, die für einzelne Holzarten besondere Abweichungen behaupten, die anzuwendenden Schäl- bzw. Heißwassertemperaturen im wesentlichen eine Funktion der Rohwichte des

[1] Koehler, A.: The Properties and Uses of Wood, New York 1924, S. 291.
[2] Mörath, E.: Holztechnik Bd. 29 (1949) Nr. 7, S. 129 — 134.

Holzes sind (Bild 348). Die spezifisch leichten und damit auch weichen Hölzer lassen sich, wenn der Schnitt- und Freiwinkel richtig gewählt wurde, schon bei Raumtemperatur messern oder schälen. Bei Temperaturen, die unter dem schraffierten Bereich in Bild 348 liegen, ist mit einem losen bis brüchigen Schälen zu rechnen, namentlich wenn die Blöcke schon durch lange Lagerung an der Luft stark ausgetrocknet waren, bei Temperaturen über dem schraffierten Bereich ist mit einer Aufrauhung der Furniere zu rechnen, die so weit gehen kann, daß sich ein wollig rauhes Gefüge ergibt. Beim Erzeugen dicker Furniere empfiehlt es sich allerdings, an die obere Temperaturgrenze heranzugehen.

Die Länge der Dämpf- oder Kochzeit ergibt sich nun aus der Forderung, daß die Außentemperatur (gemäß Bild 348) auch in den innersten noch zu bearbeitenden Holzschichten erreicht werden muß. Es ergab sich, daß diese Temperatur bei Anwendung von Dampf um etwa 5 bis 10% rascher erreicht wurde als bei der von Heißwasser[1]. Eine mathematische Behandlung des Problems mit Hilfe der Fourierschen Theorie ist möglich (Band I, S. 522ff.). Auch auf Bild 400 in Band I (auf dem Einschlagblatt zwischen den Seiten 522 und 523) ist Bezug zu nehmen, das den Temperaturverlauf im Innern von grünem Kiefernrundholz beim Dämpfen mit 127 °C zeigte. Bei ausgedehnten Untersuchungen von H. O. Fleischer[2] im U.S. Forest Products

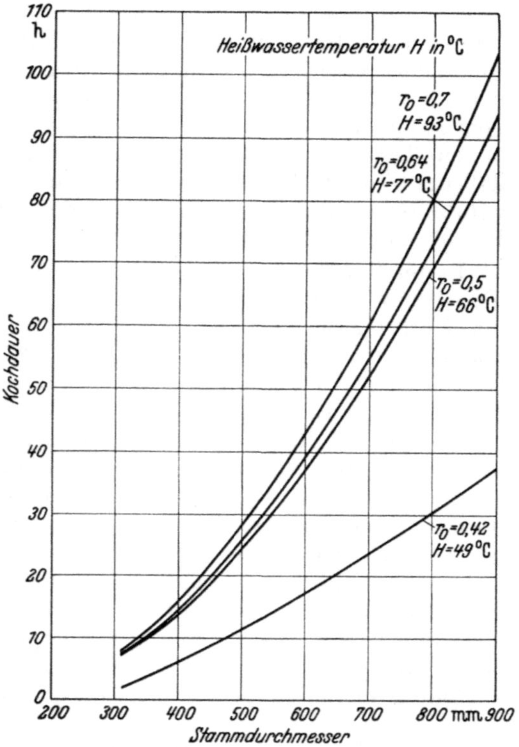

Bild 349. Kochdauer in Abhängigkeit von der Darrwichte und vom Durchmesser der Hölzer. (Nach H. O. Fleischer.)

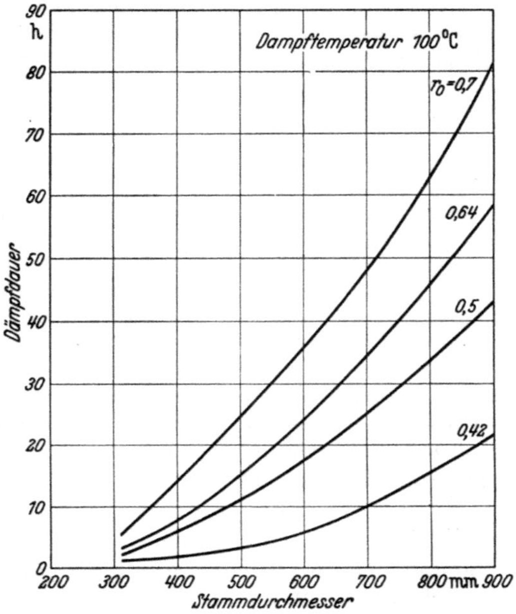

Bild 350. Dämpfzeiten in Abhängigkeit von der Darrwichte und vom Durchmesser der Hölzer. (Nach H. O. Fleischer.)

[1] MacLean, J. D.: Rate of Temperature Change in Short-Length Round Timbers, Transactions Amer. Soc. Mech. Eng., Jan. 1946.

[2] Fleischer, H. O.: Heating Veneer Logs, Wood (USA) März 1948.

Laboratory ergaben sich die in Bild 349 und 350 dargestellten Beziehungen zwischen den Behandlungszeiten mit Heißwasser und Dampf, den Rohwichten sowie den Stammdurchmessern. Angenommen wurde dabei, daß Blöcke von einer mittleren Länge von 2,44 m bis zu einem Restrollendurchmesser von 20 cm heruntergeschält werden und sich dann noch innerhalb des optimalen Temperaturbereichs befinden. Die Kurven lassen deutlich erkennen, daß der Einfluß des Durchmessers den der Rohwichte überwiegt. Im Hinblick darauf ist es nötig, die zu dämpfenden Stämme in möglichst gleichmäßigen Partien zusammenzustellen.

In der Praxis ist es oft üblich, die Stämme in kaltes Wasser einzulegen und dieses dann langsam auf die gewünschte Temperatur zu erwärmen. Die Bildung von Endrissen soll dadurch verringert werden. Neuere Untersuchungen haben aber diese Annahme nicht bestätigt. Die Kurven der Bilder 349 und 350 weisen für sehr dicke Stämme unverhältnismäßig lange Behandlungszeiten aus; nach E. Mörath ist es deshalb empfehlenswert, für solche Stämme die Dämpfperiode auf etwa die Hälfte abzukürzen, die Stämme dann bis auf etwa 40 cm Durchmesser herunterzuschälen und die Restklötze nochmals kurz zu dämpfen.

Zu erwähnen ist noch, daß die durch Hitzespannungen beim Dämpfen oder Kochen hervorgerufenen Risse um so kleiner sind, je größer die Stammlänge ist. Aus diesem Grunde — und um den prozentualen Anteil der Endrisse herabzudrücken — baute man im letzten Jahrzehnt die Dämpfgruben immer länger. Dieser Hang steht aber mit der Notwendigkeit, Dämpflose möglichst nach Durchmessern zu sortieren, im Widerspruch, weshalb E. Mörath empfiehlt, bei Neuanlagen sowohl lange als auch kurze Dämpf- bzw. Kochgruben zu bauen, die man je nach den Gegebenheiten am besten beschicken kann.

721.2 Sägen, Schälen und Messern der Furniere.

721.21 Sägen der Furniere. Sägefurniere sind die wertvollsten — und wegen des großen Schnittverlustes auch teuersten — Furniere. Die älteste Art der Maschinenherstellung mittels der Segmentkreissägen ist in den Vereinigten Staaten noch weit verbreitet und wird hauptsächlich zur Erzeugung von Eichen-Spiegelfurnieren benutzt. Bild 351 zeigt die Aufteilung eines Stammes

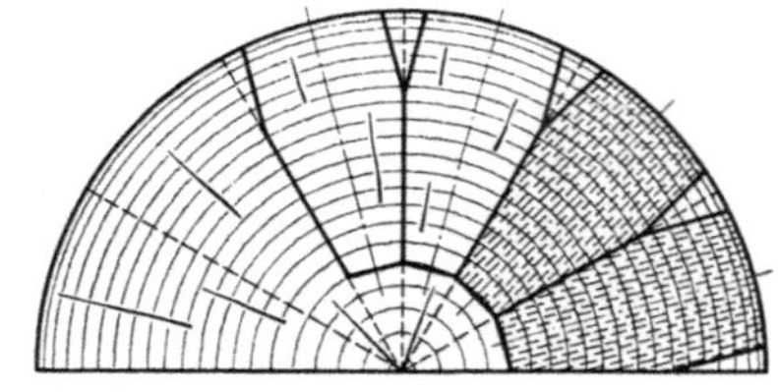

Bild 351. Aufteilung eines Stammes in Segmente zwecks Herstellung von Spiegel-Sägefurnieren.

Bild 352. Querschnitt durch das Blatt einer Furnier-Kreissäge (Feinkreissäge).

in entsprechende Segmente („Flitches“), die dann zersägt werden. Die geringste Dicke der Sägefurniere beträgt bei Verwendung von Segmentsägen 1,0 mm, von Furniersägen und Waagerechtgattern mit besonderen Sägeblättern je nach der Holzart 0,5 bis 0,8 mm.

Baulich sind die Segmentsägen folgendermaßen ausgebildet: Am Umfang eines senkrechten gußeisernen Flansches sind 10 bis 30 Sägeblattsegmente (mit 180 und mehr mm Breite) befestigt. Um den Schnittverlust so klein wie möglich zu halten, nimmt die Stärke der Blätter gegen den Umfang zu ab (Bild 352).

Die kleinste Schnittbreite beträgt etwa 1 mm, die normale 1,3 mm, die größte 1,6 mm. Der Durchmesser der Sägen liegt gewöhnlich zwischen 1,5 und 5,5 m. Der zu zersägende Stammabschnitt ist auf einem Wagen eingespannt und wird mechanisch an der Säge vorbeigeführt. Die Einstellung der Furnierdicke erfolgt auf Bruchteile eines Millimeters genau. Das sich bildende Furnierblatt wird beim Auftreffen auf den konischen Sägeflansch vom Stammabschnitt weggehoben. Diese Erscheinung sorgt für den nötigen „Freischnitt“ auch bei sehr kleiner Schränkung der Säge.

Die in Deutschland üblichen Furniersägen haben eine ähnliche Wirkungsweise wie die Waagerechtgatter, jedoch ist das Sägeblatt so eingespannt, daß seine Zähne (Bild 353) nicht nach vorn, sondern nach unten weisen. Die mittlere Schnittgeschwindigkeit der durch den Schubkurbeltrieb und schräge Führungen in leichtem Bogen mit waagerechter Tangente hin und her bewegten Säge beträgt 6 bis 7,5 m/s. Die Holzbohlen sind auf einem senkrechten Gestell mittels Spannklauen befestigt und werden senkrecht von unten nach oben mit einem Vorschub von (je nach Holzart und Breite) 0,1 bis 1,5 m/min zugeführt. Der Wagenrücklauf erfolgt beschleunigt. Unterhalb der Furniersäge befindet sich eine Grube, deren Tiefe der Länge der Furnierbohlen (bis zu 5 m) angepaßt sein muß. Die Furniersägeblätter haben eine Dicke von nur 0,7 bis 1,0 mm, eine Schnittbreite von 1 bis 1,3 mm. Die genaue Einstellung der Furnierdicke erfolgt durch eine Teilscheibe. Der Energiebedarf der Furniersägen liegt je nach der Schnittbreite zwischen 1,8 und 7 kW. Sollen Hölzer mit besonders großen Längen (über 5 m) in Furniere zerlegt werden, dann muß ein gut laufendes Waagerechtgatter benutzt werden.

Bild 353. Zahnform eines Furnier-Sägeblatts.

721.22 Messern der Furniere. Die für Messerfurniere bestimmten Hölzer werden zuerst mittels Waagerechtgatter oder Blockbandsäge abgeflacht, durch einen Mittelschnitt in zwei Hälften oder — je nach Holzart und dem verlangten Maserbild — in mehrere Teile zerlegt und dann gedämpft oder gekocht. Das weichgemachte Holz wird entrindet und gesäubert und gelangt über geeignete Fördereinrichtungen (z. B. einen Elektroflaschenzug mit Laufkatze) zur Messermaschine.

In Europa werden heute fast ausschließlich Messermaschinen gebaut, bei denen die Messerblöcke auf einem Maschinentisch befestigt sind, der sich in senkrechter Richtung bewegen läßt. Über das Holz hinweg läuft ein Schlitten mit Messerbalken und Druckbalken, an denen die zugehörigen Werkzeuge — das Messer und die Druckleiste — befestigt sind; das Messer hebt hobelartig beim Vorlauf mit einer Schnittgeschwindigkeit von etwa 0,4 bis 1,2 m/s Furniere über die ganze Blocklänge und Blockbreite ab. Das Messer, das zur Bewegungsrichtung einen Winkel von etwa 75 bis 80° bildet, läuft also horizontal, der Tisch mit dem Block hebt sich beim Rücklauf des Messers automatisch um die gewünschte und eingestellte Furnierdicke. Bild 354 zeigt schematisch die Stellung von Messerschneide und Druckleiste. Form und Stellung der Druckleiste ist, abhängig von Holzart und Furnierdicke, so zu wählen, daß das Werkzeug das Holz unmittelbar vor der Messerschneide zusammendrückt, damit das Furnier auf beiden Seiten glatt und bruchfrei wird; auf die damit zusammenhängenden Fragen wird in dem folgenden Abschnitt über die Furnierschälmaschine näher eingegangen werden.

Das grundlegende konstruktive Problem beim Bau von Furniermessermaschinen ist die Gestaltung des Antriebs, da die hin- und hergehenden Teile der Messermaschinen (mit einem Gewicht von 10 und mehr t) für jeden Schnitt zweimal auf die Schnittgeschwindigkeit beschleunigt und dann wieder auf Null verzögert werden müssen[1]. Dadurch ergeben sich außerordentlich hohe Beanspruchungen für die Antriebsorgane. Um die Jahrhundertwende baute man die Maschine mit Antrieb über Ritzel und Zahnstangen. Es zeigte sich aber,

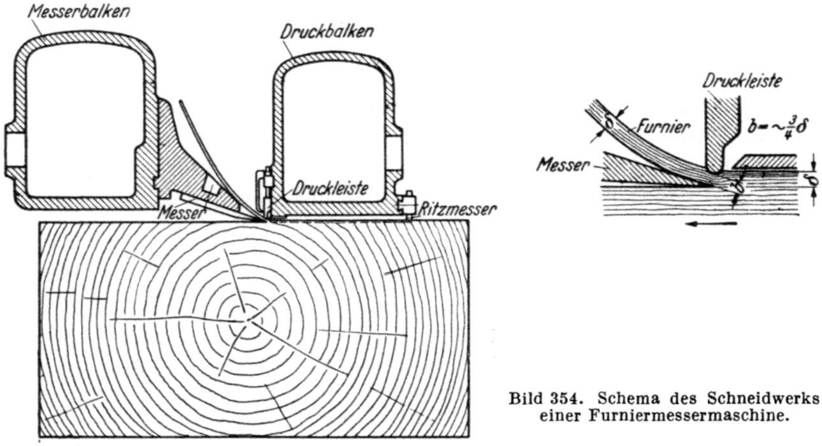

Bild 354. Schema des Schneidwerks einer Furniermessermaschine.

daß mit dieser Antriebsart kaum mehr als 6 Schnitte je min erreicht werden können. Als Nachteil erwies sich auch die Verwendung verhältnismäßig langer, breiter und damit teurer Riemen. Eine bessere Antriebsmöglichkeit fand man in der elektromagnetisch betätigten Reibungskupplung (Bild 355). Auf

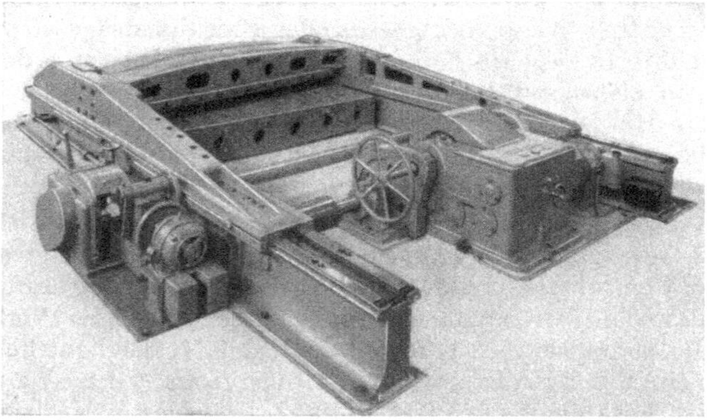

Bild 355. Schwere Furniermessermaschine mit Einzelantrieb über elektromagnetische Zweiflächenkupplungen. Der Antrieb ist zusammen mit einem dreistufigen Getriebe zu einer einzelnen Baugruppe vereint. Verbunden mit dem Furnierdicken-Schaltkasten an der linken Seite ist ein Motor zum schnellen Heben und Senken des Tisches. Bauart Vereinigte Furnier- und Sperrholzmaschinenfabriken, Hamburg.

die Hauptwelle der Maschine sind dabei zwei Kupplungen aufgesetzt, von denen die eine unmittelbar, die zweite über ein Zahnrad angetrieben wird, so daß sie verschiedene Umlaufrichtungen erhalten. Die Kupplungen erhalten durch einen von den Supporten betätigten Schalter abwechselnd Strom und bewegen — wieder über Ritzel und Zahnstangen — Messer und Druckbalken vor und zurück. Die bis etwa 1930 nach diesem System gebauten Maschinen leisteten

[1] Sacht, H. J.: Holz als Roh- und Werkstoff Bd. 9 (1951) S. 20, Bd. 10 (1952) S. 324.

im allgemeinen 8 Schnitte je min. Wesentliche Fortschritte wurden durch neuartige Schaltungen erzielt, mit deren Hilfe die zum Auf- und Abbauen der Magnetfelder nötigen Zeiten verkürzt wurden. Die Leistung neuzeitlicher Kupplungsmaschinen stieg damit auf durchschnittlich 10 bis 12 Blatt je min an.

Nach 1945 wurden wieder leichtere Maschinen verlangt, da sich herausgestellt hatte, daß nur ganz selten Furniere über 5 mm Dicke zu messern sind. Auch die großen Maschinenbreiten erwiesen sich als nicht immer ausnutzbar. Durch Beschränkung der Arbeitsbreite auf etwa 4 m und der Furnierdicke auf 5 bis 6 mm gelang es, die hin- und hergehenden Teile wesentlich leichter zu halten als bei den schweren Baumustern. So entstanden 4 m-Hochleistungsmaschinen, die bis etwa 18 Schnitt/min erreichten. Damit dürfte die endgültige Leistungsgrenze des Antriebs mit elektromagnetischen Kupplungen erreicht sein.

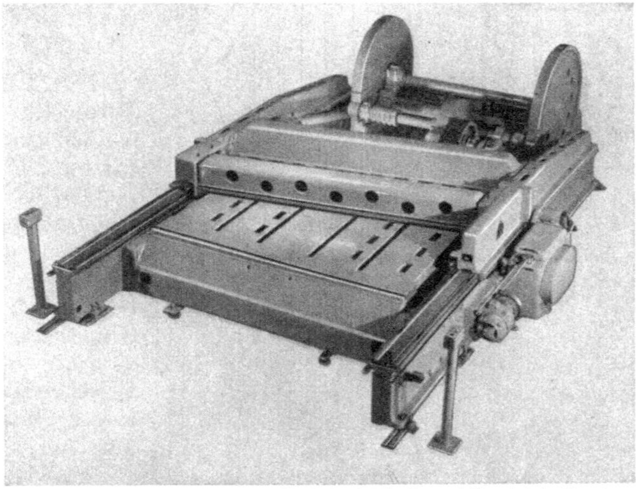

Bild 356. Furniermessermaschine mit Kurbelantrieb, Bauart Vereinigte Furnier- und Sperrholzmaschinenfabriken, Hamburg.

Die an sich eleganteste Lösung des Antriebs ist der ölhydraulische Antrieb[1]. Er ist besonders leicht einstellbar, die Schnittgeschwindigkeit läßt sich verändern, der Gang ist ruhig und die Schnittgüte hoch. Leider wird die Lösung wegen der Pumpenaggregate und Ausgleicheinrichtungen so teuer, daß sie praktisch wieder verlassen wurde. Zurückgekehrt aber ist man wieder zur Kurbelmessermaschine, nachdem sich herausgestellt hat, daß die Furniergüte auch bei ungleichmäßiger Schnittgeschwindigkeit nicht leidet. Bei Maschinen mit Arbeitsbreiten bis etwa 3 m benutzt man direkte Kurbelantriebe (Bild 356), die einfach und zuverlässig sind. Bei breiteren Maschinen muß man allerdings die Schräglage des Messerbalkens zur Querachse der Maschine verringern, um keinen zu großen Kurbeldurchmesser zu erhalten. Die Kurbelmessermaschinen sind Schnelläufer für Schnittzahlen von 18 bis 22 je min. Die Dicken der Furniere können zwischen 0,05 und 10 mm liegen. Bei Edelfurnieren geht man im allgemeinen nicht über 2 mm hinaus. 4 bis 10 mm dicke Furniere messert man hauptsächlich aus unedlen Hölzern (z. B. Okumé, Fichte, Kiefer) für Mittellagen von Sperrplatten.

Die Furniermessermaschinen werden für Hölzer von 600 bis 5100 mm Länge, 450 bis 1500 mm Breite und 350 bis 1500 mm Dicke ausgeführt. Der

[1] DRP. 532 898.

Leistungsbedarf ist je 1 m Schnittbreite (also Holzlänge) ungefähr 7,5 kW bei Einzelantrieb, 6 kW bei Gruppenantrieb. Auch die Arbeitsgeschwindigkeit hat wesentlichen Einfluß sowohl auf den Leistungsbedarf als auch auf die Schnittgüte[1]. Zu jeder Holzart gehört eine bestimmte Schnittgeschwindigkeit. Bei den in USA üblichen Messermaschinen steht der Messerträger waagerecht und wird nach jedem Schnitt um die Furnierdicke vorgeschoben, während der Furnierblock mit seiner Aufspannvorrichtung in einer Kulissenführung auf- und abgleitet (Bild 357).

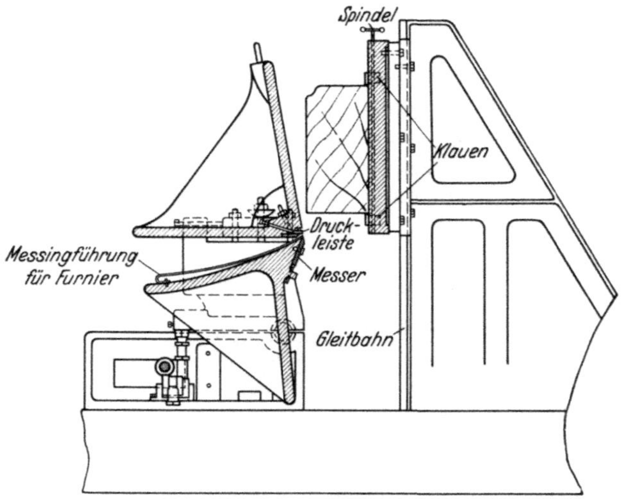

Bild 357. Schema des Schneidwerks einer amerikanischen Furniermessermaschine.

721.23 Rundschälen der Furniere. Gegenwärtig werden etwa 90% der gesamten Furniere durch Rundschälen hergestellt. Die Schälmaschinen sind im Grunde genommen sehr schwer gebaute Drehbänke von beträchtlichen Abmessungen. Der gedämpfte Schälklotz wird zwischen Mitnehmerklauen eingespannt und dreht sich um seine Achse; ein Messer, dessen Schneide parallel zur Spindelachse ist, schiebt sich gleichförmig gegen den Schälklotz vor und schält von ihm spiralförmig ein Furnierband ab. Die Vorschubgeschwindigkeit des Messers, die durch Wechselzahnräder weitgehend veränderlich ist, bestimmt die Furnierdicke. Bei großen Maschinen mit normalem Zubehör lassen sich auf diese Weise zahlreiche Dicken zwischen 0,1 und 10 mm einstellen. In Sonderfällen kann man sogar bis auf 0,04 mm Dicke herabgehen. Die im Betriebe gebräuchlichsten (meist vier) Dicken können mit Hilfe eines Schaltgetriebes schnell geschaltet werden. Davon unabhängig erfolgt nach Umlegen eines Hebels das Anschälen des Klotzes bis zu seiner Rundung mit gewöhnlich 3 mm Furnierdicke.

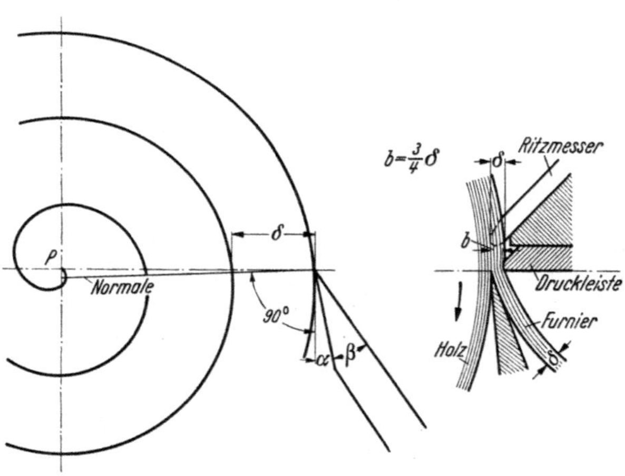

Bild 358. Stellung von Messer- und Druckleiste bei einer Rundschälmaschine; Schema des Vorgangs beim Rundschälen.

Um auf beiden Seiten glatte, bruchfreie Furniere zu erhalten, muß das Holz (wie bei den Messermaschinen) mittels einer Druckleiste vor der Messer-

[1] Peter, S.: Holztechn. Bd. 16 (1936) S. 237.

schneide zusammengedrückt werden (Bild 358). Die Funktion der Druckleiste ist eine doppelte: 1. Führung des Stammes vor der Messerschneide; 2. Verdichtung des Holzes unmittelbar vor der Messerschneide um einen Teilbetrag der Furnierdicke, wodurch die der Messerschneide vorauseilende Spaltung aufgehoben wird. Da der Radius der Außenschicht des abgeschälten Furniers um die Furnierdicke größer ist als der Radius der Messerschnittfläche und da das Furnier trotz seiner gekrümmten Lage im Stamm flachliegend weiterverarbeitet wird, ergibt sich ein gewisser Unterschied in der Beschaffenheit beider Furnierseiten. In der Praxis spricht man deshalb von der „geschlossenen" (Druckleisten-) Seite und der „offenen" (Messer-) Seite. Die vielfach bestehende Ansicht, daß im flachliegenden Furnier auf der Messerseite Zugspannungen, auf der Druckleistenseite Druckspannungen herrschen, ist aber nach C. Schreve[1] bei einwandfreiem Schälen und Messern irrig, da sich beim Durchgang des Furniers durch den Spalt zwischen Messerschneide und Druckleistenkante ein weitgehender Spannungsausgleich vollzieht. Die richtige Einstellung des Drucks der Messerleiste ist entscheidend für die Furnierqualität. Bild 359 zeigt, daß sich ohne Druckanwendung ausgesprochene Schneiderisse einstellen; die Oberfläche des Furniers wird dann rauh.

Bild 359. Vergrößerte Ansicht der Stellung des Messers und der Druckleiste beim Schneiden eines 7,9 mm dicken Gelbbirkenfurniers; ohne Druck, Öffnung gleich der Furnierdicke. (Phot. U.S. Forest Service, Forest Products Laboratory, Madison, Wisc.)

Bild 360. Vergrößerte Ansicht der Stellung des Messers und der Druckleiste beim Schneiden eines 7,9 mm dicken Gelbbirkenfurniers; mit Druck, Öffnung 86% der Furnierdicke. (Phot. U.S. Forest Service, Forest Products Laboratory, Madison, Wisc.)

[1] Schreve, C.: Schälen und Messern von Furnieren, in Mitt. Fachaussch. Holzfragen Nr. 17, Berlin 1937, S. 71.

Wenn die Druckleiste so eingestellt wurde, daß die waagerechte Öffnung zwischen der Druckleistenkante und der Messerschneide 93% der Furnierdicke betrug, war die Rißbildung schon viel weniger ernst und das Furnier verhältnismäßig glatt. Bei noch stärkerem Druck (Öffnung 86% der Furnierdicke, Bild 360) war die Dichtheit und Glätte des Furniers vorzüglich, aber das Holz etwas überbeansprucht, so daß die Furnierdicke geringfügig gegenüber dem Sollmaß abgenommen hatte. Allgemein bedeutet zunehmender Druck erhöhte Glätte der Furniere. Selbstverständlich haben darauf aber auch die Temperatur des Holzes im Augenblick des Schälens und die Schärfe des Messers Einfluß. Sehr hoher Druck führt besonders bei Weichhölzern zu Brüchen der dünnwandigen Frühholzzellen. Derartige Furniere oder Sperrholz aus solchen Furnieren schiefern im trockenen Zustand. Die Gefahr zu hohen Druckes ist bei dünnem Furnier geringer als bei dickem. Beispielsweise stellten sich Druckstellen beim Schälen von Gelbbirke ein, wenn die Öffnung für 1,6 mm dicke Furniere 64%, für 7,9 mm dicke Furniere aber 86% betrug[1].

Die Einstellung des richtigen Drucks erfordert bei der Furnierherstellung Erfahrung und größte Sorgfalt. Je höher der Druck ist, desto größer wird auch der Energieverbrauch beim Schälen und desto stärker werden die Achsen und Lager der Rundschälmaschine beansprucht. Schälblöcke mit sehr regelmäßigem Faserverlauf vertragen höhere Drücke als Blöcke mit unregelmäßigem Faserverlauf. Scharfe Kanten der Druckleiste sind nach H. O. Fleischer[1] günstiger als eine Abrundung.

Die Schnittgeschwindigkeit v liegt zwischen 50 und 100 m/min. Die Grundgleichung $v = \frac{r \cdot n \cdot \pi}{30}$ lehrt, daß die Schnittgeschwindigkeit bei unveränderlicher Drehzahl geradlinig mit dem durch das Schälen abnehmenden Stammdurchmesser $D = 2r$ sinkt. Zu jeder Holzart gehört auch bei der Schälmaschine eine bestimmte Schnittgeschwindigkeit. Erst oberhalb einer für jede Holzart verschiedenen, durch Versuch zu bestimmenden Kleinst-Schnittgeschwindigkeit läuft ein zusammenhängendes Furnierband aus der Maschine. Bei weiterer Erhöhung der Drehzahl läßt sich ein Punkt finden, an dem der Kraftbedarf den kleinsten Wert erreicht.

Um beim Schälen dicker Klötze keine zu starke Verringerung der Schnittgeschwindigkeit zu erhalten (die nicht nur einen entsprechenden Leistungsabfall der Maschinen bewirkt, sondern auch einen sehr nachteiligen Einfluß auf die Güte des Furniers ausübt), soll die Drehzahl in weiten Grenzen regelbar sein. Mit Rücksicht darauf ist für den Hauptantrieb Gleichstrom die günstigste Stromart, da hierbei die Drehzahl feinstufig zwischen etwa 500 und 1500 U/min bei gutem wirtschaftlichem Wirkungsgrad veränderlich ist (man kann sogar ein Verhältnis 1 : 6 erreichen). Um einen noch größeren Reglerbereich (bis beispielsweise 1 : 9) zu erreichen, werden Schälmaschinen auch mit Doppelkupplungen oder Mehrfachkupplungen für zwei oder mehr Drehgeschwindigkeiten ausgerüstet. Zum Betrieb der Hilfsmotoren ist Drehstrom sehr vorteilhaft; soll er auch zum Hauptantrieb dienen, so ist ein polumschaltbarer Motor zu wählen. Durch ölhydraulischen Antrieb läßt sich genau gleichbleibende Ablaufgeschwindigkeit des Furnierbandes vom stärksten Stamm bis zur Restrolle ohne besonderen Reglermotor erreichen; die Drehzahl des Stammes wird dabei unmittelbar vom Messerschlitten gesteuert[2].

---

[1] Fleischer, H. O.: Experiments in Rotary Veneer Cutting, For. Prod. Res. Soc., 1949, Preprint Nr. 66.

[2] DRP. 544 600.

Einige Worte seien noch der Kinematik der Rundschälmaschinen gewidmet. Das Furnier wird in tangentialer Richtung vom Klotz geschält, und zwar nach einer der Furnierdicke entsprechenden archimedischen Spirale, da sich das Messer gleichförmig gegen den Pol zu bewegt. Von hervorragender Bedeutung für das Furnierschälen ist der Schnittwinkel δ, der vom Keilwinkel β einerseits, vom Freiwinkel α anderseits gebildet wird (Bild 358)[1]. Insbesondere der Freiwinkel, den die Messerfase mit der Tangente an die Spirale (die Stammoberfläche) im Berührpunkt der Messerschneidkante einschließt, ist nach A. Andresen[2] sehr wichtig. Jede Holzart erfordert außer der ihr eigenen Schnittgeschwindigkeit auch ihren zugehörigen besten Schnittwinkel. Durch den Schnittwinkel und besonders durch den Freiwinkel wird die Größe der Anlagefläche der Messerfase an den Stamm bestimmt, die als Führung der Messerschneide im Holz dient. Da die Messerschneide dem Wege des geringsten Widerstandes folgt, also harten Jahrringen des Stammes ausweicht, weichen Jahrringen aber folgt, so ist die sichere Führung des Messers durch seine Anlagefläche von entscheidendem Einfluß auf gleichmäßige Dicke und glatte Oberfläche des geschälten Furniers. Die Grenzen des Schnittwinkels sind dadurch gezogen, daß bei zu großem Freiwinkel Kippmomente auf die Schneide des Messers wirken, der Support in Schwingungen (Vibration) gerät und das Furnierblatt wie der zu schälende Stamm eine geriffelte (treppenförmige) Oberfläche erhalten. Bei zu großem Schnittwinkel infolge zu großen Freiwinkels wird das vom Stamm abgeschälte Furnier zu stark von der Tangentialrichtung abgehoben und erhält Oberflächenrisse. Diese Gefahr ist dann besonders groß, wenn der Durchmesser des Schälklotzes klein und der Gegendruck der Druckleiste niedrig ist. Bei zu kleinem Freiwinkel ergibt sich eine unstatthafte Vergrößerung der Anlagefläche des Messers am Stamm, die zu einer unsicheren Führung der Messerschneide im Holz (Ausschälen) und zu einer unnötigen Steigerung des Leistungsbedarfs der Maschine führen kann.

Die Größe des Freiwinkels muß während des Schälens jeweils dem zugeordneten Durchmesser entsprechen. Die Bedingung der gleich groß bleibenden Anlage- bzw. Führungsfläche des Messers erfordert bei größerem Stammdurchmesser einen größeren Freiwinkel, der gleichzeitig übermäßig hohen Druck des Messers auf den Klotz vermeidet; mit abnehmendem Stammdurchmesser während des Schälens muß der Freiwinkel kleiner werden, wodurch Schwingungen des Supportes ausgeschaltet werden und das Schälband keine unzulässige Abbiegung von der Tangentialrichtung

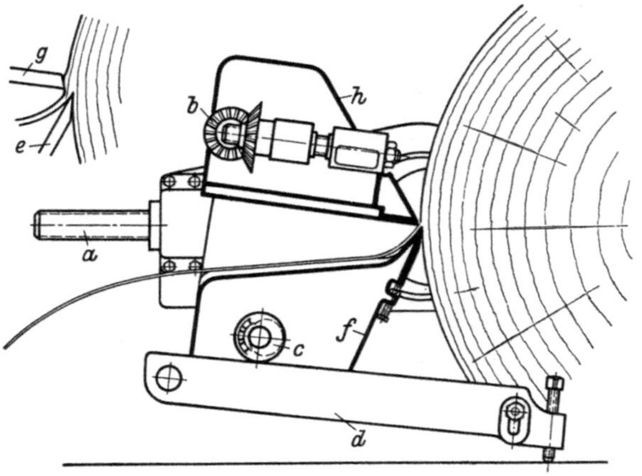

Bild 361. Schema der drehbaren und einstellbaren Lagerung von Messer und Druckbalken beim Schälvorgang. *a* Spindel für Vorschub des gesamten Mittelbaues. *b* Spindel für Druckbalkenverstellung. *c* Exzenter für Einstellung des Grundschnittwinkels. *d* Lineal für Einstellung der automatischen Schnittwinkelverstellung. *e* Messer. Messerbalken. *g* Druckleiste. *h* Druckbalken. (Vereinigte Furnier- und Sperrholzmaschinenfabriken, Hamburg.)

[1] Da das Rundschälen dem Drehen nah verwandt ist, sind für die Schneidenwinkel die nach DIN 768 für die Drehzerspanung geltenden Bezeichnungen gewählt.

[2] Andresen, A.: Mechanische Holzbearbeitung, Moskau 1934, Nr. 12, S. 29.

erfährt. Beim Schälen solcher Stämme, deren Anfangs- und Endhalbmesser sich erheblich voneinander unterscheiden und ein Verhältnis von 3 : 1 bis 4 : 1 übersteigen (etwa ab 400 mm Durchmesser aufwärts), wird deshalb der Freiwinkel während des Schälens durch drehbare Lagerung des Druck- und Messerbalkens selbsttätig verringert (Bild 361). Beim Schälen dünner Stämme kann man den Freiwinkel und damit den Schnittwinkel konstant halten, da keine nennenswerte Beeinträchtigung der Schälverhältnisse zu befürchten ist. Die Normalgröße des Freiwinkels für Klötze von 100 bis 300 mm Durchmesser wird von Andresen mit 1 bis 2° angegeben. Beeinflussen läßt sich dieser Winkel auch durch den Abstand h der Schneidekante des Messers von einer durch die Spindelachse gehenden waagerechten Ebene. Rechnet man h oberhalb der Spindelachse positiv, unterhalb von ihr negativ, so läßt sich für die Veränderung des Freiwinkels mit dem Stammdurchmesser Bild 362 A entwerfen. Man ersieht aus ihm, daß die erforderliche Veränderung des Freiwinkels bei Klotzdurchmessern von 100 bis 300 mm dann sichergestellt ist, wenn das Messer 0,5 bis 1 mm oberhalb der Spindelachsen eingestellt wird. Bei den Supporten mit selbsttätiger Verstellung ändert sich der Freiwinkel gleichmäßig mit dem Vorschub, wenn die Messerkante in Höhe der Spindelachse liegt und durch den Mittelpunkt des Drehlagers des Supportes geht (Bild 362 B). Bei Lage der Messerkante oberhalb oder unterhalb der Spindelachse wird die Gleichmäßigkeit, besonders wenn der Klotzdurchmesser klein ist, nicht gewahrt.

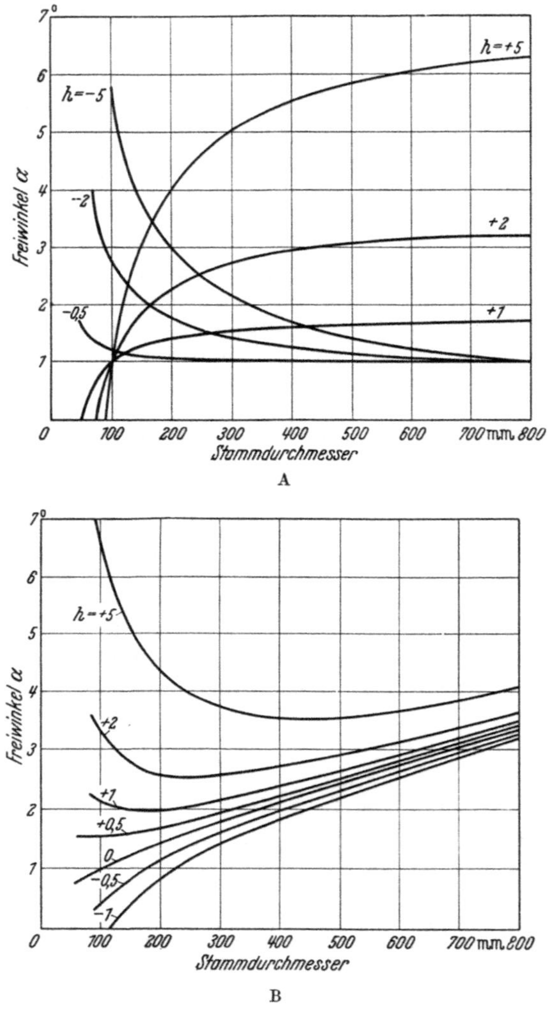

Bild 362. Abhängigkeit des Freiwinkels vom Stammdurchmesser und vom senkrechten Abstand von der Zylinderachse A. bei gewöhnlichen Supporten. B. bei Supporten mit selbsttätiger Schnittwinkelverstellung. (Nach A. Andresen.)

Einen bemerkenswerten Beitrag zur Frage, wie die Güte von Schälfurnieren von der Einstellung des Messers und des Druckbalkens abhängt, stammt von H. O. Fleischer[1]. Der Arbeit liegen Schälversuche an etwa 1300 Blöcken im

[1] Fleischer, H. O.: Experiments in Rotary Veneer Cutting, For. Prod. Res. Soc. 1949, Preprint Nr. 66.

U.S. Forest Products Laboratory in Madison, Wisc., zugrunde. Wie Bild 363 zeigt, erstreckt sich die Einstellung hauptsächlich auf drei Größen: a) den senkrechten Abstand der unteren Druckkante des Druckbalkens von der Schälmesserschneide, b) den waagerechten Abstand der unteren Druckkante des Druckbalkens von der Schälmesserschneide und c) auf den Messerwinkel, der, wie ersichtlich, definiert ist als Freiwinkel $\alpha + 90°$. Für 3,2 mm dicke Furniere aus Birkenholz und anderen Holzarten erwies sich ein Messerwinkel von 90° (also ein Freiwinkel von 0°) mit Abweichungen von $\pm 30'$ als zweckmäßig für die Erzeugung zufriedenstellender Furniere. In diesem Fall liegt die geschliffene Freiseite des Schälmessers in einer Ebene, die senkrecht und tangential zum Schälblock verläuft. Bei negativem Freiwinkel, d. h. wenn die Freiseite auf den Schälblock drückt, erhält man in der Dicke wellige oder ungleiche Furniere. Bei zu großem Freiwinkel werden die Furniere als solche gewellt.

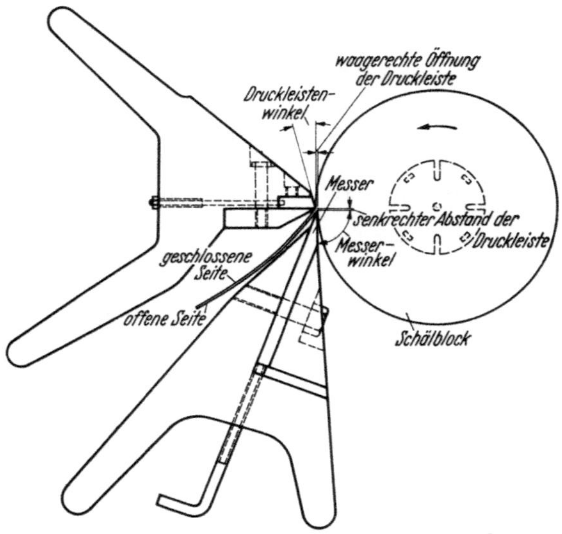

Bild 363. Schema der Einstellung von Druckbalkenkante und Messerschneide an einer Rundschälmaschine amerikanischer Bauart. (Nach H. O. Fleischer.)

Für Furnierdicken unter 3,2 mm muß der Freiwinkel etwas größer werden, wie Bild 364 erkennen läßt. Sehr dünne Furniere, z. B. von 0,4 oder gar 0,25 mm Dicke, verlangen bei bestimmten Holzarten, z. B. Gelbbirke, einen viel größeren Messerwinkel als bei anderen, z. B. Gelbpappel. Wahrscheinlich deutet das nach H. O. Fleischer, zum mindesten bei zerstreutporigen Laubhölzern, auf eine Beziehung zwischen dem Messerwinkel und der Rohwichte des Holzes hin. In einigen Fällen mußte der Messerwinkel verringert werden, wenn der Blockdurchmesser während des Schälens abnahm. Diese Forderung entspricht den vorher erwähnten europäischen Versuchsergebnissen; sie ist um so dringender, je größer der Blockdurchmesser und je kleiner die Furnierdicke ist. Offenbar unabhängig ist der Messer- und damit Freiwinkel von der Holztemperatur.

Der senkrechte Abstand der Druckbalkenkante von der Schälmesserschneide soll nach einer Faustregel etwa gemäß Bild 365 verhältnisgleich der Furnierdicke anwachsen. Über den waagerechten Abstand war schon vorher die Rede. Bis zur Überverdichtung der Furniere bedeutet eine Verringerung des waagerechten Abstands der Druckbalkenkante von der Messerschneide eine Verringerung der Rissigkeit und Rauhigkeit der Furniere. Bei Nadelhölzern kann übermäßiger Druck aber zu einer Lostrennung des Spätholzes vom Frühholz und damit zum Schiefern der Furniere führen.

Im allgemeinen wird heute der Schnittwinkel noch zu jeder Holzart nach Erfahrung von Hand eingestellt. Anhaltspunkte dafür gibt Zahlentafel 46.

Die Brinellhärte der Schälmesser soll zwischen 550 und 625 kg/mm^2 liegen.

Zahlentafel 46. *Schnittwinkel von Rundschälmessern für verschiedene Holzarten.*

Holzart	Schnittwinkel ($\delta = \alpha + \beta$) in Graden etwa
Nußbaum . . .	15 bis 17
Eiche	17
Birke	18 bis 20
Buche	20 bis 21
Okumé . . .	22
Pappel	22 bis 23
Fichte	20 bis 21 (mit $\alpha = -1°$)

Zahlentafel 47. *Schällänge und größter Stammdurchmesser bei Rundschälmaschinen nach DIN 8829.*

Größter Stammdurchmesser cm					
63	80	100	125	160	200
	65	Schällänge (Furnier-Fertigmaß) cm			
100	100				
125	125				
160	160				
180	180	180			
		200	200		
	230	230	230		
		260	260	260	260
			330	330	330

Mit Hilfe einer einfachen Vorrichtung kann man auf Rundschälmaschinen Klötze oder Bohlen auch exzentrisch zur Spindelachse einspannen. Der Schneiddurchmesser wird auf diese Weise erhöht, soweit es die Bauart des Klotzträgers gestattet; die Richtung zu den Jahrringen, in der man das Holz schält, hat man, wie Bild 366 zeigt, völlig in der Hand. Man kann dadurch bei Edelhölzern sehr schöne Furnierbilder erhalten, die den beim Sägen und Messern entstehenden sehr ähnlich sind.

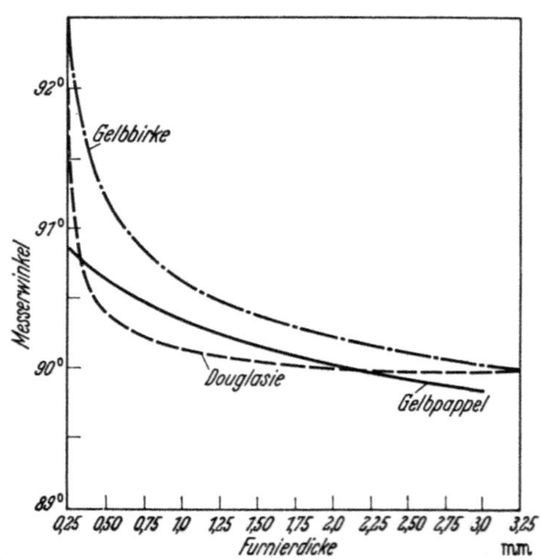

Bild 364. Messerwinkel beim Schälen verschieden dicker Furniere, Blockdurchmesser, außer bei Khaya, zwischen 30 und 50 cm. (Nach H. O. Fleischer.)

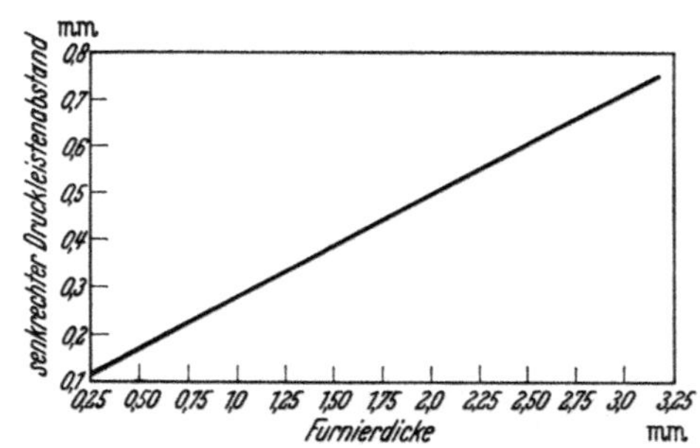

Bild 365. Zusammenhang zwischen senkrechtem Abstand der Druckleistenkante von der Schälmesserschneide und der Furnierdicke. (Nach H. O. Fleischer.)

Rundschälmaschinen werden für Hölzer von 400 bis 4500 mm Längen und 500 bis 2000 mm Durchmesser gebaut. Die Schällängen und größten Stammdurchmesser nach DIN 8829 sind in Zahlentafel 47 zusammengestellt. In Deutschland werden die im Normblatt gegebenen Empfehlungen heute durchweg eingehalten.

Da insbesondere beim Halbrundschälen sehr hohe Beanspruchungen auftreten, wurden die Maschinen in den letzten Jahren immer kräftiger ausgebildet. Gußeiserne Konstruktionen herrschen in Europa vor (Bild 367), während man bei amerikanischen Maschinen vielfach auf Schweißkonstruktionen stößt.

Der in USA übliche unmittelbare Antrieb über kleine Dampfmaschinen hat sich in Europa nicht eingebürgert. Die beste Lösung wäre der Antrieb über einen Leonardsatz, jedoch scheitert sie am zu hohen Preis. Stufenlose mechanische und hydraulische Betriebe haben sich nur bei kleinen Maschinen bewährt.

Gern benutzt man regelbare Gleichstrommotoren; ist nur Drehstrom verfügbar, dann muß man Umformer bzw. Gleichrichter vorsehen. Die Bandablaufgeschwindigkeiten betragen bei modernen Schälmaschinen bis zu 80 m/min; sie werden im allgemeinen nicht von der Leistung der Schälmaschinen, sondern durch die Furnieraufwicklung begrenzt.

Der Leistungsbedarf von Rundschälmaschinen hängt von der Schnittbreite und Furnierdicke in erster Linie ab; man kann schätzen, daß je 1 m Schnittbreite und 1 mm Furnierdicke (zwischen 4 und 10 mm) rund 1,8 kW erforderlich sind.

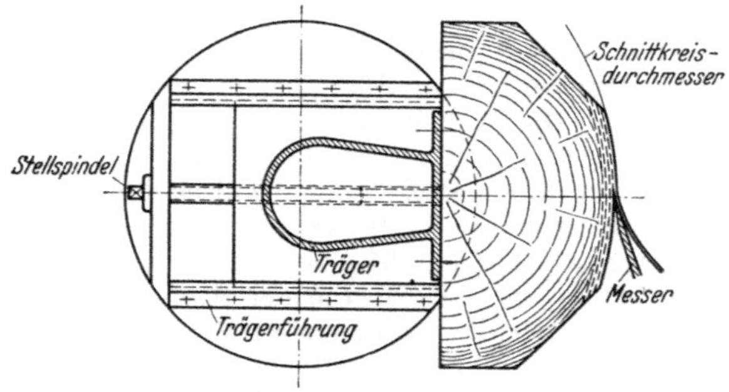

Bild 366. Schema einer Halbrund-Schälvorrichtung.

Genauer betrachtet ist die Zerspanungsarbeit nicht nur von der Stammlänge und der Schälbanddicke, sondern auch von der Schälgeschwindigkeit und einem spezifischen Schnittwiderstand abhängig; letzterer schwankt seinerseits mit der Furnierdicke, der Art und dem Zustand des Holzes sowie mit Form, Zustand und Lage des Schälmessers. Man kann nach H. Birett[1] schreiben:

$$N_g = N_l + N_s = N_l + b \cdot v \cdot \delta \cdot \frac{C}{10{,}2}\ [\mathrm{kW}]; \qquad (28)$$

hierin bedeuten N_l = Leerlaufleistung [kW], N_s = Zerspanungsleistung [kW], b = Stammlänge (Schnittbreite) [m], v = Schälgeschwindigkeit [m/s], δ = = Furnierdicke [mm] und C = spez. Schnittwiderstand (≈ 20) [kg/cm²].

Bild 367. Schälmaschine in Gußausführung mit automatischer Schnittwinkelverstellung, doppeltem Bedienungsstand, großem Furnierdicken-Schaltkasten und Antrieb über ein vierstufiges Getriebe, Schällänge 2600 mm (die Maschine ist mit einem Unterstützungsbock ausgerüstet, um das Schälen von kurzen Stämmen zu ermöglichen), Stammdurchmesser 1600 mm, Furnierdicken 0,1 ··· 10 mm, Bauart Vereinigte Furnier- und Sperrholzmaschinenfabriken, Hamburg.

[1] Birett, H.: Sperrholz Bd. 5 (1933) S. 29.

722. Furnierzubereitung.

722.1 Zuschneiden der Furniere.

Die von der Messermaschine hergestellten Furniere werden in Paketen bis zu 100 mm Höhe (bei beliebiger Länge) mittels Furnierschere geschnitten und gekürzt. Die Maschinen besitzen kräftige Ständer, die durch einen Tisch (an dem das Gegenmesser befestigt ist) verbunden sind. Das Obermesser, das an einem Träger von großem Querschnitt sitzt, gleitet am Gegenmesser vorbei, oder es steht — aus Gründen der besseren Betriebssicherheit — fest, und der Schnitt erfolgt durch Aufwärtsbewegung des Tisches mit dem Gegenmesser. Nur wenn die Einstellung beider Messer richtig ist, fällt der Schnitt fransenfrei aus. Die Hubbewegung des Obermessers oder des Tisches wird durch einen doppelten Kurbelantrieb bewirkt. Den Preßdruck für die Furnierblätter, der je nach den Bedingungen zwischen 1,5 und 4,5 kg/cm^2 verändert werden kann, erzeugt eine Ölpumpe.

Zum Kürzen der Schälfurnierbänder und zum Ausschneiden der beim Runden des Schälklotzes anfallenden Furnierlatten dienen verschiedenartige Scheren und Verfahren. Bei dem einfachsten Verfahren wird das Schälband auf langen Tischen hinter der Rundschälmaschine ausgebreitet und während des Schälens von Hand in Längen von mehrfachen Sperrplattenabmessungen durchgerissen. Bei einem anderen Verfahren wird das Schälband aufgewickelt und später zerschnitten. Automatische Furnierscheren sind auf die Ablaufgeschwindigkeit des Schälbandes genau abgestimmt und können in ihren Abkürzungen augenblicklich verändert werden. Beim Herausschneiden von Fehlstellen ist dies besonders vorteilhaft. Der Leistungsbedarf der Scheren beträgt je 1000 mm Schnittlänge etwa 1,3 kW bei elektrischem Einzelantrieb. Bei Gruppenantrieb ermäßigen sich die Werte um 25 bis 30%.

Das Zuschneiden erfolgt mit einer Breitenzugabe von 5 bis 7 cm für das nachträgliche Besäumen der Sperrplatten und mit einer Zugabe für den Breitenschwund durch Trocknung. Dieser Breitenschwund hängt wesentlich von der Holzart und der Endfeuchtigkeit ab. Im Mittel kann man nach E. Irschick[1] für eine Trocknung auf 7% Holzfeuchtigkeit mit nachstehendem Breitenschwund (bezogen auf das nasse Furnier) rechnen:

Birke, Buche, Eiche .	8 bis 9%
Pappel	6 bis 7%
Okumé, Kiefer . . .	6%
Erle	5%

Die Furniertrocknung wurde in Abschnitt 638 behandelt.

722.2 Fügen, Zusammensetzen und Fugenverleimen der Furniere.

Die in Sperrholzwerken unvermeidlichen zu schmalen Furnierblätter und -streifen müssen zu passenden Größen, die den Formaten der Sperrplatten entsprechen, zusammengesetzt werden. Der erste Arbeitsgang ist hier das Fügen, d. h. das Nacharbeiten der Furnierkanten, die vor allem bei den gesägten und gemesserten Furnieren meist unregelmäßig sind. Schälfurniere besitzen gewöhnlich die richtige Größe. Schmale Streifen daraus, die auf den Furnierschneidmaschinen zugeschnitten wurden, haben ausreichend glatte

[1] Irschick, E.: Furnier und Sperrholz und ihre fabrikmäßige Herstellung, Stuttgart 1949, S. 20.

Fugen. Für größere Längen wendet man allerdings auch bei Schälfurnieren Fügemaschinen an; die Furniere werden in Paketen mit bis zu 200 mm Höhe auf einem Tisch gestapelt und durch einen kräftigen Druckbalken eingespannt. Bei kleineren Maschinen wird das an einem Schlitten befestigte Werkzeug (eine Kreissäge oder ein Messerkopf) am Furnierpaket entlanggeführt, bei größeren Maschinen läuft umgekehrt der Werkzeugtisch auf Rollen und wird durch einen Zahnstangenantrieb am Messerkopf vorbeigefahren. Da die Zahnstange eine erhebliche Länge besitzt, die ganze Führung aber sehr schmal ist, wird eine ausgezeichnete Führung gewährleistet und damit die Vorbedingung für genau gerade Fugen geschaffen. Eine besondere Verfeinerung der Fugen läßt sich auch durch zwei Messerköpfe erreichen, von denen der zweite zum Schlichten dient. Grundsätzlich werden beim Fügen nur ganz schwache Späne fortgenommen, da ein tiefer Schnitt leicht unebene und rissige Kanten erzeugt. Hohe Schnittgüte wird auch dadurch angestrebt, daß man die Vorschubgeschwindigkeit niedrig (beim Arbeitsgang z. B. 6 m/min, beim Rücklauf 12 m/min) und die Messerzahl des Messerkopfes sehr groß (bis zu 16) wählt. Oft muß man das Paket mehrere Male am Fräser vorbeiführen, um vollkommen ebene Kanten zu erhalten. Zum Abrichten sehr dünner Furniere aus sprödem Holz haben sich am besten Papierscheren mit ziehendem Schnitt bewährt. Einen Überblick über die technischen Daten von Furnierfügemaschinen gibt Zahlentafel 48.

Kaum denkbar wäre die außerordentlich rasche Entwicklung der modernen Sperrholzindustrie ohne die vielfachen Verbesserungen bei der Fugenverleimung der Furniere[1]. Den ersten Fortschritt brachte um 1880 die Verwendung von Klebstreifen, mit denen die Furniere Kante an Kante aneinander geheftet wurden.

Diese Streifen (Taps) sind aus sehr zähem, geschmeidigem und dünnem Kraftpapier hergestellt. Ihre Breite ist meist 25 mm, die Dicke 0,05 mm. Auf der Rückseite sind die Streifen gummiert; der Klebstoff muß vollkommen fettfrei sein, um höchste Bindekraft zu ergeben, unbedingt säurefrei, damit beim Beizen keine Flecken entstehen. Oft sind die Streifen gelocht, um möglichst wenig Holzfläche für die später folgende Verleimung zu bedecken, manchmal durchsichtig, um jeden Fehler in der Fuge sofort sichtbar zu machen. Das Aufbringen der Streifen erfolgt in größeren Betrieben mit Maschinen (Taping-Maschinen), die den Klebstreifen einer Vorratsrolle entnehmen, mit warmem Wasser anfeuchten, auf die Fuge drücken und das Abbinden durch eine geheizte Rolle herbeiführen.

Bei hochwertiger Arbeit, vor allem bei gesägten Furnieren, sind die überklebten Fugen noch zu verleimen. Man klappt die beiden Teile über dem Papierstreifen zusammen und führt die freigelegten Kanten an einer umlaufenden Leimrolle mit senkrechter Achse vorbei. Anschließend werden die Furniere wieder auseinandergeklappt und in eine hohlrunde offene Form gelegt, so daß sich die Klebstreifen auf der konvexen Seite befinden. Die verleimten Kanten werden durch die Druckspannungen auf der konkaven Seite zusammengepreßt. Ist der Leim abgebunden, dann entnimmt man die Furniere den Formen.

Etwa die gleiche Wirkung suchte man durch den Gebrauch flüssiger Glutinleime zu erzielen, die zusammen mit trockenen Papierstreifen angewendet wurden. Der Leim drang dabei einmal zwischen die Furnierfugen und band sie aneinander, zum anderen aber klebte er das Papier an die Furnieroberfläche.

---

[1] Perry, Th. D.: Wood Working Digest Bd. 55 (1953), Sept., S. 123.

Zahlentafel 48. *Technische Daten von Furnierfügemaschinen.* (*Nach H. Kübler*[1].)

Maschinenart	Paketschere			Furniersäge	Furnierfügemaschine					
Hersteller . . .	Hymmen	John	Rückle	Bürkle	Steinemann		Ver. Furnier- und Sperrholzmasch.-Fabr.			
Type . . .	AS	FS IV	AFU 26	FSn	FFLP-250	FF 270	TBAP	13 F	TG	TBAE
Schnitt- bzw. Fügelänge (cm)	184 bis 250	230 bis 260	260	220 bis 400	250	2700	200 bis 400	270 bis 350	200 bis 350	270 bis 510
Füllhöhe (mm)	80	je 120 bis 280	200	80				300	250	
Schnitthöhe (mm)			140		30	120	200	130	100	200
Schnitt bzw. Fügen durch	zieh. Schnitt	Schäl-schnitt	Schäl-schnitt	Säge	Säge + M	Säge + M od. 2 M	2 M	Säge + M od. 2 M	Säge + M od. 2 M	2 M
Druckaufbringung durch	Motor	Hydraulik	Pneu-matik	Hand-spind.	Pneu-matik	Hydraulik	Pneu-matik	Hydraulik	Motor	Motor
Nettogewicht je mm Schnittlänge (kg/mm)	0,8 bis 1,1	1,7 bis 2,3	2,1	0,6 bis 0,5	0,7	1,2	4,2 bis 3,2	1,3	1,5 bis 1,0	1,8 bis 1,3

M = Messerkopf

[1] Kübler, H.: Holz als Roh- und Werkstoff Bd. 10 (1952) S. 144.

Wenngleich bei Maserfurnieren nach wie vor unvermeidlich, befriedigte doch die Taping Technik bei allen anderen Furnieren wenig, da die Klebstreifen auf der Außenseite nach dem Furnieren so rasch wie möglich wieder durch Schleifen zu entfernen waren, auf der Innenseite aber die Verbindung der Furnierlagen im Sperrholz störten. Einen grundsätzlichen Wandel schufen erst die etwa in den dreißiger Jahren in ersten Baumustern auftauchenden Fugenverleimmaschinen ohne Klebestreifen (tapeless slicers). Zwei Haupttypen sind hierbei zu unterscheiden:

1. Maschinen mit Längsverleimung, bei denen die Fugen parallel zur Vorschubrichtung der Furniere verlaufen;
2. Maschinen mit Querverleimung, bei denen die Fugen senkrecht zur Vorschubrichtung der Furniere verlaufen.

Bis vor kurzem herrschten die Maschinen der ersten Gruppe bei weitem vor, während jene der zweiten nur für dickere Furniere von 3 und mehr mm, für dreifach verleimte Furnierplatten und Innenlagen eingesetzt wurden. In den letzten Jahren haben sich aber dank konstruktiver Verbesserungen und völlig neuer Konstruktionen die Grenzen verwischt.

Die Maschinen mit Längsverleimung besitzen einen großen Tisch in Metallbauweise (oder in USA aus Sperrholz in einem Metallrahmen). Die Furniere werden meist entlang einer kurzen Anschlagleiste von Hand zugeführt, bis sie von etwas schräg zueinander gestellten Einzugrollen gefaßt und gegeneinander gepreßt werden (z. B. bei der Maschine von Adolf Friz GmbH., Stuttgart-Bad Cannstatt). Der weitere Transport der Furniere durch die Maschine erfolgt mittels Kettenbändern, die paarweise oder doppelpaarweise übereinanderliegen.

A

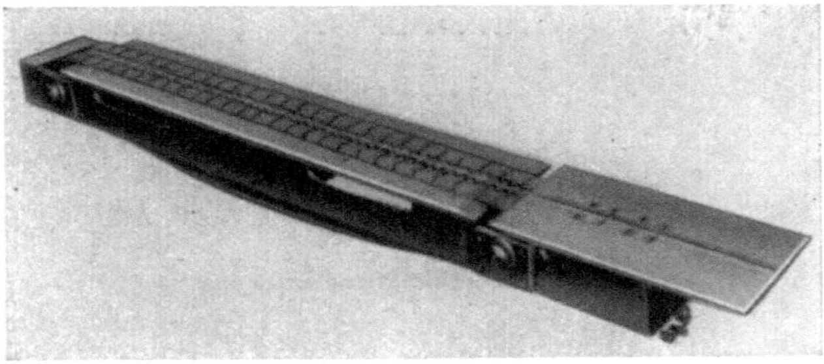

B

Bild 368. Furnier-Fugenverleimmaschine Jama-Rekord II der Maschinenfabrik Jacob Mayer & Söhne, Duisburg-Hamborn. A. Ansicht der Austrittsseite; die unter dem linken Ausladearm sichtbare Walze dient zum Rücktransport der Furniere. B. Unteres Dreifach-Kettenband der Maschine.

Ohne schräggestellte Rollen erzielt man den zur Fugenverleimung nötigen Druck, wenn die Bänder etwas keilförmig gegen die Auslaufseite der Maschine aufeinander zulaufen. Es ist auch möglich, wie bei der in Bild 368 gezeigten Maschine der Firma J. Mayer & Söhne, Duisburg-Hamborn, die Kettenbänder selbst zu teilen und dann die äußeren Bandteile gegen das Maschinenende zusammenlaufen zu lassen, das mittlere Bandteil aber elektrisch zu beheizen. Die gezeigte Maschine gestattet eine Feinregelung des Anpreßdrucks; die Vorschubgeschwindigkeit kann stufenlos zwischen 6 und 26 m/min eingestellt werden. Es können Furniere von 0,3 bis 2,8 mm Dicke verleimt werden.

Die Kanten der zu verbindenden Furniere müssen entweder beim Fügen mit einem reaktivierbaren Leim bestrichen werden, oder aber in die Fugenverleimmaschine muß eine selbsttätige Leimangabe eingebaut werden. Das erstgenannte Verfahren hat sich gut bewährt und herrscht noch vor. Vielfach werden dabei an dem in der Furnierfügemaschine eingespannten Furnierpaket die Fugen mit Haut- oder Knochenleim bestrichen. Die wieder angetrockneten Furnierfugen werden dann in einem Behälter mit 10- bis 20%iger Lösung von 40%igem Formalin getaucht, wodurch der Leim erneut klebfähig wird. Automatische

Bild 369. Ansicht der Furnier-Fugenverleimmaschine Modell BTMO der Firma Robert Bürkle & Co., Freudenstadt, Württ.

Bild 370. Ansicht der Furnier-Fugenverleimmaschine mit Hochfrequenz-Beheizung, Bauart G. M. Diehl Machine Works, Inc., Wabash, Indiana.

Leimangaben besitzen im oberen Teil einen Leimbehälter und eine Auftragvorrichtung (z. B. eine rotierende Scheibe mit je einer Auftragrille an den Seiten). Bei Kunstharzleimen ist der Charakter so zu wählen, daß rasches Abbinden gewährleistet wird. Vielfach haben sich die wärmehärtenden Kunstharzleime weniger als Haut- und Knochenleime bewährt, vor allem, weil sie das Transportbett der Maschine leicht verschmutzen. Gute Aussichten dürften aber die thermoplastischen Kunstharzleime haben.

Eine von der Firma Bürkle & Co., Freudenstadt, gebaute Längs-Fugenverleimmaschine mit Leimauftragvorrichtung zeigt Bild 369; Furniere bis zu 0,8 mm dick können auf ihr mit Vorschubgeschwindigkeiten von 5 bis 22 m/min verleimt werden. Allgemein ist die höchstzulässige Vorschubgeschwindigkeit eine Veränderliche der Furnierdicke.

Die Beheizung erfolgt durch Widerstandserhitzer, neuerdings auch elektronisch. Bild 370 zeigt die von der Firma G. M. Diehl, Wabash, Ind., USA, gebaute Fugenverleimmaschine mit Hochfrequenzbeheizung. Für diese Maschine gelten die nachstehend zusammengestellten Verleimbedingungen in Abhängigkeit von der Furnierdicke:

Furnierdicke		Vorschub-geschwindigkeit m/min	Temperatur der Heizstäbe ° C
Zoll	mm		
1/64	0,4	26	121
1/28	0,9	26	149
1/20	1,3	21	163
1/16	1,6	18	177
1/12	2,1	16	191
1/10	2,5	15	191
1/8	3,5	12	204
3/16	4,8	6	218

Bei Widerstandsheizung werden die Temperaturen der oberen und unteren Heizstäbe durch Thermostaten automatisch auf der gewünschten Höhe gehalten, die an Zifferblättern abgelesen werden kann. Die Leimauftragsvorrichtung befindet sich unter dem Tisch an der Aufgabeseite der Maschine; sie besteht aus einem kleinen Leimbehälter, in den eine Rolle eintaucht. Es ist von äußerster Wichtigkeit, die Auftragmenge so klein wie irgend möglich zu halten, um das Ausquetschen von Leim während des Abbindens zu vermeiden. Ausgequetschter Leim verunreinigt nicht nur die Oberflächen der Heizstäbe oder Elektroden, sondern auch die Furnieroberflächen in der Fugennähe. Als Kunstharzleim wird Harnstoff-Formaldehydleim verwendet, dem meist ein wasserlösliches Öl zugesetzt ist, wodurch das Anbacken des abgebundenen Leims an die Heizstäbe oder Elektroden verringert wird. In den Hochfrequenz-Fugenverleimmaschinen können Furniere oder Hölzer mit bis zu 12 mm Dicke verleimt werden, da die Leimfuge hitzeselektiv gegenüber dem benachbarten Holz ist.

Bei einer anderen amerikanischen Maschine der Mereen-Johnson Machine Company, Minneapolis 12, Minn., werden zum Vorschub nur zwei übereinanderliegende Kettenbänder verwendet, die aber in der Projektion von oben gesehen ebenfalls schwach keilförmig gegen die Auslaufseite zusammenlaufen. Dabei ist das obere Band in der Draufsicht von vorn an seiner linken Seite geriffelt, das untere an seiner rechten. Hierdurch entsteht eine Kreiswirkung. Der Druck auf das obere Band erfolgt durch Federn über Druckschuhe. Besondere Heizstäbe fehlen, vielmehr wird die Oberseite der Transportbänder auf dem Rücklauf durch Widerstandsheizelemente erhitzt. Die Maschine eignet sich zur Fugenverleimung von Furnieren mit 0,8 bis 5 mm Dicke.

Die Maschinen mit Querverleimung der Furniere (bei denen die Leimfugen und die Faserrichtung senkrecht zur Vorschubrichtung verlaufen) werden, im ganzen gesehen, immer noch weniger als die mit Längsverleimung verwendet. Sie sind aber, wie eingangs schon gesagt wurde, insbesondere in Europa im Vorrücken begriffen. Es gibt eine Reihe von Konstruktionen.

Die Wirkungsweise einer älteren, aber in Deutschland noch sehr häufig verwendeten Maschine der Vereinigten Furnier- und Sperrholzmaschinen Fabriken, Hamburg, Berlin, Osnabrück, zeigt Bild 371.

Die mit Lederleim bestrichenen angetrockneten Furnierfugen werden, wie ersichtlich, zunächst in einen Behälter mit 10- bis 20%iger Lösung von 40%

Formalin getaucht, die den Lederleim aufweicht. Hierauf wird der Streifen zwischen zwei Vorschubwalzen gegeben, die nach Betätigung eines Fußhebels umlaufen und den Streifen gegen den vorher eingelegten Furnierstreifen pressen und mit diesem weiterschieben. Ein feinfühlig regelbarer Druckapparat sorgt dafür, daß der Widerstand gegen das Weiterschieben gerade so groß ist wie der zur Verleimung erforderliche Fugendruck. Die als Furnierauflage dienende Heizplatte liefert die zum Abbinden nötige Wärme. In einer Kühlzone werden die Furniere wieder abgekühlt, wobei eine einfache Druckvorrichtung das Werfen verhütet. Zuletzt kommt eine Schere, um das Furnierband auf die

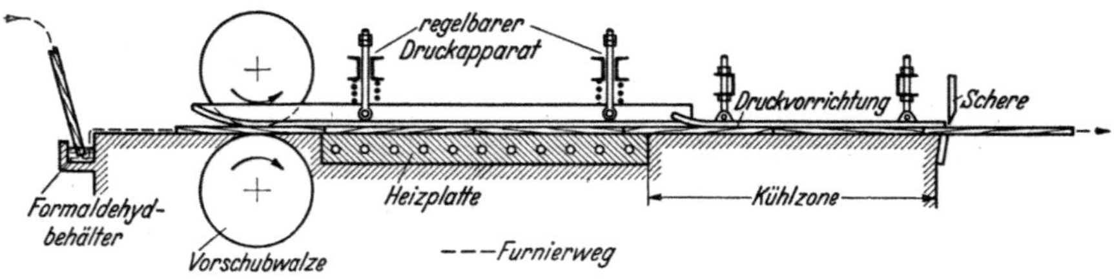

Bild 371. Furnier-Fugenverleimmaschine Modell VF der Vereinigten Furnier- und Sperrholzmaschinen Fabriken, Hamburg, Berlin, Osnabrück. Wirkungsschema im Längsschnitt.

gewünschten Längen zuzuschneiden. Die Einzugsgeschwindigkeit der Walzen beträgt 4 m/min, gut eingearbeitete Bedienungen erreichen praktische Vorschubgeschwindigkeiten bis zu 2,5 m/min. Maschinen, die in der beschriebenen Weise arbeiten, haben sich nur bei Furnierdicken über 2 mm und Fugenlängen bis zu 2 m bewährt. Bei geringeren Furnierdicken und größeren Fugenlängen ist der Fugenschluß oft mangelhaft.

Ein neues Baumuster der Vereinigten Furnier- und Sperrholzmaschinen Fabriken unterscheidet sich wesentlich von der älteren Konstruktion. Bild 372 stellt die Maschine in der Ansicht und schematisch im Schnitt dar. Die Furniere werden durch ein oberes und unteres Kettenbett durch die Maschine getragen. Angetrieben ist nur das untere Kettenbett, und zwar entweder durch ein stufenlos schaltbares Getriebe (Vorschubgeschwindigkeiten zwischen 1 und 5 m/min) oder einen polumschaltbaren Elektromotor mit Zweistufengetriebe (Vorschubgeschwindigkeit 2,75 und 4,0 m/min). Das untere Kettenband läuft über einen festen Tisch; das obere wird mittels Druckfeder belasteten Druckschuhen, die über Handräder einstellbar sind, gegen das Furnier gedrückt. Die Einzugwalzen, die aus Segmenten bestehen, sind in einem Pendelrahmen gelagert, so daß auch konische Furniere mit Sicherheit aneinander geschoben werden. Ihr Antrieb erfolgt über eine Rutschkuppelung; durch feinfühlige Einstellung kann der Fugendruck geregelt werden. Die Walzen sollen etwa die doppelte Umfangsgeschwindigkeit wie das Kettenbett haben. Durch diese Geschwindigkeitsdifferenz wird erreicht, daß die eingelegten Furniere schnell das vorhergegangene Furnierstück erreichen und der erforderliche Fugendruck erzielt wird.

Auch die Fugenverleimmaschine FL-5 (Bild 373) der Firma Müller AG., Brugg (Schweiz), fördert die Furniere quer zur Faserrichtung durch die Maschine. Der Vorschub wird durch zwei übereinander liegende Systeme von Transportschienen bewirkt. Die durch Heißwasser beheizten Schienen bestehen aus zwei Teilsätzen, die auf Rollen gelagert und über Kurven gesteuert, ineinandergreifen, eine Bewegung mit vertikaler und horizontaler Komponente (Schreitbewegung) ausführen, wodurch die Furniere erfaßt, stetig vorgeschoben, der Fugendruck erzeugt, dem Holz die zur Verleimung erforderliche Wärme zugeführt und gleichzeitig ein Bügeleffekt bewirkt wird. Die Arbeitsflächen der Transportschienen sind geschliffen. Das obere Schienensystem ist mittels eines Motors und Handrads nach Skala in der Höhe auf die Furnierdicke einstellbar. Die Mindestfurnier-

A

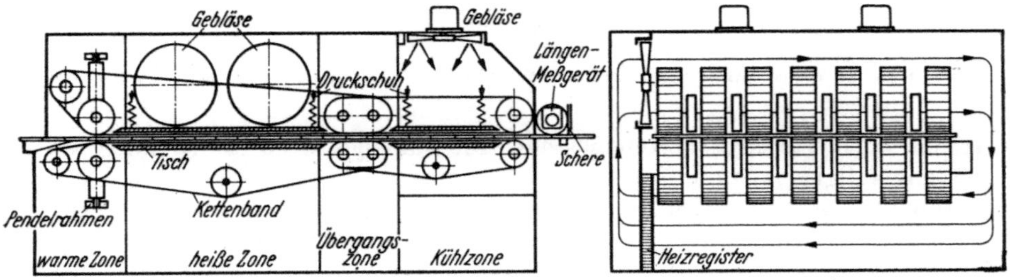

B

Bild 372. Furnier-Fugenverleimmaschine Modell VFK der Vereinigten Furnier- und Sperrholzmaschinen Fabriken, Hamburg, Berlin, Osnabrück.
A Ansicht; B Wirkungsschema im Längs- und Querschnitt.

dicke beträgt 1 mm. Nach oben ist die Furnierdicke praktisch unbegrenzt (4 mm und mehr). Eine absolut saubere, gerade Fuge wird vorausgesetzt. Um die Temperatur der Schienenelemente einwandfrei regeln zu können, erfolgt ihre Beheizung indirekt über eine Wärmeaustauschanlage. Das Heißwasser durchfließt einerseits die Transportschienen, andererseits einen Wärmeaustauscher in einem geschlossenen Kreislauf, der durch eine Niederdruck-Kreiselpumpe erzwungen wird. Die besten Ergebnisse liefern Haut- und Knochenleime, von Kunstharzleimen mußte wegen Verschmutzung des Transportschienensystems abgesehen werden. Die Betriebstemperaturen liegen je nach dem benutzten Leim zwischen 100 und 150° C. Am Auslauf der Maschine ist eine automatisch wirkende Schere angebracht. Nachstehend folgen die Daten für zwei Baumuster der Maschine mit verschiedener Arbeitsbreite:

Arbeitsbreiten	mm	1800	2300
Vorschubgeschwindigkeit	m/min	1 bis 5,5	1 bis 5
Antriebsmotor	kW	3,7	4,8
Motor für Höhenverstellung	kW	0,75	0,75
Länge der Maschine	mm	2820	2820
Breite der Maschine	mm	1600	1600

Eine neukonstruierte Furnier-Fugenverleimmaschine mit Querverleimung (Modell QZa der Adolf Friz GmbH., Stuttgart-Bad Cannstatt) besitzt unten ein Transportkettensystem (Bild 374), das aus den Einzugsketten und den

Bild 373. Ansicht der Furnier-Fugenverleimmaschine Modell FL-5 der Firma Müller AG., Brugg, Schweiz.

eigentlichen Transportketten besteht. Die Einzugsketten laufen mit größerer Geschwindigkeit als die Transportketten, um das Furnier schnell an das Band heranzubringen und den Fugendruck zu erzeugen. Über den Einzugsketten befinden sich vier Druckrollen, die mittels eines Handrads über Exzenter verstellt werden können. An seiner Oberseite gleitet das Furnier zuerst an einer mittels Dampf oder Heißwasser beheizten Heizplatte, anschließend im Kühlfeld an einer Druckplatte vorbei. Bei 3 mm Furnierdicke und 115° C Betriebstemperatur wird der Wärmebedarf, bezogen auf 1 m Furnierbreite, mit 20000 kcal/h angegeben. Der Antrieb erfolgt über ein stufenlos regelbares Getriebe. Leistungsaufnahme des Antriebsmotors 4 kW bei 1300 mm Arbeitsbreite, 7,5 kW bei 1800 mm Arbeitsbreite, des Hubmotors 1,5 kW.

Bild 375 stellt die in USA von der Elliott Bay Mill Co., Seattle, Washington, gebaute Fugenverleimmaschine, Bauart Miller[1,2] dar. Der Weg der Furniere durch die Maschine ist aus dem Wirkungsschema ersichtlich: sie werden automatisch oder von Hand auf den Eingabetisch gelegt und zwischen zwei Transportbändern zur selbsttätigen Formaldehyd-Befeuchtungsvorrichtung geführt. Die Furniere stoßen mit der ganzen Kantenlänge gegen diese Vorrichtung,

---

[1] US Pat. 2290761 vom 21. 7. 1942.

[2] Hyler, J. E.: Joining Veneers Together Edgewise, Southern Lumberman Bd. 181 (1950) Nr. 2266, S. 57; Th. D. Perry: Veneer Splicers, Wood Working Digest Bd. 55 (1953) Nr. 9 (Sept.) S. 123.

A

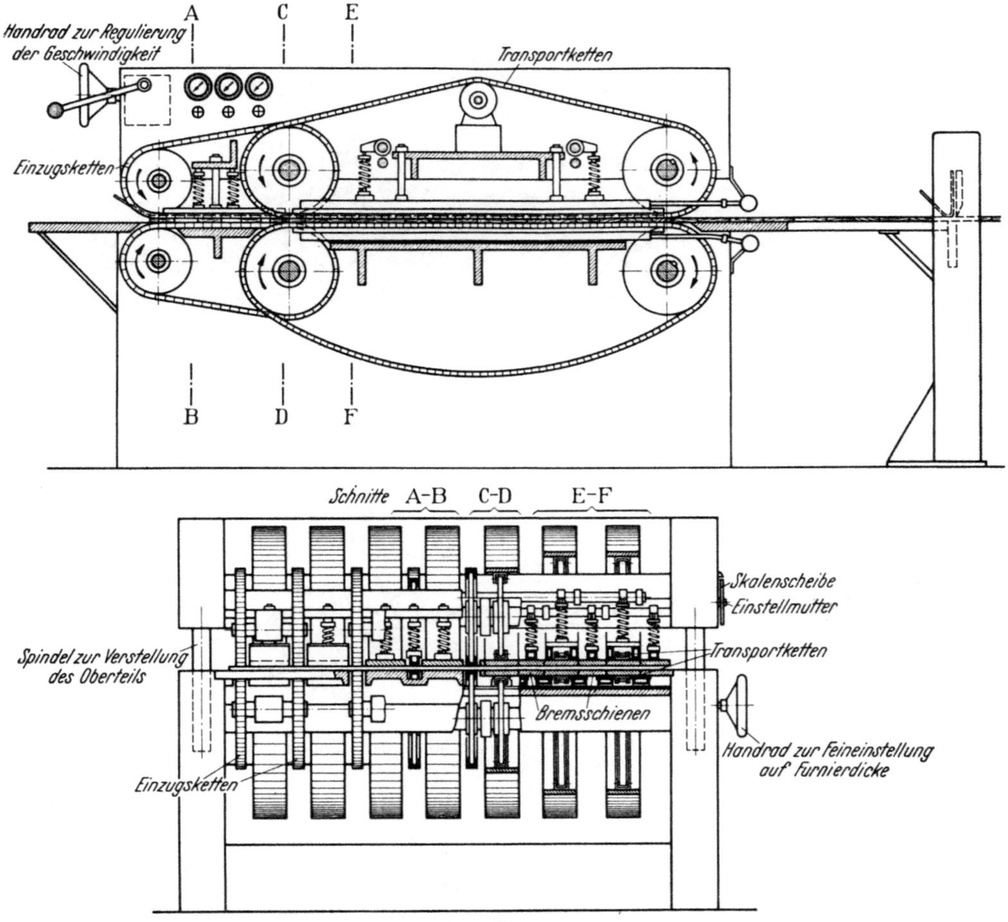

B

Bild 374. Furnier-Fugenverleimmaschine Modell QZa der Firma Adolf Friz GmbH., Stuttgart-Bad Canstatt.
A Ansicht, B Wirkungsschema im Längs- und Querschnitt.

wobei der angetrocknete Leim reaktiviert wird. Durch Hochschwenken der Befeuchtvorrichtung wird der Vorschub mittels einer Segmentwalze ausgelöst. Dabei ruhen die Furniere auf einem Förderband, das über eine elektrisch beheizte Heizplatte läuft. Elastische Stahlbänder drücken von oben her die

A

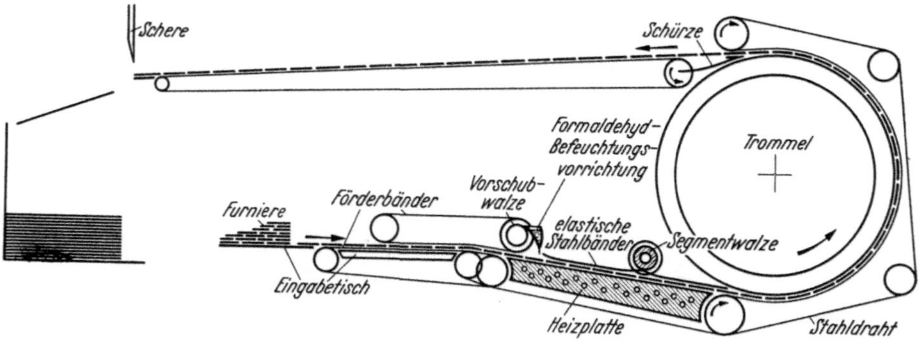

B

Bild 375. Furnier-Fugenverleimmaschine, Bauart Miller, der Elliott Bay Mill Company, Seattle. A Ansicht der Einlaufseite, B Wirkungsschema.

Furniere mit dem Förderband gegen die Heizplatte und sorgen dadurch für gute Wärmeübertragung, so daß der Leim teilweise abbinden kann. Die Umfangsgeschwindigkeit der Walzensegmente ist etwas größer als die Geschwindigkeit des tragenden Förderbandes, wodurch der Fugendruck zwischen den einzelnen Furnierstreifen erzeugt wird. Im einzelnen gibt es zwei Arten von Segmenten:

starre, welche die elastischen Stahldruckbänder tragen, und umlaufende mit einem etwas größeren Durchmesser. Letztere drücken das Furnierband zwischen Haltedrähte und eine große Heiztrommel, die einen Durchmesser von etwa 1800 mm und eine Länge von 3200 mm hat. Die Beheizung erfolgt von innen durch Dampf, elektrisch oder durch Infrarotstrahler. Die Stahldrähte (etwa 60 mit etwa 5 cm Abstand voneinander), die das Furnier aufnehmen und an die Trommel pressen, haben wieder eine etwas kleinere Umfangsgeschwindigkeit als die Trommel und erhalten dadurch den Fugendruck aufrecht. Der Geschwindigkeitsausgleich erfolgt mittels Kupplung. Das zusammengesetzte und verleimte Furnierband wird, nachdem es etwa 190° des Trommelumfangs durchlaufen hat, von einer schwachgeneigten Rampe aufgenommen und mittels Förderband zur automatischen Schere und Ablegevorrichtung gebracht. Die Arbeitsgeschwindigkeit der Maschine liegt zwischen 5,2 und 7,8 m/min. Bisher wurden nur Weichhölzer (z. B. Oregon pine-Furniere), die nach dem Trocknen sehr glatt liegen, mit einer Mindestfurnierdicke von 2 mm verleimt. Für Furniere, die nach dem Trocknen wellig werden (z. B. Buche), ist die Maschine nicht brauchbar[1].

722.3 Verlängern (Schäften) der Furniere.

Die Verlängerung der Furniere, d. h. die Verbindung von Furnierstücken in Richtung der Fasern, hat für die Schichtholzherstellung besondere Bedeutung erlangt. Furniere können in Faserrichtung nach dem Schälverfahren höchstens in Längen bis zu 4000 mm, nach dem Messerverfahren bis zu 6000 mm hergestellt werden. Maschinen mit größerer Einspannlänge werden nicht gebaut. Schichtholzplatten werden aber in Längen bis zu 10 m erzeugt. Besondere wirtschaftliche Bedeutung erlangte die Furnierverlängerung auch bei der Herstellung hochwertiger Tischlerplatten mit Furnierinnenlagen (Stäbchenmittellagen) sowie beim Verarbeiten von Birkenholz, wo sich die Holzausbeute durch kleine Schällängen steigern läßt.

Folgende Verfahren gibt es nach E. Doffiné[2] zur Furnierverlängerung:

1. Verlängerung durch stumpfes Stoßen der sauber beschnittenen Hirnenden. Ein Erfolg läßt sich damit nicht erzielen, da Hirnholzverleimung nur bei größeren Flächen einigermaßen haltbar ist und da sich die Furniere werfen.

2. Verleimen der (bis zu einige cm) überplatteten Furnierenden mit nachfolgendem Abschleifen. Das Verfahren ist einem finnischen Werk geschützt. Bei einer Abart wird der Verleimdruck so hoch gewählt, daß das Holz an der Überplattungsstelle verdichtet wird und die vorspringenden Teile verschwinden. Praktische Erfahrungen über diese Schäftverfahren wurden noch nicht veröffentlicht.

3. Herstellung einer schrägen Schäftkante. Der Schäftwinkel γ ist je nach der Furnierdicke verschieden groß zu wählen, um eine ausreichend große Verleimfläche zu schaffen. Vielfach bewährt haben sich Winkel zwischen 10 und 20°. Zur Erzeugung der Schäftkante sind drei Maschinen bekannt geworden:

a) Hydraulische Anschäftmaschine für gleichbleibenden Anschäftwinkel[3]. Die Wirkungsweise geht aus Bild 376 hervor. Das anzuschäftende Furnier *a* wird auf den Maschinentisch *b* bis zum Anschlag *c* geschoben, während

---

[1] Gebhardt, H. H. v. Grudzinski u. H. Matz: Holz als Roh- und Werkstoff Bd. 9 (1951) S. 273.

[2] Doffiné, E.: Holz als Roh- und Werkstoff Bd. 4 (1941) S. 283.

[3] DRP. 643 620, Niederrheinische Maschinenfabrik Becker & van Hüllen, Krefeld.

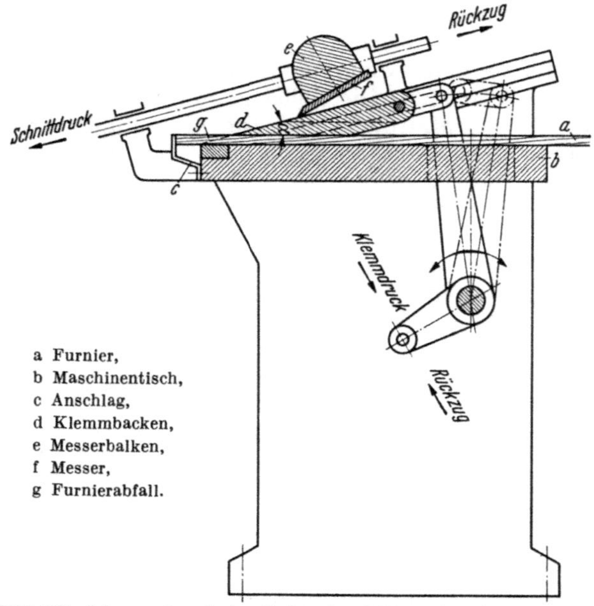

Bild 376. Schema einer hydraulischen Anschäftmaschine für gleichbleibenden Anschäftwinkel, Bauart Becker & van Hüllen, Krefeld.

der Klemmbalken *d* den Rückwärtshub ausführt. Da die Maschine ununterbrochen arbeitet, wird der Klemmbalken wenige Sekunden später selbsttätig wieder vorwärtsbewegt und das Furnier eingeklemmt. Im Anschluß daran wird der Messerbalken *e* mit dem Messer *f* nach vorn geschoben, wodurch im ziehenden Schnitt die Schäftkante bei gleichbleibendem Winkel γ erzeugt wird. Die Furnierabfälle *g* fallen auf ein hinter der Maschine angeordnetes Förderband, das sie zu einer Sammelstelle führt. Auf der Maschine können ohne Umstellung alle praktisch vorkommenden Furniertypen verarbeitet werden.

b) **Furnierschäftmaschine mit Sägeblatt oder Fräser als Schäftwerkzeug** (F. Meyer & Schwabedissen, Herford). Der Schäftwinkel läßt sich bequem und unabhängig von der Furnierdicke verändern. Die Mindestfurnierdicke beträgt 0,8 mm. Die Vorschubgeschwindigkeit von 9 m/min sichert hohe Leistung. Die Maschine (Bild 377) arbeitet wie folgt: Der durch die Spindel waagerecht verschiebbare Ständer trägt die obere Gliederkette, die ein Motor über ein Getriebe betätigt. Die

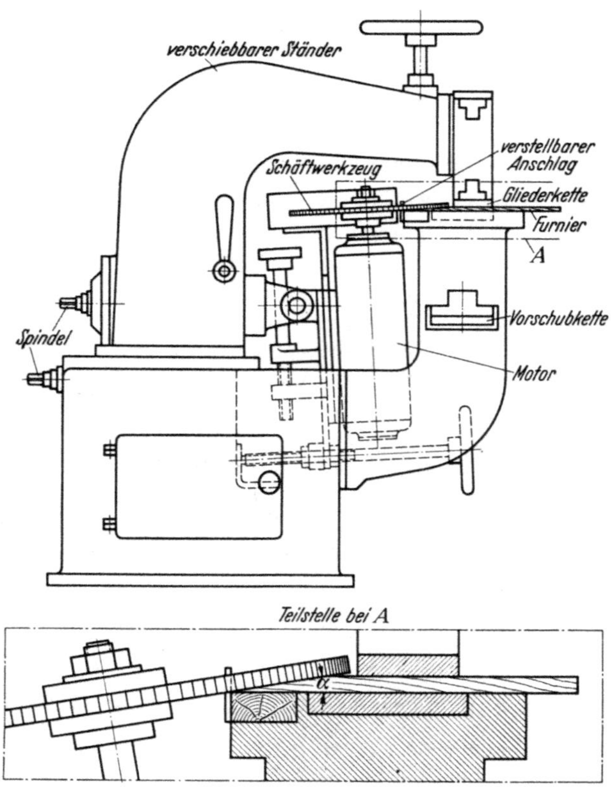

Bild 377. Schema einer Furnierschäftmaschine mit Sägeblatt oder Fräser als Schäftwerkzeug, Bauart F. Meyer & Schwabedissen, Herford.

Kette drückt auf die zu schäftenden Furniere und zieht sie in Zusammenarbeit mit der unteren Vorschubkette durch die Maschine. Die waagerechte Verstellung des Ständers ermöglicht es, das Furnier bei sicherer Festspannung und gutem Durchzug so nahe wie möglich an der Schäftfuge planzuhalten. Diesem Zweck dienen auch Druckvorrichtungen vor und hinter dem Werkzeug, die in Bild 377 fortgelassen sind. Der Motor, der das Schäftwerkzeug trägt, ist über ein Handrad und die Spindel schwenkbar, wodurch sich der gewünschte Schäftwinkel einstellen läßt. Ferner kann der Motor mittels Spindel und Handrad je nach der Furnierdicke in der Höhe und mittels der Spindel je nach der Schäftbreite waagerecht verschoben werden. In der richtigen Lage wird der Motor durch einen Hebel festgehalten. Ein verstellbarer Anschlag sichert bequemes Einführen der Furniere.

c) Walzenschäftmaschine für veränderliche Anschäftwinkel[1] (Heinrich Lippert, Berlin-Weißensee). Diese Maschine ist besonders geeignet bei sehr spitzem Anschäftwinkel. Sie arbeitet mit einer mit Sandpapier überzogenen Schleifwalze. Eine Aufspannung mit verstellbarer Schrägführung (Bild 378) führt das Furnier derart an der Walze vorbei, daß eine gerade Schäftkante entsteht. Der Schleifzylinder läuft ununterbrochen und treibt über Rutschkupplungen die beiden Exzenterwellen an. Die untere Exzenterwelle wird durch den Hemmbügel abwechselnd bei dessen rechter oder linker Klaue, die obere Welle in der Anfangsstellung durch den senkrechten am Fußhebel angeschlossenen Hebel festgehalten. Das Furnier wird auf dem Tisch bis zum Anschlag vorgeschoben. Durch Niederdrücken des Fußhebels wird die Steuerung bei der Raste ausgelöst, die untere Exzenterwelle macht eine halbe Umdrehung, hebt den Tisch und drückt das Furnier gegen den unter Federdruck stehenden Druckbalken, wodurch es festgespannt wird. Gleichzeitig wird die obere Exzenterwelle in langsame Drehung versetzt und schiebt den Tisch auf der schiefen Ebene in Pfeilrichtung nach vorn. Dadurch wird das Furnier schräg am Schleifzylinder vorbeigeführt und erhält den gewünschten keiligen Anschliff. Nach Fertigstellung des Anschliffs schaltet die Steuerung selbsttätig um, der Tisch geht zurück, und das Furnier wird ausgewechselt. Bei handlichen Furnieren tritt man den Fußhebel dauernd nieder, so daß die Maschine ununterbrochen arbeitet. Man kann dabei bis zu 16 Anschliffe in der Minute herstellen. Die Anschliffschärfe wird mittels des

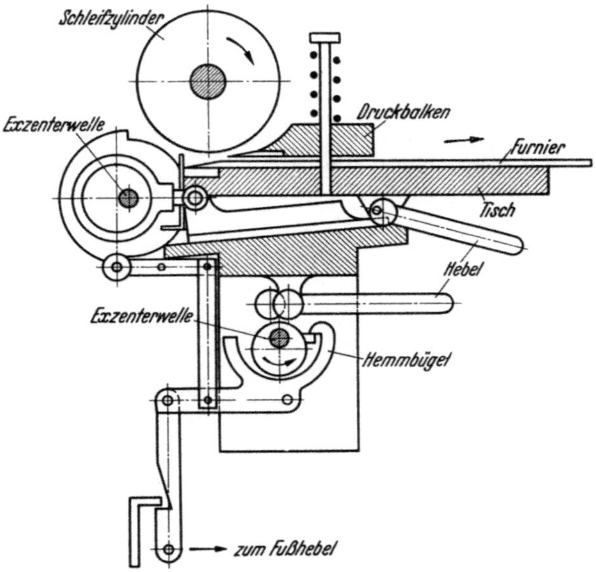

Bild 378. Schema einer Walzenschäftmaschine für veränderliche Anschäftwinkel, Bauart Heinrich Lippert, Berlin-Weißensee.

[1] Doffiné, E.: Holz als Roh- und Werkstoff Bd. 4 (1941) S. 283ff.

unteren Hebels geregelt, mittels des oberen Hebels wird der Keilwinkel bzw. die Furnierdicke eingestellt.

Um eine Anlage zur wirtschaftlichen Verwertung von Abfallfurnieren zu schaffen, benötigt man neben der Anschäftmaschine zwei hydraulische Furnier-Verlängerungspressen mit Preßpumpe und Akkumulator. Erfahrungsgemäß rechnet man je m^2 Furnierfläche fünf Schäftfugen. Auf 1 m^3 Furniere entfallen somit bei einer durchschnittlichen Furnierdicke von 1,6 mm 3125 Schäftungen. Die Anschäftmaschine kann ohne Schwierigkeit 900 Schäftungen je Stunde ausführen.

722.4 Ausflicken von Ästen, Astlöchern und Fehlstellen in Furnieren.

Außenfurniere — insbesondere von solchen Holzarten, bei denen fehlerfreie Furniere selten sind, z. B. Birke, Fichte, Kiefer — müssen durch Ausflicken von Ästen, Astlöchern und Fehlstellen verschönert werden. Bei Handarbeit finden

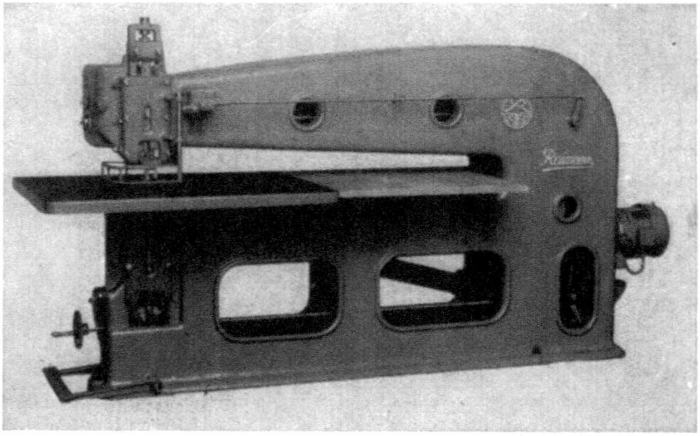

Bild 379. Furnier-Stanzautomat ASA, Bauart B. Raimann GmbH., Freiburg-St.Georgen.

dabei runde, ovale oder nierenförmige Locheisen Verwendung, deren außen geschärfte Ränder konisch verlaufen. Als Stanzunterlagen verwendet man Holzplatten; Furniere mit größerer Dicke als 1,6 mm lassen sich kaum ohne Einreißen oder Aufplatzen stanzen.

Im Großbetrieb arbeiten Furnierausflickautomaten sehr wirtschaftlich (Bild 379). Sie stanzen automatisch die Fehlstellen aus, stellen aus einem in die Maschine geschobenen Furnierstreifen eine passende Flickscheibe her und pressen sie in das Stanzloch. Das Ausflicken eines Loches dauert 2 bis 2,5 s; auf diesen Maschinen können Furniere mit bis zu 4 mm Dicke verarbeitet werden; die Stanzprofile haben eine größte Länge von 100 mm, eine größte Breite von 50 mm, das Normalwerkzeug hat meist $25 \cdot 50$ mm². Der Leistungsbedarf der Maschine liegt bei 1,5 kW.

Die Bedienung der Maschine erfolgt durch Tritt auf einen Fußhebel. Eine Signallampe leuchtet auf, wenn der Furnierstreifen für die Flickscheiben nahezu verbraucht ist. Praktisch ausgeschlossen ist eine Anpassung der Flickscheiben an die jeweilige Furnierfarbe.

73. Unverdichtete Lagenhölzer (Schichtholz, Sperrholz).

731. Schichtholz.

731.0 Allgemeines.

Die Hauptnachteile des Holzes als Baustoff, seine Ungleichmäßigkeit, seine Wasseraufnahme und seine mangelhafte Formbeständigkeit, lassen sich durch Absperren weitgehend, aber für manche Verwendungszwecke nicht ausreichend beseitigen. Insbesondere dort, wo höchste Zugfestigkeit erwünscht ist, muß Sperrholz ausscheiden, da die Längsfestigkeit durch die Querschichten entsprechend herabgesetzt wird. Gerade für Zugglieder böte aber ein vergleichmäßigtes Holz mit annähernd normaler Zugfestigkeit viele Vorteile und ermöglichte bauliche Lösungen, für die sonst Stähle mit mindestens 200 kg/mm² erforderlich sind[1]. Die Überlegenheit des Holzes als Leichtbaustoff, die in der Reißlänge sehr anschaulich wird, wurde in Band I, S. 647 und 661 dargelegt.

Auch auf Knickung beanspruchte Teile lassen sich vorteilhaft aus Holz herstellen, da seine geringe Rohwichte die Schaffung großer Querschnitte und damit großer Trägheitshalbmesser gestattet (vgl. Band I, S. 776, Bild 685). Schließlich gesellen sich dazu andere bedeutende Vorzüge: Günstige elastische und wärmetechnische Eigenschaften, geringe Kerbempfindlichkeit, ideale Verbindbarkeit durch Verleimen, leichte Bearbeitbarkeit, niedriger Preis und das Vorkommen als sich selbst erneuernder Rohstoff.

Die Entwicklung lamellierter Hölzer wurde deshalb etwa seit 1930 von verschiedener Seite energisch in Angriff genommen. Eine gute Lösung gelang unter maßgeblicher Mitarbeit von O. Kraemer in der Stoffabteilung der ehemaligen Deutschen Versuchsanstalt für Luftfahrt (DVL).

Grundlegend für das Verfahren ist die Erkenntnis, daß Wuchsfehler, die die Holzfestigkeit vermindern (z. B. Äste, gestörter Faserverlauf usw.) meist örtlich begrenzt sind. Trotzdem können derartige Fehler in Bauteilen mit kleinem Querschnitt oder an Stellen hoher Spannung eine erhebliche Bruchgefahr herbeiführen. Beseitigen läßt sich diese Gefahr durch Unterteilen des Vollholzes in dünne Lamellen, die so geschichtet und verleimt werden, daß die in den einzelnen Streifen enthaltenen Fehler nicht mehr in einem und demselben Querschnitt zu liegen kommen, sondern gleichmäßig versetzt sind. Bild 380 zeigt beispielsweise ein Holzteil, dessen Querschnitt durch eine Fehlstelle um 60% geschwächt wird. Durch Aufspalten in 20 versetzte Einzellagen vermindert sich die Querschnittsschwächung von 60% auf 5%. Durch noch weitergehende Unterteilung läßt sich der Einfluß fast beliebig verringern. Allerdings sprach gegen zu viele Einzellagen lange Zeit die mit der Größe und Zahl der Leimflächen sinkende Feuchtigkeitsbeständigkeit, da die Bindekraft der ursprünglich verwendeten Kaseinleime bei Feuchtigkeitsaufnahme stark abfällt. In den Kunstharzleimen, insbesondere vom Phenol-, Melamin- und Resorcintyp wurden aber unbedingt wasserbeständige Bindemittel geschaffen. Verleimt man genügend dünne Furniere mit Kunstharzleimen, dann erzielt man nicht nur eine vorzügliche Verbindung, sondern bei ausreichendem Druck und hoher Temperatur auch eine bedeutende Verfestigung des entstehenden Schicht-

---

[1] Brenner, P., u. O. Kraemer: Holzvergütung durch Kunstharzverleimung, Fachaussch. Holzfragen, Mitt. H. 12, Berlin 1935. — Dieselben: DVL-Jb. 1932, S. 43.

holzes. Es ist möglich, durch die Wahl des Aufbaues, des Kunstharzgehaltes und der Preßbedingungen die Festigkeitseigenschaften dem Verwendungszweck anzupassen.

Wesentlich ist für das Schichtholz, daß die einzelnen Schälfurniere zueinander meist parallelfaserig angeordnet werden. Lediglich in Sonderfällen wird jedes zehnte Furnier querfaserig zu den übrigen Furnieren gelegt, um die Querfestigkeit zu steigern.

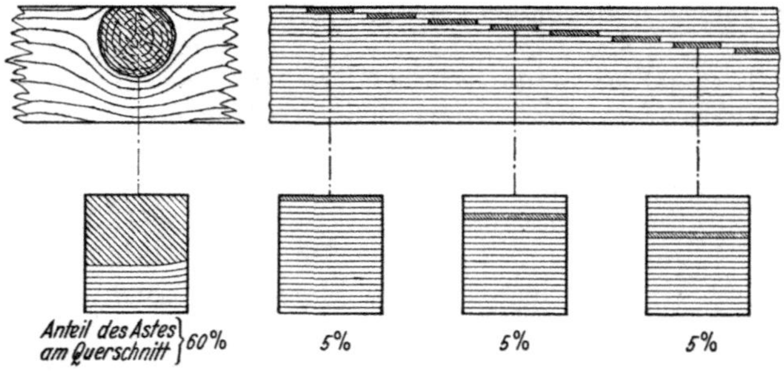

Bild 380. Verminderung des Einflusses einer Fehlstelle durch Unterteilen. (Nach P. Brenner u. O. Kraemer.)

731.1 Herstellung von normalem Schichtholz.

Schichtholz wird industriell mit den in der älteren Sperrholzindustrie üblichen Methoden hergestellt. Die Furniere werden in Dicken von 0,2 bis 1,5 mm durch Rundschälen nach der Dämpf- oder Kochbehandlung erzeugt. Trocknen, Fügen und Schäften vollziehen sich in der bereits beschriebenen Weise. Verleimt wird mit Tegoleimfilm (einfach oder doppelt gelegt), mit flüssigem Phenolharz, mit Harnstoffharz oder seltener mit Melamin- und Resorcinharzen.

In Deutschland werden zu Schichtholz fast ausschließlich Buchenfurniere verarbeitet[1]. Ihre starke Saugfähigkeit eignet sie besonders für Tränkverleimung mit flüssigen Kunstharzleimen. In Finnland wird Schichtholz aus Birkenholz erzeugt[2]. In USA werden der Schichtholzindustrie Gelbbirke, Sweet gum und Sitkafichte zugeführt[3]. Nadelschichthölzer wurden während des zweiten Weltkriegs versuchsweise in Deutschland von W. Küch[4] und in USA hergestellt; sie wiesen, wie in Band I, S. 620 belegt ist, sehr beachtliche mechanische Eigenschaften auf.

Die Schichtholzbohlen werden in Deutschland in der Regel in Längen bis zu 5 m, mit 450 mm Breite und in beliebiger Dicke (gewöhnlich bis 200 mm) erzeugt. Für den Flugzeugbau werden die Furniere fast ausschließlich nur parallel geschichtet, da höchstmögliche Längszugfestigkeit verlangt wird. Mit Ausnahme der Zugfestigkeit liegen die Festigkeitswerte des Schichtholzes nach W. Küch[1] längs der Faser 60 bis 120% und quer zur Faser 100 bis 500% höher als diejenigen des Vollholzes. Die beim Vollholz beträchtlichen Unter-

---

[1] Küch, W.: Holz als Roh- und Werkstoff Bd. 2 (1939) S. 257.

[2] Ylinen, A.: Holz als Roh- und Werkstoff Bd. 5 (1942) S. 118.

[3] Erickson, E. C. O.: Mechanical Properties of Laminated Modified Wood, U.S. For. Prod. Lab. Rep. Nr. 1639, Madison, Wisc., Mai 1947.

[4] Küch, W.: Über die Herstellungsmöglichkeiten und die Eigenschaften von Kiefernschichtholz, DVL-Bericht Nr. 1056 vom 3. 8. 1943. — Derselbe: Schichtholz aus Nadelholz, VDL-Bericht Nr. 1157 vom 13. 1. 1944.

schiede der Druck- und Zugfestigkeit sind nahezu ausgeglichen. Die Rohwichte und die Festigkeit des Schichtholzes steigen mit abnehmender Furnierdicke an (Bild 381). Man erkennt aber deutlich, daß unterhalb von etwa 0,4 mm Furnierdicke die Rohwichte mehr zunimmt als beispielsweise die Druckfestigkeit. Die Wichte des reinen Kunstharzes fügt sich mit 1,4 g/cm³ gut in den Kurvenverlauf von r in Bild 381 für die Furnierdicke 0 ein. Die Folge der verschiedenen Charakteristiken der Rohwichte und Festigkeitseigenschaften von Schichtholz als Funktion der Furnierdicke ist ein anderer Verlauf der Gütewerte, d. h. der Quotienten von Festigkeit zu Rohwichte. In Band I, S. 683 sind in Bild 584 die Gütewerte von Rotbuchenschichtholz in Abhängigkeit von der Lagenzahl je cm Plattendicke nach O. Kraemer[1] aufgetragen. Es ergab sich, daß für die Reißlänge, die Quetschlänge und das Verhältnis der Biegefestigkeit zur Rohwichte im Bereich von 20 bis 30 Lagen je cm ein flaches Maximum vorhanden ist. Es wurde geschlossen, daß zu feine Schichten, d. h. zu dünne Furniere, abzulehnen sind, da 1. das Verhältnis von Festigkeit zu Gewicht leidet, 2. die Herstellkosten stark anwachsen, wodurch die Wirtschaftlichkeit beeinträchtigt wird und 3. die Verleimfähigkeit der Platten schlechter wird.

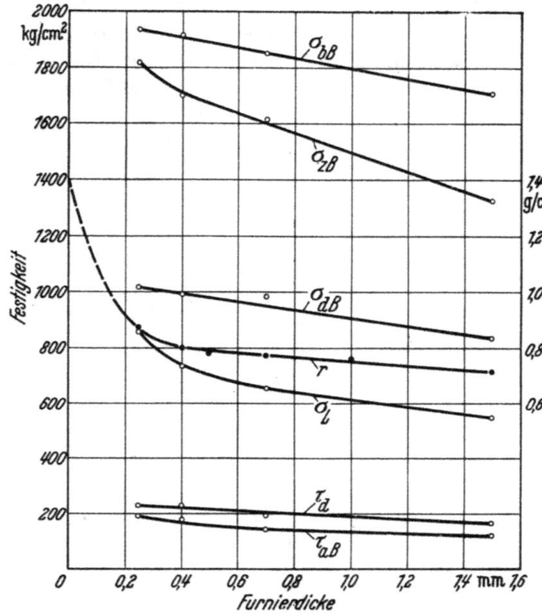

Bild 381. Abhängigkeit der Rohwichte und der Festigkeitseigenschaften von der Furnierdicke bei Rotbuchen-Schichtholz. (Nach W. Küch.)

Neben der Schichtung spielt unter den Herstellbedingungen der Preßdruck eine entscheidende Rolle. Bei unverdichteten Schichthölzern liegen die Preßdrücke gewöhnlich zwischen 15 und 30 kg/cm². Systematisch hat W. Küch[2] den Zusammenhang zwischen Preßdruck und Rohwichte untersucht. Die Laubhölzer (Bild 382 A) lassen drei verschiedene, allerdings nicht klar gegeneinander abgegrenzte Bereiche erkennen. Der erste umfaßt das Gebiet der niedrigen Preßdrücke bis etwa 20 kg/cm², in dem das Holz im wesentlichen seine ursprüngliche Struktur beibehält. Besonders deutlich ist diese Erscheinung bei Erle, deren Rohwichte anfangs kaum vom Preßdruck abhängt. Bei Birke und Buche setzen bereits in diesem niedrigen Druckbereich plastische Verformungen ein. Die Vorgänge in den Bereichen höherer Drücke werden im Abschnitt über die Herstellung vom Preßschichtholz (Z. 741) eingehend erläutert. Die Schwankungen der Feuchtigkeit, Wichte und Festigkeit über einer normal

[1] Kraemer, O.: Schichtholz als Werkstoff, in Milt. Fachaussch. Holzfragen H. 21, Berlin 1938.
[2] Küch, W.: Holz als Roh- und Werkstoff Bd. 2 (1939) S. 257.

gefertigten Schichtholzbohle und die Häufigkeitsverteilung der wichtigsten mechanischen Eigenschaften für die zwei gängigsten deutschen Schichthölzer können aus den Bildern 581 bis 583 in Band I, S. 682/683 entnommen werden. Bezüglich der Zeichenerklärung für die Werkstoffabkürzungen gemäß DIN 4076 sei auf Anmerkung 1, S. 618, Band I verwiesen.

Schichtholz aus Kiefer und Fichte stellte W. Küch versuchsmäßig mit Tegofilm als Bindemittel oder mit Flüssigharzverleimung her. Zur Flüssigharzverleimung fand eine 50%ige wäßrige Phenolharzemulsion Verwendung.

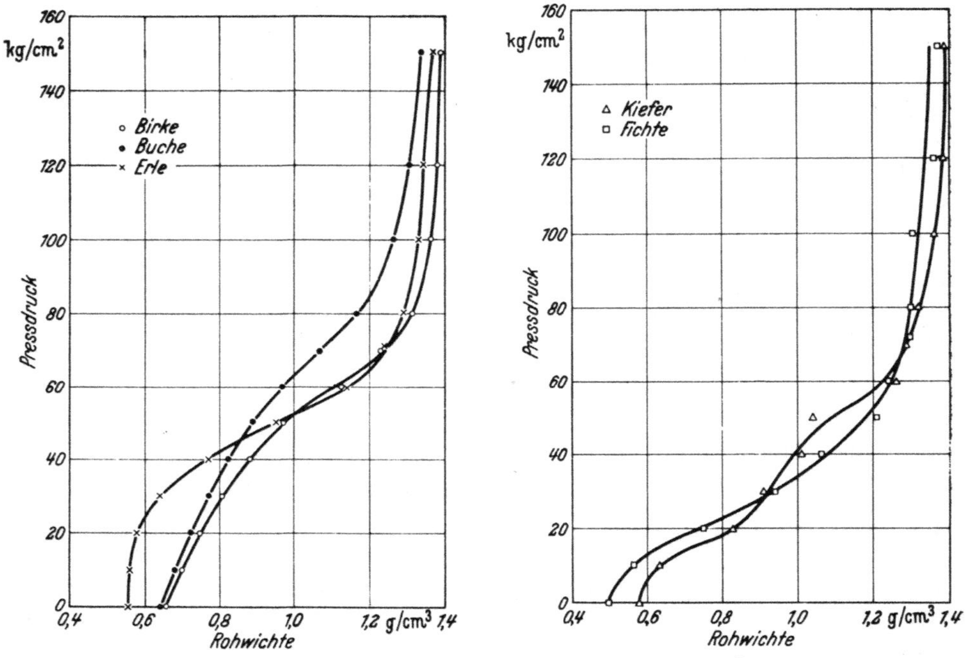

Bild 382. Abhängigkeit der Rohwichte vom Preßdruck A bei Laubschichtholz, B bei Nadelschichtholz. (Nach W. Küch.)

Der Auftrag erfolgte auf die schälfeuchten Furniere, die dann auf 10% getrocknet wurden. Die Verleimungsart und etwaiges Entharzen der Kiefernfurniere (durch zweistündige Lagerung in 2 bis 5%iger Natronlauge von 90° C und anschließende Waschung bei 80° C) haben auf die Festigkeit keinen Einfluß. Um bei Nadelschichtholz (Bild 382 B) die dem Buchenschichtholz entsprechende Rohwichte zu erreichen, muß man in Anbetracht der geringen Querfestigkeit der Nadelhölzer eine stärkere plastische Verformung entweder durch Verringerung des Preßdrucks oder durch Erhöhung der Furnierdicke vermeiden. Ein besonderer Vorteil der Nadelschichthölzer ist ihr sehr hoher Elastizitätsmodul (s. Band I, S. 620), ein Nachteil die erhebliche Eigenschaftsstreuung, die auf den Struktur- und Festigkeitsunterschieden des Früh- und Spätholzes beruhen.

Die Verleimtemperaturen schwanken in der Regel zwischen 140 und 150° C; als Preßzeit kann man rechnen 5 bis 10 min Grundzeit plus 1 min je mm Plattendicke.

731.2 Herstellung von kunstharzgetränktem Schichtholz.

Versuche, die Formbeständigkeit von Schichtholz durch Vortränkung der Furniere mit Kunstharz zu verbessern, wurden wiederholt durchgeführt. W. Küch[1] hat darüber berichtet. Buchenfurniere wurden beiderseitig mit Bakelitfirnis bestrichen und an der Luft getrocknet. Anschließend wurden diese Furniere mit Tegofilm bei 15 kg/cm² Preßdruck zu Schichtholz verarbeitet. Es ergab sich hinsichtlich Druckfestigkeit, Leimfestigkeit und hygroskopischen Eigenschaften eine wesentliche Verbesserung. Die Festigkeit von Schäftungsverleimungen nahm bei Gebrauch von Kaseinleim allerdings um 28%, von Kauritleim um 10% ab (Zahlentafel 49). Die Herstellung des Schichtholzes aus verhältnismäßig dicken vorgetränkten Furnieren bietet nach W. Küch gegenüber Platten aus ungetränkten dünnen Furnieren — bei denen Festigkeit und Formbeständigkeit etwa in gleicher Weise befriedigen — den Vorzug, daß die Widerstandskraft des Holzes gegenüber plastischer Verformung, die mit abnehmender Furnierdicke nachläßt, erhalten bleibt oder sogar verbessert wird.

Zahlentafel 49. *Eigenschaften von Buchenschichtholz bei Verwendung unbehandelter und mit Bakelitfirnis getränkter Furniere.* (*Nach W. Küch.*)

(Werkstoff: SCH-T-BU-20. Tränkungsart: Furniere beiderseitig mit Bakelitfirnis bestrichen und an der Luft getrocknet. Bindemittel: Tegofilm. Preßdruck 15 kg/cm².)

	Furniere unbehandelt	Furniere getränkt	Unterschied %
Rohwichte . . . . g/cm³	0,75	0,90	+ 20
Feuchtigkeitsgehalt . . . . . %	5,8	4,4	— 24
Zugfestigkeit . . . . . . kg/cm²			
Grenzen	1910 bis 1990	1960 bis 2230	+ 7
Mittel	*1950*	*2090*	
Druckfestigkeit . . . . . kg/cm²			
Grenzen	1010 bis 1030	1510 bis 1560	+ 51
Mittel	*1020*	*1540*	
$\frac{\text{Druckfestigkeit}}{100 \cdot \text{Rohwichte}}$ . . . . . km	13,6	17,1	+ 26
Leimfestigkeit nach 48 h Wässerung . . . kg/cm²			
Grenzen	38 bis 48	55 bis 74	+ 46
Mittel	*44*	*64*	
Festigkeit von Schäftungsverleimungen (1 : 4) . . . . . kg/cm²			
Kasein . . . . Grenzen	103 bis 143	73 bis 98	
Mittel	*120*	*86*	— 28
Kaurit . . . . Grenzen	129 bis 165	114 bis 145	
Mittel	*146*	*131*	— 10
Feuchtigkeitsgehalt . . . g/cm³	0,46	0,32	— 30
Quellen in der Dicke . . . . %	8,4	6,4	— 24
Quellen in der Breite . . . . % nach 120 h Wässerung	3,5	2,5	— 29

[1] Küch, W.: Holz als Roh- und Werkstoff Band 2 (1939) S. 257.

732. Sperrholz.

732.0 Allgemeines: Abmessungen, Güte, Kennzeichnung.

Man unterscheidet folgende Sperrholzarten:

a) Furnier-Platten (Bild 383 A), die aus drei- oder mehrfach aufeinander gelegten, geschälten oder gemesserten Furnieren verleimt sind und deren Faserrichtung im allgemeinen kreuzweise zueinander verläuft;

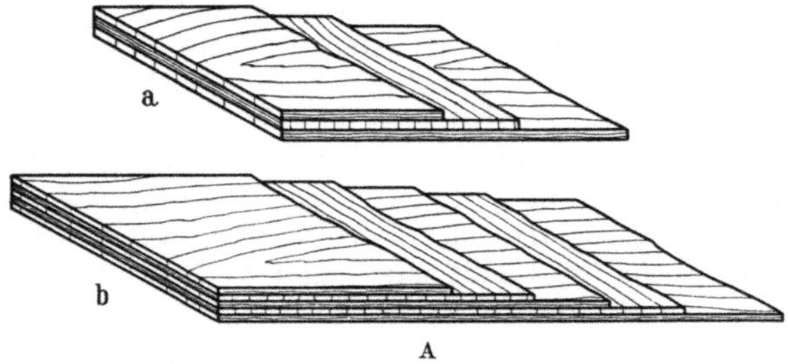

b) Konstruktions- oder Tischlerplatten (Bild 383 B), auch „starke" Platten genannt, die unter den beiderseitigen Absperrfurnieren eine Mittellage enthalten, die aus Holzteilen, Holzstäben oder Holzstreifen zusammengeleimt ist.

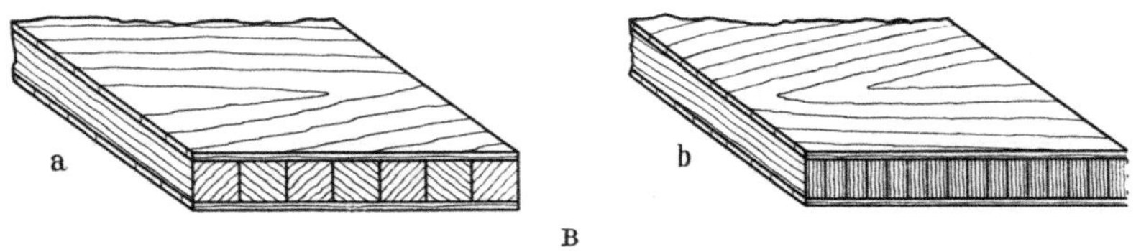

Bild 383. Aufbau von Sperrholz. A. Furnier-Sperrplatten. a Dreifach verleimt; b Fünffach verleimt. B. Tischlerplatten. a Mittellagen aus Brettern; b Mittellagen aus Furnieren (Stäbchenplatten).

Die Furnierplatten haben eine Dicke von 0,3 bis 15 mm, wovon die dickeren auch „Möbelplatten" heißen. Die Zahl der Furnierlagen ist stets eine ungerade; man unterscheidet dreifach, fünffach, siebenfach usw. abgesperrte Furnierplatten. Werden mehr als drei Furniere verwendet, so spricht man auch von „Multiplexplatten".

Wirtschaftlicher Betrieb bei der Sperrholzherstellung setzt die Erzeugung von Platten mit genormten Abmessungen voraus. Folgende Gesichtspunkte sind bei der Wahl der Abmessungen nach E. Irschick[1] zu beachten:

1. Die Anzahl der Abmessungen soll möglichst klein sein;

2. dem Wunsche des Verbrauchers nach möglichst kleinem Schnittverlust soll Rechnung getragen werden;

3. eine Mindestanzahl von Schälklotzlängen soll erforderlich sein, damit das Zwischenlager an getrockneten Furnieren klein und übersichtlich wird;

4. Schälklotzlängen über 2 m sollen, wenn sich in ihnen beim Schälen Fehler herausstellen, mit möglichst geringen Verlusten auf kleinere Normmaße aufteilbar sein;

5. die maximale Länge und Breite der Platten muß den verfügbaren Schälhölzern angepaßt werden. Die europäischen Schälhölzer sind hier ungünstiger als die stets dickeren und astfreien Überseeschälhölzer.

[1] Irschick, E.: Furnier- und Sperrholz und ihre fabrikmäßige Herstellung, Stuttgart 1949, S. 63.

Mit Rücksicht auf den Export in englisch sprechende Länder müssen die deutschen Normmaße den englischen Standardmaßen in Zoll angepaßt werden. Unter Berücksichtigung aller dieser Gesichtspunkte wurden in DIN 4078 (Juli 1940) die Abmessungen von Sperrholzplatten (Furnierplatten und Tischlerplatten) wie folgt festgelegt:

a) Furnierplatten (mindestens dreifach verleimte Furniere)

Dicke in mm Zul. Abw.[1] ± 0,4 mm	Dicke in mm Zul. Abw.[1] ± 0,5 mm	Länge[2] Zul. Abw. ± 5 mm		Breite Zul. Abw. ± 5 mm
4	5 6 8 10 12 15	170		100 122 152,5
		183	91,5	
		200	100	
		220	110	für andere Breiten sind die Zahlenwerte der Spalte Länge zu entnehmen
		250	122	
		275	137,5	
		305	152,5	

b) Tischlerplatten (nach Preßmaßen)

Dicke in mm Zul. Abw.[1] ± 0,5 mm	Länge[2] Zul. Abw. ± 5 mm	Breite Zul. Abw. ± 5 mm
13		
16		
19		350
22	152,5	450
25	170	470
28	183	510
32		
38		
45		

Tischlerplatten (nach Möbelmaßen)

Dicke in mm Zul. Abw.[1] ± 0,4 mm	Dicke in mm Zul. Abw.[1] ± 0,5 mm	Länge[2] Zul. Abw. ± 5 mm	Breite Zul. Abw. ± 5 mm	Verwendung für
19	—	50		Schrankseiten und Schranktüren (Schlafzimmermöbel)
22	—	55	170	
25	—	60		
22		91,5 100	170	Kopf- und Fußteile für Bettstellen (Schlafzimmermöbel)
—	28	100	180	
25		100 110	200	
19	—	78	156	Tischplatten

[1] Der Dickenunterschied innerhalb einer Platte darf 5% der Dicke, jedoch höchstens 0,5 mm betragen.
[2] Die Länge wird parallel dem Faserverlauf der äußeren Deckfurniere gemessen; daher ergeben sich teilweise kürzere Längen als Breiten.

Die Schnittholzleisten der Mittellagen von Tischlerplatten, die meist 13 bis 20 mm, selten breiter als 25 mm sind, werden so miteinander verleimt, daß ihre Fasern parallel zueinander verlaufen. Aus dem Patentschrifttum ist eine Reihe von Vorschlägen bekannt, durch besonders profilierte oder genutete Leisten der Mittellagen das Stehvermögen der Sperrplatten zu verbessern. Auf beide Seiten der Mittellagen werden Furniere aufgeleimt, deren Fasern rechtwinklig zu den Fasern der Schnittholzleisten liegen. Bei den fünffach verleimten Tischlerplatten liegen auf jeder Seite zwei Furniere, wobei die äußersten oft bereits aus Edelhölzern (z. B. Eiche, Nußbaum, Mahagoni) hergestellt sind.

Bei den Stäbchenplatten verwendet man auch zum Aufbau der Mittellagen Furniere und hat bei Schälfurnieren den Vorteil, daß man über dem ganzen Querschnitt praktisch aufrecht stehende Jahrringe erhält; Spannungsunterschiede beim Schwinden der Mittellage sind dadurch ausgeschlossen. Die Dicke der Absperrfurniere beträgt bei Tischlerplatten mit Nadelholzmittellagen durchweg etwa 3 mm, bei Mittellagen aus Pappel und pappelähnlichen Hölzern mit bis zu 20 mm Dicke meist 2,5 mm, darüber 3 bis 4 mm.

Folgende Richtlinien für die Güte- und Kennzeichnungsbestimmungen für Sperrholz- und Tischlerplatten-Mittellagen wurden vom Verband der deutschen Sperrholzindustrie unter Obmannschaft von O. Kraemer[1] im September 1950 veröffentlicht:

A. Aufbau und Verleimung

1. Kennzeichnung. Nach der Art der Verleimung und dem Aufbau muß Sperrholz wie folgt sortiert und gekennzeichnet werden (auf Bestellung angefertigte Zuschnittmaße können partieweise gekennzeichnet werden):

Verleimung	feuchtfest	wasserfest	kochfest und schimmelfest
Furnierplatten . . .	ohne Kennzeichen	wasserfest	kochfest
Tischlerplatten			
1. Stäbchenmittellage	STAE	STAE wasserfest	STAE kochfest
2. Stabmittellage . .	ST	ST wasserfest	ST kochfest
3. Streifenmittellage	SR	SR wasserfest	SR kochfest
4. Mittellage aus Faser- oder Spanplatten	FS	FS wasserfest	FS kochfest
5. Mittellage mit Hohlraum	HO	HO wasserfest	HO kochfest

Die Kennzeichnung der Verleimung bezieht sich nur auf die Verleimung der Furnieranlagen untereinander und die Verleimung der Absperrfurniere mit der Mittellage.

2. Leimfestigkeit (Mittelwerte, die um nicht mehr als 5% unterschritten werden dürfen).

Prüfung nach DIN E 53255.

[1] Kraemer, O.: Holz-Zbl. Bd. 76 (1950) S. 1171.

Art der Verleimung	Furnierplatten kg/cm²	Tischlerplatten kg/cm²
a) „feuchtfest", im lufttrockenen Zustand	20	15
nach 24 Std. Lagerung im kalten Wasser . . .	12	7,5
b) „wasserfest", im lufttrockenen Zustand . . .	20	15
nach 96 Std. Lagerung im kalten Wasser . . .	20	10
c) „kochfest", im lufttrockenen Zustand	20	15
nach einstündigem Kochen, im nassen Zustand	10	10
nach Wiederantrocknen innerhalb 72 Std. . .	15	10
nach 14tägiger Schimmelprüfung	15	10
3. Biegefestigkeit für wasserfeste Tischlerplatten — Prüfung nach DIN 52186 —		80

4. Holzfeuchtigkeit. Prüfung nach DIN 52183. Furnier-, Tischlerplatten und Tischlerplatten-Mittellagen dürfen ab Herstellwerk oder Händlerlager nicht mehr als 12% Feuchtigkeit haben, bezogen auf das Darrgewicht des Holzes.

B. Holzgüte

Furnierplatten

a) Die Mittellagen (Innenfurniere) von Furnierplatten der Güteklassen I/II und II/III dürfen keine Fehler haben, die durch die Außenfurniere sichtbar sind oder die Festigkeit der Platten oder deren Verwendungszweck, sofern dieser bekannt ist, beeinträchtigen. Bei I/III und I/IV dürfen die Fehler auf der besseren Seite nicht sichtbar sein.

b) Bei den Außenfurnieren gelten einwandfreie Fugen sowie unauffällige vereinzelt vorkommende Punktäste, kleine Wirbel und kleine Gallen nicht als Fehler.

c) Nach der Art der Außenfurniere und der äußeren Beschaffenheit müssen die Furnierplatten wie folgt sortiert und gekennzeichnet werden (auf Bestellung angefertigte Zuschnittmaße können partieweise gekennzeichnet werden).

Holzarten der Außenfurniere mit zulässigen Fehlern

Güteklassenkennzeichnung	Überseehölzer, Okumé, Oregon, Limba usw.	Europ. Laubholz, Buche, Birke, Erle, Pappel	Europ. Nadelholz, Fichte, Tanne, Kiefer, Lärche
I. Praktisch fehlerfrei, in der Holzfarbe u. Maserung zueinander passend. (Von den nebenstehend genannten Fehlerarten dürfen höchstens zwei nebeneinander vorkommen.)	1. Leichte Holzverfärbung	1. Leichte Holzverfärbung bis $^1/_8$ der Fläche	1. Farbfehler bis $^1/_8$ der Fläche
	2. —	2. Drei gesunde Äste oder Aststellen bis 15 mm ∅ je qm	2. Vier einwandfrei ausgebesserte Äste je qm
	3. Vereinzelt vorkommende ausgekittete Randrisse bis $^1/_{20}$ der Plattenlänge und 2 mm Breite bzw. vereinzelt vorkommende einwandfrei ausgebesserte Randrisse bis $^1/_5$ der Plattenlänge	3. Vereinzelt vorkommende ausgekittete Randrisse bis $^1/_{10}$ der Plattenlänge und 3 mm Breite bzw. vereinzelt vorkommende einwandfrei ausgebesserte Randrisse bis $^1/_5$ der Plattenlänge	

Güteklassenkennzeichnung	Überseehölzer, Okumé, Oregon, Limba usw.	Europ. Laubholz, Buche, Birke, Erle, Pappel	Europ. Nadelholz, Fichte, Tanne, Kiefer, Lärche
II. Kleine Fehler sind zulässig. (Von den nebenstehend genannten Fehlerarten dürfen höchstens drei nebeneinander vorkommen.)	1. Fugen, die gelegentlich geringe Undichtigkeiten aufweisen		
	2. Leichte Holzverfärbung und, bis $^1/_4$ der Fläche, Farbfehler		2. Farbfehler bis $^1/_3$ der Fläche
	3. Punktäste sowie vereinzelt vorkommende Wirbel, Hirnholzstellen und Gallen, letztere auch ausgekittet		
	4. Vereinzelt vorkommende festverwachsene Äste und Aststellen bis 15 mm ∅, die gelegentlich kleine ausgekittete Stellen haben dürfen	4. Vier festverwachsene Äste oder Aststellen bis 25 mm ∅ je qm, die gelegentlich kleine ausgekittete Stellen haben dürfen	
	5. Zwei einwandfrei ausgebesserte Äste oder Risse je qm	5. Einwandfrei ausgebesserte Äste und Risse	
	6. Vereinzelt vorkommende ausgekittete Randrisse bis $^1/_{10}$ der Plattenlänge und 3 mm Breite	6. Vereinzelt vorkommende ausgekittete Risse bis $^1/_5$ der Plattenlänge und 5 mm Breite	
	7. Vereinzelt vorkommende kleine Wurmlöcher		
	8. Geringfügiger Leimdurchschlag		
III. Größere Fehler sind zulässig. (Von den nebenstehend genannten Fehlerarten dürfen höchstens vier nebeneinander vorkommen.)	1. Vereinzelt vorkommende fehlerhafte Fugen		
	2. Farbfehler		
	3. Punktäste, Wirbel, Hirnholzstellen und Gallen, letztere auch ausgekittet		
	4. Festverwachsene Äste und Aststellen bis 60 mm ∅		
	5. Ausgebesserte Stellen		
	6. Ausgekittete Astlöcher bis 35 mm ∅ und kleine schwarze Äste		
	7. Risse bis $^1/_4$ der Plattenlängen und 8 mm Breite		
	8. Wurmlöcher		
	9. Leimdurchschlag		
	10. Rauhe, überholzige Stellen		
IV.	Ohne Güteansprüche		

Tischlerplatten

a) Die Mittellagenstäbe müssen scharfkantig sein und in der Längs- und Stoßfuge dicht aneinanderliegen. Baumkante und abgesplitterte Stellen bis 500 mm Länge und 5 mm Breite sind zulässig. Astlöcher und angeschnittene Astlöcher über 15 mm Durchmesser müssen ausgeschnitten oder ausgefüllt werden. Im übrigen müssen die Mittellagen wie folgt hergestellt sein:

aa) Stäbchenmittellagen aus Holzstäben bis 10 mm Breite, die sämtlich untereinander fest verleimt sind.

bb) Stabmittellagen (z. B. Blockmittellagen) aus Holzstäben bis zu 25 mm, gelegentlich bis zu 30 mm Breite, die sämtlich untereinander fest verleimt sind.

Teilverleimung in Abständen bis 100 mm ist zulässig.

cc) Streifenmittellagen aus Holzstäben bis 25 mm, gelegentlich bis zu 30 mm Breite, die nicht miteinander verleimt sind, aber dicht nebeneinander liegen.

b) Nach der Art der Außenfurniere müssen die Tischlerplatten wie folgt sortiert und gekennzeichnet werden:

Güteklassen-bezeichnung	Alle Holzarten
I.	Kleine Fehler sind gestattet. Zulässig sind: 1. 3 festverwachsene Äste bis 25 mm ∅ je qm, 2. einwandfreie ausgebesserte Stelle, 3. vereinzelt vorkommende, ausgekittete Risse bis 400 mm Länge und 5 mm Breite, 4. Farbfehler, 5. kleine Wurmlöcher, 6. Wirbel und Hirnholzstellen, die die Standfestigkeit der Tischlerplatten nicht beeinträchtigen
II.	Größere Fehler sind gestattet. Zulässig sind: 1. Fugen mit geringen Fehlern, 2. festverwachsene Äste bis 35 mm ∅ je qm 3. kleine schwarze Äste, die auch ausgekittet sein können, 4. ausgebesserte Stellen, 5. ausgebesserte Risse bis 600 mm Länge und 8 mm Breite, 6. Farbfehler, 7. Wurmlöcher, 8. Wirbel und Hirnholzstellen, die die Standfestigkeit der Tischlerplatten nicht beeinträchtigen
III.	Ohne Anforderungen

C. Erläuterungen

a) Leichte Holzverfärbung liegt vor:
- aa) bei Farbungleichheiten im Holz,
- bb) bei durch Rotfäule (Fichte, Tanne, Kiefer, Lärche) verursachten geringfügigen Farbstreifen.

b) Farbfehler liegen vor:
- aa) bei einer durch Rotfäule verursachten Farbe,
- bb) bei angeblauten Stellen,
- cc) bei Stockflecken, die die Holzfaser noch nicht zersetzt haben.

732.1 Herstellung von Furnierplatten.

Die zur weiteren Verarbeitung geeigneten, durch Lagerung in einem klimatisierten Raum auf den richtigen Feuchtigkeitsgehalt eingestellten Furniere werden nun beleimt, zu Platten geschichtet und gelangen in die Presse. Die Art der Verleimung ist für die Qualität der Platten entscheidend, wie auch aus den Gütebestimmungen im vorangegangenen Abschnitt hervorgeht. Angaben über die verwendbaren Leime, die Leimansätze, die Leimprüfung und die Methoden des Leimauftrags folgen in Kapitel Z. 95.

Hinter den Leimauftragsmaschinen erfolgt auf einem besonderen Arbeitstisch das Schichten, wobei darauf zu achten ist, daß die Faserrichtung in zwei aufeinander folgenden Furnieren senkrecht zueinander verläuft. Die Sperrplatten werden auf ein Beschickungs- oder Beilageblech gelegt und mit einem solchen Blech auf der Oberseite abgedeckt. Diese Bleche haben verschiedene Zwecke[1]:

1. Erleichterung des Beschickens der einzelnen Etagen der Presse dadurch, daß die außerhalb der Presse lose geschichtete Sperrholzplatte beim Einschieben sich in ihren Lagen nicht verschiebt, wodurch Ausschuß entstehen würde;
2. Verhinderung des Verfärbens der Deckfurniere, die ohne die Bleche mit den Stahlplatten der Heißpresse in unmittelbare Berührung kämen;
3. Trennung der Platten voneinander, wenn mehrere Platten gleichzeitig in einer Etage verleimt werden und Verhinderung des Aneinanderklebens durch Leimaustritt an den Kanten oder bei Leimdurchschlag;
4. Verwendung als Tragbleche für die darauf gelegte rohe Sperrplatte bei Pressen, die mit Beschickungsvorrichtungen ausgestattet sind;
5. Abschirmung der Strahlungswärme der Heizplatten, damit der Leim in den Platten der zuerst beschickten Etagen nicht abbindet, bevor die Presse unter Druck steht;
6. Schutz der Heizplatten vor Beschmutzung durch Leimrückstände.

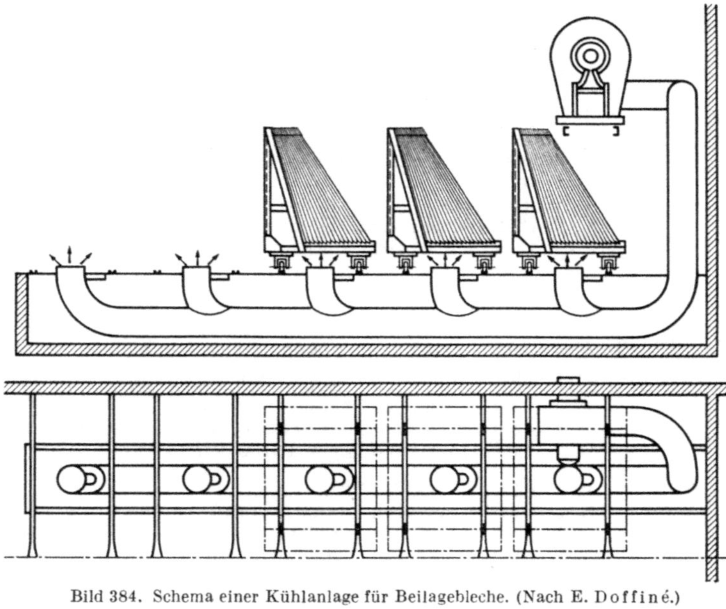

Bild 384. Schema einer Kühlanlage für Beilagebleche. (Nach E. Doffiné.)

Als bester Werkstoff für die Beschickungsbleche hat sich Reinaluminium hart 99 H bewährt. Aluminiumbleche bieten auch den Vorteil, nicht zu korrodieren, und haben ein sehr gutes Wärmeleitvermögen; Leimreste lassen sich leicht entfernen. Die Bleche müssen größtmögliche Glätte und Ebenheit aufweisen. Als Dicke genügen auch für größte Abmessungen 1,8 bis 2 mm. Die

[1] Doffiné, E.: Furnierzulagen und Beschickungsbleche sowie Beilagebleche für Sperrholzpressen in Nordd. Holzwirtschaft Bd. 3 (1949) Nr. 9.

wertvollen Bleche sind schonend zu behandeln, um Beschädigungen der Kanten zu vermeiden. Ausgetretener Leim ist sofort mit einem Holzschaber zu beseitigen. Nach Entleerung der Presse werden die Bleche zweckmäßig auf Wagen gelegt und mit diesen zur Kühlvorrichtung gebracht. Eine Kühlanlage gemäß Bild 384 ist zu empfehlen. Die auf dem Wagen befindlichen Bleche werden über eine Ausblasöffnung gefahren und dort durch einen Strom kalter Luft schnell und gründlich abgekühlt. Damit die Luft gut an den Blechen vorbeistreichen kann, sind zwischen die einzelnen Bleche unten Abstandhölzchen zu legen, so daß ein Luftspalt entsteht. Für die im Bild 384 gezeigte Kühlanlage ist eine Antriebsleistung von etwa 3,7 kW erforderlich.

Bild 385. Hydraulische Sperrholzpresse mit selbsttätiger Beschickungs- und Entladevorrichtung, Bauart Becker & van Hüllen, Krefeld.

Um einen pausenlosen Preßbetrieb zu ermöglichen, sind wenigstens drei Sätze Beschickungsbleche bereitzustellen. Davon befindet sich jeweils ein Satz in der Presse, der zweite beim Entleeren und Abkühlen, der dritte in Vorbereitung für die nächste Beschickung. Für eine Zwölfetagenpresse sind also wenigstens 72 Bleche erforderlich.

Einige Firmen haben die Aluminiumbleche auch fest mit den Heizplatten verbunden. Der Hauptzweck der Beschickungsbleche: Verhinderung des Verschiebens der eingelegten Rohsperrplatte wird aber dadurch vereitelt und die Reinigung der Platten ist erschwert. Auch die Verbindung der Aluminiumbleche mit den Heizplatten ist konstruktiv nicht einfach.

Die Beschickung und Entleerung der Sperrholzpressen soll mit Rücksicht auf die Wirtschaftlichkeit und damit die Sperrplatten nicht abbinden, bevor der Preßdruck wirkt, so schnell wie möglich erfolgen. Man darf deshalb bei Handbeschickung mit der Etagenzahl nicht zu hoch gehen; am zweckmäßigsten sind Pressen mit 12 bis 14 Etagen, bei größeren Tischlerplattenpressen geht man nicht über 10 bis 12 Etagen hinaus. Bei größeren Pressen mit 15 bis 20 Etagen wendet man mit Vorteil selbsttätige Beschickungs- und Entladevorrichtungen an. Man erzielt dadurch eine größere Leistung und entspricht der Forderung möglichst kurzer Zeit zwischen dem Einschieben der Rohplatte und der Druckgebung. Während das Einfüllen der Rohplatten oft bis zu 3 min dauert, wobei die unterste Etage am längsten ohne Druck bleibt, werden in Pressen mit Beschickungsvorrichtungen alle Etagen auf einmal innerhalb weniger Sekunden gefüllt.

Die in Bild 385 gezeigte Beschickungseinrichtung der Firma Becker & van Hüllen, Krefeld, besteht aus zwei voneinander unabhängig arbeitenden Etagenhubkörben sowie laufkatzenartig ausgebildeten Einschieb- und Ausziehwagen auf der Ein- bzw. Ausfahrseite der Presse[1]. Ein anderes Beschickungssystem, das von der American Manufacturing Company, Tacoma, Wash., entwickelt wurde, ist in Bild 386 dargestellt. Auf der Einfahrseite befindet sich vor der

Bild 386. Hydraulische Sperrholzpresse mit selbsttätiger Beschickungs- und Entladevorrichtung, Bauart American Manufacturing Co., Tacoma, Wash.

Presse ein Gestell mit Förderketten im Abstand der Preßöffnungen. Vor diesem Gestell ist eine durch Seilzug heb- und senkbare Arbeitsbühne. Die Arbeitsweise ist folgende: Die Bühne ist anfangs in tiefster Lage. Die Mittellagen der zu verpressenden Tischlerplatten und die Deckfurniere kommen dann über Ketten- und Rollenförderer zur Arbeitsbühne und werden dort von den Arbeitern mit den Beilageblechen zu einem Stapel aufgeschichtet. Wenn 20 rohe Platten aufeinander liegen, wird die Bühne gehoben und die oberste Etage des Beschickungsgestells beladen. Hierauf senkt sich die Bühne, wobei der Reihe nach alle tieferen Gestelletagen gefüllt werden. Anschließend wird automatisch in einem Takt die Presse beschickt und sofort geschlossen. Nach dem Pressen schiebt die neue (inzwischen aufgesetzte) Füllung die fertigen Platten aus der geöffneten Presse in die Rollbahnen des Entladegestells, vor dem sich eine zweite heb- und senkbare Arbeitsbühne befindet.

Durch zu langsames Schließen der Presse entstehen leicht Fehlverleimungen, da die Rohplatten in den untersten Etagen schon kräftig angewärmt sind, so daß der Leim teilweise abbindet, ohne daß der erforderliche Preßdruck darauf

[1] Pahlitzsch, G.: Holz als Roh- und Werkstoff Bd. 9 (1951) S. 121.

lastet. Die hydraulischen Pressen müssen deshalb mit geeigneten Schnellschlußvorrichtungen versehen sein. Steht ein Niederdruckakkumulator zur Verfügung, so wird man seinen Druck vorteilhaft hierfür verwenden. Pressen mit hydraulischem Einzelantrieb durch eine Hochdruckkolbenpumpe werden mit Hilfszylindern ausgerüstet, die den Preßtisch und die Heizplatten anheben. Die Pumpe füllt zunächst rasch den kleinen Hilfszylinder, wodurch die Presse in kurzer Zeit geschlossen wird. Während des Schließens fließt aus einem hochstehenden Wasserbehälter druckloses Wasser in den Hauptzylinder der Presse, so daß er sich bei geschlossener Presse völlig gefüllt hat. Sobald die Presse ganz geschlossen ist, arbeitet die Pumpe selbsttätig durch ein Umschaltventil auf den Hauptzylinder und bringt ihn rasch auf die erforderliche Druckhöhe. Mit derartigen Schnellschlußvorrichtungen sind viele Sperrholzpressen ausgerüstet. Neuerdings bevorzugt man aber eine Steuervorrichtung mit einem Pumpensatz, bestehend aus Niederdruckkreiselpumpe und Hochdruckkolbenpumpe. Die Schaltung eines solchen Pressenantriebs geht aus Bild 387 hervor[1]. Bei dieser Einrichtung genügt ein Steuerblock mit einem einzigen Handrad, um die Pressen zu bedienen. Der etwas größere Kraftbedarf wird im Hinblick auf die erhöhte Betriebssicherheit in Kauf genommen.

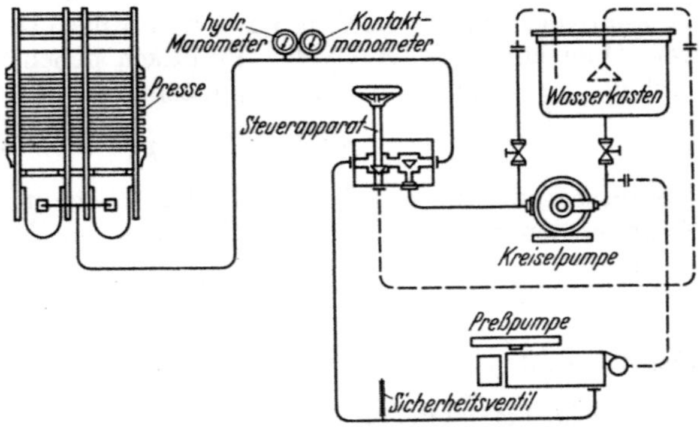

Bild 387. Schaltschema einer Sperrholzpresse. (Nach E. Doffiné.)

Wichtig ist auch die Wahl eines richtigen Preßdrucks; falsche Preßdrücke verursachen Fehlverleimungen und bei Tischlerplatten Wellenbildung. Der Leimdruck hängt von der Holzart ab, wobei Weichholz weniger Druck erfordert und verträgt als Hartholz. Gebräuchliche Preßdrücke sind bei Schälplatten aus besonders weichen Hölzern (Okumé, Pappel) 6 bis 13 kg/cm², bei Schälplatten aus härteren Weichhölzern (Erle, Fichte, Kiefer) 13 bis 18 kg/cm², bei Schälplatten aus Harthölzern (Buche, Birke) 18 bis 25 kg/cm². Bei Platten, die aus mehreren Lagen verschiedener Holzarten geschichtet sind, ist der Druck dem weicheren Holz anzupassen. Werden die oben angegebenen Zahlen nicht überschritten, dann geht auch der Preßschwund nicht über ein wirtschaftliches Maß (etwa 5%) hinaus.

Besonders sorgfältig ist der Preßdruck bei Tischlerplatten zu wählen. Bei den vorherrschenden Tischlerplatten mit Fichten-Innenlagen und Deckfurnieren aus Okumé, Pappel oder Buche genügen Preßdrücke von etwa 10 bis 12 kg/cm². Der Dickenschwund beträgt für die normalen Dicken dabei etwa 1 mm.

Unter den Leimen beanspruchen Glutinleime den geringsten Druck, Kasein- und Blutalbuminleime, Mischleime aus beiden und flüssige Kunstharzleime einen mittleren Druck, Filmleime den verhältnismäßig höchsten Druck. Für genaue Einhaltung des Leimdrucks sorgt eine selbsttätige Druckregelvorrichtung. Früher baute man vorherrschend rein hydraulisch

[1] Doffiné, E.: Holz als Roh- und Werkstoff Bd. 6 (1943) S. 292.

arbeitende Druckregler ein, heute ist man meist zu elektro-hydraulischen Vorrichtungen übergegangen. Bei ihnen erfolgt die Einstellung des gewünschten Leimdrucks durch ein Kontaktmanometer, dessen Kontaktzeiger mit einem Drehknopf eingestellt wird. Bei Erreichung des eingestellten Drucks wird über ein Relais ein Schaltschütz betätigt, das auf ein elektrisches Hubgerät einwirkt und die Saugventile der Pumpe anhebt, so daß sie zum Leerlauf kommt. Beim Zurückgehen des Drucks werden durch einen zweiten Kontakt die Saugventile wieder freigegeben und damit die Pumpe in Gang gebracht.

Zur Bestimmung des Preßdrucks dienen Druckschaubilder und mechanische Preßdruckrechner. Zwischen dem am Hydraulikmanometer abgelesenen Wasserdruck P_W [kg/cm²] in den n hydraulischen Zylindern, deren Kolben (mit dem Querschnitt f_K [cm²]) den Preßtisch heben, dem Leimdruck p_L [kg/cm²] und der zu verleimenden Sperrplattenfläche F_{Pl} [m²] besteht die Beziehung:

$$n \cdot P_W \cdot f_K = p_L \cdot 10000 \cdot F_{Pl}. \tag{29a}$$

Voraussetzung für die Gültigkeit der Gleichung ist, daß alle hydraulischen Zylinder den gleichen Querschnitt haben. Durch Auflösung nach P_W

$$P_W = \frac{10000 \cdot p_L \cdot F_{Pl}}{n \cdot f_K} \text{ [kg/cm}^2\text{]} \tag{29b}$$

findet man den richtigen Wasserdruck.

Zwecks betrieblicher Überwachung sind neuzeitliche Pressen mit Druckschreibern oder Doppelschreibern zur Aufzeichnung des Drucks und der Temperatur ausgerüstet. Außerdem sind Vorrichtungen vorhanden, die nach Ablauf der Preßzeit ein Signal zum Öffnen der Presse geben.

Eine sehr wichtige Rolle spielt die einwandfreie Wärmeversorgung der Pressen[1]. Die geforderte Oberflächentemperatur muß mit möglichst geringem Spiel über die oft großen Flächen der Heizplatten eingehalten werden; außerdem soll die Temperatur in weiten Grenzen regelbar sein. Beide Forderungen sind bei der Dampfheizung kaum zu erfüllen. Bei nicht ordnungsgemäßer Kondensatabführung sind Temperaturunterschiede bis zu 30° C durchaus möglich und Fehlverleimungen dann unausbleiblich. Besonders schwierig wird die Beherrschung des Heizvorgangs, wenn die geforderte Temperatur nicht dem Druck des verfügbaren Heizdampfs entspricht. Es müssen dann Druckminderungsventile eingebaut werden. Durch die Drosselung des Dampfes in diesen Ventilen erfolgt eine Überhitzung, die entweder die Platten örtlich überhitzt oder den Einbau von Heißdampfkühlern verlangt. Heiztemperaturen unter 100° C sind bei Dampfheizung nur durch dauerndes An- und Abstellen des Heizdampfes mit unvermeidlichen Temperaturschwankungen zu erzielen. Man hat mit verschiedenen Maßnahmen versucht, diesen Übelständen zu steuern. So wurden Umkehrschaltungen, die den Dampf wechselweise am Anfang oder Ende der Heizkanäle zuführen und Dampfumwälzeinrichtungen eingebaut. Wiederholt arbeitete man auch mit strömendem Dampf, verzichtete also auf Kondensatableitung. Alle diese Maßnahmen stellen aber nur Behelfslösungen dar und gestatten keine völlig zuverlässige Einstellung und Verteilung der Temperaturfelder. Es hat sich aber gezeigt, daß die Temperaturunterschiede auf ±2,5° C vom Sollwert bei Heißwasserheizung begrenzt werden können. Gegenüber dem Dampfbetrieb weist die Heißwasserheizung folgende Unterschiede auf:

---

[1] Doffiné, E., u. R. Gemmer: Holz als Roh- und Werkstoff Bd. 5 (1942) S. 429.

1. Der Wärmeträger, d. h. das heiße Wasser, bleibt während des ganzen Heizvorganges in demselben Aggregatzustand. Beim Dampfbetrieb wird der aus dem Speisewasser im Kessel entwickelte Dampf durch die Wärmeabgabe bei der Heizung wieder kondensiert.

2. Die Beförderung des Heißwassers erfolgt durch eine Umwälzpumpe, so daß — abgesehen von den geringen Wärmeverlusten durch die isolierten Rohrleitungen — keine Energieentnahme aus dem Wärmeträger für den Energietransport erfolgt. Beim Dampfbetrieb tritt ein Druckabfall ein, der je nach der Dampfentnahme größer oder kleiner wird.

3. Die Heißwasserheizung hält einen geschlossenen Kreislauf aufrecht.

4. Stufenlose Regelung der Heißwasserheizung ist in einfacher Weise durch Anpassung der Vorlauftemperatur möglich.

5. Gegenüber dem Dampfbetrieb bringt die Heißwasserheizung nennenswerte wirtschaftliche Vorteile.

In Bild 388 sind verschiedene Ausführungsbeispiele für die Bohrung der Heizkanäle in den Platten bei Heißwasserbetrieb dargestellt. Muster *a* zeigt die auch bei Dampf verwendete einfache durchlaufende Bohrung für kleinere Platten. Bei Muster *b* ist die Gesamtlänge des Kanals in mehrere Einzelabschnitte aufgeteilt, bei Muster *c* sind zwei Kanalzüge vorhanden, die vom Heißwasser im Gegenstrom durchlaufen werden. Für sehr große Platten wird Muster *d* angewendet. Für die Leitung des Heizdampfes oder Heißwassers zu und von den Preßplatten haben sich Gelenkrohre mit geeigneten Gelenkdichtungen am besten bewährt.

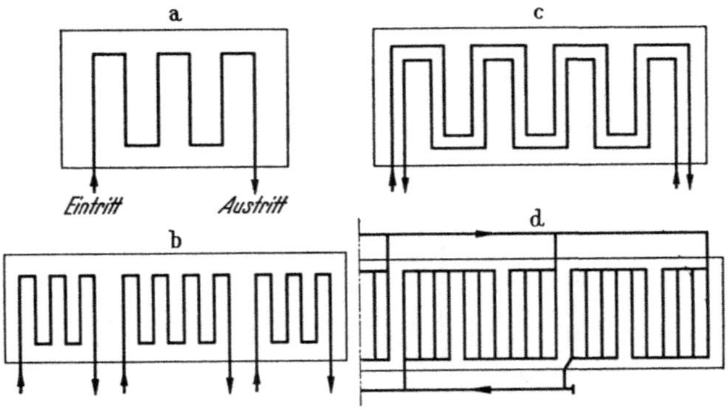

Bild 388. Ausführungsbeispiele für die Bohrung der Heizkanäle in den Heizplatten von Sperrholzpressen. (Nach E. Doffiné).

Ist der Preßvorgang beendet, so wird die Presse geöffnet, und die Sperrplatten werden herausgenommen. Wurde mit wasserhaltigen Leimen gearbeitet, so ist bei Furnierplatten eine Nachtrocknung erforderlich. Zu diesem Zweck werden die Platten unmittelbar nach dem Pressen sorgfältig auf Beschickungswagen aufgestapelt und in einen Nachtrockenkanal eingefahren. Die Trockentemperaturen liegen verhältnismäßig niedrig, meist zwischen 35 und 40° C. Ohne Nachtrocknung besteht die Gefahr, daß die Furnierplatten schwitzen, sich verfärben, sich verziehen und keine glatte, einwandfreie Oberfläche erhalten. Unnötig ist die Nachtrocknung nur, wenn mit dem Leim keine nennenswerten Mengen Wasser ins Holz gebracht wurden. Wurde mit dem Tegofilm verleimt, dann ist eine Anfeuchtung der Platten durch Besprühen oder kurzes Tauchen, möglichst in noch heißem Zustande, erforderlich. Ohne diese Behandlung würden die Platten, die infolge der hohen Preßtemperatur von 140 bis 150° C sehr heiß aus der Presse kommen, bei der Kühlung an der Luft sehr stark austrocknen. Die Folge wären erhebliche Schwindspannungen in den Furnieren, wodurch sich die Platten verziehen müßten.

Besondere Sorgfalt ist auf die Nachtrocknung der Tischlerplatten zu verwenden, da sie nur bei etwa 10% Holzfeuchtigkeit geschliffen werden

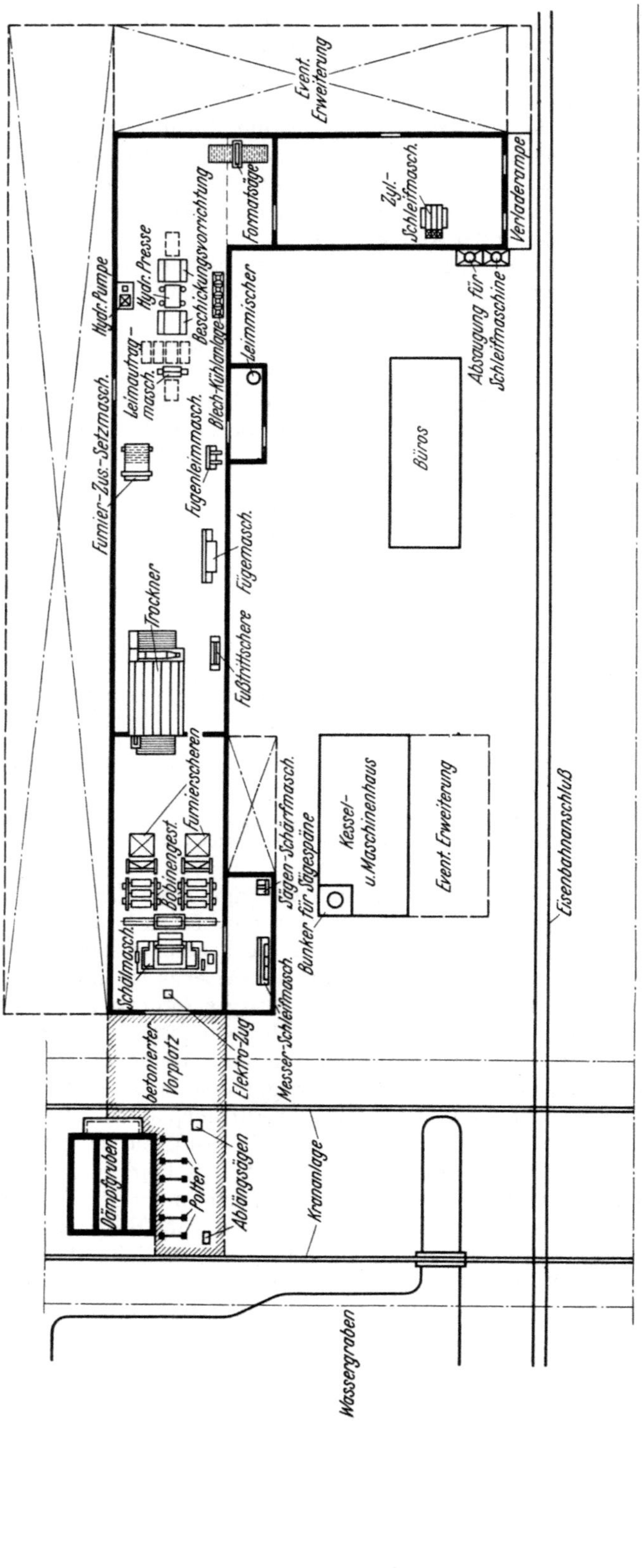

Bild 389. Grundriß eines Sperrholzwerkes, Leistung 15 bis 20 m³/Tag, Entwurf Vereinigte Furnier- und Sperrholzmaschinenfabriken, Hamburg.

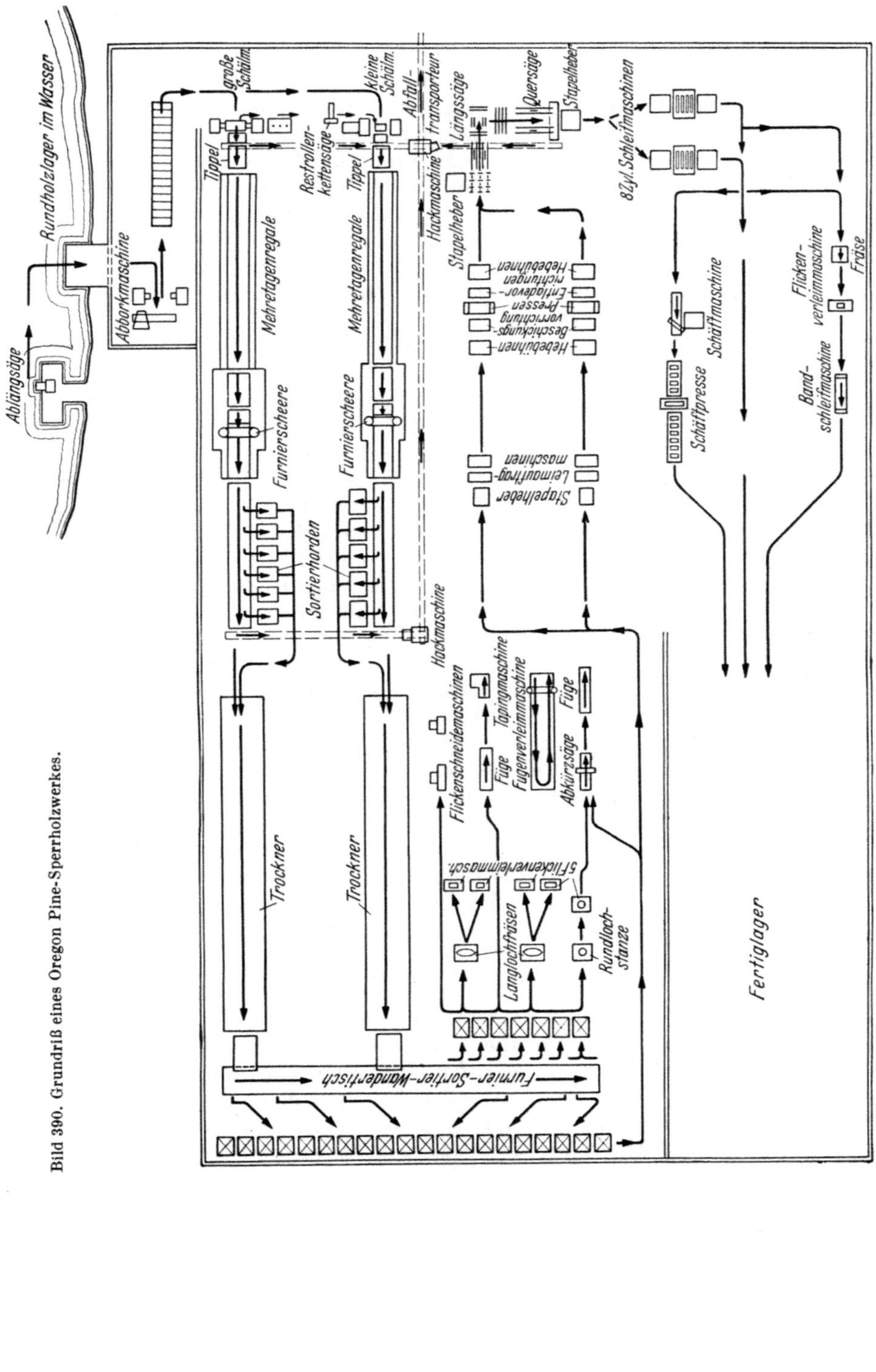

Bild 390. Grundriß eines Oregon Pine-Sperrholzwerkes.

dürfen, um Gewähr für ein gutes Stehen der Plattenoberflächen zu geben. Die Platten müssen vor allem sehr genau gestapelt werden, damit sich keine Formänderungen einstellen. Auf unbedingt gleichmäßige Dicke der Stapellatten ist zu achten. Die Nachtrocknung in einem klimatisierten Raum[1] benötigt etwa vier bis acht Tage. Allgemein ist zu sagen, daß sich in Sperrholzfabriken bei der Fertigung hochwertiger Erzeugnisse durch den Einbau von Klimaanlagen größere Ausfälle vermeiden und Werkstoffeinsparungen erzielen lassen. Die verbesserten Luftverhältnisse üben auch einen günstigen Einfluß auf das Wohlbefinden und damit die Leistungsfähigkeit der Belegschaft aus. Die Gesamtanlage eines modernen Sperrholzwerks zur Herstellung von 5 m^3/8 Std. Furnierplatten gibt Bild 389 wieder, das Schema einer Fabrikanlage in der Oregon Pine-Industrie[2] Bild 390.

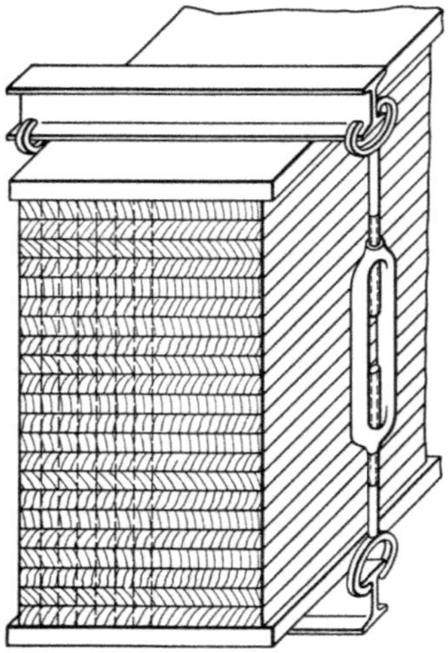

Bild 391. Verleimter Block aus Dicken für Mittellagen von Tischlerplatten (aufgeschnitten wird anschließend in Richtung der gestrichelten Linien).

732.2 Herstellung von Mittellagen der Tischlerplatten.

732.21 Stabmittellagen im Blockverfahren. Bei der Herstellung werden gut getrocknete beiderseits gehobelte, parallel besäumte Mittelbretter (meist 20 bis 25 mm dick) zu Blöcken verleimt. Die Holzfeuchtigkeit soll 10% betragen. Normalerweise versieht eine Leimauftragmaschine mit zwei Walzen jedes zweite Brett des Blocks beiderseitig mit Leim. Das Stapeln erfolgt dann folgendermaßen: Das unterste Brett ist unbeleimt, das nächste beleimt, das dritte wieder unbeleimt, das folgende beleimt und so fort. Verwendet werden vorwiegend Kaltleime. Bei der Stapelung legt man Kernseite gegen Kernseite und Splintseite gegen Splintseite; dadurch werden die schräg verlaufenden Jahrringe in benachbarten Stäben der Mittellage gegeneinander im Winkel gestellt (wie in Bild 383 B.a). Eventuell entstehende Oberflächenwellen werden dann möglichst kurz und weniger sichtbar.

Die Höhe der Blöcke beträgt bis zu 600 mm, die Breite bis zu 400 mm, die Länge bis zu 5000 mm. Infolge dieser großen Abmessungen müssen die Verleimpressen eine hohe Druckkraft aufbringen, z. B. bei 6 kg/cm² Verleimdruck und 40 · 500 cm² Blockquerschnitt

$$\frac{6 \cdot 40 \cdot 500}{1000} = 120\ \text{t}.$$

Über und unter dem Block befindet sich beim Pressen je eine aus Holzbohlen zusammengefügte Platte, über die — quer zur Längsachse in Abständen von etwa 1 m — U- oder I-Eisen verlaufen (Bild 391). Hat die mit dem Block beschickte hydraulische Presse ihren vollen Druck erreicht, so werden auf beiden Seiten des Blocks die übereinanderliegenden Profileisen mit Spannschlössern verbunden, die von Hand angezogen werden. Hierauf wird die Presse entlastet und der Block herausgefahren. Das Abbinden dauert je nach Art des verwen-

[1] Kraemer, O.: Holz als Roh- und Werkstoff Bd. 3 (1940) S. 376. — F. Bradtke: Z. VDI Bd. 82 (1938) S. 1473.

[2] Gebhardt, H., H. v. Grudzinski u. H. Matz: Holz als Roh- und Werkstoff Bd. 9 (1951) S. 190, 273, 348 u. 391.

deten Leims 8 bis 48 h. Anschließend werden die Spannschlösser entfernt und die Blöcke auf einem Vollgatter oder mittels einer Blockbandsäge zu Dicken zerlegt, deren Breite gleich der Blockhöhe ist. Vollgatter sind wegen des hohen Schnittverlusts weniger gut geeignet. Auf den Blockbandsägen erzielt man maßhaltige Einlagetafeln und sauberen Schnitt nur, wenn die Blöcke auf dem Wagen sorgfältig befestigt und tadellos ausgerichtet sind. Die jeweils gewünschte Tafeldicke ist mit einem Teilkopf genau einstellbar. Da hobelglatter Schnitt bei der großen Schnitthöhe nicht erzielbar ist, muß eine entsprechende Zugabe für den Hobelverlust und für den Trocknungsschwund erfolgen. Zu hohe Vorschubgeschwindigkeiten sind unzulässig, da sich die Sägen infolge der vielen Leimfugen sonst zu rasch abnützen und die Gefahr des Verlaufens, die ungleich dicke Tafeln bedingt, besteht.

Die aufgeschnittenen verleimten Dickten werden anschließend mit Hilfe von Stapelhölzern auf Wagen gestapelt und in einem Trockenkanal (unter Umständen noch einer Trockenkammer) ohne Dämpfen bei niedriger Temperatur von normal 40 bis 50° C (keinesfalls höher als 70° C) nachgetrocknet, um die Leimnässe wieder zu entfernen.

732.22 Stab- oder Streifenmittellagen ohne oder mit teilweiser Verleimung der Innenleisten. Getrocknete Sägebretter werden nach der Abkühlung mittels einer feingezahnten Vielblattkreissäge (Bild 392) zu Leisten der gewünschten Einlagedicke zugeschnitten. Die Leistensäge enthält bis zu 20 und mehr Kreissägeblätter, die mittels Spannhülsen auf einer Welle aufgesetzt sind. Die Bretter werden der Säge durch umlaufende Einzugswalzen oder Gliederketten zugeführt. Auf besonders gute Schutzvorrichtungen ist zu achten. Weiter sind an die Vielblattkreissäge hinsichtlich Maßgenauigkeit und Schnittgüte sehr hohe Anforderungen zu stellen, da die Sägeschnittflächen die Ober- und Unterseite der aus den Leisten zusammengesetzten Platten bilden, die meist nicht mehr nachgehobelt oder geschliffen werden. Technische Daten einiger in Westdeutschland hergestellter Vielblattkreissägen enthält Zahlentafel 50.

Hinter der Vielblattkreissäge werden die Leisten abgenommen und in Stapelbehälter oder auf ein Förder- und Sortierband gegeben. Mittels einer

Zahlentafel 50. *Technische Daten von Vielblattkreissägen.* (*Nach H. Kübler*[1].)

Hersteller	Canali	John		Klein u. S.	Raimann		Meyer & Schwabedissen
Type	BVS 1	ABMh II	ABM	CR	KBUM	KBUK	35 NLK 70
Blattdicke (mm)		1,2	1,2	2,4	1,6	1,2	1,8
Schnittgeschw. (m/s)	66	68	68	70		65,5	54
Schnitthöhe (mm)	80	50	60	120	100	50	50
Leistung des Hauptmotors (PS)	15 bis 24	13 od. 15	~ 20	15	30 bis 50	32	35 bis 40
Vorschub-geschwindigkeit (m/min)	4 bis 52	5 bis 45	4 bis 40	7,5 bis 25	4 bis 35	0 bis 40	10 od. 15
Arbeitsbreite (mm)	170	160	220	150	350	250	350 700
Nettogewicht mit Motor (kg)	2000	1100	1700	1500	3200		2250 2750

[1] Kübler, H.: Holz als Roh- und Werkstoff Bd. 10 (1952) S. 144.

Kappsäge werden die Leisten meist entsprechend der gewünschten Plattengröße auf Länge zugeschnitten; auch gröbere Fehler, Äste usw. werden hier herausgeschnitten. Die dadurch entstehenden Reststücke werden später mit genügend großer Überlappung in die Mittellagen eingeführt. Das Zusammenfügen der Leisten zu Einlagen erfolgte früher von Hand auf Tischen mit anschließendem

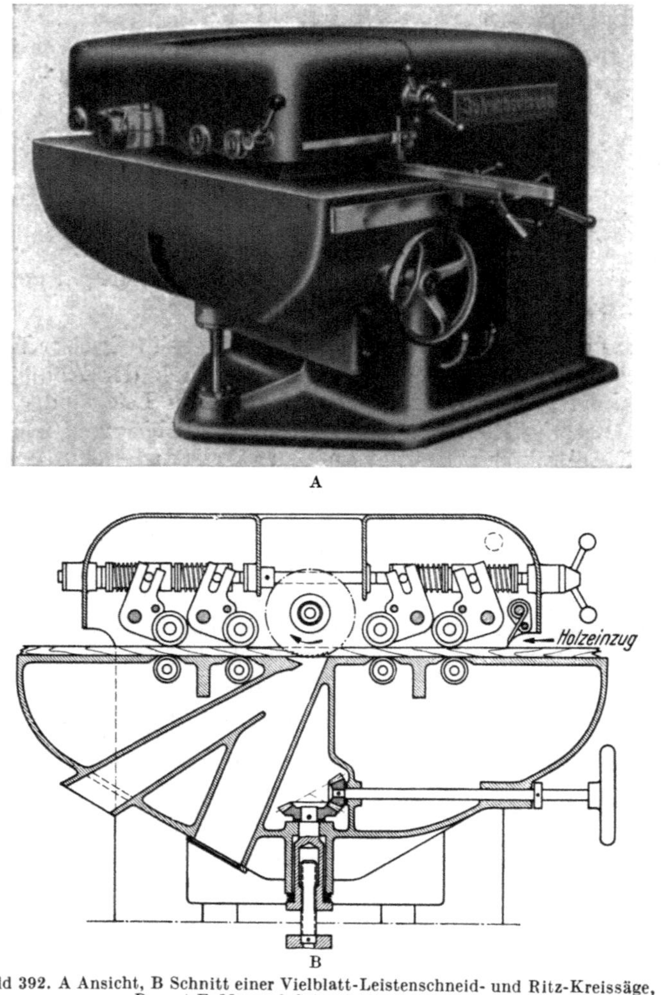

Bild 392. A Ansicht, B Schnitt einer Vielblatt-Leistenschneid- und Ritz-Kreissäge, Bauart F. Meyer & Schwabedissen, Herford.

Verspannen durch große flachgelegte Zwingen. In amerikanischen Betrieben wurden und werden umlaufende Zwingen (Leimhaspeln) gemäß Bild 393 vielfach verwendet. Die Vorrichtungen besitzen eine Reihe von einfachen oder doppelten Zwingen, die an einem Ende starr an einer endlosen Förderkette befestigt sind. Die Zwingenflügel werden durch die Bewegung des Förderbandes nach der Füllung mit den Leisten von den bedienenden Arbeitern weg bewegt. Die Vorrichtung gestattet das Abbinden der Einlagen unter Druck während des Umlaufs, der etwa 30 min dauert. Für sehr große Mittellagen lassen sich die Vorrichtungen nicht verwenden.

Neuerdings geschieht das Zusammensetzen der Leisten fast ausschließlich maschinell, und zwar durch Verbinden mittels Bindfaden, Krallenbändern oder durch punktweises Verleimen.

1. Leistenzusammensetzmaschine (F. Meyer & Schwabedissen, Herford). Auf dieser Maschine (Bild 394) werden die Leisten, Breitseite an Breitseite, unter Druck zu einer endlosen Bahn gestoßen, wobei sie mittels feinzahniger Kreissägen auf der Oberfläche in der Breitenrichtung nutenartig geritzt werden. In diese Nuten werden Bindfäden gepreßt, wodurch die Stäbe bis zur Absperrung zusammengehalten werden. Auf der linken Seite ist die

Bild 393. Leim-Vorrichtung mit umlaufenden Zwingen (Clamp carrier), 58 Arme zu je 4 Zwingen, Bauart Nels J. Billstrom Inc. Rockford, Ill.

Maschine mit einem Anschlag versehen, auf der rechten befindet sich eine Abkürzkreissäge. Es ist also nicht erforderlich, die Leisten vorher auf genau gleiche Länge zurechtzuschneiden. Ein Nachteil ist, daß gekrümmte Leisten an nicht gehefteten Stellen klaffen.

2. Leistenzusammensetzmaschine LZM der Maschinenfabrik Fritz Homburg, Porta Westfalica. Die Leisten werden quer zu den im Bild 395 sichtbaren Roststäben eingelegt und durch Betätigung eines Fußhebels gegen einen Anschlag gepreßt. Die Quersäge schneidet die Mittellage auf die gewünschte Länge, und durch Hebelzug werden Krallenbänder in die Hirnenden der Stäbe eingeschlagen. Darauf wird der Einspanndruck gelöst und die Mittellage der Maschine entnommen. Nach dem Absperren können die Krallenbänder wieder aus dem Holz ausgezogen und erneut verwendet werden.

3. Stäbchen-Verleimmaschine (Franz Torwegge, Bad Oeynhausen). Die Maschine verarbeitet Leisten oder Stäbe von 10 bis 30 mm Dicke und einer Breite bis zu 50 mm. Leistenabfälle bis zu 200 mm Länge können mitverarbeitet werden. Die Leisten werden in eine Aufgabewalze eingelegt, deren Drehzahl stufenlos der Fertigkeit des Bedienungspersonals anzupassen

ist. Bei 20 mm breiten Leisten liefert die kleinste Mittellagenverleimmaschine (2500 mm Arbeitsbreite) mit mittlerer Drehzahl etwa 50 m^2/h Mittellagen. Die Leisten werden von der Aufgabewalze selbsttätig abgenommen und in die

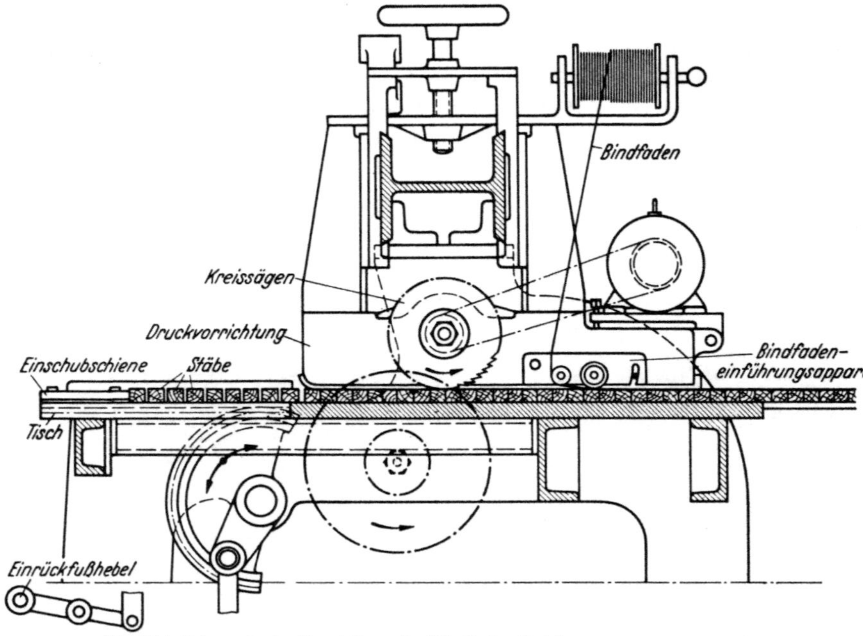

Bild 394. Schematische Darstellung der Bindfaden-Leistenzusammensetzmaschine, Bauart F. Meyer & Schwabedissen, Herford.

Maschine eingeführt, wo sie automatisch in Abständen von 15 bis 18 cm punktweise mit Leim bestrichen werden. Die Leisten werden dann in einer Vorschubeinrichtung weiterbefördert. Von oben wirkt ein Druckbalken auf die Leisten, so daß sie sich auf der ebenen Unterlage nicht verziehen können; außerdem setzen sie infolge dieses Drucks der Vorschubbewegung einen gewissen Reibungswiderstand entgegen. Die Leisten im Leistenteppich werden dadurch fest gegeneinander gepreßt; in diesem Zustand bindet der Leim die einzelnen Leisten zu einer Tafel.

Bild 395. Ansicht der Leistenzusammensetzmaschine LZM, Bauart Fritz Homburg, Porta Westfalica.

Am Ende der Maschine schiebt sich die Tafel in endloser Form auf einen Tisch und wird dort durch eine hin- und herpendelnde Kreissäge auf das gewünschte Maß abgelängt. Eine Erwärmung des Arbeitsfeldes durch die strahlende Heizung ein- oder zweiseitig angeordneter Heizschlangen oder durch Hochfrequenzfelder ist möglich. Als Leim wurde früher ausschließlich Tischlerleim verwendet, neuerdings haben sich schnell abbindende Kunstharzleime ein weiteres Feld erobert. Kritisch ist folgendes zu sagen: Die mit Bindfaden oder Krallenbändern arbeitenden Maschinen sind meist in Möbelfabriken anzutreffen, während die Punktverleimmaschinen vorwiegend in der Sperrholzindustrie benutzt werden[1]. Die Bindfaden- und Krallenbändermaschinen haben den Vorteil des kleinen Platzbedarfs bei verhältnismäßig großer Leistung. Der Transport der Bindfadenmittellagen muß sehr behutsam vorgenommen werden, während die punktverleimten Mittellagen sogar Bahnversand vertragen. Die Punktleimmaschine beansprucht viel Raum und ist in besonderen Fällen wärmeverbrauchend. Die Bindfadenmaschine liefert eine labile Mittellage von höchstens 2500 mm Länge, die Punktleimmaschine eine starre Mittellage mit bis zu 5400 mm Länge.

4. Hochfrequenz-Stäbchenverleimmaschinen[2]. Die Anwendung von Leistenzusammensetzmaschinen mit Hochfrequenzbeheizung bringt wesentlich höhere Anlagekosten (nach amerikanischen Angaben um etwa 300%), etwas steigende Unterhaltungskosten und nicht unerhebliche Energiekosten mit sich. Dafür verringert sich aber die erforderliche Bodenfläche (um etwa 75%), und die Bedienungskosten sinken infolge der Einsparung von Arbeitskräften auf rund die Hälfte. Insgesamt läßt sich dadurch unter Umständen eine Verringerung der Gestehungskosten beim Leistenzusammensetzen und Verleimen auf ein Drittel bei gleichzeitiger Erhöhung der Qualität erzielen. Wichtig ist, daß die Leisten vor dem Verleimen einen gleichmäßigen Feuchtigkeitsgehalt von 8 bis 10% haben. Uneinheitliche Feuchtigkeit führt zu ungleichmäßiger Ausbildung des Hochfrequenzfeldes und damit unter Umständen zu Fehlverleimungen oder zu nachträglichen Formänderungen. Während des Abbindens ist ein seitlicher Druck von 10 bis 25 (und mehr) kg/cm² erforderlich; um die aus Leisten zusammengesetzte Mittellage eben zu halten, genügt von oben her ein Druck von etwa 0,75 bis 1 kg/cm².

Zu unterscheiden sind diskontinuierlich von kontinuierlich arbeitenden Maschinen. Bei ersteren werden die Leisten von Hand auf einem Tisch vor der Maschine zusammengesetzt, während die vorhergehende Mittellage gerade abbindet. Am Ende der Abbindezeit öffnet sich die Presse automatisch, die frisch zusammengesetzte Mittellage wird in die Presse eingeführt und stößt dabei die abgebundene aus. Hydraulisch oder pneumatisch betätigte Balken bewirken den Druck von den Seiten und von oben her; letzterer kann auch durch eine Reihe von mit Druckluft aufblasbaren Feuerwehrschläuchen erzeugt werden. Die Elektroden können als solide Platten oder aber als Streifen ausgebildet sein, wodurch dann nur Abschnitte der Leimfugen erhärten. Anwendung der Maschinen bis zu Mittellagenformaten von $1{,}25 \cdot 2{,}5$ m²; Anschlußwert 5 bis 20 kW. Ein 5-kW-Hochfrequenzgenerator reicht aus für Plattengrößen bis $0{,}75 \cdot 0{,}9$ m², ein 10-kW-Generator von $0{,}9 \cdot 2{,}4$ m² bei punktweiser Verleimung.

Bei den kontinuierlich arbeitenden Stäbchenverleimmaschinen werden die Mittellagen entweder durch eine schubweise arbeitende Stoßvorrichtung oder durch einen stetigen Ketten- oder Gliederkettentrieb dem Hochfrequenzfeld zugeführt. Spannvorrichtungen, welche die Mittellage seitlich

[1] Doffiné, E.: Die Herstellung von Mittellagen für Sperrholz-Tischlerplatten unter besonderer Berücksichtigung der zugehörigen Arbeitsmaschinen. Nordd. Holzwirtsch., Nr. 33/34 vom 11. 8. 1949.

[2] Graham, P. H.: Electronic Gluing, Part 2 — Edge Gluing, Wood Working Digest Bd. 54, Nov. 1952, S. 78.

zusammendrücken, wandern mit dem Kettentrieb zwischen den Elektroden. Die Mittellagen werden beim Einzug durch Druckwalzen eben gepreßt. Zwischen der oberen Elektrode und der Mittellage befindet sich gewöhnlich ein Luftspalt. Die kontinuierlichen Fugenverleimmaschinen erzeugen bis zu 50 m^3 Mittellagen täglich (während die Mindestleistung bei den diskontinuierlichen Maschinen aus wirtschaftlichen Gründen bei etwa 7 m^3 täglich liegt.) Das Abbinden einer Mittellage erfolgt in 20 bis 40 s.

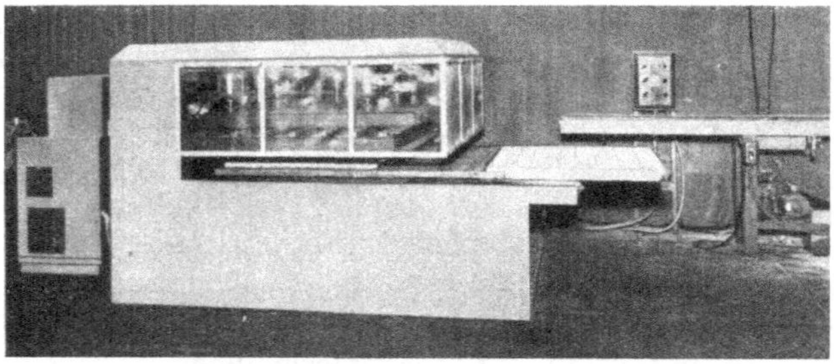

Bild 396. Drehtisch-Stäbchenverleimmaschine für Einmann-Bedienung, Bauart Plycor Company, Chicago 6, Ill.

Aus der Vielzahl der Konstruktionen seien nur zwei kurz geschildert. Die Drehtischstäbchenverleimmaschine mit Einmannbedienung (One Man Roto-Gluer) der Firma Plycor Company, Division of Earle Hart Woodwoorking Machine Company, Chicago 6, Ill., ist in Ansicht in Bild 396 wiedergegeben. Die Maschine dient zur Herstellung von Platten, Mittellagen, Fenster- und Türrahmen u. ä. Ein einziger Arbeiter besorgt den Leimauftrag, das Einlegen,

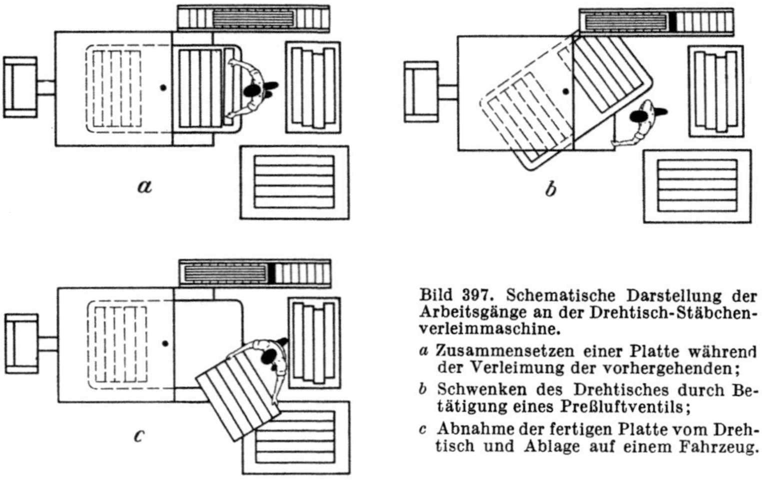

Bild 397. Schematische Darstellung der Arbeitsgänge an der Drehtisch-Stäbchenverleimmaschine.
a Zusammensetzen einer Platte während der Verleimung der vorhergehenden;
b Schwenken des Drehtisches durch Betätigung eines Preßluftventils;
c Abnahme der fertigen Platte vom Drehtisch und Ablage auf einem Fahrzeug.

Herausnehmen und Aufladen auf ein Fahrzeug. Er kann mühelos 280 bis 560 m^2 Plattenfläche täglich verleimen. Die Folge der Arbeitsgänge bei der Bedienung geht aus Bild 397a—c hervor. In 397a legt der Arbeiter die Stäbe für die nächste Platte auf dem Arbeitstisch zusammen, während die vorhergehende Platte im Hochfrequenzfeld unter Druck verleimt wird. In Bild 397b wird der Drehtisch durch Bedienung eines Preßluftventils automatisch gedreht, in 397c entnimmt der Arbeiter dem um 180° gedrehten Tisch die fertige Platte und lädt sie auf ein

Fahrzeug. Sofort beginnt das Spiel von neuem. Die Maschine ist mit einem 5- oder 10-kW-Hochfrequenzgenerator ausgerüstet.

Eine in Gemeinschaft von der General Electric Company mit der Firma Fielding & Platt Ltd. entwickelte Mittellagen-Verleimmaschine zeigt Bild 398. Mit ihr können Mittellagen folgender Abmessungen hergestellt werden[1].

Länge: 90 bis 200 cm; Breite: 100 cm; Dicke: 16 bis 51 mm.

Mit der Maschine können innerhalb 1 min rund 3900 cm² Leimfuge verleimt werden. Die Zahlen schwanken etwas je nach Holzart und Leimart. Im Mittel kann man aber damit rechnen, daß eine Platte von 100 · 200 cm² aus 51 mm dicken Stäbchen innerhalb von 5 min hergestellt wird. Zur Bedienung sind zwei Arbeiter nötig. Der eine setzt die Stäbchen auf dem Tisch zusammen, der andere bedient die Leimauftragmaschine und stapelt die fertigen Platten. Der maximale

Bild 398. Ansicht einer Hochfrequenz-Stäbchenverleimmaschine, Bauart General Electric Company.

von oben her wirkende Preßdruck beträgt 0,7 kg/cm², der seitliche Druck 11 kg/cm². Dem Unfallschutz dienen besondere Vorrichtungen: Nach Betätigung eines Druckknopfes schiebt ein pneumatisch bewegter Hebel die zusammengesetzte Mittellage in die Presse. Senkrecht wirkende Preßplatten drücken die Leisten eben. Nach kurzer Pause wird der seitliche Druck aufgebracht, wobei gleichzeitig die Hochfrequenzheizung eingeschaltet wird.

732.23 Stäbchen-Mittellagen. Die Stäbchenmittellage wird aus Schälfurnieren von 3 bis 4 (höchstens 10) mm Dicke im Blockverfahren hergestellt. Die Furniere werden meist aus Stammteilen erzeugt, die sich nicht zum Ausschälen von Deckfurnieren eignen. In größeren Werken können Okumé-Stämme besonders günstig dazu verwertet werden. Die Stäbchenplatte ist sehr hochwertig, da die weitgehende Aufteilung der Mittellage und die einheitlich senkrecht zu den Deckflächen verlaufenden Jahrringe ausgezeichnetes Stehvermögen verbürgern. Werden die Furniere noch in der Längsrichtung geschäftet, so wird vollständiger Fugenschluß erzielt, und man vermeidet die Bildung schädlicher Leimnester. Die im Vergleich zu gesägten Brettern aber

[1] Anonymus: Neuartige Maschinen für Hochfrequenzverleimung, Holz als Roh- und Werkstoff Bd. 10 (1952) S. 471.

wesentlich teureren Furniere verlangen sorgfältige Beachtung aller Maßnahmen, mit denen sich die Ausbeute steigern läßt. Hierher gehören[1]: Größtmögliche Blockbreite, um den Schwartenverlust zu verringern, kleinstmögliche Schränkung oder Stauchung der Sägeblätter der Auftrennsäge und sehr genaue Sägearbeit, damit ein Nachhobeln entfallen kann.

732.3 Fertigmachen der Sperrplatten.

732.31 Formatschneiden (Besäumen). Zum Formatschneiden von Furnierplatten, Tischlerplatten, Türen usw. gibt es Formatsägen in sehr verschiedenartigen Konstruktionen. Die einfachsten Baumuster mit einem Kreissägeblatt und zwei Anschlägen sind nur für Möbelfabriken, nicht aber für die Sperrholzindustrie bestimmt. Die Doppelformat- und Abkürzsägen besitzen zwei Kreissägeblätter, deren seitliche Abstände beliebig zwischen etwa 150 und 3000 mm eingestellt werden können. Die Platten werden in Paketen mit bis zu 150 mm Höhe auf einem leicht beweglichen Lauftisch aufgespannt und an den beiden Kreissägen vorbeigefahren. Kontinuierlicher Antrieb durch stufenlos regelbaren Kettenvorschub ist möglich. Die breiten Transportketten hinterlassen keinerlei Eindrücke auf den Platten. Schnittgeschwindigkeiten bis zu 95 m/s sind üblich, Energieaufnahme je nach der Maschinengröße zwischen 4,5 und 10 kW.

Bei den bisher beschriebenen Maschinen liegen die Sägeblätter unter der Tischebene. Bei einer weiteren Maschinengruppe schneiden die Blätter von oben. Man kommt dann bei gleichen Schnitthöhen mit etwas dünneren Blättern aus. Um beim vierseitigen Besäumen die Sperrplatten nach dem Längsschneiden nicht umlegen zu müssen, sind viele Baumuster mit der Querkreissäge ausgerüstet. Die Schubtische werden dabei durch automatische Arretiervorrichtungen festgeklemmt. Bei der einfachsten Ausführung wird die Querkreissäge nebst Einbaumotor durch ein Handrad bewegt, bei Maschinen mit höherer Leistung erfolgt die Vor- und Rücklaufbewegung selbsttätig, wobei beispielsweise die Vorlaufgeschwindigkeit 18 m/min, die Rücklaufgeschwindigkeit 24 m/min beträgt.

Bild 399. Ansicht der doppelten automatischen Besäum- und Formatsäge, Bauart Böttcher & Geßner, Hamburg-Bahrenfeld. Größte Schnittbreite 1750 bis 4100 mm, Vorschubgeschwindigkeit 6 bis 24 m/min

Eine doppelte automatische Besäumsäge und Formatsäge der Firma Böttcher & Geßner, Hamburg-Bahrenfeld, zeigt Bild 399. Zwei endlose Ketten tragen die Platten durch die Maschine; damit große Platten sich nicht durchbiegen können, liegen zwischen den Ketten Stützschienen. In der dargestellten Maschine können weitere Kreissägen zum gleichzeitigen Auftrennen der Platten eingesetzt werden. Beim vierseitigen Besäumen mit Kettenformatsägen ordnet man zweckmäßig zwei Maschinen im rechten Winkel zueinander an. Die von der ersten Maschine zweiseitig besäumten

[1] Irschick, E.: Furnier und Sperrholz und ihre fabrikmäßige Herstellung, Stuttgart 1949, S. 58.

Platten gelangen dann über einen Querförderer zur zweiten, in der die beiden anderen Kanten besäumt werden. Den Aufriß einer Formatsäge mit Transportketten der Firma Vereinigte Furnier- und Sperrholzmaschinenfabriken, Hamburg-Barmbek, gibt Bild 400 wieder; eine über der Maschine befestigte Richtlichtanlage projiziert das gewünschte Plattenformat auf die unbesäumte Platte, wodurch sich beim Formatschneiden unnötige Holzverluste besser vermeiden lassen. Vorschubgeschwindigkeiten zwischen 6 und 36 m/min lassen sich einstellen.

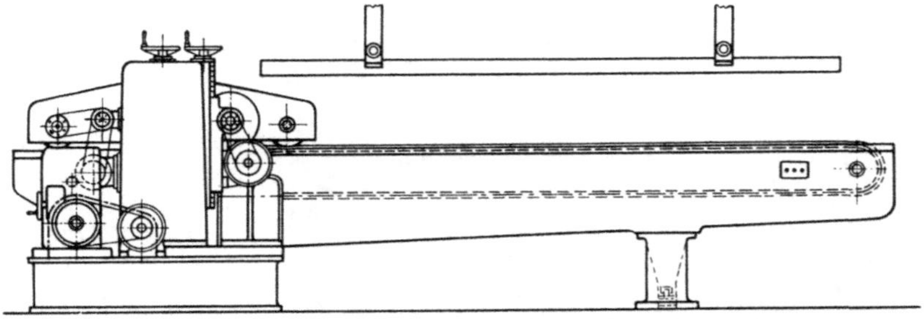

Bild 400. Schematischer Aufriß der Sperrplatten-Formatsäge FK, Bauart Vereinigte Furnier- und Sperrholzmaschinenfabriken, Hamburg. Größte Schnittbreite 2750 oder 3350 mm, kleinste Schnittbreite etwa 350 mm, Vorschubgeschwindigkeit 6 bis 36 m/min.

732.32 Oberflächenbearbeitung (Schleifen und Ziehklingen). Am Ende der Fertigung sind die Platten infolge der verschiedenen Bearbeitungsgänge an ihren Oberflächen mehr oder minder aufgerauht und nicht ganz sauber. Mit Rücksicht darauf muß ihre Oberfläche nochmals verfeinert werden. Grundsätzlich unterscheidet man dabei das Schleifen und das Ziehklingen der Platten.

Zum Schleifen kommen — hauptsächlich für dünnere Furnierplatten und solche, die während des Schleifens plangepreßt werden müssen — Dreizylinderschleifmaschinen in Anwendung. Näheres über diese Maschinen und ihre Technologie ist in Abschnitt 852.3 zu finden. Das Schleifen der Sperrplatten erfolgt mit verhältnismäßig niedriger Vorschubgeschwindigkeit von 3 bis 10 (unter Umständen bis 18) m/min. Die Schleifgeschwindigkeiten liegen meist zwischen 20 und 30 m/s, die Schleifbreiten zwischen 100 und 2300 mm, die Antriebsleistung zwischen 7,5 und 45 kW.

Schleifmaschinen, die in einem Arbeitsgang die Sperrholzplatten beiderseitig schleifen, gibt es auf dem deutschen Markt nicht; ihr Schliff ist auch weniger genau. Bei den Maschinen mit obenliegenden Schleifzylindern kann das Schleifpapier leicht gewechselt werden und ist die Spanabsaugung erleichtert. Vorgeschoben werden die Platten mittels Gliederketten oder mit gummibelegten Gewebebahnen. Die Tische besitzen eine satte Federung, damit sie bei ungleichmäßigen Platten etwas nachgeben und ein Durchschleifen der Deckfurniere vermieden wird. Die Zylinder sind in der Höhe verstellbar. Dünne Furnierplatten lassen sich besser auf Maschinen mit untenliegenden Zylindern (Bild 401) schleifen. Der Vorschub erfolgt durch Walzen.

Die Schleifzylinder führen neben der Drehbewegung auch eine Oszillation in ihrer Längsrichtung aus, wodurch die Schleifglätte erhöht wird. Der erste Schleifzylinder (Schroppzylinder) ist mit gröberem Schleifpapier bespannt und besitzt eine dünnere oder härtere Filzunterlage als die folgenden Schlichtzylinder. Am Ende werden die Platten neuerdings meist automatisch abgebürstet. Das Schleifpapier wurde bisher fast ausschließlich spiralig auf den Zylinder aufgewickelt und fest gespannt; seit kurzem gibt es auch Maschinen mit gerader Bespannung. E. Irschick[1] weist darauf hin, daß infolge unvermeidlicher Zeitverluste durch Auswechslung des Schleifpapiers, Regelung der Schleifzylindereinstellung und den doppelseitigen Schliff jeder Platte die effektive lineare Schleifleistung im Mittel nur 26 bis 27% des Vorschubs beträgt. Eine Schleifmaschine mit 153 cm Schleifbreite liefert damit bei einem Vorschub von 10 m/min rund 160 lfd. m/h zweiseitig geschliffene Sperrplatten. Bei 5 mm Plattendicke errechnet sich eine Gesamtleistung von rund 10 m³ Sperrplatten in 8 h.

Der Vorteil der Schleifmaschinen liegt darin, daß mit ihnen alle Holzarten unabhängig vom Faserverlauf der Deckfurniere geschliffen werden können. Selbst rauhe oder wirrfaserige Deckfurniere erhalten eine glatte Oberfläche, die allerdings nicht so spiegelglatt und glänzend ist wie beim Gebrauch der Ziehklinge.

Bild 401. Ansicht der Zylinder-Schleifmaschine Nr. 623 mit untenliegenden Schleifzylindern, Bauart Böttcher & Geßner, Hamburg-Bahrenfeld.

Bild 402. Ansicht der Ziehklingenmaschine, Bauart Böttcher & Geßner, Hamburg-Bahrenfeld.

Das Ziehklingen besteht darin, daß die Platte über einen entsprechend großen, stillstehenden Hobel hinweggeschoben wird (Bild 402 u. 403). Von der gesamten Plattenfläche wird dabei ein feiner Span von 0,10 bis 0,15 mm Dicke abgezogen. Die Durchgangsgeschwindigkeit der Platte beträgt 25 bis 30 m/min. Die Ziehklingenmaschinen müssen, damit sie die erforderliche Stabilität besitzen, sehr schwer gebaut werden; sie haben 4 Vorschubwalzenpaare und unmittelbar über dem Messer eine Druckwalze. Der Tisch wird durch Verstellen in der Höhe der Holzdicke angepaßt. Spanregulierung ist auch während des Betriebes einfach durch Betätigung eines Handrades möglich. Unter Berücksichtigung unvermeidlicher Zeitverluste für Auswechslung und Einstellung der Ziehklinge, sowie der zweiseitigen Bearbeitung der Platte erhält man eine effektive lineare Leistung von rund 500 lfd. m/h zweiseitig bearbeiteten Platten. Die Leistung einer Ziehklingenmaschine ist demnach annähernd zwei- bis dreimal so groß wie die einer Dreizylinderschleifmaschine. Das Ziehklingen ist aber nur in Faserrichtung des Holzes und nicht bei allen Hölzern gleich gut möglich. Hölzer mit starken

[1] Irschick, E.: Furnier und Sperrholz und ihre fabrikmäßige Herstellung, Stuttgart 1949, S. 62.

Dichte- und Härteunterschieden von Früh- und Spätholz (z. B. die meisten Nadelhölzer) können überhaupt nicht geziehklingt, sondern müssen geschliffen werden.

732.33 Ausbessern schadhafter Platten. Bei einzelnen Fertigungsgängen können Risse in den Sperrplatten entstehen. Diese verlaufen meist schlangenförmig und unregelmäßig und müssen sorgfältig ausgeflickt werden. Es handelt sich hierbei um schwierige Ausbesserungsarbeiten, die meist mittels Sonderfräsern von 8 bis 12 mm Durchmesser durchgeführt werden. Die Fräsköpfe werden zweckmäßig von einem Elektromotor über eine biegsame Welle angetrieben und an einem Lineal entlanggeführt. Durch das Ausfräsen entstehen Nuten mit halbrunden Enden. Es sind deshalb zum Ausflicken auf die Schlitzbreite zugeschnittene Einsatzstücke vorzubereiten, die durch Stanzen ebenfalls halbrunde Enden erhalten müssen. In den meisten Fällen werden die Vorrichtungen von den Sperrholzfabriken selbst gebaut.

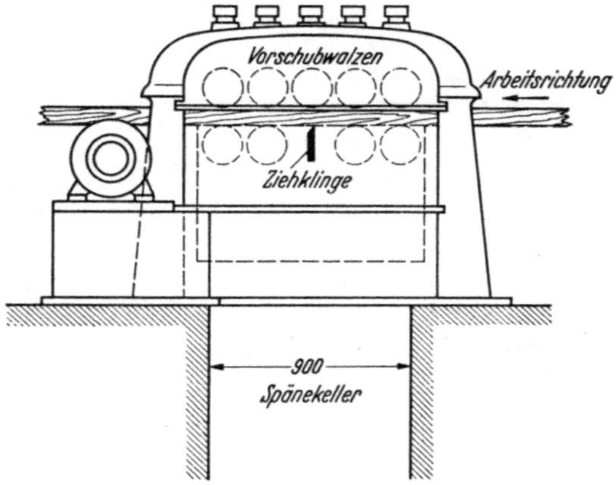

Bild 403. Schematischer Querschnitt durch die Ziehklingenmaschine gemäß Bild 402.

732.34 Lagerung, Flächengewichte von Furnieren und Sperrplatten. Vor dem Versand müssen die fertigen Sperrplatten in trockenen oder besser klimatisierten Räumen auf ebenen Unterlagen übereinander geschichtet gelagert werden. Besondere Umsicht ist bei Tischlerplatten am Platze, da es unmöglich ist, verzogene Tischlerplatten wieder in die ebene Form zurückzubekommen. Grundsätzlich sollen die Sperrplatten nicht unmittelbar auf dem Fußboden, sondern auf genau gleich hohen Unterlaghölzern gelagert werden, damit die Raumluft den gesamten Plattenstapel umspülen kann.

Ein Vorteil des furnierten Sperrholzes liegt darin, daß es — infolge der Verwendung besonders leichter Hölzer für die Mittellagen — meist je Raumeinheit leichter ist als das Vollholz, aus dem die Außenfurniere bestehen. Die mittlere Rohwichte r_{mo} von Sperrholz läßt sich berechnen zu

$$r_{mo} = \frac{d_1 \cdot r_1 + d_2 r_2 + d_3 r_3 + \ldots d_{i-1} r_{i-1} + d_i r_i}{d_1 + d_2 + d_3 + \ldots d_{i-1} + d_i} \cdot \frac{100}{100 - \beta_p} = \frac{\Sigma dr}{\Sigma d} \cdot \frac{100}{100 - \beta_p} \qquad \ldots\ldots (30)$$

Hierin sind d_1 bis d_i die Dicken der am Plattenaufbau beteiligten Furniere, deren Rohwichten r_1 bis r_i sind, β_p ist der Preßschwund in [%].

Rohwichteberechnungen von Sperrholz werden dadurch unsicher, daß die verschiedenen Hölzer in ihrer Dichte schwanken, daß die Feuchtigkeit einen erheblichen Einfluß hat und daß die wirkliche und die angegebene Dicke oft um bis zu 10% verschieden sind. Infolgedessen können einzelne Sperrplatten in der Rohwichte von den normalen Mittelwerten beträchtlich abweichen; allerdings heben sich die obenerwähnten Faktoren in der Praxis häufig in ihrer Wirkung gegenseitig wieder weitgehend auf. Überschlägig kann man das Gewicht f von 1 m² Sperrplatte berechnen, wenn die Plattendicke s [mm] und die

Rohwichte r der fraglichen Holzart bei normaler Plattenfeuchtigkeit [kg/m³] bekannt sind, zu

$$f = \frac{r \cdot s}{1000}\ \text{kg/m}^2 \qquad (31)$$

Nach A. Mora[1] kann man für r setzen bei Birkenfurnierplatten 690, Birkentischlerplatten, blockverleimt, 700, Buchenfurnierplatten 725, Erlentischlerplatten, Mittellage aus Kiefernholz, 565, Okumétischlerplatten, stäbchenverleimt, 520, Okumétischlerplatten, blockverleimt, 480 [kg/m³].

G. Christians[2] veröffentlichte für Okumé folgende Rohwichten [g/cm³]: 4 mm Furnier 0,426, 6 mm Sperrholz 0,441, 16 mm Sperrholz 0,516, 15 mm Vollholz 0,507; das geringere Gewicht des Furniers dürfte außer auf natürliche Schwankungen der Wichte auf die Auflockerung beim Schälen, das höhere des Sperrholzes auf den Preßschwund und die Leimbestandteile zurückzuführen sein. Zahlentafel 51 bringt die Gewichte für Buchen- und Birkenfurniere nach DIN E 9127. Es handelt sich dabei um für den Flugzeugbau höchstzulässige Gewichte.

Zahlentafel 51. *Höchstgewichte von Buchen- und Birkenschälfurnieren (im Flugzeugbau gemäß DIN E 9127*[3])

Dicke mm		Breite in Faserrichtung mm	Gewicht (0,75 kg/dm³) kg/m² höchstens
0,4	± 0,05	1300	0,300
0,5			0,375
0,6	± 0,06		0,450
0,8			0,600
1	± 0,08		0,750
1,2			0,900
1,5			1,13

Zahlentafel 52. *Rohwichten kaseinverleimter Birkensperrplatten.* (*Nach O. Kraemer.*)

Dicke . . . . . . (mm)	0,9	1,5	2,1	2,8	5,0	6,0	10,0	Einzel-
Aufbau	3fach	3fach	3fach	3fach	5fach	5fach	9fach	furnier
Mittelfurnierdicke . (mm)	0,3	0,5	0,7	0,9	1,0	1,3	1,1	0,2
Feuchtigkeitsgehalt . (%)	11,8	11,0	12,4	11,7	11,1	11,5	10,0	7,5
Rohwichte . . . (g/cm³)	0,81	0,80	0,76	0,75	0,74	0,74	0,75	0,67
Anzahl der geprüften Platten	90	120	104	78	30	17	3	3

Zahlentafel 53. *Gemessene Einheitsgewichte von Sperrplatten.* (*Nach A. Mora.*)
A. Furnierplatten

Herstelland	Mittellagen	Außenfurniere	Gewicht	Dicken in mm 4	6	9
Lettland	Birke (Betula verrucosa)	vorn Eiche (Quercus robur)	kg/m²	2,8	4,12	5,81
		hinten Birke	kg/m³	699	685	643
Polen	Erle (Alnus glutinosa)	vorn Eiche (Q. robur) hinten	kg/m²	3,04	4,10	6,17
		Erle	kg/m³	762	683	685
Deutschland	Okumé (Aucoumea klaineana)	vorn Eiche (Q. sessiliflora)	kg/m²	2,21	3,19	4,51
		hinten Okumé	kg/m³	551	532	500
	Desgleichen	Eiche	kg/m²	2,32	3,35	4,73
			kg/m³	579	558	525

[1] Mora, A.: Plywood, Its Production Use and Property, London 1932.

[2] Gaber, E., u. G. Christians: Vergleichende Untersuchungen an Vollholz und Sperrholz aus Okumé; Heft „Sperrholz", Berlin 1929.

[3] Bei DIN E 9127, 9128, 9146, 9147 handelt es sich um sogenannte Einheitsnormblätter, die während einer kurzen Zeitspanne notwendig waren. Die Normblätter sind zurückgezogen.

B. Tischlerplatten

Herstelland	Mittellagen	Außenfurniere	Gewicht	Dicken in mm 13	16	19	22
Finnland	Birke (Betula verrucosa) (blockverleimt)	Birke	kg/m^2	(12,5) 8,97	10,97	(18) 11,84	15,66
			kg/m^3	717	683	657	712
Litauen	Erle (Alnus glutinosa) a) blockverleimt	Kiefer (Pinus silvestris)	kg/m^2	6,93	8,67	10,33	12,00
			kg/m^3	535	543	544	545
	b) stäbchen-verleimt		kg/m^2	7,15	9,01	10,75	12,47
			kg/m^3	552	563	565	567
Deutschland	Okumé (Aucoumea klaineana) a) blockverleimt	Fichte (Picea excelsa)	kg/m^2	6,51	7,83	9,12	10,43
			kg/m^3	500	489	483	476
	b) stäbchen-verleimt	Okumé	kg/m^2	(12,5) 6,65	(15) 8,53	9,29	10,70
			kg/m^3	530	570	489	486

Zahlentafel 54. *Abmessungen und Gewichte von Furnierplatten.* (*Nach DIN 9128.*)

Dicke mm		Anzahl der Lagen mindestens	Gewicht im Mittel ≈ kg/dm^3	im Mittel ≈ kg/m^2	höchstens kg/dm^3	höchstens kg/m^2
0,8	± 0,08	3	0,90	0,720	0,95	0,760
1	± 0,10		0,85	0,850	0,90	0,900
1,2	± 0,12	5	0,90[1]	0,08[1]	0,95[1]	1,14[1]
1,5	± 0,15	5	0,85	1,28	0,90	1,35
2	± 0,20			1,70		1,80
2,5			0,80	2,00	0,85	2,13
3				2,40		2,55
4	± 0,25	7		3,20		3,40
5				4,00		4,25
6	± 0,3	9		4,80		5,10
8	± 0,4	11		6,40		6,80
10	± 0,5	13		8,00		8,50
12	± 0,6	15		9,60		10,2

Herstellmaße: 1200 mm Breite × 1200 mm Länge, zul. Abw. ± 10 mm.

[1] Bei Platten aus Birke: im Mittel 0,85 kg/dm^3 und 1,02 kg/m^2
höchstens 0,90 kg/dm^3 und 1,08 kg/m^2.

O. Kraemer[1] teilte für kaseinverleimtes Sperrholz mit 8 bis 10% Feuchtigkeit folgende Rohwichtezahlen [g/cm³] mit: Birke 0,80; Buche 0,69, Erle 0,55, Kiefer 0,6. Der Einfluß der Leimschichten auf die Rohwichte des Sperrholzes wird aus Zahlentafel 52 nach O. Kraemer klar.

Zahlentafel 55. *Abmessungen und Gewichte von Vielschicht-Sperrholzplatten.* (*Nach DIN E 9147.*)

Dicke mm		Dicke der Lagen	Gewicht im Mittel ≈ kg/dm³	Gewicht im Mittel ≈ kg/m²	Gewicht höchstens kg/dm³	Gewicht höchstens kg/m²
3	± 0,2			2,70		2,85
4	± 0,25			3,60		3,80
5	± 0,25			4,50		4,75
6	± 0,3			5,40		5,70
8	± 0,4	0,3	0,90	7,20	0,95	7,60
10	± 0,5			9,00		9,50
12	± 0,6			10,8		11,4
16	± 1			14,4		15,2
20	± 1			18,0		19,0

Herstellmaße: 1200 mm Breite × 1200 mm Länge, zul. Abw. ± 10 mm.

Werkstoff (nach Wahl des Herstellers): BU (Rotbuche) BI (Birke) ER (Erle).

Zahlentafel 56. *Abmessungen und Gewichte von abgesperrten Platten.* (*Nach DIN E 9146.*)

Dicke Mittellage	Dicke Deckfurnier	Gewicht* kg/m² ≈
8		5,86
10	0,8	7,07
12		8,27
15		10,1
18	1	12,0
20		13,2

* Gerechnet mit 0,6 kg/dm³ für Kiefer; 0,25 kg/m² für Leim.

Zahlentafel 53 enthält von A. Mora gemessene Einheitsgewichte von Sperrholz, Zahlentafel 54 gibt die mittleren und für die Luftfahrt höchstzulässigen Raum- und Flächengewichte von Furnierplatten nach DIN 9128, Zahlentafel 55 von Vielschicht-Sperrholzplatten aus Buche, Birke oder Erle nach DIN 9147 und Zahlentafel 56 schließlich von abgesperrten Platten nach DIN 9146 wieder.

74. Verdichtete Lagenhölzer (Preßlagenhölzer, Kunstharzpreßhölzer).

741. Preßschichtholz, COMPREG.

741.0 Allgemeines.

Preßschichtholz ist ein Schichtstoff aus mit Kunstharz imprägnierten Holzfurnieren, die unter Druck und Hitze bis zu einer Rohwichte von annähernd 1,35 (bis 1,40) g/cm³ verpreßt wurden[2]. Angeregt wurde die Entwicklung durch die Preßstoffindustrie, insbesondere durch die bekannten geschichteten Preßstoffe[3]: Hartgewebe und Hartpapier. Die mit ihnen gemachten günstigen herstell- und verbrauchstechnischen Erfahrungen legten den Versuch nahe, an

[1] Kraemer, O.: Luftf.-Forschg. Bd. 11 (1934) S. 33.

[2] MacLean, G. K.: COMPREG-Resin Treated Densified Wood, For. Prod. Res. Soc. 1949, Preprint Nr. 61.

[3] Mehdorn, W.: Kunstharzpreßstoffe und andere Kunststoffe, 3. Aufl., Berlin, Göttingen, Heidelberg 1949.

Stelle von Geweben, Papier und Pappen den Rohstoff in seiner ursprünglichen Form, d. h. als Holzfurnier, zu schichten. Heute werden in Deutschland fast ausschließlich Rotbuchenschälfurniere als Harzträger und Phenol- oder Kresolformaldehydharze als Tränk- und Bindemittel verarbeitet. Durch die innige Verbindung von Holz und Kunstharz bei gleichzeitiger starker Verdichtung des Holzgefüges entsteht ein neuer Werkstoff von hoher Dichte, gleichmäßigem Aufbau, großer Festigkeit, hoher Härte, ausgezeichnetem Verschleißwiderstand, geringer Quellung und stark verminderter Brennbarkeit. In Finnland wurden mit Erfolg Birkenfurniere[1], in USA vorherrschend Furniere aus Gelbbirke oder Zuckerahorn[2] zu Preßschichtholz verarbeitet. An sich können die meisten Holzarten, mit Ausnahme der ringporigen Laubhölzer (z. B. Eiche), und verschiedene Nadelkernhölzer, als Ausgangsstoffe dienen. Der Übergang vom Laub- zum Nadelschichtholz ist bisher über Laboratoriumsversuche nicht hinaus gediehen, obwohl diese schon während des zweiten Weltkrieges sowohl in der Deutschen Versuchsanstalt für Luftfahrt als auch im U. S. Forest Products Laboratory stark gefördert wurden. Die damit zusammenhängenden Fragen werden in Abschnitt 741.12 nochmals aufgegriffen.

Allgemein läßt sich zur Charakterisierung der Preßschichthölzer und Kunstharzpreßhölzer sagen, daß sie die Eigenschaften von Holz mit denen von plastischen Stoffen vereinigen, daß sie härter und in ihren Dimensionen stabiler sind als Holz und dabei leichter als Metall. Infolgedessen stehen ihnen ausgedehnte Anwendungsgebiete im Werkzeug- und Vorrichtungsbau, im Flugzeugbau, in der Textiltechnik sowie in der holzverarbeitenden Industrie offen.

741.1 Herstellung von Preßschichtholz und Kunstharzpreßholz.

741.11 Herstellung von Preßschichtholz und Kunstharzpreßholz aus Laubhölzern. Preßschichtholz wird aus Schälfurnieren hergestellt. Das Rundschälen erfolgt in der üblichen Weise (s. Z. 721.23), desgleichen die Furnierzubereitung (s. Z. 722). Es wurde bereits einleitend erwähnt, daß sich hauptsächlich zerstreutporige Laubhölzer, z. B. Rotbuche, Birke, Gelbbirke, Zuckerahorn usw. zur Verarbeitung eignen. Die Furnierdicke beträgt in Deutschland meist 1,5 mm, in USA 1,6 oder 3,2 mm. Von großer Bedeutung für die Eigenschaften des Enderzeugnisses ist die Vorkonditionierung der Furniere. Bei Versuchen im U.S. Forest Products Laboratory stellte sich heraus, daß es unzweckmäßig ist, Furniere zu verpressen, die bei 30% relativer Luftfeuchtigkeit (entsprechend einer Ausgleichs-Holzfeuchtigkeit von etwa 6%) konditioniert sind; das daraus hergestellte Schichtholz oder Preßschichtholz hat, wenn es nicht mit sehr hohen Temperaturen über 170° C verpreßt wird, die Neigung, viel Wasser beim Tauchversuch aufzunehmen und dabei „zurückzuspringen". Konditioniert man aber bei 65% relativer Luftfeuchtigkeit (auf eine Holzausgleichsfeuchtigkeit von 11 bis 12%), dann ist das Absorptionsvermögen auch bei relativ niedrigen Preßtemperaturen außerordentlich verringert und die Gefahr des Zurückspringens gebannt (vgl. Bd. I, S. 405, Bild 300). Eine Konditionierung auf 10 bis 11% hat sich auch in deutschen Betrieben bei der Herstellung von Preßschichtholz mit Tegofilm als Bindemittel gut bewährt.

Die Harzimprägnierung hat einen doppelten Zweck: 1. Im Innern der Zellhohlräume und in den Micellzwischenräumen soll ein hydrophober Stoff eingelagert werden, um eine Stabilisierung der Holzabmessungen herbeizu-

---

[1] Ylinen, A.: Holz als Roh- und Werkstoff Bd. 6 (1943) S. 221.

[2] MacLean, G. K.: COMPREG-Resin Treated Densified Wood, For. Prod. Res. Soc. 1949, Preprint Nr. 61.

führen (vgl. Z. 523.33); 2. Die geschichteten Furniere sollen fest miteinander verbunden werden. Die zur Dimensionsstabilisierung geeigneten Harze wurden bereits in Abschnitt 523.331, die üblichen Methoden zur Harzimprägnierung im Abschnitt 523.332 ausführlich besprochen. Nach der Imprägnierung werden die Furniere in Furniertrocknern auf 2 bis 6% Feuchtigkeit getrocknet; die Endfeuchtigkeit hat sich dabei nach der Furnierdicke zu richten. Dicke Furniere verlangen eine niedrige Endfeuchtigkeit, um Rißbildung beim folgenden Heißpressen zu vermeiden, dünne Furniere können die höhere Endfeuchtigkeit haben.

Der Harzgehalt der Furniere soll nach amerikanischer Vorschrift[1] 30%, bezogen auf das Darrgewicht, haben. Ältere deutsche Vorschriften[2] bezeichnen 8 bis 12% Harzgehalt als den günstigsten Bereich; bei weniger als 8% federn die Furniere nach dem Pressen unter Umständen zurück. Dieser Wert wurde deshalb auch in DIN 7707 als Mindestgehalt von Kunstharzpreßhölzern vorgeschrieben. Untersuchungen von W. Küch[3] haben aber einen sehr genauen Einblick in den Einfluß des Harzgehalts auf die Eigenschaften von Preßschichtholz gegeben. Bild 404 zeigt, daß der Elastizitätsmodul, die Zugfestigkeit und die Biegefestigkeit mit steigendem Harzgehalt abfallen. Bei der Tränkung mit einer größeren Harzmenge werden die Zellhohlräume mit Harz gefüllt und dadurch die Verdichtung des Holzes herabgesetzt. Die Verfestigung des Holzes durch das Harz tritt vor diesem Einfluß nach W. Küch zurück. Überraschenderweise ist im Bereich von 7 bis 40% Harzgehalt auch ein leichter Abfall der Druckfestigkeit mit zunehmendem Harzgehalt zu verzeichnen. Wahrscheinlich sind die verhältnismäßig kleinen Harzmengen so fein und gleichmäßig im Holzgewebe verteilt, daß sie eine stärkere Stützwirkung nicht auszuüben vermögen. Oberhalb von 40% verschmilzt aber wohl das Harz zu einem zusammen-

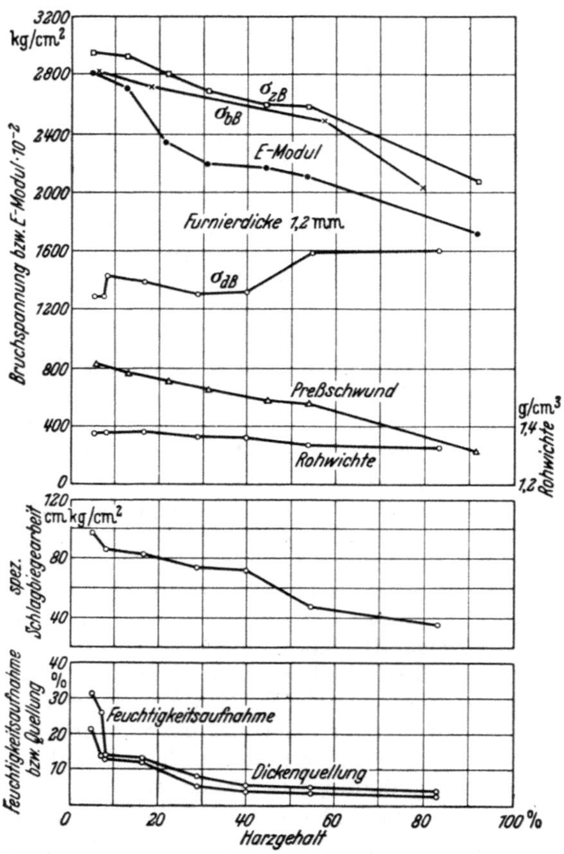

Bild 404. Eigenschaften von Preß-Schichtholz bei verschiedenem Harzgehalt. (Nach W. Küch.)

[1] MacLean, G. K.: COMPREG-Resin Treated Densified Wood, For. Prod. Res. Soc. 1949, Preprint Nr. 61.
[2] Kollmann, F.: Holz als Roh- und Werkstoff Bd. 5 (1942) S. 41.
[3] Küch, W.: Holz als Roh- und Werkstoff Bd. 2 (1939) S. 257.

hängenden Gerüst, so daß die Druckfestigkeit ansteigt. Unterhalb von 7% reicht das Harz für die Bindung der Furniere nicht aus, und die Festigkeit fällt jäh. Eindeutig ist die Abnahme der Bruchschlagarbeit mit steigendem Anteil an dynamisch sprödem Kunstharz. Der Hauptvorteil des Harzreichtums liegt in der besseren Feuchtigkeitsbeständigkeit und Dimensionsstabilisierung. Bild 404 zeigt nun in seinem unteren Teil, daß die Feuchtigkeitsaufnahme und Dickenquellung im Bereich von 30 bis 40% minimale Werte erreichen, die durch weitere Erhöhung des Harzgehalts nicht mehr nennenswert verringert werden können. Auf Grund dieser Befunde läßt sich jetzt sagen, daß 8 bis 12% Kunstharzgehalt bei Preßschichthölzern die höchste mechanische Festigkeit, 30 bis 40% Kunstharzgehalt die bestmögliche Feuchtigkeitsbeständigkeit verbürgen. Besonders druckfestes Preßschichtholz setzt etwa 60% Harzgehalt voraus.

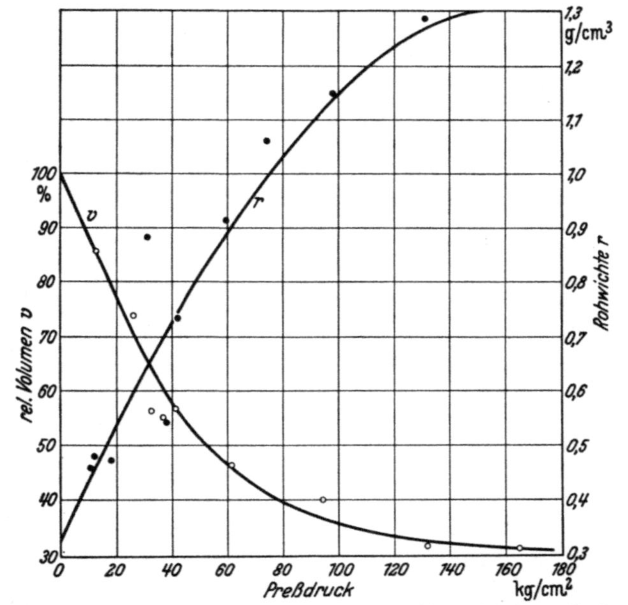

Bild 405. Verdichtung und Wichtesteigerung in Abhängigkeit vom Preßdruck bei Bombax malabaricum D. C. (Nach Narayanamurti u. Kartar Singh.

Der wichtigste Betriebsfaktor bei der Herstellung von Preßschichtholz ist der Preßdruck. Bei der geringen Dicke der Einzellagen ermöglichen bereits verhältnismäßig niedrige Preßdrücke einen hohen Verdichtungsgrad. Die Gefahr der Rißbildung, die beim Verpressen größerer Holzquerschnitte besteht, ist nicht zu befürchten. Im Abschnitt über die Herstellung von gewöhnlichem Schichtholz beleuchtete bereits Bild 382A die Abhängigkeit der Rohwichte vom Preßdruck bei Laub-Schichthölzern. Bemerkenswert waren drei verschiedene, allerdings nicht klar gegeneinander abgegrenzte Bereiche. Der erste umfaßte das Gebiet der niedrigen Preßdrücke bis etwa 20 kg/cm², in dem die ursprüngliche Holzstruktur im wesentlichen erhalten bleibt. Allerdings treten selbst hier bei manchen Hölzern schon nennenswerte plastische Verformungen auf. Im zweiten Bereich von 20 bis etwa 100 kg/cm² wird die Holzstruktur durch Schließen der Zellhohlräume grundlegend verändert, der Verdichtungsgrad nimmt hier mit steigendem Preßdruck beträchtlich zu. Oberhalb von 100 kg/cm² sind alle Zellhohlräume nahezu beseitigt, und die Rohwichte kann mit zunehmendem Preßdruck nicht mehr erheblich ansteigen. Es ist naheliegend, daß die einzelnen Holzarten sich je nach ihrer anatomischen Beschaffenheit, insbesondere der mehr oder minder ausgeprägten Stützwirkung einzelner Organe (z. B. der Markstrahlen) bei der Verdichtung unterschiedlich verhalten. W. Küch[1] wies darauf hin, daß eine Rohwichte von 1,3 g/cm³ bei Erle und Birke

---

[1] Küch, W.: Holz als Roh- und Werkstoff Bd. 9 (1951) S. 305.

schon bei einem Preßdruck von 80 kg/cm², bei Buche dagegen erst bei 120 kg/cm² erreicht wird. Besonders klares und regelmäßiges Verhalten muß bei Hölzern mit außergewöhnlich einheitlichem Bau und geringer Wichte erwartet werden. Ein Material, das diesen Voraussetzungen entspricht, ist beispielsweise das indische Holz Bombax malabaricum D. C. (Semul). Seine Verdichtung und Wichtesteigerung in Abhängigkeit vom Preßdruck ist in Bild 405 dargestellt[1].

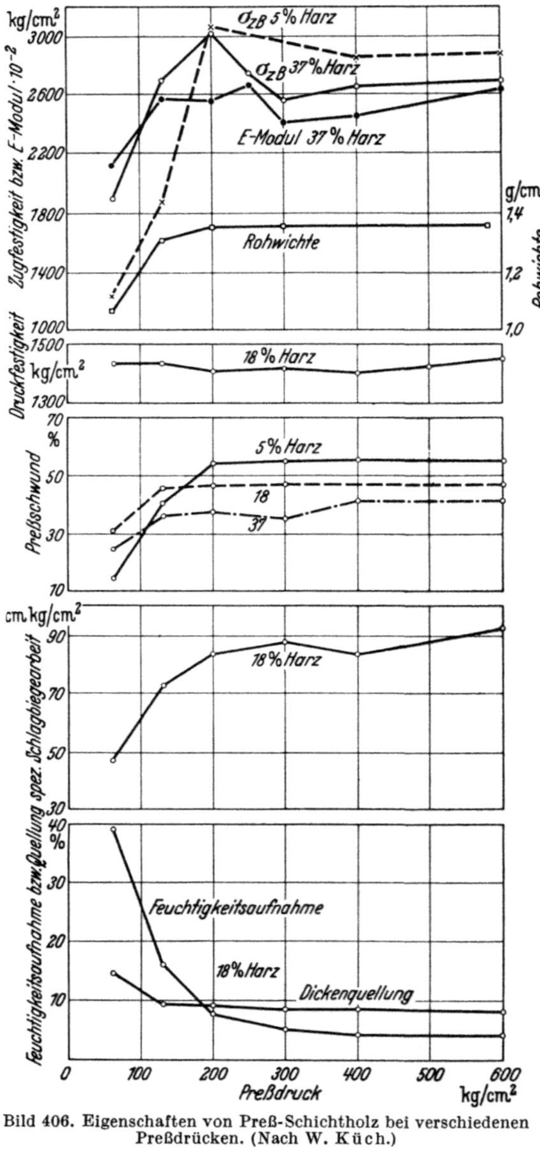

Bild 406. Eigenschaften von Preß-Schichtholz bei verschiedenen Preßdrücken. (Nach W. Küch.)

Die höchste technisch erzielbare Rohwichte liegt bei allen Preßschichthölzern zwischen 1,30 und 1,42 g/cm³. Es ist aufschlußreich, sich mit diesen Zahlen noch etwas näher zu beschäftigen. Bei einem Harzgehalt von 30%, bezogen auf das Darrgewicht, kommt man je cm³ Preßschichtholz zu einem absoluten Harzgehalt von 0,39 bis 0,426 g. Die Wichte des Harzes beträgt 1,26 g/cm³ (s. bei W. Mehdorn[2]), somit ist der Volumenanteil des Harzes 0,31 bis 0,338 cm³. Zieht man diesen Anteil vom Ausgangsvolumen 1 cm³ ab, so erhält man das restliche auf das reine, verdichtete Holz entfallende Volumen zu 0,69 bzw. 0,662 cm³. Geteilt durch das reine Holzgewicht (0,91 bzw. 0,994 g) erhält man die Preßholzwichte zu 1,32 bis 1,50 g/cm³. Wie in Band I, S. 332 mitgeteilt wurde, kann man als Reinwichte für alle Hölzer mit guten Gründen $r_0 = 1{,}50$ g/cm³ annehmen. Man sieht also, daß man im günstigsten Fall bis an diese Reinwichte herankommt, während man im ungünstigsten noch etwa 12% restlichen Porenvolumen im Holz hat.

Bemerkenswerterweise wird nun diese Verdichtung durch Drücke von 80 bis 120 kg/cm² erreicht, während in der Praxis gewöhnlich mit Preßdrücken von

[1] Narayanamurti, D., u. K. Singh: Preliminary Studies on Improved Wood Part III. Compregnated Wood, For. Res. Inst. Dehra Dun, Ind. For. Leafl. Nr. 77—1945.

[2] Mehdorn, W.: Kunstharzpreßstoffe und andere Kunststoffe, 3. Aufl., Berlin, Göttingen, Heidelberg 1949, S. 46/47.

200 kg/cm² gearbeitet wird. Bild 406 gibt dazu einige wertvolle Aufschlüsse. Man sieht, daß der Elastizitätsmodul und die Druckfestigkeit (aber auch die Bruchschlagarbeit) mit zunehmendem Preßdruck bis zu etwa 200 kg/cm² stark zunehmen, während die Feuchtigkeitsaufnahme und Dickenquellung erheblich abnehmen. Oberhalb von 200 kg/cm² verschlechtern sich die mechanischen Eigenschaften wieder, da hier offenbar Zerstörungen im Fasergefüge vorkommen. Vor allem bei niedrigem Harzgehalt kann man im Bereich von 100 bis 200 kg/cm² noch eine erhebliche Steigerung des Elastizitätsmoduls und der Druckfestigkeit erzielen. Man kann aus diesen Tatsachen

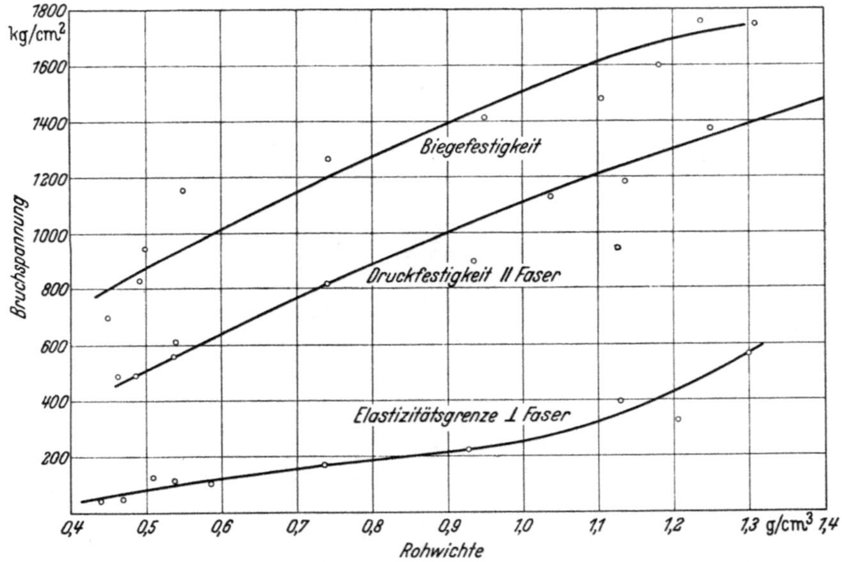

Bild 407. Abhängigkeit der Festigkeit von Preß-Schichtholz aus Bombax malabaricum D. C. von der Rohwichte. (Nach D. Narayanamurti u. Kartar Singh.)

folgende Schlüsse ziehen: 1. Bei der Fertigung von Preßschichtholz mittels des Tegofilms als Binde- und Imprägniermittel kann mit Rücksicht auf den verhältnismäßig niedrigen Harzgehalt der Preßdruck nicht wesentlich unter 200 kg/cm² gesenkt werden. Der Harzgehalt beträgt bei 1,5 mm dicken Buchenfurnieren bei doppelter Belegung mit dem Film nur etwa 6%. 2. Bei Flüssigharztränkung und -verleimung ist es bei Harzgehalten zwischen 30 und 40% wahrscheinlich möglich, den Preßdruck zu senken, jedoch wird man mit Rücksicht auf die bei größeren Plattenabmessungen in Anbetracht der Dickenunterschiede der Furniere erforderliche Druckreserve nicht unter 100 kg/cm² gehen. In USA sind bei der industriellen Herstellung von COMPREG allerdings Drücke von 70 bis 105 kg/cm² üblich.

Die Abhängigkeit der wichtigsten physikalischen und mechanischen Eigenschaften vom Preßdruck bei Birken-Preßschichtholz zeigte schon Bild 524 in Band I, S. 637. Die Abhängigkeit von der Rohwichte gibt in Band I, Bild 606, S. 699 für die Zugfestigkeit und Bild 674, S. 760 für die Druckfestigkeit wieder. Zum Vergleich kann noch Bild 407 in diesem Band dienen, das vor allem den relativ stärkeren Gewinn an Querdruckfestigkeit gegenüber der Längsdruckfestigkeit mit zunehmender Verdichtung zeigt. Ein ähnliches Verhalten stellte O. Graf für Preßvollholz (Lignostone) fest, vgl. Band I, Bild 670, S. 751.

Die Bedeutung der **Preßtemperatur** ist eine doppelte: 1. Die Temperatur muß dem verwendeten Kunstharz angepaßt sein, um es völlig zur Kondensation zu bringen. 2. Es ist wünschenswert, daß die Temperatur hoch genug ist, um eine Hitzevergütung des Holzes und ein Fließen einzelner Holzbestandteile herbeizuführen. Da Phenol-Formaldehydharze vorherrschen, kann man als Mindesttemperatur 140° C ansprechen, häufig aber wird mit höheren Temperaturen, bis zu 170° C, gearbeitet. Auf die Ausführungen in Abschnitt 523.41 ist Bezug zu nehmen. Die **Preßzeit** richtet sich nach der Dicke des Erzeugnisses und kann etwa zu 10 min Grundzeit + 1 min je mm Holzdicke gewählt werden.

Der **Energieaufwand** beträgt bei der Herstellung von Preßschichtholz für die mechanische Fertigung etwa 330 kWh/m³, für Pressen und Trocknen 5,3 Mill. kcal/m³ (≈ 6160 kWh/m³)[1].

741.12 Herstellung von Preßschichtholz und Kunstharzpreßholz aus Nadelhölzern. Es wurde bereits einleitend mitgeteilt, daß Preßschichtholz bisher nur versuchsweise, also nicht in gewerblichem Maßstab, aus Nadelhölzern erzeugt wurde. W. Küch[2] hat über das Gesamtproblem ausführlich berichtet. Die Furniere hatten bei seinen Versuchen Dicken zwischen 0,5 und 3,0 mm. Als Bindemittel diente entweder der Tegofilm, oder aber die schälfeuchten Furniere wurden mit einer 50%igen wäßrigen Phenolharzemulsion bestrichen, und zwar so, daß sich Harzgehalte zwischen 5 und 25% ergaben. Anschließend wurden die mit Harz getränkten Furniere wieder auf 10% getrocknet. Ein Teil der Furniere wurde vor der Beleimung durch zweistündige Lagerung in 2- bis 5%iger Natronlauge von 90° C und anschließendes Auswaschen in Wasser von 80° C entharzt.

Bild 408. Hirnschnitt von Kiefern-Schichtholz, Anschliff, Furnierdicke 1 mm, Preßdruck 25 kg/cm², Vergrößerung 10:1. (Phot. W. Küch.)

Die Herstellung der Versuchsplatten bereitete keine Schwierigkeiten, jedoch unterschieden sie sich von dem Buchenschichtholz durch eine starke **Wellenbildung** der einzelnen Lagen (Bild 408). Die Ursache dafür ist eine unterschiedlich starke Verdichtung des Früh- und Spätholzes. Da sich die Unregelmäßigkeiten in den verschiedenen Lagen ausgleichen, entstehen in der Gesamtdicke der Platten keine größeren Schwankungen. Die verschieden starke Verdichtung bedingt aber, insbesondere bei Fichte, recht beträchtliche **Streuungen der Festigkeitswerte**. Im Gebiet des Nadelschichtholzes (bis

---

[1] Kollmann, F.: Holz und Holzhalbzeuge im Flugzeugbau, Erfahrungsaustausch Holz Bl. 3,1 — 1 Brandenburg/Havel 1. 11. 44.

[2] Küch, W.: Holz als Roh- und Werkstoff Bd. 9 (1951) S. 305.

zu 25 kg/cm² Preßdruck) ergeben dicke Furniere höhere Festigkeitswerte als dünne; im Gegensatz dazu wurde nach W. Küch im Bereich des Preßschichtholzes mit dünnen Furnieren die höchste Festigkeit erreicht. Entharzung und die Verleimungsart üben keinen Einfluß auf die Festigkeit aus.

742. Preßsperrholz und Preßsternholz.

Preßsperrholz unterscheidet sich in der Herstellung von Preßschichtholz nur dadurch, daß die Furniere abwechselnd längs und quer geschichtet werden. Zweck der Schränkung ist Ausgleich der Längs- und Querfestigkeit. Anschaulich zeigen den Unterschied von Preßschichtholz und Preßsperrholz im mechanischen Verhalten beispielsweise die Polardiagramme für die Zugfestigkeit in Bd. I, Bild 608, S. 700. Geeignet ist Preßsperrholz besonders für Zieh-, Druck- und Preßwerkzeuge (Gesenke), für die spanlose Verformung von Leichtmetallblechen im Flugzeug-, Karosserie- und Waggonbau, zu Vorrichtungen aller Art, Lehren und Schablonen.

Preßsternholz weist eine in Draufsicht sternförmige Schichtung der Furniere aus. Der Faserwinkel zwischen zwei aufeinander folgenden Furnierlagen beträgt in der Regel 30°. Verwendung findet der Werkstoff fast ausschließlich im Maschinenbau zu Zahnrädern, Ritzeln, Riemen- und Keilriemenscheiben.

75. Verbundsperrplatten.

Verbundsperrplatten sind Sperrplatten in Verbindung mit Decklagen und (oder) Mittelschichten aus anderen Werkstoffen. Es gibt hier eine sehr große Anzahl von Kombinationen, die sich aber alle in zwei Gruppen einreihen lassen: schwere Platten mit der Wichte des normalen Sperrholzes und darüber sowie leichte Platten mit besonders niedrigen Wichten in der Größenordnung der leichtesten Hölzer, des Korkes oder der Schaumstoffe.

Unter den schweren Platten nehmen die mit Metallblechen bewehrten Sperrplatten (Panzersperrholz) eine besondere Stellung ein. Ihre mechanischen Eigenschaften sind in Bd. I, S. 641, 701, 760 und 820 behandelt. Bei ihrer Herstellung spielt die Frage der Verleimung von Holz mit Metall die entscheidende Rolle. Hierauf wird in Abschnitt 956.2 näher eingegangen werden. Ähnliche Probleme erwachsen bei der Verleimung von Sperrplatten mit Asbestzementplatten.

Die leichten Platten (Lightweight Sandwich Boards) sind seit dem zweiten Weltkriege in einer sehr lebhaften Entwicklung begriffen. Sie können Deck- oder Mittellagen aus Sperrholz und Furnieren enthalten, aber sie können auch aus anderen Werkstoffen bestehen und Holz nur mehr in Form von Holzfaserplatten, Papier, Pappe oder von Celluloseharzen enthalten. Mit Rücksicht darauf werden die Verbundsperrplatten bei den Verbundplatten in Abschnitt 766 behandelt. Dort finden sich insbesondere auch nähere Angaben über Wellholz und Gitterholz, d. h. Platten, die unter Furnierdecklagen Mittellagen mit wellen-, waben- oder gitterförmig angeordneten Furnieren enthalten.

GPSR Compliance

The European Union's (EU) General Product Safety Regulation (GPSR) is a set of rules that requires consumer products to be safe and our obligations to ensure this.

If you have any concerns about our products, you can contact us on ProductSafety@springernature.com

In case Publisher is established outside the EU, the EU authorized representative is:

Springer Nature Customer Service Center GmbH
Europaplatz 3
69115 Heidelberg, Germany

Batch number: 10620881

Printed by Printforce, the Netherlands

TECHNOLOGIE DES HOLZES
UND DER
HOLZWERKSTOFFE

VON

DR.-ING. FRANZ KOLLMANN

O. Ö. PROFESSOR DER UNIVERSITÄT MÜNCHEN
DIREKTOR DES INSTITUTS FÜR HOLZFORSCHUNG UND HOLZTECHNIK MÜNCHEN

ZWEITE NEUBEARBEITETE UND ERWEITERTE AUFLAGE

ZWEITER BAND

HOLZSCHUTZ, OBERFLÄCHENBEHANDLUNG, TROCKNUNG
UND DÄMPFEN, VEREDELUNG, HOLZWERKSTOFFE
SPANABHEBENDE UND SPANLOSE HOLZBEARBEITUNG
HOLZVERBINDUNGEN

MIT 1194 ABBILDUNGEN IM TEXT
UND 6 TAFELN

SPRINGER-VERLAG BERLIN HEIDELBERG GMBH
1955

Additional material to this book can be downloaded from http://extras.springer.com

ISBN 978-3-642-52948-1 ISBN 978-3-642-52947-4 (eBook)
DOI 10.1007/978-3-642-52947-4

URSPRÜNGLICH ERSCHIENEN BEI SPRINGER-VERLAG OHG. BERLIN/GÖTTINGEN/HEIDELBERG 1955
SOFTCOVER REPRINT OF THE HARDCOVER 2ND EDITION 1955

Vorwort.

Es ist vielleicht nicht gewöhnlich, daß ein Buch, das zusammenhängend ein Gebiet behandelt und in 2 Bänden erscheint, in jedem Band ein Vorwort enthält. Im vorliegenden Fall aber ist dies gerechtfertigt, ja notwendig. Als im Jahre 1936 die erste Auflage der „Technologie des Holzes“ erschien, stellte sie einen Versuch dar, das schon damals sehr große Gebiet der Wissenschaft vom Holz unter einheitlichem Blickwinkel zu erörtern. Die Entwicklung der Holztechnologie und Holztechnik verlief von 1936 bis 1939 sehr rasch, während des Krieges teils stürmisch, teils gehemmt, aber es war unumgänglich, die schon vor 1939 fällige und vielfach verlangte neue Auflage herauszubringen. Im Jahre 1950 war das Manuskript des ersten Bandes, das die wissenschaftlichen Grundlagen enthielt, beendet. Das vom Springer-Verlag mit bekannter Sorgfalt herausgebrachte Werk fand freundliche Aufnahme. Es hätte, wie auch an dieser Stelle nochmals betont sei, niemals gelingen können, ohne die selbstlose und uneingeschränkte Hilfe vieler Holzforschungsinstitute in allen Kulturländern der Welt.

Der geplante zweite Band, der die technischen Anwendungen dem neuesten Stande entsprechend behandeln sollte, erwies sich als eine vorher nach Umfang und Schwierigkeit unterschätzte Aufgabe. Die zu überwindenden Schwierigkeiten lagen darin, daß einmal die Neigung zur Geheimhaltung neuer aussichtsreicher Verfahren und Maschinen die Materialbeschaffung erschwerte, zum andern aber darin, daß die Abschätzung des wirklichen technischen und wirtschaftlichen Wertes neuer Verfahren eine gewisse Beobachtungszeit und Erfahrung voraussetzt. Es mußten deshalb fast 4 Jahre verfließen, um der gestellten Aufgabe einigermaßen gerecht werden zu können. Der zweite Band kann deshalb erst jetzt erscheinen.

Zu danken ist wieder den vielen Helfern: Erneut haben alle führenden Holzforschungsinstitute der Welt, voran das U.S. Forest Products Laboratory in Madison, Wisc., das Svenska Träforskningsinstitutet in Stockholm, das australische Forest Products Laboratory in South Melbourne, das Institut National du Bois in Paris, das Forest Products Research Laboratory in Princes-Risborough, die Institute in Norwegen, Finnland und anderen Ländern, jede Anfrage beantwortet, jedes erbetene Material zur Verfügung gestellt.

In der Bundesforschungsanstalt für Forst- und Holzwirtschaft in Reinbek aber haben während meiner dortigen Tätigkeit einige Mitarbeiter ihr Bestes getan, um das Werk zu fördern: Bei der Beschaffung von Unterlagen hat mich Herr Dr. R. Teichgräber unterstützt, der zusammen mit Fräulein Gisela Meyer-Brötz auch wesentlich an Korrekturen und Umbruch mitwirkte. Letztere half mir mit Frau Ursula Banz ferner bei den Registerarbeiten. Die Zeichnungen hat in Vollendung Herr Koppehele ausgeführt, die mühsamen, sich über Jahre erstreckenden Schreibarbeiten erledigte Fräulein Hildegard Prinage. Herr Dipl.-Holzwirt Dr. H. Bellmann hat mir bei Durchsicht des Holzschutzkapitels gute Dienste erwiesen.

Es ist notwendig, abschließend zu sagen, wie sehr gerade die Holzforschung auf enge internationale Zusammenarbeit angewiesen ist und wie sehr alle Holzforscher glücklich sind, daß diese Zusammenarbeit auch in schwierigsten Zeiten aufrechterhalten werden konnte und weder die sachlichen noch die menschlichen Brücken einstürzten. Deshalb möge es ein gutes Vorzeichen für dieses Buch sein, daß dieses Vorwort anläßlich meiner Tätigkeit als konsultierender Mitarbeiter am Svenska Träforskningsinstitutet niedergeschrieben wurde.

Stockholm, im September 1954 **F. Kollmann.**

Inhaltsverzeichnis.

5. Holzschutz und Oberflächenbehandlung von Holz.

6. Trocknung und Dämpfen von Holz.

7. Holzveredelung, Herstellung von Holzwerkstoffen.

8. Holzbearbeitung (Spangebende und spanlose Formgebung).

9. Holzverbindungen.

Anhang.

Tafeln.

Berichtigungen.

II. Band

S. 897: In Zahlentafel 127 **lies** im Schema der zweischnittigen Bolzenverbindung beim Mittelholz a_3 statt a_2 für die Dicke.

S. 953: In Zeile 11 von unten und in Fußnote 2 **lies** Grinsfelder statt „Grimsfelder".

S. 999: In Bild 1128 **lies** Offene Wartezeit statt „Verleimzeit".

S. 1013: In der letzten Zeile des 1. Absatzes heißt es statt „Aerolight" richtig: „Aerolite".

S. 1044: Im 3. Absatz von oben, Zeile 3, **lies** für Kasein-, Blutalbumin- und Kauritleime 100 °C statt 100%.

I. Band

S. 122: Bilder 140 und 141 sind vertauscht.

S. 401: In Bild 294 muß die Beschriftung der Kurven „Adsorption" statt Absorption lauten.

S. 410: Am Schluß des 3. Absatzes **lies** —20° statt —200° und —5° statt —50°.

S. 443: Im 3. Abs., 7. Zeile **lies** $2 \cdot 10^6$ cm²/g statt $2 \cdot 10^6$ cm/g.

S. 452: In der 3. Zeile nach Gl. 80 **lies** Trockenzeit statt Trockenheit.

S. 456: In der 7. Zeile nach Gl. 91 **lies** zweitgenannten statt „zeitgenannten".

S. 473: In Abschn. 334.2, 1. Absatz, muß Gl. 110a lauten:

$$\frac{Z_1}{Z_2} = \left(\frac{s_1}{s_2}\right)^2$$

S. 474: Formel 111 muß lauten: $\frac{q_1}{q_2} = \frac{s_1 + w}{s_2 + w}$

Formel 112 muß lauten: $\frac{Z_1}{Z_2} = \frac{s_1^2 + s_1 w}{s_2^2 + s_2 w}$

Formel 110b muß lauten: $\frac{Z_1}{Z_2} = \left(\frac{s_1}{s_2}\right)^n$

S. 489: In der Zeile nach Gl. 141 **lies** [dyn s/cm²] statt [dyn s/cm].

S. 500: Bei den Formeln 147a bis 149b **lies** „Bild 384a", „384b", „484c" statt „Bild 348a 348b, 348c.

S. 515: An der Ordinatenachse von Bild 396 **lies** $\frac{d}{\lambda}$ statt $\frac{\delta}{\lambda}$.

S. 533: In Formel 178 ist der Buchstabe ω durch f zu ersetzen; bei der folgenden Symbolerklärung **lies** statt ω = Kreisfrequenz f = Frequenz.

S. 939: In Zahlentafel 189, senkrechte Spalte 2, **lies** unter Mindestwichte kg/dm³ statt „kg/dm²".

Tafel V im Anhang: Eigenschaften der wichtigsten Nutzhölzer: In der Zeile Gabun, Okumé **lies** unter Elastizitätsmodul aus Biegeversuchen $E_{||}$ 80000 statt 30000.

76. Herstellung von Holzspanwerkstoffen.

761. Herstellung von Holzwolleplatten.

761.0 Allgemeines über Holzwolleplatten.

Leichtbauplatten aus Holzwolle sind nach DIN 1101 Platten aus Holzwolle und mineralischen Bindemitteln. Ein bestimmtes Bindemittel ist nicht festgelegt, jedoch werden in den meisten Ländern bis heute ausschließlich Magnesitmörtel, Portland- und Romanzement oder Gips verwendet. Lediglich in Österreich wurden in letzter Zeit Holzwolleplatten mit organischem Bindemittel auf der Grundlage von Celluloseestern entwickelt[1]. Die ersten Leichtbauplatten mit Gipsbindung wurden schon im Jahre 1880 patentiert. Mit Magnesit gebundene Platten wurden erstmals 1914 in Radenthein (Kärnten) hergestellt, und die ersten zementgebundenen Holzwolleplatten erschienen 1928 auf dem Markt[2].

Die sprunghafte Absatzentwicklung, die Zahlentafel 57 zeigt, beweist das außerordentliche Interesse der deutschen Bauwirtschaft an den Holzwolleplatten, das bedingt war durch die vorzüglichen Eigenschaften der Platten und die rasch steigende Leistungsfähigkeit der Holzwolleplattenindustrie.

Zahlentafel 57. *Absatz bezw. Produktion an Holzwolleplatten in Mill.* m² *in Deutschland.*

1932		2,33
1933		4,45
1934		9,79
1935		10,64
1936		15,13
1937		20,25
1938	schätzungsweise	30
1947	brit. und amerikan. Zone schätzungsw.	11
1948	britische und amerikanische Zone	14
1949	Bundesrepublik Deutschland	21*
1952	„ „ Produktion	21,50
1953	„ „ „	23,46

* In der Statistik erfaßt sind nur Betriebe mit mehr als 10 Beschäftigten; die Produktion der Kleinbetriebe läßt sich für 1949 mindestens auf 4 Mill. m² schätzen.

Im Jahre 1936 betrug der Verbrauch an Bindemitteln 86257 t; diese Menge setzte sich aus 39% Zement, 35% Magnesit und 26% Gips zusammen. Später, vor allem auch nach dem zweiten Weltkrieg, verstärkte sich das Übergewicht des Zements. Der hohe Entwicklungsstand der Holzwolleplattenindustrie gestattete die Normung ihrer Erzeugnisse. DIN 1101 bestimmt zunächst eine einheitliche Form und legt fest, daß die Platten rechtwinklig, planparallel und vollkantig sein müssen. Sie sind mit dem DIN-Kennzeichen und mit Namen oder Zeichen des Herstellers zu versehen. Für Abmessungen, Gewichte und Eigenschaften gelten die in Zahlentafel 58 zusammengestellten Vorschriften. Richtlinien für die Verwendung von Holzwolle-Leichtbauplatten enthält DIN 1102.

[1] Vorreiter, L.: Internat. Holzmarkt Bd. 41 (1950) Nr. 24, S. 10.
[2] Erdmann, K.: Heraklith-Rdsch. Bd. 10 (1938) Nr. 4.

Zahlentafel 58. *Abmessungen, Gewichte und Eigenschaften von Holzwolleplatten gemäß DIN 1101.*

Länge cm	Breite cm	Dicke cm	Gewicht: Plattengewicht kg/m² ein-schichtig	Gewicht: Plattengewicht kg/m² mehr-schichtig	Gewicht: Rohwichte kg/m³ ein-schichtig	Gewicht: Rohwichte kg/m³ mehr-schichtig	Biegefestigkeit mindestens kg/cm²	Zusammendrückbarkeit bei 3 kg/cm² Belastung höchstens	Wärmeleitzahl 20 bei lufttrockenen Platten mit Rohwichte bis zu 460 kg/m³ kcal/mh° C
zulässige Abweichungen ± 5 mm	zulässige Abweichungen ± 5 mm	zuläsige Abweichungen + 3 mm − 2 mm							
		1,5	8,5	—	570	—	17	—	
		2,5	11,5	—	460	—	10	15%	
200	50	3,5	14,5	—	415	—	7	17%	≦ 0,08
		5,0	19,5	—	390	—	5	18%	
		7,5	28,0	36	375	480	4	—	
		10,0	36,0	44	360	440	4	—	

761.1 Rohstoffe der Holzwolleplatten.

761.11 Herstellung der Holzwolle. Die Holzwolleplattenindustrie verbrauchte ursprünglich fast ausschließlich Nadelrundholz, ging aber dann mehr und mehr zu Faserholz über. Neben Fichte und Kiefer wurden ab 1939 auch Rotbuche verarbeitet. Der durchschnittliche Holzverbrauch je 1000 m² Holzwolleplatten errechnet sich zu 9 fm oder unter Zugrundelegung einer mittleren vorherrschenden Plattendicke von 2,5 cm je m³ Platte zu 0,36 fm. Bei einer durchschnittlichen Rohwichte des mit rund 18% Feuchtigkeit verarbeiteten Nadelholzes von $R_{18} = 510$ kg/fm, ergibt sich je m² Platte, 2,5 cm dick, ein Holzverbrauch von 4,5 kg. Für die Abmessungen und Eigenschaften der Holzwolle gelten in Deutschland die Bestimmungen von DIN 4077 (Zahlentafel 59).

Zahlentafel 59. *Eigenschaften von Holzwolle gemäß DIN 4077.*

Bezeichnung											
	neu	03	05	07	10	15	20	25	33	40	50
	alt	00	0	1	1a	2	3	4	5	—	—
Spandicke	mm	0,03	0,05	0,07	0,1	0,15	0,2	0,25	0,33	0,4	0,5
Höchstzul. Holzfeuchtigkeit	%	20 (für 0,03–0,15)					30 (für 0,2–0,5)				
Spanbreiten	mm	0,5	1	1,5	2	2,5	3	3,5	4		
Zulässige Abweichungen		± 0,1	± 0,2 (für 1–4)								

Aus wirtschaftlichen Gründen sollte bei Fremdbezug der Holzwolle nur Nr. 40 oder 50 verarbeitet werden. Je feiner die Holzwolle ist, desto leichter verfilzt sie sich. Häufig wird vorgeschlagen, die Breite und Dicke der einzelnen Locken der Plattendicke anzupassen, d. h. für dünne Platten eine feinere Holzwolle zu wählen als für dicke. Sehr feine Holzwolle liefert zwar festere und steifere Platten, aber ihre Rohwichte steigt und der Wärmeschutz sinkt rasch unter die zulässige Grenze. Es ist daher nicht ratsam, unter 0,2 mm Spandicke zu gehen. Gute Ergebnisse hat man aber teilweise mit Mischholzwolle erreicht, die sich dadurch auf einer Maschine erzeugen läßt, daß man verschiedene Wechselräder benutzt, so daß eine Hobelstelle grobe, die andere feine Holzwolle erzeugt. Aus 1 rm erhält man etwa 300 kg lufttrockene Holzwolle.

Bei der Verarbeitung zu Holzwolleplatten sind stets höchstens 20% Holzfeuchtigkeit zulässig. Die Holzwolle soll aus Rollen von 48 bis 52 cm Länge erzeugt werden und frei von Splittern, Spänen und Mull sein. Hergestellt wird die Holzwolle in leistungsfähigen Betrieben vorherrschend auf vierfach wirkenden Holzwollemaschinen mit Walzenvorschub (Bild 409). Die

Bild 409. Ansicht einer vierfachwirkenden Holzwollemaschine.

Wirkungsweise ist folgende[1]: In einem kräftigen, gußeisernen Gestell, das mit vier niedrigen Füßen auf zwei Betonsockeln ruht, läuft der Hobelschlitten in langen und breiten Führungsschienen; diese müssen so gebaut sein, daß die Maschine einen ruhigen sicheren Gang hat, daß eine Ausdehnung infolge der Erwärmung im Betriebe stattfinden kann und daß die Abnützung möglichst klein bleibt. Bei der in Bild 409 gezeigten Maschine sind die sehr langen und breiten Führungsschienen auf der einen Seite prismatisch, auf der anderen flach, so daß sich der Schlitten seitlich ausdehnen kann, ohne zu klemmen. Die Schlittenführung ist während des Betriebes mittels besonderer Nachstelleisten und Schrauben nachstellbar. Die Schlitten selbst sind möglichst leicht in Stahl oder aus Leichtmetall ausgeführt. Für sparsame, gleichmäßige Schmierung der Schlittenführung sorgt in der Regel eine von der Maschine über eine Gliederkette angetriebene Ölpumpe. Das Triebwerk besteht aus einer Hauptwelle, die in kräftig bemessenen Lagern läuft; mit Rücksicht auf die hohen Drehzahlen neuzeitlicher Maschinen (200 bis 260 U/min) empfehlen sich an Stelle von Ringschmierlagern Pendelrollenlager. Auf der einen Seite der Hauptwelle

[1] Kollmann, F.: Holz als Roh- und Werkstoff Bd. 3 (1940) S. 33.

befinden sich die Fest- und Losscheibe (mit 800 bis 900 mm Durchmesser), auf der anderen ein schweres Schwungrad, von dem aus die Lenkstange zum Schlitten führt. In dem Schlitten sind zwei Hobelmesser und unmittelbar vor diesen die zwei Ritzmesserkästen mittels Schrauben befestigt. Die Breite der Holzwollefäden wird durch die Dicke der Ritzmesser bzw. durch Zwischenlagen zwischen den Ritzmessern bestimmt. Abhängig ist die Dicke von der Vorschubgeschwindigkeit. Der Vorschub wird von der Hauptwelle mittels Schneckengetriebe und Wechselrädern abgeleitet. Eingespannt ist das Holz zwischen voneinander völlig unabhängigen Riffelwalzen. Die beiden inneren Anschlagwalzen sind fest gelagert, während die äußeren Druckwalzen mittels Hebel und Gewichtsbelastung kräftig gegen das zu verarbeitende Holz gedrückt werden, um einen sicheren Vorschub zu bewirken. Der Platzbedarf einer vierfach wirkenden Holzwollemaschine ist etwa $2{,}2 \cdot 4{,}4\ m^2$, ihr Energieverbrauch schwankt je nach der Art und Dicke des Holzes sowie der Beschaffenheit der Hobelmesser zwischen 7,5 und 20 kW.

Auf einer Maschine können gleichzeitig vier Hölzer bis etwa 200 mm Durchmesser oder zwei Hölzer bis 400 mm Durchmesser eingespannt werden. Der Durchmesser der Druck- und Vorschubwalzen beträgt bei den Maschinen ziemlich einheitlich 65 mm. Die Mengenleistung einer Maschine an Holzwolle hängt von der Dicke der Späne, der mittleren Dicke des Holzes, seiner Art, Ästigkeit, Feuchtigkeit und seinem Faserverlauf, dem Umstand, ob Scheitholz oder Rundholz verarbeitet wird, der genau rechtwinkligen Ablängung, der Messerschärfe und der Tüchtigkeit der Hobler ab; neben der Ausbeute an guter Holzwolle hängen von all diesen Umständen auch die Abfälle in Form von Schwarten und Mull (d. s. Faserreste, Holzstaub, Splitter usw.) ab.

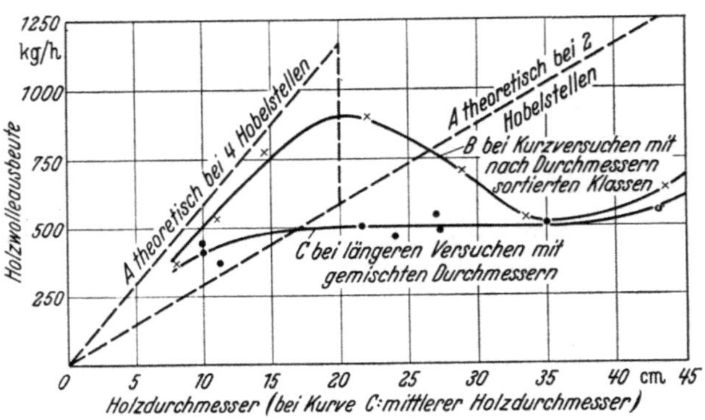

Bild 410. Abhängigkeit der Holzwolleausbeute (Mengenleistung) vom Holzdurchmesser beim Aufhobeln lufttrockenen Fichtenholzes. (Nach F. Kollmann.)

Theoretisch erreicht die Mengenleistung einer Holzwollemaschine einen ersten Bestwert für jenen größten Holzdurchmesser, bei dem gerade noch alle vier Hobelstellen gleichzeitig arbeiten können, sie sinkt beim Überschreiten dieses Wertes sprunghaft ab und erreicht erst wieder bei verdoppeltem Durchmesser — der an der Grenze der Einspannmöglichkeit liegt — zahlenmäßig den ersten Bestwert der Mengenleistung (Bild 410). In der Praxis erhält man allerdings für die Abhängigkeit der Mengenleistung an Holzwolle vom Holzdurchmesser keine unstetige Sägekurve, sondern eine stetige Kurve. Dies ist in erster Linie darauf zurückzuführen, daß sich die Zahl der Hobelstellen in der Regel nicht plötzlich von vier auf zwei verringert, sondern gerade im Gebiete der Grenzdurchmesser gewöhnlich zuerst auf drei, so daß beispielsweise zwei Hölzer mit Durchmessern unter 20 cm und eins mit einem größeren Durchmesser gleichzeitig gehobelt werden. Dazu kommt, daß der Schwartenabfall um so geringer wird, je größer der Holzdurchmesser ist (Bild 411). Der Mullabfall zeigt keine solche Abhängigkeit vom Durchmesser. Die Kurve *B* in

Bild 410 läßt sich im Betrieb unter günstigen Verhältnissen bei kurzfristigen Versuchen erreichen; bei vielstündiger Arbeit oder gar bei Mittelwertberechnung aus mehreren Schichten sind die Verlustzeiten in Rechnung zu stellen; diese ergeben sich daraus, daß zwischen dem Einlegen der einzelnen Rundlinge kleine oder größere Pausen unvermeidlich sind, daß Hobelmesser und Ritzmesserkästen ausgewechselt werden müssen, aus irgend welchen Störungen (z. B. im Vorschub oder bei krummwüchsigem Holz) sowie aus der Verlustzeit beim Schichtwechsel. Bei kleineren Holzdurchmessern müssen diese Verlustzeiten infolge der größeren Stückzahl je fm größer sein als bei größeren Durchmessern. Hinzu kommt, daß in der Praxis die Durchmesser beim Hobeln stets gemischt sind. Daraus erklärt es sich, daß im laufenden Betrieb weder die theoretische Sägekurve A noch die an einzelnen Durchmesserklassen bestimmte Wellenkurve B, sondern der ebenfalls im Bild 410 eingetragene flache Kurvenzug C gefunden wird. Diese Kurve gilt für Sortimente, in denen verschiedene Durchmesser gemischt und der mittlere Durchmesser der Klasse aus der Stückzahl je 200 kg Versuchsmenge berechnet wurde. Die Kurve gestattet folgende Schlüsse: Zwischen 15 und 40 cm Rundholzdurchmesser ist die Mengenleistung der vierfach wirkenden Holzwollemaschine vom Holzdurchmesser praktisch unabhängig; unterhalb von 15 cm mittlerem Durchmesser sinkt die Leistung, aber bis etwa 12 cm Durchmesser nur unwesentlich (d. h. um etwa 10%) ab. Erst unterhalb von 12 cm wird der Leistungsabfall sehr ausgeprägt und die Betriebswirtschaftlichkeit damit berührt. Allgemein ist zu den Meßwerten in Bild 410 noch zu sagen, daß sie von Hobelversuchen mit Fichtenrundholz aus Stammabschnitten und Fichtenfaserholz in Form von Rundlingen stammen. Die mittlere Leistung von 500 kg/h ist sehr hoch und zeigt, daß die Zahlen in einem besonders wirtschaftlich arbeitenden Betrieb gewonnen wurden. Auf eine Hobelstelle umgerechnet ergibt sich eine Leistung von 125 kg/h Holzwolle, während im Schrifttum als übliche Ausbeuten bei der fraglichen Spandicke 70 bis 100 kg/h genannt werden. Nach Angaben der Forschungsgemeinschaft für Verpackungswesen und der Holzwolleplattenindustrie kann man als Erfahrungssatz für die Leistung von Holzwollemaschinen beim Bearbeiten von Fichtenrundholz 1 fm/h, von Fichtenfaserholz 0,6 fm/h annehmen. Zahlentafel 60 gibt experimentell bestimmte Holzwolleausbeuten.

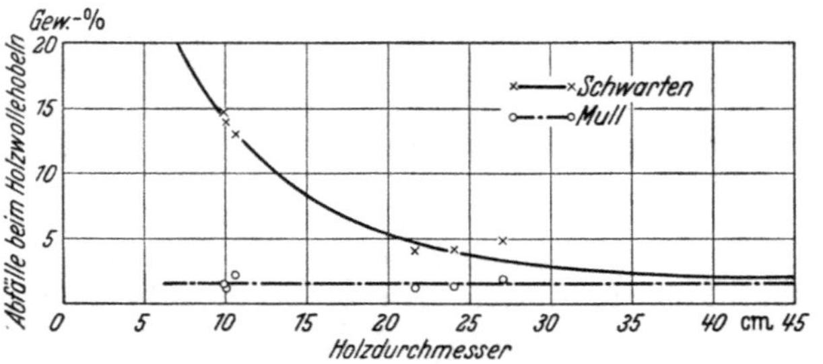

Bild 411. Abhängigkeit der Holzabfälle (Schwarten und Mull) beim Holzwollehobeln von Fichtenholz vom Holzdurchmesser. (Nach F. Kollmann.)

Zahlentafel 60. *Holzwolleausbeute beim Aufhobeln von Fichtenstamm- und Faserholz.* (*Nach F. Kollmann.*)

	kg/h	Umgerechnet auf Rohholz fm/h
Fichten-Stammholz mit Durchmesser über 30 cm . .	525	0,94
Fichten-Stammholz mit Durchmesser unter 30 cm . .	500	0,89
Fichten-Faserholz Klasse A	480 bis 500	0,79 bis 0,83
Fichten-Faserholz Klasse B	425 bis 480	0,70 bis 0,80
Fichten-Faserholz Klasse C	325 bis 425	0,54 bis 0,70

Sehr unterschiedlich sind die Ergebnisse beim Aufhobeln von Kiefernholz, und zwar je nach der Wichte, Verkernung und vor allem Verkienung des Holzes. Zahlentafel 61 enthält die Ergebnisse entsprechender Versuche; dabei interessieren in erster Linie die Ausbeute an Holzwolle in [kg/h], da von ihr die weitere Erzeugung abhängt und die verhobelte Rohholzmenge in [fm/h] oder zur Erleichterung von Vergleichen [kg/h]. Beginnt man mit der letztgenannten Zahl, so sieht man sofort, daß die Leistung der Holzwollemaschine beim Verarbeiten von Kiefernholz niedriger ist als bei Fichtenholz; insbesondere gilt dies, wenn nur schwaches Kiefernholz verfügbar ist, während sich der Wert für starkes, lufttrockenes Kiefernrundholz dem Wert für Fichtenstammholz nähert.

Nicht in der Hand hat man die Höhe der Mullverluste, da diese bei einwandfreien Maschinen und genügend scharfen Messern praktisch nur von der Holzart, -beschaffenheit und -feuchtigkeit abhängen. Da eine Verwertung des Mulls, der aus Fasern, Splittern, feiner Ausschußwolle, Holzstaub und ähnlichem besteht, bisher — wenn man von der Verfeuerung absieht — nicht gelingt und auch technisch kaum Aussichten verspricht, sind möglichst kleine Mullverluste erwünscht. Wie man aus Zahlentafel 61 ersieht, schneidet hier luftfeuchtes Fichtenholz mit durchschnittlich 1,5 bis 1,6%, bezogen auf die verhobelte Rohholzmenge, hervorragend ab. Bei lufttrockenem Kiefernholz liegen die Werte mit rund 7 bis 8% schon beträchtlich ungünstiger und erreichen bei der harten und kurzfaserigen Rotbuche mit etwa 15 bis 17% eine wenig erfreuliche Höhe. Der Feuchtigkeitsgehalt hat darauf einen sehr erheblichen Einfluß; wird ziemlich feuchtes oder gar nahezu grünes Rotbuchenholz verhobelt, dann sinkt der Mullanfall auf 9 bis 13%. Durch Gefrieren, d.h. Vereisung des freien, im Holz enthaltenen Wassers erhöhen sich besonders für Fichte und Kiefer die Hobelzeiten je Stück und die Holzabfälle sprunghaft. Bei Buche ist die Vereisung meist weniger stark und damit weniger störend.

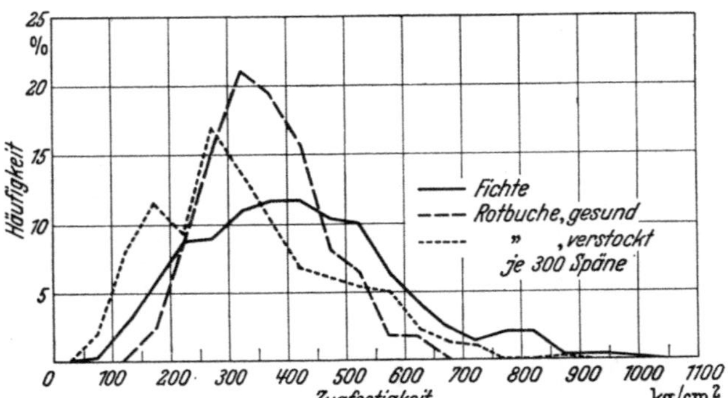

Bild 412. Häufigkeitskurven der Zugfestigkeit von wassersatten Holzwollespänen aus Fichten- und Buchenholz. (Nach F. Kollmann.)

Der Energieverbrauch der Hobelmaschinen nimmt beim Aufhobeln von Rotbuchenholz in der Praxis um 25 bis 30% gegenüber Fichtenholz zu. Dies wirkt sich auf die Maschinenabnützung ungünstig aus. Die Standzeit der Ritz- und Hobelmesser sinkt beim Übergang zu Rotbuche auf 20 bis 25% (bestenfalls 33%). Es ergeben sich damit größere Verlustzeiten für Messerwechsel. Bei Verarbeitung von Buchenholz können acht Holzwollemaschinen etwa genau so viel Rohholz (in fm/h) verarbeiten wie fünf beim Hobeln von Fichtenholz. Bei 50% Buchenbeimischung sind also um ein Drittel mehr Holzwollemaschinen aufzustellen, wenn die ursprüngliche Leistungsfähigkeit erhalten bleiben soll.

In den Eigenschaften ist Buchenholzwolle hochwertig (Bild 412). Sie hat keinen Geruch, ergibt, obgleich sie um etwa 55% schwerer ist als Fichtenholzwolle, im Gewicht noch normgerechte Platten und hat hohe Festigkeit.

Zahlentafel 61. *Versuchsergebnisse beim Aufhobeln von Fichte, Kiefer und Rotbuche zu Holzwolle.*

(Spandicke 0,4 bis 0,5 mm.) (Nach F. Kollmann.)

Versuchs-gegend	Holzart	Sorte	Beschaffenheit	Roh-wichte	Verhobelte Rohholzmenge		Abfälle				Holzwolle-Ausbeute		
							Schwarten		Mull			umgerechnet auf Rohholzmenge	
				kg/m³	kg/h	fm/h	kg/h	%	kg/h	%	kg/h	fm/h	%
Süddeutschland	Fichte	Stammholz	luftfeucht	559	545	0,975	21,2	3,89	8,4	1,54	515,4	0,922	94,6
	,,	,,	gefroren	994	377	0,379	57,4	15,23	46,3	12,28	273,3	0,275	72,5
	,,	Faserholz	luftfeucht	603	513	0,851	64,7	12,60	8,2	1,60	440,1	0,729	85,8
	Kiefer	Rundholz	schwach und mittelstark lufttrocken	677	322	0,476	68,1	21,14	23,4	7,27	230,5	0,340	71,6
	,,	,,	stark, lufttr.	693	533	0,769	129,1	24,20	37,0	6,93	366,9	0,529	68,9
	,,	,,	mittelstark gefroren	955	468	0,490	78,5	16,77	51,7	11,05	337,8	0,354	72,2
	Rotbuche	Rundlinge	sehr naß	1000	571	0,571	50,3	8,80	54,4	9,52	467,3	0,467	81,7
	,,	Faserholz	luftfeucht	953	419	0,440	79,8	19,04	72,6	17,32	266,6	0,279	63,6
	,,	Scheiter	luftfeucht bis lufttrocken	818	350	0,428	76,3	21,80	52,2	14,90	221,5	0,271	63,3
	,,	Faserholz	gefroren	877	468	0,534	129,3	27,60	93,5	19,95	245,2	0,279	52,5
	,,	Rundholz	gespalten gefroren	—	505	—	105,0	—	97,0	—	303,0	—	60,0
Nordwest-deutschland	Kiefer	Faserholz	lufttrocken	621	433	0,697	18,1	4,18	36,2	8,35	378,7	0,609	87,5
	Rotbuche	,,	lufttrocken	816	468	0,573	20,5	4,37	62,1	13,25	385,4	0,471	82,4

Verstocken schädigt die Festigkeit und erhöht die Sprödigkeit, so daß die Holzwolle beim Hobeln und Mischen leicht in kurze Späne zerbricht. Das Buchenholz für die Holzwolleplatten-Herstellung ist im Winter zu fällen, anschließend sofort zu schälen, luftig zu stapeln und raschestens den Werken zuzuführen, wo es ebenfalls bestens gepflegt werden muß und bei nicht zu niedrigem Feuchtigkeitsgehalt verhobelt werden soll.

761.12 Mineralische Bindemittel für Holzwolleplatten. 761.121 Zemente. Je 1 m² 2,5 cm dicke Holzwolleplatten werden durchschnittlich 5 bis 6 kg Zement- oder Magnesitmörtel verbraucht. In Frage kommen Portland- und Eisenportland-, Hochofen- und Traßzemente. Die Zemente sind hydraulische Bindemittel, die einige Zeit nach dem Anmachen mit Wasser erstarren[1]. Äußerlich betrachtet sind die Zemente graue, grüngraue oder auch bräunliche sehr feingemahlene Pulver, die lose eingefüllt 0,8 bis 1,2 kg/l, gerüttelt 1,6 bis 1,8 kg/l wiegen. Für Holzwolleplatten sind möglichst kalkarme Zemente zu benutzen, um Kalkausschläge auf den fertigen Platten zu vermeiden. Solche Ausschläge treten bei kalkreichen Zementen auf, wenn die Platten in feuchter Luft trocknen.

Bei der Herstellung von Holzwolleplatten sind kurze Abbindezeiten besonders wünschenswert, da sich dadurch der erforderliche Bestand an Formen und Einspannvorrichtungen vermindert und die Selbstkosten gesenkt werden. Ganz allgemein ist die Abbindezeit eine Funktion der Oberfläche und damit der Feinheit der Mahlung. Nach den Zementnormen sollen die in DIN 1164 beschriebenen Zemente auf dem Sieb mit 900 Maschen auf 1 cm² höchstens 2%, auf dem Sieben mit 4900 Maschen auf 1 cm² höchstens 25% Rückstände hinterlassen. Traßzement darf nach DIN 1164 nur 8% auf dem Sieb mit 4900 Maschen hinterlassen.

Der Erstarrungsbeginn von normal bindenden Zementen soll nicht früher als 1 h nach dem Anmachen eintreten und spätestens 12 h nach dem Anmachen beendet sein. Als normale Temperaturen für Abbindeversuche gelten nach den Normen 17 bis 20° C; mit Abnahme der Temperatur wird die Bindezeit länger, mit Zunahme kürzer. Die sogenannten hochwertigen Zemente, die ebenso langsam erstarren und abbinden wie die gewöhnlichen Zemente, erhärten rascher und liefern hohe Anfangsfestigkeiten. Diese hochwertigen Zemente gestatten deshalb einen rascheren Umlauf der Formen in der Fertigung; allerdings darf von diesen Zementen immer nur so viel Material angesetzt werden, wie innerhalb einer bestimmten Zeit verarbeitet werden kann. Die Geräte und Maschinen müssen bei Anwendung dieser Zemente öfter gereinigt werden.

Wenn die Lieferung der Schnellbinder nicht in Betracht kommt, kann man durch chemische Zusätze (Calciumchlorid, Tricrosal, Sika u. a.) das Abbinden beschleunigen. Das beim Vorbehandeln der Holzwolle für Leichtbauplatten vorwiegend benutzte Calciumchlorid ($CaCl_2 \cdot 6\,H_2O$) verkürzt also die Abbindezeit, jedoch darf die Laugenkonzentration nicht über 8% (4,5° Bé, Wichte 1,036 g/cm³) betragen, da sonst auf den fertigen Platten Ausschläge und Treiberscheinungen auftreten. Außerdem ergibt sich eine beträchtliche Korrosionsgefahr für Eisenteile, die mit derartigen Platten in Berührung kommen. Zu geringer Gehalt an Chlorcalcium kann sich ebenfalls ungünstig auswirken, da die Platten dann zu lange (zwei bis drei Tage) in den Formen bleiben müssen. Bewährt hat sich in vielen Betrieben eine 3%ige Calciumchloridlösung. Bei

---

[1] Grün, R.: Der Zement, Berlin 1927; F. Schleicher: Taschenbuch für Bauingenieure, Berlin, Göttingen, Heidelberg 1949, S. 375ff.; Deutsche Zementnormen DIN 1164.

Versuchen von U. v. Dehn[1] erwies sich Wasserglas in Lösung von 3°Bé als Mineralisierungsmittel bei den verwendeten Zementen dem Chlorcalcium überlegen.

Die Bindefähigkeit der Zemente kann durch die Lagerung leiden. Knollenbildung ist darauf zurückzuführen, daß der Zement Feuchtigkeit aus der Luft aufnimmt; die Zusammensetzung der Zemente hat auf diese störende Erscheinung einen mehr oder minder starken Einfluß; ein höherer Gehalt an hygroskopischen Alkalien begünstigt die Knollenbildung. Auf einwandfreie Lagerung der Zemente ist deshalb in den Holzwolleplattenwerken besonders zu achten. Die mit Zement gefüllten Papiersäcke sollen in trockenen Räumen mit mindestens 50 cm Abstand von den Wänden gestapelt werden. Mehr als 10 Schichten Säcke sollen nicht übereinander gepackt werden, da sonst die untersten Säcke unter dem starken Druck leicht platzen. Die Lagerhaltung muß so sein, daß verschiedene Zementsorten getrennt und stets die ältesten Zemente zuerst verwendet werden. Es ist nicht ratsam, in den Werken selbst bei einwandfreier Lagerung Zement länger als drei Monate zu lagern.

Die Festigkeitseigenschaften zementgebundener Holzwolleplatten hängen nach W. Sandermann und U. v. Dehn[1] stark von der verarbeiteten Holzart und dem jeweiligen Zement ab. Fichte ergab die besten Platten, Kiefer weit schlechtere. Buche und Eiche lieferten für sich allein minderwertige Platten, während Pappel und Tola branca (Goßweilerodendron balsamiferum Harms.) mittelmäßige Ergebnisse aufwiesen. Die Unterschiede lassen sich auf die „zementvergiftende" Wirkung vieler Holzextraktstoffe, darunter an erster Stelle der Kohlenhydrate, zurückführen. Die Harze scheinen keinen schädigenden Einfluß auszuüben. Aus diesem Grunde gibt Kiefernkernholz, das wohl viel Harz, jedoch wenig lösliche Stoffe enthält, bessere Platten als Kiefernsplintholz. Auch verpilztes Holz, das weniger lösliche Bestandteile enthält als gesundes, ergibt, solange die mechanische Festigkeit nicht zu stark abgenommen hat, oft bessere Platten. Rein theoretisch könnte man die zementvergiftende Wirkung der Extraktstoffe durch Auskochen oder Extrahieren der Holzwolle beseitigen, jedoch sind derartige Verfahren wirtschaftlich kaum tragbar. Zweckmäßiger dürfte deshalb die Auffindung von Zusatzstoffen sein, die ein Abbinden des Zements auch unter ungünstigen Bedingungen ermöglichen. Die einfachste Lösung bleibt aber die Verwendung schnell abbindender Sonderzemente, bei denen der Abbindevorgang so rasch fortschreitet, daß sich die Nachteile der Hemmwirkung der Extraktstoffe nicht durchsetzen können.

Bei den zementgebundenen Platten läßt sich eine gewisse Anreicherung der Holzfaser mit Kieselsäure und sonstigen Bestandteilen des Bindemittels beobachten[2]. Die Befürchtung, daß dadurch eine Schwächung oder gar Zerstörung der zementgebundenen Holzwolleplatten im Laufe der Zeit eintreten könnte, bestätigte sich aber weder bei Versuchen[3] noch auf Grund der langjährigen Erfahrungen der Baupraxis.

761.122 Magnesitmörtel. Die magnesitgebundene Leichtbauplatte geht auf Vorarbeiten der Österreichischen Magnesit AG. in Radenthein (Kärnten) zurück[4]. Es hatte sich dort gezeigt, daß beim Brennen des Sintermagnesits in

[1] v. Dehn, U.: Untersuchung der Festigkeitseigenschaften von Holzwolleplatten in Abhängigkeit von der Holzkomponente und anderen begleitenden Faktoren, Dipl.-Arbeit Univ. Hamburg, 15. 3. 1950. — Vgl. W. Sandermann, Holz als Roh- und Werkstoff. Bd. 9 (1951) S. 97.

[2] Kisser, J.: Österr. Bauztg. 1936, H. 18.

[3] Kollmann, F., u. G. Just: Holz als Roh- und Werkstoff Bd. 1 (1937/38) S. 339.

[4] Erdmann, K.: Heraklith -Rdsch. Bd. 10 (1938) Nr. 4.

Drehrohröfen große Mengen halbgebrannten Magnesitstaubes mit den Abgasen entweichen. Dieser wurde zunächst in Waschern niedergeschlagen und bald die Frage seiner industriellen Verwertung geprüft. Man griff dabei auf ein altes Patent[1] zurück, das die Lehre gab, Holzwolle in lockerer Form mit Magnesitmörtel zu einem wärmedämmenden Baustoff zu verkitten[2]. Eine Anwendung hatte das Patent aber bis dahin nicht gefunden, und auch die ersten neuen Versuche, die mit Chlormagnesiumlauge angefeuchtete Holzwolle mit Magnesitstaub zu vermischen und dann am Bau selbst zwischen Schalungen auf einem Holzfachwerk zu stopfen, befriedigten nicht. Die Ursache waren zahlreiche Fehler bei dieser handwerklichen Verarbeitung. Man entschloß sich deshalb zu einer industriellen Massenerzeugung. Dabei wurden ursprünglich in Formen Blöcke von $0{,}5 \cdot 0{,}5 \cdot 2\ m^3$ geformt, die nach dem Erhärten mittels Vollgatter in verschieden dicke Platten zerteilt wurden. Die unvermeidliche teilweise Zerstörung der Holzfasern und der mineralischen Bindung beim Gatterschnitt beeinträchtigte aber die Ergebnisse. In der Folge wurde dann das maschinelle Heraklithverfahren entwickelt, das unter Ziffer 761.32 beschrieben wird.

Der Rohmagnesit ($MgCO_3$) kommt in der Natur amorph und kristallin vor. Durch Brennen wird die Kohlensäure mehr oder weniger ausgetrieben, wobei der Magnesit an Gewicht verliert und seine physikalischen Eigenschaften wesentlich ändert. Beim Brennen mit niedriger Temperatur — beim österreichischen Rohmagnesit 700 bis 900° C in Drehrohröfen während 6 h — entsteht die kaustische Magnesia, die noch 2 bis 5% CO_2 enthält. Die kaustische Magnesia bildet mit Magnesiumchloridlauge ein Bindemittel, das nach dem Erfinder, dem französischen Ingenieur T. Sorel (1856), Sorel-Zement genannt ist. Die Magnesiumchloridlösung läßt sich durch eine entsprechend konzentrierte Lösung anderer Salze zweiwertiger Metalle ersetzen, z. B. durch eine Lösung von Kieserit oder Bittersalz ($MgSO_4 \cdot 7\ H_2O$).

Nach A. Jaeschke[3] darf die Lösung nicht stärker als 15° Bé sein; dem entspricht ein Gehalt von etwa 23,5% $MgSO_4 \cdot 7\ H_2O$, da sonst an den Platten später Ausblühungen auftreten. Durch Wärme kann die Erhärtung der Magnesia wesentlich beschleunigt werden. In den Heraklith-Werken durchlaufen die Plattenstränge auf 400° C erhitzte Kanäle, wobei das Abbinden innerhalb von 10 min erfolgt. Wichtig ist auch bei der Verwendung von Magnesit als Bindemittel die Mahlfeinheit. Nach DIN 1171 sind höchstens folgende Rückstände zulässig:

Sieb-Nr.	Rückstände, höchstzulässig, %
0,20	3
0,12	15
0,09	25

Der Magnesit wiegt eingelaufen bis 0,85 kg/l, eingerüttelt bis 1,30 kg/l. Beim Lagern der kaustischen Magnesia werden Wasser und Kohlensäure je nach der Herkunft des Magnesits und den Lagerbedingungen in unterschiedlichem Maße aufgenommen. Durch unsachgemäße und zu lange Lagerung kann der Magnesit seine Gebrauchsgüte fast völlig einbüßen. Er muß deshalb wie der Zement trocken und zugfrei gelagert und möglichst rasch verarbeitet werden. Deutschland mangelt es an technisch nutzbaren Magnesitvorkommen, jedoch findet sich als weitverbreitetes magnesiumhaltiges Mineral Dolomit

[1] Österr. Pat. 37 223 (Scherer).
[2] Vgl. DRP 398 599.
[3] Jaeschke, A.: Holz Bd. 4 (1950) S. 6.

($CaMg[CO_3]_2$), der sich leicht total oder halb brennen läßt. Dem halbgebrannten Dolomit kommen sehr günstige Eigenschaften zu, die hauptsächlich durch den feinen Verteilungszustand bedingt sind. So lassen sich nach W. Noll[1] aus Holzwolle nach Tränken mit Magnesiumsulfatlösung, Einpudern mit halbgebranntem Dolomit, Formen und Härten bei 200° C ausgezeichnete Holzwolleplatten herstellen. Da Magnesit 90% MgO, halbgebrannter Dolomit aber nur 27% MgO enthält, hat demnach das MgO des halbgebrannten Dolomits die gleiche Wirkung wie die drei- bis vierfache Menge von kaustisch gebranntem Magnesit. Ein Eigenschaftsvergleich gibt Zahlentafel 62.

Zahlentafel 62. *Eigenschaften von Holzwolleplatten mit Dolomitbindung.*

		Mit halbgebranntem Dolomit hergestellte Platte	Mindestwert nach DIN 1101
Rohwichte	g/cm³	0,45	0,46
Biegefestigkeit	kg/cm²	etwa 30(–40) (Spitzenwerte!)	10
Zusammendrückbarkeit bei 3 kg/cm²	%	5 bis 12	15
Wärmeleitzahl	kcal/mh°	0,07	max. 0,08

761.123 Gips. Baugips wird durch teilweise oder vollständige Austreibung des im natürlichen Gipsstein ($CaSO_4 \cdot 2\,H_2O$) enthaltenen Kristallwassers durch Brennen und Mahlen in mehreren Arbeitsstufen (vor, während oder nach dem Brennen) hergestellt. Bei Wiederzufuhr von Wasser erstarrt der Baugips nach mehr oder minder kurzer Zeit durch Wiederaufnahme des ausgetriebenen Kristallwassers. Nach DIN 1168 unterscheidet man folgende vier Gipssorten:

a) Stuckgips c) Estrichgips
b) Putzgips d) Marmorgips.

Bei der Erzeugung gipsgebundener Holzwolleplatten wird in der Regel Stuckgips, das ist bei 107 bis 300° C gebrannter Gips[2] verwendet. Die Abbindezeit beträgt für Stuckgips bis zu 30 min. Der wesentlich wasserfestere und wetterbeständigere Estrichgips, der bei 650 bis 1200° C gebrannt wird, scheidet als Bindemittel praktisch für die Mineralisierung von Holzwolle aus, da seine Abbindezeit mit 18 bis 24 h zu lang ist. Die im allgemeinen geringe Wetterbeständigkeit des Stuckgipses tritt aber bei sachgemäßer Herstellung der damit abgebundenen Holzwolleplatten, vermutlich infolge des sehr dünnen Gipsauftrags, nicht störend in Erscheinung. Nach F. Kollmann[3] enthält eine normale 2,5 cm dicke Holzwolleplatte 4 kg Holzwolle und 6 bis 8 (im Durchschnitt 6,5) kg Gips. Die mittlere Dicke der Gipskruste errechnet sich dann zu 0,13 mm.

Besonders gleichmäßig wird die Umkrustung, wenn Gips und Wasser (auf 6,5 bis 7 kg Gips rund 6 l Wasser) zuerst zu Mörtel verarbeitet und dann mit der Holzwolle vermischt werden, jedoch läßt sich auch durch Einstäuben eine ausreichende ähnliche Wirkung erzielen. Die Abbindezeiten des normalen Stuckgipses sind für die Herstellung von Holzwolleplatten zu kurz. Man hat deshalb Langsambinder entwickelt. Beispielsweise kann man eine verzögerte

[1] Noll, W.: Ang. Chem. Bd. 62 (1950) S. 567.
[2] Vgl. Hütte: Taschenbuch für Stoffkunde, 2. Aufl., Berlin 1937, S. 459.
[3] Kollmann, F.: Holz als Roh- und Werkstoff Bd. 2 (1939) S. 55.

Abbindung erreichen, wenn man beim Kesselgipsverfahren den Kessel mit 90% Rohgips und 10% gebranntem Kalk füllt. Bei normalem Stuckgips wirkt Borax als Verzögerer. Die richtige Zusatzmenge hängt von der Gipsart ab; sie muß durch Versuche bestimmt und bei der Fabrikation von Holzwolleplatten laufend überwacht werden. Beim Zusatz von gesättigter Boraxlösung zum Anmachwasser ergeben sich nach A. Jaeschke[1] im Mittel die in Zahlentafel 63 zusammengestellten Verzögerungen.

Zahlentafel 63. *Verzögerungen beim Abbinden von normalem Stuckgips durch Zusatz von Boraxlösung zum Anmachwasser.*

Wasserzusatz auf 1 Teil Boraxlösung	Verzögerung der Abbindezeit
12	15 min
8	50 min
4	3 bis 5 h
2	7 bis 10 h
1	10 bis 12 h

Gelegentlich werden als Verzögerer auch Glutinleim, Alkohol usw. benutzt, wobei wieder die erforderlichen Zusatzmengen genau bestimmt werden müssen. Stuckgips wiegt, je nach der Mahlfeinheit, eingelaufen 0,65 bis 0,86 kg/l, eingerüttelt 1,20 bis 1,40 kg/l. Der in Papiersäcken gelieferte Stuckgips muß unbedingt trocken und zugfrei gelagert werden und soll innerhalb von vier Wochen verbraucht werden. Sehr wichtig ist, daß die mit Gips gebundenen Holzwolleplatten nicht bei zu hohen Temperaturen getrocknet werden. Zulässig sind Temperaturen bis zu 70° C, die ein rasches Abbinden bewirken. Überhitzen der Platten mit Temperaturen über 100° C treibt das Kristallwasser aus — auf dessen Vorhandensein die nicht geschlossene Hysteresisschleife der hygroskopischen Isotherme (s. Bd. I, Bild 302c, S. 407) hinweist — und sprengt damit die mineralischen Bindungen. Solche Platten zerfallen bei Zutritt von tropfbarem Wasser.

761.2 Mineralisierung der Holzwolle.

Im vorangegangenen Abschnitt wurde bei Besprechung der Zemente als Bindemittel bereits auf die erforderliche Vorbehandlung der Holzwolle vor der Mineralisierung hingewiesen. Üblich sind als Imprägnierflüssigkeit Kalkmilch, Chlorcalciumlösung oder Wasserglas. In der Literatur wird meist eine oberflächliche Verseifung der im Holz enthaltenen Harze als Hauptzweck der Vorbehandlung bezeichnet. Nach den erwähnten neueren Untersuchungen von W. Sandermann und U. v. Dehn können aber die Harze nicht mehr als Zementschädlinge angesehen werden. Die Vorbehandlung bzw. Imprägnierung der Holzwolle muß deshalb mit dem Chemismus des Abbindens in engerem Zusammenhang stehen, jedoch können erst weitere Forschungen wirkliche Klarheit in die Zusammenhänge bringen.

Für die Vermischung der Holzwolle mit dem Bindemittel gibt es zwei grundsätzlich verschiedene Verfahren: Das Tauchverfahren und das Bestäubungsverfahren. Das Tauchverfahren wurde und wird bei der Zementbindung vielfach angewendet. Die Holzwolle wird dabei von Hand in die erforderlichen Bäder (Lauge und Bindemittelemulsion) getaucht und dann in die Mischmaschine geworfen, die beispielsweise aus einem Gehäuse besteht, in dem ein Misch- und Abtropfsieb mittels einer Schubstange in Schwingungen versetzt wird (Bild 413). Das überschüssige Bindemittel tropft in eine Abflußrinne. Der Kraftbedarf derartiger einfacher Mischmaschinen beträgt nur etwa 1,2 kW bei einer Mengenleistung von rund 250 kg/h Holzwolle. Daraus errechnet sich eine Tagesleistung von 445 m² Platten mit 2,5 cm Dicke. Praktisch erreicht man aber mit einer solchen Mischmaschine in acht Arbeitsstunden nur etwa 300 m² Platten; den Grundriß einer dafür aufgebauten Fabrik mit 500

[1] Jaeschke, A.: Holz Bd. 4 (1950) S. 26.

bis 600 m² Bodenfläche zeigt Bild 414. Einstellung der Feuchtigkeit und erhebliche Ersparnis an Lauge gestattet beim Tauchverfahren eine nachgeschaltete Gautsche.

Bei einem anderen Verfahren (dem früheren Verfahren nach Karl Hengerer) wird zunächst die für eine Leichtbauplatte erforderliche Holzwolle abgewogen und in einen Siebzylinder gestopft; dieser Siebzylinder rollt

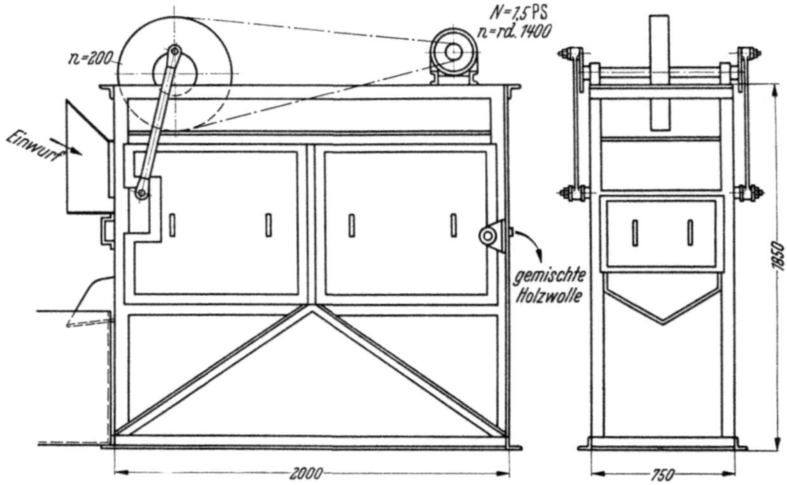

Bild 413. Schema einer Mischmaschine für Holzwolle nach dem Tauchverfahren, Bauart Gaspary & Co., Leipzig.

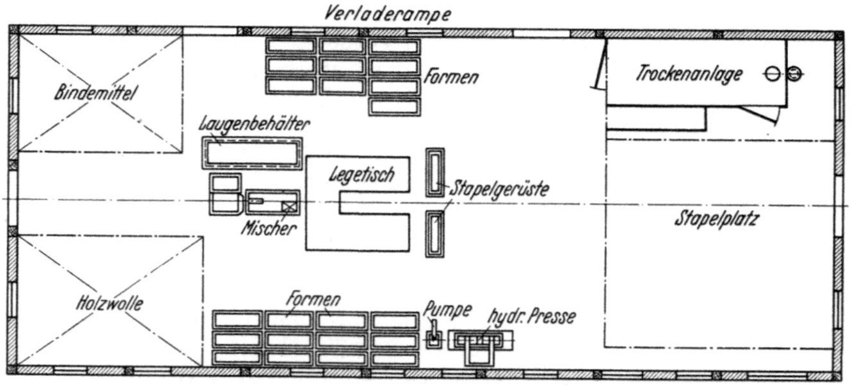

Bild 414. Grundriß einer Leichtbauplattenfabrik, Bodenfläche 500 bis 600 m² bei einer Tagesleistung von 300 m² Holzwolleplatten je Schicht.

in das Laugenbad und von dort, nachdem die überschüssige Lösung abgetropft ist, in eine Mulde mit Zementschlempe. Anschließend wird bei hoher Drehzahl, nachdem ein Blechmantel über den Zylinder geklappt wurde, die überschüssige Schlempe abgeschleudert und der Zylinderinhalt in einen Formrahmen entleert. Beobachtungen ergaben, daß es schwierig ist, bei diesem Verfahren die Holzwolle gleichmäßig in der Form zu verteilen und daß sich die Arbeiter bei der Verteilung leicht die Hände verletzen. Nach einem zweiten Vorschlag von K. Hengerer wird deshalb die Holzwolle trocken von Hand in die Form gefüllt, die auf einer Waage liegt. Boden und Deckel sind als Sieb ausgebildet. Nach Auflegen des Deckels wird die Form in das Laugenbad gesenkt, darin auf- und abbewegt, wieder herausgezogen und über einen Rollengang zum Behälter mit Zementschlempe befördert. Dort wiederholt sich das Spiel; hierauf wird der Überschuß an Schlempe ausgerüttelt oder ausgeschleudert, auf einer Wendevorrichtung werden Siebboden und -deckel durch massive Platten ersetzt, und schließlich gelangt die Form in die Presse.

Alle Tauchverfahren haben verschiedene Nachteile: 1. Die Schlempebäder müssen dauernd in Bewegung gehalten werden, damit sich der Zement nicht absetzt; 2. infolge Abbindens des Zements werden die Bäder bald unbrauchbar, wodurch Verluste entstehen; 3. der hohe Wasserzusatz beeinträchtigt die

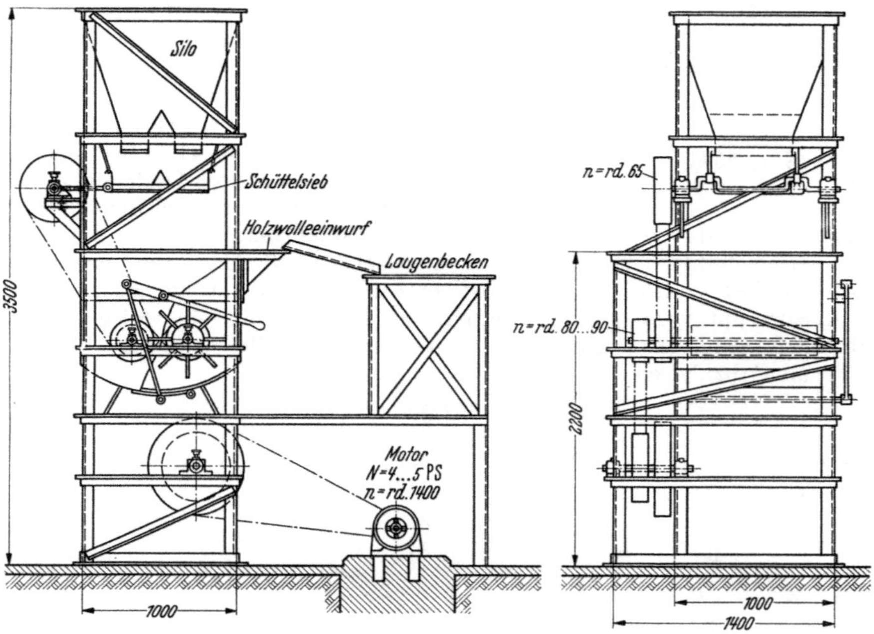

Bild 415. Schema einer Bestäubungsmischmaschine für Holzwolle, Bauart Gaspary & Co., Leipzig.

Festigkeit des abgebundenen Zements; 4. die Säuberung der beim Tauchverfahren benutzten Maschinen und Geräte von erhärtetem Zement ist nicht einfach.

Vermieden werden diese Nachteile bei dem Bestäubungsverfahren. Die Holzwolle wird dabei zunächst imprägniert, indem sie entweder in Siebkästen in ein Laugenbad getaucht oder in Zellentrommeln bzw. auf einem schrägen Lattenförderband mit Lauge bespritzt wird. Hierauf gelangt sie in die Einwurfschurre einer Mischmaschine (Bild 415), in deren Innern sich zwei Stachelwalzen drehen. Das Bindemittel befindet sich oberhalb in einem Silo und wird mittels eines Schwingsiebes beim Mischvorgang gleichmäßig verteilt. Die fertiggemischte Holzwolle verläßt die Maschine durch einen mittels Handhebel bedienten Verschluß. Die Herstellfirma gibt für einen Bestäubungsmischer gemäß Bild 415 (900 mm lichte Weite, 800 mm Länge des Mischbehälters, Inhalt rund 0,6 m³) bei einem mittleren Kraftbedarf von 2,5 kW (Anschlußleistung des Motors 3 bis 3,6 kW) und zwei Mann Bedienung die in Zahlentafel 64 mitgeteilten Leistungszahlen an. Der in Bau und Wirkungsweise ähnliche

Mischer nach Bild 416 dürfte etwa gleiche Leistungen aufweisen. Zweckmäßig ist das unterbaute Förderband. Das Gerät wird besonders für die Verarbeitung von Gips empfohlen.

Eine andere Mischerbauart zeigt Bild 417. Der lichte Durchmesser im Unterteil beträgt 1000 mm, die Breite im Lichten ebenfalls 1000 mm. Mit dieser Maschine wurden nach A. Jaeschke[1] 200 einwandfreie Mischungen für 2,5 cm dicke Holzwolleplatten in der Stunde erzielt. Die Mischer werden aus 4 mm dickem Blech hergestellt. Die Mischtrommel hat 500 mm Durchmesser; den Zahnplan und die Zahnform zeigt Bild 418. Die vier Öffnungen an beiden Stirnseiten der Trommel machen ihr Inneres ohne Ausbau zugänglich. Die Krümmung der Zähne verhindert ein Hängenbleiben der Holzwolle. Der Abstand zwischen Zahnspitzen und Mischerwand beträgt zweckmäßigerweise 40 mm, die Zuteilung an Bindemittel erfolgt über die im Bild 417 oben sichtbare Walze mit vier Segmenten. Durch Drehen der Walze fällt das Bindemittel über ein Leitblech, dessen Schräge verstellt werden kann, in den Maschinenrumpf auf die Füllmasse. Der Antriebsmotor darf nicht zu schwach sein, da die Maschine sonst stehen bleibt (mindestens 4,5 kW). Zum Entleeren dienen Schieber und Klappen, oder der Mischrumpf kann gekippt werden. Es ist möglich, vom Mischerantrieb auch die Bindemittelzuteilung, das Öffnen und Schließen sowie die Bewegung der Formen abzuleiten.

Zahlentafel 64. *Leistungszahlen eines Bestäubungsmischers*

Plattendicke cm	Mischleistung m^2/h
1,5	80 bis 85
2,5	60 bis 65
3,5 / 5	35 bis 40
7,5 / 10 / 15	30 bis 35

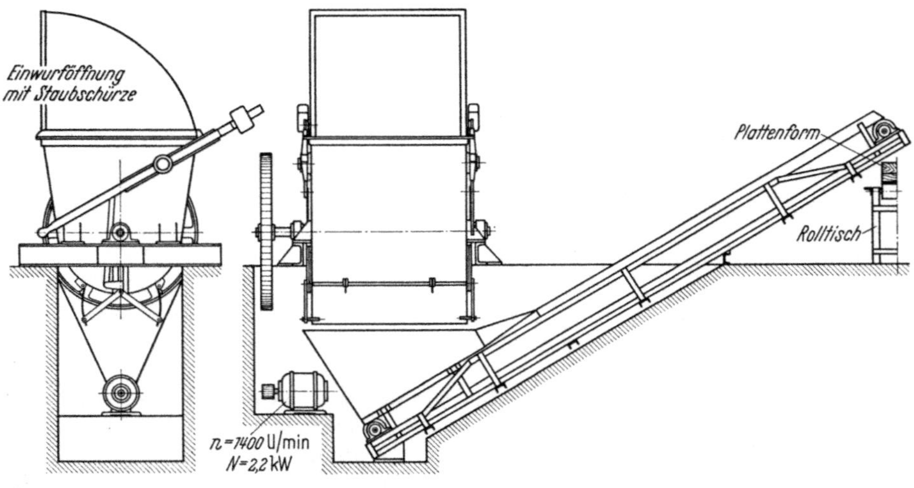

Bild 416. Schema einer Bestäubungsmischmaschine mit unterbautem Förderband, Leistung 80 Platten je h. Bauart K. Schneider, Kahl am Main.

761.3 Einlegen, Füllen, Formen.

761.31 Handformerei. Bei Kleinfabrikation von Holzwolleplatten schließt sich an die Mischvorrichtung (vgl. Bild 414) der Legetisch an. Dort werden die mit dem Bindemittel möglichst gleichmäßig vermischten Füllstoffe in die

[1] Jaeschke, A.: Holz Bd. 4 (1950) S. 177.

Formen eingelegt und gestopft. Versuche, das Einlegen zu mechanisieren, haben bisher zu keinen bleibenden Erfolgen geführt. Beim Einlegen von Hand müssen die Arbeiter Handschuhe (aus Gummi, Leder oder starkem Gewebe) tragen, da sie sonst besonders bei zementgebundener Holzwolle unter wunden Händen leiden (Zement-Dermatitis). Die Temperatur im Einlegraum soll

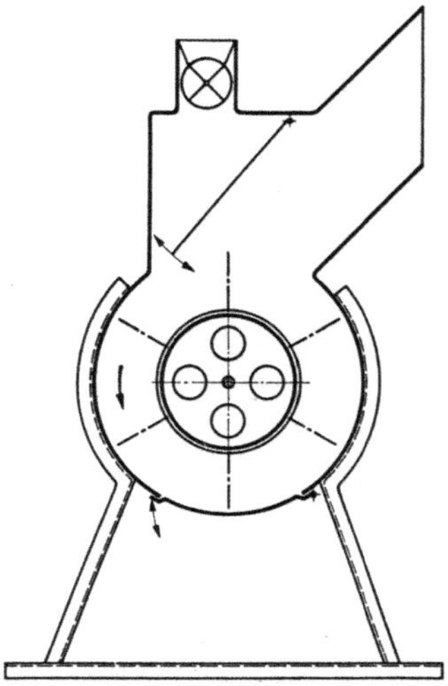

Bild 417. Schema einer Bestäubungsmischmaschine für Holzwolle mit Zahntrommel, Leistung 200 Mischungen je h. (Nach A. Jaeschke.)

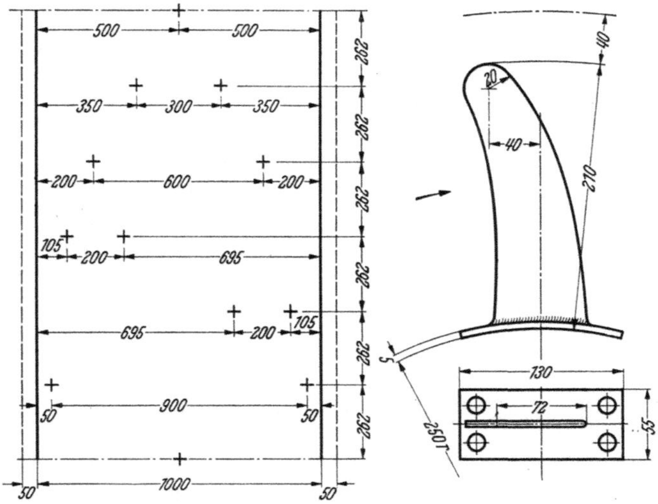

Bild 418. Zahnplan und Zahnform für die Bestäubungsmischmaschine Bild 417. (Nach A. Jaeschke.)

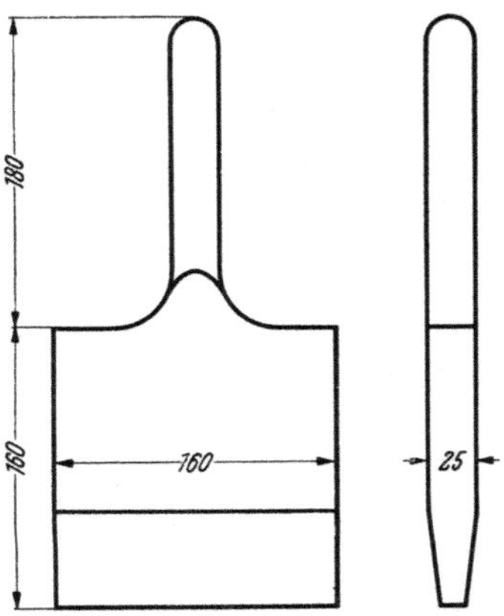

Bild 419. Stopfgabel zum Einlegen von Holzwolleplatten. (Nach A. Jaeschke.)

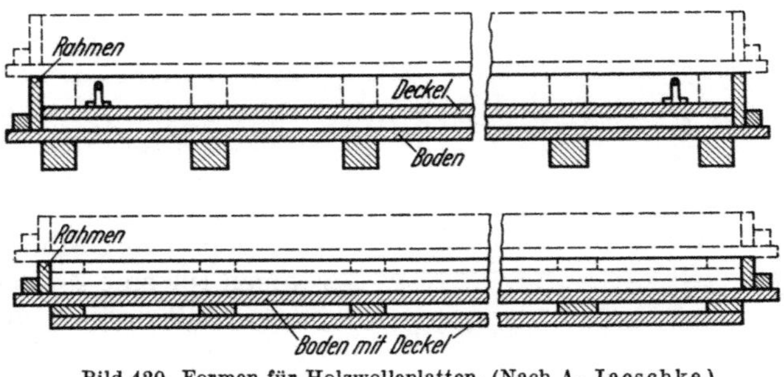

a

b

Bild 420. Formen für Holzwolleplatten. (Nach A. Jaeschke.) a. Ältere Form mit Zwischenhölzern zur Dickeneinstellung; b. neue Form mit Einzelrahmen für jede Plattendicke.

18 bis 20°C haben. Die Akkordleistung eines männlichen Einlegers erreicht 150 Platten in 8 h. Der Einlegetisch soll so hoch sein, daß der Formboden etwa 1 m über dem Fußboden bzw. dem Standplatz des Einlegers liegt. Um feste Ränder zu erzielen, wird die Füllmasse in Form von Seilen zusammengedreht und mittels der sogenannten Stopfgabel (Bild 419) festgestampft. Walzen der gefüllten Form wurde besonders bei Fließverfahren versucht, lieferte aber wegen der unvermeidlichen toten Winkel wenig befriedigende Ergebnisse. Außerdem ist die Füllmasse so elastisch, daß die Wirkung des Walzens sehr zweifelhaft wird.

Einwandfreie Formen sind für die Herstellung von Holzwolleplatten besonders wichtig. Formen aus Holz — und zwar meist Fichtenholz mit 25 mm

Brettdicke — herrschen vor, obgleich bei Sonderverfahren auch eiserne Formen verwendet werden. Im allgemeinen bestehen die Formen aus einem Rahmen mit Boden und Deckel; die Teile sind lose und können leicht ausgewechselt werden.

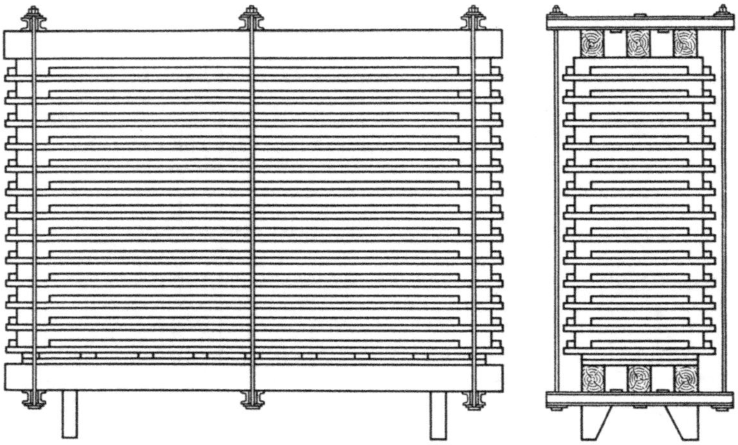

Bild 421. Holzwolleplattenstapel mit Verspannung. (Nach A. Jaeschke.)

Während man früher für alle Plattendicken die gleichen Formen verwendete, wobei auf dem Deckel, wenn er unterhalb der Rahmenkante lag, zwei Hölzer gelegt wurden, nimmt man jetzt für jede Plattendicke einen besonderen Rahmen. Die Formstapel werden dadurch wesentlich stabiler. Bild 420 zeigt die Formanordnung; man sieht, daß der Deckel gleichzeitig als Druckplatte dient. Das Einsetzen und Stapeln dieser Formen geht einfach und rasch vor sich. Wichtig ist, daß die Formrahmen nicht zu niedrig sind. Man muß beachten, daß die lose eingefüllte mineralisierte Holzwolle etwa auf ein Drittel ihres Anfangsvolumens zusammengepreßt wird. Der Formrahmen für eine 2,5 cm dicke normale Holzwolleplatte muß deshalb mindestens 7,5 cm hoch sein. Es ist unzweckmäßig, den Formrahmen durch feste Winkel oder durch Zinken starr zu verbinden, da sich beim Ausschalen Schwierigkeiten ergeben können. Besser ist es, an zwei Ecken kräftige Scharniere, an den übrigen eine stabile Falle oder ein Schloß anzubringen. Die Lebensdauer der Form läßt sich beträchtlich erhöhen, wenn die mit der Füllmasse in Berührung kommenden Flächen mit Schwarz-Zink- oder Leichtmetallblech und die Ränder mit Bandeisen beschlagen werden. Vor der ersten Benutzung sollten die hölzernen Formrahmen mit Carbolineum getränkt werden. Jede Form muß vor der Füllung mit einem Entschalungsöl (Verbrauch 50 g/m²) geschmiert werden.

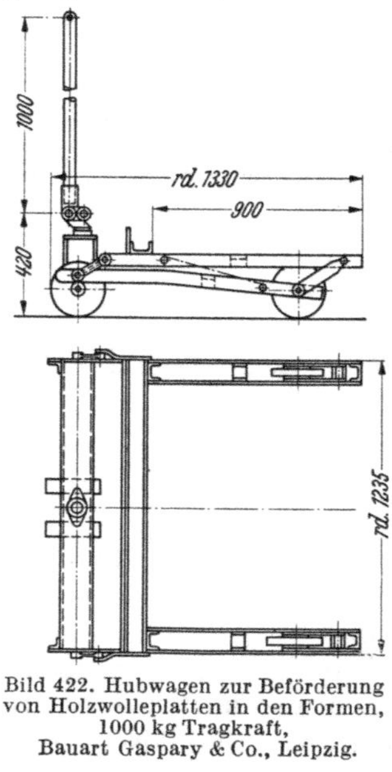

Bild 422. Hubwagen zur Beförderung von Holzwolleplatten in den Formen, 1000 kg Tragkraft, Bauart Gaspary & Co., Leipzig.

Die gefüllten Formen werden auf dem Preßgestell zu einem Stapel aufgesetzt. Neuerdings geht man bei nicht zu dicken Platten bis zu 20 Formen. Zu

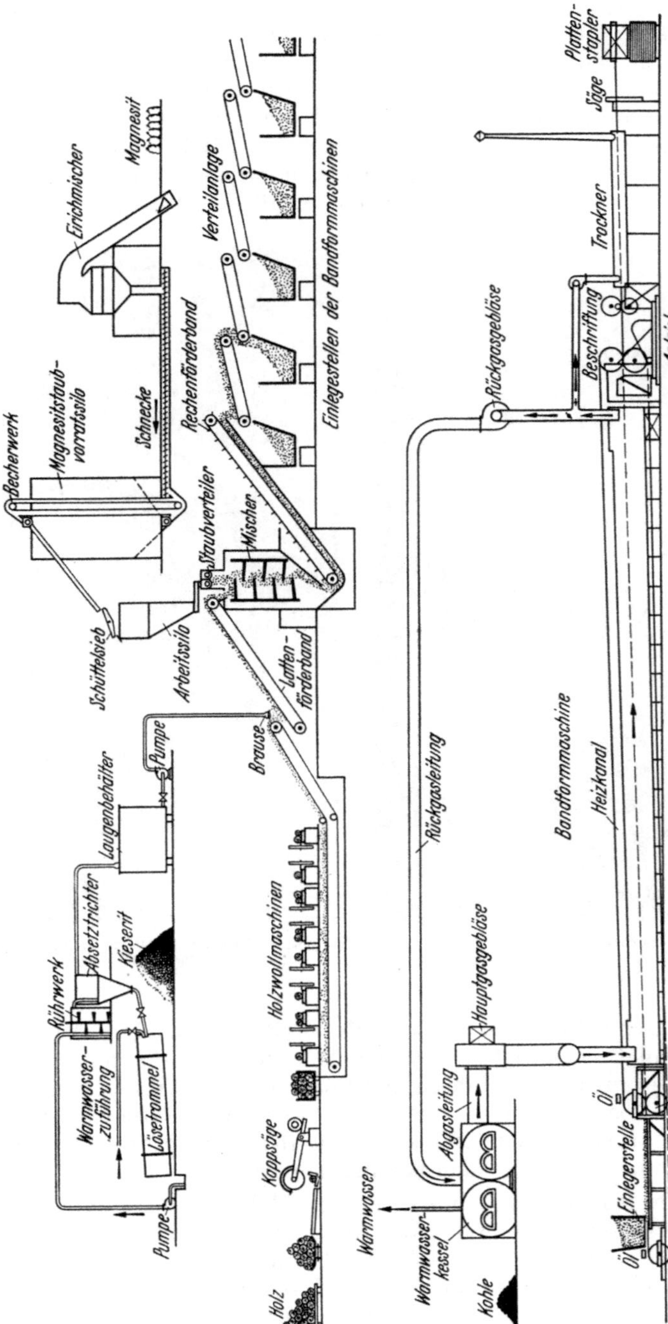

Bild 423. Schema des Herstellungsganges von Holzwolleplatten nach dem Heraklith-Verfahren. (Werkzeichnung.)

erwähnen sind Bestrebungen, die Stapel ganz zu vermeiden und jede einzelne Platte für sich zu pressen und mittels Schnappverschlüssen zu schließen. Die Formenstapel werden auf ein Untergestell aufgesetzt und erhalten einen Aufsatz gemäß Bild 421. Durch kräftige Anker an den beiden Schmalseiten und in der Mitte der beiden Längsseiten werden die Stapel unter Mitwirkung von Ankerschlössern verspannt. Bartbildung bei Holzwolleplatten ist stets auf mangelhaftes Einlegen zurückzuführen und bedingt zusätzliche Besäumarbeit (abgesehen davon, daß die besäumten Platten oft minderwertig sind). Zur Beförderung der Formstapel dienen Hubwagen gemäß Bild 422.

Bild 424. Lattenförderband für die Holzwolle und Bespritzvorrichtung bei der Fertigung von Heraklith-Holzwolleplatten. (Werkphoto.)

Bild 425. Beschriftungsvorrichtung für Heraklith-Holzwolleplatten. (Werkphoto.)

761.32 Maschinelle Formung von Holzwolleplatten. Die Mechanisierung der Holzwolleplattenherstellung ist von verschiedenen Werken weit getrieben worden. Die betreffenden Verfahren und Vorrichtungen wurden von den Werken in der Regel selbst entwickelt und stehen teils unter Patentschutz. Am vollkommensten durchgebildet ist ohne Zweifel das Heraklithverfahren (Bild 423), das im Nachfolgenden beschrieben sei.

Die von den Holzwollemaschinen erzeugte Holzwolle wird auf einem Lattenförderband gesammelt und im Laufe dieses Weges mit Kieserit überbraust (Bild 424). Auf einem zweiten Lattenband kann die überschüssige Flüssigkeit abtropfen. Anschließend wird die feuchte Holzwolle in die Mischer gegeben, in die von oben her aus einem Arbeitssilo über Staubverteiler Magnesitstaub geschüttet wird. Die durch das Mischwerk allseitig gleichmäßig bemörtelte Holzwolle gelangt dann über ein Rechenförderband zu einer Verteilanlage. Jeder Verteiler beliefert die Einlegestelle einer Bandformmaschine mit Holzwolle. Die Bandformmaschinen sind besonders bezeichnend für das Heraklithverfahren und seine Leistungsfähigkeit. Ihr Aufbauschema ist aus dem unteren Teil von Bild 423 klar ersichtlich. Das an der Einlegstelle von einem geschulten Facharbeiter auf das untere Stahlband eingelegte Mischgut wird von zwei Preßwalzen zusammengedrückt; gleichzeitig wird es vom oberen Stahlband erfaßt, das durch einen Ölfilm gegen Ankleben des feuchten Plattenstrangs gesichert ist. Zwei seitliche Stahlbänder sorgen für richtige Querschnittbildung. Die Plattenmasse wird dann zwischen den Bändern durch einen etwa 30 m langen, mit Verbrennungsgasen auf rund 400°C geheizten Kanal gefördert. Unter starker Dampfentwicklung erfolgt innerhalb von etwa 10 min das beschleunigte Abbinden des Magnesits. Nach Verlassen der Bandformmaschine wird das Firmenzeichen, wie von DIN 1101 verlangt, aufgebracht. Die dazu benutzte Vorrichtung, ein selbsttätiges Schablonenrad, zeigt Bild 425. Schließlich kommt ein kurzer Nachtrockenofen, an dessen Ende eine selbsttätige Quersäge für Ablängen auf das deutsche Normmaß von 2 m ist und ein selbsttätiger Stapler, der für saubere, gleichmäßige Stapelung der fertigen Platten sorgt.

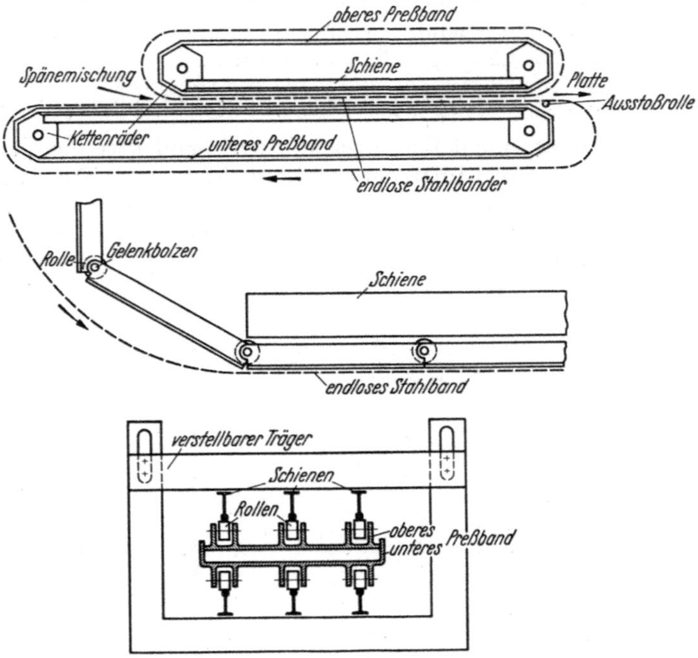

Bild 426. Schematischer Aufriß, Teilansicht und Querschnitt der Formmaschine zum Herstellen von Holzwolleplatten, Bauart E. Dyckerhoff & Co., Poggenhagen.

Wesentliche Bestandteile der Heraklithwerke sind auch noch die Aufbereitungsanlage für die Kieseritlauge mit Lösetrommel, Rührwerk, Laugenbehälter und entsprechenden Pumpen sowie die Mischanlage für den Magnesit. Die Abwärme der Warmwasserkessel, die für die Laugenanlage warmes Wasser liefern, dient zur Beheizung der Heizkanäle und Nachtrockner.

Der gesamte Herstellungsgang vom Holzstamm bis zur fertigen Bauplatte ist heute auf 15 min verkürzt. Die fortschreitenden technischen Verbesserungen lassen sich auch daraus ersehen, daß ursprünglich eine Bandformmaschine 1 m²/min, heute 3 m²/min leistet. Das Werk Simbach der Deutschen Heraklith AG. kann mit einer Belegschaft von 635 Mann in 24stündigem Dreischichtenbetrieb etwa 33000 m² Holzwolleplatten erzeugen.

Bei einer anderen Formmaschine[1] zur Herstellung von Holzwolleplatten bestehen die Preßbänder aus einzelnen gelenkig verbundenen Gliedern, über die mitlaufende endlose Stahlbänder gelegt sind. Das untere Preßband ist dabei

[1] DRP 751 314, Formmaschine zum Herstellen von Leichtbauplatten (E. Dyckerhoff).

als offene Rinne ausgebildet (Bild 426), in der das obere Preßband läuft. Das auf dem unteren Preßband mitlaufende, lose aufgelegte Stahlband bietet den weiteren Vorteil, daß es das Ausstoßen der fertigen Platten erleichtert und gleichzeitig die Seitenwandungen des durch das untere Preßband gebildeten Troges sauber kratzt. Durch Auf- und Abbewegung des als Widerlager für das obere Preßband dienenden Trägers kann die Plattendicke beliebig eingestellt werden. Die Laufzeit der Bänder wird der Abbindezeit entsprechend eingestellt. Eine Reguliervorrichtung erlaubt es, die Bandgeschwindigkeit zu regeln, eine andere Vorrichtung dient zur Beobachtung des jeweiligen Preßdrucks. Beim Verlassen der Bandpresse kann der Strang mit einer in der Laufrichtung des Bandes mitgehenden quergestellten Kreissäge oder Messerscheibe auf die gewünschte Länge geschnitten werden.

761.4 Pressen der Platten, Trocknen.

Soweit nicht Formmaschinen verwendet werden, müssen die Platten gepreßt werden. Spindelpressen sind nicht zu empfehlen und beschränken sich heute auf kleine oder mangelhaft eingerichtete Betriebe. Es ist schwierig, unter Spindelpressen den nötigen Druck zu erzeugen und vor allem zu überwachen. Erforderlich sind mindestens etwa 0,5 kg/cm², empfehlenswert 1,5 bis 3 kg/cm².

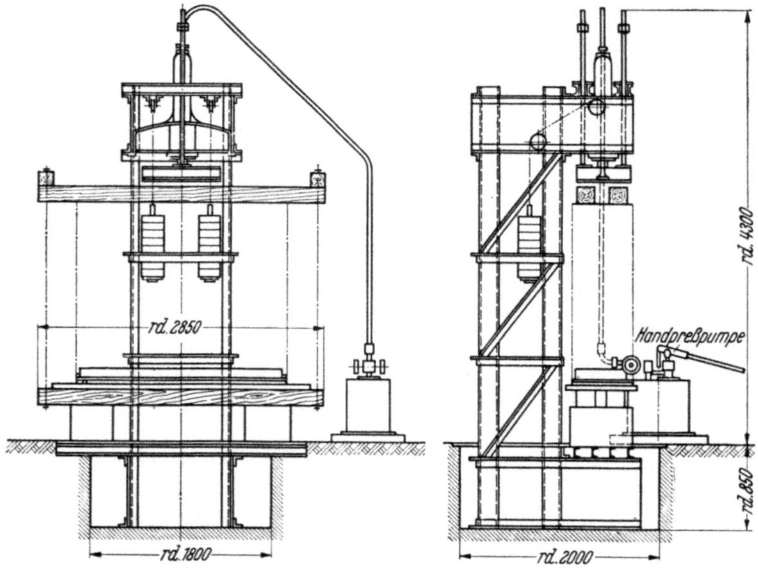

Bild 427. Schematische Ansicht einer hydraulischen Oberdruckpresse für Holzwolleplatten, Bauart Gaspary & Co., Leipzig.

Die unter einer Spindel auftretende Kraft K errechnet sich zu

$$K = k \cdot \frac{L}{r} \frac{2\pi r - \mu h}{h + 2\pi r \mu} \text{ [kg]}, \tag{32}$$

wobei k die am Hebelarm der Presse wirkende Kraft in kg (ein Arbeiter schafft etwa 25 kg, jedoch können dynamisch viel höhere Spitzen entstehen), L die Länge des Hebelarms in m, r der Halbmesser der mittleren Schraubenlinie in m, h die Ganghöhe der Schraube in m und μ die Reibungszahl (= 0,15). Wirken zwei oder mehrere Spindeln, so verdoppelt oder vervielfacht sich der Formungsdruck.

Bei hydraulischen Pressen, die als Oberdruckpressen (Bild 427) oder Unterdruckpressen (Bild 428) ausgeführt sein können, ist der Druck sehr einfach zu ermitteln und zu überwachen. Zweckmäßig wird ein Druckmesser an der Presse angebracht, der den Wasserdruck p_w im Druckwasserzylinder mißt. Bekannt sein muß der Durchmesser D des Preßkolbens. Der Formungsdruck p_F errechnet sich dann, wenn die Plattenfläche $F = 50 \cdot 200 = 10000\ \mathrm{cm}^2$ ist, auf die der Druck wirkt, zu

$$p_F = p_w \frac{D^2 \cdot \pi}{40000}\ [\mathrm{kg/cm}^2]. \quad \ldots . (33)$$

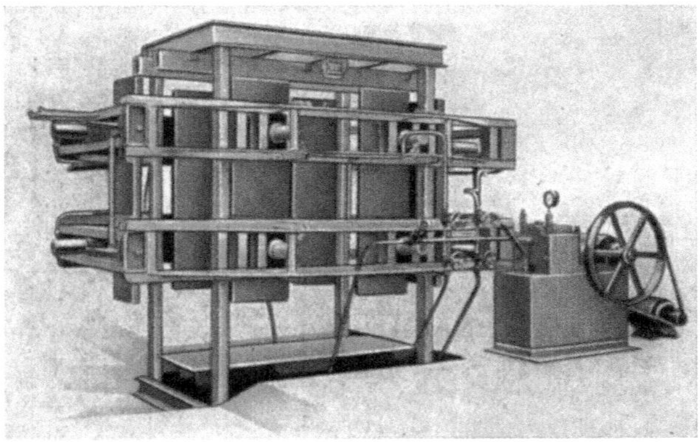

Bild 428. Ansicht einer hydraulischen Unterdruckpresse zur Herstellung von Holzwolleplatten, Bauart Karl Schneider, Kahl a. M.

Schließlich wird der gepreßte Formrahmen abgeriegelt, der Presse entnommen und in geeigneter Weise gestapelt. Das Auspacken und Stapeln der Platten richtet sich nach der Abbindedauer. Häufig werden die Platten auch einer künstlichen Trocknung unterworfen, die das Abbinden beschleunigt. Die Anlagen sind ähnlich, wenngleich einfacher als die zur künstlichen Holztrocknung. Sehr zweckmäßig ist es, die Abwärme des Betriebes zur Trocknung auszunutzen. Bei zementgebundenen Platten empfehlen sich keine höheren Temperaturen als 50° C, bei gipsgebundenen dürfen 70° C nicht überschritten werden.

Angaben über die Eigenschaften von Holzwolleplatten finden sich in Bd. I, und zwar über die Sorptionseigenschaften S. 406 und 407, die Biegefestigkeit S. 642 und 820, die Zusammendrückbarkeit S. 642, die Wärmeleitzahl S. 508, die Schallabsorption S. 566 und 567.

762. Herstellung von Holzspanplatten[1].

762.0 Allgemeines über Holzspanplatten.

Holzspanplatten sind Platten, die in der Hauptsache Holzspäne enthalten, die mit einem Bindemittel unter Druck und Hitze verleimt werden. Den Anstoß zur Entwicklung der Spanplatten gaben die großen Mengen von natürlichen Abfallspänen, d. h. von Säge- und Hobelspänen der holzverarbeitenden Industrie. Eine spätere Stufe war die Herstellung besonderer Späne aus stückigen Abfällen oder minderwertigem Holz mittels besonderer Zerspanungsmaschinen. Der Hauptvorteil der Spanplatten liegt darin, daß sie einen nennenswerten Beitrag zur Entlastung der Holzbilanz leisten, der Hauptnachteil ist der Verbrauch teurer Bindemittel.

Die industrielle Herstellung der Holzspanplatten ist noch jung und teilweise in laufender Entwicklung begriffen. Trotzdem lassen sich die wichtigsten Verfahren, die Einflußgrößen auf die Plattenqualität und die Hauptanwendungs-

[1] Der folgende Abschnitt stellt eine erweiterte Wiedergabe von F. Kollmann, Herstellung halbschwerer Holzspanplatten in Trockenverfahren, Holz als Roh- und Werkstoff Bd. 10 (1952) S. 121 dar; vgl. auch ders., Holz als Roh- und Werkstoff Bd. 10 (1952) S. 463.

gebiete klar beschreiben. Nicht möglich ist eine scharfe Abgrenzung gegen die Holzfaserplatten, da es Platten gibt, die sowohl Holzspäne als auch Holzfasern enthalten, und da sich durch Mahlen von Holzspänen Platten herstellen lassen, die in ihren Eigenschaften den Holzfaserplatten nahekommen.

Die früher übliche Unterscheidung von Isolierplatten und Hartplatten hat sich als zu eng erwiesen und wurde deshalb beim Entwurf der Neufassung von DIN 4076 durch nachstehende Einteilung ersetzt:

	Rohwichte kg/m³
leichte Spanplatten.	unter 400
halbschwere Spanplatten	400 bis 850
schwere Spanplatten	über 850
besonders gehärtete Spanplatten	über 850

Aus Kreisen der Holzspanplattenindustrie wurde demgegenüber die Einteilung in Möbel-, Bau- und Fußbodenplatten vorgeschlagen, jedoch dürfte es kaum möglich sein, die beiden ersten Gruppen klar voneinander abzugrenzen. W. Klauditz und G. Ohse[1] unterscheiden folgende Typen: 1. Spanholzplatten, die aus Holzspänen, insbesondere flächigdünnen Spänen, annähernd homogen aufgebaut sind und eine verhältnismäßig geschlossene Oberfläche aufweisen; Wichtebereich 0,4 bis 1,3 g/cm³, Biegefestigkeit 150 bis 1100 kg/cm², Mindestdicke (1) 2 mm. 2. Holzspan-Mittellagenplatten, die als Mittellagen, Stütz- oder Einlegeplatten Verwendung finden, also vorwiegend als konstruktive Halbzeuge zum Aufbau von Holzfertigteilen dienen. Sie weisen keine glatte oder geschlossene Oberfläche auf und besitzen geringere Festigkeitseigenschaften bei gutem Stehvermögen; Wichtebereich 0,3 bis 0,5 g/cm³, Biegefestigkeit 40 bis 100 kg/cm², Dicken etwa zwischen 12 und 40 mm. 3. Holzspanschichtplatten. Sie besitzen zwischen fest durchgebildeten Außenschichten weniger feste Innenschichten aus Holzspänen. Die Herstellung erfolgt in einem Arbeitsgang und ermöglicht die Nutzung geringerwertiger Holzspäne in der Mittelschicht bei niedrigem Bindemittelaufwand. Urtyp der Holzspanschichtplatte ist die von F. Fahrni entwickelte Novopanplatte. Der gewichtsmäßige Anteil der Außenschichten beträgt etwa 15 bis 30% des gesamten Spanholzgewichtes. Wichtebereich 0,5 bis 0,7 g/cm³, Biegefestigkeit je nach der Dicke 150 bis 300 kg/cm². 4. Holzspanverbundplatten. Sie entstehen durch die Beplankung von Mittellageplatten mit Furnierdeckschichten gegebenenfalls unter Umleimung der Mittellage; Wichtebereich 0,5 bis 0,7 g/cm³, Biegefestigkeit je nach Dicke und Art der Beplankung 200 bis 400 kg/cm².

Es hat sich gezeigt, daß unter den Holzspanplatten hauptsächlich die halbschweren Spanplatten mit einer Wichte von 500 bis 700 kg/m³ große technische und wirtschaftliche Bedeutung haben. Diese Platten, die man auch als „Holzspanbretter“ bezeichnen kann, sind großflächig und infolge der Kreuz- und Querlage ihrer Späne flächig-quasi isotrop. Sie haben deshalb und wegen der Kunstharzimprägnierung ihrer inneren Oberfläche (die unter Umständen in den Außenschichten verstärkt sein kann) ein sehr gutes Standvermögen und gute verarbeitungstechnische Eigenschaften. Solche Platten eignen sich deshalb sehr gut als Mittellagen sowie als Verkleidungs- und Deckplatten im Möbelbau und beim Innenausbau von Häusern und Läden.

---

[1] Klauditz, W., u. G. Ohse: Gesichtspunkte zur Typisierung, Prüfung und Verwendung von Holzspanplatten, Institut für Holzforschung, Braunschweig-Kralenriede, Ber. 23/51.

Auch als Fußbodenplatten lassen sich Holzspanplatten verwenden, jedoch ist dann ein höherer Bindemittelgehalt und vor allem ein größerer Fertigungsdruck erforderlich. Bindemittellose Fußbodenplatten lassen sich nach einem Verfahren der CTC (Chemo-Techno Company) aus Holzfaserstoff unter Zusatz hydratisierter Holzspäne oder mit einem Preßverfahren in geschlossenen Formen ohne schädliche Räume (Thermodynverfahren von R. O. H. Runkel und J. Jost) herstellen. In diese Gruppe zählen auch Werkstoffe der Dynamit AG. in Troisdorf, die aus Defibratorfasern (Tronal *L*) oder Sägespänen (Tronal *N*) unter Zusatz hydratisierter, d. h. schleimig gemahlener Holzbestandteile hochwertige Platten erzeugt. Aus groben Spänen, denen weitgehend aufgemahlene Holzanteile zugesetzt werden, werden die Tronofaplatten hergestellt, aus Spänen, die im ganzen verformender Mahlung unterworfen werden, welche aber in einem Stadium unterbrochen wird, in dem das Mahlprodukt in seiner Hauptmasse noch eine grobförmige Struktur aufweist, die Tronexplatten, die man als Mischplatten zwischen Hartspan- und Hartfaserplatten auffassen und als Fußbodenbelag verwenden kann[1].

762.1 Rohstoffe der Holzspanplatten.

762.11 Natürliche und künstliche Holzspäne. Die Eigenschaften der Holzspanplatten hängen außer von der Art und Menge des Bindemittels und vom Preßdruck hauptsächlich von der Spanform und Spangröße ab. Die Holzart spielt eine untergeordnete Rolle. Auf Grund der wissenschaftlichen Untersuchungen und der Betriebserfahrungen läßt sich folgendes feststellen:

1. Gestreckte, flache Späne ergeben eine höhere Biegefestigkeit als kurze und rundliche Späne:

2. Breite Späne mit glatter Oberfläche ergeben eine glatte Plattenoberfläche, während schmale gekräuselte Späne eine gute Verfilzungsfähigkeit besitzen und sich deshalb als festigkeitsbildende Elemente im Innern von Spanplatten eignen. Diese Unterschiede regten zur Entwicklung mehrschichtiger Platten an (vgl. dazu die Patentangaben in Bd. I, S. 821, Fußnote 1).

3. Große, lange Späne neigen zur Bildung von Brücken und Lockerstellen.

4. Sägespäne allein liefern selbst bei verhältnismäßig hohem Bindemittelzusatz nur schlechte Plattenfestigkeit.

5. Holzstaub und sehr feine Späne lassen sich nicht zu brauchbaren Platten verarbeiten.

Nach Untersuchungen von W. Klauditz[2] sind grundsätzlich sämtliche deutschen Nutzholzarten für die Holzspanplattenherstellung geeignet, wobei auch eine gemischte Verarbeitung der verschiedenen Holzarten möglich ist. Allerdings zeigt Bild 429, daß die Biegefestigkeit von Holzspanplatten gleicher Wichte umso höher ist, je niedriger die Wichte des Ausgangsholzes liegt. Im Bereiche höherer Plattenwichten verringern sich die Unterschiede etwas. Bei dem verhältnismäßig niedrigen Bindemittelanteil muß man der Spanbeschaffenheit besonderen Wert beimessen, also beispielsweise die Späne aus Buchenholz dünner fertigen als die aus Fichtenholz. Um bei spezifisch schwereren Holzarten im Vergleich zum Fichtenholz zu gleichwertigen Möbelplatten zu gelangen, muß man bei sonst gleichartigen Herstellbedingungen die Rohwichte der Holzspanplatten aus den schwereren Holzarten erhöhen. Beispielsweise werden bei

---

[1] Saechtling, H.: Holzforschung Bd. 2 (1948) S. 21.

[2] Klauditz, W.: Untersuchungen über die Eignung von verschiedenen Holzarten, insbesondere von Rotbuchenholz zur Herstellung von Holzspanplatten, Institut für Holzforschung, Braunschweig, Bericht 25/52.

8% Bindemittelzusatz 200 bis 250 kg/cm² Biegefestigkeit erreicht, wenn die Fichtenholzspanplatte eine Rohwichte von etwa 0,58 g/cm³, die Buchenholzspanplatte aber um 0,70 g/cm³ aufweist.

Von den natürlich anfallenden Spänen eignen sich daher Sägespäne nur bedingt und als Beimischung zur Spanplattenfabrikation. Brauchbar sind dagegen Hobel- und Schälspäne sowie alle Arten von Furnierabfällen, die allerdings nachzerkleinert werden müssen. Wesentlich verbessern lassen sich die Platteneigenschaften durch Verwendung oder Beimischung von künstlich hergestellten Spänen, die sich praktisch aus allen Arten grobstückiger Abfälle herstellen lassen. Nach W. Klauditz[1] kann man diese trennen in Schlag- und Reißspäne sowie in Schneidespäne. Bei Reiß- und Schlagspänen können die Länge, Dicke und Breite nur in beschränktem Umfange verändert werden, bei Schneidespänen können alle Abmessungen unabhängig voneinander gewählt werden. Zur Herstellung von Reiß- und Schlagspänen eignen sich Spreißel, Schwarten, Furnierabfälle usw., während Schneidespäne als Ausgangsmaterial Zopfstücke, Schälrestrollen, Endscheiben u. ä. erfordern.

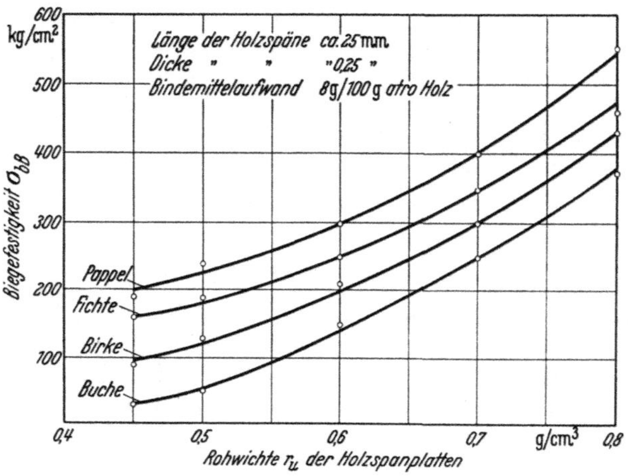

Bild 429. Biegefestigkeit von Holzspanplatten aus verschiedenen Holzarten in Abhängigkeit von der Rohwichte. (Nach W. Klauditz.)

Die herstellbaren Spanformen können nach O. Herdey[2] in Anlehnung an die Systematik der Kolloidchemie wie folgt eingeteilt werden:

a) Flachspäne, die in einer Dimension (Dicke) sehr kleine Abmessungen besitzen,

b) Fadenspäne, die aus Flachspänen bei geeigneter Unterteilung hervorgehen und in zwei Dimensionen (Breite und Dicke) sehr kleine Abmessungen haben,

c) Kornspäne, die aus den Fadenspänen durch Unterteilung in der Längsrichtung entstehen und in allen drei Raumachsen sehr kleine Abmessungen aufweisen.

Für die Herstellung von Spanplatten haben bisher die Flächen- und Fadenspäne die größte Bedeutung erlangt, da man mit ihnen die hohe Ausgangsfestigkeit des Holzes am besten ausnutzen kann, während die Kornspäne nur für Sonderzwecke in Frage kommen.

---

[1] Winter, H., u. W. Klauditz: Der augenblickliche Stand und die Möglichkeiten der Verarbeitung von Holzabfällen der Sperrholzindustrie zu Holzspanplatten, Ber. d. Inst. f. Masch.-Konstr. u. Leichtbau d. TH. Braunschweig, sowie der Versuchs- und Beratungsstelle für techn. Holznutzung, Braunschweig 24. 7. 1948.

[2] Herdey, O.: Neuzeitliche Zerspanungsmaschinen, in Holz-Zbl. Sonderheft: Technik und Holzwirtschaft zur Technischen Messe Hannover 1953.

762.12 Bindemittel. Bei der Herstellung von Holzspanplatten im Trockenverfahren spielt die Bindemittelfrage eine besonders wichtige Rolle. Da der Kostenanteil für die Bindemittel in dem Fertigerzeugnis verhältnismäßig hoch liegt, sind Grenzen für den Bindemittelgehalt gezogen, die nicht überschritten werden dürfen. Praktisch muß sich heute der Bindemittelgehalt etwa zwischen 5 und 10% bewegen, obwohl auch schon brauchbare Versuchsplatten mit nur 2,5% Bindemittelgehalt geschaffen wurden. Die technisch-wissenschaftliche Behandlung und betriebliche Steuerung des Problems wird dadurch erschwert, daß die Qualität der Spanplatten außer von der Spanbeschaffenheit und Spanoberfläche von der jeweils wirksamen Bindefläche, der Bindemittelverteilung, der Viscosität und Schichtdicke des Bindemittels, seiner Adhäsion an das Holz, der Holzfeuchtigkeit, der Verdichtung und Verformung der Holzspäne sowie vom Druck, der Temperatur und der Dauer des Pressens abhängt.

Folgende Bindemittelgruppen wurden bisher zur Spanplattenherstellung herangezogen:

1. Faserschleime
2. Kasein, Blutalbumin
3. Naturharze, Sulfitablauge usw.
4. Kunstharze, hauptsächlich Harnstoff- und Phenol-Formaldehydharze.

Zur Herstellung klebefähiger Faserschleime oder Kittstoffe benutzt man einen Mahlholländer (mit rund 300 kg Eintrag) und darunter angeordneter Propellerbütte von etwa 15 m³ Faßvermögen. Den starken Einfluß der Mahlzeit auf die Festigkeitsausbildung von Spanplatten (bei gleichbleibendem Preßdruck) weist Bild 430 nach. Infolge des hohen Energieverbrauchs beim Mahlen, der geringen Feuchtfestigkeit der erzielbaren Bindung und des wechselnden Einflusses der Holzart auf die Klebfähigkeit, verschwanden die Faserschleime wieder fast ganz aus der Anwendung bei der Spanplattenherstellung.

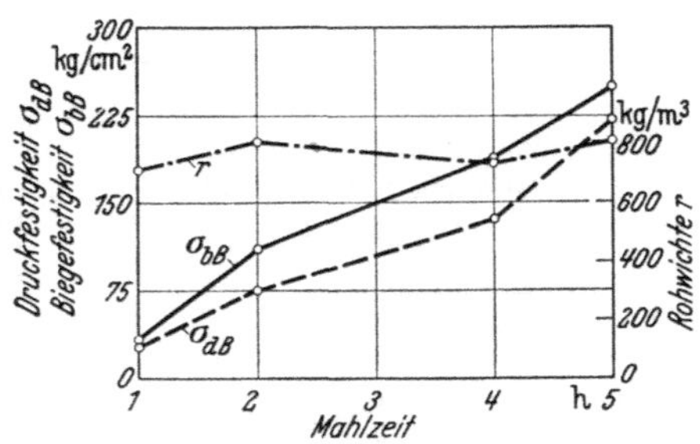

Bild 430. Einfluß der Mahlzeit auf die Festigkeitsbildung von Holzspanplatten. (Tronex-Platte der Dynamit AG. aus Hobelspänen, nach H. J. Saechtling.)

Kasein-, Blutalbumin- und Naturharzleime sind zwar verhältnismäßig billig, aber sie haben abgebunden eine zu geringe Wasserfestigkeit, und die beiden erstgenannten Bindemittel sind gegen Schimmelbefall nicht resistent. In der Praxis der Spanplattenfertigung werden deshalb gegenwärtig vorherrschend Harnstoff- und Phenolharzleime verwendet. Neuerdings finden auch Melamin-Formaldehydharze Eingang.. Die härtbaren Kunstharzleime bieten nach W. Klauditz[1] folgende verarbeitungstechnischen Vorteile:

1. Verarbeitung von verhältnismäßig trockenen Holzspanpreßmassen, die sich in den Preßformen gut verteilen lassen;

[1] Klauditz, W.: Untersuchungen über die Ergiebigkeit von Phenol- und Harnstoff-Formaldehyd-Kunstharz-Bindemitteln bei der Herstellung von Holzspanplatten Inst. f. Holzforschg., Ber. 14—49, Braunschweig, 20. 6. 1949, S. 8.

2. keine Verdampfung von Lösungsmitteln während des Verleimungsvorgangs, so daß dadurch die Leistung der Heizpressen nicht beeinträchtigt und die Erzeugung dichter, zweiseitig glatter Spanplatten ermöglicht wird;

3. verhältnismäßig schnelle Härtung der Bindemittel.

Bei der Herstellung von Holzspanplatten werden die Kunstharze meist in wässerig-kolloidaler Lösung mit einem Gehalt von 40 bis 70% Festharz auf den trockenen Holzspänen (mit 2 bis 15% Holzfeuchtigkeit) fein verteilt aufgebracht. Je nach der Art der herzustellenden Platte, dem Spanmaterial und den Preßbedingungen wird die mit Bindemittel vermischte Spanmasse noch nachgetrocknet; unter Umständen kann die Nachtrocknung mit dem Bindemittelauftrag verknüpft werden, indem beheizte Mischmaschinen zur Verwendung gelangen. Die Verleimungstemperatur und -dauer richten sich nach der Art des Bindemittels sowie der Dicke und Wichte der Holzspanschicht. Bei den gebrächlichen Phenolharzleimen liegen die Verleimungs- bzw. Härtetemperaturen zwischen 150 und 170° C, bei den üblichen Harnstoffleimen mit Zusatz von Heißhärtern zwischen 100 und 150° C. Für Holzspanplatten von 8 bis 20 mm Dicke rechnet man bei diesen Temperaturen mit Verleimungsdauern zwischen 10 und 20 min.

Die Phenolharzleime sind überschlägig etwa doppelt so teuer wie die Harnstoffleime. Der Frage der Ergiebigkeit ist deshalb besondere Aufmerksamkeit zu widmen. Über die Eigenschaften von Phenol- und Harnstoffkunstharz an sich liegen sehr gründliche Mitteilungen vor[1]. Wie Zahlentafel 65 erkennen läßt, unterscheiden sich die beiden Harztypen in ihren Festigkeitseigenschaften nur unwesentlich.

Zahlentafel 65. *Festigkeitseigenschaften und physikalische Eigenschaften von Harnstoff- und Phenol-Kunstharz.* (*Nach W. Klauditz.*)

	Harnstoffharz Mittel	Phenolharz Mittel
Wichte . . . . g/cm³	1,3	1,3
Wasseraufnahme 24 h 20°C . . . . %	1,5	0,4 bis 1,0
Wasseraufnahme 7 Tage 20°C mg/100 cm²	790	200 bis 750
Wärmefestigkeit . . . . . °Martens	110	150
Zugfestigkeit . . . . kg/cm²	600 bis 700	600 bis 700
Biegefestigkeit . . . . kg/cm²	800 bis 1100	800 bis 1000
Schlagbiegefestigkeit . . . . cmkg/cm²	10	8 bis 10

Die Harnstoffharze besitzen eine etwas größere Wasseraufnahme und etwas geringere Wärmebeständigkeit als die Phenolharze. Weiter hat sich herausgestellt, daß die Leimfestigkeit beider Kunstharzbindemittel praktisch gleichzusetzen ist. Da die Eignung von Leimen zur Holzverbindung einerseits von der Eigenfestigkeit des Bindemittels und den Kohäsionskräften, anderseits von den Adhäsionskräften zwischen Holz und Bindemittel abhängt, kann man aus diesem Befund schließen, daß die Adhäsionskräfte beider Harztypen an das Holz etwa gleich groß sein müssen. Zahlentafel 66 nach W. Klauditz[2] beweist, daß zwischen mit Phenolharz- und Harnstoffharzbindemitteln hergestellten Spanplatten praktisch keine wesentlichen Unterschiede im mechanischen und hygroskopischen Verhalten bestehen.

---

[1] Saechtling, H. J., u. K. H. Mielke: Kunststoffe Bd. 38 (1948) S. 85.

[2] Klauditz, W.: Eignungsvergleich zwischen Phenol- und Harnstoffharz-Bindemitteln bei der Herstellung von Möbelbauplatten, Sitzungsber. Entwicklung und Herstellung von Holzspanplatten, Dtsch. Ges. f. Holzforschg. v. 31. 1. 1952, S. 10.

Bei vergleichenden Untersuchungen von W. Klauditz[1] ergab sich, daß Harnstoff- und Phenolharz auch in ihrer Ergiebigkeit als Bindemittel bei der Spanplattenherstellung annähernd gleichgesetzt werden können. Bei der Wasserlagerung quellen die nur zu einem geringen Teil von Bindemittelfilmen umhüllten

Zahlentafel 66. *Eigenschaften von Holzspanplatten aus Fichtenspänen mit Bindung durch Harnstoff- und Phenolharz. (Nach W. Klauditz.)*

	Bindemittel	
	Harnstoffharz	Phenolharz
Platte aus Fichtenholzspänen, 0,1 mm dick		
Biegefestigkeit trocken kg/cm²	300	265
Dickenquellung % (Probengröße 10 · 10 cm²)		
im Wasser 24 h	11,5	12,4
im Feuchtraum 5 Tage	8,0	6,6
10 Tage	10,6	8,4
Wasseraufnahme % im Feuchtraum		
5 Tage	11,2	8,8
10 Tage	13,4	11,3
Platte aus Fichtenholzspänen, 0,3 mm dick		
Biegefestigkeit trocken kg/cm²	295	226
Biegefestigkeit naß kg/cm²		
nach 24 h in Wasser	120	96
nach 96 h in Wasser	106	83
Dickenquellung %		
im Wasser 24 h	12,2	14,2
im Feuchtraum 5 Tage	9,0	8,2
10 Tage	11,6	10,5
Wasseraufnahme %		
im Feuchtraum 5 Tage	10,0	10,1
10 Tage	12,2	12,9

Späne in Holzspanplatten. Wahrscheinlich wird dabei ein Teil der Bindungen zwischen den Spänen gesprengt, wodurch sich eine wesentliche Abnahme der Biegefestigkeit ergibt. Mit Phenol- und Harnstoffharzen gefertigte Platten zeigen etwa das gleiche Verhalten. Immerhin ist festzustellen[1], daß beide Bindemittel der Platte eine recht beträchtliche Wasserfestigkeit verleihen, da selbst nach einer Dickenquellung von 20 bis 30% noch eine hohe Restfestigkeit vorhanden ist.

Über den quantitativen Einfluß des Bindemittelgehalts auf die wichtigsten physikalischen und mechanischen Eigenschaften von Spanplatten liegen verschiedene Untersuchungen vor. Von H. Winter[2] stammt Bild 431,

[1] Klauditz, W.: Untersuchungen über die Ergiebigkeit von Phenol- und Harnstoff-Formaldehyd-Kunstharz-Bindemitteln bei der Herstellung von Holzspanplatten, Inst. f. Holzforschg., Ber. 14—49, Braunschweig, 20. 6. 1949, S. 8.

[2] Winter, H.: Eigenschaften, Prüfung und Verwendung von plattenförmigen Holzhalbzeugen unter besonderer Berücksichtigung der Holzfaser- und Holzspanplatten, Mitt. Dtsch. Ges. f. Holzforschg., Heft 37, Stuttgart 1949, S. 133.

das die Änderung des hygroskopischen Gleichgewichts mit steigendem Bindemittelgehalt zeigt; zum Vergleich der ziemlich stark streuenden Meßpunkte der Ausgleichkurven sind die viel regelmäßigeren Kurven für Holzfaser-

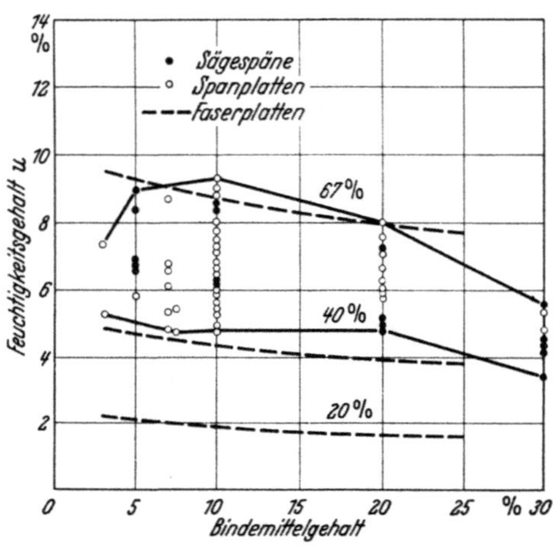

Bild 431. Hygroskopisches Gleichgewicht von Holzspanplatten in Abhängigkeit vom Bindemittelgehalt. (Nach H. Winter.)

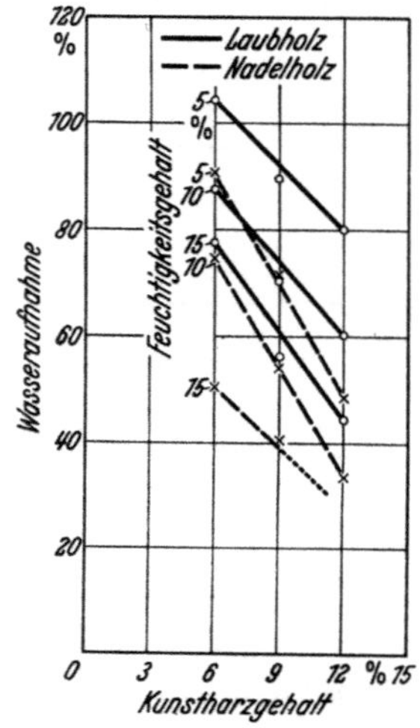

Bild 432. Abhängigkeit der Wasseraufnahme von Spanplatten vom Bindemittelgehalt, Preßdruck 25 kg/cm². (Nach Th. W. Sears jr.)

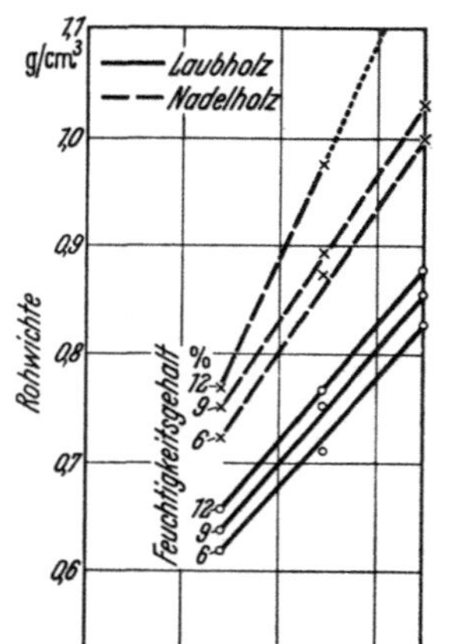

Bild 433. Abhängigkeit der Rohwichte von Sägespanplatten vom Bindemittelgehalt und Preßdruck. (Nach W. Th. Sears jr.)

Bild 434. Abhängigkeit der Rohwichte von Sägespanplatten vom Bindemittelgehalt und Preßdruck. (Nach H. Winter.)

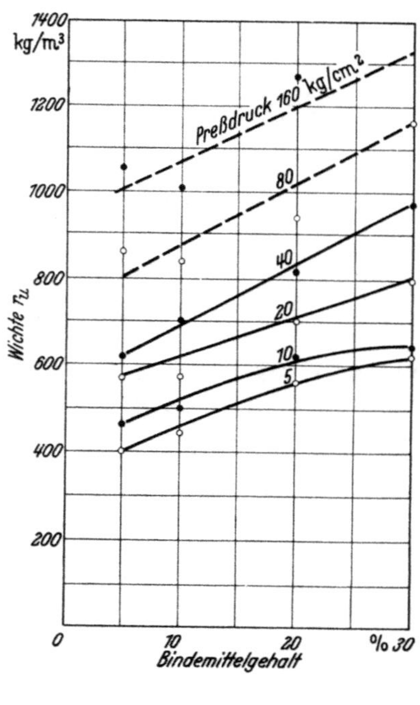

platten (nach F. Kollmann und A. Dosoudil, vgl. Bd. I, S. 409, Bild 304) mit eingezeichnet. Man kann daraus schließen, daß Span- und Faserplatten sich im Feuchtegleichgewicht sehr ähnlich verhalten. Die Wasseraufnahme von Spanplatten verringert sich mit zunehmendem Bindemittelgehalt. Bild 432 gibt Versuchsergebnisse von Th. W. Sears jr.[1] wieder; dabei handelt es sich um Platten, die aus gesiebten Sägespänen durch Vermischen mit einem trokkenen wärmehärtenden Kunstharzpulver bei einem Druck von rund 25 kg/cm² erzeugt wurden. Für Platten, die unter den gleichen Voraussetzungen erzeugt wurden, zeigt Bild 433 die Abhängigkeit der Rohwichte vom Bindemittelgehalt; beachtenswert ist die höhere Wichte der Platten aus Weichholzsägespänen im Vergleich zu Platten aus Hartholzsägespänen. Zurückzuführen ist dies auf die stärkere Verdichtung der Weichholzspäne bei dem schon ziemlich hohen Preßdruck von 25 kg/cm². Bemerkenswert ist ferner, daß diese Verdichtung sehr stark vom Feuchtigkeitsgehalt der Späne beim Verpressen abhängt. Zu diesem für die Fabrikation besonders wichtigen Punkt wird im nächsten Abschnitt noch weiteres Material folgen. Bild 434 nach H. Winter[2] zeigt

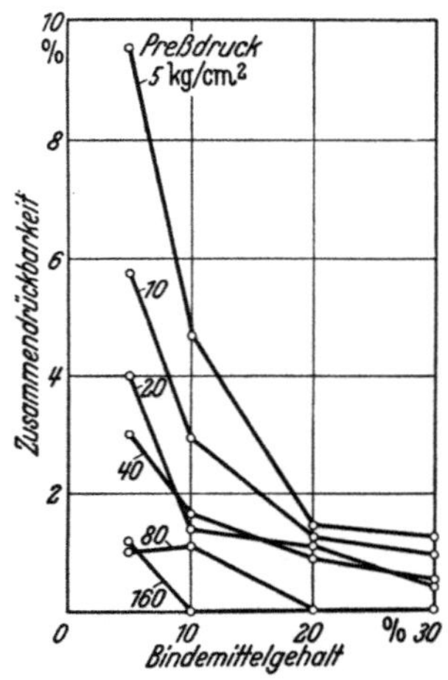

Bild 435. Abhängigkeit der Zusammendrückbarkeit von Buchenspanplatten vom Bindemittelgehalt bei verschiedenem Preßdruck. (Nach H. Winter u. W. Klauditz.)

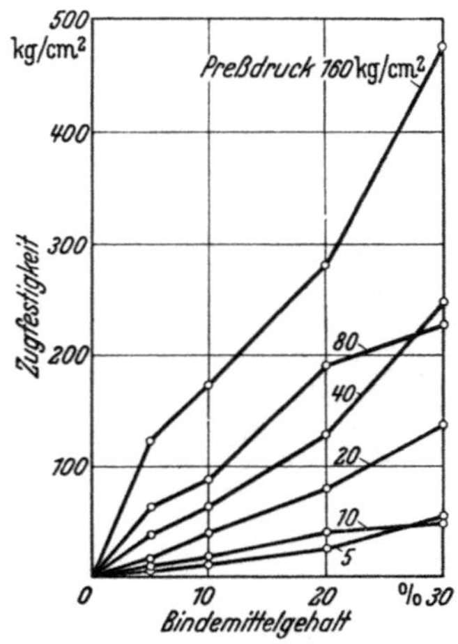

Bild 436. Abhängigkeit der Zugfestigkeit von Buchenspanplatten vom Bindemittelgehalt bei verschiedenem Preßdruck. (Nach H. Winter u. W. Klauditz.)

die gleiche Tendenz wie Bild 433 und läßt zusätzlich den Einfluß des Preßdrucks erkennen.

Man kann also allgemein sagen, daß die Rohwichte bei sonst gleichen Bedingungen proportional dem Bindemittelgehalt anwächst und daraus schließen, daß der Bindemittelgehalt die Platteneigenschaften in analoger Weise beeinflußt wie die Rohwichte. Da für die Einwirkung der Rohwichte bei allen Holzwerkstoffen recht ausgedehnte und zuverlässige Feststellungen vorliegen, lassen sich daraus wichtige Schlüsse ziehen.

Für die Dehnungszahl von Holz wurde beispielsweise auf Grund von Großzahluntersuchungen eine hyperbolische Abhängigkeit von der Rohwichte gefunden. Die theoretische Begründung dafür wurde von A. Ylinen (vgl. Bd. I, S. 598/599) gegeben. Man kann mit guten Gründen annehmen, daß sich die Spanplatten in ihrem elastischen Verhalten diesem Gesetz unterordnen. Dabei

[1] Sears, jr., Th. W.: Variables Effecting the Properties of Wood Waste Moulding in Northeastern Wood Utilization Counc. Bull. Nr. 31, Wallboard Production and Uses, New Haven, Conn., Jan. 1950, S. 89.

[2] Winter, H.: Eigenschaften, Prüfung und Verwendung von plattenförmigen Holzhalbzeugen unter besonderer Berücksichtigung der Holzfaser- und Holzspanplatten, Mitt. Dtsch. Ges. f. Holzforschg., Heft 37, Stuttgart 1949, S. 133.

ist, ähnlich wie bei den Holzwolleplatten, eine besonders aufschlußreiche Kenngröße die Zusammendrückbarkeit von Ausschnitten unter Flächenbelastung (vgl. Bd. I, S. 642, Bild 530). Bild 435 gibt die vermutete hyperbolische Ab-

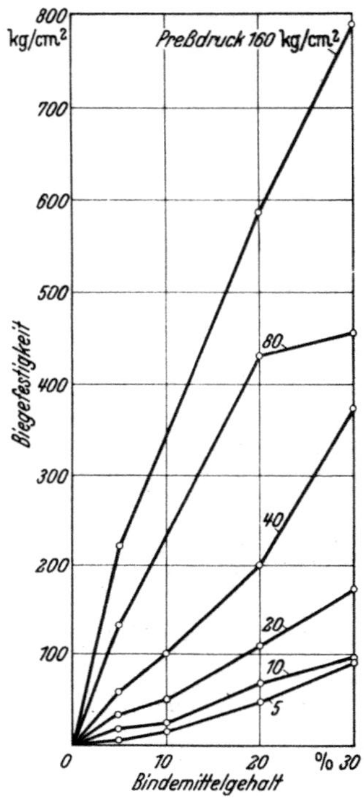

Bild 437. Abhängigkeit der Biegefestigkeit von Buchenspanplatten vom Bindemittelgehalt bei verschiedenem Preßdruck. (Nach H. Winter u. W. Klauditz.)

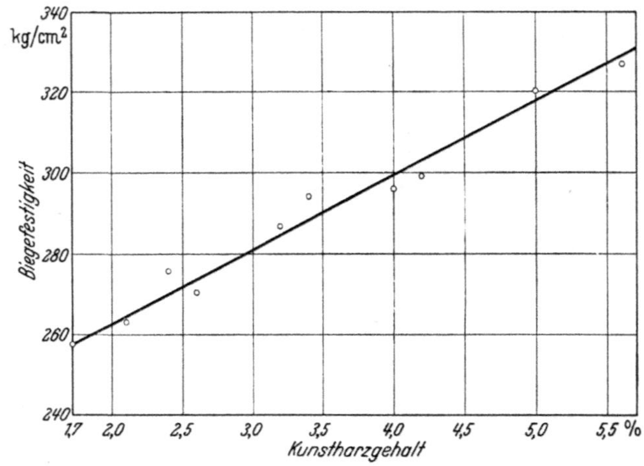

Bild 438. Abhängigkeit der Biegefestigkeit einer 6,4 mm dicken Spanplatte mit Decklagen aus kunstharzgetränktem Papier vom Gehalt an Phenol-Formaldehydharz. (Nach Oregon Forest Products Laboratory, Corvallis, Ore.)

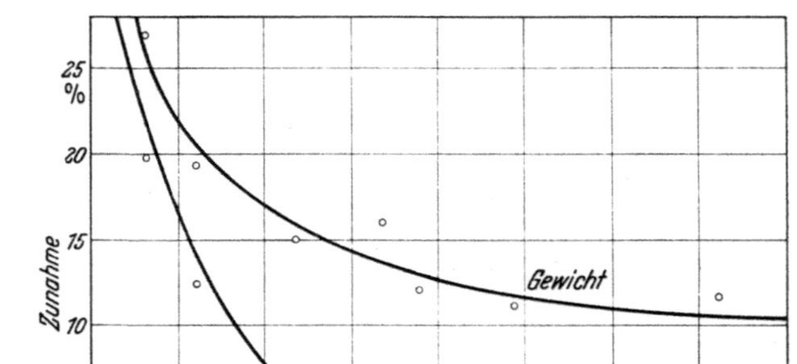

Bild 439. Abhängigkeit der Wasserabsorption (bei 24stündiger Lagerung) einer 6,4 mm dicken Spanplatte mit Decklagen aus kunstharzgetränktem Papier vom Gehalt an Phenol-Formaldehydharz. (Nach Oregon Forest Products Laboratory, Corvallis, Ore.)

hängigkeit der Zusammendrückbarkeit von Spanplatten vom Bindemittelgehalt recht klar wieder.

Weiter wurde bei Holz und Holzwerkstoffen gefunden, daß die statischen Festigkeitseigenschaften und die Härte der Rohwichte annähernd parallel laufen (vgl. Bd. I, S. 658, 725, 793, 902 und 918). Man kann nach dem oben Gesagten vermuten, daß ähnliche Beziehungen zwischen der Festigkeit von Spanplatten und ihrem Bindemittelgehalt bestehen. Bild 436 bestätigt das für die Zugfestigkeit, Bild 437 für die Biegefestigkeit. Bild 438 gibt die Beziehung zwischen der Biegefestigkeit und dem Gehalt an Phenolformaldehydharz bei 6,4 mm dicken Holzspanplatten wieder, die auf beiden Außenseiten mit in Kunstharz getränktem Papier bedeckt sind. Die Wasseraufnahme und Dickenquellung bei 24stündiger Wasserlagerung in Abhängigkeit vom Harzgehalt des gleichen Spanplattentyps ist in Bild 439 dargestellt. Vielfach werden besonders bei der Verwendung von Harnstoffharzen in der Spanplattenindustrie Streckmittel (z. B. Weizenmehl) verwendet.

762.13 Antikleber, Imprägniermittel. Um das Ankleben der Platten an den Glanzblechen bei der Heißpressung zu verhindern, werden die Vorpreßlinge meist mit Paraffin als Antikleber bespritzt. Wendevorrichtungen können dabei das beiderseitige Bespritzen technisch erleichtern (Bild 440). Auch ein Zusatz von etwas Kollophonium hat sich in einigen Fällen als zweckmäßig erwiesen, da dadurch die Platteneigenschaften verbessert werden.

Um die Holzspanplatten gegen pflanzliche und tierische Schädlinge zu schützen, ist ein Zusatz von geeigneten Schutzmitteln möglich. Nach W. Klauditz und I. Stolley[1] eignet sich hierfür das Natriumsalz des Pentachlorphenols. Verfahrenstechnisch kann das Schutzmittel entweder in wässeriger Lösung zuerst auf die Späne aufgesprüht und nachträglich das Bindemittel aufgebracht werden, oder Schutzmittel und Bindemittel werden in einer Lösung vereinigt, die dann auf die Späne aufgesprüht wird. Bei der getrennten Aufbringung von Bindemittel und Schutzmittel kann letzteres unmittelbar nach der Verspanung auf die noch feuchten Späne gespritzt werden; es erfolgt dann zwar eine gute Imprägnierung, aber bei der anschließenden Trocknung der Späne entstehen Schutzmittelverluste. Es ist deshalb besser, das Schutzmittel erst nach der Trocknung aufzusprühen. Bei den Versuchen der obengenannten Forscher wurde eine 20%ige wässerige Lösung des Schutzmittels verwendet, die eingebrachte Menge war 1 bis 2%, bezogen auf die trocken gedachten Holzspäne. Zur Verbesserung der Aufnahme des Schutzmittels durch das Holz wurde der Lösung eine geringe Menge Netzmittel zugesetzt. Anschließend an die Imprägnierung der Späne mit dem Schutzmittel wurde das Kunstharzbindemittel — entweder Phenol- oder Harnstoffharz — in 50%iger Lösung in einer Menge, die 8% Festharz, bezogen auf die trockenen Späne, entsprach, aufgedüst. Bei einer weiteren Versuchsreihe wurden das Bindemittel und die Schutzmittellösung gemischt und dann (in gleichen Gewichtsanteilen wie vorher) aufgesprüht. Bei der Mischung traten offensichtlich keine Nachteile auf. Wie Zahlentafel 67 zeigt, tritt ein Abfall der Biegefestigkeit der Spanplatten gegenüber reiner Kunstharzbindung weder bei getrennten noch bei gemeinsamem Versprühen von Bindemittel und Schutzmittel ein.

Bild 440. Wendevorrichtung der Norddeutschen Homogenholz-Gesellschaft m. b. H., Triangel.

[1] Klauditz, W., u. I. Stolley: Holzschutz bei Holzspanplatten, in Tagung Braunschweig 1951 des Vereins für technische Holzfragen, Braunschweig-Kralenriede 1951, S. 159.

Zahlentafel 67. *Biegefestigkeit von Holzspanplatten ohne und mit Zusatz von Pentachlorphenol.* (*Nach W. Klauditz und I. Stolley.*)

Bindemittel bzw. Schutzmittel	Rohwichte r_u g/cm³	Biegefestigkeit σ_{bB} kg/cm²
8% Phenolharz	0,54	310
8% Phenolharz 2% Pentachlorphenol zusammen versprüht	0,53	290
8% Harnstoffharz	0,60	260
8% Harnstoffharz 2% Pentachlorphenol getrennt versprüht	0,61	301
8% Harnstoffharz	0,57	261
8% Harnstoffharz 2% Pentachlorphenol zusammen versprüht	0,57	323

Fichtenholzspäne 0,1 bis 0,2 mm dick.

Zahlentafel 68. *Herabsetzung der Zerstörung von Holzspanplatten durch Pilzbefall bei Verwendung von Harnstoffharz als Bindemittel.* (*Nach W. Klauditz und I. Stolley.*)

Bindemittel bzw. Schutzmittel	Pilz	Gewichtsverlust [%]
8% Harnstoff A	Coniophora cerebella Poria vaporaria Merulius lacrymans	52 — *54* — 56 *0* 39
8% Harnstoff A 1% Pentachlorphenol getrennt versprüht	Coniophora cerebella	3 — *22* — 41
8% Harnstoffharz A 2% Pentachlorphenol getrennt versprüht	Coniophora cerebella	0 — *0* — 1
8% Harnstoffharz B	Coniophora cerebella	49 — *52* — 53
8% Harnstoffharz B 4% Pentachlorphenol getrennt versprüht	Coniophora cerebella	0 — *1* — 1

Fichtenholzspäne 0,1 bis 0,2 mm dick.

Zahlentafel 69. *Herabsetzung der Zerstörung von Holzspanplatten durch Pilzbefall bei Verwendung von Phenolharz als Bindemittel.* (*Nach W. Klauditz und I. Stolley.*)

Bindemittel bzw. Schutzmittel	Pilz	Gewichtsverlust [%]
8% Phenolharz	Coniophora cerebella	18 — *22* — 26
8% Phenolharz 1% Pentachlorphenol getrennt versprüht	Coniophor cerebella	3 — *9* — 15
8% Phenolharz 2% Pentachlorphenol getrennt versprüht	Coniophora cerebella	5 — *6* — 6
8% Phenolharz 2% Pentachlorphenol zusammen versprüht	Coniophora cerebella Poria vaporaria	1 — *2* — 3 *1*
8% Phenolharz 2% Pentachlorphenol zusammen versprüht	Coniophora cerebella	*2* — *3* — 6

Fichtenholzspäne 0,1 bis 0,2 mm dick.

Die Befunde in Zahlentafel 68 und 69 zeigen, daß sowohl mit Harnstoffharz als auch mit Phenolharz gebundene Holzspanplatten von Pilzen angegriffen werden, also das Bindemittel allein keine ausgeprägte Schutzwirkung ausübt. Bei einem Zusatz von 2% Pentachlorphenol wurde eine genügende Schutzwirkung gegen Pilze erzielt. Termitenangriffe wurden deutlich herabgesetzt, jedoch war der Schutz noch nicht ausreichend.

762.2 Vorbehandlung des Holzes.

762.21 Schälen. Soweit Schneidespäne für Außenlagen von Spanplatten aus Rundholzabschnitten oder Scheithölzern erzeugt werden, müssen diese zuerst geschält werden. Hierfür eignet sich beispielsweise der Schnellschäler der Maschinenfabrik Albert Bezner, Ravensburg/Württ. Bild 2 zeigte bereits die Maschine in der Ausführung als Doppelschäler. Zwei Graugußmesserscheiben mit 815 mm Durchmesser, jede mit 8 Messern bestückt, sind unmittelbar auf die beiden Wellenenden eines Drehstrommotors aufgesetzt. Vor den Messerscheiben befinden sich Auflagetische mit verstellbaren Holzauflagen. Die allseitig geschlossene Spänehaube mit Stutzen eignet sich zum Anschluß an eine Absauganlage; die Auswurfrichtung kann beliebig gewählt werden. Der Kraftbedarf des Schnellschälers mit einer Messerscheibe liegt bei etwa 2,2 kW (Drehzahl 1000 U/min), der des Doppelschälers bei etwa 3,7 kW. Die Leistung ist je Mann etwa das Drei- bis Vierfache eines Handschälers. Durchschnittlich kann man also bei einem mittleren Holzdurchmesser von 12 cm je Mann und Messerscheibe 1 rm weißgeschältes Holz stündlich rechnen.

762.22 Vorzerkleinerung. Bei der Herstellung von Schlagspänen werden grobstückige Holzabfälle in der Regel vorzerkleinert. Die für die Zerkleinerung der Holzabfälle anzuwendende Maschinenart richtet sich in erster Linie nach der Größe und Form der verfügbaren Holzabfälle. Für die Vorzerkleinerung auf ungefähr Streichholzschachtelgröße kommen Hackrotore in Frage.

Man unterscheidet dabei:

a) Scheibenhackrotore, die in der Hauptsache aus einer Messerscheibe (mit 2 bis 12 radial angeordneten, leicht auswechselbaren Messern) und einem Hackbock (Zuführungsrinne) bestehen (Bild 441); Zahlentafel 70 gibt Leistungsdaten für derartige Maschinen.

Zahlentafel 70. *Kennzahlen der Hackmaschinen der Maschinenfabrik Heinrich Wigger & Co., Unna i. W.*

Lichte Weite d. Hackbockes mm	Durchmesser d. Messerscheibe mm	Leistung in Rundholz rm/h	Antriebsleistung PS	kW
180	1360	bis 5	3 bis 10	2 bis 7
250	1600	7 bis 10	20 bis 30	15 bis 22
250	1750	~ 10	30 bis 40	22 bis 30
300	2100	15 bis 20	50 bis 75	37 bis 55
350	2100	15 bis 20	50 bis 75	37 bis 55
450	2400	25 bis 35	90 bis 125	65 bis 90
550	2800	35 bis 50	150 bis 200	110 bis 150
600	3000	50 bis 70	180 bis 225	130 bis 165

Diese Werte gelten für eine normale Hackschnitzellänge von 25 mm.

b) Zylinderhackrotore, bei denen die Messer in Längsnuten eines umlaufenden Stahlzylinders befestigt sind und an einer festen Grundplatte vorbeilaufen. Die in Bild 442 gezeigte Maschine arbeitet folgendermaßen: Nach Anheben der oberen Vorschubwalze 11 durch den Fußtritt 14 wird das zu zerkleinernde Holz in die Förderrinne eingelegt und vorgeschoben, bis es von den Walzen ergriffen wird. Nach Loslassen des Fußtritts übernehmen die Walzen den zwangsweisen Vorschub. Größtmögliche Leistung setzt voraus, daß das zu zerkleinernde Material ohne Unterbrechung, also Stirn auf Stirn, aufgegeben wird. Bei einem Messertrommeldurchmesser von 800 mm erreicht man eine Leistung von 2200 kg/h Hackschnitzel (Spanlänge 20 bis 30 mm).

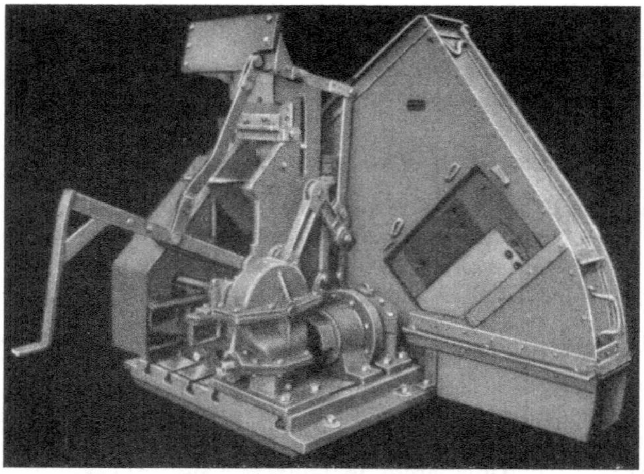

Bild 441. Scheibenhackrotor der Maschinenfabrik Heinrich Wigger & Co., Unna i. W. (Messertür geöffnet.)

762.23 Sieben, Magnetscheiden. Die vom Hackrotor kommenden groben Späne oder Furnierabfälle (soweit solche zu Spanplatten verarbeitet werden sollen), bedürfen nun der eigentlichen Feinzerspanung, wobei zweckmäßigerweise Siebe, ein Silo und ein Magnetscheider, der etwaige Eisenteile aussondert, zwischengeschaltet sind. Zum Sieben eignen sich besonders Vibrationssiebe. Gegenüber dem Schwungsieb (Kurbel- oder Resonanzsieb) haben sie folgende Vorzüge: 1. um 20% niedrigeren Preis, 2. geringeren Raumbedarf, 3. Verwendbarkeit von Sieben mit größerer Maschenweite infolge des besonderen Wurfbilds der Späne. Bild 443 zeigt ein Vibrationssieb der Maschinenfabrik W. Flämrich in Recklinghausen i. W., wie es häufig in Spanplattenwerken verwendet wird. Die Siebanlage wird gewöhnlich staubdicht eingekleidet. Der Vibrator arbeitet mit kleiner Umwucht, die sich durch Einfügen bzw. Herausnehmen von Bolzen verstellen läßt. Der Antriebsmotor ist beim Anfahren überlastet, während des Betriebs nur zu 40% ausgelastet. Einen Blick in die Siebanlage eines großen amerikanischen nach dem Novopanverfahren arbeitenden Werks gibt Bild 444 wieder.

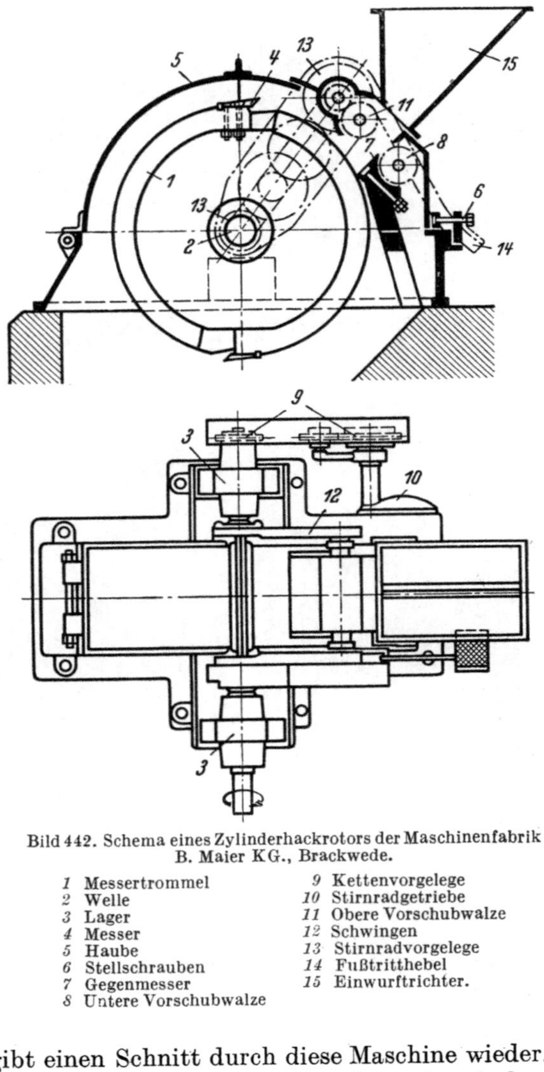

Bild 442. Schema eines Zylinderhackrotors der Maschinenfabrik B. Maier KG., Brackwede.

1 Messertrommel
2 Welle
3 Lager
4 Messer
5 Haube
6 Stellschrauben
7 Gegenmesser
8 Untere Vorschubwalze
9 Kettenvorgelege
10 Stirnradgetriebe
11 Obere Vorschubwalze
12 Schwingen
13 Stirnradvorgelege
14 Fußtritthebel
15 Einwurftrichter.

762.3 Zerspanung des Holzes.

762.31 Schlagzerspanung. Ursprünglich vorherrschend war die Schlagzerspanung mittels Zahnscheiben- oder Schlagkreuzmühlen. Als sehr leistungsfähig erwies sich die Condux-Zahnscheibenmühle der Condux-Werke in Wolfgang bei Hanau. Bild 445 gibt einen Schnitt durch diese Maschine wieder.

Das Mahlgut wird durch den Einlauftrichter *a* eingebracht und zwischen den Mahlscheiben *b* und *c* zerkleinert. Die Zähne *d* der Zahnscheibe sind in konzentrischen Ringen angeordnet und greifen ineinander. Die inneren Zähne sind stark ausgebildet und nehmen in der Höhe nach außen zu mit fortschreitender Feinheit des Mahlgutes ab. Die Standzeit der Mahlscheiben schwankt zwischen 3 und 12 Monaten und ist um so kürzer, je mehr Fremdkörper, z. B. Sand, im Holz vorhanden sind. Das Mahlgut verläßt bei *e* die Mühle. Der Deckel *f* schließt den Kühlwasserbehälter, der im Innern Kühlrippen *g* besitzt,

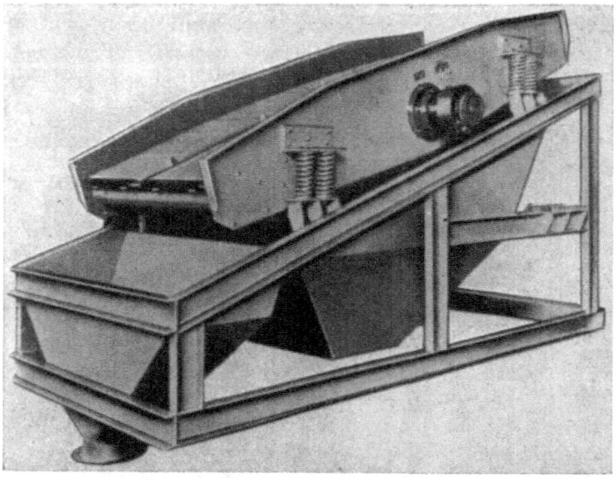

Bild 443. Vibrationssieb der Maschinenfabrik W. Flämrich, Recklinghausen i. W.

nach oben ab. Das Kühlwasser fließt unter der Wirkung der ihm von der Mahlscheibe erteilten Fliehkraft vom Wasserraum *h* nach *i* und von dort über den Raum von *k* nach *l*. Der Stutzen *m* dient als Zu- und der Stutzen *n* als Ablauf. Der stündliche Kühlwasserverbrauch liegt bei 200 l. Befestigt wird die obere Mahlscheibe mit 4 Handrädern *o*. Der Abstand der unteren Mahlscheibe wird mittels eines Handrades *p* verstellt.

Bild 444. Ansicht der Siebanlagen eines großen amerikanischen nach dem Novopan-Verfahren arbeitenden Werks.

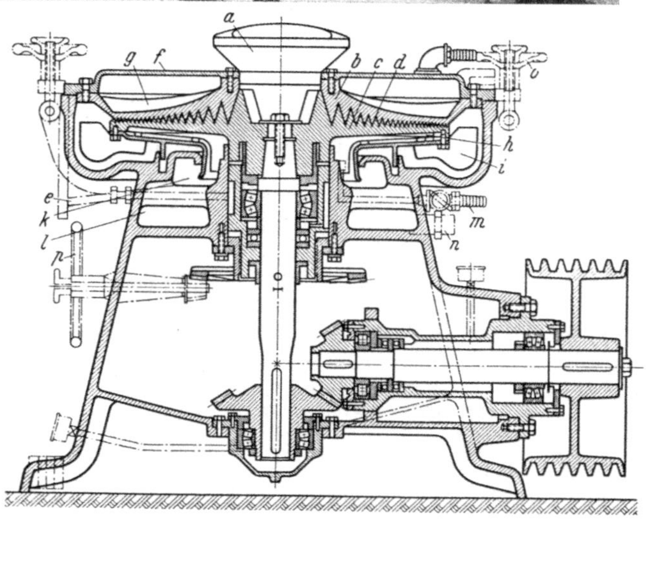

Bild 445. Schnitt durch eine Condux-Zahnscheibenmühle des Condux-Werks, Wolfgang bei Hanau.

a Einlauftrichter;
b u. *c* Mahlscheiben;
d Mahlzähne;
e Auslauf für das Mahlgut;
f Deckel des Kühlwasserbehälters;
g Kühlrippen;
h Zuleitung für Wasser der Mahlscheibe;
i bis *l* Wasserräume;
m Zufluß-Stutzen für Wasser;
n Abluftstutzen für Wasser;
o 4 Handräder zum Verstellen der oberen Mahlscheibe;
p Handrad zum Verstellen der unteren Mahlscheibe.

Mahlleistung und Kraftbedarf hängen außer vom gewünschten Mahlgrad, von der Holzart, deren Feuchtigkeit und der Hackschnitzelgröße ab. Bei lufttrockenem Nadelholz kann man bei 35 bis 40 kW Kraftbedarf mit einem bezogenen Energieverbrauch von 70 bis 80 kW je t Späne rechnen. Bei Hackspänen von Furnierabfällen aus Hartholz (6 bis 8% Feuchtigkeit) erhöht sich der Kraftbedarf auf 70 kW, der bezogene Energieverbrauch auf etwa 220 kWh/t. Eine grobe Sichtung der Späne ist im allgemeinen nicht erforderlich, jedoch müssen die Staub- und Feinteile durch Feinsichtung entfernt werden; hierdurch ergeben sich Verluste von 10 bis 15%.

Bild 446. Rotor des Desintegrators der Maschinenfabrik Heinrich Wigger & Co., Unna i. W.

Eine weitere Maschine zur Nachzerkleinerung gehackter Holzschnitzel ist der Desintegrator der Maschinenfabrik Heinrich Wigger & Co. in Unna. Bild 446 zeigt den Rotor. Die auf den Schlagspindeln hängenden Stahlschläger vermögen frei im Gehäuse zu schwingen. Bei ruhendem Rotor hängen alle Schläger senkrecht nach unten, bei umlaufendem aber stellen sie sich unter der Wirkung der Fliehkraft radial nach außen. Die beweglichen Schläger schwingen wie Dreschflegel zwischen den Enden der in dem Gehäuse feststehenden Gegenschläger hindurch und zerlegen dabei das weiche, gute Holz. Beim Auftreffen auf härtere Astknoten weichen die Schläger aber zurück und lassen diese Teile möglichst unzerkleinert durchgehen. Zahlentafel 71 gibt einige Daten für diese Maschine.

Bild 447. Mahlkammer einer Schlagkreuzmühle der Alpine AG. Maschinenfabrik, Augsburg.

Der Schlagzerspanung von Hackschnitzeln dienen weiter die S i e b s c h l e u d e r m ü h l e n. Das Mahlwerkzeug besteht bei ihnen aus einer schnellumlaufenden Stahlscheibe, in die Hartmetallschläger eingesetzt sind. Die Schläger laufen an einem Mahlring, der gerippte Wandungen besitzt, vorüber, wodurch das Mahlgut zerschlagen und zerquetscht wird. Das zerkleinerte Material wird schließlich durch

Zahlentafel 71. *Kennzahlen der Desintegratoren der Maschinenfabrik Heinrich Wigger & Co. in Unna i. W.*

Maschinengröße	0	A	B	C
Anzahl feststehender Schläger in jeder von beiden Reihen am Gehäuse	6	12	16	24
Anzahl freischwingender Schläger je Spindel	5	11	15	23
Anzahl der Schlägerspindeln	5	5	5	5
Gesamtzahl der rotierenden Schläger	25	55	75	115
Drehzahl, je nach Holz . U/min	700 bis 1100	700 bis 1100	700 bis 1100	700 bis 1100
Leistung, umgerechnet auf Rundholz rm/h	7 bis 10	15 bis 20	25 bis 35	40 bis 50
Kraftbedarf . . . kW	2 bis 4,5	4 bis 9	7 bis 15	10 bis 22

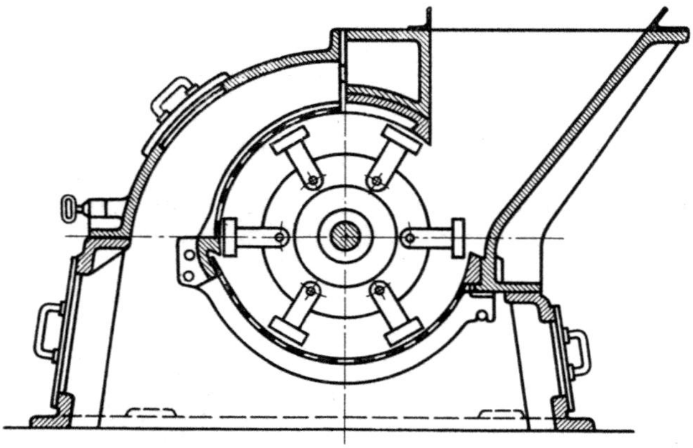

Bild 448. Schematischer Schnitt durch einen Schlagrotor der Maschinenfabrik B. Maier KG., Brackwede.

Bild 449. Ansicht einer Pralltellermühle in geöffnetem Zustand der Maschinenfabrik Ludwig Pallmann, Zweibrücken. F = Schleuderrad; P_1 = Umlaufender Prallteller; P_2 = Ruhender Prallteller; E = Einlauf.

ein Metallsieb, dessen Lochweite die Endfeinheit des Gutes bestimmt, geschleudert. Bild 447 zeigt die Mahlkammer einer Schlagkreuzmühle der Alpine AG. Maschinenfabrik in Augsburg, die mit einem Vibrationsspeiser versehen ist, wodurch die sperrigen und schlecht rutschenden Hobelspäne gleichmäßig und genau dosiert zugeführt werden können. In Bild 448 ist ein Schlagrotor der Maschinenfabrik B. Maier KG. in Brackwede schematisch dargestellt. Im Innern des mit einem auswechselbaren Panzerbelag ausgestatteten Gehäuses rotiert mit großer Geschwindigkeit ein auf der stählernen Achse befestigter Schlägerkörper, dessen einzelne Brechwerkzeuge pendelnd eingebaut sind. Einige im Gehäuse feststehende messerartige Schneiden sind so angebracht, daß die pendelnden Brechwerkzeuge dicht an ihnen vorbeischwingen und die eingeworfenen Holzstücke zerteilen. Zu einem beträchtlichen Teil seines Umfanges ist das Brechgehäuse durch einen stählernen Rost abgeschlossen, durch dessen Öffnungen das zerkleinerte Holz hindurchgetrieben wird.

Eine feinere und weitgehend regelbare Zerspanung läßt sich mit der Schlagkreuzmühle der Firma B. Maier in Brackwede i. W. erzielen. Zahlentafel 72

Zahlentafel 72. *Leistungsdaten von Schlagkreuzmühlen der Maschinenfabrik B. Maier KG. in Brackwede i. W.*

Maschinen-größe	Mahlleistung kg/h	Leistungsbedarf kW	Drehzahl U/min	Leistungsbedarf je t Mahlgut kWh/t
3	150 bis 200	7,5 bis 9	3000	46
4	300 bis 400	11 bis 15	2800	37
5	600 bis 800	18 bis 22	1800	29

gibt einen Überblick über die Mahlleistung, den Kraftbedarf und den spezifischen Leistungsbedarf je t Mahlgut für drei Baumuster dieser Mühle.

Ebenfalls der Schlagzerspanung dient die Prallte llermühle (Bild 449). Die Zerspanung erfolgt in ihr dadurch, daß das Schleuderrad S das zu zerkleinernde Mahlgut gegen den im entgegengesetzten Sinn umlaufenden Prallteller P_1 wirft. Je nach der gewünschten Spanform und Größe ist dieser Prallteller mit Schlagleisten, Riffeln oder auch Rauten versehen. Gegenüber dem rotierenden Prallteller P_1 befindet sich der ruhende Prallteller P_2. Beide konisch geformten Prallteller bilden miteinander einen Spalt, dessen Abstand sich durch die Muttern verstellen läßt und durch den das gemahlene Gut hindurchgeschleudert wird. Die Pralltellermühle der Firma Ludwig Pallmann in Zweibrücken wird in drei Größen geliefert (Zahlentafel 73). Beim Prallzerspaner ist der Prallteller durch einen Messerring ersetzt.

Bild 450. Fichtenfurnierabfälle in trockenem Zustand mit der Conduxmühle zerspant (Rechts cm-Maß-Stab.)

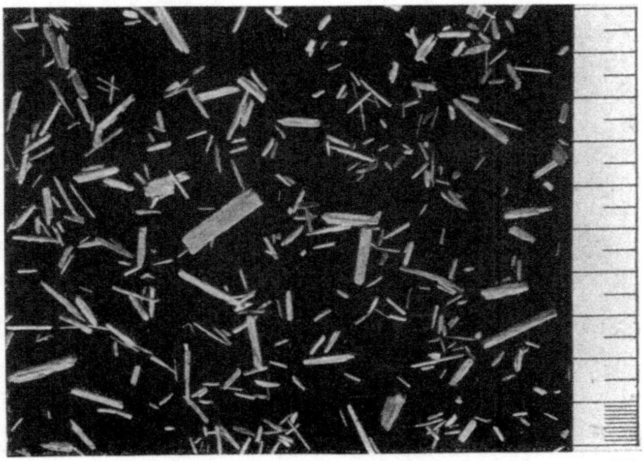

Bild 451. Fichten- und Buchenfurnierabfälle mit der Schlagkreuzmühle der Maschinenfabrik B. Maier KG. zerspant.

Bild 450 bis 452 zeigen die Spanformen, die mit verschiedenen Schlagzerspanern erzielbar sind. Bei der Conduxmühle ist der Anteil feiner Späne wesentlich geringer als bei der Pralltellern- oder gar Siebschleudermühle. Zahlentafel 74 gibt einige experimentell bestimmte Zahlen, Zahlentafel 75 einige Anhaltspunkte nach W. Klauditz[1].

Zahlentafel 73. *Leistungsdaten von Pralltellermühlen der Maschinenfabrik Ludwig Pallmann in Zweibrücken.*

Maschinengröße	Durchmesser der Prallteller-scheiben mm	Leistungsbedarf kW	Mahlleistung kg/h	Leistungsbedarf je t Mahlgut kWh/t
PP 3	300	bis 4,5	—	—
PP 6	600	bis 30	400	75
PP 12	1200	bis 100	1200	83

Bild 452. Fichtenabfälle mit der Pralltellermühle der Maschinenfabrik Ludwig Pallmann zerspant.

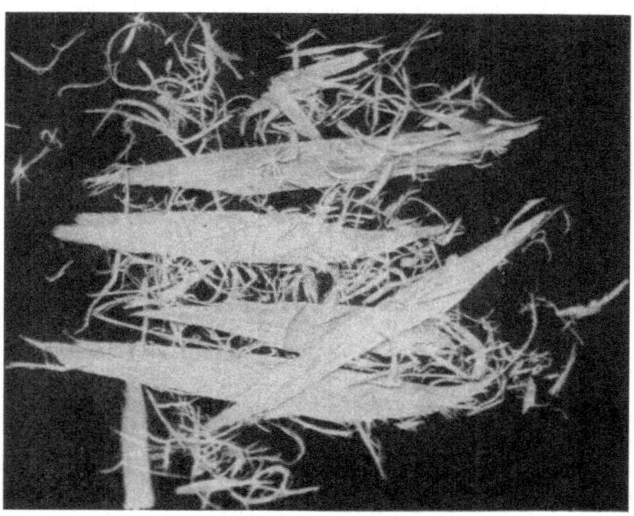

Bild 453. Flächige I-Späne und gekräuselte S-Späne hergestellt von der Norddeutschen Homogenholzgesellschaft m. b. H., Triangel.

762.32 Schneidezerspanung. Die durch Schlagzerspanung hergestellten Späne haben eine sehr unregelmäßige Form und Oberfläche; dadurch wird eine gleichmäßige Beleimung ihrer Oberfläche schwierig, und ein verhältnismäßig großer Anteil des teuren Bindemittels trägt nicht zur Verklebung bei. Infolgedessen und da den Schlagspänen die Eigenschaft der Trockenverfilzung fehlt, fördern sie die Festigkeitsbildung nicht genügend. Man hat sich deshalb bemüht, Schneidezerspaner zu entwickeln.

Im wesentlichen gibt es zwei Richtungen als

[1] Klauditz, W.: Untersuchungen über die Ergiebigkeit von Phenol- und Harnstoff-Formaldehyd-Kunstharz-Bindemitteln bei der Herstellung von Holzspanplatten, Inst. f. Holzforschung, Ber. 14—19, Braunschweig, 20. 6. 1949.

Zahlentafel 74. *Abmessungen von Holzspänen.* (*Nach C. Neumann*[1].)

Zerspaner	Länge * mm	Breite * mm	Dicke * mm	Volumen ** mm^3	Spezifische Oberfläche cm^2/cm^3
Conduxmühle Sperrholzabfälle trocken zerspant	16,1	3,23	1,69	67,7	43
Conduxmühle Fichte naß zerspant . . .	15,3	2,26	1,19	28,0	84
Bemai-Zerspaner Furnierabfälle	10,8	1,17	0,57	13,4	976
Pralltellermühle Fichtenabfälle	8,5	1,51	0,97	5,0	246

* Beobachtete Maximalwerte.
** Bestimmung mit dem Volumenmesser nach Breuil.

Arbeitsziel, nämlich die Gewinnung hochzugfester, flächiger Späne mit glatten Verleimungsflächen. Nach M. Himmelheber[2] gehören hierher I-, S- und HW-Späne der Homogenholzwerke. O. Wyß[3] gibt für diese flächigen Späne folgende Dimensionen an: Dicke 0,1 bis 0,5 mm, Breite 5 bis 20 mm, Länge 20 bis 80 mm. Zum anderen werden spindel-, nadel- und fadenförmige Späne erzeugt, die gerade oder auch gekräuselt mit glattem Schaft oder auch aufgefasert, verästelt und

Zahlentafel 75. *Abmessungen, Oberfläche und Schüttvolumen von Holzspänen.* (*Nach W. Klauditz.*)

Holzspanart	Dicke mm	Länge mm	Gewichtsanteil % ca.	Breite mm	Oberfläche cm^2 je 100 g	Schüttvolumen dm^3/kg	Wichte der Spanschüttung g/cm^3
Buchenfurnier- und Sperrholzabfälle, zerspant, mittelfein	Mittel 1,0 (0,3 bis 1,5)	10 bis 20 5 bis 10 0,5 bis 5	50 30 20	1,5 Mittel (0,2 bis 2,0)	11000	5,2	0,19
Buchenfurnierabfälle, zerspant, grob	Mittel 1,5 (0,8 bis 2,0)	10 bis 25 5 bis 10 2 bis 5	70 20 10	Mittel 2 (0,5 bis 4)	8000	4,0	0,25
Fichtenholzwolle Nr. 3, zerspant	Mittel 0,5 (0,4 bis 0,6)	30 bis 60 4 bis 30	47 53	Mittel 3 (1 bis 4)	13000	25,0	0,04
Fichtenschälspäne, zerspant	Mittel 0,6 (0,2 bis 1,0)	10 bis 50 5 bis 20	75 25	Mittel 5 (2 bis 9)	19600	14,0	0,08

[1] Unveröffentlichte Diplomarbeit, Reinbek 1952.

[2] Himmelheber, M.: Entwicklung und Stand der Homogenholz-N- und T-Verfahren, im Bericht der Tagung des Arbeitsausschusses Holzfaser- und Holzspanplatten im Fachausschuß VI der Dtsch. Ges. f. Holzforschg., Braunschweig, Okt. 1949, S. 41.

[3] Wyß, O.: Resin Bonded Boards from Wood and Waste, Northeastern Wood Utilization Council, Bull. Nr. 31, Wallboard Production and Uses, New Haven, Conn., Jan. 1950, S. 49.

fibrilliert sein können, je nach Beschaffenheit und Einstellung der Zerspanungseinrichtungen. Diese zweite Hauptgruppe fassen die Homogenholzwerke unter der Bezeichnung S-Späne zusammen (Bild 453). Überragendem Interesse begegnen die stark fibrillierten Typen, die schon im trockenen Zustand eine beachtliche Verfilzungsneigung aufweisen. Bestimmte Typen aus der Gruppe der S-Späne eignen sich auch vorzüglich zur weiteren Mahlung im Holländer. Aus diesem Material lassen sich sehr ansprechende naturholzfarbige Faserspanplatten erzeugen. Während die schmalen, keilförmigen, verschieden stark gekrümmten, mehr oder minder gekräuselten S-Späne infolge der erwähnten Trockenverfilzung die Herstellung sehr dichter Holzspanplatten (z. B. von Fußbodenplatten) gestatten, erhält man mit flächigen Spänen weit festere Platten, wie Bild 454 und 455 beweisen.

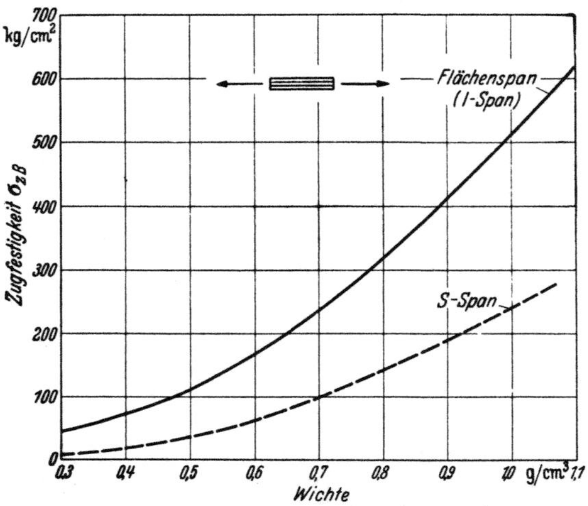

Bild 454. Zusammenhang zwischen Zugfestigkeit und Wichte bei Holzspanplatten aus I- und S-Spänen. (Nach Norddeutsche Homogenholzgesellschaft m. b. H., Triangel.)

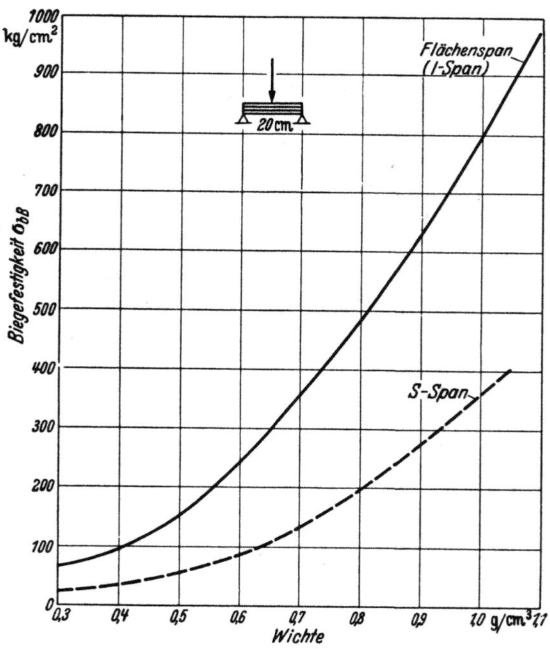

Bild 455. Zusammenhang zwischen Biegefestigkeit und Wichte bei Holzspanplatten aus I- und S-Spänen. (Nach Norddeutsche Homogenholzgesellschaft m. b. H., Triangel.)

Wohl die älteste industriell zum Einsatz gelangte Zerspanungsmaschine ist der Scheibenzerspaner von F. Fahrni. Er wurde bereits im Grundsatz 1942 entwickelt und seitdem vielfach verbessert eingesetzt. Der von der Maschinenfabrik Müller AG., Brugg, Tochtergesellschaft der Georg Fischer AG. in Schaffhausen hergestellte Zerspaner, der zur Erzeugung der Decklagenspäne beim Novopanverfahren dient (Bild 456), besteht in der Hauptsache aus einer senkrechten rotierenden Scheibe, deren Durchmesser etwa 1000 mm beträgt. Auf der Scheibe sind vier Radialmesser und zwei Ritzmessersätze befestigt, und zwar so, daß nach jedem Ritzmessersatz zwei Messer folgen. Letztere sind so angebracht, daß den Spänen ein Durchtritt durch die Scheibe ermöglicht wird. Das zu zerspanende Holzstück liegt mit seinen Fasern waagerecht und rechtwinklig zur Scheibenwelle. Ein automatischer, veränderlicher Vorschub rückt es gegen die Messerscheibe. Die Ritzmesser ritzen auf dem Holz entsprechend ihrem Abstand 9 bis 12 mm breite Streifen, die annähernd quer zur Faser verlaufen; die nachfolgenden Messer schneiden etwa 0,3 mm dicke Späne ab, die als längliche Streifen abfallen und infolge der geringen Querfestigkeit des Holzes beim Transport in unterschiedliche Längen zerfallen, so daß sich schließlich flächige Späne gemäß Bild 457 ergeben. Bei einer Drehzahl von 900 U/min leistet die Maschine etwa 170 kg/h waldfeuchte Späne; der Energiebedarf liegt bei 13 bis 15 kW oder bei rund 82 kWh/t. Das Schüttgewicht dieser Späne beträgt rund 120 kg/m³.

Bild 456. Messerscheibenzerspanner nach F. Fahrni der Maschinenfabrik Müller AG., Brugg (Schweiz).

Bild 457. Novopan-Flachspäne aus Fichtenholz, hergestellt mit dem Zerspaner der Maschinenfabrik Müller AG., Brugg (Schweiz).

Der Zerspanungsautomat der Firma Erwin Behr, Wendlingen[1], erzeugt lange flächige Späne aus Holzstücken aller Art in einem Arbeitsgang. Die Holzfasern liegen parallel zu den Spanflächen und vornehmlich parallel zu den Längskanten (Bild 458). Bild 459 zeigt den Zerspaner schematisch in drei Schnitten. Er besteht in der Hauptsache aus der umlaufenden Messerscheibe *1*. Die Welle *2* dieser Scheibe ruht in den Lagern *3* und wird durch den Motor *4* über einen Keilriemenantrieb *5* angetrieben. Auf dem Mantel der Topfscheibe, d. h. der Scheibe, die einen zylindrischen Flansch am Umfang besitzt, sind in gleichen Abständen 7 Messer angebracht, die von dem zu zerspanenden Holz, wenn es innen gegen die Messerscheibe bewegt wird, dünne Scheiben abschneiden. Der an der Messerscheibe sitzende zylindrische Flansch weist Unterbrechungen *6*

[1] DBP 841 642 und Zusatzpatent DBP 846 914.

auf, durch die die dünnen Holzscheibchen nach außen gelangen. Anschließend werden sie zwischen dem auf dem Zylinderflansch montierten umlaufenden Zahnkranz *8* und dem im feststehenden Gehäuse *10* angebrachten Zahnkranz *9* auf geringe Breite zerkleinert und schließlich nach unten abgeführt. Das zu zerkleinernde Holz *13* liegt in einem oben offenen Kasten *12*, der auf dem schwenkbaren Gestell *11* ruht. Der Kastenboden ist teilweise durchbrochen und hier durch ein Förderband *14* ersetzt, das über Rollen *15* läuft. Das zu zerspanende Holz wird durch einen pneumatisch betätigten Druckbalken *16*, der mit dem Gummibelang *17* versehen ist, fest gegen den Kastenboden gedrückt. Der Kasten wird dann mittels einer Gewindespindel *18* und des Handrads *19* vor der umlaufenden Messerscheibe hin und her bewegt, wobei die Messer in schneller Folge dünne Holzscheiben abschneiden. Ist das in den Messerkranz hineinragende Gut zerspant, dann wird der Kasten in die Achsenmitte der Messerscheibe *1* zurückgeführt und dort stillgelegt. Nach Lösen des

Bild 458. Späne, hergestellt mit dem Zerspaner der Firma Erwin Behr, Wendlingen.

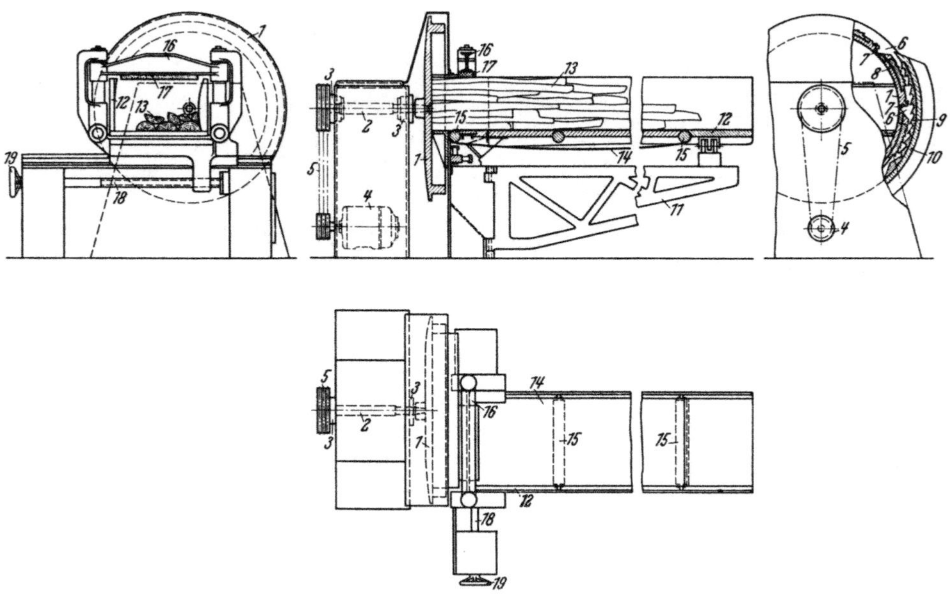

Bild 459. Schema des Zerspaners der Möbelfabrik Erwin Behr, Wendlingen, gebaut von der Maschinenfabrik W. Grupp in Oberkochen (Württ.).

Druckbalkens *16* führt man das zu zerspanende Holz mit Hilfe des Förderbandes *14* um eine Spanlänge gegen die Messerscheibe vor, spannt wieder fest, und der Arbeitsgang wiederholt sich.

In Zusammenarbeit mit der Firma Franz Torwegge Maschinenfabrik in Bad Oeynhausen hat die Firma Erwin Behr, Wendlingen[1], weiter den in Bild 460

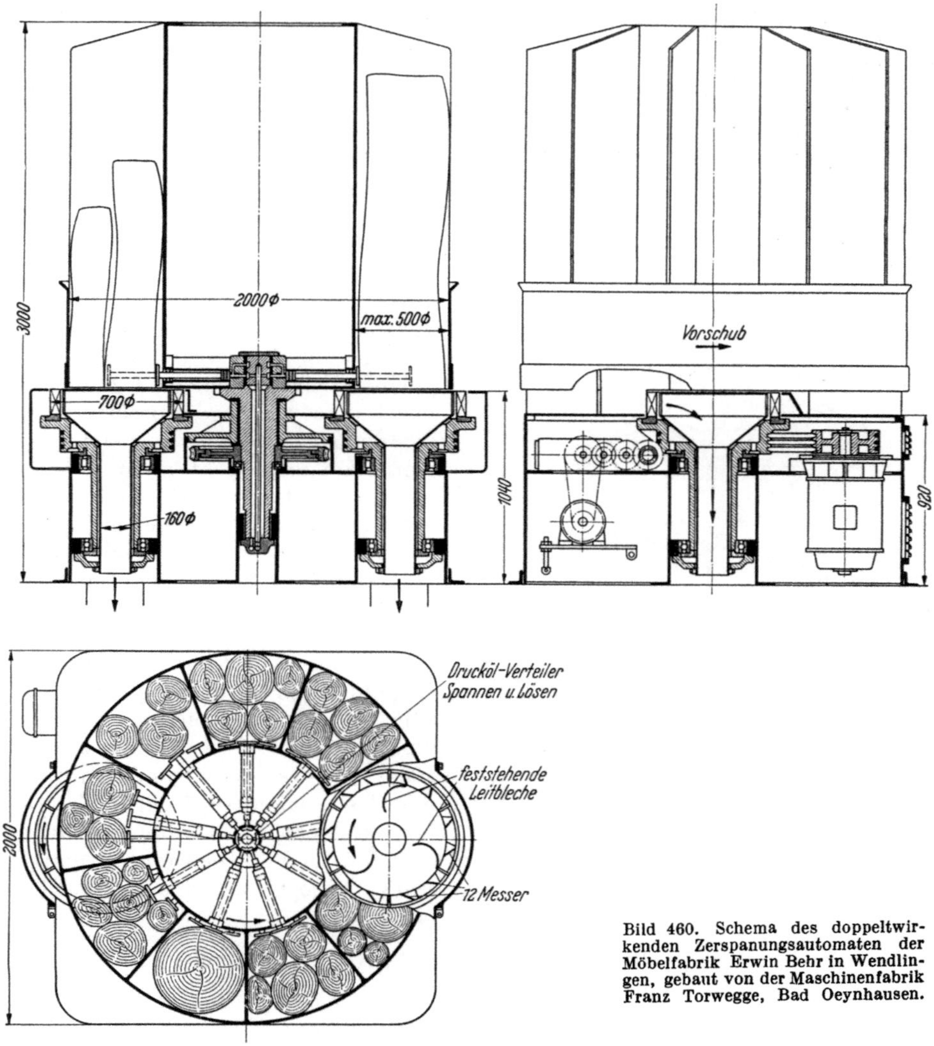

Bild 460. Schema des doppeltwirkenden Zerspanungsautomaten der Möbelfabrik Erwin Behr in Wendlingen, gebaut von der Maschinenfabrik Franz Torwegge, Bad Oeynhausen.

schematisch gezeigten doppeltwirkenden senkrechten Zerspanungsautomaten entwickelt. Man sieht, daß das Rohholz senkrecht stehend in den neun Taschen eines Ringmagazins (Außendurchmesser 2000 mm) untergebracht ist, das karussellartig sehr langsam ($n = 0{,}13$ bis 0,8 U/min) umläuft. Radial von der Karusselldrehachse her in die Taschen eingreifende Spannkolben werden durch Öldruck gegen das Holz gepreßt und klemmen es dadurch fest gegen die Außen-

[1] DB-Patentanmeldung B 18 489 XII/381 v. 31. 12. 1951.

wand des Ringmagazins. An der Unterseite des Ringmagazins stehen die Holzstücke etwa 120 mm vor und werden dort zerspant. Zur Zerspanung besitzt der Automat zwei Messerturbinen (Durchmesser 700 mm), deren jede 12 eingesetzte Messer besitzt. Die Drehzahl der Messerturbinen beträgt 900 U/min. Jede Turbine wird über einen Keilriemenantrieb von einem Einbaumotor mit 30 kW Anschlußleistung angetrieben. Die abgenommenen Späne werden durch jeweils drei feststehende gekrümmte Leitbleche über einen Trichter in ein nach unten gehendes Führungsrohr geworfen. Die gesamte Anschlußleistung beträgt 61,5 kW.

Einen Zerspanungsautomaten mit Magazinbeschickung baut auch die französische Firma Etablissement Guilliet in Auxerre. Wie Bild 461 erkennen läßt, besteht die Maschine im wesentlichen aus zwei Hauptteilen: Einem Magazin mit Vorschubeinrichtung sowie einem Zerspanungsaggregat. Das geneigte Magazin besitzt ähnlich wie der Zerspanungsautomat von Behr Taschen, in denen das Holz durch die Schwerkraft nach unten gleitet. Während des Schnittes wird das Holz durch pneumatische Kolben festgehalten. Die Werkzeuge liegen in einer Ebene, die zur Neigungsrichtung der Magazintaschen senkrecht steht. Die Maschine gestattet die Herstellung sehr verschiedenartiger Späne, von puderähnlichen bis zu solchen mit 2,5 mm Dicke und 50 mm Länge. Eingestellt wird die Spanform durch Regelung der Eingriffhöhe der Messer (welche die Spanlänge bestimmt) sowie durch Regelung der Vorschubgeschwindigkeit der Messer (von der die Spandicke abhängt). Da das Magazin einfach geschwenkt werden kann, sind die Messer leicht zugänglich. Zerspanbar sind Scheiter, Knüppel und Rundlinge, letztere mit bis zu 320 mm Durchmesser. Bei der Verarbeitung von Pappelholz mit einer Feuchtigkeit von 65 bis 100% (bezogen auf das Darrgewicht) gibt die Firma folgende Leistungszahlen an:

Bild 461. Ansicht des Zerspanungsautomaten der Firma Etablissements Guilliet, Auxerre (Frankreich).

Spanlänge mm	Spandicke mm	Leistung kg/h
50	1,5 bis 2	5000
50	0,6	6000
50	0,3	3000
30	1,5 bis 2	3000
30	0,6	3600
30	0,3	2000

Die Maschine hat eine ungefähre Höhe von 3 m, eine Länge über alles von 2,7 m und eine Breite von 2 m. Zum Antrieb der Messerscheiben dienen 2 Motore von 30 kW, zum Antrieb der Vorschubeinrichtung ein Motor von 1,5 kW. Zum

Schleifen der Messerscheiben wurde eine besondere automatische Schleifmaschine entwickelt.

Die Forderung nach gleichmäßig dicken Spänen und großen Leistungen führte zur Entwicklung des Zerspaners der Industrie-Companie, Krefeld, der von der Firma H. W. Ortmann, Osnabrück (Bild 462) hergestellt wird. Der Zerspaner wurde aus der von dieser Firma seit vielen Jahren hergestellten Rotationsmessermaschine[1] entwickelt, deren große Messerscheibe von 2650 mm Durchmesser beibehalten wurde. Die Messeranzahl und Messeranordnung wurde den Erfordernissen der Spanherstellung angepaßt. Die zu zerspanenden Knüppel, Sägewerksabfälle und dergleichen müssen eine Länge von 500 mm haben. Sie werden in zwei drehbare Kammersysteme, bestehend aus Füll- und Arbeits-

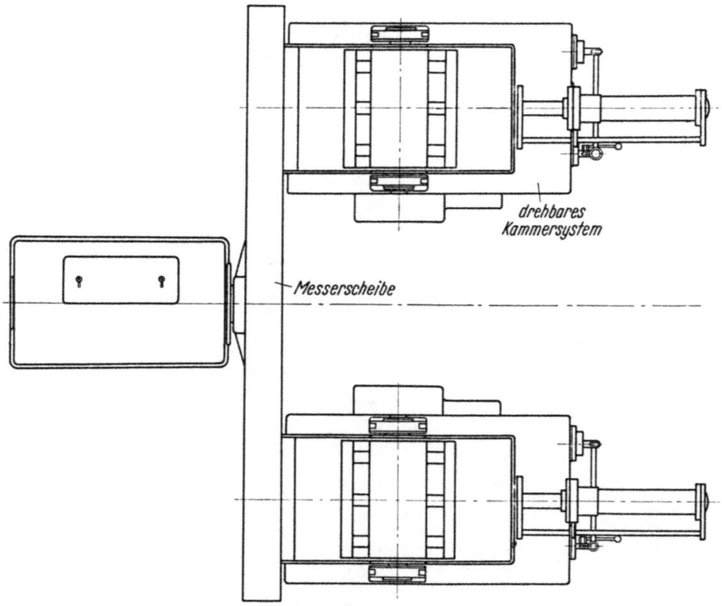

Bild 462. Ansicht des Messerscheiben-Zerspaners, Bauart Ortmann, Ausführung Industrie-Companie, Krefeld.

kammer, gefüllt und hydraulisch gegen die Messerscheibe gepreßt. Die Maschine arbeitet praktisch kontinuierlich. Die durch Messer- und Ritzmesserwechsel bedingten Verlustzeiten sind dadurch auf ein Mindestmaß herabgesetzt, daß sowohl die Messer als auch die Ritzmesser, erstere zusammen mit den Druckleisten, letztere mit den Zwischenstücken, als geschlossene Einheit in die leicht zugängliche Messerscheibe ohne besondere Einstellung eingesetzt werden können. Die Drehzahl der Scheibe beträgt 150 U/min. Der Energiebedarf des Zerspaners, der 1000 kg/h Späne liefert, liegt bei 26 kW.

Für die Erzeugung von Flachspänen hat die Maschinenfabrik F. Meyer & Schwabedissen, Herford, einen Zerspaner entwickelt. Er besitzt eine Messerwelle, in die Ritzmesser eingesetzt sind, deren Abstand der Länge der Späne entspricht. Die Zerspanung erfolgt nach dem Abrichtprinzip, nur mit dem Unterschied, daß der Abrichttisch nicht gerade, sondern als rotierende Trommel

---

[1] Vgl. F. Fessel, Maschinen zur spanlosen Formung. Holz als Roh- und Werkstoff Bd. 11 (1953), S. 129.

ausgebildet ist, in der das zu zerspanende Holz wie in einem Magazin festgehalten wird. Das Holz kann bis zu 1 m lang sein und Durchmesser bis 200 mm haben. Da die Messerwelle mit hydraulischer Messerspannung ausgerüstet ist, lassen sich die Messer in kürzester Zeit wechseln. Eine Vorrichtung sorgt dafür, daß zu breite Späne gebrochen werden. Die erzeugten Späne werden mit einem Exauster aus der Maschine befördert. Der Antrieb der Messerwelle erfolgt durch einen 26 kW-Motor. Das stufenlose Getriebe für das rotierende Magazin wird von einem 2,5 kW-Motor angetrieben. Bei 1000 mm Arbeitsbreite erzeugt die Maschine stündlich 1000 kg frische Späne.

Der Flachscheibenzerspaner der Maschinenfabrik Albert Bezner, Ravensburg, Bild 463, besitzt eine untenliegende waagerechte Messerscheibe mit 10 Messern und 1500 mm Durchmesser. Das Holz wird von oben her stetig mittels endloser Kniehebelketten in einem Magazin — ähnlich wie bei den Stetigschleifern der Papierindustrie — zugeführt. Die Zufuhrgeschwindigkeit ist stufenlos regelbar und gestattet demgemäß die Erzeugung beliebiger Spandicken zwischen 0,1 und 0,8 mm. Es können fast alle Arten von Holzabfällen

Bild 463. Flachscheiben-Zerspaner System Himmelheber, Bauart H. Bezner, Maschinenfabrik, Ravensburg.

verarbeitet werden, erforderlich aber ist ein Ablängen auf etwa 333 mm mit Rücksicht auf die lichten Maße des Magazins (250 · 360 mm²). Antriebsleistung der Messerscheibe etwa 29 kW, des Magazins 1,5 kW. Bei lufttrockenem Holz ($u = 12\%$) nennt die Herstellfirma im Durchschnitt für 24stündigen Betrieb mit 20 h effektiver Laufzeit der Maschine folgende Leistungszahlen:

Spandicke mm	Spanleistung kg/h
0,15	405
0,20	540
0,25	675
0,30	810

Für die Zerspanung von Furnierresten, Brettabschnitten und ähnlichen Stückabfällen wurde in Zusammenarbeit der Firma Anthon & Söhne, Flensburg, mit deutschen Sperrholzwerken ein Messerscheibenzerspaner gebaut. Ursprünglich enthielt die senkrechte Messerscheibe (Durchmesser 2000 mm) in vier radialen Schlitzen vier Streifenmesser, vor denen nasenförmige Ritzmesser in Abständen, die der gewünschten Spanlänge entsprachen, angebracht waren. Die abgetrennten Späne fielen durch die Messerspalten und wurden von der Scheibe mitgerissen. Im Betrieb ist die Scheibe verkleidet, die Späne werden dann unten an der Verkleidung ausgeworfen. Die Dicke der erzeugten Späne hing von der Schlagzahl der Schneidemesser und von der Vorschubgeschwindigkeit ab. Letztere kann stufenlos eingestellt werden. Die etwa 40 cm langen Furnierstücke werden durch eine in Bild 464 schematisch gezeigte

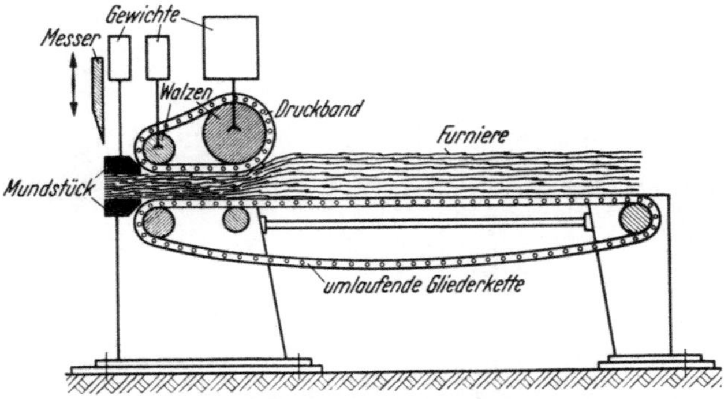

Bild 464. Schema der Vorschubeinrichtung des Messerscheibenzerspaners für Furnierabfälle der Firma Anthon & Söhne, Flensburg.

Bild 465. Draufsicht auf die neue Messerscheibe des Zerspaners der Firma Anthon & Söhne, Flensburg, mit je 18 hartmetallbestückten Messern in 4 spiralig verlaufenden Kolonnen.

Vorschubeinrichtung zum Mundstück gebracht. Die einzelnen Glieder des Transportbandes bestehen aus starren Walzen, in die mehrere Nuten eingearbeitet sind; die oberen Walzen und die obere Mundstücklippe sind, wie ersichtlich, gewichtsbelastet und passen sich dadurch der jeweiligen Auflegehöhe selbsttätig an. Neuerdings wurde die Messerscheibe wesentlich geändert. Sie besitzt jetzt (Bild 465) 72 Messer von 30 mm Breite, die zu jeweils 18 Stück in 4 spiralig verlaufenden Kolonnen angeordnet sind. An Stelle der schlagenden Arbeitsweise wurde dadurch eine stetig schneidende erreicht. Die Unterteilung des Werkzeugs in viele kleine Einzelschneiden ermöglichte auch die Bestückung mit Hartmetall, wodurch die Standzeit etwa zehnmal länger wurde als bei bestem Werkzeugstahl. Die Konturen der Späne sind nicht mehr so gerade wie früher; die Späne haben aber im ganzen gesehen sehr einheitliche Gestalt und Abmessungen. Die daraus hergestellten Platten zeichnen sich durch glatte, schöne Oberfläche aus. Die Leistung der Maschine (Energieaufnahme 18,5 kW) beträgt bei Verarbeitung schälnasser Furniere und einer Spandicke von 0,3 mm etwa 1 t/h.

Bild 466. Zerspanungsmaschine der Elmendorff Research Inc., Chicago, Ill., USA.

Bild 467. Ansicht des Messerwellen-Zerspaners, Bauart H. Rottmann, Herford.

Eine Zerspanungsmaschine der Elmendorff Research Inc., Chicago, Ill., (Bild 466), dient ebenfalls zur Aufarbeitung von Furnierabfällen (Anschnittstreifen, Ausschnittresten u. ä.) zu 0,25 bis 0,39 mm Dicken und 25 bis 200 mm langen Spänen. Die Breite der Späne entspricht der Dicke der Furniere. Die Furnierstreifen werden gebündelt und dann quer zur Faser auf ein Förderband gelegt. Eine an das Förderband anschließende Einspannvorrichtung führt die Furnierbündel zunächst zu einer Kreissäge, die sie halbiert, und dann zu einer Messerscheibe. Diese Messerscheibe zerspant das Bündel parallel zur Holzfaser. Die Leistung wird bei Douglasienfurnierabfällen zu 1 t/h angegeben.

Gut bewährt hat sich im Betrieb der von der Firma H. Rottmann Sperrholz-Spanplatten-Furnierwerk, Herford und Wilhelmshaven, konstruierte Zerspaner (Bild 467). Er eignet sich zur Verarbeitung aller grobstückigen Abfälle (Scheiter,

Schwarten, Säumlinge, Bretter usw.). Das vorher befeuchtete und auf die Breite der Maschine zugeschnittene Holz wird mit seiner Wuchsrichtung parallel zur Drehachse der mit 8 Messern armierten Hobelwelle angelegt. Es werden dann keilförmige Späne aus dem Holz herausgeschnitten, deren Länge sich durch Ritzmesser beliebig einstellen läßt. Die Spandicke kann durch Einstellung der Hobelmesser verändert werden. Die Späne fallen auf ein unter der Maschine angeordnetes Förderband. Energieaufnahme beim Anfahren 60 kW, Leistung 1100 kg/h nasse (entsprechend rund 700 kg/h trockene) Späne.

Für die Firma Ferdinand Schenck, Maximiliansau/Pfalz, baute die Maschinenfabrik A. Roller in Osnabrück den in Bild 468 gezeigten Zerspaner. Er dient zur Aufarbeitung von Rundholz, wie Stamm- und Astabschnitten aller Art.

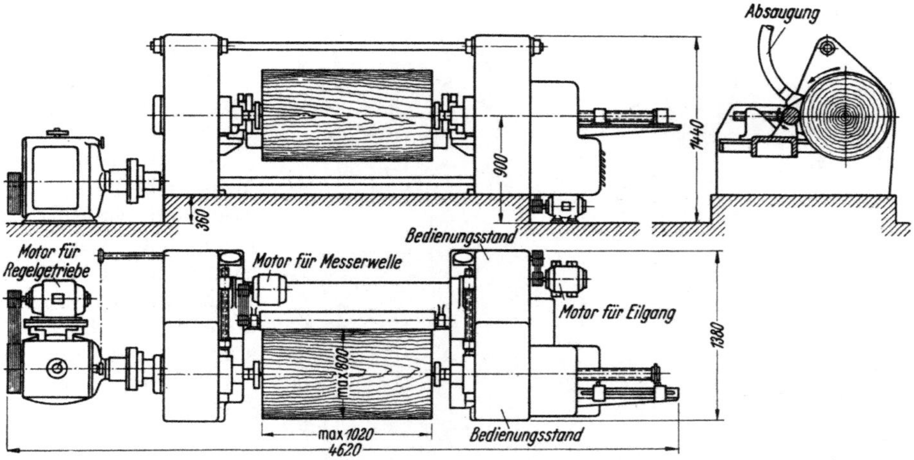

Bild 468. Ansicht des Zerspaners, Bauart Ferd. Schenck, Ausführung Maschinenfabrik Roller, Osnabrück.

Die Maschine wird in den beiden Typen ZR 11 und ZR 12,5 geliefert, deren wichtigste Daten folgende sind:

	ZR 11	ZR 12,5
Größter Holzdurchmesser	800 mm	800 mm
Kleinster Restrollendurchmesser	50 mm	50 mm
Größte Zerspanungslänge	1070 mm	1250 mm
Kleinste Zerspanungslänge	820 mm	1000 mm
Drehzahl der Messerwelle	ca. 4500 U/min	

Die Abmessungen der hergestellten Späne sind etwa:

Spanlänge	ca. 25 mm	
Spanbreite	10 mm	
Spandicke	auf ZR 11	ca. 0,15 bis 0,30 mm
	auf ZR 12,5	ca. 0,006 bis 0,12 mm.

Die gewünschte Spandicke läßt sich durch Umschaltung regeln. Zwei bestimmte Spandicken lassen sich am Schaltkasten einstellen, weitere durch Auswechseln von Wechselrädern.

Die Leistung der Maschine hängt von der Spandicke ab und beträgt im Mittel rd. 700 kg/h.

Die Späne können abgesaugt und durch eine Rohrleitung zum Spänesilo transportiert werden. Die Maschine ist mit einer besonderen Schleifeinrichtung ausgerüstet. Mit Hilfe eines mitgelieferten Zusatzgerätes werden die Messer der

Hobelwelle geschliffen, ohne daß sie oder die Hobelwelle herausgenommen werden müssen. Nachschleifen empfiehlt sich nach etwa 8 Stunden Betriebszeit. Die elektrische Ausrüstung besteht aus:

1 Motor für den Hauptantrieb mit PIV-Getriebe	Leistung: 8 kW
1 Motor für die Hobelwelle	Leistung: 6 kW
1 Motor für Aus- und Einspannen des Stammes	Leistung: 4 kW
1 Motor für den Eilgang des Werkzeugschlittens	Leistung: 1,5kW

Die Maschine wird an gewöhnlichen Drehstrom, 380 Volt, 50 Hz., angeschlossen.

Der Hauptantrieb besteht aus einem PIV-Getriebe 1:6, so daß sich die Stammdrehzahl zwischen 60 und 360 U/min innerhalb des Stammdurchmesserbereichs von 600 auf 100 mm stufenlos regeln läßt.

A

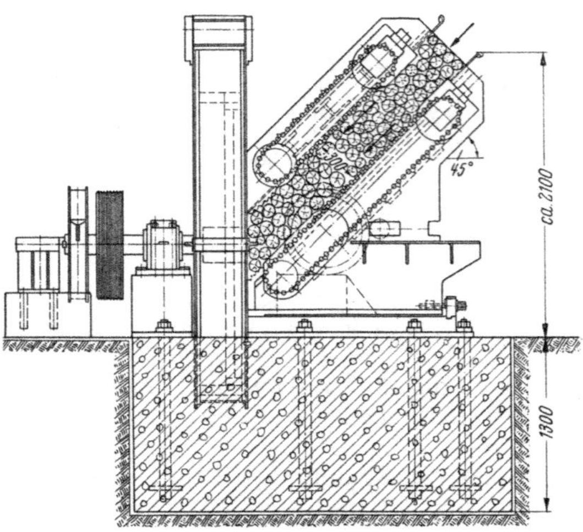

B

Bild 469. A Ansicht, B schematischer Querschnitt der Zerspanungsmaschine, Bauart Heinrich Wigger & Co., Unna i. W., Messerscheibendurchmesser 2100 mm, 8 Messer.

Der Zerspaner der Firma Heinrich Wigger & Co., Unna i. Westf. (Bild 469), besitzt eine Messerscheibe, die mit 4 Schneidmessern ausgerüstet ist. Vor jedem Schneidmesser ist eine Reihe von Ritzmessern angeordnet, deren Abstand nach der gewünschten Spanlänge gewählt wird. Das Holz wird parallel zur Messerscheibe in den 330 mm breiten Magazinschacht der Holzführung eingelegt und unter einem Winkel von 45° zur Horizontalebene durch mechanisch angetriebene Mitnehmerketten gegen die Messerscheibe geschoben. Zum Antrieb dient ein besonderer Elektromotor mit zwischengeschaltetem stufenlos regelbarem Ölgetriebe. Außerdem ist ein Reduzier-Stirnradgetriebe und eine Sicherheits-Rutschkopplung eingebaut. Während die untere Kette über Stirnräder angetrieben ist, erhält die obere Kette den Antrieb durch eine Duplex-Rollenkette. Die Schneidmesser heben die Späne parallel zur Faserrichtung vom Holz ab. Die Leistung beträgt nach Angabe der Südostholz GmbH, Göttingen, 4000 kg/h Späne. Bei genügend schnellem Einlegen des Holzes in das Magazin kann die Maschinenleistung noch gesteigert werden. Bei frischen Schneidmessern liegt der Energiebedarf zwischen 22 und 33 kW. Er kann, wenn die Schneidmesser nach einigen Stunden stumpf werden, bis auf 50 kW ansteigen.

Als Kreissägenzerspaner ist jener der Norddeutschen Homogenholzgesellschaft m.b.H. in Triangel zu erwähnen[1] (Bild 470). Die Vorrichtung eignet sich zur Zerspanung von Nadelholzknüppeln (Mindestdurchmesser 2 cm), Scheitern, Restrollen, Schwarten, Spreißeln, Brettenden u. dgl. Das mit Pendelsägen auf 95 cm abgelängte Holz wird befeuchtet, bis die Holzfeuchtigkeit etwa 40% (bezogen auf das Feuchtgewicht, also 67% bezogen auf das Darrgewicht) beträgt. Das Holz wird in diesem Zustand von Hand in den Magazinkasten der Maschine parallel zur Längswand eingelegt. Durch die Längswand greifen sich gegenüberliegende Förderketten und drücken den Magazininhalt im Maße seines Verbrauchs nach unten. Der oben und unten offene Kasten gleitet in Längsrichtung auf Schienen hin und her, wobei die untere Öffnung in Magazinnähe durch getrennte, ortsfeste, aber sich abwechselnd hebende und senkende Tische abgedeckt wird. Zwischen den Schmalkanten dieser Tische bleibt ein Spalt frei, durch den das rotierende Werkzeug hindurchgreift. Die Drehachse des Werkzeugs, eines Pakets von etwa 45 Kreissägen, die parallel zueinander und unter schwacher Neigung zur Wellenachse zusammengefaßt sind, liegt parallel zu den Kanten des Schlitzes. Die Sägeblätter sind so geschliffen, daß ihre Schneiden bei der Drehung alle auf einer Zylinderfläche liegen; auf dieser liegen auch die Taumelstreifen der Sägeblätter. Wird das Holz bei laufendem Werkzeug über den tieferliegenden Tisch geschoben, dann

Bild 470. Kreissägenzerspaner der Norddeutschen Homogenholzgesellschaft m. b. H., Triangel.

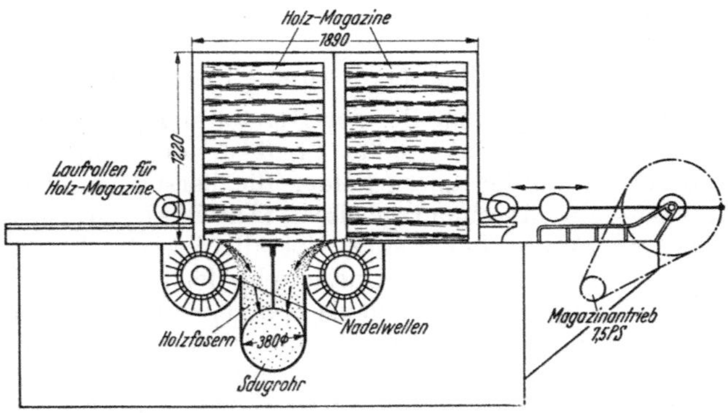

Bild 471. Schema des Nadelwellenzerspaners der Allis-Chalmers Mfg. Co., Milwaukee 1, Wisc., USA.

[1] Kollmann, F.: Holz als Roh- und Werkstoff Bd. 10 (1952) S. 463. — Vgl. auch O. Herdey: Neuzeitliche Zerspanungsmaschinen im Holz-Zentralblatt Sonderheft: Technik und Holzwirtschaft zur Technischen Messe Hannover 1953.

schneiden die Sägen in der Faserrichtung des Holzes schmale, in der Seitenansicht keilförmige Späne heraus. Die Breite, Länge und Dicke der S-Späne läßt sich durch die Wahl des Sägeblatts, die Frästiefe und die Vorschubgeschwindigkeit bestimmen. Die abgearbeitete Fläche gleitet auf dem um die Frästiefe gehobenen Gegentisch auf. Bevor das Magazin zurückgezogen wird (Gegenbewegung), senkt sich dieser Tisch, wogegen sich der erstgenannte Tisch hebt und der Zerspanungsvorgang sich wiederholt. Vollbelastet ist der Antriebsmotor von 60 kW nur beim Anlaufen, Leistung etwa 0,6 t/h.

Technologisch verwandt ist die Zerspanungsmaschine der Allis-Chalmers Mfg. Co., Milwaukee 1, Wisc. Wie aus Bild 471 ersichtlich ist, werden die beiden Holzmagazine, die mit Prügeln von 7,5 bis 30 cm Durchmesser gefüllt sind, über zwei Nadelwellen hin- und herbewegt. Die Drehzahl der Nadelwellen ist ungefähr 2150 U/min. Die Stahlnadeln sind so eingesetzt, daß sie unter der Wirkung der Fliehkraft radial nach außen schwingen und die Unterseite der untersten Holzprügel krempeln. Die Holzfeuchtigkeit muß mindestens 35% betragen. Der Kraftverbrauch beträgt bei der Zerspanung von Fichte, Tanne, Pappel und ähnlich weichen Hölzern mit 50% Feuchtigkeit etwa 60 kWh/t. Für die Anschlußleistung gilt:

2 Motore für die Nadelwellen 2 . . 30 =	60 kW
Saugrohrgebläse	11
Magazinantrieb	5,5
	76,5 kW

Für das Nachschleifen der Nadeln (das bis zu 60mal möglich ist) ist eine Spezialmaschine erforderlich.

762.4 Sortierung, Silierung und Trocknung

762.41 Sortierung. Bei der Herstellung von Spanplatten hoher Qualität ist eine möglichst einheitliche Struktur der einzelnen Späne wichtig. Dieser Forderung werden aber vielfach die Zerspaner nicht voll gerecht, d. h. es ist gewöhnlich mit einem gewissen Anteil an Grobspänen zu rechnen, die der Plattengüte abträglich sind. Vor allem in der Plattenoberfläche führen Grobteile zu „Hügelbildung“. Durch Schleifen kann man diesen Fehler nur begrenzte Zeit beseitigen. Eine möglichst weitgehende Ausscheidung von Grobteilen, aber auch Fremdkörpern (Sand, Steine, Metallstücke usw.) muß deshalb angestrebt werden. Hierzu dienen Sichtmaschinen, die gleichzeitig die Aufgabe erfüllen, beim Zerspanungsvorgang entstehende Staub- und Feinstaubanteile abzusaugen. Bild 472 zeigt einen von der Benno Schilde Maschinenbau AG. in Bad Hersfeld gebauten Windsichter für Holzspäne. Die Staub- und Feinstanteile werden durch ein über dem Sichter stehendes, organisch mit ihm verbundenes Rüttelsieb, das zugleich eine Breitenverteilung der Späne über die volle Sichterbreite bewirkt, im wesentlichen abgesiebt. Der Rest von Staub und Feinspänen wird beim Auffallen des bereits gesichteten Nutzgutes auf das Austragband abgeschieden. Die eigentliche Windsichtung des Materials erfolgt durch einen Luftstrom. Das vom Rüttelsieb gebildete Spänefließ fällt, aufgelockert durch eine im Sichtereinfallschlitz sitzende Stachelwalze, an der Luftverteil-Einrichtung vorbei. Der Luftstrom trägt die leichteren, guten Späne auf das luftdurchlässige Austragband, während die Grobteile und etwaige Fremdkörper infolge ihres größeren Gewichts auf das unterhalb der Luftverteil-Einrichtung angeordnete Gummiaustragband fallen. Die Geschwindigkeit des Luftstromes, der durch ein Gebläse erzeugt und in dauerndem Kreislauf gehalten wird, kann durch Regelung der

Gebläsedrehzahl der jeweiligen Spangröße und -form angepaßt werden. Der Windsichter eignet sich sowohl für nasse als auch für trockene Späne, kann also dem Spänetrockner vor- oder nachgeschaltet werden. Die Sichtleistung liegt in Abhängigkeit von der Spanform zwischen etwa 750 und 900 kg Späne/h, wenn die Spanfeuchtigkeit 60%, bezogen auf das Darrgewicht, beträgt. Zu den Sortierungsanlagen gelangen die feuchten Späne pneumatisch oder mittels Förderbändern. Der Splitteranteil wird gewöhnlich in Schlagzerspanern (z. B. Condux-Mühlen) nachzerkleinert und dann dem feinen Spangut wieder

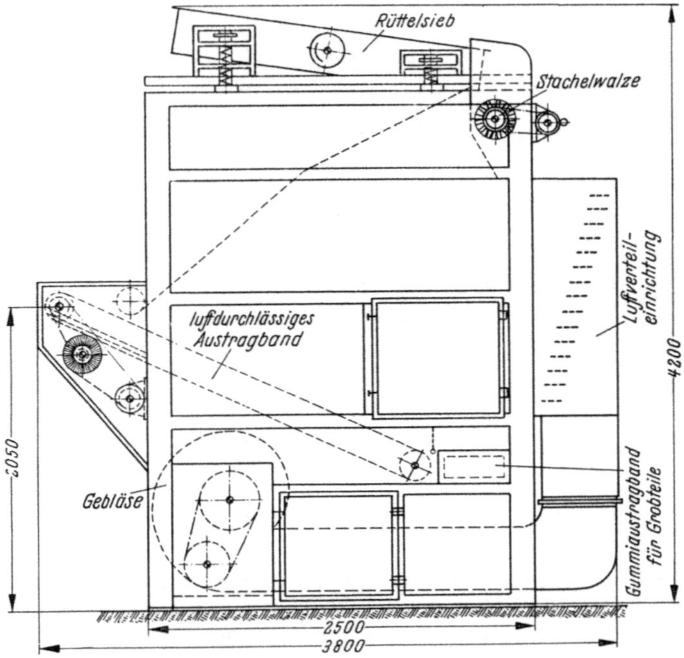

Bild 472. Schematische Ansicht des Windsichters für Holzspäne der Benno Schilde Maschinenbau AG. Bad Hersfeld.

zugeführt. Das Spangut kann auch mittels Sieben in feine und grobe Fraktionen getrennt werden. Eine solche Unterteilung ist am Platze, wenn dreischichtige (triglierte) Platten erzeugt werden sollen. In diesem Falle wird die den Hauptteil der Platte bildende Mittelschicht aus gröberen Spänen aufgebaut, während die beiden dünneren Decklagen den feineren Spananteil aufnehmen.

762.42 Silierung. Sowohl die nassen als auch die trockenen Späne müssen in den Werken (vgl. die Bilder 506 bis 509) in kleineren Mengen in Silos bevorratet werden. Der Spänetransport zu den Silos erfolgt vorherrschend pneumatisch. Die Silos laufen gewöhnlich im unteren Teil kegelstumpf- oder pyramidenstumpfförmig zur Austragöffnung zu. Hier müssen geeignete Vorrichtungen eingebaut werden, um dosierte Mengen von Spänen an Förderbänder, Transportschnecken oder bestimmte Maschinen abzugeben. Auch der Anschluß an Saugleitungen ist möglich. Die Gefahr der Brückenbildung und damit Verstopfung ist besonders bei großen und stark gekräuselten Spänen erheblich; sie ist ferner bei feuchten Spänen stärker als bei trockenen. Vibratoren können der Brückenbildung entgegenwirken, am sichersten aber ist der mechanische Austrag mittels Förderbändern, Stachelwalzenpaaren usw. Durch Regelung ihrer Drehzahl läßt sich die Dosierung einstellen. Kastensilos mit einer mechanischen Austrag- und Dosiervorrichtung für trockene Späne über der Einstreumaschine eines Spanplattenwerks zeigt Bild 473.

762.43 Trocknung. 762.430 Allgemeines über die Spänetrocknung. Im allgemeinen haben die von den Mühlen oder Zerspanern kommenden Holzspäne einen Feuchtigkeitsgehalt von 30 bis 40%, bezogen auf das Darrgewicht. Man kann aus solchen ziemlich feuchten Spänen ohne Nachtrocknung brauchbare Spanplatten herstellen; die Späne dürfen dann aber nicht zu fein sein, und der Preßdruck darf 25 kg/cm² nicht überschreiten. Werden zu feine Späne, die sich sehr dicht lagern, mit einem Feuchtigkeitsgehalt über etwa 15% bei hohen Preßdrücken (30 bis 200 kg/cm²) verpreßt, dann bilden sich im Innern der Spanmischung Dampfblasen, die durch die schon abgebundenen gehärteten Außenschichten der Spanplatten nicht entweichen können, so daß es zu Aufblähungen kommt[1].

Bild 473. Kastensilos mit Dosiervorrichtungen im Boden und Einstreuvorrichtungen, Norddeutsche Homogenholzgesellschaft m. b. H., Triangel.

Viele Werke trocknen das vorzerkleinerte Gut, bevor es auf die Schlagkreuzmühle oder in die Schneidzerspaner gelangt, insbesondere wenn es hohe Anfangsfeuchtigkeiten aufweist. Zur Trocknung des grobstückigen Holzes wird zwar mehr Energie benötigt als zur Trocknung feiner Späne, aber die aus nassem Holz erzeugten Späne sind sehr faserig und nehmen deshalb später große Bindemittelmengen auf. Im Gegensatz dazu ergeben die getrockneten Schnitzel mehr splitteriges Material und sollen bei geringeren Bindemittelmengen festere Platten erzielen lassen.

Die gewünschte Endfeuchtigkeit richtet sich nicht nur nach der Feinheit und Formbeschaffenheit der Späne und dem vorgesehenen Preßdruck, sondern sehr wesentlich auch nach der Art des Bindemittels. Allgemeine Regeln lassen sich hier noch nicht angeben, da zu wenig systematische Versuche durchgeführt wurden. K. Craemer[2] fand beispielsweise, daß Sägespäne mit 10% Urecoll F bei 125° C Preßtemperatur, 25 kg/cm² Preßdruck und 5 min Preßzeit Platten mit 88 kg/cm² Biegefestigkeit lieferten, wenn die Späne 6,6% Feuchtigkeit hatten. Späne mit 16,5% Feuchtigkeit ergaben Platten mit 345 kg/cm² Biegefestigkeit.

---

[1] Winter, H. u. W. Klauditz: Forschungsarbeiten zur Herstellung von Holzspanplatten aus dem Abfallholz von Sperrholzwerken, 1. Ber., Inst. f. Masch. Konstr. u. Leichtbau d. TH. Braunschweig sowie der Versuchs- und Beratungsstelle für Techn. Holznutzungen, Braunschweig, 8. Sept. 1948.

[2] Craemer, K.: Igecoll F als Bindemittel der Holzfaser- und Holzspanplatten, Mitt. Dtsch. Ges. f. Holzforschg. 1949, S. 37. Igecoll heißt jetzt Urecoll.

Als günstigsten Feuchtigkeitsbereich gibt K. Craemer deshalb den Bereich von 15 bis 20% an. F. Fahrni[1] betont, ohne bestimmte Zahlenwerte zu nennen, die besondere Bedeutung des richtigen Feuchtigkeitsgehalts für das Abbinden der Kunstharze bei der Herstellung der Decklagen von mehrschichtigen Platten. Er empfiehlt deshalb eine sehr genaue fortlaufende Kontrolle des Trockenvorgangs.

762.431 Trommeltrockner. Da die Holzspäne verhältnismäßig sehr kleine Volumina haben, ist ihre künstliche Trocknung einfach durchzuführen. Sie erfolgt vielfach in rotierenden Trommeln[2]. Solche Trommeltrockner, wie sie Bild 474 zeigt, arbeiten kontinuierlich. Trommeln für Spanplattenwerke haben meist Durchmesser von 0,8 bis 1,8 m; die Länge ist gleich dem Vier- bis Sechsfachen des Durchmessers. Sie besitzen im Innern Einbauten, die das Gut in viele kleine Teilhaufen zerlegen. Dadurch wird ihm eine große Oberfläche gegeben, und die Späne rieseln durch die Heizgase hindurch. Durch die Einbauten wird also der mittelbare und der unmittelbare Wärmeübergang zwischen Gas und Gut verbessert. Der Trommelkörper liegt gewöhnlich auf vier Rollen und wird vorherrschend durch Zahnräder (Bild 475), seltener mittels Ketten oder Reib-

Bild 474. Ansicht eines Trommeltrockner-Paares im Novopan-Spanplattenwerk Klingnau, Schweiz.

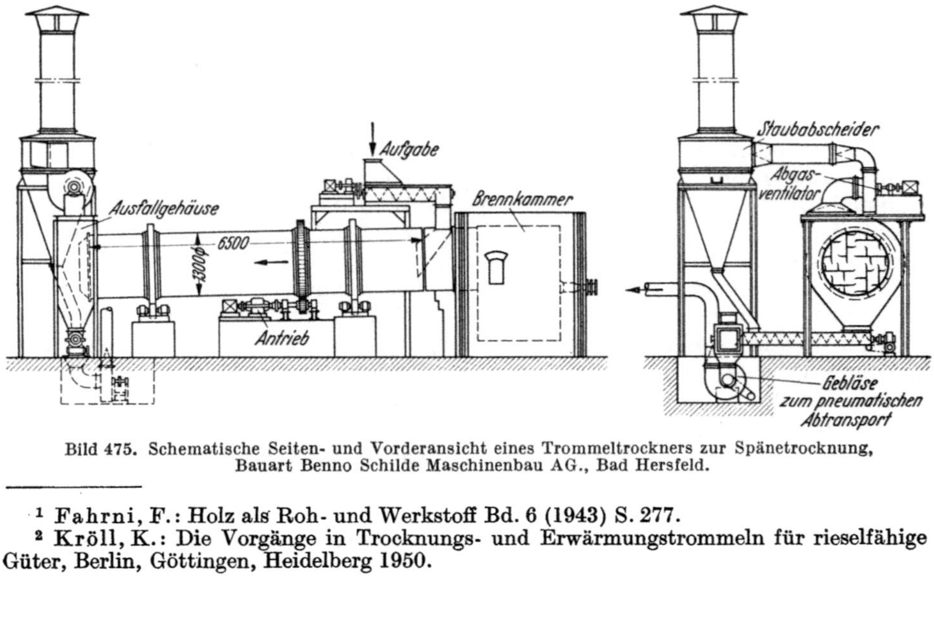

Bild 475. Schematische Seiten- und Vorderansicht eines Trommeltrockners zur Spänetrocknung, Bauart Benno Schilde Maschinenbau AG., Bad Hersfeld.

[1] Fahrni, F.: Holz als Roh- und Werkstoff Bd. 6 (1943) S. 277.
[2] Kröll, K.: Die Vorgänge in Trocknungs- und Erwärmungstrommeln für rieselfähige Güter, Berlin, Göttingen, Heidelberg 1950.

rädern angetrieben ($n = 1$ bis 15 U/min). Um die Wärmeverluste gering zu halten, versieht man die Trommeln mit Wärmeschutzschichten. Das Trockengut wird den Trommeln durch Auftragvorrichtungen zugeführt. Die Heizgase, die Abgase einer Feuerungsanlage sind, können im Gleich- oder Gegenstrom zur Gutsbewegung geführt werden. Bild 476 zeigt den Temperaturverlauf der Heizgase und des Trockenguts bei Gleichstromtrocknung. K. Kröll[1] gibt für, Holzspäne bei Trocknung von 38,4% auf 1,6% Feuchtigkeit und 390° C Gaseintrittstemperatur, 90° C Gasaustrittstemperatur eine durchschnittliche spezifische Wasserverdampfung von 33,6 kg/h je m³ Leervolumen der Trommeln an.

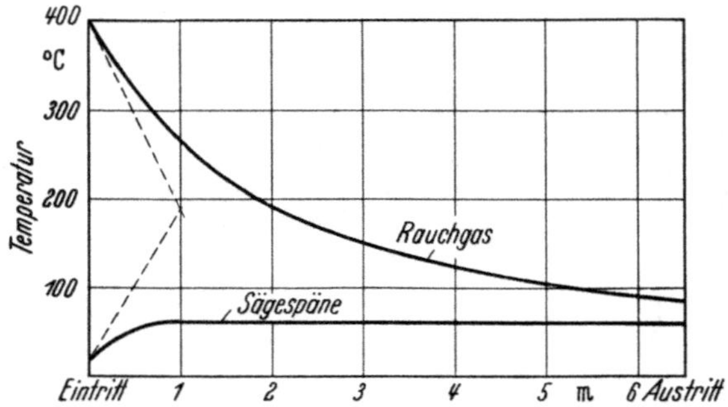

Bild 476. Verlauf der Temperaturen der trockenen Rauchgase und der Sägespäne in einem Trommeltrockner der Benno Schilde Maschinenbau AG., Bad Hersfeld.

762.432 Tellertrockner. Gut bewährt haben sich zur Spänetrocknung auch die Tellertrockner. Das Schema eines solchen Trockners (Turbinentrockners mit Ringscheiben) gibt Bild 477 wieder. Die untere Darstellung der Ringteller veranschaulicht die verbesserte Ausführung. Die Teller besitzen kippbare Auflageplatten für die Holzspäne, so daß jede Spänesorte — Flachspäne, wollige Späne, auch Hobelspäne — ohne Schwierigkeiten durch den Trockner geführt und getrocknet werden kann. Die einzelnen Auflageplatten werden durch Spänehaufen gefüllt, die auf jedem Ringteller einmal im Kreis getragen und dann durch das Schrägstellen der Bleche ohne sonstige mechanische Hilfsmittel auf die Bleche des tiefer liegenden Tellers gleiten. Mit dieser Überleitung ist zugleich eine Mischung der Späne verbunden, so daß auf jedem Ringteller andere Spänoberflächen der durchströmenden Warmluft ausgesetzt sind. Infolge der sehr großen Oberflächen auf den Ringtellern kann mit verhältnismäßig niedrigen Umlufttemperaturen gefahren werden. Dadurch wird die Trocknung sehr gleichmäßig. Die Umlufttemperatur im Trockner beträgt durchschnittlich 100° C, die Ablufttemperatur rund 90° C. Als Heizmittel dienen in der Regel Dampf, Heißwasser oder, falls vorhanden, Abgase einer Dampfkesselfeuerung.

Bei der besonders wirtschaftlichen Heißwasserheizung beträgt die Vorlauftemperatur an der Eintrittsstelle 180° C, die Rücklauftemperatur an der Auslaufstelle 160° C. Der durchschnittliche Wärmebedarf bei Heißwasserbeheizung beziffert sich auf 900 kcal je kg Wasserentzug. Bei Dampfbeheizung benötigt man etwa 1,8 kg Dampf je kg Wasserentzug. Die Schütthöhe der Späne auf den Ringtellern liegt durchschnittlich zwischen 40 und 50 mm, die Trockendauer schwankt je nach der Spänesorte, Feuchtigkeit und Temperatur zwischen 15 und 45 min. Nach Auskunft der Baufirma sind z. Z. in deutschen Spanplattenwerken 11, in ausländischen 5 Turbinentrockner aufgestellt.

762.433 Mehrbandtrockner. Neuerdings werden auch in zunehmendem Maße Mehrbandtrockner zur Entwässerung der Späne verwendet. Bild 478 zeigt schematisch einen Fünfbandtrockner, wie ihn die Benno Schilde Maschinenbau AG. in Bad Hersfeld baut. Die Trockner haben verschiedene Längen. Die

[1] Kröll, K.: Die Vorgänge in Trocknungs- und Erwärmungstrommeln für rieselfähige Güter, Berlin, Göttingen, Heidelberg 1950.

kleinste Apparatelänge ist mit 6 m anzunehmen. Jedes zusätzliche Apparatefeld weist eine Länge von 2 m auf. Ein 6 m langer Trockner leistet etwa 450 kg/h trockene Späne, wobei die Anfangsfeuchtigkeit rund 55%, die Endfeuchtigkeit etwa 8% beträgt. Die Trocknertemperatur liegt bei 120° C, der spezifische Dampfverbrauch bei 1,3 bis 1,5 kg je kg Wasserentzug. Die Trocknungszeit ändert sich mit der Schütthöhe und beträgt beispielsweise bei 100 mm Schütthöhe 13 min, bei 50 mm Schütthöhe rund 6 min.

762.434 Umgas-Stromtrockner. Wesentlich größere Leistungen als die bisher beschriebenen Trockner ermöglichen die Umgas-Stromtrockner, die allerdings bisher nur für ein Spanplattenwerk in Deutschland von der Benno Schilde Maschinenbau AG., Bad Hersfeld, gebaut wurden[1]. In England will die Vere Engineering Comp., London, dieses Trocknungssystem für ihre kontinuierlich arbeitenden Anlagen verwenden. Das Schema eines Umgas-Stromtrockners zeigt Bild 479. Die Späne sind schwierig zu behandeln wegen ihrer Eignung zur Trokkenverfilzung. Hinzu kommt, daß sie noch Staub enthalten, der

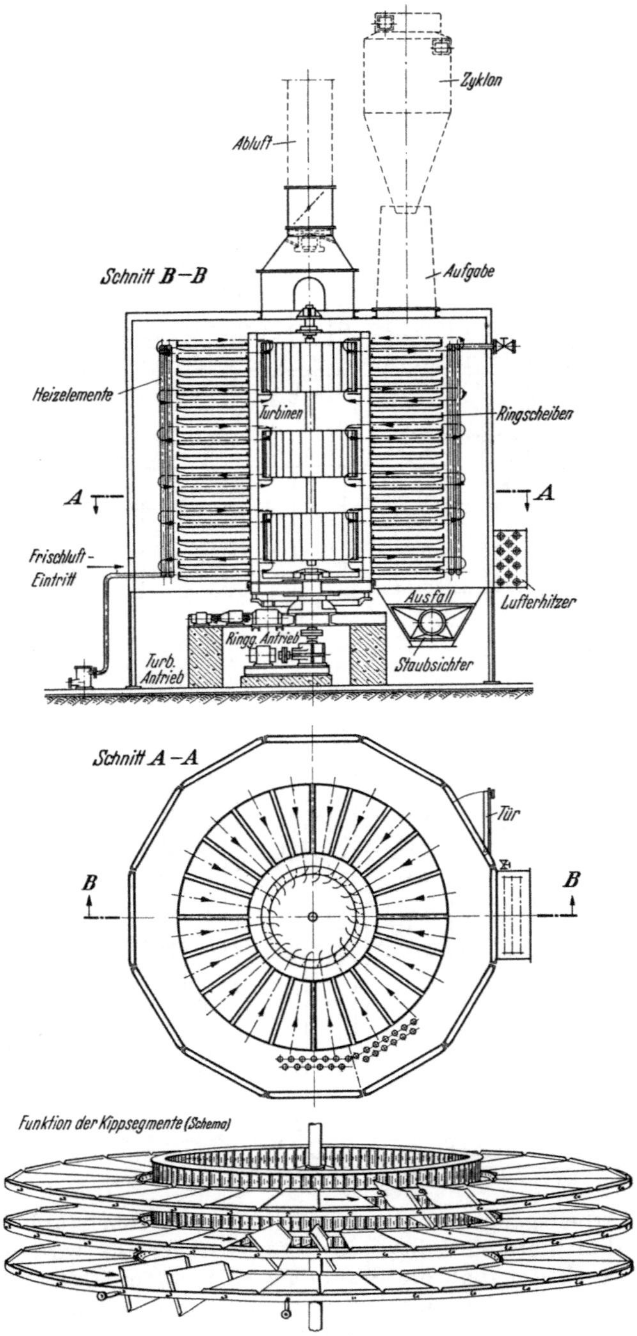

Bild 477. Schema eines Tellertrockners (Turbinentrockners) der Maschinenfabrik Büttner, Uerdingen.

[1] Kröll, K.: Z. VDI Bd. 94 (1952) S. 360. — Vgl. auch F. Kollmann: Holz als Roh- und Werkstoff Bd. 10 (1952) S. 463.

ihnen anhaftet und abgesondert werden muß; mit Sieben allein ist dies kaum zu erreichen. In dem dargestellten Umgas-Stromtrockner, der einen hohen Wirkungsgrad (von rund 60%) besitzt, werden die Späne in einem

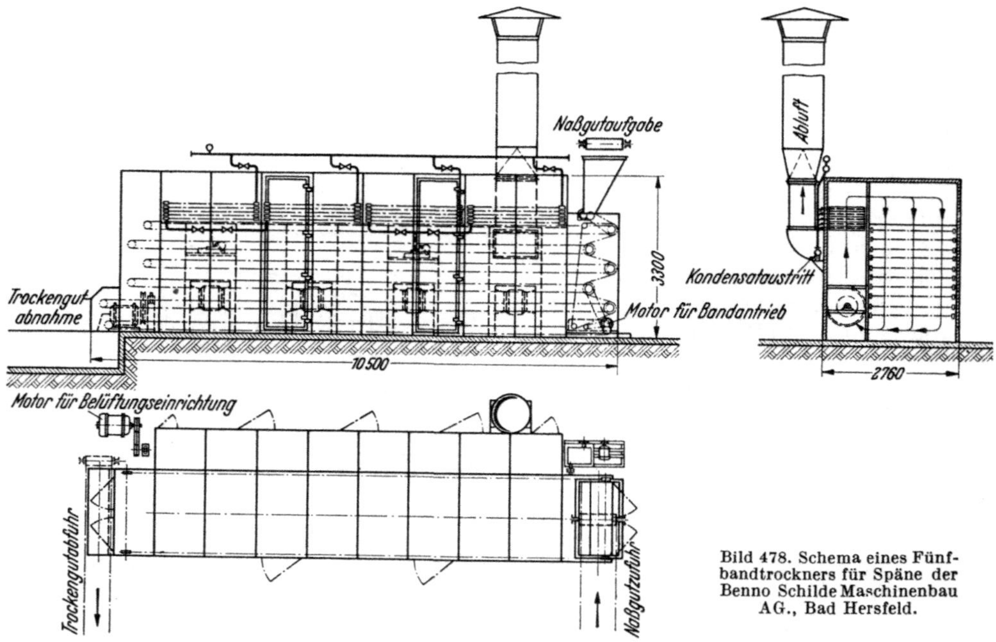

Bild 478. Schema eines Fünfbandtrockners für Späne der Benno Schilde Maschinenbau AG., Bad Hersfeld.

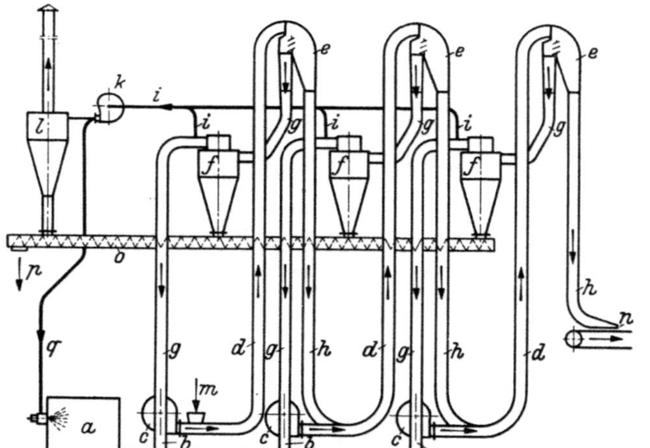

Bild 479. Schema eines Umgas-Stromtrockners, Bauart Benno Schilde Maschinenbau AG., Bad Hersfeld. (Nach K. Kröll.)

a Feuerzeug
b Heizgaszuführungen
c Gebläse
d Steigleitungen
e Umlenkhauben
f Fliehkraftabscheider
g Gasrückführleitungen
h Fallrohre
i Abgasleitung
k Abgasgebläse
l Stromabscheider
m Aufgabe des Gutes
n Entnahme des Gutes
o Staubförderschnecke
p Entnahme des Staubes
q Abgaszumischleitung

Arbeitsgang sowohl getrocknet als auch vom Staub befreit. Die Anlage vereint drei hintereinandergeschaltete Trockner. Es wird mit solchen Temperaturen gearbeitet, daß die Staubteilchen nicht überhitzt werden und die Späne nur Temperaturen zwischen 65 und 68°C annehmen. Die durch die Verbrennung von Heizöl erzeugten Verbrennungsgase (Temperatur 400 bis 450°C) strömen den einzelnen Trocknerstufen bei *b* zu. Sie werden zum größten Teil zusammen mit dem Staub an den Umlenkhauben *e* aus den Trocknerrohren *d* abgesaugt, in den Fliehkraftabscheidern *f* gereinigt und zu den Gebläsen *c* zurückgeführt, während die Späne durch die Fallrohre *h* jeweils zur nächsten Trocknerschleife weiterfliegen. Das Zurücksaugen der Gase bietet den Vorteil, daß die Verbrennungsgase nicht nur mit höherer Temperatur, sondern auch mit niedrigerem Sauerstoffgehalt in das Verfahren eingeführt werden können, da sie vorher nicht mit kalter Luft vermischt werden müssen. Die Sauerstoffarmut ist aus Sicherheitsgründen erwünscht. Zusätzlich sind in die Anlage noch mehrere Sicherungen gegen Verpuffungen eingebaut. Die Einrichtung liefert staubfreie Späne, der Wärmebedarf beträgt nur etwa 900 kcal/kg verdampften Wassers. Der Umgas-Stromtrockner gestattet es, die feuchten Späne in stetigem Fluß innerhalb von etwa 20 s bis herab auf etwa 9% Restfeuchtigkeit zu trocknen. Ein 25 m hoher Umgas-Stromtrockner mit zwei Schleifen wiegt etwa 30000 kg und hat einen Energieverbrauch von 40 bis 50 kW sowie einen Ölverbrauch von 180 kg/h bei 10000 kcal/kg Heizwert des Öles.

762.5 Mischung der Späne mit dem Bindemittel.

762.50 Allgemeines über die Mischung der Späne. Für die Holzspanplattenindustrie ist der Verbrauch möglichst geringer Bindemittelmengen eine Lebensfrage. Mit geringen Bindemittelmengen erhält man aber nur dann brauchbare Platten, wenn eine sehr gleichmäßige Verteilung auf den Holzteilchen gelingt. Das Problem der Beleimung oder Mischung der Holzspäne mit dem Bindemittel ist deshalb von größter Bedeutung. Es sind dafür sehr verschiedene Lösungen möglich.

Besonders wichtig ist für die Verteilung der Zustand des Bindemittels, wobei folgende Phasen zu unterscheiden sind:

Pulveriger Leim, wenig Haftvermögen, Gefahr der Entmischung;

dünnflüssiger Leim, gute Mischmöglichkeit, aber starke Spandurchfeuchtung und deshalb hoher Wärmeaufwand für die Trocknung;

dickflüssiger Leim, sparsamer Verbrauch, geringer Wärmeaufwand, gleichmäßige Mischung aber schwierig;

schaumförmiger Leim, sparsamer Verbrauch, gute Mischungsmöglichkeit.

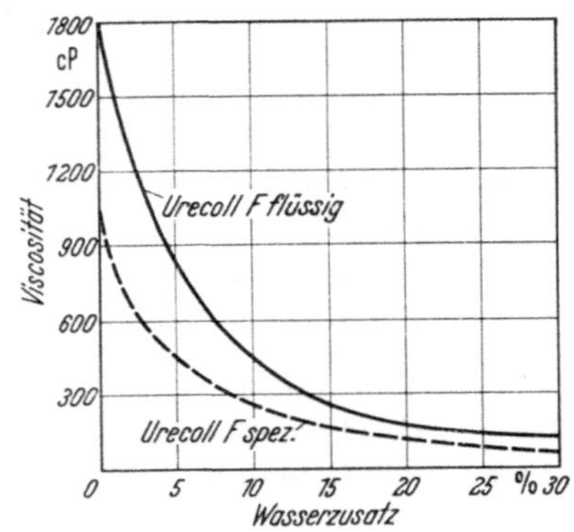

Bild 480. Viscositätsabfall von Harnstoff-Formaldehydleimen bei zunehmender Verdünnung mit Wasser. (Nach A. Petz.)

Wichtig ist nach A. Petz[1] gute Anpassung der Viscosität des Bindemittels an die Mischvorgänge. Unter Umständen muß die Viscosität durch Verdünnung (im allgemeinen mit Wasser) entsprechend eingestellt werden, wobei aber der starke Viscositätsabfall beim Verdünnen mit Wasser (Bild 480) zu beachten ist. Bei zu starker Verdünnung leidet das Bindevermögen und wird zuviel Feuchtigkeit in die Holzspäne eingebracht. Nach A. Petz hat sich für das Bedüsungsverfahren eine Viscosität von 600 bis 1200 cP als zweckmäßig erwiesen, wogegen beim Zwangsmischverfahren (Knetmischung) und bei Walzenauftrag wesentlich höhere Viscositäten, z. B. 4000 bis 6000 cP zulässig sind.

Auf Grund vieler Versuche und von Betriebserfahrungen kann empfohlen werden, das Bindemittel in 50 bis 70%iger Lösung zu versprühen. Bei Harnstoff-

---

[1] Petz, A.: Kunststoffe Bd. 12 (1952) S. 391.

harzleimen wird vielfach ein Schaummittel zugegeben, dann der Leim zu Schaum geschlagen, wobei sich sein Volumen vergrößert. Es ist dann leichter, eine geringe Leimmenge auf die große Oberfläche der Holzteilchen zu verteilen.

Alle bekannten, gut wirksamen Misch- und Knetmaschinen lassen sich zum Vermischen dickflüssiger Bindemittel mit den Spänen verwenden. Die verhältnismäßig kleine Bindemittelmenge wird dabei zuerst einer kleinen Teilmenge von Spänen zugegeben, wodurch die Verteilung erleichtert wird. Nach der Durcharbeitung dieser Teilmenge untermischt man die übrige Spanmasse mit den „gesättigten" Spänen. Eine wirklich gleichmäßige Verteilung ist aber mit diesem Verfahren nicht zu erzielen.

762.51 Misch- und Knetmaschinen, Mischtrommeln, Bedüsungsmischer. Die üblichen Spanplatten enthalten heute zwischen 4 und 15% Bindemittel (als Festkörper gerechnet), bezogen auf das fertige Plattengewicht. Der Anteil an Bindemittel schwankt je nach der Spanform und der gewünschten Plattenqualität. Letztere hängt aber noch mehr als von der Spanform von der Wirkungsweise der Beleimungsmaschine ab. Es ist darauf hinzuweisen, daß für besondere Zwecke, z. B. zur Herstellung von kochfesten sehr glatten Deckschichten oder von Formkörpern, besonders hohe Bindemittelanteile gewählt werden können. Hervorzuheben ist ferner, daß nicht nur die Qualität der Platten, sondern vor allem auch die Wirtschaftlichkeit der Fabrikation mit dem Anteil an Bindemittel und der Güte der Beleimung verknüpft sind. In normalen Spanplattenwerken beträgt der Preisanteil des verarbeitenden Bindemittels 30 bis 60% der gesamten Herstellungskosten. Daraus ergibt sich auch, daß Beleimungsmaschinen, die zwar in der Anschaffung teuer sind, aber durch gute Wirkungsweise zu einer wenn auch nur geringfügigen Einsparung von Leim und vor allem zur Minderung von Leimverlusten beitragen, sich schon nach verhältnismäßig kurzer Zeit bezahlt machen.

Selbst bei den besten Beleimungsverfahren und -maschinen ist es praktisch unmöglich, eine vollkommen zusammenhängende Bindemittelschicht auf allen Spänen zu erzielen. Immerhin ist durch Verbesserungen und Neukonstruktionen schon viel erreicht worden. Das Ziel bildet aber nicht nur die Herstellung geschlossener Leimschichten um jeden einzelnen Span, sondern möglichst dünner Schichten. Theoretisch würde man nach unserer heutigen Kenntnis über das Wesen der Beleimung, insbesondere der spezifischen Adhäsion, schon mit monomolekularen Schichtdicken ausreichende Bindefestigkeit erreichen können. Eine Voraussetzung bildet dabei freilich, daß die Späne solche Formen haben, daß einwandfreie Leimübertragungsstellen beim Pressen geschaffen werden und keine unnötigen Spänebrüche entstehen. An sich muß theoretisch der Leimverbrauch um so größer werden, je größer die Spanoberfläche je Raumeinheit ist[1]. Es werden also dünne, aber auch kurze Späne mehr Bindemittel verbrauchen als dicke, lange. Der Spandicke und -länge ist aber technologisch durch die Gefahr der Brückenbildung eine Grenze gesetzt. Stets höher ist der Bindemittelverbrauch bei rauhen, oberflächlich gekräuselten oder fibrillierten Spänen gegenüber glatten.

Grundsätzlich zu unterscheiden sind bei den Mischmaschinen die periodisch arbeitenden von den kontinuierlich arbeitenden[2]. Die periodischen Zwangsmischer haben sich in ihrer grundsätzlichen Konstruktion nicht verändert,

[1] Engels, K.: Beleimung der Späne, das Kernproblem der Spanplattenfabrikation, Holz Bd. 7 (1953), S. 55.

[2] Die folgenden Ausführungen stützen sich weitgehend auf dankenswerte ausführliche Mitteilungen der Firma Drais-Werke GmbH, Maschinenfabrik, Mannheim-Waldhof.

jedoch wurde die Drehzahl des Mischwerkes erhöht. Man erhält dadurch eine ziemlich voluminöse Mischung und als deren Folge größere Schonung der Späne und Vermeidung des Festfahrens des Mischwerks. Ursprünglich fand in die deutsche Spanplattenindustrie hauptsächlich das Drais-Behr-Mischwerk weitgehend Eingang. Später wurde von den Drais-Werken auch ein Gegenstrommischwerk geschaffen, das sich zur Beleimung fast aller Spänearten eignet. Von der mechanischen Bodenentleerung ist man zu der pneumatischen übergegangen. Der früher flache Deckel am verschiebbaren Einfüllverschluß ist inzwischen gewölbt worden (Bild 481). Diese Bauweise in Verbindung mit von außen einsprühenden zentral angeordneten Düsen ließ die gefürchteten Leimflecke völlig verschwinden. Die Düsen arbeiten injektorartig durch eine Deckelöffnung; sie verschmutzen nicht mehr, sind leimeinstellbar und können in ihrem Sprühbild kontrolliert werden, ohne daß die Maschine geöffnet werden muß. Für die Zerstäubung von Kunstharzleimen bei der Herstellung von Spanplatten

Bild 481. Ansicht eines periodischen Mischers für Späne, Ausführung Drais-Werke, Mannheim-Waldhof.

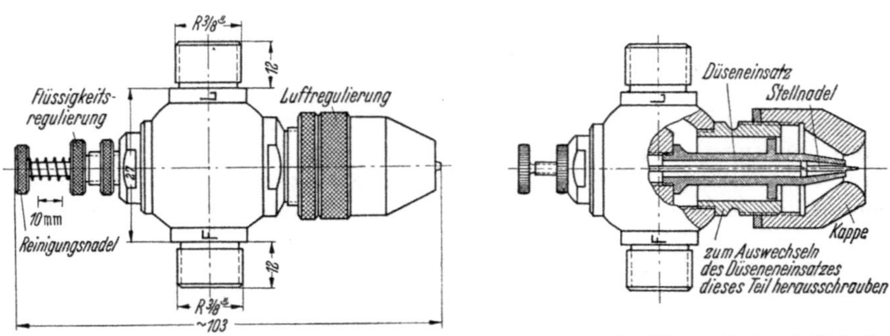

Bild 482. Ansicht und Schnitt durch eine Wirbelstrom-Hochleistungsdüse, Ausführung Gustav Schlick, Coburg.

werden vornehmlich saugende Wirbelstrom-Hochleistungsdüsen der Firma Gustav Schlick, Coburg, verwendet. Bild 482 zeigt die Ansicht und den Schnitt durch eine derartige Düse. Je nach der Viscosität der Bindemittellösung wird die Flüssigkeit mit einem Druck von 1 bis 2 atü den Düsen zugeführt, während die Zerstäubung mit einem Preßluftdruck von 2 bis 3 atü durchgeführt wird.

Die zu zerstäubende Flüssigkeit wird im Inneren der Düse bis zur Düsenmündung gebracht und dort von der außen in Drall versetzten Preßluft zerrissen und verteilt. Die Anordnung der Düsen richtet sich nach der Art der Mischer. Infolge der verhältnismäßig hohen Viscosität der Bindemittellösungen hat es sich als unzweckmäßig erwiesen, Düsen mit größerer Leistung als 0,5 bis 2 l/min zu verwenden, da sonst zur Erziehung der gewünschten feinen Zerstäubung ein unwirtschaftlich hoher Energieverbrauch entstünde.

Es ist möglich, an Hand der Tönung des sichtbaren Sprühstrahles das Sprühbild und damit die richtige Arbeit der Düsen zu beurteilen. Bei den oben erwähnten außerhalb des periodischen Mischers angeordneten Düsen sind etwa 5 bis 10 mm des Sprühstrahls frei sichtbar.

Bild 483. Ansicht der Beleimungstrommel, Bauart Norddeutsche Homogenholz GmbH., Ausführung Drais-Werke GmbH., Mannheim-Waldhof.

Die Drais-Werke GmbH. haben ihre periodischen Mischer auch dadurch verbessert, daß sie das Leimdosiergefäß geändert haben. Es besitzt jetzt ein Schauglas, durch das man den jeweiligen Leimstand ablesen kann. Unmittelbar hinter dem Schauglas ist auch die Einstellvorrichtung für die je Mischerfüllung (Charge) einzusprühende Leimmenge. Ein groß bemessener Deckel gestattet die Reinigung des Dosiergefäßes nach jeder Arbeitsschicht. Diese Reinigung ist unerläßlich, da bei vielen Leimrezepten schon nach kurzer Zeit Leimansatz im Dosiergefäß auftritt. Dadurch wird die richtige Dosierung in Frage gestellt. Die Arbeit an den verbesserten periodischen Mischern ist dadurch wesentlich erleichtert, daß mit Hilfe eines einzigen Bedienungshebels, der alle Manipulationen mit entsprechender gegenseitiger Sperrung durchführt, der gesamte Ablauf der Bedüsung, d. h. das Entlüften und Füllen des Dosiergefäßes, gesteuert wird.

Außerordentliche Bedeutung für die wirtschaftliche Spanplattenfertigung haben die kontinuierlichen Mischer erhalten. Die Erhöhung der Kapazitäten, der Wunsch, Löhne einzusparen und die Gesamtherstellungskosten zu senken, führten zu ihrer Entwicklung. Eine Notwendigkeit ergab sich auch daraus, daß die der Beleimung vorangehenden oder folgenden Arbeitsgänge größtenteils kontinuierlich abliefen.

Die Drais-Werke GmbH. in Mannheim-Waldhof bauten die Beleimungstrommel (Bild 483) nach den Patenten der Norddeutschen Homogenholzgesellschaft, deren Konstruktion in Zusammenarbeit mit dem Labor Himmelheber wesentlich verbessert wurde. Eine völlige Neuentwicklung zeigt Bild 484. Dieser Mischer arbeitet nicht wie die Beleimungstrommeln nach dem Freifall-Freiflugsystem, sondern nach dem von den Drais-Werken erfundenen System der voluminösen Zwangsmischung. Die Maschine besteht aus einem im Querschnitt runden oder auch je nach der Späneart hochovalen Trog, dessen Länge ein Mehrfaches seines Durchmessers ist. Im Trog befindet sich nahezu zentrisch zur Unterschale die Mischwerkswelle, die wiederum je nach der Späneart in bestimmten Abständen Mischarme trägt. Die Arme sind so gestaltet, daß darauf bewußt verzichtet wurde, dem Span eine achsiale Bewegungskomponente zu erteilen. Die Späne laufen der Maschine an der einen Seite des Troges durch einen Trichter kontinuierlich zu, auf der anderen werden sie oberhalb der Mischwerkswelle durch eine besondere Auswurfwalze und eine der Wurfparabel angepaßte Auswurfschnauze ausgeworfen. Ähnlich wie bei den periodischen Mischern der genannten Firma sprühen die Düsen, gleichmäßig über die Troglänge verteilt, von außen durch kleine Öffnungen das Bindemittel ein.

Die inneren Misch- und Bewegungsvorgänge sind folgende: Durch das der jeweiligen Späneart angepaßte Mischwerk und durch die ebenfalls darauf abgestimmte Drehzahl werden die zulaufenden Späne so in Bewegung versetzt und gehalten, daß ein „Spanschleier" im inneren Raum des Troges entsteht. Praktisch handelt es sich also um eine Dispersion von Spänen in Luft. Es hat sich herausgestellt, daß dieser Zustand erreicht ist, wenn sich im Trog so viel Späne befinden, daß sie im Ruhezustand etwa 50% des Troghohlraumes füllen. Der Spanschleier wird dann so dicht, daß er einerseits noch vom Leimsprühstrahl durchdringbar ist, anderseits aber den Sprühstrahl nicht bis zum Mischwerk oder gar bis zu den Trogwänden durchläßt. Insofern kann man bei der geschilderten Spanbewegung aber auch noch nicht von einer Zwangsmischung sprechen, als diejenigen Späne, die vielleicht im Trommeloberteil mehr Sprühtröpfchen als nötig aufnehmen, Bruchteile von Sekunden später im Unterteil des Troges vom Mischwerk reibend und schiebend mit anderen Spänen in Kontakt gebracht werden. Dadurch werden die überschüssigen Sprühtröpfchen abgewischt, von anderen Spänen übernommen und so weitgehend flächige Beleimung erzielt. Die den gesamten Trog füllende Span-Luft-Mischung bewirkt auch eine ständige Selbstreinigung des Troges. Die Gefahr des Ansatzes von mit Leim übersättigtem Staub, der zur gefürchteten Leimfleckenbildung führt, ist bei diesen kontinuierlichen Mischern ausgeschlossen. Ein weiterer Vorteil der Konstruktion liegt in der Verringerung der Leimverluste. Es ist bekannt, daß diese für die Wirtschaftlichkeitsrechnung der Spanplattenindustrie sehr nachteilig waren. Zurückzuführen sind sie auf die mit der abziehenden Sprühluft entweichenden Leimnebel. Diese Erscheinung ist auch deswegen unerwünscht, weil im Laufe der Zeit alle Gegenstände in der Umgebung der Mischer einen Überzug aus Leim und Holzstaub erhalten. Messungen bei den neuen kontinuierlichen Mischern haben nun ergeben, daß der beim Versprühen auftretende Leimnebel fast 100%ig innerhalb der Maschine abgefiltert wird. Die

Bild 484. Ansicht der kontinuierlichen Beleimmaschine für Holzspäne, Ausführung Drais-Werke GmbH., Mannheim-Waldhof. Rückansicht.

Sprühluft, die den Leimnebel trägt, muß bei den Maschinen in Troglängsrichtung durch den Spanschleier, der wie ein Filter wirkt, bis zur Auswurfschnauze wandern. Die Leistung der kontinuierlichen Mischer läßt sich durch einfache, bequem zu betätigende Vorrichtungen regeln. Mit Rücksicht auf das richtige Dispergierungsverhältnis von Späne/Luft ist es nötig, stets eine bestimmte Mindestmenge an Spänen im Trog zu haben. Bei zu geringer Spanmenge kann eine Verschmutzung der Maschine auftreten. Eine bestimmte Mindestmenge an Spänen ist aber mit Rücksicht auf die für eine gleichmäßige Verteilung notwendigen Mindestverweilzeiten unerläßlich. In diesem Zusammenhang ist zu sagen, daß bei der periodischen Mischung erfahrungsgemäß Mischzeiten von 3 bis 10 min (einschließlich der Totzeiten), je nach Späneart und Leimanteil, sich als zweckmäßig erwiesen haben. Bei den kontinuierlichen Mischern liegen die üblichen Verweilzeiten bei 3 bis 4 min, jedoch kommen auch kürzere oder etwas längere Verweilzeiten vor. Bei den kontinuierlichen Mischern ist dafür gesorgt, daß der Trog bei Beschickung unterhalb der Nennleistung nicht „leer fließt". Dies wird durch Anordnung einer Düsenblende im Zusammenwirken mit der Auswurfwalze erzielt. Eine leichte Schrägstellung des Troges einschließlich Mischwerk kann als Vorsorgemaßnahme angesehen werden. Sie bezweckt, daß evtl. auftauchende neuartige Späne, die nur schwer oder nur teilweise in Luft dispergierbar sind und damit nicht am Fließen der Span-Luft-Dispergierung teilnehmen, ebenfalls beleimt werden. Die kontinuierlichen Mischer lassen sich den verschiedenen Spanformen weiter durch Einlegen oder Wegnehmen entsprechender Zwischenstücke, die den Trogquerschnitt verändern, oder durch Wechsel der Drehzahlen anpassen. Sollten die Späne in einem Betrieb häufig gewechselt werden, so kann sich die Vorschaltung eines stufenlosen Getriebes empfehlen.

Die Dosierung der Späne muß mit Hilfe geeigneter Maschinen vorgenommen werden. Der Leim wird bei den kontinuierlichen Maschinen, wie Bild 484 erkennen läßt, von einer Pumpenbatterie dosiert, die in einem Pumpenschrank zusammengebaut ist. Für jede Düse ist eine eigene Zahnradpumpe vorgesehen. Die Pumpen werden über Kettenräder von einem Motor angetrieben. Zwischen Pumpe und Düse erfolgt die Leimübertragung durch Schläuche. Um bei Verstopfung der Düsen den Schlauch nicht zu beschädigen und die Pumpe nicht zu überlasten, ist ein Überdruckventil eingebaut. Kurz vor jeder Düse befindet sich ein eigener Schmutzfänger, um nach Möglichkeit ein Verstopfen der Düse von vornherein zu vermeiden. Die Beobachtung des Überdruckventils zeigt der Bedienung des Mischers, ob und welche Düse ausgefallen ist. Zur Abstimmung von Span- und Leimmenge gibt es verschiedene Vorrichtungen, z. B. kann der Antriebsmotor der Dosierpumpen in Abhängigkeit von den Anzeigewerten einer den Spanstrom messenden Bandwaage gesteuert werden. Eine andere Möglichkeit liegt beispielsweise darin, den Leim- und Spanstrom absolut konstant zu halten. Abschließend sei darauf aufmerksam gemacht, daß der in Bild 484 gezeigte kontinuierliche Mischer der Drais-Werke sehr formschön gestaltet ist und bei großer Durchsatzleistung nur verhältnismäßig wenig Raum beansprucht. Die Maschine ist sehr leicht sauber zu halten; die Troghauben sind einfach zu öffnen, die Düsen rasch auszuwechseln, größere Ablaßklappen für die Waschflüssigkeit sind vorhanden.

Eine Übersicht über die Mengenleistung verschiedener Typen von periodischen und kontinuierlichen Mischern ist in Zahlentafel 76 wiedergegeben.

Neben den Beleimmaschinen sind auch Einrichtungen erforderlich, um das Bindemittel sprühfertig zu machen und zu den Mischmaschinen zu befördern. Die Leimmischmaschinen haben beispielsweise einen Nutzinhalt von 200 l. Die fertige Leimmischung läuft aus ihnen durch einen Schieber in ein Vorratsdruckgefäß. Durch Einleiten von Preßluft in den Oberraum dieses Gefäßes wird dann der Leim zu den einzelnen Verwendungsstellen gedrückt. Leimmischmaschine und Vorratsdruckgefäß reichen bei einer Ausführung der Drais-Werke für einen stündlichen Leimverbrauch von 100 l. Da bei einem derartig hohen Leimverbrauch meist mehrere Spanbeleimungsmaschinen angeschlossen sind, empfiehlt es sich, statt eines einzelnen Druckgefäßes deren zwei zu verwenden, um Stockungen auszuschalten.

Zahlentafel 76. *Mengenleistung von Holzspan-Mischern der Drais-Werke GmbH., Mannheim-Waldhof.*

Type	Inhalt	Einzelfüllung bei Spanart und Schüttgewicht							Leistungsbedarf
		Bezner Mittel	Bezner Deck	Grupp Mittel	Grupp Deck	Novopan Deck	Rottmann Mittel	Condux	
	dm³	50 kg/m³	80 kg/m³	40 kg/m³	100 kg/m³	35 kg/m³	45 kg/m³	220 kg/m³	kW
A. Periodische Mischer[1]									
FSP 20	20								
FSP 80	80								
SH 1800	1800	50	65	45	100	—	50	200	ca. 6
FSP 1800	1800	50	65	45	100	—	50	200	ca. 6
SH 3000	3000	85	110	75	150	—	85	300	ca. 7,5
FSP 3000	3000	85	110	75	150	—	85	300	ca. 7,5
B. Kontinuierliche Mischer[2] Durchsatz in kg/h bei Spanart und Schüttgewicht									
K—FSP 2/7	400	200	195	160	240	85	180	1200	1,5 bis 6,5
K—FSP 3/10	1200	600	580	480	720	255	540	3600	2 bis 11
K—FSP 5/15	1600	900	870	720	1080	380	810	5400	3,5 bis 15
K—FSP 10/40	3200	1800	1740	1440	2160	760	1620	10800	6 bis 22
K—FSP 20/60	8000	4500	4350	3600	5400	1900	4050	—	11 bis 33

[1] Anzahl der Füllungen je 1 h: ca. 8 bis 10.
[2] Den Leistungsangaben für die kontinuierlichen Spanbeleimungsmaschinen Type K—FSP liegen mit Ausnahme der Condux-Späne einheitliche Verweilzeiten in der Maschine zugrunde, wobei für alle Deckschichtspäne mit Rücksicht auf die hochwertige Verleimung bei höherem Leimanteil die Verweilzeiten etwa 1,7mal der Verweilzeit der Mittelschichtspäne angesetzt sind. Weiterhin sind die Leistungsangaben mit mehr oder weniger willkürlichen Spanschüttgewichten festgestellt. Mit anderen Spanschüttgewichten ändert sich fast direkt proportional die Leistung.

762.52 Sondermaschinen zum Beleimen von Spänen. 762.521 Walzenbeleimmaschine nach Fahrni. Eine bewährte Sondermaschine, die beim Novopanverfahren nach Fred Fahrni verwendet wird, zeigen Bild 485 und 486. Das flüssige Bindemittel befindet sich dabei in einem Trog innerhalb des Maschinengehäuses; eine eintauchende Walze entnimmt fortlaufend Bindemittel und gibt es an zwei Dosierrollen ab; weitere Dosierrollen sorgen für eine sehr feine Verteilung des Bindemittels und tragen einen dünnen Leimfilm auf die groß bemessenen Beleimwalzen auf. Die Späne werden von oben her in die Maschine in abgewogenen

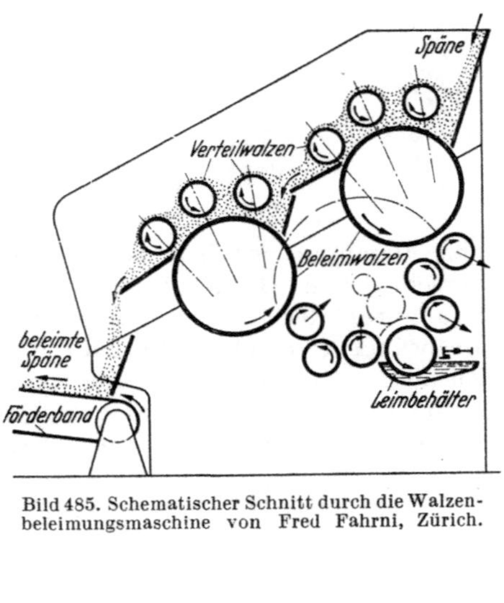

Bild 485. Schematischer Schnitt durch die Walzenbeleimungsmaschine von Fred Fahrni, Zürich.

Mengen eingeschüttet. Durch die Schwerkraft sowie durch die Bewegung der Beleim- und Verteilwalzen werden sie gleichmäßig durch die Beleimmaschine hindurchbefördert. Die Beleimwalzen sorgen für eine feine und gleichmäßige hauchdünne Beleimung der Späne, während die Verteilwalzen die rieselnden Späne so verteilen, daß sie möglichst in ihrer Gesamtheit mit Leim beaufschlagt werden. Die etwa nach dem Prinzip einer Offset-Druckmaschine arbeitende Beleimmaschine ist sehr betriebssicher, stellt aber eine teure Konstruktion dar.

Bild 486. Ansicht einer Batterie von Beleimungsmaschinen in einem amerikanischen Novopanwerk.

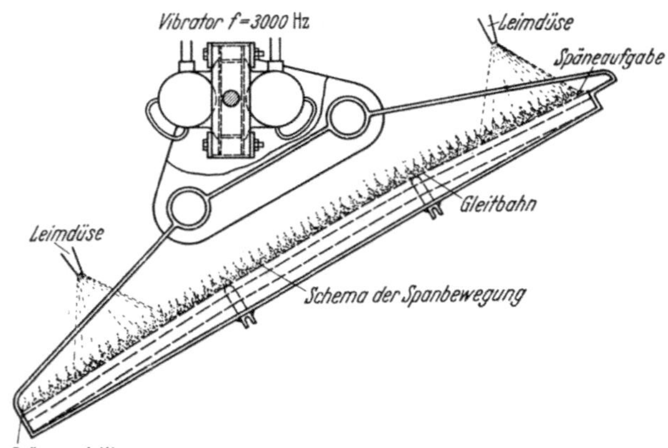

Bild 487. Wirkungsschema des Vibrationsmischers nach H. Granholm und V. Saretok.

762.522 Vibrationsbeleimmaschine nach Granholm. Eine von H. Granholm, Göteborg, erfundene Beleimungsmaschine für Späne[1] arbeitet mit Vibratormembranen (Bild 487). Es ist zweckmäßig, mehrere (z. B. 3) Vibratoren hintereinander zu schalten, die entweder auf gleichem Niveau angeordnet werden oder untereinander liegen. Die Vibratorbleche sind geneigt und sind an einstellbaren Federn aufgehängt. Wenn die Bleche (Abmessungen etwa $800 \cdot 2000\,mm^2$) hintereinander angeordnet sind, muß das Spangut nach dem Passieren einer Membran durch ein Förderband wieder bis zur Oberkante der nächstfolgenden Membran gehoben werden. Die Zahl der Membranen richtet sich nach verschiedenen Betriebsfaktoren, darunter der Art und Beschaffenheit des Spangutes, der gewünschten Beleimleistung, dem Bindemittelanteil usw. Das Besprühen geschieht, während die Späne auf den Membranen „herabtanzen". Zu diesem Zweck befindet sich oberhalb jeder Membran eine Sprühpistole. Die Leimlösung wird aus Vorratsbehältern mittels Preßluft durch Schläuche zu den Pistolen befördert. Die Dosierung des Leimes geschieht durch die Einstellung

[1] Schwed. Pat. 132 914, H. Granholm u. V. Saretok, 23. 2. 1948.

des Drucks in den Vorratsbehältern. Die zum Besprühen notwendige Luft wird den Pistolen durch eine eigene Druckleitung zugeführt. Die sorgfältige Überwachung der Luftdrücke ist außerordentlich wichtig und geschieht mit Hilfe zweier an der Beleimungsmaschine angebrachter Manometer und Reduzierventile.

Bei einem von der British Artificial Resin Company entwickelten Verfahren wird eine mechanische Mischung der trockenen Sägespäne mit 5% Kunstharzpulver vorgenommen, wobei die Mischbewegung von einer elektrisch angeregten Membran stammt[1].

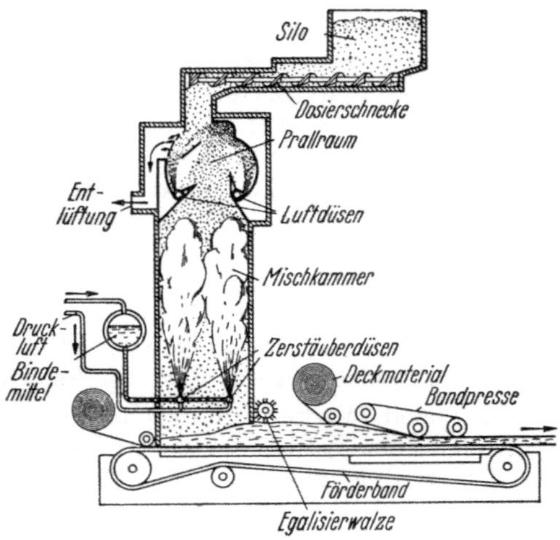

Bild 488. Schema eines mit Gegenstrom-Sprüh-Mischturm und Bandpresse kontinuierlich arbeitenden Verfahrens zur Spanplattenherstellung, Oregon Forest Products Laboratory, Corvallis, Ore., USA.

762.523 **Gegenstrom-Sprüh-Mischturm des Oregon Forest Products Laboratory.** Ein interessantes in USA entwickeltes Mischverfahren ist in Bild 488 dargestellt[2]. Die Späne gelangen dabei über eine Dosierschnecke in den Sprühmischturm[3]. Wie ersichtlich, wird das flüssige Bindemittel durch Düsen nach oben verstäubt. Die Sprührichtung verläuft also im Gegenstrom zur Fallrichtung der Späne infolge der Schwerkraft. Der Neigung der Späne zum Zusammenbacken wird durch Einführung in eine Prallkammer entgegengewirkt, in der sich eine Reihe von Prallblechen befindet und Preßluft für eine lebhafte Durchwirbelung sorgt. Aus dieser Prallkammer fallen die Späne frei schwebend mit geringer Geschwindigkeit durch den Mischturm, wo sie Bindemittel an ihrer Oberfläche aufnehmen. Die Späne gelangen nach der Belei-

Bild 489. Blick auf die Einstreumaschine in einem amerikanischen Novopanwerk.

[1] Anonymus: Building Boards in Continuous Lengths, The Australian Timber Journal Bd. 14 (1948) Nr. 10, Nov., S. 703. — W. J. Fischbein: Production of Wood Waste Boards by a Continuous Process, in Northeastern Wood Utilization Council Bulletin Nr. 31, Wallboard Production and Uses, New Haven, Conn., Jan. 1950, S. 131.

[2] Oregon For. Prod. Lab.: Manufacturing from Wood Residues, Wood Working Digest Bd. 52, Dez. 1950, S. 43.

[3] Ein Gegenstrom-Fallschacht mit Einspritzdüsen zum Mischen ist schon in dem DRP 724 637 aus dem Jahre 1938 beschrieben.

mung unmittelbar auf ein Förderband bzw. auf eine mit dem Förderband bewegte Deckschicht.

762.6 Dosierung, Formung und Pressung der Spanplatten.

762.61 Dosierung, Einstreuen, Formen. Die mit dem Bindemittel vermischten Späne müssen dosiert werden. Die Dosierung kann durch Einschütten in Meßkästen oder durch Wägung erfolgen. Ratsam ist es, die Dosierung mit dem Abfüllvorgang zu verbinden. Automatische Waagen mit Steuerung durch Photozellen (z. B. Ausführung der Toledo-Werke, Köln-Sülz) sind besonders zweckmäßig. Mechanische Dosiervorrichtungen nach Konstruktion der Norddeutschen Homogenholzwerke zwischen Kastensilo und Einstreuvorrichtung zeigt Bild 473. Bei der Novopanherstellung rollen die Formrahmen, auf deren Böden das Transport- bzw. Preßblech liegt, auf einzelnen Waagen durch die Einstreumaschinen. Da es sich bei diesen Platten um Mehrschichtplatten handelt, durchfahren die Formwagen eine Einstreumaschine nach der anderen, so daß zuerst die Bodenschicht, dann die Mittellage und zuletzt die Deckschicht eingestreut werden (Bild 489).

In vielen Werken, in denen die Spanplattenfertigung zur Abfallholzverwertung neben der laufenden Erzeugung von Holzwaren, z. B. Möbeln, erfolgt, werden die Späne noch mit der Hand in den Formrahmen ausgebreitet und mit Stachelwalzen egalisiert. Maschinelle Einrichtungen erleichtern aber die gleichmäßige Teppichbildung ganz erheblich. Allgemein ist zu sagen, daß gleichmäßige Spanverteilung durch zunehmende Spangröße erschwert wird. Große Späne neigen zur Brückenbildung.

Bild 490. Ansicht einer Spanplattenvorpresse, Bauart Becker & van Hüllen, Krefeld.

762.62 Vorpressen. Die eingestreute Spänemasse ist auf dieser Stufe der Plattenfabrikation noch sehr locker aufgeschüttet. Die Höhe der Schüttung im Vergleich zur späteren Enddicke der Platten hängt hauptsächlich von den Dimensionen der Späne und der Wichte des Holzes ab. Auf Zahlentafel 75 ist Bezug zu nehmen. Bei Nadelholzspänen kann man annehmen, daß die Schütthöhe etwa zwischen 10 und 20mal höher ist als die Enddicke, bei Laubhölzern nur 3 bis 5mal.

Es hat sich allgemein eingebürgert, diese lockere Spanmasse ohne Wärmezufuhr vorzupressen. Die Drücke beim Vorpressen schwanken je nach den besonderen Bedingungen zwischen 5 und 30 kg/cm². Eine Vorpresse zeigt Bild 490.

Durch das Vorpressen erfolgt eine Verdichtung und Verfestigung der Spanmasse zu einem Preßling, der nach der Entfernung der Formrahmen auf den

Preßblechen in Beschickungsgestellen zu den hydraulischen Heizpressen (mit meist 6 bis 12 Etagen) gelangt. Um ein beiderseitiges Bestäuben der Vorpreßlinge mit Paraffin (Antikleber, wodurch das Ankleben der Platten an den Glanzflächen mit Sicherheit verhindert wird) zu ermöglichen, benutzt man Wendevorrichtungen (Bild 440).

762.63 Pressen der Spanplatten. 762.631 Diskontinuierliche Preßverfahren. Die üblichen Bindemittel erfordern zum Abbinden Temperaturen zwischen 115 und 180°C. Da die Späne, wie schon erörtert wurde, nur mehr eine geringe hygroskopische Restfeuchtigkeit enthalten, hat die Erhitzung der Platten nur den Zweck, das Bindemittel zu härten, ohne daß Wasser zu verdampfen ist. Werden allerdings Späne mit mehr als 15% Feuchtigkeit verarbeitet, dann müssen über die Preßbleche wie bei der Faserplattenherstellung Siebe gelegt werden, damit durch ihre Maschen die sich bildenden Gase und Dämpfe entweichen können.

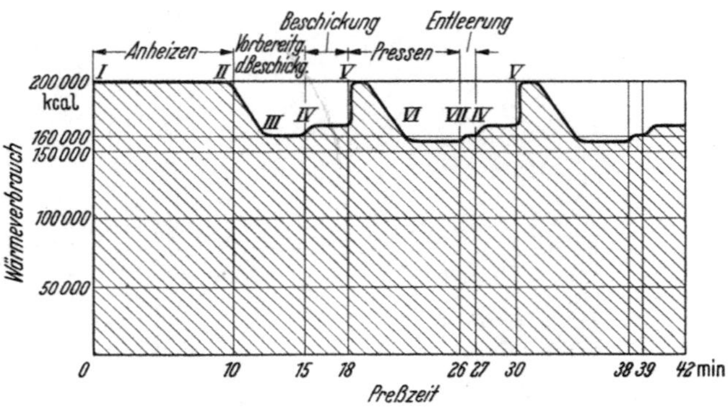

Bild 491. Wärmeverbrauch einer hydraulischen Heizplattenpresse mit 15 Etappen, 1350 · 3150 mm² Preßfläche beim Pressen von Spanplatten. (Nach F. Fahrni.)

Das Pressen der normalen trockenen Spanplatten unterscheidet sich durch die geringe Wasserverdampfung grundlegend von jenem der Faserhartplatten. Die Folge ist eine im Vergleich zur Faserplattenerzeugung wesentlich kleinerer Dampfverbrauch. Es treten auch keine übermäßigen Dampfverbrauchsspitzen auf (Bild 491). Aus diesen Gründen kommt man in den Spanplattenwerken mit erheblich kleineren Dampfkesselanlagen aus als in Faserplattenwerken.

Immerhin sind die hydraulischen Heizpressen (Bild 492 und 493) auch in den Spanplattenwerken der teuerste Anlageteil. Mit Rücksicht darauf sollen zu hohe Preßdrücke vermieden werden, abgesehen davon, daß eine niedrige oder mittlere Wichte der Spanplatten meist erwünscht ist.

Folgende Druckbereiche kommen in Frage:

Für leichte Spanplatten	2 bis 7 kg/cm²
für halbschwere Spanplatten	7 bis 25 kg/cm²
für schwere Spanplatten	25 bis 70 kg/cm²

Die Preßzeiten zerfallen in die Zeit für die Beschickung, das eigentliche Pressen und das Entleeren. Sie richten sich nach der Dicke und Dichte der Platten sowie nach der Art des Bindemittels und schwanken meist zwischen 12 und 45 min. Nach Ablauf eines Preßzyklus öffnet sich die Presse, worauf durch die Beschickungseinrichtung alle in der Presse befindlichen Bleche mit den abgebundenen Platten herausgezogen und gleichzeitig neue Bleche mit den vorgeformten Preßlingen nachgeschoben werden. Im Entleerungsgestell werden durch eine besondere Vorrichtung die noch heißen Platten von den Blechen getrennt und zur Abkühlung gelagert. Die abgekühlten Bleche gelangen zurück in den Fabrikationskreislauf.

Die Wirtschaftlichkeit des Preßvorganges kann durch Beschickungseinrichtungen mit vor- und nachgeschalteten Rollgängen wesentlich verbessert werden. Derartige, meist vollautomatisch arbeitende Anlagen übernehmen den

Bild 492. Ansicht der Vorpresse und einer 16-Etappen-Heizpresse mit Beschickvorrichtung in einem amerikanischen Novopanwerk.

Bild 493. 6-Etagen-Heizpresse mit Beschickvorrichtung in einem Spanplattenwerk, Bauart Becker & van Hüllen, Krefeld. (Man beachte die Vorpreßlinge im Beschickgestell.)

gesamten Blechtransport durch die Formstation zur Vorpresse und danach zur Hauptpresse sowie deren Beschickung und Entleerung und schließlich den Rücktransport der Bleche durch einen zwischengeschalteten Kühlkanal bis zum Anfang des Transportweges. Bild 494 zeigt eine derartige, von der Benno

Schilde Maschinenbau AG., Bad Hersfeld, gebaute Anlage, die in Verbindung mit einer kontinuierlichen Plattenformung entwickelt wurde. Da ein möglichst ruhiger Transport der Bleche mit den aufgeschütteten Spänen erwünscht ist, wurden für den Längstransport Rollen, für den Quertransport Bänder bzw. Ketten gewählt. Die Einfahrt der Bleche in die Vorpresse sowie die Ausfahrt aus dieser geschieht mit einem stufenlosen Getriebe. In das Beladehubwerk werden die Bleche mittels Einschubkette eingefahren. Das Heben des Beladehubwerkes von Etage zu Etage erfolgt automatisch, während das Einfahren der gesamten Bleche in die Hauptpressen von Hand über einen elektrischen Kontroller gesteuert wird. Die patentierte Ausführung des Beladehubwerkes als Paternoster bietet zwei Vorteile:

1. Stete Aufnahmebereitschaft für die Bleche ohne Zurückfahren in eine Ausgangsstellung.

2. Entfallen einer Feuchtgrube.

Der Entladehubkorb nach der Presse entfernt die Bleche nicht mit einem Ausziehbalken, sondern mittels umlaufender Ketten, die auch die fertig gepreßten Platten alle gleichzeitig in ein fahrbares Aufnahmegestell stoßen. Die Bleche bleiben im Entladehubwerk liegen, das sich dann von Etage zu Etage absenkt, wobei die Bleche durch eine Vorziehkette entnommen werden. Ihr anschließender Weg ist aus Bild 494 zu ersehen. In der Blechkühlung wird die Temperatur der Bleche durch Anblasen mit Luft so weit herabgesetzt, daß das Bindemittel im Spankuchen nicht vor dem eigentlichen Preßvorgang zur Härtung gebracht wird.

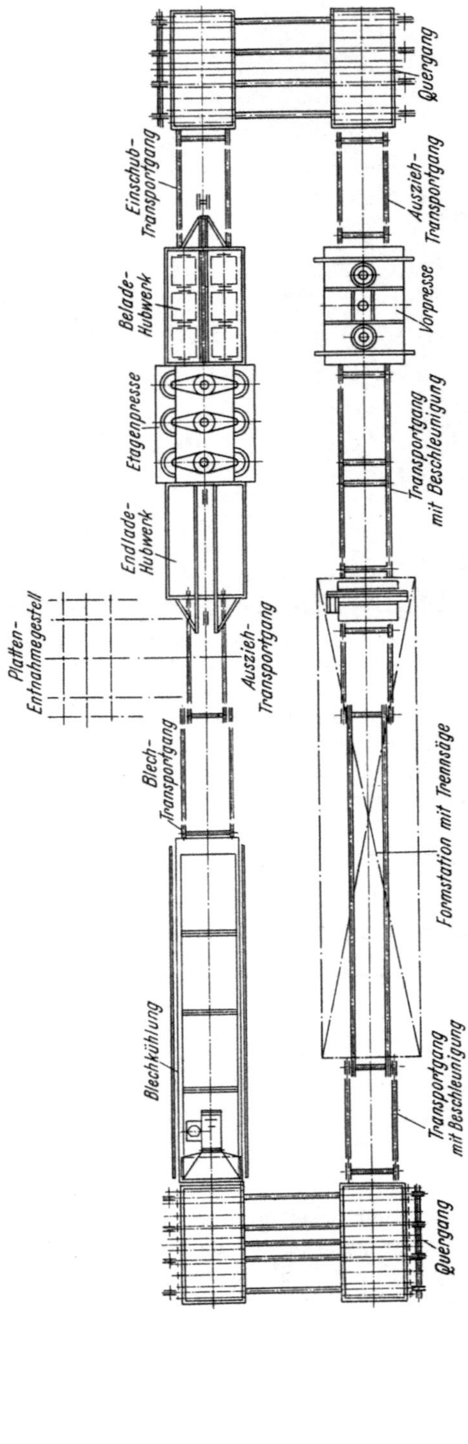

Bild 494. Beschickungseinrichtung für die Spanplattenfabrikation, Bauart Benno Schilde Maschinenbau AG., Bad Hersfeld.

Nach einem patentierten Verfahren[1] der schwedischen Ji-Te Aktiebolaget in Åstorp werden in einer hydraulischen Mehretagenheizpresse gewellte Spanplatten hergestellt. Als Ausgangsstoff dienen ge-

[1] Schwed. Pat. 134584, DBP 835053.

wöhnliche Hobelspäne, die durch Siebung von den feinsten und gröbsten Bestandteilen (Ausbeute etwa 75%) befreit und dann mit 7% Kunstharz vermischt und kalt vorgepreßt werden. Das Warmpressen erfolgt zwischen entsprechend profilierten Preßplatten bei etwa 135° C, einem Preßdruck von 30 kg/cm² und einer Preßzeit von nur 4 min. Bild 495 zeigt die fertigen Platten bei der Entnahme aus der Formpresse. Ein Querschnitt der bereits mit Decklagen versehenen Spanplatte ist schematisch in Bild 496 dargestellt. Die Wellspanplatte wird in erster Linie als Einlage für ebene, furnierte oder mit Faserplatten u. dgl. bekleidete Platten bei der Fabrikation von Türen, Tischlerplatten usw. verwendet. Die nach diesem Verfahren hergestellten Platten vertragen beim Aufleimen Drücke bis zu 10 kg/cm² und besitzen hohe Formbeständigkeit.

Bild 495. Ansicht einer 6-Etagen-Heizpresse mit profilierten Preßplatten, Ji-Te A.B., Åstorp, Schweden.

An Stelle einer mit Dampf oder Heißwasser beheizten Mehretagenpresse kann, vor allem, wenn sehr dicke Platten (z. B. von 60 mm) hergestellt werden, eine Presse mit nur einer Öffnung und Hochfrequenzbeheizung treten.

Ein halb kontinuierliches Verfahren der Firma Erwin Behr, Wendlingen, (zudem der Lignoplan GmbH) ist das Kontinua-Verfahren. Aus technischen Gründen liegt dabei die Kapazität bei 30 bis 60 t täglich (24 Stunden Betrieb). Bild 497 stellt den Arbeitsfluß schematisch dar. Durch die hohe Kapazität werden die Anlagekosten, bezogen auf die Produktionsmenge, sowie die Betriebs- und Verwaltungskosten relativ niedrig. Es ist infolgedessen mit dieser Anlage möglich, nicht nur die teuren Möbel-Spanplatten, sondern auch die billigeren Bau-Spanplatten wirtschaftlich zu erzeugen. Der geringe Anteil von Handarbeit beseitigt auch Fehlerquellen, die bei kleinen und mittleren Spanplattenanlagen oft vorhanden sind. Das hinter den Zerspanungsmaschinen aufgelegte Spänefließband wird möglichst ungestört durch die einzelnen Arbeitsgänge, wie Sichtung, Trocknung, Dosierung, Mischung, Formung und Vorpressung

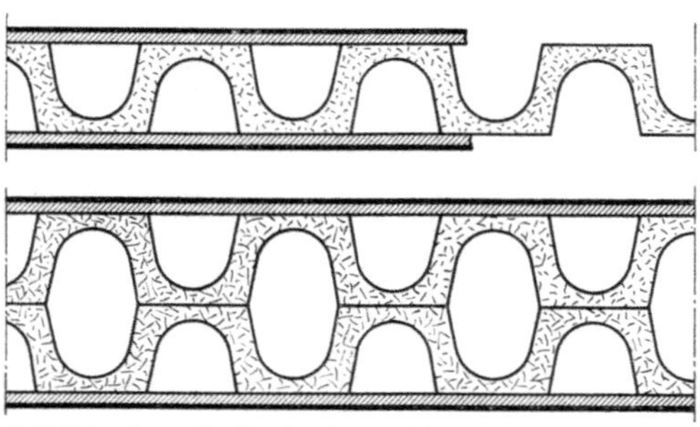

Bild 496. Querschnitt durch mit Decklagen versehene gewellte Spanplatten der Ji-Te A.B., Åstorp, Schweden.

kontinuierlich durchgeführt; erst dann wird es in einzelne Platten aufgeteilt, die in der Folge diskontinuierlich in Beschickungskörben einer oder mehreren Heizplattenpressen zugeführt werden. Bei 30 t Produktion im Tag entfallen auf den m^3 Spanplatten insgesamt 16,5 Mannstunden, bei 60 t nur 11,2 Stunden. Jeweils die Hälfte dieser Stunden sind produktive Arbeitsstunden. Nach Angaben der Lignoplan GmbH betragen die Maschinenkosten (Produktionsmaschinen, Transport- und Zusatzeinrichtungen) ohne Kraftbedarfzentrale beim 30 t-Werk DM 1250000, beim 60 t-Werk DM 1830000. Der Raumbedarf des 30 t-Werkes sind 1100 m^2 bebaute Fläche für das Betriebsgebäude, 1000 m^2 für Lagerräume, entsprechend einem umbauten Raum von 6000 m^3 bzw. 5000 m^3. Beim 60 t-Werk ergaben sich 1500 m^2 und 2000 m^2 bzw. 9000 m^3 und 10000 m^3.

762.632 Kontinuierliche Preßverfahren. Bei dem kontinuierlichen Spanplattenverfahren arbeitet man mit Bandpressen (Bild 488, 498 und 499)[1]. Die Bänder können entweder endlose Stahlbänder oder Gliederketten sein; die damit erzielbaren Drücke liegen zwischen 15 und 20 kg/cm^2. Die Gliederketten müssen so konstruiert sein, daß sie leicht von den Holzspänen zu reinigen sind und saubere Plattenkanten ergeben. Die in jahrelanger Arbeit von der Vere Engineering Company, London, entwickelte kontinuierlich arbeitende Bartrev-Presse besitzt als wesentlichsten Teil zur Formung der Platten zwei übereinanderliegende endlose Stahlbänder, die auf Gliederketten laufen (Bild 498). Der veränderliche Abstand dieser Stahlbänder bestimmt in der Preßzone die Plattendicke, die normalerweise zwischen 5 und 19 mm liegt. Da die Platten in einem endlosen Strang die Presse verlassen, können sie auf jede gewünschte Länge zurechtgeschnitten werden. Die Breite beträgt bis zu 122 cm. Das untere Band hat eine Länge von 49 m. Die mit Bindemittel vermischten Späne werden darauf aufgestreut, so daß sich ein Spänekuchen bildet. Dieser durchläuft zunächst eine Vorwärmzone (Bild 499), in der das Spangut auf etwa 80° C in

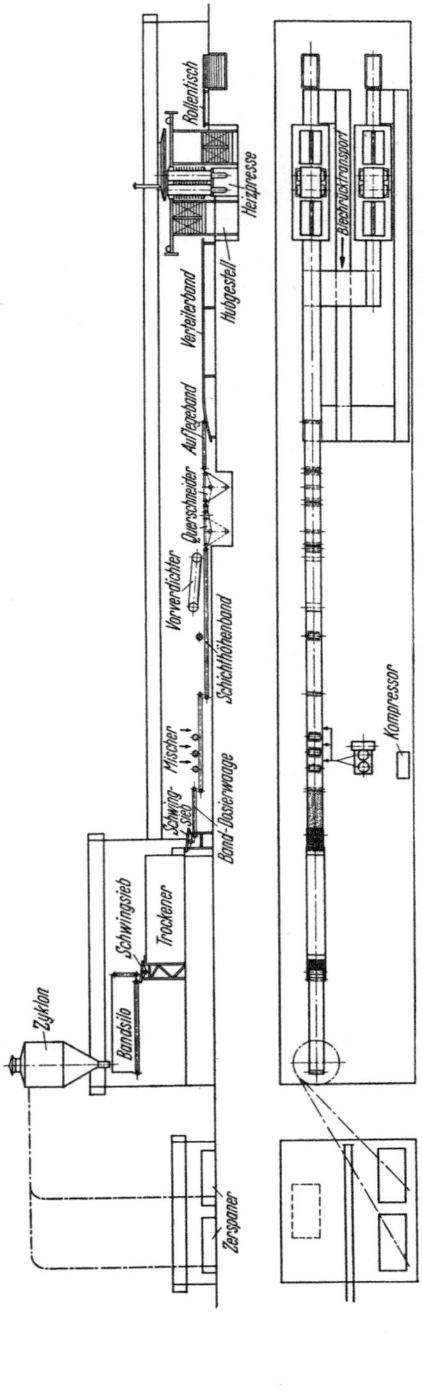

Bild 497. Gesamtschema eines Spanplattenwerks nach dem Kontinua-Verfahren der Firma Erwin Behr, Wendlingen.

[1] Anonymus: Structural Board, Modern Plastics Bd. 28 (1951) Sept., S. 80.

einem hochfrequenten Wechselfeld vorgewärmt wird. Die Heizleistung stammt von 3 Hochfrequenzgeneratoren (Bild 500) mit zusammen 90 kW Hochfrequenzleistung. Die beiden Stahlbänder laufen anschließend in einer Kom-

Bild 498. Ansicht der kontinuierlichen Bandpresse der Vere Engineering Company Ltd., London.

pressionszone auf die gewünschte Plattendicke zusammen. Diese Dicke wird in der hierauf folgenden 5,5 m langen Preßzone genau eingehalten, anschließend vergrößert sich der Abstand der Stahlbänder wieder etwas. Die Härtung des Bindemittels erfolgt in der Preßzone durch Wärmezufuhr (Temperatur 140°C) durch Kontaktheizung. Die Umlaufgeschwindigkeit der Stahlbänder kann zwischen 1,5 und 9 m/min geregelt werden. Nach einem Bericht von B. Frenkel beträgt die Bandgeschwindigkeit bei 1,25 mm dicken Platten 3,6 m/min, bei 6,25 mm dicken Platten 5,5 m/min. Der ganze Prozeß der Plattenherstellung dauert vom Aufschütten der Späne bis zur Formatgebung im Anschluß an die Presse nur 5 min.

Bild 499. Ansicht der Hochfrequenz-Vorwärm-Zone in der Bartrev-Presse mit Platten-Roh-Vlies.

Die Späne haben vor Beginn des Pressens etwa 11% Feuchtigkeit, die fertigen Platten verlassen die Presse mit 9 bis 10% Feuchtigkeit. Verarbeitet werden können Hobelspäne, aber auch besonders hergestellte Späne. Die Wichte der Platten lassen sich auf 0,5 bis 0,75 einstellen. Es ist möglich, die Platten oberflächlich mit transparenten Filmen, Papier, Geweben, Metallfolien während der Herstellung zu verkleiden. Die Tageskapazität einer Presse beträgt etwa 50 t im Dreischichtenbetrieb. Als Kosten für die ganze Anlage werden 250000 englische Pfund genannt. Es liegen auch Beschreibungen von kontinuierlichen Spanplattenmaschinen mit Walzenstraßen vor, wobei zunächst durch Hochfrequenz aufgeheizt und dann das Temperaturfeld durch Infrarotstrahler aufrecht erhalten wird. Eine kontinuierlich arbeitende Formmaschine hat die Firma Otto Kreibaum, Lauenstein (Hannover), entwickelt (Bild 501)[1]. Aus einem Trichter fallen die z. B. mit Hilfe eines Zellenrades abgemessenen beleimten Späne in den Preßraum der Kolbenpresse, der oben und unten von Heizplatten abgeschlossen ist. Der Preßkolben entnimmt jeweils abgemessene Mengen von Holzspänen, die mit 5 bis 8% Kunstharzbindemittel versetzt sind. Durch die stattfindende Verschiebung legen sich die zunächst in der Preßrichtung liegenden Späne unter der Wirkung des Reibungswiderstandes, der durch Blecheinlagen am Beginn der Form noch verstärkt ist, um, so daß sie quer zur Preßrichtung zu stehen kommen. In den Platten können Kanäle mit kreisförmigem Querschnitt ausgespart werden, wodurch sich ihr Gewicht verringert und ihr Wärmedurchlaßwiderstand erhöht. Zum Einformen dieser Kanäle dienen Heizröhren, die mit Querbohrungen versehen sind. Die Rohre werden durch Lager unverrückbar festgehalten. Der Kolben greift um die Rohre herum.

Bild 500. Ansicht des Hochfrequenz-Teiles der Bartrev-Presse.

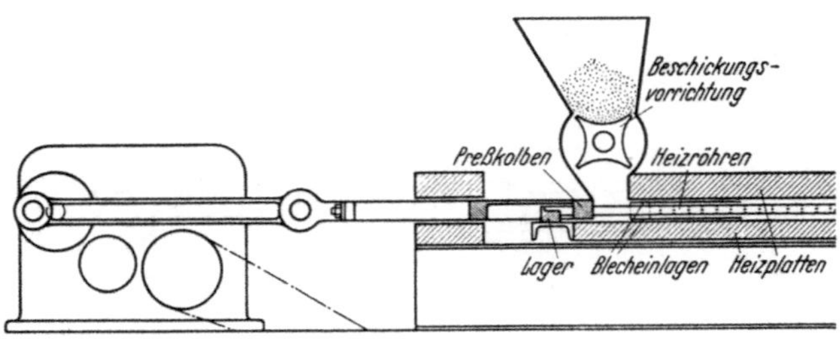

Bild 501. Schema der Kolbenpresse zur kontinuierlichen Herstellung von Spanplatten nach dem Verfahren Otto Kreibaum, Lauenstein, Hann.

Einen schematischen Schnitt durch ein Spanplattenwerk nach dem O. K.-Verfahren gibt Bild 502. Man ersieht, daß Abfallholz zunächst zu Schnitzeln gehackt wird. Diese kommen nach der üblichen pneumatischen Förderung unter Zwischenschaltung eines Zyklons zu einem Bunker, aus dem sie mittels eines Vibrators zu einer Mühle gelangen. Anschließend wird ein Trommeltrockner durchlaufen, und die Späne werden wieder pneumatisch in den Mahlspänebunker befördert. Über einen Vibrator gelangen sie zum Mischer, wo sie mit 5 bis 8% Kunstharzbindemittel beleimt werden. Weitere Vibratoren geben das Spangut dann an die Kolbenpresse aus, in der stetig mit einer gleichbleibenden Vorschubgeschwindigkeit im Verdrängungsverfahren der Plattenstrang geformt

[1] Patentanmeldung K 810 XII/38 k vom 9. 10. 1950 „Verfahren zur Herstellung von Spanplatten oder Formstücken und Presse zur Ausübung des Verfahrens".

wird. Er verläßt, wie gezeichnet, in senkrechter Richtung die stehende Presse und gelangt durch die Schwerkraft, wobei der Strang gleichzeitig um 90° in der Horizontalrichtung gebogen wird, zur Ablängsäge. Besonders zu beachten ist bei

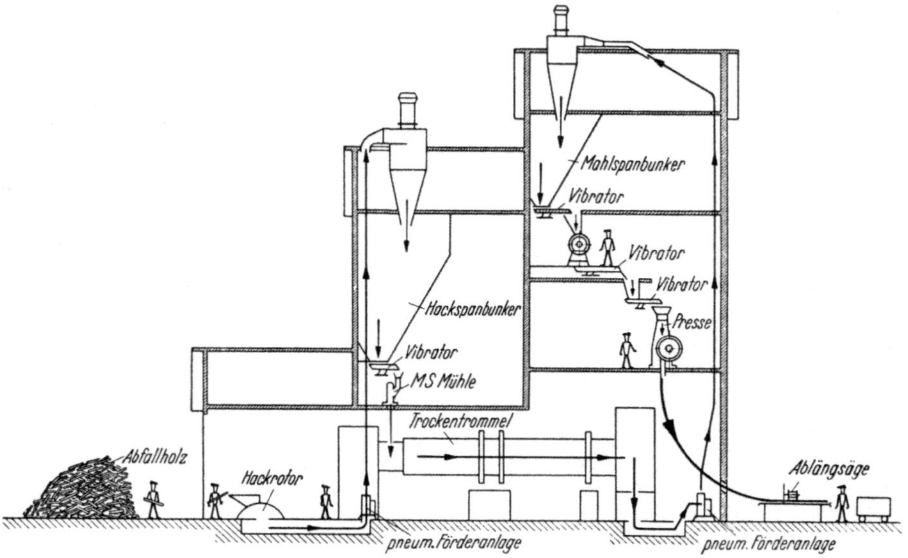

Bild 502. Schematischer Schnitt durch ein Spanplattenwerk nach dem Kreibaum-Verfahren.

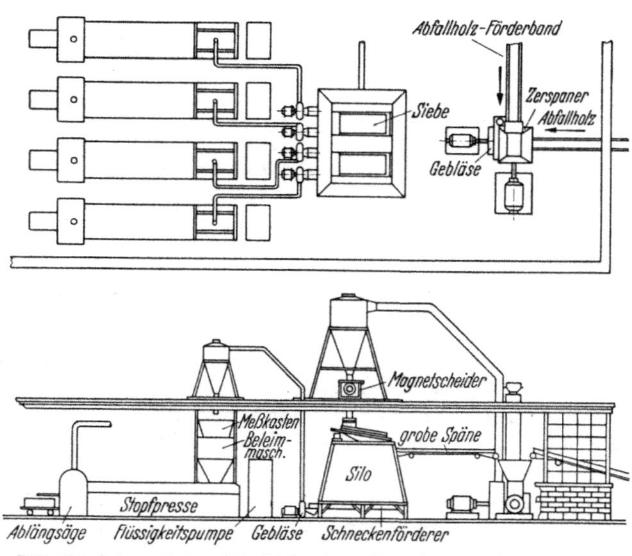

Bild 503. Schematischer Schnitt durch ein Spanplattenwerk nach dem Chipcraft-Verfahren.

dem Schnittbild die geringe Arbeiterzahl, die charakteristisch für ein O. K.-Preßwerk ist.

Dem Kreibaum-Verfahren ähnlich ist das kürzlich in USA aufgetauchte kontinuierliche Chipcraft-Verfahren. Das Schema eines Werkes zeigt Bild 503. Man sieht, daß das Rohholz zunächst zerspant, dann pneumatisch in einem Zyklon entstaubt, von Metallteilen befreit und in einem Zwischensilo gestapelt wird. Von hier aus gehen die Späne pneumatisch zu einer Beleimmaschine und dann zur Verdrängungspresse. Die tägliche Leistungsfähigkeit wird mit 250 bis 350 m² angegeben. Bis zu 10% Rinde und 15 bis 20% Feinmaterial können in den Spänen vorhanden sein.

762.7 Fertigmachen (Konditionierung und Formatgebung) der Spanplatten.

Werden verhältnismäßig feuchte Späne mit Kunstharzbindemitteln, die bei hohen Temperaturen aushärten, zu Spanplatten verpreßt, dann kann es erforderlich werden, die Spanplatten vor der Entnahme aus der Presse auf Temperaturen unter 100° C abzukühlen, um Blasenbildung zu verhindern. Vom wärmewirtschaftlichen Standpunkt aus ist eine derartige Rückkühlung unerwünscht, und man wird sich bemühen, sie durch eine Verfahrensänderung überflüssig zu machen.

Bild 504. Eintrittseite einer Klimakammer zur Konditionierung von Spanplatten, Norddeutsche Homogenholzgesellschaft m. b. H., Triangel.

Die Entnahme der Spanplatten aus den Pressen ist stets ein etwas bedenklicher Punkt der Fabrikation. Fehler im Verfahren äußern sich hier meist in einem raschen Verziehen oder Werfen der Spanplatten. Es steht aber fest, daß bei einwandfreier Technik diese Mängel

Bild 505. Ansicht einer automatischen Doppelkreissäge zur Formatgebung von Spanplatten.

zu vermeiden sind und planparallele, ebene Spanplatten erzeugt werden können, die ihre Form auch bei der nachfolgenden Lagerung beibehalten. Manche Betriebe haben durch eine Konditionierung der Platten nach dem Pressen in Feuchtkammern (Bild 504) ihre Qualität verbessern können. Trotzdem ist die Frage der Klimatisierung in der Sperrholzindustrie noch umstritten.

Die letzte Arbeitsstufe ist die Formatgebung. Sie erfolgt fast ausschließlich durch Kreissägen, z. B. mit automatischen Doppelkreissägen (Bild 505). Bei Platten, die als Mittellagen für Tischlerplatten Verwendung finden sollen, die also eine verhältnismäßig niedrige Wichte und geringen Bindemittelgehalt haben, können die für Holz üblichen Kreissägeblätter benutzt werden. Bei stärker verdichteten und insbesondere kunstharzreichen Platten müssen Sonderwerkzeuge, unter Umständen mit Hartmetallbestückung, gewählt werden. Stets sollte man darauf bedacht sein, die Randabschnitte so schmal wie möglich zu halten. Zwar läßt sich das Holz wieder in den Fabrikationskreislauf zurückführen, aber das gehärtete Bindemittel ist verloren.

Trotz aller Sorgfalt kommen bei den Spanplatten immer noch gewisse Dickenunterschiede vor, die sich durch beiderseitiges Schleifen beseitigen lassen. Hierzu können beispielsweise Dreizylinder-Schleifmaschinen, wie sie auch für die Sperrholzindustrie gebaut werden, dienen.

762.8 Gesamtschema und Betriebsdaten von Werken zur Herstellung mittelschwerer Spanplatten.

Holzspanplatten werden in ständig zunehmendem Maße erzeugt, wobei hauptsächlich die Herstellung von „Holzspanbrettern" mit mittleren Wichten interessiert, die an Stelle von Tischlerplatten Verwendung finden. Die für die Fabrikation zur Verfügung stehenden Maschinen wurden in den vorangehenden Abschnitten besprochen. Ihre Zusammenstellung in neuzeitlichen Werken sei jetzt noch an einigen Beispielen gezeigt. Bild 506 stellt schematisch die Maschinenfolge und den Materialfluß in einem Werk zur Herstellung mehrschichtiger Novopanplatten dar. Man sieht, daß neben einer Aufbereitungsanlage für die Mittellagenspäne eine solche für die Decklagenspäne erforderlich ist. Auch die Einstreumaschinen müssen dem Dreischichtenbau Rechnung tragen. Das Gesamtschema eines Spanplattenwerks nach dem Verfahren der Firma Erwin Behr in Wendlingen ist in Bild 507 wiedergegeben, das eines amerikanischen Spanplattenwerks nach Entwurf der Firma Miller-Hofft Inc., Richmond, Virg.[1], in Bild 508. Das letztgenannte Bild zeigt den Materialfluß vom Trockner über den Zerspaner, die Sortiersiebe und einen Zyklon bis zum Zwischensilo. Der Zwischensilo liegt 12 oder mehr Meter hoch über dem Werksboden. Diese Lage gestattet es, daß die Späne durch die Schwerkraft nach unten zum Mischer gefördert werden. Förderschnecken am Boden des Silos sorgen dafür, daß abgemessene Spanmengen mit gewünschter Geschwindigkeit zur Mischanlage gelangen. Die Anzahl der Schnecken hängt von der gewünschten Kapazität der Anlage ab. Ihre Fördergeschwindigkeit kann veränderlich sein. In manchen Anlagen erwies es sich als vorteilhaft, die Späne aus dem Silo mit den Schnecken zu einem endlosen Förderband zu bringen, das sie, wobei eine automatische Waage zur Verfeinerung der Dosierung passiert wird, zum Mischer bringt. Dieser besteht aus einer stetig arbeitenden Mischtrommel. Die automatische Waage bedient oft mehrere Förderbänder. Sie ist so konstruiert, daß

---

[1] Hyler, J. E.: Glues and Gluing, Southern Lumberman Bd. 185, Nr. 2318, Nov. 1952 S. 41. — Vgl. F. Kollmann: Aus Holzforschung und Holztechnik, Holz-Zentralbl. Bd. 79 (1953) Nr. 7, S. 51.

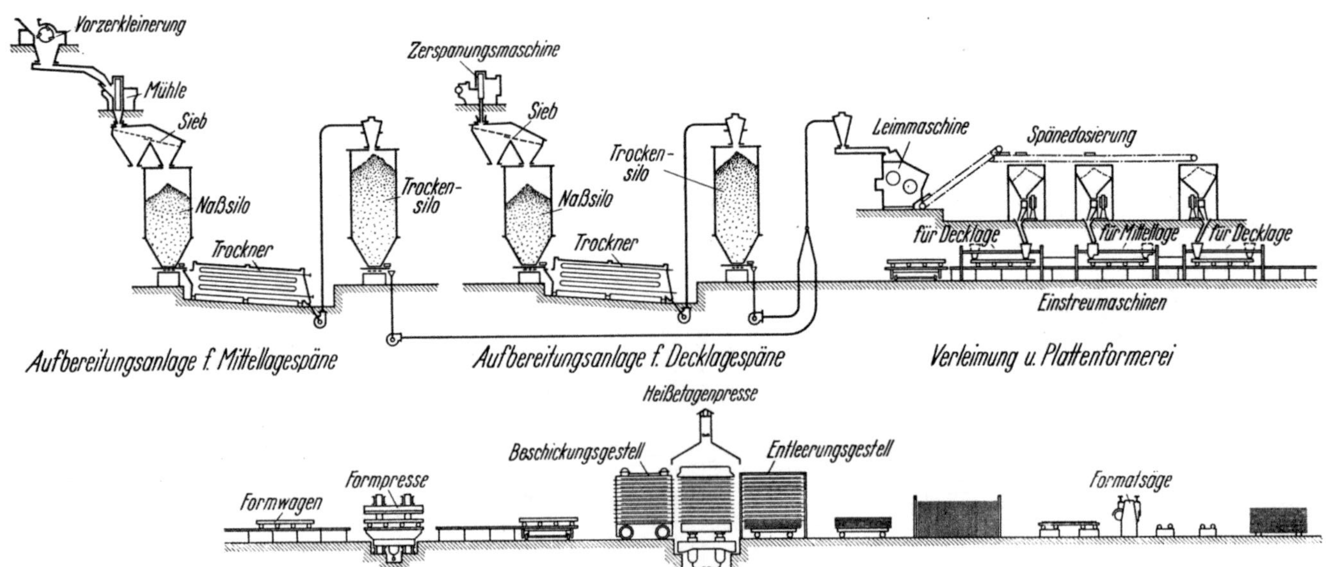

Bild 506. Gesamtschema eines Werks zur Herstellung mehrschichtiger Novopanplatten. (Nach F. Fahrni.)

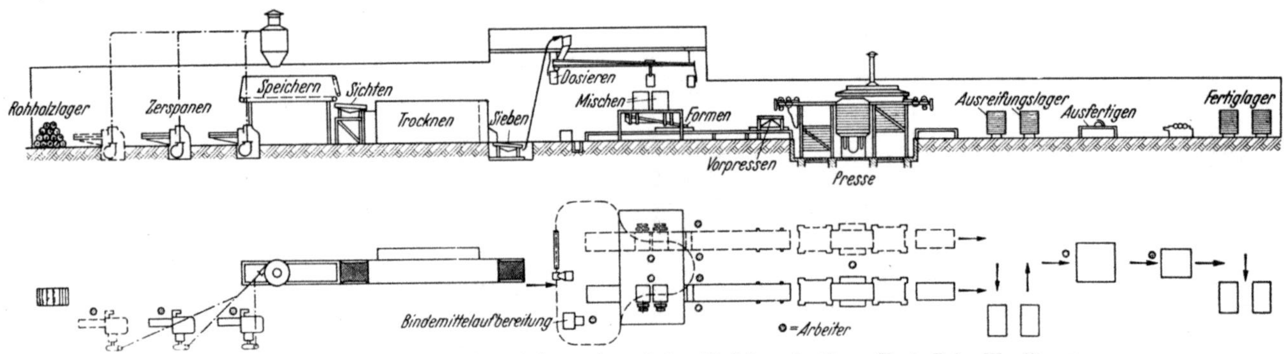

Bild 507. Gesamtschema eines Spanplattenwerks nach dem Verfahren der Firma Erwin Behr, Wendlingen.

sie auch bei verschiedenen Förderbandgeschwindigkeiten für eine unbedingt gleichbleibende Spanzuteilung dem Gewicht nach sorgt.

Der Aufwand an Arbeitszeit je m³ Spanplatten schwankt nach der Werkskapazität und hängt vom Verfahren sowie davon ab, ob einschichtige oder mehrschichtige Platten erzeugt werden. Im allgemeinen kann man mit 20 bis 30 Arbeitsstunden/m³, davon 12,5 bis 20 produktiven Arbeitsstunden/m³ rechnen. Allgemein gültige Angaben über das Verhältnis der Fertigungskosten (Rohstoffe, Energie, Reparaturen, Schmiermittel, Löhne) zu den festen Kosten sind kaum

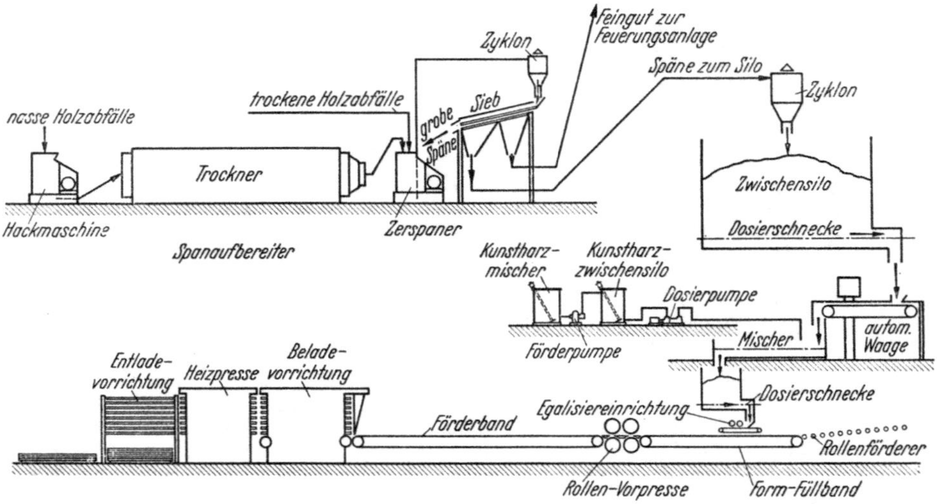

Bild 508. Gesamtschema eines amerikanischen Spanplattenwerks nach dem Verfahren der Firma Miller-Hofft Inc., Richmond, Virg.

Zahlentafel 77. *Energieverbrauch je kg Fertigerzeugnisse bei Holzwerkstoffen.* (*Nach F. Kollmann*[1].)

Werkstoff	Verbrauch an Energie kWh/kg	Verbrauch an Wärme kg Dampf oder kcal
Sperrholz	1	1,8 bis 3,9 kg
Schichtholz SCH-T-BU-7 kurze Platten *	2,9 **	
SCH-T-BU-20 lange Platten *	3,7 **	
Kunstharzpreßholz nach DIN 7707	3,0 bis 3,5 **	
Holzspanplatten, Trockenverfahren	0,15 bis 0,30	2,6 kg (800 kcal)
Holzfaserplatten, Isolierplatten	0,45 bis 0,75	3300 bis 3500 kcal
Hartplatten		2000 bis 2600 kcal
Mahlholzplatten (Leichtplatten)	1,7	
Holzfaser-Leimplatten	1,8	

* Bei Flüssigharzverleimung 15 bis 20 v. H. mehr Energieverbrauch.
** Wärmeverbrauch stammt aus elektrischer Energie.

[1] Kollmann, F. u. R. Keylwerth: Beiträge zur Kraft- und Wärmewirtschaft in der Holzindustrie, Stuttgart 1950, S. 17.

möglich, jedoch wurde in einem typischen Fall das Verhältnis 80 : 20% errechnet. Dabei entfielen von den Fertigungskosten auf die Rohstoffe 55%, Energie, Reparaturen und Schmiermittel 30%, Löhne 15 %. Aufschlußreich ist es auch, den Energieverbrauch je kg Fertigerzeugnis bei Holzwerkstoffen zu vergleichen. Zahlentafel 77 nach F. Kollmann gibt Richtwerte und zeigt, daß die im Trockenverfahren hergestellten Holzspanplatten außerordentlich günstig in dieser Hinsicht abschneiden.

762.9 Herstellung von Spanplatten nach besonderen Verfahren.

762.91 Spanplatten mit Deckschichten. Nicht nur bei den kontinuierlichen Verfahren (z. B. nach Bild 506), sondern auch bei der gewöhnlichen Spanplattenerzeugung in Mehretagenpressen kann man ohne erheblichen Mehraufwand an Arbeit Deckschichten aufbringen. Diese können aus Kraftpapier, Hartpapier, Textilien, Furnieren, aber auch Blechen bestehen. Die Herstellung überfurnierter Spanplatten ist für die Möbelindustrie besonders wichtig. Dichte Deckschichten sind aber nur zulässig, wenn die Restfeuchtigkeit in den Platten niedrig ist, da sonst die eingesperrte Feuchtigkeit beim Verdampfen die Platten aufbläht.

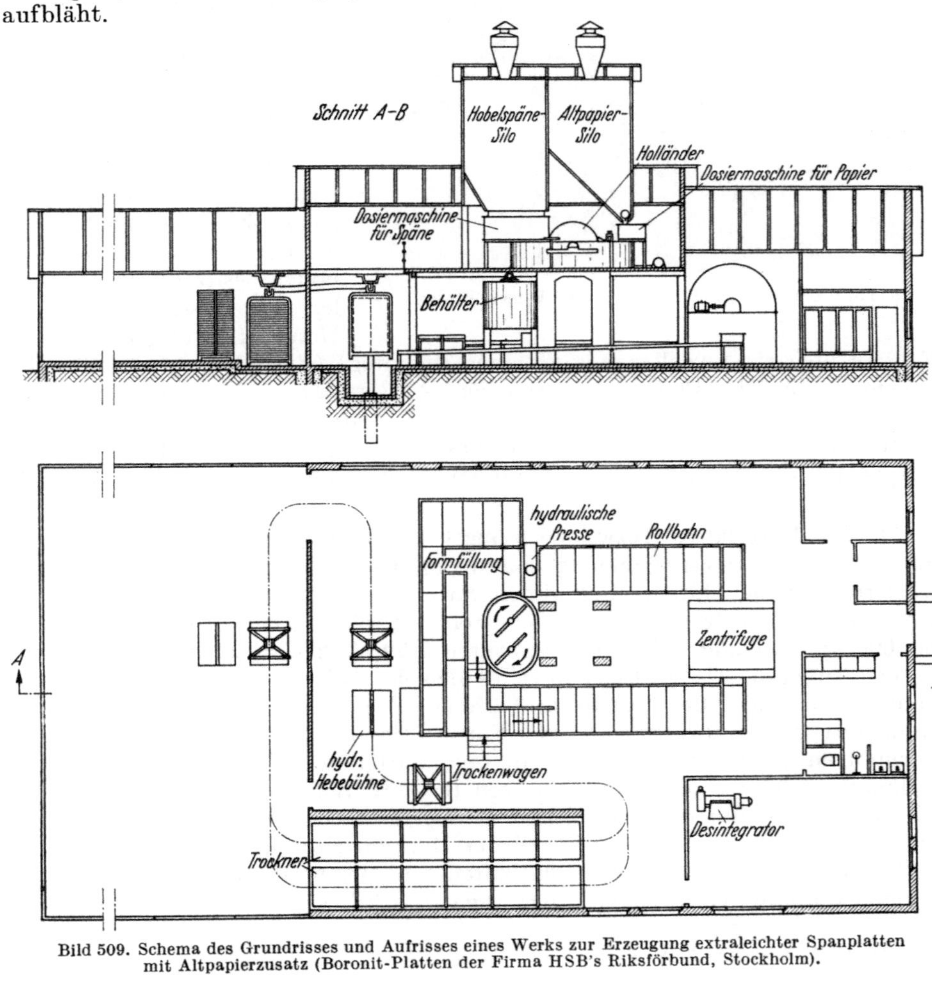

Bild 509. Schema des Grundrisses und Aufrisses eines Werks zur Erzeugung extraleichter Spanplatten mit Altpapierzusatz (Boronit-Platten der Firma HSB's Riksförbund, Stockholm).

762.92 Extraleichte Spanplatten mit Altpapierzusatz. Für die Verwertung von Hobelspänen hat der schwedische HSB's Riksförbund ein patentiertes Verfahren übernommen, nach dem hochporöse Isolierplatten erzeugt werden können. Die Lösung ist insofern bemerkenswert, als in den meisten Hobelwerken im Durchschnitt etwa 17% des Rohholzes in die Hobelspäne wandern. Die erzeugten Platten (Markenname Boronit) haben eine Rohwichte von nur 180 kg/m³ und (bei 20°C) eine Wärmeleitzahl von nur $\lambda = 0{,}046$ kcal/mh°. Bild 509 zeigt schematisch den Grundriß und Aufriß eines Werkes, das für die Erzeugung von 300 m² Boronitplatten mit 45 mm Dicke in acht Stunden ausgelegt ist. Der Herstellungsgang ist folgender:

Bild 510. Zentrifuge zur Entwässerung der Boronit-Platten.

Die Hobelspäne (75 Gewichtsprozent) und Altpapier (25%) werden unter Wasserzusatz in einem Holländer gemahlen. Ein Bindemittel wird nicht zugegeben, jedoch können Imprägnierstoffe, wenn dies als erforderlich angesehen wird (z. B. Pentachlorphenol) beigemischt werden. Die ziemlich viskose Masse gelangt aus einem Zwischenbehälter in die Formen, die einen Siebboden besitzen. Das Verteilen der Masse erfolgt von Hand. Hierauf gelangen die Formen über einen Rollengang zu einer Zentrifuge (Bild 510), wo die Hauptmenge des in den Platten vorhandenen Wassers ausgeschleudert wird. Die Formen verlassen die Zentrifuge auf deren Rückseite und rollen durch Schwerkraft über eine Rampe zu einer Beladevorrichtung, mit deren Hilfe sie auf Stapelwagen aufgesetzt werden, die dann in eine übliche Trockenkammer mit Dampf-Heißluft-Gemisch gelangen.

762.93 Hartplatten (bzw. Formlinge) aus lignocellulosehaltigen Spänen durch Druck-Wärme-Behandlung in geschlossenen Formen. Es ist bekannt und wiederholt in der Literatur sowie in Patentschriften beschrieben, daß man Holzabfälle ohne Zusatz von Bindemitteln bei sehr hohen Drücken (z. B. 500 bis 600 kg/cm²) und hohen Temperaturen (150 bis 270°C) zu harten Körpern verpressen kann. Als ein bezeichnendes Beispiel dafür kann die später (im Anhang) zu behandelnde Press-to-log-Technik gelten, die aus Holzabfällen ohne Bindemittelzusatz Brikette erzeugt. Für die Herstellung von Hartplatten und Formlingen vermochten sich aber die bindemittellosen Hitze-Druck-Verfahren technisch nicht durchzusetzen. Das von R. O. H. Runkel und J. Jost[1] entwickelte Thermodynverfahren gestattet aber die Herstellung von Hartplatten und Formteilen aus Stoffen pflanzlicher Herkunft, die harzbildende Gruppen und wirksame Carbonylgruppen enthalten und deren latentes Kondensationsvermögen durch Wärmeeinwirkung ausgelöst wird, unter technisch und wirt-

[1] DBP 841055 vom 2. 10. 48.

schaftlich vorteilhaften Bedingungen. Im vorliegenden Falle soll sich die Erörterung auf die Verarbeitung von Sägespänen beschränken. Diese werden in durch Vorpressen verdichtetem Zustand in einer gasdicht abgeschlossenen Preßform bei Temperaturen von etwa 160 bis 290° C und Drücken von etwa 150 bis 250 kg/cm² so behandelt, daß Wasserdampf und flüchtige Reaktionsprodukte nicht entweichen können. Die Preßform hat, wie Bild 511 schematisch zeigt, eine Abdichtung durch Nuten an den Trennstellen, in welche die Preßmasse teilweise hineingedrückt wird.

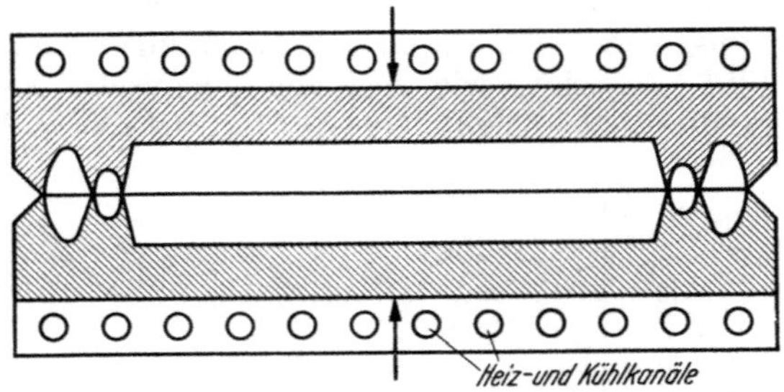

Bild 511. Schematischer Schnitt durch eine gasdicht abgeschlossene Preßform mit Abdichtung durch Nuten. (Nach R. O. H. Runkel und J. Jost.)

Zum Verständnis der Reaktionsvorgänge kann an dieser Stelle auf die Ausführungen unter Ziffer 523.41 über die Vorgänge im System Holz-Wärme-Wasser Bezug genommen werden. Als zweckmäßig hat es sich erwiesen, den Wassergehalt des Ausgangsgutes auf etwa 10 bis 17% einzustellen. Wesentlich ist, daß bei der Behandlung der verholzten Ausgangsstoffe unter Druck und Hitze im gasdichten Raum zwei Reaktionsstufen unterschieden werden müssen. In der ersten bilden sich infolge Hydrolyse unter Spaltung von Holzbestandteilen im wesentlichen kondensierbare Dämpfe und daneben Gase. Unter diesen flüchtigen Stoffen bewirken insbesondere die Essigsäure bzw. Ameisensäure eine weitere Hydrolyse der Holzbestandteile, die sich einmal in der Aufspaltung der Lignin-Kohlehydrat-Bindung unter Bildung von Aktiv-Lignin, zum anderen aber besonders in der Entstehung von Aldehyden wie Furfurol (wahrscheinlich auch Oxymethylfurfurol) äußern. Im Verlauf dieser Reaktion steigt der Druck im Reaktionsraum bis zu einem Maximum an.

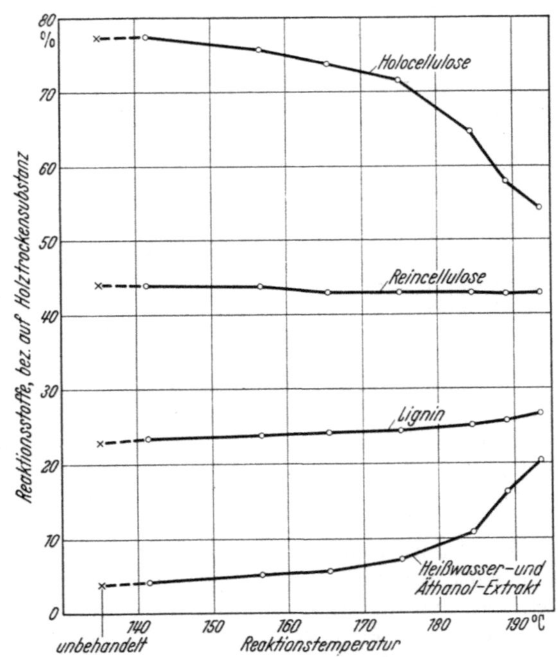

Bild 512. Abhängigkeit der Ausbeute an Reaktionsstoffen, bezogen auf Holztrockensubstanz, von der Reaktionstemperatur. (Nach R. O. H. Runkel u. K. Wilke.)

In der zweiten Reaktionsstufe treten die wirksamen Gase mit der veränderten Holzsubstanz in Reaktion unter Kondensation zu einer plastischen Masse. Auch können gewisse Aldehyde zum Teil weiter gespalten werden, z. B. Furfurol in Succindialdehyd und Ameisensäure, wobei die Ameisensäure zusammen mit dem Wassergehalt des Holzes eine weitere Hydrolyse des Kohlenhydratanteils bewirkt, so daß die Umwandlung des Holzes den Charakter einer Kettenreaktion annimmt. Diese zweite Reaktionsstufe konnte bei den früheren Preßverfahren in offenen Formen nur unvollkommen und begrenzt in Erscheinung treten. Die Erzeugnisse hatten deshalb auch weniger gute physikalische und mechanische Eigenschaften.

Die vorstehenden von R. O. H. Runkel gegebenen Deutungen der Reaktionskinetik sind durch Untersuchungen von K. D. Wilke[1] gut untermauert. Bild 512 zeigt, wie sich die chemische Zusammensetzung der Reaktionsprodukte bei gleichbleibender Einwirkzeit in Abhängigkeit von der Temperatur verändert. Man ersieht deutlich, daß in erster Linie die kurzkettigen Holzpolyosen hydrolysiert werden. Bild 513 gibt in seinem oberen Teil die höchstwichtige Wasserbilanz der Reaktion wieder, in seinem unteren die Beeinflussung wesentlicher mechanischer Eigenschaften vom Reaktionsverlauf.

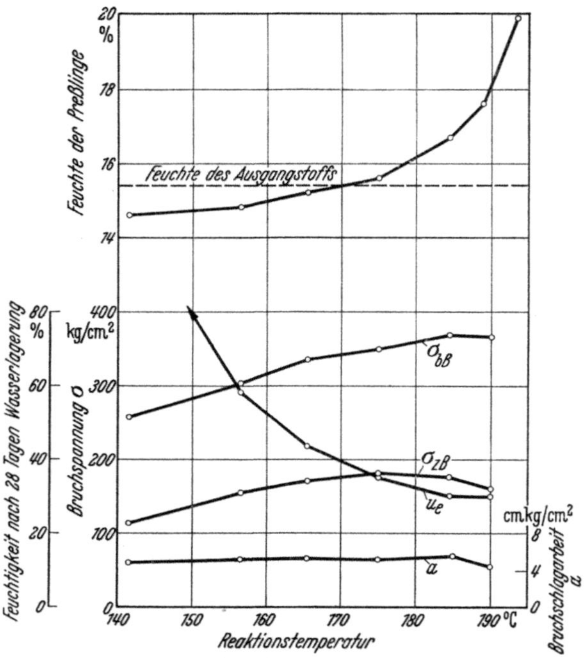

Bild 513. Abhängigkeit der Feuchtigkeit der Preßlinge nach Verlassen der Presse sowie einiger physikalischer und mechanischer Eigenschaften von Hartplatten aus Rotbuchen-Sägespänen von der Reaktionstemperatur. (Nach R. O. H. Runkel u. K. Wilke.)

Es bedarf noch des Hinweises, daß unter resinogenen Stoffen im Sinne des Verfahrens solche zu verstehen sind, die aktive Hydroxylgruppen enthalten wie Phenole, Alkylphenole, Phenolalkohole, alkylierte Phenoläther und Stoffe, die solche Körper mit aktiven Hydroxylgruppen unter Wärmeeinwirkung zu bilden vermögen, z. B. Ligninverbindungen und deren Umwandlungsprodukte, Katechin- oder Pyrogallol-Gerbstoffe, Huminstoffe, wie sie in Holz u. dgl., z. B. Lignit, vorliegen. Als Stoffe, die wirksame Carbonylgruppen enthalten oder zu bilden vermögen, kommen Polysaccharide wie Holzpolyosen, insbesondere Pentosane und Polyuronide, in Betracht. Daneben können auch ungesättigte Kohlenwasserstoffe, z. B. solche der Terpenreihe, wie Terpentinöl und Kolophonium, zugegen sein, die an der komplizierten Umsetzung teilnehmen.

Man ersieht aus der Vielzahl dieser chemischen Komponenten wie aus der Mehrzahl der schon erwähnten physikalischen Faktoren, daß es sich um einen sehr komplexen Vorgang handelt. Für die praktische Ausführung ist kennzeichnend, daß man bei Erreichen des erwünschten plastischen Zustandes rasch (innerhalb 5 bis 10 min) unter fortdauerndem gasdichtem Abschluß die Form auf etwa 40° C abkühlt. Der wirtschaftlichen Ausnützung der Pressen dient

[1] Runkel, R. O. H.: Holz als Roh- und Werkstoff Bd. 9 (1951) S. 41. — Derselbe u. K. D. Wilke, das. S. 260. — K. D. Wilke: Untersuchungen über die thermische Plastizierung von Holz, Diss. Univ. Hamburg 1951.

eine mehretagige Anordnung der Preßformen. Die schematische Anlage eines Werks zur Herstellung von Thermodyn-Formlingen gibt Bild 514 wieder.

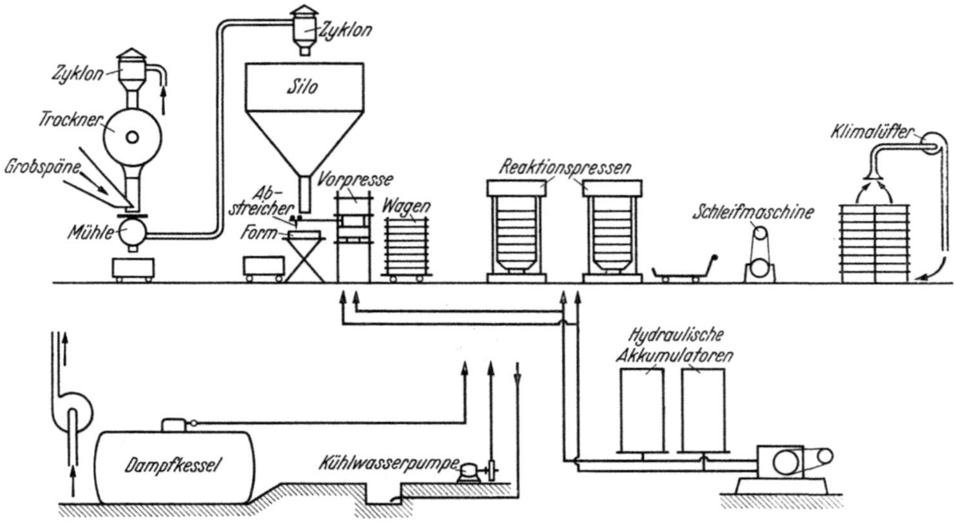

Bild 514. Schema des Aufbaus eines Werks zur Herstellung von Thermodyn-Formlingen. (Nach R. O. H. Runkel u. J. Jost.)

763. Holzspanmassen und Holzspanformlinge mit anorganischer Bindung.

Holzspäne, unter Umständen auch Holzmehl, dienen häufig als Zuschlagsstoffe zu Zement- und Magnesiamörteln. Sogenannte Steinholzbeläge wurden in Deutschland und Österreich allen übrigen Ländern voran seit der Jahrhundertwende hergestellt[1]. Maßgebend für ihre Entwicklung waren erstens die großen Magnesitlagerstätten in Österreich, zweitens das Bedürfnis nach einem holzeinsparenden und zugleich fußwarmen Fußboden. Die Herstellung hat sich dabei im Laufe der Zeit im allgemeinen nicht geändert. Das Steinholz wird aus kaustisch gebranntem Magnesit und dem in der Kaliindustrie aus Carnallit gewonnenen Magnesiumchlorid in wäßriger Lösung als Bindemittel und Zuschlägen wie Holzspänen, Holzmehl oder Papiermehl als Hauptfüllstoffe erzeugt. Die Beläge können entweder ein- oder mehrfarbig, fugenlos oder in Form von Platten hergestellt werden. Da der Magnesiamörtel mehr hygroskopisch ist als andere Baustoffe, kann er nur für Räume mit nicht zu hoher Luftfeuchtigkeit empfohlen werden. Das überschüssige Magnesiumchlorid darf überdies nicht mit Eisen in Berührung kommen, da sonst rasch Rostschäden auftreten. Eisenbetondecken, die einen Steinholzbelag erhalten sollen, müssen deshalb aus dichtem Beton bestehen oder mit einem dichten Zementmörtel geschützt werden. Stählerne Träger, Wasserleitungen, Kabel usw. sollen vor der Berührung mit dem Steinholz durch dichten Zementmörtel oder durch Bitumenanstrich gesichert werden. Die Eigenschaften von Steinholzfußböden im Vergleich zu Holzböden sind in Zahlentafel 78 zusammengestellt.

---

[1] Wenhardt, W.: Steinholzfußböden zur Einsparung von Bauholz, Manuskript März 1945.

Zahlentafel 78. *Gebrauchseigenschaften von Steinholzfußböden und Holzböden.* (*Nach W. Wenhardt.*)

Eigenschaft	Steinholzfußböden	Holzböden
Holzbedarf	5 kg Späne je 1 m² 20 mm dicker Normalbelag mit Nutz- und Unterschicht	24 bis 27 kg je m² 25 mm dicke Dielen
Abnützung cm³/cm² nach 20000 Schleifhüben	0,24	0,41 Kieferdiele 0,55 Fichtendiele
Schall- und Wärmedämmung	schlechter als Holz	besser als Steinholz
Hygroskopizität	höher als Holz	niedriger als Steinholz
Verhalten bei Bränden	feuerhemmend	brennbar
Widerstand gegen Pilze	fäulnissicher	ohne Schutzbehandlung fäulnisgefährdet
Formbeständigkeit	Rissebildung bei starker Temperaturschwankung u. fehlerhafter Verarbeitung	Fugenbildung bei Austrocknung, Hochgehen bei Feuchtigkeitsaufnahme
elektrischer Widerstand	ohne Ölung sehr gering (Gefahr von Unfällen)	sehr hoch

Die Prüfung von Steinholz geschieht nach DIN 272. Für die Ausführung von Steinholzböden sind in den technischen Vorschriften für Bauleistungen (DIN 1965) unter IIb, Estrich- und Fliesenarbeiten, nähere Angaben enthalten.

Aus Holzspänen, teilweise vermischt mit Hanf- und Flachsschäben, unter Umständen mit Altpapierzusatz und anorganischen Bindemitteln, wurden und werden nach vielerlei Lehren und Patentvorschriften auch Platten, Balken, Dielen, Dübelsteine usw. hergestellt. Meistens handelt es sich dabei um eine Nebenerzeugung zur Abfallverwertung. Die Eigenschaften hängen vom Verhältnis der organischen Füllstoffe zu den mineralischen Bindemitteln ab[1]. Ein in diesen Rahmen fallendes Erzeugnis ist beispielsweise das Durisol, das aus Hobelspänen und Portlandzement (in Rohwichten zwischen 0,43 und 0,80 g/cm³ je nach der gewünschten Qualität) hergestellt wird.

764. Herstellung von Holzfaserplatten.

764.0 Allgemeines.

Die Holzfaserplatten lassen sich in ihrer technischen Entwicklung auf jene schweren Papiersorten zurückführen, die in Japan bereits seit dem sechsten Jahrhundert v. Chr. als Baustoffe für Hauswände verwendet wurden. In Europa hat 1772 der Engländer Clay in einem Patent auf die Verwendung von ,,papier maché“ im Haus- und Wagenbau hingewiesen. Etwa seit der Mitte des neunzehnten Jahrhunderts wurden immer mehr Vorschläge in dieser Richtung bekannt, beispielsweise wurden nach J. Roßmann[2] in USA von 1858 bis 1928 über 200 einschlägige Patente erteilt. Eine eigentliche Faserplattenindustrie entstand aber erst nach 1910 in USA; bis 1926 verlief die Entwicklung ziemlich ungeordnet und ohne nennenswerte Kapazitätssteigerung. Zu dieser Zeit

[1] Vgl. die Zusammenstellung bei F. Kollmann, Holz als Roh- und Werkstoff Bd. 5 (1942) S. 55.

[2] Roßmann, J.: Wallboard Patent History, Paper Trade J. Bd. 86 (1928) S. 50.

gründete W. H. Mason[1] in den Vereinigten Staaten die Masonite Corporation, deren Verfahren sich an ein dem Amerikaner Lyman[2] im Jahre 1858 erteiltes Patent zur Trennung von Holzfasern durch die Spannkraft von heißem Wasser, Dampf oder Druckluft anlehnte. Gestützt auf langjährige Versuche gelang es dabei erstmals, aus Holzabfällen, die bis dahin in den amerikanischen Sägewerken nutzlos im „refuse burner" verbrannt wurden, ohne Zusatz von künstlichen Bindemitteln sehr hochwertige Platten zu erzeugen. Hydrolytische Vorgänge und die Plastifizierung des Lignins mit Hilfe hoher Dampfdrücke spielten dabei eine Rolle. Ohne Zweifel wurde die ganze Entwicklung der Faserplattentechnik sehr stark durch diese Arbeiten befruchtet. Es sei nur daran erinnert, daß einer der früheren Mitarbeiter Masons, der schwedische Ingenieur Arne Asplund, der Erfinder des in Abschnitt 764.232 zu besprechenden Defibratorverfahrens wurde.

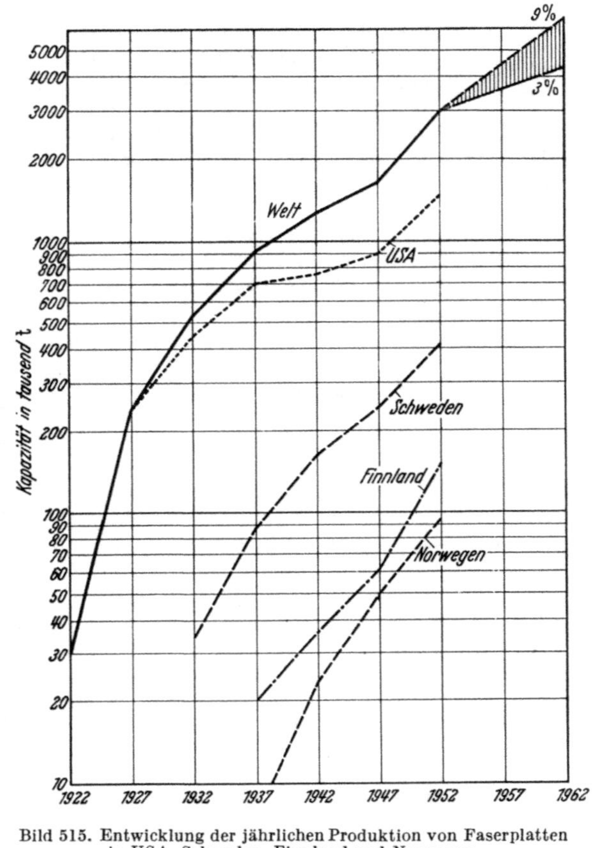

Bild 515. Entwicklung der jährlichen Produktion von Faserplatten in USA, Schweden, Finnland und Norwegen. (Nach Defibrator A. B.)

Die stürmische Entwicklung der Faserplattenindustrie zeigt anschaulich Bild 515. Aus einer vom Verband der Deutschen Faserplattenindustrie ausgearbeiteten Zusammenstellung geht hervor, daß Anfang 1951 in der Welt 97 Faserplattenwerke in Betrieb waren, deren Gesamtkapazität etwa 2,2 Mill. t war. Im Bau befanden sich zur selben Zeit 29 Werke mit einer Gesamtkapazität von 590000 t. Wenn die im Bau befindlichen Fabriken in Betrieb kommen, dürfte Ende 1953 die Weltproduktionsziffer für Faserplatten etwa 2,5 Mill. t betragen haben, davon etwa die Hälfte Hart- und die Hälfte Isolierplatten. Eine Abschätzung der weiteren Produktionsaussichten wird erleichtert, wenn man den Jahresverbrauch an Faserplatten je Kopf der Bevölkerung in den wichtigsten Erzeugungsländern vergleicht. Er betrug 1951 in Schweden 20 kg, in Norwegen 12 kg, in USA und Finnland je 8 kg, in England 2,5 kg, in Westdeutschland aber nur 2 kg.

Die Faserplattenherstellung bedient sich im wesentlichen der bei der Papier- und Pappenfabrikation üblichen Grundverfahren. Der Zellverband des ge-

[1] Mason, W. H.: Pulp and Board from Steam exploded Wood, Paper Trade J. Bd. 84 (1927) S. 131 u. DRP 493 061, 496 360, 661 793.

[2] US Pat. 21 077 (1858).

wachsenen Holzes wird aufgelöst, wobei allerdings das Lignin meist nicht entfernt wird. Die Fasern und Faserbündel werden in Wasser suspendiert und anschließend teilweise nach Beigabe von Bindemitteln und Imprägnierstoffen wieder verfilzt, getrocknet und gegebenenfalls gepreßt.

Gemäß DIN 52350 unterscheidet man:	Rohwichte kg/m³
hochporöse Faserplatten	bis 180
poröse Faserplatten	180 bis 400
halbharte Faserplatten	400 bis 850
harte Faserplatten	über 850
gehärtete Faserplatten	über 850

Die hochporösen Faserplatten werden meist als Faserschaumplatten erzeugt. Die porösen Faserplatten werden normal auch als Isolierplatten bezeichnet. Isolierplatten werden allgemein zur Wärme- und Trittschallisolierung von Räumen verwendet. Hartplatten lassen sich bohren, sägen, nageln, schrauben, leimen, kleben, streichen und spritzen (vgl. Z. 537.3), sie können gebogen werden und sind mit geringsten Fugen zu verlegen, so daß sie im Möbel-, Karosserie- und Waggonbau weite Anwendung finden. Im Haus- und Barackenbau lassen sich großflächige Platten als Wand- und Deckenverkleidung, für Bodenbeläge, Türen, für den Ausbau von Dachschrägen, für Trennwände und selbst zur Außenverkleidung von Wänden benutzen. Ein Fabrikationsschema für sämtliche Gruppen von Faserplatten nach E. Mörath[1] gibt Bild 516 wieder.

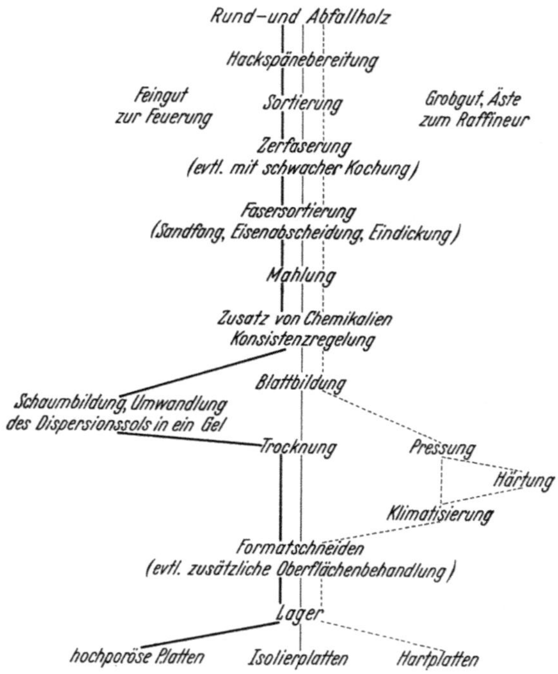

Bild 516. Allgemeines Fabrikationsschema für Holzfaserplatten. (Nach E. Mörath.)

764.1 Rohholzvorbereitung für Faserplattenerzeugung.

764.10 Allgemeines. Faserplatten lassen sich nicht nur aus Holz, sondern auch aus sehr verschiedenen anderen pflanzlichen Faserstoffen, z. B. Stroh, Baumwolle, Bagasse, Jute, Grasarten, Kokosfasern, Maisstengeln, Pflanzenschalen usw. herstellen. Im Rahmen dieses Buches sei aber nur von der Holzfaserplattenerzeugung die Rede.

Als Rohmaterial eignet sich Faserholz, über dessen Zurichtung, Rindenanteil und Festmetergehalt ausführliche Angaben in Band I, S. 180ff., im Zusammenhang mit der Holzschliff- und Zellstoffherstellung zu finden sind. Da Waldholz häufig in der für den Betrieb unwirtschaftlichen Klasse D angeliefert

[1] Mörath, E.: Holzforschung Bd. 4 (1949) S. 14.

wird (vgl. Band I, S. 359ff.), erwiesen sich industrielle Holzabfälle im allgemeinen als günstiger hinsichtlich der Ausbeute. In der Regel werden solche Abfälle (Säumlinge, Spreißel, Schwarten, Klötze usw.) auf 1 m Länge zurechtgeschnitten und gebündelt. Ein Entrinden des Rohholzes ist nur erforderlich, wenn sehr helle, gleichmäßig gefärbte und besonders feste Platten verlangt werden. Auch in Schweden wird heute die Hauptmenge der Faserplatten aus stark rindenhaltigem Holz erzeugt[1]. Aus Farbrücksichten ging eine Reihe von schwedischen Werken dazu über, für Sonderzwecke Faserplatten zu erzeugen, die an der Oberfläche einen dünnen Überzug von feinem gebleichtem Faserstoff (unter Umständen mit mineralischen Pigmenten, z. B. Kaolin, versetzt) erhalten.

Der Anteil von Sägewerks-Stückabfällen an der Rohholzversorgung der schwedischen Faserplattenwerke betrug im Durchschnitt der Jahre 1939 bis 1945 etwa 45%. In den schwedischen Statistiken erscheint wiederholt die Angabe, daß aus 8,5 m³ Holzabfällen 1 t Faserplatten erzeugt werden kann. Die Zahl bedarf der Erläuterung. Sie bezieht sich auf lose geschüttete Hackschnitzel mit einem Schüttgewicht von 120 bis 145 kg/m³. Man gelangt also zu einem rechnerischen Verbrauch von 1020 bis 1230 kg Rohholz je Tonne Platten. Nach zusätzlichen Angaben der schwedischen Industrie schwankt der Verbrauch an losen Hackschnitzeln zwischen 8 und 9 m³ je Tonne Fertigerzeugnis.

764.11 Hacken und Sortieren des Rohholzes[2]. Das Faserholz oder die Holzabfälle müssen mit Hackmaschinen zu Schnitzeln vorzerkleinert werden. Auf die Ausführungen in Band I, S. 186ff., ist Bezug zu nehmen. Die Hackmaschinen haben schwere Schwungscheiben aus SM-Stahlguß mit mindestens drei Hackmessern, die durch Keile nachstellbar sind. Die Hackscheibe mit der geschmiedeten Stahlwelle wird in der Regel dreifach gelagert. Die Hackmesser arbeiten mit einem tiefliegenden feststehenden Stockmesser zusammen, das prismatische Form und vier Schneidekanten hat. Mit wenigen Handgriffen kann das Stockmesser gewendet und damit eine neue Schneidekante zum Schneiden gebracht werden.

Die Spreißel und Schwarten werden über eine schräge muldenförmige Hacklade zur Hackscheibe geführt; angetriebene geriffelte Rollen und ein nachgiebig gelagerter gewichtsbelasteter Druckschuh sorgen, unabhängig von der Dicke des Pakets, für sichere Führung und verhüten ein Verspreizen des Holzes. Die Leistung beträgt bei Schwarten und Spreißel je nach der Maschinengröße zwischen 12 und 25 rm/h, der Energiebedarf liegt zwischen 20 und 70 kW.

Infolge der sehr hohen Leistung der Hackmaschinen laufen sie gewöhnlich nur während einer Schicht, wogegen der übrige Betrieb mit Rücksicht auf die Wärmewirtschaftlichkeit und Gesamtwirtschaftlichkeit (Generalunkosten!) in drei durchlaufenden Schichten gefahren wird.

Die Hackscheibe besitzt Wurfflügel, durch die die Hackschnitzel mechanisch durch einen schräg nach oben führenden Blechkanal (mit einem Querschnitt von etwa 35 × 40 bis 50 cm²) zu einem Rollsichter geschleudert werden. Auf diesem Weg findet eine Entstaubung des Hackguts statt. Die durchschnittliche Größe der Hackschnitzel zu Faserplatten liegt etwa bei 25 mm Länge und

---

[1] Kollmann, F.: Schwedens Faserplattenindustrie in „Holzprobleme in Schweden", Stuttgart 1951.

[2] Voith, J. M.: Anlagen und Maschinen für Holzfaserstoffplatten, Prospekt Nr. 314, Heidenheim, Okt. 1943. Die folgenden Abschnitte über die Herstellung von Holzfaserplatten lehnen sich an diese ausgezeichnete Schrift an.

3 bis 6 mm Dicke. Der Rollsichter (Bild 517) besitzt im wesentlichen einen Sichtkasten und darin einen (leicht herausnehmbaren) Kastenrahmen von etwa 1,9 × 2 m², in dem übereinanderliegend ein Grob- und ein Feinsieb fest eingebaut sind. Beide Siebe werden in der Waagerechten gemeinsam hin- und herbewegt. Zu diesem Zweck wird der auf reichlich bemessenen Kugellagern beweglich gelagerte Kasten von einem Motor über einen Exzenter angetrieben. An der einen Schmalseite wirft der Sichter den Fein- und Grobhack, wie im Bild 517 angegeben, aus. Letzterer kommt in eine Schlagkreuzmühle und wird dort zerkleinert. Das nachzerkleinerte Holz geht zurück zum Rollsichter.

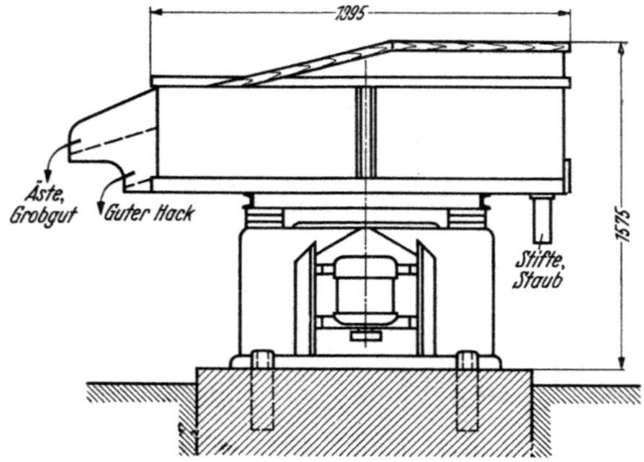

Bild 517. Schematische Seitenansicht eines Rollsichters. (Nach J. M. Voith.)

764.12 Silierung und Befeuchtung der Hackschnitzel. Das feine Hackgut wird mechanisch, bei längerem Weg pneumatisch, zu einem Eisenbetonsilo befördert, dessen Aufnahmevermögen mindestens für einen Tagesbedarf (besser einen Zweitagebedarf) ausreichen muß. Der nach unten schräg zulaufende Silo besteht im untersten Teil aus Stahlblechen und hat eine Auslaufschurre, die durch ein Schüttelwerk gerüttelt wird. Dadurch wird Brückenbildung der Schnitzel vermieden und ein stetiger Auslauf gesichert. Für die Rüttelung haben sich einfache kleine Schwungmassenantriebe oder elektrische Vibratoren durchgesetzt.

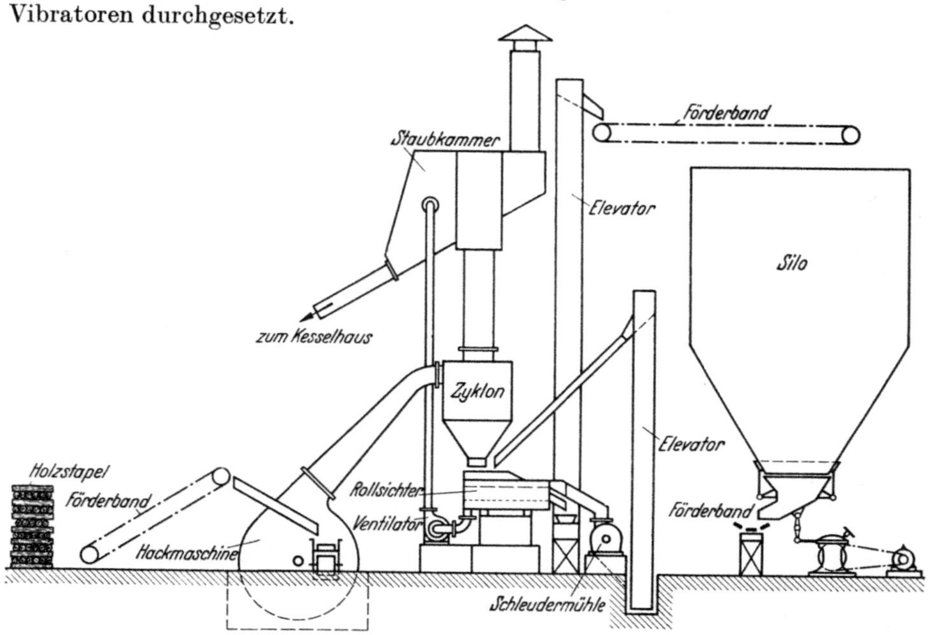

Bild 518. Schema der Hackaufbereitung in einer Faserplattenfabrik. (Nach J. M. Voith.)

Es hat sich herausgestellt, daß die Zerfaserung des Holzes in saftfrischem oder feuchtem Zustand schonender und mit geringerem Energieaufwand möglich ist als die von trockenem Holz. Die Einhaltung einer ziemlich hohen, gleichmäßigen Feuchtigkeit der Hackschnitzel ist nicht nur für rein mechanische, sondern auch für die mit chemischer Kochung arbeitende Zerfaserung von großer Wichtigkeit. Man beschränkt deshalb einmal die Rohholzlagerhaltung soweit wie irgend möglich zulässig oder berieselt (auch im Hinblick auf die Werterhaltung, vgl. Abschnitt 512.1) das lagernde Holz. Zum anderen aber werden die Hackschnitzel durch Wasserzugabe aus Streudüsen entweder während ihres Weges über die Spänetransporteure oder in den Silos auf 50 bis 60% Feuchtigkeitsgehalt gebracht.

Da in den Rohhölzern, insbesondere in den Sägewerksabfällen, oft Eisenteile vorkommen, die zu schweren Beschädigungen der Zerfaserungsmaschine führen könnten, werden sie in Verbindung mit dem Spänetransport durch Magnetscheider (z. B. Magnettrommeln) beseitigt. Bild 518 zeigt das Schema einer Hackaufbereitung; man ersieht daraus auch, daß die ganz feinen Teile, die bei der Zerfaserung und der nachfolgenden Entwässerung des Vlieses Betriebsstörungen verursachen würden, aus einer Staubkammer über einen Zyklon in die Kesselfeuerung geblasen werden.

764.2 Zerfaserung der Hackschnitzel.

764.20 Allgemeines. Die eigentliche Zerfaserung stellt im Fabrikationsgang der Holzfaserplatten das Kernstück dar. Das Holzgewebe enthält bei Nadelhölzern je cm^3 im großen Durchschnitt etwa 250000 Fasern[1], bei Laubhölzern (z. B. Buche) etwa 1000000. Höhere Zahlen, die S. B. Segring[2] in die Literatur eingeführt hat (Nadelholz 800000 cm^3, Laubholz 2000000 cm^3) sind übertrieben. Es handelt sich nun darum, die Fasern aus ihrem natürlich gewachsenen Verband auf schonendste Weise mit einem Mindestverbrauch an Energie, Rohstoff und menschlicher Arbeitskraft möglichst vollständig freizulegen. Immer wird dabei die Zerfaserung unter Zusatz mehr oder minder großer Mengen Wasser durchgeführt.

764.21 Mechanische Zerfaserung durch Schleifen. Holzschliff spielt bei der Faserplattenherstellung nur mehr eine untergeordnete Rolle, da zu seiner Herstellung Rundholz erforderlich ist. Das Verfahren (vgl. die Ausführungen über Holzschliffherstellung, Bd. I, S. 188ff) ist schematisch durch Bild 519 charakterisiert. Das Faserrundholz wird entweder in das Magazin eines Stetigschleifers oder in die Preßkästen von Pressenschleifern gefüllt und gegen den rotierenden Schleifstein bei gleichzeitiger Zugabe von Wasser gedrückt. Die Temperatur steigt dabei auf etwa 40 bis 80° C an. Das Holz wird in Faserelemente und in Elemente von Faserbündeln zerlegt. Die natürlichen Fasern werden zu einem erheblichen Teil abgequetscht und abgeschnitten, wobei sich ihre ursprüngliche Länge auf ein Sechstel bis ein Halb verringert, also beispielsweise von 3 mm auf 0,5 bis 1,5 mm, vgl. Bild 520. Auch die Zellwände werden teilweise zerstört.

Die vom Schleifer hergestellte Breimasse wird anschließend durch ein gelochtes Blech, den Splitterfänger, gesichtet. Der ausgesonderte Grobstoff wird in einer Stetigmühle nachverfeinert, während der dünne Faserbrei im Eindicker durch ein rotierendes sehr feines Sieb eingedickt wird. Von hier aus

[1] Messungen von E. Schmidt, Bundesforschungsanstalt für Forst- und Holzwirtschaft, Reinbek.

[2] Segring, S. B.: Teknisk Tidskrift Bd. 77 (1947) H. 6, S. 121.

gelangt der Stoff in einen Vorratsbehälter, die Eindickbütte, in der ein Rührwerk dafür sorgt, daß sich der Stoff nicht entmischt. Eine Pumpe fördert den Stoff zur Verarbeitungsstelle. Die Ausbeute ist, wie schon in Bd. I, S. 190, mitgeteilt wurde, mit 95% sehr hoch. Allerdings ist dabei die schon erwähnte Faserschädigung in Rechnung zu stellen.

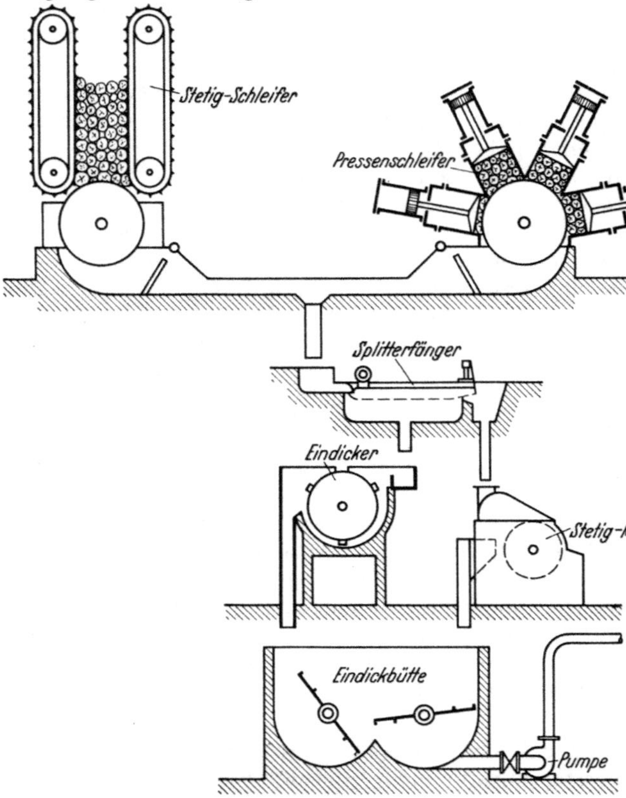

Bild 519. Schema der Stoffaufbereitung zur Faserplattenherstellung nach dem Schleifverfahren. (Nach J. M. Voith.)

764.22 Verfahren mit chemischer Erweichung der Holzgewebe. 764,221 Koch-Dämpfverfahren. Beim Koch-Dämpfverfahren (Bild 521) gelangen die Hackschnitzel aus dem Silo in einen rotierenden Kugelkocher, in dem sie mit Sodalauge (oder auch Säuren) bei einer Temperatur von ungefähr 85 bis 95° C während 1,5 h getränkt werden. Die überschüssige Lösung wird dann abgelassen. Hierauf wird der Kocherinhalt bei 130 bis 145° C 2 bis 4 h gedämpft. Das verhältnismäßig trocken gedämpfte Hackgut wird anschließend aus dem Kocher in einen geschlossenen Behälter gestoßen. Ziel ist dabei, eine stärkere Abkühlung der Fasern zu vermeiden. Aus der Spitze des Behälters befördert eine Transportschnecke die erweichten Hackschnitzel zu einem Raffineur, in dem grobporige Basaltlavasteine die Schnitzel zerlegen. Soweit das Fasermaterial bereits fein genug gemahlen ist, gelangt es, das Plansieb des Sortierers durchlaufend, über einen Eindicker in die Eindickbütte. Das Grobgut wird in ein Fallrohr ausgestoßen, das zu einer Conduxmühle (s. Bild 445 und 450) führt. Das zwischen den Mahlsteinen dieser Mühle verfeinerte Material fließt hierauf ebenfalls in die Eindickbütte.

764.222 Laugen-Umwälzverfahren. Das in Hackschnitzel zerlegte Holz wird in einem feststehenden Kocher von etwa 30 bis 45 m³ Inhalt (darin als Füllung rund 6,5 bis 11 t Hackschnitzel) eingefüllt. Es wird dort mittels Soda- oder Natronlauge bei etwa 150° C (rund 7 atü) 4 bis 6 h lang gekocht. Während des ganzen Prozesses wird, wie aus Bild 522 verständlich wird, die Kochlauge an der Spitze des Kochers abgezogen und zu einem außerhalb des Kochers liegenden Vorwärmer gepumpt; nach der Erhitzung wird die Kochlauge oben wieder in den Kocher geleitet. Am Schluß des Prozesses wird das aufgeschlossene Fasergut nach

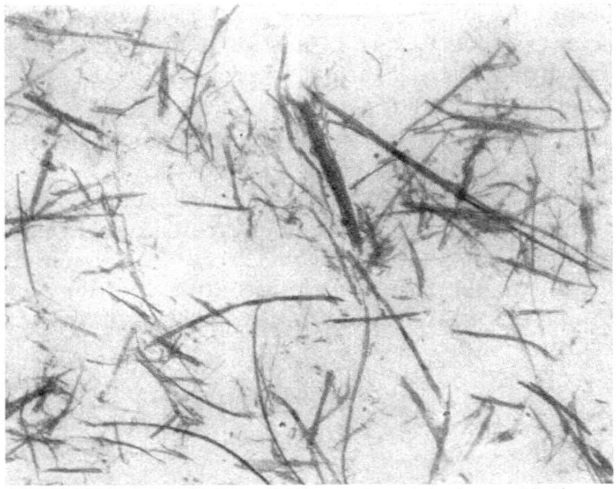

Bild 520. Mikrophotographie von Schleifholzfasern (15:1). (Phot. A. Asplund.)

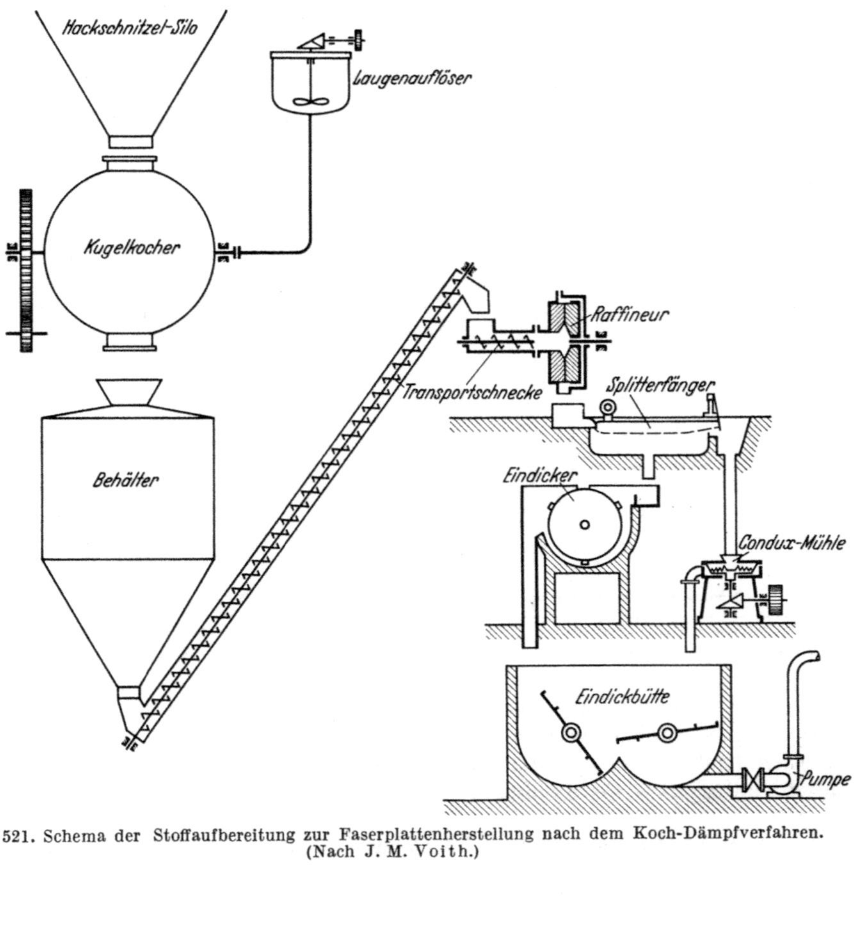

Bild 521. Schema der Stoffaufbereitung zur Faserplattenherstellung nach dem Koch-Dämpfverfahren. (Nach J. M. Voith.)

Öffnung des unten angebrachten Abschlußschiebers durch den Dampfdruck in eine darunterliegende mit Filtersteinen versehene Kochergrube ausgestoßen. Dort kann die Lauge ablaufen und in der Folge noch zu Leimzwecken Verwendung finden. Das gekochte Fasergut wird mittels eines Becherwerks zu einer Verfeinerungsmühle gefördert. In Deutschland ist dieses Verfahren als Biffar- bzw. Fibroplastverfahren bekannt.

764.223 Zerfaserung nach chemischer Erweichung der Hackschnitzel durch Mühlen. Die chemisch erweichten Hackschnitzel können auf verschiedene Weise zerfasert werden. Bei der nach dem Kochdämpfverfahren arbeitenden Anlage, die schematisch in Bild 521 gezeigt ist, wird, wie schon oben besprochen, eine Conduxmühle verwendet. Bei der Anlage gemäß Bild 522 gelangt das Gut aus der Ausgleichbütte z. B. in eine Biffarmühle und von ihr zu einem Plansichter, wo der Grobstoff ausgeschieden und dann einer Stetigstoffmühle (einem kontinuierlich arbeitenden Holländer) zugeführt wird.

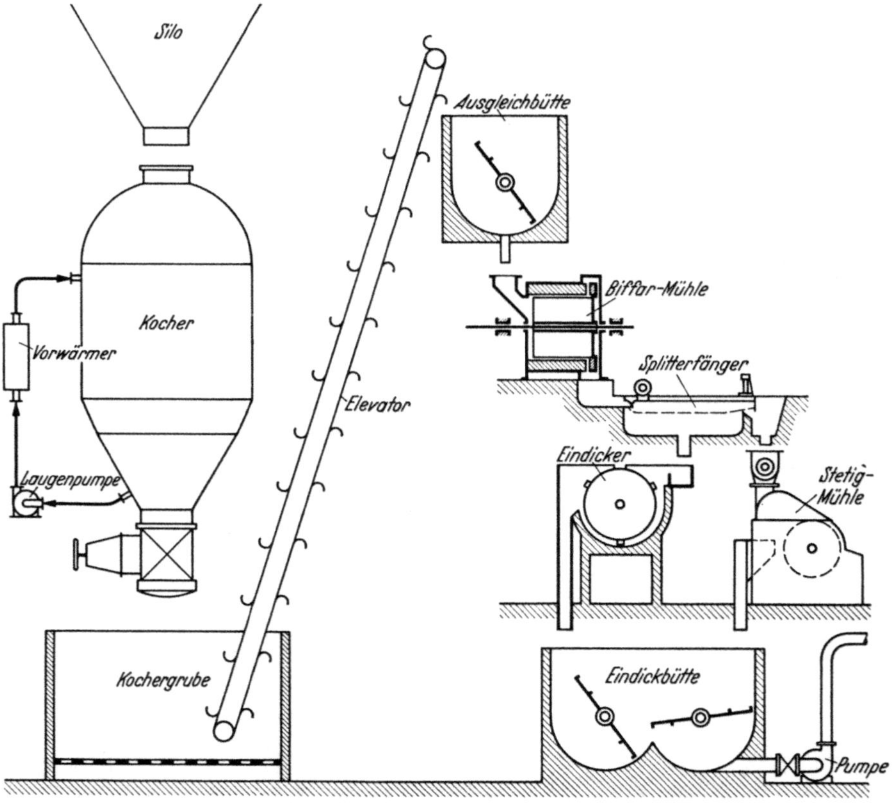

Bild 522. Schema der Stoffaufbereitung zur Faserplattenherstellung nach dem Laugen-Umwälzverfahren. (Nach J. M. Voith.)

In USA werden zur Zerfaserung hauptsächlich die Bauer-Defibratoren angewendet, die zwei gegenläufige mit geriffelten Segmenten besetzte Stahlscheiben besitzen (siehe auch Z. 765.3). Der Abstand der Stahlscheiben wie auch ihre Geschwindigkeit — jede Scheibe besitzt Einzelantrieb — sind regelbar[1]. Gegen-

[1] Lundbäck, I.: Tekn. Tidskrift Bd. 63 (1933) S. 73.

über den mit nur einer Mahlscheibe arbeitenden Zerfaserungsmaschinen haben die Bauermühlen den Vorteil, daß auf das Mahlgut keine Zentrifugalkraft einwirkt. Als Nachteil wird in Schweden der höhere Energie- und Warmwasserverbrauch je t betont[1].

In Deutschland führte sich die auf Grund älterer Vorarbeiten entwickelte Biffarmühle gut ein[2]. Die Biffarmühle (Bild 523) besteht im wesentlichen aus einem feststehenden Steinring, in dem eine mit vier Flügeln besetzte Welle rotiert. Die Flügel erfassen die Hackschnitzel, schleudern sie gegen die rauhen Innenseiten des Steinrings und zerreiben und zerquetschen sie darauf. Auf der gleichen Welle sitzt eine Stahlscheibe, in die ein Steinkranz eingekittet ist. Dieser Kranz rotiert vor der Stirnseite des stehenden Steinrings in regelbarem Abstand. Das vorzerfaserte Gut ist gezwungen, diesen Ringspalt zu passieren

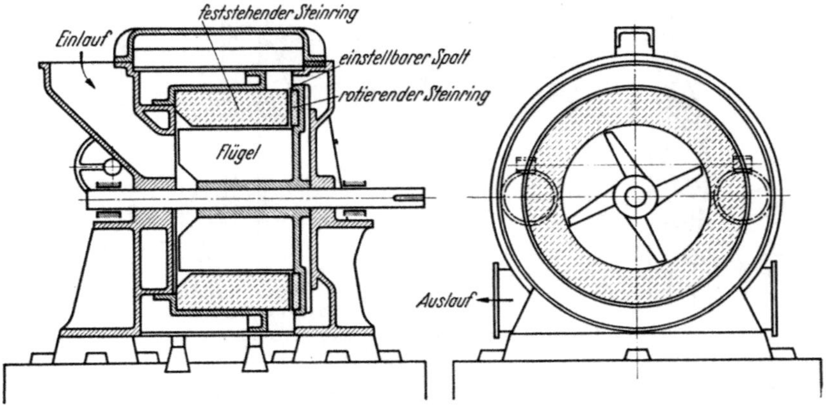

Bild 523. Schematischer Schnitt durch eine Biffarmühle.

und wird dabei fertig zerfasert und raffiniert. Die Feinheit der Mahlung wird durch Verstellen des Ringspaltes geregelt. Der feststehende Steinring und die rotierenden Segmente werden je nach Bedarf von Hand nachgeschärft. Das aus dem Ringspalt austretende Mahlgut gelangt in eine Vorkammer, in der es von einem unten eintretenden Wasserstrom erfaßt und in die anschließenden Sortierkammern sowie (soweit die Fasern und Faserbündel fein genug sind) durch deren Siebwände gedrückt wird. Der Grobstoff wird in die Grobstoffbütte zurückgeschwemmt. Der büttenfertige Stoff ist bei verhältnismäßig geringem Kraftbedarf fest und langfaserig[3].

In Skandinavien wurde die Biffarmühle in der etwas veränderten Ausführungsform des Boija-Jung-Defibrators[4] vielfach angewendet. Im Grunde genommen handelt es sich dabei um die Verbindung einer Biffarmühle mit einem großen Heißwasser-Spänevorwärmer (Bild 524). Der Vorwärmer ist ein schwach konischer Behälter, der kontinuierlich mit Hackschnitzeln beschickt wird. Die Wasserfüllung des Behälters kann direkt durch eingeleiteten Niederdruckdampf oder indirekt durch eine Heißwasserheizung erwärmt werden. Am Boden des Vorwärmers befinden sich eine oder zwei waagerechte Förder-

[1] Segring, S. B.: Tekn. Tidskrift Bd. 77 (1947) S. 121.
[2] DRP 286 874, Andreas Biffar; vgl. E. Belani: Über das Biffar-Verfahren in der Leichtbauplattenerzeugung, Suomen Paperi- ja Puutavaralehti, 1942, Nr. 20, S. 440.
[3] Mörath, E.: Zellstoff und Papier Bd. 17 (1938) H. 12.
[4] Schwed. Pat. 106 602 (Boija-Jung).

schnecken, die die erweichten Schnitzel zu einem Elevator bringen, der sie der Mühle zuführt. Bei Temperaturen unter 100° C im Vorwärmer erhält man weißen Faserstoff, während man bei höheren Temperaturen (die dicht schließende Eintrag- und Austragöffnungen an den Förderschnecken voraussetzen, damit der Druck über Atmosphärendruck steigen kann) eine Braunfärbung der Fasern erzielen kann.

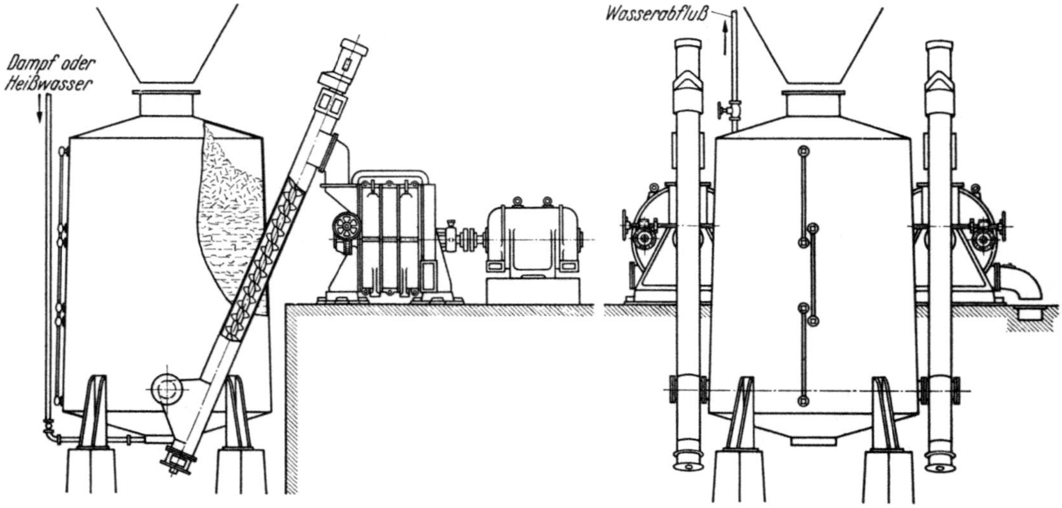

Bild 524. Schematischer Schnitt durch einen Boija-Jung-Defibrator.

764.23 Verfahren mit Erweichung der Holzgewebe durch Druck und Hitze. 764.231 Dampfexplosionsverfahren nach Mason. Das Masonite- oder Kanonenverfahren[1] wird in USA und Australien sowie in einem Werk in Schweden und einem in Italien (Bozen) angewendet. Das Holz wird zunächst in Hackspäne von etwa 2 cm Länge verwandelt und durch Sieben von zu kleinen Teilen befreit. Dann werden die Späne in das Explosionsgefäß (die sogenannte „Kanone") geladen (Bild 525a), die etwa 0,5 m Durchmesser und 1,5 m Höhe (also einen Faßraum von 280 l) hat. Oben auf dem Deckel des Gefäßes befindet sich ein Füller zur Beschickung, unten am Boden ein hydraulisch gesteuertes Schnellschlußventil. Nach der Füllung der Kanone mit rund 90 kg Spänen wird Dampf von etwa 25 atü eingeblasen und dadurch die Temperatur auf ungefähr 220° C gebracht und 30 bis 40 s auf dieser Höhe gehalten. Anschließend wird der Dampfdruck auf etwa 70 atü gesteigert und 5 s aufrechterhalten (Temperatur rund 285° C). Durch plötzliches Öffnen des Bodenventils (Bild 525b) entspannt sich der Dampf explosionsartig mit lautem Gedonner und zerreißt die Holzspäne infolge des aufgehobenen inneren Überdrucks in eine moosartige Masse von langen Faserbündeln und einzelnen Fasern. Die Randreibung an den Ventilschlitzen trägt zur Zerfaserung mit bei. Nach der Abscheidung des Dampfes in einem Zyklon werden die Fasern in 70° C heißem Wasser gewaschen, und der auf 1% verdünnte Stoff durchwandert einen Plansichter, in dem die Äste und nicht genügend zerkleinerte Faserbündel ausgesondert werden. Der Grobstoff wird in einer Glockenmühle verfeinert. Der gute und der nachverfeinerte Stoff kom-

[1] Mason, W. H.: Pulp and Board from Steam Exploded Wood, Paper Trade J. Febr. 1927, S. 131. — DRP 493 061, 496 360, 661 793.

men auf Eindicker und dann in Rührbütten. Hier wird der Masse Erdwachs oder Paraffin zugesetzt, und anschließend folgt die Blattbildung auf Langsiebmaschinen. Die Ausbeute beim Masoniteverfahren beträgt etwa 83%.

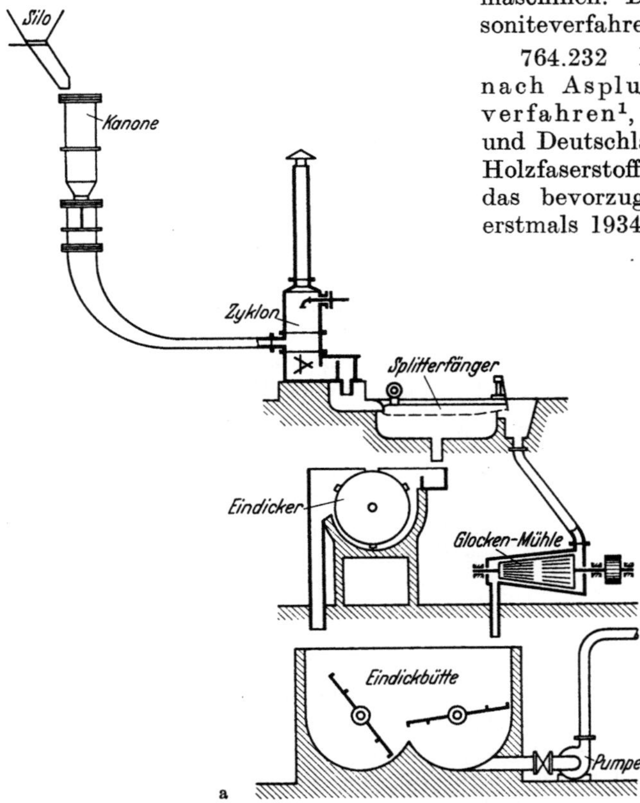

a

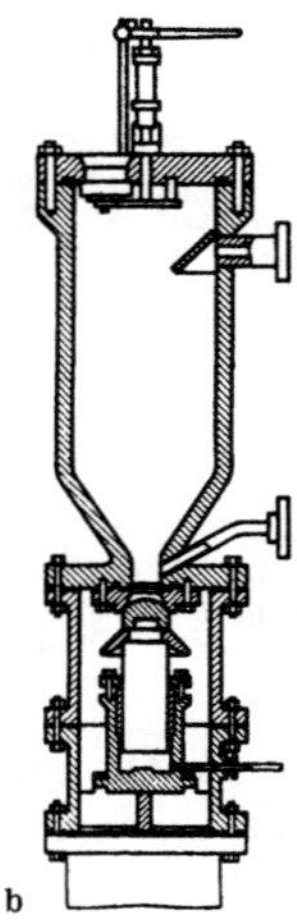
b

Bild 525. a Schema des Masonite-Verfahrens; b Schnitt durch das Explosionsgefäß (Kanone). (Nach J. M. Voith.)

764.232 **Defibratorverfahren nach Asplund.** Das Defibratorverfahren[1], das heute in Schweden und Deutschland zur Herstellung von Holzfaserstoff für die Plattenindustrie das bevorzugte Verfahren ist, kam erstmals 1934 (nach dreijährigen Vorarbeiten) zur industriellen Anwendung. Es beruht auf der Zerfaserung feuchter lignocellulosehaltiger Fasermaterialien bei hohen Temperaturen von etwa 160 bis 180° C. Bei diesen Temperaturen kommt es zu einem Schmelzen der Mittellamelle (vgl. Bd. I, Bild 139, S. 121 und S. 124), die aus Lignin und anderen inkrustierenden Stoffen (z. B. begleitenden Kohlenhydraten vom Typus der Polyuronide) besteht und die Fasern im Holzgewebe zusammenbindet. Nach dem Erweichen lassen sich die Fasern zwischen Mahlscheiben praktisch ohne Beschädigung und mit plötzlich stark verringertem Kraftbedarf (Bild 526) freilegen und voneinander lösen. Der Ligningehalt ändert sich während dieser Behandlung nicht. Die

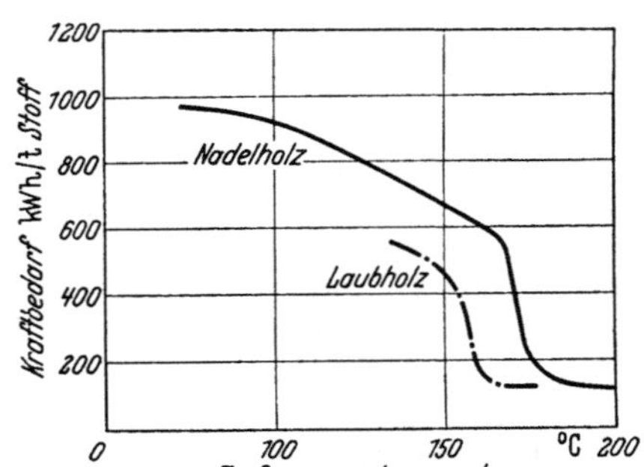

Bild 526. Abhängigkeit des Energieverbrauchs beim Defibrieren von Nadel- und Laubholz von der Zerfaserungstemperatur. (Nach A. Asplund.)

[1] Asplund, A.: Teknisk Tidskrift Bd. 69 (1939) Kemi S. 81 u. 89. — Derselbe: Wochenblatt für Papierfabrikation Bd. 71 (1940), S. 590.

bei der Defibrierung benutzte hohe Temperatur hat keinen nennenswerten Einfluß auf die Fasereigenschaften, da das System so konstruiert ist, daß die Verweilzeit des Faserguts im Defibrator auf 1 min begrenzt ist. Da die Hackschnitzel unter Dampf in einem gegen die Atmosphäre abgeschlossenen Gerät zerfasert werden, kann auch der Luftsauerstoff den Fasern nicht schaden und wird eine zu schnelle Verdampfung des im Holz vorhandenen Wassers verhindert. Die mit dem Asplund-Defibrator hergestellten Fasern (Bild 527) sind somit dadurch gekennzeichnet, daß sie 1. die ursprüngliche Formbeschaffenheit der natürlich gewachsenen Fasern und 2. den ursprünglichen Ligningehalt ausweisen. Die Defibratorfasern unterscheiden sich somit wesentlich von den durch chemische Kochung (z. B. den Sulfatprozeß, s. Bd. I, S. 197ff) gewonnenen Fasern, die nur mehr etwa 0,5 bis 1,75% Restlignin enthalten und damit im Vergleich zur natürlichen Holzfaser stark veränderte Eigenschaften (größeres Absorptionsvermögen, stärkere Quellung) besitzen; sie unterscheiden sich ferner von den durch Schleifen erzeugten Faserelementen. Der Defibratorstoff ist, wenn sauber entrindetes Fichten- oder Kiefernholz verarbeitet wird, praktisch weiß. Die Ausbeute beträgt bis zu 96%.

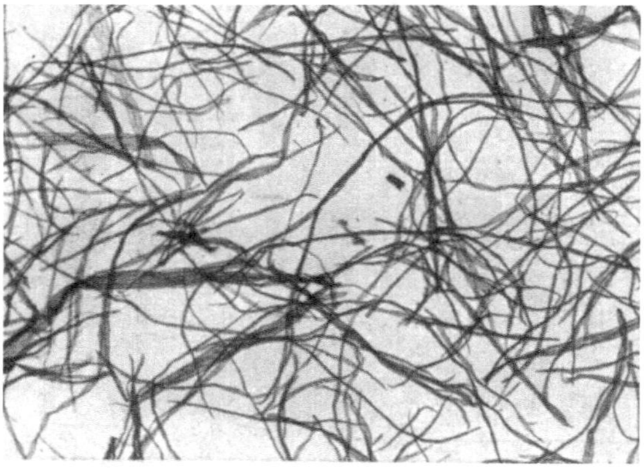

Bild 527. Mikrophotographie von Fichtenholzfasern nach der Asplund-Defibrierung. (Phot. A. Asplund.)

Aufbau und Wirkungsweise des Asplund-Defibrators werden aus Bild 528 klar. Die Hackschnitzel mit einer Größe von etwa $25 \times 38 \times 19\ mm^3$ werden aus einem Vorbunker, der den Vorrat für eine Betriebsstunde aufnimmt, durch eine Rutsche, an deren Ende ein automatischer Vibrationsförderer sitzt, zur Speisevorrichtung geführt. Da die Rinne mit Wechselstromfrequenz und Hüben von wenigen Millimetern gerüttelt wird, laufen die Hackschnitzel der Speisevorrichtung sehr gleichmäßig zu. Die Hublänge des Vibrators ist mittels eines Widerstandes einstellbar.

Die Speisevorrichtung besteht meist aus einem Zylinder mit einem Kolben, der durch eine Schubkurbel angetrieben wird. Durch den Kolbendruck wird aus den Hackspänen ein fester Pfropfen gebildet, der den Druckraum des Vorwärmers nach außen hin abschließt. An der Stelle, wo das Pfropfenrohr in den Vorwärmer einmündet, ist eine Rückschlagklappe angebracht, die von außen gewichtsbelastet ist. Die Klappe übt einen gewissen Druck gegen den eintretenden Hackspanpfropfen aus und erhöht damit seine Reibung an den Rohrrändern. Die Erhöhung der Reibung beruht darauf, daß der Pfropfen als elastischer Zylinder wirkt, der das Bestreben hat, sich nach der Seite auszudehnen, wenn er einem Gegendruck ausgesetzt ist. Im Pfropfenrohr sind außerdem kegelstumpfförmige Vorsprünge angebracht, die so gerichtet sind, daß der Bewegungswiderstand des Pfropfens in Richtung nach der Zufuhröffnung größer ist als entgegengesetzt dazu. Für jeden Hub, den der Speisekolben nach rückwärts macht, um neues Material heranzuschaffen, dient also der Pfropfen als Ventil gegen den im Defibrator herrschenden Dampfdruck. Auf der Stirnseite des Kolbens sitzt ein zylindrisches Messer, ein anderes sichelförmiges Messer ist vor der Eintrittsöffnung für die Hackspäne angebracht. Durch das Zusammenwirken dieser Messer werden überstehende Hackschnitzel abgeschnitten und die Ausbildung eines zylindrischen Pfropfens ermöglicht. Der Kolben drückt das Fasergut mit etwa 140 bis 210 kg/cm² zusammen und preßt dabei das überschüssige Wasser aus. Der Abfluß dieses Wassers wird dadurch erleichtert, daß der Kolben im Zylinder Spielraum hat. Das Pfropfenspeisesystem bietet zwei Vorteile: 1. Es entstehen keine Dampfverluste wie beispielsweise bei der Zufuhr mittels Schleusen; 2. Stopfbüchsen und Packungen sind entbehrlich.

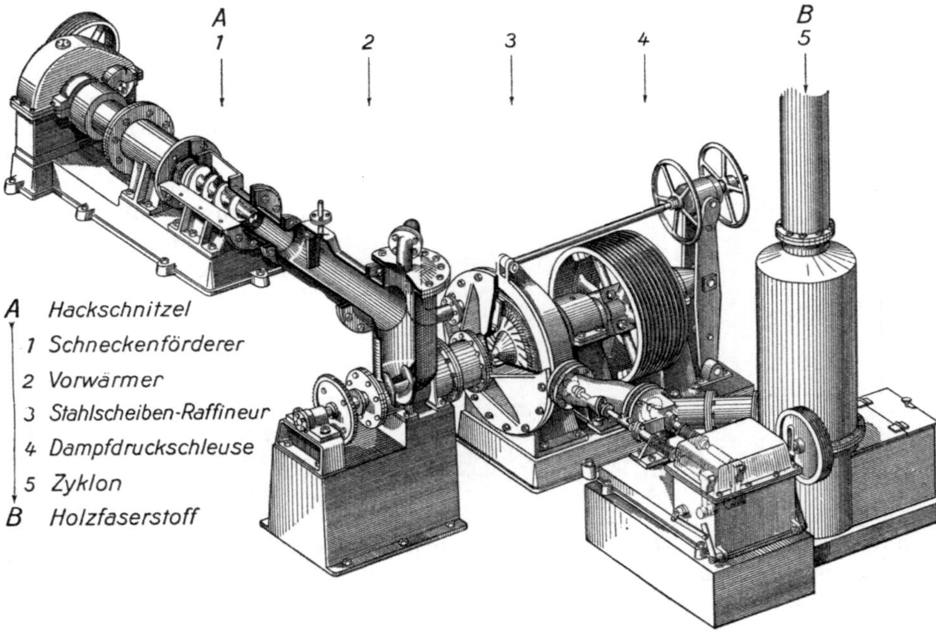

Bild 528. Schematischer Schnitt durch einen Asplund-Defibrator. (Nach Defibrator A. B., Stockholm.)

In gewissen Fällen kann als Speisevorrichtung auch eine konische Förderschnecke Verwendung finden (Bild 528), die ebenfalls einen Pfropfenverschluß liefert nur mit dem Unterschied, daß aus den Hackspänen ein endloser Pfropfenstrang gebildet wird.

Wenn das Material aus dem Pfropfenrohr in den waagerechten Vorwärmer eintritt, dehnt es sich rasch aus und quillt unter der Wirkung des Dampfes, wobei der Pfropfen auseinanderfällt und der Heißdampf schnell in die Holzsporen eindringt. Der Dampfdruck schwankt zwischen 8 und 12 kg/cm² je nach der Holzart und der gewünschten Faserstoffqualität. Für Nadelholz ist der übliche Druck 11 kg/cm² (rund 182° C), für Laubhölzer 10 kg/cm² (rund 177° C). Eine Erhöhung des Drucks und damit der Temperatur ist unzweckmäßig auch im Hinblick auf die mit der Temperatur rasch zunehmende Hydrolyse der Holzpolyosen (Bild 529)[1]. Der Dampf kondensiert und dringt so lange in das Holz ein, bis die Materialtemperatur gleich der Dampftemperatur ist. Hat das zugeführte Holz beispielsweise eine Feuchtigkeit von 1 kg je kg Trockenstoff, so erhöht sich die Feuchtigkeit durch Kondenswasser auf 1,5 bis 1,65 kg.

---

[1] Defibrator, A. B.: Water Problems Affecting the Wallboard Industry, Druckschrift 309 — 36, Juni 1952, Stockholm, S. 4.

Das schubweise oder stetig eintretende Material schiebt das Hackgut in den senkrechten Teil des Vorwärmers, durch den es zu einer Förderschnecke hinunterfällt. Die Schnecke, die normal 27 U/min macht, bringt das Material zur Mitte der senkrechten Mahlscheiben aus Hartguß. Der Zerfaserer hat eine feste Mahlscheibe und eine umlaufende Mahlscheibe. Die rotierende Mahlscheibe ist so gelagert, daß sie in axialer Richtung verschoben und mit dem jeweils erforderlichen Druck gegen die feste Mahlscheibe geführt werden kann. Der Abstand der Mahlscheiben beträgt in der Mahlzone nur 0,1 bis 0,15 mm. Die Mahlscheiben sind mit Riefen versehen, die in der Speisezone anfangen und sich bis in die Mahlzone erstrecken. Die Riefen sind nicht durchgehend, sondern ein wenig versetzt (Bild 530), so daß kein direkter Durchgang durch die Mahlzone möglich ist und die Fasern gewissermaßen von einer Furche zur anderen „überspringen" müssen, wodurch sie weiter zerteilt werden. Das Fasergut wird aus dem Scheibenzentrum im

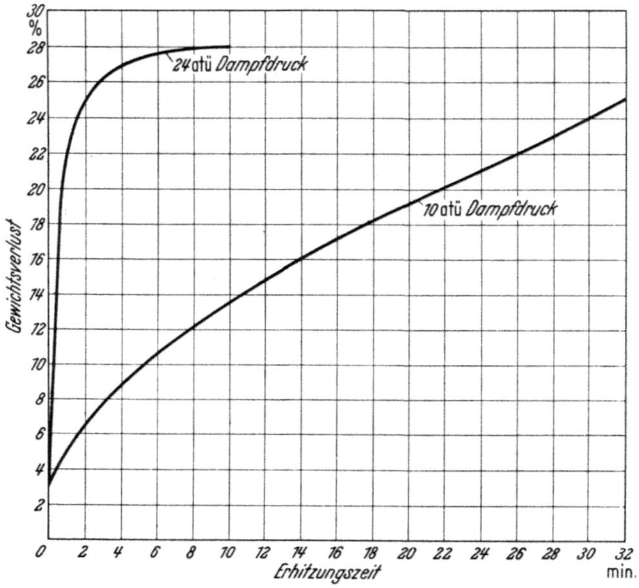

Bild 529. Abhängigkeit des Gewichtsverlustes von Kiefernholzschnitzeln von der Erhitzungszeit und dem Dampfdruck. (Nach Defibrator A. B., Stockholm.)

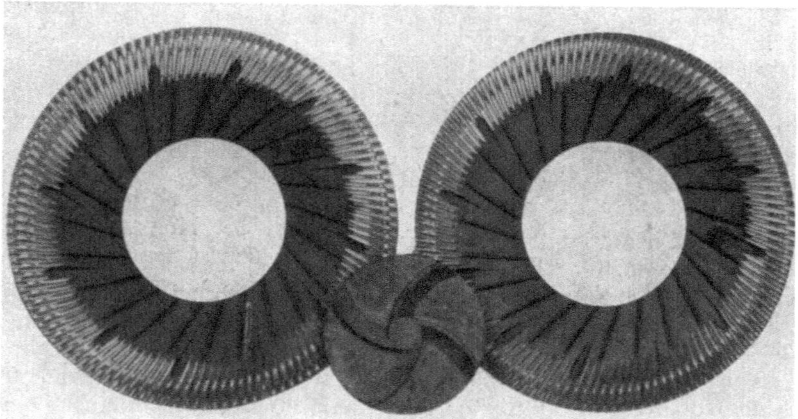

Bild 530. Ansicht der Mahlscheiben eines Defibrators.

wesentlichen durch Zentrifugalkräfte nach außen befördert. Da die Mittellamelle, wie oben schon mitgeteilt wurde, im Vorwärmer erweicht wurde, ist die Defibrierung mit verhältnismäßig geringem Kraftbedarf durchführbar.

Zu erwähnen ist noch, daß die Achse der rotierenden Mahlscheibe in axialer Richtung eine Federung besitzt. Kleine Eisenstücke, Nägel und dergl. können deshalb die Scheiben passieren, ohne ernsthaften Schaden zu verursachen. Außerdem kann, wenn das scharfe Geräusch eines Eisenstücks im Mahlwerk zu hören ist, die Mahlscheibe sofort mittels eines Handrades oder eines Hebels

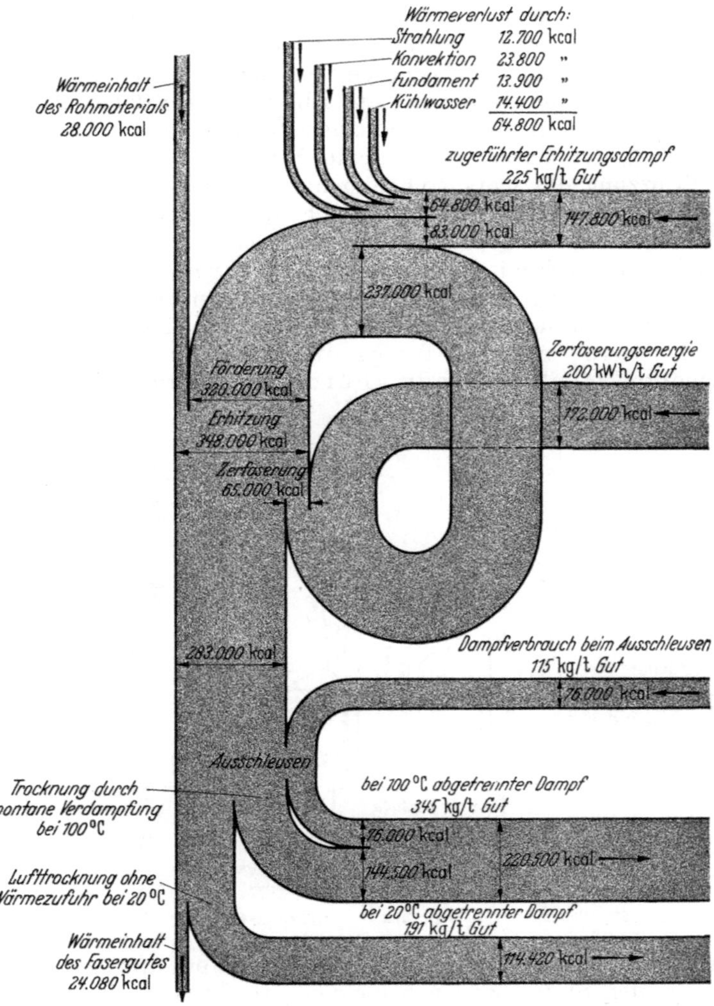

Bild 531. Sankey-Diagramm der theoretischen Wärmebilanz eines Defibrators mit 7 t/24 h-Leistung.

von der festen Scheibe fortgezogen werden. Zum Durchlaufen der Zerfaserungsvorrichtung benötigt das Material ungefähr 30 bis 40 s. Die beim Zerfasern geleistete mechanische Arbeit verwandelt sich in Wärme und erzeugt aus dem feuchten Fasergut beträchtliche Mengen Sattdampf, der dem Vorwärmer zugeleitet wird.

Die Fasern werden von den Mahlscheiben in eine Dampfdruckschleuse geschleudert. Die Schleusenkammer besitzt zwei Ventile, eines an jedem Ende. Wenn das erste Ventil geöffnet ist, wird die Schleusenkammer (3,1 l Inhalt) mit Fasern und Dampf gefüllt. Hierauf wird das Einlaßventil geschlossen und das Auslaßventil geöffnet. Das Gut mit etwas Dampf wird jetzt ausgestoßen. Nun wiederholt sich das Spiel und so fort. Die Ventile arbeiten etwa 40mal je min. Der aus der Schleusenkammer abziehende Dampf wird aus dem Vorwärmer ersetzt und dadurch ein Druckausgleich durch die Mahlzone verhindert, der die Mahlarbeit stören würde.

Der ausgeschleuste Stoff wird in einem Zyklon mit Wasser gemischt. Die Fasern sind ziemlich rösch. Das Fasergut durchläuft den ganzen Defibrator, angefangen an der Spänevorrichtung und endend hinter der Druckschleuse, in 50 bis 65 s. Die Leistung eines Defibrators beträgt 7 bis 10 t in 24 h bei einem Dampfverbrauch von 0,7 bis 0,9 t und einem Kraftbedarf bis 250 kWh/t Faserstoff. Etwa 80% der mechanischen Mahlarbeit werden vom Stoff absorbiert, d. h. zur Erhitzung des Guts voll ausgenutzt. Damit ergibt sich eine recht günstige Wärmebilanz; ein theoretisch durchgerechnetes Beispiel gibt Bild 531 in Form eines Sankey-Diagramms wieder.

Das im Zyklon stark mit Wasser versetzte Gut wird mit etwa 0,6% Dichte einem Plansichter zugeleitet. Die weitere Aufbereitung des Defibratorstoffs ist aus Bild 532 ersichtlich. Der Weg führt über den Eindicker für die genügend verfeinerten Fasern und die Stetigstoffmühle für die vom Plansichter aussortierten groben Teile zur Eindickbütte und dann zum Mischholländer;

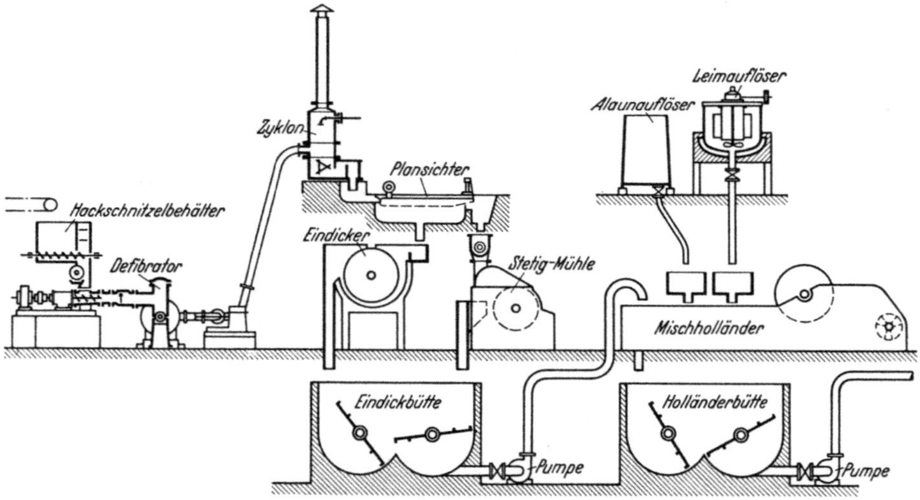

Bild 532. Schema der Aufbereitung von Defibratorstoff. (Nach J. M. Voith.)

er hat gewöhnlich einen Inhalt von 10 m³. In einer Betonwanne läuft eine Förderwalze um, die den Stoff über einen kleinen Kropf hinweg der nachfolgenden Mischschnecke zuführt. Dort findet eine kräftige Durchmischung statt und wird vor allem die Entmischung des sehr röschen Stoffs verhindert. Die Schnecke treibt den Stoff durch den langen glatten Rücklaufkanal wieder vor die Förderwalze.

Im Mischholländer oder im Mischkasten erfolgt auch die Leimung des Faserplattenstoffs. Sie ist erforderlich, um die Faserplatten wasserabstoßend zu machen. Zu diesem Zweck wird Harz oder Kunstharz in kolloidaler Lösung zugegeben und mit Alaun oder Schwefelsäure ausgefällt. Das Harz wird in einem Stahlgefäß mit indirekter Beheizung durch Dampf oder heißes Wasser und eingebautem Mischwerk aufgelöst, bis es eine gleichmäßige, milchige, zähe Harzseife bildet. Das Alaun wird in Holzbottichen zur Lösung gebracht.

764.3 Aufbereitung des Faserstoffs.

Zur Sortierung bedient man sich derselben Maschinen wie in der Papierindustrie; ihre Anordnung nach den verschiedenen Zerfaserungsvorrichtungen wurde bereits aus den Bildern 519, 521, 522, 525a und 532 klar. Zur Sortierung werden sehr große Wassermengen benötigt. Für die Grobsortierung kommen Schüttelsiebe, Bauart Jönsson oder Niethammer, in Frage, für die Feinsortierung umlaufende Siebe, die teilweise sogar unter hydraulischem Überdruck arbeiten. Zu bedenken ist, daß das Fasergut in der Regel nicht vollständig in

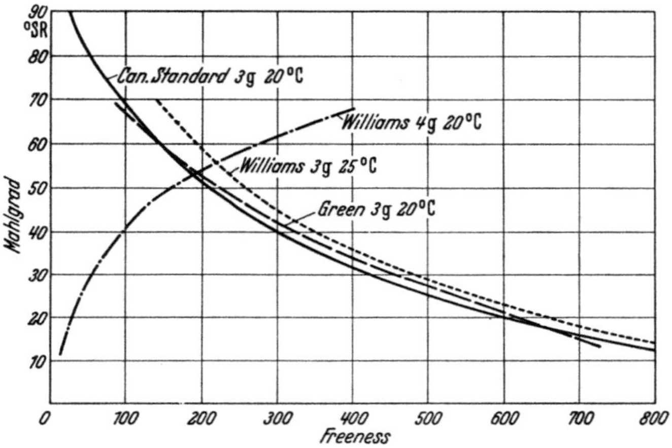

Bild 533. Beziehung zwischen Schopper-Riegler-Mahlgrad und Mahlgraden nach anderen Bestimmungsverfahren. (Nach J. M. Voith.)

Einzelfasern zerteilt ist, sondern daß es noch zusammenhängende Flocken und Splitter enthält. Gerade diese Teile neigen aber zum Aufschwimmen und können dabei Teppiche bilden, die zu Siebverstopfungen führen. Mit Sicherheit können solche Verstopfungen aber durch sehr starke Verdünnung (1 : 250 bis 1 : 400) und verhältnismäßig große Sieblöcher (4 bis 8 mm Durchmesser) vermieden werden.

Im Durchschnitt werden in allen Faserplattenwerken etwa 60 bis 80 m³ Frischwasser je Tonne fertiger Platten benötigt. Die Führung in einem sorgfältig überwachten Kreislauf ist besonders wichtig; es wird jeweils nur soviel Abwasser in die Abwasserkanäle entlassen als zur Regelung des p_H-Werts der Suspension unerläßlich ist. Eine sehr sorgfältige Betriebskontrolle gerade des p_H-Werts ist in den Werken nötig, da er durch die aus dem Holz abgespaltenen organischen Säuren immer mehr in den saueren Bereich verschoben wird. Unterbliebe ein Ausgleich, dann würden sich die Filtereigenschaften der Suspension verschlechtern und die Gefahr von Fleckenbildung einstellen.

Im Rahmen der Betriebskontrolle sind weiter mikroskopische Faseruntersuchungen wertvoll, die bei schwachen Vergrößerungen ein gutes Bild über den Erfolg der Mahlarbeit geben. Vielfach wird auch der Mahlgrad (freeness) experimentell bestimmt. Allerdings sind die Ergebnisse solcher Prüfungen nur unter bestimmten, genau einzuhaltenden Bedingungen vergleichbar. Bild 533 gibt kurvenmäßig die Zusammenhänge zwischen verschiedenen Mahlgraden wieder. Zahlentafel 79 ermöglicht ebenfalls näherungsweise Vergleiche, in die auch Werte mit dem Defibrator Pulp Freeness Tester aufgenommen sind. Dieses Gerät mißt die Ablaufzeit in Sekunden, die für 10 l Fasersuspension durch ein

Zahlentafel 79. *Umrechnungen und Vergleich von Mahlgrad (Freeness) Skalen.* (*Nach A. B. Defibrator, Stockholm.*)

Defibrator	Canadian Standard	Schopper-Riegler	Williams Precision		Motschmann Slowness 1 g 20°C		Original Green	Williams Model-27
128 g in 10000 cm³	3 g 20°C	2 g 25°C	3 g 25°C	4 g 25°C	Kraft-zellstoff	ungebleichter Sulfit	3 g 20°C	4 g 20°C
	1000							
	975							
	950							
	925							
	900							
	875							
12.0	850		0	0				
17.0	825		4	4				
22.0	800	11.0	7	7	0	0	730	855
28.0	775	12.0	8	8			720	830
35.0	750	13.0	10	10	15	15	705	806
41.8	725	14.0	13	13	19	19	690	780
51,0	700	15.0	16	16	23	23	675	757
61.0	675	16.0	18	19	27	28	660	728
72.0	650	17.0	21	22	31	34	645	707
87.0	625	18.0	24	25	36	39	625	680
110.0	600	20.0	27	30	41	45	610	655
	575	21.0	31	34	46	50	595	630
	550	22.0	35	39	51	56	575	607
	525	24.0	40	44	57	62	560	580
	500	26.0	45	49	63	69	535	555
	475	27.0	49	56	69	75	515	530
	450	28.0	55	63	77	83	495	505
	425	30.0	62	73	85	91	470	480
	400	32.0	66	80	93	100	445	457
	375	34.0	76	91	103	109	420	432
	350	36.0	85	102	114	120	395	408
	325	38.0	96	115	125	132	365	385
	300	41.0	108	129	139	145	330	358
	275	43.0	121	145	153	160	305	330
	250	46.0	138	165	169	178	275	305
	225	48.0	153	195	187	197	240	282
	200	52.0	170	217	206	216	210	258
	175	55.0	205	252	227	238	175	232
	150	58.0	240	297	249	257	145	210
	125	63.0		370	272	279	115	183
	100	66.0			297	303	90	157
	75	70.0			322	330		
	50	74.0			350	364		
	25	78.0			390	420		
	0						0	

Sieb erforderlich ist, sowie für 10 l Luft, um durch den gebildeten Faserkuchen zu strömen. Die Konsistenz ist so zu berechnen, daß 128 g darrtrockener Faserstoff in den 10 l enthalten sind.

Als Puffer in der Fabrikation dienen, wie die erwähnten Bilder ebenfalls zeigten, Bütten und Mischholländer, denen jeweils ein sehr gleichmäßig zusammengesetzter Stoff entnommen wird. Die Chemikalienbehandlung, die in der Hauptsache eine Erhöhung der Wasserfestigkeit bezweckt, erfolgt in diesen Maschinen. Ausgefällt werden die Chemikalien, z. B. Paraffin- oder Kunstharzemulsionen, durch Änderung der Wasserstoffionenkonzentration mittels Alaunlösung oder Schwefelsäure. Auch hierbei bedarf es wieder einer genauen und fortlaufenden Kontrolle des p_H-Wertes.

764.4 Blattbildung.

764.40 Allgemeines. Die Blattbildung stellte von Anfang an ein besonders schwieriges Problem der Holzfaserplattenherstellung dar, da infolge der großen Flächengewichte von 3000 bis 6000 g/m² (der trockenen Platten) und der gewünschten möglichst niedrigen Endfeuchtigkeit (mit Rücksicht auf die Wärmewirtschaftlichkeit der nachfolgenden Trocknung) nicht einfach die Maschinen der Papierfabrikation übernommen werden konnten. Die Entwicklung ist deshalb dadurch gekennzeichnet, daß man ursprünglich auf normalen Pappemaschinen dünne pappenartige Platten erzeugte, die man — z. B. mit Wasserglas — zu dickeren Bauplatten zusammenleimte. Bald gelang dann der Bau von Siebzylindermaschinen, die Platten bis 3000 g/m² lieferten. In der Folge wurden auch die Fourdrinier- (Langsieb-) Maschinen den Bedürfnissen der Faserplattenindustrie konstruktiv angepaßt; heute werden sie in Europa überwiegend benutzt.

Die Erfindertätigkeit ruhte allerdings gerade auf diesem Gebiet nicht und führte zu Kombinationen mit Vacuum-Siebzylindern sowie zu Gießformmaschinen und Formdruckpressen; mit ihrer Hilfe kann man besonders dicke Platten mit Flächengewichten bis 10000 g/m² sowie Faserschaumplatten erzeugen.

764.41 Langsieb- (Fourdrinier-) Maschinen. Die Langsiebmaschinen der Faserplattenwerke sind im Prinzip den Papiermaschinen für hohe Stoff-

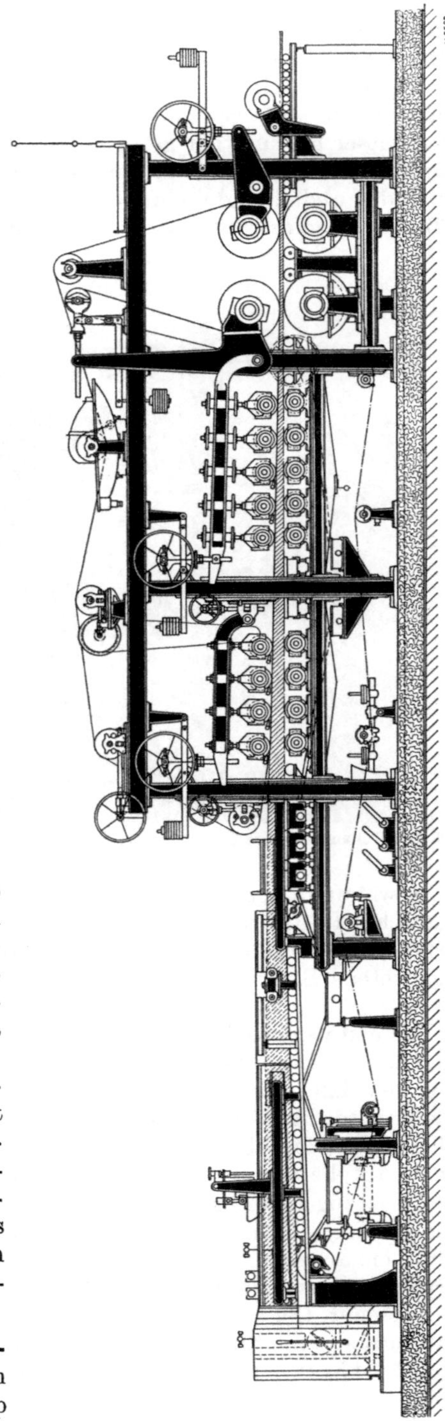

Bild 534. Schema einer Langsiebmaschine zur Herstellung von Holzfaserplatten. (Nach J. M. Voith.)

dichte ähnlich (Bild 534 und 535). Der holländerfertige Stoff wird in einer Bütte mit Wasser auf eine Konsistenz von 0,7 bis 1% gebracht und mittels eines Stoffverteilkastens über eine Brustwalze dem endlosen, im ersten Teil leicht ansteigenden Sieb auf ganzer Breite gleichmäßig zugeteilt. Unmittelbar nach dem Stoffeinlauf werden Stahlrechen quer zur Sieblaufrichtung durch das Stoffwasser hin und her gezogen und die Fasern dadurch quer verlagert. Seitwärts des ersten Siebteils wird das Stoffwasser durch auf der hohen Kante laufende, abdichtende Gummideckelriemen (Begrenzungsleisten) auf 100 bis 250 mm Höhe gestaut. Eine gleichmäßige Bahn wird dadurch erzielt, daß nach

Bild 535. Teilansicht einer Langsiebmaschine zur Herstellung von Holzfaserplatten. (Werkphoto J.M. Voith.)

den erwähnten Rechen ein gerüttelter Tauchkörper mit kreissegmentförmigem Querschnitt, dessen Oberfläche aus einem gelochten Blech oder Drahtsieb besteht, auf die Bahn drückt. Beim Aufwärtshub fließt das in den Tauchkörper eingetretene Stoffwasser auf die Bahn zurück und füllt deren Unebenheiten aus.

Die erste sanfte Entwässerung erfolgt im ersten Siebteil, in dem das Siebtrum über gummibezogene Registerwalzen verläuft. Verstärkte Entwässerung bewirken dann Saugkästen, deren Unterdruck von Sauger zu Sauger langsam erhöht wird. Meist läuft zwischen erstem und zweitem Saugkasten noch eine Glättewalze, die ebenfalls Wasser abpreßt und den Faserteppich weiter einebnet. Auf die Saugerpartie folgen mehrere kleine Gautschwalzen zum weiteren Wasserentzug und zur Verdichtung. Schließlich kommen zwei oder drei Preßwalzenpaare, die mit Lineardrücken bis zu 80 (unter Umständen bis zu 150) kg/lfd. cm arbeiten. Um ein Ausweichen oder Reißen der dicken Stoffbahn beim Pressen auszuschalten, läuft mit sämtlichen oberen Preßwalzen ein endloses Obersieb mit. Der beim letzten Pressen unter Umständen etwas wellig gewordene Plattenrand kann mittels zweier Kreismesser glatt geschnitten werden.

Die Arbeitsbreite der Langsiebmaschinen schwankt zwischen 1250 und 3600 mm (Normalbreiten 4′, 8′ und 12′). Bei einer Arbeitsgeschwindigkeit von 0,5 bis 0,9 m/min, die sich mittels eines Getriebes regeln läßt, kommt man damit zu einer größten Tagesproduktion von 28 t Hartplatten (6 mm dick, rund 1000 kg/m³ Wichte). Nach S. B. Segring[1] ist es aber gelungen, selbst bei 4′ breiten Langsiebmaschinen schon bis zu 90 t/Tag Hartplatten zu erzeugen. Die kontinuierlichen Langsiebmaschinen sind somit außerordentlich leistungfähig. Nachteile der Maschinen sind: Hohe Anlagekosten, großer Platzbedarf, Notwendigkeit eines erfahrenen Maschinenführers und hohe Betriebskosten, namentlich durch Erneuerung der Siebe. Der Einfluß der Arbeitsrichtung auf die Lagerung der Fasern (Richteffekt!) und damit Platteneigenschaften, insbesondere die Festigkeit, ist verhältnismäßig gering und kann durch Vibratoren fast ganz ausgeglichen werden. Die Stoffdichte, die beim Auflaufen auf die Langsiebmaschinen nur durchschnittlich 1% beträgt, wird dort bis auf etwa 30 bis 35% (atro) erhöht.

764.42 Vacuum-Siebzylindermaschinen. Einfache oder doppelte Vacuum-Siebzylindermaschinen wurden verschiedentlich für die Blattbildung bei der Faserplattenherstellung vorgeschlagen. Bei einer mehrfach industriell angewendeten Bauart von Fahrni (Bild 536) taucht ein Zellenfilter in die Arbeitsbütte mit dem Faserstoff. Über den Umfang der Zellensaugtrommel läuft ein endloses Siebband mit der aus Bild 536 ersichtlichen Führung durch die Maschine. Durch das an die einzelnen Zellen mittels einer Wasserringluftpumpe gelegte Vacuum wird der Stoff angesaugt und bildet auf dem Sieb einen Faserteppich. Zur weiteren Verdichtung und Entwässerung ist eine oszillierende Vacuumpresse vorhanden, die auf einem Preßwagen eingebaut ist, der das

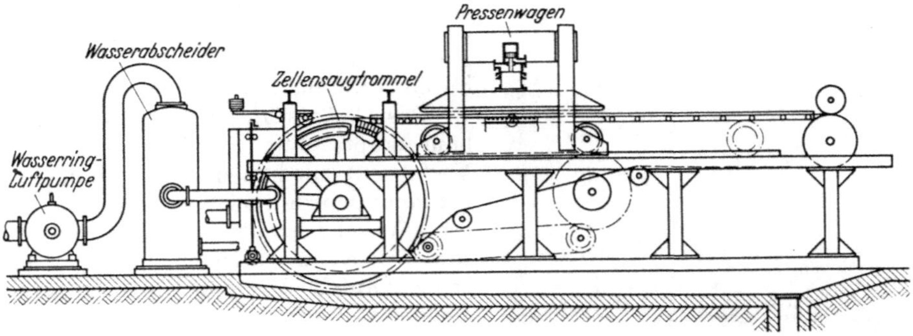

Bild 536. Schema der Vacuum-Siebzylindermaschine zur Faserplattenherstellung nach F. Fahrni.

Faserbrett auf seinem Weg vom Verlassen der Saugtrommel bis zum Abschlußkalander der Maschine begleitet. In Bild 536 ist der Preßwagen in linker Endstellung, strichpunktiert das rechte Rad in rechter Endstellung gezeichnet. Maschinen dieser Bauart wurden für Arbeitsbreiten bis zu 2000 mm (und Leistungen von rund 35 m³ Isolierplatten in 24 h) gebaut.

764.43 Gießformmaschinen. Die Gießformmaschinen gehen in ihrem Grundgedanken auf die alte Büttenschöpfvorrichtung zurück; das erste einschlägige Patent für die Faserplattenherstellung stammt von Sutherland (1913)[2]. In USA und England wurden verschiedene Maschinen nach diesem Prinzip gebaut. Eine Ausführung für Kleinanlagen zeigt Bild 537. Der Faserdünnstoff gelangt über einen Meßzylinder (Portionierungsgefäß) in eine Gießform, die mit einem Siebboden versehen ist. Das Abwasser wird aus dem Trog unter dem Sieb

[1] Segring, S. B.: Tekn. Tidskr. Bd. 77 (1947) S. 121.
[2] US Pat. 1 272 566.

laufend abgepumpt. Die Form ist in der Höhenlage verstellbar, und zur Verdichtung sowie Entwässerung des Fasermaterials ist eine hydraulische Entwässerungspresse vorhanden; ihre Preßplatte paßt genau in die lichte Öffnung der Gußform. Nach dem Pressen hat das gebildete Faserbrett etwa 20% Trockenstoffgehalt. Das Unterteil der Gießform wird nun ebenfalls hydraulisch gehoben, wobei das Faserbrett so weit nach oben geschoben wird, daß es von

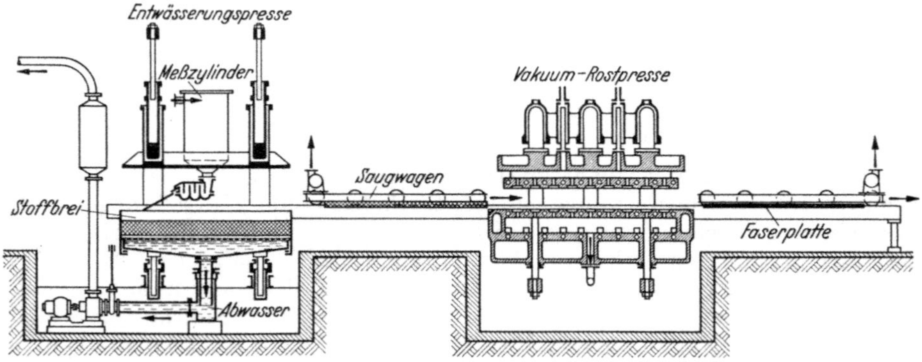

Bild 537. Schema einer Gießformmaschine zur Faserplattenherstellung. (Nach J. M. Voith.)

einem bei geöffneter Entwässerungspresse über die Gießform gefahrenen Saugwagen angesogen und gehalten wird. Der Saugwagen bringt das Faserbrett hierauf zu einer beheizten Vacuum-Rostpresse, in der es nicht nur erneut gepreßt wird, sondern wo gleichzeitig durch Vacuum Wasser abgezogen wird.

Bild 538. Frisch mit Faserschaum gefüllte Formtröge beim Kramfors-Verfahren.

Das Gießverfahren, das in Deutschland hauptsächlich von H. Basler (CTC-Verfahren) zur hohen Entwicklungsform gebracht wurde[1], eignet sich besonders für sehr schwer entwässerbare Rohstoffe sowie für Klein- und Kleinstanlagen. Man erreicht auf der Vacuum-Rostpresse einen Trockenstoffgehalt bis zu 50%. Der Faserkuchen ist in diesem Zustand vollkommen transportfähig.

In Schweden wurde eine neuzeitliche Formtrogpresse von T. Hillbom[2] entwickelt. Ihr Boden besteht aus einem kräftigen Siebtuch, das über einen Saugkasten geführt ist, der den gleichen Querschnitt wie die Form hat. Die Seitenwände des Formtroges sind planparallel geschliffen, so daß sich in seinem Innern ein Kolben mit rechteckigem Querschnitt bewegen kann. Die Kolbenunterseite ist fein perforiert; im übrigen besitzt der Kolben im Innern eine Art Saugkasten, so daß das ganze Saugsystem in eine obere und eine untere Kammer zerfällt, die miteinander durch eine Anzahl vertikaler Röhrchen kommunizieren. Die untere Saugkammer steht mit der

[1] DRP 630 667, 674 858, 694 185, 699 224, 739 076, 740 436, 746 517, 749 539, 757 600, DBP 807 988, 818 899, 823 088, 871 552, 875 136, 881 105, 883 395.

[2] Schwed. Pat. 96 228 und 116 069 (T. Hillbom).

Außenluft in Verbindung, wogegen die obere während des Preßvorgangs unter Vacuum steht. Nach dem Pressen wird die Vacuumpumpe abgestellt und der Preßkolben mit Formkasten hydraulisch hochgefahren. Das Faserbrett wird dadurch freigelegt, und das Siebtuch gibt es an einen Rollengang ab, der zum Trockner führt. Man kann mit dieser Formeinrichtung sehr dicke Platten mit 4000 bis 10000 g/m² Flächengewicht sowie besonders leichte Platten (auch aus minderwertigen Rohstoffen) erzeugen.

Hochporöse Isolierplatten mit außergewöhnlich niedriger Rohwichte von nur 60 bis 65 kg/m³ können nach dem Verfahren von A. Ormell und P. Rosenlund[1] insbesondere aus Aststoff der Sulfitzellstoffabrikation hergestellt werden. Der Aststoff wird zunächst in Schlagkreuzmühlen oder Kollergängen zerfasert und gelangt nach der Sortierung in einen Mischholländer, in dem auch die Bindemittel und Schaumstoffe zugesetzt werden. Nach E. Mörath[2] dürfte in erster Linie stark ligninhaltige Ablauge geeignet sein, da sie bei einer entsprechenden Steigerung des p_H-Wertes steife, sehr voluminöse Schäume liefert. Der Stoff gelangt auf dem Weg über eine Aufschäummaschine zu den Formkästen, von denen bis zu 30 Stück auf einer Rollenbahn aufgestellt sind (Bild 538). Jede Form besteht aus zwei Teilen: dem Siebboden und dem seitlichen Formkasten. Die Formen werden unter dem Ventil der Aufschäummaschine automatisch gefüllt; die Wasserabscheidung erfolgt allein durch Schwerkraftwirkung durch den Siebboden, ohne daß mit Druck oder Unterdruck gearbeitet wird. Es entsteht dabei ein voluminöser Schaumkuchen. Am Ende der Rollbahn werden die Formkästen selbsttätig abgehoben und gehen zur Einfüllstelle zurück; die Siebböden mit dem darauf liegenden Faserkuchen kommen über eine Fördervorrichtung zur Trockenanlage. Nach der Trocknung wandern auch die Siebböden wieder zur Einfüllstelle zurück.

764.5 Trocknung und Pressung von Faserplatten.

764.51 Trocknung von Isolierplatten. Beim Arbeiten mit Langsiebmaschinen wird der gebildete Faserteppich unmittelbar hinter der letzten Preßwalze durch ungezahnte Längsschneider seitlich besäumt, wobei die Randstreifen wieder zu den Zerkleinerungsmaschinen zurückgehen. Die Faserplatten haben an dieser Stelle einen Trockenstoffgehalt von 30 bis 35 (höchstens 45%), d. h. ihr Wassergehalt liegt, bezogen auf das Darrgewicht, zwischen etwa 186 und 233%. Dieser Wassergehalt soll möglichst rasch verdampft werden, auf jeden Fall so rasch, daß sich die Platten nicht werfen.

In verschiedenen Werken schließen sich Einbahntrockner unmittelbar an die Langsiebmaschinen an. Die Stoffbahn durchläuft diese Einbahntrockner als endloses Band und wird dabei durch Walzen, die außen Kettenantrieb besitzen, langsam vorgeschoben. Die Beheizung erfolgt durch Heißluft im Gegenstrom, wobei die Luft von Schleudergebläsen über die mit Heißwasser gespeisten Kalorifere geblasen wird. Die Einbahntrockner müssen Längen von 100 bis 200 m haben. Um kürzere Trockner zu schaffen, wurden in den Etagentrocknern mehrere Walzenbahnen übereinander gelegt (Bild 539). Die von der Langsiebmaschine kommende nasse Bahn wird durch ein selbsttätiges kreisförmiges Messer oder durch einen Hochdruckwasserstrahl auf die gewünschte Länge geschnitten. Die abgeschnittenen Platten werden dann von einem Förderrollengang, der etwa doppelt so schnell läuft wie die Faserplattenmaschine,

---

[1] Ormell, E. A. J.: Schwed. Pat. 112 134, 116 103, 117 003 vgl. Kramforsplattan — en ny Träfiberprodukt, Sv. Trävarutidn. 1944, års Nr., S. 174.

[2] Mörath, E.: Holzforschg. Bd. 4 (1949) S. 14.

einer schwingenden Beschickungsvorrichtung, der Tippel, zugeführt. Die Einrichtung besteht im wesentlichen aus einer Brücke mit Rollenbahn, die um das feste Ende am Auslauf der von der Langsiebmaschine kommenden Rollenbahn

Bild 539. Ansicht eines Walzenbahntrockners für Faserplatten (G. Siempelkamp & Co., Krefeld.)

geschwenkt wird, und zwar so, daß ihr loses Ende auf das Niveau der verschiedenen Etagen des Beladegestells vor dem Trockner eingestellt werden kann (Bild 540).

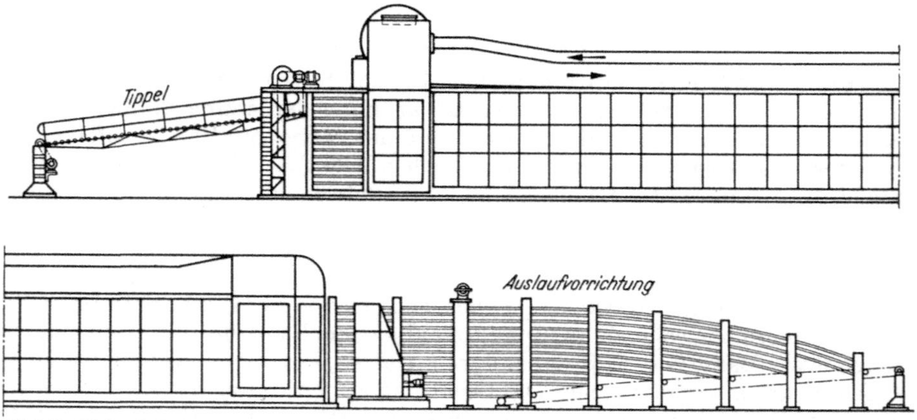

Bild 540. Walzenbahntrockner für Faserplatten mit Tippel- und Auslaufvorrichtung. (Nach J. M. Voith.)

Eine andere oft gebrauchte Beschickungsvorrichtung für einen Sechsetagenrollentrockner mit doppelter Formatbreite gibt Bild 541 wieder. Der Hubkorb, der drei Rollenbahnen besitzt, kann gehoben und gesenkt sowie seitlich verfahren werden; er wird mit seiner obersten Rollbahn auf das Niveau des Rolltisches im Anschluß an die Längssiebmaschine gebracht, nach der Beschickung mit Platten um eine Etage gehoben, wieder beschickt, und hierauf mit seiner untersten Lage vor den Rolltisch gerückt. Der Hubkorb befindet sich dann in seiner obersten Lage und erlaubt unmittelbar die Beschickung der drei obersten Rahmen des Trocknervorfeldes. Hierauf kehrt der Hubkorb in die

Ausgangsstellung zurück, wird wieder in der gleichen Weise beladen, seitlich verfahren und zur Beschickung der anderen Hälfte des Trocknervorfeldes benutzt. Sinngemäß werden dann die unteren Partien des Trocknervorfeldes mittels des Hubkorbes beschickt. Der Antrieb und die Schaltung des Hubkorbes und der Rollbahn sind automatisiert, wodurch ein fehlerfreier, stetiger Ablauf der Trocknung gewährleistet wird.

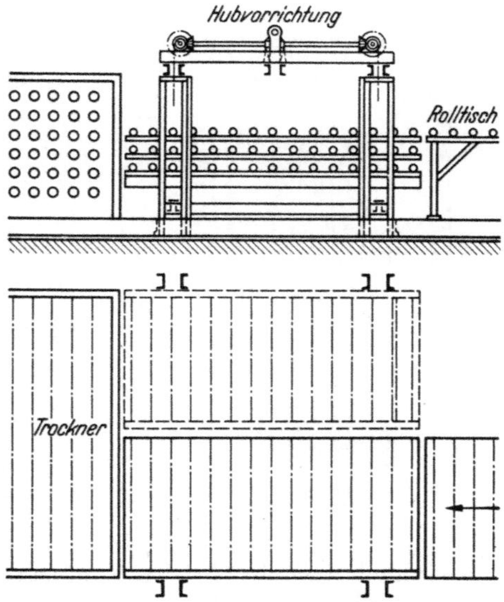

Bild 541. Beschickungseinrichtung für einen Walzenbahntrockner mit Hubbühne und Hubkorb. (Nach J. M. Voith.)

Die Temperaturen in den Faserplattentrocknern liegen meist zwischen 100 und 150° C. Höhere Temperaturen als 150° C führen zu einer starken Verformung der Platten und werden deshalb vermieden. Als wichtig hat es sich erwiesen, die Platten nicht zu heiß auf Lager zu nehmen, da es sonst zur Selbstentzündung kommen kann. Bild 542 gibt hierfür ein sehr bemerkenswertes Beispiel. Mit Rücksicht darauf werden in Schweden die Platten vielfach nach der Trocknung besprüht oder mit Luft gekühlt. Die Trocknungsdauer richtet sich nach der Dicke und Dichte der Platten sowie nach der Trocknungstemperatur; für 13 mm dicke Isolierplatten liegt sie zwischen 1,5 und 3 h.

Der Dampfverbrauch je kg Wasserentzug beträgt nach S. B. Segring[1] 1,6 bis 1,8 kg. Je Tonne Isolierplatten beziffert Segring den Mindestdampf-

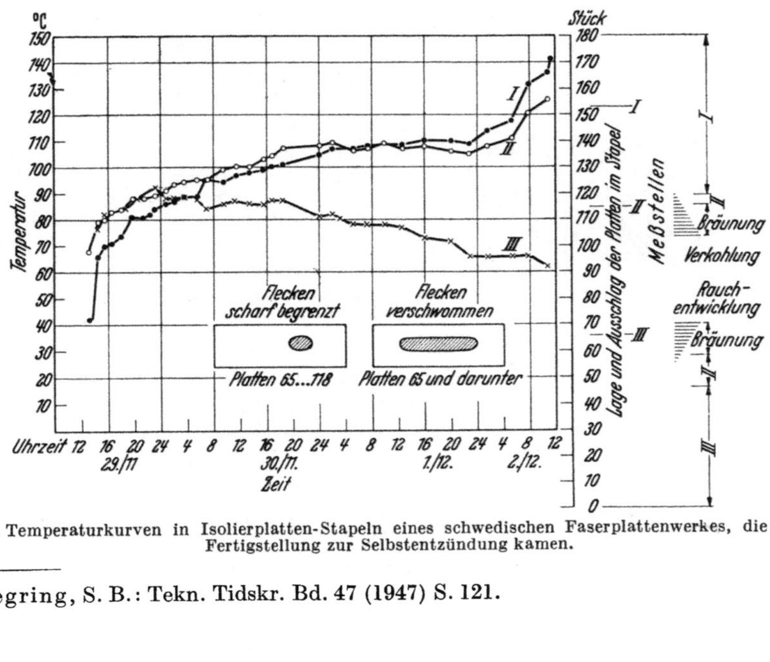

Bild 542. Temperaturkurven in Isolierplatten-Stapeln eines schwedischen Faserplattenwerkes, die nach der Fertigstellung zur Selbstentzündung kamen.

[1] Segring, S. B.: Tekn. Tidskr. Bd. 47 (1947) S. 121.

verbrauch auf 3,5 bis 4,0 t, nach J. M. Voith[1] stellt sich der Dampfverbrauch auf 5 bis 5,6 t je Tonne Faserplatten. Die Wärmebilanz eines Faserplattentrockners in Form eines Sankeydiagramms zeigt Bild 543.

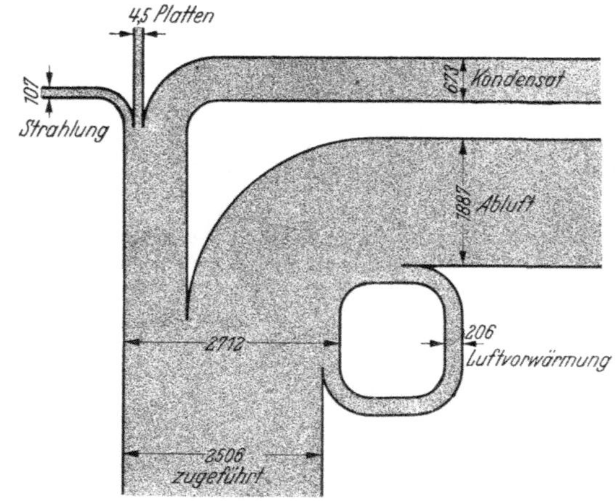

Bild 543. Sankey-Diagramm der Wärmebilanz eines Faserplattentrockners. (Nach S. B. Segring.)

In Schweden werden die Faserplattentrockner meist mit Wärmerückgewinnungsanlagen gekuppelt (Bild 544). Die Regenerierungsbatterien sind geteilt: eine Batterie wärmt die Trocknungsluft vor, eine andere speist die Luftheizung in den Werksräumen. Schließlich können auch Warmwasserbereiter eingebaut werden, die das Fabrikationswasser vorwärmen.

764.52 Trocknung von Hartplatten in Heizpressen. 764.521 Naßpressung von Hartplatten. Die Naßpressung und Trocknung der Hartplatten erfolgt in hydraulischen Heizpressen mit bis zu 25 Etagen. Der Verlauf von Temperatur und Druck hängt hauptsächlich von der Art des zugesetzten Bindemittels und den gewünschten Endeigenschaften der Platten ab.

Bild 544. Ansicht der Wärmerückgewinnungsanlage eines Hartfaserplattenwerkes in Schweden. (Svenska Fläktfabriken, Stockholm.)

Das feuchte Faserbrett gelangt über einen Rollengang und eine Hebebühne in ein als Puffer dienendes fahrbares Beladegestell. Dieses Gestell hat die gleiche Etagenzahl wie die Heizpresse. Die Pressen sind die teuersten und in der Bedienung empfindlichsten Maschinen des ganzen Hartplattenwerks; ihre Leistungsfähigkeit bestimmt die Kapazität des Werkes. Bestmögliche Ausnützung der Pressen ist für die Betriebswirtschaftlichkeit entscheidend. Mit

[1] Voith, J. M.: Anlagen und Maschinen für Holzfaserstoffplatten, Prospekt Nr. 314, 2. Aufl., Heidenheim 4. 1946.

Rücksicht darauf hat man die Pressen konstruktiv sehr verbessert, sie vor allem mit Schnellschlußzylindern, automatischer Steuerung, selbsttätigen Beschick- und Entladevorrichtungen ausgestattet (Bild 545). Der gesamte Preßvorgang wird elektrohydraulisch gesteuert. Die Pumpenanlagen arbeiten in der Regel mit Druckluftspeicherung für den Leerhub, das Vorpressen und den eigentlichen Verformungshub. Auch die Druckluftspeicher arbeiten automatisch. Während des ersten Teils der Pressung wird viel Wärme benötigt. Das Heißwasser wird im allgemeinen während des Füllens und Leerens der Presse abgesperrt. Die Umlaufzeit schwankt zwischen 25 und 50 min.

Bild 545. Blick auf zwei Hartplattenpressen mit automatischer Beschickungsvorrichtung und Rollenbahn zur Rückbeförderung der Bleche nach dem Pressen in einem deutschen Faserplattenwerk, Bauart G. Siempelkamp & Co., Krefeld.

Die Heizplatten sind aus hochwertigem Stahl gefertigt; ihre sorgfältig gebohrten dichtliegenden Heizkanäle sind von Hochdruckdampf oder Heißwasser durchflossen. Nach schwedischen Messungen ist der Wärmeverbrauch bei zirkulierendem Heißwasser (Vorlauftemperatur 210 bis 220° C) um etwa 25% niedriger als bei Dampfbetrieb[1]. An der Unterseite haben die Heizplatten auswechselbare, hochglanzpolierte V 2 A-Stahl- oder Kupferbleche. Dadurch erhält die eine Seite der Hartplatten den bekannten schönen Glanz. Auf der Oberseite liegt ein Sieb, das den Abzug von Dampf und Gasen aus der Faserplatte beim Trocknen ermöglicht. Es verleiht den Platten auf der Rückseite Siebmarkierung. Zum Vortrocknen werden die Platten mit wenig gedrosseltem Heißwasser beheizt und während 2 min der Druck auf 30 bis 35 kg/cm² gesteigert. Dann wird die Presse kurze Zeit zum Nachverdampfen

[1] Kollmann, F.: Schwedens Faserplattenindustrie, Holz-Zentralbl. Bd. 75 (1949) S. 981 und 997.

des Wassers aus den Platten geöffnet und hierauf der Druck auf 40 bis 60 kg/cm² erhöht, wobei Preßtemperaturen von 175 bis 200° C erreicht werden. Hierbei kommt es zu einem Schmelzen von Holzbestandteilen (Lignin), zur teilweisen Hydrolyse von begleitenden Kohlenhydraten sowie zu Kondensationserscheinungen; auf die Ausführungen in Abschnitt 523.41 und 762.63 kann Bezug genommen werden.

Die Preßzeit für eine 3,2 mm dicke Hartplatte beträgt 10 min oder sogar noch weniger, für Beladen und Entladen werden 5 bis 6 min beansprucht. Man kommt also auf etwa 100 Pressungen (in Grenzfällen sogar 130 Pressungen) je Tag, d. h. bei einer 20-Etagenpresse und einem Plattenformat von 122 · 548 cm² auf rund 13500 m² je Tag oder bei einem Plattengewicht von 3,6 kg/m² auf 48 bis 50 t. Nach dem Pressen werden die Hartplatten automatisch auf ein Entladegestell ausgestoßen, die Siebe zurückgezogen und aufgewickelt.

In den Heizpressen können an Stelle von Hartplatten auch halbharte Platten hergestellt werden. Eingesetzte Stopklinken begrenzen dabei die Plattendicke und den Preßdruck. Die Entfernung des Wassers erfolgt in diesem Fall praktisch nur durch Verdampfung. Der Dampfverbrauch beläuft sich auf 3,5 t von 10 bis 12 atü je Tonne Fertigerzeugnis. Bei den Hartplatten, bei denen ein Teil des Wassers rein mechanisch ausgepreßt wird, sinkt der Dampfverbrauch auf etwa 3,2 t je t Fertigerzeugnis.

Die Hartplatten werden beim Heißpressen bis auf eine Restfeuchtigkeit von 0,8 bis 1,5% entwässert. Das zweckmäßige Preßdruck-Steuerdiagramm muß für jeden Rohstoff und jede Korngrößenverteilung sorgfältig durch Betriebsversuche ermittelt und dann automatisch eingehalten werden. Fehler können zu schweren Schäden an den Platten führen. Beispielsweise bedingt zu starke Erhitzung der Platten explosionsartige Dampfentspannungen, deren Folge innere Zerreißungen der Platten sind, während ungenügende Erhitzung örtliche Wasseransammlungen verursachen kann, die zu dunklen, meist mehrzonigen Flecken führen.

764.522 Trockenpressung von Hartplatten. In USA haben sich bei der Hartplattenherstellung neuerdings Trockenpreßverfahren sehr gut eingeführt[1]. Der Faserteppich wird hierbei in derselben Weise wie beim Naßverfahren (z. B. mittels einer Fourdriniermaschine) hergestellt. Abweichend vom Naßverfahren wird er aber dann in einem langen Trockner wie bei der Herstellung von Isolierplatten auf unter 1 Prozent Restfeuchtigkeit getrocknet. Hierauf kommen die auf Format geschnittenen Platten, die sich wenig von gewöhnlichen Isolierplatten unterscheiden, in die Heizpresse. Der Preßdruck muß beim Trockenverfahren in der Regel ein höherer sein als beim Naßverfahren; er schwankt zwischen 70 und 105 kg/cm²; ebenso sind auch die Temperaturen höher und liegen etwa zwischen 150 und 230° C. Die Preßzeit ist erheblich kürzer als beim Naßverfahren, da sich das Fließen der Holzbestandteile und damit die Verwandlung in eine Hartplatte innerhalb von 1,5 min vollzieht. Übliche Preßzyklen liegen zwischen 2,5 und 3 min. Infolge der kürzeren Preßzyklen kommt man mit Pressen aus, die weniger Etagen enthalten als beim Naßverfahren, auch können die Belade- und Entladevorrichtungen einfacher sein. Anderseits ist zu berücksichtigen, daß ein eigener Vortrockner erforderlich ist.

Man erhält beim Trockenpreßverfahren Platten, die auf beiden Seiten glatt sind, da man auf das Sieb verzichten kann und beide Preßplatten oder Schutzbleche glatt sind. Das Fasergut soll beim Trockenverfahren stärker verfeinert

---

[1] US Pat. 2 161 655 (1939) Insulite Co. — US Pat. 2 323 339 (1943) Masonite Corp.

sein als beim Naßverfahren. Die Güteeigenschaften der Hartplatten nach dem Trockenverfahren hängen von der Qualität der unverdichteten Platte weitgehend ab.

Die Vorerhitzung der Platten kann beim Trockenpreßverfahren auch im hochfrequenten Wechselfeld erfolgen[1]. Eine derartige Einrichtung zeigt Bild 546. Ein Paket von 10 Platten wird beim Trocknen zwischen die Elektroden gebracht. Die Frequenz beträgt bei der Anlage nach Bild 546 13,6 Mhz. Der Generator hat eine Leistung von 125 kW, einen Wirkungsgrad von 54% und befindet sich in einem Aluminiumgehäuse mit den Abmessungen 2,4 · 2,4 · 3,6 m³. Die ursprünglich vorhandene Restfeuchtigkeit in den Platten liegt zwischen 1 und 6%. Der Hochfrequenztrockner arbeitet vollständig automatisch.

Bild 546. Hochfrequenztrockner für Platten beim Trockenpreßverfahren. (Nach Insulite Co.)

Die Platten werden auf diese Weise innerhalb weniger (meist 2 bis 5) Minuten auf die richtige Preßtemperatur erhitzt. Nach dem Verlassen des Hochfrequenzofens werden die heißen Faserteppiche automatisch auf die einzelnen Decks der Beladevorrichtung geschoben. Der Energieverbrauch für die Hochfrequenzerhitzung beläuft sich auf etwa 330 kWh/t. Die Heizpresse hat 10 Öffnungen und arbeitet mit einem Preßzyklus von 3 min bei 3,2 mm dicken Hartplatten. Man gelangt dabei auf eine tägliche Höchstzahl von 480 Pressungen. Die Presse wird mit Dampf geheizt, der durch einen kleinen Kessel erzeugt wird, der unmittelbar an die Presse angebaut ist. Das Preßkondensat läuft, praktisch unter dem Kesseldruck stehend, in den Kessel zurück. Die Preßtemperaturen sind über das ganze Plattenformat auf ± 1,5° C konstant.

764.53 Nachbehandlung der Platten. 764.531 Klimatisierung, Konditionierung und Befeuchtung. In der Heißpresse wird aus den Hartplatten die Holzfeuchtigkeit bis auf einen Restgehalt von 1 bis 1,5% ausgetrieben. Dieser Zustand entspricht nicht dem Feuchtegleichgewicht der

[1] Linzell, H. K.: Paper Trade Journal Bd. 131, 7. Sept. 1950, S. 133; Helevuo, K.: Paperi ja Puu Papper, och Trä, Bd. 33 (1951) S. 15.

Faserstoffplatten (vgl. Bd. I S. 408, Bild 303 und S. 409, Bild 304). Die Platten haben deshalb besonders beim Beginn der Abkühlung die Neigung, rasch dem hygroskopischen Gleichgewicht zuzustreben. Infolge dieser Feuchtigkeitsaufnahme dehnen sich die Fasern in der Breite mehr als in der Länge, wobei sie sich leicht werfen und dann dauernd verzogen bleiben. Vermeiden lassen sich diese Schäden, wenn man den hygroskopischen Ausgleich in einer Klimaanlage mit relativ hoher Luftfeuchtigkeit herbeiführt.

Ein einheitliches Verfahren für die Klimatisierung oder Befeuchtung der Hartplatten gibt es nicht. Eine Methode besteht darin, daß die Platten nach der Entnahme aus der Heizpresse auf Loren geladen werden; sie stehen dabei aufrecht und werden durch fingerartige Abstandstücke voneinander getrennt. Jede Lore soll ein Mehrfaches an Platten als die Heizpresse bei voller Füllung aufnehmen können. Die Klimaanlage besteht aus einem Kanal mit Gleisen, auf denen die Loren rollen. Um eine zu große Baulänge des Kanals zu vermeiden, kann man zwei oder drei Gleise parallel zueinander verlegen. Die Loren rollen dann im Gegenlauf durch die Anlage.

Eine andere Ausführung besteht in einem offenen Tunnel, der am Boden eine Rollbahn besitzt. Die Platten werden hochkant auf die Rollen gesetzt und durch Drähte geführt und in Abstand gehalten. Die Befeuchtung der Luft erfolgt durch Düsen im Kanalboden oder von oben her. In den europäischen Faserplattenwerken benutzt man meist geschlossene Klimaräume, in welche die Platten hängend in Wagen gelagert eingefahren werden. Die Luft wird als Umluft auf eine Temperatur von 30 bis 40° C gebracht, wobei die relative Luftfeuchtigkeit 80 bis 90% betragen soll. Normalerweise bleiben die Platten 12 bis 16 h im Klimaraum.

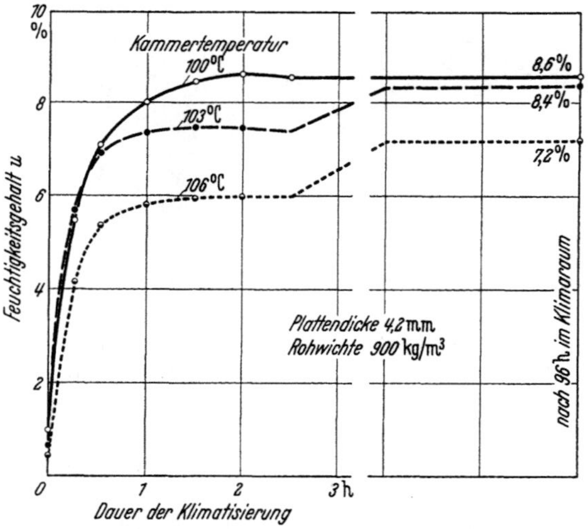

Bild 547. Verlauf der Klimatisierung normaler Holzfaserplatten bei Anwendung von Temperaturen über 100° C. (Nach R. Keylwerth.)

Anzustreben ist bei der Klimatisierung eine Gleichgewichtsfeuchtigkeit der Hartplatten, die etwa zwischen 5 und 7% liegt. Bei Versuchen von R. Keylwerth[1] hat sich herausgestellt, daß die Dauer der Klimatisierung durch Steigerung der Temperaturen auf 100 bis 106° C ganz außerordentlich abgekürzt werden kann (Bild 547).

764.532 Hitzebehandlung von Hartplatten. In Skandinavien ist man während der letzten Jahre dazu übergegangen, die aus der Presse kommenden Holzfaserhartplatten einer Hitzebehandlung zu unterwerfen. Im allgemeinen werden dabei Temperaturen unter 160° C angewendet. Höhere Temperaturen, die in der Regel die Hitzevergütung noch steigern, sind nur dann zulässig, wenn Maßnahmen getroffen werden, um die infolge exothermer Reaktionen in den Platten freiwerdende Wärme sicher abzuführen. Je höher die Temperatur ist, desto kürzer kann die Behandlungszeit sein (Bild 548),

[1] Vgl. F. Kollmann, Svensk Papperstidning Bd. 53 (1950) S. 591.

und desto mehr werden die Quellungseigenschaften verbessert. N. J. Ögland[1] hat grundlegende Versuche darüber angestellt, deren Ergebnisse ausschnittweise in Bild 118 bis 120 wiedergegeben wurden. Die Hypothesen für die chemischen Vorgänge bei der Hitzevergütung, die teils in einer Ligninaktivierung, teils in Veränderungen der Cellulose und der Holzpolyosen gesehen werden, wurden im Zusammenhang mit diesen Bildern in Abschnitt 523.41 erörtert. Es hat sich weiter herausgestellt, daß das Naturharz in der Faserstoffmasse und seine Überführung in Resinate für die Ausbildung der Festigkeit und die Verringerung von Quellung bzw. Absorption von entscheidender Bedeutung ist. Nach N. J. Ögland[2] spielt für die Bindung der Ionen der Resinate an die Holzfasern die Wasserstoffionenkonzentration

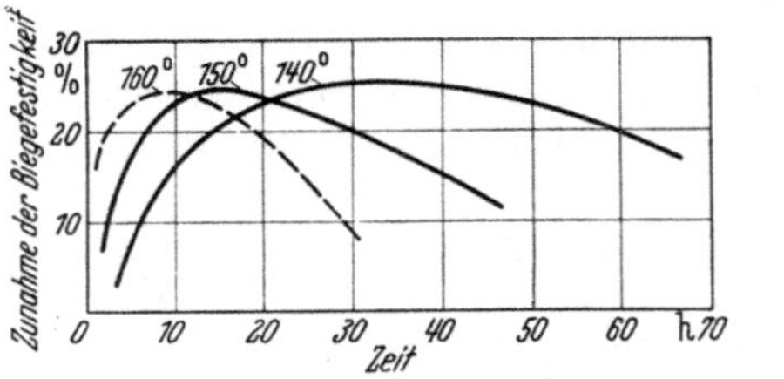

Bild 548. Zunahme der Biegefestigkeit von Faserhartplatten in Abhängigkeit von der Wärmebehandlungszeit und der Temperatur. (Nach U. Lowgren.)

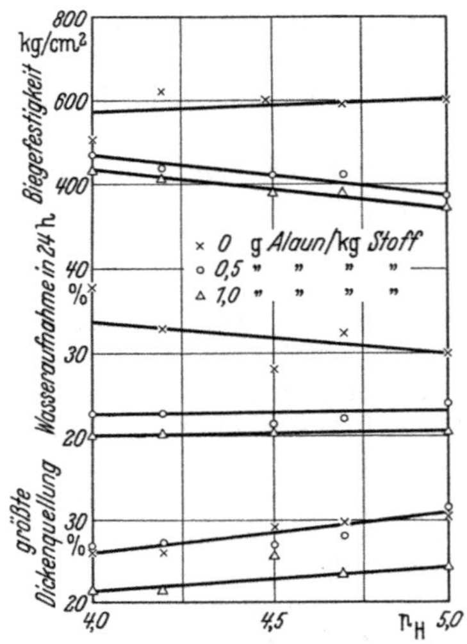

Bild 549. Einfluß des p_H-Wertes auf die Biegefestigkeit und Quellungseigenschaften von Hartplatten bei der Hitzebehandlung. (Nach N. J. Ögland.)

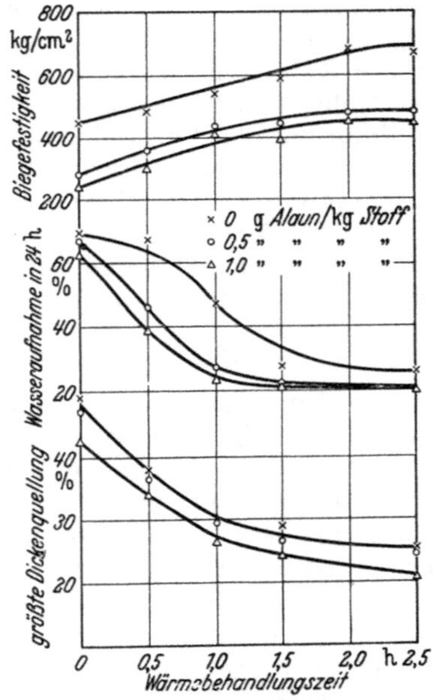

Bild 550. Abhängigkeit der Biegefestigkeit und der Quellungseigenschaften von der Wärmebehandlungszeit bei 180° C Temperatur und p_H = 4,5. (Nach N. J. Ögland.)

eine besonders wichtige Rolle. Bild 549 zeigt den Einfluß des p_H-Wertes bei verschiedenem Alaunzusatz zwecks Harzfällung auf die Quellungseigenschaften und Biegefestigkeit. Die Platten wurden zwecks Vergütung 1,5 h mit 180° C behandelt. Den Einfluß verschiedener Erhitzungszeiten bei konstantem p_H-Wert (4,5) und verschiedenem Alaunzusatz spiegelt Bild 550 wieder.

In der Praxis erfolgt heute die Hitzevergütung von Hartplatten meist bei Temperaturen zwischen 120 und 140° C während 4 h. Die Biegefestigkeit von naßverpreßten Hartplatten steigt dabei annähernd um 25 bis 30%.

[1] Ögland, N. J.: Norsk Skogindustri Bd. 2 (1948) S. 301. — Derselbe: Svensk Papperstidning Bd. 51 (1948) S. 357.
[2] Ögland, N. J.: Paperi ja Puu, Papper och Trä Bd. 33 (1951) S. 8.

764.533 Tempern, Imprägnieren, Oberflächenveredelung von Holzfaserplatten. Für verschiedene Verwendungszwecke kann es ratsam sein, die Hartplatten durch ein besonderes Verfahren oberflächlich zu härten oder zu tempern. Dieses Tempern geht auf die Oxydation von bestimmten Harzen oder Ölen, z. B. Leinöl, Türkischrotöl, Sojabohnenöl oder Tallöl, zurück. Die betreffenden Chemikalien können entweder dem Stoff vor der Blattbildung in Form einer Emulsion zugegeben werden, oder die Platten werden in die Flüssigkeiten eingetaucht, oder der Auftrag geschieht einseitig mittels Gummiwalzen. Die imprägnierten Platten werden anschließend stehend in Wärmekammern mit Heißluft von 160 bis 170° C während mehrerer Stunden gehärtet. Die erhöhte Feuergefahr in solchen Anlagen ist sorgfältig im Auge zu behalten[1].

Wetterfeste Isolierplatten werden unter Zusatz von 20 bis 30% Bitumen in wässeriger Emulsion hergestellt. Erhöhte Bedeutung hat in letzter Zeit der Feuerschutz von Faserstoffplatten gewonnen[2]. Grundsätzlich kommen für die Platten dieselben Feuerschutzmittel und -verfahren wie für alle übrigen brennbaren Stoffe in Frage (vgl. Abschnitt 522). Nachträglich aufgebrachte Schutzanstriche auf Silikatgrundlage oder nachträgliche Tränkung sind einfacher herzustellen als die Einverleibung der Schutzmittel während der Herstellung der Platten. Schutzanstriche müssen allerdings dicht sein, damit sie durch die Flammeneinwirkung nicht reißen. Über die Beurteilung und Prüfung schwer entflammbarer Faserstoffplatten wurde das Erforderliche in Abschnitt 522.65 mitgeteilt.

Die vielseitigen Methoden zur Oberflächenbehandlung von Holzfaser- und Holzspanplatten sind in Abschnitt 537 besprochen.

764.6 Herstellung von Mahlholz.

Bei der Herstellung von Mahlholz können als Rohstoffe Faserholz, aber auch Spreißel und Schwarten oder Reisig sowie Stockholz Verwendung finden. Das Faserholz, die Spreißel und Schwarten werden in üblicher Weise durch eine Hackmaschine zerkleinert. Das Reisig wird zweckmäßig schon im Walde mit einer Spezialhäckselmaschine zerkleinert, die Raupenbandzuführung besitzt und auf einem Lastwagen montiert ist. Stockholz ist vor der Weiterverarbeitung unbedingt von Sand und lehmigen Bestandteilen durch Abspritzen bei 8 bis 10 atü Druck zu reinigen. Hierauf wird das Stockholz mittels einer Bandsäge längs und quer in handliche Stücke zerlegt, die einem normalen Hackrotor zugeführt werden können. Das Hackgut wird im Rollsichter gesichtet, und die gröberen Teile werden in einer Schleudermühle weiter zerkleinert. Anschließend gelangt das Hackgut mittels eines Becherwerks zu einem Silo, der durch Transportschnecken entleert wird. Neben Langfasermaterial können auch Säge- und Hobelspäne zu Mahlholz verarbeitet werden.

Die Stoffaufbereitung kann dann entweder in Schlagkreuzmühlen mit angestautem Ablauf (wobei die Schläger im Stoff von etwa 6 bis 7% Dichte arbeiten) und nachfolgenden hintereinander geschalteten Stetigmühlen mit Basaltgarnierung bis auf 20° SR oder aber durch Defibratoren mit anschließenden hintereinander geschalteten Stetigmühlen bis auf etwa 22° SR erfolgen.

Der soweit verfeinerte Stoff wird in einer Propellerbütte gesammelt und von dort durch eine rotierende Stoffpumpe zur weiteren Vergütung in zwei bis drei Holländer (mit je 350 bis 500 kg Eintrag) geleitet. Die Holländer haben

---

[1] Depan, R. T.: Paper Trade Journal Bd. 131 (1950) 19. Okt., S. 36.
[2] Friedrich, K.: Holz als Roh- und Werkstoff Bd. 2 (1939) S. 62.

Basaltgarnierung. Der Stoff wird dort beispielsweise zur Herstellung mittelschwerer Mahlholzplatten als Ersatz von Tischlerplatten in 2,5 h auf einen Mahlgrad von 55 bis 60° SR verfeinert. Bild 551 gibt Einblick in die Mahlgradentwicklung bei verschieden langer Mahldauer. Der fertig gemahlene Stoff wird in einer Propellerbütte gesammelt und dort der Faserschleim mit Alaun, das in zwei Holzbehältern mit Umwälzpumpe aufbereitet wird, ausgefällt. Damit ein gleichmäßiger p_H-Wert erzielt und die Flüssigkeit weiter befördert wird, ist eine Kreiselpumpe in Kunststoffausführung vorhanden. Nach der Verarbeitungsstelle wird der Stoff mittels einer rotierenden Stoffpumpe transportiert. Der Stoffregulierkasten besitzt einen Überlauf und getrennte Abläufe für jede Gießmaschine. Regulierschieber in jedem Ablauf sorgen dafür, daß bei gleichem Stoffniveau stets gleichmäßig dosierte Stoffmengen in die darunter liegenden Meßkästen abgegeben werden. Zur Verdünnung des Stoffs auf etwa 1% Konsistenz dient ein Siebwasserregulierkasten.

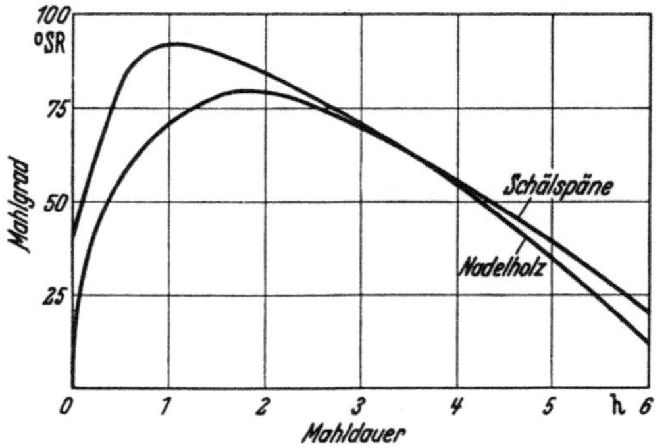

Bild 551. Zusammenhang zwischen Mahlgrad und Mahldauer beim Mahlen von Schälspänen und Nadelholz. (Nach F. Schwartz.)

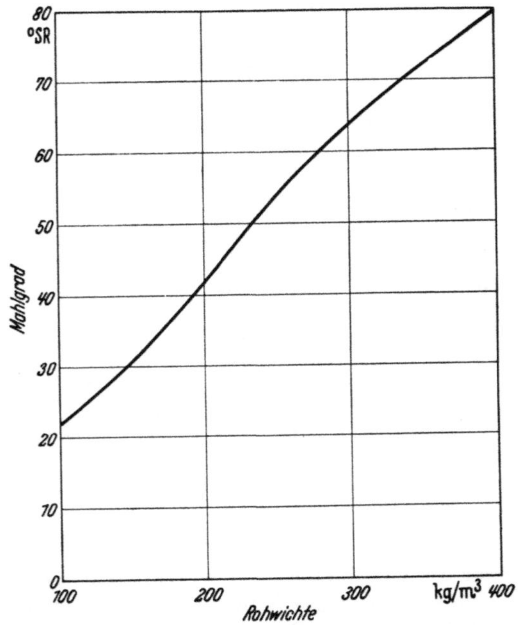

Bild 552. Zusammenhang zwischen Mahlgrad und Rohwichte bei der Herstellung von Tronal. (Nach F. Schwartz.)

Die Herstellung der Faserbretter erfolgt durch eine entsprechende Anzahl von Gießmaschinen (z. B. im Format 125 · 250 cm²), die zur Erzielung einer hohen Leistung mit oben und unten liegenden Preßzylindern versehen sind. Das Wasser läuft nach tief liegenden Sammelbehältern ab, das Vacuum wird durch Wasserringpumpen erzeugt. Die fertig gepreßten Kuchen mit 20% Trockenstoffgehalt werden, wie aus Bild 537 ersichtlich ist, mittels Saugwagen auf gelochte Bleche abgelassen und gelangen mit 20% Trockenstoffgehalt entweder über eine Hubvorrichtung in einen Fünfetagen-Warmlufttrockner mit zwei Bahnen, oder sie werden von Hand in Hürdenwagen gestapelt, die zu 5 oder 6 Wagen in Warmlufttrockenkammern geschoben werden. Die maximale Trockentemperatur beträgt dabei 120° C.

Nach dem Mahlholzverfahren der Dynamit AG. in Troisdorf können Platten in einem weiten Rohwichtebereich von 150 bis 1400 kg/m³ hergestellt werden. Maßgebend sind dafür der Aufschlußgrad des Fasermaterials und der

Preßdruck beim Trocknen. Ohne zusätzlichen Druck lassen sich Platten mit Rohwichten bis zu 400 kg/m³ erzeugen. Den Zusammenhang zwischen Mahlgrad und Wichte zeigt Bild 552. Leichte Mahlholzplatten ohne besondere Quellungsvergütung weisen, da die Faserschleime stark hygroskopisch sind, eine sehr hohe Wasseraufnahme (von rund 200%) auf. Durch Hitzebehandlung (Rösten) in einem Heißluftstrom von rund 190° C während 2 h tritt unter starker Bräunung eine chemische Veränderung des Stoffes (vgl. Abschnitt 523.41) ein. Dadurch verringert sich die Wasserabsorption vergleichsweise auf ein Fünftel. Eine zusätzliche Verbesserung der hygroskopischen und mechanischen Eigenschaften läßt sich durch Kunstharzbindung erreichen.

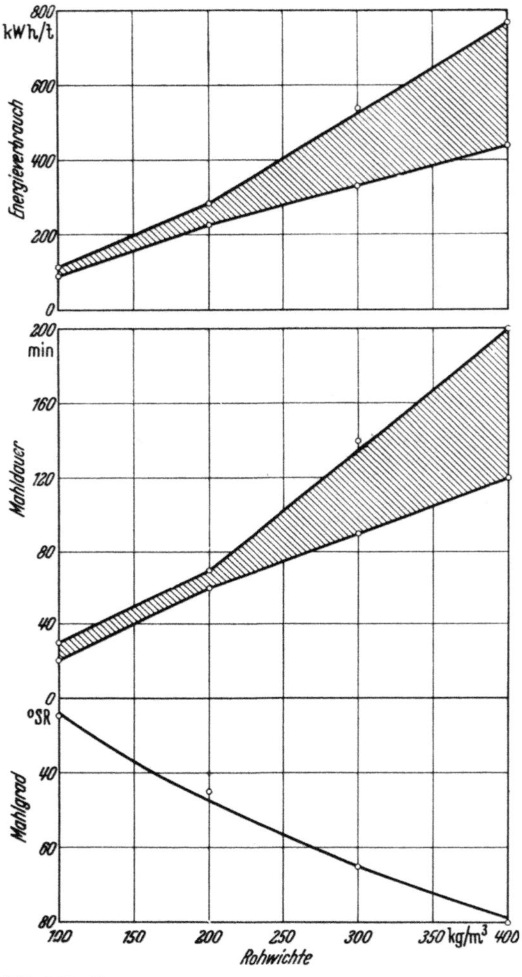

Bild 553. Zusammenhänge zwischen spezifischem Energieverbrauch, Mahldauer, Mahlgrad und Rohwichte bei der Herstellung von Tronal. (Nach F. Schwartz.)

Der Energiebedarf für die Mahlarbeit ist hoch. In Bild 553 sind Versuchswerte für das Mahlen von Defibratorstoff aufgetragen. Bei der Erzeugung von Fichtenholzschleim (mit einem Mahlgrad von 80° SR) kann man mit einem Energieaufwand von rund 1000 kWh/100 kg rechnen. Recht günstig sind Versuche mit einer Vorquellung der Fichtenholzspäne in Natronlauge ausgefallen. Dadurch verringerte sich nicht nur die Mahldauer, sondern der Kraftbedarf sank von 1000 auf 750 kWh/100 kg. Durch Mahlen von Buchenholz entsteht kein Schleimstoff, sondern nur ein mehlartiger Stoff, der keine verklebende und verkittende Wirkung ausübt. Die Plattenfestigkeit hängt eng mit der Menge des Schleimzusatzes zusammen, wobei gewöhnlich ein Höchstwert der Reißlänge zwischen 15 und 20% Schleimzusatz erreicht wird.

764.7 Kombinierte Herstellung von Isolier- und Hartplatten, Betriebswirtschaftlichkeit.

Unter Umständen ist es mit Rücksicht auf Marktschwankungen ratsam, in einem Werk sowohl Isolierplatten als auch Hartplatten zu erzeugen. Das Schema der Maschinenanordnung für ein derartiges Werk mit Angabe der

Stoffbewegung zeigt Bild 554 (hinter S. 592 auf einer Tafel) nach R. T. Depan[1], das Aufrißschema eines schwedischen Kombinationsbetriebs Bild 555 (hinter S. 592 auf einer Tafel). Man wird bei neuzeitlichen Werken mit kombinierter Produktion die Hartplatten nach dem Trockenpreßverfahren herstellen. Zur Nachtrocknung und Vorheizung ist (vgl. Abschnitt 764.522) ein Hochfrequenzofen zweckmäßig.

Zur Beurteilung der Betriebswirtschaftlichkeit in Holzfaserplattenwerken ist eine Reihe von Zahlen erforderlich, wobei hauptsächlich die Ausbeute und der Energieverbrauch technisch interessant sind. Eine Betrachtung von Ausbeutezahlen (Zahlentafel 80) zeigt, daß der Rohstoff Holz bei der Verarbeitung zu Faserplatten sehr wirtschaftlich ausgenutzt wird[2]. Die Ausbeutezahlen

Zahlentafel 80. *Holzverluste bei der Faserplattenherstellung nach K. Friedrich.*

Bearbeitungsstufe	Druckzerfaserung %	Kochung und drucklose Zerfaserung %	Explosionsverfahren %
a) Mechanische Zerkleinerung:			
1. Hackerei	4 bis 5	4 bis 5	4 bis 5
2. Zerfaserung	2 bis 3	2 bis 3	2 bis 3
b) Herauslösung:			
1. wasserlöslicher Holzbestandteile	2 bis 5	2 bis 5	2 bis 5
2. löslich gewordener Bestandteile	3 bis 4	5 bis 10	etwa 10
c) Sonstige etwa	1	1	1
Verluste insgesamt	12 bis 18	14 bis 24	19 bis 24

liegen in jedem Fall erheblich über den Ausbeuten bei der Schnittholz- und Sperrholzherstellung; hinzu kommt, daß die Faserplattenindustrie durch die Verarbeitung von Holzabfällen die Holzbilanz unmittelbar entlastet; allerdings ist festzuhalten, daß die Ausbeute als solche sich erhöht, wenn statt Holzabfällen Rundholz (wie vorwiegend in USA und Skandinavien) verwendet wird.

Zur Ergänzung folgen einige Zahlen nach J. M. Voith, bei denen zu beachten ist, daß sich die prozentualen Werte nur auf die Herauslösung, nicht aber die Vorzerkleinerung des Holzes beziehen.

Zahlentafel 81. *Ausbeuteziffern für die Herstellung von Holzfaserplatten.* (*Nach J. M. Voith.*)

Verfahren	Ausbeute %	Ausbeute kg Platten/rm Rohholz
Masonite-Verfahren	83	
Kochdämpf-Verfahren	88	
Laugenumwälz-Verfahren	76	
Defibrator-Verfahren	92	252 bis 263
Zefasit-Verfahren		236

Der Stromverbrauch schwankt für Isolierplatten — je nach der Qualität und dem Feuchtigkeitsgehalt des Holzes — zwischen 650 und 720 kWh/t, für Hartplatten zwischen 450 und 570 kWh/t, der Dampfverbrauch bei Isolierplatten zwischen 5,2 und 5,8 t/t, bei Hartplatten zwischen 3,7 und 4,2 t/t. Man

[1] Depan, R. T.: Paper Trade Journal Bd. 131 (1950) 19. Okt., S. 36.
[2] Friedrich, K.: Holz als Roh- und Werkstoff Bd. 3 (1940) S. 231.

erhält beispielsweise bei siebenfacher Verdampfung für ein Isolierplattenwerk einen Kohlenverbrauch von 780 kg bei 6800 kcal/kg Heizwert oder von 710 kg bei 7000 kcal/kg. Auf die im vorangegangenen Abschnitt genannten sehr hohen Energieverbrauchszahlen bei der Herstellung von Mahlholz ist nochmals Bezug zu nehmen.

765. Herstellung von Halbzellstoffen.

765.0 Allgemeines.

Halbzellstoffe haben eine besondere Bedeutung für die Herstellung von Wellpappen, Papprohren in Spiralwicklung, Bauplatten und ähnlichen Erzeugnissen. Sie werden dadurch für die im nächsten Abschnitt zu behandelnden Verbundplatten steigende Wichtigkeit erlangen. Abgesehen davon ist ihre Herstellung aus verschiedenen Gründen außerordentlich bemerkenswert: 1. infolge ihrer sehr hohen Ausbeute von 75 bis 85% — gegenüber 45 bis 50% bei dem üblichen Zellstoffverfahren (vgl. Bd. I, S. 207ff) — leisten sie einen wesentlichen Beitrag zur Entlastung der Holzbilanz; 2. sie gestatten die Verwertung von Hölzern und selbst Gemischen von Hölzern, die bisher für die Zellstoffindustrie nicht oder kaum in Frage kamen; 3. sie tragen dazu bei, dem Abwasserproblem seine Schärfe zu nehmen; 4. der Verbrauch an Chemikalien ist vergleichsweise sehr gering; 5. Halbzellstoffe sind bleichbar, wodurch man mit einer Ausbeute von 55 bis 60% Erzeugnisse erhält, die mit anderen gebleichten Zellstoffen wettbewerbsfähig sind.

Alles in allem sind die wirtschaftlichen Vorteile der Erzeugung von Halbzellstoffen so groß, daß daraus die geradezu stürmische Entwicklung der Halbzellstoffindustrie in USA wohl verständlich wird. Im Jahre 1925 gab es dort 1 Werk mit 10 t Tagesproduktion, 1935 6 Werke mit 355 t Tagesproduktion, 1945 10 Werke mit 1925 t Tagesproduktion und 1950 schon 19 Werke mit 2115 t Tageserzeugung. Der überwiegende Teil davon — fast 95% — wird immer noch zu Wellpappe verarbeitet.

Man versteht unter Halbzellstoffen Faserprodukte, die aus lignocellulosehaltigen Stoffen (z. B. Hackschnitzeln aus Holz) in hoher Ausbeute auf dem Wege einer sehr milden chemischen Kochung, die wenig herauslöst und das Holz stark erweicht, mit nachfolgender mechanischer Zerfaserung in Scheibenmühlen gewonnen werden. Es ist auch möglich, unter bestimmten Voraussetzungen ganze Faserholzrollen mit Chemikalien zu tränken, wobei es zu einer Lösung der Mittellamelle und starker Quellung kommt, worauf die Rollen anschließend verschliffen werden. Chemisch betrachtet sind die ungebleichten Halbzellstoffe reich an Lignin und Holzpolyosen, die gebleichten enthalten immer noch viel von letzteren; in den morphologischen Eigenschaften sind sie den echten Zellstoffen ähnlich. Obwohl die industrielle Einführung der Halbzellstoffe jungen Datums ist, gehen doch die Versuche, wenig delignifizierte Faserstoffe in die Papierindustrie einzuführen, weit zurück[1].

Die Grundlage sowohl der Herstellung von Halbzellstoffen (semichemical pulp) als auch von chemischem Holzschliff (chemi-groundwood) ist die Erweichung der stark ligninhaltigen Mittellamelle, welche die einzelnen Holzfasern im Gewebe verklebt (vgl. Bd. I, S. 122). Durch chemische und thermische Reaktionen sowie durch Quellung soll diese Mittellamelle in einen gleitfähigen Zustand überführt werden, wobei möglichst wenig Löseverluste entstehen sollen.

Da im allgemeinen Laubhölzer der gemäßigten Zone weniger Lignin enthalten als Nadelhölzer und das Lignin schärfer in ihrer Mittellamelle lokalisiert

[1] Runkel, R. O. H.: Das Papier Bd. 5 (1951) S. 329.

Additional information of this book

(Technologie des Holzes und der Holzwerkstoffe; 978-3-642-52948-1; 978-3-642-52948-1_OSFO1) is provided:

EXTRA MATERIALS extras.springer.com

http://Extras.Springer.com

ist, sind Laubhölzer meist leichter nach milder chemischer Kochung defibrierbar als Nadelhölzer und liefern geschmeidigere Fasern. Den Halbzellstoffen verwandt sind die nach gewöhnlicher Druckdämpfung durch Dampfexplosion oder Zerfaserung hergestellten Stoffe der Faserplattenindustrie wie beispielsweise beim Masonverfahren (Z. 764.231), Boija-Jung-Verfahren (Z. 764.223) und Asplund-Defibratorverfahren (Z. 764.232).

Einteilen kann man die Verfahren zur Halbzellstoffherstellung entweder nach ihrer chemischen Natur in:

1. den halbchemischen Natronprozeß,
2. den halbchemischen Sulfatprozeß,
3. den halbchemischen sauren Sulfitprozeß,
4. den halbchemischen Neutralsulfitprozeß.

oder aber nach der Art der zum Einsatz kommenden Kocher:

a) Halbzellstoffherstellung in Kugelkochern,
b) Halbzellstoffherstellung in kontinuierlich arbeitenden Kochern (Chemipulper),
c) Halbzellstoffherstellung in stehenden Kochern.

765.1 Kochverfahren[1].

Unter dem Kochverfahren sind alkalische halbchemische Aufschlußverfahren (Kraft semichemical pulp) in USA weit verbreitet. Ein Vorteil ist es, daß sich die Verfahren in jede bestehende Sulfatzellstoffabrik einführen lassen, ohne daß kostspielige Anlagen für die Laugenrückgewinnung errichtet werden müssen. Verwendbar sind sowohl stehende als auch kontinuierlich arbeitende Kocher. Mit etwa halbem Aufwand an Chemikalien wie beim normalen Kraftverfahren erhält man Halbzellstoffe in einer Ausbeute von 70 bis 80%. Es lassen sich sowohl Nadel- als auch Laubhölzer verarbeiten, wobei die Kochbedingungen (Druck, Temperatur, Flüssigkeitsvolumen) etwa jenen beim Normalverfahren entsprechen. Je höher die Ausbeute wird, desto mehr Energieaufwand beansprucht das spätere mechanische Zerfasern. Nach diesem Verfahren erzeugte Halbzellstoffe sind mittel- bis dunkelbraun, um so dunkler, je höher die Ausbeute getrieben wird. Die Farbe wirkt oft nachteilig, daneben sind es die Geruchsbelästigungen und die im Vergleich zu Halbzellstoffen nach dem neutralen Sulfitverfahren geringere Festigkeit. Letzteres spielt bei Wellpappen eine große Rolle.

Beim neutralen Sulfitprozeß besteht die Kochlauge gewöhnlich aus einer Mischung von Natriumsulfit und Natriumcarbonat oder -bicarbonat; das im Überschuß vorhandene Natriumsulfit dient zur Anlösung des Lignins, während die basischen Bestandteile der Lauge die überschüssige Säure neutralisieren und dadurch sowohl der Hydrolyse des Halbzellstoffs als auch der Korrosion der Anlage vorbeugen. Die genannten basischen Stoffe lassen sich auch durch andere Alkalien ersetzen. Bei einer Ausbeute von 75% Halbzellstoff werden etwa 7 bis 15% Natriumsulfit, bezogen auf das atro-Holzgewicht, verbraucht. Der Bedarf an Carbonat beläuft sich auf etwa $^1/_5$ bis $^1/_2$ der Sulfitmenge. Eine normale Kochlauge enthält also etwa 50 bis 60 g/l Natriumsulfit und 12 bis 30 g/l Soda. Bild 556 zeigt schematisch, wie die Kochlauge hergestellt wird.

---

[1] Die Ausführungen über Kochverfahren und Verfahrensschemata stützen sich weitgehend auf die ausgezeichnete Abhandlung von J. E. Sapp: Semichemical Process Flowsheets 37th Annual Meeting Techn. Assoc. Pulp a. Paper Ind. New York, N. Y. 20. 2. 1952, Rep. 11, Better Fibers, Sprout, Waldron & Co. Inc., Penns., Oct. 1952.

Gekocht wird 1 bis 3 h bei 7 bis 9 atü. Die erhaltenen Halbzellstoffe sind verhältnismäßig hell; von Einfluß auf die Farbe sind die Holzart, die Kochbedingungen und der Alkaligehalt. Die helle Farbe, die hohe Festigkeit und große Ausbeute werden neben der Geruchlosigkeit des Verfahrens als Vorteile gebucht. Dem stehen folgende Nachteile gegenüber: 1. Schwierigkeiten bei harzhaltigen Hölzern, 2. Schleimbildung, 3. Schwierigkeiten bei der Laugenrückgewinnung und 4. mißliche Abwasserverhältnisse.

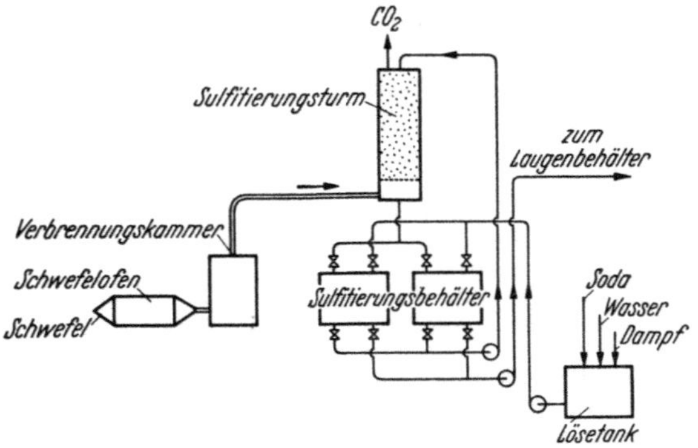

Bild 556. Schema der Herstellung halbchemischer Kochlauge. (Nach I. Humble.)

Neuerdings wurde in USA auch ein Ammoniumsulfitverfahren entwickelt, das in Zeiten der Verknappung von Soda nützlich sein kann und auch gute Aussichten für eine leichtere Laugenrückgewinnung bietet. Hohe Ausbeute läßt sich weiter in industriellem Maßstabe nach dem sauren Sulfitverfahren erzielen. Ein kaltes Sodaaufschlußverfahren wurde im U. S. Forest Products Laboratory entwickelt, das vielversprechende Ergebnisse liefert. Günstig zu beurteilen sind ferner Versuche, das Kochen und die Zerfaserung gleichzeitig vorzunehmen; dieses Verfahren erscheint vor allem für landwirtschaftliche lignocellulosehaltige Abfälle besonders geeignet zu sein.

Alles in allem lassen die Halbzellstoffverfahren hinsichtlich Rohstoffen, Chemikalienverbrauch und Kochbedingungen einen sehr weiten Spielraum zu. Es ist möglich, mit ihnen Halbzellstoffe mit sehr verschiedenen physikalischen Eigenschaften zu erzeugen; da die Verfahren gleichzeitig den Rohstoffverbrauch beträchtlich senken, werden sie sicher in Zukunft immer mehr an Bedeutung gewinnen.

765.2 Verfahrensschemata und Kochersysteme.

765.21 Kugelkocher. Bild 557 zeigt die Durchführung des neutralen Sulfit-Halbzellstoffverfahrens mit Hilfe eines Kugelkochers. Das Holz gelangt zuerst zu einem Trommelentrinder, dann in die Hackmaschine und von dort ohne Sortierung in einen Schnitzelsilo, der über dem Kugelkocher liegt. Gekocht wird 6 h bei 7 atü mit der in Z. 765.1 beschriebenen neutralen Sulfitlauge. Es lassen sich besonders gut weiche Laubhölzer wie Pappel, Kastanie usw. verarbeiten. Am Ende der Imprägnierung der Schnitzel oder meist am Ende der Kochung wird die überschüssige Lauge in einen Laugentank geblasen. Die erweichten Schnitzel werden nach dem Kochen in eine Auslauggrube geschüttet; dort werden sie durch Drehrechen zur Auswurföffnung gekehrt und an eine Förderschnecke abgegeben, die sie zu den Scheibenmühlen bringt. Nach dieser Zerfaserung erfolgt in einer Stoffgrube eine Verdünnung auf 3% Konsistenz, wobei als Verdünnungsmittel starke Lauge benutzt wird. Anschließend wird in zwei Vacuumwäschern gewaschen, worauf nochmals Scheibenmühlen folgen. Man erhält auf diese Weise sehr gleichmäßige hochwertige Halbzellstoffe. Als Nachteile benennt J. E. Sapp die hohen Bedienungs- und Unterhaltungskosten von Kugelkochern.

765.22 Kontinuierlich arbeitende Kocher (Chemipulper). Der seit ungefähr 10 Jahren in die Industrie eingeführte kontinuierlich arbeitende Kocher besteht aus 6 bis 8 Reaktionskammern in Form von Rohren mit etwa 600 mm

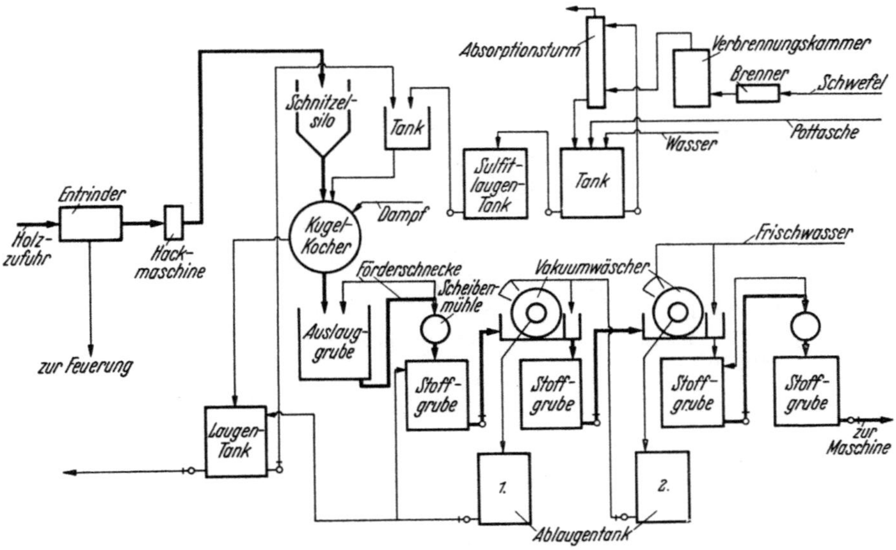

Bild 557. Schema der Geräteanordnung und des Stoff-Flusses beim neutralen Sulfit-Halbzellstoff-Verfahren unter Benutzung eines rotierenden Kugelkochers. (Nach J. E. Sapp.)

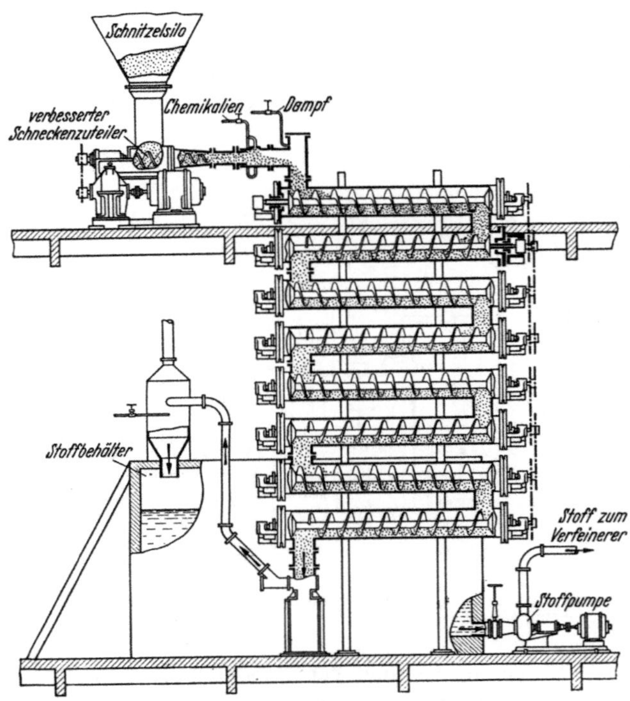

Bild 558. Schnitt durch einen kontinuierlich arbeitenden Kocher (Chemipulper).

Durchmesser und rund 6 m Länge (Bild 558). Krafthalbzellstoffe für Wellpappen, Faserplatten usw. werden mit Vorliebe in ihm erzeugt. Man ersieht aus dem Verfahrensschema (Bild 559), daß das Rohholz ohne Entrindung gehackt, mittels Vibrationssieben sortiert, soweit zu grobe Schnitzel entstehen, nachgehackt, erneut sortiert und siliert wird. Vom Hauptsilo bringt eine Fördereinrichtung die Schnitzel zum Arbeitssilo über dem Chemipulper, dessen Speisung mittels einer kegelförmigen Förderschnecke erfolgt. Frischlauge und Dampf von 10,5 bis 12,5 atü werden ebenfalls oben in die Reaktionskammern (nach Beveridge-Kehoe) eingeleitet. Die Schnitzel durchlaufen in 10 bis 20 min den kontinuierlichen Kocher; sie werden dann in einem Defibrator zerfasert, in einem Zyklon vom Dampf befreit und in eine Rührbütte eingebracht. Anschließend folgen die völlige Zerfaserung in Scheibenmühlen sowie die Vorbehandlung in einem Zweistufen-Vacuumwäscher.

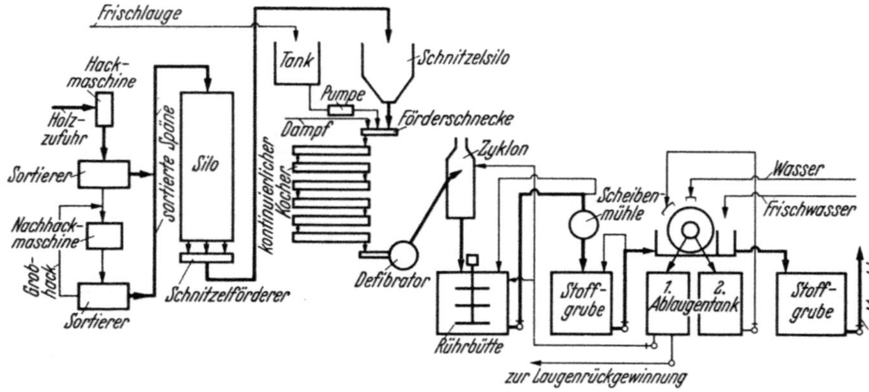

Bild 559. Schema der Geräteanordnung und des Stoff-Flusses beim Kraft-Halbzellstoff-Verfahren unter Benutzung eines kontinuierlichen Kochers. (Nach J. E. Sapp.)

J. E. Sapp charakterisiert das System wie folgt: 1. Vorteile: Geringer Bedarf an Bodenfläche, leichte Überwachung der Kochbedingungen, gleichmäßiger Dampfverbrauch, einfache Bedingungen für die Halbzellstoffwäsche, gute Rohstoffwirtschaftlichkeit, da ein Teil der Rinde Zellstoff liefert. 2. Nachteile: Hohe Anlagekosten, mechanische Beschädigung der Schnitzel durch die Förderschnecke, wodurch die Zellstoffqualität leidet (vgl. Bd. I, S. 187), sehr kurze Verweilzeit des Guts im Kocher, unzureichende Zellstoffgüte bei Verarbeitung gewisser Holzarten.

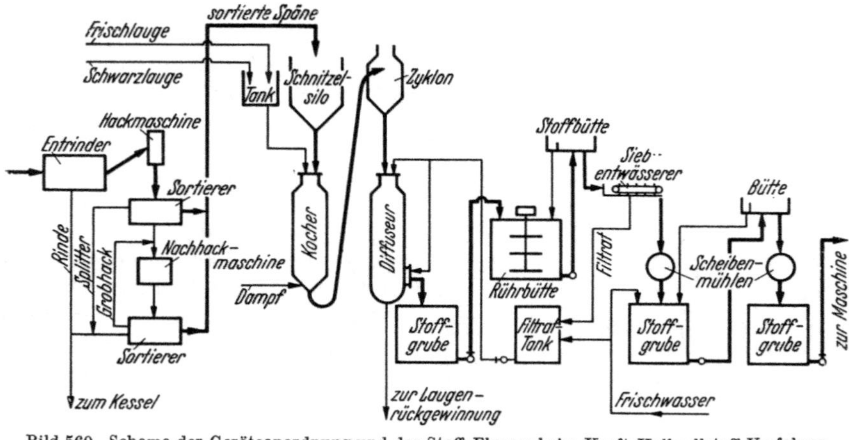

Bild 560. Schema der Geräteanordnung und des Stoff-Flusses beim Kraft-Halbzellstoff-Verfahren unter Benutzung eines stehenden Kochers und Diffuseurs. (Nach J. E. Sapp.)

765.23 Stehende Kocher. Stehende Kocher verschiedener Bauart finden sich in vielen Halbzellstoffwerken. Bild 560 zeigt das Schema einer Anlage, die Kraft-Halbzellstoff liefert. Neben den Kochern werden Diffuseure zum Waschen benutzt. Das Holz wird trommelentrindet, gehackt, gesiebt; zu große Schnitzel werden mittels Hammermühlen nachverfeinert. Das Feingut gelangt über ein Förderband zum Schnitzelsilo und fällt von dort in den Kocher. Die Kochlauge enthält rund 7% aktives Alkali (als Na_2O); gekocht wird zunächst 1 h mit einem auf 7 atü steigenden Dampfdruck, dann $1^1/_2$ h bei 7 atü. Die weiteren Wege der erweichten Schnitzel sind aus Bild 560 klar ersichtlich. Die Stoffkonzentration vor der ersten Scheibenmühle beträgt etwa 8%, die vor der zweiten etwa 3,5%. Man erhält nach diesem Verfahren einen ziemlich sauberen, feinfaserigen Halbzellstoff. Da die Schnitzel aber nach dem Waschen zerfasert werden, sind die Laugenverluste ziemlich hoch, auch können Laugenreste bei der Blattbildung (durch Schäumen) Schwierigkeiten bereiten. Die durch das Waschen stark abgekühlten Schnitzel sind auch weniger leicht zu defibrieren.

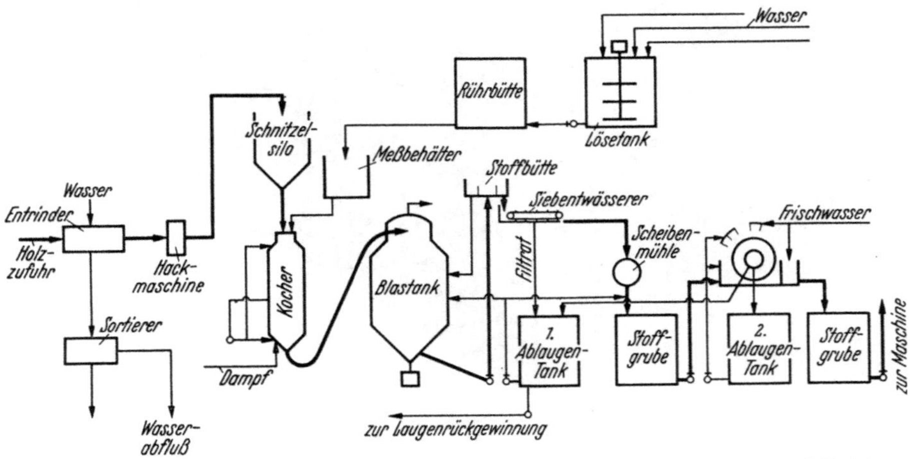

Bild 561. Schema der Geräteanordnung und des Stoff-Flusses beim neutralen Sulfit-Halbzellstoff-Verfahren unter Benutzung eines stehenden Kochers und Blastanks. (Nach J. E. Sapp).

Moderner und in mancher Hinsicht besonders vorteilhaft ist ein Werksaufbau und Arbeitsschema nach Bild 561. Das Arbeitsschema läßt sich nicht nur bei Anwendung des neutralen Sulfitverfahrens, sondern auch beim Kraftverfahren mit geringfügigen Änderungen benutzen. Das Holz wird zunächst hydraulisch entrindet, mit einem Scheibenhackrotor in Schnitzel verwandelt und gelangt unmittelbar in einen Vorratssilo über dem Standkocher. Gekocht wird mit der üblichen Mischung von Natriumsulfit im Überschuß und Carbonaten im Unterschuß (etwa 12% Chemikalien, bezogen auf atro-Holzgewicht) 1 h bei Drücken bis zu 9 atü und $2^1/_2$ h bei 9 atü. Die Zerfaserung erfolgt wieder in Scheibenmühlen bei einer Verdünnung auf 3% Konsistenz. Besondere Vorteile sind: Zerfaserung im heißen Zustand, niedrige Bedienungskosten, wirkungsvolle Wäsche.

765.3 Defibrieren der Halbzellstoffe[1].

Bild 562 zeigt einen Defibrator, Bauart Sprout-Waldron[2], im geschnittenen Zustande. Mit dieser Maschine sind mehr als die Hälfte aller Halbzellstoffwerke in USA ausgerüstet. Sie besitzt eine einzige rotierende Mahlscheibe von sehr schwerer Bauart. Der Stoff — mit 4 bis 15, im Durchschnitt 6% Konsistenz —

[1] Humble, A. I.: Svensk Papperstidning Bd. 55 (1952) S. 305.
[2] Anonymus: The Sprout-Waldron 36—2 Refiner, Paper Mill News, 7. 4. 1951.

wird im Zentrum der stillstehenden Mahlscheibe mittels Schraube oder Pumpe eingeführt und gezwungen, radial durch den Schlitz zwischen ruhender und umlaufender Mahlscheibe zu strömen. Der Mahlscheibenabstand, der außerordentlich genau eingehalten werden muß — z. B. auf 0,12 mm — wird mittels

Bild 562. Schnittbild eines Defibrators, Bauart Sprout-Waldron.

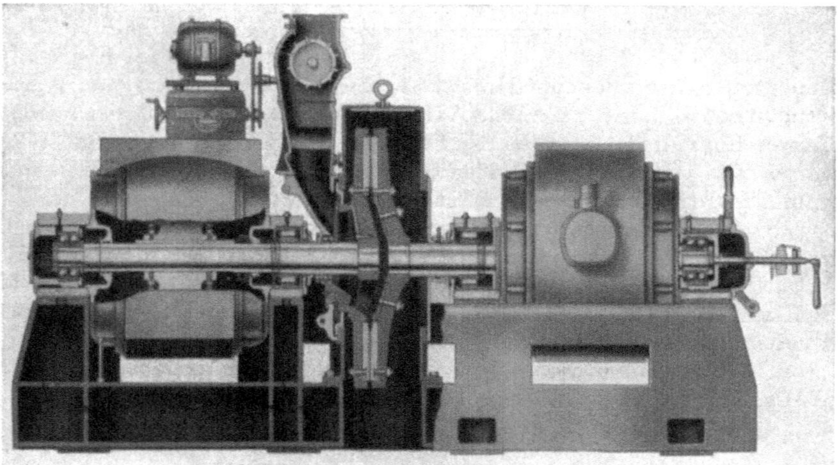

Bild 563. Schnittbild eines Bauer-Defibrators.

eines auf dem Umfang jeder Mahlscheibe sitzenden Kontrollrings, der eine Mikrometerskala trägt, überwacht. Die Mahlscheibensegmente haben 920 mm Durchmesser, die Scheibe selbst 1070 mm. Die Spaltöffnung wird durch ein auf der Rückseite des Defibrators sitzendes Handrad verstellt. Im Hinblick auf den Korrosionsschutz kann der Defibrator — der in der Regel aus Kohlenstoffstahl und Gußeisen gebaut wird — auch ganz oder teilweise aus nicht rostenden Stählen hergestellt werden. Die Temperatur des Stoffes soll so hoch wie möglich, mindestens etwa 35° C sein. Bei einer Mahlscheibendrehzahl von 900 bis 1000 U/min ergibt sich ein Energieverbrauch von 350 bis 400 kWh/t Stoff.

Ein weiterer in USA entworfener Defibrator ist der Sutherland-Defibrator[1]. Charakteristisch für ihn ist, daß der Stoff im Zentrum der feststehenden Mahlscheibe durch eine hohle Achse eingeführt wird, mit der auch die Spaltweite reguliert wird. Die Mahlscheibe besteht aus einem Stück und nicht aus Segmenten. Im Bauer-Defibrator rotieren beide Mahlscheiben und werden durch eigene Motoren angetrieben (Bild 563). Für alle Halbzellstoff-Defibratoren ist schwere und präzise Konstruktion besonders kennzeichnend, da die Zerfaserung stets ein Kompromiß zwischen Quantität und Qualität, ausgedrückt in der Spaltweite zwischen den Mahlscheiben, ist.

Besonders in Verbindung mit dem kontinuierlich arbeitenden Kocher stößt man auch auf Asplund-Defibratoren (s. Z. 764.232). An Stellen, wo man mit schwächeren Maschinen auskommt, kann auch ein neuer kleiner Asplund-Defibrator Verwendung finden.

766. Herstellung von Verbundplatten und -konstruktionen (Sandwich Constructions).

766.0 Allgemeines.

Um das Ausbeulen dünnwandiger Pauteile zu verhindern, mußte eine neuartige Schalenbauweise entwickelt werden, bei der zwischen äußere Häute oder Beplankungen aus hochfesten Trägerstoffen ein Schubverband aus leichten Stützstoffen gelegt wurde. Bild 564 zeigt anschaulich, wie ein Parallelträger ohne Stützstoffzwischenschicht auf der Druckseite bei Biegung einknickt, während die Abstützung mit Leichtstoffen die Beulgefahr vermindert[2]. Derartige Leichtbauelemente, im englischen Schrifttum als Sandwich Constructions bezeichnet, lassen sich nicht nur als Platten, sondern auch als dünnwandige Rohre, Schalen, Hohl- und Kastenprofile ausführen. Sie haben Eingang gefunden im Fahrzeug- und Flugzeugbau, bei der Herstellung schall- und wärmedämmender Baukonstruktionen und Türen, bei Möbeln, Kühlschränken, Packbehältern, Eisenbahnwaggons und auf anderen Fertigungsgebieten.

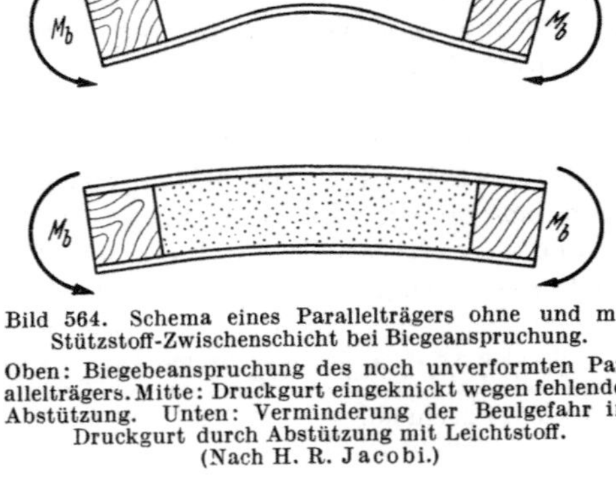

Bild 564. Schema eines Parallelträgers ohne und mit Stützstoff-Zwischenschicht bei Biegeanspruchung.
Oben: Biegebeanspruchung des noch unverformten Parallelträgers. Mitte: Druckgurt eingeknickt wegen fehlender Abstützung. Unten: Verminderung der Beulgefahr im Druckgurt durch Abstützung mit Leichtstoff. (Nach H. R. Jacobi.)

Das weitgespannte Feld der Anwendungsmöglichkeiten von Verbundplatten hat seit etwa 10 Jahren eine intensive Forschung auf diesem Gebiet angeregt. Besondere Ver-

[1] Sutherland, L. M.: Sutherland-Defibrator, Paper Trade Journal, 23. 11. 1950.

[2] Jacobi, H. R.: Kunststoffe Bd. 39 (1949) S. 269 und 315.

dienste hat sich dabei das U.S. Forest Products Laboratory in Madison, Wisc., erworben[1]. Wichtig bei einer Erörterung der Verbundplatten sind folgende Fragen: 1. Die Werkstoffe, 2. die Bindemittel, 3. die Berechnungs- und Entwurfsverfahren, 4. die Prüfverfahren. Im folgenden werden nur die zwei ersten Punkte besprochen, da die folgenden die Frage der Herstellung nicht oder nur am Rande berühren.

766.1 Werkstoffe für Verbundplatten.

Für die Verbundplatten und -konstruktionen bietet sich eine nahezu unbegrenzte Anzahl von Werkstoffen an. Dies wird verständlich, wenn man bedenkt, daß eine Verbundkonstruktion aus wechselnden, einander unähnlichen, einfachen oder selbst zusammengesetzten Werkstoffen bestehen kann, die innig miteinander verbunden sind, so daß sich aus den besonderen Eigenschaften jedes beteiligten Werkstoffs bestimmte spezifische Vorteile für die Gesamtkonstruktion ergeben. Dabei ist es möglich, daß neben den elastischen und Festigkeitseigenschaften unter Umständen andere physikalische Eigenschaften (z. B. bei Radar- und Rundfunksendetürmen die Dielektrizitätskonstante oder der Widerstand gegen Feuchtigkeitsaufnahme) eine entscheidende Rolle spielen. Die Decklagen oder äußeren Werkstoffschichten, die zum Beplanken dienen, sollen hochfest sein; in Frage kommen also Stahl, Aluminium, Magnesium, Sperrholz, Faserplatten, Asbestplatten, mit Kunstharz behandelte Glas- oder Baumwollgewebe, Hartpapier. Die Stützstoffe sollen in der Wichte unter 400 kg/m³ liegen. Zur Verwendung gelangen leichte Hölzer (wie Balsa), locker hergestellte Faserplatten, Schaumgummi und Schaumharz (z. B. Celluloseacetate, Polystyrol, Calciumalginat, Polyesterisocyanat) sowie Hohlraummittellagen. Letztere lassen sich als zellige, wabenartige Gebilde aus verschiedenen blättrigen metallischen oder nichtmetallischen Werkstoffen erzeugen. Es ist ferner möglich, Wellplatten aus Metallfolien, Papier, Halbzellstoff oder Furnieren mittels Wellpappemaschinen zu erzeugen, mit Decklagen zu versehen, viele solche Platten zu einem Block zusammenzuleimen und daraus senkrecht zu den Bahnen die Mittellagen zu schneiden. Endlich können mehr oder minder nachgiebige folienartige Werkstoffe (z. B. mit Kunstharz getränkte Glasgespinstmatten) zu waffelartigen Platten gepreßt werden. Die gewerblich üblichen Waben-, Wellen- und Gittermittellagen haben in der Regel Wichten zwischen etwa 45 und 160 kg/m³. Verbundplatten mit Hohlraummittellagen aus Furnieren wurden im zweiten Weltkriege auch im deutschen Flugzeugbau bei Fußboden und Bombenklappen angewendet. Je nach der Konstruktion unterscheidet man Einfach-, Doppel- und Wabenlocke (Bild 565). Als Rohstoffe fanden Rotbuche und Kiefer Verwendung. Die 0,4 mm dicken Schälfurniere wurden maschinell (nach patentierten Verfahren) zu Wellen geformt, deren Wellenhöhe und Wellenlänge aus Zahlentafel 82 entnommen werden können. Die Anwendungsbeispiele lassen erkennen, daß die Wellholzmittellagen Umleimerrahmen oder Kantenschutz erhalten müssen. Die Biegefestigkeit von Probekörpern, deren Längsachse parallel zur Faserrichtung der Deckfurniere verläuft, wird mit 150 bis 175 kg/cm² angegeben. Gegenüber normalen Mittellagen beträgt die Holzersparnis etwa 40%. Besonders vorteilhaft ist das sehr geringe Gewicht von Wellholzplatten. Bild 566 zeigt eine Rahmenkonstruktion mit teilweise abgehobener Sperrplatte. Die Mittellage besteht aus Spirallocken[2],

[1] Markwardt, L. J.: Developments and Trends in Leightweight Composite Construction, For. Prod. Lab., Madison, Wisc., Appr. Techn. Article, 1952 (reichhaltiges, grundlegendes Literaturverzeichnis).

[2] DBP. 856958 v. 21. 5. 1950.

die aus Furnierabfällen in Fließbandfertigung hergestellt werden. Man kommt bei dieser Ausführung zu einer Wichte der Mittellagenfüllung von 55 bis 90 kg/m³.

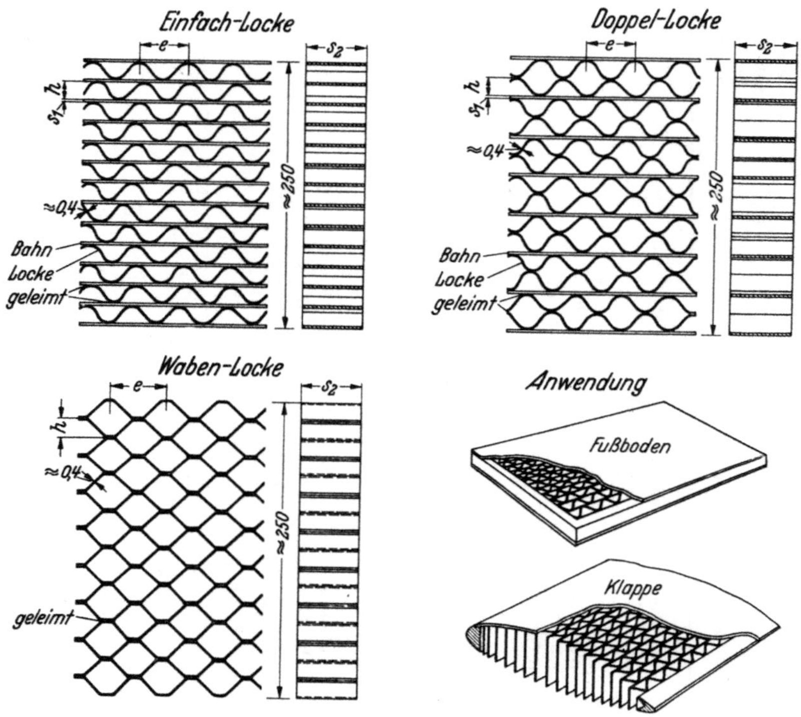

Bild 565. Schema des Aufbaues von Gitterholz mit Einfach-, Doppel- und Wabenlocke und Anwendungsbeispiele für Gitterholz.

Zahlentafel 82. *Abmessungen und Gewichte für Gitterholz.* (*Nach DIN E 9129.*)

Lockenhöhe $h \approx$	Einfachlocke 10				Einfachlocke 20				Doppellocke 20		Wabenlocke 20
$e \approx$	25				34				34		34
Bahn Dicke s_1	1		2		1		2		1		
Bahn Werkstoff	KI	BU	KI	BU	KI	BU	KI	BU	KI	BU	BU
Höhe S_2	Gewicht kg/m² ≈										
10	1,00	1,20	1,35	1,70	0,50	0,60	0,70	0,90	0,40	0,45	0,26
12	1,20	1,40	1,60	2,00	0,60	0,70	0,90	1,10	0,50	0,55	0,30
16	1,60	1,90	2,20	2,70	0,80	1,00	1,10	1,40	0,60	0,70	0,40
20	2,00	2,40	2,70	3,40	1,00	1,20	1,40	1,80	0,80	0,90	0,50
25	2,50	3,00	3,40	4,20	1,30	1,50	1,80	2,20	1,00	1,20	0,60
32	3,20	3,80	4,30	5,40	1,60	1,90	2,30	2,90	1,30	1,40	0,80
40	4,00	4,70	5,40	6,70	2,00	2,40	2,90	3,60	1,60	1,80	1,00
45	4,50	5,30	6,00	7,60	2,30	2,70	3,20	4,00	1,80	2,00	1,15
50	5,00	5,90	6,70	8,40	2,50	3,00	3,60	4,50	2,00	2,30	1,30

Werkstoff: Bahn: KI (Kiefer) oder BU (Rotbuche).
Locke: BU (Rotbuche).

Zahlentafel 83. *Mechanische Eigenschaften leichter Stützstoffe für Verbundplatten (Sandwich Boards).*
(Nach, teilweise interpoliert, L. J. Markwardt und H. R. Jacobi.)

Werkstoff	Rohwichte r_u [kg/m³]	Elastizitätsmodul aus Druck E_D [kg/cm²]	Gleitmodul G [kg/cm²]	Zugfestigkeit σ_{zB} [kg/cm²]	Druckfestigkeit σ_{dB} [kg/cm²]	Biegefestigkeit σ_{bB} [kg/cm²]	Biege-Wechselfestigkeit σ_{bW} [kg/cm²]	Quelle
Balsaholz . . . . ($u = 9$ bis 12%)	80	L 14500 R 850 T 270	LT 630 LR 870 RT 90	L 85 R 4 T 7,5	L 37 bis 45 R T	—	—	1
	160	L 47000 R 2200 T 800	LT 1580 LR 2400 RT 260	L 150 R 8 T 12	L 116 bis 130 R T	—	—	1
Tronal L . . . . (Holzfaserstoff ohne Fremdbindemittel)	200	∥ 600 ⊥ 100	∥ 280 —	∥ 19 ⊥ 2	∥ 16 ⊥ 4	∥ 23 ⊥ 3	∥ 10 —	2
Papier-Wabenplatte	~130	L 2000	LT 1100 LR 500	L 35	L 30	—	—	1
Perforierte Aluminiumfolie- Wabenplatte	75	15000	LT 3300 LR 1400	17	29	—	—	1
Baumwollgewebe-Wabenplatte	60	1700	LT 400 LR 200	20	13	—	—	1
Glasgespinst-Waffelplatte	150	2100	LT 620	11	50	—	—	1
Zell-Acetylcellulose	70	100	50	—	—	—	—	2
Zell-Polystyrol	50	120	—	7	4	8	—	2
J-Harzschaum . . . . (Moltopren S)	50 100 150 200	100 250 400 700	50 120 200 315	— — — —	3 8 18 25	5 12 22 32	2 4 8 12	2
Zell-Polyvinyl-Formal	100	700	—	35	21	—	—	2
Zell-Buna	70	500	—	7	12	—	—	2

Orientierung: Balsaholz — die Faserrichtung ist [L], die Radialrichtung zu den Jahrringen ist [R], die Tangentialrichtung zu den Jahrringen [T]
Wabenplatten — die Richtung der Rillen ist [L], die Richtung senkrecht zu den Rillen und zu den Ebenen zwischen den Wellschichten ist [R], die Richtung senkrecht zu den Rillen und parallel zu den Wellschichten ist [T]

Sowohl für den Hersteller als auch für den Verbraucher von solchen Verbundplatten ist eine Kenntnis ihrer mechanischen Eigenschaften von ausschlaggebender Bedeutung. Zahlentafel 83 gibt hier einige Richtwerte, die teils einer Arbeit von H. R. Jacobi[1], teils einer solchen von L. J. Markwardt[2] entnommen sind.

Bild 566. Aufbau einer Platte mit Mittellage aus Spirallocken.

766.2 Bindemittel und Herstellungstechnik.

Für die Verbundplatten ist ebenso wie für viele Holzkonstruktionen das Vorhandensein der neuzeitlichen Kunstharzleime und Verleimungstechniken eine unerläßliche Voraussetzung. Insbesondere ist hier auch die Verleimung von Metallen untereinander und mit Holz zu erwähnen, die allerdings nicht mit einem Kunstharz allein erfolgreich durchführbar ist; vielmehr müssen zwei oder mehrere Leimtypen (in der Regel ein wärmehärtendes und ein thermoplastisches Harz) gemeinsam zur Anwendung gelangen. Die Wahl des richtigen Bindemittels ist für die Herstellung der Verbundplatten und -konstruktionen unbedingt entscheidend. Dabei sind alle einschlägigen Faktoren zu berücksichtigen: Die Beschaffbarkeit, die Kosten, die Abbindebedingungen (Temperatur, Druck, Härtezeit), die Lagerdauer, Topf- und Schließzeit, das Verhalten der fertigen Leimverbindungen gegen Feuchtigkeit, Fäulnis und Temperaturschwankungen. Im einzelnen ist hier auf die Ausführungen in den Abschnitten über Leime und die Verleimungstechnik (Z. 956.2) Bezug zu nehmen. Soweit Furniere verarbeitet werden, ist auf ihre angemessene Feuchtigkeit, auf gleichmäßige Dicke und einwandfreie Oberflächenbeschaffenheit zu achten. Für das Wellen sind besondere Maschinen (ähnlich jenen der Wellpappefabrikation), Leimauftragmaschinen, Pressen und Sägemaschinen erforderlich. Beim Verleimen von Metallfolien ist peinliche Reinigung ihrer Oberflächen unerläßlich.

Da die Festigkeit und Betriebsbewährung der Verbundkonstruktionen hauptsächlich von einwandfreien Leimverbindungen abhängen, sind sorgfältige Fertigungskontrollen in dieser Hinsicht nötig. Nach genauer Untersuchung mit dem Auge wird häufig durchleuchtet. Weniger sichere Aussichten bietet die

---

[1] Jacobi, H. R.: Kunststoffe Bd. 39 (1949) S. 269 und 315.

[2] Markwardt, L. J.: Developments and Trends in Leightweight Composite Construction, For. Prod. Lab., Madison, Wisc., Appr. Techn. Article, 1952.

Ultrabeschallung. Auch die Anwendung von Vacuumsaugnäpfen auf den Decklagen erwies sich als unzulänglich. Ebenso wenig befriedigten Versuche, die Platten zuerst einige Stunden einem Luftdruck auszusetzen und diesen dann plötzlich — eventuell nach Erwärmung der Platten — aufzuheben. Die einzige Methode, mit der mangelhaft abgebundene Stellen eindeutig nachweisbar sind, ist die ,,Knopfprüfung". Hierbei wird ein Knopf auf die Decklage geleimt und dann auf Zug beansprucht. Gegenwärtig befriedigt aber selbst eine Verbindung der erwähnten Prüfverfahren zur Betriebskontrolle nicht, und es bleibt kaum anderes übrig, als sehr genaue Richtlinien für den Herstellungsgang selbst zu geben und zu befolgen sowie fortlaufend stichprobenartig Festigkeitsprüfungen vorzunehmen.

8. Holzbearbeitung (Spangebende und spanlose Formgebung).

81. Sägen.

811. Sägen mit Kurbelantrieb.

811.1 Fuchsschwanzsägen.

Fuchsschwanzsägen dienen als Quersägen zum Stutzen von Blochholz; wirtschaftlich anwendbar sind sie hauptsächlich für Stammdurchmesser von 500 bis 1800 mm. Für schwächere Durchmesser ist die Kreissäge wegen der größeren Leistung vorzuziehen. Das Sägeblatt sitzt in der Regel unmittelbar am Kreuzpunkt eines Kurbeltriebes. Die Fuchsschwanzsägen können ortsfest oder fahrbar ausgebildet sein. Die Sägen erhalten abwechselnd rechts und links geschärfte Zahnschneiden, da die Holzfasern quer durchschnitten werden müssen. Die üblichen Zahnformen bringt Bild 567. Für Stammdurchmesser von 800 bis 1000 mm kommen Hübe von 450 bis 500 mm (bei $n = 200$ U/min) in Frage; der Leistungsbedarf liegt bei elektrischem Einzelantrieb etwa zwischen 5 bis 6 kW, Stammdurchmesser von 1500 bis 1800 mm erfordern Hübe von 900 bis 1000 mm ($n = 120$ bis 150 U/min) und beanspruchen 9 bis 10 kW.

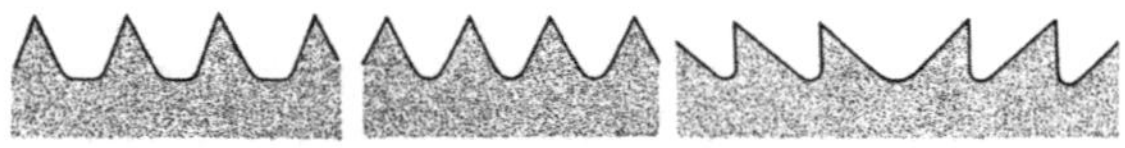

Bild 567. Zähne für Fuchsschwanzsägen.

811.2 Vollgatter.

811.20 Allgemeines: Bau und Wirkungsweise von Vollgattern. Die wichtigsten Gattersägen sind senkrechte Vollgatter mit Walzenvorschub und Waagerecht- oder Horizontalgatter. Die senkrechten Vollgatter werden mit Untenantrieb, d. h. mit untenliegender Kurbelwelle ausgeführt. Das Vollgatter besteht im wesentlichen aus den Ständern (die auf der Boden- oder Fundamentplatte befestigt sind und in das Untergestell zerfallen, das die Antriebsvorrichtung aufnimmt, sowie in das Obergestell mit dem Sägerahmen), der Vorschubeinrichtung und den Bedienungsorganen[1]. Der Sägerahmen, in dem die Sägeblätter festgespannt sind, ist mittels Schub- oder Lenkerstangen (Stelzen) mit der Kurbelwelle verbunden. Die Bodenplatte, die das Gewicht des Gatters und die Stöße des Getriebes aufzunehmen hat, muß kräftig und aus bestem Werkstoff ausgeführt sein. Üblich sind gußeiserne Platten. Oft sind sie im Inneren hohl. Die Höhlung wird durch in der Platte vorhandene Schlitze mit Zementbrei ausgegossen, sobald das Vollgatter bei der Montage endgültig ausgerichtet wurde. Die beiden Hauptlager für die Kurbelwelle sind auf die Bodenplatte aufgeschraubt oder besser mit ihr in einem Stück gegossen. Während bei älteren oder einfacheren Gattern die Hauptwelle in Ringschmierlagern läuft, besitzen die modernsten Baumuster sphärische Rollenlager[2]. Bild 568 zeigt ein Beispiel für die Lagerung der Kurbelwellenzapfen und des Lenkerstangenfußes bei einem schwedischen Vollgatter.

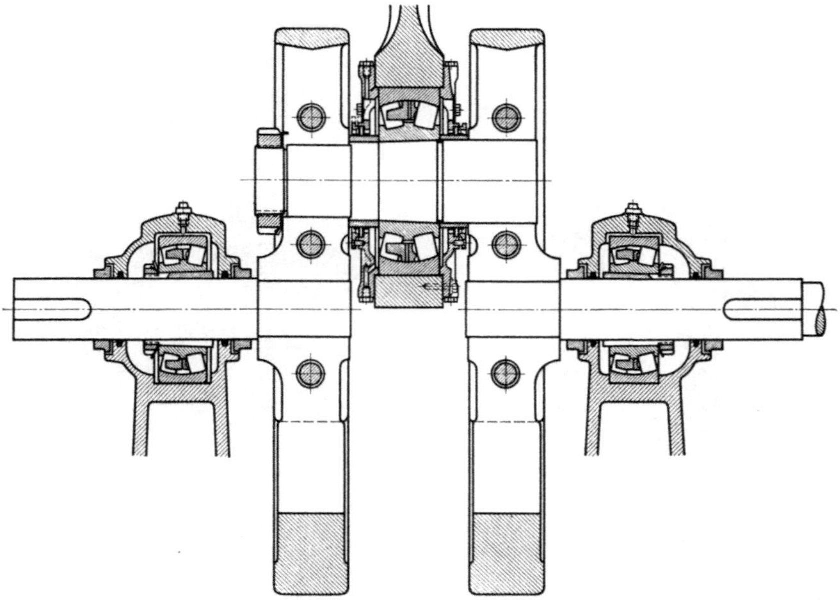

Bild 568. Lagerung der Kurbelwellenzapfen und des Lenkerstangenfußes bei einem schwedischen Vollgatter. (Nach G. Weman.)

Die Ausbildung der Kurbelwelle hängt davon ab, ob der Antrieb des Rahmens durch eine Lenkerstange (einstelziges Schwedengatter, Bild 569) oder durch zwei Lenkerstangen (Bild 570) erfolgt[3]. Bei neuzeitlichen Gattern sind die Kurbelwellenschenkel mit Gegengewichten und Schwungscheiben in einem Stück aus Stahlguß gegossen. Etwa die Hälfte des Gewichts des Gatterrahmens mit Sägen und Angeln sowie der Lenkerstangen ist durch Gegengewichte auszuwuchten. Bild 568 stellt eine typische schwedische zusammengebaute Vollgatterkurbelwelle dar.

Die Lenkerstangen sind für die Betriebssicherheit des Vollgatters von entscheidender Bedeutung. Bisher wurden sie vorherrschend mit kastenförmigem

[1] Franksson, R.: Praktisk sågverkshandbok, Stockholm 1950, S. 45ff.
[2] Weman, G.: Ramsagar med rullningslager, Kullagertidningen Bd. 25 (1950) S. 57.
[3] Braunshirn, F.: Z. VDI Bd. 77 (1933) Nr. 28.

oder H-Querschnitt aus SM-Stahl geschmiedet; sie erhalten unten bei zweistelzigem Antrieb stets, bei einstelzigem Antrieb meist sphärische Rollenlager, oben Gleit- oder Nadellager. Um die Drehzahl der Gatter weiter steigern zu können, sind neuerdings in Schweden Lenkerstangen aus Leichtmetall (und zwar im Zusammenwirken mit Leichtmetallsägerahmen) ausgeführt worden.

Bild 569. Ansicht eines einstelzigen schwedischen Vollgatters, Rahmenweite 500 bis 830 mm, Drehzahl 330 bis 310 U/min, Hub 600 mm, Vorschub 0 bis 40 mm/Hub, Energieverbrauch 55 bis 60 kW, 95 kW für Gatterpaar. Bauart Bolinder-Munktell, Eskilstuna.

Bild 570. Ansicht eines deutschen Zweistelzen-Gatters, Bauart Esterer, mit vorschubabhängiger selbsttätiger Überhangeinstellung, stufenlos verstellbarer Vorschubgeschwindigkeit von 0 bis 6 m/min, hydraulischer Walzenbetätigung, Hub 500 mm, Rahmenweite 560 mm, Drehzahl 325 U/min.

Die Sägerahmen, die durch einen Schubkurbelbetrieb auf- und abbewegt werden, müssen möglichst geringes Eigengewicht mit hinreichender Festigkeit vereinigen; als Werkstoff wird in der Regel Stahlguß mit mindestens 60 kg/mm² Festigkeit verwendet. Der Grundsatz des Leichtbaues dürfte aber wahrscheinlich vom Stahlgußrahmen in Zukunft zum geschweißten Stahlblechrahmen führen; im Vergleich zum Leichtmetallrahmen bietet diese Konstruktion bei ebenfalls niedrigem Gewicht größere Steifigkeit und erfüllt damit eine der wichtigsten Forderungen im Gatterbau[1].

[1] Biermann, O.: Holz als Roh- und Werkstoff Bd. 5 (1942) S. 390.

Der Rahmen besteht aus einem unteren und oberen Rahmenbalken, die durch Rahmensäulen (Kolonnen) aus Stahlrohr miteinander verbunden sind. Die Balken sind meist aus Stahlguß, oft auch geschmiedet. Sie müssen so fest sein, daß sie sich nicht verziehen oder verbiegen. Zu bedenken ist, daß jedes Sägeblatt mit etwa 2500 bis 3000 kg Spannkraft eingespannt ist. Der untere Rahmenbalken hat dazu einen großen Teil der lebendigen Kraft aufzunehmen, die sich auf 13 bis 15 t belaufen kann. Bei Leichtmetallrahmen nehmen die Massenkräfte im Verhältnis der Gewichtsminderung ab; man kann deshalb bei ihnen die Gatterdrehzahlen, die zusammen mit Hub- und Holzvorschub die Mengenleistung eines Gatters bestimmen, um 10 bis 15% erhöhen.

Geführt wird der Sägerahmen durch Gleitbacken; die dafür bestimmten Führungen sind verstellbar an den Ständern befestigt. Die Durchbiegung des Rahmenbalkens und der Rahmensäulen bringt eine Veränderung der Einstellung der Führungsbacken mit sich; Verklemmen und Heißlaufen können die Folge sein. Die bisherige Prismenform ist verbesserungsbedürftig; eine Konstruktion, bei der die Prismaführung nur einseitig angebracht ist, während die andere Gatterseite flache Führungen erhält, zeigt Bild 571. Das mögliche seitliche Spiel der flachen Gleitbacken kompensiert die Wärmeausdehnung der Rahmenbalken. Vorherrschend sind noch Führungsbalken aus Pockholz. Eine höhere Führungsgenauigkeit erzielt man durch Metallbacken, die jedoch große Erfahrungen in der Wahl des Materials, große Steifheit des Sägerahmens sowie sehr genau gearbeitete Gleitflächen voraussetzen. Es hat sich gezeigt, daß geschabte Gleitflächen weniger Verschleiß haben als geschliffene. Der Gatterrahmen soll frei zugänglich sein. Am besten verwirklicht ist diese Forderung, wenn die obere Vorschubwalze hochziehbar oder ausschwenkbar ist.

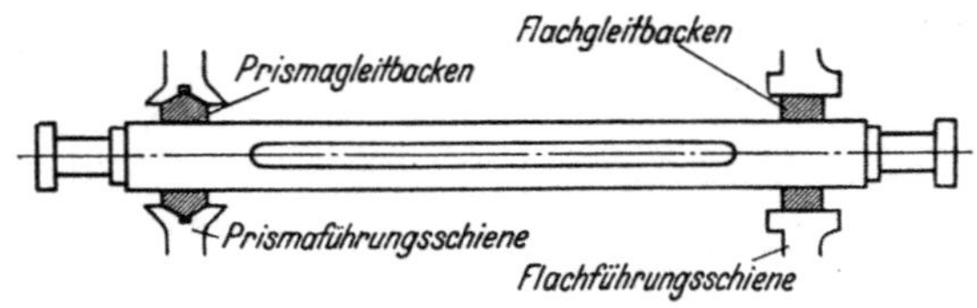

Bild 571. Gleitführungen des Sägerahmens. (Nach O. Biermann.)

Die Gatterständer erhalten meist mit Rücksicht auf ein möglichst hohes Widerstandsmoment H-(statt U-)Querschnitt. Zum Teil sind die Ständer auch als Hohlgußkörper ausgebildet. Sie müssen so hoch sein, daß zwischen den geteilten losen Festscheiben auf der Antriebswelle und der unteren Kante des Gatterrahmens in seiner tiefsten Lage noch genügend Platz für eine unter 45° geneigte Spänerutsche verbleibt.

Der Vorschub des zu schneidenden Blocks erfolgt durch breite geriffelte Walzen, von denen je zwei unmittelbar vor und hinter den Sägeblättern liegen. Das Einstellen der oberen Vorschubwalzen und Anpressen an den Stamm bewirkt ein Gewichtshebel oder eine Spindelpreßvorrichtung oder bei neuesten Baumustern eine hydraulische Presse. Der Antrieb der Vorschubwalzen kann entweder gleichmäßig — sowohl während des Aufgangs als auch während des Niedergangs des Sägerahmens — durch Reibräder (Friktionsgetriebe) oder ruckweise — nur während des Aufgangs oder nur während des Niedergangs des Rahmens — durch eine Kurbel mit Klinkenschaltwerk erfolgen. Eine vergleichende Beurteilung der Schaltwerke von Vollgattern folgt in Abschnitt 811.22.

811.21 Kräftespiel im Vollgatter. Die oberen Grenzwerte für die Sägengeschwindigkeit liegen für Einstelzengatter etwa bei 6 m/s, für Zweistelzengatter etwa bei 5,5 m/s. Höhere Geschwindigkeiten gehen auf Kosten der Betriebssicherheit und bringen erfahrungsgemäß kaum einen Leistungsgewinn. Die Größe des Hubes hängt hauptsächlich von der Schnitthöhe, d. h. von der zu schneidenden Holzdicke ab. Einige Angaben für die mittlere Sägengeschwindigkeit, den Hub, die Rahmenweite und Schnitthöhe bei neuzeitlichen Vollgattern finden sich in Zahlentafel 84.

Zahlentafel 84. *Obere Grenzwerte für Drehzahl und Sägengeschwindigkeit und Mittelwerte für den Hub bei verschiedenen Vollgattern. (Nach F. Braunshirn.)*

Gatterbauart	Rahmenweite mm	Größte Schnitthöhe mm	Hub mm	Drehzahl U/min	Mittlere Sägengeschwindigkeit m/s
Zweistelziges Normalgatter (Höchstwerte für Drehzahl und Sägengeschwindigkeit in der Praxis gewöhnlich um 5 bis 8% kleiner)	550	500	460	300	4,6
	650	600	500	275	4,6
	750	700	560	260	4,8
	850	800	560	250	4,7
	1000	950	620	185	3,8
	1200	1100	650	170	3,7
	1400	1300	750	140	3,5
Zweistelziges Hochleistungsgatter	550	500	560	290	5,4
	650	600	560	275	5,1
	750	700	560	270	5
	850	800	560	260	4,9
Einstelziges Hochleistungsgatter	550	500	500	360	6
	650	600	500	335	5,4
	750	700	500	320	5,3
	850	800	500	305	5,1

Die augenblickliche Geschwindigkeit c des Gatterrahmens (oder die Zahngeschwindigkeit) ergibt sich nach der Beziehung für Kurbeltriebe[1] zu

$$c = r \cdot \omega \left(\sin \gamma + \frac{\lambda}{2} \sin 2\,\gamma\right) \text{ [m/s]}, \tag{34}$$

wobei r = Kurbelhalbmesser [m], $\omega = \frac{n\pi}{30}$ = Winkelgeschwindigkeit des Kurbelzapfens $\left[\frac{1}{s}\right]$, n = Drehzahl [U/min], γ = ein beliebiger (zu c gehöriger) Kurbelwinkel, $\lambda = \frac{r}{l}$ = Schubstangenverhältnis, l = Lenkerstangenlänge [m], $H = 2r$ = Hub [m]. Um die Rechnung mit Gleichung (34) einfach zu gestalten, kann man — was zulässig ist — $l = \infty$, also $\lambda = 0$ setzen. Es ergibt sich dann, daß die Zahngeschwindigkeit c theoretisch einem Sinusgesetz folgt, also $c = r\omega \sin\gamma$ und damit die mittlere Sägengeschwindigkeit c_m (wenn der Winkel γ im Bogenmaß x gemessen wird)

$$c_m = \frac{r\omega \cdot \int_0^\pi \sin x \cdot dx}{\pi} = \frac{rn}{15} \text{ [m/s]}. \tag{35}$$

Da die Gattersägen nur beim Abwärtshub schneiden, errechnet sich die effektive mittlere Schnittgeschwindigkeit v_m aus der mittleren Sägengeschwindigkeit c_m zu

$$v_m = \frac{c_m}{2} = \frac{rn}{30}\,. \tag{36}$$

[1] Vgl. Hütte: Des Ingenieurs Taschenbuch Bd. 2, 27. Aufl., Berlin 1949, S. 104ff.

Von besonderem Interesse sind die Massenkräfte in den Totpunktanlagen des Gatterrahmens[1], und zwar der Beschleunigungsdruck P_g auf die Gatterrahmenzapfen sowie der Beschleunigungsdruck P_k auf die Kurbelzapfen. Da in Mitteleuropa vorwiegend stärkeres Holz eingeschnitten wird als in Schweden, sind die Rahmen verhältnismäßig schwer, so daß die Massenkräfte außerordentlich hohe Werte erreichen. Allgemein gilt für die Massenkräfte P, wenn $p = \frac{dc}{dt}$ $=$ Beschleunigung bzw. Verzögerung des Schwinggestänges $\left[\frac{m}{s^2}\right]$, $G = G_1 + G_2 =$ Gewicht G_1 des Rahmens und der eingehängten Sägen nebst Angeln und Gewicht G_2 der Pleuelstangen [kg], $g =$ Erdbeschleunigung $= 9{,}81 \left[\frac{m}{s^2}\right]$, $a =$ Abstand des Schwerpunktes einer vollständigen Lenkstange vom Kurbelzapfen [m]:

$$P = p \cdot m = \frac{dc}{dt} \cdot \frac{G}{g} = \frac{G}{g} \cdot r\omega^2 (\cos\gamma + \lambda \cos^2\gamma). \tag{37}$$

Die in den Totlagen der Kurbeln auftretenden größten Beschleunigungsdrücke sind dann (für Vollgatter mit Untenantrieb)

auf die Gatterrahmenzapfen:

$$P_g = 0{,}0011179\, n^2\, r G_1 (1 \pm \lambda) \mp G_1 \tag{38a}$$

auf die Kurbelzapfen:

$$P_k = 0{,}0011179\, n^2 r \left[G_1 (1 \pm \lambda) + G_2 \left(1 \pm \frac{\lambda a}{l}\right)\right] \mp G. \tag{38b}$$

Wertet man die Gleichungen (38a) und (38b) mit den Daten von ausgeführten Vollgattern aus, dann kommt man zu sehr hohen Massenkräften, denen gegenüber die Kräfte zur Überwindung des Schnittwiderstandes verschwindend klein sind.

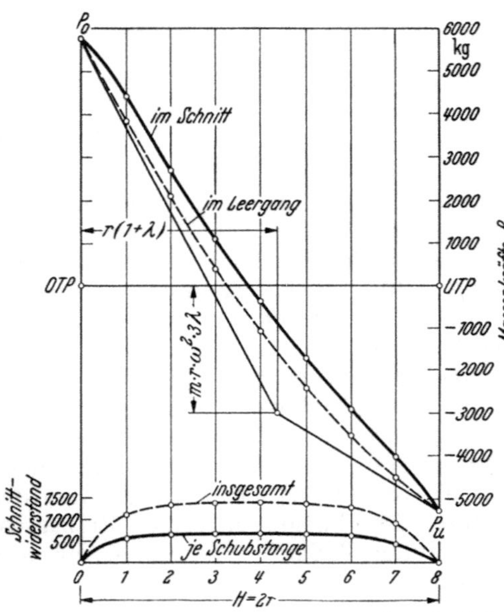

Bild 572. Verlauf der Massenkraft je Stelze längs des Hubes. (Nach O. Kramer-Drauberg.)

Die Massenkräfte beanspruchen, wenn zwei Stelzen vorhanden sind, jede Stelze mit dem halben Beschleunigungsdruck auf die Gatterrahmenzapfen. Bezeichnet man die Massenkraft P_g im oberen Totpunkt (OTP) mit P_o und im unteren Totpunkt (UTP) mit P_u, so ergibt $P_o/2$ eine Zugbeanspruchung, $P_u/2$ eine Druck-(Knick-)beanspruchung der Stelze. In Bild 572 ist der Verlauf der Massenkraft je Stelze längs des Hubes gestrichelt gezeichnet. Die Kurve geht zwischen Punkt *3* und *4*, also nicht in Hubmitte, durch die Nullinie. Hier wechselt die Zug- in Druckbeanspruchung über. Die Linie gilt für den Leerlauf der Maschine sowohl beim Abwärts- als auch beim Aufwärtsgang, bei Belastung jedoch nur für den schnittfreien Aufwärtsgang. Als Kenndaten des

[1] Vgl. Hütte, Des Ingenieurs Taschenbuch Bd. II, 27. Aufl., Berlin 1949, S. 862.

Gatters nennt O. Kramer-Drauberg[1], von dem die Kurve berechnet wurde: Rahmenweite 800 mm, Hub 500 mm, Drehzahl 280 U/min, Schnittleistung 32 PS. Der Verlauf des Schnittwiderstands je Hub ist im unteren Teil von Bild 572 eingetragen, wobei die vollausgezogene Kurve für eine Stelze gilt. Da nur im Abwärtsgang geschnitten wird, ist der Schnittwiderstand auf jeden Fall dem Zug der Stelzen entgegengesetzt, muß also der Massenkraftlinie als nach oben gerichtete Kraft überlagert werden. Hierdurch entsteht in Bild 572 oben die stark ausgezogene Linie. Man ersieht aus ihr, daß der Schnittwiderstand für die maximal auftretenden Kräfte in den Totpunkten ohne Bedeutung ist und den Kräfteverbrauch im ganzen nur verhältnismäßig wenig beeinflußt.

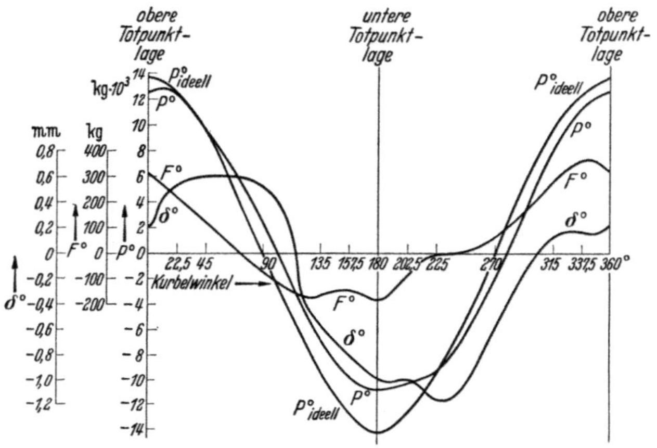

Bild 573. Kraft der Kurbelstange $P°$, Durchbiegung der Kurbelstange $\delta°$ und Spannung des Sägeblattes $F°$ während des Leerlaufs bei verschiedenem Kurbelwinkel. Zum Vergleich ist die berechnete Kraft der Kurbelstange $P°_{\mathrm{ideell}}$ in das Diagramm eingeführt. 5 Sägeblätter im Rahmen. (Nach B. Thunell.)

Experimentell hat B. Thunell[2] mittels Draht-Dehnungsmessern, die auf die Stelze und das Sägeblatt geleimt wurden, den Verlauf der Stelzenbeanspruchung und der Spannung im Sägeblatt während einer Kurbeldrehung untersucht. Aus Bild 573 ist zu entnehmen, daß die tatsächlich im Leerlauf auftretende Stelzenkraft $P°$ sehr ähnlich der ebenfalls eingezeichneten ideell berechneten Kraft $P°_{\mathrm{ideell}}$ verläuft. Ferner ist aus dem Bild die Durchbiegung $\delta°$ der Stelze während des Hubs und die Spannung $F°$ im Sägebild zu ersehen. Für die Beanspruchung der Sägeblätter beim Schnitt folgen nähere Angaben unter Ziffer 811.244.

Aus den Massenkräften ergeben sich, wenn man die zulässigen Flächendrücke mit $p = 40$ bis 60 kg/cm² annimmt, die notwendigen Abmessungen der Kurbelzapfen. In Anbetracht der stets sehr hohen Reibungsarbeit empfehlen sich für die Kurbelstangenlager Tonnenlager. Der Ölverbrauch eines Wälzlagers im Gatter beträgt rund 15 g/h gegenüber rund 150 g/h bei Gleitlagern[3].

Aus den Gleichungen (37) und (38) ist zu ersehen, daß die Massenkräfte mit dem Quadrat der Winkelgeschwindigkeit bzw. Drehzahl ansteigen. Die vom Erbauer festgelegte Drehzahl darf deshalb bei Vollgattern unter keinen Umständen erhöht werden. Beim Antrieb der Gatter durch übliche Drehstrommotoren ist ohnehin mit einer Drehzahlschwankung um etwa 4% zwischen Leerlauf und Vollast zu rechnen, wodurch sich die Massenkräfte um 8% erhöhen können.

O. Kramer-Drauberg hat weiter darauf aufmerksam gemacht, daß die Massenkräfte indirekt auch als Querkräfte auf die Führungsbahnen wirken, da die Stelzen ausschwingen. Bei Schräglage der Stelzen entsteht als Resul-

[1] Kramer-Drauberg, O.: Das Kräftespiel im Vollgatter, Mitt. Österr. Ges. f. Holzforschg. Bd. 2 (1950) S. 50.
[2] Thunell, B.: Holz als Roh- und Werkstoff Bd. 9 (1951) S. 11.
[3] Braunshirn, F.: Das Sägewerk, Wien 1929, S. 123.

tierende der senkrecht nach oben wirkenden Massenkraft und des schräg nach unten wirkenden Stangenzugs eine Querkraft, die allerdings — da der Ausschlagwinkel sehr klein ist — wesentlich geringer ist als die Massenkraft. Hinzu kommt, daß die seitlichen Ausschläge bei den Maximalwerten der Massenkräfte in den Totpunkten gleich Null sind. Wichtig aber ist, daß die Querkräfte infolge der Massenkräfte wesentlich größer als die vom Vorschub herrührenden Druckkräfte und ihnen über einen Teil des Hubs entgegengesetzt sind. Daraus folgt, daß die Belastung der Führungsbahnen durchaus nicht einseitig auf der druckseitigen Führung liegt und daß der Vorschubdruck für den Verschleiß der Führungen ebenso nebensächlich ist wie der Schnittwiderstand für die Stelzenbeanspruchung.

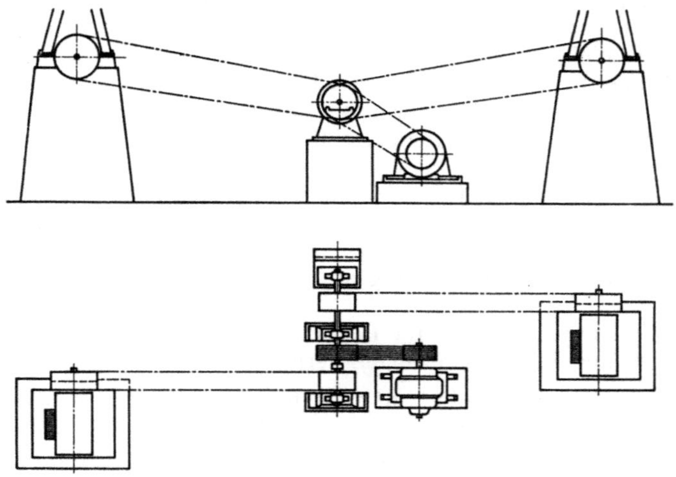

Bild 574. Schema des Antriebs zweier Vollgatter durch einen gemeinsamen Motor. (Nach B. Thunell.)

Auf die Kinematik des Massenausgleichs kann im Rahmen dieses Buchs nicht näher eingegangen werden, jedoch sei auf die aufschlußreiche Darstellung der Lagerkräfte im Polardiagramm in der schon zitierten Arbeit von O. Kramer-Drauberg hingewiesen. Im Hinblick auf die ungleichförmigen Massenkräfte treibt man in Schweden vielfach zwei Vollgatter über eine Zwischenachse durch einen gemeinsamen Motor an (Bild 574). Die Kraftleitung vom Motor zur Zwischenachse bewirken Keilriemen, von der Zwischenachse zu den Riemenscheiben der Gatter Treibriemen. Diese Transmissionen erfordern viel Arbeit und Pflege und sind teuer. Messungen ergaben, daß die Beschleunigung der Rahmen beider Gatter zu gewissen Zeiten gleichzeitig erfolgt, während zu anderen Zeiten die Beschleunigung des einen Rahmens mit der Verzögerung des anderen zusammenfällt. Die Bewegung wird dadurch merklich labil und wiederholt sich mit einer unvorhersehbaren Periodizität[1]. Nach B. Thunell hat sich ein direktes Antriebssystem (Bild 575), wobei der Motor am Gatterfundament hängt und das Gatter mittels sechs Keilriemen antreibt, besser bewährt. Die Anlage beansprucht weniger Pflege, ist leicht vom Säger mittels

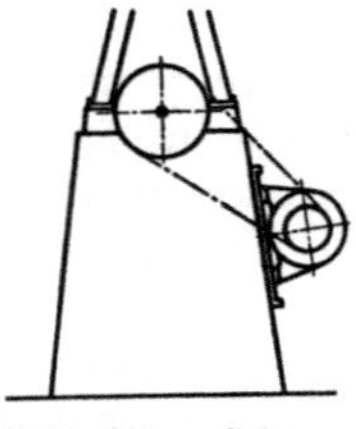

Bild 575. Schema eines direkten Antriebs eines Vollgatters. (Nach B. Thunell.)

[1] Thunell, B.: Några synpunkter på drivningen av ramsågar, Svenska Träforskningsinst., Trätekniska avd., Medd. 15 B, Stockholm, Okt. 1950.

Druckknopfschaltung bedienbar, sichert dem Gatter einen stabilen Gang, gestattet ein einfaches Instellungbringen des Rahmens zum Einspannen der Sägeblätter (durch kurzes Einschalten des Antriebs) und verringert die Unfallgefahr.

811.22 Vorschubsteuerung im Vollgatter. Außerordentlich wichtig ist die zweckmäßigste Ableitung der Vorschubbewegung aus der Sägebewegung, da die Leistung eines Vollgatters weitgehend von der Vorschubsteuerung abhängt. Eine gute Vorschubsteuerung muß nach F. Braunshirn[1] folgenden Bedingungen entsprechen:

1. Die Sägen sollen nahezu auf dem ganzen Schnittweg arbeiten.
2. Der Schnittwiderstand soll möglichst gleich bleiben; ein Zahn muß also in jeder Stellung des Rahmens ungefähr gleiche Spanmengen abnehmen.
3. Beim Aufwärtsgang des Rahmens, wenn die Zähne nicht schneiden, sollen die Zahnspitzen nicht am Schlitzboden streifen.
4. Das Steuerdiagramm soll durch Formänderungen sowie durch toten Gang im Steuergestänge nicht oder kaum beeinflußt werden.
5. Der Vorschub muß während des Betriebs auf einfache Weise geändert werden können.
6. Der Vorschub muß jederzeit schnell, möglichst vom Stand des Gattersägers aus, ausschaltbar sein.
7. Die Steuerung muß mit einem Rücklauf ausgerüstet sein.
8. Gegen Brüche bei Überlastung muß das Schaltwerk genügend gesichert sein.
9. Das Schaltwerk soll sich im Betrieb möglichst wenig abnützen, damit Ausbesserungen und Betriebsstörungen vermieden werden.

Grundsätzlich unterscheidet man Schubschaltwerke und Doppelschaltwerke, die das Holz ruckweise zuschieben, von Reibungsschaltwerken, die das Holz während des Abwärts- und während des Aufwärtsganges mit gleich großer Geschwindigkeit zuschieben[2]. Rein theoretisch erscheint das Schubschaltwerk zunächst überlegen. Die Geschwindigkeit des Blocks wie die des Rahmens verläuft infolge des Kurbelantriebs nach dem Sinusgesetz. Das Geschwindigkeitsverhältnis und damit auch die Spanabnahme je Zahn ist konstant. Beim Reibungsschaltwerk ist dagegen — jedenfalls rein theoretisch — die Spanabnahme veränderlich, und zwar am kleinsten in der Hubmitte. Praktisch fällt aber die Überlegenheit des Schubschaltwerks, wie F. Braunshirn[3] nachwies, nicht ins Gewicht, da sie sich nur während der ersten 30° Kurbelstellung auswirkt und da auch das Schubschaltwerk in der Nähe der Totpunktlagen infolge der großen Massenkräfte des toten Ganges und der Federung im Steuergestänge nicht genau dem idealen Gesetz folgt.

Die wirklichen Verhältnisse bei der Vorschubbewegung lassen sich mit Hilfe des Gattersägenindikators[4] erkennen. Der Indikator besteht aus einer Schreibvorrichtung und zwei Trommeln, über die ein Papierstreifen läuft. Die eine Trommel wird durch eine Schnur vom Block angetrieben, so daß der Papierstreifen die Vorschubbewegung des Blocks mit ausführt. Die Rahmenbewegung wird über ein Kurbelgestänge mit entsprechender Übersetzung zwecks Hubverminderung auf einen Schreibstift (und durch diesen auf das Papier) über-

---

[1] Braunshirn, F.: Leistungssteigerung von Vollgattern. AWF-H. 243. Berlin 1931. — Z. VDI Bd. 76 (1932) Nr. 31.

[2] Damit die Zähne beim Aufwärtsgang nicht am Schlitzboden streifen, muß der Überhang größer als der Vorschub je Hub sein (vgl. Bild 408).

[3] Braunshirn, F.: Das Sägewerk, Wien 1929, S. 128.

[4] DRP 453 489, Esterer AG., Altötting.

tragen. Das Gerät zeichnet somit entsprechend verzerrt die Spur eines Zahnes im Holz auf. Theoretisch müßte das Indikatordiagramm bei Schubschaltwerken — wenn das Verhältnis der Rahmengeschwindigkeit c zur Blockgeschwindigkeit s tatsächlich konstant wäre — aus zwei geraden Linien bestehen; ein Beispiel gibt Bild 576 für den praktisch üblichen Fall, daß der Vorschub des Holzes während des Niedergangs des Rahmens erfolgt.

Tatsächlich sind die Sägeblätter in Gattersägen nicht lotrecht eingehängt, die Zahnspitzenlinie ist vielmehr um einen kleinen Winkel gegen die Senkrechte geneigt (Bild 576). Dieser „Überhang" hat den Zweck, beim Aufwärtsgang der Säge zwischen der Zahnspitzenlinie und der Schnittlinie im Block Platz zu schaffen, um ein Schneiden mit dem Zahnrücken und um Unregelmäßigkeiten im Vorschub, toten Walzengang, Federn im Steuergestänge usw. besser auszugleichen. Zwischen Vorschub und Überhang bestehen damit bestimmte Zusammenhänge[1], die im Indikatorschaubild klar zutage treten.

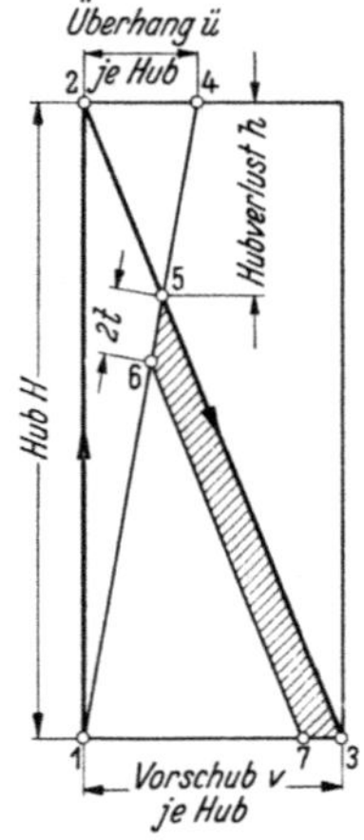

Bild 576. Ideales Gattersägen-Indikatordiagramm für c/s = const. (Nach F. Braunshirn.)

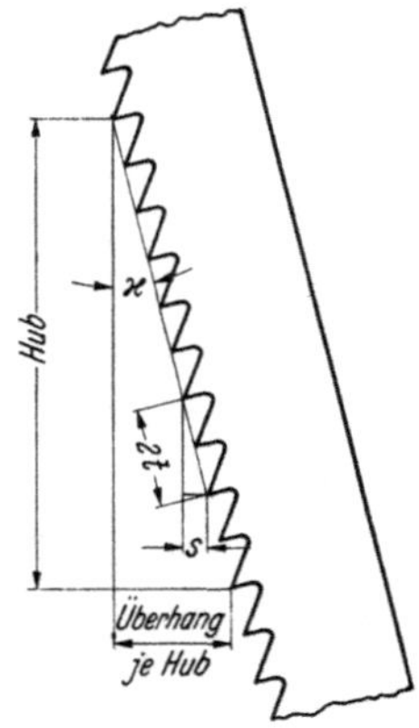

Bild 577. Schema des Überhangs eines Gattersägeblatts.

Zeichnet man im Indikatordiagramm den Überhang (Überhang = Hub $\cdot \operatorname{tg} \varkappa$) im richtigen Maßstab — in dem auch der Vorschub je Hub im Diagramm dargestellt ist — auf, so gibt die Überhanglinie 1 bis 4 die Lage des Schlitzbodens im Holz wieder. Der Schnittpunkt 5 der Überhanglinie mit der Nutzvorschubkurve 2 bis 3 zeigt den Beginn des Schnittes, womit gleichzeitig die Größe des wirksamen Hubes (bzw. der Hubverlust) ermittelt werden kann. Die Spanabnahme erhält man im Indikatorschaubild einfach dadurch, daß man die Nutzvorschubkurve längs der Überhanglinie um die Strecke 2 t (t ist die Zahnspitzenentfernung: bei geschränkten Zähnen kommt bekanntlich erst jeder zweite Zahn zur Wirkung) verschiebt (Bild 577). Der Abstand der Linien 3 bis 5 und 6 bis 7 zeigt dann die Spanabnahme je Zahn.

Bei ungleichem Verhältnis der Block- und der Sägengeschwindigkeit wird das Indikatordiagramm eine mehr oder weniger gekrümmte Linie. Es würde zu weit führen, hier im einzelnen das Verfahren und die Ergebnisse des Gatterindizierens zu behandeln. Der erste sehr wertvolle Versuch, aus den Diagrammen Schlüsse auf die Gestaltung des Sägeblattes zu ziehen, stammt von K. Bues[2]. In der Folge verwandte F. Braunshirn[3] das Gerät zu einer Kritik der Vorschubsteuerungen und wies nach, daß sich die Gatterleistung lediglich durch zweckmäßigen und genauen Zusammenhang von Sägenbewegung und Vorschub oft beträchtlich steigern läßt. Für die wesentlichen Schaltwerktypen

[1] Fischer, H.: Werkzeugmaschinen Bd. 2, Berlin 1901. — C. Iranyi: Holzbearb.-Masch. Bd. 3 (1927) H. 16. Derselbe: Die Gattersägen, ihre Behandlung und ihr Einkauf, Rosenheim 1928, S. 27.

[2] Bues, K.: Versuche an Gattersägen, Diss. T. H. München 1928.

[3] Braunshirn, F.: Leistungssteigerung von Vollgattern, AWF-Heft 243, Berlin 1931; Derselbe: Z. VDI Bd. 76 (1932) Nr. 31.

zeigen Bild 578 bis 581 Diagrammbeispiele; eine vergleichende Beurteilung ist an Hand von Zahlentafel 85 möglich.

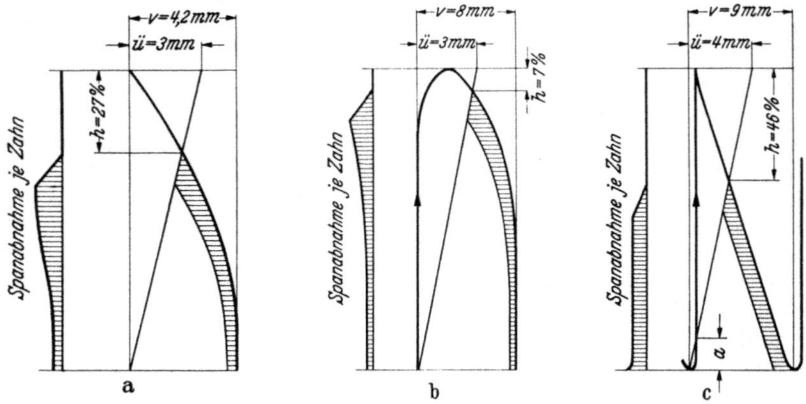

Bild 578. Diagramme eines einfachen Schubschaltwerkes.
a normal, nach längerer Betriebszeit, b Voreilung zu groß, c Voreilung zu klein; *h* Hubverlust, *Ü* Überhang, *v* Vorschub je Hub. (Nach F. Braunshirn.)

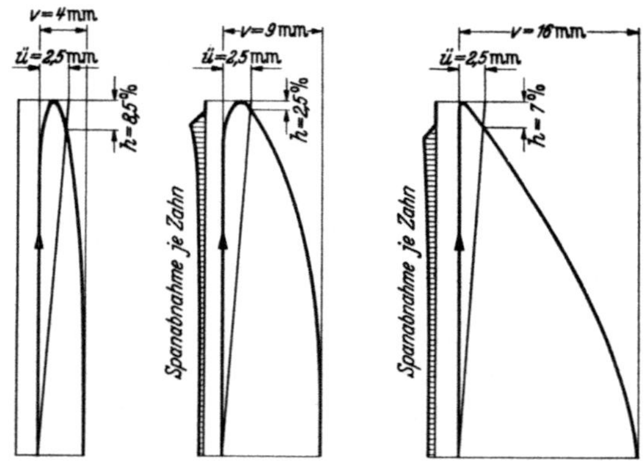

Bild 579. Diagramm eines Schubschaltwerkes mit automatischer Regelung der Voreilung. (Nach F. Braunshirn.)

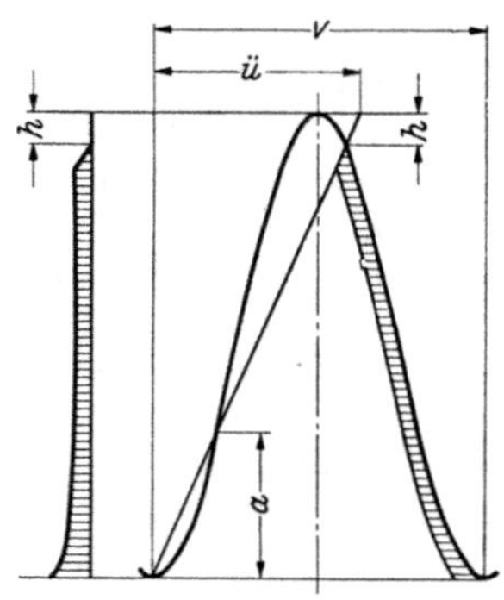

Bild 581. Diagramm eines Reibungsschaltwerks. (Nach F. Braunshirn.)

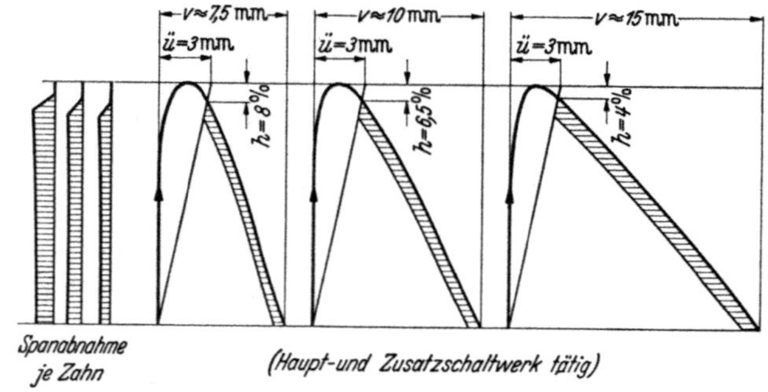

Bild 580. Diagramme eines Doppelschaltwerkes. (Nach F. Braunshirn.)

Zahlentafel 85. *Beurteilung von Schaltwerken an Vollgattern.*
(Ausgearbeitet in Anlehnung an F. Braunshirn.)

Eigenschaften	Einfaches Schubschaltwerk	Schubschaltwerk mit automatischer Voreilung	Doppelschaltwerk	Reibungs-schaltwerk
Hubverluste	Groß	Mittel	Gering (bei richtiger Einstellung)	Gering (bei richtigem Überhang)
Spanabnahme je Zahn	Unregelmäßig, bei Schnitt-beginn groß	Ziemlich gleichmäßig		Bei richtigem Überhang gut, zu groß am Hubende
Streifen der Zähne am Schlitzboden beim Aufwärtsgang	Unmöglich bei richtiger Voreilung	Unmöglich	Unmöglich bei richtiger Einstellung	Teilweise möglich
Formänderungen und Totgang im Steuergestänge	Vergrößern Hubverlust			Ohne Einfluß
Änderung und Ausschalten des Vorschubs	Bei allen Schaltwerken einfach zu bewerkstelligen			
Rücklauf	Durch Umsteuerung der Schaltklingen oder Umkehrkupplung			Einfach durch Verschieben der Reibrolle
Bruchsicherung	Durch Rutschkupplung			Liegt in Konstruktion
Abnützung, Instand-setzungen	Mehr Reparaturen als Reibungs-, weniger als Doppelschaltwerk		Nur bei ein-fachem Aufbau gering	Nicht nennenswert
Instandhaltung	Häufige Kontrollen erforderlich, Indikatorversuche von Zeit zu Zeit zu empfehlen		Dauernde, gründliche Kontrolle und Indikator-messungen nötig	Nahezu entbehrlich
Anwendung	Große Gatter für starkes und stärkstes Holz mit maximalem Vorschub von 4 bis 5 mm Hub	Für alle Gatter, ausgenommen ganz große und Schnelläufer mit Rahmenweiten von 35 bis 60 cm. Unbedingt für Gatter, die hauptsächlich zum Vollschnitt von Klotzware (mit mehr als 30/35 cm ∅ und Modelschnitt von mittelstarkem und starkem Holz über 35 cm ∅) verwendet werden		Für Gatter zum Bauholzschnitt, Vollschnitt von schwachem Holz bis etwa 30 cm ∅. Modelschnitt von schwachem und mittel-starkem Rund-holz bis etwa 35 cm ∅, ferner für Gatter mit Drehwalzen über 300 U/min

B. Thunell[1] hat mittels eines besonderen Gerätes die Vorschubbewegung des Blocks als Zeitfunktion aufgezeichnet. Dabei ergab sich, daß der Block infolge von Hemmungsmomenten keineswegs mit konstanter Geschwindigkeit bewegt wird, sondern während gewisser Hubteile stillsteht, ja unter Umständen sogar zurückgestoßen wird. Bild 582 zeigt ein typisches Weg-Zeit-Diagramm der Blockbewegung. Durch die ungleichförmige Blockbewegung wird das Block-Rahmen-Diagramm verzerrt, wie die strichpunktierte Kurve in Bild 583 zeigt. Wie leicht erklärlich ist, schneidet ein Vollgatter um so besser, je kleiner die Hemmungen im Blockvorschub sind; man erreicht dies durch eine Verstärkung der Vorschubeinrichtung.

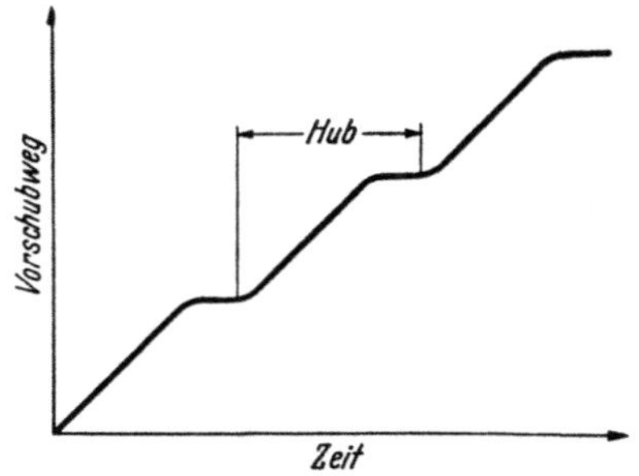

Bild 582. Weg-Zeit-Diagramm für die Blockbewegung. (Nach B. Thunell.)

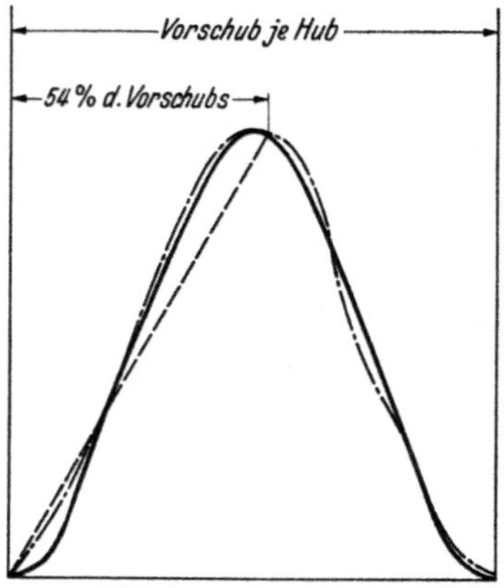

Bild 583. Korrigiertes Überhang-Schaubild für die Blockbewegung. —·— korrigierte Kurve, —— unkorrigierte Kurve. (Nach B. Thunell.)

H. Pause[2] hat darauf aufmerksam gemacht, daß es zweckmäßig ist, zur Auswertung der Block-Rahmen-Schaubilder Rechnungen heranzuziehen. Er empfiehlt, das praktisch erreichbare Voreilverhältnis ψ' am Schaltrad der einzelnen Maschine unmittelbar zu messen und mit ihm alle Berechnungen zu beginnen.

811.23 Schnittwiderstand und Leistungsbedarf. Bei Gattersägen und Bandsägen errechnet sich die Hauptschnittkraft P_s, d. h. die in Richtung der Schnittbewegung wirkende, für die Schnittleistung maßgebende Komponente des Schnittwiderstands unter einem Zahn zu[3]:

$$P_s = k_s \cdot q = k_s \cdot \frac{b \cdot s \cdot h}{60 \cdot v_m}, \tag{39}$$

wobei $k_s =$ spezifische Schnittkraft [kg/mm²], $q =$ Spanquerschnitt [mm²], $b =$ Schnittfugenbreite [mm], $s =$ Vorschub [m/min], $h =$ Holzdicke [mm], $v_m =$ mittlere Schnittgeschwindigkeit [m/s].

Die Werte von k_s unterliegen infolge der unterschiedlichen Spanbildung und des Einflusses von Reibungskräften starken Schwankungen; sie müssen deshalb von Fall zu Fall bestimmt werden. Leider sind die vorliegenden Untersuchungsergebnisse noch spärlich. Aus der Arbeit von K. Bues[4] läßt sich aber ein Mittelwert von $k_s = 4$ kg/mm² ableiten.

[1] Thunell, B.: Holz als Roh- und Werkstoff Bd. 9 (1951) S. 11.
[2] Pause, H.: Untersuchungen am Block-Rahmenschaubild des Vollgatters, in „25 Jahre Staatsbauschule Holztechnikum Rosenheim", Rosenheim 1950, S. 43.
[3] Pahlitzsch, G.: Spangebendes Formen in „Hütte" Taschenbuch für Betriebsingenieure (Betriebshütte) 4. Aufl., 1. Teil, Berlin 1951, S. 393.
[4] Bues, K.: Versuche an Gattersägen, Diss. T. H. München 1928.

Nach F. Voigt[1] läßt sich die Hauptschnittkraft P_s unter dem Zahn eines Gattersägeblatts als Summe einer Druckkraft unter der Zahnbrust und von Scherkräften längs den Zahnschneiden näherungsweise berechnen. Durch den unregelmäßigen Aufbau des Holzes, seine wechselnde Feuchtigkeit, Festigkeit und Ästigkeit kommen aber viele Unsicherheitsfaktoren in die Rechnung. Es gilt für Längssägeblätter mit geschränkten Zähnen (Bild 584)

$$P_s = \psi \frac{h}{t}\left[(1 + 0{,}55 \sin \delta - \cos \delta)\, s_z \frac{b}{2} \sigma_{d\#} + \left(\frac{3}{2} s_z \tau_{s\#} + a \tau_{s\perp}\right)\sqrt{s_z}\right] \qquad (40\text{a})$$

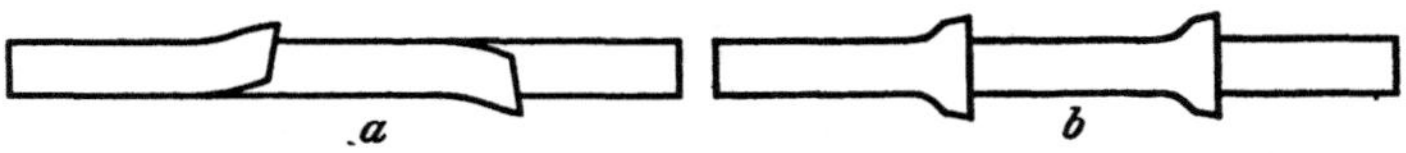

Bild 584. Zahnformen von Gattersägeblättern im Grundriß, *a* geschränkt, *b* gestaucht.

Für Längssägeblätter mit gestauchten Zähnen

$$P_s' = \psi \frac{h}{t}\left[(1 + 0{,}55 \sin \delta - \cos \delta)\, s_z b \sigma_{d\#} + (2\, s_z \tau_{s\#} + b \tau_{s\perp})\sqrt{s_z}\right] \qquad (40\text{b})$$

In Formel (40a) und (40b) sind folgende Werte einzusetzen:

Der Beiwert ψ richtet sich nach der Feuchtigkeit und Holzbeschaffenheit. Nach F. Voigt wählt man

$\psi = 0{,}48$ bis $0{,}60$ für nasses Wasserholz ($u > 100\%$)
$\psi = 0{,}60$ bis $0{,}75$ für frisches Waldholz ($u = 45$ bis 100%)
$\psi = 0{,}72$ bis $0{,}95$ für halbtrockenes Holz ($u = 20$ bis 45%)
$\psi = 0{,}85$ bis $1{,}05$ für lufttrockenes Holz ($u = 10$ bis 20%)
$\psi = 0{,}95$ bis $1{,}15$ für ganz trockenes Holz ($u < 10\%$)

h ist die Schnitthöhe, die für ein Sägeblatt theoretisch gleich der Holzdicke ist. Da bei Gattersägen i Blätter gleichzeitig schneiden, ist für h die Summe aller Schnitthöhen einzusetzen, und zwar gilt

für Scharfschnitt (mittlerer Rundholzdurchmesser D [mm] Bild 585a)

$$h = 0{,}75 \cdot i \cdot D, \qquad (41)$$

für Prismenschnitt (h' = Prismenhöhe [mm] Bild 585b)

$$h = i \cdot h' \qquad (42)$$

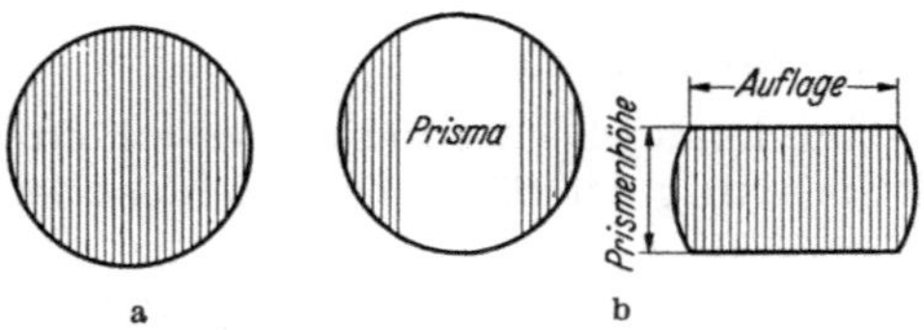

Bild 585. Schnittformen beim Rundholzeinschnitt auf dem Vollgatter. a Scharfschnitt, b Prismenschnitt.

t ist die Teilung der Säge (vgl. Bild 652), das Verhältnis h/t gibt also an, wie viele Sägezähne je Schnitthöhe gleichzeitig wirken. δ ist der Schnittwinkel (Angaben dafür und Erklärung der übrigen Winkel s. Ziffer 811.241).

Die Spanabnahme s_z je Zahn ergibt sich bei geschränkten Sägen, bei denen erst jeder zweite Zahn zur Wirkung kommt, zu

$$s_z = 2\, t \cdot \sin \varkappa, \qquad (43)$$

wobei $\operatorname{tg} \varkappa = \frac{\ddot{u}}{H}$. (44)

Bei gestauchten Sägen ist sinngemäß zu setzen

$$s_z = t \cdot \sin \varkappa \qquad (45)$$

Nach K. Schmidt[2] gilt nun, wenn t die Zahnteilung der Säge [mm], s der Holzvorschub [m/min] und c_m die mittlere Sägengeschwindigkeit der Gattersäge [m/s] ist,

$$s_z = t \cdot \frac{s}{15\, c_m} \text{ [mm]} \qquad (46)$$

Schließlich ist a die Blattdicke (= Breite der Zahnbrust) und b die Schnittfugenweite (erfahrungsgemäß $b \approx 1{,}8 \cdot a$ bei normaldicken Gattersägeblättern).

[1] Voigt, F.: Holzmarkt Bd. 42 (1925) Nr. 188—189. — Hütte: Des Ingenieurs Taschenbuch Bd. 2, 27. Aufl., Berlin 1949, S. 862.
[2] Schmidt, K.: Z. VDI Bd. 24 (1880) S. 3.

Die in die Rechnung einzuführenden Festigkeitszahlen können für einige wichtigere lufttrockene Hölzer aus Zahlentafel 86 entnommen werden.

Zahlentafel 86. *Festigkeitszahlen einiger wichtiger lufttrockener Hölzer in kg/mm²*.

Holzart	Druckfestigkeit ⊥ Faser ‖ Ebene, die durch Blockachse geht $\sigma_{d\#}$	Scherfestigkeit ⊥ Faser ‖ Ebene, die durch Blockachse geht $\tau_{s\#}$	Scherfestigkeit ⊥ Faser ⊥ Ebene, die durch Blockachse geht $\tau_{s\perp}$
Fichte	0,58	0,67	2,19
Kiefer	0,77	1,00	2,10
Lärche	0,75	0,90	2,47
Tanne	0,37	0,50	2,73
Eiche	1,10	1,10	2,70
Esche	1,10	1,28	3,45
Hicory	1,50	1,23	5,46
Robinie	1,90	1,60	3,00
Rotbuche	0,95	0,80	2,90

Die Schnittleistung N_s errechnet sich zu

$$N_s = \frac{P_s \cdot \frac{v_m}{2}}{75} = \frac{P_s \cdot v_m}{150}\,[\mathrm{PS}] = \frac{P_s \cdot v_m}{102}\,[\mathrm{kW}], \tag{47}$$

worin P_s aus Messungen oder näherungsweise gemäß Gleichung (40a) bzw. (40b) einzusetzen ist.

Im Laufe der Betriebsdauer erhöht sich die Schnittleistung durch **Abstumpfung** der Sägen nach Zahlentafel 87. Unter normalen Umständen sind die Gattersägenblätter nach zwei bis drei Betriebsstunden auszuwechseln.

Zahlentafel 87. *Zunahme des Leistungsbedarfs von Gattersägen mit der Betriebszeit. (Nach F. Voigt.)*

Betriebsdauer nach dem Schärfen h	1	2	3
Weichholz.	1,18	1,33	1,42
Hartholz	1,23	1,52	—

Die **Vorschubleistung** N_v liegt je nach Gattergröße, Holzgewicht und Vorschubgeschwindigkeit zwischen 0,4 und 1 PS. Zur Abschätzung der Leerlaufleistung von Vollgattern hat F. **Voigt** folgende empirische Formeln entwickelt:

$N_l = 1{,}06 \cdot n^2 \cdot r \cdot G \cdot 10^{-6}$ [PS] (Kurbelwelle und Kurbelzapfen in Gleitlagern) (48a)

$N_l = 0{,}73 \cdot n^2 \cdot r \cdot G \cdot 10^{-6}$ [PS] (Kurbelwelle in Ringschmierlagern, Kurbelzapfen in Wälzlagern) (48b)

$N_l = 0{,}45 \cdot n^2 \cdot r \cdot G \cdot 10^{-6}$ [PS] (Kurbelwelle und Kurbelzapfen in Wälzlagern) (48c)

In die Formeln (48a) bis (48c) sind die Drehzahl n in [U/min], der Kurbelradius $r = \frac{H}{2}$ (wobei H der Hub ist) in [m] und das Gewicht G des Rahmens mit eingehängten Sägen und Angeln sowie der Lenkerstangen in [kg] einzusetzen.

Für Überschlagrechnungen kann man die Leerlaufleistung ja nach der Gattertype auch gemäß Zahlentafel 88 (nach H. Grüner[1]) annehmen.

Zahlentafel 88. *Leerlaufleistung von Vollgattern.*

Gattertyp	Hub mm	Drehzahl U/min	Gattergewicht kg	Leerlaufleistung PS
Normale Gatter . .	400	300	6300	4
	450	260	7200	5
	500	240	9800	6
Hochleistungsgatter	500	300	12000	7
	550	285	14000	8
	600 u. m.	285	15000	9 bis 10

Der Gesamtleistungsbedarf N ergibt sich dann zu

$$N = N_l + N_s + N_v \tag{49}$$

Nach Angaben der Maschinenfabrik Esterer AG., Altötting[2], kann man annähernd rechnen

für Fichte $$N_s + N_v = 0{,}1 \cdot F_s \text{ [PS]} \tag{50a}$$

für Eiche $$N_s + N_v = 0{,}3 \cdot F_s \text{ [PS]} \tag{50b}$$

Hierbei ist F_s in beiden Fällen die stündliche Schnittfläche [m²/h] einseitig gemessen.

Die Berechnung des Gesamtleistungsbedarfs sei nun an einem Beispiel erläutert und zur Aufstellung einer Übersicht benutzt:

Angenommen sei ein Prisma (Model) von 20 cm Dicke, das bei einem Vorschub von 1,50 m/min mit 10 Sägeblättern aufgetrennt wird. Dann ergibt sich die stündliche Schnittfläche zu $10 \cdot 0{,}20 \cdot 1{,}50 \cdot 60 = 180$ [m²/h]. Der geringe Abfall an den Schwartenseiten kann unberücksichtigt bleiben. Beim Einschnitt von Fichte, Tanne und Kiefer werden nun die errechneten Schnittquadratmeter gemäß Gleichung (50a) bei Hochleistungsgattern mit 0,1, bei normalen Gattern mit der Zahl 0,09 multipliziert, um die Schnitt und Vorschubleistung zu erhalten. Zählt man die Leerlaufleistung gemäß Zahlentafel 88 hinzu, so erhält man folgende Werte für den Leistungsbedarf bei verschiedenem Gattereinhang und verschiedenem Vorschub:

A. 10 Blatt	20 cm Schnitthöhe	Normales Gatter		Hochleistungsgatter	
Vorschub	Schnittfläche	Gesamtleistungsbedarf			
m/min	m²/h	PS	kW	PS	kW
1	120	16	11,7	20	14,7
1,50	180	22	16,2	26	19,0
2	240	27	19,8	32	23,5
2,50	300	32	23,5	38	28,0
3	360	37	27,1	44	32,3
B. 15 Blatt	25 cm Schnitthöhe				
1	225	25	18,4	30	22,0
1,50	340	36	26,5	42	30,8
2	450	45	33,0	53	39,0
2,50	560	55	40,4	64	47,0
3	675	66	48,5	76	55,8

[1] Grüner, H.: Der Kraftbedarf für Vollgatter, Dtsch. Holz Anz. Nr. 9 v. 31. 1. 1945.
[2] Vgl. Der Holzmarkt Bd. 47 (1930) Nr. 118.

Zahlenbeispiel. Die Brauchbarkeit der mitgeteilten Formeln sei an einem Beispiel untersucht. Von K. Bues[1] stammen folgende Meßzahlen:

A. Gattersäge: Esterer-Hochleistungsvollgatter
Hub $H = 550$ mm
Rahmenweite $= 750$ mm
Drehzahl $n = 292$ U/min
Mittlere Sägengeschwindigkeit $c_m = \frac{H \cdot n}{30} = 5{,}35$ m/s.

B. Sägeblatt Nr. 8: Blattdicke $a = 1{,}8$ mm
Teilung $t = 22$ mm
Schnittwinkel $\delta = 82°$.

C. Versuch Nr. 1206: Schnittmaterial: Fichte, halbtrocken ($u = 0{,}25$ bis $0{,}36$)
Schnitthöhe $h' = 48{,}8$ cm bei 7 Sägen also $h = 7\,h' = 341{,}6$ cm
Vorschub $s = 1{,}478$ m/min
Schnittleistung $N_s = 21{,}25$ kW $\approx 28{,}9$ PS.

Wir berechnen zum Vergleich die Schnittleistung mittels Formel (40a). Außer den oben gebrachten Angaben müssen dazu folgende Daten bekannt sein:

Schnittbeite b der Säge (erfahrungsgemäß) $b \approx 1{,}8 \cdot a = 3{,}2$ [mm]

$$\text{Spandicke } s_z = \frac{t \cdot s}{15 \cdot c_m} = \frac{0{,}022 \cdot 1{,}478}{15 \cdot 5{,}35} = 0{,}000405\ [\text{m}] \approx 0{,}41\ [\text{mm}].$$

$$N_s = \frac{v_m \cdot h}{150 \cdot t}\left[1{,}406\,\sigma_z\,\frac{b}{2}\,\sigma_{d\#} + \left(\frac{3}{2}\,\sigma_z\,\tau_{s\#} + a\,\tau_{s\perp}\right)\sqrt{\sigma_z}\right]$$

$$= \frac{5{,}35 \cdot 3416}{150 \cdot 22}\left[1{,}406 \cdot 0{,}41 \cdot \frac{3{,}2}{2} \cdot 0{,}95 \cdot 0{,}58 + \frac{3}{2} \cdot 0{,}41 \cdot 0{,}95 \cdot 0{,}97\right.$$

$$\left.+ 1{,}8 \cdot 0{,}95 \cdot 2{,}60\Big)\sqrt{0{,}41}\right] = 5{,}54\,[0{,}508 + (0{,}567 + 4{,}446)\,0{,}64]$$

$$= 5{,}54 \cdot 3{,}716 \approx 20{,}6\ [\text{PS}].$$

Für die Gesamtleistungsaufnahme des Gatters sind nun noch die Leerlaufleistung und die Vorschubleistung zu bestimmen. Bei Lagerung der Kurbelzapfen in Wälzlagern und der Kurbelwelle in Ringschmierlagern gilt Formel (48b).

Geschätzt wird das Gewicht G des Rahmens mit eingehängten Sägen und Angeln sowie der Lenkerstangen bei dem benutzten Gatter auf

$$G = 650 \text{ kg}$$

$$r = \frac{H}{2} = \frac{0{,}55}{2} = 0{,}275\ [\text{m}]$$

$$N_l = 0{,}73\,n^2 \cdot r \cdot G \cdot 10^{-6} = 0{,}73 \cdot 292^2 \cdot 0{,}275 \cdot 650 \cdot 10^{-6} \approx 11{,}1\ [\text{PS}].$$

Nach K. Bues lag die Leerlaufleistung des Gatters (je nach den Einhängen) zwischen 5,4 und 9,0 kW, entsprechend 7,3 und 12,2 PS.

Die für den Vorschub bei frisch geschliffenen und geschränkten Sägeblättern aufzubringende Leistung wird — wie oben schon erwähnt — auf durchschnittlich

$N_v = 0{,}7$ PS geschätzt, also

$$N_g = N_l + N_s + N_v = 11{,}1 + 20{,}6 + 0{,}7 = 32{,}4\ [\text{PS}].$$

Nach zweistündiger Betriebsdauer erhöht sich der Leistungsbedarf — vgl. Zahlentafel 87 — auf etwa

$N_g = 11{,}1 + 1{,}33 \cdot 20{,}6 + 0{,}7 = 39{,}2$ [PS], nach dreistündiger Betriebsdauer auf 41,1 PS.

Nach den vorliegenden Erfahrungen[2] rechnet man für ein schnellaufendes Gatter der eingangs beschriebenen Größe bei Gruppenantrieb 32 bis 40, bei elektrischem Einzelantrieb 46 bis 56 PS. Das Zahlenbeispiel erbringt den Beweis, daß sich das Rechenverfahren nach Voigt zur Ermittlung von Leistungsbedarfszahlen eignet, die einigermaßen der Wirklichkeit entsprechen.

---

[1] Bues, K.: Versuche an Gattersägen, Diss. T. H. München 1928.
[2] Vgl. Hütte: Des Ingenieurs Taschenbuch, Bd. II, 27. Aufl., Berlin 1949, S. 861, Tafel 5.

Bild 586 gibt ein Belastungsschaubild für ein Vollgatter wieder. Man erkennt deutlich die hohen Belastungsspitzen, die durch den bedeutenden Aufwand an Beschleunigungskräften für die schweren bewegten Massen beim Anlaufen entstehen. Auch der Einfluß der Vorschubgröße und der eingehängten Sägenzahl ist aus Bild 586 zu ersehen. Für den augenblicklichen Leistungsbedarf ist es weiter von erheblicher Bedeutung, ob die Stämme mit der Zopf- oder der Erdstammseite in das Gatter eingeführt werden. Ist letzteres der Fall, dann ist der anfängliche Leistungsbedarf infolge der wesentlich größeren Schnittfläche an der Stammkegelbasis relativ hoch und sinkt beim Weiterschneiden langsam ab; beim Einschnitt vom schmalen Zopfstück her ergibt sich ein umgekehrtes Bild. Die Unterschiede zwischen dem Anfangs- und Endleistungsverbrauch sind um so größer, je stärker abholzig ein Stamm ist. Aus Bild 587 und 588 gehen die Tatsachen klar hervor[1]. Bild 589 zeigt weiter, worauf schon hingewiesen wurde, daß durch einen gemeinsamen Antrieb zweier Vollgatter von einem Motor aus (vgl. Bild 574) kein befriedigender Ausgleich der Leistungsspitzen zu erzielen ist.

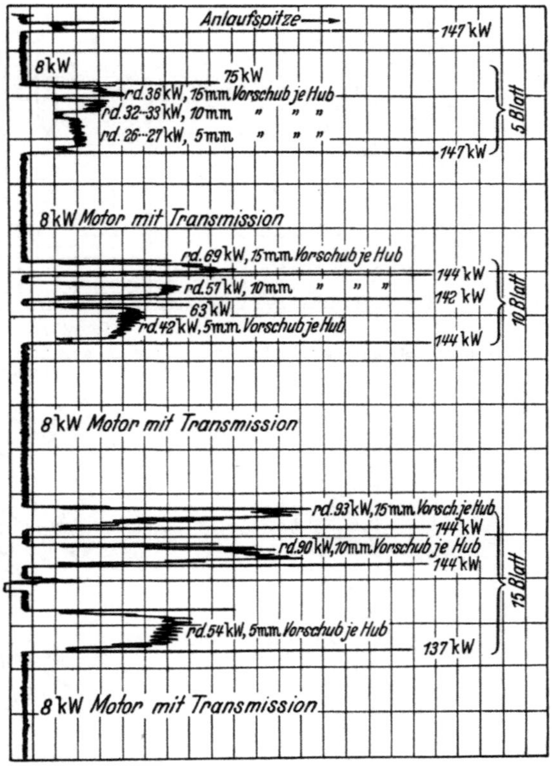

Bild 586. Belastungsschaubild für ein Sägewerk mit Stromspitzen beim Anfahren des Gatters. (Nach O. Biermann.)

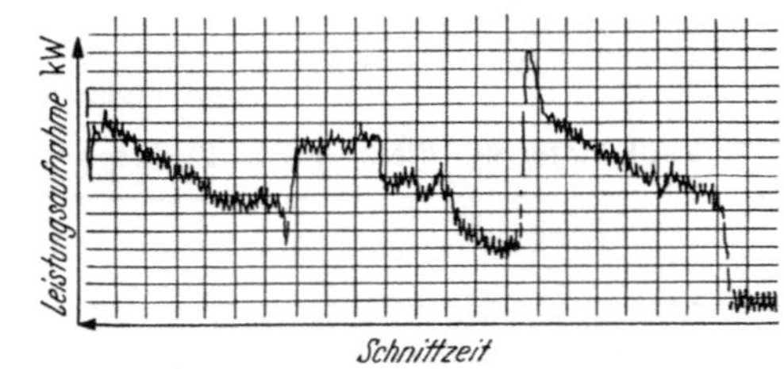

Bild 587. Belastungsschaubild für ein schwedisches Vollgatter, Vorschub 28 mm/Hub, Einschnittbeginn am Zopf. (Nach B. Thunell.)

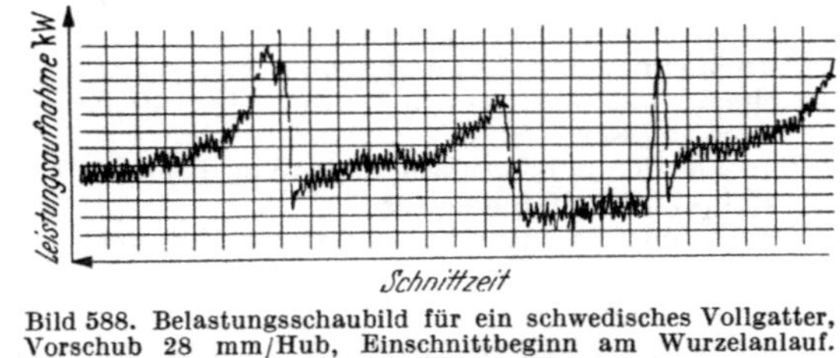

Bild 588. Belastungsschaubild für ein schwedisches Vollgatter, Vorschub 28 mm/Hub, Einschnittbeginn am Wurzelanlauf. (Nach B. Thunell.)

811.24 Gestaltung und Beanspruchung der Gattersägeblätter. 811.241. Zahnform, Blattdicke, Schliffart. Über die richtige Zahnform von Gattersägeblättern geben

---

[1] Die Leistungsdiagramme wurden von Dozent Dr. B. Thunell, Svenska Träforskningsinstitutet, Trätekniska avdelningen, Stockholm, bei Betriebsmessungen aufgenommen.

Bild 590 und 591 Aufschluß[1]. Richtlinien für die Blattdicke, Teilung und Zahnhöhe nach Angaben des Ausschusses für wirtschaftliche Fertigung enthält Zahlentafel 89.

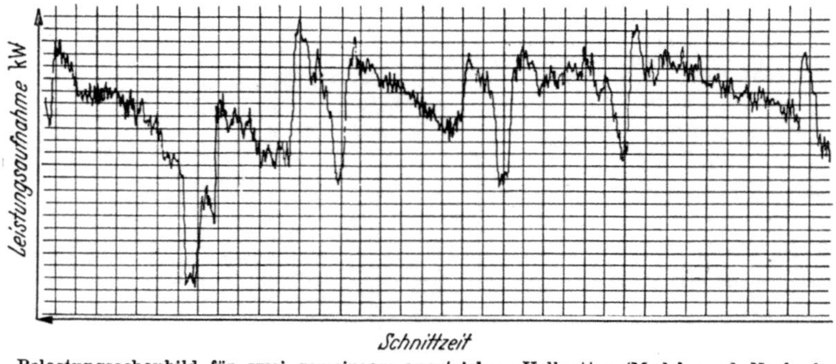

Bild 589. Belastungsschaubild für zwei gemeinsam angetriebene Vollgatter (Model- und Nachschnittgatter) Vorschub 28 mm/Hub, Einschnittbeginn am Zopf. (Nach B. Thunell.)

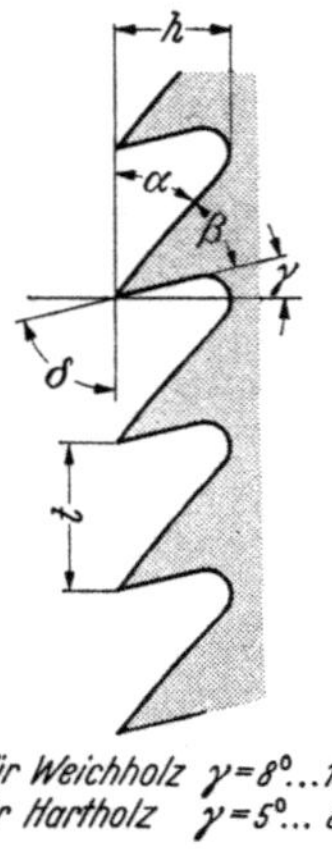

Bild 590. Bezeichnungen und Winkel am Gattersägeblatt. (Nach AWF.)

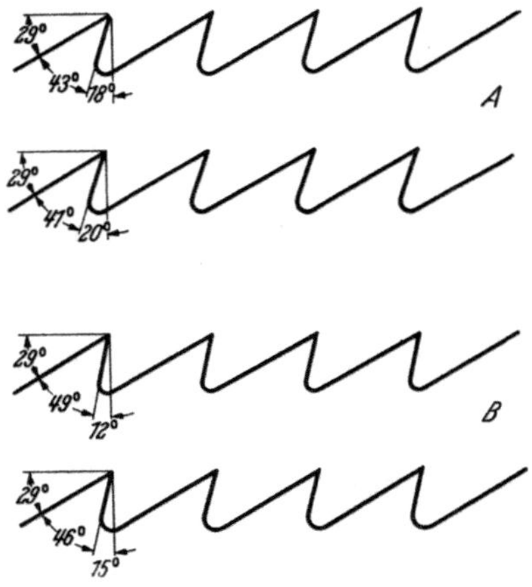

Bild 591. Zahnformen von Gattersägeblättern. (Nach D. Dominicus.) *A* zum Einschnitt von Weichholz, *B* zum Einschnitt von Hartholz.

Zahlentafel 89. *Richtwerte für Teilung und Zahnhöhe von Gattersägeblättern.*

Verwendung	Blattdicke *a* mm	Teilung *t* mm	Zahnhöhe *h* mm
Nachschneiden von Modeln (Prismen), Sägengeschwindigkeit 5,5 bis 6 m/s	1,6 bis 1,8	14 bis 18	12 bis 13
Nachschneiden von Modeln (Prismen), Sägengeschwindigkeit 4,5 bis 5,5 m/s, Rundschneiden von Holz bis 30 cm Durchmesser, Sägengeschwindigkeit über 5 m/s	1,8	18 bis 20	13
Vorschneiden und Rundschneiden von schwachem und mittelstarkem Holz bis 40 cm Durchmesser	1,8	20 bis 22	14
Vorschneiden und Rundschneiden von Holz mit 40 bis 50 cm Durchmesser	1,8 bis 2,0	25	16 bis 18
Vorschneiden und Rundschneiden von Holz über 50 cm Durchmesser	2,0 bis 2,4	30	18 bis 20

[1] Vgl. DIN 8803 Sägegatter, Gattersägeblätter (Mai 1943); AWF-Betriebsblatt 58 und 59.

Um mit Rücksicht auf die Schnittgüte die Spandicke nicht zu groß werden zu lassen, muß bei Gattersägeblättern eine verhältnismäßig kleine Zahnteilung gewählt werden. Da weiter auf die Zahnfestigkeit zu achten ist, kann nur ein beschränkter Spanraum geschaffen werden[1]. Im Hinblick auf das Späneräumen aus der Schnittfuge darf auch der Freiwinkel der abwechselnd in entgegengesetzter Richtung bewegten Gattersäge nicht zu klein (nicht unter etwa 32°) werden, da sonst der Auswurf der Späne erschwert wird. Ein zu kleiner Freiwinkel führt dazu, daß die Zähne beim Hochgang des Gatters schneepflugartig wirken und die Späne an den Schlitzboden schieben. Es ist aber auch unmöglich, den Keilwinkel zugunsten des Späneraums und eines vergrößerten Freiwinkels unter ein gewisses Maß (etwa 36°) zu verkleinern, da sonst die Zahnspitze deformiert wird oder sogar bricht.

Von B. Thunell[2] stammen Messungen über die Veränderung der Schnittarbeit eines Sägezahnes bei verschiedener Gestaltung. Dabei wurde Fichte mit 46% Feuchtigkeit gesägt und die Schnittkraft mittels eines Pendelapparats bestimmt. Die Blattdicke betrug 2 mm, die Schränkung 0,5 mm, die Teilung 25 mm, die Zahnhöhe 11,5 mm. Wie Bild 592 zeigt, nimmt die Schnittkraft mit wachsendem Spanwinkel ab; allerdings ist oberhalb eines Spanwinkels von 10° der Einfluß nur mehr geringfügig. Allgemein ist die Abhängigkeit der Schnittarbeit vom Spanwinkel bei größeren Vorschubgeschwindigkeiten stärker als bei kleineren. Es erwies sich bei diesen Versuchen auch, daß die Temperatur (im Bereich von —10 bis +20°C) die Schnittarbeit kaum beeinflußt.

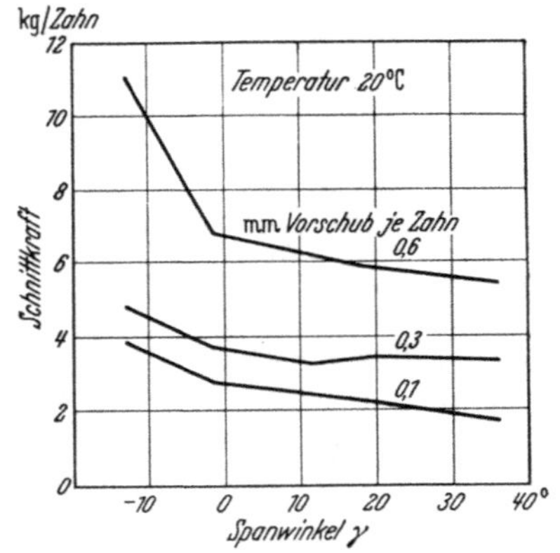

Bild 592. Abhängigkeit der Schnittkraft vom Spanwinkel beim Sägen von Fichtenholz ($u = 46\%$). (Nach B. Thunell.)

Die Zahnhöhe ist dadurch begrenzt, daß der Zahn genügend Widerstand gegen seitliches Federn behalten muß. Als Richtwert kann man etwa $h = (8 \text{ bis } 9)\, a$, wobei a = Blattdicke, wählen. Die Bandsäge verträgt demgegenüber ohne weiteres $h = 10\, a$. Trotz langen Suchens nach der besten Zahnform innerhalb der besprochenen Grenzen ergibt sich bei den Gattersägen kein so günstiges Größenverhältnis wie bei der weitgezahnten, nur in einer Richtung laufenden Bandsäge. Besonders bei großem Vorschub führt der unvermeidlich kleine Späneraum leicht zu erhöhten Reibungsverlusten und damit zu Wärmedehnungen und Spannungsminderung der Gattersägen.

Die Abmessungen von Gattersägeblättern nach DIN 8803 (Mai 1943) sind in Zahlentafel 89 zusammengestellt. Dünne Sägen unter 1,8 mm Blattdicke verlangen sehr gute Instandhaltung, tadellosen Schrank, sorgfältigen Einhang und verhältnismäßig kleinen Vorschub. Dem verringerten Schnittverlust steht also höherer Lohnaufwand gegenüber.

Unerläßlich ist, daß alle Zähne gleich lang sind und daß die Zahnspitzenlinie genau gerade ist. Für Erfüllung dieser Bedingung sorgen am besten selbsttätige Sägeschärfmaschinen, die etwa 70 Zähne je Minute schleifen. Auf gute Abrundung im Zahngrund ist zu achten, da sonst Risse entstehen. Noch nicht

[1] Biermann, O.: Holz als Roh- und Werkstoff Bd. 5 (1942) S. 275.

[2] Thunell, B.: Några rön från undersökningar av ramsågar, Svenska Träforskningsinstitutet, Träetekniska avdelningen, Medd. 16 B, Stockholm, Dezember 1950.

Zahlentafel 90. *Abmessungen von Gattersägeblättern nach DIN 8803.*
Bezeichnung eines Gattersägeblattes Form A von Länge l = 1085 mm . . .[1]
Gattersägeblatt A 1085 DIN 8803 . . .[1].

Länge l				Breite b	Dicke a			Ungezahnte Kopflänge			
für genormte Gatter nach DIN 8801			für ungenormte Gatter		Regeldicke	Überdicke[2]	Unterdicke	oben f_1		unten f_2 Größtmaß[3]	
A gelocht	B beleistet	für Gattergröße						A gelocht	B beleistet	A gelocht	B beleistet
1085	1045	45	bis 1250	120	1,6	1,8	1,4 u. 1,2	120	100	165	145
1245	1205	56									
1455	1415	71	über 1250 bis 1500	140	1,8	2,0	1,6	120	100	175	155
1695	1655	85	über 1500 bis 1750	140	2,0	2,2	1,8	120	100	175	155

Zahnteilung t	Zahnhöhe h zul. Abw. ± 1 mm
18	9
22	12
25	14,5
28	17

Spanwinkel γ	Keilwinkel β
18° für Weich- und Hartholz	40°
12° für Hartholz	44°

[1] Anzahl, Durchmesser, Lage der Nietlöcher und Lochvorhang sind bei Bestellung anzugeben, ferner gegebenenfalls Abweichungen von den Regelwerten, und zwar:

1. Dicke a (Überdicke oder Unterdicke)
2. Zahnteilung t (18, 25 oder 28)
3. Spanwinkel γ (12°)
4. Breite und Dicke der Leisten
5. Ungezahnte Kopflänge oben f_1 und unten f_2.

Werkstoff: Sägeblatt nach DIN 5134 Blatt 1
Beleistung und Leistenniete: St 60.11

Technische Lieferbedingungen nach DIN 5134 Blatt 3.

[2] Die Überdicke ist bestimmt für Hochgebirgsholz und zum Schneiden von Eisenbahnschwellen.

[3] f_2 ist soweit gegenüber dem Größtmaß zu verkleinern, daß der unterste Zahn seine volle Höhe erreicht. Wird bei Bestellung nur die Länge l angegeben, so gelten für Dicke, Zahnteilung, Zahnhöhe und Spanwinkel die durch Fettdruck hervorgehobenen Regelwerte.
Für die übrigen Abmessungen sind im Regelfall die obigen Bilder maßgebend.

einwandfrei geklärt ist die Schliffart. Im allgemeinen wird Geradschliff (Bild 593a) gewählt. Bei sehr guter Blattzurichtung ist schwacher Schrägschliff (Bild 593b) mit einem Anschrägwinkel von 8 bis 10° empfehlenswert, da sich die seitlichen Schneidekanten der Zähne weniger abnützen und infolge des schrägen Schnittdrucks der Schrank besser gehalten wird. Die günstigste Schnittzeit beträgt bei großen Leistungen 2 bis 2,5 Stunden, höchstens 3 Stunden (vgl. Zahlentafel 87). Nach den Untersuchungen von Bues steigt der Leistungsbedarf mit größer werdender Teilung fast linear (Bild 594); bei der sehr großen Schnitthöhe von 48,8 cm verschob sich allerdings das Bild zugunsten der 22 mm Teilung. Die Ursache lag darin, daß die Zahnform des verwendeten Blattes mit 22 mm Teilung besonders günstig zur Aufnahme großer

Spanmengen war. Es erhellt daraus, welch große Bedeutung die Zahnlücken der Gattersägeblätter für die Leistung besitzen. Man kann theoretisch den Vorschub auf Grund des Fassungsvermögens der Zahnlücken unmittelbar berechnen[1]; nach K. Bues stimmen aber die Ergebnisse nur von ungefähr 20 cm Schnitthöhe an; unter 20 cm Schnitthöhe kann infolge der Einwirkung

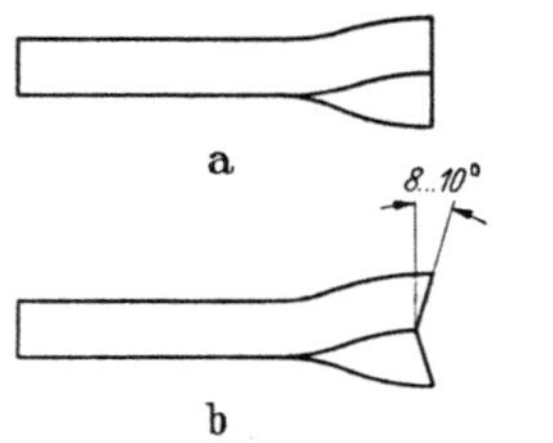

Bild 593. Schliffarten bei Gattersägeblättern a) Geradschliff, b) Schrägschliff.

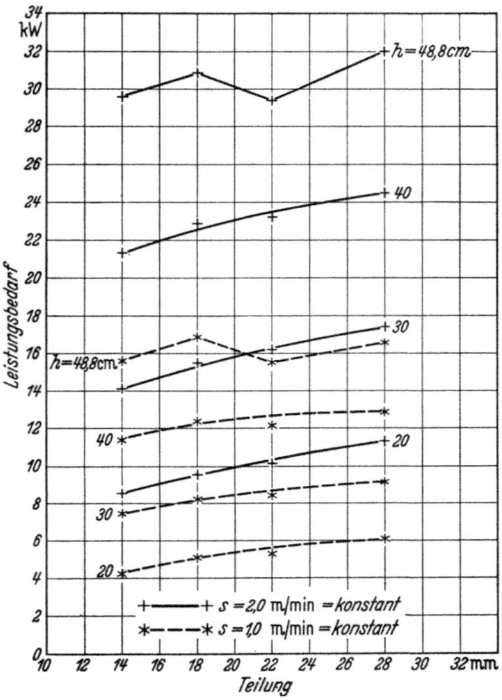

Bild 594. Zusammenhang zwischen Leistungsbedarf und Sägeblatteilung. (Nach K. Bues.)

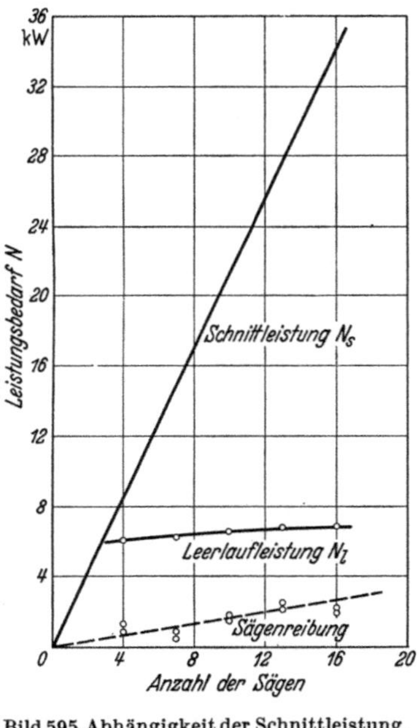

Bild 595. Abhängigkeit der Schnittleistung, Leerlaufleistung und Sägenreibung von der Sägenzahl. (Nach K. Bues.)

des Vorschubdruckes auf das Blatt die volle volumetrische Ausnützung der Blattverzahnung nicht erreicht werden.

Schnittleistung, Reibungsarbeit und Leerlaufleistung wachsen verhältnisgleich der Sägenzahl (Bild 595).

Die spezifische Schnittleistung, d. h. der Leistungsbedarf zur Erzeugung von 1 m² je Stunde bzw. der Arbeitsverbrauch je Quadratmeter, ist unabhängig von der Anzahl der schneidenden Sägen; es wurden für 4 bis 16 Sägen beim Einschnitt von Nadelholz im Mittel 0,0684 kWh/m² $\approx$ 0,093 PSh/m² gefunden oder je Pferdestärke und Stunde ungefähr 10 m² Schnittfläche. Allgemein gilt ferner, daß der spezifische Nutzarbeitsverbrauch um so kleiner wird, je größer der Vorschub und je kleiner die Zahnteilung ist; mit größer werdender Schnitthöhe und mit der Blattdicke steigt er an. Beim Schneiden von Brettern (Hobelware) ist der bezogene Nutzarbeitsverbrauch geringer als bei Bauholzschnitt.

[1] Vgl. K. Bues: Versuche an Gattersägen. Diss. T. H. München 1928, S. 77f; Hütte: Des Ingenieurs Taschenbuch Bd. II, 27. Aufl., Berlin 1949, S. 860.

811.242. Schränkung (Schrank). Die Schränkung, d. h. der einseitige Überstand eines Zahnes, soll bei Gattersägen im allgemeinen 0,4 bis 0,6 mm je nach der Dicke des Blattes, im Mittel etwa 0,5 mm, betragen. Die dünneren Blätter müssen dabei den größeren Schrank erhalten, jedoch sei erwähnt, daß im Gegensatz zu der in der Praxis vorherrschenden Ansicht, die Schränkung bei Gattersägen nur in ganz geringem Maße von der Blattdicke abhängig ist. Für breitere Sägen (160 bis 180 mm) sowie für feuchtes Holz empfiehlt sich größerer Schrank mit 0,7 bis 0,8 mm; bei Hartholz und gefrorenem Holz soll der Schrank um 0,1 bis 0,2 mm kleiner sein. Mit zunehmender Schränkung läßt sich ein größerer Vorschub erzielen, jedoch nur bis zu einem gewissen Grade, worauf schon W. Kankelwitz[1] aufmerksam gemacht hatte.

Auf die Schnittleistung übt die Größe des Schrankes einen wichtigen Einfluß aus. Man ersieht aus dem von K. Bues stammenden Bild 596, daß für die verschiedenen Blattdicken mit zunehmendem Schrank die Leistung zunächst abfällt, um dann aber nach Erreichen eines Tiefstwertes wieder anzusteigen. Dieser Tiefstwert liegt für Blattdicke 1,4 mm bei 0,5 mm, für Blattdicke 2,0 bei 0,6 bis 0,7 mm. Zu

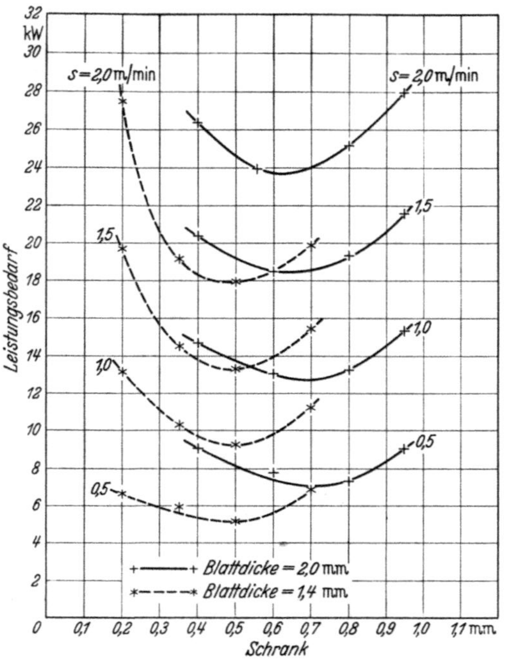

Bild 596. Abhängigkeit der Schnittleistung vom Schrank für verschiedene Blattdicken und Vorschubgeschwindigkeiten. (Nach K. Bues.)

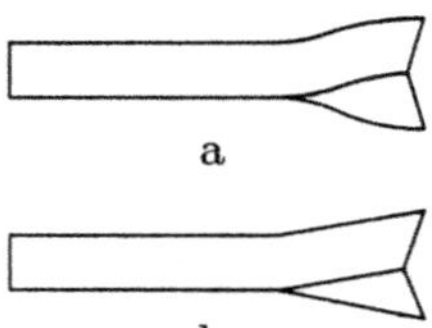

Bild 597. Schrankformen, a Drehschrank, b Biegeschrank. (Nach AWF.)

ähnlichen Ergebnissen ist auch M. Meyer bei seinen Untersuchungen an Kreissägen[2] gelangt, der bereits die Erklärung für den hohlrunden Verlauf der Kurve gab. Es ist oben schon erwähnt worden, daß die mechanische Leistung beim Schnitt erstens zur Zerspanung des Holzes und zweitens zur Überwindung der Reibung von Blatt und Zahnflanke in der Schnittfuge verbraucht wird. Bei kleinem Schrank (also auch kleiner Schnittbreite) ist die Zerspanungsarbeit klein, die Reibungsarbeit hingegen sehr bedeutend, da große Teile der Zahnflächen an den Schnittflächen reiben. Wird der Schrank vergrößert, so wächst die Zerspanungsarbeit etwa verhältnisgleich der Schnittbreite, die Reibungsarbeit aber nimmt rasch ab und nähert sich einem gleichbleibenden Wert. Die Kurve muß also ein Minimum durchlaufen. Bemerkenswert ist, daß

[1] Kankelwitz, W.: Z. VDI Bd. 6 (1862) S. 270.

[2] Meyer, M.: Untersuchungen über die den Zerspanungsvorgang mittels Holzkreissägen beeinflussenden Faktoren. Ausgewählte Arbeiten des Lehrstuhles für Betriebswissenschaften in Dresden, Bd. 3, S. 90f., Berlin 1926.

der Schrank in Bezug auf den geringsten Leistungsbedarf vom Vorschub (Bild 596) und von der Schnitthöhe unabhängig ist.

Die Schränkung soll möglichst nach Bild 597a und nicht nach Bild 597b durchgeführt werden, da Schrank nach 597a besser hält und glatteren Schnitt liefert. Die Blätter sind vor dem Schleifen zu schränken und nach dem Schleifen mit einer Lehre auf gleichen Schrank nachzuprüfen; die Fehlergrenze ist 0,05 mm. Ausgebogen werden soll beim Schränken nur das obere Drittel des Zahnes, da bei tieferem Schrank die Genauigkeit sinkt und der Zahngrund überbeansprucht wird.

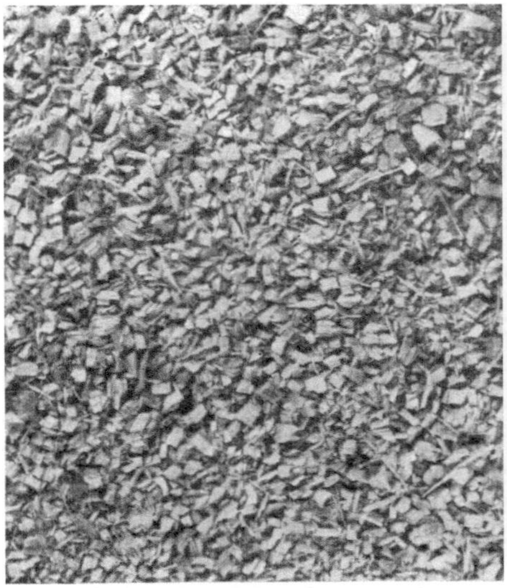

Bild 598.
Sägespäne beim Weichholzeinschnitt mit gestauchten Sägeblättern, Arbeitsbeginn. (Phot. B. Thunell.)

Bild 599.
Sägespäne beim Weichholzeinschnitt mit gestauchten Sägeblättern, Arbeitsschluß. (Phot. B. Thunell.)

Die Versuche, das Schränken der Gattersägenzähne durch Stauchen zu ersetzen, haben eine Überlegenheit des letzteren bisher auf breiter Grundlage nicht ergeben. Das gestauchte Blatt muß in jedem Fall aus besonders zähem Material hergestellt sein. Bei einem Probesägen in Schweden[1] stellte sich folgendes heraus:

1. Im Leistungsverbrauch besteht zwischen gestauchten und geschränkten Blättern kein Unterschied.

2. Die gestauchten Blätter weisen eine geringere Temperaturzunahme beim Schnitt auf als die geschränkten, aber sie sind empfindlicher gegen Störungen, z. B. schiefes Einspannen.

3. Die Schnittfugenbreite der gestauchten Blätter verringert sich beim Gebrauch (z. B. beim Einschnitt von rund 4700 m^3 Rundholz mit 16,5 cm Durchmesser um 0,1 mm).

4. Ein gestauchtes Sägeblatt liefert bei gleicher Schnittfugenbreite etwa 9,5% mehr Sägespäne (in Festmaß) als ein geschränktes. Zurückzuführen ist dies auf den größeren Anteil von kubischen Sägespänen (Bild 598 und 599). Die Späne von geschränkten Blättern sind mehr nadelförmig (Bild 600).

[1] Thunell, B.: Provsågning vid korsnäsverken våren 1951, Svenska Träforskningsinstitutet, Trätekniska avdelningen, Medd. 21 B, Stockholm 1951.

5. Hinsichtlich der Ausbeute besteht zwischen gestauchten und geschränkten verchromten Sägeblättern kein nennenswerter Unterschied. Unverchromte Blätter ergeben hingegen, da der Anteil der Sägefehler größer ist, eine schlechtere Ausbeute (Zahlentafel 91).

Zahlentafel 91. *Ausbeute beim Einschnitt von Holz in schwedischen Sägewerken.* (*Nach B. Thunell.*)

Blatt-Type	Schnittholzausbeute %	Hackschnitzel %	Sägespäne %	Summe %
Gestaucht	58,72	30,81	11,09	100,62
Geschränkt . . . . verchromt.	58,94	30,93	10,78	100,65
Geschränkt . . . . unverchromt . . .	56,52	32,38	10,09	98,99

811.243. Werkstoff, Verchromung, Gewicht. Die große Leistung der Vollgatter stellt sehr hohe Anforderungen an die Güte der Sägeblätter. Verwendet wird erstklassiger Tiegelgußstahl oder Elektrostahl mit 0,80 bis 0,90% Kohlenstoffgehalt; der Phosphor- und Schwefelgehalt darf zusammen 0,025% nicht übersteigen. Der Mangangehalt beträgt bei diesen Stählen in der Regel etwa 0,60, der Siliciumgehalt zwischen 0,25 und 0,35%. Für Höchstleistungen können mit Chromvanadium legierte Sonderstähle wirtschaftlich sein. Bezüglich der Werkstoffe und Werkstoffgüte ist auch auf DIN 5134 (Juni 1947) Bezug zu nehmen. Sehr wichtig ist bei Sägestählen ein regelmäßiges Gefüge ohne größere Zementitinseln und ohne nichtmetallische Einschlüsse; metallographische Untersuchungen können darüber Aufschluß geben[1]. Wesentlich ist auch eine richtige Wärmebehandlung der Blätter.

Bild 600. Sägespäne beim Weichholzeinschnitt mit geschränkten Sägeblättern. (Photo. B. Thunell.)

Die Härte[2] der Gattersägeblätter ist nach DIN 5134, Blatt 3 (Nov. 1946) an mindestens fünf Stellen innerhalb der gezahnten Länge festzustellen. Die Härte muß betragen:

	in der Güte A	in der Güte B
HR_c =	46 bis 52	43 bis 51
	das entspricht etwa	
HB =	430 bis 510	400 bis 500 kg/mm²

[1] Graf, O.: Silva Bd. 15 (1927) S. 169.

[2] Bues, K.: Versuche an Gattersägen, Diss. T. H. München 1928. — Vgl. auch E. G. Strehlke: Die Methodik des Sägeversuchs, Diss. Forstl. Hochsch. Eberswalde 1929, S. 55.

Je nach Art des Werkstoffes und der Blattdicke wird der untere oder obere Bereich der Härtegrenzen ausgenutzt. Dünnere Sägeblätter haben höhere Härten als dickere; Sägeblätter aus Elektrostahl höhere Härten als Sägeblätter aus Tiegelstahl. Bei der Güte A dürfen innerhalb der gezahnten Länge des Blatts die Härteunterschiede $HR_c = 4$, das entspricht etwa $HB = 40$ kg/mm², nicht überschreiten, wobei jedoch die Grenzen der angegebenen Härte an allen Stellen eingehalten werden müssen.

Zahlentafel 92.
Härte von schwedischen Gattersägeblättern. (Nach B. Thunell.)

Fabrikat	HR_c	HB
A	48	410
B geschränkt	47	400
C	45,5	380
D	45,0	370
E gestaucht .	39,0	330

Zahlentafel 91 gibt die Ergebnisse einiger Härtemessungen an schwedischem Gattersägeblättern durch B. Thunell[1] wieder. Zu beachten ist der große Härteunterschied des geschränkten und des gestauchten Sägeblatts.

In Skandinavien sind in der Sägeindustrie hartverchromte Gattersägeblätter im Vormarsch begriffen. Wie schon aus Zahlentafel 91 entnommen werden konnte, ist die Ausbeute bei der Verwendung verchromter geschränkter Sägeblätter größer als bei unverchromten. Der auf der Brustseite verchromte Stahl weist ein günstigeres Verschleißbild als der unverchromte auf, offenbar bildet also das Verchromen einen gewissen Schutz für die Brustseite des Werkzeuges[2]. Außerdem hat die Verchromung die sehr wichtige Aufgabe, eine Korrosion des Blattes zu verhindern. Korrodierte Blätter haben eine geringere Festigkeit und lassen sich nicht mehr ordnungsgemäß schleifen. Die Chromschicht muß aber ohne jegliche Fehlstellen sein. Prüfung der Verchromung mit der Lupe ist deshalb nötig. Die Blätterkosten erhöhen sich durch das Verchromen um etwa 20%[3].

Das Gewicht der Blätter läßt sich angenähert berechnen zu: Gewicht [kg] = Länge [dcm] · Breite [dcm] · Dicke [dcm] · 7,85 [kg/dcm³]. Die Oberangeln wiegen durchschnittlich 2,3 kg je Stück, die Unterangeln 1,5 kg und die Leisten etwa 0,5 kg. Das Gesamtgewicht eines eingehängten Blattes ergibt sich im Durchschnitt zu 6,4 kg.

811.244 Einspannkraft, Erwärmung und Beanspruchung der Gattersägeblätter[4]. 811.244.1 *Einspannkraft und Blattspannung von Gattersägeblättern.* Ebene Schnittflächen lassen sich nur erzeugen, wenn die Sägeblätter im Gatterrahmen auch bei der Arbeitstemperatur hinreichende Zugspannung aufweisen. Nach O. Biermann[5] ergaben Messungen mit geeichter Schraubenfeder bei guter Spannungsverteilung im Sägeblatt 12 bis 15 kg/mm². B. Thunell[2] nennt als Einspannkraft 7 bis 8 t bei einem Sägeblatt von 1,9 mm Dicke und 160 mm Breite. Daraus errechnen sich Spannungen von etwa 23 bis 26 kg/mm². Tatsächlich ist es nicht möglich, für die Sägeblattspannung einen festen Richtwert anzugeben, vielmehr muß sie dem jeweiligen Schnittvorhaben angepaßt werden. H. Marschner[6] beschrieb ein einfaches Verfahren, um die Blattspannung eines gezahnten Sägeblattes im Betrieb zu messen. Von zwei richtig eingespannten Sägeblättern wird das eine in der

---

[1] Thunell, B.: Några rön från undersökningar av ramsågar, Svenska Träforskningsinstitutet, Trätekniska avdelningen, Medd. 16B, Stockholm, Dez. 1950.
[2] Thunell, B.: Holz als Roh- und Werkstoff Bd. 9 (1951) S. 11.
[3] Kollmann, F.: Holzprobleme in Schweden, Stuttgart 1951, S. 50.
[4] Kollmann, F.: Holz als Roh- und Werkstoff Bd. 11 (1953) S. 156.
[5] Biermann, O.: Holz als Roh- und Werkstoff Bd. 5 (1942) S. 390.
[6] Marschner, H.: Holz als Roh- und Werkstoff Bd. 5 (1942) S. 427.

Mitte durch eine Kraft P' gebogen, wobei die seitliche Ausbiegung δ zu bestimmen ist. Aus der Ähnlichkeit des Kräftedreiecks und des Kraftliniendreiecks (Bild 601) folgt:

$$P_e = \frac{P' \cdot L}{4 \cdot \delta} \text{ [kg]}, \qquad (51)$$

wenn P_e die Einspannkraft in [kg], L die Länge des Sägeblatts in [mm] und δ die Ausbiegung in [mm] sind. Ausgehend von einer empirischen Formel, die H. Fischer[1] schon im Jahre 1905 für die überschlägige Berechnung der Blattspannung angegeben hat, läßt sich in Anlehnung an die Gedankengänge von H. Marschner nachstehende Formel entwickeln:

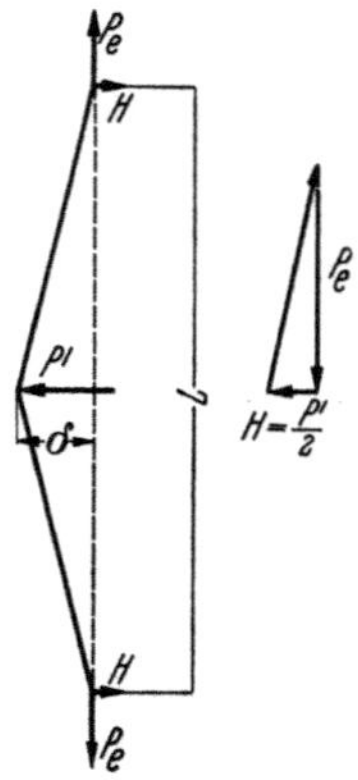

Bild 601. Graphische Ermittlung der Einspannkraft von Gattersägeblättern. (Nach H. Marschner.)

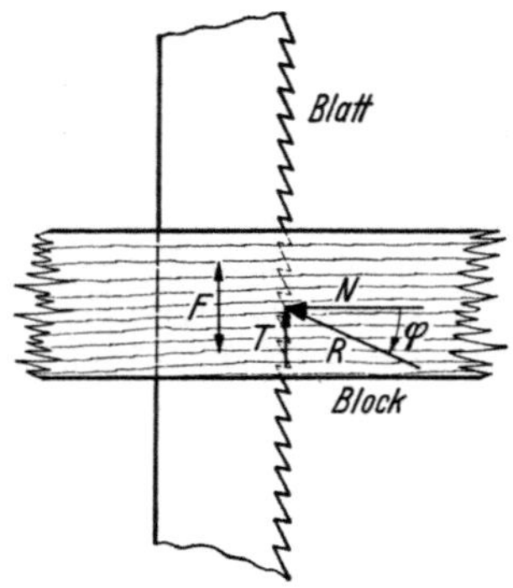

Bild 602. Auf das Sägeblatt wirkende Kräfte. (Nach B. Thunell.)

$$P_e = (0{,}744 \cdot a^2 + 0{,}165 \cdot a^2 \cdot N) \cdot L \text{ [kg]}, \qquad (52)$$

worin a die Blattdicke in [mm], N der Schnittleistungsverbrauch je Sägeblatt in [PS] und L wieder die freie Sägelänge in [mm] sind.

Während des Leerlaufs erfährt die Spannung im Sägeblatt durch die Massenkräfte eine Veränderung, und zwar überlagern sich unmittelbar die durch die eigenen Massenkräfte des Blatts erzeugten Spannungen, mittelbar die sich aus der Rahmendeformation (durch dessen Massenkräfte) ergebenden Beanspruchungen. Eine Berechnung dieser Kräfte ist ausgeschlossen, jedoch gelingt die Messung mittels aufgeleimter Drahtdehnungsmesser (B. Thunell). Die auf diese Weise bestimmte zusätzliche Spannung im Leerlauf ist als Kurve F° aus Bild 573 zu entnehmen. Man sieht beispielsweise, daß die größte durch Massenkräfte im Blatt hervorgerufene Beanspruchung 360 kg waren.

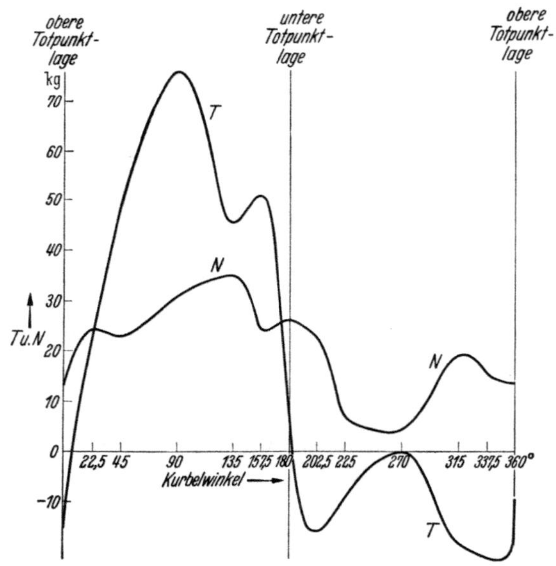

Bild 603.
Verlauf der Blockkraft N ⊥ zum Sägeblatt und der Blockkraft T ∥ zur Zahnspitzenlinie in Abhängigkeit vom Kurbelwinkel, 4"/Model, Vorschub 30 mm/Hub, Kiefernholz. (Nach B. Thunell.)

Beim Schnitt wirken nun weiter Schnittkräfte auf das Sägeblatt ein. Bild 602 zeigt schematisch, welche Kräfte angreifen. Den Verlauf der Schnitt-

[1] Fischer, H.: Die Werkzeugmaschinen für Holzbearbeitung, Berlin 1905.

kraft-Resultierenden R hat B. Thunell[1] experimentell bestimmt. Aus Bild 603 und 604 ist folgendes zu entnehmen: Zu Beginn des Hubs steigen die Schnittkräfte mit steigender Schnittgeschwindigkeit rasch an. Bei einem Kurbelwinkel von etwa 90° sind die Schnittgeschwindigkeit wie auch die Schnittkräfte am größten. Danach nimmt die Schnittkraft ebenso wie die Schnittgeschwindigkeit ab; nach Wenden des Sägerahmens bei 180° nimmt die Schnittkraft-Resultierende wieder etwas zu, um schließlich zu einem Minimum bei etwa 270° abzufallen. Aus der Richtungskurve der Resultierenden ist zu entnehmen, daß die Kraft beim Aufgang des Sägeblatts gegen den Zahnrücken wirkt. Dadurch entstehen viele kritische Gebiete. Natürlich ändert sich der Kurvenverlauf von Schnitt zu Schnitt, insbesondere können Äste, Druckholz oder Drehwuchs sehr viel höhere Schnittkräfte bedingen. Zu beachten bleibt

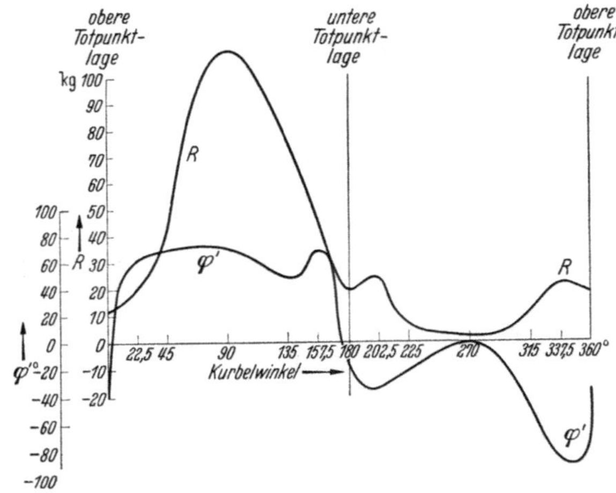

Bild 604. Verlauf der Blockkraft-Resultante R und ihrer Richtung zur Horizontalebene in Abhängigkeit vom Kurbelwinkel, 4''/Model, Vorschub 30 mm/Hub, Kiefernholz. (Nach B. Thunell.)

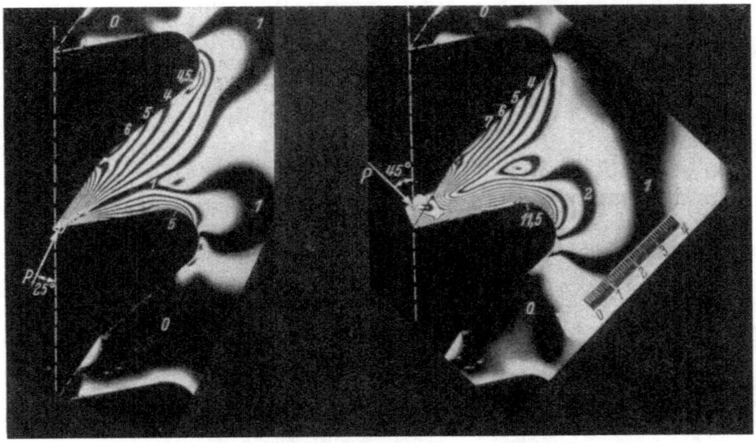

a b

Bild 605. Isochromaten bei Belastung der Sägezahnspitze mit Druck a 65° unter der Horizontalebene, b 45° über der Horizontalebene. (Nach B. Thunell.)

aber, daß der Sägeprozeß in wesentlich geringerem Maße zum Kräftespiel beiträgt als die Massenkräfte. Grob gerechnet kann man sagen, daß die Schnittkräfte nur etwa ein Drittel der Massenkräfte betragen.

Die Spannungsverteilung in einzelnen Zähnen haben B. Thunell und R. Hiltscher[2] spannungsoptisch an vergrößerten Sägeblattmodellen aus

[1] Thunell, B.: Holz als Roh- und Werkstoff Bd. 9 (1951) S. 11.
[2] Thunell, B., u. R. Hiltscher: Holz als Roh- und Werkstoff Bd. 9 (1951) S. 232.

Phenolharz untersucht. In Bild 605 sind die zwei wichtigsten Belastungsfälle gezeigt mit einer Druckkraft 65° unter der (Rahmenniedergang) und 45° über der waagerechten Ebene (Rahmenaufgang).

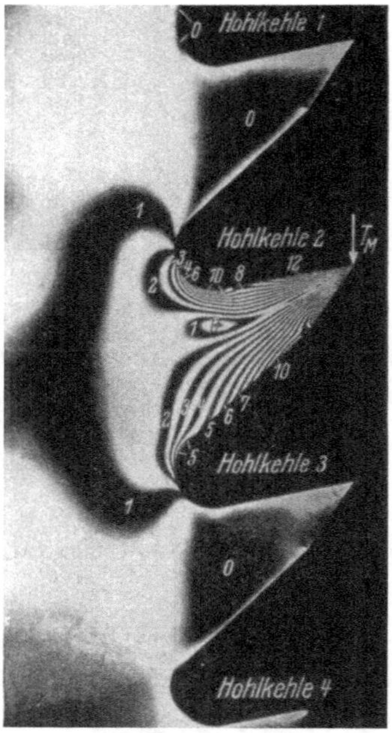

Bild 606. Isochromaten für Belastung der Sägezahnspitze durch die Schnittkraft *T*. (Nach B. Thunell u. R. Hiltscher.)

Für die Belastung durch die Schnittkraft *T* wurden die in Bild 606 gezeichneten Isochromaten erhalten. Man sieht, daß der Einfluß der örtlichen Zahnspannungen sich sehr weit in das Blatt hinein erstreckt und daß die zusätzlichen Biegespannungen relativ sehr klein sind. Die Isochromatenbilder für Belastung der Zahnspitze durch die Vorschubkraft sind in Bild 607 dargestellt. Die Isochromaten für Vorspannung lieferte ein Zugversuch (Bild 608). Die Auswertung der Isochromatenbilder unter Berücksichtigung des spannungsoptischen Effekts, der Einflußwerte aus den Modellversuchen und der Kerbspannungslehre führt zu einer Gleichung für die Spannungsverteilung längs der Hohlkehle des Zahnzwischenraums für verschiedene Kurbelwinkel. Die Ergebnisse zeigt Bild 609; innerhalb des schraffierten Bereichs variieren die Spannungen während einer Schlagperiode. Die konstante Vorspannung hat unter allen Spannungskomponenten den größten Einfluß. Das Maximum mit $\sigma_K = +56{,}8\,\text{kg/mm}^2$ liegt praktisch im Kerbgrund (genau 0,2 mm rechts davon). Es ist günstig, daß diese Beanspruchung nahezu statisch ist. Die maximale Spannung tritt für den Kurbelwinkel $\varphi = 337{,}5°$ auf. Zu beiden Seiten des Maximums fällt die Randspannung stark ab gegen Null. Das heißt, daß die Vorspannung sich schon in geringer Entfernung zu beiden Seiten des Kerbgrundes nicht mehr auswirkt und die Zähne im Ruhestand nahezu spannungslos sind. Die Abhängigkeit der Spannung vom Periodenwinkel ist für die Punkte *A*, *B* und *C* in Bild 610 aufgezeichnet. Das schon aus Bild 609 ersichtliche Maximum der Spannung im Punkt *B* für $\varphi = 237{,}5°$ ist erkennbar. Bei $\varphi = 90°$ erreicht die Spannung im Punkt *A* ein Minimum, im Punkt *C* gleichzeitig ein Maximum offensichtlich als Folge des dort auftretenden Größtwertes der Schnittkraft *T*. Die den Untersuchungen zugrunde liegenden Daten werden sich von Fall zu Fall ändern (z. B. die Blattbreite, Blockhöhe und Zahl der eingespannten Blätter). Diese Veränderungen beeinflussen aber das Gesamtergebnis wenig. Auch die Vorspannung wird wechseln, aber immer domi-

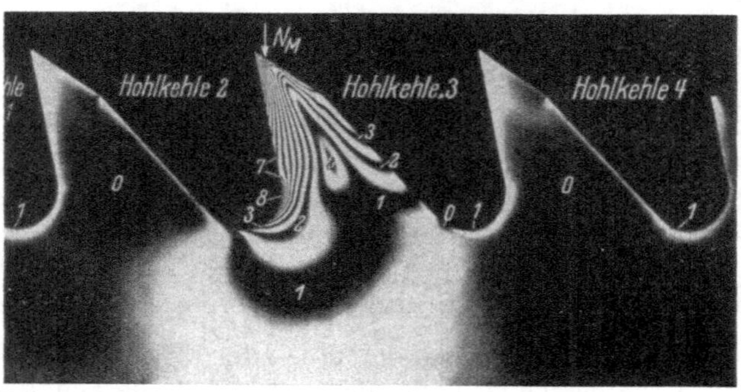

Bild 607. Isochromaten für Belastung der Sägezahnspitze durch die Vorschubkraft *N*. (Nach B. Thunell u. R. Hiltscher.)

nieren. Eine Veränderung des Hohlkehlenradius kann diese größte Spannungskomponente erheblich beeinflussen. Hier bietet sich ein Weg zur Formverbesserung, z. B. durch Verwendung von elliptischen Hohlkehlen. Anderseits sieht man, wie gefährlich Schleiffehler und Verletzungen der Kante im Kerbgrund für das Blatt sein müssen. Eine statistische Erhebung über die Lage des Bruchs im Zahnzwischenraum von Gattersägeblättern hat die Ergebnisse der spannungsoptischen Untersuchung weitgehend bestätigt.

811.244.2 *Erwärmung und Spannungsminderung der Sägeblätter im Betrieb.* Je größer die Schnittleistung beim Schnittvorgang ist, desto mehr Reibungswärme wird gebildet. Die Erwärmung des Sägeblattes ist deshalb vom Schnittvorgang nicht wegzudenken. Die in der Praxis in Gattersägeblättern auftretenden Temperatursteigerungen zeigt Bild 611. Die Kurven stellen Mittelwerte aus größeren Versuchsreihen dar. Im allgemeinen wurden die Temperaturmessungen an den Zahnspitzen, am Zahnfuß, in der Mitte und an der Rückseite des Sägeblatts durchgeführt. Es ergab sich, daß bei

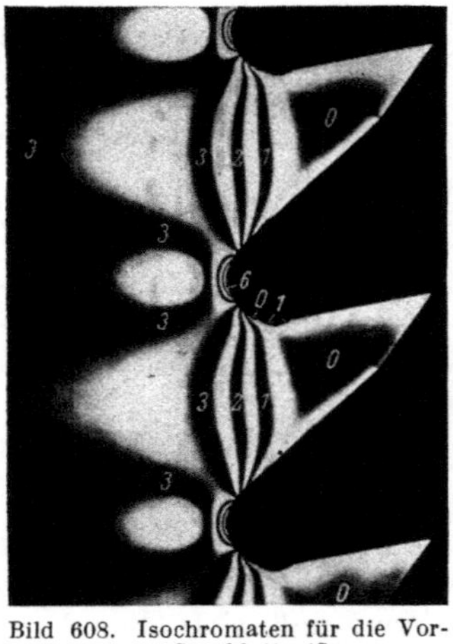

Bild 608. Isochromaten für die Vorspannung im Sägeblatt. (Spannungserhöhung längs der gezahnten Kante, gleichmäßig verteilte Spannung im Blattinnern. (Nach B. Thunell u. R. Hiltscher.)

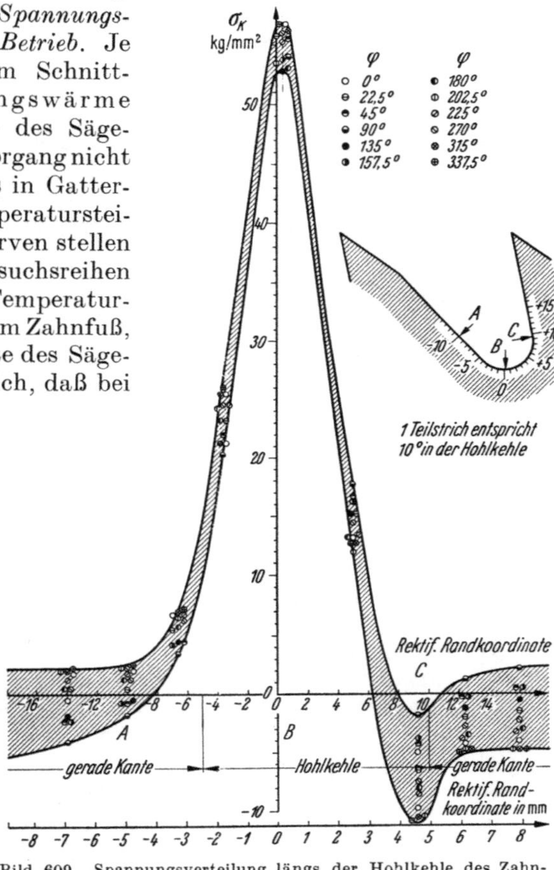

Bild 609. Spannungsverteilung längs der Hohlkehle des Zahnzwischenraums für verschiedene Kurbelwinkel φ. (Nach B. Thunell u. R. Hiltscher.)

Anwendung völlig gleicher Sägeblätter im Gatterrahmen die in der Mitte liegenden Sägeblätter die größte Temperatursteigerung aufweisen. Diese Erscheinung beruhte bei den von B. Thunell ausgeführten Messungen darauf, daß sich hinter den beiden außenliegenden Sägeblättern zwei Teilungsmesser befanden, welche die Seitenbretter vom Mittelteil abtrennten. Teilungsmesser tragen dazu bei, daß das Schnittholz nicht an der Rückseite des Sägeblatts schleifen kann. Zwischen Zahn- und Rückenkante des Sägeblatts ergeben sich Temperaturunterschiede von 15° C, wobei die höchste Temperatur an der Blattrückseite auftritt. Bei verschiedenen Schränkmaßen erhält man die größte Temperatursteigerung bei den kleinsten Schränkungen.

Der Erwärmung des Sägeblatts entspricht eine **Wärmedehnung**, durch die sich die elastische Dehnung des Sägeblatts infolge der Einspannkraft vermindert. Bezeichnet man t_e als Einspanntemperatur und t_a als Arbeitstemperatur, so ergibt sich infolge der Arbeitsleistung ein Temperaturgefälle $\Delta t = t_a - t_e$. Multipliziert man dieses Temperaturgefälle mit der linearen Wärmeausdehnungszahl a_w (für Sägeblattstahl $11{,}6 \cdot 10^{-6}$), so erhält man die Wärmedehnung ε_w des Sägeblatts. Dieser Wärmedehnung muß die Spannungsminderung $\Delta\sigma$ nach dem Hookeschen Gesetz proportional sein:

$$\varepsilon_w = a_w \cdot \Delta t = -\frac{\Delta\sigma}{E_z}, \qquad (53)$$

worin E_z der Elastizitätsmodul des Sägeblattstahls bei Zug ($E_z = 2{,}09 \cdot 10^6$ kg/cm²) ist. Daraus ergibt sich die Differentialgleichung des thermischen Spannungsabfalls zu

$$\frac{d\sigma}{d\,t} = -a_w \cdot E_z = \text{const.} \qquad (54)$$

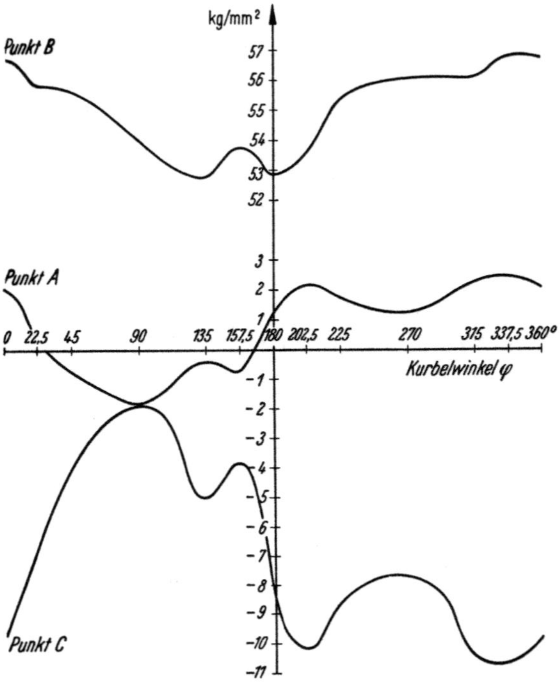

Bild 610. Spannung in den Randpunkten A, B und C (s. Lagebild in Bild 609) in Abhängigkeit vom Kurbelwinkel φ. (Nach B. Thunell u. R. Hiltscher.)

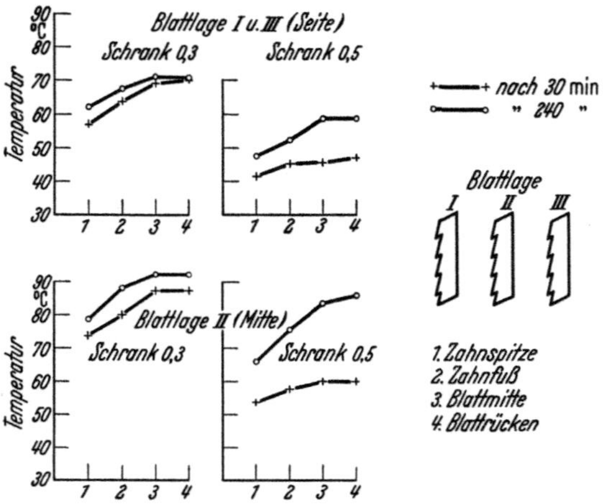

Bild 611. Erwärmung von Gattersägeblättern beim Schneiden von Kiefernholz. (Nach B. Thunell.)

Mit den obengenannten Materialkonstanten für Sägeblattstahl errechnet sich nach H. Marschner

$$\frac{d\sigma}{dt} = -\frac{11{,}6 \cdot 2{,}09 \cdot 10^6}{10^7} = -24{,}2 \approx 24.$$

Physikalisch läßt sich dies so deuten, daß sich die Sägeblattspannung je 1° C Temperaturzunahme um rund 24 kg/cm² vermindert. Wählt man die Blattspannung als Ordinate, die Temperatursteigerung des Blattes als Abszisse, so erhält man als Spannungscharakteristik eine Schar von Geraden (Bild 612). Ihre Schnittpunkte mit der Abszisse geben jene maximalen Temperaturdifferenzen an, für welche die elastisch gespannten Sägeblätter gerade spannungsfrei werden; $\Delta t_{\max}$ kann man somit auch als Verlauf-Temperaturunterschied bezeichnen. Die Spannungscharakteristik gemäß Bild 612 gilt nur für Gattersägeblätter; Bandsägeblätter werden durch Gewichtsbelastung gespannt. Bei ihnen ergibt sich $\sigma = \text{const.}$, d. h. $\frac{d\sigma}{dt} = 0$. Die Spannungscharakteristik ist durch eine Schar von Parallelen zur Abszisse gegeben.

811.244.3 *Mechanische Spannvorrichtungen.* Ein Gattersägeblatt hat erst dann seine volle Betriebsspannung, wenn im kalten Zustand eine gewisse elastische Beanspruchung erreicht ist. O. Biermann[1] gibt dafür eine Dehnung von 0,75‰ an. Mit den eingangs erwähnten Zahlen kommt man zu einer Schwankung von 0,6 bis 1,3‰. Wie aus Bild 611 abzulesen und aus praktischen Beobachtungen bekannt ist, tritt durch die Scher- und Schneidarbeit sowie die seitliche Blattreibung in der Schnittfuge je nach der Außentemperatur eine Temperaturerhöhung der mittleren Gattersägeblätter um zusätzliche 50 bis 90°C ein. Die Folge ist eine Wärmedehnung von rund 0,6 bis 1,0‰. Man sieht also, daß durch die Wärmedehnung die elastische Zugspannung im Blatt ganz oder teilweise aufgehoben werden kann. Das Sägeblatt hält dann dem Schnittwiderstand nicht mehr stand, es verläuft, die Schnittgeschwindigkeit leidet.

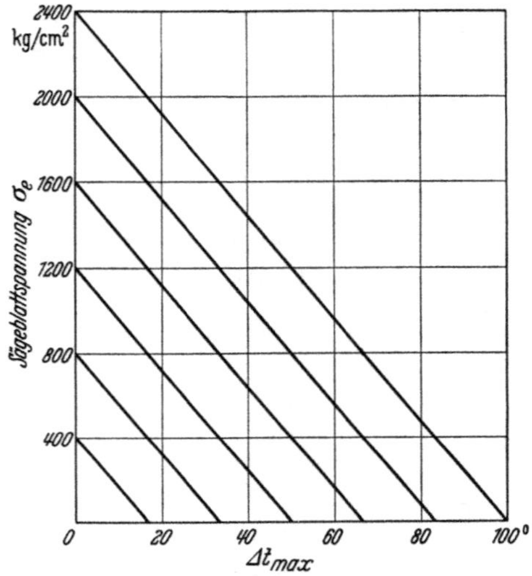

Bild 612.
Spannungscharakteristik von Gattersägeblättern.

Der Gatterführer muß in diesem Fall das Gatter zunächst stillegen und dann die durch die Wärmedehnung gelängten Sägeblätter nachspannen. Bild 613 zeigt die üblichen mechanischen Angelsysteme, bei denen das Spannen entweder mittels eines Keils oder eines Exzenters oder durch Schraubenanzug erfolgt. Die Keilangel erlaubt dabei eine feinere Anpassung der Sägeblattspannung an Schnittvorhaben und Sägeblattanzahl, da bei ihr zwei voneinander unabhängige Faktoren auf die Spannung einwirken: das Gewicht des Spannhammers und der Spannschlag.

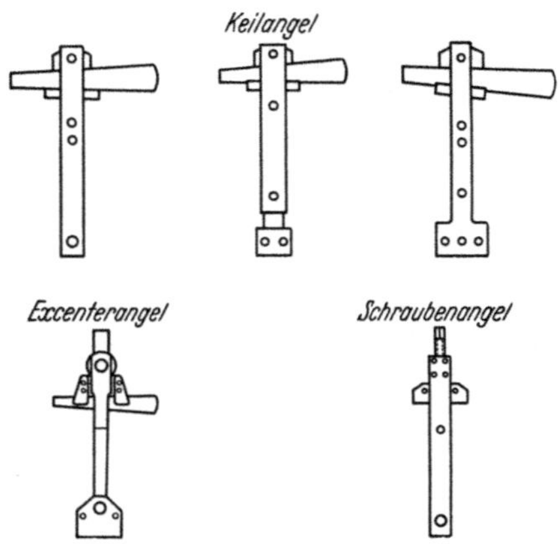

Bild 613.
Mechanische Angelsysteme für Vollgatter-Sägeblätter.

Trotzdem erzeugt jede mechanische Angel eine Einzelspannung der im Rahmen eingehängten Sägeblätter. Dies führt zwangläufig zu einer ungleichmäßigen Belastung des Gatterrahmens. Mit der Zeit entsteht dadurch eine Summation von schädlichen Einflüssen auf die Triebwerksteile des Gatters, insbesondere Führungen und Lager.

---

[1] Biermann, O.: Holz als Roh- und Werkstoff Bd. 5 (1942) S. 390.

Davon abgesehen ist das mechanische Nachspannen fragwürdig und bedenklich. Die Sägeblätter erkalten infolge ihrer großen Oberfläche während des Stillstands des Gatters und des Nachspannens sehr rasch wieder, wobei die Wärmeausdehnung zurückgeht. Folgende Gefahren entstehen dadurch:

1. Verformung des Rahmens, unter Umständen über seine Elastizitätsgrenze hinaus, vor allem beim Einhang von vielen Sägeblättern (Bild 614);
2. Sägespannung über die Elastizitätsgrenze hinaus, so daß die Blätter nach dem Entspannen nicht wieder ihre ursprüngliche Länge annehmen;
3. Abscheren der Nieten der Nietangeln oder der Sägenleisten;
4. Reißen der Sägeblätter vor allem beim Einhang weniger Blätter.

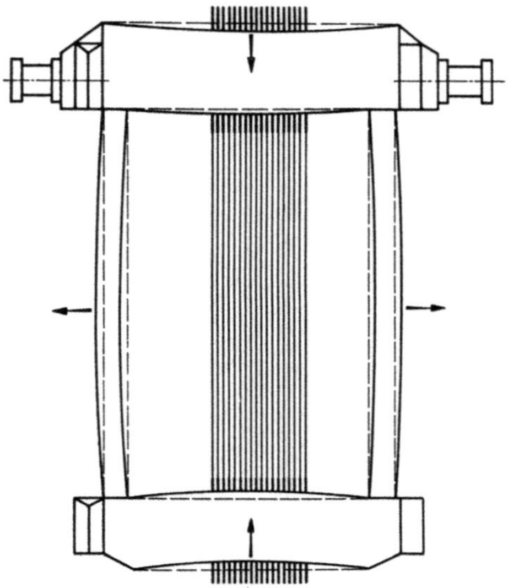

Bild 614. Schematische Ansicht eines durch Überspannung verformten Sägerahmens. (Nach O. Biermann.)

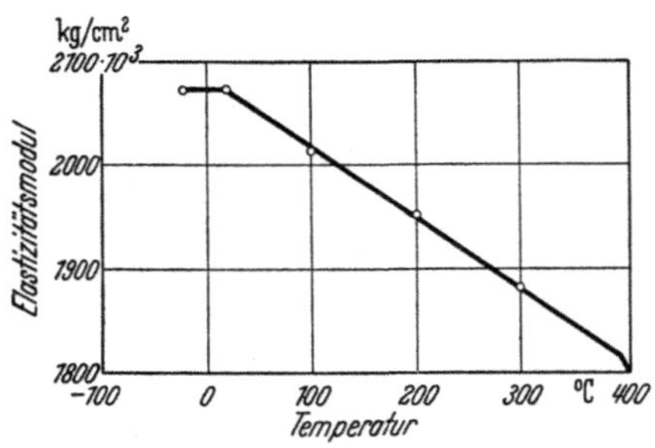

Bild 615. Abhängigkeit des Elastizitätsmoduls des Sägeblattstahls von der Temperatur.

Erforderlich ist das Nachspannen meist schon nach wenigen Minuten Schneidarbeit. Bild 611 zeigt, wie vor allem bei kleinem Schrank die Sägeblatttemperaturen nach 30 min sich kaum von jenen nach 240 min fortlaufendem Schnitt unterscheiden. In der Praxis verliert bald das eine, bald das andere Blatt an Spannung. Fremdkörper wie Sand, Beschädigungen des Schrankes, Abweichungen der Blätter von der Lotstellung können die Reibung und damit die Erwärmung stark beeinflussen. Hinzu kommt, daß der Elastizitätsmodul des Sägeblattstahls linear mit steigender Temperatur abnimmt (Bild 615); die Gefahr der Überdehnung des Sägeblatts wird dadurch vergrößert.

Die Folge eines zu scharfen Anspannens — richtiger ist es, die Blätter auszuwechseln, nachzuschärfen und neu zu schränken — ist starke Überbeanspruchung des Rahmens, der sich dadurch erheblich verbiegt, wodurch wieder die Nachbarsägen des überspannten Blattes ihre Spannung verlieren. Einen gewissen konstruktiven Fortschritt brachten für die Regelung der Angel- und Sägenspannung federnde Angeln gemäß Bild 616. Sie gestatten bereits einen gewissen Ausgleich der Wärmedehnung und verhüten ein Überschreiten der Elastizitätsgrenze. Eine endgültige Lösung des Problems ermöglichte aber erst der hydraulische Sägenspanner.

811.244.4 Hydraulische Sägenspanner[1]. Der hydraulische Sägenspanner geht auf eine Erfindung des Ingenieurs A. Wasserkampf[2] im Jahre 1934 zurück.

---

[1] Kollmann, F.: Holz als Roh- und Werkstoff Bd. 11 (1953) S. 156.

[2] DRP. 661577 vom 21. 10. 1934: Alfons Wasserkampf und Otto Götze, Vorrichtung zum gemeinsamen Spannen sämtlicher Sägen in Vollgattern.

Ausgeführt von der Firma Richard Jansen in Remscheid-Hasten, wurde er seit etwa 1942 in der deutschen Sägewerkstechnik eingeführt. Bild 617 und 618 zeigen das Gerät dieser Firma. Man sieht, daß es im wesentlichen aus zwei Hauptteilen besteht: dem Druckerzeuger (Preßzylinder) und dem Spannkörper. Der Druckerzeuger ist eine hydraulische Kolbenpumpe; als Kolbenstange dient eine Spindel, die durch eine Gewindebuchse im Zylinderdeckel hindurchgeführt ist und mittels Ratschenschlüssel verstellt werden kann. Der erzeugte Druck kann an einer Skala abgelesen werden. Der Druckkörper besteht aus dem Spannjoch mit den Druckstücken und dem Stützjoch. Letzteres dient lediglich zur Aufnahme des freien Keilendes. Der im Druckkörper erzeugte Öldruck wirkt im Spannkörper auf eine Reihe von Kolben, deren Köpfe als Druckstücke ausgebildet sind. Die Druckstücke spannen die Keile nach oben. Eine leichte Vorspannung von Hand mit Keilen oder Exzenter ist erforderlich, da der Hub der Spannkolben nur etwa 7 mm beträgt.

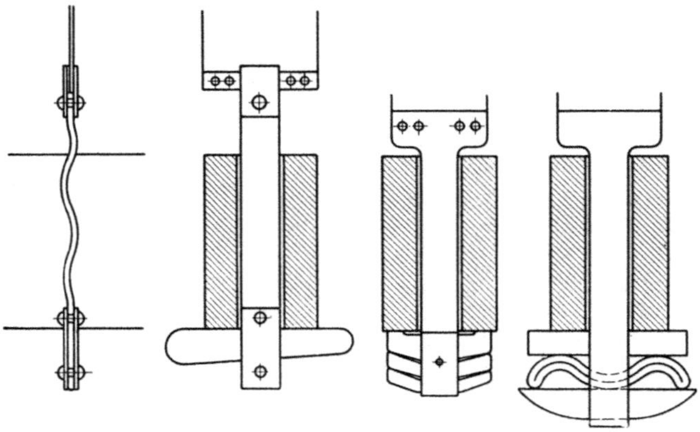

Bild 616. Elastische Angelspannungen. (Nach O. Biermann.)

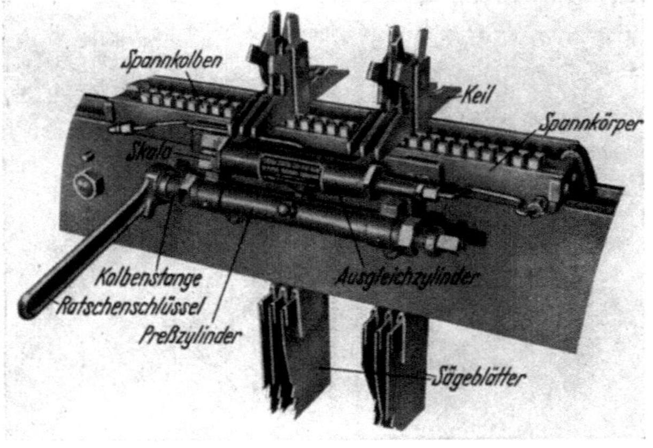

Bild 617. Ansicht des hydraulischen Sägenspanners, Bauart Richard Jansen, Remscheid-Hasten.

Mit dem Preßzylinder steht ein zweiter Zylinder in Verbindung, der im Inneren einen federbelasteten Kolben enthält. Dieser Zylinder dient als Ausgleichvorrichtung; bei Wärmedehnung der Sägen oder wenn Preßflüssigkeit durch die Dichtungen der Spannkolben sickert, schiebt die Feder den Kolben vor, wodurch ein Druckabfall verhindert wird.

Die Sägenspanner sind so gebaut, daß eine Druckabgabe von über 800 at möglich ist. Die Säge erhielt dadurch eine Spannung von etwa 6000 kg. Dieser Spannung wären jedoch die normalen Angeln und Gattersägeblätter nicht gewachsen und würden zu Bruch gehen. Für deutsche Verhältnisse wird in jedem Fall ein Druck von 500 at als ausreichend angesehen; auf das Blatt umgerechnet ergibt dies eine Durchschnittsspannung von 2800 bis 3000 kg. Im einzelnen richtet sich die Spannung nach den Abmessungen der Blätter und der Vorschubgeschwindigkeit.

Eine andere Ausführung des hydraulischen Sägenspanners (David Dominicus & Co., Remscheid-Vieringhausen) geben Bild 619 und 620 wieder. Im wesentlichen entspricht die Bauart der zuerst beschriebenen. Bemerkenswert ist die klaviertastenartige Ausbildung der Druckstücke, die eine geschlossene Reihe bilden. Die Angeln können darauf hin und her geschoben werden. Ein Verkanten und Kippen der Keile ist ausgeschlossen. Der Spanner ist vollkommen gekapselt, so daß weder in den Druckerzeuger noch in die Spannkörper Staub und Schmutz eindringen können. Da der Druckkörper unmittelbar am Spannkörper angeflanscht ist, fehlen Rohrleitungen. Die je Einhang erzeugte Spannkraft läßt sich in kg an einem Manometer ablesen. Zusätzlich wird die Spannung durch einen Meßstift angezeigt, der zugleich als Kontrollorgan für den Druckmesser und die Druckausgleichfeder dient.

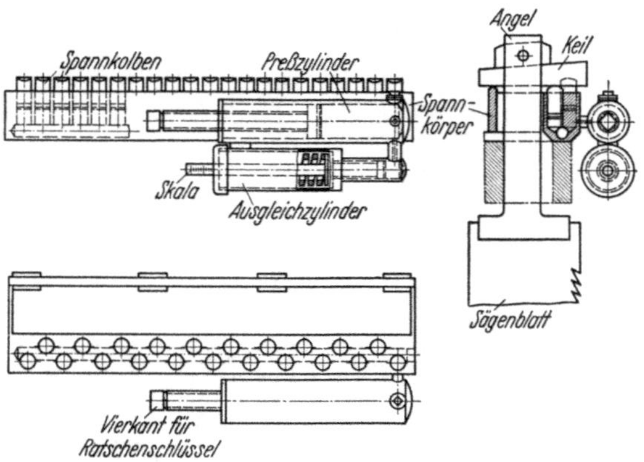

Bild 618. Schnitt durch den hydraulischen Sägenspanner, Bauart Richard Jansen. (Nach A. Wasserkampf.)

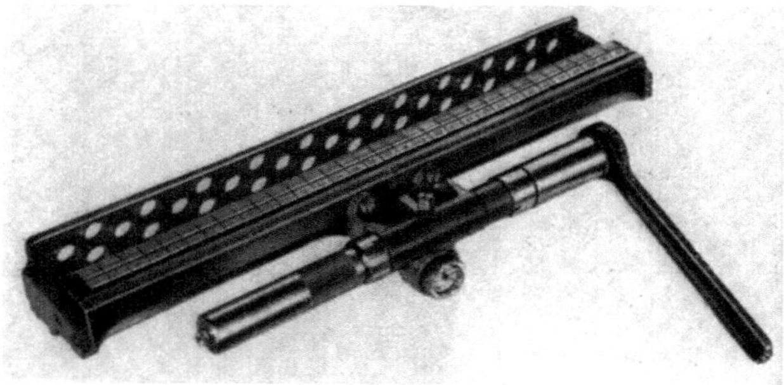

Bild 619. Ansicht des hydraulischen Sägenspanners, Bauart David Dominicus & Co., Remscheid-Vieringhausen.

Die Vorteile des hydraulischen Sägenspanners ergeben sich klar aus seiner Wirkungsweise. Sie lassen sich wie folgt zusammenfassen:

1. Sämtliche Sägeblätter des Behanges werden gleichzeitig, gleichmäßig und zügig, unabhängig von ihrer Anzahl, gespannt, sobald der Spanner unter Druck gesetzt wird. Das Spannen erfolgt also nicht durch ruckweises Anziehen wie bei Keil- und Exzenterspannung, sondern unabhängig vom Gefühl des Arbeiters auf einen bestimmten, durch ein Meßgerät angezeigten Wert. Die Spannung kann je nach der Dicke und Breite des Sägeblatts abgestuft werden.

2. Die Gefahr des Überspannens bei Frostwetter entfällt.

3. Während des Schneidens wird jedes Sägeblatt, das sich durch Erhitzen dehnt, sofort automatisch durch die Druckstücke nachgespannt; ein besonderes Nachspannen entfällt also. Die Druckminderung durch Längen einzelner Sägen wird gleichmäßig auf sämtliche Druckkolben des Spannkörpers verteilt und dadurch unerheblich. Die Folge ist, daß die Blattspannung für alle Sägeblätter ausreichend bleibt und, vorausgesetzt daß Lehren, Zahnform und Schrank in Ordnung sind, ein Verlaufen unmöglich wird oder doch nur unter besonders ungünstigen Bedingungen auftritt.

4. Infolge der gleichmäßigen zügigen Spannung der Blätter bleibt der Überhang in allen Teilen gleichmäßig, während beim Ankeilen der Angeln ebenso wie beim Anziehen der Exzenter der Überhang einzelner Blätter oft verändert wird.

5. Beim Anziehen der mechanischen Spannvorrichtungen werden, da nie sämtliche Angeln die gleiche Spannung erhalten, die Traversen des Sägerahmens erheblichen Biegebeanspruchungen unterworfen; die Folge ist, daß die Führungen starker Abnutzung und der Gefahr von Beschädigungen ausgesetzt sind. Demgegenüber werden bei hydraulischer Angelspannung die Angeln, Traversen und Führungen gleichmäßig beansprucht und damit geschont. Bei der

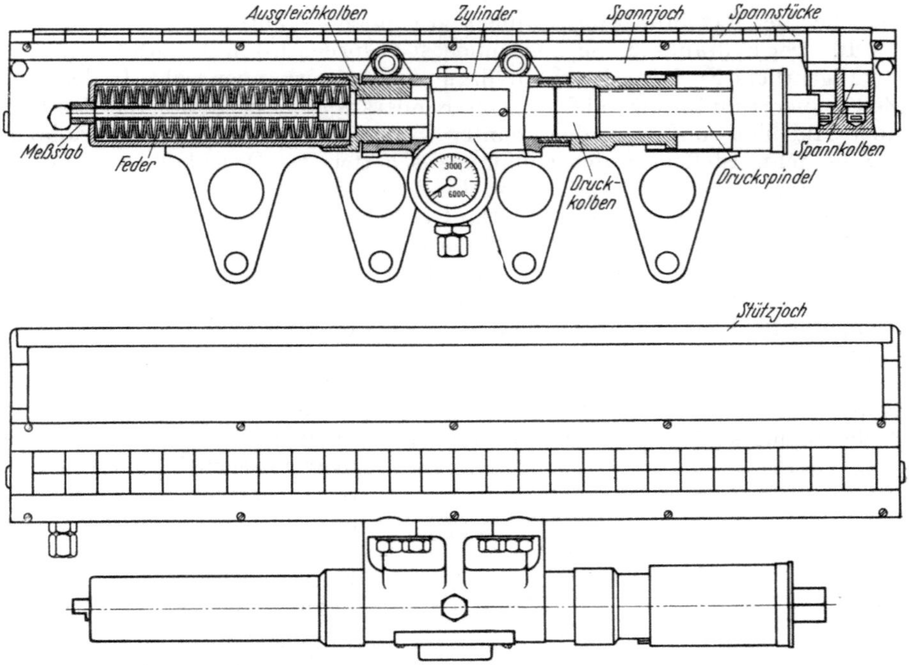

Bild 620. Schnitt durch den hydraulischen Sägenspanner, Bauart David Dominicus & Co., Remscheid-Vieringhausen.

hydraulischen Spannung ist auch eine Nachhilfe mit dem Hammer nicht möglich, da Stufenkeile Verwendung finden. Das Fortfallen des Hammers beim Spannen der Sägen ist sehr zu begrüßen, da keine gefährlichen Kerben mehr in den Rahmen geschlagen werden können, die oft Anlaß zu Rahmenbrüchen geben. Bei der hydraulischen Sägenspannung werden Verwerfungen und Brüche des Gatterrahmens viel seltener, Heißwerden der Rahmenführung entfällt, die Kosten für Reparaturen sinken, und die Lebensdauer des Gatters steigt.

6. Die Spannung als solche ist bei hydraulischer Spannung um etwa 30% niedriger als bei Verwendung von Keil, Exzenter oder Schraube, trotzdem verlaufen auch dünne Sägen nicht. Da alle Sägen gleichmäßig, genau kontrollierbar und weniger beansprucht werden, läßt sich auch die Blattdicke verringern. Dünnere Sägen bedeuten aber Verminderung der Schnittverluste, d. h. Holzersparnis.

7. Die Sägeblätter werden geschont, der Schrank bleibt erhalten, der Schnitt wird sauberer.

8. Die Einhängung der Sägen, Vorspannung, Vorhang sowie Spannungserzielung sind äußerst einfach. Bei eingearbeiteter Sägengatterbedienung sinkt die Zeit für die Einhängung auf einen Bruchteil der früher erforderlichen Zeit. Dies gilt auch für das Umhängen der Sägen. Der Unterschied beim normalen Sägeneinhang von etwa 13 bis 15 Blättern beträgt bei Verwendung eines hydraulischen Sägenspanners gegenüber dem Spannen mit Keilangeln etwa 7 bis 8 min. Lediglich beim Vorschneiden oder für Bauholzschnitt sind die hydraulischen Sägenspanner weniger günstig, da das Wechseln der Sägen, wenn nur wenige Blätter im Gatter sind, schneller ohne hydraulischen Spanner vor sich geht.

9. Die Unfallgefahr, die durch das Ausschlagen der Keile oder das Durchrutschen der Exzenter beim Spannen vorhanden ist, entfällt.

10. Der hydraulische Sägenspanner ist anspruchslos in der Wartung.

Eigentliche Nachteile hat der hydraulische Sägenspanner nicht. In der ersten Zeit seiner Einführung blieb er von Kinderkrankheiten nicht verschont, die aber bald überwunden werden konnten. Hauptsächlich handelte es sich damals um undichte Stellen an den Gummimanschetten der Druckkolben. Durch die Verwendung besseren Materials und durch verfeinerte Konstruktion ließen sich diese Störungen völlig beseitigen. Die Gummimanschetten arbeiten heute vielfach nach drei und mehr Jahren Dienst noch völlig einwandfrei. Der Ölverbrauch ist praktisch gleich Null. Es empfiehlt sich allerdings bei längerem Stillstand, die Hydraulik leicht unter Druck zu halten, da sonst bei stärkeren Temperaturschwankungen an den Spindeln des Druckzylinders Öl austreten kann.

Vielfach wurde die Befürchtung geäußert, daß der Gatterrahmen durch Anbau des hydraulischen Sägenspanners zu schwer wird und damit die Beschleunigungskräfte in unerwünschter Weise ansteigen. Das Gewicht eines hydraulischen Sägenspanners beträgt aber je nach Gattergröße nur 10 bis 25 kg, im Mittel etwa 20 kg. Die in den Totlagen der Kurbeln auftretenden größten Beschleunigungsbrüche sind für Vollgatter mit Untenantrieb auf die Gatterrahmenzapfen proportional dem Gewicht der bewegten Massen (Rahmen mit Spanner, Keilen, Einhang) und dem Hub des Gatters sowie dem Quadrat der Geschwindigkeit. Für drei Gattertypen der Firma Wurster & Dietz ergeben sich folgende Massenkräfte, wobei zu berücksichtigen ist, daß davon in Wirklichkeit etwa 50% durch die Gegengewichte des Schwungsatzes ausgeglichen werden (siehe Tabelle).

Durchlaß	Massenkräfte	Zusätzliche Massenkräfte für hydr. Sägenspanner	
mm	kg	kg	%
560	17900	940	5,1
710	15900	910	5,7
1000	24000	1050	4,4

Man sieht also, daß die rechnerische Zunahme der Massenkräfte durch den Einbau eines hydraulischen Sägenspanners nur etwa 4 bis 5% beträgt, also nicht nennenswert ins Gewicht fällt. Eine Erhöhung der Massenkräfte von 4 bis 5% entspricht z. B. einer Drehzahländerung von 2 bis 2,2%. Es bleibt auch zu bedenken, daß der hydraulische Sägenspanner in seinem Gewicht nur dem Mehrgewicht von drei bis vier Sägeblättern entspricht, und daß bei Verwendung des hydraulischen Sägenspanners die Sägenangeln infolge ihrer geringeren Beanspruchung leichter ausgeführt werden können als normale Angeln. Beispielsweise wiegt ein Paar der in Deutschland gebräuchlichen Exzenterangeln etwa 8 kg, während ein Paar der von der Firma Richard Jansen entwickelten H. S.-Angeln nur 3,5 kg wiegen. Schließlich hat man auch schon vorgeschlagen, den hydraulischen Sägenspanner unmittelbar in den Gatterrahmen fest einzubauen, wodurch sich eine Gewichtsverminderung von etwa 10 bis 12 kg erzielen ließe. Es erscheint aber sehr fraglich, ob dieser Weg zweckmäßig ist, da Störungen am Sägenspanner das ganze Gatter außer Betrieb setzen würden, während es bei der heutigen Ausführung auch ohne Sägenspanner weiter benutzt werden kann.

811.25 Schnittgüte. Ebene und glatte Schnittflächen, d. h. hohe Schnittgüte, sind bei Sägewerkserzeugnissen für den Absatz und Erlös von größter Bedeutung. In der Regel geht die Maßhaltigkeit mit der Schnittgüte einher; rauhe Schnittflächen können Verluste verursachen, da das Holz leichter von holzzerstörenden Pilzen befallen wird und da bei Erzeugung von Hobelware dickere Späne abgenommen werden müssen. Der zahlenmäßigen Feststellung der Schnittgüte sowie der Erforschung ihrer Ursachen wurde deshalb von verschiedener Seite Augenmerk geschenkt.

Unebener, mehr oder minder muldenförmiger Schnitt (sog. „Waschbretter") kommt in schlecht geleiteten Sägewerken sehr häufig vor; als Ursache ist meist das Verlaufen der Sägeblätter infolge ungleichmäßigen Schrankes, unzureichender Blattspannung oder zu großen Vorschubs anzusprechen. Auch Mängel an der Schienenführung, den Einspannwagen oder in der Gatterführung können mitspielen.

Unebener Schnitt läßt sich theoretisch am besten durch das Schichtlinienverfahren nachweisen. Die Schichtlinien entstehen dadurch, daß zwischen die Berührebenen des tiefsten und höchsten Punktes der betreffenden Holzoberfläche parallele Schnittebenen in bestimmten Abständen eingeschaltet werden. Die so erhaltenen Schichtlinien sind den Höhenlinien in einem Geländeplan zu vergleichen. Praktisch geht man so vor[1], daß man die Ausgangsfläche mit einem nicht in die Tiefe des Holzes dringenden Farbstoff färbt und dann einen Span bestimmter Dicke abhobelt. Die Schichtlinien erscheinen als Grenze der gefärbten und der reinen Flächen. Für eine bestimmte Spanabnahme e läßt sich die dazu gehörige Schnittgüte γ_e zuverlässig festlegen, wenn man die entstandene glatte (nicht mehr gefärbte) Hobelfläche H planimetriert und auf die Gesamtfläche F des Brettes (Länge · Breite) bezieht: $\gamma_e = \frac{H}{F}$. Für die Praxis bietet diese Art der Auswertung allerdings wenig Anreiz.

Rauher Schnitt wird zweckmäßig durch andere Verfahren untersucht. Es würde zu weit führen, hier alle Möglichkeiten zu besprechen[2], doch sei darauf hingewiesen, daß die subjektiven Verfahren (Abtasten mit dem ersten Fingerglied, Beurteilung mit der Lupe, Lichtspaltprüfung mittels Lineal usw.) trügerisch sind. Auch die von J. Marchet[3] vorgeschlagene Siebanalyse der beim Gatterschnitt anfallenden Sägespäne vermag nicht zu befriedigen, zumal, da ihre Ergebnisse teilweise mit den praktischen Erfahrungen in Widerspruch stehen. Eine sichere zahlenmäßige Abstufung gestattet hingegen die Erzeugung von Querschnittlinien oder Profilkurven. Als Hilfsmittel hierzu haben sich Tastvorrichtungen bewährt. Einen mechanischen Abtaster für Sägeschnitte mit Überhöhungshebeln hat J. Marchet[4] gebaut und erfolgreich benutzt. Bild 621 zeigt, daß das Gerät im wesentlichen aus einem Gleis (65 mm Spurweite, 1 m Länge) und einem Laufwagen besteht, auf dem ein Fahrstift und ein Hebelwerk befestigt sind. Die beim Gleiten über das Holz je nach Rauhigkeit

[1] Vorreiter, L.: Holztechn. Bd. 15 (1935) S. 336, 349, 368, 386.
[2] Schumacher, H.: Die Rauhigkeit von Oberflächen. Diss. T. H. Stuttgart 1934.
[3] Marchet, J.: Internat. Holzmarkt, Nr. 106, Wien 1928.
[4] Hauska, L.: Wien. Allg. Forst-Jagd-Ztg. 1930 S. 50. — Marchet, J.: Internat. Holzmarkt, Nr. 28/30, Wien 1931.

zustande kommenden Schwingungen des Fahrstiftes werden entsprechend (z. B. 20mal) vergrößert durch eine Schreibfeder auf ein Meßblatt gezeichnet. Die Genauigkeit des Verfahrens entspricht einfachen Anforderungen. Die zahlenmäßige Auswertung geht wie folgt vor sich: Aus dem Schaubild wird die unregelmäßigste Stelle herausgesucht. Auf eine Länge von z. B. 100 mm werden dann die senkrechten Höhenunterschiede der Schaulinie gegenüber der Mittellinie in gleichen Abständen von z. B. 5 mm mit dem Zirkel addiert. Die Summe der Ausschläge a geteilt durch ihre Anzahl n und den Verzerrungsmaßstab m (also im Beispielsfalle durch $20 \cdot 21 = 420$) ergibt die mittlere Rauhigkeit in Längeneinheiten, die dann üblicherweise auf die abgefahrene Länge bezogen und in Hundertteilen davon angegeben wird. Bild 622 zeigt in seinen Teilen a, b und c die Rauhigkeit des Schnittes bei gleichbleibender, normaler Zahnform, aber 3 mm, 7 mm und 15 mm Vorschub je Hub. Gemessen wurde für diese Vorschübe $a_1 = 11$ mm, $a_2 = 67$ mm und $a_3 = 90$ mm auf die erwähnte Fahrlänge von 100 mm bei 20facher Vergrößerung.

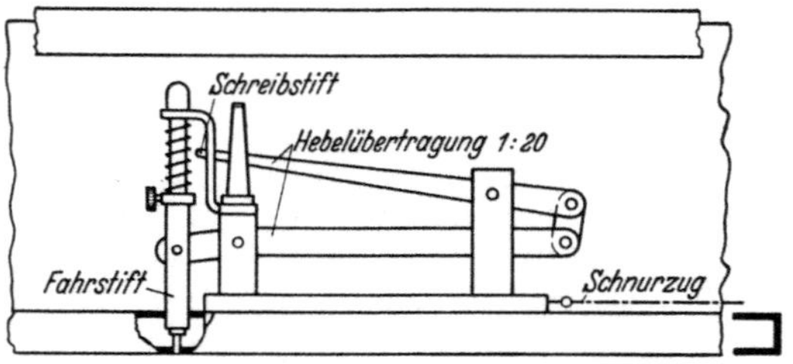

Bild 621. Rauhigkeitsmesser. (Nach J. Marchet.)

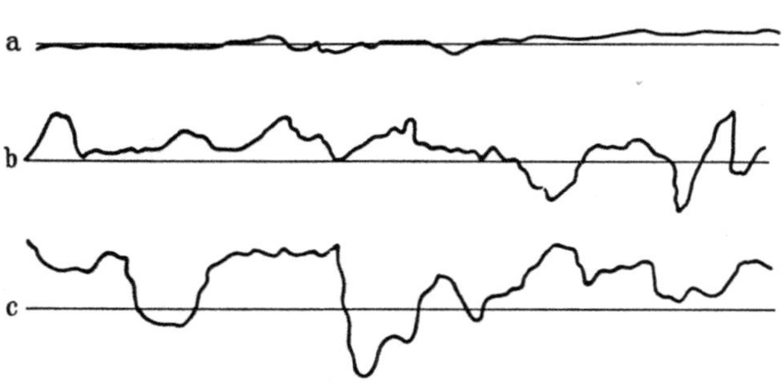

Bild 622.
Mit dem Rauhigkeitsmesser von Marchet aufgezeichnete Profilkurven bei verschiedenen Vorschüben. a 11 mm/Hub, b 67 mm/Hub, c 90 mm/Hub.

Eine noch stärkere Vergrößerung läßt sich beim Abtastverfahren erreichen, wenn man die Erschütterungen der Tastspitze durch die Oberflächenrauhigkeit auf einen Spiegel überträgt und damit einen Lichtstrahl ablenkt[1]; man kann auf diese Weise die Profilkurve auch unmittelbar im Lichtbild aufnehmen. Das Verfahren hat sich in den Laboratorien am meisten eingeführt, jedoch ist die spezifische Flächenbelastung durch den Taststift für weiche Stoffe wie Papier und Holz zu groß. Vorzüge hat demgegenüber das von G. Schmaltz entwickelte Lichtspaltverfahren[2]. Es beruht darauf, daß durch ein senkrecht zur rauhen Fläche angeordnetes optisches System auf dieser ein scharfes Bild eines Lichtspaltes erzeugt und in die Ebene der deutlichen Abbildung eines Mikroskopobjektives gebracht wird. Die Schattengrenzen nehmen dann die Formen von Profilkurven der Fläche in der Höhe des Spaltes an. Bei seinen auf Holz ausgedehnten Untersuchungen über „Die Rauhigkeit von Oberflächen" hat sich Schumacher[3] dieses Verfahrens bedient. Für die vergleichsweise Beurteilung der Schnittrauhigkeit können unter Umständen Abdrücke der Schnittflächen aus Gelatine, weichem Kautschuk usw. (gegebenenfalls an Hand

[1] Schmaltz, G.: Z. VDI Bd. 73 (1929) S. 1461.
[2] Schmaltz, G.: Naturwiss. Bd. 20 (1932) S. 315.
[3] Schumacher, H.: Die Rauhigkeit von Oberflächen, Diss. T. H. Stuttgart 1934.

von Mikrotomschnitten) auch zur zahlenmäßigen Auswertung Verwendung finden[1].

Im einzelnen kennen wir heute folgende Umstände, von denen die Oberflächenrauhigkeit beim Gattersägenschnitt abhängt:

1. Mit wachsender mittlerer Schnittgeschwindigkeit der Säge nimmt die Rauhigkeit ab.

2. Mit wachsendem Vorschub und damit steigendem Schnittdruck vermindert sich die Schneidhaltigkeit der Zähne rasch, so daß die Rauhigkeit beträchtlich zunimmt. Bild 623 nach K. Bues, das allerdings nur qualitative Angaben vermittelt, zeigt z. B., daß bei den angestellten Untersuchungen (mittlere Sägengeschwindigkeit 5,35 m/s) bei einer Sägenteilung von 18 und 22 mm furnierfertige Bretter mit einem Vorschub von höchstens 2 m/min erzeugt werden könnten, bei Vorschüben von 2 bis 3,2 m/min fallen hobelfertige Bretter an, bei 3,2 bis 4,2 m/min baufertige Bretter, darüber hinaus Ausschuß.

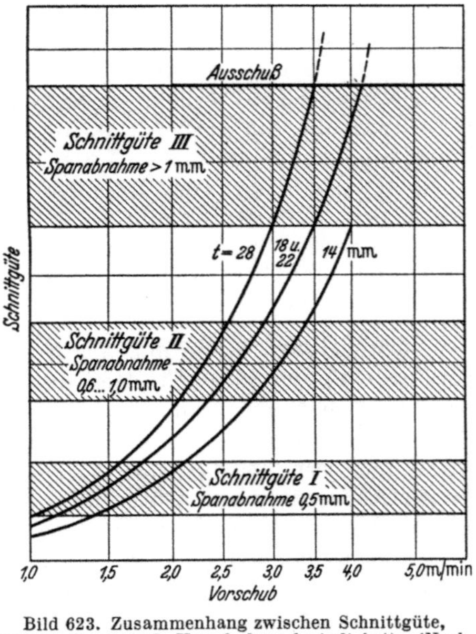

Bild 623. Zusammenhang zwischen Schnittgüte, Sägenteilung und Vorschubgeschwindigkeit. (Nach K. Bues u. F. Braunshirn.)

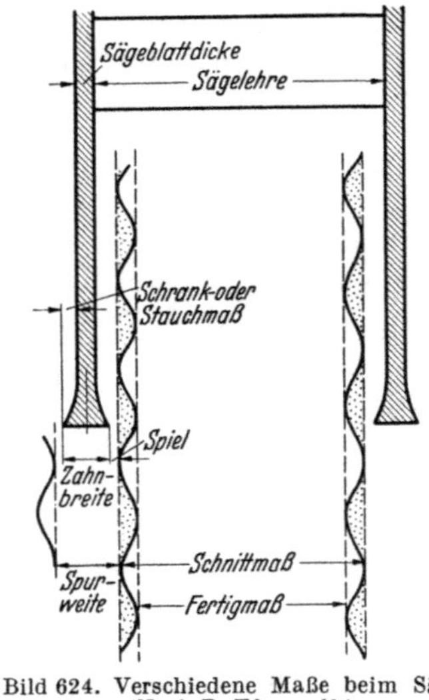

Bild 624. Verschiedene Maße beim Sägen. (Nach B. Thunell.)

3. Mit kleiner werdender Zahnteilung läßt sich eine wesentlich bessere Schnittfläche erzielen — wenn auch nach den Untersuchungen von Bues ein Unterschied zwischen der 18 und 22 mm-Teilung nicht hervortritt (Bild 623). Der Grund für diese Erscheinung ist darin zu suchen, daß bei kleinerer Teilung die Zerspanung während eines Hubes durch mehr Zähne erfolgt als bei größerer, daß somit die Spanabnahme je Zahn kleiner und die Fläche glatter wird.

4. Mit dem Schrank nimmt bei gleicher Teilung und gleichem Vorschub die Rauhigkeit zu. Drehschrank gemäß Bild 597a liefert eine bessere Schnittgüte als einfacher Biegeschrank gemäß Bild 597b.

[1] Vorreiter, L.: Holztechn. Bd. 15 (1935) S. 336, 349, 368, 386. — Vgl. auch W. Kiesewetter: Untersuchung verschiedener Methoden zur Bestimmung der Unebenheiten (Rauhigkeiten) von Metallflächen. Diss. T. H. Dresden 1931.

5. Einwandfreier Schliff der Sägeblätter ist eine selbstverständliche Voraussetzung befriedigender Schnittgüte, da stumpfe Zähne die Holzfasern nicht mehr abscheren, sondern abquetschen und abreißen.

6. Der Schnittwinkel δ hat sich in den schon weiter oben erwähnten Grenzen zu halten, d. h. für Weichholz zwischen 78 und 82°, für Hartholz zwischen 82 und 85°.

7. Von der Art und Beschaffenheit des Holzes hängt die Schnittgüte ebenfalls ab, und zwar ist die Schnittfläche in der Regel um so glatter, je dichter, härter und trockener ein Holz ist; in spezifisch leichtem, weichem oder feuchtem Holz sind die Fasern sehr elastisch, federn beim Schnitt, weichen aus und führen auf diese Weise zu einer rauhen Schnittfläche.

B. Thunell[1] hat darauf hingewiesen, daß bisher bei den meisten Schnittholzkalkulationen die Bedeutung der Profiltiefe und des Spielraums, d. h. des Unterschieds zwischen Zahnbreite und Schlitzweite vernachlässigt wurde. Bild 624 läßt folgendes erkennen: Zwischen zwei Sägeblättern liegt eine Gatterlehre mit einem „Lehrmaß“. Das Sägeblatt hat eine gewisse Dicke, hinzu kommt auf jeder Seite das Schrank- oder Stauchmaß, wodurch sich die gesamte Zahnbreite ergibt. Meist schneidet das Sägeblatt in einem Schlitz, der weiter ist als die Zahnbreite. Der Unterschied zwischen Spurweite und Zahnbreite wird verursacht durch unvollkommenen Schrank und ungenaue Einspannung der Sägen; er kann mehrere zehntel Millimeter betragen. Weiter sind die Sägeschnittflächen mehr oder minder rauh, geriffelt oder filzig. Hierdurch entsteht die Profiltiefe. Das Fertigmaß ergibt sich aus dem Schnittmaß minus zweimal Profiltiefe. Bei Großzahlmessungen in Schweden[2] ergaben sich Profiltiefen von 0,49 bis 0,58 mm. Zwischen geschränkten und gestauchten Blättern bestand aber hinsichtlich der Profiltiefe kein deutlicher Unterschied.

811.26 Ausformung, Ausbeute und Schnittleistung. Rundholz kann auf dem Gatter entweder bei einem Durchgang zu Brettern aufgeschnitten werden (Scharfschnitt, Bild 585a), oder es wird zunächst ein Prisma erzeugt, das dann (um 90° gedreht) beim zweiten Schnitt zu Brettern verarbeitet wird (Prismenschnitt Bild 585b). Bei Zopfdurchmessern von mehr als 35 cm ist Prismenschnitt unbedingt vorzuziehen, da die Ausbeute in der Güte und in der Menge (in letzterer um 2 bis 4%) höher ist als beim Scharfschnitt. Die höhere Schnittleistung des Gatters wird dadurch ausgeglichen, daß beim Prismenschnitt die Bretter in der Hauptsache besäumt anfallen. Bei Erzeugung von Festbreiten oder Kantholz kommt nur Prismenschnitt in Frage, während konische Ware nur beim Scharfschnitt erhältlich ist.

Die Zahlenwerte für die erzielbare Ausbeute hängen von der Schnittart, der Arbeitsdurchführung, der Schwartenaufarbeitung und dem Holzdurchmesser ab. Schwaches Rundholz gibt eine geringere Ausbeute als starkes, bei der Herstellung von dünnen Brettern ist der Schnittverlust höher als bei der Erzeugung von dicken Brettern oder Kantholz.

F. Braunshirn[3] teilt folgende Mittelwerte mit:

	Ausbeute
bei Erzeugung parallel besäumter Ware	56 bis 68%,
bei konisch besäumter Ware	60 bis 70%.

[1] Thunell, B.: Holz als Roh- und Werkstoff Bd. 9 (1951) S. 11.

[2] Svenska Träforskningsinstitutet, Trätekniska avdelningen, Stockholm 1951, Bericht Profildjup å plank.

[3] Braunshirn, F.: Das Sägewerk, Wien 1929, S. 94.

Von den 30 bis 45% Abfall sind etwa 15 bis 17% Schwarten und Säumlinge, der Rest Sägespäne. Das Verhältnis der einzelnen Güteklassen hängt außer von der Holzherkunft hauptsächlich von der seit dem Fällen vergangenen Zeit ab. So fand z. B. Braunshirn, daß aus 1 m³ Rundholz als I. und II. Klasse nach einjähriger Lagerung 0,63 m³, nach dreijähriger Lagerung 0,38 m³ und nach vierjähriger Lagerung nur 0,12 m³ anfallen. Möglichst rascher Einschnitt ist deshalb anzustreben.

Zahlentafel 93 gibt die Ausbeute und Sägespanabfälle beim Einschnitt verschieden starken Holzes in Nordschweden wieder.

Zahlentafel 93. *Ausbeute und Sägespanabfälle beim Einschnitt verschieden starken Holzes in Norrland. (Nach G. Kinnman.)*

		Blockdurchmesser am Zopf cm								
		12,7	15,2	17,8	20,3	22,9	25,4	27,9	30,5	33,0
		Ausbeute in %								
Gattersäge	bez. auf Zopfmaß	66	66	67	68	68	68	68	68	68
	bez. auf Mittenmaß	42	46	47	49	51	52	52	53	53
		Sägespanabfall in %								
	bez. auf Rundholzmaß	13	12	11,5	10,5	10	9	8,5	8	7,5
		Ausbeute in %								
Kreissäge	bez. auf Zopfmaß	58	60	62	62	62	62	62	63	63
	bez. auf Mittenmaß	37	40	44	45	46	47	47	49	49
		Sägespanabfall in %								
	bez. auf Rundholzmaß	17	15	14	13	12	11,5	11	10,5	10

Beim Einschnitt von Rundholz mit 20 cm (8″) Zopfmaß wurden in Schweden folgende Ausbeuten gefunden[1]:

		in Gattersägewerken	in einfachen Kreissägewerken
Sägeschnittwaren	%	56	44
Sägespäne	%	11	19
Brennholz, Klötze	%	3	3
Schwindverluste	%	3	3
Hackschnitzel bzw. Spreißel, Latten, Schwarten	%	27	31

Wie G. Kersten[2] zeigen konnte, ist es bei Holz trotz aller Wachstumsunregelmäßigkeiten möglich, gewisse Gesetzmäßigkeiten für die Ausbeute festzustellen, die es gestatten, schon vor dem Einschnitt im Sägewerk abzuschätzen, welche Holzausnützung nach dem Einschneiden etwa vorhanden sein wird. Für die Schnittausbeute ergeben sich beim Einschnitt von Brettern und Bohlen folgende Merkmale: Der Anteil des Haupterzeugnisses am Rundholzinhalt ist bei gleicher Anzahl der Bretter in jedem einzelnen Stamm für alle Längen und Abholzigkeiten gleich groß. Er erhöht sich mit steigender Anzahl der Bretter für das Haupterzeugnis im einzelnen Stamm, mit zunehmender Brettdicke (Bild 625), bei Übergang von kreisförmigem zu elliptischem Querschnitt, mit abnehmender Schnittfugenbreite und bei einer solchen Zunahme des Rundholzdurchmessers, bei der durch Wahl eines dünneren Säge-

---

[1] Juštšuk, E.: Avfallmängder inom sågverksindustrien, Svenska Träforskningsinstitutet, Trätekniska avdelningen, Medd. 20 B, Stockholm 1951.

[2] Kersten, G.: Ausnutzung beim Einschnitt von Nadelholz, Mitt. Dtsch. Ges. f. Holzforschg. H. 36, Berlin 1944.

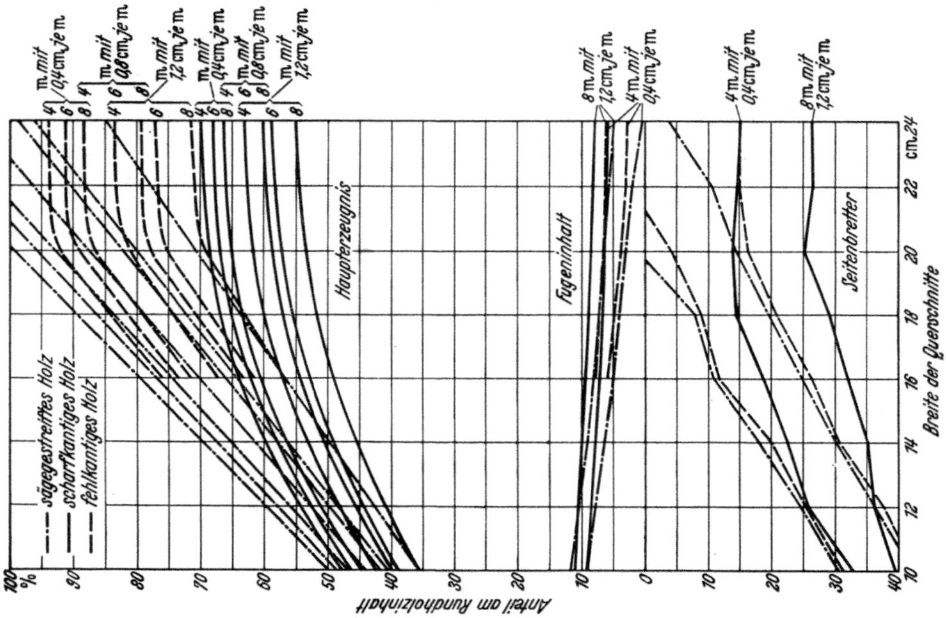

Bild 626. Schnittergiebigkeit bei 24 cm hohen Querschnitten aus Rundholz mit Kreisquerschnitt gewonnen. (Nach G. Kersten.)

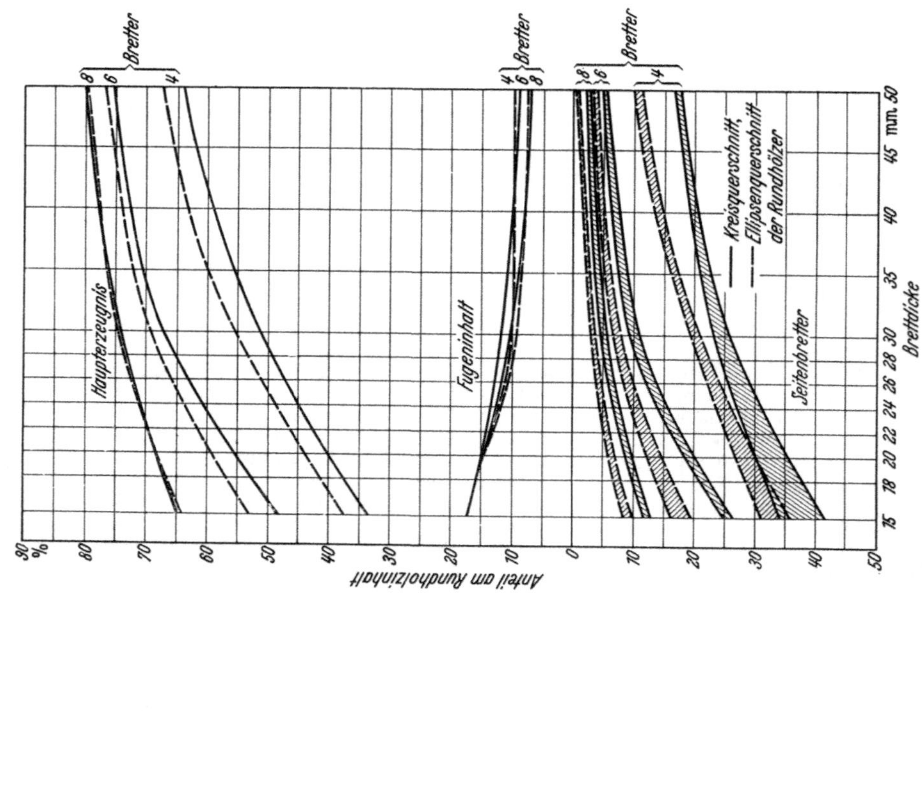

Bild 625. Einfluß der Brettdicke und der Unrundheit auf die Schnittergiebigkeit. (Nach G. Kersten.)

blatts und damit einer schmaleren Schnittfuge ein Brett mehr für das Haupterzeugnis eingeschnitten werden kann. Die Ausbeute für die Seitenbretter hängt eng mit der Ausbeute für das Haupterzeugnis zusammen. Das zum Einschnitt kommende Rundholz ist stets so herauszusuchen, daß für das Haupterzeugnis möglichst 6 bis 8 Bretter oder Bohlen erzeugt und nur in Ausnahmefällen weniger Bretter eingeschnitten werden.

Für die Schnittergiebigkeit bei Kantholz und Balken gilt folgendes: Sie erhöht sich für das Haupterzeugnis bei Vergrößerung der Querschnittsbreite bei einheitlicher Querschnittshöhe des Kantholzes, bei Rundholz mit kreisförmigem Querschnitt für alle Querschnitte und bei elliptischem Querschnitt ebenfalls für alle Querschnitte bis auf den quadratischen Kantholzquerschnitt und bei gleichem Kantholzquerschnitt bei Einschnitt von Rundholz mit elliptischem Querschnitt in einstieligem Schnitt mit Ausnahme des quadratischen Querschnitts. Bei dem zweistieligen Schnitt ist die Schnittausbeute für die halben Kantholzquerschnitte etwas geringer als die für die doppelten Kantholzquerschnitte bei dem einstieligen Schnitt. Werden aber beim einstieligen Schnitt die gleichen Querschnitte gewählt wie beim zweistieligen, dann ist die Schnittausbeute beim zweistieligen Schnitt erheblich besser als beim einstieligen. Für den Einschnitt von Kantholz und Balken gilt an erster Stelle für den Bauausführenden, an allen den Stellen, wo es baulich möglich ist, Hölzer mit der technisch höchstzulässigen Baumkante zu verwenden (Bild 626).

Zahlentafel 94.
Faserlängenanteil in Holzschliff und Sägespänen.

Holzschliff (nach J. Kisser)		Sägespäne (nach E. Juštšuk)	
Längen mm	Anteil %	Längen mm	Anteil %
0,1 bis 0,5	59,0	0,1 bis 0,5	59,7
0,6 bis 3,4	40,4	0,6 bis 1,0	26,7
3,5	0,6	1,1 bis 1,5	10,7
		1,6 bis 2,0	2,3
		2,1 bis 2,5	0,6

Auf die Verwertbarkeit der unvermeidlichen Holzabfälle wird im Anhang dieses Buches noch kurz eingegangen werden. Wünschenswert ist in jedem Fall ein möglichst niedriger Anteil von Sägespänen, da deren Verwertung auf besondere Schwierigkeiten stößt, wenn man von der Verfeuerung absieht. Die Ursache liegt hauptsächlich in der starken Zertrümmerung der ursprünglichen Faserlänge durch den Schnitt.

Aufschlußreich ist in dieser Hinsicht Zahlentafel 94.

Die mengenmäßige Schnittleistung der Gatter wird in der Praxis meist nach verschnittenen Festmetern oder laufenden Metern angegeben. Sind der Blockdurchmesser und die Spannung, d. h. die Zahl der schneidenden Sägeblätter, nicht beigefügt, dann eignen sich diese Zahlen nur mangelhaft zur Bewertung der Gatterleistung. Theoretisch wäre der beste Maßstab die erzeugte Schnittfläche in Quadratmetern. Im Betrieb ist aber diese Zahl ohne Bedeutung und nur schwierig zu ermitteln. Einen allgemeinen Anhalt gibt Bild 627 für neuzeitliche Einstelzen-Hochleistungsgatter bei verschiedenen Vorschüben und Blockdurchmessern; die voll ausgezogenen Kurven gelten für 70%, die strichpunktierten für 75% Maschinenausnützung. Im Jahresdurch-

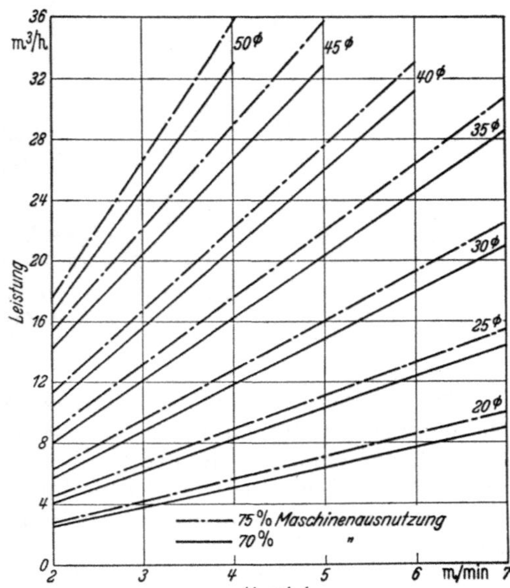

Bild 627. Schnittleistung [m³/h] eines einstelzigen Hochleistungsgatters in Abhängigkeit von der Vorschubgeschwindigkeit. (Nach F. Braunshirn.)

schnitt (Jahresverschnittleistung geteilt durch die Zahl der Betriebsstunden im Jahr) sind nach Braunshirn in modernen Werken bei Scharfschnitt je Gatter 8 bis 9 m³/h, bei Prismenschnitt je Gatterpaar rund 9 bis 11 m³/h erreichbar.

811.3 Waagerecht- oder Horizontalgatter.

Waagerechtgatter (Horizontalgatter) arbeiten meist mit nur einem Sägeblatt, das beim Hin- und Rückgang schneidet. Die gelieferte Sägearbeit ist sehr genau, der Schnittverlust bleibt klein, es besteht die Möglichkeit, die Schnittfläche (und damit die Beschaffenheit des Stamminnern) nach jedem Schnitt zu prüfen, auch läßt sich jede gewünschte Schnittdicke rasch und sehr fein einstellen. Infolge des ruhigen Ganges verläuft die Säge wenig, außerdem kann ein sehr dünnes Blatt verwendet werden. Gegenüber den Senkrechtgattern, deren Schnittflächen oft an Genauigkeit und Sauberkeit zu wünschen übrig lassen, besitzen deshalb die Waagerechtgatter Vorzüge, die sie besonders zum Schneiden teurer Nutzhölzer und Edelhölzer, zum Sägen von Furnieren sowie zum Einschneiden der verschiedensten Holzarten auf rasch wechselnde Schnittholzmaße eignen. Für bestimmte Fälle ermöglicht es eine Mehrsägenvorrichtung, gleichzeitig mit bis zu 4 Sägeblättern zu arbeiten, wobei allerdings der eigentliche Zweck dieser Gatterart: die Kontrolle nach jedem Schnitt, verlorengeht. Der Rahmen der Waagerechtgatter (aus Stahl oder Holz hergestellt, letzteres, um an Gewicht zu sparen) wird durch einen Schubkurbeltrieb mit Lenkerstange aus Eschen- oder Kiefernholz bewegt (Bild 628).

Bild 628. Ansicht eines Waagerechtgatters, Bauart Wehrhahn, Stammdurchlaß 1000 mm, Hub 750 mm, Drehzahl 260 U/min, Vorschub 0 bis 4 m/min, Rücklauf 30 m/min, Antriebsleistung 15 kW.

Der auf Schienen rollende Blockwagen besitzt auf seiner Unterseite eine Zahnstange, in die ein Ritzel zwecks Vorschuberteilung eingreift. Der Vorschub geht entweder ununterbrochen oder ruckweise vor sich und ist meist während des Betriebes von 0,1 bis 4 m/min veränderlich. Der Rücklauf des Wagens nach beendetem Schnitt erfolgt mit bedeutend höherer Geschwindigkeit als beim Vorschub, und zwar in der Regel mit 25 bis 35 m/min (ungefähr 0,4 bis 0,6 m/s). Nach jedem Schnitt muß das Sägeblatt mit dem Rahmen um die Brettdicke tiefer gestellt werden. Nach dem Fertigschneiden ist der Rahmen wieder um den Blockdurchmesser zu heben. Die Bewegung erfolgt gewöhnlich durch Kegelräder, Wendegetriebe und Spindeln.

Den Hub H wählt man zwischen 80 und 100% des größten Stammdurchmessers, die Länge L der Lenkerstange ungefähr zu $L = 3{,}5\,H$. Die mittlere Geschwindigkeit c der hin- und hergehenden Säge soll nach F. Voigt[1] für kleine Gatter $c = 6$ m/s, für große Gatter bis $c = 7$ m/s betragen. Kraftbedarfsrechnungen lassen sich überschlägig — obgleich während eines Hubes $\frac{s}{c}$ ungleichmäßig ist — mit den für die Vollgatter mitgeteilten Formeln anstellen, da nur jeweils die Hälfte der Zähne beim Hin- und Hergang schneidet. Erwähnt sei, daß der Leistungsverbrauch der Waagerechtgatter sehr häufig zu niedrig angenommen wird, ein Umstand, der im Betrieb erhebliche Betriebsstörungen (z. B. durch heißgelaufene Lager) hervorrufen kann. Einige Angaben für Waagerechtgatter enthält Zahlentafel 95.

Zahlentafel 95. *Angaben über Waagerechtgatter.*

Größter Stammdurchmesser D mm	Sägenhub H mm	Drehzahl n der Kurbelwelle U/min	Leistungsbedarf N bei Gruppenantrieb kW	Leistungsbedarf N bei elektrischem Einzelantrieb kW
630	520	340	4,5	6,5
800	630 bis 650	300	5	7,5
1000	750 bis 800	240 bis 260	5 bis 6	8 bis 9
1200	1000	180	6 bis 7,5	9 bis 11
1400 bis 1500	1200	150 bis 165	6,5 bis 10	9,5 bis 15
1500	1500	120 bis 135	7,5 bis 12	11 bis 17

Zu beachten ist, daß der Leistungsbedarf beim Anschnitt, während 3 bis 5 Sekunden, besonders hoch ist, z. B. im Mittel 11,5 kW gegenüber 8,5 kW beim Schnitt (von Kiefernwerkholz mit 32 bis 35 cm Mittendurchmesser[2]). Wichtig ist ferner, daß die Sägerahmen so gebaut sind, daß sich die Rahmenarme beim Anspannen der Säge und während des Betriebs nicht verbiegen, da dadurch der Leistungsbedarf beim Schnitt um bis zu 25% anwachsen kann[3].

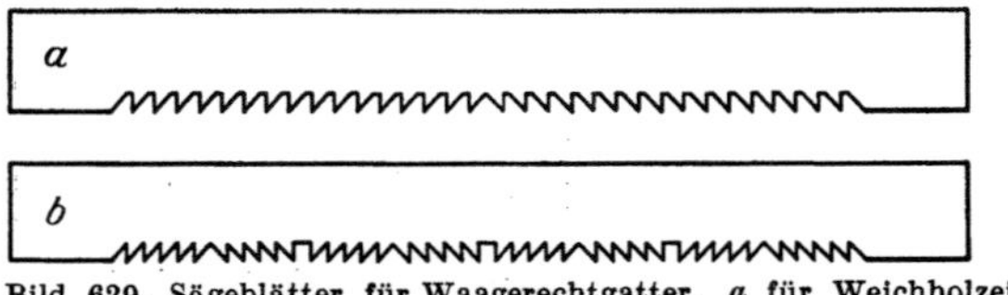

Bild 629. Sägeblätter für Waagerechtgatter. *a* für Weichholzeinschnitt, *b* für Hartholzeinschnitt.

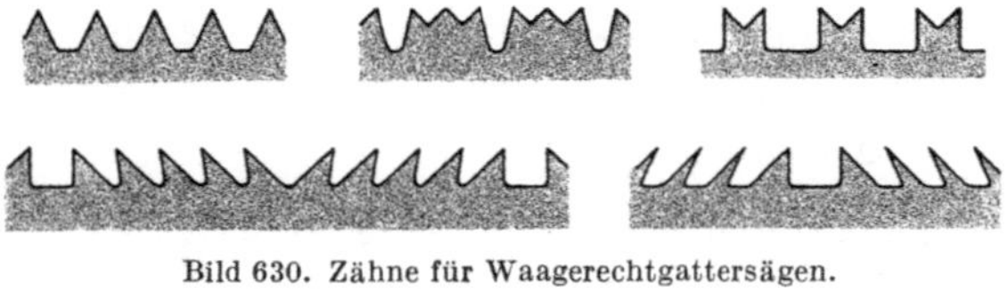

Bild 630. Zähne für Waagerechtgattersägen.

Die auf Waagerechtgattern verwendeten Sägeblattformen sind sehr verschiedenartig. Weichholz schneidet man gewöhnlich mit einem Blatt, dessen Zähne von der Mitte aus nach je einer Seite zeigen (Bild 629a), Hartholz mit einem Blatt, das Zahngruppen von je 4 bis 5 abwechselnd nach rechts und links zeigenden Zähnen enthält (Bild 629b). Andere Zahnformen für Waagerechtgattersägen enthält Bild 630. In neuzeitlichen Betrieben mit besten Einrichtungen und Sägen lassen sich bei achtstündiger Arbeitszeit Schnittflächen von 300 m²

[1] Voigt, F.: Holzmarkt Bd. 42 (1925) Nr. 188 bis 189. — Hütte: Des Ingenieurs Taschenbuch Bd. 2, 26. Aufl., S. 767f., Berlin 1931.
[2] Vgl. Holzmarkt Bd. 29 (1912) Nr. 21.
[3] Gillrath, J.: Holzbearbeitungsmaschinen und Holzbearbeitung des In- und Auslandes, Berlin 1929. S. 100.

bei Weichholz, von 200 m² bei Hartholz erreichen. In Durchschnittsbetrieben ist mit 130 bis 160 m² Weichholz und 100 bis 120 m² Hartholz in 8 Stunden zu rechnen.

811.4 Schweif- oder Dekoupiersägen.

Für feinere Schweifungen sowie zum Ausschneiden offener und geschlossener Formen verwendet man Ausschneidsägen (Laubsägemaschinen, Dekoupiersägen). Das zu bearbeitende Holzstück liegt auf dem Tisch, der sich nach Bedarf schräg stellen läßt. Das Sägeblatt ist oben an einer Feder (Blattfeder aus Holz oder Stahl, Wickelfeder), unten mittels eines Riemens an einem Kurbeltrieb befestigt. Der Sägenhub liegt zwischen 40 und 120 mm, der Leistungsbedarf zwischen 0,2 und 0,55 kW.

812. Bandsägen.

812.1 Blockbandsägen.

Bei den Bandsägen läuft ein bandartiges, endloses Sägeblatt über zwei Scheiben. Die Sägen schneiden ununterbrochen mit gleicher Geschwindigkeit in einer Richtung. Infolge der sehr hohen Blatt- oder Schnittgeschwindigkeit von 30 bis 45 m/s sowie des ununterbrochenen Vorschubes von bis zu 60 m/min (Rücklaufgeschwindigkeit des Blockwagens zwischen 50 und 67 m/min) ist die Leistung großer Blockbandsägen (Bild 631) außerordentlich, im Durchschnitt etwa 5mal größer als die eines Waagerechtgatters. Die Anschaffung einer Blockbandsäge ist damit für jeden Betrieb von vornherein — abgesehen vom Preis, der ebenfalls ein mehrfaches des eines Horizontalgatters ist — eine Frage der Ausnützbarkeit. Einen Vergleich der Leistungszahlen von Blockbandsäge und Vollgatter gestattet Zahlentafel 96 (nach O. Biermann[1]).

Zahlentafel 96. *Vergleich der Leistungszahlen von Blockbandsäge und Vollgatter.*

	Sägengeschwindigkeit m/s	Sägeblattdicke mm	Schnittweite mm	Schnitthöhe mm	Zahl der zum Angriff kommenden Zähne je Sek.	Vorschub mm/s	Theoretisch errechnete Spandicke je Zahn mm
Hochleistungsbandsäge 1200 bis 1400 mm Rollendurchmesser, Zahnteilung 40 mm, ausnutzbarer Arbeitsweg 100%	40	1,3	2,1 bis 2,2	400	1000	250	0,25
	40	1,2	2,0 bis 2,1	300	1000	333	0,33
	40	1,1	1,9 bis 2,0	200	1000	400	0,40
Hochleistungsgatter Hub 500 mm, $n = 300$ U/min, Zahnteilung 20 mm, ausnutzbarer Arbeitsweg 50%	5	1,8	2,7 bis 2,8	400	225	27,0	0,12
	5	1,6	2,5 bis 2,6	300	200	33	0,16
	5	1,4	2,3 bis 2,4	200	175	38,5	0,22

Das Vollgatter kann wegen der Bewegung des Sägerahmens von einer Kurbel aus, technologisch betrachtet, trotz aller Weiterentwicklung nie eine ideale Sägewerksmaschine werden, trotzdem bietet es beim Einschnitt schwächerer bis mittelstarker Nadelhölzer — mit bis zu 45 cm Durchmesser — mengenleistungsmäßig so große Vorteile, daß es hier zu bevorzugen ist. Dagegen lohnt sich bei Starkholz, das zudem oft als Wertholz anfällt, die Schnitt-

[1] Biermann, O.: Holz als Roh- und Werkstoff Bd. 5 (1942) S. 275.

ersparnis mit 1,2 bis 1,3 mm dicken Bandsägen besonders. Dazu kommt die bessere Ausformungsmöglichkeit durch Einzelabnahme der Bretter und Bohlen. Die Bandsäge kann ferner infolge besserer Sägenführung und besseren Späneauswurfs große Schnitthöhen mit dünnen Sägen leichter bewältigen als das Vollgatter. Da die Bandsäge sich weniger erwärmt als die Gattersäge, ist sie auch der Spannungsminderung durch Wärmedehnung in geringerem Maße ausgesetzt; schließlich besitzt sie eine elastische Sägespannung, die der Wärmedehnung entgegenwirkt (vgl. Z. 811.244.2).

Bild 631. Ansicht einer Blockbandsäge, Bauart Gebr. Linck, mit hydromechanischer Brettdickeneinstellung und Vorschubbewegung des Blocks. Durchmesser der Bandrollen 1100 bzw. 1400 mm, Länge des Blockwagens 6000, 8000, 10000 oder 12000 mm, stufenlos einstellbare Vorschubgeschwindkeiten von 0 bis 60 m/min.

Man unterscheidet je nach der Laufrichtung des Blattes senkrechte und waagerechte Blockbandsägen; letztere eignen sich, da keine Unterkellerung erforderlich ist, besonders für Gegenden mit ungünstigem Grundwasserspiegel. Für Hartholzeinschnitt in großen Mengen sind doppelte Blockbandsägen geeignet.

Infolge der geringen Sägeschnittbreite b (man rechnet, wenn a die Blattdicke ist, für gestauchte Zähne $b = 1{,}4$ bis $1{,}5\ a$ für geschränkte Zähne $b = 1{,}5$ bis $1{,}8\ a$) sind die Schnittverluste gering, die Schnittflächen glatt. Beides ist sehr vorteilhaft beim Einschnitt von starken Laubhölzern und überseeischen Edelhölzern. In den Vereinigten Staaten hat sich die Blockbandsäge darüberhinaus eine vorherrschende Stellung beim Vorbesäumen und Bauholzschneiden erobert. Sie gestattet hier eine ausgezeichnete Ausnützung, da die Entscheidung über die Aufarbeitung des Stammes erst nach dem ersten Schnitt zu treffen ist, wenn die Holzgüte sicher beurteilt werden kann.

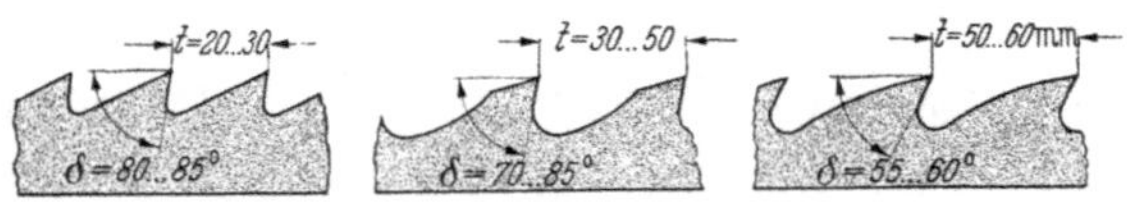

Bild 632. Zahnformen von Bandsägen.

Die guten oder schlechten Leistungen einer Blockbandsäge hängen in erster Linie von der Beschaffenheit und Behandlung des Blattes ab. Die Breite B soll etwa — wenn D der Rollendurchmesser ist — $B = 0{,}1\ D$ betragen; zu schmale Sägeblätter schneiden leicht wellig und weichen harten Ästen usw. aus. Die Blattdicke a wähle man ungefähr zu $a = 0{,}001\ D$; je dicker die Blätter sind, desto leichter brechen sie, namentlich bei Bandrollen von zu geringem Durchmesser[1]. Zu dünne Blätter neigen dagegen zum Verlaufen. Gebräuchliche Zahnformen zeigt Bild 632. Der Zahngrund muß gut ausge-

[1] Holzmarkt Bd. 35 (1918) Nr. 120. Vgl. auch G. S. Spatz: Die Sägewerksmaschinen und ihre Behandlung, S 84.

rundet sein, da eckige Zahngründe das Entstehen von Rissen bei Bandsägeblättern in hohem Maße begünstigen. Mit Rücksicht auf die starke Beanspruchung muß auch der Sägeblattrücken abgerundet sein. In der Regel werden gestauchte Zähne benutzt, seltener geschränkte; gestauchte Blätter haben etwas geringere Schnittbreite und halten länger Schnitt. Das Schärfen, Stauchen, Spannen und Löten geschieht mit Hilfsmaschinen. Beim Schneiden von Holz mit sandiger Oberfläche geht die Schneidefähigkeit unter Umständen sehr rasch (innerhalb von 15 Minuten) verloren.

Die Rollendurchmesser von Blockbandsägen liegen zwischen $D = 1000$ und $D = 2500$ mm, die Schnitthöhen zwischen $H = 600$ bis 1800 mm. Die Rollenbahn muß etwa 0,1 mm ballig geschliffen sein.

Der Gesamtleistungsbedarf N von Blockbandsägen

$$N = N_l + N_s + N_v \tag{49}$$

bewegt sich je nach der Maschinengröße zwischen 18 und 75 kW. Die Leerlaufleistung berechnet sich nach F. Voigt[1] zu

$$\left.\begin{aligned} N_l &= \frac{0{,}013 \cdot S \cdot D \cdot n}{7\,300\,000} + 0{,}37\ [\mathrm{kW}] \quad \text{wenn die Rollenwellen in Wälzlagern laufen (a)} \\ N_l &= \frac{0{,}033 \cdot S \cdot D \cdot n}{7\,300\,000} + 0{,}37\ [\mathrm{kW}] \quad \text{wenn die Rollenwellen in Gleitlagern laufen (b)} \end{aligned}\right\} \tag{55}$$

Hierin ist die Sägenanspannung $S = 7 \cdot a \cdot (B - l)$ [kg], a die Blattdicke [mm], B die Blattbreite [mm] und l die Zahnhöhe [mm], D = Durchmesser der Sägenrollen [mm], n = Drehzahl [U/min], z. B. $n = 400$ bei $D = 1800$ mm entsprechend

$$v = \frac{r \cdot n \cdot \pi}{30} = \frac{0{,}9 \cdot 400 \cdot \pi}{30} \approx 37{,}7\ [\mathrm{m/s}].$$

Für die Schnittleistung N_s gilt folgende Gleichung

$$N_s = \frac{P_s \cdot v}{75}\ [\mathrm{PS}] \approx \frac{P_s \cdot v}{102}\ [\mathrm{kW}] \tag{47}$$

Bei geschränkten Zähnen läßt sich dann ohne weiteres Gleichung (40a) verwenden. Bei gestauchten Zähnen sind die geänderten geometrischen Verhältnisse der Zahnformen zu berücksichtigen, so daß sich ergibt

$$N_s = \frac{v \cdot h}{101 \cdot t}\,(1 + 0{,}55 \sin\delta - \cos\delta)\, s_z \cdot b \cdot \sigma_{d\#} + (2\, s_z \cdot \tau_{s\#} + b \cdot \tau_{s\perp})\sqrt{s_z}\ [\mathrm{kW}] \tag{56}$$

Der Leistungsbedarf für den Vorschub des Blockwagens, der durch ein Zahnstangengetriebe erfolgt, beträgt $N_v = 1{,}1$ bis 3,7 kW.

812.2 Trenn- oder Spaltbandsägen.

Trennbandsägen (Bild 633) finden beim Zerlegen von besäumten Bohlen und Kanthölzern in dünne Bretter sowie zum Aufarbeiten von Schwarten Verwendung; sie arbeiten günstiger als Vollgatter, da die Sägezähne ununterbrochen zum Schnitt gelangen und da ihre Schnittgeschwindigkeit eine mehrfache von Gattersägen ist. Ein weiterer Vorteil ist es, daß sich auf Trennbandsägen Dicken bis zu 4 mm abnehmen lassen, während auf den Gattern die Angeln derartig geringe Dicken nicht gestatten. Schließlich ist an den geringen Schnittverlust und die hohe Schnittgüte zu erinnern. Die Rollendurchmesser von Trennbandsägen liegen zwischen 1000 und 1800 mm, die Schnittgeschwin-

[1] Voigt, F.: Holzmarkt Bd. 42 (1925) Nr. 188 bis 189. — Hütte: Des Ingenieurs Taschenbuch Bd. 2, 26. Aufl., S. 767f., Berlin 1931.

digkeiten zwischen 30 und 40 m/s. Der Vorschub des Holzes erfolgt selbsttätig durch Walzen mit bis zu 35 m/min. Der Leistungsbedarf kann nach den üblichen, bei den Gatter- und Blockbandsägen mitgeteilten Formeln von Voigt berechnet werden; er bewegt sich in der Regel zwischen 12 und 26 kW.

Bild 633. Ansicht einer Trenn- und Spaltbandsäge, Bauart B. Raimann, mit 4 angetriebenen Vorschubwalzen, Vorschubgeschwindigkeiten von 5 bis 40 m/min, Schnitthöhe 600 mm, Antriebsleistung 26 kW.

Bild 634. Ansicht einer Tischbandsäge, Bauart Homag, mit Bandagierung der Bandrollen durch pneumatische Schwellkörper sowie Übertragung der Drehbewegung durch eine Reibrolle auf die Umfläche der unteren Bandrolle.

812.3 Tischbandsägen.

Tischbandsägen (Bild 634) werden in sehr verschiedenen Größen für mannigfache Zwecke geliefert; sie dienen zu Längs- und Querschnitten, zur Herstellung von geraden Schnittflächen und Schweifungen. Rollendurchmesser $D = 300$ bis 1200 mm, Schnitthöhe $h_{\max} = 150$ bis 750 mm. Weiter gelten etwa folgende Grenzwerte: Blattdicke $a = 0{,}6$ bis 1 mm, Blattbreite $B = 3$ bis 60 mm, Drehzahlen $n = 400$ bis 1500 U/min (um so höher, je kleiner die Maschinen sind), Schnittgeschwindigkeiten $v = 20$ bis 40 m/s, Leistungsbedarf $N = 0{,}2$ bis 45 (gewöhnlich 1,5 bis 10) kW. Neuzeitliche Tischbandsägen haben Wälzlager, Gummi- oder Lederbelag auf den Rollen zur Schonung, gute Blattführungen unter und über dem Tisch, Verstellbarkeit der oberen Rolle mittels Handrad und Spindel, Gewichtshebel- oder Federspannung des Blattes, bis zu 45° neigbaren Tisch, Reinigungsbürste an der unteren Rolle usw.

813. Kreissägen.

813.0 Allgemeine Beschreibung der Kreissägemaschinen.

Kreissägen besitzen kreisrunde, am Umfang gezahnte Scheiben als Sägeblätter. Das Blatt ist auf einer waagerechten Welle befestigt, die durch Riemen oder unmittelbar durch einen Elektromotor angetrieben wird. Die Kreissägen sind einfach, billig, dauerhaft und leicht zu bedienen. Mit Rücksicht auf genügende Steifigkeit müssen die Blätter aber ziemlich dick gewählt werden; der Schnittverlust ist daher größer als bei Bandsägeblättern, die Genauigkeit beim Arbeiten kleiner. Verwendung finden heute Kreissägeblätter mit verschiedenen Zahnformen und Blattdicken zum Quer- und Längsschnitt von Holz in verschiedenen Maschinen; lediglich die wichtigsten Vertreter seien kurz aufgeführt, wobei vorauszuschicken ist, daß bei jeder Kreissäge eine Schutzvorrichtung und ein Spaltkeil hinter dem Sägeblatt vorhanden sein muß.

Bild 635. Ansicht einer Parallel-Abkürz- und Besäumschnitt-Kreissäge mit automatischem Holzvorschub, Bauart Meyer & Schwabedissen, größte Auszugsweite 620 bis 950 mm, größte Schnitthöhe 120 bis 260 mm, Sägeblattdurchmesser 400 bis 750 mm, Antriebsleistung 2 bis 5,5 kW.

1. Abkürzsägen als Kapp- oder Pendelsägen zum Abkürzen und Ablängen von Rund- und Schnittholz mit einem oder mehreren Blättern (Bild 635 und Bild 636).

2. Besäumsägen zum Abschwarten von Rindenkanten an Bohlen und Brettern sowie zum Besäumen ungleichmäßiger Schmalseiten. Das Holz befindet sich meist auf einem Schlitten mit Laufrollen, der von Hand, mittels Handkurbel oder selbsttätig vorgeschoben wird; für kürzere, nicht zu dicke Bretter benutzt man auch Gelenkkettenvorschub.

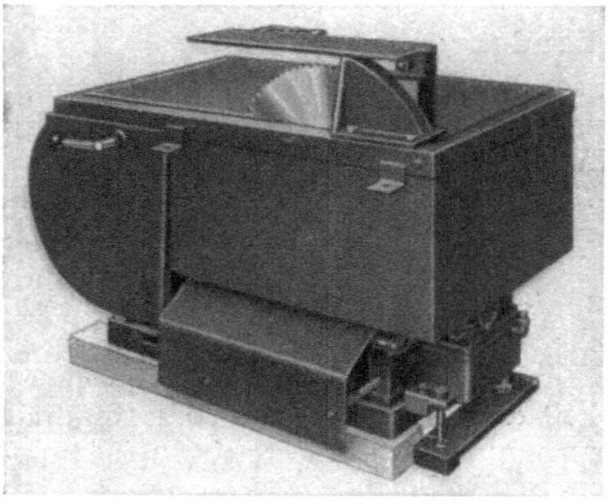

Bild 636. Ansicht einer Pendelsäge, von unten schneidend, Bauart Wurster & Dietz, Schnitthöhe 150 bzw. 250 mm, Schnittlänge 400 bzw. 700 mm, Sägeblattdurchmesser 500 mm, Drehzahl der Sägewelle 300 U/min, Antriebsleistung 4 kW.

3. Besäumkreissägen dienen hauptsächlich der Besäumung von hinter den Gattern anfallender Schnittware, werden aber auch wegen ihrer großen Vorschubgeschwindigkeit (bis 80 m/min) und dadurch hohen Mengenleistung vielfach zum Nachschnitt von schwachem Bauholz benutzt. Ihre Schnitthöhen reichen allgemein bis etwa 160 mm. Sie besitzen in der Regel 2 bis 6 Sägeblätter von 350 bis 500 mm Durchmesser. Der selbsttätige Vorschub erfolgt durch Walzen oder Plattengliederketten. Bild 637 zeigt eine Besäumkreissäge mit hydraulischer Schnelleinstellung der Saumbreiten und stufenlos regelbarem hydraulischen Vorschubgetriebe. Der Leistungsbedarf der Besäumkreissägen liegt meist zwischen 12 und 22 kW.

4. Lattenkreissägen besitzen in der Regel 6 (aber auch mehr, z. B. 16) Sägeblätter. Bild 638 zeigt eine automatische Besäum- und Vielblattkreissäge. Das Holz wird durch Transportketten vorgeschoben, Vorschubgeschwindigkeit 5 bis 30 m/min. Leistungsbedarf bei 15 m/min Vorschub je Blatt zwischen 1 und

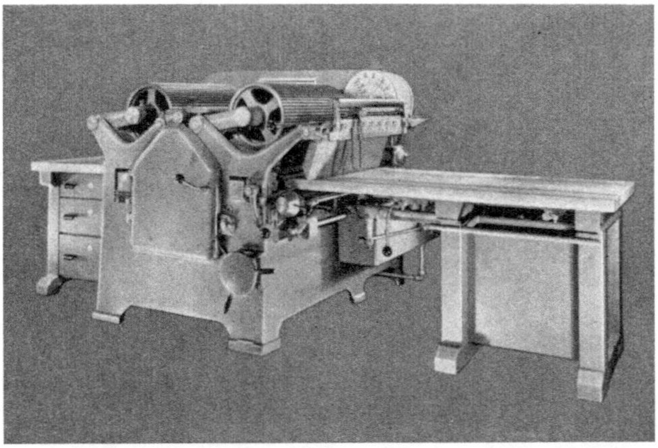

Bild 637. Ansicht einer Besäumkreissäge, Bauart Wurster & Dietz, mit hydraulischer Einstellung der Saumbreiten und des Vorschubs zwischen 0 und 70 m/min, Arbeitsbreite 800 mm, Schnitthöhe 160 mm.

3 kW. Schränkung der Sägeblätter beiderseits nur 0,2 mm, zweckmäßige Zahnteilung 17 mm. Bei einer Wellendrehzahl von $n = 4400$ U/min errechnet sich bei 250 mm Blattdurchmesser eine Schnittgeschwindigkeit von $v = 58$ m/min.

Bild 638. Ansicht einer automatischen Besäum- und Vielblattkreissäge, Bauart Franz Torwegge, Holzvorschub durch Transportkette, Vorschubgeschwindigkeit 5 bis 30 m/min, 16 Sägeblätter, Leistungsbedarf 48 kW.

5. Bauholzkreissägen werden für den Einschnitt kleiner Bauholzlisten am Platz als Einblatt-, für größere Mengenleistungen als Zweiblattmaschinen gebaut. Verstellung der Sägeblätter während des Betriebs nach Skala. Der Kettenvorschub ist durch ein Getriebe regelbar. Die Führung des Stammes

erfolgt durch einen schweren, in Rollen laufenden I-Träger. Einspannung erfolgt durch eine Exzenter-Schnellspannvorrichtung (Bild 639).

6. Spaltkreissägen (Trennkreissägen) dienen zur Entlastung der Hauptsägemaschinen und ermöglichen durch ihre (um rund ein Drittel) schmaleren

Bild 639. Ansicht einer Bauholzkreissäge (doppelte Oberschnittkreissäge). Bauart Wehrhahn, größter Sägeblattdurchmesser 1200 mm, größte Schnitthöhe 475 mm, größte Schnittbreite 500 mm, kleinste Schnittbreite 150 mm, Vorschub und Rücklauf 0 bis 60 m/min, Antriebsleistung 60 kW.

Schnittfugen bessere Holzausnutzung beim Auftrennen von Bohlen und Brettern. Spaltkreissägen sind im Vergleich zu Bandsägen in der Werkzeugpflege und -instandhaltung weniger empfindlich, jedoch in ihrer Mengenleistung begrenzt. Vorschub durch Walzen. Antriebsleistung etwa 26 kW (Bild 640).

Bild 640. Ansicht einer Elektro-Spaltkreissäge, Bauart Böttcher & Geßner, größter Sägeblattdurchmesser 800 mm, größte Schnitthöhe 280 mm, größter Abstand zwischen Anschlag und Sägeblatt 300 mm, Antriebsleistung 26 kW.

7. Tischkreissägen gibt es bei nahezu einheitlichem Grundaufbau in verschiedensten Ausführungen. Meist ist Winkel- und Höhenverstellbarkeit des Sägetisches vorhanden. Für die Bedienung ist es günstiger, bei Schrägschnitten

in waagerechter Ebene zu arbeiten[1]. Dieser Forderung entspricht die in Bild 641 gezeigte Tischkreissäge, deren Kreissägeblatt höhenverstellbar und bis zu 45° schwenkbar ist. Unter Umständen werden die Tischkreissägen mit anderen Maschinen, z. B. Bohr- und Fräsvorrichtungen, vereinigt.

In allen Fällen muß das Maschinengestell von Kreissägen aus einem kräftigen eisernen Rahmen bestehen[2], erschütterungsfreier Lauf läßt sich weiter nur dann erzielen, wenn ein Fundament vorhanden ist. Die Sägewelle muß in Wälzlagern laufen.

Bild 641. Ansicht einer Tischkreissäge, Bauart Böttcher & Geßner, mit bis zu 45° schwenkbarem und höhenverstellbarem Kreissägeblatt, Sägeblattdurchmesser 500 mm, Schnitthöhe 135 mm.

813.1 Schnittgeschwindigkeit, Leistungsbedarf und Vorschub.

Die Zahngeschwindigkeit (und damit Schnittgeschwindigkeit) von Kreissägen soll beim Längs- und Querschnitt von Holz möglichst 60 m/s betragen, wenn Sägemaschinen ohne Vorschubeinrichtung benutzt werden. Bei automatischem Vorschub ist nach französischen Untersuchungen[3] eine Schnittgeschwindigkeit von 42 m/s unter dem Gesichtswinkel des sparsamen Leistungsverbrauchs besondern zu empfehlen. Zahlentafel 97 gibt für verschiedene Blattdurchmesser nähere Angaben.

Zahlentafel 97. *Angaben über Kreissägeblätter.*

Blattdurchmesser D	Erforderliche (abgerundete) Drehzahl n für eine Zahngeschwindigkeit von			Nach F. Voigt			
				Blattdicke a	Teilung t etwa	Leistungsbedarf bei Einzelantrieb	
mm	40 m/s	50 m/s	60 m/s	mm	mm	PS	kW
100	7640	9560	11460	0,75	6	1	0,74
150	5100	6370	7640	0,9	9	1,5	1,1
200	3820	4780	5740	1,05	11	2	1,47
250	3060	3820	4590	1,25 bis 1,4	17	2,5	1,84
300	2550	3180	3820	1,45 bis 1,6	22	3	2,21
400	1910	2390	2860	1,85	25 bis 30	5	3,68
500	1530	1910	2290	2,25	30 bis 36	7	5,15
600	1270	1590	1910	2,6	35 bis 41	9	6,62
700	1090	1360	1640	2,9	39 bis 46	11	8,1
800	960	1190	1430	3,25	42 bis 50	13	9,56
900	850	1060	1270	3,5	46 bis 54	15	11,0
1000	760	960	1150	3,8	50 bis 58	17	12,5
1100	690	870	1040	4,2	52 bis 60	20	14,7
1200	640	800	960	4,6	55 bis 65	23	16,9
1300	590	740	880	4,8	58 bis 68	26	19,1
1400	550	680	820	5	60 bis 71	30	22,1

[1] Pahlitzsch, G.: Holz als Roh- und Werkstoff Bd. 9 (1951) S. 121.

[2] Vgl. AWF-Betriebsbl. 51 (Kreissägen für Holzlängsschnitt).

[3] Lotte, M., u. M. Keller: La scie circulaire, Service Central d'Essais des Bois et Laboratoires d'Essais de l'Institut National du Bois, Broch. Techn. Nr. 8, Paris 1949.

Der **Leistungsbedarf** kann mit den für Langblattsägen geltenden Formeln berechnet werden, wobei die Schnitthöhe *h* rechtwinklig zur Vorschubrichtung zu messen ist. Der Leistungsbedarf beim Kreissägen hängt hauptsächlich von vier Faktoren ab: 1. von der Schnittgeschwindigkeit, 2. von der Vorschubgeschwindigkeit, 3. von der Schnittiefe und 4. von der Rohwichte sowie sonstigen Beschaffenheiten des Holzes. Verschiedene Forschungen[1], die sich weitgehend gegenseitig bestätigen und ergänzen, führten zu folgenden Gesetzmäßigkeiten:

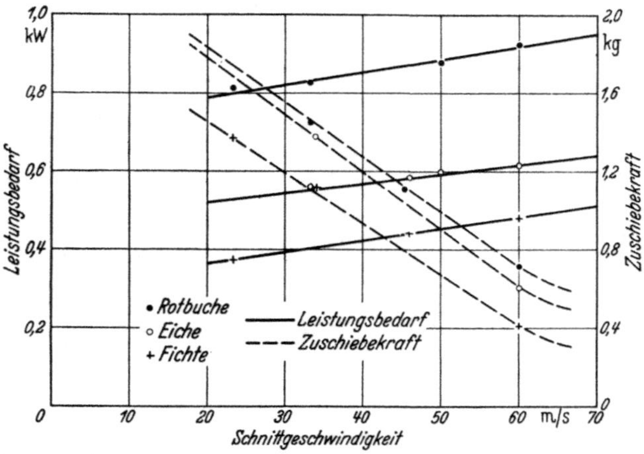

Bild 642. Abhängigkeit des Leistungsbedarfs und der Zuschiebekraft von der Schnittgeschwindigkeit bei Kreissägen. (Nach M. Meyer.)

1. Bei gleichbleibender Schnitthöhe und Vorschubgeschwindigkeit ist die Leistungsaufnahme verhältnisgleich der **Schnittgeschwindigkeit** (Bild 642 und 643). Von C. J. Telford[2] stammen die nachstehenden Verhältniszahlen für den gesamten Leistungsbedarf (Leerlaufleistung + Vorschubleistung + Schnittleistung) einer Bauholzkreissäge bei wechselnden Vorschüben beim Einschnitt von Douglasienkantholz:

Schnittgeschwindigkeit m/s	19,1	28,7	38,2
verhältnismäßiger Leistungsverbrauch	1	1,39 bis 1,43	1,69 bis 1,79

Die **Zuschiebekraft** fällt mit der Schnittgeschwindigkeit stark ab; der Grund hierfür liegt darin, daß bei konstantem Vorschub mit größer werdender Schnittgeschwindigkeit die vom Holz gelösten Späne kleiner werden. Damit nehmen auch die Schnittkräfte und ihre — die Zuschiebekraft bewirkenden — Komponenten parallel zum Kreissägentisch ab. Bei Maschinen mit Handvorschub beugt

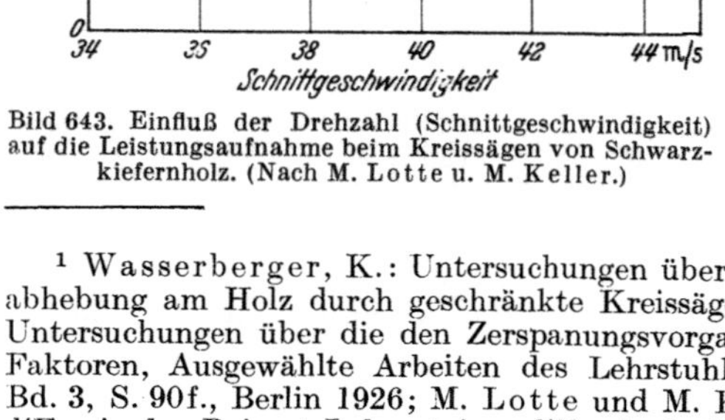

Bild 643. Einfluß der Drehzahl (Schnittgeschwindigkeit) auf die Leistungsaufnahme beim Kreissägen von Schwarzkiefernholz. (Nach M. Lotte u. M. Keller.)

---

[1] Wasserberger, K.: Untersuchungen über den Nutzbarkeitsverbrauch bei der Spanabhebung am Holz durch geschränkte Kreissägen, Diss. T. H. Breslau 1915; M. Meyer: Untersuchungen über die den Zerspanungsvorgang mittels Holzkreissägen beeinflussenden Faktoren, Ausgewählte Arbeiten des Lehrstuhls für Betriebswissenschaften in Dresden, Bd. 3, S. 90f., Berlin 1926; M. Lotte und M. Keller: La scie circulaire, Service Central d'Essais des Bois et Laboratoires d'Essais de l'Institut National du Bois, Broch. Techn. Nr. 8, Paris 1949.

[2] Telford, C. J.: Energy Requirements for Insert Point Circular Headsaws, For. Prod. Res. Soc., 1949, Preprint Nr. 49.

also möglichst hohe Schnittgeschwindigkeit einer vorzeitigen Ermüdung der Arbeiter vor. Hieraus erklärt es sich auch, daß bei Handvorschub höhere Schnittgeschwindigkeiten angewendet werden sollen als bei automatischem Vorschub.

2. Oberhalb einer gewissen Vorschubgeschwindigkeit wachsen die Leistungsaufnahme und die Zuschiebekraft linear mit der Vorschubgeschwindigkeit an (Bild 644 und 645). Der maximal erreichbare Vorschub s_{max} läßt sich in der Praxis errechnen zu:

$$s_{max} = \frac{C \cdot v}{t} \text{ [m/min]}, \qquad (57)$$

wobei C eine Konstante ist, die vom Zahnlückenraum, der Schnittbreite, Sägenteilung und dem Auflockerungsgrad des Holzes bei der Zerspanung abhängt, v die Umfangsgeschwindigkeit in [m/s] und t die Sägenteilung in [mm] ist. Für lufttrockene und künstlich getrocknete Harthölzer kann man überschlägig setzen[1] $C = 10$, für Weichhölzer $C = 12$.

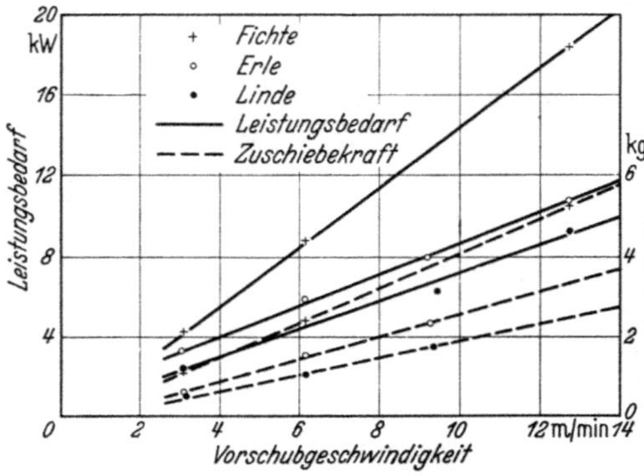

Bild 644. Abhängigkeit des Leistungsbedarfs von der Vorschubgeschwindigkeit. (Nach M. Meyer.)

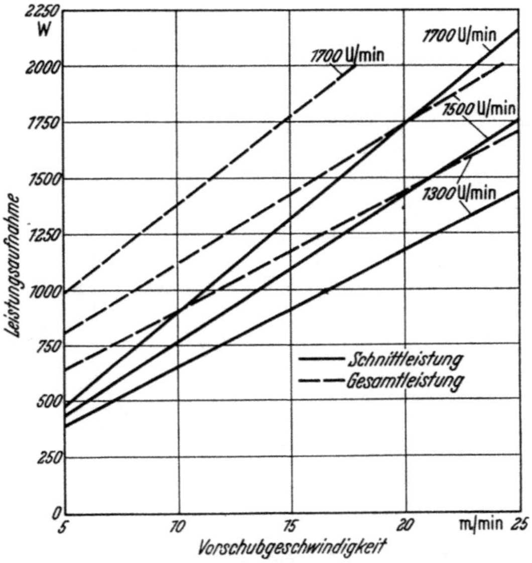

Bild 645.
Einfluß der Vorschubgeschwindigkeit auf die Leistungsaufnahme von Kreissägen bei verschiedener Schnittgeschwindigkeit, Einschnitt von Schwarzkiefernholz. (Nach M. Lotte u. M. Keller.)

Vervielfacht man die Vorschubgeschwindigkeit s mit der Schnitthöhe h, so gelangt man dadurch zur Schnittleistung [m²/h]. Man hat nun wiederholt auch das Verhältnis des Leistungsbedarfs zur Schnittleistung, d. h. den spezifischen Arbeitsverbrauch ε [PSh/m²], zur Leistungsbedarfsrechnung herangezogen. Derartige Rechnungen sind aber irreführend, da ε in weiten Grenzen (z. B. zwischen 0,3 und 1,4, je nach den besonderen Arbeitsbedingungen, der Holzart usw.) schwanken kann, wie Bild 646 zeigt. Es erscheint vorteilhaft, mit möglichst großem Vorschub zu arbeiten, wodurch ε niedrig wird, die Sauberkeit des Schnitts sowie die zulässige Beanspruchung des Werkzeugs setzen hier allerdings Grenzen.

3. Mit der Schnitthöhe h nimmt der Leistungsbedarf linear zu, wie gemäß Gleichung (40) zu erwarten ist (Bild 647). Bei einem gegebenen Sägeblattdurchmesser d besteht ferner ein einfacher geometrischer Zusammenhang

[1] Vgl. dazu die Tabelle III in AWF-Betriebsblatt 51 „Kreissägen für Holzlängsschnitte".

zwischen der Schnitthöhe h (in Bild 648 identisch mit der Brettdicke), der Schnittlänge l und dem Überstand f des Blattes:

$$l = 2\sqrt{(f + h)(d - f - h)}\,. \qquad (58)$$

Bei Versuchen von M. Lotte und M. Keller ergaben sich die in Bild 649 dargestellten Kurven.

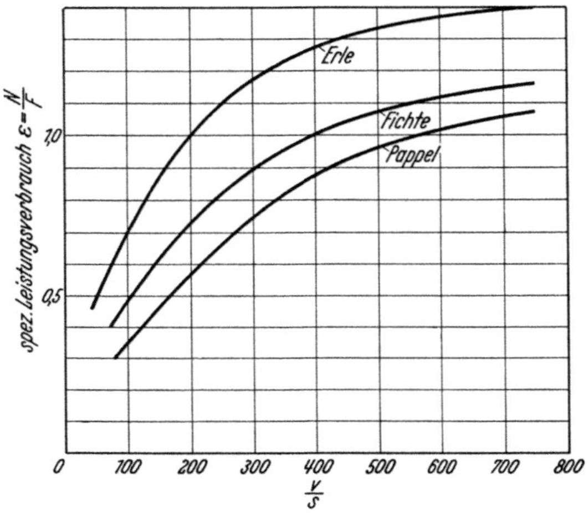

Bild 646. Abhängigkeit des spezifischen Leistungsverbrauchs vom Verhältnis der Schnittgeschwindigkeit v zur Vorschubgeschwindigkeit s. (Nach Sack.)

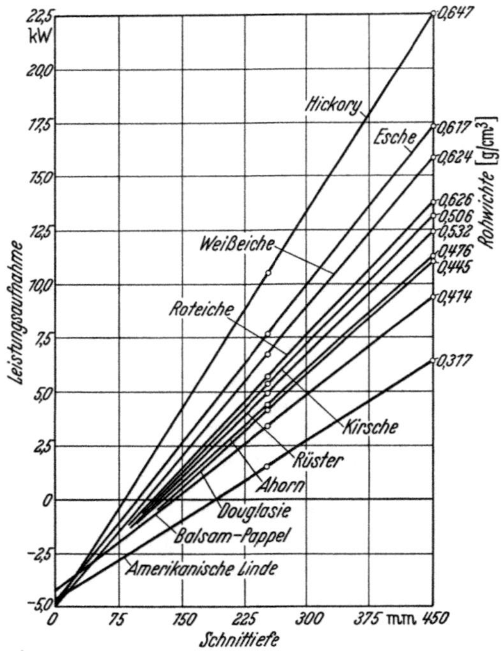

Bild 647. Abhängigkeit der Leistungsaufnahme von der Schnitttiefe beim Einschneiden verschieden dichter Hölzer mit der Bauholzkreissäge, Sägeblattdurchmesser 1220 mm, Drehzahl 300 U/min, Schnittgeschwindigkeit 19,1 m/s. (Nach C. J. Telford.)

4. Zur Rohwichte des Holzes muß der Leistungsbedarf in proportionalem Verhältnis stehen, da er nach Gleichung (40) verhältnisgleich der Druckfestigkeit und der Scherfestigkeit ist. Beide mechanische Eigenschaften sind aber, wie in Bd. I gezeigt wurde (s. S. 725 und S. 900), ihrerseits lineare Veränderliche der Rohwichte. Aus Bild 647 läßt sich eine Bestätigung dieses theoretischen Schlusses bereits ableiten, besonders anschaulich aber ist Bild 650. Der Leistungsverbrauch beim Sägen von gefrorenem Holz ist um bis zu 26% niedriger als der beim Sägen von ungefrorenem. Diese Feststellung von C. J. Telford an Douglasien-, Aspen- und Lindenholz ist etwas überraschend, da die Festigkeitseigenschaften durch das Gefrieren zunehmen (vgl. Bd. I, S. 741 bis 745) und da es erfahrungsgemäß schwierig ist, gewisse Hölzer in gefrorenem Zustande zu sägen. Man muß daraus folgern, daß diese Schwierigkeiten nicht mit dem Energieaufwand zusammenhängen und daß für die Arbeitserleichterung wahrscheinlich die Schmierung in der Schnittfuge durch schmel-

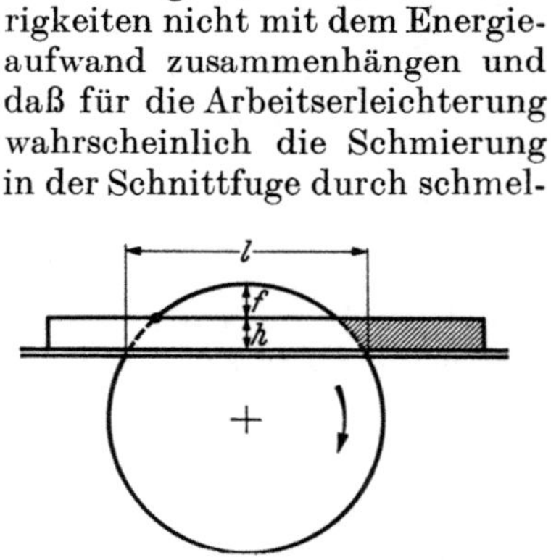

Bild 648. Schema eines Kreissägeblattes beim Durchschneiden eines Brettes.

zendes Eis verantwortlich zu machen ist. Für den Einfluß der Ästigkeit wurde bei Douglasienholz von C. J. Telford folgendes festgestellt: Wenn 40% der

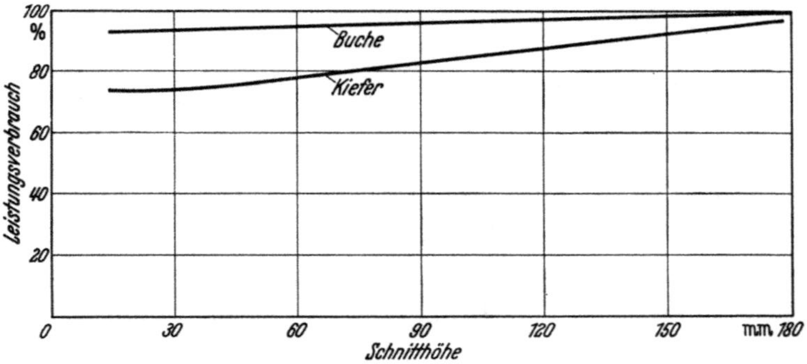

Bild 649. Abhängigkeit des relativen Leistungsverbrauchs vom Sägenüberstand. (Nach M. Lotte u. M. Keller.)

Schnittfläche aus Astholz bestanden, erhöhte sich der Leistungsverbrauch um 70% gegenüber dem Wert für astreines Holz. Daraus läßt sich ableiten, daß beim Sägen von Astholz etwa $2^3/_4$mal soviel Energie verbraucht wird wie beim Sägen von astreinem Holz.

Die Abhängigkeit des Leistungsbedarfs beim Kreissägen von der geometrischen Beschaffenheit des Sägeblattes, insbesondere von den Zahnwinkeln, der Zähnezahl und dem Schrank wird im nächsten Abschnitt behandelt.

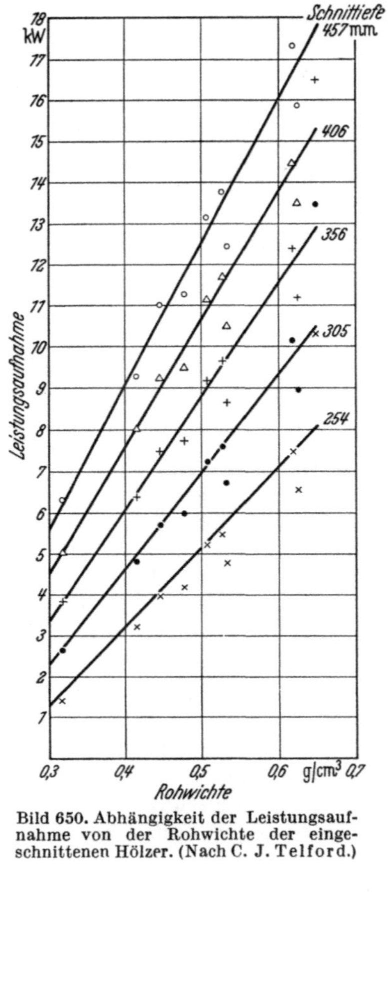

Bild 650. Abhängigkeit der Leistungsaufnahme von der Rohwichte der eingeschnittenen Hölzer. (Nach C. J. Telford.)

813.2 Gestaltung der Kreissägeblätter.

813.21 Kreissägeblätter mit vielen Zähnen.

813.211 Zahnform und Schliffart. Die Zahnformen der Kreissägeblätter[1] müssen ihrer vielseitigen Verwendbarkeit angepaßt sein. Allgemein gilt, daß die Blätter bis auf 0,1 mm genau rund, stets scharf gehalten, auf 0,1 mm sauber geschränkt und richtig gespannt sein müssen. Der Schleifgrad an den Zahnflanken ist abzuschaben. Der Zahngrund muß gut ausgerundet sein, da scharfe Einkerbungen zum Einreißen führen.

Die Zahnteilung richtet sich bei den gewöhnlichen Kreissägeblättern nach dem Blattdurchmesser und nach der verlangten Schnittgüte. Nach den Ermittlungen des AWF bleibt bei Längsschnitt die Zähnezahl z bei den Durchmessern bis 400 mm annähernd gleich und beträgt, um eine hobelfertige Schnittfläche zu erhalten, etwa 40 bis 50. Die Teilung t errechnet sich dann, wenn D der Blattdurchmesser ist, im Mittel zu

$$t = \frac{D\pi}{z} \text{ [mm]}, \qquad (59)$$

[1] Vgl. Schmitz: AWF-Mitt. Bd. 10 (1928) S. 8, 26, 81.

die Zahnhöhe h bei Spitzwinkel- und Wolfszähnen zu

$$h = 0{,}5\,t + 1 \ldots 3\ [\text{mm}], \tag{60}$$

damit ergeben sich folgende Anhaltswerte (vgl. mit Zahlentafel 97)

D mm	200	250	300	400
t mm	10 bis 16	16 bis 20	19 bis 24	25 bis 31
h mm	9 bis 11	11 bis 13	12 bis 15	15 bis 18.

Je kleiner die Teilung ist, desto besser wird die Schnittgüte, desto geringer muß aber auch der Vorschub sein. Unter 15 mm Teilung geht man in der Regel nicht herab.

Bei Querschnitt muß die Zahnteilung kleiner gewählt werden, um saubere Schnittflächen zu erhalten. Wolfszahn ist bei hohen Anforderungen an die Schnittgüte nicht zu empfehlen, da naturgemäß seine Teilung größer ist als bei Dreieck- und Spitzwinkelzähnen. Einige gebräuchliche Zahnformen zeigt Bild 651.

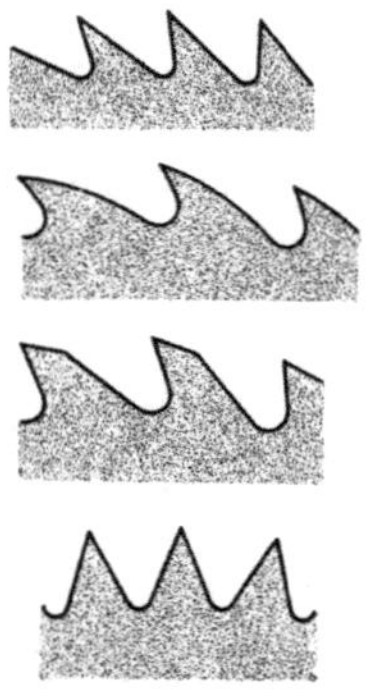

Bild 651. Zahnformen von Kreissägeblättern.

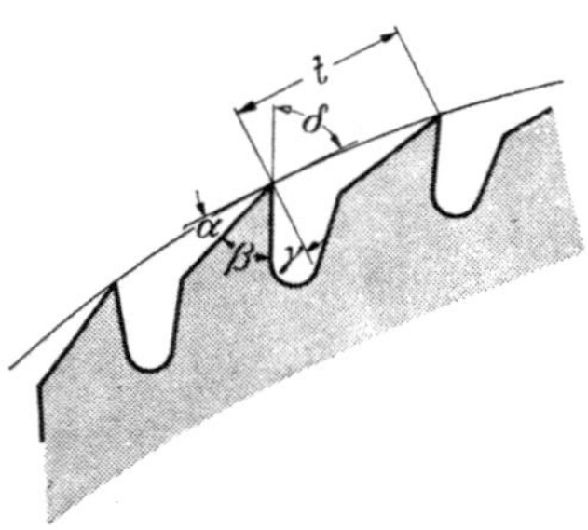

Bild 652. Winkel an Kreissägezähnen.

Im Schrifttum sind leider die Bezeichnungen für die Zahnwinkel nicht einheitlich, eine vergleichende Übersicht ist deshalb geboten (Bild 652), um einen richtigen Gebrauch von Zahlentafel 98 sicherzustellen.

DIN 768 AWF, Braunshirn	Exner, Meyer
Freiwinkel α	Rückenwinkel R (i)
Keilwinkel β	Spitzenwinkel S
Spanwinkel γ	
Schnittwinkel $\delta = \alpha + \beta$	Brustwinkel
Anschrägwinkel ε	

Sehr interessant ist der Einfluß der Zahnform auf die zur Zerspanung benötigte Leistung. Bild 653 zeigt nach M. Meyer die Abhängigkeit des Leistungsbedarfs vom Freiwinkel α; es ist ersichtlich, daß sich der geringste Leistungsbedarf für sämtliche Hölzer bei einem Freiwinkel von 14 bis 16° ergibt. Das Anwachsen des Leistungsbedarfs mit kleiner werdendem Freiwinkel erklärt M. Meyer folgendermaßen: Beim Abkeilen des Spanes werden die unter der Zahnschneide liegenden Fasern solange zusammengedrückt, bis der Span abgeschnitten ist; hierauf schnellen die Faserenden wieder nach oben und reiben an dem Zahnrücken; je kleiner der Freiwinkel ist, desto größer wird die Reibungsfläche. Das Ansteigen der Leistung für Freiwinkel über 14° ist darauf zurückzuführen, daß die Keilwirkung der Zahnschneiden mehr und mehr in eine Scherwirkung übergeht. Mit abnehmendem Schnittwinkel δ sinkt der Leistungsbedarf (Bild 654). Dies beruht darauf, daß mit der Verringerung des Schnittwinkels — bei gleichbleibendem Freiwinkel — auch der Keilwinkel abnimmt, so daß die Keilwirkung besser wird. Außerdem werden

Zahlentafel 98. *Zahnwinkel von Vielzahn-Kreissägeblättern.*

Winkel	Längsschnitt		Querschnitt	
	Weichholz Spitzwinkelzahn . . . *Sp* Wolfszahn . . . . . . *W*	Hartholz Wolfszahn	Spitzwinkelzahn	Wolfszahn
Freiwinkel α°	Sp 33 AWF Sp 35 Br W 20 FPRL W 16 INB	20 bis 24 AWF 24 bis 28 Br 15 FPRL	37 bis 38 Br 45 bzw. 60 FPRL	20 bis 24 AWF 30 Br 25 FPRL
Keilwinkel β°	Sp 39 AWF Sp 37 Br W 40 bis 45 FPRL W 34 bis 39 INB	38 bis 42 AWF 40 Br trocknes Holz 55 bis 65 FPRL grünes Holz 50 bis 65 FPRL	45 bis 49 Br 50 bis 60 FPRL	55 bis 60 AWF 44 Br 70 FPRL
Spanwinkel γ°	Sp 18 AWF, Br W trocknes Holz 25 FPRL W grünes Holz 25 bis 30 FPRL W 35 bis 40 INB	28 AWF 20 bis 26 Br trocknes Holz 10 bis 20 FPRL grünes Holz 10 bis 25 FPRL	5 bis 15 AWF 3 bis 8 Br —10 bis —30 FPRL	5 bis 15 AWF 16 Br —5 bis —10 FPRL
Schnittwinkel δ° $(= \alpha + \beta)$	Sp 72 AWF, Br Sp 80 bis 85 H W 60 bis 65 FPRL W 50 bis 55 INB	58 bis 66 AWF 64 bis 68 Br 60 H trocknes Holz 70 bis 80 FPRL grünes Holz 65 bis 80 FPRL	75 bis 85 AWF 80 bis 85 H 95 bis 120 FPRL	75 bis 85 AWF 95 FPRL

Abkürzungen: AWF = Ausschuß für wirtschaftliche Fertigung, Br = Braunshirn, FFRL = Forest Products Research Laboratory, Princes Risborough, H = Hütte, Des Ingenieurs Taschenbuch, Bd. II, 27. Aufl., INB = Institut National du Bois, Paris.

mit kleinerem δ auch die sich an den Schnittwänden reibenden Flächenteile der Zähne kleiner. Wegen der Zahnsteifigkeit kann man den Schnittwinkel aber nicht beliebig spitz wählen.

Der Spanwinkel γ hatte bei Versuchen von C. J. Telford im Bereich von 28 bis 41° nur einen geringen Einfluß auf den Leistungsverbrauch, bei 15°

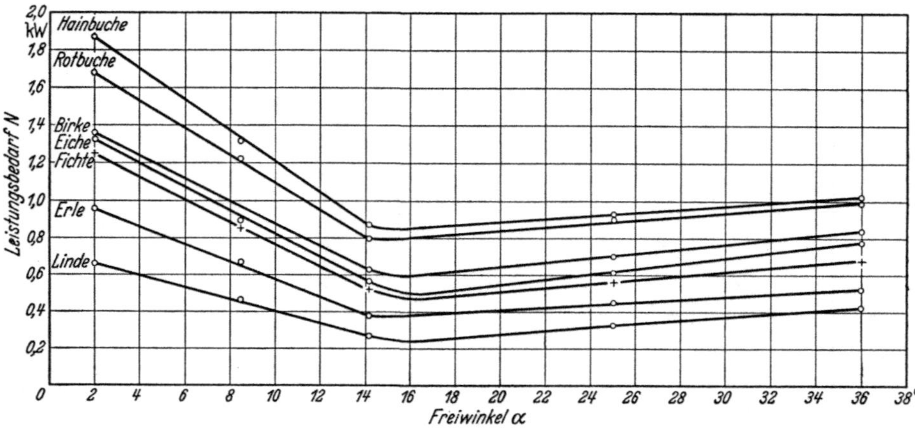

Bild 653. Abhängigkeit des Leistungsbedarfs vom Freiwinkel bei Kreissägen. (Nach M. Meyer.)

lieferte die Säge jedoch keinen glatten Schnitt, und der Energieverbrauch stieg an. Bei französischen Untersuchungen[1] ergaben sich, wie Bild 655 darstellt, Unterschiede im Verhalten von Hart- und Weichholz. Während bei Rotbuche im Bereich von 25 bis 40° ebenfalls kein nennenswerter Einfluß des Spanwinkels auf den Energieverbrauch zu verzeichnen war, sank er bei Kiefer (Pinus laricio Poir.) erheblich mit zunehmendem Spanwinkel.

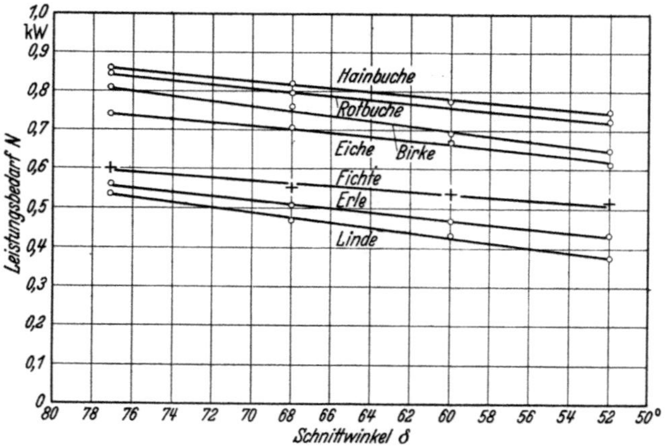

Bild 654. Abhängigkeit des Leistungsbedarfs vom Schnittwinkel bei Kreissägen. (Nach M. Meyer.)

C. Skoglund und G. Hvamb[2] fanden für verschiedene Schnittiefen, wobei einmal die Schnittrichtung entgegen der Vorschubrichtung, das andere Mal gleichsinnig dazu verlief, die in Bild 656 gezeigten Kurven. Wie ersichtlich, war der Einfluß des Freiwinkels weit geringer als bei den Versuchen von M. Meyer, insbesondere bei der geringeren Spandicke. Man ersieht aus diesen sich widersprechenden

[1] Lotte, M., u. M. Keller: La scie circulaire, Serv. Centr. d'Essais des Bois et Lab. d'Essais de l'Institut Nat. du Bois, Broch. Techn. Nr. 8, Paris, Juni 1949.

[2] Skoglund, C., u. G. Hvamb: Tannvinklenes innvirkning på kraftverbruket ved saging med og mot fibrene, Medd. Nr. 29 (NTI) fra Skogbrukets og Skogindustriens Forskningsforening, Blindern, März 1953.

Befunden, deren jeder für sich einwandfrei ermittelt wurde, daß es kaum möglich ist, bei der Zerspanung von Holz allgemeingültige Gesetzmäßigkeiten abzuleiten. Insbesondere der Einfluß der Zahnwinkel auf Schnittkraft und Leistungsverbrauch kann nur im Zusammenwirken aller Faktoren und von Fall zu Fall betrachtet und erklärt werden; zum Beispiel ist der Zusammenhang zwischen Schnittkraft und Spanwinkel (Bild 657) im Auge zu behalten, ferner vor allem die Arbeitsschärfe des Messers. An späterer Stelle (Abschn. 831.232) wird darauf besonders hingewiesen werden, daß Versuche, den Schnittwiderstand als Funktion des Freiwinkels zu bestimmen, stark abweichende Ergebnisse liefern, je nachdem man eine arbeitsscharfe oder abgestumpfte Schneide benutzt. Während für erstere Kurven ähnlich Bild 657 zu erwarten sind, treten für letztere Minima bei einem Freiwinkel $\alpha = 15°$ klar hervor, eine Erkenntnis, welche den oben erwähnten Widerspruch doch weitgehend zu beseitigen scheint.

Bei Handvorschub wird (wie auch stets beim Querschneiden) Schrägschliff empfohlen, und zwar soll die Anschrägung der Zahnbrust etwa 25° betragen; der Leistungsbedarf sinkt mit der Anschrägung gegenüber Geradschliff (Bild 658), jedoch kann man mit Rücksicht auf die Standzeit nicht beliebig weit gehen. Nach H. Emmerich[1] schneidet zudem die schräggeschliffene Säge nur zu Beginn eines Schneidversuchs besser als die geradgeschliffene. Er berichtet,

[1] Emmerich, H.: Der Sägewerker und sein Wirkungskreis, Berlin o. J., S. 142.

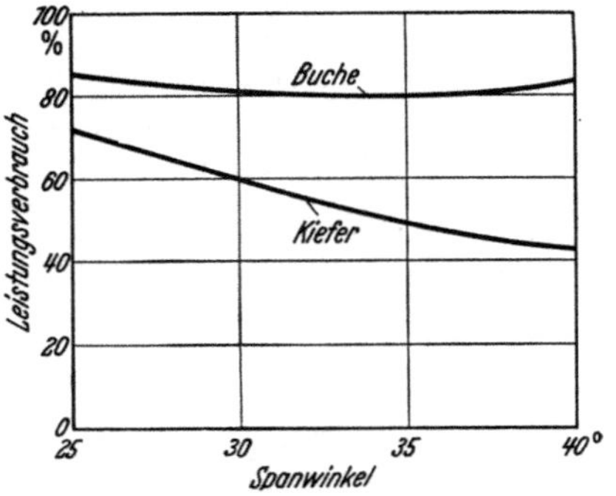

Bild 655. Abhängigkeit des Leistungsverbrauchs vom Spanwinkel beim Einschneiden von Rotbuchen- und Kiefernholz. (Nach M. Lotte u. M. Keller.)

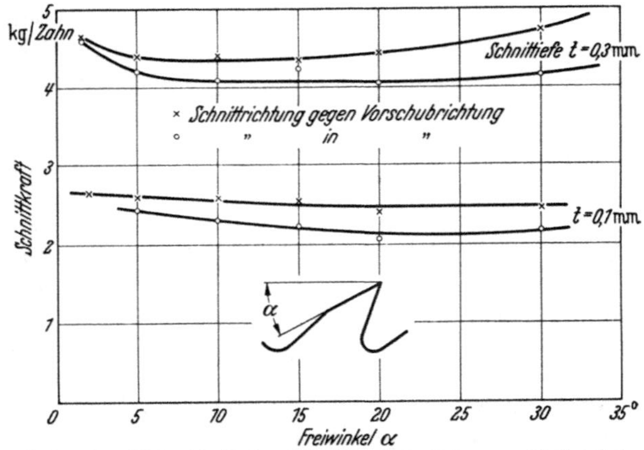

Bild 656. Abhängigkeit der Schnittkraft je Zahn vom Freiwinkel bei verschiedener Schnittiefe und Schnittrichtung gegen sowie in Vorschubrichtung. (Nach C. Skoglund u. G. Hvamb.)

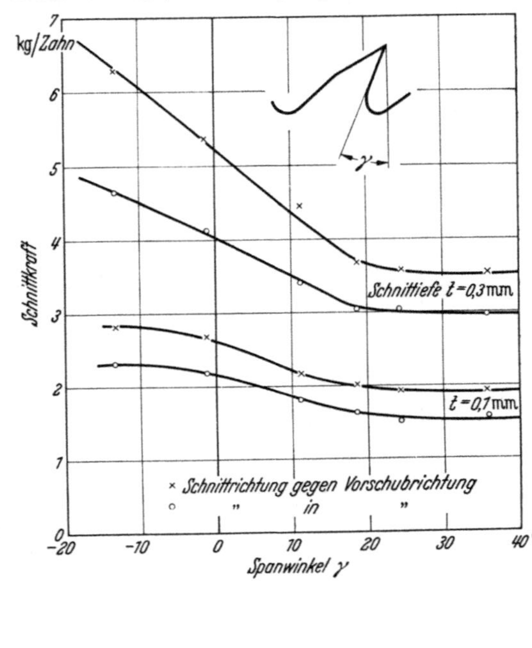

Bild 657. Abhängigkeit der Schnittkraft je Zahn vom Spanwinkel bei verschiedener Schnittiefe und Schnittrichtung gegen sowie in Vorschubrichtung. (Nach C. Skoglund u. G. Hvamb.)

daß der Leistungsverbrauch lediglich die ersten 30 bis 35 min niedriger liegt, dann sich während weiterer 30 bis 35 min bei beiden Schliffarten annähernd auf gleicher Höhe hält, und von da bei Schrägschliff immer größer wird, während die gerade geschliffenen Sägen eine fast konstante Leistungsaufnahme beibehalten. Nach 4 bis $4^1/_2$ h mußten die schräggeschliffenen Sägen ausgewechselt werden. Eine Untersuchung der Sägen nach dem Versuch ergab, daß die Spitzen der Zähne mit Schrägschliff rund, die Zähne mit Geradschliff aber ziemlich gleichmäßig über die ganze Brustbreite abgenutzt waren.

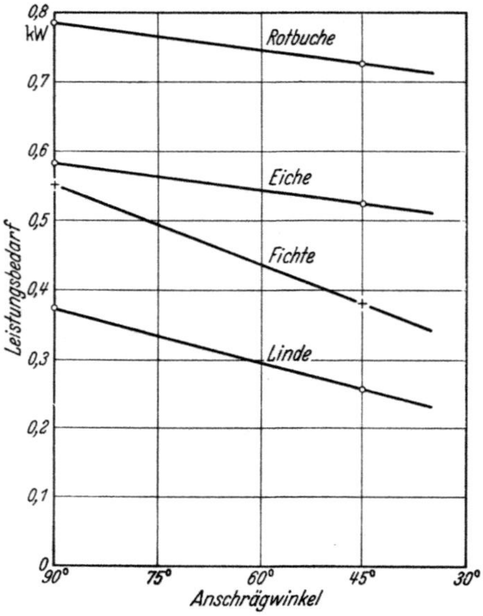

Bild 658. Abhängigkeit des Leistungsbedarfs vom Anschrägwinkel bei Schrägschliff. (Nach M. Meyer.)

Feste Angaben für die Standzeit von Kreissägeblättern lassen sich nicht machen; sie beträgt bei einwandfreier Werkzeuginstandhaltung je nach Vorschub, Holzart und Maschinenausnützung etwa 8 bis 24 h.

Abschließend seien noch zwei Sonderarten von vielgezahnten Kreissägeblättern erwähnt: Hobelkreissägen, die konisch geschliffen sind, und zwar so, daß sie am äußeren Umfang stärker sind als in der Mitte. Sie werden nicht geschränkt und liefern einen sauberen hobelähnlichen Schnitt. Spaltkreissägen sind umgekehrt an den Zähnen schwächer als in der Mitte; sie sind meist einseitig konisch und gestatten bei sachgemäßer Bedienung eine Verringerung der Schnittfugenbreite auf 1,5 bis 2 mm.

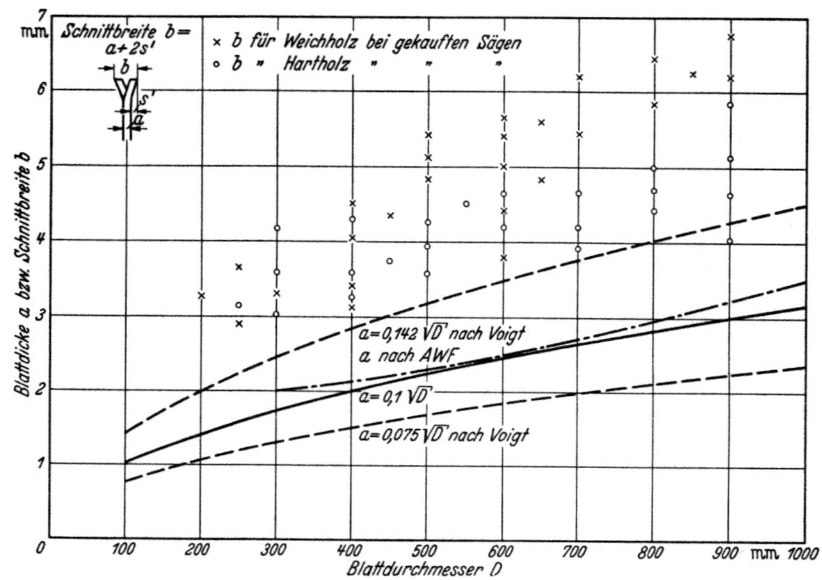

Bild 659. Zusammenhang zwischen Blattdicke, Schnittbreite und Blattdurchmesser bei Kreissägen.

813.212 Blattdicke und Schrank. Der Körper von Kreissägen muß gegen seitliches Verbiegen ausreichende Steifigkeit besitzen. Diese Bedingung ist im allgemeinen bei einer Blattdicke von $a = 0{,}1\sqrt{D}$ erfüllt, wenn D der Blattdurchmesser in [mm] ist. Bild 659 stellt die mittels der vorstehenden empirischen Formel errechneten Werte einer Kurve des AWF, Grenzwerten nach Voigt und Messungen der Schnittbreite von Sack[1] gegenüber. Bei größerem Vorschub und starker Beanspruchung wählt man die Blätter etwas dicker; besonders beim Besäumen verwendet man ziemlich kräftige Blätter, zumal da hier der Mehrverlust in den Säumlingen auftritt.

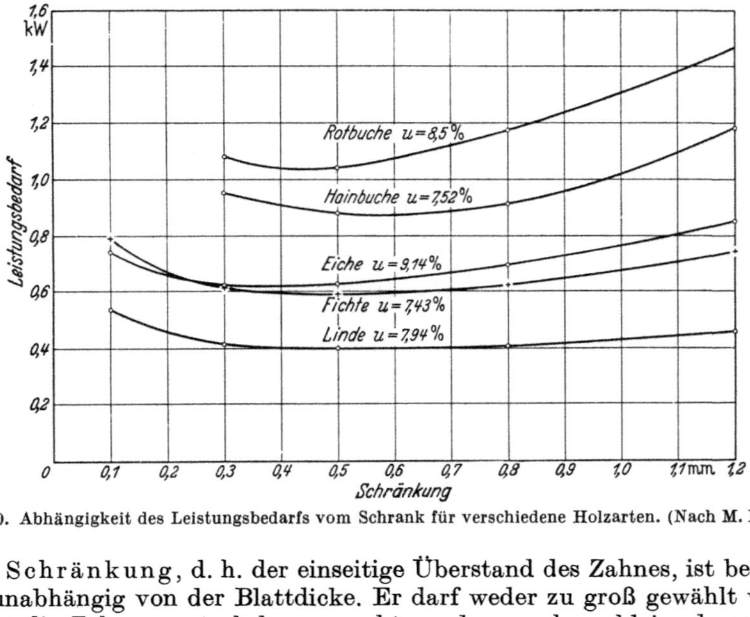

Bild 660. Abhängigkeit des Leistungsbedarfs vom Schrank für verschiedene Holzarten. (Nach M. Meyer.)

Die Schränkung, d. h. der einseitige Überstand des Zahnes, ist bei Kreissägen unabhängig von der Blattdicke. Er darf weder zu groß gewählt werden, da sonst die Zähne zu stark beansprucht werden, noch zu klein, da sonst das Blatt leicht reibt und Brandflecke erhält. Als besonders günstig haben sich in der Praxis 0,5 mm erwiesen. Bei den Versuchen von M. Meyer ergab sich, daß bei 0,5 mm Schränkung für sämtliche Weich- und Harthölzer bei einwandfreiem Schnitt die Zerspanungsleistung ein Minimum erreichte. Der Verlauf der Kurven (Bild 660) wurde an früherer Stelle (s. S. 626) schon begründet; die geringfügigen Feuchtigkeitsunterschiede beeinflußten die Ergebnisse nicht. Nach den Erfahrungen der Praxis nimmt man allerdings für grünes Holz etwas größeren Schrank als für trockenes.

813.213 Werkstoff, Verchromung. Bei Versuchen von Schmitz[2] hatte sich herausgestellt, daß Kreissägeblätter aus bestem Tiegelgußstahl und solche aus Elektrostahl sich annähernd gleich verhielten. Die Bearbeitungsart des Stahles ist also von größerem Einfluß auf die Qualität der Sägeblätter als der Stahl selbst. Aus wirtschaftlichen Gründen wird man daher für durchschnittliche Anforderungen Elektrostahl an Stelle der Tiegelgußstähle verwenden, da sie billiger herzustellen sind. Härterer Stahl, z. B. Wolframstahl, läßt sich nur verwenden, wenn die Säge wie bei Hobelkreissägen, nach

[1] Sack: Holzbearb.-Masch. Bd. 5 (1929) S. 569.
[2] Schmitz: AWF-Mitt. Bd. 11 (1929) H. 6, S. 41.

dem Rücken zu über die Breite auslaufend dünner wird, so daß die Seitenreibung des Blattes fortfällt und auf Schränkung verzichtet werden kann, da harter Stahl so spröde ist, daß er beim Schränken leicht brechen würde[1]. Über die Bewährung von Sägeblättern aus Wolframstahl liegen zuverlässige Angaben noch nicht vor.

Sehr gut bewährt hat sich hingegen die Hartverchromung von Kreissägeblättern. Die Hartverchromung wird auf galvanischem Wege vorgenommen, wobei die Dicke der Chromschicht etwa 5 bis 8 μ beträgt. F. Fessel[2] fand, daß verchromte Sägen beim Schneiden von abgesperrten und furnierten Teilen an der Zapfenschneid- und Schlitzmaschine mit selbsttätigem Vorschub eine mittlere Mehrleistung von 170% gegenüber unverchromten aufwiesen. Bei verchromten Vielblattkreissägen erhöht sich die Standzeit um 250%, also auf das Dreieinhalbfache, verchromte Trennkreissägen leisteten beim Einschnitt von massivem Holz sogar etwa das Sechsfache der unverchromten Sägen.

813.22 Kreissägeblätter mit wenig Zähnen. Die im vorhergegangenen Abschnitt besprochenen gewöhnlichen Kreissägeblätter mit vielen Zähnen können in Einzelheiten sehr verschiedenartig ausgebildet sein: Sie können Spitzwinkelzahnung, Wolfszahnung, Dachzahnung, Gruppenzahnungen mit verschiedensten Zahnwinkeln haben. Sie können einen sehr verschiedenen Durchmesser und verschiedene Blattdicken haben, sie können geschränkt und zum Teil konisch geschliffen sein, aber sie besitzen trotzdem alle ein gemeinsames Merkmal: die Vollzahnung des Umfangs, wobei sich die Zähnezahl mit dem Durchmesser erhöht[3]. Hieraus ergibt sich bei den technisch üblichen Sägen eine verhältnismäßig große Zähnezahl. Auffällig niedrige Zähnezahlen wiesen nur die meisten Kreissägeblätter mit eingesetzten Zähnen auf, die sich besonders bei Hartmetallbestückung für die Bearbeitung von Lagenhölzern und Preßhölzern sehr gut bewährten[4]. Allerdings haben sich solche Kreissägeblätter wegen der breiteren Schnittfuge (und damit der höheren Schnittverluste), ihres höheren Preises und der schwierigen Schleifarbeit bisher nur ein beschränktes Einsatzgebiet in Europa zu erobern vermocht.

Die Entwicklung neuer Kreissägeblätter mit sehr wenig Zähnen wurde durch Überlegungen eingeleitet, die darauf abzielten, die Unfallsicherheit an Kreissägen zu erhöhen. Aus den Statistiken der Holzberufsgenossenschaften ging nämlich eindeutig hervor, daß der verhältnismäßig größte Anteil an allen Maschinenunfällen in der Holzindustrie auf Kreissägenunfälle entfiel und daß an Kreissägen vorherrschend schwere und schwerste Unfälle entstehen. Die gefährlichste Ursache bilden dabei Rückschläge beim Arbeiten. Um die Vorgänge näher zu ergründen, muß zunächst der Schnittprozeß analysiert werden. Die Spandicke δ je Zahn errechnet sich zu

$$\delta = \frac{s \cdot 1000}{n \cdot z} \text{ [mm]}, \tag{61}$$

wobei s der Vorschub in [m/min], n die Drehzahl in [U/min] und z die Zähnezahl des Sägeblattes sind.

Nimmt man beispielsweise an $s = 9$ m/min, $n = 3000$ U/min und $z = 84$, so gelangt man zu $\delta = 0{,}035$ mm. Eine Spanabnahme von 0,035 mm je Zahn

---

[1] Müller, K.: Neuerungen an Gattersägen, in XI. Holztagung, Mitt. Dtsch. Ges. f. Holzfschg. Nr. 34, Berlin 1944, S. 61. — Vgl. DRGM. 1519791 David Dominicus.

[2] Fessel, F.: Holz als Roh- und Werkstoff Bd. 4 (1941) S. 102.

[3] Lindner, J.: Holztechnik Bd. 29 (1949) S. 171.

[4] Frank, H.: Holz als Roh- und Werkstoff Bd. 2 (1939) S. 357.

ist so klein, daß man kaum mehr von Sägen, sondern nur mehr von Schaben sprechen kann. Daß sich trotzdem in der Praxis Späne bilden, ist darauf zurückzuführen, daß in den meisten Fällen sämtliche Zahnspitzen nicht genau den Schnittkreis berühren, sondern nur einige wenige. Nur diese Zähne schneiden somit, und es erhebt sich die Frage, ob es dann überhaupt richtig ist, das Sägeblatt mit so vielen Zähnen zu versehen. Führt man in die obige Rechnung beispielsweise $z = 12$ ein, so ergibt sich eine Spanabnahme von 0,25 mm je Zahn. Diese Leistung kann man bei der Holzbearbeitung der Schneide ohne weiteres zumuten.

Bild 661 zeigt die Zahnform an einem neuen Kreissägeblatt mit wenig Zähnen. Derartige Sägeblätter besitzen bei 350 mm Durchmesser 6 bis 10 Zähne. Sind beispielsweise 8 Zähne vorhanden, dann werden folgende Zahnwinkel gewählt: Freiwinkel 7 bis 10°, Keilwinkel 55 bis 62°, Spanwinkel 21 bis 25°.

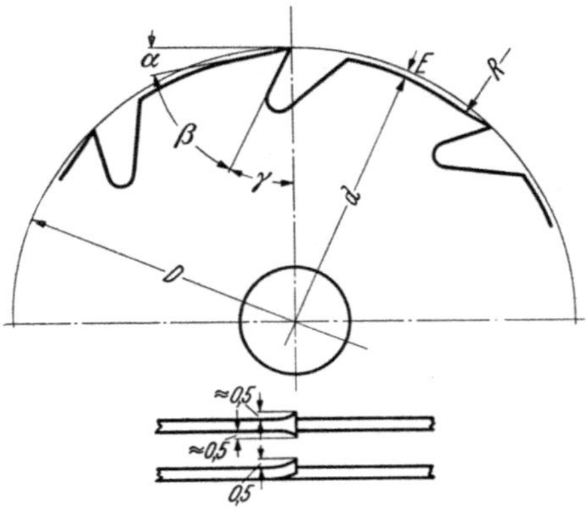

Bild 661.
Zahnausbildung an einem Wigo-Kreissägeblatt.

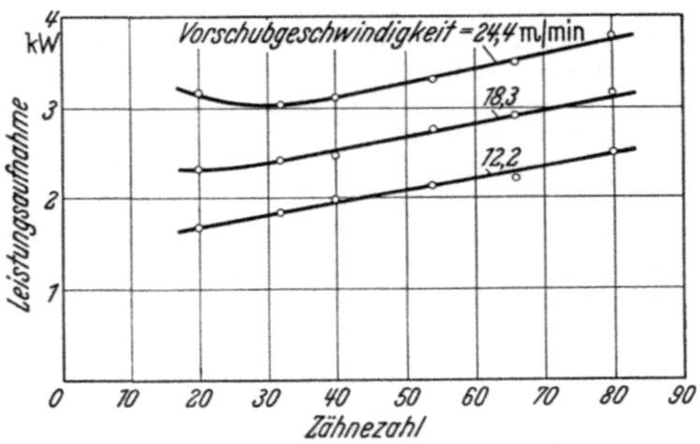

Bild 662. Abhängigkeit der Leistungsaufnahme beim Kreissägen von der Zähnezahl bei gleicher Schnittgeschwindigkeit von 51 m/s. (Nach Forest Products Research Laboratory, Princes Risborough.)

Die Zahnlücke ist rund und groß gehalten, da man damit rechnen muß, daß die Sägespäne etwa das fünffache Volumen des Vollholzes einnehmen. Haben die Späne nicht genügend Platz, so kommt es leicht zum Reiben und das Sägeblatt erhitzt sich unzulässig hoch. Der Unterschied des Durchmessers d gegenüber dem Durchmesser D gibt die Zahnbegrenzung E, die mit 0,7 mm angenommen ist. Bei Versuchen mit den Wenig-Zahn-Sägen ergaben sich folgende Vorteile:

1. Rückschlagssicherheit, d. h. Unfallsicherheit. Sie ist darauf zurückzuführen, daß die Zahnspitzen bei dem von hinten aufgelegten oder aufgeworfenen Holz nur im Abstand E der Zahnbegrenzung in das Holz eindringen können. Diese Tiefe ist zu gering, um das Holz mitzureißen. Bei normal gezahnten Sägeblättern reißen einzelne über den Schneidkreis vorstehende Zähne die Hölzer mit sich. Kommen Schnittverletzungen durch Sägen mit wenig Zähnen vor, so sind sie durch glatte Schnittflächen gekennzeichnet, die leichter heilen.

2. Geringerer Energiebedarf. Gegenüber normalen Kreissägeblättern beträgt bei Längsschnitt mit Wigo-Sägeblättern der Energiebedarf nur 65 bis 70%. An Vielzahnblättern ist der resultierende Schnittdruck der im Angriff stehenden Zähne größer als der Schnittdruck am Zahn eines Wigo-Blattes. Außerdem kann am Vielzahnblatt die Spandicke auf 5 bis 7 mm anwachsen, während sie am Wigo-Blatt auf 0,8 bis 1,4 mm begrenzt ist. Bei englischen Versuchen mit Sägen, die 4 bis 80 Zähne hatten, ergab sich unter

vergleichbaren Arbeitsbedingungen (d. h. gleicher Schnittgeschwindigkeit, Vorschubgeschwindigkeit, Schnittiefe, Spanwinkel, Schnittfugenbreite usw.), daß der Energiebedarf in allen praktisch in Frage kommenden Bereichen linear mit abnehmender Zähnezahl abnimmt (Bild 662).

Bei jeder der geprüften Sägen gab es aber eine kritische Vorschubgeschwindigkeit, oberhalb deren die Zähne überbeansprucht wurden; erkenntlich war das am Blauwerden der Zahnspitzen. Bei einem Kreissägeblatt mit 660 mm Durchmesser und 4 gestauchten Zähnen ergibt sich eine Teilung von 520 mm. Für Kreissägen gilt nun folgende Beziehung für die Spandicke:

bei geschränkten Zähnen $$\delta = \frac{t \cdot s}{60\, v} \cdot \sin \omega \qquad (62\text{a})$$

bei gestauchten Zähnen $$\delta = \frac{t \cdot s}{30\, v} \cdot \sin \omega , \qquad (62\text{b})$$

wobei t die Teilung in [mm], s die Vorschubgeschwindigkeit in [m/min] und v die Schnittgeschwindigkeit in [m/s] einzusetzen sind. Der Winkel ω ist der Neigungswinkel des Radius durch die Zahnspitze gegen eine auf dem waagerechten Maschinentisch senkrecht stehende Tangente an den Schnittkreis. Der Wert von δ erreicht ein Maximum, wenn der Zahn nahe dem Maschinentisch ist, da dafür ω ungefähr gleich 90° und ein $\omega \approx 1$ wird. Versuche an Besäumkreissägen haben Richtwerte für die obere zulässige Spandicke in Abhängigkeit vom Sägeblattdurchmesser erbracht[1]. Beispielsweise soll δ für Sägen von 610 bis 760 mm Durchmesser und normale Blattdicke für mäßig dichte Harthölzer 0,76 mm, für leichte Harthölzer 1,02 mm und für Weichhölzer 1,27 mm nicht übersteigen. Daraus lassen sich Anhaltspunkte für die maximale Vorschubgeschwindigkeit von Sägeblättern mit verschiedenen Zähnezahlen gewinnen. So läßt sich für ein Kreissägeblatt mit 660 mm Durchmesser bei 50 m/s Schnittgeschwindigkeit und Bearbeitung von leichtem Hartholz aus Gleichung (62b) ableiten:

$$s = \frac{1{,}02 \cdot 50 \cdot 30}{t} = \frac{1530}{t};$$

bei einem Sägeblatt mit 40 Zähnen errechnet sich die Teilung zu

$$t = \frac{660 \cdot \pi}{40} = 52,$$

somit wäre die höchstzulässige Vorschubgeschwindigkeit ungefähr 30 m/min. Würde das gleiche Sägeblatt aber nur 4 Zähne haben, so käme man unter den erwähnten Arbeitsbedingungen zu einer höchstzulässigen Vorschubgeschwindigkeit von nur 3 m/min. Dieser Wert ist praktisch viel zu niedrig; eine Steigerung der Vorschubgeschwindigkeit auf nur 6 m/min würde aber die Spandicke auf etwa 2 mm erhöhen, wodurch die Zahnspitzen bald infolge von Überbeanspruchung ihre Härte verlieren müßten. Nach den englischen Untersuchungen ergeben sich für Kreissägeblätter der genannten Größe ähnliche Nachteile auch bei 8 oder sogar 12 Zähnen; ein zufriedenstellendes Ergebnis erhielt man erst mit 24 Zähnen, wofür bei gestauchten Zähnen Vorschubgeschwindigkeiten bis zu 18 m/min, bei geschränkten Zähnen bis zu 36 m/min verwendet werden können. Obwohl sich durch eine Vergrößerung der Schnittgeschwindigkeit die Vorschubgeschwindigkeit steigern läßt, begrenzt sich praktisch das Hauptanwendungsgebiet der Sägeblätter mit wenig Zähnen auf den Bereich kleinerer Durchmesser mit entsprechend kleineren Teilungen. Beispielsweise erhält man bei einem geschränkten Kreissägeblatt von 300 mm Durchmesser mit 12 Zähnen bei 50 m/s Schnittgeschwindigkeit zulässige Vorschubgeschwindigkeiten von 12, 18 bzw. 23 m/min für die verschiedenen Holzklassen. Etwa doppelt so hohe Vorschubgeschwindigkeiten sind bei geschränkten Sägen oder bei Hartmetallbestückung erzielbar.

3. Geringere Vorschubkräfte. Kreissägen mit Spitzwinkel-Bezahnung besitzen, wie Zahlentafel 98 zeigt, sehr kleine, unter Umständen sogar negative Spanwinkel. Verwendet man für größere Schnittiefen und -leistungen Wolfszahnung, so kommen Spanwinkel bis zu 28° vor. Es hat sich nun erwiesen, daß die Vorschubkraft mit zunehmendem Spanwinkel abnimmt. Nach J. Lindner[2] war bei einem mit wenig Zähnen versehenen Wigo-Kreissägeblatt die Vor-

---

[1] Dept. Sci. Ind. Res., Report of the Forest Products Research Board for the Year 1950, London 1951, S. 32ff.

[2] Lindner, J.: Holztechnik Bd. 29 (1949) S. 171.

schubkraft gegenüber Kreissägen mit Spitzwinkelbezahnung um 30 bis 40% niedriger. Neben dem verhältnismäßig großen Spanwinkel trägt dazu bei, daß die wenigen Zähne schneiden und nicht schaben oder reiben. Der erleichterte Vorschub ist insbesondere beim Zuschnitt von Hölzern mittlerer und großer Dicke auf Tischkreissägen mit Handvorschub vorteilhaft.

4. Höhere Standzeit. Da die wenigen Zähne tatsächlich schneiden und nicht schaben, erreicht man Standzeiten, die weit über das normale Maß hinausgehen. An Tischkreissägen wurden 17 h Standzeit erreicht. Nach C. D. Dosker[1] wurden beim Einschnitt von Eichen- und Ahornlatten in USA mit einem hartmetallbestückten Kreissägeblatt, das bei 250 mm Durchmesser 8 Zähne besaß, 2039 Betriebsstunden erreicht, während deren das Blatt nur gewaschen und gelegentlich von Hand gehont wurde.

5. Einfaches Schärfen und leichte Instandhaltung. Wenige Zähne lassen sich leichter instand halten als viele. Zu empfehlen ist aber das Schärfen und Stauchen auf automatischem Wege mittels besonderer Geräte.

6. Lärmfreiheit. Der für das menschliche Ohr bei hohen Drehzahlen unangenehme hohe pfeifende Ton normaler Kreissägeblätter fällt fort; die Kreissägeblätter mit wenig Zähnen geben ein wesentlich weniger störendes, tieferes Geräusch von sich.

Im Schnittverlust und im Anschaffpreis entsprechen die wenig gezahnten Kreissägeblätter etwa den üblichen Vielzahnsägeblättern. Die oben erwähnte Ersparnis an Energieverbrauch tritt nur beim Längsschnitt, nicht aber beim Querschnitt ein. Auch Sperrplatten lassen sich befriedigend mit wenig gezahnten Sägeblättern schneiden[2].

813.23 Doppelschnittfugen-Kreissägen (Duo-Kerf saws). Im U.S. Forest Products Laboratory wurde ein Kreissägeblatt entwickelt, dessen Gestaltung und Wirkungsweise aus Bild 663 ersichtlich ist[3]. Zwischen den Spanbrechzähnen und den Hobelzähnen können gleichförmige oder ungleichförmige

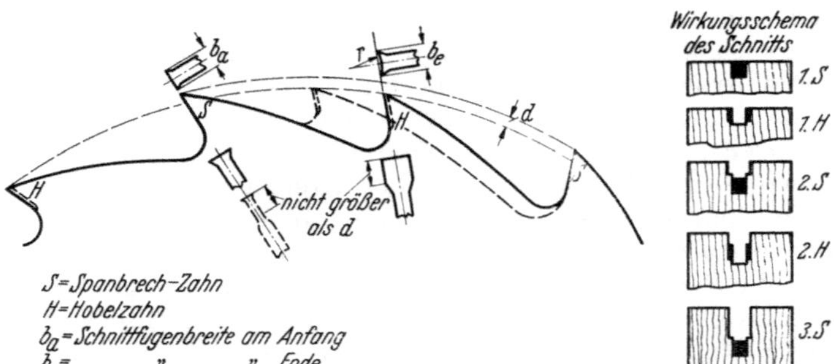

Bild 663. Schematischer Aufriß und Wirkungsweise einer Doppelschnittfugen-Kreissäge. (Duo-Kerf saw.) (Nach L. H. Reineke.)

Zahnlücken liegen, wie durch das fest ausgezogene bzw. das gestrichelte Profil im oberen Bildteil angezeigt ist. Die Hobelzähne haben parallele Seiten und eine konkave Brust; sie stehen um den Abstand d gegenüber den Spanbrechzähnen zurück; die Größe von d richtet sich nach der Vorschubgeschwindigkeit.

[1] Dosker, C. D.: Wood (USA) March 1950, S. 15.

[2] Schöntag, L.: Das Schreinerhandwerk Bd. 2 (1950) Nr. 1. Derselbe: Holz-Zbl. Bd. 76 (1950) S. 1754 u.1760.

[3] Reineke, L. H.: Sawteeth in Action, For. Prod. Res. Soc., Proc. National Annual Meeting, Vol. 4 (1950) S. 36.

In Bild 663 sieht man, wie das Holz im Verlauf des Schnitts wechselweise durch beide Zahnarten entfernt wird.

Die Doppelschnittfugen-Kreissägen verbrauchen bei gleicher Endschnittfugenbreite wie normale Kreissägen um 20 bis 25% weniger Energie infolge des verringerten Widerstands gegen die Spanabnahme. Dies bedeutet eine höhere Produktionsgeschwindigkeit ohne stärkere Beanspruchung der Sägeblätter. Ein besonders wichtiger Vorteil ist weiter die hohe Schnittgüte. Man erhält so glatte und ebene Schnittflächen, daß anschließend wesentlich weniger gehobelt werden muß. Dadurch erhöht sich die Ausbeute und verliert das Abfallproblem an Gewicht.

In Schweden wurden Kreissägeblätter entwickelt, die durch besondere Schränkung und Schliffart gemäß Bild 664 ebenfalls eine Doppelschnittfuge erzeugen, wobei zunächst die Spitzen *A* eine Spur schneiden und dann die seitlichen Spitzen *B* die Schnittfuge seitlich hobeln. Diesem Blatt sollen folgende Vorteile zu eigen sein: 1. Kein Verlaufen in Holz mit unregelmäßigem Faserverlauf, gleichmäßige Belastung der Zahnspitzen; 2. Beständigkeit des Schranks; 3. die Schrankweite läßt sich verringern, wodurch sich Holz- und Energieersparnisse ergeben. Das Blatt kann sowohl für Längs- als auch für Querschnitt verwendet werden; 5. Verwendbarkeit für trockenes und nasses Holz.

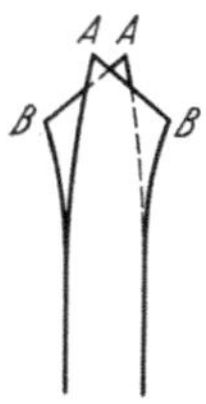

Bild 664. Schematische Draufsicht auf das schwedische Doppelschnittfugen-Kreissägeblatt (Lundberg-Säge).

813.3 Spanbildung beim Kreissägen.

Die Spanbildung und -bewegung in der Zahnlücke ist von großer Bedeutung für den Ablauf des Sägevorgangs, die Beanspruchung des Blattes und die Güte des Sägeschnitts. Experimentelle Untersuchungen zu dieser Frage scheiterten lange Zeit an den damit verknüpften technischen Schwierigkeiten. Diese liegen einerseits darin, daß die Holzbearbeitung mit Kreissägen durch große Schnittgeschwindigkeiten von etwa 50 m/s und verhältnismäßig kleine Schnittiefen der einzelnen Zähne charakterisiert ist, anderseits darin, daß sich der Schnittverlauf normalerweise im Innern des Arbeitsstückes abspielt und daher von außen her unsichtbar ist. Um diese Schwierigkeiten zu überwinden, wurden in der Schwedischen Holzforschungsanstalt zwei grundsätzliche Verfahren ausgearbeitet[1]: Bei dem einen wurde an der einen Seite des Kreissägeblatts eine kreisförmige zur Sägeachse konzentrische Plexiglasscheibe angebracht, deren Durchmesser etwas größer war als der des Sägeblattes. Der Vorschub des Werkstückes erfolgte gegen die Sägenachse, wobei es leicht die dem Sägeblatt zugekehrte Seite der Plexiglasscheibe berührte. Der Schnittverlauf wurde dadurch auf der einen Seite des Arbeitsstückes sichtbar. Unter Benutzung eines Philips Stroboskops mit kurzer Blitzdauer von rund 3 μs und großer Lichtstärke wurde es möglich, die Spanbildung zu photographieren. Die Versuchsanordnung zeigt Bild 665.

Bei der zweiten Methode kamen zwei Plexiglasscheiben zur Anwendung, eine auf jeder Seite des Sägeblatts. Zwischen diesen Scheiben wurde ein schmaler Holzstreifen vorgeschoben, dessen Dicke dem Scheibenabstand entsprach. Die Aufnahmen erfolgten in diesem Fall mit durchfallendem Licht, wobei sich Zähne und Späne schwarz abzeichneten. Man erhält mit dieser Anordnung (Bild 666) die deutlichsten Aufnahmen.

---

[1] Thunell, B.: Holz als Roh- u. Werkstoff Bd. 9 (1951) S. 11.

Bild 667 bis 670 geben einige der erhaltenen Aufnahmen wieder. Ihrer Diskussion sei eine theoretische Betrachtung über die Spanbahnen vorausgeschickt. Wird durch die Schneide eines Zahnes ein Span vom Werkstück losgelöst, so erhält er eine gewisse Geschwindigkeit, mit der er sich in der Zahnlücke bewegt. Die Bahn verläuft verschieden, je nachdem kleine Partikeln (Bild 667 und 668) oder zusammenhängende Hobelspäne (Bild 669 und 670) abgenommen werden, d. h. je nachdem das Sägeblatt mehr kratzt und schabt

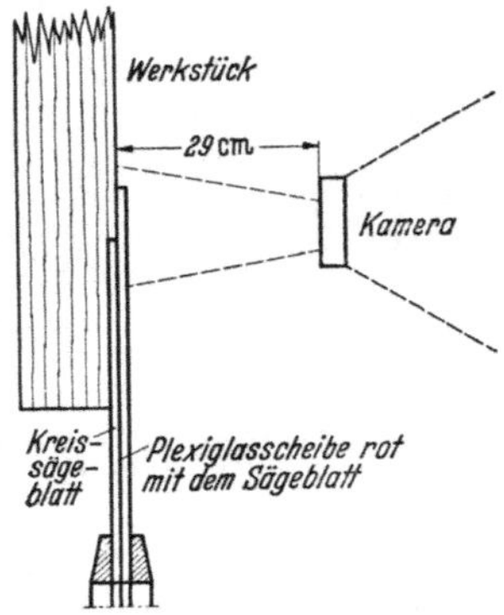

Bild 665. Schema der Versuchsanordnung zur Aufnahme des Schnittvorgangs mit Auflicht. (Nach B. Thunell.)

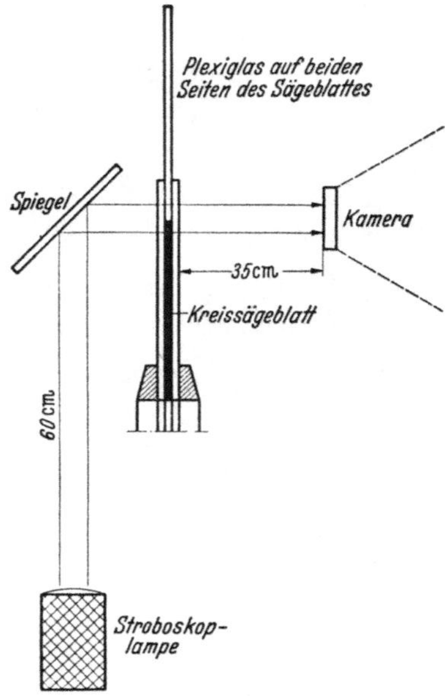

Bild 666. Schema der Versuchsanordnung zur Aufnahme des Schnittvorgangs mit Durchlicht. (Nach B. Thunell.)

oder schneidet. Einem Volumenteilchen Holz, das von der Schneide als Span losgelöst wird, wird eine Geschwindigkeit erteilt, die hauptsächlich von der Schnittgeschwindigkeit und dem Spanwinkel abhängt. Hinzu gesellt sich der

Bild 667. Durchlichtaufnahme des Schnittvorgangs mit einem Kreissägeblatt von 400 mm Durchmesser, 50 Zähnen, 1,83 mm Dicke, 24 mm Teilung, 20° Freiwinkel, 46,2° Keilwinkel und 23,8° Spanwinkel, Schrank 0,15 mm. (Nach B. Thunell.)

Bild 668. Durchlichtaufnahme des Schnittvorgangs mit einem Kreissägeblatt von 400 mm Durchmesser, 36 Zähnen, 2,34 mm Dicke, 35 mm Teilung, 19,0° Freiwinkel, 50,4° Keilwinkel, 20,6° Spanwinkel, Schrank 0,4 mm. (Nach B. Thunell.)

Einfluß der Reibung. B. Thunell[1] hat die Bewegungsgleichungen für einzelne Spanpartikeln und für einen stetigen Span ohne Reibung aufgestellt und für

[1] Thunell, B.: Holz als Roh- und Werkstoff Bd. 9 (1951) S. 11.

verschiedene Spanwinkel die Kurven der Spanbahnen gezeichnet (Bild 671). Man sieht, daß diese theoretischen Kurven für beide Fälle sich nicht wesentlich voneinander unterscheiden. Die Bewegung des Spanes folgt somit zu Beginn des Schnitts der Brustfläche des Zahnes — wenn diese eben ist —, um dann gegen

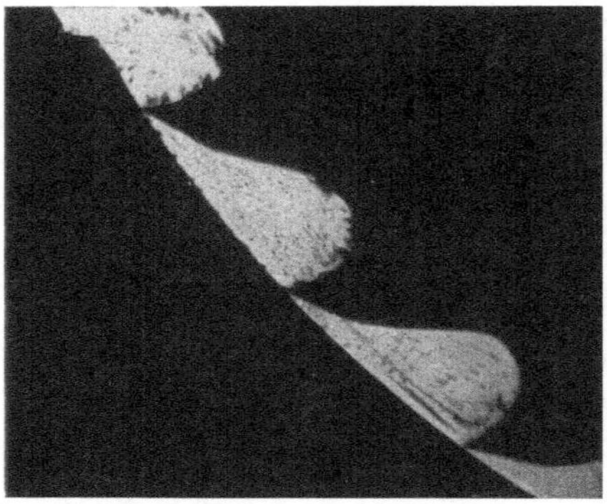

Bild 669. Durchlichtaufnahme des Schnittvorgangs mit einem Kreissägeblatt von 400 mm Durchmesser, 60 Zähnen, 2,03 mm Dicke, 21 mm Teilung, 17,2° Freiwinkel, 37,2° Keilwinkel und 35,6° Spanwinkel. Schrank 0,4 mm. (Nach B. Thunell.)

Bild 670. Durchlichtaufnahme des Schnittvorgangs mit einem Kreissägeblatt von 390 mm Durchmesser 26 Zahngruppen, 1,9 mm Dicke, 40 mm Teilung, 29,9 bzw. 45,1° Freiwinkel, 36,6 bzw. 43,7° Keilwinkel, 23,5 bzw. 1,2° Spanwinkel, Schrank 0,2 mm. (Nach B. Thunell.)

den Zahngrund zu von ihr abzuweichen. Bei Zähnen mit gewölbter Brustflanke folgen die Späne dem Brustprofil, werden also, wie beispielsweise Bild 668 zeigt, durch die Zahnbrust geführt. Aus den Untersuchungen geht weiter hervor, daß die Geschwindigkeit des Spanes um so mehr ansteigt, je größer der Span-

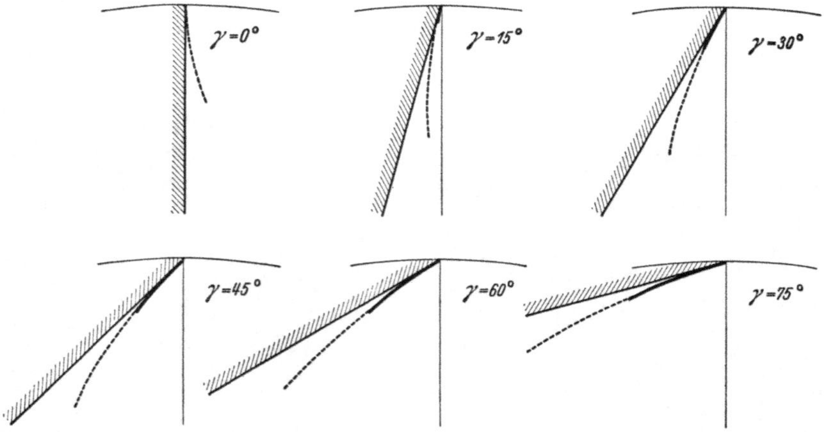

Bild 671. Berechnete Spanbahnen für verschiedene Spanwinkel. ---- Stetiger Span (Hobelspan) — Einzelne Spanteilchen (Sägespäne). (Nach B. Thunell.)

winkel ist. Für den Fall der Reibung bewegt sich der Span in dem Feld, das durch Brustlinie und die Bahn für den reibungsfreien Vorgang begrenzt ist. Bei den Forschungen von B. Thunell ergab sich, daß die photographierten Bewegungsbahnen von den berechneten abweichen, und zwar in dem Sinne, daß sie viel stärker und früher von der Zahnbrust abschwingen. Man kann daraus schließen, daß die Spanbildung beim Abscheren mit einer Kompression der

Holzteilchen verbunden ist. Der frei gewordene Span federt dann elastisch zurück und erhält dadurch einen Geschwindigkeitszuschuß. Man muß also bei der Spanbildung eine vorübergehende Volumenänderung in Rechnung stellen. Bei nassem Holz erhält man eine mehr plastische als elastische Verformung des Holzes. Daraus mag es sich teilweise erklären, daß es schwierig ist, bei nassem Holz eine glatte Schnittfläche zu erzielen.

Aus Bild 672 ist zu ersehen, daß die Spanmenge je Zahnlücke beim Blatt mit wenig Zähnen sehr viel größer ist als bei dem mit normaler Bezahnung. Aus den Bildern 670 und 673 ist auch zu entnehmen, wie ungleich die verschiedenen Zähne schneiden, obwohl die Sägen nach dem Einspannen egalisiert

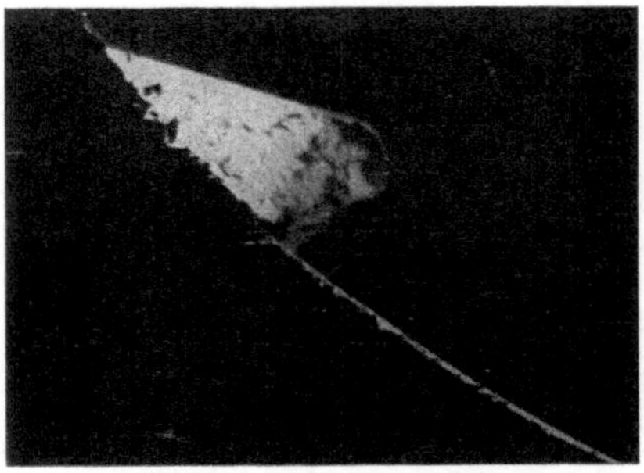

Bild 672. Durchlichtaufnahme des Schnittvorgangs mit einem Kreissägeblatt von 350 mm Durchmesser, 8 Zähnen, 2,3 mm Dicke, 137 mm Teilung, 2,8° Freiwinkel, 56,8° Keilwinkel und 30,4° Spanwinkel, Stauchung 0,5 mm. (Nach B. Thunell.)

Bild 673. Durchlichtaufnahme des Schnittvorgangs mit einem Kreissägeblatt von 400 mm Durchmesser, 110 Zähnen, 2,01 mm Dicke, 11 mm Teilung, 39,0° Freiwinkel, 47,6° Keilwinkel und 3,4° Spanwinkel Schrank 0,15 mm. (Nach B. Thunell.)

wurden. Die Beanspruchung der verschiedenen Zähne muß also eine wesentlich verschiedene sein. Die große Bedeutung einer guten Pflege und genauen Formgebung der Sägeblätter wird dadurch ins rechte Licht gerückt.

813.4 Erwärmung und Beanspruchung der Kreissägeblätter.

Kreissägeblätter lassen sich nicht durch äußere Hilfsmittel spannen oder strecken wie Gatter- und Bandsägeblätter. Die Kreissägeblätter müssen deshalb durch Hämmern eben gemacht und gespannt werden. Diese Vorbehandlung spielt eine große Rolle, aber über ihre zweckmäßige Technik bestehen in der Praxis noch erhebliche Meinungsverschiedenheiten. Im allgemeinen allerdings erfolgt das Strecken oder Spannen durch gewöhnliche Hammerschläge auf eine Ringzone im Kreissägeblatt zwischen seiner Bohrung und seiner Peripherie. In den gehämmerten Teilen entstehen Druckspannungen, während die unbehandelte Außenkante Zugbeanspruchungen ausgesetzt bleibt. Rotiert ein Kreissägeblatt, dann entstehen in ihm durch die Zentrifugalkraft (die proportional der Masse, dem Quadrat der Winkelgeschwindigkeit und dem Radius ist) Zugspannungen.

Über die Größe dieser Spannungen herrschte lange Zeit erhebliche Unklarheit. Wie C. Skoglund[1] aber nachwies, läßt sich die Theorie anwenden, die Stodola zur Festigkeitsberechnung von Gas- und Dampfturbinenscheiben entwickelte. Es gilt dann:

$$\sigma_r = \frac{E}{1-\nu^2}\left[-\frac{c}{8}(3+\nu)\,r^2 + (1+\nu)\,A_1 - (1-\nu)\,\frac{A_2}{r^2}\right] \qquad (63)$$

[1] Skoglund, C.: Spänningar och svängningar i roterande sågklingor, Svenska Träforskningsinstitutet, Trätekniska avdelningen, Medd. 12B, Stockholm, Mai 1950.

und

$$\sigma_t = \frac{E}{1-\nu^2}\left[-\frac{c}{8}(1+3\nu)\,r^2 + (1-\nu)\,A_1 + (1-\nu)\frac{A_2}{r^2}\right], \tag{64}$$

wobei $c = \frac{(1-\nu^2)\,\gamma\cdot\omega^2}{g\,E}$ und σ_r bzw. σ_t die Spannung in radialer bzw. tangentialer Richtung [kg/cm²], ν die Poissonsche Konstante $\sim 0{,}3$ für Stahl, γ die Wichte des Blattes [kg/cm³] (für Stahl $\gamma = 0{,}0078$ kg/cm³), g die Erdbeschleunigung $= 981$ cm/s², ω die Winkelgeschwindigkeit $= \pi\, n/30$, n die Drehzahl [U/min] und E der Elastizitätsmodul des Blattwerkstoffs [kg/cm²] sind. Die Konstanten A_1 und A_2 ergeben sich aus den Randbedingungen, wobei vor allem die Einspannung des Blattes zu berücksichtigen ist. Dabei kann man zwei Fälle unterscheiden:

1. Spannungen in einem freien Blatt, Einwirkung des Flansches vernachlässigbar. Die Randbedingungen lauten für diesen Fall (Bild 674)

$$\text{für } r = a \text{ wird } \sigma_r = 0$$

$$\text{für } r = b \text{ wird } \sigma_r = 0.$$

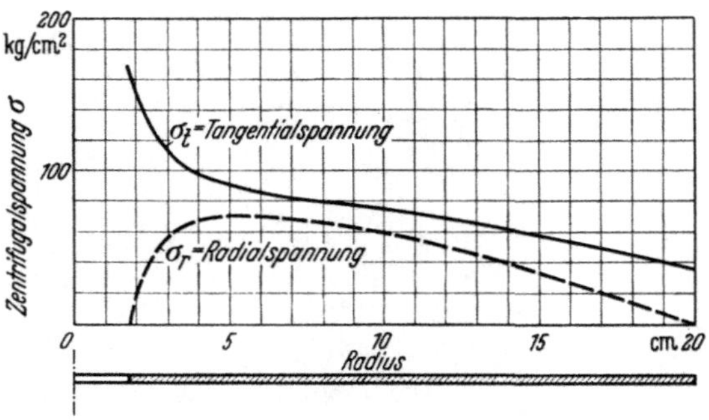

Bild 674. Schema eines freien Sägeblattes und Verlauf der Radial- und Tangentialspannungen infolge der Zentrifugalkraft, Blattdurchmesser 400 mm, Drehzahl 2400 U/min. (Nach C. Skoglund.)

Setzt man diese Bedingungen in Gleichung (63) ein, so ergeben sich folgende Konstanten

$$A_1 = \frac{1}{1+\nu}\cdot\frac{G}{8}(3+\nu)\,(a^2+b^2)$$

und

$$A_2 = \frac{1}{1-\nu}\cdot\frac{G}{8}(3+\nu)\,a^2\cdot b^2.$$

Durch Einführung dieser Werte in Gleichung (63) und (64) ergeben sich nachstehende Beziehungen für die radialen bzw. tangentialen Spannungen:

$$\sigma_r = \frac{\gamma\cdot\omega^2}{g\cdot 8}(3+\nu)\,\frac{(a^2-r^2)\,(r^2-b^2)}{r^2} \tag{65a}$$

und

$$\sigma_t = \frac{\gamma\cdot\omega^2}{g\cdot 8}\left[(3+\nu)\left(a^2+b^2+\frac{a^2b^2}{r^2}\right)-(1+3\nu)\,r^2\right] \tag{66a}$$

Wenn man die oben erwähnten Festwerte für Stahl in diese Gleichungen einsetzt, vereinfachen sie sich zu

$$\sigma_r = 3{,}6\cdot 10^{-8}\cdot n^2\,\frac{(a^2-r^2)\,(r^2-b^2)}{r^2} \tag{65b}$$

$$\sigma_t = 3{,}6\cdot 10^{-8}\cdot n^2\left[a^2+b^2+\frac{a^2b^2}{r^2}-0{,}577\cdot r^2\right] \tag{66b}$$

Bild 674 zeigt die zeichnerische Lösung dieser Gleichungen.

2. Spannungen in einem eingespannten Blatt.

Wenn das Sägeblatt gemäß Bild 675 mittels eines Flansches eingespannt ist, so werden in der ringförmigen Einspannstelle, die durch die Radien d und e begrenzt ist, alle Dehnungen verhindert. Die Grenzbedingungen zur Bestimmung der Konstanten A_1 und A_2 ergeben sich jetzt zu

$$r = a \qquad \sigma_r = 0$$

$$r = e \qquad \varepsilon_t = 0.$$

Hierbei ist ε_t die Dehnung in tangentialer Richtung.

Um nun die Konstanten bestimmen zu können, muß der Zusammenhang zwischen den Spannungen und Dehnungen bekannt sein. Es gilt nach dem Hookeschen Gesetz

$$\varepsilon_t = \frac{1}{E}(\sigma_t - \nu\sigma_r) \tag{67}$$

$$\varepsilon_r = \frac{1}{E}(\sigma_r - \nu\sigma_t) \tag{68}$$

Für die Grenzbedingungen $\varepsilon_t = 0$ folgt aus Gleichung (67) $\sigma_t = \nu \cdot \sigma_r$. Es läßt sich nun ableiten

$$A_1 = \frac{c}{8}\left[e^2 - \frac{[(1+\nu)\,e^2 - (3+\nu)\,a^2]\,a^2}{a^2\,(1+\nu) + e^2\,(1-\nu)}\right]$$

$$A_2 = \frac{c}{8}\,\frac{[(1+\nu)\,e^2 - (3+\nu)\,a^2]\,e^2 \cdot a^2}{a^2\,(1+\nu) + e^2\,(1-\nu)}\,.$$

Setzt man diese Werte in die Gleichungen (63) und (64) ein, so erhält man

$$\sigma_r = \frac{\gamma \cdot \omega^2}{g \cdot 8}\left[-(3+\nu)\,r^2 + (1+\nu)\,e^2 + \frac{a^2}{r^2}\,\frac{[(1+\nu)\,r^2 + (1-\nu)\,e^2]\,[(1+\nu)\,e^2 - (3+\nu)\,a^2]}{(1+\nu)\,a^2 + (1-\nu)\,e^2}\right] \qquad (69\text{a})$$

$$\sigma_t = \frac{\gamma \cdot \omega^2}{g \cdot 8}\left[-(1+3\nu)\,r^2 + (1+\nu)\,e^2 - \frac{a^2}{r^2}\,\frac{[(1+\nu)\,r^2 - (1-\nu)\,e^2]\,[(1+\nu)\,e^2 - (3+\nu)\,a^2]}{(1+\nu)\,a^2 + (1-\nu)\,e^2}\right]. \qquad (70\text{a})$$

Führt man die einleitend erwähnten Festwerte für Stahl ein, so erhält man

$$\sigma_r = 1{,}09 \cdot 10^{-8} \cdot n^2\left[-3{,}3\,r^2 + 1{,}3\,e^2 + \frac{a^2}{r^2}\,\frac{(1{,}3\,r^2 + 0{,}7\,e^2)\,(3{,}3\,a^2 - 1{,}3\,e^2)}{1{,}3\,a^2 + 0{,}7\,e^2}\right] \qquad (69\text{b})$$

$$\sigma_t = 1{,}09 \cdot 10^{-8} \cdot n^2\left[-1{,}9\,r^2 + 1{,}3\,e^2 + \frac{a^2}{r^2}\,\frac{(1{,}3\,r^2 - 0{,}7\,e^2)\,(3{,}3\,a^2 - 1{,}3\,e^2)}{1{,}3\,a^2 + 0{,}7\,e^2}\right]. \qquad (70\text{b})$$

In Bild 675 ist die Spannungsverteilung nach diesen Gleichungen über einem Radius des Sägeblatts aufgetragen.

Aus Bild 674 geht hervor, daß in den Kreissägeblättern sowohl Tangential- als auch Radialspannungen vorhanden sind und daß durch die Fliehkraft lediglich Zugspannungen hervorgerufen werden. Sind in einem Blatt von der Vorbehandlung her schon Spannungen vorhanden, so sind sie zu den Spannungen infolge der Fliehkraft hinzu zu addieren. Durch das übliche Strecken werden in den inneren Teilen des Blattes Druckspannungen, in seinen Kanten aber Zugspannungen verursacht. Die Folge ist ein Spannungsausgleich im Blattinneren und eine besonders starke Zugbeanspruchung der Außenkante. Die Kurven in Bild 674 gelten, wie erwähnt, nur für ein freies Blatt, auf das keinerlei äußere Kräfte einwirken. In Wirklichkeit hat man aber einen Druck durch die Flanschen an der Einspannstelle. Für diesen Fall liefert die gemäß Ziffer 2 durchgeführte Berechnung die Kurven nach Bild 675. Man sieht, daß sich die Spannungsverteilung nur im Innern des Blattes wesentlich ändert, während die Beanspruchung der Blattkante durch die Zentrifugalkraft annähernd gleich bleibt. Mit Hilfe der Gleichungen (67) und (68) lassen sich die Dimensionsänderungen von Kreissägeblättern auf Grund der Spannungen infolge der Fliehkraft leicht berechnen.

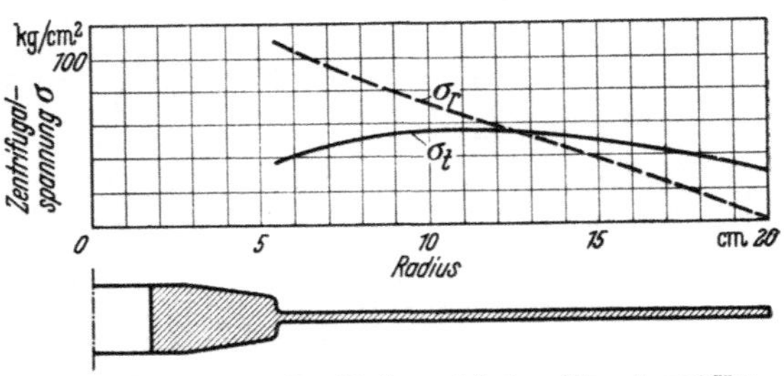

Bild 675. Schema eines Sägeblattes mit festem Flansch und Verlauf der Radial- und Tangentialspannungen infolge der Zentrifugalkraft, Blattdurchmesser 400 mm, Drehzahl 2400 U/min. (Nach C. Skoglund.)

Mit der Zerspanung verknüpft ist eine Umwandlung von mechanischer Energie in Wärme. Der größte Teil dieser Verlustwärme wird mit den Sägespänen abgeführt oder an die umgebende Luft abgegeben. Ein Teil aber dient zur Erhöhung der Temperatur des Sägeblatts. Wenn man von unnormaler Reibung an den Blattflanken absieht, wird die Wärme durch den Schneid- und Schervorgang an den Zahnspitzen erzeugt und wird von dort zur Blattmitte geleitet. Gewöhnlich ist die Temperatur an den Zahnspitzen am höchsten und sinkt gegen die Blattmitte zu. Die Folge der ungleichmäßigen Temperaturverteilung sind Spannungen im Sägeblatt.

C. Skoglund hat in der Schwedischen Holzforschungsanstalt ein ungezahntes Kreissägeblatt durch Reibung an der Kante erhitzt und dann die in Bild 676 gezeigten Temperaturkurven bestimmt. Die Messungen erfolgten mittels Thermoelementen, die in Nuten im Sägeblatt festgelötet waren. Die Thermoströme wurden mittels Schleifringen, die auf der Sägespindel saßen, zu einem Sechsfarbenschreiber geleitet. Bild 676 zeigt, daß die Temperatur sehr schnell infolge der Luftkühlung gegen die Blattmitte zu abnimmt. Der größere Teil des Blattes bleibt also vergleichsweise „kalt“ und hindert die erwärmten Teile an der freien Ausdehnung. Die Folgen sind erhebliche Druckspannungen in der Blattkante. Der Temperaturverlauf und die Wärmespannungen in den Kreissägeblättern lassen sich mathematisch berechnen[1]. Bild 677 zeigt, daß in der Blattkante eine sehr hohe Spannungsspitze auftritt, z. B. für die angeführten Verhältnisse eine Druckspannung von 630 kg/cm². Spannungen in dieser Größenordnung können zum Ausbeulen des Sägeblatts oder zum mindesten zum Flattern führen, wodurch ein ordentlicher Schnitt unmöglich gemacht wird.

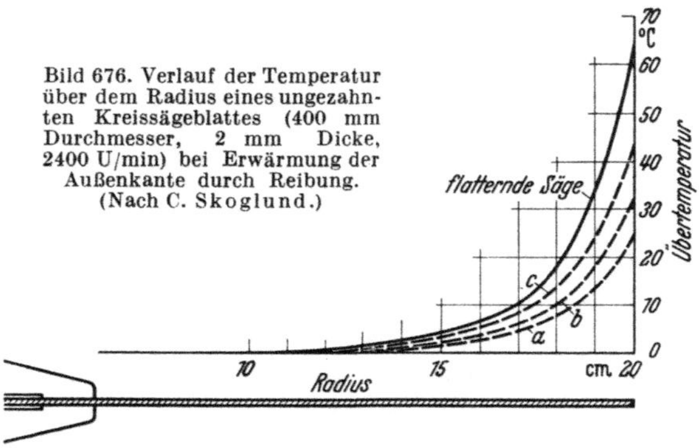

Bild 676. Verlauf der Temperatur über dem Radius eines ungezahnten Kreissägeblattes (400 mm Durchmesser, 2 mm Dicke, 2400 U/min) bei Erwärmung der Außenkante durch Reibung. (Nach C. Skoglund.)

Um diese Druckspannung zu kompensieren, bedarf es einer gleich großen Zugspannung; die durch die Fliehkraft hervorgerufenen Zugspannungen (gemäß Bild 675) sind viel zu klein, so daß man eine zusätzliche Zugspannung durch das Strecken des Blattes erzeugen muß. In Bild 677 ist der Spannungszustand eines gestreckten Kreissägeblattes gezeichnet; die Kurven wurden durch Addition der Kurven von Bild 674 und den aus Bild 676 berechneten Wärmespannungen konstruiert. Weiter ist aus Bild 677 jene Druckspannung zu entnehmen, die im vorliegenden Fall zusammen mit der σ_t-Kurve Spannungsfreiheit des Sägeblattes herbeiführen würde. Praktisch ist es aber unmöglich, das Blatt so stark zu strecken; treibt man den Streckvorgang zu weit, so wird das Blatt im Stillstand und bei langsamem Lauf schalenförmig. C. Skoglund verursachte deshalb, die Wärmespannungen auf einem anderen Weg zu verringern, indem er durch eine

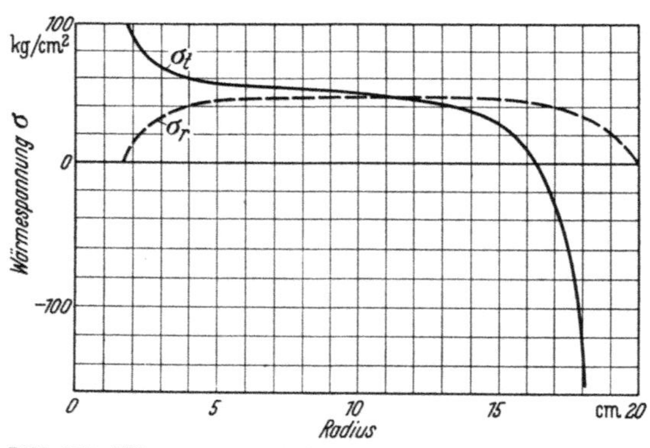

Bild 677. Wärmespannungen in einem Kreissägeblatt (400 mm Durchmesser, 2400 U/min) bei einem Temperaturgefälle von Außenkante zu Blattmitte von 30° C. (Nach C. Skoglund.)

---

[1] Skoglund, C.: Spänningar och svängningar i roterande sågklingor, Svenska Träforskningsinstitutet, Träetekniska avd., Medd. 12 B, Stockholm, Mai 1950.

Reibungspackung das Blatt im mittleren Teil zusätzlich erwärmte und dadurch das Temperaturgefälle verkleinerte. In USA wurden auch Kreissägeblätter mit Expansionsschlitzen entwickelt; diese Blätter können sich bei Er-

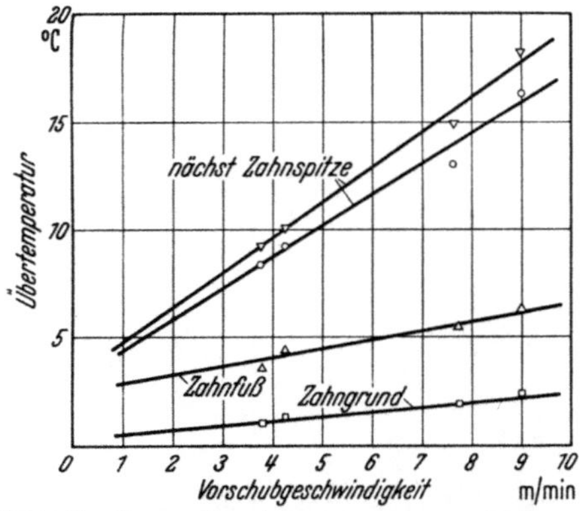

Bild 678. Temperaturerhöhungen an verschiedenen Punkten eines Kreissägeblattes in Abhängigkeit von der Vorschubgeschwindigkeit (Blattdurchmesser 400 mm, Blattdicke 2,0 mm, Schnittfugenbreite 3,3 mm, Drehzahl 2400 U/min, Spalten von 60 mm Kiefernholz). (Nach C. Skoglund.)

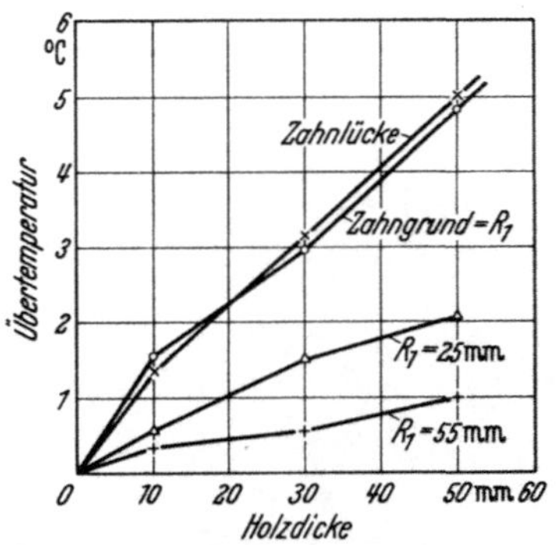

Bild 679. Temperaturerhöhung an verschiedenen Punkten eines Kreissägeblattes in Abhängigkeit von der Holzdicke (Blattdurchmesser 400 mm, Schnittfugenbreite 3,5 mm, Drehzahl 2400 U/min, Vorschubgeschwindigkeit 4,3 m/min). (Nach C. Skoglund.)

wärmung frei ausdehnen, ohne daß sich Spannungen ausbilden, sie haben aber den Nachteil geringerer Steifigkeit.

Die schwedischen Untersuchungen erstreckten sich auch auf die Abhängigkeit der Blatterwärmung von verschiedenen äußeren Faktoren. Bild 678 zeigt, daß die Temperaturerhöhung unmittelbar verhältnisgleich der Vorschubgeschwindigkeit ist. Bild 679 weist einen nahezu linearen Zusammenhang zwischen der Temperaturerhöhung und der Holzdicke nach. Ähnlich ist die Abhängigkeit der Temperaturerhöhung vom Energieverbrauch beim Sägen. Für den Einfluß der Sägezeit wurden die in Bild 680 dargestellten Kurven gefunden; die mehr oder minder starken Schwankungen erklären sich zu einem Teil sicher daraus, daß man bei längerem Schneiden Holzstellen mit verschiedenen Eigenschaften (z. B. verschiedener Wichte oder Feuchtigkeit) zu durchtrennen hat. Trotzdem kann man aus dem Bild folgendes ableiten: 1. Die Temperaturerhöhung ist um so größer, je höher die Wichte des Holzes ist; 2. Kiefernholz mit hohem Wassergehalt erwärmt sich stärker als solches mit niedrigem Feuchtigkeitsgehalt; 3. die Erwärmung ist bei Längsschnitt größer als bei

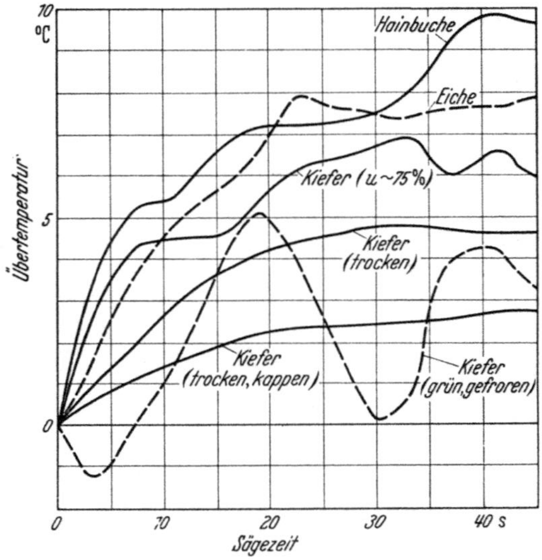

Bild 680. Temperaturerhöhung am Zahnfuß eines Kreissägeblattes (Holzdicke 40 mm, Vorschubgeschwindigkeit 4,3 m/min) beim Sägen verschiedener Holzarten in Abhängigkeit von der Sägezeit. (Nach C. Skoglund.)

Querschnitt. Inwieweit sich diese Gesetzmäßigkeiten verallgemeinern lassen, bedarf noch der Nachprüfung.

813.5 Schwingungen in Kreissägeblättern.

In einem umlaufenden Kreissägeblatt können kritische Schwingungen entstehen, wenn in der Maschine störende Vibrationen vorkommen, die in der

Bild 681. Resonanzfiguren auf einem Kreissägeblatt, Schwingung mit 3 Knoten Durchmessern, Frequenz 160 Hz. (Nach C. Skoglund.)

Bild 682. Resonanzfiguren auf einem Kreissägeblatt, komplexe Schwingung mit 14 Knoten am Umfang, 8 in der Blattmitte, Frequenz 620 Hz. (Nach C. Skoglund.)

Frequenz mit einigen der Eigenfrequenzen des Blattes übereinstimmen. Untersuchungen zu dieser wichtigen Frage liegen von C. Skoglund vor. Da es für jedes Blatt mehrere Resonanzfrequenzen gibt, muß man zunächst durch Vorversuche das Verhalten des Blattes im schwingenden Zustand untersuchen. Zu diesem Zweck wird das Blatt waagerecht aufgelegt, mit Holzmehl bestreut und mit einem Wechselstrommagnet an einer Stelle des Umfangs erregt. Unter dem Einfluß von Resonanzschwingungen wandern die aufgestreuten feinen Teilchen von den schwingenden Stellen (Bäuchen) zu den ruhenden (Knoten). Auf diese Weise lassen sich die Schwingungen charakterisieren und die Knotendurchmesser auszählen (Bild 681 und 682). Der einfachste und praktisch interessanteste Fall ist jener der niedrigsten Frequenz und größten Amplituden, d. h. jener mit 2 Knotendurchmessern. Berechnet werden kann die Eigenfrequenz f nach Southwell[1].

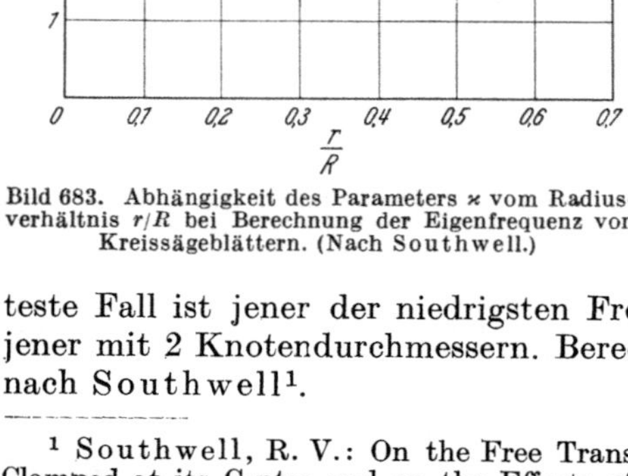

Bild 683. Abhängigkeit des Parameters ϰ vom Radiusverhältnis r/R bei Berechnung der Eigenfrequenz von Kreissägeblättern. (Nach Southwell.)

[1] Southwell, R. V.: On the Free Transverse Vibrations of a Uniform Circular Disk Clamped at its Centre and on the Effects of Rotation, Roy. Soc. of London Series A 101 (1922) S. 133 bis 153.

Für eine Kreisscheibe, die im Zentrum mit 2 Flanschen eingespannt ist, gilt

$$f = \frac{\varkappa^2 \cdot a}{4\,\pi R^2}\sqrt{\frac{g\,E}{3\,\gamma\,(1-\nu^2)}}\ [\text{Hz}]. \tag{71}$$

wobei R der Radius des Sägeblattes [cm], a die Dicke des Sägeblattes [cm], $g = 981$ [cm/s^2], E der Elastizitätsmodul des Blattwerkstoffs [kg/cm^2], γ die Wichte des Blattwerkstoffs [kg/cm^3], ν die Poissonsche Konstante ($\sim 0{,}3$ für Stahl) und $\varkappa$ ein Parameter ist, der von der Anzahl s der Knotendurchmesser sowie dem Verhältnis des Flanschradius r zum Blattradius R abhängt (Bild 683.)

Die Eigenfrequenz für eine bestimmte Art von Schwingungen eines Körpers hängt von seiner Masse und Steifheit ab. Für freie harmonische Schwingungen gilt beispielsweise

$$f = \frac{1}{2\pi}\sqrt{\frac{g\cdot k}{m}}\ [\text{Hz}], \tag{72}$$

worin k die Federkonstante [kg/cm] und m die Masse [kg] sind.

Von Campbell[1] stammt nun ein Ausdruck, der den Einfluß der Fliehkraft auf die Eigenfrequenz von Dampfturbinenscheiben berücksichtigt und sich sinngemäß auf Kreissägeblätter anwenden läßt. Dabei wird einfach zur Federkonstante k eine weitere Federkonstante k_r, die von der Fliehkraft herrührt, hinzugezählt:

$$f_r = \frac{1}{2\,\pi}\sqrt{\frac{g}{m}\,(k + k_r)}. \tag{73}$$

Weiter wird gesetzt

$$k_r = B\left(4\,\pi^2\,\frac{m}{g}\cdot n^2\right)\ [\text{kg/cm}]. \tag{74}$$

Durch Verbindung der Gleichungen (72), (73) und (74) ergibt sich

$$f_r = \sqrt{f^2 + B n^2}. \tag{75}$$

Der Geschwindigkeitskoeffizient B wechselt mit dem Flanschdurchmesser und dem Schwingungstyp. Gewöhnlich liegt B zwischen 2 und 3.

814. Trommel-, Zylinder- und Glockensägen.

Trommel- oder Zylindersägen dienen meist zum Herstellen von Faßdauben und runden Holzdeckeln. Sie werden geliefert mit Durchmessern von 75 bis 800 mm und Umfangsgeschwindigkeiten bis zu 30 m/s. Eine Trommelsäge bei der Herstellung von Faßdauben zeigt Bild 684, Glockensägen, die je nach

Bild 684. Trommelsäge beim Einschneiden von Faßdauben. Bauart Anthon & Söhne, Flensburg.

Größe entweder in elektrischen Handbohrmaschinen oder mit Morsekonussen in die Spindel von Senkrechtbohrmaschinen eingesetzt werden können, Bild 685. Man erzielt mit diesen Werkzeugen sehr hohe Leistungen. Der Energieverbrauch schwankt meist zwischen 1,5 und 4,5 kW und kann mit den für Sägen allgemein gültigen Formeln berechnet werden.

[1] Campbell, W.: The Protection of Steam-Turbine Disc. Wheels from Axial Vibrations, ASME Transactions Bd. 46 (1924) S. 31 bis 60.

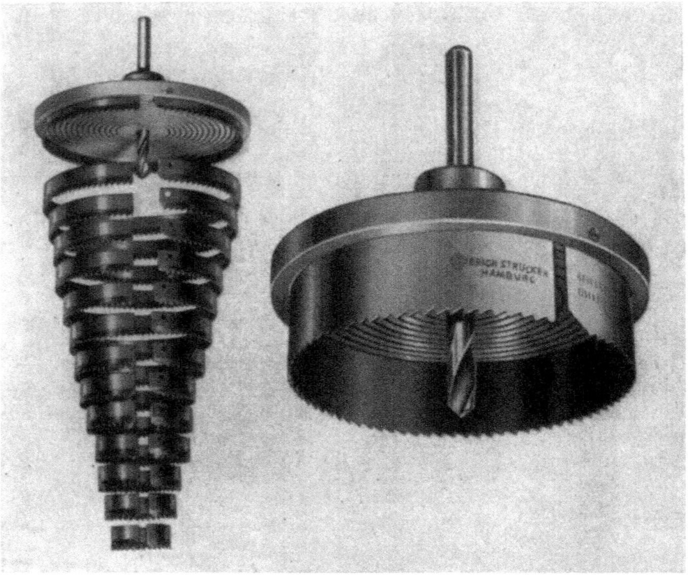

Bild 685. Ansicht von Glockensägen mit 18 bis 1000 mm Durchmesser. Bauart Erich Strücker, Hamburg 36.

82. Kettensägen und Kettenfräsen.

820. Allgemeine Beschreibung der Kettensägen und Kettenfräsmaschinen.

Kettensägen besitzen als Schneidwerkzeuge genietete Gliederketten mit Schneid- und Räumzähnen. In der Gestaltung und Anordnung der Zähne bestehen beträchtliche Unterschiede; alle Ketten schneiden gut, solange sie scharf sind. Die Kettensägen mit Antrieb durch Elektro- oder Verbrennungsmotoren (Motorsägen) sind zur Ausführung von Fäll- und Längsschnitten aller Art geeignet und ermöglichen durch ihre Bauart einen tiefen Schnitt[1]. Sie werden hauptsächlich in der Forstwirtschaft zur Beschleunigung und Vereinfachung der Holzgewinnung, bei Waldschäden durch Schneebruch, Windbruch oder Insekten, wo das Holz rasch aufgearbeitet werden muß, um sein Verderben zu verhüten, aber auch in Sägewerken sowie auf Lagerplätzen der holzverarbeitenden Industrie, in Sperrholzwerken, auf Bauplätzen usw. eingesetzt. Die Motorsägen ermöglichen durch ihre hohe Schnittleistung nicht nur eine Einsparung von Arbeitskräften, sondern sie schonen auch die Kräfte der Arbeiter.

Grundsätzlich gibt es heute zwei verschiedene Bauarten von Motorsägen:

1. Maschinensägen mit auswechselbarer Sägeschiene für verschiedene Schnittlängen und Kettenrücklauf auf der Oberseite der Schiene (Ausleger- oder Schwerttype, Bild 686). Das Kettenrad wird von Kurbel- bzw. Ankerwelle über ein Kegelräderpaar und eine Lamellenkupplung angetrieben. Die

[1] Scheffter, H.: Holz als Roh- und Werkstoff Bd. 2 (1939) S. 49. — Ein Überblick über die Bewährung von Kettensägen liegt vor im Heft IV (Juli 1932) Mitt. Aussch. Techn. Forstwirtsch.

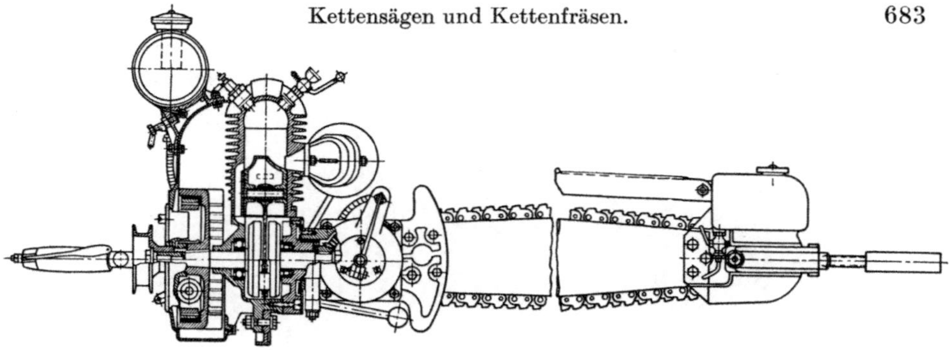

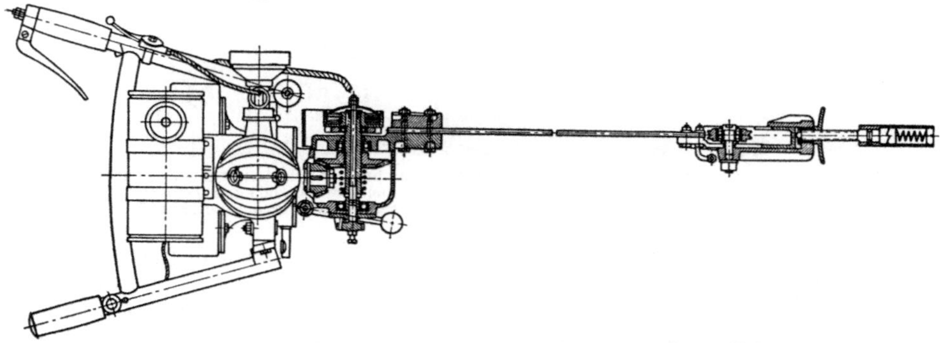

Bild 686. Schematische Ansicht einer Motorsäge vom Auslegertyp, Bauart Dolmar.

größte Schnittlänge ist durch die Leistung des Antriebsmotors begrenzt. Die Auslegersäge ist am weitesten verbreitet und in der Forstwirtschaft bevorzugt. Für Holzbearbeitungsbetriebe ist sie ebenfalls gut geeignet, jedoch sind stets zwei Mann zur Bedienung nötig.

2. Maschinensägen mit festliegender höchster Schnittlänge und verdeckter Kettenführung (Bügeltyp, Bild 687). Der Antriebsmotor liegt immer über dem schneidenden Sägetrum. Bei kleiner Schnittlänge (bis etwa 35 cm) kann ein Mann zur Bedienung ausreichen.

Verwendbarkeit und Betriebseigenschaften der Motorsägen hängen eng mit der Antriebsart zusammen. Elektrosägen sind auf Netzanschluß ange-

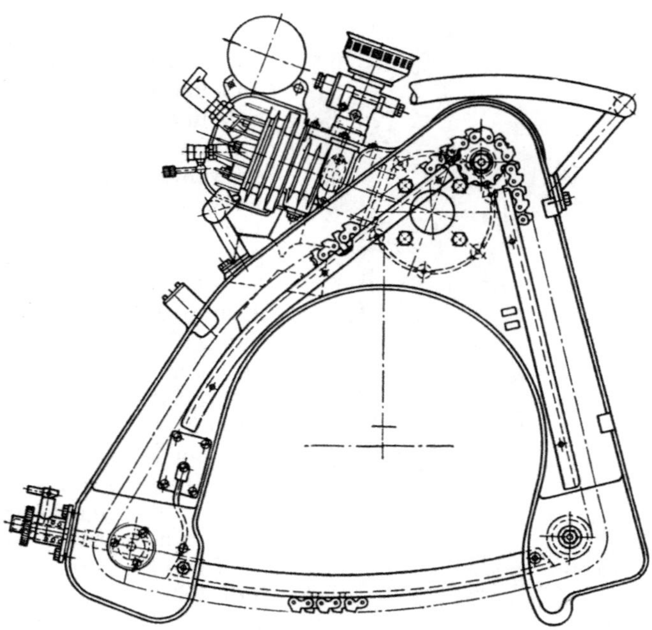

Bild 687. Schematische Ansicht einer Motorsäge vom Bügeltyp, Bauart Stihl.

wiesen, ihr Arbeitsbereich ist durch das Zuleitungskabel begrenzt, häufiger Platzwechsel stößt auf Schwierigkeiten. Trotzdem ist der elektrische Antrieb

Bild 688. Ansicht einer Bügelsäge, Bauart Dolmar, mit Längsschneidevorrichtung zum Auftrennen von Starkholz und Kolonialhölzern, größter Stammdurchlaß 1500 mm, Gesamtgewicht 300 kg, in Teillasten von nicht über 90 kg zerlegbar, selbsttätiger Kettenvorschub, Leistung des Vergasermotors 10 PS.

in Sägewerken, auf Holzplätzen und in allen Holzbearbeitungsbetrieben der gegebene Antrieb. Die Elektromotoren (Gleich- und Drehstrommotoren) sind räumlich einfacher unterzubringen, laufen ruhiger als die Verbrennungsmotoren und sind kurzzeitig bis zu 100% überlastbar. Der Benzinmotor ist unabhängig vom Arbeitsplatz; fast ausschließlich werden Einzylinder-Zweitaktmotoren eingebaut, nur für sehr große Schnittlängen (z. B. 1,5 bis 2 m bei kolonialen Hölzern) werden auch Zweizylindermotoren verwendet. Eine Bügelsäge mit Längsschneidevorrichtung für Furnier- und Sperrholzwerke zum Auftrennen von Starkholz und Exoten zeigt Bild 688.

Bild 689. Ansicht einer Kettenfräsmaschine, Bauart W. Grupp, mit hydropneumatischer Rückholung des Frässupportes, Drehzahl des Ketten-Triebrades 2850 U/min, Frästiefe 200 mm, Schlitzbreite 6 bis 30 mm, Schlitzlänge 350 mm, Querverstellung 100 mm, Tischschrägstellung bis 30°, Antriebsleistung 1,5 kW.

Das Gesamtgewicht der Motorsägen schwankt bei 45 bis 70 cm Schnittlänge etwa zwischen 23 und 56 kg, bei Schnittlängen von 100 bis 150 cm zwischen 50 und 77 kg. Die Schnittgeschwindigkeiten liegen bei etwa 5 bis 6 m/s, die Schnittleistungen zwischen 2000 und 5000 cm²/min. Die Schnittbreite beträgt bei kleineren Maschinen 6,5 bis 7 mm, bei größeren 9,5 bis 11 mm. Mit Rücksicht auf die Festigkeit der Kette und der Sägeschienen lassen sich diese Werte nicht wesentlich verringern. Für die Betriebssicherheit ist besonders die gute Schmierung der Kette (mittels Ölpumpe) wesentlich. Bei den Benzinsägen liegt der Brennstoffverbrauch etwa zwischen 1 und 3,5 l/h.

Die Kettenfräsmaschinen der Holzindustrie dienen zum Tiefschlitzfräsen und arbeiten mit einer in senkrechter Richtung rasch bewegten, endlosen, aus fräserförmigen Stahlgliedern zusammengesetzten Kette. Der Antrieb erfolgt über ein oben sitzendes Kettenrad, das die Fräsketten über eine Führungsschiene und eine untere Leitrolle in Umlauf versetzt. Richtige Spannung der Kette durch Verstellen der Schiene — so daß sie sich etwa 5 bis 6 mm von der Schiene abheben läßt — ist für das einwandfreie Arbeiten und die Sauberkeitdes Schnittes von größter Bedeutung; eine zu lockere Kette liefert unsauberen Schnitt, während eine zu straffe Kette ein Heißlaufen des unteren Lagers bewirkt. Es gibt vorherrschend zwei Ausführungen von Kettenfräsmaschinen: solche, bei denen der senkrechte Werkzeugschlitten von Hand bewegt wird (Bild 689), und andere, bei denen lediglich das Ein- und Ausspannen der Werkstücke von Hand, der Vor- und Rücklauf des Werkzeuges aber selbsttätig erfolgt. Im einzelnen sind diese zwei Typen vielfach abgewandelt: ortsfest und beweglich, in verschiedenen Größen mit verstellbaren und neigbaren Aufspanntischen, oft auch zusammengebaut mit Hohlmeißel-Stemmgeräten.

821. Der Schneidvorgang beim Kettenfräsen: Vorschub, Schnittgeschwindigkeit, Leistungsbedarf.

Der Schneidvorgang beim Tiefschlitzfräsen ist durch den Vorschub senkrecht nach unten gekennzeichnet. Betrachtet man die Bewegungsverhältnisse eines einzelnen Zahnes, so muß man zwei Komponenten unterscheiden: eine, die in der Tangente an den Kreis wirksam ist, und eine parallel zur Vorschubrichtung. Auf der Einschnittseite, d. h. beim Niedergehen der Zähne, wird ihre Bewegung in Drehrichtung durch die Vorschubgeschwindigkeit gewissermaßen beschleunigt, während umgekehrt auf der Ausschnittseite eine Verzögerung eintritt. Hieraus ergeben sich die in Bild 690 gezeigten charakteristischen Spanquerschnitte, auf die J. Walter[1] hingewiesen hat. Es ist klar, daß durch den wechselnden Spanquerschnitt auch ein veränderlicher Schnittdruck bedingt ist, der auf der Ausschnittseite höher sein muß als auf der Einschnittseite. Zur Teilung der Kette und zur Vorschubgeschwindigkeit steht der Spanquerschnitt in einem geradlinigen Verhältnis.

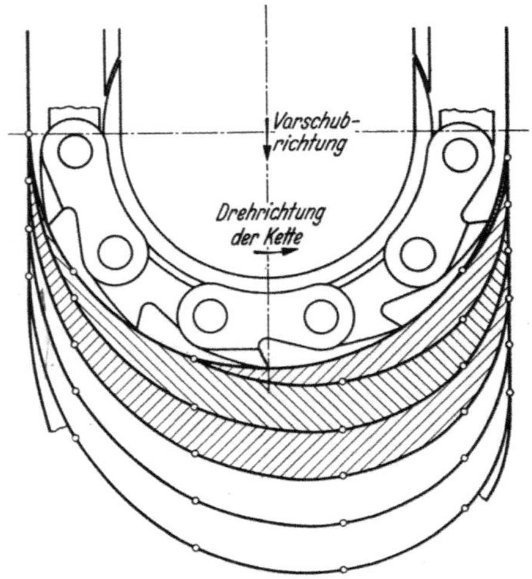

Bild 690.
Spanbildung beim Kettenfräsen. (Nach J. Walter.)

Die sekundlich abgenommene Spanmenge m beträgt für Frästiefen $> \frac{D}{2}$ (nach O. Beck[2])

$$m = D \cdot b \cdot s \; [\text{mm}^3/\text{s}], \tag{76}$$

wobei D = Fräserdurchmesser über die Schneiden gemessen [mm], b = Ketten- oder Lochbreite [mm] und s = Vorschub in Hubrichtung [mm/s].

Der Fräserdurchmesser liegt in der Praxis meist zwischen $D = 25$ und $D = 50$ mm, die Kettenbreite zwischen 5 und 25 mm und der Vorschub,

---

[1] Walter, J.: Untersuchungen an einer Kettenfräsmaschine. Diss. T. H. Dresden.

[2] Vgl. O. Beck: Die Stückzeitberechnung für Holzbearbeitungsmaschinen, Berlin 1926, S. 111f.

der gewöhnlich in drei Stufen regelbar ist, zwischen 5 und 35 mm/s. Der Rücklauf des Werkzeugschlittens erfolgt mit wesentlich höherer Geschwindigkeit (40 bis 130 mm/s).

Das nach Gleichung (76) berechnete sekundliche Spanvolumen ist praktisch durch die sekundlich wirksame Zähnezahl zu bewältigen. Die Gestaltung der Fräsketten bringt es mit sich, daß die Schneidenbreite gewöhnlich auf zwei Kettenglieder verteilt ist (vgl. Bild 696), so daß es zweckmäßig erscheint, mit der Zahl z'' der zusammengehörigen Doppelglieder zu rechnen bzw. mit der Teilung t eines Doppelgliedes.

$$z'' = \frac{v}{t} = \frac{D \cdot n \cdot \pi}{60 \cdot t}; \qquad (77)$$

hierin bedeutet v die Schnittgeschwindigkeit, die meist zwischen 4 und 8 m/s liegt.

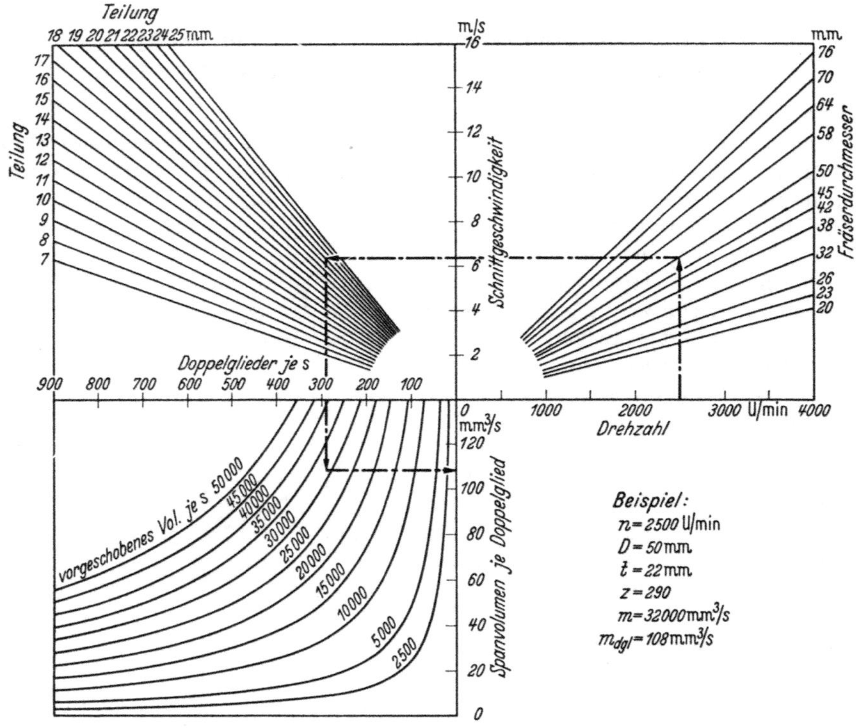

Bild 691. Tafel zur Ermittlung des sekundlichen Spanvolumens je Doppelglied bei Kettenfräsen. (Nach H. Kullmann.)

Das auf jedes Doppelglied theoretisch in der Sekunde entfallende Spanvolumen wird

$$m_z = \frac{m}{z''} = \frac{60 \cdot t \cdot b \cdot s}{n \cdot \pi}. \qquad (78)$$

Für einige handelsübliche Fräsketten hat H. Kullmann[1] diese Formeln zeichnerisch dargestellt (Bild 691). J. Walter zeigte freilich, daß sich die einzelnen Zähne an einer Kette in der Höhe um bis zu 0,5 mm unterscheiden,

[1] Kullmann, H.: Holzbearb.-Masch. Bd. 6 (1930) S. 17.

so daß auch die Spanmengen je Zahn unterschiedlich ausfallen und die Berechnung des Spanvolumens je Doppelglied recht unsicher wird. Immerhin läßt sich der Spanraum je Doppelzahn dazu benutzen, das bestehende Verhältnis zwischen Schnittgeschwindigkeit und Vorschub auf seine Zweckmäßigkeit zu überprüfen. Unter Berücksichtigung des Auflockerungsfaktors p, der als Verhältnis des Volumens des zerspanten Holzes zum Volumen des unzerspanten anzusprechen ist, ergibt sich, wenn v'' der durch Planimetrieren bestimmte Spanraum des Doppelspanes ist,

$$v'' = p \cdot m_z$$

oder daraus abgeleitet die Vorschubgeschwindigkeit in Hubrichtung

$$s = \frac{n \cdot \pi \cdot v''}{60 \cdot p \cdot b \cdot t} \ [\text{mm/s}].$$

Nach Beck kann man $p = 1{,}5$ bis $2{,}0$ setzen (für Gattersägen ist $p = 4{,}5$ bis $5{,}0$ für Nadelholz, $p = 5{,}5$ für Laubholz).

Im Betrieb führt ein falsches Verhältnis von Schnittgeschwindigkeit, sekundlicher Zähnezahl und Vorschub zum Verstopfen der Kette; dabei steigt der Leistungsbedarf an, die Drehzahl fällt ab, und schließlich kann die Kette sogar stehenbleiben. Bei großer Einstichtiefe, Handvorschub und nassem Holz sind diese Gefahren besonders groß; um hier ein Verstopfen und damit zu starkes Bremsen der Ketten zu vermeiden, ist ruckweises Vorgehen anzuraten.

Das Arbeiten mit den Kettenfräsen wird dadurch ein sehr wechselvolles und bietet, wie Beck[1] darlegt, besondere Schwierigkeiten für die rechnerische Erfassung der Maschinenzeit.

Der Leistungsbedarf von Kettenfräsen beträgt in der Regel etwa $N = 1{,}5$ bis $3{,}5$ kW. Die Berechnung scheitert an dem sehr verwickelten Kräftespiel an den Schneiden der Doppelglieder, an dem großen Einfluß der Zahn- und Spanreibung (im Schnittbogen und an den Schlitzseiten) sowie an den gegen die inneren Schlitzwände wirkenden Fliehkräften der Kette. Interessante Aufschlüsse über die Bedeutung des Fräsdurchmessers, sekundlichen Vorschubes und der Holzwichte für den Leistungsbedarf geben Bild 692 und 693 nach H. Kullmann.

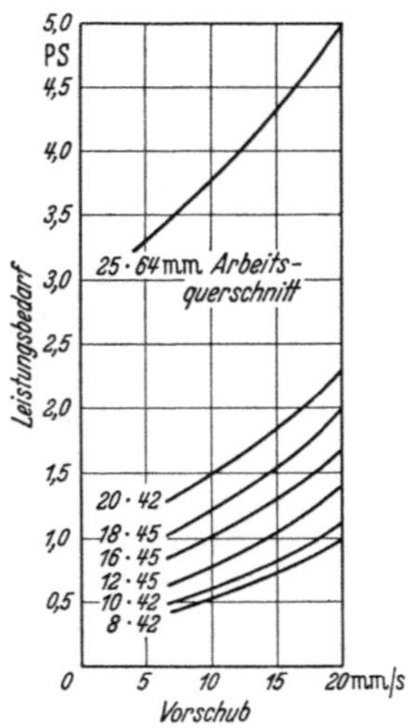

Bild 692. Leistungsbedarf einer Kettenfräse in Abhängigkeit vom Arbeitsquerschnitt und Vorschub bei Tannenholz ($n = 2800$ U/min). (Nach H. Kullmann.)

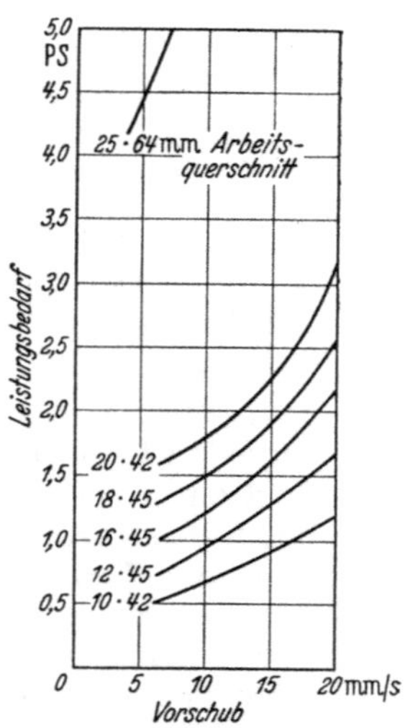

Bild 693. Leistungsbedarf einer Kettenfräse in Abhängigkeit vom Arbeitsquerschnitt und Vorschub bei Buchenholz ($n = 2800$ U/min). (Nach H. Kullmann.)

Bei der Bearbeitung von Rotbuche zeigte sich, daß die 8 mm breite Fräskette bei 6,15 m/s Schnittgeschwindigkeit höhere Vorschübe als 10 mm/s nicht vertrug; die 25 mm Kette war bereits bei 8 mm/s völlig verstopft. J. Walter schlug vor, durch erhebliche Vergrößerung der Teilung von Zahn zu Zahn und

---

[1] Vgl. O. Beck: Die Stückzeitberechnung für Holzbearbeitungsmaschinen, Berlin 1926, S. 111f.,

sorgfältigen Schliff der Kette auf annähernd gleiche Zahnhöhe die Zerspanungsbedingungen zu verbessern, so daß größere Vorschubleistung bei geringerem Leistungsbedarf möglich wird. In der Praxis erweist sich dieser Weg aber mit Rücksicht auf die geforderte Sauberkeit des Schnittes als kaum gangbar.

Es ist nun noch die Frage aufzurollen, in welcher Weise bei den Kettenfräsen die Leistung von der Drehzahl oder Schnittgeschwindigkeit abhängt. J. Walter ermittelte den in Bild 694 gezeigten Zusammenhang zwischen Drehmoment, Vorschub- und Schnittgeschwindigkeit. Wie ersichtlich, sinkt das Drehmoment mit zunehmender Geschwindigkeit und steigt linear an mit wachsendem Vorschub. Das Sinken mit zunehmender Schnittgeschwindigkeit läßt sich zwanglos auf kleineres Spanvolumen und günstigere Schnittreibung zurückführen. Um ein klares Bild zu gewinnen, genügt es allerdings nicht, nur das Drehmoment zu betrachten; man muß hierzu vielmehr die Schnittleistung N_s der Kette berechnen:

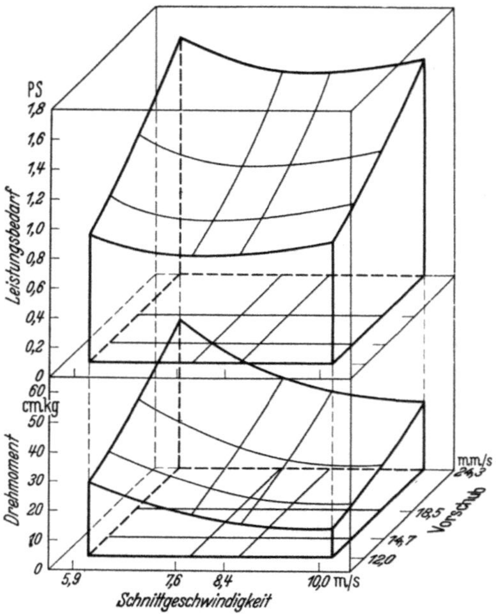

Bild 694. Abhängigkeit des Drehmoments und des Leistungsbedarfs von der Schnittgeschwindigkeit und vom Vorschub bei Kettenfräsen. (Nach J. Walter.)

$$N_s = \frac{M_d \cdot 2 \cdot n}{60 \cdot 75 \cdot 100 \cdot 1{,}36} = \frac{M_d \cdot n}{97410} \text{ [kW]}, \tag{79}$$

wobei M_d = Drehmoment in [cmkg], n = Drehzahl [U/min].

Zeichnet man die von J. Walter auf diese Weise gewonnenen Werte auf, so findet man, daß die Leistungskurve bei $n \approx 3000$ [U/min] ein Minimum durchläuft, um von dort an wieder zu steigen. Die Erklärung für diese Erscheinung liegt darin, daß bei höherer Umfangsgeschwindigkeit die Reibungswiderstände der Kettenglieder und ihrer Nieten mehr und mehr in den Vordergrund treten. Auf diesen Tatbestand hat bereits H. Kullmann aufmerksam gemacht. Da zudem der Vergrößerung des Leistungsbedarfs vermehrter Verschleiß an Maschine und Werkzeug gleichläuft, dürften beim Kettenfräsen 3000 U/min als obere zweckmäßige Drehzahl gelten.

822. Form und Werkstoff der Fräsketten.

Bei Betrachtung der Fräsketten interessiert zunächst die Formgebung des einzelnen Zahnes und hier hauptsächlich die Schneidenform. In Übereinstimmung mit den bei den Sägen erwähnten Bezeichnungen sei in Bild 695 der Keilwinkel mit β, der Spanwinkel mit γ angegeben. Wie ersichtlich, gilt weiter $\beta = \delta$ und $\beta + \gamma = 90°$. Ein zu großer Spanwinkel läßt die Kette zu stark in das Holz eingreifen, hebt sie dadurch von der Führungsschiene ab, überlastet die Kette und erzeugt fehlerhafte Schlitze. Ein zu kleiner Spanwinkel verringert die Leistung, führt zur Verstopfung des Schlitzes und läßt die Zähne rascher stumpf werden. Für Harthölzer soll der Spanwinkel kleiner sein als für Weichhölzer. Im allgemeinen sieht man einen Spanwinkel von $\gamma = 20°$ als höchst zulässigen Wert an, obwohl manchmal bei Weichhölzern auch 25° vorkommen. Nach jedem Gebrauch ist die Kette sorgsam zu reinigen und wenn außer Gebrauch in einem Bad aus dünnem Maschinenöl aufzubewahren. Geschliffen werden soll lediglich die Zahnbrust und der Grund der Zahnlücke.

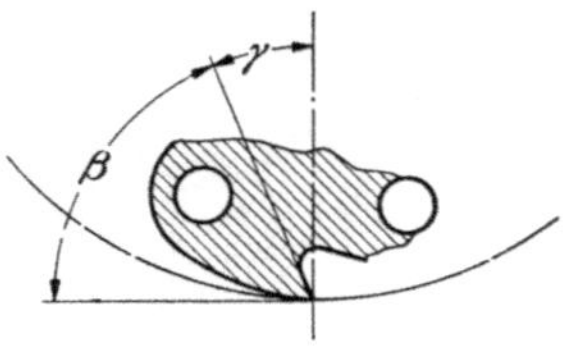

Bild 695.
Schneidenwinkel an einem Fräskettenzahn.

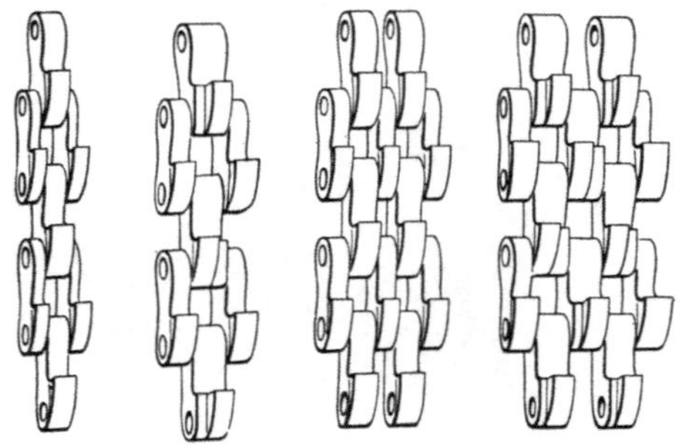

Bild 696.
Verteilung der Schneiden bei Fräskettengliedern.

Einige mögliche Anordnungen der Außen- und Mittelzähne bei verschieden breiten Fräsketten zeigt Bild 696. Gewöhnlich wird ein Doppelglied von zwei Außenzähnen und einem (manchmal geteilten) Mittelzahn gebildet. Die Außenzähne sind an den Außenseiten hinterschliffen, so daß sie sich freischneiden. Die Kettenreibung an der Schlitz-Innenwand wird dadurch beträchtlich herabgesetzt. Gefertigt sind die Ketten meist aus den üblichen niedrig legierten Werkzeugstählen. Die Versuche von J. Walter ergeben aber, wie zu erwarten war, daß die Abstumpfung bei höher legierten Stählen wesentlich geringer ist.

83. Fräsen, Nuten, Kehlen.

830. Allgemeine Beschreibung der Fräsmaschinen.

Fräsmaschinen benutzt man zur Erzeugung profilierter Flächen, zum Falzen, Nuten, Schlitzen, Kehlen usw.; sie sind in Tischlereibetrieben unentbehrlich und werden dort vielfach als Universalmaschinen verwendet. Bei den meisten Fräsmaschinen ist der wichtigste Teil eine senkrechte, in der Höhe verstellbare, in zwei Kugellagern laufende Frässpindel, ihr Einsetzdorn ragt zur Aufnahme der Fräser, Schlitzscheiben, Messerköpfe usw. über den Arbeitstisch hervor. Infolge der hohen Drehzahl erfordern die Lager der Frässpindeln peinlichst genaue Herstellung. Die Betriebsdrehzahl richtet sich in erster Linie nach dem Durchmesser der Fräswerkzeuge; auf die dabei anzustellenden Überlegungen wird später eingegangen. Folgende Arten von Fräsmaschinen sind die wichtigsten:

1. Tischfräsen (Bild 697) besitzen meist eine senkrechte, heb- und senkbare Spindel, die unter dem Tisch gelagert und durch ihn hindurchgeführt ist. Es gibt auch Maschinen mit einer Unter- und einer Oberspindel oder nur mit einer Oberspindel. Bei anderen Baumustern sind zwei nebeneinander liegende Spindeln vorhanden, die sowohl senkrecht als auch waagerecht verstellbar sind. Drehzahl in der Regel 4000 bis 7500 U/min; bei unmittelbarem Antrieb durch Drehstrommotoren ist ein Frequenzumformer erforderlich, damit man höhere Drehzahlen als 3000 erhält. Leistungsbedarf 2 bis 4 kW.

2. Oberfräsen (Bild 698) (häufig mit Unterfräsen zusammengebaut) besitzen eine obenliegende Frässpindel, die mit hohen Drehzahlen von 9000 bis etwa 24000 U/min läuft. Antrieb direkt über einen Drehstrom-Kurzschlußmotor in Verbindung mit einem Frequenzumformer oder

Bild 697. Ansicht einer Tischfräsmaschine, Bauart Meyer & Schwabedissen, mit bis zu 45° neigbarer Frässpindel, Drehzahlen der Frässpindel 4000 und 8000 U/min. Antriebsleistung 3,5 kW.

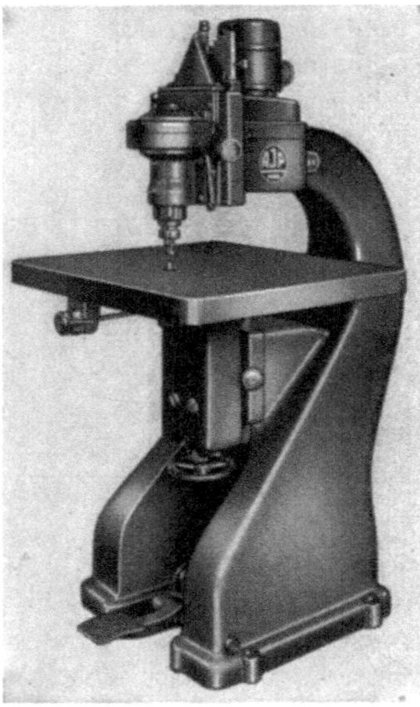

Bild 698. Ansicht einer Kopier-Oberfräsmaschine, Bauart R. J. Probst, mit in einer Hohlspindel um 0,1 mm exzentrisch gelagerter Werkzeugspindel. Drehzahl der Innenspindel 12000 U/min, der Außenspindel 4500 U/min, Antriebsleistung 1 kW.

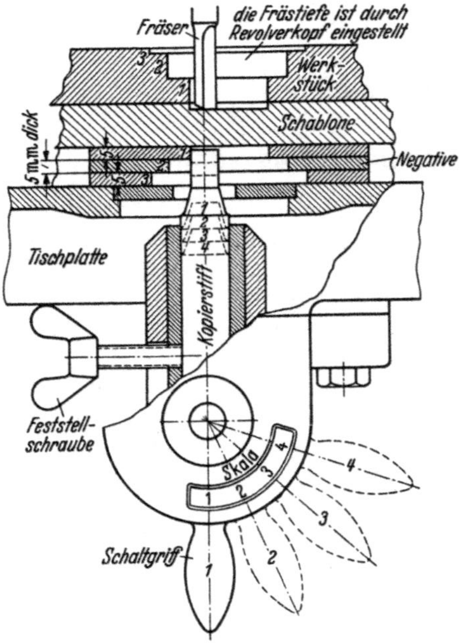

Bild 699. Schnittschema der Kopiervorrichtung einer Oberfräse. (Nach P. Lenke.)

indirekt über einen Elektromotor mit Riemenantrieb. Die Oberfräse dient zu Tischfräsarbeiten in feiner und verbesserter Form, hauptsächlich von Kopierfräsarbeiten. Sie eignet sich nicht zu schweren Profilbildungen, Kehlungen, Zapfenschneiden usw. Am weitesten verbreitet sind die Ständeroberfräsen[1]. Ein Maschinenständer trägt an seinem oberen Teil eine im Prisma geführte Schlittenplatte, die durch einen Fußhebel auf- und abwärts bewegt werden kann. Die Begrenzung der Abwärtsbewegung (der Frästiefe) übernimmt eine Feinstellspindel in Verbindung mit einem mehrstufigen Revolverkopf an der höchsten Stelle der Maschine. Die Schlittenplatte trägt den Motor mit dem Frässpindelgehäuse. In dem durch Handrad und Spindel verstellbaren Tisch ist der Kopierstift untergebracht. Er hat die Aufgabe, bei Kopierarbeiten

[1] Lenke, P.: Holz als Roh- und Werkstoff Bd. 1 (1937/38) S. 554.

das Negativ abzutasten und dabei das Positiv unter Zwischenschaltung einer Schablone zu übertragen (Bild 699). Das Übertragungsverhältnis 1 : 1 bedingt gleiche Abmessungen von Fräser und Kopierstift; andere Übertragungsverhältnisse lassen sich durch Änderung im Verhältnis der Abmessungen herbeiführen. Leistungsbedarf der Oberfräsen 1,5 bis 12 kW.

Bild 700. Oberfräsautomat, Bauart Onsrud, Tischdurchmesser 1010 mm, größter Fräsdurchmesser 1270 mm, 6 Tischdrehzahlen zwischen 1,7 und 3,5 U/min, Frässpindeldrehzahlen 7500 oder 10000 U/min, senkrechte Einstellhöhe des Oberfräsarms 230 mm, Leistungsbedarf der Frässpindel 3,75 bis 5.5 kW, der Vorschubeinrichtung 1,1 kW.

3. Oberfräsautomaten (Bild 700) eignen sich zur Massenherstellung von obergefrästen Teilen sowohl beim Kontur- als auch beim Innenausfräsen. Typische Gegenstände, die damit hergestellt werden können, sind Bürsten- und Pinselgriffe, Kleiderbügel, Stuhl- und Toilettesitze. Die Maschinen besitzen einen senkrechten Ständer, an den ein in waagerechter Richtung hin und her schwenkbarer Arm befestigt ist, in dem eine Spindel gelagert ist. Die Spindel, die mittels Riemen von einem am Ständer angebrachten Motor angetrieben wird ($n = 7500$ bis 10000 U/min), trägt unten den Fräser, darüber eine Lauf- oder Leitrolle von gleichem Durchmesser wie der Fräser. Die Schablone und das Werkstück sind zusammen auf einem Karusselltisch ($n = 1{,}7$ bis 3,5 U/min) mit durch Druckluft betätigten Klammern festgespannt. Der Tisch rotiert im Sinn der Fräsrichtung (Gleichsinnfräsen, Bild 701), wodurch man besonders glatte Fräsoberflächen erhält. Nach erfolgter Fertigbearbeitung geben die Klammern das Werkstück automatisch frei. Sinkt der Luftdruck (normal 6,5 bis 7 kg/cm^2), so daß die Spannkraft nicht mehr ausreicht, um die Schablone festzuhalten, dann wird die Maschine selbsttätig abgestellt.

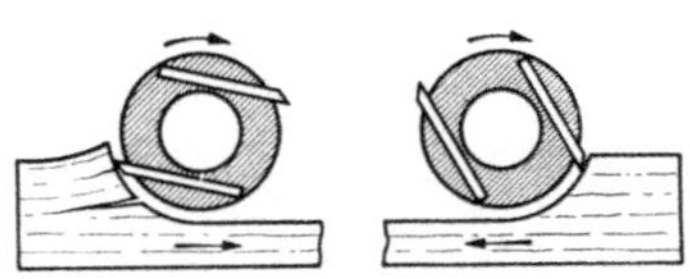

Bild 701. Schema des normalen und des Gleichsinnfräsens.

Derartige Oberfräsautomaten werden auch in schweren Ausführungen (z. B. mit einem Tischdurchmesser von 1820 mm) für die Karosserie-, Möbel- und Stuhlfabrikation geliefert. Soll der gesamte Umriß einer größeren Platte gefräst werden, so wird ein Zentrumspannkolben verwendet. Während die oben beschriebene kleinere Maschine für die Frässpindel einen Leistungsbedarf von 3,5 bis 5 kW, für die Vorschubeinrichtung von 1,1 kW hat, sind die entsprechenden Werte bei der schweren Maschine 7,5 bis 9 kW und 1,5 kW. Doppelarmige Oberfräsautomaten ermöglichen das Fräsen zweier verschiedener Profile mit einer einzigen Aufspannung.

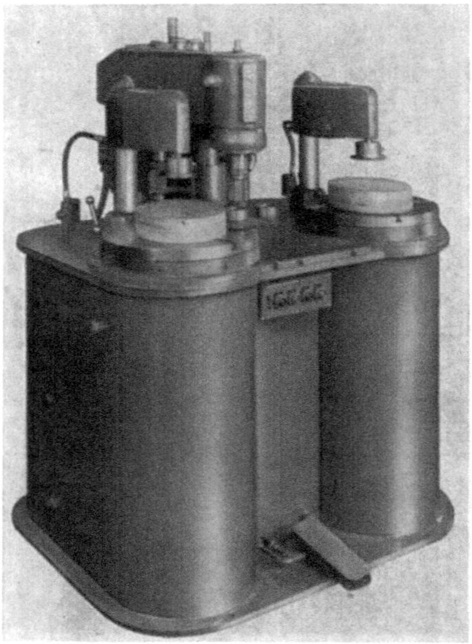

Bild 702. Oberfräsautomat mit Tandemtischen für laufende Herstellung von Serienwaren, Bauart Onsrud, Tischdurchmesser 380 mm, größter Fräsdurchmesser 455 mm. größte Frädicke 75 mm, größte Einspannhöhe 200 mm, Tischdrehzahl regelbar zwischen 3,2 und 8,8 U/min, Frässpindeldrehzahl 11500 U/min, Leistungsbedarf der Frässpindel 2,2 bis 3,7 kW, des Vorschubapparats 0,4 kW.

Für die stetige Herstellung von Reihenerzeugnissen wurde auch der in Bild 702 gezeigte Oberfräsautomat mit Tandemtischen entwickelt. Der Oberfräsarm schwingt automatisch wechselweise von einem Tisch zum anderen und folgt der Schablone druckluftgesteuert. Während der Arbeiter nach Entlüftung der pneumatischen Spannklammern an einem Tisch das fertige Werkstück entnimmt und ein unfertiges einspannt, dreht sich der andere Tisch und wird dort ein Fräsgang durchgeführt. In der Folge wiederholt sich das Spiel im Gegentakt usw. Frässpindeldrehzahl 11500 U/min, Tischdrehzahl regelbar 3,2 bis 8,8 U/min, Leistungsbedarf der Frässpindel 2 bis 3,5 kW, des Tischantriebs 0,35 kW.

4. Pantograph-Oberfräsen und Bildhauereimaschinen dienen zum Fräsen von verwickelten, schwer zu bearbeitenden Holzformen und Zierreliefen. Der Steuerstift, der den Aussparungen in der Matrize folgt, ist dabei über Parallelogrammführungen (Pantographen) mit den Frässpindeln gekuppelt. Nach Wunsch können die Maschinen mit „Spiegelbildvorrichtung" versehen werden, die es gestattet, sowohl rechts- als auch linksseitige Motive von einer Matrize abzunehmen. Die Bildhauereimaschinen (Bild 703) besitzen 4 bis 32

Bild 703. Bildhauereimaschine mit 24 Spindeln und Pantographsystem, Bauart Oliver, Spindeldrehzahl 10500 U/min, Antriebsleistung je Spindelpaar 0,37 kW.

Frässpindeln. Die Matrize liegt in der Maschinenmitte, während die Arbeitsstücke nach rechts und links verteilt sind. Leistungsverbrauch je Spindel etwa 0,35 kW.

5. Revolveroberfräsen (Bild 704) gestatten die Bearbeitung von solchen Werkstücken (z. B. Gewehrschäften), in denen viele Ausfräsungen vorkommen, wobei verschiedene Werkzeuge benutzt werden müssen. Der Revolverkopf kann 4 oder auch 5 Fräsmotoren tragen. Drehzahl der Frässpindeln 15000 U/min, der Bohrspindeln 3000 U/min. Das Arbeitsstück und die Matrize sind nebeneinander auf einem Tisch eingespannt. Da mit der Maschine verschiedene, aufeinanderfolgende Arbeitsgänge mit nur einer Einspannung ausgeführt werden können, ergeben sich beträchtliche Ersparnisse an Arbeitszeit.

Bild 704. Revolverkopf-Oberfräse, Bauart Onsrud, Fräsmotorendrehzahl 1500 U/min, Bohrspindeldrehzahl 3000 U/min.

6. Kopierdrehbänke ermöglichen das Drehen unregelmäßig geformter Gegenstände (Gewehrschäfte, Axtstiele, Stuhlbeine, Schuhleisten, Hutformen, Holzschläger, Handgriffe, Prothesen usw.). Als Werkzeuge dienen schnellaufende Fräser ($n = 10000$ bis 14000 U/min), die zusammen mit einer Kopierscheibe auf einem Schlitten angebracht sind. Arbeitsstück und Modell führen eine Drehbewegung aus, gleichzeitig wird der Schlitten (mit einer Vorschubgeschwindigkeit von etwa 40 bis 700 mm/min) an Arbeitsstück und Modell vorbeigeführt, wodurch die eigentliche Kopierbewegung zustande kommt. Es ist je nach Bauart der Kopierdrehbank möglich, gleichzeitig zwei oder mehrere Werkstücke nach einer Schablone in Rechts- oder Linksausführung zu bearbeiten[1]. Weiter können mittels Pantographen-

Bild 705. Kopierdrehbank, Bauart Fagus, für unregelmäßige Körper wie Schuhleisten, Möbelfüße und Prothesen.

[1] Benscheidt, C., u. K. Benscheidt: Holz als Roh- und Werkstoff Bd. 9 (1951) S. 342.

einrichtung von demselben Modell längere oder kürzere Werkstücke mit proportionaler Veränderung aller Maße hergestellt werden. Es ist auch möglich,

Bild 706. Ovalfräsautomat FE, Bauart Walter Hempel, größte Stücklänge 200 mm, größter Stückdurchmesser 80 mm, Leistungsbedarf 3 kW.

durch Kurvenscheiben den Umlauf von Werkstück und Modell je nach der Formempfindlichkeit an der zu bearbeitenden Stelle zu regeln. Die Maschinen sind meist mit mechanischem Rücklauf eingerichtet, so daß während des Einspannens der Werkstücke der Rücklauf erfolgt und ohne Zeitverlust weitergearbeitet werden kann. Während bei kürzeren Werkstücken Modell und Werkstück nebeneinander angeordnet sind (Bild 705), liegen sie bei längeren Drehstücken hintereinander, um die Baulänge nicht zu groß werden zu lassen. Leistungsbedarf rund 2 bis 3 kW.

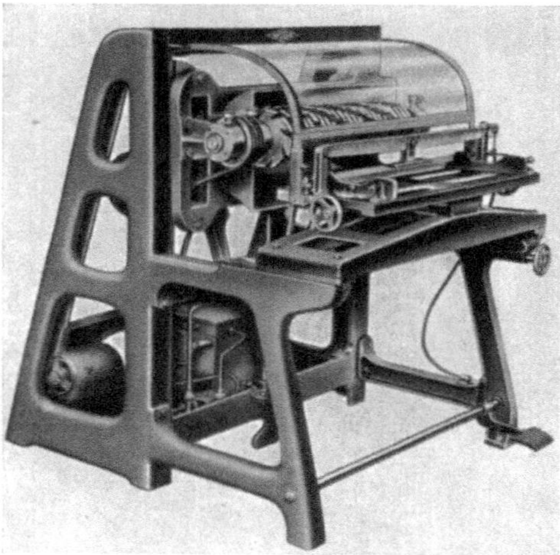

Bild 707. Einspindelige Zinkenfräsmaschine, Bauart Wilhelm Grupp, Fräserdrehzahl 3000 U/min, normale Arbeitsbreite 420 bis 750 mm, Antriebsleistung 7,5 bis 10 kW, hydraulisch stufenlos einstellbare Vorschubgeschwindigkeiten 0 bis 8,5 m/min.

7. Ovalfräsautomaten sind für die Massenherstellung von geraden Werkstücken mit kreisrundem, ovalem oder vieleckigem Querschnitt (z. B. Radspeichen, Radnaben, Stielen, Tisch- und Stuhlbeinen) bestimmt. Das Arbeitsstück wird zwischen Spitzen an einem Pendelarm eingespannt und langsam umlaufend gegen rasch rotierende Messerwellen geschoben, deren Stähle das Arbeitsstück gleichzeitig über seine ganze Länge bearbeiten. Ein auswechselbares kreisrundes, ovales oder vieleckiges Schablonenrad ist an der

Mitnehmerspitze befestigt und wird während der Umdrehung gegen eine Leitrolle gedrückt, wodurch das Arbeitsstück seinen Abstand von der festen Messerwelle verändert und den gewünschten Querschnitt erhält. Bei einer anderen Bauart (Bild 706) ist eine pendelnde, rotierende Messerwelle mit Profilmessern vorhanden. Die Rohlinge liegen in einem Magazin, und der ganze Arbeitsablauf erfolgt automatisch. Leistungsfähigkeit je nach der Werkstückgröße 1250 bis 2500 Stück/h bei einer größten Länge von 160 mm und einem maximalen Durchmesser von 50 mm; Leistungsbedarf rund 2 kW.

Bild 708. Vollautomatische 25spindlige Zinkenfräsmaschine, Bauart Brookman, größte Einspannbreite 660 mm, größte Einspanndicke 35 mm, normale Teilung 25 mm, Leistungsbedarf 3,7 kW.

8. Zinkenmaschinen werden dazu verwendet, an Brettern, die rechtwinklig zusammengefügt werden sollen, Zinken herzustellen oder um sie zu graten. Bei den einspindeligen Maschinen werden die Zinken durch rasch um-

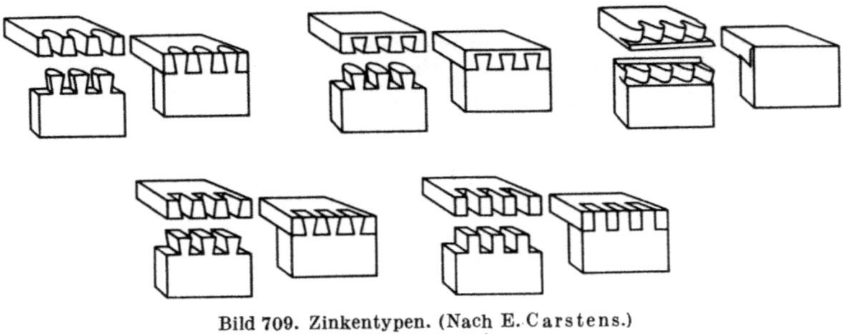
Bild 709. Zinkentypen. (Nach E. Carstens.)

laufende Fräser ausgeschnitten, die von Hand oder hydraulisch wie bei der in Bild 707 gezeigten Maschine entlang einer Schablone geführt werden. Halbautomatische einspindelige Zinkenfräsen besitzen eine selbsttätige Teilvorrichtung; durch senkrechte Einspannung der Werkstücke wird an Bodenfläche gespart. Große Zinkenfräsen besitzen 10 bis 25 gleichzeitig arbeitende Frässpindeln (Bild 708), mit denen alle üblichen Zinkentypen (Bild 709) über die ganze Arbeitsbreite des Werkstücks (bis 600 mm) gleichzeitig gefräst werden. Festspannen des Werkstücks durch Exzenterklammern oder durch Druckluftkolben. Normale Zinkenteilung 25 mm. Leistungsverbrauch der Fräser je nach Größe bis 4 kW.

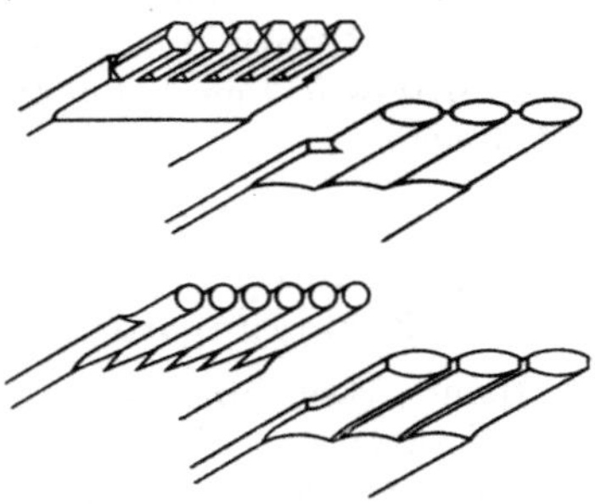
Bild 710. Schema der Querschnittsausformung von Profilen durch Rundstabhobeln. (Nach E. Carstens.)

9. Rundstabfräsen (Rundstabhobelmaschinen) arbeiten entweder mit umlaufenden ringförmigen Messerköpfen, durch die von Hand oder mittels Riffelrädern die vierkantigen Rohlinge geschoben werden, oder sie fräsen mit zwei übereinanderliegenden Formfräsern aus einem Brett in einem Arbeitsgang gemäß Bild 710 Stäbe mit rundem, ovalem, vieleckigem oder beliebig profiliertem Querschnitt aus. Bei symmetrischen Profilen kann die Hobelmaschine auch nur eine Messerwelle besitzen. In diesem Fall wird das Brett zunächst nur halb profiliert. Es wird dann gedreht, so daß die halbprofilierten Leisten in passende Rillen der Tischplatten der Maschine kommen, die als Führung dienen; beim zweiten Durchgang entstehen so die fertigen Profilstäbe.

831. Leistungsbedarf, Schnittkraft und Vorschub.

831.0 Antriebsleistung, allgemeine Beziehung zwischen Schnittkraft, Schnittgeschwindigkeit und Arbeit.

Auch für Fräs- und Hobelmaschinen ist es in der Literatur und im Gebrauch der Praxis üblich, die gesamte Antriebsleistung N zu unterteilen in den Leistungsbedarf für Leerlauf N_l, für Zerspanung N_s und für Vorschub N_v:

$$N = N_l + N_s + N_v. \tag{49}$$

Die Leerlaufleistung N_l ist wieder aufzuspalten in einen Anteil N_{lM} für die verschiedenen Fräs- oder Messerwellen und einen Anteil N_{l_v} für die Vorschubeinrichtung.

Da bei den Fräsmaschinen mit ihrem verhältnismäßig kleinen Energieverbrauch — wenn man von vielspindeligen Maschinen absieht — die Aufgliederung wenig praktische Bedeutung hat und Meßergebnisse darüber nicht vorliegen, kann von einer Besprechung abgesehen werden. Sehr erhebliche Bedeutung kommt der angeschnittenen Frage aber bei schweren Hobelmaschinen zu, wie in Abschnitt 842.2 noch näher gezeigt werden wird.

An früherer Stelle wurde — vgl. Gleichung (47), S. 618 — schon mitgeteilt, daß die Zerspanungsleistung N_s verhältnisgleich der Schnittgeschwindigkeit und damit bei Fräs- und Hobelmaschinen der Drehzahl n ist:

$$N_s = \frac{P_s \cdot v}{75 \cdot 1{,}36} = \frac{P_s \cdot D \cdot n \cdot \pi}{4500 \cdot 1{,}36} = \frac{P_s \cdot r \cdot n}{716 \cdot 1{,}36} = \frac{M_d \cdot n}{716 \cdot 1{,}36}\,[\mathrm{kW}]. \tag{80}$$

Hierin bedeuten P_s die Schnittkraft [kg], $D = 2r$ den Durchmesser des Werkzeuges [m], n die Drehzahl [U/min]. Wird also bei gleichem Werkzeugdurchmesser die Drehzahl erhöht, dann muß der Leistungsbedarf steigen, vorausgesetzt, daß die Schnittkraft sich nicht ändert. Das Drehmoment M_d am Messer bzw. Fräser berechnet sich zu $M_d = P_s \cdot r$. Die Schnittarbeit A kann man beim Fräsen und Hobeln, um zu vergleichbaren Werten zu gelangen, auf die Abnahme eines Spanes je 1 cm Schnittbreite beziehen. Ist b die Breite des Werkstücks, so gilt dann

$$A = \frac{M_d \cdot 2 \cdot \pi}{b}\ [\mathrm{kgcm/Schnitt,\ cm}]. \tag{81}$$

831.1 Bewegung der Messerschneiden, Vorschub, Spanbildung und Zerlegung der Schnittkraft bei rotierendem Schnitt.

Beim Fräsen und Hobeln mit gleichmäßigem Vorschub ist die Bewegung des Werkzeuges (Bild 711) gegenüber dem Werkstück zusammengesetzt aus einer Kreisbewegung n und einer geradlinig fortschreitenden Bewegung m. Die Flugkreiskurven der Schneiden relativ zum Holz werden damit verlängerte (verschlungene) Zykloiden. Die Zahl und der Abstand der Zykloiden hängen bei gegebenem Schnittkreisdurchmesser und gegebenem Vorschub von der Schneidenzahl ab, wie aus Bild 712 zu erkennen ist. Die Gleichungen der verlängerten Zykloide sind bei dem aus Bild 712 ebenfalls ersichtlichen Koordinatensystem

$$\left.\begin{aligned} x &= a \cdot \varphi \pm b \sin \varphi, \\ y &= a - b \cos \varphi. \end{aligned}\right\} \quad (82)$$

Hierin ist a der Halbmesser des Rollkreises der Zykloide $= s/2\,\pi n$ (s = Holzvorschub [m/min]), n=Drehzahl [U/min], $b = D_s/2$ = Abstand des erzeugenden Punktes, d. h. der Messerschneide, vom Mittelpunkt des Rollkreises [m] (D_s = Schnittkreisdurchmesser [m]), φ = Wälzungswinkel.

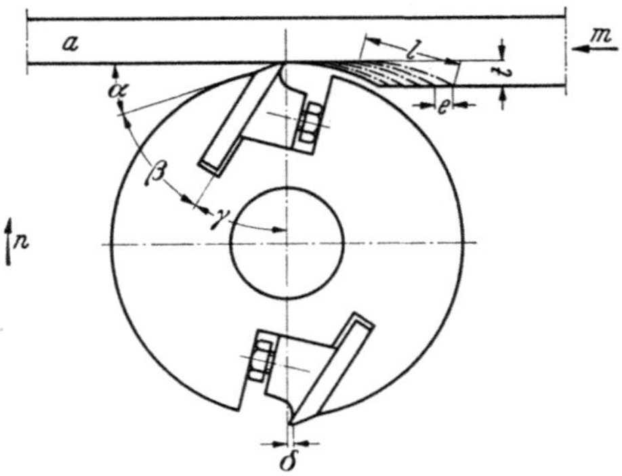

Bild 711. Schema eines Messerkopfes beim Schnitt. (Nach C. Skoglund.)

Von großer Bedeutung für die Untersuchung des Fräs- und Hobelvorgangs ist der Vorschub oder Schritt je Messerschlag e. Er berechnet sich in sinngemäßer Anwendung von Gleichung (61) zu

$$e = \frac{e'}{z} = \frac{1000\,s}{n \cdot z},$$

wobei e' = Vorschub je Umdrehung, s = Vorschub [m/min], n = Drehzahl [U/min] und z = Schneidenzahl des Fräsers oder der Hobelmesserwelle.

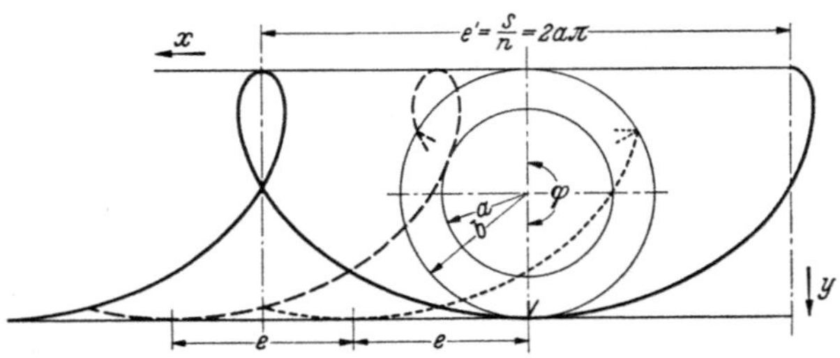

Bild 712. Flugkreiskurven der Messerschneiden von Fräs- und Hobelmaschinen.

Die Spanbildung erfolgt, wie in Bild 713 dargestellt ist. Man sieht, daß je Schritt e ein etwa sichelförmiger Span abgehoben wird, dessen größte Dicke δ_{max} an der Holzoberfläche erreicht wird. Der dazu gehörige Spanbogenwinkel sei mit ε bezeichnet. Die Anschauung lehrt, daß der sichelförmige Querschnitt 1—2—3 des Spanes gleich dem Rechteck 1—2—4—5 sein muß, dessen Flächeninhalt F sich errechnet zu

$$F = e \cdot t,$$

wobei t die Schnittiefe ist; die mittlere Spandicke δ findet man nun zu

$$\delta = \frac{F}{l_e},$$

wobei l_e der zum Winkel ε gehörige Spanbogen ist;

$$l_e = r \cdot \varepsilon.$$

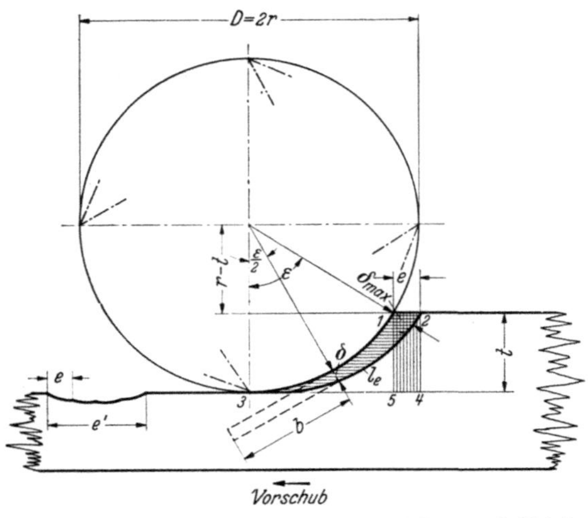

Bild 713. Schema der Spanbildung beim Fräsen und Hobeln. (Nach J. Köberle.)

Um nun mit einfachen geometrischen Beziehungen rechnen zu können, setzt man für kleine Winkel zweckmäßigerweise $\varepsilon = 2 \sin \frac{\varepsilon}{2}$.

Aus Bild 713 ersieht man weiter, daß $\frac{r-t}{r} = 1 - \frac{t}{r} = \cos\varepsilon$.

Ferner ist abzuleiten

$$2\sin\frac{\varepsilon}{2} = 2\sqrt{\frac{1-\cos\varepsilon}{2}} = \sqrt{2\frac{t}{r}},$$

somit

$$\delta = \frac{e\cdot t}{r\sqrt{2\frac{t}{r}}} = e\sqrt{\frac{t}{2r}} = e\sqrt{\frac{t}{D}}\ [\text{mm}]. \tag{83}$$

Für die in der Praxis vorkommenden Durchschnittsspandicken hat J. Köberle[1] folgende Einteilung vorgeschlagen:

I	Feinschlichtspan	0,014 bis 0,04 mm
II	Schlichtspan	0,04 bis 0,16 mm
III	Schroppspan	0,16 bis 0,4 mm.

Wird von einem Stück Holz ein Span mit einem bewegten Messer abgetrennt, so muß eine gewisse Kraft an dem in Bild 714 in Pfeilrichtung bewegten Werkzeug angreifen, um den Schnittwiderstand des Holzes zu überwinden. Diese Gesamtschnittkraft P_s läßt sich nach dem Parallelogramm der Kräfte in eine Komponente F_1, die parallel zur Schnittrichtung des Messers wirkt, und eine dazu senkrechte Komponente F_2 zerlegen. Nach E. Kivimaa[2] sei in folgendem die Komponente F_1 als Hauptschnittkraft, die Komponente F_2 als Stoßkraft bezeichnet. Bei der Betrachtung des rotierenden Schnitts können diese Komponenten auch als Tangentialkraft P_t bzw. Radialkraft P_r bezeichnet werden (Bild 715). Die Hauptschnittkraft oder Tangentialkraft bestimmt nicht nur den Leistungsverbrauch, sondern auch die Vorschubkraft. Je nach der Richtung der Schnittkraft F kann die Stoß- oder Radialkraft entweder auf die Oberfläche einen Druck ausüben oder von ihr abgekehrt sein (Zug). In der Praxis ist die Stoßkraft wesentlich weniger wichtig als die Hauptschnittkraft.

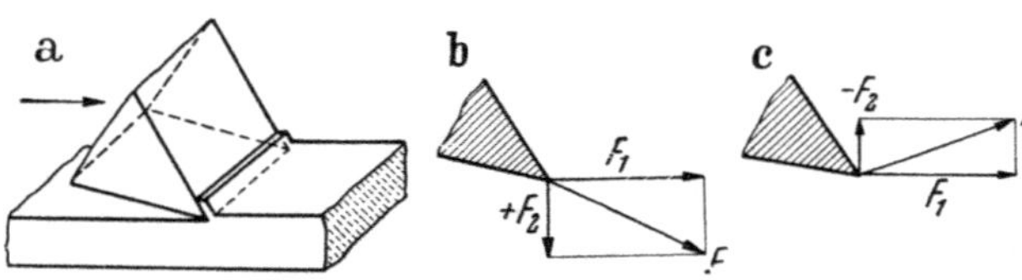

Bild 714. Spanabhebung (a) und Zerlegung der Schnittkraft F in ihre Komponenten, d. h. Hauptschnittkraft F_1 und Stoßkraft F_2 (b und c). (Nach E. Kivimaa.)

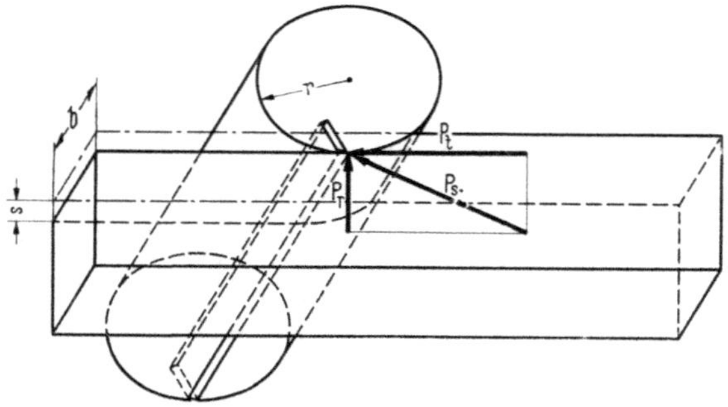

Bild 715. Kräftespiel am Fräser und Hobelmesser. (Nach J. Köberle.)

Die Zusammenhänge zwischen Vorschubkraft und Drehmoment einerseits, Vorschubkraft und Vorschub je Umdrehung anderseits hat G. Har-

[1] Köberle, J.: Techn. Rdsch. (Bern) Bd. 27 (1935) Nr. 44, 45, 47, 48.
[2] Kivimaa, E.: Holz als Roh- und Werkstoff Bd. 10 (1952) S. 94.

nisch[1] beim Langlochfräsen untersucht. Die Ergebnisse für den einschneidigen Fräser zeigt Bild 716. Überraschen mag dabei zunächst die Rolle, die der Fräserdurchmesser spielt. Es ist nicht ohne weiteres einleuchtend, warum bei einem bestimmten Vorschubdruck der Vorschub je Umdrehung bei steigendem Durchmesser wächst, statt gleich zu bleiben. Die Erklärung ergibt sich aber aus der Betrachtung des Kräftespiels an der Fräserschneide (Bild 717). In Bild 718 sind die Querschnitte von ein-, zwei- und dreischneidigen Fräsern sowie der davon erzeugten Späne gezeichnet. Betrachten wir den Vorgang beim einschneidigen Fräser, so sehen wir, daß die Schneide beim Eindringen in das Holz über die Punkte 1—2—3 einen Schnittdruck ausübt, dessen Komponente in der Vorschubrichtung der Vorschubkraft entgegenwirkt; vom Punkt 3 ab kehrt die von der Schneide auf das Holz übertragene Kraft ihre Richtung um und fällt deshalb auf dem Weg 3—4—5 in Richtung der Vorschubkraft. Der Einfluß dieses „Schneidenrückdruckes" steigert sich mit dem Durchmesser, da der Hebelarm größer wird. Bei zweischneidigen Fräsern wirkt der Schneidenrückdruck nicht vorschubbeschleunigend, sondern nur wie eine zusätzliche Vorschubkraft, da beim letzten Stück des Ausschneidens der einen Schneide die andere

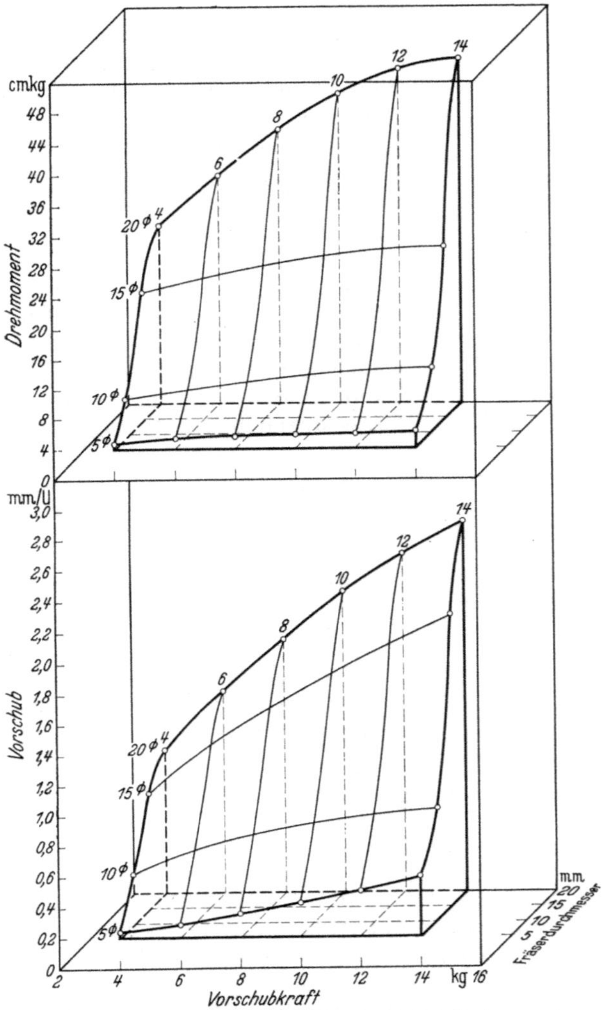

Bild 716. Zusammenhang zwischen Vorschubkraft und Drehmoment je Umdrehung beim Langlochfräsen mit einschneidigem Fräser. (Nach G. Harnisch.)

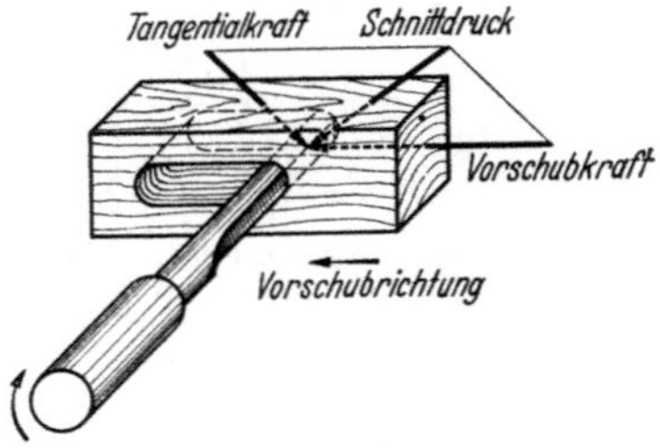

Bild 717. Kräftespiel an der Schneide eines Langlochfräsers.

[1] Harnisch, G.: Langlochfräsen in Holz unter besonderer Berücksichtigung des Vergleichs der gebräuchlichsten Fräserformen. Diss. Techn. Hochsch. Dresden 1929. — Vgl. E. Sachsenberg: Holzbearb.-Masch. Bd. 5 (1929) S. 201.

Schneide bereits wieder eingeschnitten hat. Bei Vergleich der drei Fräserformen ergab sich, daß der einschneidige Fräser für eine bestimmte Vorschubkraft (unabhängig vom Durchmesser) den größten Vorschub je Umdrehung bei kleinstem Drehmoment aufweist. Diese Tatsache erklärt sich aus der Spandicke, der Spanabführung und den Schnittwinkeln für die drei Fräserformen, worauf im einzelnen hier nicht eingegangen sei. Ungeachtet seiner hohen Leistung ist der einschneidige Fräser aber wegen seines starken Verlaufs für genaue Arbeit nicht zu gebrauchen. Nach G. Harnisch empfiehlt es sich, bei Durchmessern bis zu 15 mm mit zweischneidigen Fräsern, bei größeren Durchmessern mit dreischneidigen Fräsern zu arbeiten. Die Schnittiefe soll nicht mehr als das Ein- bis Zweifache des Fräserdurchmessers betragen.

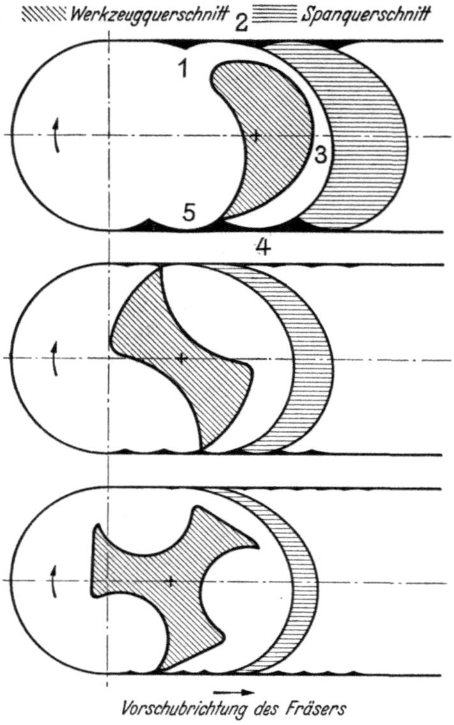

Bild 718. Werkzeug- und Spanquerschnitte bei ein-, zwei- u. dreischneidigen Langlochfräsern. (Nach G. Harnisch.)

831.2 Abhängigkeit der Schnittkraft von inneren und äußeren Faktoren.

831.21 Abhängigkeit der Schnittkraft von den Schnittbedingungen. 831.211 Abhängigkeit der Schnittkraft von der Schnittgeschwindigkeit. Die bei Holzbearbeitungsmaschinen verwendeten Schnittgeschwindigkeiten teilt J. Köberle in drei Hauptgruppen ein:

I.	Unteres Schnittgeschwindigkeitsgebiet	5 bis 20 m/s
II.	Mittleres Schnittgeschwindigkeitsgebiet	20 bis 60 m/s
III.	Oberes Schnittgeschwindigkeitsgebiet	60 bis 100 m/s.

Das Schnittgeschwindigkeitsgebiet von 20 bis 40 m/s hält er für das beste. Das obere Geschwindigkeitsgebiet sollte nach Möglichkeit vermieden werden. Diese Feststellungen entsprechen etwa denen von M. Lotte und M. Keller bei Kreissägen (s. S. 657). E. Kivimaa hat die in Bild 719 gezeichneten Geraden gefunden. Demnach hatte bei seinen Versuchen die Schnittgeschwindigkeit keinen Einfluß auf die beiden Schnittkraftkomponenten. Er bemerkt dazu, daß dieses Ergebnis nicht den Schluß gestattet, daß die Schnittgeschwindigkeit die Schnittkraft in der Holzbearbeitung überhaupt nicht beeinflußt. Immerhin gelangte er stichprobenartig auch mit anderen Messern beim Schneiden dickerer Späne sowie in einer Vorversuchsreihe mit Kiefer zu gleichen Ergebnissen. Die Größe der spezifischen Schnittkraft ist bei den meisten Werkstoffen von der Schnittgeschwindigkeit abhängig, und zwar vermindert sich im allgemeinen die Schnittkraft, wenn sich die Schnittgeschwindigkeit erhöht. Hierfür wird vor allem die geringere Verformung des abgehobenen Werkstoffs verantwortlich gemacht. Allerdings gibt es auch Werkstoffe, die diesem Gesetz nicht gehorchen.

Nach H. Schallbroch und P. von Doderer[1] geht die Kurve für die spezifische Schnittkraft oberhalb der — für Holz außerordentlich niedrig liegenden — Schnittgeschwindigkeit von 200 bis 300 m/min in eine Parallele zur Abszisse über (ähnlich Bild 719). Der hierbei erreichte Schnittkraftwert wird als allgemeiner Vergleichswert für die spezifische Schnittkraft empfohlen.

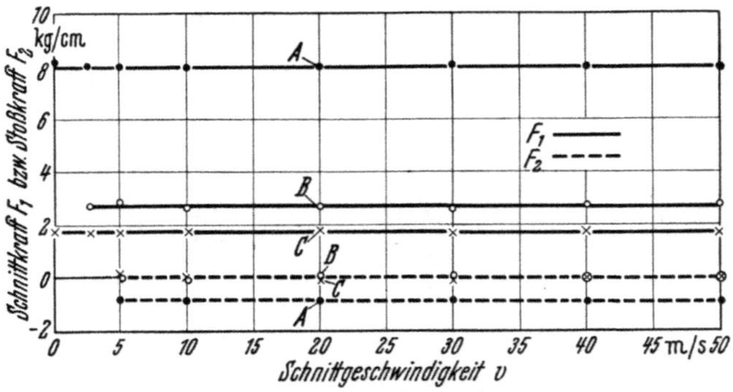

Bild 719. Abhängigkeit der Schnittkraft F_1 und Stoßkraft F_2 von der Schnittgeschwindigkeit v in den Schnittrichtungen A, B und C. Spandicke $\delta = 0{,}1$ mm, Holz: Birke, $r_{12} = 0{,}61$ g/cm³, $u = 11\%$, Messer: $\alpha = 10°$, $\beta = 45°$, $\gamma = 35°$, arbeitsscharf. (Nach E. Kivimaa.)

B. Thunell[2] fand in der Schwedischen Holzforschungsanstalt, Stockholm, daß sich die für Metalle und Schichtstoffe ermittelte Gesetzmäßigkeit nicht ohne weiteres auf die Holzbearbeitung mit ihren wesentlich höheren Schnittgeschwindigkeiten übertragen läßt. Es ergab sich vielmehr ein Minimum der

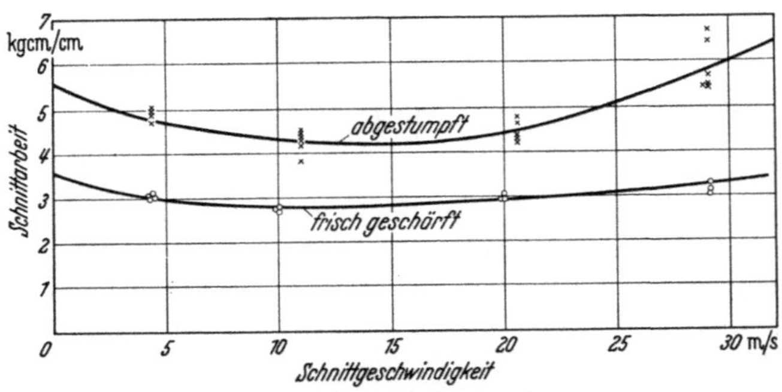

Bild 720. Abhängigkeit der Schnittarbeit von der Schnittgeschwindigkeit, Spandicke $\delta = 0{,}5$ mm, Holz: Kiefer Messer: $\alpha = 30°$, $\beta = 45°$. (Nach B. Thunell.)

Schnittkraft bei Schnittgeschwindigkeiten zwischen 10 und 15 m/s. Dieses Minimum ist sehr flach bei frisch geschärftem Messer (Bild 720), während es wesentlich deutlicher bei abgestumpftem Messer ausgeprägt ist. Für die Praxis, in der man meist mit mehr oder minder abgestumpften Messern zu rechnen hat, ist diese Feststellung von erheblicher Bedeutung, da beispielsweise die obere Kurve in Bild 720 zeigt, daß bei 30 m/s Geschwindigkeit die spezifische Schnittkraft um

---

[1] Schallbroch, H., u. P. von Doderer: Zerspanbarkeitsuntersuchungen an geschichteten Kunstharz-Preßstoffen, Berichte über betriebswissensch. Arb. Bd. 15, Berlin 1943, S. 21.

[2] Thunell, B.: Neuere Ergebnisse der holztechnologischen Forschung in Schweden, in „Holztagung 1949", Schriftenreihe der Österr. Ges. f. Holzforschg. H. 2, Wien 1950, S. 8. — Bild 720, bisher unveröffentlicht, stellte Doz. Dr. Thunell freundlichst zur Verfügung.

43,6% höher war als das bei 14 m/s Schnittgeschwindigkeit liegende Minimum. B. Thunell deutet den von ihm beobachteten Zusammenhang zwischen Schnittarbeit und Schnittgeschwindigkeit auf folgende Weise: Bei sehr niedriger Schnittgeschwindigkeit beeinflußt die Reibung den Schnittwiderstand am stärksten; mit steigender Schnittgeschwindigkeit nimmt sie ab. Wird die Schnittgeschwindigkeit aber noch weiter erhöht, dann kommen Spanstauchungen und andere mechanische Erscheinungen hinzu, die den Schnittwiderstand wieder ansteigen lassen. Es besteht hier eine Parallele zu ähnlichen Vorgängen bei der Festigkeitsprüfung, wo die Bruchspannungen mit wachsender Belastungsgeschwindigkeit zunehmen. Weiter läßt sich feststellen, daß bei niedrigen Schnittgeschwindigkeiten die Späne oft auf leichteste Art durch Splitterbildung losgelöst werden, während bei höherer Schnittgeschwindigkeit keine Splitterbildung zustande kommt, sondern alle Fasern durchschnitten werden müssen, wodurch sich größere Schnittkräfte ergeben.

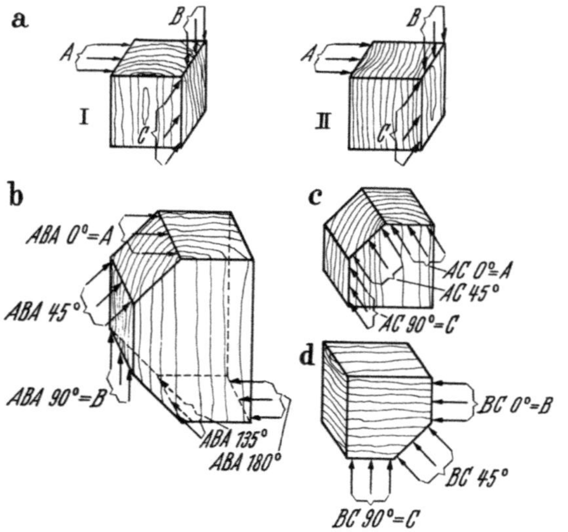

Bild 721. Schematische Darstellung der Schnittrichtungen.
a) Hauptschnittrichtungen unter Bezugnahme auf die Jahrringe.
b) Schnittrichtungen zwischen den Hauptrichtungen A und B.
c) Schnittrichtungen zwischen den Hauptrichtungen A und C.
d) Schnittrichtungen zwischen den Hauptrichtungen B und C.
(Nach E. Kivimaa.)

831.212 Abhängigkeit der Schnittkraft von der Schnittrichtung. Da die Schnittkraft proportional der Scherfestigkeit und in gewissem Umfang auch der Druckfestigkeit (möglicherweise auch noch anderen mechanischen Eigenschaften) ist und da alle mechanischen Eigenschaften gesetzmäßig von der Orientierung zur Faserrichtung — s. Bd. I, S. 613, 667, 746, 808, 904 — abhängen, kann eine analoge Beziehung zwischen der Schnittkraft und der Orientierung der Schnittrichtung zur Faser- und Jahrringrichtung erwartet werden. Die erste Bestätigung hierfür wurde von J. Warlimont[1] bei Zerspanungsuntersuchungen erbracht, die sich auf das Drehen von Holz erstreckten. Neuerdings hat E. Kivimaa[2] bei Fräsversuchen die Abhängigkeit der Schnittkraft und Stoßkraft von der Schnittrichtung erforscht. Zum Verständnis seiner Ergebnisse bedarf es zunächst einer Erklärung der von ihm gewählten Bezeichnung für die Schnittrichtung. Bild 721 zeigt in Teil *a*, daß es zwei grundsätzliche Typen der Hauptschnittrichtung geben kann: tangential zu den Jahrringen (I) und radial zu den Jahrringen (II). E. Kivimaa beschränkte sich bei seiner Arbeit im wesentlichen auf den Fall I, stellte aber fest, daß die Hauptschnittkraft im Fall II etwas größer war (um 8 bis 12%), wahrscheinlich infolge des höheren Zerspanungswiderstandes der Markstrahlen. In der Praxis kommt insbesondere beim Fassonfräsen und Kehlen eine nahezu

---

[1] Warlimont, J.: Zerspanungsuntersuchungen beim Drehen von Holz. Diss. T. H. Dresden, 1932.

[2] Kivimaa, E.: Holz als Roh- und Werkstoff Bd. 10 (1952) S. 94.

unbegrenzte Zahl von Schnittrichtungen vor. In Bild 721 b, c und d ist eine Bezeichnungsmethode dargestellt, nach der die Buchstaben der Hauptschnittrichtungen, zwischen denen die Schnittrichtung liegt, in alphabetischer Reihenfolge geschrieben werden und dann die Winkelgröße φ in Graden angegeben wird, um zu zeigen, um wieviel die Zwischenrichtung von der ersten angeführten Hauptschnittrichtung abweicht. In der Praxis sind Zwischenrichtungen zwischen A und B am wichtigsten; alle möglichen Fälle sind dabei nur erfaßt, wenn der Winkel φ von 0 bis 180° wandert, bis wieder die Schnittrichtung A erreicht ist.

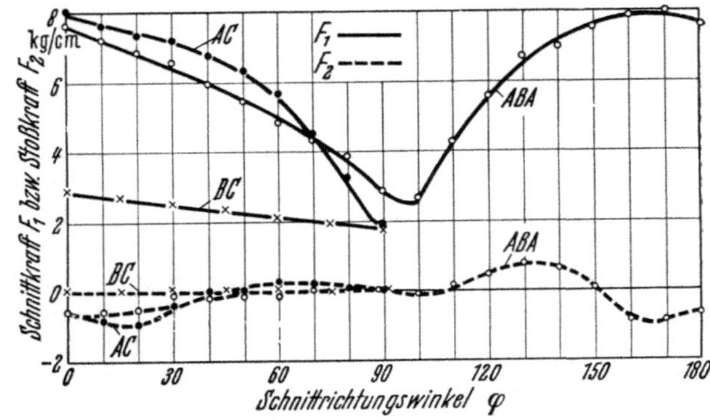

Bild 722. Abhängigkeit der Schnittkraft und der Stoßkraft von der Schnittrichtung, Spandicke $\delta = 0{,}1$ mm Holz: Birke, $r_{12} = 0{,}62$ g/cm³, $u = 11\%$, Messer: $\alpha = 10°$, $\beta = 45°$, $\gamma = 35°$, arbeitsscharf. (Nach E. Kivimaa.)

Aus diesem Grunde hat E. Kivimaa hierfür die Bezeichnung $ABA\ \varphi$ gewählt. Ferner ist die Schnittrichtung so gedacht, daß sie längs der Faser verläuft, wenn φ von 0 bis 90° geht, quer zur Faser, wenn φ zwischen 90 und 180° liegt.

In Bild 722 sind die Ergebnisse einer Versuchsreihe mit einem normalen Messer beim Abheben 0,1 mm dicker Späne angegeben. Es fällt auf, daß das Minimum der Hauptschnittkraftkurve für die Schnittrichtungen ABA nicht mehr mit der Hauptschnittrichtung B, d. h. Schnitt parallel zur Faser ($\varphi = 90°$), zusammenfällt, sondern nahe der Schnittrichtung ABA 97° liegt. E. Kivimaa deutet diesen Befund so, daß das Messer leichter in das Holz eindringt, wenn es etwas gegen die Faser geneigt ist, als bei Schnitt längs der Faser, bei dem sich die Fasern zwischen Messerbrust und Schnittboden einklemmen können. Es ist anzunehmen, daß bei Schnitt mit stumpfen Messern der Abfall der Kurve ABA bedeutend steiler wird. In Bild 723 sind für Schnittversuche an Birke mit einem Messer, das in der Formgebung von jenem abwich, das bei den Versuchen von Bild 722 Verwendung fand, Schnittkraftkurven als Funktion des Schnittrichtungswinkels und der Spandicke aufgetragen.

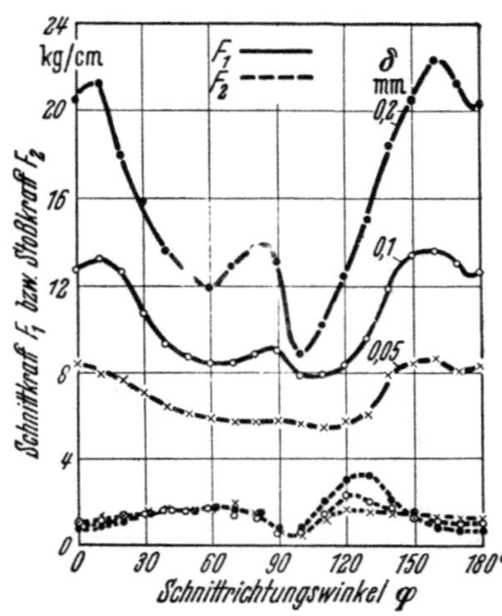

Bild 723. Abhängigkeit der Schnittkraft und der Stoßkraft von der Schnittrichtung. Spandicke $\delta = 0{,}05$, 0,1 und 0,2 mm, Holz: Birke, $r_{12} = 0{,}65$ g/cm³, $u = 11\%$, Messer: $\alpha = 10°$, $\beta = 70°$, $\gamma = 10°$, arbeitsscharf. (Nach E. Kivimaa.)

Man sieht, daß die Hauptschnittkraft um so stärker vom Schnittrichtungswinkel abhängt, je dicker die Späne werden, während die Stoßkraft ziemlich unabhängig von der Spandicke war. Allerdings handelt es sich hier um eine Erscheinung, die ein besonderes Kennzeichen des verwendeten Spanwinkels $\gamma = 10°$ ist.

831.213 Abhängigkeit der Schnittkraft von der Spandicke und Vorschubgeschwindigkeit. Die Spandicke ist einer der Hauptfaktoren beim Schnittvorgang. In Bild 724 sind einige Ergebnisse von E. Kivimaa enthalten, wobei neben dem arbeitscharfen auch ein stumpfes Messer verwendet wurde. Einige Kurven der Hauptschnittrichtung *B* wurden berichtigt, da bei großer Spandicke Splitterbildung auftrat und dadurch die Ergebnisse offensichtlich zu niedrig ausfielen. Innerhalb des Bereichs der Spandicken, die in der Praxis am wichtigsten sind (von etwa 0,025 bis 0,3 mm), weichen die Kurven der Hauptschnittkraft kaum von Geraden ab, d. h. die auf die einheitliche Schnittbreite bezogenen Schnittkräfte sind verhältnisgleich der Spandicke. Die auf die Spandicke 0 extrapolierten Kurven laufen aber nicht durch den Koordinatenschnittpunkt, sondern schneiden die Ordinate erheblich oberhalb davon. Dies deutet nach E. Kivimaa darauf hin, daß die zum Holzschneiden nötige Kraft für zwei verschiedene Zwecke gebraucht wird. Ein Teil der Kraft wird zum eigentlichen Schneiden verbraucht und bleibt konstant, wenn sich die Spandicke ändert; dieser Wert hängt hauptsächlich von der Formgebung und der Schärfe des Messers ab. Der andere Teil der aufzubringenden Kraft dient wahrscheinlich zur Verformung der abgetrennten Späne; er hängt hauptsächlich vom Spanquerschnitt und damit der Spandicke ab und ist innerhalb eines gewissen Bereichs nahezu eine lineare Funktion davon. Die Stoßkraftkurven sind auch fast linear. Zu beachten ist, daß in Bild 724 *A* für das gegebene Messer eine negative Stoßkraft auftrat.

Bei Untersuchungen der Metallbearbeitung wird die spezifische Hauptschnittkraft F_1' im Schrifttum im allgemeinen in Krafteinheiten je Spanquerschnitt [kg/mm²] ausgedrückt. Die in kg je 1 cm Schnittbreite gemessene Hauptschnittkraft F_1 ergibt somit den Wert F_1' mittels nachstehender Formel

$$F_1' = \frac{F_1}{10 \cdot \delta}\ [\text{kg/mm}^2]. \qquad (84)$$

In Bild 725 sind die so aus den Werten von Bild 724 errechneten Kurven der spezifischen Hauptschnittkraft dargestellt. Man kann aus einer einfachen Betrachtung des Zerspanungsvorgangs und aus der Spandicke ableiten, daß die mechanische Arbeit W [kgm], die nötig ist, um die Volumeneinheit Holz [cm³] zu zerspanen, mit der Formel

$$W = \frac{F_1}{10 \cdot \delta}\ [\text{kgm/cm}^3] \qquad (85)$$

berechnet werden kann, worin F_1 in [kg/cm] und δ in [mm] auszudrücken sind. Der numerische Wert von F_1' ist also gleich dem numerischen Wert der Schnittarbeit W, und die Kurven in Bild 725 stellen, wie angegeben, beide Größen dar.

Bemerkenswert ist bei den Kurven, daß die Spandicke $\delta = 0{,}1$ mm, die in der Praxis sehr häufig vorkommt, eine einigermaßen ausgezeichnete Stellung einnimmt, da bei weiterer Verringerung der Spandicke die Schnittarbeit außerordentlich rasch anwächst. Umgekehrt ist oberhalb von 0,2 bis 0,3 mm Spandicke keine nennenswerte Energieersparnis mehr möglich. Auch in Schweden[1] wurde die spezifische Hauptschnittkraft beim Hobeln verschiedener Holzarten in Abhängigkeit von der mittleren Spandicke untersucht. Die Ergebnisse zeigt Bild 726 in doppelt logarithmischem Maßstab. Zeichnet man die Kurven von Bild 725 gleichermaßen doppelt logarithmisch verzerrt, so werden sie ebenfalls zu Geraden gestreckt. Die Versuchsergebnisse stützen sich also gegenseitig.

[1] Thunell, B.: Neuere Ergebnisse der holztechnologischen Forschung in Schweden, in „Holztagung 1949", Schriftenreihe der Österr. Ges. f. Holzforschg. H. 2, Wien 1950, S. 8.

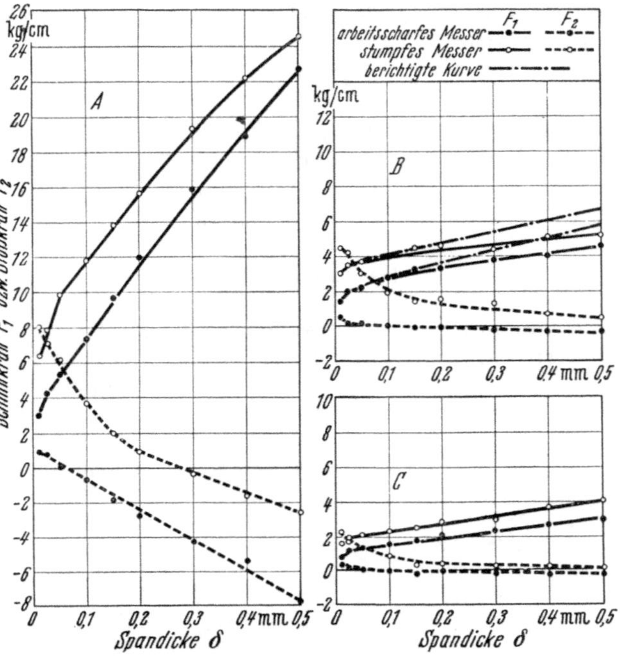

Bild 724. Abhängigkeit der Schnittkraft und der Stoßkraft von der Spandicke δ und der Messerschärfe in den Hauptschnittrichtungen A, B und C. Holz: Birke, r_{12} = 0,63 g/cm³, u = 12%, Messer: arbeitsscharf und stumpf $\alpha = 10°$, $\beta = 45°$, $\gamma = 35°$. (Nach E. Kivimaa.)

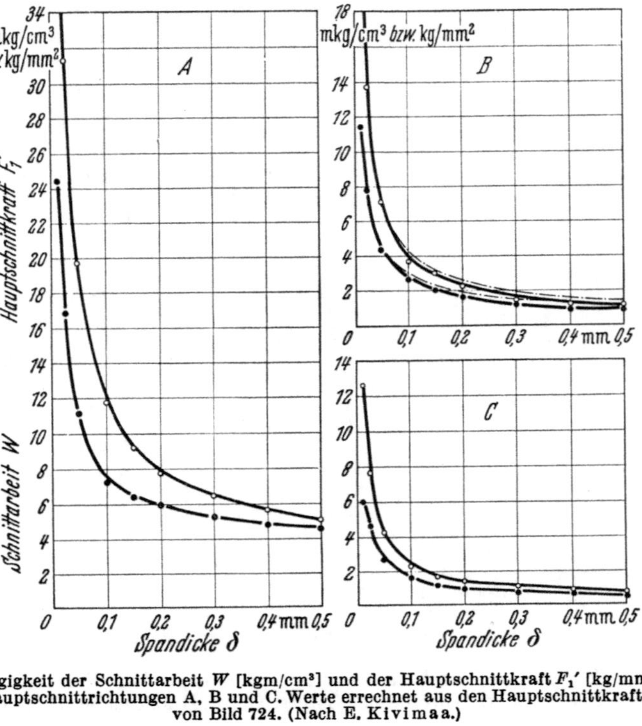

Bild 725. Abhängigkeit der Schnittarbeit W [kgm/cm³] und der Hauptschnittkraft F_1' [kg/mm²] von der Spandicke δ in den Hauptschnittrichtungen A, B und C. Werte errechnet aus den Hauptschnittkraftdaten F_1 [kg/cm] von Bild 724. (Nach E. Kivimaa.)

Gerade Linien lassen sich in logarithmischen Netzen durch folgende analytische Gleichung erfassen[1]

$$\delta \cdot k_s^{\frac{1}{\varepsilon}} = C \tag{86}$$

$1/\varepsilon$ = Neigungsfaktor der Geraden; C entspricht der Spandicke bei einer spezifischen Schnittkraft von 1 kg/mm².

$$\varepsilon = \operatorname{tg} \delta = \frac{\lg \Delta k_s}{\lg \Delta \delta} \tag{87}$$

$$1/\varepsilon = \frac{\lg \delta - \lg \delta_1}{\lg k_s - \lg k_{s_1}} \tag{88}$$

Da nach Gleichung (61) und (83) der Schritt je Messerschlag oder Vorschub je Schnitt proportional der Spandicke ist, wobei sich der Proportionalitätsfaktor als Wurzel des Verhältnisses des Schnittkreisdurchmessers D zur Schnittiefe s errechnet, kann man ähnlich einfache Zusammenhänge zwischen der Schnittarbeit und dem Vorschub je Schnitt erwarten. Von B. Thunell[2] stammen die in Bild 727 gezeigten Kurven, die beim Hobeln von Kiefernholz gefunden wurden. Mathematisch läßt sich die Abhängigkeit zwischen Schnittarbeit W' und Vorschub je Schnitt s durch eine Exponentialfunktion wiedergeben:

$$W' = k \cdot s^n \text{ [kgcm/cm]}, \quad \ldots (89)$$

wobei $k = f(\delta)$ (δ = Schnittiefe), s der Vorschub [mm/Schnitt] und n eine Konstante sind.

Im doppeltlogarithmischen Netz aufgetragen erhält man mit geringen Streuungen Gerade (Bild 728), ein Ergebnis, das mit dem Befund in Bild 726 übereinstimmt.

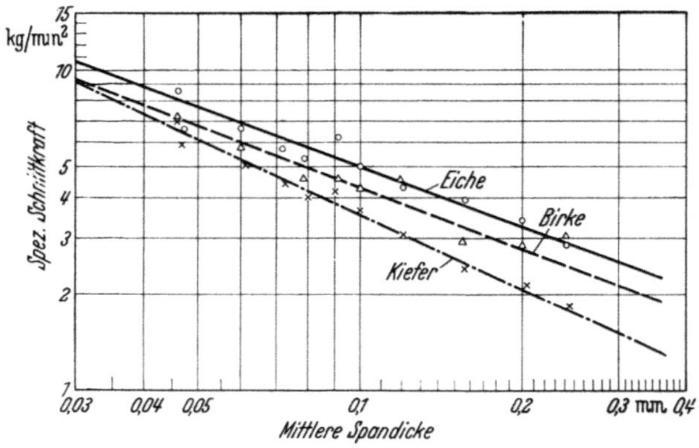

Bild 726. Abhängigkeit der spezifischen Hauptschnittkraft von der Spandicke. (Nach B. Thunell.)

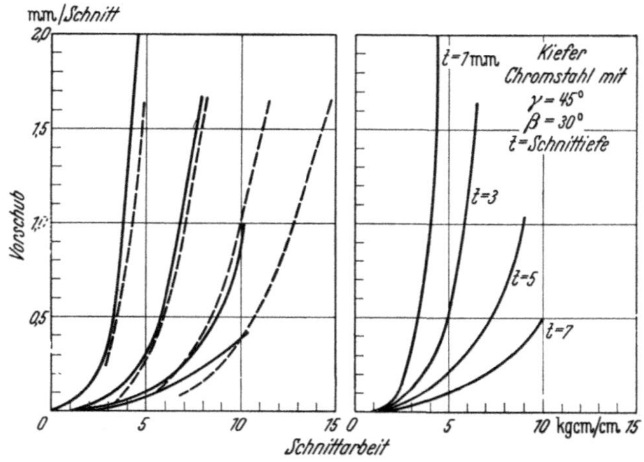

Bild 727. Abhängigkeit der Schnittarbeit vom Vorschub je Schnitt bei verschiedenen Schnittiefen, Holz: Kiefer, Messer: Chromstahl, $\gamma = 45°$, $\beta = 30°$. (Nach B. Thunell.)

[1] Taylor, F. W., u. A. Wallichs: Über die Drehbarkeit von Werkzeugstählen, 4. Aufl. Berlin 1920.

[2] Thunell, B.: Neuere Ergebnisse der holztechnologischen Forschung in Schweden, in „Holztagung 1949“, Schriftenreihe der Österr. Ges. f. Holzforschg. H. 2, Wien 1950, S. 8.

Die Steigung der Geraden in Bild 728 ist veränderlich, da n für die verschiedenen Schnittiefen variiert, jedoch läßt sich ein brauchbarer Mittelwert finden. Schwieriger ist es, für k eine einfache Formel zu finden, die für alle Schnittiefen zutrifft. Für einen Spanwinkel $\gamma = 30°$ gibt aber B. Thunell folgende Näherungsgleichung:

$$W' = (0{,}8\,\delta + 1{,}6)\,(10\,s)^{0{,}25} \quad [\text{kgcm/cm}]. \qquad (90)$$

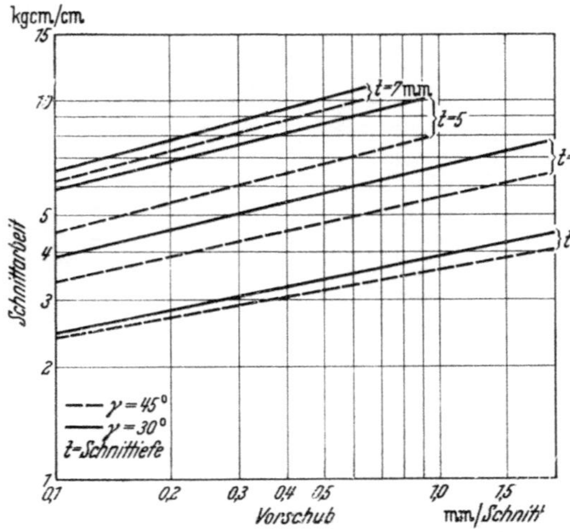

Bild 728. Abhängigkeit der Schnittarbeit vom Vorschub je Schnitt bei verschiedener Schnittiefe, Holz: Kiefer. (Nach B. Thunell.)

831.22 Abhängigkeit der Schnittkraft von den Holzeigenschaften. 831.221 Abhängigkeit der Schnittkraft von der Holzart und der Rohwichte. Von E. Kivimaa stammt Bild 729. Da es sich um Schnittversuche an leicht zugänglichen Einzelproben handelt, können die Werte nicht als repräsentativ für die mittleren Schnitteigenschaften der betreffenden Holzarten angesehen werden. Trotzdem sind die Ergebnisse aufschlußreich, da die Unterschiede der Meßwerte in den drei Hauptschnittrichtungen für alle Holzarten ziemlich gleichbleibend sind und da sich eine klare Abhängigkeit von der Rohwichte herausstellte.

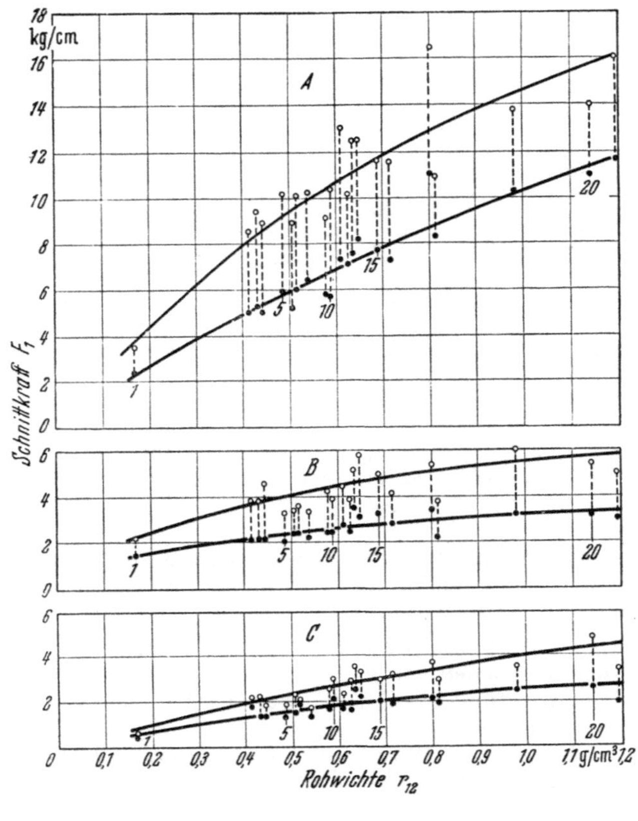

Bild 729. Abhängigkeit der Schnittkraft von der Rohwichte r_{12}, gemessen an 21 verschiedenen Holzarten in den Schnittrichtungen A, B und C. Niedrigere und höhere Kennpunkte mit arbeitsscharfem bzw. stumpfem Messer ermittelt. Spandicke $\delta = 0{,}1$ mm, Holzfeuchtigkeit: 10,5 bis 12%, Messer: $\alpha = 10°$, $\beta = 45°$. $\gamma = 35°$. Probestücke der folgenden Holzarten:

1 Balsaholz	12 Teak
2 Fichte	13 Ahorn
3 Espe	14 Weißbuche
4 Pappel	15 Buche
5 Kiefer	16 Esche
6 Ulme	17 Hickory
7 Erle	18 Oregonfichte
8 Pitchpine	19 Azobe
9 Eiche	20 Pockholz
10 Mahagoni	21 Ebenholz
11 Birke	

(Nach E. Kivimaa.)

Diese Abhängigkeit tritt noch wesentlich deutlicher zutage, wenn die Untersuchungen auf eine einzige Holzart mit ihren natürlichen Streuungen der Eigenschaften beschränkt bleiben. Aus Bild 730 ist zu ersehen, daß die Hauptschnittkraft und die Stoßkraft geradlinig von der Rohwichte abhängen. Die Linien der Hauptschnittkraft laufen ferner nahezu durch den Koordinatennullpunkt. Man kann somit mit ziemlicher Sicherheit aus der Hauptschnittkraft für eine gegebene Rohwichte den einer anderen Rohwichte entsprechenden Wert berechnen.

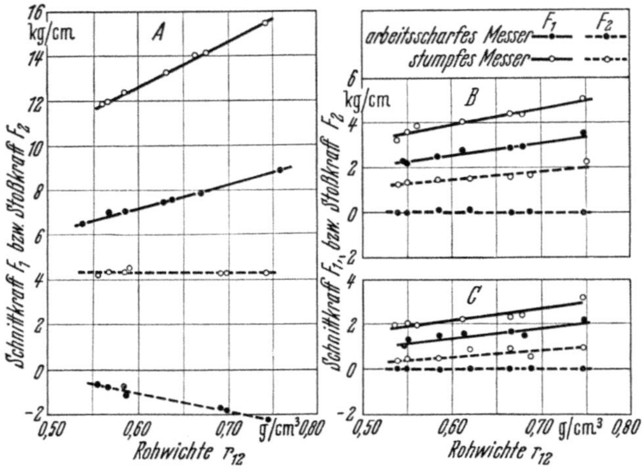

Bild 730. Abhängigkeit der Schnittkraft und der Stoßkraft von der Rohwichte r_{12} und der Messerschärfe in den Schnittrichtungen *A*, *B* und *C*. Spandicke $\delta = 0{,}1$ mm, Holz: Birke, $u = 11\%$, Messer: arbeitsscharf und stumpf, $\alpha = 10°$, $\beta = 45°$, $\gamma = 35°$. (Nach E. Kivimaa.)

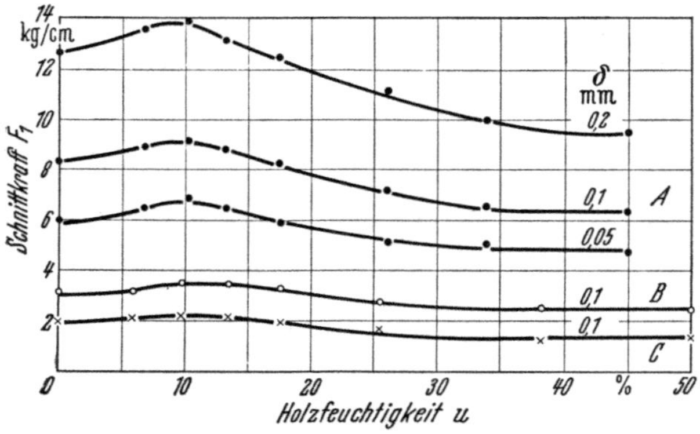

Bild 731. Abhängigkeit der Schnittkraft von der Holzfeuchtigkeit und Spandicke $\delta = 0{,}1$ mm in den Schnittrichtungen *B* und *C*, und 0,05, 0,1 und 0,2 mm in der Schnittrichtung *A*. Holz: Birke, $r_{12} = 0{,}70$ g/cm³, Messer: $\alpha = 10°$, $\beta = 45°$, $\gamma = 35°$, arbeitsscharf. (Nach E. Kivimaa.)

831.222 Abhängigkeit der Schnittkraft von der Holzfeuchtigkeit. E. Kivimaa hat die in Bild 731 gezeichneten Kurven für die Abhängigkeit der Hauptschnittkraft von der Holzfeuchtigkeit veröffentlicht. Den Versuchen lag Birkenholz zugrunde, das vor der Bearbeitung auf acht verschiedene Feuchtigkeitsgehalte von 0 bis 50% gebracht worden war. Man sieht, daß die Hauptschnittkraft vom Darrzustand des Holzes an bis zu etwa 8 bis 11% Feuchtigkeit zunimmt, um dann etwa bis zum Fasersättigungspunkt wieder abzufallen. Von da scheint die Schnittkraft annähernd konstant zu bleiben. Der Zusammenhang ist ähnlich wie der zwischen Scherfestigkeit und Holzfeuchtigkeit (z. B. bei Untersuchungen von W. Ehrmann[1], vgl. Bd. I, S. 902, Bild 831), worauf auch schon E. Kivimaa aufmerksam machte.

831.223 Abhängigkeit der Schnittkraft von der Temperatur. Bei den Versuchen von E. Kivimaa stellte es sich heraus, daß selbst beträchtliche Temperaturschwankungen bei lufttrockenem Holz keinen Einfluß auf die

[1] Ehrmann, W.: Über die Scherfestigkeit von Fichten- und Kiefernholz, in Forschungsberichte Holz H. 4, Berlin 1937.

Hauptschnittkraft hatten, während bei sehr feuchtem Holz eine lineare Beziehung gefunden wurde, und zwar in dem Sinn, daß die Hauptschnittkraft mit zunehmender Temperatur abfiel (Bild 732). Lediglich bei den dünnsten Spänen ($\delta = 0{,}05$ mm) in der Hauptschnittrichtung A blieb die Schnittkraft im ganzen Temperaturbereich gleich. Es ist aber wahrscheinlich, daß bei Abnahme so dünner Späne infolge wirksamer Luftkühlung die Holztemperatur höher war als die der Schnittstelle.

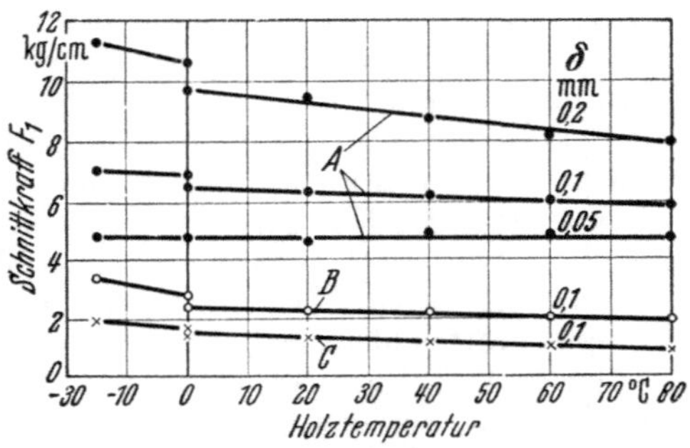

Bild 732. Abhängigkeit der Schnittkraft von der Holztemperatur, Spandicke $\delta = 0{,}1$ mm in den Schnittrichtungen B und C, und 0,05, 0,1 und 0,2 mm in der Schnittrichtung A. Holz: Birke, $r_{12} = 0{,}68$ g/cm³, $u \approx 80\%$, Messer: $\alpha = 10°$, $\beta = 45°$, $\gamma = 35°$, arbeitsscharf. (Nach E. Kivimaa.)

Der lineare Abfall der Schnittkraft mit der Temperatur entspricht dem allgemeinen Temperaturgesetz für die mechanischen Eigenschaften fester Körper (vgl. insbesondere Bd. I, S. 741ff.). Der Sprung bei 0° ist darauf zurückzuführen, daß die oberen Werte für gefrorenes, die unteren für ungefrorenes Holz erhalten wurden. F. Kollmann[1] hat ähnliche Ergebnisse für die Abhängigkeit der Querzugfestigkeit wassersatten Eichenholzes von der Temperatur veröffentlicht.

In der Praxis treten große Temperaturunterschiede besonders bei grünem Holz auf, wenn es zunächst gefroren ist und dann zum Beispiel nach Dämpfen oder Kochen geschält oder gemessert wird. Bemerkenswert ist nun in Bild 732, daß die durch die Temperatur bedingte Abnahme der Schnittkraft verhältnismäßig am größten in der Schnittrichtung C ist. Daraus folgt, daß

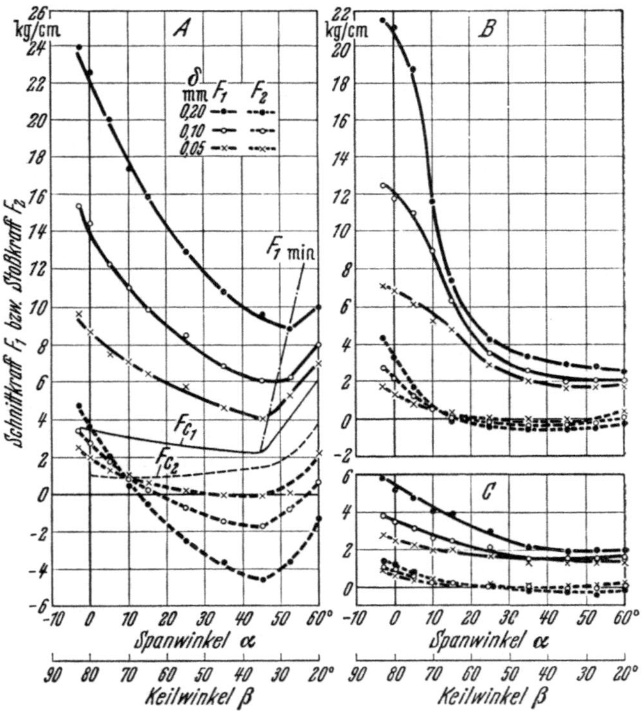

Bild 733. Abhängigkeit der Schnittkraft und der Stoßkraft von dem Spanwinkel γ des Messers in den Hauptschnittrichtungen A, B und C. Spandicke $\delta = 0{,}05$, 0,1 und 0,2 mm, Holz: Birke, $r_{12} = 0{,}61$ g/cm³, $u = 11\%$, Messer: $\alpha = 10°$, $\beta = 83$ bis 20°, $\gamma = -3$ bis 60°, arbeitsscharf. (Nach E. Kivimaa.)

[1] Kollmann, F.: Untersuchungen über die Ursachen von Schäden bei der Trocknung von grünem Eichenholz, zugleich Mitteilung über die Festigkeitsprüfungen an Holz in einem hochfrequenten Wechselfeld, Svenska Träforskningsinstitutet, Trätekn. avd., Medd. 21, Stockholm 1950, Bild 19, S. 11.

beispielsweise beim Rundschälen der Leistungsbedarf für warmbehandeltes Holz wesentlich geringer ist als für solches mit gewöhnlicher Temperatur.

831.23 Abhängigkeit der Schnittkraft vom Messer. 831.231 Abhängigkeit der Schnittkraft vom Spanwinkel des Messers. Über den Einfluß der Messerwinkel auf den Schnittwiderstand liegen verschiedene Untersuchungen vor, die zusammen ein ziemlich klares Bild von den Verhältnissen liefern. E. Kivimaa hat den Einfluß des Spanwinkels im Bereich von — 3 bis 60° studiert. Da der Freiwinkel stets auf einem Normalwert von $\alpha = 10°$ gehalten wurde, schwankte der Keilwinkel β zwischen 83 und 20°. Alle Messer waren arbeitsscharf. Bild 733 zeigt die Ergebnisse, wieder getrennt für die drei Hauptschnittrichtungen. Bei Betrachtung der Kurven für die Hauptschnittrichtung *A* fällt zunächst auf, daß die zuerst mit zunehmendem Spanwinkel gleichmäßig abfallenden Schnittkraftkurven bei Spanwinkeln von 45 bis 52° plötzlich ihre Richtung ändern und wieder ansteigen. Der Grund dürfte darin liegen, daß der Keilwinkel zu klein geworden ist, um die Schneidkante noch wirksam gegen die hohe Beanspruchung des Messerschlags zu schützen. Man kann somit einen Keilwinkel von rund 35° bei einem Spanwinkel von 45° als kritischen Keilwinkel ansprechen. Wird er unterschritten, dann kommt es zu Beschädigungen der Messerkante, die auch mikroskopisch als winzige Bruchstellen nachweisbar sind. Hierbei handelt es sich also nicht um die normale Abnützung der Messerschneide. Die Beschädigungen führen zu einem Ansteigen sowohl der Schnittkraftkurven als auch der Stoßkraftkurven. Infolge der wesentlich geringeren Messerbeanspruchung in den Hauptschnittrichtungen *B* und *C* tritt diese Erscheinung hierbei nicht auf, vielmehr wird hier die Schnittarbeit um so kleiner, je größer der Spanwinkel gewählt wird. Im Prinzip ähnliche Kurven hat B. Thunell[1] gefunden (Bild 734, vgl. auch Bild 655); er bemerkt kritisch dazu, daß die Abnahme der Schnittarbeit bei größeren Spanwinkeln als 45° unbedeutend wird und sich zudem Schwierigkeiten (z. B. hinsichtlich des Keilwinkels) ergeben. Dazu kommt der Umstand, daß die Schnittgüte bei Anwendung mehr radial stehender Messer besser wird. In der Praxis wendet man deshalb für Hobelmesser und ähnliche Werkzeuge oft einen Spanwinkel von nur 30° an und erhält damit sowohl bei der Bearbeitung von Hartholz als auch der von Weichholz zufriedenstellende Ergebnisse.

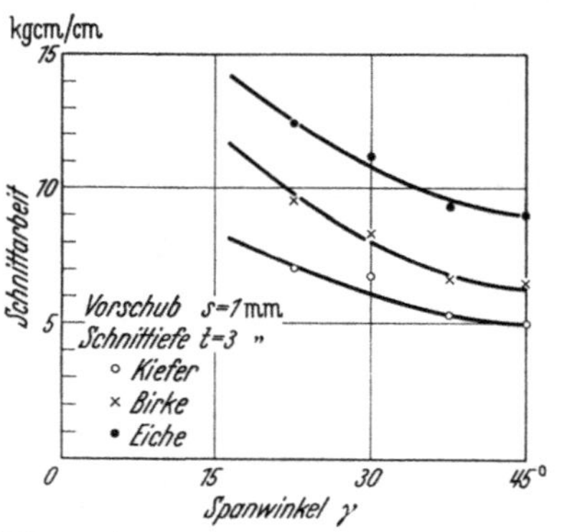

Bild 734. Abhängigkeit der Schnittarbeit vom Spanwinkel γ beim Hobeln von verschiedenen Holzarten. (Nach B. Thunell.)

Besondere Verhältnisse liegen bei den Langlochfräsern vor. Bild 735 zeigt die an ihrer Schneide auftretenden Winkel; der Freiwinkel α ist hier infolge des stets vorhandenen tangentialen Rückenschliffes gleich Null. Gemessen wurden von G. Harnisch[2] an normalen ein-, zwei- und dreischneidigen Fräsern die in Zahlentafel 99 enthaltenen Winkel.

---

[1] Thunell, B.: Neuere Ergebnisse der holztechnologischen Forschung in Schweden, in „Holztagung 1949", Schriftenreihe der Österr. Ges. f. Holzforschg. H. 2, Wien 1950, Bild 9.

[2] Harnisch, G.: Langlochfräser in Holz unter besonderer Berücksichtigung des Vergleichs der gebräuchlichsten Fräserformen. Diss. T. H. Dresden 1929. Vgl. E. Sachsenberg: Holzbearb.-Masch. Bd. 5 (1929) S. 201.

Den im Versuch ermittelten Einfluß des Spanwinkels auf Drehmoment und Vorschub zeigt Bild 736. Als besonders günstig ergab sich ein Spanwinkel von 12 bis 18° je nach der Härte des Holzes, kleiner bei hartem, größer bei weichem Holz.

Zahlentafel 99. *Schneidenwinkel an Langlochfräsern.*

Zahl der Fräserschneider	Keilwinkel $\beta°$	Spanwinkel $\gamma°$
1	70	20
2	78	12
3	64	26

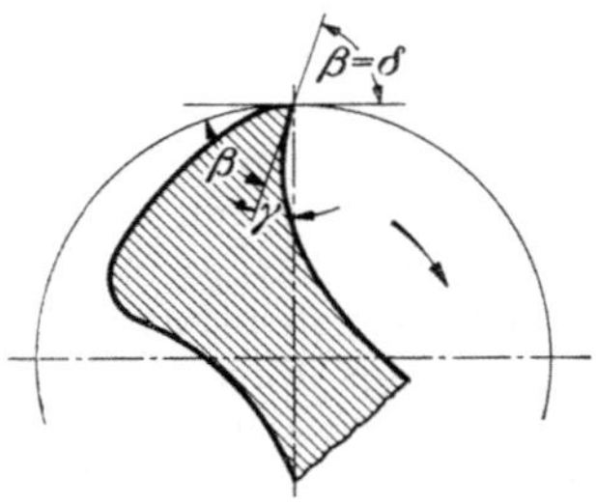

Bild 735. Schneidenwinkel und Schneidenform von Langlochfräsen.

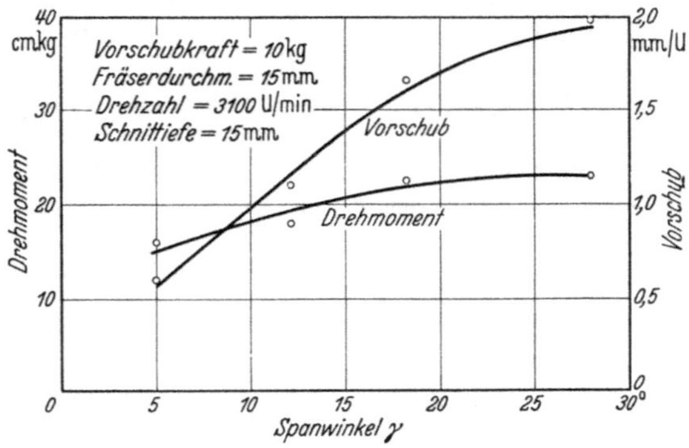

831.232 Abhängigkeit der Schnittkraft vom Freiwinkel des Messers. Bei den Versuchen von E. Kivimaa mit acht Messern (Freiwinkel 2 bis 35°, Spanwinkel 35°, somit Keilwinkel 53 bis 20°) ergaben sich die in Bild 737 enthaltenen Kurven, die alle für einen Freiwinkel von 15° einen ausgezeichneten Punkt haben. Der entsprechende Keilwinkel des Messers $\beta = 40°$ muß somit wieder als kritisch betrachtet werden. Wird der Keilwinkel kleiner, so kommt es zu Beschädigungen der Schneidkante, und die Schnittkraft muß infolgedessen rasch zunehmen. Für die Schnittverhältnisse in der Praxis weniger aufschlußreich ist der Kurvenverlauf für Freiwinkel $\alpha \leqq 15°$. Besonders in der Schnittrichtung *A* scheint keine Abhängigkeit mehr zu bestehen. Dieses Ergebnis ist aber darauf zurückzuführen, daß die Schnittversuche nur mit arbeitsscharfen Messern durchgeführt wurden. E. Kivimaa betont, daß es wahrscheinlich — und durch Stichproben erhärtet — ist, daß Versuchsreihen mit etwas

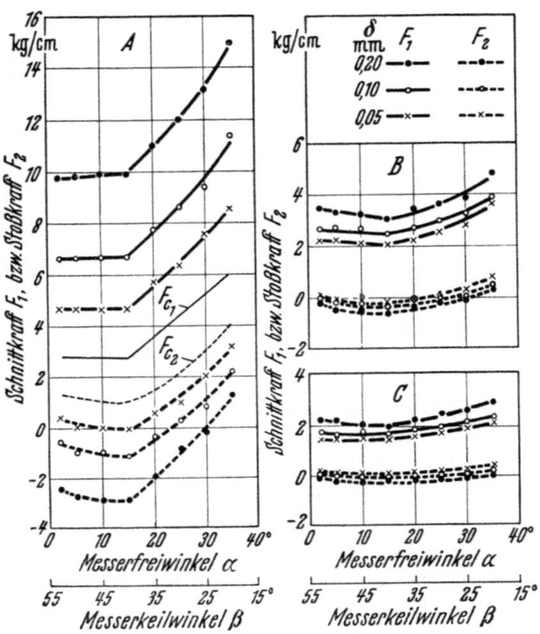

Abb. 737. Abhängigkeit der Schnittkraft und Stoßkraft vom Freiwinkel α des Messers in den Hauptschnittrichtungen *A*, *B* und *C*. Spandicke δ = 0,05, 0,1 und 0,2 mm, Holz: Birke, r_{12} = 0,59 g/cm³ (*A*) und 0,62 g/cm³ (*B*, *C*), u = 11%, Messer: α = 2 bis 35°, β = 53 bis 20°, γ = 35°, arbeitsscharf. (Nach E. Kivimaa.)

stumpferen Messern klar ausgeprägte Minima bei $\alpha = 15°$ gezeigt hätten und daß die sehr kleinen Freiwinkeln entsprechenden Werte der Schnittkraft sehr hoch wären. In den meisten Kurven können solche Minima schon festgestellt werden. Bei Untersuchungen an Kreissägeblättern hat M. Meyer[1] hierfür die Bestätigung erbracht (vgl. Bild 653), worauf auch schon am Ende des Abschnitts 813.211 hingewiesen wurde.

831.233 Abhängigkeit der Schnittkraft vom Keilwinkel. Die Summe von Keilwinkel, Freiwinkel und Spanwinkel ist 90°, folglich besteht zwischen diesen drei Winkeln eine enge Verbindung. Man kann keinen dieser Winkel verändern, ohne gleichzeitig in irgendeiner Weise die beiden anderen auch zu verändern. Gefühlsmäßig leuchtet es ein, daß man den Keilwinkel β aus Festigkeitsgründen nicht unter einen gewissen Wert verringern darf, da sonst die Schneidkante der Beanspruchung nicht mehr gewachsen ist. Damit gelangt man zwangsläufig zu dem Begriff des „kritischen" Keilwinkels, der sich bei den Versuchen von E. Kivimaa immer wieder ergeben hat.

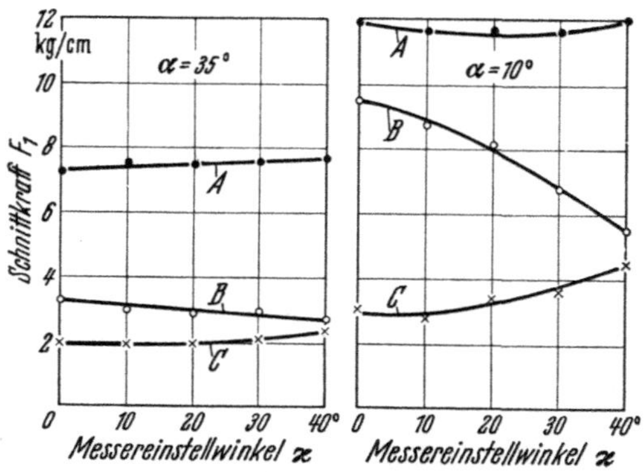

Bild 738. Abhängigkeit der Schnittkraft vom Einstellwinkel $\varkappa$ des Messers in den Hauptschnittrichtungen A, B und C. Spandicke $\delta = 0{,}1$ mm, Holz: Birke, $r_{12} = 0{,}64$ g/cm/³, $u = 11\%$, Messer: $\alpha = 10°$, $\beta = 45°$, $\gamma = 35°$ und $\alpha = 10°$, $\beta = 70°$, $\gamma = 10°$, arbeitsscharf. (Nach E. Kivimaa.)

Allerdings wäre es verfehlt, in diesem kritischen Keilwinkel eine konstante Größe zu erblikken. Vielmehr hängt er vom Verhältnis des Spanwinkels zum Freiwinkel und wahrscheinlich auch vom Messerwerkstoff (insbesondere seiner Härtung und Sprödigkeit) ab. E. Kivimaa vermutet weiter einen Zusammenhang zwischen dem kritischen Keilwinkel und der Rohwichte, möglicherweise auch der Spandicke des zu schneidenden Holzes. Innerhalb eines gewissen Bereichs scheinen aber die Schnittkräfte nicht wesentlich vom Keilwinkel beeinflußt zu werden; wenigstens stellte sich das bei Versuchen in Schweden heraus, wobei für einen gleichbleibenden Spanwinkel von $\gamma = 45°$ die Schnittkräfte für die drei Keilwinkel $\beta = 30$, 35 und 40° wenig differierten.

Auf jeden Fall muß man die Tatsache des kritischen Spanwinkels im Auge behalten; es ist deshalb auf jeden Fall falsch, einen zu großen Freiwinkel zu verwenden, da dadurch der Keilwinkel leicht unter den kritischen Wert gedrückt werden kann.

831.234 Abhängigkeit der Schnittkraft vom Einstellwinkel. Als Einstellwinkel $\varkappa$ bezeichnet man den Winkel (in der Schnittfläche) zwischen der Schneidkante und einer Linie, die rechtwinklig zur Schnittrichtung verläuft. Wie Bild 738 zeigt, ist die Hauptschnittkraft in Richtung A nahezu konstant, während sich die Kurven für die Richtung B und C, wenn sie weitergeführt werden, an einem Punkt nahe dem Einstellwinkel 45° schneiden. Dies erklärt sich daraus, daß weder die Spanbildung noch die Spanform nennenswert

[1] Meyer, M.: Untersuchungen über die den Zerspanungsvorgang mittels Holzkreissägen beeinflussenden Faktoren, Ausgewählte Arbeiten des Lehrstuhls für Betriebswissenschaften in Dresden, Bd. 3, S. 90f., Berlin 1926.

durch den Einstellwinkel in Schnittrichtung B und C beeinflußt werden. Im ganzen betrachtet, kommt dem Einstellwinkel für die Schnittkraft und damit den Leistungsverbrauch keine nennenswerte Bedeutung zu, jedoch mag er für die Schnittgüte in bestimmten Fällen von Wichtigkeit sein.

831.235 Abhängigkeit der Schnittkraft von der Messerschärfe. Die nach gutem Schärfen erreichte feinste Schärfe der Messer geht verhältnismäßig sehr rasch wieder verloren, wie Bild 739 beweist. Man sieht, wie die Schnittkraft in allen Hauptschnittrichtungen während der ersten 50 m Schnittweg beträchtlich zunimmt, um oberhalb von 300 m Schnittweg sich nur mehr ganz unwesentlich zu erhöhen. Überraschenderweise ergab sich bei Versuchen von B. Thunell[1] (Bild 740), daß die Schnittkräfte am Ende des Spanschnittes bei abgenutzten Messern nicht höher sind als bei neu geschärften. Die abgenutzten Messer erfordern also nur zu Beginn des Schnittes eine größere Kraft als die frisch geschärften. Insbesondere gilt dies bei radialer Schnittrichtung. Die Messerschneide ist also zu Beginn des Schnittes am stärksten beansprucht, während gegen Ende des Schnitts die Messerbrust arbeitet und die Schneidkante keinen Einfluß mehr ausübt.

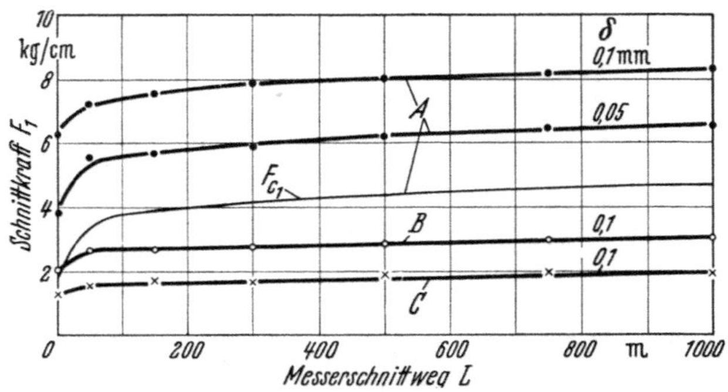

Bild 739. Abhängigkeit der Schnittkraft vom Schnittweg L des Messers. Spandicke δ bei den Schnittkraftmessungen 0,05, 0,1 mm in der Schnittrichtung A und 0,1 mm in den Schnittrichtungen B und C, Holz: Birke, $r_{12} = 0{,}64$ g/cm³, $u = 9\%$, Messer: $\alpha = 10°$, $\beta = 45°$, $\gamma = 35°$. L wurde erhalten beim Schneiden von Birke ($r_{12} = 0{,}59$ g/cm³, $u = 9\%$) in der Richtung A bei einer Schnittgeschwindigkeit $v = 40$ m/s und einer Spandicke $\delta = 0{,}025$ mm. (Nach E. Kivimaa.)

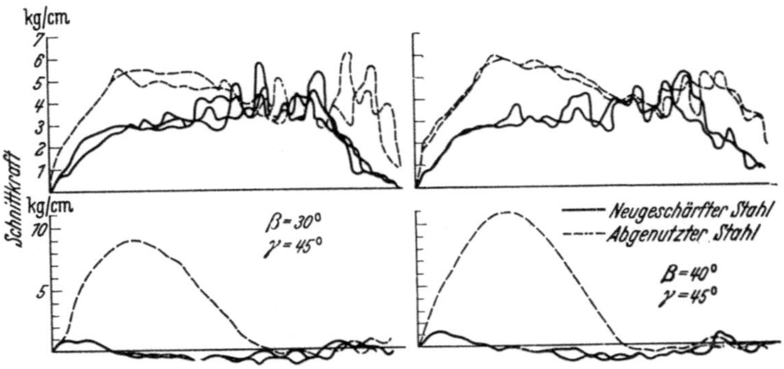

Bild 740. Einfluß der Schneidengüte auf die tangentiale und radiale Schnittkraft beim Hobeln von Kiefernholz, Schnittiefe 3 mm, Vorschub 1 mm/Schnitt. (Nach B. Thunell.)

831.236 Abhängigkeit der Schnittkraft vom Messerwerkstoff. Unter der Voraussetzung, daß der Messerwerkstoff fest und zäh genug ist, um,

[1] Thunell, B.: Neuere Ergebnisse der holztechnologischen Forschung in Schweden, in „Holztagung 1949", Mitt. Österr. Ges. Holzforschg. H. 2, Wien 1950, S. 13.

ohne auszubrechen, die Beanspruchung an der Schneidkante auszuhalten, möchte man annehmen, daß die Schnittkraft vom Messerwerkstoff unabhängig ist. Praktisch ist dies jedoch nicht der Fall, da sowohl die Schärfe, die man

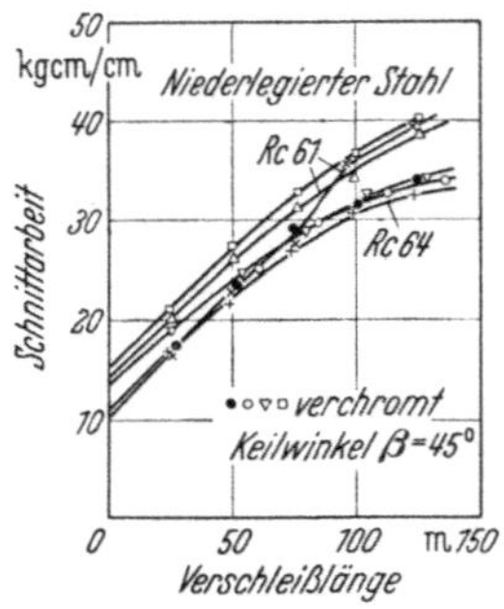

Bild 741. Abhängigkeit der Schnittarbeit von der Verschleißlänge (Messerschnittweg) für niedrig legierten Stahl beim Fräsen von mit Kaseinleim zusammengeleimten Hartfaserplatten. (Nach C. Skoglund.)

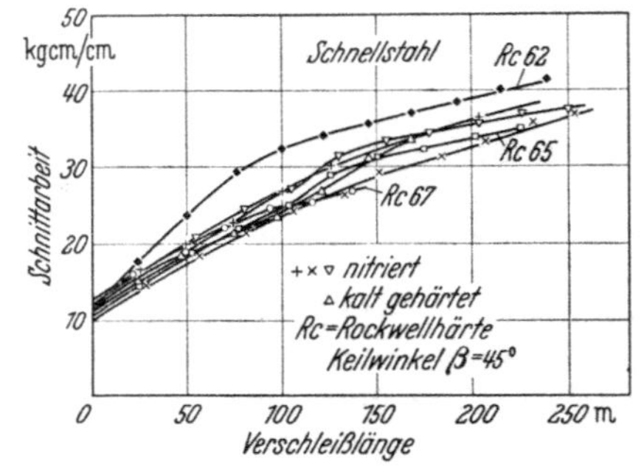

Bild 742. Abhängigkeit der Schnittarbeit von der Verschleißlänge (Messerschnittweg) für Schnellstahl beim Fräsen von mit Kaseinleim zusammengeleimten Hartfaserplatten. (Nach C. Skoglund.)

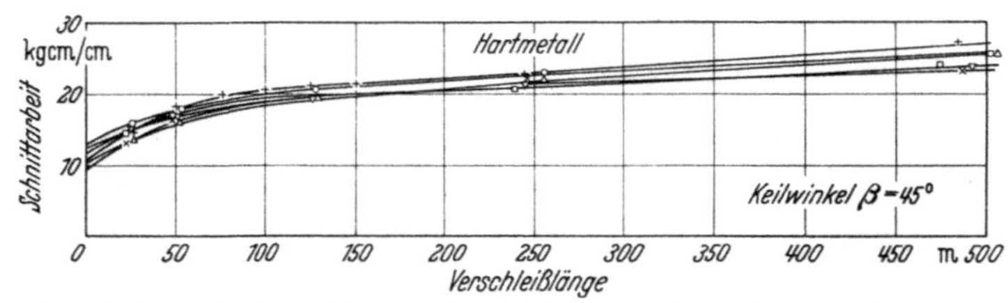

Bild 743. Abhängigkeit der Schnittarbeit von der Verschleißlänge (Messerschnittweg) für Hartmetall, Qualität G 2, beim Fräsen von mit Kaseinleim zusammengeleimten Hartfaserplatten. (Nach C. Skoglund.)

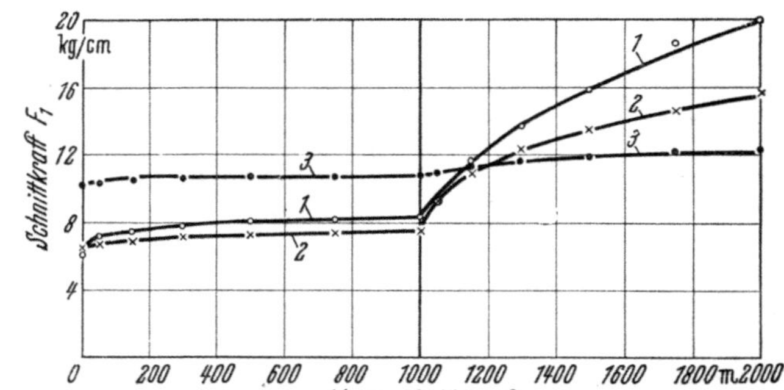

Bild 744. Abhängigkeit der Schnittkraft in der Schnittrichtung A vom Schnittweg L für eine Spandicke $\delta = 0{,}1$ mm. Holz: Birke, $r_{12} = 0{,}64$ g/cm³, $u = 9\%$ beim Schneiden von 0 bis 1000 m, Teak, $r_{12} = 0{,}63$ g/cm³, $u = 9\%$ beim Schneiden von 1000 bis 2000 m, Spandicke $\delta = 0{,}025$ mm, Schnittgeschwindigkeit $v = 40$ m/s, Messer: 1. niedrig legierter Kohlenstoffstahl, 2. Schnellstahl, 3. Hartmetall, $\alpha = 10°$, $\beta = 45°$, $\gamma = 35°$. (Nach E. Kivimaa.)

einem Messer erteilen kann, als auch die Standzeit, d. h. die Beibehaltung einer „Arbeitsschärfe", eng mit den Eigenschaften des Werkstoffs verknüpft sind. Von C. Skoglund[1] stammen die in den Bildern 741 bis 743 gezeigten Kurven für die Abhängigkeit der Schnittarbeit von der Verschleißlänge, auch Zertrümmerungsweg oder Messerschnittweg genannt, $L = \Sigma l$ (wobei die

[1] Skoglund, C.: Förslitning av kutterstal, Svenska Träforskningsinstitutet, Trätekn. avd., Medd. 19B, Stockholm, März 1951.

Spanlänge $l = \sqrt{2r \cdot s}$). Man sieht deutlich, um wieviel rascher die Abstumpfung und damit die Zunahme der Schnittarbeit bei niedrig legiertem Werkzeugstahl gegenüber dem Schnellstahl und erst recht gegenüber dem Hartmetall erfolgt. Innerhalb der einzelnen Stahlsorten schneiden wieder jene mit höherer Härtezahl, wie zu erwarten war, besser ab. Sehr aufschlußreich ist auch Bild 744. Die linke Hälfte des Bildes (Messerschnittwert 1000 m) zeigt die Schnittkraftkurven für den Einschnitt von Birkenholz mit Messern aus niedrig legiertem Kohlenstoffstahl (*1*), aus Schnellstahl (*2*) und aus Hartmetall (*3*). Man sieht, daß beim Schnittbeginn Messer *1* am schärfsten war, aber schneller abstumpfte als Messer *2*. Die rechte Bildhälfte enthält dann die Schnittkurven für die Bearbeitung von Teakholz, das wegen seiner abrasiven Eigenschaft bekannt ist. Messer *1* erwies sich jetzt rasch als ungeeignet; schon nach 300 m Schnittweg war es völlig stumpf, am Ende des Versuchs ganz unbrauchbar. Messer *2* aus SS-Stahl erwies sich zwar als erheblich besser, konnte aber trotzdem nicht als ausreichend bezeichnet werden. Messer *3* aus Hartmetall, das anfänglich in der Schärfe den Stahlmessern stark unterlegen war, zeigte sowohl beim Einschnitt von Birkenholz als auch von Teakholz eine nur geringfügige Abstumpfung. Die 100fach vergrößerten Schneidkantenquerschnitte (Bild 745) geben ein klares Bild vom Zustand der Messer nach dem Versuch.

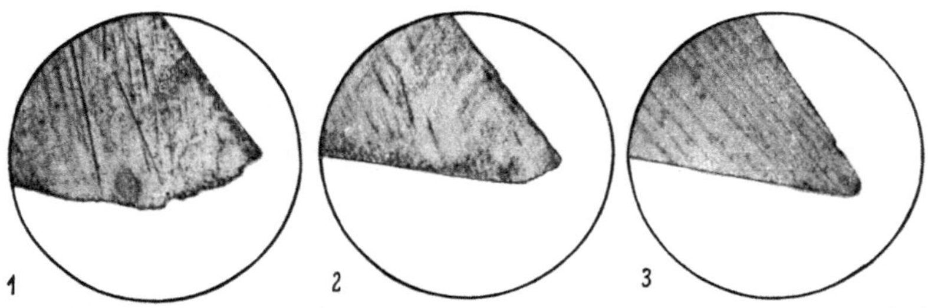

Bild 745. Schneidkantenquerschnitte eines niedrig legierten Kohlenstoffstahl-Messers (1), eines Schnellstahl-Messers (2) und eines Hartmetall-Messers (3) nach dem in Bild 744 gezeigten Abstumpfungsversuch, 85fach vergrößert, Messerwinkel: $\alpha = 10°$, $\beta = 45°$, $\gamma = 35°$. (Nach E. Kivimaa.)

Auch in der Schwedischen Holzforschungsanstalt haben Untersuchungen von C. Skoglund beim Fräsen von zusammengeleimten Hartfaserplatten sehr anschauliche Unterlagen über den Verschleiß verschiedener Messer geliefert. Dabei wurden nach gewissen Schnittzeiten mit einer thermoplastischen Masse Abdrücke der Schneide genommen, davon Dünnschnitte hergestellt und vergrößert (gewöhnlich 75 : 1) photographiert. Gleichzeitig wurde mit Hilfe des Lichtschnittverfahrens die Topographie der Oberflächen des Werkstückes untersucht (Bild 746). Bemerkenswert ist, daß der Verschleiß sich hauptsächlich auf dem Messerrücken abspielt, so daß die Spitze gewissermaßen von der Schneidenbrust zum Rücken wandert. Hieraus erklärt sich auch das „Abstoßen" des Werkstückes mit zunehmender Abstumpfung des Messers. In der Praxis schneiden die Kohlenstoffstahlmesser leicht besonders ungünstig ab, da beim Schleifen ihre Schneide oft überhitzt wird und dabei die Härte verliert.

832. Gestaltung und Standzeit der Fräser.

832.0 Form und Werkstoff der Fräser.

832.01 Fräser aus Stahl. Aus der Unzahl von Fräserformen können nur einige wenige, besonders charakteristische herausgegriffen werden, um ihre Formgebung aufzuzeigen. Bild 747 stellt einen einfachen Falz- und Nuten-

Messermaterial	A. Messerstahl (0,9% C, 0,5% Cr)	B. Schnellstahl	C. Hartmetall Qual. G 2
Vorschublänge [m]	0	0	0
Wirklich geschnittene Länge = Σ Spanlänge [m]	0	0	0
Messerprofil	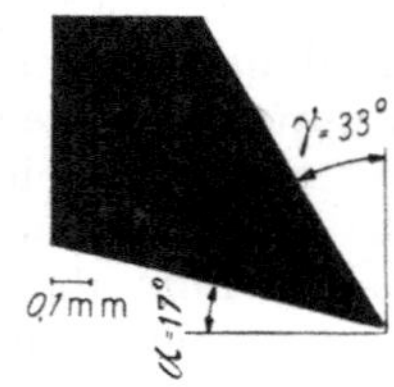		
Messerschneide von der Rückseite	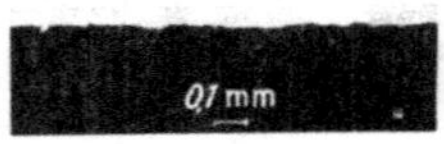	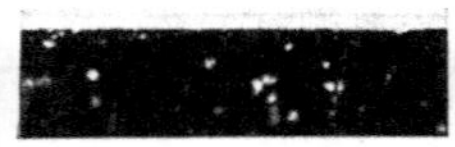	
Vorschublänge [m]	2	2	5
Wirklich geschnittene Länge = Σ Spanlänge [m]	60	60	150
Messerprofil			
Vorschublänge	5	8	70
Wirklich geschnittene Länge = Σ Spanlänge [m]	150	240	2100
Messerprofil	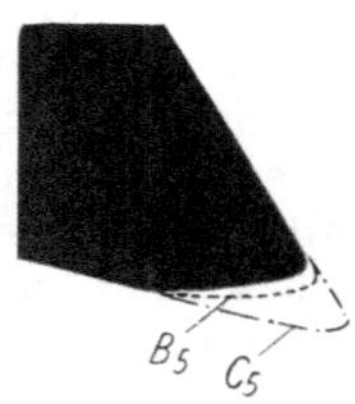		
Messerschneide von der Rückseite			

Bild 746. Verschleißstufen von Fräserschneiden aus niedrig legiertem Kohlenstoffstahl, Schnellstahl und Hartmetall bei Fräsversuchen an zusammengeleimten Hartfaserplatten nebst Profilkurven der Werkstückoberflächen, Messer: $\alpha = 17°$, $\beta = 45°$, $\gamma = 33°$. (Nach C. Skoglund.)

fräser, Bild 748 einen Gehrungs-Leimfugenfräser, Bild 749 einen Leimfugenfräser, Bild 750 einen Universal-Fräsmesserkopf, Bild 751 eine Schlitzscheibe mit Anwendungsbeispiel und Bild 752 einen Zinkenfräser dar. Eine Übersicht über die für Holzbearbeitungswerkzeuge in Frage kommenden Stähle gibt Zahlentafel 100.

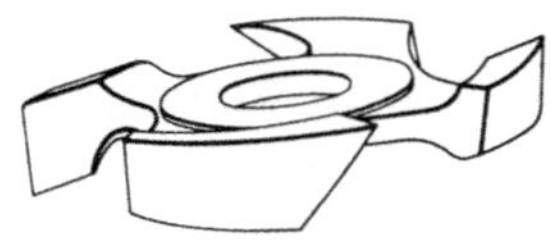

Bild 747. Ansicht eines Falz- und Nutenfräsers.

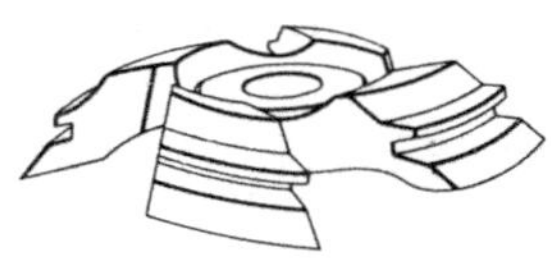

Bild 748. Ansicht eines Gehrungs-Leimfugenfräsers.

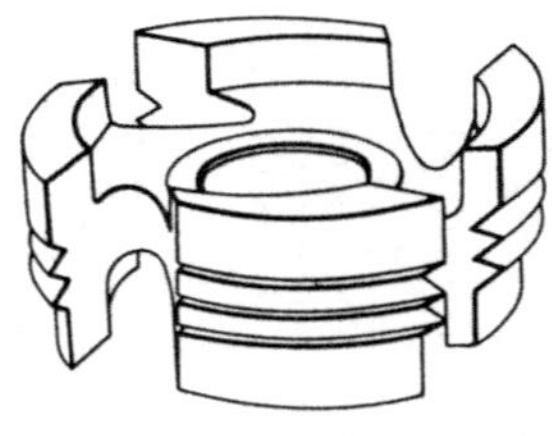

Bild 749. Ansicht eines Leimfugenfräsers.

Bild 750. Ansicht eines Universal-Fräsmesserkopfes.

Über die unterschiedliche Abstumpfung von Kohlenstoff- und Schnellschnittstahl wurden in Abschnitt 831.236 schon neuere Angaben gebracht. Es kann ferner nochmals auf die Unter-

Zahlentafel 100. *Stähle für Holzbearbeitungs-Werkzeuge.* (*Nach J. Köberle.*)

Stahlgruppe	Härtemittel	Härtetemperatur °C	Legierungsbestandteile % C	Cr	W	Co	Mo	V	Si	Mn	Brinellzahl geglüht	Nr.
I unlegiert	Wasser	780 bis 810	0,6	—	—	—	—	—	0,2	0,3	145 bis 170	1
		760 bis 790	1,0	—	—	—	—	—	0,2	0,3	155 bis 185	2
II niederlegiert	Wasser	770 bis 810	0,5 bis 1,5	0,6 bis 1,0	—	—	—	—	0,2	0,3	170 bis 210	3
		770 bis 810	0,6 bis 1,0	—	1,0	—	—	—	0,2	0,3	185 bis 205	4
		790 bis 820	1,0	0,5	1,5	—	—	—	0,2	0,3	185 bis 210	5
III mittellegiert	Öl	810 bis 840	1 bis 1,5	1,5	—	—	—	—	0,2	0,3	170 bis 210	6
		850 bis 900	0,5	1 bis 1,5	2,0	—	0,3	0,2	0,2	0,3	170 bis 200	7
		875 bis 900	1,3	1,8	4,0	—	—	0,2	0,2	0,3	225 bis 255	8
IV hochlegiert	Öl	930 bis 960	1,5 bis 2,2	12 bis 13	—	—	—	—	0,4	0,6	210 bis 240	9
		930 bis 960	2,0	12 bis 13	1,8	—	0,5	0,5	0,4	0,6	250 bis 280	10
		930 bis 960	1,8	13	—	3,0	—	—	—	—	—	11
V höchstlegiert	Öl	1250 bis 1310	0,7	4,2	18	0,3	0,1	1,0	0,2	0,3	230 bis 270	12
		1200 bis 1300	0,8	5,5	18	5,5	1,5	1,5	0,2	0,3	260 bis 295	13
		1250 bis 1350	0,8	5,5	18	10	1,0	1,5	0,2	0,3	285 bis 305	14
VI Hartmetall	naturhart		Wolfram-Karbidlegierungen								bis 1600	15

suchungen von G. Harnisch[1] und H. Kullmann[2] an Langlochfräsern hingewiesen werden, die ebenfalls die Überlegenheit der Schnellschnittstähle unter Beweis stellten. Allerdings muß ergänzt werden, daß die Bruchgefahr bei Werkzeugen aus sprödem Schnellschnittstahl erheblich größer ist als bei solchen aus Kohlenstoffstahl. Dazu kommt, daß ein wesentlicher Betriebsvorteil der teueren Schnellschnittstähle: ihre Schneidefähigkeit bei hohen Temperaturen (z. B. Rotglut), bei der Holzzerspanung nicht ausgenützt werden kann. Trotzdem zwingen die außerordentlich hohen Schnittgeschwindigkeiten heute unter Umständen selbst bei der Verarbeitung von Weichhölzern zur Anwendung von Schnellschnittstählen.

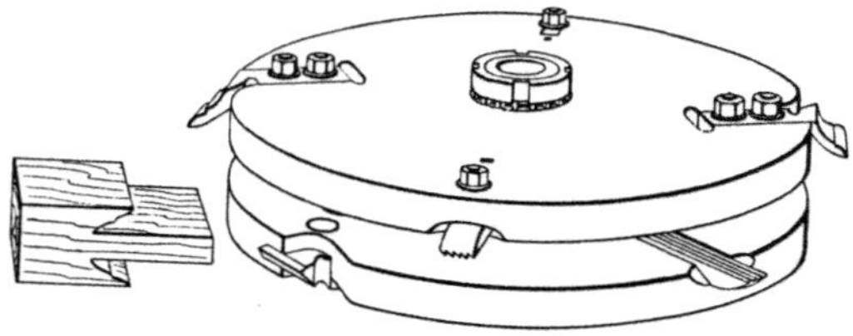

Bild 751. Ansicht einer Schlitzscheibe.

Reine Kohlenstoffstähle mit 0,6 bis 1,0% C-Gehalt genügen nur für wenig beanspruchte Werkzeuge. Sehr gut bewährt haben sich bei der Holzzerspanung niedrig legierte Stähle und Einsatzstähle; letztere haben sehr geringen Kohlenstoffgehalt und damit kleine Bruchgefahr.

832.02 Hartmetallfräser. Hartmetalle sind gesinterte Legierungen von Wolfram-, Titan- oder Tantal-Carbiden mit Metallen der Eisengruppe (z. B. Nickel, Kobalt). Infolge ihrer außerordentlichen Härte haben sich Hartmetallschneiden bei der Bearbeitung von Stahl, Glas und Stein, seit etwa 15 Jahren aber auch in bestimmten Fällen der Holzbearbeitung eingebürgert. Allerdings ist es unzulässig, Konstruktion und Anwendung der Hartmetallwerkzeuge ohne weiteres in Anlehnung an Stahlwerkzeuge zu wählen. Die wirtschaftlichen Vorteile der Hartmetalle, die in ihrer hohen Verschleißfestigkeit begründet liegen, lassen sich nur ausschöpfen, wenn folgende allgemeine Grundlagen bekannt sind und beachtet werden[3]:

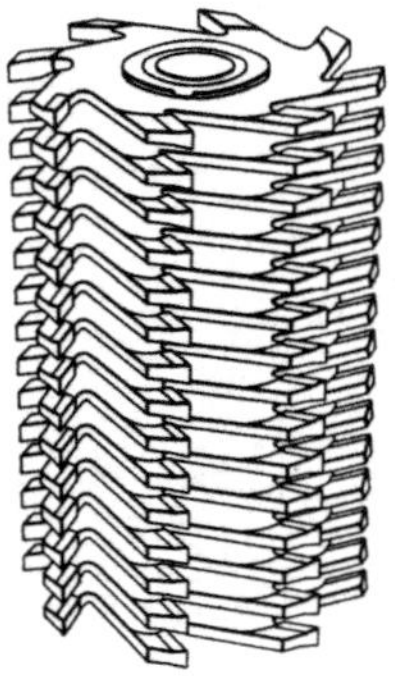

Bild 752. Ansicht eines Zinkenfräsers.

1. Hartmetallwerkzeuge eignen sich besonders zur Bearbeitung von Sperrhölzern, Schichthölzern, Preßlagenhölzern und Holzfaser-Hartplatten. Bei Bearbeitung großer Mengen von verleimten oder verdichteten Hölzern ist eine Wirtschaftlichkeit überhaupt nur mit Hartmetallwerkzeugen zu erzielen.

2. Bei der Mengenberechnung von Hartmetallwerkzeugen ist die größere Schneidhaltigkeit gegenüber Schnellstahlwerkzeugen zu berücksichtigen. Bei Stückzahlen, für die man nur 5 bis 8 Sätze von Schnellstahlwerkzeugen benötigt, ist es nicht zweckmäßig, Hartmetallwerkzeuge zu wählen, da sie selbst im ungünstigsten Falle eine 9- bis 10fache Standzeit gegenüber Schnellstahl haben. Man müßte also zwecks voller Ausnützung das Bearbeitungsvolumen vergrößern.

---

[1] Harnisch, G.: Langlochfräsen in Holz unter besonderer Berücksichtigung des Vergleichs der gebräuchlichsten Fräserformen, Diss. T. H. Dresden 1929; vgl. E. Sachsenberg: Holzbearb.-Masch. Bd. 5 (1929) S. 201.

[2] Kullmann, H.: Vergleichende Versuche mit Langlochfräsern aus Kohlenstoff- und Schnellschnittstahl, Heidelberg 1928.

[3] Dinglinger, E.: Holz als Roh- und Werkstoff Bd. 7/8 (1944/45) S. 29. — Derselbe: Werkstattstechnik u. Maschinenbau Bd. 40 (1950) S. 299. — Derselbe: Holz als Roh- und Werkstoff Bd. 10 (1952) S. 43.

3. Bei Werkzeugen mit geraden Schneiden haben Hartmetallwerkzeuge beim Verarbeiten von Preßhölzern eine 60fache Überlegenheit gegenüber Schnellstahl. Bei Fräsern mit verwickelten Profilen (Buntprofilen) sinkt diese Überlegenheit um nahezu 50%. Buntprofile vertragen nur geringere Schnittgeschwindigkeiten als gerade Schneiden, da die Spanabfuhr schwieriger ist, da sie stoßempfindlicher sind (mangelhafte Hinterstützung einzelner Schneidenteile!), da in ihnen die Spannungen höher sind und da sie aus zäheren Hartmetallqualitäten mit geringerer Schneidhaltigkeit gefertigt werden müssen. In Bild 753 sind Richtwerte für die Schnittgeschwindigkeit in Abhängigkeit von der Werkzeugform gegeben. Es ist zu ersehen, wie beispielsweise vom Buntprofil bis zur geraden Schneide die Schnittgeschwindigkeit beim Zerspanen von Hartholz von 2500 m/min auf rd. 5000 m/min ansteigt.

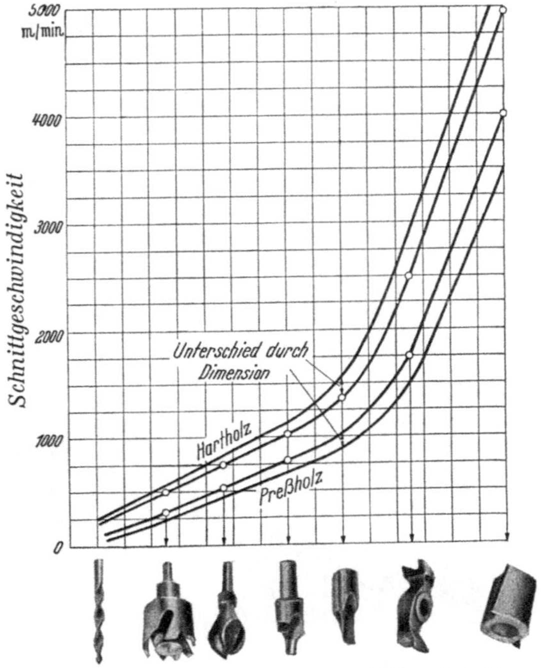

Bild 753. Zusammenhang zwischen üblicher Schnittgeschwindigkeit verschiedener mit Hartmetall armierter Holzbearbeitungswerkzeuge und ihrer Form. Es sind dargestellt von links nach rechts: Spiralbohrer, Zylindersäge, Kugelfräser, Profiloberfräser, normaler Oberfräser, zweiflügliger Profilfräser, Fräser mit gerader Schneide. (Nach E. Dinglinger.)

4. Längere Hartmetallschneiden müssen unbedingt mit Spannungsfugen versehen werden, da nach dem Löten beim Erkalten Spannungen entstehen, die sich unter Umständen erst beim Schnitt auswirken können. Die Lötung des Hartmetalls hält, wenn sie einwandfrei hergestellt wurde, mindestens ebenso stand wie das Hartmetall selbst.

5. Die Unterlage des Hartmetalls (bzw. das Schaftmaterial) soll mindestens das Zweieinhalbfache der Dicke des Hartmetalls messen, wobei das gesamte Biegemoment vom Hartmetallträger aufgenommen werden muß.

6. Der Vorschub ist bei der Holzbearbeitung mit Hartmetall im allgemeinen derselbe wie mit Schnellstahlwerkzeugen. Die Schnittkraft ist bei frischen Hartmetallschneiden um etwa 15% (im Einzelfall um bis zu 50%) höher als bei Schnellstahl. Die Schnittkraft steigt aber dann infolge der Schneidenabnützung bei Werkzeug- und Schnellstahl steil an (vgl. Bild 744), während sie bei Hartmetall nahezu gleich bleibt und dann wesentlich niedriger liegt als bei den vorher erwähnten Schneiden. Auf diesen großen Vorteil wird im Zusammenhang mit der Wirtschaftlichkeit von Hartmetallwerkzeugen in Abschnitt 832.3 noch näher eingegangen werden.

7. Für die Holzbearbeitung stehen im allgemeinen fünf Hartmetallsorten zur Verfügung; ihre Verschleißfestigkeit verhält sich nach E. Dinglinger wie folgt:

$$G_3 : G_2 : G_1 : H_1 : H_2$$
$$40 : 60 : 100 : 180 : 240.$$

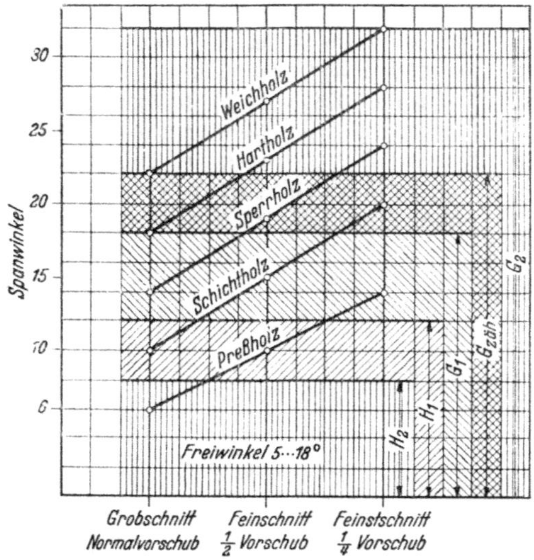

Bild 754. Zusammenhang zwischen Spanwinkel, Holzart bzw. Art des Holzwerkstoffes, Vorschubgeschwindigkeit und anzuwendender Hartmetallsorte. (Nach E. Dinglinger.)

Die Zähigkeit verläuft in umgekehrtem Sinn. Aus diesem Grunde verträgt jede Hartmetallqualität bei bestimmter Beanspruchung nur einen bestimmten kleinsten Keilwinkel. Da aber die Werkstoffe ihrerseits bestimmte Keilwinkel verlangen, ergeben sich die in Bild 754 dargestellten Verhältnisse. Unter Umständen kann es wirtschaftlich zweckmäßig sein, bei einem Werkzeug Hartmetallsorten verschiedener Zähigkeiten zu verwenden. Ein Beispiel ist der in Bild 755 gezeigte Konusfräser für Schichtholz. Die Zentrumspitze (*a*) führt das Werkzeug, der Vorritzer (*b*) zerschneidet die Holzfasern, wobei es auf Schnittfeinheit nicht ankommt, sondern lediglich auf lange Standzeit.

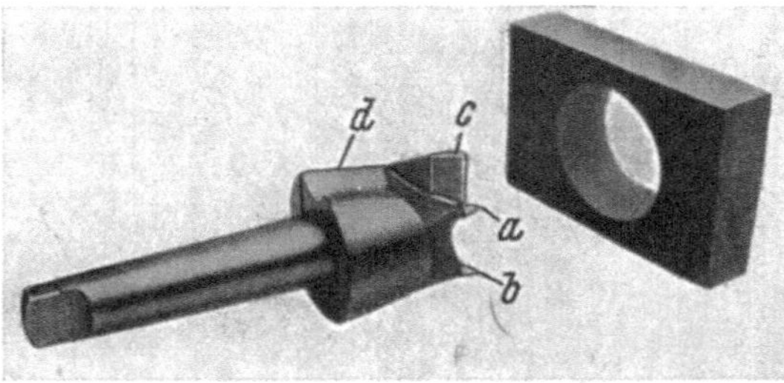

Bild 755. Aufbau eines Konusfräsers (links) zur Herstellung konischer Löcher in Schichtholzplatten (rechts) (*a*) Zentrumspitze, (*b*) Vorritzer, (*c*) Grundmesser, (*d*) Konusmesser. (Nach E. Dinglinger.)

Bild 756. Ansicht eines vierflügligen kreuzverzahnten Falzfräsers. (Phot. E. Dinglinger.)

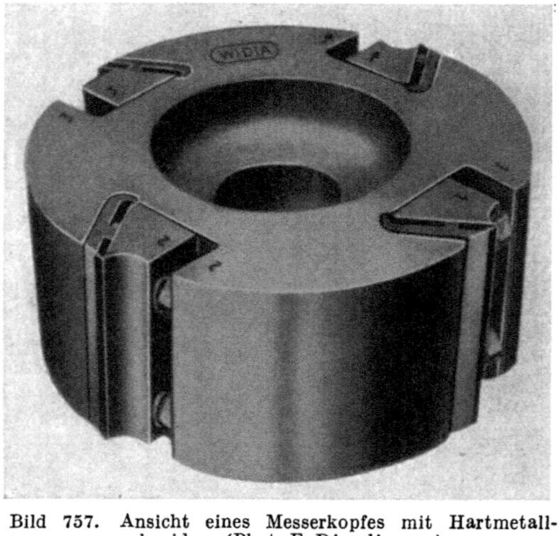

Bild 757. Ansicht eines Messerkopfes mit Hartmetallschneiden. (Phot. E. Dinglinger.)

Das Grundmesser (c) bohrt den kleinsten Durchmesser des konischen Lochs heraus, wobei es ebenfalls nicht auf Schnittfeinheit ankommt, da das Konusmesser (d) die Rohwandung profiliert und glättet. Das Grundmesser muß aber einen kleinen Keilwinkel aushalten, da sonst der Schnittdruck zu hoch wird. Es ergibt sich nun folgende Werkstoffwahl: Für die nur auf Stoß beanspruchte Zentrumspitze (a) die sehr zähe Qualität G_3, für das Grundmesser die mittlere Qualität G_1, für den besonders stark beanspruchten Vorritzer (b) H_1, für das Konusmesser (d), das einen großen Spanwinkel (also kleinen Keilwinkel) im Hinblick auf die Schnittgüte verlangt, G_2. Da sich diese Qualität schneller abnützt als die anderen Bestückungen, konstruiert man die Messer im Kopf auswechselbar.

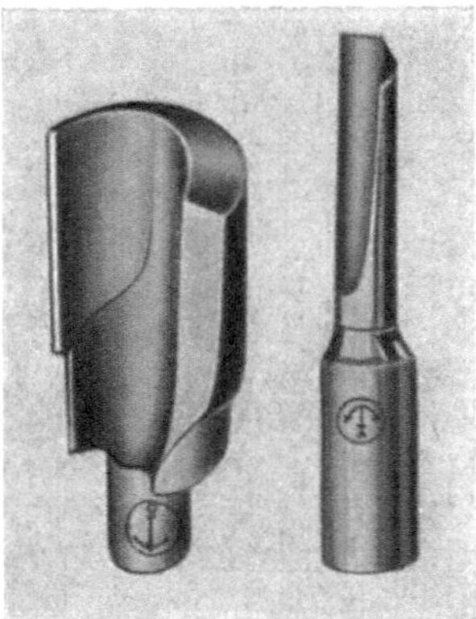

Bild 758. Ansicht eines massiven (links) und eines bestückten Hartmetall-Oberfräsers. (Phot. E. Dinglinger.)

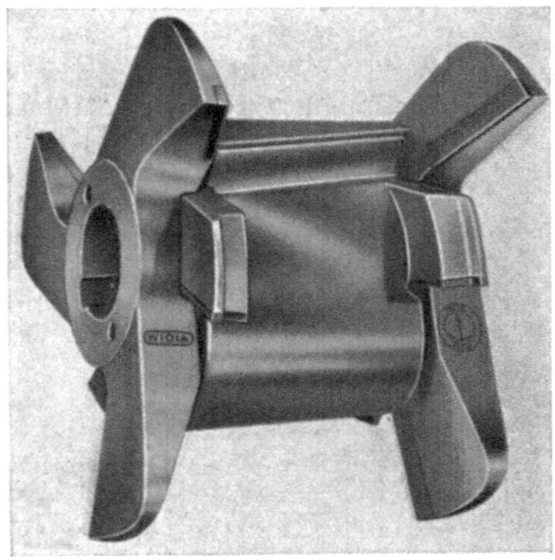

Bild 759. Ansicht eines Hartmetall-Fräswerkzeugs, dessen Buntprofil in 5 Einzelfräser mit einfachen Schneiden aufgeteilt ist. (Phot. E. Dinglinger.)

Einige weitere Formbeispiele zeigen die folgenden Abbildungen: Bild 756 einen vierflügeligen kreuzverzahnten Falzfräser, Bild 757 einen Messerkopf mit Hartmetallschneiden, Bild 758 einen massiven und einen hartmetallarmierten Oberfräser sowie Bild 759 ein Hartmetall-Fräswerkzeug, dessen Buntprofil in fünf Einzelfräser mit einfachen Schneiden aufgeteilt ist, wodurch das Nachschleifen vereinfacht, die Spanabfuhr verbessert und die Lötung spannungsfrei wurde. Lebensdauer und Wirtschaftlichkeit konnten durch diese Konstruktion auf das Doppelte erhöht werden.

832.1 Verchromung und Nitrierung von Fräsern.

Die Hartverchromung von Fräswerkzeugen wird in der üblichen Weise auf galvanischem Wege vorgenommen. Die Dicke der Chromschicht läßt sich bei einer bestimmten Stromdichte durch die Zeitdauer der Lagerung im Chrombad regeln; sie beträgt etwa 5 bis 8 μ. Von besonderer Wichtigkeit ist die Einhaltung der richtigen Badtemperatur[1], da eine falsche Badtemperatur entweder die Chromschicht hart und spröde oder zu weich macht. Bei Fräsern ist Hartverchromung möglich, wenn der Schliff am Zahnrücken erfolgt[2]. Hinterdrehte

[1] Vgl. AWF Mitt. Bd. 19 (1937) H. 6, S. 64.

[2] Fessel, F.: Holz als Roh- und Werkstoff Bd. 4 (1941) S. 102.

Fräser lassen sich nicht hartverchromen, da sie an der Zahnbrust nachgeschliffen werden. Aus dem gleichen Grund können Kronenfräser nicht hartverchromt werden.

Bei Walzenfräsern ermittelte F. Fessel Vergleichszahlen für die Schnittleistung und den Zertrümmerungsweg L, berechnet nach J. Köberle mit der Formel

$$L = \frac{n \cdot l_s \cdot \varepsilon \cdot 0{,}0174 \cdot r}{s}. \tag{91}$$

Hierin ist n die Drehzahl [U/min], l_s die Schnittlänge in lfd. [m], ε der Spanbogenwinkel (vgl. Bild 713) in [°], r der Schnittkreisradius in [mm] und s der Vorschub [m/min]. Es ergab sich für unverchromte Fräser eine Schnittleistung von im Mittel 67 m, für hartverchromte Fräser von 122 m. Dem entsprechen Zertrümmerungswege bei den unverchromten Fräsern von 1,9 km, bei den hartverchromten von 3,2 km. Die Mehrleistung betrug 67%.

Bei schwedischen Versuchen von C. Skoglund[1] waren die Ergebnisse wesentlich weniger günstig. Bearbeitet wurden dabei zusammengeleimte Holzfaserplatten. Eine merkliche Verbesserung trat durch die Hartverchromung gegenüber den unbehandelten Werkzeugen nicht auf, wie Bild 741 klar erkennen läßt. Wahrscheinlich ist die Chromschicht zu spröde, um den in diesem Fall besonders starken Beanspruchungen standhalten zu können.

Eine andere Behandlungsart für Werkzeuge ist die Nitrierung, die für Schnellstahl in Frage kommt. Der Stahl wird dabei einige Minuten in ein Schmelzbad (Temperatur rd. 550° C) von Natrium- und Kaliumcyanid getaucht, wodurch er eine außerordentlich harte Oberfläche erhält. Versuche mit verschiedenen nitrierten Schnellstahl-Fräsern in der Schwedischen Holzforschungsanstalt ergaben ebenfalls keine Überlegenheit gegenüber unbehandeltem Schnellstahl (Bild 742). Auch hier dürfte die Erklärung darin liegen, daß die nitrierte Schicht zu spröde ist, um den hohen Spannungen zu widerstehen.

832.2 Standzeit von Fräsern.

Die Standzeit eines Fräsers, d. h. die Zeit, während der er saubere Schnittarbeit zu leisten vermag, hängt von seinem Werkstoff, von der Holzart, der Schnittgeschwindigkeit und der Spandicke ab. Die Verhältnisse unterscheiden sich grundlegend von denen bei der Metallzerspanung, wo das Stahlgefüge durch die hohe Wärmebeanspruchung verändert werden kann. Bei der Holzzerspanung hingegen tritt lediglich eine mechanische Abnützung der Schneide auf. Nach E. Kivimaa[2] spielen daneben vor allem beim Bearbeiten von frischem Holz, das sehr stark sauer ist (vgl. Bd. I, S. 177), elektrochemische Vorgänge, d. h. Korrosion, eine wichtige Rolle.

Ebenfalls im Gegensatz zur Metallbearbeitung nimmt die Standzeit mit der Spandicke zu[3], da die Vorspaltung besser ausgeprägt ist und die vorderste Schneide mehr und mehr in ihrer Arbeit entlastet wird; der Verschleiß erfolgt dann vornehmlich durch Reibung am Zahnrücken. Der mit der Spandicke ansteigende Schnittdruck verringert die Standzeit kaum oder gar nicht, da er nicht auf die Schneidekanten, sondern nur auf die Schneidenbrustfläche wirkt. Bei sehr dünnen Spänen stumpft die Schneide besonders rasch ab, da sie die Schnittarbeit in der Hauptsache zu leisten hat. Liegt die theoretische Span-

[1] Skoglund, C.: Förslitning av kutterstål, Sv. Träforskningsinst., Trätekn. avd., Medd. 19B, Stockholm 1951.
[2] Kivimaa, E.: Holz als Roh- und Werkstoff Bd. 10 (1952) S. 425.
[3] Köberle, J.: Techn. Rdsch. (Bern) Bd. 27 (1935) Nr. 44, 45, 47, 48.

dicke unter dem Ausschlag der Schwingungen, die durch das Spiel der Kugellager und das Federn des Holzes verursacht werden, so setzt die Schnittarbeit aus, und das Holz poliert die Schneidekanten stumpf. Am deutlichsten tritt dieser Poliervorgang beim Schnitt quer-senkrecht zur Faser (Bild 760) in Erscheinung; um ein glattes Abköpfen der Faserstränge zu ermöglichen, muß hier der Keilwinkel des Werkzeuges sehr spitz sein.

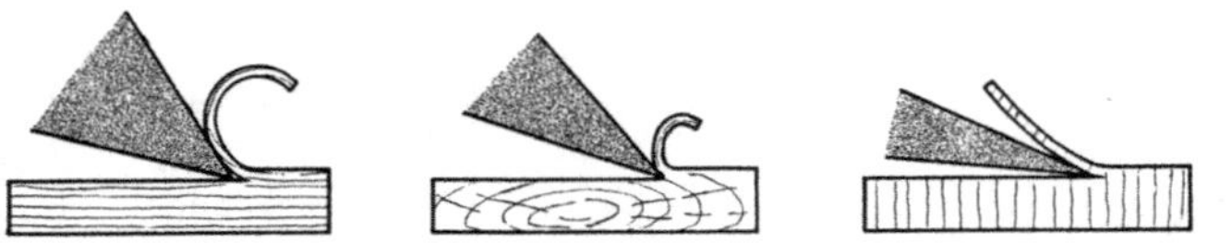

Bild 760. Schnittrichtung und Faserverlauf beim Fräsen und Hobeln.
(a) Längs der Faser, (b) querparallel zur Faser, (c) quersenkrecht zur Faser.

Ausgegangen wird bei der Beurteilung der Standzeit nach J. Köberle am besten vom Zertrümmerungsweg, d. h. von der Kilometerzahl, die eine Schneide beim Zerspanen zurücklegen kann, bis infolge ihrer Abstumpfung die Holzoberfläche unsauber wird. Der Zertrümmerungsweg (Gleichung 91) und damit die Standzeit sinkt mit der Schnittgeschwindigkeit, ein Grund, der — vor allem bei Harthölzern — gegen die Anwendung zu hoher Schnittgeschwindigkeit bei Fräsern spricht.

Eine besondere starke Abstumpfung der Werkzeugschneiden ergibt sich bei der Bearbeitung von mit Feuerschutzmitteln behandelten Hölzern, von Preßhölzern, von Sperrholz sowie von gewissen Hölzern mit mineralischen Einschlüssen. An einem dieser Hölzer, Queensland-Walnuß (Endiandra Palmerstonii C.T. Whight), untersuchte P. Harris[1] den Einfluß verschiedener Vorschubgeschwindigkeiten auf den Energieverbrauch und die Abnutzung der Messerschneide. Die Abnutzung wurde dabei durch den Volumenverlust der Messerschneide größenmäßig ausgedrückt. Das Profil einer teilweise abgestumpften Messerschneide zeigt Bild 761. Wenn eine Messerschneide scharf ist, besteht je Holz eine engbegrenzte Zone, in der das Holz dem starken zum Abscheren erforderlichen Druck ausgesetzt ist; entlang dieser Linie entsteht ein sauberer Bruch. Bei abgestumpfter Schneide ist der Bruch nicht länger lokalisiert, vielmehr verteilt er sich über eine zunehmend größere Holzfläche. Die Kraft, die erforderlich ist, um die kritische Scherspannung hervorzurufen, erhöht sich mit zunehmender Abstumpfung, wodurch zugleich der Leistungsverbrauch wächst. Die typische Form einer abgestumpften Schneide läßt sich geometrisch darstellen und der Volumenverlust ΔV [cm³/cm] je Längeneinheit der Schneide

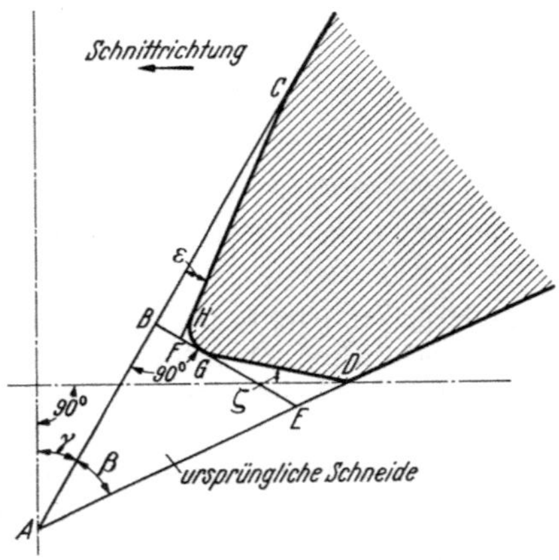

Bild 761. Profil einer abgestumpften Schneide. (Nach P. Harris.)

[1] Harris, P.: Engng. Bd. 27 (1940) S. 501.

wie folgt ausdrücken:

$$\Delta V = \frac{p^2}{2}\left[\operatorname{tg}\beta + k^2 \operatorname{tg}\varepsilon + (l - \sec\beta)^2 \frac{\cos(\gamma+\beta-\xi)}{\sin(\gamma-\xi)}\cdot\cos\beta\right]. \tag{92}$$

Hierin bedeuten:

p = Schneidenabnützung in linearer Projektion = AB, γ = Spanwinkel, β = Keilwinkel, ε = Abnützungswinkel an der Schneidenbrustseite, ξ = Abnützungswinkel an der Schneidenrückseite, $k = BC/AB$ und $l = AD/AB$.

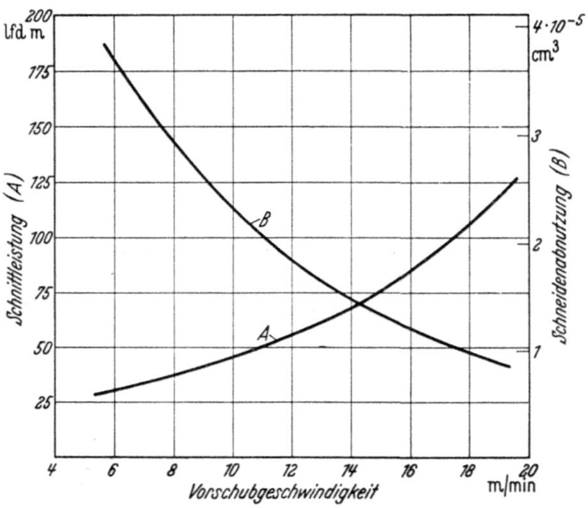

Bild 762. Zusammenhang zwischen Abnützung der Schneide (ausgedrückt durch den Volumenverlust, der laufenden Schnittleistung und der Vorschubgeschwindigkeit. (Nach P. Harris.)

Den Zusammenhang zwischen der Schnittleistung in laufenden m, der Schneidenabnützung und der Vorschubgeschwindigkeit zeigt Bild 762 (entworfen für das Hobeln von Endiandra Palmerstonii C. T. Whight mit $u = 12\%$, 4 Messer, Spandicke 1,5 mm, Durchmesser des Schnittkreises 162 mm, $n = 3500$ U/min, Schnittwinkel 30°, Keilwinkel 35°). Zusammenfassend läßt sich zu den Versuchen sagen: Die Abnützung eines Messers wird verursacht durch das anfängliche Reiben der Schneide, bevor sie völlig in das Holz eindringt. Durch möglichst hohe Vorschubgeschwindigkeiten läßt sich dieses anfängliche Reiben verringern, wodurch sich die Messerstandzeit erhöht und der Leistungsverbrauch abnimmt.

832.3 Wirtschaftlichkeit von Hartmetallfräsern.

Die Wirtschaftlichkeitsgrenze für den Einsatz von Hartmetallwerkzeugen an Stelle von Werkzeugen aus legiertem Stahl, aus Werkzeugstahl oder mit Schnellstahlbestückung hängt außer von der Werkstoffart des Arbeitsstückes von der zu zerspanenden Werkstoffmenge ab. Nach E. Dinglinger[1] muß beispielsweise bei Oberfräsen die Zerspanungsmenge mindestens so groß sein, daß 7 Schnellstahl-Oberfräser verbraucht werden, ehe der Einsatz eines Hartmetall-Oberfräsers lohnt. Die Preise von Hartmetall- und Schnellstahl-Fräsern verhalten sich wie 3 : 1 bis 2 : 1; so daß ein Hartmetall-Fräser dann beschafft werden kann, wenn soviel zu zerspanen ist, daß dafür in einem gegebenen Zeitabschnitt mehr als 3 Schnellstahlfräser verbraucht würden.

Zu berücksichtigen sind bei Wirtschaftlichkeitsberechnungen folgende Kosten:

a) Anschaffungspreis des Werkzeugs;
b) Kosten der Nachschliffe;
c) Kosten des Werkzeugwechsels;
d) Kosten für Maschinenstillstand.

[1] Dinglinger, E.: Holz als Roh- und Werkstoff Bd. 10 (1952) S. 43ff.

Zahlentafel 101 und 102 geben Beispiele für Wirtschaftlichkeitsberechnungen nach E. Dinglinger.

Für die Beurteilung der Wirtschaftlichkeit ist auch der Abstumpfungsvorgang von großer Bedeutung. Anknüpfend an die Ausführungen in Abschnitt 831.236 (vgl. insbesondere Bild 746) sei hier darauf hingewiesen, daß die Güte der Schneide durch zwei Kennzeichen bestimmt wird:

1. durch die optimale Schneidenschartigkeit;
2. durch den spezifischen Abstumpfungsradius.

Bild 763 zeigt in 1000facher Überhöhung die Schneide eines feinstgeschliffenen Schnellstahlmessers vor und nach der Arbeit; die Schartigkeit beträgt vor der Arbeit 4 bis 4,5 μ, nach der Arbeit, wenn die Schnittgüte nicht mehr genügt, 8 bis 14 μ. Übergroße Schartigkeit führt aber rasch zu Ausbrüchen und Schneideunfähigkeit.

Bei Hartmetallschneiden kann man eine optimale Schneidenschartigkeit nur erzielen, wenn man für jede Hartmetallqualität eine bestimmte Schleifscheibe verwendet. E. Dinglinger hat in Zusammenarbeit mit O. Kienzle eine Tabelle für die zweckmäßigen Bindungen und Körnungen der Schleifscheibe entwickelt.

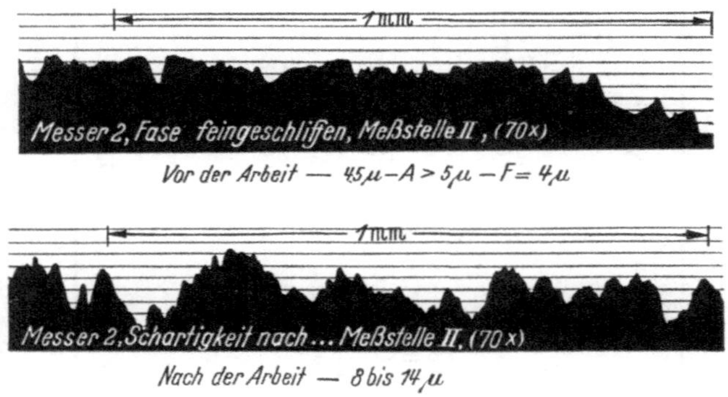

Bild 763. Schartigkeit von Schnellstahlschneiden in 1000facher Überhöhung vor der Arbeit und nach der Arbeit. (Nach E. Dinglinger.)

Die zweite Komponente für die Schneidschärfe ist der Schneidkeilradius, der durch die Reibungsarbeit bei der Zerspanung vergrößert wird, wobei die Schnittkraft zunimmt. Weitere Forschungen müssen klären, welcher Schneidkeilradius für Schnellstahl und Hartmetall einerseits die geringste Schnittkraft, anderseits die größtmögliche Standzeit erlaubt.

833. Oberflächengüte gefräster Flächen.

Holz ist ein elastischer Stoff, der sich in der Nähe von Abscherstellen verformt; um bei der Zerspanung eine glatte Schnittfläche ohne vorstehende Faserreste zu erhalten, muß die Schnittgeschwindigkeit so hoch gewählt werden, daß sich Verformungswellen nicht ausbilden können. Diese Bedingung kann aber schon bei 5 bis 10 m/s erfüllt sein, wie man am Beispiel der Oberfräsen erkennen kann. Solche Maschinen laufen in der Regel mit 18000 U/min; bei einem häufig vorkommenden Werkzeugdurchmesser von 5 mm entspricht dem eine Schnittgeschwindigkeit von 4,7 m/s, die im Beispielsfalle einen tadellos sauberen Schnitt liefert. Im allgemeinen freilich wird man mit Rücksicht auf die Schnittgüte Schnittgeschwindigkeiten von 20 bis 40 m/s anstreben. Irrig ist die Ansicht, daß die Abscherung um so glatter vor sich geht, je höher die Schnittgeschwindigkeit ist.

Viel wichtiger als die Schnittgeschwindigkeit ist der Schritt, das Verhältnis von Vorschub zu Drehzahl, für die Schnittgüte. Will man einen zweckmäßigen

Zahlentafel 101. *Wirtschaftlichkeitsberechnung von Schnellstahl- und Hartmetall-Fräsern für die Sperrholzbearbeitung. (Nach E. Dinglinger.)*

	Hartmetall-Fräser	Schnellstahl-Fräser	Fräserkosten je Fräsmeter
Standzeit bis zum 1. Nachschliff	1000 m	25 m	Falzfräser vierflügelig, 121 mm ∅
Nachschliffe je Werkzeug . .	40mal	27mal	15 mm breit
Meter insgesamt	40 × 1000 = 40000 m	20 × 25 = 500 m 40000m	Werkstoff: Sperrholz
Zahl der Werkzeuge	1 Stück	1 Stück ≙ 80 Stück	
Zahl der Nachschliffe insgesamt	40mal	20mal 1600mal	
Kosten der Werkzeuge . . .	1 × 145,— DM = 145,— DM	80 × 65,50 DM = 5240,—DM	
Kosten der Nachschliffe . . .	40 × 8,— DM = 320,— DM	1600 × 1,50 DM = 2400,—DM	
Kosten des Werkzeugwechsels	40 × 10 min 400 min je 3 Dpfg = 12,— DM	1600 × 10 min 16000 min je 3 Dpfg = 480,—DM	Bei Verwendung eines Hartmetallfräsers
Maschinenstillstand	400 min 6,7 Std. je 3,— = 20,— DM	16000 min 266,7 Std. je 3,— DM = 800,—DM	Ersparnis:
Gesamtkosten für 40000 m .	497,— DM	8920,—DM	8423,— DM gesamt 21,06 Dpfg je
Kosten je Fräsmeter	497,— DM : 40000 = 1,24 Dpfg	8920,— : 40000 = 22,3 Dpfg	Fräsmeter

Zahlentafel 102. *Wirtschaftlichkeitsberechnung für Hartmetalloberfräser. (Nach E. Dinglinger.)*

	Hartmetall-Oberfräser	Schnellstahl-Oberfräser	Oberfräser
Standzeit bis zum 1. Nachschliff	60 Gehäuse je 1,50 m = 90 m	1 Gehäuse je 1,50 m = 1,50	Kosten je Fräsmeter Werkstoff: Sperrholz
Nachschliffe je Werkzeug . .	20mal	10mal	
Meter insgesamt	20 × 90 = 1800 m	10 × 1,50 = 15 m 1800 m	
Zahl der Werkzeuge	1 Stück	1 Stück ≙ 120 Stück	
Zahl der Nachschliffe insgesamt	20mal	10mal 1200mal	
Kosten der Werkzeuge . . .	1 × 28,— DM = 28,— DM	120 × 4,— DM = 480,— DM	Bei Verwendung eines Hartmetalloberfräsers
Kosten der Nachschliffe . . .	20 × 1,50 DM = 30,— DM	1200 × —,20 DM = 240,— DM	
Kosten des Werkzeugwechsels	20 × 5 min = 100 min je 3 Dpfg = 3,— DM	1200 × 5 min = 6000 min je 3 Dpfg = 180,— DM	Ersparnis:
Gesamtkosten für 1800 m . .	61,— DM	900,— DM	839,— DM gesamt
Kosten je Fräsmeter	61,— DM : 1800 = 3,4 Dpfg	900,— DM : 1800 = 50 Dpfg	46,6 Dpfg je Fräsmeter

bewährten Schritt bei steigendem Vorschub beibehalten, so muß man, wie sich an Hand von Gleichung (61) beweisen läßt, auch die Drehzahl erhöhen. Die üblichen Schrittgrößen und ihren Zusammenhang mit der Arbeitsgüte und mittleren Spandicke zeigt Zahlentafel 103 nach J. Köberle für einen Fräser mit einer Schneide ($z = 1$).

Zahlentafel 103. *Schritt und Spandicke beim Fräsen.*

Arbeitsgebiet	Schritt je Umdrehung $e' = \frac{1000\,s}{n}$ mm	Mittlere Spandicke δ mm
Feinschlichten . .	0,3 bis 0,8	0,014 bis 0,04
Schlichten	0,8 bis 2,5	0,04 bis 0,16
Schroppen	2,5 bis 5,0	0,16 bis 0,4

84. Hobeln und Abrichten.

841. Handhobeln (gerade Schnittbewegung).

Beim Handhobeln arbeitet man mit verhältnismäßig schmalen Messern, die in einer hölzernen Hobellade so eingespannt sind, daß die Messerschneide etwas über dem Ladenboden steht. Damit der an der Schneide entstehende Spalt nicht in das Holz (möglicherweise sogar unter die zu erzeugende Oberfläche) voreilen kann, bringt man über dem Schneidmesser eine eiserne Spanbrecherlippe gemäß Bild 764 an und drückt die Druckkante der Hobellade möglichst nahe an die Messerschneide heran; dadurch wird der Span unmittelbar nach seiner Bildung gebrochen. Der Abstand der Bruchstellen bestimmt die Oberflächengüte. Je geringer er ist und je dünner der abgehobelte Span wirkt, um so besser fällt die Oberfläche aus. Zahlentafel 104 gibt Erfahrungswerte für die Schneidenwinkel an Handhobelmessern nach G. Pahlitzsch[1].

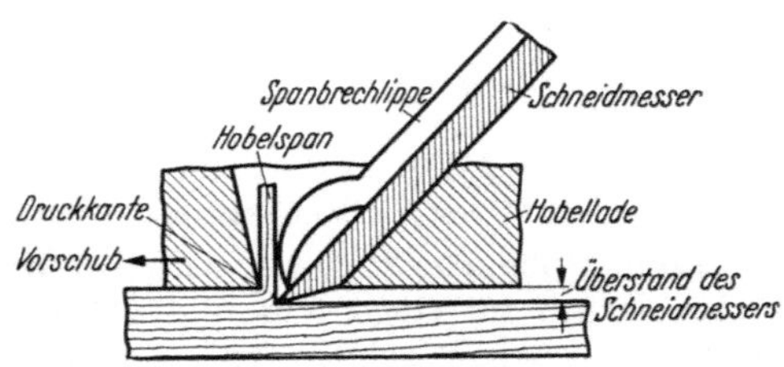

Bild 764. Schematischer Schnitt durch einen Handhobel mit Spanbrecherlippe. (Nach G. Pahlitzsch.)

Zahlentafel 104. *Schneidenwinkel für Handhobelmesser in ° (Erfahrungswerte). (Nach G. Pahlitzsch.)*

Winkel	Holzart			
	hart		weich	
	lang	quer	lang	quer
Freiwinkel	10 bis 15			
Keilwinkel	60 bis 70	15 bis 25	30 bis 40	15 bis 25
Spanwinkel	10 bis 15	55 bis 60	40 bis 45	55 bis 60
Schnittwinkel . . .	70 bis 85	25 bis 40	40 bis 55	25 bis 40

[1] Pahlitzsch, G.: Spangebendes Formen, in Hütte: Taschenbuch für Betriebsingenieure 4. Aufl., 1. Teil, Berlin 1951, S. 395ff.

Dem Handhobeln mit gerader Schnittbewegung ist das Abziehen (Putzen) von Sperrplatten mittels Ziehklingenmaschinen verwandt, bei dem allerdings das Messer still steht und das Werkstück die Schnittbewegung ausführt (s. auch Abschnitt 732.32). Während das Ziehklingen zur Endbearbeitung von Sperrplatten eine Zeitlang mehr und mehr durch Schleifen verdrängt wurde, hat es sich jetzt wieder in einem gewissen Umfang sein Anwendungsgebiet zurückerobert. Die Spandicke beträgt nur 25 bis 50 μ bei Vorschubgeschwindigkeiten des Werkstücks zwischen 20 und 25 m/min. Wird das Messer nicht senkrecht, sondern schräg zur Vorschub-, d. h. Schnittrichtung, eingestellt, dann erhält man glattere Schnittflächen. Da der Spanwinkel meist 0° oder wenig mehr beträgt, ergibt sich eine sehr starke Spanablenkung. Die Druckkante des Putzmesserkastens (Bild 765) muß deshalb möglichst nahe an die Messerschneide herangerückt werden, ferner muß eine Druckwalze unmittelbar über dem Messer wirken. Abschließend ist auf die technologische Ähnlichkeit zwischen dem Hobeln mit gerader Schnittbewegung und dem Messern von Furnieren (vgl. Abschnitt 721.22) sowie dem Hobeln von Holzwolle (vgl. Abschnitt 761.11) hinzuweisen.

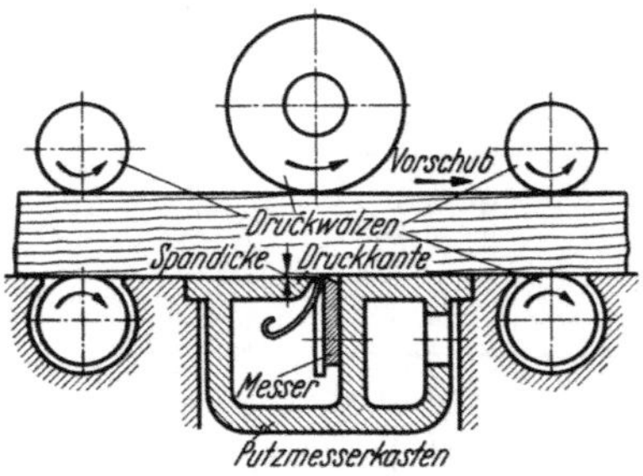

Bild 765. Schematische Darstellung des Abziehens mit feststehender Ziehklinge. (Nach G. Pahlitzsch.)

842. Maschinenhobeln.

842.0 Allgemeines über das Maschinenhobeln (kreisende Schnittbewegung).

Beim Hobeln mit Messerwellen werden bei gleichmäßigem Vorschub — wie beim Fräsen im Gegenlauf, vgl. Abschnitt 831.1 — die Flugkreisbahnen der Schneiden relativ zum Holz verlängerte (verschlungene) Zykloiden (vgl. Bild 712). Das Profil der gehobelten Fläche setzt sich also aus Zykloidenbögen zusammen, wenngleich, wie weiter unten noch erwähnt werden wird, oft vereinfacht Kreisbögen angenommen sind[1].

Im tiefsten Punkt der Zykloide eines Messers ist der Krümmungsradius ϱ

$$\varrho = b + 2\,a + \frac{a^2}{b} = \frac{D_s}{2} + \frac{s}{\pi n}\left(1 + \frac{s}{2\,\pi n \cdot D_s}\right), \qquad (93)$$

wobei die Bedeutung von a und b aus Bild 712 zu entnehmen sind. Nimmt man beispielsweise an: Schnittkreisdurchmesser $D_s = 120$ mm, Vorschub $s = 20$ m/min und Drehzahl $n = 4500$ U/min, so ergibt sich

$$\varrho = 0{,}06 + \frac{20}{\pi \cdot 4500}\left(1 + \frac{20}{2 \cdot \pi \cdot 4500 \cdot 0{,}12}\right) = 0{,}06142\ [\mathrm{m}].$$

Man hätte also für die Praxis genügend genau $\varrho = \frac{D_s}{2} = 0{,}06$ [m] setzen können.

Da sich die Vorschubgeschwindigkeit zur Schnittgeschwindigkeit beim maschinellen Hobeln etwa wie 1 : 100 verhält, kann man mit guter Annäherung die Zykloidenbögen durch Kreisbögen vom Radius des Flugkreises (Flugkreis-

[1] Müller-Eisele, W.: Z. VDI Bd. 71 (1927) S. 797. — K. Pfützner: Holzbearb.-Masch. Bd. 6 (1930) S. 405.

durchmesser = Messerwellendurchmesser + 2 mm) ersetzen. Die Wellentiefe t der Bögen bestimmt im wesentlichen die Oberflächengüte; t wird um so kleiner, d. h. die Oberflächengüte um so besser, je kleiner der Schritt e und je größer der Flugkreisdurchmesser D_s werden. Angenähert gilt

$$e \approx 2\sqrt{t \cdot D_s}. \qquad (94)$$

Bild 766 zeigt die Abhängigkeit des maximal zulässigen Vorschubs vom Messerwellendurchmesser und der Schnitttiefe. Da praktisch nie alle Messerschneiden auf dem gleichen Flugkreis liegen, wurde sicherheitshalber mit $z = 1$ gerechnet. Der Schritt e ergibt sich mittels der beim Fräsen schon mitgeteilten Formel

$$e = \frac{1000\, s}{n \cdot z}. \qquad (61)$$

Auf die Bedeutung des Schritts für die Arbeitsgüte wird in Abschnitt 842.4 näher eingegangen werden.

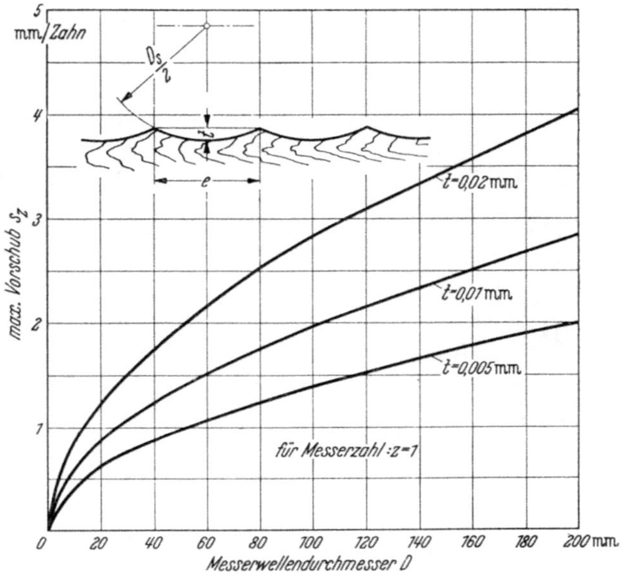

Bild 766. Abhängigkeit des maximal zulässigen Vorschubs beim Hobeln vom Messerwellendurchmesser (Flugkreisdurchmesser D_s) und der Oberflächengüte (Wellentiefe t). (Nach G. Pahlitzsch.)

842.1 Beschreibung der Hobelmaschinen.

Hobelmaschinen arbeiten mit untenliegenden Messerwellen beim Abrichten oder Fügen (Bild 767), mit obenliegenden Wellen beim Dickenhobeln (Bild 768), mit mehreren Wellen bei der mehrseitigen Bearbeitung (Bild 769), mit der auch Kehlen und Spunden verknüpft sein kann. Sonderausführungen dienen zum Nuten und Spunden, zum Hobeln von Parkettstäben (Bild 770), zum Rundhobeln der Außen- und Innenseiten von Faßdauben (Bild 771), zum Hobeln von Rundstäben usw.

Bild 767. Abrichthobelmaschine, Bauart Hüfner & Söhne, Tischlänge 2500 mm, Hobelbreite 510 mm, Drehzahl der Messerwelle 5000 U/min, Antriebsleistung 3 kW.

Die Drehzahl der Messerwelle von Hobelmaschinen liegt meist zwischen 4500 und 6000 U/min; dem entsprechen Schnittgeschwindigkeiten von 25 bis 50 m/s. Man ist hier an einer Grenze angelangt, deren Überschreiten durch Werkstoff und Baufragen erschwert wird. Zwar liegen die Eigenschwingzahlen (kritischen Drehzahlen) der Messerwellen mit normalen Abmessungen erheblich über $n = 6000$ U/min, aber mit den Impulszahlen, die außer durch die Drehzahl von der Anzahl der Messer bestimmt werden, kann man bei langen Messerwellen (über 600 mm) durchaus in das kritische Gebiet gelangen[1].

Bild 768. Dicktenhobelmaschine, Bauart Comag, Vorschubgeschwindigkeiten 7 bis 32 m/min, Drehzahl der Messerwelle 6000 U/min, Hobelbreite 800 mm, Hobeldicke 200 mm, Antriebsleistung 10 kW.

Auch die statische Durchbiegung von runden Hobelmesserwellen unter ihrer Eigenlast ist zu berücksichtigen, da sie verhältnisgleich der dritten Potenz der Messerwellenlänge anwächst. Bei Wälzlagerung ist ferner die Eigenfrequenz des Wälzlagers von Bedeutung[2]. Die kritische Drehzahl liegt hier bei den üblichen Konstruktionsdaten im Bereich der Arbeitsdrehzahl, so daß sorgfältige Nachprüfung unentbehrlich ist.

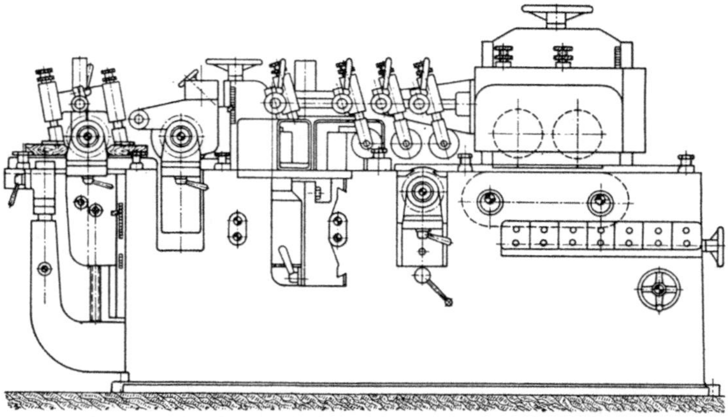

Bild 769. Aufriß einer vierseitigen Hobel- und Kehlmaschine, Bauart Anthon & Söhne mit 3 waagerecht und 2 senkrecht angeordneten Messerwellen, Drehzahl der Messerwellen 6000 U/min, Hobelbreite 160 mm, Hobeldicke 110 mm, stufenlos einstellbare Vorschubgeschwindigkeiten von 6 bis 30 m/min.

Die Vorschubgeschwindigkeiten der Hobelmaschinen liegen normalerweise zwischen 3 und 45 m/min, können aber bei schwersten Hochleistungshobelmaschinen (zur Herstellung von Dielenbrettern, Kistenbrettern, Profilbrettern usw.) bis auf 220 m/min gesteigert werden. Die Hobelbreiten schwanken zwischen 300 und 1300 mm, die Schnittiefen gewöhnlich zwischen 0,5 und 2,5 mm.

Die Vorschubvorrichtungen können verschiedenartig ausgebildet sein. Bei Dicktenhobelmaschinen liegt gewöhnlich vor der Messerwelle eine geriffelte Einzugswalze, hinter der Messerwelle eine glatte Abzugswalze. Bei schweren Maschinen trifft man auch zwei Einzugswalzen und endlose Gliederketten. Den

[1] Vgl. G. Pahlitzsch: Spangebendes Formen, in Hütte, Taschenbuch für Betriebsingenieure, 4. Aufl., Berlin 1951, S. 402/403.

[2] Schenk, O.: Werkst. Techn. Bd. 33 (1939) S. 185.

gleichzeitigen Vorschub verschieden dicker Hölzer ermöglichen Gliederwalzen mit federnden Gliedern. Meist stützen Druckschuhe oder Druckrollen das Werkstück gegen den Messerschlag ab. Bild 772a zeigt die übliche Anordnung der Hobelwellen und des Druckschuhs, während in Bild 772b eine in USA entwickelte Konstruktion dargestellt ist[1]. Bei der Maschine gemäß Bild 772a spielt sich der Hobelvorgang wie folgt ab: Ein Druckstück preßt das vorgeschobene Brett auf den Tisch der Maschine und wirkt zugleich als Spanbrecher für den von der oberen Messerwelle von der Brettoberfläche abgenommenen Span. Die untere Messerwelle hobelt hierauf die Brettunterseite, und zwar ohne Rücksicht darauf, ob diese Seite glatt gehobelt werden soll oder nicht. Da die obere Messerwelle schneidet, während das Brett auf seiner Rückseite noch rauh ist, kann sie eine wellige Oberfläche auf der Oberseite erzeugen. Bei der Anordnung nach Bild 772b kommt die untere Messerwelle zuerst zum Schnitt, und der Druck wirkt von einem unteren Druckstück aus nach oben auf das Brett. Durch die Einstellung der Führungsplatte, gegen die das Brett gedrückt wird, hat man es in der Hand, die Spandicke auf der Unterseite zu regeln. Unter Umständen kann man das Brett auf der Rückseite ganz oder teilweise rauh belassen und damit die Schnittverluste erheblich verringern. Nach Passieren der unteren Hobelwelle wird das Brett vom oberen Spanbrecher gegen die untere Tischplatte gepreßt; die Tischplatte wird in ihrer Höhe so eingestellt, daß ihr Abstand vom Schneidenflug-

Bild 770. Vierseitige automatische Parketthobelmaschine, Bauart Müller A.G., Brugg/Schweiz. Die Hobelwellen und die Fräswellen lassen sich in der Breite und Höhe während des Betriebes verstellen, Vorschub der Rohfriesen oder Rohdielen durch Transportkette, Hobelbreiten 30 bis 150 mm, Brettdicken 10 bis 80 mm, Vorschubgeschwindigkeiten wahlweise 8, 12 und 16 m/min, Drehzahl aller Arbeitswellen 4800 U/min, Antriebsleistung 4 · 2,8 kW für die Arbeitswellen, 1,6 kW für die Transportkette.

Bild 771. Daubenhobel- und Ausputzmaschine für schwere Dichtfässer, Bauart Gebr. Schmaltz.

[1] Koch, P.: Plain Talk for Better Lumber, Wood (USA), Bd. 3 (1948) Okt. u. Nov. — Vgl. US. Pat. 2102186.

kreis der gewünschten Enddicke des Brettes entspricht und die Oberfläche einwandfrei glatt gehobelt wird. Wird ein Brett in die Maschine eingelegt,

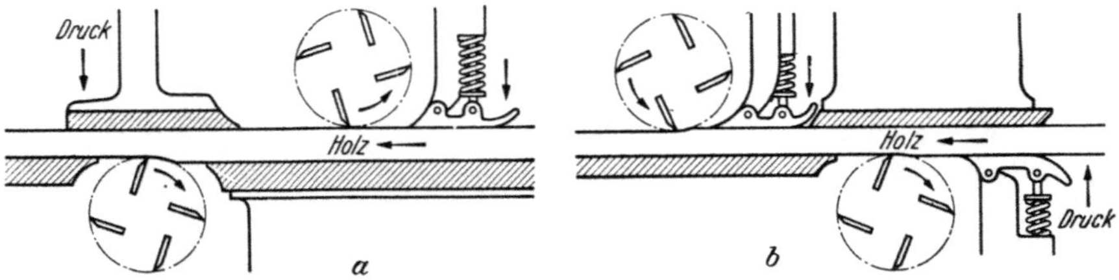

Bild 772. Schema der Anordnung der Messerwellen und Druckstücke sowie der Holzbewegung bei Dicktenhobelmaschinen. *a* übliche Bauart, *b* bei der Dicktenhobelmaschine Bauart Stetson-Ross, Seattle, Wash. (Nach P. Koch.)

dessen Dicke unter der gewünschten Enddicke liegt, dann kommt es oben und unten rauh aus der Maschine wieder heraus und kann zu anderen Zwecken verwendet werden. Eine Zusammenstellung von Daten für einige gebräuchliche Hobelmaschinen verschiedener Herkunft bringt Zahlentafel 104.

842.2 Leistungsbedarf, Schnittkraft und Vorschub beim Hobeln.

Einen Überblick über die Größe des Leistungsbedarfs verschiedener Hobelmaschinen enthält Zahlentafel 105. Mit der begrenzten Brauchbarkeit der in der Literatur früher mitgeteilten Berechnungsverfahren für den Leistungsbedarf beim Hobeln hat sich H. Pause[1] befaßt. Der gesamte Leistungsbedarf N errechnet sich gemäß Gleichung (28) aus der Leerlaufleistung N_l und der Zerspanungsleistung N_s

$$N = N_l + N_s\,. \tag{28}$$

Dabei setzt sich N_l wieder aus zwei Gliedern zusammen, aus dem Anteil N_{lM} für die verschiedenen Messerwellen und dem Anteil N_{lv} für die Vorschubeinrichtung. Es gilt dann

$$N_{lM} = c_M \cdot D^2 \cdot b_M \cdot n \text{ [kW]}, \tag{95}$$

worin der Gütefaktor für die Lagerung c_M für normale Wälzlagerungmit 0,0190 (bei sehr guten und gepflegten Lagern mit 0,0066) angenommen werden kann. Bei mangelhaften Wälzlagern oder Gleitlagern setzt man $c_M = 0{,}041$. Der Leerlaufanteil der Vorschubeinrichtung beträgt nach H. Pause bei kleineren Dicktenmaschinen, deren in Gleitlagern geführte Vorschubwalzen $n = 30$ U/min machen, rund 0,25 kW, jener von mittelschweren Fußbodenhobelmaschinen mit Vorschüben bis 60 m/min rund 1,7 kW. Dieser Anteil ist für eine gegebene Maschine als fester Wert zu betrachten, der allerdings erheblich von der sorgfältigen Bedienung (gewissenhaften Einstellung der Tischwalzen bei Dicktenmaschinen, der Gliederketten bei selbsttätigen Abrichten sowie Parketthobelmaschinen) abhängt.

Nach H. Pause gilt

$$N_v = c_v \cdot (1 + 10b) \cdot s^k \text{ [kW]}, \tag{96}$$

wobei der Faktor $c_v = 0{,}632$ bei $k = \frac{1}{3}$ und b die Hobelbreite [m] ist.

Für die Zerspanungsleistung N_s stellte schon H. Fischer[2] im Jahre 1905 als wesentlichste Größe die mittlere Umfangskraft P_M (= Mittenspankraft)

[1] Pause, H.: Holz als Roh- und Werkstoff Bd. 6 (1943) S. 54.
[2] Fischer, H.: Die Werkzeugmaschinen, Berlin 1905.

heraus:

$$P_M = k_M \cdot \delta_m \cdot b. \quad (97)$$

Hierin sind δ_m die mittlere Spandicke [mm] und b die Hobelbreite [mm]. Wie wir bereits sahen — siehe Gleichung (83) — gilt

$$\delta_m = e \cdot \sqrt{t/D_s}.$$

Die auf das Werkzeug und das Werkstück wirkenden Kräfte ändern sich beim Hobeln mit dem Eingriffwinkel φ_e wie bei geradeverzahnten Walzenfräsern. Für die Messerstellung in Mitte des Eingriffbogens (d. h. für den Winkel $\varphi_e/2$) entspricht die mittlere Umfangskraft beim Durchgang einer Messerschneide der Mittenspankraft P_M gemäß Gleichung (98). Zwischen der mittleren Umfangskraft P_U und der mittleren Spankraft P_M besteht folgende Beziehung:

$$\frac{P_M}{P_U} = \frac{D_s}{t} \frac{\pi}{z} \sin \frac{\varphi_e}{2}. \quad \ldots (98)$$

Bild 773 gibt nach G. Pahlitzsch die Beziehung für verschiedene Schneidenzahlen z wieder.

Die Schnittleistung N_s errechnet sich zu

$$N_s = \frac{P_U \cdot v}{102} = \frac{k_M \cdot t \cdot b \cdot s}{60 \cdot 102}, \quad (99\text{a})$$

worin v die Schnittgeschwindigkeit [m/s], k_M die spezifische Mittenspankraft [kg/mm²],

Zahlentafel 105. *Übersicht über wichtige Daten von Hobelmaschinen verschiedener Bauart und Herkunft.*

Maschinenart	Größte Arbeitsbreite [mm]	Größte Werkstückdicke [mm]	Vorschub: Geschwindigkeit [m/min]	Vorschub: Stufenzahl	Drehzahl der Messerwellen [U/min] · 10³	Zahl der Messerwellen	Messer je Welle	Leistungsbedarf [kW]
Abrichthobelmaschinen								
tragbare	40—*260*	—	5—10	Handvorschub	2,8—8,5	1	2—3	0,18—*1*—2
stationäre	400—*630*	—	8—15	2 oder Handvorschub	3,5—*4,5*—6	1	2—4	1,8—2,5—5
Komb. Abricht- u. Dickten-hobelmaschinen	410—*630*	*200*—250	5—20	1 oder *2*	4—*5*—6	1	2—*4*	3—*4*—6
Dicktenhobelmaschinen	410—*630*—1300	175—*200*—250	5—*12*—35	2—	4—*5*—8	1	2—4	3—*5,5*—20
Vierseitige Hobelmaschinen								
Parketthobelmaschine	150	80	8—*12*—16	2 oder 3	4,8—*6*	4	4	8—20
Außenkehlmaschine	100—180	60—100	6—35	3—4	4,5—*6*	4—6	2—*4*—6	8—20
Innenkehlmaschine	175—300	75—125	6—30	4—∞	4,5—*6*	4—6	2—*4*—6	8—20
deutsche Putzhobelmaschine	150—*300*—320	80—130	6—100	4—∞	3—*6*	4—6	4—6	18—60
schwedische Putzhobelmaschine	150—300	80—125	bis 150	4—∞	4—*6*	4—6	4—8	15—60
englische Putzhobelmaschine	bis 380	100—150	bis 180	4—∞	4—7,2	4—6	4—8	20—70
amerikanische Putzhobelmaschine	bis 400	bis 200	bis 220	4—∞	bis *6*	4—*6*—14	4—12	bis 135

t die Schnittiefe [mm], b die Hobelbreite [mm] und s der Vorschub [m/min] sind.

Für die Abhängigkeit der **spezifischen Mittenspankraft** k_M von der **Spandicke** liegen verschiedene Messungen vor. H. Pause hat Bild 774 aus

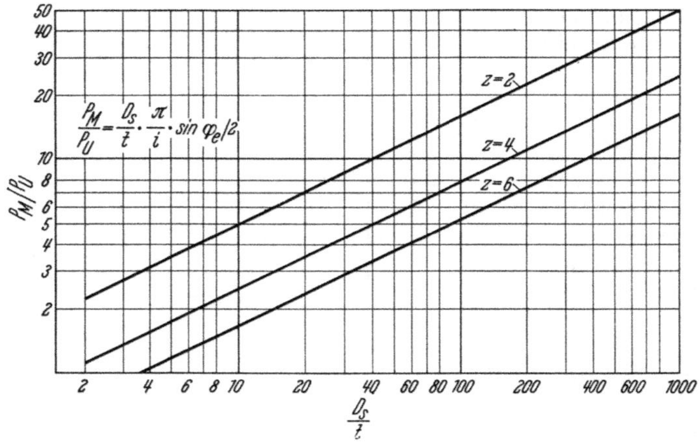

Bild 773. Zusammenhang des Verhältnisses P_M/P_U in Abhängigkeit vom Verhältnis D_s/t für verschiedene Schneidenzahlen z. (Nach G. Pahlitzsch.)

Versuchen von C. Bobbe[1] und eigenen Messungen zusammengestellt. Man ersieht daraus und aus Bild 775, daß die spezifische Mittenspankraft mit wachsendem Spanquerschnitt kleiner wird. Zur überschlägigen Berechnung kann man nach G. Pahlitzsch für $\delta_m > 100\ \mu$ setzen: Fichte und ähnliche

[1] Bobbe, C.: Untersuchungen über die bei Hobelmaschinen mit umlaufenden Messern auftretenden Komponenten, Diss. T. H. Dresden 1928.

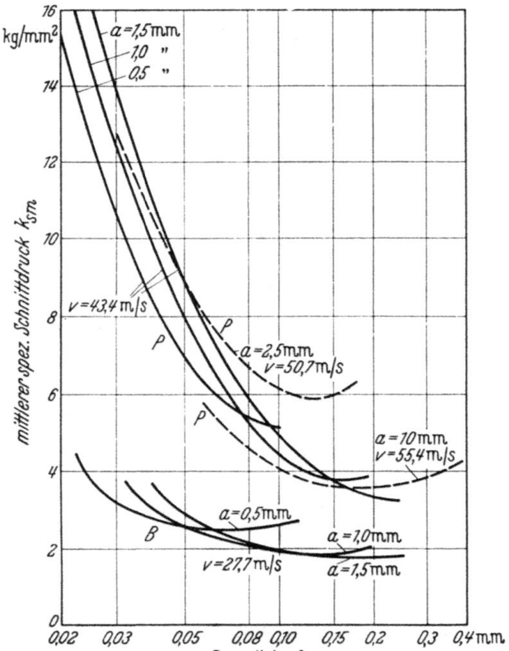

Bild 774. Mittlere spezifische Schnittdrücke beim Hobeln und Fräsen (von Nut und Spund) im Gegenlauf längs der Faser mit umlaufenden, achsparallelen Schneiden in Abhängigkeit von der Spandicke. Messer: Schnittwinkel 66 Neugrad, Kurven B Schneidenzahl $z = 2$, gestrichelte Linien (Fräser) $z = 6$, Kurven P $z = 4$. Holzart: Fichte, Holzfeuchtigkeit $u = 0{,}15$ bis $0{,}18$. (Kurven B nach C. Bobbe, Kurven P nach H. Pause.)

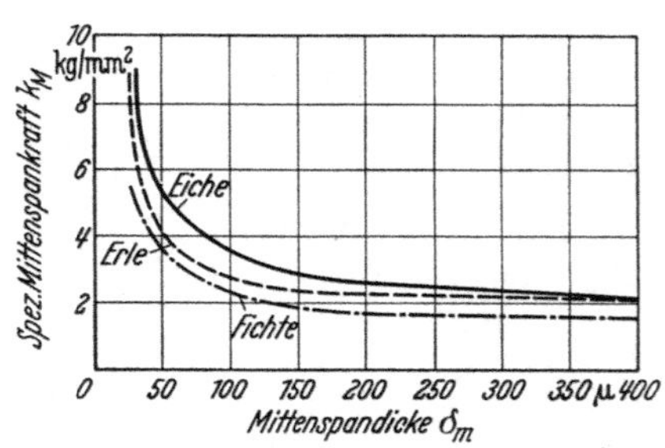

Bild 775. Abhängigkeit der spezifischen Mittenspankraft k_m von der Mittenspandicke δ_m beim Zerspanen verschiedener Holzarten mit Messerwellen. (Nach Untersuchungen von C. Bobbe zusammengestellt von G. Pahlitzsch.)

Weichhölzer $k_M = 1{,}0$ bis $1{,}5$ kg/mm², Eiche und ähnliche Hölzer $k_M = 2$ bis $2{,}5$ kg/mm², Rotbuche $k_M = 3$ bis $3{,}5$ kg/mm².

Man kann die Zerspanungsleistung N_s auch aus der spezifischen Zerspanungsarbeit ε [kWh/m³] ableiten, wobei man beachten muß, daß zwischen ε und dem mittleren spezifischen Schnittwiderstand k_M eine feste Beziehung besteht:

$$\varepsilon = \frac{10^6}{102 \cdot 60^2} \cdot k_M = 2{,}723\, k_M \text{ [kWh/m}^3\text{]}.$$

Weiter gilt

$$N_s = 60 \cdot t \cdot b \cdot s \cdot \varepsilon \cdot c_A, \tag{100}$$

wenn c_A den Abnützungsbeiwert der Messerschneide bedeutet.

Schließlich hängt die Nutzleistung bei der Zerspanung in kW auch vom Spanvolumen ab. Hierfür hat G. Pahlitzsch eine Netztafel entworfen (Bild 776), die zugleich Anhaltspunkte für die zulässige Vorschubgeschwindigkeit bei einer verfügbaren Nutzleistung gibt.

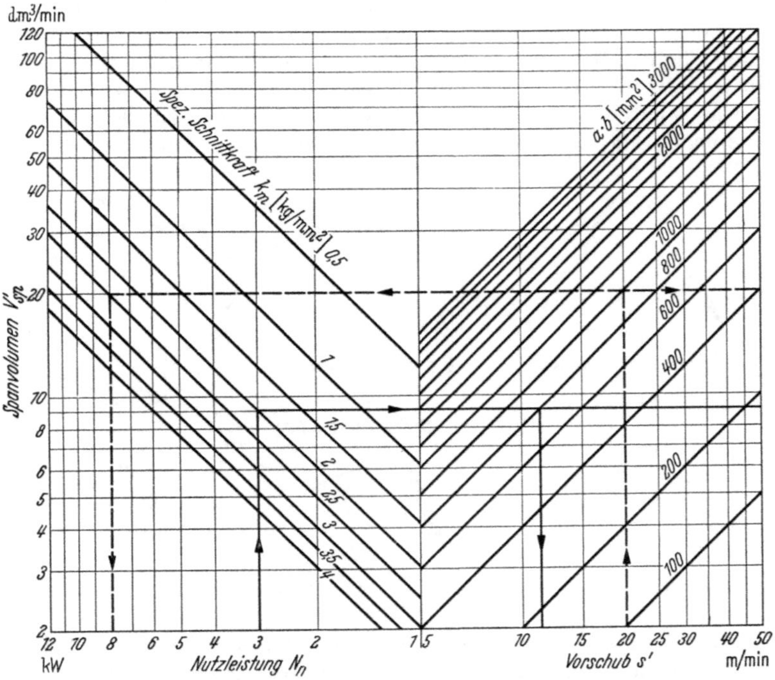

Bild 776. Netztafel zur Bestimmung der erforderlichen Nutzleistung N_n und des zulässigen Vorschubs s aus dem Spanvolumen V bei verschiedener spezifischer Schnittkraft k_m. (Nach G. Pahlitzsch.)

Nicht zu erörtern ist in diesem Kapitel über das Maschinenhobeln die Abhängigkeit der Schnittkraft — und damit des Leistungsbedarfs bei der Zerspanung — von den inneren und äußeren Faktoren bei der Arbeit, da die in Abschnitt 831.2 für das Fräsen mitgeteilten Gesetzmäßigkeiten sinngemäß Anwendung finden können.

842.3 Gestaltung der Messerwellen, Messerköpfe und Messer.

Die Messerwellen unterscheiden sich von den Messerköpfen im wesentlichen durch ihre größere Länge; allerdings werden die Messerköpfe häufig mit Formmessern ausgestattet. Die Messerwellen werden aus legiertem bis hochlegiertem Werkzeugstahl ausgebildet. Vierkantwellen gemäß Bild 777 werden wegen der erhöhten Unfallgefahr nur mehr in Dicktenhobelmaschinen erlaubt, obgleich auch hier Messerwellen mit rundem Querschnitt (Sicherheitswellen) verwendet werden, die bei den Abrichthobelmaschinen ausschließlich zugelassen sind. Die Messerzahl der Wellen beträgt 2, 3, 4 oder 6 (bei Maschinen ausländischer Bauart bis zu 12) (Bild 778). Meist schneiden die Messer achsparallel (entsprechend dem Schnittvorgang beim Walzenfräser mit geraden Flanken), jedoch arbeiten Messerwellen mit schraubenlinienförmig verlaufenden Schneiden ruhiger. Wegen der schwierigeren Einstellung vermochten sie sich jedoch nicht allgemein einzuführen.

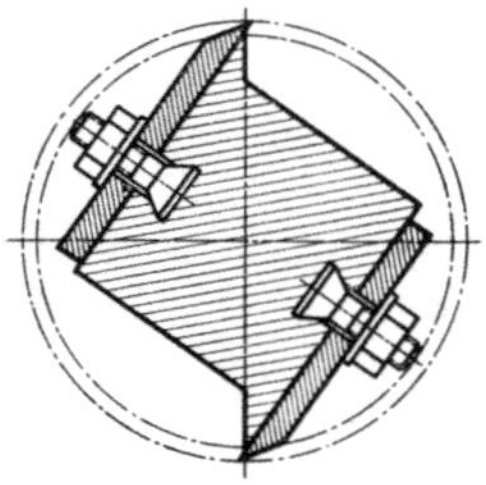

Bild 777. Schnitt durch eine Vierkantmesserwelle.

Für die Befestigung der Messer haben sich Klappen und Schrauben besonders bewährt. Verschiedentlich kommt auch ein Keilsystem zur Anwendung, wobei aber die Einstellung der Messer auf gleichbleibenden Flugkreis schwierig ist. Die Halterung muß das Messer gegen das Herausschleudern durch die Fliehkraft und vor dem Durchbiegen schützen. Bei hochtourigen Maschinen sind die Messer manchmal gegen Herausfliegen durch Paßstifte gesichert. Das Einstellen der Messer und Keile erleichtern Einstellehren, die vielfach als einschwenkbare Vorrichtung in die Maschinen eingebaut sind.

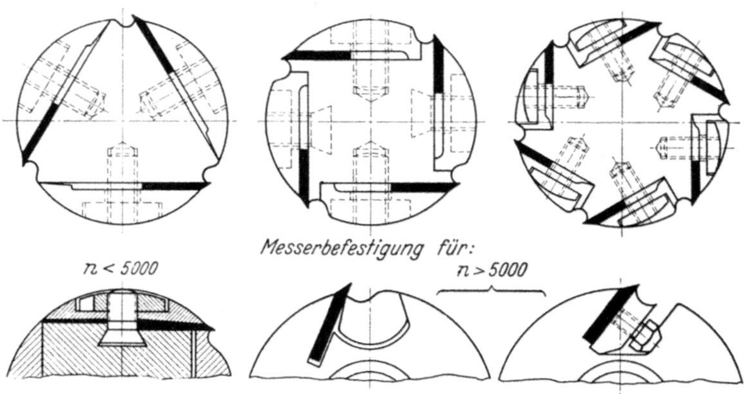

Bild 778. Schnitte durch Hobelmesserwellen mit 3, 4 und 6 Messern, Schema der Messerbefestigung.

Neben der Unfallsicherheit erstrebt man vor allem Geräuschminderung. Für letztere ist die Form der Messerwelle und ihre Biegesteifigkeit entscheidend. Eine geräuschgedämpfte Hobelmesserwelle mit mechanischer Spannung der Messer zeigt Bild 779 im Querschnitt. Das Spannen der Messer erfolgt bei ihr durch zwei Leisten, die in eine keilförmige Nut des Messerwellenkörpers eingelegt und durch Schrauben mit kegelig ausgebildetem Kopf tangential verkeilt werden. Die Leisten schließen bündig mit dem Messerwellenkörper ab.

Erhöhte Unfallsicherheit und besonders geräuscharmen Lauf geben die schraubenlosen Messerwellen mit hydraulischer Spannung (Bild 780). Der hydraulische Druck bewirkt über zwischengeschaltete Schwellkörper das selbsthemmende Spannen der Keilleisten. In Verbindung mit einer in die Maschine eingebauten Lehre lassen sich die Messer sehr leicht und rasch sowie über ihre ganze Länge gleichmäßig spannen.

Zweckmäßige Schneidenwinkel für die Messer von Hobelmaschinen können aus Zahlentafel 106 entnommen werden[1].

Wie ersichtlich, soll der Keilwinkel bei feuchtem Holz größer sein als bei trockenem. Vom Standpunkt des Leistungsbedarfs wäre ein möglichst kleiner Keilwinkel zu empfehlen, jedoch kann man bei gewöhnlichem Werkzeugstahl nicht unter etwa 36° gehen, da sonst die Schneide leicht ausbricht. Für hochlegierte Stähle können aber spitzere Schneidenformen, für die auch Zahlentafel 106 Anhaltspunkte gibt, vorteilhaft sein.

Zahlentafel 106.
Schneidenwinkel an der Sicherheits-Hobelmesserwelle.

Zustand des Holzes	Spanwinkel γ°	Keilwinkel β°
Grün	0 bis 10	30 bis 40
Lufttrocken	0 bis 15	25 bis 40
Künstlich getrocknet .	5 bis 20	20 bis 35

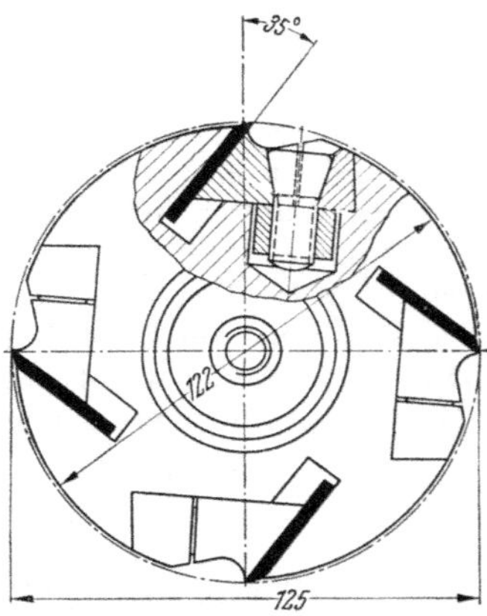

Bild 779. Schnitt durch eine geräuschgedämpfte Hobelmesserwelle mit mechanischer Spannung der Messer, Bauart Gensheimer & Söhne.

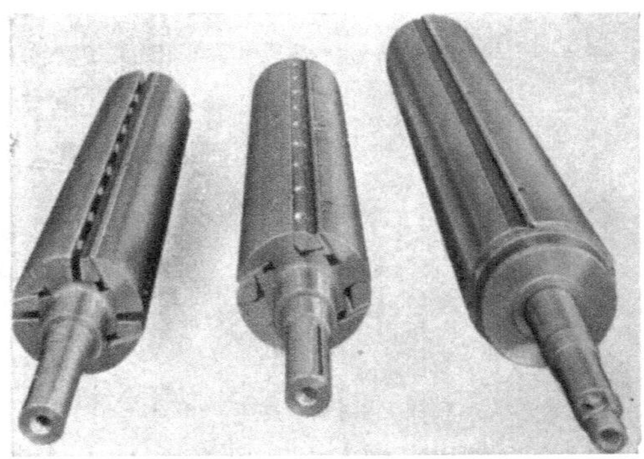
Bild 780. Rechts Ansicht einer geräuschgedämpften Hobelmesserwelle mit hydraulischer Spannung der Messer, Bauart Meyer & Schwabedissen, im Vergleich mit Hobelmesserwellen mit mechanischer Spannung, Mitte und links.

842.4 Oberflächengüte beim Hobeln.

In der Praxis wählt man als Maßstab für die Oberflächengüte beim Hobeln meist nach der Refa-Mappe „Holz" den Schritt e je Messerschlag, d. h. den Abstand von Wellenberg zu Wellenberg auf der gehobelten Oberfläche. Wie bereits in den Abschnitten 831.1 und 833 gezeigt wurde, gilt

$$e = \frac{1000 \cdot s}{n \cdot z} \text{ [mm]}, \tag{61}$$

worin s der Holzvorschub in [m/min], n die Drehzahl der Messerwelle in [U/min] und z die Schneidenzahl der Messerwelle ist. O. Beck[2] erörtert den Schritt e als Maß für die Sauberkeit der Bearbeitung und stellt fest, daß für $e = 1$ mm die Marken der Messerschläge fast unsichtbar werden. Bei Möbelholz geht man nach Wahl unter 1 mm herunter. Die Beziehung gilt nur unter der Voraussetzung, daß sich die Messerschneiden in der gleichen Entfernung von der Messerwellenachse befinden. Für diesen Fall läßt sich mit ihrer Hilfe auch die Drehzahl n der Welle bei gegebenem Vorschub s und gegebener Messerzahl

[1] Schwenninger, O.: Z. VDI Bd. 75 (1931) S. 93.
[2] Beck, O.: Die Stückzeitberechnung für Holzbearbeitungsmaschinen, Berlin 1926.

berechnen oder umgekehrt der höchstzulässige Vorschub bei gegebener Anzahl und Drehzahl der Messer.

H. Pause[1] kritisiert mit Recht, daß e mit der von Beck aufgestellten Grenzbedingung keinen erschöpfenden Aufschluß über den Feinhobelgrad geben kann, da der Durchmesser des Messerkreises nicht berücksichtigt ist. Zwar gilt bei Lippenkreisdurchmessern von 120 mm und darüber uneingeschränkt, daß Flächen sauber gehobelt sind, wenn auf ihnen die Marken der Messerschläge weniger als 1 mm voneinander entfernt sind, für kleinere Werkzeuge (z. B. mit 80 mm Lippenkreisdurchmesser) trifft dies erfahrungsgemäß aber nicht mehr zu, da die Bogenhöhe hier größer wird.

I. H. Flatscher[2] hält deshalb diese Bogenhöhe zur Beurteilung der Oberflächengüte für besonders geeignet und leitet aus ihr unter Berücksichtigung der Gesetze der Zykloide die zulässige Vorschubgeschwindigkeit ab. Auf Grund seiner Beobachtungen schließt er, daß eine Hobelung mit einer Wellenhöhe $h \leqq 0{,}005$ mm den gerechtfertigten Anforderungen an die Glätte entspricht. Für den praktischen Gebrauch ist die entwickelte Formel zu umständlich; auch wissenschaftlich vermag sie nicht zu befriedigen, da die Genauigkeit der theoretischen Formel in einem gewissen Widerspruch zur Ungenauigkeit der notwendigen Annahmen (z. B. daß alle Messerkanten einen Flugkreis berühren) steht. Arbeitet man deshalb mit der Bogenhöhe, so genügt es, den zykloiden Bogen durch einen Kreisbogen zu ersetzen. Aus Bild 781 läßt sich ableiten

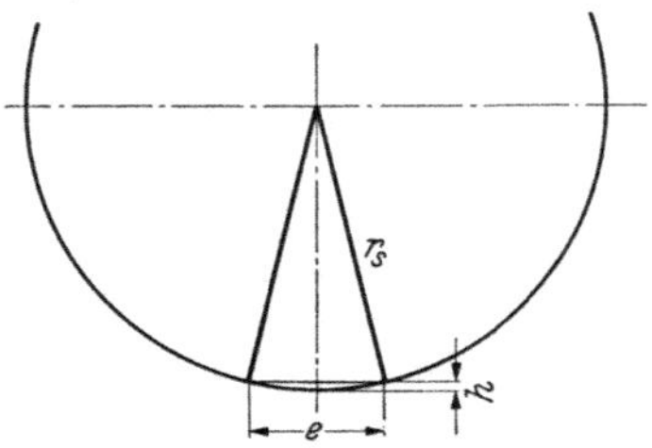

Bild 781. Geometrischer Zusammenhang zwischen Schritt e und Bogenhöhe h beim Hobelschnitt.

$$e = 2\sqrt{h\,(2r_s - h)} = 2\sqrt{h\,(D_s - h)}. \qquad (101\,\mathrm{a})$$

Man ersieht, daß in Gleichung (101) im Gegensatz zu Gleichung (61) der Durchmesser des Schneidewerkzeugs vorkommt. Setzt man weiter den von Flatscher als zulässig angegebenen Wert $h = 0{,}005$ ein, so errechnet sich der bei Feinhobelung zulässige Schritt zu

$$e_{\text{zul}} = 2\sqrt{0{,}005\,(D_s - h)} = 0{,}141\sqrt{D_s - h}. \qquad (101\,\mathrm{b})$$

Mittels dieser Gleichung sind die Werte für den Schritt in der zweiten senkrechten Spalte der Zahlentafel 107 errechnet. Zum Vergleich sind die von F. Voigt[3] angegebenen Werte hinzugefügt.

Die Zahlentafel beweist, daß die Beobachtungen und Vorschriften noch voneinander abweichen; beispielsweise sind bei 120 mm Lippenkreisdurchmesser die Zahlen von Beck und Voigt die nämlichen, während der aus der Bogenhöhe und dem dafür von Flatscher genannten Zahlenwert errechnete Schritt um etwa 50% größer ist. In ähnlichen Grenzen wie die Daten von Flatscher bewegen sich die Angaben von H. Wanckel[4].

Der Vollständigkeit halber sei erwähnt, daß H. Pause zur Charakterisierung des Feinhobelgrades eine Güteziffer f vorschlägt, die als Verhältnis des

[1] Pause, H.: Masch.-Bau Bd. 8 (1929) S. 656. — Derselbe: Holz als Roh- und Werkstoff Bd. 1 (1937/38) S. 503.

[2] Flatscher, I. H.: Holzmarkt, 1927, Nr. 53, S. 3. — Handbuch des Sägebetriebs, S. 363, Berlin 1929.

[3] Vgl. Hütte: Des Ingenieurs Taschenbuch Bd. II, 26. Aufl., S. 782.

[4] Wanckel, H.: Holzbearb.-Masch. Bd. 3 (1927) S. 155.

Schnittkreis-Durchmessers D_s zum Schritt e gebildet wird:

$$f = \frac{D_s}{e} = \frac{D_s \cdot n \cdot z}{1000 \cdot s}\,. \tag{102}$$

Je höher die Güteziffer f ist, desto feiner ist die Hobelung; die Verringerung der Hobelglätte mit Erhöhung der Vorschubgeschwindigkeit läßt sich aus der von Pause eingeführten Zahl gut erkennen, und sie kann in dieser Hinsicht aufschlußreich sein. Man wählt den Feinhobelgrad $f = 33$ für Grobhobelung (wenn Putzmesser folgen), $f = 100$ für Schlichthobelung und $f = 125$ für Feinhobelung; z ist mit 1 anzunehmen, wenn keine Ablaufvorrichtung zum Einstellen der Messer verwendet wird[1]. Einwenden läßt sich gegen die Güteziffer f, daß sie der physikalischen Denkweise nicht entspricht und sich mit keinen geometrischen Vorstellungen verbinden läßt.

Zahlentafel 107. *Werte für den Schritt e (Abstand der Wellenberge) beim Hobeln.*

Lippenkreis-durchmesser* D_L	Schritt e bei		
	Feinhobelung		Grobhobelung nach Voigt
	nach Gleichung (101b)	nach Voigt	
mm	mm	mm	mm
100	1,43	0,85	—
120	1,56	1	—
140	1,68	1,2	4,4 } vierseitige
160	1,80	1,35	5 } Hobelmaschine
180	1,91	1,5	5,5 } mit Putzmesser

* Der Schnittkreis-Durchmesser D_s errechnet sich aus dem Lippenkreis-Durchmesser D_L nach Hütte II ungefähr zu $D_s \approx D_L + 2$ mm.

Für den Maschinenbauer wie für den Betriebsleiter ist lehrreich — und dies läßt sich sowohl aus Gleichung (61) als auch aus Gleichung (102) entnehmen —, daß die Schnittgüte einer Hobelmaschine nur durch Steigerung der Umdrehungszahl verbessert werden kann. In der Praxis wird diese Erkenntnis auch immer befolgt; freilich ist durch die kritische Drehzahl der Messerwelle eine Grenze gezogen, jenseits deren sich Schwingungen einstellen. Die Sauberkeit der Hobelarbeit wird dann wieder in Frage gestellt, wenn die Schwingungsausschläge größer werden als die zulässige Bogenhöhe[2].

Allgemein trägt man den auftretenden Schwingungen durch kräftige Ausbildung des Maschinengestells und sorgfältige Lagerung Rechnung. Die Werkzeugwellen laufen heute ausschließlich in Kugel- und Rollenlagern, wobei erstere für Drehzahlen über 3000 U/min vorzuziehen sind. Um Schwingungen der Welle sicher zu vermeiden, müssen die zulässigen Toleranzen der Lager ziemlich gering sein, z. B. sollen in gewissen Fällen die größten Maßunterschiede der Kugeln 0,0006 mm, das Spiel zwischen Außen- und Innenringen 0,0025 mm nicht überschreiten[3].

Zu unterstreichen ist ferner, daß die Schnittgüte bei mehreren Messern, wie schon kurz erwähnt, vom Rundlauf der Messerschneiden abhängt. Nur wenn alle Schneiden gleiche Durchmesser haben, sind ihre Schläge gleich lang. Steht ein Messer um Weniges vor, so bleiben nur mehr seine Schnittrillen sichtbar[4].

[1] Pause, H.: Masch.-Bau Bd. 8 (1929) S. 656.
[2] Vgl. K. Pfützner: Holzbearb.-Masch. Bd. 6 (1930) S. 405.
[3] Schwenninger, O.: Z. VDI Bd. 75 (1931) S. 93.
[4] Jacobsohn, W.: Masch.-Bau Bd. 8 (1919) S. 657.

In der Praxis wird die Gültigkeit aller theoretischen Überlegungen ferner dadurch eingeschränkt, daß sich bei gleichem Schritt e bei verschiedenen Holzarten wechselnde Oberflächengüte ergeben kann[1] und daß der Feuchtigkeitsgehalt von Einfluß ist. Amerikanische Untersuchungen ergaben beispielsweise, daß man gleiche Oberflächengüte erhält, wenn sich der Schritt e auf grünem zu dem auf lufttrockenem Holz zu dem auf künstlich getrocknetem Holz etwa wie 1,4 : 1,15 : 1,0 verhält[2].

85. Schleifen und Putzen.

850. Allgemeines über das Schleifen und Putzen.

Für die wirtschaftliche Fertigung in Holzgewerbe und Holzindustrie hat das Schleifen besondere Bedeutung, da von ihm die Güte aller später gebeizten, polierten oder lackierten Erzeugnisse abhängt. Polierfähige oder zur Aufnahme von Anstrichmitteln geeignete Holzoberflächen lassen sich durch die Bearbeitung mit Messerwellen (Abrichter, Dicktenhobel, Fräser) nicht erreichen, da hierbei stets eine Oberschicht mit Schuppen und Faserresten zurückbleibt (Bild 782 bis 784). Allen Versuchen, den Arbeitsgang des Schleifens einzusparen, war bisher kein Erfolg beschieden. Durch richtige Wahl der Schleifmaschinen, Schleifmittel und Schleifverfahren kann man die Schleifkosten verringern, die Oberflächengüte

Bild 782. Oberfläche von Rotbuche, Sägenschnitt (30/1). (Nach A. Sutter.)

[1] Schmaltz, G.: Z. VDI Bd. 73 (1929) S. 1461.

[2] Schwenninger, O.: Z. VDI Bd. 75 (1931) S. 93.

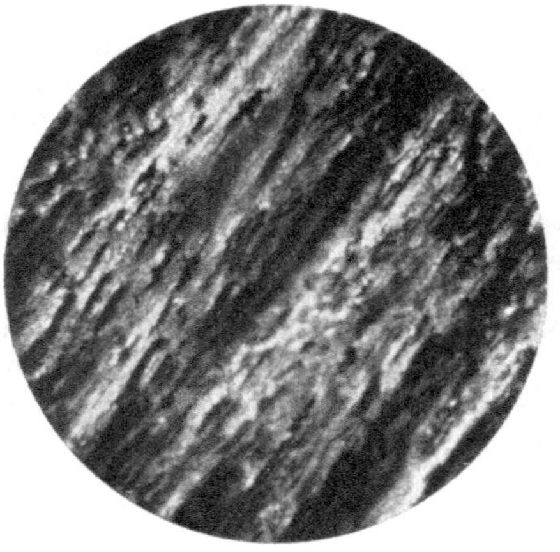

Bild 783. Oberfläche von Rotbuche, gehobelt auf Dicktenhobelmaschine (30/1). (Nach A. Sutter.)

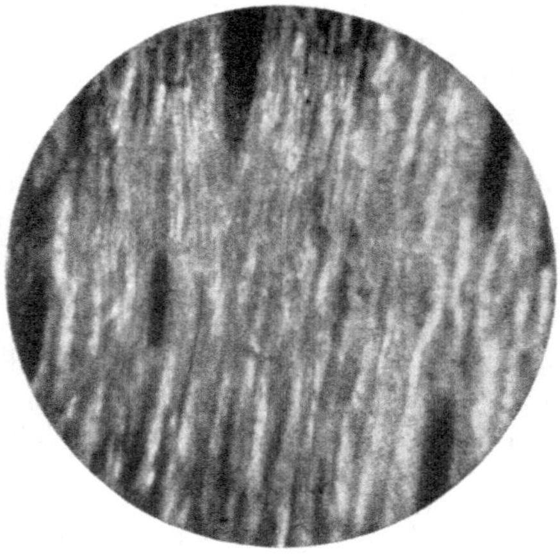

Bild 784. Oberfläche von Rotbuche, geschliffen mit Korn Nr. 180 bei $v = 30$ m/s (30/1). (Nach A. Sutter.)

verbessern; das früher allgemein übliche Schleifen von Hand kommt nur mehr als Nachputzen für Kleinbetriebe in Frage und wird deshalb im folgenden nicht behandelt.

Die Feinheit einer geschliffenen Oberfläche hängt in erster Linie ab[1] von der Größe, Form und Beschaffenheit des Schleifkornes, der Art des Schleifmittelträgers sowie den Geschwindigkeiten von Schleifmittel und Werkstück. Grundsätzlich unterscheidet man das Schleifen, das durch große Spanabnahme die Rauheit der Oberfläche entfernt, vom Putzen (Schönschliff), das bei nur geringer Materialabnahme die schon glatte Oberfläche weiter veredelt. Das Schleifen, das meist auf Teller- und Trommelschleifmaschinen ausgeführt wird, zerfällt wieder in Schruppschleifen und Schlichtschleifen, das Putzen in Vorputzen auf der schnellaufenden Bandschleifmaschine und Nachputzen mit Weichschleifscheiben. Selbstverständlich ist die Maschinenart dem jeweiligen Verwendungszweck und der Art des Werkstückes genau anzupassen. Allgemeine Regeln lassen sich hier nicht geben, vielmehr soll jeder Betrieb in Zusammenarbeit mit einer Schleifmaschinenfabrik nach für ihn passenden Lösungen suchen.

851. Beschaffenheit und Anwendung der Schleifmittel.

851.1 Rohschleifmittel.

Die für das Schleifen von Holz in Frage kommenden Schleifmittel sind in ihren wichtigsten Eigenschaften in Zahlentafel 108 zusammengestellt[2]. Vorsichtig muß man bei einem Vergleich nach den angegebenen Härtegraden sein; das alte mineralogische Verfahren von Mohs, nach dem die Härte eines Stoffes durch Ritzen bestimmt wird, ist einfach, aber nicht immer anwendbar und

Zahlentafel 108. *Haupteigenschaften von Schleifmitteln zum Holzschleifen. (Nach A. Sutter.)*

Schleifmittel	Art	Farbe	Bruchform	Zähigkeit	Härte nach Mohs	Eignung auf Papier oder Leinen
1. Glas (grünes Flaschenglas)	Künstl.	Grünlich weiß	Scharfkantig und spitz	Spröde, splitternd	4 bis 6	Handschliff von Holz und Farben
2. Flint (Feuerstein)	Natürl.	Grau	Spitz	Brüchig	5 bis 6	Hand- und Maschinenschliff von Holz jeder Art
3. Granat (Garnet)	,,	Rötlich gelb-braun	Muschelig, scharfkantig	Ziemlich spröde	7	Maschinenschliff von jeglichem Holz, bes. Hartholz und Edelfurnieren
4. Elektrokorund	Künstl.	Hellgrau bis braun	Körnig, muschelig, scharfkantig	Brüchig bis zähe	8 bis 9	Maschinenschliff von Hartholz und Edelfurnieren
5. Siliciumkarbid	,,	Grünschwarz bis tiefschwarz	Scharfkantig und spitz	Spröde	9	Für Sonderzwecke (Schleifen von Hartholz)

[1] AWF-Merkheft Feinstbearbeitung, AWF Bd. 241, S. 27, Berlin 1932.
[2] Sutter, A.: Masch.-Bau Betrieb Bd. 14 (1935) S. 325.

einwandfrei, insbesondere sind die Härteunterschiede zwischen den zehn Normalsubstanzen sehr ungleichmäßig und am Ende der Reihe viel größer als am Anfang[1].

Die Härte und Zähigkeit der Schleifmittel bedingt die Dauer ihrer Schneidkanten; daneben spielt die Kornform eine wichtige Rolle: das längliche Spitzkorn von Glas nützt sich zu rasch ab, während das sogenannte Rundkorn nur für den Metallschliff geeignet ist. Für das maschinelle Schleifen von Holz ist nach Sutter „ein kompaktes, kräftiges Korn mit rauher Oberfläche und scharfen Kanten und Ecken" am besten geeignet. Unter diesem Gesichtswinkel empfehlen sich für das Schleifen von Hartholz vor allem Granat und der braune Elektrokorund.

Die Rohschleifmittel werden in Mahlgängen zerkleinert, gewaschen bzw. geröstet, auf Magnetscheidern von Eisen getrennt und nach Korngrößen gesiebt, wobei zur Bezeichnung die USA-Körnungsnummern (Anzahl der Maschen je ″ Sieblänge) noch vorherrschen. (Zahlentafel 109.)

Zahlentafel 109. *Siebbezeichnungen für Schleifkörner.*

Bezeichnung für die Schleifkörner	USA-Körnungsnummern (Anzahl der Maschen je 1″ Sieblänge[2])	Siebgewebe nach DIN 1171: Nr. (Maschenweite in mm)	Draht ∅ in mm
Außerordentlich grob . .	14 bis 17	1,2	0,8
		1,0	0,65
Sehr grob	18 bis 22	0,75	0,5
		0,6	0,4
Grob	24 bis 40	0,4	0,24
		0,3	0,2
Mittel	50 bis 80	0,20	0,13
		0,15	0,1
Fein	90 bis 120	0,12	0,08
Sehr fein	150 bis 220	0,100	0,065
		0,075	0,050
Außerordentlich fein . . .	240 bis 400	0,060	0,040

Die mittleren bis feinen Körnungsnummern kommen hauptsächlich für die Feinstbearbeitung in Frage. Durch Versuche konnte aber festgestellt werden, daß sich auch mit gröberem Korn eine hohe Oberflächengüte erzielen läßt, wenn

---

[1] Vgl. bei Landolt-Börnstein sowie bei F. Rinne: Gesteinskunde, 10. u. 11. Aufl., Leipzig 1928, S. 78.

Härtebestimmung nach	Art des Verfahrens	Härtezahlen									
Mohs . . .	Ritzen	1	2	3	4	5	6	7	8	9	10
Auerbach .	Kugeldruck	~110	~129	~190	~215	~320	~350	~420	525	1130	2500
Rosiwal . .	Gewichtsverl. beim Abschleifen	1/33	1/4	4 1/2	5	6 1/2	37	120	175	1000	140000

[2] Die Siebreihe ist ziemlich willkürlich. Die Siebe 17, 24, 220 und 400 sind in England nicht festgelegt. Es handelt sich wohl um Firmenerzeugnisse, für die keine Gewähr für Abweichung der Lichtweiten und Drahtdicken von den Sollmaßen gegeben ist. Weiter enthält die Siebreihe einmal Siebe der Besa-Reihe (British Standard Wire Cloth for fine Mesh Test Sieves), zum andern der Imm-Reihe (Institution of Mining and Metallurgy Standard Laboratory Screens), die bei gleicher Nummer in den Lichtweiten nicht übereinstimmen. (Ich verdanke diese Bemerkungen dem Deutschen Normenausschuß.)

nur die Schleifmittelgeschwindigkeit groß genug ist. Wesentlich ist ferner die Bestreuungsdichte; in weitaus den meisten Fällen ist eine dichte Bestreuung, bei der die Körner nicht nur nebeneinander, sondern teilweise auch übereinanderliegen, erwünscht. Edelfurniere, die vollkommen kratzerfrei (zwecks späterer Hochglanzpolitur) geschliffen werden sollen, erfordern einen geringen Abstand von Korn zu Korn, d. h. dichte Bestreuung. Größerer Kornabstand, d. h. offene Bestreuung, ist bei nassen oder sehr harzigen Hölzern ratsam, die normales Schleifpapier zu rasch zusetzen (verschmieren). Weite Bestreuung empfiehlt sich nur für Sonderzwecke, z. B. zum Abschleifen alter Parkettböden. In der Werkstatt läßt sich die Bestreuungsdichte leicht prüfen[1], indem man eine Glasplatte, auf der 1 Quadratzentimeter eingeritzt ist, an verschiedenen Stellen auf das Schleifband legt und mit Hilfe einer Lupe die Anzahl Schleifkörner innerhalb dieses Quadratzentimeters auszählt. Durch Vergleich verschiedener Papiere ergibt sich ein Maßstab für die Gleichmäßigkeit und Dichte der Bestreuung. Richtwerte für Korngrößen und Streuung beim Schleifen von Holz gibt Zahlentafel 110.

851.2 Schleifmittelträger.

Zahlentafel 110. *Richtwerte für Korngröße und Streuung beim Schleifen von Holz. (Nach G. Pahlitzsch.)*

Arbeitsart	Holzart	Korngröße USA-Siebnummer	Streuung
Schruppen (Abzahnen)	Weichholz Hartholz	24 bis 36	weit eng
Vorschleifen	Weichholz Hartholz	60 bis 80	weit eng
Feinschleifen	Weichholz Hartholz	80 bis 100 100 bis 150	weit eng

Die Eigenart des Werkstoffes Holz, aber auch die Form und Größe der Werkstücke lassen beim Schleifen von Holz starre Schleifkörper nicht zu, vielmehr muß das Schleifmittel auf einem nachgiebigen **Schleifmittelträger** aufgeleimt sein. Für die Holzindustrie kommen als Schleifmittelträger hauptsächlich Papier, Nessel und Baumwollköper in Frage. Die Papiere wiegen je nach dem Verwendungszweck 70 bis 240 g/m² und müssen folgende Eigenschaften besitzen[2]: Hohe Zerreißfestigkeit (bei 200 bis 240 g/m² bis zu 20 kg/mm²), geringe Dehnung, hohen Knitter- und Falzwiderstand, gute Verfilzung der Papierschichten (kein Schälen des Papiers), gute Leimaufnahmefähigkeit sowie — bei Schleifbandpapier — kleine Reibungsziffer der Rückseite. Kühle Lagerung der Papiere bei etwa 65% relativer Luftfeuchtigkeit ist nicht nur im Schleifmittelwerk, sondern auch im Holzbetrieb unerläßlich.

Nessel und Baumwollköper für Schleiftuche müssen besonders appretiert werden, damit die Fadenzwischenräume gefüllt und die Festigkeitseigenschaften verbessert werden. Als Bindemittel zwischen den Schleifkörnern und dem Papier oder Tuch dient eine Schicht besten Hautleims. Die Feuchtigkeitsempfindlichkeit dieser Schicht ist vielfach von Nachteil. Bei normaler Beanspruchung dürfen sich die Gewebe nicht merklich dehnen. Die Geschmeidigkeit des Schleifmittelträgers ist dem Verwendungszweck anzupassen; steife Schleifkörper eignen sich für besonders hohe Beanspruchungen (z. B. auf kleinen Bandschleifmaschinen), geschmeidige (flexible) Schleifkörper für Sonderbandschleifmaschinen, die zur Feinbearbeitung von Profilen und Krümmungen dienen. Vorherrschend sind verhältnismäßig weiche Schleifkörper.

Für die betriebsmäßige Prüfung von Schleifpapieren gibt es verschiedene einfache Vorrichtungen, bei denen ein Holzklotz mit einem den Verhältnissen

[1] Jacobsohn, W.: Schleifpapier und seine Prüfung. Sperrholz Bd. 4 (1932) S. 149.
[2] Sutter, A.: Masch.-Bau-Betrieb Bd. 14 (1935) S. 325.

der Praxis entsprechenden Druck gegen eine Schleifwalze[1] oder ein umlaufendes Schleifband[2] gepreßt wird. Der in regelmäßigen Zeitabständen bestimmte Gewichtsverlust der Hölzer gibt — unter Berücksichtigung ihrer Rohwichte und des augenblicklichen Feuchtigkeitsgehaltes — Aufschluß über die Zerspanungsleistung und bei genügend langer Versuchszeit die Dauerhaftigkeit der Schleifmittel. Auf diese Weise lassen sich wertvolle Vergleiche ziehen; beispielsweise erkennt man aus Bild 785, daß Elektrokorundpapier ein anderes Verhalten zeigt als Garnetpapier. Bild 786 zeigt nach E. Sachsenberg und Balzer die zeitliche Veränderung der spezifischen Spanleistung (cm^3 je min und cm^2 geschliffene Fläche) und der spezifischen Schleifarbeit für verschiedene Holzarten; charakteristisch ist für die Schaulinie der spezifischen Spanleistung, daß ihr Maximum nicht mit dem Beginn des Schleifens zusammenfällt, sondern erst nach einer kurzen Einlaufzeit erreicht wird.

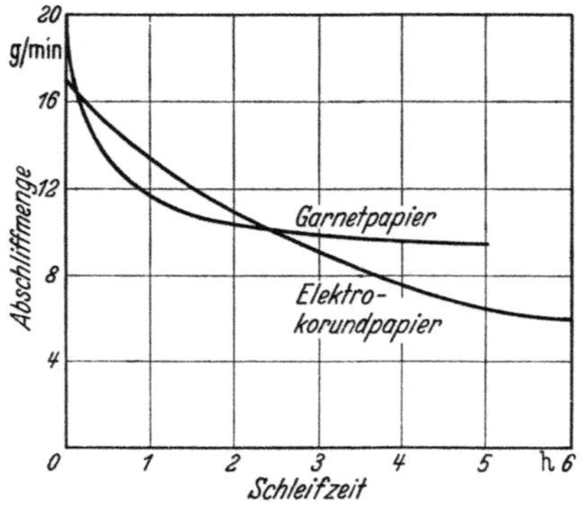

Bild 785. Abhängigkeit der Abschliffmenge von der Schleifzeit bei Garnetpapier und Elektrokorundpapier Nr. 60, Holzart: Rotbuche, spezifischer Schleifdruck 70 g/cm². (Nach A. Sutter.)

Die ersten Schliffe mit neuem Papier ergeben nach E. Kratz[3] auch nicht die dem Papier zugeordnete Oberflächengüte. Diese zunächst überraschende Erscheinung dürfte sich daraus erklären, daß zu Beginn des Schleifens einzelne überstehende Schleifkörner ausbrechen und daß hierdurch für die Gesamtbestreuung bessere Eingriffsverhältnisse geschaffen werden, vielleicht auch daraus,

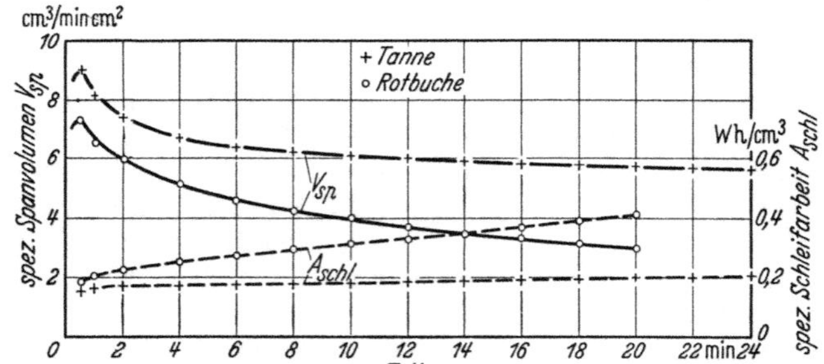

Bild 786. Abhängigkeit der spezifischen Spanleistung und der spezifischen Schleifarbeit von der Schleifzeit. (Nach E. Sachsenberg und Balzer.)

daß viele Körner etwas splittern und hierbei schärfer schneidende Kanten erhalten. Gerade diese Kanten werden aber rasch wieder stumpf, so daß dem Anstieg ein nicht minder jäher Abfall entspricht; im weiteren Verlauf sinkt die spezifische Spanleistung dann langsam und stetig mit der zunehmenden Abnützung des Schleifbandes.

Die spezifische Schleifarbeit ist etwa umgekehrt proportional der spezifischen Spanleistung, d. h. sie wächst mit dem Stumpfwerden des Papiers erst rasch, dann immer langsamer an (vgl. die Kurven A_{schl} in Bild 786).

[1] Sachsenberg, E.: Holzbearb.-Masch. Bd. 6 (1930) S. 29.

[2] Vgl. E. C. Schacht: Transactions ASME, Wood Industries Bd. 53 (1931) S. 33.

[3] Kratz, E.: Untersuchungen über Holzschleifen an Trommelschleifmaschinen, Diss. T. H. Dresden 1932.

Durch Vergrößerung des Anpreßdruckes wird in allen Fällen die mittlere spezifische Spanleistung erhöht, die mittlere spezifische Schleifarbeit verringert. Allerdings sind der Steigerung des Anpreßdrucks durch die Lebensdauer der Bänder und die Ansprüche an die Oberflächengüte enge Grenzen gezogen. Praktisch läßt sich deshalb die Schleifleistung (gleichzeitig auch die Schleifgüte) nicht durch Drücken, sondern nur durch Erhöhung der Geschwindigkeit verbessern. Besonderes Augenmerk verdient ferner die Holzfeuchtigkeit: künstlich getrocknete Tanne mit 5 bis 8% Feuchtigkeit hatte eine um etwa 70% höhere mittlere spezifische Spanleistung (und eine um rund 40% niedrigere mittlere spezifische Schleifarbeit) als Tanne mit 42% Feuchtigkeit; bei künstlich getrockneter Eiche übertraf die Spanleistung die von feuchtem Holz ($u = 0{,}46$) sogar um etwa 150%, während gleichzeitig der Integralwert der spezifischen Arbeit um rund 60% gegenüber der feuchten Eiche sank.

852. Schleifverfahren und Schleifmaschinen.

852.0 Allgemeines über Schleifverfahren und Schleifmaschinen.

Die Schleifverfahren lassen sich eindeutig durch die Gestalt und die Bewegung des Schleifmittelträgers kennzeichnen:

1. Bandschleifen, wobei endlose Schleifbänder über Laufrollen gespannt sind;

2. Schleifen mit Teller- und Scheibenmaschinen, wobei meist kreisrunde Schleifblätter auf Teller oder Scheiben befestigt sind;

3. Schleifen mit Walzen- oder Zylinderschleifmaschinen[1], deren Zylinder mit Schleifbändern umwickelt oder bespannt sind.

Zahlentafel 111. *Kenngrößen und Richtwerte für Schleifmaschinen. (In Anlehnung an G. Pahlitzsch.)*

Kenngröße	Bandschleifmaschinen[2]	Teller- und Scheibenschleifmaschinen		Zylinderschleifmaschinen
Abmessungen der Schleifmittelträger L mm D mm B mm	Bandlänge $L = 900$ bis 7000 Bandbreite[2] $B = (12)$ 100 bis 600	Teller-Dmr. $D = 200$ bis 500	Scheiben-Dmr. $D = 500$ bis 1700	Zylinderlänge $L = 500$ bis 2500 Zylinder-Dmr. $D = 250$ bis 700
Schnittgeschwindigkeit v m/s	(5) 12 bis 40	25 bis 55		$\leqq 30$
Vorschub m/min	von Hand	von Hand		4 bis 9
Oszillation Hublänge h mm	~ 12	—		1 bis 2
Hubzahl z 1/s	$\sim 1{,}6$	—		3 bis 15
Leistungsbedarf N_s kW	(0,35) 0,75 bis 7,5	1 bis 3	3 bis 6	3 bis 45
Schleifleistung F m²/h	Klein-Bm. 15 bis 20 Groß-Bm. 30 bis 40	12 bis 15	20 bis 30	3 bis 20

[1] In der Literatur findet man häufig auch die Bezeichnung „Trommelschleifmaschinen", die jedoch unzweckmäßig ist, da man unter „Trommeln" die Oberflächenvergütung von Massenwaren im Innern langsam umlaufender Trommeln unter Zugabe von Schleif- oder Poliermitteln versteht (s. S. 198).

[2] Die geklammerten Werte gelten für Innenschleifmaschinen (Schmalbandschleifmaschinen) zum Ausschleifen von Zierstücken, Durchbrüchen, Kleinprofilen, Rahmen usw., während die übrigen Zahlen für normale Bandschleifmaschinen gelten.

Die Schnittbewegung liegt stets beim Schleifmittelträger, während der Vorschub von Hand oder durch geeignete Vorrichtungen dem Werkstück erteilt wird. Eine Verbesserung der Oberflächengüte läßt sich bei Band- und Zylinderschleifmaschinen durch Oszillation erzielen. Zahlentafel 111 gibt Kenngrößen und Richtwerte für Schleifmaschinen wieder.

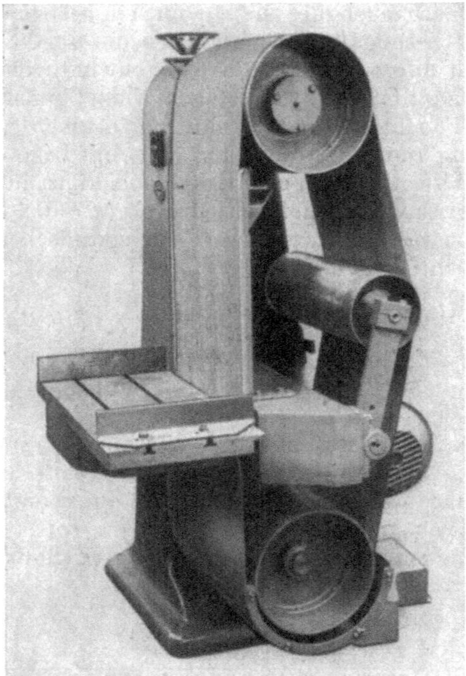

Bild 787. Ansicht einer vertikalen Bandschleifmaschine mit feststehendem Tisch, Bauart Knoevenagel.

852.1 Schleifen mit Bandschleifmaschinen.

852.10 Allgemeine Beschreibung der Bandschleifmaschinen. Die Bandschleifmaschinen haben je nach der ihnen zugedachten Aufgabe waagerechte, senkrechte oder auch schräge Schleifebene. Sie können weiter nach der Bauart des Tisches wie folgt eingestellt werden:

1. Bandschleifmaschinen mit feststehendem Tisch (Bild 787, 788);
2. Bandschleifmaschinen mit schwenkbarem Tisch (Bild 789);
3. Bandschleifmaschinen mit Schiebetisch (Bild 790).

Bandschleifmaschinen für Gruppenschliff werden besonders schwer gebaut, so daß sie erschütterungsfreien Lauf verbürgen. Wichtig sind gute Absauganschlüsse oder Absaugstutzen mit angebautem Exhaustor. Die Bandschleifmaschinen mit schwenkbarem Tisch sind meist leichter gebaut. Der genau

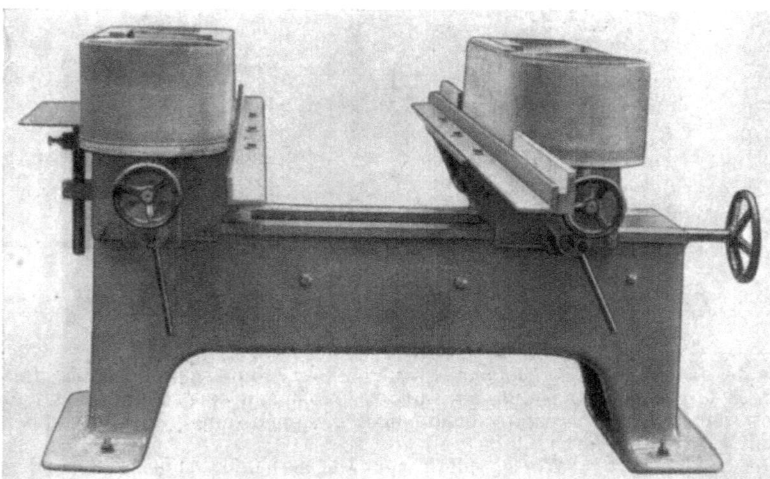

Bild 788. Ansicht einer doppelten Bandschleifmaschine mit feststehendem Tisch, Bauart Knoevenagel.

plangehobelte Tisch ist mit dickem Filz beklebt, wodurch das Arbeiten leicht wird. Bei den Bandschleifmaschinen mit Schiebetisch ist der Auflagetisch unter dem Schleifband quer zur Laufrichtung des Bandes verschiebbar. Geschliffen wird mit Andruck des Schleifbandes gegen das Werkstück mit Hilfe eines Druckpolsters (Schleifschuh, Schleifkissen), das in Schliffrichtung verschiebbar ist. Manche Maschinen sind mit Doppelbändern ausgestattet, die nebeneinander gleichsinnig laufen, verschiedene Körnung besitzen, so daß Vorschleifen und Nachputzen möglich ist, ohne das Werkstück vom Schleiftisch entfernen zu müssen. Bei der in Bild 790 dargestellten Doppelbandschleifmaschine laufen die zwei nebeneinander angeordneten Schleifbänder in entgegengesetzter Richtung um. Durch Kopplung der beiden Druckschuhe mit einem gemeinsamen Bedienungsgriff kann mit beiden Schleifbändern gleichzeitig gearbeitet werden. Bei dieser Anordnung heben die seitlichen Zugkräfte an den Druckschuhen sich

Bild 789. Ansicht einer schwenkbaren Bandschleifmaschine. Bauart Fritz Landsberger, Mannheim, Tischgröße 1030 × 350 mm², Länge des Bandes 2800 mm, Breite des Bandes 300 mm, Bandwalze 200 mm Durchmesser, 340 mm Breite, Spannrollendurchmesser 130 mm, Schnittgeschwindigkeiten 12, 18, 24 m/s, Drehzahl des Motors 1500 U/min, Antriebsleistung 3 kW.

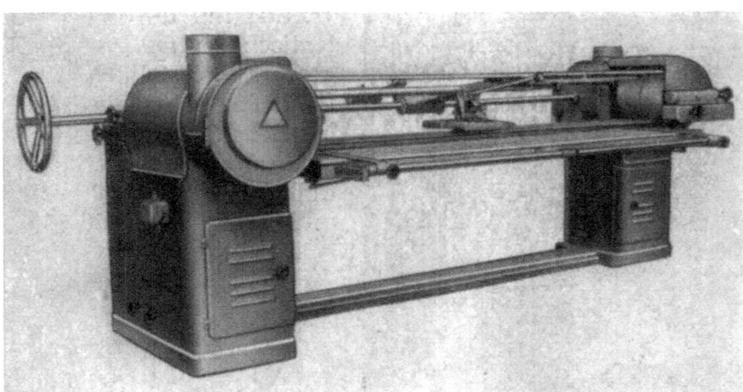

Bild 790. Ansicht einer Gegenlauf-Bandschleifmaschine mit oszillierendem Zwillingsschleifschuh und kugelgelagertem Schiebetisch, Bauart H. Johannsen, Battenberg/Eder. Größe des Arbeitstisches von 2300 × 900 bis 3000 × 2000 mm², größte Schleiflänge 2200 bis 2900 mm, Bandlänge 6500 bis 7900 mm bei 150 mm Breite, Durchlaßhöhe bis 600 mm.

gegenseitig auf, so daß die Bedienung viel weniger Kraftaufwand erfordert als bei Maschinen mit nur einem Schleifband. Die Konstruktion des Zwillingsschleifschuhs läßt es zu, daß auch nur mit einem Band geschliffen wird. Es sind also verschiedene Arbeitsweisen möglich: a) ein Band allein, b) zwei Bänder mit gleicher Schleifmittelkörnung, c) ein Band mit grober, ein Band mit feiner

Körnung, beide gleichzeitig laufend. Bei einer anderen Bandschleifmaschine wird der seitliche Zug am Druckschuh dadurch unwirksam, daß dieser mittels eines Gewichtes entlastet wird (Bild 791).

Vielfach besitzen Bandschleifmaschinen auch eine oszillierende Bewegung, und zwar kann diese entweder nur der treibenden Bandrolle

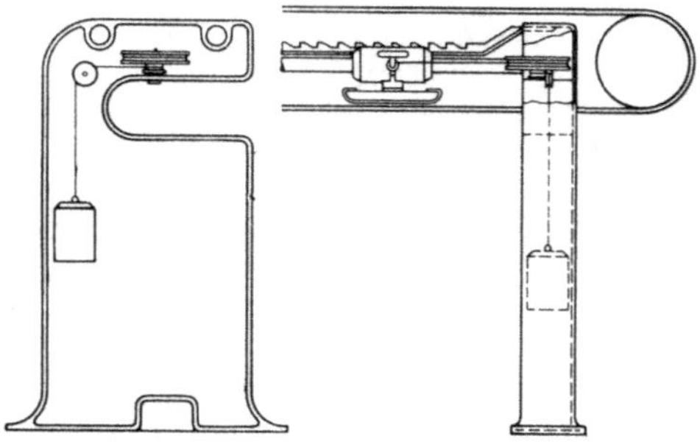

Bild 791. Schematischer Längs- und Querschnitt rer Bandzugs-Ausgleichsvorrichtung zum Ausgleich der auf den Schleifschuh wirkenden Kraft. Bauart G. Josting.

Bild 792. Ansicht einer Bandschleifmaschine mit Oszillation des ganzen Bandlaufsystems, Bauart E. Carstens, Drehzahl der treibenden Schleifbandrollen 3000 U/min, Durchmesser der Schleifbandrollen 250 mm, Schleifbandbreite 300 mm, Antriebsleistung 4 kW.

oder dem ganzen Bandlaufsystem (Bild 792) erteilt werden. Für das Schleifen von Formstücken genügt die Nachgiebigkeit der Filzunterlage nicht. Hier kommen dann Bürstenunterlagen zur Anwendung. Zum Schleifen und Putzen von gebogenen Arbeitsstücken werden auf die gußeisernen Unterlegtische entsprechende Holzformen geschraubt, an die sich das Band beim Schleifen anschmiegt. Runde oder konische Stäbe lassen sich automatisch mit hoher Fertigungsgeschwindigkeit auf der spitzenlosen Bandschleifmaschine (Bild 793) herstellen.

a

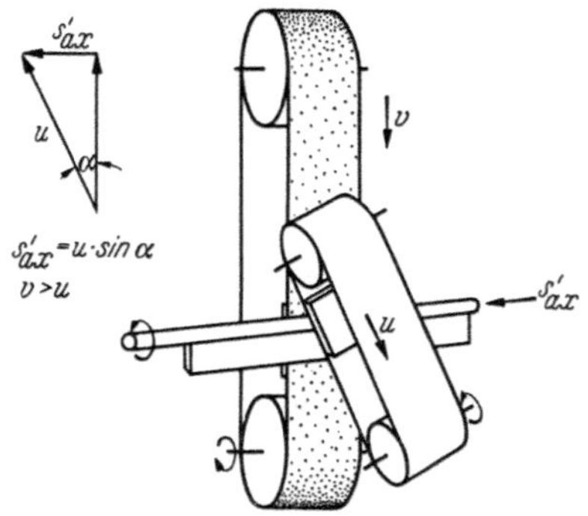

b

Bild 793. Ansicht (a) und Wirkungsschema (b) einer spitzenlosen Bandschleifmaschine, Bauart E. Carstens.

Das Arbeitsstück rotiert dabei zwischen dem senkrecht von oben nach unten laufenden Schleifband und dem schräg dazu gestellten Vorschubband; es wird auf einen Tisch aufgelegt, dessen Breite etwas kleiner ist als der Durchmesser des Arbeitsstückes, und bewegt sich gleichzeitig in seiner Längsrichtung über den Tisch, d. h. zwischen Schleif- und Vorschubband.

852.11 Schnittgeschwindigkeit und Leistungsbedarf beim Bandschleifen.

Die Schnittgeschwindigkeit ist gleich der Bandgeschwindigkeit; sie berechnet sich nach Gleichung (36) zu

$$v_m = \frac{r \cdot n \cdot \pi}{30}, \tag{36}$$

wobei r der Radius [m] und n die Drehzahl [U/min] der getriebenen Scheibe sind.

Der Leistungsbedarf N_s beim Schleifen ergibt sich zu:

$$N_s = \frac{k_s \cdot t \cdot b \cdot s}{60 \cdot 102} \text{ [kW]}, \tag{99}$$

worin k_s die spezifische Schnittkraft [kg/mm²], t die Schnittiefe [mm], b die Schnittbreite [mm] und s die Vorschubgeschwindigkeit [m/min] sind.

852.12 Oberflächengüte beim Bandschleifen. Praktisch liegt die Bandgeschwindigkeit bei zeitgemäßen Maschinen meist zwischen 12 und 30 m/s, obere Grenzwerte sind etwa 40 m/s; ein häufig anzutreffender Wert sind 23 m/s. Untersuchungen der Oberflächenrauhigkeit von H. Schumacher[1] ergaben, daß diese Geschwindigkeit bei Kiefer, Tanne und Rotbuche tatsächlich eine etwas bessere Oberfläche liefert als 30 m/s. Bei der Wahl der Bandgeschwindigkeit muß man aber neben der Oberflächengüte die Spanmenge je Zeiteinheit und die Zerspanungskosten je Raumeinheit im Auge behalten. Zu berücksichtigen ist ferner, daß sich der Feinheitsgrad einer geschliffenen Holzfläche einwandfrei nur nach leichter Wässerung be-

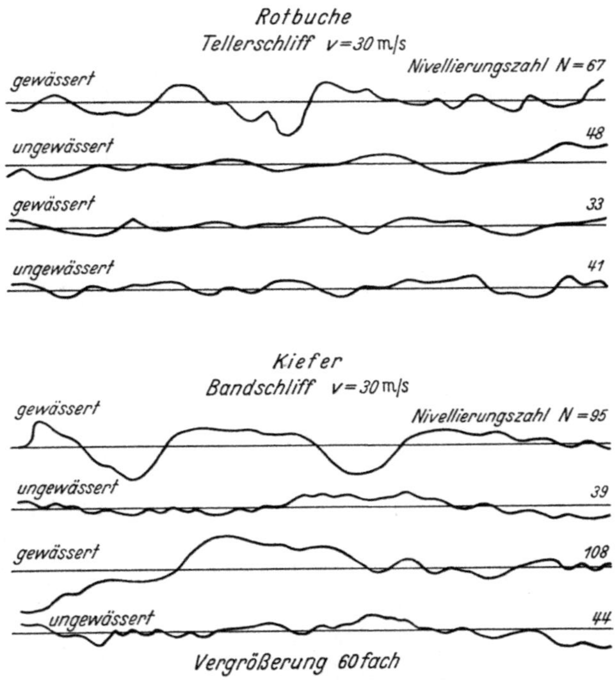

Bild 794. Oberflächenprofilkurven von Holz bei Tellerschliff und Bandschliff, gewässert und ungewässert. (Nach H. Schumacher.)

[1] Schumacher, H.: Die Rauhigkeit von Oberflächen. Diss. T. H. Stuttgart 1934. Schumacher wählt als Rauhigkeitsmaß die Nivellierungszahl N; sie entsteht, indem man durch die — z. B. mittels Lichtebenen-Schnittverfahrens erzeugte — Profilkurve eine gerade Linie so zieht, daß die darüberliegenden Flächen gleich den darunterliegenden sind, und indem man den absoluten Inhalt sämtlicher Flächen bestimmt.

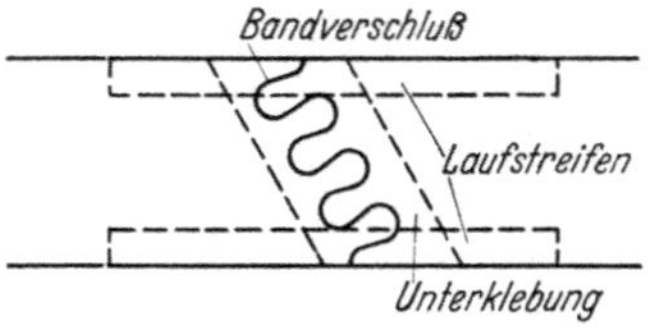

Bild 795. Fingerverschluß eines Schleifbandes.

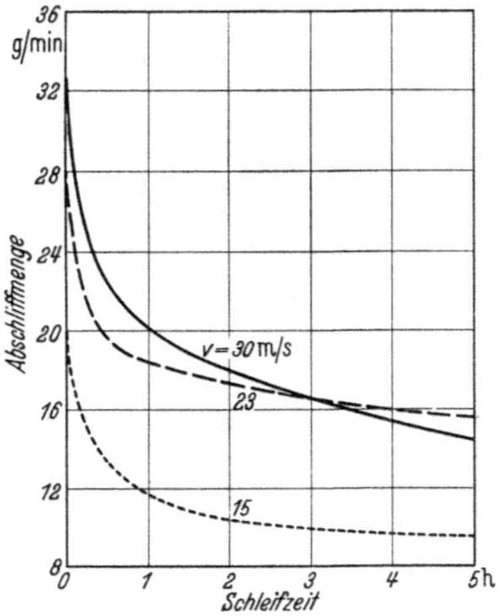

Bild 796. Zusammenhang zwischen Abschliffmenge, Schleifzeit und Schleifbandgeschwindigkeit beim Schleifen von Rotbuche mit Garnetpapier, spezifischer Schleifdruck 70 g/cm². (Nach A. Sutter.)

urteilen läßt. Mit schlecht schneidenden oder abgenutzten Bändern geschliffene Oberflächen täuschen Glätte vor; beim Wässern werden aber die nicht abgeschnittenen, in das Holz gedrückten Fasern hochgezogen und schließen ein einwandfreies Polieren aus. Die großen Rauhigkeitsunterschiede ein- und desselben Holzes beim nämlichen Schliff in gewässertem und ungewässertem Zustand zeigt Bild 794.

Papierbänder lassen sich, wenn sie peinlich sauber hergestellten Fingerverschluß (Bild 795) ohne Stanzgrad besitzen, für Geschwindigkeiten bis zu 28 m/s verwenden. Je höher die Bandgeschwindigkeit ist, desto geringer ist der Schleifmittelverbrauch und desto größer die Abschliffmenge (Spanvolumen) je Zeiteinheit (Bild 796). Für besonders hohe Ansprüche an die Oberflächengüte ist die Bandschleifmaschine unentbehrlich. Ihre Leistung wird durch „Ziehen", d. h. Holzvorschub entgegen dem Bandlauf, nicht aber durch Anwendung von Druck unterstützt. Die Herstellung genau ebener, polierfähiger Flächen erfordert geschliffene Bandunterlagetische; die Bänder müssen in diesem Fall aus Leinen sein.

852.2 Schleifen mit Teller- und Scheibenschleifmaschinen.

Teller- und Scheibenschleifmaschinen finden meist zum Schleifen von Hirnholz Verwendung; sie werden mit senkrechten oder waagerechten Scheiben von 200 bis 1700 mm Durchmesser ausgeführt. Große Durchmesser sind bedeutend leistungsfähiger als kleine. Die Planscheiben können entweder unmittelbar auf dem Wellenstumpf des Elektromotors sitzen oder aber wie bei der in Bild 797 dargestellten Doppelscheibenschleifmaschine auf einer gesonderten Welle befestigt sein, die mittels Riemens vom Einbaumotor angetrieben wird. Durch Verstellen des Tisches können verschieden große Werkstücke bearbeitet werden; das Anschleifen von Schrägen ist durch Schwenkung des Tisches möglich. Es gibt auch Bandschleifmaschinen, bei denen eine Antriebsrolle als Planschleifscheibe ausgebildet ist. (Bild 798).

Bild 797. Ansicht einer Doppel-Scheibenschleifmaschine, Bauart E. Carstens.

Die Schnittgeschwindigkeit der Teller- und Scheibenschleifmaschine nimmt linear von der Drehachse (wo sie gleich Null ist) gegen außen zu. Die höchste Geschwindigkeit wird auf dem größten Durchmesser erreicht. Die zulässige Drehzahl hängt von der Bauart und der Auswuchtung ab. Bei bester Leichtmetallausführung geht man bis zu 55 m/s Umfangsgeschwindigkeit. Es ist gefährlich, die Drehzahl vorhandener alter Maschinen zu erhöhen, da die Tellerscheiben zerknallen können. Die niedrigste Geschwindigkeit liegt mit Rücksicht auf die Oberflächengüte bei 15 m/s. Aus wirtschaftlichen Gründen haben sich in vielen Fällen Eisenscheiben besonders bewährt, auf die mittels eines aufschraubbaren Ringes mehrere Schleifbänder zusammen aufgespannt werden. Bei Stumpfwerden reißt man das oberste Blatt ab und erspart dadurch wesentlich an Einrichtzeit.

Bild 798. Ansicht einer Planscheiben-Schleifvorrichtung, Bauart Heesemann.

Die Beanspruchung des Schleifpapiers auf den Tellerschleifmaschinen ist eine vielseitige: sie erfolgt in Längs- und Querrichtung; dazu kommt der vom Arbeiter meist willkürlich gewählte Druck. A. Sutter empfiehlt für die Gruppe der Tellerschleifmaschinen als Schleifmittel Flintpapier, Schleifband extra und Rotschleifband für weiche bis mittelharte Hölzer, Garnetpapier für mittelharte bis harte Hölzer. Die Verbindung der Tellerscheibe mit der Bandschleifmaschine ist für Sonderfälle, z. B. im Stuhlbau zweckmäßig. Man schleift auf der Tellerscheibe quer zur Faser mit etwa Korn Nr. 50 vor und sofort auf dem Band mit Korn 90 nach. Auf diese Weise wird auch Eiche so einwandfrei geschliffen, daß die Fasern beim Wässern und Beizen nicht mehr aufstehen.

852.3 Schleifen mit Walzen- und Zylinderschleifmaschinen.

852.30 Allgemeine Beschreibung der Walzen- und Zylinderschleifmaschinen. Eine einfache Walzen-Schleifmaschine, die zusätzlich mit einer schwenkbaren Bandschleifvorrichtung ausgerüstet ist, zeigt Bild 799. Gerade Hölzer berühren einzelne Schleifzylinder nur längs einer Mantellinie; dadurch kann der Schleifdruck sehr hoch werden. Die Folge sind oft eingedrückte Faserreste, die beim Polieren hoch kommen. Geschweifte Hölzer (z. B. hintere Stuhlbeine) lassen sich gut auf Schleifwalzen verfeinern, wobei der Durchmesser zweckmäßig dem Erzeugnis anzupassen ist. Die starren Walzen können auch durch pneumatische Walzen ersetzt werden, die aufgepumpt werden, wodurch sich das endlose Schleifband festspannt. Die pneumatischen Walzen nehmen nach dem Aufpumpen eine bauchige Form an, so daß Rundungen ausgeschliffen werden können.

Zum Schleifen ebener Flächen benutzt man Zylinderschleifmaschinen, die ähnlich wie Abrichthobelmaschinen gebaut sind, nur mit dem Unterschied,

Bild 799. Ansicht einer Universalschleifmaschine mit Zylinder- und um 360° schwenkbarer Bandschleifvorrichtung, Bauart E. Carstens.

daß an Stelle der Hobelmesserwellen die Schleifzylinder treten. Infolge der großen Arbeitsbreite ist eine sehr starre Konstruktion erforderlich. Die Maschinen werden mit 1, 2, 3 oder 4 Schleifzylindern ausgestattet, die meist oberhalb (Bild 800), seltener unterhalb (Bild 801) des Holzdurchlaufs angeordnet sind. Die Zylinderanzahl richtet sich nach den Ansprüchen an die Oberflächengüte des Werkstücks, die sich zusätzlich durch axiale Oszillation der Zylinder steigern läßt. Die Oszillationsbewegung wird durch Getriebe,

Bild 800. Ansicht einer Dreizylinder-Schleifmaschine, Bauart Carstens, ohne Absaughaube.

Nocken oder ölhydraulisch herbeigeführt. Zum Zahnen läßt sich die Oszillation ausschalten. Bei den Mehrzylinder-Schleifmaschinen steigt die Umfangsgeschwindigkeit von Zylinder zu Zylinder. Beim Schruppen läßt man nur den ersten Schleifzylinder arbeiten: die Möglichkeit dazu ist bei großen Maschinen einfach gegeben, da sich die Schleifzylinder einzeln in der Höhe verstellen

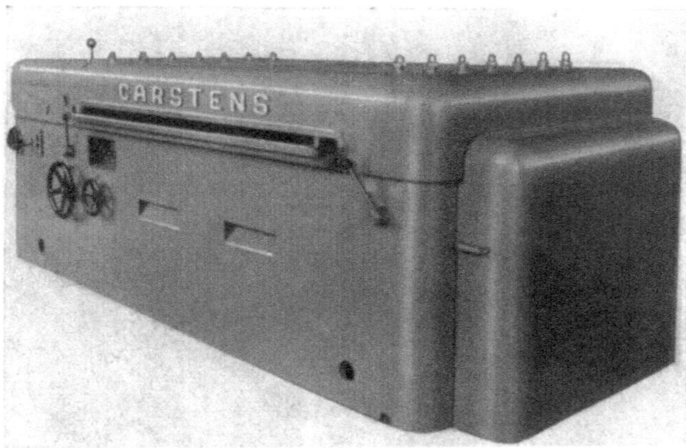

Bild 801. Ansicht einer Dreizylinder-Schleifmaschine mit untenliegenden Schleifzylindern, Bauart Carstens.

und einschalten lassen. Der Schruppzylinder ist mit gröberem Schleifpapier bespannt und besitzt eine dünnere härtere Unterlage zwischen Schleifpapier und Zylinder als der bzw. die Schlichtzylinder. Vielfach werden die geschliffenen Platten vor Verlassen der Maschine noch abgebürstet. Der Antrieb der Zylinder erfolgt durch Flanschmotoren oder über Riemen.

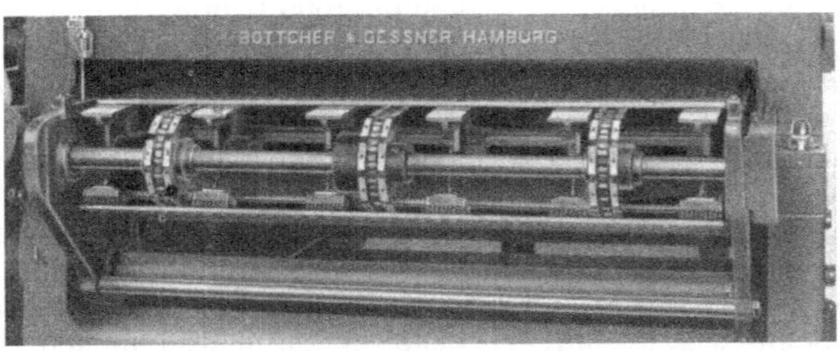

Bild 802. Ansicht der Kettenbett-Vorschubeinrichtung einer Dreizylinder-Schleifmaschine, Bauart Böttcher & Geßner. Eine Anzahl Kettenbettglieder ist entfernt worden, um die Ausführung des Kettenbett-Vorschubes zu zeigen.

Bei Maschinen mit obenliegenden Schleifzylindern erfolgt der Vorschub durch endlose mit Gummi belegte umlaufende Transportbänder, die im Tischbett gleiten, oder durch eiserne Gliederketten (Bild 802), die durch mit Gummi belegte Stahlplatten verbunden sind. Die Vorschubgeschwindigkeit kann gestuft oder stufenlos verstellt werden. Bei untenliegenden Schleifzylindern, die zum Schleifen dünner Furnierplatten empfohlen werden, bewirken gummibelegte Rollen den Vorschub. In USA gibt es Zwei-Flächen-Schleifmaschinen[1], die in einem Arbeitsgang zwei Seiten eines Arbeitsstückes

[1] Themau, R.: Intern. Holzmarkt Bd. 42 (1951) Nr. 22, S. 15.

schleifen. Sie besitzen 6 oder 8 Schleifzylinder (Bild 803). Im einteiligen Tisch sind 3 bzw. 4 Schleifzylinder eingebaut, desgleichen 4 bzw. 5 Transportwalzen. Zwischen den Schleifzylindern und den Transportwalzen sind geschliffene Spalt-Überbrückungsplatten eingesetzt. Der gleiche Aufbau wiederholt sich im heb- und senkbaren Maschinenoberteil. An der Auslaufseite befinden sich rotierende Bürsten. Alle Motoren haben elektrische Bremsen und Druckknopfsteuerung.

Bild 803. Ansicht einer amerikanischen Zweiflächen-Achtzylinder-Schleifmaschine, Bauart Yates American Machine Co. Leistungsaufnahme 52 kW, Vorschubgeschwindigkeit 3,6 bis 11 m/min, 172 Oszillationen je min von je 6 mm. Bearbeitungsdicken der Platten 6 bis 200 mm.

852.31 Schnittgeschwindigkeit und Leistungsbedarf von Walzen- und Zylinderschleifmaschinen. Bei normalen Zylinderschleifmaschinen mit einem Walzendurchmesser von 300 mm beträgt die Drehzahl der Schruppwalzen 1200 U/min, der Schlichtwalzen 1400 bis 1600 U/min, entsprechend 19 bzw. 22 bis 25 m/s Schnittgeschwindigkeit. Den Einfluß verschiedener Schnittgeschwindigkeiten zwischen 17 und 28,3 m/s auf die Schleifkräfte hat E. Kratz[1] untersucht. Es ergab sich, daß die spezifische Trommelarbeit (in Wh/cm^3 Spanvolumen) mit wachsender Schnittgeschwindigkeit langsam abnimmt (Bild 804), mit kleiner werdendem Korn hingegen wächst, da das Holz in eine größere Zahl von Einzelspänen zerlegt werden muß, und da die Reibung erhöht wird. Steigerung der Schnittgeschwindigkeit beeinflußt also den Zerspanungsvorgang günstig und ist deshalb nach Möglichkeit anzustreben. Die obere Grenze der Schnittgeschwindigkeit liegt bei den heute üblichen Maschinen und Bandarten bei $v = 40$ m/s. Die Größe des Arbeitsabfalls hängt von der Holzart ab und tritt besonders bei Rotbuche in Erscheinung. Allgemein wächst die spezifische Trommelarbeit und damit der Bearbeitungswiderstand beim Schleifen mit der Rohwichte oder (nach Kratz) mit der Härte des Holzes an. Die Schleifrichtung zur Faser ist ebenfalls bedeutungsvoll für die Größe der bezogenen Zerspanungsarbeit. Reine Längszerspanung erfordert nach E. Kratz eine um rund 30% höhere Leistung für gleichbleibendes Spanvolumen als reine Querzerspanung. Praktisch ausnutzbar ist dieser Vorteil aber nur in den seltensten Fällen, da sich die Oberfläche beim Schleifen unter einem Winkel zur Faserrichtung erheblich verschlechtert.

[1] Kratz, E.: Untersuchungen über Holzschleifen an Trommelmaschinen, Diss. T. H. Dresden 1932.

Von der Spantiefe und Schleifbreite ist die spezifische Trommelarbeit (ebenso wie die Oberflächengüte) unabhängig, während die spezifische Schleifleistung diesem Faktor verhältnisgleich läuft. Die Oszillation hat auf die Größe der Leistung, da das Spanvolumen das gleiche bleibt, keinen Einfluß. Die Leistungsaufnahme jedes Zylinders liegt je nach der Arbeitsbreite zwischen 3 und 11 kW.

Zur Berechnung der Zerspanungsleistung kann wieder Gleichung (99) dienen. Für den spezifischen Schleifwiderstand k_s lassen sich aus Untersuchungen von E. Kratz die in Bild 805 zusammengestellten Werte ableiten.

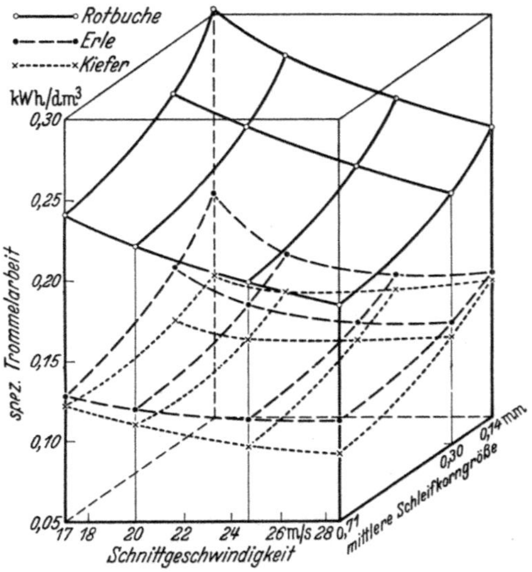

Bild 804. Zusammenhang zwischen spezifischer Trommelarbeit, mittlerer Schleifkorngröße und Schnittgeschwindigkeit beim Zylinderschleifen verschiedener Holzarten. (Nach E. Kratz.)

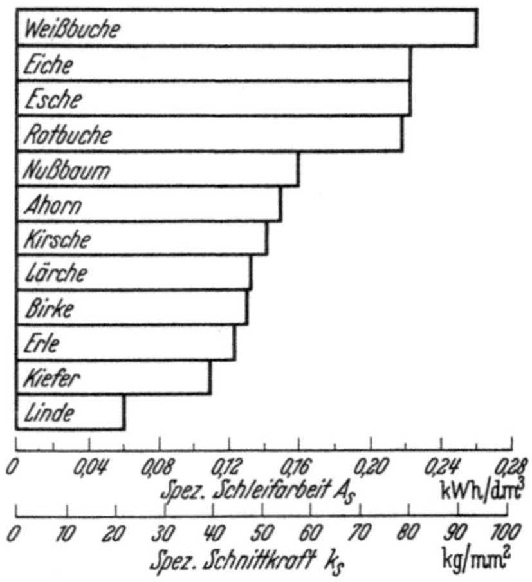

Bild 805. Spezifische Schleifarbeit bzw. spezifische Schnittkraft für das Zylinderschleifen verschiedener Holzarten. (Nach E. Kratz.)

852.32 Oberflächengüte beim Walzen- und Zylinderschleifen. Eine besonders weitgehende Oberflächenveredelung wird bei Mehrzylindermaschinen dadurch erreicht, daß die Zylinderwellen in waagerechter Ebene nicht parallel verlaufen, sondern unter einem kleinen Winkel zueinander geneigt angeordnet sind. Das Werkstück wird dadurch unter mehreren Winkeln geschliffen, und parallele Schleifrillen können nicht mehr auftreten. Weiter hängt die Oberflächengüte von der Vorschubgeschwindigkeit ab, die zwischen 3 und 8 m/min betragen kann. Die Oberflächengüte wird um so geringer, je höher die Vorschubgeschwindigkeit ist (vgl. Bild 807). Die Vorschubeinrichtungen müssen die Hölzer bereits vor den Schleifzylindern in langer Fläche fassen und während des Schleifens unter gleichmäßigem Druck halten.

Für die Erzeugung einer sauberen Fläche ist das zur Verwendung gelangende Schleifpapier und seine Befestigungsweise maßgebend. Nach A. Sutter können für Zylinderschleifmaschinen empfohlen werden:

a) für weiches bis mittelhartes Holz: Flintpapier, Schleifband Extra und Rotschleifpapier; bei großer Beanspruchung verwende man für den Grobschliffzylinder einer Dreizylindermaschine Rotschleifverbindung (Papier mit Gewebe verdeckt).

b) für mittelhartes bis hartes Holz: Garnetpapier bester Güte, seltener hochwertiges Korundpapier. Diese Papiere empfehlen sich auch für die Dreizylindermaschinen als Beläge der Mittel- und Feinschliffzylinder.

Allgemein wähle man für den Belag der ersten Zylinder Schleifpapier mit Körnung 70 bis 80, der zweiten Körnung 100 bis 120, der dritten 150 bis 180.

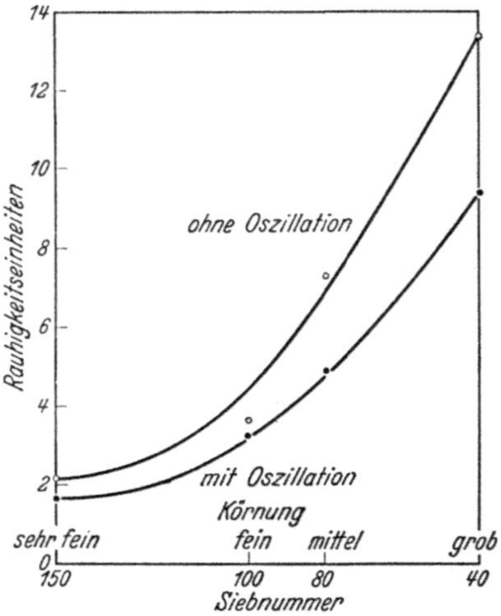

Bild 806. Einfluß der Körnung des Schleifpapiers auf die Rauhigkeit der Oberfläche beim Trommelschleifen von Rotbuche. (Nach E. Kratz.)

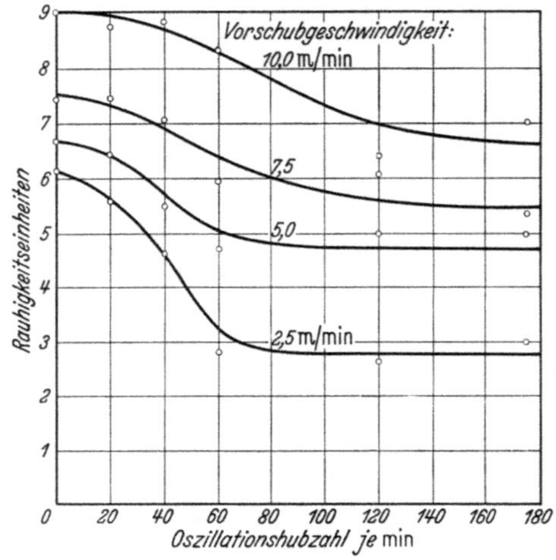

Bild 807. Einfluß der Oszillationshubzahl und der Vorschubgeschwindigkeit auf die Rauhigkeit der Holzoberflächen beim Trommelschleifen. (Nach E. Kratz.)

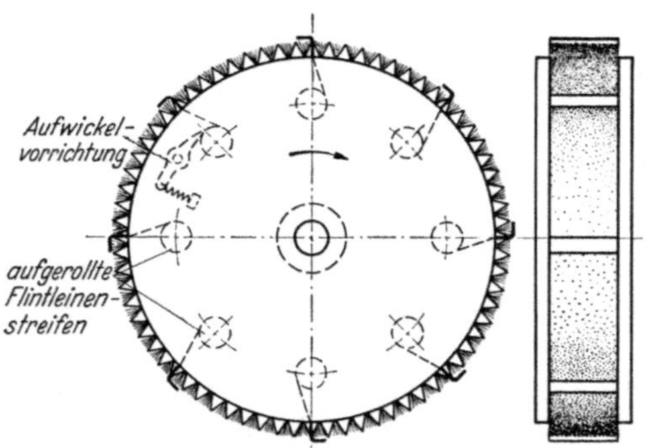

Bild 808. Schematisches Bild einer Weichschleifscheibe.

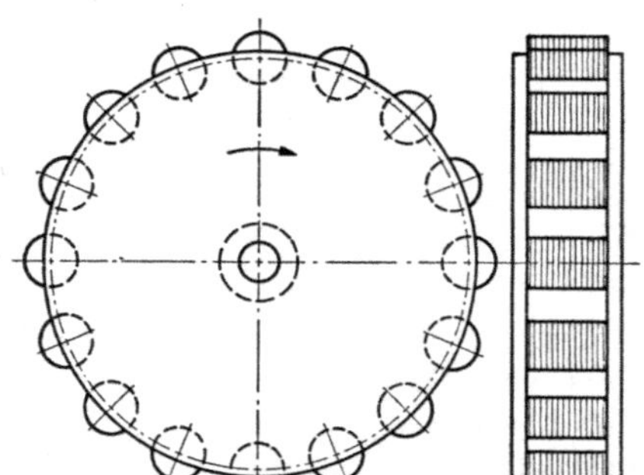

Bild 809. Schematisches Bild einer Spulenscheibe.

Den Einfluß der Körnung auf die Rauhigkeit — ermittelt durch ein pneumatisches Verfahren von E. Kratz[1] — zeigt Bild 806, den der Oszillation Bild 807. Durch die Oszillation werden Ungleichförmigkeiten auf der Holzoberfläche, verursacht durch ungleichmäßige Körnung des Schleifpapiers, ausgeglichen. Die Versuche von E. Kratz ergaben, daß die Oberflächengüte mit steigender Hubzahl zunächst verbessert wird, daß es aber praktisch wertlos ist, über etwa 120 Hübe je min hinauszugehen.

[1] Kratz, E.: Untersuchungen über Holzschleifen an Trommelmaschinen. Diss. T. H. Dresden 1932. — E. Kratz entwickelte zur Messung der Oberflächengüte eine Düsenvorrichtung. Als empirische Einheit der Rauhigkeit wurde eine Meßzahl festgelegt, die in der Hauptsache von der Querschnittsumme der Rillen zwischen der Holzoberfläche und einem Meßflansch bedingt ist.

852.4 Nachputzen mit Sondermaschinen.

Wie in den vorangegangenen Abschnitten besprochen wurde, soll das Schleifen nach Möglichkeit mit Teller- oder Zylinderschleifmaschinen, das Putzen hingegen auf Bandschleifmaschinen erfolgen. Eine Verfeinerung des Putzschliffes ist mit Hilfe der Weichschleifscheiben möglich. Ihre aus Gußeisen oder Leichtmetall bestehenden Körper tragen am Umfang Bürstensegmente. Durch die zwischen diesen Segmenten befindlichen Schlitze ragen (höchstens 2 bis 3 cm über die Borsten) Streifen eines ganz weichen Flintleinens. Die Leinenstreifen sind im Innern (Bild 808) auf Achsen aufgewickelt und können, da diese mit Sperrad und Schnepper versehen sind, nach Abnützung stückweise herausgezogen werden.

Die Wirkungsweise ist so zu denken: im neuen Zustande arbeitet lediglich das Schleifleinen, während des Gebrauchs füllen sich die Borsten mit Schleifstaub und erzielen bei geringster Spanabnahme einen besonders weichen Schliff. Da die ganze Oberfläche des Schleifkörpers elastisch ist, können beliebige Profile (ohne scharfe Kanten) nachgeputzt werden. Bei ebenen Flächen läßt sich ein sehr hoher Verfeinerungsgrad erreichen, auch ist das bisher meist von Hand vorgenommene Brechen der Kanten auf diesen Maschinen leicht auszuführen. Verwandten Zwecken dient die sogenannte Spulenscheibe[1]; sie trägt eine Bestückung aus Spulen, die aus hochkantgestellten Flintnesselscheibchen mit Filzzwischenlagen zusammengesetzt sind (Bild 809).

86. Drehen.

860. Allgemeines über Drehen und Holzdrehbänke.

Holzdrehbänke sind nach denselben Gesichtspunkten wie Metalldrehbänke, nur leichter, ausgeführt. Kleine Werkstücke werden meist von Hand bearbeitet, für größere ist ein Kreuzsupport (mit Handkurbel oder Leitspindelbewegung) zur Aufnahme des Stahles erforderlich. Modelltischlereien und

Bild 810. Ansicht einer Spitzen- und Kopfdrehbank, Bauart Gebr. Schmaltz. Drehdurchmesser über Bett 650 mm, über Bettaussparung 980 mm. an der äußeren Planscheibe 2000 mm; Spitzenweite 2000 bzw. 3000 mm; Antriebsleistung 3 kW.

ähnliche Betriebe haben oft Werkstücke mit großem Durchmesser zu bearbeiten; für diesen Fall gibt es Drehbänke, deren Bett vor der Planscheibe mit einer Kröpfung versehen ist. Bei einem anderen Baumuster ist für das Drehen besonders großer Werkstücke an der Außenseite des Spindelstocks eine zusätzliche Planscheibe angebracht (Bild 810). Ein vor dieser Planscheibe

[1] DRP. 579090.

befestigter Ständer mit Kreuzsupport läßt die Spitzendrehbank gleichzeitig als Kopfdrehbank verwenden. Die Spindeldrehzahlen der Holzdrehbänke liegen zwischen 350 und 2800 U/min. Stufenlose Drehzahlregelung hat sich auch bei kleinen Drehbänken und Drechselbänken eingeführt.

Bild 811. Ansicht eines Holzdrehautomaten, Bauart H. Traub. Spindeldrehzahlen in 3 Stufen von 3200 bis 6000 U/min; Werkstoffdurchlaß 30 mm; Drehlänge 110 mm; Bohrtiefe 50 mm; Stundenleistung 620 bis 1800 Stück; Antriebsleistung 1,5 kW.

Zur Massenanfertigung von Formteilen aller Art dienen **Drehautomaten** (Bild 811), deren Spindeldrehzahlen zwischen 3000 und 6000 U/min, meist in drei Stufen, regelbar sind. Der Werkzeugschlitten wird von einem besonderen Getriebemotor gesteuert. Eine Sonderstellung unter den Holzdrehbänken nehmen die Radbearbeitungsmaschinen ein[1]. Im Aufbau sind sie kleinen Drehbänken ähnlich, dienen jedoch unter Benutzung entsprechender Vorrichtungen nicht nur zum Drehen der Radnaben, sondern auch zum Bohren der Speichenlöcher, Fräsen von Speichenzapfen usw. Der Leistungsbedarf der Holzdrehbänke, die meist elektrischen Einzelantrieb besitzen, liegt in der Regel zwischen 1 und 4 kW. Die Drehzahlen

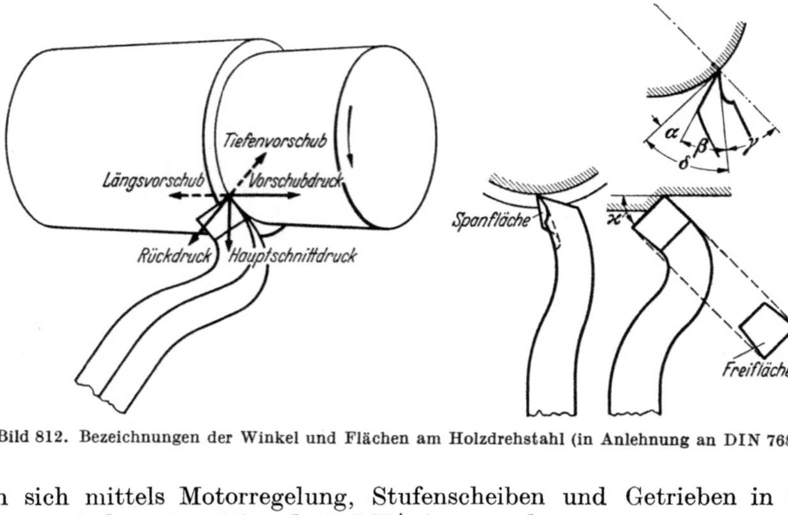

Bild 812. Bezeichnungen der Winkel und Flächen am Holzdrehstahl (in Anlehnung an DIN 768).

lassen sich mittels Motorregelung, Stufenscheiben und Getrieben in weiten Grenzen zwischen etwa 75 und 7500 U/min verändern.

[1] Pahlitzsch, G.: Holz als Roh- und Werkstoff Bd. 9 (1951) S. 121ff.

Die Verhältnisse bei der Drehzerspanung hängen hauptsächlich von der geometrischen Form der Schneide ab. Die Winkel und Flächen an der Schneide seien in Anlehnung an das Normblatt DIN 768 wie folgt bezeichnet (Bild 812):

1. Hauptschneide: die der Vorschubrichtung zugekehrte Schneidekante.
2. Nebenschneide: die an die Hauptschneide anschließende Schneidekante.
3. Spanfläche: die Fläche des Schneidenkopfes, über die der Span abläuft.
4. Freifläche: die gegen die Schnittfläche gerichtete Fläche des Schneidenkopfes.
5. Freiwinkel α: der Winkel zwischen Schnitt- und Freifläche.
6. Keilwinkel β: der Winkel zwischen Frei- und Spanfläche.
7. Spanwinkel γ: der Winkel zwischen der Normalen auf die Schnittfläche und der Spanfläche. $\alpha + \beta + \gamma = 90°$.
8. Schnittwinkel δ: der Winkel zwischen Schnitt- und Spanfläche $\delta = \alpha + \beta$.

861. Schnittkraft, Vorschub und Leistungsbedarf beim Holzdrehen.

861.0 Allgemeine Beziehungen zwischen Schnittkraft, Schnittgeschwindigkeit und Leistungsbedarf beim Holzdrehen.

Die Schnittkraft zerfällt in drei Komponenten, den Hauptschnittdruck P_g, der beim Drehen in senkrechter Richtung gemessen wird, den Vorschubdruck P_1, beim Langdrehen gemessen in Achsenrichtung des Werkstücks, und den Rückdruck P_2, beim Langdrehen radial, beim Plandrehen axial gemessen. Für den Leistungsbedarf N_s bei der Zerspanung ist nur die Hauptschnittkraft P_g maßgebend, wie Klopstock[1] für Metalle nachwies und J. Warlimont[2] für Holz bestätigt fand; es gilt also

$$N_s = \frac{M_d \cdot n}{716 \cdot 1{,}36} = \frac{M_d \cdot \omega}{75 \cdot 1{,}36} = \frac{P_g \cdot v}{75 \cdot 1{,}36} \text{ [kW]}. \tag{80}$$

Die Hauptschnittkraft P_g errechnet sich als Produkt der spezifischen Schnittkraft k_s [kg/mm²] und des Spanquerschnitts f [mm²]. Die Schnittgeschwindigkeit v ist in [m/s] in Gleichung (80) anzugeben. Weiter ist zur Bestimmung der effektiven Motorleistung noch der Wirkungsgrad η der Drehbank (z. B. 0,7) in den Nenner des Bruches von Gleichung (80) einzuführen. Um der Praxis den Gebrauch der Formel zu erleichtern, wurden Nomogramme (Leitertafeln[3]) und Rechenschieber entworfen. Ihre Benutzung setzt allerdings die Kenntnis der Hauptschnittkraft bzw. der spezifischen Schnittkraft voraus. Diese ist jedoch meistens nicht genau genug bekannt, so daß sich die Benutzung eines Schnittkraftmessers empfiehlt.

Die Schnittkraft von Holz und Holzwerkstoffen ist im Vergleich zu der von metallischen Werkstoffen verhältnismäßig niedrig und scheint deshalb den Energiebedarf nicht allzu hoch zu treiben. Da aber bei der Zerspanung von Holz und Holzwerkstoffen hohe Schnittgeschwindigkeiten vorkommen, ergibt sich trotzdem ein oft beachtlicher, die Erwartung übersteigender Leistungsbedarf.

---

[1] Vgl. Klopstock: Die Untersuchung der Dreharbeit, H. 8 der Ber. des Versuchsfeldes für Werkzeugmaschinen der T. H. Berlin, Berlin 1926.

[2] Warlimont, J.: Zerspanungsuntersuchungen beim Drehen von Holz, Diss. T. H. Dresden 1932.

[3] Schallbroch, H., u. H. Schaumann: Werkst. u. Betr. Bd. 69 (1936) S. 59.

861.1 Abhängigkeit der Schnittkraft von inneren und äußeren Faktoren.

861.11 Abhängigkeit der Schnittkraft von den Schnittbedingungen. Die spezifische Schnittkraft vermindert sich bei den meisten Werkstoffen mit Größerwerden der Schnittgeschwindigkeit. Als Ursache wird die geringere Verformung des abgehobelten Werkstoffs mit steigender Schnittgeschwindigkeit angesehen. J. Krystof[1] erklärt diese Änderung der Verformung durch die verringerte Reibung zwischen Span und Werkzeug. Bei den meisten Werkstoffen geht allerdings die Schnittkraftkurve oberhalb einer kritischen Geschwindigkeit in eine Parallele zur Abszisse über. Bei Schichtholz bestimmten H. Schallbroch und P. von Doderer[2] diese kritische Geschwindigkeit zu etwa 150 m/min (Bild 813). J. Warlimont fand im Bereich der Schnittgeschwindigkeiten von 1,6 bis 10,7 m/s einen Abfall der Schnittkraft um etwa 12%.

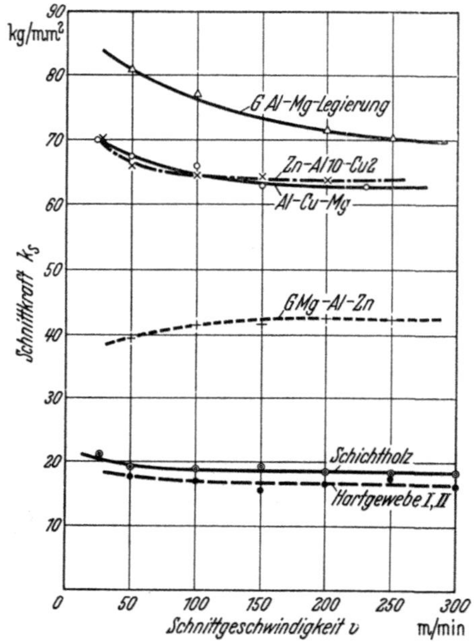

Bild 813. Abhängigkeit der spezifischen Schnittkraft von der Schnittgeschwindigkeit für Schichtholz und Hartgewebe, verglichen mit Metall-Legierungen. (Nach H. Schallbroch u. P. v. Doderer.)

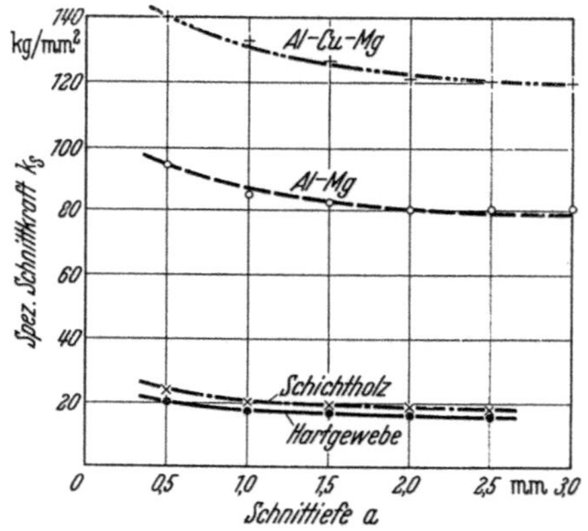

Bild 814. Abhängigkeit der spezifischen Schnittkraft beim Drehen von der Schnittiefe. (Nach H. Schallbroch u. P. v. Doderer.)

Die Schnittiefe hat einen verhältnismäßig geringen Einfluß auf die spezifische Schnittkraft, wie Bild 814 erkennen läßt. Theoretisch läßt sich dieses Ergebnis voraussagen. Nach J. Warlimont steht der Schnittdruck P_s in geradlinigem Verhältnis zur Schnittiefe t (in seiner Arbeit als Spananstellung bezeichnet); es gilt also die Gleichung

$$P_s = m \cdot t + c; \qquad (103)$$

hierin bedeuten m die Steigung der Schnittdruck-Schnittiefe-Linie und c eine zum seitlichen Loslösen des Spans erforderliche Kraft.

[1] Krystof, J., u. H. Schallbroch: Grundlagen der Zerspanung, Ber. über betriebswiss. Arb. Bd. 12, Berlin 1939.

[2] Schallbroch, H., u. P. v. Doderer: Zerspanbarkeitsuntersuchungen an geschichteten Kunstharzpreßstoffen, Berichte über betriebswissensch. Arb. Bd. 15, Berlin 1943.

Der spezifische Schnittdruck $k_s = \frac{P_s}{F}$ $\Big($wobei der Spanquerschnitt $F = t \cdot s = b \cdot a$*, $s =$ Vorschub [mm/U], $b = \frac{t}{\sin \varkappa} =$ Spanbreite [mm], $a = s \cdot \sin \varkappa =$ Spandicke [mm/U]$\Big)$ errechnet sich somit zu

$$k_s = \frac{m \cdot t + c}{t \cdot s} = \frac{m \cdot t + c}{t \cdot \frac{1}{\sin \varkappa} \cdot \frac{a}{\sin \varkappa}} = \frac{m \cdot t + c}{a \cdot t} \cdot \sin^2 \varkappa \qquad (104)$$

Die Gleichung zeigt weiter, daß ohne seitliche Loslösung des Spanes, also für $c = 0$, die Schnittiefe keinen Einfluß hat, da hierfür k_s konstant wird. Bei Hobelversuchen von H. B. Brüne[1], wo kein seitliches Loslösen des Spanes erfolgt, wurde in Übereinstimmung mit der Theorie kein Einfluß der Schnitttiefe auf den spezifischen Schnittdruck ermittelt.

Wesentlich stärker ist die Abhängigkeit der spezifischen Schnittkraft vom Vorschub s; besonders gilt dies bei Vorschüben unterhalb von $s = 0{,}3$ mm/U. Von der Metallzerspanung her war bekannt, daß das „Seitenverhältnis", d. h. das Verhältnis der Schnittiefe zum Vorschub, einen beträchtlichen Einfluß auf den Zerspanungsvorgang hat. H. Schallbroch und P. von Doderer haben deshalb dieser Frage bei der Zerspanung von Kunstharzpreßstoffen Aufmerksamkeit geschenkt. Dabei wurden zahlreiche Versuche durchgeführt, bei denen für 6 Spanquerschnitte zwischen 0,1 mm² und 1 mm² das Seitenverhältnis in fünf Stufen von 1 : 1 bis 10 : 1 abgeändert wurde. Die Ergebnisse wurden in einem räumlichen Schaubild (Bild 815) dargestellt. Es zeigt sich sehr deutlich ein Mindestwert der Schnittkraft bei einem Seitenverhältnis 5 : 1, während sowohl bei 1 : 1 (kleine Schnitttiefe, großer Vorschub) als auch bei 10 : 1 (große Schnittiefe, kleiner Vorschub) höhere Schnittkräfte auftreten. Für die bestmögliche Ausnutzung einer gegebenen mechanischen Leistung ist es daher empfehlenswert, bei Schichtstoffen das Seitenverhältnis 5 : 1 zu wählen. Ob diese Richtlinie auch für Vollhölzer gilt, läßt sich aber noch nicht mit Sicherheit sagen.

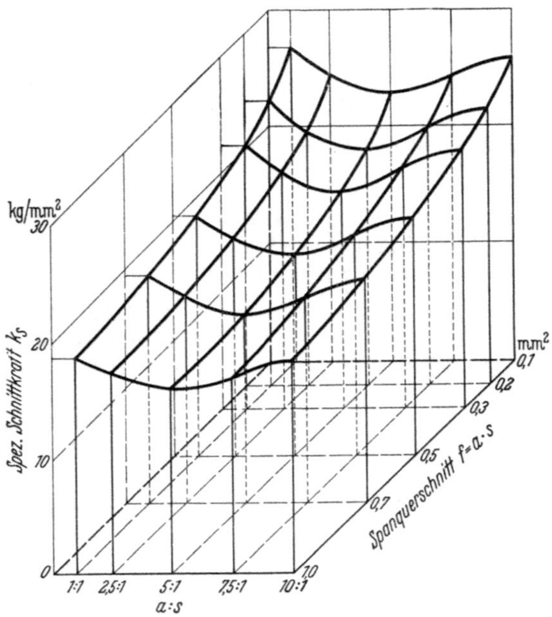

Bild 815. Abhängigkeit der spezifischen Schnittkraft beim Drehen vom Spanquerschnitt für verschiedene Seitenverhältnisse. (Nach H. Schallbroch u. P. v. Doderer.)

* Theoretisch ist der Ausdruck $F = b \cdot a$ nicht genau, da bei scharfer Schneide und größerem Vorschub nicht aller Werkstoff bis zur Schnittiefe fortgenommen wird, sondern ein gewindeartiger Restkörper stehenbleibt.

[1] Brüne, H. B.: Untersuchungen über den Einfluß der Faserrichtung auf die zur Holzbearbeitung erforderliche Zerspanungsarbeit. Diss. T. H. Dresden 1930.

Die Zusammenhänge zwischen Vorschub und Schnittkraftkomponenten einerseits, spezifischem Schnittdruck anderseits veranschaulicht Bild 816 nach J. Warlimont. Die Schaulinie für den spezifischen Schnittdruck lehrt, daß kleine Vorschübe unter dem Gesichtswinkel des Leistungsverbrauchs

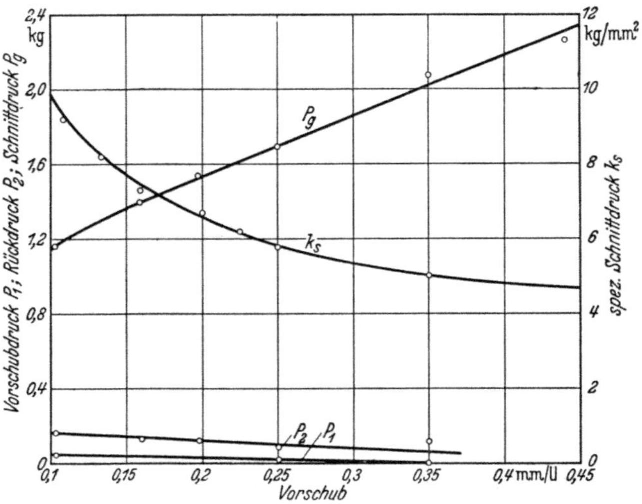

Bild 816. Einfluß des Vorschubs auf die Schnittkraftkomponenten und den spezifischen Schnittdruck beim Drehen. (Nach J. Warlimont.)

ungünstig sind. Man wird also nach Möglichkeit größere Vorschübe wählen, die aber Keilwinkel von etwa 60° erfordern. Die Oberflächenbeschaffenheit wird man durch eine gut ausgebildete Nebenschneide verbessern.

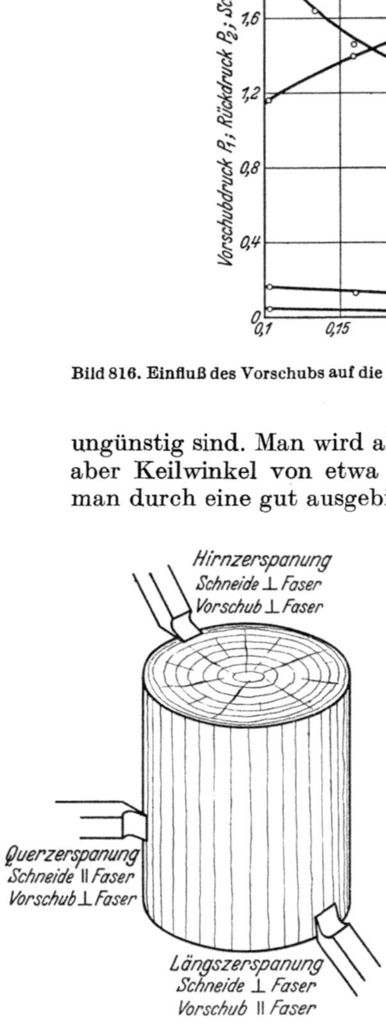

Bild 817. Schematische Darstellung der drei Hauptrichtungen bei der Drehzerspanung.

861.12 Abhängigkeit der Schnittkraft von den Holzeigenschaften. Es ist anzunehmen, daß die Schnittkraft beim Drehen wie die beim Fräsen geradlinig mit steigender Rohwichte zunimmt. Bei Versuchen von J. Warlimont ergab sich beispielsweise ein Verhältnis der spezifischen Schnittdrücke von 1 : 1,5 beim Drehen von Kiefern- und Rotbuchenholz. Die Mittelwerte der Rohwichte beider Holzarten verhalten sich wie 1 : 1,4.

Weiter hat J. Warlimont den Einfluß des Einstellwinkels und der Faserrichtung auf den Schnittdruck untersucht; bei gleichbleibendem Spanquerschnitt und gleichem Vorschub ergaben sich — die möglichen Fälle bei der Drehzerspanung zeigt Bild 817 — die k_s-Kurven in Bild 818. Für den Leistungsverbrauch ist demnach ein Einstellwinkel von $\varkappa = 45$ bis 60° vorteilhaft. Bei größerem Winkel wachsen die Zerspanungskräfte durch den Übergang in Hirnholzzerspanung. Der Verlauf der k_s-Kurven beruht aber, wie leicht einzusehen ist, nicht allein auf der Faserrichtung, sondern auch auf der Änderung der Schneidenbreite (Spanbreite) mit dem Winkel $\varkappa$. Rechnet man die Werte für den Schnittdruck k_s auf die Ausgangsspanbreite (für $\varkappa = 90°$)

um, so ergeben sich k_s-Kurven, die den bei Übergängen von Hirn- zur Querbeanspruchung beobachteten Änderungen der Festigkeit entsprechen und auch sinngemäß berechnet werden können. H. B. Brüne[1] fand nachstehende Gleichung für die Abhängigkeit des spezifischen Schnittdrucks beim Drehen vom Einstellwinkel, die der empirischen Gleichung für die Abhängigkeit der Dehnungszahl von der Orientierung (vgl. Bd. I, S. 612) entspricht:

$$k_s = k_{sq} \cdot \cos^2 \varkappa + k_{sh} \cdot \sin^2 \varkappa, \tag{105}$$

wobei bedeutet k_{sq} = spezifischer Schnittdruck bei Querzerspanung, k_{sh} = spezifischer Schnittdruck bei Hirnholzzerspanung und $\varkappa$ = Einstellwinkel.

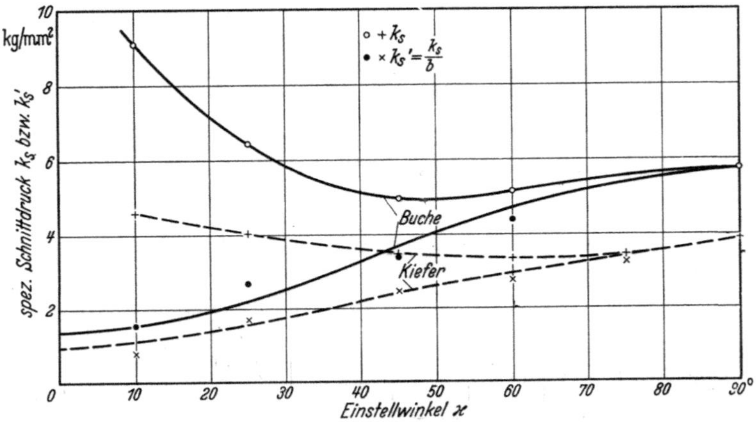

Bild 818. Einfluß der Faserrichtung auf den spezifischen Schnittdruck bei der Drehzerspanung von Buchen- und Kiefernholz. (Nach J. Warlimont.)

861.13 Abhängigkeit der Schnittkraft von der Werkzeugform. Die Werkzeugform läßt sich technisch durch die Winkel (z. B. Keilwinkel, Freiwinkel, Spanwinkel, Einstellwinkel usw.) und Flächen am Drehstahl beschreiben. Bei Holz und Holzwerkstoffen kann man die Spanbildung nach H. Bethmann[2] als einen kombinierten Scher-, Stauch- und Anpreßvorgang entlang der Schneidkante auffassen. In Bild 819 sind diese drei Kräfte schematisch aufgezeichnet. Man unterscheidet demnach eine Scher- oder Trennkraft (*Sch*), eine Stauchkraft (*St*) und eine Anpreßkraft (*A*). Die Größe und Richtung dieser Kräfte und ihrer Resultierenden wird durch die Schneidenform beeinflußt.

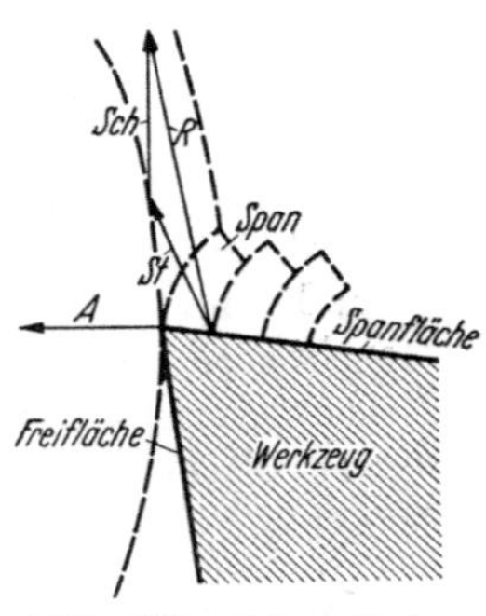

Bild 819. Schematische Darstellung der verschiedenen Arten der auf das Werkstück wirkenden Kräfte beim Zerspanungsvorgang, betrachtet im Schnitt senkrecht zur Meißelschneide. *A* Anpreßkraft, *Sch* Scherkraft, *St* Stauchkraft, *R* Resultierende aus *Sch* und *St*. (Nach H. Bethmann.)

Die Scherkraft hat die Scherfestigkeit des zu zerspanenden Werkstoffs zu überwinden, während die Stauchkraft erhebliche Bedeutung für die Spanform hat. Mit wachsendem Spanwinkel verringert sich die Stauchung des Spanes, da er ungehindert entlang der Spanfläche ablaufen kann. Bei einem theoretischen Spanwinkel $\gamma = 90°$

[1] Brüne, H. B.: Untersuchungen über den Einfluß der Faserrichtung auf die zur Holzbearbeitung erforderliche Zerspanungsarbeit. Diss. T. H. Dresden 1930.

[2] Bethmann, H.: Wesensart und kritische Beurteilung der Kurzprüfverfahren zur Bestimmung der Zerspanbarkeit von Werkstoffen, Diss. T. H. München 1940.

würde eine Stauchung nicht mehr eintreten, sondern es käme zu einem Aufspalten des Holzes (wie beim Spalten mit dem Beil).

In den Bildern 820 und 821 ist die spezifische Schnittkraft als Funktion des Frei- und Spanwinkels aufgetragen. Zum Vergleich sind Kurven für k_s-Werte beim Schneiden einer weichen Zinklegierung unter gleichen Schnittbedingungen mit eingezeichnet. Man sieht, daß die Werte für die Schichtstoffe nicht nur im Verhältnis zu denen für Metall sehr niedrig sind, sondern daß eine viel weniger ausgeprägte Abhängigkeit besteht. Weiter geht aus den Bildern hervor, daß sich die spezifische Schnittkraft stärker mit wachsendem Spanwinkel als mit

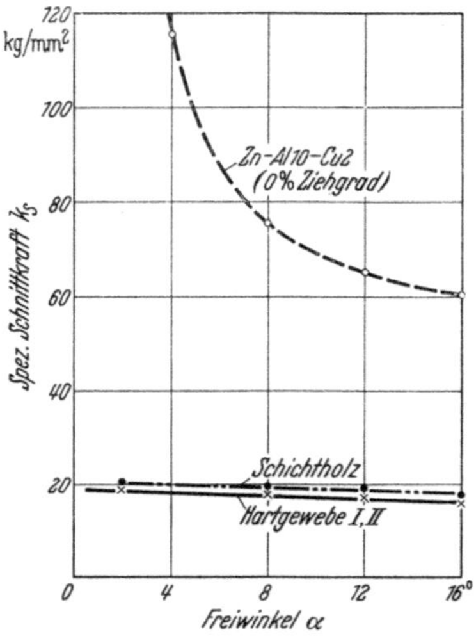

Bild 820. Abhängigkeit der spezifischen Schnittkraft beim Drehen vom Freiwinkel. (Nach H. Schallbroch u. P. v. Doderer.)

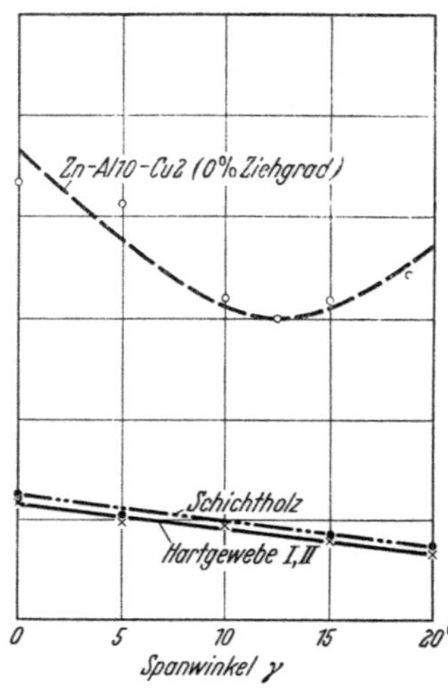

Bild 821. Abhängigkeit der spezifischen Schnittkraft beim Drehen vom Spanwinkel. (Nach H. Schallbroch u. P. v. Doderer.)

wachsendem Freiwinkel verringert. Vom energetischen Standpunkt aus ist es also günstig, den Spanwinkel so groß wie möglich zu wählen, freilich sind hier Grenzen durch die Meißelfestigkeit gezogen. Sie liegen für die Zerspanung von Schichtholz ungefähr bei $\gamma = 15°$.

Der Freiwinkel α soll für Holzdrehstähle nach den spärlichen Angaben im Schrifttum zwischen $\alpha = 12°$ und $20°$ liegen. J. Warlimont hat den Nachweis erbracht, daß die Schnittkraftkomponenten und damit auch das Drehmoment beim Drehen von Vollholz für $\alpha = 12$ bis $18°$ die niedrigsten Werte erreichen. Der höhere Kraftverbrauch bei kleinerem α dürfte darauf beruhen, daß die Reibungsverhältnisse an der Freifläche ungünstiger werden. Bei $\alpha > 18°$ wird der damit zusammenhängende Keilwinkel β so schmal, daß der Stahl infolge der Biegungsbeanspruchung federt und die Späne nicht mehr vom Holz abschält, sondern abreißt, wozu mehr Kraft erforderlich ist. Es ist einzusehen, daß die Oberflächengüte sowohl unter zu kleinem als auch unter zu großem Freiwinkel leidet.

Als Keilwinkel β benennt die Literatur nach Beobachtungen in der Praxis 20 bis 30°. Nach den Versuchen von J. Warlimont besteht aber kein Zweifel mehr, daß so spitze Winkel sich nur bei leichten Arbeiten, also beim Drechseln, Schlichten und Drehen von weichen Hölzern rechtfertigen lassen. Schnittdruck, Vorschubdruck und Rückdruck wachsen zwar mit zunehmendem Keilwinkel (Bild 822), da das Abschälen der Späne in ein Abscheren übergeht; der Kraftverbrauch darf aber bei der Wahl der Schneidenform nicht allein maßgebend sein, sondern es ist auch die Frage der Oberflächenbeschaffenheit und der Schneidhaltigkeit zu prüfen. Die Oberflächengüte hängt, besonders bei richtig abgerundeter Stahlnase, wenig vom Keilwinkel ab, jedoch verringert sich die Standzeit erheblich mit abnehmendem β. Unter Berücksichtigung aller Gesichtspunkte empfiehlt deshalb J. Warlimont trotz des größeren Leistungsverbrauchs besonders beim Schruppen von Harthölzern Keilwinkel von $\beta = 50$ bis 60°.

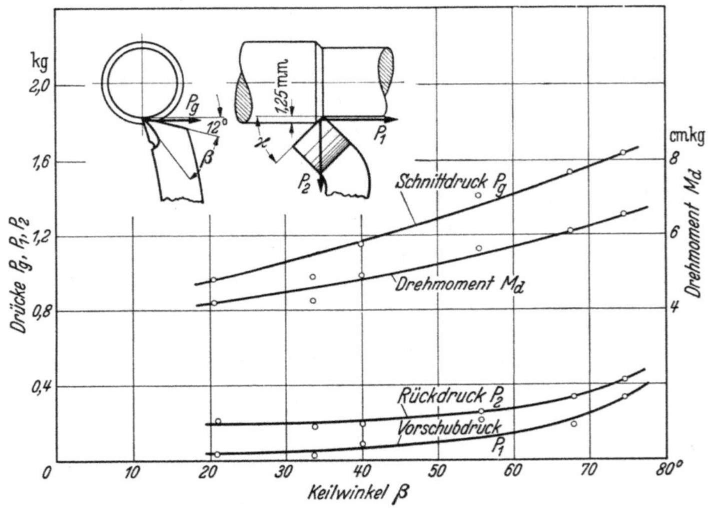

Bild 822. Einfluß des Keilwinkels auf Schnittdruck, Vorschubdruck und Rückdruck beim Drehen von Rotbuche. (Nach J. Warlimont.)

861.2 Oberflächengüte gedrehter Flächen.

Für die Bewertung und Verwendung vieler Drehteile aus Holz ist die bei der Zerspanung erreichbare Oberflächengüte von entscheidender Bedeutung, erinnert sei nur an Spulen, Bobbinen, Handgriffe, Rundstäbe usw. Es liegt deshalb nahe, die vielfältigen Forschungsergebnisse über die Oberflächengüte von Metallen auch auf die zerspanten Oberflächen von Holz und Holzwerkstoffen anzuwenden. Leider ergeben sich dabei infolge der leichten Verformbarkeit und geringen Härte des Holzes, sowie infolge seiner Inhomogenität und Faserstruktur erhebliche Schwierigkeiten. Hierin dürfte die Ursache liegen, daß bisher nur unzureichende experimentelle Daten vorliegen. Dies gilt auch für das Lichtschnittverfahren nach G. Schmaltz[1], das sich bei der Untersuchung von Metalloberflächen sehr gut bewährt hat. Das Verfahren beruht darauf, daß mittels eines besonderen Geräts ein „immaterieller Schnitt" durch die gedrehte Oberfläche so gelegt wird, daß ihr „Profil" zutage tritt.

Bei einem gedrehten Zylinder unterscheidet man nun zweierlei Rauhigkeiten: 1. die Querrauhigkeit H_q, ausgedrückt durch den Höhenunterschied zwischen den Rillenkämmen und Rillentälern längs einer Mantellinie des Zylinders, 2. die Längsrauhigkeit H_l, dargestellt durch den Höhenunterschied der höchsten und tiefsten Punkte der Profilkurve in einer Vorschub-

[1] Schmaltz, G.: Technische Oberflächenkunde, Berlin 1936.

rille. Da H_l im allgemeinen stark hinter H_q zurücktritt, befaßt man sich technologisch fast nur mit der Querrauhigkeit.

Ein idealer Werkstoff würde beim Drehen geometrisch genaue, gleichbleibende Rillenformen aufweisen, deren theoretische Querrauhigkeit H_{th} sich aus dem Vorschub s und der Spitzenabrundung r des Drehmeißels nach folgender Formel berechnen läßt:

$$H_{th} = \frac{s^2}{8r}. \tag{106}$$

In Wirklichkeit treten stets nach oben und unten Abweichungen auf, welche die vergleichsweise erreichbare Oberflächengüte angeben. Nach H. Opitz und H. Moll[1] bezeichnet man als Schnittgütegrad C

$$C = \frac{H_{th}}{H_{q\,gem}}. \tag{107}$$

Hauptsächlich Einfluß auf die Schnittgüte haben unter den Schnittbedingungen die Schnittgeschwindigkeit, der Vorschub und der Meißel-Halbmesser. Im allgemeinen hat eine Vergrößerung der Schnittgeschwindigkeit eine Verringerung der Querrauhigkeit zur Folge. Für Holz liegt eine Bestätigung noch nicht vor, jedoch dürften bei Schichthölzern ähnliche Verhältnisse wie bei Hartgeweben vorliegen. Bild 823 zeigt, wie man bei diesem Werkstoff mit Schnittgeschwindigkeiten zwischen $v = 700$ und 1100 m/min der theoretischen Rauhigkeit und damit dem Bestwert der Oberflächengüte nahekommt.

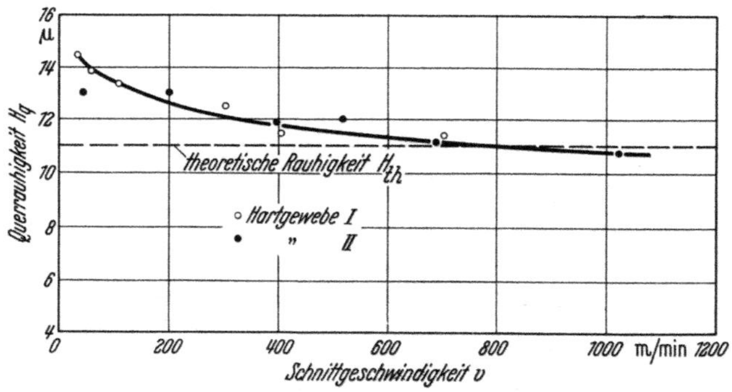

Bild 823. Querrauhigkeit H_q einer gedrehten Hartgewebe-Oberfläche in Abhängigkeit von der Schnittgeschwindigkeit v. (Nach H. Schallbroch u. P. v. Doderer.)

Mit dem Vorschub steigt die Querrauhigkeit gemäß Gleichung (106) parabolisch an. Bei der tatsächlich gemessenen Rauhigkeit H_{gem} dürfte unter sonst gleichen Bedingungen die Orientierung der Schnittrichtung zur Faser des Holzes eine entscheidende Rolle spielen. Sicher wird man beim Drehen von Holz mit dem auch von anderen Werkstoffen (insbesondere Kunststoffen) her bekannten „Drücken" rechnen können. Dabei wird die Oberfläche weniger geschnitten als gedrückt, und H_{gem} kann erheblich unter H_{th} sinken. Erhält man allerdings Werte für $C > 1{,}5$, so weist dies auf unstatthaft starkes Drücken und Quetschen der Schneide hin.

[1] Opitz, H., u. H. Moll: Die Herstellung hochwertiger Drehflächen, Ber. über betriebswiss. Arb. Bd. 14, Berlin 1940.

87. Bohren.

870. Allgemeines über Bohrmaschinen.

Zum Bohren benutzt man ein- oder mehrspindlige, meist senkrecht arbeitende Maschinen (Bild 824 bis 826). Die Spindeldrehzahl liegt — je nach dem größten Bohrerdurchmesser — zwischen 1000 und 4000 U/min, die daraus errechenbaren Schnittgeschwindigkeiten sind mit etwa 0,5 bis 3,0 m/s im Vergleich zu anderen Holzzerspanungsarten außerordentlich niedrig. Der Grund liegt in der schwierigen Spanabfuhr und in den schlechten Kühlungsverhältnissen. Für den Bohrvorgang ist die Gestaltung der Holzbohrer von ausschlaggebender Bedeutung. Die beim Bohren entstehenden Späne sammeln sich in einem Hohlraum des Bohrers oder im Bohrloch und werden durch Anheben des Werkzeuges entfernt, oder aber sie werden mechanisch durch die Schraubenwindungen des Bohrers nach außen befördert. Der Auflockerungsgrad der Bohrspäne ist mit $p = 10$ gegenüber dem Vollholz ein sehr starker. Metallbohrer eignen sich nicht zur Holzbearbeitung; sie vermögen die Späne nicht genügend herauszuschaffen.

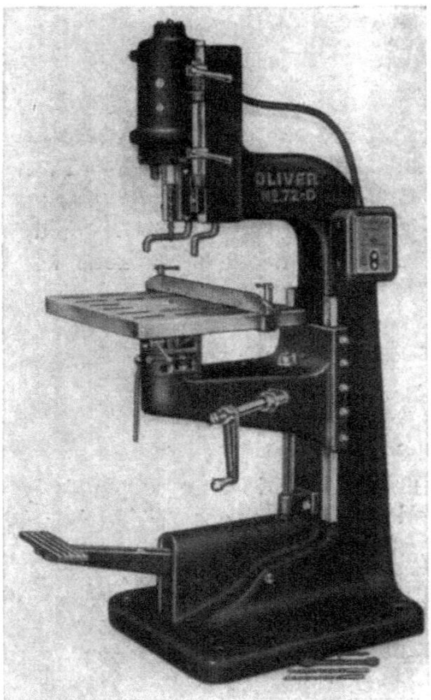

Bild 824. Einspindelige Vertikal-Bohrmaschine, Bauart Oliver Machinery Co., Michigan USA. Ausladung 455 mm, Hub des Motors 160 mm, Hub des Tisches 305 mm, Tisch neigbar bis 45°, größter Bohrdurchmesser 50 mm, Drehzahl 300 U/min, Antrieb 1,5 kW.

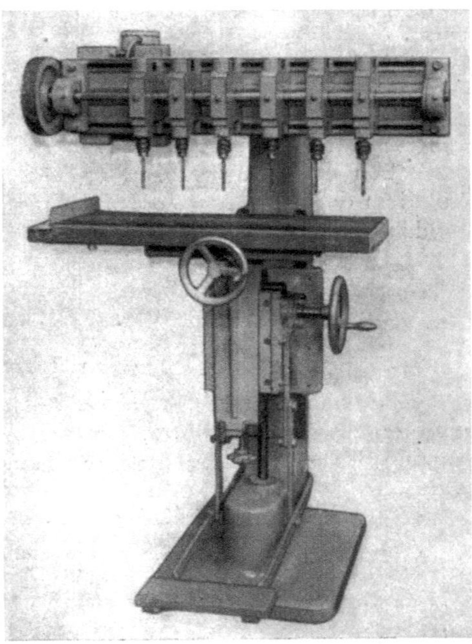

Bild 825. Sechsspindelige vertikale Bohrmaschine, Bauart A. Knoevenagel, Hannover-Hainholz. Größter Bohrspindelmittenabstand 750 mm, kleinster Abstand 38 mm, Arbeitstischgröße 300 × 800 mm², Ausladung 380 mm, Bühnenbewegung durch Fußspindel, Drehzahl der Bohrer 1500 bzw. 3000 U/min, Antriebsleistung 2,2 kW.

871. Leistungsbedarf für Schnitt und Vorschub beim Bohren.

Für den Entwurf und Bau der Bohrmaschinen sowie für ihre Betriebswirtschaftlichkeit spielt das beim Bohren auftretende Drehmoment M_d eine entscheidende Rolle. Der Energiebedarf N_s für den Schnitt errechnet sich zu

$$N_s = \frac{M_d \cdot n}{97410} \text{ [kW]}, \quad (80)$$

wobei M_d das Drehmoment in [cmkg] und n die Drehzahl [U/min] sind.

Bild 826. Zwölfspindelige automatische Bohrmaschine mit Druckluftspannvorrichtung (4 bis 6 atü), Bauart Paul & Eugen Meyer, Maschinenfabrik, Böblingen. Größte Entfernung der äußersten Spindeln 2300 mm, Verstellbarkeit des oberen Schlittens parallel zum unteren Bohrschlitten 150 mm, Verstellbarkeit quer zum Schlitten von je 3 Bohrspindeln 120 mm, Drehzahl der Bohrmotoren 2800 U/min, Spannweite der Bohrfutter 0 bis 16 mm, Antriebsleistung der Bohrmotoren 1,2 kW, des Motors für die Schlittenbewegung 0,75 kW.

Der gesamte Leistungsbedarf N ist gleich der Summe aus dem Leistungsbedarf N_s für die Schnittleistung und dem Leistungsbedarf N_v für den Vorschub. Die beim Bohren auftretende Vorschubkraft P_v beansprucht das Bohrwerkzeug auf Knikkung, die Maschine auf Biegung. Es gilt, wenn s der Vorschub in [mm/U]

$$N_v = \frac{P_v \cdot n \cdot s}{75 \cdot 60 \cdot 100 \cdot 1{,}36} = \frac{P_v \cdot n \cdot s}{612000} \text{ [kW]}. \quad (108)$$

Der Anteil des durch die Vorschubkraft bedingten Leistungsaufwands am gesamten Leistungsbedarf ist gering und beträgt durchschnittlich nur wenige Hundertteile; man kann ihn deshalb vernachlässigen. Trotzdem darf man den Vorschubdruck nicht so weit steigern, daß die Widerstandskraft des Bohrers und der Schneiden dadurch überbeansprucht wird.

872. Bohrerformen[1].

872.1 Löffelbohrer.

Löffelbohrer (in der Regel für Löcher von 2 bis 50 mm Durchmesser) sind die einfachsten Holzbohrer; sie besitzen am unteren Ende eine geschmiedete Mulde (Bild 827), deren Schneide halbrund oder schräg angeschliffen ist; im

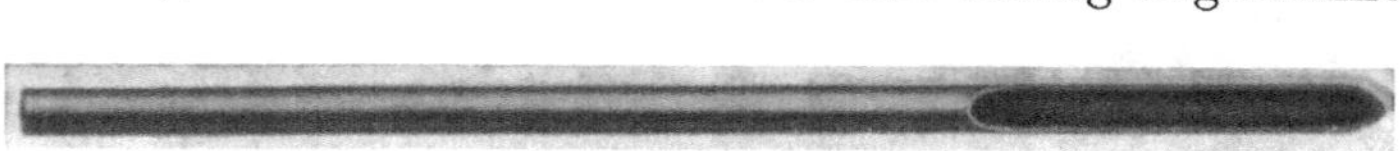

Bild 827. Löffelbohrer.

letzten Fall beträgt der Spitzenwinkel 75°. Nach beendeter Bohrung können die Löffelbohrer ohne Zurückdrehen ausgehoben werden.

[1] Anonymus: Holzbohrer, Techn. Rdsch. (Bern) Bd. 27 (1935) Nr. 44, S. 3.

872.2 Schneckenbohrer.

Schneckenbohrer entstehen, wenn man Löffelbohrer um ihre Achsen windet, so daß die Schneiden Schraubenlinien (Bild 828) bilden. Die Schneckenbohrer werden zweckmäßig erst allmählich auf den vollen Durchmesser gebracht, die

Bild 828. Schneckenbohrer.

Spitze läuft in eine Zugschraube aus, die sich so weit in das Holz einbohrt, bis die Schneidkante die Zerspanung aufnimmt. Der Druck des Spanes auf den Bohrer wird infolge des Steigungswinkels in zwei Kräfte zerlegt, eine Zugkraft, welche die Wirkung der Holzschraube unterstützt, und eine Tangentialkraft, die durch das Drehmoment überwunden werden muß. Je kleiner der Steigungswinkel ist, desto leichter arbeitet deshalb der Bohrer. Da die Späne mit ziemlicher Gewalt abgetrennt werden, spaltet das Holz leicht, wenn nicht Hirnholz vorliegt.

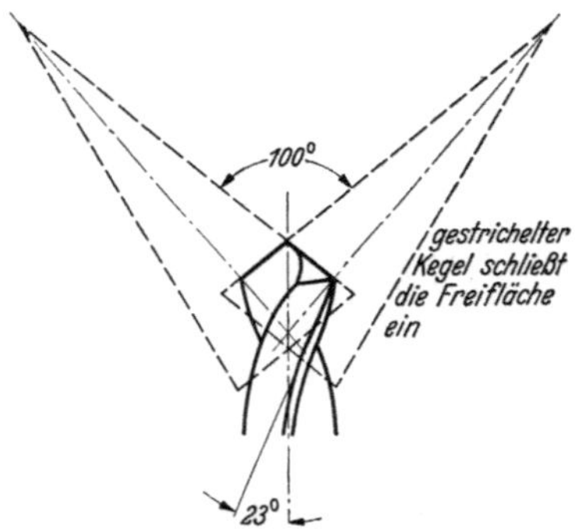

Bild 829. Freifläche und Winkel an Holzspiralbohrern.

872.3 Spiralbohrer.

Spiralbohrer arbeiten besonders gut auf Langholz, also senkrecht zur Holzfaser, und haben sich im Maschinenbetrieb am besten bewährt. Äußerlich sehen sie den Metallbohrern ähnlich, jedoch ist der Drallwinkel kleiner als für Stahl und Leichtmetall, beispielsweise haben sich als zweckmäßig erwiesen für Holz[1] 23°, für Eisen[2] wenigstens 26°, für Baustahl 32°, für Leichtmetalle 40 bis 45°. Dem schon oben erwähnten großen Volumen der Holzspäne tragen die geräumigen Spiralnuten Rechnung. Die Freifläche (Bild 829) darf nicht eben abgeschliffen werden, sondern sie muß eine Art kegelförmige Schraubenfläche sein. Die am Bohrer auftretenden Bezeichnungen und Winkelbestimmungen sind in Bild 830 nach Angaben im Schrifttum[3] dargestellt.

Die Holzspiralbohrer haben entweder zwei schräge Hauptschneiden (Bild 831a) oder eine Zentrumsspitze und zwei Vorschneider (Bild 831b). Bei schräg angeschliffenen Schneiden muß der Spitzenwinkel dem Werkstoff angepaßt sein; in der Praxis finden sich heute noch Winkel von 60 bis 120°, jedoch haben die Versuche von R. Büttner[1] ergeben, daß unabhängig von der Holzart 100° (bei 23° Drall) am günstigsten sind.

872.4 Schlangen- oder Schraubenbohrer.

Die Schlangen- oder Schraubenbohrer (Bild 832) stammen aus den Vereinigten Staaten. In der Arbeitsweise unterscheiden sie sich grundlegend von den

---

[1] Büttner, R.: Untersuchungen über den Holzzerspanungsvorgang mittels zwangläufigen Vorschubs unter besonderer Berücksichtigung der Schneidhaltigkeit der Holzbohrer, Diss. T. H. Dresden 1930.

[2] Schlesinger, G.: Werkst. Techn. Bd. 21 (1927) S. 609. — St. Patkay: Werkst. Techn. Bd. 22 (1928) S. 679 u. Bd. 23 (1929) S. 3, 33.

[3] Wallichs, A., H. Beutel u. M. Mendelsohn: Zerspanbarkeitsuntersuchungen an Spiralbohrern, Ber. über Betriebswiss. Arb. Bd. 8, Berlin 1932.

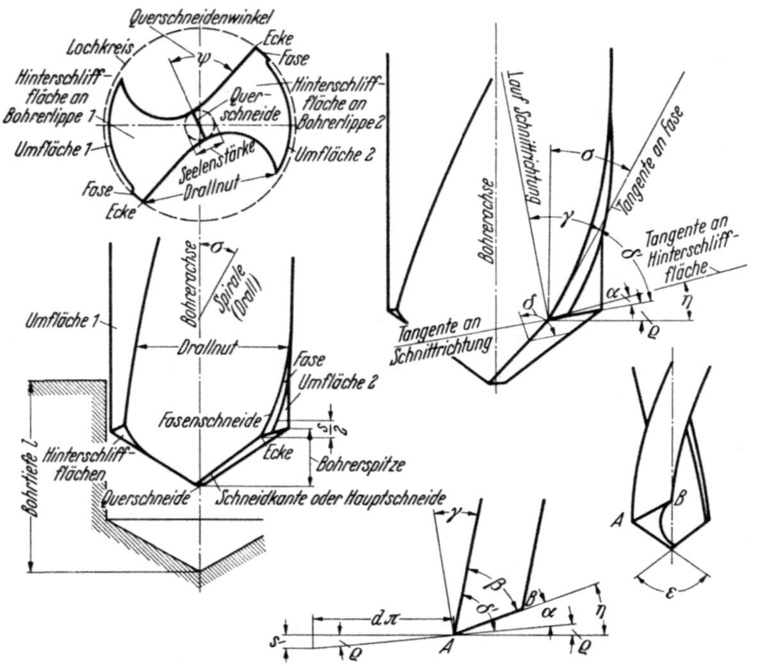

Bild 830.
Bezeichnungen und Winkelbestimmung am Spiralbohrer. (Nach A. Wallichs, H. Beutel u. M. Mendelson.)
Spanwinkel, Drallwinkel, Steigungswinkel des Dralles, Ergänzungswinkel des Spanwinkels, wahrer Schnittwinkel, gemessen im Normalschnitt zur Schneidkante, Hinterschliffwinkel, Steigungswinkel der Schnittrichtung, Freiwinkel, Spitzenwinkel, Querschneidenlänge.

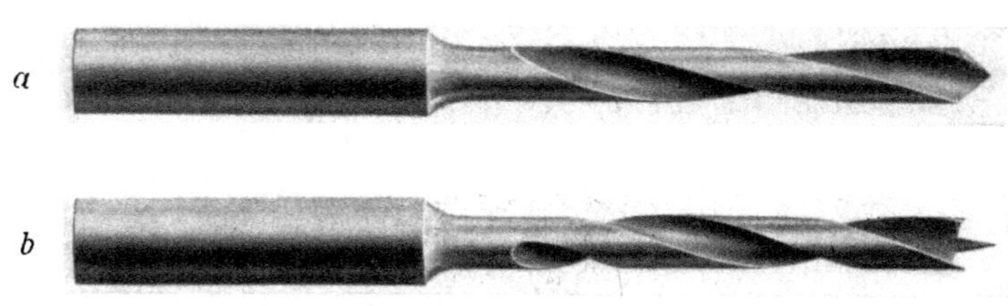

Bild 831. Spiralbohrer. *a* mit schräg angeschliffenen Schneiden, *b* mit Zentrumspitze und Vorschneidern.

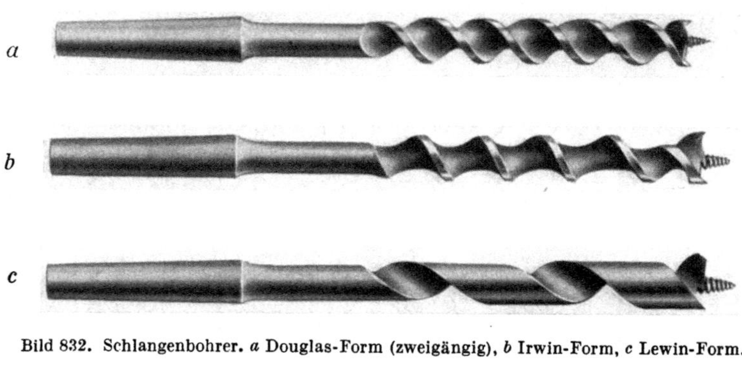

Bild 832. Schlangenbohrer. *a* Douglas-Form (zweigängig), *b* Irwin-Form, *c* Lewin-Form.

Spiralbohrern. Die Schneide liegt senkrecht zur Bohrerachse, tangential an der mit einem Zuggewinde versehenen Bohrerspitze; die Steigung dieses Gewindes bestimmt den Vorschub. Die Bohrer werden ohne, mit einem oder mit zwei Vorschneidern geliefert. Die Bohrspäne werden durch die anschließende Schraube nach außen befördert. Diese Schraube wird ein- oder zweigängig ausgeführt; die eingängige Schraube ist besser gegen Verdrehen geschützt und damit für größere Bohrlängen geeignet.

872.5 Zentrumbohrer.

Der Zentrumbohrer (Bild 833) besitzt eine Zentrierspitze, einen Vorschneider, der zunächst die Faser seitlich abtrennt und die Wandung des Loches herstellt, sowie einen Nachschneider, der die Späne abschneidet. Da der

Bild 833. Zentrumbohrer.

Schneidkopf nicht symmetrisch zur Zentrierspitze ist, bohren die Zentrumbohrer etwas weiter als ihrem Durchmesser entspricht; sie vertragen nach den Erfahrungen der Praxis und den wissenschaftlichen Untersuchungen von R. Büttner nur geringe Vorschübe. Bei großen Vorschüben wird die Reibung zwischen Span und Werkzeug zu groß; eine Erhitzung bis zur Rotglut, wobei der Vorschneider weich wird und das Bohrloch verkohlt, ist die Folge. Wegen dieses Nachteils wurden die Zentrumbohrer weitgehend durch Schlangenbohrer verdrängt. Bei marktgängigen Bohrern findet man Keilwinkel β zwischen 8 und 30°, Freiwinkel α zwischen 15 und 60°; nach den Untersuchungen von W. Osenberg[1] und F. Hetzel[2] empfehlen sich aber für Vollholz sowie Sperrholz $\beta = 20$ bis 21°, $\alpha = 35$ bis 40°, da hierfür die Drehmomentkurven Mindestwerte durchlaufen.

872.6 Zylinderkopf- oder Forstner-Bohrer.

Zylinderkopf- oder Forstner-Bohrer (Bild 834) eignen sich besonders zum Bohren völlig runder, maßhaltiger Löcher; der Grundschnitt wird genau eben, da der Bohrer ohne Zentrumsspitze und Zugschraube arbeitet. Der Bohrer wird

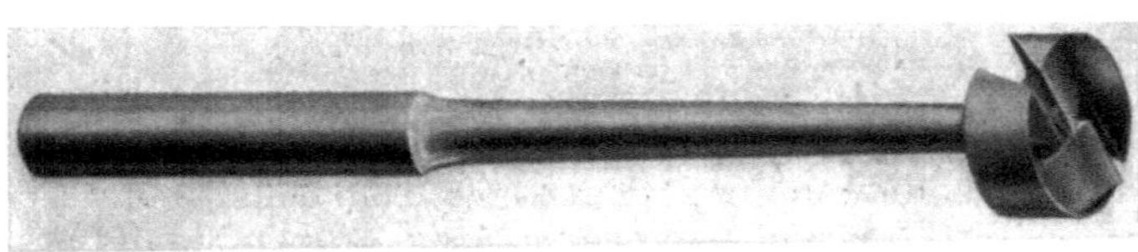

Bild 834. Zylinderkopf- oder Forstner-Bohrer.

auf das Werkstück mit seinem kreisrunden scharfen Zylinderumfang aufgesetzt, der als Vorschneider wirkt; den Span heben die an der Stirnseite sitzenden radial verlaufenden Messer ab. Das Drehmoment ist infolge der großen Länge

---

[1] Osenberg, W.: Untersuchungen über die den Zerspanungsvorgang mittels Holzbohrern beeinflussenden Faktoren, Diss. T. H. Dresden 1926.

[2] Hetzel, F.: Über die Bearbeitbarkeit von Spanholzplatten und Sperrholzplatten (Bohren und Stanzen), Diss. T. H. Dresden 1928.

der Vorschneider ziemlich hoch. Nicht befriedigend ist nach R. Büttner die Spanabfuhr; bei großem Vorschub läuft sich der Bohrer leicht fest, bei kleinem aber stumpft die Schneide infolge eines Poliervorgangs rasch ab. Das Ausglühen der Zylinderschneide bei hohen Drehzahlen läßt sich durch Zahnung am Umfang verhindern. Richtwerte für die Winkel am Werkzeug: Freiwinkel $\alpha = 30°$, Keilwinkel $\beta = 30°$, Spanwinkel $\gamma = 30°$; max. Vorschub 1,0 mm/U, max. Schnittgeschwindigkeit 2 m/s.

872.7 Sonstige Bohrer.

Es würde zu weit führen, hier noch die verschiedenen Sonderbohrer näher zu besprechen, z. B. die Bohrer zum zylindrischen oder kegeligen Aufbohren bereits vorhandener Löcher, die Küferbohrer und Zuwachsbohrer, die den Kern des Lochs als Scheibe oder Probestange liefern usw. Die Langlochbohrer wurden bei den Fräsern erwähnt.

873. Abhängigkeit der Schnitt- und Vorschubkraft beim Holzbohren von inneren und äußeren Faktoren.

873.1 Abhängigkeit der Schnitt- und Vorschubkraft von den Schnittbedingungen.

Mit zunehmender Schnittgeschwindigkeit wurde beim Bohren von Schichtstoffen ein geringfügiges Abfallen sowohl der Vorschubkraft P_v als auch des Drehmoments M_d gefunden (Bild 835). Bei den an sich geringen Schnittkräften darf

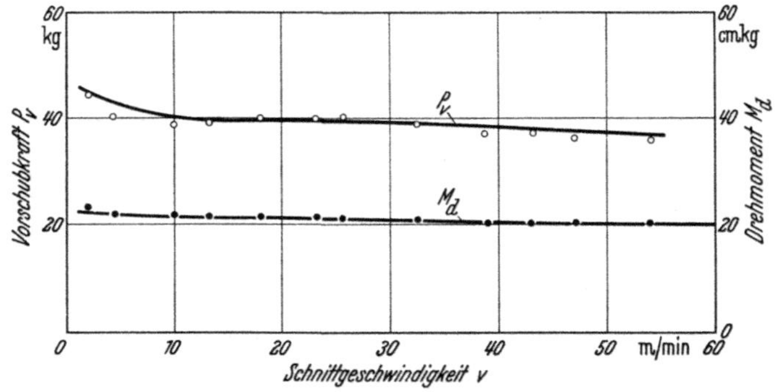

Bild 835. Abhängigkeit der Vorschubkraft P_v und des Drehmomentes M_d von der Schnittgeschwindigkeit beim Bohren in Hartgewebe (Bohrerdurchmesser 16 mm, Drallwinkel = 12°, Spitzenwinkel = 115°, Hinterschliffwinkel = 12°, Querschneidenlänge q = 1,5 mm, Vorschub s = 0,34/U, Bohrtiefe l = 20 mm). (Nach H. Schallbroch u. P. v. Doderer.)

man die durch Veränderung der Schnittgeschwindigkeit entstehenden Unterschiede der Schnittkraft nicht vernachlässigen. Die Größe des gewählten Vorschubs ist gewöhnlich durch die Form des Bohrers und die Festigkeitseigenschaften von Werkzeug und Werkstück begrenzt. Die Spiralbohrer sind empfindliche Werkzeuge, die bei Überbeanspruchung infolge zu hohen Vorschubs leicht brechen. In Bild 836 ist die Abhängigkeit der Vorschubkraft und des Drehmoments vom Vorschub je Umdrehung und Bohrerdurchmesser für den Spiralbohrer nach Untersuchungen von R. Büttner aufgetragen. Bei einer Schnittgeschwindigkeit von $v = 2{,}5$ m/s wurden für alle Holzarten, weiche und harte, sehr ähnliche Kurven gefunden. Auch beim Bohren von Schichtstoffen (Bild 837)und Metallen erhält man grundsätzlich ähnliche Kurven.

Charakteristisch ist für den Spiralbohrer ferner, wie R. Büttner zeigte, daß der Vorschubdruck über den ganzen Vorschubbereich gering bleibt und bei höherer Vorschubgeschwindigkeit fast linear verläuft. Bei Bohrern mit weniger guter Spanabfuhr ergibt sich bei großer Vorschubgeschwindigkeit ein starker Druckanstieg. Mit Rücksicht auf die Wirtschaftlichkeit wird man also für Spiralbohrer die höchstmögliche Vorschubgeschwindigkeit wählen; die Erwärmung darf allerdings nicht so stark werden, daß die Standzeit darunter leidet. Die Veränderung des Handvorschubs mit der Bohrlänge, dem Bohrdurchmesser und der Holzart zeigt Bild 838 für Waagerecht-Bohrmaschinen[1].

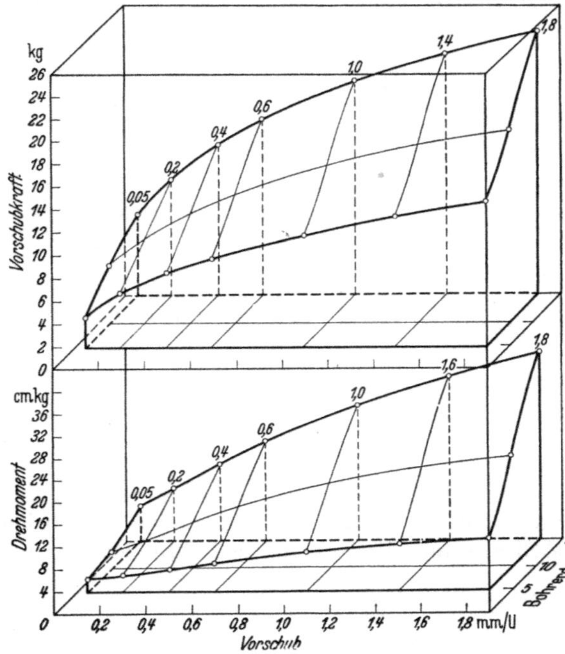

Bild 836. Zusammenhang zwischen Vorschubkraft, Drehmoment, Bohrerdurchmesser und Vorschub bei Spiralbohrern. (Für Hainbuche nach R. Büttner.)

873.2 Abhängigkeit der Schnitt- und Vorschubkraft von der Bohrerform.

Die Länge der Querschneide (vgl. Bild 830) erwies sich beim Bohren von Stahlguß und Gußeisen als sehr bedeutsam für die Schnittkräfte. Durch Ausspitzung läßt sich diese Länge im Betrieb und bei Versuchen in erheblichem Umfang ändern. In der Praxis nimmt die Querschneidenlänge, die gleich der Seelenstärke ist, auch dadurch zu, daß letztere mit zunehmender Zahl von Bohranschliffen und damit abnehmender Bohrerlänge etwas wächst. Wie H. Schallbroch u. P. von Doderer[2] zeigten, steigt auch beim Bohren von

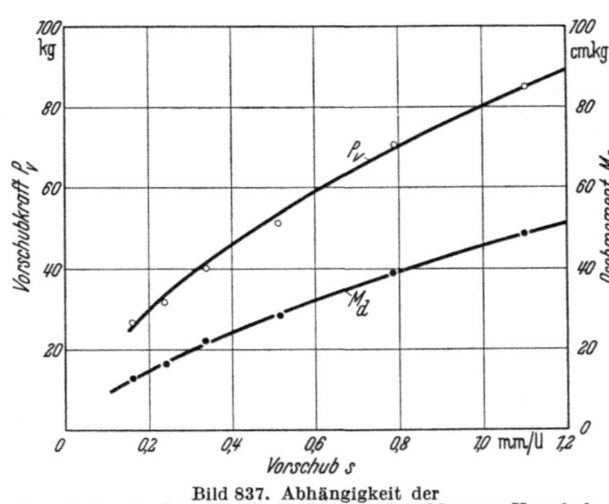

Bild 837. Abhängigkeit der Vorschubkraft P_v und des Drehmomentes M_d vom Vorschub s beim Bohren in Hartgewebe (Bohrerdurchmesser 16 mm, Drallwinkel = 12°, Spitzenwinkel = 115°, Hinterschliffwinkel = 10°. Querschneidenlänge q = 1,5 mm, Schnittgeschwindigkeit v = 23 m/min, Bohrtiefe = 20 mm). (Nach H. Schallbroch u. P. v. Doderer.)

[1] Refa-Mappe für Holzbearbeitung, herausgegeben vom Reichsausschuß für Arbeitszeitermittlung, Berlin 1929.

[2] Schallbroch, H., u. P. von Doderer: Zerspanbarkeitsuntersuchungen an geschichteten Kunstharz-Preßstoffen, Berichte über betriebswissensch. Arb. Bd. 15, Berlin 1943.

Schichtstoffen die Vorschubkraft mit größer werdender Querschneidenlänge stark an, während das Drehmoment praktisch unberührt bleibt. Beim Bohren von Hölzern sind ungeachtet der geringen Schnittkräfte ähnliche Verhältnisse zu erwarten.

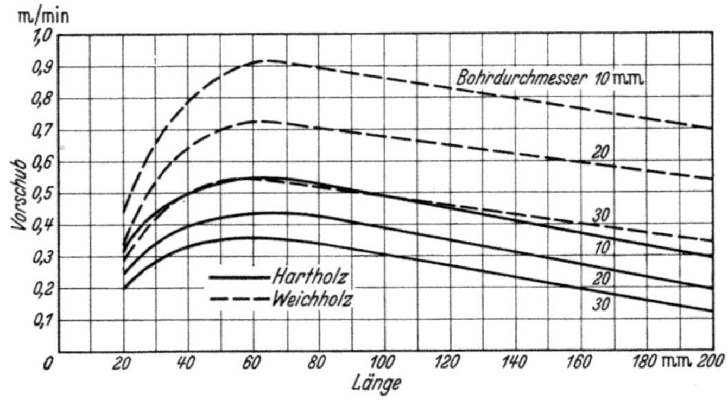

Bild 838. Abhängigkeit des Handvorschubs von der Bohrlänge und dem Bohrdurchmesser für Waagerecht-Bohrmaschinen. (Nach Refa.)

Der Hinterschliffwinkel η ist wegen des Freischneidens nötig. Bei metallischen Werkstoffen übt er, wie sich bei wiederholten Versuchen herausstellte, keinen Einfluß auf die Schnittkräfte aus. Beim Bohren von Hartgeweben fanden aber H. Schallbroch und P. v. Doderer, daß die Vorschubkraft mit zunehmendem η bei allen Vorschüben stark abfiel, während das Drehmoment mäßig anstieg. Für die letztgenannte Erscheinung läßt sich schwer eine Erklärung geben, es sei denn, daß beim Durchschneiden des Hartgewebes besondere Reibungskräfte oder elastische Verformungen auftreten. Für Vollhölzer und Lagenhölzer liegen bisher Meßwerte nicht vor.

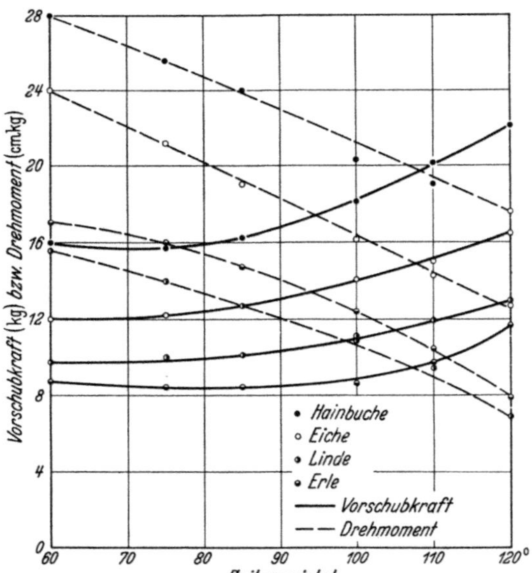

Bild 839. Abhängigkeit der Vorschubkraft und des Drehmomentes vom Spitzenwinkel bei Spiralbohrern. (Nach R. Büttner.)

Sehr erheblich sind die Einflüsse des Drall- und Spitzenwinkels auf die Größe der Schnittkräfte beim Bohren, wie jedem Werkstattpraktiker bekannt ist. Die Vorschubkraft steigt oberhalb von 100° Spitzenwinkel rasch an (Bild 839) die Drehmomente nehmen linear mit wachsendem Spitzenwinkel ab. Der Abfall erklärt sich aus der längeren Schneidenbrust eines spitzen Winkels und der größeren Eindringtiefe ins Holz, also aus der größeren Zerspanungsarbeit. Zum Vergleich seien die für andere Werkstoffe zu wählenden Spitzenwinkel angegeben: für Aluminium und Silumin 140°, für Vulkanfiber 135°, für Stahl, Gußeisen, Messing 116 bis 118°, für Elektron und Scleron 100°, für Hartgummi 50°.

Sehr anschaulich geben Bild 840 und 841 in Form von räumlichen Diagrammen den Einfluß des Spitzenwinkels ε und des Drallwinkels σ beim Bohren eines Schichtstoffs wieder. Kleiner Spitzenwinkel $\varepsilon = 90°$ und kleiner Drall-

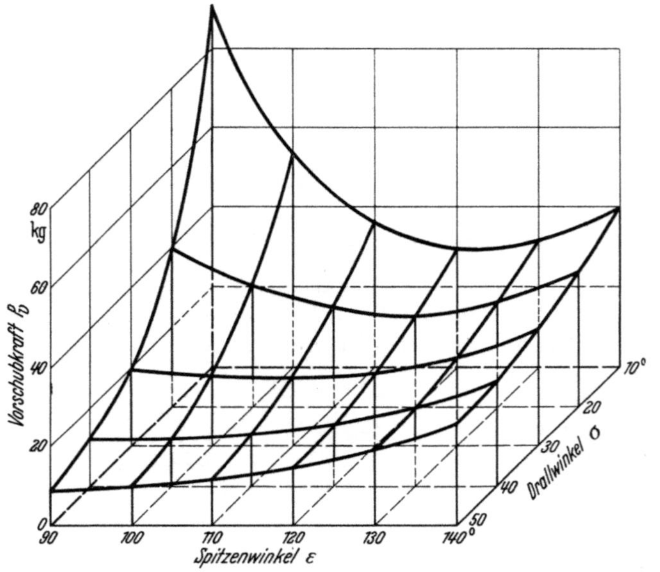

Bild 840. Abhängigkeit der Vorschubkraft P_v vom Drallwinkel σ und Spitzenwinkel ε bei einer Bohrtiefe = 50 mm (Zerspanungswerkstoff Hartgewebe, Bohrerdurchmesser 16 mm, Hinterschliffwinkel $\eta = 16°$, Querschneidenlänge $q = 1{,}5$ mm, Schnittgeschwindigkeit $v = 23$ m/min, Vorschub $s = 0{,}34$ mm/U). (Nach H. Schallbroch u. P. v. Doderer.)

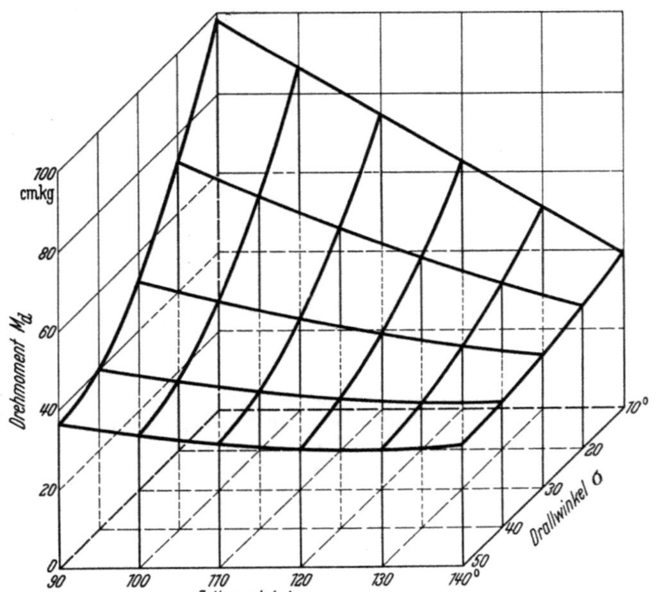

Bild 841. Abhängigkeit des Drehmoments M_d vom Drallwinkel σ und Spitzenwinkel ε bei einer Bohrtiefe $l = 50$ mm, sonstige Bedingungen wie bei Bild 840. (Nach H. Schallbroch u. P. v. Doderer.)

winkel $\sigma = 10°$ ergeben die höchsten Schnittkräfte, während bei großem Spitzenwinkel $\varepsilon = 140°$ und großem Drallwinkel $\sigma = 50°$ zwar das geringste Drehmoment, aber nicht die niedrigste Vorschubkraft auftreten. Die vorteilhaftesten Werte für die Schnittkräfte ergaben sich bei Spitzenwinkeln von 120 bis 130° und Drallwinkeln von 40 bis 50°. Es ist wahrscheinlich, daß diese Zahlen auch als Richtwerte für das Bohren von Lagenhölzern, insbesondere Kunstharz-Preßhölzern, gelten können.

88. Schneiden, Spalten, Stemmen und Stanzen.

880. Allgemeines über das Schneiden.

Beim Schneiden handelt es sich um einen Schervorgang. Da die Scherkräfte nicht in einer Ebene liegen, bilden sie ein Kräftepaar, wodurch zusätzliche Biegebeanspruchungen entstehen. Die Schnittkräfte sinken mit abnehmendem Keilwinkel β (Bild 842), jedoch sinkt damit auch die Standzeit der Schermesser. Besonders wichtig ist der Freiwinkel α, der dafür sorgt, daß die Reibung nicht zu hoch wird. Mit größerem Brustwinkel γ (bzw. γ') oder kleinerem Keilwinkel β (bzw. β') verbessert sich die Güte der Schnittfläche. Nach G. Pahlitzsch[1] schließen die Forderungen: Geringer Leistungsbedarf, lange Standzeit der Messer und glatter, fransenfreier Schnitt einander teilweise aus. Beim Ausschneiden von Furnieren und Furnierplatten (z. B. für Stuhlsitze) von 1 bis 8 mm Dicke fand F. Hetzel[2] folgende günstigste Werte bei α und $\alpha' = 0°$, $\beta = 75°$, $\beta' = 30°$.

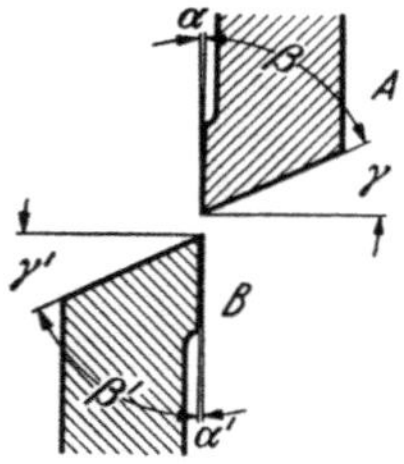

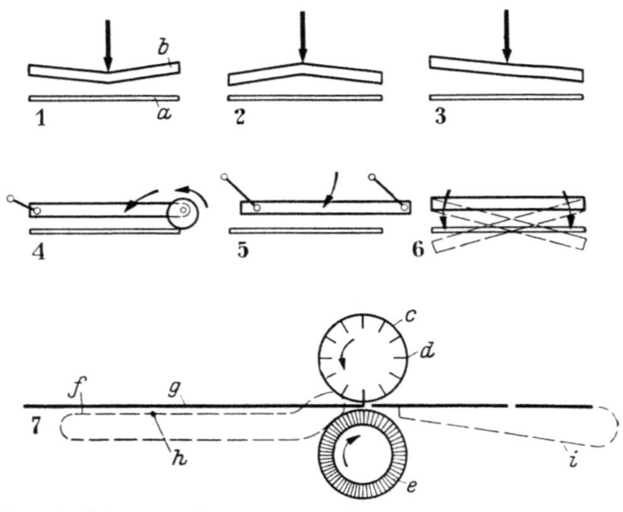

Bild 843. Arbeitsweise der verschiedenen Furnierscheren, schematisch dargestellt. (Nach H.-J. Sacht.)

1. Messer mit keilförmiger Schneide.
2. Messer mit dachförmiger Schneide.
3. Schrägstehendes Messer.
4. Exzenterschnitt.
5. Schwingschnitt.
6. Wiegenschnitt. *a* feststehendes Gegenmesser, *b* bewegliches Hauptmesser.
7. Automatische Furnierschere amerikanischer Bauart.

[1] Pahlitzsch, G.: Spanloses Formen, in „Hütte" Taschenbuch für Betriebsingenieure 4. Aufl. 1. Teil, Berlin 1951, S. 418.

[2] Hetzel, F.: Über die Bearbeitbarkeit von Spanholzplatten und Sperrholzplatten (Bohren und Stanzen), Diss. T. H. Dresden 1928.

881. Furnierscheren[1].

Die Furnierscheren, deren Tätigkeit im Zuge der Furnier- und Sperrholzherstellung bereits in Abschnitt 722.1 besprochen wurde, können entweder als Scheren zum Schneiden des nassen von der Schälmaschine ablaufenden Furnierbandes oder als Furnier-Paketscheren zum Schneiden ganzer Furnierpakete ausgebildet sein. Einen Überblick über die möglichen Arbeitsweisen gibt Bild 843. Um die Schnittkraft herabzusetzen und möglichst glatte Schnittflächen zu erzielen, wendet man ziehenden Schnitt mit schrägstehendem oder wiegendem Messer an. Fußtrittscheren finden sich nur mehr dort, wo kleine Leistungen gefordert werden. Bei größeren Schnittbreiten und höheren Leistungen werden motorgetriebene Scheren benutzt (Bild 844). Ihre theoretische

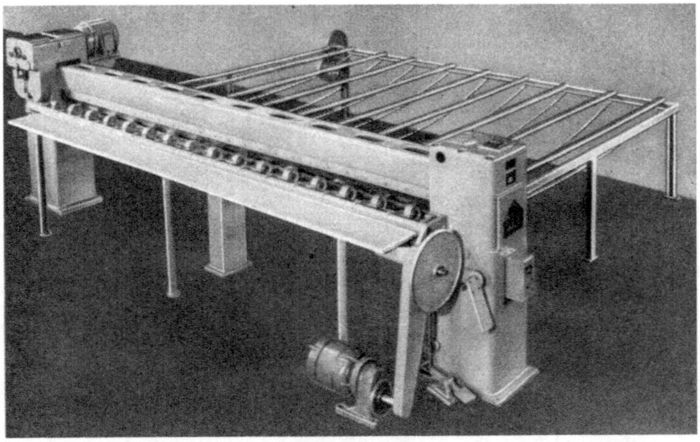

Bild 844. Ansicht einer Furnierschere mit motorgetriebener, aber von Hand gesteuerter Einzugsvorrichtung. Schnittzahl bis 180 Schnitte/min, Schnittlängen 1700 bis 3400 mm, Energiebedarf 1,5 bis 3 kW, Bauart Vereinigte Furnier- und Sperrholzmaschinenfabriken, Hamburg.

Schnittzahl (bis etwa 180 Schnitte je min) läßt sich praktisch allerdings nicht ausnützen, beschleunigt jedoch die Gesamtarbeit durch die Verkürzung der Einzelschnittzeit. Erforderlich sind bei solchen Maschinen mechanische Einzugsvorrichtungen (z. B. Walzen) und Förderbänder zum Abtransport der geschnittenen Furniere. In USA finden sich in den Sperrholzwerken vorherrschend vollautomatische Furnierscheren, bei denen das Furnierband durch motorgetriebene Walzen in die Schere eingezogen und dann selbsttätig auf vorher eingestellte Längen geschnitten wird. Fehlstellen lassen sich zusätzlich durch Bedienung einer besonderen Schaltung herausschneiden. Da die in Europa verarbeiteten Hölzer aber viel mehr Fehler enthalten, vermochten sich hier die automatischen Scheren nicht einzubürgern. Teil 7 von Bild 843 läßt die Wirkungsweise einer amerikanischen automatischen Furnierschere erkennen. In der Haupttrommel (*c*) sitzt eine größere Anzahl radial angeordneter Messer (*d*). Darunter läuft eine mit Hirnholzsegmenten bestückte Walze (*e*), in welche die Messer hineinschneiden. Normalerweise sind alle diese Messer in die Trommel zurückgezogen, so daß keines zum Schneiden gelangt. Wenn jedoch ein Knopf (*h*) in einer neben dem Furnierband (*g*) laufenden Kette (*f*) geführt wird, so be-

[1] Sacht, H.-J.: Holz als Roh- und Werkstoff Bd. 9 (1951), S. 20.

wirkt dieser Knopf, wenn er bis zur Haupttrommel (*c*) gelangt, daß ein Messer so weit aus der Trommel austritt, daß das Furnierband im Lauf geschnitten wird. Ein Förderband (*i*) entfernt die geschnittenen Furnierstücke. Der Nachteil dieser Schere liegt zunächst darin, daß Schnitte nur in Abständen von 10 bis 15 cm (je nach den Abständen der radialen Messer) geführt werden können und darin, daß die Schere sehr teuer ist. Die Furnierpaketscheren (Bild 845) dienen vorwiegend zum Beschneiden gemesserter Furniere. Sie schneiden Pakete bis zu einer Höhe von 100 mm.

Bild 845. Ansicht einer schweren Furnierpaketschere für Furnierpakete bis 100 mm Höhe und 5,1 m Länge, Bauart Vereinigte Furnier- und Sperrholzmaschinenfabriken, Hamburg.

882. Spalt-, Stoß- und Scheibenmessermaschinen.

Das Spalten von Brennholz auf eine für Ofenheizung in Frage kommende Scheitgröße erfolgt heute gewerblich fast ausschließlich mittels Maschinen, die meist mit einer Ablängkreissäge zusammengebaut auf einem Selbstfahrgestell untergebracht sind. Das Spaltwerkzeug ist ein kräftig ausgebildeter meiselförmiger Keil mit ziemlich großem Keilwinkel, der in einen Einspannkopf eingesetzt, von einer Kurbel auf und ab bewegt wird. Die Mechanik des Spaltens hat R. Keylwerth[1] behandelt; es kann hier auf die Darstellung in Band I, S. 675 Bezug genommen werden.

Das Spalten ist ein Trennungsvorgang ohne Materialverlust. Diese Tatsache legte es nahe zu prüfen, ob nicht Spaltmaschinen besonderer Bauart auch in der holzbearbeitenden Industrie an Stelle von Sägemaschinen verwendbar sind. Dies ist der Fall bei der Herstellung dünner Brettchen, die haupsächlich zu billigen Bücklings- und Sprottenkisten sowie zu sonstigen Post-Versandkisten verarbeitet werden[2]. Eine Stoß-Messermaschine zeigt Bild 846. Auf einer

[1] Keylwerth, R.: Holz als Roh- und Werkstoff Bd. 9 (1951), S. 1.
[2] Lippmann, R.: Holz als Roh- und Werkstoff Bd. 2 (1939), S. 146.

Grundplatte sitzt ein kräftiges Gestell, in dem in leicht nachstellbaren Führungen ein Messerschlitten durch einen Kurbeltrieb auf und ab bewegt wird. Ein großes Schwungrad und ein Gegengewicht sorgen für ruhigen, stoßfreien Gang. Das Messer macht etwa 60 bis 80 Hübe je min. Der Leistungsbedarf richtet sich nach der Größe der Schnittfläche; er beträgt bei 1000 mm Schnittlänge und 250 mm Schnitthöhe 4,5 kW, bei 650 mm Schnittlänge und 180 mm Schnitthöhe 3 kW. Die Messermaschinen sind verhältnismäßig billig und eignen sich auch für Kleinbetriebe. Sie gestatten Brettdicken von 2 bis 10 mm. Bei einwandfreien Arbeitsbedingungen werden die Schnittflächen so sauber, daß weitere Nachbehandlung entbehrlich wird. Vorausgesetzt sind dabei allerdings gute Messerschärfe, richtige Schnittgeschwindigkeit, einwandfreie Einspannung des Holzes und ausreichende Dämpfung des Holzes vor dem Messern. Die zu messernden Hölzer werden vor dem Messern und Dämpfen genau auf Längen abgekürzt und dreiseitig vorbesäumt, so daß hinter der Maschine die fertigen Brettchen anfallen. Gegenüber Hobelkreissägen beträgt die Ausbeutesteigerung bei Gebrauch von Stoß-Messermaschinen rund 50%. Hinzu gesellen sich erhebliche Ersparnisse an Arbeitszeit; nach R. Lippmann benötigt man zum Aufschneiden von 1,5 m³ vorbesäumten Kantholzes mittels Feinkreissägen zu dünnen Brettchen 300 min; eine gleiche Menge Brettchen erhält man mittels Stoß-Messermaschinen aus 1 m³ vorbesäumten Kantholzes in 35 min.

Bild 846. Ansicht einer Stoß-Messermaschine.

Ähnlich vorteilhaft kann unter entsprechenden Voraussetzungen die Scheiben- oder Rotations-Messermaschine[1] (Bild 847) arbeiten. Sie besitzt eine große senkrechte, gußeiserne Messerscheibe mit 2 in radiale Messerschlitze eingesetzten Messern, die einander auf den Scheibendurchmessern gegenüberliegen. Die Messer werden mit Druckleisten eingesetzt; ihre Einstellung bestimmt die Dicke der zu erzeugenden Brettchen. Waagerecht neben der Maschine ist auf einem Betonfundament ein Tisch angebracht, der das zu messernde Material aufnimmt. Ein gezahnter Vorschubwinkel hält das Holz ohne jede Einspannung fest und führt es der Messerscheibe zu. Der Vorschub erfolgt ölhydraulisch. Der Schneidevorgang wird durch Betätigung eines einzigen Hebels eingeleitet, alle übrigen Arbeitsgänge erfolgen vollautomatisch. Je nach der Maschinengröße macht die Messerscheibe 60 bis 110 Umdrehungen in der Minute, so daß in dieser Zeit 120 bis 220 Bretter geschnitten werden können. Die

---

[1] Gottlieb, F.: Die Rotations-Schneidemaschine, Intern. Holzmarkt Bd. 41 (1950) Nr. 9, S. 14. — R. Themau: Das Messern von Kistenteilen: Sägewerk, Holzverarbeitende Industrie und Holzwirtschaft, Wien 1952, H. 4. — Ders.: Die Produktivitätssteigerung durch die Rotationsmessermaschine: Sägewerk, Holzverarbeitende Industrie und Holzwirtschaft, Wien 1953, H. 4.

Ausbeute beträgt bis zu 98%. Die Maschine wird in drei Größen geliefert, deren wichtigste Daten in Zahlentafel 112 wiedergegeben sind.

Zahlentafel 112. *Daten von Scheiben-Messermaschinen, Bauart Industrie-Companie, Krefeld.*

Scheibendurchmesser	mm	1800	2650	3700
Messer	Stück	2	2	2
Messerlänge	mm	450	865	1340
Schnittlänge max.	mm	400	820	1300
Schnitthöhe max.	mm	350	550	600
Schnittstärke max.	mm	16	16	18
Leistungsbedarf	kW	6	9	11
Drehzahl der Messerscheibe	U/min	110	90	60
Nettogewicht	rd. kg	2000	4000	8600
Bruttogewicht	rd. kg	2200	4300	8900
Platzbedarf: Länge	mm	2500	2500	2500
Breite	mm	2600	3300	4500
Höhe	mm	2000	2500	3000

Der Antrieb erfolgt von einem Elektromotor aus über eine Spannrolle. Die Maschine ist besonders geeignet zur fast verlustlosen Abtrennung von Brettchen, Streifen, Furnieren, Stäben, Leisten von schwächerem Rundholz, Pfosten, aber auch Kantholz. Abgesehen von frischem Pappelholz muß das Holz vor dem Messern durch Dämpfen erweicht werden. Die maximale Schnittdicke liegt bei der größten Maschine bei 18 mm, bei den beiden kleineren Baumustern bei 16 mm. Die geringste Schnittdicke hängt von der Holzart und -beschaffenheit ab; genannt werden für Fichte und Tanne 1 bis 1,5 mm, für Pappel 0,8 bis 1,0 mm, für Harthölzer 2 mm. Die hohe Schnittleistung geht aus nachstehendem Berechnungsbeispiel hervor:

Bild 847. Ansicht einer Rotations-Messermaschine, Bauart Industrie-Companie, Kleinewefers Handelsgesellschaft m. b. H., Krefeld.

Ein Vierkantblock von 1200 mm Länge, 600 mm Breite und 500 mm Höhe hat einen Rauminhalt von 0,36 m³; er wird auf der größten Maschine mit 60 U/min in 8 mm dicke Brettchen gemessert. Jede Umdrehung liefert 2 Brettchen, d. h. die Maschine erzeugt je Minute 120 Brettchen. Der Block wird also in etwa 37 s aufgemessert. Daraus errechnet sich eine theoretische Stundenleistung von etwa 36 m³, eine effektive Stundenleistung unter Berücksichtigung der Einlegezeiten usw. von 18 m³/h.

883. Stanzmaschinen.

Sehr beschränkt angewendet wird in der Holztechnik das Stanzen. Bekannt ist lediglich das Stanzen von Teilen zu Schachteln, Packfässern sowie von Lochmustern in Sperrholz-Stuhlsitzen. Eine weitere Anwendung des Stanzens ist aber für mancherlei Fälle wohl denkbar; die einschlägigen Versuche von F. Hetzel[1] seien deshalb kurz erwähnt. Hetzel fand, daß die für Metalle bekannt gewordenen Stanzwerkzeuge für Holz und Sperrholz ungeeignet sind. Für einen sauberen Schnitt und kleinen Schnittdruck bewährte sich eine Werkzeugform mit folgenden Winkeln (Bild 848): Patrizenwinkel $\alpha = 75°$, Matrizenwinkel $\beta = 30°$. Für dreifache Buchenfurnierplatten lagen die Schnittdrücke um 20 bis 50% höher als für Vollholz und stiegen mit Verdoppelung der Leimschichten um weitere 25% an.

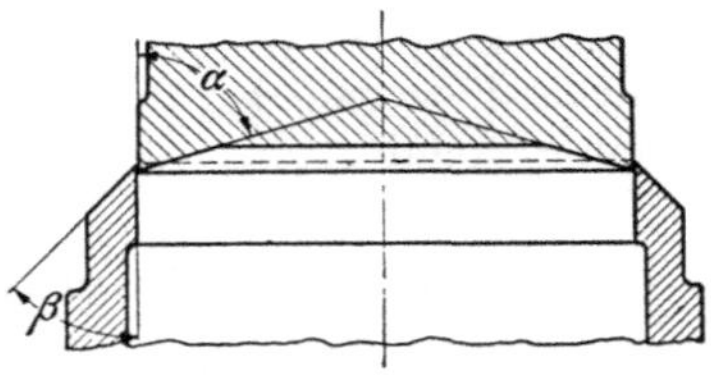

Bild 848. Schnitt durch ein Stanzwerkzeug für Holz. (Nach F. Hetzel.)

Zum Ausflicken fehlerhafter Stellen (Äste, Harzgallen, Wurmlöcher) in Furnieren von 0,7 bis 4 mm Dicke dient der schon erwähnte und in Bild 379 gezeigte Furnier-Stanzautomat der Firma B. Raimann, Freiburg im Breisgau. Das Ausflicken erfolgt in einem einzigen Arbeitsgang. Das obere Stanzmesser stanzt die Fehlstelle aus, gleichzeitig wird aus einem Streifen einwandfreien Holzes der gleichen Sorte durch die untere Matrize das Flickstück ausgestanzt und sogleich in die Flickstelle eingedrückt. Der ganze Vorgang dauert nur etwa 2 s. Die Form und Größe der Flickstücke kann den vorwiegend vorkommenden Fehlstellen angepaßt werden (entsprechendes Verhältnis der Durchmesser 20×40 bis 50×100 mm²). Wenn ein neuer Flickstreifen eingesetzt werden muß, leuchtet eine Signallampe auf.

Eine Stanze für Gehrungen wird von Georg Ott, Ulm a. d. Donau, hergestellt. Sie läßt sich vorteilhaft dort verwenden, wo an schlicht profilierten Leisten (größter Querschnitt 50×50 mm²) mit möglichst glattem ungekehltem Rücken sehr viele Gehrungsschnitte unter 45° zu führen sind. Der schwere Stanzmesserkopf wird durch einen Fußhebel mit Rückholfeder betätigt. Der Stanztisch hat eine gehärtete Schnittunterlage.

884. Stemmaschinen.

Das Maschinenstemmen mittels eines Beitels, der an einem durch Kurbeltrieb oder Exzenter bewegten Stößel befestigt ist, wurde durch das Kettenfräsen weitgehend verdrängt, da die Stemmaschinen, die 150 bis 300 Stöße in der Minute ausführen (Leistungsbedarf 0,75 bis 1,8 kW), erheblich weniger leisten als die Kettenfräsen. Häufig anzutreffen (manchmal auch unmittelbar mit Kettenfräsen zusammengebaut) sind hingegen Hohlmeißel-Stemmaschinen. Ihr Werkzeugschlitten wird waagerecht oder senkrecht bewegt, der Vorschub erfolgt meist selbsttätig, der Rücklauf beschleunigt. Je nach der Werkzeuggröße können Löcher mit quadratischem Querschnitt von 12 bis 60 mm Kantenlänge und 80 bis 260 mm Tiefe erzeugt werden. Der Leistungsbedarf liegt zwischen 0,55 und 3,0 kW.

---

[1] Hetzel, F.: Über die Bearbeitbarkeit von Spanholzplatten und Sperrholzplatten (Bohren und Stanzen), Diss. T. H. Dresden 1928.

Die Wirkungsweise des Hohlstemmers läßt sich aus Bild 849 erkennen; im Innern des Hohlmeißels befindet sich ein Schlangenbohrer, der als Vorschneider

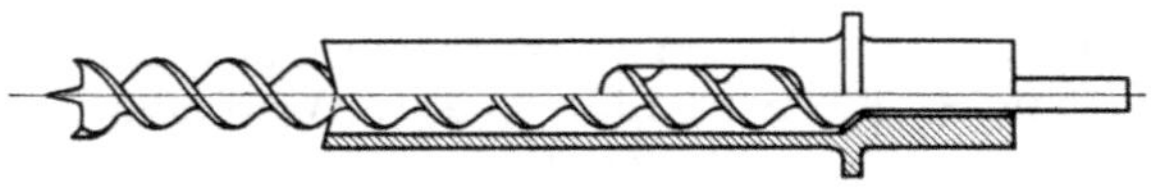

Bild 849. Hohlstemmer mit Schlangenbohrer.

dient. Die Späne werden oben durch Schlitze im Hohlmeißel ausgeworfen; beim Abwärtsbewegen des Werkzeugträgers wird aus dem runden ein quadratisches Loch gestemmt.

885. Schnittkraft und Leistungsbedarf beim Schneiden.

Die Schnittkraft P_s bei Furnierscheren errechnet sich zu

$$P_s \approx \delta^2 \cdot k_s \cdot \operatorname{ctg}\varepsilon \cdot \operatorname{ctg}\beta. \tag{109a}$$

Bei einem Keilwinkel $\beta = 75°$ ergibt sich

$$P_s \approx 0{,}25 \cdot \delta^2 \cdot k_s \cdot \operatorname{ctg}\varepsilon\,, \tag{109b}$$

wobei δ die Furnierdicke [mm], k_s die spezifische Scherkraft [kg/mm²] und ε der Neigungswinkel des Obermessers [$\varepsilon = 3$ bis 10°] sind. Nach G. Pahlitzsch[1] kann man setzen: Weichholz (Linde, Erle, Okumé) $k_s = 0{,}5$ bis 1 kg/mm², mittelschwere Hölzer (Pappel, Nußbaum) $k_s = 1$ bis 1,5 kg/mm², schwere Laubhölzer (Birke, Buche) $k_s = 1{,}5$ bis 2 kg/mm², Furnierplatten k_s bis 10 kg/mm². Berechnung der Scherleistung aus der Schnittkraft P_s aus der Gleichung (47). Die Leistungsaufnahme des Motors ist um die Leistungsabgabe des Schwungrades geringer, wobei die Wirkungsgrade ($\eta_{\text{Schere}} \approx 0{,}7$, $\eta_{\text{Motor}} \approx 0{,}85$) zu berücksichtigen sind.

89. Biegen, Formpressen, Prägen.

891. Biegen von Vollholz.

891.0 Allgemeines über das Holzbiegen.

Die Technik des Biegens von Vollholz geht bis ins Altertum zurück. Wahrscheinlich beginnt sie mit der Anfertigung von Körben aus Weiden sowie mit dem Bau von Booten an Stelle der Einbäume. Da aber Holz stark und nachhaltig elastisch ist, behalten gebogene Teile nur solange ihre Form, wie sie durch die ganze Konstruktion dazu gezwungen werden. Außerdem erwies es sich als unmöglich, dicke Holzteile mit verhältnismäßig kleinem Krümmungsradius zu biegen. Man suchte deshalb beim Bau von Booten und Fahrzeugen natürlich gekrümmte Stamm- und Astteile zu verwenden. Eine wesentliche Verbesserung brachte die ebenfalls schon viele Jahrhunderte alte Erkenntnis, daß man feuchtes Holz über dem Feuer besser biegsam machen kann. Die Anwendung dieser Technik erforderte allerdings großes Geschick seitens der Wagner, Stellmacher und Möbeltischler. Das Feuer war teilweise abzudecken, damit die Hitze nicht zu scharf und ungleichmäßig wurde, auf der dem Feuer abgekehrten Seite waren

---

[1] Pahlitzsch, G.: Spanloses Formen in „Hütte“ Taschenbuch für Betriebsingenieure, 4. Aufl. 1. Teil, Berlin 1951, S. 418.

die Holzteile zu befeuchten. Trotzdem kam es nicht selten zur Verkohlung des Holzes, das auch trotz aller Vorsicht beim nachträglichen Biegen oft auf der Zugseite riß.

Später, als moderne Holzbearbeitungsmaschinen vorlagen, ging man deshalb teilweise dazu über, Biegeteile mit kleinem Krümmungsradius oder mit großer Dicke durch Bandsägen herzustellen. Damit verknüpft aber sind zwei erhebliche Nachteile: 1) In stark gekrümmten Teilen, die durch Sägen erzeugt wurden, verlaufen die Holzfasern nur in einem kleinen Teil parallel zu den Tangenten an der Krümmung, während sie in der Hauptsache mehr oder minder schräg, unter Umständen sogar senkrecht dazu verlaufen. Dadurch ergibt sich eine außerordentliche Verringerung der Festigkeit solcher Teile, da — wie in Band I nachgewiesen, s. S. 667 bis 669, S. 746 bis 748, S. 808, 809, S. 852, S. 904 bis 909 — alle Festigkeitseigenschaften quer zur Faser zahlenmäßig nur einen kleinen Bruchteil jener parallel zur Faser erreichen. 2) Mit der Herstellung durch Sägen sind erhebliche Schnittverluste des meist sorgfältig vorsortierten wertvollen Holzes verbunden.

Es überrascht deshalb nicht, daß trotz der offenbaren Vorzüge des Biegens als spanloser Formgebung die alte handwerksmäßige Kunst über die Jahrhunderte kaum eine Änderung erfuhr; auf Grund vieler Fehlschläge wagte man sich nur an schwächere, besonders zähe Hölzer und bescheidene Biegungsgrade heran. Erst dem deutschen Tischlermeister Michael Thonet aus Boppard am Rhein (1796 bis 1871) gelang es, eine neuartige Biegetechnik zu entwickeln, deren Grundlagen in Abschnitt 891.43 besprochen werden. Später gesellte sich das Biegen und Formpressen von Lagenhölzern hinzu, wobei eine Anzahl dünner Holzlamellen (Furniere) gleichzeitig gebogen und verleimt wird.

Zusammenfassend läßt sich sagen, daß die Verformung von Holzteilen durch Biegen oder Formpressen aus folgenden Gründen zweckmäßig ist[1]:

1. Im Gegensatz zur Herstellung geschwungener Formen durch spangebende Werkzeuge, die hohe Schnittverluste mit sich bringen, ist die Verformung verlustlos; sie entlastet damit die Holzbilanz und erspart besonders knappe und wertvolle Hölzer, die meist für geschwungene Formen in Frage kommen.

2. Die Herstellung durch Biegen ist in der Regel einfacher und rascher als die mit den üblichen spanabhebenden Holzbearbeitungsmaschinen.

3. Die Anlagekosten für Biegeeinrichtungen sind niedriger als die für eine Gruppe von Holzbearbeitungsmaschinen, die nötig wären, um die gleiche Formgebung durch Zerspanung zu erzielen.

4. Der Energieaufwand beim Biegen ist niedriger als jener beim Zerspanen, gleiche Formgebung vorausgesetzt.

5. Die Festigkeit und Steifigkeit gebogener Teile ist bedeutend höher als die ähnlicher durch Ausschneiden hergestellter Teile. Auch die Oberflächen gebogener Teile sind, einwandfreie Technik vorausgesetzt, meist besser als die gesägter.

6. In verschiedenen Fällen, z. B. bei der Herstellung von Sportgeräten, Stock- und Schirmgriffen, Stuhlzargen, Holzringen, Faßdauben usw., kommt überhaupt nur das Biegen technisch und wirtschaftlich in Frage.

Die Biegetechnik und Verformung ist deshalb aus der modernen Holzbearbeitung nicht mehr wegzudenken und hat sich besonders während und nach dem zweiten Weltkrieg, gefördert durch Flugzeug- und Schiffbau, erheblich ausgebreitet.

---

[1] Kollmann, F.: Über das Biegen der Hölzer, Holz-Zentralblatt Bd. 78 (1952), S. 1439.

891.1 Formänderungen und Spannungen beim Holzbiegen.

Lufttrockenes Holz läßt sich ohne besondere Vorbehandlung, die es plastischer macht, nur in beschränktem Maße biegen. Zurückzuführen ist dies auf die geringe Bruchdehnung des Holzes bei Zugbeanspruchung. Mit der Biegung ist auf der Zugseite — wenn diese nicht dagegen besonders geschützt wird — eine Längung verbunden. Man kann beispielsweise für eine kreisförmige Biegung ableiten[1], daß eine zerstörungsfreie Verformung nur dann möglich ist, wenn die Bedingung

$$\varepsilon_z \geqq \frac{s}{2R} \tag{110}$$

erfüllt ist. Dabei ist ε_z die Bruchdehnung, s die Dicke des Biegeteils und R der Krümmungsradius, gemessen bis zur neutralen Faser des Biegeteils.

Für ungedämpftes, lufttrockenes Buchenholz erhält man beispielsweise für $\varepsilon_z = 0{,}75$ bis $1{,}0\%$ ein Verhältnis $\frac{s}{R} \leqq \frac{1}{67}$ bis $\frac{1}{50}$. Durch Dämpfen oder Kochen wird das Holz plastischer, seine Bruchdehnung steigt, bei Rotbuche z. B. bis auf etwa $\varepsilon_z = 1{,}5$ bis $2{,}0\%$. Für diesen Fall errechnet sich $\frac{s}{R} \leqq \frac{1}{33}$ bis $\frac{1}{25}$. Tatsächlich bestätigen Berichte aus der Praxis[2], daß Biegungen von erweichtem Holz für $\frac{s}{R} \leqq \frac{1}{30}$ meist ohne Vorkehrungen ausgeführt werden können. Stärkere Verformungen setzen aber eine Vergrößerung der Dehnbarkeit oder eine Behinderung der Dehnung voraus.

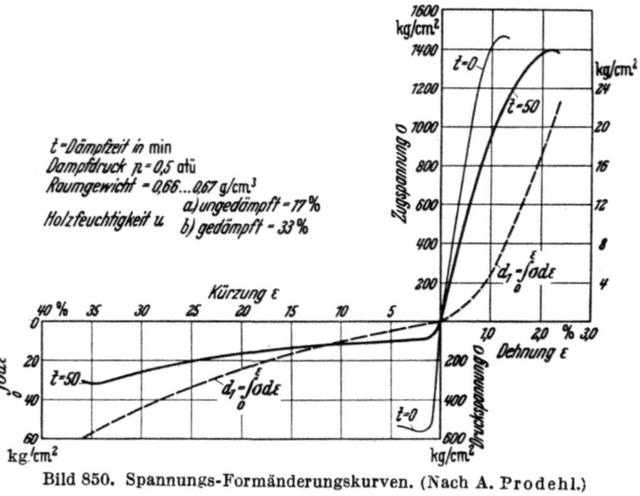

Bild 850. Spannungs-Formänderungskurven. (Nach A. Prodehl.)

Bild 850, nach Kurven in der grundlegenden Arbeit von A. Prodehl[3] zusammengestellt, zeigt die Spannungs-Formänderungskurven für Zug- und Druckbeanspruchungen von lufttrockenem und gedämpftem Buchenholz. Man

---

[1] Kollmann, F.: Technologie des Holzes 1. Aufl., Berlin 1936, S. 526.

[2] Timber Bending, Commonwealth Australia, Trade Circular Nr. 22, S. 9, Melbourne 1934.

[3] Prodehl, A.: Untersuchungen über das Biegen gedämpfter Rotbuche, Diss. T.H. Dresden 1921, vgl. Z. VDI. Bd. 75 (1921), S. 1217.

kann nicht nur die Zunahme der Verformbarkeit durch das Dämpfen entnehmen, sondern vor allem das ganz verschiedene Verhalten des Holzes bei Zug und Druck. Es läßt sich zeigen, daß dieses unterschiedliche Verhalten, das für die Biegetechnik von höchster Wichtigkeit ist, im Feinbau des Holzes und in den elastischen bzw. plastischen Eigenschaften seiner Bestandteile begründet ist[1]. Die Zugkräfte werden hauptsächlich von den kristallinen Bereichen in den Lamellen der Holzfasern aufgenommen, also von der Cellulose, die ein hochelastischer Körper ist. Die Folge ist Gültigkeit des Hooke'schen Gesetzes fast bis zum Bruch und geringe Bruchdehnung; beim Druck hingegen werden die Kräfte größtenteils von der Mittellamelle, also von den ligninreichen Verkittungsschichten, sowie von den amorphen Lockerstellen aufgenommen. Der schraubige Bau der Faserwandungen kann dabei sogar zu einer Umformung von Längs- in Querkräfte führen[2]. Die Folge ist, daß die Plastizität hier starken Einfluß gewinnt und sich an den elastischen Ast der Spannungs-Formänderungskurve ein stark ausgeprägter plastischer Teil anschließt. Wie ersichtlich, verhalten sich beispielsweise bei dem in Bild 850 gezeigten Holz $\varepsilon_z/\varepsilon_d$ wie 1:2. Durch Dämpfen verändert sich das Verhältnis wesentlich, z. B. in 1:16.

Wie kompliziert die Formänderungen beim Biegen sind, läßt sich am besten an Hand eines Grenzfalls untersuchen. A. Martens[3] hat, wie Bild 851 zeigt, einen Gummistab von quadratischem Querschnitt bis zum Anliegen der Schenkelenden gebogen; an der Zugseite kam es zu einer starken Dehnung (maximal 82%), senkrecht dazu aber zu einer Einschnürung (21%), an der Druckseite zu einer Stauchung (48%) und Querdehnung (50%). Keine Längenänderungen fanden in der Linie G, keine Höhenänderungen in der Linie E statt. Bei dem spröden Holz können sich ähnlich starke Formänderungen nicht einstellen, aber man muß mit Spannungszuständen rechnen, die diese Formänderungen an sich herbeiführen wollen. Je größer das Formänderungsvermögen dabei ist, desto weniger werden die Spannungen eine gefährliche Höhe annehmen.

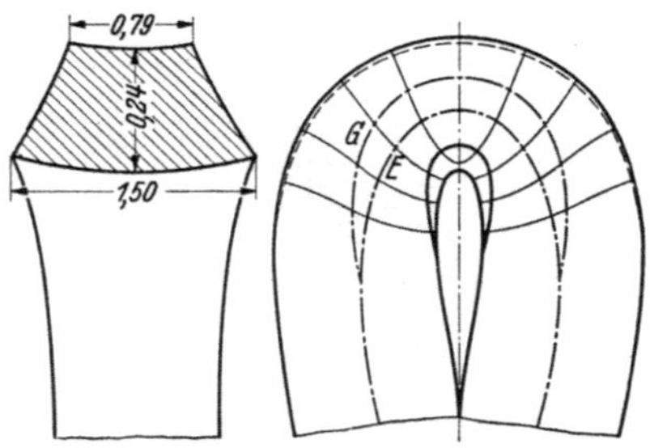

Bild 851. Verformung eines Gummistabes beim Biegeversuch. (Nach A. Martens.)

Um die tatsächliche Spannungsverteilung über dem Querschnitt eines Biegeteils — s. Bd. I, S. 786, Bild 696 — darstellen zu können, muß man zwei Voraussetzungen erfüllen: 1. Der Verlauf der Formänderungen bei Zug- und Druckversuchen muß einzeln ermittelt werden; 2. die Verteilung der Dehnungen über der Querschnittshöhe eines Biegeteils ist zu messen. Spannungs-Formänderungskurven für gedämpftes und ungedämpftes Rotbuchenholz zeigte schon Bild 850 nach A. Prodehl. Seine Untersuchungsergebnisse sind in den Bildern 852 und 853 Meßwerten von W. C. Stevens und N. Turner an Buche sowie von F. Fessel an Traubeneiche gegenüber gestellt[4]. Dabei zeigen sich sehr erhebliche Unterschiede. Bei den Zugversuchen stimmten insbesondere bei den gedämpften Stücken die Bruchspannungen nach Fessel mit jenen der englischen Forscher gut überein, während die Werte von Prodehl erheblich höher lagen. Noch

[1] Kollmann, F.: Holz als Roh- und Werkstoff Bd. 10 (1952), S. 187.
[2] Münch, E.: Flora (N. F.) Bd. 32 (1938), S. 357.
[3] Nach E. Sachs: Mechanische Technologie der Metalle, Leipzig 1925, S. 93.
[4] Fessel, F.: Holz als Roh- und Werkstoff Bd. 9 (1951), S. 56.

stärker sind die Abweichungen bei den Druckversuchen: Strukturunterschiede des Holzes dürften zusammen mit der Art der Vorbehandlung (Dämpfen) und der Messung (insbesondere der Abkühlung vor der eigentlichen Messung) als Ursache zu buchen sein. Zur Ergänzung des vorliegenden Materials sei auf die entsprechenden Bilder in Bd. I verwiesen (S. 590, Bild 467 für Flugzeugkiefer, S.618, Bild 501 für Buchenschichtholz SCH-T-BU-7, S. 619, Bild 502 für Buchenschichtholz SCH-T-BU-20). Für Preß-Schichtholz PSCH-T-BU-40/200 veröffentlichte H. Winter[1] Bild 854. Er bestimmte gleichzeitig experimentell einen geradlinigen Dehnungsverlauf über der Höhe des Biegebalkens im gesamten Belastungsbereich (Bild 855) und konstruierte aus dem Büschel der Dehnungslinien und Bild 854 den Spannungsverlauf gemäß Bild 856. Aus seiner Beobachtung, daß bis zur „sicheren" Beanspruchung $\frac{1}{2}\,\sigma_{bB}$ sowohl die Dehnungen als auch die Spannungen nahezu geradlinig über der Trägerhöhe verlaufen, während darüber hinaus die Spannungen besonders auf der konkaven Seite des Trägers vom Geradliniengesetz abweichen, zog er den Schluß, daß es angezeigt ist, die Biegedeformationen am Balken mit rechteckigem Querschnitt in zwei Bereichen getrennt zu behandeln, nämlich:

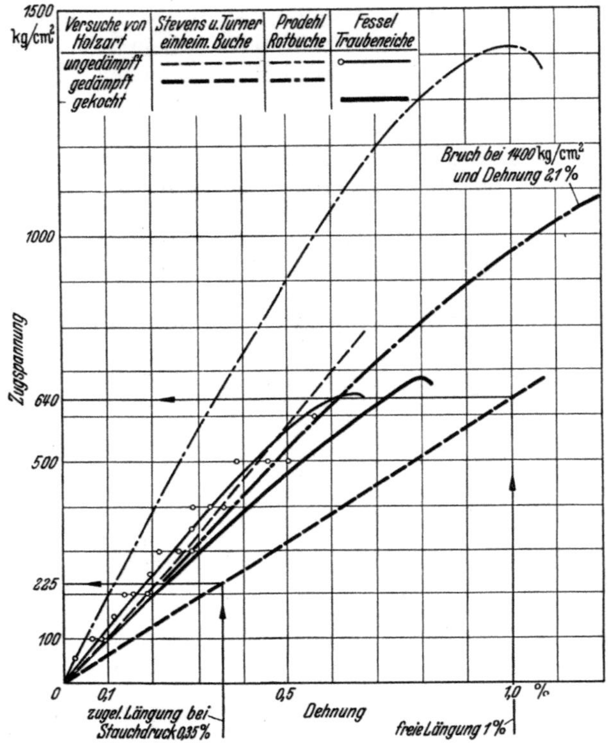

Bild 852.
Zugspannungs-Dehnungsdiagramme für Traubeneiche und Rotbuche.

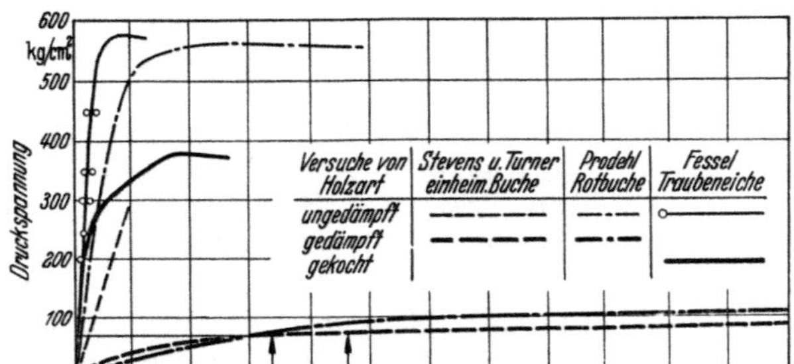

Bild 853.
Druckspannungs-Kürzungsdiagramme für Traubeneiche und Rotbuche.

[1] Winter, H.: Holzformung, Teil K III der Richtlinien für den Holzflugzeugbau, Braunschweig 1944.

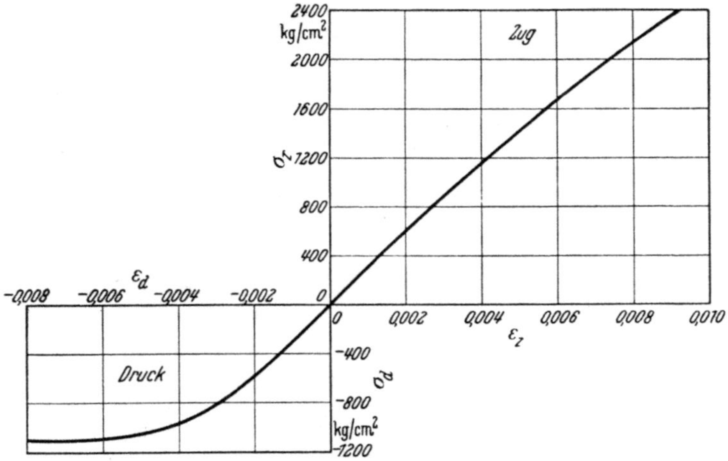

Bild 854. Spannungs-Formänderungsdiagramme für Preß-Schichtholz (PSCH-T-BU-40/200) beim Zug- und Druckversuch. (Nach H. Winter.

a) elastischer Bereich unter folgenden Voraussetzungen

1. die Biegung erfolgt querkraftfrei, so daß im Balkenquerschnitt senkrecht zur Stabachse nur Normalspannungen auftreten;
2. gleiche Querschnitte der Biegeprobe bleiben vor und nach der Verformung eben;
3. die Spannungsverteilung über dem Querschnitt folgt dem Geradliniengesetz.

Mit den Bezeichnungen von Bild 857 ergeben sich nachstehende Beziehungen:

$$d\alpha = \frac{\Delta l_1}{h_1} = \frac{\Delta l_2}{h_2} = \frac{\Delta l_1 + \Delta l_2}{h} \quad \ldots (111)$$

mit $dx = r \cdot d\alpha$ wird

$$\frac{1}{r} = \frac{d\alpha}{dx} = \frac{\frac{\Delta l_1}{dx} + \frac{\Delta l_2}{dx}}{h} = \frac{\varepsilon_1 + \varepsilon_2}{h} \quad \ldots (112)$$

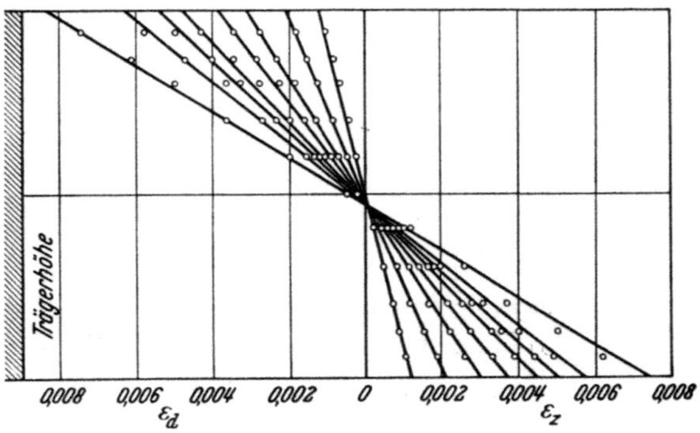

Bild 855.
Dehnungsverlauf über der Höhe eines Biegebalkens aus Preß-Schichtholz im gesamten Belastungsbereich. (Nach H. Winter.)

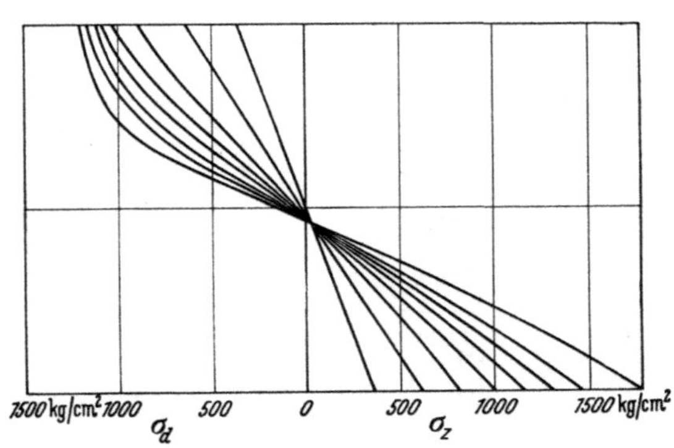

Bild 856.
Spannungsverlauf über der Höhe eines Biegebalkens aus Preß-Schichtholz im gesamten Belastungsbereich. (Nach H. Winter.)

nach Voraussetzung ist $\varepsilon_1 = \varepsilon_2 = \varepsilon = \frac{\sigma}{E}$ und im sicheren Zustand

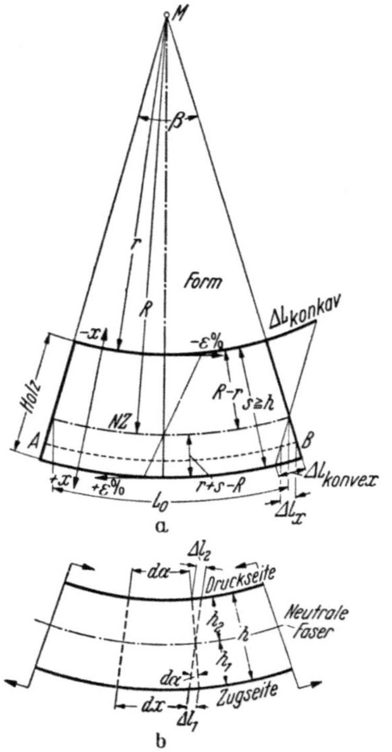

Bild 857. Bezeichnungen und Winkel an einem Biegeteil. (a nach R. Teichgräber b nach H. Winter.)

$$\sigma_{\text{sicher}} = \frac{1}{2}\,\sigma_{bB}, \text{ so daß hier}$$

$$\varepsilon_1 = \varepsilon_2 = \frac{1}{2}\,\frac{\sigma_{bB}}{E_b}. \tag{113}$$

Somit folgt

$$\frac{r}{h} = \frac{E_b}{\sigma_{bB}}. \tag{114}$$

Das Verhältnis $\frac{r}{h}$ bzw. $\frac{r}{s}$ oder sein Kehrwert $\frac{s}{r}$ (die „Verformungszahl") sind also konstant, wenn E_b und σ_{bB} Festwerte annehmen. Zahlentafel 113 gibt Werte für den bezogenen („sicheren") Krümmungsradius von Flugzeugbauhölzern. Man sieht, daß Buchen-Preß-Schichtholz die günstigsten Biegeeigenschaften aufweist und daß bei den Vollhölzern in der Biegsamkeit die Laubhölzer den Nadelhölzern überlegen sind.

b) Plastischer Bereich. Um hier zu Rechenergebnissen zu gelangen, nahm H. Winter an

1. die Dehnungen verteilen sich geradlinig über dem Querschnitt;
2. die Schwerlinie des Biegequerschnitts bleibt neutrale Faser; $\varepsilon_1 = \varepsilon_2 = \varepsilon_z$.

Diese Annahmen treffen nicht zu, trotzdem reichen sie aus, um die Deformationsverhältnisse beim Bruch mit der als weiter

Zahlentafel 113. *Bezogene Krümmungsradien $\frac{r}{h}$ verschiedener Flugzeugbauhölzer bei sicherer Spannung ($\sigma_{\text{„sicher"}} = {}^1/_2\,\sigma_{bB}$). (Nach H. Winter.)*

Holzart	σ_{bB}* kg/cm²	E_b* kg/cm²	Bezogener Krümmungsradius
Kiefer	650	100 000	152
Fichte	550	100 000	180
Esche	900	120 000	132
Buche	900	140 000	158
Nußbaum	900	120 000	132
Birke	900	140 000	158
Linde	650	70 000	108
Pappel	500	80 000	160
Buchenschichtholz SCH-T-BU-7	1300	160 000	123
SCH-T-BU-20	1350	160 000	119
Buchen-Preß-Schichtholz	3000	280 000	95

* Diese Zahlenwerte entsprechen den festgelegten Rechenwerten.

gültig erachteten Gleichung (112) abzuschätzen. Für den Bruchzustand gilt dann überschlägig, wie schon im anderen Zusammenhang gezeigt:

$$\frac{R}{s} = \frac{1}{2\varepsilon_{zB}}. \tag{110}$$

Die Werte für das Verhältnis $\frac{R}{s}$ von unbehandeltem Holz liegen im Bereich 40 bis 70.

Eine genauere Betrachtung der Biegemechanik stammt von R. Teichgräber[1]. Zur Ableitung einiger Beziehungen kann man von Bild 857a ausgehen:

Beim Biegen um den Winkel β wird ein Formteil von der Dicke s an der konkaven Innenseite um den Betrag ΔL_{konkav} gestaucht, auf der konvexen Außenseite um den Betrag ΔL_{konvex} gestreckt. Der Radius der Holzinnenseite ist gleich dem Formradius r, jener der Holzaußenseite gleich $r + s$. Für die theoretische Behandlung wird nun unterstellt, daß die Holzdicke vor der Biegung s gleich der Holzdicke nach der Biegung h sei. Deshalb genügt die Untersuchung im Bereich

$$r \leqq R \leqq r + s.$$

Man betrachtet nun die Formänderung einer Schicht des Biegeteils, die vom Mittelpunkt des Krümmungsradius den Abstand $R + x$ hat. Ihre Länge $\overline{AB} = L_o + \Delta L_x$. Weiter gilt im Sektor ABM

$$L_o + \Delta L_x = \beta (R + x). \tag{115}$$

Ferner gilt für die Länge L_o der neutralen Zone

$$L_o = \beta \cdot R. \tag{116}$$

Teilt man nun Gleichung (115) durch Gleichung (116), so erhält man

$$\frac{L_o + \Delta L_x}{L_o} = \frac{R + x}{R} \tag{117a}$$

und daraus

$$\frac{\Delta L_x}{L_o} = \frac{x}{R} = \varepsilon_x. \tag{117b}$$

Man untersucht nun die Grenzfälle, die dadurch gekennzeichnet sind, daß x mit der Außen- und mit der Innenseite des Biegeteils zusammenfällt.

Für die Außenseite ergibt sich

$$x_a = x_{\text{konvex}} = r - R + s \text{ und } \varepsilon_a = \frac{r - R + s}{R}. \tag{118}$$

Für die Innenseite ergibt sich

$$x_i = x_{\text{konkav}} = r - R \text{ und } \varepsilon_i = \frac{r - R}{R}. \tag{119}$$

Bei Division von Gleichung (119) durch Gleichung (118) erhält man

$$\frac{\varepsilon_i}{\varepsilon_a} = \frac{r - R}{r - R + s} \tag{120a}$$

oder

$$\frac{\varepsilon_i}{\varepsilon_a - \varepsilon_i} = \frac{r - R}{s} = \frac{x_i}{s}. \tag{120b}$$

---

[1] Teichgräber, R.: Über die Spannungszustände bei der Verformung von Holz und die dadurch geänderten Holzeigenschaften, Diss. Univ. Hamburg 1953.

Somit ist der Abstand x_i der neutralen Zone von der Innenkante

$$x_i = R - r = s \frac{\varepsilon_i}{\varepsilon_a - \varepsilon_i}. \tag{121}$$

Gegenüber den Beobachtungen in der Praxis zeigen die theoretischen Werte Abweichungen, wofür sich zwei Hauptgründe angeben lassen: 1. In den meisten Fällen sind außer der eigentlichen Biegung Übergänge von $\frac{s}{r}$ oder sogar gerade Teile vorhanden. Bild 858 zeigt, daß auch in diesen weniger oder gar nicht gebogenen Teilen Spannungszustände auftreten; im eigentlichen Biegeteil wird ε

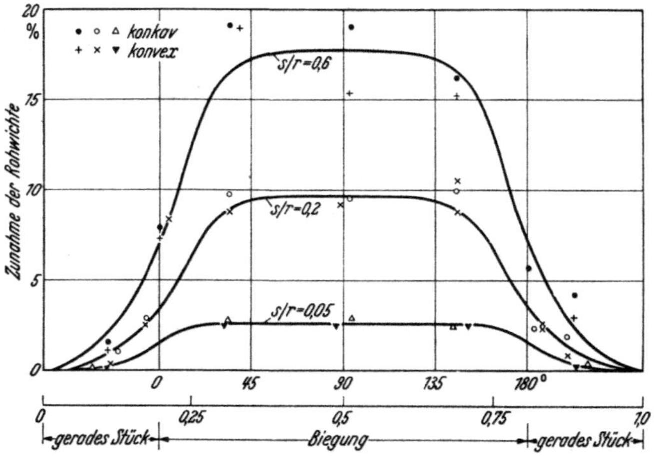

Bild 858. Zunahme der Rohwichte über der Hauptachse vom Biegeteil bei verschiedenen Verformungszahlen s/r. (Nach R. Teichgräber.)

niedriger, als nach der Theorie zu erwarten ist. Daraus folgt, daß sich die vor dem Biegen zur Längsachse senkrecht stehenden Querschnittsflächen nicht alle nach dem Biegen im Mittelpunkt M treffen. 2. Mit steigenden Verformungszahlen werden die Unterschiede der Holzdicke vor und nach dem Biegen größer.

Die elastischen und plastischen Deformationen lassen sich versuchsmäßig mit Hilfe von Meßmarken und des Meßmikroskops, wie R. Teichgräber zeigte, sehr genau bestimmen. Die zugehörigen Spannungen lassen sich aber nur ableiten, wenn man die Spannungs-Verformungskurven auch im plastischen Bereich sehr genau kennt. Dies wird erschwert durch die Spannungsabhängigkeit der Querschnittsfläche besonders im plastischen Bereich. R. Teichgräber hat deshalb bei seinen Versuchen einerseits die Umfangsänderungen des zylindrischen Prüfkörpers mit einer Feinmeßuhr bestimmt, anderseits die Ausgangs-Querschnittsfläche mit Hilfe einer Schraubenfeder aus hochwertigem Stahldraht gewaltsam konstant gehalten. Die so ermittelten Druckspannungs-Verformungskurven zeigt Bild 859, wobei die Kurven nicht bis zum Bruch aufgezeichnet sind. Wie ersichtlich haben die Kurven nicht nur im elastischen, sondern auch im plastischen Bereich einen geraden Ast. Die abweichenden Ergebnisse früherer Messungen sind wahrscheinlich dadurch zu erklären, daß der Querschnitt als Bezugsgröße im plastischen Bereich eine Änderung erfuhr.

R. Teichgräber wählte für die mathematische Beschreibung der Kurven folgenden Ansatz:

$$\sigma = A\,(1 - e^{-\varepsilon n}) + P_l \cdot \varepsilon \tag{122}$$

Die Konstanten A, n und P_l (wobei letztere als Plastizitätsmodul bezeichnet werden kann) lassen sich aus Versuchen einfach bestimmen. A erhält man als Ordinate des Schnittpunkts des verlängerten geradlinigen Kurvenastes im plastischen Bereich mit der Ordinate. P_l ist gleich der Steigung im plastischen Bereich. Mit diesen Werten berechnet man für verschiedene Kurvenpunkte $(\varepsilon_i, \sigma_i)$ Einzelzahlen von n_i und bildet daraus das arithmetische Mittel n.

Formt man Gleichung (122) um, indem man $e^{-\varepsilon n}$ in eine Reihe entwickelt und nach dem linearen Glied abbricht, so erhält man, für kleine ε-Werte gültig:

$$\left.\begin{aligned} \sigma &= A\,[1-(1-\varepsilon n + - \ldots)] + P_l \cdot \varepsilon \\ \text{oder} \quad \sigma &\approx A n \cdot \varepsilon + P_l \cdot \varepsilon = \varepsilon\,(E_0 + P_l) = \varepsilon \cdot E \end{aligned}\right\} \quad (123)$$

Gleichung (123) entspricht mit dem letzten Ausdruck dem Hookeschen Gesetz unter der Annahme, daß der Elastizitätsmodul E auch schon bei kleinen Verformungen in einen rein elastischen Modul E_0 und den Plastizitätsmodul P_l sich aufspalten läßt. Mit abnehmender Holzfeuchtigkeit läßt sich P_l nicht mehr eindeutig bestimmen, da das Holz die Bruchgrenze erreicht, bevor ein deutliches Fließen eintritt.

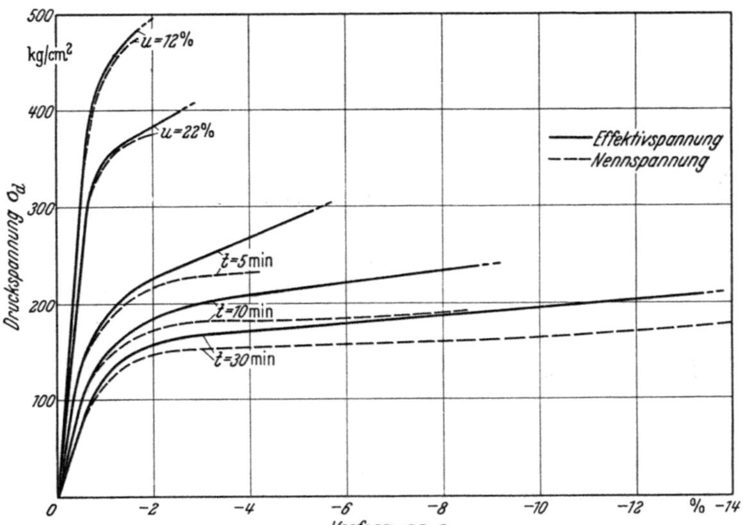

Bild 859. Druckspannungs-Verformungsdiagramme für Rotbuchenholz verschiedener Feuchtigkeit sowie nach verschieden langer Dämpfung. (Nach R. Teichgräber.)

Die Spannungsverteilung über dem Querschnitt von gebogenen Holzstäben ohne und mit Entlastung der Zugzone hat erstmals F. Fessel[1] diskutiert und gemäß Bild 860 dargestellt. Wie ersichtlich wird durch Entlastung der Zugzone — z. B. durch Anwendung eines Stauchdruckes auf die Enden des Biegestabes — die Längung auf der konvexen Zugseite auf 0,35% begrenzt. R. Teichgräber empfiehlt, die Verformung so durchzuführen, daß auf der konvexen Seite der Mittelwert der Dehnung 0,5% beträgt. Für diesen Wert

[1] Fessel, F.: Holz als Roh- und Werkstoff Bd. 9 (1951) S. 56.

sind in Bild 861 die Längenänderungen über der Holzdicke aufgetragen zusammen mit den aus Gleichung (123) abgeleiteten zugehörigen Spannungen. Die Kurven zeigen, daß der Spannungsverlauf zwar grundsätzlich ähnlich ist

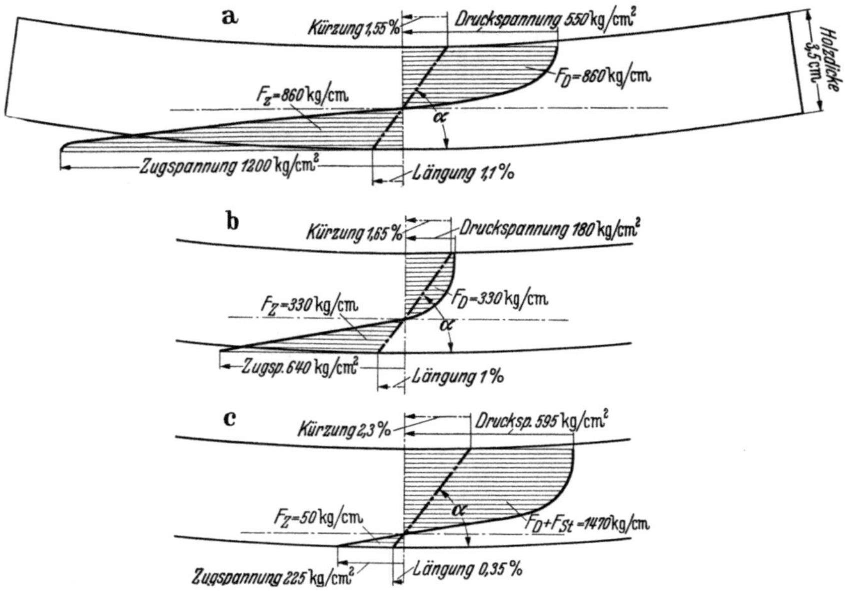

Bild 860. Spannungsverteilung und Formänderungen über dem Querschnitt gebogener Eichenstäbe unter verschiedenen Voraussetzungen. (Nach F. Fessel.)

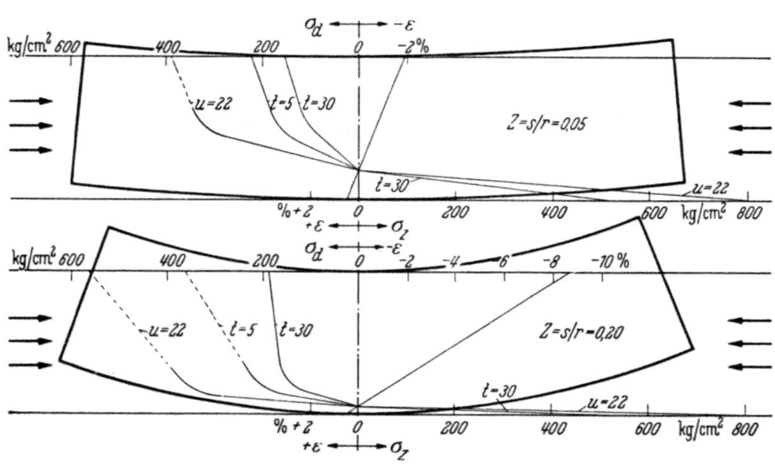

Bild 861. Spannungsverteilung und Formänderung über dem Querschnitt gebogener Rotbuchenstäbe unter verschiedenen Voraussetzungen. (Nach R. Teichgräber.)

wie der von Fessel vermutete, daß aber doch im einzelnen wesentliche Unterschiede bestehen. Bemerkenswert ist insbesondere, wie sich durch eine zunehmende Plastifizierung bei den zwei gewählten Verformungszahlen die Spannungszustände verändern.

891.2 Wahl und Beschaffenheit der Biegehölzer.

891.21 Eignung verschiedener Holzarten zum Biegen. Wie schon erwähnt, werden die Spannungen in Holzteilen beim Biegen um so weniger eine gefährliche Höhe annehmen, je größer das Formänderungsvermögen des Holzes ist. Unter diesem Gesichtswinkel gewinnt zunächst die Wahl und Vorbehandlung des Holzes große Bedeutung. Nur dadurch läßt sich hoher Ausschuß vermeiden. Man fand, daß Laubhölzer besser geeignet sind als Nadelhölzer, daß hohe Wichte kein Nachteil ist. Rotbuche, Esche, Hickory, Rüster erwiesen sich trotz ihrer hohen Wichte als vorzügliche Biegehölzer; auch Ahorn, Birke, Robinie, Kirsche, Haselnuß und Eiche besitzen gute Eignung. Die mangelhafte Eignung der Nadelhölzer dürfte sich aus den sprunghaft wechselnden mechanischen Eigenschaften der Früh- und Spätholzschichten erklären. Bei finnischem Kiefernholz verhält sich beispielsweise, wie A. Ylinen[1] zeigte, der Elastizitätsmodul des Frühholzes zu dem von Spätholz wie 1 : 4, die Zugfestigkeit wie 1 : 4,7 und die Druckfestigkeit wie 1 : 3,8. Daraus erklärt es sich, daß man beim Biegen eines Nadelholzbalkens im elastischen Bereich eine sich sprunghaft ändernde Verteilung der Biegespannungen über dem Querschnitt hat, wie A. Ylinen[2] berechnete (vgl. Bild 696, Bd. I, S. 786).

Zahlentafel 114. *Annähernder Krümmungsradius [mm], bis zu dem Holzteile gebogen werden können, ohne daß mehr als 5% Ausschuß entsteht.* (*Nach Forest Products Research Laboratory, Princes Risborough.*)

Holzart	Mit Biege-band	Ohne Biege-band
Banak (Virola merendonis Pittier)	760	1220
Birke, kanadische (Betula lutea Michx.)	76	430
Blackbutt (Eucalyptus pilularis Smith)	610	1220
Buche (Fagus sylvatica. L.) in England importiert	100	370
„ „ in England gewachsen	38	330
Camphorwood (Ocotea usambarensis Engl.) Ostafrika	250	410
Eiche, amerikanische Weiß- (Quercus sp.)	25	330
Eiche (Quercus robur Ehrh.) in England gewachsen	50	330
Esche, amerikanische (Fraxinus sp.) in England importiert	110	330
Esche (Fraxinus excelsior L.) in England gewachsen	64	300
Greenheart (Ocotea rodiaei Mez)	300	1420
Gurjun (Dipterocarpus sp.) Indien	760	—
Idigbo (Terminalia ivorensis A. Chev.)	760	1020
Iroko (Chlorophora excelsa Benth. et Hook. f.)	410	—
Karri (Eucalyptus diversicolor F. Muell.) Südafrika	200	320
Mahagoni (Khaya ivorensis A. Chev.) Afrika	760	810
Mahagoni (Swietenia macrophylla King) Mittelamerika	300	710
Obeche (Triplochiton scleroxylon K. Schum.)	300	710
Odoko (Scottellia coriacea A. Chev.)	760	1520
Pitchpine (Pinus caribaea Morelet) Britisch Honduras	360	710
Robinie (Robinia pseudacacia L.) in England gewachsen	38	280
Rüster (Ulmus hollandica Mill. var. major Rehd.) in England gewachsen	<10	240
Spruce [Fichte] [(Picea abies (L.) Karst.)], europäisch, in England importiert	760	—
„Tasmanian Oak“ (Eucalyptus obliqua L' Herit.)	400	610
Teak (Tectona grandis L. f.)	400	710

[1] Ylinen, A.: Acta Forest. Fenn. Bd. 50 (1942) S. 1 (Finnisch); vgl. Holz als Roh- und Werkstoff Bd. 6 (1943) S. 180.

[2] Ylinen, A.: Über die Bestimmung der Spannungen und Formänderungen von Holzbalken mit rechteckigem Querschnitt, Helsinki 1943.

Weitere Anhaltspunkte über die Biegeeigenschaften einer Anzahl von Hölzern gibt Zahlentafel 114 nach Unterlagen des britischen Forest Products Research Laboratory. Die Tafel nennt den sicheren Krümmungsradius, bis zu dem ein Holzteil (gute Holzqualität, lufttrocken, 25 mm Dicke, bei Atmosphärendruck gedämpft) gebogen werden kann, ohne daß mehr als 5% aller gebogenen Stücke zu Bruch gehen[1].

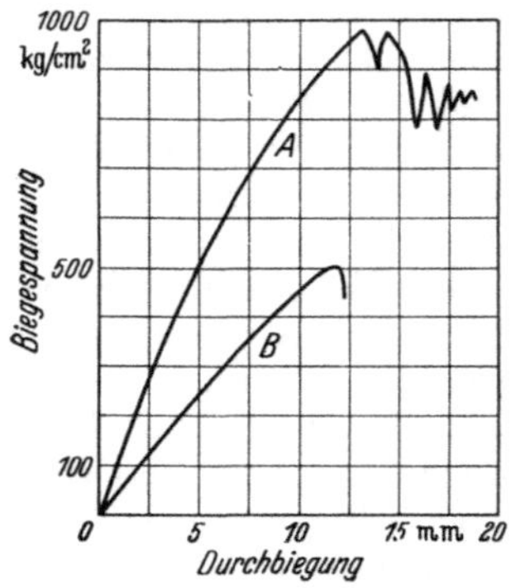

Bild 862. Biegespannungs-Durchbiegungs-Diagramme für Traubeneichenholz. *A* langfaseriges, zähes Holz, *B* kurzfaseriges, sprödes Holz. (Nach F. Fessel.)

Aus Zahlentafel 114 geht insbesondere auch die außerordentliche Bedeutung des Biegebandes für den Krümmungsradius hervor. Weiter sticht die Überlegenheit gewisser Hölzer wie Esche, Buche, Rüster, Eiche und Robinie hinsichtlich der Biegeeigenschaften gegenüber anderen Hölzern wie Mahagoni, Eucalyptus, Fichte, Teak und den meisten anderen tropischen Hölzern hervor. W. C. Stevens und N. Turner machen darauf aufmerksam, daß Esche zwar als ausgezeichnetes Biegeholz gilt, daß sie aber ungewöhnlich empfindlich beim Vorhandensein von Nadelästen nahe der Zugzone ist, die leicht Anlaß zum Ausbeulen oder zu Druckbrüchen geben. Außerdem führt Schrägfaser in der Zugzone sehr leicht zu einem Abheben von Spreißeln, sobald das Zugband abgenommen wird. Rüster hingegen hat nicht nur sehr gute Biegeeigenschaften, sondern scheint in der Regel bemerkenswert duldsam gegenüber Holzfehlern beim Biegen zu sein.

Bild 863. Bruchgefüge des langfaserigen, zähen Eichenholzes beim Biegeversuch. (Phot. F. Fessel.)

Den Einfluß der Struktur auf die Biegeeigenschaften von Eichenholz hat F. Fessel[2] näher untersucht. Bild 862 zeigt das Biegespannungs-Durchbiegungs-Diagramm von zwei Stäben aus Traubeneiche. Die Linie *A* entspricht einem langfaserigen, zähen Eichenholz, das zum Biegen gut geeignet ist. Die Biegefestigkeit betrug 970 kg/cm², das Bruchgefüge ist langfaserig (Bild 863). Solches Eichenholz wächst zum Beispiel in Warmlagen auf Nordhängen, es hat große mittlere Jahrringbreite bei kleinem Frühholzanteil und dementsprechend hohe Rohwichte. Die Linie *B* gilt für kurzfaseriges, sprödes Eichenholz, das nur eine Biegefestigkeit von 500 kg/cm² erreichte. Der Bruch ist kurzfaserig-treppenförmig (Bild 864).

---

[1] Stevens, W. C., u. N. Turner: Solid and Laminated Wood Bending, London 1948. — Über die Eigenschaften einiger südamerikanischer Hölzer beim Dampfbiegen s. bei M. Chudnoff u. F. S. Wangaard: The Steam-Bending Properties of Certain Tropical American Woods, Yale Univ. School of Forestry Techn. Rep. No. 6, New Haven, Conn. Oktober 1950.

[2] Fessel, F.: Holz als Roh- und Werkstoff Bd. 9 (1951) S. 56.

891.22 Auswahl ganzer Stämme als Biegeholz. Noch unklare und sich widersprechende Ansichten herrschen bei den Holzbiegefirmen über die Auswahl der stehenden Stämme unter dem Gesichtswinkel der Biegequalität des Holzes vor. Obwohl das Alter, die Wuchsgeschwindigkeit, der Standort usw. sicher einen Einfluß haben, ergaben doch Untersuchungen im britischen Forest Products Research Laboratory, daß diese Faktoren von zweitrangiger Bedeutung sind, wenn nur das Biegeholz geradfaserig, astrein und fehlerfrei ist. Trotzdem bestehen Anzeichen dafür, daß beispielsweise das zum Biegen bestgeeignete Eschenholz von gut entwässerten Böden (z. B. in England aus den Gegenden mit rotem Sandstein) stammt. Meist findet sich das beste Biegeholz im Stamm oberhalb des Ansatzes zum Erdstamm. Zu vermeiden ist das Holz in der Nähe des Markstrangs sowie rasch oder besonders langsam gewachsenes Holz (bei Esche werden etwa 2,5 mm Jahrringbreite besonders empfohlen), überaltetes und vor allem von Pilzen angegriffenes Holz.

Bild 864. Bruchgefüge des kurzfaserigen, spröden Eichenholzes beim Biegeversuch. (Phot. F. Fessel.)

891.23 Feuchtigkeit des Biegeholzes. Die meisten Hölzer lassen sich grün kurz nach dem Fällen gut biegen, obwohl gewisse Holzarten (z. B. Eiche, Edelkastanie) in diesem Zustand beim Biegen auf kleine Krümmungsradien infolge des in den wassersatten Zellen entstehenden hydraulischen Drucks zu Faltenbrüchen neigen.

Zu beachten ist auch, daß die statischen Festigkeitseigenschaften der Hölzer unterhalb des Fasersättigungspunktes sehr stark mit abnehmender Feuchtigkeit ansteigen. Die Folge ist, daß zum Biegen sehr feuchten Holzes weniger Kraft aufzuwenden ist als bei trockenem[1] (Bild 865). Daraus mag sich die Neigung der Praxis erklären, Holz mit möglichst hoher Feuchtigkeit zu biegen. Allerdings können sich daraus erhebliche Schwierigkeiten ergeben. In der Regel wird deshalb lufttrockenes Holz mit einer Feuchtigkeit zwischen 17 und 25% zum Biegen verwendet. Dies bietet folgende Vorteile:

1. Nach Abnehmen des Biegebandes treten bei lufttrockenem Holz weniger Nachbrüche auf als bei grünem;
2. die Zeit für die Nachtrocknung ist kürzer;
3. die Fehler und Formänderungen beim Nachtrocknen sind geringer.

[1] Burmester, A.: Das Biegen von Holz nach Dampf- und Hochfrequenzplastifizierung, Dipl.-Arbeit Univ. Hamburg, Juli 1954.

Als Nachteile sind zu buchen:

1. Höherer Kraftaufwand beim Biegen des lufttrockenen Holzes;
2. Auftreten von feinen, oft unkennbaren Oberflächenrissen während der Lufttrocknung, die eine große Gefahrenquelle beim späteren Biegen bilden;
3. Verformung des lufttrockenen Holzes beim Dämpfen vor dem Biegen.

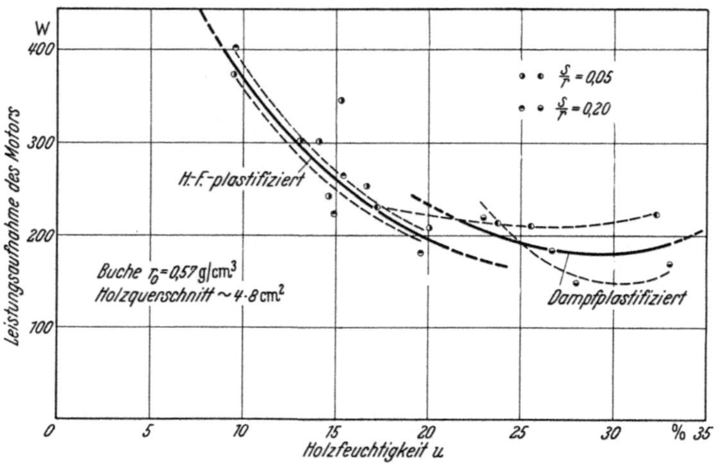

Bild 865. Unterschiede der zum Biegen von Buchenholz verschiedener Feuchtigkeiten aufgenommenen elektrischen Leistungen des Motors der Biegemaschine nach Hochfrequenz- und Dampfplastifizierung. (Nach A. Burmester.)

891.24 Bearbeitung des Biegeholzes. Als sehr wichtig erweist sich eine saubere Bearbeitung der Stäbe vor dem Biegen, da Fehler in der Oberflächenglätte vorzeitige Brüche begünstigen. Bei den starken Formänderungen, die herbeigeführt werden sollen, gewinnt die Kerbwirkung eine erhöhte Bedeutung. Die Veränderung der Spannungsverteilung durch eine in der Zugzone liegende Randkerbe zeigt Bild 866.

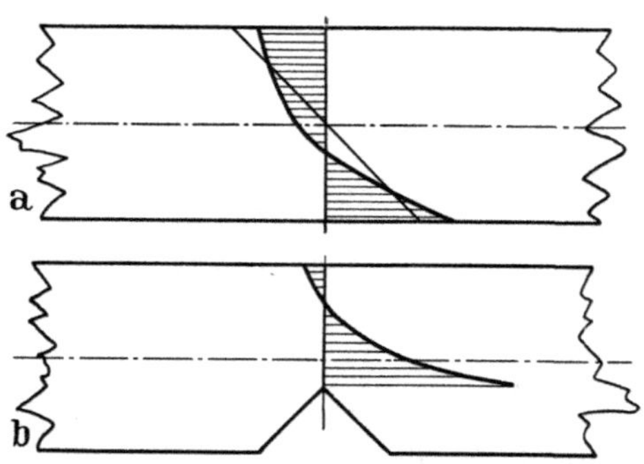

Bild 866. Schema der Spannungsverteilung über dem Querschnitt eines Biegestabes. a Ungekerbt, b Kerb in der Zugzone. (Nach F. Kollmann.)

Bei ringporigen Hölzern ist weiter die Orientierung der Biegerichtung zu den Jahrringen von Bedeutung. Nach W. C. Stevens und N. Turner erhält man etwas bessere Ergebnisse, wenn die Jahrringe annähernd parallel zur Auflagefläche der Biegeform verlaufen, als wenn sie senkrecht dazu stehen. Nach F. Fessel ist aber die Biegearbeit im zweiten Fall geringer. Im allgemeinen wird man der Jahrringlage außer bei besonders schwierigen Biegeaufgaben keine große Wichtigkeit beimessen.

891.3 Vorbehandlung des Holzes vor dem Biegen.

891.31 Dämpfen. Die zum Biegen erforderliche hohe Bildsamkeit erteilt man dem Holz meist durch Dämpfen. Gewöhnlich arbeitet man mit Dampf von atmosphärischen Spannungen, also bei rund 100° C, und dämpft je 25 mm Holzdicke etwa 1 h. Manche Firmen wenden wesentlich längere Dämpfzeiten an. Es ist aber auch möglich, gespannten Dampf zu verwenden.

Erfolgt das Dämpfen so, daß die Hölzer nicht mit dem Kondensat in Berührung kommen können, dann wird als oberer Grenzwert eine Feuchtigkeit von 25% angestrebt. Beim Dämpfen wächst die „Erweichungsgeschwindigkeit" — d. h. die Zunahme der Plastizität —, wie F. Kollmann[1] zeigte, verhältnisgleich der dritten Potenz des absoluten Dampfdrucks (Bild 867). Gespannter Dampf ist also stets wesentlich wirksamer als strömender, jedoch sind etwa 2 atü mit Rücksicht auf sonst unvermeidliche Zersetzung die obere zulässige Grenze. Entgegen vielfachen Anschauungen in der Praxis ist die Anwesenheit von etwas Kondensat beim Dämpfen nicht schädlich und läßt die Dämpfzeiten verkürzen (Bild 868).

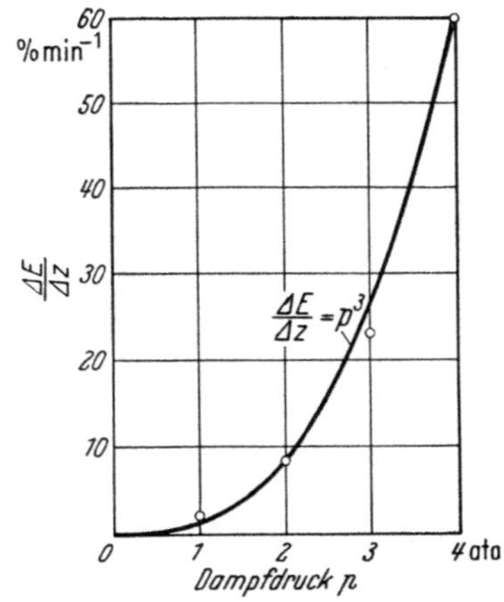

Bild 867. Abhängigkeit der Erweichungsgeschwindigkeit vom Dampfdruck. (Nach F. Kollmann.)

Den großen Einfluß der Dämpfzeit auf den Biegeerfolg zeigt Bild 869. Mit steigendem Dampfdruck und zunehmender Dämpfzeit finden in vermehrtem Umfang chemische Reaktionen im Holz statt. Von den chemischen Bestandteilen bleiben Cellulose und Pentosane völlig erhalten, jedoch verringert sich der Gehalt an Lignin und werden gewisse kurzkettige Holzpolyosen abgebaut. Hierauf weist auch die starke Säurebildung im Dampfkondensat hin (vgl. Bild 190).

Mit Heißdampf darf nicht gedämpft werden, da er das Holz weiter trocknet. Einen zweckmäßigen Dämpfkessel, der in seinem unteren Teil immer etwas Kondensat enthält, zeigt Bild 870 im Schnitt.

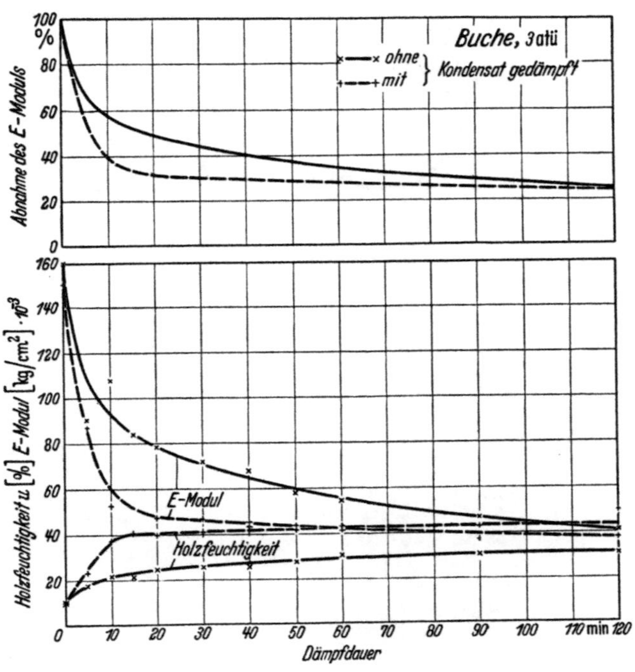

Bild 868. Veränderung des Elastizitätsmoduls und des Feuchtigkeitsgehalts von Buchenholzstäben beim Dämpfen ohne und mit Kondensat in Abhängigkeit von der Dämpfdauer. (Nach F. Kollmann.)

[1] Kollmann, F.: Holz als Roh- und Werkstoff Bd. 2 (1939) S. 1.

Die Außenansicht eines ähnlichen Kessels, der aus Stahlblech autogen geschweißt und im Vollbad verzinkt ist, gibt Bild 871 wieder. Die Dämpfer besitzen meist Schnellverschlüsse. Für Massenwaren in Reihenherstellung verwendet man Dämpfer mit drehbarem Einsatz (Bild 872). Zum Arbeiten füllt man das vor der Beschickungsöffnung stehende Einbaufach und dreht dann den Trommeleinsatz mittels einer Kurbel um seine Achse, bis das nächste Einbaufach vor der Öffnung erscheint. Man füllt dieses, dreht den Einbau wieder um ein Fach weiter und so fort, bis alle Fächer gefüllt sind und das zuerst gefüllte Fach wieder vor der Öffnung auftaucht. Sein Inhalt ist inzwischen biegefertig gedämpft. Das Holz wird jetzt entnommen und das Fach sofort wieder gefüllt. Es kann also ununterbrochen an dem Dämpfer gearbeitet werden. Der Dampfaustritt ist sehr gering und belästigt den Arbeiter nicht. Durch mehr oder weniger vollständige Füllung der Einbaufächer kann man die Dämpfdauer den Holzabmessungen anpassen.

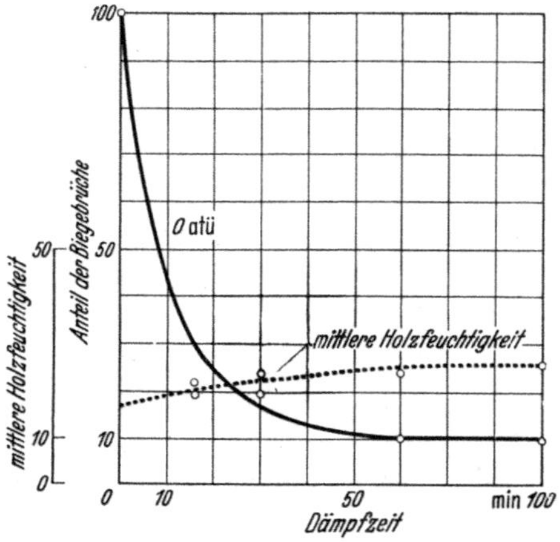

Bild 869. Anteil der Biegebrüche und der mittleren Holzfeuchtigkeit von Eichenholz-Faßdauben nach verschieden langer Dämpfzeit. (Nach F. Fessel.)

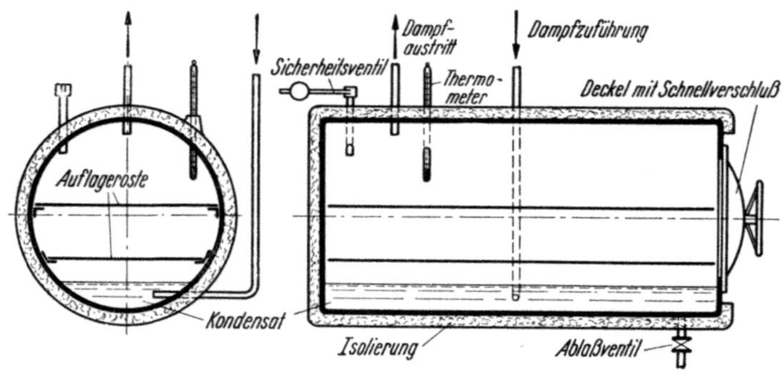

Bild 870. Querschnitt und Längsschnitt durch einen Dämpfkessel. (Nach F. Fessel.)

Bild 871. Ansicht eines Dämpfkessels aus Stahlblech, autogen geschweißt und im Vollbad verzinkt, Durchmesser wahlweise 625 und 800 mm, Bauart Holzbiegemaschinenfabrik GmbH, Wiesentheid bei Kitzingen.

Bild 873 zeigt eine **Dämpfhaube für Faßrümpfe**. Sie besteht aus einer gußeisernen Grundplatte mit Rand, auf die eine Blechhaube herabgelassen wird. Für die Randabdichtung sorgt das entstehende Kondenswasser. Das Zuleitungsrohr für den Dampf ist seitlich angeordnet. Eine andere Dämpfanlage zeigt Bild 874. Die einzelnen Dämpfkessel, deren jeder einen Faßrumpf aufnimmt, sind auf einem drehbaren Karussell untergebracht. Beim Herausnehmen eines gedämpften Rumpfes

Bild 872.
Ansicht eines Dämpfers mit drehbarem Einsatz, Bauart Holzbiegemaschinenfabrik GmbH, Wiesentheid bei Kitzingen.

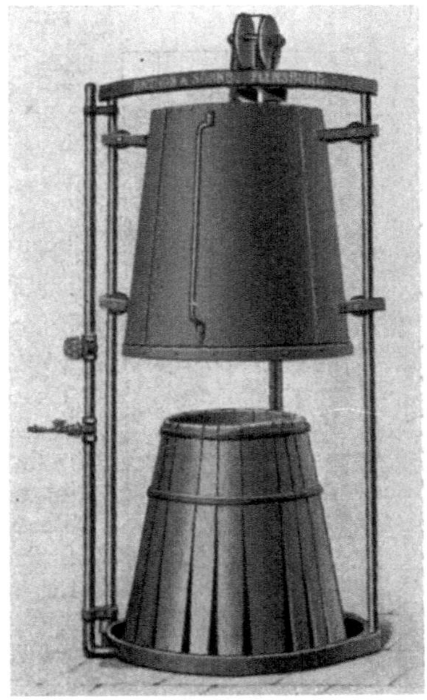

Bild 873.
Ansicht einer Dämpfhaube für Faßrümpfe, Bauart Anthon & Söhne, Flensburg.

wird gleichzeitig ein frischer Rumpf mit Hilfe einer Wechselvorrichtung eingesetzt. Gleichzeitig wandert das Karussell um einen Kessel weiter. Dadurch wird es möglich, die gedämpften Werkstücke ohne nennenswerte Abkühlung schnell der Biegepresse zuzuführen.

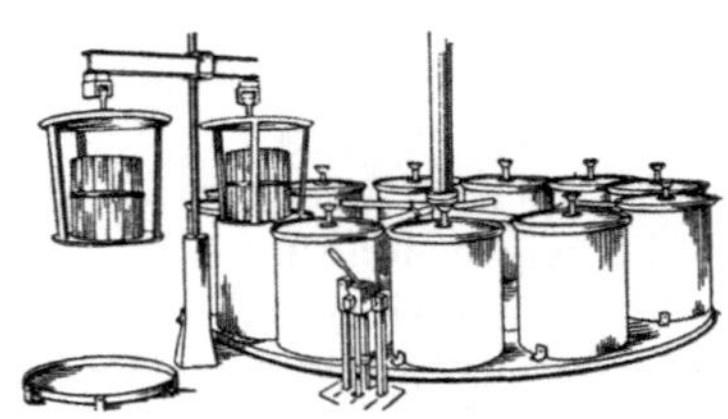

Bild 874. Schema eines Dämpfkessel-Karussells zum kontinuierlichen Dämpfen von Faßrümpfen. (Werkzeichnung Faßfabrik Diener & Roth, Stuttgart.)

891.32 Kochen. An Stelle des Dämpfens wird in gewissem Umfange in der Biegetechnik auch Kochen zur Plastifizierung angewendet. Meist erfolgt das Kochen mit Kondensat, das durch Einleitung des Abdampfes fortlaufend erwärmt wird. Der Nachteil des Kochens ist die im Vergleich zum Dämpfen stärkere Feuchtigkeitsaufnahme des Holzes in den Randschichten (Bild 875). Die Hölzer quellen dabei ungleichmäßig, werden unter Umständen wie beim übermäßigen Dämpfen „strohig-filzig" und können sich verfärben. Wird gekocht, dann ist das Wasser von Zeit zu Zeit zu erneuern, da es sich sonst zu stark mit organischen Säuren aus dem Holz anreichert, wodurch hydrolytische Vorgänge eingeleitet werden können; die Biegsamkeit erhöht sich dadurch scheinbar, in Wirklichkeit aber tritt eine Schwächung der Holzgewebe durch Herauslösen von Bestandteilen ein.

891.33 Sonderverfahren: Kochen und Stauchen. Für bestimmte Zwecke (z. B. den Waggonbau) geeignete, dauernd biegsame Hölzer lassen sich nach einem patentierten Verfahren durch Kochen, Dämpfen im Unterdruck und Stauchen in der Faserrichtung, wobei durch ein starres Futter Querdehnung ausgeschaltet wird (s. Bild 343), erzeugen (vgl. Z. 7.12). Mikroskopische Untersuchungen gaben Aufschluß, daß die Ursache der guten Verformbarkeit in einer weitgehenden Lockerung des Faserverbandes durch das Stauchen zu suchen ist. Diese Lockerung wird wahrscheinlich in einer partiellen Zermürbung der Zementierungsschichten, d. h. in erster Linie der hochligninhaltigen Mittellamelle, beruhen. Man erreicht dadurch ohne besondere Vorrichtungen Verformungsverhältnisse bis zu $\frac{s}{r} = 2$. Bei geeigneten Hölzern kann durch die Behandlung der Elastizitätsmodul bis auf etwa 10% des Ausgangswerts gesenkt werden[1]. Durch Trocknen geht ein erheblicher Teil der Verformbarkeit verloren, obgleich die Steifigkeit des unbehandelten Holzes nicht mehr erreicht wird. Es ist anzunehmen, daß scharfe Trocknung mit hohen Temperaturen einen besonders verfestigenden Einfluß ausübt, da durch solche Temperaturen ein Sintern des Lignins eintreten kann.

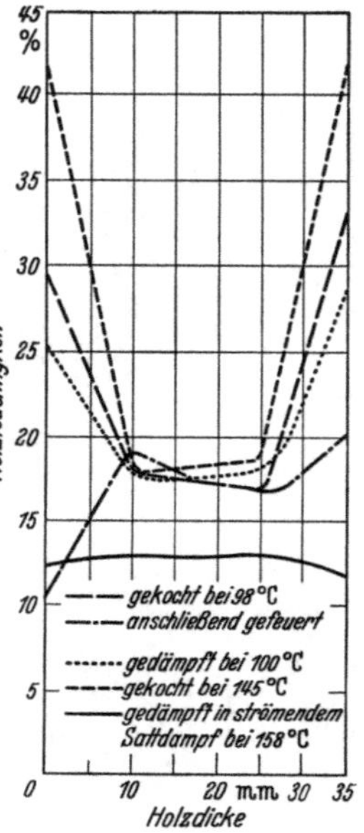

Bild 875. Feuchtigkeitsverteilung über Eichenholz-Faßdauben nach verschiedener Vorbehandlung. (Nach F. Fessel.)

891.34 Chemische Plastifizierung. Schon frühzeitig hat man daran gedacht, durch geeignete Chemikalien das Holz besser formbar zu machen. In der Literatur findet man die Empfehlung, beispielsweise dem Wasser beim Kochen Alaun oder Salmiaklösung zuzusetzen. Die Biegefähigkeit läßt sich dadurch aber nicht verbessern, allerdings kann man der Verfärbung des Holzes entgegenwirken. Neuere Versuche wurden im britischen Forest Products Research Laboratory durchgeführt, worüber W. C. Stevens und N. Turner in ihrem Buch berichten.

Es zeigte sich, daß weder die in USA empfohlene Imprägnierung des Holzes mit einer gesättigten Harnstofflösung noch die mit Tanninlösungen gegenüber der Vorbehandlung durch Dämpfen oder Kochen nennenswerte Vorteile mit sich brachten. Auch bei Versuchen von B. Thunell und A. Hongslo[2] ergaben sich keine befriedigenden Wirkungen bei Tränkungen mit einer Harnstofflösung. Trotzdem dürfte es sich lohnen, die Untersuchungen auf diesem Gebiet fortzusetzen, allerdings kaum mit der Erwartung, dadurch neue technisch-wirtschaftlich anwendbare Biegeverfahren zu entdecken als vielmehr, um Einblicke in das Verhalten der Hölzer, ihrer anatomischen Gewebe sowie ihrer chemischen Bestandteile bei der Biegung unter verschiedenen Voraussetzungen zu erhalten.

---

[1] Vorreiter, L.: Tharandter forstl. Jahrb. Bd. 88 (1937) S. 573.

[2] Thunell, B., u. A. Hongslo: Plasticering av trä, Medd. Nr. 17, Svenska Träforskningsinstitutet, Trätekn. avd., Stockholm 1948.

Ein Beitrag dazu liegt von F. Kollmann[1] vor. Wassersatte Kiefernsplintholzstäbe wurden im hochfrequenten Wechselfeld auf verschieden hohe, aber gleichbleibende Temperaturen erhitzt, und gleichzeitig wurde durch eine Folge von statischen Biegeversuchen, wobei die Spannung weit unter der Proportionalitätsgrenze lag, der Elastizitätsmodul als Zeitfunktion bestimmt. Die Ergebnisse zeigt Bild 876. Anschließend wurden wassersatte Kernholzstäbe aus dem gleichen Stamm in gleicher Weise geprüft. Es zeigte sich, daß beim Kernholz die Erweichungsgeschwindigkeit wesentlich höher ist als beim Splintholz. Die von Anfang an sehr starke Plastifizierung des Kernholzes (Bild 877) legte die Annahme nahe, daß es sich um einen weitgehend chemisch bedingten Vorgang handelt. Da der Gehalt an Cellulose und Lignin im Splint- und Kernholz der Kiefer sehr wenig verschieden ist, müssen offenbar Nebenbestandteile für diese Erscheinung verantwortlich gemacht werden. Nachdem durch Kaltextraktionsversuche der Beweis erbracht worden war, daß die Harze an dieser Erscheinung nicht oder nur unwesentlich beteiligt sind, wurde die Hypothese aufgestellt, daß gewisse Kernstoffe bei der Plastifizierung eine wichtige Rolle spielen können. Um die Vorstellung von „Weichmachern" im Kernholz experimentell zu untermauern, wurde nun Splintholz mit Glycerin als typischem Weichmacher getränkt. In der Folge verhielt sich dieses mit Glycerin getränkte

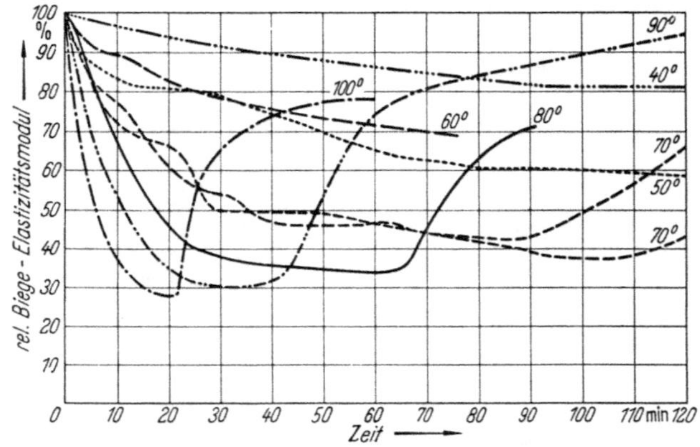

Bild 876. Veränderung des relativen Biege-Elastizitätsmoduls von wassersatten Kiefern-Splintholzstäben bei Erwärmung auf verschiedene Temperaturen im hochfrequenten Wechselfeld in Abhängigkeit von der Zeit. (Nach F. Kollmann.)

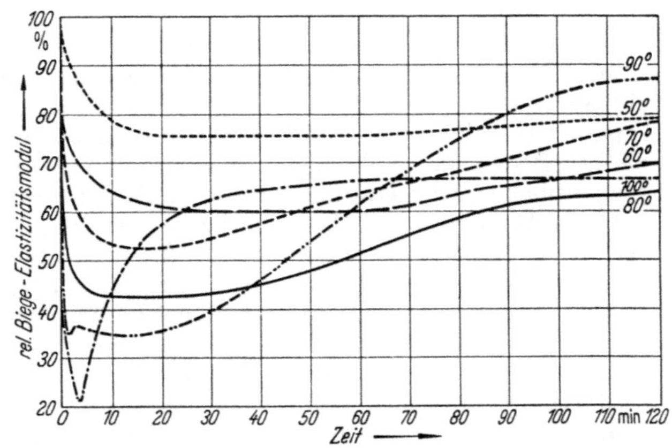

Bild 877. Veränderung des relativen Biege-Elastizitätsmoduls von wassersatten Kiefern-Kernholzstäben bei Erwärmung auf verschiedene Temperaturen im hochfrequenten Wechselfeld in Abhängigkeit von der Zeit. (Nach F. Kollmann.)

[1] Kollmann, F.: Über das mechanische Verhalten von Kiefernholz bei Biegung und Temperaturen zwischen 20° und 100° C, Medd. Nr. 22, Svenska Träforskningsinstitutet, Trätekn. avd., Stockholm 1951.

Splintholz bei der Erwärmung hinsichtlich Elastizität und Plastizität sehr ähnlich wie das mit Wasser getränkte Kernholz (Bild 878).

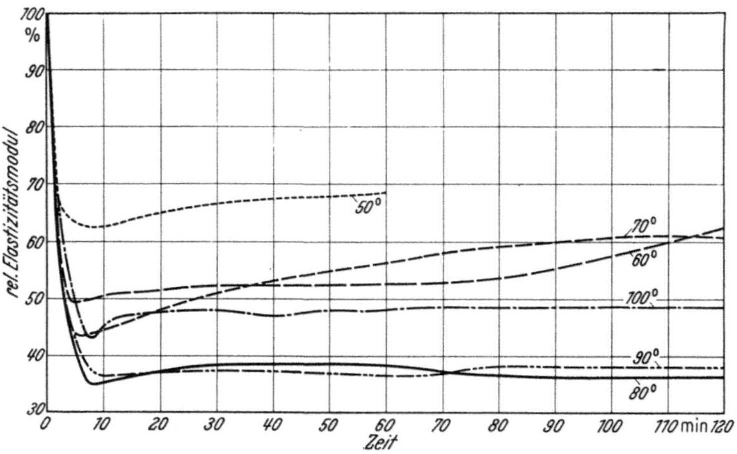

Bild 878. Veränderung des relativen Biege-Elastizitätsmoduls von glyceringetränkten Kiefern-Splintholzstäben bei Erwärmung auf verschiedene Temperaturen im hochfrequenten Wechselfeld in Abhängigkeit von der Zeit. (Nach F. Kollmann.)

891.35 Hochfrequenz-Plastifizierung. Ein besonders bemerkenswertes Ergebnis der Biegeversuche mit Kiefernholzstäben im hochfrequenten Wechselfeld war bei den Splintholzstäben das Vorhandensein einer kritischen Temperatur zwischen 60 und 70° C. Durch diese Erkenntnis gewinnt die Temperatur erhöhte Bedeutung und schiebt sich in den Vordergrund der Betrachtung des Biegeproblems, während man früher im Zusammenwirken von hoher Feuchtigkeit und Temperatur die Ursache der Erweichung sah. Diese Ansicht kann heute nicht mehr uneingeschränkt aufrecht erhalten werden. Vielmehr wissen wir, daß Temperatursteigerung sowohl physikalisch als auch chemisch mehr oder minder starke Veränderungen des Holzzustandes herbeiführt. Unter der Voraussetzung, daß auf geeignete Weise Feuchtigkeitsschwankungen verhindert oder vernachlässigbar klein gehalten werden, handelt es sich um folgende Ercheinungen: 1. Abnahme der Kohäsion durch Gitteränderungen infolge der Wärmeausdehnung; 2. vermehrte molekulare Wärmebewegung, wodurch sich die Potentialverteilung im Stoffinnern ändert; 3. Schmelzen und Sintern gewisser Bestandteile der Zellwand und sonstige chemische Reaktionen, die offenbar schon bei sehr geringem Restwassergehalt und verhältnismäßig niedrigen Temperaturen einsetzen können (vgl. Z. 762. 93).

Durch Untersuchungen verschiedener Forscher, hauptsächlich aber von A. E. Higgins und Fl. V. Griffin[1] wurde bekannt, daß man durch Temperatur- und Drucksteigerung bei Holz zunächst in ein elastisch-plastisches Gebiet gelangt, das bei einer kritischen Temperatur um 160° C in ein viscoselastisches Gebiet übergeht (vgl. Bild 122). Aus vielen praktischen Beobachtungen (z. B. bei der Hitzevergütung von Holzfaserplatten, vgl. Z. 764. 532) und wissenschaftlichen Untersuchungen wissen wir, daß bei 145 bis 160° C eine Aktivierung des Lignins eintritt. Daneben dürften unter diesen Umständen

---

[1] Higgins, A. E., u. Fl. V. Griffin: J. Counc. Sci. Int. Res. (Australia) Bd. 20 (1947) S. 3671.

nach R. Runkel[1] Hydrolyse von begleitenden Kohlenhydraten, Umwandlung der Pentosen in Furfurol, teilweise Verharzung des Furfurols, möglicherweise auch seine Spaltung in Succindialdehyd und Ameisensäure sowie Polykondensation und Polymerisation der gebildeten reaktionsfähigen Gruppen laufen.

Als Vorstufe des Biegens schied aber Erhitzung bis vor kurzem aus zwei Gründen aus: einmal, weil man die beim Dämpfen und Kochen erfolgende Feuchtigkeitszufuhr als unerläßlich für den Biegeerfolg ansah, zum andern, weil bei Erhitzung von außen her die äußeren Schichten rasch ausgetrocknet wären. Mit dieser raschen Austrocknung wäre nicht nur der für das Biegen notwendige Mindestfeuchtigkeitsgehalt rasch unterschritten worden, sondern gerade die beim Biegen besonders beanspruchten Randschichten wären durch die stärkere Entwässerung und die damit wahrscheinlich verbundene Verschalung für Brüche geradezu vorherbestimmt worden.

Es zeigte sich aber[2], daß Holzteile mit einem ihrem späteren Verwendungszweck angepaßten Feuchtigkeitsgehalt (der aber nicht unter etwa 14% liegen darf) in einem hochfrequenten Wechselfeld von vorzugsweise 10^6 bis 10^7 Hz praktisch ohne Feuchtigkeitsverlust rasch und gleichmäßig bis in ihr Inneres auf die Siedetemperatur des Wassers erhitzt werden können, und daß es genügt, diese Temperatur wenige Minuten aufrecht zu erhalten, um das Holz in diesem Zustand biegen zu können.

Die Plastifizierung des Holzes erfolgt unter der Wirkung der Erwärmung durch molekulare Reibung rascher und bei richtig eingestelltem Feuchtigkeitsgehalt etwa in gleichem Ausmaß wie beim Dämpfen und Kochen, bei dem sich zunächst nur die äußeren Holzschichten erwärmen und eine gleichmäßige Erhitzung des Holzinnern infolge der schlechten Wärmeleitfähigkeit des Holzes erschwert ist. Es hat sich herausgestellt, daß im Hochfrequenzfeld erwärmte und darin biegsam gemachte Hölzer bei gewissen Verformungszahlen auch dann ohne Brüche und Schäden gebogen werden können, wenn sie nicht völlig fehlerfrei sind, beispielsweise kleine Äste oder krummen Faserverlauf enthalten.

891.4 Handbiegen.

891.40 Allgemeines über das Handbiegen. Unter Handbiegen versteht man die Biegeverformung von Holzteilen durch Handarbeit, wobei allerdings arbeitssparende Vorrichtungen, wie Hebel, Winden und dgl., Verwendung finden können, jedoch auf motorischen Antrieb verzichtet ist. Durch Motore bewegte Biegemaschinen haben offenbar gewisse Vorteile, jedoch auch Nachteile und begrenzte Anwendungsmöglichkeit. Sie sind überdies kostspielig und eignen sich nicht zur Herstellung sehr verschiedenartiger Biegeverformungen. Da es eine außerordentlich große Anzahl von Biegevorrichtungen und Hilfsmitteln gibt, können hier nur wenige besonders bewährte oder vielfach benutzte Einrichtungen besprochen werden.

891.41 Kaltbiegen. Nicht vorbehandeltes oder lufttrockenes Holz läßt sich im allgemeinen nur auf ein Verformungsverhältnis $\frac{r}{s} \leqq \frac{1}{50}$ (r = Krümmungsradius, s = Holzdicke) biegen. Die kaltgebogenen Teile sind weiter sehr elastisch und würden nach der Biegung in den ursprünglichen, gestreckten Zustand zurückfedern, wenn sie nicht durch eine starre Einspannung daran gehindert werden. Ein Beispiel für die Anwendung der Kaltbiegetechnik findet man

[1] Runkel, R.: Holz als Roh- und Werkstoff Bd. 9 (1951) S. 41. — Derselbe u. K. D. Wilke: Ebenda S. 260.

[2] DBP Nr. 848861 vom 9. 3. 1951.

bei Bootsplanken, die nach dem Biegen auf den Rippen befestigt werden. Bei sehr dünnen Teilen, die auf Festigkeit beansprucht werden und lediglich einseitig eine glatte Oberfläche haben müssen, kann man auch durch Verringerung der Furnierdicke und Anbringen von kammartigen Einschnitten (Bild 879) die Biegsamkeit beträchtlich erhöhen. Diese Technik findet häufig Anwendung bei der Herstellung von Gehäusen, Koffern u. dgl.

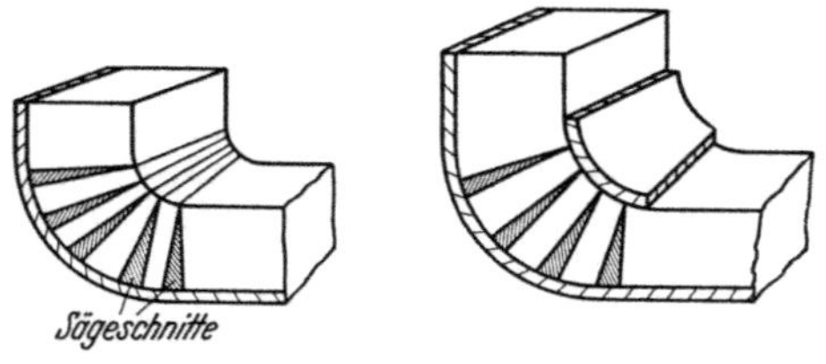

Bild 879.
Schematische Darstellung gebogener Ecken mit kammartigen Einschnitten nach dem Überfurnieren.

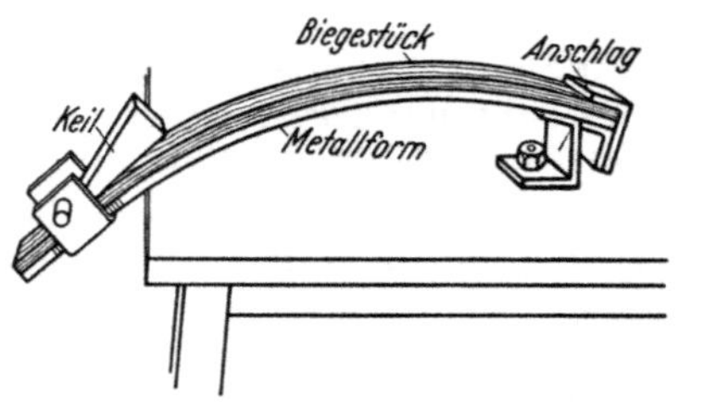

Bild 880. Schema des Biegens dünner Holzteile auf nicht zu kleinen Biegeradius über eine Metallform. (Nach W. C. Stevens u. N. Turner.)

891.42 Heißbiegen ohne Biegeband. Sobald Holzteile auf ein stärkeres Verformungsverhältnis gebogen werden und ihre Form beständig halten sollen, muß vor dem Biegen eine Plastifizierung gemäß Z. 891.31 bis 891.35 bewirkt werden. Das Biegen selbst erfolgt dann auf verschiedene Weise, vorwiegend aber nach einem der drei nachstehend beschriebenen Verfahren:

1. Biegen und Verspannen zwischen einer entsprechend gekrümmten Matrize und Patrize. Das Verfahren bringt Schwierigkeiten beim Nachtrocknen des gebogenen, noch in der Vorrichtung befindlichen Holzes mit sich;

2. Biegen und Verspannen über einer Form, die aus Holz oder meist aus Metall gefertigt ist (Bild 880). An Stelle einer Zwinge oder eines Keils zum Festspannen kann auch (z. B. bei der Herstellung von Stockgriffen) mit Seilspannung gearbeitet werden;

3. Biegen dünner Holzstreifen oder Furniere zu Reifen, Fässern u. dgl. über eine Trommel mit Andruckrolle (Bild 881). An der mittels Handkurbel gedrehten Trommel ist, wie das Bild zeigt, ein Stahlband befestigt. Der ge-

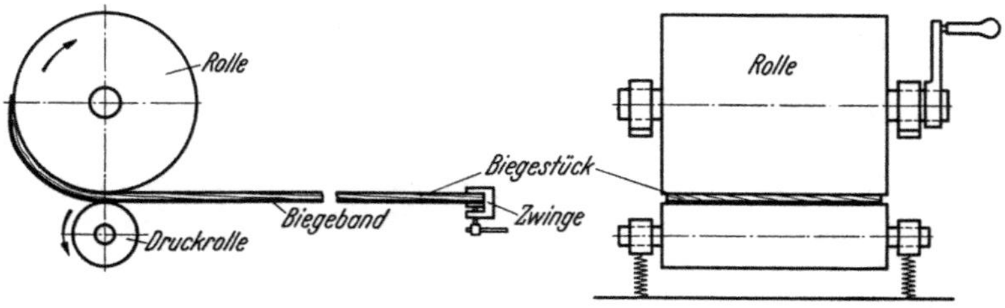

Bild 881. Schema des Biegens von Reifen, Faßmänteln u. dgl. über eine Trommel mit Andruckrolle. (Nach W. C. Stevens u. N. Turner.)

dämpfte Holzstreifen wird zwischen diesem Stahlband und der Trommel eingesetzt und dann werden Band und Holz so rasch wie möglich aufgewunden. Der rund gebogene Streifen wird sofort aus der Maschine gezogen und, wenn nötig, in einen Metallreifen eingesetzt, dessen Innendurchmesser gleich dem Außendurchmesser des Biegestücks ist. Die geschäfteten Enden des Reifens werden dann verleimt, geheftet oder angenagelt und das fertige Stück dem Metallring entnommen. Nach W. C. Stevens und N. Turner hängt der Trommeldurchmesser von verschiedenen Faktoren, hauptsächlich von der Holzart und -dicke ab. Im allgemeinen empfehlen sich Versuche, um ihn festzulegen. Aus englischem Eschenholz, 11 mm dick, lassen sich Reifen mit 356 mm Innendurchmesser herstellen, wenn der Trommeldurchmesser 229 mm ist. Die Neigung des Holzes, zu brechen, wird stark verringert, wenn die freien Enden des Holzstreifens und des Stahlbandes, wie in Bild 881 dargestellt, miteinander verspannt werden.

891.43 Heißbiegen mit Biegeband (Thonet-Verfahren). Wenn das Verhältnis des Biegeradius zur Holzdicke unter den Wert von etwa 30 sinkt, sind ohne besondere Vorkehrungen häufige Brüche unvermeidlich. Der schon erwähnte Möbeltischler Michael Thonet fand bei seinen jahrelangen Versuchen, gebogene Möbelteile herzustellen, immer wieder, daß die Brüche an der konvexen Oberfläche entstanden und sich von dort aus ins Holzinnere fortsetzten, während die gestauchten Teile an der konkaven Oberfläche in der Regel unversehrt blieben. Thonets Streben ging zunächst dahin, die Folgen der Dehnung durch zweckmäßige Vorbehandlung (z. B. Kochen in Leim, Dämpfen) zu beseitigen. Dieser Weg konnte jedoch, wie schon nachgewiesen, nicht zu dem gewünschten Ziel führen. Einen völligen Umschwung leitete aber Thonets Gedanke ein, die Streckung der Fasern möglichst weitgehend zu verhindern. Zu diesem Zweck brachte Thonet auf derjenigen Stabseite, die beim Biegen konvex gekrümmt wird, ein Stahlblech (Biegeband) fest an; dadurch konnte sich das Holzteil während des Biegens nur mehr um die verschwindend kleine Dehnung des Stahlbandes verlängern. Damit eine Biegung überhaupt möglich ist, muß sich der gesamte Holzkörper stauchen, und zwar um so mehr, je weiter sein Abstand vom Biegeband oder Schutzblech ist. Die neutrale spannungslose Schicht wird also zwangsläufig aus dem Innern in die Nähe der gefährdeten konvexen Oberfläche verlegt.

Die Dicke des Biegebandes richtet sich nach der Dicke des zu biegenden Holzstücks und nach dem Krümmungsverhältnis; sie beträgt bei Stahlblech 0,2 bis 2 mm, im Durchschnitt etwa 0,75 bis 0,80 mm. Zu dünne oder minderwertige Bleche verbeulen, dehnen sich oder reißen, da der aufzunehmende Stauchdruck sehr hoch ist. Die Breite des Biegebandes muß stets etwas größer sein als jene des Biegestücks.

Damit Rostflecken oder Gerbsäureflecken vermieden werden, sollen die Biegebänder innen mit Papier überzogen werden oder ein dünnes Aluminiumblech oder eine Preßspanplatte als Zwischenlage verwendet werden. Um das Stahlband am Holz zu befestigen, gibt es verschiedene Wege. Am besten sind Metallwinkel oder -klötze als Widerlager; aber auch Hirnholzklötze lassen sich verwenden. Die Endflächen des Biegestücks müssen reichlich überdeckt werden.

Die Biegeformen können aus Holz oder Metall hergestellt werden. Holzformen eignen sich für einfachere Biegungen und beschränkte Biegeleistungen, Metallformen für verwickelte Biegungen und Massenproduktion. Die Ausführung einer einfachen U-förmigen Biegung von Hand mittels einer geeigneten Vorrichtung zeigt Bild 882 in der Anfangs- und Endstufe. Das Bild verlangt keine weiteren Erläuterungen, außer der, daß die Scheiteleinspannung des Biegestückes statt mit Keilen auch hydraulisch oder pneumatisch erfolgen kann. Die Rückenplatten sind notwendig, um eine gegensinnige Krümmung der Enden des Biegestückes und seine Ablösung vom Biegeband zu verhindern. Viele Fehlschläge in der Praxis sind darauf zurückzuführen, daß die Rückenplatten nicht vorhanden oder zu klein bemessen sind.

Bei der Biegevorrichtung gemäß Bild 882 sind die Handgriffe mit den Rükkenplatten durch lösbare Klammern verbunden; diese Klammern werden nach dem Biegen und nach Anbringung des Spannschlosses entfernt, so daß die Handgriffe abgenommen werden können. Das Biegeteil ist jetzt in der durch Bild 883 gezeigten Form zum Trocknen bereit. Unsymmetrische Formen lassen sich in zufriedenstellender Weise durch einfache Spannschlösser für eine einwandfreie Nachtrocknung sichern. Bei ihnen wie bei Ringen u. dgl. empfiehlt es sich, das Biegeteil fest auf die Form zu spannen und dann die Biegeteile über der Form nachzutrocknen.

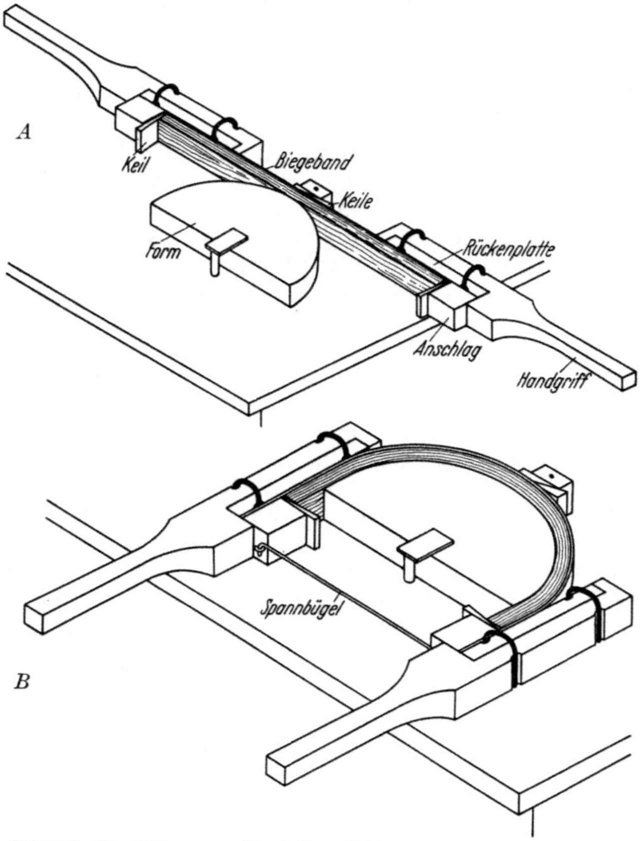

Bild 882. Vorrichtung zur Herstellung U-förmiger Biegungen von Hand. *A* Anfangsstufe, *B* Endstufe. (Nach W. C. Stevens u. N. Turner.)

Auch Teile mit großer Länge bei kleinem Querschnitt neigen zum Zurückfedern und zu Verwindungen. Häufig kommen bei ihnen bei der Abnahme von der Form auch Brüche vor. Die Hauptsache ist bei ihnen, daß das Biegeteil wirklich fest am Biegeband anliegt. Mit einer Spindel einstellbare Anschlagklötze gemäß

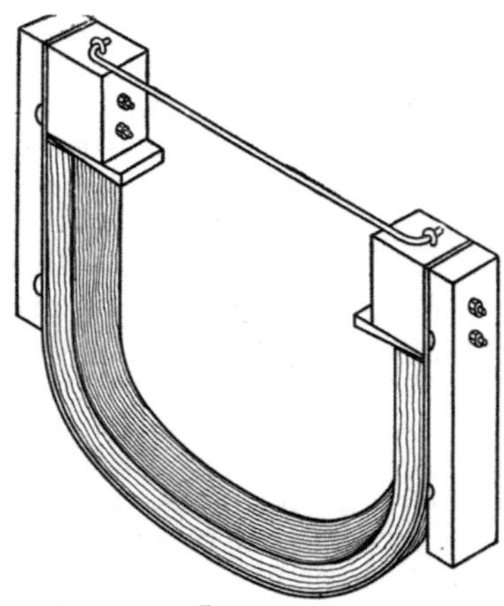

Bild 883.
Fertig gebogenes Biegeteil mit Spannschloß.
(Nach W. C. Stevens u. N. Turner.)

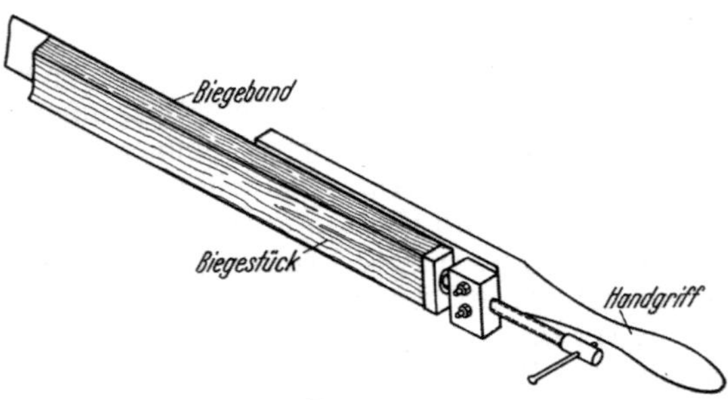

Bild 884.
Mit einer Spindel einstellbare Anschlagklötze am Biegeband.
(Nach W. C. Stevens u. N. Turner.)

Bild 884 beseitigen diese Schwierigkeiten. Zusätzlich können kleine Zwingen aus Flacheisen empfohlen werden, die abwechselnd senkrecht und parallel zur Biegeachse auf das Biegeteil aufgesetzt werden und seine Lage gegenüber dem Biegeband festlegen.

Sollen Biegungen in mehr als einer Ebene durchgeführt werden, dann sind die Biegebänder so anzuordnen, daß sie stets die konvexe Seite des Biegeteils vor Zugbrüchen schützen. Die Konstruktion eines Biegebandes für solche mehrfache Biegungen zeigt Bild 885. Bei S-förmigen Biegeteilen sind in der Regel zwei Biegebänder erforderlich.

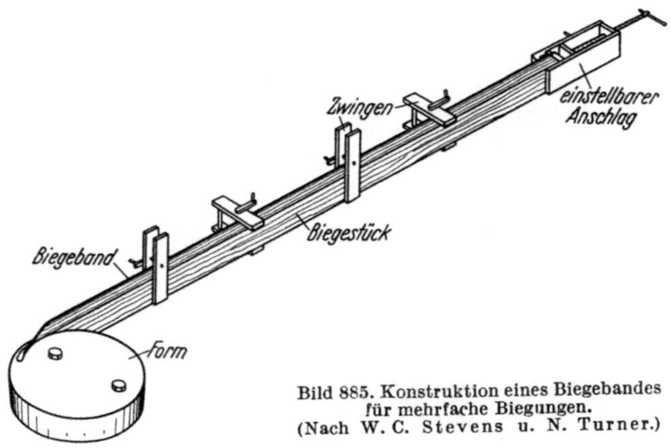

Bild 885. Konstruktion eines Biegebandes für mehrfache Biegungen. (Nach W. C. Stevens u. N. Turner.)

891.5 Maschinenbiegen.

891.50 Allgemeines über das Maschinenbiegen. Dem Maschinenbiegen liegen die gleichen mechanischen, physikalischen und technologischen Voraussetzungen zugrunde wie dem Handbiegen. Auch kann es ebenfalls bei freier Längung des Werkstücks, also ohne Biegeband, oder mit Biegeband durchgeführt werden. Zusätzlich kann bei schwächeren Krümmungen das Biegeband vermieden werden, wenn man einen entsprechenden Stauchdruck auf die Stirnseite des Biegeteils aufbringt, um unzulässig große Längung zu vermeiden. Die Biegemaschinen gestatten nicht nur die Durchführung sehr vieler Biegungen in verhältnismäßig kurzer Zeit, sondern sie ersparen den Arbeitern die schwere Handarbeit und erleichtern das Biegen größerer Teile ganz wesentlich. Der Energiebedarf der meisten Biegemaschinen liegt zwischen 1,5 und 3 kW.

Bild 886. Ansicht einer Faßwinde für Dichtfässer, Bauart Gebr. Schmaltz, Offenbach a. M.

891.51 Biegewinden, Glockenpressen. Die vielleicht einfachste Form einer Biegemaschine besteht aus einer Arbeitsbank, auf der die Biegeform aufgespannt ist, und einer Winde mit Zugseil, das in einer Schlinge um das Biegeteil gelegt ist. Beim Arbeiten der Winde wird die Schlinge zugezogen und das Holz fest gegen die Form gedrückt. Eine ähnlich arbeitende Faßwinde zeigt Bild 886. Mit ihrer Hilfe werden die kegelig aufgesetzten Faßrümpfe zusammengezogen. Dem gleichen Zweck dienen auch Glockenpressen, die jedoch eine höhere Leistung haben. Eine Glockenpresse zum Zusammenziehen leichter Fässer bei gleichzeitigem Auftreiben der Arbeitsreifen ist in Bild 887 dargestellt. Der in zwei unteren Arbeitsreifen aufgesetzte Faßrumpf, dessen Dauben nach oben konisch gespreizt sind, wird durch die Aufwärtsbewegung des mit einer Spindel angetriebenen Maschinentisches in die obere Glocke geschoben; dabei werden die Dauben gebogen und gleichzeitig die beiden oberen Arbeitsreifen aufgesetzt. Nach Öffnen der zweiteiligen Glocke kann der Faßrumpf entnommen werden.

Bild 887. Ansicht einer Glockenpresse zum Zusammenziehen leichter Fässer beim gleichzeitigen Setzen der Arbeitsreifen, Bauart Anthon & Söhne, Flensburg.

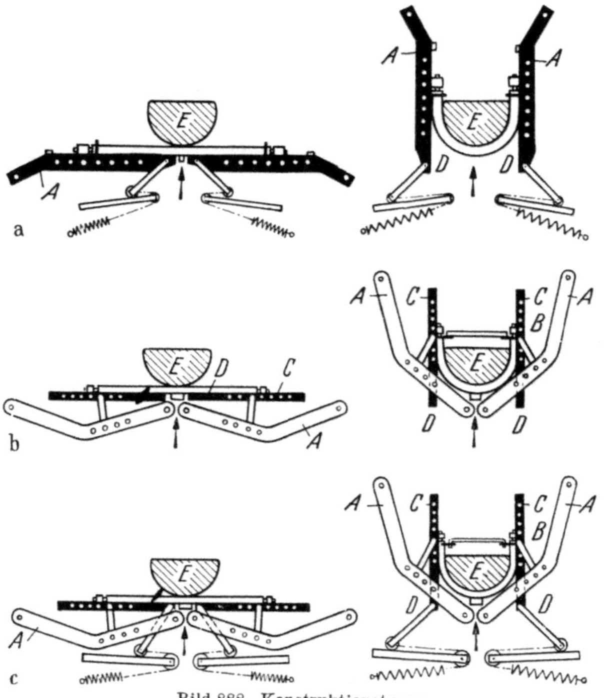

Bild 888. Konstruktionstypen von Biegemaschinen mit Biegebalken (schematisch).

891.52 Biegemaschinen mit Biegebalken (Biegearmen). Die Biegemaschinen mit Biegebalken besitzen kräftige Metallhebel oder -arme, durch welche die zum Biegen erforderlichen Kräfte auf das Holz-Biegeband-System übertragen werden. Es gibt verschiedene Konstruktionen, deren Hauptzüge aus Bild 888 ersichtlich sind:

a) Kraftübertragung durch das als Biegearm ausgebildete Preßstück *A*, das zu diesem Zweck sehr schwer sein muß.

Infolge der Federung walzt der Biegearm A das Holz auf die Biegeform E auf und erreicht formgenaue Biegungen, jedoch geht ein großer Teil der Federkraft zum Abstützen des schweren Biegearms A verloren. Die Biegebänder unterliegen beim Rücklauf erheblicher Beanspruchung und damit starkem Verschleiß.

Bild 889. Ansicht einer Universalbiegemaschine für offene Biegungen, Bauart Holzbiegemaschinenfabrik GmbH, Wiesentheid bei Kitzingen.

b) Kraftübertragung durch Biegearm A und Stützhebel B auf das Preßstück C. Da die Enden D der Preßstücke keinen Halt haben, heben sich diese von Anfang an bei der Biegung vom Holz ab und walzen das Holz nicht auf die

Bild 890. Ansicht einer Biegemaschine mit Differentialgetriebe zum Biegen unsymmetrischer Teile, auch solcher mit Gegenbiegungen, Bauart Holzbiegemaschinenfabrik GmbH, Wiesentheid bei Kitzingen.

Biegeform auf. Die Biegeergebnisse werden deshalb teilweise ungenau. Beim Rücklauf der Maschine können die Preßstücke nach unten absacken, wodurch sich Arbeitsstörungen ergeben können und die Biegebänder verschleißen.

c) Kraftübertragung durch Biegearm A und Stützhebel B auf die Preßstücke C, deren Enden D gefedert sind. Die Federkraft wird fast restlos zum

Aufwalzen des Holzes auf die Biegeform *E* nutzbar gemacht. Man erhält formgenaue Biegungen. Das Biegeband wird nicht mehr beansprucht, eine Lochung in der Bandmitte ist entbehrlich.

Die meisten in der Holzindustrie verwendeten Biegemaschinen arbeiten nach dem unter b) genannten Prinzip. Aus der Vielzahl der Konstruktionen seien nur einige typische herausgegriffen und kurz beschrieben:

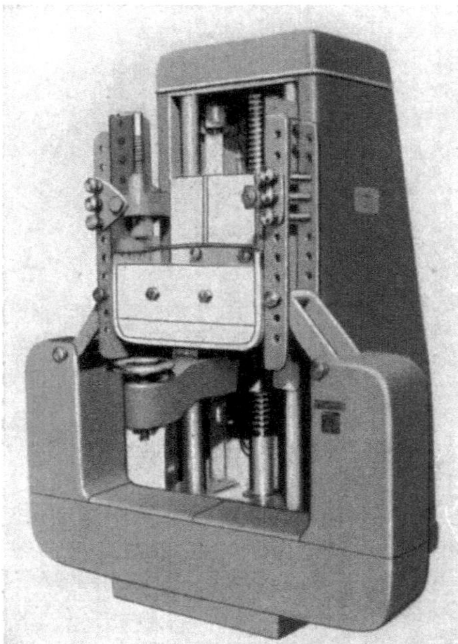

Bild 891. Ansicht einer Biegemaschine geschlossener Bauart, auch für Gegenbiegungen, Bauart Birzer & Co., München.

1. Universalbiegemaschine für offene Biegungen bis zur U-Form (Bild 889). Arbeitsbreiten 200 und 300 mm. Je nach der Art der Biegung können 35 bis 80 Biegestücke in der Stunde hergestellt werden. Betätigung der Maschine durch Fußschalter. Nach Durchführung der Biegung kommt die Maschine selbsttätig zum Stillstand. Über das Biegeteil wird dann eine Spannklammer gesetzt, worauf man die Maschine in die Ausgangsstellung zurücklaufen läßt. Mit einer Zusatzvorrichtung können auch doppelt gebogene Teile (z. B. Armlehnen) auf dieser Maschine gebogen werden.

2. Biegemaschine mit Differentialgetriebe zum Biegen unsymmetrischer Teile oder von Teilen mit Gegenbiegung (Bild 890). Die Biegebalken wirken unabhängig voneinander. Sie werden durch einen im Bild vorn sichtbaren Steuerknüppel gesteuert. Eine genaue Steuerung des Biegevorgangs ist nötig, weil sich bei unsymmetrischen Biegungen sonst die leicht zu biegende Seite zuerst biegt, während die andere Seite abkühlt und ihre Plastizität wieder verliert.

3. Biegemaschinen geschlossener Bauart (Bild 891) für Biegebreiten bis 200 mm, Holzdicken bis 65 mm und Holzlängen bis 2000 mm. Leistung 45 bis 60 Biegungen je Stunde. Die Biegejoche sind verstellbar, so daß sich beliebige Radien biegen lassen.

4. Biegemaschine für einseitig gebogene Teile, z. B. Schlittenkufen und Schaufelstiele (Bild 892). Das gedämpfte Holz wird in der Maschine auf das Biegeband gelegt und mit dem Handrad gegen die Form gepreßt. Der Biegebalken wird dann mittels Handkurbel oder Motorantrieb gehoben und biegt das Holz um die Form. Leistung 25 bis 30 Arbeitsgänge je Stunde. Bei 200 mm Arbeitsbreite können mehrere Biegeteile nebeneinandergelegt werden.

5. Zweiseitig arbeitende Biegemaschine für Massenherstellung schwachgekrümmter Teile (Bild 893). Die Biegearme der einen Maschinenseite gehen zum Biegen hoch, während sie auf der anderen Seite vom Biegen in die Anfangsstellung zurückbewegt werden. Auf jeder Seite können etwa 100 Biegungen je Stunde durchgeführt werden.

6. Kontinuierlich arbeitende Biegemaschine für Stuhlfüße und ähnliche Teile (Bild 894). Die Maschine arbeitet normal ununterbrochen, wobei die Biegearme vor Beginn jedes Arbeitsgangs kurz in Ruhestellung verweilen, so

Bild 892. Ansicht einer Biegemaschine für einseitig gebogene Teile, z. B. Schlittenkufen und Schaufelstiele, Bauart Holzbiegemaschinenfabrik GmbH, Wiesentheid bei Kitzingen

Bild 893. Ansicht einer zweiseitig arbeitenden Biegemaschine für die Massenherstellung schwach gekrümmter Teile, Bauart Holzbiegemaschinenfabrik GmbH, Wiesentheid bei Kitzingen.

daß die vorher auf die Biegebänder gelegten gedämpften Holzteile eingeschoben werden können. Die Hubscheiben sind verstellbar. Arbeitsbreite 500 mm. Leistung je Stunde bis 180 Arbeitsgänge.

891.53 Biegemaschinen mit Kniehebeln. Schwach gebogene Teile (z. B. Kleiderbügel) lassen sich auch mit Kniehebel-Biegemaschinen herstellen. Bild 895 zeigt eine solche Maschine. Zum besseren Verständnis der Wirkungs-

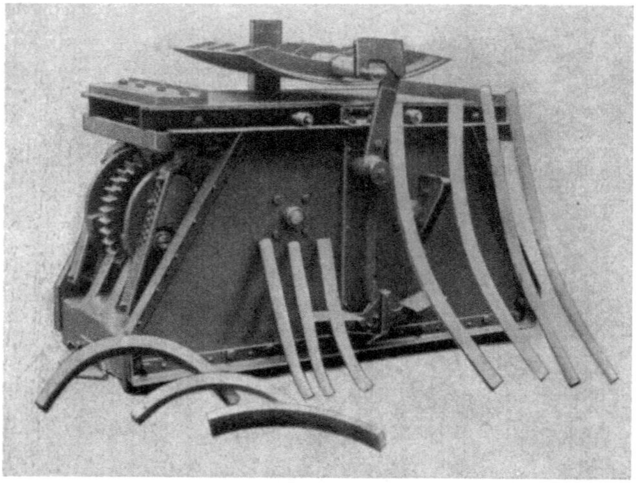

Bild 894. Ansicht einer kontinuierlich arbeitenden Biegemaschine für Stuhlflüsse und ähnliche Teile, Bauart Holzbiegemaschinenfabrik GmbH., Wiesentheid bei Kitzingen.

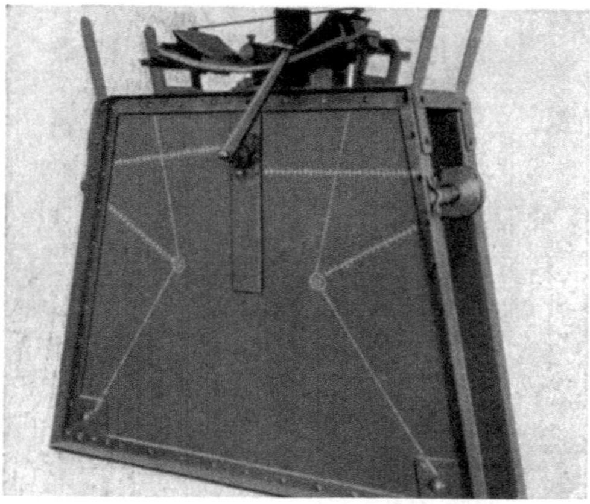

Bild 895. Ansicht einer Kniehebelbiegemaschine zur Herstellung schwach gebogener Massenwaren, Bauart Holzbiegemaschinenfabrik GmbH, Wiesentheid bei Kitzingen.

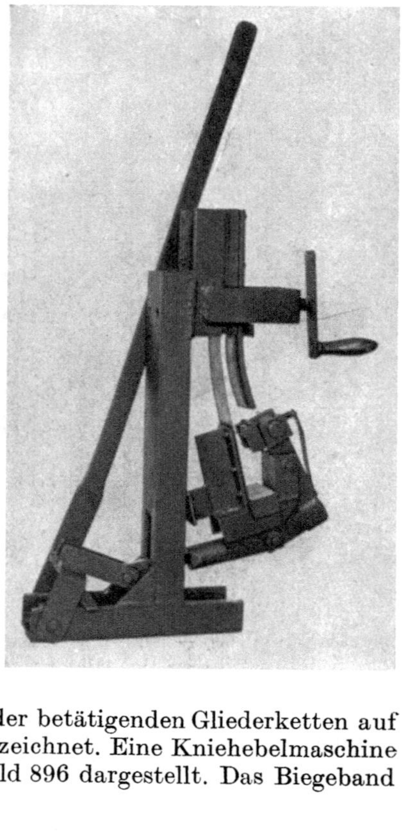

Bild 896. Ansicht einer Kniehebelbiegemaschine zur Herstellung von Schaufelstielen, Bauart A. Griesinger Maschinen- und Apparatebau, Stuttgart.

weise ist die Lage der beiden Kniehebel und der betätigenden Gliederketten auf der vorderen Schutzwand der Maschine aufgezeichnet. Eine Kniehebelmaschine zur Herstellung von Schaufelstielen ist in Bild 896 dargestellt. Das Biegeband ist fest in die Vorrichtung eingebaut. Der gedämpfte Stiel wird von oben her bis zum unteren Anschlagklotz eingeschoben und dann im oberen Lager mittels Spindel und Handrad festgespannt. Bei der Massenfertigung können Reihen solcher Biegevorrichtungen (Bild 897) karussellartig angeordnet werden, wodurch eine fortlaufende Fertigung ermöglicht wird.

Bild 897. Ansicht der karussellartigen Anordnung der Stielbiegemaschinen gemäß Bild 896, Bauart A. Griesinger Maschinen- und Apparatebau, Stuttg.

891.54 Biegemaschinen mit umlaufendem Biegetisch. Geschlossene oder fast geschlossene ringförmige Biegeteile werden meist auf R u n d b i e g e m a s c h i n e n hergestellt, die ebenfalls mittels Biegeband arbeiten. Die Wirkungsweise ist aus dem schematischen Bild 898 zu ersehen. Die Biegeform ist auf dem Biegetisch oder einer Scheibe befestigt. Ein Ende des Holzes und des Biegebandes sind mit den Widerlagern in einem Rollschlitten eingespannt. Eine federbelastete Druckrolle preßt über einen Führungsarm das Biegeband und Holz fest gegen die Form und sichert so formgenaue Biegung. Maschinen dieser Art können fast jede Biegung durchführen, ohne daß wie bei den Biegearm-Maschinen der Biegewinkel begrenzt ist. Die Nachteile der Maschinen mit umlaufendem Biegetisch sind folgende:

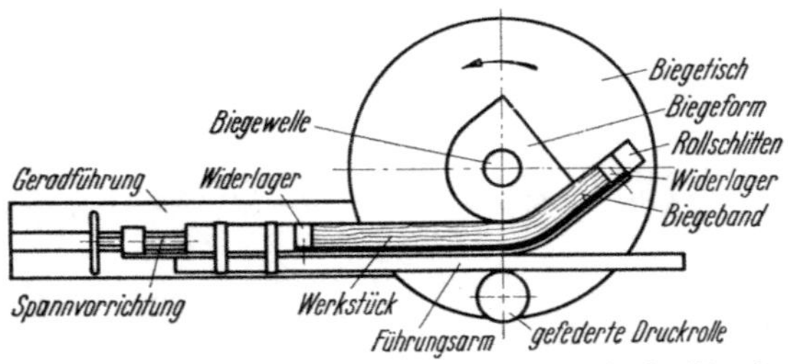

Bild 898. Schema einer Biegemaschine mit umlaufender Biegeform. (Nach E. K i v i m a a.)

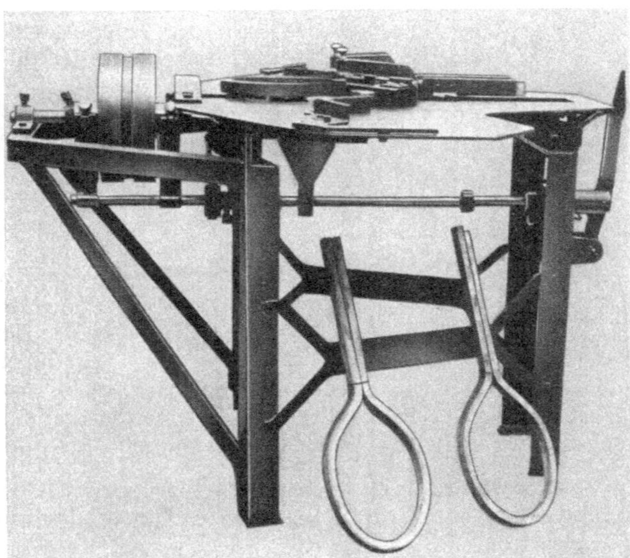

Bild 899. Ansicht einer Maschine mit Biegetisch, Bauart Holzbiegemaschinenfabrik GmbH, Wiesentheid bei Kitzingen.

1. Etwa verdoppelter Zeitaufwand gegenüber den Biegearm-Maschinen, da die Biegung von einem Ende aus einseitig und nicht von der Mitte aus gleichzeitig nach beiden Seiten zu erfolgt;

2. Neigung der nicht mit der Form in Berührung stehenden Holzteile, sich während der Biegung zu verwinden und seitlich auszuweichen.

Maschinen dieser Art haben sich bei der Anfertigung von Tennisschlägern aus Vollholz oder verleimten Dickten (Bild 899) oder von Stock- und Schirmgriffen gut bewährt. Biegeversuche mit Birkenholz auf einer derartigen Maschine hat E. Kivimaa[1] durchgeführt.

Bild 900. Ansicht einer Faßdauben-Biegemaschine, Bauart Cosma Maschinenbau, C. O. Scherzinger, Augsburg.

891.55 Maschinen zum Biegen mit Stauchdruck (ohne Biegeband). Bei schwachen Krümmungen kann man das Biegeband vermeiden, wenn man einer unzulässigen Längung des Biegeteils auf der konvexen Seite durch Aufbringen eines Stauchdrucks auf die Stirnseite des Biegeteils entgegenwirkt. Dieses Verfahren wendet man z. B. beim Biegen von Faßdauben an. Eine Faßdauben-Biegemaschine zeigt Bild 900. Die Maschine arbeitet ununterbrochen und führt 7 Biegungen je min aus. Die Einstellung auf die Daubenlänge (bis zu 1000 mm) erfolgt mit den beiden seitlichen Handrädern, die Einstellung des Krümmungsradius mit dem oben sichtbaren Handrad. Auf die gebogenen Dauben werden Eisenklammern aufgesetzt, worauf die Dauben getrocknet werden.

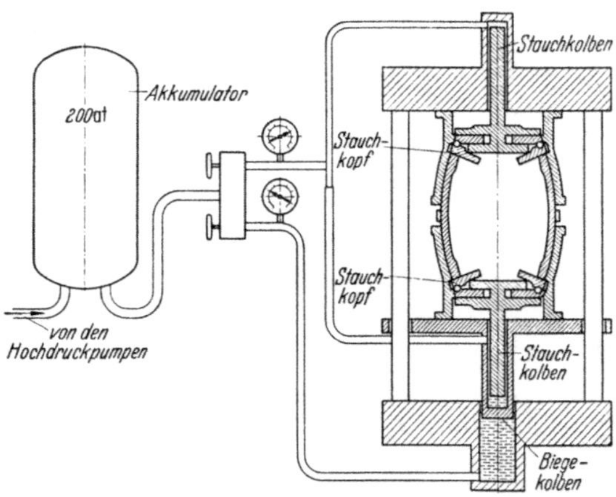

Bild 901. Schematischer Schnitt durch eine hydraulische Glocken-Faßpresse mit Stauchdruck auf die Dauben beim Biegen, Bauart Faßfabrik Diener & Roth, Stuttgart.

Bei großen Leistungen biegt man ganze Faßrümpfe. Bei dünnwandigen Packfässern ist dies ohne Stauchdruck mit Glockenpressen nach Bild 887 möglich. Bei dickwandigen Dichtfässern ist je nach der Faßgröße ein Stauchdruck von etwa 30 bis 100 kg/cm² erforderlich, der mechanisch oder hydraulisch erzeugt werden kann. Das Bau- und Wirkungsschema einer hydraulischen Faßpresse geht aus Bild 901 hervor.

891.56 Hydraulische Mehretagen-Biegepressen. Gedämpftes Holz läßt sich bei nicht zu starken Krümmungen unter Umständen auch zwischen Patrizen und

---

[1] Kivimaa, E.: Koivun taivutuksesta (On the Bending of Birch), Valtion teknillinen tutkimuslaitos Nr. 54, Helsinki 1948.

Matrizen oder in Gesenken in Formen biegen und pressen. Verwendet man große Mehretagenpressen in Verbindung mit einer Reihe von Formen, dann können in einem Arbeitsgang viele Biegungen durchgeführt werden. Sind die Formen mit Dampf oder Heißwasser heizbar, dann erzielt man auch ein sehr rasches Starrwerden. In diesem Fall läßt man die Arbeitsstücke bis zur Formbeständigkeit in der Presse. Eine derartige hydraulische Heizpresse zeigt Bild 902. In den unteren vier Etagen werden Stuhlbeine, in den oberen Stuhllehnen gebogen. Je nach der Breite der Stuhlbeine und Lehnenteile können mehrere Biegestücke nebeneinander in eine Öffnung eingelegt werden. Werden in Biegepressen keine Biegebänder benutzt, dann muß der Krümmungsradius verhältnismäßig groß sein, auch dürfen keine zu hohen Ansprüche an die Formgenauigkeit gestellt werden. Es ist aber auch möglich, Biegebänder zu verwenden[1].

Bild 902. Ansicht einer kombinierten hydraulischen Heizpresse zur gleichzeitigen Herstellung von Stuhlbeinen und -lehnen, Bauart Niederrheinische Maschinenfabrik Becker & van Hüllen, Krefeld.

891.6 Trocknung und Setzen der Biegeteile

Während des Biegens wird das zuvor plastifizierte Holz zwar mehr oder minder stark, ganz oder teilweise über seine Elastizitätsgrenze hinaus beansprucht, jedoch werden auch Spannungen unterhalb dieser Grenze dem Biegeteil aufgezwungen. Die Folge dieser Spannungen ist die Neigung der Biegeteile, sich wieder innerhalb gewisser Grenzen zu strecken, wenn sie ohne besondere Vorkehrungen der Form entnommen werden. Das Ausmaß dieses Streckens hängt von verschiedenen Umständen, hauptsächlich von der Holzart, Feuchtigkeit und dem Verformungsgrad ab. Um die Biegeform dauernd zu erhalten, muß man deshalb sofort nach dem Biegen Klammern, Spannschlösser oder ähnlich wirkende Einrichtungen anbringen.

In diesem Zustand läßt man die verspannten Biegeteile abkühlen, wobei sie meist auch etwas Feuchtigkeit abgeben und einen erheblichen Teil ihrer Plastizität verlieren. Diese Stufe der Fertigung kann etwa als Umkehrung der Plastifizierung angesehen werden. Die Abkühlung allein genügt aber in der Regel nicht, um die Form völlig und dauernd zu stabilisieren. Vielmehr muß man — was auch

[1] Vgl. T. R. C. Wilson: Bending Wood Stock, Woodworking Industries, Nov. 1929.

im Hinblick auf die spätere Gebrauchsbewährung der Holzteile meist erwünscht ist — die durch das Dämpfen in das Holz hineingebrachte Feuchtigkeit wieder entfernen. Unerläßlich ist Nachtrocknung auch bei solchen Teilen, die ursprünglich eine sehr hohe Feuchtigkeit hatten.

In den meisten Fällen wird künstlich nachgetrocknet. Die gebogenen, eingespannten Hölzer vertragen in der Regel Temperaturen bis zu 100° C. Eine Kontrolle der relativen Luftfeuchtigkeit ist fast immer entbehrlich, da die verhältnismäßig kleinen Biegeteile leicht trocknen. Mit der Nachtrocknung sind infolge der Schwindung gewisse Formänderungen verbunden. Will man deshalb gebogene Teile mit genauen Abmessungen verwenden, dann muß man die Biegeteile mit Übermaßen herstellen, sie nach dem Biegen nachtrocknen und zum Setzen bringen, anschließend in einem klimatisierten Raum den völligen Feuchtigkeitsausgleich herbeiführen und erst dann die maschinelle Feinbearbeitung der Teile vornehmen. Auch bei weniger hohen Ansprüchen sollen die Biegeteile im Anschluß an die Nachtrocknung (die 24 bis 160 h dauern kann) in einem warmen Raum mit nicht zu niedriger relativer Luftfeuchtigkeit zum Ausgleich gebracht werden.

891.7 Eigenschaftsänderungen der Hölzer beim Biegen.

891.70 Allgemeines über die Eigenschaftsänderungen der Hölzer beim Biegen. Gemeinsam ist allen Geräten zum Biegen von Vollholz, wenn stärkere Formänderungen erzwungen werden sollen, die Entlastung der Zugzone, sei es durch Auflegen von Stahlbändern, sei es durch Anwendung eines Stauchdrucks. Die Folge ist, daß sich beim Biegen an Stelle der sonst zu erwartenden normalen Spannungsverteilung eine Spannungsverteilung ähnlich Bild 860 einstellt. Man kann daraus ersehen, daß hierbei die Stauchbarkeit des Holzes so weitgehend wie möglich ausgenützt wird, um die beim Biegen unvermeidliche starke Verformung auf unschädliche Weise unterzubringen. Wie nahe man aber immer wieder der Bruchgrenze kommt, beweisen die in der Praxis oft auftretenden Falten und Quetschungen auf der Druckseite (Bild 903).

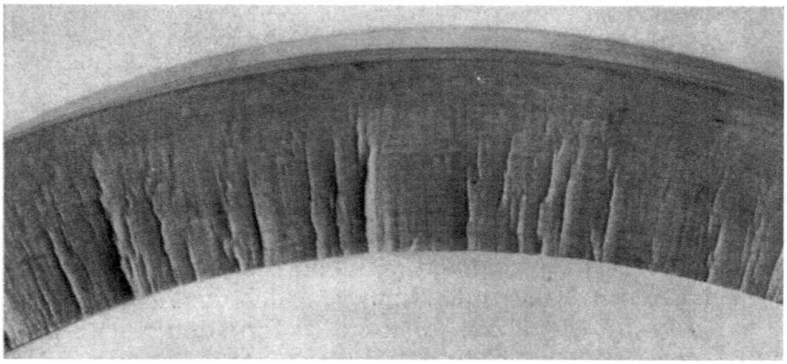

Bild 903. Stauchfalten bei gebogenem Buchenholz. (Phot. Bundesforschungsanstalt für Forst- und Holzwirtschaft, Reinbek.)

Es ist nun naheliegend, zu fragen, wie sich die Eigenschaften des Holzes durch das Biegen mit seinen erheblichen Veränderungen der Gewebestruktur verändern. Mit der Stauchung ist einmal eine Wichtezunahme, zum anderen aber die Ausbildung kleiner Schubrisse und Knickstellen in den Fasern sowie eine Lockerung des Querverbandes im Fasergewebe verknüpft. Es ist anzunehmen, daß diese Faktoren auf die verschiedenen mechanischen Eigenschaften der Hölzer einen sehr unterschiedlichen Einfluß haben, und es ist zu vermuten, daß die Holzart, seine Feuchtigkeit, die Vorbehandlung zwecks Plastifizierung und die Biegetechnik eine wichtige Rolle spielen. Bei den von R. Teichgräber durchgeführten planmäßigen Versuchen ergaben sich hierüber wichtige Feststellungen:

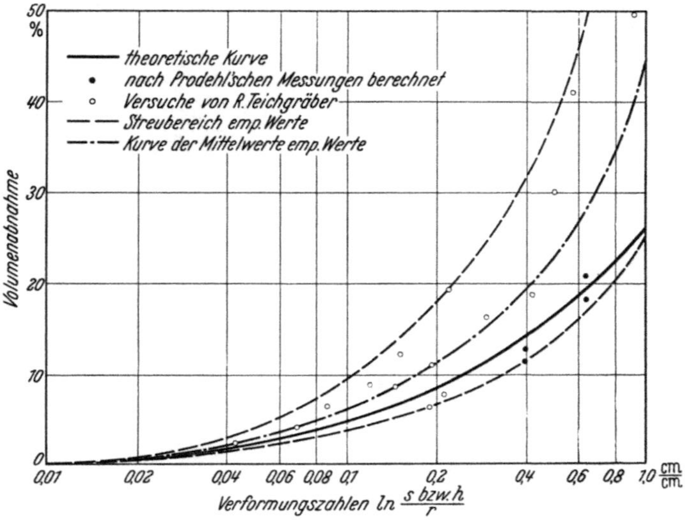

891.71 Wichteänderung der Hölzer beim Biegen. Die Rohwichte müßte theoretisch gegen die Druckseite zu hyperbolisch zunehmen. Querkräfte und die Veränderung der Faserlumina durch das Biegen stören aber dieses Gesetz.

Die Abnahme des Biegeteilvolumens (bei Biegung um 180° zu einem Halbkreis) zeigt Bild 904. Man sieht, daß die theoretischen Werte mit steigenden Verformungszahlen hinter den gemessenen zurückbleiben. Hierdurch wird die Wirkung der senkrecht zur Holzfaser gerichteten Kräfte besonders klar. Über die Länge der Biegung erfolgt die Erhöhung der Wichte nicht gleichmäßig, wie schon in anderem Zusammenhang (vgl. Bild 858) gezeigt wurde.

Mit steigender Verformungszahl werden also die Änderungen der Rohwichte größer. Dies hat zwei Ursachen:

1. Die Stauchkraft, die in Richtung der Hauptachse des Biegeteils wirkt und für bruchfreie Biegung sorgt, muß bei stärkerer Verformung größer werden.

2. Der für die Erhöhung der Wichte besonders bedeutsame Druck senkrecht zur Faser wird größer.

891.72 Änderung der Sorptionseigenschaften der Hölzer beim Biegen. Für das hygroskopische Verhalten des Holzes sind die Sorptionseigenschaften der Cellulosemoleküle von entscheidender Bedeutung. Hierbei spielen neben den Nebenvalenz-Bindungskräften die endständigen freien Hydroxylgruppen der in den Cellulosemolekülen aneinandergereihten Glucoseanhydrid-Bausteine eine Rolle. Beim Biegen wird nun die Struktur des Holzes stark geändert; es ist deshalb anzunehmen, daß davon die Sorptionseigenschaften nicht unberührt bleiben. Es tritt eine Quellungsvergütung ein. Sowohl die Größe des Stauchdrucks als auch die zwecks Plastifizierung angewendete hohe Temperatur beeinflussen das Sorptionsverhalten des Holzes. Die Temperaturerhöhung begünstigt die Vergütung stärker als die Erhöhung des Stauchdruckes bzw. des Verformungsgrades. Immerhin läßt sich selbst nach Stauchung im kalten, ungedämpften Zustand anschließend eine geringfügige Quellungsvergütung des Holzes messen (Bild 905).

891.73 Änderung des Elastizitätsmoduls der Hölzer beim Biegen. Bild 906 zeigt die Abhängigkeit des Elastizitätsmoduls von der Holzdicke. Besonders auffallend ist der Anstieg des Elastizitätsmoduls in der konvexen Außenschicht. Wird die Streckgrenze des Holzes nicht überschritten, so kann sich der Elastizitätsmodul auf den zwei- bis dreifachen Betrag erhöhen. Auf der konkaven Biegeseite tritt eine Minderung des Elastizitätsmoduls auf die Hälfte oder mehr ein.

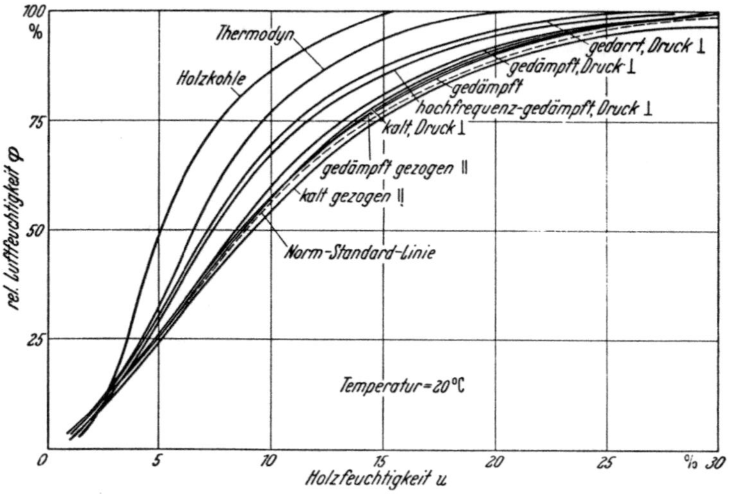

Bild 905. Sorptionsisothermen für verschieden behandelte Hölzer. (Nach R. Teichgräber.)

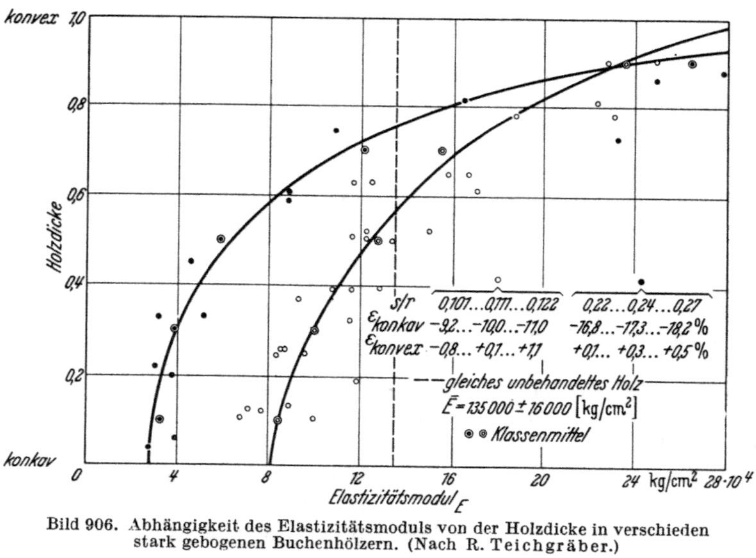

Bild 906. Abhängigkeit des Elastizitätsmoduls von der Holzdicke in verschieden stark gebogenen Buchenhölzern. (Nach R. Teichgräber.)

891.74 Änderung der Zugfestigkeit der Hölzer beim Biegen. 891.741 Zugfestigkeit parallel zur Faser. Wie sich bereits aus den Beobachtungen über die Änderung der Sorptionseigenschaften schließen läßt, wird die Cellulose im Holz durch den Biegevorgang im Bereich der Streckung bei gleichzeitig einwirkendem senkrechtem Verformungsdruck in einen höheren Ordnungszustand überführt. Die Folge ist eine Festigkeitssteigerung in Nähe der konvexen Außenschicht, während gegen die konkave Seite zu eine Festigkeitsabnahme auftritt (Bild 907). Die verhältnismäßig großen Streuungen erklären sich daraus,

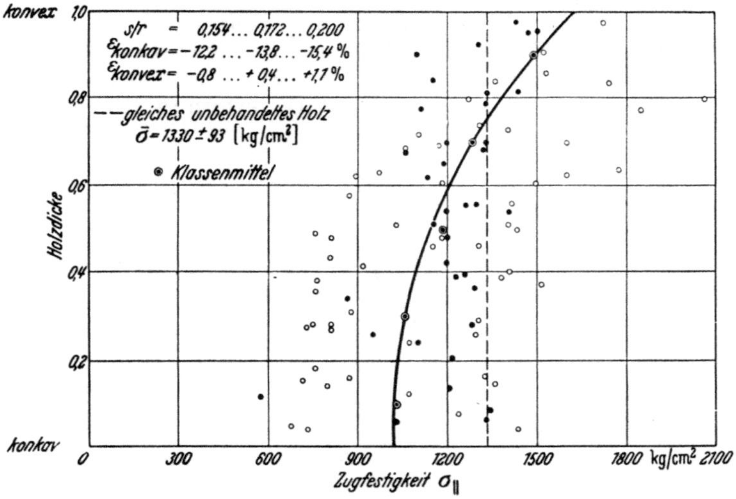

Bild 907. Abhängigkeit der Zugfestigkeit von der Holzdicke in gebogenen Buchenholzteilen. (Nach R. Teichgräber.)

daß die Anfertigung einwandfreier geradfaseriger Proben selbst bei sehr kleinen Probenabmessungen nicht möglich ist. Der Einfluß des Faserwinkels läßt sich allerdings rechnerisch ausgleichen, nicht jedoch jener von unregelmäßig auftretenden Quetschbereichen. Die neutrale Schicht der Holzdicke — in bezug auf die Längenänderungen in Faserrichtung — fällt nicht mit derjenigen Schicht zusammen, in der keine Änderungen der Zugfestigkeit parallel zur Faser aufgetreten sind.

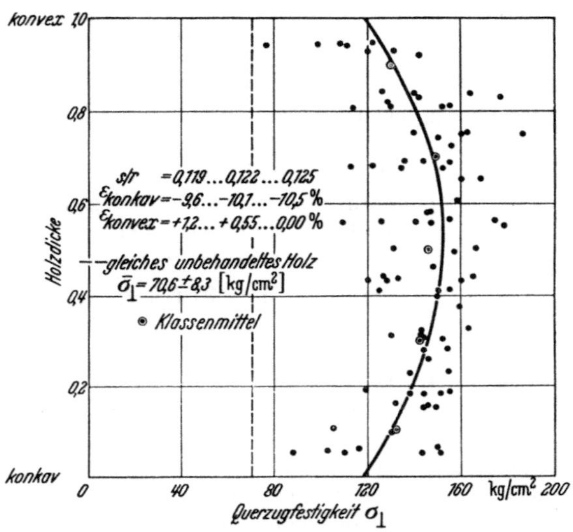

Bild 908. Abhängigkeit der Querzugfestigkeit von der Holzdicke in gebogenen Buchenholzteilen. (Nach R. Teichgräber.)

891.742 Zugfestigkeit senkrecht zur Faser. Gegenüber jener in Faserrichtung ist die Ermittlung der Zugfestigkeit senkrecht dazu vereinfacht, da die Prüfrichtung senkrecht zur nichtlinearen Hauptachse des Biegestücks und zum Biegeradius steht. Bei den in Bild 908 gültigen Nebenbedingungen erhöhte sich die Querzugfestigkeit auf annähernd den doppelten Betrag. Aus den Versuchen (Beobachtung der nicht gebogenen Teile eines Biegestücks) ließ sich auch schließen, daß das Holz im plastischen Zustand durch den erforderlichen hohen Stauchdruck auch ungebogen seine Querzugfestigkeit wesentlich erhöht. Weiter ergab sich, daß ein Maximum der Querzugfestigkeit nach dem Biegen in der Mitte der Holzdicke liegt; sowohl die konvexen als auch die konkaven Schichten zeigen niedrigere Werte, die aber über den Ausgangszahlen für unbehandeltes Vergleichsholz liegen.

891.75 Änderung der Biegefestigkeit der Hölzer beim Biegen. Wie aus Bild 909 ersichtlich ist, haben Biegeteile aus Holz praktisch in der konvexen Außenschicht etwa die gleiche Biegefestigkeit wie gleiches unbehandeltes Holz. Gegen die konkave, d. h. besonders stark verformte Schicht zu nimmt die

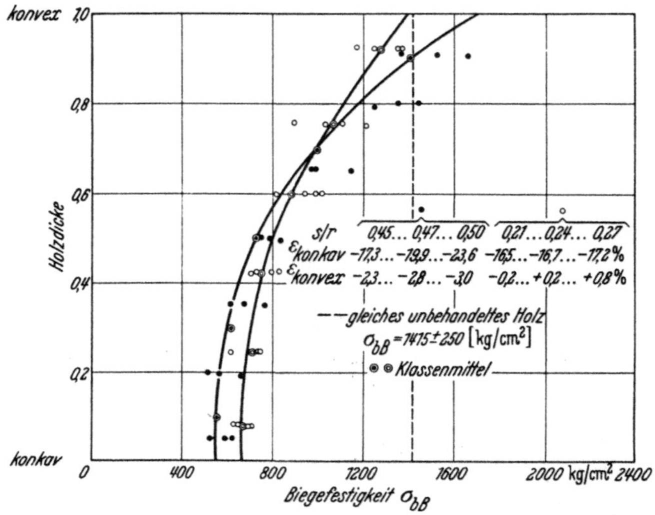

Bild 909. Abhängigkeit der Biegefestigkeit von der Holzdicke in verschieden stark gebogenen Buchenholzteilen. (Nach R. Teichgräber.)

Biegefestigkeit aber erst rasch, dann langsam ab, um im letzten Drittel der Holzdicke gegen die konkave Seite zu annähernd konstant zu bleiben. Die Änderung der Biegefestigkeit ist nicht unwesentlich für das Verhalten gebogener Holzteile bei Beanspruchung im ganzen auf Biegung, da die Hauptbeanspruchung in den Außenschichten liegt. Eine bemerkenswerte Folge der Eigenschaftsänderung ist die erhöhte Biegsamkeit des Holzes nahe der konkaven Außenschicht.

891.76. Änderung der Bruchschlagarbeit der Hölzer beim Biegen. Der Prüfung der Bruchschlagarbeit als Maß der Zähigkeit kommt bei Biegeteilen große praktische Bedeutung zu, da beispielsweise Radfelgen, Sportgeräte, Faßdauben vorherrschend durch dauernde Schläge und Stöße beansprucht werden. Bei dem Versuch von R. Teichgräber stellte sich heraus, daß Holz durch das Biegen hinsichtlich seines späteren Verhaltens beim Bruchschlagversuch erheblich vergütet wird. Bild 910 zeigt, daß nur die konvexe Außenschicht unverändert bleibt, daß aber die Bruchschlagarbeit in der konkaven Außenschicht auf den vier- bis siebenfachen Betrag ansteigen kann. Das wesentlich zähere Verhalten des gebogenen Holzes in seinen stark gestauchten Teilen dürfte auf die erhöhte Plastizität und damit den größeren Reibungswiderstand bei schlagweiser Beanspruchung zurückzuführen sein.

891.77 Änderung der Kugeldruckhärte senkrecht zur Faser der Hölzer beim Biegen. Bei starken, für die Brinellhärteprüfung von Holz charakteristischen Schwankungen wurde Bild 911 gefunden. Der zuerst etwas überraschende Verlauf der Kurve dürfte sich daraus erklären, daß auf die Härte einmal jene Faktoren einwirken, die auch den Elastizitätsmodul und die statischen Festigkeitseigenschaften beim Biegen verändern, zum andern jene, welche die

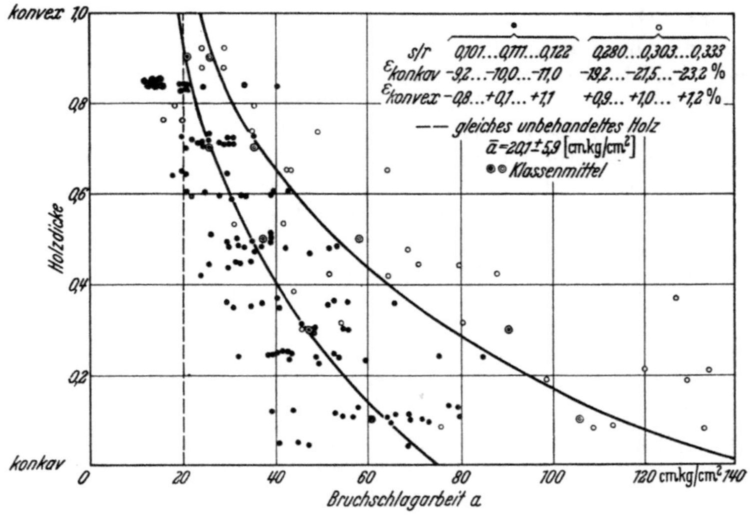

Bild 910. Abhängigkeit der Bruchschlagarbeit von der Holzdicke in verschieden stark gebogenen Buchenholzteilen. (Nach R. Teichgräber.)

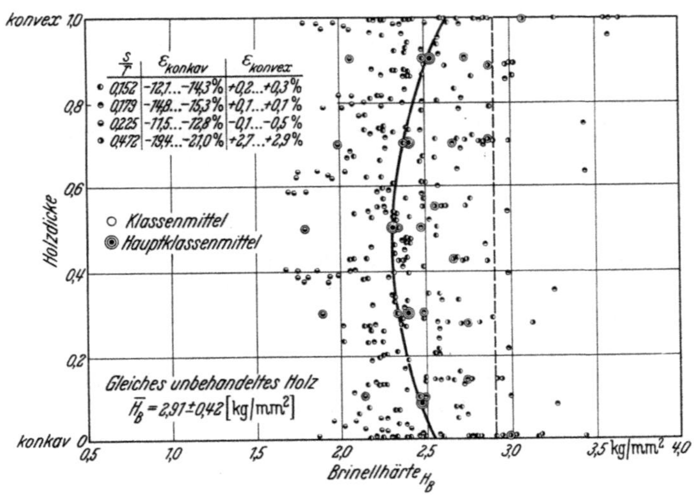

Bild 911. Abhängigkeit der Brinellhärte von der Holzdicke in verschieden stark gebogenen Buchenholzteilen. (Nach R. Teichgräber.)

Bruchschlagarbeit so erheblich beeinflussen. Diese Faktoren summieren sich offenbar bei der Härte, so daß man die Kurven gemäß Bild 911 etwa als Summationskurven von Linien gemäß Bild 906, 907, 908, und 909 einerseits, gemäß Bild 910 anderseits ansprechen darf. Praktisch dürfte die Härteänderung ohne nennenswerte Bedeutung sein.

892. Biegen und Formpressen von Lagenhölzern[1].

892.0 Allgemeines über das Biegen von Lagenhölzern in kaltem Zustand ohne besondere Vorbehandlung.

Sehr dünne Holzstreifen lassen sich leicht und bruchfrei bis zu verhältnismäßig kleinen Krümmungsradien biegen, aber sie federn infolge ihrer elastischen Eigenschaften nach Aufheben des biegenden Momentes sofort wieder nahezu in ihre ursprüngliche Gestalt zurück. Es ist deshalb notwendig, die erzwungene Form in geeigneter Weise zu sichern. Neben der Einspannung in einen starren Rahmen oder der Befestigung auf einem Skelett gibt es Biegung einer Reihe von aufeinander gelegten Holzlamellen, die gleichzeitig mit dem Biegen verleimt werden. Die Enden der einzelnen Lamellen unterliegen während des Biegevorgangs keinerlei Zwang; jede Lamelle kann also während des Biegens, solange der Leim viscos ist, zwischen den benachbarten Lamellen in dem Maße gleiten, wie es die Krümmungsverhältnisse verlangen. Nach dem Abbinden des Leimes sind Relativbewegungen der einzelnen Lamellen zueinander nicht mehr möglich, d. h. die gebogene Form bleibt erhalten. Das Biegen lamellenartiger Hölzer hat seit dem zweiten Weltkrieg eine sehr große Bedeutung erlangt; es bietet nach W. C. Stevens und N. Turner folgende Vorteile:

1. Dicke Biegeteile mit kleinem Krümmungsradius lassen sich aus dünnen Holzlamellen ohne Schwierigkeiten herstellen.
2. Beliebige Holzarten, selbst solche mit schlechten Biegeeigenschaften und von minderer Qualität (z. B. mit Fehlern wie Rissen, Wirbeln, Ästen usw.), die sich als Vollholz keinesfalls biegen lassen, können auf diese Weise verarbeitet werden.
3. Werden gemesserte oder geschälte Furniere verarbeitet, dann ergeben sich im Vergleich zur Biegeteil-Herstellung aus Vollholz, das zuerst durch Sägen in die erforderliche Form gebracht werden muß, beträchtliche Holzersparnisse.
4. Bei Schäftung der Furniere und versetzter Anordnung der Schäftungsfugen lassen sich sehr lange Biegeteile ohne nennenswerte Herabsetzung der mittleren Festigkeit über dem Biegeteilquerschnitt erzeugen;
5. Biegeteile aus Lamellen lassen sich rascher und vollkommener zur Formbeständigkeit bringen als solche aus Vollholz.

Dem stehen aber auch Nachteile gegenüber, und zwar:

1. Es sind feinere Einrichtungen und mehr Erfahrungen erforderlich als beim Biegen von Vollholz.
2. Es wird Leim verbraucht.
3. Die Leimfugen beeinträchtigen bei der späteren Feinbearbeitung der Biegeteile die Standzeit der Werkzeuge.
4. Die Herstellung von Krümmungen in mehr als einer Ebene ist bei lamellierten Teilen schwieriger als bei Vollholz.
5. Die Leimfugen werden unter Umständen aus ästhetischen Gründen bemängelt.

Die Verformungstechnik läßt sich in gleicher Weise auf Schichtholz, d. h. auf Erzeugnisse mit paralleler Faserrichtung in allen Lamellen, wie auf Sperrholz mit sich kreuzenden Faserrichtungen in den einzelnen Furnieren anwenden.

---

[1] Perry, Th. D.: Wood Bd. 9 (1944) S. 107. — F. Kollmann: Holz als Roh- und Werkstoff Bd. 9 (1951) S. 416. — H. R. Simonds, A. J. Weith u. M. H. Bigelow: Handbook of Plastics, 2. Aufl., Toronto, New York, London 1949, S. 637—645 u. 926—930.

892.1 Wahl und Vorbehandlung der Lamellen.

Die Lamellen oder Furniere zur Herstellung gebogener Lagenhölzer werden in gleicher Weise erzeugt wie die für ebene Lagenhölzer. Von größter Wichtigkeit aber ist es, daß die Furniere möglichst geringe Abweichungen in der Dicke aufweisen, da man sonst bei den niedrigen während der Verleimung wirkenden Drücken Fehlverleimungen erhält. Im Hinblick auf die nachfolgende Verleimung werden die Furniere auf eine Feuchtigkeit von 8 bis 12% getrocknet. Innerhalb dieses Bereichs hängt die zu wählende Feuchtigkeit hauptsächlich von der Art des zur Anwendung gelangenden Leims (vgl. Anhangtafel VI) ab. Die Schwankungen der Feuchtigkeit innerhalb der einzelnen Furnierschichten sollen 2% nicht überschreiten; da die Furniere meist sehr genau vor der Verformung zugeschnitten werden, sollen auch im Hinblick auf die notwendige Dimensionsstabilität, Feuchtigkeitschwankungen nach Möglichkeit durch Lagerung in klimatisierten Räumen ausgeschaltet werden. Die Dicke der zum Aufbau der Biegekörper bestimmten Lamellen soll im allgemeimen nicht über 3,2 mm hinausgehen; sie hängt wie bei Vollholz eng mit dem kleinsten in Frage kommenden Krümmungsradius zusammen. Zahlentafel 115 bringt einige Anhaltspunkte nach englischen Untersuchungen.

Zahlentafel 115. *Grenzwerte für den kleinstzulässigen Krümmungsradius bei Furnieren. (Nach Forest Products Research Laboratory, Princes Risborough.)*

Holzart	Furnierdicke s mm	Mittlere Holzfeuchtigkeit %	Kleinster Krümmungsradius r, bei dem weniger als 5% der Lamellen brachen mm	$\frac{r}{s}$
Buche (Fagus sylvatica L.)	3,2	13,0	112	35
Eiche (Quercus robur L.)	3,2	12,5	148	46
Rüster (Ulmus hollandica var. major Mill.)	3,2	13,0	99	31
Douglasie (Pseudotsuga taxifolia Brit.)	2,5	13,2	216	86
Fichte, Sitka (Picea sitchensis Carr.)	3,2	12,5	152	48
	2,65	12,2	152	57
	2,0	12,3	92	46
Hemlock, Western (Tsuga heterophylla Sarg.)	2,5	13,3	135	54

Die Angaben der Tabelle gelten für fehlerfreie, geradfaserige Furniere, die kalt um eine ungeheizte Form mit der Faserrichtung in einem Winkel von 90° zur Achse der Krümmung gebogen wurden. Nach B. G. Heebink[1] gilt bei der Flüssigdruckformung von Furnieren aus amerikanischen Hölzern bei 90° Winkel zwischen Faserrichtung und Krümmungsachse: $\frac{r}{s} \geqq 100$, bei 0° Winkel zwischen Faserrichtung und Krümmungsachse $\frac{r}{s} \geqq 50$.

In der Regel lassen sich Furniere aus Laubhölzern mit kleineren Krümmungsradien besser biegen als solche aus Nadelhölzern. Werden geschälte oder gemesserte Furniere gebogen, dann soll die „offene Seite" mit der konkaven Schicht des Biegeteils zusammenfallen, also unter Druckspannungen stehen. Wird diese richtige Anordnung der Furniere versäumt, dann kann das Verhältnis $\frac{r}{s}$ um bis zu 50% größer werden. Wie bei Vollholz läßt sich die Plastizität und

[1] Heebink, B. G.: Fluid-Pressure Molding of Plywood, U.S. For. Prod. Lab. Rep. Nr. R 1624, Madison (Wisc.) Juli 1946.

damit Biegsamkeit von Furnieren durch Erhöhung der Feuchtigkeit und der Temperatur vergrößern. Ein brauchbarer Weg ist das Eintauchen in kochendes Wasser über eine so lange Zeit, daß im Furnierinnern die Siedetemperatur erreicht wird. Bei 3,2 mm dicken Furnieren sind etwa 30 min angebracht. Das Verhältnis $\frac{r}{s}$ verringert sich bei so behandelten Furnieren auf etwa 25 bis 50% des Ausgangswerts der unbehandelten Furniere. Um gute Adhäsion der Leime zu sichern, dürfen aber die Holzoberflächen nicht naß sein. Die Furniere müssen deshalb feucht gebogen, verspannt, nachgetrocknet und hierauf erst zusammengebaut und in der Form verleimt werden.

892.2 Bindemittel bei der Herstellung gebogener Lagenhölzer.

Grundsätzlich lassen sich fast alle üblichen Holzleime verwenden. Die Auswahl erfolgt meist im Hinblick auf die Wirtschaftlichkeit, die Anforderungen an das Fertigteil (z. B. Feuchtigkeitsbeständigkeit) und ihrer betrieblichen Bedingungen (z. B. der gewünschten Abbindegeschwindigkeit). Bei Möbeln und Gehäusen sind Glutin-, Kasein- und Blutalbuminleime, unter Umständen auch thermoplastische Kunstharzleime brauchbar, für Hochbauteile, insbesondere aber Bootsrümpfe und Flugzeugzellen kommen nur Harnstoff-, Melamin-, Phenol- und Resorcinharze in Frage. Durch Steigerung der Temperatur lassen sich die Verleimverfahren fast stets stark beschleunigen. Allerdings gibt es für jedes Kunstharz einen Grenzwert, den man nicht überschreiten darf, ohne daß es zu Verbrennungen und zu einer starken Minderung der Bindefestigkeit kommt. Die Verleimungstechnik als solche unterscheidet sich nicht von jener für ebene Teile. Alle erforderlichen Einzelheiten können deshalb aus dem einschlägigen Kapitel 95 entnommen werden.

892.3 Formpressen zwischen Matrize und Patrize sowie mit Zugbändern.

Gewölbte Sperrholz- und Schichtholzteile (z. B. Stuhlsitze, Rückenlehnen, Vorderseiten von Schubladen, Möbelwände und -türen, Radiogehäuse, Nähmaschinen- und Schreibmaschinenhauben) lassen sich formen und zum Abbinden bringen, wenn man das Furnierpaket zwischen Matrizen und Patrizen preßt. Im allgemeinen sind nach diesem Verfahren nur Biegungen in einer Ebene möglich. Bei der einfachsten Ausführung wird der Druck auf die Formen mit dem dazwischen liegenden Furnierpaket durch Zwingen oder Spannschrauben (Bild 912) erzeugt. Mehr zu empfehlen sind auch im Hinblick auf die mögliche Kontrolle des spezifischen Preßdrucks pneumatische Spannvorrichtungen oder hydraulische Pressen. Bei letzteren verformt und preßt man meist eine größere Anzahl (50 bis 200) Formen, die mit den Sperrholzzwischenlagen zu einem Paket (ähnlich der Anordnung in Bild 912) vereinigt sind.

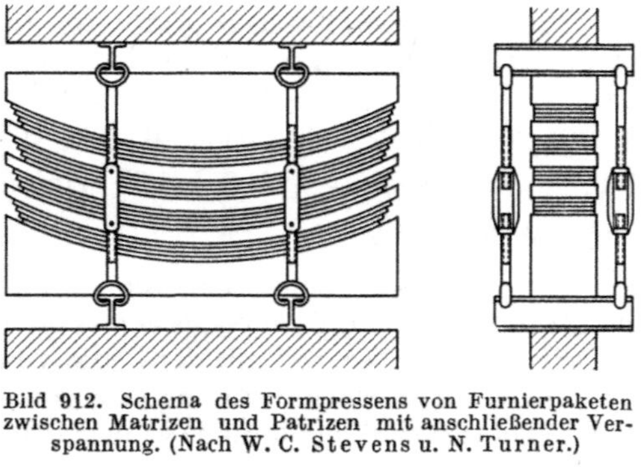

Bild 912. Schema des Formpressens von Furnierpaketen zwischen Matrizen und Patrizen mit anschließender Verspannung. (Nach W. C. Stevens u. N. Turner.)

Die Formen können aus Vollholz, Schichtholz oder für die Massenfertigung aus Stahl oder Leichtmetall bestehen. Holzformen sollen einen „Antikleber"-Anstrich oder -Überzug erhalten. Eine Etagenpresse für Sperrholzteile zeigt Bild 913. Die einzelnen Formteile können mit Dampf oder Heißwasser geheizt und falls nötig auch zurückgekühlt werden. In der Praxis bevorzugt man an Stelle von heißhärtenden kalthärtende Leime, z. B. Harnstoff-Formaldehyd - Harzleime. Eine Schwierigkeit kann sich daraus ergeben, daß die üblichen Kaltpressen nur für Drücke von 5 bis 10 kg/cm² bestimmt sind, während die Kunstharzleime annähernd doppelt so hohe Drücke verlangen. Als günstig erwies es sich, die verspannten Formpakete mit dem gekrümmten Sperrholz in einer Trockenanlage bei Temperaturen von 50 bis 70° C zu erwärmen. Die Preßzeit läßt sich dadurch beträchtlich verringern.

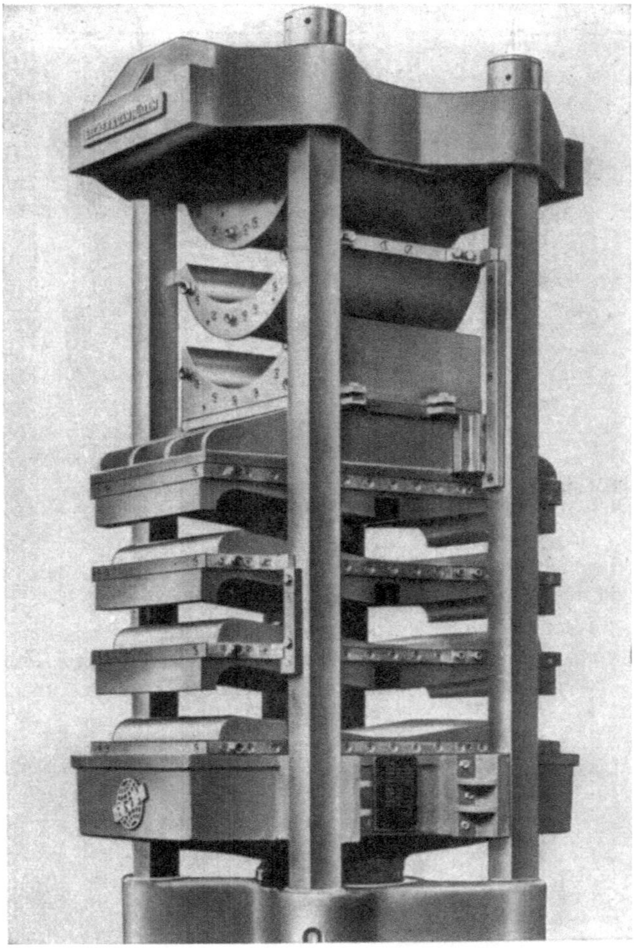

Bild 913. Ansicht einer Etagenpresse für Sperrholzformteile, Bauart Niederrheinische Maschinenfabrik Becker & van Hüllen, Krefeld.

Auf wenige Minuten verkürzt wird die Abbindezeit bei dickwandigen Biegeteilen durch Anwendung der Hochfrequenzheizung. Die in Bild 914 dargestellte Hochfrequenz-Formpresse eignet sich für Werkstücke mit Abmessungen bis zu 500 · 800 mm². Kleinere Stückzahlen von gebogenen Sperrholzteilen lassen sich auch mit verkürzten Abbindezeiten über einfachen, nicht heizbaren Formen herstellen, wenn eine „Dampfmatte" zwischen Biegeform und Biegeteil gelegt wird. Es handelt sich dabei um eine Matte aus vierkantigen nahtlosen Stahlrohren, die mittels Stahlbändern gelenkig miteinander verbunden sind und sich der Biegeform anpassen. Ein Teil der Stahlrohre ist über Verteilerstücke und Heißdampfschläuche an eine Heißdampfleitung angeschlossen. Leichtmetallbleche über der Matte sichern eine ganz glatte Oberfläche.

Es ist möglich, die Matrize durch ein Zugband gemäß Bild 915 zu ersetzen. Der Hauptnachteil der Preßtechnik zwischen Matrizen und Patrizen, die ungleichmäßige Druckverteilung, wird dadurch aber nicht grundsätzlich behoben. Bild 916 läßt erkennen, daß sich durch Anwendung von einachsigem Druck, wie er in Pressen erzeugt wird, keine gleichmäßigen Normalspannungen auf eine einfach gekrümmte Oberfläche erzeugen lassen. Das Verfahren wird gänzlich unbrauchbar bei verwickelten Formen. Der senkrechte Druck verringert sich, wie ersichtlich, mit dem Cosinus des Winkels φ, der aus der Normalen zur gekrümmten Fläche und der Druckrichtung gebildet wird. Bereits bei einem Winkel von 45° stehen nur mehr 67% des senkrechten Drucks zur Verfügung; bei 50° gehen etwa 50% verloren und bei 90° wird überhaupt kein Druck mehr ausgeübt. Praktisch können deshalb in den üblichen Pressen Formteile, deren Krümmungswinkel 60° im oben angegebenen Sinn übersteigt, nicht mehr oder nur mit viel Ausschuß erzeugt werden.

Bild 914. Ansicht einer Formpresse für gebogene Sperrholzteile mit Hochfrequenzbeheizung, Bauart Siemens-Schuckert-Werke AG., Erlangen.

Bis zu einem gewissen Ausmaß kann man dieser Schwierigkeit Herr werden, wenn man die Matrize oder Patrize in einzelne Segmente aufteilt und jedes

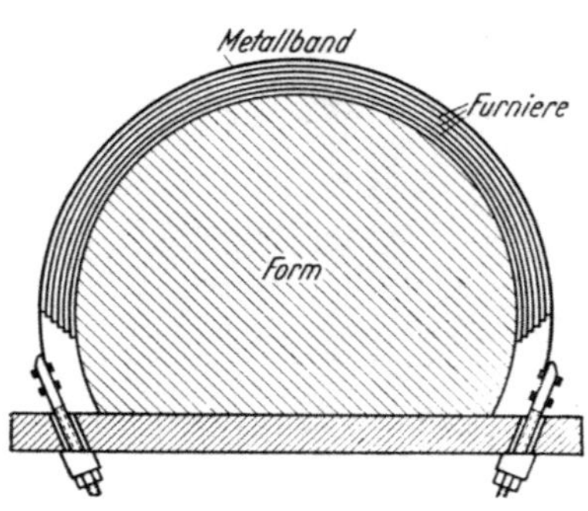

Bild 915. Schema der Verformung von Furnierpaketen über eine Patrize mittels Zugband. (Nach W. C. Stevens u. N. Turner.)

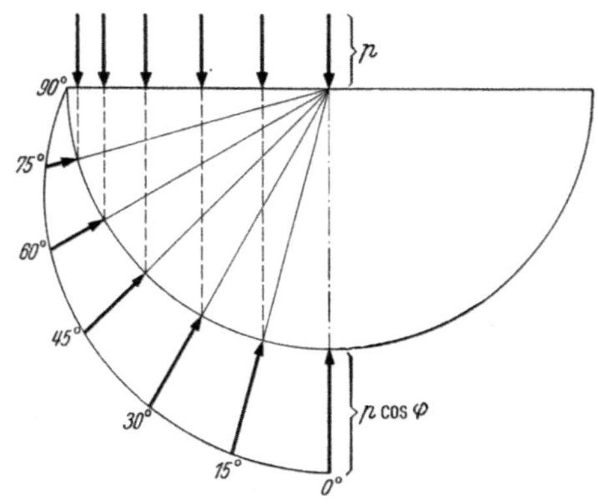

Bild 916. Diagramm bei Anwendung senkrechten Drucks auf eine halbrunde Form.

Segment unabhängig von den Nachbarsegmenten verspannt (Bild 917a) oder auf das Zugband durch Keile oder andere geeignete Spannvorrichtungen Radialdruck aufbringt (Bild 917b). Die Vorrichtungen werden dadurch aber umständlich und kostspielig.

892.4 Biegen und Formpressen mit starrer Form und elastischer Gegenform.

892.40 Allgemeines über die Elastisch-Druck-Übertragung. Abgesehen von der im vorangegangenen Abschnitt geschilderten Unmöglichkeit oder Schwierigkeit, zwischen starren Formen eine gleichmäßige Druckübertragung zu erzielen, wird bei ihnen die Gefahr von Fehlverleimungen auch dadurch heraufbeschworen, wenn die Formen nicht mit großer Genauigkeit hergestellt wurden oder wenn die eingelegten Furniere ungleich dick sind. Man ist deshalb dazu übergegangen, nur eine starre Form zu verwenden und die genaue Anpressung unter gleichmäßigem Druck durch eine elastische Gegenform zu erzwingen.

Grundsätzlich gibt es zwei verschiedene elastische Übertragungsmittel für Druck auf gekrümmte Formen:

1. Tücher;
2. Schläuche und Säcke.

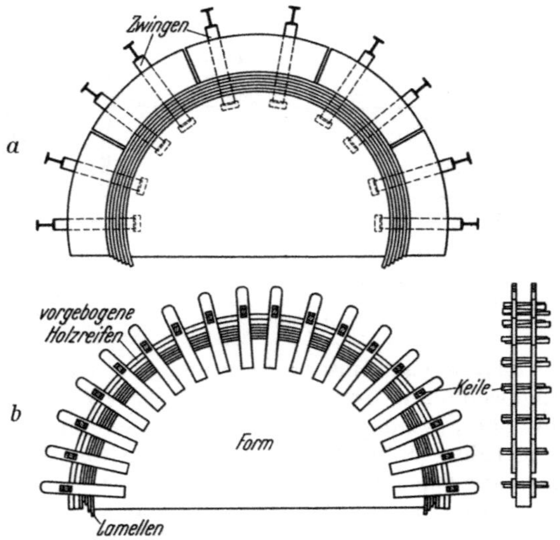

Bild 917. Schema der Verformung von Furnierpaketen über eine Patrize,
a mittels in Segmente aufgeteilter Matrize,
b mittels eines vorgebogenen Holzreifens und Spannkeilen.
(Nach W. C. Stevens u. N. Turner.)

Die Druckerzeugung geschieht dabei nur in einfachsten Fällen bei Tüchern mit mechanischen Hilfsmitteln (Schrauben, Kniehebeln, Federn), in der Regel aber durch Vacuum, pneumatisch oder hydraulisch. Die pneumatische oder hydraulische Druckverformung kann man auch als „Flüssig-Druck-Formung“ bezeichnen, die sich ihrerseits in die Schlauchpressen-Formung und Gummisack-Formung unterteilen läßt. Diese Technik gestattet es, mit Hilfe eines Flüssigkeitsdruckes über eine elastisch-nachgiebige Decke oder einen Sack aus einem undurchlässigen Material Sperrholzteile mit verschiedenen Krümmungen herzustellen. Die Teile können fast beliebige Größe (von kleinen Gebrauchsgegenständen bis zu ganzen Flugzeugzellen und Bootsrümpfen) und beliebig einfache oder zusammengesetzte Krümmungen (Zylinder, Paraboloide, Kugelhauben usw.) haben. Im Flugzeugbau erreicht man durch die Flüssig-Druck-Formung Bauteile mit einem günstigen Verhältnis von Steifigkeit zu Gewicht und völlig glatter (nietfreier) Oberfläche. Die Flüssig-Druck-Formung von Lagenhölzern hat ihren Ursprung im Vacuumpreßverfahren, das vor vielen Jahren in der Möbelindustrie zur Einführung kam. Da dieses Verfahren aber vom Atmosphärendruck abhängt, ist der Preßdruck nicht ausreichend, um bei komplizierteren Formen und bestimmten Leimen eine gute Verleimung zu erzielen. Die Flüssig-Druck-Formung erlaubt demgegenüber wesentlich höhere Drücke.

892.41 Formpressen mit Decken und mechanischen Spannmitteln. Bild 918 zeigt die Anwendung einer Segeltuchhülle, die mittels eines Kniehebels über das auf die Form gelegte Sperrholzstück gespannt wird. Die Druckverteilung unterscheidet sich wenig von jener bei Zugbändern, deren Nachteil in dieser Hinsicht in Abschnitt 892.3 geschildert wurde. Außerdem sind die auf diese Weise erzielbaren Drücke sehr bescheiden. Die Sperrholzverformung mittels Segeltuchhüllen und Gegenform kommt deshalb praktisch kaum mehr in Frage.

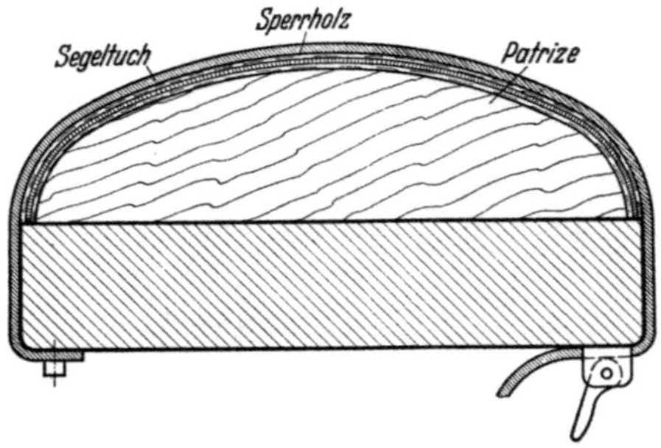

Bild 918. Schema der Sperrholzverformung mittels Segeltuchhülle. (Nach H. R. Simonds, A. J. Weith u. M. H. Bigelow.)

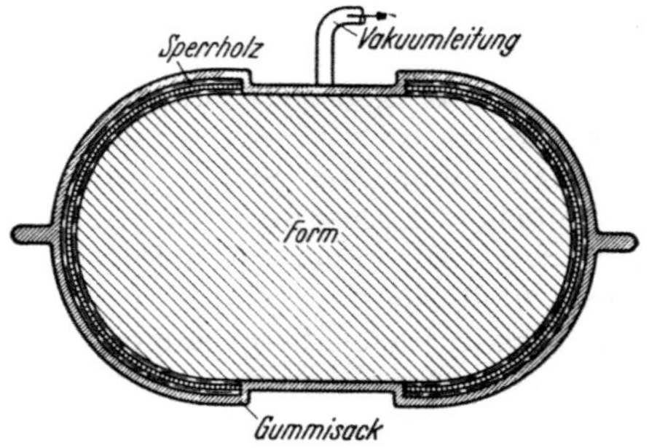

Bild 919. Schema der Sperrholzverformung mittels Vacuumsacks und Gegenform. (Nach B. G. Heebink.)

892.42 Vacuumsack-Formung. In seiner einfachsten, teilweise noch heute angewendeten Form wurde bei der Vacuumsack-Formung die Gegenform mit den darauf gelegten zu verformenden Sperrholzteilen in einen Gummisack eingeführt (Bild 919), dessen Enden abgeklemmt wurden. Hierauf wurde die Luft aus dem Sack gepumpt. Da dieses Verfahren bei der Herstellung großer Teile (z. B. Türen) zu umständlich ist, legte man später die Gegenform auf

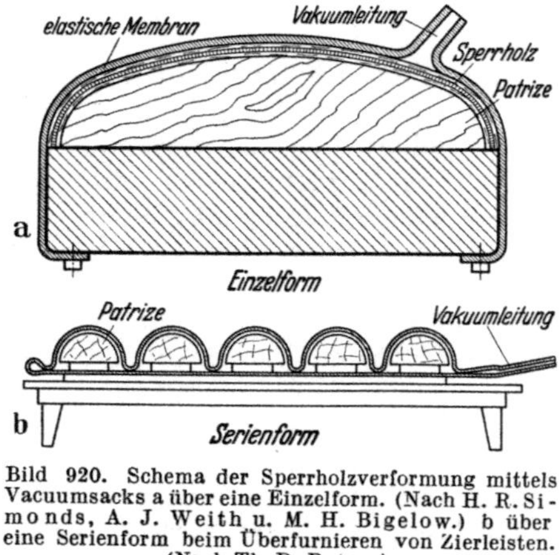

Bild 920. Schema der Sperrholzverformung mittels Vacuumsacks a über eine Einzelform. (Nach H. R. Simonds, A. J. Weith u. M. H. Bigelow.) b über eine Serienform beim Überfurnieren von Zierleisten. (Nach Th. D. Perry.)

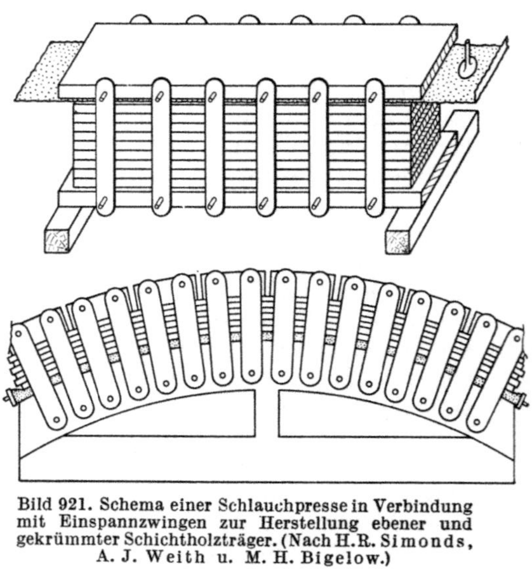

Bild 921. Schema einer Schlauchpresse in Verbindung mit Einspannzwingen zur Herstellung ebener und gekrümmter Schichtholzträger. (Nach H. R. Simonds, A. J. Weith u. M. H. Bigelow.)

einen Tisch (Bild 920a), über den dann ein Gummituch geworfen wurde, das man an den Rändern fest klemmte oder fest schraubte. Aus dem so über der Form mit dem Biegeteil gebildeten Hohlraum wurde wieder die Luft abgesogen. An Stelle einer Einzelform konnte auch eine Reihe von Formen auf den Tisch gelegt werden (Bild 920b). Wie aber schon in der allgemeinen Einleitung bemerkt wurde, zeigte es sich, daß für höhere Ansprüche der Anpreßdruck zu gering ist.

892.43 Flüssig-Druck-Formung. 892.431 Schlauchpressen-Formung, Widerstandsbandheizung. Die Druckverformung von Lagenhölzern erfuhr eine weitgehende Änderung durch die Einführung von Schläuchen, die mittels Druckluft oder Wasser unter entsprechenden Innendruck gesetzt werden. Der Gebrauch solcher Schläuche ist sehr einfach, und die Druckhöhe läßt sich hinreichend gut regeln. Bild 921 zeigt ein Anwendungsbeispiel in Verbindung mit Zwingen bei der Herstellung von Schichtholzbalken und -bögen. Verwendet werden Feuerwehrschläuche, die so verstärkt werden, daß sie sich nicht nennenswert dehnen und auch seitlich nicht ausweichen können. Ein weiterer Vorteil der Schlauchpressung liegt in ihrem sehr einfachen Aufbau und darin, daß sich die ganze Vorrichtung auch in eine Heizkammer

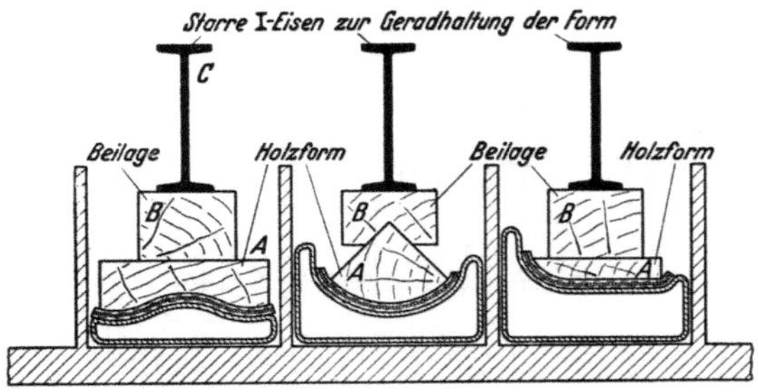

Bild 922. Schema der Sperrholzverformung (verschiedenartige Profile) mittels Drucksäcken. *A* Holzformen, *B* Beilagen, C starre I-Eisen zur Geradhaltung der Formen. (Nach H. R. Simonds, A. J. Weith u. M. H. Bigelow.)

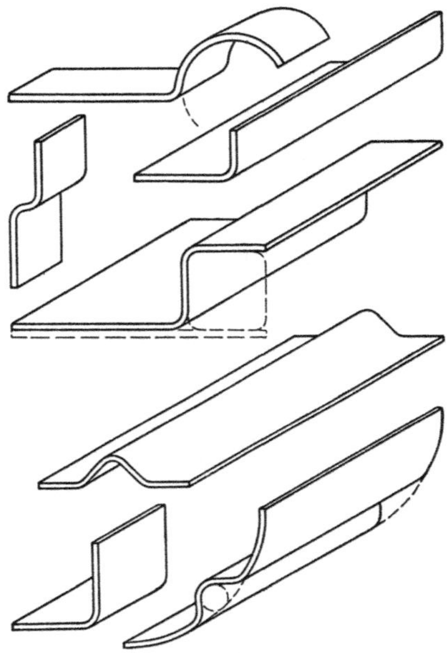

Bild 923. Beispiele von geformten Sperrholzprofilen.

einbringen läßt. Bei Verwendung von üblichen kalthärtenden Leimen können auf diese Weise sehr kurze Abbinde- und damit Preßzeiten erzielt werden. Sehr bequem lassen sich mit mehr oder minder breiten Schläuchen, die in eine Rinne gelegt werden, um den Expansionsdruck des Schlauches aufzunehmen, und Patrizen

Bild 924. Ansicht einer Formenfurnierpresse mit elastischen, druckfesten Schläuchen, Bauart Adolf Friz GmbH., Stuttgart-Bad Cannstatt.

oder Matrizen als Gegenformen, die sich gegen ein Widerlager stützen (Bild 922), beliebig profilierte Sperrholzteile (Bild 923) von großer Länge erzeugen. Das Verfahren läßt sich auch zum Überfurnieren von Profilleisten benutzen. Eine dafür entwickelte Formenfurnierpresse mit 2,5 m Arbeitslänge zeigt Bild 924.

Während des zweiten Weltkrieges wurden in Deutschland Tragflächen von 12 m Länge und einer größten Breite von 1800 mm im Heißpreßverfahren mittels Feuerwehrschläuchen hergestellt. Die Presse bestand aus einer Anzahl von Jochen, deren Oberteil durch Einbau von Trägern zu einer Preßfläche ausgestaltet war; unterhalb dieser Preßfläche saß die Preßform. Ein untenliegender

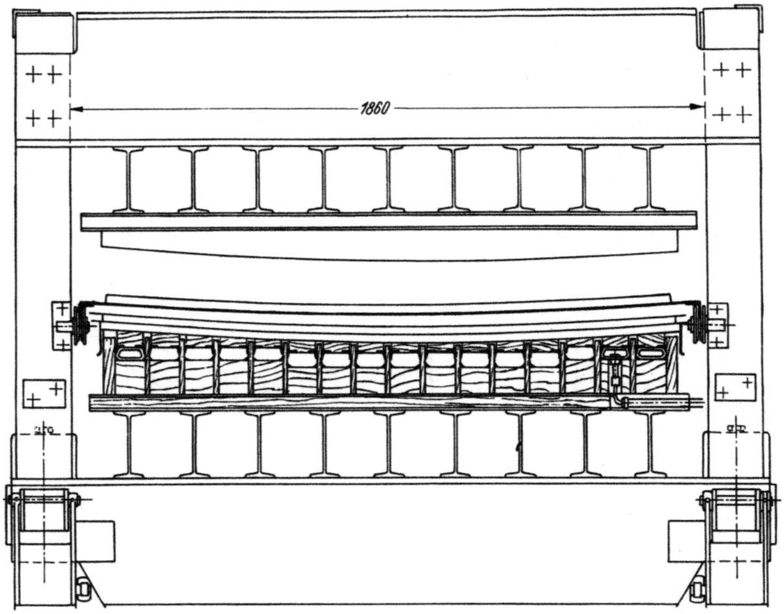

Bild 925. Querschnitt durch eine Formenpresse für großflächige Teile, Bauart Adolf Friz GmbH., Stuttgart Bad Cannstatt.

Preßtisch wurde durch Preßzylinder so in Arbeitsstellung gebracht, daß auf ihm in Rinnen gelegte Schläuche über entsprechend profilierte Druckstücke den erforderlichen Druck von 8 kg/cm² auf die zu formenden und zu verleimenden Furnierlagen (die gegen den Flugzeugrumpf verstärkt waren) ausübten. Einen Querschnitt der Presse gibt Bild 925 wieder.

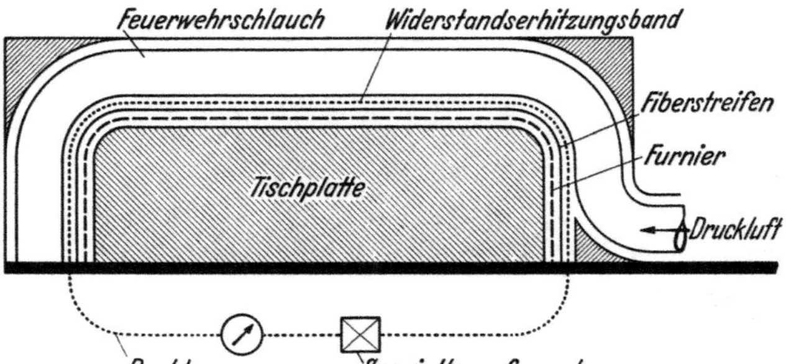

Bild 926. Schema einer Schlauchpressenanordnung zum Überfurnieren von Möbelteilen.

Schlauchpressen eignen sich besonders auch zum schnellen und billigen Furnieren von Möbelteilen mit abgerundeten Ecken, z. B. Tischplatten. Das Schema einer derartigen Anordnung zeigt Bild 926. Die Arbeitsgänge sind dabei folgende:

1. Furniere mit Leim bestreichen (z. B. kalthärtendem Harnstoff-Formaldehyd-Harzleim);

2. Auflegen eines dünnen Pappe- oder Faserplattenstreifens auf das Deckfurnier zwecks Schutz desselben;

3. Auflegen eines biegsamen Metallbandes (Widerstands-Erhitzungsbandes) oder Heizgitters, das unter Zwischenschaltung eines Spezialtransformators an eine Stromquelle angeschlossen wird. Es wird bei hoher Stromstärke eine geringe Spannung angelegt, wodurch die Durchschlaggefahr begrenzt wird;

4. Einbringen von Furnieren, Schutzstreifen und Heizband in eine Form, die einer einfachen Haube ähnlich ist und in deren Inneren sich ein Feuerwehrschlauch befindet;

5. Anschluß des Feuerwehrschlauches an eine Druckluftleitung. Der Schlauch selbst ist ein vulkanisierter, innen mit Cordgewebe verstärkter Hanfschlauch, der einen maximalen Durchmesser von 500 mm hat;

6. Einschalten des Stromes und Einhaltung von Druckluft (2,5 bis 4 atü).

Die im Heizband erzeugte Joulesche Wärme ist leicht regelbar, so daß eine genaue Temperatur festgelegt und eingehalten werden kann.

Dieses Verfahren wurde während des zweiten Weltkrieges in England für das Formbiegen von Flugzeug-Schichtholzteilen entwickelt. Es erwies sich als äußerst zuverlässig und bequem. Die Heizelemente bestehen gewöhnlich aus Stahlbändern, die auf beiden Seiten des zu verformenden und zu verleimenden Sperrholzes aufliegen. Die Bänder sind an einem Ende miteinander verbunden (sie erhalten dazwischen eine aufgelötete und aufgenietete Kupferplatte mit Anschlußklemme für den verbindenden Kupferdraht), zum anderen führen Leitungen zum Transformator. Die erforderliche elektrische Energie zur Erzeugung der gewünschten Temperatur hängt von verschiedenen Faktoren, vor allem der Größe und Bauart der Biegevorrichtung ab, jedoch liefert nach Untersuchungen des britischen Forest Products Research Laboratory ein Durchschnittswert von 2,7 kW/m² Bandoberfläche befriedigende Ergebnisse. Aus Sicherheitsgründen soll die Spannung am Heizband nicht höher sein als 12 V. Der elektrische Teil läßt sich wie folgt berechnen:

Der optimale Widerstand R des Transformators ergibt sich nach der Formel

$$R = \frac{E^2}{1000\,N}, \tag{124}$$

wobei E die Sekundärspannung [V] und N die Transformatorleistung [kW] sind.

Weiter gilt

$$R = \frac{\varrho \cdot L}{b \cdot s}, \tag{125}$$

wobei ϱ der spezifische elektrische Widerstand (für Stahl $\varrho = 20 \cdot 10^{-6}\,\Omega \cdot \text{cm}$), L die Länge des Heizbandes [cm], b seine Breite [cm] und s seine Dicke [cm] sind. Da L und b durch die Konstruktion festgelegt sind, findet man durch die Rechnung die erforderliche Dicke des Heizbandes.

892.432 Verfahren zur Gummisackformung. 892.432.1 *Anwendung des Gummisacks außerhalb der Form (Duramold-Verfahren).* Bild 927 zeigt die Anordnung, die beispielsweise für das Duramold-Verfahren in USA charakteristisch ist. Eine Seite des elastischen Sackes drückt auf das Sperrholz, während die andere von einer starren Haube oder Schale gehalten wird. Die Gummisäcke können sehr verschiedene Formen und Abmessungen haben. Manchmal werden sogar mehrere Säcke in Kombination verwendet. Im allgemeinen sind die Säcke schlauchartig mit einem Einlaßventil am einen und einem Auslaßventil am anderen Ende. Das Arbeitsstück wird über die Form gelegt, wenn der Gummisack entfernt ist. Gewöhnlich wird das zusammengesetzte Arbeitsstück durch Krampen, Draht, Klebstreifen, Bindfäden oder andere Hilfsmittel zusammengehalten und zeitweilig auf der Form befestigt, damit es nicht verrutschen kann, solange der Druck noch fehlt. Als **Druckmittel** wird meist Heißwasser verwendet. Das Verfahren läßt sich auf sehr große Werkstücke, z. B. im Flugzeug- und Bootsbau anwenden. Die **Form** wird auf eine Grundplatte aufgebracht. Sie kann, wenn sie aus Metall besteht, im Innern mit Dampf beheizt werden. Die einzelnen Furniere müssen sorgfältig auf die richtige Form zugeschnitten sein, damit während des Pressens keine Zwischenräume oder Überlappungen entstehen. Manchmal ist eine Zirkulation des Druckmittels vorgesehen. Die äußere Schale oder Haube ist in ihrer Form entweder der des Werkstücks angepaßt, oder aber sie ist halbzylindrisch und kann dann für verschiedene Werkstück-Querschnitte benutzt werden.

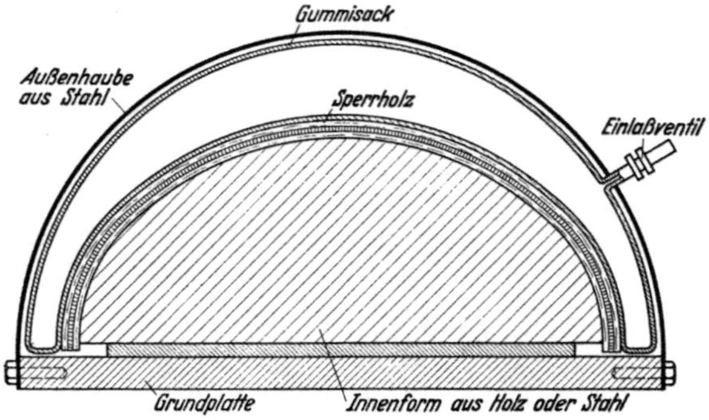

Bild 927. Schema der Sperrholz-Verformung mittels Gummisacks außerhalb der Form (Duramold-Verfahren).

892.432.2 *Anwendung des Gummisacks als Hülle der Form (Vidal-Verfahren)*[1]. Bei der Anordnung nach Bild 928 umhüllt der Gummisack von außen her die Form und das Sperrholz. Das Verfahren ist sehr vielseitig abwandelbar und gestattet die Herstellung von Formteilen der verschiedensten Art. Es ist in USA als **Vidal-Verfahren** bekannt geworden. Die Einrichtungskosten sind höher als bei anderen Verformungstechniken. Ein besonderer Vorteil des Verfahrens liegt darin, daß man damit einen sehr gleichmäßigen Druck senkrecht zur Formoberfläche erzielt. Sorgfältig überlegt sein muß das Zuschneiden der Furniere in entsprechende Segmente.

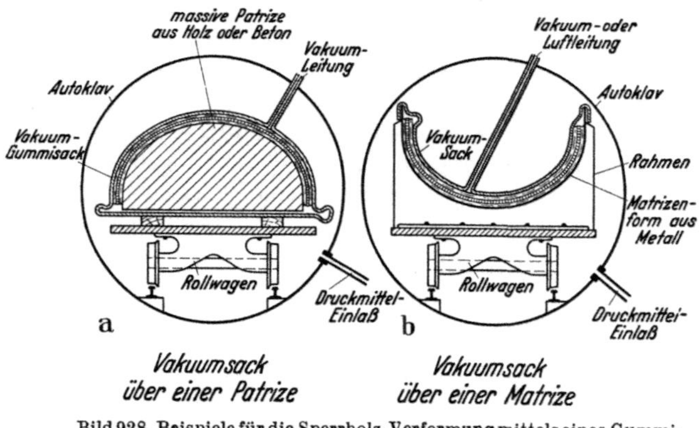

Bild 928. Beispiele für die Sperrholz-Verformung mittels eines Gummisacks als Hülle der Form und Autoklaven (Vidal-Verfahren) a Vacuumsack über einer Patrize, b Vacuumsack über einer Matrize.

892.432.3 *Anwendung des Gummisacks im Innern der Form.* Der Gummisack läßt sich auch in das Innere der Form verlegen. Bild 929 gibt das Schema dieser Anordnung wieder. Zu beachten ist der schwere, kräftige Verschlußdeckel, der auf die Form aufzuschrauben ist. Der Gummisack besitzt ein Einlaßventil für

---

[1] Vidal, L. E.: US Pat. Nr. 2342988 (1944). — Derselbe u. L. J. Marhoefer: US Pat. Nr. 2276004 (1942) und Nr. 2394730 (1946). — Derselbe u. W. A. Tayler: US Pat. Nr. 2392108 (1946).

Luft, Dampf oder Heißwasser. Da sich das zu formende Lagenholz mit seiner Außenfläche gegen die glatte Form (Matrize) preßt, erreicht man eine sehr glatte Oberfläche.

892.433 Ausrüstung zur Flüssig-Druck-Formung[1]. 892.433.1 *Formen.* Die Formen für die Flüssig-Druck-Formung können Matrizen (mit konkaver Oberfläche) oder Patrizen (mit konvexer Oberfläche) sein. Als Baustoffe für die Formen kommen Holz, Metall, Kunststoffe oder Beton in Frage. Die Auswahl erfolgt hauptsächlich unter Berücksichtigung der Gestalt der Biegeteile und ihrer Stückzahl. Holzformen werden gewöhnlich mit einem Weichholzkern hergestellt, der durch Gummisackformung eine Hartholzhaut erhält. Die Faserrichtung der Weich- und Hartholzschichten soll sich rechtwinklig kreuzen.

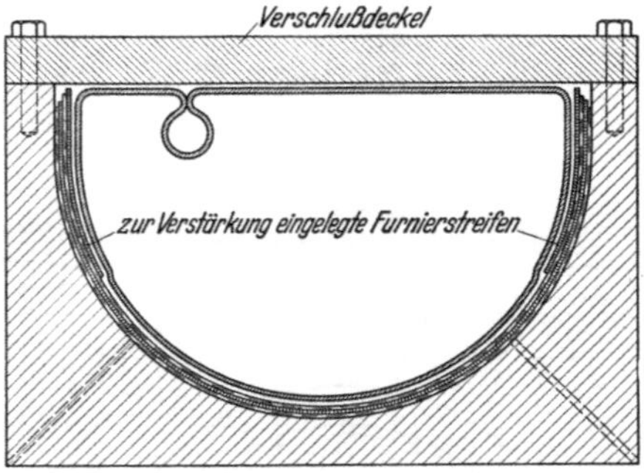

Bild 929. Schema der Sperrholzverformung mittels Gummisacks im Innern einer Matrize. Man beachte die zur Verstärkung eingelegten Furnierstreifen.

Holzformen neigen zum Verziehen, wenn sie wiederholt der Feuchtigkeit und Hitze ausgesetzt wurden. Leckende Gummisäcke sind in dieser Hinsicht sehr gefährlich. Überhitzen kann das Verziehen und die Bildung von Rissen stark fördern. Die Hauptschäden stellen sich ein, wenn die heiße Form unmittelbar der kühlen Raumluft ausgesetzt wird. Es empfiehlt sich deshalb, die Form noch im Gummisack mit kaltem Wasser rückzukühlen. Das Sperrholz wird über Holzformen langsamer erwärmt als über Metallformen; die Arbeitszeiten sind deshalb bei der Verformung über Holzformen etwa doppelt so lang wie über Metallformen. Höhere Formbeständigkeit der Formen läßt sich erreichen, wenn man den Kern nicht aus Vollholz, sondern aus kunstharzverleimtem Sperrholz aufbaut. Holzformen kommen fast ausschließlich für Patrizen in Frage. Sie eignen sich gut für die Erzeugung von Flugzeugteilen und Bootsrümpfen. Es ist möglich, die Haut des verformten Teils während der Verformung mit Verstärkungsrippen zu verbinden; diese, aus gebogenem Vollholz oder Schichtholz bestehend, werden in Nuten der Form eingelegt.

Metallformen bestehen in der Regel aus Stahl oder Gußeisen, seltener aus niedrigschmelzenden Legierungen. Während einfach gekrümmte oder nur ganz wenig doppeltgekrümmte Formen aus 2,5 bis 6 mm dicken Blechen bestehen, werden verwickelte Formen gegossen. Die Metallformen sind meist Matrizen; sie sind sehr stabil. Gegossene Formen sind aber teuer und nicht leicht beschaffbar. Der Hauptvorteil der Metallformen liegt in ihrem raschen Wärmeübergang. Bei laufender Fertigung ist es ratsam, kleinere Metallformen zwischen zwei Arbeitsgängen mit kaltem Wasser rückzukühlen. Große Formen benötigen zum Ausbau mehr Zeit, während deren sie hinreichend abkühlen können.

Betonformen werden in zuerst hergestellten Holzformen gegossen. Oft erhalten sie außen eine Holzhaut oder einen Kunststoffüberzug. Sie sind sehr stabil, unempfindlich gegen Feuchtigkeit, aber sehr schwer und leiden unter wiederholter Erhitzung. Kunststofformen kamen bisher über das Versuchsstadium nicht hinaus.

---

[1] Heebink, B. G.: Fluid-Pressure Molding of Plywood, US For. Prod. Lab. Rep. Nr. R 1624, Madison (Wisc.) July 1946.

892.433.2 *Säcke und Decken.* Der Sack oder die Decke haben die Aufgabe, eine biegsame, undurchlässige Sperrschicht zwischen der Druckflüssigkeit und der Form zu bilden. Die Säcke sind vollständige Hüllen für die Form, die an einem Ende oder einer Seite abgeklemmt werden. Ein Nippel läßt die eingesperrte Luft austreten. Die Decken (Halbsäcke) werden, wie aus Bild 920a ersichtlich ist, über die Form gezogen und an ihren Kanten befestigt. Der Entlüftungsnippel kann an der Decke oder an der Form angebracht sein. Ganze Säcke nimmt man gewöhnlich in Verbindung mit Matrizen, Decken in Verbindung mit Patrizen. Decken haben eine höhere Lebensdauer als Säcke. Allgemein hängt die Lebensdauer der Decken und Säcke nach B. G. Heebink von ihrem Werkstoff, dem Wärmeträger, der Temperatur, den Abmessungen des Sackes und der Sorgfalt bei der Anwendung ab; Schwankungen zwischen 10 und 200 Gebrauchsstunden sind normal. Als Werkstoffe kommen meist natürlicher und synthetischer Gummi, oft mit Geweben verstärkt, in Frage. Ermutigende Ergebnisse wurden in USA auch mit Folien aus Polyvinylchlorid, Vinylbutyrol-Harzen oder Cellophan erzielt. Eine zweckmäßige Konstruktion des Entlüftungsnippels zeigt Bild 930.

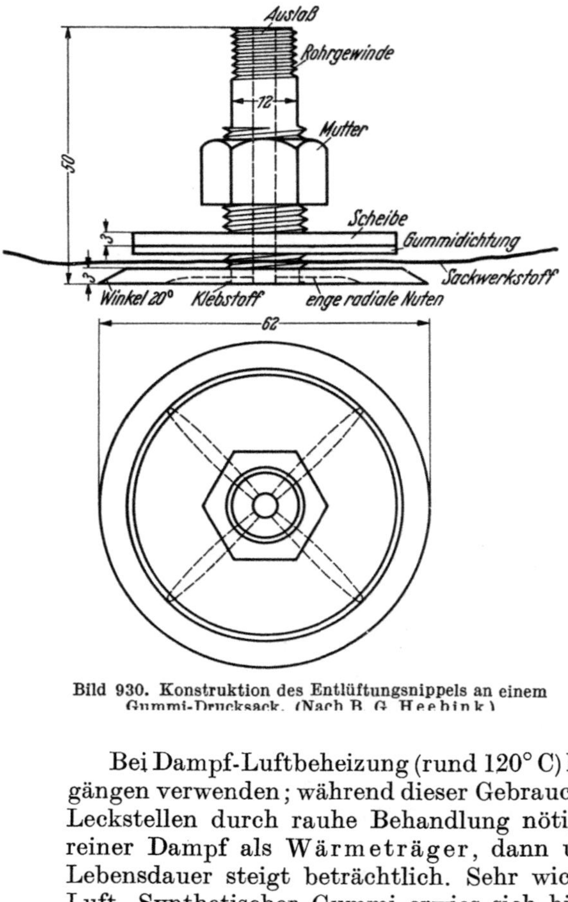

Bild 930. Konstruktion des Entlüftungsnippels an einem Gummi-Drucksack. (Nach B. G. Heebink.)

Bei Dampf-Luftbeheizung (rund 120° C) läßt sich ein Sack etwa zu 50 Arbeitsgängen verwenden; während dieser Gebrauchszeit können kleine Reparaturen an Leckstellen durch rauhe Behandlung nötig werden. Dienen Heißwasser oder reiner Dampf als Wärmeträger, dann unterbleibt die Oxydation, und die Lebensdauer steigt beträchtlich. Sehr wichtig ist auch völlige Ölfreiheit der Luft. Synthetischer Gummi erwies sich hinsichtlich Lebensdauer dem natürlichen als überlegen. Die Wanddicke der Säcke oder Decken kann zwischen 0,8 und 3,2 mm liegen. Man soll die Dicke so gering wie nur möglich wählen mit Rücksicht auf den besseren Wärmeübergang. Dünne Säcke führen bei Bildung von Falten oder Runzeln auch weniger zu Narbenbildung auf den Furnieren als dicke. Als Faustregel kann nach B. G. Heebink dienen, daß der Gummisack nicht dicker sein soll als das Deckfurnier des Arbeitsstückes. Zwischen den Gummisack und das Sperrholz sollen eine oder zwei Lagen Papier, Gewebe oder Segeltuch gelegt werden, damit eine Entlüftung möglich wird und ausgequetschter Leim nicht an den Gummisack selbst gelangen kann.

892.433.3 *Autoklaven (Druckzylinder), Wärmeträger.* Die Autoklaven oder Druckzylinder müssen sorgfältig hydraulisch mit mindestens dem doppelten Arbeitsdruck geprüft werden. In der Regel liegen die Arbeitsdrücke zwischen 3 und 5,5 atü, jedoch kommen auch Drücke bis etwa 8,5 atü vor. Sicherheitsventile müssen vorgesehen werden. Weiter sollen einwandfrei arbeitende und richtig eingebaute, möglichst selbstschreibende Thermometer vorhanden sein. Umlauf des Wärmeträgers ist günstig, da sich dann kein Temperaturgefälle im Zylinder einstellt. Die Einlaßöffnung für den Wärmeträger soll so groß bemessen sein, daß der gewünschte Druck und die erforderliche Temperatur in weniger als 5 min erreicht werden. Im Hinblick darauf müssen auch der Kompressor und der Dampfkessel ausreichende Leistung haben.

Als Wärmeträger kommen Dampf, Dampf-Luft-Gemische, Wasser und Luft in Frage. Reiner Dampf wird bei hohen Temperaturen vorherrschend angewendet. Man muß den Sack vor dem Einlassen des Dampfes entlüften. Unterbleibt dies, so erhält man als Wärmeträger ein Dampf-Luft-Gemisch. Derartige Gemische kann man auch im Zusammenwirken eines Kompressors mit einem Dampfkessel schaffen. Die Speisung des Autoklaven mit heißem Wasser erfordert einen zusätzlichen Behälter, in dem das Wasser erwärmt wird. Gewöhnlich ordnet man diesen Behälter über dem Autoklaven an, der dann durch ein Fallrohr mit großem Querschnitt sehr rasch gefüllt werden kann; für den Umlauf des heißen Wassers sorgt eine Kreiselpumpe.

Wird Luft als Wärmeträger und Druckmittel verwendet, dann umgibt man den Autoklaven mit einem Dampfmantel, oder man baut in ihn Heizschlangen ein. Auch elektrische Widerstands-Heizbänder finden sich, verlangen aber besondere Vorsichtsmaßnahmen, damit Brände mit Sicherheit vermieden werden. Um die Bildung sehr explosiver Heißluft-Öldampf-Gemische zu verhüten, sollen nur Schweröle mit sehr hohem Flammpunkt in den Kompressoren benutzt werden. Außerdem hat man darauf zu achten, daß unter keinen Umständen Funken im Autoklaven entstehen können.

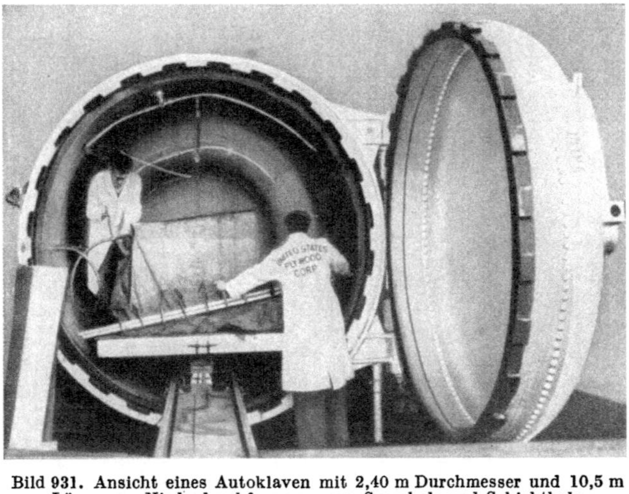

Bild 931. Ansicht eines Autoklaven mit 2,40 m Durchmesser und 10,5 m Länge zur Niederdruckformung von Sperrholz und Schichtholz. (Nach U. S. Plywood Corporation.)

Heißluft hat den Nachteil, ein schlechtes Wärmeübertragungsmittel zu sein, und verlangt, um gute Ergebnisse beim Formpressen zu sichern, ausreichende Zirkulation, sie bietet aber den großen Vorteil, daß sie bei Leckstellen im Sack das Arbeitsstück und die Form nicht beschädigt. Da anderseits Heißluft für Gummi abträglich ist, ging man auch dazu über, als Druckmittel inerte Gase zu verwenden.

892.434 Aufbau eines Werks zur Flüssig-Druck-Formung, Abgrenzung der Verfahren. Die Flüssig-Druck-Formung von Sperr- und Schichthölzern hat in den letzten zehn Jahren eine hohe Vervollkommnung erfahren. Bild 931 stellt einen Autoklaven dar, der bei 2400 mm Durchmesser eine Länge von 10,5 m hat und zur Herstellung großer Sperrholzschalen dient. Zu beachten sind auf dem Bild die Ventile am Gummisack und eine Sprührohrleitung zur Kühlung. Das Grundrißschema eines Werkes für Flüssig-Druck-

Zahlentafel 116. *Ausrüstung und Zustandsgrenzwerte bei verschiedenen Verfahren der Flüssig-Druck-Formung (nach B. G. Heebink).*

Hinweis auf besond. Bemerkung. S. 838	Bild Nr.	Hauptausrüstung	Druckmittel	Wärmequelle	Sackwerkstoff	Praktischer Temperaturbereich °C	Praktischer Druckbereich atü	Formwerkstoff
		Autoklaven-Formung						
1.	928	Autoklav, Kessel	Dampf	Dampf	A[1]	126 bis 160	1,4 bis 5,3	Holz, Metall
2.	928	Autoklav, Kessel, Luftkompressor	Dampf-Luft	Dampf	A	115 bis 150	1,4 bis ZAD[2]	Kunststoff Beton
3.	928	Autoklav, Kessel, Pumpe, Erhitzer, Behälter, Luftkompressor	Luft	Wasser	A	bis 150	1,4 bis ZAD	Beton
4.	928	Autoklav, Kessel, Gebläse, Luftkompressor	Luft	Dampf-Heizrohre	B	bis 150	1,4 bis 4,9	Beton
5.	928	Autoklav, elektrische Erhitzer, Gebläse, Kompressor, Gasversorgung .	träges Gas	Strahlung u. Konvektion durch das träge Gas	A oder B	bis 160	1,4 bis ZAD	Beton
6.	928	Autoklav, Kessel, Luftkompressor	Luft	dampfbeheizte Form	B oder C	bis 160	1,4 bis ZAD	Metall, Kunststoff, Beton
7.	928	Autoklav, Kompressor, Gasversorgung	träges Gas	Elektrisch erhitzte Form	A, B oder C	bis 160	1,4 bis ZAD	Metall, Kunststoff, Holz
		Druckform-Formung[3]						
8.	927 und 929	Druckform, Kessel	Dampf	Dampf	A	126 bis 160	1,4 bis ZAD	Holz, Metall, Kunststoff-Beton
9.	929	Druckform, Kessel, Luftkompressor	Dampf-Luft	Dampf	A	115 bis 138	1,4 bis ZAD	Beton

10.	929	Dampfbeheizte Druckform, Kessel, Luftkompressor	Luft	Dampf	B oder C	bis 160	1,4 bis ZAD	Metall o. Beton
11.	929	Elektrisch beheizte Druckform, Kompressor, Gasversorgung	träges Gas oder Luft	Elektrizität	A, B oder C	bis 160	1,4 bis ZAD	Metall o. Kunststoffe
		Vacuumsack-Formung						
12.	914, 920	Vacuumpumpe, Strahlungsheizung	Luft	Strahlende Hitze	B	bis 160	bis 1	Holz, Metall, Kunststoffe, Beton
13.	920	Vacuumpumpe, Kessel oder elektrischer Erhitzer . .	Luft	Dampf oder elektrisch beheizte Form	B oder C	bis 160	bis 1	Metall oder Kunststoffe
14.	920	Vacuumpumpe, Behälter für heiße Flüssigkeit . .	Luft	heiße Flüssigkeit	A oder C	bis 160	bis 1 (+ Flüssigkeitsgewicht)	Holz, Metall o. Kunststoffe

[1] Klasse A Dampf-, wasser- und luftdicht bei Temperaturen bis zu 160° C; natürlicher und synthetischer Gummi, gewisse Cellophansorten.
Klasse B Luftdicht, verwendbar bei Temperaturen bis zu 160° C; Cellophan.
Klasse C Luft- oder flüssigkeitsdicht bei Temperaturen bis zu 100° C; Gummi, Cellophan, Gewebe mit Kunstharzauflage, thermoplastische Filme.

[2] ZAD Zulässiger Arbeitsdruck, bestimmt durch Bauart des Geräts und Überwachungsvorschriften.

[3] Form, die innerem Flüssigkeitsdruck standhält.

Formung von Lagenhölzern gibt Bild 932 wieder. Zahlentafel 116 erleichtert die Abgrenzung der verschiedenen Verfahren.

Besondere Bemerkungen zu Spalte 1

1. Natürlicher und synthetischer Gummi gibt dem Sack die höchste Lebensdauer bei reinem Dampfbetrieb. Einige Sorten von Cellophan sind für einen Arbeitsgang verwendbar. Der Druck ist zu niedrig für allgemeine Gummisackformung unterhalb von 126° C (1,4 atü bei 126° C); oberhalb von 160° C besteht die Gefahr der Überhärtung für die äußeren Schichten, und der Sack wird rasch zerstört.

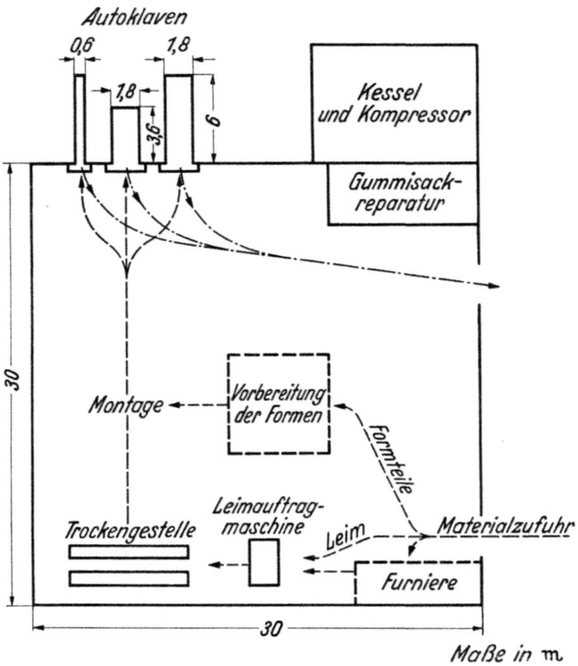

Bild 932. Schema einer kleinen Anlage mit 3 Autoklaven zur Sperrholzverformung. (Masse in m). (Nach H. R. Simonds, A. J. Weith u. M. H. Bigelow.)

2. Dampf-Luft-Gemische schädigen den Gummi mehr als Dampf oder Heißwasser; einige Sorten von Cellophan sind für einen Arbeitsgang verwendbar. Umlauf des Wärmeträgers ist manchmal empfehlenswert, besonders unterhalb von 115° C. Oberhalb von 150° C findet eine rasche Oxydation des Sackwerkstoffes statt.

3. Lange Lebensdauer der Säcke kann bei Heißwasserbetrieb erwartet werden, da die Oxydation sehr geringfügig ist. Einige Sorten von Cellophan sind für einen Arbeitsgang verwendbar. Offene Speicherbehälter können unterhalb von 100° C benutzt werden; oberhalb von 150° C ist reiner Dampf vorteilhaft, da das Wasser unter dem gleichen Druck gehalten werden muß wie der Dampf.

4. Die Arbeitsweise ist sehr langsam infolge der niedrigen spezifischen Wärme der Luft. Etwa 5 atü werden als höchstzulässiger Druck angesehen. Vorsichtsmaßnahmen sind zu ergreifen, damit keine Öldämpfe vom Kompressor eindringen können und damit statische Aufladung durch das umlaufende Gebläse unterbleibt.

5. CO_2N oder andere unbrennbare Gase, die den Sack nicht angreifen, sollen verwendet werden. Luft darf nicht benutzt werden wegen der Gefahr exothermer Reaktionen oder von Explosionen.

6. Die Form ist beheizt, Raumluft dient als Druckmittel, infolgedessen bleibt der Sack während der Arbeit verhältnismäßig kühl.

7. Wie 6), jedoch Benutzung eines trägen Gases an Stelle der Luft, um Explosionen bei Funkenbildung oder Kurzschlüssen im elektrischen Heizsystem zu vermeiden.

8. Der Sack wird durch Dampf gegen das Arbeitsstück gepreßt; am tiefsten Punkt des Sackes muß ein Ablauf für das Kondensat vorhanden sein.

9. Wie 8., jedoch unter Benutzung eines Dampf-Luft-Gemisches; s. auch Ziffer 2.

10. Die Form wird durch Dampf beheizt, der Sack durch Luft aufgeblasen; Kondensatabfluß entfällt.

1. Wie 10, jedoch mit elektrischer Beheizung der Form; aus Sicherheitsgründen werden träge Gase als Wärmeträger empfohlen, jedoch wird auch Luft gebraucht.

12. Strahlende Hitze wirkt auf die Außenseite des gegen die Form gedrückten Sackes; ausreichende Bindefestigkeit wird bei Verwendung gewisser heißhärtender Leime und flachen oder nur schwachgekrümmten Teilen erzielt.

13. Wie 12., jedoch Heizung der Form mit Dampf oder Elektrizität.

14. Wie 12., jedoch wird der unter Vacuum stehende Sack mit dem Arbeitsstück in ein heißes Bad eingetaucht. Bei Wasser ist die Temperatur auf 100° C begrenzt; heißes Öl oder andere hochsiedende Flüssigkeiten können wahrscheinlich bei bestimmten Sackwerkstoffen (Cellophan oder Gewebe mit Kunstharzauflage) verwendet werden.

893. Wickelbiegeverfahren.

893.1 Kontinuierliches Streifenverfahren zur Herstellung von Ringen und geschlossenen Biegekörpern.

Ringe für Stuhlsitze, Lampen usw. lassen sich, soweit sie nicht aus Vollholz gebogen werden können, nach einem im britischen Forest Products Research Laboratory entwickelten Verfahren aus Furnierstreifen wickeln, die durch Schäftungen zu einem kontinuierlichen Band verbunden wurden. Es ist sehr wichtig, daß die Schäftungen (Schäftungswinkel 1 : 15) genau und einwandfrei hergestellt werden. Man bedient sich am besten einer Schleifmaschine (s. Abschnitt 722.3). Die Furnierdicke ist nur durch die allgemeinen Biegeeigenschaften des betreffenden Holzes begrenzt. Zahlentafel 115 gibt Anhaltspunkte dafür.

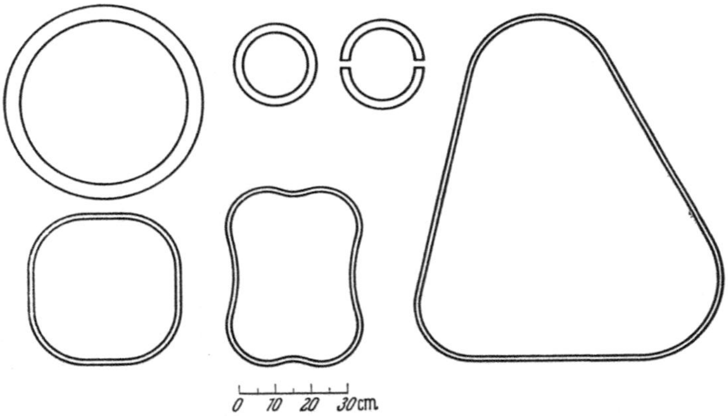

Bild 933. Beispiele verschiedenartiger geschlossener Biegekörper, hergestellt nach dem kontinuierlichen Streifenverfahren des britischen Forest Products Research Laboratory.

Die Holzfeuchtigkeit soll etwa 15% betragen. Die Verleimung der Schäftungsfugen muß mit besonderer Sorgfalt vorgenommen werden. Das entstandene Holzband wird lose über eine Trommel oder Haspel gewunden und gelangt von dort zur Biegeform. Diese ist entsprechend profiliert und besitzt oben eine übergreifende Deckplatte, die dem Holzband beim Aufwickeln als Führung dient. Die Form weist am Umfang einen Schlitz auf, in den eine Holzleiste paßt, die auf das Holzband etwa 50 mm von seinem Ende aufgeleimt wurde. Auf diese Weise wird das Bandende an der Form befestigt, die ihrerseits auf einer waagerechten oder senkrechten Scheibe aufgespannt ist. Die Scheibe wird mechanisch oder durch einen Elektromotor angetrieben. Dabei läuft auch die Form um und wickelt das Furnierband um sich, das von einer Auftragvorrichtung einseitig beleimt wurde. Für den Arbeitserfolg ist gleichmäßiger Verleimdruck unerläßlich. Bewährt hat sich die Anwendung eines Balatariemens, der unter Spannung stehend, ähnlich wie eine Bandbremse die Form mit dem aufgewickelten Furnierband umfaßt. Ein Ende des Riemens ist fest verankert, das andere wird, nachdem der Riemen selbst um Form und Holzband geschlungen wurde, durch Gewichte, Hebel oder Federn gespannt. Die erforderliche Riemenbelastung wird am besten durch Versuche festgestellt. Nach Erfahrungen des britischen Forest Products Research Laboratory kann man aber davon ausgehen, daß etwa 36 kg je cm Bandbreite mindestens nötig sind. Bevor die Riemenspannung aufgehoben wird, muß der gewickelte Ring mit einer Zwinge verspannt werden. Mit Hilfe des beschriebenen Verfahrens lassen sich sehr verschiedenartige geschlossene Biegekörper (Bild 933) herstellen; offene Biegekörper sind daraus durch Querschnitte möglich. Auch gegenläufige Krümmungen können in gewissem Umfang erzeugt werden; die Hilfsmittel: Formen mit entfernbaren Segmenten und die zweistufige Verfahrenstechnik werden aus Bild 934 ohne nähere Erläuterungen klar.

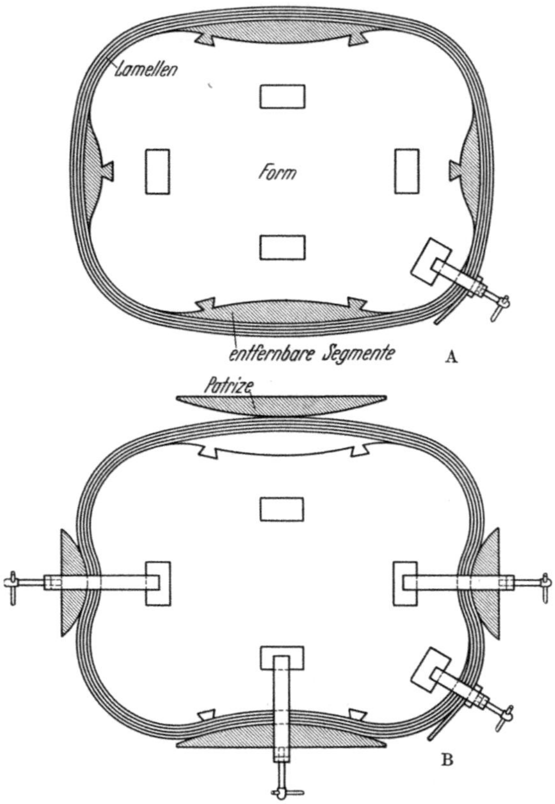

Bild 934. Schema des kontinuierlichen Streifenverfahrens des britischen Forest Products Laboratory zur Herstellung geschlossener Biegekörper. A Holzstreifen um die Form mit eingeschobenen Segmenten gewunden, B abschließender Preßvorgang (Segmente entfernt). (Nach W. C. Stevens u. N. Turner.)

893.2 Wickelbiegeverfahren für plattenförmige Körper, System Ladon.

Eine in USA gebaute Biegemaschine für Sperrholzfurniere, Faserhartplatten usw. zeigt Bild 935. Die zu biegende Platte liegt eben auf dem Biegetisch, die erhitzte Form rollt auf der Oberseite der Platte und biegt sie, während die Rollbewegung fortschreitet. Die Bewegung der Form und damit die Biegearbeit wird durch ein Gewicht bewirkt. Die Biegung erfordert je nach der Werkstoffart wenige Sekunden bis zu 90 Sekunden. Bei 3,2 mm dickem Sperrholz beträgt der Mindest-Biegeradius 16 mm, bei 6,4 mm dickem Sperrholz 38 mm, bei extraharten Faserhartplatten von 3,2 mm Dicke 32 mm. Sperrholz kann trocken gebogen werden, jedoch ist es vorteilhaft, es zuerst mit dem Schwamm oberflächlich zu befeuchten. Extraharte Faserhartplatten müssen je nach Art und Dicke 2 bis 12 h in Wasser gelagert werden.

893.3 Verfahren zur Herstellung von Sperrholz-Wickelfässern.

In den Werkstätten der vormaligen IG. Farbenindustrie AG. in Leverkusen wurde ein Verfahren zur Herstellung nahtloser bauchiger Sperrholzfässer geschaffen, das im Vergleich zu den üblichen Daubenfässern gleicher Größe eine beachtliche Ersparnis an Holz und Eisen mit sich brachte. Als Ausgangswerkstoff dienen 2 bis 3 mm dicke, 70 bis 100 mm breite Schälfurnierstreifen (meist aus Rotbuchenholz), die einseitig mit einem Kunstharzleim bestrichen und gemäß Bild 936 um einen Preßkern herum in mehreren Lagen übereinander zu einem lockeren Körper geschichtet werden. Die einzelnen Streifen werden dabei um rund ein Drittel ihrer Breite überlappt gelegt. In den zwei bis drei Lagen, deren jede aus 20 bis 30 Einzelstreifen besteht, kreuzen sich die Faserrichtungen. Der Preßkern (Bild 937) besteht aus einem zylindrischen Rohrmantel *f*, der außen von einer Gummimanschette *g* umgeben ist, oben und unten an seinen Stirnflächen Befestigungsringe *h* zum Halten der Gummimanschette und Kappen *k* zum Einstecken der Schälholzstreifen trägt. In der Länge verschiebbare Federstahlbänder *i* verhindern das Kleben des Holzes am Gummizylinder. Im Kernunterteil befinden sich Bohrungen, durch die Preßwasser in den Raum zwischen Kernmantel und Gummimanschette eintreten kann. Zum Pressen wird der Preßkern mit dem darauf geschichteten Faßkörper in eine dem Faßäußeren entsprechende heizbare, geteilte Form (mit den Hälften *a*, *c*) gebracht. Während des Pressens werden beide Hälften mit dem Verriegelungsring *e* fest geschlossen. Beim Einlassen des Preßwassers (125 atü) bläht sich die Gummimanschette auf und drückt den Schichtkörper gegen die heiße Wand der Faßform. Das Verleimen und Formen erfolgt innerhalb von etwa 8 bis 12 min.

Ein in USA erfundenes Verfahren zur Herstellung von Sperrholzfässern arbeitet mit einem aus fugenverleimten Furnieren erzeugten fortlaufenden Holzband, dessen Breite gleich der gewünschten Faßhöhe ist. Wie Bild 938 zeigt, besteht das Band aus einzelnen Tafeln, deren Länge gleich der Länge des abgewickelten Formumfangs ist. Die Faserrichtungen in zwei aufeinander folgenden Tafeln kreuzen sich senkrecht oder in einem anderen Winkel. Holzart, Anzahl der Windungen und Furnierdicke sind dem Zweck des Fasses anzupassen. Als Bindemittel hat sich der Tego-Film bewährt. Nach dem Verfahren lassen sich Fässer mit rundem, ovalem, aber auch rechteckigem Querschnitt herstellen.

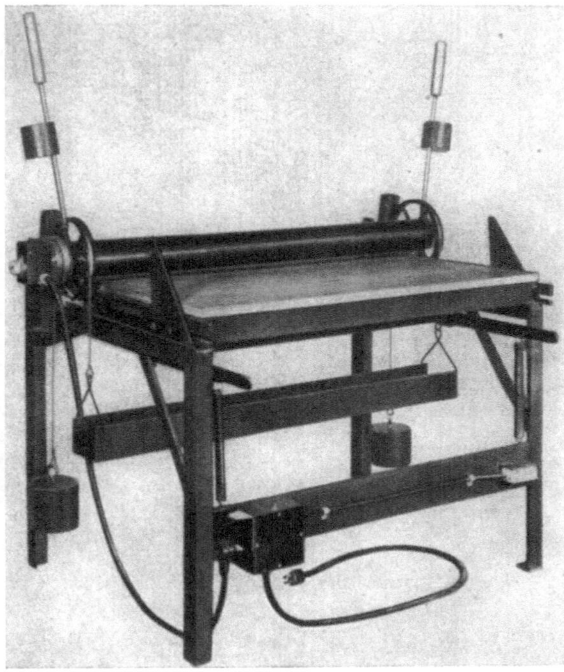

A

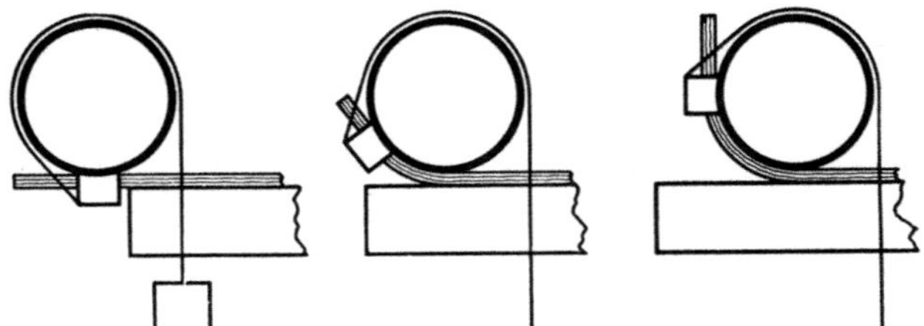

B

Bild 935. A Ansicht, B Wirkungsschema einer Biegemaschine für Sperrholz, Furniere, Faserhartplatten, Vulkanfiber usw., Bauart Midwest Manufacturing Co, St. Louis, gemäß US. Pat. 2373567. Maschinenbreite 122 bis 244 cm, Biegeform auswechselbar, Durchmesser 32 bis 300 mm, elektrisch beheizt (5 kW), Arbeitstemperatur durch Thermostat einstellbar von 65° bis 290° C.

893.4 Verfahren zur Herstellung endloser Sperrholzrohre[1].

Schon vor etwa 80 Jahren tauchte der Gedanke auf, in einem fortlaufenden Verfahren Sperrholzrohre zu

[1] Stern, E. G.: Spiral-Veneer Drums and Tubes, For. Prod. Resc. Soc. 1948 Preprint Nr. 28.

wickeln. C. W. Hebard[1] erhielt im Jahre 1872 in USA ein Patent auf eine Wickelvorrichtung. Das Holzband befand sich dabei auf einer Haspel, von der aus es durch eine mit Leim gefüllte Mulde zu dem Kern geführt und darum gewickelt wurde. Den zum Verleimen erforderlichen Druck lieferte eine gewichtsbeschwerte zylindrische Rinne; das fertiggewickelte Rohr wurde unten von zwei Rollen aufgenommen, die sich auf einem Wagen

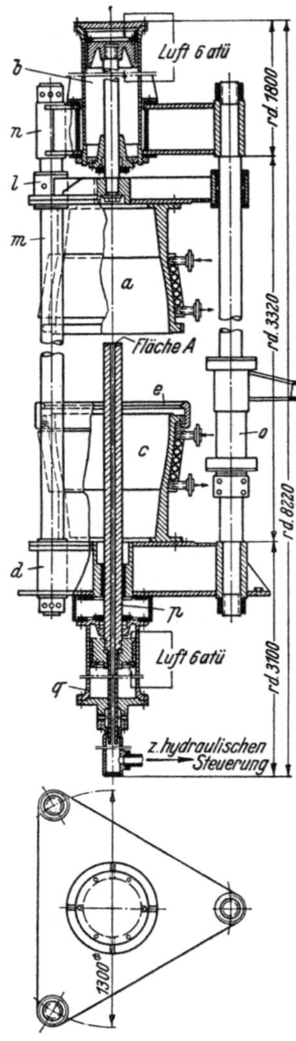

Bild 936. Einstecken der Schälholzstreifen um den Preßkern zur Herstellung eines bauchigen Sperrholzfasses.

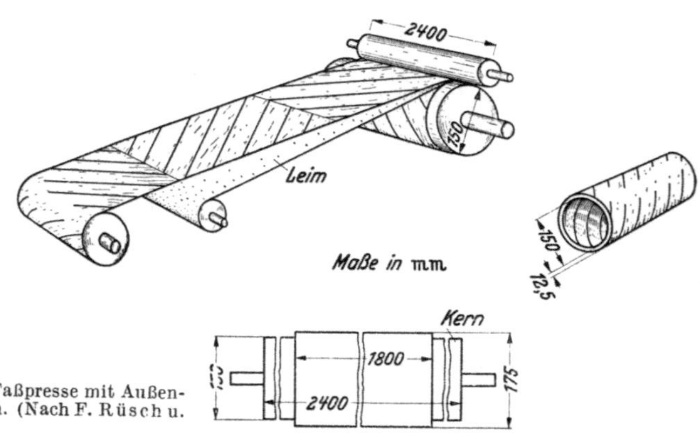

Bild 937. Aufbau der hydraulischen Faßpresse mit Außenform und ausschwenkbarem Preßkern. (Nach F. Rüsch u. P. Sander.)

a oberer Teil der äußeren Form
b Druckluftzylinder
c Formunterteil
d unteres Querhaupt
e Verriegelungsring
f Stützrohr des Preßkerns
g Gummimanschette
h Befestigungsringe
i Federstahlbänder
k Blechkappen
l Befestigungsplatte
m Druckgerüstsäulen
n oberes Querhaupt
o Schwenkarm
p Tragdorn
q Druckluftzylinder

Bild 938. Schema der Herstellung von Sperrholzfässern durch Aufwicklung eines Bandes aus fugenverleimten Furnierstreifen über einen Kern. Man beachte den diagonalen, sich wechselweise kreuzenden Verlauf der Furnierstreifen. (Nach H. R. Simonds, A. J. Weith u. M. H. Bigelow).

[1] Hebard, C. W.: Improvement in the Manufacture of Composition Pipes for Water and Gas, US Pat. Nr. 131272, Sept. 1872.

befanden. Zur industriellen Anwendung kam das Verfahren aber offenbar nicht, wahrscheinlich in der Hauptsache, weil die seinerzeit zur Verfügung stehenden Leime wenig für Holzrohre geeignet waren. Nach der Einführung der Kunstharzleime lagen wesentlich günstigere Verhältnisse vor. Das Interesse für kontinuierlich erzeugte Sperrholzrohre wuchs deshalb wieder. E. G. Stern schlug im Jahre 1942 ein Verfahren vor, dessen Grundzüge aus Bild 939 zu ersehen sind. Die Furniere und Querfurniere gelangen nach Beleimen mit Dosierrollen *D* zu einer rotierenden dampfbeheizten Welle W_1, wo sie vorerhitzt werden. Zugleich erhalten die einzelnen Furnierlagen dabei eine Zugspannung; aus dem Sperrholzband wird nun über einer stählernen Vorschubmanschette *M*, deren Innendurchmesser gleich dem Außendurchmesser des Sperrholzrohres ist, das Sperrholzrohr gewickelt; die Manschette dreht sich und gleitet gleichzeitig auf einer schweren dampfbeheizten Welle W_2, in deren Innern sich ein Rollenlager *R* befindet, das den kinematischen Anschluß an eine schwingende Stahlachse *A* herstellt, die sowohl eine waagerechte als auch senkrechte Bewegung der Welle mit der Manschette während des Wickelvorgangs erlaubt. Der erforderliche Verleimdruck stammt von der Federhaube *F* (die sich ausdehnen kann und damit sich von selbst dem beim Wickeln größer werdenden Rohrdurchmesser anpaßt), in deren Innern sich dampfbeheizte federbelastete Druckrollen *D* befinden; ein Sattelblech *S* zwischen den Rollen und dem Wickelrohr sorgt für gleichmäßige Druckverteilung.

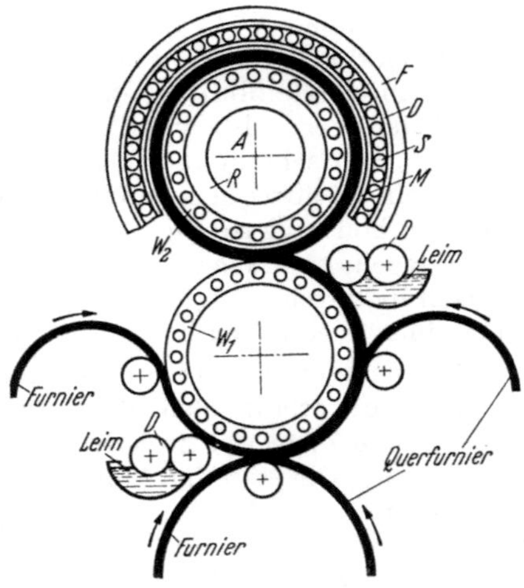

Bild 939. Schematischer Schnitt durch eine Vorrichtung zum kontinuierlichen Wickeln von Sperrholzrohren. (Nach E. G. Stern.)

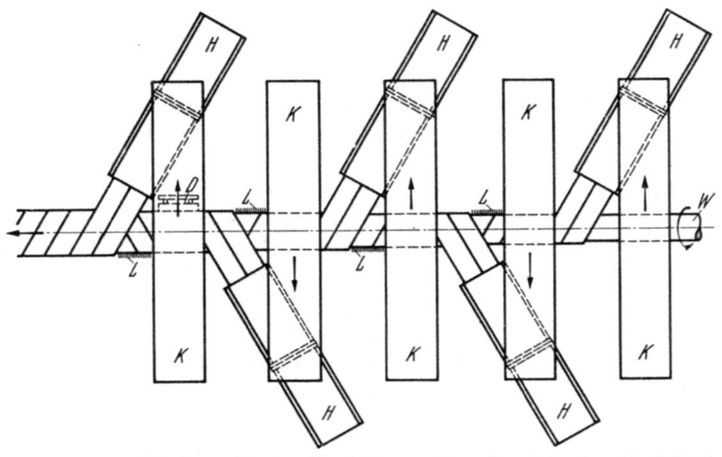

Bild 940. Schema einer Windemaschine zur Herstellung endloser Sperrholzrohre. (Nach E. G. Stern.)

Nach einem anderen ebenfalls von E. G. Stern stammenden Vorschlag, werden gemäß Bild 940 die von Haspeln *H* kommenden Furniere sich kreuzend über eine stationäre, umlaufende Kernwelle *W* gewunden. Die Haspeln sind, wie gezeichnet, in umlaufenden Käfigen *K* gelagert. Die Furniere erhalten eine Zugspannung durch Bremsen in den Haspeln. Den Verleimdruck liefern federbelastete Druckschuhe *D*, die sich in umlaufenden Käfigen befinden und zugleich für eine saubere Führung der spiralig gewundenen Furniere sorgen. Die zum Abbinden des Leims *L* in den Innenrohrschichten erforderliche Hitze wird entweder durch Heißluftheizung des Kerns oder durch Hochfrequenzbeheizung, wobei der Kern als eine Elektrode dient, herbeigeschafft. Das Abbinden der äußeren Rohrschichten erfolgt, indem man das Rohr nach Verlassen des Kerns durch ein hochfrequentes Wechselfeld oder eine Heißluftkammer laufen läßt. Um das kontinuierlich gewundene Rohr in der Produktionsrichtung vorwärts zu bewegen, kann man es entweder an einem hölzernen Kopf befestigen und für Vorschub durch umlaufende Rollen mit Spiralnuten sorgen, oder man kann sich eines Systems endloser Vorschubriemen[1] bedienen.

Die neueren Maschinen zum fortlaufenden Herstellen von Holzrohren aus kreuzweise verlaufenden Wicklungen von Furnierbändern haben insgesamt wesentliche Züge mit zwei Wickelmaschinen gemeinsam, die Ph. Betz erfunden hat. Die erste im Jahre 1933 geschaffene Maschine[2] ist in Bild 941 schematisch in ihrer Wirkungsweise (*A*), in Seitenansicht (*B*) und in Stirnansicht am Ende (*C*) dargestellt. Die Furniere *1, 2, 3, 4* und *5* werden kreuzweise über einen Dorn *6* gewickelt, der aus einem umlaufenden Zylinder besteht. Der Mantel dieses Zylinders enthält mehrere in axialer Richtung bewegte endlose Förderketten *7*, Gummiriemen oder dgl.; konzentrisch zu ihm sind mehrere mit größerer Drehzahl als der Dorn umlaufende Trommeln *8* angeordnet, die als Vorratstrommeln für die quer aufzuwickelnden Furnierbänder dienen. Gegenüber älteren bekannten Vorschlägen für Rohrwickelmaschinen braucht der als Dorn verwendete Zylinder bei dieser Konstruktion nur mehr eine kurze Länge zu erhalten, unabhängig von der Länge des herzustellenden Rohres. Auch entfällt eine axiale Bewegung des Dorns, der nur mehr eine Drehbewegung ausführt. Das Wickeln bei dieser Maschine erfolgt pausenlos. Die relative Drehzahl zwischen dem Dorn und den Vorratstrommeln bestimmt die gewünschte Dichte der Kreuzwicklungen. Um mit derselben Maschine ohne Auswechslung zahlreicher Teile Holzrohre verschiedenen Durchmessers herstellen zu können, kann die Länge des oberen Förderkettentrums durch Leiträder in radialer Richtung verstellt werden, wobei die zwischen den Ketten befindlichen Mantelteile *9* des Dorns ausgewechselt werden. Das empfindliche Holzrohr wird nach Verlassen des Wickelbaums auf seiner Innenseite durch Rollensätze *10*, auf seiner Außenseite durch radial verstellbare Stützrollen *11* geführt.

Das Abschieben der fertigen Rohrwicklungen vom Dorn hat zur Voraussetzung, daß das Wickeln unter ziemlich großer Spannung stattfindet. Nur in diesem Falle erhält das Rohr ausreichende Festigkeit, um der Einwirkung der Förderketten standzuhalten. Ist die Spannung unzureichend, so rutschen die Förderketten leicht gegenüber den Holzwindungen; die Folge ist, daß die Windungen nicht mehr genau aufeinander folgen, sondern sich überlappen oder klaffen. Zu diesem Nachteil gesellt sich der weitere, daß die Maschine verhältnismäßig verwickelt im Aufbau ist; eine spätere Konstruktion[3] bezweckte deshalb die Schaffung einer einfacheren, zuverlässig arbeitenden Maschine. Sie be-

[1] Goldman, P. R., u. R. Alt: Wood Tubing Manufacture, US Pat. Nr. 2402038, Juni 1946.

[2] DRP. 625946, Ph. Betz vom 7. 12. 1933.

[3] DRP. 698421, Ph. Betz vom 27. 2. 1938.

sitzt einen Dorn zum Aufwickeln des Schichtholzbandes, gegenüber dem die Bandzuführung axial hin und her bewegt wird, und zwar derart, daß der Wickeldorn während des Hinganges der Bandzuführung gedreht wird, dagegen während des Herganges, bei dem der gewickelte Rohrteil aus der Maschine ausgestoßen wird, in Ruhe bleibt.

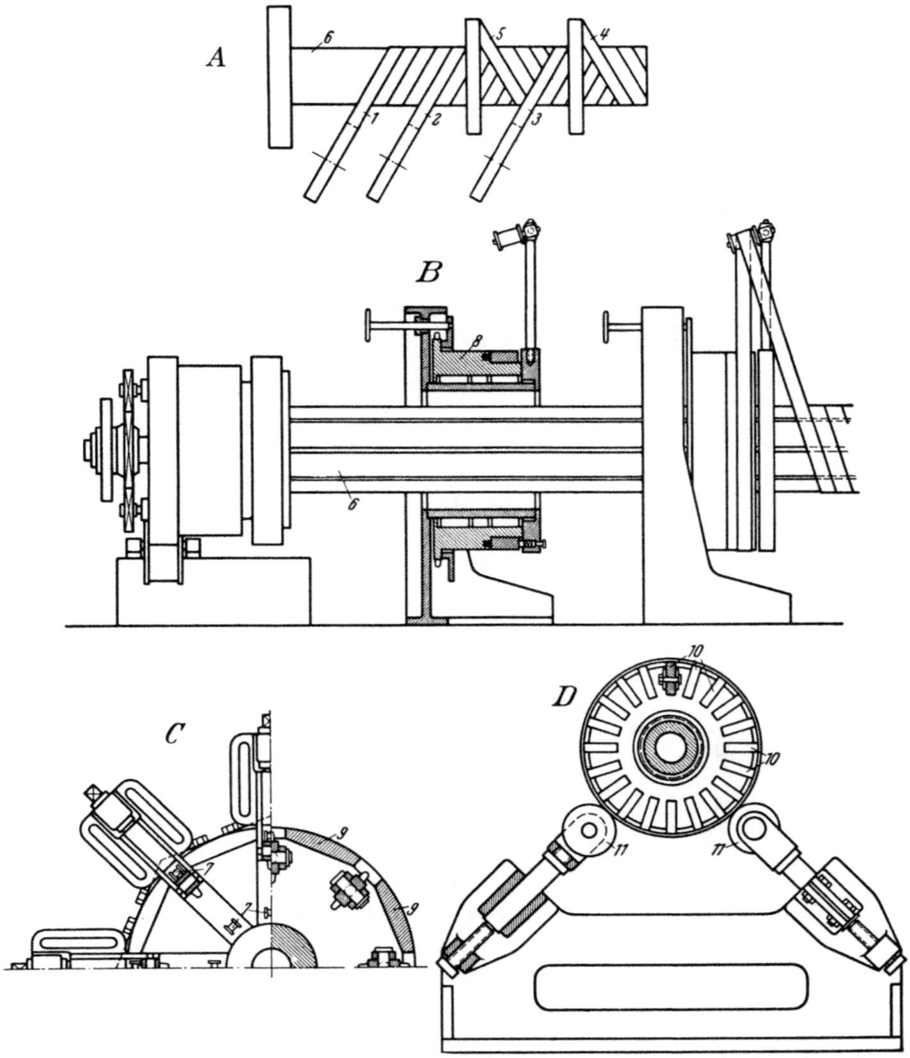

Bild 941. Wirkungsweise und Aufbau einer Maschine zur fortlaufenden Herstellung von endlos gewickelten Sperrholzrohren. (Nach Philipp Betz.)

Bild 942 zeigt schematisch die Wickelmaschine im Grundriß (*A*) und Aufriß (*B*). Ihr wesentlichster Teil, der Wickeldorn *1*, besitzt einen Mantel (*C*), der aus im Abstand voneinander befindlichen, axial gerichteten Stäben *2* gebildet wird. Hierdurch wird dem Abschieben der fertigen Rohrteile ein verhältnismäßig geringer Reibungswiderstand entgegengesetzt und die Gefahr des Rutschens der Schichtholzbänder in Umfangsrichtung des Mantels verringert.

Gegenüber dem Dorn *1* ist die Bandzuführung angeordnet, die aus den Leitrollen *3*, *4*, *5*, *6* und *7* und den Vorratstrommeln *8* und *9* besteht. Die Leitrolle *6* taucht im Trog *10* in ein flüssiges Bindemittel und beleimt dadurch die eine Seite des Furnierbandes *11*. Die Furnierbänder *11* und *12* sind gegeneinander versetzt, wie aus Teil *A* hervorgeht, so daß die Fugen des gewickelten Rohres ebenfalls gegeneinander versetzt liegen. Die Leitrollen und Vorratstrommeln sind

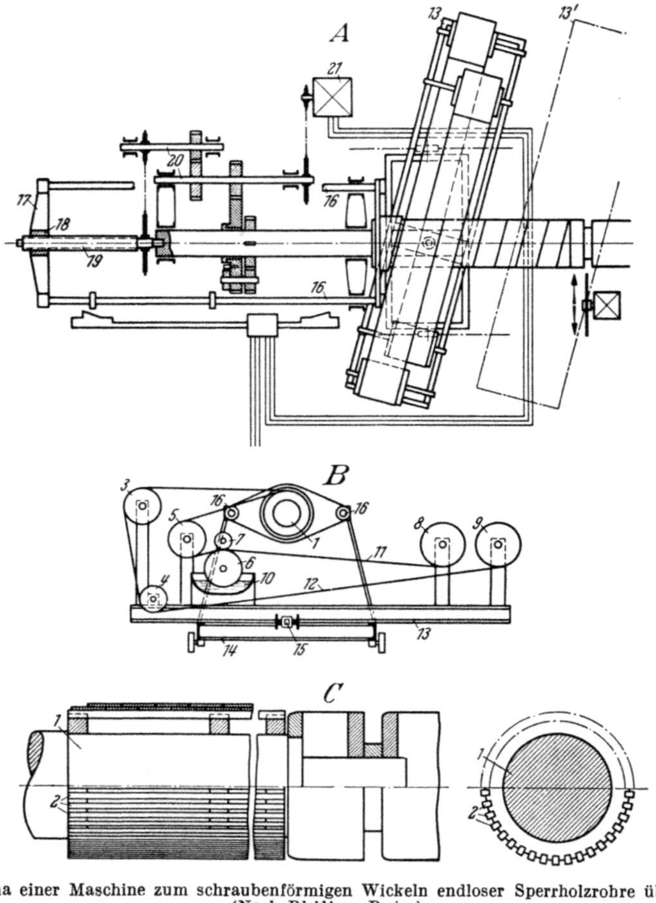

Bild 942. Schema einer Maschine zum schraubenförmigen Wickeln endloser Sperrholzrohre über einen Dorn. (Nach Philipp Betz.)

auf einem Rahmen *13* gelagert, der sich auf einen Wagen *14* abstützt. Der Rahmen *13* ist um den Zapfen 15 gegenüber dem Wagen drehbar. Der Wagen ist in Achsrichtung des Dorns derart fahrbar, daß der Rahmen (also die Bandzuführung) gegenüber dem Dorn die Endstellungen *13* und 13′ einnehmen kann. Die Bewegung der Bandzuführung geschieht mittels zweier am Wagen angreifender Holme *16* vom Querhaupt *17* über eine Spindelmutter *18*, eine Spindel *19*, das Getriebe *20* vom Motor *21* aus. Das Getriebe 20 sorgt sowohl für Hin- und Hergang der Bandzuführung als auch dafür, daß der Wickeldorn *1* umläuft, wenn die Bandzuführung sich von *13′* nach *13* bewegt (das ist im Bild *A* von rechts nach links), und umgekehrt in Ruhe bleibt, wenn sich die Bandzuführung beim Ausstoßen des gewickelten Rohres von links nach rechts bewegt.

Gewickelte Sperrholzrohre können nicht nur zu Leitungen von Flüssigkeiten und Gasen (speziell in chemischen Werken und Laboratorien), zu Regenrohren, sondern auch für architektonische Zwecke, für Teleskop-Antennenmaste, für Behälter usw. dienen.

894. Ziehen von Holzfurnieren.

894.0 Allgemeines über das Ziehen von Holz.

Die Bemühungen, flache oder auch tiefe Hohlformen — z. B. Schüsseln, Dosen, Schachteln usw. — aus Furnieren oder Sperrholz zu pressen, reichen bis in das neunzehnte Jahrhundert zurück. Der Erfolg blieb jedoch aus, da dem Werkstoff Holz die bei Eisen so ausgeprägte Fähigkeit des Fließens unter Zugbeanspruchung fehlt; nach einer geringen elastischen Dehnung stellt sich fast ohne plastischen Übergang der Bruch ein. Dazu kommt der außerordentliche Unterschied in der Zugfestigkeit parallel und senkrecht zur Faser.

Da Holz nicht eigentlich fließen kann, lassen sich selbst einzelne dünne Holzblätter nicht zu einer Hohlform pressen, ohne daß Risse entstehen. Insbesondere sind diese Schäden unvermeidbar, wenn man die beim Metallziehen üblichen Werkzeuge zur Herstellung von Hohlkörpern aus Holz benutzen will. Der Grund liegt darin, daß die Ziehvorrichtungen für Metalle absichtlich ein Überschreiten der Fließgrenze herbeiführen, um die faltenlose Umformung zu erreichen[1]. Solange es nicht gelingt, durch irgendwelche — vielleicht chemische — Behandlung eine Art von Fließvorgang zu ermöglichen, muß man durch Verwendung von Sperrholz und zweckmäßige Arbeitsverfahren Auswege schaffen.

894.1 Forßman-Verfahren.

Für die Herstellung von Schachteln, Dosen usw. werden nach einem Vorschlag von V. H. Forßman[2] sehr feine Schälfurniere (hauptsächlich aus Birke, Erle, Avodiré, Okumé, Grand Bassam, Ceder, Oregon Pine, Pitchpine) nach geeigneter Imprägnierung mit einem Sonderleim zu dünnen (z. B. 0,5 bis 2 mm dicken) Sperrplatten (auch „Holzblech" genannt) verbunden. Die Zerreißfestigkeit von derartigem Holzblech hat O. Müller[3] bestimmt und fand beispielsweise für lufttrockenes Birkenholzblech im Mittel (parallel zur Faser der äußeren Deckfurniere) 510 kg/cm^2, für Avodiré 420 kg/cm^2. Das Material wird bei der Formgebung erhitzt und läßt sich mit ähnlichen Werkzeugen, wie sie in der Kartonnagenindustrie üblich sind, verarbeiten. Das einmal geformte Holz ist formbeständig[4]. Es ist aber zu betonen, daß auch derart dünne Sperrplatten nicht reckbar sind, daß es sich also immer nur darum handeln kann, ebene Zuschnitte zu einer gewünschten Hohlform vorzufalten und gleichzeitig oder anschließend die Falten glatt zu pressen. Bild 943 zeigt beispielsweise in ihrem Teil *a* den Zuschnitt für eine Schachtel mit der Form *b*. Es ist ersichtlich, daß der in den Zuschnittecken vorhandene, durch Strichelung hervorgehobene Stoffüberschuß der Zarge in den im Bildteil *b* ebenfalls gestrichelten Kantenrundungen zusammengefaltet und verpreßt werden muß. Die Faltenverteilung ist entsprechend dem Faserverlauf ungleichmäßig und damit auch die Wanddicke und der obere Zargenrand. Mit wachsender Ziehtiefe nimmt die Wanddicke

---

[1] Hoitz, B.: Sperrholz Bd. 14 (1934) S. 41.

[2] DRP. 407526 und DRP. 465755, Forßman-Holzblech GmbH., Köln.

[3] Müller, O.: Holzblech, seine spanlose Formung zu Hohlkörpern, Diss. T. H. Dresden 1929.

[4] Vgl. Anonymus: Holzblech, das Technische Blatt, Beilage zur Frankfurter Ztg. vom 23. Nov. 1933.

entsprechend zu. Um beim Pressen das überschüssige Material unterzubringen — Bild 944 läßt die sehr erheblichen Mengen, wieder gestrichelt, für eine runde Platine erkennen —, ist zwischen Ring (Matrize) und Stempel (Patrize) ein sich nach oben gering konisch erweiternder Hohlraum vorzusehen (Bild 945). Als mittlere günstige Temperatur der Werkzeugoberfläche fand O. Müller 130° C bei etwa 60 s Backzeit, die zur Verdampfung des Anfeuchtwassers nötig ist. Ganz allgemein beschleunigen

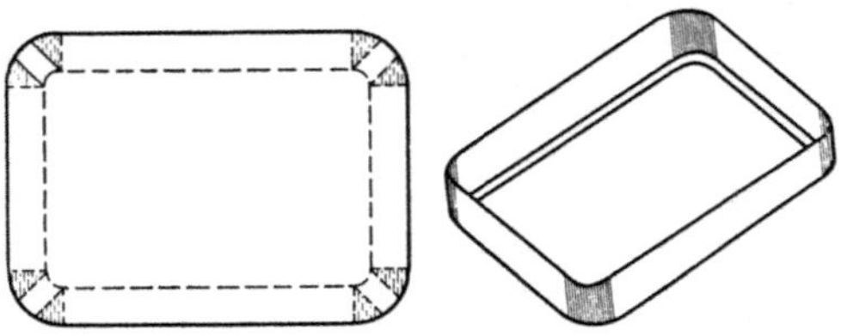

Bild 943. Holzblechschachtel a Zuschnitt, b fertige Schachtel.

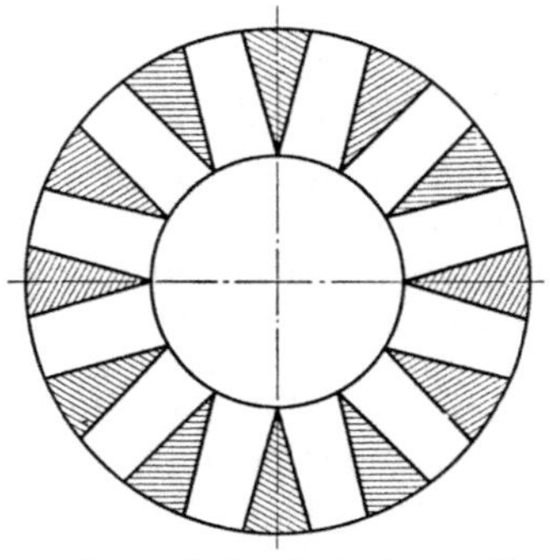

Bild 944. Rundscheibe (Platine) zum Formpressen (die schraffierten Teile müssen verfaltet werden).

erhöhte Temperaturen den Arbeitsgang. Damit die Wirtschaftlichkeit aber darunter nicht leidet, ist auf sorgfältigen Wärmeschutz zwischen Ziehwerkzeug und Ziehpresse zu achten.

Um das lufttrockene Holzblech ziehbar zu machen, wird es nach praktischen Erfahrungen in eine warme Seifenwasserlösung (1,1 bis 1,3 g Marseiller Seife auf 100 g Wasser) gelegt. Als für das Ziehen günstigste Feuchtigkeit können etwa 25% gelten. Der Widerstand einer Holzart gegen die spanlose Verformung scheint der Zugfestigkeit annähernd

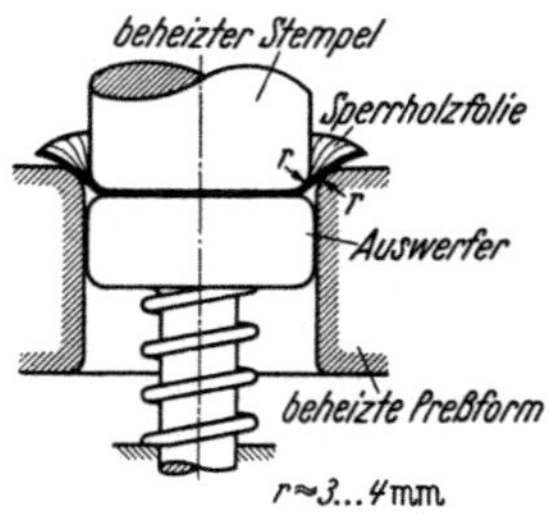

Bild 945. Schema der Werkzeuganordnung beim Formpressen von Holz. (Nach G. Pahlitzsch.)

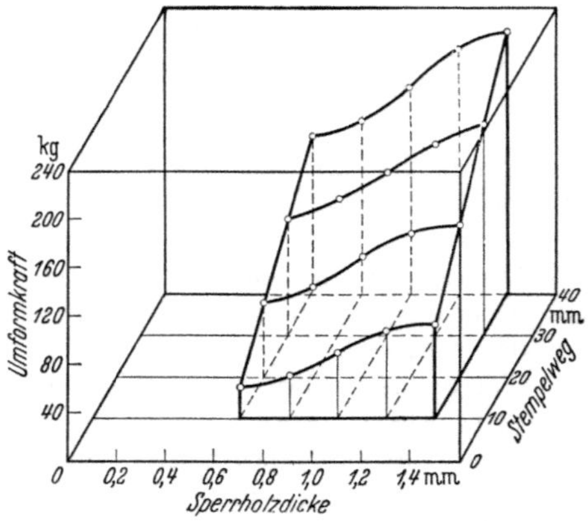

Bild 946. Abhängigkeit der Umformkraft von der Holzdicke und dem Stempelweg. (Nach O. Müller.)

gleich zu laufen. Die beispielsweise beim Ziehen von zylindrischen Hohlkörpern aus Birken-Sperrholz von O. Müller gemessenen Umformkräfte zeigt Bild 946.

Die Umformkraft setzt sich zusammen aus der Kraft zum Biegen, der Kraft zum Falten (auf die 80 bis 90% des gesamten Kraftaufwands entfallen) und der Kraft zur Überwindung der Reibung. Sie wächst, wie Bild 946 zeigt, annähernd proportional der Holzdicke und dem Stempelweg. O. Müller stellte durch Indizieren folgende mittlere Umformkräfte fest:

Birke	$P_m = 50$ kg	je mm Holzdicke und 10 mm Formtiefe.
Avodiré	$P_m = 40$ kg	
Okumé	$P_m = 30$ kg	

Als Grenze der Ziehtiefe können etwa 40 mm gelten, bei größeren Tiefen reißt das Holz. Die günstigste Umformungsgeschwindigkeit liegt bei etwa 30 mm/s. Zur Herstellung des zu verformenden Sperrholzes scheinen sich thermoplastische Leime (z. B. Polyvinylester) besonders zu eignen[1].

895. Prägen von Holz.

Holz läßt sich infolge seiner Faserstruktur, der Elastizität, seiner Fasern und seiner Hygroskopizität schlecht prägen. Feinheiten der Prägung kommen nicht heraus oder verschwinden mit der Zeit. Da die Prägtiefe also mit der Zeit zurückgeht, muß man tiefer prägen, als man im Endergebnis wünscht. Vor dem Prägen feuchtet man das Holz an. Das Prägen selbst soll mit einem erhitzten Stempel erfolgen.

9. Holzverbindungen.

91. Nagelverbindungen.

910. Allgemeines über Nagelverbindungen.

Nägel zählen zu den ältesten Holzverbindungsmitteln des Zimmermanns. Schon Ende des 16. Jahrhunderts hatte Philbert de l'Orme Bohlenbinder bogenförmig zusammengenagelt[2]. Auch bei Bauten für vorübergehende Zwecke hat man sich schon länger der Nägel (teilweise sogar für Binder) bedient. Später aber wurden die Nägel als Verbindungsmittel abgelehnt, und C. Kersten[3] schrieb noch 1926 in seinem Lehrbuch „Freitragende Holzbauten“: „Nägel kommen als Verbindungsmittel nur für ganz untergeordnete Teile in Frage, allenfalls noch für Brettbinder ... Die Nägel zerstören ... gewaltsam das Gefüge der Holzfasern, erzeugen Risse und Aufspaltungen. Sie bestehen zumeist aus weichem Eisen, haben also keine Biegefestigkeit und veranlassen starke Verschiebungen. Beim Schwinden des Holzes hört jede Haftfestigkeit der Nägel auf und damit auch ihre Wirksamkeit. Sie werden dann mit der Zeit locker.“

Es bedurfte deshalb jahrelanger Bemühungen und Versuche, in Deutschland hauptsächlich von W. Stoy, um die Brauchbarkeit der Nägel als Holzverbindungsmittel erneut unter Beweis zu stellen. Aber erst 1933 wurden die Bestimmungen über Nägel als tragende Verbindungsmittel in DIN 1052 aufgenommen, während sie in den vorläufigen Bestimmungen der Reichsbahn für Holztragwerke (*BH*) noch verboten blieben. Die von W. Stoy entworfenen Richtlinien über die Nagelverbindungen, die in DIN 1052 eingearbeitet wurden, sahen verhältnismäßig niedrige Anschlußwerte vor, um Mißerfolge zu vermeiden. Bei späteren Versuchen erwies sich die Richtigkeit dieser Überlegung, da sich herausstellte, daß die Spaltgefahr durch die einzuschlagenden Nägel nur dann entfällt, wenn gewisse Mindestabstände der Nägel in der Längs- und Querrichtung eingehalten werden. Entsprechende Vorschriften für die kleinsten

[1] Riechers, K.: Fortschritte im Holzbau durch Anwendung neuzeitlicher Bindemittel, Jb. Lilienthal-Ges. f. Luftfahrt 1936, S. 466.

[2] Seidel, E.: Bautechn. Bd. 21 (1943) H. 29/33; W. Stoy u. F. Fonrobert: Holz-Nagelbau nach DIN 1052, 3. Ausg. 1940, Schrift 6 der Schriftenreihe der Reichsarbeitsgemeinschaft Holz, Berlin März 1942.

[3] Kersten, C.: Freitragende Holzbauten, Berlin 1926.

Nagelabstände wurden deshalb in die zweite Fassung von DIN 1052 vom Mai 1938 eingefügt, gleichzeitig aber höhere Anschlußkräfte für die Nagelverbindungen zugelassen.

Der erste Kantholzbinder mit Nagelanschlüssen nach einem Entwurf von E. Seidel wurde auf der Leipziger Frühjahrsmesse 1933 gezeigt; in der Folge wurden in Deutschland fast nur mehr Kantholzbinder gebaut, während man auf genagelte Bretterbinder bei größeren Spannweiten verzichtete. Später aber wurden in erheblichem Umfange, hauptsächlich von W. Stoy und E. Gaber, Vollwandbinder mit Nagelverbindungen hergestellt. Besonderen Auftrieb erhielt die Nagelbauweise durch den zweiten Weltkrieg, da sie mit den einfachsten Hilfsmitteln und leicht greifbarem Baustoff arbeitet. Besonders im Osten erwies sich der Holznagelbau für die Wiederherstellung zerstörter Brücken als sehr leistungsfähig.

Im Gegensatz zu Deutschland war der Nagel im Ausland, vor allem in USA und Frankreich, als tragendes Verbindungsmittel auch bei ganz großen Bauwerken nie in Vergessenheit geraten. Allerdings nahm in USA die Verbreitung von Nagelverbindungen nach Einführung moderner Holzverbinder und Dübel stark ab. In den letzten Jahren scheint sich jedoch wieder eine Umkehr anzubahnen, da verbesserte Nägel mit größerem Haftvermögen entwickelt wurden und bereits in industriellem Maße hergestellt werden. Es fällt außerhalb des Rahmens dieses Buches, Beispiele von Nagelverbindungen in der Praxis zu besprechen, aber es ist erforderlich, die Kraftübertragung in Nagelverbindungen in Abhängigkeit von inneren und äußeren Faktoren zu behandeln.

Vorauszuschicken sind aber noch einige Bemerkungen über das Wesen der Vernagelung als flächenfester Verbindung mit beschränkter Tiefenwirkung. Die Vernagelung steht damit, wie Bild 947 nach W. Stoy anschaulich macht,

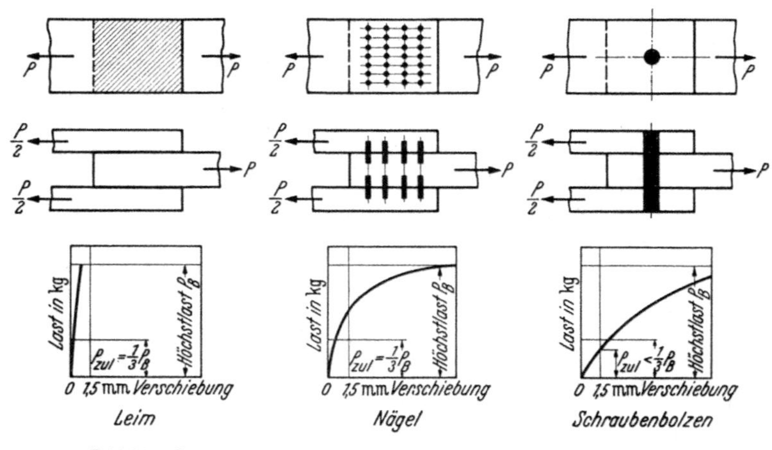

Bild 947. Schematischer Vergleich der Last-Verschiebungs-Schaulinien bei Nagel-, Bolzen- und Leimverbindungen. (Nach W. Stoy.)

zwischen der Verleimung und der Verbolzung. Man kann daraus ableiten, daß eine Vernagelung in ihrer Wirkungsweise der Verleimung um so ähnlicher werden muß, je größer die Anzahl der Nägel und je kleiner der Nageldurchmesser wird. Bei der schematisch eingezeichneten Belastung (der Nägel quer zu ihrer Längsachse) ergeben sich die ebenfalls dargestellten Last-Verschiebungs-Schaulinien. Als zulässige Belastung P_{zul} (= Gebrauchslast) bezeichnet man ein Drittel der erreichten Höchstlast P oder die Last, bei der die Verschiebung 1,5 mm beträgt. Bei Leim- und Nagelverbindungen wird die zulässige Belastung nach der ersten Bedingung, bei Bolzenverbindungen muß sie nach der zweiten Bedingung ermittelt werden. Durch die Verleimung werden die Holzquerschnitte nicht geschwächt, es entsteht eine sehr steife Verbindung mit rechnerisch gegenüber der Vernagelung bei gleicher Verbindungsfläche mehrfach größerer Tragfähigkeit. Voll ausgenützt werden kann diese Tragfähigkeit aber nicht, da die Steifigkeit hohe zusätzliche Spannungen nach sich zieht und die geringe Scherfestigkeit der an die Leimfuge angrenzenden Holzfasern zu berücksichtigen ist. Die langen und dünnen Schraubenbolzen sind verhältnismäßig weich und ergeben deshalb große Verschiebungen. Durch Auflösen eines Schraubenbolzens in Nägel wächst die Berührfläche der Verbindungsmittel mit dem Holz und damit die Steifigkeit der Verbindung. Daß dabei die Steifigkeit der Leimverbindung nicht erreicht wird, ist nach W. Stoy[1] ein Vorteil, da die Nagelverbindung „immer noch in gewissem Maße federnd und somit ausgleichend wirkt", wodurch in den Anschlüssen geringe Zusatzspannungen entstehen. Die Tragfähigkeit der Nagelverbindungen wächst proportional zur Anzahl der Nägel.

Während der rechtwinklig zu seiner Achse belastete Nagel ein vorzügliches Holzverbindungsmittel ist, kann bei Wirkung der Kraft in seiner Achsenrichtung, also bei Beanspruchung auf Herausziehen, nur mit einer verhältnismäßig bescheidenen Halte- oder Haftkraft gerechnet werden.

911. Ausziehwiderstand (Haltekraft) von eingeschlagenen Nägeln.

911.1 Grundgleichungen.

Der größte Widerstand gegen Herausziehen in Schaftrichtung oder die maximale Haltekraft P_a eines Nagels ist für sehr viele Verwendungszwecke von Holz wichtig. Erinnert sei nur an die Nagelung von Kisten, Verschlägen usw. Die Größe der Haltekraft P_a läßt sich einfach durch Versuch — mit Hilfe einer üblichen Zerreißmaschine — bestimmen. Für die Festigkeit der Nagelverbindung ist aber nicht nur die höchste beim Herausziehen aufgewendete Kraft charakteristisch, sondern auch die während des Herausziehens geleistete Arbeit. Nimmt man beim Ausziehversuch ein Kraft-Weg-Schaubild auf, so stellt sich diese Arbeit A als die unter der Kurve liegende Fläche dar[2]. Es gilt

$$A = \int_0^l P \cdot ds \,[\text{cmkg}], \qquad (126)$$

wobei $l = s_{\max}$ = maximale Einschlagtiefe des Nagels [cm]. Die Haltekraft P berechnet sich für jede Stufe beim Herausziehen nach der Formel

$$P = p \cdot \mu \cdot F \,[\text{kg}]; \qquad (127)$$

hierin bedeuten p die Haftspannung [kg/cm²], μ einen Reibungsbeiwert und F die augenblicklich im Holz vorhandene Nageloberfläche [cm²]. Sowohl p und μ als auch F sind Veränderliche der Einschlagtiefe s. Die Haftspannung p nimmt nach der Eintrittstelle des Nagels infolge Erweiterung der Lochwandung ab, desgleichen wird μ gegen die Eintrittstelle zu kleiner, da die Lochwandung um so glatter wird, ein je größerer Teil des Nagelschaftes an ihr vorbeigeglitten

[1] Stoy, W. u. F. Fonrobert: Holz-Nagelbau nach DIN 1052, 3. Ausg. 1940, Schrift 6 der Schriftenreihe der Reichsarbeitsgemeinschaft Holz, Berlin, März 1942.

[2] Vgl. bei F. Gaitzsch: Die Festigkeit maschineller Nagelverbindungen, Forschg. Ber. Holz H. 3, Berlin 1934.

ist. Die Nageloberfläche im Holz wächst hingegen linear mit der Einschlagtiefe und erreicht als Grenzwert $F_a = d \cdot \pi \cdot l$ (d = Nageldurchmesser [cm]).

Mit Rücksicht auf die eben geschilderten verwickelten Zusammenhänge ist eine theoretische Ableitung von A nicht möglich, jedoch stößt die zeichnerische Integration der aufgenommenen Ausziehdiagramme auf keinerlei Schwierigkeiten und liefert als wissenswerte Kenngröße die mittlere Haltekraft P_m

$$P_m = \frac{A}{l} = \frac{1}{l} \int_0^l P \cdot ds \text{ [kg]}. \tag{128}$$

Die größte Haltekraft ergibt sich als Maximum von $P = f(s)$ für $s = l$ zu

$$P_a = p_a \cdot \mu_a \cdot d \cdot \pi \cdot l \text{ [kg]}. \tag{129a}$$

Es gibt zwei Grenzformen von Kraft-Weg-Schaubildern beim Ausziehen von Nägeln, wie Bild 948[1] zeigt. Nägel, die eine Kurve gemäß Typ A aufweisen, besitzen eine hohe statische Haltekraft, geben aber ganz plötzlich nach, während Nägel mit Kurven vom Typus B im allgemeinen eine niedrige statische Haltekraft haben, aber der Belastung standhalten, bis der Schaft fast ganz herausgezogen ist. Bei dynamischen Ausziehversuchen ist die Haltekraft gleich dem Flächeninhalt unter der Kraft-Weg-Kurve. Es ist klar, daß hier Nägel vom Kurventypus B erheblich besser abschneiden als solche vom Kurventypus A, vorausgesetzt, daß die Nägel beim Versuch völlig herausgezogen werden. Werden die Nägel aber nur durch einen leichten Schlag beansprucht, dann können die Verhältnisse umgekehrt liegen. Hat beispielsweise der Nagel A einen Stoß auszuhalten, dessen Energie durch die Fläche *oab* dargestellt wird, dann wird er dadurch um den Betrag *oa* herausgezogen. Nun wird der Nagel B durch einen im Energieinhalt gleichen Stoß — entsprechend dem Flächeninhalt *ocd* — beansprucht; er wird dadurch, wie ersichtlich, um den Betrag *oc*, also weiter als der Nagel A, herausgezogen. Nagel A ist somit in diesem Fall dem Nagel B überlegen. Wächst allerdings der Energieinhalt der Schläge, so wird der Nagel B von einem gewissen Punkt an weniger herausgezogen als der Nagel A. Praktisch kommt dieser Feststellung keine allzu große Bedeutung zu, da sich nicht voraussagen läßt, welcher Schlagbeanspruchung die einzelnen Nägel unterworfen sein werden; trotzdem ist es unerläßlich, sowohl die statische als auch die dynamische Haltekraft zu prüfen, um über die vergleichsweise Wirksamkeit verschiedener Nägel Aufschluß zu erhalten.

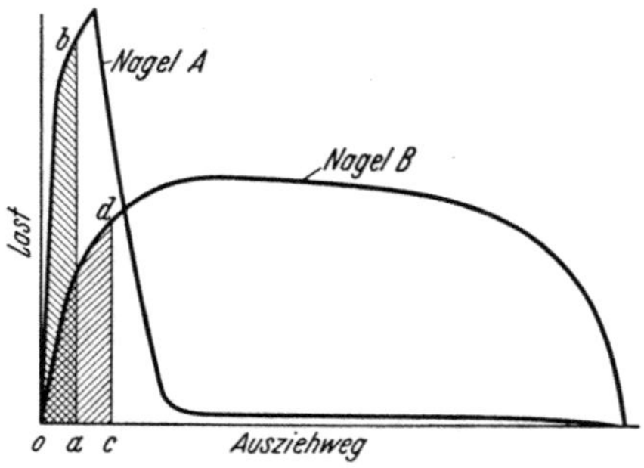

Bild 948. Kraft-Weg-Schaubilder beim Ausziehen verschiedener Nageltypen. (Nach I. Langlands.)

911.2 Statischer Ausziehwiderstand von eingeschlagenen Nägeln.

911.21 Einfluß der Holzwichte auf den statischen Ausziehwiderstand. Es ist zweckmäßig, nach amerikanischem Vorbild die maximale Haltekraft auf die

[1] Langlands, J.: The Holding Power of Special Nails, Commonwealth of Australia, C.S.J.R., Div. For. Prod., Techn. Paper No. 11, Melbourne, 1933.

Längeneinheit der Einschlagtiefe zu beziehen, also zu schreiben

$$\frac{Pa}{l} = p_a \cdot \mu_a \cdot \pi \cdot d \text{ [kg/cm]} \tag{129b}$$

Die Haftspannung p_a ist abhängig von der Rohwichte des Holzes, dem Winkel zwischen Einschlagrichtung des Nagels und Faserrichtung des Holzes, der Holzfestigkeit und Holzfeuchtigkeit, μ_a ist abhängig von der Holzwichte, anatomischen Eigenheiten, der Faserrichtung und der Beschaffenheit der Nageloberfläche.

Auf Grund von Versuchen im U. S. Forest Products Laboratory wurde für gewöhnliche Drahtnägel, senkrecht zur Faser in künstlich getrocknetes Holz eingeschlagen, eine empirische Formel entwickelt[1], die auf metrische Maßeinheiten umgerechnet, lautet

$$\frac{Pa}{l} = 485 \cdot r_0^{\frac{5}{2}} \cdot d \text{ [kg/cm]}. \tag{130}$$

Die Zahlenwerte aus Gleichung (130) scheinen auch für deutsche Verhältnisse brauchbare Anhaltspunkte zu geben. Beispielsweise bestimmte E. Gaber[2] den Ausziehwiderstand eines gewöhnlichen 4,2 mm dicken Nagels aus einem 26 mm dicken Fichtenbrett (mit 11% Feuchtigkeit) zu 64 kg. Nimmt man für das Fichtenholz $r_0 = 0{,}42$ g/cm³ an, so berechnet sich nach Gleichung (130)

$$P_a = 485 \cdot 1 \cdot r_0^{\frac{5}{2}} \cdot d = 485 \cdot 2{,}6 \cdot 0{,}42^{\frac{5}{2}} \cdot 0{,}42 \approx 61 \text{ [kg]}.$$

Die amerikanische Quelle macht darauf aufmerksam, daß bei Ausziehversuchen die Haltekräfte unter oder über der Mittelwertkurve nach Gleichung (130) liegen können, und daß dabei die Neigung zum Splittern eine wichtige Rolle spielt. Die Ergebnisse neuerer Versuche im US Forest Products Laboratory hat J. A. Scholten[3] veröffentlicht (Bild 949). Es handelt sich um Zahlen, die beim Ausziehen von Drahtnägeln mit einem mittleren Durchmesser von 3,33 mm und

Holzart	Anzahl der Proben	Holzart	Anzahl der Proben
1 Weide	10	10 Amberbaum	37
2 Linde	8	11 Esche	35
3 Pappel	16	12 Rüster	15
4 Tulpenbaum	25	13 Platane	27
5 Tupelo	28	14 Pecan-Hickory	11
6 Hackberry	8	15 Buche	9
7 Magnolie	21	16 Roteiche	31
8 Ahorn (Soft)	25	17 Weißeiche	32
9 Blackgum	27	18 Hickory	3

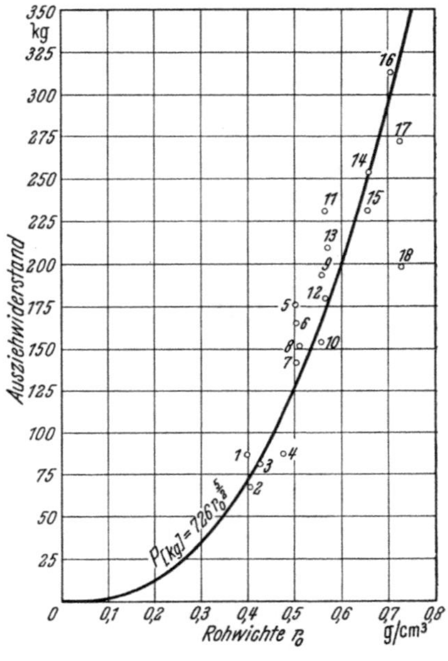

Bild 949. Abhängigkeit der maximalen Haltekraft beim Ausziehen von Nägeln (mittlerer Durchmesser 3,33 mm, Einschlagtiefe 38 mm) von der Rohwichte des Holzes im Darrzustand. (Nach J. A. Scholten.)

[1] US. Dept. Agric., For. Prod. Lab.: Wood Handbook. Washington, DC. 1935.

[2] Gaber, E.: Untersuchungen über Nägel und genagelte Bohlenträger. Ber. über die Sitzungen der Holztagung 1933. Berlin 1934, S. 36.

[3] Scholten, J. A.: Southern Lumberman Bd. 181 (1950) Nr. 2273, S. 208.

einer Länge von rund 64 mm (Einschlagtiefe 38 mm) erhalten wurden. Die mittels der eingeschriebenen Formel berechenbaren Werte liegen um 20% höher als die mit Formel 130 bestimmten Zahlen. Bei Versuchen von K. Kitahara und S. Mamara[1] ergaben sich aber für den Ausziehwiderstand von Nägeln aus Brettern von Chamaecyparis obtusa Endl. besonders für größere Nageldurchmesser Zahlen, die sehr nahe den mit Formel (130) für die gegebene Holzwichte (r_0 = 0,36 g/cm³) berechneten Werten liegen. Alles in allem stützen sich die in verschiedenen Ländern durchgeführten Versuche weitgehend hinsichtlich der Abhängigkeit des Ausziehwiderstandes der Nägel von der Holzwichte.

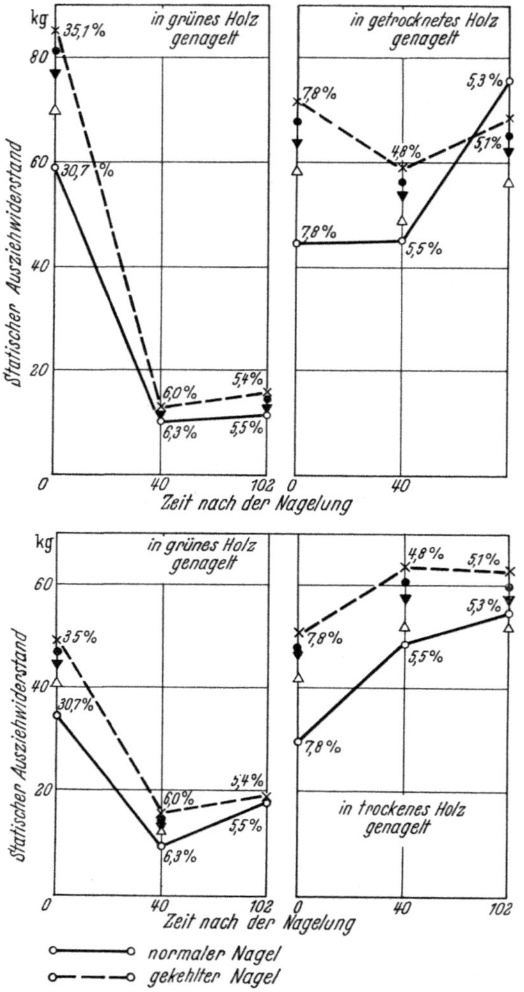

Bild 950. Einfluß der Holzfeuchtigkeit (Prozentzahlen) am Zeitpunkt der Nagelung und der Zeit nach der Nagelung auf den statischen Ausziehwiderstand. (Nach H. J. Ströer.)

F. Fonrobert und O. Köhler[2] haben für etwa 500 kurze (31/65, 31/70, 31/80 und 34/80) und 400 lange (70/180, 7 0/210 u. ä.) Nägel unter sehr verschiedenen Bedingungen die Haltekräfte bestimmt. Bei den kurzen Schalungsnägeln mit Senkkopf nach DIN 1151 ist die Gefahr, daß die Köpfe durch die Bretter hindurchgezogen werden, gewöhnlich größer als die Gefahr, daß der Nagel herausgezogen wird. Es stellten sich als Mindestwiderstand gegen das Durchziehen der Köpfe bei 3,1 mm dicken Nägeln 90 kg, bei 3,4 mm dicken Nägeln 100 kg heraus. Der Widerstand gegen das Herausziehen schwankte je nach der Brettdicke, Holzbeschaffenheit und dem Nageldurchmesser zwischen 80 und 150 kg, sofern die Nägel sofort nach dem Einschlagen wieder herausgezogen wurden. Eine merkliche Abnahme der Haltekraft trat ein, wenn zwischen dem Einschlagen und Herausziehen einige Tage verflossen waren. In USA wählt man die zulässige Haltekraft beim Herausziehen zu $\frac{1}{6}$ der mit Formel (130) berechneten Zahlen.

[1] Kitahara, K., u. S. Mamara: On the Nail-Holding Power of Hardened Fiber-Boards, Bull. Tokyo Univ. For. No. 39. März 1951.

[2] Fonrobert, F., u. O. Köhler, Bautechn. Bd. 19 (1941) S. 537.

911.22 Einfluß der Holzfeuchtigkeit auf den statischen Ausziehwiderstand. Schlägt man Nägel in grünes Holz ein und zieht sie sofort wieder aus, bevor es zu einer Trocknung kommt, so liegen die Ausziehkräfte für alle Holzarten höher als die entsprechenden Zahlen für trockenes Holz. Das Bild ändert sich erheblich, wenn man die Nägel in grünes Holz einschlägt, sie aber erst nach seiner Trocknung wieder auszieht[1]. Nahezu alle Nagelarten büßen dabei den Hauptteil ihrer Haltekraft ein (Bild 950). Die verschiedenen Holzarten verhalten sich sehr unterschiedlich, und es ist kaum möglich, ein Gesetz zu finden. Allgemein gültig scheint allerdings zu sein[2], daß die Haltekraft am Anfang der Trocknung am raschesten abnimmt, daß also bei der Nagelung von grünem Holz eine bereits geringe Feuchtigkeitsabnahme genügt, um den Ausziehwiderstand ungefähr bis auf den Endwert bei sehr trockenem Holz herabzudrücken (Bild 951). Ausschlaggebend dürften dabei das Schwindmaß und die Veränderung der elastischen Eigenschaften sein; jedenfalls läßt es sich so erklären, daß der Abfall der Haltekraft bei sehr harten und stark schwindenden Hölzern (z. B. Rotbuche) größer als bei weichen ist (vgl. Zahlentafel 117).

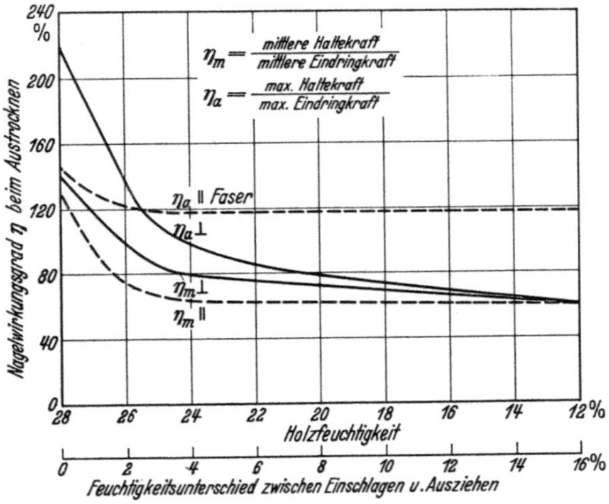

Bild 951. Abhängigkeit des Nagelwirkungsgrades beim Austrocknen vom Feuchtigkeitsunterschied zwischen Einschlagen und Ausziehen. (Nach F. Gaitzsch.)

Zahlentafel 117. *Abfall des Ausziehwiderstandes von Nägeln mit der Abnahme des Feuchtigkeitsgehalts.* (*Nach F. Gaitzsch.*)

Holzart	Faser-richtung	Mittlere Haltekraft kg			Höchste Haltekraft kg		
		bei $u = 0{,}26$ bis 0,28	bei $u \approx 0{,}12$	Abfall %	bei $u = 0{,}26$ bis 0,28	bei $u \approx 0{,}12$	Abfall %
Fichte . . .	⊥	53	22,6	57,4	120	35,4	70,5
	‖	34	10	70,7	65	28	57
Rotbuche . .	⊥	152	49	67,8	385	86,5	77,5
	‖	101	72	28,7	266	231	13,2

Hier tritt, vornehmlich wenn das Holz senkrecht zur Faser genagelt wird, in der Längsrichtung meist ein Aufspalten ein. Bei solchen harten, leicht spaltenden Hölzern empfiehlt sich, wenn sie grün oder luftfeucht genagelt werden, die Hirnholznagelung; bei Verarbeitung leichter Hölzer (darunter wohl aller Nadelhölzer) ist die Nagelung senkrecht zur Faser auf jeden Fall vorzuziehen.

Der Abfall der Haltekraft mit zunehmender Austrocknung tritt aber nur bei Drahtstiften und geschnittenen Nägeln — also solchen mit glatter Oberfläche —

[1] Ströer, H. J.: Z. VDI Bd. 77 (1933) S. 13.
[2] Gaitzsch, F.: Die Festigkeit maschineller Nagelverbindungen, Forschg. Ber. Holz H. 3, Berlin 1934.

ein, wie E. G. Stern[1] nachwies. Bei Schraubennägeln ist mit der Trocknung sogar eine Erhöhung der Haltekraft verbunden, wie Bild 952 zeigt.

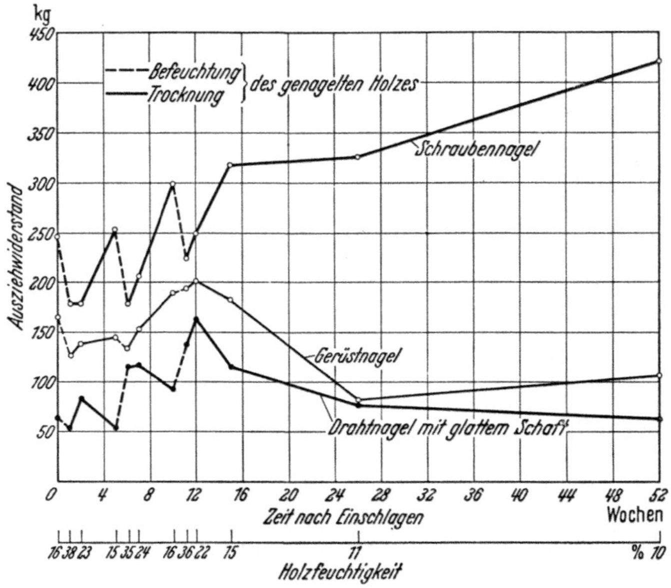

Bild 952. Änderungen des Ausziehwiderstands verschiedener Nageltypen bei wiederholter Befeuchtung und Trocknung der genagelten Bretter. (Nach E. G. Stern.)

911.23 Einfluß des Winkels zwischen Nagelachse und Holzfaserrichtung auf den statischen Ausziehwiderstand. In der Regel erreichen Nägel den höchsten Ausziehwiderstand, wenn sie senkrecht zur Holzfaser eingeschlagen sind. Mit abnehmendem Winkel zwischen Nagelschaft und Faserrichtung sinkt besonders bei weichen Hölzern der Ausziehwiderstand und erreicht bei Hirnholznagelung einen Wert, der auf 75 bis 50% des Ausziehwiderstands bei Quernagelung sinken kann. Bei sehr harten und dichten Hölzern ist der Einfluß der Faserrichtung aber vernachlässigbar klein.

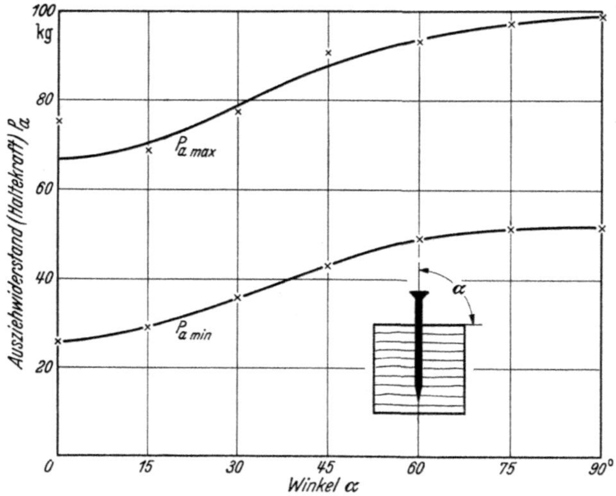

Bild 953. Abhängigkeit des Ausziehwiderstand eingeschlagener Nägel vom Winkel zwischen Nagelschaft und Faserrichtung (Zug in Schaftrichtung). (Nach F. Gaitzsch.)

[1] Stern, E. G.: Immediate vs. Delayed Holding Power of Nails, Virginia Polytechnic Institute, Wood Res. Lab., No. 8, Blacksburg, Virginia, Apr. 1952.

Versuche von L. J. Markwardt und J. M. Gahagan[1] ergaben folgendes:

1. Beim Einschlagen in grünes Holz und sofortigem Ausziehen ist Hirnholznagelung (also parallel zur Faser) überlegen;

2. Beim Einschlagen in trockenes Holz und sofortigem Ausziehen ist Nagelung quer zur Faser in der Regel überlegen;

3. Beim Einschlagen in grünes oder teilweise trockenes Holz und Ausziehen nach mehrmonatiger Lufttrocknung ist Nagelung quer zur Faser entschieden überlegen.

Da man bei der Kistenherstellung aus Weichholz auf das Nageln in beiden Richtungen technisch angewiesen ist, suchte man die Nachteile der Hirnholznagelung durch Schrägnagelung auszugleichen. Bei Ausziehversuchen in der Nagelrichtung fand F. Gaitzsch die in Bild 953 dargestellte Abhängigkeit der Haltekräfte vom Winkel zwischen Nagelschaft und Faserrichtung. Praktisch fällt bei Schrägnagelung die Hauptbeanspruchung nicht mehr in die Schaftrichtung, wie Bild 954 unten schematisch zeigt; im Grenzfall, beim Nageln unter 45°, steigen die Haltekräfte beträchtlich, da die Reibung durch die senkrecht zur Schaftrichtung wirkende Kraftkomponente vergrößert wird. Die Zunahme der mittleren Haltekraft — s. Gleichung (128) — läßt sich aus den Kraft-Weg-Schaubildern abschätzen. Der Wert dieser theoretischen Ergebnisse und der Ergebnisse von Kleinversuchen wird freilich dadurch beeinträchtigt, daß bei Kisten-Trommelversuchen[2] in USA die Schrägnagelung schlecht abschnitt. Es muß deshalb als möglich hingestellt werden, daß die physikalisch bedingte Verbesserung der Haftspannung durch andere Umstände (z. B. mangelhaften Anschluß des Nagelkopfes an die Holzoberfläche, Verlust an wirksamer Nagellänge) aufgewogen oder sogar ins Gegenteil verkehrt wird.

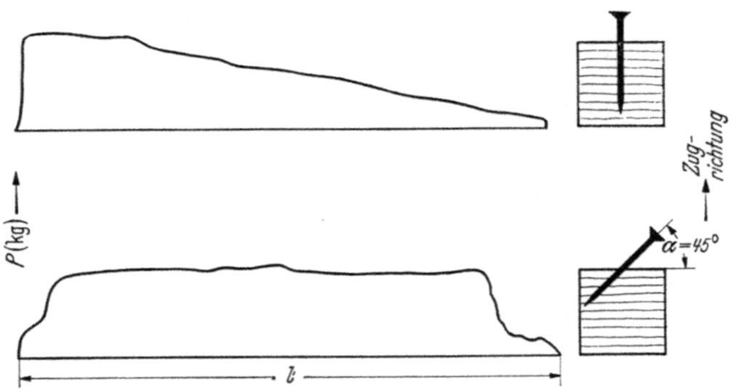

l = Einschlaglänge des Nagels

Bild 954. Ausziehdiagramme bei Schrägnagelung (25/70 Nägel, Fichtenholz). (Nach F. Gaitzsch.)

911.24 Einfluß der Nagelform und -beschaffenheit auf den statischen Ausziehwiderstand. Das proportionale Anwachsen der Haltekraft mit dem Nageldurchmesser und der Einschlagtiefe kam in Formel 129a schon zum Ausdruck. Bei unverändertem Durchmesser ist weiter die Spitzenform von Bedeutung. Im allgemeinen hat ein Nagel mit langer, scharfer Spitze (Bild 955a) eine höhere Haltekraft als einer mit der üblichen kurzen Spitze[3] (Bild 955b). Ungültig ist diese Regel indessen für Hölzer, die zum Splittern neigen, da hier die Keilwirkung der Spitze das Spalten begünstigt. Das Splittern wird verringert beim Gebrauch von Nägeln ohne Spitze (Bild 955c), aber die starke

[1] Markwardt, L. J., u. J. M. Gahagan: Packing and Shipping Bd. 56 (1930) S. 7, 23, 25.

[2] Plaskett, C. A.: Principals of Box and Crate Construction, US. Dept. Agric., Techn. Bull. No. 171, Washington D. C. 1930.

[3] Markwardt, L. J., u. J. M. Gahagan: Timberman Bd. 31 (1930) S. 107.

Stanzwirkung zerstört die an die Lochwand angrenzenden Holzfasern weitgehend, so daß die Haltekraft sehr niedrig wird. Beim abgestumpften Nagel (Bild 955d) treten Keil- und Stanzwirkung nebeneinander auf. Bei Wahl des richtigen Abstumpfungsverhältnisses kann sich die maximale Haltekraft P_a — s. Gleichung (129a) — gegenüber der reinen Spitze beträchtlich erhöhen. F. Gaitzsch hat dafür Zahlenmaterial vorgelegt, in dem er die Haltekraft in Beziehung zum Abstumpfungsgrad ξ setzte:

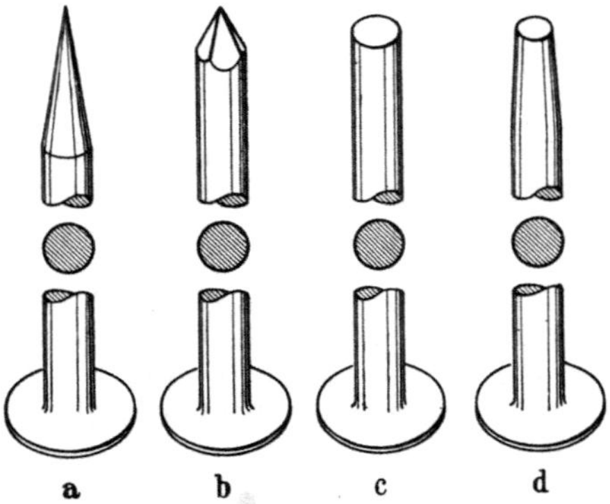

Bild 955. Nagelspitzen. a lange, scharfe, b kurze, c ohne Spitze, d abgestumpft.

$$\xi = \frac{d_1^2}{d_2^2 - d_1^2},$$

wobei d_1 = Durchmesser der Nagelabstumpfung, d_2 = Durchmesser des Nagelschaftes.

Eine Reihe von Untersuchungen befaßt sich auch mit der Schaftform. Als Grundtypen haben hier der Rund- und der Vierkantnagel zu gelten. Theoretisch ist ein Unterschied nicht zu erwarten, wenn die Haftfläche die gleiche ist — s. Gleichung (127) —. Bei der nämlichen Nageleinschlagtiefe müßte somit der Ausziehwiderstand eines Vierkantnagels mit der Seitenlänge $a = \frac{\pi}{4} d$ genau so groß sein wie der eines Rundnagels mit dem Querschnitt-Durchmesser d. Die folgenden Überlegungen gelten sinngemäß auch für Nägel mit dreieckigem Querschnitt, wobei die Seitenlänge $s = \frac{\pi}{3} d$ ist. Die Versuche haben aber gezeigt, daß beim Vierkantnagel ein gewisser Vorteil gegenüber Rundnägeln eintreten kann. Dieser Vorteil beschränkt sich auf das Nageln senkrecht zur Faser; begründet ist er nach F. Gaitzsch in einer leichten wellenförmigen Verbiegung des Schaftes, die beim Herausziehen des eckigen Nagels besondere Keilwirkungen auslöst. Praktisch ist der Unterschied gering, und es darf nicht erwartet werden, daß er durch verwickelte Querschnittformen erhöht wird. Beispielsweise stellten L. J. Markwardt und J. M. Gahagan[1] fest, daß für gekehlte Vierkantnägel unmittelbar nach dem Einschlagen die Haltekraft um etwa 10% höher ist als für Rundnägel gleicher Oberfläche; trocknet das Holz aus, so verwischen sich die Unterschiede, ja es kann sogar zu einer Überlegenheit des Rundnagels kommen.

Eine Ausnahmestellung nehmen die Schuppen- und die Schraubennägel (Bild 956) ein. Die Schuppennägel besitzen, wenn das Herausziehen unmittelbar nach dem Einschlagen erfolgt, eine geringere Haltekraft als die Nägel mit normaler Oberfläche[2]. In feuchtes Holz getrieben und erst nach seinem Austrocknen beansprucht, hat der Schuppennagel bedeutend größere Haltekraft als der gewöhnliche Nagel. Ähnlich liegen die Verhältnisse bei den Schraubennägeln: Beim sofortigen Ausziehen ergeben sich gegenüber Rundnägeln kaum Unterschiede, beim späteren Ausziehen hingegen behalten die Schraubennägel

[1] Markwardt, L. J., u. J. M. Gahagan: Barrel and Box Bd. 34 (1929) S. 16; über Nagelversuche berichten die gleichen Verfasser auch in Barrel and Box Bd. 35 (1930) S. 21, Bd. 36 (1931) S. 26, Packing and Shipping Bd. 57 (1930) S. 21 u. Nr. 10; — vgl. auch Holzindustrie Bd. 11 (1931) S. 412 u. Ströer, H. J.: Z. VDI Bd. 77 (1933) S. 13.

[2] Schuppennägel (im Englischen barbed nails) vgl. US. Dept. Agric. For. Prod. Lab. Wood Handbook, Washington 1935, S. 122.

ihre Haltekraft nahezu bei, da sich die Holzfasern beim Schwinden fest den Schraubennuten anschmiegen.

Sehr gründliche Untersuchungen zur Frage der Erhöhung der Nagelhaltekraft durch besondere Gestaltung des Schaftes hat E. G. Stern[1] angestellt. Er zeigte, daß die Schuppennägel nur unter bestimmten Gebrauchsbedingungen eine größere Haltekraft ergeben. Die Ursache liegt darin, daß die Rauhigkeit der Oberfläche den innigen Schluß zwischen Nageloberfläche und umgebendem Holzgewebe verschlechtert. Anderseits ergeben ringförmige oder schraubenförmige Nuten an der Oberfläche des Nagelschaftes bei richtigem Entwurf Aussparungen, in welche die gewaltsam beim Einschlagen getrennten Holzfasern einhaken und dadurch sowohl die Reibung als auch die Scherkräfte beim Ausziehen des Nagels vergrößern. Bei den Ringnutennägeln (Bild 957b) gleiten die auskragenden Faserenden während des Einschlagens in die Vertiefungen und halten den Nagel fest. Die Schraubennägel mit großem Steigungswinkel

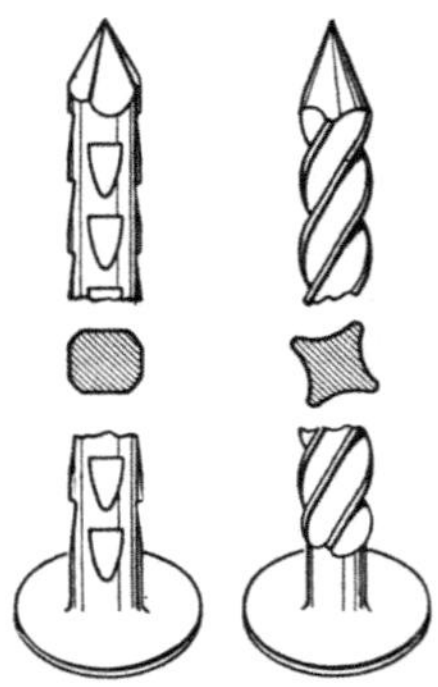

a b

Bild 956. Schuppen- und Schraubennagel.

a

b

c

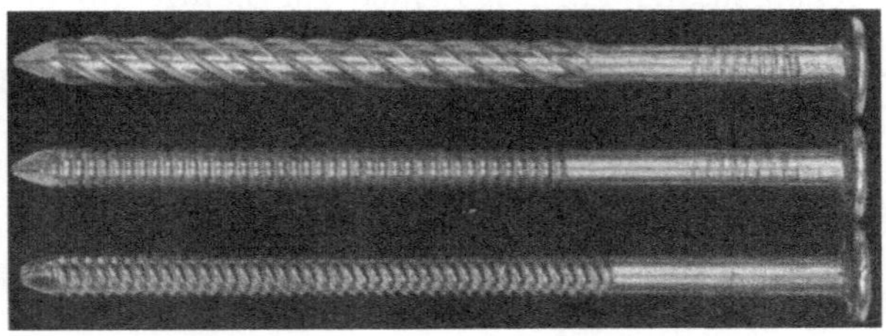

Bild 957. Ansicht verschiedener Nageltypen amerikanischer Herstellung. a Schraubennagel mit großem Steigungswinkel, b Ringnutennagel, c Schraubennagel mit flacher Steigung. (Phot. Virginia Polytechnic Institute, Blacksburg, Virginia.)

(Bild 957a) drehen sich während des Einschlagens wie eine Schraube. Die Schraubennägel arbeiten sich in das Holz hinein, wobei die Fasern an der Nageloberfläche gleiten. Kann sich der Schraubennagel beim Ausziehen drehen, dann bestimmt die Reibung zwischen dem Nagelschaft und den zusammengepreßten Holzfasern die Größe des axialen Ausziehwiderstands; ist eine Drehung unmöglich, dann müssen die in die Gewindegänge eingreifenden Fasern völlig zerstört werden, um den Nagel ausziehen zu können. Die jüngste Verbesserung ist der Schraubennagel mit flacher Steigung (Bild 957c). Der Schaft dieser Nägel weist die geringstmögliche Verschwächung durch das Gewinde auf und sichert dadurch kleinstmögliche Schwankungen der Spannungen über dem Nagelquerschnitt. Infolge des kleinen Steigungswinkels behält dieser Schraubennagel hohen Ausziehwiderstand ähnlich den Ringnutennägeln.

Schon aus diesen Untersuchungen geht eindeutig hervor, daß das Nutenprofil für das Haltevermögen der Nägel entscheidend ist. Zu flache Aussparungen sind im allgemeinen weniger wirksam als tiefe. Sind die Nuten jedoch zu tief, dann wird der Nagelschaft beim Einschlagen leicht krumm und knickt aus und bietet bei seitlicher Belastung wenig Scher- und Biegefestigkeit. Es zeigte sich, daß Ringnutenmängel mit abgerundeten Nuten viel besser halten als solche mit

[1] Stern, E. G.: Improved Nails for Building Construction, Virginia Polytechnic Inst. Engng. Exper. Station Bull. No. 76, Sept. 1950. — Derselbe: Grooved Nails Strengthen House Frames, Engng. News-Record, Bd. 144 (1950), 14, S. 32. — Derselbe: Nails in End-Grain Lumber, Timbers News and Machine Woodworker, Dez. 1950. — Derselbe: Nails and Screws in Wood Assembly and Construction, Virginia Polytechnic Institute Wood Res. Lab., Blacksburg, Virg., Mai 1951.

scharfkantigen Nuten. Besonders bewährt haben sich Schraubennägel mit flacher Steigung (s. Bild 957c), die bei richtiger Ausbildung unter den genuteten Nägeln die höchste Haltekraft aufweisen. Sehr vorteilhaft ist auch ein leichter Anzug des mit Gewinde versehenen Schaftteils; die Haltekraft wird beträchtlich erhöht, da sich die Eingriffe der Gewindeflanken und damit die Reibungskräfte umso mehr verstärken, je tiefer die Nägel eingeschlagen werden. Die Nuten- und Schraubennägel können zwischen dem Gewindeteil und ihrem Kopf ein glattes Schaftstück enthalten, das zweckmäßigerweise so lang ist, wie die Dicke des (mit ihnen auf anderem Holz) zu befestigenden Holzteils, da es keinen Nutzen bringt, wenn ein Gewindeteil in diesem Holzteil eingebettet ist. Ein Nuten- oder Schraubennagel mit einwandfreiem glatten Schaftteil wird zwei Holzteile fester zusammenhalten können als ein Nagel ohne dieses glatte Stück. Der Grund für diese Erscheinung liegt darin, daß die Nägel mit glattem Schaftstück in jenem Holz, auf dem ein anderes Stück befestigt wird, ungestört rotieren können und dadurch beide Stücke enger aneinander heranziehen.

Zahlentafel 118 zeigt einen Ausschnitt aus den bisherigen Versuchsergebnissen von E. G. Stern, die klar die Überlegenheit der genuteten Nägel gegenüber jenen mit glattem Schaft beweisen. Auch Bild 958 zeigt die hohe Wirksamkeit der genuteten Nägel gegenüber den gewöhnlichen Drahtstiften an Hand der Ausziehwiderstand-Ausziehweg-Diagramme.

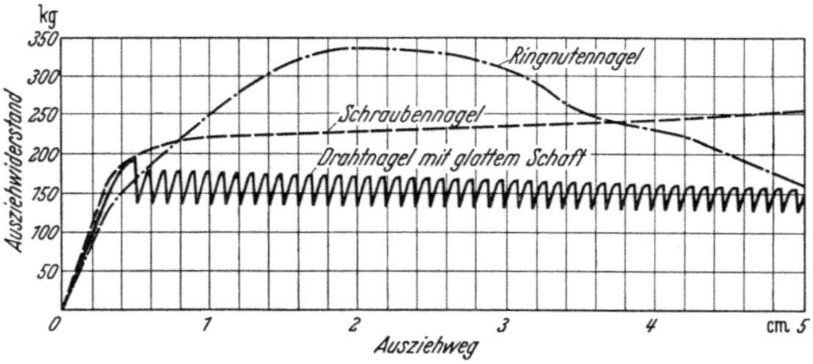

Bild 958. Ausziehwiderstand-Ausziehweg-Diagramme für verschiedene Nageltypen (63,5 mm lange Nägel, 42 mm tief in lufttrockenes Southern Yellowpine-Holz eingeschlagen). (Nach E. G. Stern.)

Da die Haltekraft von Nägeln — wieder gleiche Haftfläche vorausgesetzt — verhältnisgleich der Reibungszahl μ zwischen Nageloberfläche und Lochwandung ist, lag es nahe, die Festigkeit der Nagelverbindungen durch Vergrößerung von μ zu erhöhen. Die meines Wissens ersten umfassenden Versuche in dieser Hinsicht wurden in den Vereinigten Staaten unternommen. Ohne auf die frühesten Ergebnisse zurückzukommen, seien neuere Erkenntnisse zusammengestellt. Bild 959 zeigt die von F. Gaitzsch bei verschiedenen Nageloberflächen bestimmten mittleren und höchsten Haltekräfte. Eine Steigerung gegenüber dem handelsüblichen Nagel ist bereits durch Anlassen (Bläuen) zu erreichen, da hierbei die Verunreinigungen (Fettspuren) verbrennen, die vom Herstellungsgang des Nagels herrühren und die Reibungszahl erheblich herabsetzen .Verrosten, sei es auf natürlichem Weg, sei es infolge von Eintauchen in Essigsäure, erhöht die Ausziehkräfte weiter. Als vorteilhaft erwies es sich, blanke Nägel in Essigsäure zu tauchen und naß zu nageln, da dann die Schlagkräfte sehr niedrig sind, wogegen die Haltekräfte besonders hoch werden, weil die Anfressung erst im Holz eintritt. Sehr wirkungsvoll ist auch ein von J. M. Gahagan und E. Beglinger entwickeltes Ätzverfahren. Die Nägel werden

Zahlentafel 118. *Nagelhaltekraft von Nägeln verschiedener Form; die Zahlenwerte beziehen sich auf den Normalwert für Nägel aus niedrig legiertem Kohlenstoffstahl, 64 mm lang, 3,4 mm dick, mit unbehandelter Oberfläche.* (*Nach Virginia Polytechnic Institute.*)

Holzart	Holzfeuchtigkeit beim		Geprüfte Eigenschaft	Nagelarten			
	Einschlagen	Prüfen		glatter Schaft o. Ü.[1]	glatter Schaft überzogen	Schraubennägel o. Ü.	Ringnutennägel o. Ü.
Weißeiche	grün	grün	Eintreibwiderstand	100%	100%	122%	123%
			Ausziehwiderstand	100	128	161	183
			Seitenbelastbarkeit	100	105	114	85
Buche	grün	grün	Eintreibwiderstand	100	101	119	123
			Ausziehwiderstand	100	105	136	152
			Seitenbelastbarkeit	100	119	136	180
Southern yellow pine	halb lufttrocken	halb lufttrocken	Eintreibwiderstand	100	96	120	124
			Ausziehwiderstand	100	166	125	244
			Seitenbelastbarkeit	100	128	150	124
Weißeiche	grün	lufttrocken[2]	Ausziehwiderstand	100	119	228	245
			Seitenbelastbarkeit	100	100	134	114
Buche	grün	lufttrocken	Ausziehwiderstand	100	84	330	258
			Seitenbelastbarkeit	100	86	150	127
Southern yellow pine	halb lufttrocken	lufttrocken	Ausziehwiderstand	100	313	290	681
			Seitenbelastbarkeit	100	122	176	140

[1] o. Ü. = ohne Überzug.
[2] lufttrocken nach 5monatiger Freilufttrocknung.

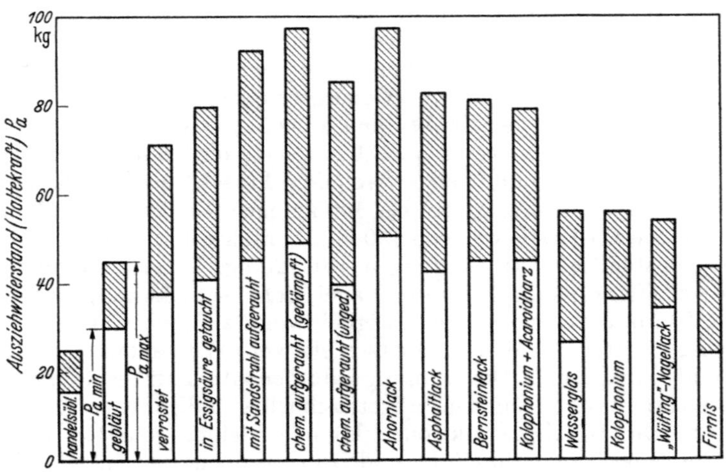

Bild 959. Abhängigkeit des Ausziehwiderstands eingeschlagener Nägel von der Beschaffenheit der Nageloberfläche. (Nach F. Gaitzsch.)

in eine 2%ige Lösung aus Quecksilberchlorid und Eisenchlorid gelegt und anschließend gedämpft. Die maximale Haltekraft erreicht bei diesem Ätzverfahren von allen bekannten Oberflächenbehandlungen den Höchstwert. Allerdings ist nicht zu kleine Nagellänge (bzw. Einschlagtiefe) vorausgesetzt.

Empfohlen wird vom amerikanischen Forest Products Laboratory auch die Zementierung der Nageloberflächen, worunter die Behandlung mit Lösungen von Kolophonium (evtl. zusammen mit Acaroidharz) in Spiritus zu verstehen ist. Die Haltekraft der Nägel ist dann etwa proportional der Dicke der Imprägnierungsschicht und damit — wenn bei gleicher Temperatur imprägniert wird — der Viscosität des Lackes[1]. Die Erhöhung des Ausziehwiderstandes durch das Zementieren (die nach amerikanischer Angabe[2] im Durchschnitt auf 85 bis 100% geschätzt werden darf) kann bei sehr harten und dichten Hölzern unbedeutend sein; aber auch in leichten Hölzern verringert sie sich mit der Zeit, so daß etwa einen Monat nach dem Einschlagen nur noch rund die Hälfte des Anfangszuwachses an Haltekraft verbleibt.

N. H. Kloot[3] fand beim Einschlagen und sofortigen Wiederausziehen von 26/57 mm Drahtstiften in australisches Kiefernholz einen um durchschnittlich 83% vergrößerten Ausziehwiderstand der zementierten Nägel; nach drei Monaten war der Ausziehwiderstand sogar um 107% größer, ein Befund, der im Gegensatz zu den amerikanischen Mitteilungen steht.

Recht günstige Wirkungen ergaben in USA Lacke mit hohem Firnis- oder Ölgehalt (z. B. Ahornlack, Bernsteinlack); ihre praktische Anwendung dürfte jedoch ausgeschlossen sein, da sie sehr schwer trocknen und zu kostspielig sind. Nach einem Vorschlag von V. Saretok und T. W. Möller[4] kann man auch beleimte Nägel verwenden. Die Nägel werden in geeignete Leimlösung eingetaucht, wonach das Lösungsmittel abgedampft wird. Der Leimverbrauch ist der Nageloberfläche verhältnisgleich (z. B. 6 bis 8 g für 1 kg 4″-Nägel). Der beleimte Nagel wird wie ein gewöhnlicher Nagel eingeschlagen. Da der Reibungskoeffizient im Vergleich zum unbehandelten Nagel niedriger ist, benötigt man nur etwa 60% der normalen Einschlagenergie. Nach dem Einschlagen muß der Nagel je nach Leimsorte auf 100 bis 150° C erwärmt werden, wobei die Leimschicht schmilzt und der Nagel fest mit dem Holz verbunden wird. Sobald der Nagel wieder abgekühlt ist, wurde die volle Haltekraft erreicht. Das Erwärmen kann durch elektrische Widerstandserhitzung (z. B. 4″-Nägel werden durch Strom von 10 V und 200 A in 2 s auf die gewünschte Temperatur gebracht) oder hochfrequente Induktionsheizung (Generatorleistung 2 bis 7 kW, Frequenz 500 bis 1000 kHz, Dauer der Erwärmung 2 bis 5 s) erfolgen. Ein gewöhnlicher 4″-Nagel mit einem Durchmesser von 3,9 mm hat für 45 mm Einschlagtiefe eine Haftfestigkeit von 50 kg unmittelbar nach dem Einschlagen (in Fichtenholz mit 12% Feuchtigkeit, $r_0 = 0{,}45$ g/cm³, σ_{dB} 400 kg/cm²). Ein beleimter Nagel hat in diesem Holz eine Haftfestigkeit von 450 kg. In Eichenholz steigt die Haftfestigkeit unter sonst gleichen Bedingungen auf 720 kg. Vergrößert man die Eindringtiefe auf 60 mm, dann kann der Nagel nicht mehr herausgezogen werden, sondern reißt ab, da er eine Eigenfestigkeit von 72 kg/mm² hat. Der Ausziehwiderstand geleimter Nägel hängt nicht mehr vom Winkel zwischen Einschlagrichtung und Holzfaser ab. Die Leimung kann feuchtigkeitsbeständig ausgeführt werden, sie verleiht dem Nagel gute Korrosionsbeständigkeit vor und nach dem Einschlagen. Die Holzkonstruktionen können kleiner gehalten werden, desgleichen verringern sich die Zahl und Dimensionen der Nägel bei gleicher Festigkeit.

---

[1] Gaitzsch, F.: Die Festigkeit maschineller Nagelverbindungen, Forschg. Ber. Holz H. 3, S. 43, Berlin 1934.

[2] U.S. Dept. Agric., For. Prod. Lab.: Wood Handbook, Wahington DC. 1935, S. 120.

[3] Kloot, N. H.: Tests on the Holding Power of Titan Plain and Processed Cementcoated Nails, J. Counc. Sci. Ind. Res. (Australia) Bd. 17 (1944) S. 156.

[4] Saretok, V., u. T. W. Möller: Schwed. Pat. Nr. 125564 (1948) u. Schweizer Pat. Nr. 274326.

Es versteht sich nach dem bisher Gesagten von selbst, daß Verbesserung der Glätte der Nageloberfläche die Haltekraft herabsetzt, daß also Polieren nachteilig ist.

911.25 Einfluß des Umschlagens oder Vernietens der Nagelspitze auf den statischen Ausziehwiderstand. Von E. Gaber[1] stammen Versuche über den Ausziehwiderstand glatter, umgeschlagener und genieteter Nägel. Die Ergebnisse sind in Bild 960 dargestellt; sie beziehen sich auf 4,2 mm dicke Nägel, die in ein 28 mm dickes Tannenbrett geschlagen und dann herausgezogen wurden. Die Zugkraft wurde in Abhängigkeit vom Ausziehweg selbsttätig aufgezeichnet. Die Jahrringe lagen einmal so, daß die Nägel senkrecht, dann unter 45° und schließlich parallel dazu gezogen wurden. Um etwaige Unterschiede der Holzfestigkeit auszugleichen, wurden jeweils fünf Versuche gemittelt. Die Holzfeuchtigkeit lag zwischen 10 und 11%.

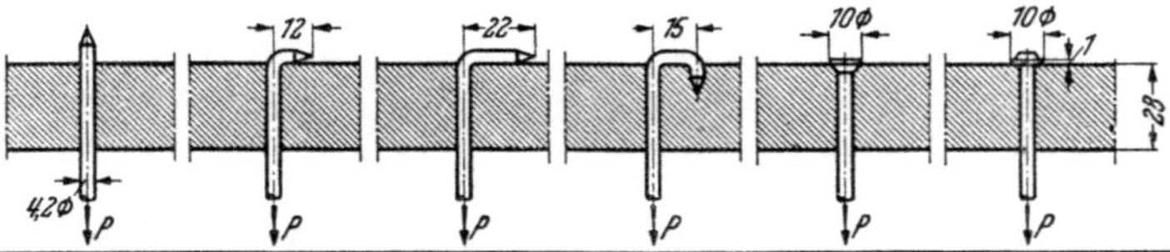

ohne Kopf	kurz umgeschlagen	lang umgeschlagen	2fach umgeschlagen	Nagelkopf	mit Unterlegscheib. vernietet	Lage der Jahrringe
gemittelte Höchstwiderstände gegen Ausziehen bei verschiedener Lage der Jahrringe [kg]						
67	182	183	212	202	283	
66	210	175	214	217	270	
60	192	167	228	239	263	
64	195	173	218	219	272	Mittelwert

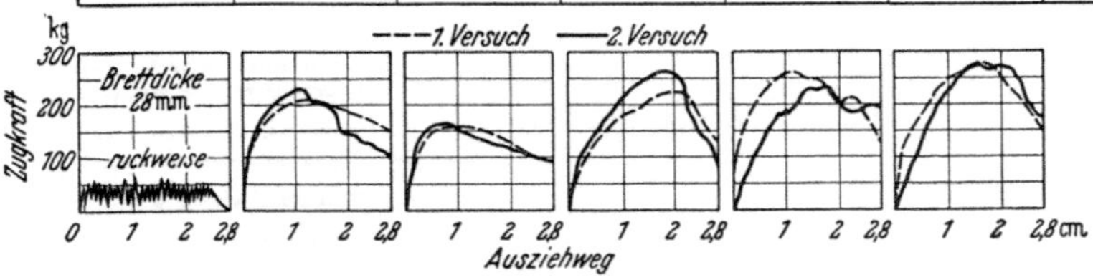

Bild 960. Ausziehwiderstand verschieden umgeschlagener und genieteter Nägel. (Nach E. Gaber.)

Den größten Ausziehwiderstand hat der genietete Nagel, dann kommt der doppelt umgeschlagene Nagel, an letzter Stelle steht der gewöhnliche Nagel ohne Kopf. Der einfach umgeschlagene Nagelschaft verhält sich gut, wenn das umgeschlagene Stück nicht länger als $3d$ (d = Durchmesser des Nagels) ist. Der Einfluß der Jahrringe ist unterschiedlich und bewegt sich in engen Grenzen.

W. Stoy[2] stellte die Tragfähigkeit von Nagelverbindungen in Abhängigkeit vom Umschlagen der Nägel fest. Bei den in Bild 961 ausgewerteten Versuchen wurden drei Bretter, je 30 mm dick, mit achtkantigen Drahtstiften 42/120 verbunden. Werden die Nägel quer zur Kraftrichtung umgeschlagen, so ist die Höchstlast um etwa ein Sechstel größer als bei geraden Nägeln. Werden dagegen die Nägel entgegen der Kraftrichtung umgeschlagen und drücken sich die Spitzen infolgedessen bei der Verformung tiefer in das Holz ein, so steigt die

[1] Gaber, E.: Statische und dynamische Versuche mit Nagelverbindungen, Versuchsanst. f. Holz, Stein und Eisen. H. 3, Karlsruhe 1935.

[2] Stoy, W.: Tragfähigkeit von Nagelverbindungen im Holzbau, Mitt. Fachaussch. Holzfragen, H. 11, Berlin 1935.

Höchstlast sogar um etwa ein Drittel. Beim Umschlagen in der Kraftrichtung heben sich bei der Verformung die Nagelspitzen aus dem Holz, da bei dieser Art des Umschlagens die Holzfasern seitlich des Nagelspitzenbettes zerstört werden; die Bruchlast sinkt um 10%. Zusammenfassend läßt sich sagen, daß durch richtiges Umschlagen der Nagelspitzen die Tragfähigkeit günstig beeinflußt wird, daß diese Technik aber nur bei dünnen Brettern in Frage kommt und es sich auch dort nicht lohnt, den Einfluß rechnerisch zu berücksichtigen. Bei größeren Holzdicken entfällt das Umschlagen der Nagelspitzen ohnehin.

911.3 Dynamischer Ausziehwiderstand eingeschlagener Nägel.

Bei der Verwendung von Holzkonstruktionen im Hochbau überwiegt im allgemeinen ihre statische Belastung, jedoch gibt es Bauteile (z. B. Deckenträger, Brückentragwerke, Antennentürme usw.), bei denen die Belastung großen Schwankungen unterworfen ist und bei denen auch starke Stöße auftreten. In der Praxis werden die Kräfte, die aus Nagelverbindungen die Nägel

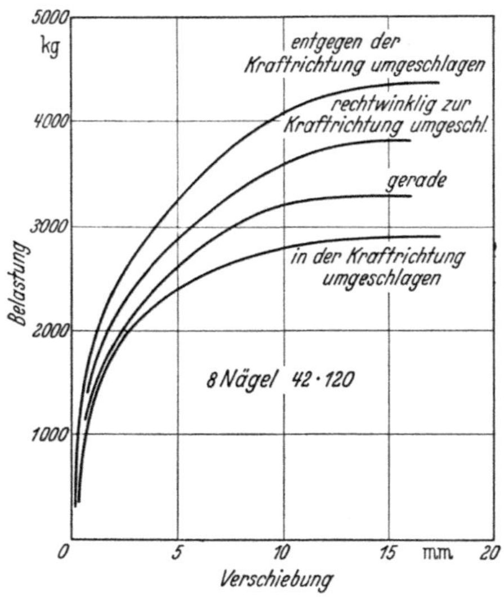

Bild 961. Belastungs-Verschiebungs-Diagramme für Nagelverbindungen mit verschieden umgeschlagenen Nagelspitzen. (Nach W. Stoy.)

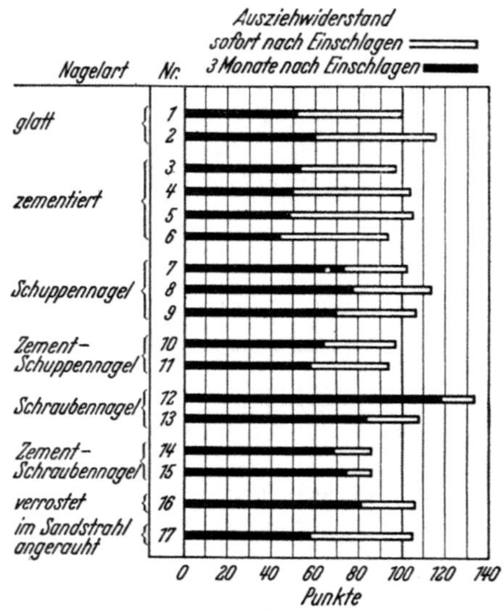

Bild 962. Relativer Ausziehwiderstand verschiedener Nageltypen beim dynamischen Ausziehversuch sofort nach dem Einschlagen und drei Monate nach dem Einschlagen. (Nach I. Langlands.)

herausziehen können, wahrscheinlich sehr häufig plötzlich wirkend, d. h. ruckartig, sein. Dies gilt beispielsweise auch für die Beanspruchung der Nägel in Kisten beim Aufschlagen. Unter diesem Gesichtswinkel ist dem dynamischen Ausziehwiderstand keine geringere Bedeutung beizumessen als dem statischen.

I. Langlands[1] hat darüber in Australien Versuche angestellt. Verschiedene Nägel wurden dabei in Nadelholzblöcke (Tsuga heterophylla Sarg.) 32 mm tief eingeschlagen. Der Block mit dem Nagel wurde dann in eine Bruchschlag-Prüfmaschine (Bauart Denison) eingespannt. Am Nagelkopf wurde eine stählerne Klaue befestigt, die durch eine Kette mit dem Pendelhammer der Maschine

[1] Langlands, I.: The Holding Power of Special Nails, Commonwealth of Australia, Counc. Sci. Ind. Res., Div. For. Prod., Techn. Paper Nr. 11, Melbourne 1933.

verbunden war. Der Pendelhammer straffte beim Durchschwingen durch die Nullage die Kette und zog den Nagel ruckweise aus dem Holz. Die verbrauchte dynamische Energie wurde in üblicher Weise aus der Ausschwinghöhe des Pendelhammers errechnet. Die mittleren verhältnismäßigen dynamischen Ausziehwiderstände (Ausziehwiderstand des Nagels Nr. 1 unmittelbar nach dem Einschlagen = 100%) sind in Bild 962 graphisch dargestellt. Beim ruckweisen Ausziehen unmittelbar nach dem Eintreiben zeigte nur der aus Vierkantdraht hergestellte unbehandelte Schraubennagel eine höhere dynamische Haltekraft, während der gleiche Nagel in zementiertem Zustand bedeutend weniger hielt. Nach dreimonatiger Lagerung hatte sich das Bild erheblich verschoben: Der glatte gewöhnliche Drahtstift hatte 48% seiner anfänglichen Haltekraft eingebüßt, der glatte zementierte Drahtstift etwa 50%, der Schuppennagel 32%, der zementierte Schuppennagel 35%, der unbehandelte Schraubennagel hingegen nur 10%. Die Überlegenheit des Schraubennagels in dynamischer Hinsicht sticht also hervor. Die zementierten Nägel waren sowohl bei der sofortigen als auch bei der späteren Prüfung durchweg den unbehandelten unterlegen. Bei Versuchen von N. H. Kloot[1] mit in Blöcke aus Araucaria bidwillii eingeschlagenen Nägeln (26/57) ergaben sich mit zementierten Nägeln — wobei die Zementierung offenbar an sich wirksamer war als bei den früheren Versuchen von Langlands, denn sie verbesserte die statische Haltekraft um 83% bei sofortigem Herausziehen, um 107% beim Herausziehen nach drei Monaten, wogegen damals zwischen beiden Nageltypen kaum Unterschiede in den Haltekräften bestanden — weder beim sofortigen noch beim verzögerten dynamischen Ausziehen nennenswerte Unterschiede gegenüber den unbehandelten Nägeln.

912. Lochleibungsfestigkeit (Einpreßwiderstand, Seitenbelastbarkeit) von Nagelverbindungen.

Die Festigkeit genagelter Verbindungen im Holzbau hängt im allgemeinen weniger vom Ausziehwiderstand als vom Einpreßwiderstand des Nagelschaftes ab. Maßgebend sind hierfür die Lochleibungskräfte, das sind jene Kräfte, die der Nagelschaft — oder auch ein Bolzen — bei Belastung senkrecht zu seiner Längsachse (Bild 963) auf das Holz durch die halbe Leibungsfläche des Hohlzylinders ausübt, der durch das Einschlagen des Nagels geschaffen wird. Es gibt einen kritischen Lochleibungsdruck, bei dem sich ein biegefester Stahlzylinder unaufhaltsam in ein Holz (bei gegebener Faserrichtung, Feuchtigkeit usw.) einfrißt. In erster Linie ist diese Lochleibungsfestigkeit σ_{lB} (also die auf die Projektion des Nagelschaftes bezogene gleichmäßig verteilt gedachte Spannung in kg/cm²) von der Druckfestigkeit σ_{dB} des Holzes abhängig, daneben vom Verhältnis der Brettdicke a zum Nageldurchmesser d (dem Schlankheitsgrad $\lambda = \frac{a}{d}$) und der Holzfeuchtigkeit[2]. Nach einem Vorschlag

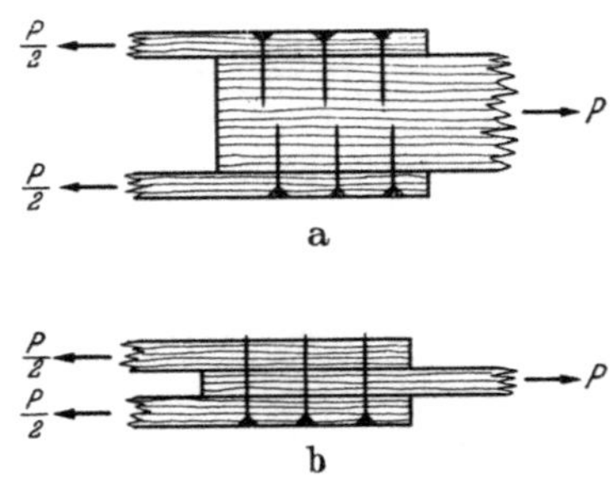

Bild 963. Kraftanschluß durch Nagelverbindungen. a einschnittig, b zweischnittig.

[1] Kloot, N. H.: Tests on the Holding Power of Titan Plain and Processed Cementcoated Nails, J. Counc. Sci. Ind. Res. (Australia) Bd. 17 (1944) S. 156.

[2] Der Schlankheitsgrad λ von Nagel- und Bolzenverbindung darf mit dem Schlankheitsgrad λ bei Knickbeanspruchung nicht verwechselt werden. Dieser ist physikalisch anders definiert (s. Bd. I, S. 763).

von W. Stoy[1] faßt man die neben der Druckfestigkeit wirksamen Umstände in einem Faktor φ zusammen, so daß gilt:

$$\sigma_{lB} = \varphi \cdot \sigma_{dB} \text{ [kg/cm}^2\text{]}. \tag{131a}$$

Die theoretische Gültigkeit dieser Formel wird dadurch eingeschränkt, daß auch die Spaltfestigkeit und vor allem die Reibung bei der Lochleibung eine Rolle spielen; praktisch hat man aber davon abgesehen, beide Vorgänge formelmäßig zu berücksichtigen, da sie noch ungenügend geklärt sind und da sie sich in dem aus Versuchen stammenden Materiel für den Faktor φ von selbst auswirken. Überdies steht fest, daß Zerstörungen von Nagelverbindungen weniger durch Spalten als durch Zerquetschen der Faser eintreten.

Bild 964 zeigt die von W. Stoy bestimmte Abhängigkeit des Faktors φ vom Schlankheitsgrad λ für drei Feuchtigkeitsbereiche, die in der Baupraxis eine Rolle spielen, sowie für zweischnittige Verbindungen. Der charakteristische

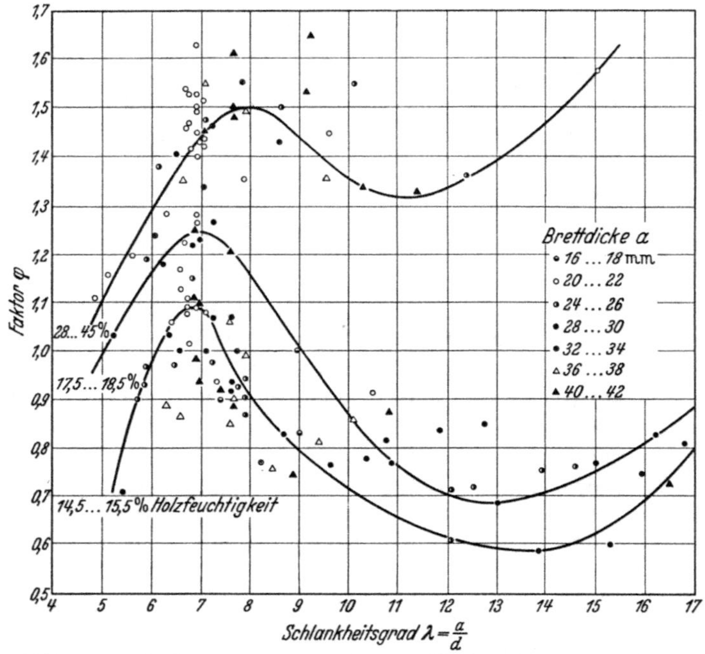

Bild 964. Abhängigkeit des Faktors φ bei zweischnittigen Nagelverbindungen vom Schlankheitsgrad λ bei verschieden feuchtem Holz. (Nach W. Stoy.)

Kurvenverlauf dürfte sich folgendermaßen erklären lassen: Das Abfallen links von den Gipfelpunkten hat seinen Grund zweifellos im Spalten (selbst wenn dieses nicht immer sichtbar wird) und tritt, wie zu erwarten ist, um so stärker

[1] Stoy W., u. E. Seidel: Holznagelbau. Schrift 6 der Schriftenreihe der Arbeitsgemeinschaft Holz. Berlin 1933. W. Stoy: Tragfähigkeit von Nagelverbindungen im Holzbau, Mitt. Fachausschuß Holzfragen H. 11. Berlin 1935. Vgl. auch W. Stoy: Dtsch. Bauztg. Bd. 64 (1930) Beil. K. S. 141; Z. VDI Bd. 75 (1931) S. 1337; Dtsch. Zimmermeister Bd. 34 (1932) S. 224, 234, 272, 283; Z. VDI Bd. 76 (1932) S. 682; Die Verpackung Bd. 7 (1932) S. 94. — Bautechn. Bd. 11 (1933) S. 586; Dtsch. Bautzg. Bd. 67 (1933) S. 934; Dtsch. Zimmermeister Bd. 36 (1934) S. 456; Schweiz. Bauztg. Bd. 106 (1935) S. 75. Siehe weiter die Arbeiten von E. Gaber: Dtsch. Zimmermeister Bd. 37 (1935). Statische und dynamische Versuche mit Nagelverbindungen H. 3 der Versuchsanstalt für Holz, Stein und Eisen. Karlsruhe 1935.

hervor, je trockener das Holz ist. Das Abfallen der Schaulinien nach rechts ist durch geringen Biegungswiderstand der dünner werdenden Drahtstifte bedingt. Nach einem Tiefstpunkt erfolgt aber wieder ein Ansteigen, da ganz dünne Drahtstifte infolge des Ziehvorgangs eine bedeutend höhere Festigkeit haben[1]. Praktisch sind freilich Schlankheitsgrade über 9 bei zweischnittigen und über 12 bei einschnittigen Verbindungen unmöglich.

Der günstigste Schlankheitgrad liegt — wenigstens bei Holz unter 35 mm Dicke — nach W. Stoy bei $\lambda \approx 7$. Für diesen Wert zeigt Bild 965 die Abhängigkeit des Faktors φ vom Feuchtigkeitsgehalt. An Hand dieses Schaubilds kann man für eine gegebene Druckfestigkeitskurve die Lochleibungsfestigkeit für zweischnittige und einschnittige Verbindungen errechnen. Die Kleinstwerte betragen für ganz nasses Holz (mit $u > 0{,}35$) 320 bzw. 150 kg/cm².

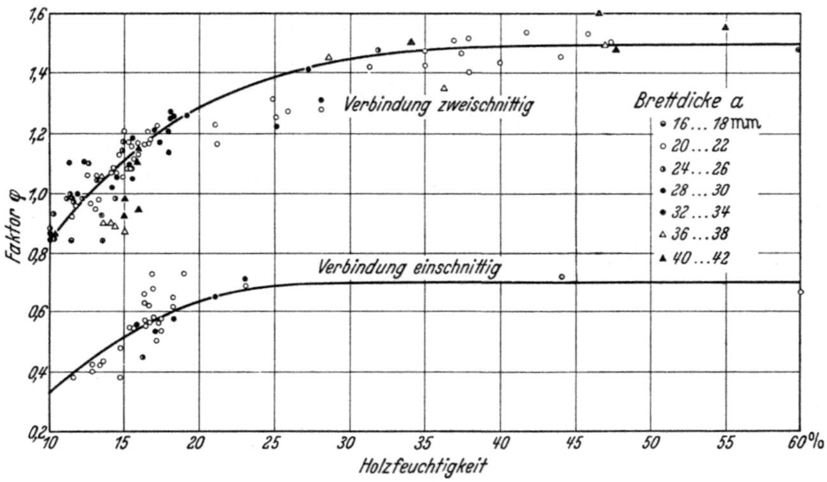

Bild 965. Abhängigkeit des Faktors φ bei Nagelverbindungen von der Holzfeuchtigkeit. (Nach W. Stoy.)

In USA rechnet man nicht mit der Lochleibungsfestigkeit σ_{lB}, sondern mit der Seitenbelastbarkeit P (Lateral Resistance oder Lateral Load-Carrying Capacitiy). Unter der Voraussetzung, daß die Eindringtiefe des Nagels in das Holz, von der Spitze an gerechnet, bei Harthölzern mindestens gleich der halben Nagellänge, bei Weichhölzern mindestens gleich zwei Drittel der Nagellänge ist, empfiehlt das U.S. Forest Products Laboratory für Holz mit 15% Feuchtigkeit und Einschlagrichtung senkrecht zur Faser folgende empirische Formel

$$P = K \cdot d^{1,5} \tag{132}$$

wobei d = Nageldurchmesser [cm]. Die Konstante K hängt von der genagelten Holzart ab. Sie beträgt beispielsweise bei leichten Nadelhölzern 539, bei mittelschweren Nadelhözern 740, bei schweren Nadelhölzern 905. Die zulässige Seitenbelastbarkeit beträgt ein Sechstel der so errechneten Werte. Bei leichten Laub-

[1] W. Stoy teilt z. B. folgende Zahlenwerte für Drahtstifte aus Thomas-Stahl mit:

	Drahtstifte nach DIN 1151 mit Senkkopf										Formerstifte B nach DIN 1163		
d in $^1/_{10}$ mm . . .	76	70	60	55	46	42	38	34	31	25	22	20	18
σ_B kg/mm² . . .	52	61	65	67	65	67	67	73	79	85	86	90	96

hölzern ist für die Konstante K die Zahl 1085 einzusetzen, bei mittelschweren Laubhölzern 1510 und bei schweren Laubhölzern 2050; hier erhält man die zulässige Seitenbelastbarkeit zu 1/11. Angenommen wird, daß die Laschen aus Holz von annähernd gleicher Rohwichte bestehen wie das Holz, in dem die Nagelspitze sitzt. Werden Metallbleche an Holz befestigt, so kann P_{zul} um 25% gegenüber dem nach obigem Verfahren errechneten Wert erhöht werden.

Für die Beurteilung der Kraftübertragung in der Nagelverbindung ist auch die Nachgiebigkeit des Holzes an der Lochleibung von Bedeutung. Sie ist charakterisiert durch die Beziehung zwischen Spannung σ (Leibungsdruck) und Einsenkung δ. Die „Bettungsziffer" C errechnet sich zu

$$C = \frac{d\sigma}{d\delta} \left[\frac{\text{kg}}{\text{cm}^3}\right]; \tag{133}$$

die Ziffer C gibt über die Eigenschaften der Leibung zuverlässigen Aufschluß. G. Marten[1] hat sich mit ihr gründlich befaßt und zunächst die früheren Untersuchungen darüber zusammengestellt, die hauptsächlich durchgeführt worden waren, um Berechnungsunterlagen für Bolzenverbindungen zu erhalten.

A. Jackson[2] hatte beim Eindringen von 2 cm breitem Flacheisen bei Beanspruchung parallel zur Faser bei einer Spannung von 0 bis 100 kg/cm² $C = 2443$ kg/cm³, von 100 bis 200 kg/cm² $C = 3486$ kg/cm³, bei Beanspruchung senkrecht zur Faser bei einer Spannung von 0 bis 17,7 kg/cm² $C = 1028$ kg/cm³, von 17,7 bis 33,8 kg/cm² $C = 1100$ kg/cm³ gefunden. Aus Versuchen von O. Graf[3] leitete H. Seitz[4] für Rundeisen in vorgebohrten Rinnen mit halbkreisförmigem Querschnitt C-Werte zwischen 1200 und 600 kg/cm³ ab, die mit zunehmender Belastung abnehmen.

A. Teichmann und K. Borkmann[5] bestätigen, daß die Bettungsziffer linear mit zunehmender Belastung absinkt. Schließlich hatte W. Andersen[6] bei einem Leibungsdruck von $\sigma = 120$ kg/cm² (Fichtenholz mit 14,6% Feuchtigkeit, Bolzendurchmesser 15 bis 30 mm) $C = 2400$ kg/cm³ bestimmt.

G. Marten fand, daß die Nachgiebigkeit der Lochleibung bei Beanspruchung parallel zur Faser bei eingetriebenen Nägeln größer ist als bei Nägeln, die in ein vorgebohrtes Loch eingesetzt werden, da durch die Sprengwirkung des Nagels die Beschaffenheit des Holzes verändert wird. Bei einer Eindrückung von 0,5 mm beträgt die durch Sprengwirkung verursachte Minderung der Leibungsspannungen bei engringigem, dichtem Holz 45%, bei weitringigem lockerem Holz 34%. Im Gegensatz dazu erhöhten sich bei Kraftwirkung senkrecht zur Faser die Leibungsspannungen (ohne Unterschiede zwischen eng- und weitringigem Holz) um 8 bis 9%. Die Last, die bei einer Eindrückung von 0,5 mm aufgenommen wurde, war bei eingetriebenen Nägeln bei Beanspruchung parallel und senkrecht zur Faser kaum verschieden. Damit ist die Gepflogenheit, für die Berechnung von Nagelverbindungen p_{zul} unabhängig von der Faserrichtung anzuwenden, erneut gestützt. Die für eine Eindrückung von 0,5 mm berechneten Leibungsspannungen werden mit zunehmendem Nageldurchmesser kleiner, die Bettungsziffer

[1] Marten, G.: Über die Kraftübertragung in Nagelverbindungen, Forschungsber. Holz H. 6, Berlin 1940.

[2] Jackson, A.: Ingenieur-Holzbau, Stuttgart 1921, S. 55.

[3] Graf, O.: Untersuchungen über die Widerstandsfähigkeit von Schraubenverbindungen in Holzkonstruktionen, Bauing. Bd. (1922) S. 100.

[4] Seitz, H.: Grundlagen des Ingenieurholzbaues, Berlin 1925, S. 78.

[5] Teichmann, A., u. K. Borkmann: Versuche mit kurzen Bolzen in Holzbauteilen, 179. Ber. d. Dtsch. Versuchsanst. f. Luftfahrt, DVL-Jb. 1930.

[6] Andersen, W.: Untersuchungen über Bolzenverbindungen in Holzkonstruktionen, Bautechn. Bd. 9 (1931) H. 21, S. 305.

nimmt im allgemeinen mit wachsender Belastung ab. Durch eine besondere Gestaltung der Nagelspitze läßt sich die Spaltwirkung des eingetriebenen Nagels herabsetzen, wodurch die Lochleibungseigenschaften günstiger werden (Plattschlagen, Bild 966).

E. Gaber[1] stellte fest, daß die Holzverbindung mit zweischnittigen Nägeln, deren Schlankheitsgrad 25 nicht überstieg, bei häufiger Belastung nicht weicher, sondern fester wird. Die Abhängigkeit der Verschiebung von der Belastung nähert sich der Proportionalität. Zweischnittige Nagelverbindungen mit 80 kg/cm² Leibungsdruck und einem Schlankheitsgrad bis 22 ertrugen unbedenklich mindestens 300000 Lastwechsel, ohne daß die federnde oder die gesamte Verschiebung unzulässig anwuchs.

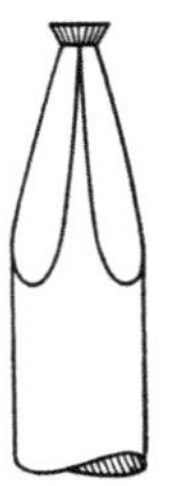

Bild 966. Nagel mit plattgeschlagener Spitze. (Nach F. Fonrobert).

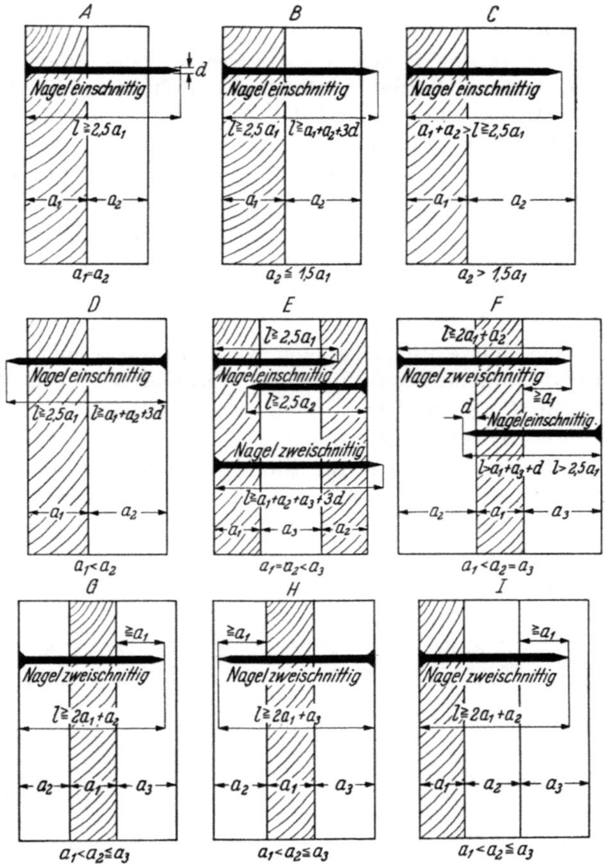

Bild 967. Bildtafel zur Ausrechnung der Nägellänge bei ein- und zweischnittigen Verbindungen. (Die für den Nageldurchmesser maßgebende kleinste Holzdicke ist schraffiert.) (Nach F. Fonrobert.)

913. Verwendung von Nägeln bei Nagelverbindungen im Holzbau nach DIN 1052.

Für Nagelverbindungen im Holzbau[2] sind runde Drahtstifte mit Senkkopf nach DIN 1151 zu verwenden. Die gebräuchlichen Nägel werden in der Regel aus blankem Thomas-Flußstahldraht hergestellt. Die Festigkeit des Drahts hängt außer vom Werkstoff vom Ziehvorgang ab (vgl. Anmerkung 1 S. 867). Die Streckgrenze liegt gewöhnlich bei 95% der Zugfestigkeit. Hierin liegt die Ursache

[1] Gaber, E.: Statische und dynamische Versuche mit Nagelverbindungen, Versuchsanst. f. Holz, Stein, Eisen H. 3, Karlsruhe 1935.

[2] Wedler, B.: Holzbauwerke und Holzbrücken, Berechnung und Ausführung, DIN 1052 und DIN 1074 und Gütevorschriften für Bauholz mit Einführungserlassen für die Baupolizei und Erläuterungen, Stand April 1947, Berlin 1947.

der hohen Steifigkeit von Nagelverbindungen, wogegen Schraubenbolzen viel weicher und nachgiebiger sind.

Für die Tragfähigkeit der Drahtstifte gelten ohne Rücksicht auf den Faserverlauf des Holzes die in Zahlentafeln 119 und 120 angegebenen Werte.

Die Nageldicke ist nach dem dünnsten Holz zu bestimmen. Im allgemeinen ist der fett gedruckte Wert zu wählen. Bei nassem oder weitringigem Holz sind möglichst die dicken, bei trockenem oder engringigem die dünnen Nägel zu verwenden. Werden Bretter oder Bohlen auf Kanthölzer oder Balken genagelt, so soll erfahrungsgemäß die Nagellänge das Zweieinhalb- bis Dreifache der Brett- oder Bohlendicke betragen. Da diese Faustregel aber in vielen Fällen nicht ausreicht, hat F. Fonrobert[1] Bild 967 entworfen; es erleichtert die Wahl der zweckmäßigen Nagellänge. Zu dem Bild, in dem die maßgebende Holzdicke durch Schraffur des Querschnitts hervorgehoben ist, ist folgendes zu bemerken:

Zu *A*, *B* und *D*: Die Nagelspitze muß so weit überstehen, daß sie sauber umgeschlagen werden kann.

Zu *E*: In vielen Fällen ist es besser, statt eines langen zweischnittigen Nagels, dessen Spitze umgeschlagen werden muß, zwei einschnittige Nägel zu nehmen, für die jedoch der nötige Platz vorhanden sein muß.

Zu *F*: Sowohl ein- als auch zweischnittige Nägel werden zweckmäßig von beiden Seiten eingeschlagen.

Zu *C*, *G*, *H* und *I*: Bei allen Nägeln ist darauf zu achten, daß das Maß für die Eindringtiefe im zweiten bzw. dritten Holz nicht unterschritten wird.

Zu *F* bis *I*: Im Sonderfall $a_1 = a_2 = a_3 = a$ darf die Nagellänge $l = 3a$ gemacht werden.

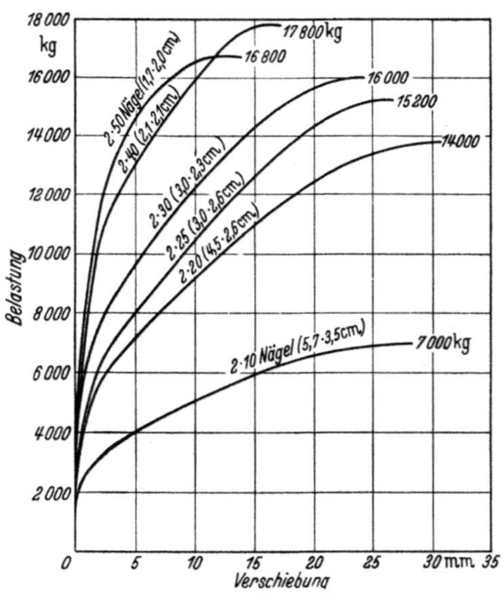

Bild 968. Belastungs-Verschiebungs-Diagramme für Nagelverbindungen. (Nach W. Stoy.)

Grundsätzlich ist festzuhalten, daß es am günstigsten ist, möglichst viele und dünne Nägel (damit aber auch dünne Bretter) zu verwenden. Bild 968 zeigt die Last-Verschiebungs-Schaulinien für Probenagelungen von W. Stoy[2]; verwendet wurden Kanthölzer 16/16 und Bohlen 3,6 cm dick, 20 cm breit, Druckfestigkeit $\sigma_{dB} = 220\,\text{kg/cm}^2$ bei $u = 0{,}33$, Nagelfläche stets $12 \cdot 12\,\text{cm}^2$. Bis zu 40 Nägeln tritt eine Laststeigerung auf, erst bei 50 Nägeln ist infolge der Schwächung des Holzes ein Abfall bemerkbar. Die Verschiebungen unter der Gebrauchslast ($= 1/3$ der Höchstlast) sind mit 0,7 bis 1,0 mm bei zweckmäßiger Nagelung sehr klein. Bei geringeren Holzdicken oder kleineren Holzfeuchtigkeiten ergeben sich noch wesentlich kleinere Verschiebungen (bei $\lambda \leqq 10$ meist nur 0,2 bis 0,5 mm).

---

[1] Fonrobert, F.: Regeln und Erläuterungen für die Verwendung von Nägeln bei Nagelverbindungen im Holzbau nach DIN 1052, Merkheft des Fachausschusses für Holzfragen Nr. 3, Berlin 1940.

[2] Stoy, W.: Tragfähigkeit von Nagelverbindungen im Holzbau, Mitt. Fachausschuß Holzfragen H. 11, Berlin 1935, S. 35.

Zahlentafel 119. *Zulässige Belastung von ein- und zweischnittig beanspruchten Nägeln in Abhängigkeit von der Holzdicke (in jeder Faserrichtung), dem Nageldurchmesser und der Nagellänge. (Nach DIN 1052.)*

Holzdicke in mm	Nägel, Durchmesser d in $^1/_{10}$ mm, Länge in mm	Zulässige Belastung je Nagel in kg	
		einschnittig	zweischnittig
	28/65	30	60
20	**31/70**	37,5	75
	34/90	45	90
	28/65	30	60
22	**31/70**	37,5	75
	34/90	45	90
	31/70	37,5	75
24	**34/90**	45	90
	38/100	52,5	105
	34/90	45	90
26	**38/100**	52,5	105
	42/110	62,5	125
	34/90	45	90
28	**38/100**	52,5	105
	42/110	62,5	125
	38/100	52,5	105
30	**42/110**	62,5	125
	46/130	72,5	145
	38/100	52,5	105
35	**24/110**	62,5	125
	46/130	72,5	145
	42/110	62,5	—
40	**46/130**	72,5	145
	55/140	95	190
45	46/130	72,5	145
	55/140	95	190
	46/130	72,5	—
50	**55/140**	95	—
	55/160	95	190
	55,140	95	—
55	**55/160**	95	190
	60/180	110	220
	55/140	95	—
60	**60/180**	110	220
	70/210	145	290
	60/180	110	—
70	**70/210**	145	290
	75/230	160	320
	70/210	145	—
80	**75/230**	160	320
	80/260	175	350

Zahlentafel 120. *Zulässige Belastung von ein- und zweischnittig beanspruchten Nägeln in Abhängigkeit vom Nageldurchmesser, der Holzdicke (in jeder Faserrichtung) und der Mindestnagellänge. (Nach DIN 1052.)*

Nägel, Durchmesser in $^1/_{10}$ mm	Verwendbar für Holzdicke in mm	Mindest-Nagellänge in mm	Zulässige Belastung je Nagel in kg	
			einschnittig	zweischnittig
28	20	65	30	60
	22	65		
	20	70		
31	**22**	**70**	37,5	75
	24	70		
	20	90		
	22	**90**		
34	**24**	**90**	45	90
	26	90		
	28	90		
	24	100		
	26	**100**		
38	28	**100**	52,5	105
	30	100		
	35	100		
	26	110		
	28	110		
42	**30**	**110**	62,5	125
	35	**110**		
	40	110		nur einschnittig
	30	130		
	35	130		
46	**40**	**130**	72,5	145
	45	130		
	50	130		nur einschnittig
	40	140		190
	45	**140**		
	50	**140**		nur einschnittig
55	**50**	**160**	95	190
	55	140		nur einschnittig
	55	**160**		190
	60	140		nur einschnittig
	55	180		220
60	**60**	**180**	110	
	70	180		nur einschnittig
	60	210		290
70	**70**	**210**	145	
	80	210		nur einschnittig
75	70	230	160	320
	80	**230**		
80	80	260	175	350

Sind bei Stoßlaschen von Zuggliedern mehr als 10 Nägel hintereinander angeordnet, so müssen die zulässigen Belastungen der Zahlentafeln 119 und 120 um 10%, bei mehr als 20 Nägeln um 20% ermäßigt werden. Die Verminderung der Tragfähigkeit bei vielen hintereinander sitzenden Nägeln ist als Vorsichtsmaßnahme zu werten. Bei großen Anschlußkräften sind unter Umständen so lange Nägel erforderlich, daß andere Verbindungsmittel (z. B. Einpreßdübel) vorzuziehen sind.

Bei Anschlüssen von Brettern, Bohlen und dgl. an Rundholzflächen sind die zulässigen Belastungen der Zahlentafeln 119 und 120 um ein Drittel zu ermäßigen. Zwei belastete Rundholzflächen dürfen nicht durch Nägel verbunden werden. Sind die Nägel in Bauwerken besonders der Rostgefahr ausgesetzt, so dürfen sie nur gemäß Zahlentafel 119 und 120 belastet werden, wenn sie durch einen Überzug aus Zink,Blei oder Cadmium geschützt werden oder wenn es sich um Bauten für vorübergehende Zwecke handelt. Die geringsten zulässigen Nagelabstände läßt Bild 969 erkennen. Bei gekrümmten genagelten Bauteilen muß der Biegehalbmesser mindestens $400d$ sein, wobei d die Dicke des dicksten Einzelteils ist.

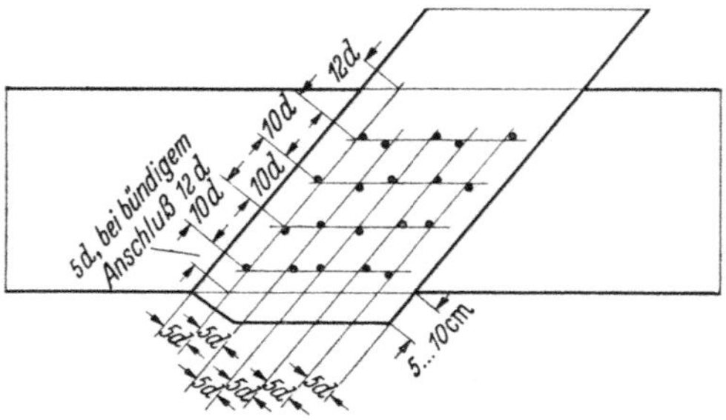

Bild 969. Geringste Nagelabstände bei versetzt angeordneten Nägeln nach DIN 1052.

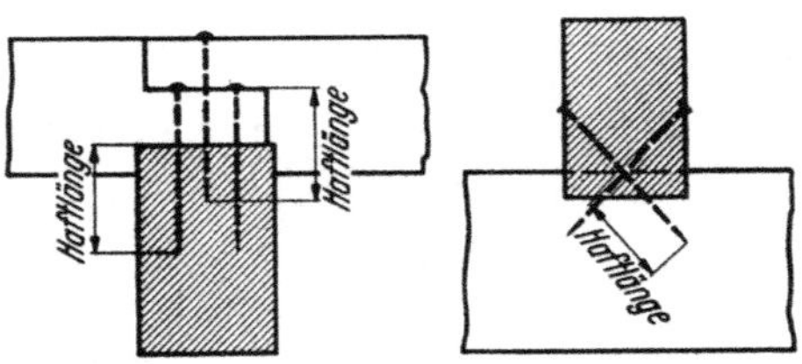

Bild 970. Bestimmung der Haftlänge bei eingeschlagenen Nägeln nach DIN 1052.

Beim Nachweis der Sicherheit von Bauteilen gegen Abheben durch die Sogkraft des Windes (nach DIN 1055 Blatt 4 § 4 Z. 6) dürfen Nägel zur Befestigung von Schalungen nach Zahlentafel 121 und Nägel zur Befestigung von Sparren, Pfetten und ähnlichen Bauteilen nach Zahlentafel 122 auf Zug beansprucht werden. Die Haftlänge der Nägel wird bei Benutzung der Zahlentafel 122 nach Bild 970 einschließlich der Nagelspitze bestimmt und auf volle Zentimeter abgerundet.

Zahlentafel 121. *Zulässige Belastung von Schalungsnägeln auf Zug.* (*Nach DIN* 1052.)

Nageldurchmesser in $^1/_{10}$ mm Länge in mm*	Verwendbar für Brettdicke in mm	Zulässige Belastung je Nagel in kg
31/70	20 22	15
34/80	22 24	20

* Der Neufassung von DIN 1151 — Drahtstifte — angepaßt.

Zahlentafel 122. *Zulässige Belastung von Sparren- und Pfettennägeln auf Zug.* (*Nach DIN* 1052.)

Nageldurchmesser in $^1/_{10}$ mm*	Zulässige Belastung in kg/cm der tragenden Haftlänge einschl. Spitze (Bild 970)
46	6
55	7
60	8
70	9
75	10
80	11

* Der Neufassung von DIN 1151 — Drahtstifte — angepaßt.

Schalbretter sind wenigstens mit zwei Nägeln an jedem Sparren oder Stiel zu befestigen. In Hirnholz eingeschlagene Nägel dürfen nicht auf Zug beansprucht werden.

92. Schraubenverbindungen.

921. Ausziehwiderstand von Schrauben.

Der Ausziehwiderstand P_a gewöhnlicher Holzschrauben, die senkrecht zur Faser in getrocknetes Holz eingeschraubt sind, wurde im Bureau of Standards[1] untersucht; folgende empirische Beziehung wurde aufgestellt, die auf metrische Maßeinheiten umgerechnet ist:

$$\frac{P_a}{l} = 720 \cdot r_0^2 \cdot d \text{ [kg/cm]}, \qquad (134)$$

hierin bedeuten l die Einschraubtiefe in [cm], r_0 die Rohwichte im Darrzustand [g/cm³] und d den Durchmesser der Schrauben [cm]. Eine Gegenüberstellung der Gleichung (134) mit der im letzten Kapitel für Nägel mitgeteilten Gleichung (130) lehrt, daß die Haftfestigkeit von Schrauben — gleichen Durchmesser und gleiche wirksame Länge vorausgesetzt — wesentlich besser ist als die von Nägeln. Dies kommt nicht nur in der größeren Konstante (720 statt 485), sondern auch in dem geringeren Einfluß der Rohwichte zum Ausdruck. Die Gültigkeit der Gleichung (134) ist allerdings an einige Vorbedingungen geknüpft: Die Einschraubtiefe muß mindestens zwei Drittel der Schraubenlänge sein, und die vorgebohrten Löcher müssen in Weichholz ungefähr 70%, in Hartholz ungefähr 90% des Schraubendurchmessers an der Spitze haben. Beim Einschrauben in Hirnholz darf nach der amerikanischen Quelle, wenn Splittern vermieden wird, eine Haltekraft erwartet werden, die etwa 75% des für Langholz berechneten Wertes beträgt. Schmiert man die Schraubenoberfläche, um das Eindringen in Hartholz zu erleichtern, so hat das wenig Einfluß auf die Größe der Haltekraft.

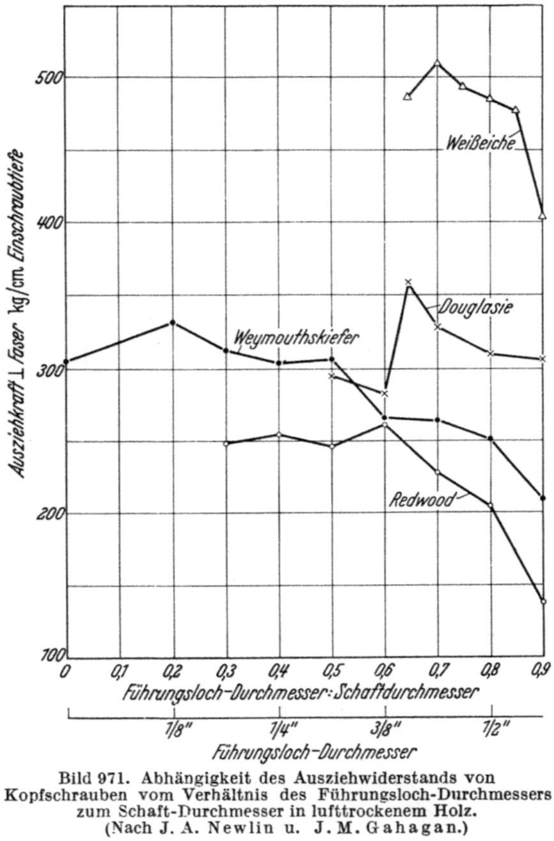

Bild 971. Abhängigkeit des Ausziehwiderstands von Kopfschrauben vom Verhältnis des Führungsloch-Durchmessers zum Schaft-Durchmesser in lufttrockenem Holz. (Nach J. A. Newlin u. J. M. Gahagan.)

[1] Fairchild, I. J.: Holding Power of Wood Screws. US. Dept. Com., Bur. Standards Techn. Paper Bd. 319 (1926).

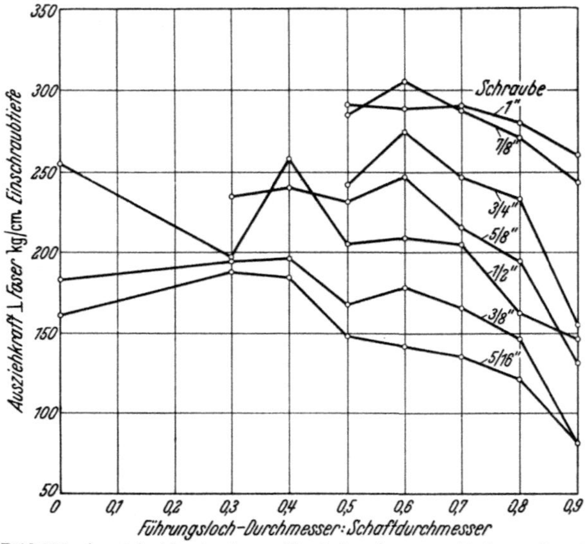

Bild 972. Ausziehwiderstand von Kopfschrauben verschiedenen Durchmessers in Führungslöchern verschiedenen Durchmessers, lufttrockenes Redwood (Sequoiasempervirens). (Nach J.A. Newlin u. J.M. Gahagan.)

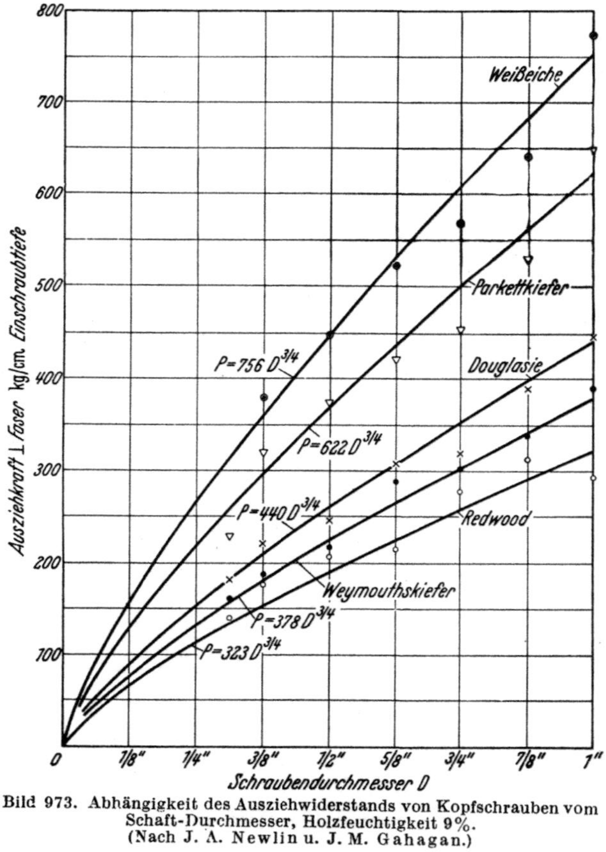

Bild 973. Abhängigkeit des Ausziehwiderstands von Kopfschrauben vom Schaft-Durchmesser, Holzfeuchtigkeit 9%. (Nach J. A. Newlin u. J. M. Gahagan.)

J. A. Newlin und J. M. Gahagan[1] untersuchten weiter das Verhalten von Verbindungen mit Bauschrauben (mit Vierkantkopf). Als zunächst wichtig erwies sich das Einschrauben in vorgebohrte Löcher mit angemessenem Durchmesser. Bild 971 zeigt, daß beispielsweise bei 5/8″ (=15,9 mm)-Schrauben bei Weißeichenholz der Führungsloch-Durchmesser 70% des Schraubenschaft-Durchmessers betragen soll, um den höchsten Ausziehwiderstand zu ergeben. Bei Douglasie soll der Durchmesser 60% sein und bei Weymouthskiefer 50% oder weniger. Bild 972 läßt erkennen, daß das beste Verhältnis von Führungsloch-Durchmesser zu Schraubenschaft-Durchmesser auch eine Veränderliche des Schaftdurchmessers ist. Für die Zwecke der Praxis kann man aber den wirkungsvollsten Bereich des Führungsloch-Durchmessers bei Weißeichenholz zu 65 bis 85% des Schaftdurchmessers, bei schweren Nadelhölzern zu 60 bis 75% und bei leichteren Nadelhölzern zu 40 bis 70% annehmen.

Wie zu erwarten ist, wächst die Haltekraft (vgl. Formel (134)) direkt

[1] Newlin, J. A., und J. M. Gahagan: Lag-Screw Joints: Their Behavior and Design, US. Dept. Agric. Techn. Bull. No. 597, Washington, D. C. 1938.

verhältnisgleich der Einschraubtiefe. Für eine gegebene Holzart und Holztype verändert sich der Ausziehwiderstand je cm Eindringtiefe mit der $\frac{3}{4}$ Potenz des Schraubendurchmessers (Bild 973). Weiter wurde gefunden, daß der Ausziehwiderstand annähernd proportional der $\frac{3}{2}$ Potenz der Rohwichte ist; somit ergibt sich zusammenfassend

$$\frac{P_a}{l} = C \cdot r_0^{1,5} \cdot d^{0,75}, \qquad (135)$$

wobei die Symbole die gleiche Bedeutung wie in Formel (134) haben. Der Ausziehwiderstand der Bauschrauben wird also sowohl in geringerem Maße von der Rohwichte des Holzes als auch vom Schaftdurchmesser beeinflußt als jener der gewöhnlichen Holzschrauben. Bei einer Einschraubtiefe, die etwa das Siebenfache des Schaftdurchmessers in spezifisch schweren Hölzern, das Zehn- bis Zwölffache in spezifisch leichten Hölzern beträgt, erreicht der Ausziehwiderstand annähernd die Zerreißfestigkeit des Schraubenschaftes.

Erwähnt seien noch einige Schlußfolgerungen aus Versuchen von R. A. Cockrell[1]; er fand, daß im allgemeinen der Ausziehwiderstand der Schrauben verhältnisgleich der Rohwichte zunimmt, daß also der Einfluß der Wichte noch geringer ist als nach Formel (135). Bei Hölzern annähernd gleicher Wichte ergeben sich beträchtliche Abweichungen in den Haltekräften. Zu beachten ist weiter, daß die Haltekräfte in der Regel bei den zerstreutporigen Laubhölzern und Nadelhölzern mit unregelmäßigem Zuwachs in radialer Richtung (also senkrecht zur tangentialen Schnittfläche) höher sind als in tangentialer, während die Verhältnisse bei ringporigen Hölzern und sehr regelmäßigen, feinjährigen Nadelhölzern genau umgekehrt sind. Bei ringporigen Hölzern ist der Ausziehwiderstand von Schrauben, wie zu erwarten, kleiner als bei zerstreutporigen von gleicher Rohwichte. Die mittlere Haltekraft von Schrauben ist parallel zur Faser etwa 65% der Haltekraft senkrecht zur Faser. Wird eine Schraube aus ihrem Loch entfernt und wieder eingedreht, so ist damit keine Abnahme der Haltekraft verbunden. Je 1% Feuchtigkeitsabnahme sind im hygroskopischen Bereich rund 2% Zunahme der Haltekraft zu erwarten. Bei seitlichem Zug am Schraubenkopf ist die Haltekraft im Mittel doppelt so groß wie bei Zug in der Schaftrichtung.

Bild 974. Ansicht der Vorrichtung zum Prüfen von Kopfschrauben auf Seitenbelastbarkeit. (Phot. U.S. Forest Products Laboratory, Madison, Wisc.)

922. Seitenbelastbarkeit von Schrauben.

Holzschrauben verhalten sich unter Seitenbelastung sehr ähnlich wie Bolzen, jedoch bleibt zu berücksichtigen, daß der Schraubenschaft ein Gewinde

[1] Cockrell, R. A.: A Study of the Screw-holding Properties of Wood. Bull. New York State College For. Bd. 6 (Nov. 1933) Nr. 3.

trägt, wodurch er im Holz festgehalten wird und wodurch sein Durchmesser schwankt. Kopfschrauben müssen genügend lang sein, damit sie nicht ausgezogen werden, während Bolzen kurz und gedrungen sein können, da sie durch Kopf und Mutter festgehalten werden. Trotz dieser grundsätzlichen Unterschiede können die Gesetzmäßigkeiten für Bolzenverbindungen weitgehend auf Verbindungen mit Kopfschrauben übertragen werden.

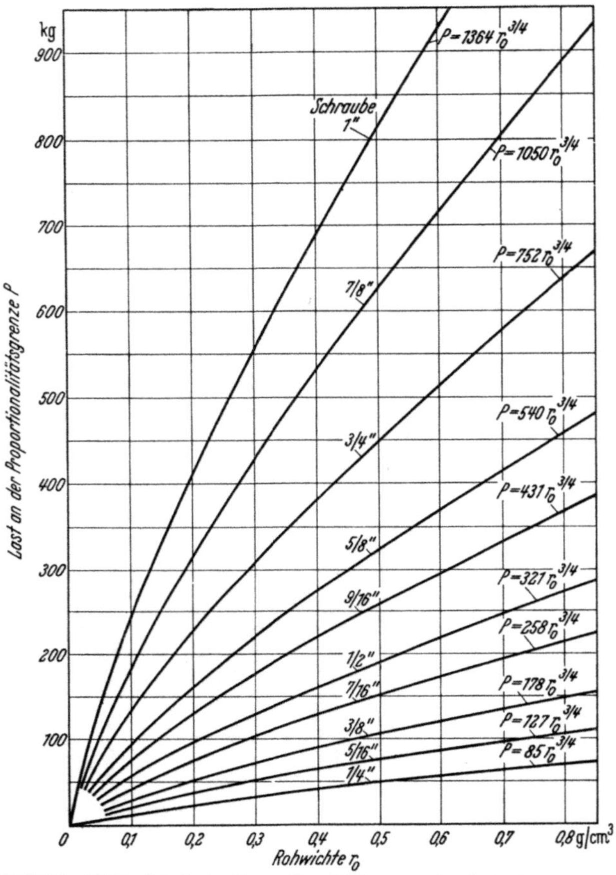

Bild 975. Abhängigkeit der Proportionalitätsgrenze bei Seitenbelastung von Kopfschrauben von der Rohwichte des Holzes im Darrzustand. (Nach J. A. Newlin u. J. M. Gahagan.)

Bevor auf die Ergebnisse der im U.S. Forest Products Laboratory von J. A. Newlin u. J. M. Gahagan ausgeführten Versuche über die Seitenbelastbarkeit von Kopfschrauben näher eingegangen wird, muß kurz die benutzte Versuchsanordnung besprochen werden. Bild 974 zeigt, daß der Prüfkörper aus einer Lasche und einem Block bestand, die durch eine Kopfschraube verbunden waren. Die Belastung wirkte parallel zur Holzfaser. Die Lage des Prüfkörpers war so, daß die Belastungslinie annähernd durch einen Punkt der Schraube ging, wo die Lasche auf dem Block auflag. Die Last-Verschiebungskurve wurde aufgenommen und als Proportionalitätsgrenze jener Punkt bezeichnet, von dem an die Verschiebungen stärker als proportional anwuchsen. Hierbei handelt es sich allerdings keineswegs um eine echte Elastizitätsgrenze, da sich nach der Entlastung die ursprüngliche Null-Lage nicht wieder einstellt.

Als bestes Kriterium für die Proportionalitätsgrenze bei Seitenbelastung von Kopfschrauben erwies sich ähnlich wie beim Ausziehwiderstand die Rohwichte des Holzes. Bei 10% Holzfeuchtigkeit und Einschrauben in die Seitenflächen des Holzes wurden die in Bild 975 gezeigten Kurven extrapoliert. Weiter wächst die Proportionalitätsgrenze bei Seitenbelastung mit dem Quadrat des Schaftdurchmessers der Bauschrauben. Bemerkenswert ist auch der Einfluß der verhältnismäßigen Laschendicke auf die Tragfähigkeit, der aus Bild 976 hervorgeht. Laschen, deren Dicke kleiner als das 3,5fache des Schaftdurchmessers der Bauschrauben ist, sollten nach Möglichkeit vermieden werden.

93. Bolzenverbindungen.

930. Allgemeines über Bolzenverbindungen.

Unter Bolzenverbindungen versteht man alle senkrecht zur Scherfläche durchlaufenden, überwiegend auf Biegung beanspruchten Verbindungsmittel, wie Schraubenbolzen, Rohrbolzen usw. Bolzenverbindungen werden bei der Krafteinleitung in Holzkonstruktionen sehr häufig verwendet und dienen insbesondere zur Verbindung von Beschlaglaschen mit Holzbauteilen. Die einwandfreie Bemessung solcher Anschlüsse erweist sich als schwierig, da die Tragfähigkeit einer Holzverbindung von sehr vielen Faktoren abhängt, unter denen der Schlankheitsgrad, d. h. die auf den Bolzendurchmesser bezogene Bolzenlänge, von besonderer Bedeutung ist.

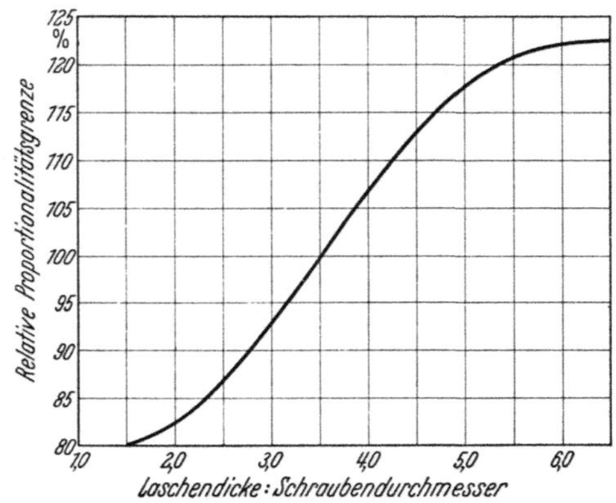

Bild 976. Abhängigkeit der relativen Proportionalitätsgrenze von Kopfschrauben vom Verhältnis der Laschendicke zum Schaftdurchmesser. (Nach J. A. Newlin u. J. M. Gahagan.)

Verschiedene Untersuchungen dienten dem Ziel, die Spannungen und Formänderungen in Bolzenverbindungen quantitativ zu erfassen. Zu erwähnen sind besonders die Arbeiten von G. W. Trayer[1], M. Schrenk und M. von Pilgrim[2], A. Teichmann und K. Borkmann[3] und H. Fahlbusch[4]. Ergänzende Beiträge unter dem Gesichtswinkel der Bolzenverbindung im Flugzeugbau stammen von der Flugzeugindustrie[5], von L. Pieler[6] und R. Keylwerth[7]. Auf Grund all dieser Veröffentlichungen sind heute unsere Kenntnisse über Krafteinleitung und Bruch-

---

[1] Trayer, G. W.: The Bearing Strength of Wood under Bolts, US. Dept. Agric. Techn. Bull. 332, Washington D.C., Okt. 1932, Auszug in H. Seitz: Neuzeitliche Holzverbindungen, Mitt. Fachaussch. Holzfragen H. 6, Berlin 1933, S. 56. — G. W. Trayer: Forest Prod. Lab. Bearing Strength of Wood and Other Factors Influencing Fitting Design, NACA., Technical Notes Nr. 296, 1928.

[2] Schrenk, M., u. M. v. Pilgrim: Die Festigkeit von Bolzen in Holzbauteilen. 114. DVL-Ber., Luftfahrtforschg. Bd. 2 (1928) Nr. 5, S. 147 u. DVL-Jahrb. 1929, S. 135.

[3] Teichmann, A., u. K. Borkmann: Versuche mit kurzen Bolzen in Holzbauteilen, 179. DVL-Ber. Luftfahrtforschg. Bd. 8 (1930) Nr. 1, S. 18 und DVL-Jahrb. 1930, S. 200. — Dieselben: Versuche mit langen Bolzen in Holzbauteilen, 232. DVL-Ber., DVL-Jahrb. 1931, S. 221.

[4] Fahlbusch, H.: Ein Beitrag zur Frage der Tragfähigkeit von Bolzen in Holz bei statischer Belastung, Ber. Nr. 49—09 des Inst. für Maschinenkonstruktion u. Leichtbau d. Techn. Hochsch., Braunschweig.

[5] Junkers Flugzeug- u. Motorenwerke, Dessau: Statische Bemessungsunterlagen für den Holzflugzeugbau, Bolzen- und Rohrnietanschlüsse. — Focke-Wulff-Flugzeugbau, Bremen: Berechnungsgrundlagen für Holz im Flugzeugbau.

[6] Pieler, L.: Luftwissen Bd. 6 (1939) Nr. 4.

[7] Keylwerth, R.: Lochleibungsunterlagen an Schichtholz, Sperrholz und Vielschicht-Sperrholz des Flugzeugbaues, Techn. Ber. (ZWB) Bd. 11 (1944) Nr. 2.

möglichkeit von Bolzenverbindungen stark erweitert, ohne allerdings bis zum letzten übersichtlich und vollständig zu sein. Es überrascht deshalb nicht, daß die Bestimmungen von Bolzenverbindungen bei Bauwerken aus Holz im Hochbau nach DIN 1052 bewußt auf volle Ausdimensionierung verzichten und bei starker Vereinfachung der möglichen Fälle mit verhältnismäßig hohen Sicherheiten rechnen. Bei der erwähnten großen praktischen Bedeutung der Bolzenverbindungen und ihrer Wichtigkeit für moderne Holzkonstruktionen (z. B. auch im Flugzeugbau) ist es aber angezeigt, hier den Stand der Forschung näher zu behandeln.

931. Krafteinleitung und Bruchmöglichkeiten bei Bolzenverbindungen.

Wie schon erwähnt, werden die Tragfähigkeit und das Formänderungsvermögen einer Bolzenverbindung maßgeblich vom Bolzenschlankheitsgrad λ, das ist die auf den Bolzendurchmesser d bezogene Bolzenlänge l, bestimmt. Grundsätzlich unterscheidet man nach Bild 977 „kurze" Bolzen von „langen"

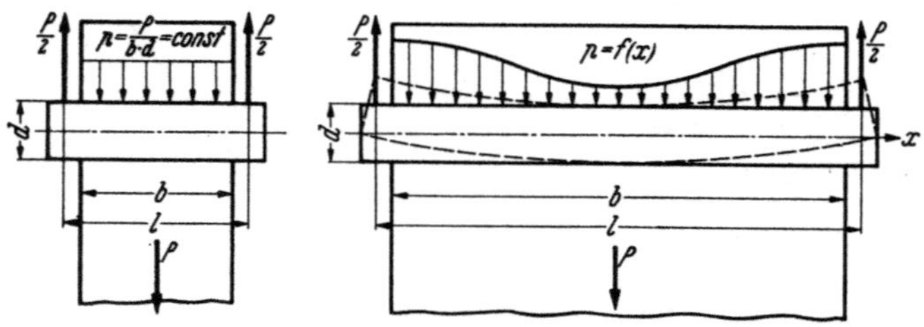

Bild 977. Schema der Verteilung des Lochleibungsdrucks bei kurzen und langen Bolzen. (Nach H. Fahlbusch.)

Bolzen. Kurze Bolzen haben einen so geringen Schlankheitsgrad ($\lambda < 3$), daß keine merkliche Verformung des Bolzens eintritt und sich damit der mittlere Lochleibungsdruck $\sigma_l = \frac{P}{b \cdot d}$ (wobei P die an der Bolzenverbindung angreifende Gesamtlast [kg], b die Holzdicke [cm] und d der Bolzendurchmesser [cm] sind) bis zum Bruch gleichmäßig über die Holzdicke b verteilt. Lange Bolzen ($\lambda > 3$) verbiegen sich federnd oder bleibend unter der Belastung; infolgedessen ist die Verteilung des Lochleibungsdruckes längs der Bolzenachse nicht mehr konstant. Die Grenze zwischen kurzen und langen Bolzen bestimmt der „kritische Schlankheitsgrad".

Bolzenanschlüsse lassen sich nach dem Kraftverlauf wie folgt unterteilen:

a) Symmetrische Zweilaschenverbindung;

b) Einseitig exzentrischer Laschenanschluß;

c) Eingelassene Laschenverbindung.

Die Krafteinleitung im Holz kann eine Zugbeanspruchung (Zuglochleibung) oder eine Druckbeanspruchung (Drucklochleibung) zur Folge haben. Die Orientierung der Belastungsrichtung zu den anatomischen Hauptachsen des Holzes bzw. zu den Schichtebenen bei Lagenhölzern spielt für die Tragfähigkeit der Bolzenverbindung eine entscheidende Rolle. Folgende Brüche können nach H. Fahlbusch unterschieden werden:

1. Brüche im Holz. a) Lochleibungsbruch im Bolzenlochgrund (Bild 978), gekennzeichnet durch große bleibende Bolzeneindrückungen. Bei Belastung parallel zur Holzfaser erfolgt Stauchen mit gleichzeitiger Keilbildung. Mit zunehmender Belastung werden die plastischen Lochverformungen immer größer. Auch bei Belastung quer zur Faser nehmen die bleibenden Deformationen mit steigender Last stark zu.

b) Spaltbruch (Bild 979). Bei Beanspruchung längs der Faser bilden die zusammengedrückten Fasern einen Keil, der Spalten in der Mittellinie veranlaßt.

c) Scherbruch (Bild 980). Bei Beanspruchung auf Zug längs der Faser (Zuglochleibung) kann die verhältnismäßig niedrige Scherfestigkeit beiderseits des Loches überschritten werden.

d) Zugbruch in den Lochflanken tritt bei Zuglochleibung dann auf, wenn die seitlichen Flanken zu knapp bemessen sind und infolgedessen in ihnen beim Lochleibungsversuch die Zugfestigkeit überschritten wird.

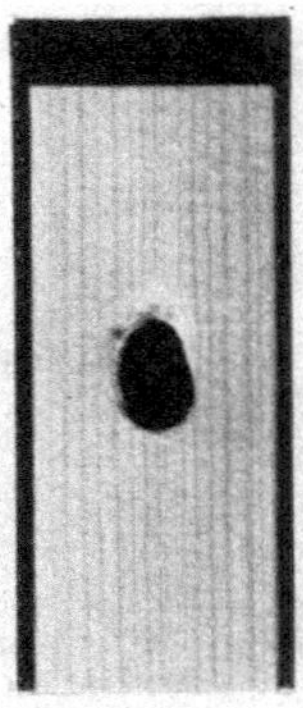

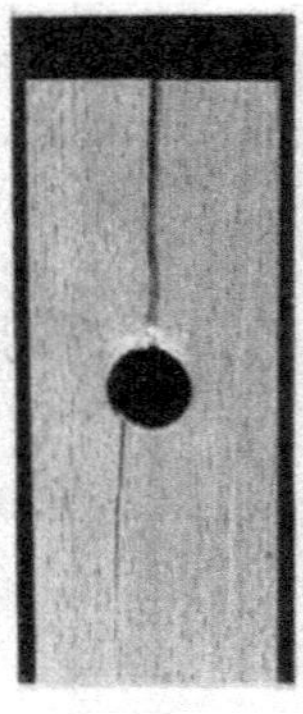

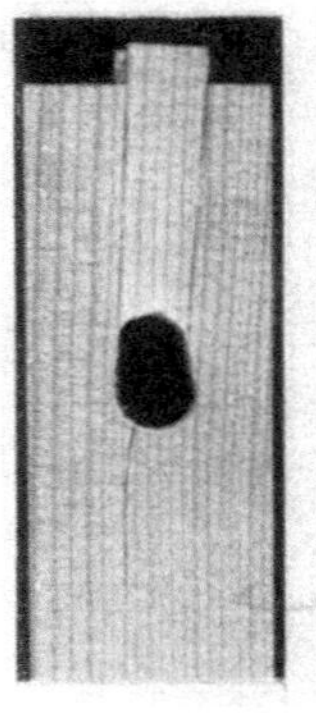

Bild 978 bis 980. Bruchmöglichkeiten von Bolzenverbindungen.

Bild 978. Lochleibungsbruch in Kiefernholz.

Bild 979. Spaltbruch in Schichtholz.

Bild 980. Scherbruch in Kiefernholz.

2. Scherbrüche in Bolzen kommen vor allem bei Bolzen mit geringerer Festigkeit (z. B. aus Leichtmetall) in hochfesten Hölzern (Preßlagenhölzern) vor und treten im Bolzenschaft in der Ebene zwischen Lasche und Holz auf.

Bei dünnwandigen Rohrbolzen und Rohrnieten erfolgt der Bruch oft durch örtliches Ausbeulen. Vorherrschend ist aber, wie obige Übersicht zeigt, bei Schrauben- und Bolzenverbindungen die Widerstandsfähigkeit durch die Lochleibungsfestigkeit des Holzes bedingt. Trotzdem muß gesagt werden, daß am Bruch von Bolzenverbindungen häufig auch andere Ursachen beteiligt sind: Biegespannungen senkrecht zur Faser, die durch das Einpressen der Unterlagscheiben entstehen, oder Zerstörungen der Flußeisenbolzen durch Überwindung ihrer Zugfestigkeit, Abreißen der Köpfe usw. Um die Vorgänge richtig beurteilen zu können, muß man bei der Belastung von Bolzenverbindungen drei Zustände unterscheiden[1]:

[1] Vgl. H. Seitz: Grundlagen des Ingenieurholzbaues, Berlin 1925.

1. Die Kraftübertragung durch Reibung an den Berührflächen der durch die Schraubenbolzen gegeneinander gepreßten Holzstäbe. O. Graf[1] fand nach Ermittlung der in den Schrauben vorhandenen Zugkräfte (bei kräftigem Anziehen der Mutter an einer 13 mm dicken Schraube mit rund 12 Gängen auf 1″ mittels 18 cm Gabelschlüssel rund 1300 kg) bei Gleichlauf von Holzfaser- und Bewegungsrichtung Reibungszahlen zwischen 0,41 und 0,49. Die Größe der Pressung hatte innerhalb von 0,005 und 10,9 kg/cm² keinen erheblichen Einfluß. K. Gerecke[2] hatte früher bei sehr kleinen Pressungen für schräg angeschnittenes Holz auf Langholz größere Reibungszahlen zwischen 0,46 und 0,60 gemessen. Die durch Reibung übertragbaren Kräfte sind gering.

2. Mit steigender Belastung tritt die Kraftübertragung durch die Steifigkeit des Bolzens ein. Der Bereich dieses Zustandes hängt, wie H. Seitz[3] bemerkt, von den Festigkeitseigenschaften des Holzes und Eisens sowie von den Abmessungen ab. Zu beobachten ist, wie schon eingangs dargelegt wurde, daß in einer zweischnittigen Bolzenverbindung bei geringer Anfangsbelastung der Lochleibungsdruck nicht über die ganze Bolzenlänge gleichmäßig verteilt ist. Die Untersuchungen von Graf haben klar gezeigt, daß schon unter niedrigen Lasten infolge einer Verbiegung der Schraube die Last vorwiegend an den Rändern auftritt. Man hat sich die Spannungsverteilung nach Bild 981 vorzustellen.

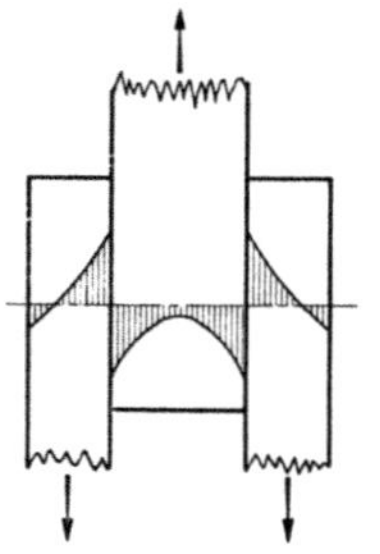

Bild 981. Schema der Spannungsverteilung in einer zweischnittigen Bolzenverbindung.

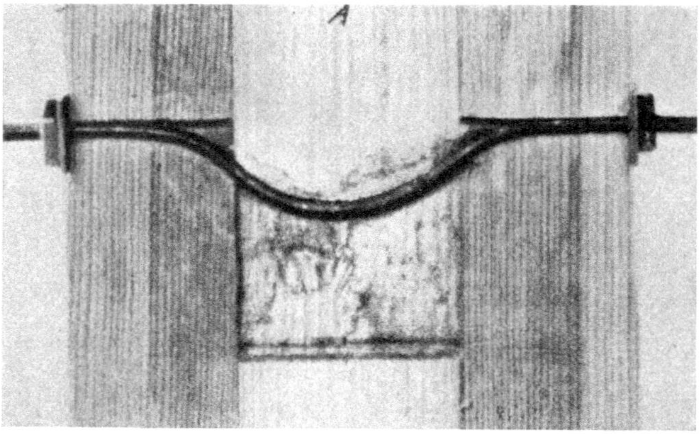

Bild 982. Verformung des Schraubenbolzens einer zweischnittigen Verbindung bei starker Belastung; das Mittelholz A ist oberhalb des Bolzens verdrückt, unterhalb davon aufgerissen. (Phot. O. Graf.)

3. Bei weiter zunehmender, sehr hoher Belastung verformen sich die Schraubenbolzen stark (Bild 982); die elastische Linie hat den typischen Verlauf eines zweiseitig eingespannten Trägers, der in der Mitte belastet ist. Genaue Messungen der Bolzendurchbiegung während der Belastung hat J. Stamer[4] ausgeführt (Bild 983). In diesem Zustand spielen der Kopf und die Mutter des Bolzens, besonders wenn kräftige Unterlagscheiben[5] vorhanden sind, eine ent-

[1] Graf, O.: Bauing. Bd. 3 (1922) S. 100, 141; — vgl. auch O. Graf in Baumann-Lang: Das Holz als Baustoff, 2. Aufl. München 1927, S. 131.

[2] Gerecke, K.: Untersuchungen zur Knotenpunktausbildung bei Holzkonstruktionen, Braunschweig 1909.

[3] Vgl. H. Seitz: Grundlagen des Ingenieurholzbaues, Berlin 1925.

[4] Stamer, J.: ZVDI Bd. 76 (1932) S. 887.

[5] Die seitliche Länge bzw. der Durchmesser der Unterlagsscheiben soll mindestens gleich dem $3^1/_2$fachen, die Dicke gleich $^1/_4$ des Bolzendurchmessers sein.

scheidende Rolle. Der Bolzen fängt an, seilähnlich zu wirken und preßt die Laschen stark gegen das Mittelstück, so daß wieder große Reibungswiderstände entstehen. Da sich die Flußeisenbolzen viel stärker verformen lassen, als es bei den Holzverbindungen praktisch in Frage kommt, liefern die rechnerisch bestimmbaren Biegespannungen im Bolzen keinen brauchbaren Maßstab für die Tragfähigkeit der Verbindungen.

Maßgebend für die Tragfähigkeit und damit auch zulässige Beanspruchung einer Bolzenverbindung ist also nicht nur diejenige Spannung, bei der an irgendeiner Stelle der Verbindung die Bruchgrenze erreicht wird, sondern auch das Formänderungsverhalten und die Zeitfestigkeit. Da meist vor Erreichen eines durch eine Höchstlast gekennzeichneten Trennungsbruchs unzulässig große bleibende Lochdeformationen im Holz auftreten, wurde zunächst vereinzelt, dann vorherrschend vorgeschlagen, die zulässige Belastung hauptsächlich auf eine bestimmte Formänderung zu beziehen.

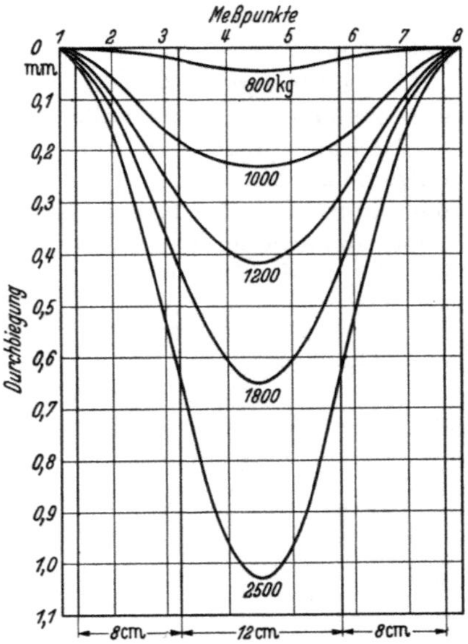

Bild 983. Durchbiegung eines Schraubenbolzens (5/8″ Durchmesser, Unterlegscheiben 60 mm Durchmesser, Außenhölzer 8 · 12 cm²) bei 800 bis 2500 kg Belastung, symmetrisch ausgeglichen und stark vergrößert. (Nach J. Stamer.)

932. Abhängigkeit der Lochleibungsfestigkeit vom Schlankheitsgrad.

G. W. Trayer hat in seinen Arbeiten über Bolzenverbindungen die erreichten Bruchlasten völlig außer acht gelassen und für die Festlegung der zulässigen Lasten die Proportionalitätsgrenze, d. h. jenen mittleren Lochleibungsdruck, gewählt, der durch drei Umstände gekennzeichnet ist: 1. durch den Gleichlauf von Last und Verschiebung, der oberhalb dieser Grenze endigt; 2. durch die Tatsache, daß auch wiederholte Belastung bis zu dieser Grenze die Verschiebung

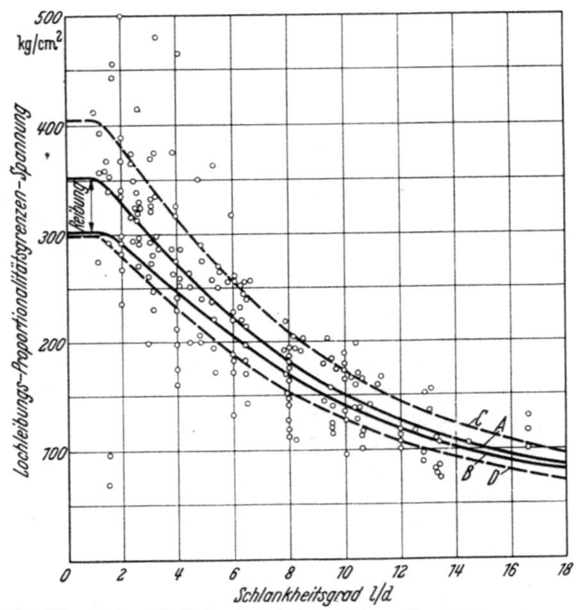

Bild 984. Abhängigkeit der Lochleibungs-Proportionalitätsgrenzen-Spannungen parallel zur Faser vom Schlankheitsgrad, gültig für Holz mit 380 kg/cm² Druckfestigkeit und Stahlbolzen mit 88 kg/mm² Streckgrenze. A. mittlere Kurve, B. mittlere Kurve nach Abzug einer angenommenen Reibung (angenommen wurde für kurze Bolzen, daß die Lochleibungs-P-Grenze $\sigma_{lP} = \sigma_{-B}$), C. Kurve 15 v. H. über Kurve A; zwischen Kurven A und C liegen 25 v. H. der Versuchswerte; D. Kurve 15 v. H. unter Kurve A; zwischen Kurven A und D liegen 25 v. H. der Versuchswerte. (Nach G. W. Trayer.)

(den Schlupf) nicht vergrößert; 3. durch die Kleinheit des Schlupfes von etwa 0,5 bis 1 mm.

Vernachlässigt ist der Umstand, daß bei ganz geringem Lochleibungsdruck zunächst eine verhältnismäßig starke, im wesentlichen bleibende Zunahme der Eindrückung meßbar ist, die M. v. Pilgrim[1] auf Passungsgenauigkeiten und vielleicht auch kleine Beschädigungen und Verquetschungen der beim Bohren angeschnittenen Holzfasern zurückführt. Es ergibt sich damit, daß von einer Proportionalitätsgrenze im strengen Sinn nicht gesprochen werden kann. Bild 984 gibt die Lochleibungsspannungen an der Proportionalitätsgrenze, parallel zur Faser, für Flugzeugbolzen, abhängig vom Schlankheitsgrad nach G. W. Trayer wieder. In der Folge wurden die Versuchsergebnisse bei Beanspruchung parallel zur Faser auf die Druckfestigkeit σ_{dB}, bei Beanspruchung senkrecht zur Faser auf die Proportionalitätsgrenze σ_{SP} bezogen:

$$\sigma_{lP\parallel} = \psi \cdot \sigma_{dB} \qquad (131\,b)$$

$$\sigma_{lP\perp} = \psi' \cdot \sigma_{SP} \qquad (131\,c)$$

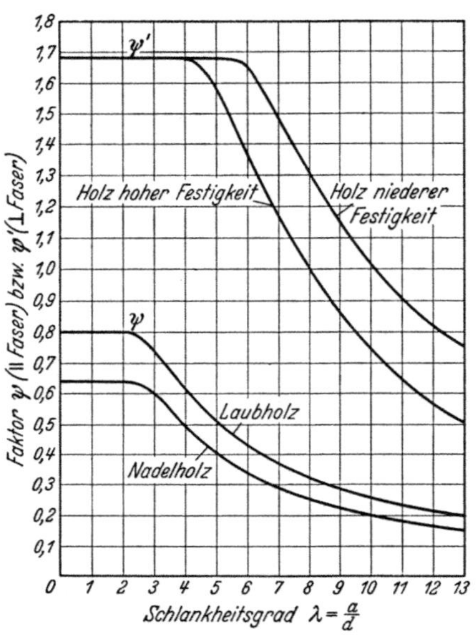

Bild 985. Abhängigkeit des Faktors ψ und ψ' vom Schlankheitsgrad bei zweischnittigen Verbindungen mit Stahllaschen. (Nach G. W. Trayer.)

Die Faktoren ψ und ψ' sind in Bild 985 (ähnlich dem Wert φ von W. Stoy bei den Nägeln, vgl. Bild 964) als Veränderliche des Schlankheitsgrades $\lambda = \frac{a}{d}$ aufgetragen. Sie gelten für handelsübliche Bolzen, wie sie im Ingenieurholzbau Verwendung finden.

Aus den Schaulinien für ψ' (also für Beanspruchung senkrecht zur Faser) ergibt sich, daß die mittlere P-Grenze für Holz geringer Festigkeit verhältnismäßig höher liegt als für Holz großer Festigkeit. Es kann weiter die Frage auftauchen, wie es möglich ist, daß der Lochleibungdruck an der P-Grenze mehr als 100% der Spannung an der P-Grenze beim Druckversuch beträgt. Die Antwort ergibt sich aus der in den Vereinigten Staaten üblichen Versuchsanordnung beim Druckversuch senkrecht zur Faser; es werden dort Prismen mit $2'' \cdot 2'' \cdot 6''$ liegend durch eine in der Mitte wirkende Druckplatte mit $2'' \cdot 2''$ Querschnitt beansprucht. Es handelt sich also um einen Schwellen-Preßversuch (vgl. Bd. I, S. 723 und dort Bild 635 A), bei dem die seitlich an das Druckstück angrenzenden Fasern einen Teil der Last aufnehmen. Die sich ergebende Schwellenfestigkeit ist höher als die Druckfestigkeit, und zwar um so mehr, je schmaler die Schwelle ist. Ein Bolzen mit $1/2''$ Durchmesser — wie er den in Bild 985 ausgewerteten Versuchen zugrunde lag — muß also zwangläufig eine höhere Festigkeit (und auch Proportionalitätsgrenze) liefern als eine $2''$ breite Schwelle. Nachprüfungen bestätigten diese Ansicht: Während ψ' für $\frac{a}{d} = 1$ bei $1/2''$ Bolzendurchmesser 1,68 ist, steigt es bei $1/4''$ Bolzendurchmesser auf 2,5 und sinkt es bei $2''$ Bolzendurchmesser auf 1,07. Die Versuche zu Bild 985 wurden, wie

[1] Pilgrim, M. v.: Bolzenverbindungen, Bolzen in Holz, Ringbuch der Luftfahrtechnik. Berlin 1940.

auch in der Unterschrift erwähnt, mit Stahllaschen ausgeführt. Mit Holzlaschen ergaben sich im wesentlichen ähnliche Beziehungen. Ohne im einzelnen auf die Unterschiede eingehen zu können, sei erwähnt, daß nach G. W. Trayer im Mittel bei allen Holzarten die Proportionalitätsgrenze bei Holzlaschen um 20% niedriger liegt als bei Stahllaschen.

Einige in Deutschland für Flugzeugbolzen gewonnene Kurven sind in Bild 986 vereinigt. Man kann aus allen vorliegenden Befunden schließen, daß die Bolzenlast bei großen Schlankheitsgraden unabhängig von der Bolzenlänge ist. Der waagerechte Kurvenast bei sehr kurzen Bolzen beweist die Richtigkeit der Annahme konstanter Lochleibungsspannung in diesem Bereich. Zwischen den Kurven für kurze und lange Bolzen nimmt G. W. Trayer eine Übergangskurve an, während M. v. Pilgrim einen Sprung für richtig hält. Neuere Versuche von H. Fahlbusch (Bild 987) erhärteten, daß ein stetiger Übergang vorliegt.

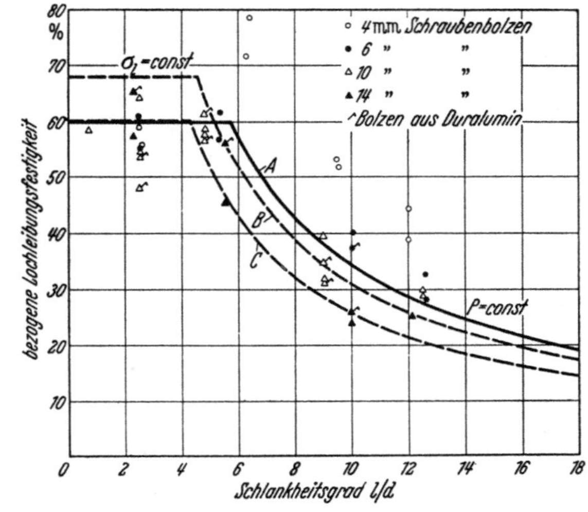

Bild 986. Abhängigkeit der Lochleibungsfestigkeit parallel zur Faser, bezogen auf die Druckfestigkeit, vom Schlankheitsgrad

A für Schraubenbolzen nach K. Borkmann (angenommene Werkstoffdaten: Kiefernholz mit 560 kg/cm² Druckfestigkeit, Stahlbolzen mit 45 kg/mm² Streckgrenze, Duralbolzen mit 28 kg/mm² Streckgrenze).

B für freigelagerte Bolzen nach M. Schrenk und M. v. Pilgrim, gültig für Kiefernholz mit 467 kg/cm² Druckfestigkeit und Stahlbolzen mit 70 kg/mm² Streckgrenze.

C für freigelagerte Bolzen nach A. Teichmann und K. Borkmann, gültig für Kiefernholz mit 564 kg/cm² Druckfestigkeit und Stahlbolzen mit 45 kg/mm² Streckgrenze.

933. Eindrückung und Bettungsziffer kurzer Bolzen in Holz.

Der Zusammenhang zwischen Bolzenweg und Lochleibungsdruck wurde sowohl bei Druck- als auch bei Zugbeanspruchung für Vollhölzer und verschiedene Holzwerkstoffe untersucht (A. Teichmann und K. Borkmann, R. Keylwerth, H. Fahlbusch). Bild 988 bis 990 geben einige typische Kurven wieder. Die Ableitung der Spannung nach der Eindrückung $\frac{d\sigma}{d\delta}$ die „Bettungsziffer", ist keine Konstante, sondern eine Veränderliche der Spannung. Während A. Teichmann und K. Borkmann einen geradlinigen Abfall der Bettungziffer mit der Spannung annahmen, hat M. v. Pilgrim einen parabolischen Ansatz als besser entsprechend gefunden (Bild 991).

934. Abhängigkeit der Lochleibungsfestigkeit von inneren und äußeren Faktoren.

934.1 Abhängigkeit der Lochleibungsfestigkeit von Rohwichte und Druckfestigkeit des Holzes.

H. Fahlbusch fand für verschiedene Hölzer und Lagenhölzer die in Bild 992 gezeigte lineare Abhängigkeit der Lochleibungsfestigkeit von der

Rohwichte. Allgemein gilt somit

$$\sigma_{lB} = C_1\, r_u + C_2\, [\text{kg/cm}^2] \tag{136}$$

wobei r_u die der Feuchtigkeit u im Prüfzustand entsprechende Rohwichte des Holzes [g/cm³] ist. Aus seinen Versuchen leitete H. Fahlbusch ab:

bei Belastung parallel zur Faser $C_1 = 1500$ $C_2 = -450$

bei Belastung senkrecht zur Faser $C_1 = 1500$ $C_2 = -800$

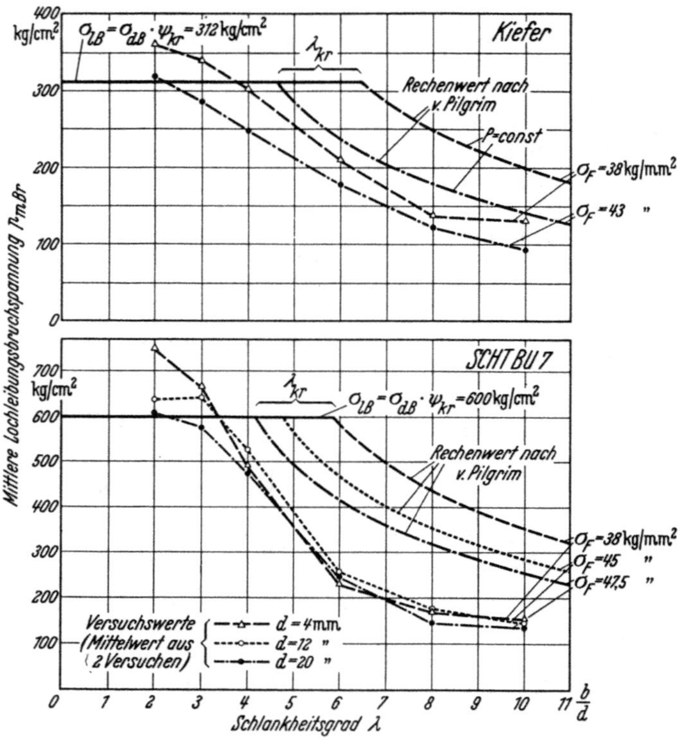

Bild 987. Mittlere Lochleibungs-Bruchspannung langer Bolzen in Kiefernholz und Schichtholz (SCH-T-BU-7) in Abhängigkeit vom Schlankheitsgrad. (Nach H. Fahlbusch.)

Für die Abhängigkeit der Lochleibungsfestigkeit von der Druckfestigkeit, die in Bild 993 dargestellt ist, gilt für alle Holzarten und die geprüften Holzwerkstoffe folgende empirische Beziehung

$$\sigma_{lB} = 2 \cdot \sigma_{dB} - (0{,}02 \cdot \sigma_{dB})^2 + C_3 \tag{137}$$

Nach H. Fahlbusch gilt für Belastung parallel zur Faser $C_3 = -600$, für Belastung senkrecht zur Faser $C_3 = 0$.

934.2 Abhängigkeit der Lochleibungsfestigkeit von der Holzfeuchtigkeit.

Die Lochleibungsfestigkeit ändert sich verhältnismäßig weniger mit der Holzfeuchtigkeit als beispielsweise die Druckfestigkeit. Hierauf konnte schon W. Stoy auf Grund seiner Versuche mit Nagelverbindungen hinweisen. Ähnlich stellten A. Teichmann und K. Borkmann bei der Austrocknung des

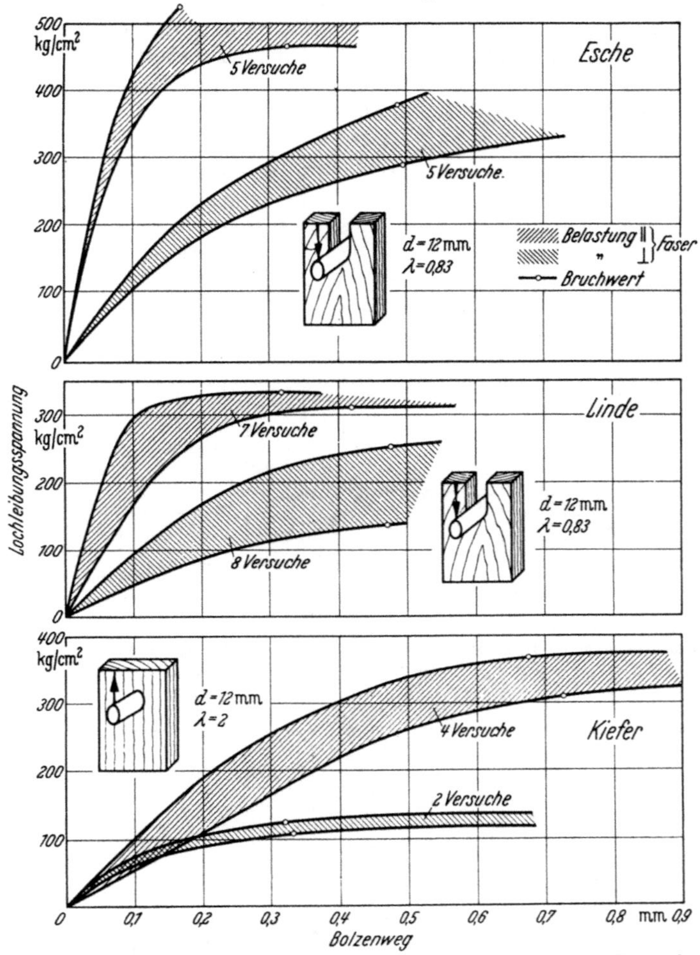

Bild 988. Lochleibungsspannungs-Bolzenweg-Diagramme für Esche, Linde, Kiefer bei Druck- bzw. Zugbelastung längs und quer zur Faser durch kurze Bolzen. (Nach H. Fahlbusch.)

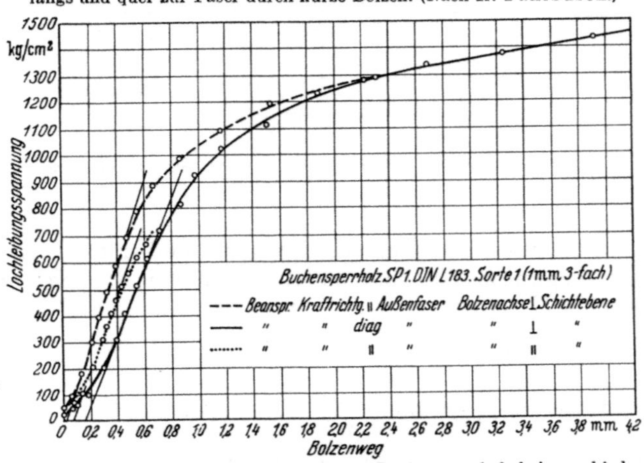

Bild 989. Lochleibungsspannungs-Bolzenweg-Diagramm für Buchensperrholz bei verschiedener Beanspruchung. (Nach R. Keylwerth.)

Holzes von 12 auf 9,5% Feuchtigkeitsgehalt eine anteilige Zunahme der Lochleibungsfestigkeit nur in Höhe von etwa 33% der Druckfestigkeitszunahme fest. Eine Bestätigung erbrachten die Messungen von H. Fahlbusch, die in Bild 994 gezeichnet sind. Der Abfall der Lochleibungsfestigkeit mit steigendem Feuchtig-

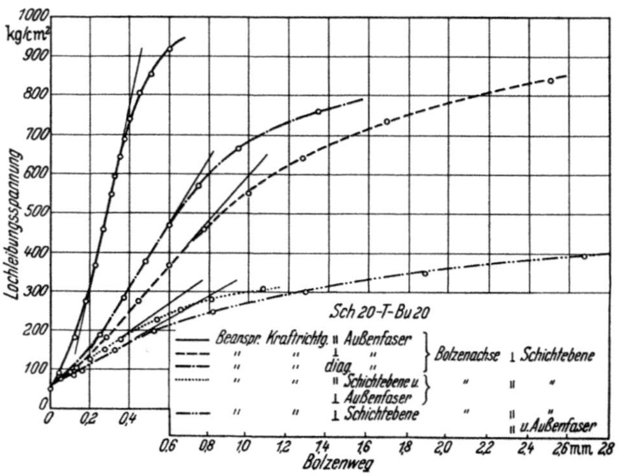

Bild 990. Lochleibungsspannungs-Bolzenweg-Diagramm für Buchenschichtholz bei verschiedener Beanspruchung. (Nach R. Keylwerth.)

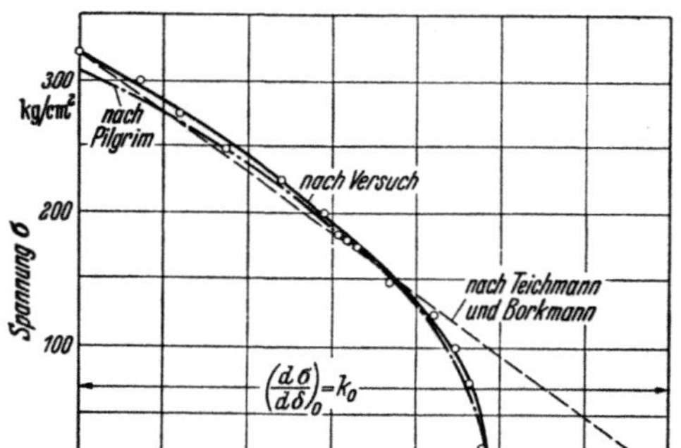

Bild 991. Abhängigkeit der Bettungsziffer $\frac{d\sigma}{d\delta}$ vom Lochleibungsdruck.

keitsgehalt setzt bei etwa 5% Holzfeuchtigkeit ein und erstreckt sich annähernd bis zum Fasersättigungspunkt ($u \approx 30\%$). In diesem Bereich kann man mit folgender Formel rechnen

$$\left.\begin{array}{ll} \text{für Vollholz} & \sigma_{l B_{u_1}} = \sigma_{l B_{u_2}} \cdot \dfrac{u_2 + 14}{u_1 + 14} \\ \text{für vergütete Hölzer} & \sigma_{l B_{u_1}} = \sigma_{l B_{u_2}} \cdot \dfrac{u_2 + 25}{u_1 + 25} \end{array}\right\} \quad (138)$$

Als Normalfeuchtigkeit u_2 gelten für Vollholz 12%, für vergütete Hölzer 7%.

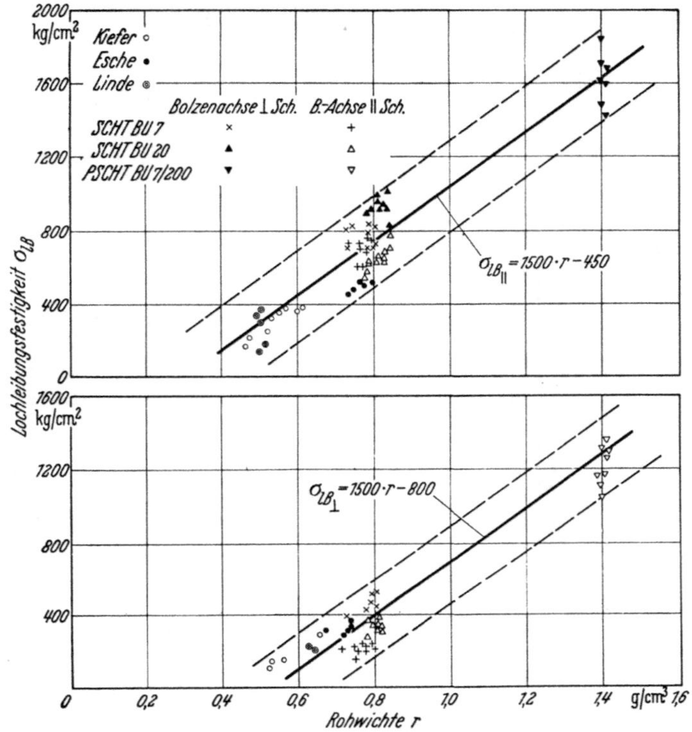

Bild 992. Abhängigkeit der Lochleibungsfestigkeit bei Belastung längs und quer zur Faser von der Rohwichte des Holzes. (Nach H. Fahlbusch.)

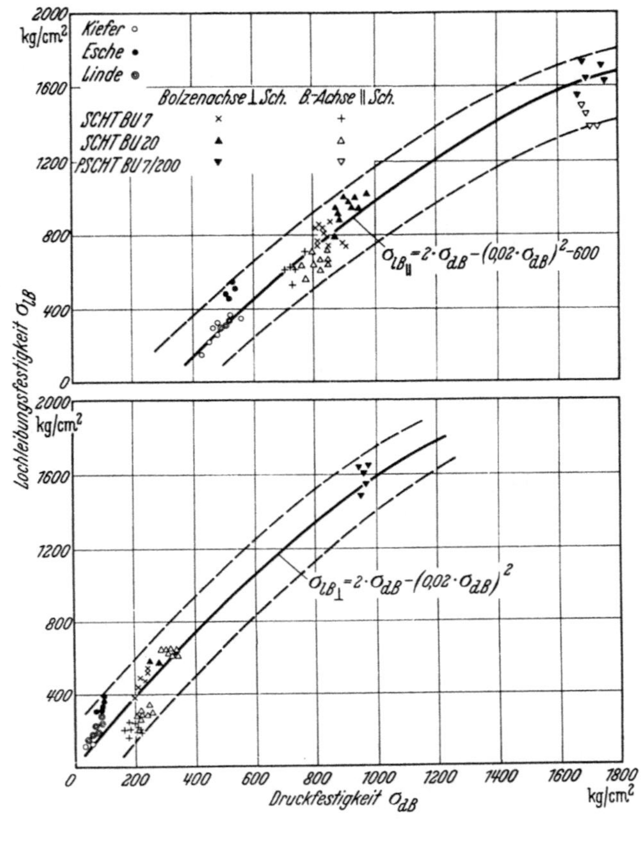

Bild 993. Abhängigkeit der Lochleibungsfestigkeit längs und quer zur Faser von der Druckfestigkeit des Holzes. (Nach H. Fahlbusch.)

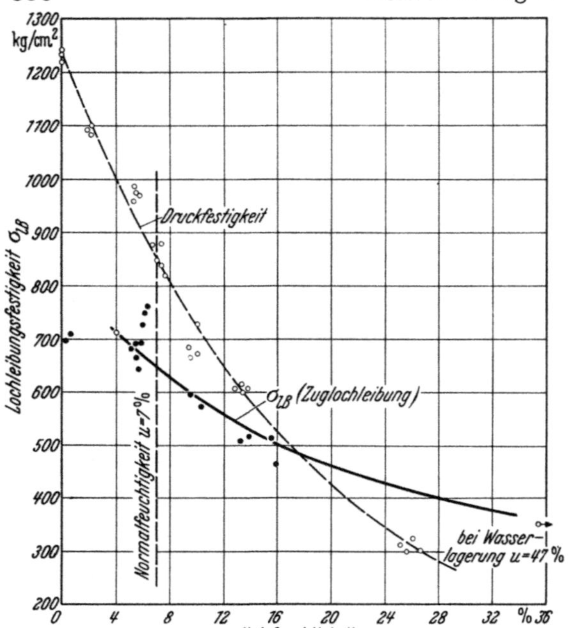

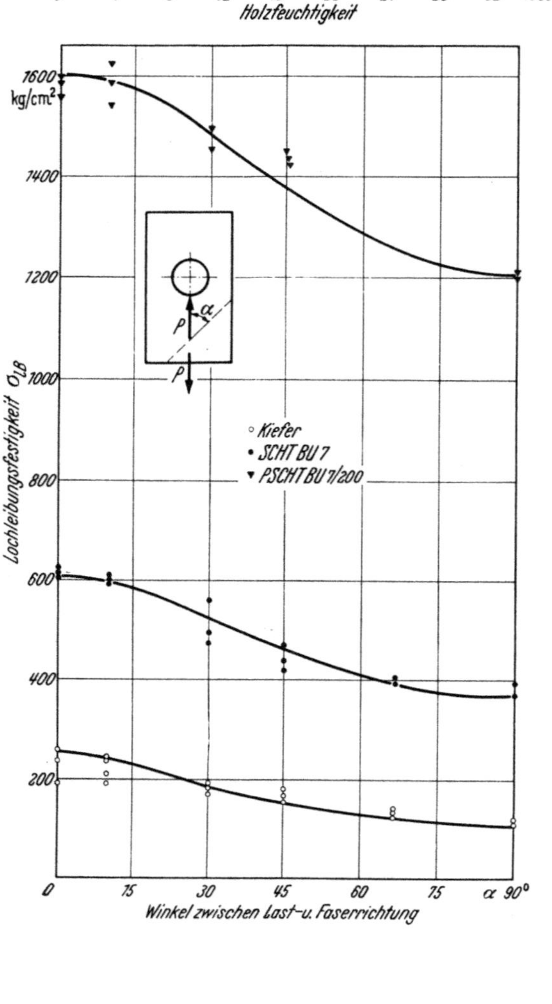

934.3 Abhängigkeit der Lochleibungsfestigkeit von der Orientierung zur Faserrichtung, Einfluß der Jahrringneigung.

Ähnlich wie alle Festigkeitseigenschaften fällt auch die Lochleibungsfestigkeit mit zunehmendem Winkel zwischen Last- und Faserrichtung ab. Bild 995 gibt einige Versuchsergebnisse wieder. Zum rechnerischen Ausgleich kann die in Band I für andere Festigkeitseigenschaften empfohlene Formel

$$\sigma_{lB\gamma} = \frac{\sigma_{lB\parallel} \cdot \sigma_{lB\perp}}{\sigma_{lB\parallel} \sin^n\gamma + \sigma_{lB\perp} \cos^n\gamma} \quad (139)$$

benutzt werden; darin sind $\sigma_{lB\parallel}$ die Lochleibungsfestigkeit bei Beanspruchung längs der Faser, $\sigma_{lB\perp}$ die Lochleibungsfestigkeit bei Beanspruchung senkrecht zur Faser und $n = 2$.

Liegt die Bolzenachse tangential zu den Jahrringen, so erhält man eine etwas höhere Lochleibungsfestigkeit, als wenn die Bolzenachse radial zu den Jahrringen verläuft. A. Teichmann und K. Borkmann hatten einen Unterschied von 5 und weniger % gefunden, während M. Schrenk und M.v. Pilgrim im Mittel 12% bestimmt hatten.

Bild 994. Abhängigkeit der Lochleibungsfestigkeit und der Druckfestigkeit von Schichtholz (SCH-T-BU-12) vom Feuchtigkeitsgehalt. (Nach H. Fahlbusch.)

Bild 995. Abhängigkeit der Lochleibungsfestigkeit von Holz und Holzwerkstoffen vom Winkel zwischen Last- und Faserrichtung. (Nach H. Fahlbusch.)

934.4 Abhängigkeit der Lochleibungsfestigkeit von geometrischen Bedingungen bei kurzen Bolzen.

934.41 Änderung der Lochleibungsfestigkeit mit dem Bolzendurchmesser. Bei Beanspruchung mit dünnen Bolzen erhält man eine höhere Lochleibungsfestigkeit als bei Beanspruchung mit dicken. Für Bolzen von 4 mm Durchmesser aufwärts fand H. Fahlbusch die in Bild 996 gezeichneten Kurven, die sich mit nachstehender Funktion analytisch darstellen lassen

$$\sigma_{lBd} = \sigma_{lB10}\left(0{,}9 + \frac{1}{d}\right) = \sigma_{lB10} \cdot \beta_d, \tag{140}$$

wobei σ_{lBd} die Lochleibungsfestigkeit beim Bolzendurchmesser d und σ_{lB10} jene beim Durchmesser $d = 10$ mm sind.

934.42 Einfluß des Randabstands der Bolzenmitte vom Holzrand, kritischer Randabstand. Bei Erörterung der möglichen Brüche in Bolzenverbindungen wurden für Beanspruchung längs der Faser die Spalt-, Scher- und Zugbrüche erwähnt. Alle diese Brüche lassen sich, wenn sie auftreten, aus den geometrischen Verhältnissen der Verbindung zusammen mit den anisotropen Festigkeitseigenschaften des Holzes erklären. Bei ungenügendem Randab-

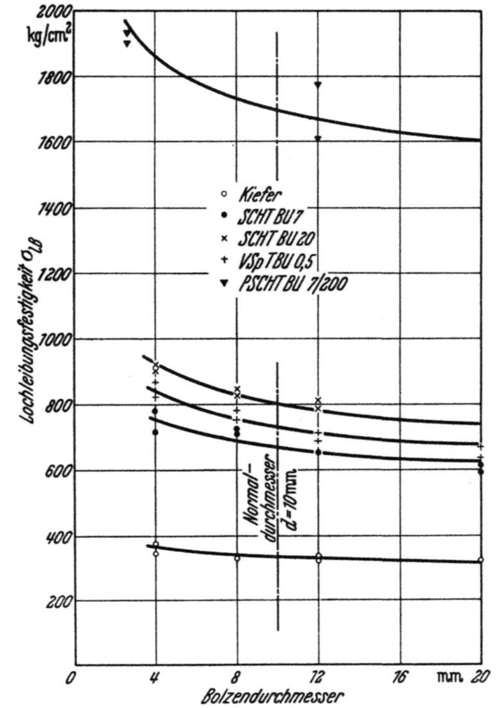

Bild 996. Abhängigkeit der Lochleibungsfestigkeit vom Bolzendurchmesser. (Nach H. Fahlbusch.)

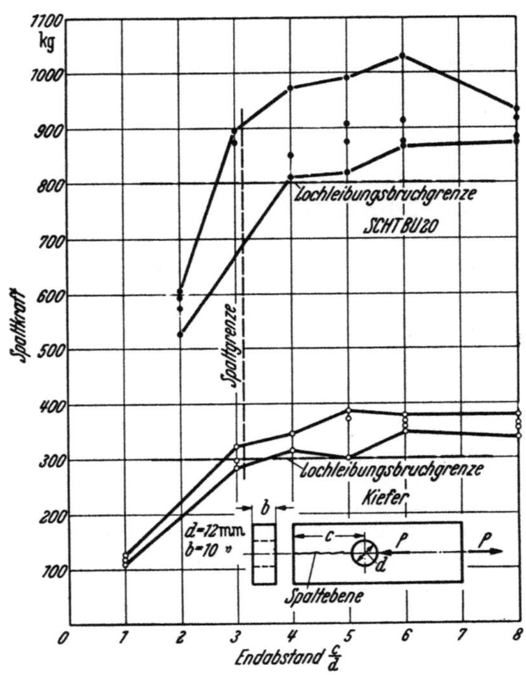

Bild 997. Abhängigkeit der Spaltkraft bei Lochleibungsbeanspruchung von Kiefernholz und Schichtholz (SCH-T-BU-20) vom Verhältnis des Endabstandes c zum Bolzendurchmesser d. (Nach H. Fahlbusch.)

stand kann es infolge der niedrigen Querzugfestigkeit des Holzes zu einem Aufspalten parallel der Faser (vgl. Bild 979) kommen. Wie Bild 997 deutlich macht, fällt bei Kiefernvollholz und Buchenschichtholz die Spaltkraft für kleine Randabstände $\frac{c}{d} < 3$ stark ab. Bei $\frac{c}{d} > 3$ ist die Spaltgefahr beseitigt, da die Lochleibungs-Bruchgrenze niedriger liegt als die Last bei Spaltbeginn.

Sehr aufschlußreich ist weiter Bild 998, das die Abhängigkeit der Scherfestigkeit vom verhältnismäßigen Randabstand $\frac{c}{d}$ (gemäß Bild 999) zeigt. Die Scherfläche F_s errechnet sich zu $F_s = 2\left(c - \frac{d}{4}\right) b$. Somit ergibt sich rechnerisch die Scherfestigkeit τ_{aB} zu

$$\tau_{aB} = \frac{P}{2\left(c - \frac{d}{4}\right) b} \qquad (141)$$

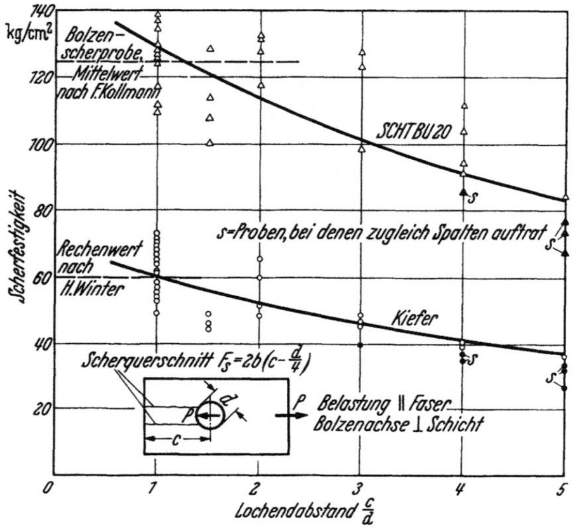

Bild 998. Abhängigkeit der Scherfestigkeit von Kiefernholz und Schichtholz (SCH-T-BU-20) beim Bolzenscherversuch vom bezogenen Endabstand c/d. (Nach H. Fahlbusch.)

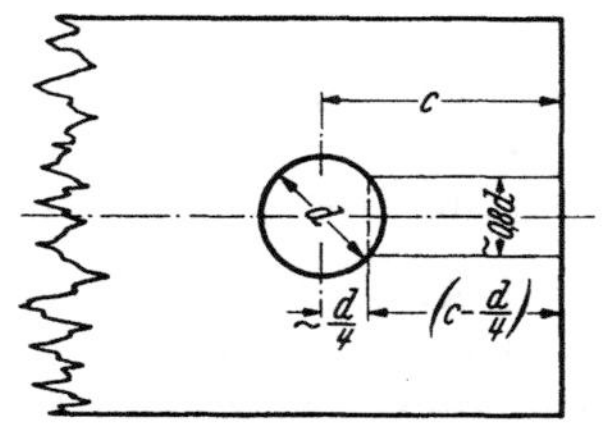

Bild 999. Randabstand und Scherfläche bei der Bolzenscherprobe. (Nach M. v. Pilgrim.)

Das erwähnte Absinken der Scherfestigkeit bei größeren Randabständen kann empirisch berücksichtigt werden; es gilt nach H. Fahlbusch

$$\tau_{aB} = \tau_{aB_{c/d=1}} \cdot \frac{7}{\frac{c}{d} + 6} = \tau_{aB_{c/d=1}} \frac{7d}{c + 6d} = \tau_{aB_{c/d=1}} \cdot \beta_s \qquad (142)$$

Zahlentafel 123 enthält die Scherfestigkeitswerte $\tau_{aB_{c/d=1}}$ beim Bruch, gewonnen mit der Bolzenscherprobe, für wichtige Hölzer und Holzwerkstoffe nach Versuchen von R. Keylwerth mit den von H. Fahlbusch gewählten Rechenwerten.

Die Zugspannungen sind bei der Zuglochleibung über dem Restquerschnitt ungleichmäßig verteilt, d. h. an Bolzenlochrändern entstehen nach der Kerbspannungslehre Spannungsspitzen. Bei kurzen Bolzen tritt bei einer gesamten Breite von $2d$ Zugbruch auf. G. W. Trayer gibt an, daß die von ihm bestimmten Lochleibungswerte nur dann zutreffen, wenn der seitliche Abstand der Bolzenmitte vom Holzrand mindestens $1{,}5d$ ist. H. Fahlbusch untersuchte die Verhältnisse bei bolzenbelasteten Zugstäben aus 10 mm Sperrholz, das

Zahlentafel 123. *Scherfestigkeitsbruchwerte τ_{aB} bei Lochleibungsbeanspruchung (Bolzenscherprobe) von verschiedenen Hölzern, Belastung längs der Faser. Bolzendurchmesser $d = 12$ mm*

$$\frac{c}{d} = 1 \text{ (Nach R. Keylwerth)}$$

Holzart	Lage der Scherfläche	Holzfeuchtigkeit Mittelwert %	Wichte Mittelwert g/cm³	Scherfestigkeit Grenz- und Mittelwert. 10 Versuche kg/cm²	Rechenwert kg/cm²
Kiefer 4000	tangential	10,7	0,476	53,6 bis **56,6** bis 59,1	55
	radial			58,4 bis **62,3** bis 69,6	
Kiefer 4001	tangential	14,2	0,504	61,4 bis **68,3** bis 75,8	55
	radial			53,3 bis **65,5** bis 72,4	
Kiefer 4002	tangential	13,6	0,533	72,4 bis **75,1** bis 77,8	60
	radial			60,3 bis **70,2** bis 78,9	
Rotbuche	tangential	12,3	0,68	111,7 bis **130,3** bis 138,8	100
	radial			100,8 bis **113,8** bis 131,9	
Esche	tangential	10,2	0,646	93,8 bis **104,1** bis 117,5	95
	radial			102,5 bis **113,0** bis 125,7	
SCH-T-BU-7	‖ Schicht	8,2	0,811	77,7 bis **85,2** bis 91,2	80
	⊥ Schicht			111,5 bis **119,3** bis 129,8	110
SCH-T-BU-20	‖ Schicht	7,0	0,83	81,8 bis **100,0** bis 121,2	85
	⊥ Schicht			110,8 bis **125,5** bis 139,4	110
Buchensperrholz 1 mm 3-fach	‖ Schicht Bel.l.d.F.	10	0,944	72,5 bis **77,7** bis 82,4	75
	‖ Schicht Bel.q.d.F.			49,5 bis **72,6** bis 85,8	50
Buchensperrholz 2,5 mm 5-fach	‖ Schicht Bel.l.d.F.	9,2	0,815	63,2 bis **66,9** bis 72,7	65
	‖ Schicht Bel.q.d.F.			34,2 bis **43,2** bis 54,2	35
Buchensperrholz 6 mm 7-fach	‖ Schicht Bel.l.d.F.	8,2	0,853	59,6 bis **66,5** bis 71,7	60
	‖ Schicht Bel.q.d.F.			35,3 bis **51,6** bis 62,2	35
Vielschichtsperrholz 3 mm 0,3 mm Furnier	‖ Schicht Bel.l.d.F.	9,1	0,995	76,6 bis **89,6** bis 100,5	80
	‖ Schicht Bel.q.d.F.			52,7 bis **80,1** bis 94,8	55
Vielschichtsperrholz 6 mm 0,5 mm Furnier	‖ Schicht Bel.l.d.F.	7,9	0,901	75,0 bis **85,1** bis 96,6	75
	‖ Schicht Bel.q.d.F.			66,0 bis **74,9** bis 78,7	65
Preßschichtholz PSCH-T-BU-7/200	‖ Schicht	8,5	1,410	99,5 bis **122,8** bis 144,7	100
	⊥ Schicht			186,6 bis **227,5** bis 256,0	190
Preßschichtholz OBO-Festholz Type N Klasse A	‖ Schicht	6,1	1,358	70,9 bis **92,1** bis 113,9	75
	⊥ Schicht			227,2 bis **291,2** bis 345,7	230

hinsichtlich Zugbruch besonders gefährdet ist. Bild 1000 zeigt, daß der Kerbfaktor $\beta_K = \frac{\sigma_{zBK}}{\sigma_{zB}}$ im Gegensatz zum einfach gelochten Zugstab mit wachsenden $\frac{a}{d}$ stetig abfällt. Es gelten folgende empirischen Beziehungen:

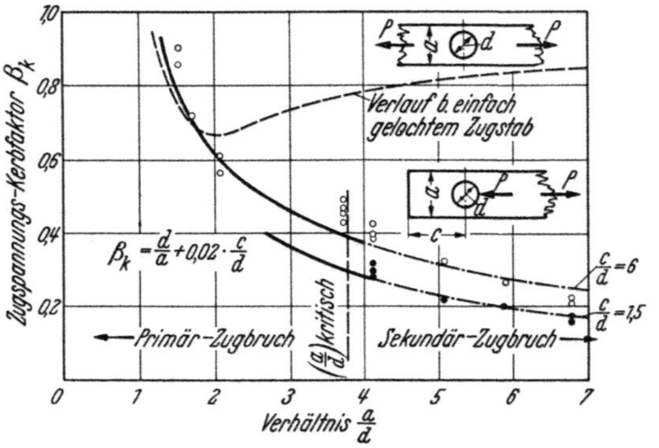

Bild 1000. Abhängigkeit des Zugspannungs-Kerbfaktors für Vielschichtsperrholz vom Verhältnis a/d bei Belastung durch einen Bolzen im Vergleich zum einfach gelochten Zugstab. (Nach H. Fahlbusch.)

Belastung längs der Faser

$$\beta_K = \frac{d}{a} + 0{,}02 \cdot \frac{c}{d} \qquad (143)$$

Belastung quer zur Faser

$$\beta_K = \frac{1}{\sqrt[4]{\frac{a}{d}}} \qquad (144)$$

Somit ergibt sich die Bruchlast beim Zugbruch zu

$$P_{Br} = \beta_K \cdot \sigma_{zB}\,(a - d) \cdot b \qquad (145)$$

Um die zu erwartende Bruchart vorauszubestimmen, werden kritische Randabstände

$$\left(\frac{c}{d}\right)_{\text{krit}} \text{ und } \left(\frac{a}{d}\right)_{\text{krit}}$$

eingeführt. Die Grenze zwischen Lochleibungsbruch und Scherbruch ist durch nachstehende Bedingungsgleichung (vgl. Formel (140) und (142)) gekennzeichnet

$$\sigma_{lB} \cdot \beta_d \cdot b \cdot d = \tau_{aB} \cdot \beta_s \cdot 2\left(c - \frac{d}{4}\right) \cdot b$$

Daraus errechnet sich

$$\left(\frac{c}{d}\right)_{\text{krit}} = \frac{\sigma_{lB}}{2\,\tau_{aB}} \cdot \frac{\beta_d}{\beta_s} + \frac{1}{4} \qquad (146)$$

Weiter ergibt sich für die Grenze zwischen Lochleibungsbruch und Zugbruch als Bedingungsgleichung

$$\sigma_{lB} \cdot \beta_d \cdot b \cdot d = \sigma_{zB} \cdot \beta_K \cdot (a - d) \cdot b$$

und daraus

$$\left(\frac{a}{d}\right)_{\text{krit}} = \frac{\sigma_{lB}}{\sigma_{zB}} \cdot \frac{\beta_d}{\beta_K} + 1 \qquad (147)$$

Schließlich lautet die letzte Bedingungsgleichung für die Grenze zwischen Zugbruch und Scherbruch:

$$\sigma_{zB} \cdot \beta_K \cdot (a - d) \cdot b = \tau_{aB} \cdot \beta_s \cdot 2\left(c - \frac{d}{4}\right) \cdot b$$

und daraus

$$\left(\frac{a}{c}\right)_{\text{krit}} = \frac{\tau_{aB}}{\sigma_{zB}} \cdot \frac{\beta_s}{\beta_K} \cdot \left(2 - \frac{d}{2c}\right) + \frac{d}{c} \qquad (148)$$

Ein Lochleibungsbruch erfolgt, wenn $\frac{c}{d} > \left(\frac{c}{d}\right)_{\text{krit}}$ $\frac{a}{d} > \left(\frac{a}{d}\right)_{\text{krit}}$

Ein Scherbruch erfolgt, wenn $\frac{c}{d} < \left(\frac{c}{d}\right)_{\text{krit}}$ $\frac{a}{c} > \left(\frac{a}{c}\right)_{\text{krit}}$

Ein Zugbruch erfolgt, wenn $\frac{a}{d} < \left(\frac{a}{d}\right)_{\text{krit}}$ $\frac{a}{c} < \left(\frac{a}{c}\right)_{\text{krit}}$

H. Fahlbusch hat in seiner verdienstvollen Arbeit die Brauchbarkeit der Formeln (146) (147) und (148) durch umfangreiche Versuche bestätigt und eine Tafel der kritischen Randabstände für verschiedene Hölzer und Holzwerkstoffe bei verschiedenen Belastungsrichtungen veröffentlicht.

934.5 Lochleibungsdruck und Lochdeformation bei langen Bolzen.

934.51 Symmetrischer Zweilaschenanschluß. Bei langen Bolzen ist, wie schon gesagt wurde, der Lochleibungsdruck nicht mehr gleichmäßig über die Bolzenlänge verteilt, vielmehr herrscht bei symmetrischer Belastung außen der größte Druck, der gegen die Mitte zu abnimmt. Die Bruchlast erhöht sich mit zunehmendem Schlankheitsgrad nicht mehr verhältnisgleich der Holzdicke, und der mittlere Lochleibungsdruck fällt ab. Eine exakte Lösung ist, solange im Bolzen und im Holz Proportionalität zwischen Spannung und Formänderung besteht, nach der Theorie des „Balkens auf elastischer Unterlage" möglich. Die resultierende Differentialgleichung für die elastische Linie des gekrümmten Bolzens läßt sich aber nur integrieren, wenn die Bettungsziffer $\frac{d\sigma}{d\delta}$ konstant ist. Dies ist aber, wie in Ziffer 933 schon nachgewiesen wurde, bei Bolzen in Holzbettung nicht der Fall. Eine rechnerische Lösung in geschlossener Form scheidet deshalb aus, jedoch ist, wie A. Teichmann u. K. Borkmann zeigten, eine graphische Lösung mit konvergierender Itegration möglich, vorausgesetzt, daß die Bettungsfunktion des Holzes und die Steifigkeitsfunktion des Bolzens bekannt sind. H. Fahlbusch entwarf, indem er sich ebenfalls dieses Verfahrens bediente, die Kurven in Bild 1001. Er wies ferner nach, daß die von M. v. Pilgrim für den „kritischen Schlankheitsgrad", bis zu dem noch mit gleichmäßig verteilter Last gerechnet werden kann, angegebene empirische Formel nicht befriedigt. Bessere Ergebnisse erzielt man mit einer von H. Fahlbusch entwickelten Grenzwertmethode; sie führt zu folgenden Beziehungen im Bereich der kurzen Bolzen von $\lambda = 0$ bis zu einem gewissen Grenzschlankheitsgrad λ_{gr}, in dem die Bruchlast P_{Br} von λ abhängt.

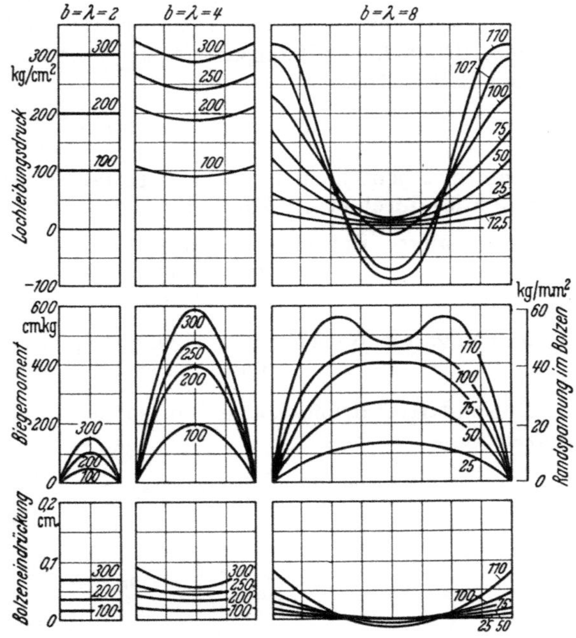

Bild 1001. Graphisch ermittelte Verteilung des Lochleibungsdrucks, des Bolzenbiegemoments und der Bolzeneindrückung von Stahlbolzen mit 10 mm Dicke und verschiedenem Schlankheitsgrad in Kiefernholz bei verschiedenen Laststufen. (Nach H. Fahlbusch.)

$$P_{m_{Br}} = \frac{\sigma_{lB}}{1 + \frac{\lambda^4}{A}\left(\frac{\sigma_{lB}}{\sigma_F}\right)^2} \tag{149}$$

Hierin bedeuten σ_{lB} die Lochleibungsfestigkeit, λ den Bolzenschlankheitsgrad, A eine Konstante ($= 6{,}75$ für Stahlbolzen, $1{,}44$ für Leichtmetallbolzen) und σ_F die Fließgrenzenspannung des Bolzenwerkstoffs.

Im folgenden Bereich von λ_{gr} bis $\lambda = \infty$ bleibt die Bruchlast annähernd konstant und gilt

$$P_{m_{Br}} = \frac{\sigma_{lB}}{2\lambda} \sqrt{B \frac{\sigma_F}{\sigma_{lB}}} \tag{150}$$

Für die Konstante B ist bei Stahlbolzen der Wert 2,6, bei Leichtmetallbolzen der Wert 1,2 einzusetzen.

934.52 Exzentrische Einlaschenverbindung. Wird die Kraft durch eine Lasche exzentrisch in die Bolzenverbindung eingeleitet, so erhält man schon bei kurzen Bolzen einen über der Holzbreite veränderlichen Lochleibungsdruck. Das Bolzeneinspannmoment ist dabei von erheblicher Bedeutung. Bei langen Bolzen gesellt sich die Beanspruchung durch die Bolzendurchbiegung hinzu. Der mittlere Bruch-Lochleibungsdruck $p'_{m_{Br}}$ fällt bis zum Grenzschlankheitsgrad λ_{gr} ab, den H. Fahlbusch zu

$$\lambda_{gr} = \sqrt{3 \frac{\sigma_F}{\sigma_{lB}}} \tag{151}$$

bestimmte. Ebenfalls nach H. Fahlbusch wird der Einfluß des Bolzeneinspanngrades durch einen Abminderungsfaktor ζ erfaßt:

eingespannte Bolzen (eingepaßter Gewindebolzen in biegesteifer breiter Stahllasche mit Gegenmutter und Unterlagscheibe) $\zeta = \frac{1}{2} \cdots \frac{2}{3}$

freigelagerter Bolzen (mit reichlich Spiel in der Zuglasche ohne Anzug der Gegenmutter) $\zeta = \frac{1}{3} \cdots \frac{1}{2}$

Der mittlere Bruch-Lochleibungsdruck $p'_{m_{Br}}$ für einseitig belastete lange Bolzen ist

$$\lambda < \lambda_{gr} \qquad p'_{m_{Br}} = \frac{\zeta \cdot \sigma_{lB}}{1 + \frac{\lambda^4}{9}\left(\frac{\sigma_{lB}}{\sigma_F}\right)^2} \tag{152}$$

$$\lambda = \lambda_{gr} \qquad p'_{m_{Br}} = \frac{\zeta \cdot \sigma_{lB}}{2} \tag{153}$$

$$\lambda > \lambda_{gr} \qquad p'_{m_{Br}} = \frac{\zeta \cdot \sigma_{lB}}{2} \cdot \frac{\lambda_{gr}}{\lambda} \tag{154}$$

$$P_{Br} = p'_{m_{Br}} \cdot b \cdot d.$$

934.6 Einfluß der Belastungsgeschwindigkeit und wiederholter Belastung.

A. Teichmann und K. Borkmann hatten gefunden, daß die Bruchfestigkeit von Bolzenverbindungen bei einer Belastungsgeschwindigkeit von rund 20 kg/cm²min um etwa 4% niedriger war als bei einer hohen Belastungsgeschwindigkeit von 200 bis 300 kg/cm² je min. Diese Feststellung entspricht dem allgemeinen Gesetz der Erhöhung der Bruchspannungen mit kürzer werdender Belastungszeit[1]. Bei 14tägiger statischer Belastung erreichte bei den Versuchen

[1] Vgl. die zusammenfassende Darstellung bei F. Kollmann, Holz als Roh- und Werkstoff Bd. 10 (1952) S. 187.

der genannten Forscher die Bruchfestigkeit 70 bis 85% des im normalen Kurzzeitversuch erreichten Wertes. Auch G. W. Trayer schreibt für lange andauernde Belastung einen Abminderungsfaktor von 0,8 vor. Wiederholte Belastung führt, insbesondere bei höheren Spannungen, zu einer Zunahme der bleibenden Eindrückung (Bild 1002).

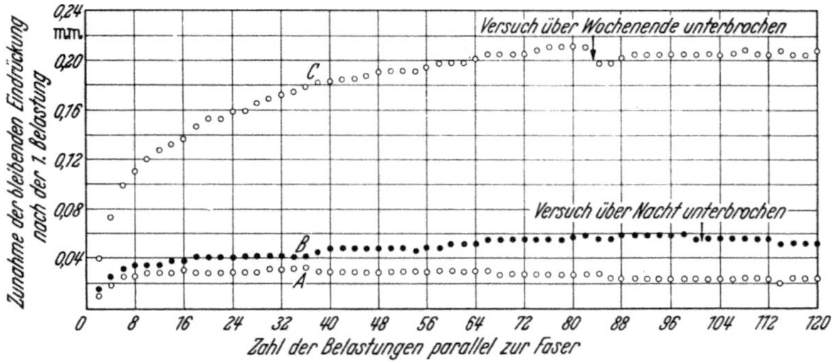

Bild 1002. Zunahme der bleibenden Eindrückung einer Bolzenverbindung bei wiederholter Belastung. A Belastung bis zur Proportionalitätsgrenze, B Belastung 25% über die P-Grenze, C Belastung 50% über die P-Grenze. (Nach M. v. Pilgrim.)

934.7 Einfluß von Reibungsschluß und Passungsgenauigkeit.

Werden die Bolzen fest angezogen, so steigt die Tragfähigkeit der Verbindung infolge des Reibungsschlusses zwischen Beschlaglasche und Holz. Trotzdem läßt sich dieser Einfluß nicht in Rechnung stellen, da die Bolzenvorspannung infolge des Anziehens leicht durch die Schwindung des Holzes aufgehoben wird. Bei langen Bolzen führt ihre Verformung zu erheblichen Reibungskräften, deren Größe aber schwer zu bestimmen ist.

Wenig zuverlässige Unterlagen liegen über die Abhängigkeit der Tragfähigkeit der Bolzenverbindungen von der Passung des Bolzens im Bohrloch vor. Es wurde jedoch in anderem Zusammenhang schon bemerkt, daß selbst bei sorgfältig vorgebohrten Löchern eine verhältnismäßig starke (im wesentlichen bleibende) Zunahme der Eindrückung unter geringem Lochleibungsdruck auftritt, die offenbar vornehmlich auf Passungsungenauigkeiten zurückzuführen ist. Bei den Versuchen von A. Teichmann und K. Borkmann lagen diese Anfangseindrückungen zwischen 0,02 und 0,15 mm. Hat das Bohrloch einen etwas kleineren Durchmesser als der Bolzen, so muß dieser mit beträchtlichem Kraftaufwand eingepreßt werden. Hierdurch erniedrigt sich sowohl die Lochleibungsspannung an der Proportionalitätsgrenze als auch die Lochleibungs-Bruchspannung. H. R. Goodell und R. S. Phillips[1] analysierten 259 Bohrlöcher hinsichtlich des Einflusses des Bohrverfahrens auf die Tragfähigkeit der Bolzenverbindung. Sie fanden, daß 1. Bolzenlöcher mit sichtbar glatten Wandungen gegenüber solchen mit sichtbarer Rauhigkeit weit überlegene Tragfähigkeit haben, 2. der Bohrer, um ein glattes Loch zu erhalten, sehr gut geschärft sein muß und die Vorschubgeschwindigkeit so langsam sein soll, daß die Fasern abgeschnitten und nicht abgerissen werden.

[1] Goodell, H. R., u. R. S. Phillips: Bolt-Bearing Strength of Wood and Modified Wood, Effects of Different Methods of Drilling Bolt Holds in Wood and Plywood, U.S. For. Prod. Lab., Rep. No. 1523 Madison, Wisc., Dec. 1944.

935. Praktische Bemessungsregeln für Bolzenverbindungen.

935.1 Verfahren nach G. M. Trayer.

Die zulässige Beanspruchung von Bolzenverbindungen errechnet sich nach dem von G. M. Trayer im U. S. Forest Products Laboratory entwickelten Verfahren folgendermaßen:

1. Feststellung der Grundspannung des Leibungsdruckes, die von der Holzart abhängt. In den Vereinigten Staaten wurden die Hölzer zu sechs Gruppen zusammengefaßt. In Deutschland kommt man mit einer engeren Fassung aus; hier empfehlen sich meines Erachtens drei Klassen, und zwar Klasse A (Fichte, Tanne, entsprechend der amerikanischen Gruppe Softwoods 2), Klasse B (Kiefer, Lärche, entsprechend Softwoods 3) und Klasse C (Birke, Buche, Eiche, Esche, Hickory, entsprechend Hardwoods 3). Es gilt dann Zahlentafel 124, deren Zahlen abgerundet sind.

Zahlentafel 124. *Grundspannungen*[1] *zur Berechnung von Bolzenverbindungen.*

Klasse	Holzarten	Grundspannung σ_G* kg/cm² ∥ Faser	Grundspannung σ_G* kg/cm² ⊥ Faser
A	Fichte, Tanne	70	15
B	Kiefer, Lärche	90	19
C	Birke, Buche, Eiche, Esche, Hickory	100	28

Zahlentafel 125. *ψ-Werte zur Berechnung des zulässigen Lochleibungsdruckes $\sigma_{l\,zul\,\parallel}$ aus der Grundspannung $\sigma_{G\,\parallel}$ bei Anschlüssen parallel zur Faser.*

Schlankheitsverhältnis $\lambda = \frac{a}{d}$	ψ-Werte[2] Gewöhnliche Bolzen (Streckgrenze 32 kg/mm²) Holzklasse A	Gewöhnliche Bolzen B, C	Hochwertige Bolzen (Streckgrenze 88 kg/mm²) Holzklasse A	Hochwertige Bolzen B, C
bis 2	1,00	1,00	1,00	1,00
3	1,00	0,99	1,00	1,00
4	0,97	0,925	1,00	0,99
5	0,88	0,80	1,00	0,96
6	0,76	0,67	0,95	0,895
7	0,65	0,58	0,89	0,81
8	0,57	0,50	0,81	0,73
9	0,51	0,45	0,74	0,66
10	0,455	0,40	0,68	0,60
11	0,41	0,37	0,62	0,55
12	0,38	0,34	0,57	0,50
13	0,35	0,31	0,52	0,46

2. Die Grundspannungen σ_G werden dann mit der Projektion der Bolzenleibungsfläche $a \cdot d$ vervielfacht sowie mit den Faktoren ψ bzw. ψ', die für den in Frage kommenden Schlankheitsgrad $\lambda = \frac{a}{d}$ aus Zahlentafel 125 für Anschlüsse parallel zur Faser und aus Zahlentafel 126 für Anschlüsse senkrecht zur Faser abgelesen werden können. Es gilt dann

$$\sigma_{l\,zul\,\parallel} = \psi \cdot \sigma_{G\,\parallel}\,. \qquad (131\text{c})$$

Bei Anschlüssen senkrecht zur Faser ist noch mit dem Schwellenfaktor β zu multiplizieren

$$\sigma_{l\,zul\,\perp} = \psi' \cdot \beta \cdot \sigma_{G\,\perp}\,. \qquad (131\text{d})$$

[1] Die Ableitung der Grundspannungen ist folgende: Die durchschnittliche Druckfestigkeit ∥ Faser kleiner astreiner grüner Proben wurde zur Berücksichtigung lange dauernder Belastung bei Nadelholz mit 0,64, bei Hartholz mit 0,75 vervielfacht. Sodann wird mit 1,2 multipliziert, um auf vorsichtige Weise die Zunahme der Festigkeit mit dem Trocknen zu berücksichtigen und schließlich als Sicherheitsfaktor 2,25 eingeführt. Parallel zur Faser ergaben sich dann folgende amerikanische Werte für die A-Klasse 70 kg/cm², für die B-Klasse 91 kg/cm² und für die C-Klasse 105 kg/cm²; bei sinngemäßer Auswertung deutscher Messungen fand ich für die A-Klasse 66 kg/cm², die B-Klasse 86 kg/cm² und die C-Klasse 100 kg/cm². Senkrecht zur Faser wurden die Grundspannungen an fehlerfreien grünen Proben aus der P-Grenze ohne Abzug für lange dauernde Belastung mit 20% Zuschlag für die Einwirkung der Trocknung und 2,25 für Sicherheit abgeleitet.

* Die Zahlenwerte gelten für trockenes Holz in geschlossenen Räumen; bei gelegentlicher Befeuchtung des Holzes ermäßige man um 1/4, in meist feuchter oder dunstiger Umgebung um 1/3.

[2] Die Werte gelten für Stahllaschen; für Holzlaschen sind sie um 1/5 abzumindern.

3. Besonderen Umständen (z. B. Holzlaschen oder hoher Feuchtigkeit) ist jeweils durch weitere Erfahrungswerte Rechnung zu tragen. Angaben hierfür finden sich in den Anmerkungen zu den nachfolgenden Zahlentafeln.

Bolzendurchmesser″	1/4	3/8	1/2	5/8	3/4	7/8	1	1 1/4	1 1/2	1 3/4	2	2 1/2	≧ 3
mm	6,4	9,5	12,7	15,9	19,1	22,2	25,4	31,8	38,1	44,5	50,8	63,5	76,2
Schwellenfaktor β	2,50	1,95	1,68	1,52	1,41	1,33	1,27	1,19	1,14	1,10	1,07	1,03	1

4. Die zulässigen Spannungen σ_γ für Anschlüsse schräg zur Faser sind nach der auch hier geltenden Formel (139)

$$\sigma_\gamma = \frac{\sigma_{\parallel}\,\sigma_{\perp}}{\sigma_{\parallel}\sin^2\gamma + \sigma_{\perp}\cos^2\gamma} \qquad (139)$$

zu ermitteln; dabei ist $\sigma_{\parallel}$ die zulässige Lochleibungsspannung parallel zur Faser, $\sigma_{\perp}$ die zulässige Lochleibungsspannung senkrecht zur Faser und γ der Winkel zwischen Last und Faserrichtung.

Interessante Beobachtungen liegen über das Verhalten von Holzschrauben bei großen Bauteilen (z. B. gegliederten Stäben und Knotenpunkten) und Großbauwerken aus Holz vor. Eine Erörterung ist im Rahmen dieses Buches nicht möglich, doch seien in einer Fußnote die wichtigsten einschlägigen Veröffentlichungen darüber und über den Holzbau im allgemeinen zusammengestellt[1].

Zahlentafel 126. *ψ'-Werte und β-Werte zur Berechnung des zulässigen Lochleibungsdruckes bei Anschlüssen senkrecht zur Faser.*

Schlankheitsverhältnis $\lambda = \frac{a}{d}$	ψ'-Werte: Gewöhnliche Bolzen (Streckgrenze 32 kg/mm²) Holzklasse A	B	C	Hochwertige Bolzen (Streckgrenze 88 kg/mm²) Holzklasse A, B, C
bis 5	1,00	1,00	1,00	1,00
6	1,00	1,00	0,96	1,00
7	1,00	0,97	0,87	1,00
8	0,96	0,88	0,75	1,00
9	0,86	0,77	0,65	0,98
10	0,76	0,67	0,55	0,90
12	0,68	0,59	0,48	0,815
12	0,61	0,52	0,425	0,74
13	0,55	0,46	0,375	0,67

935.2 Zulässige Lasten für Bolzenverbindungen nach DIN 1052.

Die Bolzenlöcher müssen gut passend ohne Spiel und für mehrschnittige Verbindungen möglichst mit Maschinen gebohrt werden. Die

Zahlentafel 127.
Zulässige Last der Bolzenverbindungen für Kraftangriff in Faserrichtung. (Nach DIN 1052).

	Nadelholz (einschl. Lärche)	Eiche und Buche
zweischnittig 	Mittelholz: 85 $a_3\,d$, jedoch höchstens 380 d^2 Seitenholz: 55 $a_1\,d$, jedoch höchstens 260 d^2	Mittelholz: 100 $a_3\,d$, jedoch höchstens 450 d^2 Seitenholz: 65 $a_1\,d$, jedoch höchstens 300 d^2
einschnittig 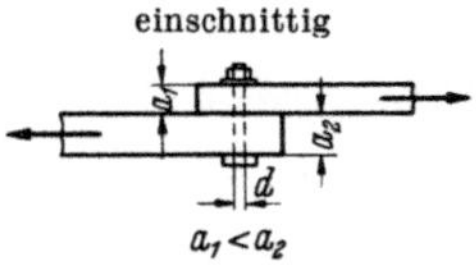	40 $a_1\,d$, jedoch höchstens 170 d^2	50 $a_1\,d$, jedoch höchstens 200 d^2

[1] Bronneck, H.: Holz im Hochbau, Wien 1927. J. Duhm: Fachwerke in Holz, Wien 1935. Th. Gesteschi: Der Holzbau, Berlin 1926; Hölzerne Dachkonstruktionen, ihre Ausbildung und Berechnung, 4. Aufl. Berlin 1928; Grundlagen des Holzbaues, 3. Aufl. Berlin 1930. O. Graf: Druck- und Biegeversuche mit gegliederten Stäben aus Holz. VDI-Forsch.-Heft 319 (1929). C. Kersten: Freitragende Holzbauten, 2. Aufl. Berlin 1926; Lehrheft des freitragenden Holzbaues, 4. Aufl. Berlin 1930. F. Kreß: Der Zimmerpolier, 5. Aufl. Ravensburg 1925. A. Laskus: Statische Berechnung und Bau hölzerner Brücken, 3. Aufl. Berlin 1932. J. Melan: Der Brückenbau, Bd. 1; Einleitung und hölzerne Brücken.

Zahlentafel 128. *Lochleibungsfestigkeiten σ_{lB} für Zug- und Drucklochleibung*

Holzart	Lfd. Nr.	Belastungs-richtung	Lage der Bolzenachse	Kurz-zeichen	Bolzen-durch-messer	Lochleibungsfestigkeiten Grenzwerte	Lochleibungsfestigkeiten Mittel-wert
					mm	kg/cm²	kg/cm²
Esche . . .	1	l. Faser	q. Faser	σ_{lBql}	12	465 bis 496	bis 530
Esche . . .	2	q. Faser	l. Faser	σ_{lBlq}	12	280 bis 309	bis 365
Linde. . . .	3	l. Faser	q. Faser	σ_{lBql}	12	253 bis 318	bis 370
Linde. . . .	4	q. Faser	l. Faser	σ_{lBlq}	12	136 bis 193	bis 275
Kiefer . . .	5	l. Faser	q. Faser	σ_{lBql}	12	220 bis 290	bis 330
Kiefer . . .	6	q. Faser	l. Faser	σ_{lBlq}	12	118 bis 120	bis 123
SCHTBu 7 .	7	l. Faser	⊥ Schicht	$\sigma_{lB\perp l}$	10	735 bis 781	bis 843
	8				12	540 bis 600	bis 620
SCHTBu 7 .	9	q. Faser	⊥ Schicht	$\sigma_{lB\perp q}$	10	375 bis 462	bis 530
SCHTBu 7 .	10	l. Fas. ‖ Schi.	‖ Schicht	$\sigma_{lB\parallel l}$	10	505 bis 682	bis 780
SCHTBu 7 .	11	q. Fas. ‖ Schi.	‖ Schicht	$\sigma_{lB\parallel q}$	10	170 bis 205	bis 220
SCHTBu 7 .	12	⊥ Schicht	l. Fas. ‖ Schi.	$\sigma_{lBl\perp}$	10	180 bis 211	bis 230
SCHTBu 7 .	13	⊥ Schicht	q. Fas. ‖ Schi.	$\sigma_{lBq\perp}$	10	242 bis 323	bis 392
SCHTBu 20 .	14	l. Faser	⊥ Schicht	$\sigma_{lB\perp l}$	10	845 bis 942	bis 1020
SCHTBu 20 .	15	q. Faser	⊥ Schicht	$\sigma_{lB\perp q}$	10	870 bis 624	bis 655
SCHTBu 20 .	16	l. Fas. ‖ Schi.	‖ Schicht	$\sigma_{lB\parallel l}$	10	555 bis 662	bis 792
SCHTBu 20 .	17	q. Fas. ‖ Schi.	‖ Schicht	$\sigma_{lB\parallel q}$	10	250 bis 287	bis 335
SCHTBu 20 .	18	⊥ Schicht	‖ Schi. l. Fas.	$\sigma_{lBl\perp}$	10	235 bis 274	bis 310
SCHTBu 20 .	19	⊥ Schicht	‖ Schi. q. Fas.	$\sigma_{lBq\perp}$	10	295 bis 351	bis 412
PSCHTBu 7/200 . .	20	l. Faser	⊥ Schicht	$\sigma_{lB\perp l}$	12	1620 bis 1730	bis 1930
	21					1550 bis 1560	bis 1570
PSCHTBu 7/200 . .	22	q. Faser	⊥ Schicht	$\sigma_{lB\perp q}$	12	1500 bis 1580	bis 1620
	23				12	1240 bis 1255	bis 1270
PSCHTBu 7/200 . .	24	l. Faser ‖ Schicht	‖ Schicht	$\sigma_{lB\parallel l}$	12	1200 bis 1400	bis 1520
PSCHTBu 7/200 . .	25	q. Faser ‖ Schicht	‖ Schicht	$\sigma_{lB\parallel q}$	12	1010 bis 1110	bis 1150
PSCHTBu 7/200 . .	26	⊥ Schicht	‖ Schicht l. Faser	$\sigma_{lBl\perp}$	12	1300 bis 1365	bis 1430
PSCHTBu 7/200 . .	27	⊥ Schicht	‖ Schicht q. Faser	$\sigma_{lBq\perp}$	12	1840 bis 1850	bis 1860
VSPTBu 0,3	28	l. Faser	⊥ Schicht	$\sigma_{lB\perp l}$	10	890 bis 977	bis 1095
VSPTBu 0,3	29	q. Faser	⊥ Schicht	$\sigma_{lB\perp q}$	10	920 bis 967	bis 1020
VSPTBu 0,3	30	‖ Schicht l. o. q. Fas.	‖ Schicht	$\sigma_{lB\parallel\parallel}$	10	574 bis 613	bis 665
VSPTBu 0,5	31	‖ Schicht l. o. q. Faser	⊥ Schicht	$\sigma_{lB\perp\parallel}$	12	680 bis 685	bis 690
VSPTBu 0,5	32	‖ Schicht l. o. q. Faser	‖ Schicht	$\sigma_{lB\parallel\parallel}$	—	— —	—
PSPTBu 7/200 . .	33	‖ Schicht l. o. q. Faser	⊥ Schicht	$\sigma_{lB\perp\parallel}$	12	1530 bis 1600	bis 1760
PSPTBu 7/200 . .	34	‖ Schicht l. o. q. Faser	‖ Schicht	$\sigma_{lB\parallel\parallel}$	12	850 bis 980	bis 1040
Homogenholz Ho w ($r = 0{,}24$)	35	—	—	σ_{lB}	12	34 bis 43	bis 53
Ho w ($r = 0{,}4$)	36	—	—	σ_{lB}	12	133 bis 138	bis 155
Ho nh ($r = 0{,}6$)	37	—	—	σ_{lB}	12	313 bis 342	bis 420
Ho h ($r = 0{,}8$)	38	—	—	σ_{lB}	12	572 bis 622	bis 730
Ho h ($r = 1{,}0$)	39	—	—	σ_{lB}	12	1050 bis 1207	bis 1470

verschiedener Hölzer und Belastungsrichtungen. (*Zusammenstellung von H. Fahlbusch.*)

Anzahl der Versuche	Belastungsart	Versuchsquelle	Rechenwerte Drucklochleibung	Rechenwerte Zuglochleibung
			kg/cm²	kg/cm²
4	Drucklochleibung	Inst. f. Leichtbau	450	360
5	Drucklochleibung	Inst. f. Leichtbau	250	200
7	Drucklochleibung	Inst. f. Leichtbau	250	200
6	Drucklochleibung	Inst. f. Leichtbau	120	95
6	Zuglochleibung	Inst. f. Leichtbau	275	220
2	Zuglochleibung	Inst. f. Leichtbau	125	100
10	Drucklochleibung	Kollmann	700	560
7	Zuglochleibung	Inst. f. Leichtbau		
8	Drucklochleibung	Kollmann	375	300
10	Drucklochleibung	Kollmann	500	400
10	Drucklochleibung	Kollmann	175	140
10	Drucklochleibung	Kollmann	175	140
10	Drucklochleibung	Kollmann	250	200
10	Drucklochleibung	Kollmann	850	680
10	Drucklochleibung	Kollmann	575	460
10	Drucklochleibung	Kollmann	560	450
10	Drucklochleibung	Kollmann	250	200
10	Drucklochleibung	Kollmann	225	180
10	Drucklochleibung	Kollmann	300	240
5	Drucklochleibung	Inst. f. Leichtbau	1700	1400
2	Zuglochleibung	DVL.		
5	Drucklochleibung	Inst. f. Leichtbau	1500	1200
2	Zuglochleibung	DVL.		
5	Drucklochleibung	Inst. f. Leichtbau	1200	960
5	Drucklochleibung	Inst. f. Leichtbau	1000	800
2	Drucklochleibung	Inst. f. Leichtbau	1300	1050
2	Drucklochleibung	Inst. f. Leichtbau	1800	1450
10	Drucklochleibung	Kollmann	850	680
10	Drucklochleibung	Kollmann		
10	Drucklochleibung	Kollmann	575	460
2	Zuglochleibung	Inst. f. Leichtbau	750	600
—	—	—	500	400
5	Drucklochleibung	Inst. f. Leichtbau	1500	1200
4	Drucklochleibung	Inst. f. Leichtbau	850	680
5	Drucklochleibung	Inst. f. Leichtbau	35	28
9	Drucklochleibung	Inst. f. Leichtbau	130	105
11	Drucklochleibung	Inst. f. Leichtbau	300	240
10	Drucklochleibung	Inst. f. Leichtbau	575	460
10	Drucklochleibung	Inst. f. Leichtbau	1000	800

Bolzen müssen mindestens 10 mm (3/8″), bei Holzdicken von mehr als 8 cm mindestens 12 mm ($^1/_2$″) Durchmesser haben. Die Abstände der Bolzen untereinander und vom Stabende müssen in der Faserrichtung mindestens das Siebenfache des Bolzendurchmessers und nicht weniger als 10 cm betragen. Die zulässige Last der Bolzenverbindung ist für Kraftangriffe in der Faserrichtung, unabhängig von der Güteklasse des Holzes, aus Zahlentafel 127 zu entnehmen. Dabei erübrigt sich der Nachweis der Biegespannung des Bolzens.

Für Kraftangriff senkrecht zur Faser beträgt die zulässige Last der Bolzenverbindung $^3/_4$ der Werte der Zahlentafel 127. Bei schrägem Kraftangriff sind Zwischenwerte geradlinig einzuschalten. Treten an die Stelle der Seitenhölzer Stahllaschen, so kann die zulässige Last der Bolzenverbindung für die Mittelhölzer um ein Viertel erhöht werden. Die Werte der Zahlentafel 127 sind zu ermäßigen:

a) auf $^2/_3$
1. bei Gerüsten, wenn frisch gefälltes Holz verwendet wird,
2. bei Bauteilen, die dauernd im Wasser stehen, z. B. Stützjochen,
3. bei Bauteilen, die der Feuchtigkeit und Nässe ungeschützt ausgesetzt sind, mit Ausnahme von fliegenden Bauten;

b) auf $^5/_6$
bei Bauteilen, die der Feuchtigkeit und Nässe ausgesetzt, aber nach der Bearbeitung und vor dem Zusammenbau mit einem geprüften Mittel geschützt sind.

935.3 Bemessungsregeln für Bolzenverbindungen nach H. Fahlbusch[1].

935.31 Einzelbolzen. 935.311 Nachrechnen auf Lochleibung. Die Lochleibungsbruchlast wird unter Berücksichtigung der Bolzenachsrichtung und Kraftrichtung in Bezug auf die Faserrichtung bzw. Schichtebenen aus den Lochleibungs-Bruchfestigkeiten der Zahlentafel 128 berechnet. Hierbei sind folgende Einflüsse zu berücksichtigen: 1. Holzfeuchtigkeit gemäß Formel (138), 2. Orientierung zur Holzfaserrichtung gemäß Formel (139) mit $\sigma_{lB\,\parallel}$ und $\sigma_{lB\,\perp}$ nach Zahlentafel 128, 3. Bolzendurchmesser gemäß Formel (140), 4. Art des Laschenangriffs (Bolzenschlankheitsgrad). Bei symmetrischem Zweilaschenanschluß ist die mittlere Bruchlochleibungsspannung diesseits und jenseits des Grenz-Schlankheitsgrades λ_{gr} mittels Formel (149) bzw. Formel (150) zu berechnen. Für die exzentrische Einlaschenverbindungen sind die Formeln des Abschnitts 934.52 zu benutzen, 5. Bolzenwerkstoff. Im Rechengang gemäß Ziffer 4 sind die Materialkonstanten A und B für Stahl- oder Leichtmetallbolzen gemäß Abschnitt 934.51 einzusetzen, 6. Bolzeneinspannungsgrad beim einseitig exzentrischen Laschenanschluß durch den Abminderungsfaktor ζ gemäß Abschnitt 934.52. Die mittlere Lochleibungs-Bruchspannung ergibt multipliziert mit der Leibungsfläche $(b \cdot d)$ die Lochleibungsbruchlast des Bolzens.

935.312 Ermittlung der kritischen Randabstände gemäß Abschnitt 934.42 (Formeln [146, 147 und 148]) 935.313 Nachrechnen auf Scherbruch gemäß Abschnitt 934.42. 935.314 Nachrechnen auf Zugbruch gemäß Abschnitt 934.42.

[1] In der Schrift von H. Fahlbusch: Ein Beitrag zur Frage der Tragfähigkeit vonBolzen in Holz bei statischer Belastung, Ber. Nr. 49—09 aus dem Inst. für Maschinenkonstruktion und Leichtbau der TH. Braunschweig findet sich eine Sammlung von Nomogrammen zur erleichterten Berechnung von Bolzenverbindungen.

935.32 Bolzengruppe. Um die Lochleibungs-Bruchlast einer Bolzengruppe mit n Bolzen zu berechnen, ermittelt man zunächst nach H. Fahlbusch näherungsweise die mittlere Bruchlochleibungsspannung $p_{m_{Br}}$ der n in Lastrichtung hintereinanderliegenden Bolzen zu

$$p_{m_{Br(n)}} = p_{Br(n=1)} \cdot \frac{4}{n+3} \tag{155}$$

Die Bruchlast der ganzen Bolzengruppe ergibt sich dann zu

$$P_{Br(n)} = p_{m_{Br(n)}} \cdot b \cdot n \cdot d \tag{156}$$

Die Bruchlast des Einzelbolzens $P_{Br(n=1)}$ wird dabei nach den Bemessungsregeln in Abschnitt 935.31 bestimmt. Ermittlung der Scherbruchlast einer Bolzengruppe nach der Formel $P_{Brs} = \tau_{aB} \cdot \beta_s \cdot F$, wobei für die Scherfläche F die Summe aller vorhandenen Scherflächen eingesetzt wird; für $\frac{c}{d}$ ist der vorkommende größte Wert zu benutzen, τ_{aB} nach Zahlentafel 123. Die Zugbruchlast einer Bolzengruppe wird mit den in Abschnitt 934.42 abgeleiteten Formeln berechnet, wobei für die Zugfläche der kleinste Querschnitt senkrecht zur Kraftrichtung eingesetzt wird, unter Berücksichtigung der Schwächung durch nebeneinander oder wenig versetzt liegende Bohrlöcher.

94. Verbindungen durch Dübel und neuzeitliche Holzverbinder.

940. Allgemeines über Dübelverbindungen.

Im Gegensatz zu den vorwiegend auf Biegung beanspruchten Nägeln, Schrauben und Bolzen umfaßt eine zweite Gruppe von Verbindungsmitteln die vorwiegend auf Druck beanspruchten Dübel. Ihre besondere konstruktive Aufgabe wird klar, wenn man die Spannungsverteilung unter einem Bolzen in einer zweischnittigen Verbindung betrachtet (vgl. Bild 981). Man sieht, daß dort infolge der Durchbiegung des Bolzens die Spannungen an den Rändern der Holzstäbe wesentlich höher sind als in ihrer Mitte. Der damit verknüpfte verhältnismäßig starke Schlupf läßt sich verringern, wenn man die Leibungsfläche des Bolzens in der Nähe der Stabränder durch übergeschobene Klötze oder Scheiben vergrößert. Aus diesen ersten einfachen Dübeln entwickelten sich später die neuzeitlichen Ring- und Krallendübel. Zum Studium der Spannungsverteilungen und Formänderungen eignet sich aber die jahrhundertealte Form, der rechteckige Hartholzdübel, am besten, zumal da die sich ergebenden Grundregeln auf alle neuzeitlichen Verbinder sinngemäß übertragen werden können.

Die Wirkungsweise eines gewöhnlichen, quaderförmigen Hartholzdübels zeigt Bild 1003. Es ist ersichtlich, daß der Dübel an seinen Enden auf Druck beansprucht wird, an seinen Längsseiten auf Abscheren, und daß überdies ein Kippmoment vorhanden ist. Im einzelnen ergeben sich daraus folgende Bedingungen: wenn $b \cdot h$ die Querschnittsabmessungen, l die Dübellänge in Richtung des Stoßes sind[1]:

---

[1] Die folgende Darstellung stützt sich auf die Schrift „Modern Connectors for Timber Construction" von N. S. Perkins, P. Landsem und G.W. Trayer: US. Dept. Commerce, Washington, DC. 1933. — Vgl. auch die deutsche auszugweise Übersetzung von H. Seitz: Neuzeitliche Holzverbindungen, Mitt. Fachausschuß Holzfragen H. 6, Berlin 1933.

1. Die Endfläche $b \cdot h$ des Dübels muß groß genug sein, um die in der Leibung auftretenden Druckkräfte ohne Überbeanspruchung (sowohl des Dübels als auch des Vorholzes) aufnehmen zu können.

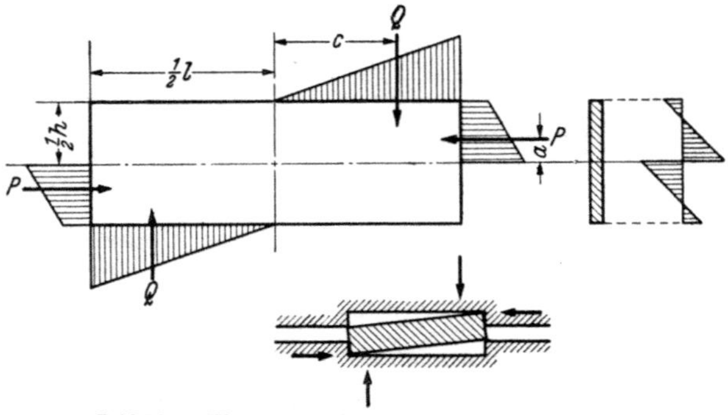

Bild 1003. Wirkungsweise von Dübelverbindungen.

2. Der Längsschnitt $b \cdot l$ muß ausreichen zur Aufnahme der Schwerkraft.

3. Das Kippmoment $P \cdot 2a$ muß im Gleichgewicht zu einem gleich großen Stützmoment stehen. Hierfür können verschiedene Umstände maßgebend sein: Vor allem die Druckfestigkeit des Holzes senkrecht zur Faser und Reibungskräfte an den Dübelstirnflächen und zwischen den Holzstäben.

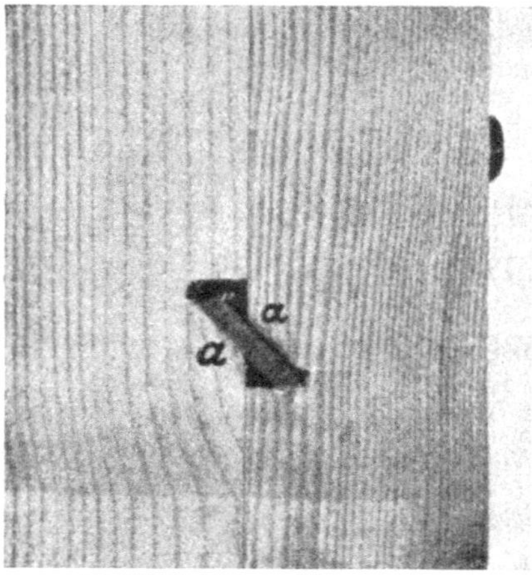

Bild 1004. Holzzerstörung durch Kippen eines Bandeisendübels. (Phot. O. Graf.)

Die Neigung zu kippen besteht bei jeder Dübelverbindung. Sie zwingt zur Anordnung eines oder mehrerer Bolzen, um ein Auseinanderspreizen der Verbindung zu vermeiden. Trotzdem führt das Kippmoment infolge der Formänderung des Holzes zu einem leichten Verkanten der Dübel. Besonders deutlich findet man diese Erscheinung bei tief in das Holz eingreifenden Dübeln, z. B. schmalen Bandeisen; in diesem Falle können die Bewegungen der verbundenen Hölzer bei Übertragung der Last zu erheblichen Zerstörungen (Bild 1004, man beachte die Verdrückungen bei a,a) führen. Breite Dübel aus Eichenholz verringern unter hoher Belastung die Verschiebungen mehr als die schmalen Flacheisen

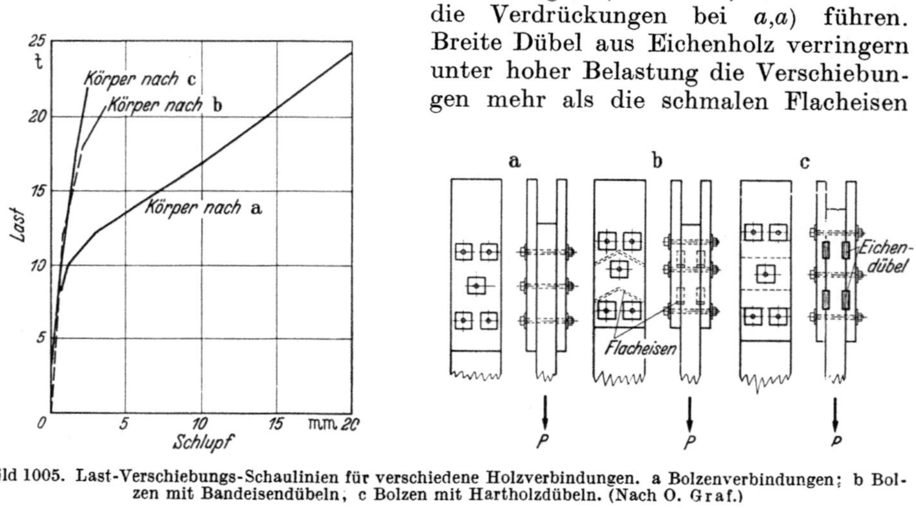

Bild 1005. Last-Verschiebungs-Schaulinien für verschiedene Holzverbindungen. a Bolzenverbindungen; b Bolzen mit Bandeisendübeln, c Bolzen mit Hartholzdübeln. (Nach O. Graf.)

(Bild 1005). Da es nicht möglich ist, für die zahlreichen Dübel- und Verbinderarten die Tragkraft rechnerisch zu bestimmen, greift man zu den aus Versuchen bekannten Last-Verschiebungs-Diagrammen, um die Brauchbarkeit einer bestimmten Form zu beurteilen. Wichtig ist, daß die Verbinder nicht oberhalb der Proportionalitätsgrenze nach geringem Schlupf plötzlich brechen (Bild 1006, Kurve *a*); ein zähes Verhalten, entsprechend Linie *b* in Bild 1006 ist wesentlich günstiger, da der große Schlupf rechtzeitig warnt und die hohe Nachgiebigkeit nach H. Seitz bei Überschreiten der Nutzlast unter Umständen (ähnlich wie das Überschreiten der Streckgrenze bei Stahlbauten) eine andere Verteilung und damit einen Ausgleich der Kräfte im Tragwerk ermöglicht. Bild 1006 lehrt aber auch, daß die Begrenzung des zulässigen Schlupfes unter der Proportionalitätsgrenze und der Höchstlast allein noch nicht genügt, um unbrauchbare Verbinder auszuschalten. Immerhin sei erwähnt, daß DIN 1052 und DIN 1074 die Einhaltung von 1,5 mm als Höchstwert bei mindestens dreifacher Bruchsicherheit fordern.

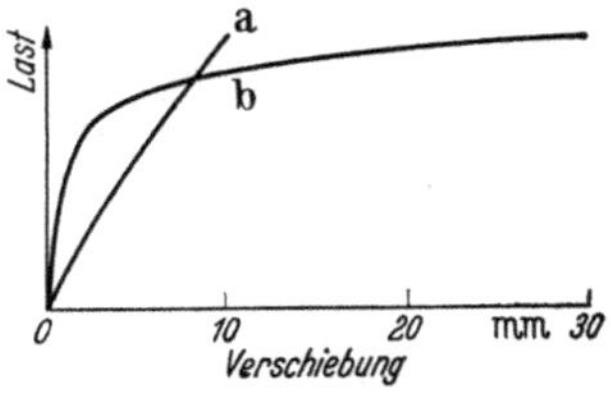

Bild 1006. Last-Verschiebungs-Schaubilder. (Grundsätzliche Arten nach H. Seitz.)

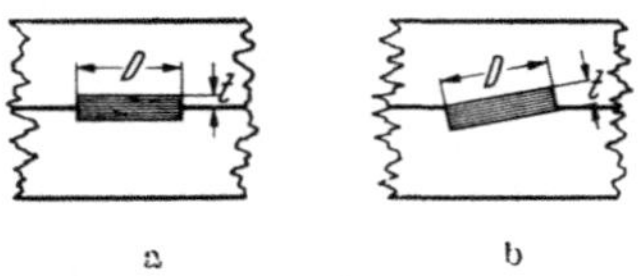

Bild 1007. Schematischer Schnitt durch Verbindungen mit Rechteckdübeln. a Längsdübel aus Hartholz, b Zahndübel aus Hartholz.

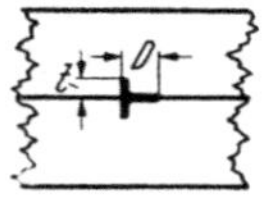

Bild 1008. Schnitt durch eine Verbindung mit großen Dübeln und Sicherung durch Klemmbolzen.

941. Stabdübel.

941.1 Eckige Stabdübel.

941.11 Rechteck-Dübel. Rechteck-Dübel aus Holz sind als Zimmermannsdübel seit langem verwendet. Sie sind billig und werden meist aus trockenem Eichenholz (aber auch aus Eschen- oder Lärchenholz, unter Umständen auch Metall) hergestellt. Sie sind so einzulegen, daß ihre Fasern und die der Balken gleich gerichtet sind. Die Länge *D* muß mindestens gleich der fünffachen Einschnittiefe *t* (Bild 1007) sein. Die Rechteck-Dübel sollen als Längsdübel (Bild 1007a) oder Zahndübel (Bild 1007b) eingebaut werden. Letztere haben den Vorteil, daß die volle Höhe *t* den Lochleibungsdruck überträgt, anderseits sind sie bei Wechselbelastung unzulässig, da sie dann nur bei entgegengesetzter Schräglage die Kraft übertragen könnten. Hinzu kommt, daß Längsdübel leichter einzubauen sind. Liegen mehrere Dübel hintereinander, so ist hohe Arbeitsgenauigkeit zu fordern, damit alle gleichmäßig zur Kraftübertragung herangezogen werden.

Einlaßdübel, die in vorbereitete passende Vertiefungen eingelegt werden, dürfen nur in Holz der Güteklasse II nach DIN 4074, Einpreßdübel nur in Nadelholz verwendet werden. Alle Dübelverbindungen sind durch nachspannbare Schraubenbolzen zusammenzuhalten. Zu jedem Dübel ist ein Bolzen anzuordnen. An Verbindungsstellen mit sehr vielen Einlaßdübeln kann nach DIN 1052 die Bolzenzahl bis auf zwei Drittel der Dübelzahl verringert werden. Bei Verbindungen mit großen Dübeln sind an den Enden der Außenhölzer oder

Außenlaschen Klemmbolzen (gemäß Bild 1008) anzuordnen. Die Bolzen sind so nachzuziehen, daß die Unterlagscheiben etwas (aber nicht mehr als 1 mm tief) in das Holz eingedrückt werden. Die zulässige Belastung der Dübel nach Bild 1007 ist rechnerisch zu ermitteln. Der zulässige gleichmäßig verteilte Leibungsdruck zur Holzfaser ist

bei einem Verhältnis der Dübelbreite D zur Einschnittiefe $t \geqq 5$ (Bild 1007a und b) 85 kg/cm².

941.12 Stabdübel aus Bandstahl und T-Stahl. Hochkant gestellte Stabdübel aus Bandstahl (gerade, gebogen, geknickt oder ringförmig) sollen nicht verwendet werden, da sie leicht kippen. Stabdübel aus hochstegigen T-Stählen werden nach dem Zusammenbau der Hölzer in entsprechend vorgearbeitete Nuten von der Seite her gemäß Bild 1009 eingetrieben. Da bei den genormten T-Profilen das Verhältnis $D/t < 5$ ist, beträgt nach DIN 1052 der zulässige, gleichmäßig verteilte Leibungsdruck für Holz der Güteklasse I und II nur 40 kg/cm². Nach Versuchen der Materialprüfungsanstalt Wien[1] könnte dieser Wert unbedenklich auf 70 kg/cm² erhöht werden.

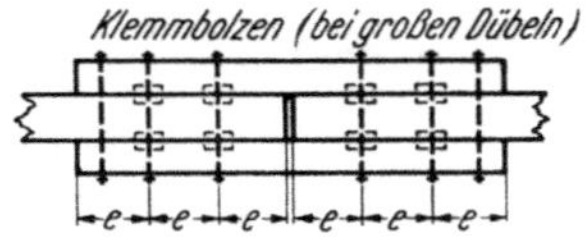

Bild 1009. Schematischer Schnitt durch eine Dübelverbindung aus T-Stahl. (Nach W. Stoy.)

941.2 Runde Stabdübel.

Gedrehte Rundstäbe aus Eichen-, Buchen- oder Bongossiholz wurden mit Durchmessern von 20 bis 80 mm (nach 10 mm abgestuft) von der Firma Wintershall AG., Kassel, als Cabröl-Dübel (benannt nach dem Erfinder Carl Brösel) entweder als Biegedübel oder auch als Scherdübel verwendet. Die Biegedübel werden, wie Bild 1010 erkennen läßt, durch die äußeren Hölzer nicht ganz durchgeführt, sondern sie greifen nur in einer Tiefe gleich ihrem Durchmesser in sie ein. Man unterscheidet Volldübel und in der Mittelachse gebohrte Dübel (Rohrdübel). Die Dübellöcher werden mit dem Schlangenbohrer hergestellt. Sind mehrere Dübel erforderlich, dann erhält jeder zweite einen durchgehenden Heftbolzen.

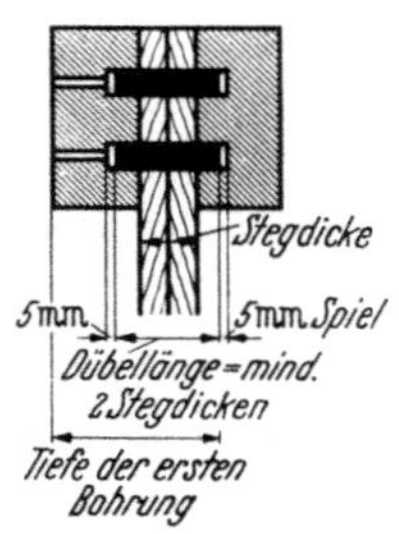

Bild 1010. Schnitt durch eine Verbindung mit zwei Rundholzdübeln (Bauweise Cabröl). (Nach R. v. Halasz.)

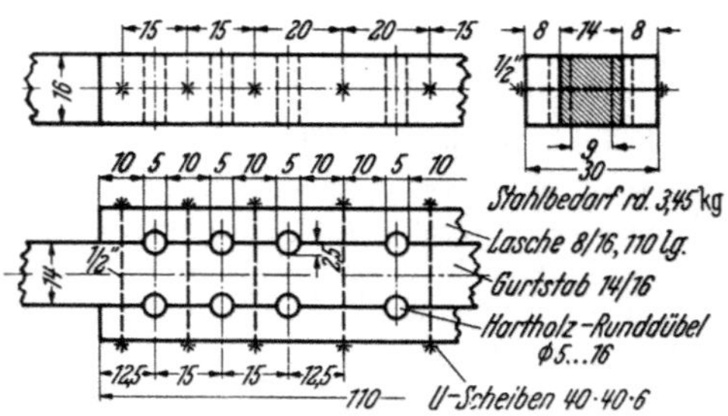

Bild 1011. Verbindung eines Gurtstabs mit zwei Zuglaschen durch Hartholz-Runddübel. (Nach R. v. Halasz.)

Bei zweischnittigen Verbindungen errechnet man die zulässige Belastung P_{zul} auf Grund von Versuchen zu

$$P_{zul} = 70\,d^2 \text{ [kg]}, \tag{157}$$

[1] Zitiert nach W. Stoy: Der Holzbau, 5. Aufl. Berlin, Göttingen, Heidelberg 1950, S. 46.

wobei der Dübeldurchmesser *d* in [cm] einzusetzen ist. Der Leibungsdruck darf bei einheimischen Harthölzern 40 kg/cm², bei Bongossi 80 kg/cm² nicht überschreiten. Das Dübelholz soll vor dem Einbau 12% Feuchtigkeit enthalten. Nach dem Einbau paßt sich seine Feuchtigkeit der des Bauholzes an, wodurch die Dübel leicht quellen und sich dann satt an die Bohrung andrücken.

Scherdübel eignen sich besonders für Dübelbalken, Zugstöße und mehrteilige Säulen. Eine Ausführung zeigt Bild 1011. Rundstahldübel aus Stahl oder Leichtmetall werden in vorgebohrte Löcher (deren Durchmesser um 0,5 mm kleiner ist als der Dübeldurchmesser) eingetrieben. Stiftdurchmesser 8 bis 30 mm. Sie kommen vornehmlich für schwere Vollwandträger in Frage, wo Nagelverbindungen nicht mehr ausreichen. Bei Verwendung von Stahl SM 70/80 und vorwiegender Benutzung der Durchmesser 8, 10 und 12 mm wird vielfach mit denselben Lochleibungsdrücken wie bei Bolzenverbindungen nach DIN 1052 (bei einer wirksamen Stiftlänge 6d) gerechnet. Mit Erfolg lassen sich diese Dübel auch beim Anschluß von Knotenblechen (auch an Halbhölzer) verwenden.

942. Neuzeitliche Dübelarten (Verbinder).

942.0 Allgemeines über neuzeitliche Verbinder.

Neuzeitliche Verbinder bestehen in der Regel aus Metallplatten oder -ringen oder aus Holzscheiben, die teils in den einen, teils in den anderen der zu verbindenden Holzstäbe eingebettet werden. Grundsätzlich ist ihre Wirkungsweise ähnlich der oben geschilderten des gewöhnlichen Hartholzdübels. Die Zahl der zum Patent oder Gebrauchsmuster angemeldeten Verbinder ist sehr groß, und es ist nicht möglich, einen auch nur einigermaßen lückenlosen Überblick zu geben. In den folgenden Abschnitten werden daher nur jene neuzeitlichen Verbinder näher besprochen, die besonders bekannt wurden oder für die sich in DIN 1052 Angaben für die zulässige Belastung finden (s. Zahlentafel 129).

Einteilen lassen sich die Verbinder in drei große Gruppen:

1. Volle Scheiben, die je zur Hälfte in ausgefräste Löcher der zu verbindenden Hölzer eingelegt werden;
2. Ringe, die in vorgearbeitete Nuten verlegt werden;
3. Ringe oder Platten und Scheiben mit Zähnen, Krallen oder Rillen, die in die zu verbindenden Hölzer eingetrieben werden.

942.1 Scheibenförmige Verbinder.

Von den konischen und Scheibendübeln sind die bekanntesten die Kübler-Dübel. Ursprünglich (bis 1923) ausschließlich aus Gußeisen, werden sie jetzt aus Eichenholz hergestellt. Der größte Durchmesser in der Mitte (Bild 1012) schafft an der höchst beanspruchten Stelle einen stärkeren Querschnitt und erleichtert den Zusammenbau mit sattem Sitz. Zu beachten ist, daß die Faser der Eichenholzdübel senkrecht zur Bolzenachse verläuft und daß diese so in die Ausfräsungen gelegt werden müssen, daß ihre Faserrichtung mit der Kraftrichtung übereinstimmt. Verkehrt eingelegte Dübel ergeben zwar keine niedrigere Bruchlast, aber einen größeren Schlupf[1].

Die Kübler-Dübel sind die einzigen wichtigen neuzeitlichen Verbinder, die aus Holz bestehen. In Fällen erhöhter Rostgefahr (Bauten für die chemische Industrie) bedeutet dies einen besonderen Vorteil. Bei den kleinen Dübeln empfahl das U. S. Forest Products Laboratory senkrecht zur Faser 60% der Nutz-

---

[1] Graf, O.: Bauing. Bd. 11 (1930) H. 16.

last parallel der Faser; bei den großen Dübeln sollte die Last quer zur Faser nur zu 38% der Last parallel der Faser gewählt werden. H. Seitz wies aber darauf hin, daß bei Unterstützung der Scherfläche sich wesentlich höhere Bruchlasten schräg zur Faser ergeben (Bild 1013). DIN 1052 trägt dieser Erkenntnis Rechnung, wie die Werte in Zahlentafel 129 zeigen. Durch das Schwinden wird die Tragkraft von Verbindungen mit Kübler-Dübeln praktisch nicht beeinflußt.

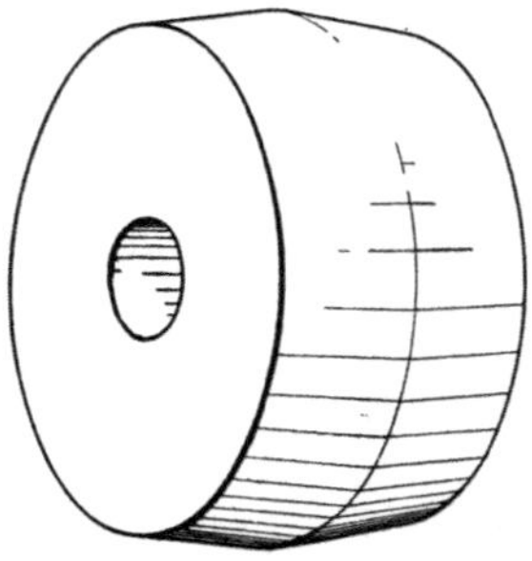

Bild 1012. Ansicht eines Scheibendübels aus Eichenholz (Kübler-Dübel).

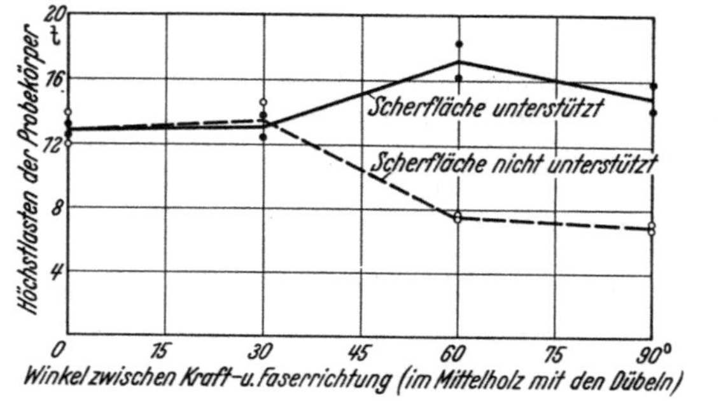

Bild 1013. Abhängigkeit der Höchstlasten bei Versuchen mit Kübler-Dübeln, Scherflächen unterstützt und nicht unterstützt, vom Winkel zwischen Kraft und Faserrichtung. (Nach O. Graf.)

942.2 Ringdübel.

Ringdübel sind seit langem bewährt. Ihre Vorzüge sind: 1. Geringer Baustoffaufwand, 2. Billigkeit, 3. Heranziehen einer ziemlich großen Holzfläche auf Abscheren. Meist werden die Ringe geschlitzt, damit beide Ringhälften satt anliegen und der Dübel den Holzbewegungen beim Schwinden folgen kann. Der Schlitz muß an der durch Lochleibungsdrücke nicht belasteten Stelle liegen.

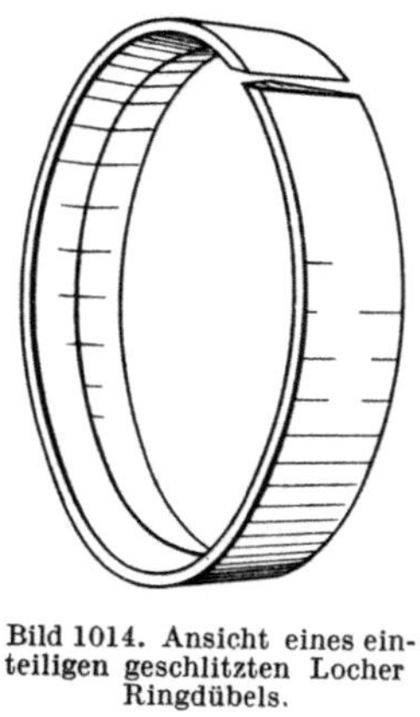

Bild 1014. Ansicht eines einteiligen geschlitzten Locher Ringdübels.

Der einteilige geschlitzte Locher-Ringdübel besteht aus Gußeisen und ist nach Bild 1014 an einem Punkt unter einem Winkel von annähernd 35° zur Umfangsrichtung geschlitzt. Die Neigung des Schlitzes verhindert, daß sich die Ringenden beim Schwinden des Holzes gegeneinander abstützen. Der Ring ist in der Mitte dicker, die Spitze des Keils weist nach innen. Die Nuten für die Ringdübel werden mit einem um 2 bis 3% größeren Durchmesser gefräst. Zusammen mit der Keilform sichert dies von Anfang an eine sehr gute Kraftübertragung; die Spannungen, die im Ring zunächst durch die geringfügige Erweiterung entstehen, verlieren sich mit der einsetzenden Schwindung. Die Verdickung des Ringquerschnitts erhöht seine Verdrehungssteifigkeit und mag die Kippgefahr etwas herabsetzen. Schräg zur Faser nimmt nach amerikanischen Untersuchungen die Höchstlast geradlinig von 100% bei 0° Winkel zwischen Kraft- und Faserrichtung auf 70% bei 90° ab. Die Feuchtigkeit des Holzes zur Zeit des Zusammenbaues ist ohne Einfluß auf die Nutzlasten.

Um die Beanspruchung des Ringes selbst unmittelbar nach dem Zusammenbau zu vermeiden, wurde der zweiteilige Locher-Ringdübel entworfen; er besitzt an der dem Schlitz gegenüberliegenden Stelle zwei Lappen, die S-förmig ineinandergreifen und so ein Gelenk bilden (Bild 1015). Da sich der Ring nach Bedarf öffnen oder schließen kann, sind Nebenspannungen ausgeschlossen. Hinsichtlich Zusammenbau und Gebrauchseigenschaften besteht zwischen den einteiligen und den zweiteiligen Locher-Ringdübeln kein Unterschied.

Den geschlitzten Tuchscherer-Ring zeigt Bild 1016; die Schlitzstelle ist als Nut und Feder ausgebildet. Der Ringquerschnitt ist — im Gegensatz zum Locher-Ringdübel — gleichmäßig. Im übrigen besteht Ähnlichkeit im Zusammenbau, zumal da die Nuten im Holz ebenfalls etwas größeren Durchmesser erhalten als die Ringe haben.

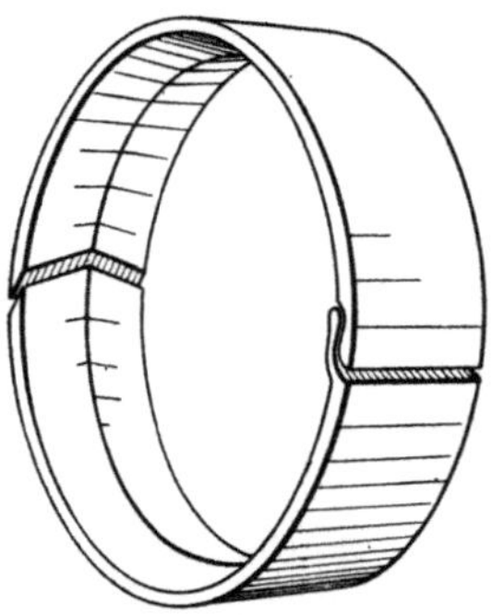

Bild 1015. Ansicht eines zweiteiligen geschlitzten Locher-Ringdübels.

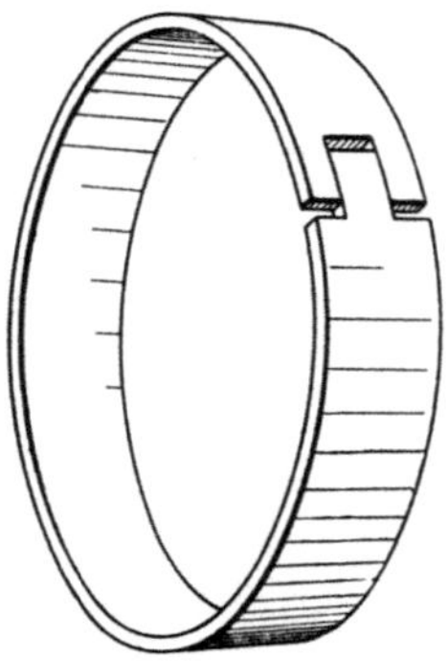

Bild 1016. Ansicht eines geschlitzten Tuchscherer-Ringdübels.

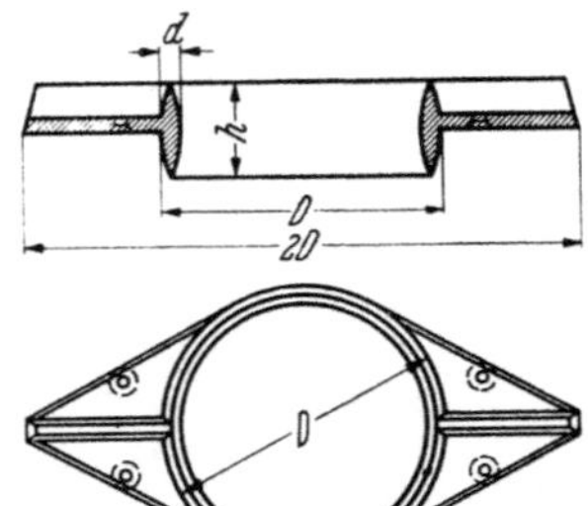

Bild 1017. Ansicht eines Ring-Keildübels der Firma O. Appel, Berlin.

Der Beier-Ringdübel unterscheidet sich vom Tuchscherer-Dübel dadurch, daß er zwei einander gegenüberliegende gezahnte Schlitze besitzt. Trotz seiner leichteren Ausbildung ist er etwas tragfester. Den Ring-Keildübel der Firma O. Appel, Berlin, zeigt Bild 1017. Durch die linsenförmige Gestaltung des Querschnitts wird das Zusammenwirken zwischen Kern- und Vorholz erreicht. Die Fräsnuten für die Ringe müssen mit besonderen Fräsern sehr genau hergestellt und die Ringe kräftig eingepreßt werden.

942.3 Einpreßdübel (Ringe, Platten und Scheiben mit Zähnen, Krallen oder Rillen).

Unter den Zahnringdübeln ist der Alligator-Ring der wichtigste (Bild 1018); seine spitzbogenförmigen Zähne sind zur Erhöhung der Tragkraft nach außen gewölbt. Die Ringe sind leicht (Gewicht je nach Größe 16 bis 90 g) und verursachen nur geringe Querschnittsschwächung. Bei verschiedenen Holzarten dringen die Zähne in das weichere, weniger tragfähige Holz tiefer ein und schaffen dadurch einen Ausgleich der Tragkraft, wenngleich auf diese Wirkungsweise nach H. Seitz[1] infolge des wechselnden Verlaufs der Jahrringe kein sicherer Verlaß ist. Die hohe Verstärkung einer einfachen Bolzenverbindung durch Alligatorringe zeigt Bild 1019. Der Zusammenbau ist einfach; man bohrt das Schraubenloch mit 0,75 bis 1,5 mm Spiel, legt den Alligator mittig um das Loch und bringt ihn durch leichte Hammerschläge auf ein Paßstück zum Greifen. Dann wird die Verbindung mit Schrauben vorgeschriebener Dicke unter Verwendung genügend großer Unterlegscheiben dicht angezogen. Der Ein-

Bild 1018. Ansicht eines Zahnring-Dübels (Alligator-Ring).

[1] Seitz, H.: Neuzeitliche Holzverbindungen, Mitt. Fachaussch. Holzfragen, Berlin 1933, H. 6, S. 32.

Zahlentafel 129. *In Deutschland*

Zeile	Abmessungen der Dübel				Bolzendurchmesser in "	Unterlegscheiben Durchmesser und Dicke in mm	Mindestabmessungen der Hölzer in cm bei einer Dübelreihe Neigung der Kraftrichtung zur Faser	
	Außendurchmesser *D* in mm	Höhe *h* in mm	Dicke *d* in mm	Anzahl der Zähne			0 bis 30°	> 30 bis 90°
	1	2	3	4	5	6	7	8
	A. Ringkeildübel Bauart Appel der Firma Otto Appel,							
1	65	30	5	—	1/2	58/6	10/6	11/6
2	80	30	6	—	1/2	58/6	11/6	13/6
3	95	30	6	—	1/2	58/6	12/6	15/6
4	126	30	6	—	1/2	58/6	16/6	20/6
5	128	45	8	—	1/2	58/6	16/6	20/6
6	160[1]	45	10	—	5/8	68/6	20/10	24/10
7	190[2]	45	10	—	5/8	68/6	23/10	28/10
	B. Beier-Ringdübel der Firma Dipl.-Ing. Beier & Co.,							
8	108	20	4	—	5/8	68/6	15/8	18/8
9	130	26	5	—	5/8	68/6	17/8	20/10
10	153[1]	29	6,5	—	5/8	68/6	19/8	23/10
11	173[2]	32	6,5	—	5/8	68/6	21/10	25/10
12	196[2]	36	8	—	3/4	80/8	24/10	29/10
13	216[2]	40	8	—	3/4	80/8	26/10	31/10
	C. Teller- und Stufendübel der Firma							
14	60	20	4,5	—	1/2	58/6	9/6	11/6
15	80	25	5	—	1/2	58/6	11/6	13/6
16	100	30	5	—	1/2	58/6	13/6	16/6
17	120	35	5	—	1/2	58/6	16/6	19/6
18	140[1]	40	5,5	—	1/2	58/6	18/6	22/6
19	160[1]	45	6	—	5/8	68/6	20/10	24/10
20	180[2]	50	6	—	5/8	68/6	22/10	25/10
21	200[2]	55	7	—	5/8	68/6	24/10	29/10
	D. Hartholz-Runddübel der Firma Karl							
22	66	32	—	—	1/2	58/6	9/6	10/6
23	100	40	—	—	1/2	58/6	13/6	16/6

gemäß DIN 1052 zugelassene Dübel.

Mindestdübelabstand und -vorholzlänge *e* in cm bei einer Dübelreihe	Zulässige Belastung eines Dübels in kg Neigung der Kraftrichtung zur Faser					Bemerkungen
	0 bis 30°			$>$ 30 bis 60°	$>$ 60 bis 90°	
	Zahl der in der Kraftrichtung hintereinanderliegenden Dübel					
	1 und 2	3 und 4	5 und 6	1 und mehr	1 und mehr	
9	10	11	12	13	14	15

Holzbau in Berlin. Bild 1017.

14	1150	1050	900	1000	900	Für Rippendübel nach Abb. 1017 sind bei 90° Neigung der Kraftrichtung zur Faser für einen Dübel folgende Belastungen zulässig: Dübeldurchm. *D* in mm — Zul. Belastung in kg 95 — 1700 128 — 2800 160 — 3400
18	1400	1250	1100	1250	1100	
22	1700	1550	1350	1450	1250	
25	2000	1800	1600	1700	1400	
30	2800	2500	2250	2350	1900	
34	3400	3050	2700	2750	2150	
43	4800	4300	3850	3850	2900	
						[1] mit 1 Klemmbolzen 1/2″ ∅ am Laschenende [2] mit 2 Klemmbolzen 1/2″ ∅ am Laschenende nach DIN 1052, § 16a Ziffer 6 (Abb. 12)

Hallen- und Brückenbau G. m. b. H.

22	1700	1550	1350	1500	1350	[1] mit 1 Klemmbolzen 1/2″ ∅ am Laschenende [2] mit 2 Klemmbolzen 1/2″ ∅ am Laschenende nach DIN 1052, § 16a Ziffer 6 (Abb. 12)
24	2200	2000	1750	1900	1550	
30	3000	2700	2400	2550	2150	
36	4000	3600	3200	3350	2700	
38	4600	4100	3700	3700	2950	
40	5200	4700	4150	4150	3100	

Christoph & Unmack AG. in Niesky O.-L.

16	1250	1100	1000	1100	1000	Für die zulässige Belastung von Stufendübeln mit zwei verschiedenen Durchmessern ist der nach Durchmesser und Neigung der Kraftrichtung zur Faser sich ergebende kleinste Wert aus Spalte 10 bis 14 maßgebend. [1] mit 1 Klemmbolzen 1/2″ ∅ am Laschenende [2] mit 2 Klemmbolzen 1/2″ ∅ am Laschenende nach DIN 1052, § 16a Ziffer 6 (Abb. 12)
21	1600	1450	1300	1400	1250	
24	2000	1800	1600	1750	1500	
27	2300	2050	1850	2000	1650	
33	3100	2800	2450	2600	2100	
37	3600	3250	2850	3000	2350	
45	4800	4300	3850	3900	3000	
48	5400	4850	4300	4300	3250	

Kübler AG. in Stuttgart-N. Bild 1012.

13	1100	1000	900	900	900	
20	1800	1600	1450	1550	1350	

Zahlentafel 129

Zeile	Abmessungen der Dübel				Bolzendurchmesser in ″	Unterlegscheiben Durchmesser und Dicke in mm	Mindestabmessungen der Hölzer in cm bei einer Dübelreihe Neigung der Kraftrichtung zur Faser	
	Außendurchmesser *D* in mm	Höhe *h* in mm	Dicke *d* in mm	Anzahl der Zähne			0 bis 30°	> 30 bis 90°
	1	2	3	4	5	6	7	8
	E. Ringdübel Bauart Tuchscherer der Firma Bauunternehmung Carl Tuchscherer, und des Dipl.-Ing. Friedrich Taubert,							
24	90	20	5	—	1/2	58/6	12/6	14/6
25	110	26	5	—	1/2	58/6	14/6	17/6
26	130	29	5	—	5/8	68/6	17/6	20/6
27	153[1]	32	6,5	—	5/8	68/6	19/6	23/6
28	173[2]	36	6,5	—	5/8	68/6	21/8	25/8
29	196[2]	39	8	—	3/4	80/8	24/8	29/8
30	216[2]	42	8	—	3/4	80/8	26/8	31/8
	F. Krallendübel der Firma Siemens-Bauunion							
31	55	30	3,5	16	1/2	58/6	8/6	9/6
32	80	37	5	20	1/2	58/6	11/6	12/6
	G. Geka-Holzverbinder der Firma Karl Georg							
33	50	27	3	8	1/2	58/6	8/6	10/6
34	65	27	3	12	5/8	68/6	9/6	11/6
35	80	27	3	18	3/4	80/8	11/6	13/6
36	95	27	3	24	7/8	92/8	12/6	14/6
37	115	27	3	32	1	105/8	14/6	17/6
	H. Alligator-Zahnringdübel der Firma							
38	55	19	1,45	11	1/2	58/6	8/6	10/6
39	70	19	1,45	15	5/8	68/6	10/6	12/6
40	95	24	1,5	17	3/4	80/8	12/6	14/6
41	115	24	1,5	20	7/8	92/8	15/8	18/8
42	125	29	1,65	18	1	105/8	16/8	19/8
	I. Krallenplatte der Firma Maschinenfabrik							
43	90/90	25	2	18	5/8	68/6	12/6	14/6
	K. Bulldogg-Holzverbinder der Firma Heinrich							
44	50	10	1,3	12	1/2	58/6	8/6	10/6
45	62	17	1,3	12	1/2	58/6	9/6	11/6
46	75	19	1,3	12	5/8	68/6	10/6	12/6
47	95	25	1,3	12	5/8	68/6	12/6	14/6
48	117	30	1,5	12 bzw. 18	3/4	80/8	15/8	18/8
49	140	31	1,5	16	7/8	92/8	17/8	20/10
50	165[1]	33	1,8	24	1	105/8	19/8	23/10
51	100/100[2]	15	1,4	28	3/4	80/8	13/6	16/6
52	130/130[2]	18	1,5	28	7/8	92/8	16/6	19/8

(*Fortsetzung*).

Mindest-dübel-abstand und -vorholz-länge *e* in cm bei einer Dübel-reihe	Zulässige Belastung eines Dübels in kg Neigung der Kraftrichtung zur Faser					Bemerkungen
	0 bis 30°			> 30 bis 60°	> 60 bis 90°	
	Zahl der in der Kraftrichtung hintereinanderliegenden Dübel					
	1 und 2	3 und 4	5 und 6	1 und mehr	1 und mehr	
9	10	11	12	13	14	15

Inhaber der Firma Döscher & Co., Holzbau, Velten, Mark, Ingenieur Wilhelm Schiep Kleinmachnow[1]. Bild 1016.

13	1200	1100	950	1050	950	[1] mit 1 Klemmbolzen 1/2'' Ø am Laschenende; [2] mit 2 Klemmbolzen 1/2'' Ø am Laschenende } nach DIN 1052, § 16a Ziffer 6 (Abb. 12)
17	1600	1450	1300	1400	1250	
20	2000	1800	1600	1700	1450	
25	2800	2500	2250	2350	1950	
30	3800	3400	3050	3150	2500	
31	4300	3850	3450	3500	2700	
33	4800	4300	3850	3850	2900	

GmbH. in Berlin-Siemensstadt. Bild 1026.

12	1000[1]	900[1]	800[1]	950[1]	900[1]	[1] bei Anordnung von Holzlaschen
	1200[2]	1100[2]	950[2]	1150[2]	1100[2]	[2] bei Anordnung von Stahllaschen
15[1]	1500[1]	1350[1]	1200[1]	1350[1]	1200[1]	
14[2]	1900[2]	1700[2]	1500[2]	1750[2]	1600[2]	

in Groß-Umstadt (Hessen). Bild 1021.

12	800	700	650	750	700	
14	1150	1000	900	1100	1000	
17	1700	1500	1350	1600	1450	
20	2100	1900	1700	1950	1750	
23	2700	2400	2150	2450	2150	

Adolf W. Neugebauer in Hamburg. Bild 1018.

12	600	550	500	550	550	
14	800	700	650	750	700	
17	1200	1100	950	1100	1000	
20	1600	1450	1300	1450	1300	
23	1800	1600	1450	1550	1450	

Wilhelm Pfrommer in Karlsruhe. Bild 1025.

14	1250	1100	1000	1150	1050	

Wilhelmi in Bremen. Bild 1020.

12	500	450	400	450	450	[1] mit 1 Klemmbolzen 1/2'' Ø am Laschenende } nach DIN 1052, § 16a Ziffer 6 (Abb. 12)
12	700	650	550	650	600	[2] Quadratische Verbinder nach Abb. 1020 b
14	900	800	700	850	800	
14	1200	1100	950	1100	1050	
17	1600	1450	1300	1500	1400	
20	2200	2000	1750	2000	1850	
23	3000	2700	2400	2700	2400	
17	1700	1500	1350	1550	1450	
20	2300	2050	1850	2100	1900	

[1] Drei gleichbleibende Zulassungen.

fluß des Schwindens ist beachtlich: parallel zur Faser sinkt die Tragfähigkeit auf 75%, senkrecht zur Faser auf 60%. Schräg zur Faser findet nur bis 45° ein geradliniger Abfall auf etwa 75% statt; von hier ab bleibt die Festigkeit erhalten.

Der Bulldogverbinder besteht aus einer runden Stahlplatte, an deren Rand, gleichmäßig verteilt, Zähne um 100° gebogen sind (Bild 1020). Es gibt sechs Muster von Bulldog-Krallenplatten; fünf davon besitzen nach beiden Seiten umgebogene Zähne, während die sechste Type alle Zähne nach einer Seite gerichtet hat und zum Anschluß an Stahllaschen dient. Die kleinen Muster haben 55, 70 und 95 mm Durchmesser, die großen messen 115 und 125 mm im Quadrat. Die Herstellung der Verbindung ist sehr einfach. Zunächst werden die Bolzenlöcher gebohrt, dann die Bulldogs zwischen die Hölzer gelegt und die Bolzen eingesetzt; schließlich zieht man die Verbindung mit einem schweren Schraubenschlüssel zusammen. Bei durchschnittlichen deutschen Nadelhölzern ist zum Einpressen des 70 mm Durchmesser Bulldog eine Kraft von etwa 3000 bis 4000 kg, des 95 · 95 mm² Bulldog von 8000 bis 9000 kg und des 125 · 125 mm² Bulldog von rund 16000 kg erforderlich. Bei den Versuchen ergab

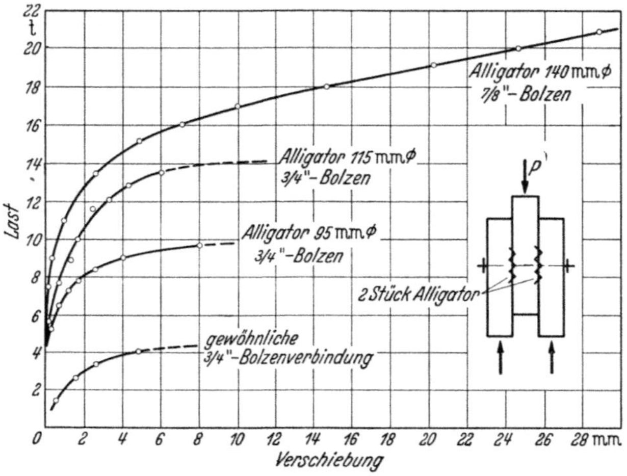

Bild 1019. Last-Schlupf-Schaulinien für Alligator-Ringe im Vergleich zu einer gewöhnlichen Bolzenverbindung.

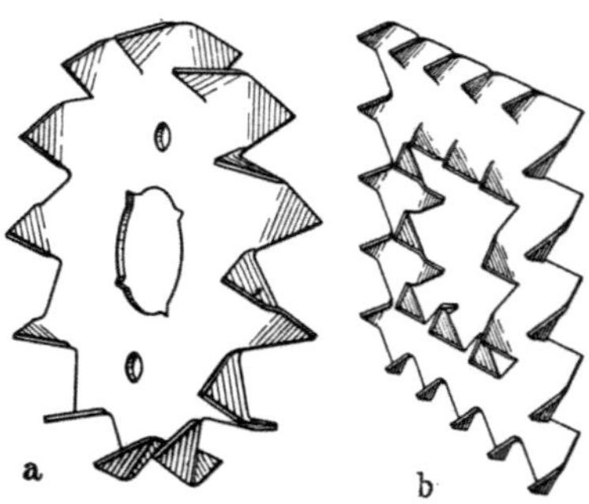

Bild 1020. Ansicht von Bulldog-Verbindern. a rund; b quadratisch.

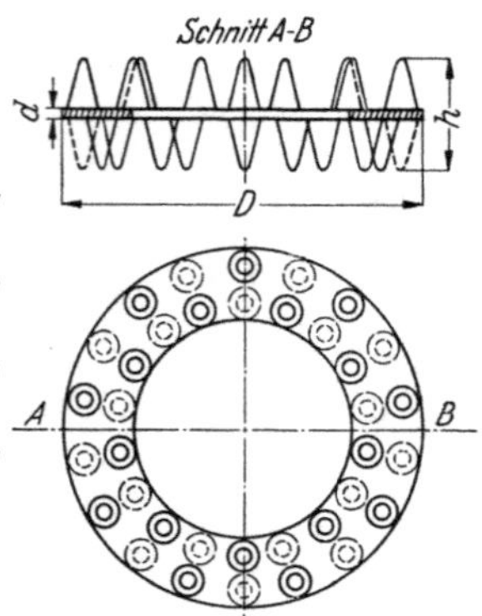

Bild 1021. Ansicht eines Geka-Dübels.

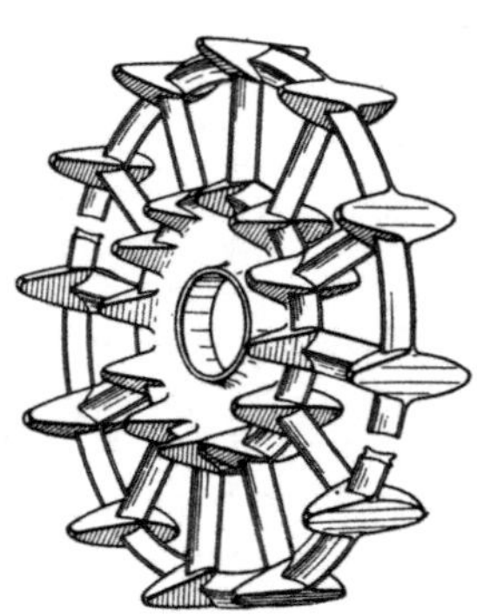

Bild 1022. Ansicht einer GS-Krallenplatte.

sich, daß selbst für kleine Lasten der Schlupf nicht proportional der Last ist; die Zähne verbiegen sich, und der Verbinder fängt an zu gleiten. Bemerkenswert gering ist der Abfall der zulässigen Lasten mit dem Winkel zwischen Last- und Faserrichtung.

Der Geka-Dübel (Bild 1021) ist eine ringförmige Scheibe aus Temperguß, die auf beiden Seiten nagelförmige Dornen besitzt. Nach dem Einpressen entsteht eine Art Nagelverbindung. Beim Einpressen (die Dübel werden zuerst etwa zur Hälfte durch Hammerschläge eingetrieben, dann mit ortsbeweglichen hydraulischen Pressen eingepreßt) drückt sich auch die Ringscheibe zur Hälfte ein.

Die GS-Krallenplatte ist ein Gußstück von runder oder quadratischer Form (Bild 1022); letztere scheint bevorzugt zu werden. Es gibt sechs Größen zwischen 60 und 142 mm im Geviert. Einige Schlupfkurven zeigt Bild 1023. Bei amerikanischen Versuchen fand man in der Regel eine Proportionalitätsgrenze. Änderung des Holzvolumens nach dem Zusammenbau, d. h. Schwinden, beeinflußt die Festigkeit der Verbindungen ungünstig; parallel zur Faser sinkt die Tragkraft um ungefähr 33%, senkrecht zur Faser sogar um 46%. Für Nutzlasten schräg zur Faser wird empfohlen, zwischen 0° und 45° geradlinigen Abfall auf zwei Drittel anzunehmen; von dort an bleibt der Wert gleich.

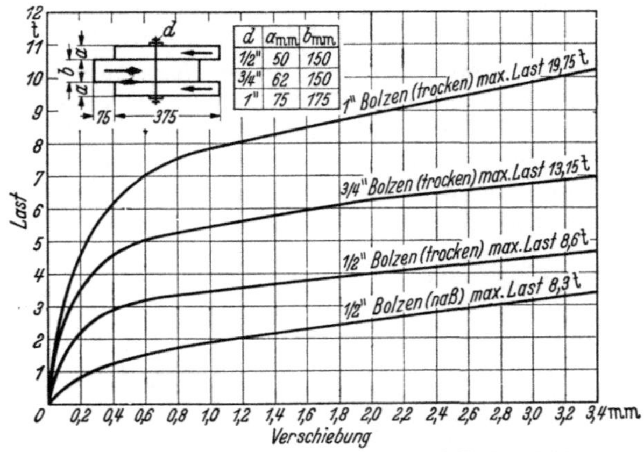

Bild 1023. Last-Verschiebungs-Schaulinien für GS-Krallenplatten. (Nach Ostenfeld.)

Im Aufbau ähnlich ist der neuere Höntsch-Sterndübel aus Grauguß mit sternartigem Gitter (Bild 1024) und pyramidenförmigen Dornen. Beim Zusammenschrauben der Hölzer werden unter die normalen Bolzenunterlegscheiben noch besondere Stahlplatten mit leichter Wölbung gegen

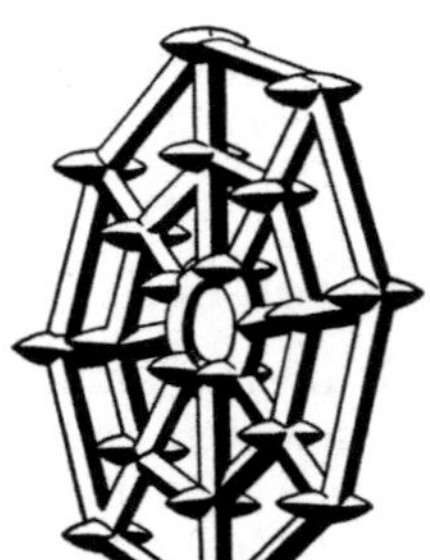

Bild 1024. Ansicht des Höntsch-Sterndübels.

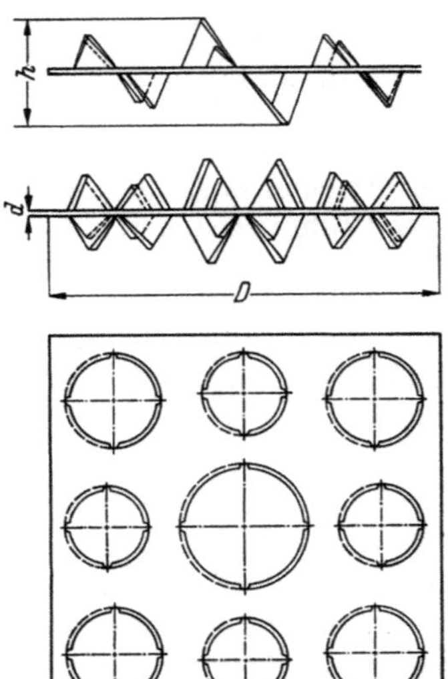

Bild 1025. Ansicht der Krallenplatte nach E. Gaber, Ausführung von W. Pfrommer.

die Holzfläche zu angeordnet; dadurch entsteht zwar ein Mehrbedarf an Stahl und erhöht sich der Einpreßdruck, aber man erhält einen hohen, federnden Gegendruck und die Dübel folgen der Schwindung des Holzes. Die Dübelbelastungen sind hoch.

Die Krallenplatte nach E. Gaber, von W. Pfrommer ausgeführt (Bild 1025), besteht aus einem 1,5 mm dicken, 90 · 90 mm² großen Stahlbandstück, in das 9 Löcher mit verschiedenem Durchmesser, wie aus Bild 1025 ersichtlich ist, eingepreßt sind. Die dreieckförmigen Zähne sind etwas gewölbt und erreichen dadurch besondere Biegungssteifigkeit.

Die Siemens-Bauunion-Krallenscheibe ist eine kreisrunde Temperguß-Krallenplatte (55 und 80 mm Durchmesser), die einzeln (Bild 1026a) zum Anschluß an Stahllaschen, in Paaren (Bild 1026b) zwischen zwei Hölzern verwendet wird. Die beiden Hälften eines Bügels sind axial etwas verschiebbar; sie lösen sich deshalb beim Schwinden des Holzes nicht von der Faser, so daß die Tragfähigkeit der Verbindung voll erhalten bleibt. An Knotenpunkten finden

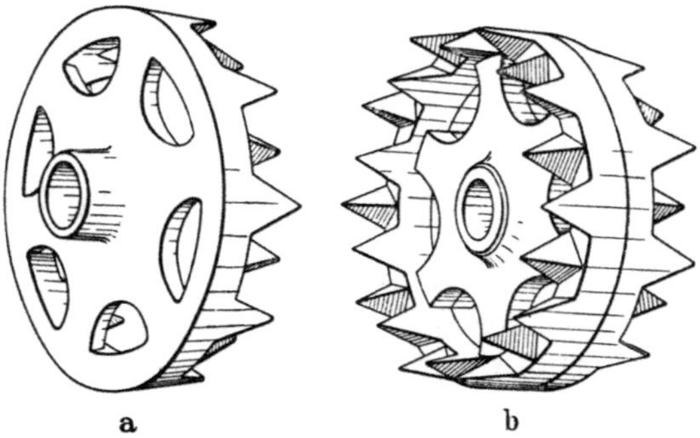

Bild 1026. Ansicht der Siemens-Bauunion-Krallenscheibe. a Einfache Scheibe zum Anschluß an Stahllaschen; b Scheibenpaar zur Verbindung von zwei Hölzern.

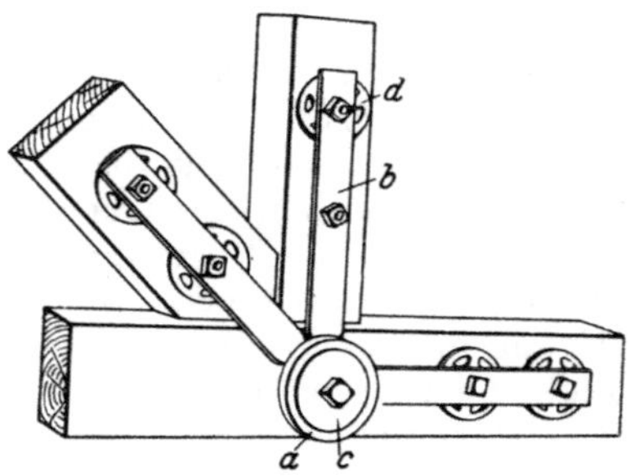

Bild 1027. Schematische Ansicht eines Siemens-Bauunion-Gelenkverbinders.

sich bei der SBU-Bauweise neben den Krallenplatten noch die Gelenkverbinder. Ihr Zweck besteht darin, Kräfte lediglich in der Faserrichtung, also in Richtung der höchstzulässigen Beanspruchung, zu übertragen. Die Gelenkverbinder (Bild 1027) besitzen einen schweren Ring *a* aus hochwertigem geglühtem Stahl (Durchmesser 105 oder 150 mm), in den zwei oder mehr Anker *b* aus Siliciumstahl zusammen mit einem pilzförmigen Verschlußteil *c* aus Stahl eingepaßt sind. Infolge der Gelenkkonstruktion werden von den Stahlankern und den damit verschraubten Krallenplatten *d* nur Zug- oder Druckkräfte parallel zur Faser auf die Holzstäbe übertragen. Nach Angabe der Siemens-Bauunion beträgt die zulässige Belastung der Gelenkverbinder bei 2,5facher Sicherheit 12 bzw. 24 t.

943. Zulässige Lasten für Dübelverbindungen nach DIN 1052.

Am 31. Dezember 1943 waren in Deutschland die in Zahlentafel 129 aufgeführten Dübelverbindungen auf Grund der vorgelegten Prüfungsnachweise als brauchbar und zuverlässig zur Verwendung als Verbindungsmittel im Holzbau anerkannt. Für die zulässige Belastung der Dübelverbindungen gleichlaufend, schräg und rechtwinklig zur Faser gelten die in Zahlentafel 129 enthaltenen Werte. Die Tafelwerte dürfen nur angewendet werden, wenn die Ausführung besonders hinsichtlich des Einbaus, der Bolzendicke und -zahl, der Maße der Unterlegscheiben und hinsichtlich der Dübelabstände und Vorholzlängen den Zulassungsbedingungen entspricht.

Für Verbindungen mit mehreren Dübelreihen (Bild 1028 und 1029) gelten für die Abstände der Dübel in der Faserrichtung, die Abstände benachbarter Dübelreihen und der äußeren Dübelreihe von der Holzkante die Bestimmungen in

Zahlentafel 130. Werden die Dübel in benachbarten Reihen gegenüber versetzt (Bild 1029), so ist der Mindestdübelabstand in Faserrichtung e_1 (Zahlentafel 130, 3. Spalte) vom Abstand der benachbarten Dübelreihen a_1 (Zahlentafel 130, 2. Spalte) abhängig.

Zahlentafel 130. *Mindestdübelabstände.*

Anordnung der Dübel	Mindestabstand zweier benachbarter Dübelreihen	Mindestabstand der Dübel in Faserrichtung	Mindestabstand der äußeren Dübelreihe von der Holzkante
nicht versetzt (Bild 1028)	$a \geqq D + t$	e	$c \geqq b/2$
versetzt (Bild 1029)	$a_1 \geqq D + t$	$e_1 \geqq e$	
	$a_1 \geqq D$	$e_1 \geqq 1{,}1\,e$	
	$a_1 \geqq 0{,}75\,D$	$e_1 \geqq 1{,}5\,e$	
	$a_1 \geqq \frac{D + t}{2}$	$e_1 \geqq 1{,}8\,e$	

In Zahlentafel 130 bedeuten ferner:

D = größter Dübeldurchmesser,
t = Einschnittiefe der Dübel,
b = Mindestbreite des Holzes (vgl. Zahlentafel 129) } bei einer Dübelreihe
e = Mindestdübelabstand in Faserrichtung und Mindestvorholzlänge (vgl. Zahlentafel 129). } bei einer Dübelreihe

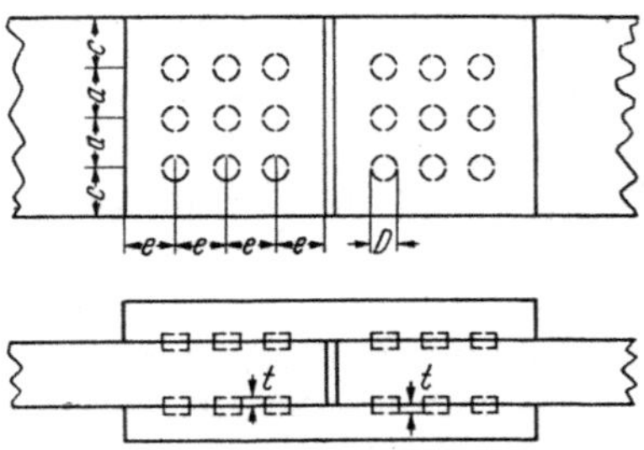

Bild 1028. Verbindung mit mehreren Dübelreihen. Dübel nicht versetzt.

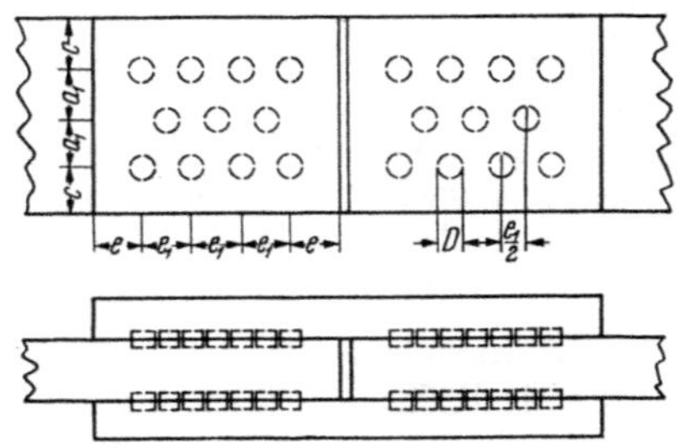

Bild 1029. Verbindungen mit mehreren Dübelreihen. Dübel versetzt.

95. Leimverbindungen.

950. Allgemeines über Leimverbindungen.

Bei der wirtschaftlichen Holzverarbeitung spielen Leimverbindungen eine besonders wichtige Rolle, gestatten sie doch die Veredelung billiger Blindhölzer durch Furniere, die Herstellung verwickelter Formen, die Erzeugung von Lagenhölzern (Schichtholz, Sperrholz und Sternholz), die Verwertung kleiner Holzabschnitte sowie die Bindung von Holzspänen zu Platten oder Formteilen im Trockenverfahren. Auch in volkswirtschaftlicher Hinsicht verdient deshalb das Verleimen Würdigung, ähnlich wie in der Technologie der Metalle das Weich- und Hartlöten.

Geschichtlich betrachtet ist das Verleimen sehr alt. Schon in der jüngeren Steinzeit wurden Speerspitzen aus Knochen mit Baumharzen an Holzschäfte angeklebt. Plinius der Ältere (23 bis 74 n. Chr.) berichtet in seiner „Historia naturalis" von der Herstellung des Leims in Rom durch Auskochen von Häuten und davon, daß Cäsar aus Griechenland einen furnierten Tisch erworben habe. Auch Kaseinleime sind bereits aus vorgeschichtlicher Zeit bekannt und wurden später im Kulturkreis des Mittelmeerraumes umfassend angewendet. Viel später, im 18. Jahrhundert, sind in Mittel- und Westeuropa die Wurzeln der modernen Sperrholzherstellung und -verarbeitung anzutreffen. Einen revolutionierenden Umschwung brachte dann nach etwa 1930 die Entdeckung der Kunstharzleime und ihre Einführung in das Holzgewerbe.

Viele erfolgreiche Forschungsarbeiten haben dabei die früher oft bedenklichen Störungsquellen weitgehend beseitigt. Richtige Wahl der Leimart, sachgemäße Zubereitung und Verwendung sind in jedem Falle möglich. Die in Holzindustrie und -gewerbe üblichen Bindemittel sind in drei große Gruppen zu teilen: Proteinleime (Glutinleime, häufig auch tierische Leime genannt, Kaseinleime, Blutalbuminleime, Sojaleime), Stärke- und Dextrinleime sowie Kunstharzleime. Verschiedene andere Stoffe, z. B. Gummilösungen, Asphalte, Schellack usw. werden ebenfalls zur Holzverleimung herangezogen, aber in so beschränktem Umfange, daß sich eine Behandlung in diesem Buche erübrigt. Vorausgeschickt sei den weiteren Ausführungen, daß man auch die Verleimarbeiten in drei Gruppen scheiden kann: in Montageverleimung (Fugenverleimung), die hauptsächlich in der Tischlerei vorkommt, in Lagenholzverleimung (einschließlich des Furnierens) sowie in Verleimung von Holzspänen zu Platten und Formlingen. Nicht alle Leime lassen sich gleichmäßig auf allen drei Gebieten verwenden. Der Grund dafür liegt in der Verschiedenheit der Anforderungen an die Leime und ihrer Eigenschaften. In jedem Fall aber ist es erwünscht, daß die Leime abgebunden eine genügende Fugenfestigkeit ergeben, daß sie in angesetztem Zustand möglichst lange — mindestens während eines Arbeitstages — gebrauchsfähig und vollwertig bleiben, daß die Zubereitung ohne Umstände (z. B. ohne sorgfältige Temperaturüberwachung) erfolgen kann und daß die Ergiebigkeit möglichst hoch ist. Von letzterer hängen die Leimkosten hauptsächlich ab.

Für bestimmte Gebrauchszwecke sind noch folgende Eigenschaften erforderlich, die T. R. Truax[1] erstmals in einer grundlegenden Schrift zusammengestellt hat:

1. Hohe Abbindegeschwindigkeit (damit kurze Abbindezeit), die besonders bei der Saum- und Kantenverleimung sowie dort erwünscht ist, wo Spannvorrichtungen nicht angesetzt werden können (z. B. beim Andrücken kleiner Teile). Tierische Warmleime sind in dieser Hinsicht unübertrefflich.

2. Wasserfestigkeit der Verbindungen von verleimten Konstruktionen im Freien (z. B. Flugzeugteile, Binder usw.) und in feuchten Räumen. Normalen Ansprüchen genügen hier Kasein- und Blutalbumin-, höchsten Ansprüchen Kunstharzleime. Gering ist die Wasserfestigkeit der Glutinleime.

3. Keine chemische Wechselwirkung mit den Hölzern, die sich in Verfärbung, Fleckenbildung oder im Durchschlagen der Furniere äußert. Hier ist an die bekannte und in vielen Betrieben störende Reaktion gerbsäurehaltiger Hölzer (z. B. Eiche, Kastanie) mit den Alkalien der Kaseinleime zu erinnern. Die meist dunkelrote Farbe von Blutalbuminleimen kann durch sehr dünne, helle Furniere durchscheinen.

4. Geringe Abnützung der Werkzeuge beim Bearbeiten verleimter Teile.

Die wichtigsten Eigenschaften der gegenwärtig üblichen Holzleime sind in Anhangtafel VI zusammengestellt.

---

[1] Truax, T. R.: The Gluing of Wood, US Dept. Agric., Bull. Nr. 1500. Washington, DC 1929.

951. Physikalisch-chemische Grundlagen der Verleimung.

951.1 Kohäsion und Adhäsion.

Unter Kohäsion versteht man das Wirken von Anziehungskräften zwischen den Teilchen, z. B. den Atomen eines festen Körpers oder den Molekülen einer Flüssigkeit. Beim Zerteilen der Materie muß Arbeit geleistet werden, um die Kohäsionskräfte zu überwinden, wobei gleichzeitig neue Grenzflächen entstehen. Man kann deshalb aus der Zerreißfestigkeit bzw. bei Flüssigkeiten aus der Grenzflächenenergie (Oberflächenspannung) auf die Größe der Kohäsionskräfte schließen. Bei Gasen bewirkt die Kohäsion eine Zunahme der Kompressibilität. Man muß deshalb, um die Abweichungen eines realen Gases von dem idealen zu berücksichtigen, in die van der Waalssche Zustandsgleichung den Kohäsionsdruck $p_{\mathrm{Koh}} = \frac{a}{V^2}$ zum Gasdruck p hinzuzählen. Mit einer weiteren Berichtigungsgröße b für das Eigenvolumen der Moleküle (Koh-Volumen), das vom Gasvolumen V abzuziehen ist, lautet dann die Gleichung, bezogen auf 1 Mol:

$$\left(p + \frac{a}{V^2}\right)(V - b) = \mathrm{RT}. \tag{158}$$

Es bedeuten R die Gaskonstante, T die absolute Temperatur.

Grundsätzlich sind die Kohäsionskräfte mit den Adhäsionskräften identisch. Man kann die Adhäsion allgemein als das Haftvermögen von Molekülen aneinander bezeichnen. Dieses Haftvermögen kann sich nur entwickeln, wenn die Moleküle einander genügend genähert werden (auf Abstände unter $3 \cdot 10^{-8}$ cm), so daß sie in molekular-energetische Wechselwirkung treten können. Bei festen Oberflächen würde dies aber technisch auf sehr große Schwierigkeiten stoßen, zumal da selbst feinstgeglättete Oberflächen noch durch Oxydationsschichten, Feuchtigkeit und Staub verunreinigt sind.

In der Praxis bedient man sich deshalb zur Erzielung der Adhäsion flüssiger Stoffe, die vermöge ihrer Fließeigenschaften dem Oberflächenprofil des festen Körpers folgen. Alle technisch verwendeten Verfahren zur Verleimung von festen Körpern benutzen flüssige Leime, welche die zu verleimenden Flächen innig berühren, sie „benetzen" und beim Erstarren eine Leimfuge bilden, die als zementierende Zwischenschicht den Raum zwischen den verleimten Körpern völlig ausfüllt. Auch die Leimfilme und Trockenkleber durchlaufen beim Verleimen eine flüssige oder quasiflüssige (plastische) Phase. Nach J. W. McBain[1] kann eine Flüssigkeit, die eine feste Oberfläche benetzt und anschließend erstarren kann, als Leim für diese Oberfläche wirken. Der gleiche Forscher unterscheidet a) mechanische Adhäsion von b) spezifischer Adhäsion. Bei der mechanischen Adhäsion handelt es sich um eine mechanische Verankerung des in die porige feste Oberfläche durch Kapillarkräfte eingedrungenen und darin erstarrten Leimes. Es entsteht, z. B. in den angeschnittenen Gefäßen und Stützzellen des Holzes ein stark verästeltes räumliches Geflecht von erstarrten Leimranken. Versucht man die verleimten Teile wieder voneinander zu trennen, dann muß man den Schubwiderstand dieses Geflechtes überwinden. Auf Mikrophotographien kann man gute mechanische Verankerung sehr wohl erkennen (Bild 1030). Trägt man den Leim zu dünn auf und wählt den Preßdruck zu hoch, dann versickert der Leim fast ganz im Holz, es kommt zu typischen „verhungerten" Verbindungen (Bild 1031 und 1032).

[1] McBain, J. W., u. Mitarb.: Reports 1, 2, und 3, Adhesive Res. Commission, Dept. Sci. Ind. Res., London, 1922, 1926, 1932.

Während man ursprünglich in der mechanischen Adhäsion den wichtigsten und wirksamsten Faktor für das Zustandekommen einwandfreier, fester Leimverbindungen erblickte, sieht man jetzt die spezifische Adhäsion als noch bedeutsamer an. Den Anstoß zu ihrer Diskussion ergab die Beobachtung, daß sich auch völlig glatte, polierte Metallflächen miteinander verleimen lassen, obwohl dabei kaum eine mechanische Verankerung auftreten kann.

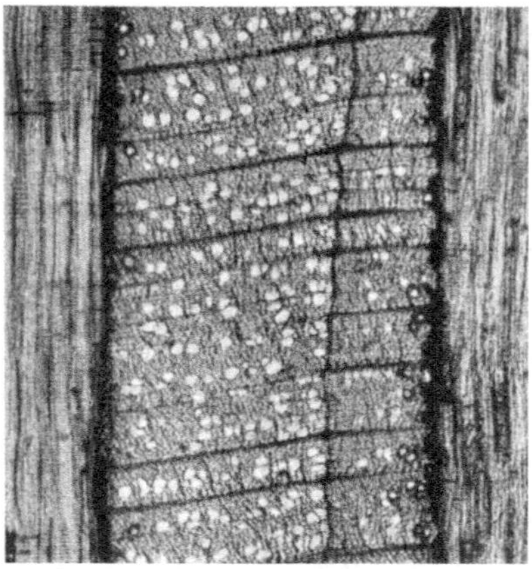

Bild 1030. Schnitt durch eine Pappel-Sperrplatte mit Glutinleim bei richtiger Konsistenz und nicht zu hohem Preßdruck verleimt; gute Verbindung. (Phot. T. R. Truax.)

951.2 Intermolekulare Kräfte, Benetzung, Polarität.

Es war eingangs davon die Rede, daß interatomare oder intermolekulare Kräfte die Atome und Moleküle zusammenhalten, daß sie also für die Erscheinungen der Kohäsion und der Adhäsion verantwortlich zu machen sind. Obgleich es sich dabei um elektrische Kräfte handelt (London-, Debye- und Keeson-Kräfte)[1], teilt man sie doch in der Regel in zwei Klassen[2]:

1. Hauptvalenz- oder Primärkräfte,
2. Nebenvalenz oder Sekundärkräfte.

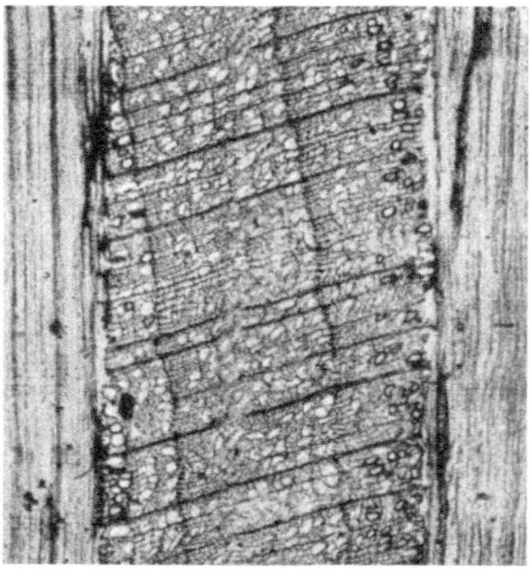

Bild 1031. Schnitt durch eine Pappel-Sperrplatte mit Glutinleim bei zu niedriger Konzentration und zu hohem Preßdruck verleimt; typische „verhungerte" Verbindung. (Phot. T. R. Truax.)

Bild 1032. Querschnitt durch eine verhungerte Verbindung von Ahornholz mit Glutinleim. Man beachte die Hohlzylinder aus Leim in einem Teil der Gefäße. (Phot. T. R. Truax.)

Unter Hauptvalenzen versteht man die starken innermolekularen chemischen Bindungen, die sich aus den Wertigkeitsgesetzen der Atome ergeben. Sie bestimmen die Struktur der Moleküle und treten besonders in Erscheinung beim Aufspalten der Doppelbindungen von ungesättigten Verbindungen sowie bei den Prozessen der Polymerisation. Für die Adhäsion sind sie ohne Bedeutung. Ihre

[1] de Bruyne, N. A., u. R. Houwink: Adhesion and Adhesives, New York, Amsterdam, London, Brüssel 1951, S. 18ff.

[2] de Bruyne, N. A.: Some Basic Ideas in Structural Adhesives, London 1951, S. 1.

Ursache liegt in den Nebenvalenzkräften, welche die aus monomeren Gruppen durch die Hauptvalenzen aufgebauten polymeren Moleküle seitlich verbinden. Sie sind viel schwächer als die Hauptvalenzkräfte, aber gerade dadurch höchst bedeutungsvoll, da eine Kette nur soviel zu tragen vermag wie ihr schwächstes Glied. Ein fester und flüssiger Zustand der Materie wäre ohne das Vorhandensein der Nebenvalenzen undenkbar.

Die Nebenvalenzen bewirken bei Flüssigkeiten das Phänomen der Oberflächenspannung. Da die an der Oberfläche der Flüssigkeit liegenden Moleküle nicht allseitig von Nachbarn umgeben sind, treten besondere Grenzflächenenergien auf. Hieraus resultiert eine ins Phaseninnere gerichtete Kraft. Will man die Oberfläche vergrößern, so ist Arbeit aufzuwenden, um gegen diese Kraft Moleküle aus dem Innern an die Oberfläche zu bringen. Es ergibt sich die Vorstellung einer Spannung in der Oberfläche, die sich formal als eine Tangentialkraft beschreiben läßt, die bestrebt ist, die Oberfläche zu verkleinern. Bezieht man sie auf einen cm Randlinie, so kommt man zur Oberflächenspannung σ [dyn/cm]. Infolge der Oberflächenspannung bilden sich aus Flüssigkeiten Tropfen. Ein Tropfen einer Flüssigkeit kann, wenn er auf die Oberfläche eines festen Körpers gebracht wird, dort entweder in mehr oder minder abgeplattetem Zustand liegen bleiben (unvollkommene Benetzung) oder aber sich zu einer zusammenhängenden Flüssigkeitsschicht ausbreiten (vollkommene Benetzung). Ein Maß für den Grad der Benetzung ist der Rand- oder Kontaktwinkel ϑ, das ist der an der Randlinie eines Tropfens zwischen der Flüssigkeitsoberfläche und der festen Grenzfläche gebildete Winkel (Bild 1033). Zwischen den drei Grenzflächenspannungen besteht ein Gleichgewicht (Youngsche Beziehung 1805):

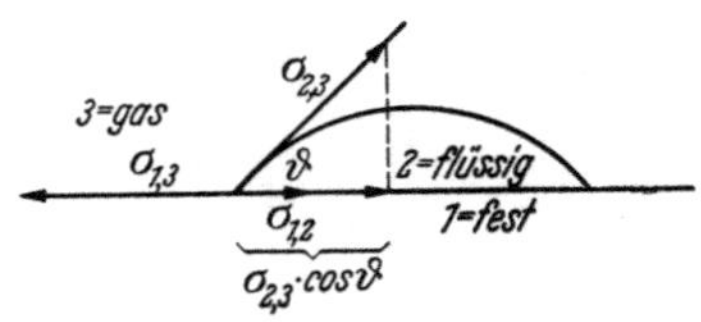

Bild 1033. Schematische Darstellung des Rand- oder Kontaktwinkels ϑ bei der Benetzung. (Nach W. H. Westphal.)

$$\sigma_{1,3} - \sigma_{1,2} = \sigma_{2,3} \cos \vartheta = \sigma_{\text{Haft}} \tag{159}$$

Nach Dupré (1869) ist aus thermodynamischen Gründen die Adhäsionsenergie A_σ, d. h. die Energie, die beim Benetzen einer festen Fläche je cm^2 frei wird, gleich der Differenz zwischen den verschwindenden Oberflächenenergien fest/gasförmig (1,3) plus flüssig/gasförmig (2,3) minus der entstandenen Grenzflächenenergie fest/flüssig (1,2):

$$A_\sigma = \sigma_{1,3} + \sigma_{2,3} - \sigma_{1,2} \tag{160}$$

Hierin sind zwar $\sigma_{1,3}$ und $\sigma_{1,2}$ nicht einzeln meßbar, jedoch erhält man durch Verbindung von Gleichung (159) mit Gleichung (160) einen Ausdruck, der zur experimentellen Ermittlung von A_σ führt:

$$A_\sigma = \sigma_{2,3} (1 + \cos \vartheta) \tag{161}$$

G. Kitazawa[1] hat darauf hingewiesen, daß die verschiedenen Schichten der Sekundärwand sowie der Primär- und Mittellamelle der Holzzellen mutmaßlich verschiedene Haftspannungen bei der Benetzung mit einem flüssigen Bindemittel aufweisen. J. E. Marian[2] hat diesen Gedanken aufgegriffen und vielversprechende Untersuchungen darüber in Gang gebracht. Der Benetzungs-

[1] Kitazawa, G.: A Study of Adhesion in the Glue Lines of twentytwo Woods of the US, N. Y. State College of Forestry, Syracuse, Techn. Publ. Nr. 66, Dec. 1946.

[2] Marian, J. E.: Trä och plast. Aktuella problem för limnings-och ytbehandlingsforskning, Svenska Träforsk. Inst., Träteknik, Medd. 48B, Stockholm 1953.

oder Randwinkel kann dabei entweder nach N. K. Adam[1] durch Änderung der Neigung einer eingetauchten Platte, bis der Flüssigkeitsspiegel auf der einen Seite genau waagerecht einmündet, oder nach I. Langmuir und V. J. Schaeffer[2] durch direkte Ausmessung an optischen Abbildungen liegender Tropfen bestimmt werden. Es leuchtet ein, daß in diese Studien auch die Benetzung der Oberflächen von verschieden behandeltem (z. B. künstlich mit verschiedenen Temperaturen getrocknetem, gedämpftem, verdichtetem usw.) Holz eingeschlossen werden kann.

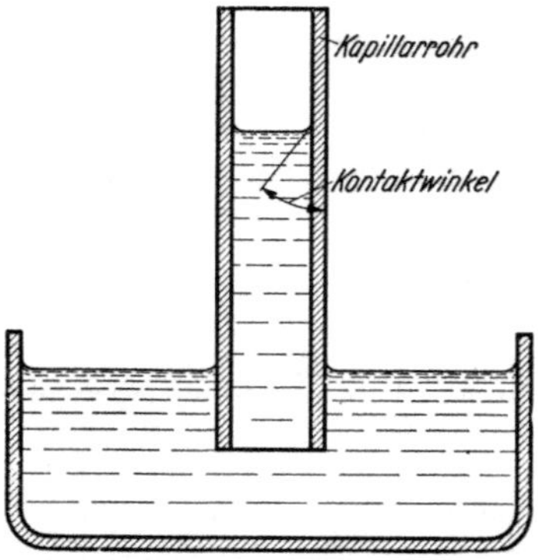

Bild 1034. Schematisches Bild der Steighöhe einer Flüssigkeit in einer Kapillare. (Nach J. Delmonte.)

Die Oberflächenspannung σ läßt sich durch die Steighöhe h und den Kapillarradius r messen; es gilt

$$\sigma = \frac{h \cdot \varrho \cdot g \cdot r}{2 \cos \vartheta}, \qquad (162)$$

wenn ϱ die Dichte der Flüssigkeit, g die Erdbeschleunigung und ϑ der Kontaktwinkel (Bild 1034) sind.

Bei den Nebenvalenzen kann es sich, vereinfacht dargestellt, um polare oder nichtpolare Kräfte handeln. Die polaren Kräfte entstehen im Atom durch Verschiebung von Elektronenhülle und Kern gegeneinander, im Molekül auf die gleiche Weise oder durch Zusammentritt von Ionen entgegengesetzter Ladung zu einem Molekül. Obwohl die Moleküle im ganzen betrachtet elektrisch neutral sind, können sie wie ein permanenter Magnet eine Konzentration positiver Ladung an einem Ende, eine Konzentration negativer Ladung am anderen Ende haben. Das Dipolmoment ergibt sich aus den Ladungen und ihrem Abstand. Polare Moleküle weisen eine unsymmetrische Struktur auf. Bewegliche Dipole in Flüssigkeiten und Gasen haben das Bestreben, sich in einem elektrischen Feld in die Feldrichtung einzustellen. Hierdurch wird die Dielektrizitätskonstante stark vergrößert.

Polare Stoffe	Nichtpolare Stoffe
Cellulose (Holz, Baumwolle, Papier)	Kautschuk
Phenol-Formaldehyd- und Harnstoff-Formaldehydharze vor dem Härten	Polystyrol Polyäthylen
Stoffe mit Hydroxylgruppen im Molekül	Teflon (Polymerisationsprodukt aus Tetrafluoräthylen)
Wasser	Benzol
Alkohol	Mineralöle
Metalloxyde	

Bei den nichtpolaren Molekülen stammen die Anziehungskräfte aus induzierten Dipolmomenten benachbarter Moleküle oder aus raschen periodischen Ladungsschwankungen. Sowohl polare als auch nichtpolare Moleküle werden also durch Anziehungskräfte zusammengehalten, die aber bei ersteren in der Regel ungleich stärker sind als bei letzteren. Hierin liegt der Grund, warum beide Stoffe sich nicht mischen. Nachstehend folgt eine Einteilung verschiedener Stoffe in polare und nichtpolare Klassen nach N. A. de Bruyne:

[1] Adam, N. K.: The Physics and Chemistry of Surfaces, Oxford 1938.

[2] Langmuir, I., u. V. J. Schaeffer: J. Amer. Chem. Soc. Bd. 59 (1937) S. 2504.

Sind zwei Dipole aneinander gebunden, so errechnet sich die Anziehungsenergie E zu

$$E = \frac{2\, U_1 U_2}{\varepsilon \cdot r^3}\,, \tag{163}$$

worin U_1 und U_2 die Dipolmomente, ε die Dielektrizitätskonstante und r der Seitenabstand zwischen beiden Dipolen sind.

951.3 Einfluß von Temperatur, Konzentration und Polymerisationsgrad auf die Adhäsion.

Für alle Flüssigkeiten nimmt die Oberflächenspannung ab, wenn die Temperatur steigt; in der Regel handelt es sich um eine lineare Abnahme, so daß gilt

$$\frac{d\sigma}{dT} = C \tag{164}$$

Nach J. Delmonte[1] kann man annehmen, daß die Anwendung von Hitze beim Härten der Leime den Zweck hat, sie vor dem Abbinden zum Fließen zu bringen und damit ihre Oberflächenspannung zu erniedrigen. Die Oberflächenspannung σ hängt weiter nach J. W. Gibbs[2] von der Konzentration c ab:

$$\frac{d\sigma}{dc} = -\frac{\mu R T}{c}\,, \tag{165}$$

wobei R die Gaskonstante ($8{,}314 \cdot 10^7$ erg/° C Mol), T die absolute Temperatur und μ die Oberflächenkonzentration in g/Mol je cm² Oberfläche sind.

Da die meisten technisch in Frage kommenden Bindemittel keine reinen Stoffe sind, kommt dieser Beziehung unter Umständen große Bedeutung zu; geringfügige Zugabe gewisser Stoffe kann die Oberflächenspannung ganz beträchtlich herabsetzen. Zum Beispiel weist Delmonte darauf hin, daß beim Vorhandensein hochmolekularer und niedrigmolekularer Anteile in einem Gemisch die Fraktionen mit niedrigem Molekulargewicht sich mehr auf der Oberfläche als im Innern der Flüssigkeit ansammeln. Unter dem Gesichtswinkel der Adhäsion ist dies erwünscht, da die Fraktionen mit niedrigem Molekulargewicht chemisch viel aktiver sind und ein besseres Eindringvermögen besitzen.

In Übereinstimmung damit steht die Beobachtung, daß beim Übergang von hochpolymeren zu nicht polymerisierten Körpern in einem gewissen Bereich mittlerer und niedriger Molekulargewichte die besten Adhäsionseigenschaften auftreten. Delmonte erwähnt, daß unter den thermoplastischen hochpolymeren Stoffen dieses Gesetz immer wieder Bestätigung findet, z. B. bei den Polyvinylestern und den Cellulosederivaten. Aber auch bei den Glutinleimen ergeben jene, deren Viscosität und Gallertfestigkeit mittlere Werte aufweisen, die festesten Verbindungen.

951.4 Einfluß des p_H-Wertes auf Bindung und Härtung der Leimverbindungen.

Der Einfluß des p_H-Wertes der Bindemittel auf die Bindefestigkeit wurde seit langem untersucht. Das Ergebnis war die allgemeine Annahme, daß starke Basen oder Säuren die Festigkeit einer Leimverbindung schädigen, insbesondere wenn sie zugleich die zu verleimenden Körper angreifen. Delmonte[3] weist in

[1] Delmonte, J.: The Technology of Adhesives, New York 1947, S. 325.
[2] Gibbs, J. W.: Trans. Conn. Acad. III (1876) 439.
[3] Delmonte, J.: The Technology of Adhesives, New York, 1947, S. 349.

diesem Zusammenhang darauf hin, daß cellulosehaltige Stoffe wie Holz hiervon besonders betroffen sind; amerikanische Normen (z. B. die Army-Navy Specification ANG 8) fordern, daß der p_H-Wert eines Holzleims nicht unter 2,5 sinken darf. Unter diesem Gesichtswinkel haben die Phenolfilm- und die Resorcinleime neben den Glutinleimen einen Vorzug, da sie nahezu neutral sind. Harnstoff-Formaldehyd- und kalthärtende Phenol-Formaldehydleime benötigen jedoch zu ihrer Härtung saure Katalysatoren. Die Abhängigkeit des p_H-Wertes verschiedener Leime von der Preßzeit zeigt Bild 1035. Die schematisch dargestellten Kurven lehren, daß Härtung und Bindung meist p_H-gesteuerte, chemische Reaktionen sind. Vor allem gilt dies für die Polykondensationen. Die meisten Kunstharzleime werden bei der Herstellung auf einen p_H-Wert eingestellt, der ein Reaktionsminimum stabilisiert (J. E. Marian); dadurch wird die längstmögliche Lagerfähigkeit der Leime verbürgt. Die so konservierten Leime werden durch die Härter reaktiviert; diese sind in der Regel saure oder basische Stoffe oder Verbindungen, die Säuren oder Basen abspalten.

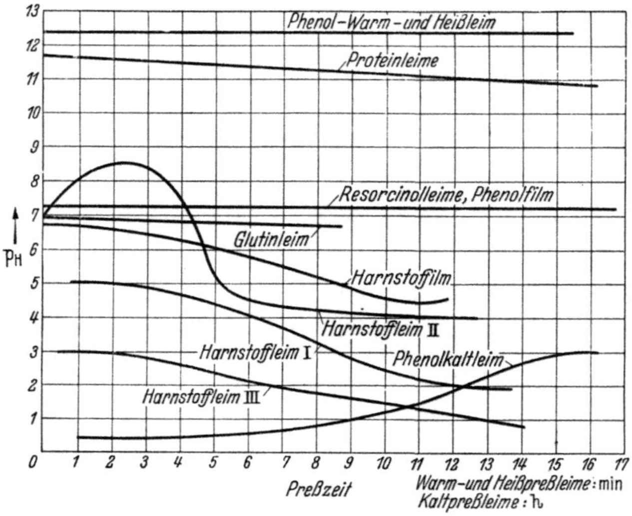

Bild 1035. Abhängigkeit des p_H-Wertes verschiedener Holzleime von der Preßzeit. (Schematische Darstellung nach J. E. Marian.)

951.5 Kolloidchemische Grundlagen der Leimverbindungen.

951.51 Kolloider Zustand, Dispersion, Emulsion, Suspension. Die bei der Holzverarbeitung benutzten Leime sind hochmolekulare organische Stoffe in kolloidem Zustand. Nach Wo. Ostwald ist der kolloide Zustand ein Zustand mittlerer Diskontinuität; erfaßt werden dadurch Strukturelemente mit den Dimensionen von etwa 10^{-7} bis 10^{-5} cm. Grundsätzlich kann dieser Zustand von jedem Körper eingenommen werden; somit ist der kolloide Zustand ein allgemein möglicher Zustand der Materie.

Kolloide Lösungen (Dispersionen) stehen in ihren Eigenschaften zwischen den echten Lösungen und den Suspensionen, wobei die Grenzziehung gegenüber letzteren nicht eindeutig ist. Grundsätzlich handelt es sich bei kolloiden Lösungen um die Zerteilung eines Stoffes in einer Flüssigkeit, wobei die Teilchen so klein sind, daß eine Entmischung durch die Schwerkraft nicht mehr eintritt und sie vielmehr durch Oberflächenspannungen im Zerteilungsmittel (Dispersionsmittel) schwimmend erhalten werden. Unter dem Einfluß sehr starker Schwerefelder, wie sie die Ultrazentrifuge liefert, ist jedoch eine Entmischung und Trennung der verschieden großen kolloiden Teilchen möglich. Die kolloide Löslichkeit läßt sich zahlenmäßig nicht definieren, da ein und derselbe Stoff kolloide Teilchen sehr verschiedener Größe und Löslichkeit bilden kann[1].

Kolloide Lösungen besitzen folgende kennzeichnende Eigenschaften:

1. Kolloide Teilchen passieren, wenn auch langsamer als echte Lösungen, normale Filter, werden jedoch durch sehr engporige Filter (Ultrafilter) sowie durch halbdurchlässige Membranen zurückgehalten;

2. Kolloide Teilchen diffundieren und dialysieren nicht bzw. nur sehr langsam;

3. Kolloide Lösungen haben einen außerordentlich niedrigen osmotischen Druck und damit auch eine außerordentlich geringe Gefrierpunktserniedrigung, da beide Größen der Teilchengröße umgekehrt proportional sind.

4. Mikroskopisch lassen sich kolloide Teilchen nicht mehr abbilden. Kolloide Lösungen sind klar durchsichtig wie echte Lösungen. Sendet man durch sie aber einen starken parallelen oder kegelförmigen Lichtstrom, so sieht ein seitlich darauf gerichtetes Auge den Weg der Strahlen deutlich infolge der Beugung des Lichtes an den dispergierten bzw. suspendierten Teilchen (Tyndall-Effekt). Das Ultramikroskop macht hiervon Gebrauch, indem man das Objekt intensiv so beleuchtet, daß kein direktes, sondern nur an den kolloiden Teilchen allseitig zerstreutes Licht in das Objektiv gelangt. Die Teilchen zeichnen sich dann als leuchtende Punkte auf schwarzem Grunde ab. Sie lassen sich feststellen und auszählen, jedoch ist es unmöglich, ihre Form zu erkennen;

5. Unter dem Einfluß des elektrischen Feldes wandern kolloide Teilchen im Lösungsmittel (Elektrophorose).

Handelt es sich bei einer kolloiden Lösung um die Zerteilung eines festen Stoffes in einem flüssigen Dispersionsmittel, so spricht man von einem Sol. Ist eine Flüssigkeit in einer anderen zerteilt, wobei die zerteilten Tröpfchen infolge der Oberflächenspannung Kugelform annehmen, so ist dies eine Emulsion.

951.52 Sol- und Gel-Zustand. Kolloide Lösungen mit einem festen dispersen Anteil in einem flüssigen Dispersionsmittel, d. h. Sole, enthalten im Normalfall nur wenige Volumenprozente dispersen Anteils. Bei Zusatz von Dispersionsmittel verringert sich die Viscosität rasch, während sie sich bei Zusatz eines Lösungsmittels für die kolloiden Teilchen durch deren Quellung vergrößert. Man muß deshalb zwischen den Dispersions- und Löse- oder Verdünnungsmitteln unterscheiden. Bei den meisten Holzleimen dient Wasser als Dispersions- und auch Lösemittel. Bestimmte Phenolharze können Wasser als Dispersionsmittel enthalten, als Verdünnungsmittel kommen aber nur organische Lösungsmittel in Betracht[2].

Bei etwas höherer, aber dennoch verhältnismäßig geringer Konzentration werden Sole zähflüssig, sirupartig und gehen allmählich in einen mehr oder minder festen, gallertartigen Zustand (Gel-Zustand) über. In den Gelen sind die kolloiden Teilchen unter Bindung von großen Mengen des Dispersionsmittels zu netz- oder wabenartigen Strukturen verfestigt. Der Übergang vom Sol- zum Gel-Zustand kann reversibel oder irreversibel verlaufen. Ein Beispiel für den ersten Vorgang liefern die Glutinleime, für den zweiten die meisten Kunstharzleime. Sole mit großer Affinität zwischen den gelösten Teilchen und den Dispersionsmitteln heißen lyophil, solche mit geringer Affinität lyophob.

---

[1] Remsen-Reihlen: Einleitung in das Studium der Chemie, 11. Aufl., Dresden und Leipzig 1940, S. 197.

[2] Plath, E.: Die Holzverleimung, Stuttgart 1951, S. 23.

951.6 Rheologie der Bindemittel.

Der Vorgang des Verleimens spielt sich in mehreren Stufen ab. Das flüssige Bindemittel wird zuerst auf eine der zu verleimenden Oberflächen aufgetragen, wobei eine sehr dünne, zusammenhängende Schicht entstehen soll. Eine Voraussetzung für ihr Zustandekommen ist, wie in Abschnitt 951.2 dargelegt wurde, Benetzung der Oberflächen, da sonst die Adhäsion ungenügend ist oder fehlt. Der Kontaktwinkel des flüssigen Bindemittels — vgl. Formel (161) — soll also möglichst klein oder Null sein; in diesem Fall werden die Anziehungskräfte zwischen der Flüssigkeit und dem festen Körper gleich den Kohäsionskräften in der Flüssigkeit oder größer. Die Folge ist, daß die Flüssigkeit sich auf der festen Oberfläche ausbreitet. Ist umgekehrt die Anziehung zwischen den Flüssigkeitsmolekülen stark, die zwischen Flüssigkeit und festem Körper jedoch schwach, dann ist der Kontaktwinkel groß, und es bilden sich Tropfen auf der festen Fläche. Diese Erscheinung schließt gute Verleimung aus.

Die Oberfläche von Holz ist selbst nach Hobeln oder Schleifen nicht glatt, sondern mehr oder minder rauh und porig. Der flüssige Leim dringt deshalb in die angeschnittenen Zellhohlräume und Gefäße, deren Wandungen er benetzt. Das Eindringen des Leimes kann, soweit es begrenzt bleibt, als günstig für das Zustandekommen einer festen Verbindung angesehen werden, da es die effektive Oberfläche vergrößert. Zu tiefes Eindringen aber, das meist bei dünnflüssigen Leimen und hohen Preßdrücken auftritt und mit Ausquetschen des Leimes an den Fugenrändern verknüpft ist, führt, wie schon früher gesagt wurde, zu „verhungerten Verbindungen". F. L. Browne und T. R. Truax[1] fanden, daß kein Zusammenhang zwischen der Fugenfestigkeit und der Eindringtiefe des Leimes in das Holz besteht, vorausgesetzt, daß in der Fuge so viel Leim belassen wird, daß ein kontinuierlicher Film verbleibt. Die Versuche waren mit natürlichen Leimen durchgeführt worden, ihre Ergebnisse gelten aber auch für synthetische Leime, wie O. Kraemer[2] und O. Gerngroß[3] zeigten. Spätere Versuche von C. A. Farrow und Mitarbeitern[4] sowie von J. W. Maxwell[5] bestätigten diese Befunde. Maxwell erbrachte auch den Nachweis, daß die Scherfestigkeit von Leimfugen bei sehr dünnen Leimschichten besonders hoch ist. Sie fällt dann mit größerer Schichtdicke bis zu etwa $80\,\mu$ Dicke steil ab, um von da an ziemlich konstant zu bleiben. Schon J. W. McBain und Mitarbeiter[6] hatten das Gesetz formuliert, daß die Fugenfestigkeit um so größer wird, je dünner die Fuge ist (Bild 1036). N. V. Poletika[7] stellte fest, daß die Scherfestigkeit von Sperrholzleimfugen ungefähr umgekehrt proportional zur Schichtdicke des Leims abnimmt.

Eine genaue Theorie dafür, daß die Fugenfestigkeit bei dünnen Leimschichten größer ist als bei dicken, liegt noch nicht vor, jedoch werden im Schrifttum bisher drei Ursachen genannt:

---

[1] Browne, F. L., u. T. R. Truax: Colloid Symposium Monograph Bd. 4 (1926), S. 258; — Dieselben: Ind. Engng. Chem. Bd. 21 (1929) S. 75, Bd. 23 (1931) S. 290.

[2] Kraemer, O.: Luftfahrtforschg. (1930) S. 62.

[3] Gerngroß, O.: Z. angew. Chemie Bd. 44 (1931) S. 232.

[4] Farrow, C. A., D. H. Hamley u. E. A. Smith: Ind. Engng. Chem. Anal. Ed. Bd. 18 (1946) S. 307.

[5] Maxwell, J. W.: Trans. Amer. Soc. Mech. Engng. Bd. 67 (1945) S. 104.

[6] McBain, J. W., u. W. B. Lee: J. Physic. Chem. Bd. 31 (1927) S. 1676; Third Report of the Adhesives Research Committee, London 1932.

[7] Poletika, N. V.: Rep. Nr. WE 170 M 2, Nov. 1943, Res. Lab. Curtis Wright Corp., zitiert nach N. A. de Bruyne u. R. Houwink: Adhesion and Adhesives, New York, Amsterdam, London, Brüssel 1951, S. 90.

1. Die Schwindspannungen sind in dicken Leimschichten größer als in dünnen und gefährden dadurch die Adhäsion mehr (J. Hoekstra und C. P. Fritzius[1]);

2. Die Wahrscheinlichkeit von Fehlern ist bei dünnen Leimschichten geringer als bei dicken (J. J. Bikerman[2]);

3. Bei dünnen Leimschichten ist plastischer Fluß nahezu unmöglich. Die Folge dieser Behinderung der Verformung ist eine Erhöhung der Bruchfestigkeit (M. Zschokke und R. Montandon[3]).

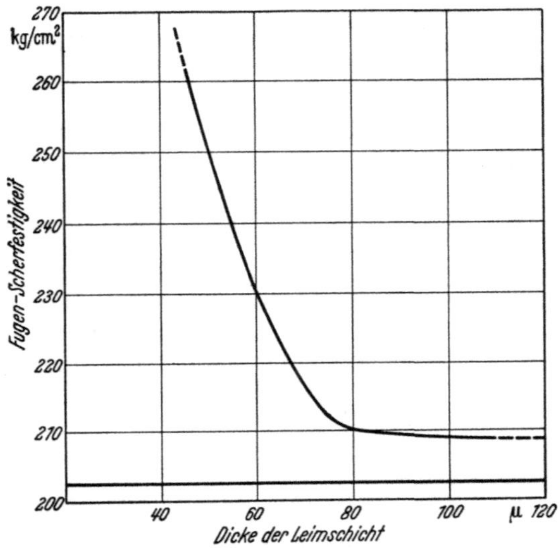

Bild 1036. Abhängigkeit der Scherfestigkeit von Leimfugen von der Dicke der Leimschicht. (Nach J. W. Maxwell.)

Wie schon erwähnt wurde, ist übermäßiges Eindringen des Leims besonders unerwünscht, da es nicht nur Leimvergeudung bedeutet, sondern zu verhungerten Fugen führt. Um es zu vermeiden, soll der Preßdruck auf die Leimviscosität während des Pressens richtig abgestimmt sein. Dabei ist zu beachten, daß sich die Viscosität des Leimes während des Pressens stark verändert. Bild 1037 zeigt nach Untersuchungen der Aero Research Limited[4], wie zunächst (Kurvenast bis A) die Viscosität durch die Erhitzung des Leims in der Fuge sehr schnell absinkt (es handelte sich bei den Versuchen um Aerolite-Leim mit Härter); nach einiger Zeit beim Punkt A wird eine Temperatur erreicht, bei der die chemische Reaktion der Härtung und damit ein Eindicken des Leimes einsetzt. Die Viscosität sinkt nun nicht mehr weiter, sondern bleibt einige Zeit in einem vorübergehenden Gleichgewicht annähernd konstant. In der dritten Stufe nach Punkt B kommt es zur eigentlichen Gelierung und Härtung, die sich fortsetzt, bis der Leim zu einem festen Körper geworden ist. Das Beladen, Schließen und Pressen, d. h. der Preßrhythmus, muß der Kurve nach Bild 1037 angepaßt sein. Zum Beladen einer Presse benötigt man meist 60 bis 120 s; diese Operation soll bis zum Punkt A beendet sein. Die Presse muß geschlossen und der Druck voll aufgebracht sein, bevor Punkt B erreicht wird, da der Leim sonst vorzeitig abbindet. Bei kalthärtenden Leimen besteht die Gefahr zu tiefen Eindringens nicht, obwohl bei ihnen die Preßzeit viel länger ist; ihre Viscosität nimmt aber stetig zu.

Die Umwandlung eines flüssigen Bindemittels in eine hochviscose Form ist eine sehr wesentliche Stufe des Verleimvorgangs. Die sich dabei ab-

---

[1] Hoekstra, J., u. C. P. Fritzius: Rheology of Adhesives in N. A. de Bruyne u. R. Houwink: Adhesion and Adhesives, New York, Amsterdam, London, Brüssel 1951, S. 79.

[2] Bikerman, J. J.: J. Soc. Chem. Ind. Bd. 60 (1941) S. 23, J. Colloid Sci. Bd. 2 (1947) S. 163.

[3] Zschokke, M., u. R. Montandon: Schweiz. Archiv. angew. Wiss. Techn. Bd. 10 (1944) S. 129. — H. Stäger: Allgemeine Werkstoffkunde, Basel 1947, S. 187/188.

[4] Aero Research Techn. Notes Bull. Nr. 7, July 1943, Duxford, Cambr.

spielenden Vorgänge sind aber sehr komplex und verwickelt. Der Abwanderung des Dispersionsmittels durch Diffusion und Verdampfung wirkt die oft überraschend starke Bindung an die Bindemittelteilchen entgegen. Kasein- und Sojaprotein lösen sich in Alkalien (z. B. NaOH); die Sol-Gel-Umwandlung erfolgt in Gegenwart von Erdalkali- oder Schwermetallverbindungen irreversibel; im Einzelnen ist der chemische Mechanismus noch umstritten. Nach dem Zusammenlegen der zu verleimenden Teile erfolgt während des Pressens oder Spannens ohne oder mit Zufuhr von Hitze die Überführung der Leimschicht in einen Festkörper (Abbinden und Härten) oder in den plastischen (hochviscosen) Zustand.

Plastische Bindemittel sind für feste Fugenverbindungen ungeeignet. Sie vermögen zwar kurzzeitige, schockartige Beanspruchungen wohl zu überstehen, jedoch führt dauernde Belastung zu einer fortgesetzten Verformung, bis die verleimten Teile wieder getrennt sind. Plastische Bindemittel können deshalb — obwohl ihre scheinbare Adhäsion sehr groß ist — nur in einer sehr beschränkten Temperaturspanne angewendet werden, unterhalb deren sie spröde werden und oberhalb deren sie ihre Kohäsion verlieren.

Von besonderer Bedeutung für das Zustandekommen guter Leimverbindungen ist auch der Elastizitätsmodul des Bindemittels im abgebundenen und gehärteten Zustande. Betrachten wir Bild 1038, so sieht man, daß Holz unter dem Einfluß von Zugspannungen bis zur Bruchdehnung ε_H belastet werden kann. Sind zwei Stäbe aus Holz durch eine zwischen ihnen liegende erhärtete Leimschicht fest miteinander verbunden, dann ist diese Schicht gezwungen, den Längenänderungen des Holzes zu folgen. Es muß gelten

$$\varepsilon_H = \varepsilon_L$$

oder, wenn man auf das Hookesche Gesetz (vgl. Bd. I, S. 576) $\varepsilon = \alpha\sigma = \frac{\sigma}{E}$, wobei α die Dehnungszahl $\left[\frac{\text{cm}^2}{\text{kg}}\right]$, $E = \frac{1}{\alpha}$ der Elastizitätsmodul $\left[\frac{\text{kg}}{\text{cm}^2}\right]$ und σ die Spannung $\left[\frac{\text{kg}}{\text{cm}^2}\right]$ zurückgreift:

$$\left(\frac{\sigma}{E}\right)_H = \left(\frac{\sigma}{E}\right)_L \tag{166a}$$

Soll eine Leimverbindung erreicht werden, bei der Überbeanspruchung zum Bruch im Holz und nicht in der Leimfuge führt, dann ergibt sich die Bedingungsgleichung

$$\left(\frac{\sigma}{E}\right)_{HB} \leqq \left(\frac{\sigma}{E}\right)_{LB} \tag{166b}$$

In Bild 1038 würde der „zähe" Leim dieser Bedingungsgleichung entsprechen, während der spröde Leim vor Erschöpfung der Tragfähigkeit des Holzes in der Fuge bräche. Allgemein muß man deshalb Leime mit hohen Bruchdehnungen, d. h. „zähe" Leime fordern. Mit anderen Worten heißt dies — vgl. Gleichung (166b) —, daß der Elastizitätsmodul des abgebundenen (völlig gehärteten) Leims stets niedriger sein soll als jener des verleimten Stoffes.

Sehr stark beeinflußt sind die rheologischen Eigenschaften der Bindemittel auch durch die Abwanderung des Dispersionsmittels — die im ungünstigsten Falle monatelang dauern kann — sowie durch den Feuchtigkeitsaustausch mit der umgebenden Atmosphäre. Die Abwanderung des Dispersionsmittels ist zunächst mit Befeuchtung und Quellung der die Leimfuge umgebenden Holzschichten, im späteren Verlauf mit Wiederaustrocknung und damit Schwindung verbunden. Gleichzeitig ändern sich die elastisch-plastischen Eigenschaften des Leimes, er wird spröder. Dadurch können sich vor allem bei dickeren Leimfugen (mit mehr als 0,3 mm Fugendicke), wie sie bei der Verleimung sägerauher Bretter im Hochbau vorkommen, bedenkliche Spannungen ergeben[1].

Wie die Ausführungen in Abschnitt 951.2 lehrten, kann man gute Adhäsion nur bei Stoffen mit polarem Charakter erwarten. Das Vorhandensein freier OH-Gruppen ist dafür kennzeichnend. Derartige Stoffe besitzen eine große Affinität zum Wasser, sie gehorchen — wie cellulosehaltige Körper — einem hygroskopischen Gleichgewicht. Protein-, Stärke-, Dextrin-, aber auch viele synthetische Leime sind diesem Gesetz unterworfen. Adsorption von Wasser führt dabei zu Quellungserscheinungen, die ihrerseits Tangentialspannungen in der Leimschicht hervorrufen, gleichzeitig aber ändern sich die rheologischen Eigenschaften des Leims. Durch die Quellung werden die mittleren Abstände der Leimmoleküle vergrößert, Kohäsion und Elastizitätsmodul

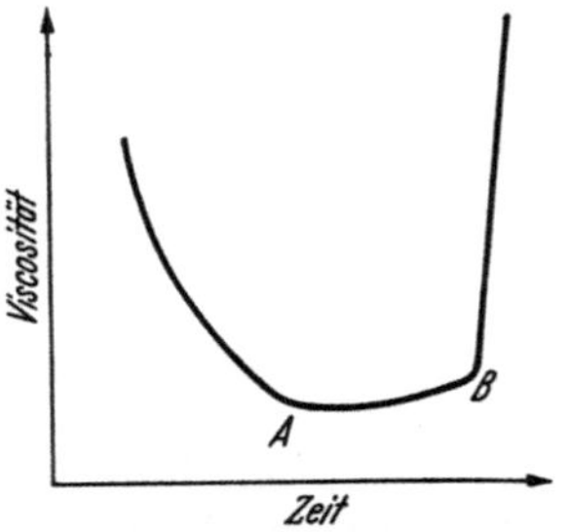

Bild 1037. Abhängigkeit der Viscosität eines Harnstoffleims (Aerolite) von der Preßzeit bei der Heißverleimung von Sperrholz. (Nach Aero Research Ltd.)

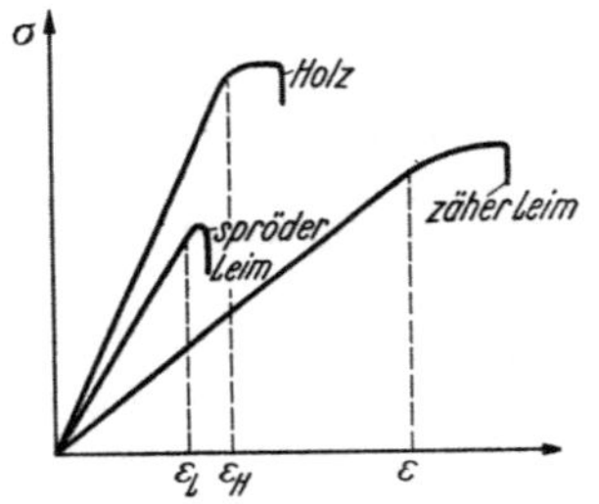

Bild 1038. Spannungs-Dehnungs-Diagramme für Holz, spröden und zähen Leim. (Schematisch nach E. Plath.)

nehmen ab, der Leim wird „zäher". Vorausgesetzt, daß mit der Adsorption keine Ansiedlung von Mikroorganismen verbunden ist, die den Leim abbauen, wird die Verformbarkeit der Leimfuge vergrößert, die Fuge wird trotz verringerter Bruchfestigkeit ihre Tragfähigkeit nicht verlieren. Sehr gefährlich ist hingegen Desorption, d. h. Entquellung der Leimschicht, da der Elastizitätsmodul höher und die Leimschicht spröder wird. Es kann dann unter der Wirkung von Tangentialspannungen oder bei plötzlichen schockweisen Beanspruchungen zu Brüchen in der Leimschicht kommen. Innere Spannungen können aber nicht nur die Folge der Abwanderung von Wasser aus der Feinstruktur des abgebundenen Leims, sondern auch des Härtevorgangs selbst sein, mit dem die manchmal sehr langsame Abgabe von Lösungsmitteln verbunden sein kann. Alterungserscheinungen führen bei manchen Bindemitteln zu einer erheblichen Versprödung.

951.7 Abbindevorgänge bei der Holzverleimung.

Die Vorgänge bei der Wechselwirkung zwischen Leim und Holzoberfläche faßt man unter dem Begriff „Bindung" zusammen[2]. Unter „Härtung" versteht man hingegen die Vorgänge, die sich in der Leimsubstanz, getrennt von der Holzoberfläche, abspielen. Als „Verstärkung" bezeichnet man die Erhöhung der Bindefestigkeit, hauptsächlich gegen die Einwirkung der Feuchtigkeit. Es gibt härtende und nicht härtende Leimtypen. Erstere, zu denen die Glutinleime gehören, zeigen beim normalen Abbinden keine Veränderungen

[1] Plath, E.: Die Holzverleimung, Stuttgart 1951, S. 35.
[2] Marian, J. E., u. H. H. Fickler: Holz als Roh- und Werkstoff Bd. 11 (1953) S. 18 und 37.

in der chemischen Zusammensetzung der Leimmischung, in letzteren spielen sich chemische Vorgänge ab, z. B. die Reaktion mit Aldehyden (meist zwischen Formaldehyd und Proteinen wie bei der „Gerbung" von Glutinleimen), die Reaktion mit Metalloxyden (meist zwischen Calciumoxyd und Protein wie bei der noch nicht ganz aufgeklärten Härtung der Kasein- und Sojaproteinleime), Polykondensation, Polymerisation oder Polyaddition. Näher wird auf die Vorgänge von Härtung und Verstärkung in Abschnitt 951.8 eingegangen werden.

Die Abbindevorgänge bei den einzelnen Leimtypen kann man nach F. L. Browne und D. Brouse[1] nach der Art des Übergangs vom Sol- zum Gel-Zustand unterscheiden. Mit Recht weist J. E. Marian darauf hin, daß für die Gelierung eine Anzahl verschiedener Faktoren in wechselndem Maße verantwortlich ist. Die folgende Klasseneinteilung, die sich an J. E. Marian und E. Plath anlehnt, kann somit nicht als scharfe Abgrenzung der einzelnen Gelierungstypen gelten, sondern sie bezeichnet nur die Hauptfaktoren, die für den Abbindevorgang vorwiegend verantwortlich sind:

1. Entfernung des Dispersionsmittels durch Verdunsten und Diffusion; hierher gehören gewisse reversible Proteinleime, flüssige Glutinleime und Polyvinylemulsionen, die alle Wasser als Dispersionsmittel enthalten, ferner Leime mit organischen Lösungsmitteln, z. B. Polyvinylacetat in Aceton-Alkohol;

2. Entfernung des Dispersionsmittels und Abkühlung; hierher gehören die in der Holzindustrie verwendeten Glutinleime (Haut-, Leder- und Knochenleime), deren Bindung durch eine typische Umwandlung von einem lyophilen Sol in ein Gel erfolgt. Der Vorgang ist reversibel. Übermäßiges Erhitzen ist zu vermeiden, da sich hydrolytische Vorgänge einstellen können, die zu einem Abbau der Leimsubstanz führen.

3. Entfernung des Dispersionsmittels und Koagulation (Gerinnung) durch Anwendung von Hitze; hierher gehören die Blutalbuminleime.

4. Entfernung des Dispersionsmittels und chemische Reaktion

a) ohne nennenswerte Temperaturerhöhung; hierher gehören gewisse Proteinleime (kalthärtende Kasein- und Sojaproteinleime), alle kalthärtenden Kunstharzleime (Carbamid-, Phenol- und Resorcinleime).

b) bei gleichzeitiger Anwendung von Hitze; hierher gehören alle heißhärtenden Proteinleime sowie alle heißhärtenden Kunstharzleime (Carbamid-, Melamin-, Phenol- (Kresol-) und Resorcinleime).

5. Gelierung ohne Verlust nennenswerter Mengen von Dispersionsmittel; hierher gehören alle Leimfilme (Glutin-, Kasein-Kunstharzfilme) und die Redux-Pulvermethode.

Einwandfreier Ablauf des Bindevorgangs ist für den Erfolg der Verleimung entscheidend. Nach dem Auftrag (bzw. bei Leimfilmen dem Auflegen) und nach Verstreichen der offenen Zeit oder Wartezeit werden die zu verleimenden Holzteile zusammengebracht, und der gewünschte Preßdruck wird durch geeignete Vorrichtungen erzeugt. Durch diesen Druck und gegebenenfalls die gleichzeitig angewendete Hitze kommt es zu einem Fließen des Leims, der die Gegenfläche benetzt und mehr oder minder in das Holz eindringt. Der eigentliche Abbindevorgang vollzieht sich, wie erwähnt, als Sol-Gel-Umwandlung. Unlösbar damit verbunden ist die eigentliche in der Leimsubstanz sich abspielende Härtung. Die Abbinde- und Härtegeschwindigkeit läßt sich wie auch das Fließen (und damit die Eindringung) chemisch meist durch Einstellung des

[1] Browne, F. L., u. D. Brouse: Ind. Engng. Chem. Bd. 21 (1929) Jan., S. 80.

p_H-Wertes (vgl. Bild 1035), physikalisch durch Druck und Temperatur nach Bedarf regeln.

Von besonderer Bedeutung ist auch, wie die obenstehende Übersicht der Abbindevorgänge zeigt, bei den meisten Leimtypen die Abwanderung des Dispersionsmittels. Die üblichen Holzleime enthalten zwischen 30 und 60% Wasser bzw. organische Lösungsmittel. Bei Montageverleimungen liegt die Auftragsmenge zwischen 80 und 350 g/m². Daraus ergibt sich, daß insgesamt etwa 50 bis 175 g/m² Dispersionsmittel zu entfernen sind. Bei massiven Holzteilen mit mehr als 5 mm Dicke erhöht sich die Holzfeuchtigkeit durch die Diffusion des Dispersionsmittels nur mehr um etwa 1 bis 2%, während bei Furnieren eine unzulässige Erhöhung der Feuchtigkeit auftreten würde, die sogar den Fasersättigungspunkt erreichen könnte. Hier muß man deshalb möglichst mit Trockenfilmen arbeiten.

Bei Fugenverleimungen kann ein gewisser Teil des Dispersionsmittels auch unmittelbar aus der Fuge und ihrer nächsten Umgebung in die Luft verdampfen. Dabei ist zu beachten, daß die Diffusionsgeschwindigkeit in Faserrichtung ein Vielfaches der quer zur Faser (vgl. Bd. I, S. 470ff.) ist und daß sie in spezifisch schwereren (harten) Hölzern niedriger ist als in spezifisch leichteren (weichen) Hölzern. Der Abbindevorgang muß deshalb bei der Verleimung von Harthölzern langsamer vor sich gehen als bei der von Weichhölzern. Noch mehr gebremst wird der Abbindevorgang, wenn Lagenhölzer oder gar Preßlagenhölzer miteinander verleimt werden sollen. Hier verzögern die erhärteten Leimschichten der Lagenhölzer die Diffusion des Dispersionsmittels erheblich.

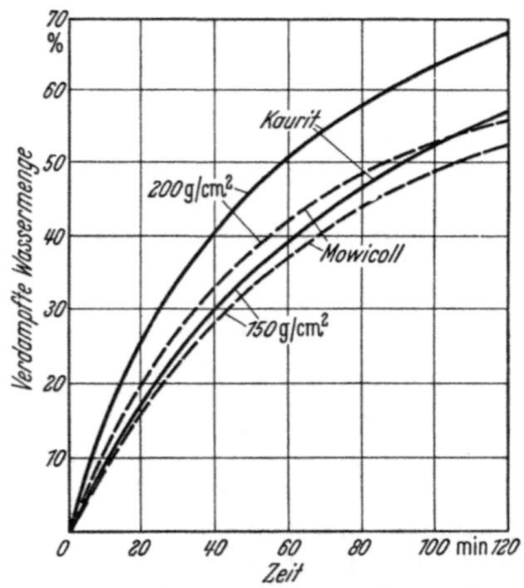

Bild 1039. Abhängigkeit der Verdampfung von Wasser aus wässerigen Dispersionen von der Verdampfungszeit bei Kaurit und Mowicoll. (Nach E. Plath.)

Fehlverleimungen sind unvermeidlich, wenn durch die Diffusion des Dispersionsmittels die Holzfeuchtigkeit unzulässig hoch getrieben wird oder aber, wenn die Diffusion viel länger dauert als eine etwa mit dem Abbinde- bzw. Härtevorgang verbundene chemische Reaktion des Leimes. In diesen Fällen muß man einen erheblichen Teil des Dispersionsmittels vor dem Zusammenlegen aus der offenen Fuge verdampfen. Bild 1039 zeigt Versuchsergebnisse von E. Plath. Bei Betrachtung der Kurven muß man bedenken, daß Kaurit 35% Wasser, Mowicoll hingegen 50% Wasser enthält. Würde man die aus beiden Leimen verdampften Wassermengen in g/m² über der Zeit auftragen, so ergäbe sich deshalb, wie E. Plath betont, ein geändertes Bild, aus dem man erkennen könnte, daß die Wasserabgabe je m² offener Leimfuge bei Mowicoll höher ist als beim Kaurit, d. h. also, daß beide Bindemittel das Dispersionsmittel verschieden stark festhalten. Zurückzuführen ist dies auf eine unterschiedlich starke Wechselwirkung zwischen den Kolloidteilchen und den Molekülen des Dispersionsmittels (Schutzkolloidwirkung). Aufschlußreich ist in dieser Hinsicht auch Bild 1040, das die Verdampfung eines organischen Dispersionsmittels aus einem Phenolharzleim zeigt.

Die verdampften Mengen hängen außer von der Schutzkolloidwirkung von den klimatischen Bedingungen der umgebenden Luft ab. Sie werden um so größer, je höher die Temperatur und je niedriger die relative Feuchtigkeit der Luft sind. Die zur Verdampfung des Dispersionsmittels bestimmte offene Zeit oder Wartezeit muß aber der Abbinde- bzw. Härtegeschwindigkeit des Leimes angepaßt werden. Beim Warm- oder Heißpreßverfahren kann sie viel länger sein als beim Kaltpreßverfahren. Bei letzterem liegen die maximal zulässigen Wartezeiten zwischen 15 und 30 min, bei ersteren können sie bis zu 24 h erreichen. Sauer härtende Kunstharzleime vertragen längere Wartezeiten, solange der Härter noch nicht beigemischt ist.

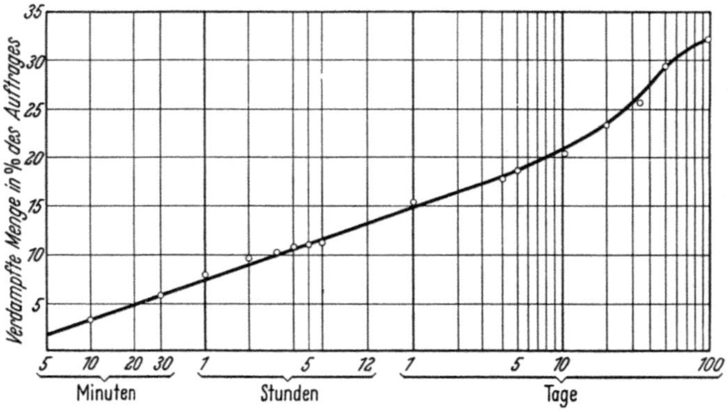

Bild 1040. Abhängigkeit der Verdampfung der flüchtigen Bestandteile eines Phenol-Harzleimes (Montagit A) von der Verdampfungszeit (offene Wartezeit). (Nach E. Plath.)

951.8 Härtung und Verstärkung von Leimen.

Zu Beginn des vorangegangenen Abschnitts wurden die Begriffe „Härtung" und „Verstärkung" schon definiert und die sich beim Härtungsvorgang von üblichen Bindemitteln abspielenden chemischen Reaktionen nach großen Gruppen aufgezählt. Die meisten Kunstharzleime der holzverarbeitenden Industrie benötigen einen „Härter", damit Härtung und Abbindung geregelt verlaufen. In Abschnitt 951.4 wurde bereits erwähnt, daß die Härter den p_H-Wert der Leimmischung bestimmen und dadurch die chemischen Reaktionen, die oft sehr verwickelt und noch nicht in allen Einzelheiten erforscht sind, steuern. Die Härtermischungen werden von den chemischen Werken auf Grund von Erfahrungen hergestellt; ihre Zusammensetzung entscheidet darüber, bei welchen Temperaturen der Härter funktioniert. Grundsätzlich können kalthärtende Mischungen auch bei Warm- oder Heißverleimung Verwendung finden.

Die Härter können pulverförmig oder flüssig sein. Manchmal, z. B. bei Kaseinleimen, können sie in der trockenen Leimmischung enthalten sein. Sie werden dann durch das Anrühren mit Wasser aktiviert. Die Härter können auch mit Verstärkern, Füll- und Streckmitteln vermischt sein, die nach J. E. Marian[1] die Aufgabe haben, die Eigenschaften der gebrauchsfertigen Leimmischung zu verändern, z. B. die Viscosität und das Eindringvermögen zu regeln oder aber die Mischung zu verbilligen. Als Härter und Verstärker wirken beispielsweise Melamin und Resorcin, wenn sie den Harnstoffleimen zugesetzt werden. Die Resorcinleime werden als nicht härtender, flüssiger Stoff hergestellt, der durch Zugabe von Aldehyden in ein härtendes Produkt (Resol) verwandelt wird.

[1] Marian, J. E., u. H. H. Fickler: Holz als Roh- und Werkstoff Bd. 11 (1953) S. 18 und 37.

Fugen aus hochwertigen Harnstoff-Formaldehydleimen haben eine beträchtliche Wasserfestigkeit, trotzdem werden aber manchmal höhere Anforderungen gestellt. Diesen kann man genügen, wenn man dem Harnstoff-Formaldehydharz eine kleine Menge hochwasserbeständiger Kunstharzleime als „Verstärker“ zusetzt. Beispiele solcher verstärkenden Leime sind Melamin-Formaldehyd und Resorcin-Formaldehyd. Die erforderliche Menge an Verstärker richtet sich dabei nach der Holzart, die verleimt werden soll. Dies ist leicht verständlich, da, wie im vorangegangenen Abschnitt näher begründet wurde, bei Beanspruchung verleimter Holzteile durch Feuchtigkeit innere Spannungen in der Leimfuge durch Quellungserscheinungen der Hölzer für den Bruch entscheidend sind. Je höher die Quellungsmaße eines Holzes sind (vgl. Bd. I, S. 415ff. und Anhangtafel V, dortselbst β-Werte), desto größer muß die Gefährdung der Leimfugen bei Befeuchtung werden und desto höher soll man die Verstärkung wählen, um dieser Gefahr entgegenzuwirken. In England hat man deshalb für Proben auf Feuchtigkeitsbeständigkeit von Leimfugen zwei sehr verschieden quellende Hölzer gewählt: Buche und Birke; erstere hat etwa doppelt so große Quellungsmaße wie letztere. Wie Bild 1041 nach G. M. Scales[1]

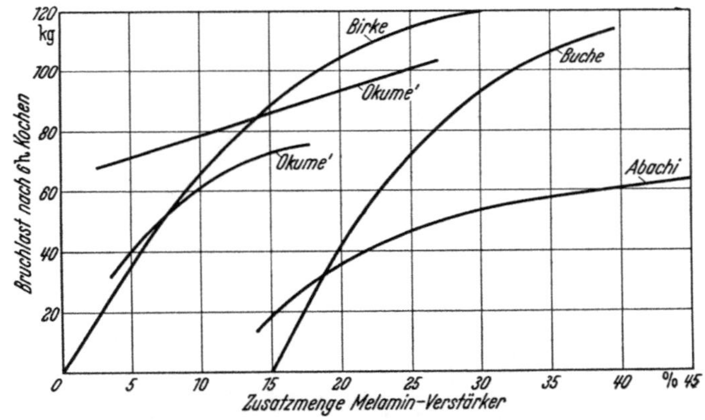

Bild 1041. Abhängigkeit der Kochfestigkeit verschiedener Sperrholzproben nach Verleimung mit verstärkten Harnstoff-Formaldehydharzleimen vom prozentualen Anteil an Melamin-Formaldehydharz-Verstärker. (Nach G. M. Scales.)

zeigt, benötigen verschiedene Holzarten sehr verschiedene Mengen an Verstärker. Bei spezifisch sehr leichten Hölzern mit entsprechend geringer Festigkeit (z. B. Abachi) kommt man außerdem über gewisse Grenzwerte nicht hinaus.

Irgendwelche technischen Schwierigkeiten ergeben sich bei der Mischung von Melamin-Formaldehyd- oder Resorcin-Formaldehydharzen mit Harnstoff-Formaldehydharzen nicht; nachteilig ist aber der verhältnismäßig hohe Preis dieser Harze. Man ist deshalb in England seit Jahren dazu übergegangen, den Harnstoff-Formaldehydleimen freies Melamin, das billiger ist, zuzusetzen. Dieses freie Melamin bindet dann während des Heißpressens freies Formaldehyd des Harnstoff-Formaldehydharzes und bildet so Melamin-Formaldehyd. Da aber das freie Formaldehyd in Harnstoff-Formaldehydharzen begrenzt ist, sind auch der Verstärkung durch dieses Verfahren Grenzen gezogen. Bild 1042 lehrt, daß eine maximale Naßfestigkeit einem bestimmten prozentualen Zusatz an Melaminhärter entspricht. Wird dieser Wert überschritten, dann fällt die Naßfestigkeit wieder steil ab, da für das im Überschuß vorhandene freie Melamin kein

[1] Scales, G. M.: Fortification in „Structural Adhesives“, London 1951, S. 91.

freies Formaldehyd mehr vorhanden ist und das Melamin nur mehr als Füllstoff wirken kann. Zu beachten ist ferner, daß bei Verwendung von freiem Melamin die Preßzeit länger und die Preßtemperatur höher liegen muß als bei Verstärkung mit Melamin-Formaldehyd.

951.9 Streckung von Leimen, Fugenfüllung.

Der hohe Preis mancher Kunstharzleime zwang frühzeitig zu Überlegungen, wie sich die Verleimungskosten je Flächeneinheit Leimfuge verringern lassen. Naheliegend war es, der Leimmischung billige Füllstoffe zuzusetzen. Zu diesem Zweck griff man in verschiedenen Ländern der Welt zu sehr verschiedenartigen Füllern, darunter Getreidemehl, Mehlen aus Bohnen, Erdnüssen, Wurzeln, Wicken, aber auch Albumin, Holzmehl, Phenolharzpulver und selbst anorganischen Stoffe wie Kreide oder Gips. Als sicher kann unterstellt werden, daß jene Füllmittel die besten Ergebnisse liefern, die entweder selbst adhäsive Eigenschaften aufweisen oder die mit den Kunstharzteilchen Adhäsionsbindungen eingehen (z. B. Phenolharz mit Harnstoffharz im Kaurit-WHK-Leim).

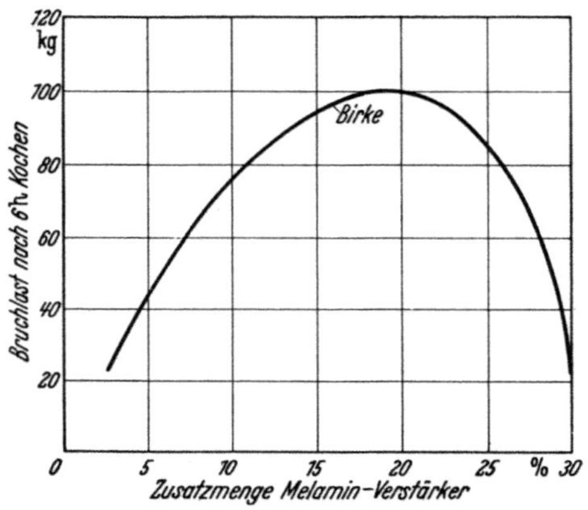

Bild 1042. Abhängigkeit der Kochfestigkeit von Birkensperrholz nach Verleimung mit einem Melamin gehärteten Harnstoff-Formaldehydharzleim von der Zusatzmenge an Melamin-Härter. (Nach G. M. Scales.)

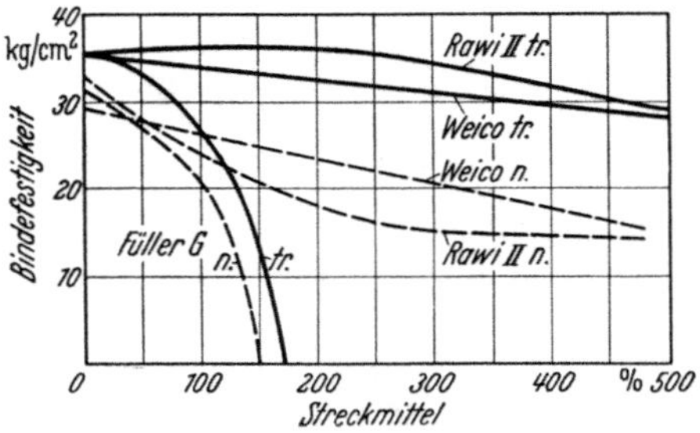

Bild 1043. Abhängigkeit der Trocken- und Naß-Bindefestigkeit nach der Verleimung mit Melocol H vom Anteil an Streckmittel. (Nach K. Frey.)

Stärke hat sich unter diesem Gesichtswinkel gut als Streckmittel bewährt, jedoch nur wenn heiß verpreßt wird (mit Temperaturen über 70° C), da sie sich dann in einen Klebstoff verwandelt, der irreversibel erstarrt. Man kann dann 200 und mehr Prozent Stärke, bezogen auf das Harzgewicht in der Leimmischung, hinzufügen, ohne daß sich die Ergebnisse verschlechtern. Sehr bemerkenswert sind auch Entwicklungsarbeiten der CIBA in Basel zur Streckung von Melocol H. Bild 1043 zeigt, daß ein anorganischer Füller sowohl die Trocken- als auch die Naßfestigkeit sehr rasch herabsetzt, während Streckmittel mit Selbstklebeeffekt selbst bei 500% Zusatz noch überraschend hohe Werte der Bindefestigkeit liefern. Gleichzeitig wird durch diese Streckmittel die Fugenempfindlichkeit von Melocol H beseitigt. Nach Versuchen der EMPA[1] wird durch einen Zusatz von 100% des Weico-Füllers bei Fugen bis zu 2,5 mm Dicke der bei ungestrecktem Leim auftretende Festigkeitsabfall völlig aufgehoben.

Die Viscosität der Leimmischung wird durch das Streckmittel erhöht; um die Mischung leicht streichfähig zu erhalten, muß man ihr deshalb in der Regel

[1] Roš, M.: Die Melocol-Leime der CIBA Aktiengesellschaft, Basel, Bericht Nr. 152 der Eidgenössischen Materialprüfungs- und Versuchsanstalt für Industrie, Bauwesen und Gewerbe, Zürich, Juni 1945.

Wasser zusetzen. Hierdurch erhöht sich die Standzeit (Gebrauchsdauer) der Leimmischung (Potlife), gleichzeitig aber auch die Preßzeit. Streckmittel, insbesondere solche, die Stärke enthalten, setzen das Eindringvermögen (Penetration) des Leims in das Holz herab.

Nach G. M. Scales[1] liefert eine Streckung mit 5 bis 10% Holzmehl oder Kreide einen halb-Fugen-füllenden Leim, wobei allerdings die zu überbrückende Fuge 0,25 mm nicht überschreiten darf. Allgemein gilt, daß die Festigkeit einer Leimverbindung bei ungefüllten Leimen um so niedriger wird, je dicker die Leimfuge ist. Allerdings ist der Abfall bei zähen Leimen, z. B. Phenol-Formaldehydleimen (Glutinleimen) geringer (Bild 1044) als bei spröden (Harnstoff-Formaldehydleimen, Bild 1045).

Die Fugenempfindlichkeit ist dadurch bedingt, daß die chemische Reaktion (Polykondensation) der physikalischen Abwanderung des Dispersionsmittels vorauseilt. Es kommt dann zu keiner gleichmäßigen Aushärtung der ganzen Leimschicht; diese Störung ist um so stärker, je dicker die Leimfuge ist. Die Leimschicht ist spröde, beim Zerreißversuch tritt der Bruch in der Fuge auf, das Bruchgefüge ist krümelig. Bei der Versprödung dicker Leimfugen ist auch der Zeitfaktor in Rechnung zu stellen: Der Festigkeitsverlust setzt sich über eine lange Zeitspanne fort, bis schließlich ein Gleichgewichtszustand erreicht wird.

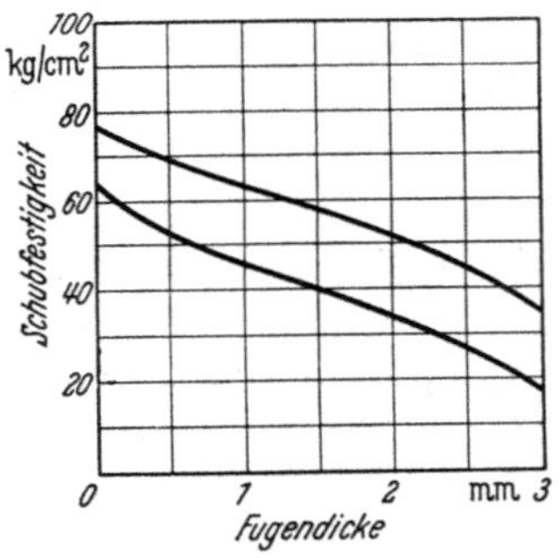

Bild 1044. Abhängigkeit der Bindefestigkeit von der Fugendicke bei Verleimung mit einem Phenol-Formaldehydharzleim. (Nach E. Plath.)

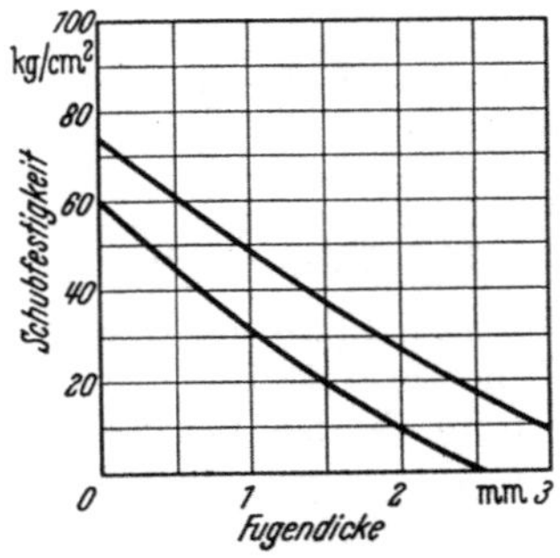

Bild 1045. Abhängigkeit der Bindefestigkeit von der Fugendicke bei Verleimung mit einem Harnstoff-Formaldehydharzleim. (Nach E. Plath.)

Abhilfe gegen die Fugenempfindlichkeit von Harnstoffleimen schafft nach einem Vorschlag von H. Klemm[2] die Streckung mit fein gemahlenem Phenolharz (s. Seite 1017) oder, wie schon erwähnt, auf Grund von Entwicklungsarbeiten der CIBA[3] die Streckung mit selbstklebenden Füllstoffen (z. B. Wickenmehlen, Bild 1043).

952. Festigkeitsbildung bei Leimverbindungen, Spannungen in Leimfugen.

952.1 Zeitlicher Verlauf der Festigkeitsbildung, fiebrige Phase.

Mit der Umwandlung des Sols zum Gel bilden sich in der Leimschicht allmählich Kohäsionswiderstände aus, und die Fugenfestigkeit nimmt zu. Untersucht man die Entstehung der Schubfestigkeit experimentell, so findet man bei

---

[1] Scales, G. M.: Extension, in „Structural Adhesives", London 1951, S. 89.

[2] Klemm, H.: Neue Leimuntersuchungen mit besonderer Berücksichtigung der Kaltkunstharzleime, München 1938.

[3] Frey, K.: Schweiz. Arch. f. Angew. Wiss. u. Techn. Bd. 47 (1947) S. 83.

allen Holzleimen, daß der Abbindevorgang und damit die Festigkeitsbildung nicht stetig verläuft, sondern daß nach einem ersten Anstieg ein plötzlicher mehr oder minder steiler Abfall erfolgt (wobei unter besonders scharfen Prüfbedingungen die Schubfestigkeit sogar wieder auf Null absinken kann); im Anschluß daran kommt es zu einer Erholung, die Schubfestigkeit der Fuge steigt wieder an, jedoch werden bei vielen Leimen die Höchstwerte der Festigkeit nach den ersten Stunden des Abbindevorgangs vor der „fiebrigen Phase" nicht mehr erreicht. E. Plath[1] weist darauf hin, daß in der fiebrigen Phase reine Holzbrüche auftreten (Bild 1046). Die Gründe für den Festigkeitsabfall sind noch nicht eindeutig klargelegt; wahrscheinlich spielen die Durchfeuchtung der an die Leimfuge angrenzenden Holzschichten durch die Diffusion des Dispersionsmittels und die damit verbundenen Quellungserscheinungen eine entscheidende Rolle. Für diese Annahme spricht auch die Tatsache, daß der Festigkeitsabfall bei Schichtholzverleimungen besonders kräftig ausgeprägt ist.

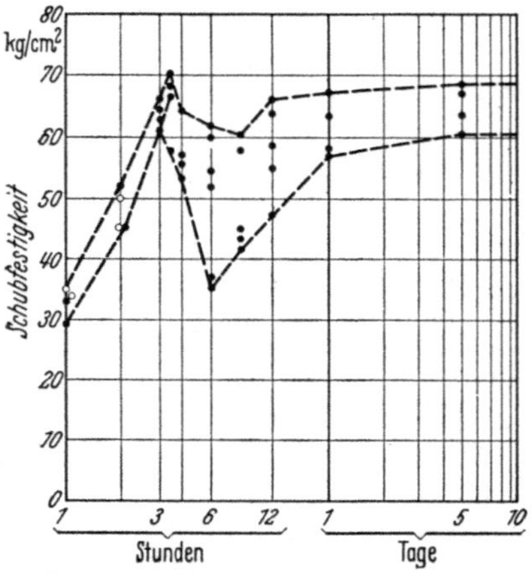

Bild 1046. Abhängigkeit der Bindefestigkeit (Schubfestigkeit) einer Verbindung von Kiefernholz mit Glutinleim von der Zeit. (Nach E. Plath.)

952.2 Theorie der Spannungsverteilung in Leimfugen.

In den fertig ausgehärteten Leimfugen treten sehr komplizierte Spannungsverhältnisse auf. Zwar hat es sich eingebürgert, die Bruchfestigkeit einer Leimverbindung als das Verhältnis der Bruchlast zur Fläche der Leimfuge auszudrücken, aber physikalisch ist dies irreführend, da die Spannungen in der Leimfuge keineswegs gleichmäßig verteilt sind, vielmehr treten, abhängig von der Form und Größe der verleimten Teile, Spannungsspitzen auf, die den Bruch einleiten und damit die Festigkeit der ganzen Verbindung bestimmen.

Eine exakte Behandlung der statischen Probleme bei Leimverbindungen würde über den Rahmen dieses Buches hinausgehen. Hinzu kommt, daß die bisher entwickelten Theorien zu Ergebnissen führen, die nicht mit jenen von spannungsoptischen Messungen übereinstimmen. Trotzdem sei bei der großen Bedeutung der Fragen eine gedrängte Zusammenfassung gegeben; sie lehnt sich an die ausgezeichnete Darstellung von C. Mylonas und N. A. de Bruyne[2] an, deren Studium für ein tieferes Eindringen in die Materie unerläßlich ist.

Die einfachste, am weitesten verbreitete Form einer Leimverbindung ist die Überlappung. Stellt man eine Reihe von Überlappungsfugen mit einem gegebenen Leim zwischen zwei Platten aus einem bestimmten Werkstoff (z. B. Holz) her und verändert bei gleichbleibender Leimfugendicke entweder die Länge der Überlappung oder ihre Breite und die Dicke der verleimten Stäbe, so findet man:

1. Die Bruchlast ist nicht, wie man vielleicht erwarten möchte (gestrichelte Linie in Bild 1047), proportional der Überlappungslänge;

[1] Plath, E.: Die Holzverleimung, Stuttgart 1951, S. 32.

[2] Mylonas, C., u. N. A. de Bruyne: Static Problems, in N. A. de Bruyne u. R. Houwink: Adhesion and Adhesives, New York, Amsterdam, London, Brüssel 1951, S. 91ff.

2. Die Bruchlast steigt mit zunehmender Dicke der verleimten Stäbe oder Laschen;

3. Die Bruchlast ist proportional der Leimfugenbreite.

Daraus folgt, daß die scheinbare Bruchspannung (Bruchlast, geteilt durch Leimfugenfläche) keine Konstante ist, sondern, wie in Bild 1047 dargestellt, mit der Überlappungslänge abfällt. Zurückzuführen ist diese Erscheinung auf die Spannungskonzentration an den Enden der Überlappung, die ihrerseits teils durch die Verformungsdifferenzen der Leimschicht über der Fugenlänge, teils durch senkrecht zu der Leimschicht wirkende „Abhebespannungen" als Folge der unvermeidlichen exzentrischen Belastung bedingt ist.

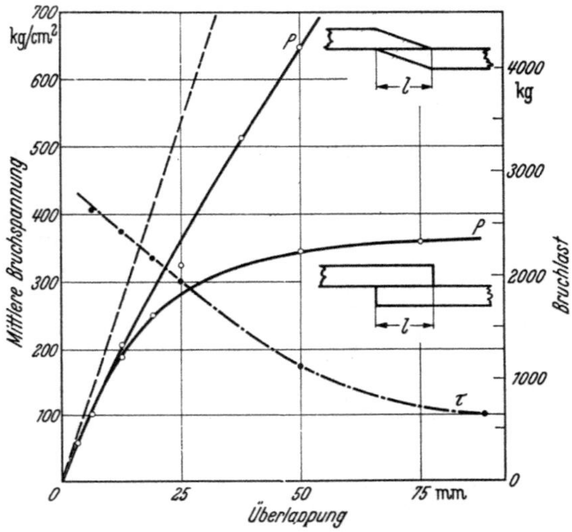

Bild 1047. Abhängigkeit der Bruchlast und der mittleren Schubfestigkeit überlappter Leimverbindungen von der Überlappungslänge. (Nach N. A. de Bruyne.)

Die Verformungsdifferenzen lassen sich durch eine Betrachtung von Bild 1048 verstehen. Bildteil a zeigt einen schematischen Schnitt durch eine unbelastete Überlappungsfuge mit stark überhöhter Fugendicke. In Bildteil b ist die Verformung einer Fuge zwischen zwei sehr steifen unnachgiebigen Laschen dargestellt. Die erhärtete Leimschicht würde Schubspannungen ausgesetzt, die über die ganze Überlappungslänge eine gleichmäßige Verschiebung um den Betrag e veranlassen müßten. In Wirklichkeit hat man aber stets mit mehr oder minder elastischen Laschen zu rechnen. Für diesen Fall ergibt sich, wie eine einfache Überlegung besagt, eine Verformung gemäß Bildteil c. Die Verschiebungen e_2 an den Enden sind dann erheblich größer als jene in der Mitte. Die Leimfuge überträgt also die Last fast ausschließlich an den Enden der Überlappung, und es leuchtet ein, daß eine Verlängerung der Überlappung die mittlere Fugenfestigkeit oberhalb eines gewissen Wertes nicht mehr nennenswert beeinflussen kann. Durch Abschrägung der Laschen lassen sich aber die Spannungsspitzen und damit Verformungsdifferenzen an den Fugenrändern beträchtlich verringern. Man erhält eine nahezu gleichmäßige Spannungsverteilung über die Überlappungslänge und im ganzen eine geringere Verschiebung.

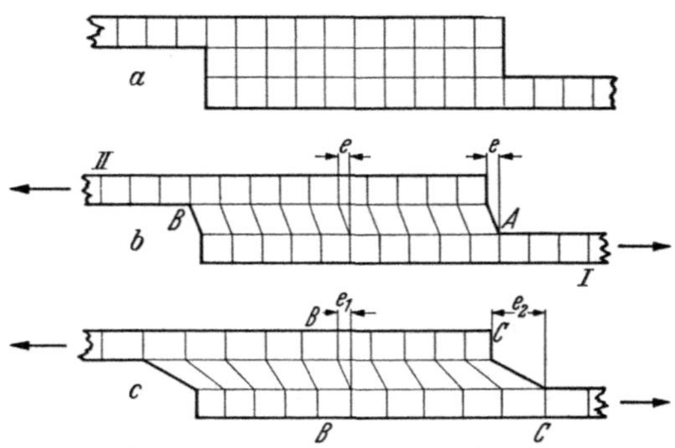

Bild 1048. Schematische Darstellung der Schervorgänge in einer Bindemittelfuge. *a* unbelastete Überlappungsfuge; *b* belastete Überlappungsfuge mit starren Laschen; *c* belastete Überlappungsfuge mit elastischen Laschen. (Nach C. Mylonas und N. A. de Bruyne.)

Die Abhebespannungen ergeben sich aus der exzentrischen Belastung; sie wirken senkrecht zur Leimschicht und sind um so größer, je dicker die verleimten Laschen sind. Die exzentrische Belastung führt, wenn P die an beiden Enden der Verbindung angreifende Zugkraft und s die Laschendicke ist, zu einem Biegemoment $M = \frac{1}{2} Ps$, das die Laschen, wie in Bild 1049 gezeichnet, verbiegt. Bei Schäftungsfugen gemäß Bild 1050 läßt sich die Biegung vermeiden, wodurch sich ein wesentlicher Zuwachs an Festigkeit erzielen läßt[1].

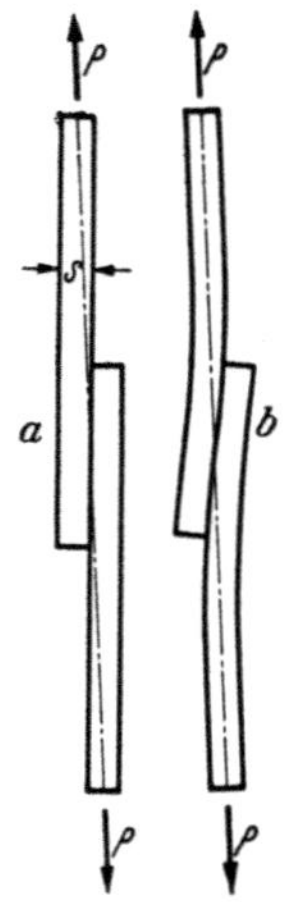

Bild 1049. Schematische Darstellung der Biegung der Laschen von verleimten Überlappungsverbindungen *a* Überlappungsverbindung vor der Verformung; *b* Überlappungsverbindung nach der Verformung. (C. Mylonas und N. A. de Bruyne.)

Eine theoretische Analyse der Spannungsverteilung in einer Überlappungsfuge unter Vernachlässigung der Durchbiegung veröffentlichte O. Volkersen[2]. Er fand, daß für Werkstoffe, die dem Hookeschen Gesetz gehorchen, der Faktor n der Spannungskonzentration (Verhältnis der maximalen Schubspannung τ_{max} zur mittleren scheinbaren Bruchspannung τ_m) sich errechnet zu

$$n = \frac{\tau_{max}}{\tau_m} = \sqrt{\frac{A}{B}} \cdot \frac{B - 1 + \mathfrak{Cof}\sqrt{AB}}{\mathfrak{Sin}\sqrt{AB}}, \qquad (167\,a)$$

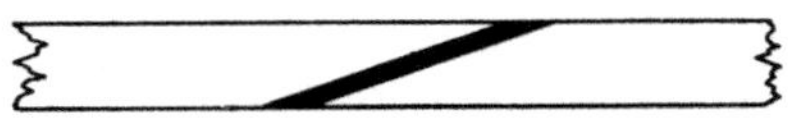

Bild 1050. Schematische Darstellung einer geschäfteten Leimfuge.

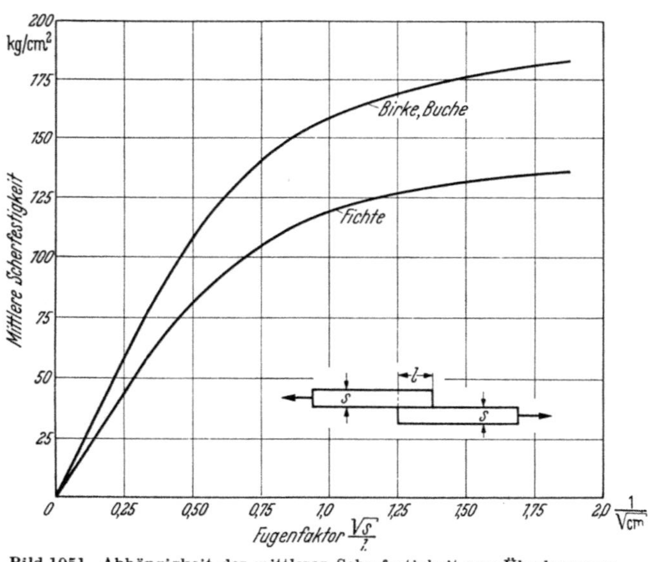

Bild 1051. Abhängigkeit der mittleren Scherfestigkeit von Überlappungsverbindungen bei trockenem Holz (25 mm breit) nach Verleimung mit einem Harnstoff-Formaldehydharzleim (Aerolite) vom Fugenfaktor. (Nach Aero Research Ltd.)

wobei

$$A = \frac{Gl^2}{E_2 s_2 d}$$
$$B = \frac{E_1 s_1 + E_2 s_2}{E_1 s_1} \qquad (167\,b)$$

hierin sind E_1 und E_2 die Elastizitätsmoduln, s_1 und s_2 die Dicken der verleimten Laschen oder Glieder, G der Schubmodul und d die Dicke der Bindemittelschicht.

Für zu verleimende Glieder aus demselben Werkstoff und von gleicher Dicke wird $B = 2$; damit nimmt Gleichung (167a) folgende Form an

$$n = \sqrt{\frac{A}{2}}\,\mathfrak{Ctg}\sqrt{\frac{A}{2}} = f\left(\frac{A}{2}\right) \qquad (168)$$

Man sieht also, daß der Faktor n der Spannungskonzentration eine Funktion des dimensionslosen Koeffizienten (Ähnlichkeitsfaktor beim Ver-

[1] Graf, O., u. K. Egner: Holz als Roh- und Werkstoff Bd. 1 (1938) S. 460.
[2] Volkersen, O.: Luftfahrtforschg. Bd. 15 (1938) S. 41.

gleich von Überlappungsverbindungen) $\bar{A}$ ist. N. A. de Bruyne[1] hat für Vergleiche von Überlappungsverbindungen aus den gleichen Werkstoffen, die unter denselben Bedingungen verleimt wurden, einen einfacheren „Fugenfaktor“ (Joint Factor) $\frac{\sqrt{s}}{l}$ eingeführt, der allerdings die Dimension $[\text{Länge}]^{-\frac{1}{2}}$ hat. Dieser Fugenfaktor gestattet folgende Schlüsse:

1. Für ein gegebenes Holz und gleichen Leim brechen alle Verbindungen mit demselben Fugenfaktor unter der gleichen Zugspannung;

2. Die Bruchspannung ist dem Fugenfaktor unmittelbar proportional, wenn dieser kleiner als 0,313 ist.

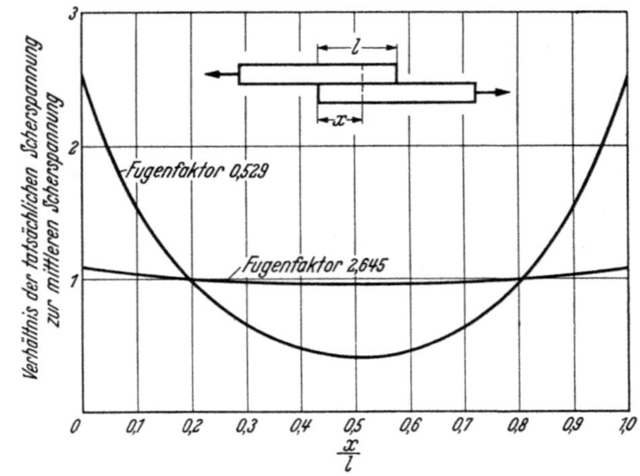

Bild 1052. Abhängigkeit des Verhältnisses der tatsächlichen Scherspannung zur mittleren Scherspannung von der Lage in der Überlappungslänge. (Nach Aero Research Ltd.)

Bild 1051 gibt die Abhängigkeit der mittleren Bruchspannung bei Verleimung von Hart- und Weichholz mit Aerolite, einem Harnstoffharzleim, wieder. Volkersens Analyse gestattet es, die Verteilung der Zugspannungen in einer Leimfuge zu berechnen. Bild 1052 zeigt, wie hoch die Beanspruchung des Leimes an den Fugenenden besonders bei dünnen Bauteilen (niedriger Fugenfaktor) ist.

Eine trotz gewisser unvermeidlicher Vereinfachungen und Näherungen wesentlich genauere Theorie der Spannungsverteilung in Leimfugen stammt von M. Goland und E. Reißner[2]. Sie gestattet nicht nur die Berechnung der Schubspannungen τ, sondern auch der Abhebespannungen σ_t und der Zugspannungen σ_l in der innersten Längsfaser (an der sehr dünn ge-

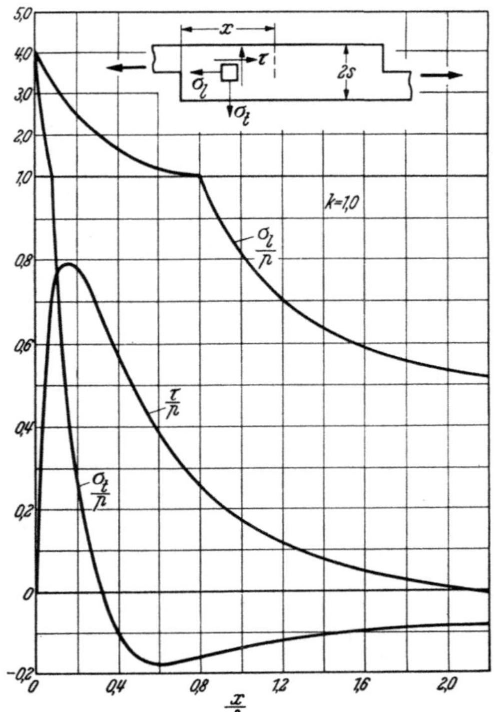

Bild 1053. Abhängigkeit des Verhältnisses der Schubspannungen τ, der Abhebespannungen σ_t und der Zugspannungen σ_l in der innersten Längsfaser (an der sehr dünn gedachten Leimfuge) zur mittleren Spannung p im verleimten Teil von der Lage in der Überlappungslänge bei starren Laschen. (Nach M. Goland u. E. Reissner.)

[1] de Bruyne, N. A.: Aircraft Engng. Bd. 16 (1944) S. 115, 140; — Derselbe: J. Sci., Instrum. Bd. 24 (1947) S. 29. — Derselbe: Aero Res. Techn. Notes Nr. 47, Juni 1947.

[2] Goland, M., u. E. Reißner: J. Appl. Mech. Bd. 11 (1944) S. 417.

dachten Leimfuge). Das Verhältnis dieser Spannungen zur mittleren Spannung p im verleimten Teil gibt Bild 1053 für den Sonderfall starrer Laschen wieder. F. J. Plantema[1] hat den Versuch unternommen, die Theorie von O. Volkersen teilweise mit jener von M. Goland und E. Reißner zu verschmelzen. Es würde zu weit führen, hier näher darauf einzugehen, jedoch seien die von C. Mylonas und N. A. de Bruyne[2] gezogenen summarischen Schlüsse aufgeführt:

Als allgemeine Regel kann gelten, daß durch die Biegung der verleimten Teile die höchsten Spannungen reduziert werden. Die Spannungsspitzen treten an den Enden der Überlappungen auf. Ihr Verhältnis zur mittleren Spannung wird kleiner, d. h. die Fugenfestigkeit größer, für

1. kurze Überlappung,
2. dicke verleimte Teile,
3. dicke Leimschichten,
4. geringe Steifheit der Leimschicht im Vergleich zu jener der verleimten Teile,
5. leicht biegsame verleimte Teile.

Die bisher erwähnten Theorien über die Spannungsverteilung in Leimfugen gehen alle von der Annahme aus, daß sowohl der Leim als auch die verleimten Teile isotrop sind und dem Hookeschen Gesetz gehorchen. Da Holz anisotrop ist und unter langzeitiger Belastung zu Kriecherscheinungen, d. h. plastischem Fließen, neigt, darf man für Leimverbindungen zwischen Hölzern auf Grund von Theorien oder Modellversuchen, die für isotrope Körper gelten, keine absolut gültigen Aussagen über die Festigkeit erwarten. Trotzdem kann man die Ergebnisse als ausreichend für relative Vergleiche ansehen. Zu bedenken ist dabei, daß plastisches Fließen in der Leimfuge den Faktor A in Gleichung (167a) herabsetzt und dadurch zum Abbau der Spannungsspitzen beiträgt. Hinzu kommt, daß die hochbeanspruchten Enden der Leimfuge, wenn sie nachgiebig ist, ausweichen, wodurch die Spannungsverteilung von selbst gleichmäßiger wird. C. Mylonas und N. A. de Bruyne erklären mit diesen Erscheinungen auch die Beobachtung, daß die Bruchfestigkeit von Leimverbindungen zunächst, solange der Leim noch nicht ganz abgebunden hat, niedrig ist, dann während des Abbindens und Aushärtens zunimmt bis zu einem Maximum (an dem der Bruch in der Leimfuge erfolgt) und hierauf wieder abfällt auf einen niedrigeren Wert, der stets durch Holzbrüche gekennzeichnet ist. Das Maximum tritt auf, wenn der Leim noch nicht völlig ausgehärtet ist und infolge seiner dann noch vorhandenen Plastizität die Spannungen gleichmäßiger über die Fuge verteilt werden. Später wird der Leim spröder, an den Fugenenden entstehen hohe Spannungsspitzen, die das Holz nicht aushält.

In Lagenhölzern führen, wie schon erwähnt, Feuchtigkeitsänderungen infolge der damit verbundenen Volumenänderungen zu erheblichen Spannungen. A. G. H. Dietz, H. Grinsfelder und E. Reißner[3] haben sich mathematisch mit diesem Problem befaßt. Ist in einem Balken die Feuchtigkeit parabolisch über der Balkenhöhe gemäß Bild 1054 verteilt (etwa dadurch, daß der trockene Balken in eine feuchte Umgebung kommt), so würden sich die beiden Lagen, wenn sie nicht durch die Verleimung an einer freien Bewegung gehindert würden, gemäß Bildteil b verformen. Da die erhärtete Leimfuge die beiden Balkenhälften aber flach hält, entstehen über der Balkenbreite die in Bildteil a gezeichneten

[1] Plantema, F. J.: Nat. Luchtvaartlaboratorium Rep. 1181, Amsterdam.

[2] Mylonas, C., u. N. A. de Bruyne: Static Problems, in N. A. de Bruyne u. R. Houwink: Adhesion and Adhesives, New York, Amsterdam, London, Brüssel 1951, S. 105.

[3] Dietz, A. G. H., H. Grinsfelder u. E. Reißner: Trans. ASME Bd. 68 (1946) S. 329.

Zugspannungen mit Spitzen an den seitlichen Rändern. Wenn außen die höchste Feuchtigkeit vorhanden ist (Absorption), ist die höchste Spannung eine Druckspannung, wenn außen die niedrigste Feuchtigkeit vorhanden ist (Desorption) eine Zugspannung. In der Praxis läßt sich feststellen, daß der Hang zum Lösen der Fugenbindung bei Desorption größer ist als bei Absorption. C. Mylonas und N. A. de Bruyne führen dies auf zwei Ursachen zurück: 1. Das geringere plastische Fließvermögen des trockenen Holzes, 2. die höhere Empfindlichkeit von Leim und Holz quer zur Faser gegenüber Zug- als gegenüber Druckbeanspruchung.

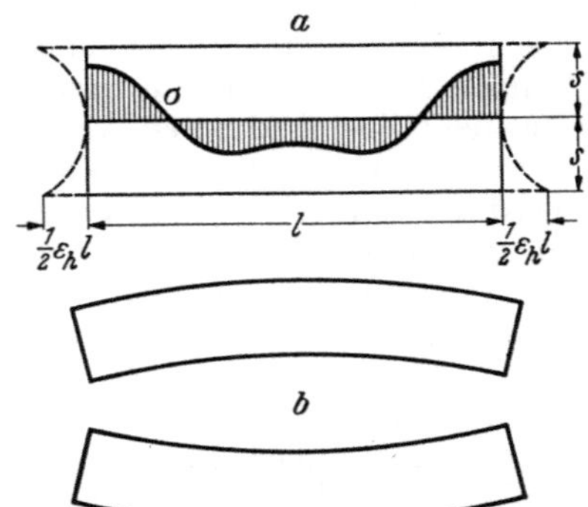

Bild 1054. *a* Verteilung der Zugspannungen über einem aus zwei Lamellen verleimten Balken bei parabolischer Feuchtigkeitsverteilung über der Balkenhöhe; *b* Verformung der Lamellen, falls sie nicht durch die Verleimung an freier Bewegung gehindert würden. (Nach A. G. H. Dietz, H. Grinsfelder u. E. Reißner.)

952.3 Spannungsoptische Prüfung von Leimfugen.

Die Spannungsverteilung in Leimfugen wurde von C. Mylonas[1] spannungsoptisch untersucht. Das Verfahren besteht darin, daß geometrisch ähnliche Modelle der Fugen aus einem durchsichtigen Kunstharz hergestellt und im belasteten Zustand mit polarisiertem Licht durchleuchtet werden. Die spannungsoptische Apparatur besteht im wesentlichen aus einem Lichtkasten, in dem man sowohl weißes als auch mit Hilfe einer Natriumdampflampe einfarbiges Licht erzeugen kann und zwei Polaroiden, dem Polarisator und dem Analysator. Von einem Lichtstrahl, der aus dem Lichtkasten kommt, wird vom Polarisator nur das in der Vertikalen schwingende Licht durchgelassen, das horizontal schwingende hingegen verschluckt. Das zweite Polaroid, der Analysator, läßt hingegen nur das in horizontaler Richtung schwingende Licht durch. Infolgedessen wird ein von vorne in die spannungsoptische Apparatur blickender Beobachter nur ein Dunkelfeld feststellen können. Bringt man aber zwischen Polarisator und Analysator eine elastisch beanspruchte Scheibe aus durchsichtigem Material, so beobachtet man helle und dunkle Streifen, die Isochromaten; sie sind wechselweise gelb und dunkel, wenn mit monochromatischem Licht gearbeitet wird, in ihre Spektralfarben zerlegt, wenn man weißes Licht verwendet.

Zurückzuführen sind die Isochromaten auf den Brewster-Effekt (1826), der darauf beruht, daß durchsichtige Körper unter Spannung sich gegenüber durchlaufendem Licht doppelbrechend verhalten wie Kristalle. Verfolgt man also einen Lichtstrahl beim Durchgang durch das durchsichtige Modell, so wird er in zwei Teilstrahlen in Richtung der dort wirkenden Hauptspannungen σ_1 und σ_2 des an dieser Stelle herrschenden ebenen Spannungszustandes zerlegt. Jeder der beiden Teilstrahlen erleidet beim Durchgang Verzögerungen, die proportional den zugehörigen Hauptspannungen σ_1 und σ_2 sind. Infolgedessen werden die beiden Teilstrahlen sich nach dem Durchgang durch das Modell im allgemeinen nicht mehr zu einem in vertikaler Richtung polarisierten Lichtstrahl zusammensetzen, da sie eine Phasenverschiebung

$$\delta = \frac{C \cdot d}{\lambda} (\sigma_1 - \sigma_2) \tag{169a}$$

[1] Mylonas, C.: Proc. VIIth Intern. Congr. Appl. Mech., London 1948, Vol. 4, S. 137.

besitzen. Man bezeichnet Gleichung (169a) als die **Hauptgleichung der Spannungsoptik**. Aus ihr lassen sich alle charakteristischen Eigenschaften der Isochromatenbilder ableiten. In ihr bedeuten C eine für das Modellmaterial kennzeichnende spannungsoptische Konstante, d die Scheibendicke des Modells und λ die Wellenlänge des Lichtes[1].

An einer Stelle des ebenen Spannungszustandes, wo $\sigma_1 - \sigma_2$ so groß ist, daß δ nach Gleichung (169a) den Wert 1 annimmt, lassen sich die beiden Teilstrahlen wieder zu einem vertikal schwingenden Lichtstrahl zusammensetzen, der vom Analysator verschluckt wird. Der Beobachter sieht also an dieser Stelle Verdunkelung; das gilt für alle Punkte, bei denen die obenangeführte Bedingung für $\sigma_1 - \sigma_2$ erfüllt ist. Die entstehende dunkle Linie nennt man die Isochromate erster Ordnung. Für die Punkte des ebenen Spannungszustandes, für die $\sigma_1 - \sigma_2$ doppelt so groß ist, nimmt δ den Wert 2 an. Die diese Punkte verbindende Linie heißt Isochromate zweiter Ordnung usw. Die Isochromaten sind, wie die Hauptgleichung besagt, experimentell ermittelte Linien gleicher Hauptspannungsdifferenz $\sigma_1 - \sigma_2$. Die Größe der Hauptspannungsdifferenz ist der **Ordnungszahl** proportional; für die Hauptgleichung der Spannungsoptik läßt sich also auch schreiben:

$$\sigma_1 - \sigma_2 = n \cdot S, \tag{169b}$$

wobei n die Ordnung der Isochromaten und S eine Konstante $\left[\frac{\text{kg/cm}^2}{\text{Ordnung}}\right]$ sind.

Außer den Isochromaten erscheinen im linear polarisierten Licht auf dem unter Spannung stehenden Modell noch andere dunkle Linien. Sie sind darauf zurückzuführen, daß eine der beiden Hauptspannungsrichtungen mit der Polarisationsrichtung zusammenfallen kann. In diesem Fall geht der Lichtstrahl ohne Geschwindigkeitsaufspaltung durch das Modell und wird vom Analysator ganz absorbiert. Daher erscheinen alle Punkte des Modells, in denen die Hauptspannungen die Polarisationsrichtung besitzen, durch dunkle Linien, die **Isoklinen**, verbunden. Trägt man die Isoklinen für

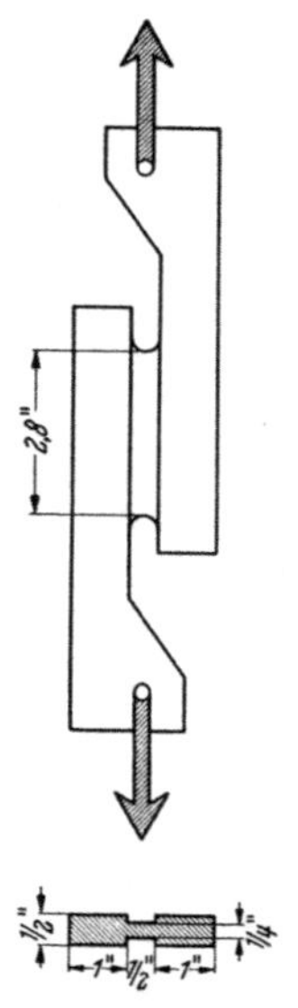

Bild 1055. Form und Abmessungen des Modells einer Überlappungsfugen-Verbindung, hergestellt aus Catalin 800. (Nach Aero Research Ltd.)

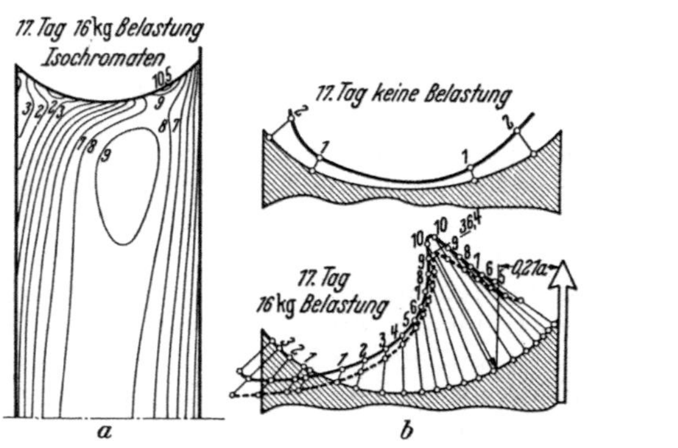

Bild 1056. *a* Verlauf der Isochromaten nächst dem freien Leimfugenende; *b*) Spannungen im Fugenende; die obere Kurve (ohne Belastung) gibt die Anfangsspannungen infolge des Aushärtens wieder, die untere Kurve die Gesamtspannungen infolge der Belastung und der Anfangsspannung; die gestrichelte Kurve stellt die Spannungen infolge der Belastung dar. (Nach Aero Research Ltd.)

[1] Föppl, L., u. E. Mönch: Praktische Spannungsoptik, Berlin, Göttingen, Heidelberg 1950. — L. Föppl: Das Papier Bd. 7 (1953) S. 413. — Derselbe: Kunststoffe Bd. 43 (1953) S. 346.

verschiedene Stellungen der gekreuzten Polarisatoren zwischen 0 und 90° in einem einzigen Bild auf, so erhält man das Richtungsfeld der Hauptspannungen für den ganzen Spannungszustand. Das Gesamtbild der Isoklinen dient als Ausgang für den Entwurf der Hauptspannungstrajektorien.

C. Mylonas prüfte bei seinen Versuchen zunächst das Modell einer Leimfuge zwischen Holz, indem er aus dem erhärteten Bindemittel selbst (Aerolite, einem Harnstoff-Formaldehydharz) 2,5 mm dicke Streifen schnitt, die zwischen starre Balken eingespannt wurden. Die freie Grenze des Bindemittels an den Enden der Überlappung erhielt eine konkave Form. Bild 1055 zeigt oben die Versuchsanordnung. Da das Abbinden des Harnstoffharzes an den Rändern und im Innern unterschiedlich rasch vor sich ging, schwankte der Elastizitätsmodul und damit der spannungsoptische Koeffizient über dem Modell, wodurch die Ausbildung der Isochromaten und ihre Auswertung beeinflußt wurden. Die Versuche lassen sich deshalb nur qualitativ deuten. Bild 1056a zeigt den Verlauf der Isochromaten nächst dem freien Leimfugenende. Die daraus abgeleiteten Spannungen im Fugenende sind in Bild 1056b dargestellt. Die obere Kurve („ohne Belastung") gibt die Anfangsspannungen infolge des Aushärtens wieder, die untere Kurve die Gesamtspannungen infolge der Belastung und der Anfangsspannung (die Richtung der

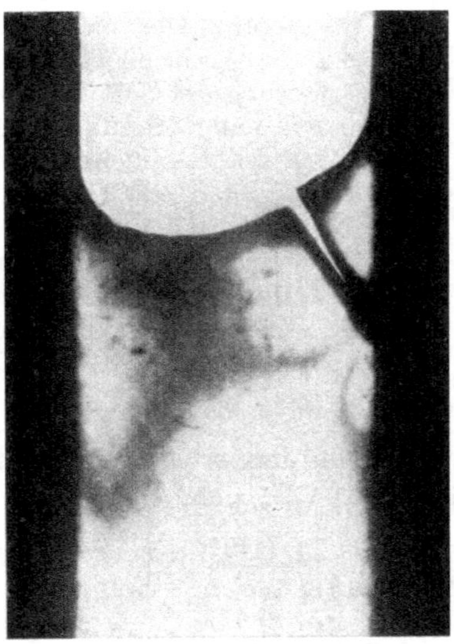

Bild 1057. Bruchspalte in der Leimschicht (das Auftreten der Spalte an der Stelle der spannungsoptisch vorausgesagten Spannungsspitze bestätigte die spannungsoptischen Untersuchungen.) (Phot. C. Mylonas.)

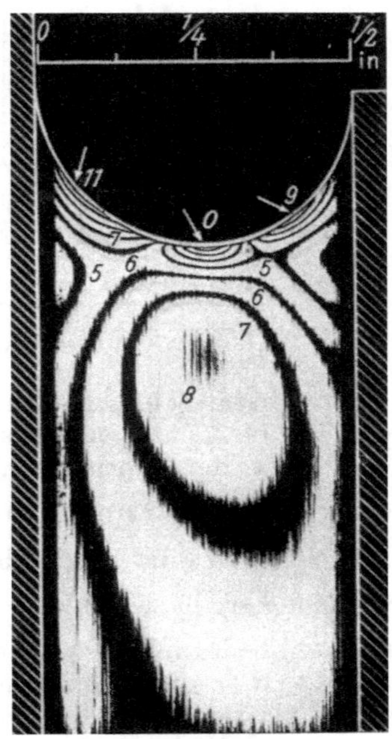

Bild 1058. Isochromaten des beanspruchten Catalin-Modells mit der höchsten Spannung an der Stelle 11. (Nach C. Mylonas.)

Kraft gibt der Pfeil rechts an); die gestrichelte Kurve stellt die Spannungen infolge der Belastung dar; man erhält sie durch Subtraktion der Anfangsspannung von der Gesamtspannung. Alle Spannungen sind Tangentialspannungen, und zwar Zugspannungen an der Seite des Zuggliedes (rechts), Druckspannungen auf der gegenüberliegenden Seite. Die höchste Spannung der ganzen Fuge tritt in einem Abstand von etwa $^1/_5$ der Dicke vom Zugglied auf. Eine Bestätigung dafür erbrachten Bruchversuche, bei denen wiederholt der Bruch an dieser Stelle eingeleitet wurde (Bild 1057).

Um die Unregelmäßigkeiten beim Härten des Bindemittels auszuschalten, setzte C. Mylonas in der Folge seine Studien mit einem Phenol-Formaldehydharz (Catalin 800) fort. Die Modelle wurden aus einer massiven Platte herausgearbeitet. Der Unterschied in der Steifigkeit von Bindemittel und Holz wurde durch starre Einspannbalken sowie durch plötzliche Verringerung der Dicke in der „Leimfuge" (Bild 1055 unten) nachgeahmt. Die Isochromaten für diesen Modellversuch zeigt Bild 1058, die Isoklinen und die daraus konstruierten Spannungstrajektorien Bild 1059. In der Grenzfläche der Leimfuge am Überlappungsende sind die Spannungen wieder ausschließlich tangential, und zwar auf der Seite des Zuggliedes Zug-, auf der abgekehrten Seite Druckspannungen. Der spannungsfreie Punkt 0 ist dadurch ausgezeichnet, daß in ihm die Isoklinen konvergieren. Die maximale Zugspannung tritt bei 11 auf. Die Veränderung der Schubspannung in einem Längsschnitt $A-A$ durch den Punkt der höchsten Zugspannung gibt Kurve 3 in Bild 1059c. Kurve 2 stellt im Schnitt $A-A$ den Verlauf der Differenz der Hauptnormalspannungen und Kurve 1 die Veränderung der Richtungen der Hauptspannungen entlang $A-A$ dar. Die strichpunktierte Linie stellt den Wert der scheinbaren mittleren Schubspannung dar. Der Faktor n der Schubspannungskonzentration errechnet sich zu $n = \frac{5,4}{3,01} = 1,79$. Das Verhältnis der maximalen Zugspannung zum doppelten Wert der Schubspannung ergibt sich zu $n_1 = \frac{11}{2 \cdot 3,01} = 1,83$. Theoretisch errechnen sich für verstärkte Glieder nach O. Volkersen $n = 1,05$, nach M. Golland und E. Reißner $n \approx 1,0$, d. h. die experimentell ermittelte Schubspannung ist um bis zu 80% größer als die theoretisch vorausgesagte. Noch ernster aber ist, worauf C. Mylonas und N. A. de Bruyne[1] hinweisen, daß die Abhebespannungen 3,65mal so groß sind wie die mittlere Schubspannung, obwohl sie theoretisch überhaupt nicht existieren. Weitere Versuche sollen mehr Klarheit in die Spannungsverteilung in Leimfugen und über die Wege, um sie herabzusetzen, bringen.

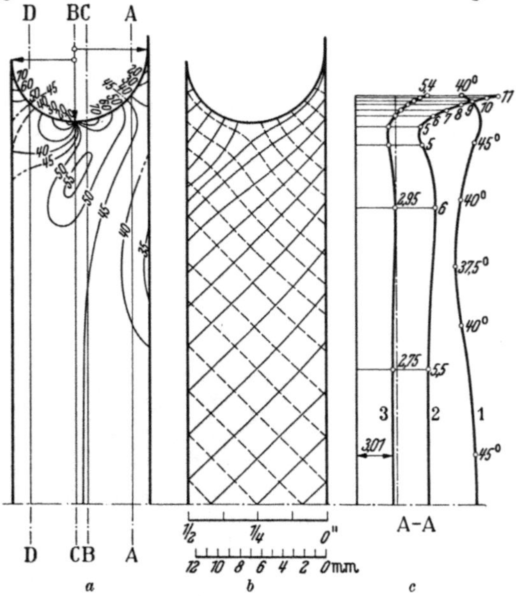

Bild 1059. Isoklinen (a), Spannungstrajektorien (b) und Verteilung der Schubspannungen über die Fugenlänge im Schnitt A-A (c) bei Beanspruchung des Catalin-Modells nach Bild 1055. (Nach C. Mylonas.)

953. Physikalische Prüfung der Holzleime.

953.1 Prüfung der Fugenfestigkeit (Bindefestigkeit).

953.10 Allgemeines über die Prüfung der Fugenfestigkeit. Die Leimfuge kann zur Prüfkörperachse und damit auch zur Faserrichtung 1. parallel (Lang-

[1] Mylonas, C., u. N. A. de Bruyne: Static Problems in N. A. de Bruyne u. R. Houwink: Adhesion and Adhesives, New York, Amsterdam, London, Brüssel 1951 S. 141.

holzleimung), 2. in einem Winkel (Schäftleimung) oder 3. senkrecht (Hirnholzleimung) verlaufen. Alle drei Arten findet man bei den verschiedenen Prüfverfahren auf Fugenfestigkeit. Die Langholzleimung eignet sich besonders zur Prüfung der Bindefestigkeit eines bestimmten Leimes in Verbindung mit einer bestimmten Holzart, die Hirnholzleimung zum Vergleich verschiedenartiger Leime. Auch die Schäftleimungen dienen vornehmlich dem Vergleich von Leimen.

In der Praxis ist es erforderlich, das Verhalten und die Dienstbewährung von Leimverbindungen unter verschiedenen klimatischen Einflüssen sowie nach Einwirkung von Mikroorganismen kennenzulernen. Man unterscheidet deshalb folgende Bindefestigkeiten[1]:

1. *Trockenbindefestigkeit:* Festigkeit einer ausgehärteten, klimatisierten Leimverbindung;

2. *Feuchtbindefestigkeit:* Festigkeit einer Leimverbindung, die längere Zeit hindurch wasserdampfgesättigter Luft bei Raumtemperatur ausgesetzt wurde;

3. *Naßbindefestigkeit:* Festigkeit einer Leimverbindung, die 7 Tage hindurch unter Wasser von Raumtemperatur gelagert wurde;

4. *Kochfestigkeit:* Festigkeit einer Leimverbindung, die eine bestimmte Zeitlang in Wasser gekocht wurde;

5. *Schimmelfestigkeit:* Festigkeit einer Leimverbindung, die während einer bestimmten Zeit der Einwirkung einer Schimmelkultur ausgesetzt wurde.

Alle Festigkeitsprüfverfahren für Leimverbindungen liefern nur Verhältniswerte, die keine sicheren Aussagen über die bei verleimten Konstruktionen zu erwartenden Bruchlasten ermöglichen. Die Begründung liegt darin, daß sich bei den Prüfungen stets verschiedene Spannungen überlagern (z. B. Zug- und Schubspannungen), daß die Dimensionen der Prüfkörper, ihre Holzart und ihr Feuchtigkeitsgehalt Einfluß auf die Ergebnisse haben. Da sehr verschiedene Faktoren auf die Güte der Leimverbindungen entscheidend einwirken, müssen bei den Probeleimungen alle Kenndaten des Verleimvorgangs sorgfältig protokolliert werden[2].

953.11 Zug- und Spaltprüfungen. 953.111 Hirnholz- und Langholzproben. Zugprüfungen mit stumpfem Stoß (Hirnholzleimung) erscheinen auf den ersten Blick hin sehr einfach und klar definiert zu sein. Trotzdem haben sie nur begrenzten Wert, da die Spannungsverteilung in der Leimfuge infolge der unterschiedlichen elastischen Konstanten von erhärtetem Leim und verleimtem Holz uneinheitlich ist und da konstruktiv eine Übertragung von Kräften durch Hirnholzleimung nicht in Frage kommt. Immerhin wird der Zugversuch nach M. Rudeloff[3] in Deutschland noch gelegentlich angewendet. Es werden dabei kreuzweise Hirn auf Hirn verleimte Prismen aus Rotbuchenholz senkrecht zur Leimfuge auf Zug beansprucht und zerrissen (Bild 1060). Vor dem Versuch werden die Hirnflächen abgezahnt und mit einer dünnen Leimlösung (1 GT Leim auf 6 GT Wasser) bestrichen. E. Sauer[4] schlug ursprünglich vor, Hirnholzklötze mit 25 · 25 mm² Prüffläche zu verleimen, später verwendete er Prüfkörper aus Rotbuchenholz in den Abmessungen von 10 · 10 · 70 mm³. Das 70 mm lange Prisma wird mittels einer feinzahnigen Gehrungssäge in zwei Teile

---

[1] Vgl. DIN 53251 — Prüfung von Holzleimen, Bindefestigkeit — Allgemeines.
[2] Vgl. DIN 53252 — Prüfung von Holzleimen, Kenndaten des Verleimvorgangs.
[3] Rudeloff, M.: Mitt. Kgl. Materialprüfungsamt Berlin-Lichterfelde 1918, H. 1/2, 1919, H. 1/2.
[4] Sauer, E.: Holztechn. Bd. 19 (1939) S. 167.

von 35 mm Länge halbiert und in Ursprungslage zusammengeleimt. Der Prüfkörper ist brauchbar, solange die Festigkeit der Leimverbindung unter der des Holzes liegt[1].

Andere Zugproben für Hirnholzfugen nach amerikanischen Vorschlägen zeigt Bild 1061a, Zugproben für Langholzfugen Bild 1061b. In USA benutzt man weiter nach ASTM Standard D 897—49 die in Bild 1062 rechts dargestellten Probekörper aus hartem Ahornholz, die in die links gezeichneten Klauen eingespannt werden.

Die mit Hirnholzproben ermittelten Zugfestigkeiten liegen nach E. Plath[2] zwischen 20 und 100 kg/cm². Schlüsse auf die Festigkeit

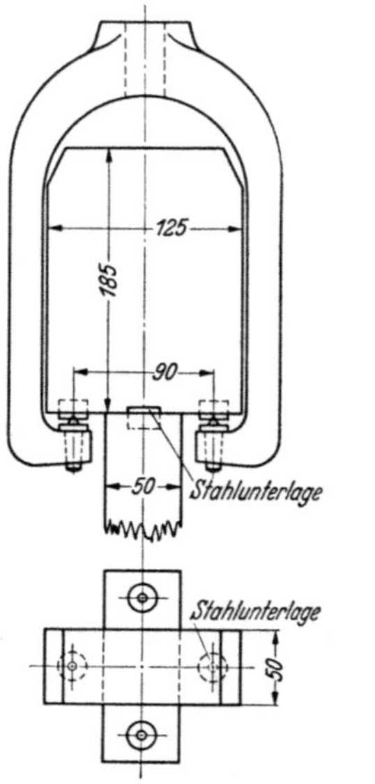

Bild 1060. Zugprobe aus zwei kreuzweise Hirn auf Hirn verleimten Prismen. (Nach M. Rudeloff.)

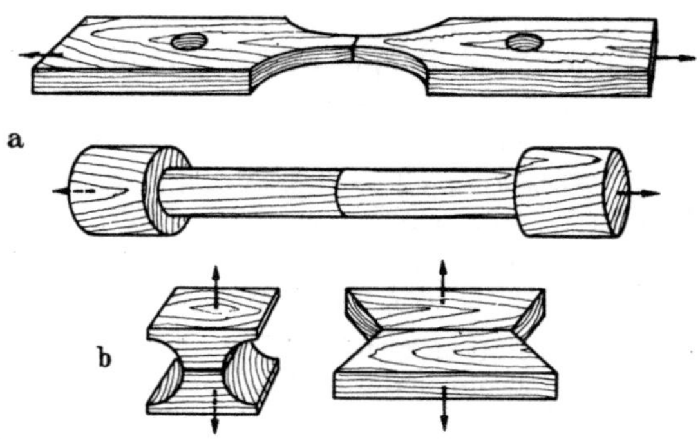

Bild 1061. Zugproben zur Leimprüfung nach U. S. Forest Products Laboratory. a Hirnholzfugen; b Langholzfugen.

von Langholzverleimungen sind aus den Ergebnissen nicht möglich, jedoch geben sie brauchbare Unterlagen für die Vergleiche der Leime untereinander sowie über den Einfluß der Leimkonzentration.

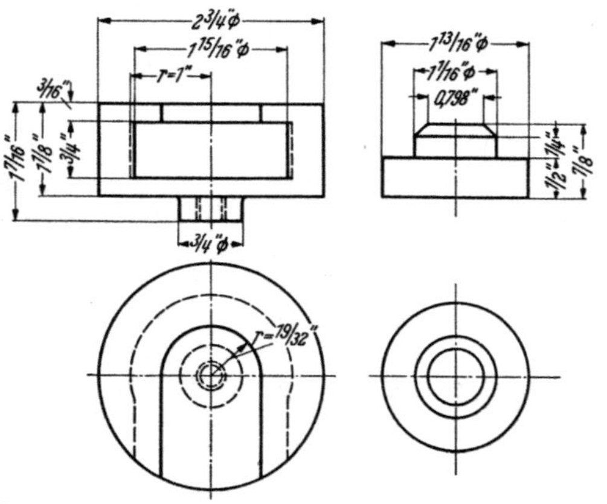

Bild 1062. Zugprobe für verleimte Körper aus Ahornholz nach ASTM Standard D 897-49, nebst Halteklaue.

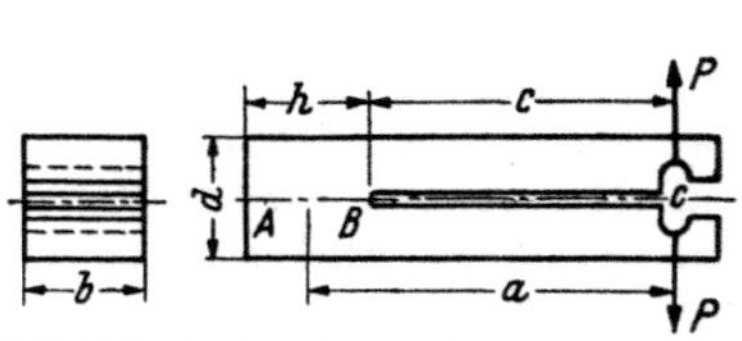

Bild 1063. Spaltprüfkörper für Zug senkrecht zur Faser. (Nach E. Bock.)

953.112 Spaltprüfungen. Die Spaltfestigkeit von Leimverbindungen spielt nach E. Bock[1] eine größere Rolle, als man in der Regel annimmt. Die Ermittlung der Spaltfestigkeit ist deshalb erwünscht. Da die bei Vollholz üblichen Prüfkörper (vgl. Bd. I, S. 677) für Leimversuche ungeeignet sind —

[1] Bock, E.: Holz als Roh- und Werkstoff Bd. 9 (1951) S. 62.
[2] Plath, E.: Die Holzverleimung, Stuttgart 1951, S. 49.

für Heißverleimungen ist die von der Hitze zu durchdringende Holzschicht zu dick —, wurden kleinere Körper gemäß Bild 1063 entwickelt. Die Spannung σ_{res} am Rand der Rundkerbe errechnet sich zu (vgl. Bd. I, S. 679):

$$\sigma_{res} = \frac{P}{F} + \frac{M}{W} = \frac{P}{b \cdot h} + \frac{P \cdot a \cdot 6}{b \cdot h^2} = \sigma_z \left(1 + \frac{a \cdot 6}{h}\right). \qquad (170\,a)$$

Hierin bedeuten P die Bruchlast [kg], $F = b \cdot h$ den Spaltquerschnitt [cm²], $M = p \cdot a$ das Biegemoment [cmkg], $W = \frac{b h^2}{6}$ das Widerstandsmoment [cm³] des rechteckigen Spaltquerschnitts.

Diese Berechnungsgrundlage gilt streng nur solange, als man sich im elastischen Bereich befindet. Beim Bruch überschreitet man diesen zwar, jedoch zeigen von E. Bock[1] durchgeführte Vergleichsversuche, daß diese Überschreitung erst kurz vor dem Bruch auftritt und bei der Berechnung unberücksichtigt bleiben kann. Die beim Spaltversuch wirkenden Kräfte sind identisch mit Zugkräften quer zur Faser. In Frankreich sind Querzugproben gemäß Bild 1064 genormt. E. Bock schlug einen vereinfachten Spaltkörper mit den in Bild 1065 festgelegten Abmessungen vor, der aus zwei Brettchen von je 5 mm Dicke zusammengeleimt wird. Die die Prüffläche begrenzenden Einschnitte werden mit der Säge hergestellt; sie dürfen nicht zu schmal sein. Man kann auf diese Weise auch dicke Leimfugen untersuchen. Um sie herzustellen, bedient man sich zweckmäßigerweise eines Rahmens aus Furnieren, der zwischen

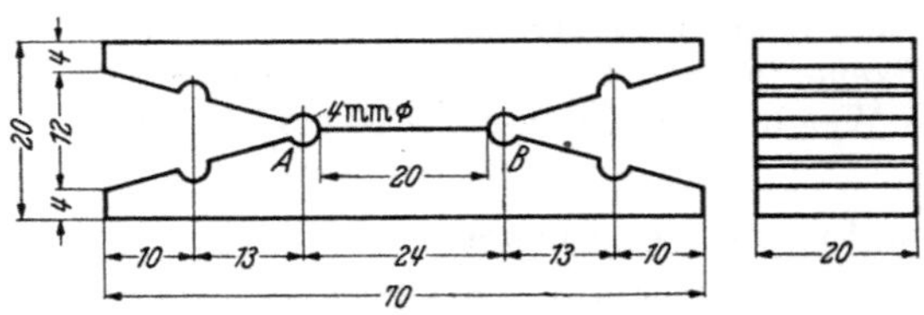

Bild 1064. Querzugproben nach der französischen Norm.

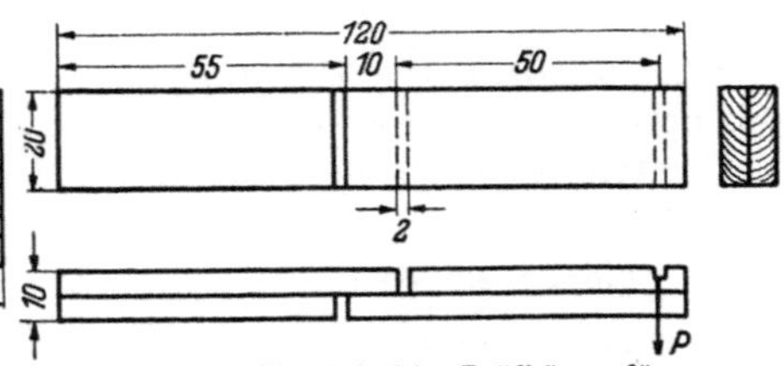

Bild 1065. Vereinfachter Prüfkörper für Spalt-Zugprüfungen. (Nach E. Bock.)

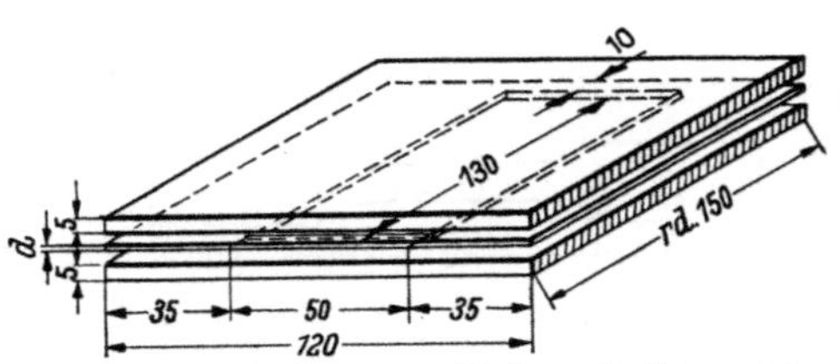

Bild 1066. Aufbau einer Platte mit dicker Leimschicht zur Herstellung von Spaltprüfkörpern nach Bild 1067. (Nach E. Bock.)

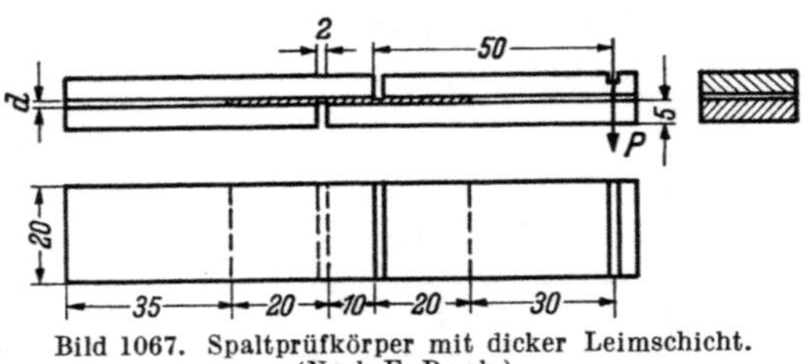

Bild 1067. Spaltprüfkörper mit dicker Leimschicht. (Nach E. Bock.)

die zu verleimenden Brettchen gelegt wird (Bild 1066). Die Aussparung, welche die Leimschicht aufnehmen soll, ist über die Spaltlänge (10 mm) hinaus auf 50 mm auszudehnen (Bild 1067). Bei den Abmessungen der Prüfkörper gemäß Bild 1065 und 1067 ist

$$\sigma_{res} = 17\,P\,[\mathrm{kg/cm^2}]. \qquad (170\,b)$$

Die Spaltkörper sind einfach herzustellen, die Prüfung ist leicht durchzuführen, die Einschnittiefe der Begrenzungseinschnitte und der Faserverlauf üben keinen nachteiligen Einfluß wie bei der Scherfestigkeitsprüfung aus.

[1] Bock, E.: Holz als Roh- und Werkstoff Bd. 9 (1951) S. 62.

953.12 Scherprüfungen. 953.121 Schub-Zug-Prüfungen. 953.121.1 *Schäftungs-Leimproben.* Am meisten werden in Deutschland die Schäftungs-Leimproben angewendet, bei denen eine Schub-Zugbeanspruchung in der Leimfuge vorliegt. Diese Proben wurden in den frühen deutschen Bauvorschriften für Flugzeuge sowie in den Lieferungsbedingungen des RAL Nr. 093 C gefordert. Bild 1068 zeigt den Prüfkörper des Reichsausschusses für Lieferungsbedingungen, Bild 1069 den in den Abmessungen nur wenig davon abweichenden Prüfkörper der Deutschen Versuchsanstalt für Luftfahrt,

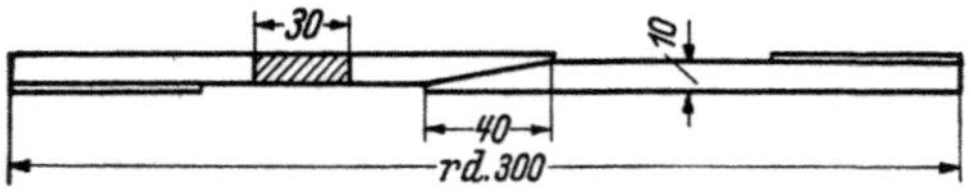

Bild 1068. Prüfkörper des Reichsausschusses für Lieferungsbedingungen (Schäftungs-Leimprobe), Schäftspitzen abgeschnitten.

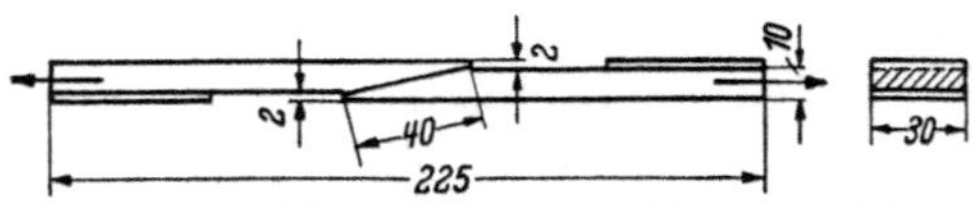

Bild 1069. Prüfkörper der Deutschen Versuchsanstalt für Luftfahrt und später nach DIN 53253.

der in die Deutsche Norm DIN 53253 — Prüfung von Holzleimen, Bindefestigkeit von Schäftverbindungen im Zugversuch, übernommen wurde. Solange die Leimfuge noch nicht völlig abgebunden hat, kommt beim Zugversuch eine Trennung in der Fuge, ein Leimbruch, zustande. Bei völlig ausgehärtetem Leim entsteht meist ein Holzbruch neben der Fuge. Berechnet wird die Schubspannung τ

$$\tau = \frac{P_{\max}}{F} \text{ [kg/cm}^2\text{]} \tag{171}$$

aus der Bruchlast $P_{\max}$ [kg] und der Leimfläche F, die bei der DVL-Probe 12 cm² betragen soll. Man erhält auf diese Weise je nach Leimart Trockenbindefestigkeiten von etwa 45 bis 90 kg/cm² bei Weichhölzern, von etwa 70 bis 130 kg/cm² bei Harthölzern.

Gegen das Prüfverfahren läßt sich folgendes einwenden:

1. Die berechneten mittleren Schubspannungen sagen nichts aus über die tatsächliche Spannungsverteilung. Die Randspannung ist zweimal so hoch wie die scheinbare mittlere Schubspannung und rund 2,6mal so hoch wie die tatsächliche Spannung in der Fugenmitte.

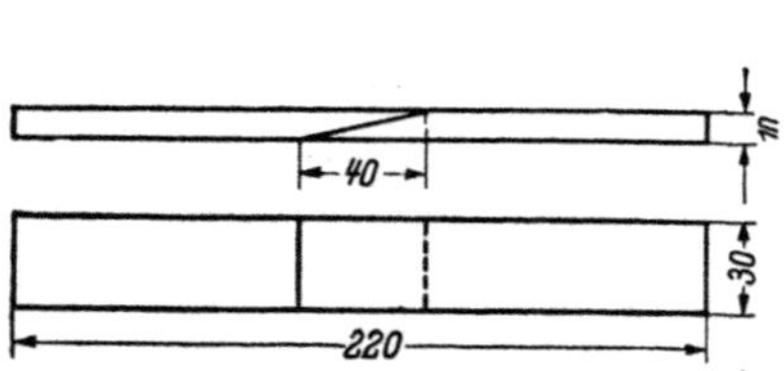

Bild 1070. Prüfkörper für Schub-Zug-Prüfungen mit nicht abgeschnittenen Schäftspitzen. (Nach E. Bock.)

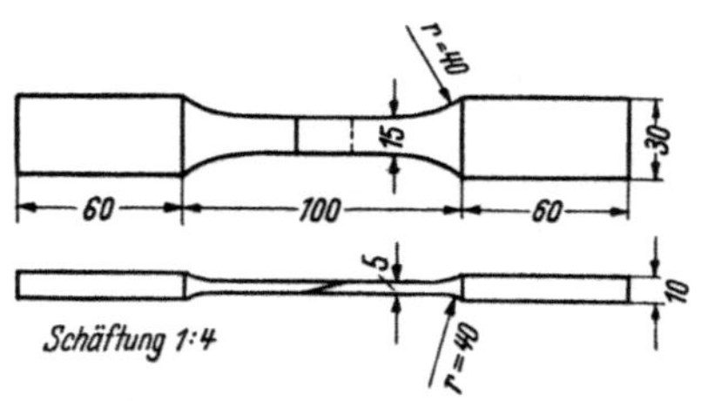

Bild 1071. Prüfkörper für Schub-Zug-Prüfungen mit verstärkten Einspannköpfen. (Nach E. Bock.)

2. Durch die Kerbwirkung an den stumpfen Schäftungsspitzen wird die Festigkeit herabgesetzt;

3. Die Einspannung der Proben ist von größter Bedeutung für das Prüfungsergebnis. Zusammendrückung der Einspannköpfe kann bei weicheren Hölzern die Zug-Bruchspannungen erheblich herabsetzen. Verbreiterung der Einspannenden erhöht die Bruchlasten. E. Bock hat aus einem Körper mit bis zur Spitze durchgeführter Schäftung (Bild 1070) einen Prüfkörper gemäß Bild 1071 gefräst, dessen Einspannköpfe den Zugproben für Vollholz gemäß DIN 52188 (vgl. Bd. I, S. 652, B. 535) entsprechen; er fand bei Verwendung dieser Probe-

körper Bruchlasten im trockenen Zustand, die bei Fichte um 89%, bei Rotbuche um 30% höher waren als die Bruchlasten für Prismenstäbe (22 · 1,5 · 0,5 cm³) ohne verstärkte Einspannköpfe. Überraschenderweise ergaben sich bei den Prismenstäben aber höhere Werte der Naßbindefestigkeit als der Trockenbindefestigkeit, während bei den Prüfkörpern gemäß Bild 1071 die Festigkeit im nassen Zustand, wie zu verlangen ist, abfiel;

4. Die Herstellung der Schäftleimproben ist umständlich und teuer, sie erfordert Einspannvorrichtungen, die ein Verschieben der Teile unter Preßdruck ausschließen;

5. Der Auswahl der Hölzer ist besondere Aufmerksamkeit zu schenken. Möglichst sollen die Jahrringe zu den Einspannflächen senkrecht verlaufen, da sich bei schrägen Jahrringen leicht Kopfreißer einstellen;

6. Das Schäftungsverhältnis 1 : 4 kommt in der Praxis kaum vor. Dort nähert man sich mit Schäftungen 1 : 15 oder 1 : 20 mehr den Bedingungen reiner Langholzverleimung.

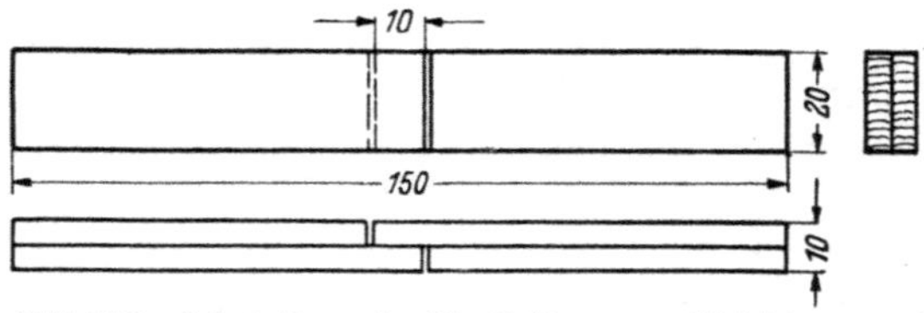

Bild 1072. Schub-Zugprobe für Prüfung von Holzleimen auf Bindefestigkeit bei Langholzverleimung nach DIN 53254.

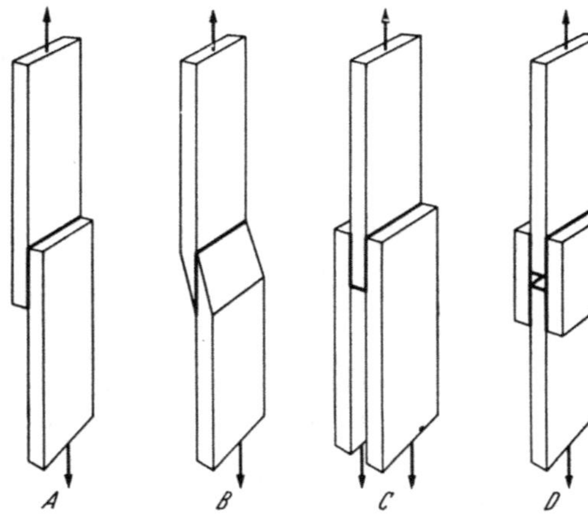

Bild 1073. Schub-Zugproben nach englischer und amerikanischer Vorschrift.

953.121.2 *Überlappungs-(Langholz-)Leimproben.* Die Scherfestigkeit von Überlappungsproben unter Zugbelastung wird sehr häufig bestimmt, da die Prüfkörper verhältnismäßig einfach und billig herzustellen sind und da in der Praxis vorwiegend Langholz auf Langholz verleimt wird. Bild 1072 stellt die in Deutschland neuerdings genormte Probenform dar[1], die sich besonders zu Reihenuntersuchungen eignet. In England und USA werden hauptsächlich Schub-Zugproben gemäß Bild 1073 A benutzt. Verleimt werden dabei Birken- und Ahornfurniere (aber auch Bleche und Kunststoffstreifen). Vorteilhaft ist die einfache Herstellung und Prüfung, nachteilig die Exzentrizität und Spannungskonzentration an den Überlappungsenden. Bei den zugespitzten Überlappungsproben gemäß Bild 1073 B ist diese Spannungskonzentration weitgehend vermieden, jedoch bleibt die exzentrische Beanspruchung. Die Proben C und D sind symmetrisch gebaut, aber zwei- und vierschnittig. In der Regel wird bei ihnen eine Leimfläche vor den übrigen zum Bruch gehen und dadurch den vorzeitigen Bruch der ganzen Verbindung einleiten. Infolgedessen liefern diese Proben stets zu niedrige Bruchspannungen.

Allgemein ist bei Überlappungsleimproben folgendes zu beachten:

1. Die Bruchlast und damit die errechnete Scherfestigkeit hängt von den Abmessungen des Prüfkörpers ab, insbesondere von der Länge der Leimfläche.

[1] Vgl. DIN 53254 — Prüfung von Holzleimen, Bindefestigkeit von Langholz-Verleimungen im Zugversuch.

Die Spannungskonzentration an den Überlappungsenden wird um so höher, je länger die Überlappung, je dünner die verleimten Teile und je dünner die Leimschicht werden (vgl. Z. 952.2). Es ist deshalb unbedingt darauf zu achten, stets genau gleich dimensionierte Prüfkörper zu verwenden und zu vergleichen. Bei verschieden bemessenen Prüfkörpern empfiehlt es sich, nach N. A. de Bruyne die scheinbare mittlere Scherfestigkeit über dem Fugenfaktor $\frac{\sqrt{s}}{l}$ aufzutragen.

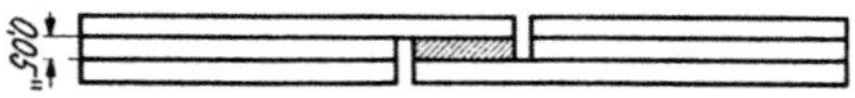

Bild 1074. Proben zur Ermittlung der Festigkeit dicker Leimfugen nach der britischen Norm BS 1204.

2. Die die Scherfläche begrenzenden Sägeeinschnitte müssen möglichst genau bis zur Prüfkörper-Mittelfläche gehen.

In England dienen Proben nach Bild 1074 zur Prüfung der Festigkeit dicker Leimfugen, wie sie in der Praxis häufig vorkommen. Indem man die Dicke der Beilagen verändert, kann man verschiedene Fugendicken erzeugen.

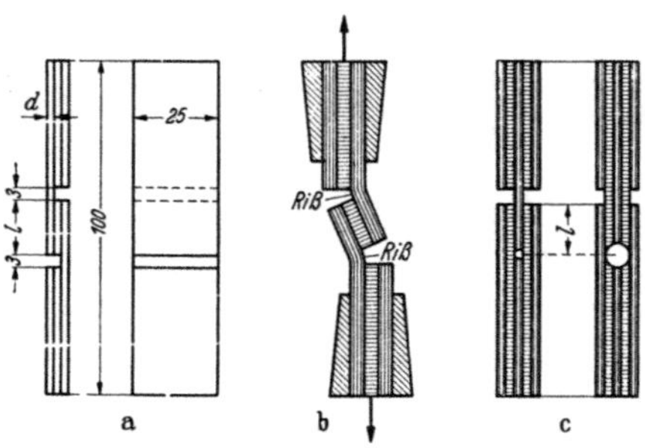

Bild 1075. Sperrholzscherproben. *a* Dünne dreifach verleimte Platte; b Probe a nach Versuch (übertrieben gezeichnet); c Proben aus mehrfach verleimten Platten oder Tischlerplatten.

953.121.3 *Sperrholz-Scherproben.* Die Scherproben für Sperrholz und Schichtholz können nach E. Plath[1] als symmetrische, mehrschnittige Langholzleimungen betrachtet werden, für die alle Gesichtspunkte gelten, die bei den Überlappungsproben in Abschnitt 953.121.2 angeführt wurden. Bild 1075a zeigt die Probenform für dreifach verleimtes Sperrholz, Bild 1075b gibt übertrieben die Verformung beim Versuch durch das auftretende Biegemoment wieder, Bildteil c die Probenform für fünffach verleimtes Sperrholz[2]. Die in USA, England und Frankreich üblichen Scherproben für dreifach verleimtes Sperrholz zeigt Bild 1076.

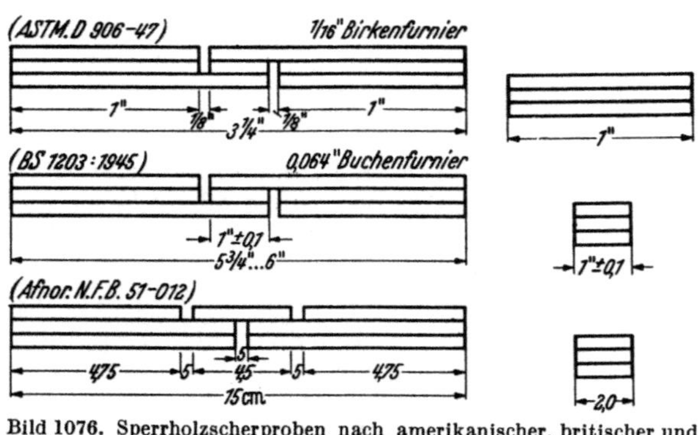

Bild 1076. Sperrholzscherproben nach amerikanischer, britischer und französischer Norm.

953.122 Schub-Druckprüfung. Einschnittige Schub-Druckproben werden in Deutschland heute zur Leimprüfung kaum mehr verwendet. J. Bauschinger[3] hatte eine Versuchsanordnung entwikkelt, deren Einzelheiten aus Bild 1077a zu ersehen sind. Geprüft wurde astfreies Rotbuchenholz. Das Verfahren wird als Blockscherprobe in den Vereinigten Staaten noch in großem Umfange benutzt (Bild 1077b); verarbeitet wird dort gewöhnlich harter Ahorn oder ein anderes Holz mit hoher Festigkeit. Besonders wichtig ist, daß die Holzoberflächen glatt und eben sind und daß

[1] Plath, E.: Die Holzverleimung, Stuttgart 1951, S. 44.

[2] Vgl. DIN 53255 — Prüfung von Holzleimen, Bindefestigkeit von Furnier- und Tischlerplatten im Zugversuch.

[3] Bauschinger, J.: Bayer. Ind. Gewerbeblatt 1884, S. 1 der Vierteljahresschrift.

— eine unerläßliche Bedingung für jede Prüfung von Leimverbindungen! — alle die Leimfestigkeit beeinflussenden Faktoren übereinstimmen, so die Leimkonzentration, die Raumtemperatur, die offene und geschlossene Zeit sowie die Temperatur und Dauer der Pressung. Unter den weiteren Voraussetzungen, daß die Güte, die Rohwichte und der Feuchtigkeitsgehalt des Holzes möglichst wenig voneinander abweichen und daß der Leimauftrag, das Pressen und die Prüfung

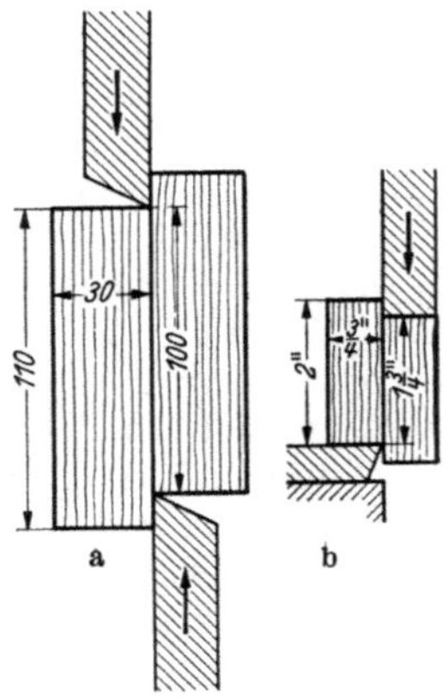

Bild 1077. Blockscherproben zur Leimprüfung. a Nach J. Bauschinger (1884); b nach U. S. Forest Products Laboratory.

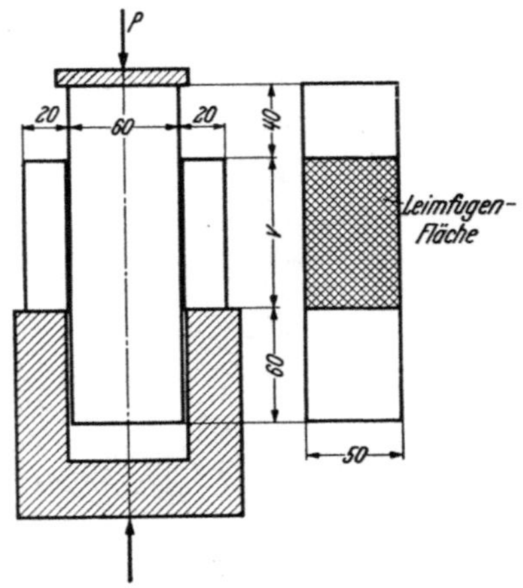

Bild 1078. Anordnung zur Prüfung symmetrischer, zweischnittiger Schub-Druckproben. (Nach Eidgenössische Materialprüfungs- und Versuchsanstalt in Zürich.)

stets auf die gleiche Weise erfolgen, leistet die Blockscherprobe sehr nützliche Dienste. Von Vorteil ist auch, daß sich die Probe aus den meisten in der Praxis verleimten Hölzern leicht herausarbeiten läßt, und auf diese Weise deren unmittelbare Beurteilung erlaubt. Überdies gibt das Aussehen der Bruchfläche in der Regel Aufschluß, ob die Leimungsbedingungen richtig waren.

Eine symmetrische, zweischnittige Schub-Druckprobe wurde in der Eidgenössischen Materialprüfungs- und Versuchsanstalt in Zürich (EMPA) entwickelt[1]. Verwendet wurde dabei gedämpftes Rotbuchenholz oder Tannenholz, das auf $14 \pm 2\%$ konditioniert war. Die Versuchsanordnung zeigt Bild 1078. Bemerkenswert ist der Einfluß der Vorholzlänge v. Mit zunehmender Vorholzlänge wird die Spannungsverteilung über dem Scherquerschnitt immer ungleichmäßiger. Spannungsoptische Untersuchungen ergaben ein starkes Anwachsen der Spannungskonzentration n mit zunehmendem Verhältnis $\frac{v}{t}$, wobei t die Dicke des Aufleimers ist.

$\frac{v}{t}$	$n = \frac{\tau_{max}}{\tau_m}$
1,725	3,26
3,5	4,19
8	6,5

Die mittlere Scherspannung fällt infolgedessen mit zunehmendem $\frac{v}{t}$ ab:

Vorholzlänge v		4 t	8 t
Abfall von τ_{sB}			
für Tannen- oder Fichtenholz	%	10	35
für Buchenholz	%	15	45.

[1] Roš, M.: Die Melocol-Leime der CIBA Aktiengesellschaft, Basel, Bericht Nr. 152 der Eidgenössischen Materialprüfungs- und Versuchsanstalt für Industrie, Bauwesen und Gewerbe, Zürich, Juni 1945.

Die Zahlen gelten praktisch für lufttrockenes, feuchtes, nasses und wieder angetrocknetes Holz. Sie lassen sich mit einem gewissen Sicherheitszuschlag auf geleimte Konstruktionen übertragen. Zwischen den angegebenen Werten kann geradlinig interpoliert werden.

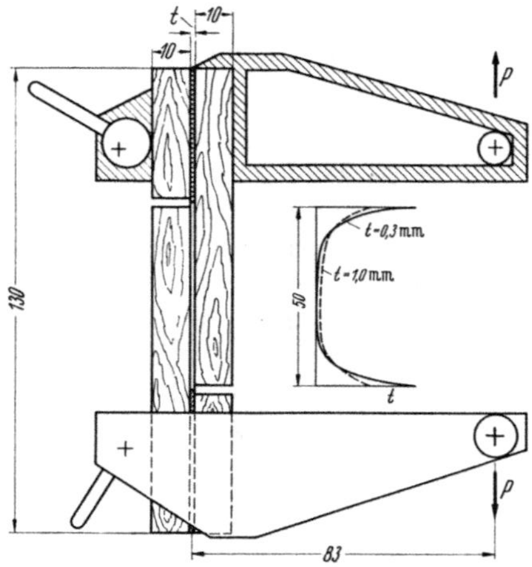

Bild 1079. Schub-Biegeprobe nach Focke-Wulff Flugzeugwerke mit Einspannvorrichtung, Bildmitte Verteilung der Schubspannungen über der Prüflänge; Probenbreite 20 mm. (Nach E. Plath.)

953.123 Schub-Biegeprüfungen. Eine Schub-Biegeprobe und eine dafür entwickelte Einspannvorrichtung gemäß Bild 1079 benutzten im zweiten Weltkrieg die Focke-Wulff-Flugzeugwerke[1], um die Abbindegeschwindigkeit verschiedener Leime zu bestimmen. Auch bei dieser Probe konnte wie bei der englischen Probe, die Bild 1074 zeigt, die Fugendicke durch Variation der Beilagendicke verändert werden. Die Verteilung der Schubspannungen über der Prüflänge gibt das Diagramm in Bildmitte wieder. Man sieht, daß bei den gewählten Abmessungen besonders bei dünnen Leimschichten in der Leimfuge fast nur Biegespannungen auftreten.

Form und Abmessungen eines Schub-Biegekörpers gemäß EMPA-Richtlinie, der sowohl für statische als auch für Ermüdungsversuche geeignet ist, sind Bild 1080 zu entnehmen. Die maximale rechnerische Biege-Schub-

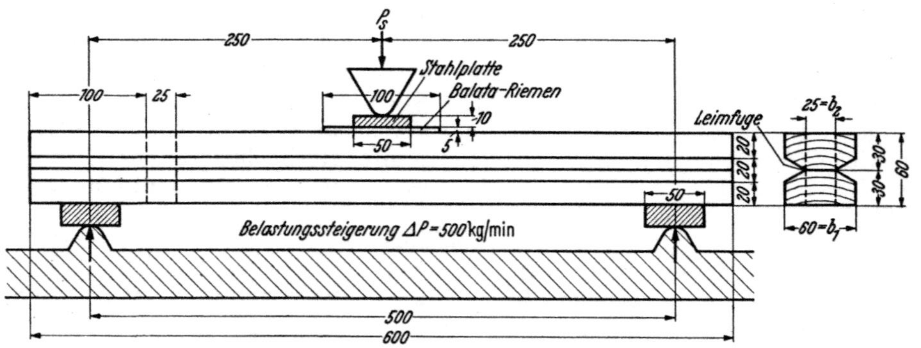

Bild 1080. Biege-Schubkörper gemäß EMPA-Richtlinien.

spannung τ_{max} in der Leimfuge (Biegeachse) folgt aus der Beziehung

$$\tau_{max} = \frac{Q_{max} \cdot S_x}{I_x \cdot b_2}, \tag{172a}$$

worin Q_{max} = maximale Querkraft $= \frac{P_{max}}{2}$, S_x statisches Moment der einen Querschnitthälfte, auf die neutrale Achse $x - x$ bezogen, I_x = Trägheitsmoment des gesamten Querschnitts in bezug auf die x-Achse, b_2 = Breite der Leimfuge.

[1] Zitiert nach E. Plath: Die Holzverleimung, Stuttgart 1951, S. 6/7.

Für den gewählten Querschnitt (Bild 1080) ergibt sich

$$\tau_{\max} = 0{,}05\, P_{\max}\,. \tag{172b}$$

Die Ergebnisse derartiger Schub-Biegeprüfungen an mit Melocoll *H* verleimten Proben enthält Zahlentafel 131.

Zahlentafel 131. *Biege-Schubfestigkeiten τ_b [kg/cm²] von Tannenholz- und Rotbuchenholz-Verleimungen. (Nach EMPA.)*

	Feuchtigkeit u bei Verleimung %	Tannenholz	Buchenholz
Statische Versuche τ_{bB}			
Trockenlagerung	12 bis 15	60	125
Feuchtlagerung		55	100
	< 22	55	110
	> 25	50	80
Dynamische Versuche τ_{bW}			
Trockenlagerung	12 bis 15	25	40
Feuchtlagerung		22	33
	30	20	—
	60		30

953.13 Biegeprüfungen. Auch die Biegefestigkeit von Leimfugen läßt sich bestimmen und wird zuweilen als Kenngröße benutzt. In Deutschland ist diese Methode besonders vom Ausschuß für Leimprüfung beim AWF und der technischen Versuchsstelle des Deutschen Handwerksinstituts entwickelt worden. Bild 1081 zeigt die Versuchsanordnung mit einer eingespannten Probe. Die Biegefestigkeit τ_{bB} wird, wie üblich, als Quotient des größten Biegemoments $M_{\max}$ und des Widerstandsmoments W bestimmt

$$\sigma_{bB} = \frac{M_{\max}}{W}\,. \tag{173}$$

Die Belastung kann, wie gezeichnet, behelfsmäßig durch Wasserzulauf erfolgen. Für Vergleiche der Eigenschaften verschiedenartiger Leime eignen sich diese Proben nicht.

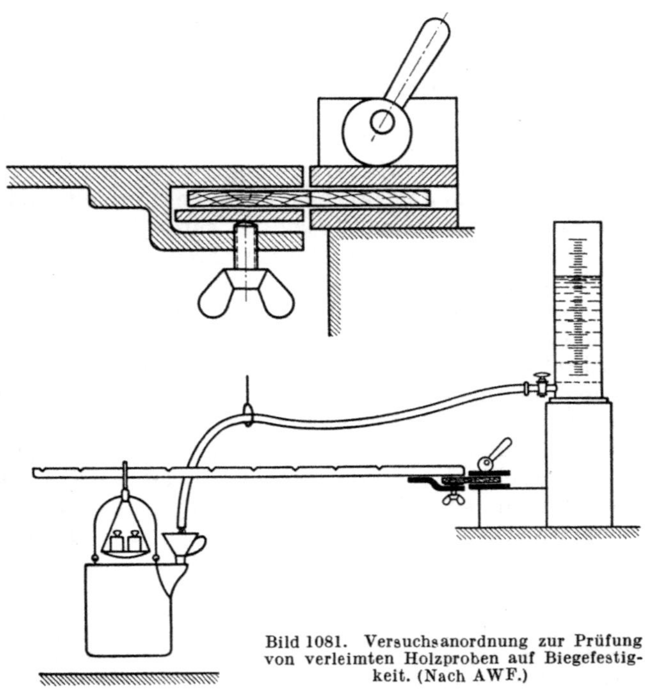

Bild 1081. Versuchsanordnung zur Prüfung von verleimten Holzproben auf Biegefestigkeit. (Nach AWF.)

953.14 Schäl- oder Abhebeprüfungen (Peeling Tests). Schäl- und Abhebeprüfungen kommen in Frage, wenn eines oder beide der zu verleimenden Teile dünn sind. Bild 1082 zeigt schematisch mögliche Versuchsanordnungen. Obwohl die Spannungsverhältnisse bei diesem Versuch verwickelt sind und eine Theorie dafür noch fehlt, kann man annehmen, daß Quer-Zugspannungen eine entscheidende Rolle spielen. Die Versuchsergebnisse werden außer von den Abmessungen der Probekörper und den mechanischen Eigenschaften von Bindemittel und verleimten Körpern stark von der Versuchsgeschwindigkeit beeinflußt.

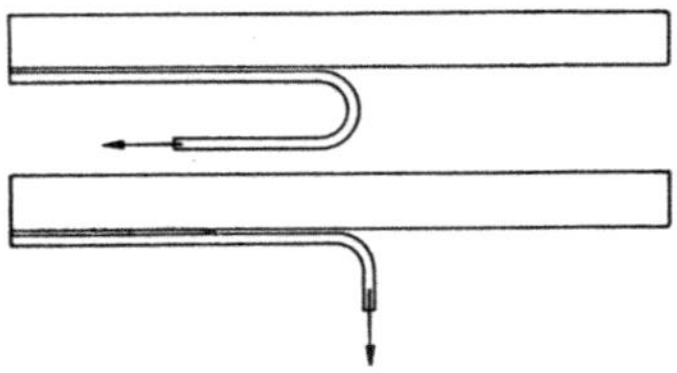

Bild 1082. Schema von Schäl- und Abhebeprüfungen. (Nach R. E. Pflaumer.)

953.15 Schlag- und Dauerprüfungen. Schlagversuche wurden bisher an Leimverbindungen nur in beschränktem Umfang durchgeführt. Die Ursache dürfte darin liegen, daß es schwierig ist, solche Versuche sinnvoll auszuwerten und den Anteil der von der Leimfuge absorbierten kinetischen Energie von jenem zu trennen, den die verleimten Teile aufnehmen.

A. H. Falk[1] führte Bruchschlag-Zugversuche durch, indem er Probekörper gemäß Bild 1062 auf stoßweisen Zug durch Fallgewichte beanspruchte. Hierbei wurde ein gegebenes Gewicht wiederholt aus gegebener Höhe fallen gelassen, bis die verleimte Probe brach. Die Zahl der Schläge bis zum Bruch wird in einem Schaubild über der Fallhöhe aufgetragen; hierauf wird der Versuch mit dem gleichen Gewicht bei anderen Fallhöhen wiederholt, wobei jeweils gleiche Auswertung wie beim ersten Versuch erfolgt. Durch die Punkte des Schaubildes läßt sich eine Kurve zeichnen, die eine Extrapolation jener Fallhöhe gestattet, aus der ein einziger Schlag die Leimverbindung zum Bruch bringt. Der Versuch läßt sich abwandeln, indem man — wie bei der Hatt-Turner-Bruchschlagprüfung, s. Bd. I, S. 826ff. — das Gewicht aus schrittweise vergrößerten Höhen bis zum Bruch der Probe herabfallen läßt.

Auch an einschnittigen Scherproben werden Bruchschlagversuche durchgeführt. Nach den vorläufigen ASTM-Richtlinien D 950—47T werden Holzquader von $1 \cdot 1 \cdot {}^3/_4$ inch^3 auf Holzplatten von $1^3/_4 \cdot 1 \cdot {}^3/_4$ inch^3 parallel aufgeleimt. Der größere Block wird starr eingespannt, der kleinere durch den Schlag eines Pendelhammers abgebrochen. I. Silver[2] erhielt nach diesem Verfahren, wenn die Fugendicke konstant gehalten wurde, brauchbare Ergebnisse.

Ein aufschlußreiches Prüfverfahren für Furnierplatten, aber auch andere Platten aus Holzwerkstoffen (z. B. harte Faserplatten) sind Durchschlagversuche, bei denen ein Fallkörper auf die Platte — die auf einem Rahmen freiaufgelegt oder festgespannt sein kann — trifft und sie durchschlägt. Die dazu nötige Energie wird auf geeignete Weise gemessen[3]. Derartige Fallwerke wurden schon vor einiger Zeit in die Werkstoffprüfung (vor allem bei der Prüfung von Glas) eingeführt[4]. Neuerdings hat in Deutschland A. Dosoudil[5] damit gearbeitet. Bild 1083 zeigt ein solches Fallwerk, Bild 1084 gibt die Ergebnisse beim Durchschlagen von Platten ($25 \cdot 50$ cm^2 Größe) wieder. Wie ersichtlich erhält man bei Vollholz- und Furnierplatten einen parabolischen Zusammenhang zwischen Durchschlagarbeit und Plattendicke.

[1] Falk, A. H.: ASTM Bull., August 1946, S. 42.

[2] Silver, I.: Modern Plastics Bd. 26 (1949) S. 95 u. 136.

[3] Vgl. z. B. hinsichtlich Messung der Restenergie bei S. Kasei: Methods of Testing about Splitability in Woods, Wood Industry (Japan) Bd. 8 (1953) Nr. 11, S. 15. — Ref. Holz-Zentralblatt Bd. 80 (1954) S. 15.

[4] Vgl. Schmeer: Glastechn. Ber. Bd. 9 (1931) S. 544 und E. Siebel: Handbuch der Werkstoffprüfung Bd. III, O. Graf: Die Prüfung nichtmetallischer Baustoffe, Berlin 1941, S. 668.

[5] Dosoudil, A.: Svenks Papperstidning Bd. 53 (1950) S. 609.

Für Dauerversuche an Leimproben liegen Normen noch nicht vor. Grundsätzlich sind Dauerprüfungen vor allem an Schub-Zug-, Schub-Druck- und Schub-Biegeproben möglich. Bei ersteren kann entweder einem Ende oder der Mitte der Proben eine seitliche oszillierende Verformung aufgezwungen werden;

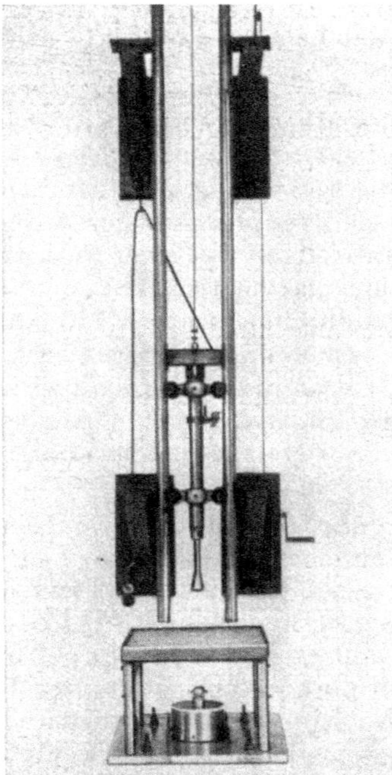

Bild 1083. Fallwerk zum Prüfen von Platten auf Durchschlag. (Nach A. Dosoudil.)

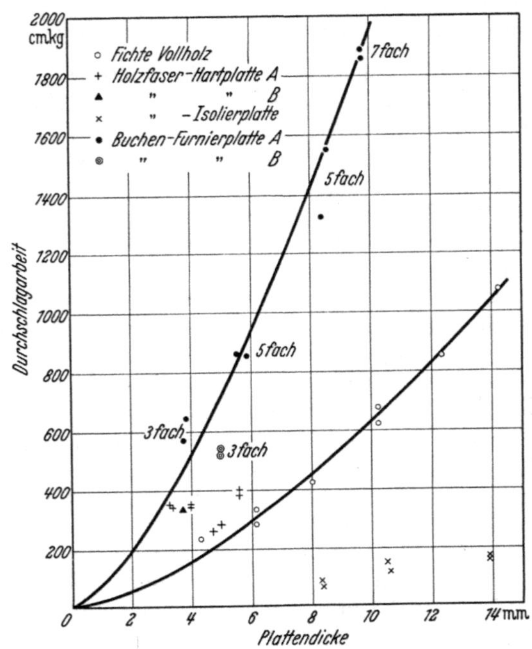

Bild 1084. Zusammenhang zwischen Durchschlagarbeit und Plattendicke bei Benutzung des Fallwerkes nach Bild 1083. (Nach A. Dosoudil.)

besser ist es, mit einer konstanten Belastung statt mit einer konstanten Verformung zu arbeiten. Im U. S. Forest Products Laboratory wurden charakteristische Unterschiede bei konstanter Verformung im Ermüdungsverhalten verschiedener Bindemittel, besonders bei dicken Leimfugen gefunden[1]. Nach A.G.H. Dietz und H. Grimsfelder[2] wurden Sperrholz- und Schichtholzproben, die mit Phenolformaldehyd- und Harnstoff-Formaldehydleimen hergestellt worden waren, auf einer Flachbiegemaschine geprüft. Auf Biegeschwingungsversuche in der EMPA wurde schon in Ziffer 953.123 hingewiesen; in der gleichen Prüfungsanstalt war auch bei zweischnittigen Schub-Druckproben gemäß Bild 1078 das Verhältnis der Druck-Scher-Ermüdungsfestigkeit zur statischen Druck-Scherfestigkeit (im Bereich $\frac{v}{t} = 2$ bis 8, s. Ziffer 953.122) zu 35% ermittelt worden.

Für Dauerstandversuche lassen sich einfache Vorrichtungen zur reihenmäßigen Prüfung von Zug-Scherproben mittels gewichtsbelasteten Hebeln schaffen. Besonders wichtig sind solche Prüfungen bei thermoplastischen

[1] U.S. For. Prod. Lab., Rep. 1539 Madison, Wisc. 1946.
[2] Dietz, A. G. H., u. H. Grimsfelder: Trans. Amer. Soc. Engrs. 1943, S. 187.

Leimen. D. Brouse und R. F. Blomquist[1] fanden beispielsweise bei Anwendung dieses Verfahrens, daß alle mit Glutin- und Kaseinleimen hergestellten Sperrholzproben eine Belastung von 90 kg während 10 Tagen ohne Bruch aushielten; von den mit Polyvinylharz-Emulsionen verleimten Proben brachen unter gleicher Belastung alle innerhalb von 10 Tagen, bei einigen löste sich die Bindung sofort, wenn nur 45 kg Last angelegt waren. In allen Fällen trat der Bruch nicht mehr im Holz, sondern als Schlupf in der Leimfuge auf.

953.16 Sonstige mechanische Prüfungen. Eine sehr einfache, qualitative und für die Praxis aufschlußreiche Prüfung ist die Meißel-Abhebeprobe, für die eine britische Norm BS 1455 : 1948 vorliegt. Beurteilt wird nicht nur subjektiv der Widerstand, den die Leimfuge der Zerstörung, d. h. dem Abheben des angeleimten Furniers, entgegensetzt, sondern objektiv der Anteil des Holzbruchs. N. A. de Bruyne[2] beschreibt ein in Holland von einer Furnierfabrik entwickeltes Stanzverfahren, bei dem Sperrholzplatten 100 · 100 · 6 mm³ auf einen Stahlring gelegt werden, der einen Außendurchmesser von 110 mm, einen Innendurchmesser von 90 mm und eine Höhe von 20 mm hat. Dieser Ring ist in der Maschine sich selbstzentrierend gelagert. Gegen die Sperrplatte wirkt dann ein Druckstempel aus Stahl von 30 mm Durchmesser. Die Versuchsergebnisse geben aber mehr über die Eigenschaften des Holzes als über die des Bindemittels Aufschluß.

Bei Furnierplatten für Zwecke der Luftfahrzeugindustrie wurden in Deutschland auch Probestreifen von 25 mm Breite und hinreichender Länge über eine halbzylindrische Form gebogen, deren Halbmesser gleich der 50fachen Plattendicke war. Beim einmaligen Hin- und Herbiegen durfte weder ein Reißen oder Ablösen der einzelnen Furniere noch ein Bruch eintreten. Die Biegeprobe läßt zwar schwere Fehlverleimungen erkennen, gibt aber im übrigen nur qualitative Anhaltspunkte über die Biegsamkeit des Sperrholzes — vgl. Ziffer 892.0 —. Ebenfalls eine ziemlich rohe, subjektive Prüfung, wenngleich etwas aufschlußreicher, ist die Verwindungsprobe, bei der 25 mm breite Sperrholzstreifen um ihre Längsachse bis zum Bruch verdreht werden. Die Bruchstelle muß dabei eine gute Verleimung aufweisen[3].

953.2 Zerstörungsfreie Prüfungen von Leimfugen.

Fehler in Mittellagen von bis zu 3 mm dickem Sperrholz — z. B. Stellen, an denen der Leim nicht abgebunden hat, Risse, Aststellen usw. — lassen sich bei Durchleuchtung mittels hochkerziger Lampen[4] feststellen. Bild 1085 zeigt eine von J. Bittner entworfene Durchleuchtungskammer.

Bei mehr als 3 mm dicken Sperrplatten versagt das Verfahren, da Einzelheiten im glatten Gefüge nicht mehr erkennbar sind. Durchleuchtung mit Röntgenstrahlen könnte hier theoretisch gewählt werden, scheidet aber praktisch wegen der zu hohen Kosten aus. Die Prüfung mit Ultraschall — wobei das verleimte Holz zwischen den Ultraschaller und einen Detektor gestellt

---

[1] Brouse, D., u. R. F. Blomquist: Postwar Developments in Woodworking Glues, For. Prod. Res. Soc. 1947 Preprint.

[2] de Bruyne, N. A.: Tests of Joint Strength in N. A. de Bruyne u. R. Houwink: Adhesion and Adhesives, New York, Amsterdam, London, Brüssel 1951 S. 484.

[3] Bittner-Klotz: Furniere — Sperrholz — Schichtholz Teil I, Werkstattbücher, H. 76, Berlin 1939, S. 23.

[4] Dobberke, M., u. K. Schraivogel: Flugzeugsperrholz und seine Prüfung, Luftfahrtforschg. 1929, H. 3. — Vgl. auch J. Bittner in Bittner-Klotz: Furniere — Sperrholz — Schichtholz Teil I, Werkstattbücher H. 76, Berlin 1939, S. 31.

wird — führt nach Versuchen in England[1] wohl zur Feststellung von Stellen, wo überhaupt keine Adhäsion zustande kam — also eine Luftschicht zwischen den zu verleimenden Teilen geblieben ist —, nicht aber zu einer Unterscheidung von Stellen mit guter und schlechter Adhäsion.

953.3 Alterungs-, Bewitterungs- und sonstige Prüfungen auf Dauerhaftigkeit.

953.31 Alterungsprüfungen. Alterungsprüfungen erstrekken sich auf das Verhalten von Leimverbindungen unter normalen klimatischen Gebrauchsbedingungen in geschlossenen Räumen (indoor conditions) über längere Zeitspannungen (mehrere Monate bis Jahre). Bei mehrjährigen Versuchen im britischen Forest Products Research Laboratory[2] ergab sich, daß lediglich Natriumsilicat-Leimverbindungen in Innenräumen ausfielen; bei allen übrigen Leimverbindungen zeigten sich keine wahrnehmbaren Veränderungen; eine Ausnahme bildeten Harnstoff-Formaldehydleime, die mit 50 oder mehr Prozent Mehl gestreckt waren. Bei ihnen wurden die Verbindungen schwächer.

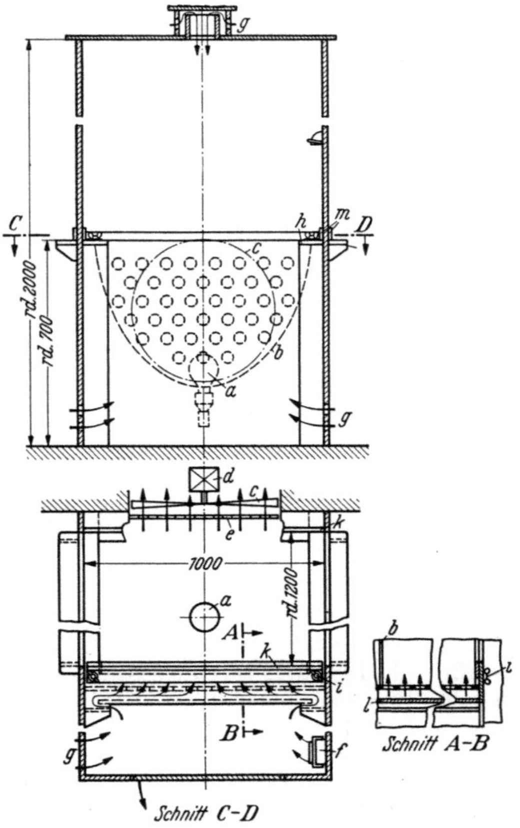

Bild 1085. Schnitt durch eine Durchleuchtungskammer für Sperrholz zur zerstörungsfreien Prüfung. (Nach J. Bittner.)

953.32 Bewitterungs- und verschärfte Laboratoriumsprüfungen. Bewitterungsprüfungen können „halb im Freien" durch Lagerung der verleimten Teile (Ausschnitte aus Sperrholz- oder Schichtholzplatten, Schichtholzbalken, Montageleimfugen) in einem ungeheizten, belüfteten Schuppen (semi-outdoor exposure) oder aber ganz im Freien (full weathering) durchgeführt werden. Bei den „halb im Freien" in England über fünf Jahre laufenden Versuchen ergab sich, daß mit Glutin- und Kaseinleimen hergestellte Sperrholzplatten wahrscheinlich diese Beanspruchung ausgehalten hätten, wenn keine Kondensatbildung stattgefunden hätte. Harnstoff-Formaldehydleime mit 30 oder mehr Prozent Mehl gestreckt sind bedenklich. Bei Montageverleimungen hängt die Bewährung von der Größe der Leimfuge ab. Während bei großen Leimfugen Glutin-, Kasein- und Kunstharzleime zufriedenstellende Ergebnisse lieferten, wurde die Bindefestigkeit kleiner Fugen zwischen Sperrholz und Vollholz (vor allem wenn

[1] de Bruyne, N. A.: Tests of Joint Strength, in N. A. de Bruyne u. R. Houwink: Adhesion and Adhesives, New York, Amsterdam, London, Brüssel, S. 484.

[2] Dept. Sci. Ind. Res.: Report of the For. Prod. Res. Board for the Year 1952, London 1953, S. 21.

Kondensationserscheinungen, gelegentlich in den Schuppen getriebener Schlagregen und Schimmel die Prüfbedingungen verschärften) bei Verarbeitung von Glutin- und Kaseinleimen völlig aufgehoben, bei Verarbeitung von Harnstoffleimen erheblich vermindert.

Bewitterungsversuche ganz im Freien liefen im U. S. Forest Products Laboratory seit 1936. Sie erstreckten sich auf Sperrholzplatten 61 · 61 cm^2 (24 · 24 $inch^2$) aus verschiedenen Holzarten mit verschiedener Dicke. Die im Freien aufgestellten Platten wurden regelmäßig auf ihr Aussehen untersucht und nach

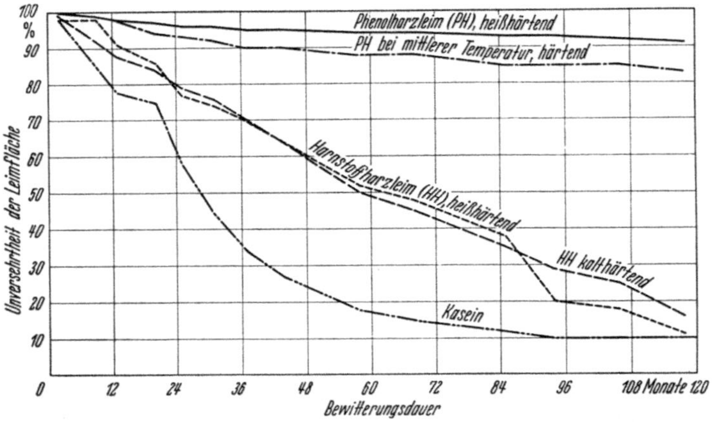

Bild 1086. Verhältnismäßige Dauerhaftigkeit von Leimfugen in ungeschützten Sperrholzplatten bei langer Bewitterung. (Nach F. F. Wangaard.)

der Unversehrtheit der Leimfugen klassifiziert. Die Ergebnisse, ausgedrückt in % unversehrter Leimfläche, hat F. F. Wangaard[1] in einem Bericht zusammengefaßt. Bild 1086 läßt erkennen, wie sehr die Verbindungen mit Phenol-Formaldehydleimen im Freien jenen mit Harnstoff-Formaldehyd- und Kaseinleimen überlegen sind. Bei fünf über Jahre in England sich erstreckenden Bewitterungsversuchen, über die mehrere Zwischenberichte erstattet wurden[2], bewährten sich lediglich Phenol- und Resorcinleime unbedingt. Alle übrigen Leimtypen erreichten nach folgenden Zeiten einen klar und einheitlich definierten Bruchzustand[3]:

Leimtype	Sperrholz	Montageverleimungsfugen	
		kleine	große
Glutin	1 Monat	4 Monate	12 Monate
Kasein.	4 Monate	12 Monate	2 bis 3 Jahre
Harnstoff . . .	2 Jahre	2 bis 3 Jahre	5 bis 6 Jahre
Harnstoff verstärkt. . .	3 bis 5 Jahre	—	—
Melamin	4 bis 6 Jahre	—	—

[1] Wangaard, F. F.: Summary of Information on the Durability of Woodworking Glues, U.S. For. Prod. Lab. Rep. Nr. 1530, Madison, Wisc., Dez. 1946.

[2] Knight, R. A. G., u. L. S. Doman: Wood (Great Britain), Jun. 1944. — Dieselbe u. G. E. Soane: Progr. Rep. Nr. 46, März 1948, Progr. Rep. Nr. 47, Princes Risborough Sept. 1948, vgl. Aero Res. Techn. Notes Bull. 79. — R. A. G. Knight, R. J. Newall u. J. E. Grosert: Progr. Rep. Nr. 49 (Jan. 1949) vgl. Aero Res. Techn. Notes Bull. 79. — R. J. Newall u. J. E. Grosert, Progr. Rep. Nr. 54 (Mai 1950).

[3] Dept. Sci. Ind. Res.: Report of the For. Prod. Res. Board for the Year 1952, London 1953, S. 21.

Die Versuche werden fortgesetzt, wobei neuere Bindemittel einbezogen werden sollen. Besonderes Augenmerk wird dabei auch dem Schutz verleimter Holzteile und dem Verleimen geschützter Holzteile gewidmet werden, da sich herausgestellt hat, daß bei den am meisten dauerhaften Leimen die Holzteile selbst — insbesondere wenn sie großflächig, aber dünn wie Sperrholzplatten sind — durch die Wettereinflüsse und Pilzangriffe zerstört werden.

Bewitterungsprüfungen können auch unter besonders ungünstigen klimatischen Verhältnissen, z. B. in den Tropen oder in Tropenhäusern und an ganzen Holzkonstruktionen (z. B. Flugzeugteilen[1]) vorgenommen werden. Weiter ist die Prüfung von verleimten Teilen unter den Bedingungen der Seefahrt möglich.

Verschärfte Laboratoriumsprüfungen können niemals ganz die Bewitterungsprüfungen ersetzen, jedoch gestatten sie unter der Voraussetzung zweckmäßiger Einstellung von Temperatur und relativer Luftfeuchtigkeit wertvolle Rückschlüsse auf die Eigenschaften von Leimverbindungen sowie auf einzelne Faktoren, die zu ihrer Zerstörung beitragen. Grundsätzlich muß man dabei Prüfungen, bei denen die verleimten Teile eine gewisse Zeit lang gleichmäßig beansprucht werden, von solchen unterscheiden, bei denen die Beanspruchung zyklisch wechselt. Beide Prüfungsverfahren lassen sich fast beliebig variieren. Das U. S. Forest Products Laboratory hat im Verlauf von mehr als 30 Jahren folgende Expositionsbedingungen für verleimte Teile gewählt:

1. Dauerndes Tauchen in Wasser von Raumtemperatur; geprüft wird dabei hauptsächlich die Wasserbeständigkeit.

2. Dauernde Lagerung in Luft von 97% relativer Feuchtigkeit und 27°C Temperatur; geprüft wird dabei die Beständigkeit gegenüber Wirkungen aus der Annäherung an den Fasersättigungspunkt des Holzes sowie gegenüber der Einwirkung von Schimmel und anderen Mikroorganismen.

3. Periodisches Eintauchen in Wasser (von Raumtemperatur während zwei Tagen) und Wiedertrocknen (bei 27°C Temperatur und 30% relativer Luftfeuchtigkeit während 12 Tagen). Geprüft wird dabei die Widerstandsfähigkeit gegen mechanische Spannungen, die Wasserbeständigkeit und möglicherweise die Widerstandsfähigkeit gegen biologischen Abbau.

4. Periodische Lagerung in Luft von hoher relativer Feuchtigkeit (97% bei 27°C während zwei Wochen) und niedriger relativer Feuchtigkeit (30% bei 27°C während zwei Wochen). Geprüft wird die Beständigkeit gegenüber mechanischen Spannungen, biologischen Einwirkungen und der Annäherung an den Fasersättigungspunkt.

5. Dauernde Lagerung in Luft von 65% relativer Feuchtigkeit und 27°C Temperatur. Geprüft wird das Altern der Leimverbindungen unter milden Bedingungen.

6. Dauernde Lagerung in Luft von 20% relativer Feuchtigkeit und 70°C Temperatur. Geprüft wird die Beständigkeit gegenüber hoher Temperatur bei mäßiger relativer Luftfeuchtigkeit.

7. Dauernde Lagerung in Luft von 60% relativer Feuchtigkeit und 70°C Temperatur. Geprüft wird die Beständigkeit gegenüber hoher Temperatur bei mäßiger relativer Luftfeuchtigkeit.

8. Periodische Lagerung in Raumklima (27°C Temperatur, 65% relative Luftfeuchtigkeit während 16 Stunden) und Trockenheißenklima (70° C Tempe-

[1] Vgl. Browne, F. J., L. E. Downs, D. F. Laughnan u. A. C. Schwebs: Study of Temperature and Moisture Content in Wood Aircraft Wings in Different Climates, U. S. For. Prod. Lab. Rep. Nr. 1507, Madison, Wisc., 1947. — L. A. Beaulieu, Aircraft Eng. Bd. 20 (1948) S. 171, 186. — D. Narayanamurti, J. Aeronaut. Soc. of India Bd. 2 (1950) Nr. 1, S. 17.

ratur, 20% relative Feuchtigkeit während 8 Stunden). Geprüft wird das Verhalten gegenüber der kombinierten Wirkung von hoher Temperatur und des Wechsels von mäßiger und niedriger Feuchtigkeit zusammen mit der Beständigkeit gegenüber leichten Quell- und Schwindspannungen.

9. Periodische Lagerung in Raumklima (27°C Temperatur, 65% relative Feuchtigkeit während 16 Stunden) und kaltem Klima (—43° C). Geprüft wird die Beständigkeit verleimter Holzteile, die Feuchtigkeit enthalten, gegenüber sehr niedrigen Temperaturen.

10. Dauernde Lagerung in Luft von 93°C Temperatur und 20% relativer Feuchtigkeit. Hierbei handelt es sich um eine Schnellprüfung des Widerstands von Holz und Leim gegenüber hohen Temperaturen.

Aus dem Sammelbericht von F. F. Wangaard über die Ergebnisse der verschärften Laboratoriumsprüfungen läßt sich folgendes entnehmen: Unter allen Expositionsbedingungen erwiesen sich die Phenolharz-Leime als dauerhaft. Allgemein ist die Festigkeit von Leimverbindungen — wie sich auch bei den englischen Studien herausgestellt hat — durch die Fähigkeit des Holzes selbst, den Versuchsbedingungen zu widerstehen, begrenzt. Bei Phenolharz-Leimen, die bei mittleren Temperaturen härten, erwiesen sich die alkalischen den sauren als überlegen, da letztere bei Heißhärtung offenbar zu Faserschädigungen im Holz führen[1]. Resorcin- und heißhärtende Melaminharz-Leime erwiesen sich als beständig gegenüber Hitze und Feuchtigkeit und scheinen ähnlich dauerhafte Verbindungen zu liefern wie Phenolharz-Leime. Die meisten Arten von Harnstoff-Formaldehydharz-Leimen haben mäßige bis niedrige Widerstandsfähigkeit gegenüber hoher Feuchtigkeit bei Raumtemperatur, durchweg niedrige Widerstandsfähigkeit gegenüber hohen Temperaturen, besonders in Verbindung mit hoher Feuchtigkeit. Sehr ernst ist die Einwirkung hoher Temperaturen bei kalthärtenden, etwas weniger stark bei heißhärtenden, am wenigsten bei verstärkten Harnstoffharz-Leimen. Bei dauernder Einwirkung von 70°C Temperatur waren die Verbindungen mit kalthärtenden Harnstoffharz-Leimen am wenigsten dauerhaft, wogegen jene mit durch Melamin verstärkten Harnstoffharz-Leimen fast so dauerhaft waren wie Phenolharz-Leimverbindungen. Kalthärtende Harnstoffharze sind saurer als andere Harnstoffharz-Leime und verursachen dadurch anscheinend eine beträchtliche Abnahme der Festigkeit während drei Jahren im gewöhnlichen Raumklima (27°C Temperatur, 65% relative Feuchtigkeit). Bei dauerndem Eintauchen in Wasser von Raumtemperatur und bei periodischem Tauchen und Trocknen hatten mit verschiedenen Harnstoffharz-Leimen hergestellte Birkensperrholzplatten gute bis hohe Dauerhaftigkeit, während ein Wechsel von hoher und niedriger Feuchtigkeit zu rascher Zerstörung führt. Mit Melamin verstärkte Harnstoffharz-Leime scheinen aber auch unter dieser Beanspruchung den Phenolharz-Leimverbindungen vergleichbar zu sein.

Kalthärtende Harnstoffharze können bei Verwendung gewisser Hölzer (z. B. Gelbbirke) versagen, wenn in Salzwasser eingetaucht wird. Bei anderen Hölzern (z. B. Eiche) lösen sich die Verbindungen bei dauernder Lagerung sowohl in frischem als auch in Salzwasser. Streckung von Harnstoffharz-Leimen mit Mehl verringert die Beständigkeit der Verbindungen beim Eintauchen mäßig, jedoch wird die Widerstandsfähigkeit gegen biologische Angriffe selbst bei geringem Mehlgehalt herabgesetzt.

---

[1] Vgl. R. F. Blomquist: Effect of Alkalinity of Phenol- and Resorcinol-Resin-Glues on Durability of Joints in Plywood, For. Prod. Lab. Rep. Nr. R 1748, Madison, Wisc., Aug. 1949. — J. M. Black u. W. Z. Olson: Durability of Room-Temperature-Setting Resin Glues Cured to Different Degrees in Yellow Birch Plywood, U. S. For. Prod. Lab. Rep. Nr. 1537, Madison, Wisc., Dez. 1947.

Verbindungen mit Kaseinleimen sind nicht dauerhaft, wenn die relative Luftfeuchtigkeit über 90% liegt, jedoch sind sie gegen hohe Temperatur ziemlich unempfindlich. Durch Beimischung chemischer Schutzmittel (z. B. 10% Pentachlorphenol) wird die Dauerhaftigkeit von Kaseinleimfugen bei hoher Feuchtigkeit bedeutend vergrößert, ohne daß die Eigenschaften darunter leiden. Glutin- und Stärkeleime eignen sich nur, wenn das Holz trocken bleibt. Bei relativen Luftfeuchtigkeiten oberhalb von 80% tritt eine rasche Lösung der Bindung ein.

Ein Schnellprüfverfahren für Schichtholzbalken, die im Freien gebraucht werden sollen, wurde im U.S. Forest Products Laboratory entwickelt[1]. Der Leitgedanke war, starke Schwind- und Quellspannungen im Schichtholz hervorzurufen in der Annahme, daß dadurch Risse im Holz und eine Lösung der Leimverbindung verursacht würden. Ursprünglich wurden 51 mm dicke Querschnittscheiben aus den Schichtholzbalken während 30 Tagen in Wasser von Raumtemperatur getaucht, dann weitere 30 Tage bei 27° C und 30% relativer Luftfeuchtigkeit getrocknet, worauf sich dieses Spiel noch zweimal wiederholte, so daß die gesamte Versuchsdauer 180 Tage betrug. Dies war zu lang, und es sollte deshalb eine schneller zu Ergebnissen führende Prüfmethode geschaffen werden. Sie wurde in der Anwendung von Vacuum und Druck gefunden. Dabei wurde wie folgt vorgegangen:

Die Prüfscheiben werden in einem Autoklaven in ein Gefäß mit Wasser getaucht und durch Gewichtsbeschwerung unter Wasser gehalten. Ein Vacuum von rund 500 bis 640 mm Q.-S. wird dann während zwei Stunden aufrechterhalten. Hierauf wird das Vacuum aufgehoben und während zwei Stunden ein Luftdruck von 5,3 kg/cm² angewendet. Die Vacuum-Druckbehandlung wird dann nochmals wiederholt, anschließend bleiben die Proben weitere 16 h bei atmosphärischem Luftdruck eingetaucht. Hierauf werden sie bei 27° C Temperatur und 30% relativer Luftfeuchtigkeit während sechs Tagen getrocknet, wobei ein scharfer Luftstrom sie über Hirn trifft. Der ganze bisher beschriebene Eintauch-Trockenprozeß wird zweimal vorgenommen, so daß sich eine Gesamtversuchsdauer von 21 Tagen ergibt. Bild 1087 zeigt, daß zwischen den Ergebnissen dieser Schnellprüfung und jenen aus Bewitterungsversuchen während eines Jahres gesetz-

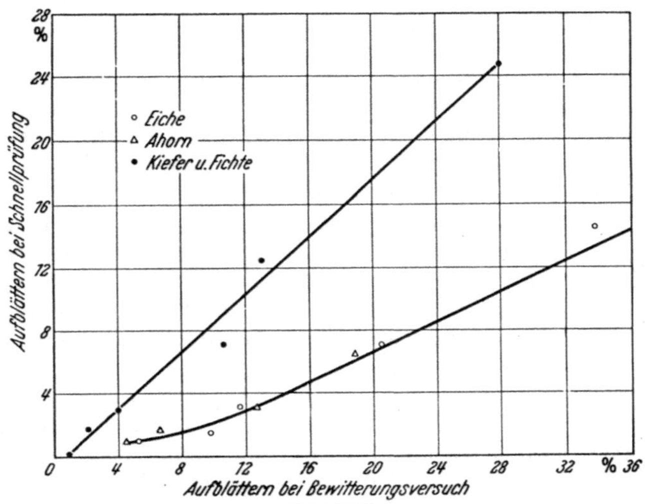

Bild 1087.
Vergleich der Ergebnisse von Laboratoriums- und Bewitterungsversuchen von Sperrholz auf Aufblättern. (Nach T. R. Truax und M. L. Selbo.)

[1] Truax, T. R., u. M. Selbo: Results of Accelerated Tests and Long-Term Exposures on Glue Joints in Laminated Beams, U. S. For. Prod. Lab. Rep. Nr. D 1729, Madison, Wisc., Okt. 1948.

mäßige Beziehungen bestehen. Den Einfluß verschiedener Faktoren auf die Laboratoriumsprüfung von Leimverbindungen hat R. P. Hopkins[1] erörtert.

953.33 Biologische Prüfungen. Glutin-, Stärke- und Kaseinleime sind sehr anfällig gegen die Angriffe von Mikroorganismen, während Kunstharzleime resistent sind. Bei den im vorangegangenen Abschnitt besprochenen Bewitterungsprüfungen sowie bei verschiedenen verschärften Laboratoriumsprüfungen hat man in wechselndem Ausmaß mit solchen biologischen Angriffen durch Bakterien und Pilze zu rechnen. Die Aero Research Limited, Duxford, Cambridge, hatte es unternommen[2], das veröffentlichte Versuchsmaterial zu scheiden nach Ergebnissen von mykologischen Prüfungen und solchen von Prüfungen auf Wasserbeständigkeit unter sterilen Bedingungen.

Im U.S. Forest Products Laboratory[3] wurden unter sterilen Bedingungen aus verschiedenen handelsüblichen Kaseinleimen auf Malz-Agar eine große Anzahl von Bakterien und Hefepilzen kultiviert; verhältnismäßig wenige Schimmelarten konnten isoliert werden, allerdings unter ihnen Penicillium brevicaule, das hauptsächlich zum Aufblättern von kaseinverleimten Sperrhölzern führt. Dieser Pilz, der im Käse vorkommt und der Gelatine verflüssigt, verursacht eine alkalische Reaktion und einen starken Geruch nach Ammoniak. Daneben konnten Penicillium glaucum sowie verschiedene Torulastämme bestimmt werden. In der Folge wurden Versuche angestellt, um zu sehen, ob die im Leimpulver gegenwärtigen Mikroorganismen die Vorgänge in der Leimfuge überleben. Dabei stellte sich heraus, daß viele Bakterien wahrscheinlich durch die hohe Alkalität getötet werden, daß aber einige Stämme nicht nur nicht absterben, sondern sich vermehren, wenn das Holz wieder feucht genug wird. Sowohl Penicillium brevicaule als auch P. glaucum konnten im Zusammenwirken mit den Bakterien, die den Verleimungsvorgang überstanden, Sperrholzscherproben rasch zum Aufblättern bringen. Auch verschiedene andere in der Luft vorhandene Schimmelpilze konnten das Kasein zersetzen. Die normal in der Luft vorhandene Mikroflora führte zu einer schnelleren Zerstörung der Leimfugen als die Beimpfung mit den erwähnten Reinkulturen.

J. Liese[4] hatte bei Versuchen an Sperrhölzern mit Kasein-, Phenolharzfilm- und Harnstoffharzverleimung in einem Tropenraum bei 40° C und 90 bis 100% relativer Luftfeuchtigkeit festgestellt, daß Schutzstoffe dem Abbau des Kaseins nicht vorbeugen können. Dieses Ergebnis stellte sich auch bei den im folgenden auszugsweise mitgeteilten englischen Versuchen über die Beständigkeit von Sperrplatten in feuchter Umgebung heraus.

K. St. G. Cartwright und W. P. K. Findlay haben in ihrem Buch „Decay of Timber and its Prevention (London 1946)“ auch die Wirkungen von Mikroorganismen auf Kunstharzleime kurz zusammengefaßt. Sie weisen darauf hin, daß Phenolharzleime selbst gegen Kochen und gegen mikrobiologische Angriffe immun sind; Harnstoffharzleime sind an sich kaum weniger beständig, aber sie werden gewöhnlich mit organischen Füllstoffen wie Mehl oder Holzmehl gestreckt. Überschreitet der Anteil an organischen Streckmitteln einen gewissen Schwellenwert (etwa 25 bis 33%), dann kommt es sehr leicht zur Auflösung der Fuge durch Schimmelangriffe, ein Befund, der in Übereinstimmung mit den in Abschnitt 953.32 erwähnten Arbeiten von R. A. G. Knight und seinen Mit-

[1] Hopkins, R. P.: Evaluation of Resin Adhesives, For. Prod. Soc. 1949, Prepr. Nr. 71.
[2] Aero Res. Techn. Notes, Bull. Nr. 62: The Effects of Micro-Organisms on Adhesives.
[3] Christensen, C. M., u. C. S. Moses: Molds and Bacteria that delaminate Plywood bonded with Casein and Soyabean Glues, For. Pathology Spec. Release Nr. 25, Juni 1925.
[4] Liese, J.: Z. VDI Bd. 80 (1936) S. 1008.

arbeitern steht. Bemerkenswert ist an diesen im britischen Forest Products Research Laboratory in Princes Risborough durchgeführten Versuchen die Technik. Drei verschiedene Expositionsarten wurden gewählt:

1. Bewitterung vor einer Wand. Die zu prüfenden Sperrplatten wurden dabei 38 mm vor einer Wand im Freien befestigt, und zwar so, daß die untere Kante in einer etwa 10 mm tiefen Rinne ruhte, die in den Tragbalken geschnitten war. Regen hatte dadurch die höchstmögliche örtliche Einwirkung. Die Luft konnte frei hinter den Platten zirkulieren.

2. Eingraben in Erde. Jede Platte wurde dabei zur Hälfte in Erde eingegraben, die fest an die Platten angedrückt wurde.

3. Eintauchen in Wasser. Jede Platte wurde dabei zur Hälfte in Wasser eingetaucht. Das Wasser wurde nicht gewechselt, sondern nur nach Bedarf aufgefüllt. Im Sommer siedelten sich beträchtliche Mengen von Organismen an, im Winter gefror das Wasser.

Die Ergebnisse dieser Versuche sind in Zahlentafel 132 und 133 zusammengestellt.

Zahlentafel 132. *Verhalten von Sperrholzplatten, die mit wasserbeständigen Kunstharzleimen hergestellt waren.* (*Nach Forest Products Research Laboratory, Princes Risborough.*)

Exposition	Phenolharzleime und Blutalbumin-PF-Mischungen	Harnstoffharzleime	HF-Harze + 25% Mehl
1	Alle 12 Tafeln unversehrt nach 12 bis 35 Monaten	8/12 Tafeln unversehrt nach 19 bis 33 Mt., 4/12 Tafeln zerstört in durchschnittl. 19 Mt.	2/4 Tafeln unversehrt nach 33 Mt., 2/4 Tafeln zerstört in durchschnittl. 12 Mt.
2	6/8 Tafeln verrottet nach 8 bis 17 Mt., 2/8 Tafeln unversehrt nach 12 Mt.	Alle Tafeln verrottet nach 12 bis 17 Mt.	2 Tafeln nur — verrottet nach 12 Mt.
3	Alle Tafeln unversehrt nach 12 bis 32 Mt.	4/8 Tafeln verrottet nach 17 bis 23 Mt. 4/8 Tafeln unversehrt nach 19 bis 23 Mt.	2 Tafeln nur — verrottet nach 22 Mt.

Zahlentafel 133. *Lebensdauer von Sperrholzplatten in Monaten, die mit weniger wasserbeständigen Leimen hergestellt waren.* (*Nach Forest Products Research Laboratory, Princes Risborough.*)

Exposition	Variationsbereich	Harnstoffharzleim + 50% Mehl	Harnstoffharzleim + 75% Mehl	Harnstoffharzleim + 100% Mehl	Blutalbumin	Kaseinleim hitzereaktiv	Kaseinleim normal	Stärkeleim
1	Min.	24	14	4	11	2	1	3
	Mittel	24	24	13	11	6	6	3
	Max.	24	33	23	11	13	23	3
2	Min.	3	1	1	—	1 —	0,5	—
	Mittel	7	2	1,5	—	1	1	0
	Max.	10	4	2	—	1 +	2	0,75
3	Min.	3	2	2	—	1	1	—
	Mittel	11	5	3	—	2	2,5	0
	Max.	17	7	5		2,5	4	0,25

Bei den zur Hälfte eingegrabenen Sperrplatten wurden die mit Phenolharz-Harnstoffharz- und mit Harnstoffharzleimen, die 25% Mehl enthielten, gefertigten durch Fäulnis des Holzes, nicht aber durch Abbau der Leimschicht zerstört. Alle anderen Proben jedoch blätterten durch die Tätigkeit der Mikroorganismen in den Leimfugen auf. Mykologische Prüfungen der Platten nach dem Versuch erwiesen, daß die mit viel Mehl gestreckten Harnstoffharzleime durch Schimmelpilze angegriffen worden waren, während die Kaseinleime auch durch Bakterien geschädigt waren. Am stärksten war die Bakterientätigkeit bei den in Wasser eingetauchten Platten.

Verschiedene toxische Substanzen wie β-Naphthol und Pentachlorphenol konnten bei den gewählten Konzentrationen weder die gestreckten Harnstoffharz- noch die Kaseinleime nennenswert und dauernd in ihrer Wasserfestigkeit verstärken. Sinnvoll ist die Zugabe solcher Schutzmittel jedoch bei nicht zu scharfer oder nur gelegentlicher Exposition.

In Deutschland wurde zur Prüfung der Widerstandsfähigkeit von Leimen gegenüber Schimmelpilzen DIN 53256 — Prüfung von Holzleimen, Bindefestigkeit von Furnierplatten nach Schimmelwirkung (Schimmelfestigkeit) — im Entwurf aufgestellt. Für die Prüfung der Holzleime auf Tropenfestigkeit enthält DIN Entwurf 53257 Vorschriften. Neben der Bindefestigkeit in abwechselnd solarem Trockenklima und kühlem Trockenklima (Solar-Bindefestigkeit) ist dabei nach Bedarf die Bindefestigkeit in feuchtem Tropenklima (Hydro-Festigkeit), die Schimmelfestigkeit sowie die Widerstandsfähigkeit des Leimes gegen Anobien- und Termitenfraß zu bestimmen. Unter tropischen Verhältnissen haben D. Narayanamurti und J. N. Pande[1] in Indien Dauerhaftigkeitsprüfungen von Sperrhölzern vorgenommen, die mit verschiedenen Leimen hergestellt waren; teilweise waren dabei den Leimen auch Schutzmittel zugegeben worden.

953.4 Prüfung der Holzleime vor der Verarbeitung.

953.41 Viscositätsprüfungen. 953.410 Allgemeines über Viscositätsprüfungen von Leimen. Viscositätsmessungen sind bei gebrauchsfertigen, flüssigen Leimen üblich, da sie über ihre Eigenschaften wichtige Auskünfte geben. Bei Glutinleimen ist die Viscosität unmittelbar ein Maßstab für den Polymerisationsgrad und damit für die Qualität des Proteins. Außerdem wird die Viscosität um so höher, je mehr Glutin in der Trockensubstanz des Leims enthalten ist. Die Viscositätsprüfung bestimmt also unmittelbar die Ergiebigkeit und kann bei Glutinleimen als Unterlage für die Beurteilung der Wirtschaftlichkeit dienen. Bei allen pulverförmigen Leimen kann man durch Viscositätsprüfungen auch feststellen, ob der vorschriftsmäßig angesetzte Leim die richtige Viscosität hat (Wareneingangskontrolle). Bei verschiedenen flüssigen Kunstharzleimen gibt die Viscosität ferner Aufschluß über den Alterungszustand der Harze; die Leime werden durch chemische Reaktionen allmählich zähflüssiger, wobei ihre Fähigkeit, gute Adhäsion zu schaffen, leidet. Unter diesem Gesichtswinkel dienen Viscositätsmessungen der Betriebskontrolle.

Anderseits ändert sich die Viscosität aller Bindemittel rasch mit der Temperatur, auch neigen sie dazu, eine Haut zu bilden. Dadurch werden die Viscositätsmessungen etwas problematisch und können insbesondere für die Praxis schwierig und voller versteckter Fehlerquellen sein. Zunächst muß deshalb eine Bezugstemperatur festgelegt werden, damit die Meßergebnisse miteinander ver-

---

[1] Narayanamurti, D., u. J. N. Pande: Durability Trials on Glues and Plywood, Ind. For. Bull. Nr. 139, For. Res. Inst. Dehra Dun 1948.

gleichbar werden. Flüssige Kunstharzleime werden bei 20° ± 2° C geprüft. Für Glutinleime müssen höhere Temperaturen gewählt werden, da sie bei Raumtemperaturen gelieren; folgende Temperaturen sind üblich:

Glutin-Hautleim 40° ± 2° C.

Glutin-(Knochen-)Leim 30° ± 1,5° C.

953.411 Theoretische Grundlagen der Viscositätsmessungen. Unter Zähigkeit versteht man jene Eigenschaft eines (gasförmigen, flüssigen oder festen) Körpers, welche die Abhängigkeit der in ihm auftretenden Spannungen von der Formänderungsgeschwindigkeit kennzeichnet[1]. Stoffe, bei denen beliebig kleine Kräfte beliebig große Formänderungen hervorrufen können, wenn letztere hinreichend langsam erfolgen, heißen „Flüssigkeiten".

Für viele Flüssigkeiten gilt der Newtonsche Ansatz (vgl. Bild 1088)

$$\tau = \eta \cdot \frac{\partial v}{\partial y} \approx \frac{\partial \sigma}{\partial t}, \qquad (174)$$

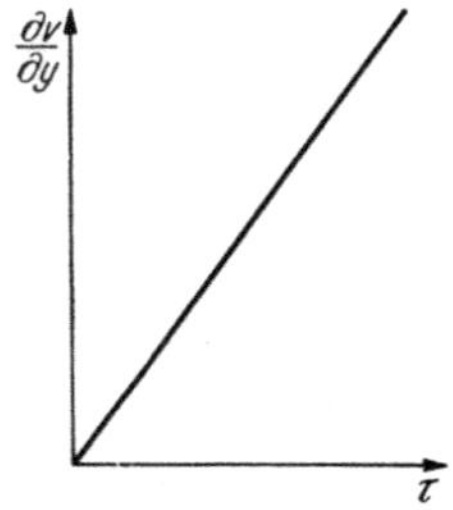

Bild 1088. Zusammenhang zwischen der Schubspannung und dem Geschwindigkeitsgradienten bei einer Newtonschen Flüssigkeit.

das heißt, die Schubspannung τ, die zwischen zwei in der Strömungsrichtung benachbarten parallelen Schichten besteht, ist proportional dem Geschwindigkeitsgradienten $\frac{\partial v}{\partial y}$ senkrecht zur Strömungsrichtung oder (bei geringen Schubgeschwindigkeiten) die Verformungsgeschwindigkeit ist proportional der angewendeten Kraft. Soweit dieser Ansatz zulässig ist, wird durch ihn ein Proportionalitätsfaktor η als Maß für die Zähigkeit festgelegt.

Diese Materialkonstante heißt „dynamische Zähigkeit", bei Flüssigkeiten auch Viscosität. Sie hat im cgs-System die Einheit [dyn · s · cm^{-2} = cm^{1} · g · s^{-1}], die nach Poisseuille mit „Poise" [P] bezeichnet wird. Der hundertste Teil eines Poise heißt „Centipoise" [cP].

Aus dem Newtonschen Gesetz läßt sich für die laminare Strömung einer Flüssigkeit durch eine Kapillare das Poisseuillesche Gesetz (vgl. Bd. I, S. 488) ableiten. Laminare Strömung kann als das Gleiten außerordentlich dünner Schichten, einer über der anderen, betrachtet werden. Oberhalb der kritischen Reynoldschen Zahl $R_{e\,\mathrm{krit}}$

$$R_{e\,\mathrm{krit}} = \frac{v \cdot 2r \cdot \varrho}{\eta} \approx 2000, \qquad (175)$$

wobei v = die Strömungsgeschwindigkeit, r der Kapillarradius, ϱ die Dichte der Flüssigkeit und η ihre dynamische Zähigkeit sind, geht die laminare in eine turbulente Strömung über; dabei weicht die Bewegung der Flüssigkeitsteilchen von der Richtung ab, in der sich der Druck vermindert. Für die vorliegenden Betrachtungen interessiert aber nur der laminare Fluß.

Bei vielen Strömungsvorgängen tritt als maßgebender Stoffwert der Quotient aus dynamischer Zähigkeit und Dichte, die kinematische Zähigkeit ν auf. Ihre Dimension im cgs-System ist [cm^{2} · s^{-1}]; sie führt nach Stokes den Namen „Stoke" (St); häufig gebraucht sind Centistoke [cSt].

Flüssigkeiten, die große Moleküle oder feste Teilchen in Dispersion enthalten (darunter viele lyophile Kolloide), folgen dem Newtonschen Gesetz nicht mehr; in vielen Fällen treten die Abweichungen davon schon bei niedrigen Schubspannungen auf. Die meisten Dispersionen und Suspensionen zeigen besonders

[1] Kohlrausch, F.: Praktische Physik, 17. Aufl., Leipzig und Berlin 1935.

bei höheren Konzentrationen bei allen Spannungen Abweichungen vom Newtonschen Gesetz. Für diesen Fall kann man den Ansatz wählen (Bild 1089)

$$\tau^n = \eta \cdot \frac{\partial v}{\partial y}. \qquad (176)$$

Der Exponent n hat keinen eindeutigen physikalischen Sinn, drückt aber nach R. Houwink[1] wohl die Fähigkeit der Moleküle oder Teilchen aus, verformt oder gerichtet zu werden. Bei richtiger Wahl von n gilt die Gleichung (176) für eine Reihe von Flüssigkeiten. Zu erwähnen ist noch, daß als Bindemittel in der Holzverarbeitung in Frage kommende Kunstharze, zum mindesten solange der Härter nicht beigemischt wurde, Newtonsche Flüssigkeiten sind.

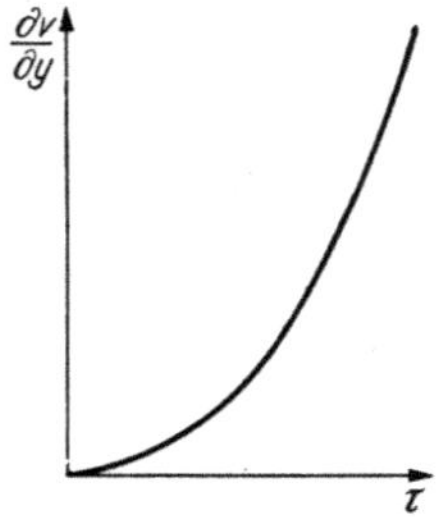

Bild 1089. Zusammenhang zwischen der Schubspannung und dem Geschwindigkeitsgradienten bei einer nicht Newtonschen oder quasi viscosen Flüssigkeit.

953.412 Viscositätsprüfverfahren. Bei Flüssigkeiten mit geringer Zähigkeit kann man die Zähigkeit an sich mit Hilfe der Hagen-Poisseuilleschen Gleichung aus verschiedenen der Beobachtung zugänglichen Größen ausrechnen. Meist aber bedient man sich einer einfacheren Methode: Man benutzt ein Gerät, dessen Konstanten durch Eichung mit einer Flüssigkeit von bekannter Zähigkeit ermittelt werden. Ein solches Gerät ist beispielsweise das Ostwaldsche Kapillarviscosimeter, das aber für zähe Flüssigkeiten nicht zweckmäßig ist. Bei ihnen mißt man meist die Fallzeit eines Körpers in der Flüssigkeit, die Durchlauf- oder Auslaufzeiten oder die Kraft, die zur Bewegung eines Körpers in der Flüssigkeit nötig ist. Die Theorie dieser Viscosimeter ist noch nicht exakt gelöst, so daß man auf eine empirische Eichung der Geräte angewiesen ist. Eingehend besprochen wurde die Viscositätsmessung von G. Barr[2], W. Philippoff[3], A. C. Merrington[4] und anderen.

Fallkörper-Viscosimeter sind einfach, leicht sauber zu halten und genau. Leider sind sie für trübe oder undurchsichtige Flüssigkeiten nicht oder nur in Verbindung mit kostspieligen elektronischen Kontrollgeräten brauchbar. Außerdem müssen die Dichte der Fallkugel und der Flüssigkeit bekannt sein. Trotzdem sind derartige Geräte vielfach verwendet und auch in Normen für die Viscositätsmessung von Kunstharzen und Bindemitteln vorgeschrieben. Eine recht gute Meßgenauigkeit ergibt das Viscosimeter nach F. Hoeppler[5]. Es benutzt ein genau kalibriertes Glasrohr, das um 10° gegen die Vertikale geneigt ist und in dem Kugeln verschiedenen Durchmessers (für verschiedene Meßbereiche) herabrollen.

Tauch-Viscosimeter können entweder als Einsink- oder als Auftauchviscosimeter ausgebildet sein, je nachdem das Gewicht des eingetauchten Körpers größer oder kleiner ist als das Gewicht der verdrängten Flüssigkeitsmenge. Gemessen wird der Durchgang zweier in einem gewissen Abstand auf dem Tauchstab angebrachter Marken durch den Leimspiegel. Beim Einsinkviscosimeter ist diese Messung genauer möglich als beim Auftauchviscosimeter. Um Störungen durch Grenzschichteinflüsse auszuschalten, darf der Durchmesser des Zylinders, in dem sich die Flüssigkeit befindet, nicht zu klein sein. Bild 1090

---

[1] Houwink, R.: Elasticity, Plasticity and Structure of Matter, Cambridge 1937.
[2] Barr, G.: A Monograph of Viscosity, Oxford 1931.
[3] Philippoff, W.: Viskosität der Kolloide, Dresden 1942.
[4] Merrington, A. C.: Viscosity, London 1949.
[5] Hoeppler, F.: Z. Techn. Physik Bd. 14 (1933) S. 165.

zeigt schematisch ein von W. Küch[1] zu Viscositätsmessungen an Kunstharzleimen benutztes Gerät. Ein Metallstab von 4 mm Durchmesser, dessen Gewicht durch ein Gegengewicht bis auf ein Übergewicht von 6,0 g ausgeglichen ist, taucht hierbei in die zu prüfende Leimlösung, die sich in einem Zylinder mit mindestens 40 mm Durchmesser befindet. Gemessen wird die Tauchzeit für 10 mm Eintauchtiefe. Der praktisch ausnutzbare Meßbereich liegt zwischen 3 und 120 s und umfaßt damit ungefähr die Zähigkeit innerhalb der Streichfähigkeitsgrenzen. Nach W. Küch ist das

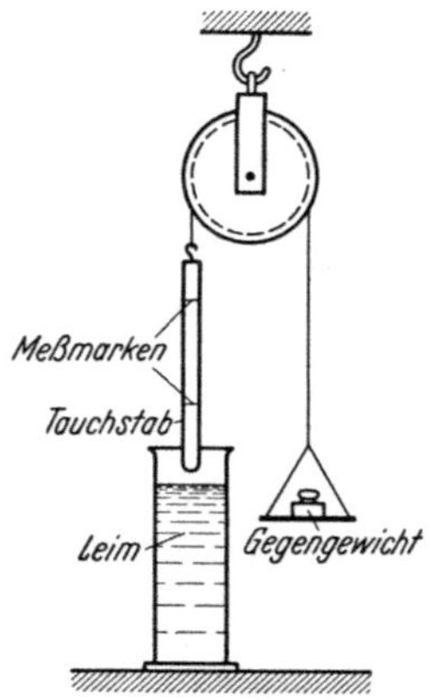

Bild 1090. Schematische Darstellung des Tauchstab-Viscosimeters nach W. Küch.

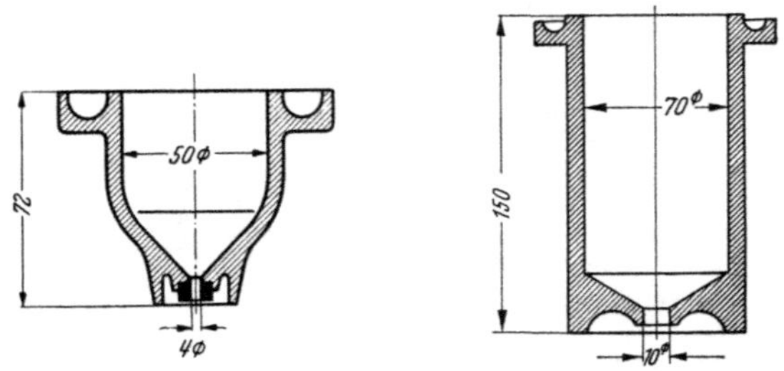

Bild 1091. Auslaufbecher zur Viscositätsprüfung. a Ford-Becher nach DIN 53211, b Abgewandelter Auslaufbecher nach H. Klemm.

Gerät eichfähig; die beiden Grenzwerte entsprechen etwa 3000 cP (bei $t = 3$ s) und 150000 cP (bei $t = 100$ s). Ein Vorteil der Tauchviscosimeter ist ihre leichte Reinigung.

U-Rohr-Viscosimeter sind in England für die Prüfung von Glutinleimen (in $12^1/_2$%iger Lösung) genormt. Sie bestehen aus einem U-Rohr, in das die Lösung gegossen wird und durch einen Kapillarabschnitt von einem Arm zum anderen fließt. Die Fließzeit wird gemessen und mittels eines Eichfaktors umgerechnet[2]. Die Geräte sind genau und einfach, aber leicht zerbrechlich und schwierig zu reinigen.

Auslauf- und Durchlauf-Viscosimeter sind für Viscositätsmessungen an Leimen weit verbreitet. In der deutschen Glutinindustrie wird hauptsächlich das Viscosimeter nach Engler benutzt, bei dem die Auslaufzeit eines Leimes unter genormten Temperaturbedingungen mit der von destilliertem Wasser verglichen wird. Das Verhältnis beider Zeiten wird als Engler-Grad (E°) bezeichnet. Für Lacke, aber auch viele Leime, eignet sich zur Viscositätsmessung weiter der Auslaufbecher nach DIN 53211 (Ford-Becher, Bild 1091a). Der praktische Meßbereich liegt zwischen 20 und 500 s. Bei gestreckten Leimen versagt der DIN-Becher, da seine Düse sich verstopft. Hier kann man den Auslaufbecher nach H. Klemm mit 10 mm-Düse (Bild 1091b) verwenden, bei dem nicht die Auslaufzeit, sondern die in einer bestimmten Zeit (z. B. 5 min) ausgelaufene Menge bestimmt wird. Die Auslaufbecher sind für die Praxis genügend genau, müssen jedoch sorgfältig sauber gehalten werden, da geringe Verunreinigungen der Düsen die Meßergebnisse unbrauchbar machen.

Ein Durchlaufviscosimeter nach N. A. de Bruyne[3] zeigt Bild 1092 schematisch. Es mißt die Viscosität Newtonscher Flüssigkeiten unmittelbar in

[1] Küch, W.: Kunststoffe Bd. 38 (1948) S. 95.
[2] Vgl. British Plastics Federation Publication Nr. 21, British Standard BS 188: 1937 und D. Fysh u. E. C. Jones: Wood (London) Bd. 17 (1952) S. 424.
[3] Aero Research Techn. Notes Bull. Nr. 91, Juli 1950.

Pois, ohne daß eine Eichtabelle nötig ist und ohne daß Volumen bzw. Dichte der Flüssigkeit bekannt sein müssen. Vorteilhaft ist auch, daß nur eine geringe Flüssigkeitsmenge erforderlich ist, daß die Temperatur leicht kontrolliert werden kann, daß die Viscosität sowohl von klaren als auch von trüben Flüssigkeiten bestimmbar ist und daß das Gerät einfach gereinigt werden kann. Das Prinzip des Gerätes ist folgendes: Ein gewichtsbelasteter Kolben erzeugt einen konstanten Luftdruck, der die zu prüfende Flüssigkeit durch ein waagerechtes Glasrohr preßt, daß zwei Eichmarken besitzt. Gemessen wird die Zeit, welche die Flüssigkeit benötigt, um von einer Marke zur anderen zu gelangen. Diese Zeit ist zahlenmäßig gleich der Zähigkeit in Pois. Ein „Schnorchel" am Ende der Kapillare sorgt für ihre Entlüftung. Durch die Wahl von Kapillaren mit verschiedenem Durchmesser erhält man einen Meßbereich von 50 cP bis zu vielen tausend P.

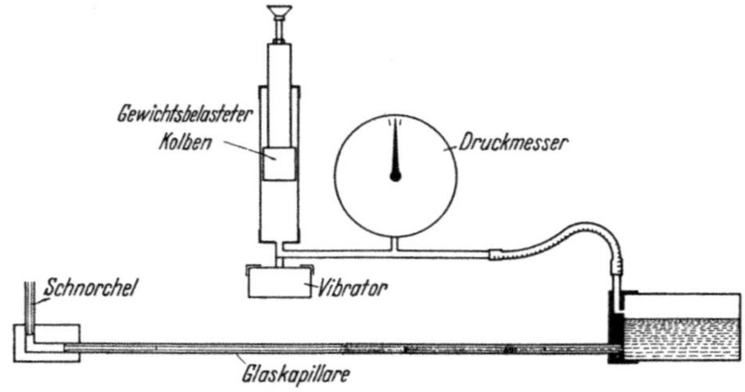

Bild 1092. Schema des Durchlauf-Viscosimeters nach N. A. de Bruyne.

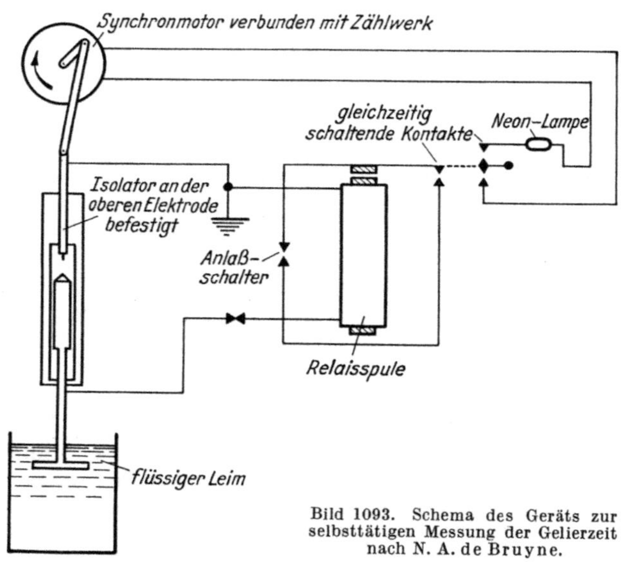

Bild 1093. Schema des Geräts zur selbsttätigen Messung der Gelierzeit nach N. A. de Bruyne.

953.42 Messung der Gelierzeit und Gallertfestigkeit. Die Lebensdauer der Leimmischungen (Potlife), Standzeit oder auch Gelierzeit ist für den Hersteller und Verbraucher von Leimen nicht minder wichtig als die Viscosität. Man versteht unter Gelierzeit diejenige Zeit, die das Bindemittel nach Zugabe des Härters benötigt, um einen hochelastischen Zustand zu erreichen. Subjektive, damit unzuverlässige und zudem zeitraubende Prüfverfahren bestehen darin, die Mischung mit einem Stab umzurühren (wobei man den Übergangspunkt vom Sol zum Gelzustand erkennen kann) oder zu sehen, wann ein Faden der Mischung „gummiartig" reißt. Ein objektives Meßverfahren hat N. A. de Bruyne entwickelt. Es beruht auf dem grundsätzlichen Unterschied im rheologischen Verhalten einer Flüssigkeit und eines Gels; erstere hat eine kleine Maxwellsche Relaxationszeit[1],

[1] Unter Relaxation versteht man den Ausgleich innerer Spannungen in einem verformten Körper durch eine langsame Bewegung seiner kleinsten Teilchen oder von Teilen seiner Moleküle.

letzteres eine große. N. A. de Bruyne ging nun davon aus, daß für den fraglichen Meßzweck eine Relaxationszeit in der Größenordnung von einer halben Minute die Gelierung des mit dem Härter vermischten Kunstharzleims hinreichend kennzeichnet. Die Wirkungsweise des Geräts zeigt Bild 1093: Einer gewichtsbelasteten Scheibe von 22,25 mm (7/8") Durchmesser, die in das Harz eintaucht, wird eine einfache harmonische senkrechte Bewegung mit einer Periode von 1 min über einen elektrischen Synchronmotor mit Getriebe aufgezwungen. Das wirksame Gewicht der Scheibe beträgt 16,5 g; wenn das Harz geliert, wird ein Zustand erreicht, an dem seine Steifigkeit hinreichend groß ist, um das Gewicht der Scheibe während einer halben Periode von 30 s zu tragen. Bis zu diesem Punkt steht das Kupplungsglied sowohl bei Aufwärts- als auch beim Abwärtsgang der Scheibe unter Zugspannung. Wird jedoch die Scheibe „gestützt“, dann wird das Kupplungsglied beim Abwärtsgang auf Druck beansprucht, wodurch ein Kontakt in einem Niederspannungskreis geschlossen wird. Hierdurch wird ein Relais betätigt, das den Synchronmotor ausschaltet und eine Kontrollampe aufleuchten läßt. Die Gelierzeit kann dann an einem Zähler abgelesen werden.

Die Gallertfestigkeit galt lange Zeit als wichtiges Kriterium für die Güte von Glutinleimen. Die Meßverfahren beruhen meist darauf, daß bestimmte Körper (z. B. ein Metallzylinder) mit einer genormten Belastungsgeschwindigkeit in den gelierten Leim eingedrückt werden, wobei die Verformung (oder die für eine bestimmte Eindrückung nötige Belastung) gemessen wird[1]. Bekannt sind die Glutinometer nach Greiner und nach Bloom.

953.43 Bestimmung des Trockenstoffgehalts. Bei flüssig gelierten Leimen, vor allem Glutinleimgallerten, aber auch Kunstharzleimen wird manchmal die Bestimmung des Trockenstoffgehalts als zweckmäßig angesehen. Man trocknet dabei etwa 10 bis 20 g des Bindemittels auf einem Uhrglas bei 102 ± 2° C in einem Trockenschrank bis zur Gewichtskonstanz. Der Trockenstoffgehalt errechnet sich als Verhältnis des Endgewichts G_2 zum Anfangsgewicht G_1. Der Anteil der verdampften Bestandteile $\frac{G_1 - G_2}{G_1}$ ist nicht gleichbedeutend mit dem Wassergehalt, da in dem Leim oft auch andere flüchtige Bestandteile, z. B. organische Lösungsmittel, enthalten sind. Das Verfahren ist unzuverlässig, da nach N. A. de Bruyne[2] 1. manche Bindemittel mit großer Beharrlichkeit festgehalten werden und 2. wärmehärtende Harze die Neigung haben, zu kondensieren und flüchtige Stoffe beim Erhitzen abzuspalten. Glutinleime müssen nach dem Trocknen im Exiccator über Phosphorpentoxyd abgekühlt werden, da sie sehr hygroskopisch sind.

953.44 Bestimmung des p_H-Wertes. Wie in Abschnitt 951.4 näher dargelegt wurde, sind Härtung und Bindung der meisten Holzleime p_H-gesteuerte chemische Reaktionen. An dieser und auch an späterer Stelle wurde darauf hingewiesen, daß zu große Säuregrade eines Leimes das Holzgewebe schädigen können. Das Maß für den Säuregrad ist der p_H-Wert, das heißt der negative Logarithmus der Wasserstoffionenkonzentration einer wäßrigen Lösung. Nähere Erklärungen sind in Bd. I, S. 177 gegeben. Wiederholt sei, daß der stark saure Bereich durch die p_H-Werte 0 bis 3, der schwach saure durch die p_H-Werte

[1] Gerngroß, S. O., u. E. Goebel: Chemie und Technologie der Leim- und Gelatinefabrikation, Leipzig 1933. — N. A. de Bruyne u. R. A. Houwink: Adhesion and Adhesives, New York, Amsterdam, London, Brüssel, S. 489. — D. Fysh u. E. C. Jones: Wood (London) Bd. 17 (1952) S. 424.

[2] de Bruyne, N. A., u. R. A. Houwink: Adhesion and Adhesives, New York, Amsterdam, London, Brüssel, S. 490.

4 bis 6, der neutrale Punkt durch $p_H = 7$, der schwach alkalische Bereich durch p_H 8 bis 10 und der stark alkalische Bereich durch p_H 11 bis 14 gekennzeichnet sind. Folgende Angaben können nach E. Plath[1] als Anhalt dienen (vgl. auch Bild 1035): Von den Glutinleimen sind die Hautleime meist neutral bis schwach alkalisch ($p_H = 7$ bis 8,5), die Lederleime neutral, normale Knochenleime schwach sauer ($p_H = 4$ bis 7), Resorcinleime neutral bis schwach alkalisch ($p_H = 7$ bis 7,5), flüssige Kunstharzleime auf Harnstoff- oder Phenolgrundlage bei Anlieferung neutral, nach dem Untermischen der Härter sind die heißhärtenden Phenolleime stark alkalisch ($p_H = 12$ bis 13), die Harnstoffleime meist schwach bis stark sauer ($p_H = 1$ bis 5), die Phenolharz-Kaltleime stark sauer ($p_H = 0{,}5$ bis 3), die Sojaproteinleime stark alkalisch ($p_H = 11$ bis 12), Polyvinylacetat-Dispersionen meist schwach sauer ($p_H = 4$ bis 7). Zur einfachen Prüfung des p_H-Werts benutzt man Indikatorpapiere[2], zur genaueren Messung im Laboratorium potentiometrische Geräte[3].

953.45 Sonstige Prüfungen von Holzleimen. Die sonstigen Prüfungen der Holzleime erstrecken sich meist auf chemische Eigenschaften, z. B. bei Glutinleimen auf den Gehalt an Asche sowie auf den quantitativen Anteil von Calcium-, Blei- und Zinkverbindungen[4], bei den Kaseinleimen auf den Mahlgrad, den Gehalt an Wasser, Asche, Fett, Eiweiß[5]. Einzelheiten finden sich in Abschnitt 955. Ähnliche Prüfungen werden bei den Blutalbuminleimen durchgeführt.

Zur Bestimmung und Unterscheidung verschiedener natürlicher Holzleime können nach E. Lehmann[6] verschiedene chemische Reaktionen herangezogen werden:

1. Glutinleime ergeben in alkalischen Lösungen von Kupfersulfat eine violette bis rote Farbreaktion;

2. Kaseinleime sind charakterisiert durch ihren Phosphorgehalt und ihre Ausfällung durch Lab;

3. Stärke- und Dextrinleime ergeben mit Jod eine violette Farbreaktion. B. J. Rendle und G. L. Franklin[7] erörterten die Bestimmung von Leimen für die Sperrholzindustrie an Hand mikroskopischer Untersuchungen, von Farbreaktionen sowie unter Zuhilfenahme einfacher chemischer und physikalischer Prüfverfahren. Die wärmehärtenden Harze sind häufig am Geruch des Formaldehyd, die wärmeplastischen an dem der Lösungsmittel kenntlich[8]. Weitere Prüfungen können sich auf die Gebrauchsdauer (Stabilität) der Leime in ihrer Lieferform, auf die Wärmetönung beim Abbinden, auf Korrosionsbeständigkeit der erhärteten Leimfugen und anderes mehr erstrecken.

---

[1] Plath, E.: Die Holzverleimung, Stuttgart 1951, S. 60.

[2] Merck, F.: Die Bestimmung der Wasserstoffionenkonzentration mit Indikatoren, Berlin 1940.

[3] Mislowitzer, E.: Die Bestimmung der Wasserstoffionenkonzentration von Flüssigkeiten, Berlin 1928. — W. Kordatzki: Taschenbuch der praktischen p_H-Messung, München 1934. — G. Lehmann: Die Wasserstoffionenmessung, München 1948.

[4] Vgl. Die RAL-Lieferungsbedingungen RAL 093 A_2.

[5] Vgl. Die RAL-Lieferungsbedingungen RAL 093 B.

[6] Lehmann, E.: Knochenverarbeitung und Leime Bd. 3 (1941) S. 169.

[7] Rendle, B. J., u. G. L. Franklin: J. Soc. Chem. Ind. Bd. 55 (1936) S. 105, Bd. 62 (1943) S. 11.

[8] Delmonte, J.: The Technology of Adhesives, New York 1947, S. 502.

954. Arbeitsvorgänge bei normaler Holzverleimung.

954.1 Vorbereitung des Holzes vor der Verleimung.

Wie aus den Ausführungen in Abschnitt 951.6 zu entnehmen ist, erhält man eine um so bessere und festere Leimverbindung, je dünner die Fuge ist. Dies setzt voraus, daß die zu verleimenden Flächen einander so nahe wie möglich gebracht werden. Sägerauhe Holzflächen erfüllen diese Bedingung meist nicht, wohl aber abgerichtete. Das früher bei Montageverleimungen übliche nachträgliche Aufrauhen dieser Flächen mit einem Zahnhobel (15 Zähne/cm) oder mittels der Schleifmaschine hat zu unterbleiben[1]. Beim Verarbeiten von Furnieren zu Lagenhölzern oder Preßformteilen darf ebenfalls nicht aufgerauht werden. Weiter sind folgende Forderungen an das zu verleimende Holz zu stellen:

1. Einwandfreie Konditionierung auf einen Feuchtigkeitsgehalt, der durch den späteren Verwendungszweck (s. Zahlentafel 22), die eventuell eintretende Befeuchtung durch den Verleimungsvorgang und unter Umständen auch durch die Feuchtigkeitsansprüche des Leimes selbst bedingt ist. Von sorgfältig konditioniertem Holz wird man erwarten dürfen, daß sich nach der Verleimung keine unzulässigen Formänderungen durch Verziehen und Werfen einstellen. Th. D. Perry[2] gibt die in Zahlentafel 134 zusammengestellten Anhaltswerte für die richtige Holzfeuchtigkeit beim Verleimen.

2. Konstruktionsglieder sollen so beschaffen sein, daß im Querschnitt Lamellen einheitlicher Schnittart zusammengesetzt werden, wodurch sich innere Spannungen beim Verleimen verringern lassen.

3. Entharzung stark harzhaltiger Holzoberflächen mit einem Verseifungs- oder Lösungsmittel (s. Ziffer 531.3).

4. Sauberkeit und Freiheit von Staub sowie Spänen der Holzoberflächen vor der Verleimung. Fett-, Öl- und Schweißflecken sind am besten mit Tetrachlorkohlenstoff zu entfernen.

5. Wegen der Temperaturabhängigkeit des Abbindevorgangs ist auch die Temperatur des Holzes unmittelbar vor der Beleimung zu beachten (z. B. von Holz aus dem Freien im Winter oder aus der Trockenanlage[3]).

Zahlentafel 134. *Richtige Holzfeuchtigkeit beim Verleimen.* (*Nach Th. D. Perry.*)

Leimart	Verfahren	Feuchtigkeitsbereich %
Kasein und Glutin	Sperrholz	3 — 5
Stärke und Sojamehl	Sperrholz	3 — 5
Kasein und Glutin	Montageverleimung	5 — 10
Harnstoffharz, kalthärtend	Sperrholz	7* — 9
Harnstoffharz, heißhärtend	Sperrholz	5 — 7
Harnstoffharz, kalthärtend	Montageverleimung	7* — 9
Phenolharz, flüssig, heißhärtend	Sperrholz	4 — 6
Phenolharzfilme, heißhärtend	Sperrholz	
	Furniere	8* — 10
	Mittellagen	5 — 6

* Die niedrige Feuchtigkeit kann bedenklich sein.

[1] Vgl. I. W. Maxwell: Shear-Strength of Glue Joints as effected by Surfaces and Pressure, New York State College of Forestry Techn. Publ. Nr. 64, Syracuse, N. Y., 1944.

[2] Perry, Th. D.: Wood Products Bd. 55 (1950) Nr. 1, S. 27.

[3] Kühne, H.: Leim und Holz in Holztagung 1949, Schriftenreihe der ÖGH H. 2 (1950).

Sind Holzteile auf Grund ihrer Abmessungen, besonderen Bearbeitung oder Struktur nicht ganz glatt und eben, so muß man, um bedenklichen Festigkeitsverlusten vorzubeugen, entsprechend gestreckte, fugenunempfindliche Leime verwenden.

954.2 Vorbereitung des Leimes vor dem Auftragen.

954.21 Lagerung von Holzleimen. Die in der Holzindustrie üblichen Leime werden von den Herstellfirmen entweder in fester Form (als Tafel, Kuchen, Flocken, Körner, Perlen, Pulver) in Behältern, Fässern, Säcken oder flüssig in Kanistern, Fässern und neuerdings mittels Kesselwagen angeliefert. Filmleime kommen in Rollenform auf den Markt. Soweit Härter zu verwenden sind, können diese ebenfalls fest oder flüssig gehandelt werden. Glutinleime sind auch halbfest als Gallerten beziehbar.

Fast unbegrenzt, d. h. mehrere Jahre, können unter einwandfreien Lagerungsbedingungen nur die festen Glutinleime gelagert werden. Bei allen anderen Leimen, besonders aber den flüssigen, ist je nach ihrer chemischen Struktur mit Alterungserscheinungen zu rechnen, wodurch die Leime allmählich unbrauchbar werden. Die Lagerungsfähigkeit schwankt, wie Anhangtafel VI nach J. E. Marian und H. H. Fickler ausweist, zwischen etwa drei Monaten und zwei Jahren. Auf jeden Fall sorgfältig zu beachten sind die Lagerungsvorschriften der Herstellfirmen, die sich meist auf Temperatur, relative Luftfeuchtigkeit, Belüftung, Lichtzutritt und zulässige Lagerzeit beziehen. Stets zweckmäßig ist es, die Lagerräume für Leim so kühl wie möglich zu halten. Bild 1094 zeigt den Einfluß der Temperatur auf die Lagerungsfähigkeit eines Kunstharzleimes. Am besten ist es, wenn die Verbraucher stets möglichst frischen Leim verarbeiten.

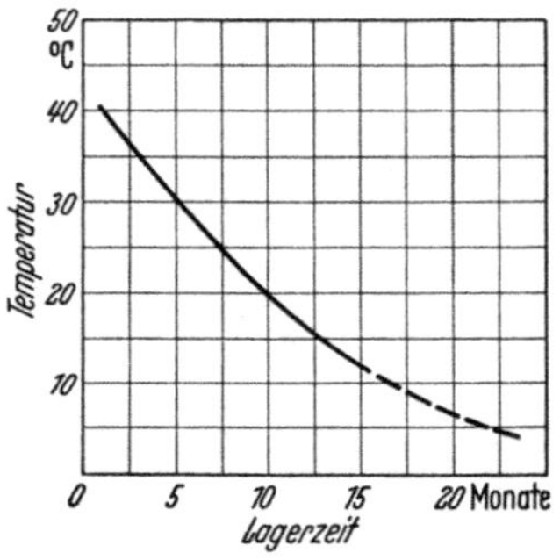

Bild 1094. Einfluß der Temperatur auf die Lagerungsfähigkeit eines Kunstharzleims. (Nach G. M. Scales.)

Mit Rücksicht darauf sollte der Lagerverwalter auch dafür sorgen, daß stets die am längsten im Lager befindlichen Leime zuerst zur Verarbeitung gelangen. Die Deckel von Fässern und anderen Behältern sollen nach jedem Gebrauch wieder aufgesetzt werden, damit besonders bei flüssigen Leimen nicht die zutretende Luft zur Hautbildung führt. Etwaige Häute sind zu entfernen und nicht in den Leim zu rühren, wo sie Klumpen bilden. Bei hygroskopischen pulverförmigen Leimen (z. B. Harnstoff-Formaldehydleimen) befindet sich zwischen Faß und Deckel meist ein Gummiring, der nicht entfernt werden darf, da sich sonst ebenfalls Klumpen bilden, die beim späteren Mischen des Leims große Schwierigkeiten veranlassen können. Grundsätzlich sind die Leime soweit wie möglich von den Härtern entfernt aufzubewahren.

954.22 Mischen und Verschäumen der Leime. 954.221 Mischen. Die meisten Leimformen enthalten Bestandteile wie Wasser, Kunstharzpulver, Streckmittel und kleine Mengen von Härtern. Mit üblichen Fabrikwaagen erhält man beim Abwiegen von 25 bis 50 kg eine hinreichende Genauigkeit von 2 bis 3%. Beim Abwiegen der Härter (in der Größenordnung von 1,5 bis 2,5 kg) soll man eine auf 1 g genau zeigende Waage verwenden. In jedem Leimmischraum sollten also zwei entsprechende Waagen vorhanden sein[1].

---

[1] Perry, Th. D.: Wood-Products Bd. 54, Nr. 2, Febr. 1949, S. 39. — Vgl. Ref. Holz-Zentralblatt Bd. 75 (1949) S. 487.

Die Mischgefäße sollen aus säurefestem Stahl, Glas, Porzellan, Steingut oder Emaille bestehen. Wenn sie zuerst für andere Leime Verwendung fanden, müssen sie vor der weiteren Benutzung sorgfältig gereinigt werden. Dies gilt insbesondere, wenn nach alkalischen Leimen wie Kasein- und Phenolharz-Leimen Harnstoffharz-Leime vermischt werden sollen, deren Abbinden durch Alkalien verzögert würde.

In der Regel rührt man zuerst die trockenen Bestandteile mit einer kleinen Menge Wasser an und verdünnt hierauf auf die vorgeschriebene Viscosität. Klumpen werden beim Anrühren in dicker Mischung leichter zerschlagen. Sollen gestreckte Leime hergestellt werden, so gießt man zunächst etwas Wasser in den Mischer, löst darin den Härter, schüttet hierauf das Streckmittel (Mehl) ein. Die sich bildende steife Mehl-Wassermischung ist solange zu bearbeiten, bis alle Klumpen verschwunden sind. Dann verdünnt man die Mischung mit Wasser und fügt das Leimpulver hinzu. Das Mischen wird fortgesetzt, bis völlige Dispersion erzielt ist. Endlich gießt man das Restwasser in den Mischer und mischt, bis die gewünschte Konsistenz erzielt ist.

Bei größeren Mengen besitzen die Mischer Rührwerke mit verschiedenen Rührorganen (Schaufeln, Flügel, Propeller, Turbinen u. a. m.). Die Rührwerke sollen so konstruiert sein, daß sie die Mischung etwas nach oben bewegen und dadurch die schwereren Bestandteile abhalten, sich am Boden abzusetzen. Um Ansetzen des Leims zu vermeiden, sollen die Rührflügel oder Rührstangen nahezu am Boden und den Wänden des Mischers streifen. Man kann die Wirksamkeit eines Mischers prüfen, wenn man dem Leim eine kleine Menge Farbstoff zugibt und beobachtet, wie lange es dauert, um ein völlig gleichmäßige Färbung zu erzielen. Die beste Drehzahl liegt zwischen 40 und 60 U/min, höhere Geschwindigkeiten erzeugen leicht Schaum. Nach Th. D. Perry empfiehlt sich eine Leerlaufgeschwindigkeit von 40 bis 50% der Rührgeschwindigkeit, wenn die Mischung im Gebrauch ist, um Entmischen oder Absetzen zu verhüten. Auf die Mischer gehören Deckel (mit einem Fenster), um Spritzer aufzufangen. Im Hinblick auf die Zähflüssigkeit der meisten Leime sind große Auslauföffnungen und Ventile erwünscht. Liegen die Mischer erhöht über den Leimauftragsmaschinen, dann kann der Leim direkt durch die Schwerkraft abfließen. Die Rohre sollen eine lichte Weite von 50 bis 75 mm haben. Sie müssen mit leicht abschraubbaren Überwurfmuttern verbunden werden, damit sie einfach zu reinigen sind. Aus demselben Grunde verwende man statt Krümmern und Knien Rohrkreuze, an denen zwei Stutzen leicht zu öffnen und zu reinigen sind.

Alle neuzeitlichen Mischmaschinen besitzen Anbaumotoren, die über Getriebe oder Riementriebe die Rührflügel antreiben. Manchmal besitzen Antriebsmotor und Rührorgan auch eine gemeinsame Achse. Die Rührbehälter können entweder von unten oder seitlich eingeschoben werden (Bild 1095 und 1096) — dienen dann zugleich als Transportgefäße —, oder aber sie sind fest eingebaut. Der angerührte Leim wird dann durch einen Hahn abgelassen (Bild 1097). Die Behälter fassen in der Regel 40 bis 300 l Leim. Manche Ausführungen besitzen Doppelmantelkessel, damit entweder eine Heizung (in diesem Fall befindet sich zwischen den Mantelwänden eine Wasserfüllung, die durch eingebaute Heizschlangen erwärmt wird) oder — in den Tropen — eine Kühlung möglich ist. Seit einigen Jahren werden in England und USA Kunstharzleime über die Straße mit Tankwagen geliefert[1]. Es zeigte sich, daß nahezu alle holzverarbeitenden Betriebe, die wöchentlich eine t oder mehr Kunstharzleime ver-

[1] Anonymus: The Bulk Delivery of Synthetic Resin Glues, Aero Research Techn. Notes Bull. Nr. 126 (Juni 1953) Ref. Holz-Zentralbl. Bd. 79 (1953) Nr. 103, S. 1107.

Bild 1095. Ansicht einer Leim-Mischmaschine mit Rührbehälter, der zugleich als Transportgefäß dient, Bauart Adolf Friz GmbH., Stuttgart-Cannstatt.

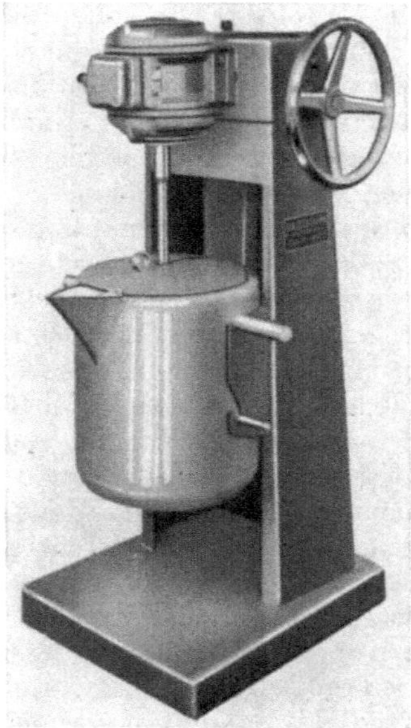

Bild 1096. Ansicht einer Leim-Mischmaschine mit transportablem Doppelmantelkessel, Bauart Maschinenfabrik U. Steinemann AG., St. Gallen-Winkeln/Schweiz.

Bild 1097. Ansicht einer Leim-Mischmaschine mit feststehendem Rührbehälter und Turbinenrührwerk, Bauart Vereinigte Furnier- und Sperrholz-Maschinenfabriken.

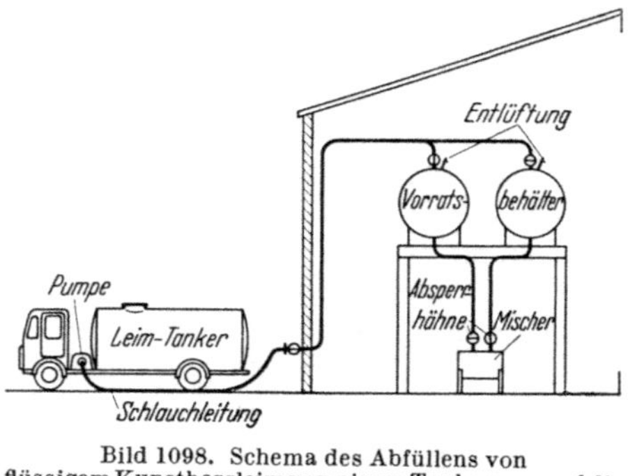

Bild 1098. Schema des Abfüllens von flüssigem Kunstharzleim von einem Tankwagen auf die Vorratsbehälter in einem holzverarbeitenden Betrieb. (Nach Aero Research Ltd.)

arbeiten, von dieser Methode der Anlieferung und Lagerung wirtschaftlich Gebrauch machen können. Die Tankwagen haben eine Kapazität von mehreren Tonnen und werden im Werk durch eine Rohrleitung von großem Durchmesser mit einer Füllgeschwindigkeit von etwa 15 t/h gefüllt. Beim Abnehmer wird der Tankwagen, wie Bild 1098 zeigt, mit einem oder zwei auf einer Bühne gelagerten Behältern gekuppelt, deren jeder ein etwas größeres Faßvermögen als der Tankwagen hat. Eine vom Tankwagenmotor getriebene

Pumpe drückt den Kunstharzleim mit einer Fördergeschwindigkeit von 10 t/h in die Lagertanks. Von dort aus fließt der Leim unmittelbar zum Mischer. Die Bedienung der Mischer steuert den Zufluß mittels Schnellschlußventilen. Während das Ausladen, Prüfen, Fördern, Abstellen von Fässern, die mit Leim gefüllt sind, für 5 t Leim etwa 5 Mannstunden erfordert, sind vergleichsweise beim Pumpen des Leims vom Tankwagen zu den Hochbehältern nur eine halbe Mannstunde erforderlich. Außerdem lassen sich Leimfässer nur in der Theorie völlig entleeren; ein leeres 200 kg-Faß enthält mindestens noch etwa 0,5% seines ursprünglichen Inhalts in Form eines Films auf der inneren Oberfläche. Eine sorgfältige Überprüfung ins Werk zurückgelieferter Fässer zeigte sogar mittlere Verluste zwischen 2 und 4%. Die benutzten Fässer beanspruchen beim Verbraucher auch oft wertvollen Lagerraum. Wichtig ist die Frage, wie groß der Leimverbrauch sein muß, um die Tanklieferung zu rechtfertigen. Man geht davon aus, daß die Lagerdauer der Kunstharzleime beschränkt ist und im Sommer nicht über drei Monate hinausgeht. Der Tankinhalt sollte deshalb alle eineinhalb Monate verbraucht sein, damit allenfalls eineinhalb Monate Reservezeit zur Verfügung stehen. Es erwies sich bisher als unwirtschaftlich, weniger als 5 t auf einmal mit dem Tanker anzuliefern; der jährliche Mindestverbrauch muß also an 50 t betragen. Für die Installation ist wenig Aufwand erforderlich, da die einzige Pumpe im Tankwagen selbst liegt. Die Hochbehälter sollen etwa 6 t Faßvermögen haben und aus galvanisiertem Stahlblech bestehen. Die Höhe der Bühne für die Behälter muß um so größer sein, je weiter die Entfernung zwischen Behälter und Leimmischer ist. Bei kaltem Wetter kann, wenn die Rohrleitungen nicht groß genug bemessen sind, das Abfließen ins Stocken geraten. Die Ventile sollen aus zinkfreier Bronze bestehen. Es ist zweckmäßig, eine Dampfleitung mit Düse in ihre Nähe zu verlegen, so daß sie bei Kälte angewärmt werden können. Für die Instandhaltung genügt die Arbeitsleistung von zwei Mann während eines Wochenendes jährlich.

Das Vermischen von Holzspänen mit Bindemitteln wurde bei der Herstellung von Spanplatten in Abschnitt 762.5 ausführlich behandelt. Beim Mischen werden auch Streck- und Füllmittel (s. Ziffer 951.9) zugegeben, welche die Konsistenz der Leimlösung regeln, dem Leim fugenfüllende Eigenschaften verleihen, seine Arbeitseigenschaften verbessern und die Wirtschaftlichkeit erhöhen sollen. Für die Zugabe solcher Stoffe bestehen bei den einzelnen Leimsorten genaue Richtlinien der Leimindustrie, die hinsichtlich Dosierung und Mischfolge zu beachten sind. Auch Chemikalien, die unmittelbar die Reaktionen beim Abbinden und Härten beeinflussen oder auslösen (z. B. Alkalien und Metalloxyde bei den Kaseinleimen, eventuell Formaldehyd bei den Glutinleimen, Härter bei den Kunstharzleimen) werden beigemischt.

954.222 Verschäumen[1]. Das Strecken von Harnstoffharz-Leimen mit Mehl und dergleichen senkt zwar die Verleimkosten erheblich und verringert die Trockenfestigkeit nicht, jedoch leiden die Naßfestigkeit und Schimmelfestigkeit in hohem Maße. Hiergegen schafft das Verschäumen des Leims Abhilfe, das ebenfalls dazu beiträgt, die Verleimkosten zu senken. Die Leimmischung wird dabei durch mit hoher Geschwindigkeit umlaufende Organe zu Schaum verschlagen, wobei sich ihr Volumen annähernd verdoppelt. Der Schaum ist sehr stabil und die in ihm eingeschlossenen Luftbläschen sind so winzig, daß sie nahezu unsichtbar sind. Gibt man eine kleine Menge des wie Schlagsahne aussehenden Schaums in ein Glas und fügt einige Tropfen Methylspiritus hinzu,

[1] Aero Research Technical Noted Bull. 31, Juli 1945.

so sinkt der Leim sofort auf sein ursprüngliches Volumen zusammen. Normale Leimauftragmaschinen können darauf eingestellt werden, daß sie etwa 150 bis 250 g/m² auftragen; bei längere Zeit im Gebrauch befindlichen Auftragmaschinen kann die erreichbare Mindestauftragmenge 300 g/m² betragen. Im Hinblick auf gute Adhäsion wären aber weniger als 150 g/m² erforderlich; bei Furnieren von guter Qualität wurden im Laboratorium der Aero Research Limited, Duxford, Cambridge, 75 g/m² als ausreichend befunden. Durch das Verschäumen lassen sich die Auftragmenge und damit die Verleimkosten bei allen Auftragmaschinen ungefähr auf die Hälfte herabsetzen, ohne daß Naß- und Schimmelfestigkeit dadurch verringert würden. Bild 1099 zeigt eine der Aero Research Limited patentierte Schaumschlagmaschine. Im wesentlichen besteht sie aus einem elektrisch angetriebenen Schlagbesen, der, wie Bild 1099 erkennen läßt, nicht koaxial, sondern exzentrisch in den Leimbehälter eingreift. Der Behälter wird mit drei federnden Haken auf einem Drehtisch festgespannt. Die Arbeitsweise ist folgende: Zunächst werden in den leeren Behälter Leim, Härter und Schaumpulver in den vorgeschriebenen Dosen eingeschüttet und mit einem sauberen Stock innig verrührt. Klumpen sind ohne Bedeutung, da sie später zerschlagen werden. Hierauf wird der Behälter auf den Drehtisch gesetzt, festgespannt und der Schlagbesen nebst Motor herabgewunden. Nach dem Einschalten des Stromes beginnt das Schaumschlagen; der Behälter wird durch die Tätigkeit des Schlagbesens in Drehung versetzt. Zweckmäßig sind etwa 60 U/min; die Umlaufgeschwindigkeit des Drehtisches kann mit Hilfe des in das Gefäß eintauchenden Ruders geregelt werden, das zugleich die Aufgabe hat, den Schaum immer wieder in das Innere des Gefäßes zu lenken. Von Zeit zu Zeit ist der Motor abzuschalten und zu prüfen, ob sich das Leimvolumen verdoppelt hat. Ungefähr kann man dafür 15 min Schlagzeit rechnen.

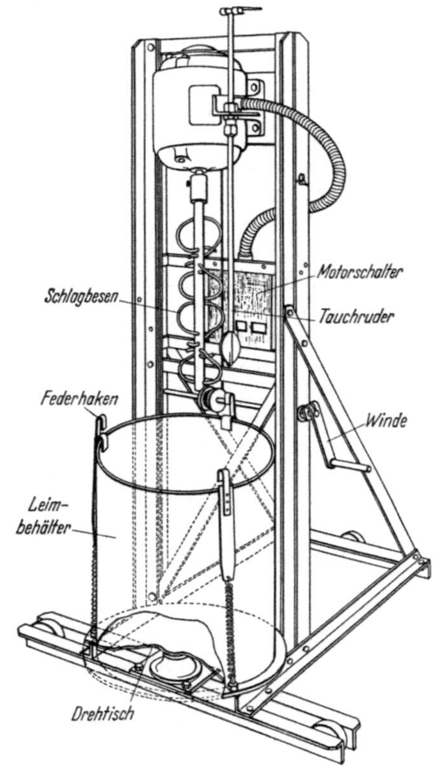

Bild 1099. Schema einer Schaumschlagmaschine, Bauart Aero Research Ltd.

954.3 Auftragen der Leime.

954.30 Allgemeines über das Auftragen. Gleichmäßiges, dünnes Auftragen des Leims ist nicht nur für die Festigkeit der Verbindung, sondern auch für die Wirtschaftlichkeit der Verleimung entscheidend. Dies gilt insbesondere für die Sperrholzindustrie, wo die Einhaltung der optimalen Leimauftragmengen wegen des hohen Anteils der Leimkosten an den Gesamtkosten des Sperrholzes von großer Wichtigkeit ist. Bevor die einzelnen Möglichkeiten des Leimauftrags näher besprochen werden, ist noch die Frage zu erörtern, welche betrieblichen Vorteile und Nachteile das Auftragen von fertigen Leimmischungen bzw. die getrennte Anwendung von Leim und Härter bieten. In den meisten Fällen hat sich das Auftragen der fertigen Leimmischungen eingebürgert. Damit sind folgende Vorteile verknüpft[1]:

1. Die Betriebskontrolle hat sich nur auf das Mischen zu erstrecken. Der Arbeiter bekommt die Mischung in die Hand, und der Vorarbeiter oder Meister müssen nur darauf achten, daß der Leim verbraucht wird, bevor seine Lebensdauer erschöpft ist. Ein Vergessen des Härters, das bei getrennter Anwendung möglich ist, scheidet aus.

2. Es ist oft bequemer, Leim aus einem Gefäß zu verarbeiten als zwei Gefäße — eines für den Leim, das andere für den Härter — benützen zu müssen. Dies gilt besonders beim Gebrauch einer Spachtel für den Leimauftrag an schwer zugänglichen Stellen (z. B. in Flugzeugzellen). Für die Herstellung von Lagenhölzern und beim Furnieren gestatten gebrauchsfertige Leimmischungen den Einsatz leistungsfähiger mechanischer Auftragmaschinen;

3. Bei verwickelten Montageverleimungen von vielen Einzelteilen ist es wünschenswert, mit einem Auftrag auszukommen;

4. Die Arbeiter sind besser vertraut mit der Technik des einfachen Auftrags.

Demgegenüber kann aber in bestimmten Fällen auch die getrennte Anwendung zweckmäßig sein, da sie ebenfalls gewisse Vorteile bietet, und zwar folgende:

1. Wiegen, Abmessen, Ansetzen und Mischen des Leims entfällt, wodurch auch die Ursache mancher Fehler ausgemerzt wird. Leimküchen und Mischstationen mit allen Geräten werden entbehrlich.

2. Der Leim kann nicht mehr im Gefäß abbinden, wodurch sich die Abfälle verringern und die Reinigungsmöglichkeiten weniger mühsam werden.

3. Eine genaue Zeitkontrolle der Lebensdauer der Mischung mit Uhren, besonderen Kontrollbeamten, die Kühlung der Mischung im Sommer usw. entfällt.

4. Die Abbindezeiten können verringert werden, da es begreiflicherweise nicht ratsam ist, einer Leimmischung einen Schnellhärter zuzusetzen, wogegen man ihn bei getrennten Auftrag gut verwenden kann.

954.31 Auftragen von Hand, Aufspritzen des Leims. Von Hand wird je nach der Konsistenz und Art des Leimes mit einem Pinsel, einer Bürste, einer Spachtel oder auch einer Gummirolle aufgetragen. Bild 1100 zeigt eine Handauftragvorrichtung mit geriffelter Rolle und Vorratsbehälter für gleichmäßiges Auftragen des Leims auf gekrümmte Flächen. Alle diese Hilfsmittel müssen nach der Arbeit sorgfältig gereinigt werden. Wenn umfangreiche Verleimungen vorzunehmen sind, kann es sich empfehlen, mittels Düse und Schlauch zu arbeiten. Die Auftragmenge läßt sich dabei gut mittels einer Schlauchklammer regeln, wie sie in Laboratorien gebraucht wird. Um schlagweises Austreten des Leims aus der Düse zu unterbinden, schaltet man, wie Bild 1101 deutlich macht, dem Leimgefäß ein mit Wasser gefülltes Ausgleichgefäß parallel. Wo schmaler, linienförmiger Auftrag von Leim in Betracht kommt, z. B. bei der Herstellung von Koffern, Verpackungen usw., kann eine Auftragvorrichtung nützlich sein, die nach Art eines Füllfederhalters arbeitet. Bild 1102a zeigt die Konstruktion, Bild 1102b ein im Grundsatz ähnliches Gerät für dickeren Auftrag; das Leim-

---

[1] Anonymus: Mixing v. separate Application, Aero Research Techn. Notes, Bull. Nr. 12, Dezember 1943.

gefäß soll dabei etwa 1,2 m über der Anwendungsstelle liegen; es muß einen Verschlußdeckel besitzen, damit sich keine Haut auf dem Leimspiegel bilden kann. Nur ein kleines Loch zwecks Druckausgleich soll vorhanden sein. Die Geräte kommen in Frage, wenn Leim und Härter getrennt aufgetragen werden sollen.

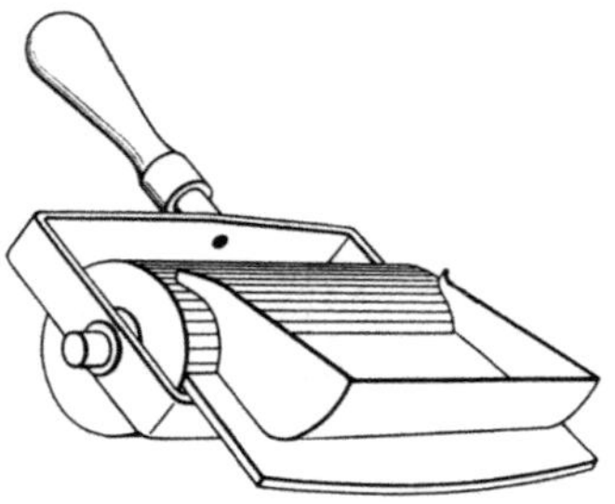

Bild 1100. Ansicht einer Handauftragvorrichtung mit geriffelter Walze und Vorratsbehälter zum Leimauftrag auf gekrümmte Flächen. Bauart Messrs. Harris Lebus, Tottenham.

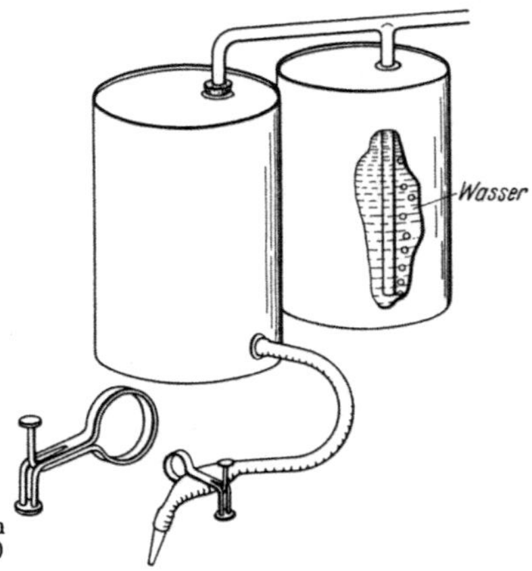

Bild 1101. Schematische Darstellung einer Vorrichtung zum Auftragen von Leim mittels Preßluft und Düse. (Nach Aero Research Ltd.)

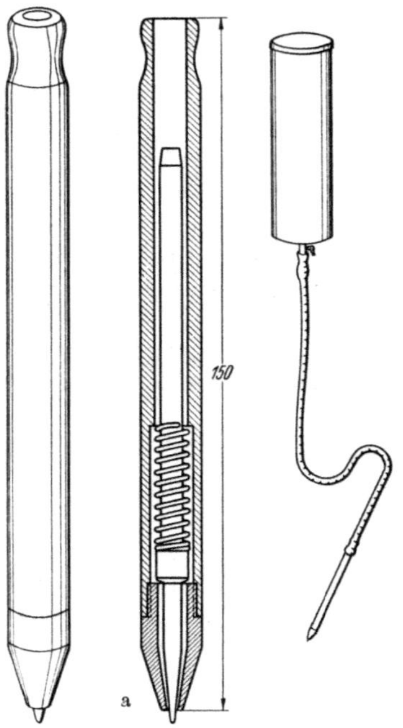

a

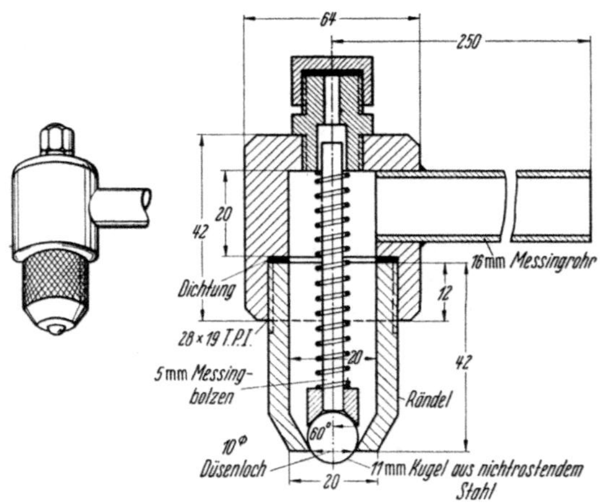

b

Bild 1102. Geräte zum linienförmigen Auftragen von Leim. a Gerät nach Art eines Füllfederhalters, Bauart Messrs. The Gee Manufacturing Co. Ltd., Liverpool, b Gerät für dickeren Auftrag nach Art eines Kugelschreibers, Bauart Aero Research Ltd.

Zum Aufsprühen von Kunstharzleim und Härter, wobei beide vor Berührung des Arbeitsstückes gemischt werden, sind zwei Verfahren möglich[1]: 1. Zwei getrennte Sprühpistolen, eine für den Leim, die andere für den Härter, werden über dem auf einem Förderband liegenden Arbeitsstück so angebracht, daß sie gemäß Bild 1103 gegen die Senkrechte unter 45° geneigt sind. Die Düsen beider Pistolen sind so eingestellt, daß Kunstharz und Härter im richtigen

[1] Anonymus: Spraying Resin Adhesives, Wood (London) Bd. 14 (1949) S. 160.

Mengenverhältnis fächerförmig versprüht werden. Beide Fächer treffen sich mitten in der Luft oberhalb des Werkstücks. Die Anordnung arbeitet erfolgreich, hat aber den Nachteil, viel Raum zu benötigen. 2. Eine mehr gedrängte Anordnung benutzt nur eine Spritzdüse gemäß Bild 1104, die beide Flüssigkeiten zur selben Zeit durch konzentrische Schlitze austreten läßt.

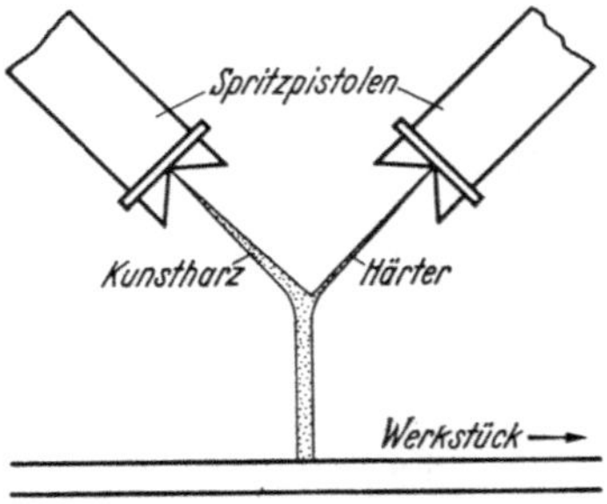

Bild 1103. Schema der Anordnung von zwei Spritzpistolen zum getrennten Aufsprühen von Leim und Härter. Das Arbeitsstück liegt auf einem Förderband.

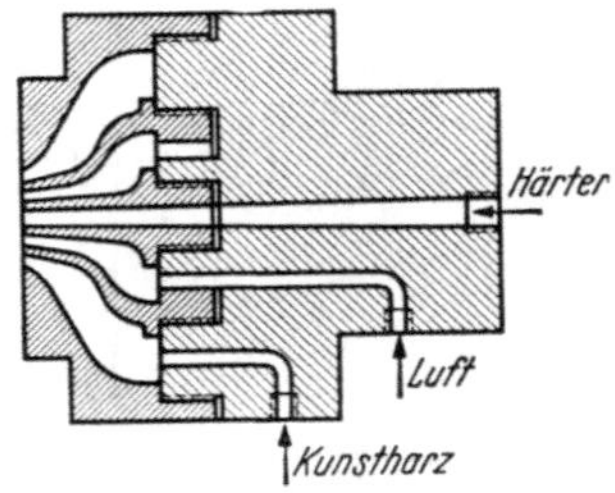

Bild 1104. Schnitt durch eine Spritzdüse, die Leim und Härter gleichzeitig durch konzentrische Schlitze austreten läßt.

954.32 Auftragen mit Leimauftragmaschinen. Leistungsfähige und sparsame Leimauftragmaschinen sind für einen geordneten Betriebsablauf und für die Betriebswirtschaftlichkeit in Werken, die Lagenhölzer herstellen, von erheblicher Wichtigkeit. Vor allem muß der Leimauftrag auch gleichmäßig dick sein. Man erreicht dies durch schwere Konstruktionen, bei denen sich die Walzen nicht durchbiegen können, sowie durch zweckmäßige Gestaltung der Walzenoberflächen (je nach der Leimart glatt oder geriffelt, mit Stahl- und Gummibelag). Während für die meisten Leime eine quadratische, rhombische oder Längsriffelung in Frage kommt, wählt man für gestreckte Harnstoffharz-Leime eine Dreigewinde-Riffelung. Wie die meisten Holzbearbeitungsmaschinen werden auch die Leimauftragmaschinen heute mehr und mehr in geschlossener Bauart, d. h. verkleidet (Bild 1105) gebaut[1].

Bild 1105. Ansicht der Auslaufseite der Leimauftragmaschine OG mit drei Durchlaufgeschwindigkeiten durch Polumschaltung, Bauart Vereinigte Furnier- und Sperrholz-Maschinenfabriken.

Einen wesentlichen Fortschritt brachte die Ausstattung der Leimauftragmaschinen mit rotierenden Dosierrollen (Doktorrollen, Abreibwalzen) an Stelle verstellbarer Abstreifleisten[2]. Die Dicke des Auftrags richtet sich nach

[1] Kübler, H.: Holz als Roh- und Werkstoff Bd. 10 (1952) S. 144.

[2] Die erste derartige Maschine wurde in Deutschland etwa 1934 von der Firma Roller gebaut, vgl. Holz-Zentralblatt Bd. 75 (1949) S. 1368 („Aus Holzforschung und Holztechnik").

der Weite des Spalts zwischen Dosier- und Auftragwalzen. Justiert werden die meist chromplattierten Dosierrollen mit zwei Mikrometerschrauben an ihren Enden. Die Dosierrollen sind im Durchmesser kleiner als die Auftragrollen, z. B. 17 cm gegenüber 21,5 cm. Ihre Drehzahl ist nur etwa ein Viertel von jener der

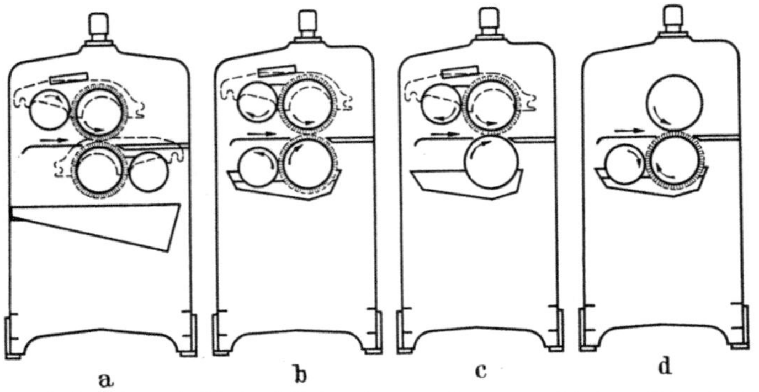

Bild 1106. Schematischer Querschnitt durch Leimauftragmaschinen verschiedener Bauart mit Dosierrollen. a und b zweiseitiger Auftrag, c und d einseitiger Auftrag.

Auftragwalzen. Die Maschinen können für einseitigen oder zweiseitigen Auftrag eingerichtet sein (Bild 1106). Die Arbeitsbreiten liegen etwa zwischen 1 und 2,5 m. Die Durchlaufgeschwindigkeit des Holzes ist entweder in Stufen (durch Polumschaltung) oder stufenlos regelbar; sie liegt in der Regel zwischen 8 und 24 (unter Umständen 50) m/min. Die hohe Leistungsfähigkeit der Vierrollen-Maschinen kann nicht allein den Dosierrollen zugesprochen werden, sondern sie beruht auf der Zusammenarbeit dieser Rollen mit den Auftragrollen[1]. Bei Laboratoriumsversuchen konnten ohne Schwierigkeit stetige durchschnittliche Auftragwerte von 100 bis 110 g/m² erreicht werden; nach Aussagen namhafter Sperrholzfirmen liegen die geringsten zulässigen und erreichbaren Auftragmengen bei Kunstharzleimen zwischen 130 und 160 g/m².

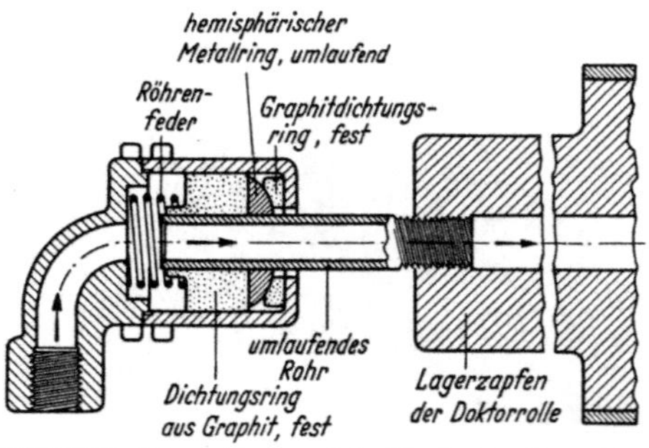

Bild 1107. Schematischer Schnitt durch die rotierende Verbindungsstelle einer Dosier- oder Auftragrolle mit Wasserkühlung. (Nach T. D. Perry.)

Gelagert sind die Auftragwalzen in schweren Kugellagern. Wenn in einem Werk die Mischer gekühlt werden, muß die Temperatur der Leimmischung bis zum Auftrag die gleiche bleiben. In diesem Fall sind die Dosierrollen ebenfalls zu kühlen[2], wobei sich rotierende Verbindungsstellen gemäß Bild 1107 empfehlen.

954.4 Spannen und Pressen von Leimverbindungen (Druck und Temperatur beim Verleimen).

954.40. Allgemeines über das Spannen und Pressen. Die zu verleimenden Teile müssen gepreßt werden, damit folgende Vorgänge, die für die Bildung einer festen Fuge unerläßlich sind, eintreten[3]:

[1] Knight, R. A. C.: Wood (London) Bd. 14 (1949) Jan. S. 14.
[2] Vgl. Holz-Zentralblatt Bd. 76 (1950) S. 529.
[3] Blankenstein, C.: Leimen von Holz, Holzbearbeitung Bd. III, AWF-Schrift Nr. 264, Leipzig und Berlin 1937.

1. Die zu verleimenden Flächen müssen an allen Stellen in Berührung gebracht werden;

2. Luft und überschüssiger Leim müssen aus den Fugen herausgedrückt werden;

3. Eine dünne, an allen Stellen gleichmäßig dicke Leimschicht soll erzeugt werden;

4. Die oberflächliche Füllung angeschnittener Holzzellen mit Leim ist zwecks Erzeugung mechanischer Adhäsion zu fordern;

5. Die Teile sollen beim Abbinden des Leims in der richtigen Lage gehalten werden.

Alle Spann- und Preßvorrichtungen müssen einen ausreichend hohen Preßdruck liefern und flottes Arbeiten ermöglichen. Beim Pressen unterscheidet man je nach Art des verwendeten Leims und der gewählten Preßtechnik Kalt- und Heißpressen. Beide Verfahren haben Vor- und Nachteile, die nachstehend nach D. V. Redfern[1] gegenübergestellt seien:

Kaltpressen

Vorteile

1. Niedrige Anschaffungskosten;
2. weiterer Spielraum in der Furnierbeschaffenheit (Rauheit, Äste);
3. größere Kapazität der Furniertrockner, da Furnierendfeuchtigkeit höher.

Nachteile

1. Beschränkung auf Sperrholz für Innenausbau;
2. höhere Leimkosten, da größere Auftragmenge als beim Heißpressen;
3. etwas höhere Flächengewichte der Sperrplatten, damit höhere Frachtkosten;
4. längere Preßzeiten;
5. längere Zeit, bevor die Platten fertiggemacht, geschliffen und versandt werden können.

Heißpressen

Vorteile

1. Weiterer Anwendungsbereich bei Sperrholz für Innen- und Außenausbau;
2. niedrige Leimkosten, da geringere Auftragmenge als beim Kaltpressen;
3. geringeres Plattengewicht infolge der trockeneren Furniere;
4. viel kürzere Preßzeiten;
5. die Platten können früher fertiggestellt, geschliffen und versandt werden.

Nachteile

1. Hohe Anschaffungskosten;
2. die Furniere müssen mindestens auf 3 bis 5% Holzfeuchtigkeit gebracht werden, um Blasenbildung zu vermeiden;
3. die Feuchtigkeit der Furniere ist gefährlich niedrig, gelegentliche Nachbefeuchtung ist erforderlich;
4. sorgfältige Sortierung und Vorbereitung der Furniere erforderlich.

Über die bei den einzelnen Leimen angemessenen Drücke und Temperaturen geben die später folgenden Ausführungen über „Eigenschaften und praktische Verarbeitung der wichtigsten Holzleime" sowie Anhangtafel VI Auskunft.

Die Güte einer Leimverbindung hängt von verschiedenen Faktoren ab: der Holzart, der Holzfeuchtigkeit, der Oberflächenbeschaffenheit der Leimflächen, der Leimart, dem Anteil von Füll- und Streckmitteln, der Preßtemperatur und dem Preßdruck. Neben der Leimart ist der Preßdruck von besonderer Wichtigkeit. Sowohl in handwerklichen als auch in industriellen Betrieben ist deshalb auf Einhaltung des notwendigen Preßdrucks größter Wert zu legen. Der Preßdruck wird durch geeignete Druckelemente erzeugt. Man unterscheidet dabei mechanische, pneumatische und hydraulische Druckelemente[2].

954.41 Spannen und Pressen mit mechanischen Druckelementen. Die ältesten Druckelemente bei der Holzverarbeitung sind der Holzkeil und die

[1] Redfern, D. V.: Gluing Operations-Industry Trends, For. Prod. Res. Soc. 1950, Preprint 119.

[2] Ritter, E. J.: Kunststoffe Bd. 42 (1952) S. P 5. — Derselbe: Holz-Zentralblatt Bd. 77 (1951) S. 743. — Die Zahlenwerte der folgenden Abschnitte sind diesen wertvollen Arbeiten entnommen.

Holzspindel. Sie sind billig, einfach und vielseitig verwendbar, ermöglichen aber nur Drücke bis zu etwa 250 kg. Je nach der Größe der Leimfläche kommt man (z. B. bei 25 cm^2) auf Preßdrücke bis zu etwa 10 kg/cm^2. Bei Stahlspindelpressen kann man je Einheit bis zu etwa 1000 kg rechnen. Die längere Ausführung der Schraubzwinge ist der Schraubknecht (Bild 1108). Rahmen, Säulen, kleine Kästchen u. dgl., die sechs- oder mehreckig im Querschnitt sind, werden mittels einer Kette oder eines Stahlbandes zusammengepreßt, wobei die Spannkraft wieder durch eine Spindel erzeugt wird (Bild 1109). Schraubzwingen für schiefe Flächen oder Gehrungen müssen kugelig gelagerte oder entsprechend abgeschrägte mit einem Dorn bewehrte Druckstücke besitzen (Bild 1110).

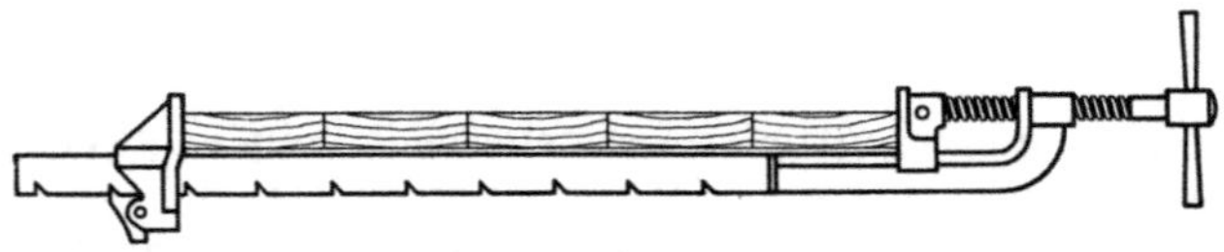
Bild 1108. Ansicht eines eisernen Schraubknechts. (Nach C. Blankenstein.)

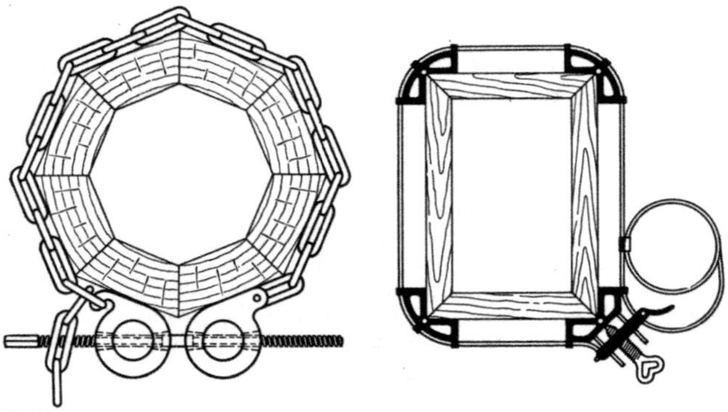
Bild 1109. Vorrichtungen zur Umfangs- bzw. Rahmenverleimpressung. a durch Spannkette, b durch Stahlband. (Nach. C. Blankenstein).

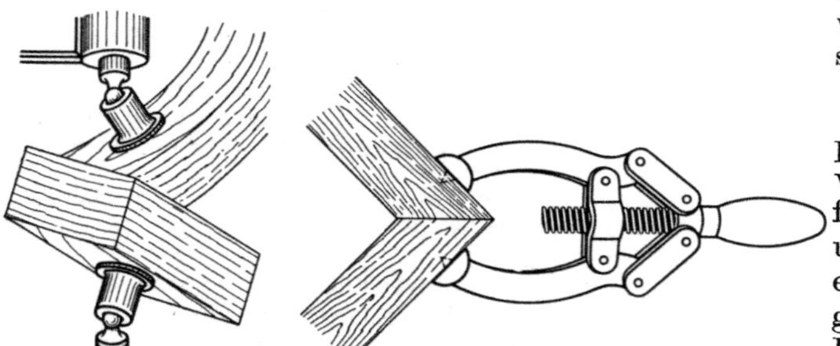
Bild 1110. Ansicht von Schraubzwingen für schiefe Flächen oder Gehrungen. (Nach C. Blankenstein.)

Schraub- und Spindelpressen gibt es in sehr verschiedenartiger Ausführung: als Rahmen- und Kastenpressen mit ein oder zwei Anschlägen, gegen welche die Preßstücke bewegt werden, als Furnierböcke und leichte oder schwere Furnierpressen [entweder mit unterteilter Preßfläche (Bild 1111) oder als Leimhaspeln und Leimsterne (vgl. Bild 393)], die bei guter Raumausnützung ein ununterbrochenes Arbeiten gestatten.

Die unter einer Spindel wirksame Kraft P kann man nach folgender Formel berechnen:

$$P = K \cdot \frac{l}{r} \cdot \frac{2\pi r - \mu h}{h + 2\pi r} \text{ [kg]}, \qquad (177)$$

worin K die auf den Hebelarm wirkende Kraft [kg] (z. B. 60 kg), l die Länge des Hebelarmes [cm], r den Halbmesser der mittleren Schraubenlinie [cm], h die Ganghöhe der Schraube [cm] und μ die Reibungszahl (schätzungsweise 0,20) bedeuten.

Durch die Verbindung einer Stahlspindel mit einem Schneckentrieb läßt sich die Druckkraft auf etwa 5000 kg steigern.

Exzenter, die sich bei Metallvorrichtungen gut bewährt haben, sind nach E. J. Ritter in der Holz- und Kunststoffverarbeitung umstritten. Bei schlechter Ausführung ist die Druckerzeugung nicht gesichert. Bei Dickenschwankungen (z. B. durch die Nachtrocknung) reicht der Hub nicht zum Ausgleich des Druckes aus. Anderseits ist der Exzenter bequem und leicht zu handhaben. Wenn er angewendet wird, soll er aus Metall bestehen und gegen eine Druckfläche aus Metall (z. B. ein Blech) arbeiten. Maximal lassen sich bei einem Exzenter etwa 250 kg Druckkraft erreichen. Exzenter lassen sich auch zum Verleimen von Rahmen verwenden (Bild 1112) und mit Schraubzwingen kombinieren (Bild 1113). Auch gekuppelte Exzenter oder

Bild 1111.
Ansicht einer Furnier-Schnellpresse mit drei Spindeln, Ladehöhe 450 mm, Bauart Adolf Friz GmbH. Stuttgart-Cannstatt.

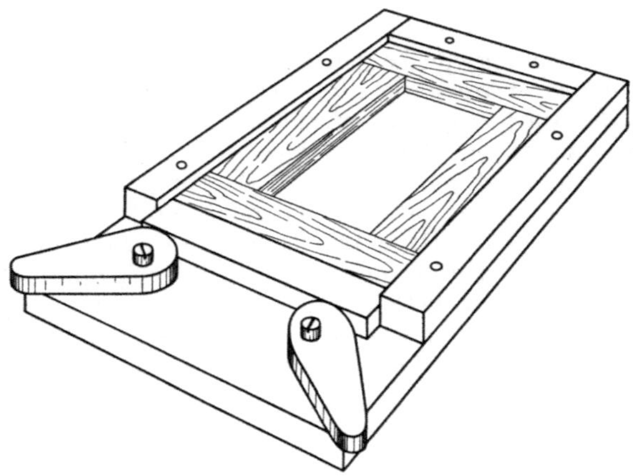

Bild 1112. Ansicht einer einfachen Exzenter-Spannvorrichtung zum Verleimen von Rahmen. (Nach C. Blankenstein.)

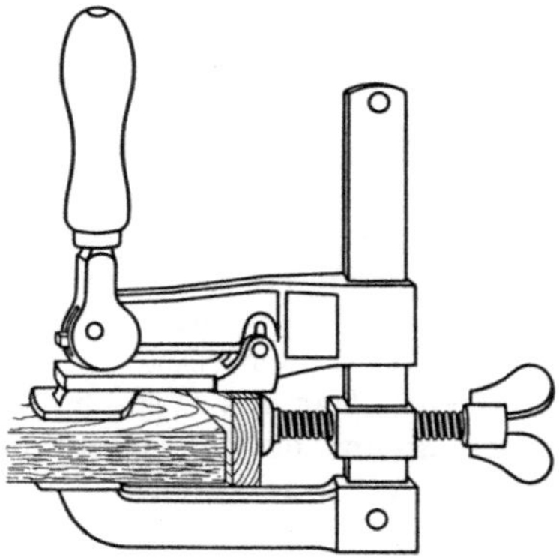

Bild 1113.
Ansicht einer Kantenzwinge mit Exzenter und Schraubzwinge. (Nach C. Blankenstein.)

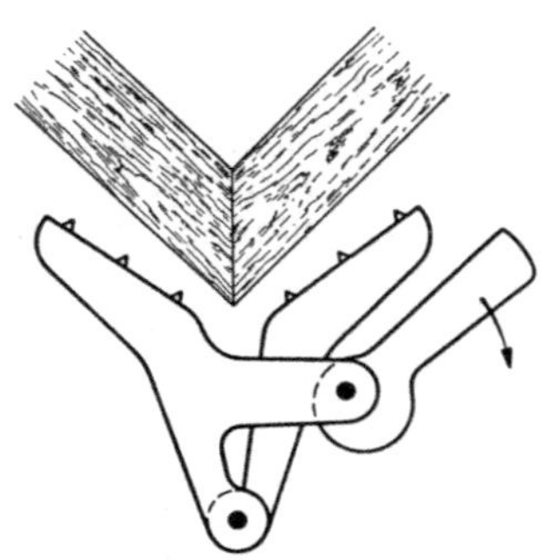

Bild 1114. Ansicht einer Kniehebel-Gehrungsklammer. (Nach C. Blankenstein.)

solche mit mehreren Pratzen kommen vor; schließlich ist ein Zusammenwirken mit Kniehebeln (Bild 1114) möglich.

Keile, die heute noch selbst bei industrieller Fertigung angewendet werden, sollen aus Hartholz oder besser aus Schicht- und Preßschichtholz hergestellt werden. Metallkeile sind nicht ratsam, da sie die Flächen von Holzvorrichtungen leicht verdrücken. Die Steigung der Keilwinkel soll zwischen 10 : 1 und 20 : 1 liegen. Bei mittleren Keilgrößen erreicht man bis zu 250 kg Preßdruck.

Allen mechanischen Druckmitteln haftet ein Nachteil an: Die Druckerzeugung ist unsicher und unkontrollierbar, da sie dem Gefühl des Arbeiters überlassen bleibt, der die Spindel und den Exzenter anzieht oder den Keil mit dem Hammer einschlägt.

954.42 Pneumatische Druckelemente. Pneumatische Druckelemente haben sich in holzverarbeitenden Industrien mehr und mehr eingeführt, da in der Regel Kompressoren und Windkessel vorhanden sind. Der Hauptvorteil sowohl der pneumatischen als auch der hydraulischen Druckelemente ist leichte Regelbarkeit und Kontrolle des Drucks. Der Preßdruck wird durch Schläuche, Gummisäcke oder Zylinder über einen Kolben auf das Arbeitsstück übertragen.

Die Pressung mit Schläuchen (Feuerwehr- oder Gummischläuchen) bietet nach E. J. Ritter große Vorteile überall dort, wo Hautkörper, z. B. aus Sperrholz, auf ein Spanten- oder Rippengerüst geleimt werden müssen. Der Preßdruck läßt sich genau berechnen, verteilen und messen. Die neuzeitliche Verformung von Lagenhölzern in großen Serien, z. B. bei Fahrzeugen und Flugzeugen, wäre ohne diese Technik nicht denkbar. Auf die Ausführungen in Abschnitt 892.43 ist Bezug zu nehmen. Eine anschauliche Übersicht über die pneumatischen Druckelemente nach E. J. Ritter gibt Bild 1115 wieder. Erläuternd ist zu sagen, daß der ungefaßte armierte Schlauch eine geringere Lebensdauer hat als der gefaßte dünnwandige Schlauch. Vergrößerung der Schläuche zu Drucksäcken erhöhte den Gummiaufwand beträchtlich, jedoch kann man bei geringem Schlauchdruck durch eine Übersetzung (s. Bild 1115) über ein Druckstück einen hohen spezifischen Leimdruck herstellen. Für die sehr vervollkommneten Formenpressen erbrachten Bild 924, 925, 931 schon Beispiele. Bei Schläuchen und Schlauchpressen lassen sich unter gewissen Voraussetzungen Schlauchdruck und Leimpreßdruck etwa gleich hoch (z. B. 2 bis 3 kg/cm²) halten.

Druckluftzylinder können in sehr verschiedenen Größen (bis zu etwa 16 cm Durchmesser) eingesetzt werden. Große Zylinder beanspruchen viel Platz; sie sind in dieser Hinsicht den hydraulischen Zylindern unterlegen. In einzelnen Fällen kann sich die Verbindung von Schläuchen und Zylindern empfehlen.

954.43 Hydraulische Druckelemente. Für hohe Preßdrücke sind hydraulische Druckelemente, d. h. Zylinder mit Kolben, die durch Druckwasser oder -öl gefüllt werden, die zweckmäßigsten Vorrichtungen. Die Pressen für die Herstellung von Lagenhölzern, Span- und Faserplatten sind fast ausschließlich hydraulisch getrieben. Die hydraulischen Pressen (Bild 385, 386, 427, 493, 495, 498) erreichen Leistungen bis etwa 4000 t und Preßwasserdrücke bis etwa 300 atü. Bei der Herstellung unverdichteter Schichthölzer aus Weichhölzern gehen die spezifischen Preßdrücke bis etwa 15 kg/cm², bei der Herstellung unverdichteter Schichthölzer aus harten Hölzern bis etwa 25 kg/cm², bei der Oberflächenvergütung von Lagenhölzern (z. B. durch Aufpressen von Kunststoffilmen) bis etwa 120 kg/cm², bei der Herstellung von Preßlagenhölzern bis etwa 200 kg/cm², von Preßvollhölzern bis etwa 350 kg/cm².

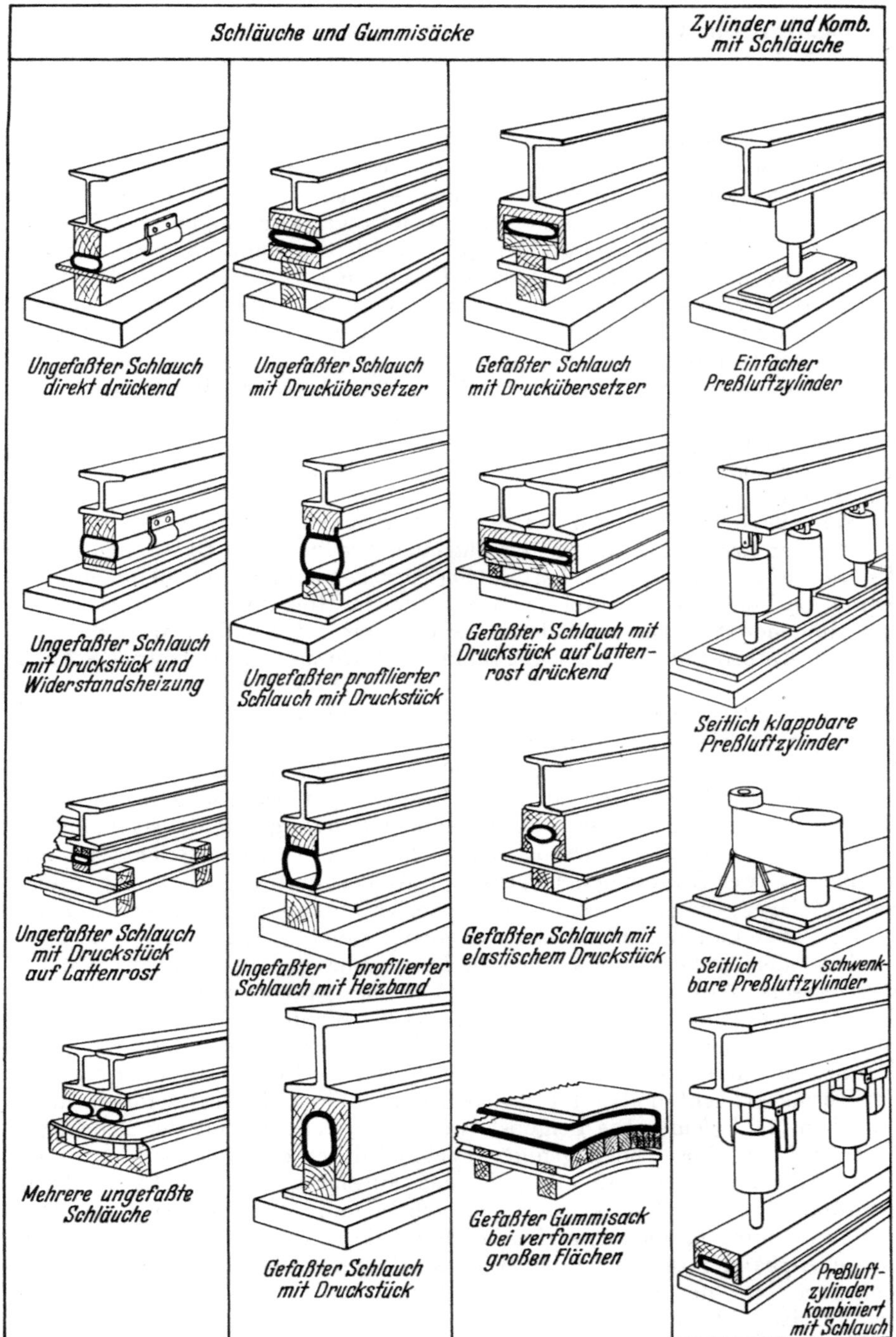

Bild 1115. Schematische Übersicht über pneumatische Druckelemente (Nach E. J. Ritter.)

954.5 Schwierigkeiten und Fehler beim Verleimen.

954.51 Offene Leimfugen. Offene Leimfugen, d. h. schlechte Fugenverbindung, können sehr verschiedenartige Ursachen haben. Auf der Holzseite können mitwirken: 1. fehlerhafte Vortrocknung auf zu hohen oder zu niedrigen Feuchtigkeitsgehalt (wobei die besonderen Ansprüche der einzelnen Leimtypen im Auge zu behalten sind, s. Ziffer 954.1). Auch ungleichmäßiger Feuchtigkeitsgehalt ist schädlich. 2. Mangelhafte Bearbeitung des Holzes, insbesondere Sägeschnitt- oder rauhe Oberflächen, unebene Flächen, bei Lagenhölzern ungleich dicke Furniere, schlechte Passungen. 3. Ungenügende Reinigung der Holzoberfläche vor dem Verleimen, wodurch Staub, Öl, Harz und andere Fremdstoffe zurückbleiben. 4. Geworfenes Holz. 5. Falsche Konstruktionen (Verleimen von Langholz mit sich kreuzender Faserrichtung, fehlende Dehnungsfugen bei Rahmenfüllungen, Hirnholzverleimungen statt Schäftungsverleimungen).

Auf der Leimseite können folgende Fehler auftreten: 1. Schlechter Zustand des Leimes beim Auftragen (eingedickter, schon teilweise abgebundener Leim, verdorbener Leim, zu dünner Leim, zu stark gestreckter Leim, unrichtig gemischter Leim.) 2. Zu geringer Leimauftrag. 3. Ungleichmäßiger Leimauftrag. 4. Verarbeitung nicht wasserfester Leime bei Bauteilen, die der Feuchtigkeit ausgesetzt sind.

Schließlich können auch auf der Verfahrensseite Fehler vorkommen, und zwar in der Regel folgende: 1. Ungenügender Preßdruck [z. B. bei ungeeigneten Pressen, unebenen Zulagen, bei falscher Druckabstellung auf die angewendete Leimtype, bei Fehlern im Holz (z. B. geworfenem Holz), Nachsetzen des Stapels] oder zu hoher Preßdruck. 2. Falsche Verleimtemperatur und Erhitzen der Presse vor dem Aufbringen des Drucks. 3. Zu kurze Preßdauer und zu rasches Schließen der Presse.

954.52 Blasenbildung. Beim Furnieren treten Blasen (Kürschner) aus folgenden Gründen auf: Ungleichmäßige Holzdicke, nichtausgebohrte harte Äste, harzige Stellen im Blindholz, Gehalt des Furniers an flüchtigen Stoffen, ungleichmäßige Leimverteilung, zu stark gestreckter Leim, schlechte Benetzung des Holzes durch den Leim, unsachgemäße Pressung mit ungeeigneten Vorrichtungen, zu niedriger Druck, ungleichmäßige Druckverteilung, zu kurze Preßdauer oder Erhitzung der Presse vor Wirksamwerden des Drucks. Auch zu heiße Zulagen, die Leimverbrennungen herbeiführen können, zu frühes Kühlen in der Presse und zu heißes Putzen können verantwortlich sein.

Besonders zu beachten ist auch die Druckabhängigkeit der Siedetemperatur des Wassers. Wird beispielsweise mit 10 kg/cm^2 gepreßt, so beträgt die diesem Druck entsprechende Siedetemperatur 183° C. Werden aber nun in der Presse nur 135° C angewendet, so wird im Furnier vorhandene Feuchtigkeit nicht in Dampf verwandelt. Beim plötzlichen Entlasten der Presse wird aber sehr rasch der Druck erreicht und unterschritten, dem 135° C als Siedetemperatur entsprechen (2,2 kg/cm^2). Die Folge ist eine rasche Verwandlung der Feuchtigkeit in Dampf. Da dieser nicht genügend schnell durch die Holzporen entweichen kann, bilden sich Dampfblasen, die das Furnier aufwölben. Es ist deshalb erforderlich, bei Preßtemperaturen, die erheblich über 100° C liegen, den Druck der Presse nur langsam zu verringern, damit sich eine harmlose Dampfdiffusion einstellen kann[1]. Die zulässigen Mindestzeiten für die Drucksenkung richten sich nach verschiedenen Faktoren (Preßtemperatur, Preßdruck, Holzfeuchtigkeit, Holzart, Furnierdicke) und können zwischen mehreren Sekunden und einigen Minuten liegen.

---

[1] Structural Adhesives, London 1951, S. 85.

954.53 Werfen und Verdrehen. Der Hang von Sperrplatten, sich zu werfen, ist allgemein bekannt. Sperrplatten stellen im Spannungszustand ausgeglichene Konstruktionen dar. Jede Störung des Spannungsgleichgewichts muß deshalb zu mehr oder minder starken Verformungen führen. Folgende Ursachen können vorliegen:

1. Mangelhaft ausgeglichene Konstruktion, z. B. wenn die Faserrichtungen in den einzelnen Lagen nicht genau rechtwinklig zueinander verlaufen, wenn Furniere mit verschiedener Dicke, Wichte, Struktur und Feuchtigkeit nicht symmetrisch verleimt werden oder wenn überhaupt die Symmetrie durch falsche Wahl der Lagenzahl gestört ist;
2. Biegen in der Presse, z. B. bei unebenen Zulagen, schlechten Preßbalken, mangelhafter Beschickung;
3. Fehler beim Nachtrocknen, z. B. zu scharfes oder unvollständiges Trocknen, schlechte Stapelung;
4. Einseitiges Überfurnieren, Oberflächenbehandlung durch Beizen (mit starker einseitiger Befeuchtung).

954.54 Verfärbung, Fleckenbildung, Durchschlagen. Verfärbung und Fleckenbildung beim Aufleimen von Edelfurnieren ist fast stets auf chemische Einflüsse zurückzuführen. Die Fehler können dabei sofort nach der Entnahme aus der Presse sichtbar sein oder aber im Laufe der Zeit (unter Umständen erst nach Monaten) je nach der Intensität der Reaktion erscheinen. Verantwortlich für die Verfärbung ist meist der Gehalt an Gerbsäure (Tannin). Die verschiedenen Hölzer haben einen unterschiedlich hohen Gehalt an Gerbsäure (s. Bd. I, Zahlentafel 21, S. 175). Besonders hoch ist der Gerbstoffgehalt in Eiche, Mahagoni, Kastanie und Nußbaum).

Hölzer mit hohem Gerbsäuregehalt bekommen dunkelfarbige Flecken, wenn sie mit stark alkalischen Leimen (z. B. Kasein- und Stärkeleimen) verleimt werden. Helle deutsche Eiche verfärbt sich beispielsweise schon bei Berührung mit Leimen, die gering alkalisch ($p_H = 7{,}5$ bis 8) sind. Bei den handelsüblichen Kaseinleimen mit $p_H = 12$ hat man natürlich eine um so stärkere Reaktion und damit auch Fleckenbildung zu erwarten.

Die nachstehende Übersicht gibt die Neigung verschiedener Hölzer zur Fleckenbildung durch alkalische Leime nach C. Blankenstein[1] wieder:

sehr empfindlich	gering	sehr gering oder nicht empfindlich
Ahorn	Fichte	Esche
Birke	Linde	Kiefer
Buche	Platane	Pappel
Ceder	Weymouthskiefer	Pitch-pine
Eiche		Rüster
Kastanie		Whitewood
Kirschbaum		
Mahagoni		
Nußbaum		
Satin-Nußbaum		
Zébrano		

Die Fleckenbildung tritt weniger in Erscheinung, wenn das Holz einwandfrei getrocknet wurde, das Furnier erst aufgelegt wird, wenn der Leim angezogen hat, nicht unnötig lange in der Presse bleibt und anschließend schnell wieder nachgetrocknet wird. Kaltleimflecke lassen sich kaum restlos und bleibend entfernen. Zum Bleichen benutzt man eine 7%ige Kleesalzlösung, der noch 10 bis 20 g verdünnte Salzsäure oder verdünnter Eisessig je Liter zugesetzt werden. Nachgespült wird zur Neutralisierung der Säure mit einer Lösung von 5 g Natriumbikarbonat in einem Liter Wasser. Das Tannin im Holz reagiert aber auch mit Säuren in Anwesenheit von eisenhaltigem Wasser. Dabei bilden sich Eisen-

[1] Blankenstein, C.: Leimen von Holz, Holzbearbeitung Bd. III, AWF-Schrift Nr. 164, Leipzig und Berlin 1937, S. 109.

gallusverbindungen, die der Tinte ihre Farbe geben. Im Abschnitt über die künstliche Trocknung (s. S. 329) war schon davon die Rede, daß auf Eichenholz blauschwarze Flecke entstehen, wenn Kondenswasser von eisernen Einbauten abtropft. Harnstoff-Formaldehydleime und Härter, die leicht sauer sind, haben die gleiche Wirkung auf gerbstoffhaltige Furniere in Gegenwart von Eisenspuren. Derartige Verunreinigungen können beim Holz von der Berührung mit eisernen Preßplatten (man nehme deshalb Aluminiumbleche als Zulagen!), beim Leim von der Verwendung eisenhaltigen Lösewassers und ungeeigneter Mischer oder von den Walzen der Auftragmaschinen stammen. Je saurer der Leim ist, desto leichter löst er Eisen. Die Eisengallusflecke lassen sich nicht durch Bleichen entfernen.

Flecke können weiter entstehen durch die Verarbeitung von — zu Kontrollzwecken — gefärbten Härtern oder von sehr dunklen Leimen (z. B. Blutalbuminleimen), die bei hellen, dünnen Furnieren durchscheinen. Bei dünnen Furnieren (0,5 bis 0,8 mm) tritt häufig Leimdurchschlag auf. Die sehr unerwünschte Erscheinung stellt sich ein, wenn der Leim nicht vom Blindholz, sondern von den porösen, vor allem feuchten Furnieren absorbiert wird und bis zu ihrer Oberfläche dringt. Besonders gefährlich sind wenig viscose (dünnflüssige) Leime, z. B. Knochenleime, aber auch Kunstharzleime. Zu empfehlen sind das Eindicken der Leime durch Streckmittel, bei Kaltleimen eine lange Gelierzeit. Zu vermeiden ist bei Glutinleimen zu langes Heizen. Durchgeschlagener Glutinleim läßt sich mit heißem Wasser und Holzseifen unter Zuhilfenahme einer Messingdrahtbürste auswaschen. Durchgeschlagener Blutalbuminleim ist mit Wasserstoffsuperoxydlösung auszubleichen. Durchgeschlagene Kunstharzleime sind nicht mehr entfernbar.

Bei dunklen, grobporigen Furnieren ist der Leim zu färben, damit nicht die Poren hellgefüllt aussehen. Man färbt den Leim z. B. nach C. Blankenstein[1] für Nußbaum und Sapeli mit Kaßler Braun, für Makassar mit Ruß.

Ölflecke gehen auf zu reichlichen Gebrauch ungeeigneter Zulagenfette zurück. Kleine Flecke entfernt man durch Einstreichen mit Brennspiritus und nachfolgendes Ausbürsten mit Sägespänen.

954.55 Risse und Wellen. Risse entstehen durch Verarbeitung schlecht gemesserter oder geschälter fehlerhaft getrockneter, zu nasser Furniere. Auch zu frühes Auflegen (ungenügende Gelierzeit) kann dazu führen. Ferner kann falsche Konstruktion starke innere Spannungen veranlassen, die dann Risse hervorrufen. Wurzelmaserfurniere, die ohne festes Zwischenfurnier unmittelbar auf weiche Absperrfurniere geleimt werden, neigen ebenfalls zur Rißbildung. Besonders empfindliche Maserfurniere sollten mit kalthärtenden Leimen oder besser mit thermoplastischen Leimen verleimt werden.

Wellen bilden sich, wenn die Mittel- und Absperrfurniere starke Gefügeschwankungen aufweisen (Früh- und Spätholz bei Nadelhölzern), wenn in den Mittellagen der Tischlerplatten die Stäbe aus Splint und Kernholz bestehen oder die Jahrringe bald aufrecht stehend, bald liegend oder schräg verlaufen, wenn das Blindholz ungleichmäßig feucht ist, wenn die Absperrfurniere zu dünn sind, wenn Sägefurniere ohne Hobeln der zu verleimenden Seite verarbeitet werden, wenn die Mittel- oder Absperrfurniere Rillen durch fehlerhaftes Hobeln oder durch Einzugswalzen aufweisen und schließlich, wenn der Leim ungleichmäßig aufgetragen wurde.

954.56 Verleimen verschalter Hölzer. Verschalte Hölzer lassen sich unter Umständen sehr schlecht verleimen. Verschalung kommt häufig auch bei

[1] Blankenstein, C.: Leimen von Holz, Holzbearbeitung Bd. III, AWF-Schrift Nr. 164, Leipzig und Berlin 1937, S. 111.

Furnieren und Sperrhölzern als Folge der scharfen Trocknung während des Herstellungsganges vor. Es ist notwendig, verschalte Hölzer vor dem Verleimen sorgfältig in Faserrichtung zu schleifen.

954.57 Verleimen imprägnierter Hölzer. Die Verleimung von mit Holzschutzmitteln oder Feuerschutzmitteln behandeltem Holz wurde verschiedentlich untersucht. Auch in halbindustriellem Maßstab wurden Erfahrungen gewonnen, die jedoch nicht gut übereinstimmten und zu keiner allgemeinen Empfehlung der Technik führten. Trotzdem ist man zu der Annahme berechtigt, daß gewisse Leime und Schutzmittel sich unter einwandfreien Verleimungsbedingungen miteinander vertragen. Wesentliche Grundgesetze der Verleimungstechnik für unbehandeltes Holz gelten auch für behandeltes Holz, z. B. der Satz, daß die Verleimungsschwierigkeiten mit der Holzwichte zunehmen sowie, daß eine saubere Verleimungsfläche die Grundlage guter Bindung ist. Infolgedessen soll imprägniertes Holz kurz vor dem Verleimen oberflächlich geglättet werden. Die vorstehenden Ausführungen mit den folgenden Richtlinien fassen die Erfahrungen und Forschungen des U.S. Forest Products Laboratory in Madison, Wisc., einiger amerikanischer Industrielaboratorien sowie von gewerblichen Betrieben zusammen[1].

Beim Verleimen von Holz, das mit öllöslichen Schutzmitteln behandelt ist, muß zunächst berücksichtigt werden, daß diese Imprägniertechnik hauptsächlich für Hölzer, die im Freien verwendet werden, in Betracht kommt. Demzufolge sind nur Phenol-Resorcin-, Resorcin- und Melaminharzleime anzuwenden. Allgemein weiß man, daß auch unimprägnierte Hölzer, die Öl enthalten, schwierig zu verleimen sind. Dementsprechend ergeben sich bei der Verleimung von Hölzern, die Steinkohlenteeröl ausschwitzen, außerordentliche Schwierigkeiten. Im Laboratorium wurde nach N. L. Selbo[1] eine gute Bindefestigkeit erreicht, wenn die Oberfläche mit trockenen Lappen oder Lappen, die in ähnliche Lösungsmittel wie Aceton getaucht waren, kurz vor dem Leimauftrag abgerieben wurde. Industriell ließe sich aber dieses Verfahren nicht anwenden. Es wird deshalb empfohlen, die Säuberung mit Dämpfen von solchen Lösungsmitteln, die Teeröl lösen, vorzunehmen. Teerölgetränktes Holz, das „trocken" erscheint, also nicht schwitzt, läßt sich nach oberflächlicher Glättung gut verleimen[2]. Teile aus Douglasienholz befriedigten bei Bewetterungsversuchen nicht[3]. Das Material neigte aber ursprünglich zum Schwitzen, und die Verleimtemperatur war verhältnismäßig niedrig.

Im U.S. Forest Products Laboratory ergab sich allgemein eine Verbesserung des Abbindens mit steigenden Verleimtemperaturen. Immerhin wurde beim Verleimen von mit Teeröl getränktem Yellow pine-Holz mit Resorcinharz schon bei 27° C ausreichende Bindefestigkeit erreicht. Besser wurden die Ergebnisse bei etwa 66° C.

Der Erfolg beim Verleimen von Holz, das mit öligen Lösungen von Pentachlorphenol behandelt ist, hängt hauptsächlich von der Art des Lösungs- oder Schleppmittels ab. Bei Versuchen, bei denen Naphthalin als Lösungsmittel gebraucht wurde, ergab sich praktisch keine Beeinträchtigung der Verleimbarkeit von Ahorn, Roteiche, Douglasie und Southern Pine. Wenn Petroleum verwendet wurde, war die Verleimbarkeit der Holzarten, die zum Schwitzen neigen, verschlechtert. Auf jeden Fall muß ähnlich wie beim Steinkohlenteeröl auf saubere Oberflächen vor der Verleimung geachtet werden. Werden höchstflüchtige

---

[1] Selbo, N. L.: Gluing of Treated Wood, Southern Lumberman Bd. 182 (1951) Nr. 2280, 1. April 1951, S. 46.

[2] Vgl. Americ. Wood Pres. Assoc. Proc. 1947, S. 232.

[3] Vgl. Americ. Wood. Pres. Assoc. Proc. 1948, S. 382.

Lösungsmittel verwendet, so erhält man sehr gute Verleimungen. Holz, das mit öligen Lösungen von Pentachlorphenol im Tauchtränkverfahren behandelt wurde, ist gut verleimbar, außer wenn die Lösungsmittel Wachse oder andere wasserabstoßende Bestandteile enthalten, welche die Adhäsion herabsetzen.

Mit Kupfernaphthenat-Schutzmitteln in leicht flüssigen Lösungsmitteln behandeltes Holz ist mit Phenolresorcin- oder Resorcinleimen gut verleimbar. Damit imprägnierte Roteiche ließ sich mit Melaminharzen nicht störungsfrei verleimen. Wieder erwiesen sich höhere Abbindetemperaturen für das behandelte Holz gegenüber dem unbehandelten als nötig.

Soweit mit wasserlöslichen Schutzmitteln imprägniert wird, steigt die Holzfeuchtigkeit, und es ist Nachtrocknung geboten. Anschließend hat sich das Holz meist mehr oder minder geworfen, schwankt in der Dicke und enthält oberflächlich Ausscheidungen von Chemikalien. Es muß deshalb nachbearbeitet werden. Die Verleimung solchen Holzes bereitet weniger Schwierigkeiten als die von ölimprägniertem. Vorzügliche Resultate erhielt man bei Laboratoriumsversuchen, wenn man Holz, das mit Wolman-Salzen getränkt war, mit Phenol-Resorcin- und Resorcinleimen verarbeitete. Die Verleimtemperatur lag bei 94°C. Bei der gleichen Temperatur ergaben Melaminleime eine hohe Bindefestigkeit bei imprägniertem Ahorn und bei Roteiche. Verschiedene Resorcinleime lieferten schon bei 66° C gute Fugenfestigkeit für imprägnierten Ahorn, Roteiche und Southern Yellow Pine. Einige Resorcinleime befriedigten bei imprägnierter Douglasie und Yellow Pine schon bei 27° C Abbindetemperatur [1].

Schon früher war eine Anzahl von Bogenträgern für einen Lokomotivschuppen aus mit Wolman-Salzen behandelter Southern Yellow Pine verleimt worden [2]. Nach fünfjährigem Gebrauch waren sie noch in gutem Zustand [3].

Holz, das mit Celcure imprägniert ist, kann zufriedenstellend mit Melamin-, Resorcin- und Phenol-Resorcin-Harzleimen verleimt werden. Sehr ähnlich sind die Ergebnisse beim Verleimen von Holz, das mit Zinkmetaarsenit behandelt ist. Chlorzinkchromat enthaltende Schutzmittel vertragen sich gut mit Melamin- und Phenol-Resorcinleimen bei Abbindetemperaturen von 94° C, bei Resorcinleimen von 66°C. Bei der zuletzt genannten Temperatur ergaben Phenol-Resorcinharze keine ausreichende Bindefestigkeit mehr.

Mit Feuerschutzmitteln behandeltes Holz wird meist nur in trockener Umgebung verwendet. In die Untersuchungen müssen deshalb auch andere Leime als Phenol-Resorcin und Melamin einbezogen werden. Anderseits sind unter dem Gesichtswinkel der Feuerbeständigkeit Leime zu fordern, die ein Aufblättern der Furniere nicht zulassen. Feuchtigkeitsbeständige Leime sind zu verwenden, da viele Feuerschutzsalze hygroskopisch sind und da das mit ihnen behandelte Holz ein höheres hygroskopisches Gleichgewicht hat als normales Holz. Im U.S. Forest Products Laboratory wurden zuerst Furniere, die mit Mono-Ammoniumphosphat getränkt waren, mit verschiedenen Leimen verleimt. Erfolg hatte man mit heißhärtenden Blutalbumin- und Phenolharz-Filmleimen, Mißerfolg mit Sojaprotein-, Stärke-, Kasein- und flüssigen Phenolharzleimen. Mit Mono-Ammoniumphosphat imprägnierte Furniere ließen sich mit Phenolharzfilmen auch nach dem Gummisackverfahren verleimen [4]. Im Rahmen dieser Untersuchungen lieferten heißhärtende Phenol- und kalthärtende Harnstoffharzleime annehmbare Ergebnisse, heißhärtende Harnstoffleime

[1] Vgl. Americ. Wood. Pres. Assoc. Proc. 1946, S. 336, 1947, S. 232 und 1948, S. 282.
[2] Vgl. Americ. Wood. Pres. Assoc. Proc. 1945, S. 103.
[3] Vgl. Americ. Wood. Pres. Assoc. Proc. 1950, S. 350.
[4] Black, J. M.: The Effekt of Fire Retardant Chemicals on Glues Used in Plywood Manufacture, U.S. For. Prod. Lab. Rep. Nr. R 1427, Madison, Wisc., 1943.

schlechte Ergebnisse, kalthärtende Phenolharzleime sehr schlechte Ergebnisse. Bei Di-Ammoniumphosphat erzielte man folgende Resultate: Gute mit Phenolharzfilmen, annehmbare mit heißhärtenden Phenolharzen und kalthärtenden Harnstoffharz-Leimen, schlechte beim Gummisackverfahren mit Harnstoff- und flüssigen Phenolharzleimen. Beträchtliche Schwierigkeiten ergaben sich stets bei der Verwendung von Kaseinleimen.

Bei Gebrauch einer Mischung von Di-Ammoniumphosphat mit Mono-Ammoniumphosphat im Verhältnis 2 : 1 waren die Ergebnisse ähnlich. Bei Ammoniumsulfat erhielt man gute Ergebnisse mit Phenolharzfilmen sowie kalt- und heißhärtenden Harnstoffharz-Leimen, schlechte beim Gummisackverfahren mit Harnstoffharz-Leimen sowie kalt- und heißhärtenden Phenolharzen. Bei Tränkung mit Borsäure waren die Ergebnisse mit kalthärtenden Harnstoffharz-Leimen gut, mit heißhärtenden Harnstoff-, kalt- und heißhärtenden Phenolharzen und mit Phenolharzfilmen schlecht. Beim Imprägnieren mit Borax banden — immer noch nach N. L. Selbo — viele Leime überhaupt nicht ab, wogegen Gemische von Borax und Borsäure (3 : 2) das Abbinden von kalthärtenden Harnstoffharz-Leimen, Phenol-Resorcin- und Resorcin-, Melamin- und verstärkten Harnstoffharz-Leimen nicht beeinträchtigte. Die vom U.S. Navy Department empfohlene Feuerschutzmischung (Ammoniumsulfat-Diammoniumphosphat-Borax-Borsäure 6 : 1 : 1 : 2) lieferte befriedigende Ergebnisse mit Resorcinharzen als Bindemittel auf Kiefer und Fichte, mit Melaminharzen auf Eiche, ungenügende mit Resorcin- und Phenol-Resorcin auf Ahorn und Eiche, mit Melamin auf Ahorn und mit Phenol-Resorcin auf Fichte und Kiefer[1]. Chlorzink-Chromat wird auch als Feuerschutzmittel mit hoher Aufnahme verwendet. Damit imprägniertes Holz läßt sich schlecht mit Kaseinleimen verleimen. Ausgezeichnete Resultate liefern kalthärtende Harnstoffleime bei massivem Hart- und Weichholz, gute bei Sperrholz aus weichen Hölzern, schlechte bei Laubsperrholz, Resorcinharz-Leime gute bei hartem Holz, ausgezeichnete bei Weichholz; etwas weniger gut sind die Ergebnisse bei Phenol-Resorcin.

954.6 Nachbehandlung verleimter Arbeitsstücke.

Der Feuchtigkeitsgehalt des Holzes ändert sich bei der Verleimung, wobei das Verleimverfahren, die Art und Zusammensetzung des Leimes, die Auftragmenge und die Holzabmessungen eine Rolle spielen. In der Regel nehmen Holzteile und Furniere beim Verleimen Wasser aus dem Leim auf und müssen wieder getrocknet werden, damit die Leimverbindungen fest werden, die Fugen nicht einsacken und Werfen sowie Rißbildung vermieden werden. Es gibt allerdings auch Fälle, in denen die Feuchtigkeit sich kaum erhöht oder sogar verringert. Unbedeutend ist z. B. die Wasseraufnahme aus Harnstoff- und Resorcinharz-Leimen sowie aus neueren Glutinleimen mit sehr geringer Auftragmenge. Bei Filmverleimungen nimmt die Holzfeuchtigkeit ab. Sehr beträchtliche Wassermengen brachten aber die älteren Holzleime wie Glutin-, Blutalbumin- und Stärkeleime in das Holz.

Die Zunahme des Feuchtigkeitsgehalts läßt sich mit folgender Formel berechnen[2]:

$$\Delta u = \frac{e \cdot f\,(100 - k)\,(100 + u)\,(i - 1)}{d \cdot R_{m_0}} \cdot 10^{-2}\ [\%], \tag{178}$$

worin Δu die Feuchtigkeitssteigerung des verleimten Holzes, bezogen auf sein Darrgewicht in [%], u die Feuchtigkeit des Holzes vor der Verleimung [%], e die Auftragmenge des Leims in [g/m²], $f < 1{,}0$ (schätzungsweise 0,8 bis 1,0) der Absorptionsfaktor des Holzes, k die Konzentration des Leimes [%], i die Zahl

[1] Americ. Wood Pres. Assoc. Proc. 1945, S. 106.

[2] Kollmann, F.: Holztechnik Verein Sperrholz Bd. 15 (1935) S. 97.

der verleimten Holzlagen, d die Gesamtdicke der verleimten Platte [mm] und R_{m_0} die mittlere Rohwichte des Holzes [kg/m³] sind. Bild 1116 zeigt einige mit Formel (178) berechnete Kurven.

Die mittlere Rohwichte R_{m_0} läßt sich exakt berechnen:

$$R_{m_0} = \frac{d_1 R_1 + d_2 R_2 + d_3 R_3 + \cdots + d_{n-1} R_{n-1} + d_n R_n}{d_1 + d_2 + d_3 + \cdots + d_{n-1} + d_n} = \frac{d\,R}{d}. \qquad (179)$$

Im allgemeinen genügt es aber, dafür geschätzte Zahlen einzusetzen, und zwar für Sperrholz aus Okumé (Gaboon) 350 [kg/m³], für Sperrholz mit Fichten-Kiefern- und Pappelmittellagen 450 [kg/m³], für Weide und Erle 520 [kg/m³], für Ahorn 580 [kg/m³], für Kirsche, Nußbaum, Rüster 620 [kg/m³], für Esche, Birke, Eiche, Rotbuche 680 [kg/m³]. Die berechneten Zahlen stimmen gut mit der Wirklichkeit überein. Man findet, daß beim Furnieren und Absperren Feuchtigkeitszunahmen um 20 bis 30% keine Seltenheit sind. Je dünner ein Furnier und je spezifisch leichter die Holzart ist, desto größer wird die Feuchtigkeitszunahme, wie auch Zahlentafel 135 beweist[1].

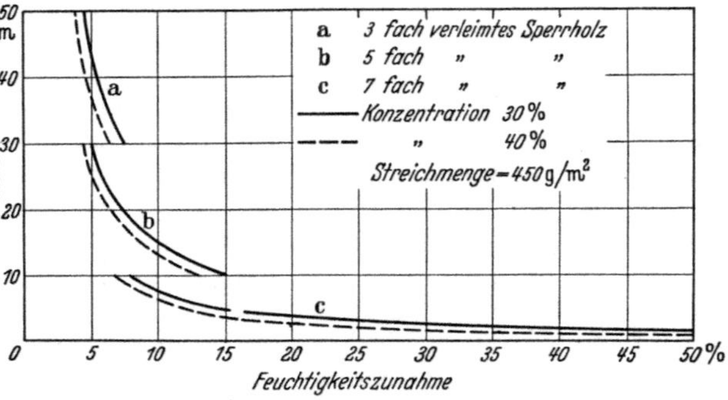

Bild 1116. Feuchtigkeitszunahme von Sperrholz bei der Verleimung. (Nach F. Kollmann.)

Zahlentafel 135. *Berechnete Feuchtigkeitszunahme beim Verleimen von Fünf-Schichten-Konstruktionen mit Leimen, die bei Raumtemperatur abbinden. (Nach U.S. Forest Products Laboratory, Madison, Wisc.)*

Holzart	Dicke jeder Furnierschicht mm	Feuchtigkeitszunahme beim Verleimen in %		
		Kasein-, Glutin-, Stärkeleime	Harnstoffharzleim	Resorcinharzleim
Gelb-Pappel	0,8	62,0	23,6	17,4
Gelb-Pappel	1,6	31,0	11,8	8,7
Gelb-Birke	0,8	40,0	15,1	11,1
Gelb-Birke	1,6	20,0	7,6	5,6
Sitka-Fichte	3,2	15,5	5,9	4,3
Sitka-Fichte	9,5	5,2	2,0	1,5
Sitka-Fichte	19,1	2,6	1,0	0,7
Gelb-Birke	3,2	10,0	3,8	2,8
Gelb-Birke	9,5	3,3	1,3	0,9
Gelb-Birke	19,1	1,7	0,6	0,5

Wenn die Feuchtigkeitszunahme infolge des Verleimens klein ist (wie beispielsweise bei Harnstoff- und Resorcinharzleimen), genügt eine Konditionierung bei Raumtemperatur während 1 bis 2 Tagen. Wurde mehr Feuchtigkeit in das Holz gebracht, dann muß es nachgetrocknet werden. Zahlentafel 136 gibt verschiedene Kombinationen von Temperatur und relativer Luftfeuchtigkeit nach Vorschrift des U.S. Forest Products Laboratory, Madison, Wisc.[1], wieder, um die Werkstücke auf eine gewünschte Endfeuchtigkeit zu bringen.

[1] Drying and Conditioning Glued Joints, U.S. For. Prod. Lab. Madison, Wisc. Rep. D 475 Rev. Aug. 1948.

Zahlentafel 136. *Temperatur und relative Luftfeuchtigkeiten zur Nachtrocknung von Sperrholzplatten auf Feuchtigkeiten zwischen 6 und 12%.* (*Nach U.S. Forest Products Laboratory, Madison, Wisc.*)

Gewünschte Holzfeuchtigkeit	Relative Luftfeuchtigkeit in % bei einer Temperatur von						
	21°C	27°C	32°C	38°C	43°C	49°C	60°C
6	19	19	20	21	22	24	26
7	24	26	27	28	29	31	34
8	30	31	32	33	35	37	41
10	43	44	45	46	48	50	53
12	55	56	57	58	59	61	65

955. Eigenschaften und praktische Verarbeitung der wichtigsten Holzleime.

955.1 Proteinleime.

955.11 Glutinleime. 955.111 Gewinnung, Handelsformen und allgemeine Eigenschaften der Glutinleime. Die Glutinleime werden entweder als Hautleime durch Sieden von Häuten, Flechsen, Därmen usw., als Lederleime aus chromgaren und entgerbten Lederabfällen, als Knochenleime aus entfetteten Knochen oder als Fischleime aus Köpfen, Gräten, Schuppen und Schwimmblasen von Fischen (z. B. Stör) gewonnen. Mischleim ist nach RAL 093 A_2 ein Leim, der mindestens 30% der höheren Qualität enthält, also z. B. Knochenleim mit mehr als 30% Lederleim, Lederleim mit mehr als 30% Hautleim.

Tierische Leime zählen zu den ältesten Handelsprodukten, und obwohl Kasein-, pflanzliche und Kunstharzleime in den letzten dreißig Jahren sich stürmisch entwickelten, nahm die Erzeugung der Glutinleime z. B. in USA nicht ab, sondern zu, wobei die Herstellungsverfahren sehr verfeinert und vervollkommnet wurden. In Deutschland liegen andere Verhältnisse vor. Das Aufkommen an Knochen und Häuten ist hier gering, so daß diese Rohstoffe in der Hauptsache eingeführt werden müssen. Importbeschränkungen sowie die Abschnürung von den Weltmärkten in Kriegs- und Nachkriegszeiten ließ die Glutinerzeugung wiederholt stark schrumpfen, so daß die Industrien auf andere Leime ausweichen mußten. Nach allmählicher Normalisierung der internationalen Handelsbeziehungen wurde aber die Glutinerzeugung wieder vergrößert, und die Glutinleime erobern ihre alten Absatzgebiete zurück.

Die wesentlichsten Vorzüge der Glutinleime sind hohe Abbindegeschwindigkeiten sowie Durchschlagsicherheit. Ihre Nachteile sind Empfindlichkeit, komplizierte Handhabung, keine Feucht- und Naßfestigkeit. Die Glutinleime sind deshalb typische Möbelleime (niedrigviscos für Montage- und Fugenverleimungen, hochviscos zum Furnieren). Ungeeignet sind sie für Baukonstruktionen, im Fahrzeug-, Waggon- und Flugzeugbau.

Verarbeitet werden in der Glutinindustrie sehr verschiedene Sortimente von Rohstoffen, die 10 bis 20% Leim enthalten[1]. Die nach der Extraktion zurückbleibenden Knochenreste werden getrocknet, entkeimt, gemahlen und als Futterzusatz (mit mindestens 72% phosphorsaurem Kalk $Ca_3(PO_4)_2$ und 5% Rohprotein) verkauft. Unter Umständen werden die Knochen auch trocken destilliert, um Knochenkohle herzustellen. Die Rückstände aus den Leimsiedekesseln werden zusammen mit Knorpeln, Hörnern und Hufen — aus denen sich

[1] Hull, W. Q., u. W. G. Bangert: Ind. Engng. Chem. Bd. 44 (1952) S. 2275.

zwar das glutinähnliche Chondrin gewinnen läßt, das aber nur geringe Bindekraft ergibt — zu Dünger verarbeitet. Alles aus den Knochen und Häuten extrahierte Fett fließt der Seifenfabrikation oder Fettspaltung zu. Bild 1117 zeigt das Schema einer neuzeitlichen Glutinfabrik. Wie ersichtlich, werden ver-

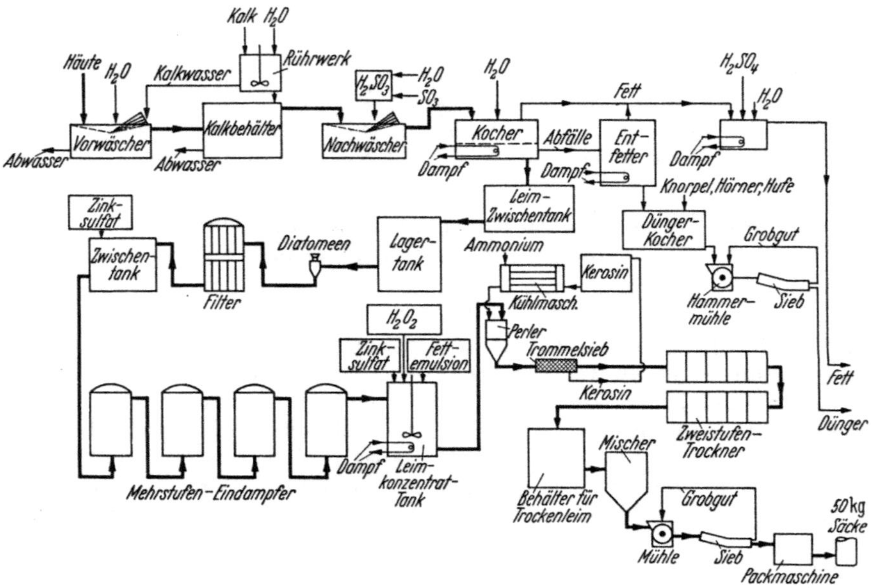

Bild 1117. Schema der Herstellung von Glutinleim. (Nach W. Q. Hull u. W. G. Bangert.)

schiedene Chemikalien zugesetzt; über den erforderlichen Aufwand daran und den Zweck der Zugabe gibt die nachstehende Übersicht nach W. Q. Hull und W. G. Bangert Aufschluß:

Chemikalie	Zugabemenge Gew.-%	Zweck
Zinksulfat	1 bis 2	Schutzmittel
Wasserstoffperoxyd	2	Bleichmittel
Hautfett-Emulsion	2	Entschäumungsmittel
Zinkoxyd (nur für weiße und Opakleime)	10	Pigment

Bis vor verhältnismäßig kurzer Zeit wurde der Leim in Kanaltrocknern zu Tafeln getrocknet. Die konzentrierte Brühe, die aus dem Verdampfer kam, rann auf ein endloses Gummiband und bildete eine etwa 6 mm dicke Schicht. In einer Kühlzone gelierte der Leim, wurde dann vom Gummiband abgehoben, zu Tafeln zerschnitten, auf Siebrahmen gelegt und mit diesen durch den Kanaltrockner geschickt. Nach dem langsamen und teuren Trockenprozeß wurden die Tafeln auf die gewünschte Formgröße zerkleinert. Wesentlich wirtschaftlicher ist die Verwandlung des Leimes in Perlform von 1 bis 3 mm Durchmesser vor dem Trocknen. Man läßt dabei die Leimlösung — nach einem Verfahren, das von den Scheidemandel-Motard-Werken erfunden wurde — bei 53° C in einen zylindrischen Behälter tropfen, der auf 0° abgekühlte benzinähnliche Kohlenwasserstoffe (Flammpunkt 49° C, Siedetemperatur 161 bis 193° C) enthält. Der Leim erstarrt in diesem Bad sofort zu kleinen Perlen. Die Mischung von Kohlenwasserstoff und Perlen, die am Boden des Perlers durch ein grobporiges Sieb abgezogen wird, fließt zu einem feinerporigen rotierendem Trommelsieb, das die Perlen zurückhält und an ein Förderband abgibt, während die durchfließenden Kohlenwasserstoffe zurückgeleitet werden.

Es gibt heute folgende Handelsformen für Glutinleime: als Tafelleim (Dickschnitt oder Dünnschnitt) oder kleinstückig als Körner-, Perlen- und Flockenleim. Der Hauptvorteil der kleinstückigen Glutinleime ist ihre sehr kurze Quellzeit und die leichte Dosierbarkeit. Leimgallerten sind sehr selten, während flüssige Fischleime oder hochkonzentrierte Lösungen von tierischen Leimen in säurehaltigem Wasser sich in Anbetracht ihrer sofortigen Verwendbarkeit zu Flickarbeiten und bei der Herstellung kleiner hölzerner Ramschwaren (Spielzeug) einer gewissen Beliebtheit erfreuen.

955.112 Eigenschaften der Glutinleime. Reines Glutin ist farblos, durchsichtig, amorph, chemisch neutral, geschmacklos und geruchlos. Seine technisch reinste Form ist die Gelatine. Im kalten Wasser quillt es unter Aufnahme großer Wassermengen. Die gequollene Masse läßt sich durch Erhitzen schmelzen und geht dabei in eine hochviscose kolloidale Lösung über, die beim Erkalten eine Gallerte bildet. Der Vorgang ist reversibel. Temperaturen über 60° C, aber auch hydrolysierende Chemikalien bewirken einen Abbau des Glutins zu Glutosen. Die Viscosität der Lösung verringert sich dabei, und ihre Klebkraft nimmt ab.

Die Farbe der Glutinleime wechselt zwischen hellgelb und dunkelbraun; sie soll gleichmäßig sein, ist aber sonst ebensowenig wie die Durchsichtigkeit ein Gütemaßstab. Besser eignet sich für rohe Wertabschätzung in der Werkstatt schon das Bruchgefüge der gut trockenen Leimtafeln: es soll nicht glatt und eben, sondern splittrig und muschelig sein.

Nicht eindeutig beurteilbar ist, wie auch die RAL-Lieferbedingungen hervorheben, das Vorhandensein von Blasen. Gehen sie auf die Herstellung (Schaumbildung beim Umrühren, Vergießen, Schnelltrocknung) zurück, so sind sie ohne Belang, wogegen bei chemischen Ursachen (z. B. Gärung) die Güte beeinträchtigt ist. Derartige chemische Zersetzungserscheinungen äußern sich beim Auflösen der Tafeln unter leichter Erwärmung in üblem Geruch; hierbei läßt sich auch die Fettfreiheit prüfen. Leim darf technisch keinerlei Fette enthalten — außer es handelt sich um besonders verlangte „schaumfreie" Leime —, so daß an der Oberfläche abgekochter Leimlösungen keine Fettaugen erscheinen dürfen. Unzulässig sind weiter im allgemeinen fremde Zusatzstoffe, die Rauminhalt und Gewicht erhöhen oder eine bessere Leimsorte vortäuschen. Anorganische Beimengungen (Kreide, Lithopone, Zinkweiß) sind anzunehmen, wenn ein Leim mehr als 3,5% Asche enthält. Für die Durchführung der nötigen quantitativen Prüfungen auf Calcium-, Blei- und Zinkverbindungen gibt Absatz D_1 der schon erwähnten einschlägigen RAL-Vorschriften Anweisung.

Eine weitere, technisch wichtige Eigenschaft der Glutinleime ist ihr Säure- oder Alkaligehalt. Haut- und Lederleime sind praktisch säurefrei; für ihren Alkaligehalt gilt als höchstzulässige Grenze $p_H = 9$. Knochenleim enthält fast stets freie Säure, jedoch hat als äußerste statthafte Grenze $p_H = 4$ zu gelten. Die Anwesenheit von Säure läßt sich grundsätzlich leicht durch die Rotfärbung von blauem Lackmuspapier nachweisen, das in die frische Leimlösung eingetaucht oder angefeuchtet auf den noch nicht gequollenen Leim gelegt wird. Man hat damit ein gutes Mittel zur Unterscheidung der säurefreien Haut- und Lederleime von Knochenleim.

Der Wassergehalt sämtlicher festen Glutinleime darf 17% — bezogen auf das ursprüngliche Gewicht, also 20,5% des Darrgewichts — nicht überschreiten.

Die Viscosität ist bei den Glutinleimen ein besonders wichtiges Merkmal. Bild 1118 gibt nach E. Plath den Zusammenhang zwischen Viscosität, Konzentration und Temperatur bei Haut- und Knochenleimen wieder. Man sieht, daß die Viscosität (ausgedrückt durch die Auslaufszeit im Auslaufbecher nach DIN 53211) bei Hautleimen erheblich höher ist als bei Knochenleimen der gleichen Konzentration. Mit steigender Temperatur werden die Glutinleime sehr dünnflüssig. Umgekehrt nimmt die Viscosität mit steigender Konzentration zu. Die Messung der Viscosität wurde in Abschnitt 953.412, die Bestimmung der Gallertfestigkeit in Abschnitt 953.42 behandelt. Die Quellfähigkeit eignet sich nicht zur Güteprüfung der Leime[1]; man hat deshalb davon abgesehen, ein bestimmtes Wasseraufnahmevermögen zu fordern. Durchschnittlich nehmen aber gute Leime das Ein- bis Dreifache ihres Trockengewichts an kaltem Wasser von 15 bis 20° C auf.

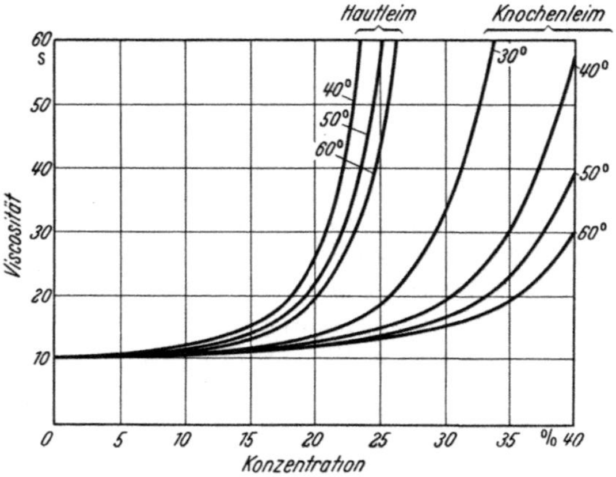

Bild 1118. Zusammenhang zwischen Viscosität, Konzentration und Temperatur bei Haut- und Knochenleim. (Nach E. Plath.)

955.113 Zubereitung der Glutinleime. 955.113.1 *Einweichen und Schmelzen.* Niemals darf bei der gewerblichen Zubereitung der Glutinleime in Tafelform warmes Wasser benutzt werden, da es die Ansiedlung von Fäulnisbakterien und Schimmelpilzen fördert und durch Lösen von Leim zu Verlusten führt, wenn das Einquellwasser in der üblichen Weise weggegossen wird. Beendet ist das Einweichen, wenn die Tafeln bis zum Kern gequollen sind; unter normalen Umständen wird dies nach 24 bis 48 h der Fall sein. Würfelleime sind schon nach etwa $1^1/_2$ h, Perlleime nach rund 1 h, Flockenleime nach etwa 20 min vollständig ausgequollen; Leime verschiedener Korngröße dürfen nicht zusammen eingeweicht werden, da die feinkörnigen Leime zuviel Wasser aufsaugen und zu dünne Leimbrühen ergeben. Perl- und Flockenleime werden manchmal auch mit heißem Wasser gequollen.

Die beim Einquellen erhaltenen Gallerten werden bei 50 bis 60° C in besonderen Mischern mit eingebautem Rührwerk geschmolzen. Die Gefäße müssen leicht zu reinigen sein; der beste Werkstoff für sie ist Kupfer. Eisen verfärbt den Leim schwarz. Zwischen dem Kupferkessel und dem äußeren gußeisernen Mantel befinden sich Dampfschlangen zur Erwärmung des Wasserbades. Die Heizung darf keine zu hohen Temperaturen erzeugen, da das Glutin als hochmolekularer Körper nicht nur gegen chemische Angriffe, sondern auch gegen Hitze äußerst empfindlich ist. Den außerordentlich schädlichen Einfluß des Überhitzens hat H. Meeß[2] größenmäßig festgestellt. Er bestimmte zunächst die Auslaufzeit einer 20%igen Leimlösung aus einem Engler-Viscosimeter bei 40° C sofort nach dem Erwärmen und setzte sie gleich 100%. Die Lösung wurde dann 2, 4 und 6 Stunden auf 40° C gehalten und nach Ersatz des jeweils verdunsteten Wassers die Messung der Viscosität wiederholt. Dasselbe geschah nach Erhitzen auf

[1] Stadlinger, H.: Chem.-Ztg. Bd. 51 (1927) S. 507.
[2] Meeß, H.: Sperrholz Bd. 2 (1930) S. 20, 365.

60, 80 und 98° C. Es ergab sich dabei das in Bild 1119 dargestellte stetige Absinken der Zähflüssigkeit, das in seinem Verlauf der — ebenfalls von Meeß ermittelten — Abnahme der Bindekraft (Bild 1120) durch Erhitzen sehr ähnelt. Als oberste zulässige Schmelztemperatur hat demnach 60° C zu gelten.

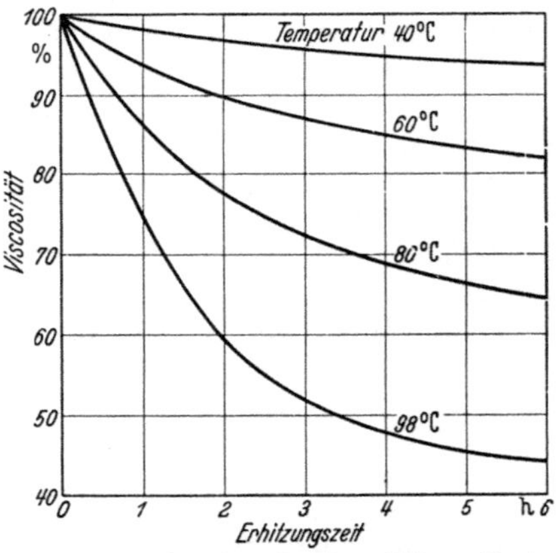

Bild 1119. Abnahme der Viscosität von Hautleim durch Überhitzen. (Nach H. Meeß.)

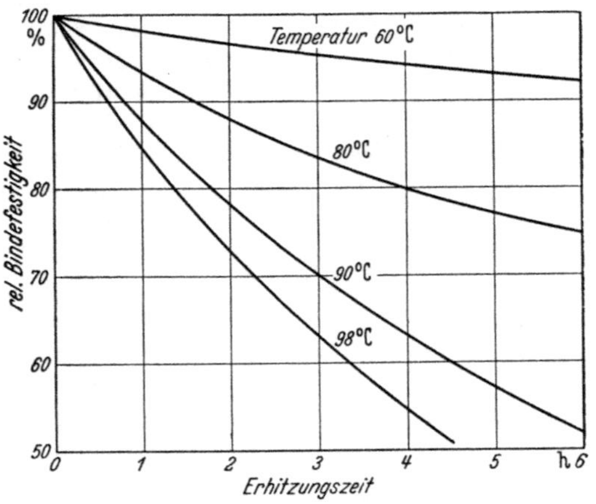

Bild 1120. Abnahme der Bindekraft von Hautleim durch Überhitzen. (Nach H. Meeß.)

955.113.2 *Brühenkonzentration und Streckmittel.* Weiter hängt die Bindekraft von Leimlösungen eng mit ihrer Konzentration zusammen, wie Bild 1121 zeigt. Im Betrieb wählt man den Leimgehalt der Brühen je nach dem Verwendungszweck und der Holzart verschieden groß. Für Fugenverleimung haben sich bei Haut- und Lederleim etwa 30 bis 40%, bei Knochenleim 35 bis 45%, zum Furnieren bei Hautleim 40%, bei Knochenleim 50% häufig bewährt. Die Einstellung der richtigen Konzentration erfordert Erfahrung. Hat man einen Leim mit der Konzentration k_1 (z. B. 50% = 0,50) und will man wissen, wieviel Wasser w_2 [kg/kg] man zugießen muß, um die Konzentration k_2 zu erhalten, so bedient man sich der Formel

$$w_2 = \frac{k_1 - k_2}{k_2}. \qquad (180)$$

Eine beträchtliche Leimersparnis läßt sich beim Furnieren durch Streckmittel erzielen, die allerdings meist eine starke Werkzeugabnützung (Kreissägen!) bedingen. Den ungünstigen Einfluß handelsüblicher Streckmittel auf die Bindefestigkeit zeigt Bild 1122 nach H. Meeß. Für sehr niedrig konzentrierte Brühen (z. B. 20% Leimgehalt) verläuft die Kennlinie, wie Bild 1123 zeigt, andersartig. Das Anwachsen der Bindekraft beruht jetzt darauf, daß die an sich zu dünne Brühe viscoser und dadurch weniger leicht zwischen den Fugen herausgequetscht wird.

Der Gebrauch von Leimstreckmitteln muß wohlüberlegt erfolgen. Die Streckmittel haben neben dem eben erwähnten, den weiteren Zweck, die Abbindezeit zu verkürzen und den Leim auf billige Weise einzudicken, um einem Durchschlagen durch die von den metallischen Zulagen erhitzten Furniere vorzubeugen. Besser als Schlemmkreide insbesondere schonender für die Werkzeuge sind Holzmehle und Kleber, die mit Wasser zu einem steifen Brei verrührt werden müssen, bevor sie dem Leim zugesetzt werden dürfen. Der übliche zulässige Anteil der Zusatzmittel an der gesamten Leimmischung beträgt 30 bis 40%.

955.114 Modifizierte Glutinleime. (Glutinleime mit besonderen Zusätzen.) 955.114.1 *Mischleime.* Wie schon erwähnt, gelten nach den Lieferbedingungen RAL 039A2 (1927) als Mischleime solche Glutinleime, die mindestens 30% der höheren Qualität enthalten, also z. B. Lederleim mit mehr als 30% Hautleim. In der Praxis hat sich diese Sprachregelung nicht eingeführt, vielmehr versteht man hier unter Mischleimen Leime, die mit Füllstoffen gestreckt sind. Im Handel gibt es dabei Glutinleime, in die die Füllstoffe in sehr feiner Zerteilung maschinell eingebracht wurden. Derartige Leime sind in der Regel etwas ergiebiger als die von Hand gestreckten.

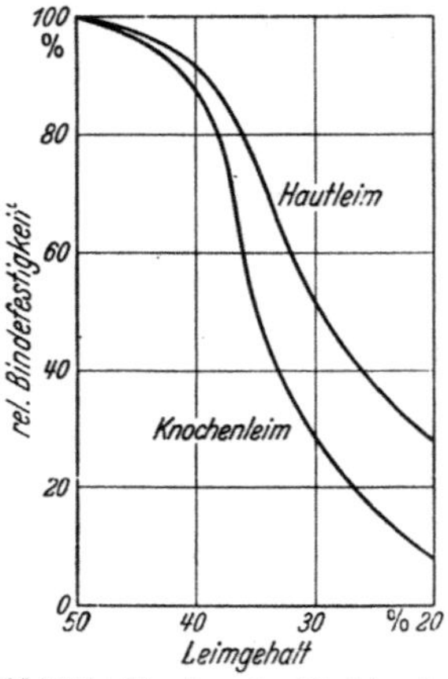

Bild 1121. Abnahme der Bindekraft von Haut- und Knochenleim mit sinkender Konzentration der Leimflotte. (Nach H. Meeß.)

955.114.2 *Glutin-Kaltleime.* Die Leime werden aus Glutinleim durch Zusatz gewisser Säuren sowie von Salzen hergestellt. Ihr Schmelz- und Erstarrungspunkt ist unter die normale Raumtemperatur gedrückt, so daß Quellen und Schmelzen ineinander übergehen und ein bei Raumtemperatur flüssiger Leim entsteht. Sollten die Leime in der Werkstatt zu viscos sein, so genügt es, sie für kurze Zeit in lauwarmes Wasser zu stellen. Der Abbindevorgang der Glutinkaltleime verläuft langsamer als bei den heiß aufgetragenen reinen Leimen; er

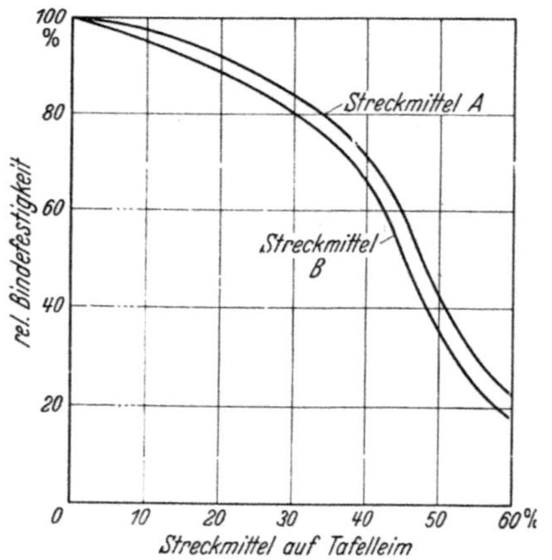

Bild 1122. Abnahme der Bindekraft von Haut- und Knochenleimen mit zunehmendem Gehalt an Streckmittel. (Nach H. Meeß.)

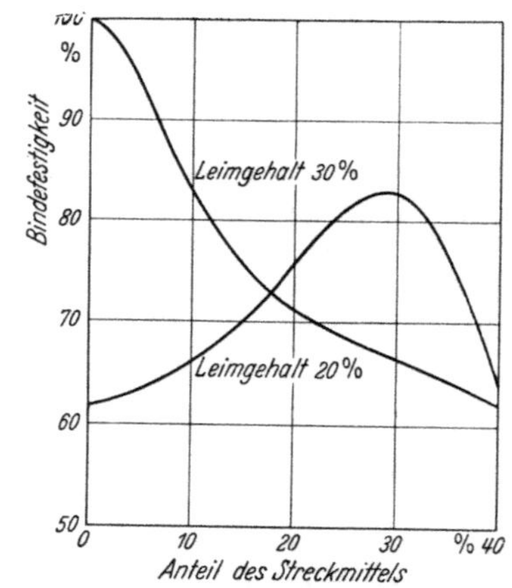

Bild 1123. Veränderung der Bindekraft von Hautleimflotten verschiedener Konzentration in Abhängigkeit vom Anteil eines Streckmittels. (Nach AWF.)

beruht ausschließlich auf der Diffusion des Wassers. Die fiebrige Phase ist weniger ausgeprägt als bei den normalen Glutinleimen. Die Preßdrücke sollen höher liegen (über 6 kg/cm^2). Bei einwandfreier Verleimtechnik erhält man etwa die gleiche Trockenfestigkeit wie bei reinen Glutinleimen.

955.114.3 *Glutin-Heißbinder* (*wasserfeste Leime*). Ein Nachteil aller Glutinleime ist ihre geringe Wasserfestigkeit (Bild 1124). Nach Erfahrungen des U.S. Forest Products Laboratory in Madison, Wisc., die heute Allgemeingut der Leimindustrie geworden sind, kann man aber Glutinleime durch Zusatz von Formaldehyd gerben und sie dadurch wasserunlöslich machen. Diese Leime können in der Hitze abbinden und werden deshalb als „Heißbinder" bezeichnet.

Die Heißbinder kommen hauptsächlich für die Herstellung von Lagenhölzern in Frage. Ein Rezept ist folgendes[1]: Man weicht 100 Gewichtsteile (GT) Hautleim, wie üblich, in 225 GT kaltem Wasser ein und schmilzt bei 60° C. Unter lebhaftem Rühren werden dann 5,5 GT Oxalsäure und 10 GT Paraformaldehyd zugesetzt. Die feinen Oxalsäurekristalle lösen sich in wenigen Minuten, wogegen ein großer Teil des Paraformaldehydpulvers — das sehr feinkörnig und langsam reagierend

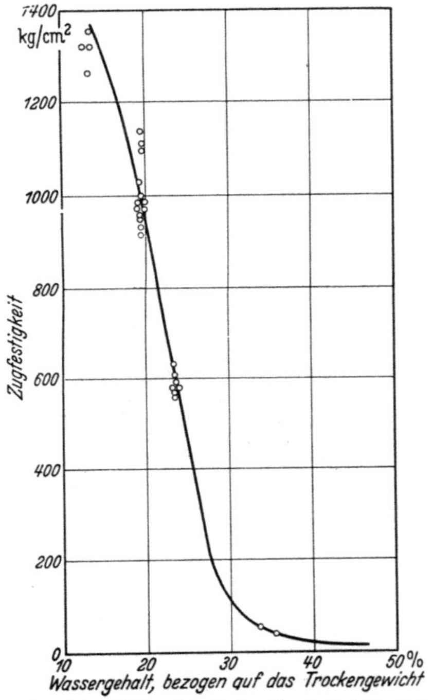

Bild 1124. Abhängigkeit der Zugfestigkeit von Hautleim vom Feuchtigkeitsgehalt. (Nach Batemen und Town.)

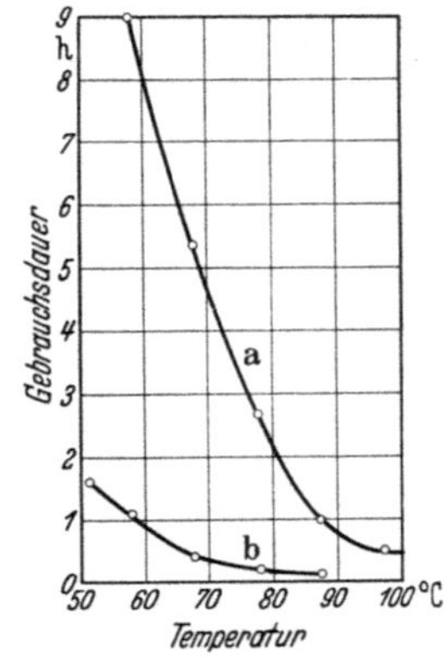

Bild 1125. Gebrauchsdauer von gehärtetem Hautleim a mit Oxalsäurezusatz, b ohne Oxalsäurezusatz. (Nach F. L. Browne.)

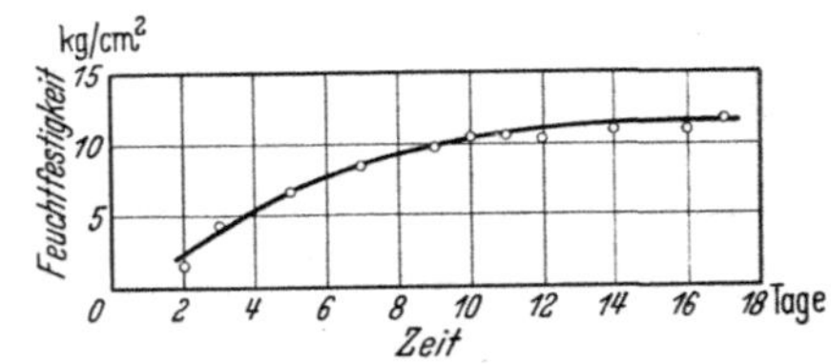

Bild 1126. Zunahme der Feuchtfestigkeit von gehärtetem Hautleim mit der Zeit. (Nach F. L. Browne.)

sein muß — ungelöst in der Mischung bleibt. Die Leimtemperatur ist nach Lösung der Oxalsäure so rasch wie möglich auf etwa 40° C zu senken, da die Dauer der Gebrauchsfähigkeit bei höheren Temperaturen durch Gelieren rasch abnimmt (Bild 1125). Infolge der — mit Rücksicht auf die Lebensdauer des Leimes erwünschten — trägen chemischen Umbildung des Paraformaldehyds in der Mischung entwickelt sich auch die Wasserbeständigkeit nur langsam (Bild 1126). Bei der Verarbeitung sowohl von Oxalsäure als auch von Paraformaldehyd ist die Giftigkeit zu beachten; die damit Hand in Hand gehende antiseptische Wirkung beugt der Ansiedlung von Bakterien im Leim vor. Zu erwähnen bleibt noch, daß Leim mit den genannten Zusätzen bei gleichen Temperaturen zähflüssiger ist als Leim ohne Zusätze. Die Fugenfestigkeiten ändern sich nicht.

955.114.4 *Schnellbinder.* Diese Leime bestehen zu 60 bis 70% aus gewöhnlichen Glutinleimen, zum Rest aus Füllstoffen mit chemischen Zusätzen, die die Abbindung beschleunigen. Sie sind im übrigen in Verarbeitung und Eigenschaften den reinen Glutinleimen sehr ähnlich.

---

[1] Truax, T. R.: The Gluing of Wood, U. S. Dept. Bull. Nr. 1500. Washington, D. C. 1929.

955.114.5 *Sonstige Spezialleime.* In diese Gruppe gehören noch verschiedene modifizierte Glutinleime, auf die im einzelnen nicht näher eingegangen werden kann. Ein bemerkenswerter Vertreter sind die kaltwasserlöslichen Heißbinder (Beispiel: Ormyd-Leim), ein anderer die Kaltleime, die durch Zusatz eines Härters heißbindend werden (z. B. AGSOS-Leim).

955.115 Auftragen und Pressen, Festigkeitsbildung. Das Auftragen der Glutinleime erfolgt handwerklich mit Pinseln aus Borsten oder Lindenbast, industriell bei größeren Flächen mit Auftragmaschinen. Die Schaumbildung kann bei tierischen Warmleimen beträchtlich sein; sie läßt sich durch handelsgängige Mittel beseitigen, die aber oft zuviel Fett (Fleckenbildung!) enthalten. Die Furniere werden aufgelegt, wenn die Leimhaut oberflächlich erstarrt ist, beim Fugenverleimen jedoch sollen die Teile möglichst rasch zusammengebracht werden. Der anzuwendende Preßdruck ist auf die Zähigkeit der Mischung abzustimmen. Nach Angaben von T. R. Truax empfehlen sich für dünnflüssigen Leim 4 bis 7 kg/cm², für mittelzähen Leim 7 bis 14 kg/cm². An späterer Stelle wird allerdings gezeigt werden, daß bei Drücken über 10 kg/cm² im allgemeinen beträchtliche Schwundverluste entstehen. Meist genügen 5 kg/cm², um gute Verbindungen zu erhalten.

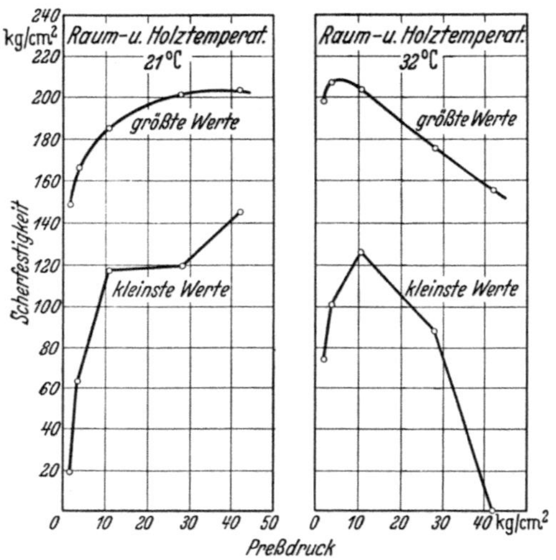

Bild 1127. Einfluß des Preßdrucks und der Raumtemperatur auf die Scherfestigkeit von Hautleimverbindungen an Birkenholz. (Nach T. R. Truax.)

Eine wichtige Rolle spielen bei den Glutinleimen die Temperaturverhältnisse. Aus Bild 1127 und den Ausführungen von T. R. Truax ist zu entnehmen, daß bei 20° C Raum- und Holztemperatur erst etwa 30 kg/cm² Druck die höchste Scherfestigkeit ergibt. Bei Erwärmung des Holzes auf 32° C führten derartige Drücke infolge der abnehmenden Viscosität zu verhungerten Verbindungen (siehe Bild 1030 bis 1032), da besonders bei raschem Zusammenbringen der Teile zuviel Leim herausgequetscht wurde. Bemerkenswert war bei den — im U.S. Forest Products Laboratory an Birkenhölzern durchgeführten — Versuchen auch, daß rund 10 kg/cm² Druck sowohl für 21° C als auch für 32° C zuverlässige Ergebnisse lieferten, und zwar im Mittel etwa 150 kg/cm² und 160 kg/cm² Scherfestigkeit. Einheitlichere Ergebnisse lassen sich nach dem amerikanischen Bericht durch Abstimmung der Zeit zwischen Verleimen und Pressen (offene Zeit) auf die Holztemperatur und den Preßdruck erzielen. Im einzelnen beleuchten ebenfalls in Madison angestellte Untersuchungen diese Zusammenhänge (Bild 1128). Niedrige Raum- und Holztemperaturen erfordern kurze offene Zeiten (< 3 min), hohe Temperaturen längere offene Zeiten (z. B. 32° C etwa 18 min). Sinngemäß ist zu schließen, daß bei langer offener Zeit — die z. B. fabrikationstechnisch durch das Zusammenkommenlassen einer Pressenfüllung bedingt sein kann —, niedriger Raumtemperatur (< 20° C) und hoher Konzentration der Leimbrühe Vorwärmung des Holzes geboten ist. Auch H. Meeß fand, daß bei Hautleimlösungen mit weniger als 35% Leimgehalt das Vorwärmen ungünstig, über 35% vorteilhaft wird. Die Temperatur der Blechzulagen soll etwa 55 bis 65° C betragen; höhere Temperaturen führen leicht zum Durchschlagen des Leims durch die Furniere.

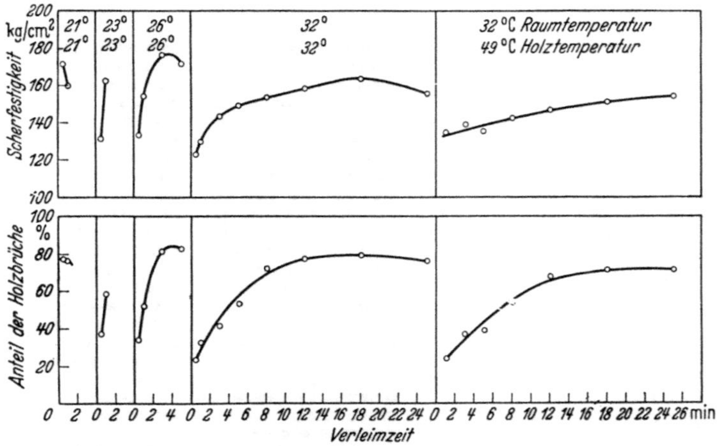

Bild 1128. Abhängigkeit der Scherfestigkeit und des Anteils der Holzbrüche von der offenen Wartezeit, der Raumtemperatur und der Holztemperatur. (Nach Versuchen des U. S. Forest Products Laboratory an 12 Harthölzern bei 7 bis 14 kg/cm² Preßdruck.)

Die Fleckenbildung ist bei Haut- und Lederleimen gering, bei Knochenleimen um so größer, je mehr freie Säure sie enthalten.

Die Preßdauer bzw. Spannzeit hängt von der Trockengeschwindigkeit und Viscosität des Leimes, den Temperaturen sowie der Feuchtigkeit und Dicke der Hölzer ab; bei Fugenverleimung genügen im allgemeinen 30 bis 60 min, während beim Furnieren meist mehrere Stunden erforderlich sind. Die Zunahme der Scherfestigkeit mit der Preß- und Liegezeit zeigte Bild 1046. Es ist daraus zu ersehen, daß fugenverleimte Teile, wenn sie 1 h gepreßt sind, etwas weniger als 50% der sich nach 10 Tagen einstellenden Scherfestigkeit erreicht haben. Dazwischen wird die „fiebrige Phase" (siehe Ziffer 952.1) durchlaufen. Sie tritt je nach der Leimart und Konzentration verschieden stark und zu verschiedenen Zeitpunkten ein (Bild 1129). Bei Knochenleimen kommt sie in der Regel später als bei Hautleimen, bei Schnell- und Heißbindern ist sie in der Mittelwertskurve weniger ausgeprägt, äußert sich aber doch in sehr

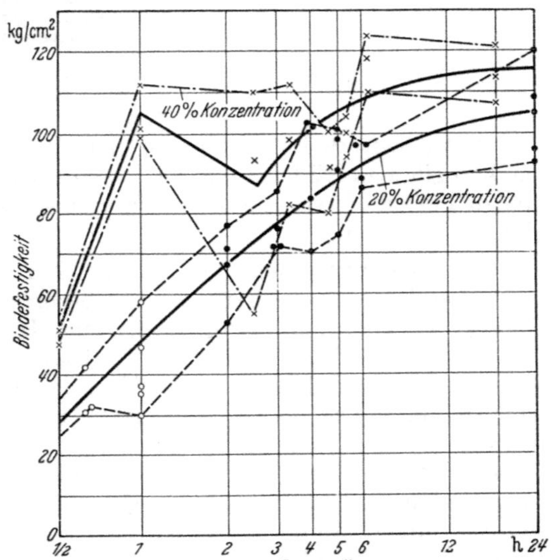

Bild 1129. Entwicklung der Bindefestigkeit in Abhängigkeit von der Spannzeit bei einem Hautleim mit 20%iger Konzentration und einem solchen (RAKOLL) bei 40%iger Konzentration. (Nach E. Plath.)

starken Streuungen der Einzelwerte der Scherfestigkeiten. Die starke Abhängigkeit der Scherfestigkeit in der Leimfuge und des Anteils des Holzbruchs von der Art des verleimten Holzes zeigt Bild 1130.

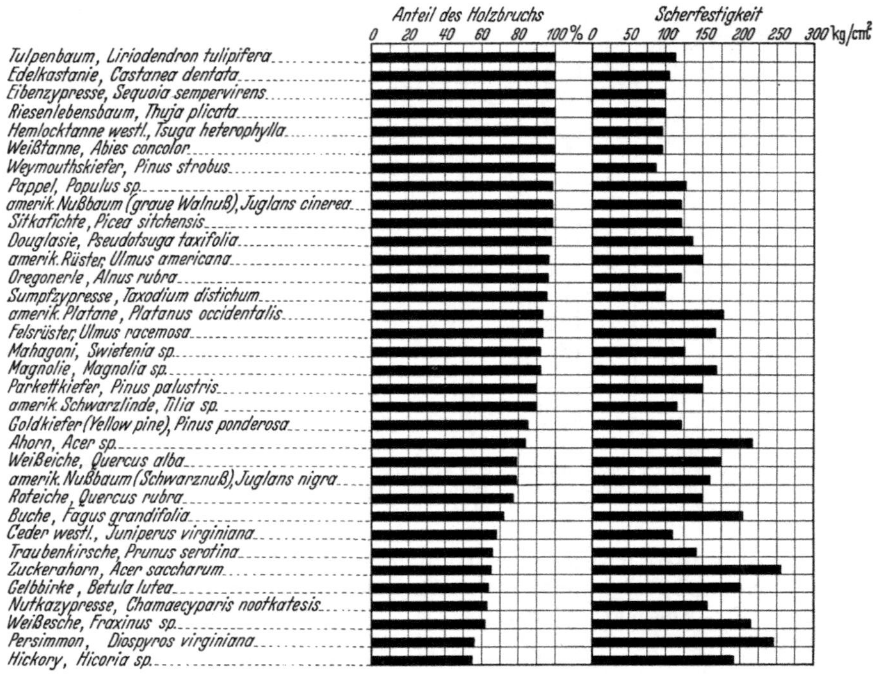

Bild 1130. Anteil der Holzbrüche und Scherfestigkeit verschiedener mit Hautleim verbundener Hölzer. (Nach T. R. Truax.)

Preßt man zu kurz, dann muß man die Stücke schonend behandeln und nachträglich in Ruhe abbinden lassen. Verkürzte Abbindezeit haben Leime, denen Formaldehyd (1,5 bis 4% Formalinlösung 40%ig) zugesetzt wurde, oder die gestreckt sind.

955.12 Kaseinleime. 955.121 Gewinnung, Allgemeine Charakteristik. Die Kaseinleime haben eine außerordentlich lange Geschichte; bereits im Altertum wurden sie in Ägypten, Rom, Hellas und China zu feinen Tischlerarbeiten verwendet. Eine in Lucca aufbewahrte Handschrift des Mönchs Theophilus aus dem elften oder zwölften Jahrhundert gibt genaue Anweisung zur Herstellung eines wasserbeständigen Kaseinleims. Bis etwa 1935 waren die Kaseinleime die einzigen Bindemittel für den Holzflugzeugbau, ein Anwendungsgebiet mit besonders hohen Anforderungen. Erst zu diesem Zeitpunkt wurden sie von den Kunstharzleimen verdrängt.

Kaseinleime sind entweder als pulverförmige Markenleime im Handel, die sämtliche zur Leimbildung erforderlichen Bestandteile außer Wasser enthalten, oder sie werden aus gemahlenem Kasein nach eigenem Rezept hergestellt, wovon aber abzuraten ist. Kaseinleime bieten folgende allgemeine Vorzüge:

1. Hohe Widerstandsfähigkeit der Fugen gegen Feuchtigkeitsangriffe; sie kommen deshalb als Konstruktionsleime in Frage. Balken und Bogen aus Schichtholz, die mit höchstwertigen Kaseinleimen hergestellt wurden, neigen selbst unter ungünstigen Witterungsbedingungen nicht zum Aufblättern.

2. Geringe Empfindlichkeit gegenüber hohen Temperaturen. Nach Untersuchungen im U. S. Forest Products Laboratory[1] zeigten sich Kaseinleime bei Temperaturen bis zu 93° C und relativen Luftfeuchtigkeiten bis herab zu 20% manchen Kunstharzleimen als überlegen.

3. Geringe Fugenempfindlichkeit. Kaseinleime kommen deshalb für die Verleimung von sägerauhen Hölzern in Frage, wobei aber zu bedenken bleibt, daß der dicke Auftrag längere Spannzeiten erfordert, damit das Wasser in das Holz diffundieren kann. Die Abbindegeschwindigkeit des Kaseinleims ist niedrig, wie im folgenden noch dargelegt werden wird. Anderseits ist die Abbindegeschwindigkeit weitgehend beeinflußbar durch richtige Rezeptur, Verringerung des Verhältnisses Wasser: Leim (in den Grenzen, die Streichfähigkeit und Topfzeit zulassen), Verringerung der Auftragmenge auf das zulässige Mindestmaß und Verarbeitung von Furnieren mit möglichst niedrigem Feuchtigkeitsgehalt.

4. Einfache Handhabung. Kaseinleime sind insbesondere weniger empfindlich gegenüber Abweichungen von den Bestbedingungen als Glutinleime.

5. Mäßiger Verleimdruck.

6. Alkalität des Leimes. Diese Eigenschaft, manchmal wegen möglicher Verfärbung von Edelholzfurnieren als nachteilig betrachtet, kann auch günstig sein, wenn gewisse Kiefernhölzer (z. B. in USA) verleimt werden sollen, die eine leicht ölige Oberfläche besitzen. Die alkalischen Leime durchdringen diesen Film leicht.

7. Verträglichkeit mit Blutalbuminleimen.

Demgegenüber stehen folgende Nachteile:

1. Holzverfärbung infolge des Alkaligehalts vor allem bei Edelhölzern wie Eiche, Nußbaum, Kastanie, Mahagoni, aber auch Kirschbaum und Ahorn. Für Furnierarbeiten mit dünnen Edelholzfurnieren kommen deshalb Kaseinleime nicht in Frage. Neutral eingestellte Spezialkaseinleime können unter Umständen Verwendung finden.

2. Werkzeugverschleiß. Bei stark mit Kalkmehl gefüllten Leimen, die gleichzeitig Wasserglas enthalten, bildet sich Calciumsilicat, das die Schneiden stark angreift. Normale Kaseinleime stumpfen aber die Werkzeuge weit weniger ab als Kunstharzleime.

3. Für deutsche Verhältnisse wurde es oft als nachteilig empfunden, daß 90% des Kaseinbedarfs eingeführt werden müssen.

955.122 Eigenschaften und Prüfung von Milchsäurekasein und Kaseinleimen. Als Rohstoff für Kaseinleime wird fast ausschließlich Milchsäurekasein verwendet, das durch natürliche Säuerung, künstliche Säuerung (nach Zusatz mineralischer Säuren) oder Labzusatz (Lab ist das Sekret der Schleimhaut des Labmagens von Rindern) aus der Magermilch abgeschieden wurde. Das Kasein ist zu rund 3 bis 4% in der Kuhmilch enthalten. Für die Leimbereitung ist Milchsäurekasein am besten geeignet. Das Kasein soll fein gemahlen sein und mindestens durch ein Siebgewebe Nr. 6 nach DIN 1171 (36 Maschen je cm^2) gehen; die Farbe muß weiß bis buttergelb[2], der Geruch schwach milchartig, der Geschmack mild, (nicht säuerlich) sein. Handelsübliches Kasein, dessen Ursprungsland anzugeben ist, darf höchstens 12% Wasser, 4% Asche und 3% Fett enthalten; als Eiweißgehalt sind mindestens 78% vorgeschrieben. Die Reinwichte von chemisch reinem Kasein ist 1,259 g/cm^3

---

[1] U.S. For. Prod. Lab.: Summary of Information on the Durability of Water-Resistent Woodworking Glues, Rep. Nr. 1530, Madison, Wisc.

[2] Vgl. RAL-093 B.

nach S. Sutermeister[1]. Zweckmäßige Vorschriften für die Prüfung auf Eiweiß-, Stärke-, Fett und Säuregehalt von Milchsäurekasein als Rohstoff enthalten die RAL-Lieferbedingungen Nr. 093 B. Die Prüfverfahren für pulverförmige Kaseinkaltleime tragen die Nr. 093 C. Einleitend bringen sie eine sehr klare Begriffsbestimmung: „Pulverförmiger Kaseinkaltleim ist gemahlenes, feinpulvriges oder grießförmiges Milchsäurekasein, das in geeignetem Verhältnis mit feinpulvrigem gelöschtem Marmorkalk ($Ca(OH)_2$) sowie sonstigen zweckdienlichen Bestandteilen (Metalloxyden, Hydroxyden, anorganischen Salzen, Konservierungsmitteln und Zusätzen organisch-chemischer Natur wie Ölen, Harzen u. dgl.) gemischt ist. Diese Leimpulver werden unmittelbar vor Gebrauch mit bestimmten Mengen Wasser sorgfältig verrührt."

Im Aussehen müssen die Kaseinkaltleime ein trockenes, feines Pulver sein, das nicht käseartig riechen darf. Der Wassergehalt des Pulvers — das stark hygroskopisch und deshalb in möglichst luft- und feuchtigkeitsdichten Behältern aufzubewahren ist — darf bei 65% relativer Luftfeuchte 16% nicht überschreiten. Der Mindestgehalt an handelsüblichem Kasein (mit höchstens 12% Wasser) beträgt 50%. Gute Kaltleime enthalten 60 und mehr Prozent Kasein.

Die Prüfung auf Kaseingehalt ist einfach. Man verrührt 10 g Kaltleim in einem 100 cm³ Meßzylinder mit 70 cm³ Chloroform mittels eines Glasstabes und füllt dann Chloroform bis nahe zum Rand auf, wobei die am Glasstab anhaftenden Teilchen vorsichtig in den Zylinder gespült werden. Dann läßt man das Gefäß etwa 12 Stunden stehen, wobei das Kasein an die Oberfläche emporsteigt; von dort wird es auf ein tariertes Filter gelöffelt, mit Chloroform nachgewaschen und bei 98° C bis zur Gewichtskonstanz getrocknet. Das gefundene Gewicht in Gramm ergibt, vervielfacht mit 10, den Gehalt des Kaltleims an wasserfreiem Kasein in Prozent, vervielfacht mit 11, den Gehalt an handelsüblichem Kasein (mit 10% Wassergehalt).

Von dem abgetrennten Kasein wird man 3 g in einem Porzellantiegel bei starker Rotglut veraschen, um festzustellen, ob sein Aschegehalt den Durchschnittswert von 3,5% nicht überschreitet. Den Eiweißgehalt bestimmt man mittels des etwas abgeänderten Kjeldahl-Verfahrens (vgl. RAL-093 C), indem man 1 g Kasein mit 20 cm³ stickstofffreier, konzentrierter Schwefelsäure unter Zugabe von 1 g Quecksilber oder Kupfersulfat 15 min aufschließt, dann mit 250 cm³ Wasser versetzt und die Masse abkühlen läßt. Hierauf gießt man 80 cm³ Natronlauge (spez. Gewicht 1,30) zu und fällt das Quecksilber durch Zugabe von Kaliumsulfid (25 cm³ einer Lösung von 5 g in 100 cm³ H_2O). Zwecks Verhütung des Stoßens wirft man einige Zinkspäne in den Kolben und schließt ihn an einen Destillationsapparat an. Innerhalb von rund 30 min Kochzeit läßt sich das entstehende Ammoniak völlig abdestillieren. Den Prozentsatz an Eiweiß in asche-, wasser- und fettfreiem Kasein erhält man, indem man die gefundenen Stickstoffprozente mit dem Faktor 6,39 multipliziert. Als Faktor zur Umrechnung auf handelsübliches Kasein kann man 7,70 annehmen. Fehlerhafte Werte liefert das Verfahren dann, wenn der Leim stickstoffhaltige Zusätze (z. B. Harnstoff) oder Eiweißabbauprodukte enthält.

Die Zähflüssigkeitszahl gestattet keine Abstufung der Kaseinkaltleime hinsichtlich Güte und technischer Brauchbarkeit, jedoch liefert sie einigen Anhalt für die Qualität des reinen Kaseins. Nach den RAL-Vorschriften muß die Viscosität mindestens 1,4 Englergrade in 12%iger Lösung Borax bei 40° C betragen; diese Zahl wurde gewählt, um die gefundenen Zahlen mit den Werten für Hautleime vergleichen zu können.

Zum Verständnis der eigentümlichen Viscositätsänderungen von Kaseinlösungen ist folgendes wissenswert: Die Viscosität wächst mit dem Gesamtvolumen der in der Einheit Flüssigkeit gelösten Teilchen. Das Kasein, eine Eiweiß-Phosphorverbindung mit sehr hohem Molekulargewicht (mindestens 192000), quillt in reinem Wasser, ohne sich zu lösen. Gibt man fein gepulvertes Kasein in Wasser, so quellen die Körnchen, dabei vergrößert sich ihr Volumen, d. h. die Viscosität steigt. Durch Zusatz von Säuren oder Alkalien geht die Quellung in Lösung über, wobei aufgesogenes Wasser wieder frei wird. Dadurch verringert sich das Verhältnis des Kaseinvolumens zum Volumen des freien Wassers, und die Viscosität fällt. Eine erschöpfende Erörterung der Fließeigenschaften erweist sich allerdings als schwierig, da mehrere Veränderliche darauf einwirken.

---

[1] Sutermeister, S., u. E. Brühl: Das Kasein, Berlin 1932, S. 3.

Veränderliche Alkalität von 4 bis 12 g NaOH je 100 g Kasein führte bei einem Kaseinleim nach F. L. Browne und D. Brouse[1] zu den in Bild 1131 dargestellten Zeitfunktionen der Viscosität. Den Einfluß des p_H-Werts auf die Viscosität untersuchte H. Zoller[2] für verschiedene Alkalien (Bild 1132). Charakteristisch ist außer für die Lösung mit Ammoniak der jähe Abfall der Viscosität oberhalb $p_H = 9{,}2$; der Grund liegt in der raschen Zerlegung des Kaseins in Spaltprodukte. Von diesen besitzen die zunächst gebildeten noch hohe Klebkraft; erst mit fortschreitender Hydrolyse oder unter der Einwirkung von Bakterien wird die Leimwirkung ungenügend. Durch Zusatz von antiseptischen Stoffen: Phenol, Thymol, Salol, β-Naphthol oder — nach amerikanischen Versuchen — Kupfersalzen kann man der Bakterienzersetzung vorbeugen. Das U. S. Forest Products Laboratory empfiehlt z. B. 2 bis 3 GT Kupferchlorid oder Kupfersulfat in 30 GT Wasser zu lösen; diese Lösung reicht für 300 GT Leimmischung. Die Hydrolyse läßt sich hingegen praktisch nicht hintanhalten, und sie ist hauptsächlich der Grund dafür, daß Kaltleime im flüssigen Zustand eine beschränkte Lebensdauer besitzen.

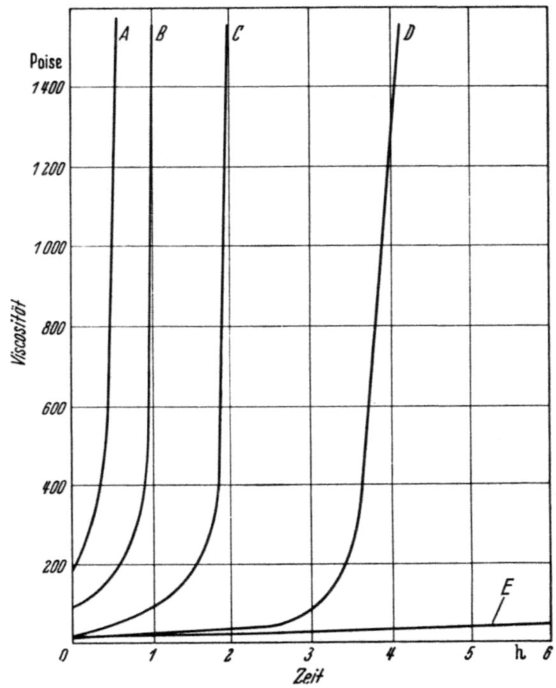

Bild 1131. Zunahme der Viscosität mit der Zeit bei Kaseinleimen mit verschiedenem Alkaligehalt. 100 g Kasein, 300 g H_2O, 15 g $Ca(OH)_2$ + A 4 g NaOH, B 6 g NaOH, C 8 g NaOH, D 10 g NaOH, E 12 g NaOH. (Nach F. L. Browne u. D. Brouse.)

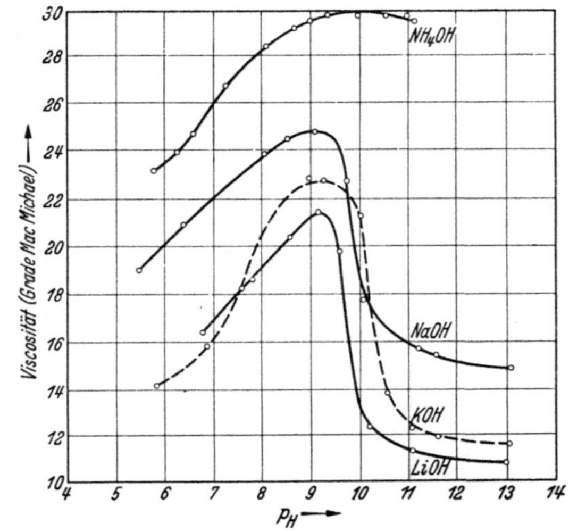

Bild 1132. Abhängigkeit der Viscosität 9%iger Kaseinlösungen in verschiedenen Alkalien vom p_H-Wert. (Nach H. Zoller.)

955.123 Zubereitung der Kaseinleime. Von besonderer Wichtigkeit ist bei der Aufstellung der Leimrezepte folgender Punkt: Leimlösungen von Kasein in Alkalien, die man, wie wir sahen, mit beliebigen Fließeigenschaften erzeugen kann, besitzen nach der Wasser-

[1] Zit. nach J. Delmonte, The Technology of Adhesives, New York 1947, S. 260.

[2] Zoller, H.: J. Gen. Physiol. Bd. 3 (1920) S. 635.

abgabe (durch Verdunsten) gute Festigkeitseigenschaften, aber sie sind reversibel, d. h. nicht wasserbeständig. Will man hingegen Kaseinleime erhalten, die zu irreversiblen Gelen erstarren (und gerade das ist technisch wichtig), so bieten sich zwei Möglichkeiten:

1. die Härtung durch Formaldehyd, die von den Glutinleimen her bekannt ist und wie dort nicht restlos befriedigt:

2. die Überführung des Alkalikaseinats in das Kaseinat eines Schwermetalls oder eines alkalischen Erdmetalls, vorzugsweise in Calciumkaseinat. Der letzte Weg erwies sich seit langem in der Praxis als der beste, da Kalk billig und sehr wasserlöslich ist. Einen Leim, der nach S. Sutermeister[1] bei der Holzverarbeitung hohe Fugenfestigkeit mit recht guter Wasserbeständigkeit verbindet, kann man nach folgender Formel naß mischen:

	GT	
Kasein	100	1. Quellen lassen.
Wasser	200	
Natriumhydroxyd	11	2. Auflösen, Mischung 1 zusetzen und gut verrühren, bis Kasein ganz gelöst ist,
Wasser	50	
Calciumhydroxyd	20	in Mischung 1 + 2 kurz einrühren.

Die Gebrauchsdauer des Leimes beträgt 6 bis 7 Stunden. Ersetzt man das Natriumhydroxyd durch Ammoniak, so kann man um 50 bis 100% mehr Wasser — bei gleichbleibender Viscosität — zugeben, aber die Lebensdauer ist sehr kurz. Die Wasserbeständigkeit hängt von der Zusatzmenge an Kalkhydrat ab: Verringerung unter das oben zugrunde gelegte Gewichtsverhältnis beeinträchtigt sie im allgemeinen, Vermehrung erhöht sie in gewissem Umfang, wenngleich auf Kosten der Arbeitsfähigkeit. Wesentlich verlängern läßt sich diese durch Beigabe von Wasserglas, wofür S. Butterman in dem der Allgemeinheit gewidmeten USA Patent Nr. 1291396 folgendes Rezept gibt:

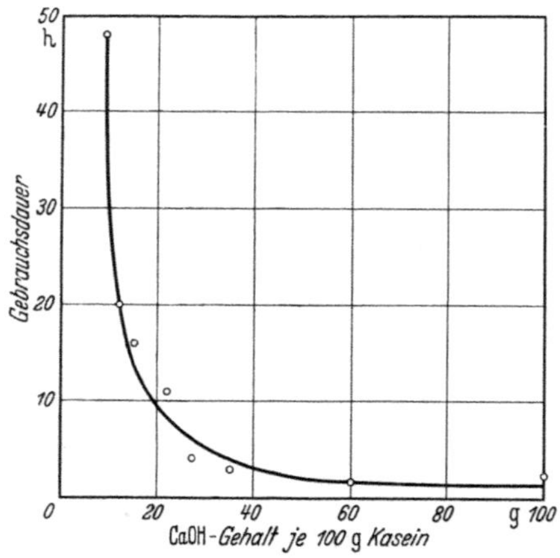

Bild 1133. Abhängigkeit der Gebrauchsdauer eines Kaseinleims vom Kalkgehalt. (Nach S. Butterman.)

	GT		
Kasein	100	1.	3.
Wasser	250		
Marmorkalk	20 bis 30	2.	
Wasser	100		
Wasserglas	70	4.*	

* Kieselsäure-Natronverhältnis 3 bis 3,25; spez. Gew. 40 bis 41° Bé.

Die Verzögerung der Gelbildung und damit die Verlängerung der Lebensdauer erklärt sich aus der Gegenwart der kolloidalen Kieselsäure des Wasserglases. Den Zusammenhang zwischen der Lebensdauer und dem Kalkgehalt für einen Leim nach der oben mitgeteilten Formel zeigt Bild 1133. Auf der Kieselsäurebasis ist auch das Aufschlußmittel der ehemaligen IG-Farbenindustrie für Kasein, das Lupretin, aufgebaut. Für Verleimungen mit hoher Scherfestigkeit wird empfohlen:

[1] Sutermeister, S., u. E. Brühl: Das Kasein, Berlin 1932, S. 165.

	GT	
Kasein	120	1. mindestens 20 min quellen lassen,
Wasser	400	
Lupretin	3	2.
Wasser	140	
Marmorkalk	9	3. Anrühren, mit 2 mischen, dann zu 1 geben und 30 min aufschließen lassen.
Wasser	20	

Die besten Verbindungen liefert der Leim in der Sperrholzindustrie bei 15 at Druck, 90 bis 110° C und 8 min Preßdauer. Nach den Versuchen des amerikanischen Forest Products Laboratory vermag auch ein geringer Zusatz von löslichem Kupfersalz die Wasserbeständigkeit zu erhöhen. Das für den allgemeinen Gebrauch freigegebene Patent 1456842 von S. Butterman und C. K. Cooperrider schreibt vor:

	GT		
Kasein	100	1.	3.
Wasser	220 bis 230		
Marmorkalk	20 bis 30	2.	
Wasser	100		
Wasserglas	70		
Kupferchlorid . . .	2 bis 3	4.	
Wasser	30		

Selbstverständlich sind damit die möglichen Zusätze noch lange nicht erschöpft; die Patentliteratur weist vielmehr gerade auf diesem Gebiet eine Fülle von Vorschlägen nach, auf die nicht näher eingegangen werden kann. Um das Stauben bei der Handhabung herabzusetzen, gibt man Öle und Harze zu, wodurch sich unter Umständen zugleich die Viscosität steigern lassen soll.

Fertig käufliche Kaltleimpulver werden nach der mitgelieferten Vorschrift zubereitet. Wenig zweckmäßig sind allerdings jene Anweisungen, die das Mischungsverhältnis in Raumteilen angeben, da hierbei die Gewichte je nach der Schüttdichte verschieden ausfallen können.

Die Rohpulver müssen trocken und möglichst luftdicht verschlossen aufbewahrt werden. Auf 1 kg Leimpulver kommen bei Hartholz 1,6 bis 1,9 kg Wasser, bei Weichholz 1,8 bis 2,2 kg Wasser. Bei einem mittleren Schüttgewicht von 1,4 bis 1,7 kg/Liter des lockeren Pulvers ergibt sich ein zweckmäßiges Mischungsverhältnis in Raumteilen von etwa 1 : 1 bis 1 : 1,6. Den Einfluß des Mischungsverhältnisses auf die Biegefestigkeit zeigt Bild 1134 für Hirnholzleimung von Kiefer[1].

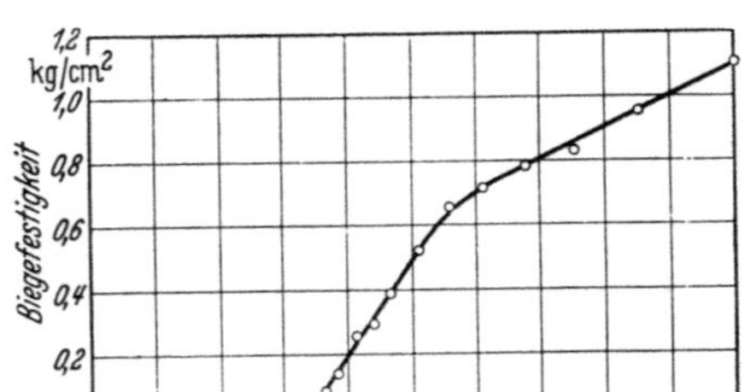

Bild 1134.
Abhängigkeit der Biegefestigkeit kaseinverleimter Hirnholzfugen (Kiefer) vom Mischungsverhältnis. (Nach H. Koch und E. Sachsenberg.)

Man verwendet zum Anrühren kaltes (abgestandenes) Wasser von 15 bis 20° C Temperatur. Das Kaseinpulver ist allmählich unter stetem Umrühren in das zuvor mit Wasser gefüllte Mischgefäß zu schütten, wobei sich eine gleichmäßige, knollenfreie, sämige Masse bilden muß. Damit die Chemikalien sich auflösen und reagieren können, läßt man sie meist 15 bis 30 min in Ruhe stehen. Schließlich wird nochmals kurz, aber kräftig gerührt.

[1] Sachsenberg, E.: Sperrholz Bd. 4 (1932) S. 89.

Eine Erwärmung der Leime ist bei der Zubereitung keinesfalls zulässig. Die Leimgefäße sollen nicht aus einem Werkstoff gefertigt sein, der unter der Einwirkung von Alkalien rasch korrodiert; Zink, Aluminium, Kupfer und Eisen sind demnach auszuschließen. Geeignet sind Holzkübel, Steingutgefäße und notfalls emaillierte Geschirre, die täglich sorgfältig von allen Leimresten und Krusten gereinigt werden müssen. Peinliche Sauberkeit ist unerläßlich, damit nicht Zersetzungserscheinungen die Gebrauchsdauer beeinträchtigen. Diese hängt, wie oben schon besprochen wurde, von mancherlei Umständen ab und ist praktisch in den meisten Fällen 10 bis 12 Stunden. Wird die Mischung dünner, so läßt die Bindekraft nach.

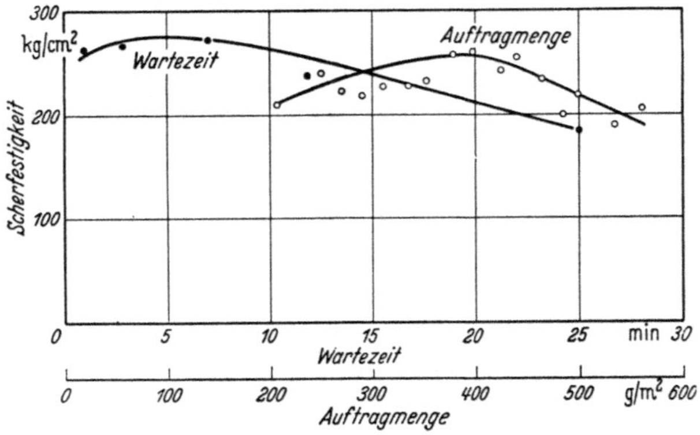

Bild 1135. Abhängigkeit der Scherfestigkeit von Kaseinleim-Verbindungen von der Wartezeit und der Auftragmenge. (Nach A. K. Warth.)

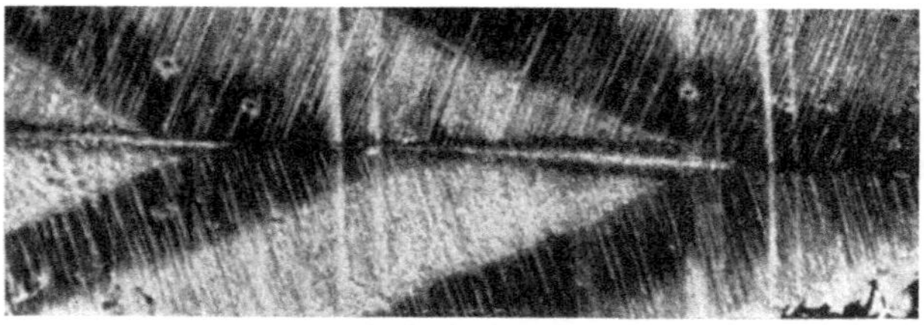

Bild 1136. Mikroschnitt durch kaseinverleimtes Douglasienholz. Dünne Leimfugen, besonders schwach zwischen den Spätholzschichten; die dunklen Zonen der Fugen im Frühholz rühren von Verfärbungen des Holzes her. (Phot. T. R. Truax.)

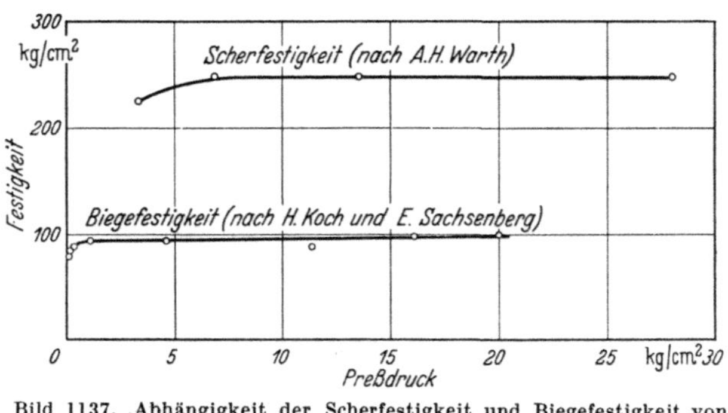

Bild 1137. Abhängigkeit der Scherfestigkeit und Biegefestigkeit von Kaseinleim-Verbindungen vom Preßdruck.

Das richtige Mischen der Kaseinleime ist von Hand schwierig und unwirtschaftlich. Selbst für kleinere Betriebe empfehlen sich deshalb mechanische Rührkübel, deren Mischwellen eine Drehzahl von etwa 100 U/min beim Anrühren, 50 bis 60 U/min beim Fertigmachen haben sollen.

955.124 **Auftragen und Pressen.** Die ziemlich zähen Kaseinleime werden mittels eines steifen Pflanzenfaserpinsels oder — bei kleineren Mengen — mittels einer Holzspachtel aufgetragen. Bei der Massenherstellung und in Sperrholzwerken haben sich Leimauftragmaschinen sehr gut bewährt. Die Kaseinleime müssen möglichst gleichmäßig aufgetragen werden, aber sie gestatten in der Auftragmenge, der Wartezeit bis zum Auflegen des Furniers und sogar im Preßdruck eine viel größere Freiheit als die Glutinleime (Bild 1135). Die meisten Kaseinleime sind so dick, daß unmittelbar nach dem Auftrag gepreßt werden kann. Lediglich sehr dünne Leime soll man etwas gelieren lassen, damit sie nicht herausgequetscht werden und verhungerte Verbindungen liefern (vgl. Bild 1136). Das Anziehen der Pressen soll nicht plötzlich, sondern allmählich, etwa in drei Stufen mit je 3 min Abstand erfolgen. Als Preßdruck werden 4 bis 14 kg/cm², im Mittel 6 bis 8 kg/cm² empfohlen, doch zeigt Bild 1137, daß der Einfluß auf die Fugenfestigkeit gering ist. Zu ähnlichen Ergebnissen sind auch N. Botscharoff[1] sowie E. B. Wolff und L. C. J. van Ewyk[2] gelangt. Auch die Preßdauer beeinflußt, sofern sie 2 h überschreitet, die Festigkeitseigenschaften nur wenig. Die abweichenden Feststellungen von T. R. Truax[3] dürfen, wie O. Kraemer[4] nachwies, hauptsächlich auf Unterschiede im Feuchtigkeitsgehalt der Leimfugen bei der Prüfung zurückzuführen sein. Aus Bild 1138 ist zu entnehmen, daß zwischen 0 und 20% Holzfeuchtigkeit die Bindefestigkeit bei 1% Feuchtigkeitsabnahme um ungefähr 4% steigt (bezogen auf die Festigkeit bei $u = 0{,}15$). Mit Rücksicht auf die Fugenfestigkeit ist deshalb eine Weiterverarbeitung der Hölzer frühestens 6 bis 8 h nach dem Abspannen statthaft. Innerhalb dieser Zeit hat sich die Feuchtigkeit einigermaßen gleichmäßig über das Holz verteilt und verringert. Interessant ist die Feststellung von H. Koch und E. Sachsenberg[5], daß nach einer gewissen Trockendauer die Leimverbindungen spröder und die Fugenfestigkeit damit wieder etwas niedriger wird.

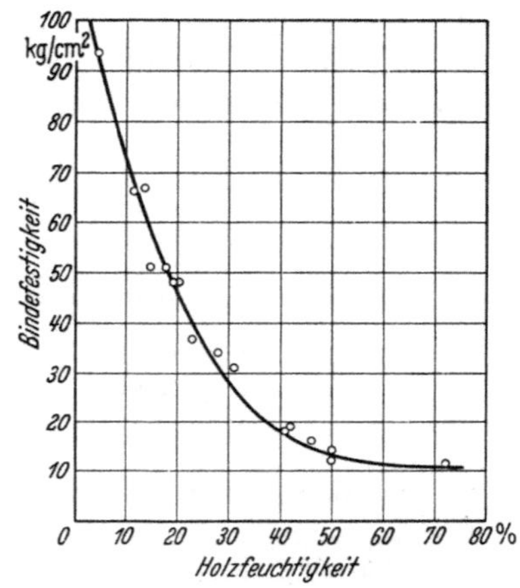

Bild 1138. Abhängigkeit der Bindefestigkeit von Kaseinleim-Verbindungen von der Holzfeuchtigkeit. (Nach O. Kraemer.)

955.13 Sojaleime. 955.131 Gewinnung und allgemeine Charakteristik. Leime aus Sojabohnenmehl werden vor allem in USA in erheblichen Mengen verbraucht, und zwar insbesondere bei der Erzeugung von Douglasiensperrholz. G. H. Brother, A. K. Smith und S. J. Circle[6] veröffentlichten eine umfassende Studie über Sojabohnenprotein. Leime aus diesem Grundstoff sind seit über 30 Jahren bekannt. M. Omura und T. Okada[7] beschrieben 1922 und 1924 die Herstellung eines Leims aus gekochten und gemahlenen Sojabohnen in Japan. Eine Reihe von Patenten auf Sojabohnenleime erhielt O. Johnson[8] etwa zur gleichen Zeit. Später stammen grundlegende Rezepte von I. F. Laucks und G. Davidson[9]. Ihnen gelang es insbesondere, Sojaleime zu schaffen, die bemerkenswert wasserfeste Verbindungen ergaben. Damit her-

---

[1] Botscharoff, N.: Untersuchungen einiger Anwendungsmethoden von Kasein-Klebstoffen beim Leimen von Hölzern, Mitt. Neuen Int. Verb. Mat. Prüf. Bd. 3 (1930) S. 149.

[2] Wolff, E. B., u. L. C. J. van Ewyk: Ergebnisse von Kaltleimuntersuchungen, Mitt. Neuen Int. Verb. Mat. Prüf. Bd. 3 (1930) S. 145.

[3] Truax, R. T.: The Gluing of Wood, U.S. Dept. Agric. Bull. Nr. 1500, Washington D. C. 1929.

[4] Kraemer, O.: Z. VDI Bd. 76 (1932) S. 443.

[5] Sachsenberg, H., u. H. Koch: Sperrholz Bd. 4 (1932) S. 89.

[6] Brother, G. H., A. K. Smith u. S. J. Circle: Soy-bean Protein, U. S. Dept. Agric., Bureau of Agriculture and Chemistry (1940).

[7] Omura, M., u. T. Okada: J. Chem. (Japan) Bd. 41 (1922) S. 853. — Vgl. Chem. Abst. 3 Bd. 18 (1924) S. 449.

[8] Johnson, O.: Brit. Pat. Nr. 203969 (1922). — Derselbe: US Pat. Nr. 1460757 (1923). — Derselbe: US Pat. 1680264 (1928). — Derselbe: Brit. Pat. Nr. 241249 (1942).

[9] Laucks, I. F., u. G. Davidson: US. Pat. Nr. 2150175 (1939). — Dieselbe: US Pat. Nr. 1689732 (1923).

gestelltes Sperrholz darf zwar nicht für unbestimmt lange Zeit der Einwirkung von Feuchtigkeit ausgesetzt werden, ohne Schaden zu nehmen, jedoch stellt sich nach Tauchversuchen von 72 bis 100 h kein Aufblättern ein. Heute werden in USA die Sojaleime für die Fabrikation billiger Sperrhölzer aus Weich- und Harthölzern in erheblichem Umfang verbraucht.

955.132 Eigenschaften und Anwendung der Sojaleime. Wasserfeste Sojaleime erhält man, wenn man auf das Sojamehl Natriumhydroxyd und Calciumhydroxyd einwirken läßt. Aber auch andere Alkalien, Aldehyde, Schwefelverbindungen, Gerbstoffe, Aluminium- und Chromsalze wurden in großer Zahl vorgeschlagen[1]. Ein typisches Rezept für einen Leim, mit dem Furniere befriedigend verarbeitet werden konnten, ist nach J. Delmonte das folgende:

	GT				
Sojabohnenmehl	30		1	4	5
Wasser	120		1	4	5
Natriumhydroxyd	13	(18%ige Lösung)	2	4	5
Schwefelkohlenstoff	5		2	4	5
Calciumhydroxyd	3		2	4	5
Natriumsilicat (Wasserglas)	15		3		5
Kupfersulfat	1		3		5
Wasser	5		3		5

Die Monsanto Chemical Co. nennt folgende Mischungen:

A. Normale Mischung

1. 200 GT Wasser (21° C) in den Mischer geben
2. 100 GT Lauxein (10B) hinzufügen
3. 3 bis 5 min mischen, bis klumpenfrei
4. 150 GT Wasser (21° C) einmischen
5. 0,19 GT Entschäumungsmittel hinzufügen, mischen
6. 3 GT Kalkhydrat (Marmorkalk, $Ca(OH)_2$) in 10 GT Wasser hinzufügen, mischen
7. 7 GT kaustifizierte Soda in 20 GT Wasser hinzufügen und verrühren (einen weniger stark verfärbenden Leim erhält man, wenn man nur 6 GT kaustifizierte Soda nimmt)
8. 15 GT Wasserglas (41° Bé) einrühren
9. 2,4 GT einer Mischung von 60 Volumenteilen CS_2 und 40 CCl_4 einrühren
10. 5 min mischen, worauf der Leim gebrauchsfertig ist.

B. Besonders wasserfest wird die Leimverbindung, wenn man obigen Ansatz wie folgt ändert:

6. 4 GT $Ca(OH)_2$ in 10 GT Wasser hinzufügen und verrühren
7. 8 GT kaustifizierte Soda in 20 GT Wasser einrühren
8. 20 GT Wasserglas einrühren
9. 4,8 GT der CS_2-CCl_4-Mischung einrühren.

C. Einen Leim, der so rasch abbindet, daß die Platten der Presse entnommen nicht mehr verspannt zu werden brauchen (No-clamp-process), erhält man durch folgende Änderung des Ansatzes A:

4. 110 GT Wasser (21° C) einrühren
7. 8 GT kaustifizierte Soda in 20 GT Wasser einrühren
8. 25 GT Wasserglas einmischen.

Diese Leimmischungen haben eine Lebensdauer von etwa 4 h bei 21° C; höhere Temperaturen verringern die Lebensdauer. Die Auftragmengen liegen zwischen 250 und 300 g/m². Sie hängen ab von der Holzart, ihrer Feuchtigkeit, der Oberflächenbeschaffenheit, der Temperatur des Holzes und des Arbeitsraums sowie der Wartezeit. Wenn letztere so lang ist, daß die Mischung vor dem Pressen außergewöhnlich stark austrocknet, muß die Auftragmenge erhöht werden. Die maximalen Wartezeiten liegen bei 20 min, beim Leim nach Formel C sogar nur zwischen 3 und 5 min.

Die Sojaleime binden durch den Wasserverlust ab. Leimmischungen, die länger als 4 h im Topf bleiben, werden allmählich immer dünner und verlieren beim Gebrauch ihre Wasserfestigkeit. Die Holzfeuchtigkeit darf bei den

[1] Delmonte, J.: The Technology of Adhesives, New York 1947, S. 267.

Lauxeinleimen zwischen 5 und 15% liegen, der optimale Bereich sind 10 bis 14%. Für Weichhölzer wird ein Preßdruck von 10 kg/cm², für Harthölzer von 15 kg/cm² empfohlen. Die Preßzeiten schwanken je nach Holzfeuchtigkeit, Raumtemperatur, Preßdruck und anderen Faktoren zwischen 3 und 12 h. Beim No-clamp-process genügen 15 min, jedoch sind längere Preßzeiten zulässig.

Die volle Trockenfestigkeit wird erst 48 h nach dem Pressen erreicht, die volle Feuchtfestigkeit nach 5 bis 7 Tagen. Sperrplatten, die nach dem no-clamp-Verfahren hergestellt wurden, dürfen erst 45 bis 60 min nach Entnahme aus der Presse auf Format geschnitten werden. Die verleimten Platten sollen in einer Kammer oder einem mechanischen Trockner auf etwa 15% Feuchtigkeit zurückgetrocknet werden. Weitere Eigenschaften der Sojaleime können aus Anhangtafel VI entnommen werden, in der sich zugleich Angaben für die verbreiteten Soja-Mischleime finden. Bekannt sind Mischungen von Sojaleimen mit Kasein-, auch zusammen mit Blutalbuminleimen, ferner mit Harnstoff-Formaldehydharzleimen.

955.14 Blutalbuminleime. 955.141 Gewinnung, Handelsformen, allgemeine Charakteristik. In Deutschland — und auch in vielen anderen Ländern — werden Blutalbuminleime nur sehr selten verwendet, in USA hingegen werden vor allem die heißhärtenden wegen ihrer hohen Wasserfestigkeit vielfach in der Sperrholzindustrie verarbeitet. Gewonnen wird Blutalbumin als Abfallstoff in Schlachthäusern; das Blut (für die Leimherstellung fast ausschließlich Rinderblut), das ungefähr 8% Albumin enthält, wird eingedampft; die Trockentemperatur muß unter dem Gerinnungspunkt (etwa 70° C) des Albumins liegen. Das handelsübliche Albumin hat die Form unregelmäßiger Blättchen, deren Farbe — je nach dem Herstellungsverfahren — von hellem Rot ins Schwarzbraune spielen kann. Das dunkle „Schwarzalbumin“ ist am billigsten und wird meist zur Leimbereitung benutzt. Folgende Mengen an Verunreinigungen können als normal gelten: Fett bis 1%, Asche bis 5%, Wasser bis 13%. Mindestens 95% des Albumins sollen in kaltem oder lauwarmem Wasser löslich sein. Die Leime sind sehr leicht verderblich unter dem Einfluß von Hitze, Luftfeuchtigkeit und chemischen Faktoren.

955.142 Eigenschaften und Zubereitung von Blutalbuminleimen. Die Bindekraft von Blutleimen läßt sich nur durch eine Probeverleimung feststellen; meist wird die Trockenfestigkeit anderer Leime nicht erreicht. Hierin, in der unterschiedlichen Güte des Blutalbumins, in der Notwendigkeit der Mischung nach besonderem Rezept, in der Heißpressung, im widerlichen Geruch sowie in der Anziehungskraft für Fliegen liegen die Nachteile der Blutalbuminleime. Vorteilhaft sind ihre Billigkeit und die ziemlich hohe Wasserfestigkeit.

Angesetzt werden die Blutleime meist mit Alkalien (z. B. Ätzkalk oder Ätznatron), die ein leichtes Gelieren des zuvor 1 bis 2 h eingeweichten Albumins bewirken. Die Lösung des Blutalbumins in Wasser erfolgt im Gewichtsverhältnis 1 zu 3 bis 1 zu 10. Bezogen auf das Blutalbumingewicht werden 6 bis 10% CaOH zugesetzt. Es muß langsamer als bei Kaseinleimen gemischt werden, da Blutleime stark schäumen. Die Mischung verdickt sich nach etwa 20 min und ist dann gebrauchsfertig.

Die Menge der Alkalien muß sehr sorgsam bemessen werden, da schon geringer Überschuß die Mischung zu dick werden läßt. Es gibt eine Fülle bekannter, patentierter und auch geheimer Mischregeln; drei bewährte seien mitgeteilt:

1. Blutalbuminleim für heiße Pressung, Gebrauchsdauer mehrere Stunden (nach S. B. Hennig: US Patent Nr. 1329599, zum allgemeinen Gebrauch freigegeben).

	GT			
Blutalbumin (90% löslich)	100	1. 1 bis 2 Stunden einweichen und verrühren	2. langsam einrühren	4. mehrere Minuten verrühren
Wasser	170			
Ammoniumhydroxyd (spez. Gew. 0,90)	4			
Ätzkalk	3	3. zu Kalkmilch verarbeiten		
Wasser	10			

2. Blutalbuminleim für heiße und kalte Pressung; bei ersterer hohe Festigkeit und sehr hohe Wasserbeständigkeit (nach A. C. Lindner US Patent Nr. 1459541, zum allgemeinen Gebrauch freigegeben).

	GT			
Blutalbumin (90% löslich)	100	1. 1 bis 2 Stunden einweichen, dann langsam verrühren	2. mittelrasch einrühren	3. das Paraformaldehydpulver gleichmäßig einsieben; sehr rasch umrühren, wobei die Mischung stark eindickt; nach etwa 1 Stunde hat die Mischung wieder eine gute Arbeitskonsistenz
Wasser	140 bis 200			
Ammoniumhydroxyd (spez. Gew. 0,90)	5,5			
Paraformaldehyd	15			

3. Kasein-Blutalbuminleime für heiße Pressung (15 kg/cm², 100 bis 110° C, 8 min); hohe Scherfestigkeit und gute Wasserbeständigkeit (nach Angabe der ehemaligen IG Farbenindustrie AG.).

	GT			
Kasein	90	1. mindestens 20 Minuten einweichen		5. 30 Minuten verrühren
Blutalbumin	30			
Wasser	300			
Lupretin	9	2. Lösen	4. Vermischen	
Wasser	140			
Ätzkalk	6	3. Anrühren		
Wasser	25			

Lebensdauer der Blutalbuminleim-Mischungen 4 bis 5 h.

955.143 Auftragen und Pressen. Die Blutalbuminleime werden fast ausschließlich in Sperrholzwerken verwendet und dort mechanisch aufgetragen. Offene Wartezeit höchstens 45 min. Das Pressen erfolgt heiß, wobei die Plattentemperatur zwischen 90 und 120° C, der Preßdruck zwischen 3 und 30 (meist 7 bis 14) kg/cm² liegt (Bild 1139). Im allgemeinen empfehlen sich aber keine Temperaturen über 100° C, da sich Dampfblasen im Leim bilden können. Blutalbumin verursacht keine Flecken auf dem Holz, jedoch scheint seine dunkle Farbe, wie früher schon erwähnt, manchmal bei dünnen, hellen Furnieren durch.

Blutalbuminleime sind mit Kasein-, Soja-, aber auch mit Kunstharzleimen mischbar. Das AWF-Betriebsblatt 30c empfiehlt für eine Mischung mit Kauritleim folgende Dosierung:

1. 40 GT Blutalbumin in 60 GT Wasser lösen.
2. Dieser Lösung 100 GT Kaurit und 15 GT Heißhärter zusetzen, wobei das Kaurit bis zum Dreifachen gestreckt werden kann.

Bei der Mischung mit Kaurit verschwindet der üble Geruch des Blutalbumins.

955.2 Stärke- und Dextrinleime.

Pflanzenleime sind durch chemischen oder thermischen Aufschluß oder durch Abbau von Kohlehydraten, insbesondere von Stärke, gewonnene Leime und Bindemittel[1]. Die gemeinsame Stoffgrundlage der ganzen Gruppe bildet die Stärke. Verwendet wird meist Tapiokastärke, jedoch eignen sich auch Mais-, Reis-, Weizen- und Kartoffelstärken. Bezogen wird die Stärke in Form eines weißen Pulvers oder in gröberen Körnern. Für die Prüfung der Stärke gibt es noch keine verbindlichen Vorschriften. Empfehlenswert sind Untersuchungen

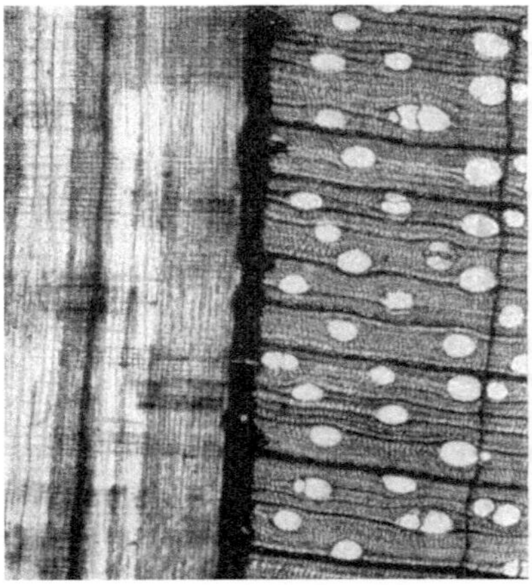
a

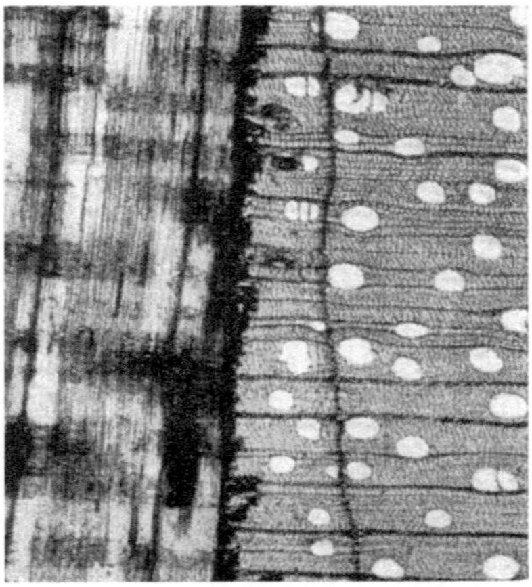
b

Bild 1139. Mikroschnitte durch mit Blutalbumin verleimtes Birkensperrholz. a Preßdruck 3,5 kg/cm², b Preßdruck 14 kg/cm² (Phot. T. R. Truax.)

der Körner unter dem Mikroskop, im polarisierten Licht, Bestimmung des Drehwerts der Lösungen, Farbreaktionen sowie Bestimmung der Bindefestigkeit bei festgelegter Mischung. Richtig zubereitet sind die Pflanzenleime glasig durchscheinend oder goldgelb bis braun und zähflüssig-ziehend wie Honig. Die Pflanzenleime unterscheiden sich also sehr wesentlich von den ebenfalls aus Stärke durch Verquellen hergestellten Kleistern, die weiße, schmalzartige Massen bilden. Die besonders in den Vereinigten Staaten stark zunehmende Verwendung von Pflanzenleimen beim Furnieren erklärt sich aus verschiedenen Vorzügen, die sie haben. T. R. Truax[2] zählt folgende auf: Ausreichende Bindefestigkeit, Billigkeit, kalte Verarbeitung sowie Gebrauchsfähigkeit über mehrere Tage. Dem stehen aber auch nennenswerte Nachteile gegenüber: Infolge ungewöhnlicher Viscosität sind die Leime schwer auftragbar, auch verfärben sie verschiedene Hölzer, binden langsam ab und sind nicht wasserbeständig. Gewöhnlich enthalten die Stärkeleime kaustifizierte Soda, wodurch die Viscosität herabgesetzt und die Gebrauchsdauer verlängert, anderseits aber auch die Holzverfärbung bedingt wird.

Bei der Zubereitung wird stets zuerst die trockene Stärke mit kaltem Wasser gemischt und mechanisch zu einer einheitlichen zähen Masse verrührt. Das Verhältnis von Trockenstoff zu Wasser wechselt innerhalb weiter Grenzen; ein meist brauchbarer Mittelwert sind 100 GT Stärke auf 225 GT Wasser. Auch die Sodazugabe kann in verschiedener Menge und auf verschiedene Art erfolgen.

[1] Vgl. RAL Nr. 280 A.

[2] Truax, T. R.: The Gluing of Wood, U.S. Dept. Agric. Bull. Nr. 1500, Washington DC. 1929, S. 8.

Nach den von T. R. Truax mitgeteilten Erfahrungen gibt es drei Möglichkeiten: 1) 3 GT Soda werden in wenig Wasser gelöst und dann langsam in die Leimmischung eingerührt. Hierauf wird die Mischung unter dauerndem Rühren erwärmt. Die Temperatur hängt von der Art der Stärke, der Sodamenge und der Konstruktion des dampfbeheizten Mischers ab; sie muß sorgfältig überwacht werden und darf etwa 75° C nicht überschreiten, da sonst Karamelbildung eintritt, worunter die Leimgüte beträchtlich leidet. Die Heizung wird abgeschaltet, wenn der Leim etwa bernsteinfarbig ist und vom Ende eines eingetauchten Prüfstabes wie klarer, durchsichtiger Sirup abfließt[1]. 2) 6 oder mehr GT Soda werden in den Stärkebrei kräftig eingerührt; da der Prozeß exotherm verläuft, bedarf es keiner Wärmezufuhr, um die gewünschte Konsistenz zu erhalten. Infolge der hohen Alkalität ist bei diesen Leimen aber die Gefahr der Fleckenbildung ziemlich erheblich. 3) Stärke, Wasser und Soda werden unmittelbar zusammen gegeben und unter Erwärmung zu Leim verarbeitet. Vom Alkaligehalt, bezogen auf das Trockengewicht, hängt die Bindefestigkeit gesetzmäßig ab (Bild 1140). Ein Zusatz von 0,5 bis 1,0% kommt in Frage, wenn sehr dünne, helle Furniere (Vogelaugenahorn, Eiche) verleimt werden sollen.

Die Leime werden nach der Zubereitung unter weiterem Rühren auf Raumtemperatur abgekühlt.

Die Erfahrungen mit derartigen Stärkeleimen sind recht gute, da sie langlebig und temperaturunempfindlich sind; infolge der Verdunstung dicken sie allerdings etwas ein. Um das Abbinden nicht zu lange hinauszuziehen, müssen die Hölzer sehr weit (auf etwa 4 bis 5%) herabgetrocknet sein, damit der Leimschicht die Feuchtigkeit rasch entzogen wird. Feuchtigkeitsgehalt mit über 6% zieht Fehlverleimungen nach sich. Durch Warmpressen (70° C) läßt sich die Abbindezeit verkürzen.

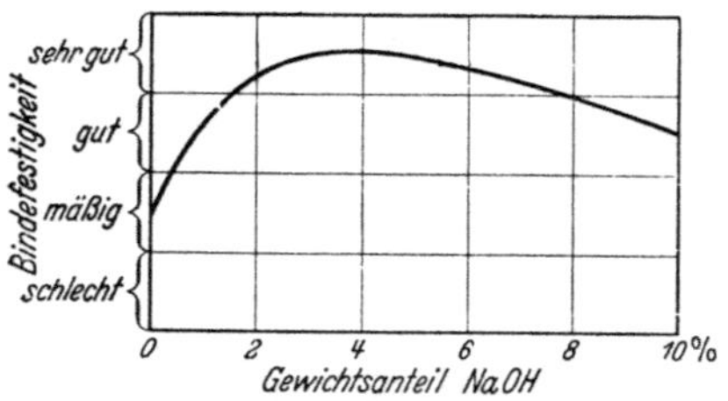

Bild 1140. Abhängigkeit der Bindefestigkeit eines Stärkeleims vom Gewichtsanteil an NaOH.

In Deutschland werden Stärkeleime fast ausschließlich in bereits gemischter flüssiger Form gehandelt und verwendet. Die Zubereitung beschränkt sich deshalb auf den gelegentlichen Zusatz von Wasser oder die Vermischung mit Kalk und Kasein. Dextrinleime sind für die Holzverarbeitung ungeeignet.

Sehr sorgsam hat das Auftragen zu erfolgen, da ungleichmäßige Verteilung Fehler (Kürschner) nach sich ziehen. Aufgetragen werden die Leime mit Auftragmaschinen. Als Preßdruck genügt 1 kg/cm², die Preßzeiten liegen bei Heißverleimung zwischen 0,75 und 2 h, bei Kaltverleimung zwischen 2 und 24 h.

955.3 Wärmehärtende Kunstharzleime.

955.31 Harnstoff-Formaldehydharzleime (Carbamidharzleime). 955.311 Herstellung und allgemeine Charakteristik. Harnstoff (Carbamid $CO(NH_2)_2$), ein weißes geruchfreies Kristallpulver, wird heute großtechnisch durch Erhitzen eines Gemisches von Ammoniak, Kohlendioxyd und Wasser im Autoklaven (100 at bei Temperaturen zwischen 130 und 140° C) erzeugt; dabei bildet sich zunächst Ammoniumcarbamat ($H_2NCO—ONH_4$), das unter Wasserabspaltung in Harnstoff übergeht. In der Hauptsache dient der Harnstoff als Kunstdünger sowie als Rohstoff für die Harnstoffharze (Aminoplaste). Bei der Herstellung des Kunstharzes wird der Harnstoff in einer wässerigen Formaldehydlösung aufgelöst. Es entsteht eine klare, dünnflüssige Lösung, in der neben den Wassermolekülen die Harnstoff- und Formaldehydmoleküle

[1] Vgl. bei E. Vernon Knight u. M. Vulpi: Veneers and Plywood, Deutsche Ausgabe „Furniere und Sperrholz" von L. M. Cohn-Wegner, Bd. 1, S. 244, Berlin 1930.

frei beweglich sind, ohne in nennenswerte Wechselwirkung zu treten[1]. Erst wenn die Lösung unter Zusatz von Katalysatoren erhitzt wird, steigt ihre Viscosität, die Lösung wird honigartig und stark klebend. Es handelt sich dabei um eine Polykondensation, bei der sich die Harnstoffmoleküle mit den Formaldehydmolekülen unter Abspaltung von Wasser und teilweise auch Formaldehyd zu immer größer werdenden Komplexen verbinden. Bei der Herstellung von Harnstoff-Formaldehydleimen wird der Kondensationsprozeß unterbrochen, solange das Harz noch wasserlöslich ist. In diesem Zustande ist das Harz etwa drei Monate haltbar. Die Verwendung als Leim ist also nur möglich, wenn ein Verbrauch innerhalb dieser Zeit gewährleistet ist. Um länger haltbare Leime zu bekommen, muß man das flüssige Zwischenprodukt eindampfen und mittels eines Trockners in ein Pulver verwandeln. Derartige Pulver haben kaum mehr die Neigung, weiter zu kondensieren; sie lassen sich deshalb bei Raumtemperatur fast beliebig lange bewahren, bilden aber nach Auflösung in Wasser wieder dieselbe viscose Leimlösung, die vor dem Eindampfen vorhanden war. Bild 1141

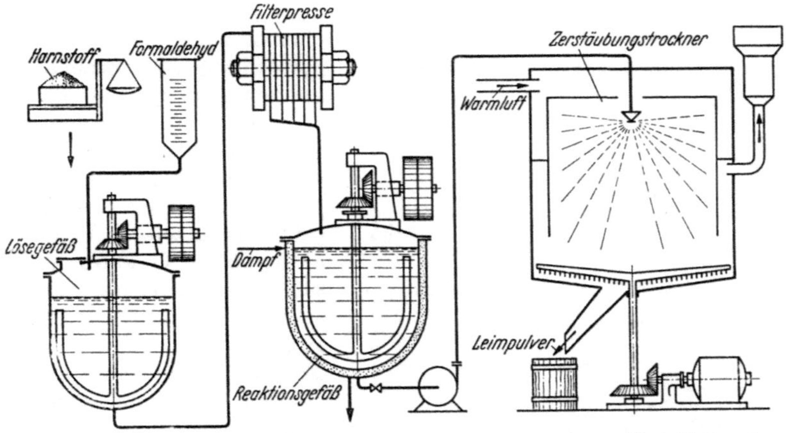

Bild 1141. Schema der Herstellung eines Carbamidharz-Leimpulvers. (Nach K. Frey.)

zeigt schematisch den Herstellungsgang eines solchen Carbamidharz-Leimpulvers. Zu den in Europa marktgängigen Harnstoffleimen zählen Kaurit W (Deutschland), Aerolight (England), Melocol H (Schweiz).

Die Harnstoff-Formaldehydharzleime sind sehr vielseitig verwendbar, da sich ihre Abbindegeschwindigkeit weitgehend den jeweiligen Arbeitsbedingungen anpassen läßt. Bei der Möbelherstellung sind sie für alle Verleimungen brauchbar. Da ihre Naßfestigkeit befriedigend ist, können sie auch im Fahrzeugbau, Waggonbau und bei Baukonstruktionen eingesetzt werden. Vorteilhaft ist es, daß durch den Harnstoff-Formaldehydleim nur sehr wenig Wasser (50 bis 80 g/m^2) in das Holz gebracht wird und daß für gewisse Zwecke (z. B. Packfässer) die Verleimung völlig geruchfrei ist. Der freie Formaldehyd in Harnstoff-Formaldehydleimen kann bei empfindlichen Personen Hautschäden (Dermatitis) an Händen und Armen hervorrufen; es sind deshalb vorbeugende Maßnahmen (Einfetten der Hände und Gelenke, peinliche Sauberkeit) am Platze.

Kochfest oder tropenfest sind Harnstoff-Formaldehydharz-Verleimungen nicht. Weitere Nachteile sind: Neigung zu Versprödung mit der Zeit

[1] Frey, K.: Arch. Angew. Wiss. u. Techn. Bd. 47 (1947) S. 83.

(Alterung), Fugenempfindlichkeit und starker Werkzeugverschleiß. Sollen Teile mit geringer Paßgenauigkeit mit Harnstoff-Formaldehydleimen verbunden werden, so soll man stets Füllmittel (und zwar möglichst Pflanzenmehle mit Selbstklebeeffekt, s. Ziffer 951.9) verwenden. Die Feuchtigkeit des Holzes ist nicht eng begrenzt vorgeschrieben; sie kann sich zwischen etwa 0 und 25% bewegen, wobei es im letzten Fall genügt, wenn die Oberfläche angetrocknet ist. Flecke werden durch den Leim nicht hervorgerufen, auch kommt es infolge der geringen aufgebrachten Flüssigkeitsmenge nicht zu Durchschlägen bei dünnen Furnieren. Das Abbinden des Leimes erfolgt sehr rasch; sowohl weitere Nachtrocknung als auch Wasseranziehung — die bei Glutinleimen manche Störung hervorrufen kann — ist ausgeschlossen.

955.312 Eigenschaften. Das Abbinden der Harnstoffharzleime beruht, wie in Ziffer 951.7 schon mitgeteilt wurde, auf zwei Vorgängen: 1. der Entfernung des Dispersionsmittels (Diffusion des Lösungsmittels) und 2. einer chemischen Reaktion (Fortsetzung des bei der Harzherstellung unterbrochenen Polykondensationsprozesses). Beide Vorgänge müssen aufeinander abgestimmt sein. Entscheidende Faktoren sind die Temperatur und der p_H-Wert. Bei zu niedriger Temperatur (nach E. Plath[1] unterhalb von 10° C) kann die Kondensation „einschlafen“, das Dispersionsmittel wandert dann in das Holz, und es bildet sich keine Fugenfestigkeit mehr aus. Ebenso können zu hohe Temperaturen und Übertrocknung des Holzes vor dem Verleimen das für die Kondensation erforderliche Gleichgewicht stören und sie damit beeinträchtigen, ja verhindern. Da die Reaktion p_H-gesteuert ist und als Härter Säuren oder Substanzen, die bei der Mischung mit dem Leim Säuren abspalten (z. B. Ammoniumsalze) verwendet werden, kann eine selbst geringfügige Erniedrigung des p_H-Werts das Abbinden außerordentlich beschleunigen, während umgekehrt eine Erhöhung (z. B. durch Spuren von Alkali) sie gänzlich unterbinden kann.

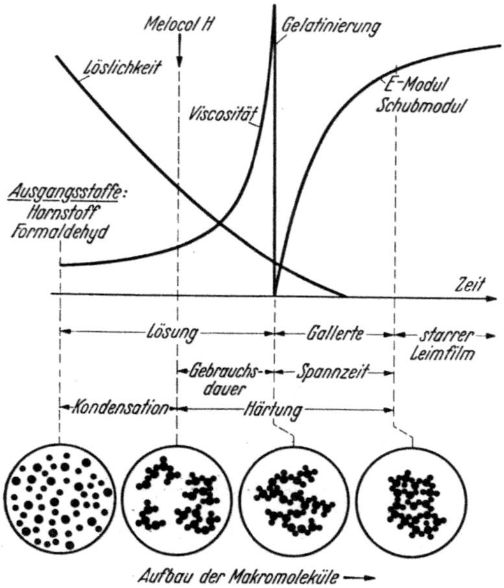

Bild 1142. Schema des Kondensations- und Härtungsvorgangs und der Zunahme der Molekülgröße bei Herstellung und Verwendung eines Harnstoffharzleimes. (Nach K. Frey.)

Von verschiedenen Forschern wurde die Reaktion des Harnstoffes mit dem Formaldehyd näher untersucht; es erwies sich aber als unmöglich, für das sich bildende Polykondensat eine klar definierte Molekularstruktur aufzuzeigen; vielmehr hängt diese Struktur offenbar von den Reaktionsbedingungen (z. B. Temperatur, p_H-Wert) ab. Nach C. A. A. Rayner[2] erhält man die besten Harn-

[1] Plath, E.: Die Holzverleimung, Stuttgart 1951, S. 108.

[2] Rayner, C. A. A.: An Outline of the Chemistry of Some Synthetic Resin Adhesives, in Structural Adhesives, London, 1951, S. 37.

stoffharzleime, wenn man ein Mol Harnstoff mit zwei Molen Formaldehyd unter mild saueren Bedingungen erhitzt. Schematisch stellt Bild 1142 den Kondensationsvorgang und die Härtung eines Harnstoffharzleims dar. Mit zunehmender Molekulgröße wandelt sich die Gallerte in einen festen Körper um, dessen Kohäsion durch starke in allen drei Raumrichtungen wirkende Hauptvalenzkräfte verursacht wird. Hohe mechanische Festigkeit und Wasserunlöslichkeit sind damit verknüpft.

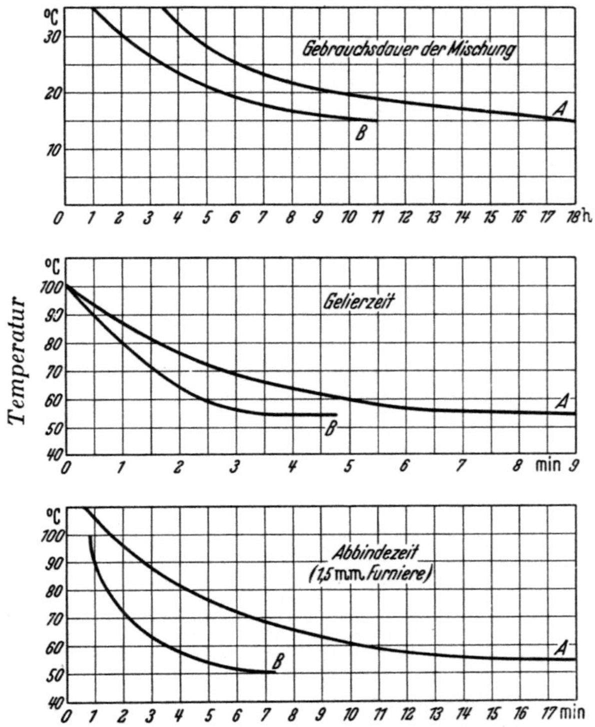

Bild 1143. Abhängigkeit der Gebrauchsdauer, Gelierzeit und Abbindezeit von Harnstoff-Harzleim bei Verwendung zweier Härter *A* und *B*. (Nach G. M. Scales.)

Die Abbindegeschwindigkeit läßt sich weitgehend durch die Wahl und Dosierung der Härter beeinflussen (Bild 1143). Es ist möglich, dabei Stoffe mit an sich sehr verschiedenartigem Reaktionscharakter zu kombinieren; ein Beispiel ist der Melocol-Härter 205, für den K. Frey das in Bild 1144 gezeigte Wirkungsschema veröffentlichte. Die Substanz H beschleunigt die Härtung, die Substanz V verzögert sie; additiv bewirken beide Substanzen die ausgezogene Härtungskurve, derzufolge sich bei 5% Zusatzmenge die größte Abbindegeschwindigkeit ergibt. Regeln läßt sich die Abbindegeschwindigkeit bei Harnstoffharzleimen durch die Wahl des Härters und der Temperatur innerhalb weiter Grenzen, so daß der Härtungsvorgang je nach Wunsch 5 min bis etwa 24 h dauern kann. Vorsichtig muß man aber beim Arbeiten mit sogenannten „Schnellhärtern“ sein, die in der Regel aus verdünnter Salzsäure bestehen, womit das Holz vorgestrichen wird. Meist bleibt dabei freie Säure zurück, die sowohl für das gebildete Harz als auch für das Holz schädlich ist. Auch beim Arbeiten mit sehr starken Härtern sind besondere Maßnahmen am Platz. Die Gebrauchsdauer (Topfzeit) würde beim Vermischen dieser Härter mit dem Leim vor der Anwendung so kurz werden, daß nur der getrennte Auftrag in Frage kommt. Die Reaktion setzt dann sofort nach dem Zusammenlegen ein.

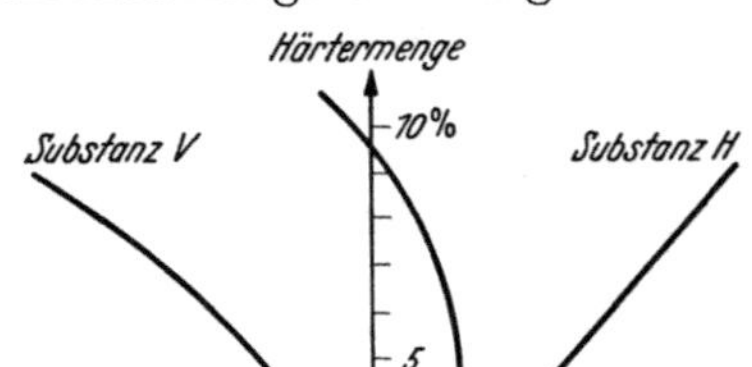

Bild 1144. Schematische Darstellung der Wirkungsweise des Melocol-Härters 205. (Nach K. Frey.)

Die Bindefestigkeit bildet sich auch bei den Harnstoffleimen unter Durchlaufen einer fiebrigen Phase aus, die sich bei Kaltverleimung etwa von der vierten bis zur sechsten Stunde erstrecken kann. Am Ende der Spannzeit ist die Endfestigkeit aber nicht erreicht, vielmehr wird gewöhnlich noch während der Spannzeit ein Maximum durchlaufen, von dem ab die Bindefestigkeit wieder abnimmt. Bild 1145 (in den Kurven ist die fiebrige Phase nicht eingezeichnet)

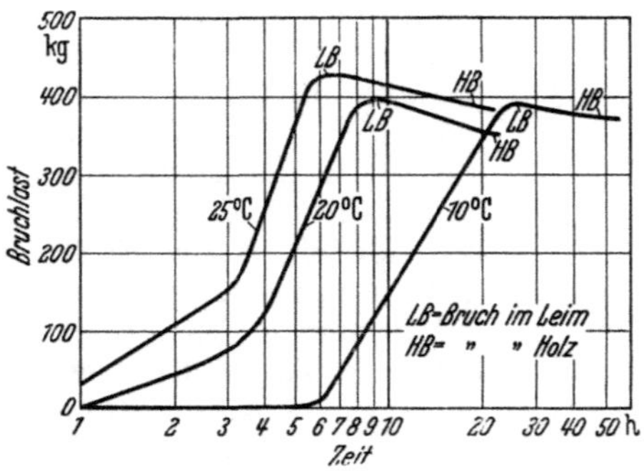

Bild 1145. Entwicklung der Bindefestigkeit eines Harnstoff-Formaldehydleims bei verschiedenen Leimtemperaturen in Abhängigkeit von der Standzeit. (Nach N. A. de Bruyne.)

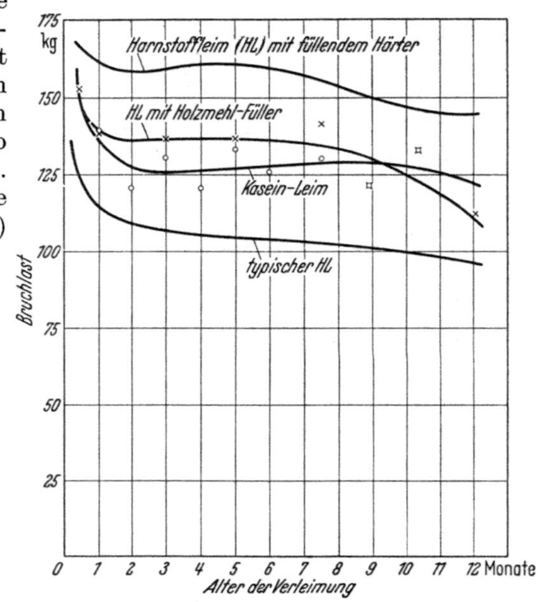

Bild 1146. Abhängigkeit der Bruchlast dicker Leimfugen zwischen Birkenschälfurnieren vom Alter der Verleimung bei einem typischen, fugenempfindlichen Harnstoff-Harzleim, einem Kaseinleim und Harnstoffleimen mit verschiedenen Füllmitteln. (Nach D. A. Hubbard.)

läßt dieses Maximum klar erkennen. Man sieht weiter, daß bei einer Leimtemperatur von 10° C die Gelbildung erst nach 5 h einsetzt. Sehr aufschlußreich ist auch Bild 1146, das die Festigkeit dicker Leimfugen (0,76 mm dick zwischen 1,6 mm dicken Birkenschälfurnieren) als Funktion des Alters der Verleimung darstellt[1]. Wie ersichtlich, sind Harnstoffleime (HL) sehr empfindlich. Durch Füllung der Leime läßt sich nicht nur die Bindefestigkeit an sich beträchtlich erhöhen, sondern auch die Empfindlichkeit zum mindesten bei einem Alter bis zu sechs Monaten wesentlich herabsetzen. Allerdings kommt es bei Verwendung von Holzmehl als Füllmittel bei einem über sechs Monate hinausgehenden Alter zu einem wieder stark beschleunigten Abbau der Bindefestigkeit. Bei den vergleichsweise mit eingezeichneten Kaseinleimen ist zwar

Zahlentafel 137. *Bindefestigkeit von mit Harnstoffharzleimen verleimten geschäfteten Zugproben. (Unter Abrundung von Versuchswerten nach W. Küch.)*

Probenwerkstoff	Probenbehandlung	Zug-Scherfestigkeit kg/cm²
Weichholz	trocken	50 bis *70* bis 130
	naß	30 bis *45* bis 75
	24 h tauchen	
Hartholz	trocken	80 bis *140* bis 170
	naß	40 bis *60* bis 80
	24 h tauchen	
SCH-T-BU 20	trocken	*140*
	naß	*70*
	24 h tauchen	

[1] Vgl. D. A. Hubbard: An Introduction to the Properties of Synthetic Resin Adhesives, in Structural Adhesives, London 1951, S. 27ff.

der anfängliche Verlust an Bindefestigkeit groß, jedoch wird nach annähernd drei Monaten ein ziemlich stationärer Zustand erreicht.

An geschäfteten Zugproben wurden Bindefestigkeiten gemäß Zahlentafel 137 ermittelt.

Den Einfluß der Bewitterung auf die Bindefestigkeit hat W. Küch[1] untersucht. Es ergab sich, daß weder die Trocken-, noch die Feucht- oder Wieder-Trockenfestigkeit innerhalb von 4 Monaten wesentlich abnehmen, daß aber dann eine immer stärker fühlbare Verringerung der Festigkeitswerte auftritt, so daß alle drei nach 12 Monaten Bewitterung ungefähr auf die Hälfte der Ausgangszahlen gesunken sind. Noch gefährlicher ist die Wirkung hoher Temperaturen bei gleichzeitig hoher relativer Luftfeuchtigkeit. Bild 1147 zeigt beispielsweise, daß Schäftproben aus Kiefernholz, mit kalthärtendem Kauritleim verleimt, 100 h bei 100% relativer Luftfeuchtigkeit gelagert, die Bindefestigkeit völlig eingebüßt haben, wenn die Temperatur 70° C betrug; bei heißhärtenden Leimen ist die entsprechende Temperatur 80° C. Beim Kochen lösen sich die Leimfugen meist schon nach 10 min Kochdauer.

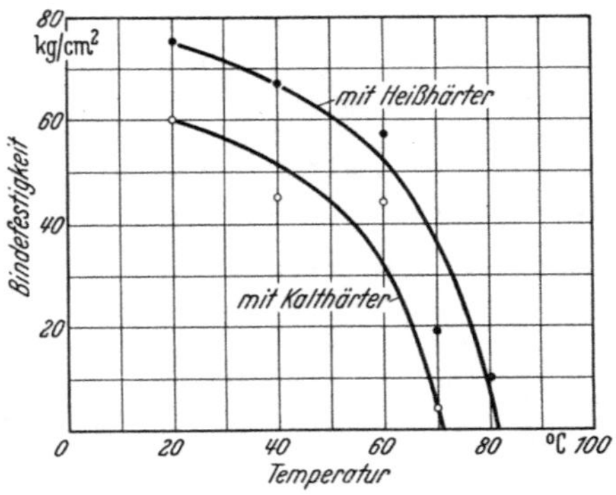

Bild 1147. Abhängigkeit der Bindefestigkeit von Harnstoff-Harzleimen (Kaurit W) von der Temperatur bei Lagerung in 100% relativer Luftfeuchtigkeit. (Nach W. Küch.)

Die starke Fugenempfindlichkeit der Harnstoffharzleime wurde schon im Abschnitt 951.9 besprochen; insbesondere ist auf Bild 1045 zu erkennen, wie rasch die Bindefestigkeit mit der Dicke der Leimschicht bei Harnstoffharzleimen abnimmt. Die Ursache der Fugenempfindlichkeit ist eine chemische: die Polykondensation eilt der Diffusion des Dispersionsmittels voraus. Dadurch kommt es zu einer Versprödung. Diese Versprödung ist auch eine Zeitfunktion, d. h. sie setzt sich über verhältnismäßig lange Zeit fort, um schließlich einen Endwert zu erreichen. Mit Rücksicht auf diese Erscheinungen sollen reine Harnstoffharzleime nur bei hoher Paßgenauigkeit der Fugen und sehr dünnem Auftrag verwendet werden. Bei dicken Leimfugen und hohen Ansprüchen an die Festigkeit (z. B. im Flugzeugbau) ist eine Streckung der Leime gemäß Ziffer 951.9 unerläßlich. Günstig ist bei den Harnstoff-Formaldehydharz-Leimen der Umstand, daß sie sich besonders zur Verleimung von Hölzern mit höherer Rohwichte eignen; hier sind sie zum Beispiel den Kaseinleimen, die sonst bei größerer Fugendicke wegen ihrer Plastizität geschätzt werden, erheblich überlegen, wie Bild 1148 beweist.

955.313 Zubereitung, Auftragen und Pressen der Harnstoff-Formaldehydleime. Die pulverförmigen Harnstoffharzleime sind, wenn sie in verschlossenen Gebinden gegen Feuchtigkeitszutritt geschützt sind, fast unbegrenzt haltbar. Flüssige Harze sind kühl zu lagern. Beim Ansatz wird das abgewogene Leimpulver langsam in das vorher eingemessene Wasser geschüttet. Auf 100 GT Leimpulver sind folgende Wassermengen zu rechnen:

Kaurit W	50 GT Wasser
Kaurit WHK	40 GT Wasser
Melocol H	40 GT Wasser

[1] Küch, W.: Kunstharzbindemittel im Flugzeugbau, Ber. Kf 302/8 der Deutschen Versuchsanst. für Luftfahrt, Berlin-Adlershof 1943.

Im Durchschnitt enthalten also verwendungsfertige Harnstoffharzleime etwa 60 bis 70% trockene Leimsubstanz. Die restlose Auflösung des Harzpulvers dauert 10 bis 15 h. Die Leimflotte ist wie flüssig gelieferter Harnstoffleim rund 3 Monate lagerfähig.

a) Kaltverfahren.

	Schwach gefärbt	Stark gefärbt
Schnellwirkende Kalthärter	gelb	rot
Langsamwirkende Kalthärter	weiß	blau

Die stark gefärbten Kalthärter bezwecken ein Anfärben des Holzes, um den Kalthärterauftrag sichtbar zu machen. Der Kalthärter wird vor dem Aufstreichen des Kauritleimes mittels eines Gummischwammes oder eines weichen Pinsels auf eine der zu verleimenden Flächen dünn (etwa 50 g/m²) aufgetragen. Mehrmaliger Auftrag ist zwecklos, ja schädlich. Es ist vorteilhaft, die Schicht völlig trocknen zu lassen (30 min oder länger). Streichen auf Vorrat — wobei die Werkstücke sogar einige Tage bis zur Verleimung liegen können — ist möglich. Die Arbeitsgefäße für die Härter sollen aus Glas, Porzellan oder Steingut, nicht aus Metall bestehen.

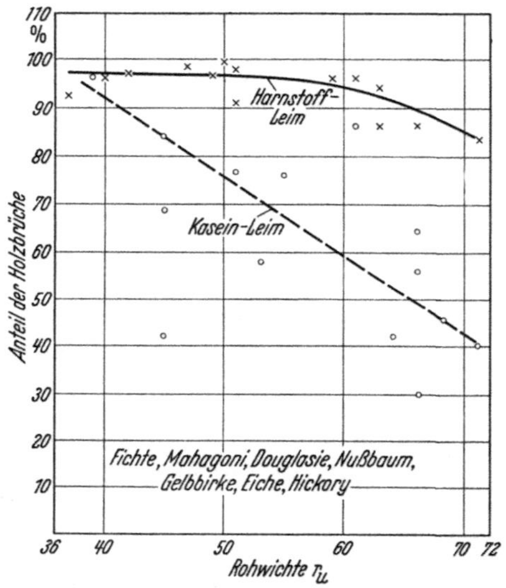

Bild 1148. Abhängigkeit des Anteils der Holzbrüche von der Rohwichte der verleimten Hölzer bei Verbindung mit einem Harnstoff-Harzleim und einem Kaseinleim. (Nach D. A. Hubbard.)

Bei Anwendung der schnellwirkenden Kalthärter (gelb und rot) sind verschiedene Verfahren möglich: Entweder trägt man den Kalthärter — wie schon erwähnt — auf die eine der zu verleimenden Flächen auf, läßt ihn (etwa 30 min oder länger) trocknen, bestreicht dann die andere Fläche mit Leim und bringt beide Flächen sofort zusammen, oder man bestreicht beide Flächen gleichzeitig, läßt sie 15 min antrocknen und legt jetzt zusammen. Eine dritte Möglichkeit besteht darin, den Kauritleim auf die mit Kalthärter vorgestrichene Fläche aufzutragen, wenn erstere völlig trocken geworden ist. Vom Beginn des Leimauftrags an gerechnet muß innerhalb 15 min gepreßt werden.

Bei Gebrauch der langsamwirkenden Kalthärter (weiß und blau) sind alle oben beschriebenen Arbeitsweisen anwendbar; man hat aber vom Beginn des Leimauftrags bis zum Pressen mehr Spielraum, nämlich bis 45 min. Für Sonderfälle kann man Kalthärter weiß auch — wenn man das Vorstreichen ersparen will — untermischen, und zwar 10 GT je 100 GT Kauritleim. Die Mischung bleibt $1^1/_2$ Stunden gebrauchsfähig.

Beim Pressen genügt ein verhältnismäßig geringer Druck; bei Fugenleimungen mit Weichholz etwa 2 kg/cm², mit Hartholz 4 bis 6 kg/cm², bei Lagenhölzern 12 bis 15 kg/cm². Die Preßdauer hängt von der Temperatur ab. Anhaltspunkte gibt Zahlentafel 138.

Die volle Festigkeit der Verleimung wird bei Kalthärter gelb und rot nach etwa 24 Stunden, bei Kalthärter weiß und blau nach 2 bis 3 Tagen erreicht.

Bei manchen Fabrikationszweigen, insbesondere in der Möbelindustrie, kann auf höchstmögliche Wasserfestigkeit verzichtet werden. Hier streckt man den

Harnstoffharzleim vorteilhaft mit Roggenmehl und setzt dadurch die Verleimungskosten beträchtlich herab. Die Widerstandsfähigkeit eines im Verhältnis 1 : 1 mit Roggenmehl verschnittenen Harnstoffharzleims gegen Wasser ist übrigens immer noch besser als die der handelsüblichen Kaseinleime. Die Trockenfestigkeit leidet praktisch nicht. Ein weiterer Vorteil ist, daß der Harnstoffharzleim durch den Mehlzusatz sehr leicht streichbar wird. Das Verleimen kann in der gleichen Weise wie mit reinem Harnstoffharzleim erfolgen. Das Roggenmehl wird in den Leim mechanisch eingerührt, wobei zu beachten ist, daß die Mischung nicht mit Kupfer oder Messing in Berührung kommt. Im allgemeinen gibt man auf 100 GT Harnstoffharzleim 100 GT Roggenmehl, jedoch kann man bei Verleimungen, die keine große Festigkeit besitzen müssen, z. B. Stabverleimungen für Mittellagen, auch bis zu 200 GT Mehl zusetzen. Die Preßdauer wird um so größer, je mehr Mehl beigemischt wird. Anweisung gibt Zahlentafel 139.

Zahlentafel 138. *Preßdauer bei verschiedenen Temperaturen für Kaurit-Kaltverleimung.*

Kalthärter	Preßdauer [h] bei einer Temperatur von		
	10° C	15° C	20° C
Gelb, rot . .	5 bis 6	3	1,5
Weiß, blau .	30 bis 35	12	4

Zahlentafel 139. *Preßdauer bei Verleimung mit Harnstoffharz (Kaurit) und Roggenmehl (20° C).*

Auf 100 GT Kauritleim Roggenmehl GT	30	50	100	150	200
Wasser . . . . . GT	30	50	120	200	300
Preßdauer . . . . Stunden	2	4	5	12	15

Man kann den Kalthärter schließlich auch mit dem Leim selbst vermischen, wobei stets zum Schluß 10% Kalthärter auf den Anteil an reinem Harnstoffharz zugesetzt werden.

b) Heißverfahren. Bei Heißverleimung kommt Harnstoffharz gemischt mit einem Härter zur Anwendung, und man gibt auf 100 GT Harnstoffharzleim 10 GT Heißhärter flüssig, um wasserfeste Verleimungen zu erzielen, oder 20 GT Heißhärterpulver, um kochfeste Verbindungen zu erhalten. Die Leim Härtermischung bleibt bis zu 30 Stunden gebrauchsfähig, soll aber kühl aufbewahrt werden. Aufzutragen sind 90 bis 120 g/m² Mischung; im übrigen gilt für den Auftrag das schon beim Kaltverfahren Gesagte. Will man die Zähigkeit des Leims — wegen Auftragschwierigkeiten — verringern, so kann man etwas Wasser (keinesfalls aber mehr als 10%) einrühren. Ist dickerer Auftrag (120 bis 150 g/m²) erwünscht, z. B. bei rauhen, weichen oder porösen Flächen, so gibt man 20 bis 50 GT eines Füllmittels bei. Die Verbindung bleibt unbedingt wasserfest, jedoch werden die Werkzeuge bei starker Füllung angegriffen. Weit vorteilhafter streckt man, wenn höchste Wasserfestigkeit nicht verlangt ist, mit Roggenmehl (20 bis 100 GT).

Als Preßdruck werden für nicht gestreckten Harnstoffharzleim beim Heißverfahren mindestens 2 kg/cm², als Temperatur 90 bis 100° C gefordert. Die Preßdauer richtet sich nach der Dicke der zu verleimenden Holzlagen, und zwar rechnet man bei Heißhärter flüssig eine Grundzeit von 5 min, bei Heißhärterpulver eine Grundzeit von 8 min zuzüglich 1 min je 1 mm Holzdicke bis zur tiefst gelegenen Leimschicht.

Das Pressen kann sofort nach dem Leimauftrag oder aber nach einer Trockenzeit (bei 20° C bis zu 24 Stunden) erfolgen. Die Preßtemperatur darf 100° C übersteigen; die Preßdauer verkürzt sich dann. Beispielsweise genügt bei einer dreifach gesperrten Platte von 4 mm Gesamtdicke bei 130° C eine Preßdauer von 2 min. Die verleimten Holzlagen können unmittelbar nach dem Abkühlen weiter verarbeitet werden; die Leimfestigkeit erreicht ihren Bestwert jedoch erst nach 24 Stunden.

Zahlenbeispiel.

Es ist die Preßdauer für Sperrplatten, bestehend aus

Mittellage	20	mm Dicke
Absperrfurnier . .	3	mm „
Deckfurnier	0,8	mm „

bei der Harnstoffharz-Heißleimung zu bestimmen.

Man rechnet wie folgt

	Heißhärter flüssig min	Heißhärter-pulver min
Grundzeit	5	8
Absperrfurnier 3 mm . . .	3	3
Deckfurnier 0,8 mm . . .	0,8	0,8
Gesamtpreßdauer	**8,8≈9**	**11,8≈12**

955.32 Melamin-Formaldehydharz-Leime. 955.321. Herstellung und allgemeine Charakteristik. Erst kurz vor dem zweiten Weltkrieg wurde eine neue Gruppe von Kunstharzen bekannt, die durch Reaktion von Amino-Triazinen, vor allem Melamin, mit Formaldehyd entstehen[1]. Die auf dieser Grundlage aufgebauten Leime eroberten sich in der holzverarbeitenden Industrie rasch den Boden, da sie ausgezeichnete Eigenschaften aufwiesen. Das Melamin, eine heterozyklische Verbindung, wurde bereits 1834 von J. Liebig entdeckt, jedoch wurde erst einhundert Jahre später (1935) die Umsetzung mit Formaldehyd zu Kunstharzen im wissenschaftlichen Laboratorium der Firma Henkel & Cie. von W. Hentrich und R. Köhler beobachtet. Unabhängig davon wurde die gleiche Reaktion an anderer Stelle festgestellt. In der Folge gelang es, für die großtechnische Herstellung billige Wege zu erschließen. Wie das folgende Schema zeigt, wird aus Kalkstickstoff durch Behandlung mit Schwefelsäure Dicyandiamid $C_2H_4N_4$ hergestellt, das sich dann unter hohem Druck (100 und mehr at) und Hitze nahezu quantitativ in Melamin umsetzt. Die Reaktion mit Formaldehyd liefert daraus ein härtbares Kunstharz.

Der Chemismus der Kondensation wurde von A. Gams, G. Widmer und W. Fisch[2] sowie von R. Köhler[3] näher untersucht. Zunächst bildet sich durch Anlagerung von Formaldehyd eine Trimethylolverbindung, ein kristallisiertes Produkt. Bei weiterer Kondensation vereinigen sich mehrere Moleküle der Methylolverbindung unter Wasserabspaltung und Ausbildung von Ätherbrücken zu einem harzartigen Vorkondensat mit einem Molekulargewicht um 1000, das man isolieren kann und das lagerfähig ist.

Bei der nachfolgenden Härtung unter dem Einfluß von Hitze und gewisser Katalysatoren (z. B. schwache organische Säuren wie Oxalsäure, Per-Verbindungen, die Säure abspalten, wie Kaliumpersulfat, Ammoniumsalze, Aminobenzolsulfonamid, Chlortriazine usw.) entstehen räumlich vernetzte Riesenmoleküle. Die Härtung erfolgt bereits bei Temperaturen von 90 bis 100° C in wenigen Minuten. Die gehärteten Melaminharze sind völlig wasserfest und kochfest. Die leichte und schnelle Härtbarkeit bringt aber auch eine Gefahr mit sich: die Überhärtung, die zu einer Versprödung der Harze führt. Bei der

[1] Köhler, R., u. W. Enzensberger: Holz als Roh- und Werkstoff Bd. 10 (1952), S. 51.

[2] Gams, A., G. Widmer u. W. Fisch: Helv. Chim. Acta Bd. 24.-Engi-Festschrift 302 E (1941).

[3] Köhler, R.: Kolloid-Z. Bd. 103 (1943) S. 138.

Kalthärtung wirkt ihr die Anwesenheit von freiem Formaldehyd entgegen, bei der Heißhärtung sucht man ihr durch Zusatz gewisser Stoffe (z. B. von hydratisierten Oxyden der Erdalkalimetalle) vorzubeugen.

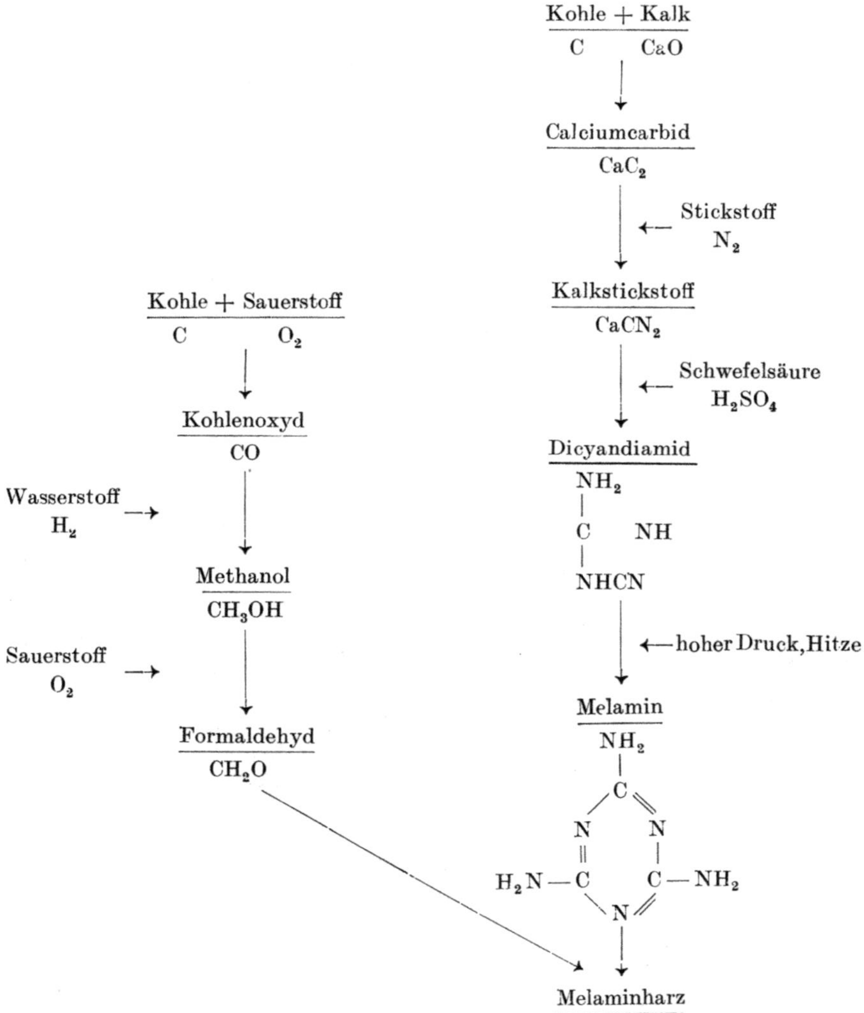

Im Handel sind die Melaminharzleime als Pulver, die praktisch unbeschränkt lagerfähig sind. Die Zubereitung erfolgt durch rasches Lösen in kaltem Wasser. Unter schnellem Rühren dickt die Leimflotte zuerst stark ein, wird aber dann wieder dünnflüssig. Die Viscosität ist durch die Rührdauer bestimmbar. Nach dem Anrühren ist die Leimflotte ohne besondere Reifezeit sofort gebrauchsfähig. Alle Gefäße können zum Ansatz verwendet werden. Die Gebrauchsdauer der Leimflotte hängt von der Art des Leimes ab. In Deutschland sind beispielsweise folgende Leime üblich, bei denen die Gebrauchsdauer in Klammern angegeben ist: Pressal und Pressal spezial (36 bis 48 h), Pressal B und Pressal B spezial, Pressal B II und Pressal B II spezial (Leimflotte ohne Härter 36 bis 48 h, mit beigemischtem Härter H 6 bis 7 h, Pressal L

(Leimflotte ohne Härter 24 h, mit Härter F 1 bis 3 h je nach Härterzusatz, mit Härter H 30 bis 120 min je nach Härterzusatz). Ein schweizerisches Erzeugnis ist Melocol M.

Allgemein läßt sich zur Charakterisierung der Melaminharzleime folgendes sagen: Sie eignen sich zur Lagenholzverleimung und zur Verleimung dicker Hölzer. Wo nur beschränkte Wasserfestigkeit, keinesfalls aber Kochfestigkeit verlangt wird, wie im Möbelbau, ist Streckung möglich. Ein spezielles Anwendungsgebiet, wo die Vorteile der Melaminharze (sehr schnelle Abbindung) zur Geltung kommen, ist die Fugenverleimung von Furnieren. Auch für Spanplatten sind Melaminharze ein ausgezeichnetes Bindemittel. Schließlich können sie zur Oberflächenveredelung (Bildung transparenter Deckschichten) herangezogen werden. Die Feucht- und Kochfestigkeit der gehärteten Melaminharze entspricht etwa der von Phenolharzleimen. Auch die absoluten Festigkeitswerte sind annähernd gleich hoch.

955.322 Eigenschaften der Melamin-Formaldehydharz-Leime. Die Melamin-Formaldehydharz-Leime bürgerten sich, obwohl sie sich zur Herstellung von wasserfestem und sogar kochfestem Sperrholz bestens eignen, nur verhältnismäßig langsam in der holzverarbeitenden Industrie ein. Die Ursache dafür lag in dem hohen Preis des Melamins, zu dessen Herstellung wesentlich mehr Energie verbraucht wird als zu der von Harnstoff. Eine rasche Ausweitung der Einsatzmöglichkeiten wurde aber erzielt, als man erkannte, daß Melaminharze in Verbindung mit anderen Klebstoffen oder Streckmitteln viel billigere Leime liefern, die immer noch hohe Beständigkeit gegen kaltes, heißes oder kochendes Wasser sichern[1]. Gegenüber reinen Melaminharzleimen sinkt der Preis solcher Mischleime auf etwa ein Fünftel und weniger.

Ein besonders vorteilhaftes Anwendungsgebiet für reine Melaminharzleime ist aber die Fugenverleimung von Furnieren. Die dafür in Frage kommenden sehr verschiedenartigen Fugenverleimmaschinen wurden in Abschnitt 722.2 ausführlich besprochen. Besonders geeignet für die Verarbeitung von Melaminharzleimen sind die nach dem Prinzip der Längsverleimung arbeitenden Fugenverleimmaschinen, bei denen auch Hochfrequenz-Erhitzung möglich ist. Die Furnierkanten werden unmittelbar vor dem Eintritt der Furniere in die Druck- und Heizzone mittels eines Leimrädchens aus einem Behälter mit Melaminharzlösung, der Härter zugesetzt ist, bestrichen. Die auf die Furnierkanten aufgetragene Leimmenge kann durch Abstreifer genau dosiert werden. Eine Messingschiene zwischen den Einzugrollen sorgt dafür, daß zwischen den Furnieren ein dünner Spalt für die Leimschicht frei bleibt. Dadurch wird das Ausquetschen des Leims an der Unterseite der Furniere verhindert. Die Verwendung von Melaminharzleimen bietet beim Fugenverleimen folgende Vorteile: 1. Wirtschaftliche Gebrauchsdauer des angesetzten Leims, 2. Abbinden innerhalb von Sekunden, 3. vollkommenes Aushärten, 4. unsichtbar oder zum mindesten helle Leimfuge.

Die unangenehmste Erscheinung ist die unter Umständen auftretende Versprödung der Leimfugen, die dazu führt, daß die Furniere nach dem Durchlaufen der Maschine wieder auseinanderbrechen. Unter der Annahme, daß bei jeder Holzart Temperatur und Abbindezeit, d. h. Vorschub, in einem bestimmten Verhältnis stehen müssen, wurden im Zusammenwirken der beteiligten Industrien großangelegte Betriebsversuche durchgeführt. Die Ergebnisse zeigt nach W. Enzensberger[2] Bild 1149 für Furniere aus Buche, Limba und Okumé

---

[1] Plath, E.: Holztechnik Bd. 34 (1954) H. 1, S. 9.

[2] Enzensberger, W.: Holz-Zentralblatt Bd. 78 (1952) Nr. 80, S. 1137.

mit 6 bis 12% Holzfeuchtigkeit. Nur die in den schraffierten Gebieten liegenden Temperaturen und Vorschübe ergeben gute Verleimung. Zwei Grenzen stellen sich dabei heraus: Ungenügende Verleimung tritt ein, wenn die Preßtemperatur zu niedrig oder der Vorschub zu hoch, also die Abbindezeit zu kurz ist. Zu Versprödung kommt es, wenn die Temperatur zu hoch oder der Vorschub zu langsam, d. h. die Abbindezeit zu lang ist. Für Limba und Okumé ist aus den Schaubildern klar ersichtlich, daß bei Erhöhung der Temperatur und niedrigem Vorschub eine Versprödung eintritt, daß aber bei Erhöhung des Vorschubs die Temperatur gesteigert werden muß, um noch eine genügende Verleimung zu erhalten.

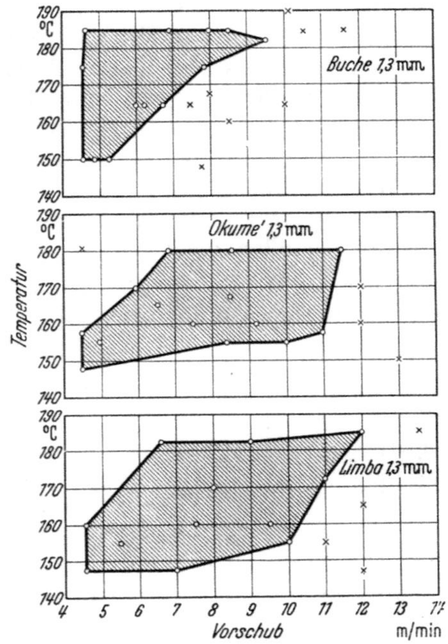

Bild 1149. Arbeitsbereiche (zweckmäßige Temperaturen und Vorschubgeschwindigkeiten) bei der Furnierfugenverleimung mit einem Melamin-Formaldehydharzleim. Die in den schraffierten Flächen liegenden Punkte geben Betriebsbedingungen an, bei denen gute Arbeitsergebnisse erzielt wurden. (Nach W. Enzensberger.)

Will man Lagenhölzer kochfest verleimen, so eignen sich dazu Melaminharzleime, die in sirupartiger Konsistenz sehr dünn (100 bis 130 g/m²) auf die Furniere aufgetragen werden. Die Verleimung erfolgt durch Verpressen bei 90 bis 100° C während einiger Minuten. Im allgemeinen arbeitet man ohne Härter. Melaminharzlösungen mit Härter sind nur einige Stunden haltbar und ergeben keine besseren Verleimungen, allerdings lassen sich mit ihnen außerordentlich kurze Preßzeiten erreichen. Die mit der Harzlösung ohne Härter bestrichenen Furniere können entweder sofort zusammengelegt und verpreßt werden oder man kann sie (beliebig lange offene Wartezeit!) lagern, wobei der Leim zu einem Film eintrocknet, der beim Verpressen schmilzt und dann erhärtet. Die Gefahr der Versprödung durch Überhärtung ist bei Lagenhölzern gering; man erzielt infolge des hier meist angewendeten hohen Preßdrucks sehr dünne Leimschichten, bei denen die Versprödung weniger in Erscheinung tritt.

Bei der Verleimung dicker Hölzer kann man der Versprödung durch die Verwendung eines Spezialhärters, der freien Formaldehyd — nach DRP Nr. 712 240 — enthält, vorbeugen. Sehr zu empfehlen ist in diesem Fall auch die Hochfrequenzerhitzung (s. Abschnitt 956.5). Um die Leimfugen besonders selektiv für die Kraftlinien des Hochfrequenzfeldes zu machen, kann man dem Leim einen gleichzeitig härtenden Elektrolyt (z. B. ein Ammoniumsalz) zusetzen. Man kann auf diese Weise insbesondere dicke Hölzer innerhalb sehr kurzer Zeit verleimen.

Will man kochfestes Sperrholz herstellen, so läßt sich nach E. Plath[1] die alte deutsche Gütebestimmung, daß Zug-Scherproben nach DIN 53 255 nach einstündigem Kochen in nassem Zustand eine mittlere Zug-Scherfestigkeit von 10 kg/cm² haben müssen, mit folgenden drei Leimansätzen erzielen:

[1] Plath, E.: Holztechn. Bd. 34 (1954) S. 9.

a) gestreckte Melamin-Formaldehyd-Harzlösungen.

Man löst 65 GT Pressal Ka 29 in 35 GT kaltem Wasser auf und streckt mit 50 GT Roggennachmehl unter Zusatz von etwa 100 GT Wasser. Der Wasserbedarf richtet sich nach der Beschaffenheit des Streckmittels und der gewünschten Konsistenz des Leimes.

b) Mischung von Melamin- und Harnstoff-Formaldehydharz.

In 100 GT flüssigen Kaurit W wird eine Lösung von 20 GT Pressal Ka 29 in 10 GT Wasser gegossen; das Melamin-Formaldehydharz wirkt als Härter.

c) Mischung von Melamin-Formaldehyd- und Harnstoff-Formaldehydharz mit Blutalbumin.

100 GT Pressal Ka 29 werden zusammen mit 330 GT Kaurit-W-Pulver in 215 GT Blutalbuminlösung (50 GT Blutpulver werden über Nacht in 200 GT Wasser gequollen) eingerührt.

Auch zur Frage der Herstellung wasserfesten Sperrholzes (nach der alten deutschen Gütebestimmung sollen wasserfeste Furnierplatten bei Prüfung nach DIN 53255 nach 56stündiger Wässerung in nassem Zustand eine Zug-Scherfestigkeit von 15 kg/cm² haben) stammen sehr aufschlußreiche Untersuchungen von E. Plath, die bezweckten, den Einfluß der für die Bindefestigkeit maßgebenden Faktoren zu erfassen. Pressal allein wird zweckmäßig im Verhältnis 1 : 2,7 (Pulver : Wasser) angesetzt. Da bei der Mischung zweier kolloidaler Lösungen komplizierte Verhältnisse vorliegen, wurde die Wasserzugabe bei einem Verhältnis 1 : 1 für Melaminharz : Harnstoffharz zwischen 2,5 und 3,5 verändert. Bild 1150 zeigt, daß Wasserzusatz über 2,7 einen Festigkeitsabfall veranlaßt. Es wurde deshalb das Ansatzverhältnis Pressal : Kaurit : Wasser = 1 : 1 : 2,7 bei allen weiteren Versuchen konstant gehalten. Kochfeste Verleimungen mit Melamin-Formaldehyd-Harnstoff-Formaldehydharzmischungen lassen sich nur erreichen, wenn ein sauer wirkender Härter zugesetzt wird, da bei dem großen Harnstoffharzanteil die Härterwirkung des Melamin-Formaldehydharzes allein nicht mehr wirksam genug ist. Eine Veränderung des Härterzusatzes zwischen 6 und 15% gab ein ganz flaches Maximum bei 12% Härterzusatz, jedoch kann man, im Großen betrachtet, von einer Unempfindlichkeit gegenüber der Härterdosierung sprechen. Auch die Preßtemperatur, die sich im praktischen Betrieb ohnehin kaum völlig konstant und über die Heizplatten gleichmäßig verteilt halten läßt, beeinflußt zwischen 95 und 100° C die Naßfestigkeit nicht nennenswert. Der Preßdruck spielt bis zu etwa 15 kg/cm² ebenfalls kaum eine Rolle, oberhalb davon erhöht sich die Wasserfestigkeit etwas. In der Praxis empfehlen sich bei Furnierplatten aus Hartholz etwa 15 bis 20 kg/cm². Gegen Ungenauigkeiten in der Preßzeit erwiesen sich Gemische aus Melaminformaldehyd- und Harnstoff-Formaldehydharz als ziemlich unempfindlich. Man kann, wie bei reinen Melaminharzleimen, nach der Faustformel arbeiten:

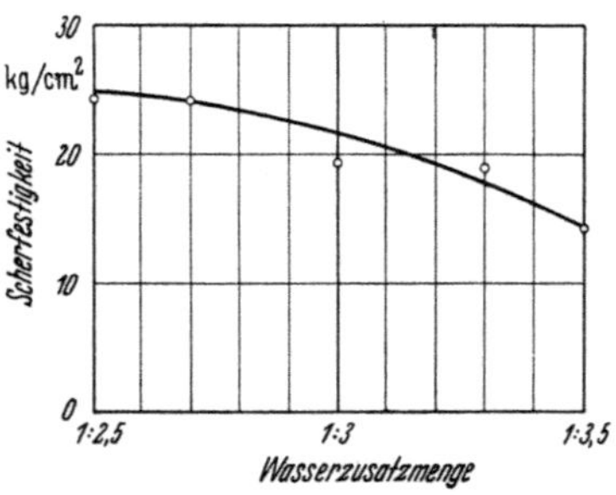

Bild 1150. Abhängigkeit der Scherfestigkeit nach 96stündiger Wässerung von der Wasserzusatzmenge bei Verleimung von Buchen-Furnierplatten mit einem Pressal-Kaurit-Gemisch (1:1). (Nach E. Plath.)

Abbindezeit = 5 min Grundzeit + 1 min Zuschlag je mm Holzschicht bis zur innersten Leimfuge.

Wichtig ist jedoch richtige Wahl der Furnierfeuchtigkeit. Die Ansprüche der Melamin-Formaldehyd- und der Harnstoff-Formaldehydharze an die Furnierfeuchtigkeit sind verschieden:

Reine Melamin-Formaldehydharze ergeben die besten Verleimungen bei Furnierfeuchtigkeiten von 10%, reine Harnstoffharze zwischen 6 und 8%; gestreckte wasserreiche Harnstoff-Formaldehydharze verlangen 5% Furnierfeuchtigkeit, bei Melamin-Formaldehyd-Harnstoff-Formaldehydgemischen kann man, wie Bild 1151 zeigt, Furnierfeuchtigkeiten zwischen 5 und 8% als annähernd gleichwertig ansehen. Weiter ergab sich bei den Versuchen von E. Plath, daß die Melamin-Harnstoffharzgemische gegen Wartezeiten bis zu 60 min unempfindlich sind. Sehr erheblich aber ist bei allen Kondensationsharzen die Wirkung

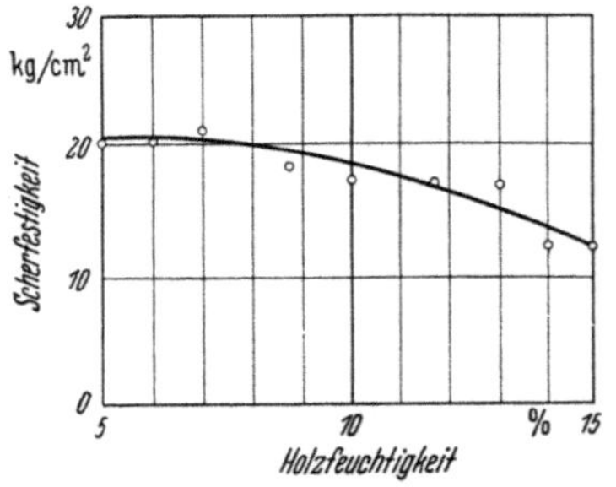

Bild 1151. Abhängigkeit der Scherfestigkeit nach 96stündiger Wässerung von der Holzfeuchtigkeit bei Verleimung von Buchen-Furnierplatten mit einem Pressal-Kaurit-Gemisch (1 : 1). (Nach E. Plath.)

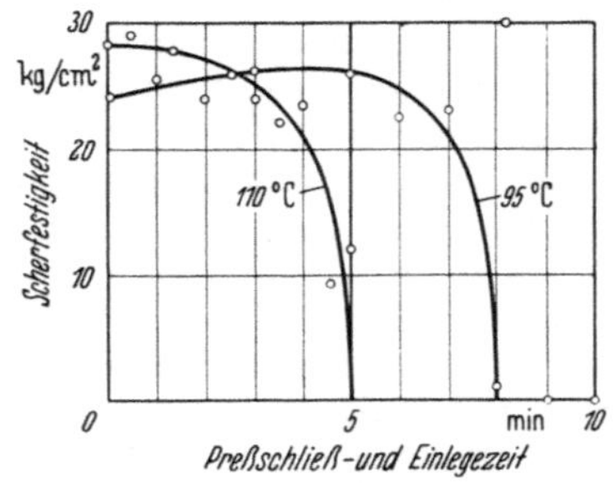

Bild 1152. Abhängigkeit der Scherfestigkeit nach 96stündiger Wässerung von der Preßschließ- und Einlegezeit bei Verleimung von Buchenfurnierplatten mit einem Pressal-Kaurit-Gemisch (1:1). (Nach E. Plath.)

der Preß-Schließ- und Einlegezeit. Man versteht darunter die Zeit, die vom Beginn des Beschickens der Presse bis zur Wirkung des vollen Preßdrucks verstreicht und die von der Etagenzahl, der Geschwindigkeit der Druckerzeugung sowie der Größe und dem Gewicht des Preßguts abhängt. Die Abhängigkeit der Güte der Verleimung von der Preß-Schließzeit ist stark temperaturbedingt. Bild 1152 läßt erkennen, daß die Pressen bei 95° C Temperatur nach spätestens 7 min, bei 110° C nach spätestens 4 min unter vollem Druck stehen müssen. Zusammenfassend empfiehlt E. Plath für die Herstellung von wasserfestem Innensperrholz folgendes Rezept:

100 GT Pressal
100 GT Kaurit W flüssig
12 GT Heißhärter 200
270 GT Wasser.

Die Auftragmengen der verhältnismäßig wasserreichen (68% flüchtige Bestandteile) Mischung sollen zwischen 125 und 140 g/m² liegen. Einige Zug-Scherfestigkeitswerte von mit Melamin-Formaldehydharzleimen verleimten Buchenfurnierplatten gibt Zahlentafel 140 wieder.

Zahlentafel 140. *Zug-Scherfestigkeit [kg/cm²] von mit Melamin-Formaldehydharzleimen verleimten Buchenfurnierplatten.*

Leimart	trocken	naß	
		48 h	100 h
Pressal und Pressal spezial	30 bis 45	10 bis 15	
Pressal B und Pressal B spezial	35 bis 45		20 bis 25
Pressal Ka 29	35 bis 45		

Verleimungen mit Pressal und Pressal spezial entsprechen den Bedingungen für feuchtfeste Verleimungen, solche mit Pressal B und Pressal B spezial oder mit Pressal B II und Pressal B II spezial den Bedingungen für wasserfeste Verleimungen, solche mit Pressal Ka 29 für koch- und tropenfeste Verleimungen.

Rührwerke, Gefäße, Auftragmaschinen, Hände und Kleider lassen sich mühelos mit kaltem Wasser reinigen. Nach den bisherigen Erfahrungen in der Praxis ist der Werkzeugverschleiß beim Verarbeiten mit Melamin-Formaldehydharzleimen verleimten Arbeitsstücken sehr gering. Zurückzuführen dürfte dies auf die verhältnismäßig hohe Restelastizität der abgebundenen Leimfuge sein. Aus ähnlichen Gründen ist der Werkzeugverschleiß bei der Zerspanung von Hölzern, die mit den zähelastischen Phenolharzleimen verleimt wurden, geringer als von solchen, die mit den spröden Harnstoffleimen verleimt wurden. Physiologische Schäden, insbesondere Hautschäden, treten beim Umgang mit Melaminharzleimen nicht auf. Auch die Geruchbelästigung durch freies Formaldehyd bleibt in erträglichen Grenzen, wenn die Preßtemperatur in dem vorgeschriebenen Bereich von 95 bis 110° C gehalten wird.

955.323 Zubereitung, Auftragen und Pressen der Melamin-Formaldehydharzleime. Pressal und Pressal spezial — letzteres läßt sich ohne Zusatz eines Schaummittels verschäumen — dienen nur zur feuchtfesten Flächenverleimung (Sperrholzherstellung, Furnieren). 1 GT des praktisch unbegrenzt haltbaren Pulvers wird, wie schon im vorangegangenen Abschnitt mitgeteilt wurde, mit 2,7 GT kaltem Wasser unter schnellem Umrühren vermischt. Alle Gefäße können Verwendung finden. Die Leimflotte dickt zuerst stark ein, wird aber durch Rühren dünnflüssig. Man kann die Viscosität durch die Rührdauer bestimmen. Nach dem Anrühren ist die Leimflotte sofort gebrauchsfertig und bleibt 36 bis 48 h haltbar.

Wasserfeste Flächenverleimungen und Hochfrequenzverleimungen lassen sich mit Pressal B und Pressal B spezial herstellen. 1 GT Leimpulver wird in 1,5 GT Wasser verrührt. Soll die Verleimung bereits bei 75 bis 85° C stattfinden, so werden der Leimflotte 5% Härter A, bezogen auf die Trockensubstanz, beigegeben. Die Leimflotte ohne Härter ist wieder 36 bis 48 h haltbar, mit beigemischtem Härter A beträgt die Lebensdauer 6 bis 7 h. Wasserfeste Flächenverleimungen, die besonders für Exportaufträge geeignet sind, werden mit Pressal B II und Pressal B II spezial erzeugt. Das Mischungsverhältnis Leimpulver : Wasser beträgt in diesem Fall 1 : 2,3. Will man kochfeste und tropenfeste Verleimungen, die den englischen Prüfbestimmungen A 70, A 100 und AX 100 genügen, so verarbeitet man Pressal Ka 29. 1 GT Leimpulver wird in 0,5 GT kaltes Wasser eingerührt. Für Kaltverleimung gibt man 10% Härter (auf Leimflotte bezogen) zu, für Furnierfugenverleimung Härter A mit Zinkstearat. Die Leimflotte ohne Härter ist 24 h haltbar, mit Härter F 1 bis 3 h, mit Härter A 30 bis 2 h.

Der Leimauftrag soll möglichst mit Leimauftragmaschinen erfolgen. Zu empfehlen ist feine Riffelung der Walzen, in Möbelfabriken mit stark wechselndem Leimgut wählt man Gummiwalzen. Bei den verschäumten Pressal-spezial-Leimen muß man etwas dickeren Auftrag einstellen. In technischer und wirtschaftlicher Hinsicht günstige Verhältnisse erhält man bei Pressal und Pressal B bei einem Auftrag von 165 bis 200 (im Durchschnitt 200) g/m² Leimflotte einseitig, dem entspricht eine Auftragmenge von 50 bis 60 g/m² Leimpulver. Bei dem weniger Wasser enthaltenden Pressal Ka 29 soll die Auftragmenge 65 bis 75 g/m² Leimflotte, entsprechend 45 bis 50 g/m² Leimpulver betragen.

Wie schon im vorhergegangenen Abschnitt nachgewiesen wurde, empfehlen sich zum Verleimen von Furnierplatten aus Hartholz Drücke zwischen 15 und

20 kg/cm². Bei Furnierplatten aus Weichholz sind nur 10 bis 15 kg/cm² anzuwenden, um den Preßschwund nicht zu hoch werden zu lassen. Bei Tischlerplatten sind 5 bis 12 kg/cm² angebracht.

955.33 Phenol- und Kresol-Formaldehydharz-Leime. 955.331 Herstellung und allgemeine Charakteristik. Die Phenolharzleime werden aus Phenol, Formaldehyd, Lösungs- und Kondensationsmitteln hergestellt. Beträchtliche Phenolmengen fallen bei der neuzeitlichen Aufarbeitung der Kokereiabwässer an, jedoch werden technisch die größten Mengen durch Alkalischmelze der Benzol-Sulfonadpaste erzeugt. Reines Phenol (C_6H_5OH, auch Carbolsäure genannt) besteht aus farblosen rhombischen Kristallen, die stark ätzend und giftig sind. Das gleiche gilt für das Kresol ($CH_3C_6H_4OH$), das im Steinkohlenteer vorkommt oder synthetisch erzeugt wird; es ist ein Gemisch aus 3 Isomeren: Ortho-, Meta- und Parakresol, von denen das m-Kresol das stärkste Reaktionsvermögen aufweist. Als Lösungsmittel für Phenol und Kresol dienen bei der Herstellung von Kunstharzleimen außer Wasser Alkohol und Aceton.

Die Phenole kondensieren mit Formaldehyd, jedoch verläuft die Reaktion zunächst schleppend und muß deshalb durch Kondensationsmittel (in der Leimtechnik verwendet man ausschließlich Basen, vorwiegend Natronlauge) und Temperaturerhöhung beschleunigt werden. Die Harzbildung verläuft dann lebhaft unter Wasseraustritt. Vermutlich zum ersten Mal erkannt wurde die Reaktion von A. von Baeyer[1] im Jahre 1872, jedoch begann die gewerbliche Ausnützung der Phenol-Formaldehydharze erst nach 1909, nachdem L. H. Baekeland[2] eine Technik zur Formung dieser Harze entwickelt hatte. Zur Verleimung von Sperrholz wurde Phenol-Formaldehydharz aber erst in den letzten Jahren vor 1930 herangezogen.

Über die Struktur der ausgehärteten Phenol-Formaldehydharze konnte zwar noch keine restlose Klarheit erzielt werden, jedoch stehen die grundsätzlichen Umsetzungen der Kondensation fest. Bei der alkalischen Kondensation herrscht die Bildung von Phenolalkohol oder Methylabkömmlingen vor. Das Mol-Verhältnis Formaldehyd zu Phenol liegt über 1. Die Reaktion, die zur Bildung seitlich vernetzter Harzmoleküle führt, verläuft über drei Zustände, die sich allerdings nicht scharf voneinander trennen lassen. Der Anfangs- oder A-Zustand, auch Resol-Zustand genannt, ist gekennzeichnet durch das Vorhandensein einer Mischung von Phenolalkoholen mit niederpolymeren Harzen, die in Wasser oder organischen Lösungsmitteln löslich ist. Der Leimhersteller erhält das Harz in diesem Zustand, indem er die Kondensation durch Abkühlung und Zusatz von Stabilisatoren unterbricht. Allerdings handelt es sich in Wirklichkeit nur um eine starke Verzögerung. Die flüssigen Resole haben eine Haltbarkeit von 2 bis 3 Monaten, unter Umständen bei kühler Lagerung bis zu 6 Monaten.

Nach dem A-Zustand wird ein Übergangszustand, der B- oder Resitol-Zustand, durchlaufen. Die Moleküle sind größer geworden, aber das Harz ist immer noch schmelzbar (thermoplastisch) und in Lösungsmitteln wie Alkoholen, Ketonen, gewissen Kohlenwasserstoffen quellbar, obgleich nicht mehr löslich. Bei der Verleimung wird der B-Zustand in der Leimfuge durchlaufen. Der Endzustand, C- oder Resit-Zustand, ist erreicht, wenn die Kondensation zur Bildung räumlich vernetzter Riesenmoleküle geführt hat; in diesem Zustand ist das Harz nicht mehr erweichbar und löslich.

---

[1] von Baeyer, A.: Ber. Dtsch. Chem. Ges. Bd. 5 (1872) S. 280.

[2] Baekeland, L. H.: Ind. Engng. Chem. Bd. 1 (1909) S. 149; das. Bd. 5 (1913) S. 506. US Pat.Nr. 939966, 942699, 942900 und 942809.

Bindemittel für Holz auf Phenolgrundlage werden entweder als alkalisch vorkondensiertes Phenol-Formaldehydharz in wäßriger Lösung mit 35 bis 80% Festharzgehalt[1] flüssig auf das Holz aufgetragen, oder sie werden durch Versprühen zu einem Pulver getrocknet, das in Wasser oder Alkohol wieder löslich ist[2]. Leimfilme, z. B. der Tegofilm, werden hergestellt, indem man eine dünnes Natronpapier mit dem flüssigen Harz imprägniert und dann das Lösungsmittel entfernt.

Einwandfrei hergestellte, richtig ausgehärtete Verbindungen mit Phenol- und Kresol-Harzleimen besitzen eine außerordentliche Beständigkeit selbst unter ungewöhnlich ungünstigen Bedingungen. Es kommt zu keinem Lösen der Verbindung unter folgenden Umständen[3]:

1. Lange Einwirkung von kaltem oder heißem Wasser;
2. wechselweise Befeuchtung oder Wiedertrocknung;
3. extreme Werte der Temperatur oder relativen Luftfeuchtigkeit, und zwar sowohl dauernd als auch wechselnd;
4. Temperaturen nahe (oder sogar etwas über) der Verkohlungstemperatur von Holz;
5. Angriff von Bakterien, Pilzen, anderen Mikroorganismen, aber auch von Termiten;
6. Einwirkung von vielen Chemikalien wie Ölen, Alkalien, Holzschutzmitteln, auch Feuerschutzmitteln.

Man kann zusammenfassend sagen, daß richtig hergestellte Verbindungen mit Phenol- und Resorcinleimen fester und dauerhafter sind als das Holz selbst; die Verbindungen können somit nicht zerstört werden, ohne das Holz selbst zu zerstören (H. K. Phinney). Die Phenol- (Kresol-) Leime haben sich deshalb ein weites Anwendungsgebiet in der Holzindustrie erobert. Sie dienen vor allem zur Herstellung von Sperrholz und Möbeln. Soweit dabei auf Geruchsfreiheit (z. B. für Küchen- und Schlafzimmermöbel, Wandverkleidungen, Fußbodenplatten usw.) Wert gelegt wird, dürfen die Harzleime keine nicht umgesetzten Reste von freiem Phenol oder Kresol enthalten. Dies ist übrigens auch im Hinblick auf die Vermeidung von Hautschäden bei den Arbeitern wünschenswert. Spitzenerzeugnisse unter den Phenolleimen sind unentbehrlich bei verleimten Holzkonstruktionen, z. B. auch Sandwich-Konstruktionen, im Waggon-, Fahrzeug-, Flugzeug-, Boots- und Schiffsbau. Auch für Preßformteile, Holzspanplatten und -formlinge sind sie ausgezeichnet geeignet.

Die Rezepte und die Eigenschaften lassen sich bei den Phenol-Formaldehydharz-Leimen in sehr weiten Grenzen verändern. Einflußgrößen sind: das Verhältnis von Formaldehyd zu Phenol oder Kresol, Art und Dosierung des Härters, Polymerisationsgrad des Harzes vor dem eigentlichen Abbinden[4]. Im allgemeinen sind die handelsüblichen Bindemittel auf Phenolgrundlage einem bestimmten Gebrauchszweck angepaßt. Es ist deshalb unerläßlich, sich über diesen Punkt vor ihrer Anwendung zu vergewissern. Reinphenolharze dienen

---

[1] Hersteller in Deutschland z. B. Chemische Werke Albert, Wiesbaden-Biebrich; Bakelite GmbH., Letmathe; Internationale Galalith-Gesellschaft, Hamburg; Henkel & Cie., Düsseldorf; Dr. F. Raschig GmbH., Ludwigshafen; Rhein-Preußen, Homberg; Süd-West-Chemie, Ulm. Einen hochgezüchteten Phenolharzleim P 600 liefert die Dynamit A.G., Troisdorf, Bez. Köln.

[2] In Deutschland zählt hierzu beispielsweise der Phenolharzleim H 265 von Henkel & Cie., Düsseldorf.

[3] Phinney, H. K.: Phenol-Formaldehyde and Res rcinol-Formaldehyde Resin Glues, in Gluing of Wood, North Caroline State College, School of Forestry, Techn. Bull. Nr. 4, July 1950, S. 37.

[4] Dietz, A. G. H.: Engineering Laminates, New York, London 1949, S. 104.

vorwiegend als Montageleime, Phenol- und Kresolharze für die Lagenholzherstellung, Kresolharze für die Spanplattenindustrie. Kurz zusammengefaßt kann man nach E. Plath[1] also folgende Grundtypen unterscheiden:

a) Montageleime: hochkondensierte, zähflüssige Harze, im allgemeinen wasserhaltig, verdünnbar nur mit organischen Lösungsmitteln, durch Zusatz von Säuren auch bei niedrigen Temperaturen (herab bis zu 20° C) verwendbar;

b) Lagenholzleime: weniger hochkondensierte Harze, mit Wasser beschränkt verdünnbar, nur heißhärtend (bei 135 bis 160° C);

c) Faser- und Spanbindemittel: niedrig kondensierte Harze, alkalihaltig, mit Wasser beliebig verdünnbar, Ausfällung des Bindemittels durch Säuren, heißhärtend.

Eine Sonderform der Phenolharzleime sind der Tego-Film und der Tegowiro-Film, die in Abschnitt 956.11 und 956.31 näher besprochen werden.

955.332 Eigenschaften und Prüfung der Phenol- und Kresol-Formaldehydharz-Leime[2]. 955.332.1 *Heißhärtende Phenol- und Kresolharzleime.* Geliefert werden diese Leime entweder als Filmleime, Pulver, die in Wasser oder Alkohol-Wasser suspendiert werden, sowie als wäßrige oder alkoholische Lösungen. Das Hauptanwendungsgebiet ist die Sperrholzverleimung in Heizpressen oder Autoklaven. Filmleime kommen hauptsächlich für Flugzeugsperrholz mit dünnen Furnieren in Frage. Flüssige Phenolharzleime werden vornehmlich im Schiffsbau oder bei der Herstellung von Außensperrholz verarbeitet. Härter und Streckmittel werden oft beim Mischen der Leime zugesetzt. In der Regel reagieren die Leime alkalisch. Die Furnierfeuchtigkeit kann zwischen 1 und 3% liegen; steigt sie über 5 bis 6%, so stellt sich leicht Blasenbildung ein. Die Wartezeiten sind sehr verschieden. Bei den Gummisack-Preßverfahren sind wegen der umständlichen Einrichtungsarbeiten lange Wartezeiten erwünscht. Die meisten flüssigen Phenolharzleime benötigen Preßtemperaturen zwischen 115 und 140° C.

Gestreckte heißhärtende Phenolharze enthalten Blutalbumin, neuerdings auch pflanzliche Eiweißstoffe, Stärke und Rindenfasern. Das Hauptziel ist die Kostensenkung. Die Leime kommen dort in Frage, wo gute Fugenfestigkeit verlangt ist, jedoch auf höchste Dauerhaftigkeit verzichtet werden kann.

955.332.2 *Bei mittleren Temperaturen härtende Phenol- und Kresolharzleime.* Die Leime haben Preßtemperaturen unter 95 bis 100° C, jedoch kann man sie durch Erhöhung der Temperaturen auf 115 bis 150° C zu sehr raschem Abbinden (innerhalb weniger Minuten) bringen. Sie sind jünger als die heißhärtenden Phenol- und Kresolharzleime und werden, als Pulver oder Flüssigkeit geliefert, besonders bei der Schichtholzherstellung und im Flugzeugbau angewendet. Bevorzugt werden die neutralen oder schwach alkalischen Leime, bei denen keinerlei Faserschädigung zu befürchten ist. Als Streckmittel werden in USA oft Walnußschalenmehle zugefügt. Die Gebrauchsdauer der Leime liegt bei 24° C Temperatur zwischen 2 und 8 h. Doppeltes Auftragen oder Auftragen auf beiden Seiten (200 bis 300 g/m²) ist üblich. Keine wichtige Rolle spielt der Feuchtigkeitsgehalt des Holzes; er kann zwischen 2 und 20% liegen. Die Abbindezeiten hängen vom Leim, der Holzart, dem Werkstück und den besonderen Anforderungen an die Leimfestigkeit ab. Das Einbringen in klimatisierte Kammern oder Öfen, um ein gleichmäßiges Abbinden herbei-

---

[1] Plath, E.: Die Holzverleimung, Stuttgart 1951, S. 134.

[2] U.S. Dept. Agric. For. Serv., For. Prod. Lab. Rep. Nr. 1336 Synthetic Resin Glues, Rev. Januar 1948, Madison 5, Wisc.; vergl. das Referat dieser Arbeit in Holz-Zbl. Bd. 75 (1949), S. 697, an das sich die folgenden Ausführungen anlehnen.

zuführen, hat sich in USA eingebürgert. Nach Angaben des U.S. Forest Products Laboratory müssen beispielsweise Schiffskiele aus Weißeichenholz bei 88° C in der innersten Schicht 10 h lang erwärmt werden. Bei Kiefern- und Douglasienholz wurden 60° C während 10 h als ausreichend erkannt.

955.332.3 *Kalthärtende Phenol- und Kresolharzleime.* Die in Deutschland üblichen Sperrholzleime auf Phenol- und Kresolgrundlage sind alle heißhärtend mit Preßtemperaturen über 100° C. Demgegenüber tauchten als Montageleime schon während des zweiten Weltkrieges im Holzflugzeugbau kalthärtende Phenolharzleime auf. Typisch für diese Leime ist die Säurehärtung, wobei nur starke organische oder anorganische Säuren in Frage kommen; vorzugsweise wird p-Toluolsulfosäure, meist in Methanol oder Aceton gelöst und manchmal mit Schwefelsäure gemischt, verwendet. Säurehärtende Lagenholzleime auf Phenol-Formaldehydgrundlage werden zur Zeit in Deutschland noch nicht verwendet. An säurehärtenden Montageleimen (Duralon Ka und SW 70 fl. der Südwest-Chemie, Neu-Ulm, P 600 L der Dynamit-A.G., Troisdorf, und Stabax A der Farbenfabriken Bayer, Leverkusen) hat E. Plath[1] umfangreiche Untersuchungen durchgeführt[2]. Insbesondere stellte er den Zusammenhang zwischen der erforderlichen Härtermenge und der Preßtemperatur fest. Die Ergebnisse seiner Meßreihen sind in Bild 1153 ausgewertet. Dabei handelt es sich um die Bedingungen, unter denen noch eine kochfeste Verbindung (mit im Mittel 25 kg/cm² Scherfestigkeit an Furnier-Scherproben nach 5 min Kochzeit) erreicht wurde. Folgende Schlüsse lassen sich aus dem Bild ziehen:

1. Bei einer Preßtemperatur von 95° C läßt sich durch Wärmezufuhr allein keine kochfeste Verbindung erzielen, vielmehr muß man Säurehärtung anwenden;

2. im Temperaturbereich zwischen 20° und 100° C kann man den Härterzusatz nicht nennenswert herabsetzen. Damit ergibt sich unter bestimmten Voraussetzungen die Gefahr von Faserschädigungen für das verleimte Holz.

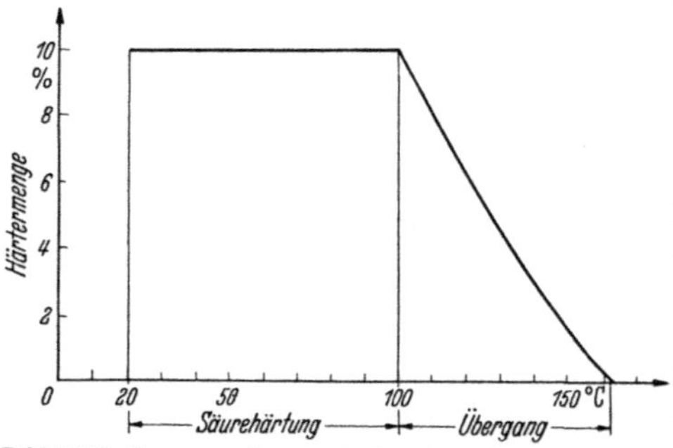

Bild 1153. Zusammenhang zwischen der erforderlichen Härtermenge und der Preßtemperatur. (Nach E. Plath.)

Die Säurehärtung ist ein katalytischer Vorgang, der sofort nach dem Eindringen der Säure in das Harz einsetzt. Nach K. Hultzsch[3] wirkt die Säure nur als Protonenüberträger, d. h. die frei werdenden H-Ionen führen die Kondensation des Harzes herbei, die Säure selbst aber wird in das Harz eingebaut. Zwar wird ein Teil zur Neutralisation verbraucht und ein anderer zur Bildung innerer Farbsalze verwendet, jedoch werden etwa 30 bis 40% nach der Aushärtung wieder frei. Unter ungünstigen Umständen, d. h. bei Zutritt von Feuchtigkeit und erhöhter Temperatur, können sich dabei so hohe Säurekonzentrationen einstellen, daß es zu hydrolytischem Abbau von Holzfasern kommt. Durch Diffusionsvorgänge kann die zerstörende Wirkung auch in tiefere Schichten getragen werden. Es leuchtet ein, daß mit wachsender Fugendicke die freie Säuremenge je Flächeneinheit und damit die Gefahr der Säureschädigung

[1] Plath, E.: Holz als Roh- und Werkstoff Bd. 11 (1953) S. 392.
[2] Weitere kalthärtende Montageleime sind z. B. Montagit der Chemischen Fabrik Dr. F. Raschig, Ludwigshafen, und Bakelite 280 und 580 der Bakelite-Gesellschaft in München-Pasing.
[3] Hultzsch, K.: Chemie der Phenolharze, Berlin, Göttingen, Heidelberg 1950.

zunimmt. Mit Recht weist aber E. Plath darauf hin, daß bei dicken Fugen auch beträchtliche Schrumpfspannungen im Fugeninnern entstehen, die ebenfalls zu einem Festigkeitsverlust führen. Beide Einflüsse lassen sich schwer voneinander trennen. Die Fugenempfindlichkeit der Leimbindefestigkeit verschiedener Kunstharzleime zeigt Bild 1154 nach A. Müller[1].

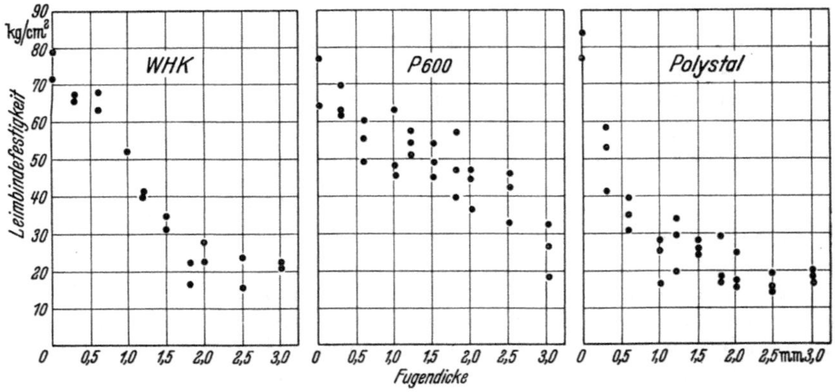

Bild 1154. Abhängigkeit der Leimbindefestigkeit (Scherfestigkeit) von der Fugendicke bei Anwendung verschiedener Kunstharzleime. (Nach A. Müller.)

Abhilfemaßnahmen gegen Säureschädigungen wurden von diesem Verfasser diskutiert. Vorwiegend geeignet erscheint die Anwendung einer Schutzlösung, die bei hoher Temperatur durch Zerfall eine alkalische Komponente frei macht. Selbstverständlich kann man auch zur Warmverleimung mit verringertem Härteranteil übergehen. Der Körpergehalt guter säurehärtender alkohollöslicher Phenolharzleime zu Montagezwecken liegt etwa zwischen 70 und 75%; bei wasserlöslichen Leimen kann er bis auf 65% verringert sein. Eine Vorstellung über den zeitlichen Verlauf des Abbindevorgangs für einen alkohollöslichen Montageleim gibt Bild 1155 nach E. Plath[2]; bei den Versuchen ergaben sich Leimbrüche innerhalb der ersten 6h, aber später kommt es zu Holzbrüchen.

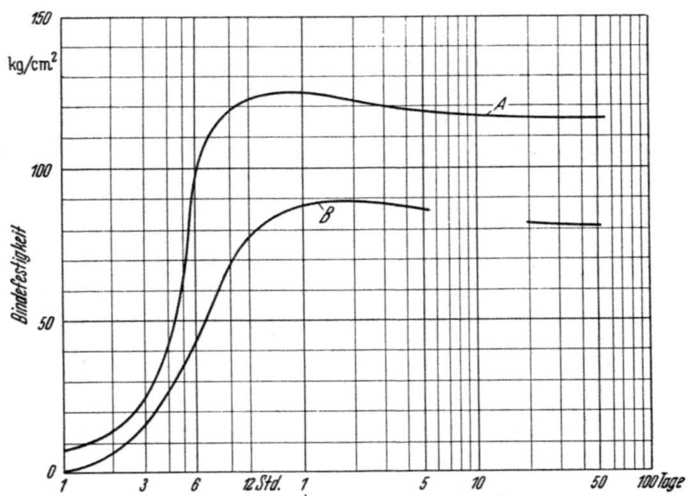

Bild 1155. Abhängigkeit der Bindefestigkeit einer Phenol-Harzleimverbindung (Montagit A) von der Spann- und Liegezeit. Langholzproben. A bei gedämpfter Rotbuche ($t = 19°$ C, $\varphi = 67\%$). B bei Kiefer ($t = 20°$ C, $\varphi = 63$ bis 70%). (Nach E. Plath.)

Alle Montageleime werden mit der Zeit infolge der unvermeid-

[1] Müller, A.: Holz als Roh- und Werkstoff Bd. 11 (1953) S. 429.
[2] Plath, E.: Die Holzverleimung, Stuttgart 1951, S. 134.

lichen langsamen Nachkondensation viscoser, jedoch kann dieser Alterungsvorgang sehr verschiedenartig verlaufen, so daß sich kein allgemeingültiges Gesetz dafür aufstellen läßt. Sicher ist, daß die Alterung auf die Wärmetönung, die sich im Phenolharz nach dem Härterzusatz einstellt, einen Einfluß ausübt und das sie die Geschwindigkeit des Abbindevorgangs beschleunigt. Die absolute Bindefestigkeit bleibt zunächst unberührt, sinkt aber dann nach sehr langer Alterung ab.

955.332.4 *Besondere Eigenschaften (Werkzeugverschleiß und Verursachung von Hautschäden) der Phenol- und Kresolharzleime.* Die Standzeit der Werkzeuge bei der Bearbeitung von Hölzern, die mit Phenol- oder Kresolharzleimen verleimt wurden, soll wegen der elastisch-zähen Eigenschaften dieser Leime länger sein als bei der Zerspanung von mit spröden Leimen verleimten Hölzern. Allerdings sind die wissenschaftlichen Unterlagen darüber noch nicht sehr umfassend. Sicher ist, daß zum wirtschaftlichen Bearbeiten von Preßlagenhölzern stets nur hartmetallbestückte Werkzeuge verwendet werden sollten[1].

Soweit Phenol- und Kresol-Formaldehydharz-Leime Reste von freiem Phenol oder Kresol enthalten, können sich bei den damit hantierenden Arbeitern infolge der stark ätzenden Wirkung dieser Stoffe Hauterkrankungen (Dermatitis) einstellen. Dermatitis führt nach englischen Ermittlungen alljährlich zu mehr Verlusten an Produktionszeit als jede andere industriebedingte Krankheit[2].

Es handelt sich dabei um Hautekzeme, die gewöhnlich an den Hand- und Ellbogengelenken beginnen. Dort ist die verhornte Epidermis, deren Aufgabe es ist, die unteren Schichten der Haut zu schützen, besonders dünn (nur 0,02 mm dick). Die Hornzellen der Epidermis sind fetthaltig, sie machen die Haut wasserdicht; sie bestehen im wesentlichen aus Keratin, das eine hohe Widerstandskraft gegen chemische Angriffe besitzt, z. B. gegen ziemlich hochprozentige Lösungen von Mineralsäuren, nicht hingegen gegen selbst schwache Basen. Die gewöhnlich trockenen, stark juckenden Exzeme können sich über den ganzen Körper ausbreiten. Die Menschen sind nach Typen für Dermatitis verschieden anfällig. Menschen mit besonders weißer, nicht pigmentierter Haut erkranken viel leichter als mehr dunkelhäutige. Nach Beobachtungen von Hewett kann auch „krankhaftes Interesse an Dermatitis, besonders wenn auf ihre Verhütung durch Anschläge am schwarzen Brett, in Waschräumen usw. starker Nachdruck gelegt wird“, die Krankheit auslösen. Weiter können Gemütsbewegungen und persönliche Schwierigkeiten Hautschäden herbeiführen. Gerade deshalb ist es wichtig, sachlich aufzuklären und keine Legendenbildung aufkommen zu lassen. Ein Wechsel des Arbeitsplatzes ist nur bei wirklich überempfindlichen Menschen erforderlich, bei den anderen tritt meist sogar eine Immunisierung ein. Die wichtigsten Maßnahmen sind: 1. Peinliche Sauberkeit, ausreichende Waschgelegenheit (warme Brausebäder) nach der Arbeit; 2. häufige Wäsche der Arbeitskleidung, Tragen von Schutzkleidung; 3. Anwendung von Hautschutzsalben; 4. Beachtung der ersten, kleinen Schäden.

955.332.5 *Prüfung der Phenol- und Kresolharzleime.* Äußere Beobachtungen sagen im allgemeinen wenig über die Beschaffenheit eines Phenolharzleimes aus, insbesondere ist die Farbe erheblichen Schwankungen und Übergängen unterworfen. Wichtig sind die Viscositätsmessungen, da sie über den Kondensationszustand bei Anlieferung sowie über die Alterung Aufschluß geben. Die

---

[1] Dinglinger, E.: Holz als Roh- und Werkstoff Bd. 7 (1944) S. 29. — Das. Bd. 10 (1952), S. 43. — Ders.: Werkstatt-Technik und Maschinenbau Bd. 10 (1950) S. 299.

[2] Anonymus: Dermatitis, Aero Rs. Techn. Notes Bull. Nr. 135, Mai 1954; vgl. Aero Res. Techn. Notes Bull. Nr. 57, Sept. 1947 u. Furniture Development Counc. Techn. Inform. Serv. Rep. Nr. 6 „Dermatitis-Causes and Prevention“.

anzuwendenden Methoden können in Abschnitt 953.41 nachgelesen werden. Für Leime mit hoher Konzentration eignet sich das Viscosimeter nach W. Küch (Bild 1090). E. Plath[1] empfiehlt eine Bestimmung der Wärmetönung, wobei man eine auf 0,01 g genau dosierte Härtermenge in 100 g Harz gießt. Das Harz befindet sich dabei in einem Becherglas, das durch Glaswolle gegen Wärmeverluste geschützt wird. Man mißt die Temperatur als Zeitfunktion unter ständigem Umrühren. Erhöht sich die Temperatur überdurchschnittlich, so muß mit längeren Spannzeiten gerechnet werden.

Weitere mögliche Prüfungen sind die auf Trockenstoffgehalt (s. Ziffer 953.43), Wassergehalt, z. B. durch Destillation mit Xylol, p_H-Wert mit Indikatorpapieren (vgl. Ziffer 953.44), Säureangriffe durch Festigkeitsproben (s. Ziffer 953.1).

955.333 Zubereitung, Auftragen und Pressen der Phenol- und Kresol-Formaldehydharz-Leime. Die meist flüssig bezogenen Phenol- und Kresolharzleime, die möglichst kühl zu lagern sind, werden in der Regel, wenn es sich um heißhärtende Harze handelt, ohne Härter, sonst mit einem Härter und gegebenenfalls mit einem Streckmittel vermischt verarbeitet. Für Montageleime, die unter 135° C abbinden sollen, werden stark saure Härter, wie in Ziffer 955.332.3 ausgeführt wurde, verwendet, und zwar mindestens 10 GT, in der Regel 15 bis 20 GT, bezogen auf 100 GT Harz. Mit Rücksicht auf die bei Metall unvermeidliche Korrosion verwendet man Gefäße aus Glas, Porzellan oder Steingut. Gereinigt werden diese Gefäße mit Spiritus oder Natron- bzw. Kalilauge. Die Gebrauchsdauer der Mischungen liegt zwischen 1 und 4 h. Man muß deshalb beim Untermischen des Härters darauf bedacht sein, nicht mehr anzusetzen, als innerhalb dieser Zeit verbraucht werden kann.

Heißhärtende Phenolharze ohne Härter werden mit den üblichen Leimauftragmaschinen aufgetragen. Die Auftragmengen müssen um so höher werden, je dicker bei Lagenhölzern die Furniere sind. Im Durchschnitt kann man 100 bis 150 g/m² annehmen; bei 40%igem Harz kommt man damit zu einer Auftragsmenge von 40 bis 60 g/m² in Trockenstoff gerechnet. Die Bakelite-Gesellschaft gibt für Sperrholzleime Auftragsmengen A_{tr} in Trockenstoff an, die linear mit der Furnierdicke s [mm] ansteigen. Angenähert gilt:

$$A_{tr} = 28{,}75\,s + 10\ [\mathrm{g/m^2}]. \tag{181}$$

Bei Montageleimen sind Auftragmaschinen nur anwendbar, wenn die Harze nicht zu weit kondensiert, also noch genügend dünnflüssig sind. Bei mit Härter untermischten Montageleimen tritt infolge ihrer hohen Viscosität durch die starke innere Reibung eine rasche Erwärmung ein, wodurch die Leime in der Maschine schnell weiter kondensieren. Dadurch kann nicht nur der in der Maschine befindliche Leim verlorengehen, sondern es entstehen Betriebsstörungen und Ausfälle. Auch die Reinigung der Maschinen mit Spiritus, die sofort erfolgen muß, kann schwierig werden.

Die Wartezeiten sind bei Phenol- und Kresolharzleimen länger als bei Harnstoffharz-Leimen. Mit Phenolharzen ohne Härter getränkte Furniere können, wie auch E. Plath[2] hervorhebt, noch nach mehreren Tagen einwandfrei verleimt werden. Bei Kiefern-Schäftproben mit Phenolharzverleimung fand E. Plath unabhängig vom Druck bereits genügende Bindefestigkeit (etwa 50 kg/cm²), wenn ohne Wartezeit verleimt wurde. Ein Optimum der Bindefestigkeit wurde nach etwa 15 bis 20 min Wartezeit erzielt, anschließend ging (bis zu 60 min) die Bindefestigkeit wieder geringfügig (auf rund 60 kg/cm²) zurück. Verallgemeinern

[1] Plath, E.: Die Holzverleimung, Stuttgart 1951, S. 143.
[2] Plath, E.: Die Holzverleimung, Stuttgart 1951, S. 150.

läßt sich dieser Befund aber nicht, vielmehr soll die richtige Wartezeit den jeweiligen Betriebsverhältnissen entsprechend durch Versuche ermittelt und eingehalten werden. Je weniger porös das Holz und je höher der Leimdruck ist, desto länger soll die Wartezeit sein, je älter die Leimmischung und je höher die Werkstattemperatur ist, desto kürzer kann sie sein.

Der Preßdruck soll etwa die gleiche Höhe wie bei den Harnstoffharzleimen (s. Ziffer 955.313) haben. Bezug genommen sei auch auf die Ausführungen über das Spannen und Pressen von Leimverbindungen in Abschnitt 954.4. Der volle Druck ist innerhalb einer gewissen Preß-Schließzeit aufzubringen, die bei heißhärtenden Leimen über 100° C sehr kurz (etwa 1 bis 3 min), bei kalthärtenden mit Härter vermischten Leimen bei Raumtemperatur entsprechend länger (20 bis 30 min) sein soll. Die Preß- oder Spannzeit richtet sich hauptsächlich nach der Art der Verleimung und der angewendeten Temperatur. Bei Lagenholzverleimung mit heißhärtenden Phenol- oder Kresolharzen ist die Zeit von großer Bedeutung, die nötig ist, um die innerste Furnierlage auf die Preßtemperatur anzuwärmen. Bei sehr groß bemessenen und sehr dicken Schichtholzkonstruktionen können auch Leime, die bei verschiedenen Temperaturen abbinden, benutzt werden. In den inneren Lagen wird man dann kalt- oder bei mittleren Temperaturen härtende Leime, außen aber heißhärtende einsetzen[1]. Bei kalthärtenden Phenolharzleimen ist es empfehlenswert, das Leimgut über Nacht unter Druck zu halten.

955.34 Resorcin-Harzleime. 955.341 Herstellung und Eigenschaften der Resorcinharzleime. Resorcin, Metadihydroxybenzol (C_6H_4 $OH)_2$) zählt zur Gruppe der Phenole. Es ist ein kristalliner Stoff, der sehr süß schmeckt und mit Formaldehyd grundsätzlich in der gleichen Weise kondensiert wie Phenol. Resorcin besitzt die gleiche Anzahl reaktionsfähiger Atome im Benzolring wie gewöhnliches Phenol, aber die Anwesenheit der zweiten Hydroxylgruppen an Stelle einer Methylgruppe steigert das Reaktionsvermögen beträchtlich. Infolgedessen bildet Resorcin mit Formaldehyd ein Harz, das ohne besondere Härter und ohne Einwirkung von Hitze, lediglich durch Zugabe von weiterem Formaldehyd in einen unlöslichen Zustand überführt werden kann[2].

Die Kondensation von Resorcin mit Formaldehyd zu einem Harz ist seit langem bekannt[3], jedoch begann ihre Anwendung in der Verleimungstechnik erst 1943 in USA, als für Rüstungszwecke, insbesondere im Flugzeug- und Schiffbau, Holzleime gewünscht wurden, die bei niedrigen Temperaturen abbinden und unbedingt wasserfeste, ja kochfeste Verbindungen ergeben. Einwandfrei hergestellte Verbindungen mit Resorcinharzleimen sind genau so dauerhaft wie solche mit heißverpreßten Phenolharzleimen. Sie sind widerstandsfähig gegenüber Frisch- und Salzwasser, Schimmel, holzzerstörenden Pilzen, den meisten Säuren und organischen Lösungsmitteln, Schmieröl und Fett. Die erzielte Fugenfestigkeit übertrifft die Holzfestigkeit.

Infolge des starken Reaktionsvermögens von Resorcin erhält man bei gewöhnlicher Temperatur stabile Resorcin-Formaldehydharze nur, wenn das Molverhältnis Formaldehyd zu Resorcin kleiner als 1 ist. Die Reaktion läßt sich allerdings unter milden katalytischen Bedingungen und in Anwesenheit eines Lösungsmittels beherrschen und ein stabiles Novolakharz herstellen[4]. Bei der

---

[1] Marian, J. E., u. H. H. Fickler: Holz als Roh- und Werkstoff Bd. 11 (1953) S. 18.

[2] Hopwood, S.: The Plastic Institute, Transactions Vol. 21 (1953) Nr. 44.

[3] Kleeberg, W.: Ann. d. Chem. Bd. 263 (1891) S. 288.

[4] Pflaumer, R. E.: Adhesives in A. G. H. Dietz: Engineering Laminated, New York und London 1949, S. 89; vgl. auch E. Novotny US Pat.Nr. 1776366 (1930) 1767696 (1930) 1849109 (1932): A. Norton, US Pat.Nr. 2385370 (1945): P. Rhodes, US Pat.Nr. 2385372 (1945).

Anwendung wird diese Novolaklösung in der Regel mit Para-Formaldehyd oder wäßrigen Formaldehydlösungen sowie mit einem Streckmittel (meist Walnußschalenmehl) vermischt. Die Kondensation nimmt dann bei gewöhnlicher Raumtemperatur ihren Fortgang, bis der C-Zustand erreicht ist. Die **Resorcinharz-Leime** bestehen also aus zwei Teilen: einem Resorcin-Formaldehyd- oder auch Resorcin-Phenol-Formaldehydharz in einer wäßrigen oder Wasser-Alkohollösung (wobei diese Harze durch ein Formaldehyd-Defizit gekennzeichnet sind) sowie einem Härter (Para-Formaldehyd) in flüssiger oder pulveriger Form. Gewöhnlich enthält die Harz-Alkohol-Wassermischung 55 bis 70% Festharz. Es werden 15 bis 20% Härter zugefügt.

Obwohl die Resorcinharzleime für die Verbindung von Holzteilen entwickelt wurden, eignen sie sich auch ausgezeichnet zum Verleimen vieler anderer Werkstoffe. Selbst alkalische Oberflächen lassen sich damit verbinden. D. J. Hanchett[1] nennt unter Hinweis, daß eine erschöpfende Liste der Materialien, die auf diese Weise verleimt werden können, zu weit führen würde, folgende besonders anschauliche Beispiele:

1. Alle Hölzer, einschließlich Preßlagenhölzern und Hölzern, die gegen Fäulnis oder Entflammung imprägniert wurden;
2. viele Kunststoffe auf Phenol-, Harnstoff- und Cellulosegrundlage (außer Cellulosenitrat), Metacrylate, Polyamide, Polyvinyle (außer Polyvinylchlorid). Allgemein müssen die Oberflächen entfettet werden, außerdem empfiehlt sich leichte Aufrauhung;
3. porige Werkstoffe wie Papier, Leder, Gewebe, Faserplatten, Asbestplatten, Gips, Zement, Kunstharzschäume;
4. Gummi und synthetische Gummiarten.

Eine amerikanische Herstellfirma von Resorcinharzleimen empfiehlt folgende Anwendungsgebiete:

A. **Schichtholzkonstruktionen** bei Schiffskielen, Scheunensparren, Träger und Böden, Luftschrauben (z. B. auch für Hubschrauber), Flugzeugspanten und -rippen.

B. **Montageverleimungen** bei Bootskörpern, Teilen von Fertighäusern, Silos, Flugzeug, Hangar-Toren, Lastwagenaufbauten, Kraftwagen, Angel- und Sportgeräten.

C. **Sandwichkonstruktionen.** Eine besonders wichtige, ja einzigartige Eigenschaft der Resorcinleime liegt darin, daß ihre Kondensationsgeschwindigkeit ein Minimum erreicht und zunimmt, wenn man den p_H-Wert erhöht. Man kann also den Abbindevorgang im neutralen oder schwach alkalischen Bereich verlaufen lassen. Damit entfällt jegliche Gefahr von Faserschädigungen durch Säure oder Alkalität. Den aufgeführten Vorteilen steht aber als Nachteil der hohe Preis gegenüber. Nach R. A. Glauert[2] kosten Resorcinharze etwa fünf- bis sechsmal soviel wie Phenol-Kresol-Harze. Allerdings läßt sich dieser Preisunterschied teilweise durch Streckmittel wie Walnuß-, Wicken-, Sojabohnen-, Mais- und Holzmehl oder Gips ausgleichen.

955.342. **Anwendung der Resorcinharzleime.** Auch die Anwendung der Resorcinharzleime hängt ähnlich wie die der Phenolharzleime von sehr verschiedenen Faktoren ab, die von Fall zu Fall wechseln können; trotzdem lassen sich einige allgemeingültige Regeln nach D. J. Hanchett geben.

---

[1] Hanchett, D. J.: Resorcinol Adhesives for Durable Wood Bonding, in Gluing of Wood, North Carolina State College, School of Forestry, Technical Bull. Nr. 4, Raleigh, N. C., July 1950, S. 44.

[2] Glauert, R. A.: Brit. Plastics, Bd. 19 (1927) August, S. 145.

Harze und Härter sollen kühl (bei etwa 4 bis 25° C) gelagert werden. Gefrorene Harze sind nach dem Auftauen wieder verwendungsfähig. Durch Verlust an Lösungsmittel zu stark eingedickte Harze können mit Wasser, Alkohol oder einer Mischung von beiden wieder auf die richtige Konsistenz gebracht werden. Alle Behälter, Mischer, Auftragmaschinen, die mit dem Leim in Berührung kommen, müssen möglichst sauber gehalten werden, damit keine Verunreinigungen des Leimes eintreten, die zu Änderungen des p_H-Wertes führen können. Die meisten Resorcinharzleime reagieren selbst auf geringe Schwankungen des p_H-Wertes. Eine Abnahme, d. h. Verstärkung der Acidität, verlängert die Gebrauchsdauer (Topfzeit), während eine Zunahme sie verkürzt. Die normale Gebrauchsdauer liegt zwischen 2 und 5 h bei 21 bis 24° C. Höhere Temperaturen verringern sie beträchtlich. Mit Rücksicht auf die kurze Gebrauchsdauer sollen die Resorcinharzleime nur in kleinen Mengen im Betrieb angesetzt werden. Hinzu kommt, daß die nach Zugabe des Härters anlaufende chemische Reaktion exotherm ist. Regelung der Leimtemperatur ist deshalb sehr wichtig, insbesondere soll man bei warmem Klima die Leimbehälter kühlen. Die Abhängigkeit der Lebensdauer eines typischen Resorcinharzleims von der Topftemperatur zeigt Bild 1156.

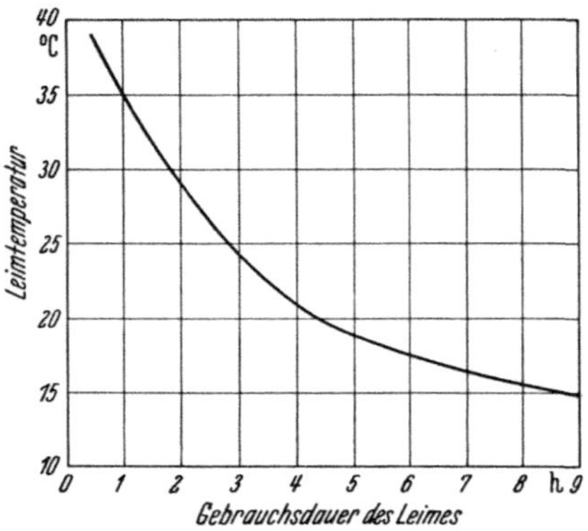

Bild 1156. Abhängigkeit der Gebrauchsdauer eines typischen Resorcin-Harzleims von der Topftemperatur. (Nach D. J. Hanchett.)

Nicht kritisch ist die Holzfeuchtigkeit; obgleich 8 bis 12% vorzuziehen sind; sie kann zwischen 2 und 20% liegen. Die Holzoberflächen sollen aber so bearbeitet sein, daß einwandfreie Auflage gesichert ist. Mit Rücksicht darauf ist eine Bearbeitung innerhalb 24 h vor dem Verleimen empfehlenswert.

Als Auftragmengen werden je einseitige Fläche im Schrifttum 200 bis 250 g/m² genannt. Schwerere Auftragmengen von 300 bis 350 g/m² kommen für Hölzer mit geringer Wichte, rauhe Oberflächen und bei langen offenen Wartezeiten in Betracht. Das Auftragen kann mittels Walzenauftragmaschinen (mit Gummiwalzen), Bürsten oder Spritzpistolen erfolgen. Die Wartezeiten müssen nach den Anweisungen des Leimherstellers bemessen sein. Während der offenen Wartezeit verdunstet aus dem Leimauftrag das Lösungsmittel, insbesondere wenn die Raumtemperatur höher ist. Während der geschlossenen Wartezeit dringt das flüssige Harz in das Holz ein und kondensiert weiter. Verhungerte Verbindungen weisen auf eine zu kurze offene Wartezeit hin. Die optimalen Wartezeiten hängen nach D. J. Hanchett von der Art des Harzes, seiner Temperatur, der Auftragmenge, dem Feuchtigkeitsgehalt und der Wichte des Holzes, der Lagerdauer des Leimes vor der Bearbeitung und vor allem der Temperatur des Leimes, des Holzes und des Arbeitsraumes ab. Bei Temperaturen von 21 bis 27° C liegen die höchstzulässigen offenen Wartezeiten bei etwa 40 min, die höchstzulässigen geschlossenen Wartezeiten bei etwa 60 min.

Der Preßdruck muß ausreichen, um die Teile in der richtigen Lage zu halten und eine genügend dünne Leimschicht zu erzeugen. Die Preßdauer hängt (wieder nach D. J. Hanchett) von der Temperatur, Holzwichte und der Form des zu verleimenden Teils ab. Für ebene Teile genügen bei etwa 21° C

8 bis 10 h Preßzeit, während bei 32 bis 38° C $2^1/_2$ bis $3^1/_2$ h ausreichen. Erhöht man die Temperatur auf 100° C, so kann man den Druck nach 2 min aufheben.

Gekrümmte oder unter Spannung stehende Teile sollen doppelt so lang gepreßt werden wie ebene. Die völlige Aushärtung der Resorcinharz-Leimverbindungen benötigt 6 Tage bei Raumtemperatur. Obwohl manchmal mit Resorcinharzen verleimte Teile sofort nach der Entnahme aus den Pressen weiter bearbeitet werden, sollte man sie doch in der Regel 12 h liegen lassen. Selbstverständlich können heißverpreßte verleimte Teile sofort nach dem Pressen weiter bearbeitet werden.

Die Abhängigkeit der Abbindezeit von der Temperatur zeigt Bild 1157. Die etwas höheren Kosten des Pressens mit erhöhter Temperatur machen sich gewöhnlich mehr als bezahlt durch die damit verbundene Produktionssteigerung und Sicherheit völliger Aushärtung.

955.35 Polyurethan-Harzleime. Während des zweiten Weltkrieges wurden in Deutschland in beschränktem Umfang Polyurethanleime im Holzflugzeugbau angewendet (Polystalverfahren der ehemaligen I. G. Farbenindustrie Aktiengesellschaft). Diese Leime bestehen aus zwei Komponenten:

1) Einer Desmodurkomponente, welche im wesentlichen aus Gemischen von 2,4- und 2,6-Toluylendiisocyanat bzw. Additionsverbindungen desselben besteht und

2) einer Desmophenkomponente, im vorliegenden Falle Desmophen 900, welchem ein Polyester zugrunde liegt, der durch Kondensation von 3 Mol Abipinsäure und 4,2 Mol Trimethylpropan hergestellt wird. Beide Komponenten werden in flüssiger Form geliefert; vor der Verleimung werden 100 GT Desmodur TH mit 40 GT Desmophen 900 gemischt. Die G e b r a u c h s d a u e r der Mischung beträgt je nach der Temperatur 1 bis 6 h. Schon bei Zimmertemperatur stellt sich dann Aushärtung durch eine Ketten- und Vernetzungsreaktion ein. Die Reaktions- oder A b b i n d e g e s c h w i n d i g k e i t kann durch Zugabe von Harnstoff oder Ammoniumchlorid beschleunigt werden. Ohne Harnstoff benötigt die Härtung bei Raumtemperatur etwa 10 h, mit Harnstoff nur 1 bis 2 h. Der Harnstoff wird in einer 20%igen wäßrigen Lösung auf die eine Seite des Holzfurniers aufgesprüht; anschließend müssen die Furniere wieder getrocknet werden. Auf niedrigen F e u c h t i g k e i t s g e h a l t d e s H o l z e s (6 bis 9% bei Sperrholz, 8 bis 12% bei Vollholz) ist unbedingt zu achten, da die Isocyanatgruppe im Leim in Gegenwart von Wasser Kohlensäure abspaltet. Dadurch können Gasblasen im Leim entstehen, die Fehlverleimungen bedingen.

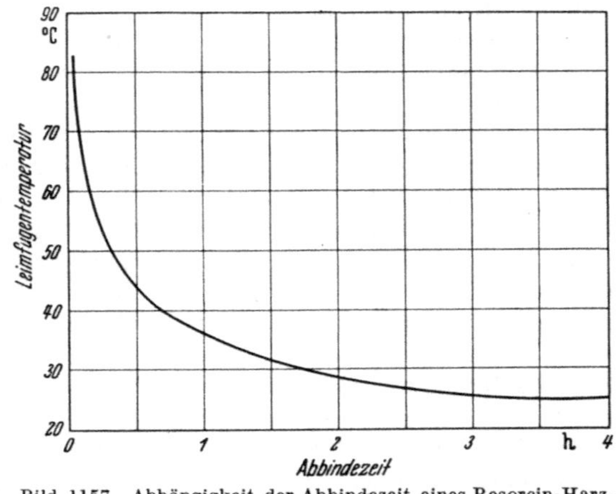

Bild 1157. Abhängigkeit der Abbindezeit eines Resorcin-Harzleims von der Leimfugentemperatur. (Nach D. J. Hanchett.)

Die A u f t r a g m e n g e soll zwischen 200 und 250 g/m², der P r e ß d r u c k zwischen 3 und 8 kg/cm² liegen. Bei 10° C Temperatur sind 5 h als P r e ß z e i t erforderlich, bei 20° C 3 h, bei 60° C 30 min. Meist preßt man bei Raumtemperatur. Über 60° C darf die Preßtemperatur nicht erhöht werden, da sehr giftige flüchtige Stoffe entstehen. In der Giftigkeit des Leimes liegt sein Hauptnachteil. Die Vorteile sind folgende: 1. hervorragende Bindefestigkeit (ähnlich jener von Phenol- und Melaminharzleimen (Trocken-Scherfestigkeit bei Kiefernholz im Mittel 100 kg/cm², bei geschäfteten Proben aus Buchenschichtholz 80 kg/cm²); 2. besondere Zähigkeit und Elastizität der Leimfugen; 3. Wasser- und Hitzebeständigkeit. Die Verbindungen sind kochfest und tropenfest gegenüber feucht-heißer Luft; 4. Widerstandsfähigkeit gegenüber Schimmel- und Bakterienangriffen; 5. geringe Empfindlichkeit gegenüber Zunahme der Fugendicke; 6. kein Auftreten von Schrumpfrissen; 7. geringe Abnützung der Werkzeugschneiden bei Verarbeitung der mit Polystal verleimten Hölzer infolge der hohen Geschmeidigkeit der Leimschichten.

955.36 Äthoxylenharzleime. Die Äthoxylenharze umfassen flüssige oder schmelzbare Kondensationsharze, die aus aliphatisch-aromatischen Kettenmolekülen mit endständigen Äthylenoxydgruppen bestehen, die durch Vernetzung mit Härtungsmitteln vor allem unter dem Einfluß erhöhter Temperatur[1] oder bei Raumtemperatur durch Anwendung geeigneter Katalysatoren in unschmelzbare hochmolekulare Verbindungen verwandelt werden. Eine typische Reaktion ist die zwischen Epichlorhydrin und einem Dihydroxybenzol unter alkalischen Bedingungen, die zur Bildung langer Kettenmoleküle führt. In diesem Zustand hat das Harz nur mangelhafte mechanische Eigenschaften, jedoch läßt es sich durch Zusatz geeigneter Härter in einen zähen, festen Zustand überführen, der praktisch ohne thermoplastische Eigenschaften ist. Die Vernetzung geht ohne Abspaltung irgendwelcher flüchtiger Reaktionsprodukte vor sich, so daß keine Blasen oder Spannungen in der Leimschicht entstehen und auf Druckanwendung verzichtet werden kann. Derartige Harze sind von der Ciba AG., Basel, nach patentiertem Verfahren als Bindemittel und Gießharze entwickelt und unter dem Namen Araldit seit dem Frühjahr 1946 in den Handel gebracht worden. Die Araldit-Bindemittel werden lösungsmittelfrei in Form von Pulvern, Stangen, Pasten oder als lösungsmittelhaltige Flüssigkeiten geliefert. Die Aralditkleber verbinden die verschiedensten Materialien mit ungewöhnlicher Festigkeit. Die hohe Haftfestigkeit an den meisten Werkstoffen zusammen mit der Freiheit von korrodierenden Eigenschaften in Berührung mit Metallen machen sie besonders für Metallklebungen geeignet. Ebensogut brauchbar sind sie als Bindemittel für Holz, thermohärtende Kunststoffe, Leder, Gummi, Glas, Porzellan. Weitere vorteilhafte Kennzeichen des ausgehärteten geruchlosen und geschmackfreien ungiftigen Harzes sind: hohe elektrische Durchschlagfestigkeit, hohe Widerstandswerte, Unempfindlichkeit gegen Temperaturschwankungen, Beständigkeit gegen atmosphärische und chemische Einflüsse.

Das heißhärtende Araldit Typ I in Form von Pulvern und Stangen wird in einer Auftragmenge von 140 bis 160 g/m² auf die zu verbindenden Flächen aufgestreut. Diese können kalt oder auf 130 bis 150° C erwärmt sein. Wird auf den kalten Werkstoff aufgetragen, so muß sich sofort eine Erwärmung auf die genannte Temperatur anschließen, damit das Harz zu einem porenfreien Film zusammenschmilzt. Eine offene Wartezeit ist statthaft, jedoch sollen die zu verbindenden Werkstücke, solange das Harz noch flüssig ist, in Kontakt gebracht und in ihrer Stellung zueinander auf geeignete Weise fixiert werden. Das Spiel zwischen den zu verbindenden Flächen (die Fugendicke) soll 0,1 mm

---

[1] Meyerhans, K.: Metall Bd. 6 (1952) S. 229; E. Preiswerk u. A. v. Zeerledes: Schweiz.-Arch. angew. Techn. Bd. 12 (1946) S. 113; E. Preiswerk u. K. Meyerhans: Electr. Manufacturing Bd. 44 (1949) S. 78.

betragen, da hierbei die besten Festigkeitswerte erreicht werden. Die *Härtung* des Harzes erfolgt dann bei 110 bis 200° C, wobei die Härtungsbedingungen der Wärmeempfindlichkeit des Werkstoffs, der im Betrieb vorhandenen Wärmequelle und dem Produktionstempo angepaßt werden können[1]. Während bei 110° C die minimale *Härtungszeit* 48 h und bei 130° C 10 h beträgt, sinkt sie bei 160° C auf 2 h, bei 200° C auf 30 min. Für die Holz-Holzverleimung kommt Araldit wegen seiner Härtungsbedingungen kaum in Frage, zumal da hier höchstwertige andere Leime in größerer Zahl zur Verfügung stehen. Für die Holz-Metallverbindung jedoch eignet sich Araldit Typ I unter bestimmten Voraussetzungen sehr gut, worauf in Abschnitt 956.2 näher eingegangen wird.

955.4 *Wärmeplastische (thermoplastische) Kunstharzleime.*

955.41 Polyvinylacetatleime. 955.411 *Herstellung und allgemeine Charakteristik.* Im Jahre 1912 gelang *Klatte* bei Griesheim-Elektron die Herstellung von *Vinylacetat*, indem er Acetylen in Gegenwart von Quecksilbersulfat als Katalysator durch Essigsäure leitete. Bis heute werden die gleichen Rohstoffe, wenngleich eine Vielzahl anderer Katalysatoren, verwendet. Monomeres Vinylacetat ist eine bei 73° C siedende Flüssigkeit. Die Polymerisation des Vinylacetats zu Kettenmolekülen, deren Molekulargewicht aber meist nicht über 20000 hinausgeht, erfolgt gewöhnlich in Gegenwart eines Lösungsmittels mit Peroxyden als Katalysatoren nach folgendem Schema:

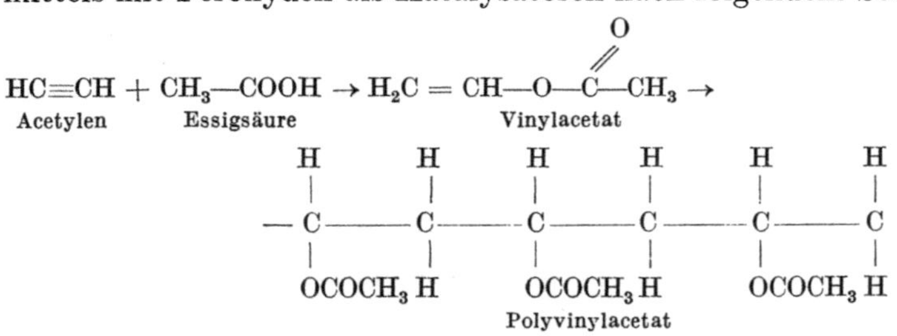

Höhere Molekulargewichte lassen sich durch *Emulsionspolymerisation* erzielen; dabei wird der flüssige monomere Stoff emulgiert und anschließend polymerisiert. Die *Polyvinylacetate* sind thermoplastisch, wobei der *Erweichungspunkt* vom Polymerisationsgrad abhängt (bei handelsüblichen Harzen liegt er gewöhnlich zwischen 50 und 90° C). Polyvinylacetatfilme sind farblos, geruchlos und ungiftig. Sie absorbieren Wasser und sind in verschiedenen Lösungsmitteln löslich.

Lösungen von Polyvinylacetat haben eine ausgezeichnete spezifische Adhäsion für viele Stoffe; infolge ihres hohen Gehalts an Lösungsmitteln eignen sie sich aber nicht zum Verbinden größerer, undurchlässiger oder wenig durchlässiger Flächen. Als Leime für Holz und andere cellulosehaltige Stoffe sind aber Dispersionen und Emulsionen von Polyvinylacetat im Handel (in Deutschland z. B. unter den Namen Mowicoll H, T und L, Vinnapas h 50 D und h 60, Planatol BH, Cederin und Presscoll LF 29, Rakoll-Expreß usw.). In der Regel sind die *Holzleime* mit anderen Polymerisaten, Weichmachern, auch Naturleimen *modifiziert*. Die Leime sind gebrauchsfertige, streichfertige, ziemlich viscose Leimflotten, milchig-trüb bis cremefarbig. Trägt man eine solche Leimflotte auf eine Holzfläche auf, so bildet sich zunächst eine Haut, unter der das Dispersionsmittel vom Holzgewebe durch Kapillarkräfte

---

[1] *Meyerhans, K.*: Kunststoffe Bd. 41 (1951) H. 12.

und Diffusionsvorgänge aufgenommen wird. Innerhalb von 15 bis 30 min wird die Leimschicht dabei durchlässig klar und allmählich immer zäher und fester. Der Abbindevorgang verläuft ohne chemische Umwandlungen, benötigt also auch keine Härter. Er besteht nur in der Entfernung des Dispersionsmittels, wodurch die Dispersion in den Gelzustand übergeht (s. Ziffer 951.52). Eine Abbindekurve für Mowicoll H zeigt Bild 1158 nach E. Plath[1]. Eine kurze fiebrige Phase zwischen der vierten und sechsten Stunde tritt nach Versuchen dieses Autors bei allen Polyvinylacetatleimen auf. Die Endfestigkeit ist mit über 125 kg/cm² sehr hoch.

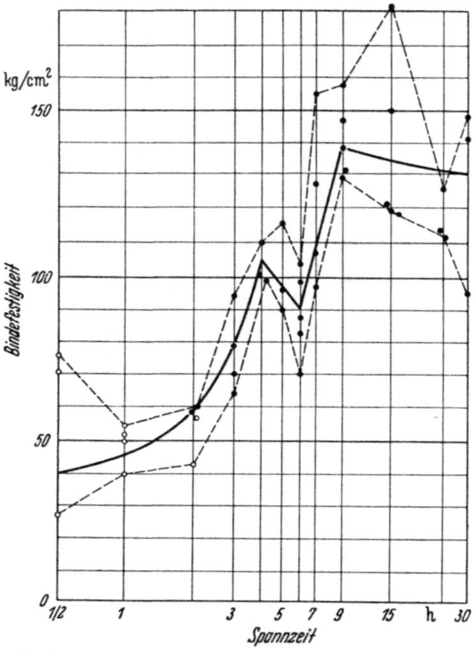

Bild 1158. Abhängigkeit der Bindefestigkeit von der Spannzeit bei einem Polyvinylacetat-Kunstharzleim (Mowicoll H). (Nach E. Plath.)

Nachteilig ist die schon erwähnte Quellfähigkeit der Leimschicht, wodurch die Feuchtfestigkeit sehr gering wird. Allerdings ist dies nur bei Kaltverleimung der Fall. Heißverleimung führt, wahrscheinlich infolge von Verhornungsvorgängen, zu besseren Ergebnissen. Die so erhaltenen Verbindungen stehen in der Wasserbeständigkeit zwischen denen mit Glutin- und Kaseinleimen. Die Abbindezeiten entsprechen etwa jenen von Kasein- und Glutinkaltleimen.

Polyvinylacetatleime reagieren sauer ($p_H = 4$ bis 6). Beim Verarbeiten dünner, vor allem gerbstoffhaltiger Furniere ist deshalb Vorsicht geboten, unter Umständen puffert man den Leim mit Kreidemehl. Die Leimschichten sind nach dem Erstarren thermoplastisch, d. h. sie erweichen bei 60 bis 90° C, wobei aber die Adhäsionskräfte nicht verlorengehen. Bei Montageverleimungen ist jedoch zu bedenken, daß selbst bei Raumtemperaturen mit einem gewissen „kalten Fließen“ unter Schubspannungen zu rechnen ist. Bei 27° C und 65% relativer Luftfeuchtigkeit sank die Scherfestigkeit einer Leimverbindung mit Polyvinylharzemulsion nach Versuchen im U.S. Forest Products Laboratory[2] innerhalb von 10 Tagen Dauerbelastung auf 25% des Ausgangswerts. Die Leimfugen sind zäh-elastisch und bedingen gegenüber der Vollholzzerspanung einen kaum nennenswert erhöhten Verschleiß der Werkzeugschneiden. Physiologische Schäden treten beim Umgang mit den Leimen nicht auf. Alles in allem haben sich die Polyvinylacetatleime als Montage- und Furnierleime, aber selbst in der Lagenholzindustrie gut bewährt.

955.412 Anwendung der Polyvinylacetatleime. 955.412.1 *Polyvinylharzdispersionen und -emulsionen.* Die wäßrigen Emulsionen und Dispersionen von Polyvinylacetat — auch in Mischung mit Polyvinylbutyrol-Chloriden,

---

[1] Plath, E.: Die Holzverleimung, Stuttgart 1951 S. 98.

[2] U.S. Forest Products Laboratory: The Synthetic-Resin Glues, Rep. Nr. 1336 Rev. Jan. 1948, Madison, Wisc.

Weichmachern, Füllmitteln, Pigmenten und anderen Bestandteilen[1] — sind unbeschränkt haltbar, solange das Harz dispergiert ist. Es gibt sehr verschiedenartige Leime auf dieser Grundlage, so daß bei ihrer Handhabung in der Praxis die Anweisungen der Lieferfirmen genau zu beachten sind. Dies gilt beispielsweise auch hinsichtlich der Frostempfindlichkeit. Viele Leime werden durch Gefrieren nicht geschädigt und können nach sorgfältigem Auftauen unbedenklich wieder verwendet werden.

Als Leimgefäße eignen sich nur solche aus Werkstoffen, die durch schwache Säuren nicht angegriffen werden (Glas, Porzellan, Steingut, Kunststoffe). Das Auftragen soll möglichst mit Handwalzen oder Auftragmaschinen erfolgen. Die Auftragmengen liegen zwischen 120 bis 200 g/m². Die offene Wartezeit darf bei der Kaltverleimung nur so lang sein, wie der Leim klebrig ist. Da im Gegensatz zu den Glutinleimen eine offene Wartezeit an sich nicht erforderlich ist, empfiehlt sich eine rasche Verarbeitung. Bei Warm- und Heißverleimung ist die offene Wartezeit unbegrenzt, da der getrocknete Leimfilm durch Schmelzen wieder flüssig und klebfähig wird. Die Holzfeuchtigkeit kann zwischen 5 und 12% liegen.

Die Zusammenhänge zwischen Wartezeit, Preßtemperatur und Spannzeit bei einem Polyvinylacetatleim gibt Zahlentafel 141 wieder.

Zahlentafel 141. *Wartezeit, Preßtemperatur und Spannzeit für Mowicoll H. Heizbare Furnierpressen*

Zustand des Leimauftrages	Wartezeit Minuten	Preßtemperatur °C	Spannzeit Minuten
feucht	10 bis 20	ca 40	ca 30
halbtrocken (klebfrei) . .	bis 45	ca 50 bis 60	ca 10 bis 20
trocken (transparent) . .	unbegrenzt	ca 80 bis 100	ca 5 bis 8

Als Preßdruck werden im allgemeinen 8 bis 15 kg/cm² empfohlen. Neben den handelsüblichen Streckmitteln wird auch Kreide verwendet (z. B. 15 GT Kreide mit 12 GT Wasser angerührt gießt man in 25 GT Dispersion).

955.412.2 *Polyvinylharzlösungen.* Die Harze sind in Alkohol, Aceton, Äthylacetat oder anderen organischen Lösungsmitteln zu einem Sirup aufgeschlossen. Die Konsistenz regelt man mit Verdünnungsmitteln. Die Lösungen werden mehrfach aufgetragen, wobei jede Schicht vor dem nächsten Auftrag mehrere Stunden trocknen muß. Heizpressen oder andere Wärmequellen sorgen für eine Temperatur von 90 bis 160° C. Der Leim fließt in der Hitze, das Abbinden kommt durch anschließende Abkühlung zustande. Der technische Einsatz ist durch das mehrfache Auftragen, die langen Wartezeiten dazwischen und die Notwendigkeit der Rückkühlung erschwert.

955.42 Polyvinylchloride. Polyvinylchloride und Mischpolymerisate von Polyvinylchloriden und Polyvinylacetat haben eine ausgedehnte technische Anwendung für Überzüge und in Filmform gefunden. Als Bindemittel spielen sie bis heute praktisch keine Rolle.

955.43 Polyvinylacetatharze. Hydrolysiert man Polyvinylderivate und kondensiert anschließend mit einem Aldehyd wie Formaldehyd oder Acetaldehyd, so entstehen Polyvinylacetatharze. Je nach der Art des Ausgangs-

[1] Vgl. W. Z. Olson u. H. D. Bruce: Polyvinyl-Resin Emulsion Wood Working Glues: A Study of Some of their Properties, U.S. Dept. Agric., For. Serv., For. Prod. Lab., Rep. Nr. R 1691, Madison, Wisc., Oct. 1947.

esters, der Steuerung der Hydrolyse, dem verwendeten Aldehyd sowie dem Ausmaß der alkoholischen Gruppen und dem Aldehyd erhält man eine Vielzahl von Produkten[1], darunter auch Polyvinylformal, dessen Strukturformel nachstehend wiedergegeben ist:

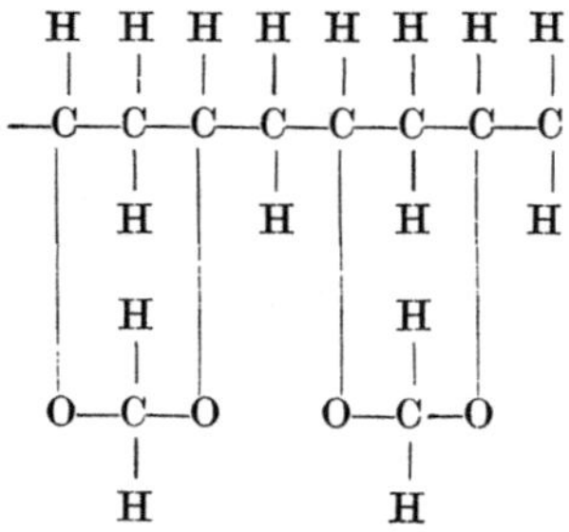

Polyvinylformal

Polyvinylformal (mit einem mittleren Molekulargewicht um 30000) ist die thermoplastische Komponente beim Redux-Verfahren, das in Abschnitt 956.211 besprochen wird.

955.44 Acrylharze. Acryl- und Metacrylester, gelöst in organischen Lösungsmitteln oder als Emulsionen, ergeben durch Polymerisation Harze mit langen Kettenmolekülen. Eine bestimmte Gruppe besitzt eine hervorragende Adhäsion sowohl gegenüber glatten Flächen aus Metall, Glas usw. als auch gegenüber porigen Werkstoffen. Die Acrylharze sind thermoplastisch und löslich, würden sich aber doch als Bindemittel eignen, wenn ihr Preis nicht so hoch wäre.

955.45 Celluloseester. Auf der Grundlage von Celluloseacetat, Äthylcellulose, Carboxymethylcellulose, Methylcellulose, Cellulosenitrat wurden verschiedene Klebstoffe und Bindemittel entwickelt. Sie wurden in Deutschland teils in Filmform (Cellon-Leimfilm), teils als streichfertige, unbegrenzt haltbare flüssige Masse (Cohesan, Glutolin, Cellaprit u. a.) geliefert. Die thermoplastischen Cellulosefilme erfordern Preßtemperaturen von etwa 120° C, Preßdrücke von 15 bis 20 kg/cm² und Preßzeiten von 5 bis 10 min beim Furnieren. Die Leimschichten werden farblos, durchsichtig, vollständig wasserfest und resistent gegen den Angriff von Mikroorganismen. Bemerkenswert hoch ist ihre Elastizität. Für die allgemeine Anwendung kommen die Filme aber zu teuer.

Die flüssigen Celluloseesterleime sind durch Weichmacher modifiziert. Die zu verleimenden Flächen werden beiderseitig dünn ein erstes Mal mit dem Leim bestrichen, dann läßt man einige Minuten trocknen und bestreicht ein zweites Mal, worauf sofort zusammengelegt und verpreßt wird. Preßdauer 30 bis 60 min. Man kann nicht nur Holz mit Holz, sondern auch mit Leder, Metallen, Steinen usw. verleimen. Ausgedehnte Anwendung scheitert an der umständlichen Auftragstechnik und dem hohen Preis.

956. Sonderverfahren der Holzverleimung.

956.1 Film-Leimverfahren.

956.10 Allgemeines über Film-Leimverfahren. Die Erfindung der Leimfilme zwischen 1920 und 1930 brachte für die Verleimtechnik einen außerordentlichen Fortschritt mit sich, da alle Nachteile der flüssigen Leime (das Mischen, ihr umständlicher Auftrag, die Schwierigkeit bei der Bemessung der Auftragmengen, die Verunreinigung von Maschinen, Arbeitsplätzen und Werkstücken, die Rücksicht auf offene und geschlossene Wartezeiten, die Wanderung des Dispersions- oder Lösungsmittels, die Befeuchtung des Holzes) wegfielen. Leimfilme lassen sich aus sehr verschiedenartigen chemischen Ausgangsstoffen herstellen, so wurden Filme oder Folien bereits aus Glutin, Carbamid, Melamin, Polyvinylacetat, Celluloseacetat, Polyurethan, Phenol-Kresol hergestellt. Grundsätzlich

[1] Simonds, H. R., A. J. Weith u. M. H. Bigelow: Handbook of Plastics, 2. Aufl., Toronto, New York, London 1949, S. 1044.

hat man dabei trägerfreie Filme von Filmen mit Trägern zu unterscheiden. Die weiteste Anwendung in der Technik hat bisher, vor allem bei der Herstellung von Lagenhölzern und beim Furnieren, der Tegofilm der Th. Goldschmidt AG., Essen, gefunden, der durch Tränkung eines Papierträgers mit einem flüssigen Resol, dessen Lösungsmittel verdampft wird, entsteht.

956.11 Phenol-Kresol-Film (Tegofilm). 956.111 Tegofilm-Qualität FZ. Der Tegofilm wird in Breiten bis zu 2,10 m hergestellt, so daß auch Schrankseiten praktisch ohne Verlust herausgeschnitten werden können. Die Rollenlänge beträgt in der Regel 1200 lfd. m. Der Papierträger hat eine Dicke von 0,07 mm. Die bei flüssigen Resolen unvermeidliche Nachkondensation, die ihre Haltbarkeit auf 2 bis 3 Monate begrenzt, ist durch den Entzug des Lösungsmittels so stark gebremst, daß der Film bei sachgemäßer Aufbewahrung etwa ein Jahr lagerfähig ist. Eine mögliche Nachdunklung geht auf die Wirkung von Luft und Licht zurück und beeinträchtigt die Bindefestigkeit nicht. Die Rollen müssen stehend, kühl und trocken aufbewahrt werden. Die Leimfuge ist wasser- und kochfest sowie schimmel- und tropenbeständig.

Der Abbindevorgang beruht darauf, daß das auf dem Träger aufgebrachte Resolharz unter der Einwirkung hoher Temperaturen schmilzt und fließt und anschließend in den unlöslichen, nicht mehr schmelzbaren Resit-(C)-Zustand überführt wird. Die flüssige Phase, die für die Benetzung unentbehrlich ist, kann sich nur ausbilden, wenn eine gewisse Feuchtigkeitsmenge vorhanden ist. Ein Teil der erforderlichen Wassermenge stammt aus dem Papierträger, ein weiterer wird als Kondenswasser beim Übergang des Resols in den Resitzustand abgespalten; diese Wassermengen reichen aber nicht aus, so daß auch das zu verleimende Holz als Feuchtigkeitsquelle dienen muß. Sachgemäße Holztrocknung auf den richtigen Feuchtigkeitsgehalt ist deshalb bei der Verleimung mit Phenolharzfilmen unerläßlich. Folgende Feuchtigkeitsspannen sind vorgeschrieben:

Mittellagen (aus Weichholz) für Tischlerplatten	6 bis 8%
Absperr- und Deckfurniere	8 bis 12%
dünne Edelfurniere	8%

Treten bei der Verarbeitung des Tegofilms Fehlverleimungen auf, so sind sie fast stets auf unrichtigen Feuchtigkeitsgehalt der Hölzer zurückzuführen. Überschuß an Feuchtigkeit löst die Harzmasse vom Papierträger ab und begünstigt ihr Eindringen in das Holz. Es bildet sich keine eigentliche Leimfuge aus, vielmehr liegt zwischen den zu verleimenden Holzteilen die faserige Schicht des Papierträgers, Holzbruch tritt bei mechanischer Beanspruchung nicht oder kaum auf. Zu geringe Feuchtigkeit im Holz (z. B. bei Benutzung von Atmungstrocknern oder unsachgemäßer Vortrocknung der Furniere) verhindert das Fließen des Resolharzes. Die abgebundene Schicht liegt dann speckigglänzend zwischen den Hölzern, ohne daß eine Bindung erzielt wurde.

Die Preßtemperatur beträgt mindestens 130° C. Für Verleimungen ohne Edelfurniere kann die Temperatur unter Umständen herabgesetzt und damit die Preßzeit verkürzt werden. Bei Eiche und dünnen Edelfurnieren soll die Temperatur aber nicht über 140° C liegen. Die Pressen werden unter Verwendung von Aluminium- oder Mangal-Zulageblechen (2 mm dick, harte Qualität) so schnell wie möglich beschickt und geschlossen. 2 min dürfen bis zur Erreichung des vollen Drucks nicht überschritten werden, da sonst der Tegofilm ohne Druck abbindet. Außerdem können die Furniere bei zu langsamer Beschickung stark austrocknen, wodurch sich die Gefahr von Fehlverleimungen und des Reißens ergibt. Auch die Furnierfugen können sich lösen.

Der Preßdruck richtet sich nach der Holzart. Die Th. Goldschmidt AG. schreibt die in Zahlentafel 142 enthaltenen Mindestpreßdrücke für eine Reihe wichtiger Nutzhölzer vor.

Zahlentafel 142. *Mindestpreßdrücke bei der Anwendung des Tegofilms.*

Holzart	Mindestdruck kg cm²
Abachi, Erle, Fichte, Kiefer, Okumé, Pappel, Whitewood	6 bis 10
Birke, Buche, andere harte Laubhölzer	20 bis 25

Werden bei einer Tischlerplatte verschiedene Hölzer verwendet, so wird mit dem Druck gepreßt, der für das wichtigste Holz in Frage kommt. Bei den oben angegebenen Preßdrücken beträgt der Preßschwund 3 bis 4%, ist also nicht größer als bei jeder Verleimungsart. Es empfiehlt sich aber, den Preßschwund von Zeit zu Zeit im Betrieb mit einer Mikrometerschraube nachzumessen. Höherer Preßschwund deutet darauf hin, daß der gewählte Preßdruck zu hoch war oder daß die verleimten Hölzer zu feucht waren. Man muß dann den Preßdruck herabsetzen, obwohl man im allgemeinen bei höheren Preßdrücken die bessere Leimfestigkeit erreicht.

H. Mertz u. E. Mörath[1] haben den Schwund von Stabeinlagen aus verschiedenen Hölzern bei 15% Feuchtigkeit und den praktisch interessierenden Temperaturen (20° C für Kasein-Kaltleim, 100% für Kasein-, Blutalbumin- und Kauritleime, 135 bis 140° C für Tegofilmverleimung) untersucht. Bild 1159 zeigt die Ergebnisse für Fichte, Buche und Okumé. Es ist ersichtlich, daß dem Schwund nur bei den höheren Temperaturen praktisch Bedeutung zukommt;

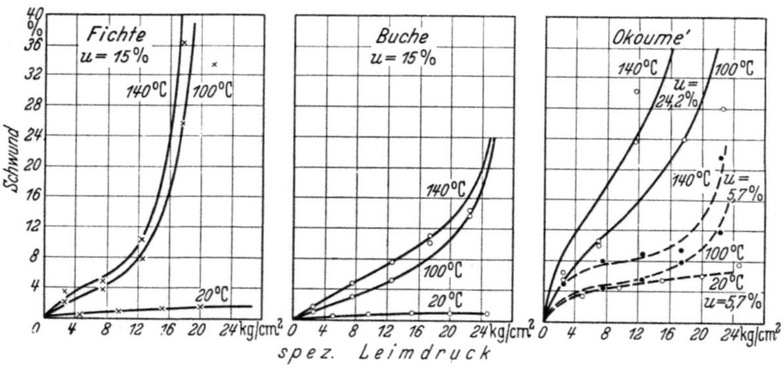

Bild 1159. Abhängigkeit des Preßschwunds vom angewendeten Preßdruck bei verschiedenen Hölzern. (Nach E. Mörath u. H. Mertz.)

bei 20° C bewirkt lediglich die mechanische Stauchung einen vernachlässigbar kleinen Verlust. Bei den höheren Temperaturen entsteht aber ein Feuchtigkeitsverlust und damit Schwindung, die um so größer wird, je mehr Wasser im Holz vorhanden ist und je lebhafter seine Verdampfung durch hohe Temperatur und

[1] Mörath, E., u. H. Mertz: Untersuchungen über die günstigsten Bedingungen bei Leimverbindungen. Mitt. Fachausschuß Holzfragen Heft 14, Berlin 1936. Vgl. auch McBain u. W. B. Lee: J. Soc. Chem. Ind. 1927, H. 46.

starken Preßdruck gefördert wird. Die für höhere Temperaturen geltenden Schwundkurven durchlaufen einen charakteristischen Wendepunkt bei etwa 12 kg/cm² Druck: bis dahin erfolgt die Zunahme des Schwundes langsam und allmählich, und von dort an plötzlich sehr rasch.

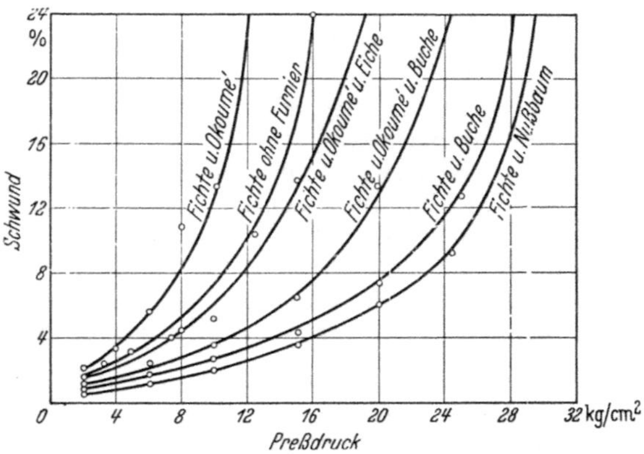

Bild 1160. Abhängigkeit des Preßschwunds von Fichten-Mittellagen mit verschiedenen Furnieren vom angewandten Preßdruck. (Nach E. Mörath und H. Mertz.)

Praktisch ist (bei der Herstellung von Tischlerplatten) die Frage von großer Bedeutung, in welcher Weise der Schwund der Mittellagen durch das Überfurnieren beeinflußt wird. E. Mörath und H. Mertz fanden beim Überfurnieren von mit Kasein kaltverleimten Stabmittellagen aus Fichtenholz (das Furnieren erfolgte mit dem Tegofilm) Bild 1160; es besagt, daß weiche Furniere (z. B. Okumé) den Schwund vergrößern, harte (z. B. Buche und Eiche) hingegen verkleinern.

Die Leimfestigkeit hängt bei der Filmverleimung außer von der Temperatur — wovon schon die Rede war — vom Leimauftrag und vom Preßdruck ab. E. Mörath und H. Mertz fanden beispielsweise im Mittel die Scherfestigkeit filmverleimter Okumé-Furniere auf Fichtenmittellagen bei 30 g/m² zu 51,6 kg/cm², bei 38 g/m² zu 53,8 kg/cm² und bei 55 g/m² zu 58,6 kg/cm². Das Ansteigen der Leimfestigkeit mit dem Preßdruck zeigt Bild 1161 für verschiedene Fälle. Aus der Gegenüberstellung der Scherfestigkeit- und der Schwundkurven ergibt sich, daß für die meisten Holzarten 6 kg/cm² als wirtschaftlicher Preßdruck gelten können, da bei diesem Druck ausreichende Festigkeit mit geringem Schwund erzielt wird. Ausnahmen bilden schwere und harte Furniere, bei denen man wesentlich höhere Drücke anwenden soll.

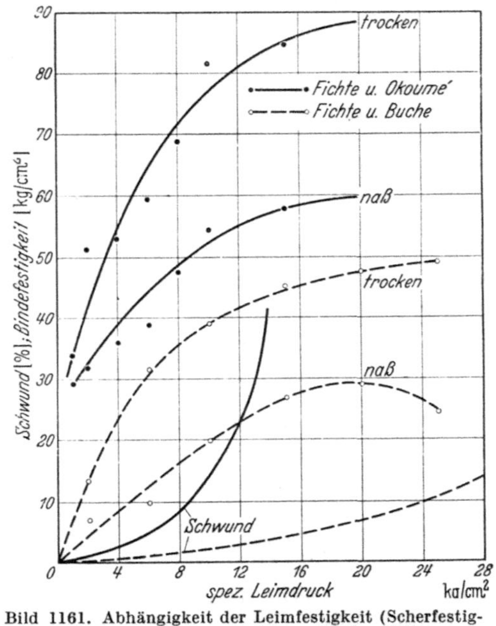

Bild 1161. Abhängigkeit der Leimfestigkeit (Scherfestigkeit) und des Preßschwunds filmverleimter Hölzer vom Preßdruck. (Nach E. Mörath und H. Mertz.)

Die Preßzeit beginnt mit dem Erreichen des Preßdrucks und endet mit dem Wiederöffnen der Presse. Sie setzt sich aus einer Grundzeit, die bei 130 bis 140° C 6 min beträgt (über 140° C 5 min) und einer Zusatzzeit von 1 min je mm Furnierdicke zusammen. Die aus der Presse kommenden Platten werden in noch warmem Zustand sofort oberflächlich mittels einer Sprühdüse reichlich und gleichmäßig beiderseitig angefeuchtet. Dann werden sie unter Benutzung von Stapelleisten sauber und exakt gestapelt, damit sie auskühlen können. Das

Anfeuchten bezweckt: 1. Spannungsausgleich der übertrockneten Außenfurniere, 2. Aufrichtung der gepreßten Holzfasern, damit Verminderung des Preßschwunds, 3. Vermeidung weiteren Feuchtigkeitsverlusts, 4. Unterstützung der Abkühlung. Oben werden die Plattenstapel mit einer Sperrplatte abgedeckt, damit nicht die oberste Platte durch einseitige Abkühlung windschief wird.

956.112 Tegofilm 40. Der Tegofilm 40 wird hell und mittelhell geliefert, eignet sich also besonders gut für die Verarbeitung heller, dünner Furniere. Er kann bei geringerer Temperatur (115 bis 120° C) verpreßt werden, stellt aber höhere Ansprüche an den Feuchtigkeitsgehalt des Holzes als der Tegofilm Qualität FZ. Die Furniere sollen 10 bis 12% Feuchtigkeitsgehalt haben. Die Rollenlänge beträgt 800 lfd. m. Der Film muß innerhalb von 3 Monaten aufgebraucht werden. Die Aufbewahrung darf nur in der Originalverpackung (Pechpapier) vorgenommen werden. Die Leimfuge ist wasserfest, jedoch nicht kochfest. Alle übrigen Verarbeitungsbedingungen entsprechen denen beim Tegofilm Qualität FZ.

956.12 Sonstige Leimfilme. Leimfilme auf der Grundlage von Phenol-Polyvinylacetat, Carbamid, Melamin und Glutin haben sich neuerdings teilweise bei der Holzverarbeitung eingebürgert. Ihre wichtigsten Eigenschaften und Verarbeitungsbedingungen können aus Tafel VI im Anhang entnommen werden. Zu erwähnen ist der Acetylcellulosefilm (Cellonfilm), der ohne Träger hergestellt wird. Das Abbinden erfolgt durch einfaches Schmelzen und Wiedererstarren, also nicht durch chemische Umsetzung. Da die Gestehungskosten der Acetylcellulose verhältnismäßig hoch sind, verlangt die Wirtschaftlichkeit möglichst dünne Folien und möglichst niedrige Temperaturen bei der Anwendung. Durch Zusatz besonderer Weichmacher gelingt es, den Schmelzpunkt der Acetylcellulose zu senken, so daß bereits bei einer Preßtemperatur von 120° C brauchbare Ergebnisse erhalten werden. Die Verleimung mit Celluloseestern kann praktisch unabhängig vom Feuchtigkeitsgehalt der Furniere erfolgen, der nach unten den Wert Null erreichen darf. Ungewöhnlich hoher Feuchtigkeitsgehalt stört nur dann, wenn es zur Bildung von Dampfblasen kommt. Auffallend sind die guten elastischen Eigenschaften dieser Filmverleimung.

956.2 Verleimung von Holz mit Metallen und anderen heterogenen Werkstoffen.

956.20 Allgemeines über die Verleimung von Holz mit Metallen. Die Verleimung poröser Werkstoffe wie Holz ist, wie schon einleitend gesagt wurde, Jahrtausende alt. Als Ursache der Festigkeitsbildung in der Leimfuge nahm man dabei bis in jüngste Vergangenheit die mechanische Adhäsion an, die dadurch entsteht, daß das Bindemittel in flüssigem Zustand in die an der Oberfläche liegenden Kapillaren eindringt, dort erstarrt und dadurch mechanische Verankerungen schafft. Erst spät wurde die spezifische Adhäsion erkannt, die, wie in Abschnitt 951.1 näher dargelegt wurde, auf intermolekularen Anziehungskräften in der Grenzzone zwischen dem zu verbindenden Werkstoff und dem Bindemittel beruht. Die Bedeutung der Benetzung der zu verbindenden Oberflächen wurde in diesem Zusammenhang dargelegt. Maßgebend sind dafür die sekundären Molekularkräfte oder van der Waalsschen Kräfte, die teils auf die Wechselwirkung permanenter Dipole oder induzierter elektrischer Dipole, teils auf Dispersionseffekte zurückgehen. Diese Effekte stellen sich nur ein, wenn die Flüssigkeit (in unserem Fall das Bindemittel) und die Oberfläche entweder beide polar oder aber beide nicht polar sind. Holz ist ein stark polarer Stoff, an dem polare Bindemittel eine sehr gute Adhäsion entwickeln. Bei den unpolaren

Metallen ergeben aber solche polaren Bindemittel nur sehr unbefriedigende Adhäsionsbindungen. Allerdings besteht die Möglichkeit, das in reinem Zustand unpolare Metall durch chemische Behandlung (Säurebeizung, bei Aluminiumblechen auch Eloxierung) oberflächlich polar zu machen, so daß man es mit polaren Bindemitteln wie Phenol-Formaldehydharzen verleimen kann.

Neben guter beiderseitiger Benetzung wird aber von einem Bindemittel für die Verleimung von Holz mit Metallen entweder Schwindungsfreiheit beim Übergang vom flüssigen in den festen Zustand verlangt, da sonst unter Umständen die entstehenden beträchtlichen Schwindspannungen zu Brüchen in der Leimfuge führen können, oder aber hohe Elastizität, um die Schwindspannungen und etwaige bei Temperaturdifferenzen sich infolge der unterschiedlichen linearen Wärmeausdehnung des Holzes und Metalls (s. Bd. I, S. 497) ergebende Wärmespannungen auszugleichen. Die Lösung des Problems stieß deshalb auf Schwierigkeiten. Soweit Holz mit Metall verleimt wurde, handelte es sich lange Zeit um einfache Verkittung oder Verklebung; die so entstandenen Verbindungen ließen sich allerdings nicht zur Übertragung von Kräften heranziehen. Die meines Wissens ersten anspruchsvollen, hoch belastbaren Metall-Holzverleimungen wurden von der Th. Goldschmidt AG., Essen, mit ihrem Phenolharzfilm (Tegofilm) im Jahre 1931 durchgeführt[1]. Später nach 1940 wurden dann zwei Hauptgruppen von Bindemitteln zur Verleimung von Metallen unter sich und mit anderen Werkstoffen, darunter Holz, entwickelt[2]: Die erste Hauptgruppe, die vornehmlich in den angelsächsischen Ländern während des zweiten Weltkriegs geschaffen wurde, umfaßt Bindemittel auf der Grundlage von Phenolharzen, die mit synthetischem Kautschuk oder thermoplastischen Kunstharzen kombiniert sind, die zweite Hauptgruppe die Äthoxylinharze, die von der Ciba AG., Basel, entwickelt wurden.

In den letzten 15 Jahren wurde eine größere Anzahl von Bindemitteln zur Verleimung von Holz mit Metallen in die Technik eingeführt. Da ihre chemische Zusammensetzung im Vergleich zu jener der normalen Holzleime recht komplex ist, empfiehlt es sich nach H. W. Eickner und R. F. Blomquist[3] nicht, sie chemisch zu klassifizieren; zweckmäßiger ist es vielmehr, die Holz-Metall Leime nach der Abbindetemperatur und Verfahrenstechnik einzuteilen in: 1. direktes Abbinden bei hohen Temperaturen; 2. Zweistufenabbinden mit Anwendung eines primären und sekundären Bindemittels; 3. direktes Abbinden bei Raumtemperatur.

Sicher ist, daß die Metall-Holz-Verleimung noch sehr entwicklungsfähig ist und sich vor allem weitere Anwendungsgebiete erobern kann. Zu denken ist hier vornehmlich an den Waggon- und Fahrzeugbau. Beispiele für die bisherige erfolgreiche Anwendung von Metall-Holz-Verleimungen sind: Skis, Badminton-Rackets, tragende Fußböden aus Sperrholz mit Metalleinlagen, Konstruktionen (z. B. Flügelkupplungen) im Segelflugzeugbau, Teile von Gleitflugzeugen, Knotenpunkte mit angeleimten Blechen im Ingenieurholzbau, Metallbehäutung von Sandwichkonstruktionen.

956.21 Beschaffenheit und Eigenschaften der Holz-Metall-Leime. 956.211 Holz-Metall-Leime für direktes Abbinden bei hohen Temperaturen. Von den heute üblichen Holz-Metall-Leimen binden sehr viele bei hohen Temperaturen

---

[1] Anonymus: Metall-Holz Verleimung. Die Holzindustrie Bd. 11 (1931) H. 6 und 7; — W. Lüty: Chemie und Technik der Metall-Holz Verleimung, Manuskript.

[2] Meyerhans, K.: Metall Bd. 6 (1952) S. 229.

[3] Eickner, H. W., u. R. F. Blomquist: Adhesives for Bonding Wood to Metal, U.S. Dept. Agric., For. Serv., For. Prod. Lab., Rep. Nr. R 1768, Madison, Wisc., Febr. 1951.

(120 bis 180° C) unter Druckanwendung ab. In der Regel bestehen diese Leime aus mindestens zwei Komponenten[1]: einem wärmehärtenden Harz wie Phenol-Formaldehydharz und einem wärmeplastischen Harz wie Polyvinylformal, Polyvinylbutyral, Polyvinylacetat, Polyamid oder synthetischem Kautschuk als Elastomer. Beide Komponenten werden meist in einem Lösungsmittel in einer Proportion verteilt, die nach H. W. Eickner und R. F. Blomquist die gewünschten Eigenschaften sichert: Adhäsion an das Metall, Elastizität, Fließen während des Abbindens, Hitzebeständigkeit und Dauerhaftigkeit der Leimfuge. Es ist auch möglich, die beiden Komponenten getrennt anzuwenden, wie dies beim Reduxverfahren der Fall ist. Dabei wird ein Polyvinylformalharz als Bindemittel verwendet. Da der Schmelzpunkt dieses Harzes aber sehr hoch liegt, verflüssigt es sich nicht so weitgehend, daß eine einwandfreie Benetzung der zu verleimenden Oberflächen erzielt werden könnte. Um die Benetzung zu sichern, werden deshalb beide Oberflächen zuerst mit einem Phenol-Formaldehydharz, das in einem organischen Lösungsmittel gelöst ist, bestrichen. Auf die noch feuchten Oberflächen wird dann Polyvinylformalpulver aufgestreut, oder die Teile werden in das Pulver getaucht. Hierauf werden beide Teile an der Luft getrocknet, zusammengelegt und bei 145° C mit 15 kg/cm² Druck während 15 min verpreßt. Für geringere Ansprüche kann man den Preßdruck auf 3,5 kg/cm² ermäßigen und erhält dann immer noch etwa 80% der Bindefestigkeit, die man bei 15 kg/cm² zu erwarten hat. Bei der Verbindung von Metallen mit Hilfe des Reduxverfahrens erzielt man Festigkeiten, die erheblich über jene von Niet- oder Schweißverbindungen hinausgehen. Außerdem eignet sich das Verfahren zur festen und bequemen Verbindung verschiedenartiger Werkstoffe wie Holz mit Metall, Gummi mit Metall, Kunststoffe mit Metall.

Bei der Metall-Holz-Verleimung unter Anwendung hoher Temperaturen können sich im Verlaufe der anschließenden Abkühlung infolge der unterschiedlichen Wärmeausdehnungskoeffizienten beider Werkstoffe hohe Spannungen einstellen, die zu Verformungen, ja Brüchen führen können, wenn das Bindemittel nicht sehr fest und elastisch ist. Ähnliche Gefahren drohen, wenn das Holz bei Feuchtigkeitsaufnahme quillt. Ferner können sich, worauf ebenfalls H. W. Eickner und R. F. Blomquist hinwiesen, bei den hohen Temperaturen Dampfblasen des Lösungsmittels in der Leimfuge bilden.

Zusammenfassend läßt sich sagen, daß alle Phenolharz enthaltenden Holz-Metall-Leime — gleichgültig, ob sie als Ein-, Zwei- oder Mehrkomponentensysteme in Form von Flüssigkeiten, Pasten, Pulvern oder Folien geliefert werden — je nach der besonderen Beschaffenheit Temperaturen zwischen 110 und 220° C und Preßdrücke von 5 bis 20 kg/cm² erfordern. Da gleichmäßige Temperatur- und Druckverteilung über die ganze zu verleimende Fläche wichtig ist, sind hydraulische Pressen oder Autoklaven bei größeren, doppelt gekrümmten Teilen und Massenherstellungen nötig. Ebene Flächen und kleine Flächen können auch mit Schraubzwingen und ähnlichen Preßelementen gespannt und dann die Härtung in Öfen vorgenommen werden.

Ohne Druck härten, wie schon in Abschnitt 955.36 dargelegt wurde, die Äthoxylinharze (Araldit). Die Fixierung der zu verbindenden Teile kann hier also mit Hilfe einfacher mechanischer Vorrichtungen (Zwingen, Stifte, Klammern, Lehren, aber auch durch konstruktive Maßnahmen, z. B. Einsenkung) erfolgen.

[1] In diese Gruppe gehören: Metlbond der Consolidated Vultee Aircraft Corp., Cycleweld, Cyclebond u. Pliobond von Chrysler Corp., Goodyear, Plastilock 500 von Goodrich, Redux der Aero Research Ltd., Duxford (England).

Außerdem kann die Fugendicke größer sein, die bei den Phenolharz enthaltenden Holz-Metall-Leimen über 0,15 mm nicht hinausgehen darf. Allerdings verlangen die Äthoxylinharze wesentlich längere Härtezeiten. Da Holz, gehärtete Kunststoffe und kautschukähnliche Werkstoffe bei längerer Einwirkung höherer Temperatur geschädigt werden, empfiehlt sich für sie im allgemeinen mehr die Anwendung der phenolharzhaltigen Holz-Metall-Leime. Trotzdem eignet sich Araldit Typ L (in Pulver- oder Stangenform) zur Herstellung stark beanspruchter Metall-Holz-Verbindungen. Damit das Holz unter den Härtungsbedingungen nicht leidet, wird nur ein dünnes Furnier mit dem Metall verbunden. Anschließend wird dieses Furnier kalt mit den üblichen Kunstharzleimen (bevorzugt Resorcinleime) mit der übrigen Holzkonstruktion verbunden.

Es gibt auch Ardux 120 in flüssiger Form, das ebenfalls heißhärtend mit Preßdruck angewendet wird und wasserfeste, korrosionsunempfindliche Holz-Metall-Verbindungen schafft. Selbst bei 90 bis 100° C erhält man nach Angaben der Ciba AG. 100%igen Holzbruch. Mit dem Bindemittel lassen sich verformte Metallteile ohne Schwierigkeiten im Gummisack-Druckverfahren überfurnieren. Die kalthärtenden Aralditypen 101 und 102 liefern Verbindungen, die in der Festigkeit jenen mit Redux, Araldit Typ I und Ardux 120 erheblich unterlegen sind und somit für hochbeanspruchte Bauteile nicht in Frage kommen.

956.212 Holz-Metall-Leime für Zweistufenabbinden mit Anwendung eines primären und sekundären Bindemittels. Bei diesem Verfahren wird eine Grundierung mit einem Bindemittel nach Art eines Farbanstrichs auf dem Metall aufgebracht. Verwendet werden können dabei viele der bei hohen Temperaturen direkt abbindenden Bindemittel. Die Grundierung auf dem Metall wird bei erhöhten Temperaturen in einem Ofen oder in einer Heizpresse ohne Druckanwendung ausgehärtet. Die gehärtete Grundierung wird dann mit dem Holz unter Zuhilfenahme der üblichen bei Raum- oder mittleren Temperaturen abbindenden Holzleime vom Harnstoff-, Resorcin- oder Phenolharztypus verleimt.

956.213 Holz-Metall-Leime für direktes Abbinden bei Raumtemperatur. Kasein-Kaltleime, denen als Elastomer eine Latexemulsion untermischt ist, lassen sich zu Verleimung von Holz mit Metall bei Raumtemperatur verwenden. Die entstehenden Verbindungen genügen in trockenem Zustand für viele Zwecke, wenngleich nicht für die hohen Beanspruchungen des Flugzeugbaues. Ein besonderer Nachteil ist, daß bei Befeuchtung oder auch in einer Umgebung mit sehr hoher Luftfeuchtigkeit ein erheblicher Teil der Fugenfestigkeit verlorengeht. In Abschnitt 956.211 wurde am Schluß schon erwähnt, daß kalthärtende Äthoxylinharze (auf der Grundlage von Epichlorhydrin) hinsichtlich ihrer Bindefestigkeit ebenfalls nur niedrig gespannten Ansprüchen genügen.

Dies gilt auch für Holz-Metall-Klebstoffe, die durch Auflösung von Mastix, Asphalt, billigen Harzen, natürlichem oder künstlichem Kautschuk in organischen Lösungsmitteln entstehen. Sie lassen sich bei Raumtemperatur und geringem Spanndruck anwenden. Die Klebstoffe sind flüssig oder pastenförmig; sie binden nicht durch eine chemische Reaktion, sondern nur durch Abwanderung des Lösungsmittels.

956.22 Holz-Metall-Verleimungsverfahren[1]. 956.221 Vorbereitung der Holz- und Metalloberflächen. Die Oberflächen des Holzes bedürfen

[1] Die folgenden Ausführungen stützen sich auf H. W. Eickner u. R. F. Blomquist: Adhesives for Bonding Wood to Metal, U S Dept. Agric., For. Serv., For. Prod. Lab., Rept. Nr. R 1768, Madison, Wisc., Februar 1951.

keiner anderen Behandlung als bei der Verleimung von Holz mit Holz. Sie müssen natürlich glatt gehobelt, frei von Schmutz, Fett, Öl u. dgl. sein. Die Bearbeitung soll so kurz wie möglich vor der Verleimung erfolgen, damit die Flächen sich nicht nachträglich verändern können. Der Feuchtigkeitsgehalt kann zwischen 5 und 15% liegen und ist möglichst genau der Sollfeuchtigkeit im späteren Gebrauch anzupassen, damit nicht durch Dimensionsänderungen infolge Schwindung oder Quellung Spannungen entstehen können.

Die Oberflächen des Metalls müssen vor allem mit peinlicher Sorgfalt von Fett, Öl, Wachs befreit und für die Aufnahme des Bindemittels vorbereitet werden. Grundsätzlich gibt es folgende Möglichkeiten: 1. Waschen mit Lösungsmitteln wie Benzol, Benzin, Aceton, Tetrachlorkohlenstoff, Trichloräthylen; 2. Spülen mit verdünnter, warmer Natronlauge oder mit anderen alkalischen Bädern, auch Seifenlösungen; 3. mechanische Reinigung mit Stahl- oder Aluminiumwolle, Schleifpapier, Drahtbürsten oder im Sandstrahlgebläse (Sandkorngröße 0,3 mm), die sich aber bei Großfertigung nicht bewährt hat; 4. elektrolytische Verfahren; 5. Beizen mit alkalischen oder sauren Lösungen. Es ist auch möglich, verschiedene dieser Verfahren zu verbinden.

E. J. Ritter[1] empfiehlt folgende Vorbehandlung:

a) Eisen- und Stahlteile. Nach dem Entfetten durch Einlegen in verdünnte, warme Natronlauge werden die Metallteile abgespült und dann in 60%iger warmer, verdünnter Schwefelsäure (1 : 10 bis 1 : 20) 7 bis 8 min gebadet. Hierauf wird mit Wasser, dem Soda (1 kg je m^3) zugesetzt ist, nachgespült und neutralisiert.

b) Leichtmetallteile werden durch Einlegen in kalte 10%ige Natronlauge während 5 bis 10 min oder in heiße konzentrierte Natronlauge während einiger Sekunden gebeizt. Anschließend werden die Bleche mit Wasser abgespült und kurz in ein Bad von verdünnter Salzsäure gelegt, wieder abgespült und getrocknet. Zweckmäßiger ist Eloxierung.

Nach amerikanischen Versuchen sind für Aluminiumbleche folgende Reinigungsmittel besonders wirksam: 1. verdünnte Säuren wie Schwefelsäure-Natriumbichromatlösung (10 min bei 74° C in einer wäßrigen Lösung von 25% konzentrierter Schwefelsäure und 2,5% Natriumbichromat); 2. Kieselfluor-Wasserstoffsäure (8 bis 10 min bei 24° C in 1%iger Lösung); 3. Phosphor-Chromsäure (5 min bei 59° C in einer Lösung, die 6,5% Phosphorsäure und 2,5% Chromsäure enthält); 4. handelsübliche alkalische Reinigungsmittel oder Natriummetasilicat (5 min bei 77° C in 3%iger Lösung). Nach jeder dieser Behandlungen muß sorgfältig nachgewaschen werden. Die verschiedenen Reinigungsmittel ergaben für verschiedene Bindemittel unterschiedlich gute Ergebnisse, jedoch erwies sich die Anwendung von Schwefelsäure-Natriumbichromatlösung in jedem Fall als das beste Verfahren. Nach den amerikanischen Feststellungen wechseln die empfehlenswerten Reinigungsverfahren auch mit der Art der Metalle. Folgende Erfahrungen liegen vor

Metallart	Empfehlenswertes Reinigungsverfahren
Kaltgewalzter Stahl	Eintauchen in ein Reinigungsbad von Natriummetasilicat, Natriumhydroxyd und Natriumcarbonat, dann Baden in einer Lösung von Schwefel- und Salpetersäure, dann Nachspülen mit Salzsäure und Wasserstoffperoxyd oder

[1] Ritter, E. J.: Metallholz, Holz-Zentralblatt Bd. 76 (1950) S. 11/12.

Metallart	Empfehlenswertes Reinigungsverfahren
Kaltgewalzter Stahl	Abreiben mit Stahlwolle, anschließend Waschen mit Benzol, Toluol oder gechlorten Kohlenwasserstoffen oder Entfetten mit Trinatriumphosphatlösung, Beizen mit Salzsäurelösung
Bronce, Cadmium, rostfreier Stahl, Zink	Abreiben mit Stahlwolle, anschließend Waschen mit einem Lösungsmittel
Magnesium	Abbürsten mit Drahtbürste, elektrolytische Behandlung (zu reinigende Oberfläche als Anode) in einem Säurebad

Nach der Reinigung und Waschung sind die Metalle sorgfältig zu trocknen und sollen so rasch wie möglich — bevor sich wieder eine Oxydhaut einstellt — mit dem Holz verleimt werden.

956.222 Aufbringen des Bindemittels, Wartezeit. Die Bindemittel können mit den üblichen Hilfsmitteln — Bürste, Handrolle, Auftragmaschinen, Spritzpistolen oder durch Eintauchen — aufgebracht werden. Es ist aber mehr Sorgfalt geboten als bei der normalen Holz- auf Holzverleimung, da 1. viele Holz-Metall-Leime schlechte Fließeigenschaften besitzen und 2. einen niedrigen Festkörpergehalt (meist nur 15 bis 25% gegenüber 50 bis 60% bei normalen Holzbindemitteln) aufweisen und somit in mehreren Schichten (2 bis 10) mit dazwischen eingelegten Trockenzeiten (5 bis 60 min) aufgetragen werden müssen. Im Hinblick auf diese Eigenschaften eignen sich in vielen Fällen Spritzpistolen besonders zum Auftragen. Das U.S. Forest Products Laboratory empfiehlt 20 bis 25 cm Abstand der Spritzpistolenmündung vom Werkstück und einen Vorschub von 80 bis 100 m/min. Aufeinanderfolgende Schichten sollen zueinander im rechten Winkel gespritzt werden.

H. W. Eickner und R. F. Blomquist weisen auch darauf hin, wie wichtig die Berücksichtigung der Temperatur und relativen Luftfeuchtigkeit im Spritzraum ist. Bei Temperaturen zwischen 13° und 24° C darf die relative Luftfeuchtigkeit 55%, darüber bei Temperaturen bis 38° C 30% nicht überschreiten. Bei höheren Temperaturen und relativen Luftfeuchtigkeiten verdampft das Lösungsmittel des Leims so rasch, daß der sich bildende Film unter den Taupunkt der umgebenden Luft abgekühlt wird; es kommt dann zu Kondensationserscheinungen, die daran kenntlich sind, daß die Filmoberfläche weißlich trüb wird. Die Folge ist Verringerung der Bindefestigkeit.

Für die Auftragdicke lassen sich schwer feste Regeln geben, da viele Faktoren zu berücksichtigen sind. In den meisten Fällen liefern nach den amerikanischen Erfahrungen Leimfilmdicken (in trockenem Zustand) auf beiden Seiten von 0,05 bis 0,13 mm gute Ergebnisse. Die offenen und geschlossenen Wartezeiten sind bei Holz-Metall-Leimen stets erheblich länger als bei Holzleimen, da beträchtliche Mengen an Lösungsmitteln vor dem Verpressen abzugeben sind. Bei Holz-Metall Leimen, die direkt bei hohen Temperaturen abbinden, werden offene Wartezeiten von 8 bis 25 h empfohlen. Wie H. W. Eickner und R. F. Blomquist vermerken, wurden bei Bindemitteln dieser Art schon offene Wartezeiten von mehreren Monaten als möglich beobachtet. Will man die Wartezeiten auf 1 bis 8 h abkürzen, so empfiehlt sich eine Wärmevorbehandlung des Leimfilms ohne Druckanwendung. Damit läßt sich unter Umständen zugleich eine Verbesserung des Verhaltens der Verbindung bei späterer Hitzebeanspruchung erzielen („Verhornung"). Die Bedingungen für diese Wärmevorbehandlung schwanken je nach der Art des Bindemittels. Die wiederholt zitierten amerikanischen Autoren geben folgende Grenzwerte an: Trocknung in einem Ofen während 30 bis 60 min bei 82° C bis 110° C, Vorhärtung auf den Heizplatten einer Presse während 5 bis 15 min bei 148° bis 160° C. Natürlich darf die Wärmebehandlung nicht so weit getrieben werden, daß die Bindemittel später nicht mehr fließen können. Für Holz-Metall-Leime für Zweistufenabbindung gilt folgendes: Die Grundierung auf dem Metall ist in gleicher Weise zu behandeln wie der Leimfilm für direktes Abbinden bei hohen Temperaturen. Das sekundäre Bindemittel ist zu behandeln wie ein gewöhnlicher Holzleim. Für Kasein-Latex-Emulsionen, die bei Raumtemperaturen abbinden, sind 10 bis 15 min offene Wartezeit angebracht.

956.223 Preßtemperatur, Preßdruck, Preßzeit. Die anzuwendenden Preßtemperaturen richten sich nach der Art des Bindemittels. Die Anweisungen der Herstellfirmen müssen also unbedingt beachtet werden. Im allgemeinen liegen die Preßtemperaturen für Holz-Metall-Leime, die direkt unter Hitzeeinwirkung abbinden, zwischen 148° und 158° C. Bei Bindemitteln, die synthetischen Kautschuk enthalten, sind unter Umständen bis zu 165° C, bei solchen mit Polyvinylharzen aber herunter bis zu 115° C möglich. Bei den Zweistufenverfahren wird die Metallgrundierung in gleicher Weise wie oben behandelt. Für die sekundären Bindemittel gelten die Vorschriften je nach Art des verwendeten Leims wie bei der Verleimung von Holz auf Holz. Kasein-Latex Emulsionen werden bei Raumtemperatur 10 h verpreßt. Für die Äthoxylinharze wurden nähere Angaben schon in Abschnitt 956.211 gebracht.

Der Preßdruck richtet sich nach den Fließeigenschaften des Bindemittels und dem zulässigen Preßschwund des Holzes, der wieder von seiner Wichte abhängt. Meist werden bei spezifisch schweren Hölzern Preßdrücke zwischen 10 und 20 kg/cm², bei spezifisch leichten Hölzern zwischen 7 und 10 kg/cm² angewendet. Unter Umständen (besonders bei gewissen Harz-Kautschuk-Bindemitteln) muß man den Druck noch etwas erhöhen. Bei den Äthoxylinharzen wurde schon als bedeutender Vorteil erwähnt, daß sie ohne Druckanwendung abbinden.

956.224 Eigenschaften von Holz-Metall-Leimverbindungen. In der Praxis bestehen verleimte Holz-Metallteile aus Blechen in Verbindung mit Furnieren oder Lagenhölzern. Die Bleche können aus Stahl, anderen Schwermetallen oder Leichtmetallen hergestellt sein. Die Bauelemente müssen gewöhnlich geeignet sein, hohe Schubkräfte in den Leimfugen zu übertragen. Da die Metall-Holzteile außerdem häufig wechselnden und ungünstigen atmosphärischen Bedingungen ausgesetzt sind (z. B. als Trennwände in Speise- und Schlafwagen, in Gleitflugzeugen oder bei Sandwichkonstruktionen für den Flugzeugbau), ist es auch nötig, daß die Verbindungen unter der Einwirkung hoher und niedriger Temperaturen sowie relativer Luftfeuchtigkeiten dauerhaft sind. Unter Umständen ist sogar Naßfestigkeit erforderlich. Bei Flugzeugteilen ist ferner Widerstandsfähigkeit der Verleimung in Berührung mit Alkohol, Benzin, Gefrierschutzlösungen u. dgl. nötig. Schließlich sollen die Verbindungen nicht zu ungewöhnlichen Kriech- oder Ermüdungserscheinungen neigen.

Es empfiehlt sich deshalb, die Bindefestigkeit von Holz-Metall-Verleimungen sorgfältig fortlaufend zu prüfen. Verschiedene Prüfkörperformen sind in Bild 1162 wiedergegeben. Einige Festigkeitswerte, die W. Küch[1] erzielte, sind in Zahlentafel 143 enthalten.

---

[1] Küch, W.: Kunstharzbindemittel im Flugzeugbau, Deutsche Versuchsanst. f. Luftfahrt, Bericht Kf 302/8, Berlin-Adlershof 1943.

Zahlentafel 143. *Festigkeitswerte bei Verleimungen von Buchenholz mit Leichtmetall.* (*Nach W. Küch.*)

Probenkörper	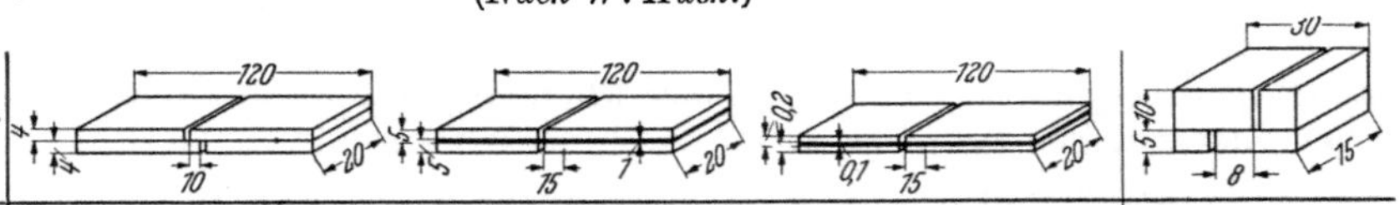			
Verleimungs-bedingungen	Tegofilm doppelt Preßdruck 20...25 kg/cm² Temperatur 145...155 °C			Einbrennlack, mit Phenolharz kalt verleimt
Bindefestigkeit kg/cm²	83...100...111	42...54...66	78...99...123	206...226...251

Im U.S. Forest Products Laboratory[1] durchgeführte Versuche ergaben, daß überlappte Schub-Zugproben aus Birkensperrholz und Aluminiumblechen mit den üblichen Holz-Metall-Leimen auf Kunstharzgrundlage verbunden, gute Naßfestigkeit hatten. Selbst nach 16 Wochen langem Eintauchen betrug die Naßfestigkeit noch 63 bis 79% Trockenfestigkeit, und die Brüche lagen noch vorherrschend im Holz. Wurde allerdings mit Kasein-Latex verleimt, dann sank schon innerhalb von 2 Wochen die Festigkeit auf 20% ab. Weiter zeigte es sich, daß Metalle, die mehr zur Korrosion neigen als Aluminium, z. B. gewalzte Stahlbleche, beim Eintauchen wesentlich schlechtere Ergebnisse lieferten (z. B. sank bei letzteren in Verbindung mit Holz nach 16 Wochen Wasserlagerung die Festigkeit auf 50%). Bei Lagerung in Flüssigkeiten, die beim Flugzeugbetrieb unentbehrlich sind, wie Kraftstoff, Äthylenglycol, Isopropylalkohol, Schmierölen verhielten sich Holz-Metall-Verbindungen, die unter Verwendung von Vinylharzen oder Kautschuk hergestellt worden waren, mehr oder minder schlecht, während Leime mit hohem Phenolharzgehalt oder bei Raumtemperatur abbindende Kasein-Latex-Leime gut abschnitten.

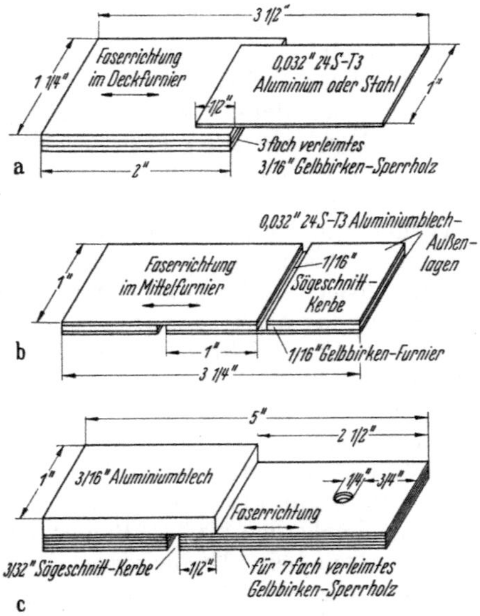

Bild 1162. Probekörper zur Ermittlung der Bindefestigkeit von Holz-Metall-Verleimung. (Nach H. W. Eickner und R. F. Blomquist.)

Schub-Zugproben, die aus Aluminium und Birkensperrholz mit verschiedenen Holz-Metall-Leimen hergestellt worden waren, wurden nach bis zu einjähriger Lagerung in 97% relativer Luftfeuchtigkeit bei 27° C geprüft. Die Fugenfestigkeit war dabei weniger geschwächt als die Kohäsion des Birkenholzes, da die Brüche in diesem zunahmen. Bei Stahl auf Holz nahmen die Brüche in der Fuge innerhalb von 4 bis 32 Wochen zu, später aber, wenn die Holzfestigkeit entsprechend abgenommen hatte, vermehrten sich wieder die Holzbrüche. Bei Lagerung im Wechselklima (2 Wochen 97% relative Luftfeuchtigkeit bei 27° C, 2 Wochen 30% relative Luftfeuchtigkeit bei 27° C) war eine Schwächung nur bei Bindemitteln auf Kautschukgrundlage aufgetreten, aber selbst bei diesen betrug die Fugenfestigkeit nach einem Jahr noch über 50%. Als sehr

[1] Eickner, H. W.: Durability of Glue Wood to Metal Joints, U.S. For. Prod. Lab. Rep. Nr. 1570, Madison, Wisc. 1947.

widerstandsfähig erwiesen sich die Holz-Metall-Verbindungen auch gegen erhöhte Temperaturen bis zu 94° C. Endlich befriedigte auch die Dauerfestigkeit beim Flachbiegeversuch[1], insbesondere bei Holz-Metall-Leimen auf Kautschukgrundlage oder bei Vinylharz-Phenolharz-Kombinationen mit hohem Phenolharzgehalt.

956.3 Leimfugenheizung mit Joulescher Wärme.

956.31 Drahtleimfilm TEGOWIRO[2]. Da die Kaltverleimung einen verhältnismäßig großen Aufwand an Druckmitteln, Raum und Zeit verlangt, wodurch ihre Wirtschaftlichkeit häufig in Frage gestellt ist, die Heißverleimung mit Wärmezufuhr von außen her aber bei Holz, das ein schlechter Wärmeleiter ist, bei Bauteilen mit großen Querschnitten kaum Vorteile in Bezug auf Zeitersparnis gegenüber der Kaltverleimung bietet, abgesehen davon, daß sich Schwierigkeiten für die Abbindung aus dem sich kreuzenden Strom des Dispersionsmittels und der Holzfeuchtigkeit ergeben können, lag der Gedanke nahe, die Wärme für das Abbinden in der Leimfuge selbst zu erzeugen. Unter diesem Gesichtswinkel wurde nach einem Vorschlag von B. Bäseler und D. Dietrich der Drahtleimfilm Tegowiro von der Th. Goldschmidt AG., Essen, entwickelt, der sich besonders für die Verleimung von Holzkörpern mit großen Dimensionen eignet. Der Träger des Films ist ein Metallnetz. Die Beheizung der Leimfuge geschieht durch Anschluß des Drahtnetzes mittels Klemmschienen an ein elektrisches Netz. Das Drahtnetz erzeugt beim Stromdurchgang Joulesche Wärme und bewirkt dadurch das Abbinden des in seinen Maschen eingebetteten Resolharzes. Auch Carbamidharze lassen sich nach diesem Verfahren zum Aushärten bringen. Erforderlich ist ein regelbarer Transformator, der Niederspannungsstrom großer Stromstärke (30 bis 35 A für jeden zehnten Draht in Längsrichtung) liefert. Der Spannungsabfall beträgt 9 bis 10 V/lfd m Drahtnetz. Die Drähte des Netzes haben 0,3 mm Durchmesser, die Maschen messen 6 × 40 mm². Als Preßdruck empfehlen sich bei weichen Hölzern 8 bis 10 kg/cm², bei harten 15 bis 20 kg/cm². Nach Einschalten des Stromes erhitzt sich das Drahtnetz sehr rasch, das Resolharz schmilzt und wird innerhalb von 2 bis 3 min in den C-Zustand überführt. Die Temperatur in der Leimfuge beträgt höchstens 200° C. Bemerkenswert ist, daß der Feuchtigkeitsgehalt des Holzes beim Tegowiroverfahren eine weit geringere Rolle spielt als bei der Anwendung des Tegofilms. Ein Überschuß an Feuchtigkeit kann sich auf die Bindefestigkeit nicht ungünstig auswirken, da bei Anwendung des Drahtleimfilms die Feuchtigkeit nicht wie beim gewöhnlichen Leim mit äußerer Wärmequelle zur Leimfuge getrieben wird. Selbst Hölzer, die unmittelbar vor der Tegowiroverleimung aus dem Wasser genommen wurden, ergaben einwandfreie Verleimungen mit 100% Holzbruch. Bei der verhältnismäßig dicken Leimschicht können die Holzflächen ferner ziemlich rauh sein. Die Verbindungen entsprechen in ihren sonstigen Eigenschaften denen von gewöhnlichen Phenolharzleim-Verbindungen; sie sind feucht- und kochfest sowie widerstandsfähig gegen die Angriffe von Mikroorganismen. Das Tegowiroverfahren wurde zuerst mit Erfolg bei der Verleimung von Eisenbahnschwellen angewendet, wobei auch die Tränkung des Holzes mit Teeröl nicht störte. Es dürfte weiter Aussichten eröffnen für die Verleimung voller Holzquerschnitte im Bauwesen, insbesondere für zusammengesetzte I-Träger.

---

[1] Eickner, H. W., E. A. Mraz u. H. D. Bruce: Resistance to Fatigue Stressing of Wood-to-Metal Joints Glued with Several Types of Adhesives, U.S. For. Prod. Lab. Rep. Nr. 1545, Madison, Wisc. 1946.

[2] Lüthy, W.: Holz als Roh- und Werkstoff Bd. 1 (1937/38) S. 178.

956.32 Acetylenruß- (Gallay-) Verfahren. Nach einem Vorschlag von W. Gallay und G. Graham[1] setzt man zwecks Fugenheizung dem flüssigen Kunstharzleim graphitierten Acetylenruß zu. Unter Umständen ist es auch möglich, als Träger Papier, Baumwolle oder Gewebenetze zu verwenden. Beim Anlegen einer Spannung von rund 110 bzw. 220 Volt (Wechsel- oder Gleichstrom) erhitzt sich die Leimfuge. Das Verfahren ist für dieselben Anwendungsgebiete gedacht wie das Tegowiroverfahren, hat sich jedoch — wahrscheinlich in der Hauptsache wegen Schwierigkeiten in der Elektrodenanordnung — nicht eingebürgert.

956.4 Verleimung mit Infrarot-Strahlen-Erhitzung.

Infrarotstrahlen lassen sich zur Erhitzung von offenen Leimflächen und aufgelegten Leimfilmen benutzen. Insbesondere scheint diese Technik bei wärmeplastischen Kunstharzleimen anwendbar zu sein. O. Suchsland[2] hat dazu Untersuchungen angestellt mit Mowicoll T, einer Polyvinylacetatdispersion, deren Trockenstoffgehalt etwa 50% beträgt. Der Abbindevorgang dieses Leims beruht auf der Abwanderung des Dispersionsmittels und der Koagulation der dispergierten Harzteilchen. Die Verdunstung des Dispersionsmittels aus dem Leimfilm erfuhr durch die Anwendung von Infrarotstrahlen eine wesentliche Beschleunigung. Das Erreichen einer bestimmten Temperatur hängt vom Strahlerabstand und von der Bestrahlungszeit ab. Für die Verdunstung des Dispersionsmittels und zum Fließen des Leimfilms genügt eine Bestrahlung von 3 min bei einem Strahlerabstand von 15 cm. Sofort nach Bestrahlung der offenen Leimfläche muß die Leimfuge geschlossen werden. Um gute Bindefestigkeit zu erzielen, ist ein verhältnismäßig hoher Preßdruck (30 kg/cm^2) kurz (1 s) anzuwenden. Nach Abkühlung des Leimes auf Normaltemperatur in etwa 15 bis 30 min werden die üblichen Leimfestigkeiten erreicht. Höhere Temperaturen ermöglichen eine bessere Verbindung, allerdings wird die Aushärtung verzögert. Bei Überschreitung einer optimalen Wartezeit von etwa 25 min verschlechtert sich die Strahlungsabsorption des Leimfilms und die Erhitzungsgeschwindigkeit nimmt ab. Noch zu ermitteln ist die optimale Strahleranordnung. Bei kleinen Strahlerabständen ist der starke Abfall der Bestrahlungsstärke mit der Entfernung des zu erwärmenden Guts von der Strahlerachse nachteilig. Eine kontinuierliche Bewegung der Leimfläche unter den Strahlern ist zum Ausgleich zu empfehlen.

956.5 Hochfrequenzverleimung.

956.50 Allgemeines über die Hochfrequenzverleimung. Die Anwendung hochfrequenter Ströme zur Heizung hat heute auf zwei verschiedenen Gebieten der Technik weitgehend Eingang gefunden: 1. für die Erhitzung von Metallen durch elektromagnetische Induktion von Wirbelströmen im Werkstück; 2. für die Erwärmung von elektrischen Nichtleitern durch dielektrische Verluste. Das zweite Verfahren, das für die Holztechnik große Bedeutung erlangt hat, sollte ursprünglich zur Holztrocknung herangezogen werden. Dieser Gedanke wurde meines Wissens zum ersten Mal im Jahre 1928 in USA von W. R. Whitney (dem späteren Vizepräsidenten der General Electric Company) ausgesprochen[3] und 1929 in England patentiert. In Deutschland wurde die Erhitzung von Holz

[1] Gallay, W. u. G. Graham: Chem. Ind. Bd. 54 (1954) S. 196, Ref. Kunststoffe Bd. 36 (1946) S. 124; — vgl. W. Küch: Holz als Roh- und Werkstoff Bd. 9 (1951) S. 35.

[2] Suchsland, O.: Über die Anwendungsmöglichkeiten von Infrarotstrahlern bei der Holzverleimung, unveröffentlichte Diplomarbeit, Hamburg 1952.

[3] Vgl. bei H. D. Tiemann: Wood Technology. 2. Aufl., New York und Chicago 1944, S. 210.

unter der Wirkung von Hochfrequenzströmen im Jahre 1931 vom Reichspostzentralamt in Gemeinschaft mit der Telefunken GmbH. untersucht[1]. Die Forschungen bezweckten dabei die Klärung der elektrischen Verluste in Antennentürmen; die Erhitzung des feuchten Holzes von hölzernen Antennentürmen im hochfrequenten Wechselfeld wurde als schädlicher Verlust behandelt, eine technische Ausnützung der Erscheinungen lag abseits der Gedankengänge. In den Jahren nach 1933 erschienen dann in der Sowjetunion Mitteilungen über das Verhalten von feuchtem Holz in Hochfrequenzfeldern, wobei die Möglichkeit der künstlichen Trocknung erörtert wurde[2]. Beobachtet wurde in diesem Zusammenhang auch eine eigentümliche Temperaturverteilung: Das Holz wird durch seine ganze Masse hindurch gleichmäßig erhitzt; lediglich an den Oberflächen findet eine Abkühlung durch die Verdunstung und durch Wärmeverluste statt. Bei der Erwärmung des Holzes mit äußeren Wärmequellen ist der Temperaturverlauf infolge der Wärmeübertragung von außen nach innen gerade umgekehrt.

Über die praktische Anwendung der Hochfrequenztrocknung wurde in den folgenden Jahren wenig bekannt. Aus der Sowjetunion kamen aber 1937 Berichte über die industrielle Hochfrequenztrocknung von Holz, wobei die Wellenlängen 10 bis 40 m, der Energieverbrauch bei Entwässerung bis zum Fasersättigungspunkt 1 kWh je kg Wasserentzug, bei Trocknung darunter auf 18 bis 20% Feuchtigkeitsgehalt 1,5 kWh je kg Wasserentzug betragen haben sollen[3]. Nach 1936 wurden Entwicklungsarbeiten auf dem Gebiete der Hochfrequenztechnik für die Holzindustrie in Deutschland durch die Siemens-Schuckertwerke AG. durchgeführt. Eine Reihe von Patenten wurde angemeldet, die sich im wesentlichen auf die Holztrocknung erstreckten[4]. Allerdings tauchte in jenen Jahren auch erstmals der Gedanke auf, die Hochfrequenzerhitzung bei der Heißverleimung von Hölzern heranzuziehen[5]. In großem Umfang wurde die Hochfrequenzverleimung dann während des zweiten Weltkrieges vor allem in England und USA bei der Herstellung von Flugzeugen eingesetzt[6]. In Deutschland benutzten die Junkers-Flugzeugwerke in Verbindung mit den Siemens-Schuckert-Werken von 1943 ab die Hochfrequenzerhitzung zum Verleimen größerer Bauteile (z. B. des Schichtholzgurtes eines Tragflächenholms)[7].

Die besondere Bedeutung der Hochfrequenzverleimung ergibt sich aus einer Betrachtung der modernen Holzverleimung mit Kunstharzleimen. Alle bisher im Handel befindlichen Kunstharzleime — wenn man von den sehr teuren Resorcinharzleimen absieht — benötigen, wenn sie innerhalb verhältnismäßig kurzer Zeiten abbinden sollen, die Anwendung hoher Preßtemperaturen zwischen etwa 70° C und 160° C sowie (mit Ausnahme der Äthoxylinharze) entsprechend hoher Preßdrücke. Manche Leime härten fast augenblicklich aus, wenn eine bestimmte erhöhte Temperatur erreicht wird. Die gleichmäßige Erhitzung des

[1] Kollmann, F.: Technologie des Holzes, 1. Aufl., Berlin 1936, S. 129, Anm. 3.

[2] Abramenko, S.: Mechanische Holzbearbeitung, Moskau 1934, Nr. 10, S. 65. — M. W. Prolow, W. I. Maleev u. W. W. Prolow: Mechanische Holzbearbeitung, Moskau 1935, Nr. 2/3, S. 85; — Anonymus: Die elektrische Holztrocknung, Novosty Tekniki Jg. 1937, Nr. 16.

[3] Jemtzeff: Z. Weltforstwirtschaft Bd. 7 (1937) S. 807.

[4] DRP 682375 vom 10. 1. 1936; Nr. 688458 vom 10. 1. 1936; Nr. 689798 vom 10. 1. 1936; Nr. 693972 vom 19. 3. 1936; Nr. 698868 vom 19. 1. 1936; Nr. 699082 vom 7. 6. 1939; Nr. 699600 vom 28. 1. 1939; Nr. 701178 vom 28. 7. 1936

[5] DRP 682509 vom 16 10. 1939; — DBP 886511 vom 13. 8. 1953; — US Pat. Nr. 2087480 vom 20. 7. 1937 (E. C. Pitman).

[6] Eine Bibliographie darüber findet sich in Electronic Engineering, August 1945, S. 630.

[7] Ritter, E. J.: Holz-Zbl. Bd. 77 (1951) S. 497.

Holzes, insbesondere in dickeren Schichten, bringt aber, wenn mit den üblichen Erwärmungsverfahren — z. B. hydraulischen Heizpressen, Autoklaven, Widerstandsheizbändern — gearbeitet wird, erhebliche Schwierigkeiten mit sich. Bedingt sind sie durch das schlechte Wärmeleitvermögen des trockenen Holzes. Will man beispielsweise 40 mm dickes Lagenholz in einer dampfbeheizten Presse mit Kunstharzleim verleimen, so benötigt man etwa 45 min Preßzeit, um die erforderliche Abbindetemperatur auch im Innern der Platte zu erreichen[1]. So lange Anwärmezeiten sind nicht nur unwirtschaftlich, sondern sie bringen die Gefahr unzulässiger Austrocknung des Holzes, insbesondere in den äußeren Schichten mit sich. Geht man hier zur Hochfrequenzerhitzung über, dann kann man unter Umständen mit weniger als 1 min Preßzeit je nach der verfügbaren Leistung auskommen. Die Ursache liegt darin, daß 1. die Hochfrequenzerhitzung zu einer Erwärmung des Gutes von innen heraus führt und 2. infolge der verschiedenen chemischen Struktur des Holzes und der Kunstharzleime bei entsprechender Anordnung der Elektroden eine ausgesprochen selektive Erwärmung der Leimfugen gelingt. In diesem Fall erhitzen sich die feuchten Leimschichten weit höher als das umgebende Holz, wodurch auch die Gefahr der Schädigung des Holzes ausgeschaltet wird. Auf das Wesen der selektiven Erwärmung wird im nächsten Abschnitt noch näher eingegangen werden.

Infolge der kurz gestreiften Vorzüge ist die Hochfrequenzverleimung heute aus der Holzindustrie nicht mehr wegzudenken, jedoch ist ihre Anwendung nur dort gerechtfertigt, wo eindeutige und wirtschaftliche Vorteile damit erzielt werden[2]. Da die Erhitzung mit Hochfrequenzfeldern an sich kostspieliger ist als die mit anderen Wärmequellen, sind vor dem Einsatz im Zusammenwirken der Holzfachleute mit Hochfrequenztechnikern die Voraussetzungen zu klären. Wichtig ist folgendes:

1. Die Aufgaben, zu denen die Hochfrequenztechnik herangezogen wird, sollen auf andere Weise nicht befriedigend zu lösen sein;
2. die Möglichkeit der Kostensenkung durch Einsparung von Arbeitszeiten und Nebenkosten soll möglich sein;
3. selektive Erhitzung soll durchführbar sein, um die Anlage- und Betriebskosten niedrig halten zu können;
4. Produktionssteigerung muß möglich und erwünscht sein.

Grundsätzlich fehl am Platze ist die Hochfrequenzerhitzung bei der Verleimung von dünnen Stücken, z. B. Sperrplatten mit weniger als 10 mm Dicke, sowie beim Überfurnieren, da hier die mit Heißwasser oder Dampf beheizten hydraulischen Pressen sehr wirtschaftlich sind und durch Übergang zur Hochfrequenzerhitzung keine nennenswerte Leistungssteigerung möglich ist.

956.51 Physikalische Grundlagen der Hochfrequenzerhitzung. 956.511 Kapazitive Erwärmung eines homogenen Mediums. Die Molekularphysik hat in Form der Dipoltheorie von P. Debye[3] die dielektrischen Eigenschaften der organischen Stoffe weitgehend aufgeklärt und in gesetzmäßigen Zusammenhang mit ihrem Feinbau gebracht. Man weiß heute, daß die Erhitzung von dielektrischen Stoffen in hochfrequenten Wechselfeldern von der oszillierenden Orientierung der Moleküle innerhalb des Stoffs herrührt. Jedes Molekül besteht aus verschiedenen Atomen, deren elektrische Ladungen sich

---

[1] Sandweg, K.: Holzverleimung im Hochfrequenz-Kondensatorfeld, VDE-Fachberichte Bd. 17 (1953).

[2] Kollmann, F.: Die Hochfrequenztechnik in der Holzindustrie, in F. Kollmann u. R. Keylwerth: Beiträge zur Kraft- und Wärmewirtschaft in der Holzindustrie, Stuttgart 1950, S. 72.

[3] Debye, P.: Polare Molekeln, Leipzig 1929.

in ihrer Wirkung nach außen nicht ausgleichen — wenn man von besonders symmetrisch gebauten Molekülen, z. B. reinen Kohlenwasserstoffen, absieht — und dem Molekül damit den Charakter eines elektrischen Dipols verleihen. Im elektrischen Feld erfährt das Molekül also eine Orientierung. Praktisch können aber die Moleküle eines Dielektrikums ihren, dem angelegten Feld entsprechenden Ordnungszustand nicht sofort erreichen, da sie sich gegenseitig an der Ausrichtung hindern. Es entsteht dabei Reibung. Die Einstellung dauert eine bestimmte Zeit (das Maß dafür ist die „Relaxationszeit"). Liegt an dem mit dem Dielektrikum gefüllten Kondensator eine sinusförmige Wechselspannung, so ist der Verschiebungs- (Blind-)strom gegen die Spannung nicht mehr um genau $\frac{\pi}{2}$ Phasen verschoben; er besitzt eine Ohmsche (Wirk-)Komponente, d. h. es entstehen elektrische Verluste, die sich in Wärmeentwicklung äußern.

Allerdings muß der Durchgang eines kapazitiven Stroms durch ein Dielektrikum nicht unbedingt eine Erhitzung verursachen. Enthält der Kondensator z. B. ein Vacuum oder ein Gas, so werden selbst sehr starke hochfrequente Ströme keine merkliche Erwärmung herbeiführen. Anders verhalten sich jedoch feste Körper und Flüssigkeiten, die unter diesen Voraussetzungen hoch erhitzt werden. L. Hartshorn[1] hat darauf aufmerksam gemacht, daß die Vorgänge leicht zu verstehen sind, wenn man sie in Beziehung zu einem mechanischen Analogum bringt. Ein Dielektrikum verhält sich in einem oszillierenden elektrischen Feld ähnlich wie ein System in mechanischer Vibration (z. B. die Unruhe einer Uhr, eine Stimmgabel, eine Telephonmembran usw.). Die wirkende beträchtliche Schwingungsenergie läßt sich durch die Verformung ausdrücken, die das System in den Totpunkten (Geschwindigkeit Null) der Oszillation hat. Wärme würde nicht entwickelt, wenn das System von den Totpunkten jeweils mit gleichbleibenden Amplituden, also verlustfrei, in seine Gleichgewichtslage zurückkehren würde. Das Spannungs-Verformungs-Diagramm wäre in diesem Fall eine gerade Linie (Bild 1163a), längs der sich der Bezugspunkt hin und her bewegt, wobei seine Verschiebung stets in Phase mit der Antriebskraft ist. In Wirklichkeit gibt es ein derartiges System nicht, vielmehr hinkt die Verschiebung um einen kleinen Winkel der Antriebskraft nach. Es entsteht eine Hysterese, und das Spannungs-Verformungs-Diagramm wird eine schmale Schleife. Die zur Erreichung eines Schwingungsausschlags aufgewendete Energie wird bei der Rückkehr zur Gleichgewichtslage (Verschiebung Null) nicht mehr in voller Höhe zurückgewonnen. Es entsteht ein Energieverlust, der thermodynamisch durch den Flächeninhalt der Hysteresisschleife ausgedrückt wird und als Verlustwärme in Erscheinung tritt.

Es ist einleuchtend, daß die Verlustwärme je Zeiteinheit (s) verhältnisgleich der Zahl der Schleifen je Zeiteinheit, also der Frequenz, sein muß und daß sie zunimmt mit der Größe der die Verformung bedingenden Energie. Ganz ähnlich sind die Verhältnisse in einem hochfrequenten Schwingungskreis. Die dielektrische Erhitzung rührt hier ebenfalls von Nachwirkungserscheinungen her, von einer Phasendifferenz zwischen der Feldstärke und der dielektrischen Verschiebung[2]. Demgemäß eilt der durch den Kondensator fließende Strom nicht um den Winkel $\varphi = \frac{\pi}{2} = 90°$, sondern um den etwas kleineren Winkel in Phase gegen die Spannung vor ($\varphi = 90° - \delta$). Der Phasenverschiebung δ entsprechen die dielektrischen Verluste; δ heißt deshalb auch der Verlustwinkel.

---

[1] Hartshorn, L.: Radio-Frequency Heating, London 1949, S. 148.

[2] Stel, M., und E. C. Witsenburg, Philips Technische Rundschau Bd. 11 (1950), S. 236.

Wird ein Stück Holz zwischen zwei Elektroden gebracht, an die eine hochfrequente Wechselspannung gelegt ist (Bild 1164 a), dann kann das Elektrodensystem und das Holz als gleichwertig einem Kondensator mit der Kapazität C [Farad] und einem parallel geschalteten Widerstand R [Ω] betrachtet werden (Ersatzschaltbild) (Bild 1164 b). Der Strom I in dem System setzt sich aus zwei Komponenten zusammen: i_C durch den Kondensator, i_R durch den Widerstand. Im Vektordiagramm (Bild 1165) ist φ der Phasenwinkel und $\delta = 90° - \varphi$ der Verlustwinkel. Die Leistung N in dem Kreis ist

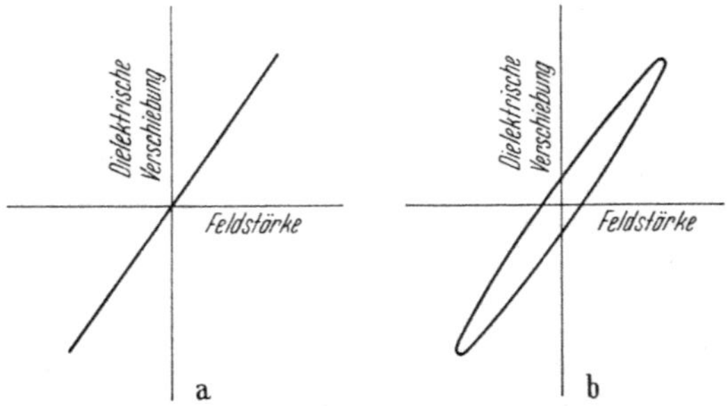

Bild 1163. Indikatordiagramme für den Zusammenhang zwischen Feldstärke und dielektrischer Verschiebung. Die Steigung bestimmt die Dielektrizitätskonstante ε. a) bei einem vollkommenen Dielektrikum tg $\delta = 0$; b) bei einem gewöhnlichen Festkörper oder einer Flüssigkeit. tg δ ist proportional dem Inhalt der Schleife. (Nach L. Hartshorn.)

$$N = UI \cdot \cos\varphi = U \cdot i_R = \frac{U^2}{R} = \omega C \cdot U^2 \cdot \frac{1}{\omega C R} = \omega \cdot C U^2 \operatorname{tg}\delta, \qquad (182)$$

die Impedanz des Kondensators ist

$$X_C = \frac{1}{\omega C} = \frac{1}{2\pi f C}, \qquad (183)$$

wobei ω die Kreisfrequenz und f die Frequenz [1/s] ist.

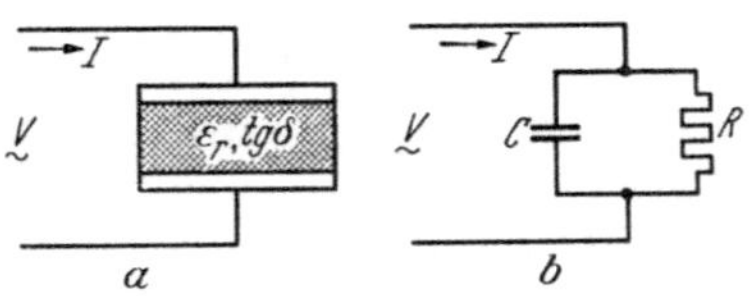

Bild 1164. Schematische Darstellung a eines Dielektrikums (mit der relativen Dielektrizitätskonstante ε_r und dem Verlustwinkel tg δ) zwischen zwei Elektroden, die an eine Wechselspannungsquelle V angeschlossen sind, b des Ersatzschaltbilds für den bei (a) abgebildeten Kondensator. (Nach M. Stel und E. C. Witsenburg.)

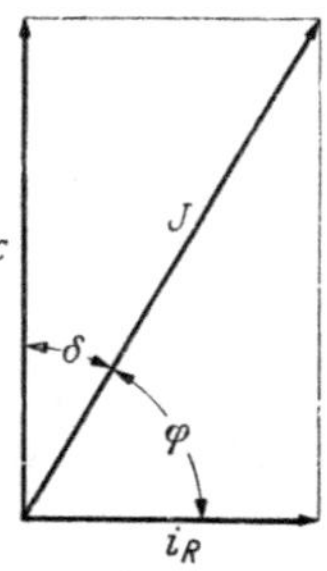

Bild 1165. Vektor-Diagramm.

Die Kapazität C des Kondensators errechnet sich zu

$$C = \frac{\varepsilon_a F}{d} = \frac{\varepsilon_0 \cdot \varepsilon F}{d}. \qquad (184\,a)$$

worin ε_a die absolute, ε die relative Dielektrizitätskonstante, ε_0 die Dielektrizitätskonstante des Vacuums $\left(\frac{1}{36\pi} \cdot 10^{-11} = 8{,}855 \cdot 10^{-14}\ \mathrm{F/cm}\right)$ sind. Damit ergibt sich

$$C = 8{,}855 \frac{\varepsilon \cdot F}{d} \cdot 10^{-14}, \qquad (184\,b)$$

aus (183) und (184) folgt

$$X_C = \frac{18 \cdot 10^{11} \cdot d}{f \cdot \varepsilon \cdot F}. \qquad (185)$$

Nun ist

$$\frac{X_C}{R} = \frac{i_R}{i_C} = \operatorname{tg}\delta = \operatorname{tg}(90° - \varphi) \qquad (186)$$

und für kleine Winkel, da dann $\operatorname{tg}(90° - \varphi) = \sin(90° - \varphi) = \operatorname{tg}\delta = \cos\varphi$, also

$$\frac{1}{R} = \frac{\operatorname{tg}\delta}{X_C} = \frac{f \cdot \varepsilon \cdot F \cdot \operatorname{tg}\delta}{18 \cdot 10^{11} \cdot d}\,[\Omega^{-1}]. \qquad (187)$$

Die spezifische Leitfähigkeit $\varkappa$ ist definiert als

$$\varkappa = \frac{1}{R} \cdot \frac{d}{F} = \frac{f \cdot \varepsilon \cdot \operatorname{tg} \delta}{18 \cdot 10^{11}} = 0{,}556 \cdot 10^{-12} f \cdot \varepsilon \cdot \operatorname{tg} \delta \, [\Omega^{-1}\,\mathrm{cm}^{-1}]. \qquad (188)$$

Das dielektrische Verhalten des Holzes in einem hochfrequenten Wechselfeld wird also bestimmt durch seine Dielektrizitätskonstante ε, die spezifische Leitfähigkeit $\varkappa$ und den Verlustfaktor $\operatorname{tg}\delta$. Jede dieser Größen kann aus den beiden anderen mit Hilfe von Gleichung (188) berechnet werden. Die spezifische Leitfähigkeit ist von besonderer Bedeutung, da sie die Energieverluste und damit die Temperaturerhöhung im Holz bestimmt. Aus Gleichung (182) und (188) folgt:

$$N = E^2 \varkappa \frac{F}{d}. \qquad (189)$$

worin E der Effektivwert der angelegten Spannung, die Feldstärke $[V \cdot \mathrm{cm}^{-1}]$ ist.

Setzt man nun den Wert für $\varkappa$ gemäß Gleichung (188) in Gleichung (189) ein, so ergibt sich, wenn man den Körper als homogen auffaßt (also von Randeffekten absieht),

$$N = E^2 \frac{f \cdot \varepsilon \cdot \operatorname{tg} \delta \cdot F}{1{,}8 \cdot 10^{12}\, d} = 0{,}556 \cdot E^2 \cdot f \cdot \operatorname{tg} \delta \frac{F}{d} \cdot 10^{-12} \qquad (190\text{a})$$

oder, wenn man den Leistungsverlust auf 1 cm³ Material bezieht,

$$N = 0{,}556 \cdot E^2 \cdot f \cdot \varepsilon \cdot \operatorname{tg} \delta \cdot 10^{-12} \, [\mathrm{W/cm^3}]. \qquad (190\text{b})$$

Soll die dielektrische Verlustleistung N der kapazitiven Erhitzung eines Körpers nutzbar gemacht werden, so kann man, wenn man von den Wärmeverlusten durch Leitung und Strahlung absieht (was zulässig ist, da das Material ein schlechter elektrischer und damit auch thermischer Leiter ist und da bei der kapazitiven Erhitzung von Holz gewöhnlich keine höheren Temperaturen als 150° C in Frage kommen), wieder bezogen auf 1 cm³ Material, setzen

$$N = \frac{G}{V} \cdot c \frac{d\vartheta}{dz} = \varrho \cdot c \cdot \frac{d\vartheta}{dz} \left[\frac{\mathrm{Watt}}{\mathrm{cm^3}}\right], \qquad (191)$$

worin G das Gewicht des Körpers [g], V sein Volumen [cm³], c die spezifische Wärme in [Joule/g° C], $\varrho = \frac{G}{V}$ die Wichte in [g/cm³], ϑ die Temperatur in [°C] und z die Zeit in [s] ist.

Aus Gleichung (190b) und (191) folgt

$$\frac{d\vartheta}{dz} = 0{,}556 \cdot 10^{-12} \cdot \frac{\varepsilon \cdot \operatorname{tg} \delta}{\varrho \cdot c} \cdot E^2 f. \qquad (192)$$

Gleichung (192) läßt für einen gegebenen Werkstoff mit den Materialkonstanten ε, $\operatorname{tg}\delta$, ϱ und c die Geschwindigkeit der Temperatursteigerung als Funktion der Feldstärke E und der Frequenz f berechnen. Umgekehrt kann die Frage beantwortet werden, welche Frequenz erforderlich ist, um beispielsweise ein Stück Holz in einer gegebenen Zeit um eine bestimmte Temperaturspanne zu erhitzen.

In Anlehnung an M. Stel und E. C. Witsenburg sei ein Beispiel angeführt. Um ein Stück Holz ($\varepsilon = 3$, $\operatorname{tg}\delta = 6 \cdot 10^{-2}$, $\varrho = 0{,}6$ g/cm³, $c = 0{,}41$ cal/g° C $= 1{,}7$ J/g° C) in 1,5 min um 90° C zu erhitzen, findet man aus Gleichung (192), daß für eine Feldstärke von 10^3 V/cm (die ungefähr die obere zulässige Grenze ist, um Überschläge zu vermeiden, wenn die Leimfugen senkrecht zum Feld stehen) die erforderliche Frequenz $f = 10^7$ Hz $=$ MHz ist. Verlaufen die Leimfugen parallel zur Feldrichtung, so erhält man Sicherheit gegen Überschläge nur dann, wenn man die Feldstärke in der Leimfuge 400 V/cm nicht überschreiten läßt. Für diesen Fall wäre mit den Zahlen des obigen Beispiels die erforderliche Frequenz $6{,}3 \cdot 10^7$ Hz $= 63$ MHz.

956.512 Kapazitive Erwärmung eines inhomogenen Mediums, selektive Erwärmung. Beim Verleimen von Holz liegt zwischen den Kondensatorplatten kein homogenes Medium, wie Bild 1164a schematisch darstellt, sondern der Raum zwischen den Kondensatorplatten wird durch verschiedene homogene Dielektrika ausgefüllt, die in den Grenzschichten verleimt werden sollen. Dabei gibt es zwei grundsätzlich verschiedene Möglichkeiten, je nachdem die Leimfugen parallel oder senkrecht zu den Feldlinien verlaufen, wie Bild 1166 zeigt.

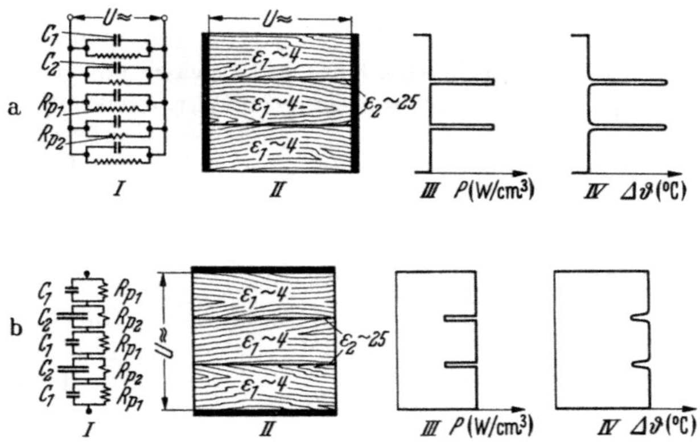

Bild 1166. Schematische Darstellung der dielektrischen Erwärmung bei der Holzverleimung, a Leimfugen in Richtung der Feldlinien, b Leimfugen quer zu den Feldlinien. I Ersatzschema; II Elektrodenanordnung; III Leistung N je Volumeneinheit; IV relative Temperatur. (Nach A. Goldstein.)

Denken wir uns nur zwei Holzklötze parallel geschaltet, so lehrt das Ersatzschema, daß es sich in elektrischer Hinsicht hier um zwei parallelgeschaltete Kondensatoren handelt. Am Leim und am Holz liegt die gleiche Feldstärke. Wendet man nun Gleichung (192) an, so ergibt sich für gleichbleibendes E und f, jedoch mit verschiedenen Werten von ε, $\operatorname{tg}\delta$, ϱ und c (wobei die beiden Dielektrika mit den Indices 1 und 2 gekennzeichnet werden)[1]:

$$\frac{d\vartheta_1}{dz} : \frac{d\vartheta_2}{dz} = \frac{\varepsilon_1 \cdot \operatorname{tg}\delta_1}{\varepsilon_2 \cdot \operatorname{tg}\delta_2} \cdot \frac{\varrho_2 \cdot c_2}{\varrho_1 \cdot c_1}. \tag{193}$$

Weiter folgt aus Gleichung (191) und (193), daß sich die je Volumeneinheit erzeugten Wärmeleistungen N in (W/cm³] wie die Produkte $\varepsilon \cdot \operatorname{tg}\delta$ beider Stoffe zueinander verhalten. In Abschnitt 956.513 sind nähere Angaben über die dielektrischen Eigenschaften von Hölzern und Leimen zusammengestellt. Hier sei folgendes vorweg genommen: Die flüssigen Kunstharzleime haben sehr hohe Dielektrizitätskonstanten (z. B. $\varepsilon = 25$) und Verluste ($\operatorname{tg}\delta = 0{,}7$), während für Holz etwa, wie oben benutzt, $\varepsilon = 3$ und $\operatorname{tg}\delta = 0{,}06$ gelten. Die Produkte $\varepsilon \cdot \operatorname{tg}\delta$ von Leim zu Holz verhalten sich also annähernd wie 97:1, so daß praktisch nur die Leimfuge erhitzt wird (s. Bild 1166a Teil III und IV). Man spricht dann von selektiver Erwärmung. Stehen die Holz- und Leimschichten senkrecht zu den Feldlinien, wie dies bei der Herstellung von Sperrholz der Fall ist (Bild 1166b), so handelt es sich um eine Serienschaltung. Die Feldstärken E in den verschiedenen Werkstoffen sind dann nicht gleich groß, vielmehr gilt [1] für die Schicht mit der Dielektrizitätskonstante ε_1, dem Verlustwinkel δ_1 und der Dicke d_1

$$E_1 = \frac{\varepsilon_1}{\varepsilon_1 d_2 + \varepsilon_2 d_1} \cdot U. \tag{194 a}$$

[1] Stel, M., und E. C. Witsenburg, Philips Technische Rundschau Bd. 11 (1950), S. 236.

Sinngemäß gilt für die andere Schicht

$$E_2 = \frac{\varepsilon_2}{\varepsilon_1 d_2 + \varepsilon_2 d_1} \cdot U. \tag{194b}$$

Für das Verhältnis der Geschwindigkeiten der Temperaturzunahme findet man aus den Gleichungen (191) und (194)

$$\frac{d\vartheta_1}{dz} : \frac{d\vartheta_2}{dz} = \frac{\varepsilon_2 \operatorname{tg} \delta_1}{\varepsilon_1 \operatorname{tg} \delta_2} \frac{\varrho_2 \cdot c_2}{\varrho_1 \cdot c_1}. \tag{195}$$

Vergleicht man Gleichung (193) mit Gleichung (195), so sieht man sofort, daß sich bei Serienschaltung die Erwärmungsgeschwindigkeiten und damit auch die je Volumeneinheit erzeugten Wärmeleistungen völlig verschieden verhalten müssen wie bei Parallelschaltung. Es ergibt sich, daß die Wärmeleistung N je Volumeinheit sich nun wie die Größen $\frac{\operatorname{tg} \delta}{\varepsilon}$ beider Stoffe zueinander, d. h. wie 1 : 0,45 für Leim und Holz verhalten. Die Erwärmung des Leims erfogt also in diesem Fall nur wenig schneller als die des Holzes.

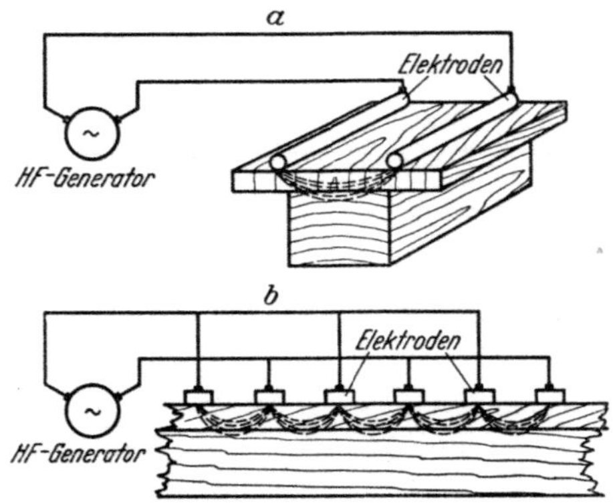

Bild 1167. Schematische Darstellung der Streufelderhitzung, a mit röhrenförmigen, b mit stabförmigen Elektroden.

Es leuchtet ein, daß bei der Hochfrequenzverleimung die selektive Erwärmung besonders günstig ist, da es praktisch nur darauf ankommt, den Leim in der Fuge durch Hitze zum Abbinden zu bringen, während die Erwärmung des Holzes nutzlos, ja unerwünscht ist. Man hat Anordnungen der Elektroden ersonnen, die durch Ausbildung von Streufeldern selektive Erwärmung ermöglichen. Bild 1167 zeigt, daß sich zwischen stab- oder röhrenförmigen Elektroden, die auf das Arbeitsstück, parallel zueinander, gelegt und, wie gezeichnet, geschaltet werden, etwa sichelförmige Feldlinien ausbilden können, die mehr oder minder parallel zu den Leimfugen verlaufen.

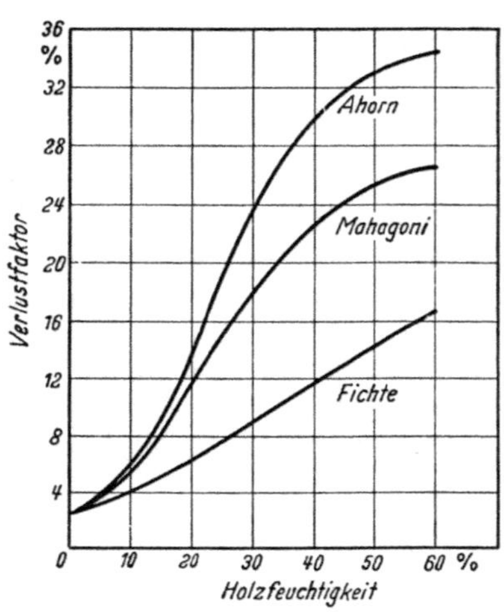

Bild 1168. Abhängigkeit des dielektrischen Verlustfaktors verschiedener Hölzer von der Holzfeuchtigkeit. (Nach J. P. Taylor.)

956.513 Dielektrische Eigenschaften von Hölzern und Holzleimen. 956.513.1 *Dielektrische Eigenschaften von Hölzern.* Über die dielektrischen Eigenschaften der Hölzer finden sich in Bd. I, S. 532ff. ausführliche Mitteilungen und Tabellen. Insbesondere ist dort auch an Hand von Kurven die Abhängigkeit der Dielektrizitätskonstante und des Verlustfaktors $\operatorname{tg}\delta$ von der Frequenz und Holzfeuchtigkeit dargestellt. Weiter ist dort gezeigt, daß die Cellulose für das dielektrische Verhalten der Hölzer maßgebend ist. Zur Ergänzung dienen die folgenden Zahlentafeln sowie Bild 1168, 1169, 1170 und 1171. Zusammenfassend ist zu sagen, daß sich die Dielektrizitätskonstante, der Verlustfaktor (bei gleichbleibender Rohwichte und Frequenz) und die spezifische Leitfähigkeit mit der Holzfeuchtigkeit erhöhen. Zur Rohwichte ist die Dielektrizitätskonstante proportional, unabhängig von der Holzart.

956.513.2 *Dielektrische Eigenschaften von Holzleimen.* Wie schon mitgeteilt, unterscheiden sich die handelsüblichen Kunstharzleime in ihren dielektrischen Eigenschaften sehr wesentlich von den Hölzern. Angaben finden sich in Zahlentafel 147 bis 149.

Zahlentafel 144. *Spezifische elektrische Leitfähigkeit* [Ω^{-1} cm^{-1}] *und Dielektrizitätskonstante von Hölzern bei verschiedener Feuchtigkeit und Frequenz*[1]. (*Nach R. F. S. Hearmon.*)

u = Holzfeuchtigkeit in % f = Frequenz in kHz
ε = Dielektrizitätskonstante $\varkappa$ = Spez. elektrische Leitfähigkeit in Ω^{-1}cm^{-1}
Temperatur 18° C

Holzart	u								
Fagus silvatica Jahrringe ∥ Feldlinien	60	f	801	6530	20600	32100			
		ε	61,6	32,9	26,9	26,3			
		$\varkappa \cdot 10^6$	26,4	63,2	127	171			
	23	f	9	100	1040	10000	31400	46000	
		ε	46,3	25,0	16,6	13,9	13,5	13,4	
		$\varkappa \cdot 10^6$	0,55	0,87	2,40	10,9	34,3	52,5	
	15	f	1	1240	11000	37000	55500		
		ε	18,0	10,0	9,7	9,6	9,5		
		$\varkappa \cdot 10^6$	0,016	0,46	3,93	16,3	32,3		

Holzart									
Fagus silvatica Jahrringe ⊥ Feldlinie	54	f	1	9	600	6700	21000	32600	
		ε	5360	940	70	34,6	30,4	30,3	
		$\varkappa \cdot 10^6$	28,6	35,2	48,4	111	200	209	
	23	f	90	1000	8200	30000	46000		
		ε	34,2	22,4	11,5	12,0	12,0		
		$\varkappa \cdot 10^6$	0,76	4,26	18,2	42,7	64,2		
	16	f	1	90	1000	8200	30000	46000	
		ε	15,8	10,6	9,4	9,1	8,5	8,5	
		$\varkappa \cdot 10^6$	0,011	0,055	0,31	2,40	10,7	17,6	
Pinus silvestris L.	45	f	1	9	70	600	6700	21000	3260
		ε	264	61,6	36,4	21,3	15,4	14,4	14,2
		$\varkappa \cdot 10^6$	3,44	3,65	4,26	5,30	15,6	30,0	41,0
	22	f	90	1000	8200	30000	46000		
		ε	14,7	11,3	10,4	10,1	9,9		
		$\varkappa \cdot 10^6$	0,42	1,09	4,32	14,0	25,7		
	15	f	1	90	1000	8200	30000	46000	
		ε	11,2	9,1	8,1	8,1	7,7	7,3	
		$\varkappa \cdot 10^6$	0,011	0,045	0,168	2,12	9,1	16,7	
Quercus pedunculata Ehrh.	62	f	70	600	6700	21000	32600		
		ε	75	47	31	27	27		
		$\varkappa \cdot 10^6$	6,2	15,0	49,8	111	168		

[1] Bemerkenswert sind die außerordentlich hohen Dielektrizitätskonstanten, die bei hoher Holzfeuchtigkeit und niedriger Frequenz (~ 1 kHz, erhalten wurden Bei Buchenholz mit senkrecht stehenden Jahrringen wurde mit $\varepsilon = 5360$ ein Wert erreicht der etwa 70mal so groß ist wie die Dielektrizitätskonstante von Wasser. Eine Erklärung dafür fehlt noch.

Zahlentafel 145. *Spezifische elektrische Leitfähigkeit und Dielektrizitätskonstante für verschiedene imprägnierte und nicht imprägnierte Hölzer. (Nach R. F. S. Hearmon [1].)*

Holzart	Holzfeuchte %	Imprägnierungsmittel	Imprägnierungsmethode	gehärtet (g) ungehärtet (u)	Spezifische elektrische Leitfähigkeit $\varkappa \cdot 10^8$				Dielektrizitätskonstante			
					1 MHz	10 MHz	50 MHz	100 MHz	1 MHz	10 MHz	50 MHz	100 MHz
	0	keine	keine	—		0,5	2	3	2,0	2,0	1,9	1,8
Betula sp.	4,65	„	„	—		1,0	4	6,5	2,3	2,25	2,2	2,15
(Birke)	12,8	„	„	—		1,5	8	17,5	4,4	4,2	3,9	3,8
		B	1	u		2	8,5	12,5	3,7	3,5	3,0	2,8
		E	1	u		2	8	13	3,5	3,3	2,9	2,6
	0	keine	keine	—		1	2	3	2,2	2,2	2,2	2,1
	5,2	„	„	—		1,2	5	8	2,5	2,4	2,3	2,3
	7,5	„	„	—		1,5	6	12	2,7	2,6	2,5	2,5
	10,7	„	„	—		1,7	9	19	4,2	4,1	3,8	3,8
Betula sp.		A	1	u		4	13	22	5,5	4,7	4,0	3,7
(Birke, Splint-		A	2	u		2	8,5	18	3,8	3,6	3,2	3,0
holz)		A	3	u		1,5	6	13	3,5	3,4	3,0	3,0
		A	1	g		8	28	42	9	7,5	6,5	6,5
		A	2	g		7	25	35	8,2	7,0	6,1	6,0
		A	3	g		11	36	55	12	9,5	8,0	7,5
	15	keine	keine	—	0,4	3,6	27		10,2	9,8	9,5	
Fagus silvatica	23	„	„	—	2,4	11,0	58		16,6	13,9	13,3	
Feldlinien	60	„	„	—	29	85	220		57	30	26	
‖ Jahrringe												
	16	keine	keine	—	0,31	3,0	20		9,4	9,0	8,5	
Fagus silvatica	23	„	„	—	4,3	21	75		22	14	12	
Feldlinien	54	„	„	—	59	130	270		59	33	30	
⊥ Jahrringe												
		A	1	u		2,5	9,7	17	3,5	3,3	3,1	3,0
Khaya sp.		C	1	u		1	6	11	3,0	2,8	2,7	2,6
		D	1	u		1,5	6,6	12	3,2	3,1	2,8	2,7
	0	keine	keine	—		0,3	1,5	2,5	2,0	1,9	1,8	1,8
	5,5	„	„	—		0,8	4	7,5	2,4	2,3	2,2	2,1
Liriodendron	6	„	„	—		0,7	3,7	7,2	2,6	2,5	2,3	2,3
tulipifera	11	„	„	—		1	6	13,5	2,75	2,7	2,6	2,6
		A	1	u		2	8	12	3,4	3,1	2,7	2,8
		D	1	u		1	5,5	8,5	2,7	2,6	2,3	2,3
	0	keine	keine	—		0,15	1,25	2,5	1,7	1,7	1,8	1,8
Mahagoni	2,6	„	„	—		0,3	2,0	4,0	2,0	2,0	2,0	1,95
sp. unbestimmt	7	„	„	—		0,5	3,5	6,0	2,3	2,3	2,2	2,2
	12,6	„	„	—		0,7	5,5	10	2,5	2,4	2,3	2,3
	15	keine	keine	—	0,17	2,8	19		8,1	8,1	7,3	
Pinus silvestris	22	„	„	—	1,1	5	30		11,3	10,3	9,9	
	45	„	„	—	7	20	58		20	15	14	
Quercus sp.	62	keine	keine	—	18	64	260		44	30	27	
		A	1	u		2,5	10	15,5	3,7	3,5	3,1	3,0
Swietenia sp.		C	1	u		1,3	7,5	11	3,2	3,1	2,8	2,8
		D	1	u		1,5	8,5	13	3,6	3,4	3,0	3,0

Harz A, B, C mittelpolymer, Harz D, E niederpolymer } Phenol-Formaldehydharze

Behandlung 1: Furniere getrocknet, dann in Imprägniermittel eingetaucht, anschließend auf gewünschte Feuchtigkeit getrocknet.

Behandlung 2: Furniere 24 h in Wasser gelagert, dann 12 h in Imprägniermittel getaucht.

Behandlung 3: Furniere 24 h in Wasser gelagert, dann 24 h in Imprägniermittel getaucht.

[1] Hearmon, R. F. S.: The High Frequency Electrical Properties of Wood and Wood Resin Combinations, Ministry of Aircraft Production, Sci. Techn. Mem. No. C 4/44 FP. 13 RIS. 13, London März 1944.

Zahlentafel 146. *Dielektrizitätskonstante ε und Verlustfaktor* tg δ *von Hölzern. (Nach L. Hartshorn.)*

Holzart	Holzfeuchtigkeit u %	Temperatur °C		100 tg δ in % bei einer Frequenz von		
				1 MHz	10 MHz	100MHz
Betula sp. (Birke) $r_u = 0{,}63$	10	20	3,1	4,0	6,3	8,0
	10	60	3,1	3,5	4,0	5,0
	10	100	2,8	2,4	2,6	—
	10	140	2,6	1,2	1,4	—
Fagus silvatica (Rotbuche)	16	18	9,4	5,8	5,8	—
	16	18	8,5	—	—	8,3
Juglans regia (Walnuß)	trocken	20	2,0	—	3,5	—
	17	20	5,0	—	14	—
Pinus silvestris (Kiefer)	15	18	8,2	4,0	5,9	9,4
$r_u = 0{,}61$	15	18	7,3	—	—	—
Pseudotsuga taxifolia (Douglasie)	11	15	3,2	5,2	8,1	—
$R_u{}^* = 0{,}45$ verdichtet $R_u = 0{,}61$	11	15	4,3	5,7	9,5	—

$$^*R = \frac{\text{Darrgewicht}}{\text{Feuchtvolumen}}.$$

Zahlentafel 147. *Dielektrische Eigenschaften von Holz und Holzleimen bei verschiedener Temperatur. (Nach E. Rushton, E. C. Stanley u. W. A. Scott.)*

Werkstoff	°C	Produkt ε · tg δ bei einer Frequenz von		
		1 MHz	10 MHz	50 MHz
Birkenfurnier allein $u = 10\%$	20	0,13	0,21	0,24
	60	0,11	0,13	0,16
	100	0,067	0,073	—
	140	0,031	0,036	—
Zwei Birkenfurniere, dazwischen flüssige Phenolharz-Leimschicht	20	0,72	0,58	0,49
	40	1,2	0,59	0,48
	60	2,1	0,63	0,49
	80	3,4	1,1	0,48
Zwei Birkenfurniere, dazwischen flüssige Harnstoffharz-Leimschicht	20	0,34	0,31	0,41
	40	0,57	0,38	0,40
	60	1,3	0,56	0,40
	80	2,0	0,79	0,42
Trockener Phenolharzfilm	20	0,10	0,09	—
	60	0,40	0,17	—
	100	0,75	0,55	—
	140	0,50	0,19	—

Zahlentafel 148. *Dielektrizitätskonstante und Hochfrequenz-Leitfähigkeit handelsüblicher Kunstharzleime bei verschiedener Frequenz. (Nach J. M. Yavorsky.)*

Probe	Harztyp	Mischungsverhältnis Härter/Wasser		Dielektrizitätskonstante 4 MHz	8 MHz	12 MHz	16 MHz	Hochfrequenz-Leitfähigkeit [Mikroohm/cm] 4 MHz	8 MHz	12 MHz	16 MHz
A	Flüssiger Harnstoff	—	—	60,6	56,7	55,6	54,6	187	210	246	282
	,, ,,	10	—	—	—	—	—	2450	2510	2590	2590
B	,, ,,	—	—	69,2	65,3	63,8	63,8	202	231	268	313
	,, ,,	20	—	—	—	—	—	3410	3460	3520	3580
C	,, ,,	—	—	52,2	48,8	48,0	47,8	37	60	75	98
	,, ,,	15	—	35,5	32,1	28,8	21,4	1174	1246	1310	1400
D	,, ,,	—	—	50,2	47,0	45,6	45,0	40	61	83	107
	,, ,,	13	—	48,4	42,3	35,6	34,2	725	751	784	824

Zahlentafel 148. *(Fortsetzung)*

Probe	Harztyp	Mischungsverhältnis Härter	Mischungsverhältnis Wasser	Dielektrizitätskonstante 4 MHz	8 MHz	12 MHz	16 MHz	Hochfrequenz-Leitfähigkeit [Mikroohm cm] 4 MHz	8 MHz	12 MHz	16 MHz
E	Harnstoffpulver	—	70	—	—	—	—	4120	4180	4460	4460
F	„	—	60	—	—	—	—	2054	2114	2250	2347
G	„	—	65	—	—	—	—	2690	2730	2870	2890
H	Flüssiges Resorcin	—	—	—	—	—	—	4150	4190	4280	4240
	„ „	17	—	—	—	—	—	2570	2630	2760	2760
I	„ „	—	—	25,8	23,5	22,1	21,8	1240	1255	1310	1330
	„ „	15	—	32,3	29,8	29,5	25,5	807	841	861	924
J	Melaminpulver	10	40	36,9	35,1	31,9	31,4	978	1015	1080	1176
	„	10[1]	40	22,0	11,2	8,8	7,0	1690	1704	1758	1772
K	„	—	65	51,7	49,5	48,8	48,3	172	188	207	232
L	„	—	65	52,6	51,4	50,8	50,8	128	148	161	184
Leitungswasser		—	—	82,3	83,8	86,6	89,0	224	231	248	273

[1] Zwei Teile Kochsalz wurden dem Härter gemäß Anweisung der Herstellerfirma zugefügt.

Zahlentafel 149. *Hochfrequenz-Leitfähigkeit von Holzleimen. (Nach L. Hartshorn.)*

Leimart	Temperatur °C	Hochfrequenz-Leitfähigkeit [Mikroohm/cm] bei einer Frequenz f [MHz] 1	10	50
Phenolharzleim flüssig	20	600	1200	2500
	40	2400	3100	3500
	75	5000	4400	3300
Harnstoffharzleim flüssig	20	300	700	3500
	40	800	800	2600
	75	1000	1200	2100

956.52 Hochfrequenzgeneratoren für die Holzverleimung. 956.521 Frequenz, Wellenlänge. Die bei der Holzverleimung erwünschten kurzen Aufheizzeiten lassen sich nur durch Verwendung sehr hoher Frequenzen im Bereich der Kurzwellen und Ultrakurzwellen wirtschaftlich erreichen. Im allgemeinen können für die Holztechnik Frequenzen von 10 bis 40 MHz in Frage kommen. Zwischen der Wellenlänge λ und der Frequenz f besteht folgende Beziehung:

$$\lambda = \frac{c}{f} = \frac{3 \cdot 10^8}{f} \,[\mathrm{m}], \tag{196}$$

worin $c = 3 \cdot 10^8$ [m/s] die Lichtgeschwindigkeit ist. Dem Frequenzbereich von 10 bis 40 MHz entsprechen also Wellenlängen von 30 bis 7,5 m. In Amerika geht man bis auf 3 MHz herab. Die meisten Fugenverleimpressen arbeiten mit Frequenzen zwischen 3 und 10 MHz[1]. K. Egner[2] bestätigt auf Grund eigener Erfahrungen, daß zur Verleimung vor allem Frequenzen zwischen 1 und 10 MHz, d. h. Wellenlängen zwischen 300 und 30 m in Betracht kommen.

Es ist eine weitverbreitete, aber unrichtige Ansicht, daß sich eine Aufgabe schneller und billiger lösen läßt, wenn man zu höheren Frequenzen übergeht. Tatsächlich tritt eine Verbilligung nur ein[3], wenn

[1] Counc. Sci. Ind. Res. (Australia), For. Prod. News Letter Nr. 164 (Juni 1948), Part II Some Technical Factors Involved in High Frequency Heating.

[2] Egner, K.: Holz-Zentralbl. Bd. 74 (1948) S. 437.

[3] Miller, D. G.: Radio Frequency Bonding of Laminated Beams, Timber of Canada, April 1947.

1. das Bedienungspersonal sich während der Heizperiode anderweitig nicht nutzbringend einsetzen läßt,

2. verhältnismäßig mehr Generatorleistung verfügbar und bei der höheren Frequenz nutzbar ist,

3. die Gestaltung der Elektroden ein höheres Spannungsgefälle ohne Überschläge gestattet,

4. die erhöhten Kapital- und Unterhaltungskosten die Ersparnisse nicht aufwiegen,

5. Form- und Querschnitt der Elektroden noch eine saubere Abstimmung ermöglichen, die ihrerseits eine gleichmäßige Erhitzung des Stoffes gewährleistet.

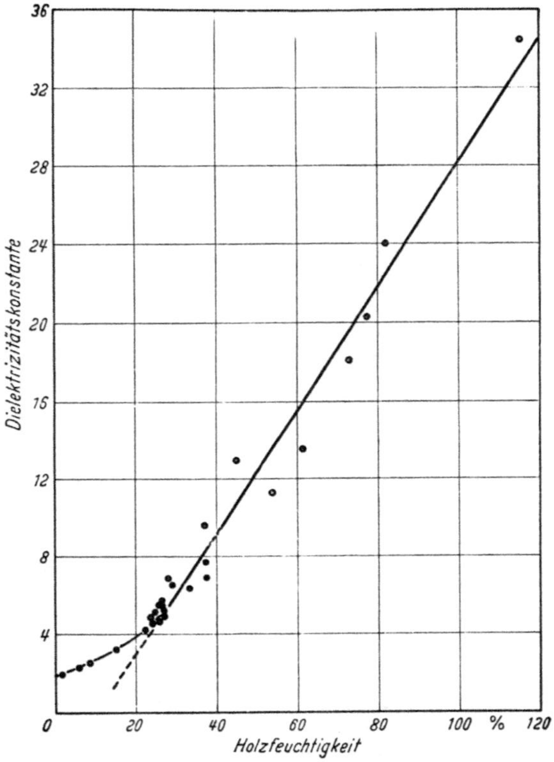

Bild 1169. Abhängigkeit der Dielektrizitätskonstante von der Holzfeuchtigkeit für Aesculus glabra Willd. (Buckeye bei 2,0 MHz). (Nach Chr. Skaar.)

Mit zunehmender Frequenz verringert sich der maximale Energieausstoß der handelsüblichen Röhren; folglich steigen die Kosten je kW Generatorleistung. Durch Berücksichtigung aller aufgeführten Gesichtspunkte läßt sich die wirtschaftlichste Frequenz von Fall zu Fall in enger Zusammenarbeit zwischen Betriebsfachmann und Elektroingenieur festlegen.

Um Störungen des Rundfunkempfangs zu vermeiden, bestehen in Deutschland wie auch im Ausland gesetzliche Bestimmungen für den Betrieb von Hochfrequenzgeräten. Das Gesetz über den Betrieb von Hochfrequenzgeräten vom 9. 8. 1949 (Amtsblatt des Bundesministers für das Post- und Fernmeldewesen Nr. 75 (1950)) sieht für die industrielle Hochfrequenzverwendung folgende Frequenzbereiche vor:

13650 kHz ± 0,05% entsprechend rund 22 m

27120 kHz ± 0,6 % entsprechend rund 11 m

40680 kHz ± 0,05% entsprechend rund 7,5 m

Die Einhaltung dieser engen Frequenzen setzt gesteuerte Sender voraus. Funkensender sind seit 1. 4. 1953 in Westdeutschland verboten.

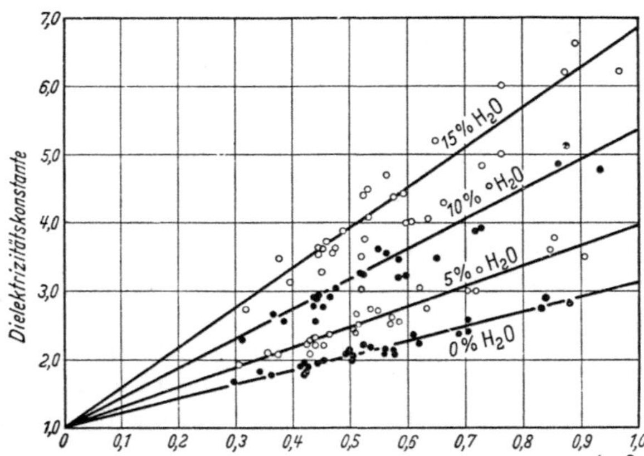

Bild 1170. Abhängigkeit der Dielektrizitätskonstante verschiedener Hölzer von der Rohwichte bei Feuchtigkeiten von 0, 5, 10 und 15% bei 2,0 MHz. (Nach Chr. Skaar.)

956.522 Bauweise und Leistung der Hochfrequenzgeneratoren. Das Schaltschema eines Röhrensenders einfachster Bauart zeigt Bild 1172. Die Röhre *R* (mit Anode *A*, Kathode *K* und Gitter *G*) wird über den Transformator *T* aus dem Starkstromnetz gespeist[1]. Die dazwischen liegende Spule verhindert einen Kurzschluß der in der Röhre erzeugten hochfrequenten Energie über den Transformator, der Kondensator *C* in der Zuleitung zum Schwingungskreis einen Kurzschluß der Niederfrequenz über die Spule des Schwingungskreises. Die Energiezufuhr aus dem Netz wird mittels Rückkopplung einer Teilspannung über den Abgriff an der Spule *L* auf das Gitter *G* so gesteuert, daß eine hochfrequente Schwingung so lange entsteht, wie die Anodenspannung genügend hoch und positiv gegenüber der Kathode ist. Das zu erhitzende Werkstück ist über die Kopplungsspule *Sp* und die beiden Kondensatoren C_A am Schwingungskreis angeschlossen. Den Verlauf der Hochfrequenzspannung und der Hochfrequenzleistung zeigen Bild 1172b und c. Man sieht, daß die Leistung im Mittel nur ein Viertel des Wertes erreicht, der als Höchstwert dem Spannungshöchstwert entspricht. Dadurch werden die Aufheizzeiten unverhältnismäßig lang.

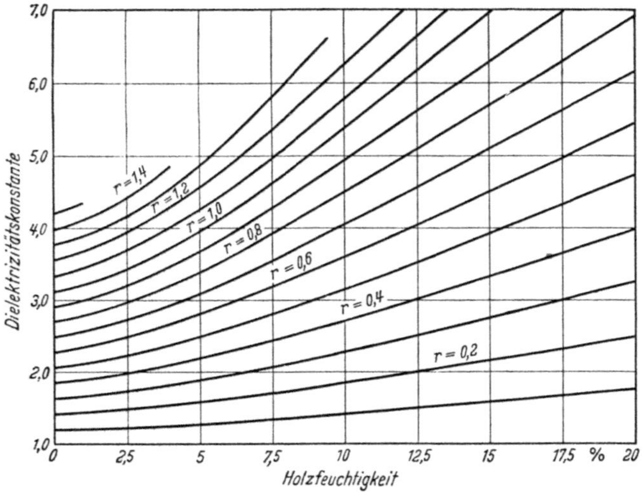

Bild 1171. Zusammenhang zwischen Dielektrizitätskonstante, Holzfeuchtigkeit und Rohwichte von Holz bei 15 MHz. (Nach Chr. Skaar.)

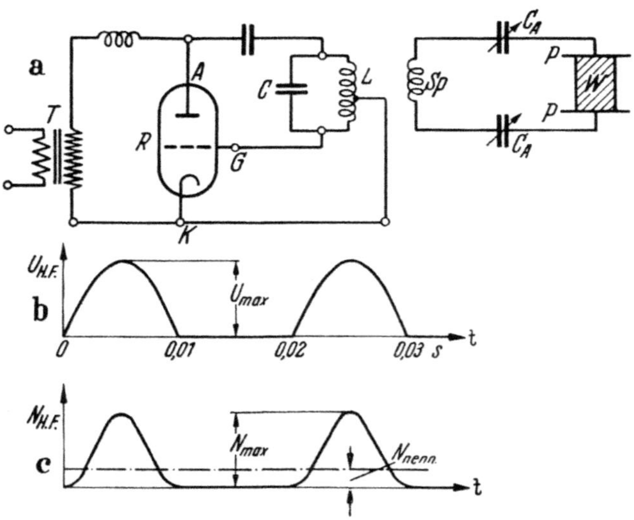

Bild 1172. Hochfrequenzgenerator mit Wechselstromspeisung und Halbwellenausnutzung. a Schaltbild; b Verlauf der Hochfrequenzspannung; c Verlauf der Hochfrequenzleistung. (Nach H. F. Schwenkhagen.)

Um den Leistungsumsatz — bei selbstverständlich doppelter Nennleistung und doppeltem Röhrenaufwand — zu verdoppeln, kann man sich der Gegen-

[1] Die folgenden Ausführungen lehnen sich eng an an H. F. Schwenkhagen, Holz als Roh- und Werkstoff Bd. 9 (1951) S. 158.

taktschaltung nach Bild 1173 bedienen, bei der beide Halbwellen der Wechselspannung für die Schwingungserzeugung ausgenützt werden. Noch günstiger ist die Röhrenspeisung mit Gleichstrom gemäß Bild 1174. Zwischen dem Transformator und der Anode der Senderöhre muß hier eine Gleichrichterröhre eingeschaltet werden. Der Ladekondensator *LK* dient zur Speicherung der Stromstöße, welche die Gleichrichterröhre nur durchläßt, wenn die Polarität am Transformator richtig ist. Bei genügend großem Kondensator entsteht gemäß Bild 1174b eine praktisch konstante Spannung am Schwingungskreis; dem entspricht eine konstante Leistung. Die Aufheizzeiten gegenüber der Schaltung nach Bild 1172 sind auf ein Viertel verringert.

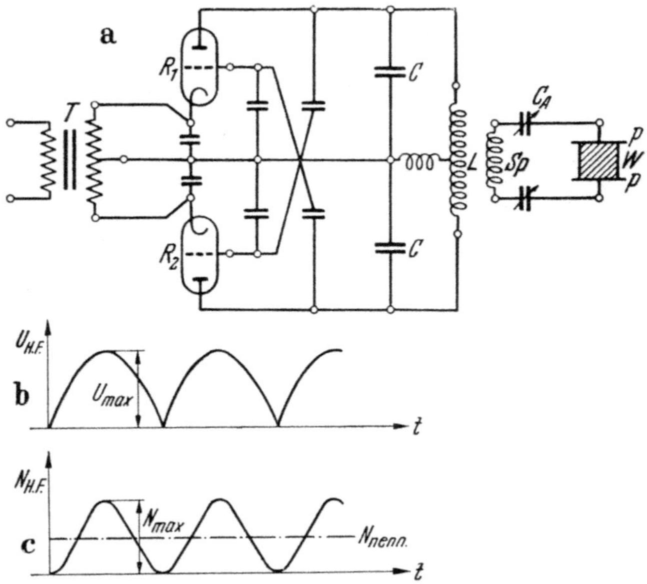

Bild 1173. Gegentakt-Röhrensender mit Wechselstromspeisung. a Schaltbild; b Verlauf der Hochfrequenzspannung; c Verlauf der Hochfrequenzleistung. (Nach H. F. Schwenkhagen.)

Alle bisher beschriebenen Sender haben die Eigenart, daß die Frequenz des Senders vom Werkstück mitbestimmt wird. Verschiedene Werkstücke, ja die

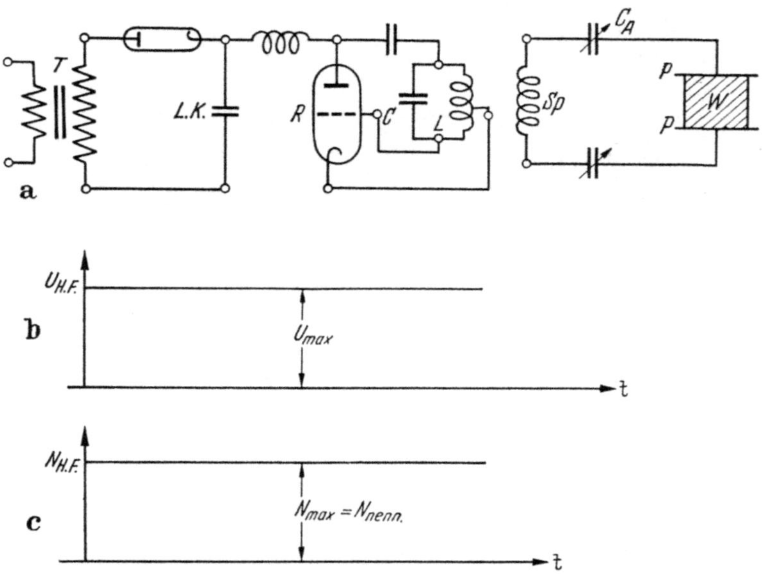

Bild 1174. Hochfrequenz-Röhrengenerator mit Gleichstromspeisung. a Schaltbild; b Verlauf der Hochfrequenzspannung; c Verlauf der Hochfrequenzleistung. (Nach H. F. Schwenkhagen.)

Änderungen der Eigenschaften eines Werkstückes durch das Aufheizen (infolge Austrocknung oder Abbinden des Leims) verschieben die Senderfrequenz. Mit anderen Worten: Die Eigenfrequenz des Senders stellt sich automatisch auf die veränderlichen Werkstückeigenschaften ein. Die Frage der Anpassung des Werkstücks an den Generator wird damit nahezu selbsttätig gelöst. Schwierigkeiten können aber bei den gesteuerten Sendern entstehen, die den Vorschriften über die Entstörung von Hochfrequenzsendern am besten entsprechen. Die Schaltung eines derartigen wesentlich teueren Gerätes zeigt Bild 1175. In der

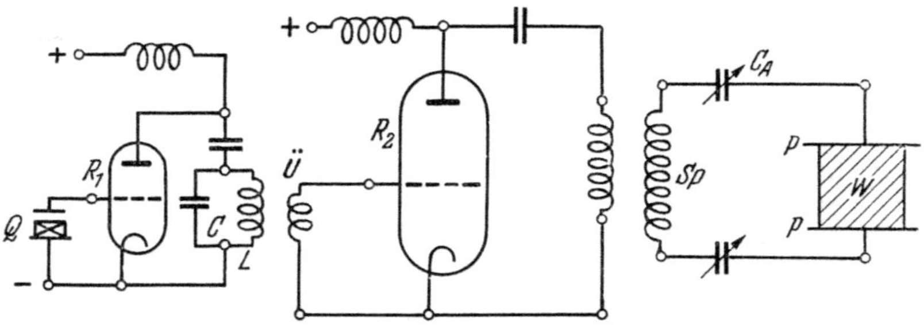

Bild 1175. Schaltbild eines Hochfrequenz-Röhrengenerators mit Steuerstufe und Frequenzstabilisierung durch Quarzsteuerung. (Nach H. F. Schwenkhagen.)

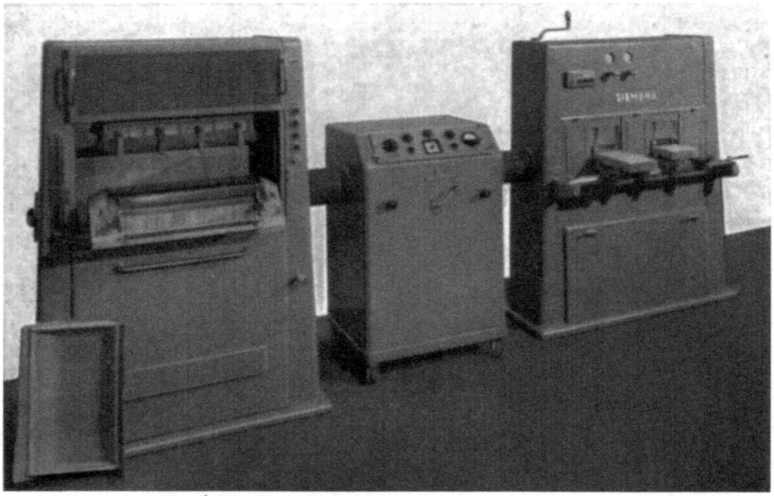

Bild 1176. Ansicht einer abgeschirmten Hochfrequenz-Verleimanlage, bestehend aus 2 kW-Hochfrequenzgenerator und (links) Furnier-Formholzpresse sowie (rechts) Keilzinken-Verleimpresse, Bauart Siemens-Schuckert-Werke AG.

Röhre R_1 und dem zugehörigen Schwingungskreis (L und C) wird höchstmögliche Konstanz der Frequenz dadurch gewährleistet, daß zur Steuerung die mechanische Eigenfrequenz eines elektrisch angeregten Quarzkristalls Q benutzt wird. Die Hochleistungsröhre R_2 dient nur zur Verstärkung. Das Werkstück ist dann in üblicher Weise angeschlossen.

Bei dieser Schaltung verstimmt sich, wie H. F. Schwenkhagen schreibt, der Arbeitskreis mit fortschreitender Heizung und damit parallelgehender Trocknung des Werkstücks mehr und mehr, wodurch die dem Werkstück zugeführte Spannung und Leistung leicht so stark absinkt, daß ohne eine Nachstimmung die gewünschte Aufheizung überhaupt nicht erreicht werden kann. Man wird es bei solchen Sendern meist nicht vermeiden können, während des Heizvorgangs die Abstimmung so zu verändern, daß die Resonanzkurve des trockenen Werkstücks durch Veränderung von C_A oder andere Abstimmittel so verschoben wird, daß ihr Maximum etwa der gleichen Frequenz entspricht wie das Maximum der Resonanzkurve des Holzes im Anfangszustand.

Bild 1177. Ansicht eines 6 kW-Hochfrequenzgenerators mit hydraulischer Presse zur Stuhlverleimung, Bauart N. V. Philips.

Bild 1176, 1177, 1178 zeigen Beispiele von Hochfrequenzgeneratoren, wie sie in der Holzindustrie üblich sind. Während in Deutschland im allgemeinen Hochfrequenzgeräte für die Verleimung von Mittellagen, von Türen, Möbelteilen, Stühlen, bei der Lagenholzverformung und zu Montageverleimungen eingesetzt werden, so daß kleinere Leistungen bis zu 22 kW genügen, finden sich in USA bei der Sperrholzherstellung Anlagen mit bis zu einigen hundert kW. Der Wirkungsgrad der Generatoren liegt zwischen 50 und 60%. Ein 3 kW-Generator kann 900 bis 3000 cm² Leimfläche je min zum Abbinden bringen[1]. Bei der Herstellung gleichzeitig gebogener und verleimter Teile (z. B. ganzer Stühle) mit einer Sperrholzdicke von 5 bis 10 mm beträgt der Energieverbrauch etwa 0,09 kWh/dm³ verleimten Holzes, bei der Herstellung von außen beiderseitig furnierten Spanplatten (250 · 130 cm², 21 mm dick nach dem Curvi-Board-Verfahren bei einer Leistung von 8 solcher Platten je Stunde) durchschnittlich 60 kWh/m³.

Bild 1178. Ansicht eines 25 kW-Hochfrequenzgenerators mit Vieretagenpresse, Bauart Brown, Boveri & Cie. AG.

Die Größe, d. h. Leistung, des Generators soll der vorzunehmenden Arbeit angepaßt sein. Vier Bedingungen sind dafür maßgebend[2]:

[1] Vgl. Anonymus: Verleimen von Holz mit Hochfrequenz, Beilage Techn. Nr. 440 (19) vom 24. Februar 1954 Blt. 7 der Neuen Zürcher Zeitung, Jg. 175.

[2] Briefliche Mitteilung der Philipswerke an den Verfasser.

1. Der Generator soll so bemessen sein, daß unter Berücksichtigung des Werkstückgewichtes die Arbeitszeiten, die bis zur Erhitzung auf die Endtemperatur benötigt werden, nicht zu hoch ausfallen. Man berechnet dabei zunächst die Wärmemenge Q, die erforderlich ist, um das Holz mit dem Gewicht G_H [kg] und der spezifischen Wärme $c \approx 0{,}4$ [kcal/kg° C] um die Temperaturdifferenz $\Delta\vartheta = \vartheta_2 - \vartheta_1$ (ϑ_2 = Endtemperatur, ϑ_1 = Anfangstemperatur) [°C] anzuwärmen:

$$Q = G_H \cdot c \cdot \Delta\vartheta. \qquad (197)$$

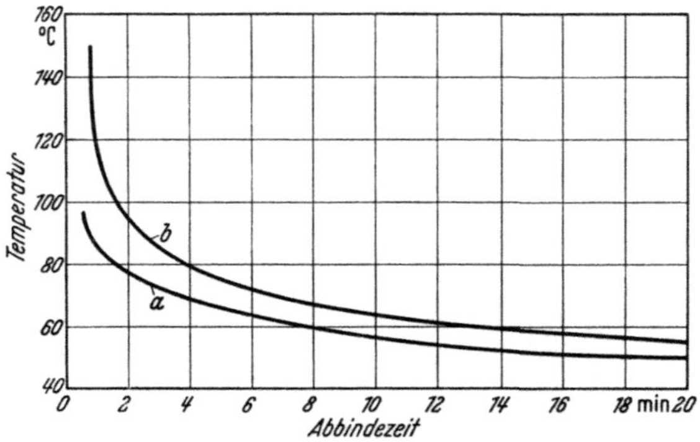

Bild 1179. Temperaturverlauf in Abhängigkeit von der Abbindezeit bei der Hochfrequenz-Heißverleimung von Holz. Kurve *a* Harnstoff-Formaldehydharzleim mit Beschleuniger und 25% Füllstoff (Mehl); Kurve *b* Phenol-Formaldehydharzleim mit Beschleuniger ohne Füllstoff. (Nach A. Goldstein.)

Unter Berücksichtigung der Wärmeverluste in der Presse (z. B. 15%) und der Äquivalenzzahlen 1 kWh = 860 kcal oder 1 kW = 14,3 kcal/min kann man mit Gleichung (197) für eine angenommene Generatorleistung die erreichbare Erhitzungszeit oder für eine vorgegebene Erhitzungszeit die erforderliche Generatorleistung berechnen.

2. Die zulässige Feldstärke hat, wie schon erwähnt, eine obere Grenze, die bei der Erhitzung von Lagenhölzern, deren Leimfugen senkrecht zu den Feldlinien verlaufen, etwa 1000 V/cm betragen kann, während bei Leimfugen parallel zur Feldrichtung nur 400 V/cm zulässig sind. Bei größerer Feldstärke ist ein örtliches Durchbrennen nicht ausgeschlossen. Dabei ist zu bedenken, daß durch Kondensation des entwickelten Dampfes eine örtliche Feldverdichtung entstehen und ein Durchschlag eingeleitet werden kann. In der Leimschicht ist die Durchschlagfestigkeit niedriger, so daß, wenn die Leimfugen parallel zu den Feldlinien liegen, Durchschläge leichter zustande kommen. Die Energiedichten bei der Holzverleimung[1] können zwischen 0,1 und 1 W/cm² liegen.

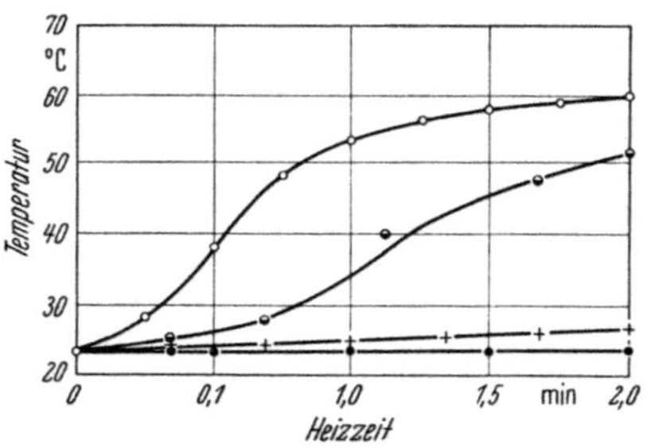

Bild 1180. Temperaturverlauf in Abhängigkeit von der Heizzeit bei der Hochfrequenzverleimung von Fichtenholz mit Kaurit-W, 200 g/m², Anklatschverfahren. ○ Kalthärter Vorstrich 90—100% Holzausriß, ◒ Kalthärter untermischt 80% Holzausriß, + ohne Härter kein Holzausriß, ● Temperatur im Mittelholz. (Nach K. Sandweg.)

3. Die verschiedenen Holzleime verlangen, wie in den vorangegangenen Abschnitten im einzelnen dargelegt wurde, unterschiedliche Härtetemperaturen und Abbindezeiten. Bild 1179 gibt für zwei typische zur Hochfrequenzverleimung geeignete Leime den Zusammenhang zwischen der Abbindezeit und der Temperatur. Aufschlußreich ist auch Bild 1180, das den charakteristischen Temperaturverlauf in einer Leimfuge (Kaurit W) bei Längsheizung zeigt. Man sieht klar, daß bei dieser Elektrodenanordnung das Mittelholz praktisch nicht miterwärmt wird. Mit Rücksicht auf die erforderlichen Abbindezeiten ist es nicht erwünscht, eine zu große Energie in kurzer

[1] Sandweg, K.: Holzverleimung im Hochfrequenz-Kondensatorfeld, VDE-Fachberichte Bd. 17 (1953).

Zeit im Werkstück in Arbeit umzusetzen. Die Leistung des zu benutzenden Generators wird also durch die Masse des Materials und die Härtezeit bis zum völligen Abbinden bestimmt.

4. Die Form des Arbeitsstücks und seine Dielektrizitätskonstante bestimmen den Kapazitätswert des Arbeitskondensators und zugleich die Frequenz im Schwingungskreis. Beispielsweise stellt sich in einem Philips-Generator bei einem Kapazitätswert von $C = 0$ die Frequenz 24 MHz, beim Kurzschluß der Arbeitsklemme ($C = \infty$) die Frequenz 6 MHz ein. Absinkende Kapazitätswerte führen also zu einem erheblichen Anstieg der Frequenz.

956.53 Elektrodenanordnungen, Abschirmung. Bei der Hochfrequenzverleimung gibt es die schon erwähnten drei grundsätzlich verschiedenen Elektrodenanordnungen: 1. Quererhitzung, 2. Parallel- oder Längserhitzung und 3. Streufelderhitzung. Einige mögliche Anordnungen für Elektroden beim Montageverleimen zeigt Bild 1181. Die zickzackförmige Feldausbildung bei Rostelektroden ist aus der abgebundenen „Leimteilfläche" in

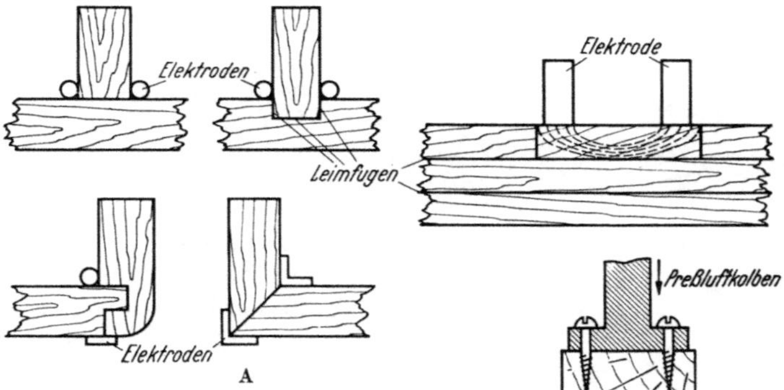

A

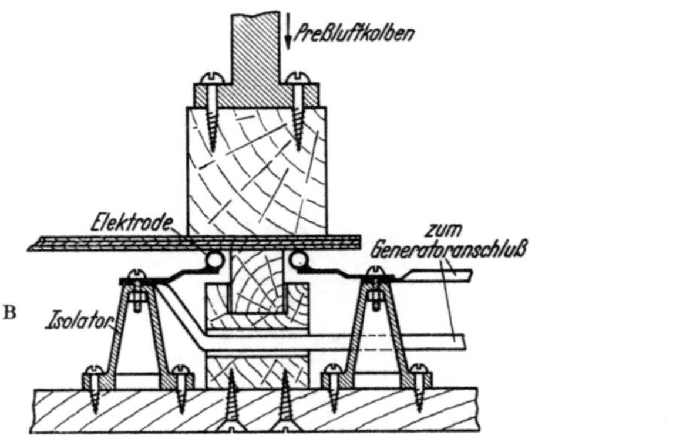

B

Bild 1181. A Schematische Übersicht über Anordnungsmöglichkeiten der Elektroden bei der Montageverleimung. B Praktische Ausführung beim Anleimen einer Leiste an eine Furnierplatte.

Bild 1182a zu ersehen. Die Feldwirkung erstreckt sich auf ein Drittel bis die Hälfte der gesamten Leimfläche. Die Leimverbindung wird dadurch ausreichend fest, um das Werkstück ohne Verzug durch Sägen oder Hobeln weiter bearbeiten zu können. Andere Formen von Rostelektroden geben Bild 1182b bis d wieder. Man sieht, daß sich dieses System auch zur Stetigverleimung von bewegten Holzteilen verwenden läßt. Der wärmetechnische Wirkungsgrad kann auch bei Mittellagen und ähnlichen Erzeugnissen durch sogenannte „Punktheizung" verbessert werden. Wie Bild 1183 zeigt, bilden die Elektrodenpaare mit den Leimfugen ein Gitterwerk, an dessen Knotenpunkten die Erhitzung und Aushärtung des Leimes erfolgt, während die dazwischenliegenden Leimstellen anschließend abbinden.

Die Elektroden werden in der Praxis meist aus Aluminium- oder Kupferblech hergestellt. Schlechte Ausbildung der Elektroden, insbesondere aber ihrer

Zuleitungen, ist in vielen Fällen für Mißerfolge bei der Hochfrequenzerhitzung verantwortlich. An erster Stelle sind hier Glimmentladungen (Corona-Erscheinungen) an Spitzen und scharfen Kanten der Elektroden anzuführen. Alle Elektroden sollen deshalb abgerundete Kanten mit mindestens 1,6 mm Radius (bis zu 13 mm bei sehr hoher Spannung) haben. Die Elektrodenhalter sollen nach Möglichkeit aus hochwertigen elektrischen Isolatoren (z. B. keramischen Stoffen) bestehen.

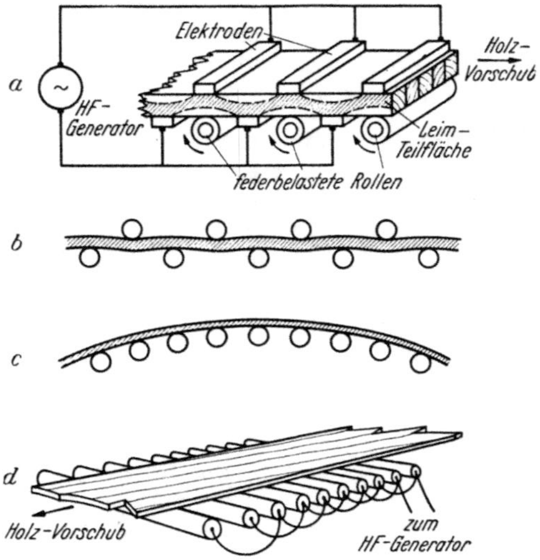

Bild 1182. Anordnungen von Rostelektroden.

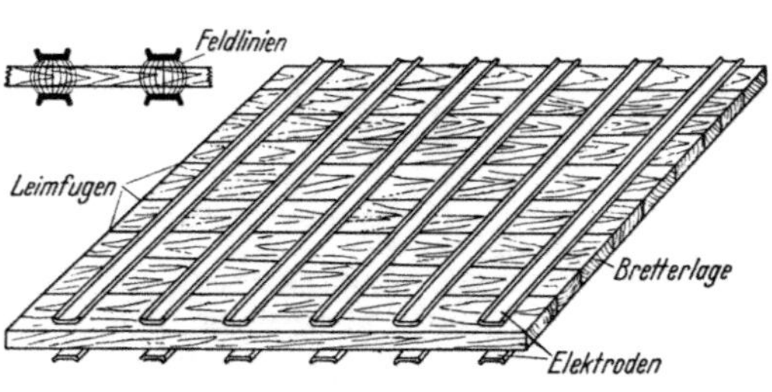

Bild 1183. Punktheizung bei der Hochfrequenzverleimung. (Nach K. Sandweg.)

Die Elektrodenlänge, das heißt der Abstand des Elektrodenendes von der Anschlußklemme der Elektrode, kann nicht willkürlich gewählt werden, da sie von der Frequenz abhängt (Bild 1184).

Luftspalten zwischen dem Werkstück und den Elektroden haben zwei unerwünschte Wirkungen: 1. Eine höhere Spannung wird nötig und vergrößert damit die Gefahr von Überschlägen; um ihr vorzubeugen, muß man die Feldkonzentration abschwächen, wodurch sich die Zeiten erhöhen, die für die Erhitzung aufzuwenden sind. 2. Die Verluste im Generator und in den Zuleitungen wachsen; damit verschlechtert sich der Wirkungsgrad des Generators.

Nach Möglichkeit sollen Luftspalten deshalb vermieden werden. Trotzdem werden sie oft als unerläßlich betrachtet, um den austretenden Leim aufzunehmen. Durch sorgfältige Abstimmung des Preßdruckes auf die Leim-Auftragmenge läßt sich aber erreichen, daß der Leim gerade nur bis zum Fugenrand dringt. Wird ein Luftspalt vorgesehen, dann muß er aber auf jeden Fall so groß sein, daß der ausgequetschte Leim ihn nicht überbrückt, die Elektroden berührt und zur Ausbildung eines Lichtbogens führt. Kontakt- oder Anklatschelektroden sollen mit einem nachgiebigen Werkstoff wie Gummi umkleidet werden. Dabei ist aber auf die dielektrischen Eigenschaften besonders zu achten, damit keine zusätzlichen Verluste in diesem Werkstoff entstehen.

Sind Holzteile zu erhitzen, die keine parallelen Oberflächen haben, dann müssen die Elektroden so eingestellt werden, daß jede schmale Elementarschicht p (Bild 1185) denselben elektrischen Scheinwiderstand (Impedanz) hat wie alle übrigen Schichten. J. P. Taylor[1] empfiehlt, für Näherungsberechnungen die Dielektrizitätskonstanten heranzuziehen. Dabei kann man annehmen, daß das

[1] Taylor, J. P.: Heating Wood with High Frequency Power, Amer. Soc. Mech. Engng. Trans., April 1943, S. 201.

Verhältnis des Widerstands in der Luftschicht zu dem in der Holzschicht umgekehrt proportional dem Verhältnis der Dielektrizitätskonstanten von Luft und Holz ist. Hat Holz z. B. in einem Fall die Dielektrizitätskonstante 4, dann ist der Widerstand einer gleich dicken Luftschicht viermal so groß. Wenn ein Holzstück an einem Ende 75 mm dick ist, am anderen 25 mm, dann sollte an

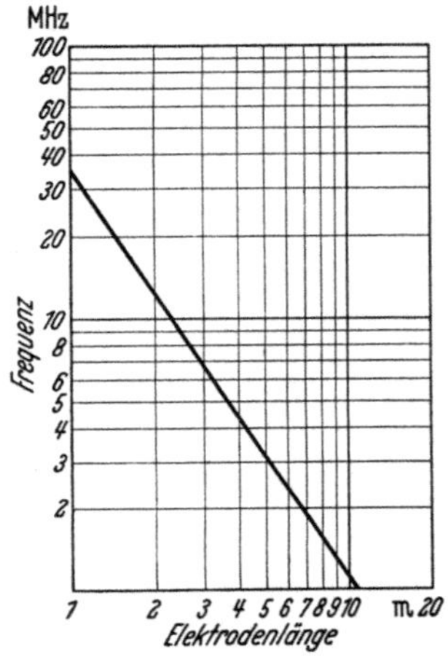

Bild 1184. Abhängigkeit des zulässigen Abstandes von der Anschlußklemme zum Elektrodenende (Elektrodenlänge) für eine Verleimvorrichtung bei verschiedenen Frequenzen. (Nach J. D. Cable.)

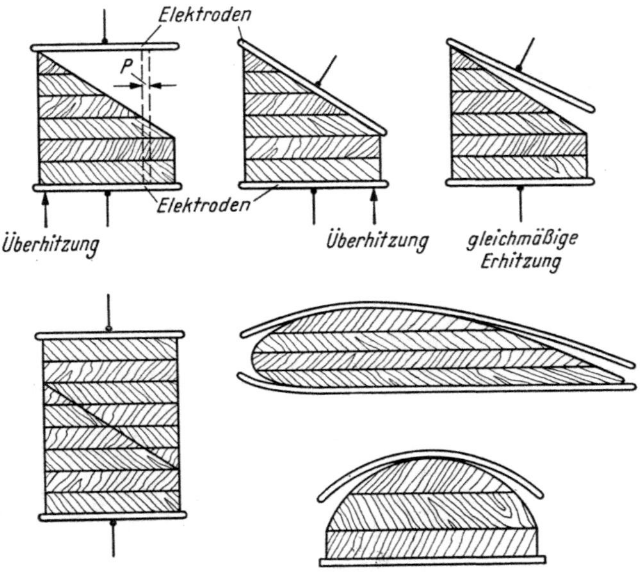

Bild 1185. Anordnung der Elektroden bei veränderlicher Holzdicke. (Einfluß der Luftspalten.)

diesem Ende der Elektrodenabstand 37,5 mm sein. Unter Umständen ist es möglich, durch paarweise Anordnung von Holzteilen wieder zu parallelen Elektroden zu gelangen (Bild 1185). Sinngemäß kann man Werkstücke mit gekrümmten Oberflächen oder wechselnden elektrischen Eigenschaften durch richtige Formgebung der Elektroden gleichmäßig erhitzen, umgekehrt mit denselben Mitteln aber auch eine ungleichmäßige Erhitzung von homogenen Blöcken mit regelmäßigen Abmessungen erzwingen.

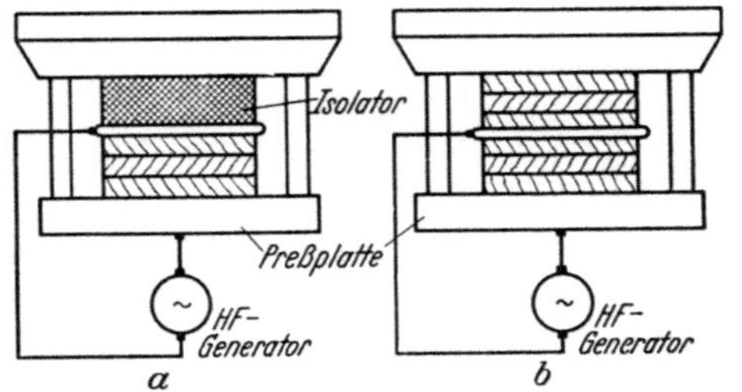

Bild 1186. Übliche Anordnung bei der Hochfrequenzverleimung von Platten in einer Presse.

Findet die Hochfrequenzerhitzung zwischen den Platten einer Presse statt, dann muß man dafür sorgen, daß kein Kurzschluß entsteht. Die übliche Anordnung zeigt Bild 1186. Gewöhnlich verwendet man als Isolator Holz. Hat dieses Holz aber eine ähnliche Charakteristik wie das zu verleimende Holz, dann wird es sich wie dieses erwärmen, wodurch sich große Energieverluste ergeben. Mit Rücksicht darauf soll das isolierende Holzstück mehrfach (mindestens viermal) dicker sein als das zu behandelnde. Ein weit schwierigeres Problem ist die Isolierung der heißen Elektrode. Ein System, das sich nach Untersuchungen des kanadischen Forest Products Laboratory in Ottawa[1] bei der Hochfrequenzverleimung von Schichtholzbalken bewährt hat, stellt Bild 1187 dar. Die Stangenelektroden besitzen Bolzen und sind auf einem U-förmigen Eisenblechträger montiert. Schlitze in diesen Trägern erleichtern die Einstellung der Elektroden auf die Leimfugen. Druckfedern sorgen für gleichmäßige Anpressung der Elektroden an die Balken. Die Befestigung der Träger an Halteplatten aus Polystyrol ist aus Bild 1187 ebenfalls ersichtlich. Um jegliche Möglichkeit des Brennens beim Kontakt von feuchtem Leim mit den Elektroden auszuschalten, wird eine Schicht Kraftpapier außen auf das Holz gelegt.

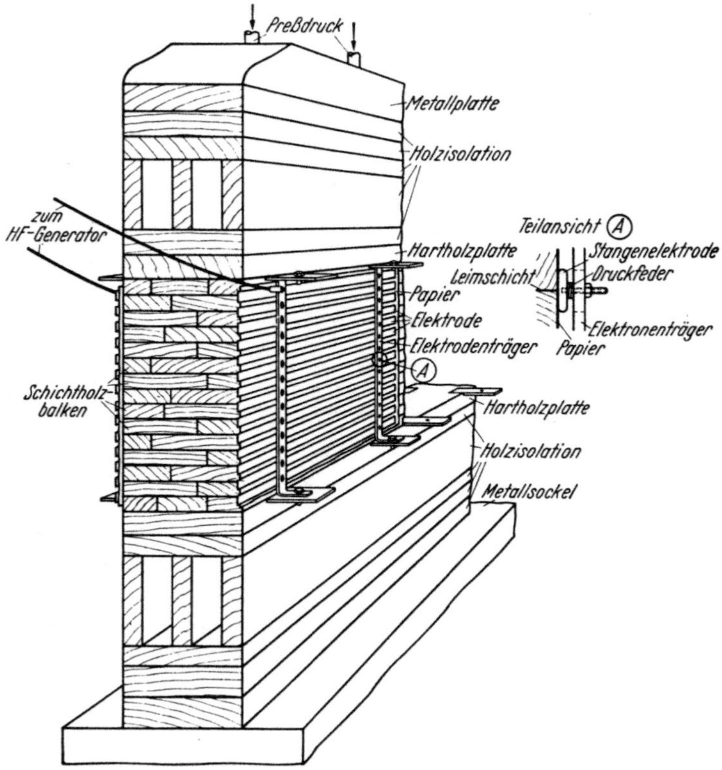

Bild 1187. Anordnung der Elektroden beim Verleimen eines Schichtholzbalkens in einer Presse. (Nach D. G. Miller.)

Obwohl an der „heißen" Elektrode eine verhältnismäßig hohe Hochfrequenzspannung liegt, die unter Umständen ernsthafte Verbrennungen hervorrufen kann, ist diese Spannung doch nicht lebensgefährlich. Die marktgängigen Generatoren besitzen außerdem Sicherheitsvorrichtungen, so daß keine besonderen Vorsichtsmaßnahmen im Betrieb nötig sind.

Alle Hochfrequenzeinrichtungen müssen so aufgebaut werden, daß die Ausstrahlung von Hochfrequenzenergie mit Rücksicht auf die Rundfunkempfänger in möglichst engen Grenzen bleiben. Einwandfreie Abschirmung ist deshalb unerläßlich. Im allgemeinen handelt es sich darum, die Einrichtungen in einen

[1] Miller, D. G.: Radio Frequency Bonding of Laminated Beams, Timber of Canada, April 1947.

Faradayschen Käfig, d. h. eine Metallumhüllung, zu setzen. Allerdings reicht dies allein nicht aus, vielmehr müssen sämtliche Erfahrungen der Hochfrequenztechnik berücksichtigt werden. Es ist deshalb nötig, hier mit den Fachfirmen engstens zusammen zu arbeiten.

956.54 Praktische Beispiele für die Hochfrequenzverleimung. 956.541 Fugenverleimung bei Furnieren und Mittellagen. Über die Anwendung der Hochfrequenz zur Fugenverleimung von Furnieren wurde in Abschnitt 722.2 schon gesprochen, desgleichen über Fugenverleimung von Mittellagen aus Weichholzstäben. Grundsätzlich gibt es dabei zwei Typen:

1. Schubweise arbeitende Pressen, bei denen die an den Fugen miteinander zu verleimenden Bretter auf einem besonderen Tisch zusammengelegt werden, bis die erforderliche Breite erreicht ist. Hierauf werden sie automatisch in die Pressenöffnung befördert. Es wird nun von oben her und seitlich gegen die Schmalseiten der Mittellage Druck angewendet. Das Hochfrequenzfeld wird sofort anschließend eingeschaltet, die Heizdauer bestimmt eine automatische Uhr, die auch die Öffnung der Presse für den Ausstoß der Mittellage bewirkt. Alle Operationen werden durch die Betätigung eines einzigen Druckknopfs ausgelöst. Sehr wichtig ist die richtige Bemessung der Drücke; typisch sind beispielsweise ein Oberdruck von etwa 1 kg/cm², ein seitlicher Fugenverleimdruck von 7 bis 15 kg/cm² je nach der Wichte des Holzes, der Beschaffenheit der Schnittfuge, der Brettlänge und der Leimart. Die Preßdauer richtet sich nach dem Gesamtvolumen der Leimfugen, der Fläche und Dicke der Mittellage und der Holzart. Mit einem 10 kW-Generator kann man nach Angaben des Westinghouse Electric Corporation 20 bis 50 s bei Platten von etwa $80 \cdot 200 \cdot 2{,}5$ cm³ rechnen. Bild 1188 zeigt eine Hochfrequenz-Fugenverleimpresse der Siemens-Schuckert-Werke AG. zum Verleimen von Brettern beliebiger Breite, gatterrauh oder in der Dicke egalisiert, parallel besäumt oder konisch zugeschnitten. Die maximale Einlegebreite beträgt 2400 mm, die durch Anschläge einstellbare Einlegetiefe 600 bis 1000 mm. Die Brettdicken können zwischen 5 und 60 mm liegen. Presse und Generator arbeiten vollautomatisch. Nach Einlegen der mit Leim angegebenen Bretter und Betätigung des „Ein"-Druckknopfes laufen die einzelnen Vorgänge wie folgt ab: Das Pressenoberteil schließt sich motorisch über einen Spindeltrieb und drückt die Bretter eben auf die Unterlage, danach schaltet sich der eigentliche Preßdruck ein. Sobald die Druckluft in die Preßelemente eingeströmt ist, erfolgt noch ein kurzes Lüften des Niederhaltedrucks, damit sich der von hinten wirkende Preßdruck über die gesamte Bretterlage bis zu den Anschlägen fort setzt. Hierauf schaltet sich vom Generator aus die Hochfrequenzheizung ein. Nach Ablauf der an der Zeituhr eingestellten Verleimzeit schaltet sich der Generator ab, die Preßluft entweicht aus den Preßelementen, und die Presse öffnet sich. Die hinteren Druckstücke sind so unterteilt, daß auch mehrere kurze Bretterlagen noch von einer genügenden Anzahl Druckstempel erfaßt werden. Der Preßdruck (Verleimungsdruck) ist stufenlos zwischen 8 und 20 kg/cm² einstellbar. Der Niederhaltedruck ist konstant. Die mittlere Produktion mit einem 2 kW-Generator und einem Bedienungsmann beträgt bei 25 mm dicken Fichtenbrettern bis zu 40 m²/h. Mit einem 4 kW-Gerät läßt sich die Produktion um 50 bis 60% erhöhen. Die Presse ist abgeschirmt.

2. Kontinuierliche Mittellagen-Fugenverleimmaschine. Bei dieser Bauart werden die Stäbe oder Bretter ebenfalls auf einem Tisch zusammengelegt; von oben her wird wieder, um die Mittellage völlig eben zu bekommen, Druck angewendet, und zwar durch eine Rolle, gleichzeitig übernehmen Zwingen den Fugendruck, der allmählich verstärkt wird. Die Zwingen werden durch endlose

Förderbänder durch das Hochfrequenzfeld hindurch bewegt. Die Geschwindigkeit der Förderbänder kann geregelt werden. Normalerweise beträgt der Ausstoß 1,2 bis 9 lfd. m Platten je min.

956.542 Sperrholzverleimung, Furnierschäften, Astausflicken mit Hochfrequenz. Der Hauptvorteil der dielektrischen Heizung liegt darin, daß man verhältnismäßig dicke Querschnitte rasch erhitzen kann. Will man

A

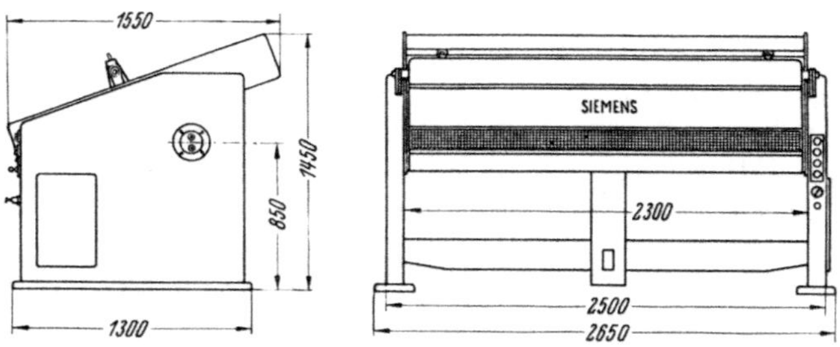

B

Bild 1188. A Ansicht und B Aufriß und Seitenriß einer Hochfrequenz-Fugenverleimpresse für eine größte Einlegbreite von 2400 mm, Einlegtiefe durch Anschläge einstellbar 600 bis 1000 mm, Brettdicke 5 bis 60 mm mit 2 kW-Hochfrequenzgenerator, Bauart Siemens-Schuckert-Werke AG.

beispielsweise eine 27,5 mm dicke Holzplatte in einer normalen Heizpresse (Temperatur der Heizplatte 150° C) auf 130° C erwärmen, so sind dafür bei einseitiger Wärmezufuhr 50 min erforderlich[1]. Der langsame Wärmezufluß rührt von dem schlechten Wärmeleitvermögen des Holzes her. Verkürzen läßt sich die Abbindezeit bei dickeren Platten nur durch das Arbeiten mit hohen Temperaturen. Diese aber führen leicht dazu, daß das Holz verschalt oder sogar versengt wird. Es können sich Risse bilden, bei Hölzern bei 8 bis 12% Anfangsfeuchtigkeit besteht die Gefahr, daß Dampfblasen auftreten. Aus diesem Grunde muß man den Feuchtigkeitsgehalt des Holzes vor dem Verleimen senken und

[1] Gleitsmann: Hochfrequenzverleimung im amerikanischen Flugzeugbau, Erfahrungsaustausch Holz Nr. 6, 45 vom 1. 11. 1944.

hinterher durch Klimatisierung wieder erhöhen. Das bedeutet erheblichen Arbeitsaufwand. Trotzdem sind alle Gefahren nur bei ziemlich dünnen Platten ausgeschaltet. Die Hochfrequenzverleimung ist deshalb wirtschaftlicher bei dicken Platten, da

1. die Heizzeit außerordentlich herabgesetzt wird,
2. die Pressengröße dadurch verringert werden kann,
3. die Bodenfläche des Werks entsprechend kleiner wird und
4. der Gesamtaufwand für die Behandlung abnimmt.

Bei Furnieren und dünnem Sperrholz ist der Unterschied in der Behandlungsgeschwindigkeit aber so gering, daß die zusätzlichen Kosten für die Hochfrequenzheizung nicht tragbar sind. In USA sieht man die wirtschaftliche Grenze der Anwendbarkeit bei etwa 13 mm Dicke. Diese Grenze läßt sich aber nicht fest ziehen, vielmehr hängt ihre Lage von dem Energiepreis, den Arbeitslöhnen und den Anlagekosten bei gegebenen Verhältnissen ab. In besonderem Maße ist die Hochfrequenzverleimung für große Sperrholzpakete geeignet. Beispielsweise wurden in USA mit bestem Erfolg 64 dreifach verleimte Furnierplatten erhitzt, wobei die Höhe des Pakets etwa 300 mm betrug. Bei der Verleimung dickerer Stapel wird die heiße Elektrode gemäß Bild 1189 in die Mitte des Stapels gelegt.

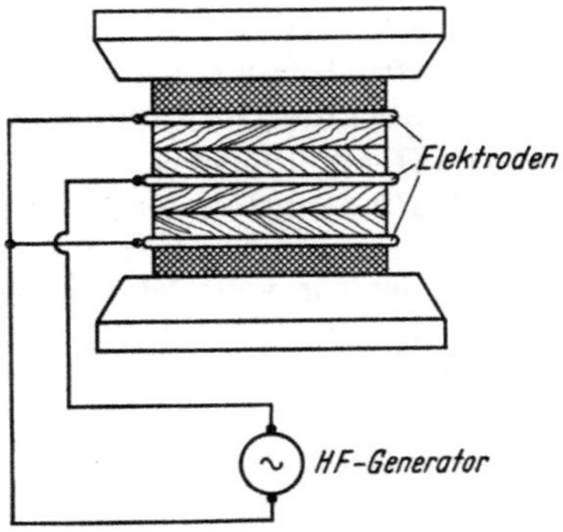

Bild 1189. Schematische Darstellung des Schutzes der Elektroden gegen Wärmeleitung zur Presse durch Isolierschichten und Lage der heißen Elektrode in der Mitte des Stapels.

Um die Ausnutzung der Hochfrequenzanlage zu verbessern, werden häufig drei Pressen an einen Generator angeschlossen. Mittels Wahlschalter wird nur immer eine Presse geheizt, während die beiden anderen beschickt bzw. entleert werden. Um Schaltirrtümer und daraus entstehende Betriebsunfälle zu vermeiden, wird die Schaltung automatisiert; der Hochfrequenzgenerator schaltet sich dabei selbsttätig nach Aufbringen des Preßdrucks ein. Auch das Ausschalten und Hochfahren der Presse kann selbsttätig erfolgen, da die Abbindezeiten feststehen.

Beim Schäften von Furnieren läßt sich das Abbinden durch Hochfrequenzheizung viel rascher als mit anderen Mitteln herbeiführen, auch sinken infolge der verringerten Wärmeverluste die Energiekosten. Trotzdem zählt beides nicht gegenüber den erhöhten Anlagekosten.

In den Deckfurnieren von Sperrplatten finden sich häufig Astlöcher und andere Fehlstellen. Mittels automatischer Astausflickmaschine werden diese Fehlstellen ausgefräst und in die so entstandenen Löcher ein vorbereiteter ausgestanzter Flicken aus einwandfreiem Furnier eingeleimt (s. Ziffer 722.4). Hierbei kann das Abbinden mit Hilfe eines kleinen Hochfrequenzgenerators und mechanisch bedienter Elektroden innerhalb von Sekunden bewirkt werden; dabei wird Streufelderhitzung angewendet.

956.543 Schichtholzverleimung mit Hochfrequenz. Während des zweiten Weltkriegs wurde im amerikanischen Flugzeugbau die Hochfrequenzverleimung bei der Massenherstellung von Holzholmen für Anfänger-Schulflugzeuge mit gutem Erfolg eingesetzt. Neben den Einsparungen an Abbindezeit und damit an Leimvorrichtungen und Pressen, an Fertigungsraum und Arbeitskräften fiel die erhöhte Ausbeute besonders ins Gewicht. Hölzerne Holmgurte für Kleinflugzeuge wurden ursprünglich aus dem Vollen gearbeitet. Das verwendete besonders aussortierte Fichtenholz war ein Mangelrohstoff und die schlechte Ausbeute von nur etwa 1% besonders störend. Der Übergang zu Schichtholz-Holmgurten aus Pappelholz, das in größeren Mengen vorhanden war, brachte eine Erhöhung der Ausbeute auf 30 bis 40%. Die Lamellen hatten etwa 170 mm Breite, 19 mm Dicke und 3,5 bis 4 m Länge. Kürzere Stücke wurden durch Schäftung zusammengefügt. Meist wurden 9 Lamellen zu einem Block verleimt. Die Biegebruchspannung der daraus erzeugten Gurte lag um rund 40% höher als bei den Fichtenholzgurten.

Die Verknappung an hochwertigen Bauhölzern in verschiedenen Ländern legt es nahe, die Herstellung von Schichtholzbalken und -trägern anzustreben, die aus Schnittholz von geringeren Abmessungen erzeugt werden. Bei einwandfreier Herstellung besitzen solche Träger mindestens dieselbe Festigkeit wie besonders ausgesuchte Balken aus Vollholz. Die Aufgabe liegt darin, wasserfeste Kunstharzleime als Bindemittel des Schichtholzes rasch und wirtschaftlich zum Aushärten zu bringen. Den einzig zweckmäßigen Weg bietet dabei die Hochfrequenzverleimung.

Die Herstellungskosten müssen unter Berücksichtigung der Kosten für Holz, Arbeit, Bindemittel, der Abschreibung des Hochfrequenzgenerators, der Röhrenabnutzung und des Energieverbrauchs berechnet werden. Die Hochfrequenztechnik ist für vielerlei Schichtholzerzeugnisse anwendbar, z. B. Bogenträger, Lagerschalen, Schiffsteile, Masten usw. Jede neue Anwendung kann aber unerwartete Probleme aufwerfen und unter Umständen außerhalb der Grenzen der Wirtschaftlichkeit liegen. Es bedarf deshalb stets sehr sorgfältiger Untersuchungen und Kalkulationen.

Zu erwähnen ist, daß sich bei Untersuchungen von N. E. Dunlop und E. R. Bell[1] an Schichtholzbalken aus Weißeichenholz für den Schiffsbau ergab, daß die Gleichmäßigkeit der Temperaturverteilung außer vom Feuchtigkeitsgehalt des Holzes, der Anordnung der Schichten, der Richtung des elektrischen Feldes und dem Wärmeschutz des erhitzten Holzes von dessen Rohwichte abhängt. Laufen die Feldlinien den Schichten parallel, dann sind die Einflüsse stärker als bei Quererhitzung. Da eine Vorsortierung des Holzes nach der Wichte praktisch kaum möglich ist, empfiehlt es sich, spezifisch leichte Hölzer mit gleichmäßiger Feuchtigkeit zu verarbeiten, Leime zu wählen, die hinsichtlich Abbindetemperatur möglichst unempfindlich sind und gegebenenfalls dafür zu sorgen, daß die seitlichen Balkenteile genügend erhitzt werden.

956.544 Verformung und Verleimung von Lagenhölzern mit Hochfrequenz. Bei der Herstellung von gebogenen und verformten Sperrholzgegenständen wie Regenrinnen, Stuhllehnen, Rundfunkgehäusen, geschwungenen Vorderteilen von Schubladen usw.[2] bietet die Hochfrequenzverleimung erhebliche Vorteile:

1. Die Abbindezeit für übliche Kunstharzleime beträgt Minuten statt Stunden wie bei der Kaltverleimung; damit verringern sich die Zahl der benötigten Formen und die Bodenfläche der Fabrik.

2. Die bei der Hochfrequenzverleimung gebrauchten Holzformen sind viel billiger als dampfbeheizte Metallformen und lassen sich im Werk selbst leicht herstellen.

---

[1] Dunlop, N. E., und E. R. Bell: Temperature Distribution in White Oak Laminated Timbers Heated in a High Frequency Electric Field, U.S. Dept. Agric., For. Prod. Lab. Rep. Nr. R 1638, Madison Wisc., Jan. 1947.

[2] Miller, D.G.: Dielectric Heating in the Furniture Industry, Canad. Woodworker 1948.

3. Im Vergleich zur Dampf- oder Widerstandserhitzung ist die Heizperiode außer bei sehr dünnem Sperrholz herabgesetzt, die Oberflächen des Sperrholzes werden nicht ausgetrocknet, dickere Furniere lassen sich verwenden, alle Leimschichten werden annähernd gleichzeitig erhitzt und die Neigung zum Werfen und „Zurückspringen" ist geringer.

Der wesentliche Nachteil sind die verhältnismäßig hohen Beschaffungs- und Betriebskosten der Hochfrequenzgeneratoren. Bild 1190 zeigt eine Hochfrequenz-Formenpresse zur Herstellung gebogener Möbeltüren. Das beiderseitige Absperren und Furnieren sowie die Formgebung erfolgen in einem Arbeitsgang. Die Girlandenfeld-Elektroden-Heizmatten sind im Ober- und Unterdruckstempel fest eingebaut und ermöglichen die Erwärmung der beiden Leimschichten, ohne daß das Mittelholz nennenswert erwärmt wird. Der Gesamtdruck beträgt 50 t, die Verleimzeit je Tür mit einem 2 kW-Generator 3,5 min. Eine Hochfrequenz-Furnier-Formholzpresse ist bereits in Bild 914 dargestellt. Die unten im Bild sichtbare Nähmaschinenmulde ist aus 7 Einzelteilen verleimt und wird in einem Arbeitsvorgang innerhalb 1 min verpreßt[1].

Bild 1190. Ansicht einer Hochfrequenzformpresse zur Herstellung geschweifter Möbelteile, Bauart Siemens-Schuckertwerke AG.

956.545 Montageverleimung einschließlich Korpusverleimung. Beim Zusammenbau in der Möbelindustrie sind häufig mit viel Arbeit hergestellte, kostspielige Vorrichtungen nötig, um die anzuleimenden Teile zu fixieren, bis der Leim abgebunden hat. Wenn das Produktionsvolumen die Aufwendungen für Anschaffung und Unterhalt der Hochfrequenzgeneratoren und für die Verbindung von Elektrodensystemen mit den Vorrichtungen rechtfertigt, können sich Ersparnisse ergeben, da infolge der kürzeren Abbindezeiten bei Hochfrequenzverleimung weniger Vorrichtungen erforderlich sind. Auch Nägel, Schrauben oder angeleimte Blöcke sollen nach Möglichkeit eingespart werden, da sie viel Arbeitszeit kosten. Hier läßt sich besonders die Streufelderhitzung heranziehen. D. G. Miller gibt ein Beispiel für die zweckmäßige Anwendung der Streufelderhitzung bei Befestigung einer Platte auf dem Rahmen eines Tisches (Bild 1191). Dabei werden die Elektroden auf eine flache Platte aus Isoliermaterial montiert. Lediglich das Sperrholz berührt die Elektroden, während die Rahmenteile nach dem Bestreichen mit Leim durch eine Vorrichtung gegen das Sperrholz gepreßt werden.

[1] Sandweg, K.: Die Hochfrequenz-Verleimung in der holzverarbeitenden Industrie in: Die Entwicklung der Starkstromtechnik, S. 445ff.; — ders.: Holzverleimung im Hochfrequenz-Kondensatorfeld, VDE-Fachberichte Bd. 17 (1953).

Aus der Fülle der möglichen Montageverleimungen, die sich mit Hochfrequenzheizung durchführen lassen, verdient die Korpusverleimung, d. h. das Verleimen von Boden, Deckel, Seiten- und Zwischenwänden zum fertigen Schrank besondere Erwähnung. Bild 1192 zeigt das früher übliche handwerkliche Verfahren zur Korpusverleimung mit Hilfe von Zwingen, Bild 1193 eine hochfrequenzbeheizte Korpus-Verleimpresse mit pneumatischen Druckelementen. Durch die Änderung der Technik lassen sich etwa zwei Drittel der bei dem handwerklichen Verfahren aufzuwendenden Arbeitszeit einsparen und verkürzt sich die Leimzeit von 2 h auf 5 min.

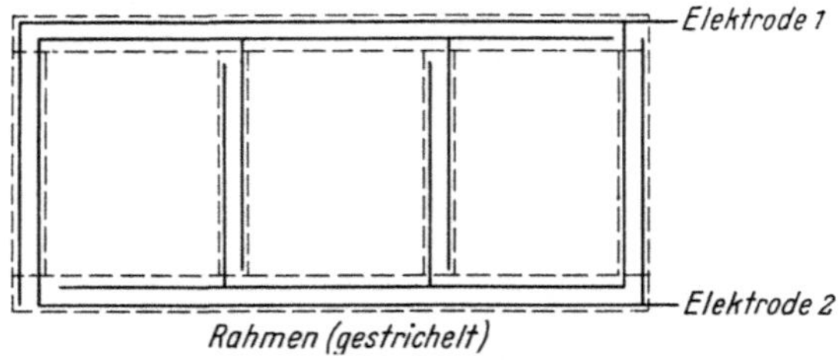

Bild 1191. Schema des Anleimens einer Platte an den Rahmen durch Streufelderhitzung. (Nach D. G. Miller.)

956.546 Sonstige Anwendungsgebiete für die Hochfrequenzverleimung. Eine Übersicht über die bereits üblichen und industriereifen Anwendungen (1), die in Erprobung begriffenen (2) und die noch nicht erprobten

Bild 1192. Korpusverleimung von Schränken nach dem früher üblichen handwerklichen Verfahren.

Bild 1193. Ansicht einer hochfrequenzbeheizten Korpusverleimpresse mit pneumatischen Druckelementen, Bauart Siemens-Schuckertwerke AG.

(3) Anwendungsgebiete der Hochfrequenzverleimung und der Hochfrequenztechnik in der Holzindustrie überhaupt hat D. G. Miller[1] gegeben. Sie folgt nebenstehend.

Besonders zu erwähnen ist die Anfertigung von Sperrholzfässern, die durch den Übergang zur Hochfrequenzverleimung eine wesentliche Vereinfachung und Verbilligung erfährt, da mit Holzformen gearbeitet werden kann und die komplizierte Zuführung des Heizmittels entfällt. Der Verleimdruck wird durch einen Gummisack im Faßinneren erzeugt[2]. Eine druckluftbetätigte Presse mit

[1] Miller, D. G.: Dielectric Heating in the Furniture Industry, Canad. Woodworker 1948.
[2] Schwenkhagen, H. F., u. E. Doffiné: Holz Bd. 3 (1949), H. 7, S. 115.

Hochfrequenzerhitzung zur Serienherstellung von schichtverleimten Skiern zeigt Bild 1194. Die Presse ist in geschlossener Ganzstahlbauweise ausgeführt. Die seitlich angebrachten perforierten Abdeckbleche bleiben während des

- Abbinden
  - Sperrholz
    - eben
      - Nadelsperrholz (Massenproduktion) (1)
      - Besonders dicke Platten (üb. 25 mm) (1)
    - gebogen verformt
      - Regenrinnen (1)
      - Schubladen-Vorderteile (1)
      - Rundfunkgehäuse (1)
      - Pianozargen (1)
      - Kraftwagenaufbauten (1)
      - Musikinstrumente (1)
      - Stuhlsitze (1)
      - Zylindrische Behälter (1)
      - Teile für Hausausbau (2)
      - Boote (2)
      - Kästchen (2)
      - Koffer (2)
      - Geflügelställe (1)
  - Schichtholz
    - Flaschenbehälter (1)
    - Stuhlbeine und -arme (1)
    - Skis (2)
    - Bootrippen und -kiele (1)
    - Bauträger (1)
    - Bogenträger (1)
    - Flugzeugholme (1)
    - Masten (1)
  - Fugen verleimung
    - Mittellagen (1)
    - Klischeeklötze (1)
    - Hammerblöcke (1)
    - Furniere (2)
  - Montage-verleimung
    - Möbel (1)
    - Pianos (1)
    - Geflügelställe (1)
    - Flugzeuge (1)
    - Rundfunkgehäuse (1)
    - Fertighaustafeln (2)
    - Paddelruder (1)
    - Bleistifte (1)
- Trocknung
  - Holz für Musikinstrumente (1)
  - Schuhleisten (2)
  - Kegel (1)
  - Bauträger (1)
- Hitze-vergütung
  - Tränkvollholz (2)
  - Preßholz (1)
- Thermische Holzbehandlung
  - Schälrollen (2)
  - Trockene Holzdestillation (3)
  - Holzbiegen (2)
- Sonderzwecke
  - Sterilisierung (3)
  - Papierbehandlung (2)
  - Papiertrocknung (2)

Betriebs geschlossen; sie werden nur zum gelegentlichen Reinigen der Presse abgenommen. Die Presse wird auf ein Holzgerüst mit Vorlagetisch montiert. Über den Vorlagetisch wird das hölzerne Klappgesenk, in dem eine Vorformung des Skis erfolgt, durch die Beschickungsöffnung in die Presse eingefahren. Der verstellbare Anschlagklotz am Pressenende wird auf die jeweilige Skilänge eingestellt. Die pneumatischen Preßelemente sind über die ganze Pressenlänge verteilt. Der Preßstempel selbst ist elastisch ausgebildet und überträgt dadurch einen gleichmäßig verteilten Druck auf die ganze Skilänge. Mit Hilfe seitlicher Einstellspindeln werden die Elektroden einmalig dem betreffenden Skimodell angepaßt. In Verbindung mit einem 2 kW-Hochfrequenzgenerator lassen sich Abbindezeiten von 1,5 bis 2 min je Ski erzielen. Unter Berücksichtigung der Zeit für den Beschickungswechsel ergibt sich daraus eine Stundenhöchstleistung von

Bild 1194. Ansicht einer druckluftbetätigten Hochfrequenz-Heizpresse zur Serienherstellung von schichtverleimten Skiern, Bauart Siemens-Schuckertwerke AG.

10 Paar Skiern. Wird mit zwei Pressen und einem Generator im Wechselbetrieb gearbeitet, so erhöht sich die Stundenleistung auf 15 Paar. Durch Wahl eines 4 kW-Generators läßt sich die Produktion noch um 60 bis 70% steigern. Abschließend ist zu sagen, daß sich mittels Hochfrequenzverleimung (wobei auch kleine tragbare Generatoren und bügeleisenförmige Elektrodenhalter verwendet werden) Sperrholz aller Art schnell und einfach ausbessern läßt.

956.55 Leime für die Hochfrequenzverleimung. Für die Hochfrequenzverleimung kommen in der Hauptsache die folgenden Kunstharzleime in Frage, deren Vor- und Nachteile nach A. A. Mara[1] aufgeführt seien:

1. Harnstoff-Formaldehydharzleime
   a) sehr anpassungsfähig,
   b) billiger Preis,
   c) sehr gut ansprechend auf Hochfrequenzerhitzung,
   d) farblose Fugen.
2. Phenol-Formaldehydharzleime
   a) am schwierigsten zu handhaben,
   b) hohe Abbindetemperatur erforderlich,
   c) gelegentlich besondere Lösungsmittel erforderlich,
   d) gefärbte (rotbraune) Fugen,
   e) Neigung zu Lichtbögen (Durchbrennen),
   f) Preis wenig höher als der von Harnstoff-Formaldehydharzleimen.

[1] Mara, A. A.: The Technology of the Glue Lime in Electronic Edge-Gluing of Lumber For. Prod. Res. Soc. Proc. Bd. 2 (1948), S. 245.

3. Resorcinharzleime
   a) vielseitig anwendbar,
   b) schnelles Abbinden,
   c) erhältlich in Mustern, die nicht zu Überschlägen neigen, elektrische Leitfähigkeit veränderlich,
   d) gefärbte (rote bis rotbraune) Fuge,
   e) hohe Kosten (rund viermal so hoch wie Phenol-Formaldehydharzleime).

4. Melamin-Formaldehydharzleime
   a) schnell abbindend,
   b) Leimfuge farblos,
   c) Preis etwa zweieinhalbmal so hoch wie bei Harnstoffharzleimen.

Die Entwicklung schreitet auf dem Leimgebiet rasch vorwärts. Hauptsächlich angestrebt sind: Verbilligung, Farblosigkeit z.B. bei Resorcinharzleimen und höchste Dauerhaftigkeit der Verbindungen. A. A. Mara stellt folgende allgemeine Regeln auf:

1. Für höchste Dauerhaftigkeit und geschützte Holzteile im Freien sind Resorcin- oder Melaminharzleime zu verwenden.
2. Für alle allgemeinen Zwecke in geschlossenen Räumen empfehlen sich Harnstoffharzleime.
3. Zur Fugenverleimung sollen bei Anwendung der Hochfrequenzerhitzung keine Phenolharzleime verwendet werden.
4. Bei der Hochfrequenzfugenverleimung sollen die Leime nicht mit Mehl gestreckt werden.

Mehrfach wurde vorgeschlagen, z. B. in einem grundlegenden amerikanischen Patent[1] die Bindemittel mit Stoffen zu vermischen, die die Leitfähigkeit und den Verlustwinkel stark erhöhen, z. B. mit Metallstaub, kolloidal gemahlenem Graphit, Ruß usw. Nennenswerte praktische Erfolge konnten aber auf diese Weise bisher nicht erzielt werden.

---

[1] US Pat. Nr. 2087480 vom 20. 7. 1947; vgl. USPat. Nr. 1972050 vom 28. 8. 1934.

Anhang.

Abfallholzverwertung in der Holzindustrie.

Da Holz ein biologisch gebildeter, organisch gewachsener Rohstoff ist, der Wachstumsunregelmäßigkeiten und Fehler aufweist, seine Stammformen mehr oder minder unregelmäßig sind, die Sortimente nur innerhalb gewisser konventioneller Grenzen den Verwendungszwecken angepaßt sein können, die Abmessungen der Enderzeugnisse sehr unterschiedlich sind und oft beträchtlich von den Aushaltungsmaßen des Rundholzes abweichen und da schließlich die mechanische Verarbeitung und Bearbeitung des Holzes überwiegend durch spanabhebende Werkzeuge erfolgt, ergeben sich in den Holzindustrien erhebliche Mengen an Holzabfällen. Diese Abfälle lassen sich zum Unterschied von forstlichen Holzabfällen (z. B. Äste, Reisig, Wurzelholz) als gewerbliche Holzabfälle bezeichnen.

A. Kräss[1] hat auf Grund von Erhebungen in Deutschland im Jahre 1936 sowie auf Grund von Schätzungen Zahlentafel 150 ausgearbeitet.

Zahlentafel 150. *Zusammenstellung des Holzverbrauchs und der Holzabfallmengen nach Holzverwendungsarten in Deutschland 1936.*

Verwendungsart	Holzverbrauch Mill. fm Rohholz	Holzabfälle	
		%	Mill. fm Rohholz
Sägewerke	21,20	33	7,00
Hobelwerke	1,50	10	0,15
Furnierwerke	0,30	30	0,09
Sperrholzwerke	0,75	55	0,41
Holzbearbeitung	23,75	≈ 32	7,65
Möbelherstellung u. Holzbauindustrie	3,15	25	0,79
Holzwarenherstellung	1,40	35	0,49
Kistenindustrie	1,30	30	0,39
Faßherstellung	0,55	40	0,22
Zündholzindustrie	0,08	30	0,02
Übrige Industrien und Gewerbe	1,40	25	0,35
Holzverarbeitung	7,88	≈ 29	2,26
Bergbau	5,00	5	0,25
Schwellen	0,50	33	0,17
Masten	0,30	5	0,02
Baugewerbe	23,00	2	0,46
Insgesamt	—	—	10,81

Die in der Zahlentafel enthaltenen, auf den Holzverbrauch bezogenen Prozentsätze der Holzabfälle sind größtenteils Erfahrungszahlen. Die Zusammenstellung zeigt, daß bei der Holzbearbeitung mit durchschnittlich 32% Abfällen, bei der Holzverarbeitung mit durchschnittlich 29% Abfällen zu rechnen ist. Die Gesamtabfallmenge betrug 1936 in Deutschland etwa ein

[1] Kräss, A.: Holz als Roh- und Werkstoff Bd. 1 (1937/38) S. 169.

Zahlentafel 151. *Abfallanteile beim Rundholzeinschnitt.*

Rundholz-zopfstärke cm	Schnittware Dicke mm	Schnittware v. H.	Schwarten v. H.	Spreißel v. H.	Sägespäne v. H.
	Nach Braunshirn[1]				
12—15	3	50		50	
	5	54		46	
17—20	6	61		39	
	8	65		35	
	Nach Flatscher[2]				
20—25	36	56		28	16
20—25	26	56		28	14
	Nach Schuhmann[3]				
	10				25
	18				13
	28				10
	39				8
	Nach Zielaskowsky[4] (gerade, schlanke Kiefern)				
20	20	65	5		30
24	24	68	5		27
26	26	70	5		25
30	30	70	5		25
	cm				
12—21	8 × 8 bis 15 × 15	50	15		25
	1,8—2,0	10			
23—29	16 × 16 bis 20—20	55	10		25
	1,8—2,4	10			
32—35	23 × 26	60	5		25
	2,4	10			
	Nach Kässner[5]				
30	33	75		25,0	
31	33	76,9		32,1	
26—40	36	77,2	4,2	11,2	7,4

Rundholz-zopfstärke in cm	Schnittware Dicke mm	Schnittware v. H.	Schalbretter v. H.	Schwarten v. H.	Säumling v. H. Sägespäne v. H.
	Nach Pöthke[6]				
	16	60,7	11,1	5,3	22,9
	20	61,4	14,3	4,5	19,8
	24	62,9	13,8	7,8	15,5
	26	62,0	10,1	7,6	20,3
	28	65,7	13,2	8,9	22,2
	30	65,9	11,9	5,6	16,6
	40—42	68,4	7,8	3,3	20,5
	45	70,1	9,4	5,8	14,7
	50—60	69,8	8,3	7,6	14,3
	cm				
	8 × 8 bis 16 × 18	45,4	26,2	12,2	16,2
	10 × 20	48,7	20,4	13,4	17,5
	4 × 6 bis 5 × 6	59,1	6,4	11,0	23,5
	mm				
26	26	57,0	17,0	26,0	
30	26	66,9	9,2	23,9	

Rundholz-zopfstärke in cm	Schnittware Dicke mm	Schnittware v. H.	Schwarten v. H.	Säumling v. H.	Sägespäne v. H.
	Nach Zodel[7]				
20	Verschnitt				
	145	77,7		4,4	4,8
	15	13,1			
	Nachschnitt				
	24	55,8		4,4	9,6
	17	7,9			
	Zusammen				
	24	55,8		8,8	14,4
	15	21,0			

[1] Braunshirn, F.: Das Sägewerk, Wien 1929; vgl. ders.: AWF-Mitt. Bd. 15 (1933) S. 69.
[2] Flatscher, J. H.: Handbuch des Sägebetriebes, Berlin 1929.
[3] Schuhmann, W.: Allg. Forst- u. Jagd-Ztg. Bd. 91 (1915) S. 176.
[4] Zielaskowsky: Silva Bd. 5 (1917) S. 155.
[5] Kässner, B.: Der Sägewerkstechniker, München 1881.
[6] Pöthke: Kalkulation im Säge- und Hobelwerk, Diss. Tharandt 1933.
[7] Zodel, E.: Die Behandlung der Rundholzausnützung in der modernen Betriebskalkulation und -organisation, Mitt. 1930 d. Holztechnikums Rosenheim.

Viertel des gesamten Nutzholzverbrauchs. Auf die Untersuchungen von L. Vorreiter[1] über die Abfallholzstatistik ist hinzuweisen. F. Braunshirn[2] hat Untersuchungen über die Ausbeute und den Abfallanteil beim Einschnitt von Rundholz mit verschiedenem Zopfdurchmesser und bei der Ausformung zu baukantigem, waldkantigem, vollkantigem und scharfkantigem Holz angestellt. Zahlentafel 151 bringt eine von L. Vorreiter zusammengestellte Übersicht der Abfallanteile beim Rundholzeinschnitt nach verschiedenen Autoren. Sie lehrt, daß für genaue innerbetriebliche Untersuchungen jeweils die besonders vorliegenden Faktoren zu berücksichtigen sind.

Für überschlägige Schätzungen genügen aber die in Zahlentafel 152 enthaltenen durchschnittlichen Anteile

Zahlentafel 152. *Durchschnittsanteile für verschiedene Sägewerksabfälle* (*Nach L. Vorreiter*).

Abfallart	Abfallanteil
Endscheiben (je nach Länge und Dicke der Stämme)	1— 2— 5 v. H.
Schwarten	4— 8—15 v. H.
Säumlinge	4— 7—12 v. H.
Sägespäne	6—18—40 v. H.
Brettchen	0— 1— 3 v. H.

Für schwedische Sägewerke hat E. Juštšuk[1] Zahlen ermittelt, die auf S. 645 mitgeteilt sind.

Die Verwertungsmöglichkeiten der Holzabfälle lassen sich nur erörtern, wenn ihre Stückgröße und Formbeschaffenheit berücksichtigt wird. Daneben sind die Holzart und der Feuchtigkeitsgehalt von Bedeutung. Man hat nach A. Kräss zu unterscheiden:

1. Grobstückige und brettartige Abfälle: Schwarten, Längsabschnitte von Balken und Brettern, Restrollen bei der Furnierherstellung;
2. Lattenartige Abfälle: Säumlinge, Spreissel usw.;
3. Grobe Späne: Hobelspäne, Bohrspäne, Frässpäne;
4. Sägespäne.

In den Klassen 1 bis 3 sind die Holzfasern im wesentlichen unversehrt, während die Holzspäne mehr oder minder stark beschädigte und verkürzte Fasern enthalten. Auf Zahlentafel 94, S. 647 mit Messungen über den Faserlängenanteil in Sägespänen von E. Juštšuk[3] ist Bezug zu nehmen.

Zu Zellstoff, Holzschliff, aber auch einwandfreien Faser- und Spanplatten lassen sich nur großstückige Holzabfälle mit unversehrten Fasern verarbeiten. Für die Verteilung der Holzabfälle auf die vier oben angeführten großen Klassen gibt A. Kräss folgende Erfahrungszahlen:

Großstückige Abfälle	25,9%
Lattenartige Abfälle	16,7%
Grobe Späne	11,1%
Sägespäne	46,3%

[1] Vorreiter, L.: Handbuch der Holzabfallwirtschaft, 2. Aufl., Neudamm 1943.

[2] Braunshirn, F.: Ausbeuteversuche beim Rundholzverschnitt, AWF-Heft 256, Berlin.

[3] Juštšuk, E.: Avfallsmängder inom sågverksindustrien, Svenska Träforskningsinstitutet, Trätekniska avd., Medd. 20B, Stockholm 1952.

Im einzelnen ist der Anfall an Sägespänen industrieweise erheblichen Schwankungen unterworfen. Wieder nach A. Kräss entfallen vom Gesamtabfall auf Sägespäne in den Sägewerken etwa 50%, in der Möbelindustrie 20% und in der Kistenindustrie 60%; auf Hobelspäne entfallen vom Gesamtabfall in den Sägewerken 5%, in der Möbelindustrie etwa 40% und in den Hobelwerken fast 100%. Die Abnahme des Abfalls in Form von Sägespänen mit der Zunahme des Blockdurchmessers hat in Schweden G. Kinnman untersucht (s. Zahlentafel 93, S. 645).

Über die Größe des Anfalls von Holzabfällen bei der mechanischen Holzverarbeitung in Finnland hat F. Siimes[1] eine Untersuchung angestellt. Seine Zahlen wurden nicht statistisch genau ermittelt, sondern sie geben summarische Näherungswerte für das Jahr 1951 wieder. Trotzdem sind sie aufschlußreich und werden in der folgenden Zahlentafel zusammengestellt.

Zahlentafel 153. *Prozentuale Holzabfälle bei der mechanischen Holzverarbeitung in Finnland (Nach F. Siimes).*

Abfallart	Höhe des Abfalls %
a. Sägeindustrie:	
Schnittholz	56
Schwarten und Säumlinge	18
Kappenden	6
Sägespäne	14
b. Sperrholzindustrie:	
Restrollen	8
Runddreh- und Abdrehabfälle	25
Abfall beim Fügen	1
Sägespäne, Schleifstaub, Leimungsabfall	4
Abfall beim Formatschneiden	6
c. Möbelindustrie:	
Sägespäne	15
Hobelspäne	27
Bei der Weiterverarbeitung von Möbelteilen anfallende Späne	6
Stümpfe, Brettenden	25
Säumlinge	26

Weiter liegen Zahlen für die Sperrholzherstellung in Deutschland vor, die in Zahlentafel 154 und 155 enthalten sind.

Zahlentafel 154. *Die Sperrholzausbeute in Abhängigkeit vom Durchmesser (Nach E. Irschick[2]).*

Restrolle: ∅ 130 mm. Holzart:	Buche, Birke, Erle usw.						
mittlere Klotzdicke:	25 cm	28 cm	30 cm	35 cm	40 cm	45 cm	50 cm
Ablängen, Entrinden, Schälen, Restr., Zuschneiden, Breiten-, Dickenschwund	0,40	0,44	0,47	0,52	0,57	0,61	0,66
Bruch, Fügen, Fehlleimung	0,78	0,78	0,78	0,78	0,78	0,78	0,78
Besäumen, Umschneiden	0,90	0,90	0,90	0,90	0,90	0,90	0,90
Ausbeuten total	0,28	0,31	0,33	0,36	0,40	0,43	0,46
d. i.	28	32	33	36	40	43	46%

[1] Siimes, F.: Abfallholz der mechanischen Holzverarbeitung in Finnland. Holz als Roh- und Werkstoff Bd. 10 (1952), S. 379.

[2] Irschick, E.: Über die Holzausbeute bei der Sperrholzfertigung. Holz-Zbl. Bd. 76 (1950), S. 729.

Zahlentafel 155.

Die Holzverluste bei der Sperrholzherstellung, jeweils bezogen auf 100% eingegebenes Rundholz. (Nach F. Kollmann u. H.-J. Schulte-Brader.)

Holzart	1. Ablängen des Rundholzes	2. Entrinden	3. Schälen	Zuschneiden der Furniere auf der Schere	Trocknen	Sonstige Scherenverluste[2]	Fugen	Pressen	Besäumen	Nachbearbeitung
Buche . . .	4,5 bis 5,8 bis 7,3	—	19 bis 21,4 bis 23,6	7 bis 9,6 bis 11,5	7 bis 8,6 bis 9,5	4 bis 6	4,4 bis 7,2 bis 9,8	4 bis 4,8 bis 6	3 bis 4,6 bis 7,5	1,5
Okumé . . .	3 bis 4,5 bis 6	6 bis 8	10 bis 12,4 bis 17,5	8 bis 10	4,5 bis 5,8 bis 8	3 bis 4,7	2,5 bis 3,7 bis 6,9	4 bis 4,6 bis 5,5	3 bis 4,8 bis 6,2	0,8 bis 1,3
Limba . . .	—	7 bis 8	6 bis 8[1]	—	etwa 8	—	—	—	—	0,7 bis 1,2

[1] Nur Restrollenanteil. [2] Selten ermittelter Verlust.

Bemerkung: Die Verluste liegen in der angeführten Variationsbreite, keine Fertigung hat also geringste bzw. höchste Verluste, wie es sich aus der Addition der Zahlen ergeben könnte.

Es kann keinem Zweifel unterliegen, daß für die Holzindustrie der ganzen Welt die Abfallholzverwertung von größter wirtschaftlicher Bedeutung ist. Die Lösung des Problems ist aber sehr schwierig, da eine sehr große Anzahl von Faktoren zu berücksichtigen ist, die örtlich und zeitlich erheblichen Schwankungen unterworfen sind. Eine möglichst lückenlose Erörterung der einzelnen technischen Möglichkeiten würde über den Rahmen eines Buches, das die Technologie des Holzes und der Holzwerkstoffe behandelt, hinausgehen; denn Technologie ist die Lehre von der Verarbeitbarkeit und der Verarbeitung eines Rohstoffes. Damit hat sich die Technologie zunächst systematisch mit den Eigenschaften der Werkstoffe, hierauf mit den Verfahren zu ihrer Umformung und Veredelung zu befassen. Die Fragen der Abfallverwertung erwachsen sekundär und gehören zur Betriebswirtschaft und -technik. Trotzdem sind sie eng mit der Technologie des Werkstoffes selbst verknüpft. Dies erweist sich beim Studium des vorliegenden Werkes. Eigenschaften und Verwertungsmöglichkeiten von Holzabfällen sind sowohl in Band I als auch in Band II in verschiedenem Zusammenhang behandelt. Auch unter diesem Gesichtswinkel wäre es unzweckmäßig, die Abfallholzverwertung nochmals zusammenhängend in einem eigenen Buchteil darzustellen. Der vorliegende Anhang begnügt sich deshalb damit, einleitend die statistischen Grundlagen der Holzabfallwirtschaft gedrängt aufzuzeigen, um die Größe und Mannigfaltigkeit des Problems zu beleuchten. Nachstehend aber folgt eine katalogmäßige Aufzählung der wichtigsten bis heute bekanntgewordenen Möglichkeiten zur Holzabfallverwertung, wobei vielfach stichwortartige Hinweise auf Buchstellen, die Näheres dazu bringen, genügen.

Aceton fällt bei der Holzverkohlung an, s. Band I, S. 266ff.

Aktivkohle läßt sich aus Sägespänen oder Holzmehl nach dem Außiger Verfahren herstellen, s. Band I, S. 284.

Amboßklötze werden aus Stockholz ohne Wurzeln (Ahorn, Eiche, Kiefer) mit 40 bis 80 cm Durchmesser und 30 bis 100 cm Länge hergestellt.

Ameisensäure bildet sich bei der Holzverkohlung, s. Band I, S. 286f.

Asche (Aschengehalt der Hölzer, s. Band I, S. 125, 176z, 178z, 179z, 180z, Aschenzusammenstellung, s. Band I, S. 176z, 297z, Aschenbild Band I, S. 177) spielte früher bei der Herstellung von Pottasche (Kaliumcarbonat), zum Düngen und zur Bearbeitung von Metalloberflächen eine Rolle.

Backstreumehl, das ein Ankleben des Brotteiges am Backblech verhindern soll, wird aus Fichten- und Tannenholz erzeugt.

Brennholz wird aus großstückigen Holzabfällen in großem Umfang hergestellt. Eigenschaften des Holzes als Brennstoff, s. Band I, S. 239ff, Verbrennungsvorgänge Band I, S. 249ff, Holzfeuerungen Band I, S. 257ff.

Brikette versuchte man schon frühzeitig aus Sägespänen zu erzeugen. Ältere Verfahren hat L. Vorreiter[1] beschrieben. Schwere Stempelpressen (Preßdruck rund 400 kg/cm²) formten aus den Spänen bei drei- bis fünffacher Verdichtung Preßlinge, die jedoch den Anforderungen nicht entsprechen. Erschwert wird die Brikettierung nach H. Eiting[2] durch: 1. Die meist hohe Feuchtigkeit der Späne. Wasser setzt der Verdichtung starken Widerstand entgegen, und der sich bei der Heißpressung bildende Dampf expandiert plötzlich, wenn die Formlinge die Presse verlassen. Dadurch werden sie leicht zerrissen. Nach K. F. Egund[3] liegt der optimale Feuchtigkeitsgehalt für zu brikettierende Späne je nach der Holzart zwischen 10 und 18%. 2. Die starke Elastizität der Späne. Um sie zu überwinden, muß man die Späne binden. Fremde Bindemittel sind meist zu teuer. Man muß deshalb die im Holz enthaltenen oder aus seinen Bestandteilen (Lignin) bildbaren Bindemittel ausnützen. Hierzu bedarf es hoher Drücke (über 1200 kg/cm²) und Temperaturen (über 160° C). 3. Die ungleichmäßige Form der Späne. 4. Die unterschiedlichen Holzarten. Die Eignung zur Brikettierung gibt etwa folgende Reihe wieder: Lärche — Kiefer — Fichte — Tanne — Laubhölzer. 5. Die Lagerung der Späne. Als vorteilhaft hat sich eine Lagerzeit von etwa 1 Monat im Silo erwiesen. — Unter den in der Praxis eingeführten Pressen haben sich nachstehende am besten bewährt: a) *Glomera-Hochdruckpresse*. Es handelt sich um Schubkurbel- oder Kniehebelpressen. Das gesiebte und auf 12 bis 20% getrocknete Spangut gelangt über einen Schwingrüttler in gleichmäßigem Strom zur Presse, wo es durch Klauen zunächst vorverdichtet wird. Im Preßkopf mit dem vorgesetzten Mundstück werden dann durch 1200 kg/cm² Druck die Briketts (8 cm ∅, 1,5 bis 2,5 cm Dicke, 1,1 bis 1,2 g/cm³ Wichte, 6 bis 8% Feuchtigkeitsgehalt, 0,8% Asche, unterer Heizwert 4000 bis 4500 kcal/kg) erzeugt. Sie verbrennen fast rückstandfrei mit geringer Rauchbildung und schnellem Abbrand. Sie sind sauber, handlich, verlangen keine Unterzünder, müssen aber trocken gelagert werden. Verbraucher: Haushalte, Bäckereien, Wäschereien, Küchenbetriebe, keramische Industrie usw. b) *Prestolog-Pressen*. Die auf 5 bis höchstens 10% getrockneten Späne gelangen über ein Sieb und eine Rüttelanlage zur Presse. Dort drückt eine Schnecke das Spangut in einen sich kegelig verjüngenden Raum, so daß unter etwa 250 kg/cm² Enddruck eine Vorverdichtung stattfindet. Vom vorverdichteten Strang wird das Material für ein Brikett abgeschnitten und in ein Bohrloch gedrückt, dessen Öffnung ein hydraulisch betätigter Gegendruckkolben verschließt. Der Preßdruck liegt zwischen 1000 und 1400 kg/cm², durch die Reibung erhöht sich die Temperatur auf 150 bis 200° C. Die fertigen, sehr gleichmäßigen Brikette werden in die Löcher einer Lochscheibe geschoben. Insgesamt besitzt die Lochscheibe 40 wassergekühlte

---

[1] Vorreiter, L.: Handbuch für Holzabfallwirtschaft, 2. Aufl., Neudamm 1943, S. 247ff.

[2] Eiting, H.: Stand der Sägespänebrikettierung, unveröffentlichte Diplomarbeit, Hamburg 1954.

[3] Egund, K. F.: Norsk Skogindustri Bd. 7 (1953) S. 231.

Bohrlöcher, die in 25 min gefüllt werden. Der Ablauf ist automatisch, es sind nur 1 bis 2 Mann zur Bedienung der ganzen Anlage erforderlich, jedoch sind Anlagekosten und Stromverbrauch wesentlich höher als beim Glomeraverfahren. Die Brikette haben 10,8 cm ∅ und 30,4 cm Länge. Bei einer Wichte zwischen 1,2 und 1,3 g/cm³ ist ihr unterer Heizwert ebenfalls 4000 bis 4500 kcal/kg. Eine kleinere Presse (Stocker-Fuel-Maschine) besitzt etwa denselben Preßteil zur Vorverdichtung, jedoch sind im Preßkopf sternförmig 8 Löcher mit 2,5 cm Durchmesser angebracht. In diese wird der vorverdichtete Strang gedrückt. Die austretenden Stangen werden auf beliebige Längen zu kleinen Briketten gehackt oder geschnitten. Sie eignen sich besonders zur Vorfeuerung.

Bürstenbrettchen können mittels Kopierautomaten (s. S. 691) aus größeren Stückabfällen, Endscheiben, Ablängresten aus Ahorn, Buche, Rüster und überseeischen Hölzern erzeugt werden.

Dübelmasse, eine Mischung aus feinen Weichholzsägespänen, Gips und Sorelzement dient als Nagelkitt in Ziegelwänden und Verputz.

Dübelsteine und andere Formlinge aus Holzspänen und anorganischen Bindemitteln werden nach vielerlei Vorschriften und Patenten hergestellt, s. S. 556.

Düngemittel. Frische Sägespäne sind als Dünger auf Wiesen und Äckern ungeeignet, ja schädlich; ob Tränkung mit Blutabfällen aus Schlachthäusern genügende Düngerwirkung sichert und zu keiner Bodenverschlechterung führt, bedarf noch der Untersuchung. Die physikalischen Eigenschaften lehmiger und toniger Böden sowie von Schlickböden lassen sich durch Sägespäne verbessern. Auch zur Kompostierung lassen sich frische Sägespäne heranziehen.

Durisol, ein Leichtbaustoff, wird aus Hobelspänen erzeugt, s. S. 556.

Essigsäure bildet sich bei der Holzverkohlung, s. Band I, S. 266ff.

Farbstoffe lassen sich aus Sägespänen, Holzmehl, zerriebenem Moderholz durch Erhitzung in Autoklaven mit Schwefelverbindungen gewinnen. Natürliche Farbstoffe lassen sich aus Abfällen von Farbhölzern (s. Band I, S. 175, 176) extrahieren.

Faschinen liefern Äste und Gipfelreste (1 bis 4 cm ∅ m. R.) aus Kiefer, Lärche, Erle, Weide.

Faßspunde können aus astreinen, geradfaserigen Stückabfällen von Ahorn, Birke, Pappel und harzarmen Nadelhölzern (Splint) gedreht werden.

Feueranzünder lassen sich aus Hobel- und Fräßspänen z. B. durch Tränkung mit geschmolzenem Paraffin und Pressen in Formen herstellen.

Filtermittel. Grobe Sägespäne aus harzarmen Nadelhölzern können, in Klärbecken gefüllt, zum Filtern verunreinigter Flüssigkeiten dienen. Auch verkohlte Sägespäne bilden ein Filtermittel. Filtermassen lassen sich aus Ton mit eingekneteten Sägespänen brennen. Mit schwacher Sodalauge getränkte Sägespäne sind zur Luftreinigung verwendbar.

Füllmittel für Trockenbatterien, Puppen, Bälge sind gesiebte, gut trockene Sägespäne von Nadel- und weichen Laubhölzern.

Furfurol gewinnt man bei der Holzverkohlung (s. Band I, S. 270) und Holzverzuckerung (s. Band I, S. 228 und 233).

Futterhefe ist ein wichtiges Erzeugnis der Holzverzuckerung nach Scholler-Tornesch (s. Band I, S. 230b).

Futtermittel wurden wiederholt nach verschiedenen Vorschlägen durch Salzsäureaufschluß von Sägespänen, Vermischen mit Schlempe und Viehsalz oder Vergären mit Kleie und nachfolgendem Verbacken zu Holzbrot erzeugt.

Futterstreckmittel. Feines Holzmehl von Nadel- und weichen Laubhölzern (z. B. Birke und Linde) kann dem Viehfutter zugesetzt werden.

Gerbstoffe (s. Band I, S. 174, 175z) lassen sich aus Spänen und Abfällen von Eichenkernholz, Kastanienholz usw. ausziehen.

Hackklötze, Erzeugung wie die von Amboßklötzen (s. d.).

Harze aus Kiefernholzspänen zu extrahieren lohnt sich im allgemeinen nicht.

Holzfaserplatten werden in großem Umfang aus großstückigen Holzabfällen erzeugt (s. S. 556ff.).

Holzgas aus Industrieabfällen, s. Band I, S. 288ff.

Holzkohle, s. Bd. I, S. 265ff.

Holzkohlengas, s. Band I, S. 288ff.

Holzmehl, Rohstoff sind die beim Einschnitt von Fichtenrundholz anfallenden Späne. Gegenüber Gatterspänen werden saubere Späne vom Kreissägeneinschnitt bevorzugt. Die Späne sollen möglichst hell und frei von Kiefernbeimischung sein. Vermahlen werden sie in Mahlgängen unter Zwischenschaltung von Sieben und Sichtmaschinen. Versand in Säcken oder zu Ballen gepreßt. Verarbeitung in der Linoleum- und Preßmassenindustrie.

Holzperlen werden reihenweise gleichzeitig aus Rundstäben von Harthölzern gedreht und abgestochen.

Holz, plastisches, besteht aus Holzmehl, Farbstoffen und Bindemitteln, die in leicht flüchtigen Lösungsmitteln gelöst sind. Es dient zum Verkitten von Fehlstellen in Holz.

Holzspanplatten, s. S. 489ff.

Holzteer ist ein Nebenerzeugnis der Holzverkohlung, s. Band I, S. 265ff.

Holzwolleplatten (s. S. 468ff.) lassen sich auch aus Holzwolle herstellen, die mittels besonderer Magazin-Holzwollemaschinen aus Schwarten erzeugt wurde.

Holzzement, s. Steinholz.

Holzzucker, wird aus Abfallholz und Holzabfällen nach dem Rheinau-Verfahren (s. Band I, S. 225), dem Scholler-Tornesch-Verfahren (s. Band I, S. 226), dem Madison-Verfahren (s. Band I, S. 231) gewonnen.

Homogenholz wird aus defibrierten großstückigen Holzabfällen durch Vermischen mit bis zu 40% Kunstharz, Gußformung und Pressung hergestellt. Eigenschaften s. Band I, S. 436z, 437z, 644z, 646z, 702z, 761z und 822z.

Kienöl fällt bei der Holzteerschwelung an, s. Band I, S. 275.

Knöpfe werden aus Hartholzabfällen zum Überziehen mit Stoff oder Leder und aus Edelholzabfällen zur blanken Verwendung gedreht.

Kunstholz, s. Holz, plastisches.

Leichtbauplatten, s. Holzfaserplatten, Holzspanplatten, Holzwolleplatten.

Leichtsteine. Ziegel werden durch Zusatz von Holzspänen mehr oder minder porös und damit besser wärmedämmend.

Mahlholz heißen Werkstoffe, die aus Defibratorstoff oder Sägespänen unter Zusatz schleimig gemahlener, klebender Holzabfälle in Plattenform hergestellt werden (s. S. 491).

Methanol bildet sich bei der Holzverkohlung, s. Band I, S. 265ff.

Oxalsäure. Zur Darstellung von Oxalsäure wurde von 1856 bis in die ersten Jahre des 20. Jahrhunderts ausschließlich die Alkalischmelze von Sägespänen benutzt. Man erhitzte trockene (keinesfalls über 40% Feuchtigkeit enthaltende) Späne mit reiner Kalilauge von etwa 48° Bé; auf 100 GT Späne kamen 200 GT Lauge. Durch Selbsterhitzung steigt (geregelt durch das Eintragen neuer Späne und durch Rühren) die Temperatur auf etwa 285° C. Anschließend erfolgt die

Behandlung mit weiterer Lauge in Trockenpfannen, wobei die anfangs schwarze Farbe der Schmelze in hellgelb übergeht. Die Trockenmasse läßt man auf 150° C abkühlen und löst sie in heißem Wasser; aus der gelösten Schmelze kristallisiert das oxalsaure Kalium beim Erkalten. Als Nebenerzeugnis gewinnt man Pottasche. Bezogen auf das Darrgewicht des Holzes erreicht man 84 bis 95% Oxalsäure. Bei weichen Hölzern ist die Ausbeute etwas größer als bei harten. Heute ist das Sägemehlverfahren durch die synthetische Darstellung, Erhitzen von ameisensaurem Alkali, weitgehend aus der Technik verdrängt.

Packmittel. Lockere, grobe, trockene, harzfreie Weichholzspäne haben sich in USA für zerbrechliche und empfindliche Gegenstände sowie für Früchte bewährt.

Polier- und Putzmittel. Für die letzte Politur von Metallen aller Art hat sich Hartholzmehl gut bewährt. Es soll möglichst fein sein. Am besten geeignet ist Buchsbaumholzmehl. Das Mehl muß frei von allen Verunreinigungen sein. Man verwendet beim Polieren mit Holzmehl (nachdem mit den üblichen Schleifpasten vorpoliert wurde) weiche Filzscheiben.

Räucherspäne (Räucherschmok) wird von Fisch- und Fleischräuchereien benötigt. Infolge zunehmender Schlachtungen für den Winter ist die Hauptnachfrage im Oktober und November. Preis je nach örtlicher Lage und Konjunktur. Am besten geeignet sind Buchenspäne. Die Ware muß gut trocken sein, da feuchte Späne dem Nahrungsmittel einen unangenehmen Geschmack (nach Phenol) geben. Vorgeschlagen ist ein Höchstwassergehalt von 25% bei handelsüblicher, sägefallender Ware, 10% bei trockenen Spänen. Die Späne müssen insbesondere trocken gelagert gewesen sein und dürfen sich nicht schon selbst erhitzt haben, da sie sonst stark riechende Zersetzungsstoffe enthalten. Geringe Mengen von Spänen werden auch zum Räuchern von Edelpelzwaren verbraucht. Eichenspäne eignen sich nicht zum Räuchern.

Reinigungsmittel. Sägespäne aus Weichholz können zur Reinigung von Fußböden, Stiegen usw. benutzt werden, wenn man sie feucht aufstreut. Auch zum Reinigen von Koch- und Waschgeschirren lassen sie sich verwenden.

Saugmittel für Sprengstoffe. Sägemehl ist hier durch Kieselgur verdrängt.

Seifen mit grober mechanischer Waschwirkung können Sägespäne zugesetzt werden.

Spulen für Garn, Fäden, Draht werden aus großstückigen Abfällen von Ahorn, Birke, Buche maschinell hergestellt.

Stapellatten für die Freilufttrocknung und die künstliche Holztrocknung werden aus Besäumabfällen, Latten usw. geschnitten; Näheres über Abmessungen s. S. 309.

Steinholz, Herstellung und Eigenschaften, s. S. 555 u. 556z.

Stiele für Werkzeuge fertigt man aus großstückigen Abfällen (Ästen, Gipfelresten) von Esche, Eiche, Rüster.

Streu. Sägespäne eignen sich als Streu in Viehställen. Sie nehmen mehr Feuchtigkeit auf als Laub- und Nadelstreu, aber etwa fünfmal weniger als Torfmull. Durch die Vermischung mit Jauche ergeben die Sägespäne ein Düngemittel, das aber nur sehr langsam verrottet. Gelegentlich werden die Späne in einer Lösung von 1 GT Schwefelsäure in 15 GT Wasser eingeweicht und nach dem Wiedertrocknen gestreut; sie binden dann mehr Ammoniak. In der Landwirtschaft liegt die älteste Verwendungsmöglichkeit der Sägespäne. Nachteile der Streuverwendung: Augenentzündungen und Ohrenverstopfungen der Tiere. Ertragsminderung der Böden durch Versäuern.

Schwellendübel werden aus Buche und Eiche hergestellt.

Wärmeschutzmittel. Sägespänefüllungen isolieren sowohl gegen Kälte (Stallwände, Warmbeete) als auch gegen Wärme (Kühlwagen, Eisschränke usw.) gut. Die Wärmeleitzahlen liegen bei Schüttgewichten zwischen 175 und 215 kg/m^3 für trockene, lose Weichholzspäne zwischen 0,04 und 0,06 kcal/m h° C bei 0° C; bei 75° C wurde λ = 0,075 kcal/m h° C bestimmt.

Zellstoff wird aus Sägewerksabfällen in großem Umfang erzeugt; auch Restrollen lassen sich verarbeiten. Herstellungsverfahren s. Band I, S. 180ff.

Zucker, s. Holzzucker.

Namenverzeichnis.

Bei Seitenzahlen bedeutet a = Anmerkung (Fußnote), b = Bild, z = Zahlentafel.

Holzartenverzeichnis.

a) Namen in der Umgangssprache.

Bei den Seitenzahlen bedeutet a = Anmerkung (Fußnote), b = Bild, z = Zahlentafel.

b) Botanische Namen.

Sachwortverzeichnis.

Bei Seitenzahlen bedeutet a = Anmerkung (Fußnote), b = Bild, z = Zahlentafel; kursive Zahlen weisen auf grundsätzliche Behandlung hin.

Permeabilität der

(Nach Forest Products Research

Gruppen-Nr.		1	2	3
Durchlässigkeitsgrad		Undurchlässig	Außergewöhnlich schwer durchlässig	Sehr schwer durchlässig
Verhalten beim Tränken		Weder längs noch quer zur Faser (selbst unter hohem Druck) tränkbar	Verhalten ähnlich wie undurchlässige Hölzer	erforderliche Tränkzeit 4 h Tränkdruck 10 bis 13 kg/cm²
Eindringtiefe	⊥ Faser	< 1 mm		≦ 20 mm
	∥ Faser	< 25 mm	(einige Gefäße) ≦ 250 mm	
Holzarten		Eucalyptus diversicolor F. v. M. (Karri) Eucalyptus marginata Smith (Jarrah)[7] Eucalyptus microcorys F. v. M. (Tallowwood) Guarea cedrata Pell. (Scented Guarea) Guarea Thompsonii Sprague et Hutch. (Guarea) Ocotea usambarensis Engl. (East African Camphor) Syncarpia laurifolia Tenore (Turpentine) Tristania conferta R. Br. (Brush Box)	Aucoumea Klaineana Pierre (Gaboon, Okumé) Chlorophora exelsa Benth. et Hook. (Iroko) Dipterocarpus spec. (Keruing)[4, 7] Juniperus procera, Hochst. (African Pencil Cedar) Khaya spec. (African Mahogany) Ocotea Rodioei Mez (Greenheart) Pterocarpus macrocarpus Kurz (Burma Padauk) Quercus spec. (Englische Eiche) Swietenia macrophylla King (Honduras Mahogany) Swietenia mahagoni, Jacq. (Central American Mahogany) Tectona grandis L. f. (Teak) Terminalia ivorensis, A. Chev. (Idigbo) Terminalia obovata, Steudel (Nargusta) Xylia dolabriformis, Benth. (Pyinkado)	Castanea sativa Mill. (Eßkastanie) Eucalyptus obliqua L'Hér. (Tasmanian Oak) Juglans regia L. (Walnuß) Larix decidua Mill. (Lärche) Larix leptolepis Gordon (Japan. Lärche) Liqui dambar styraciflua L. (American Red Gum) Picea mariana Britton (Canadian Spruce) Populus spec. (Pappel)[7] Populus tremuloides, Michaux (Canadian Aspen) Pseudotsuga taxifolia Britton (Douglasie)[5] Quercus spec. (American White Oak) Salix spec. (Weide) Thu ja plicata D. Don (Western Red Cedar) Triplochiton scleroxylon K. Schum. (Obeche, Abachi)

Kommt das gleiche Holz in mehreren Gruppen vor, so ist dies durch Bezugszahlen hinter dem Namen kenntlich gemacht.

Nutzhölzer nach Gruppen.

Laboratory, Princes Risborough).

4	5	6	7
Schwer durchlässig	Mäßig durchlässig	Durchlässig	Gefäßdurchlässig
erforderliche Tränkzeit 2 bis 4 h	erforderliche Tränkzeit 1 bis 2 h schlecht geeignet für Trogtränkung	nur kurze Drucktränkung oder Trogtränkung erforderlich	starke Permeabilität der Gefäße, aber Undurchlässigkeit der Fasern, Neigung zum Bluten
≦ 20 mm	≦ 20 mm	50 bis 75 mm	
Acer saccharum Marshall (Rock Maple)[5]	Abies alba Mill. (Silver Fir)	Acer pseudoplatanus L. (Sycamore, Bergahorn)	Celtis Soyauxii Engl. (Celtis)[5]
Betula lutea Mich. (Canadian Yellow Birch)[5]	Acer saccharum Marshall (Rock Maple)[4]	Aesculus hippocastanum L. (Roßkastanie)	Dipterocarpus spec. (Gurjun)
Dipterocarpus spec. (Keruing)[2 7]	Betula lutea Mich. (Canadian Yellow Birch)[4]	Alnus glutinosa Gaertner (Erle)	Dipterocarpus spec. (Keruing)[24]
Ochroma spec. (Balsa)[7]	Celtis Soyauxii Engl. (Celtis)[7]	Betula pendula Roth (Birke)	Dipterocarpus tuberculatus Roxb. (Eng)
Picea excelsa Link (Englische Fichte)	Fraxinus excelsior L. (Esche)	Carpinus betulus L. (Weißbuche)	Eucalyptus marginata Smith (Jarrah)[1]
Picea sitchensis Carr. (Sitka-Fichte)	Pinus banksiana Lamb. (Jack Pine)	Ceratopetalum apetalum D. Don (Coachwood)	Ochroma spec. (Balsa)[4]
Pterocarpus angolensis DC. (Muninga)	Pinus nigra var. calabrica Schneider (Corsische Kiefer)	Fagus silvatica L. (Rotbuche)	Populus spec. (Pappel)[3]
Triplochiton scleroxylon K. Schum. (Obeche, Abachi)[3]	Pinus monticola D. Don (Western White Pine)	Nyssa aquatica L. (Tupelo Gum)	Terminalia procera Roxb. (White Bombway)
Ulmus Thomasii Sarg. (Rock Elm)	Pinus palustris Mill. (Pitch Pine)	Podocarpus milanjianus Rendle (Podo)	
	Pinus resinosa Ait. (Red Pine)	Quercus spec. (American Red Oak)	
	Pinus silvestris L. (gemeine Kiefer)	Scottellia coriacea A. Chev. (Odoko)	
	Pinus spec. (Honduras Pitch Pine)	Tilia spec. (Baßwood, Lime, Linde)	
	Pinus strobus L. (Yellow Pine, Strobe)		
	Populus spec. (?) (Cottonwood)		
	Pseudotsuga taxifolia Britton (Douglasie)[3]		
	Pterocarpus dalbergioides Roxb. (Andaman Padauk)		
	Sarcocephalus Diderrichii De Wild. (Opepe)		
	Tsuga heterophylla Sarg. (Western Hemlock)		

Grenzwerte der pilztötenden Wirkung von

(Zusammengestellt von H. Bellmann;

Mittel	Konzentration der Lösung[1]) [%]	Grenzwert[2]) ohne Auslaugung (G) in kg/m³		
		Coniophora cerebella	Poria vaporaria	Lenzites abietina
I. Organische Schutzmittel				
a) Steinkohlenteeröle				
St. nach RBV und RPV	100	5,8 bis 7,0	7,5 bis 9,5	—
—	100	8,8 bis 12,9	8,7 bis 17,5	8,2 bis 13,1
—	100	4,0	6,7	6,7
—	100	4,5 bis 6,2	—	—
—	100	5,10 bis 6,80	5,55 bis 6,00	13,6 bis 26,4
Ostrauer St.	100	3,0 bis 4,5	—	~5,7
englisches St.	100	4,0 bis 6,0	4,0 bis 8,0	—
St. nach RPV (Mittelwerte)	100	*10,0*	*10,0*	*10,0*
Entsäuertes Öl	100	6,7 bis 14,6	13,1 bis 25,6	6,4 bis 16,5
Entbastes Öl	100	8,9 bis 13,6	12,0 bis 16,5	6,9 bis 13,6
Neutralöl	100	9,4 bis 15,2	9,8 bis 14,7	8,0 bis 14,7
Fraktion 120 bis 130° C	100	—	> 83,6	—
— 130 bis 140° C	100	—	> 72,0	—
— 140 bis 150° C	100	—	> 90,0	—
— 150 bis 160° C	100	—	> 88,0	—
— 160 bis 170° C	100	—	> 88,0	—
— 170 bis 180° C	100	—	> 106,0	—
— 180 bis 200° C	100	5,40 bis 7,80	8,4 bis 13,5	—
— 200 bis 220° C	100	3,90 bis 6,15	6,15 bis 8,0	—
— 220 bis 240° C	100	8,20 bis 12,6	6,45 bis 8,80	—
— 240 bis 260° C	100	11,4 bis 15,6	8,20 bis 12,9	—
— 260 bis 280° C	100	6,15 bis 8,40	8,80 bis 13,2	—
— 280 bis 300° C	100	3,90 bis 5,70	6,75 bis 8,80	—
— 300 bis 330° C	100	3,90 bis 6,15	12,3 bis 17,2	—
— 330 bis 360° C	100	7,80 bis 12,0	16,4 bis 20,5	—
Fraktionsrückstand	100	—	80,0 bis 162	—
b) Karbolineen				
Avenarius-Karbolineum	100	3,3	—	7,0
Bavol	100	9,0	—	14,5
Büscher & Hoffmann Karbolineum .	100	7,0	—	6,0
Vedag-Karbolineum	100	6,5	—	6,5
Vidal-Karbolineum rotbraun	100	16,0	—	14,0
Vidal-Karbolineum gelb	100	8,0	—	8,3
Verol-Karbolineum	100	2,0	—	6,0
„ein Karbolineum"	100	—	—	—
Anthracenpreßgut	100	6,1 bis 8,8	13,7 bis 26,2	4,6 bis 9,5
c) Andere Stoffe öliger Beschaffenheit				
ein Braunkohlenteeröl	100	~4,0	~4,0	—
ein Buchenholzteeröl	100	—	~20,0	—
ein Schieferteeröl, normal	100	> 33,7	17,9 bis 23,5	16,2 bis 21,6
ein Schieferteeröl ohne Teersäuren . .	100	18,3 bis 26,3	36,0 bis 45,4	15,5 bis 22,6
Kupfernaphthenat	100	—	~35	—
Zinknaphthenat	100	—	~15	—

Holzschutzmittel-Grundstoffen und Handelspräparaten.

Prüfung nach DIN 52176 Blatt 1 und 2.)

bei Beanspruchung durch:		Auswaschbarkeit ($\frac{G_A}{G}$) bei:					Autor und Jahr
Lentinus lepideus	Merulius lacrymans	Con. cer.	Por. vap.	Lenz. ab.	Lent. lep.	Mer. lac.	
8,9 bis 12,6	—	1,3[2]	—	—	—	—	van den Berge 1934
12,6 bis 20,4	—	—	—	—	—	—	Peters, Krieg und Pflug 1937
—	—	—	—	—	—	—	Liese 1938
—	—	—	—	—	—	—	Broekhuizen 1938
24,6 bis 30,0	—	—	—	—	—	—	Schulze u. Becker 1948
> 33,9	—	—	—	—	—	—	Bertleff 1939
~12,0	—	—	—	—	—	—	Cartwright u. Findlay 1946
25,0	*10,0*	1,5	1,0	0,6	1,0	—	MPA Berlin-Dahlem 1950
19,6 bis 29,8	—	—	—	—	—	—	Peters, Krieg u. Pflug 1937
11,4 bis 20,7	—	—	—	—	—	—	Peters, Krieg u. Pflug 1937
15,7 bis 32,8	—	—	—	—	—	—	Peters, Krieg u. Pflug 1937
> 83,7	—	—	—	—	—	—	Schulze u. Becker 1948
> 74,0	—	—	—	—	—	—	Schulze u. Becker 1948
> 92,0	—	—	—	—	—	—	Schulze u. Becker 1948
> 88,0	—	—	—	—	—	—	Schulze u. Becker 1948
45,0 bis 90,0	—	—	—	—	—	—	Schulze u. Becker 1948
27,0 bis 53,0	—	—	—	—	—	—	Schulze u. Becker 1948
8,60 bis 12,6	—	—	—	—	—	—	Schulze u. Becker 1948
8,0 bis 12,9	—	—	—	—	—	—	Schulze u. Becker 1948
12,9 bis 16,4	—	—	—	—	—	—	Schulze u. Becker 1948
19,0 bis 29,2	—	—	—	—	—	—	Schulze u. Becker 1948
20,5 bis 32,2	—	—	—	—	—	—	Schulze u. Becker 1948
22,0 bis 32,2	—	—	—	—	—	—	Schulze u. Becker 1948
20,5 bis 30,8	—	—	—	—	—	—	Schulze u. Becker 1948
11,4 bis 15,6	—	—	—	—	—	—	Schulze u. Becker 1948
79,0 bis 16,2	—	—	—	—	—	—	Schulze u. Becker 1948
—	2,2	—	—	—	—	—	Liese 1938
—	5,0	—	—	—	—	—	Liese 1938
—	4,0	—	—	—	—	—	Liese 1938
—	3,0	—	—	—	—	—	Liese 1938
—	4,5	—	—	—	—	—	Liese 1938
—	4,5	—	—	—	—	—	Liese 1938
—	2,0	—	—	—	—	—	Liese 1938
—	—	1,0	2,1	1,2	1,8	—	PMA Berlin-Dahlem 1950
43,7 bis 64,2	—	—	—	—	—	—	Peters, Krieg u. Pflug 1937
~10,0	—	—	—	—	—	—	MPA Berlin-Dahlem 1950
~30,0	—	—	—	—	—	—	MPA Berlin-Dahlem 1950
24,8 bis 37,8	—	—	—	—	—	—	Broese van Groenau u. Mitarb. 1951
> 134	—	—	—	—	—	—	Broese van Groenau u. Mitarb. 1951
~30	—	—	—	—	—	—	MPA Berlin-Dahlem 1950
~60	—	—	—	—	—	—	MPA Berlin-Dahlem 1950

Mittel	Konzentration der Lösung [1]) [%]	Grenzwert [2]) ohne Auslaugung (G) in kg/m³		
		Coniophora cerebella	Poria vaporia	Lenzites abietina
d) Phenole, Kresole, Naphthaline und ähnliche Stoffe				
Phenol	100	4,62 bis 6,50	27,2 bis 34,5	—
Phenole aus dem Steinkohlenteeröl .	100	4,4 bis 8,4	3,4 bis 6,3	2,2 bis 3,6
Dinitrophenol	100	(1,05 bis 1,40)	(1,05 bis 1,40)	(0,28 bis 0,35)
—	100	(2,10)	—	(2,10)
Dinitrophenolnatrium	100	2,26 bis 2,94	5,0 bis 6,0	2,02 bis 3,64
—	5	59,0	120	69,5
—	100	1,18 bis 1,39	1,06 bis 1,15	0,62 bis 0,81
Pentachlorphenol	100	(0,70 bis 1,05)	(0,70 bis 1,05)	(0,52 bis 0,70)
—	100	(1,40)	(0,28 bis 0,35)	(0,70 bis 1,05)
—	5	7,0	7,0	21
Pentachlorphenolnatrium	100	—	(0,28 bis 0,35)	(0,21 bis 0,28)
—	5	—	7,0	6,0
Dinitro-o-kresol	100	(1,05 bis 1,40)	(1,05 bis 1,40)	(0,35 bis 0,52)
Dinitro-o-kresolnatrium	100	0,035bis0,053	0,40 bis 0,62	0,59 bis 0,80
—	5	1,1	12,4	16,0
Antinonnin	100	1,2	—	1,3
Raco	100	1,5	—	0,6
Naphthalinpreßgut	100	13,7 bis 19,2	9,4 bis 14,3	14,0 bis 19,7
Naphthalin (Siedepunkt 218° C) . .	100	3,15 bis 4,20	4,30 bis 6,90	—
Xylamon-Natur.	100	4,2	—	6,0
Handelserzeugnisse auf Chlornaphth.-Bas.	100	(7,0 bis 8,0)	(7,0 bis 8,0)	(6,0 bis 7,0)
α-Naphthtol	100	12,0 bis 16,4	1,48 bis 2,20	—
β-Naphthol.	100	4,20 bis 5,80	1,80 bis 2,92	—
Parachlormetaxylenol	100	0,5	—	1,4

II. Anorganische Grundstoffe und vorwiegend anorganische Schutzmittel

a) Schwermetallverbindungen

Kupfersulfat	100	3,90 bis 7,70	25,0 bis 49,0	0,40 bis 0,81
—	1,5	650	3260	54
—	1,0	770	4900	81
—	100	—	(21,0)	(2,80)
—	100	(7,10 bis 10,5)	(36,8)	(2,10 bis 2,80)
—	100	8,50 bis 10,7	17,0 bis 20,0	—
—	1,5	allgemein für kupferempfindliche		
Thalliumsulfat	100	0,502bis0,680	0,510 bis0,680	0,502bis0,680
Quecksilberchlorid	100	0,057bis0,079	0,58 bis 0,65	<0,19
—	0,65	11,8	97,0	28,4
—	100	0,296bis0,380	0,14 bis 0,213	0,052bis0,066
—	100	1,16 bis 1,51	0,75 bis 1,17³	<0,08
—	100	0,15 bis 0,21	0,234bis0,320	0,066bis0,134
—	100	0,70 bis 0,80	0,22 bis 0,33	—
—	100	0,60 bis 0,75	0,30 bis 0,45	—
—	100		allgemein ***0,7***	
—	7		allgemein ***10,0***	
—	0,67		allgemein ***100,0***	
Zinkchlorid.	100	—	15,0	—
—	100	(2,80 bis 3,50)	(5,25 bis 7,00)	(1,05 bis 2,80)

bei Beanspruchung durch:		Auswaschbarkeit $\left(\frac{G_A}{G}\right)$ bei:					Autor und Jahr
Lentinus lepideus	Merulius lacrymans	Con. cer.	Por. vap.	Lenz. ab.	Lent. lep.	Mer. lac.	
> 0,136	—	—	—	—	—	—	Schulze u. Becker 1948
4,2 bis 6,4	—	—	—	—	—	—	Peters, Krieg u. Pflug 1937
(0,28 bis 0,35)	—	—	—	—	—	—	MPA Berlin-Dahlem 1950
—	(1,05)	—	—	—	—	—	Rabanus 1931
1,66 bis 2,40	> 0,37	>11	>5,5	>3,2	>6,5	>32	Bavendamm 1948/49/51 unveröff.
48,0	—	—	—	—	—	—	Bavendamm 1951
—	0,51 bis 0,71	—	—	—	—	—	Rütgersw.(Mahlke-Tr.-Liese) 1950
(0,28)	—	—	—	—	—	—	MPA Berlin-Dahlem 1950
(0,35 bis 0,52)	—	—	—	—	—	—	MPA Berlin-Dahlem 1950
11,0	—	—	—	—	—	—	MPA Berlin-Dahlem 1950
(0,28 bis 0,35)	—	—	—	—	—	—	MPA Berlin-Dahlem 1950
7,0	—	—	—	—	—	—	MPA Berlin-Dahlem 1950
(0,28 bis 0,35)	—	—	—	—	—	—	MPA Berlin-Dahlem 1950
0,58 bis 0,84	0,082	160	>53	—	>99	—	Bavendamm 1948/49/51 unveröff.
16,8	—	—	—	—	—	—	Bavendamm 1951
—	1,2	—	—	—	—	—	Liese 1938
—	0,6	—	—	—	—	—	Liese 1938
14,4 bis 28,3	—	—	—	—	—	—	Peters, Krieg u. Pflug 1937
20,5 bis 40,0	—	—	—	—	—	—	Schulze u. Becker 1948
—	2,5	—	—	—	—	—	Liese 1938
—	—	—	—	—	—	—	MPA Berlin-Dahlem 1950
5,70 bis 7,80	—	—	—	—	—	—	Schulze u. Becker 1948
3,90 bis 6,00	—	—	—	—	—	—	Schulze u. Becker 1948
—	0,6	—	—	—	—	—	Liese 1938
0,40 bis 0,80	3,06 bis 3,81	> 10	> 16	> 10	> 30	—	Bavendamm 1948/49/51 unveröff.
54	—	—	—	—	—	—	Bavendamm 1951
80	—	—	—	—	—	—	Bavendamm 1951
—	—	—	—	—	—	—	Theden 1948
—	(21,0)	—	—	—	—	—	Rabanus 1940
—	—	—	—	—	—	—	Rütgersw./Mahlke-Tr.-Liese) 1950
Pilze: *350*		—	—	—	—	—	MPA Berlin-Dahlem 1950
—	—	—	—	—	—	—	Schulze 1948
0,058bis0,079	0,16 bis 0,38	—	2,6	1	1	2	Bavendamm 1948/49/51 unveröff.
11,8	—	—	—	—	—	—	Bavendamm 1951
—	0,355bis0,502	—	—	—	—	—	MPA Berlin-Dahlem
—	—	—	—	—	—	—	Krug 1939
—	—	—	—	—	—	—	Bellmann 1950
—	—	—	—	—	—	—	35 Jahre Holzschutz durch Wolman-Salze 1938
—	—	—	—	—	—	—	Rütgersw. (Mahlke-Tr.-Liese) 1950
		~1	~1	~1	~1	~1	MPA Berlin-Dahlem 1950
		—	—	—	—	—	MPA Berlin-Dahlem 1950
		—	—	—	—	—	MPA Berlin-Dahlem 1950
—	—	—	—	—	—	—	Rabanus 1931
(2,10 bis 2,80)	—	—	—	—	—	—	Theden 1948

Mittel	Konzentration der Lösung[1]) [%]	Grenzwert[2]) ohne Auslaugung (G) in kg/m³		
		Coniophora cerebella	Poria vaporaria	Lenzites abietina
Zinkchlorid (Fortsetzung)	100	1,97 bis 3,23	11,3 bis 23,6	1,98 bis 3,27
—	5	64,5	472,0	65,5
—	2	162,0	1180,0	164,0
—	100	2,10 bis 2,80	4,10 bis 5,60	—
—	20	allgemein: *70*		
—	2	allgemein: *700*		
Calol-F-wasserabweisend	100	1,80 bis 7,12	1,78 bis 7,15	—
—	100	3,50 bis 8,50	4,50 bis 6,50	—
Akarifix I	100	9,60 bis 13,20	3,35 bis 5,10	5,18 bis 6,30
—	33¹/₃	39,6	15,3	18,9
Akarifix II	100	2,50 bis 4,28	6,10 bis 9,00	1,89 bis 6,20
Akarifix III	100	2,64 bis 3,25	6,40 bis 9,60	1,83 bis 2,56
—	12,5	26	77	21
b) Arsenverbindungen				
Arsenigsäureanhydrid [As_2O_3]	100	0,08 bis 0,10	1,13 bis 1,53	0,04 bis 0,07
—	100	(0,21)	(1,40 bis 2,10)	(0,35)
Arsensäure [H_3AsO_4]	100	0,15 bis 0,30	—	—
Natriumarsenit [$Na_2As_2O_4$]	100	0,05 bis 0,10	0,82 bis 1,11	—
—	100	0,018bis0,024	0,81 bis 1,02	0,15 bis 0,20
—	4	0,6	25,5	5,0
Dinatriumarsenat [Na_2HAsO_4]	100	0,6 bis 0,98	1,71 bis 2,53	0,13 bis 0,29
—	100	0,038bis0,058	1,22 bis 1,87	0,22 bis 0,29
—	4	1,5	46,7	7,2
Mononatriumarsenat [NaH_2AsO_4]	100	1,05	—	—
Dikaliumarsenat [K_2HAsO_4]	100	(0,07bis0,105)	(0,28)	—
Arsenverbindungen	100	allgemein: ~ 2,1		
—	20	allgemein: ~ 10		
c) Chromverbindungen				
Natriumbichromat	100	(5,25)	(5,25)	(3,5 bis 5,25)
—	100	—	(14,0)	(7,0)
Kaliumbichromat	100	8,24 bis 12,10	17,6 bis 22,5	2,15 bis 3,67
—	1	1210	2250	367
—	100	16,6 bis 20,3	12,4 bis 15,1	—
Chromkryolith [$CrF_3 \cdot 2NaF$]	100	0,08 bis 0,12	0,15 bis 0,20	—
Chromarsenat [$CrAsO_4$]	100	0,15 bis 0,20	1,50 bis 1,75	—
d) Einfache oder Monofluoride				
Natriumfluorid	100	0,49 bis 0,67	0,10 bis 0,14	—
—	100	0,82	0,44	—
—	100	0,46	0,13	—
—	100	0,53	0,2 bis 0,4	—
—	100	0,66	0,40	—
—	100	0,92	0,38	—
—	100	0,6	—	1,2
—	100	0,57 bis 0,74	1,12 bis 1,46[3])	0,74 bis 1,11[3])
—	100	(0,70 bis 1,05)	(0,35 bis 0,53)	(0,70)
—	100	0,5 bis 0,9	0,2 bis 0,4	—

bei Beanspruchung durch:		Auswaschbarkeit $\frac{G_A}{G}$ bei:					Autor und Jahr
Lentinus lepideus	Merulius lacrymans	Con. cer.	Por. vap.	Lenz. ab.	Lent. lep.	Mer. lac.	
0,80 bis 2,08	2,01 bis 2,97	23	>3,4	2,6	~ 11	—	Bavendamm 1948/49/51, unveröff.
41,5	—	—	—	—	—	—	Bavendamm 1951
104,0	—	—	—	—	—	—	Bavendamm 1951
—	1,70 bis 2,70	—	—	—	—	—	Bavendamm 1951
		allgemein: ∞					MPA Berlin-Dahlem 1950
		allgemein: ∞					MPA Berlin-Dahlem 1950
—	7,20 bis 14,2	—	—	—	—	—	Prüfzeugnis; nicht veröffentlicht
—	6,00 bis 15,0	—	—	—	—	—	Prüfzeugnis; nicht veröffentlicht
—	—	—	—	—	—	—	Prüfzgn. v. MPA Bln.-D. (Prospekt)
—	—	—	—	—	—	—	Prüfzgn. v. MPA Bln.-D. (Prospekt)
—	—	—	—	—	—	—	Prüfzgn. v. MPA Bln.-D. (Prospekt)
—	—	—	—	—	—	—	Prüfzgn. v. MPA Bln.-D. (Prospekt)
—	—	—	—	—	—	—	Prüfzgn. v. MPA Bln.-D. (Prospekt)
0,07 bis 0,18	—	—	—	—	—	—	Rütgersw. (Mahlke-Tr.-Liese) 1950
—	—	—	—	—	—	—	Rabanus 1931
—	—	—	—	—	—	—	Rütgersw. (Mahlke-Tr.-Liese) 1950
—	—	—	—	—	—	—	Rütgersw. (Mahlke-Tr.-Liese) 1950
0,16 bis 0,23	0,17 bis 0,37	∞	> 31	∞	—	∞	Bavendamm 1948/49/51, unveröff.
5,8	—	—	—	—	—	—	Bavendamm 1951
0,63 bis 1,12	—	—	—	—	—	—	Rütgersw. (Mahlke-Tr.-Liese) 1950
0,38 bis 0,99	0,17 bis 0,38	∞	> 17	∞	> 33	∞	Bavendamm 1948/49/51, unveröff.
24,8	—	—	—	—	—	—	Bavendamm 1951
—	—	—	—	—	—	—	Falck 1927
—	—	—	—	—	—	—	Theden 1948
		allgemein: ∞					MPA Berlin-Dahlem 1950
		allgemein: ∞					MPA Berlin-Dahlem 1950
—	(5,25)	—	—	—	—	—	Rabanus 1931
—	—	—	—	—	—	—	Theden 1948
4,10 bis 6,06	2,40 bis 4,10	>2,8	>1,5	>9,2	>5,5	>5,3	Bavendamm 1948/49/51, unveröff.
606	410	—	—	—	—	—	Bavendamm 1951
—	—	—	—	—	—	—	Rütgersw. (Mahlke-Tr.-Liese) 1950
—	—	—	—	—	—	—	Rütgersw. (Mahlke-Tr.-Liese) 1950
—	—	—	—	—	—	—	Rütgersw. (Mahlke-Tr.-Liese) 1950
0,09 bis 0,12	—	—	—	—	—	—	van den Berge 1934
< 0,07	—	—	—	—	—	—	Findlay } Liese, Nowak, Peters und Rabanus 1935
0,11	—	—	—	—	—	—	Kluyver }
0,18	—	—	—	—	—	—	Liese }
0,13	—	—	—	—	—	—	Peters }
0,38	—	—	—	—	—	—	Rabanus }
—	0,14	—	—	—	—	—	Liese 1938
—	—	∞	> 21	> 28	—	—	Krug 1939
—	—	—	—	—	—	—	Theden 1948
0,1 bis 0,2	—	—	—	—	—	—	Rütgersw. (Mahlke-Tr.-Liese) 1950

Mittel	Konzentration der Lösung[1]) [%]	Grenzwert[2]) ohne Auslaugung (G) in kg/m³		
		Coniophora cerebella	Poria vaporaria	Lenzites abietina
Natriumfluorid (Fortsetzung). . . .	100	(0,70bis0,875	(0,35bis0,53)	0,70 bis 0,81
—	4	22,4	13,4	20,2
— (min.-max.-Werte)	100	0,35 bis 1,00	0,1 bis 0,5	0,5 bis 1,4
— (Durchschnitt)	100	*0,7*	*0,35*	*1,0*
—	4		allgemein: *25*	
Kaliumfluorid	100	(1,0 bis 1,4)	—	—
Ammoniumfluorid	100	(0,7 bis 1,05)	—	—
Chromfluorid	100	(0,7 bis 1,05)	—	—
Antimonfluorid	100	(0,70)	—	—
e) Silicofluoride oder Fluosilikate				
Fluokieselsäure	100	(0,35 bis0,53)	—	—
Natriumsilicofluorid	100	(0,70 bis1,05)	—	—
—	0,7		allgemein: *140*	
Zinksilicofluorid.	100	1,2	—	1,2
—	100	(1,40 bis2,10)	(1,40 bis2,10)	(1,05 bis 1,40)
—	100	0,50 bis 0,80	0,91 bis 1,10	0,72 bis 0,88
—	100	0,41 bis 1,03	0,067bis0,100	1,26 bis 1,68
—	10	10,3	1,0	16,8
—	20	5,2	0,5	8,4
—	33¹/₃	3,5	0,33	5,6
—	100		allgemein: *1,4*	
—	33¹/₃		allgemein: *4,2*	
—	20		allgemein: *7,0*	
—	10		allgemein: *14,0*	
Magnesiumsilicofluorid	100	0,5	—	1,1
—	100	(1,05bis1,40)	(0,70 bis1,05)	(1,05 bis 1,40)
—	100	0,90 bis 1,20	—	—
—	100	0,42 bis 1,07	0,10 bis 0,21	0,82 bis 1,07
—	10	10,7	2,1	10,7
—	20	5,4	1,1	5,4
—	33¹/₃	3,6	0,7	3,6
—	100		allgemein: *1,4*	
—	33¹/₃		allgemein: *4,2*	
—	20		allgemein: *7,0*	
—	10		allgemein: *14,0*	
Ammoniumsilicofluorid	100	(1,05 bis 1,40)	(1,05 bis1,40)	(1,07 bis1,40)
f) Hydrogen- oder Bifluoride				
Kaliumhydrogenfluorid	100	0,310bis0,458	0,365bis0,532	0,465bis0,600
—	15	3,1	3,6	4,0
—	10	4,6	5,3	6,0
Ammoniumhydrogenfluorid	100	0,532bis0,720	0,355bis0,532	0,532bis0,730
—	15	4,7	3,6	4,9
—	10	7,2	5,3	7,3

bei Beanspruchung durch:		Auswaschbarkeit $\frac{G_A}{G}$ bei:					Autor und Jahr
Lentinus lepideus	Merulius lacrymans	Con. cer.	Por. vap.	Lenz. ab.	Lent. lep.	Mer. dom.	
—	0,066 bis 0,13	—	> 30	∞	—	∞	Bavendamm 1948/49/51, unveröff.
5,0	—	—	—	—	—	—	Bavendamm 1951
—	—	—	—	—	—	—	MPA Berlin-Dahlem 1950
~0,21	*~0,21*	—	—	—	—	—	MPA Berlin-Dahlem 1950
				allgemein: ∞			MPA Berlin-Dahlem 1950
—	—	—	—	—	—	—	Theden 1948
—	—	—	—	—	—	—	Theden 1948
—	—	—	—	—	—	—	Theden 1948
—	—	—	—	—	—	—	Theden 1948
—	—	—	—	—	—	—	Theden 1948
—	—	—	—	—	—	—	Theden 1948
							MPA Berlin-Dahlem 1950
—	0,3	—	—	—	—	—	Liese 1938
—	—	—	—	—	—	—	Theden 1948
—	0,55 bis 0,80	—	—	—	—	—	Rütgersw. (Mahlke-Tr.-Liese) 1950
0,42 bis 1,03	0,067 bis 0,13	> 32	6	> 30	~ 10	∞	Bavendamm 1948/49/51, unveröff.
10,3	1,3	—	—	—	—	—	Bavendamm 1951
5,2	0,65	—	—	—	—	—	Bavendamm 1951
3,5	0,43	—	—	—	—	—	Bavendamm 1951
				allgemein: ∞			MPA Berlin-Dahlem 1950
		—	—	—	—	—	MPA Berlin-Dahlem 1950
		—	—	—	—	—	MPA Berlin-Dahlem 1950
		—	—	—	—	—	MPA Berlin-Dahlem 1950
—	0,35	—	—	—	—	—	Liese 1938
—	—	—	—	—	—	—	Theden 1948
—	—	—	—	—	—	—	Rütgersw. (Mahlke-Tr.-Liese) 1950
0,42 bis 1,00	0,249bis0,335	> 30	—	> 30	~6	~ 19	Bavendamm 1948/49/51, unveröff.
10,0	3,4	—	—	—	—	—	Bavendamm 1951
5,0	1,7	—	—	—	—	—	Bavendamm 1951
3,4	1,1	—	—	—	—	—	Bavendamm 1951
				allgemein: ∞			MPA Berlin-Dahlem 1950
		—	—	—	—	—	MPA Berlin-Dahlem 1950
		—	—	—	—	—	MPA Berlin-Dahlem 1950
		—	—	—	—	—	MPA Berlin-Dahlem 1950
—	—	—	—	—	—	—	Theden 1948
0,049bis0,063	—	—	—	—	—	—	Schulze 1949
0,4	—	—	—	—	—	—	Schulze 1949
0,6	—	—	—	—	—	—	Schulze 1949
—	—	—	—	—	—	—	Schulze 1949
—	—	—	—	—	—	—	Schulze 1949
—	—	—	—	—	—	—	Schulze 1949

Mittel	Konzentration der Lösung[1]) [%]	Grenzwert[2]) ohne Auslaugung (G) in kg/m³		
		Coniophora cerebella	Poria vaporaria	Lenzites abietina
g) Mittel mit Mono- bzw. Bifluoriden				
Basilit Extra U	100	0,59 bis 0,64[3])	0,21 bis 0,29	0,46 bis 0,54
Basilit U	100	0,77 bis 1,48	0,77 bis 1,48	—
Triolith U	100	0,4	—	1,1
—	100	0,59 bis 0,64[3])	0,21 bis 0,29	0,46 bis 0,54
Schwammschutz „Rütgers"	100	0,3	—	1,05
U-ll Salz des Handels	100	(1,05 bis 1,40)	(0,70 bis 1,05)	(0,70 bis 1,05)
U-Salze (Mittelwert)	100	0,85	0,81	1,32
U-Salze	4	allgemein: *35*		
—	2	allgemein: *70*		
U-ll-Salze	15	allgemein: *9,5*		
—	$12^{1}/_{2}$	allgemein: *11*		
—	10	allgemein: *14*		
Basilit UA	100	0,71	< 0,71	0,28
—	100[4])	< 0,27	0,24 bis 0,47	0,50 bis 2,03
—	100	(0,14)	—	(0,20 bis 0,28)
—	100	(1,05)	(0,70 bis 1,05)	(1,05 bis 1,40)
—	100	0,15 bis 0,23	0,31 bis 0,40	0,31 bis 0,41
Thanalith U	100	0,30 bis 0,36	0,22 bis 0,29	—
—	100	0,3	0,3	—
—	100	0,15 bis 0,23	0,31 bis 0,40	0,31 bis 0,41
UA-Salz des Handels	100	0,216bis0,288	0,288bis0,360	0,54 bis 0,72
Trioxan UA (UA-ll-Salz)	100	< 0,17	> 0,74	0,16 bis 0,27
Basilit UA leicht löslich	100	0,310bis0,548	0,305bis0,533	0,518bis0,710
UA-ll-Salz des Handels	100	(0,21 bis 0,28)	(0,525bis0,70)	(1,05 bis 1,40)
UA-Salze	100	allgemein: *1,4*		
—	4	allgemein: *35*		
—	2	allgemein: *70*		
UA-ll-Salze.	100	allgemein: *1,4*		
—	12,5	allgemein: *11*		
—	10	allgemein: *14*		
Montanit.	100	0,56 bis 0,75[3])	1,49 bis 3,73[3])	0,75 bis 1,12
Arsen-Fluralsil	100	0,29 bis 0,39	0,43 bis 0,54	0,22 bis 0,31
Minolith	100	0,7	—	1,7
Beersol-Salz N	100	0,350bis0,525	0,350bis0,525	0,345bis0,730
Basilit SS	100	0,25	—	1,20
»IPT 90« [s auch KF · HF]	100	0,310bis0,458	0,365bis0,532	0,465bis0,600
»IP 46« [s. auch NH_4F · HF]	100	0,532bis0,720	0,355bis0,532	0,532bis0,730
»IP 82« [NH_4T · HF + Monofluorid]	100	0,700bis1,050	—	0,700bis1,020
»FIP 18« [Bifluorid + Feuerschutzsalz].	100	—	1,00 bis 1,34	0,95 bis 1,34
Osmol WB 4	100	0,66 bis 0,99	0,34 bis 0,51	0,67 bis 1,04

bei Beanspruchung durch:		Auswaschbarkeit $\left(\frac{G_A}{G}\right)$ bei:					Autor und Jahr
Lentinus lepideus	Merulius lacrymans	Con. cer.	Por. vap.	Lenz. ab.	Lent. lep.	Mer. lac.	
—	—	~ 18	~ 55	~ 30	—	—	Krug 1939
—	1,57	~9	~ 10	—	—	~9	Bavendamm 1936
—	0,13	—	—	—	—	—	Liese 1936
—	—	~ 18	~ 55	~ 30	—	—	Krug 1939
—	0,12	—	—	—	—	—	Liese 1936
—	—	—	—	—	—	—	MPA Berlin-Dahlem 1950
~0,55	0,54	—	—	—	—	—	Bellmann 1952
							MPA Berlin-Dahlem 1950
		im Durchschnitt					MPA Berlin-Dahlem 1950
		23	> 30	—	—	—	MPA Berlin-Dahlem 1950
							MPA Berlin-Dahlem 1950
							MPA Berlin-Dahlem 1950
0,28	—	—	—	—	—	—	Lüdicke 1939
—	—	—	8,1	> 13	—	—	Bavendamm 1937
—	—	7	—	4,2	—	—	Liese 1937 aus MPA Bln-D. 1950
—	—	2,2	3,7	1,4	—	—	Rabanus 1937
—	—	17	10	9,6	—	—	Krug 1939
—	—	—	—	—	—	—	Rütgerswerke
—	—	—	—	—	—	—	Liese et al. 1935
—	—	17	10	9,6	—	—	Krug 1939
—	—	7,5	8	7,5	—	—	MPA Berlin-Dahlem
—	—	—	—	—	—	—	Krug 1939
0,310bis0,525	—	4	11	3	5,2	—	MPA Berlin-Dahlem
(0,35 bis 0,53)	—	—	—	—	—	—	MPA Berlin-Dahlem 1950
							MPA Berlin-Dahlem 1950
							MPA Berlin-Dahlem 1950
		im Durchschnitt					MPA Berlin-Dahlem 1950
		~ 10	~ 15	~5	—	~ 10	MPA Berlin-Dahlem 1950
							MPA Berlin-Dahlem 1950
							MPA Berlin-Dahlem 1950
—	—	—	—	—	—	—	Krug 1939
—	—	> 19	> 13	> 24	—	—	Krug 1939
—	0,3	—	—	—	—	—	Liese 1938
—	0,138bis0,210	—	—	—	—	—	MPA Berlin.-Dahlem; Prüfzeugn.
—	0,20	—	—	—	—	—	Liese 1938
0,0465 bis 0,0630	—	—	—	—	—	—	Schulze 1949
—	—	—	—	—	—	—	Schulze 1949
0,0548 bis 0,0710	—	—	—	—	—	—	Schulze 1949
—	—	—	—	—	—	—	Schulze 1949
—	—	—	—	—	—	—	Schulze 1949

Mittel	Konzentration der Lösung[1]) [%]	Grenzwert[2]) ohne Auslaugung (G) in kg/m³		
		Coniophora cerebella	Poria vaporaria	Lenzites abietina
b) Mittel mit Silicofluoriden:				
Fluoralsil Extra	100	0,66 bis 1,40	0,70 bis 1,41	—
—	100	0,56 bis 2,02	0,53 bis 2,15	1,93 bis 4,13
—	100	0,56 bis 0,72	0,75 bis 1,11[3])	1,11 bis 1,46
Fluralsil 1937	100	1,12 bis 1,46	0,07 bis 0,22	0,75 bis 1,12
Hydrasil kristallin	100	1,30	—	1,30
Hydrasil flüssig	100	2,60	—	2,50
Leufluat	100	2,00	—	2,00
Zimmerit Fluat	100	1,10	—	1,10
Nefotol	100	1,50	—	2,10
—	100	1,30	—	1,30
—	100	2,64 bis 3,30	2,92 bis 3,65	2,60 bis 3,35
Itex-Schwammschutz	100	2,70	—	2,70
—	100	2,48 bis 3,20	—	3,10 bis 4,58
Calol	100	1,79 bis 7,04	1,79 bis 7,04	—
Handelserz. (fest)	100	(1,40 bis 2,10)	—	(1,05 bis 1,40)
— (flüssig)	100	(2,10 bis 2,80)	(1,05 bis 1,40)	(2,80 bis 3,50)
— (flüssig)	100	(1,05 bis 1,40)	(1,40 bis 2,10)	(1,40 bis 2,10)

[1]) Zahlen geben Konzentration der Lösung an, auf die sich der Grenzwert bezieht. 100 = Grenzwert des unverdünnten Schutzmittels bzw. Schutzsalzes (wie es zur Prüfung eingereicht wird) = Grenzwert des Schutzstoffes (vgl. B. Schulze, G. Theden und K. Starfinger (1950) sowie H. Bellmann (1951)]. In allen anderen Fällen handelt es sich um Grenzwerte der Schutzflüssigkeit.

Grenzwerte der 100prozentigen insektentötenden Wirkung von

Nach Untersuchungen des MPA Berlin-Dahlem.

Mittel	Grenzwert ohne Auslaugung (*G*) in kg/m³ bei Beanspruchung durch:				Jahr
	Hausbock-Eilarven		Anobium punctatum Larven		
	Versuchsdauer		Versuchsdauer		
	4 Wochen	12 Wochen	4 Wochen	12 Wochen	
I. Organische Schutzmittel					
a) Steinkohlenteeröle:					
Steinkohlenteeröl nach RBV.	14 bis 32	14 bis 32	60 bis 110	33 bis 54	1948
Fraktion 70 bis 110° C	—	—	> 95	> 95	1948
,, 110 bis 120° C	—	—	> 104	> 104	1948
,, 120 bis 130° C	—	—	> 114	> 114	1948
,, 130 bis 140° C	—	—	> 98	> 98	1948
,, 140 bis 150° C	—	—	> 72	> 72	1948
,, 150 bis 160° C	—	—	> 104	> 104	1948
,, 160 bis 170° C	—	—	≫ 98	54 bis 98	1948
,, 170 bis 180° C	—	—	> 93	58 bis 93	1948
,, 180 bis 200° C	40 bis 61	6,0 bis 12	≫ 98	24 bis 35	1948

bei Beanspruchung durch: Lentinus lepideus	Merulius lacrymans	Auswaschbarkeit $\frac{G_A}{G}$ bei: Con. cer.	Por. vap.	Lenz. ab.	Lent. lep.	Mer. lac.	Autor und Jahr	
—	0,69 bis 1,25	—	—	—	—	—	Bavendamm	1936
—	—	10	> 16	> 11	—	—	Bavendamm	1937
—	—	> 41	> 27	> 20	—	—	Krug	1939
—	—	—	—	—	—	—	Krug	1939
—	0,20	—	—	—	—	—	Liese	1938
—	0,35	—	—	—	—	—	Liese	1938
—	0,40	—	—	—	—	—	Liese	1938
—	0,12	—	—	—	—	—	Liese	1938
—	0,50	—	—	—	—	—	Liese	1938
—	0,35	—	—	—	—	—	Liese	1938
—	2,64 bis 3,30	—	—	—	—	—	Prüfzeugnis	
—	0,90	—	—	—	—	—	Liese	1938
—	0,458bis0,670	—	—	—	—	—	Prüfzeugnis vom MPA (Prospekt)	
—	> 1,79	5	5	—	—	20	Prüfzeugnis vom MPA (Prospekt)	
—	—	—	—	—	—	—	MPA Berlin-Dahlem	1950
(3,50 bis 5,40)	(2,10 bis 2,80)	—	—	—	—	—	MPA Berlin-Dahlem	1950
—	(0,21 bis 0,28)	—	—	—	—	—	MPA Berlin-Dahlem	1950

[2]) In Klammern ( ) gesetzte Grenzwerte wurden auf Grund der in der Literatur vorhandenen Grenzwerte in % und der Beziehung G kg/m³ $\approx 7 \cdot G$ % ermittelt.

[3]) Werte entsprechen nicht der Angabe von G. Krug; sie wurden auf Grund der in der Dissertation (G. Krug, Diss. T. H. Berlin 1939) enthaltenen Versuchsprotokolle neu festgesetzt.

[4]) Versuch ohne Glasbänkchen.

Holzschutzmittel-Grundstoffen und Handelspräparaten.

(Prüfung nach DIN 52623.)

Mittel	Grenzwert ohne Auslaugung (G) in kg/m³ bei Beanspruchung durch: Hausbock-Eilarven, Versuchsdauer 4 Wochen	Hausbock-Eilarven, 12 Wochen	Anobium punctatum Larven, Versuchsdauer 4 Wochen	Anobium punctatum Larven, 12 Wochen	Jahr
Fraktion 200 bis 220° C . . .	3,2 bis 5,5	<3,2	36 bis 57	23 bis 36	1948
,, 220 bis 240° C . . .	6,0 bis 9,1	3,5 bis 6,0	21 bis 36	9 bis 15	1948
,, 240 bis 260° C . . .	11 bis 15	6,3 bis 11	38 bis 58	6 bis 11	1948
,, 260 bis 280° C . . .	12 bis 18	12 bis 18	27 bis 42	8 bis 12	1948
,, 280 bis 300° C . . .	7,0 bis 11	5,1 bis 7,0	28 bis 42	11 bis 18	1948
,, 300 bis 330° C . . .	12 bis 16	5,8 bis <16	> 114	28 bis 38	1948
,, 330 bis 360° C . . .	11 bis 17	7,0 bis <17	> 93	28 bis 48	1948
Fraktionsrückstand	28 bis 48	18 bis <48	> 98	> 98	1948
b) Karbolineen					
Anthracen	> 12	> 12	≫ 18	> 18	1945
Karbolineum nach RPV. . . .	16 bis 30	16 bis 30	270 bis 300	50 bis 70	1950

Mittel	Grenzwert ohne Auslaugung (G) in kg/m² bei Beanspruchung durch: Hausbock-Eilarven, Versuchsdauer 4 Wochen	Hausbock-Eilarven, Versuchsdauer 12 Wochen	Anobium punctatum Larven, Versuchsdauer 4 Wochen	Anobium punctatum Larven, Versuchsdauer 12 Wochen	Jahr
Kaliumarsenit [$K_2As_2O_4$]	1,2 bis 1,8	0,2 bis 0,3	> 72	> 72	1952
Dinatriumarsenat [Na_2HAsO_4] .	16 bis 26	1,0 bis 1,5	> 64	> 64	1952
Dikaliumarsenat [K_2HAsO_4] . .	9,8 bis 15,0	0,4 bis 0,6	> 65	> 65	1952
c) Einfache oder Monofluoride:					
Natriumfluorid	0,4 bis 0,5	0,1 bis 0,2	> 26	> 26	1949
Kaliumfluorid	1,4 bis 2,1	0,4 bis 0,5	60 bis 123	9,3 bis 14	1949
Ammoniumfluorid	1,0 bis 1,5	0,3 bis 0,5	57 bis 100	23 bis 35	1949
Chromfluorid	0,4 bis 0,9	0,2 bis 0,4	15 bis 25	4,0 bis 5,6	1950
Antimonfluorid	0,2 bis 0,5	0,2 bis 0,3	8 bis 11	2,8 bis 4,5	1950
d) Silicofluoride oder Fluosikate:					
Fluokieselsäure (25 bis 30% (H_2SiF_6)	0,4 bis 1,0	0,4 bis 0,6	3,3 bis 6,2	1,5 bis 2,5	1950
Natriumsilicofluorid	0,6 bis 1,0	0,1 bis 0,2	—	—	1950
Zinksilicofluorid	0,9 bis 1,5[1]	0,1 bis 1,2	> 190	16 bis 27	1949/50
Magnesiumsilicofluorid	0,6 bis 0,9[2]	0,09 bis 0,14	47 bis 73	6,5 bis 11	1949/50
Ammoniumsilicofluorid	< 2,1	—	> 57	39 bis 57	1950
Aluminiumsilicofluorid	0,6 bis 0,9	0,1 bis 0,2	16 bis 26	3,7 bis 5,9	1949/50
e) Hydrogen- oder Bifluoride					
Kaliumhydrogenfluorid	3,6 bis 5,7	0,3 bis 0,4	11 bis 17	2,3 bis 3,6	1949
Ammoniumhydrogenfluorid . .	1,5 bis 2,0	0,2 bis 0,4	3,5 bis 5,5	1,7 bis 2,6	1949
Natriumhydrogenfluorid	2,6 bis 4,0	0,2 bis 0,3	> 22	5,9 bis 11	1950
f) Mittel mit Mono- bzw. Bifluoriden					
U-Salz des Handels	9,5 bis 15	0,4 bis 0,6	> 30	30 bis 42	1950
UA-Salz des Handels	1,0 bis 1,5	0,6 bis 1,0	> 24	5,5 bis 9,5	1950
»IPF 90« (s. auch KF · KT) . .	3,7 bis 5,7	0,3 bis 0,4	11 bis 17	2,3 bis 3,6	1949
»IP 46« (s. auch NH_4F · HT) .	1,5 bis 2,0	0,2 bis 0,3	3,5 bis 5,5	1,7 bis 2,6	1949
»IP 82« (NH_4F · HT + Monofluorid)	0,4 bis 2,4	0,2 bis 0,4	9,3 bis 15	2,4 bis 3,3	1949
„IFP 18" (Bifluorid + Feuerschutzsalz)	28 bis 70	—	67 bis 117	57 bis 117	1949
Osmol W B 4.	1,6 bis 2,5	0,16 bis 0,24	6,2 bis 10	1,5 bis 2,4	1949
g) Mittel m. Silicofluoriden					
Zu Silicofluoridpräparat des Handels ohne Fluokieselsäure-Zusatz	1,5 bis 2,4	0,2 bis 0,3	—	—	1950
Zu Silicofluoridpräparat des Handels mit Fluokieselsäure-Zusatz	0,2 bis 0,3	—	> 140	> 140	1950

[1] Grenzwerte bei höheren Konzentrationen: 29 bis 47
[2] Grenzwerte bei höheren Konzentrationen: 27 bis 45

Mittel	Grenzwert ohne Auslaugung (G) in kg/m² bei Beanspruchung durch: Hausbock-Eilarven, Versuchsdauer 4 Wochen	Hausbock-Eilarven, 12 Wochen	Anobium punctatum Larven, Versuchsdauer 4 Wochen	Anobium punctatum Larven, 12 Wochen	Jahr
c) Andere Stoffe öliger Beschaffenheit					
„öliges Präparat"	8,2 bis 14	5,8 bis 8,2	30 bis 48	21 bis 30	1950
„Ölpräparat X"	10 bis 20	10 bis 20	70 bis 120	20 bis 30	1950
„Ölpräparat Y"	20 bis 35	15 bis 20	190 bis 250	50 bis 80	1950
Ölpräparat m. Kupfernaphthenat	13 bis 19	9 bis 13	55 bis 112	24 bis 39	1950
d) Phenole, Naphthaline u. ähnliche Stoffe.					
Phenol	45 bis 70	30 bis ~ 45	$\gg$120	41 bis 63	1948
Pentachlorphenol					
Pentachlorphenol (Lagerung v. d. Versuch:					
4 Wochen	8,3 bis 12,0	—	—	—	1952
11 Wochen)	9,4 bis 14,0	5,8 bis 9,4	—	—	1952
53 Wochen)	—	> 13	—	—	1952
Grundiermittel I mit 5% PCP	80 bis 115	80 bis 115	—	—	1952
Grundiermittel II mit 5% PCP	28 bis 41	—	—	—	1952
Naphthalin	9 bis 15	9 bis 15	68 bis 91	28 bis 41	1948
α-Methylnaphthalin	> 14	6,5 bis 14	6,5 bis 14	3,3 bis 6,5	1948
β-Methylnaphthalin	10 bis 18	2,3 bis 3,0	12 bis 18	2,0 bis 6,3	1948
Xylamon-LX-Natur	11 bis 21	4,8 bis 8,6	43 bis 75	11 bis 17	1952
Chlorophen A	4,6 bis 7,4	2,5 bis 4,6	113 bis 312	14 bis 24	1952
„A 38 L"	8,2 bis 14,0	5,8 bis 8,2	30 bis 48	21 bis 30	1952
Farbloses Chlornaphthalinpräparat	7,0 bis 13,0	5,5 bis 7,0	18 bis 29	6,0 bis 13	1952
Hausbockm. auf Chlornaphth.-Basis	11 bis 21	3,5 bis 8,9	43 bis 75	11 bis 17	1952
α-Naphthol	> 20	> 20	$\gg$ 98	45 bis 70	1948
β-Naphthol	3,8 bis 5,6	3,8 bis 5,6	$\gg$ 82	47 bis 82	1948
II. Anorganische Grundstoffe und vorwiegend anorganische Schutzmittel					
a) Schwermetallverbindungen					
Kupfersulfat	115 bis 180	0,6 bis 1,6	> 197	> 197	1952
Thalliumsulfat	0,24 bis 0,44	0,02 bis 0,03	> 24	1,0 bis 1,6[1]	1948/52
Zinksulfat	70 bis 115	4 bis 10	175 bis 300	69 bis 115	1952
Quecksilberchlorid	1,6 bis 4,1	0,25 bis 0,40	> 59	8,5 bis 18,0	1952
Zinkchlorid	10 bis 16	1,1 bis 1,7	> 190	> 77	1952
b) Arsenverbindungen:					
Arsenigsäureanhydrid [As_2O_3]	0,6 bis 1,0	0,2 bis 0,3	$\ll$ 10	—	1952
Arsensäure [H_3AsO_4]	0,6 bis 1,0	0,4 bis 0,6	> 60	24 bis 38	1952

[1] Grenzwerte bei höheren Konzentrationen: 16,0 bis 24,0

Additional information of this book

(Technologie des Holzes und der Holzwerkstoffe; 978-3-642-52948-1; 978-3-642-52948-1_OSFO2) is provided:

EXTRA MATERIALS extras.springer.com

http://Extras.Springer.com

GPSR Compliance

The European Union's (EU) General Product Safety Regulation (GPSR) is a set of rules that requires consumer products to be safe and our obligations to ensure this.

If you have any concerns about our products, you can contact us on ProductSafety@springernature.com

In case Publisher is established outside the EU, the EU authorized representative is:

Springer Nature Customer Service Center GmbH
Europaplatz 3
69115 Heidelberg, Germany

Batch number: 10620854

Printed by Printforce, the Netherlands